Wolfgang v. Engelhardt · Gerhard Breves (Hrsg.)

Physiologie der Haustiere

Wolfgang v. Engelhardt · Gerhard Breves (Hrsg.)

Physiologie der Haustiere

466 Abbildungen, 78 Tabellen

Enke

Die Deutsche Bibliothek – CIP-Einheitsaufnahme

Ein Titeldatensatz für diese Publikation ist bei
Der Deutschen Bibliothek erhältlich

Anschrift der Herausgeber:

Prof. Dr. W. v. Engelhardt
Physiologisches Institut
Tierärztliche Hochschule
Bischofsholer Damm 15/102
30173 Hannover

Prof. Dr. G. Breves
Physiologisches Institut
Tierärztliche Hochschule Hannover
Bischofsholer Damm 15/102
30173 Hannover

Wichtiger Hinweis: Wie jede Wissenschaft ist die Veterinärmedizin ständigen Entwicklungen unterworfen. Forschung und klinische Erfahrung erweitern unsere Erkenntnisse, insbesondere was Behandlung und medikamentöse Therapie anbelangt. Soweit in diesem Werk eine Dosierung oder eine Applikation erwähnt wird, darf der Leser zwar darauf vertrauen, daß Autoren, Herausgeber und Verlag große Sorgfalt darauf verwandt haben, daß diese Angabe dem Wissensstand bei Fertigstellung des Werkes entspricht. Für Angaben über Dosierungsanweisungen und Applikationsformen kann vom Verlag jedoch keine Gewähr übernommen werden. Jeder Benutzer ist angehalten, durch sorgfältige Prüfung der Beipackzettel der verwendeten Präparate und gegebenenfalls nach Konsultation eines Spezialisten festzustellen, ob die dort gegebene Empfehlung für Dosierungen oder die Beachtung von Kontraindikationen gegenüber der Angabe in diesem Buch abweicht. Eine solche Prüfung ist besonders wichtig bei selten verwendeten Präparaten oder solchen, die neu auf den Markt gebracht worden sind. Vor der Anwendung bei Tieren, die der Lebensmittelgewinnung dienen, ist auf die in den einzelnen deutschsprachigen Ländern unterschiedlichen Zulassungs- und Anwendungsbeschränkungen zu achten. Jede Dosierung oder Applikation erfolgt auf eigene Gefahr des Benutzers. Autoren und Verlag appellieren an jeden Benutzer, ihm etwa auffallende Ungenauigkeiten dem Verlag mitzuteilen.

ISBN 3-7773-1429-3

Printed in Germany 2000
Vordergrundmotiv: ImageBank
Satz: Schröders Agentur, 14199 Berlin
Schrift: Gulliver 9,5/12p
Zeichnungen: prepress ulm, 89028 Ulm
Druck: Offizin Andersen Nexö, 04442 Zwenkau

Vorwort der Herausgeber

Studierende und Lehrende haben auf das jetzt vorliegende Lehrbuch „Physiologie der Haustiere" sicherlich schon lange gewartet. Mit diesem Buch wird nun eine Lücke im Bereich der physiologischen Grundlagenfächer für Studierende der Veterinärmedizin aber auch benachbarter Disziplinen wie Agrarwissenschaften oder Biologie geschlossen. Es ist die primäre Absicht der Herausgeber und Autoren/Innen gewesen, ein Lehrbuch im eigentlichen Sinne und kein Handbuch oder Nachschlagewerk zu gestalten. Dabei kommt der vergleichenden Physiologie der veterinärmedizinisch relevanten Spezies eine besondere Bedeutung zu. Die angemessene Selektion aus heute vorliegenden Detailkenntnissen aus der experimentellen Physiologie war daher für alle Autoren/Innen und die Herausgeber sicherlich eine der schwierigsten Aufgaben. An Stelle einer großen Faktenvielfalt sollten die systemischen Zusammenhänge von Körperfunktionen, ihre grundlegenden Prinzipien sowie ihre Regulation im Vordergrund stehen. Diese Absicht soll durch möglichst einfache Abbildungen und schematische Darstellungen sowie durch besonders hervorgehobene Merksätze unterstützt werden. Beispiele aus der Pathophysiologie sollen dazu dienen, die enge Verknüpfung der Physiologie mit ätiologisch und klinisch orientierten Fächern zu zeigen und bei den Studierenden das Bewußtsein zur Notwendigkeit der Auseinandersetzung mit der Physiologie zu erreichen und zu festigen.

Wir danken allen Autoren/Innen für ihre Mitarbeit und die weitestgehende Berücksichtigung unserer Wünsche zur Lehrbuchgestaltung. Sie haben damit zum angestrebten Konzept dieses Buches entscheidend beigetragen. Bei der Herausgabe eines Lehrbuches in der 1. Auflage ist es ein beinahe unvermeidliches Merkmal, daß sich in der gelegentlich turbulenten Endphase zwischen Abgabe der überarbeiteten Manuskripte und Auslieferung des Buches Fehler einschleichen. Sicherlich bestehen an verschiedenen Stellen auch Möglichkeiten zur darstellerischen Verbesserung, die den Studierenden das Verstehen komplexer Vorgänge erleichtern können. Studierende aber auch Lehrende sind daher um kritische Stellungnahmen gebeten, die dann in einer weiteren Auflage berücksichtigt werden können.

Die Herausgeber sind dem Enke Verlag und insbesondere Frau Dr. Ulrike Arnold zu besonderem Dank verpflichtet. Frau Dr. Arnold hat uns unermüdlich und mit großem persönlichen Einsatz immer wieder ermutigt und hat viele wertvolle Anregungen für Verbesserungen gegeben. Sie hat mit großer Sorgfalt das Schlagwortverzeichnis vorbereitet und entworfen und durch Zusammenarbeit mit den Grafikern entscheidenden Anteil an der Gestaltung von Abbildungen und schematischen Darstellungen.

Dezember 1999

W. v. Engelhardt
G. Breves

Inhalt

24 Physiologie der Laktation

25 Vitamine

26 Mineralstoffe

Autorenverzeichnis

PD Dr. Christine Aurich
Institut für Tierzucht undGenetik
Veterinärmed. Universität
Veterinärplatz 1
1210 Wien
Österreich

Dr. S. W. Barth
Institut für Ernährungsphysiologie
Bundesforschungsanstalt für Ernährung
Haid-und-Neu-Str. 9
76131 Karlsruhe

Prof. Dr. G. Breves
Physiologisches Institut
Tierärztliche Hochschule Hannover
Bischofsholer Damm 15/102
30173 Hannover

Dr. J. Cihak
Institut Physiologie, Physiologische
Chemie und Tierernährung,
Ludwig-Maximilians-Universität
Veterinärstr. 13
80539 München

Prof. Dr. M. Diener
Institut für Veterinärphysiologie
Justus-Liebig-Universität
Frankfurter Str. 100
35392 Gießen

Prof. Dr. H.J. Ehrlein
Lindenstr. 22/4
88634 Herdwangen-Schönau

Prof. Dr. W. v. Engelhardt
Physiologisches Institut
Tierärztliche Hochschule
Bischofsholer Damm 15/102
30173 Hannover

Prof. Dr. M.H. Erhard
Veterinär-Physiologisches Institut
Veterinärmedizinische Fakultät
Universität Leipzig
An den Tierkliniken 7
04103 Leipzig

Prof. Dr. G. Flachowsky
Institut für Tierernährung
BFA für Landwirtschaft
Bundesallee 50
38116 Braunschweig

Prof. Dr. H.-H. Frey
Ziegeleiweg 16
23730 Neustadt/Holstein

Prof. Dr. M. Fromm
Institut für Klinische Physiologie
Freie Universität Berlin
Hindenburgdamm 30
12200 Berlin

Prof. Dr. H. Fuhrmann
Veterinär-Physiologisch-Chemisches
Institut, Universität Leipzig
An den Tierkliniken 7
04103 Leipzig

Prof. Dr. G. Gäbel
Veterinär-Physiologisches Institut
Veterinärmedizinische Fakultät
Universität Leipzig
An den Tierkliniken 7
04103 Leipzig

Prof. Dr. R. Gerstberger
MPI physiologisch-klinische Forschung
W.G. Kerckhoff-Institut
Parkstr. 1
61231 Bad Nauheim

Prof. Dr. G. Gros
Zentrum Physiologie
Abt. 1 Vegetative Physiologie
Medizinische Hochschule Hannover
Carl-Neuberg-Str. 1
30625 Hannover

Prof. Dr. H. Gürtler
Veterinär-Physiologisch-Chemisches
Institut, Universität Leipzig
An den Tierkliniken 7
04103 Leipzig

Prof. Dr. H. Hackbarth
Institut für Tierhygiene und Tierschutz
Tierärztliche Hochschule Hannover
Bünteweg 17/201
30559 Hannover

Prof. Dr. J. Harmeyer
Physiologisches Institut
Tierärztliche Hochschule
Bischofsholer Damm 15/102
30173 Hannover

Prof. Dr. K. Hierholzer
Schlappengasse 12
78476 Allensbach

Prof. Dr. C. Jessen
Physiologisches Institut
Justus-Liebig-Universität Gießen
Aulweg 129
35292 Gießen

PD Dr. M. Kaske
Klinik für Rinderkrankheiten
Tierärztliche Hochschule Hannover
Bischofsholer Damm 15/114
30173 Hannover

Prof. Dr. B. Kaspers
Institut Physiologie, Physiologische
Chemie und Tierernährung
Ludwig-Maximilians-Universität
Veterinärstr. 13
80539 München

PD Dr. R. Kaune
Göbelbastei 29
31832 Springe

Prof. Dr. W. Langhans
Institut Nutztierwiss. Physiologie u.
Tierhaltung, ETH Zürich
Universitätsstr. 2
8092 Zürich
Schweiz

Dr. Sabine Leonhard-Marek
Physiologisches Institut
Tierärztliche Hochschule
Bischofsholer Damm 15/102
30173 Hannover

Prof. Dr. U. Lösch
Institut Physiologie, Physiologische Chemie u.
Tierernährung, Ludwig-Maximilians-Universität
Veterinärstr. 13
80539 München

Prof. Dr. H. Martens
Institut für Veterinär-Physiologie
Freie Universität Berlin
Oertzenweg 19b
14163 Berlin

Prof. Dr. B. Meinecke
Institut für Reproduktionsmedizin
Tierärztliche Hochschule
Bünteweg 15/241
30559 Hannover

Univ.-Prof. Dr. E. Möstl
Institut für Biochemie
Vet-med. Universität Wien
Veterinärplatz 1
1210 Wien
Österreich

Prof. Dr. E. Mohr
Universität Rostock
Fachbereich Agrarökologie
Institut für Umweltgerechte Tierhaltung
Justus-von-Liebig-Weg 8
18059 Rostock

Prof. Dr. P.D. Møller
Dept. Vet. Physiol. Biochem.
Royal Vet. a. Agri. Univers.
Bülowsveg 13
1870 Copenhagen
Dänemark

Prof. Dr. Dr. H. Petry
Institut für Physiologie, Physiologische
Chemie und Tierernährung
Ludwig-Maximilians-Universität
Veterinärstr. 13
80539 München

Prof. Dr. E. Pfeffer
Institut für Tierernährung der
Rhein.-Friedrich-Wilhelm-Universität
Endenicher Allee 15
53115 Bonn

Prof. Dr. F. K. Pierau
MPI für physiologische und klinische Forschung
W.G. Kerckhoff-Institut
Parkstr. 1
61231 Bad Nauheim

Prof. Dr. Dr. h.c. H.-P. Sallmann
Institut für Physiologische Chemie
Tierärztliche Hochschule Hannover
Bünteweg 17/218
30559 Hannover

PD Dr. H. Sann
Solvay Pharmaceuticals GmbH
Hans-Böckler-Allee 20
30173 Hannover

Prof. Dr. E. Scharrer
Institut für Veterinärphysiologie
Universität Zürich
Winterthurer Str. 20
8057 Zürich
Schweiz

Prof. Dr. M. Schemann
Physiologisches Institut
Tierärztliche Hochschule
Bischofsholer Damm 15/102
30173 Hannover

PD Dr. B. Schröder
Physiologisches Institut
Tierärztliche Hochschule
Bischofsholer Damm 15/102
30173 Hannover

Prof. Dr. F. J. Schweigert
Universität Potsdam
Institut für Ernährungswissenschaften
Arthur-Scheunert-Allee 114-116
14558 Bergholz-Rehbrücke

Prof. Dr. E. Skadhauge
Dept. Vet. Physiol. Biochem.
Royal Vet. a. Agri. Univers.
Bülowsveg 13
1870 Copenhagen
Dänemark

Prof. Dr. M. Stangassinger
Institut für Physiologie und Tierernährung
Ludwig-Maximilians-Universität
Veterinärstr. 13
80539 München

Prof. Dr. L. Szentkuti
Physiologisches Institut
Tierärztliche Hochschule
Bischofsholer Damm 15/102
30173 Hannover

Prof. Dr. Töpfer-Petersen
Institut für Reproduktionsmedizin
Tierärztliche Hochschule
Bünteweg 17/241
30559 Hannover

Prof. Dr. J. Wittmann
Institut für Physiolgie und Tierernährung
Ludwig-Maximilians-Universität
Veterinärstr. 13
80539 München

Prof. Dr. S. Wolffram
Institut für Tierernährung- und
Stoffwechselphysiologie
Hermann-Rodewald-Str. 9
24118 Kiel

1 Physiologie der Haustiere – faszinierende Vielfalt und wissenschaftlicher Eckstein der veterinärmedizinischen Praxis

W. von Engelhardt

1.1 Einleitung

Die Evolution hat bei den Tieren zu einer nahezu unvorstellbar großen Vielfalt bei Strukturen und Funktionen geführt. Eine unerbittliche Selektion hat durch Mutationen Anpassungen an verschiedenste Lebensbedingungen ermöglicht. Dabei wurden vorhandene Strukturen und Funktionen weiterentwickelt; es sind aber auch immer wieder neue, andersartige Prinzipien entstanden.

Die **Tierphysiologie**, die Lehre von den normalen Lebensvorgängen, beschäftigt sich mit den Funktionen der Lebewesen und ihrer Organe. Ziel und Aufgabe in der Physiologie ist es, zu verstehen und nachzuweisen, wie die Lebensvorgänge ablaufen, wie z.B. die Verdauung, die Atmung, die Ausscheidung, Herz und Kreislauf, die Fortpflanzung, die Kommunikation innerhalb des Körpers erfolgen. Es erscheint häufig wie ein Wunder, wie erfolgreich und wie effizient im Körper ablaufende Vorgänge aufeinander abgestimmt sind und wie gut und zuverlässig sie funktionieren. In der Physiologie werden dabei nicht nur die Funktionen beschrieben, es wird vielmehr nach dem Wie und dem Warum gefragt. Dabei sind Kenntnisse über die Strukturen, aber auch über Grundlagen der Physik, der Chemie und der Molekularbiologie erforderlich. Mit der Entwicklung der molekularen Zellbiologie werden die Grenzen zwischen der Physiologie und der Biochemie zunehmend verwischt. Im Rahmen der Physiologie bemühen wir uns, mehr als dies meistens in der Biochemie erfolgt, die Funktionen von Organen und das Zusammenwirken innerhalb des Körpers zu erkennen und zu beschreiben.

Während die Humanphysiologie sich nur mit einer Species beschäftigt, muß die Veterinärmedizin sich mit sehr verschiedenen Tierarten und damit mit einer großen Vielfalt von Vorgängen und Mechanismen auseinandersetzen. Diese **Vielseitigkeit** erschwert häufig das Verständnis, besonders wenn es sich um komplexe Vorgänge handelt. Diese Vielseitigkeit bedeutet andererseits aber auch eine faszinierende Herausforderung. Wir haben es z.B. mit Tieren zu tun, die weniger als 500 g wiegen, und anderen mit einem Körpergewicht von fast einer Tonne; diese verschiedenen Körpergewichte bedeuten gravierende Unterschiede bei physiologischen Vorgängen. Einige unserer Haustiere sind Carnivoren, andere reine Herbivoren, wiederum andere können sich an beide Ernährungsformen anpassen.

Große tierartliche Unterschiede sind auch bei der Reproduktion und Laktation, bei Atmung und Kreislauf und bei der Thermoregulation vorhanden. Als Tierärzte haben wir es neben den Haustieren auch mit Heimtieren einschließlich Ziervögeln sowie mit Zoo- und Wildtieren zu tun. Dadurch wird die Vielfalt der Funktionen, mit denen wir uns beschäftigen müssen, noch wesentlich größer. In dem vorliegenden Lehrbuch steht das Haustier im Mittelpunkt. Gelegentliche vergleichend-physiologische Hinweise auf andere Tiere sollen das Interesse zum weiterführenden Studium wecken, und sie sollen vermitteln, wie anregend und aufregend die vergleichende Physiologie sein kann.

1.2 Drei Beispiele aus der vergleichenden Haustierphysiologie

- **Problem Körpergröße**

Die kleinen Haustiere haben je kg Körpergewicht einen wesentlich höheren Grundumsatz als die großen Tiere (Kap. 18, Abb. 18.3). Der Energieumsatz je kg Körpergewicht ist beim Kaninchen etwa viermal höher als beim Rind. Beim kleinsten Säugetier, der Zwergspitzmaus (mit einem Körpergewicht von nur 2 g), ist der relative Umsatz sogar um das 30fache höher als bei dem größten Landsäugetier, dem bis zu 4 Tonnen schweren Elefanten. Die kleine Spitzmaus muß deshalb ständig auf Nahrungssuche sein, um den hohen Energiestoffwechsel decken zu können.

Die Zusammenhänge zwischen Körpergröße und Stoffwechsel konnten noch nicht bekannt gewesen sein, als der Schiffsarzt Gulliver auf der Insel Liliput strandete (Jonathan Swift, 1726). Der gastliche Kaiser der Liliputaner ließ für diesen riesigen Gulliver 1728 Liliputaner-Rationen auftragen. Max Kleiber hat 1967 in humorvoller Weise nachgerechnet, daß der Kaiser bei seiner Anordnung offensichtlich die Abhängigkeit des Energiestoffwechsels vom Körpergewicht geahnt hat. Die Liliputaner berechneten

Tiere	1 Ochse	300 Kaninchen
Gesamtgewicht	600 kg	600 kg
Futterverzehr pro Tag	7,5 kg Heu	30 kg Heu
1 Tonne Heu reicht	130 Tage	33 Tage
Tägliche Wärmeverluste je kg Körpergewicht	60 kJ	250 kJ
Tägliche Zunahme an Körpergewicht	0,9 kg	3,6 kg
Gewichtszunahme pro Tonne Heu	120 kg	120 kg

Abb. 1.1 Ochse und Kaninchen als Futterverwerter (modifiziert aus: Kleiber und Gütte, 1965).

den Nahrungsbedarf für ihn offensichtlich im Verhältnis zum Körpergewicht$^{0.76}$. Dies kommt der von Kleiber und von Brody erst 1932 erarbeiteten Potenzfunktion für das metabolische Körpergewicht sehr nahe.

Aus der Tatsache, daß kleine Tiere je kg Körpergewicht einen höheren Erhaltungsbedarf haben und damit auch bezogen auf das Körpergewicht mehr Wärme abgeben als die größeren Tiere, wurde häufig fälschlicherweise gefolgert, daß die großen Tiere durch die geringe relative Wärmeabgabe bei der Fleischproduktion effizienter seien.

In einem Rechenbeispiel von Kleiber (1961) wird gezeigt, daß dies nicht so ist (Abb. 1.1). Ein Ochse wiegt etwa so viel wie 300 Kaninchen. Die 300 Kaninchen fressen aber täglich viermal so viel wie der Ochse. Nach 33 Tagen haben die Kaninchen die Tonne Heu aufgefressen, der Ochse erst nach 130 Tagen. Die Kaninchen haben durch den höheren relativen Stoffwechsel täglich deutlich mehr Wärme verloren als der Ochse. Durch das schnellere Wachstum war die Gewichtszunahme je Tag bei den Kaninchen deutlich höher, nach 33 Tagen hatten die 300 Kaninchen das gleiche Gewicht erreicht wie der Ochse nach 130 Tagen. Der Wärmeverlust ist bei den Kaninchen in den 33 Tagen ebenso hoch wie bei dem Ochsen in 130 Tagen. Das bedeutet, daß die kleinen Tiere durch den hohen relativen Stoffwechsel nicht automatisch weniger effizient Fleisch produzieren können als die großen Tiere. Die **Wachstumsgeschwindigkeit** der Tiere ist für die Beurteilung der Effizienz der Fleischproduktion von entscheidender Bedeutung.

Die **tierartlichen Unterschiede beim Wachstum** werden auch deutlich, wenn die Zahl der Tage, die zur Verdopplung des Geburtsgewichtes benötigt werden, verglichen werden:

Kaninchen	6 Tage
Katze	7 Tage
Schwein	9 Tage
Schaf	15 Tage
Pferd	33 Tage
Rind	90 Tage
Mensch	125 Tage

- **Herbivoren mußten gegenüber Carnivoren neue Strategien der Verdauung entwickeln**

Die von Carnivoren aufgenommene Nahrung kann durch körpereigene Enzyme gut verdaut werden. Ihr Magen-Darm-Kanal ist deshalb verhältnismäßig einfach gebaut und relativ kurz. Bei den Omnivoren ist der Darm deutlich länger. Die Herbivoren müssen große Fermentationskammern zum mikrobiellen Abbau von Cellulose und Pflanzengerüstsubstanzen haben, da körpereigene Enzyme β-glykosidische Bindungen nicht spalten können. Diese Fermentationskammern können vor dem Dünndarm (Vormagenverdauer) oder nach dem Dünndarm (Dick-

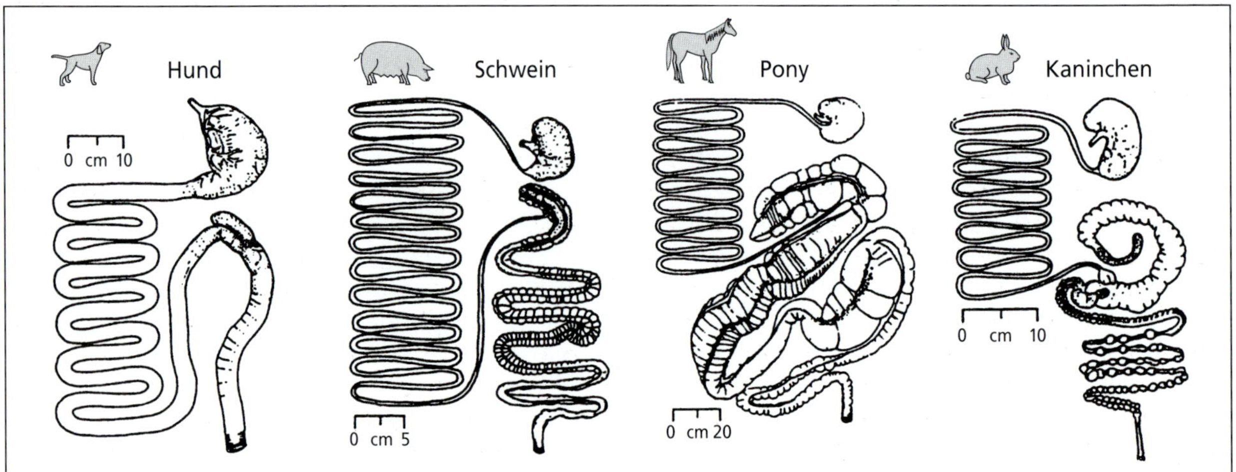

Abb. 1.2 Vergleichende schematische Darstellung des Magen-Darm-Kanals von vier monogastrischen Haustieren: Carnivore (Hund), Omnivore (Schwein), zwei Herbivoren (Pony, Kaninchen). Modifiziert aus: Stevens und Hume (1995).

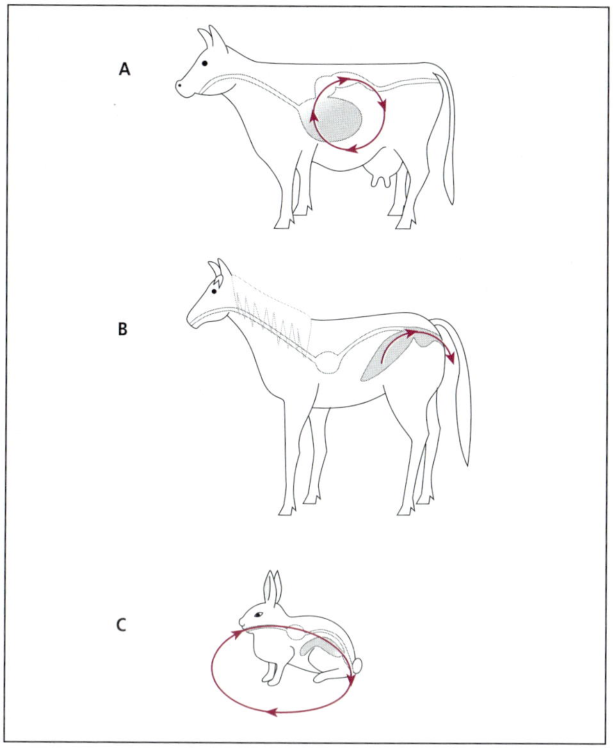

Abb. 1.3 Ausnutzung des im Körper gebildeten mikrobiellen Proteins bei einem Vormagenverdauer und bei zwei Dickdarmverdauern.
A Das in den Vormägen gebildete mikrobielle Protein kann im Dünndarm abgebaut, und die Aminosäuren können resorbiert werden. Ein Teil des Endproduktes des endogenen Proteinstoffwechsels, der Harnstoff, wird in die Vormägen sezerniert und kann dort bei der mikrobiellen Proteinsynthese genutzt werden.
B Die meisten Dickdarmverdauer können das gebildete mikrobielle Protein nicht nutzen. Es wird mit dem Kot abgegeben.
C Kaninchen können das im Caecum angereicherte mikrobielle Protein per os aufnehmen (Caecotrophie) und es im Dünndarm abbauen.

darmverdauer) (Kap. 15.8) liegen. Bei der Größe, der Entwicklung einzelner Abschnitte und auch bei den Funktionen des Dickdarmes sind die tierartlichen Unterschiede besonders groß (Abb. 1.2).

Bei der Entwicklung der Vormägen und vor allem der Dickdarmabschnitte ist interessant, daß die Nutzung des gebildeten hochwertigen mikrobiellen Proteins sehr verschiedenartig ist. Während bei den Wiederkäuern das in den Vormägen gebildete mikrobielle Protein im Dünndarm abgebaut und die Aminosäuren resorbiert werden, können die meisten Dickdarmverdauer das mikrobielle Protein nicht oder kaum nutzen, es wird mit dem Kot abgegeben (Abb. 1.3). Eine ganz andere Strategie haben die Kaninchen entwickelt, die Caecuminhalt wieder aufnehmen (Caecotrophie) und so das im Dickdarm gebildete mikrobielle Protein nutzen können (Kap. 15.8).

- **Die Entwicklung vom Leben im Wasser zum Leben auf dem Lande erforderte eine radikale Umstellung in der Regulation des Wasserhaushaltes**

Fische, die im Süßwasser leben, müssen sich gegen einen dauernden Wassereinstrom schützen. Bei Fischen im Salzwasser ist dies umgekehrt, da das umgebende Wasser meist gegenüber der Körperflüssigkeit hyperton ist. Die im Salzwasser lebenden Tiere müssen deshalb Mechanismen entwickeln, die einen dauernden Wasserverlust verhindern (Kap. 12.15). Der Wechsel zum Landleben erforderte eine andersartige Anpassung. Die Tiere mußten Mechanismen entwickeln, die einen sehr ökonomischen Umgang mit dem Körperwasser ermöglichen. Die Nieren und auch der Dickdarm können tierartlich sehr unterschiedlich die Wasserabgabe minimieren. Der Biber, der in seinem Biotop stets ausreichend Wasser zur Verfügung hat, bildet einen Harn, dessen Osmolarität nur etwas höher ist als die des Blutes. Schweine können den Harn um etwa das 3½fache konzentrieren, Menschen um das 4½fache, Hunde und Katzen um etwa das 8fache, Kamele um das 15fache. Einige der kleinen Wüstentiere sind sogar in der Lage, gegenüber dem Blut 20-25fache Harnkonzentrationen zu erreichen.

Die an Trockenheit adaptierten Tiere können darüber hinaus im Dickdarm viel Wasser rückresorbieren und damit einen sehr trockenen Kot produzieren. Einigen Wüstentieren gelang es durch ihr Verhalten und durch besondere Mechanismen die bei der Temperaturregulation (Kap. 21) notwendige Wasserabgabe sehr gering zu halten.

1.3 Physiologie – Wissenschaftlicher Eckstein der klinischen und paraklinischen Veterinärmedizin

Krankheiten sind Störungen von normalen Lebensvorgängen im Körper oder in einzelnen Organen. Die Diagnose ist die zweifelsfreie Zuordnung einer gesundheitlichen Störung zu einem Krankheitsbegriff. Die sichere Diagnose gehört zu den schwierigsten Aufgaben eines Arztes. Dabei kommt es darauf an, Abweichungen von normalen Lebensvorgängen erkennen und beurteilen zu können. Dies ist nur dann möglich, wenn der Tierarzt genügend Kenntnisse über die normalen Lebensvorgänge hat. Deshalb ist die zuverlässige Diagnose einer Krankheit ohne gute physiologische Kenntnisse nicht möglich. Der Tierarzt muß die von ihm beobachteten Symptome mit den Befunden beim gesunden Tier vergleichen, um auf gestörte Funktionen und Mechanismen schließen zu können.

Bei der Therapie einer Erkrankung und vor allem auch bei der Entwicklung einer Therapiemethode ist es vorrangiges Ziel, die **Ursachen der Erkrankung** zu bekämpfen. Dabei können Eingriffe in beteiligte Mechanismen, Regulationsvorgänge, komplexe Interaktionen erforderlich werden. Die Vorgänge im Körper muß man kennen, um beurteilen zu können, welche Therapie gewählt und welche Medikamente angewendet werden sollen. Fast alle Arzneimittel haben Nebenwirkungen. Bei der Auswahl muß der Tierarzt unerwünschte Effekte und ihre Auswirkungen auf den Körper abschätzen können. Dies ist ohne solide Kenntnisse der Physiologie nicht möglich. In den einzelnen Kapiteln des Lehrbuches wird auf Aspekte der Pathophysiologie, des Grenzgebietes zwischen Physiologie und klinischer Medizin, eingegangen. Dabei soll verständlich werden, wie Störungen der beschriebenen physiologischen Vorgänge zu Fehlfunktionen des Körpers und zu Erkrankungen führen können. Die enge Verknüpfung von Physiologie und Innerer Medizin ist dadurch erkennbar.

Weiterführende Literatur

Randall, D., W. Burggen, K. French: Eckert Animal Physiology – Mechanisms and Adaptations. W.H. Freeman, New York 1997.

Slijper, E.J.: Riesen und Zwerge im Tierreich. Paul Parey Verlag, Hamburg und Berlin 1967.

Stevens, C.E., I.D. Hume: Comparative Physiology of the Vertebrate Digestive System. Cambridge University Press, Cambridge 1995.

2 Grundlagen der Zellphysiologie

B. Schröder und M. Diener

2.1 Die Zelle als kleinste funktionelle Einheit des Organismus

Die Zelle ist die **kleinste lebens- und vermehrungsfähige Funktionseinheit** des Organismus. Ihre Fähigkeit zur Selbstvermehrung ist an eine Reihe von Voraussetzungen gebunden, die gewöhnlich als Lebenskriterien herangezogen werden. Im **Genom** (Träger der genetischen Information, Desoxyribonucleinsäure bzw. DNA) der Zelle ist die Information für ihre Strukturen, Funktionen und ihre Selbstreproduktion enthalten. Die Doppelhelix der DNA in den Chromosomen stellt in der Zelle den Sitz der „Legislative" dar, während die „Exekutive" durch die Gesamtheit der Proteine, die durch die Vorgänge der Transkription und Translation entstehen, repräsentiert wird. Die genetische Information der Zelle kann sich sprunghaft verändern (**Mutation**), wodurch die Zelle zur Evolution nach den Kriterien der Selektion befähigt ist. Zellen besitzen einen **Stoffwechsel**, der es ihnen ermöglicht, nicht nur ihre eigenen Strukturen zu erhalten, sondern auch zu wachsen und Arbeit zu leisten. Über energiereiche Substanzen, i.a. ATP und NAD(P)H/H^+, wird der energieverbrauchende Stoffaufbau (**Anabolismus**) mit dem energiefreisetzenden Stoffabbau (**Katabolismus**) verbunden. Die Lebensfähigkeit der Zelle bedingt die Aufrechterhaltung der vielen stofflichen Ungleichverteilungen zwischen dem extra- und intrazellulären Raum. Dazu erfolgt ein ständiger Austausch von Stoffen und Energie mit der Umgebung, so daß ein **Fließgleichgewicht** (*steady state*) erhalten bleibt. Diese Vorgänge werden durch die Struktur und Permeabilitätseigenschaften der **Zellmembran** (Plasmalemma), die jede Zelle umgibt und eine Barriere gegen die Umwelt darstellt, reguliert. Das letzte Kriterium ist die **Reizbarkeit** der Zelle, d.h. sie kann verschiedene chemische und physikalische Signale von außen empfangen und durch eine entsprechende biologische Antwort darauf reagieren. Diese Vorgänge werden durch spezifische **Rezeptoren** in der Zellmembran vermittelt.

Die Zelle ist die kleinste lebens- und vermehrungsfähige Funktionseinheit des Organismus. Die Fähigkeit zur Selbstvermehrung, Stoffwechsel und Reizbarkeit sind die wichtigsten Lebenskriterien.

2.2 Subzelluläre Organisation der Zelle

Obwohl Größe, Form und Struktur der Zellen u.a. aufgrund der unterschiedlichsten Funktionen einer großen Variabilität unterliegen, weisen doch alle Zellen einen prinzipiell homologen Bauplan auf. Als Beispiel ist eine schematische Epithelzelle mit ihren einzelnen Komponenten und Organellen in Abbildung 2.1 dargestellt.

2.2.1 Intrazelluläre Organellen und Prinzip der Kompartimentierung

Die Komplexität der Zelle äußert sich auf strukturellem Niveau vor allem in ihrer internen Gliederung durch Biomembranen in zahlreiche Reaktionsräume oder **Kompartimente**. Diesbezüglich ist eine Membran definitionsgemäß als ein in sich geschlossenes Gebilde anzusehen, das einen Raum vollständig umschließt. Dabei wird unter dem Begriff Kompartiment jeweils die Summe der Räume gleicher Art, wie z.B. der vielen Mitochondrien oder Lysosomen, verstanden. Insofern deckt sich der Begriff Kompartiment nicht notwendigerweise mit dem Begriff **Organell**, der für die unterschiedlichen Zellstrukturen, wie z.B. Ribosomen oder Golgi-Apparat, verwendet wird. Auch das Cytoplasma, das von der Zellmembran umgeben wird, bildet in diesem Sinne ein Kompartiment. Eine Zusammenstellung der wichtigsten Kompartimente bzw. Organellen der tierischen Zelle und einige ihrer typischen Funktionen sind in Tabelle 2.1 zu finden.

Die Kompartimentierung der Zelle ist ausgesprochen **dynamisch**. Dieses betrifft insbesondere das Endoplasmatische Reticulum (ER) und den Golgi-Apparat, die wie die Lysosomen und die Plasmamembran durch zahlreiche Vesikulations- und Fusions-

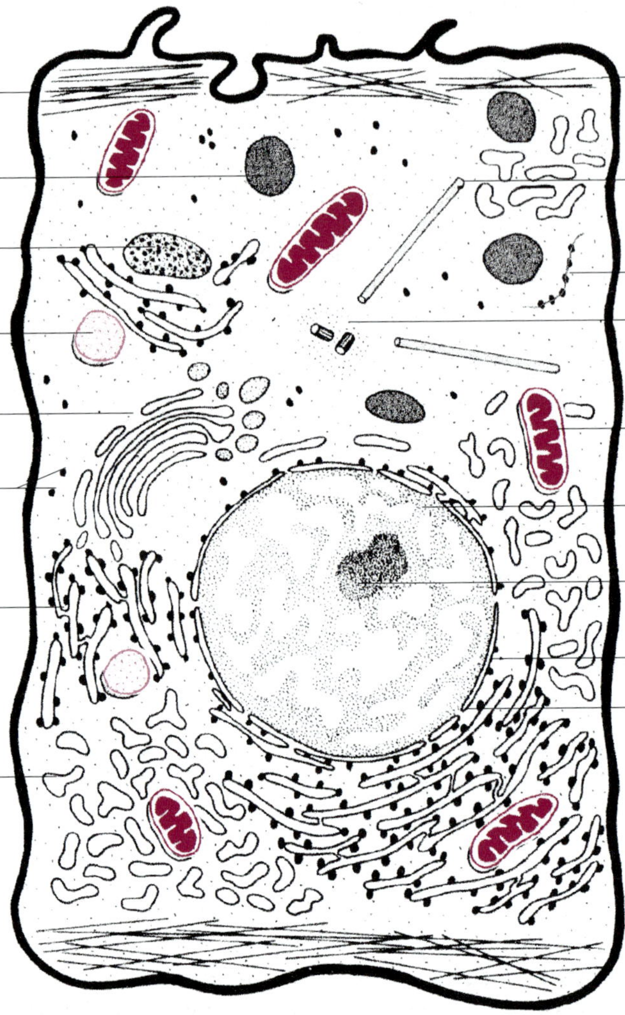

Abb. 2.1 Schematische Darstellung einer tierischen Zelle. Als Beispiel ist eine Epithelzelle dargestellt. Der Zellkern wird von zwei Membranen umgeben, die die Kernhülle bilden. In ihr sind die Kernporen ausgespart. Der Intermembranalraum der Kernhülle steht mit dem Endoplasmatischen Reticulum (ER) in direkter Verbindung. Die Mitochondrien sind ebenfalls von einer äußeren und inneren Membran umhüllt. Die Gesamtheit der Dictyosomen einer Zelle bildet den Golgi-Apparat.

Tabelle 2.1 Einteilung der tierischen Zelle in Kompartimente

Kompartiment	Hauptfunktionen
Zellmembran	Barriere und Kontakt zur Außenwelt, Signalaufnahme, Transport von Stoffen
Cytoplasma bzw. Cytosol	Summe der membranfreien Grundsubstanz außerhalb des Zellkerns; allgemeiner Stoffwechsel, Proteinsynthese, Glykogen, intrazelluläre Bewegungen, Cytoskelett
Endoplasmatisches Reticulum (ER)	Synthese von Membran- und Exportproteinen (hauptsächlich rauhes ER), Lipidsynthese (hauptsächlich glattes ER); als Sarcoplasmatisches Reticulum (SR) in Muskelzellen ein wichtiger Ca^{2+}-Speicher
Golgi-Apparat	Gesamtheit der Dictyosomen (= einzelne Membranvesikelstapel der Golgi-Zisternen); Oligo- und Polysaccharidsynthese
Peroxisomen	Kompartiment für verschiedene Spezialaufgaben, wie z.B. Oxidation von Stoffen zwecks Entgiftung; Oxidasen, Katalase
Lysosomen	Verdauung endocytierter Substanzen; Hydrolasen
Zellkern (Nucleus)	DNA-Replikation, Transkription, Synthese und Reifung der Messenger RNA, Bildung ribosomaler Untereinheiten im Nucleolus
Mitochondrien	Atmung, ATP-Produktion

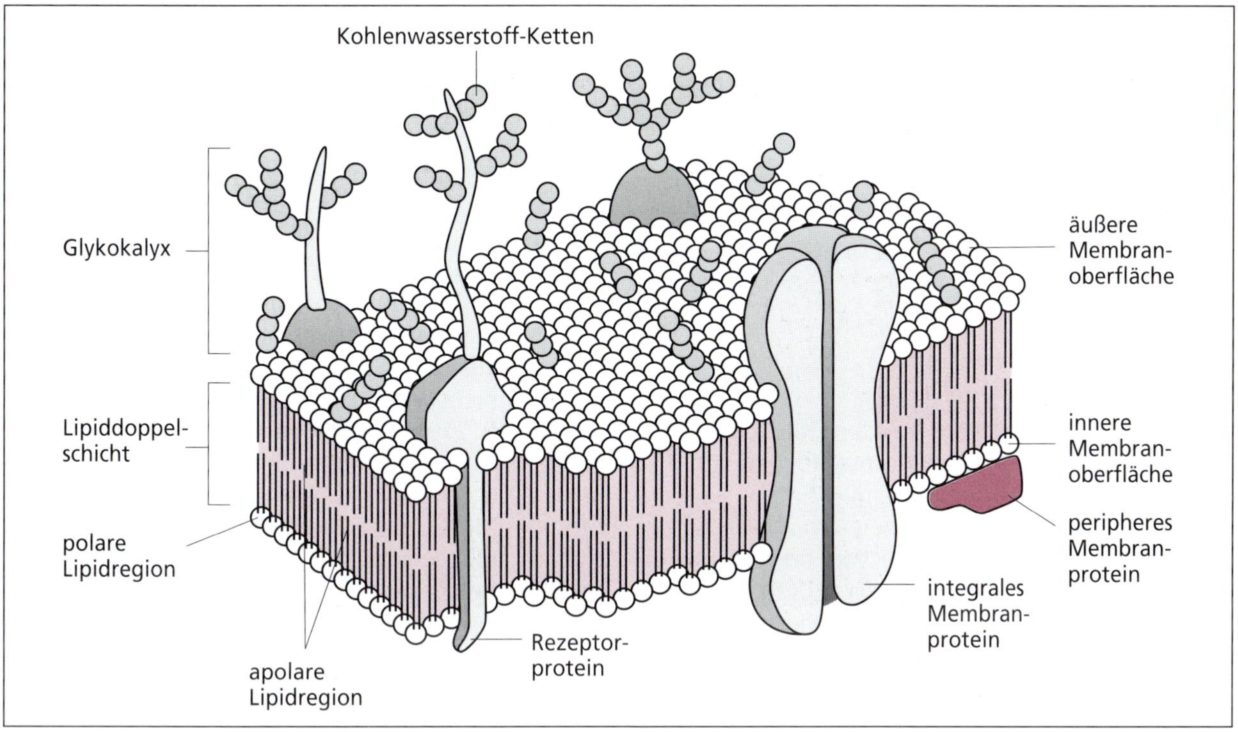

Abb. 2.2 Flüssig-Mosaik-Modell der Zellmembran. In eine Lipiddoppelschicht sind zahlreiche Proteine mit unterschiedlicher Funktion eingelagert (integrale Proteine). Periphere Proteine können über spezifische Wechselwirkungen an die Membran gebunden werden. Glykoproteine und -lipide bilden zum Extrazellularraum hin die Zellaußenschicht (Glykokalyx).

vorgänge, z.B. unter Beteiligung von Transport- und Speichervesikeln in engem Kontakt stehen (**Membranfluß**). Nur die Mitochondrien haben mit anderen Kompartimenten keinen Austausch dieser Art.

Die Funktion der Kompartimentierung der Zelle ist es, bestimmte Stoffwechselwege voneinander zu trennen und dadurch effektiver, störunanfälliger und besser regulierbar zu machen. So können z.B. räumlich getrennte, aber „gleiche" Enzyme (**Isoenzyme**) für eine bestimmte katalytische Reaktion unterschiedliche Coenzyme benötigen oder verschiedene biologische Antworten erzeugen.

2.2.2 Zellmembran

Die Zell- oder Plasmamembran bildet eine ca. 5 bis 6 nm dicke Grenzschicht zwischen dem Cytoplasma und dem Extrazellulärraum. Sie ist für jede Zelle zugleich Barriere und Vermittler zur Außenwelt. Deshalb fällt ihr eine große Zahl von Aufgaben zu, unter denen neben der schon genannten Barrierefunktion mit der Kontrolle der Stoffaufnahme und -ausscheidung durch **spezifischen Transport** sowie **Endo-** und **Exocytose**, die **Zell-Zell-Erkennung** (cell recognition), die **Signalaufnahme**, **-verarbeitung** und **-weitergabe** (signal transduction) und die Ausbildung von **Zell-Zell-Verbindungen** (cell junctions) besonders hervorzuheben sind.

Diese gegensätzlichen Funktionen der Zellmembran spiegeln sich auch in ihrem strukturellen Aufbau wider (Abb. 2.2). Die Membran besteht aus einer **Lipiddoppelschicht** (Bilayer), die teils aus Phospholipiden (z.B. Phosphatidylcholin), teils aus Glykolipiden (z.B. Gruppe der Ceramide) und aus Cholesterin besteht. Die Oligosaccharidseitenketten der Glykolipide sind ausschließlich auf der extrazellulären Membranseite exponiert, so daß die Lipiddoppelschicht **unsymmetrisch** ist. Phospho- und Glykolipide haben **amphipatische** bzw. **amphiphile** Eigenschaften, d.h., sie weisen zugleich **lipophile** (**hydrophobe**) und **hydrophile** (**lipophobe**) Eigenschaften auf. Der relative Anteil der Lipidarten variiert mit dem Membrantyp. Dabei hat die Höhe des Anteils an nichtamphipatischem Cholesterin einen wesentlichen Einfluß auf die Fluidität der Membran. So enthält beispielsweise die Erythrocytenmembran ca. 22% Cholesterin, während intrazelluläre Membranen höchstens 5% enthalten. Die charakteristische Anordnung der Lipiddoppelschicht (unit membrane) ergibt sich durch die in wäßriger Lösung physikalisch günstige Anordnung der amphipatischen Moleküle, indem sich in der Membranmitte die **apolaren Fettsäurereste** (jeweils zwei pro Lipidmolekül) gegenüberstehen und die **polaren Kopfgruppen** in den Extra- oder Intrazellulärraum ragen.

Tabelle 2.2 Permeabilität einer künstlichen Lipiddoppelschicht für verschiedene biologisch bedeutsame Substanzen

Substanz	Permeabilität [$cm \cdot s^{-1}$]
Buttersäure	640×10^{-4}
H_2O	22×10^{-4}
Glycerin	5×10^{-6}
Harnstoff	4×10^{-6}
D-Fructose	2×10^{-7}
D-Glucose	5×10^{-8}
Cl^-	ca. 10^{-10}
K^+	ca. 10^{-11}
Na^+	ca. 10^{-12}

Auch die Zellorganellen werden durch Membranen gegenüber dem Cytoplasma abgegrenzt. Die Organellenmembranen sind im Prinzip wie die Zellmembran aufgebaut, können sich aber in ihrem Proteinanteil ganz wesentlich von ihr unterscheiden. Das Massenverhältnis von Protein zu Lipid variiert zwischen z.B. 2,9 für die innere mitochondriale Membran und 0,25 in der lipidreichen Myelinmembran, liegt aber bei den meisten Membranen der Säugetierzellen nahe dem Wert 1,0. Eine Besonderheit stellt die **Kernhülle** (nuclear envelope) dar. Sie ist doppelt gefaltet und bildet dadurch eine äußere und innere Membran. Auch Mitochondrien sind von zwei Membranen, der **äußeren** und **inneren Mitochondrienmembran**, umhüllt. Die innere Membran bildet sog. Cristae, Invaginationen in die Mitochondrienmatrix, wodurch die Fläche stark vergrößert wird. Bei Hepatocyten beträgt das Flächenverhältnis von innerer zu äußerer Membran 5:1.

Durch ihre **Hydrophobizität** ist die Plasmamembran der Säugetierzelle im Prinzip nur für kleine, nichtionisierte Moleküle wie Wasser, Harnstoff, Sauerstoff, Kohlendioxid, Glycerin und viele lipidlösliche Moleküle gut permeabel. Dagegen ist die Lipidphase der Membran für geladene Moleküle, vor allem für anorganische Ionen wie Na^+, K^+ oder Cl^- sowie nichtlipidlösliche Stoffe wie Glucose und Fructose praktisch impermeabel (Tab. 2.2).

Neben Lipiden enthält die Membran auch zahlreiche Proteine, die nach morphologischen Gesichtspunkten in zwei Gruppen eingeteilt werden können. **Periphere** oder **extrinsische Proteine** (Anteil bis zu 20 % der Membranproteine) können durch elektrostatische Kräfte relativ locker an die hydrophilen Köpfe der Lipidmoleküle angelagert sein (z.B. die F_1-Untereinheit der ATP-Synthetase). In anderen Fällen sind sie partiell in einer der Schichten der Membran eingebaut (z.B. Untereinheiten der G-Proteine auf der cytoplasmatischen Membranseite). **Integrale** oder **intrinsische Proteine** sind fest in der Lipiddoppelschicht verankert, indem nichtpolare Segmente des Proteins, die eine Helix als Sekundärstruktur besitzen, ein- bis mehrfach die ganze Membran durchspannen (**Membrandomänen**). Die Membrandomänen werden durch hydrophile Proteinabschnitte (**cytoplasmatische** und **extrazelluläre Domänen**), die in die wässerige Umgebung an beiden Membranseiten ragen, verbunden. In vielen Fällen sind nichtmembranäre Proteinanteile, die in den Extrazellulärraum hineinragen, mit Ketten von Kohlenwasserstoffen assoziiert (**Glykoproteine**). Solche Strukturen an der Oberfläche der Zellmembran können bei zahlreichen Zellarten eine zusätzliche Hülle bilden, die u.a. im Zusammenhang mit der Zell-Zell-Erkennung, Zell-Zell-Adhäsion oder einer Schutz- und Stabilisierungsfunktion steht. Die Oberfläche der Zellmembran ist dabei so dicht mit Zuckerketten besetzt, daß eine geschlossene Schicht entsteht, die als **Glykokalyx** bezeichnet wird (Abb. 2.2). Moleküle dieser Schicht ragen bis zu 20 nm in den Extrazellulärraum hinein und stellen u.a. die morphologischen Korrelate der Blutgruppen- und Transplantationsantigene dar. Die Zuckerreste versetzen die Zellen aber auch in die Lage, andere Zellen zu erkennen bzw. sich an andere Zellen anzulagern. Zur Verdeutlichung der zahlreichen Aufgaben der Membranproteine zeigt Tabelle 2.3 eine funktionelle Einteilung der Membranproteine mit typischen Beispielen.

Tabelle 2.3 Funktionelle Einteilung der Membranproteine

Klasse	Funktion	Beispiele
1. Rezeptoren	binden Moleküle mit speziellen Eigenschaften	Acetylcholin-Rezeptor, β-Rezeptoren
2. Signalproteine	erlauben dem Immunsystem, zwischen Krebszellen, Fremdzellen, die in den Körper eindringen, und körpereigenen Zellen zu unterscheiden	Histokompatibilitäts-Antigene
3. Transportproteine	erlauben speziellen polaren gelösten Stoffen und Ionen, Zellmembranen zu durchdringen; in einigen Fällen spalten solche Proteine auch ATP	Ca^{2+}-Kanal Na^+/K^+-ATPase
4. Zell-Zell-Kontaktproteine	bilden Koppelungen zwischen benachbarten Zellen aus	gap junctions tight junctions
5. Enzyme	katalysieren spezifische Reaktionen von Substraten in der extra- oder intrazellulären Flüssigkeit an der Zellmembran	Acetylcholinesterase

2.2.3 Topographie der Membranproteine

Die Topographie von Proteinen und Glykoproteinen in der Membran, insbesondere die der Transmembranproteine, wird wesentlich durch die Aminosäurensequenz ihrer Peptidkette geprägt. Unter verschiedenen Prämissen kann eine Voraussage zur zweidimensionalen Anordung der linearen Aminosäurensequenz gegeben werden. So wird beispielsweise das Auftreten einer längeren Reihe hydrophober Aminosäuren in der Gesamtsequenz als Transmembransegment gedeutet und Aminosäurensequenzen, die Kohlenhydratseitenketten tragen, treten stets an der extrazellulären Oberfläche der Plasmamembran bzw. der Lumenseite der intrazellulären Membranen auf. Aus der zweidimensionalen Struktur lassen sich schließlich Modellvorstellungen zur räumlichen Anordnung des Membranproteins ableiten. Am Beispiel des gut untersuchten spannungsabhängigen Na^+-Kanals von Nervenzellen ist in Abb. 2.3 ein Struktur-Funktions-Modell dargestellt.

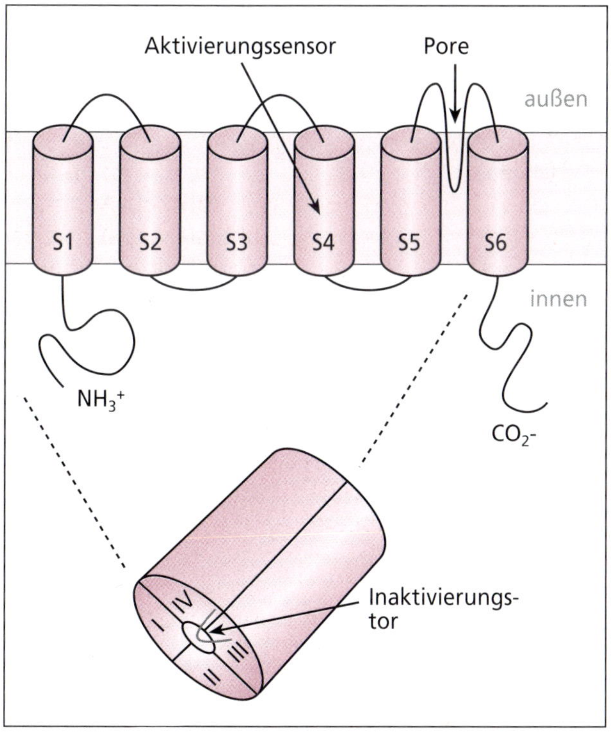

Abb. 2.3 Struktur-Funktions-Modell des spannungsabhängigen Na^+-Kanals. Die tetramere Struktur des Kanals entsteht aus 4 Untereinheiten (Domänen I bis IV), die den Kanal umschließen. Jede Untereinheit besteht aus 6 die Membran durchquerenden, unpolaren α-Aminosäurenhelices (Segmente S1 bis S6), die intra- und extrazellulär durch polare Aminosäureketten verbunden sind. In jeder Domäne enthält Segment 4 spannungssensitive Strukturen, die für die Aktivierung des Kanals verantwortlich sind. In jeder Domäne liegen zwischen den Segmenten 5 und 6 Abschnitte, die an der Bildung der Pore beteiligt sind. Die Domänen III und IV werden an der Membraninnenseite durch eine bewegliche Peptidkette verbunden, die für die Inaktivierung des Kanals sorgt und die Pore schließt.

2.2.4 Beweglichkeit der Membranproteine

Unter physiologischen Bedingungen sind die Biomembranen nicht starr, sondern fluid, d.h., die Lipide und Proteine in der Doppelschicht sind beweglich. Dabei können die Moleküle prinzipiell entweder um ihre Längsachse rotieren, senkrecht zur Membranebene umklappen oder springen (Flip-Flop-Vorgang) oder lateral diffundieren. Rotation und Flip-Flop-Vorgang kommen aus energetischen Gründen nur sehr selten vor, während die laterale Beweglichkeit der Membranmoleküle je nach Zelltyp relativ groß sein kann. Diese Eigenschaft liegt neben der mosaikähnlichen Verteilung der Proteine in der Membran dem Konzept der Membran als **Flüssig-Mosaik-Modell** zugrunde (Abb. 2.2).

2.2.5 Verankerung der Membranproteine

Bei besonders spezialisierten Zellen, bei denen eine bestimmte Region der Membran auf eine bestimmte Funktion spezialisiert ist, wird eine Verankerung und damit feste Positionierung bestimmter Proteine notwendig. Bei den polarisierten Epithelzellen der renalen Tubuli oder im Intestinaltrakt z.B. befinden sich in der apikalen Zellmembran andere Transportproteine (z.B. Na^+-Carrier) als in der basolateralen Membran (z.B. Na^+/K^+-Pumpe), um einen gerichteten Transport zu ermöglichen (z.B. Na^+-Resorption). In myelinisierten Nervenfasern sind Ionenkanäle, die an der Ausbildung des Aktionspotentials beteiligt sind, besonders im Bereich der Ranvierschen Schnürringe konzentriert. In der Skelettmuskelzelle sind die Rezeptoren für Acetylcholin, die einen Na^+-Kanal bilden und die Kontraktion induzieren können, besonders im Bereich der motorischen Endplatte konzentriert. Bei der Verankerung der Membranproteine spielen Elemente des **Cytoskeletts** eine wesentliche Rolle.

2.2.6 Cytoskelett

Das Cytoskelett besteht aus feinen Proteinfäden und -schläuchen, den **Filamenten** und **Mikrotubuli** (Abb. 2.1), die die Zelle durchspannen und damit u.a. die Zellgestalt stabilisieren oder für Bewegungen der gesamten Zelle (z.B. bei der Muskelzelle mit der **Actin-Myosin-Interaktion**) verantwortlich sind. Filamente (z.B. Actin) reichen auch in **Zilien** (z.B. Lungenepithel) und **Mikrovilli** (z.B. Darmschleimhaut) hinein. Von Untersuchungen an Säugererythrocyten ist recht genau bekannt, daß andere

Cytoskelettfäden wie **Spectrinfäden** durch **Actin** und **Ankyrin** auf der Innenseite der Zellmembran zu einem „Membranskelett" mit hexagonalem Muster verknüpft werden. Dieses Netz festigt die Zellmembran und schränkt die laterale Beweglichkeit der Membranproteine ein. Trotzdem bildet das Membranskelett eine sehr dynamische Struktur, die, besonders eindrücklich bei Wachstum, Zellteilung oder -differenzierung, rasch ab-, um- und neu aufgebaut werden kann. Mikrotubuli steuern den cytoplasmatischen Vesikeltransport und sorgen dafür, daß die Proteine an der jeweils richtigen Membranposition eingebaut werden. In den meterlangen Nervenfasern sorgen Neurofilamente und Mikrotubuli für den Transport von Substanzen (z.B. Neurotransmitter) oder cytoplasmatischen Zellstrukturen (z.B. Lysosomen). Besondere Ansammlungen von Mikrotubuli im Cytoplasma bilden **Centriolen**, die am Aufbau der Kernteilungsspindel beteiligt sind.

2.2.7 Zell-Zell-Verbindungen

Besondere Elemente des Cytoskeletts stellen Zellverbindungen her, die den Aufbau und Zusammenhalt größerer Zellverbände ermöglichen. Die kreisförmigen **Desmosomen** sind dabei mit Cytokeratinen (**Tonofilamente**, **intermediäre Filamente**) und die **Zonula adhaerens** mit Actinfilamenten assoziiert (Abb. 2.4). Besonders in der Membran verankerte Proteine (z.B. Zonula occludens-Proteine bzw. **ZO-Proteine**) von Epithel- und Endothelzellen bilden nach dem Reißverschlußprinzip ein Kontaktband zu den Nachbarzellen (**Schlußleisten**, **tight junctions**, **Zonula occludens**), das die unterschiedliche Ausstattung des apikalen und basolateralen Bereichs der Zelle mit Membrankomponenten ermöglicht (**Polarisierung**) und die freie Diffusion von Substanzen durch ein Epi- oder Endothel zwischen den Zellen hindurch (**parazellulärer Transport**) einschränkt. Die Barriereeigenschaften der Schlußleisten (z.B. ihre **Permeabilität**) werden über bisher nicht genau geklärte Reaktionskaskaden reguliert.

In anderen Zellen, wie den glatten Muskelzellen des Gastrointestinaltraktes oder bei der Herzmuskulatur, sind die Zellmembranen benachbarter Zellen durch sich gegenüberliegende **Connexone** verbunden (**gap junctions**). Diese hexagonalen Strukturen bestehen aus je sechs identischen Polypeptiden (**Connexine**), die eine cytoplasmatische Verbindung zwischen den beteiligten Zellen herstellen, die sowohl eine elektrische Koppelung als auch den Durchtritt kleiner Moleküle ermöglichen. Die Durchlässigkeit der Connexone wird u.a. durch die aktuelle cytoplasmatische Ca^{2+}-Konzentration reguliert.

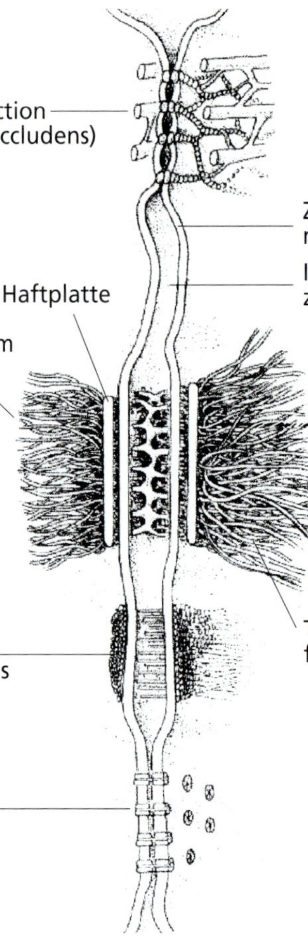

Abb. 2.4 Schematische Darstellung der möglichen Zell-Zell-Verbindungen. Erklärungen siehe Text (nach H.-G. Liebich).

Alle Säugetierzellen weisen einen prinzipiell homologen Bauplan auf. Die Zelle wird durch intrazelluläre Membranen in zahlreiche Kompartimente gegliedert, die jeweils spezifische Funktionen innehaben. Zur Außenwelt hin wird die Zelle durch die Zellmembran abgegrenzt. Die Zellmembran besteht aus einer Lipiddoppelschicht, die zahlreiche Proteine enthält. Dadurch werden die Kontrolle der Stoffaufnahme und -ausscheidung, die Zell-Zell-Erkennung und der Informationsaustausch mit der Umwelt ermöglicht.

2.3 Besondere Funktionen der Zellmembran

2.3.1 Barriere zwischen Intra- und Extrazellularraum

Die Zellmembran bildet auf Grund ihres speziellen Aufbaus eine **Barriere** zwischen dem Intra- und Extrazellularraum. Dadurch weisen beide Kompartimente unterschiedliche Zusammensetzungen

Tabelle 2.4 Typische Konzentrationen der wichtigsten Ionen im Extra- und Intrazellularraum bei Haus- und Nutztieren

Ionenart	Extrazellulärraum Blutplasma	Intrazellulärraum Cytoplasma	Verhältnis außen/innen
Kationen	$mmol \cdot l^{-1}$	$mmol \cdot l^{-1}$	
Natrium (Na^+)	142	10 (8 – 30)	14 : 1
Kalium (K^+)	4	155 (100 – 155)	1 : 39
Calcium (Ca^{2+})	2,5	0,1 – 1 $\mu mol \cdot l^{-1}$	> 2500 : 1 !
andere Kationen	2,5*	10*	
Insgesamt	151	175	
Anionen			
Chlorid (Cl^-)	103	4 (4 – 30)	26 : 1
Anorganisches Phosphat (HPO_4^{2-}, $H_2PO_4^-$)	1,5	50	1 : 33
Anorganisches Sulfat (SO_4^{2-})	0,5	9	1 : 18
Bicarbonat (HCO_3^-)	27	10 (8 – 15)	2,7 : 1
Organische Säuren und Proteinat	7	42*	1 : 6
Insgesamt ˑ	139	115	
Summe der Kationen und Anionen	290	290	

* Schätzung

an Ionen und Proteinen auf, deren Kenntnis für das Verständnis von transmembranalen Stoffaustauschvorgängen und der Entstehung von Membranpotentialen wesentlich ist (Tab. 2.4).

Im Extrazellularraum ist Na^+ das häufigste Kation und Cl^- das häufigste Anion, im Intrazellularraum sind ihre Konzentrationen um das 14- bzw. 26fache geringer. Dieser ausgeprägte Konzentrationsgradient für Cl^--Ionen gilt für Nerven- und quergestreifte Muskelzellen und kann bei anderen Geweben, wie z.B. Epithelien, deutlich verringert sein. Im Intrazellulärraum ist K^+ mehr als 39fach höher konzentriert als im Extrazellularraum. Die Anwesenheit einer adäquat hohen Konzentration an „großen Anionen", unter denen organische Säuren (A^-) und unterschiedlich stark negativ geladene Proteine (Proteinat, Pr^{n-}) zu verstehen sind, sorgt für die notwendige Elektroneutralität im Intrazellulärraum (**Prinzip der Elektroneutralität**). Gleiches gilt entsprechend für den Extrazellularraum.

Aus Tabelle 2.4 geht ebenfalls hervor, daß zwischen dem Extrazellularraum und Intrazellularraum kein osmotischer Gradient herrscht, da die Summe der Kationen und Anionen jeweils gleich ist. Der erhöhte Anteil der Kationen im Intrazellularraum wird durch eine entsprechend erniedrigte Fraktion an Anionen ausgeglichen. Normalerweise müßte man annehmen, daß die Konzentrationen der frei permeierbaren Substanzen innerhalb und außerhalb der Zelle gleich sind, was jedoch, wie Tabelle 2.4 zeigt, nicht der Fall ist. Die Erklärung für diese Diskrepanz, die auf der äußerst niedrigen Permeabilität der Membran für die großen Proteinanionen beruht, liefert das **Gibbs-Donnan-Gleichgewicht**, das später ausführlich erläutert wird.

2.3.2 Transport durch nichtselektive Permeabilität

Die Zellmembran ermöglicht einen kontrollierten Stoffaustausch zwischen Extra- und Intrazellulärraum. Dabei wird in Abhängigkeit der am jeweils betrachteten Stofftransport beteiligten Membranbestandteile zwischen der nichtselektiven und der selektiven Permeabilität der Membran unterschieden. Die **nichtselektive Membranpermeabilität** ermöglicht es vor allem Nichtelektrolyten wie Wasser, O_2 und CO_2 sowie kleinen polaren (z.B. Ethanol und Harnstoff) und lipophilen Substanzen (z.B. Steroidhormone), mittels **Diffusion** durch die Membran zu gelangen. Diffusion erfolgt „bergab" entlang des Konzentrationsgradienten. Die Höhe der während einer bestimmten Zeit durch eine Flächeneinheit transportierten Substanzmenge wird **Diffusionsstromdichte J** (Einheit $mol \cdot cm^{-2} \cdot s^{-1}$) genannt und ergibt sich aus einer Form des **1. Fickschen Diffusionsgesetzes**. J ist direkt proportional zum Permeabilitätskoeffizienten P (P = Diffusionskonstante D/Diffusionsstrecke d; Einheit $cm \cdot s^{-1}$) und zum Konzentrationsunterschied Δc (= $c_{außen} - c_{innen}$; c in $mol \cdot cm^{-3}$) der zu betrachtenden Substanz:

$$J = P \cdot \Delta c$$

Damit ist dieser Vorgang innerhalb physiologisch vorkommender Konzentrationen **nicht sättigbar** (Tab. 2.5). Die Permeabilität besitzt die Dimension einer Geschwindigkeit (Tab. 2.2).

2.3.3 Transport durch selektive Permeabilität

Für geladene Ionen wie Na^+, K^+ und Cl^- und hydrophile Substanzen wie Glucose und Aminosäuren

Tabelle 2.5 Wichtige Merkmale der unterschiedlichen Mechanismen zum Transport von Substanzen durch biologische Membranen

Merkmal	Diffusion	Membranprotein-vermittelter Transport			
		Kanäle	Carrier		
			passiv (erleichterte Diffusion)	primär aktiv (Pumpe)	sekundär aktiv
Richtung des Nettoflusses	bergab	bergab	bergab	bergauf	bergauf
Beteiligung integraler Membranproteine	nein	ja	ja	ja	ja
in physiologischen Konzentrations-bereichen sättigbar	nein	nein	ja	ja	ja
Chemische Spezifität	nein	ja	ja	ja	ja
Energie-abhängigkeit	nein	nein	nein	ja: ATP	ja: Ionengradient plus ATP
Typische Beispiele	unpolar: O_2, CO_2, N_2, Steroide	Ionen: Na^+, K^+, Ca^{2+}, Cl^-	polar: Glucose	Ionen: Na^+, K^+, Ca^{2+}, H^+	Monosaccharide, Aminosäuren, Ionen

stellt die Zellmembran eine fast impermeable Membran dar, so daß sich die Stoffe nur sehr langsam oder praktisch überhaupt nicht mittels einfacher Diffusion durch die Lipiddoppelschicht in die Zelle hinein- oder herausbewegen können. Trotzdem findet für diese Substanzen ein Austausch zwischen Extra- und Intrazellularraum statt, der durch membranständige Transportproteine und/oder relativ selektive Kanäle ermöglicht wird. Auf diese Weise bildet die Zellmembran eine **selektive Permeabilität** für von sich aus schlecht permeierende Substanzen aus.

• **Transport durch Kanäle**
Der Stofftransport durch geöffnete Kanäle erfolgt im Prinzip nach den Gesetzen der Diffusion in Richtung der „treibenden" Kräfte und ist unabhängig von Energiebereitstellung (**passiv**) und wie die Diffusion bei den vorhandenen physiologischen Konzentrationen **nicht sättigbar** (Tab. 2.5). Soweit es sich um geladene Teilchen handelt, muß neben dem chemischen Gradienten auch die elektrische Potentialdifferenz über der Zellmembran (**elektrischer Gradient**) berücksichtigt werden. Diese beiden Gradienten können entweder einzeln oder gemeinsam als **elektrochemischer Gradient** auf den Ionenfluß einwirken.

• **Transport durch Carrier**
Manche der Transportproteine (**Carrier**) transportieren „ihre" Substanz nur in eine Richtung, was als **Uniport** bezeichnet wird (Abb. 2.6). Andere Transportsysteme transportieren ihre Substanz nur im Austausch gegen einen anderen Stoff über die Zellmembran, was **Antiport** genannt wird. Gelegentlich werden diese Transporter auch als **Exchanger** bezeichnet. Werden von einem Carrier gleichzeitig zwei (z.B. Na^+/Glucose-Symport im Duodenum) oder gar drei Substanzen gleichzeitig (z.B. $Na^+/K^+/2Cl^-$-Symport im distalen Tubulus) in dieselbe Richtung verschoben, so wird von **Symport** oder **Cotransport** gesprochen (Abb. 2.6). Je nachdem ob dieser Transport nur „bergab", d.h. mit dem elektrochemischen Gradienten (**passiv**), oder auch „bergauf", d.h. gegen solche Gradienten (**aktiv**) erfolgt, werden verschiedene Arten des **Carrier-Transportes** unterschieden. Im Unterschied zum Transport durch Kanäle ist der carrier-vermittelte Transport **sättigbar** (Tab. 2.5).

Die **erleichterte Diffusion** (Tab. 2.5) ist der übliche Fachausdruck für einen spezifischen Transport, der „bergab" in Richtung der jeweiligen „treibenden Kräfte" erfolgt und der sättigbar ist. Die Bezeichnung stammt aus einer Zeit, als nur wenig über die Transportsysteme bekannt war. Sie ist nicht besonders glücklich, da dieser Transport sich gerade nicht nach den Gesetzen der Diffusion, sondern nach den Prinzipien der Michaelis-Menten-Kinetik verhält. Hinter dieser „Sättigungskinetik" steht die Tatsache, daß der Transportprozeß, bei dem es zu einem Kontakt zwischen Carrier und Substrat kommt, durch die Affinität zwischen diesen beiden Molekülen charakterisiert ist (K_M-Wert) und die Anzahl der Carrier begrenzt ist (V_{max}-Wert). Die erleichterte Diffusion wird durch Uniporter, Symporter und auch Antiporter ermöglicht. Der Stofftransport durch erleichterte Diffusion kann in physiologischen Konzentrationsbereichen schneller als durch einfache Diffusion verlaufen (Abb. 2.5).

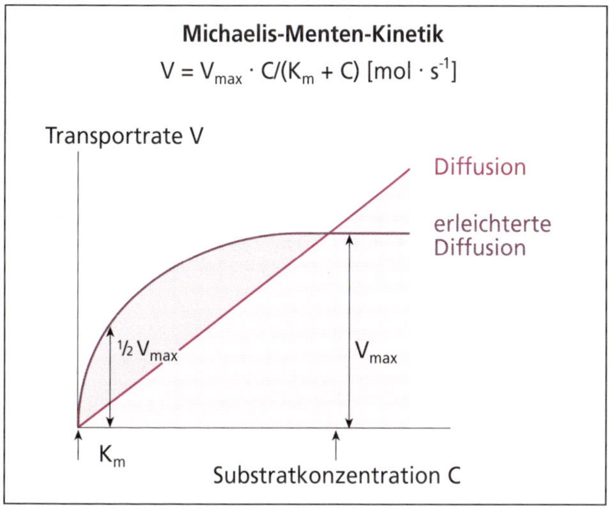

Abb. 2.5 Abhängigkeit der Transportrate von der Substratkonzentration bei Diffusion und erleichterter Diffusion. Die Michaelis-Konstante K_m (= Affinität des Transportsystems zum Substrat) ist die Substratkonzentration, bei der das Transportsystem halb gesättigt vorliegt. Im Konzentrationsbereich zwischen den Pfeilen an der Abszisse ist die erleichterte Diffusion der einfachen Diffusion überlegen.

Als **aktiver Transport** wird im allgemeinen ein Prozeß bezeichnet bei dem der Nettofluß **„bergauf"** erfolgt und Energie in Form von **ATP** bereitgestellt werden muß. Ist die Spaltung von ATP direkt mit dem Transport der entsprechenden Ionen gekoppelt, so wird von **primär aktivem Transport** gesprochen. Besonders gut untersuchte Transportsysteme dieser Art sind die Na^+/K^+-ATPase, die Ca^{2+}-ATPase und verschiedene Protonenpumpen (Abb. 2.6). Beim **sekundär aktiven Transport** wird durch den ATP-verzehrenden Schritt des Transportes ein Konzentrationsgradient aufgebaut, der dann die treibende Kraft für andere carrier-vermittelte Transportvorgänge sein kann. So wird beispielsweise der „Bergauf"-Glucosetransport in Epithelzellen des proximalen Tubulus oder in Dünndarmenterocyten durch den zelleinwärts gerichteten Na^+-Gradienten getrieben, der durch die Aktivität der basolateral lokalisierten Na^+/K^+-Pumpe aufrechterhalten wird (Abb. 2.6).

2.3.4 Transport durch Endocytose und Exocytose

Neben der transmembranalen Diffusion und dem vermittelten Transport stehen der Zelle weitere Mechanismen zur Stoffaufnahme und -abgabe zur Verfügung, an denen Membranen direkt beteiligt sind. Bei der **Endocytose** werden feste (**Phagocytose**) oder gelöste Stoffe (**Pinocytose**) durch Einstülpung und Abschnürung der Zellmembran ins Cytosol aufgenommen. Gegenüber der Phagocytose ist die Pinocytose nicht sehr spezifisch. Umgekehrt kommt es bei der **Exocytose** zur Verschmelzung intrazellulär vorgebildeter Vesikel mit der Zellmembran und damit zu einer Freisetzung des Vesikelinhalts in das Außenmedium. Bei diesen Membranverschmelzungen wirken kontraktile Elemente des Cytoskeletts mit. In der Membran liegen oft spezifische Rezeptorfelder, die bestimmte Stoffe wie Cholesterin, Eisen, Insulin und einige der wasserlöslichen Vitamine oder auch Antigene binden und dadurch im betroffenen Bereich Endocytose (Phagocytose) auslösen (**rezeptorvermittelte Endocytose**). Die meisten der endocytierten Membranvesikel werden entleert und später wieder für den Membranaufbau verwendet (**Membranrecycling**), kön-

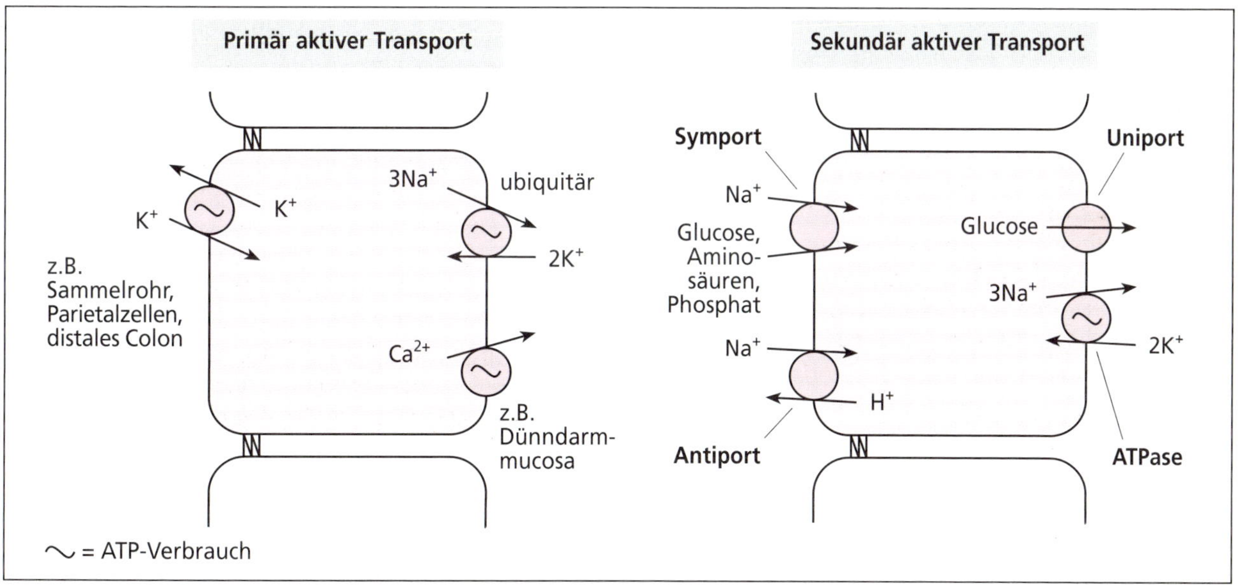

Abb. 2.6 Beispiele für primär und sekundär aktiven Transport in Epithelien. Einzelheiten im Text.

nen aber auch unverändert durch die Zelle gelangen (**Transcytose**) und an einer anderen Stelle wieder ausgeschieden werden.

Der Mechanismus der **Exocytose** ist für einige Beispiele wie die Transmitterfreisetzung an der präsynaptischen Membran oder die Insulinsekretion sehr gut untersucht. Ca^{2+}-Ionen stellen dabei als second messenger einen wesentlichen Faktor bei der Steuerung der Ausmaße der Exocytose dar (**Ca^{2+}-vermittelte Exocytose**).

Die Zellmembran bildet eine selektivpermeable Barriere zwischen Intra- und Extrazellularraum. Lipophile Substanzen können entlang des chemischen Konzentrationsgradienten „bergab" mittels Diffusion passiv durch die Zellmembran gelangen. Lipophobe Substanzen können diese Barriere durch Kanäle oder carrier-vermittelt durch erleichterte Diffusion überwinden. Aktiver Transport erfolgt „bergauf" durch Membranpumpen unter ATP-Verbrauch entgegen dem Konzentrationsgradienten. Höhermolekulare Substanzen, die nur schwer membrangängig sind, werden oft durch Exo- bzw. Endocytose ausgeschieden bzw. aufgenommen.

2.4 Membranpotential

2.4.1 Diffusionspotentiale und K^+-Gleichgewichtspotential

An Zellen beobachtet man das Phänomen, daß an der Zellmembran zwischen innen und außen eine elektrische Potentialdifferenz besteht, die als **Membranpotential** bezeichnet wird. Diese Spannung entsteht als **Diffusionspotential**, das sich durch die unterschiedlich schnelle Diffusion von Ionen durch die Membran und die asymmetrische Ionenverteilung auf beiden Seiten der Zellmembran aufbauen kann. Für viele Zellen, z.B. nicht erregte Nerven- oder Muskelzellen, gilt, daß die Zellmembran in der Hauptsache für K^+-Ionen durchlässig ist. Grundlage für die hohe K^+-Permeabilität ist das Vorhandensein spontan offener K^+-Kanäle. Der durch die Na^+/K^+-ATPase aufgebaute K^+-Gradient zwischen Extra- und Intrazellulärraum ist erheblich (Tab. 2.4). Der Unterschied im chemischen Potential (ΔW; Einheit $J{\cdot}mol^{-1}$), der aufgrund des Konzentrationsunterschiedes zwischen beiden Räumen besteht, läßt sich berechnen nach:

$$\Delta W = R \cdot T \cdot \ln ([Ion]_i \,/\, [Ion]_a)$$

R steht für die allgemeine Gaskonstante ($8{,}314\ J{\cdot}K^{-1}{\cdot}mol^{-1}$)
T ist die absolute Temperatur (Einheit: K = Kelvin)
[] gibt die Konzentration in (i) bzw. außerhalb (a) der Zelle an (Einheit: $mol{\cdot}l^{-1}$).

Der chemische Gradient treibt einen Ausstrom von K^+-Ionen aus der Zelle an (Abb.2.7). Bedingt durch eine geringe Anionenpermeabilität können jedoch Anionen den herausdiffundierenden K^+-Ionen nicht folgen. Das Zellinnere verliert deshalb in der Summe (netto) Kationen, und die Innenseite der Membran lädt sich negativ auf. Damit entsteht eine elektrische Potentialdifferenz, die einer potentiellen elektrischen Energie entspricht von:

$$\Delta W = z \cdot F \cdot E$$

z gibt die Ladung des Ions an, F ist die Faraday-Konstante ($96487\ C{\cdot}mol^{-1}$) und E die Spannung (Einheit: V).

Die resultierende **elektrische Potentialdifferenz** stellt ein Hindernis für die Diffusion von K^+-Ionen dar, da sich gleichnamige elektrische Ladungen abstoßen; die zunehmende positive Aufladung der Membran auf der äußeren Seite behindert den weiteren Ausstrom von K^+ aus dem K^+-reichen Intrazellulärraum. Statt dessen treibt der elektrische Gradient einen Fluß von K^+ von der positiv geladenen, äußeren Seite zur negativ geladenen, inneren Seite der Membran. Es stellt sich deshalb nach sehr kurzer Zeit ein Gleichgewichtszustand zwischen beiden Ionenflüssen ein. Der Ausstrom von K^+ aus dem Zellinneren, der durch den Konzentrationsgradienten angetrieben wird, ist dann genauso groß wie der Einstrom, der durch den elektrischen Gradienten angetrieben wird. Man spricht dabei vom **elektrochemischen Gleichgewicht**; elektrisch und chemisch bedingter Fluß gleichen sich exakt aus, das bedeutet also, daß der Netto-K^+-Strom bei Erreichen des **K^+-Gleichgewichtspotentials** gleich Null ist.

2.4.2 Nernst-Gleichung

Im Gleichgewichtszustand gilt, daß die elektrische Potentialdifferenz E gerade so groß ist, daß der Unterschied im chemischen Potential zwischen Intra- und Extrazellularraum durch die elektrische Spannung an der Membran ausgeglichen wird. Die Lage des Gleichgewichtspotentials läßt sich mit Hilfe der **Nernst-Gleichung** berechnen:

$$E_{Gleichgewicht} = R \cdot T \,/ (z \cdot F) \cdot \ln ([Ion]_a \,/\, [Ion]_i)$$
(Einheit: V)

Für physiologische Temperaturverhältnisse (Körpertemperatur 37 °C) kann man die konstanten Größen in dieser Gleichung in einen gemeinsamen Term zusammenfassen und erhält dann z.B. für das **K^+-Gleichgewichtspotential**:

$$E_K = -61 \cdot \log ([K^+]_i \,/\, [K^+]_a) \qquad \text{(Einheit: mV)}$$

Mit Hilfe dieser Beziehung kann man beispielsweise bei einer Konzentration von $4\ mmol{\cdot}l^{-1}$ K^+ extra- und

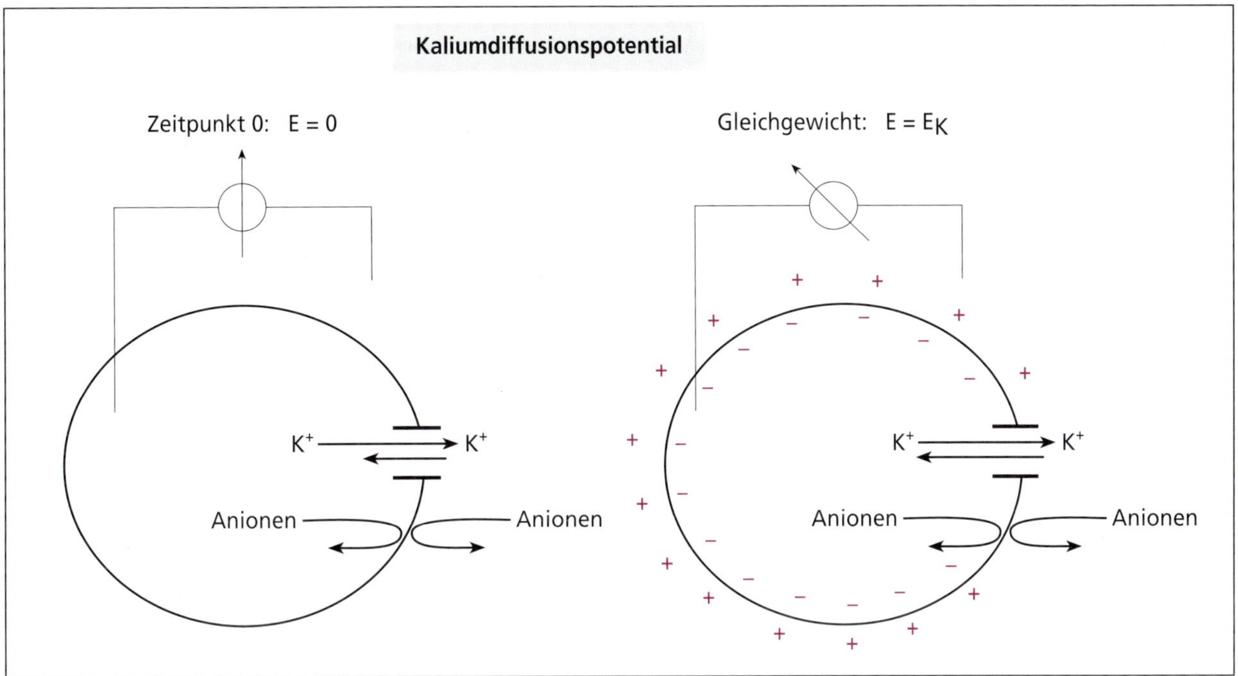

Abb. 2.7 Entstehung von Diffusionspotentialen am Beispiel einer Zelle, deren Membran ausschließlich für K^+-Ionen permeabel sei. Einzelheiten im Text.

155 mmol·l⁻¹ K^+ intrazellulär ein K^+-Gleichgewichtspotential von –97 mV berechnen. Das bedeutet, daß bei einer Potentialdifferenz von –97 mV zwischen der Innen- und Außenseite der Membran kein Nettotransport von K^+-Ionen durch die Membran erfolgt.

2.4.3 Goldman-Hodgkin-Katz-Gleichung

Zellmembranen sind nicht nur für K^+, sondern auch für andere Ionen, insbesondere Na^+ oder Cl^-, in unterschiedlichem Umfang durchlässig. Deshalb tragen auch andere Ionen entsprechend der Membranpermeabilität, d.h. in Abhängigkeit von der Zahl, der Leitfähigkeit und der Offenwahrscheinlichkeit der jeweiligen Ionenkanäle, zum Ruhemembranpotential bei. Alle Ionen, für die die Membran permeabel ist, besitzen unterschiedliche Gleichgewichtspotentiale, die vom Verhältnis zwischen der intra- und der extrazellulären Konzentration des jeweiligen Ions bestimmt werden. Das Gleichgewichtspotential für Na^+ mit seiner im Vergleich zu K^+ spiegelbildlichen Verteilung liegt bei einer extrazellulären Konzentration von 142 $mmol \cdot l^{-1}$ und einer intrazellulären Konzentration von 10 $mmol \cdot l^{-1}$ (Tab. 2.4) bei +70 mV. Für Cl^- kann man ein Gleichgewichtspotential bei einem Konzentrationsverhältnis von 103 $mmol \cdot l^{-1}$ extra- zu 4 $mmol \cdot l^{-1}$ intrazellulär von -86 mV errechnen. Für Proteine ist die Membran quasi undurchlässig, so daß ihr Gleichgewichtspotential ohne quantitative Bedeutung ist.

Den Beitrag verschiedener Ionen, für die die Zellmembran eine Permeabilität besitzt, zum resultierenden Membranpotential berücksichtigt die **Goldman-Hodgkin-Katz-Gleichung**:

$$E_{Membran} = \frac{R \cdot T}{F} \quad \ln \frac{P_K \cdot [K^+]_a + P_{Na} \cdot [Na^+]_a + P_{Cl} \cdot [Cl^-]_i}{P_K \cdot [K^+]_i + P_{Na} \cdot [Na^+]_i + P_{Cl} \cdot [Cl^-]_a}$$

(Einheit: V)

Die Goldman-Hodgkin-Katz-Gleichung ist analog zur Nernst-Gleichung aufgebaut. Auch hier gibt es einen Proportionalitätsfaktor (R·T/F) zwischen dem Logarithmus der Konzentrationsverhältnisse bestimmter Ionen inner- und außerhalb der Zelle und dem resultierenden Membranpotential E_m. Die Ladung z fehlt, weil in dieser vereinfachten Betrachtung nur einwertige Ionen berücksichtigt wurden. Neu eingeführt im Vergleich zur Nernst-Gleichung wird die Permeabilität P, die die Einheit einer Geschwindigkeit besitzt ($cm \cdot s^{-1}$). P ist ein Maß für die Durchlässigkeit einer Membran für ein Ion. Je höher P für ein bestimmtes Ion ist, desto besser ist die Durchlässigkeit der Membran für dieses Ion. Die verschiedenen Ionenkonzentrationen werden mit der Permeabilität der Membran für das jeweilige Ion multipliziert.

Experimentell kann man messen, daß die K^+-Permeabilität an Nerven- oder Muskelzellen im Ruhezustand etwa 10-25mal höher ist als die Na^+-

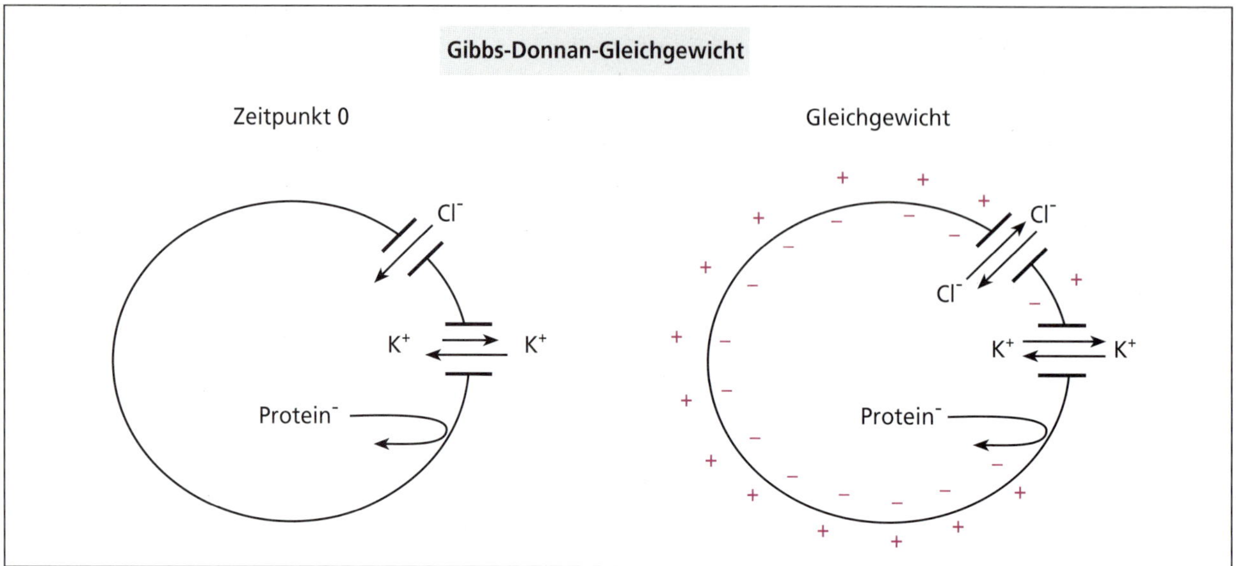

Abb. 2.8 Gibbs-Donnan-Gleichgewicht. Einzelheiten im Text.

Permeabilität. Es gilt für Nerven- und Muskelzellen: $P_K : P_{Na} : P_{Cl} = 1 : 0{,}04 : 0{,}45$. Dementsprechend wird das Membranpotential von der K^+- und Cl^--Permeabilität dominiert. Da die Gleichgewichtspotentiale für beide Ionen in der Nähe von -90 mV liegen, bedeutet dies, daß das Ruhemembranpotential von vielen Nervenzellen um die -90 mV beträgt.

Durch die unterschiedlich schnelle Diffusion verschiedener Ionenarten durch die Membran entsteht ein Membranpotential. Die aktuelle Höhe des Membranpotentials wird im Regelfall von den chemischen Gradienten von K^+, Cl^- und Na^+ und der Durchlässigkeit der Zellmembran für diese Ionen bestimmt.

2.4.4 Gibbs-Donnan-Gleichgewicht

Biologische Membranen wie die Zellmembran stehen nicht nur in Kontakt mit permeablen, sondern auch mit impermeablen Ionen, die die Membran nicht passieren können, z.B. weil sie zu groß sind oder weil es für sie keine Kanäle in der Membran gibt. Diese impermeablen Ionen beeinflussen die Verteilung der permeablen Ionen (**Gibbs-Donnan-Gleichgewicht**; Abb. 2.8).

Als Beispiel sei eine Zelle mit dem K^+-Salz eines Eiweißes gefüllt und befinde sich in einem Extrazellularraum, der K^+ und Cl^- als Elektrolyte enthalte. Die Membran soll, wie das für viele Zellen auch der Fall ist, besonders gut für K^+-Ionen, weniger stark für Cl^--Ionen und überhaupt nicht durchlässig für Proteine sein. Obwohl bei gleicher Konzentration an K^+-Ionen intra- und extrazellulär kein chemischer Gradient für K^+-Ionen besteht, kommt es an einer solchen Zelle zu einem K^+-Nettostrom von extra- nach intrazellulär. Dies kommt dadurch zustande, daß Cl^--Ionen entlang ihres chemischen Gradienten vom Cl^--reichen Außenraum ins Cl^--arme Zellinnere diffundieren. Dadurch baut sich ein elektrisches Potential auf, die Membraninnenseite wird negativ geladen, was einen Nettoeinstrom von K^+-Ionen in die Zelle nach sich zieht.

2.5 Regulation von Zellfunktionen

2.5.1 Zellvolumen

Da die Zellmembran für Wassermoleküle sehr gut durchlässig ist, erzeugen schon kleine Differenzen im osmotischen Druck zwischen Cytoplasma und extrazellulärer Flüssigkeit eine Nettowasserbewegung, die in Abhängigkeit von der Richtung des Gradienten entweder eine **Zellschwellung** oder **Zellschrumpfung** bedingt. In der Regel sind die Zellen in der Lage, ihr Volumen sehr genau zu regulieren. Dabei werden kurzfristige und langfristige Mechanismen unterschieden (Abb. 2.9).

Die **kurzfristige Zellvolumenregulation** erfolgt spontan und spielt sich innerhalb von Sekunden bis Minuten ab. Eine Hauptrolle bei der **isotonen Zellvolumenregulation** spielt die **Na^+/K^+-ATPase**. Bei Zunahme des Na^+-Einstroms, z.B. als Folge einer Depolarisation bei einer Nervenzelle oder durch Na^+-gekoppelte Cotransportsysteme in resorbierenden Epithelien, wird die Na^+/K^+-Pumpe versuchen, die intrazellulären Na^+- und K^+-Konzentrationen so aufrechtzuerhalten, daß die intrazelluläre Flüssigkeit **isoton** bleibt, denn **Hypotonie** würde zur Zellschrumpfung und **Hypertonie** entsprechend zur Zellschwellung führen. Nach Hemmung der Na^+/K^+-Pumpe

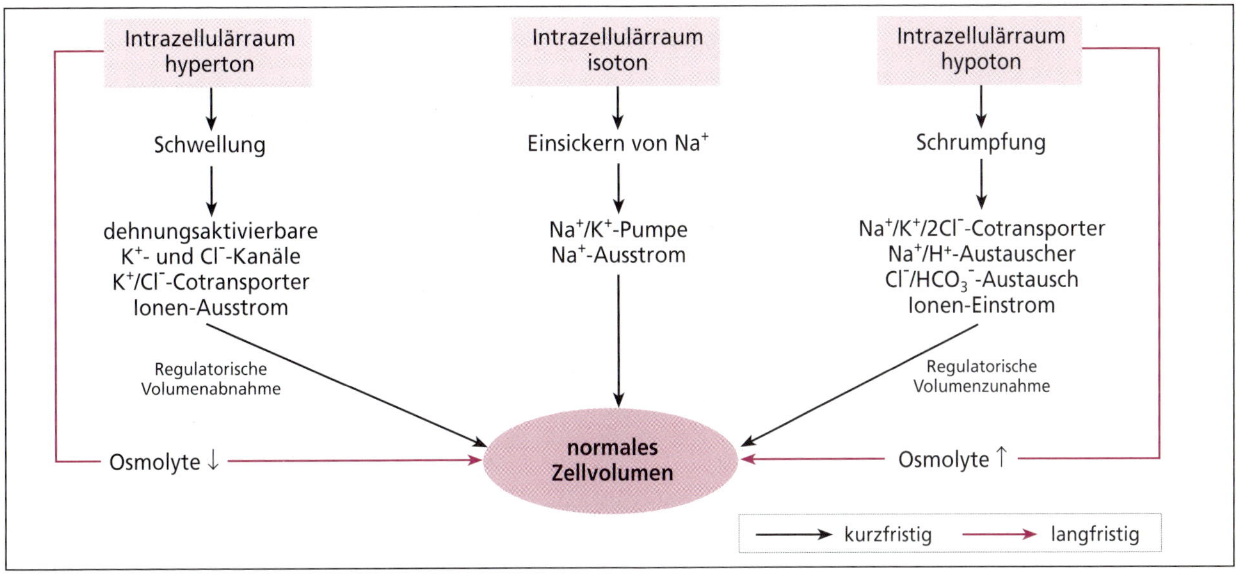

Abb. 2.9 Kurzfristige und langfristige Mechanismen deri isotonen und anisotonen Volumenregulation. Einzelheiten im Text.

(z.B. mit dem spezifischen Inhibitor Ouabain) schwellen die Zellen und können sogar platzen.

Bei der **anisotonen Zellvolumenregulation** sind im Fall der **regulatorischen Volumenabnahme** (regulatory volume decrease, RVD) das **K^+/Cl^--Cotransportsystem** sowie **K^+- und Cl^--Kanäle** beteiligt. Erythrocyten und viele epitheliale Zelltypen können als Antwort auf einen erhöhten osmotischen Druck im Extrazellularraum der Gefahr der Zellschrumpfung durch Aufnahme zusätzlicher, osmotisch wirksamer Teilchen mittels des **$Na^+/K^+/2Cl^-$-Cotransporters** begegnen (**regulatorische Volumenzunahme**, regulatory volume increase, RVI). Die **Membranwandspannung** scheint eine zentrale Rolle bei der Steuerung der zellulären Volumenregulation zu spielen. Je nach **Zellturgor** können dehnungsempfindliche Ionenkanäle oder Transporter (stretch activated channels oder stretch activated transporters) in der Zellmembran aktiviert bzw. inaktiviert werden.

Die **langfristige Zellvolumenregulation**, z.B. bei andauernder Hypertonizität des Extrazellularraums, bedarf Stunden bis Tage, da sie in der Regel zellkernvermittelte Prozesse wie die Expression spezifischer Enzyme oder Substrat-Transporter beinhaltet. Diese Vorgänge dienen der verstärkten Aufnahme oder Abgabe organischer Substrate (Osmolyte) durch die Zelle oder dem Auf- bzw. Abbau von Makromolekülen zur Einstellung der intrazellulären Osmolarität.

2.5.2 Intrazellulärer pH-Wert

In der Zelle wird bei **aerobem Stoffwechsel** kontinuierlich CO_2 gebildet. Bei **anaerobem Stoffwechsel** entsteht z.B. Milchsäure. Durch beide Vorgänge werden **Protonen** (H^+-Ionen) und **organische Säuren** freigesetzt, die die Zelle ansäuern. Die Homöostase des cytoplasmatischen pH-Wertes muß zur Aufrechterhaltung normaler Zellfunktionen eng reguliert werden, da der pH-Wert, um nur einige Beispiele zu nennen, direkten Einfluß auf die Aktivität vieler Enzyme nimmt, die Löslichkeit wichtiger Elektrolyte (z.B. von Ca^{2+}, Mg^{2+}, P_i) stark beeinflußt und nicht zuletzt auch regulierende Funktionen ausübt. Diesbezüglich ist der cytosolische pH-Wert auch an der Regulation des Zellvolumens durch den hemmenden oder fördernden Einfluß auf bestimmte Transportsysteme in der Membran beteiligt. In-vitro-Messungen des cytoplasmatischen pH-Wertes mit pH-sensitiven Fluoreszenzindikatoren in intakten Zellen (z.B. Dünndarmenterocyten oder Tubuluszellen) ergaben einen intrazellulären pH-Wert von ungefähr 7,1, wobei im Extrazellulärraum ein physiologischer pH-Wert von 7,4 vorlag.

In einem gewissen Bereich können die Säureäquivalente durch das Bicarbonat-Kohlensäure-System der Zelle gepuffert werden. Darüber hinaus dient ein **Na^+/H^+-Antiporter**, dessen Umsatzrate bei Ansäuerung allosterisch stimuliert und bei Alkalisierung inhibiert wird, für einen jeweils entsprechend hohen Export von Protonen und damit der **pH-Homöostase**. Auch der extrazelluläre pH-Wert beeinflußt dieses Transportsystem. Bei Alkalose werden vermehrt und umgekehrt bei Acidose vermindert Protonen aus der Zelle heraustransportiert. Der Na^+/H^+-Antiporter stellt in den meisten Körperzellen das dominante System zur intrazellulären pH-Regulation dar. Als treibende Kraft für den Na^+-gekoppelten Protonenexport dient erneut der zell-

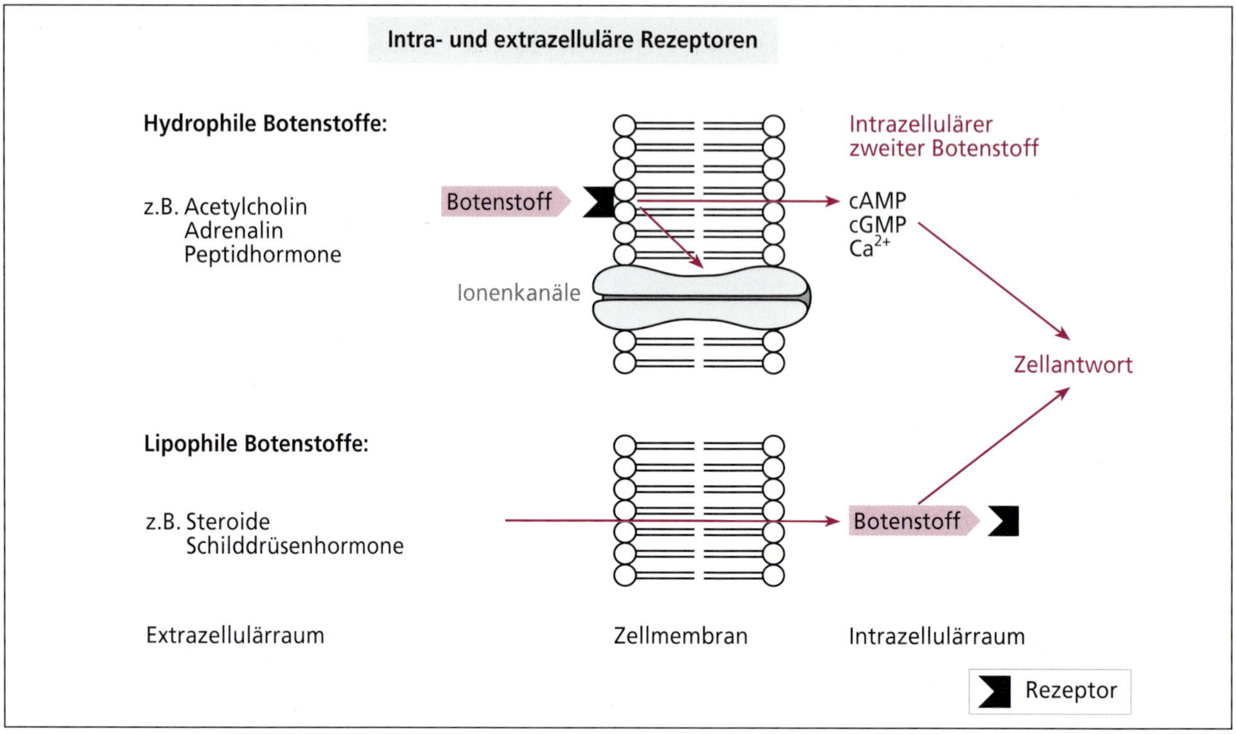

Abb. 2.10 Lokalisation und Wirkmechanismen intra- und extrazellulärer Rezeptoren für Signalstoffe, die auf die Zelle einwirken. Einzelheiten im Text.

einwärts gerichtete Na^+-Gradient, der wiederum durch die Aktivität der Na^+/K^+-Pumpe unter ATP-Verbrauch aufrechterhalten wird (sekundär aktiver Transport). Noch nicht eindeutig geklärt ist das Ausmaß der Beteiligung HCO_3^--abhängiger Transportsysteme, wie z.B. des Cl^-/HCO_3^--Antiporters, an der zellulären pH-Regulation.

Unter isotonen Bedingungen spielt die Na^+/K^+-ATPase eine Hauptrolle bei der kurzfristigen zellulären Volumenregulation, indem sie physiologische Schwankungen der cytosolischen Na^+-Konzentration ausgleicht und damit dafür sorgt, daß der Intrazellularraum isoton bleibt. Unter hypertonen Bedingungen können osmotisch wirksame Teilchen durch den K^+/Cl^--Cotransporter oder dehnungaktivierbare K^+- und Cl^--Kanäle aus der Zelle transportiert werden und vermitteln dadurch eine regulatorische Volumenabnahme. Umgekehrt erfolgt eine regulatorische Volumenzunahme, indem mittels $Na^+/K^+/2Cl^-$-Cotransport osmotische Teilchen aufgenommen werden. Bei der langfristigen Zellvolumenregulation dominieren in der Regel genomvermittelte Prozesse, die dafür sorgen, daß die intrazelluläre Osmolarität durch veränderte Osmolytkonzentrationen eingestellt wird. Die intrazelluläre pH-Homöostase wird überwiegend durch den Na^+/H^+-Antiporter reguliert.

2.5.3 Signalvermittlung und -verarbeitung

Zellen unterliegen dem Einfluß einer Vielzahl von extrazellulären Botenstoffen, wie z.B. Hormonen, Neurotransmittern oder parakrinen Substanzen. Zellen können nur auf Botensubstanzen reagieren, für die sie Rezeptoren haben (Abb. 2.10). Das sind Proteine mit Bindungsstellen, die mit hoher Affinität und mit hoher Selektivität bestimmte Botenstoffe binden und daraufhin eine Antwort in der Zelle auslösen. Die Rezeptoren können auf der Zellmembran sitzen oder aber im Zellinneren, d.h. im Cytoplasma oder im Zellkern, lokalisiert sein. Es besteht ein wichtiger Unterschied in der Wirkweise von wasserlöslichen (hydrophilen) Botenstoffen (z.B. die meisten Neurotransmitter, Peptidhormone) und schlecht wasserlöslichen, dafür aber fettlöslichen (lipophilen) Botenstoffen (z.B. Stickstoffmonoxid – NO, Steroidhormone, Schilddrüsenhormone). Während die erste Gruppe von Substanzen in der Regel nicht in das Zellinnere gelangen kann, sondern an Rezeptoren auf der Außenseite der Zellmembran binden muß, können die lipophilen Botenstoffe gut durch die Lipiddoppelschicht der Zellmembran diffundieren und auf Rezeptoren im Zellinneren einwirken.

- **Cytosolrezeptoren**

Schlecht wasserlösliche, aber dafür lipophile extrazelluläre Botenstoffe sind z.B. die Steroidhormone.

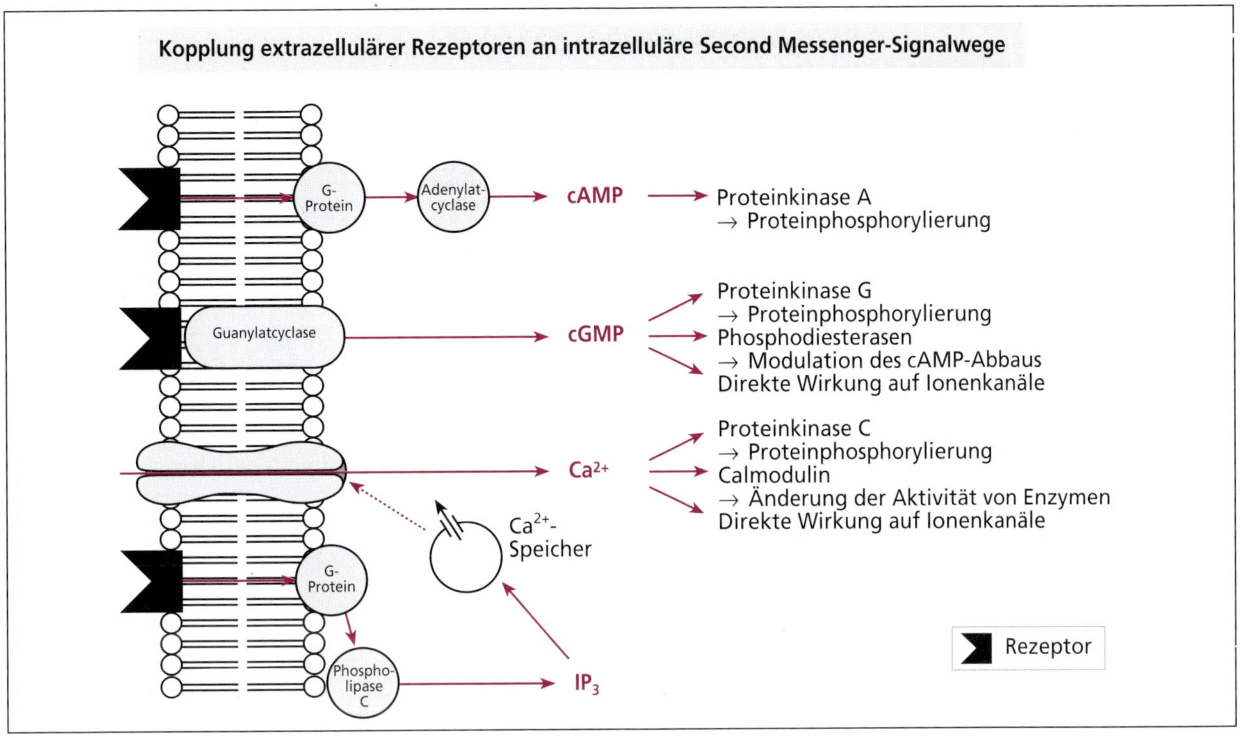

Abb. 2.11 Signalvermittlung über verschiedene intrazelluläre Second-Messenger-Wege. IP_3 = Inositol-(1,4,5)-trisphosphat. Einzelheiten im Text.

Aufgrund ihrer Fettlöslichkeit können sie die Zellmembran gut durchdringen und in die Zelle aufgenommen werden. Dort binden sie an einen cytoplasmatischen Rezeptor. Nach Bindung des Hormons wandert der Rezeptor-Hormon-Komplex zum Zellkern und kann dort eine Aktivierung der Transkription bestimmter Gene auslösen. Folge ist eine vermehrte Bildung von Messenger RNA (mRNA), die aus dem Zellkern durch die Kernporen herausdiffundiert. Aus der Information, die in der mRNA enthalten ist, werden in den Ribosomen über die Translation Proteine synthetisiert. Daraus resultiert eine funktionelle Antwort der Zelle. Diese ist spezifisch für die Zelle, auf die das Hormon eingewirkt hat. So kommt es z.B. am distalen Tubulus unter Einwirkung des Corticoidhormons Aldosteron zu einer vermehrten Bildung von Na^+/K^+-ATPase-Molekülen. Einen ähnlichen Wirkmechanismus weisen die Schilddrüsenhormone auf; allerdings ist in diesem Fall der Hormonrezeptor im Zellkern lokalisiert. Da der Effekt lipophiler Hormone erst nach Ablesen der genetischen Information induziert wird, vergehen Stunden bis Tage, bevor die maximale Zellantwort wahrnehmbar ist; der Effekt hält andererseits dann verhältnismäßig lange an.

Völlig anders verhält sich dagegen die lipophile Botensubstanz NO, die ein wichtiger Neurotransmitter ist. Das NO kann als Gas per diffusionem in die Zelle gelangen und bindet dort an das Enzym Guanylatcyclase, das somit als Rezeptor für NO dient. Es wird cGMP als second messenger gebildet. Die Wirkung von NO tritt schnell ein und hält nicht lange an.

- **Membranrezeptoren**

Hydrophile Botenstoffe binden, im Unterschied zu lipophilen Botenstoffen, an Rezeptoren in der Zellmembran (Abb. 2.11). Folge der Bindung des Hormons an seinen Rezeptor ist eine Konformationsänderung des Rezeptors, die dann ein Signal in der Zelle auslöst. Dieses Signal kann entweder darin bestehen, daß das Öffnungsverhalten von Ionenkanälen in der Zellmembran verändert wird. So bewirkt z.B. der Neurotransmitter Acetylcholin nach der Bindung an den (nicotinischen) Acetylcholinrezeptor das Öffnen eines unspezifischen Kationenkanals. Die Folge ist eine Depolarisation der Zelle, also ein elektrisches Signal.

Membranständige Rezeptoren können aber auch an der Bildung chemischer Signale in Zellen beteiligt sein. Die Konformationsänderung des Rezeptors, die nach Bindung des extrazellulären Botenstoffs (**first messenger**) eintritt, löst kaskadenartig eine Reaktion im Zellinneren aus und führt dort zur Bildung bzw. Freisetzung eines zweiten Botenstoffes (**second messenger**). Dieser zweite, intrazelluläre Botenstoff „übersetzt" die Botschaft des first messengers, der selbst nicht ins Zellinnere gelangen kann. Zu diesen intrazellulären Botenstoffen gehören die zyklischen Nucleotide cAMP und cGMP sowie die intrazelluläre Konzentration freier Ca^{2+}-Ionen.

- **Second Messenger**

Die Übertragung der Information ist bei den drei erwähnten Second Messenger Systemen unterschiedlich (Abb. 2.11). Agonisten, die über den **cAMP-Weg** eine Wirkung entfalten (z.B. β-rezeptorvermittelte Glucosefreisetzung durch das Hormon Adrenalin aus Leberzellen), führen vermittelt über ein heterotrimeres, GTP-bindendes Protein (**G-Protein**), zu einer Stimulation der Adenylatcyclase, die cAMP aus ATP bildet. G-Proteine wirken als eine Art Verstärker zwischen dem Rezeptor in der Zellmembran und dem Effektorprotein, der Adenylatcyclase. Die Aktivierung einiger weniger Hormonrezeptoren genügt nämlich, um eine viel größere Zahl von G-Proteinen zu stimulieren. Folge ist ein Anstieg der intrazellulären Konzentration an cAMP, das seine Wirkung in der Zelle meist durch die Aktivierung der Proteinkinase A entfaltet. Dies ist ein Enzym, das unter dem Einfluß von cAMP Eiweiße, wie z.B. Enzyme oder Ionenkanäle, phosphoryliert. Durch die Phosphorylierung ändert sich der Funktionszustand des phosphorylierten Proteins. Beispiele hierfür sind die cAMP-abhängige Hemmung der Glykogensynthase an Leberzellen oder das cAMP-abhängige Öffnen von Cl^--Kanälen an Darmepithelzellen. Es gibt aber auch Rezeptoren (z.B. die Rezeptoren für das Hormon Somatostatin), deren Stimulation, vermittelt über ein inhibitorisches G-Protein, zu einer Hemmung der Adenylatcyclase und damit zu einer Verminderung der cAMP-Produktion führt.

Ein extrazellulärer Botenstoff, der über den **cGMP-Weg** wirkt, ist das Atriale Natriuretische Peptid (ANP) aus den Herzvorhöfen. Das Hormon bindet an Rezeptoren in der Zellmembran. Folge der Bindung ist eine Aktivierung einer membranständigen Guanylatcyclase. Guanylatcyclasen bilden aus GTP das cGMP, das verschiedene Wirkungen in der Zelle hat. Zum einen kann es wie cAMP Proteinkinasen aktivieren, die dann bestimmte Proteine phosphorylieren. Es kann aber auch in den Abbau von cAMP eingreifen, indem es die Aktivität von Phosphodiesterasen, die cAMP abbauen, verändert. Dabei kann je nach Zelltyp und vorhandenen Phosphodiesterasen eine Hemmung oder eine Aktivierung beobachtet werden. Außerdem kann cGMP die Aktivität mancher Ionenkanälen (z.B. in Riech- oder Sehzellen) in der Zellmembran direkt beeinflussen.

Der dritte Weg, über den extrazelluläre Botenstoffe intrazellulär Wirkungen entfalten können, ist der **Ca^{2+}-Weg** (Beispiel: Kontraktion glatter Muskelzellen in Gefäßen durch das Hormon Angiotensin II). Der Hormon-Rezeptor-Komplex aktiviert, vermittelt über ein GTP-bindendes Protein die Phospholipase C, die bestimmte Phospholipide der Zellmembran abbaut. Dabei wird ein Phosphatzucker, das Inositol-(1,4,5)-trisphosphat (IP_3) frei. IP_3 aktiviert Ca^{2+}-Kanäle auf intrazellulären Organellen wie etwa dem endoplasmatischem Reticulum, die als Ca^{2+}-Speicher in der Zelle dienen. Dies führt zu einem Anstieg der Ca^{2+}-Konzentration in der Zelle, da Ca^{2+}-Ionen aus den Speichern ins Cytosol fließen. Die Entleerung der Ca^{2+}-Speicher stellt ein Signal für das Öffnen von Ca^{2+}-Kanälen in der Zellmembran dar (kapazitativer Ca^{2+}-Einstrom). Dies sind spezielle Transportproteine, die Ca^{2+}-Ionen passieren lassen. Die intrazelluläre Konzentration an Ca^{2+}-Ionen in der Zelle ist normalerweise sehr niedrig und liegt zwischen 0,1 und 1 $\mu mol \cdot l^{-1}$, das ist mehr als tausendmal niedriger als die Konzentration im Blutplasma (Tab. 2.4). Aufgrund des großen elektrochemischen Gradienten strömen Ca^{2+}-Ionen bei Öffnen der Ca^{2+}-Kanäle in die Zelle ein. Dies führt zu einem anhaltenden Anstieg der Ca^{2+}-Konzentration in der Zelle.

Bei der Phospholipidspaltung wird Diacylglycerol, ein Glycerinderivat, frei. Diacylglycerol kann zusammen mit Ca^{2+}-Ionen die Proteinkinase C aktivieren, die wiederum andere Enzyme phosphoryliert. Wie beim cAMP- und cGMP-Weg spielt also auch beim Ca^{2+}-Weg eine Proteinphosphorylierung eine wichtige Rolle bei der Signalvermittlung in der Zelle. Dazu kommt eine Wirkung über das Ca^{2+}-abhängige Regulatorprotein Calmodulin, das die Aktivität vieler Enzyme in der Zelle zu modulieren vermag, sowie eine Wirkung von Ca^{2+} auf manche Ionenkanäle (z.B. Ca^{2+}-abhängige K^+-Kanäle).

Die Wirkung hydrophiler extrazellulärer Botenstoffe wird in der Zelle durch eine Änderung der Konzentration von second messengers (cAMP, cGMP, Ca^{2+}) umgesetzt, während die Wirkung der meisten lipophilen Botenstoffe (mit Ausnahme des NO) durch eine Änderung der Transkription vermittelt wird.

2.5.4 Zellzyklus und Apoptose

Das Leben der Zelle beginnt mit einer mitotischen (oder meiotischen) **Zellteilung** und schließt -soweit es sich um proliferierende Zellen handelt- mit der nächsten Zellteilung ab. Der zeitliche Ablauf dieses **Zellzyklus** umfaßt vier Phasen (Abb. 2.12). Unmittelbar nach Beendigung einer Mitose (**M-Phase**) folgt die sogenannte **G_1-Phase** (G = Gap: Lücke). Die

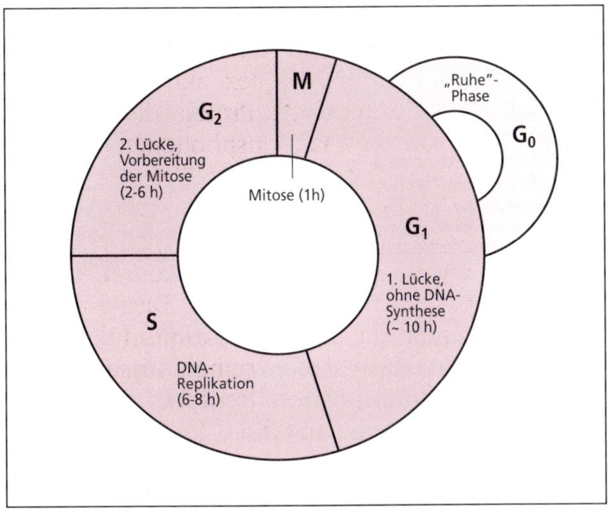

Abb. 2.12 Zellzyklus einer Säugetierzelle mit einer mittleren Generationsdauer von 24 Stunden. Die ersten drei Phasen bilden die Interphase: die G_1-Phase, die S-Phase und die G_2-Phase. Während der kürzesten Phase, der M-Phase (M = Mitose), werden die neuen Chromosomen in einem komplexen Vorgang auf die Tochterzellen verteilt. Viele in Geweben vorkommende Zellen, die sich nicht teilen, verlassen den Zellzyklus und befinden sich im G_0-Zustand („Ruhe"-Phase).

jetzt diploide Zelle wächst und erbringt dabei zahlreiche Syntheseleistungen wie z.B. Membransynthese und Proteinaufbau. Die nächste Phase des Zellzyklus wird als **S-Phase** (S = Synthese der DNA) bezeichnet, während der die Replikation der DNA erfolgt. Tetraploid tritt nun die Zelle in die meist kurze **G_2-Phase** ein. In ihr erfolgt die Vorbereitung auf die nächste M-Phase. Bei nicht ausreichender Versorgung mit den für diesen Zellzyklus erforderlichen Substanzen, wie z.B. Hauptnährstoffe oder bestimmte Wachstumsfaktoren oder, um die Teilungsaktivität einzustellen, können Zellen von der G_1-Phase in die sogenannte **G_0-Phase** eintreten, die sehr lange, mitunter lebenslang, dauern kann.

Die Erneuerungsfähigkeit des Gewebes, die Aufrechterhaltung konstanter Organgrößen und die Veränderbarkeit bzw. Anpassungsfähigkeit physiologischer Mechanismen setzen voraus, daß Zellen unter entsprechenden Bedingungen ohne Auslösung von Entzündungsreaktionen oder Antikörperbildung eliminiert werden können. Es wurde festgestellt, daß der physiologische Zelltod (**Apoptose;** griech. „Fallen der Blätter") nach einem festgelegten Programm erfolgt (**programmierter Zelltod**). Die Apoptose beginnt meist in der G_0-Phase mit dem Schrumpfen des Nucleus und endet mit der Auflösung der Zellmembran. Die freigesetzte DNA wird rasch abgebaut und zusammen mit den übrigen Zellresten von Makrophagen phagocytiert. Zu beachten ist, daß immer nur einzelne Zellen in einem ansonsten gesunden Organ von Apoptose betroffen sind. Dadurch unterscheidet sich die Apoptose klar von der **Zellnekrose**, bei der in der Regel mehrere Zellen eines Organs geschädigt sind. Bislang ist nicht genau geklärt, wieviele Faktoren und welche intrazellulären Signalkaskaden im einzelnen an der Auslösung der Apoptose beteiligt sind. Es scheint gesichert, daß die Aktivierung einer spezifischen **Endonuclease** ein zentrales Ereignis bei der Apoptose darstellt. Die Endonuclease fragmentiert das Chromatin.

Der Zellzyklus umfaßt 4 Phasen: Der Mitose-Phase (M-Phase) folgt die Interphase, bestehend aus Lücke-1-Phase (G_1-Phase), Synthese-Phase (S-Phase) und Lücke-2-Phase (G_2-Phase). Der physiologische Zelltod wird als Apoptose bezeichnet; er erfolgt nach einem genetisch festgelegten Programm.

Weiterführende Literatur

Alberts, B., D. Bray, J. Lewis, M. Raff, K. Roberts, J.D. Watson: Molekularbiologie der Zelle. Verlag VCH, Weinheim 1995.

Greger, R., U. Windhorst: Comprehensive Human Physiology. Springer, Berlin, Heidelberg, New York 1996.

Kleinig, H., P. Sitte: Zellbiologie. Gustav Fischer Verlag, Stuttgart–Jena–New York 1992.

Lehninger, A.L., D.L. Nelson, M.M. Cox: Prinzipien der Biochemie. Verlag Spektrum, Heidelberg 1994.

Löffler, G., P.E. Petrides: Biochemie und Pathobiochemie. Springer, Berlin–Heidelberg–New York 1997.

3 Allgemeine Neurophysiologie

B. Schröder und M. Schemann

3.1 Nervengewebe

Das Nervengewebe ist aus **Neuronen** (Nervenzellen) und **Gliazellen** aufgebaut, die die Neurone umgeben und den Raum zwischen ihnen ausfüllen. Einzelheiten bezüglich der Histologie des Nervengewebes sind der entsprechenden Fachliteratur zu entnehmen.

3.1.1 Bau und funktionelle Eigenschaften des Neurons

Neurone unterscheiden sich von den übrigen Körperzellen vor allem in dreierlei Hinsicht. Sie kommen in **verschiedenen Formen** und **verschiedenen Größen** vor und sind in der Lage, eine durch einen spezifischen Reiz ausgelöste Erregung weiterzuleiten, und sie können spezielle Strukturen, die Synapsen, ausbilden, über die Signale chemisch und in seltenen Fällen auch elektrisch auf andere Nerven- oder Effektorzellen übertragen werden.

Ein Neuron besteht aus dem eigentlichen Zellkörper (**Soma**), der den Nucleus und das ihn umgebende Cytoplasma mit den typischen Organellen enthält und von dem unterschiedlich viele Fortsätze ausgehen. Als Beispiel für den Aufbau einer im Körper häufig vorkommenden Nervenzelle ist in Abb. 3.1 ein motorisches Neuron (**Motoneuron**) schematisch dargestellt. Das Motoneuron wird wegen seines sternförmigen Aussehens auch als **multipolares Neuron** bezeichnet. Gewöhnlich bildet das Neuron zwei Typen von Fortsätzen: das Axon und die Dendriten. Das Axon leitet die elektrischen Signale (Erregungen), ausgehend vom Axonhügel („**Triggerzone**“), zu anderen Neuronen im zentralen und peripheren Nervensystem und zu **Effektorzellen** (**efferente Erregungsleitung**), während Dendriten, die sich vom Zellkörper wie Antennen ausdehnen und eine große Oberfläche besitzen, die Signale der Axone anderer Zellen empfangen können und dann dem Soma zuführen (**afferente Erregungsleitung**). Oft teilt sich auch das Axon an seinem distalen Ende in der Peripherie in Verzweigungen (**Kollaterale**) auf und kann so seine Nachricht gleichzeitig an viele verschiedene Zellen abgeben. Interneurone, die im Nervengewebe lokale Verbindungen herstellen, sind allgemein **bipolar**, während die **pseudounipolaren Neurone** gewöhnlich sensible Nervenzellen darstellen. Zusätzlich zu diesen allgemeinen Neuronentypen gibt es viele Neurone, die nur in einem bestimmten Hirnteil vorkommen, z.B. die großen, geweihähnlichen **Purkinje-Zellen** des Kleinhirns.

Neurone lassen sich funktionell in drei Klassen unterteilen: sensible bzw. sensorische Neurone, Interneurone und Motoneurone. **Sensible Neurone** dienen allgemein der Reizwahrnehmung und übermitteln Informationen. **Interneurone** bilden zahlenmäßig bei weitem die größte Teilfraktion und vermitteln Informationen über geringe und große Entfernungen zwischen Nervenzellen. **Motoneurone** senden Befehle an nicht-neuronale Effektorzellen, wie z.B. Muskelzellen, und beeinflussen damit deren Aktivität.

Wie schon erwähnt, wird die Verbindungsstelle einer axonalen Endigung mit einer anderen Zelle, wie Nerven-, Muskel- oder Drüsenzellen, als **Synapse** bezeichnet. Diejenige Nervenzelle, die ein Signal überträgt, wird **präsynaptisches** Neuron genannt, diejenige Nervenzelle, die das Signal empfängt, wird als **postsynaptisches** Neuron bezeichnet. Je nach der Lokalisation der Verbindungsstellen zwischen einzelnen Neuronen sprechen wir von einer **axosomatischen** Synapse, wenn ein Axon oder eine Axonkollaterale auf dem Soma eines anderen Neurons endet. Entsprechend heißt eine Synapse zwischen einem Axon und einem Dendriten eine **axodendritische** Synapse und zwischen zwei Axonen eine **axoaxonische** Synapse (Abb. 3.1). Axoaxonische Synapsen bilden sich zwischen den Terminalen der prä- und postsynaptischen Zelle. Sie haben daher meist keinen direkten Einfluß auf die Impulsentstehung sondern modulieren allgemein die Transmitterfreisetzung der postsynaptischen Zelle.

Im Axon können Substanzen, die im Soma gebildet werden, wie Neurotransmitter oder deren Vorstufen, Membranvesikel, Enzyme usw. unter Beteiligung des Cytoskeletts zu den terminalen Endigungen transportiert werden (**anterograder Transport**). Die Geschwindigkeit kann bis zu 400 mm/Tag betra-

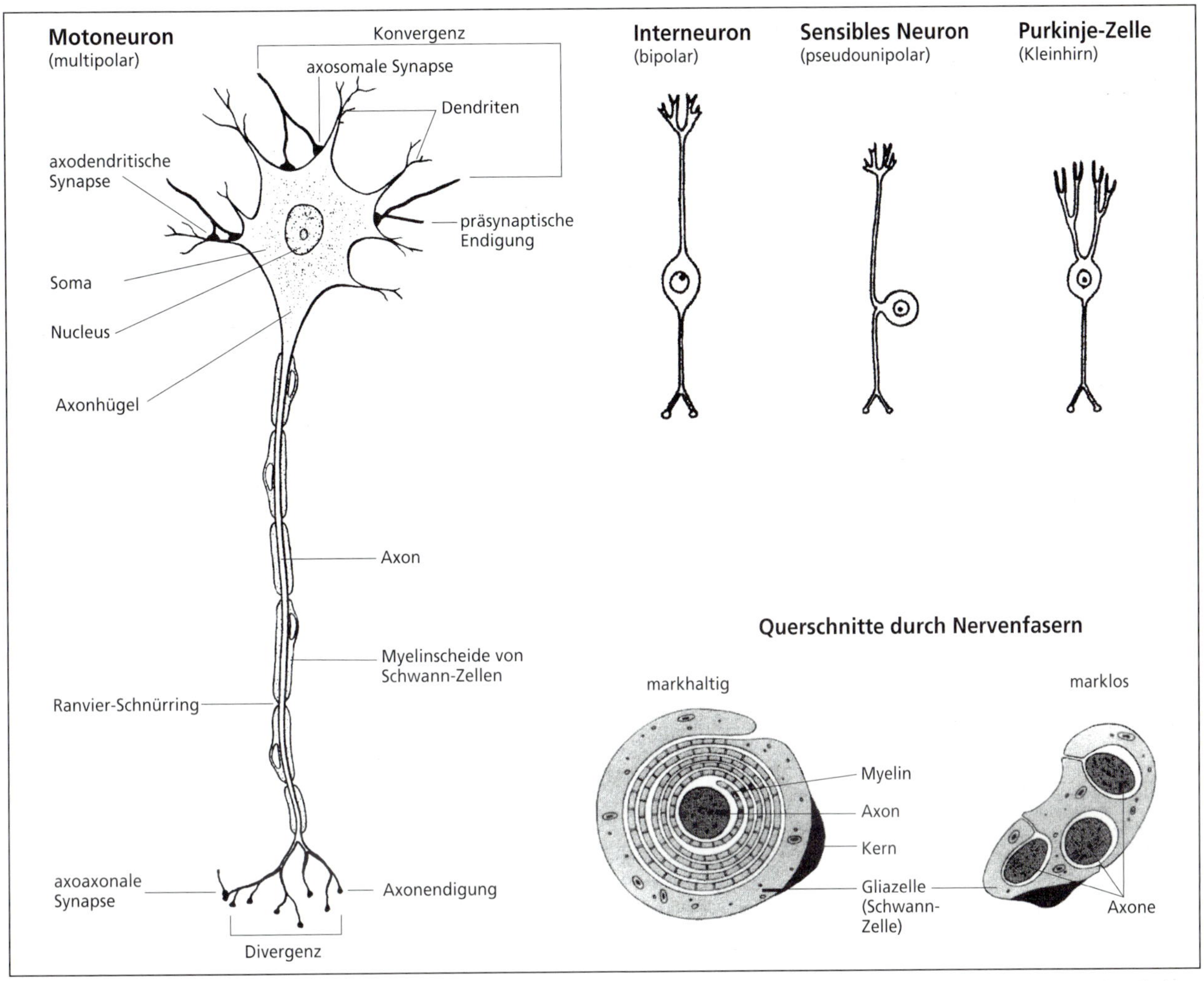

Abb. 3.1 Nervenzellarten. In Abhängigkeit von ihrer Funktion gibt es viele verschiedene Nervenzelltypen mit unterschiedlicher Morphologie. Eine Auswahl der wichtigsten Nervenzellen ist schematisch dargestellt. Gliazellen wie die Schwann-Zellen umhüllen die Axone der Nervenzellen. Bei markhaltigen Nervenfasern ist jedes einzelne Axon von einer Myelinscheide umgeben. Bei marklosen Nervenfasern sind jeweils mehrere Axone gleichzeitig eingebettet. Efferenzen verschiedener vorgeschalteter Neurone bilden synaptische Kontakte an derselben Nervenzelle (Konvergenz). Die Nervenzelle kann ihrerseits über Kollateralen Kontakte mit mehreren nachgeschalteten Neuronen aufnehmen (Divergenz).

gen. Von pathophysiologischem Interesse ist der **retrograde Transport**, der von den terminalen Endigungen eines Axons in Richtung Soma erfolgt, weil auf diesem Weg Fremdstoffe, wie z.B. Herpesviren oder Tetanustoxin, in das ZNS gelangen können.

3.1.2 Funktionen der Gliazellen

Bei den Gliazellen handelt es sich um **nichterregbare Zellen** des Nervengewebes, die unterschiedliche Funktionen innehaben können. **Oligodendrozyten** und **Schwann-Zellen** haben **Isolierungsfunktion**. Dabei umhüllen Oligodendrozyten im ZNS und Schwann-Zellen im peripheren Nervensystem die Axone und bilden um sie eine isolierende **Myelinscheide** aus unterschiedlichen Lipiden wie Phosphatiden und Cholesterin (Abb. 3.1). **Astrozyten** können Abgrenzungen des Nervengewebes gegenüber Blutgefäßen bilden und sind am Aufbau der **Blut-Hirn-Schranke** beteiligt. Gliazellen dienen außerdem der metabolischen Unterstützung der Neurone. Da sie anders als Neurone während des gesamten Lebens ihre Teilungsfähigkeit behalten, dienen sie auch zum Ausfüllen neuronaler Zelldefekte (**Glianarben**). Gliazellen können verschiedene **Neurotransmitter** und **-modulatoren** synthetisieren, aufnehmen und freisetzen; es gibt jedoch keinen Beweis, daß Gliazellen direkt in die Informationsübertragung einbezogen sind. Eine weitere, noch nicht sehr lange bekannte Funktion der Gliazellen besteht in der Pufferung von überschüssigem extrazellulärem Kalium, das sich bei intensiver neuronaler Aktivität ansonsten im Extrazellularraum anreichern würde.

Das Nervengewebe ist aus Neuronen und Gliazellen aufgebaut. Beide Zelltypen kommen je nach Lokalisation und Funktion in unterschiedlichen Formen vor. Neurone sind erregbare Zellen, die allgemein durch viele kurze Zellfortsätze, die Dendriten, und durch einen langen Fortsatz, das Axon, charakterisiert sind. Beide Fortsätze entspringen dem eigentlichen Zellkörper, dem Soma. Dendriten stellen das rezeptive Feld des Neurons dar, über das es zum Kontakt mit den Axonen anderer Nervenzellen kommt. Über das Axon, das eine weite Strecke zurücklegen kann, überträgt das Neuron Informationen in Form von elektrischen Signalen wie z.B. Aktionspotentiale auf andere Zellen. Der direkte Zellkontakt wird dabei durch spezifische Zellverbindungen, die Synapsen, ermöglicht. Bei den Gliazellen handelt es sich um nichterregbare Zellen. Sie übernehmen im Nervengewebe Stütz- und Isolationsfunktion, dienen der Nährstoffversorgung der Neurone (Nährfunktion) und können überschüssige Kaliumionen im Extrazellularraum puffern (Pufferfunktion).

3.2 Grundprinzipien der Erregung von Nervenzellen

3.2.1 Definitionen

In Kap. 2.4 wurde ausführlich beschrieben, wie die unterschiedlichen Ionenkonzentrationen beiderseits der **selektiv permeablen Zellmembran** ein **Membranpotential** verursachen, das mittels der Goldmann-Gleichung mit ausreichender Genauigkeit berechnet werden kann. Bei erregbaren Zellen im ruhenden Zustand wird dieses Membranpotential auch als **Ruhemembranpotential (RMP)** bezeichnet. Wegen der in Ruhe vergleichsweise hohen K^+-Permeabilität der Membran hängt das RMP vor allem vom jeweils vorliegenden Konzentrationsgradienten für K^+ ab und entspricht damit näherungsweise dem dadurch erzeugten Kaliumgleichgewichtspotential. Bei den meisten Nervenzellen liegt das RMP zwischen -70 und -90 mV. Vereinbarungsgemäß ist das Zellinnere negativ gegenüber dem Außenmilieu. Auch unter Ruhebedingungen können immer wieder Na^+- und K^+-Ionen die Zellmembran durchqueren. Dieser als Ruheeinstrom bzw. -ausstrom bezeichnete Vorgang wird durch entsprechende Tätigkeit der **Na^+-K^+-Pumpe** ausgeglichen. Allerdings ist dieser Effekt nicht groß. Bei einer Blockade der Na^+-K^+-Pumpe würde das RMP nur um 2 bis 4 mV positiver.

Reizbedingte Abweichungen des RMP zu negativeren oder positiveren Membranpotentialen wird als **Hyperpolarisation** bzw. **Depolarisation** bezeichnet. Derartige Abweichungen, die nicht zum Öffnen von spannungsgesteuerten Ionenkanälen führen, stellen **passive Membranantworten** dar und werden **elektrotonische Potentiale** genannt. Hyperpolarisierende Vorgänge sind immer passiv, genauso wie geringe Depolarisationen, die auch als **unterschwellige Reize** bezeichnet werden. Erreicht die Depolarisation jedoch einen kritischen Wert, nämlich das **Schwellenpotential**, ändert sich das elektrische Verhalten des Neurons schlagartig, und es erfolgt die **aktive Membranantwort**, d.h. spannungsgesteuerte Ionenkanäle öffnen sich und ein Aktionspotential läuft nach dem **Alles-oder-Nichts-Prinzip** ab. Dieses wird später genauer erklärt. Aktionspotentiale werden also durch **überschwellige Reize** bzw. **überschwellige Depolarisationen** ausgelöst. Der Schwellenwert liegt bei den meisten Nervenzellen zwischen -50 und -60 mV.

Das Ruhemembranpotential liegt zwischen -70 und -90 mV und entspricht näherungsweise dem Kaliumgleichgewichtspotential. Reize können die Membran hyperpolarisieren oder depolarisieren. Unterschwellige Reize verursachen passive Membranantworten, die elektrotonische Potentiale genannt werden. Hierbei ändert sich die Membranleitfähigkeit nicht. Hyperpolarisationen können nur passive Antworten auslösen. Bei einer überschwelligen Depolarisation (überschwelliger Reiz) erfolgt eine aktive Membranantwort, indem sich spannungsgesteuerte Ionenkanäle öffnen und ein Aktionspotential nach dem Alles-oder-Nichts-Prinzip abläuft. Das Schwellenpotential liegt zwischen -50 und -60 mV.

3.2.2 Die passive Membranantwort auf unterschwellige Reize

Bevor wir zu den dynamischen elektrischen Prozessen an der Nervenzelle kommen, müssen wir uns die passiven elektrischen Eigenschaften der Nervenzelle näher ansehen, denn diese spielen bei der elektrischen Erregungsleitung eine entscheidende Rolle, weil sie den Stromkreis für die aktiven Ströme schließen. Sie bestimmen folglich den Zeitverlauf des postsynaptischen Potentials, das von einem Strom an der postsynaptischen Membran erzeugt wird. Sie entscheiden, ob dieses postsynaptische Potential an einem Dendriten zu einer unter- oder überschwelligen Depolarisation an der Triggerzone führt, und sie haben entscheidenden Einfluß auf die Geschwindigkeit, mit der ein Aktionspotential weitergeleitet wird. Die passiven elektrischen Eigenschaften der Nervenzelle sind konstant, d.h., sie ändern sich während des Reizes und der Erregungsleitung nicht. Ein Neuron hat drei relevante passive elektrische Eigenschaften: den **Membranwiderstand**, die **Membrankapazität** und den intrazellulären **Längswiderstand** von Axon und Dendriten. Es sollen an dieser Stelle nur die wesentlichen physiologischen Konsequenzen dieser passiven Membraneigenschaften dargestellt werden. Die zum Teil komplizierten elektrophysikalischen Grundlagen werden ausführlich in der entsprechenden Fachliteratur abgehandelt.

- **Der Membranwiderstand bestimmt die Höhe der Membranantwort**

Nach dem Ohmschen Gesetz ist die Höhe eines elektrotonischen Potentials (Amplitude), z.B. einer Depolarisation ΔV, die durch den Reizstrom I_R ausgelöst wird, gegeben durch

$$\Delta V = I_R \cdot R_{in}$$

Der Membranwiderstand R_{in} (auch Eingangswiderstand, **input resistance**) hängt dabei direkt von der Dichte der Kanäle in der Membran (**spezifischer Membranwiderstand** R_m) ab und verhält sich umgekehrt proportional zur Membranoberfläche (A):

$$R_{in} = R_m/A$$

Das bedeutet, daß von zwei kugelförmigen Neuronen mit identischem synaptischem Stromeingang dasjenige mit dem größeren Membranwiderstand auch das größere elektrotonische Potential aufweist. Bei größeren Neuronen mit Dendriten und Axonen kann neben dem Membranwiderstand auch der Cytoplasmawiderstand von Bedeutung sein. Auf die Bedeutung des Membranwiderstandes für die Erregungsleitung kommen wir in Kap. 3.3.2 zurück.

- **Die Membrankapazität verlangsamt den Zeitverlauf der elektrotonischen Potentiale**

Bei unterschwelligen Reizen verhält sich die Zellmembran wie ein technischer Kondensator. Demnach erfolgt die Spannungsantwort langsamer als die Änderungen der sie induzierenden Reize, wie z.B. eines Rechteckstrompulses (Abb. 3.2). Der Zeitverlauf eines elektrotonischen Potentials, z.B. der Anstiegs- und Abstiegsphase einer Depolarisation ΔV, ist danach eine Funktion des Stromes I_c über der Zellmembran und seiner Dauer Δt sowie der reziproken Membrankapazität C:

$$\Delta V = I_c \cdot \Delta t \,/\, C$$

Die Membrankapazität steigt mit der Fläche der Zellmembran, so daß bei einem größeren Neuron viel mehr Strom benötigt wird als bei einem kleineren Neuron, um die gleiche Membranpotentialänderung zu erzeugen. Die Zeit, in der das Membranpotential 63% seines Endwertes erreicht hat, wird als **Membranzeitkonstante** τ bezeichnet. Diese physiologische Kenngröße der passiven elektrischen Membraneigenschaften beträgt bei verschiedenen Nervenzellen 1 bis 20 ms.

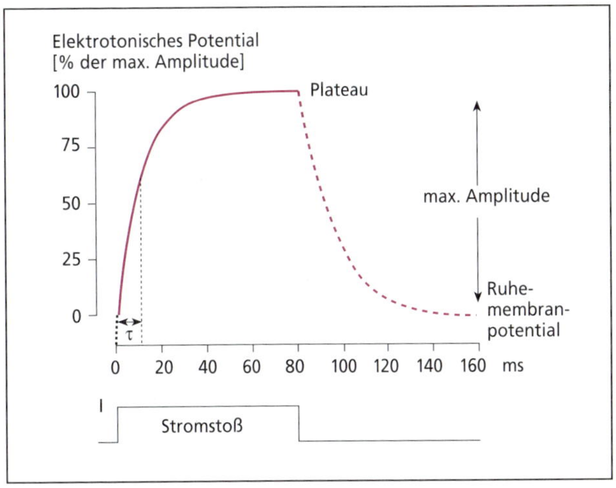

Abb. 3.2 Verlauf des elektrotonischen Potentials am Soma eines Neurons nach einem unterschwelligen Reiz. Unten der Zeitverlauf eines Stromstoßes I, der zu einer unterschwelligen Depolarisation der Membran führt; oben der Zeitverlauf des gleichzeitig gemessenen elektrotonischen Potentials. Die Zeit, die verstreicht, bis 63% der maximalen Spannungsänderung (Amplitude) erfolgt sind, wird als Membranzeitkonstante τ bezeichnet.

- **Der Längswiderstand von Axon und Dendriten beeinflußt die Effizienz und Geschwindigkeit der Erregungsleitung**

Die bisherigen Betrachtungen bezüglich Membranwiderstand und -kapazität bezogen sich auf die Erregungsleitung innerhalb des Zellkörpers, so daß Entfernungseffekte auf die Ausbreitung des elektrotonischen Signals vernachlässigt werden konnten. Eine unterschwellige Membranantwort wie eine Depolarisation nimmt entlang ihrer Wanderung in einem Dendriten, einem Axon oder über einen großen Zellkörper mit zunehmender Entfernung vom Entstehungsort ab (Abb. 3.3). Das liegt daran, daß die Amplitude der Depolarisation nicht nur vom Membranwiderstand, sondern auch vom **Längswiderstand** des cytoplasmatischen Innenraumes beeinflußt wird. Dieser nimmt mit der Entfernung linear zu. Stellen Sie sich dazu ein Axon vor, das in kleine hintereinandergeschaltete Zylinder eingeteilt sei, jeder Zylinder mit seinem eigenen Längswiderstand, der zusammen mit dem Membranwiderstand zu einem stetigen Verlust eines Teils des Stromes entlang des Axons beiträgt. Die Folge ist, daß die Amplitude des elektrotonischen Potentials mit der Entfernung vom Ort der Strominjektion exponen-

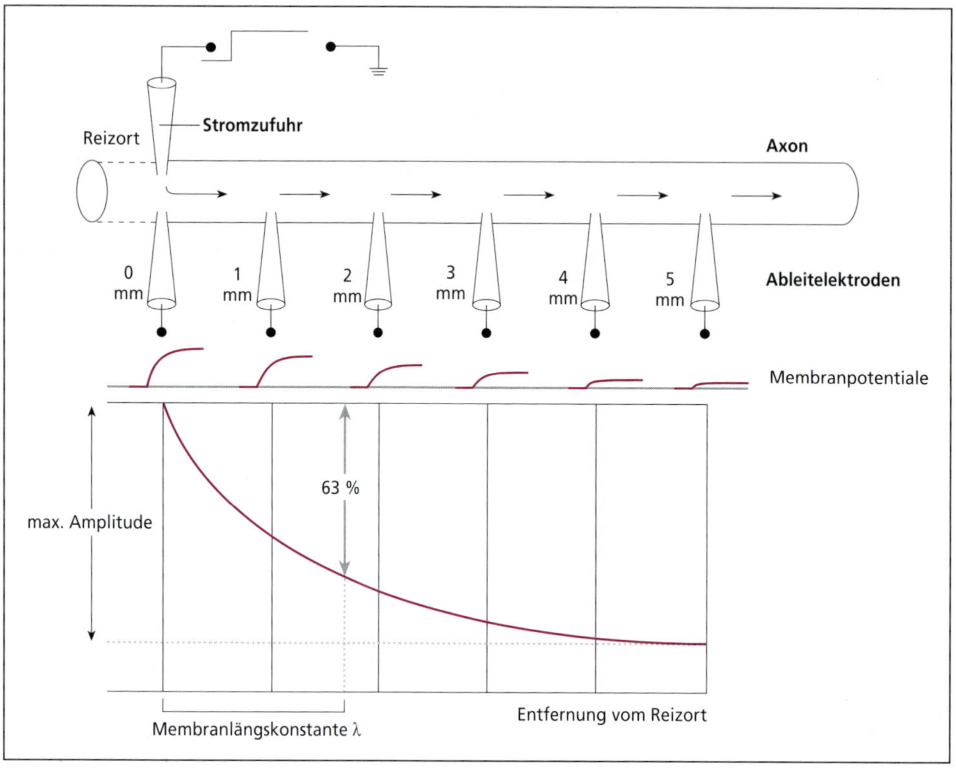

Abb. 3.3 Verlauf des elektrotonischen Potentials im Axon eines Neurons nach einem unterschwelligen Reiz. Oben Applikation eines unterschwelligen Stromstoßes in ein Axon und abgeleitete Membranantworten in unterschiedlichen Entfernungen (in mm) vom Applikationsort, unten Darstellung des jeweiligen Plateauwertes (Amplitude) als Funktion der Entfernungen vom Reizort. Es kommt zu einem Potentialabfall mit wachsender Entfernung vom Reizort. Die Membranlängskonstante λ gibt die Entfernung vom Reizort an, bei der die Amplitude um 63% des Ausgangswertes abgefallen ist.

tiell abnimmt (Abb 3.3). Die Strecke, an der das Signal schließlich auf 37% der Ausgangsamplitude am Entstehungsort abgenommen hat, wird als **Membranlängskonstante λ** bezeichnet. Sie ist um so größer, je besser die Isolierung der Membran (großer Membranwiderstand) und umso niedriger der Längswiderstand (der seinerseits im umgekehrten Verhältnis zum Faserdurchmesser steht) ist. λ stellt damit ein wichtiges Maß zur Charakterisierung der „Kabeleigenschaften" der Nervenfasern dar. An verschiedenen Zellen hat die Membranlängskonstante Werte zwischen 0,1 und 1 mm. Elektrotonische Potentiale sind an Nervenfasern also höchstens einige Millimeter weit wirksam. Die Nervenfaser weist demnach relativ schlechte Leitereigenschaften auf. Auf die Bedeutung der Membranzeitkonstanten τ und der Membranlängskonstanten λ kommen wir in Zusammenhang mit der räumlichen und zeitlichen Summation von Signalen zurück.

Die passiven elektrischen Eigenschaften der Nervenzelle sind konstant, d.h., sie ändern sich während des Reizes und der Erregungsleitung nicht. Ein Neuron hat drei relevante passive elektrische Eigenschaften: den Membranwiderstand, die Membrankapazität und den intrazellulären Längswiderstand von Axon und Dendriten. Der Membranwiderstand bestimmt die Höhe des elektrotonischen Potentials. Die Membrankapazität verlängert den Zeitverlauf des elektrischen Potentials.

Der Membranwiderstand und der Längswiderstand, der überwiegend vom Faserdurchmesser abhängt, beeinflussen die Effizienz und die Geschwindigkeit der Erregungsleitung.

3.2.3 Die aktive Membranantwort auf überschwellige Reize: das Aktionspotential

Wie schon erwähnt, liegt das Schwellenpotential für Nervenzellen von Säugetieren mit einem RMP von -70 mV bei etwa -50 mV. Ist dieser Wert überschritten, so wird **unabhängig von der Stärke des Reizes** immer ein voll ausgebildetes Aktionspotential ausgelöst. Diese Konstanz des Aktionspotentials wird als **Alles-oder-Nichts-Gesetz** der Erregung bezeichnet. Es ist bemerkenswert, daß Membranpotentialänderungen von 20 mV durch das Aktionspotential um den Faktor 5 verstärkt werden. Ferner ist der Erregungszustand **autoregenerativ**, d.h. er kehrt selbstständig zum Ruhezustand zurück, so daß ein weiteres Aktionspotential ablaufen kann. Die autoregenerative Eigenschaft des Aktionspotentials ermöglicht es ihm, ohne Abnahme der Amplitude über große Entfernungen entlang seines Axons zu wandern. Die Fortleitung des Aktionspotentials wird etwas später behandelt.

Die aktive Membranerregung unterscheidet sich von der passiven Antwort dadurch, daß sie von dem

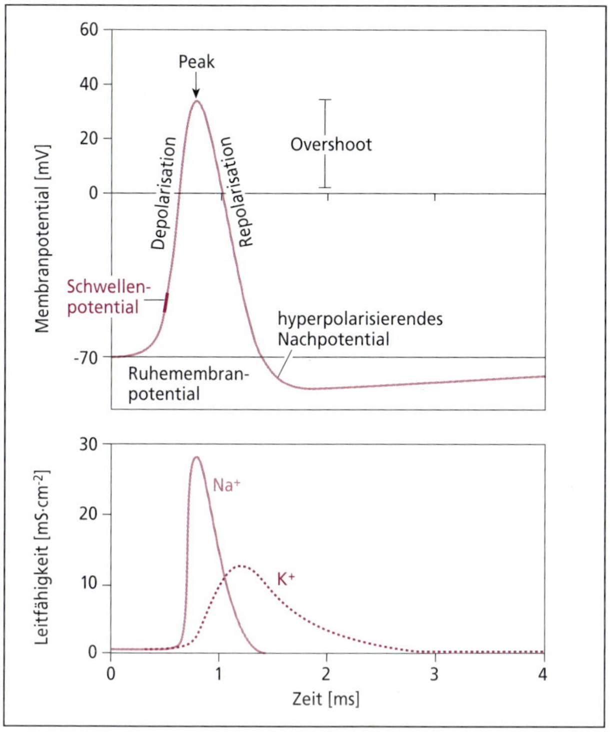

Abb. 3.4 Zeitverlauf eines Aktionspotentials und der zugrundeliegenden Membranleitfähigkeiten für Na^+- und K^+-Ionen. Erläuterungen im Text.

auf einen Reiz hin folgenden Öffnen und/oder Verschließen zahlreicher Ionenkanäle abhängt. Nach einer überschwelligen Depolarisation überschreitet das Membranpotential in weniger als 0,5 ms 0 mV und erreicht schließlich einen Spitzenwert von +30 bis +50 mV (Abb. 3.4). Da in dieser steilen **„Aufstrichphase"** der Polarisationszustand der Membran abnimmt und sogar umgekehrt wird, wird der Vorgang auch als **Depolarisationsphase** bezeichnet.

Nach der Umpolarisation der Membran erfolgt die **Repolarisation**, mit der das Ruhepotential meist innerhalb einer Millisekunde wieder eingestellt wird. Bei zahlreichen Nervenzellen folgt auf die „normale" Repolarisation – mehr oder weniger stark ausgeprägt – eine **langsame Repolarisation**, auch **depolarisierendes Nachpotential** genannt (s.u.), oder auch ein Unterschreiten des Ruhepotentials, das als **hyperpolarisierendes Nachpotential** bezeichnet wird.

In Tabelle 3.1 werden die Unterschiede zwischen der passiven und aktiven elektrischen Membranantwort, also zwischen elektrotonischen Potentialen und Aktionspotentialen zusammenfassend dargestellt.

3.2.4 Die ionale Basis des Aktionspotentials

- **Natriumeinwärtsstrom und Funktion des Na^+-Systems**

Die Ursache für den plötzlichen Anstieg des Membranpotentials während der Aufstrichphase nach Überschreiten der Schwelle ist eine plötzliche **Permeabilitätszunahme** der Membran für Na^+-Ionen (P_{Na}) (Abb. 3.4). Während die Na^+-Permeabilität unter Ruhebedingungen nur etwa 1/25 der K^+-Permeabilität (P_K) beträgt, steigt P_{Na} bei Überschreiten der Schwelle bis auf den 20fachen Wert von P_K an. Ursache dieser Permeabilitätszunahme ist das Öffnen von spannungsabhängigen Na^+-Kanälen (Aktivierung). Na^+-Ionen, die in der Extrazellularflüssigkeit in einer etwa 20fach höheren Konzentra-

Tabelle 3.1 Wesentliche Unterschiede zwischen passiven und aktiven Membranantworten von Nervenzellen

Elektrotonische Potentiale	Aktionspotentiale
1. Eine abgestufte Membranantwort, bei der die Höhe der Amplitude von der Stärke des Reizes abhängt.	Antwort nach der „Alles-oder-Nichts-Regel"; wenn die Membran überschwellig depolarisiert wird, ist die Höhe der Amplitude unabhängig von der Stärke des Reizes.
2. Eine abgestufte Membranantwort, die auch summiert werden kann.	Antwort nach der „Alles-oder-Nichts-Regel", die nicht summiert werden kann.
3. Die Auslösung der Membranantwort ist nicht vom Überschreiten eines Schwellenpotentials abhängig.	Antwort nach Überschreiten des Schwellenpotentials.
4. Es existiert keine Refraktärität.	Die Membranantwort zeigt eine absolute und eine relative Refraktärphase.
5. Fortgeleitete Erregungen schwächen sich ab.	Fortleitung der Erregung ohne Dekrement; die Amplitude ist konstant.
6. Die Dauer der Membranerregung hängt von der Höhe des unterschwelligen Reizes ab.	Die Dauer der Membranerregung ist bei gegebenem Zelltyp konstant.
7. Depolarisation oder Hyperpolarisation.	Depolarisation mit „Overshoot".
8. Passive Membranantwort, keine direkte Beteiligung von Ionenkanälen	Aktive Membranantwort, hervorgerufen durch Permeabilitätsänderungen der Membran (z.B. Na^+- und K^+-Kanäle).
9. Entstehung durch einen Reiz, durch Neurotransmitter oder auch spontan.	Auslösung durch eine überschwellige Membrandepolarisation.

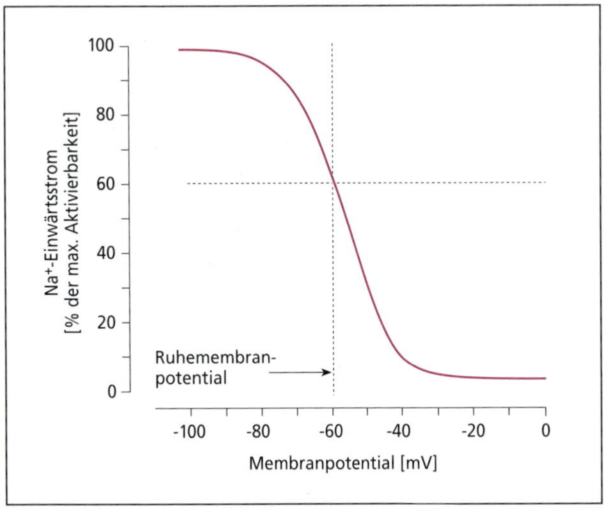

Abb. 3.5 Potentialabhängigkeit des Na^+-Einwärtsstroms, der durch eine überschwellige Depolarisation ausgelöst wird. Auf der Abszisse ist das künstliche Ausgangspotential, von dem aus die Membran eines Froschnerven mit einem Ruhemembranpotential von -60 mV überschwellig depolarisiert wurde, dargestellt. Bei den Ordinatenwerten wurde die maximale Aktivierbarkeit des Na^+-Systems auf 100 % gesetzt.

tion als im Cytosol vorliegen, können nun, ihrem **chemischen Konzentrationsgradienten** folgend, in die Zelle einströmen. Als zweite treibende Kraft für den zelleinwärts gerichteten Natriumstrom wirkt zu Beginn des Aktionspotentials natürlich auch der **elektrische Gradient**, da die Zelle innen negativ geladen ist (zusammen **elektrochemischer Gradient**). Durch den Na^+-Einstrom wird ein zelleinwärts gerichteter Nettostrom positiver Ladungen erzeugt, der das Membranpotential vermindert, d.h. in positive Richtung verschiebt. Durch diese Depolarisation steigt die Na^+-Permeabilität der Membran zusätzlich an. Schließlich ist soviel an Na^+ in die Zelle eingeströmt, daß positive Membranpotentiale gemessen werden. Bevor jedoch das **Na^+-Gleichgewichtspotential** von etwa +60 mV erreicht werden kann, erfolgt eine Verlangsamung und schließlich Beendigung des Na^+-Einstroms. Dafür sind zwei Mechanismen verantwortlich: Zum einen entfällt nach der Umpolarisation des Neurons der elektrische Gradient als treibende Kraft für den einwärts gerichteten Na^+-Strom, zum anderen nimmt die Na^+-Permeabilität schnell wieder ab, d.h., die Na^+-Kanäle in der Zellmembran schließen sich. Durch das Abschalten des Na^+-Einstroms wird die Depolarisation der Membran beendet und die Repolarisation eingeleitet.

Bei einem überschwelligen Reiz an einer ruhenden Nervenzelle, wie er in Abb. 3.5 dargestellt ist, erweist sich die Amplitude des Aktionspotentials als unabhängig von der Höhe des Reizes. Nach der Alles-oder-Nichts-Regel läuft nach Überschreiten der Schwelle immer ein vollständiges, maximales Aktionspotential ab. Das heißt aber nicht, daß die Amplitude des Aktionspotentials immer gleichhoch sein muß. Denn die Höhe der Amplitude hängt vom Na^+-Einstrom und damit von der Anzahl der nach Überschreiten der Schwelle geöffneten Na^+-Kanäle ab (Na^+-Permeabilität der Membran). Wie in Abb. 3.5 gezeigt wird, hängt die Amplitude des Na^+-Einwärtsstroms vom Ausgangsmembranpotential ab. In der Regel ist das Ausgangsmembranpotential mit dem Ruhepotential gleichzusetzen, das im gezeigten Beispiel -60 mV beträgt. Selbst bei diesem Wert ist die Na^+-Permeabilität nur zu ca. 60% aktivierbar. Die maximale Aktivierung ist erst nach Hyperpolarisation der Membran auf -80 bis -100 mV möglich. Umgekehrt führt eine langdauernde Depolarisation auf mehr als -40 mV zu einer fast vollständigen Unerregbarkeit der Membran, da Na^+-Kanäle bei positiverem Membranpotential inaktiviert sind.

Aufgrund molekularbiologischer und elektrophysiologischer Untersuchungen stellt sich die Struktur und Funktion des Na^+-Kanals nach derzeitigem Kenntnisstand wie folgt dar. Eine Kette von etwa 1800 Aminosäuren bildet bei mehrmaligem Membrandurchgang aus 4 x 6 Untereinheiten ein integrales Protein von ca. 300 kDa und 8 nm Durchmesser (Abb. 2.3), das durch drei funktionelle Besonderheiten charakterisiert ist (Abb. 3.6):

1. Es enthält an seiner Außenseite einen Selektivitätsfilter, der für die hohe Diskriminierungsfähigkeit des Kanals ($P_{Na} >> P_K$) verantwortlich ist.
2. Der Öffnungszustand wird mittels eines Potentialsensors (spannungsempfindliches Tor), der den Durchstrom von Na^+-Ionen blockieren oder freigeben kann, kontrolliert.
3. Zwischen dem Selektivfilter und dem Potentialsensor befindet sich eine wassergefüllte Pore (Durchmesser ca. 0,3 bis 0,5 nm), durch die Na^+-Ionen nach dem Öffnen hindurchströmen können.

Die **Aktivierung** des Na^+-Kanals ist spannungsabhängig. Ist die Schwelle erreicht (z.B. -50 mV bei einem Ruhepotential von -70 mV), so öffnet der **geschlossene und aktivierbare** Kanal für kurze Zeit. Im nun **geöffneten und aktivierten** Zustand läßt er für kurze Zeit Na^+-Ionen passieren, um **zeitabhängig** wieder zu schließen (**Inaktivierung**). Während der Repolarisation befindet sich der Kanal in einem **geschlossenen und inaktivierten** Zustand. Erst nach erneuter Depolarisaton wird der Kanal wieder aktivierbar. Im folgenden Kapitel werden die physiologischen Konsequenzen dieses Kanalverhaltens näher dargestellt. Wenn der Kanal sehr langsam oder unterschwellig depolarisiert wird (**Einschleichen**), so kann er innerhalb von etwa 1 ms direkt

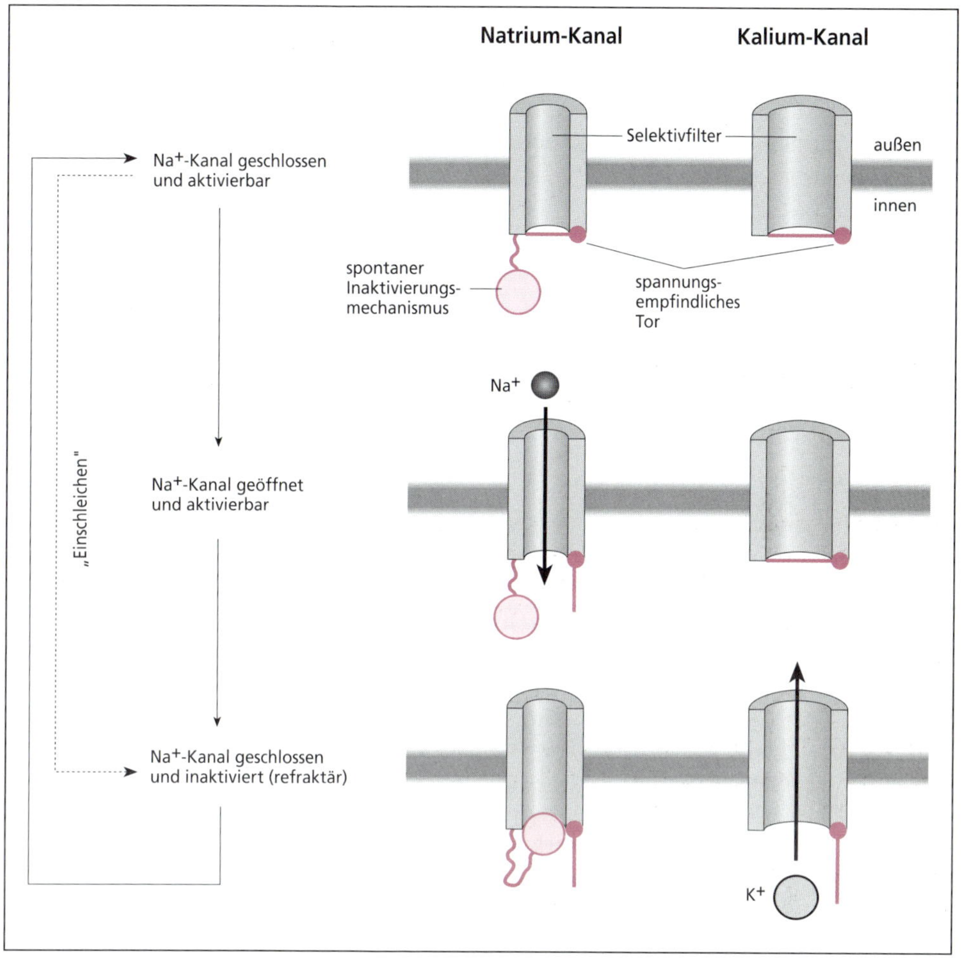

Abb. 3.6 Modellvorstellungen des Aktivierungsverhaltens der spannungsabhängigen Na⁺- und K⁺-Kanäle. Der Na⁺-Kanal hat nach dieser Modellvorstellung zwei Schließvorrichtungen. Beim Ruhepotential ist das spannungsempfindliche Tor (Spannungssensor) geschlossen. Nach einer überschwelligen Depolarisierung öffnet sich dieses Tor und damit können Na⁺-Ionen in die Zelle einströmen. Durch den zweiten, spontanen Inaktivierungsmechanismus wird die Pore jedoch später blockiert. Langsame K⁺-Kanäle öffnen sich nach einer überschwelligen Depolarisierung erst mit beträchtlicher Verzögerung und besitzen keinen Inaktivierungsmechanismus.

von der geschlossenen und aktivierbaren in die inaktivierte Phase übergehen. Die Erregung erreicht dann die Schwelle nicht und bleibt lokal. Ein derartiger Vorgang wird auch als **Akkommodation** bezeichnet und spielt z.B. an zentral erregenden Synapsen oder Sinneszellen eine große Rolle.

Die pharmakologische Beeinflussung des Na^+-Kanals ist auch von veterinärmedizinischem Interesse. Lokalanästhetika, die dazu benutzt werden, die Erregung und Fortleitung in Nerven für einige Zeit zu unterbrechen, funktionieren als Na^+-Kanalblocker. Die Moleküle der Lokalanästhetika binden dabei reversibel an den geöffneten Na^+-Kanal, und zwar an eine Bindungsstelle zwischen dem selektiven Filter und dem Spannungssensor. Die Moleküle selbst sind zu groß, um den Kanal zu passieren, aber sie machen den Na^+-Strom ineffektiv und verhindern damit das Auslösen von Aktionspotentialen. Das Neurotoxin **Tetrodotoxin** ist ein Gift des Kugelfisches (*Tetrodon rubripes*), das selektiv spannungsabhängige Na^+-Kanäle blockiert. Tetrodotoxin blockiert damit die axonale Weiterleitung von Aktionspotentialen sowie die am Zellsoma vorhandenen Na^+-Kanäle. Das ähnlich wirkende **Saxitoxin** stammt von bestimmten Dinoflagellaten (z.B. *Gonyaulax*). Saxitoxin spielt bei vielen Muschelvergiftungen eine entscheidende Rolle.

- **Refraktärphase**

Durch Applikation langer Depolarisationen von etwa 20 ms ist experimentell gezeigt worden, daß die Inaktivierung der spontanschließenden Na^+-Kanäle solange anhält, wie das Membranpotential auf einem depolarisierten Wert gehalten wird. Unter natürlichen Bedingungen entspricht dieser Zustand der Dauer der Repolarisation. Das Na^+-System ist jetzt in einem geschlossenen, inaktivierten Zustand, der anhält bis das Membranpotential den Ruhewert wieder erreicht hat.

Fällt in die geschlossene, inaktivierte Phase des Na^+-Systems ein erneuter Reiz, so bleibt die übliche Membranantwort, die Erregung, aus. Dieser Zustand, der bei Nervenzellen etwa 2 ms andauert, wird als **absolute Refraktärphase** bezeichnet. In dieser Phase ist auch durch Depolarisationen höchster Amplitude mit normalerweise ausreichender Dauer kein weiteres Aktionspotential auszulösen.

An die absolute schließt sich die **relative Refraktärphase** an. In dieser Phase können einige Na^+-Kanäle durch einen ausreichend hohen Reiz erneut aktiviert werden. Das bedeutet, daß die Schwelle während der relativen Refraktärphase höher liegt als in Ruhe und die Anstiegsgeschwindigkeit und die Amplitude des Aktionspotentials kleiner sind als normal.

Die Refraktärität beschränkt die **maximale Frequenz** von Aktionspotentialen einer Nervenzelle. Für verschiedene Zelltypen liegt sie bei etwa 100 bis 1000/s. Außerdem spielt sie im Zusammenhang mit der **gerichteten Erregungsleitung** in Nervenfasern eine wesentliche Rolle.

• Kaliumauswärtsstrom

Die Repolarisation in Richtung Ruhepotential wird dadurch unterstützt, daß kurze Zeit nach Aktivierung der Na^+-Kanäle ein Anstieg der K^+-Permeabilität erfolgt (Abb. 3.4). Ursache ist das Öffnen von K^+-Kanälen. Wie beim Na^+-Strom, gilt nun entsprechend für K^+-Ionen, die im Cytosol in einer etwa 30fach höheren Konzentration als in der extrazellulären Flüssigkeit vorliegen, daß sie, ihrem Konzentrationsgradienten entsprechend, die Zelle verlassen können. Als zweite treibende Kraft für den zellauswärts gerichteten K^+-Strom wirkt während des Overshoot der elektrische Gradient, der für K^+-Ionen zellauswärts gerichtet ist. Der dadurch resultierende K^+-Ausstrom steigt zwar relativ langsam an, erreicht aber sein Maximum zu einem Zeitpunkt, an dem der Na^+-Einstrom schon deutlich zurückgegangen ist. Deshalb ergibt sich insgesamt ein K^+-getragener, zellauswärts gerichteter Nettostrom positiver Ladungen, der zum Wiederaufbau des Membranpotentials führt und die Repolarisation beendet. Auch hier werden Abnahme und Beendigung des K^+-Ausstroms durch die Annäherung des erreichten Membranpotentials an das **K^+-Gleichgewichtspotential** und die Inaktivierung der K^+-Kanäle induziert.

Wie die langsame Zunahme der K^+-Permeabilität zeigt, verläuft die Aktivierung der K^+-Kanäle im Gegensatz zu den Na^+-Kanälen nicht „sprunghaft" nach Erreichen des Schwellenpotentials, sondern sowohl während als auch am Ende des Aktionspotentials streng potentialabhängig. Dies beinhaltet auch, daß sich die K^+-Kanäle während der Depolarisation nicht wie die Na^+-Kanäle spontan schließen, d.h. nicht inaktiviert, sondern entsprechend der Repolarisation wieder geschlossen werden. Inzwischen wurden eine Vielzahl weiterer K^+-Kanäle mit unterschiedlichem Verhalten (z.B. andere Potentialabhängigkeiten, Inaktivierbarkeit, Steuerung durch second messenger) identifiziert, deren spezifische Relevanz aber erst noch überprüft werden muß.

• Nachpotentiale

Bei vielen Nervenzellen überdauert die Zunahme des K^+-Ausstroms den Na^+-Einstrom, so daß das Membranpotential nach Beendigung des Aktionspotentials nicht nur auf den Ruhewert zurückkehrt, sondern vorübergehend Werte erreicht, die in der Nähe des K^+-Gleichgewichtspotentials liegen. Dadurch folgt auf das Aktionspotential ein sog. **hyperpolarisierendes Nachpotential** (Abb. 3.4). Wie wir gesehen haben, wird die Aktivierbarkeit des Na^+-Systems durch Hyperpolarisation gefördert (Abb. 3.5). Umgekehrt wird die Aktivierbarkeit des Na^+-Systems vermindert, wenn bei einem **depolarisierenden Nachpotential** im Ablauf des Aktionspotentials ein verzögertes Abschalten des Na^+-Einstroms und/oder nur ein verlangsamtes Einschalten des K^+-Ausstroms erfolgt. Ein hyperpolarisierendes Nachpotential kann auch durch Ca^{2+}-abhängiges Öffnen der Kaliumkanäle entstehen. Die Aktivierung dieser Ca^{2+}-abhängigen K^+-Kanäle erfolgt über einen während des Aktionspotentials stattfindenden Ca^{2+}-Einstrom.

• Quantität der Ionenverschiebungen

Trotz der großen Änderungen der Membranpermeabilitäten während des Aktionspotentials sind die Ionenverschiebungen durch die Membran relativ zu den Konzentrationen im Cytosol und in der extrazellulären Flüssigkeit verschwindend gering. Aus elektrophysiologischen Untersuchungen und physikalischen Überlegungen läßt sich abschätzen, daß während des Aktionspotentials durch einen einzelnen Na^+-Kanal während einer 1 ms dauernden Öffnung nur etwa 6000 Na^+-Ionen fließen müssen, um das Membranpotential im Bereich des Kanals um 100 mV zu verschieben. Je nach Dichte der Na^+-Kanäle in der Membran ergäbe sich nur eine Konzentrationsänderung von Na^+, die einer Änderung von nur einem Tausendstel der Ausgangskonzentration entspricht. Für K^+-Ionen ergeben sich unter denselben Annahmen ganz ähnliche Werte.

• Störungen des Elektrolythaushaltes

Wie wir gesehen haben, werden die den Aktionspotentialen zugrunde liegenden Ionenströme, insbesondere der Einstrom der Na^+-Ionen, durch die extrazellulären Konzentrationen von positiv und negativ geladenen Ionen wesentlich beeinflußt. Da die Auslösung eines Aktionspotentials von der Öffnung spannungsabhängiger Kanäle abhängt, müssen Spannungssensoren, die Teil des Ionenkanals sind, Potentiale über die Membran messen können.

Unter Ruhebedingungen herrscht direkt an der Außenseite der Membran eine positive Spannung und an der Innenseite eine negative Spannung. Wird ein bestimmtes Schwellenpotential überschritten, öffnet sich der Na^+-Kanal, und es kommt zu einem Einstrom von Na^+ und zur Auslösung des Aktionspotentials. Durch veränderte Ionenkonzentrationen im Extrazellularraum werden die Potentialabhängigkeit und der Zeitverlauf der Na^+-Ströme beeinflußt. An der Außenseite der Membran befinden sich negativ geladene Fortsätze von Phospho- und Glykolipiden und auch Glykoproteinen. Da die negativen Ladungen außen angebracht sind, würde der Spannungssensor ein geringeres Potential messen und den Na^+-Kanal bei geringeren Depolarisationen bereits öffnen. Unter physiologischen Bedingungen neutralisieren positiv geladenen Ionen, wie z.B. Ca^{2+}, Mg^{2+} und H^+ in der extrazellulären Flüssigkeit (EZF) diese negativen Ladungen, der Spannungssensor mißt also das real vorhandene Potential. Kommt es zu einer Verringerung der Ca^{2+}-Konzentration in der EZF (**Hypocalcämie**), so wird die negative Oberfächenladung verstärkt und der Kanal öffnet bereits bei geringen Depolarisationen. Hohe extrazelluläre Ca^{2+}-Konzentrationen stabilisieren demnach das Membranpotential, während geringe Ca^{2+}-Konzentrationen zu einer erhöhten Erregbarkeit der Nerven führen. Veränderungen der extrazellulären Ca^{2+}-Konzentration kommen als Folge bestimmter Stoffwechselstörungen, von Ca^{2+}-Mangel im Futter oder steigender Aktivität von Synapsen zustande, in deren Ergebnis die extrazelluläre Ca^{2+}-Konzentration durch vermehrten Ca^{2+}-Einstrom in die Zellen abnimmt. Die Erregbarkeit der Zellen nimmt zu.

Ähnlich wirkt eine entsprechende Veränderung des Mg^{2+}-Plasmaspiegels oder des extrazellulären pH-Wertes. **Hypomagnesiämie** tritt häufig im Zusammenhang mit der Weidetetanie der Milchkuh auf. Niedriger pH-Wert, also hohe H^+-Konzentrationen im Blut (Acidose), haben ähnliche Effekte wie hohe Ca^{2+}-Konzentrationen, während geringe H^+-Konzentrationen (Alkalose) die Erregbarkeit von Zellen steigern.

Bei **Hypokaliämie** wird das RMP zunehmend negativer (z.B. von -85 mV auf -95 mV). Damit wird der notwendige Reiz zur Depolarisierung bis zum Erreichen des Schwellenpotentials größer, d.h. die Erregbarkeit der Nervenzellen (und des Muskelgewebes) nimmt ab. Im Extremfall kommt keine Erregung mehr zustande (schlaffe Lähmung). Bei akuter **Hyperkaliämie** ist das RMP vermindert (z.B. von -85 mV auf -75 mV) und die Erregbarkeit nimmt zu. Wird das Schwellenpotential erreicht, tritt Muskellähmung auf (**Dauerdepolarisation**, hyperkaliämische Paralyse).

3.3 Der Weg des Signals vom Sensor zum Effektor

Die Antwort einer Nervenzelle auf einen Reiz, die Entstehung elektrischer Signale, deren Weiterleitung und die komplexen Kommunikationsmöglichkeiten zwischen Nervenzellen sind entscheidende Vorgänge in Nervensystemen. Die zellulären und molekularen Grundlagen dieser Vorgänge sollen im folgenden erläutert werden.

3.3.1 Vorgänge am Sensor und an der Triggerzone: vom Rezeptorpotential zum frequenzcodierten Signal

Grundlage der Aktivierung von nervalen Schaltkreisen ist die Aktivierung eines Sensors. Dieser kann als polymodaler Sensor mehrere Reizarten erkennen oder reizspezifisch reagieren. Als Sensoren fungieren spezialisierte Endigungen der afferenten Nervenfasern. Diese peripheren Rezeptoren übersetzen den eigentlichen Reiz am Transduktionsort in ein elektrisches Potential (Abb. 3.7). Mit Ausnahme der Photorezeptoren der Wirbeltiere, die auf einen Lichtreiz hyperpolarisieren, zeigen alle anderen Sensoren eine Depolarisation als Antwort auf den Reiz. Die Ursache dieses **Rezeptorpotentials** ist in den meisten Fällen eine Aktivierung eines **unspezifischen Kationenkanals**, der sowohl für Natrium als auch für Kalium permeabel ist, wobei der resultierende Natriumeinstrom den Kaliumausstrom übertrifft.

Die molekulare Grundlage für eine Depolarisation kann auch in dem Öffnen von Calcium- oder langsamen Natriumkanälen bzw. dem Schließen von Kaliumkanälen liegen. Das Rezeptorpotential ist ein unterschwelliges Potential, das sich elektrotonisch bis zu einer Triggerzone, die sich in direkter Nachbarschaft der sensitiven Terminale befindet, fortpflanzt. Hier entscheidet sich, ob die Depolarisation ausreicht, um die Schwelle zur Aktionspotentialentladung zu erreichen. Die **Triggerzone** besitzt eine hohe Dichte an schnellen Natriumkanälen, wodurch eine Aktionspotentialentladung als aktive Membranantwort erst möglich wird. Für die Codierung der Reizinformation ist es vorteilhaft, daß das Rezeptorpotential unterschwellig bleibt, da über die Amplitude der Depolarisation die Reizintensität codiert werden kann. Eine Weiterleitung über längere Strecken ist allerdings nicht möglich, da das elektrotonische Potential durch die passiven Membraneigenschaften der Nervenfaser, wie Zeit- und Längskonstante, nur über ein relativ kurzes Stück wandern kann, bevor es „ausläuft". Amplitude

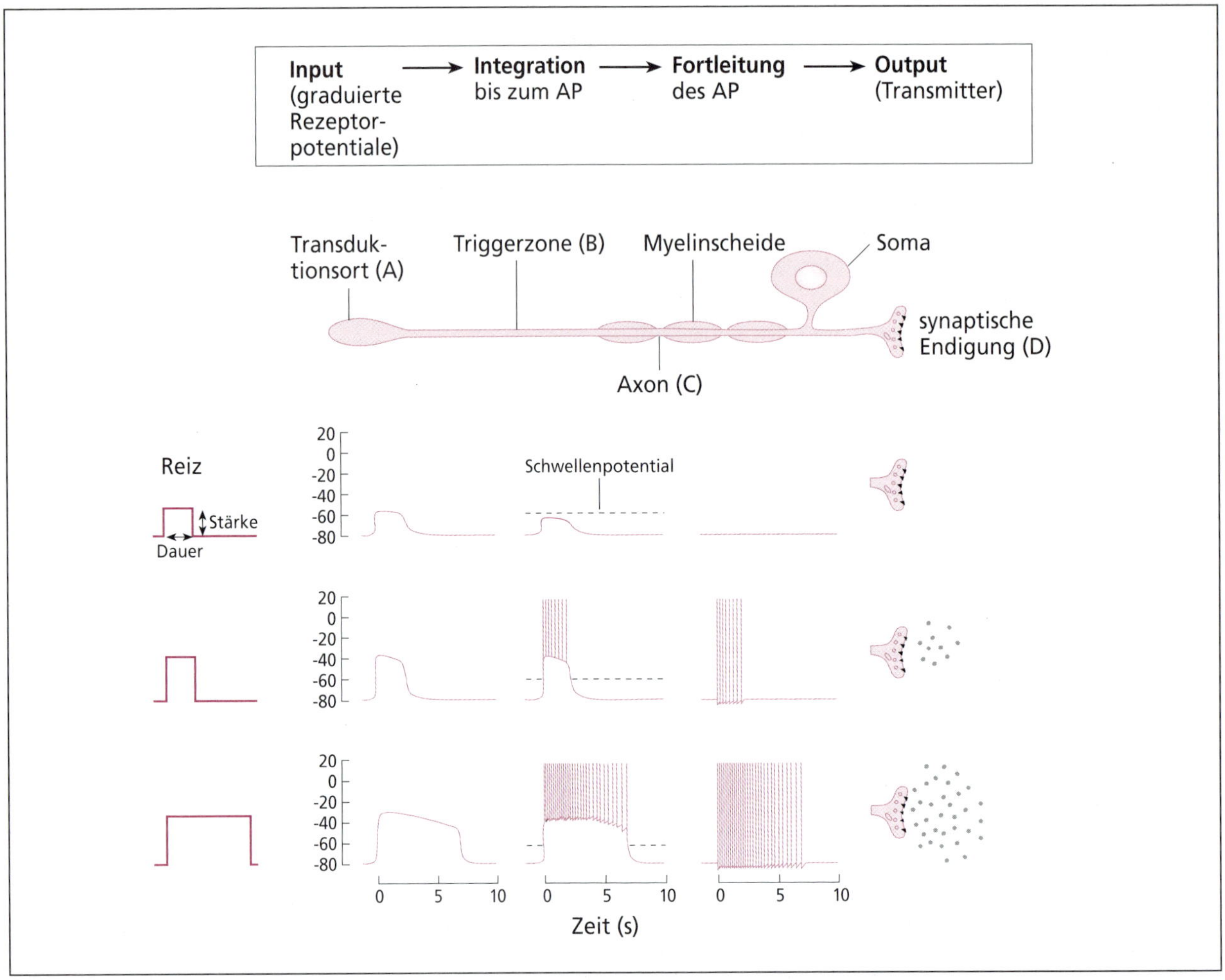

Abb. 3.7 Ein sensorisches Neuron wandelt einen Reiz (z.B. eine Dehnung) in ein Rezeptorpotential um. Jede der vier neuronalen Regionen (A. Transduktionsort, B. Triggerzone, C. Axon, D. synaptische Endigung) erzeugt ein typisches Signal. Dadurch ergibt sich eine immer wiederkehrende charakteristische Reihenfolge des Ablaufs: Input, Integration, Fortleitung, Output (nach Kandel et al., 1996).
A. Amplitude und Dauer des Eingangssignals sind abgestuft und der Amplitude und der Dauer des Reizes proportional.
B. Die Triggerzone transformiert das Eingangssignal in Aktionspotentiale. Das geschieht allerdings nur dann, wenn das Rezeptorpotential eine bestimmte Schwelle erreicht. Sobald das Eingangssignal diese Schwelle überschreitet, erhöht jede weitere Amplitudenzunahme die Frequenz, mit der die Aktionspotentiale erzeugt werden, nicht aber die Amplitude. Auf diese Weise werden die graduierten Eingangssignale an der Triggerzone in den Frequenzcode der Aktionspotentiale übersetzt. Die Dauer der Eingangssignale entscheidet über die Anzahl der Aktionspotentiale.
C. Die Information des Eingangssignals wird in Form von Aktionspotentialen weitergeleitet. Die Amplituden der Aktionspotentiale sind jeweils gleichhoch. Die Codierung erfolgt über die Anzahl und die Frequenz der Aktionspotentiale.
D. An der synaptischen Endigung wird das elektrische Signal in ein chemisches Signal (Neurotransmitter) transformiert, wobei die Menge an Transmitter der Anzahl der Aktionspotentiale proportional ist (etwa konstante Vesikelportionen „Quanten“).

und Dauer des Rezeptorpotentials entscheiden nun, in welcher Frequenz und über welchen Zeitraum Aktionspotentiale entladen werden. Hierbei können je nach Charakteristik der Nervenfaser tonische oder phasische Entladungsmuster entstehen. Das **amplitudencodierte Rezeptorpotential** wird somit in ein **frequenzcodiertes Signal** umgewandelt.

Graduierte unterschwellige Potentiale codieren die Information am Sensor. Die Rezeptorpotentiale basieren auf dem Öffnen unspezifischer Kationenkanäle, die für Natrium und Kalium permeabel sind. Amplitude und Dauer des Rezeptorpotentials codieren die Stärke und die Dauer des Reizes. An der Triggerzone wird das amplitudencodierte Rezeptorpotential in ein frequenzcodiertes Signal umgewandelt.

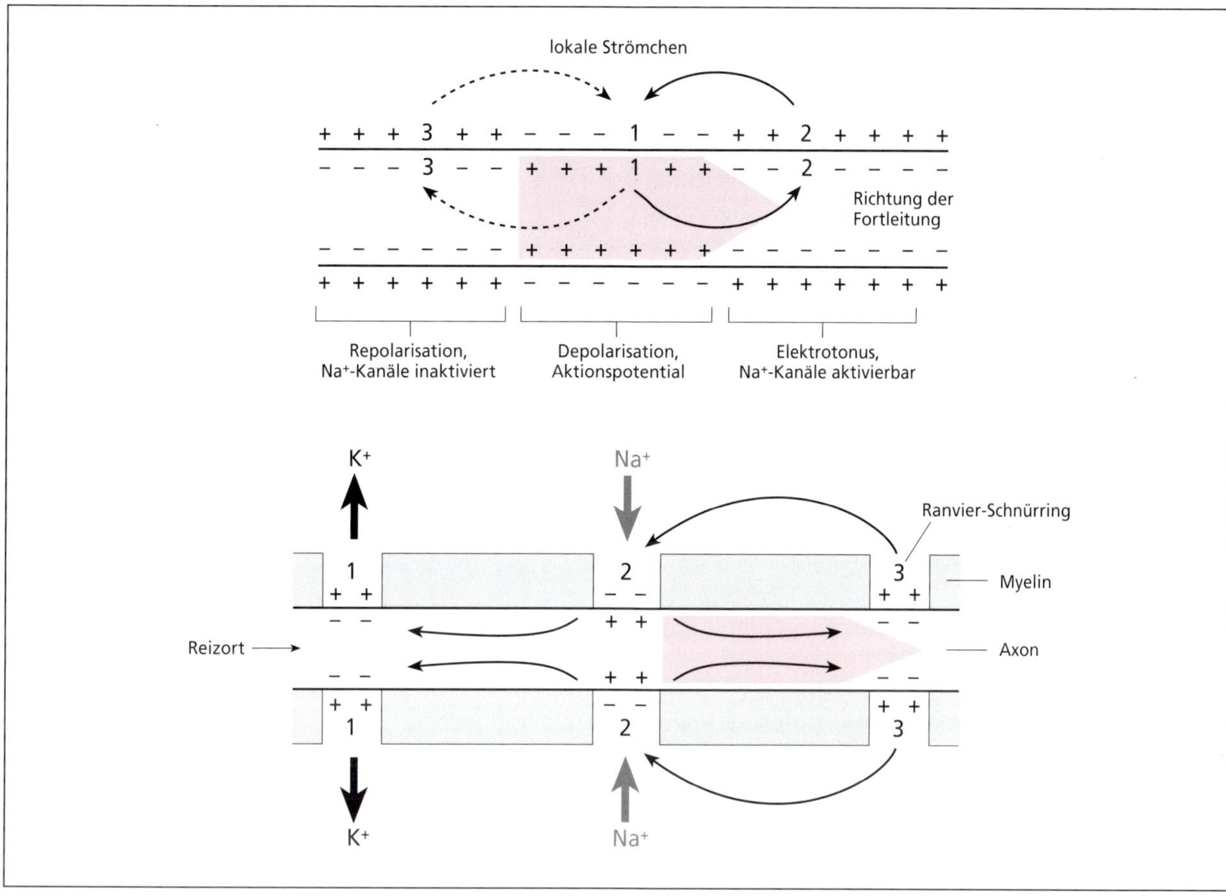

Abb. 3.8 Fortleitung des Aktionspotentials entlang einer Nervenfaser. Nichtmyelinisierte Nervenfaser (oben): Das Aktionspotential wird im vorliegenden Beispiel von links nach rechts geleitet. Im erregten Bezirk, der dem Spitzenbereich eines Aktionspotentials entspricht, ist die Membran depolarisiert, d.h. Na^+-Ionen strömen von außen in das Axon hinein (Position 1). Vor diesem Bezirk (Position 2) hegt ein noch unerregter Faserbezirk und hinter ihm ein gerade noch erregter Bereich (Position 3). Beide Bereiche sind mit dem erregten Bezirk elektrotonisch über das Faserinnere gekoppelt, so daß Ausgleichsströme (lokale Strömchen) von Position 1 nach 2 fließen und dort transversal durch die Membran nach außen strömen. Der lokale Stromkreis vor der Erregungsfront wird geschlossen, indem positive Ladungen außen an der Membran von Position 2 nach 1 strömen. Die lokalen Stromschleifen, die vor dem Aktionspotential liegen, depolarisieren diesen Axonabschnitt und können ihn damit ebenfalls überschwellig erregen. Ein neues Aktionspotential entsteht in Position 2, die Erregung ist somit weitergeleitet worden. Im Prinzip kann diese Ereignissequenz in gleicher Weise auch im zurückliegenden Bezirk zwischen den Positionen 1 und 3 ablaufen, jedoch befindet sich das Axon hier noch in der Refraktärphase und ist deshalb nicht erregbar. Die Refraktärphase sorgt also auch für eine gerichtete Erregungsleitung.
Myelinisierte Nervenfaser (unten): Das Aktionspotential „springt" im vorliegenden Beispiel von links nach rechts („saltatorische Erregungsleitung"). Die Membran ist nur im Bereich des Schnürringes 2 erregt, Na^+-Ionen strömen in das Axon ein. Elektrotonische Potentiale breiten sich nach links und rechts aus. Die Membran bei Schnürring 1 ist jedoch noch refraktär. K^+-Ionen verlassen das Axon. Die Erregung springt auf Schnürring 3 über.

3.3.2 Erregungsweiterleitung: langsame kontinuierliche Ausbreitung und saltatorische Erregungsausbreitung

Die Art der Erregungsweiterleitung von der Triggerzone bis zum Zellkörper und weiter zur Synapse hängt im wesentlichen von dem Aufbau der Nervenfaser ab (Abb. 3.1). Während myelinisierte (markhaltige) Nervenfasern auf schnelle Weiterleitung spezialisiert sind, verläuft die Erregungsausbreitung entlang der unmyelinisierten (marklosen) Nervenfasern wesentlich langsamer (Abb. 3.8).

In beiden Fällen kommt es jedoch zur aktiven Weiterleitung der Erregung, d.h. zu einer sequentiellen Entstehung und Weiterleitung von Aktionspotentialen.

In der Regel wird das Aktionspotential-Entladungsmuster, so wie es an der Triggerzone entstanden ist, bis zur Synapse weitergeleitet. Das fortgeleitete Aktionspotential breitet sich als **Alles-oder-Nichts-Erregung** entlang der Nervenfaser aus. Hierbei fließt der Strom im wesentlichen quer zur Ausbreitungsrichtung, da die Umpolung der Membran auf Ladungsveränderungen zwischen der

Innen- und Außenseite der Membran basiert. Die **elektrotonische Erregungsausbreitung** in Längsrichtung sichert die lokale Depolarisation benachbarter Membranbereiche bis zur Aktionspotential-Entladungsschwelle. Die Depolarisation erfolgt immer vor dem Aktionspotential, da hier das Ruhemembranpotential herrscht und die Membran einen hohen Widerstand hat. Hinter dem Aktionspotential kann keine Erregung stattfinden, da die Membran hier durch das vorangegangene Aktionspotential noch refraktär ist. Dadurch ist automatisch die Richtung der Fortleitung vorgegeben. Die Geschwindigkeit der Fortleitung von Aktionspotentialen steigt mit dem Durchmesser des Axons und der Stärke des Natriumeinstroms. Eine Inaktivierung des Natriumeinstroms durch **Lokalanästhetika** führt zu einer Verringerung bzw. zu einem totalen Block der Fortleitung.

Eine Sonderform der Fortleitung besteht bei **myelinisierten Nervenfasern**, entlang denen die Aktionspotentiale sehr schnell fortgeleitet werden. Die Myelinscheide stellt eine Isolationsschicht dar, die in regelmäßigen Abständen durch Ranvier-Schnürringe unterbrochen ist. Nur an diesen Stellen kann ein Aktionspotential entstehen, da hier wieder eine normale Zellmembran mit einer hohen Dichte an schnellen Natriumkanälen existiert. Der hohe Membranwiderstand (geringe Permeabilität) in den myelinisierten Bereichen ermöglicht die elektrotonische Ausbreitung der Erregung über weite Stecken ohne signifikanten Amplitudenverlust. So wird die Leitungszeit über die myelinisierten Bereiche eingespart, und die aktive Erregung kann von einem Schnürring zum anderen „springen". Diese **saltatorische Erregungsleitung** ist Voraussetzung für die schnelle Weiterleitung der Signale, die besonders bei Wirbeltieren entscheidend ist. Invertebraten können schnelle Leitungsgeschwindigkeiten nur durch sog. Riesenaxone, d.h. Nervenfasern mit großem Durchmesser von fast 1mm, erreichen.

Die Erregungsausbreitung an einer Nervenfaser kann mit extrazellulären Elektroden gemessen werden. Werden solche Messungen an Nervenbündeln durchgeführt, setzt sich das resultierende Signal aus der Summe aller fortgeleiteten Aktionspotentiale zusammen (Abb. 3.9). Das sog. **Summenaktionspotential** erlaubt damit Rückschlüsse auf die Funktionsfähigkeit von Nervensträngen. Die Dauer des Summenaktionspotentials entspricht der durchschnittlichen Leitungsgeschwindigkeit eines Nervenstrangs. Das Summenaktionspotential basiert ausschließlich auf der Fortleitung der Erregung entlang der Längsrichtung der Nervenfasern. Je nach Elektrodenkonfiguration können monophasische oder biphasische Aktionspotentiale abgeleitet werden. Die Enstehung und Interpretation des Summenaktionspotentials sind in Abbildung 3.9 verdeutlicht.

Elektrotonische Ausbreitung der Erregung mit nachfolgender Aktionspotentialentladung ist Voraussetzung für die Weiterleitung der Erregung entlang eines Axons. Die saltatorische Erregungsausbreitung dient der schnellen axonalen Ausbreitung von Nervensignalen. Grundlage sind die teilweise isolierten Membranen myelinisierter Nervenfasern, die eine elektrotonische Ausbreitung der Erregung über längere Strecken ermöglichen. Die Weiterleitung von Aktionspotentialen entlang eines Nerven kann extrazellulär abgeleitet werden; die Befunde können diagnostisch verwendet werden.

3.3.3 Übertragung der Erregung, synaptische Übertragung

Nervenzellen besitzen unter anderem die Fähigkeit, rasch und präzise miteinander zu kommunizieren. Als elementare Übertragungseinheiten des Nervensystems stehen sie über spezialisierte Verbindungen, die als **Synapsen** bezeichnet werden, in Kontakt. Ein Neuron kann z.B. 1000 synaptische Kontakte ausbilden und empfängt an die 10000 Verbindungen. Das menschliche Gehirn enthält ca. 10^{11} Neurone und folglich etwa 10^{14} Synapsen (dies sind mehr Synapsen als Sterne in unserer Galaxis). Die Erregung, die in Form von Aktionspotentialen die Synapse erreicht, kann mittels **elektrischer oder chemischer** Übertragung an die Zielzelle weitergegeben werden.

- **Elektrische Synapsen**

Obwohl die meisten Synapsen einen chemischen Transmitter benutzen, arbeiten einige elektrisch und werden als Ephapsen bezeichnet. Anders als bei chemischen Synapsen existieren bei **Ephapsen** mit den **Gap junctions** cytoplasmatische Verbindungen zwischen den kommunizierenden Zellen. Gap junctions können durch Änderungen der Spannung, des cytoplasmatischen pH-Wertes und der cytoplasmatischen Calciumkonzentration moduliert werden. Die Übertragung an elektrischen Synapsen entspricht der **passiven elektrotonischen Fortleitung** von lokalen, unterschwelligen elektrischen Signalen entlang eines Axons. Daher können elektrische Synapsen in beide Richtungen leiten, während die Weiterleitung an einer chemischen Synapse nur in eine Richtung erfolgen kann (sog. Gleichrichterfunktion). Da die Übertragung an elektrischen Synapsen auf einem **direkten Stromfluß** basiert, verläuft sie extrem schnell. Diese Art der Informa-

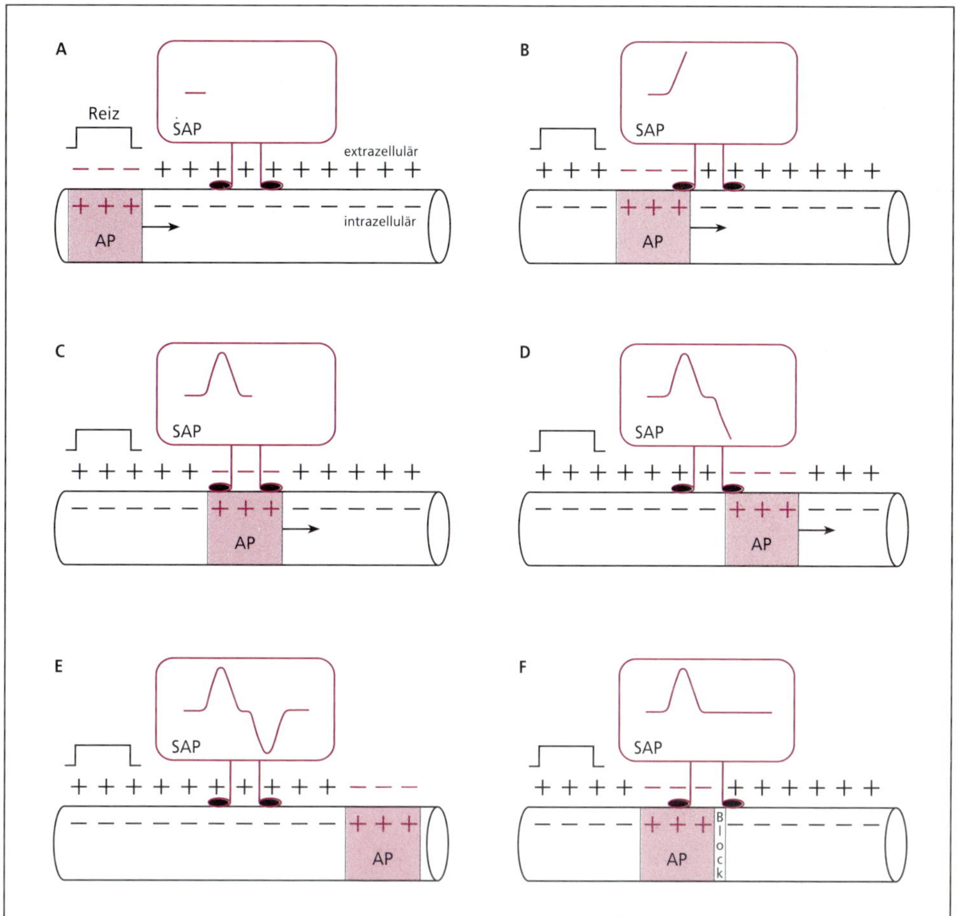

Abb. 3.9 Nervenpotentiale können extrazellulär abgeleitet werden und als Summenaktionspotentiale (SAP) registriert werden. Zwei Ableitelektroden sind direkt auf einem Nervenstrang plaziert. Nach Reizung des Nervenstranges werden am Ort des Reizes verschiedenen einzelne Nervenfasern aktiviert. Die Aktionspotentiale (AP) wandern im gezeigten Beispiel von links nach rechts (in Pfeilrichtung). Mit Hilfe der extrazellulären Elektroden kann die Wanderung der Aktionpotentiale als SAP registriert werden. Zur Verdeutlichung wurde das SAP in 5 Phasen (von A-E) unterteilt. Während der Phase 1 (A) befinden sich die AP noch vor den Ableitelektroden. Es existiert keine Potentialdifferenz zwischen den Ableitelektroden. Während der Phase II (B) befinden sich die AP unterhalb der ersten Elektrode, wo es nun zu einer Depolarisation, d.h. Umpolung der Membran (siehe Verteilung der Ladungen) kommt. Zu diesem Zeitpunkt ist die Membran unterhalb der zweiten Elektrode noch in Ruhe. Als Folge wird eine positive Potentialdifferenz zwischen den beiden Elektroden gemessen. Während der Phase III (C) sind die AP weiter gewandert; die Membran unterhalb der beiden Elektroden ist depolarisiert, und es ist keine Potentialdifferenz zwischen beiden Elektroden vorhanden. Während der Phase IV (D) depolariseren die AP die Membran unterhalb der zweiten Elektrode, während die Membran unterhalb der ersten Elektrode bereits repolarisiert ist. Nun wird zwischen den beiden Elektroden ein negatives Potential registriert. In der Phase V (E) sind die AP weitergewandert; da wieder das Ruhemembranpotential eingekehrt ist, existiert keine Potentialdifferenz zwischen den beiden Elektroden. Es gibt mehrere Möglichkeiten das SAP abzuleiten. Bei einer bipolaren Ableitung (entspricht dem oben beschriebenen Ablauf) wird ein biphasisches Potential gemessen. Erfolgt die Registrierung monopolar (eine extrazelluläre Elektrode gegen Erde) ensteht je nach Polung der Elektroden ein positives oder negatives monophasiches Potential.
Kommt es zu einer Blockade der Weiterleitung (F) zwischen den beiden Elektroden, z.B durch Verletzung oder Lokalanästhetika, wird nur ein monophasisches SAP abgeleitet, da die Aktionspotentiale durch die lokale Blockade nicht mehr weitergeleitet werden.

tionsweiterleitung hat daher besonders bei der Auslösung von Fluchtreaktionen Vorteile. Eines der klassischen Beispiele ist die Vermittlung der Schwanzschlagreaktion beim Goldfisch durch ein Riesenneuron im Hirnstamm (sog. Mauthner-Zelle), das von sensorischen Neuronen über Ephapsen aktiviert wird. Auch beim Säuger existieren Ephapsen, z.B. im Hirnstamm und in den Vestibulariskernen.

- **Chemische Synapsen**

Morphologisch besteht die chemische Synapse aus mehreren Komponenten. Dazu gehören die präsynaptische Endigung, der synaptische Spalt (ca. 20 nm) und die postsynaptische Membran der Zielzelle (Abb. 3.10).

Bei der chemischen synaptischen Übertragung erfolgt zuerst die Transmitterausschüttung durch das präsynaptische Neuron, gefolgt von der Diffusion des Transmitters durch den synaptischen Spalt und letzlich die Besetzung eines transmitterspezifischen Rezeptors auf dem postsynaptischen Neuron. Die hochpräzise und lokal sehr begrenzte Transmitterausschüttung erfolgt häufig durch einen spezialisierten sekretorischen Apparat, die sog. aktiven Zonen (die Vorgänge bei der Transmitterausschüttung werden später besprochen).

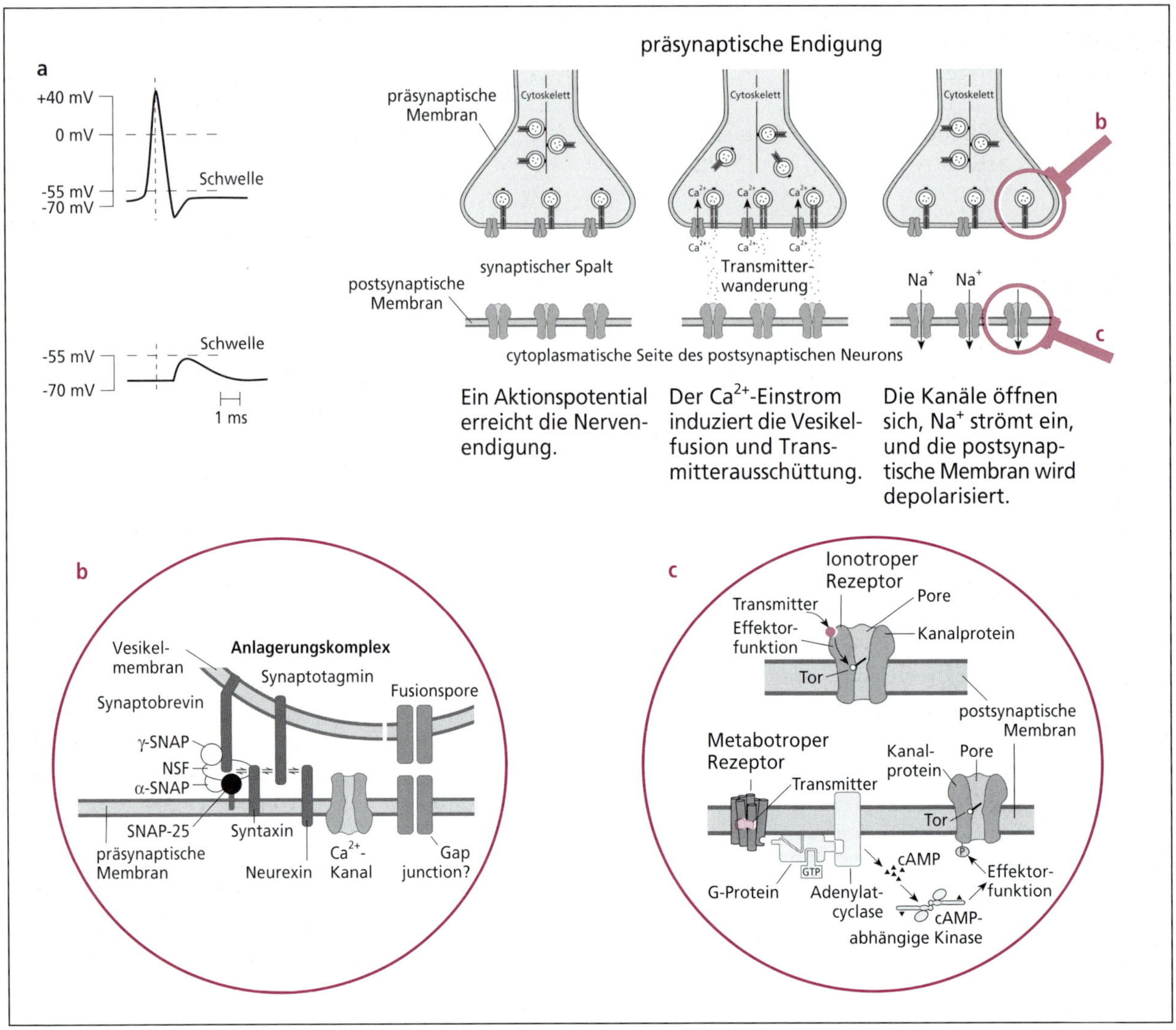

Abb. 3.10 Die synaptische Übertragung an chemischen Synapsen umfaßt Vorgänge an der präsynaptischen Membran des präsynaptischen Neurons, im synaptischen Spalt und an der postsynaptischen Membran des postsynaptischen Neurons (nach Kandel et al., 1996).
a) Ein Aktionspotential, das an der Endigung eines Axons ankommt, führt dazu, daß sich spannungsabhängige Ca^{2+}-Kanäle öffnen. Dieser Einstrom induziert die Verschmelzung von Vesikeln, die mit Neurotransmitter gefällt sind und sich in den synaptischen Spalt entleeren. Die Neurotransmittermoleküle diffundieren durch den synaptischen Spalt und binden an spezifische Rezeptoren in der postsynaptischen Membran. Dadurch werden Ionenkanäle geöffnet (oder geschlossen) und somit eine Depolarisation (oder Hyperpolarisation) erzeugt.
b) Das Schema stellt ein vereinfachtes Modell des komplizierten Vorganges der Ca^{2+}-induzierten Vesikelanlagerung an die postsynaptische Membran dar. Synaptische Vesikelproteine vermitteln die Ankoppelung an die Cytoplasmamembran. Es bilden sich Fusionsporen, durch die Neurotransmittermoleküle in den Extrazellularraum gelangen. Die Fusionspore gehört möglicherweise zu den Gap junctions. Weitere Einzelheiten werden im Text beschrieben.
c) Die Neurotransmitter wirken entweder direkt über einen ionotropen Rezeptor oder indirekt über einen metabotropen Rezeptor auf die Öffnung von Ionenkanälen in der postsynaptischen Membran. Der ionotrope Rezeptor ist struktureller Bestandteil des Kanals, während die Wirkung des metabotropen Rezeptors über ein G-Protein mit anschließender Second-Messenger-Kaskade vermittelt wird.

Nervenzellen des vegetativen Nervensystems, welche die glatte Muskulatur innervieren, weisen keine spezialisierten Ausschüttungsorte, also keine aktiven Zonen, auf. Chemische Synapsen spielen eine entscheidende Rolle sowohl bei der Kommunikation zwischen Nervenzellen als auch bei der Übertragung zwischen Nervenzelle und Effektorzelle, wie z.B. bei der Innervation der Skelettmuskulatur durch die motorische Endplatte.

Die **Transmitterausschüttung** an der Synapse ist ein komplexer Vorgang, bei dem verschiedene Faktoren, wie **Ionenströme, Protein-Protein-Inter-**

aktionen, Konformationsänderungen der Proteine und beteiligten Membranen, Exocytose und Endocytose eine wichtige Rolle spielen (Abb. 3.10).

Die Vorgänge bei der Transmitterausschüttung sind zeitlich aufeinander abgestimmt und beginnen mit einem Ca-Einstrom in die präsynaptische Endigung. Während das Aktionspotential entlang des Axons im wesentlichen vom Na-Einstrom getragen wird, spielt **Calcium** eine entscheidende Rolle für die Funktion der chemischen Synapse. Der Calciumeinstrom wird hierbei durch die ankommenden Aktionspotentiale getriggert, die für die Depolarisation der präsynaptischen Membran sorgen. Aufgrund dieser Depolarisation öffnen sich spannungsabhängige Calciumkanäle, wodurch Calcium entsprechend seinem chemischen Gradienten in die präsynaptische Endigung einströmt. Dies führt innerhalb weniger hundert Mikrosekunden dazu, daß die intrazelluläre Calciumkonzentration in bestimmten Zonen der Endigung von ursprünglich 0,1 μM auf ein Tausendfaches ansteigen kann. Zur Transmitterfreisetzung tragen in den meisten Nervenzellen relativ schnell inaktivierende, **spannungssensitive Calciumkanäle vom N- und P-Typ** bei.

Mit zunehmender Dauer des Natrium-Aktionspotentials und mit zunehmender Entladungsrate der Aktionspotentiale erhöht sich die Menge des in die präsynaptische Endigung fließenden Calciums und damit auch die Transmitterfreisetzung. Der Calciumeinstrom beginnt erst gegen Ende des Na-Aktionspotentials. Dies ist bei chemischen Synapsen eine der Ursachen für die Verzögerung der Übertragung nach einer Depolarisation, d.h. die Zeit zwischen Einwanderung des Aktionspotentials und postsynaptischer Antwort der Zielzelle. Da die Calciumkanäle direkt neben den Orten der Transmitterausschüttung liegen, können sie die Transmitterfreisetzung trotzdem innerhalb von 0,2 ms auslösen. Weitere Ursachen für die **synaptische Delayzeit** liegen in der Diffusion des Transmitters vom Ort der Freisetzung bis zum Wirkort an der postsynaptischen Seite.

Elektronenmikroskopisch läßt sich zeigen, daß die präsynaptische Endigung Ansammlung von kleinen **transmitterspeichernden Vesikeln** enthält, und zwar gehäuft an einem als **aktive Zone** bezeichneten spezialisierten Teil der präsynaptischen Membran, an dem die Transmitterausschüttung stattfindet. Nach einem Calciumeinstrom verschmelzen die Vesikel mit der präsynaptischen Membran und entlassen so durch **Exocytose** ihren Inhalt.

Inzwischen gibt es relativ detaillierte Vorstellungen über diejenigen intrazellulären Vorgänge, die nach dem Calciumeinstrom an der Wanderung der Vesikel in Richtung Freisetzungsstellen, an der Verschmelzung der Vesikel mit der präsynaptischen Membran und der Ausschüttung des Transmitters in den synaptischen Spalt beteiligt sind. Bisher wurden **vier Proteingruppen** identifiziert, die bei diesen Vorgängen spezifische Aufgaben erfüllen. **Diese Aufgaben sind:**

- **zufällige Vesikelbewegungen müssen verhindert werden,**
- **es muß eine gezielte Orientierung der Vesikel in Richtung aktive Zone erfolgen,**
- **die Vesikel müssen an die aktive Zone andocken,**
- **Vesikelfusion und Transmitterausschüttung müssen zustande kommen.**

Zunächst befindet sich nur eine relativ geringe Zahl von Vesikeln in unmittelbarer Nähe der aktiven Zone, die meisten sind in der Umgebung der aktiven Zone an Actinfilamenten des Cytoskeletts verankert und dienen somit als Transmitterreservoir. Durch den Calciumeinstrom löst sich die Verankerung der Vesikel. Durch die Mobilisierung der Vesikel kann nun ihre gezielte Bewegung in Richtung aktive Zone erfolgen.

Anlagerung, Fusion und Ausschüttung der Vesikel sind ein komplexer Vorgang und basieren auf der Interaktion von cytoplasmatischen Proteinen mit Donorproteinen in der Vesikelmembran und Rezeptorproteinen in der Plasmamembran der präsynaptischen Endigung. Diese werden im folgenden näher beschrieben, da sie nicht zuletzt für das Verständnis der synaptischen Übertragung unter physiologischen und pathophysiologischen Bedingungen wichtig sind.

Zunächst kommt es zu Wechselwirkungen zwischen den Vesikelproteinen **Synaptobrevin und Synaptotagmin** und den Plasmamembranproteinen **Syntaxin, SNAP-25 und Neurexin**. Die cytoplasmatischen Proteine **NSF** (N-Ethylmaleinimid-sensitive Fusionsproteine) und NSF-Anheftungsproteine **SNAP** (soluble NSF attachment proteins) intervenieren zwischen den Donor- und Rezeptorproteinen und bilden eine Art Komplex. Das **Synaptotagmin** kann sich in Gegenwart von Calcium an Phospholipide binden und so in die Plasmamembran eingelagert werden. Diese Modellvorstellung wird als **SNARE-Hypothese** bezeichnet (SNARE steht für SNAp REceptors).

Das Andocken und die Fusion des transmittergefüllten Vesikels führt zu der Bildung bzw. Aktivierung einer Fusionspore, durch die der Transmitter ausgeschleust wird. Man nimmt an, daß die Fusionspore aus Vesikel- und Plasmamembranproteinen besteht, die sich während der Anlagerung verbinden. Es wird diskutiert, daß Calcium die Poren erweitert und so zu einer Transmitterausschüttung führt.

Viele Neurotoxine intervenieren sehr spezifisch mit dem synaptischen Fusionskomplex und beeinflussen unterschiedliche Komponenten. Die Clostridientoxine weisen hierbei eine faszinierende Bandbreite auf. Die durch **Tetanustoxin** und bestimmte **Botulinum-Neurotoxine** (Botulinum-Neurotoxin B, D und F) verursachte Blockade der Transmitterfreisetzung beruht auf einer spezifischen Spaltung des Synaptobrevins, wodurch eine wichtige Komponente des Fusionskomplexes inaktiviert wird. Das **Botulinum-Neurotoxin A** spaltet das SNAP-25 und das **Botulinum-Neurotoxin C1** das Syntaxin. Die unterschiedliche Symptomatik bei Botulismus (schlaffe Muskellähmung) und Tetanus (Muskelstarre) beruht darauf, daß die Toxine an unterschiedlichen Synapsen angreifen. Während das Botulinum-Neurotoxin die Ausschüttung von Acetylcholin an der neuromuskulären Endplatte blockiert, verhindert das Tetanustoxin die Glycinausschüttung inhibitorischer Interneurone im Rückenmark. Das Spinnengift **α-Latrotoxin** bindet an Neurexin und verstärkt die Vesikelentleerung und die Transmitterfreisetzung.

Voraussetzung für die Transmitterausschüttung ist eine Erhöhung der Calciumkonzentration in der präsynaptischen Endigung. Die synaptische Ausschüttung ist ein Exocytoseprozeß und beruht auf der Fusion von transmittergefüllten Vesikeln mit der präsynaptischen Membran. Hierbei spielen Interaktionen zwischen Proteinen, die im Cytoplasma, in der Vesikelmembran und in der Plasmamembran lokalisiert sind, eine wichtige Rolle. Toxine können die synaptische Übertragung durch spezifische Interaktionen mit bestimmten Proteinen blockieren. Calcium greift vermutlich an mehreren Stellen ein: Es fördert die Wanderung der Vesikel zum Ort der Verschmelzung, es unterstützt das Andocken der Vesikel an die Plasmamembran und ermöglicht die Transmitterausschüttung durch eine Erweiterung der Fusionspore.

3.3.4 Vorgänge an der Zielzelle, postsynaptische Potentiale

Eine Reihe von Substanzen, darunter kleine Moleküle und Peptide, dienen als **Neurotransmitter**. Die Wirkung eines Transmitters hängt jedoch weniger von seiner chemischen Struktur ab, sondern vielmehr von den transmitterspezifischen Rezeptoren auf der Zielzelle und den nachgeschalteten intrazellulären Signalkaskaden. So kann der Transmitter Acetylcholin auf einige postsynaptische Zellen erregend (z.B. glatte Muskelzellen des Darms), auf andere jedoch hemmend wirken (z.B. Schrittmacherzeller im Herzen). Für die meisten der Transmitter existieren mehrere Rezeptorsubtypen.

Transmitter werden über verschiedene Wege inaktiviert, um ihre Wirkung an der postsynaptischen Membran zu terminieren. Zum einen kann ein enzymatischer Abbau erfolgen, dessen Spaltprodukte unwirksam sind; so baut z.B. die Acetylcholinesterase den Neurotransmitter Acetylcholin ab. Zum anderen können Transmitter recycled werden, in dem sie nach ihrer Ausschüttung über spezielle Transporter wieder in die Präsynapse aufgenommen werden. Eine Blockade der Transmitterinaktivierung kann von großem therapeutischem Nutzen sein, wenn eine verminderte Transmitterkonzentration ursächlich an einer Erkrankung beteiligt ist. So kann der Acetylcholinabbau selektiv durch Substanzen, die die Acetylcholinesterase hemmen, verhindert werden. Auch die Wiederaufnahme von Transmittern kann durch spezifische „Reuptake"-Blocker eingeschränkt werden. In beiden Fällen kommt es indirekt zu einer Erhöhung der Transmitterkonzentration im synaptischen Spalt.

Die durch Transmitter induzierte Änderung in der Erregbarkeit einer innervierten Zelle wird über eine Modulation der Ionenleitfähigkeit herbeigeführt. Transmitter können Ionenkanäle direkt oder indirekt beeinflussen. In beiden Fällen sind membrandurchspannende Proteine beteiligt, die auf der extrazellulären Seite den Transmitter binden und letztendlich auf der intrazellulären Seite das Öffnen und Schließen von Ionenkanälen steuern. Bei der direkten Modulation enthalten die Proteine sowohl den Rezeptor als auch den Ionenkanal, sie werden als **ionotrope Rezeptoren** oder **ligandengesteuerte Ionenkanäle** bezeichnet. Beispiele hierfür sind der nicotinerge Acetylcholinrezeptor, die glutamatergen NMDA (N-methyl-D-Aspartat) und non-NMDA Rezeptoren sowie Glycin und $GABA_A$ (γ-Aminobuttersäure)-Rezeptoren.

Die indirekte Modulation erfolgt über Rezeptoren, die keinen Ionenkanal enthalten, sondern über unterschiedliche intrazelluläre Prozesse Ionenkanäle öffnen oder schließen. Zwei Rezeptorfamilien fallen in diese Kategorie. Zum einen die **metabotropen Rezeptoren**, die auf der intrazellulären Seite mit GTP-bindenden Proteinen interagieren, die ihrerseits second messenger erzeugen, zum anderen **Rezeptor-Tyrosinkinasen**, die einen Ionenkanal modulieren, in dem sie eine Phophatgruppe auf Tyrosinreste der Zielproteine übertragen (Abb. 3.10).

Während die ionotropen Rezeptoren relativ schnelle synaptische Vorgänge von Millisekunden Dauer induzieren, rufen die metabotropen Rezeptoren und die Tyrosinkinasen langsame Änderun-

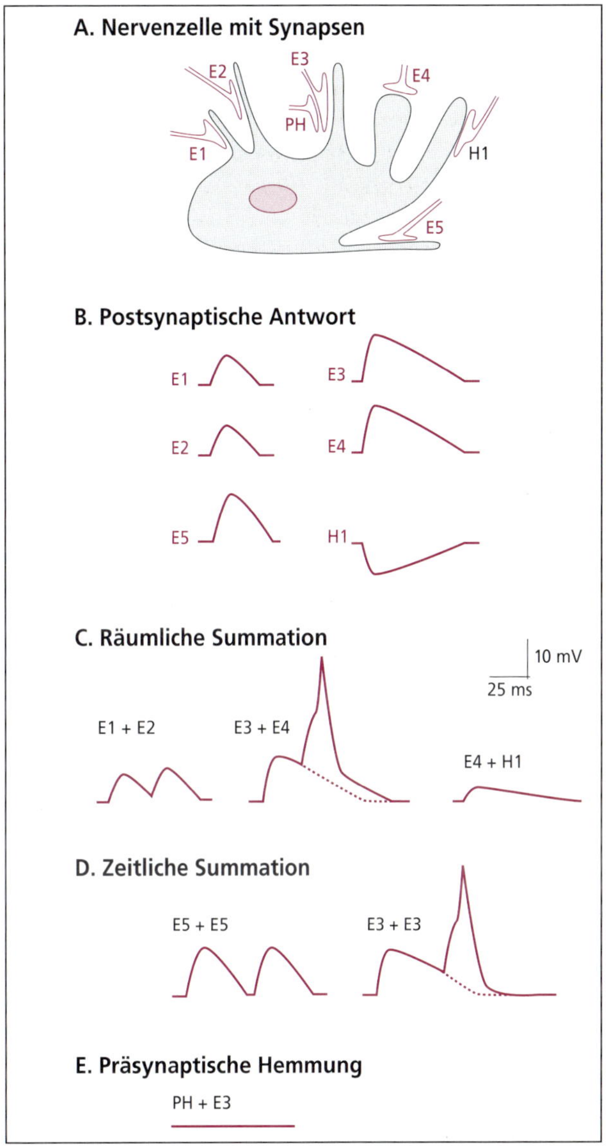

Abb. 3.11 Nervenzellen haben die Fähigkeit, Signale zu integrieren, da sie mehrere synaptische Eingänge verarbeiten können. Zur Vereinfachung sind verschiedene synaptische Vorgänge an einer Nervenzelle dargestellt. Die hier dargestellte Nervenzelle erhält mehrere erregende (E) und einen hemmenden (H) Input. Zusätzlich kann ein erregender Input (E3) präsynaptisch gehemmt werden (PH). Zunächst sind die Antworten der Nervenzelle auf die einzelnen synaptischen Eingänge getrennt dargestellt (B). Es entstehen schnelle erregende (EPSP) bzw. hemmende postsynaptische Potentiale (IPSP). Erfolgen in kurzen Abständen zwei Inputs an einer Synapse oder an räumlich getrennten Synapsen entscheiden die passiven Membraneigenschaften der Nervenzelle, wie Zeit- und Raumkonstante, ob es zu einer zeitlichen oder räumlichen Summation kommt. Die Zeit- und Längskonstanten einer Nervenzelle beeinflussen während der Ausbreitung des Signals in Richtung Triggerzone entscheidend die Dauer und Amplitude des elektrotonischen Potentials. Bei Zellen mit einer größeren Zeit- bzw. Längskonstanten hat das EPSP eine längere Dauer bzw. größere Amplitude. Dadurch ist es möglich, daß sich an der Triggerzone zwei Potentiale summieren. Bei der gleichzeitigen Aktivierung von erregenden und hemmenden Eingängen erfolgt eine Antwort, die der Summe der verschiedenen EPSPs und IPSPs entspricht. In dem hier gezeigten Beispiel wird die Amplitude des erregenden Potentials durch gleichzeitige Aktivierung des hemmenden Inputs reduziert.
In dem gezeigten Beispiel einer präsynaptischen Hemmung wird die Transmitterausschüttung an der erregenden Synapse vollständig blockiert, so daß kein postsynaptisches Potential entstehen kann.

gen hervor, die Sekunden oder Minuten anhalten können. Die metabotropen Rezeptoren und die Rezeptor-Tyrosinkinasen dienen daher häufig dazu, die Erregbarkeit von Nervenzellen oder die Sensitivität von Synapsen längerfristig zu modulieren. Solche modulatorischen synaptischen Bahnen sind z.B. bei Lernvorgängen beteiligt.

Obwohl eine Nervenzelle mehrere hemmende und erregende Eingangsignale erhält und das Verhalten der postsynaptischen Zelle immer ein Resultat der Aktivität verschiedener Synapsen ist, sollen im folgenden die einzelnen synaptischen Vorgänge zum besseren Verständnis getrennt beschrieben werden. Transmitter induzieren postsynaptisch entweder erregende oder hemmende Antworten (Abb. 3.11). Je nachdem welche Rezeptortypen beteiligt sind, ensteht eine schnelle (kurz andauernde) oder langsame (lang andauernde) Aktivierung bzw. Hemmung. Die Aktivierung einer postsynaptischen Zelle erfolgt durch **erregende postsynaptische Potentiale** (**EPSP**), die Hemmung über **inhibitorische postsynaptische Potentiale** (**IPSP**). Schnelle EPSP werden in den meisten Fällen durch das Öffnen von transmittergesteuerten Ionenkanälen vermittelt, die sowohl für Natrium als auch für Kalium permeabel sind. Der einwärtsgerichtete Natriumstrom dominiert hierbei über den auswärtsgerichteten Kaliumstrom, so daß es zu einer Depolarisation kommt. Für eine unterschwellige synaptische Erregung (keine Auslösung eines Aktionspotentials) ist der simultane Fluß von Natrium und Kalium durch den gleichen Kanal von entscheidender Bedeutung. Hierdurch ensteht die Möglichkeit, verschiedene Eingänge miteinander zu verrechnen (siehe auch Integration der Signale). In manchen Fällen können erregende Potentiale auch durch einen Calciumeinstrom vermittelt sein.

- **Entstehung von erregenden postsynaptischen Potentialen (EPSP)**

Die Entstehung eines **schnellen EPSP** läßt sich am Beispiel der Wirkung des erregenden Transmitters **Glutamat** verdeutlichen. Glutamatwirkungen werden unter anderem durch drei ionotrope Rezeptoren vermittelt, die man als **AMPA-**, **Kainat/Quisqualat(K/Q)-** und **NMDA-Rezeptoren** bezeichnet (Abb.

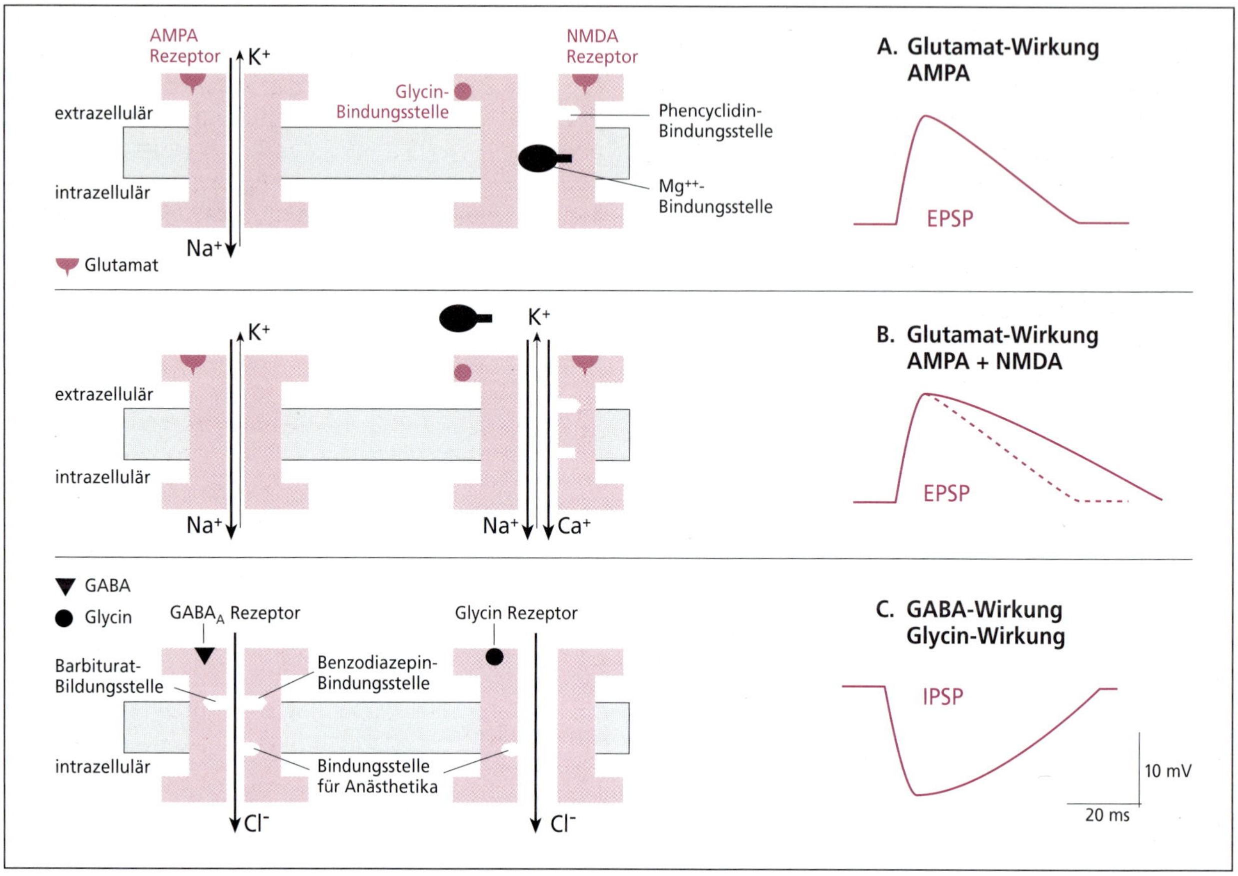

Abb. 3.12 Schnelle postsynaptische erregende und hemmende Potentiale werden über verschiedene ionotrope Rezeptoren vermittelt. Der erregende Transmitter Glutamat führt nach Aktivierung der AMPA-Rezeptoren zu einem Natriumeinstrom und einem Kaliumausstrom. Das Ergebnis ist ein schnelles EPSP (exzitatorisches postsynaptisches Potential). Die Poren der NMDA-Rezeptoren sind zunächst durch Magnesiumionen blockiert. Selbst die Bindung von Glutamat an die NMDA-Rezeptoren führt zunächst nicht zu einer Öffnung des Kanals.
Durch eine zunehmende Depolarisation der Membran werden die Magnesiumionen aus der Pore entfernt und der NMDA-Rezeptor deblockiert. Dies führt zusätzlich zu einem Natrium- und Calciumeinstrom sowie zu einem Kaliumausstrom. Das Ergebnis ist eine Verlängerung des schnellen EPSPs. Die NMDA-vermittelte Depolarisation trägt somit primär zu der späten Phase des EPSPs bei, während die AMPA-vermittelte Depolarisation für die frühe Phase des EPSPs verantwortlich ist.
Die hemmenden Transmitter GABA und Glycin wirken auf eigene ionotrope Rezeptoren, die beide zu einem Chlorideinstrom führen. Dieser sorgt dafür, daß die Zelle hyperpolarisiert und damit gehemmt wird. Beide Rezeptoren haben eine Bindungsstelle für Anästhetika, über die Inhalationsanästhetika die Chloridströme potenzieren und somit die Hyperpolarisation verstärken. Der GABA$_A$-Rezeptor hat darüber hinaus Bindungsstellen für Barbiturate und Benzodiazepine.

3.12). AMPA- und K/Q-Rezeptoren werden auch häufig unter dem Begriff Non-NMDA Rezeptoren zusammengefaßt. Die Bezeichnung dieser Glutamat-Rezeptoren basiert auf deren Sensitivität auf ∝-Amino-3-hydroxy-5-methyl-4-isoxazolproprionsäure (AMPA), Kainat/Quisqualat bzw. N-methyl-D-aspartat (NMDA). Nach Glutamatausschüttung kommt es zuerst zu einer Aktivierung der Non-NMDA Rezeptoren. Der damit verbundene erhöhte **Natriumeinstrom** und **Kaliumausstrom** führen zu einem schnellen EPSP. Ist die Zelle in einem depolarisierten Zustand werden zusätzlich glutamaterge NMDA Rezeptoren aktiviert. Neben einer erhöhten Natrium- und Kaliumleitfähigkeit kommt es nun auch zu einem relativ langsamen **Calciumeinstrom**. Die NMDA-Rezeptor vermittelten Ionenströme sind, im Gegensatz zu Non-NMDA-Rezeptor vermittelten, daher eher an der späteren Phase der schnellen EPSPs beteiligt. Der NMDA-Rezeptor trägt zum normalen postsynaptischen Potential nur unwesentlich bei, da die Öffnung des NMDA-Rezeptorkanals durch Magnesiumionen verhindert wird. Die Magnesiumionen „verstopfen" dabei den Kanal. Eine Deblockade findet erst statt, wenn die glutamatinduzierte Aktivierung der Non-NMDA-Rezeptorkanäle die Membran so stark depolarisiert, daß die Magnesiumionen aus der NMDA-Kanalpore ausgetrieben werden. Eine Verringerung der Magnesiumionen im Extrazellularraum würde die Aktivierung des NMDA-Rezeptorkanals erleichtern und könnte somit zu einer Hypererregbarkeit glutamatsensitiver Nervenzellen führen. Der NMDA-Rezeptorkanal ist somit sowohl glutamatgesteuert als auch spannungssensitiv, eine Eigenschaft, die ihn von anderen ligandengesteuerten Kanälen unterscheidet. Er wird außerdem durch eine Reihe anderer Substanzen und Moleküle moduliert. So öffnet sich der Kanal nur in Anwesenheit von Glycin, das als Co-Transmitter des NMDA-Rezeptors angesehen wird. Die halluzinogene Droge Phencyclidin (Angel dust) sowie Zinkionen und Polyamine sind weitere Modulatoren. Das als **Injektionsnarkotikum** eingesetzte **Ketamin** wirkt als NMDA-Rezeptor-Antagonist.

Die EPSP, die von einem präsynaptischen Neuron ausgelöst werden, sind häufig zu klein, um die postsynaptische Zelle bis zur Aktionspotentialentladung zu depolarisieren. Treten mehrere EPSPs zeitlich koordiniert auf, können sie sich addieren und zu einer Aktionspotentialentladung führen. Die Entscheidung darüber wird meist an einer Triggerzone, dem Axonhügel, getroffen. Hier ist die Dichte der spannungsabhängigen Natriumkanäle sehr hoch, so daß die Schwelle zur Aktionspotentialentladung niedriger als im Zellkörper oder in den Dendriten ist. Neurone können auch zusätzliche Triggerzonen innerhalb des Dendritenbaumes haben, um einen schwachen erregenden Input an entfernt liegenden Dendriten zu verstärken. Unterschwellige EPSPs breiten sich elektrotonisch bis zur Triggerzone aus, und so werden deren Amplitude und Dauer wesentlich von den passiven Eigenschaften der Membran bestimmt.

- **Entstehung von hemmenden postsynaptischen Potentialen (IPSP)**

Schnelle IPSP beruhen meist auf dem Öffnen von ligandengesteuerten **Chloridkanälen**. Entsprechend dem chemischen Gradienten kommt es zu einem Chlorideinstrom und damit zu einer Hyperpolarisation. Beispiele hierfür sind die Wirkungen der hemmenden Transmitter **GABA** (über ionotrope $GABA_A$-Rezeptoren) und **Glycin**. (Achtung: Aufgrund der etwas höheren intrazellulären Chloridkonzentration führen GABA und Glycin in manchen nichtadulten Nervenzellen des ZNS zu einer erregenden Wirkung). Die $GABA_A$ vermittelten Hemmungen im ZNS sind Angriffspunkte für **Hypnotika** (Barbiturate), **Muskelrelaxantien** (Benzodiazepine) und **Inhalationsnarkotika**, deren Wirkungen darauf beruhen, daß der GABA- und glycininduzierte Chlorideinstrom potenziert wird. Das Öffnen von Chloridkanälen verhindert durch die damit einhergehende Hyperpolarisation der Zelle die Auslösung eines Aktionspotentials.

In manchen Nervenzellen kann eine Hemmung auch durch das Öffnen von Kaliumkanälen vermittelt sein. Dies führt dann dazu, daß das Membranpotential in der Nähe des Kaliumgleichgewichtspotentials (ca. -90 mV) stabilisiert wird. So erfolgt über den metabotropen $GABA_B$ Rezeptor eine Aktivierung eines Kaliumkanals, gefolgt von einem Kaliumausstrom.

Nach der Transmitterausschüttung entstehen an der Effektorzelle postsynaptische hemmende (IPSP) oder erregende (EPSP) Antworten. Schnelle IPSP oder EPSP sind durch ionotrope Rezeptoren (ligandengesteuerte Ionenkanäle) vermittelt. Das Öffnen von unspezifischen Kationenkanäle, durch die Natrium, Kalium sowie bei manchen Rezeptoren auch Calcium fließen, spielen bei schnellen EPSP eine Rolle. Transmitter, die schnelle EPSP auslösen, sind z.B. Glutamat, dessen Wirkung über NMDA und/oder Non-NMDA-Rezeptoren vermittelt wird, und Acetylcholin, das über nicotinerge Rezeptoren wirkt. Klassische inhibitorische Transmitter sind Glycin und GABA, die über das Öffnen von Chloridkanälen ein schnelles IPSP induzieren. Lang anhaltende IPSP oder EPSP werden über metabotrope Rezeptoren oder Tyrosinkinase-Rezeptoren vermittelt und dienen der länger andauernden Modulation der Erregbarkeit einer Nervenzelle.

3.3.5 Integration von Signalen

Nervenzellen erhalten in der Regel verschiedene Eingangssignale und müssen diese zu einer koordinierten Antwort verarbeiten. Hierbei existieren verschiedene Möglichkeiten, Signale auf post- und/oder präsynaptischer Ebene zu modulieren, wodurch Potentiale verstärkt oder gehemmt werden können. Einige Mechanismen der Signalintegration sollen im folgenden angesprochen werden.

- **Prinzip der Divergenz und Konvergenz**

Die Dehnung eines Muskels kann mehrere hundert sensorische Neurone aktivieren, von denen jedes wiederum mehrere hundert Motoneurone kontaktiert. Dieses Prinzip der **neuronalen Divergenz** ermöglicht es einer einzelnen Nervenzelle, einen breitgefächerten Einfluß auf Folgeneurone auszuüben (Abb. 3.1). Somit ist auf der Input-Ebene gewährleistet, daß ein Eingangssignal auf mehrere Nervenzellen verteilt wird. Auf der Output-Ebene herrscht dagegen häufig eine Verknüpfung, die man als **neuronale Konvergenz** bezeichnet. Diese Verschaltung zeichnet sich dadurch aus, daß z.B. mehrere sensorische Nervenzellen ein einzelnes Motoneuron innervieren. Dadurch erhält die Zielzelle die gesammelten Informationen vieler präsynaptischer Zellen. Häufig ist es so, daß die sensorische Information dabei von unterschiedlichen Regionen stammt oder Informationen von Sensoren, die auf unterschiedliche Modalitäten antworten, verarbeitet werden.

- **Präsynaptische Integrationsmechanismen**

Neben den postsynaptischen Integrationsmechanismen werden Signale auch auf präsynaptischer Ebene moduliert. Dies dient dazu, bestimmte Eingangssignale vorübergehend und selektiv zu hemmen oder zu verstärken.

Präsynaptische Hemmung und Verstärkung: Existieren auf der präsynaptischen Membran Rezeptoren für inibitorisch wirkende Transmitter, kommt es als Folge zu einer Hemmung der Transmitterausschüttung. Handelt es sich um eine erregende Synapse, wird dadurch die Erregung der postsynaptischen Zelle unterdrückt. Die präsynaptische Hemmung einer inhibitorischen Synapse führt dagegen zur verringerten Hemmung der postsynaptischen Zelle (Abb. 3.11).

Eine **präsynaptische hemmende oder erregende Modulation** kann darauf beruhen, daß die Ausschüttung des Transmitters der Nervenzelle A durch die Transmittersubstanz der Nervenzelle B beeinflußt wird. Präsynaptische Hemmung oder Verstärkung kann aber auch durch den von der Nervenzelle A ausgeschütteten Transmitter in Form einer Feedback-Modulation stattfinden. Dies ist in allen Nervensystemen ein Mechanismus, bei dem ein Transmitter durch Autoinhibition seine eigene Ausschüttung regulieren kann.

Die **präsynaptische Hemmung** basiert im Endeffekt auf einem verringerten Calciumeinstrom oder einer verringerten Calciumsensitivität der an der Transmitterfreisetzung beteiligten Prozesse. Da intrazelluläres Calcium entscheidend für die Transmitterausschüttung ist, findet ohne Calciumeinstrom keine synaptische Übertragung mehr statt. Ein verringerter Calciumeinstrom kann entweder direkt erfolgen, indem das Öffnen der Calciumkanäle verhindert wird, oder indirekt durch eine Hyperpolarisation der synaptischen Membran durch vermehrtes Öffnen von Kaliumkanälen oder Erhöhung der Chloridleitfähigkeit, was eine verringerte Öffnung der spannungsabhängigen Calciumkanäle zur Folge hat. Die schmerzmodulierende Wirkung körpereigener Opioide basiert z.B. auf der präsynaptischen Hemmung der Ausschüttung von Substanz P, einem Transmitter, der bei der Weiterleitung nozizeptiver Reize eine wichtige Rolle spielt. Ein weiteres Beispiel ist die hemmende Wirkung von Noradrenalin im Gastrointestinaltrakt, die auf einer präsynaptischen Hemmung der Acetylcholinausschüttung beruht.

Eine **präsynaptische Verstärkung** oder Bahnung wird hingegen durch einen erhöhten Calciumeinstrom bewirkt. Dies kann durch eine direkte Erhöhung der Calciumleitfähigkeit oder durch das Schließen von Kaliumkanälen erreicht werden. Letzteres würde die Dauer des Aktionspotentials und damit auch die Dauer der Depolarisation verlängern, welches zu einem verstärkten Calciumeinstrom führt.

> Präsynaptische Modulationen hemmen oder verstärken eine synaptische Übertragung durch Verringerung oder Erhöhung der intrazellulären Calciumkonzentration.

- **Postsynaptische Integrationsmechanismen**

Durch die vielen synaptischen Kontakte erhält eine Nervenzelle mehrere Eingangssignale, die hemmend oder erregend sein können. Das an der Triggerzone entstehende Signal ist also eine Verrechnung aller IPSP und EPSP (Abb. 3.11).

Räumliche und zeitliche Summation: Räumliche Summation von Eingangssignalen wird immer dann relevant, wenn eine Nervenzelle mehrere Eingangssignale erhält, die sequentiell oder parallel an mehreren Dendriten auftreten. Die hintereinander auftretende Aktivierung nur einer Synapse kann je nach Frequenz eine **zeitliche Summation** hervorrufen. Während die zeitliche Summation darauf beruht, daß Eingangssignale, von einer Stelle kommend, addiert werden, werden bei der räumlichen Summation Eingangssignale an verschiedenen Stellen verrechnet. Die Verrechnung der Signale findet im Zellkörper bzw. an der Triggerzone statt. Die passiven Membraneigenschaften der Nervenzelle sind entscheidend dafür, ob sich zwei Signale summieren oder ob deren Dauer so kurz ist, daß sie als getrennte EPSP die Triggerzone erreichen.

Die passiven Membraneigenschaften, wie **Zeit- und Längskonstante**, beeinflussen die Ausbreitung synaptischer Potentiale zu der Impulsenstehungsregion, der Triggerzone. Dies bedeutet, daß die **Summation synaptischer Potentiale** als Ausdruck der neuronalen Integration wesentlich von den Membrankonstanten abhängt. Neurone mit einer großen Zeitkonstante haben länger anhaltende erregende Potentiale und besitzen eine ausgeprägtere Fähigkeit zur Summation als Neurone mit kleinerer Zeitkonstante. Daher gilt: Je größer die Zeitkonstante, desto größer ist die Wahrscheinlichkeit, daß sich aufeinanderfolgende erregende Potentiale summieren und ein Aktionspotential auslösen. Die

Zeitkonstante beeinflußt somit wesentlich die Fähigkeit zur zeitlichen Summation. Ähnliches gilt für die Längskonstante der Zelle. Je größer die Längskonstante, desto geringer wird der Amplitudenabfall des erregenden Potentials auf dem Weg bis zur Triggerzone sein. Die Wahrscheinlichkeit, daß sich durch räumliche Summation mehrere Eingangssignale addieren, steigt damit.

In gewissem Umfang sind die Zeit- und Längskonstanten einer Nervenzelle und damit ihre Fähigkeit zur Summation beeinflußbar. So steigt die Wahrscheinlichkeit, daß sich schnelle EPSP während eines langsamen EPSP und einer damit einhergehenden Erhöhung des Membranwiderstandes summieren.

- **Posttetanische Potenzierung**

Einige Nervenzellen reagieren nach hochfrequenter (tetanischer) Stimulation der präsynaptischen Endigung mit einer Potenzierung ihrer Antwort. Diese Potenzierung macht sich in einer erhöhten Amplitude des EPSP bemerkbar und bleibt auch nach Beendigung der hochfrequenten Stimulation für mehrere Minuten bestehen. Diese posttetanische Potenzierung basiert vermutlich auf einer starken intrazellulären Erhöhung der Calciumkonzentration. Der resultierende Calciumüberschuß steigert die Transmitterausschüttung und als Konsequenz die Effektivität der synaptischen Übertragung. Somit kann die Information über eine gesteigerte Aktivierung der präsynaptischen Zelle an die postsynaptische Zelle weitergegeben werden. Man kann diesen Vorgang als **zelluläres Gedächtnis** interpretieren, da die Nervenzelle die Information über die starke Aktivierung in Form des Calciumüberschusses speichert.

- **Langzeitpotenzierung**

Eine besondere Form der postsynaptischen Verstärkung ist die Langzeitpotenzierung (LTP), der man eine entscheidende Rolle für Lernen und Gedächtnis zuschreibt. Während die posttetanische Potenzierung normalerweise nur einige Minuten anhält, ist die Langzeitpotenzierung ein Prozeß, der mehrere Stunden oder Tage andauern kann. Auch hier hat Calcium eine entscheidende Bedeutung. Daneben spielen die **glutamatergen Non-NMDA- und NMDA-Rezeptoren** eine wichtige Rolle (Abb. 3.12). Voraussetzung für eine Langzeitpotenzierung ist die Erregung von prä- und postsynaptischen Neuronen. Wie bereits erwähnt dominieren bei der normalen glutamatergen synaptischen Übertragung die Non-NMDA-Rezeptor-vermittelten EPSP. Nur bei starker Aktivierung vieler erregender Synapsen kann der NMDA-Rezeptorkanal deblockiert werden (Entfernung der Magnesiumionen aus der Kanalpore), und es kann zu einem Einstrom von Natrium und besonders Calcium kommen. Es resultiert eine lokale **Erhöhung der intrazellulären Calciumkonzentration**, die zu einer Freisetzung eines Botenstoffes führt, der retrograd präsynaptisch die Transmitterfreisetzung verstärkt. Kandidaten für diese retrograden Botenstoffe sind **Stickstoffmonoxid** oder **Kohlenmonoxid**. Es ensteht somit eine „kreisende Erregung", die für die Aufrechterhaltung der Aktivität der erregenden Synapse sorgt und somit die postsynaptische Nervenzelle über lange Zeit aktiviert.

Exzessive Glutamatkonzentrationen und die damit verbundene Aktivierung der NMDA- und Non-NMDA-Rezeptoren wirken neurotoxisch. Einer dramatischen Erhöhung der intrazellulären Calciumkonzentration und der damit verbundenen Störung der Ionenhomöostase folgen Nekrose und Apoptose. Substanzen, die als Calciumpuffer wirken, können Nervenzellen vor der glutamatinduzierten Exzitotoxizität schützen.

Weiterführende Literatur

Dudel, J., R. Menzel, R. F. Schmidt (1996): Neurowissenschaft. Vom Molekül zur Kognition. Springer Verlag, Berlin–Heidelberg–New York.

Kandel, E. R., J. H. Schwartz, T. M. Jessel (1996): Neurowissenschaften. Spektrum Akademischer Verlag, Heidelberg–Berlin–Oxford.

4 Zentrales Nervensystem (ZNS)

H.-H. Frey

4.1 Allgemeine Funktionen und Neurotransmitter im ZNS

4.1.1 Allgemeiner Aufbau und Funktionen des ZNS

Unter dem Begriff ZNS faßt man Rückenmark und Gehirn zusammen, die sich beide aus dem Neuralrohr entwickeln. An dessen vorderen Ende treten während der Embryonalentwicklung drei Schwellungen (primäre Hirnbläschen) auf, die sich zum Rautenhirn (Metencephalon und Myencephalon), Mittelhirn (Mesencephalon) und Vorderhirn (Prosencephalon) differenzieren.

Das ZNS steuert und koordiniert die Funktionen von Organen. Das heißt nicht, daß Organe nicht auch ohne das ZNS lebens- und funktionsfähig bleiben, das zeigen zahlreiche isolierte Organpräparate wie z.B. das Langendorff-Herz und Darmpräparate, aber die Funktion aller Organe kann vom ZNS aus beeinflußt werden. Im ZNS befinden sich nach vorsichtiger Schätzung etwa 10^{10} Nervenzellen, wobei die sensorischen Nervenzellen nicht mitgezählt sind, da sie in der Peripherie liegen. Von diesen etwa 10 Milliarden Neuronen sind nur etwa 2-3 Millionen (0,02-0,03%) motorische Nervenzellen, jede dieser Zellen hat aber Verbindung zu 5-10 000 Interneuronen, die sie praktisch mit allen Gebieten des Gehirns in Interaktion treten lassen. Die entsprechenden Synapsen sind teils am Zellkörper, teils an den Dendriten lokalisiert. Diese Synapsen haben einen erregenden oder hemmenden Einfluß auf das Motoneuron, sie haben ihrerseits ebenfalls Synapsen, die sie im hemmenden oder fördernden Sinn beeinflussen können. Die hemmende oder fördernde Erregungsübertragung erfolgt durch sog. **Neurotransmitter**, die in ihrer Rolle im ZNS verhältnismäßig gut untersucht sind und in diesem Kapitel noch besprochen werden sollen.

Aus dieser Einleitung geht bereits hervor, daß es außerordentlich schwer ist, die Funktion des ZNS in ihren Einzelheiten zu erfassen. Die lange Zeit geltende Auffassung, daß einzelne Zentren oder Kerne (Nuclei) für bestimmte Funktionen verantwortlich sind, trifft heute nur cum grano salis zu; auch diese Zentren unterliegen nämlich dem Einfluß anderer Teile des Gehirns, die die betreffende Organfunktion somit indirekt beeinflussen.

Relativ einfach sind die Funktionen des **Rückenmarks**. Es nimmt die segmental über die dorsalen Nervenwurzeln eintreffenden sensorischen Reize auf und leitet sie, nach entsprechender Umschaltung über sog. Interneurone, in den afferenten Bahnen des Rückenmarks dem ZNS zu. Diese Nervenleitung erfolgt entweder direkt oder nach Umschaltung im Nucleus gracilis und Nucleus cuneatus zum Thalamus oder Kleinhirn. Auf der anderen Seite stehen efferente Bahnen, in denen Motoneurone vom motorischen Cortex über die Pyramidenbahn verlaufen. Im Rückenmark werden die Impulse dieser Nerven segmental auf motorische Nerven, die das Rückenmark über die Ventralwurzeln verlassen, übertragen. Das Rückenmark hat jedoch nicht nur reine Leitungsfunktionen. Sensorische Reize können direkt auf das Motoneuron des entsprechenden Segmentes übertragen werden und damit mit sehr kurzer Latenz einen Reflex auslösen. Diese Reflexe bezeichnet man als **monosynaptisch**. Ein Beispiel für einen solchen monosynaptischen Reflex ist der Patellarreflex (Muskelspindelreflex). Andere Reize werden erst nach Durchlaufen mehrerer Interneurone auf ein oder mehrere Motoneurone übertragen. Solche **polysynaptische** Reflexe haben eine entsprechend längere Latenz, über sie können aber ohne Einschaltung des Gehirns sinnvolle Reaktionen des Körpers, wie Wegziehreflexe auf Schmerzreize oder primitive Fluchtreflexe, ausgelöst werden. Diese Reflexe können, obwohl sie in der Regel von einem sensorischen Neuron ausgehen, durch Interneuronen auf andere Segmente und auch auf die kontralaterale Seite übertragen werden.

Das Rückenmark hat einerseits Leitungsfunktionen von und zum Gehirn, andererseits können in ihm auch ohne Beteiligung des Gehirns Reflexe ablaufen.

An das Rückenmark schließt sich nach cranial die **Medulla oblongata** an. Sie enthält wichtige Zentren für autonome Funktionen, z.B. Atemzentrum, Kreislaufzentren (erstrecken sich teilweise bis ins Mittelhirn) und Brechzentrum sowie die Chemorezeptor-

Trigger-Zone. Vom Rückenmark durch die Medulla oblongata und das Mittelhirn bis zum Thalamus erstreckt sich die **Formatio reticularis**, die über zahlreiche Synapsen die afferenten und efferenten Bahnen aller Abschnitte des Gehirns verknüpft. Durch sie verlaufen unspezifische sensorische Reize, die zum Cortex projiziert werden, ebenso wie die Steuerung vegetativer Reaktionen und die motorische Koordination von Streck- und Beugereflexen zu Bewegungsabläufen. Pharmaka, die an der Formatio reticularis angreifen, wie z.B. die Neuroleptica, bewirken über eine Deafferenzierung des Cortex Indifferenz gegenüber sensorischen Einwirkungen und werden deshalb in der Narkoseprämedikation eingesetzt.

In der Medulla oblongata liegen wichtige Zentren für autonome Funktionen: Atem-, Kreislauf- und Brechzentrum.

Das **Kleinhirn** (Cerebellum) hat sich ontogenetisch aus Kernen des Metencephalon entwickelt und ist u.a. mit der Formatio reticularis eng verknüpft. Es erhält Afferenzen aus dem Rückenmark, den Vestibulariskernen und dem Cortex, seine Efferenzen gehen über den Thalamus zur Großhirnrinde sowie zu Medulla oblongata und Mesencephalon. Diese zentrale Lage befähigt das Kleinhirn zu seiner Funktion als Kontrollorgan der Willkürmotorik. Es spielt in Zusammenarbeit mit motorischem Cortex und den Sinnesorganen eine tragende Rolle bei der Koordination komplizierter Bewegungsabläufe, z.B. beim Sprung eines Pferdes über ein Hindernis oder beim Beutefang von Raubtieren.

Das Kleinhirn ist Kontrollorgan der Willkürmotorik.

Das **Mittelhirn** (Mesencephalon) wird von der Formatio reticularis durchzogen und enthält Kerne, die in enger Verbindung zu dieser und zum extrapyramidal-motorischen System stehen. Die Substantia nigra hat Afferenzen von der motorischen Rinde und dem Corpus striatum sowie Efferenzen zum Corpus striatum, Thalamus und zur Formatio reticularis. Bei Störungen des dopaminerg/cholinergen Gleichgewichtes in der Substantia nigra tritt der M. Parkinson auf, wenn das Gleichgewicht zur cholinergen Seite verschoben wird. Der Nucleus ruber stellt ein Verbindungsglied zwischen Cerebellum und Thalamus dar und ist damit ein wichtiger Kern der extrapyramidalen Motorik. Das Mittelhirn enthält weiter Synapsen, die der Umschaltung der Oculomotorik dienen. Diese Synapsen sind in den vorderen Zweihügeln (Colliculi superiores) lokalisiert, während die hinteren Zweihügel Synapsen enthalten, die auditorische Reize zum Thalamus und von dort weiter zur Hörrinde leiten.

Der **Thalamus** setzt sich aus einer Reihe von Kernen zusammen, die ihren Input von der Formatio reticularis erhalten und nach Umschaltung zur Großhirnrinde weiterleiten. Dies trifft für die Sehbahn im Corpus geniculatum laterale, die Hörbahn im Corpus geniculatum mediale und spino- und bulbothalamische Bahnen im Nucleus ventralis lateralis zu. Auch zum Kleinhirn bestehen afferente Verbindungen. Afferenzen aus dem Hypothalamus werden in den vorderen Abschnitten des Thalamus umgeschaltet und zum Cortex und limbischen System weitergeleitet. Hemmende Einflüsse erhält der Thalamus von den Basalganglien und der Substantia nigra. Efferenzen aus dem Thalamus erreichen praktisch alle Teile des Cortex. Aufgrund seiner zentralen Rolle als Bindeglied zwischen dem spezifischen (Seh- und Hörbahn) und dem unspezifischen (retikulären) System und dem Cortex kann der Thalamus bis zu einem gewissen Grad sensorische, motorische und vegetative Funktionen auch beim großhirnlosen Tier aufrechterhalten, da er auch über assoziative Kerne verfügt.

Der Thalamus stellt das Bindeglied zwischen spezifischem und unspezifischem System und dem Cortex dar, er kann bis zu einem gewissen Grad sensorische, motorische und vegetative Funktionen am großhirnlosen Tier aufrechterhalten.

Die Kontrolle autonomer Reaktionen erfolgt im wesentlichen durch die Kerne des **Hypothalamus**, der seine Afferenzen vom Hippocampus und vom Mandelkernkomplex (Corpus amygdaloideum), also Teilen des limbischen Systems, das die emotionalen Antriebe kontrolliert, erhält. Im Hypothalamus wird u.a. das Abwehrverhalten im weitesten Sinn reguliert, d.h. eine Mehrdurchblutung des Magen-Darm-Kanals bei der Verdauung bzw. der Muskulatur bei der Flucht. Weiter finden sich Kerne für die Thermo- und Osmoregulation im Hypothalamus, die Futteraufnahme wird durch ein Appetit- und ein Sättigungszentrum reguliert, ebenso das Fortpflanzungsverhalten. Die Releasing-Hormone für die Hormone des Hypophysenvorderlappens, aber auch Oxytocin und das Antidiuretische Hormon werden in Kernen des Hypothalamus gebildet, die letzteren werden im Hypophysenhinterlappen gespeichert.

Das **Limbische System** besteht aus corticalen (Hippocampus, Lobus piriformis, Gyrus cinguli und Teile des Riechhirns) und subcorticalen (Nucleus amygdaloideum, Septum) Anteilen und hat Verbindungen zum Hypothalamus, aber auch zum Cortex. Es steuert angeborenes und erworbenes Verhalten (Triebe, Motivation, Emotionen) und ist für die Regulation biologischer Rhythmen (Kap. 28.3.2) verantwortlich.

Das limbische System steuert Triebe, Motivationen und Emotionen.

Die **Basalganglien** (Corpus striatum, C. pallidum, Claustrum, Corpus amygdaloideum) stehen im Dienst der extrapyramidalen Motorik. Ihre Afferenzen kommen von den motorischen Gebieten des Cortex, vom Thalamus und der von Substantia nigra, teilweise auch von der Formatio reticularis, Efferenzen gehen zum Thalamus (hemmend), zur Substantia nigra (erregend und hemmend, bei Verlust dopaminerger Neurone M. Parkinson!) und zum Hirnstamm über die Formatio reticularis. Sie kontrollieren Willkürbewegungen und Bewegungsprogramme.

Das **Großhirn** (Neocortex) nimmt eine übergeordnete Stellung unter den Hirnabschnitten ein. Aufgrund der eingehenden sensorischen Reize kommt es über Assoziationszentren zu einer adäquaten motorischen Reaktion, es ist Sitz des Bewußtseins, des Gedächtnisses und der bewußten Lautäußerungen, die beim Menschen in der Sprache kulminieren. Es enthält ein somato-sensorisches Rindenfeld mit Afferenzen aus dem Thalamus und ein motorisches Rindenfeld, von dem aus die sich in der Medulla oblongata kreuzenden Pyramidenbahnen zum Rückenmark ziehen. Somato-sensorisches und motorisches Rindenfeld liegen bei den Haustieren im wesentlichen caudal des Sulcus cruciatus. Optische Reize kommen nach Umschaltung im Thalamus in das im Occipitallappen gelegene Sehzentrum. Akustische Reize kommen, ebenfalls nach Umschaltung im Thalamus, zum Hörzentrum, das im Schläfenlappen liegt. Geschmacks- und Gleichgewichtssinn werden vom Thalamus aus in den Gyrus postcruciatus projiziert. Vom Thalamus unabhängig ist der Geruchssinn, der über Bulbus und Tractus olfactorius nicht auf sensorische Rindenfelder, sondern direkt auf das limbische System übertragen wird. Zur Verarbeitung der eingehenden Reize gibt es sowohl sensorische als auch motorische Assoziationszentren. Besonders Tiere vertragen im Experiment verhältnismäßig große Verluste an corticaler Substanz, die Funktionen werden danach von anderen Teilen des Cortex oder vom Thalamus teilweise übernommen. Das Gedächtnis ist an der Innenseite des Schläfenlappens lokalisiert.

Das Großhirn ist Sitz des Bewußtseins, des Gedächtnisses und der bewußten Lautäußerung.

Abb. 4.1 zeigt schematisch den Aufbau des ZNS.

4.1.2 Neurotransmitter im ZNS

Die Übertragung der Erregung in den zahlreichen Synapsen des ZNS erfolgt durch Neurotransmitter in derselben Weise, wie das auch vom peripheren Nervensystem bekannt ist. Während dort die Übertragung relativ einfach z.B. vom präsynaptischen Neuron auf das postsynaptische Neuron eines Nerven erfolgt, sind die Verhältnisse im ZNS weitaus komplizierter und schwerer zu überschauen. Bahnen innerhalb des ZNS erhalten, wie vorstehend bereits angedeutet, Einflüsse über erregende und hemmende Synapsen und werden dadurch in ihrem Nettoeffekt mehr oder weniger moduliert. Man spricht deshalb auch von **Neuromodulatoren**, wenn die klassischen Merkmale von Neurotransmittern nicht mehr ganz zutreffen. So ist auch die Aussage, ob der einzelne Neurotransmitter eine fördernde oder

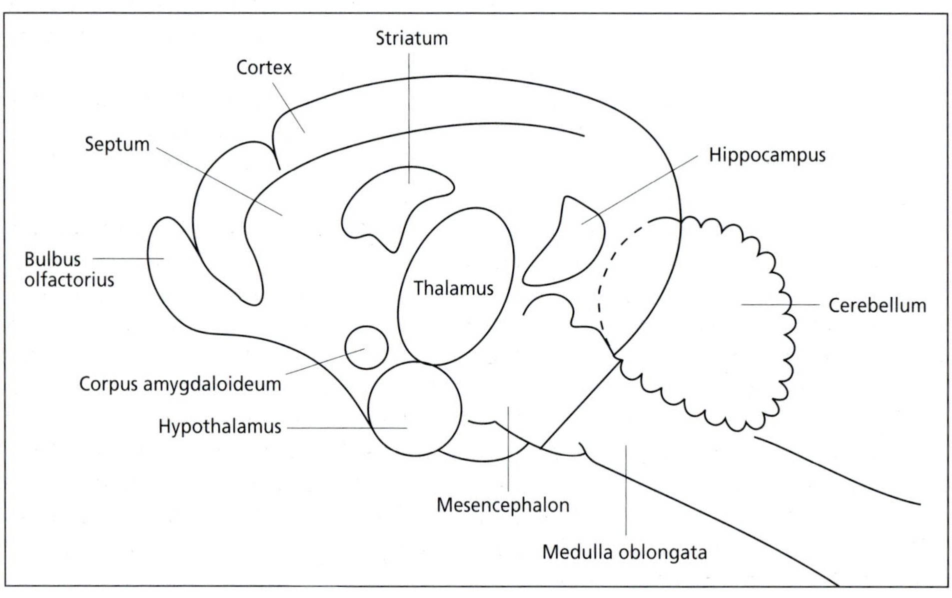

Abb. 4.1 Schematischer Aufbau des Gehirns.

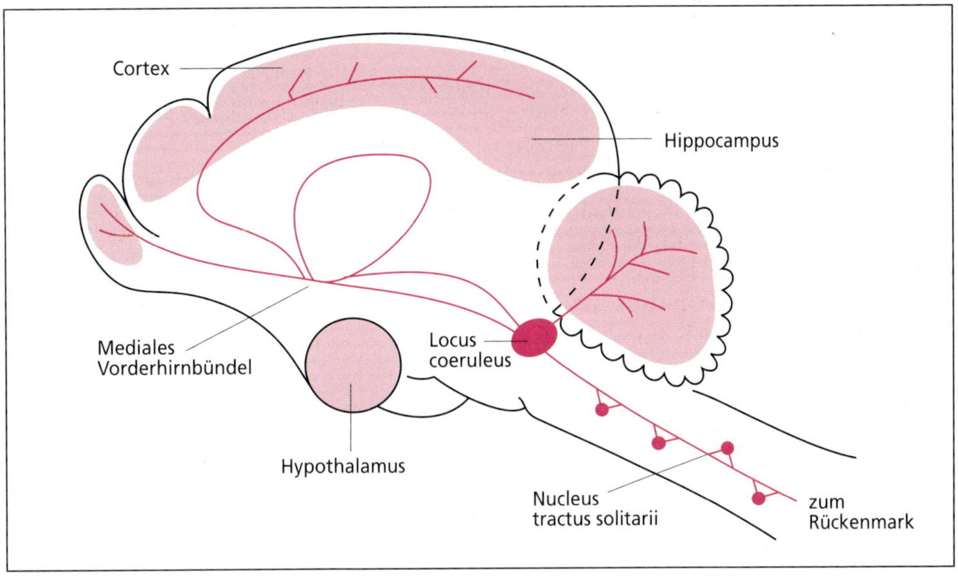

Abb. 4.2 Noradrenerge Bahnen im Gehirn. Rot: Bereiche mit noradrenergen Nervenendigungen.

hemmende Funktion ausübt, nicht immer klar: Eine Hemmung eines erregenden Neurons wird sich als Verminderung der Erregung äußern, eine Hemmung eines inhibitorischen Neurons aber als Erregung. Man hat sich nach der fluoreszenzmikroskopischen Darstellung catecholaminerger und serotonerger Bahnen im Gehirn durch Falck und Hillarp zunächst auf Catecholamine (Noradrenalin, Dopamin) und Serotonin (5-Hydroxytryptamin, 5-HT) beschränkt und hat mit einer Monoamin-Theorie psychiatrische Erkrankungen, speziell die Depressionen, zu erklären versucht. Inzwischen weiß man, daß eine große Anzahl weiterer Transmitter und Neuromodulatoren im Gehirn wirksam sind. Im folgenden sollen die wichtigsten dieser Stoffe bezüglich ihrer Verteilung im ZNS und ihrer möglichen Funktionen bzw. Beteiligung an Funtionen besprochen werden.

4.1.2.1 Noradrenalin

Noradrenalin wurde frühzeitig als wichtiger Transmitter im ZNS erkannt. Seine Lokalisation und wichtige noradrenerge Bahnen im ZNS zeigt Abb. 4.2. Noradrenerge Neurone finden sich hauptsächlich in Kernen von Pons und Medulla oblongata, eine besondere Konzentration solcher Neurone findet sich im Locus coeruleus. Von dort laufen noradrenerge Fasern über das dorsale noradrenerge Bündel zum Cortex, Hippocampus und Cerebellum. Noradrenalin wird an den Nervenenden in diesen Gehirnabschnitten nicht synaptisch, sondern diffus, d.h. in einigem Abstand von den Zielneuronen freigesetzt. Damit stehen große Areale unter einem noradrenergen Einfluß. Andere Kerne mit noradrenergen Neuronen befinden sich ventral von Locus coeruleus in Pons und Medulla, ihre Axone verlaufen im ventralen noradrenergen Bündel zu Hypothalamus, Hippocampus und Teilen des Vorderhirns, sowie zum Cerebellum und absteigend zum Rückenmark.

Funktionell ist zu beachten, daß die Wirkung von Noradrenalin sowohl über β- als auch α-Rezeptoren erfolgen kann. Die mit einer Aktivierung der Adenylatcyclase einhergehende Erregung von β-Rezeptoren hat überwiegend inhibitorischen Charakter, erregende Wirkungen von Noradrenalin können sowohl über α- als β-Rezeptoren zustande kommen. Eine Funktion von Noradrenalin betrifft die **Stimmungslage**: Ein funktionelles Defizit an Noradrenalin findet sich bei der Depression, bei einem Überschuß treten manische Krankheitsbilder auf. Eine Funktion im Belohnungssystem, die durch Reizung im Bereich des Dorsalbündels ausgelöst wird, scheint nach neueren Erkenntnissen in erster Linie auf dopaminerge Bahnen, die ebenfalls im Dorsalbündel verlaufen, zurückzuführen zu sein (s.u.).

Eine weitere funktionelle Rolle spielt Noradrenalin bei dem **verhaltensmäßigen Arousal**, der sich beim Tier in gesteigerter Wachsamkeit und exploratorischer Aktivität äußert. Schließlich ist Noradrenalin an der **zentralen Blutdruckregulation** beteiligt, und zwar über Neurone in den vasomotorischen Zentren und in der Nähe des 4. Ventrikels. Iontophoretische Applikation von Noradrenalin in diesem Bereich führt zu einer Blutdrucksenkung, die über postsynaptische α_2-Rezeptoren vermittelt wird. Einzelne Neurone im Hirnstamm enthalten statt Noradrenalin **Adrenalin**; diese Zellen enthalten entsprechend das Enzym Phenylethanolamin-N-methyltransferase. Über die Bedeutung von Adrenalin als zentralem Überträger ist bislang wenig bekannt.

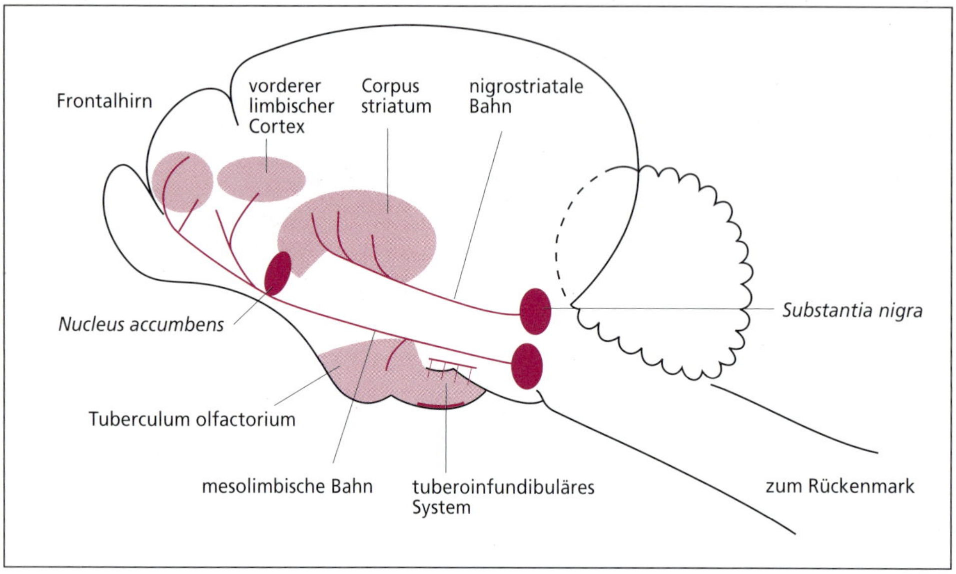

Abb. 4.3 Dopaminerge Bahnen im Gehirn. Rot: Bereiche mit dopaminergen Nervenendigungen.

> Noradrenalin beeinflußt als Neurotransmitter im ZNS Stimmungslage, verhaltensmäßigen Arousal und Blutdruckregulation.

4.1.2.2 Dopamin

Dopaminerge Neurone im Gehirn lassen drei Systeme erkennen, von denen die **nigrostriatale Bahn** etwa 3/4 des Dopamins im ZNS enthält. Von ihren Neuronen in der Substantia nigra laufen Axone zum Striatum. Vom Mittelhirn ventral der Subst. nigra nimmt die **mesolimbische Bahn** ihren Ausgang, deren Axone zum Nucleus accumbens, zum frontalen und limbischen Cortex und zu Teilen des Riechhirns verlaufen. Schließlich nimmt das **tuberoinfundibuläre System** vom Nucleus infundibularis im Hypothalamus seinen Ausgang und verläuft zur Eminentia mediana und zur Hypophyse. Abb. 4.3 zeigt den Verlauf dieser Systeme. Darüber hinaus findet man dopaminerge Neurone auch in anderen Gebieten des ZNS.

Dopamin hat eine im wesentlichen inhibitorische Funktion, die über D_1- bzw. D_2-Rezeptoren vermittelt wird. Von diesen sind die D_2-Rezeptoren am besten untersucht. Sie bewirken eine präsynaptische Hemmung in den genannten dopaminergen Systemen, hemmen die Synthese und Freisetzung von Dopamin, erregen aber die Chemorezeptor-Trigger-Zone und lösen dadurch Erbrechen aus. D_1-Rezeptoren scheinen demgegenüber eine postsynaptische Hemmung zu bewirken.

Das **nigrostriatale System** ist von entscheidender Bedeutung für die Motorik, bei seiner Zerstörung kommt es zu Katalepsie und ausgeprägter Inaktivität, bei einseitiger Zerstörung zu Drehbewegungen zur läsionierten Seite hin, die in der psychopharmakologischen Forschung ausgenützt werden. Störungen des Gleichgewichtes zwischen Dopamin und Acetylcholin im nigrostriatalen System führen zu charakteristischen Krankheitsbildern beim Menschen: Parkinsonismus (Überwiegen von Acetylcholin) bzw. Chorea Huntington (sog. Veitstanz, dopaminerges Übergewicht).

Aktivierung der **mesolimbischen Bahn**, z.B. durch Amphetamin, führt zu lokomotorischer Erregung, während von der nigrostriatalen Bahn sog. Stereotypien (z.B. Zwangsnagen, Retropulsion) ausgelöst werden.

Durch das **tuberoinfundibuläre System** kontrolliert Dopamin die Sekretion von Hormonen der Hypophyse, z.B. wird die Prolactin-Freisetzung gehemmt, und es kann zur Unterdrückung der Laktation kommen. Die Freisetzung des Wachstumshormons wird dagegen unter normalen Umständen gesteigert.

Von den D_2-Rezeptoren in der Chemorezeptor-Trigger-Zone der Area postrema der Medulla oblongata werden Nausea und Erbrechen ausgelöst, diese sind Nebenwirkungen vieler Dopamin-Agonisten.

> Dopamin hat eine Bedeutung für die Motorik (nigrostriales System und mesolimbische Bahn) und kontrolliert die Sekretion von Hypophysenhormonen (tuberoinfundibulares System). D_2-Rezeptoren der Chemorezeptor-Trigger-Zone lösen Nausea und Erbrechen aus.

4.1.2.3 Serotonin

Serotonin (5-Hydroxytryptamin, 5-HT) ist im Gehirn in Kernen von Pons und Medulla oblongata

Abb. 4.4 Serotonerge Bahnen im Gehirn. Rot: Bereiche mit serotonergen Nervenendigungen.

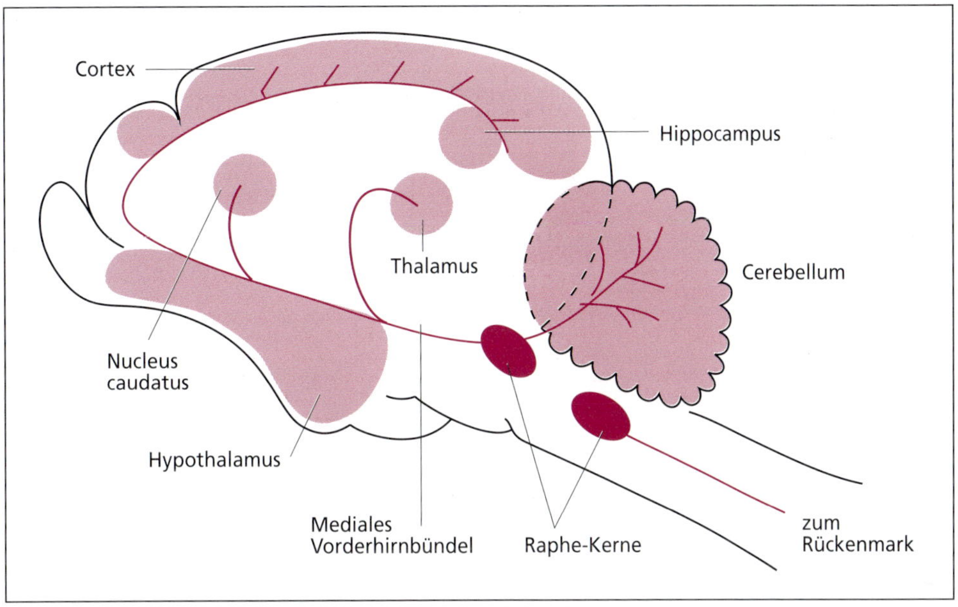

lokalisiert, die dicht an der Mittellinie dieser Strukturen liegen und deshalb als Nuclei raphae bezeichnet werden (Abb. 4.4). Von den rostralen Kernen gehen Axone via mediales Vorderhirnbündel zu Hypothalamus, Thalamus, Nucleus caudatus, Cortex und Hippocampus und außerdem zum Cerebellum. Die caudalen Raphe-Kerne haben Projektionen zum Rückenmark. Die Wirkungen von Serotonin im ZNS sind insofern schwer zu übersehen, als inzwischen eine große Anzahl von Rezeptoren für dieses Amin bekannt geworden sind. 5-HT_1-Rezeptoren bewirken sowohl post- als auch präsynaptische Inhibition, 5-HT_{1B}-Rezeptoren sind sowohl Auto- als auch Heterorezeptoren, die die Freisetzung von 5-HT selbst, aber auch anderen Transmittern hemmen können. 5-HT_2-Rezeptoren bewirken eine langsame postsynaptische Erregung, können aber auch postsynaptisch hemmend wirken, 5-HT_3-Rezeptoren eine schnelle postsynaptische Erregung.

Funktionell spielt 5-HT eine Rolle für **Schlaf**, **Aufmerksamkeit** und **Stimmungslage**. Bei Depletion von 5-HT durch p-Chlorphenylalanin sind Tiere außerordentlich lebhaft, während die Aminosäure Tryptophan, ein Vorläufer in der Biosynthese von 5-HT, neuerdings wegen ihrer schlaffördernden Wirkung diskutiert wird. Auch bei menschlichen Depressionen spielt 5-HT eine große Rolle. 5-HT_{1A}-Agonisten wirken als Anxiolytika (angstlösende Pharmaka). Eine weitere Rolle des Amins wird für die sensorische Transmission in Rückenmark und Gehirn angenommen, hier besteht ein Synergismus mit endogenen Opioiden, den Enkephalinen. Auch autonome Reaktionen, besonders im Hypothalamus, werden von 5-HT-Neuronen kontrolliert: Freßverhalten und Temperaturregulation. Schließlich ist 5-HT an der Kontrolle des Blutdruckes und sexueller Funktionen beteiligt. 5-HT_3-Rezeptoren vermitteln vom Nucleus tractus solitarii Chemotherapeutica-induziertes Erbrechen.

> 5-HT ist als Neurotransmitter von Bedeutung für Schlaf, Aufmerksamkeit und Stimmungslage, daneben wird eine Rolle für die sensorische Transmission in Gehirn und Rückenmark angenommen.

4.1.2.4 Histamin

Histamin kommt im Gehirn in relativ geringen Mengen vor und diese sind größtenteils in Mastzellen lokalisiert. Man hat aber auch histaminhaltige Neurone im Hirnstamm festgestellt, deren Axone im medialen Vorderhirnbündel zu Cortex und Hippocampus verlaufen. Es sind sowohl erregende Wirkungen über H_1-Rezeptoren als auch hemmende Effekte über H_2-Rezeptoren beschrieben worden. H_3-Rezeptoren modulieren nicht nur die Freisetzung von Histamin, sondern auch diejenige anderer Neurotransmitter (Catecholamine, Acetylcholin, 5-HT, GABA). Histamin scheint an der Schmerzperzeption beteiligt zu sein, dürfte aber im allgemeinen unter den zentralen Transmittern nur eine untergeordnete Rolle spielen.

4.1.2.5 Acetylcholin

Dieser klassische Transmitter ist mit Ausnahme des Cerebellum in allen Teilen des ZNS nachweisbar. In hohen Konzentrationen liegt er im Rückenmark in den Ventralhörnern und Wurzeln der motorischen Nerven und in den Kernen der motorischen Gehirn-

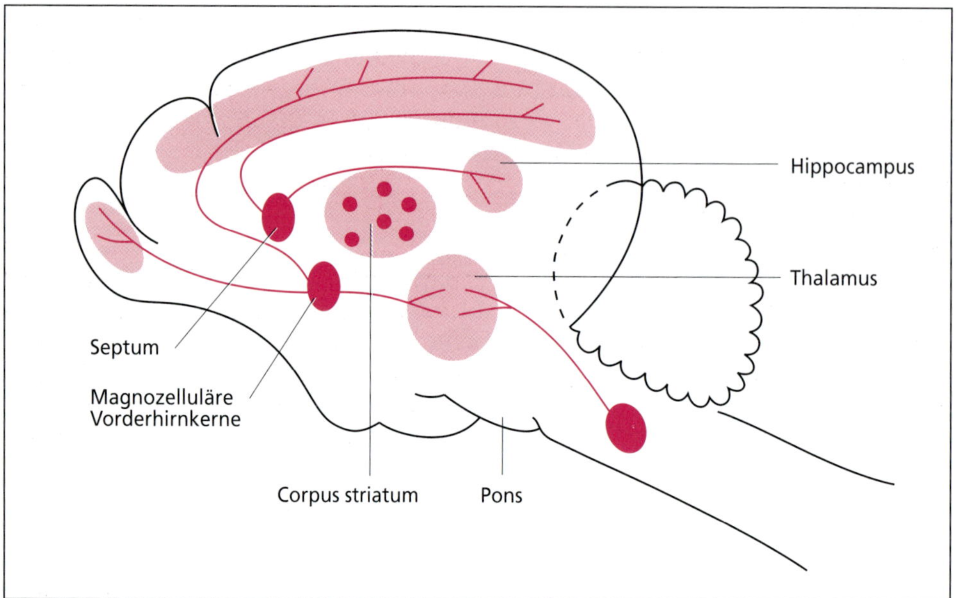

Abb. 4.5 Cholinerge Bahnen im Gehirn. Rot: Bereiche mit cholinergen Nervenendigungen.

nerven vor. Die cholinerge Innervierung des Riechhirns und des Cortex geht von magnocellulären Kernen des basalen Vorderhirns aus, absteigende Fasern ziehen von diesen Kernen zum Thalamus (Abb. 4.5). Vom Septum gehen die Axone cholinerger Nerven zu Cortex und Hippocampus, und schließlich befinden sich cholinerge Neurone im Pons, deren Axone zum Thalamus gehen. Durch zahlreiche cholinerge Interneurone ist das Corpus striatum gekennzeichnet.

Die Acetylcholin-Rezeptoren im Gehirn sind überwiegend muscarinartig, die Renshaw-Zellen im Ventralhorn des Rückenmarkes bewirken dagegen über nicotinartige Synapsen eine rekurrente Hemmung der α-Motoneurone.

Von der Funktion her bewirkt Acetylcholin bzw. die Erregung cholinerger Neurone Arousal, bei schläfrigen Tieren kann dieses Verhalten durch kleine Dosen von Physostigmin, einen Hemmstoff der Acetylcholinesterase, der zur Anhäufung von Acetylcholin an der Nervenendigung führt, ausgelöst werden. Die septohippocampalen Verbindungen sind für Lernvorgänge und das Kurzzeitgedächtnis wichtig; diese Vorgänge werden durch Agonisten an den Muscarin-Rezeptoren positiv, durch Antagonisten negativ beeinflußt. Das Wechselspiel im striatonigralen System zwischen Acetylcholin und Dopamin war bereits bei Dopamin erwähnt worden. Bei der Alzheimer-Erkrankung des Menschen, die zur Demenz führt, erfolgt ein progredienter Verlust cholinerger Neurone.

Acetylcholin bewirkt im ZNS Arousal und hat eine Bedeutung für Lernvorgänge und Kurzzeitgedächtnis.

4.1.2.6 Aminosäuren

Die Transmitternatur einiger ubiquitär im ZNS verbreiteter Aminosäuren ist nur zögernd anerkannt worden, kann aber heute als gesichert gelten. Transmitter-Aminosäuren haben teils eine **exzitatorische Wirkung** (Glutamat, Aspartat), teils wirken sie **inhibitorisch** (γ-Aminobuttersäure [GABA], Glycin).

Die exzitatorischen Aminosäuren **Glutamat** und **Aspartat** sind im Gehirn weit verbreitet und können durch elektrische Reizung oder K^+-Ionen experimentell freigesetzt werden, ihre Freisetzung ist Ca^{2+}-abhängig. Man kennt drei Typen von Rezeptoren (Abb. 3.12) für diese Aminosäuren, die nach ihren selektiven Agonisten benannt werden:

- NMDA (N-Methyl-D-aspartat)-Rezeptoren
- AMPA (α-Amino-3-hydroxy-5-methylisoxazol)-Rezeptoren,
- Kainat-Rezeptoren.

Sie sind an Kanäle in der postsynaptischen Membran gekoppelt, die für Kationen selektiv permeabel sind. AMPA- und Kainat-Rezeptoren haben eine hohe Konduktivität für Na^+ und K^+ und dienen der schnellen synaptischen Transmission. Der NMDA-Rezeptor hat dagegen eine Leitfähigkeit besonders auch für Ca^{2+}, durch ihn werden langsamere exzitatorische Prozesse vermittelt. Zusätzlich sind **metabotrope Rezeptoren** bekannt, die über eine Aktivierung der Phospholipase C wirken, über deren Bedeutung aber keine vollständige Klarheit besteht. Eine NMDA-antagonistische Rolle des metabotropen Rezeptors wird diskutiert, ebenso eine Rolle bei der Kontrolle des Schmerzes.

Bezüglich seiner Funktion ist der **NMDA-Rezeptor** am besten untersucht. Er ist hochpermeabel für Ca^{2+}, wird aber normalerweise durch Mg^{2+} blockiert und hat eine nicht strychninempfindliche Glycin-Bindungsstelle, deren Besetzung zu seiner Öffnung erforderlich ist. Eine weitere Bindungsstelle existiert für Polyamine (Spermin, Spermidin, Putrescin), deren Rolle noch nicht endgültig geklärt ist. Eine Erregung der „nicht NMDA"-(AMPA/Kainat)-Rezeptoren hebt den Mg^{2+}-Block auf.

Funktionell hat der NMDA-Rezeptor Bedeutung für **Lernen** und **Gedächtnis** (long term potentiation), wobei wahrscheinlich auch metabotrope Rezeptoren beteiligt sind. Für diese Funktionen hat der Hippocampus eine hervorragende Bedeutung; dort, aber auch in Cortex, Basalganglien und sensorischen Bahnen, ist die Rezeptordichte besonders hoch. Bei Ischämie kommt es zur Freisetzung großer Mengen an Glutamat, das dann über den NMDA-Rezeptor seine **excitotoxische Wirkung** entfalten kann. Dabei kommt es über „nicht NMDA"-Rezeptoren zum Na^{+}-Eintritt und zur Depolarisation der Zelle, der Mg^{2+}-Block des NMDA-Rezeptors wird aufgehoben, und es kommt zum Ca^{2+}-Eintritt, der zusammen mit einer Aktivierung zellulärer Proteasen und Lipasen und der Generation freier Radikale zum Zelluntergang führen kann. Für die Pathophysiologie von Krampfleiden spielen die NMDA-Rezeptoren ebenfalls eine Rolle.

> Glutamat hat über den NMDA-Rezeptor Bedeutung für Lernen und Gedächtnis (long term potentiation). In hoher Menge freigesetzt hat es eine excitotoxische Wirkung.

Im Gehirn entsteht durch Decarboxylierung von Glutamat γ-Aminobuttersäure (**GABA**), die als **inhibitorischer Transmitter** ubiquitär im ZNS wirksam ist. Besonders hohe Konzentrationen werden im nigro-striatalen System erreicht. Man schätzt, daß GABA an etwa 30% aller Synapsen des ZNS als Transmitter wirkt. GABA wirkt auf 2 Rezeptoren: $GABA_A$ und $GABA_B$. Der $GABA_A$-Rezeptor gehört zu einem Rezeptor-Komplex, der außer für GABA auch Bindungsstellen für Benzodiazepine, Barbiturate, zentrale Analeptica und andere Pharmaka enthält und an einen Cl^{-}-Kanal gekoppelt ist. Dieser wird durch GABA geöffnet, es kommt zum Cl^{-}-Einstrom und damit zur Hyperpolarisation der Zelle. Der Rezeptor-Komplex spielt eine Rolle in der **Pathophysiologie der Epilepsie** und für die **Narkose**. Während der $GABA_A$-Rezeptor postsynaptisch lokalisiert ist, kann der $GABA_B$-Rezeptor auch präsynaptisch lokalisiert sein, er gehört zu den an G-Proteine gekoppelten Rezeptoren. Durch ihn wird die K^{+}-Leitfähigkeit erhöht, die von Ca^{2+} herabgesetzt. Auch für den $GABA_B$-Rezeptor wird eine Bedeutung für gewisse Formen der Epilepsie diskutiert. Im Rückenmark kommt $GABA_A$- und $GABA_B$-Rezeptoren eine Rolle bei der Antinociception akuter und chronischer Schmerzzustände zu.

> GABA ist der wesentliche inhibitorische Transmitter im ZNS.

Glycin ist ein inhibitorischer Transmitter vor allem im Rückenmark, wo Motoneurone und Interneurone hyperpolarisiert werden. Seine Wirkung wird durch Strychnin antagonisiert. Eine exzitatorische Wirkung von Glycin über eine Bindungsstelle am NMDA-Rezeptor wurde bereits erwähnt; diese Wirkung ist strychnin-insensitiv.

4.1.2.7 Peptide

Neben den beschriebenen „klassischen" Transmittern beanspruchen zunehmend Substanzen von Peptidstruktur, für die entsprechende Rezeptoren gefunden wurden, Beachtung als Neurotransmitter oder -modulatoren. Zu ihnen gehören die **Enkephaline** und **Endorphine**, bei denen es sich um endogene Liganden der Opioid-Rezeptoren handelt und denen eine im wesentlichen inhibitorische Rolle bei der Verarbeitung sensorischer, besonders schmerzhafter Reize zukommt. Unter den Tachykininen ist die **Substanz P** schon länger bekannt. Sie kommt in relativ hoher Konzentration im Hypothalamus vor und hat, ebenso wie die in geringeren Konzentrationen im ZNS vorkommenden **Neurokinine**, eine langsame Erregung von Neuronen zur Folge. Inzwischen ist die Existenz mehrerer Neurokinin-Rezeptoren gezeigt worden, und man nimmt an, daß über diese Rezeptoren eine Hyperalgesie erzeugt werden kann. Für Neuropeptid Y ist eine Förderung der Futteraufnahme über den Y_5-Rezeptor bekannt.

4.1.3 Elektroencephalographie

Das **Elektroencephalogramm** (EEG) wird von der Oberfläche des Schädels (Skalp) abgeleitet und gestattet Rückschlüsse auf die Funktion des normalen Gehirns, spielt aber auch eine große Rolle bei der Diagnostik pathophysiologischer Vorgänge im Gehirn (z.B. Epilepsie, Tumoren).

Die Axone, die aus dem Thalamus aufsteigen, bilden dicht unter der Oberfläche des Cortex mit Dendriten corticaler Pyramidenzellen Synapsen. Bei Erregung dieser Synapsen entsteht ein excitatorisches postsynaptisches Potential (EPSP) mit entsprechenden Ionenströmen in postsynaptischen

Neuronen. Damit ergibt sich eine Potentialdifferenz zu umliegenden, nicht erregten Membranbezirken. Diese Feldpotentiale sind relativ gering (ca. 50 µV), wenn man sie z.B. mit dem Elektrokardiogramm vergleicht, und haben schnellere und weniger reguläre Rhythmen. Die dort entstehenden Potentiale werden verstärkt, wenn mehrere corticale Pyramidenzellen zugleich erregt werden (Synchronisation), sie werden abgeschwächt, wenn benachbarte Pyramidenzellen teils depolarisiert, teils hyperpolarisiert werden. Diese Potentialschwankungen können über Ableitelektroden, die im Idealfall über den gesamten Skalp verteilt sind, abgeleitet werden (EEG). Das EEG gibt im wesentlichen Aufschluß über Erregungen und Hemmungen, die in den äußeren Schichten des Cortex ablaufen, deren basaler Rhythmusgenerator aber im Thalamus liegt. Größere Potentialschwankungen erhält man mit implantierten Elektroden, die direkt auf dem Cortex liegen (Elektrocorticogramm, ECoG), oder mit Tiefenelektroden, die neurochirurgisch in bestimmte Hirnareale eingeführt werden, und eine Registrierung der Aktivität einzelner, auch tief im Gehirn gelegener Kerne ermöglichen. Diese Ableitungen spielen allerdings veterinärmedizinisch höchstens experimentell eine Rolle.

Das normale EEG wird von gleichmäßig über den Skalp verteilten Ableitelektroden abgenommen. Es werden dabei entweder jeweils zwei Ableitelektroden gegeneinander geschaltet (bipolares EEG) oder es wird von allen Elektroden gegen eine indifferente Elektrode am Ohr oder auf der Nase abgeleitet (monopolares EEG). Damit ist es möglich, lokalisierte Veränderungen über bestimmten Gebieten des Cortex zu erfassen.

Beim Tier stößt die Ableitung eines EEG auf beträchtliche Schwierigkeiten. Für ein EEG ist absolute Ruhe und Entspanntheit des Patienten erforderlich. Wenn dies beim Tier durch Sedation oder Narkose erreicht wird, so kann das normale EEG durch den pharmakologischen Eingriff bereits mehr oder weniger stark verändert sein. Daneben ist besonders beim Hund der Schädel großflächig von der Temporalismuskulatur überlagert, so daß eine ideale Positionierung der Elektroden, wo nur Haut, Schädeldach und Meningen zwischen Elektrode und Gehirn liegen, nicht möglich ist; darüber hinaus wird das abgeleitete EEG durch Potentiale aus der Muskulatur stark gestört. Bei der Katze, der anderen Tierart, bei der gelegentlich ein EEG geschrieben wird, liegen die Verhältnisse zwar günstiger, aber die Ruhigstellung ist ein Problem.

Man kann im EEG verschiedene Rhythmen (Frequenzbereiche) unterscheiden, die Rückschlüsse auf den Wachheitszustand des Patienten zulassen. Ein α-Rhythmus mit einem Frequenzbereich von 8-13/s liegt bei entspanntem Wachzustand mit geschlossenen Augen und beim Dösen normalerweise vor, bei Augenöffnung geht dieser Rhythmus in β-Wellen mit höherer Frequenz (14-30/s) und geringerer Amplitude über. Im flachen Schlaf herrschen ϑ-Wellen mit einer Frequenz von 3-7/s vor, im tieferen Schlaf treten sog. Schlafspindeln auf, und im Tiefschlaf herrschen langsame, aber hochgespannte δ-Wellen (0,5-3/s) vor. Im sog. REM (rapid eye movement)-Schlaf werden diese von schnellen, unregelmäßigen Wellen unterbrochen, diese Erscheinung ist beim Menschen mit Träumen verbunden. Bei Neugeborenen herrschen ϑ- und δ-Wellen vor.

Große diagnostische Bedeutung hat das EEG bei der Abgrenzung der verschiedenen Formen der Epilepsie.

Das EEG läßt Rückschlüsse auf den Wachheitszustand zu und besitzt diagnostische Bedeutung bei Erkrankungen des ZNS.

4.2 Sensorische Funktionen des ZNS

Um eine Wechselwirkung mit der Außenwelt zu ermöglichen, müssen die zahlreichen sensorischen Reize und Empfindungen im ZNS gesammelt und „abgebildet“ werden. Dies erfolgt durch das sensorische System. Es verarbeitet somato-sensorische Reize, die mechanisch, chemisch oder thermisch auf die Haut und Schleimhäute einwirken, teilweise gehören dazu auch viscerale Empfindungen. Daneben gehören die Sinnesreize zum sensorischen System: optische Reize, die über das Auge aufgenommen werden, akustische über das Ohr, Gleichgewichtsempfindungen über das vestibuläre System, Geschmacks- und Geruchsempfindungen. Diese sollen im folgenden besprochen werden. Dabei liegen die eigentlichen Rezeptoren und auch ein Teil der Nervenbahnen, in denen die sensorischen Impulse verlaufen, in der Peripherie, d.h. außerhalb des ZNS. Sie werden in Kapitel 5 besprochen. Dies gilt auch für die Retina, die an sich Teil des Gehirns ist, aber im Zusammenhang mit dem Auge besprochen wird.

4.2.1 Somato-visceraler Influx

Diese Reize gehen zum einen von der Körperoberfläche aus (Oberflächensensibilität), zum anderen werden sie als Empfindungen von Muskeln, Sehnen, Gelenken und den Eingeweiden aufgenommen (Tiefensensibilität). Die Oberflächensensibilität wird durch Mechanorezeptoren (z.B. Tastsinn), Thermorezeptoren (Temperatursinn) und Nozizep-

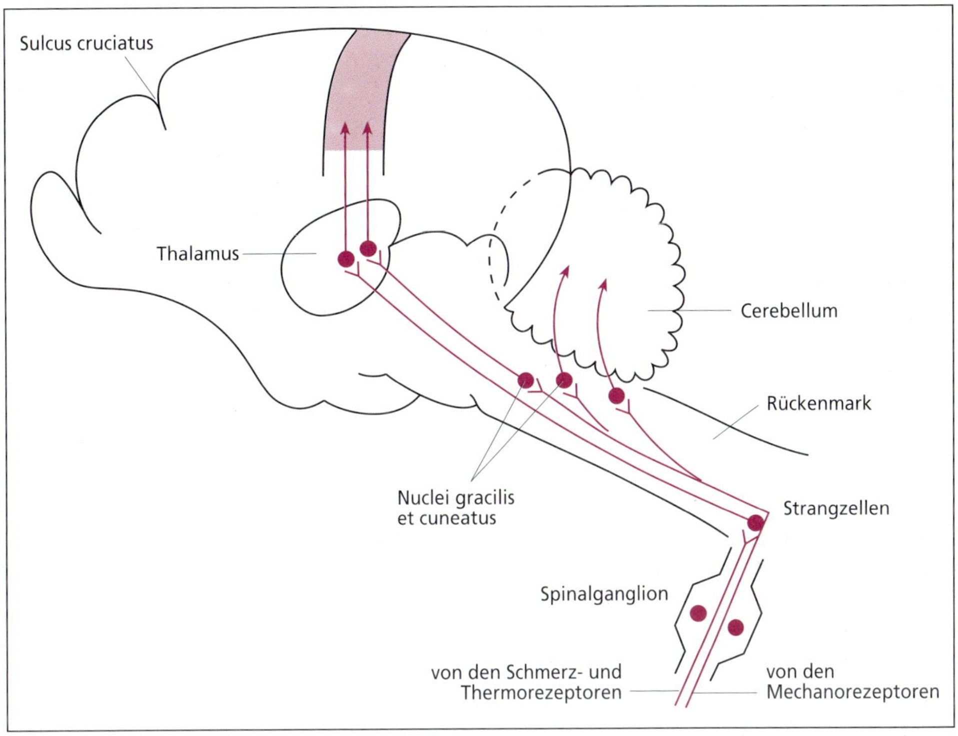

Abb. 4.6 Leitung somatovisceraler Reize zum sensorischen Cortex.

toren für die Schmerzempfindung vermittelt. Die Tiefensensibilität wird durch Muskelrezeptoren mit den Golgi-Sehnenorganen, den Muskelspindeln sowie den Gelenkrezeptoren vermittelt. Mit Hilfe dieser Rezeptoren und der zum Gehirn weitergeleiteten Impulse aus diesen hat das ZNS stets eine Information über Stellung und Lageveränderung, Kraftentwicklung und Bewegung des Körpers. Viscerale Rezeptoren sind Mechano- und Chemorezeptoren, die auf Druck oder Dehnung ansprechen. Daneben kommen auch viscerale Chemorezeptoren vor. Sie werden großenteils nicht empfunden, sondern zu vegetativen Zentren geleitet und lösen von dort Reflexe und Regulationsvorgänge aus. Ein Teil dieser visceralen Reize gelangt jedoch auch zum Bewußtsein (Füllungszustand der Blase und des Darmes), so daß die Funktionen der Blasen- und Darmentleerung, nachdem sie eingeübt sind, durchaus unter bewußter Kontrolle erfolgen können.

Von der Peripherie über Mechano- oder Thermorezeptoren bzw. Nociceptoren aufgenommene Reize gelangen über die Spinalganglien zum Rückenmark (Abb. 4.6). Dort werden Thermo- und Schmerzreize einerseits und mechanische Reize andererseits unterschiedlich behandelt. Die Bahnen von den Mechanorezeptoren werden im Dorsalstrang des Rückenmarks direkt bis zu Kernen in der Medulla oblongata geführt. Fasern aus der hinteren Körperhälfte werden im Nucleus gracilis, aus der vorderen Körperhälfte im Nucleus cuneatus auf ein zweites Neuron, das zum Thalamus geht, umgeschaltet. Von schnell leitenden Strangzellen im Rückenmark und von den Kernen in der Medulla oblongata gehen Signale zum Kleinhirn, das für die motorische Koordination eine wichtige Rolle spielt. Die thermischen und Schmerzreize werden dagegen nach Eintritt in das Rückenmark auf Strangzellen umgeschaltet, die im Tractus spinothalamicus direkt und ohne weitere Unterbrechung zum Thalamus laufen. Reize von Gehirnnerven, z.B. N. trigeminus, laufen direkt zum Thalamus.

Die Neurone der sensorischen Thalamuskerne sind jeweils für einen Rezeptortyp zuständig, und es erfolgt auch eine Gliederung nach Körperregionen, d.h., im Thalamus wird bereits ein Bild der Körperperipherie erstellt (Somatotopie).

Vom Thalamus zieht ein drittes Neuron zum sensorischen Cortex, der im Gyrus postcruciatus caudal des motorischen Rindenfeldes lokalisiert ist (Abb. 4.6). Dieser Teil des Cortex läßt gewisse Areale (Projektionsfelder) für die einzelnen Körperabschnitte erkennen. Experimentell werden sie ermittelt, indem man ein peripheres Rezeptorfeld reizt und über den Cortex das evozierte Potential ableitet. Es hat sein Maximum in dem jeweiligen Projektionsfeld. Diese Areale sind aber nicht nach der Größe der Körperareale, die in ihnen abgebildet werden, sondern nach der jeweiligen Rezeptorendichte dimensioniert. Das führt dazu, daß z.B. Gesicht, Vorderpfoten, wenn sie für den Tastsinn wichtig sind, und Zunge sehr große Projektionsfelder haben, der Rumpf aber ein relativ kleines Feld. Bei Ratten haben

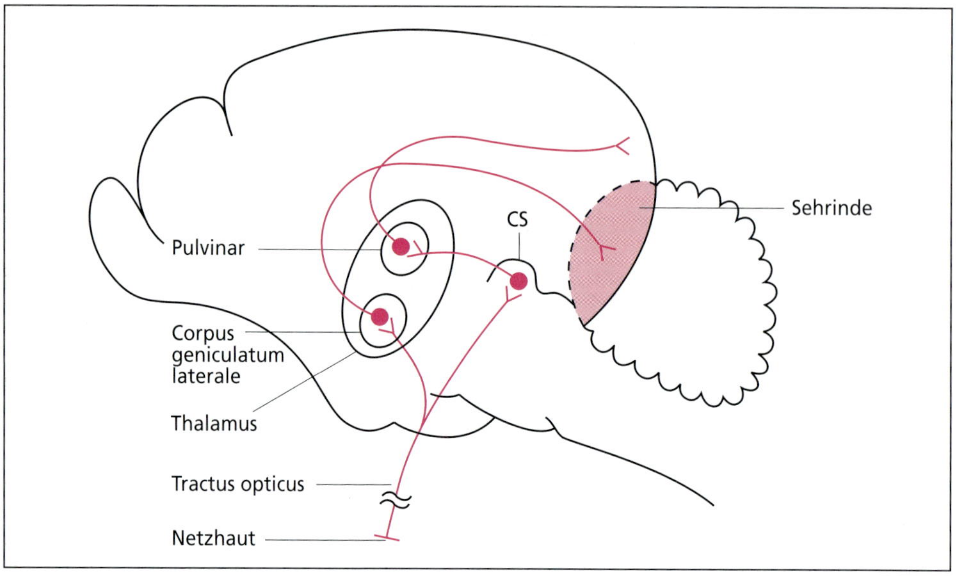

Abb. 4.7 Reizleitung im visuellen System zur Sehrinde. CS = Colliculus superior.

z.B. die Vibrissen, lange Tasthaare seitlich der Nase, die für die Orientierung von großer Bedeutung sind, ein großes Projektionsfeld; für jede einzelne Vibrisse ist ein eigenes Feld vorhanden. Beim Waschbären, der in den Vorderpfoten ein ausgeprägtes Tastvermögen, also sehr viele Rezeptoren hat, läßt sich ein relativ großes Areal mit Feldern für jede Zehe und für jeden Abschnitt des Fußballens nachweisen. In den cortikalen Projektionen für sensorische Reize finden sich naturgemäß ausgeprägte tierartliche Unterschiede, die bis jetzt aber nur für wenige Species bekannt sind.

4.2.2 Visuelles System

Die Retina ist entwicklungsgeschichtlich ein Teil des Gehirns. Um Überschneidungen zu vermeiden, wird aber die Physiologie des Auges zusammenfassend in Kapitel 5 besprochen. Die Retina enthält eine hohe Zahl von Photorezeptoren, die in besonders großer Dichte im Bereich der Area centralis striaeformis liegen. Von diesen Photorezeptoren zu den multipolaren Zellen, deren Axone den Sehnerv bilden, findet eine Konvergenz um 2-3 Größenordnungen statt, am geringsten im Bereich der Area centralis striaeformis, wo die höchste Sehschärfe lokalisiert ist. Bezüglich der Konvergenz besteht ein Unterschied zwischen tag- und nachtaktiven Tieren. Der Sehnerv (N. opticus) verläuft zum Gehirn und kreuzt im Chiasma opticum teilweise auf die andere Seite, bevor die Nervenfasern zentralwärts ziehen. Von dieser Kreuzung sind die medialen Anteile der Retina betroffen, die lateralen Anteile verlaufen ungekreuzt ipsilateral. Dies bedingt unterschiedliche Ausfälle (Skotome), je nachdem, ob eine Störung des Sehnervs (vor dem Chiasma) oder des Tractus opticus (nach dem Chiasma), der seinen Input von beiden Augen empfängt, vorliegt.

Der Tractus opticus läuft zum Corpus geniculatum laterale im Thalamus, wird dort auf ein weiteres Neuron umgeschaltet, das zur primären Sehrinde im Hinterhauptlappen des Cortex führt (Abb. 4.7). Auch die Sehrinde hat eine topische Organisation, die die räumliche Anordnung des visuellen Reizes widerspiegelt. Dies geschieht über Säulen, die beim Menschen eine Ausdehnung von etwa 1 mm^2 und eine Höhe von 2 mm haben und – da der Tractus opticus Axone von beiden Gesichtsfeldern erhält – alternierend von beiden Seiten stammen.

Außer zum Corpus geniculatum laterale senden die Tractus optici noch Axone zu extrathalamischen Strukturen, die hauptsächlich motorische Funktionen des Sehvorgangs ausüben. Über die vorderen Zweihügel wird das ruckartige, schrittweise Abtasten des Blickfeldes (Sakkaden bei Nystagmus) veranlaßt. Nach Umschaltung gelangen auch diese Fasern zum Thalamus, und zwar zum Pulvinar und von dort wieder zur Sehrinde. Diese indirekte Verbindung zur Sehrinde spielt eine Rolle für die visuelle Aufmerksamkeit und die Entdeckung von Bewegungen; sie dürfte für den Beutefang Bedeutung haben. Durch Verbindungen des Tractus opticus zur prätectalen Region wird die Pupillenweite reguliert.

4.2.3 Akustisches System

Der Hörnerv (N. cochlearis) geht von der Cochlea zu den Cochlearis-Kernen im Rautenhirn, die Somata der Nervenzellen sind im Ganglion spirale lokalisiert (Abb. 4.8). Die Fasern des Hörnervs haben an der Basilarmembran nur mit jeweils einem kleinen Bereich Kontakt, jede Nervenfaser hat zur Erre-

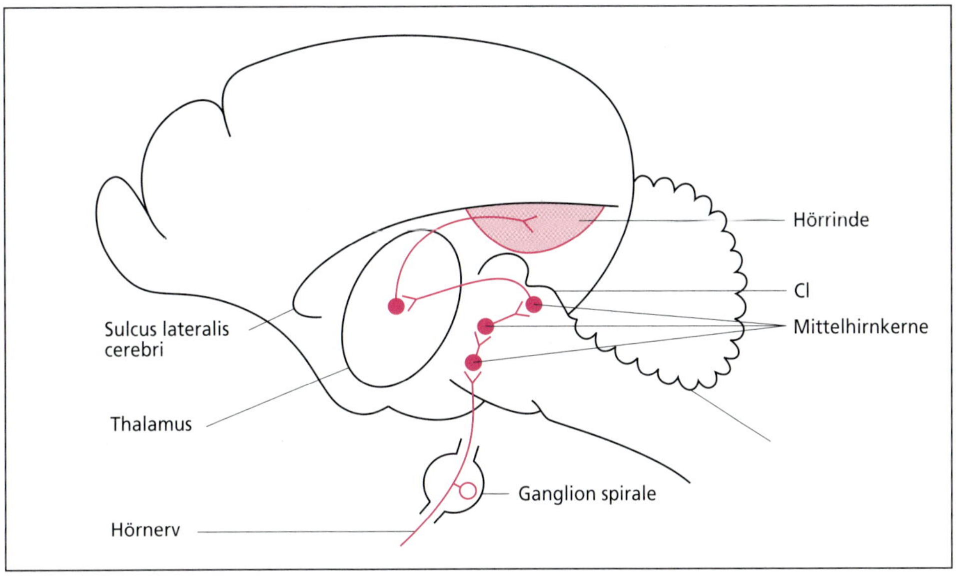

Abb. 4.8 Reizleitung im auditorischen System zur Hörrinde. CI = Colliculus inferior.

gungsauslösung damit einen charakteristischen Frequenzbereich. Diese Frequenzbereiche sind in den verschiedenen Bereichen des Nucleus cochlearis, wo die Erregung auf ein zweites Neuron umgeschaltet wird, repräsentiert, und durch laterale Hemmung findet hier eine Kontrastierung (Rauschunterdrückung) statt. Von dort wird die Erregung zu den Kernen der Olive (Nuclei dorsalis corporis trapezoidei) weitergeleitet. Die Olive empfängt Afferenzen von der kontralateralen Seite und leitet die Erregung selbst zum kontralateralen Schleifenkern weiter. Damit kann die Laufdifferenzzeit zwischen der am linken und am rechten Ohr ankommenden Schallwelle festgestellt werden und auch ein Lautstärkenvergleich erfolgen (Richtungshören). Die Erregung vom Schleifenkern wird nochmals in den hinteren Zweihügeln auf ein weiteres Neuron umgeschaltet, das zum Nucleus geniculatum mediale im Thalamus läuft. Von dort aus erfolgt die Abbildung in der primären Hörrinde, die im Schläfenlappen ventral des Sulcus lateralis cerebri liegt. Hier und in der umgebenden sekundären Hörrinde erfolgt die Analyse komplexer Schallereignisse, ein Tonvergleich, und es können beim Lauschen störende Frequenzen ausgeschaltet oder gedämpft werden.

4.2.4 Vestibulares System

Die Rezeptoren für den Gleichgewichtssinn finden sich in den Maculaorganen, die die Linearbeschleunigung vermitteln, und in den Bogengangsorganen, in denen die Rotationsbeschleunigung gemessen wird. Neurone erstrecken sich von diesen Sinnesorganen zu den Vestibularkernen, ihre Somata bilden das Ganglion vestibulare (Abb. 4.9). Diese haben sowohl Verbindungen zum ventroposterioren Kern des Thalamus (sensorische Bahn) als auch überwiegend motorische Verbindungen über die Formatio reticularis zu den oculomotorischen Kernen und absteigend über das Rückenmark zur Stützmuskulatur. Auch zum Kleinhirn, das für die Kontrolle der Körperstellung entscheidende Bedeutung hat, gehen afferente und efferente Verbindungen. Zu vegetativen Zentren des Hypothalamus besteht Verbindung, über die Nausea, Schwindel und Erbrechen ausgelöst werden (See- und Reisekrankheiten). Nach Umschaltung im Thalamus werden Erregungen im Vestibularsystem auf die Hirnrinde geleitet, und zwar in den sensorischen Cortex mit dem für somato-sensorische Reize aus dem Gesichtsbereich zuständigen Projektionsfeld. Es vermittelt bewußte Eindrücke über die Lage des Körpers.

Die umfangreiche Verschaltung der Bahn für den Gleichgewichtssinn mit motorischen Einheiten ermöglicht eine schnelle Kompensation von Beschleunigungsvorgängen des Körpers durch entsprechende Anpassung der Körperstellung.

4.2.5 Geschmacksbahnen

Die Geschmacksempfindung wird von den Geschmacksknospen der Zunge durch sensible Nerven zunächst dem Nucleus tractus solitarii in der Medulla oblongata zugeführt. Die Weiterleitung von dort zeigt tierartliche Unterschiede. Bei der Ratte führt das nächste Neuron zum Geschmackskern im Pons, und das von dort ausgehende Neuron verzweigt sich: Der eine Teil geht zu Hypothalamus und Teilen des Limbischen Systems, der andere verläuft zu ventralen Kernen im Thalamus und wird von dort durch ein weiteres Neuron dem Zungenfeld der

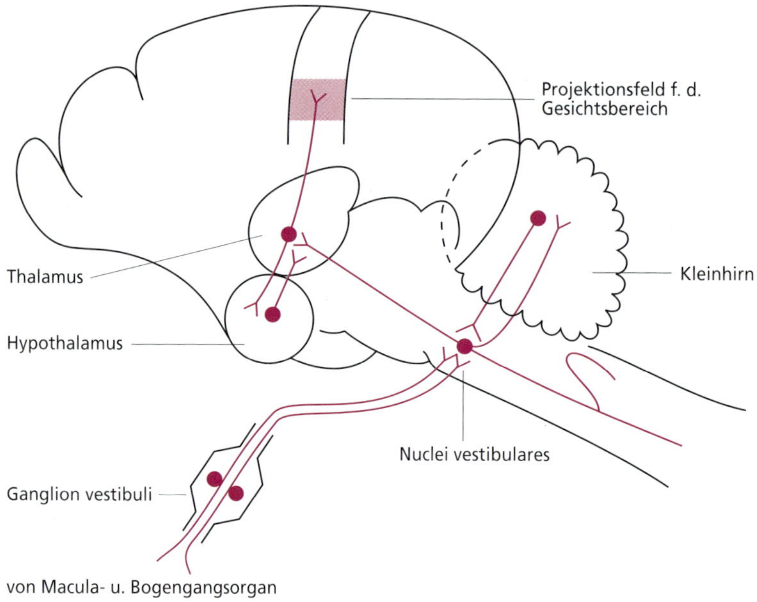

Abb. 4.9 Bahnen des Gleichgewichtssinnes.

somato-sensorischen Hirnrinde zugeführt. Hier wird die somato-viscerale Empfindung des Zungenbereichs abgebildet, d.h., es wird eine bewußte Geschmacksempfindung hergestellt. Die limbischen Projektionen des Geschmacksystems sind wahrscheinlich für affektive Geschmacksqualitäten bedeutsam und können z.B. auch für das Geschmacksgedächtnis und Geschmacksaversionen eine Rolle spielen. Bei den Primaten verlaufen die Bahnen zum pontinen Geschmackskern und zum Thalamus bereits vom Nucleus tractus solitarii aus getrennt.

4.2.6 Olfactorisches System

Die Riechzellen in der Nasenschleimhaut senden Bündel von Fasern, die Fila olfactoria, zum Bulbus olfactorius, wo diese Synapsen mit den Mitralzellen bilden. Da viele Fila zu einer Mitralzelle führen, findet eine beträchtliche Konvergenz statt. Die Aktivität der Mitralzellen wird von periglomerulären und Körnerzellen gehemmt, diese unterliegen selbst einer efferenten Hemmung. Im Gegensatz zu allen anderen sensorischen Reizqualitäten erfolgt die Weiterleitung von den Mitralzellen nicht zum Thalamus und weiter zum Cortex, sondern in verschiedene Areale des Limbischen Systems, wie dem Tuberculum olfactorium, der Area praepiriformis und den Nuclei amygdalae (Abb. 4.10). Auch zum Hypothalamus und zur Formatio reticularis bestehen Verbindungen. Erst nach Umschaltung in diesen Gebieten gehen Axone zu Thalamus und Cortex. Die Sonderstellung, die das olfactorische System mit seiner direkten Verbindung zum limbischen System gegenüber allen anderen sensorischen Systemen einnimmt, läßt sich vielleicht durch das phylogenetische Alter des Riechsystems erklären. Dieses relativ einfache System war sehr wahrscheinlich das erste, mit dem Lebewesen eine Orientierung in der Umwelt möglich war. Die starke Verbindung zum limbischen System und zum Hypothalamus ist auch durch die Rolle, die Geruchsreize für die Sexualfunktion spielen, erklärlich.

> Sensorische Reize (außer olfactorischen) werden nach Umschaltung im Thalamus spezifischen Projektionsfeldern im Cortex zugeleitet.

4.2.7 „Unspezifisches“ afferentes (reticuläres) System

Die bisher besprochenen sensorischen Afferenzen werden auch als „spezifisch“ bezeichnet, weil sie reizspezifische und topographisch zugeordnete Bahnen zu Projektionsfeldern im Cortex darstellen. Daneben besteht noch ein „unspezifisches“ afferentes System, das über die Formatio reticularis zum Thalamus und weiter zur Großhirnrinde führt. Der Formatio reticularis gehen von allen sensorischen „spezifischen“ Bahnen Informationen zu, die sie über den Thalamus diffus zu allen Teilen der Großhirnrinde leitet. Diese Informationen sind von den einzelnen sensorischen Reizqualitäten (z.B. Licht, Schall, Schmerz) weitgehend unabhängig, sie vermitteln aber affektiv-emotionale Reize und können auf diese Weise die Aktivität der verschiedenen Areale des Cortex modulieren. Damit ergeben sich Auswirkungen auf Bewußtsein, Affekte und auch

Abb. 4.10 Bahnen des olfactorischen Systems.

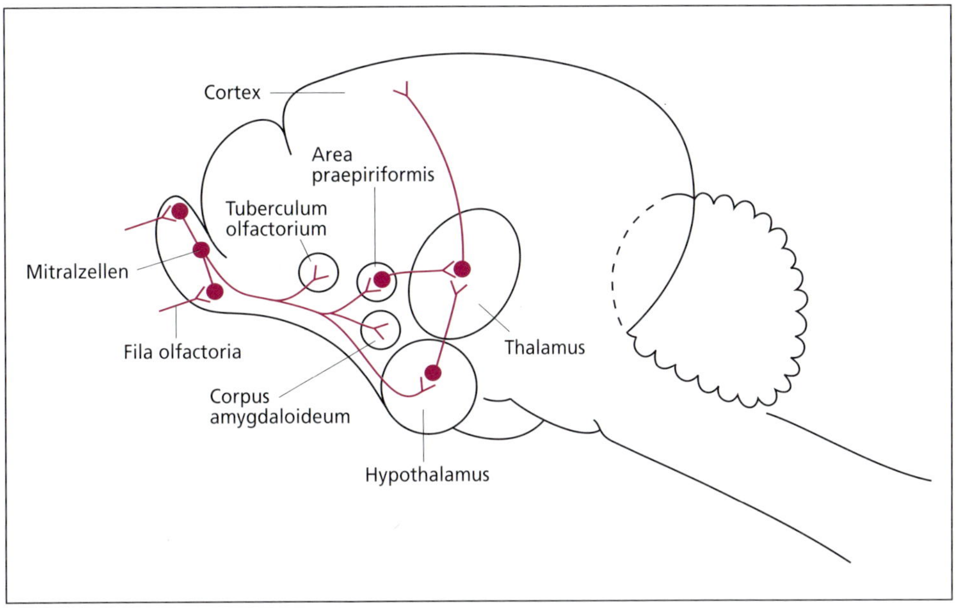

vegetative Funktionen. Das unspezifische System kann die Aufmerksamkeit auf bestimmte assoziative Prozesse lenken. Durch Arzneimittel, die an der Formatio reticularis angreifen, wie z.B. die Neuroleptica, wird diese Aufmerksamkeit weitgehend gedämpft, daher ihr Einsatz zur Sedation und Prämedikation bei der Narkose.

Das unspezifische afferente (reticuläre) System kann, nach Umschaltung im Thalamus, die Aktivität des Cortex modulieren.

4.2.8 Efferente Kontrolle sensorischer Afferenzen

Sensorische Afferenzen können auf ihrer gesamten Laufstrecke, vom Rezeptor bis zum Thalamus, durch Efferenzen vom Cortex beeinflußt werden. Dazu gehören die Regulation der Pupillenweite, die Dämpfung der Schallinformation durch Änderung der Muskelspannung an Trommelfell und Steigbügelplatte und Änderungen der Vorspannung der Muskulatur auf der Ebene der Rezeptoren, aber auch Beeinflussungen der synaptischen Überleitung im 2. und 3. Neuron im ZNS. Diese Efferenzen wirken im Sinn einer Bahnung oder Hemmung, und durch sie ist eine Änderung der Reaktionsbereitschaft, d.h. eine „Fokussierung" auf wesentliche Informationen bei gleichzeitiger partieller Unterdrückung der anderen Afferenzen, möglich.

Die efferente Kontrolle sensorischer Afferenzen bewirkt eine Fokussierung auf wesentliche Informationen, indem andere Afferenzen partiell unterdrückt werden.

4.2.9 Sensorische Assoziationsfelder

In unmittelbarer Nachbarschaft zu den sensorischen Projektionsfeldern, in denen die primären Informationen von sensorischen Afferenzen abgebildet werden, verfügt das Gehirn noch über sog. Assoziationsfelder, die es dem Organismus ermöglichen, die Bedeutung der Information von den Sinnesorganen zu erkennen. Die Lage dieser Assoziationsfelder ist in Abb. 4.11 angegeben, aus der auch hervorgeht, daß diese Felder in intensiver Wechselwirkung mit dem Thalamus stehen. Die Funktion dieser Felder besteht z.B. im Erkennen von Gestalten aus optischen Informationen sowie im Erkennen von Artgenossen und Bezugspersonen aufgrund akustischer Informationen. Dabei ist auch das „unspezifische" (reticuläre) System beteiligt. Das somato-sensorische Assoziationsfeld ermöglicht eine „Interpretation" der eingehenden Schmerz- und Berührungsreize, und von ihm können sinnvolle Abwehrreaktionen eingeleitet, d.h. an motorische Zentren weitergegeben werden. Ein Ausfall dieser Assoziationsfelder ist z.B. mit dem Krankheitsbild der Seelenblindheit verbunden, in dem eine optische Information zwar als solche in die Sehrinde projiziert wird, aber keinerlei Erkennung dieser Struktur mehr möglich ist (optische Agnosie). Entsprechend können bei Ausfall des somato-visceralen Assoziationsfeldes Gegenstände durch Betasten nicht mehr erkannt werden (Stereoagnosie).

Sensorische Assoziationsfelder bewirken eine Interpretation der eingehenden sensorischen Reize.

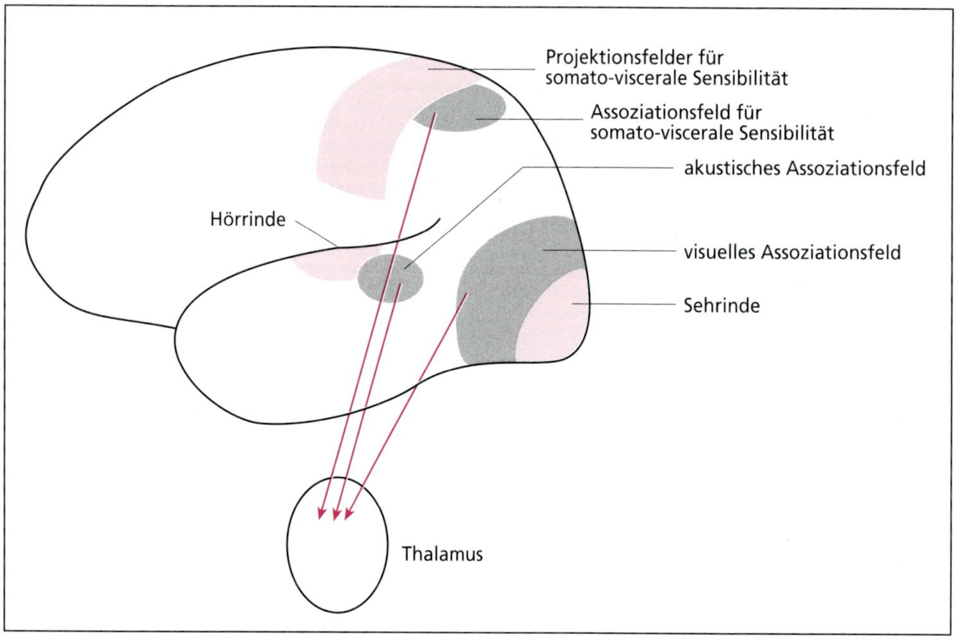

Abb. 4.11 Assoziationsfelder des Cortex.

4.3 Motorische Funktionen des ZNS

Auf die im vorigen Abschnitt besprochenen sensorischen Einflüsse ist vielfach eine sinnvolle motorische Reaktion erforderlich, um dem Organismus eine zielgerichtete Interaktion mit der Umwelt zu ermöglichen. Diese motorischen Reaktionen werden teils – unbewußt – auf der Ebene des Rückenmarks, teils unter Beteiligung motorischer Zentren im Gehirn – bewußt – ausgeführt, und zwar über eine Beeinflussung der Skelettmuskulatur. Man unterscheidet dabei eine **Stütz- oder Haltemotorik** und eine **Zielmotorik.** Die erstere dient der Einhaltung gewisser Körperhaltungen über längere Zeit, z.B. Stehen oder Liegen mit erhobenem Kopf. Sie erfolgt im wesentlichen unbewußt durch Regelvorgänge, die lokal (segmental) durch efferente Motoneurone und afferente Nerven von Rezeptoren in der Muskulatur (intrafusales System) oder in den Sehnen bewirkt werden. Eine Beeinflussung durch höhere Zentren ist möglich, aber im allgemeinen nicht erforderlich. Demgegenüber steht die Zielmotorik, die von motorischen Zentren aus bestimmte Bewegungsabläufe bewirkt und regelt.

Reflexe. Motorische Reaktionen, die unbewußt auf der Ebene des Rückenmarks ablaufen, werden als Reflexe bezeichnet. Sie kommen über einen Reflexbogen zustande, der aus einem Rezeptor, einem afferenten Nerven, mindestens einer Schaltstelle (Interneuron) im Rückenmark und einer afferenten Bahn zum Muskel (Effektor) besteht. Man unterscheidet mono- und polysynaptische Reflexe, je nach dem, ob ein oder mehrere Interneurone beteiligt sind.

Beim **monosynaptischen Reflex** mit nur einem Schaltneuron (z.B. Patellarreflex) ist die Reflexzeit mit etwa 20 ms sehr kurz. Er wird, da Reiz und Reizantwort am selben Organ erfolgen, auch als propriozeptiver Reflex oder Eigenreflex bezeichnet. Zu komplexen Reaktionen führen **polysynaptische Reflexe**, die durch mehr oder weniger zahlreichen Interneurone auf mehrere Muskelgruppen ausstrahlen können, z.B. Wegziehreflex auf mechanische, thermische oder nociceptive Reizung. Die Reflexzeit ist länger als beim monosynaptischen Reflex. Da Rezeptor und Reizantwort räumlich weit getrennt liegen können, spricht man auch von fremd- oder exterozeptiven Reflexen.

Reflexe sind motorische Reaktionen, die unbewußt auf der Ebene des Rückenmarks ablaufen.

Im Gegensatz zu diesen unbedingten Reflexen müssen **bedingte Reflexe** erlernt werden. Eine zunächst bewußt im Cortex geplante Reaktion wird, wenn sie oft wiederholt wird, schließlich automatisch – unbewußt auf den auslösenden Reiz – ausgeführt. Der auslösende Reiz kann dabei ein akustisches oder optisches Signal sein, z.B. bei der Dressur. Bedingte Reflexe haben als Effektoren oft vegetative Organe: Ein mit der Fütterung verbundenes akustisches Signal kann schließlich Magensaftsekretion auslösen, selbst wenn kein Futter angeboten wird (Pawlow-Versuch).

Bedingte Reflexe müssen erlernt werden (Cortex) und laufen später automatisch auf den auslösenden (bedingenden) Reiz ab.

4.3.1 Stütz- und Haltemotorik

Die Muskelzellen werden von Motoneuronen, die in der grauen Substanz der Ventralhörner des Rückenmarks liegen, und deren Axone durch die Ventralwurzeln aus diesem austreten und als motorischer Nerv zur Muskulatur ziehen, innerviert. Ihre Aktivität wird von Afferenzen, die von den Sehnenrezeptoren und vom intrafusalen Spindelapparat kommen, kontrolliert. Die Somata dieser Nervenzellen liegen im Spinalganglion und treten über die Dorsalwurzeln ins Rückenmark ein, wo sie synaptische Verbindungen mit den Motoneuronen bilden. Es besteht also ein **monosynaptischer axonaler Reflex** (**Eigenreflex** oder **propriozeptiver Reflex**).

Die **spinale Regelung** der Stützmotorik ist in Abb. 4.12 schematisch dargestellt. Die Arbeitsmuskulatur (extrafusale Fasern) wird durch α-Motoneurone, deren Axone eine hohe Leitgeschwindigkeit (70-120 m/s) haben, zur Kontraktion gebracht. Dabei werden die Sehnenorgane gedehnt; afferente sensorische Nerven können von diesen einen inhibitorischen Einfluß auf die α-Motoneurone ausüben und damit deren Wirkung auf die Muskulatur abschwächen. Im gleichen Sinn wirkt ein Kollateralsystem, indem eine Abzweigung der Axone des Motoneurons erregend auf ein Zwischenneuron, die **Renshaw-Zelle** einwirkt; das Axon dieser Renshaw-Zelle wirkt wieder hemmend auf das Motoneuron (Rückwärtshemmung). Die Muskelspindel (der intrafusale Apparat, Kap. 7.1.5 und Abb. 7.15) wird durch ein zweites Motoneuron, dessen Axon eine geringere Leitungsgeschwindigkeit (15-30 m/s) aufweist (γ-Motoneuron), innerviert. Diese γ-Motoneurone werden auch als fusimotorisch bezeichnet und sind für die Einstellung eines Sollwertes für die Muskellänge verantwortlich. Von den Muskelspindeln verläuft eine afferente Bahn direkt zu den α-Motoneuronen. Eine Dehnung der Muskelspindeln führt zu erhöhter Aktivität dieser Bahn und wirkt stimulierend auf die α-Motoneurone, die damit die Muskelzelle wieder auf den Sollwert verkürzen. Über Zwischenneurone nimmt die Afferenz von den Muskelspindeln auch eine inhibitorische Verbindung zu den γ-Motoneuronen ein und hindert diese an einer Verstellung des Sollwertes. Die Muskellänge stellt sich nach einer einmaligen Dehnung oder Kontraktion mit Hilfe dieser Regelkreise im Sinne einer gedämpften Schwingung wieder auf die ursprüngliche Länge ein: Nach einer Kontraktion kommt es zunächst durch Hemmung des α-Motoneurons über das Sehnenorgan zu einer Erschlaffung der Muskelzelle, der wieder durch verstärkte Afferenzen im fusalen System eine Erregung des α-Motoneurons und eine (schwächere) Kontraktion folgen, bis nach einigen Schwingungen der Ausgangszustand erreicht ist.

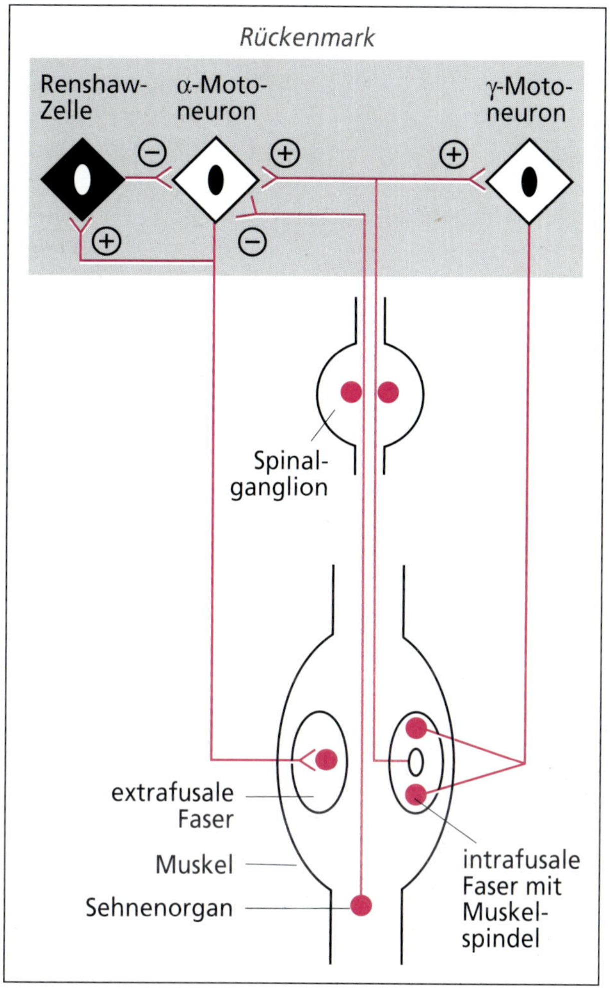

Abb. 4.12 Regelung der Stützmotorik auf Rückenmarkebene. + Erregung, – Hemmung (modifiziert nach Speckmann, 1991).

Eine Beeinflussung des Sollwertes bzw. eine Anpassung an Änderungen der Körperhaltung ist von übergeordneten **cerebralen Zentren** bewußt oder unbewußt möglich. So werden Änderungen der Stellung von Kopf und Hals über die Vestibularkerne und die Formatio reticularis ans Rückenmark weitergeleitet und von der motorischen Hirnrinde unter Beteiligung von Kleinhirn und Basalganglien ebenfalls Einflüsse auf die Stützmotorik ausgeübt. Diese Einflüsse von Cortex und Basalganglien verlaufen über den Nucleus ruber und die Pyramidenbahn.

Die Stützmotorik hat z.B. bei Pferden und Vögeln, die im Stehen schlafen können, eine große Bedeutung.

Die Stütz- und Haltemotorik kontrolliert die tonische Aktivität der Muskulatur.

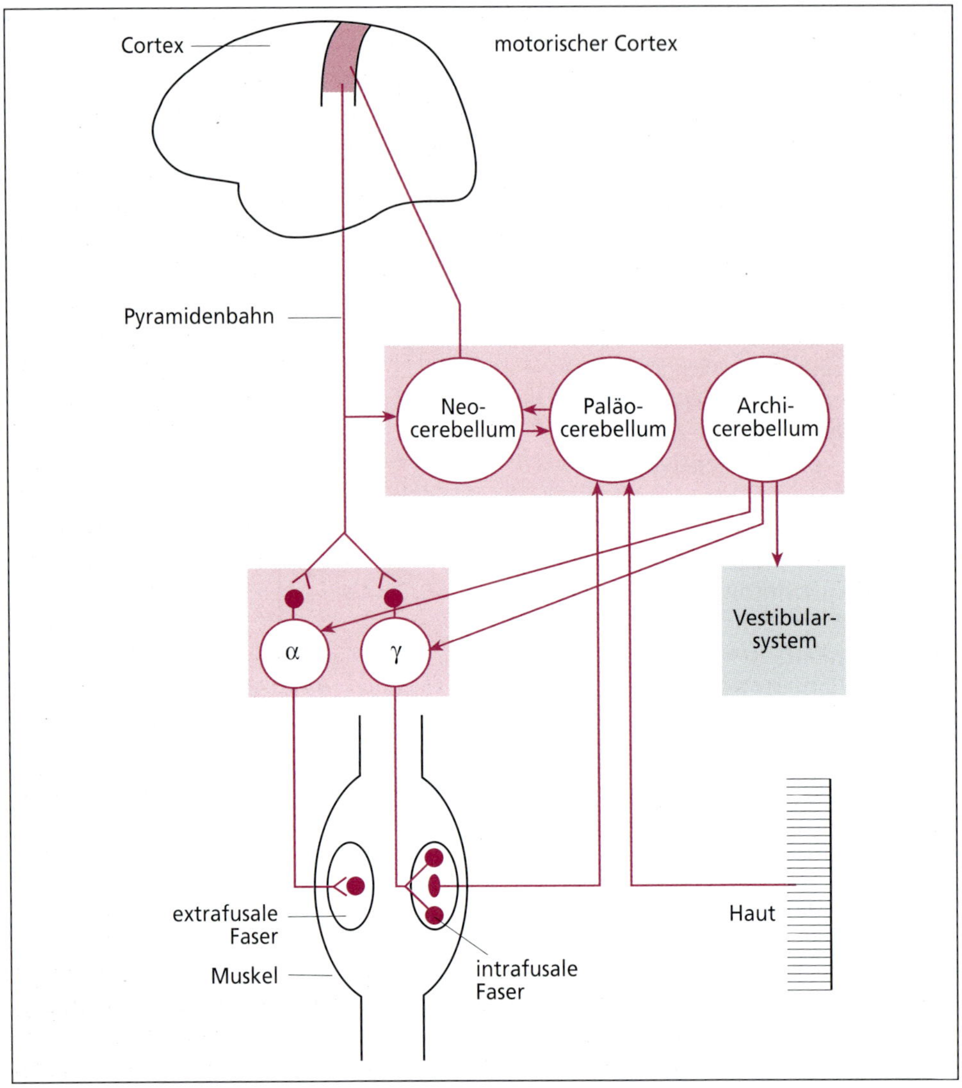

Abb. 4.13 Verschaltung von pyramidalem und extrapyramidalem System für die Zielmotorik. Bei Mensch und Primaten geht die Pyramidenbahn ohne Einschaltung von Zwischenneuronen direkt zu den Motoneuronen (modifiziert nach Speckmann, 1991).

4.3.2 Zielmotorik

Während die Stützmotorik vorwiegend eine statische Einstellung und Aufrechterhaltung des Muskeltonus ermöglicht, werden über die Zielmotorik komplizierte (dynamische) Bewegungsabläufe in Gang gesetzt. Zielmotorik spielt sich partiell als polysynaptischer Rückenmarkreflex auf dem untersten Niveau der motorischen Hierarchie ab, partiell handelt es sich aber auch um im Cortex geplante Bewegungsabläufe, die also bewußt ablaufen. Für solche bewußten Bewegungsabläufe kann aber, wenn sie wiederholt ausgeführt werden, langsam eine Automatisierung eintreten, die auf einen initialen Reiz jeweils in Gang gesetzt wird (bedingter Reflex).

Zunächst sollen die Vorgänge auf der **Ebene des Rückenmarks** besprochen werden. Im Gegensatz zu den monosynaptischen Eigenreflexen sind bei den Reflexen der Zielmotorik Rezeptor und Effektor räumlich voneinander getrennt, diese Reflexe werden meist von Mechano-, Thermo- oder Schmerzrezeptoren der Haut ausgelöst. Man spricht deshalb von **Fremdreflexen** oder **exterozeptiven Reflexen**. Diese Reflexe verlaufen vom Rezeptor in einem sensiblen Nerven über das Spinalganglion zum Rückenmark, jedoch nicht direkt zu den jeweiligen Motoneuronen, sondern über mehr oder weniger zahlreiche Interneuronen. Erst von diesen werden sie auf α- und γ-Motoneurone weitergeleitet, welche die innervierte Muskulatur gleichsinnig beeinflussen, also eine Kontraktion auslösen.

Über die γ-Motoneurone kommt es zur Kontraktion mit primärer Dehnung der intrafusalen Rezeptorareale. Das Ergebnis ist eine gesteigerte Afferenz von den Muskelspindeln, die die α-Motoneurone zusätzlich erregt (4.3.1).

Fremdreflexe haben eine längere Dauer als Eigenreflexe. Dies hängt mit der Eigenschaft der Interneurone zusammen, Erregungen für einen gewissen

Zeitraum speichern zu können und damit zu einer wiederholten Aktivierung der Motoneurone zu führen. Die Ausdehnung solcher Fremdreflexe ist von der Stärke des afferenten Reizes abhängig. Bei geringer Intensität wird u.U. nur eine Erhöhung des Muskeltonus erreicht, bei höherer Intensität kommt es zu einem segmentalen Reflexablauf, z.B. Beugung eines Gelenkes als Teil eines Schutz-(Wegzieh-) reflexes. Bei noch höherer Intensität werden mehrere Segmente erfaßt, und es erfolgt eine Überleitung auf die kontralaterale Seite. Diese wird immer gegensinnnig beeinflußt, bei einer Beugung der ipsilateralen Seite kommt es zur Streckung der kontralateralen Seite.

Geplante Bewegungen nehmen ihren Ursprung an nicht näher bekannten Strukturen des Cortex und werden von dort zum **motorischen Cortex** geleitet. Diese höchste Stufe der motorischen Hierarchie gestattet komplizierte Bewegungsabläufe. Der motorische Cortex weist ebenso wie der sensorische Cortex eine Somatotopie auf, es finden sich Felder, die für die Motorik von Beinen, Rumpf, Kopfmuskulatur und Zunge, um nur einige Beispiele zu nennen, verantwortlich sind. Von diesen Feldern geht bei Mensch und Primaten die Pyramidenbahn ab, die direkt bis zu den für die Feinmotorik zuständigen Motoneuronen verläuft, also monosynaptisch ist. Für gröbere Bewegungen sind Interneurone zwischen die Axone der Pyramidenbahn und Motoneurone eingeschaltet. Die Pyramidenbahn verläuft gekreuzt, Impulse von einer Hirnseite werden damit zur kontralateralen Seite verlaufen. Das erklärt, daß bei Schlaganfällen des Menschen auf einer Hirnseite die peripheren Lähmungen und Ausfallserscheinungen auf der gegenüberliegenden Körperseite auftreten. Der Verlauf der Pyramidenbahn ist aber nicht bei allen Species gleich. Bei niederen Säugetieren reicht der corticospinale Trakt, über den die Pyramidenbahn verläuft, lediglich zum Anfang des Rückenmarks; bei höheren Säugetieren, wie der Katze, erreicht die Pyramidenbahn zwar große Teil des Rückenmarks, eine monosynaptische Verschaltung mit den Motoneuronen findet aber nicht statt. Es sind immer Zwischenneurone eingeschaltet. Deshalb hat eine Verletzung von Hirnarealen beim Tier auch eine bessere Prognose als bei Mensch und Primaten, da sich die Funktion über Verbindungen der Interneurone besser wiederherstellen läßt als bei Ausfall der monosynaptischen Verbindung via Pyramidenbahn.

Die Ausführung komplizierter und sinnvoller Bewegungsabläufe, z.B. Flucht, Sprung, erfordert jeweils eine komplette Information über die aktuelle Situation, d.h. ein Bild des jeweiligen Kontraktionszustandes der Muskeln und der Lage des Organismus und seiner Teile im Raum. Dazu dient das **extrapyramidale System**, das eine Koordination der Ebenen der motorischen Hierarchie ermöglicht (Abb. 4.13). Eine wesentliche Rolle in diesem System spielt das Cerebellum.

Dem Paläocerebellum (Spinocerebellum) fließen Informationen von den sensorischen Rezeptoren, z.B. der Haut, und vom fusalen System der Muskulatur zu, Efferenzen laufen zu den Motoneuronen. Es tauscht Informationen mit dem Neocerebellum (Cerebrocerebellum) aus, welches weitere Afferenzen von der Pyramidenbahn erhält. Zum motorischen Cortex besteht eine afferente Verbindung. Das Archicerebellum (Vestibulocerebellum) schließlich erhält Informationen vom vestibulären System und sendet Efferenzen zu den Motoneuronen. Es kann auf diese Weise Bewegungsabläufe korrigieren.

Wie eingangs erwähnt, können häufig wiederkehrende Bewegungsabläufe schließlich zu bedingten Reflexen werden, d.h., sie laufen quasi automatisch ab, wenn eine Trigger-Information eingegangen ist. Es muß also zu einer Bildung eines motorischen Gedächtnisses kommen, über dessen morphologisches Substrat noch nichts bekannt ist.

Über die Zielmotorik werden komplizierte Bewegungsvorgänge initiiert und kontrolliert.

4.3.3 Motorische Assoziationsfelder

Wie im sensorischen System finden sich im Cortex auch für das motorische System Assoziationsfelder, die allerdings weniger scharf begrenzt sind. Sie liegen vor dem motorischen Cortex. Hier werden Bewegungen zu komplexen Handlungen koordiniert. Reize, die z.B. von der Sehrinde über das visuelle Assoziationszentraum oder von der Hörrinde über das auditorische Assoziationszentrum einlaufen, werden im motorischen Assoziationszentrum zu motorischen Handlungen umgesetzt, sei es zum Beutefang, zur Flucht oder zur Vokalisation. Dann werden sie an die entsprechenden motorischen Rindenfelder weitergeleitet, die über das pyramidale und extrapyramidale System Bewegungen initiieren.

4.4 Zentrale Organisation des vegetativen Nervensystems

Die Organsysteme des Körpers, wie Herz-Kreislauf-System, Magen-Darm-Kanal, Urogenitalsystem und Drüsen werden von autonomen oder vegetativen Nerven (Kap. 6) innerviert, und ihre Funktion wird über diese Nerven reguliert. Wie im motorischen System haben wir auch hier eine **hierarchische Gliederung.** Diese wirkt teilweise peripher auf der Ebene der Organe; so zeigt ein isolierter Darm, der also vollständig deafferenziert ist, noch rhythmische Kontraktionen der Längs- und Ringmuskulatur, die durch ein intramurales Nervengeflecht, das enterische Nervensystem, aufrechterhalten werden (Kap. 15.2). Auch ein isoliertes Herz schlägt weiter. Die nächst höhere Stufe bilden Rückenmarkreflexe, die Reize von Haut- und Eingeweiderezeptoren aufnehmen und vegetative Effektoren, u.U. auch Skelettmuskeln beeinflussen. Diese Reflexe unterliegen potentiell dem Einfluß von Zentren in Medulla oblongata und Mittelhirn, eine Kontrollfunktion wird durch Kerne des Hypothalamus ausgeübt. Während vegetative Reflexe bis zu diesem Niveau im wesentlichen unbewußt ablaufen, können sie, bei Einschaltung des Cortex, auch bewußt ablaufen und bewußt kontrolliert werden. Miktions- und Defaekationsreflexe, die beim Neugeborenen unbewußt ablaufen, werden später beim Menschen und teilweise auch bei Tieren, unter bewußte Kontrolle des Cortex gestellt.

4.4.1 Vegetative Rückenmarkreflexe

Herz-Kreislauf-System, glatte Muskulatur und Drüsen unterliegen einer vegetativen Innervation durch Sympathicus und Parasympathicus. Die aus dem Rückenmark austretenden Nerven des vegetativen Systems werden in der Peripherie noch einmal in Ganglien umgeschaltet. Wir unterscheiden demnach prä- und postganglionäre Nerven. Dabei liegen die Ganglien des Sympathicus entweder rückenmarknah im Grenzstrang oder in sog. prävertebralen Ganglien, z.B. im Ganglion mesentericum craniale und caudale (Abb. 6.1), in jedem Fall aber in einiger Entfernung von den Effektororganen. Die parasympathischen Ganglien sind dagegen in unmittelbarer Nähe der Effektororgane. Der Überträgerstoff in autonomen Ganglien ist für die sympathische und parasympathische Übertragung Acetylcholin.

Die Rückenmarkreflexe des vegetativen Nervensystem lassen eine große Ähnlichkeit zu den polysynaptischen Reflexen, die zwischen sensorischen Nerven und motorischen Nerven zur Skelettmuskulatur ablaufen, erkennen. Erregungen von Rezeptoren der vegetativ innervierten Organe laufen über vegetative Nerven, die einmal im Dorsalhorn des Rückenmarks zu Interneuronen umgeschaltet werden. Sie können über diese Interneurone zu vegetativen efferenten Nervenzellen weitergeleitet werden, die das Ursprungsorgan des Reflexes oder ein anderes Organ sympathisch oder parasympathisch beeinflussen. Vegetative Afferenzen führen über Zwischenneurone zu somatischen Motoneuronen, die Abwehrreaktionen auf intestinale Reize auslösen können (z.B. Erhöhung der Bauchdeckenspannung auf intestinale Afferenzen). Der ins Rückenmark eintretende Reiz kann schließlich eine monosynaptische Verbindung zu einem Neuron vermitteln, über das viscerale Schmerzen durch aufsteigende Bahnen des Rückenmarks letztlich zum Cortex weitergeleitet werden. Damit wird die viszerale Empfindung bewußt. Die sensorischen Reize von inneren Organen werden auch auf segmentale Hautareale (**Headschen Zonen**) projiziert, Hautzonen, die für bestimmte innere Organe spezifisch sind und für die Diagnostik Bedeutung haben können. So wird z.B. bei der Angina pectoris des Menschen der Schmerz zum linken Arm projiziert. Das erklärt sich daraus, daß Organ und Hautabschnitt zum selben ursprünglichen Rückenmarksegment gehören, aber in der Ontogenese weit auseinandergerückt sind. Umgekehrt ist über die Headschen Zonen auch eine therapeutische Beeinflussung innerer Organe, z.B. durch Hautreizmittel, möglich. Diese Möglichkeiten fanden früher in Veterinärmedizin und Medizin breite Anwendung (Prießnitz-Umschläge, Senfpackungen).

Vegetative Reflexe können an peripheren Organen (z.B. Darm) ablaufen, aber auch als Rückenmarksreflexe, die einem Einfluß durch vegetative Zentren in Medulla oblongata und Mittelhirn unterliegen können.

4.4.2 Zentrale Anteile des Parasympathicus

Neurone des zentralen Parasympathicus finden sich in Kernen des Hirnstammes (**bulbärer Parasympathicus**) und im Kreuzmark (**sacraler Parasympathicus**).

Im verlängerten Mark, Hinterhirn und im Mittelhirn befinden sich die Kerne für den N. vagus (X.Gehirnnerv). Auch im III., VII. und IX. Gehirnnerven laufen parasympathische Fasern, die Auge, Tränendrüsen und Speicheldrüsen innervieren. Der N. vagus versorgt praktisch alle Organe des Thorax und Bauchraumes parasympathisch. Lediglich Enddarm, Blase und Genitalorgane unterliegen der parasympathischen Kontrolle vom Sacralmark aus (Abb. 6.1). Im Vagus verlaufen auch Afferenzen, z.B. die Lungendehnungsreflexe. Der Bezold-Jarisch-Reflex ist ein „vagovagaler" Reflex. Der Vaguskern hat Verbindungen zu den Kreislaufzentren und zum Atemzentrum. Der **Hypothalamus** ist das übergeordnete Zentrum, das wiederum Afferenzen vom Limbischen System und vom Cortex erhält. Die

Funktion einiger dieser Zentren wird in Abschnitt 4.4.4 näher besprochen.

> Kerne des Hypothalamus üben eine Kontrollfunktion auf die zentralen Anteile des Parasympathicus und Sympathicus aus.

Durch den **sacralen Parasympathicus** werden, wie bereits erwähnt, Blase, Enddarm und Genitalorgane innerviert. Auch diese Funktionen stehen unter der Kontrolle des Hypothalamus, der Afferenzen vom Limbischen System und vom Cortex erhält. Die Funktionen des sacralen Parasympathicus werden, jedenfalls beim erwachsenen Organismus, unter bewußter Kontrolle ausgeführt.

Nach Umschaltung auf postganglionäre Fasern in der Peripherie, deren Überträgerstoff Acetylcholin ist, bewirkt eine Erregung des Parasympathicus am Auge Miosis, an den Drüsen Sekretion, am Herzen wirkt sie inhibitorisch, in den Luftwegen und an glattmuskulären Hohlorganen konstriktorisch. Die Blase wird im Sinn einer Entleerung beeinflußt; beim männlichen Tier bewirkt der sacrale Parasympathicus eine Erektion. Auf Einzelheiten wird im Kapitel 6 eingegangen.

4.4.3 Zentrale Anteile des Sympathicus

Der Sympathicus nimmt seinen Ursprung aus Neuronen, die lateral in der grauen Substanz des Brust- und Lendenmarks gelegen sind. Diese präganglionären Neurone sind über die Rami communicantes mit dem Grenzstrang verbunden, in dem sie teilweise auf postganglionäre Neurone umgeschaltet werden. Durch diese postganglionären sympathischen Nerven werden vor allem die Organe des Vorderkörpers (Auge, Speicheldrüsen, Herz und Bronchien) versorgt. Organe des Hinterkörpers (Magen-Darm-Kanal, Leber, Pankreas, Harnblase und Uterus) werden durch präganglionäre Neurone, deren Axone den Grenzstrang passieren und erst in den prävertebralen Ganglien (Ganglion coeliacum, Ganglion mesentericum craniale und caudale) auf postganglionäre Neurone umgeschaltet werden, versorgt (Abb. 6.1). Die Blutgefäße erhalten ihre sympathische Innervation von den jeweiligen Rückenmarksegmenten (mit Ausnahme der Halssegmente). Das Nebennierenmark wird direkt von einem präganglionären (cholinergen!) Nerven erreicht, der hier ein tierartlich unterschiedliches Gemisch von Adrenalin und Noradrenalin in den Kreislauf freisetzt. Das Nebennierenmark kann also als sympathisches Ganglion betrachtet werden.

Die sympathische Innervation, deren postganglionärer Transmitter Noradrenalin ist, beeinflußt die Organfunktionen im wesentlichen antagonistisch zum Parasympathicus: Am Auge kommt es zur Mydriasis, das Herz wird erregt, die Bronchien werden dilatiert, der Darm relaxiert, und an der Blase kommt es zur Kontraktion des M. sphincter vesicae, ein Sympathicusreiz wirkt hier also im Sinne einer Harnverhaltung. Rein sympathisch innerviert sind die Blutgefäße und das dritte Augenlid, das deshalb, und weil das Ganglion cervicale craniale, über das es versorgt wird, gut zugänglich ist, zur Untersuchung prä- und postganglionärer Wirkungen im Sympathicus gut geeignet ist. Auf Einzelheiten wird in Kapitel 6 eingegangen.

Auch der Sympathicus unterliegt einer Kontrolle aus höheren Zentren des ZNS, die besonders im Hypothalamus und in den Kreislaufzentren liegen und ihrerseits wieder vom Limbischen System und vom Cortex beeinflußt werden können. So kann das sensorische Erkennen einer Gefahr neben der motorischen Reaktion z.B. auch eine Tachykardie und Umverteilung der Durchblutung (Vasodilatation) in den Gefäßen von Herz und Muskulatur auslösen.

4.4.4 Für die Regulation vegetativer Funktionen wichtige Zentren

Im folgenden sollen einige Zentren besprochen werden, die für die Aufrechterhaltung vitaler Funktionen von Bedeutung sind und enge Verbindungen zum vegetativen Nervensystem haben. Dabei wird klar, daß zwischen verschiedenen Zentren des Stammhirns eine intensive Rückkopplung besteht und diese Zentren deshalb nicht als isolierte Einheiten betrachtet werden können.

4.4.4.1 Atemzentrum

Das Atemzentrum besteht aus zwei, teilweise räumlich getrennten Gruppen von Neuronen in der Medulla oblongata. Die eine dieser Gruppen wirkt inspiratorisch, die andere exspiratorisch. Auf eine Erregung der inspiratorischen Neurone erfolgt gleichzeitig eine Hemmung der exspiratorischen Gruppe von Neuronen. Mit zunehmender Inflation der Lungen nehmen Potentiale der Lungendehnungsrezeptoren, die im N. vagus zum inspiratorischen Zentrum laufen, zu, es kommt zur Hemmung der inspiratorischen Neurone, und damit fällt die Hemmung der exspiratorischen Neurone weg: Es kommt zur Exspiration. Die efferenten Bahnen vom Atemzentrum verlaufen über das Rückenmark unter Einschaltung von Zwischenneuronen zur Atemmuskulatur.

Neben diesem „mechanischen" Regelkreis haben weitere Größen einen Einfluß auf das Atemzentrum

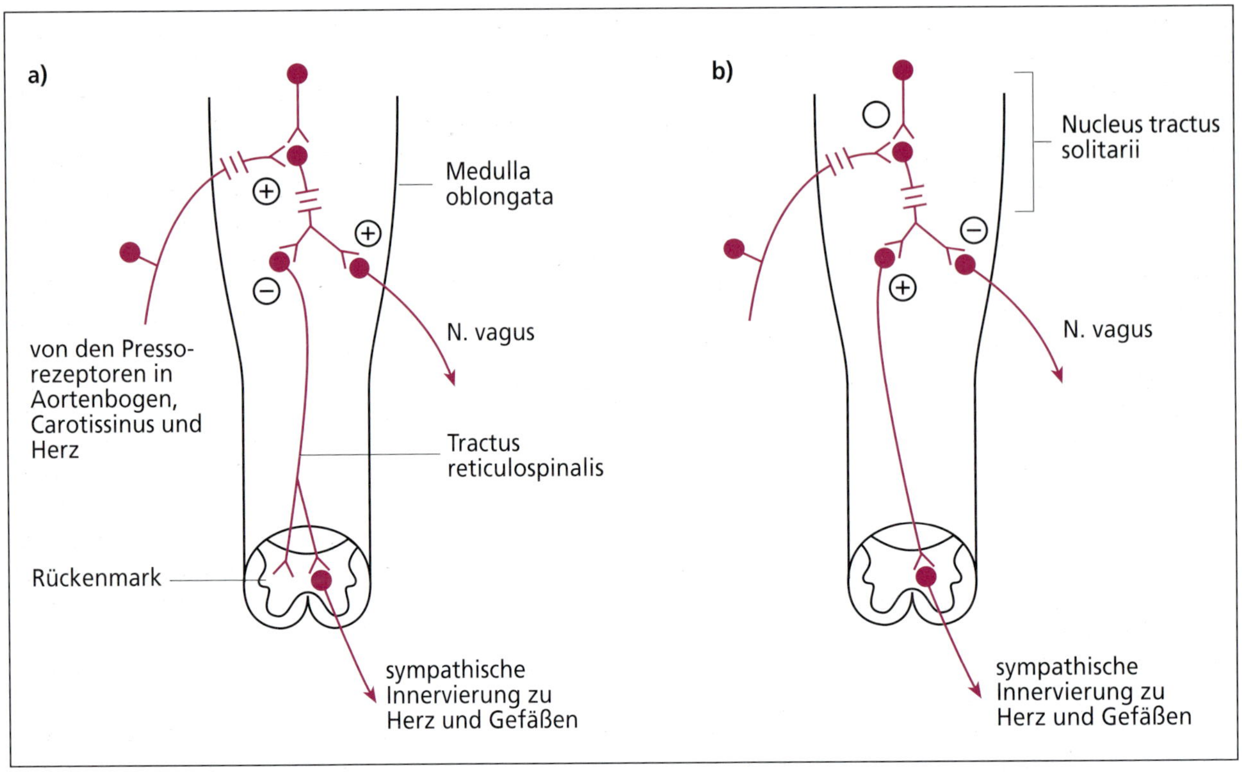

Abb. 4.14 Kreislaufregulation bei a) erhöhtem und b) erniedrigtem Blutdruck. Die Skizze zeigt die enge Verknüpfung von Kreislaufzentren und Vaguskernen. ⊕ Erregung, ⊖ Hemmung, ○ keine Erregung.

und die Atmung. Eine große Rolle spielen pO_2 und pCO_2, deren Werte im arteriellen Blut von Chemorezeptoren im Aortenbogen und im Glomus caroticum festgestellt und über den IX. und X. Gehirnnerven zum Atemzentrum gemeldet werden. Darüber hinaus sind an der ventralen Oberfläche der Medulla oblongata Rezeptoren mit hoher Empfindlichkeit für CO_2 und H^+ vorhanden. Wenn im arteriellen Blut der pCO_2 steigt oder der pH-Wert fällt, so wird über den inspiratorischen Teil des Atemzentrums die Atmung angeregt. Im gleichen Sinn, aber deutlich geringer wirkt ein Abfall des pO_2.

Mit dem **Kreislaufzentrum** steht das Atemzentrum in einer wechselseitigen Verbindung. Bei einer stärkeren Blutdrucksenkung kommt es reflektorisch zu einer Vertiefung der Atmung. Auch das **Temperaturzentrum** kann bei einer Hyperthermie die Atmung beeinflussen: vermehrte Atmung bei Fieber, Regulierung der Körpertemperatur durch Hecheln beim Hund. Erregung von Kälterezeptoren führt ebenfalls zu einer vermehrten Atmung.

Höhere Zentren üben ebenfalls einen Einfluß auf die Atmung aus: Cortex, Limbisches System und Hypothalamus. Diese Verbindungen spielen eine Rolle bei Emotionen, Angst und Schmerz im Sinn einer Anregung der Atmung, während im Schlaf eine reduzierte Atmung vorherrscht.

4.4.4.2 Zentrale Kreislaufregulation

Die Kreislaufzentren liegen ebenso wie das Atemzentrum in der Medulla oblongata und im Pons. Man unterscheidet eine **pressorische Zone** und eine **depressorische Zone**, die eng mit dem Vaguskern verbunden sind.

Rezeptorareale für den Blutdruck im arteriellen System liegen im Carotissinus und im Aortenbogen (Abb. 9.17 u. 9.18), ihre Signale laufen im IX. und X. Hirnnerven zur depressorischen Zone und in den Vaguskern. Bei erhöhtem Blutdruck nimmt die (depressorische) Aktivität im N. vagus zu, diese führt zu einer Bradycardie und damit zur Senkung des Herzminutenvolumens (Abb. 4.14). Gleichzeitig wird die Sympathicus-Aktivität gehemmt; damit kommt es zu einer Vasodilatation (Senkung des peripheren Widerstandes) und einer Reduktion des Herzantriebes. Es resultiert eine Senkung des vorher erhöhten Blutdruckes. Umgekehrt setzt ein plötzlicher Blutdruckabfall die Entladungen in den afferenten Verbindungen zur depressorischen Zone herab. Darauf setzt die pressorische Zone des Kreislaufzentrums den Tonus des Sympathicus herauf. Nach Umschaltung dieser Information im Rückenmark und Grenzstrang kommt es zu einer Erhöhung des Gefäßtonus und zu einem verstärkten Antrieb im Herzen, dessen Vagusafferenzen in dieser Situation gedämpft sind. Zusätzlich kann aus dem Nebennierenmark eine Adrenalinausschüttung erfolgen. Dies wirkt sich im Sinn einer Blutdrucksteigerung aus. Der sog. Carotissinus-Reflex kann durch Abklemmen beider Carotiden ausgelöst werden; damit entfallen die Afferenzen vom Carotissinus, die Kreislaufzentren setzen eine sympathische Gegenregulation gegen den vermeintlichen Blutdruckabfall in Gang und der Blutdruck steigt für die Dauer der Carotidenabklemmung steil an. Dieser Reflex wird im Tierversuch nach Vagotomie, um eine parasympathische Gegenregulation auszuschalten, zur Prüfung der Kreislaufregulationsfähigkeit verwendet.

Diese Selbstregulation des Blutdruckes findet im Organismus laufend statt, z.B. ist beim Aufstehen oder Hinlegen eines Tieres jeweils eine gewisse Umverteilung des Blutstromes erforderlich, ebenso bei der Nahrungsaufnahme und Verdauung (vermehrte Durchblutung des Magen-Darm-Traktes).

Bei erhöhtem Druck im Niederdrucksystem (z.B. in V. cava und den Vorhöfen) kommt es über Afferenzen von den Pressorezeptoren dieser Gebiete zu einer Dämpfung des N. vagus und einer Erhöhung des Sympathicustonus, der zu erhöhter Herzarbeit und damit einem Abbau des Vorhofdrucks führt (Bainbridge-Reflex).

An der Vermittlung dieser Regulation in den Kreislaufzentren sind vor allem **noradrenerge Neurone** beteiligt, die über postsynaptische α-Rezeptoren den Sympathicotonus senken und die Vaguskerne aktivieren. Eine Reihe gebräuchlicher blutdrucksenkender Medikamente wirken über diese α-Rezeptoren. Inwieweit auch zentrale adrenerge Neurone an dieser Regulation beteiligt sind, wird gegenwärtig noch diskutiert. Dafür spräche, daß einige Neurone im Hirnstamm Catechol-N-methyltransferase enthalten, das Enzym, das Noradrenalin in Adrenalin umwandelt.

Die Kreislaufzentren werden ihrerseits beeinflußt vom Atemzentrum, vom limbischen System und vom Hypothalamus, in dem sich die Zentren für die Temperaturregulation, die z.B. über vermehrte oder verminderte Hautdurchblutung bewerkstelligt werden kann, befinden. Schließlich nimmt auch der Cortex auf Kreislaufzentren Einfluß, z.B. führen Angst und Schmerzreize über die Kreislaufzentren zu einer Tachycardie und Blutdruckerhöhung. Excitatorische und inhibitorische Aminosäuren üben einen modulierenden Einfluß aus.

4.4.4.3 Brechzentrum

Das Brechzentrum in der hinteren Medulla oblongata ist mehr eine physiologische als eine anatomische Einheit, es umfaßt den Nucleus tractus solitarii, den Nucleus ambiguus und den dorsalen Kern des Vagus. Es steht in naher Verbindung zu der **Chemorezeptor-Trigger-Zone** in der Area postrema am Boden des 4. Ventrikels. Damit liegt die Chemorezeptor-Trigger-Zone außerhalb der Blut-Hirn-Schranke. Infolgedessen können auch Substanzen, die die Blut-Hirn-Schranke nicht oder nur schlecht durchdringen (z.B. Herzglykoside), Erbrechen auslösen. Die Chemorezeptor-Trigger-Zone enthält Dopamin(D_2)- und 5-HT_3-Rezeptoren, über die sie erregt wird und diese Erregung zum eigentlichen Brechzentrum weiterleitet. Sie erhält Afferenzen vom Vestibularapparat, von dem aus See- und Reisekrankheit, die mit Nausea und Erbrechen einhergehen, ausgelöst werden. Man hat allerdings keine direkten Verbindungen zum Vestibularapparat nachgewiesen, so daß die Auslösung u.U. humoral über Blut und Liquor cerebrospinalis erfolgt. Arzneimittel können durch Stimulation der D_2-Rezeptoren (Apomorphin, Morphin, Herzglykoside) oder von 5-HT_3-Rezeptoren (Cytostatica, wie Cisplatin), die die Chemorezeptor-Trigger-Zone direkt erregen, wirken. Eine indirekte Erregung ist außer vom Vestibularapparat auch durch viscerale Afferenzen möglich. Nach Weiterleitung dieser Impulse zum Brechzentrum, als dessen Transmitter Acetylcholin fungiert, wird von diesem der Brechakt durch eine komplizierte motorische Reaktion (Fixierung des Zwerchfells in Inspirationsstellung, Kontraktion der Bauchmuskulatur bei gleichzeitiger Erschlaffung von Cardia und Oesophagus) ausgelöst. Das Brechzentrum kann auch durch höhere Zentren (nur vom Menschen her bekannt, z.B. Ekel, psychogen) und von visceralen Afferenzen, die über den Nucleus tractus solitarii laufen, erregt werden. Der letztere enthält außer muscarinartigen Acetylcholin- auch Histamin (H_1)-Rezeptoren.

Bei Tierarten, die nicht erbrechen können (Equiden, Nager), lassen sich durch Substanzen, die D_2-Rezeptoren erregen, Stereotypien auslösen, die möglicherweise als Äquivalent des Erbrechens anzusehen sind. Unter Umständen läßt sich so die Dopingwirkung von Morphinderivaten (Fentanyl) und Apomorphin beim Pferd erklären.

4.4.4.4 Kontrolle der Futter- und Wasseraufnahme

Im lateralen Hypothalamus befindet sich eine Region (LHA, lateral hypothalamic area), bei deren Ausschaltung die Tiere aufhören, Futter und Wasser zu sich zu nehmen. Man hat dieses Gebiet infolgedessen auch als „Freß- oder Appetitzentrum“ bezeichnet, obwohl es als Kern nicht klar abgegrenzt ist. Es liegt vielmehr im medialen Vorderhirnbündel, durch das zahlreiche noradrenerge und serotonerge Nerven ziehen. Mit einer Ausschaltung der LHA sind auch Beeinträchtigungen des Schlaf-EEG-Musters (Arousal), motorische Defizite, Lethargie und verminderte Toleranz gegen Belastung verbunden. Insgesamt entsprechen diese Symptome weitgehend denen, die durch intraventriculäre Injektion von 6-Hydroxydopamin, welches catecholaminhaltige Neurone selektiv zerstört, ausgelöst werden können.

Zerstörung des ventromedialen Kerns im Hypothalamus führt zu enorm gesteigerter Nahrungsaufnahme und zur Fettsucht (Obesitas), man hat diesen Kern als „Sättigungszentrum" bezeichnet. Dieses Zentrum reagiert auf die Konzentration von Glucose und Insulin im Blut, steht in enger Verbindung zum limbischen System (Amygdala) und erhält auch Afferenzen vom olfactorischen System sowie aus Zentren des Mittelhirns und der Formatio reticularis. Auch der Füllungszustand des Magens spielt als fördernder Einfluß eine Rolle. Man nimmt an, daß zwischen „Freßzentrum" und „Sättigungszentrum" reziproke Beziehungen bestehen: Das erstere induziert Freßverhalten und mit zunehmender Nahrungsaufnahme wird das Sättigungszentrum erregt und hemmt seinerseits das Freßzentrum. Damit kommt es zum Sistieren der Futteraufnahme. Bei der engen Verbindung zu noradrenergen und serotonergen Bahnen nimmt es nicht wunder, daß über Beeinflussung dieser Bahnen bzw. ihrer Rezeptoren das Freßverhalten nachhaltig beeinflußt werden kann: Anorexie wird durch indirekt sympathomimetisch (z.B. Amphetamin) oder indirekt serotonerg (z.B. Fenfluramin) wirksame Pharmaka ausgelöst.

Für die **Flüssigkeitsaufnahme** spielen neben der LHA noch andere Faktoren eine Rolle. Durch Injektion hypertoner Lösungen in den Hypothalamus wird eine Wasseraufnahme induziert; dabei sind Osmorezeptoren beteiligt. Auch Verlust von extrazellulärem Wasser wird mit verstärktem Trinken beantwortet. An dieser Reaktion ist das Renin-Angiotensin-System beteiligt; durch Injektion von Angiotensin II in den Hypothalamus läßt sich Wasseraufnahme auslösen. Besonders empfindlich auf Angiotensin II ist die Area praeoptica. In diesem Zusammenhang ist interessant, daß in den Kernen des Hypothalamus das Antidiuretische Hormon des Hypophysenhinterlappens gebildet wird, welches in der Niere eine verstärkte Rückresorption von Wasser in der Niere bewirkt.

Bei den meisten Tierarten spielen Osmorezeptoren eine größere Rolle für die Wasseraufnahme als das Angiotensin-System.

4.4.4.5 Belohnungssystem

Das erwähnte mediale Vorderhirnbündel ist die Bahn des sog. Belohnungssystems, das, obwohl es nicht direkt vegetativen Funktionen dient, hier kurz skizziert werden soll. Wenn im Verlauf dieses Bündels, das vom Mittelhirn über den Globus pallidus zur vorderen Großhirnrinde führt, Elektroden implantiert werden, über die sich das Tier selbst reizen kann, wurde beobachtet, daß sich die Tiere pausenlos selbst stimulieren. Die Reizung muß demnach eine gewisse Lustempfindung ausüben, die Tiere „vergessen" bei diesen Reizungen sogar die Futteraufnahme. Durch Ausschaltversuche konnte man die Bahn des Belohnungssystems als **dopaminerg** erkennen: Nach Zerstörung der Substantia nigra blieb die Selbstreizung aus oder war reduziert. Eine Ausschaltung noradrenerger Neurone des Locus coeruleus hatte demgegenüber keine Wirkung. Das Belohnungssystem hat auch Verbindungen zum Hippocampus und scheint eine Bedeutung für Lernen und Gedächtnis zu haben. Pharmaka, die die Selbststimulation fördern (Amphetamin und Apomorphin in kleinen Dosen), unterstützen Lernprozesse. Die Lösung komplizierter Aufgaben konnte beim Versuchstier durch Gabe solcher Pharmaka verbessert werden. Durch Dopamin-Antagonisten oder Stoffe, die zu einer Verarmung an zentralem Dopamin führen, konnten andererseits die Lernvorgänge negativ beeinflußt werden.

4.4.4.6 Temperaturregulation

Ein Zentrum für die Thermoregulation des Organismus befindet sich in lateralen Kernen des Hypothalamus. Dort liegen Rezeptoren für die Kerntemperatur. Außerdem erhalten diese Kerne Afferenzen von den Thermorezeptoren der Haut und des Rückenmarks. Die eingehenden Informationen (Istwert) werden mit dem Sollwert der Körpertemperatur verglichen, und es erfolgt eine entsprechende Signalverarbeitung im Regelkreis der Temperaturregulation.

Bei **Hyperthermie** wird die Hautdurchblutung durch Steigerung des Herzminutenvolumens und Weitstellung der Hautgefäße erhöht, die efferente Bahn verläuft über die Kreislaufzentren. Soweit Tiere zum Schwitzen in größerem Umfang in der Lage sind, wird die Schweißsekretion über das autonome Nervensystem gesteigert. Bei Tierarten, die kaum zur Schweißsekretion befähigt sind (z.B. Hund), wird dieser Effekt durch Hecheln erzielt. Hier ist auch das Atemzentrum an der Wärmeregulation beteiligt.

Bei **Fieber** ist der Sollwert für die Kerntemperatur nach oben verstellt. Dies erfolgt über die Abgabe von

Interleukinen, die über eine Anregung des zentralen Prostaglandinstoffwechsels die Synthese endogener Pyrogene anregen.

Bei einer **Hypothermie** werden umgekehrt die Hautgefäße eng gestellt, und die Wärmeproduktion wird, unter Einschaltung motorischer Gebiete des Cortex, durch unwillkürliche (Muskelzittern) oder willkürliche Muskelaktivität erhöht.

An der zentralen Regulation der Körpertemperatur sind Serotonin und in geringerem Umfang Dopamin beteiligt.

4.4.4.7 Schlaf und Arousal

Es gibt im ZNS eine Reihe von Zentren, bei deren Reizung Schlaf ausgelöst wird bzw. bei deren Zerstörung Schlaflosigkeit eintritt. Zu diesen Regionen gehören die präoptische Region im basalen Vorderhirn sowie die Raphe-Kerne im Hirnstamm. Die letzteren sind für ihren hohen Gehalt an Serotonin bekannt. Auch durch p-Chlorphenylalanin, einen Hemmstoff der Tryptophan-Hydroxylase, wird Schlaflosigkeit induziert. Weitere „Schlafzentren" befinden sich in der Area postrema, hier löst eine Serotonin-Injektion Schlaf aus. Der Nucleus tractus solitarii, der Afferenzen von der Zunge und den Eingeweiden erhält, führt bei Reizung zu einer Synchronisation von EEG und Schlaf.

Umgekehrt bewirken eine Reihe von Regionen im Hirnstamm eine erhöhte Aufmerksamkeit. Diese liegen in der pontinen Formatio reticularis und im Locus coeruleus, von dem noradrenerge Neurone ausgehen, in der Substantia nigra (Dopamin-Neurone) sowie dem hinteren Hypothalamus. Reizung dieser Zentren bewirkt einen Weckreiz, während es bei ihrer Zerstörung zu Somnolenz kommt.

4.4.5 Endokrine Funktionen des Hypothalamus

Der Hypothalamus nimmt eine zentrale Kontrollfunktion im Endokrinium ein, wobei emotionale Einflüsse vom Cortex, wie auch externe und interne Störfaktoren auf diese Funktionen einwirken können.

In Kernen des Hypothalamus werden die **Releasing-Hormone** gebildet, die im Hypophysenvorderlappen die sog. **glandotropen Hormone** freisetzen. Sie sind in Abbildung 23.12 und in den Tabellen 23.1 und 23.5 zusammengestellt.

In den supraoptischen und paraventriculären Kernen des Hypothalamus findet die Synthese von **Oxytocin** und **Antidiuretischem Hormon** statt. Beide werden durch Axone der Nervenzellen in diesen Kernen zum Hypophysenhinterlappen transportiert und dort gespeichert.

Über vom Hypothalamus absteigende Bahnen des vegetativen Nervensystems werden die Funktionen des **Nebennierenmarks** und des **Pankreas** reguliert.

Das endokrine System wird im Zusammenhang in Kapitel 23 besprochen.

4.5 Blut-Hirn-Schranke

Die Beobachtung, daß manche Substanzen, wenn man sie parenteral injiziert, das ZNS nicht oder nur mit starker Verzögerung erreichen, legte die Existenz einer Blut-Hirn-Schranke bzw. – da für den Liquor cerebrospinalis das gleiche gilt – einer Blut-Liquor-Schranke nahe. Eine solche Schranke ist in anderen Organen des Körpers nicht vorhanden. Die Blut-Hirn-Schranke ist als zusätzliches Hindernis vor den Zellmembranen des ZNS aufzufassen. Der morphologische Aufbau des Gefäßsystems des Gehirns und der Rückenmarkhäute (Meningen) ist für diese Schrankenfunktion verantwortlich. Während im Kapillarendothel der peripheren Organe verschieden große Poren vorhanden sind, die den Übertritt auch von Substanzen bis 6000 Dalton gestatten, sind in den Kapillaren von ZNS und Meningen gut ausgebildete „tight junctions" zwischen den Endothelzellen vorhanden (Abb. 9.12). Ins ZNS können deshalb nur sehr kleine Moleküle (Wasser, Harnstoff, Sauerstoff, Kohlendioxid) übertreten. Daneben sind die Kapillaren von einer dichten Scheide von Astrogliazellen umgeben, die ein zusätzliches Hindernis darstellt.

Die Blut-Hirn-Schranke (das gleiche gilt für die Blut-Liquor-Schranke) ist beim Neugeborenen noch unvollständig ausgebildet. Sie wird in den ersten Lebenswochen effektiv, bei Vögeln bleibt sie u.U. zeitlebens unvollständig.

Einige Gehirngebiete liegen „außerhalb" der Blut-Hirn-Schranke, d.h., bei ihnen existiert diese Schranke nicht. Zu diesen Bereichen gehören die Area postrema am Boden des 4. Ventrikels, die Hypophyse und die Epiphyse. Dies hat z.B. Bedeutung für die Chemorezeptor-Trigger-Zone in der Area postrema, da sie von erbrechenerregenden Stoffen praktisch sofort errreicht wird und den Schutzreflex auslösen kann.

Für lipoidlösliche, nicht polare Substanzen ist die Blut-Hirn-Schranke gut permeabel. Die Diffusion solcher Substanzen hängt vom Konzentrationsgefälle zwischen Blut und ZNS ab. Diese Diffusion spielt z.B. bei der Narkose die entscheidende Rolle. Gut lipoidlösliche Narkotica, wie z.B. Thiobarbiturate, haben eine Permeabilitätskonstante von 0,5 min^{-1}, d.h., es kommt innerhalb einer Minute zum Konzentrationsausgleich zwischen Blut und Gehirn.

Davon ist allerdings nur der nicht proteingebundene Anteil, der die pharmakologische Wirkung trägt, betroffen. Innerhalb der Barbitursäurederivate bestehen große Unterschiede in der Geschwindigkeit, mit der die Blut-Hirn-Schranke überwunden wird. Diese sind eng mit der Lipoidlöslichkeit korreliert.

Die Blut-Hirn(Liquor)-Schranke kann als Lipoidmembran aufgefaßt werden, die für ungeladene und in dieser Form gut lipoidlösliche Substanzen durch Diffusion überwunden werden kann.

Hochgradig dissoziierte Substanzen, die meist nur sehr wenig lipoidlöslich sind, aber auch nicht-dissoziierte Verbindungen mit sehr schlechter Lipoidlöslichkeit können die Blut-Hirn-Schranke nicht oder nur sehr langsam passieren. Sie treten infolgedessen nicht oder nur sehr langsam ins ZNS ein. Für verschiedene Substanzen besteht ein Carrier-vermittelter Transport (D-Glucose, Aminosäuren). Bei Carrier-vermittelten Transporten von körperfremden Stoffen (Salicylsäure, Valproinsäure) kann der Auswärtstransport aus dem ZNS eine höhere Transportkapazität haben als der Einwärtstransport. Ein Beispiel ist Benzylpenicillin, eine relativ starke Säure, mit der sich keine therapeutischen Konzentrationen in Liquor und ZNS erreichen lassen. Benzylpenicillin wird aktiv über die Blut-Hirn-Schranke transportiert, die viel höhere Kapazität des Auswärtstransportes verhindert aber den Aufbau wirksamer Konzentrationen in Liquor und Gehirn. Bei einer Meningitis (Entzündung der Hirnhäute) wird die Blut-Hirn-Schranke geschädigt, und dann können auch Substanzen, die normalerweise die Blut-Hirn-Schranke nicht passieren, das Gehirn erreichen.

Für nicht-diffusible körpereigene (Aminosäuren, Glucose) und auch körperfremde Substanzen bestehen Carrier-vermittelte Transportsysteme.

Auch physiologische Transmitter, die im Gehirn in hohen Konzentrationen vorkommen, können die Blut-Hirn-Schranke nicht passieren, da sie hochgradig ionisiert und schlecht lipoidlöslich sind. Hier können die Vorläufer-Aminosäuren, Tyrosin für Catecholamine, Tryptophan für Serotonin, Glutaminsäure für GABA, durch Carrier-vermittelten Transport aufgenommen werden. Sie werden dann in den entsprechenden Neuronen zu den jeweiligen Transmittern umgewandelt. Beim Morbus Parkinson kann man nicht mit dem Transmitter Dopamin substituieren, wohl aber indirekt durch den Precursor L-Dopa.

Darüber hinaus laufen an den Gefäßepithelien auch aktive Transportvorgänge durch eine membranständige Na^+/K^+-ATPase ab. Ihre funktionelle Bedeutung liegt in der Regulation des Ionenhaushaltes im Extrazellularraumes des Gehirns.

Ionen gelangen über eine membranständige Na^+-K^+-ATPase ins ZNS.

Im ZNS bzw. Liquor befindliche Substanzen können Hirn und Liquor vor allem durch Diffusion oder den erwähnten Auswärtstransport verlassen. Ein dritter Weg geht über die arachnoidalen Zotten, über die der laufend produzierte Liquor cerebrospinalis dem venösen System zugeführt wird. Dieser „bulk flow“ ermöglicht es auch Stoffen, die weder die Kriterien für die Diffusion erfüllen noch aktiv (Carrier-vermittelt) transportiert werden, den Liquor zu verlassen.

4.6 Zusammenfassung

Als Zentralnervensystem (ZNS) werden Gehirn und Rückenmark bezeichnet. In diesen Organen werden sensorische Afferenzen und motorische Efferenzen koordiniert. Neben diesen vorwiegend reflektorischen Beziehungen besitzt das Gehirn auch die Fähigkeit zum Lernen und zur Gedächtnisbildung. Sowohl afferent als auch efferent ist der autonome Anteil des ZNS, der die Funktion der inneren Organe regelt. Endokrine Funktionen kommen dem Hypothalamus zu, in dem Releasing-Hormone, glandotrope Hormone sowie Oxytocin und das Antidiuretische Hormon gebildet werden. An diesen Funktionen sind zahlreiche Neurotransmitter beteiligt.

Sensorisches System: Die somato-viscerale Sensibilität wird über die Bahnen des Rückenmarks dem Thalamus zugeleitet, von dort erfolgt eine Weiterleitung auf corticale Projektionsfelder im Gyrus postcruciatus. Auch die Afferenzen von den Sinnesorganen werden mit Ausnahme des olfactorischen Systems, das in enger Verbindung zu Kernen des Limbischen Systems steht, im Thalamus umgeschaltet und zu spezifischen Feldern des Cortex weitergeleitet (Sehrinde im Occipitallappen, Hörrinde im Temporallappen, Felder für Gleichgewichts- und Geschmackssinn im Gyrus postcruciatus). Spezielle Assoziationsfelder ermöglichen das Erkennen der sensorischen Information.

Motorisches System: Hier ist zwischen einer Stütz- und einer Zielmotorik zu unterscheiden. Die erste wird durch monosynaptische Reflexe der α- und γ-Motoneurone großenteils auf Rückenmarkebene bewerkstelligt, eine Beeinflussung durch übergeordnete Zentren ist möglich. Die Zielmotorik geht vom motorischen Cortex im Gyrus postcruciatus aus und führt über die Pyramidenbahn (bei Primaten monosynaptisch) und das extrapyramidale System mit bevorzugter Beteiligung des Cerebellum zu den Motoneuronen. Auch hier sorgen Assoziationsfelder für eine sinnvolle Koordination, die beim erwachsenen Organismus meist als bedingter Reflex abläuft.

Autonomes System: Autonome Afferenzen und Efferenzen sind im Rückenmark zu polysynaptischen Reflexbögen verknüpft, in die auch somatosensorische und motorische Nerven involviert sind. Übergeordnete Funktionen im Sympathicus und Parasympathicus nehmen sog. Zentren in Medulla oblongata, Pons und Hypothalmus ein (Atmungs-, Kreislauf-, Brech-, Temperaturzentren usw.).

Das ZNS ist von der sog. **Blut-Hirn-Schranke** umgeben, diese setzt sich morphologisch aus tight junctions im Endothel der Kapillaren und Astrogliazellen um die Gefäße zusammen. Die Blut-Hirn-Schranke verhindert, daß zahlreiche endogene und exogene Substanzen in das ZNS eintreten.

Weiterführende Literatur

Cooper, J.R., F.E. Bloom, R.H. Roth: The Biochemical Basis of Neuropharmacology. 6th Ed., Oxford University Press, New York, Oxford, 1991.

Malcangio, M., N.G. Bowery: GABA and its receptors in the spinal cord. Trends pharmacol. Sci **17**, 457-462, 1996.

Shepherd, G.M.: Neurobiology. Oxford University Press, New York, Oxford, 1983.

Singewald, N., A. Philippu: Involvement of biogenic amines and amino acids in the central regulation of cardiovascular homeostasis. Trends pharmacol. Sci. **17**, 356-363, 1996.

Speckmann, E.-J.: Einführung in die Neurophysiologie. 3. Aufl., Wissenschaftliche Buchgesellschaft, Darmstadt, 1991.

5 Sinnesphysiologie

F.-K. Pierau, H. Sann, M. H. Erhard und H. Petry

5.1 Grundlagen der Sinnesphysiologie

F.-K. Pierau

5.1.1 Allgemeine Sinnesphysiologie

5.1.1.1 Einleitung

Lebende Organismen besitzen Sinnessysteme oder Sinneskanäle, mit denen sie physikalische oder chemische Reize aus der Umwelt aufnehmen können. Im Verlauf der Evolution haben sich die Sinnesorgane von Mensch und Tier spezialisiert, so daß aus der Vielfalt der Umweltreize nur der für die jeweilige Art relevante Teil der Information perzipiert wird. Neben dieser artspezifischen Differenzierung gibt es eine Eingrenzung der Reizaufnahme durch Spezialisierung der Sensoren für bestimmte Reizarten.

Die Umweltreize werden in den Sensoren über unterschiedliche Transduktionkaskaden in elektrische Signale umgewandelt, die über afferente Nervenfasern in das zentrale Nervensystem geleitet werden. Innerhalb des zentralen Nervensystems erfolgt die Signalaufbereitung in Neuronennetzen durch zahlreiche Umschaltvorgänge an erregenden und hemmenden Synapsen. Die einzelnen Schritte der Signalaufbereitung lassen sich zum großen Teil registieren und entsprechend analysieren; man bezeichnet daher solche Untersuchungen als **objektive Sinnesphysiologie** (Abb. 5.1).

Bei wachen Individuen rufen die meisten sensorischen Prozesse Sinneseindrücke hervor, die beim Menschen als Empfindungen ausgedrückt werden können, z.B. „ich sehe eine grüne Fläche mit weißen Punkten". Normalerweise wird die **Sinnesempfindung** jedoch aufgrund unserer subjektiven Erfahrungen als **Wahrnehmung** interpretiert; in unserem Beispiel könnte sie als grüne Wiese mit Gänseblümchen wiedergegeben werden. Über die Empfindungen beim Tier kann man nur über Verhaltensversuche Kenntnis gewinnen, deren Deutung jedoch von unserer eigenen Wahrnehmung geprägt ist. Dieser Teil der Sinnesphysiologie wird als **Wahrnehmungspsychologie** bezeichnet (Abb. 5.1).

5.1.1.2 Objektive Sinnesphysiologie

Alle Sinnesorgane verfügen über Sensoren, in deren Membranen reizspezifische Rezeptoren (Proteinkomplexe) oder Sinneshaare eingelagert sind. Sie

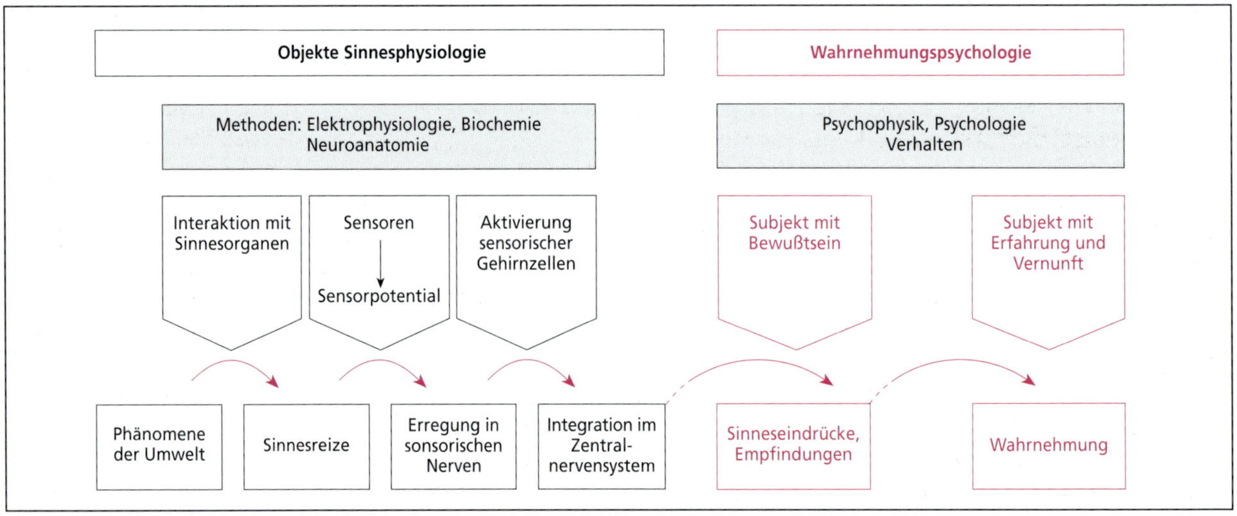

Abb. 5.1 Schematische Darstellung der Abbildung von Umweltphänomenen im peripheren und zentralen Nervensystem durch sinnesphysiologische Grundprozesse. Phänomene der Umwelt führen durch Interaktion mit Sinnesorganen (Pfeil) zu Sinnesreizen usw. (nach Schmidt/Thews, 27. Aufl.)

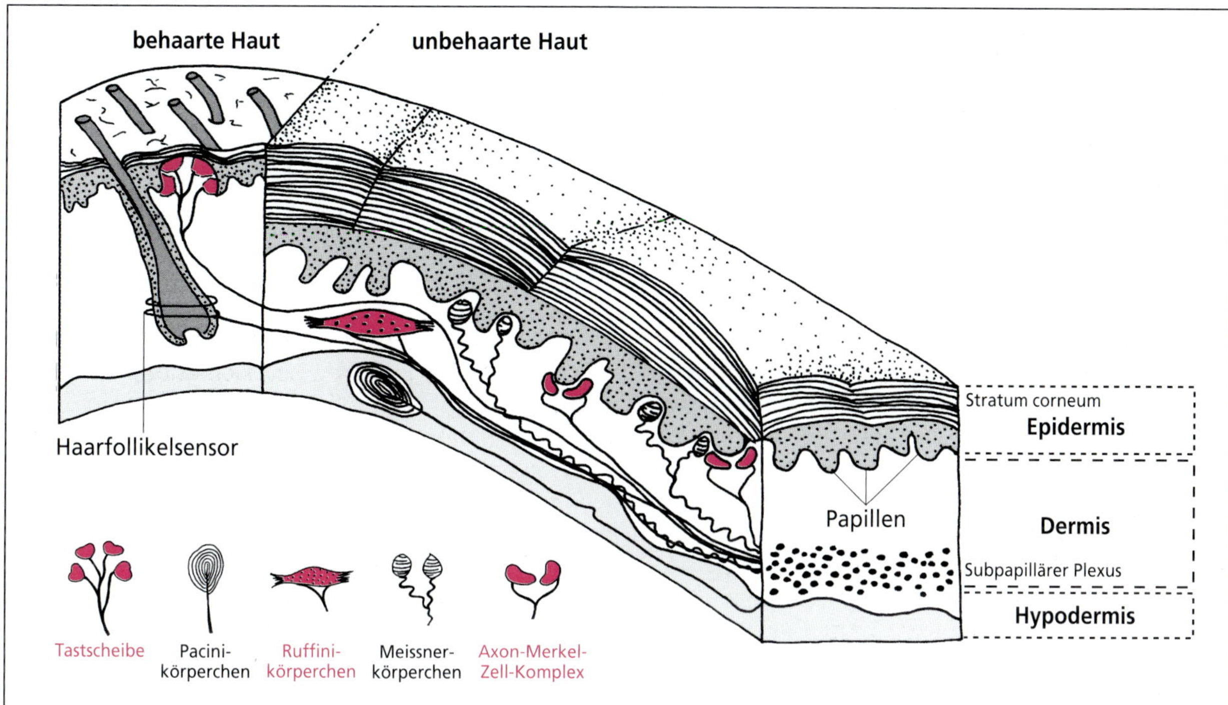

Abb. 5.2 Die unterschiedlichen Funktionen von Mechanosensoren der Haut beruhen auf spezifischen morphologischen Strukturen. Merkel-Zellen und Tastscheiben bestehen aus spezialisierten Epithelzellen, besitzen keine tonische Aktivität (Typ-I-Detektoren) und sind langsam adaptierende Intensitätsdetektoren. Tieferliegende Ruffini-Körperchen bestehen aus einer länglichen, flüssigkeitsgefüllten Kapsel, sind tonisch aktiv (Typ II Detektoren) und dienen als langsame oder mittelschnell adaptierende Intensitätsdetektoren. Schnell adaptierende Sensoren haben einen komplizierteren Aufbau. Die extrem schnell adaptierenden Pacini-Körperchen bestehen aus mehreren Lamellen und vermitteln als Beschleunigungsdetektoren hochfrequente (200–300 Hz) Vibrations- und Berührungsempfindungen. Niederfrequente Vibrations- und Berührungsempfindungen werden in der unbehaarten Haut durch Meissner-Körperchen vermittelt, die aus mehreren scheibenförmig aufeinanderliegenden Schwann-Zellen bestehen; in der behaarten Haut wird diese Funktion von Haarfollikelsensoren übernommen.

sind immer nur für bestimmte physikalische oder chemische Eigenschaften der Umweltreize empfindlich. Durch diese Spezialisierung auf **adäquate Reize** wird sowohl eine **Optimierung** der Reiztransformation als auch eine **Reduktion** der Informationsvielfalt erreicht. Aus der Erregung von spezifischen Sensoren entstehen komplexe Empfindungen, die als **Sinnesmodalitäten** bezeichnet werden und als **Sehen, Hören, Schmecken, Riechen und Gefühl (Getast)** die klassischen Modalitäten darstellen. Alle Wirbeltiere verfügen außerdem über einen **Temperatursinn**, **Gleichgewichtssinn** und **Vibrationssinn** mit den entsprechenden spezifischen Sensoren.

Sinnesorgane oder zumindest Sensoren für **elektrische Reize** sind bei Fischen und primitiven Säugern (Kloakentiere), für **magnetische Signale** nur bei Fischen nachgewiesen worden. Obwohl die meisten Vögel den Erdmagnetismus zur Ortung benutzen, sind bei ihnen bisher keine speziellen Sensoren gefunden worden. Spezifische Sinnesorgane für elektromagnetische Wellen im Infrarotbereich besitzen einige Schlangenarten und bestimmte Fledermäuse (Vampire).

Durch Spezialisierung der Sensoren werden eine Optimierung der Reizaufnahme und eine Reduktion der Informationsvielfalt erreicht.

Der **Schmerzsinn** hat insofern eine Ausnahmestellung, als die **Nozisensoren** (Nozizeptoren), die Sensoren der Schmerzsinnes, nicht nur Informationen über die Außenwelt, sondern als körperbezogene Sinnesmodalität auch Informationen über Verletzungen des Körpers vermitteln. Nozisensoren gehören wie Temperatursensoren zu den Sensorsystemen, die sich nicht nur auf der Körperoberfläche, sondern auch in inneren Organen befinden. Sie bilden den Übergang zu den eigentlichen **Enterosensoren**, die unterschiedliche Parameter im Bereich der inneren Organe messen, wie z.B. den CO_2-Gehalt des Blutes, den pH-Wert und osmotischen Druck der Körperflüssigkeiten oder die Wandspannung in großen Gefäßen (Blutdruckmessung). Eine weitere Population von inneren Sensoren stellen die **Propriosensoren** dar, die sich in Muskeln, Sehnen und Gelenken befinden und die Lage (in Zusammenarbeit mit dem Gleichgewichtsorgan) und die Bewegungen des Körpers anzeigen. Die meisten

Enterosensoren vermitteln keine bewußten Empfindungen, sondern sind die Sensoren in verschiedenen **Regelkreisen** des vegetativen Systems. Als Meßfühler in motorischen Regelkreisen scheinen die Propriosensoren auch bewußte Empfindungen über die Lage des Körpers oder die Stellung der Gelenke zu vermitteln.

Innerhalb der Sinnesmodalitäten lassen sich verschiedene **Qualitäten**, z.B. Blau, Rot, als Qualitäten des Sehens oder heiß, kalt als Qualitäten des Temperatursinns unterscheiden. Häufig lassen sich die einzelnen Qualitäten durch **Qualitätsschwellen** differenzieren. Bei Erhöhung der Frequenz von Schalldruckwellen oder elektromagnetischen Schwingungen ist der Übergang von einem niedrigen zu einem höheren Ton bzw. einer Farbqualität in eine andere als **Schwellenwert** erfaßbar.

5.1.1.3 Sensoren

Die Spezialisierung der einzelnen Sinneskanäle ergibt sich häufig schon aus dem unterschiedlichen morphologischen Aufbau der Sensoren. Ein gutes Beispiel bilden die verschiedenen Mechanosensoren der Haut, deren spezifische Strukturen (Abb. 5.2), die Grundlage unterschiedlicher Sinnesmodalitäten wie Getast, Vibrations- oder Druckempfindung bilden. Andere Sinnesorgane habe spezialisierte Außensegmente, wie z.B. die Zapfen und Stäbchen der Netzhaut im Auge oder die Sinneshaarzellen im Innenohr.

5.1.1.4 Transduktionsprozeß

Durch Reizung von Sensoren erfolgt die Übersetzung der Umweltreize in lokale elektrische Potentiale. Über die Einzelheiten dieses **Transduktionsprozesses** bestehen keine vollständigen Kenntnisse. Überwiegend wird durch Öffnen von **selektiven** oder **nichtselektiven Kationenkanälen** die Sensormembran **depolarisiert**, wobei für die Bildung des **Sensorpotentials** (Generatorpotentials) hauptsächlich der Einstrom von Na^+-Ionen verantwortlich ist. Ein **hyperpolarisierendes** Sensorpotential wird in den Photosensoren der Netzhaut gebildet. Bei Einwirkung von Photonen (Licht) auf die Sensorendglieder führt die Blockade eines depolarisierenden Dunkelstroms zur Hyperpolarisation der Sensormembran. Die Amplitude des lokalen Sensorpotentials entspricht der Reizintensität; das Sensorpotential ist also eine abgestufte Veränderung des Membranpotentials (**lokales Potential**).

Für die Öffnung der Ionenkanäle kommen im wesentlichen zwei Vorgänge in Betracht:

1. Die mechanische Verformung der Sensormembran führt bei Mechanosensoren zu Veränderungen der Kanalproteine; die Verformung kann entweder direkt (Mechanosensoren der Haut) oder durch Lageveränderungen von Sinneshaaren, die an die Sensormembran gekoppelt sind, erfolgen (Abb. 5.3).
2. Bei Chemosensoren führt die Verbindung von Molekülen der Reizstoffe mit speziellen Proteinmolekülen (**Rezeptormolekülen**) zu **Konformationsänderungen** der Kanalproteine (ligandengekoppelte Kanäle) oder zu gesteigerter Produktion **intrazellulärer Botenstoffe** (second messenger). Über die Mechanismen der Öffnung und Schließung von Ionenkanälen an vielen anderen Sensormembranen, z.B. Temperatursensoren, Nozisensoren, Elektrosensoren, wissen wir noch wenig. Wahrscheinlich spielt dabei häufig die Aktivierung intrazellulärer Botenstoffe eine Rolle.

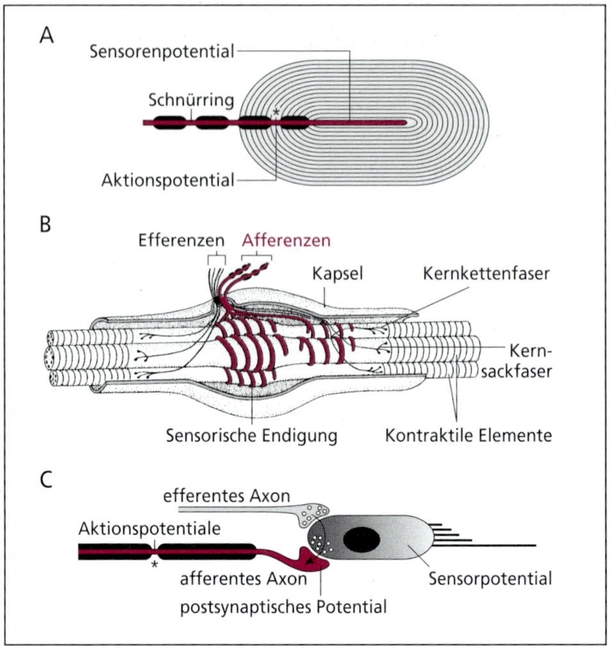

Abb. 5.3 Schematische Darstellung von drei prinzipiellen Sensortypen: Pacini-Körperchen (A) mit typischer Schalenstruktur und einem zentralen Axon und Muskelspindeln (B) mit sich aufzweigenden Axonterminalen sind primäre Sensoren. Muskelspindeln bestehen aus einer Kapsel, in der sich zwei verschiedene Typen von intrafusalen Muskelfasern befinden: Kernsackfasern mit dynamischer und Kernkettenfasern mit statischer Empfindlichkeit. Die sensorischen Endigungen werden durch Muskeldehnung oder durch Aktivierung der kontraktilen Elemente in den Polregionen über efferente Nervenfasern erregt (Empfindlichkeitseinstellung). Die Haarzellen (C) aus dem Innenohr sind sekundäre Sensoren, die mit dem afferenten Axon synaptisch verbunden sind; ihre Empfindlichkeit kann häufig ebenfalls durch Efferenzen reguliert werden. Aktionspotentiale entstehen im afferenten Nerven erst an Membranarealen, die TTX-sensitive Na+-Kanäle (*) besitzen, bei myelinisierten Nervenfasern am ersten Schnürring (nach Schmidt/Thews, 27. Aufl.).

Jeder Sensor hat einen spezifischen **Empfindlichkeits- oder Arbeitsbereich**, d.h., der Reiz muß einen gewissen **Schwellenwert** erreichen, um ein Sensorpotential auszulösen; häufig führen sehr starke Reize nicht mehr zur Amplitudenveränderung des Sensorpotentials.

5.1.1.5 Reiztransformation

Das lokale Sensorpotential breitet sich **elektrotonisch** (wie in einem Elektrokabel) über die Membran des Sensors aus, bis es Abschnitte der afferenten Nervenfaser erreicht, an denen das lokale Potential in **fortgeleitete Aktionspotentiale** umgewandelt wird. An myelinisierten Nervenfasern ist der Ort dieses **Transformationsvorgangs** der erste Ranviersche Schnürring (Abb. 5.3), bei marklosen afferenten Nervenfasern (C-Fasern) ist der genaue Ort der Umwandlung nicht bekannt. Während des Transformationsvorgangs wird die in der Amplitude des Sensorpotentials abgebildete Reizintensität in eine Folge von Aktionspotentialen **umcodiert**; in der Technik wird dieses Verfahren als **Amplituden/Frequenz-Modulation** bezeichnet (Abb. 5.4). Die Reizintensität wird in der afferenten Nervenfaser also als Frequenz einer Salve von Aktionspotentialen wiedergegeben, während die Reizdauer als Länge der Impulssalve abgebildet wird.

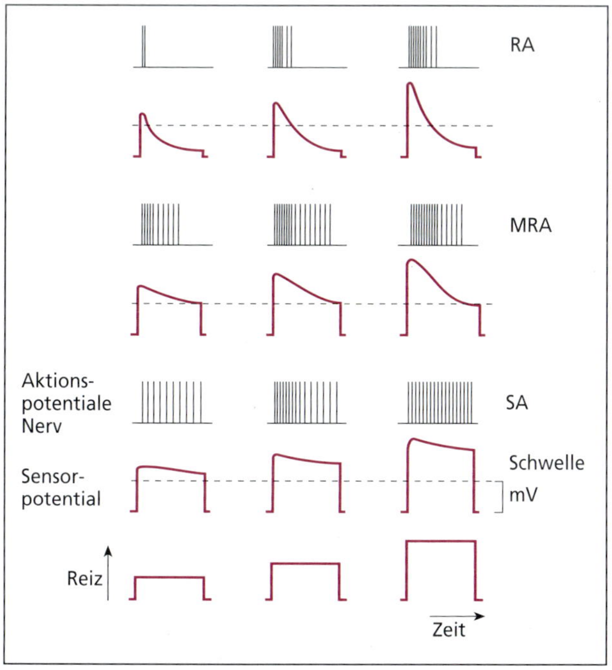

Abb. 5.4 Schematische Darstellung von Sensorpotentialen und Aktionspotentialen von langsam adaptierenden (slowly adapting, SA), mittelschnell adaptierenden (medium rapidly adapting, MRA) und schnell adaptierenden (rapidly adapting, RA) Sensoren als Antwort auf drei verschiedene Reizamplituden. Das Adaptationsverhalten der Entladungsfrequenz wird durch die unterschiedlich schnelle Abnahme des Sensorpotentials bestimmt.

Im Gegensatz zu den Ionenkanälen, deren Öffnung das Sensorpotential bewirkt, werden Aktionspotentiale durch die Öffnung spezifischer **selektiver Na^+-Kanäle** ausgelöst, deren **Aktivierung** und **Inaktivierung** von der jeweiligen Höhe der Membranspannung abhängig ist. Da sich nur diese Na^+-Kanäle durch das Neurotoxin **Tetrodotoxin (TTX)** spezifisch hemmen lassen, kann man bei elektrischen Ableitungen von Sensoren die Aktionspotentiale selektiv ausschalten, so daß das Sensorpotential mit seiner variablen Amplitude unverfälscht registriert werden kann.

> Durch die Amplitudenfrequenzmodulation am Anfang der Nervenfaser wird das lokale Sensorpotential in eine Folge von Aktionspotentialen umgewandelt.

Die quantitative Beziehung zwischen der Reizstärke S und der Entladungsfrequenz F in afferenten Nervenfasern folgt meistens der Potenzfunktion

$$F = k \cdot (S - S_0)^n ,$$

wobei k eine Konstante ist, die von der Skalierung abhängig ist und S_0 die Schwellenreizstärke bezeichnet. Jeder Sensortyp besitzt einen charakteristischen Exponenten n, der z.B. bei Photosensoren <1, bei Dehnungssensoren =1 und bei Nozisensoren >1 ist. Bei Übertragung der entsprechenden Meßwerte in ein doppeltlogarithmisches Koordinatensystem lassen sich die Werte dieser Potenzfunktionen durch Geraden bestimmen, deren Steilheit durch die Exponenten definiert ist.

Die Übertragungsfunktion zwischen Reizstärke und Entladungsfrequenz entspricht der Stevensschen Potenzfunktion zwischen Reizstärke und Empfindungsstärke.

Allerdings muß man beachten, daß häufig die Abbildung des Reizes als Impulssalve nicht reizgetreu erfolgt, da das Sensorpotential auch bei konstantem Reiz meistens abnimmt. Aufgrund dieser **Adaptation** lassen sich verschiedene Sensortypen unterscheiden (Abb. 5.4). Während **tonische Sensoren** nicht oder nur langsam adaptieren und Amplitude und Dauer des Reizes genau abbilden (statische oder proportionale Sensoren; Beispiel: Golgi-Sehnenorgane), signalisieren rasch adaptierende **phasische** oder **dynamische Sensoren** die Geschwindigkeit (dS/dt) einer Reizbewegung (Beispiel: Haarfollikelsensoren) bzw. die Änderung der Reizgeschwindigkeit = Beschleunigung (d^2S/dt^2; Beispiel: Pacinikörperchen). Die meisten Sensoren besitzen sowohl eine Proportional- als auch eine Differentialempfindlichkeit (**PD-Sensoren;** Beispiel: primäre Muskelspindelafferenzen) und adaptieren mittelschnell; die gleichzeitige Übermittlung von Reizgröße und Reizgeschwindigkeit ist für viele Regelvorgänge (Reflexe) außerordentlich wichtig.

Bei den bisher besprochenen Sensoren handelt es sich um **primäre Sensoren**, in denen die Transformation des Sensorpotentials im Anfangsabschnitt des Axons stattfindet. Bei **sekundären Sensoren** (z.B. Haarsinneszellen im Innenohr) befindet sich zwischen Sensor und Axon eine **Synapse**, d.h. das lokale Sensorpotential führt als präsynaptisches Potential zur Freisetzung von Transmittersubstanzen, die auf der postsynaptischen Seite zunächst wiederum ein lokales Potential hervorrufen, das dann am sensorischen Axon in Impulssalven umcodiert wird. Durch **efferente** Nervenfasern kann an diesen synaptischen Übergangsstellen die Empfindlichkeit der Sensoren verstellt werden (Abb. 5.3).

Primäre Sensoren sind direkt mit den afferenten Axonen verbunden, bei sekundären Sensoren liegt zwischen Sinneszelle und Axon eine Synapse.

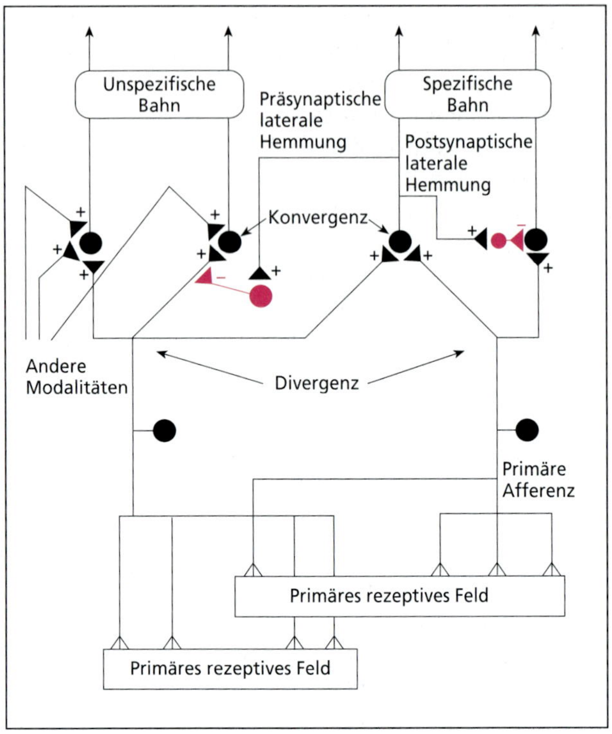

Abb. 5.5 Schematische Darstellung von sensorischen Bahnen mit neuronalem Netzwerk. Die rezeptiven Felder der beiden Afferenzen überlappen einander, ihre zentrale Repräsentation wird durch erregende und hemmende Interaktionen verändert. Auf die unspezifische Bahn konvergieren auch andere Sinnesmodalitäten. Durch Konvergenz und Divergenz wird die Information gleichzeitig über viele parallele Kanäle vermittelt (Redundanz) und in hintereinander geschalteten Neuronennetzen moduliert (nach Schmidt/Thews, 27. Aufl.).

5.1.2 Verarbeitung sensorischer Signale in neuronalen Netzwerken

In der Regel erregt ein Reiz viele (oft tausende) Sensoren. Aus den in den peripheren Nerven verlaufenden afferenten Nervenfasern verzweigen sich die Signale über **Axonkollaterale** nach dem **Divergenzprinzip** in die Neuronenketten von Rückenmark, Stammhirn oder Thalamus und werden dort vielfach umgeschaltet (Abb. 5.5). Auf jedes Neuron im zentralen Nervensystem (ZNS) **konvergieren** die Signale von vielen Sensoren; auf nachgeschaltete Neuronen konvergieren häufig auch Signale von unterschiedlichen Modalitäten. Durch Divergenz und Konvergenz erfolgt eine parallele **redundante** Informationsausbreitung, die die Betriebssicherheit in den sensorischen Kanälen außerordentlich erhöht. Andererseits muß die schrankenlose Ausbreitung der Signale durch hemmende Mechanismen verhindert werden; diese **Erregungseingrenzung** kann sowohl präsynaptisch als auch postsynaptisch organisiert sein (Abb. 5.5). Häufig werden über Interneuronen **Rückkopplungsvorgänge** angestoßen, die vorgeschaltete oder benachbarte sensorische Neuronen hemmen (**laterale Hemmung**) und zur Feineinstellung der Verstärkung und **Kontrastverschärfung** dienen (Beispiel: Hemmung von benachbarten Photosensoren in der Netzhaut). Eine weitere wichtige Eingrenzung des Informationsflusses erfolgt über descendierende Leitungsbahnen von höheren Arealen des ZNS. Die **descendierende Hemmung** führt zur Ausblendung unerwünschter Informationen (Focussierung der Aufmerksamkeit). Andere wichtige Funktionen der descendierenden Hemmung sind die Abschwächung von Schmerzsignalen und die Anpassung der sensorischen Systeme an motorisch induzierte Veränderungen, die beim wachen Organismus ständig durch vielgestaltige Bewegungen (Auge, Gliedmaßen, Sprechmuskulatur) hervorgerufen werden.

Die Informationsverarbeitung im ZNS ist redundant; durch Rückkopplungsvorgänge und descendierende Hemmung erfolgt die erforderliche funktionelle Anpassung.

Aufgrund der geschilderten Verarbeitung sensorischer Signale im peripheren und zentralen Nervensystem kann man verschiedene **rezeptive Felder** bestimmen. **Primäre rezeptive Felder** lassen sich durch Ableitung aus afferenten Nervenfasern bestimmen; ihre Größe richtet sich nach dem Grad der Verzweigung der peripheren Endstrukturen. So können beispielsweise auf der Haut zusammenhängende rezeptive Felder mit genauen Grenzen neben anderen rezeptiven Feldern liegen, die aus mehreren unzusammenhängenden Hautstellen bestehen; häufig überlappen sich verschiedene rezeptive Felder. Von zentralen Neuronen des sensorischen Signalwegs kann man **sekundäre rezeptive Felder** ableiten, die aufgrund der vielfältigen Zuströme und eingrenzenden Hemmungsvorgänge unterschiedliche Abmessungen haben können. Als Folge der Konvergenz unterschiedlicher Sensortypen können sekundäre rezeptive Felder aus Bereichen mit niedrigen und höheren Schwellen bestehen.

5.1.3 Wahrnehmungspsychologie

Die Wahrnehmungspsychologie beschäftigt sich mit den Empfindungen, die sich aus der adäquaten Reizung der Sinnesorgane ergeben, genauer gesagt, mit der Zuordnung von Empfindungsintensitäten zu physikalischen Reizparametern. Damit ist sie im wesentlichen auf Untersuchungen am Menschen beschränkt. Die beiden wesentlichen Kriterien für das experimentelle Vorgehen sind die Feststellung der **Absolutschwelle** und der **Unterschiedsschwelle (Differenzlimen)**. Im allgemeinen gelten als Voraussetzung für die Darstellung der Absolutschwelle, daß sie unter Berücksichtigung einer optimalen Reizkonfiguration und möglicher Adaptation gefunden wird. In Verhaltensversuchen können auch beim Tier absolute Schwellen gefunden werden. Die absolute Schwelle für das Gehör von Katzen liegt beispielsweise bei einem Schalldruck von $6{,}3 \cdot 10^{-6}$ N/m^2; Sensoren von Grubenorganen von Schlangen nehmen Infrarotstrahlungen wahr, die einer Erwärmung von 1/1000 °C entsprechen.

Wenn man zur Bestimmung von Absolutschwellen die sog. **Grenzmethode** verwendet, lassen sich in Verhaltensexperimenten mit Tieren kompliziertere psychophysische Beziehungen darstellen. Bei dieser Methode werden abwechselnd auf- und absteigende Reizserien verwendet. Für Tiere, die beispielsweise so konditioniert sind, daß sie bei Darbietung eines sichtbaren Lichtreizes eine bestimmte Taste drücken, während bei Dunkelheit eine andere Taste gedrückt wird, läßt sich eine visuelle Wahrnehmungsschwelle darstellen. Bei fortlaufender Abdunklung des Testkäfigs entsteht dann eine **Dunkeladaptationskurve**.

Unter Unterschiedsschwelle versteht man den Betrag einer Reizgröße, der erforderlich ist, damit der Reiz gerade noch als größer empfunden wird als ein Vergleichsreiz. Für den Kraftsinn hat A.H. Weber (1834) erstmals gezeigt, daß zwei leichte Gewichte sich um einen geringeren Betrag unterscheiden müssen als zwei schwere, damit sie unterschiedlich schwer eingeschätzt werden, daß aber der notwen-

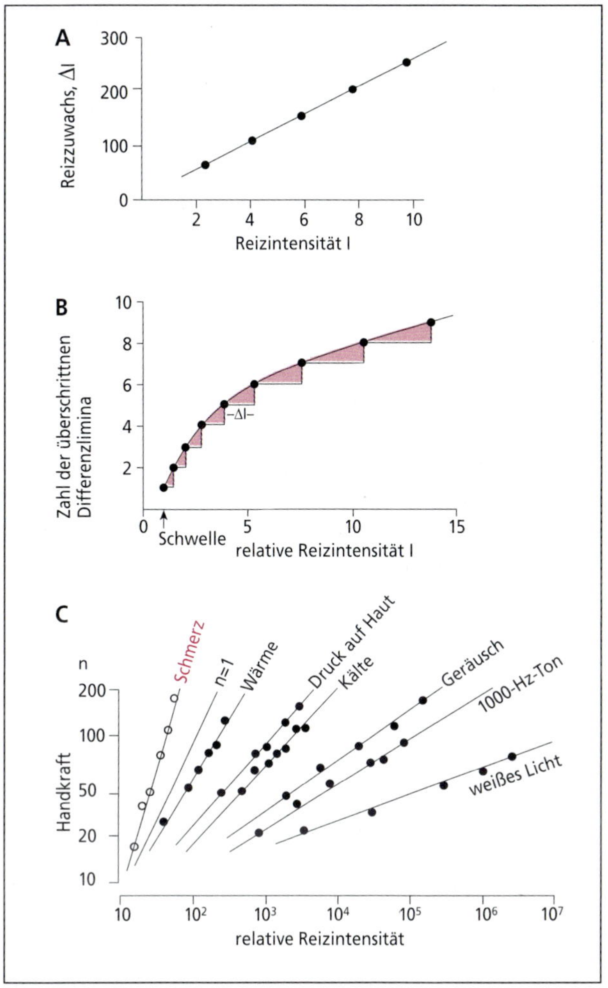

Abb. 5.6 **A** Weber-Beziehung zwischen der Reizintensität und dem Reizzuwachs, der zur Überschreitung der Unterschiedsschwelle notwendig ist.
B Fechner-Beziehung zwischen dem Zuwachs an Reizstärke und Zahl der Differenzlimen als Ausdruck für die Empfindungsstärke.
C Bewertung der Empfindungsstärken verschiedener Sinnesmodalitäten (intermodaler Vergleich); die Empfindungsstärken werden in Handkraft umgesetzt, die mit Hilfe eines Handdynamometers gemessen wird. Die Steigungen der Kurven ergeben sich aus den gefundenen unterschiedlichen Exponenten der Stevensschen Potenzfunktion (nach Schmidt/Thews, 27. Aufl.).

dige prozentuale Zuwachs in einem mittleren Gewichtsbereich konstant ist (**Weber-Gesetz**). Der sog. **Weber-Quotient** lautet $\Delta I/I = c$ oder $\Delta I = c \cdot I$.

I ist die Ausgangsreizintensität, ΔI die eben wahrnehmbare Veränderung der Reizintensität und c eine Konstante (Abb. 5.6 A). Die Beziehung des Weber-Quotienten gilt nur in einem mittleren Intensitätsbereich und weicht besonders im Schwellenbereich davon ab. Das hängt wahrscheinlich damit zusammen, daß schwache Reize von **„Rauschen“** überlagert sind, das z.T. aus der Spontanaktivität sensorischer Neurone stammt. Fechner hat versucht, aus der Weber-Beziehung ein allgemeines Gesetz über die **Empfindungsstärke** zu entwickeln. Als Nullpunkt einer Skala für Empfindungstärken dient dabei die Reizschwelle, die nächststärkere Empfindung ist um eine Unterschiedsschwelle größer. Dieser kleinstmögliche **Empfindungszuwachs** entspricht einem logarithmischen Zuwachs der Reizstärke.

Fechners psychophysische Beziehung lautet

$E = c \cdot \log (I/I_0)$

E ist die Empfindungsstärke, I die Reizstärke, I_0 die Schwellenreizstärke und c eine Konstante (Abb. 5.6 B).

Voraussetzung für diese Skalierung der Empfindungsstärke ist die Annahme von Unterschiedsschwellen als Grundeinheit der Änderung der Empfindungsstärke. Stevens beobachtete jedoch, daß die Unterschiedsschwelle nicht immer dem gleichen Zuwachs an Empfindungsstärke entspricht, sondern wie z.B. beim Hören mit der Entfernung von der Absolutschwelle variiert. Er führte eine **Rationalskala** ein, nach der die Empfindungsstärken direkt eingeschätzt werden, etwa „halb“ oder „doppelt so stark“. Durch Verwendung von entsprechenden Zahlenwerten erreicht man eine proportionale Zuordnung der Empfindungsstärke zur Reizintensität. Aus Experimenten mit solchen Rationalskalen entwickelte er folgende **Potenzfunktion (Stevens-Gesetz)**:

$E = c \cdot (I-I_0)^a$.

Durch Transformation wird aus dieser Potenzfunktion im logarithmischen Koordinatensystem eine lineare Beziehung:

$\log E = \log c + a \cdot \log (I-I_0)$.

In dieser Form entspricht der Exponent a der Steigung der Geraden. Diese Steigung ist für unterschiedliche Reizarten charakteristisch (Abb. 5.6 C) und Ausdruck dafür, daß sich die Reizintensitäten in den verschiedenen Sinnessystemen über unterschiedlich große Bereiche erstrecken. Die Stevens-Beziehung erlaubt also auch den intermodalen Vergleich zwischen Reizintensität und Wahrnehmung in verschiedenen Sinnessystemen.

5.2 Nozizeption und Schmerz

H. Sann

5.2.1 Schmerz bei Tieren

Bei den Tieren ist zur Erkennung möglicher gewebsschädigender Reize (Noxen, noxische Reize) ein „Frühwarnsystem“ ausgebildet, das über die Aktivierung von Reflexen und das entsprechende Verhalten helfen kann, der Noxe aktiv zu entgehen. Erkennung, Weiterleitung und Verarbeitung solcher noxischen Reize im peripheren und zentralen Nervensystem werden als **Nozizeption** bezeichnet. Beim Menschen kann eine Aktivierung der Nozizeption zu einer Schmerzempfindung führen. **Schmerz** ist dabei beim Menschen definiert als ein unangenehmes Sinnes- und Gefühlserlebnis, das mit aktueller oder potentieller Gewebsschädigung verknüpft ist oder mit Begriffen einer solchen Schädigung beschrieben wird. Da man die Empfindungen von Tieren nicht direkt erfragen kann, ist diese Schmerzdefinition hier nicht anwendbar. Trotzdem redet man in der veterinärmedizinischen Praxis von Schmerzen bei Tieren, wenn das Verhalten und die Reaktionen auf entsprechende noxische Reize Analogien zu denen bei schmerzhaften Zuständen des Menschen zeigen. Indirekte Schlüsse über einen möglichen Schmerz bei Tieren sind deshalb durch die Untersuchung der Nozizeption und des Verhaltens möglich. Ein Zeichen für die Aktivierung der Nozizeption sind die sog. **pseudoaffektiven Reaktionen**, die durch Veränderungen von Blutdruck, Herzfrequenz und Atmung, motorische Reflexe, protektive Reaktionen oder Vokalisation charakterisiert sind. Außerdem induzieren wiederholte noxische Reize, wie z.B. bei chronischen pathologischen Zuständen, typische Vermeidungsreaktionen. Daraus ergibt sich folgende Definition für den Schmerz bei Tieren.

Schmerz bei Tieren ist eine aversive sensorische Erfahrung, die durch aktuelle oder potentielle Verletzungen verursacht wird, die protektive motorische oder vegetative Reaktionen auslöst, zur erlernten Vermeidung solcher Reize führt und somit das Verhalten modifiziert.

5.2.2 Periphere Mechanismen der Nozizeption

Der erste Schritt bei der Perzeption noxischer Signale ist die Aktivierung der **Nozizeptoren** (Nozisensoren), die spezifisch auf noxische Reize reagieren (Abb. 5.7). Die Nozizeptoren der Haut können in zwei große Gruppen eingeteilt werden.

1. myelinisierte, mit A-δ Leitungsgeschwindigkeit (2,5-50 m/s) leitende hochschwellige **Mechanonozizeptoren** (d.h. sie lassen sich erst bei hohen noxischen, mechanischen Reizstärken erregen wie z.B. Nadelstiche), die den schnellen, scharfen Schmerz auslösen können;
2. unmyelinisierte C-Fasern (Leitungsgeschwindigkeit < 2,5 m/s), die als **polymodale Nozizeptoren** sowohl auf mechanische (z.B. Nadelstiche, Quetschen der Haut), thermische (Hitze 40 – > 50 °C, Kälte) als auch chemische Noxen (z.B. hohe Kaliumionenkonzentrationen, Säure, Brady-

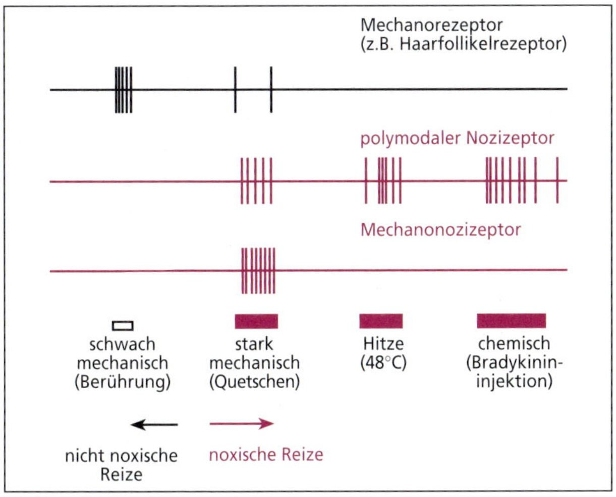

Abb. 5.7 Nozizeptoren der Haut und deren Antworten auf noxische Reize. Entladungsmuster eines Mechanorezeptors (Haarfollikelrezeptors), eines polymodalen Nozizeptors und eines Mechanonozizeptors der Haut auf nicht noxische (schwache mechanische Reize, weißes Rechteck) und auf noxische Reize (rote Rechtecke). Der Mechanorezeptor kann noxische Reizstärken nicht codieren. Der Mechanonozizeptor spricht nur auf noxische, mechanische Reize an. Der polymodale Nozizeptor antwortet auf noxische mechanische, thermische und chemische Stimulation.

kinin) reagieren. Beim Menschen sind diese Nozizeptoren für den langsamen, dumpfen oder brennenden Schmerz verantwortlich.

Eine weitere Gruppe der Nozizeptoren sind durch physiologisch auftretende mechanische noxische Reize (z.B. starke Dehnung eines Gelenks) nicht erregbar und werden deshalb als **schlafende Nozizeptoren** bezeichnet. Durch pathologische Zustände (z.B. Entzündungen, Überdehnung der Hohlorgane, Ischämie) können diese schlafenden Nozizeptoren geweckt (sensibilisiert) werden. Sie spielen deshalb wahrscheinlich beim Entzündungsschmerz eine wichtige Rolle. Nozizeptoren findet man auch in Muskeln, Gelenken, inneren Organen (Viscera) und in fast allen anderen Organen des Körpers mit Ausnahme des ZNS.

Morphologisch stellen die Nozizeptoren nichtkorpuskuläre, freie Nervenendigungen dar. Die Zellkörper der Nozizeptoren liegen in den Hinterwurzelganglien (Spinalganglien) und sind meist kleiner als die der niederschwelligen Mechanorezeptoren. Viele Nozizeptoren können neben dem klassischen Transmitter Glutamat auch ein oder mehrere Neuropeptide, wie z.B. Substanz P oder Calcitonin gene-related peptide enthalten, die als Neuromodulatoren fungieren.

Spezifische mechanosensitive, polymodale und schlafende Nozizeptoren kodieren noxische Reize und leiten diese Informationen an das ZNS weiter.

5.2.3 Zentrale Mechanismen der Nozizeption

Die erste Umschaltung der Signale der Hautnozizeptoren erfolgt in den obersten Schichten des Dorsalhorns (Laminae I-II) des Rückenmarks bzw. in den entsprechenden Regionen des Hirnstamms für die Nozizeptoren aus dem Kopfbereich (Trigeminuskerne). Viele Neuronen in diesen Schichten reagieren deshalb am besten oder ausschließlich auf noxische Reize. Im mittleren Teil des Hinterhorns (Lamina III-IV) enden die niederschwelligen Mechanorezeptoren, und die meisten dort lokalisierten Neuronen antworten am besten auf relativ schwache mechanische Stimuli (Berührung, Vibration). In den tieferen Schichten des Hinterhorns (Laminae V-VI) findet man sowohl nozizeptive als auch nicht-nozizeptive Neuronen. In diesen Schichten sowie in Lamina I enden auch primär afferente Nervenfasern von Muskeln, Gelenken und aus den Viscera.

Viscerale nozizeptive Fasern und sensorische Fasern der Haut können auf dieselben spinalen Neuronen verschaltet sein (**viscero-somatische Konvergenz**). In Vergleich zu den Hautrezeptoren ist die Effektivität visceraler Sensoren, spinale Neuronen zu erregen, relativ gering. Es bedarf deshalb einer starken Aktivierung vieler visceraler Rezeptoren (z.B. Überdehnung der Hohlorgane, Zug an den Mesenterien) oder einer Sensibilisierung der visceralen Rezeptoren (z.B. bei Entzündung, Kap. 5.2.4), um spinale nozizeptive Neuronen durch viscerale Reize stark zu aktivieren. Durch die viscerosomatische Konvergenz können Signale visceraler nozizeptiver Sensoren als noxische Reize aus den entsprechenden somatischen Regionen fehlgedeutet werden. Man spricht beim Menschen von übertragenen Schmerzen; die entsprechenden somatischen Regionen werden als **Headsche Zonen** (Kap. 4.4.1) bezeichnet. Ein Beispiel ist das Auftreten von Schmerzen im linken Arm bei einer Ischämie des Herzens und beim Herzinfarkt.

Die nozizeptiven spinalen Neuronen können im selben Rückenmarksegment auf die motorischen Systeme des ipsi- oder kontralateralen Ventralhorns wirken (nozifensive motorische Reflexe, z.B. Wegziehreflexe) oder die Aktivität der im Seitenhorn liegenden präganglionären, sympathischen Neurone modulieren (sympathische Reflexe). Lokale spinale Mechanismen tragen somit auch zur motorischen und zur vegetativen Komponente der Nozizeption und des Schmerzes bei (Abb. 5.8).

Zur Weiterleitung der noxischen Informationen an das Gehirn laufen die Axone der nozizeptiven Hinterhornneuronen auf die kontralaterale Seite

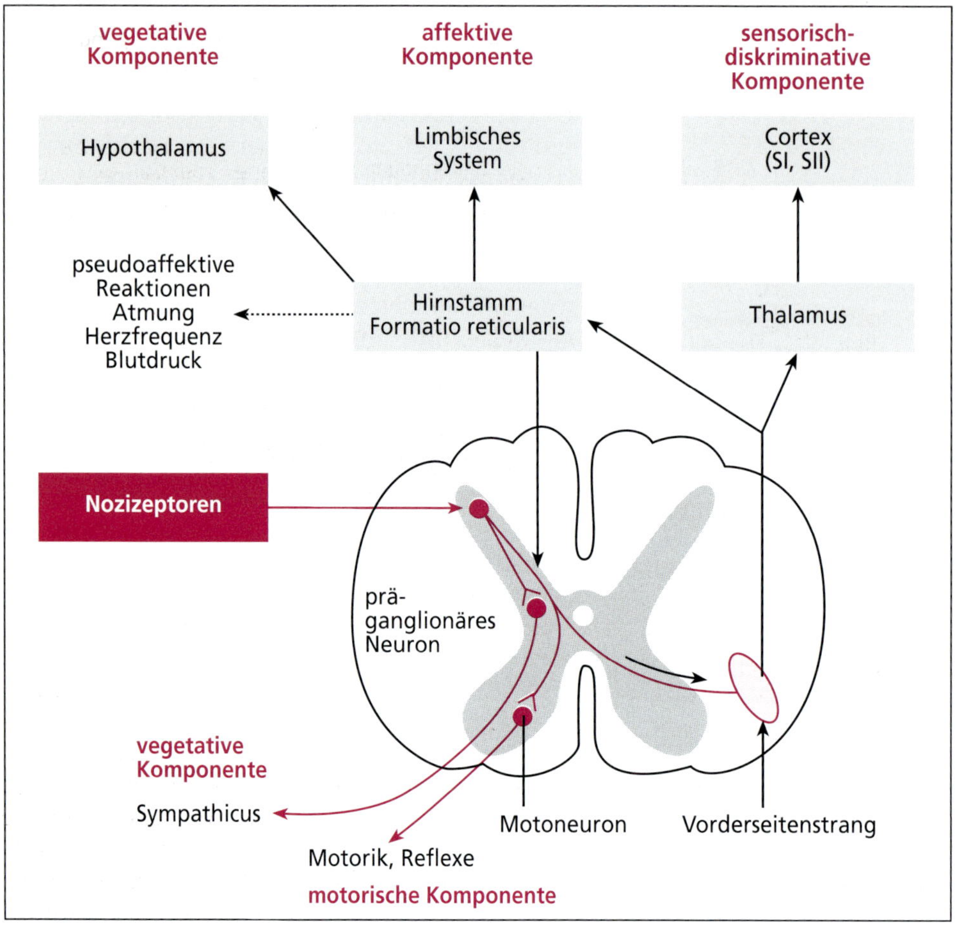

Abb. 5.8 Schematische Darstellung der zentralen nozizeptiven Bahnen und die daraus resultierenden vier Hauptkomponenten der Nozizeption und des Schmerzes. Nozizeptoraktivierung kann über die Stimulation autonomer und motorischer Neurone im Rückenmark zu lokalen Reflexen führen. Über den Vorderseitenstrang gelangen die nozizeptiven Signale zum Thalamus und zum Hirnstamm und werden dann im ZNS weiterverarbeitet (stark vereinfachte Darstellung).

und ziehen im **Vorderseitenstrang** zum Thalamus (Tractus spinothalamicus), zur Formatio reticularis im Hirnstamm (Tractus spinoreticularis) und zum Mittelhirn (Tractus spinomesencephalicus). Im Thalamus enden die nozizeptiven Fasern vor allem am Rand des Ventrobasalkomplexes, aber auch in unspezifischen Thalamuskernen. Die ventrobasalen thalamischen Neuronen projizieren dann in den somatosensorischen Cortex. Diese Bahn dient zur Erkennung und zur Lokalisation noxischer Reize (**sensorisch-diskriminative Funktion**). Die unspezifischen Thalamuskerne, die Formatio reticularis und das Limbische System sind an der **affektiven Komponente** der Nozizeption beteiligt (z.B. Aggression bei Schmerzen).

Über die absteigenden motorischen Bahnen des ZNS können Motoneuronen als Reaktion auf noxische Reizung aktiviert werden (**motorische Komponente**). Die **vegetative Komponente** der Nozizeption wird über die Verschaltung der nozizeptiven Signale im Hirnstamm, im Hypothalamus und über absteigende Bahnen zu den präganglionären Neuronen im Rückenmark vermittelt (Abb. 5.8). Dadurch können die für das Abwehrverhalten typischen vegetativen Reaktionen, wie Umverteilung der Durchblutung (mehr im Muskel, weniger in Eingeweiden und Haut), Erhöhung des Herzzeitvolumens oder Aktivierung des Nebennierenmarks, auf starke noxische Reizung erklärt werden.

> Aktivierung der Nozizeption kann im ZNS zur Stimulation sensorisch-diskriminativer, affektiver, motorischer und vegetativer Komponenten führen.

5.2.4 Plastizität der Nozizeption

- **Sensibilisierung der Nozizeption**

Eine der typischen Eigenschaften der Nozizeption ist die Sensibilisierung des peripheren und zentralen nozizeptiven Systems durch pathophysiologische Bedingungen. Durch die Sensibilisierung kommt es zu einer verstärkten Schonung der betroffenen Organe (z.B. Lahmen, Schonhaltung), die Beseitigung der Noxen kann beschleunigt werden, und der Heilungsprozeß wird begünstigt.

Durch Entzündungsprozesse können die peripheren Nozizeptoren sensibilisiert werden (**periphere Sensibilisierung**), d.h., sie reagieren schon auf normalerweise nicht noxische mechanische oder ther-

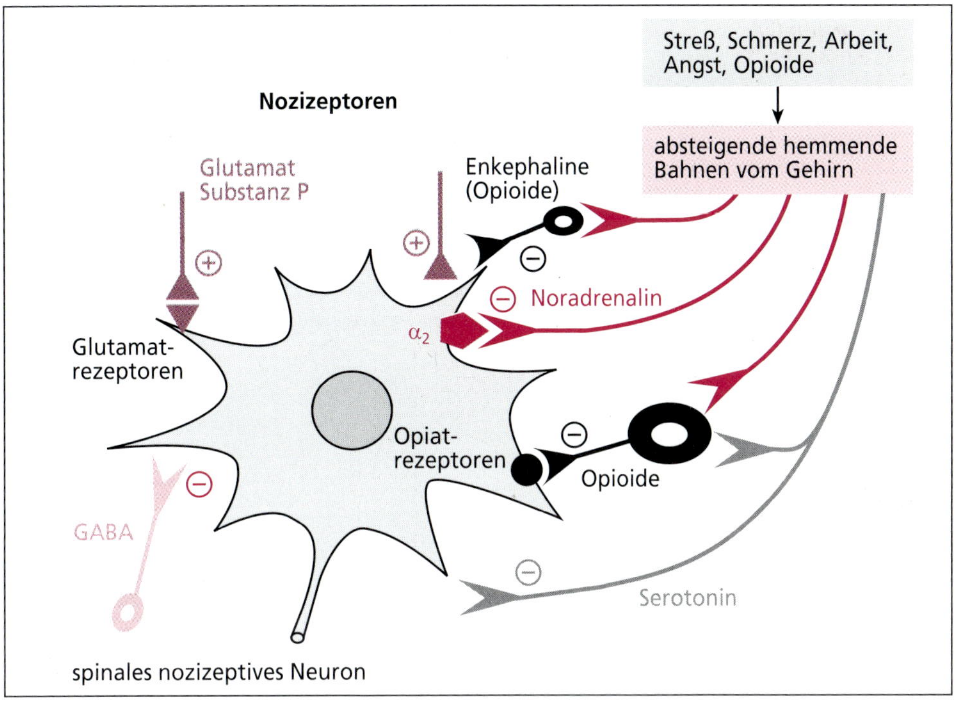

Abb. 5.9 Hemmung der spinalen Nozizeption durch absteigende Bahnen aus dem Gehirn und lokale Interneurone. Eine Hemmung des spinalen nozizeptiven Neurons kann durch Noradrenalin (α_2-Rezeptoren), Serotonin, körpereigene Opioide (Enkephalin, Dynorphin) und GABA erfolgen. Lokale enkephalinerge Neurone können auch präsynaptisch (axoaxonale Synapse) die Ausschüttung von Glutamat und Substanz P aus den zentralen Endigungen der Nozizeptoren reduzieren.

mische Reize. Ein bekanntes Beispiel dafür ist der Sonnenbrand, bei dem leichte Berührungsreize und schwache Temperaturerhöhungen (warme Dusche) schon starke Schmerzen hervorrufen. Verantwortlich für die Sensibilisierung sind lokale chemische Faktoren im entzündeten Gewebe (**Entzündungsmediatoren**), wie Prostaglandine, Bradykinin, Serotonin und/oder Ansäuerung.

Bei Entzündungen kommt es auch zu einer Übererregbarkeit zentraler Neurone im Rückenmark (**zentrale Sensibilisierung**). Auch die Eingänge von Sensoren aus nicht entzündeten Gebieten werden gebahnt, wodurch die betroffenen spinalen Neurone eine Vergrößerung ihres rezeptiven Feldes zeigen. Pathologische Zustände in inneren Organen (z.B. Kolik, Fremdkörper im Gastrointestinaltrakt) können somit auch zu einer Sensibilisierung der somatischen Regionen führen. Die Untersuchung der Haut auf Hypersensibilität kann in solchen Fällen helfen, zumindest die spinalen Segmente in dem die Sensibilisierung aufgetreten ist, zu lokalisieren. Eine wichtige Rolle bei der zentralen Sensibilisierung spielt der NMDA-Rezeptor (N-Methyl-D-Aspartat), ein Subtyp von Glutamatrezeptoren (Kap. 3.3.4). So können spezifische NMDA-Antagonisten, wie das in der Veterinärmedizin häufig als Anästhetikum eingesetzte Ketamin, die zentrale Sensibilisierung verhindern.

- **Körpereigene antinozizeptive Systeme**

Viele nozizeptive Neuronen in Rückenmark stehen unter dem Einfluß hemmender Bahnen, die als körpereigenes „Schmerzunterdrückungssystem" (antinozizeptives System) angesehen werden können. Die spinalen nozizeptiven Neuronen können dabei über lokale Mechanismen, intersegmentale spinale Verschaltungen und/oder durch absteigende Bahnen aus dem Zentralnervensystem gehemmt werden (Abb. 5.9). Durch Aktivierung der absteigenden Bahnen werden die Antworten der nozizeptiven Rückenmarkneuronen auf noxische Reize deutlich reduziert, und nozifensive Reflexe (z.B. Wegziehreflexe) können gehemmt werden.

Antinozizeption kann u.a. aus dem periaquäduktalen Grau des Mittelhirns, dem Nucleus raphe magnus in der ventralen Medulla, dem Locus coeruleus in der dorsalen Medulla und aus Teilen der Formatio reticularis ausgelöst werden. Die absteigende Hemmung kann durch verschiedene physiologische und pathophysiologische Einflüsse, wie Aktivierung der Nozizeption (Schmerz), Streß, Angst, Arbeit oder Bluthochdruck sowie die Aktivierung von Opiatrezeptoren, z.B. durch Morphin oder durch die körpereigenen Opioide (Enkephaline, Dynorphin), stimuliert werden. Die wichtigsten Neurotransmitter der absteigenden Bahnen im Rückenmark sind Serotonin und Noradrenalin (Abb. 5.9). Im Rückenmark kann die lokale Hemmung der Nozizeption auch über Enkephaline oder GABA-haltige Neurone erfolgen.

Die Nozizeption zeichnet sich durch eine enorme Plastizität aus. Man findet sowohl eine Verstärkungen (Sensibilisierung) als auch eine körpereigene Hemmung der Nozizeption.

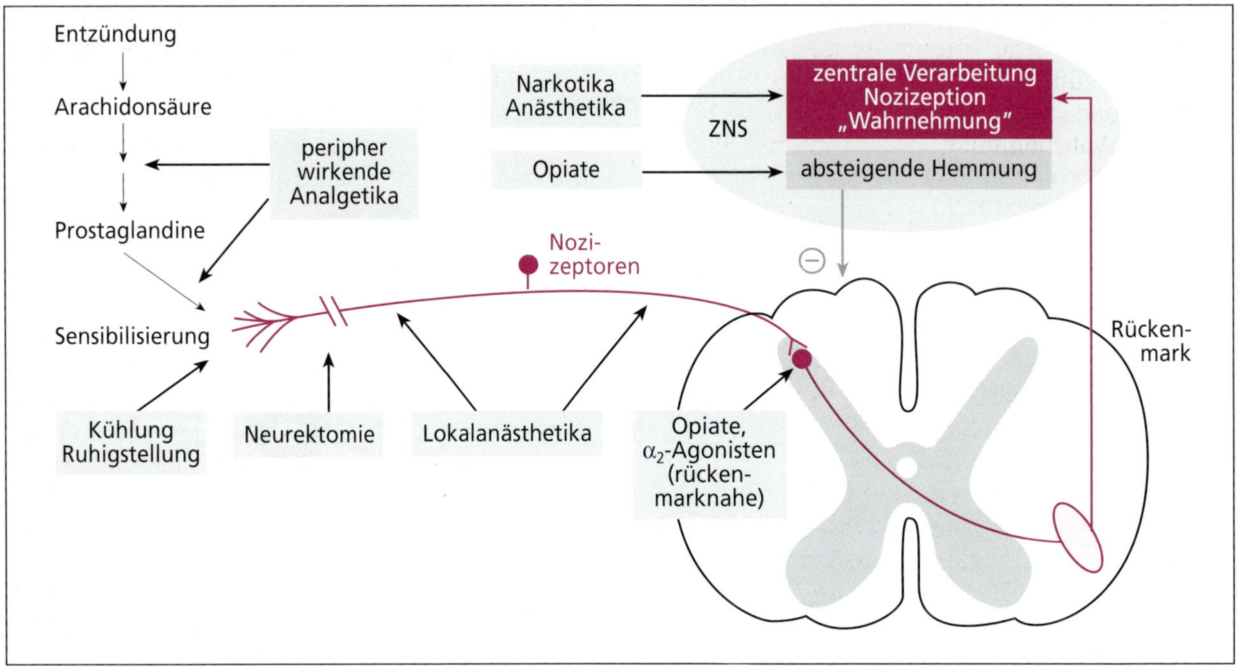

Abb. 5.10 Möglichkeiten der Schmerzbehandlung und der Antinozizeption an verschiedenen Stellen des nozizeptiven Systems. Pfeile deuten auf die Angriffsorte der jeweiligen Behandlungsmöglichkeiten.

5.2.5 Schmerzbehandlung

• **Analgetika**
Ein Angriffsort für peripher wirkende schmerzhemmende Mittel (Analgetika) ist das Verhindern der Sensibilisierung der Nozizeption. So reduzieren Analgetika, z.B. Acteylsalicylsäure, über die Hemmung der Cyclooxygenase die Bildung der sensibilisierenden Prostaglandine (Abb. 5.10). Weiterhin kann durch lokale Abkühlung die Aktivität der Nozizeptoren reduziert und die Entwicklung der Entzündungen verlangsamt werden. Eine kurzfristige Art der lokalen Schmerzausschaltung ist die Lokalanästhesie der betroffenen Region, des entsprechenden Nervs oder der beteiligten Rückenmarksegmente. Da durch Lokalanästhetika der Informationsfluß aus der Peripherie zum Rückenmark verhindert wird, kann auch die zentrale Sensibilisierung der Rückenmarkneuronen nicht mehr erfolgen. Die Lokalanästhesie kann somit auch zur Reduktion postoperativer Schmerzen beitragen. Bei chronischen pathologischen Bedingungen, z.B. bei der Podotrochlose des Pferdes, kann zur Schmerzausschaltung der entsprechende Nerv durchtrennt werden (Neurektomie). Da durch solche Neurektomien aber auch die efferente Innervation und auch andere Sinnesmodalitäten beseitigt werden, sind solche chirurgischen Eingriffe nur als letztes Mittel sinnvoll. In Rückenmark und ZNS kann durch die Imitation oder Aktivierung der körpereigenen antinozizeptiven Mechanismen eine Analgesie erzielt werden. Eine der ältesten pharmakologischen Schmerzbehandlungsarten ist die systemische Gabe von Morphin, das über Opiatrezeptoren das nozizeptive System hemmt. Ähnliche analgetische Wirkungen haben α_2-adrenerge Agonisten, z.B. Xylazin. Da einer der Angriffsorte dieser Substanzen die nozizeptiven Rückenmarkneuronen sind, wirkt auch die rückenmarknahe (epidurale) Applikation von Morphin oder α_2-Agonisten analgetisch (Abb. 5.10). Durch epidurale Applikation können die nicht erwünschten Nebenwirkungen deutlich abgeschwächt werden.

• **Narkose**
Durch die Narkose wird die Wahrnehmung noxischer Reize unterbunden werden (Abb. 5.10). Die Mechanismen der chemisch so verschiedenen Narkotika sind nicht genau aufgeklärt. Schon lange ist bekannt, daß die Wirkung der Narkotika gut mit ihrer Lipidlöslichkeit korreliert ist. Es wird vermutet, daß Narkotika ihre Wirkung nicht nur durch Einlagerung in die Zellmembran, sondern auch durch ein Binden an lipophile Regionen von Membranproteinen ausüben. Dadurch kann die Wirkung hemmender Transmitterrezeptoren verstärkt (z.B. Barbiturate am GABA Rezeptor), von erregenden Rezeptoren vermindert (z.B. Ketamin am NMDA-Rezeptoren) oder die von Ionenkanälen verändert werden. Durch die daraus resultierenden veränder-

ten synaptischen Übertragungsprozesse werden die zentralen Verarbeitungsmechanismen eingeschränkt. Dadurch fallen bei der Narkose dosisabhängig zuerst komplizierte polysynaptische Mechanismen (Wahrnehmung) aus, während einfache Verschaltungen (autonome Mechanismen) oder die Weiterleitung von Aktionspotentialen noch erhalten bleiben können und erst bei zu hohen Konzentrationen ausfallen.

5.3 Gleichgewicht und Hören

F.-K. Pierau

Obwohl beide Sinnesorgane unterschiedliche Funktionen haben (bei Fischen kombiniert), sind Aufnahme und Umsetzung der adäquaten Reize fast identisch, da sie jeweils über hochempfindliche Mechanosensoren erfolgen. Sie werden als **Haarsinneszellen** bezeichnet, weil aus ihrem apikalen Ende 20-100 **Stereocilien (Stereovilli)** und in den meisten Zellen ein **Kinocilium** entspringen. Abbiegen (Abscheren) der Cilien führt zur Erregung der Haarzellen (s. Transduktionsvorgang). Stereovilli und Kinocilien sind strukturell und entwicklungsgeschichtlich nicht miteinander verwandt; letztere fehlen im Hörorgan des adulten Säugers und sind wahrscheinlich für den Transduktionsprozeß nicht primär erforderlich. Die Haarzellen des Gleichgewichtsorgans befinden sich beim Säuger im **Labyrinth (Vestibularorgan)**, während die Haarzellen des Hörorgans in der **Cochlea (Schnecke)** lokalisiert sind; Vestibularorgan und Cochlea liegen im Felsenbein und bilden gemeinsam das **Innenohr**.

5.3.1 Vestibularorgan

• **Anatomie des Vestibularorgans**

Das Vestibularorgan von Vertebraten besteht aus Aussackungen des häutigen Labyrinths, das die knöchernen **Bogengänge** und die beiden **Maculaorgane** auskleidet. Die miteinander und mit der Scala media der Cochlea kommunizierenden Hohlräume sind mit **Endolymphe** gefüllt, während die **Perilymphe** den Raum zwischen dem knöchernen und dem häutigen Labyrinth ausfüllt (Abb. 5.11). Das Sinnesepithel mit den Haarzellen befindet sich in den Maculaorganen und in den **ampullenförmigen Erweiterungen** der Bogengänge. Über dem Sinnesepithel der Maculaorgane liegt eine kissenförmige Gallerte aus Mucopolysacchariden, in das Kristalle aus Calciumcarbonat eingelagert sind (**Otolithenmembran**). Durch die Kristalleinlagerungen haben die Gallerten eine höhere spezifische Dichte als die Endolymphe und bleiben bei **Translationsbeschleunigungen** (Bremsen in einem Fahrzeug, Sturz oder Sprung) gegenüber der Endolymphe etwas zurück,

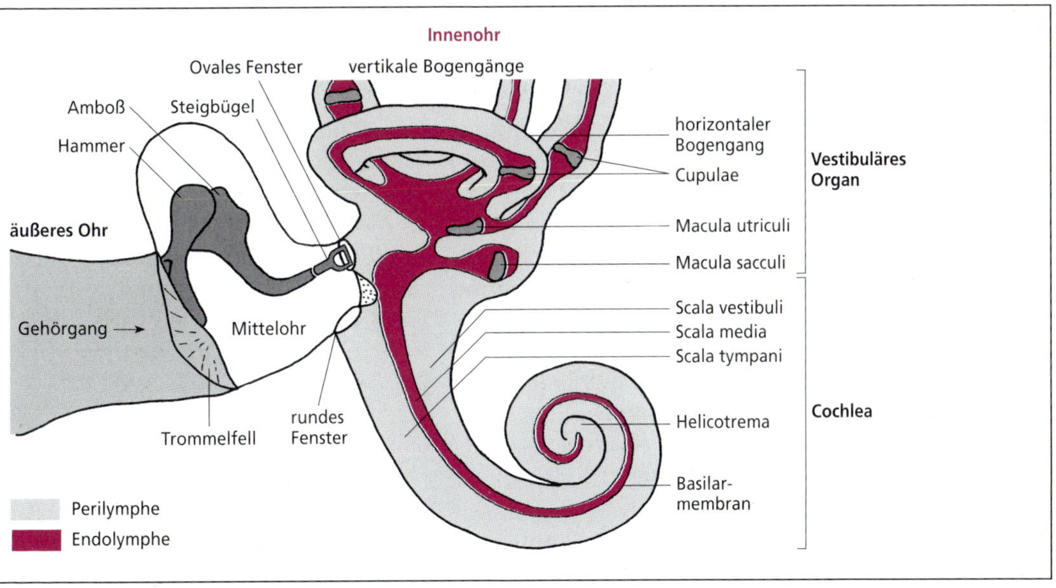

Abb. 5.11 Schematische Darstellung von Ohr und Gleichgewichtsorgan des Menschen. Das Mittelohr (Paukenhöhle) ist nach außen durch das Trommelfell und zum Innenohr durch das ovale und runde Fenster abgeschlossen. Die Auslenkungen des Trommelfells werden über Hammer, Amboß und Steigbügel auf die Membran des ovalen Fensters übertragen. Das Innenohr befindet sich im Felsenbein und besteht aus Cochlea und Vestibularorgan, die durch Endo- und Perilymphräume miteinander verbunden sind. Die schneckenförmig aufgerollten Kanäle der Cochlea enthalten in der Scala media das Cortische Organ mit den Sinneszellen. Das Vestibularorgan besteht aus den drei Bogengängen, die in drei zueinander senkrecht stehenden Ebenen angeordnet sind, und den beiden Maculaorganen.

vergleichbar der Rückwärtsbewegung des Kopfes beim Anfahren eines Autos. Dadurch werden die in die Kissen hineinragenden Haarzellen abgebogen und die **tonische Aktivität** der Sinneszellen erhöht oder vermindert.

Eine ständig wirksame Translationsbeschleunigung ist die **Gravitationsbeschleunigung (Schwerkraft)**; sie führt bei normaler Kopfhaltung zur Abscherung der Haarzellen in der **Macula sacculi**, deren Otolithenmembran unter diesen Bedingungen senkrecht steht. Dagegen werden in dieser Position die Haarzellen der **Macula utriculi** nicht ausgelenkt, da ihre Otolithenmembran eine waagerechte Lage hat. Veränderungen der Position des Kopfes führen zu entsprechenden Lageveränderungen der Otolithenmembran in beiden Maculaorganen und damit zu Veränderungen des Scherwinkels der Haarzellen und zur entsprechenden **Modulation der tonischen Aktivität** der Sinneszellen. Aus der Verrechnung der Signale aus den Maculaorganen und den Muskel- und Gelenkrezeptoren des Halses gewinnt das zentrale Nervensystem die Information über die **Position des Kopfes.**

Die Haarsinneszellen in den Maculaorganen und den ampullenförmigen Erweiterungen der Bogengänge besitzen eine tonische Aktivität, deren Frequenz durch Abscheren der Haarzellen moduliert wird.

Die drei **Bogengänge** stehen senkrecht aufeinander, d.h., sie sind dreidimensional angeordnet. Ihre Sinneszellen sind daher im Zusammenspiel mit den Bogengangsorganen des kontralateralen Ohres in der Lage, Winkelbeschleunigungen (Geschwindigkeit von Kopfbewegungen) in adäquate Aktivitätsänderungen in den afferenten Nervenfasern umzusetzen, die gemeinsam zentral verarbeitet werden. Jeder Bogengang bildet einen etwa kreisförmigen Kanal, der im Bereich der Ampulle durch die **Cupula** verschlossen wird (Abb. 5.11). Die gallertartige Cupula ist an einer Seite mit der knöchernen Innenseite des Bogenganges verbunden, in die gegenüberliegenden Seite ragen die Sinneshaarzellen hinein. Cupula und Endolymphe besitzen die gleiche spezifische Dichte; daher führen Translationsbeschleunigungen nicht zur Veränderung ihrer Lage. Zur Auslenkung der Cupula und damit der Stereovilli und des Kinociliums kommt es dagegen bei Drehbewegungen des Kopfes, bei denen die festverwachsene Cupula sich mit dem Schädel mitbewegt. Die Endolymphe bleibt in Folge ihrer Trägheit zurück und lenkt die Cupula entgegen der Drehrichtung aus.

- **Morphologie der Sinneszellen und Transduktionsprozeß**

Die Haarzellen im Sinnesepithel des Vestibularorgans besitzen 60-100 **Stereovilli**, die in mehreren Reihen hintereinander angeordnet sind, und ein **Kinocilium.** Wie bei allen **sekundären Sinneszellen** erfolgt die Signalübertragung auf die afferente Nervenfaser über die Aktivierung einer **chemischen Synapse**, deren Transmitter wahrscheinlich Glutamat ist. Mit Hilfe der **efferenten Innervation** kann die Empfindlichkeit der Erregungsübertragung durch Verminderung oder Erhöhung der Transmitterfreisetzung moduliert werden. Dadurch werden vor allem mechanische Reize, die der Körper durch seine eigene Bewegung hervorruft, gedämpft oder unterdrückt (Abb. 5.12).

An der afferenten Synapse wird ständig spontan Überträgerstoff freigesetzt und damit in der afferenten Nervenfaser eine tonische Aktivität hervorgerufen, die entsprechend der Auslenkungsrichtung der Stereovilli vermindert oder erhöht wird. Aktivierung der Haarzellen und damit Zunahme der Transmitterausschüttung erfolgt durch Auslenkung der Stereovilli in Richtung auf das Kinocilium. Die Spitzen der Stereovilli sind untereinander durch die sogenannten Spitzenfäden (**tip links**) verbunden. Durch die Auslenkung werden die tip links gedehnt, und **dehnungsaktivierbare K^+-Kanäle** in der Membran der Stereovilli geöffnet (Abb. 5.12). Da die Endolymphe eine hohe K^+-Konzentration von etwa 145 mM hat, strömt K^+ in die Haarzellen (s. Transduktionsmechanismus in den Haarzellen der Cochlea). Die daraus resultierende Depolarisation (Sensorpotential) führt ihrerseits zur Öffnung von Ca^{2+}-Kanälen und über die üblichen präsynaptischen Aktivierungsmechanismen zur **Erhöhung der Transmitterfreisetzung.** Auslenkung der Stereovilli in die Gegenrichtung führt zur Stauchung der tip links, Verminderung der K^+-Durchlässigkeit und damit zur **Hemmung der Transmitterausschüttung** (Abb. 5.12).

Das Sensorpotential der Haarsinneszellen, das durch Öffnen von dehnungsaktivierbaren K^+-Kanälen entsteht, moduliert die Transmitterausschüttung und damit die Frequenz der Aktionspotentiale in den afferenten Nerven.

- **Verbindung des vestibulären Systems zum ZNS**

Die afferenten Nervenfasern verlaufen im N. vestibularis zu den Vestibulariskernen in der Medulla oblongata (Kap. 4.2.4). Die Neuronen der **Vestibulariskerne** erhalten nicht nur Signale aus den labyrinthären Haarzellen, sondern auch aus dem visuellen System und von Propriozeptoren der Muskeln

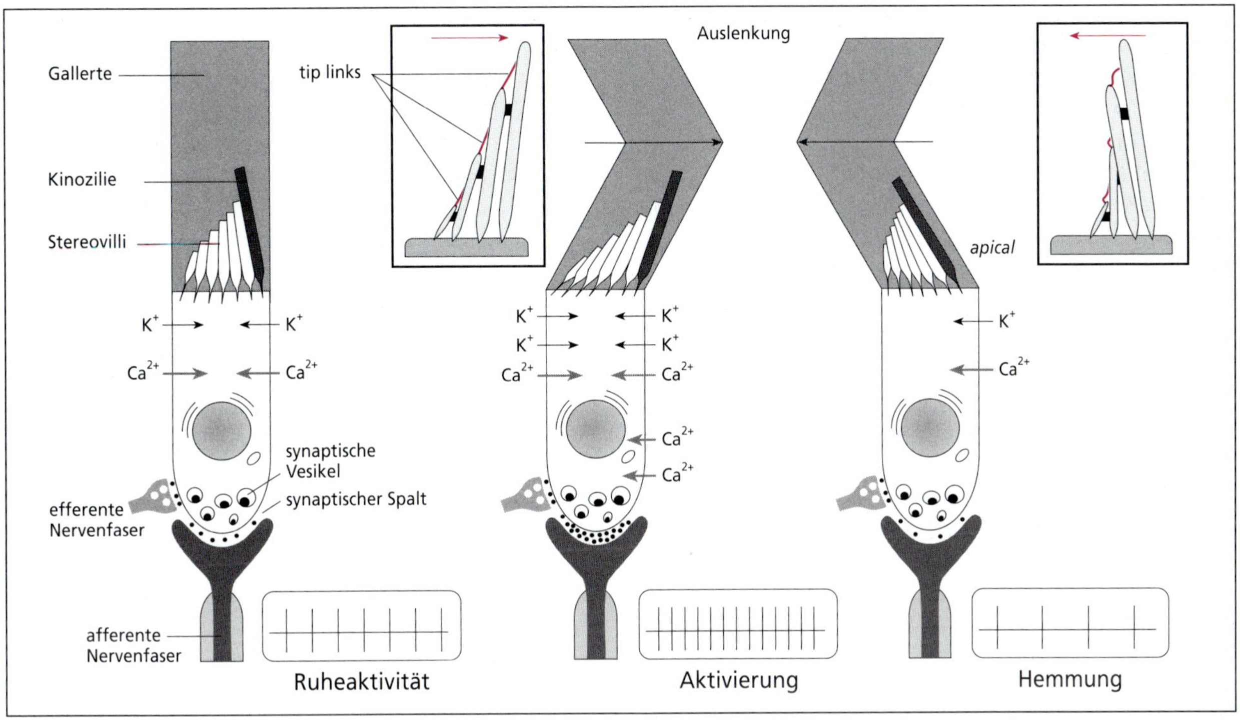

Abb. 5.12 Erregung von Haarsinneszellen der Cupula und Reiztransduktion. In Ruhe spontane Transmitterfreisetzung aus den Haarsinneszellen, die in der afferenten Nervenfaser eine mittlere Aktivität hervorruft. Das durch Auslenkung der Stereovilli in Richtung des Kinociliums entstehende Sensorpotential erhöht die Transmitterfreisetzung und die Aktivität in der Nervenfaser. Auslenkung der Stereovilli in die Gegenrichtung bewirkt Reduktion der Transmitterfreisetzung und der Zahl der Aktionspotentiale. Das depolarisierende Sensorpotential entsteht durch Erhöhung des K^+-Einstroms aus der K^+-reichen Endolymphe bei Dehnung der tip links, während ihre Stauchung zur Verminderung des K^+-Einstroms und damit zur Hyperpolarisation führt (nach Schmidt/Thews 27. Aufl.).

und Gelenke des Halses. Durch Konvergenz dieser drei Eingänge wird die reflektorische Steuerung von Körper- und Kopfhaltung sowie von Augenbewegungen ermöglicht und damit auch die Voraussetzung für die Fortbewegung (Lokomotion) und andere zielgerichtete Bewegungsformen geschaffen. Verbindungen zwischen den Vestibulariskernen beider Seiten ermöglichen die Verrechnung der Signale aus beiden Vestibularorganen. Zur Sicherung dieser komplexen Funktionen sind die Vestibulariskerne im Rahmen der Körpermotorik mit einer Reihe von Arealen in verschiedenen Gebieten des ZNS verbunden. Diese Projektionen ermöglichen zusammen mit anderen sensorischen Eingängen, vorwiegend aus den Propriorezeptoren der Muskeln und Gelenke, die **bewußte Raumorientierung.**

Zur reflektorischen Steuerung der **kompensatorischen Augenbewegungen** bei veränderter Kopfhaltung bestehen monosynaptische Verbindungen zu den motorischen Kernen der Augenmuskeln. Kompensatorische Augenbewegungen dienen zur **Stabilisierung** des **Gesichtsfeldes** bei aktiven und passiven Körper- oder Kopfbewegungen. Die resultierenden rhythmischen Augenbewegungen nennt man **Nystagmus.**

Die reflektorische Steuerung der Körper- und Kopfhaltung und die Raumorientierung entstehen durch Konvergenz der Signale aus dem Labyrinth, dem visuellen System und den Propriozeptoren des Halses.

5.3.2 Hörorgan

Der Schall ist der adäquate Reiz für das Hörorgan. Normalerweise wird der an einem schwingenden Körper (**Schallquelle**) entstehende Schall durch Luft transportiert und besteht aus **Druckschwankungen,** deren Frequenz in Hertz (Schwankung/s, Hz) angegeben wird. Die Amplitude der Druckschwankungen wird als **Schalldruck** in Pascal (1 Pa = 1 N/m^2) gemessen. Beim Menschen liegt der Umfang des Schalldrucks, der vom Ohr verarbeitet werden kann, bei einer Frequenz von 1.000 Hz zwischen $3{,}2 \cdot 10^{-5}$ Pa (**Hörschwelle**) und 63 Pa (**Schmerzschwelle**) und umfaßt damit einen Bereich von $2 \cdot 10^6$ Pa. Zur besseren Handhabung verwendet man daher den Schalldruckpegel (L), der in Dezibel angegeben wird. In dieser Skalierung steht der zu beschreibende Schalldruck P_x in einer logarithmischen Beziehung zu einem festgelegten Bezugsschalldruck von $P_0 = 2 \cdot 10^{-5}$ Pa.

Die genaue Beziehung lautet:

$$L = 20 \cdot \log \frac{P_x}{P_0} \text{ [dB]}$$

Man muß sich klarmachen, daß eine Zunahme um 20 dB tatsächlich eine Verzehnfachung des Schalldrucks darstellt. Entsprechend bedeuten 80 dB eine Steigerung von 10^4 = 10.000, d.h. bei einem Hörverlust von 80 dB muß zur Wahrnehmung eines bestimmten Tones ein 10.000fach höherer Schalldruck als beim Gesunden angewendet werden.

In der klinischen Audiometrie werden nicht objektive physikalische Schallparameter, sondern physiologische Wahrnehmungskriterien benutzt. Dazu bestimmt man die **subjektive Lautstärke** eines Testtones in bezug auf einen Vergleichston. Da die Schwellenkurve des menschlichen Hörvermögens von der Frequenz der Schallwellen abhängig ist, benutzt man die Frequenz von 1.000 Hz für den Vergleichston. Vereinbarungsgemäß sind daher **Lautstärkewerte**, die in **phon** angegeben werden, bei 1.000 Hz identisch mit den entsprechenden Schalldruckwerten. Alle Töne anderer Frequenzen, die gleich laut sind, liegen auf einer Kurve, die man als **Isophone** bezeichnet. Beim Menschen liegt die Hörschwelle für 1.000 Hz bei einem Schalldruck von 4 dB entsprechend 4 phon.

Der Schall als adäquater Reiz für das Hörorgan ist physikalisch durch Schalldruck und Frequenz bestimmt; als physiologisches Wahrnehmungskriterium dient die Lautstärke.

Als einfacher klinischer Test wird die **Schwellenaudiometrie** verwendet, bei der dem Patienten über Kopfhörer einohrig verschiedene Töne angeboten werden. Man beginnt in einem Schalldruck- bzw. Lautstärkenbereich, der sicher unterhalb der Hörschwelle liegt, und notiert die Werte, bei denen der Proband eine Hörempfindung hat. Die Lautstärke der menschlichen Sprache liegt zwischen 40 und 80 phon, ihre Frequenz zwischen 200 und 5.000 Hz (**Hauptsprachbereich**); die **Schmerzgrenze** befindet sich bei etwa 130 phon.

Auch bei Tieren kann man in Verhaltensversuchen die **Audiometrie** anwenden (Abb. 5.13). Die verschiedenen Wirbeltiere haben unterschiedliche frequenzbezogene Hörbereiche. Der junge, gesunde Mensch kann in einem Bereich zwischen 20 Hz und 16.000 (bis 20.000) Hz hören. Bei den ursprünglich nachtjagenden Carnivoren ist die Hörfähigkeit besser, vor allem im **Ultraschallbereich (>20.000 Hz)**. Das betrifft nicht nur den Frequenzbereich, sondern auch die Sensitivität des Hörvermögens. Wie die

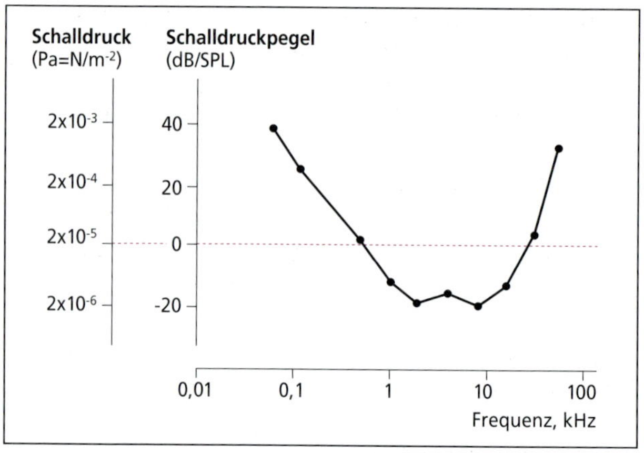

Abb. 5.13 Hörschwellenkurve der Katze, bezogen auf den Schalldruck von $2 \cdot 10^{-5}$ N/m² (rote Linie, Schwellenschalldruck für das Gehör des Menschen). Die Empfindlichkeit des Hörens ist im Bereich zwischen 1 und 10 kHz etwa 100fach (20 dB) größer als beim Menschen (nach Scheinert/Frantzmann, 7. Aufl.).

Hörschwellenkurve der Katze zeigt (Abb. 5.13), ist die Schwelle im Bereich zwischen 1.000 und 10.000 Hz fast um 20 dB niedriger als beim Menschen. Die obere Hörgrenze der Katze liegt bei 60.000 Hz, beim Hund zwischen 40 und 50.000 Hz; auch kleine Nager können im Ultraschallbereich hören. Weit geringer ist der Hörbereich von Reptilien (10 Hz-10.000 Hz) und Vögeln (10 Hz-12.000 Hz). Manche Vögel (z.B. Tauben) können jedoch auch **Infraschall** von weniger als 1 Hz wahrnehmen. Den kleinsten Hörbereich haben Fische, die nur Frequenzen unterhalb von 600-700 Hz hören können. Spitzenreiter sind dagegen Fledermäuse, die für ihre Echoortung Frequenzen bis zu 150.000 Hz benutzen, und Delphine, die Frequenzen bis zu 200.000 Hz wahrnehmen.

Schallereignisse bestehen gewöhnlich aus einem Gemisch vieler Frequenzen und werden als **Geräusch** bezeichnet. Ein **Ton** entsteht bei einer Sinusschwingung, die nur eine Frequenz enthält. In der Musik begegnen uns **Klänge**, die meistens aus einem Grundton und mehreren Obertönen bestehen, die ganzzahlige Vielfache der Grundfrequenz sind.

• Äußeres Ohr und Mittelohr

Bei allen Wirbeltieren besteht das Hörorgan aus dem schallauffangenden **äußeren Ohr** mit Ohrmuschel (nur landlebende Säugetiere), und äußerem Gehörgang, dem **Mittelohr** und dem **Innenohr**, in dem sich die Sinnesepithelien mit ihren Haarzellen befinden (Abb. 5.11). Das **äußere Ohr** dient zur möglichst effektiven Übertragung des Schalls auf das Innenohr, ist aber bei den verschiedenen Vertebraten unterschiedlich ausgebildet. Bei landlebenden Säugetieren wird der Luftschall von der Ohrmuschel aufgefangen und durch den äußeren Gehörgang zum **Trommelfell** geleitet, das von den Schallwellen in Schwingungen versetzt wird (1. Impedanzwandlung). Durch das Trommelfell wird die **Paukenhöhle**, in der die gelenkig verbundenen Gehörknöchelchen liegen, nach außen abgeschlossen. Säugetiere besitzen drei Gehörknöchelchen (Abb. 5.11); der **Hammer (Malleus)** ist in das Trommelfell eingelassen und überträgt dessen Schwingungen über **Amboß (Incus)** und **Steigbügel (Stapes)** und das ovale Fenster auf das flüssigkeitsgefüllte Innenohr (2. Impedanzwandlung). Insgesamt entstehen bei der Umwandlung Luftleitung/Flüssigkeitsleitung Verluste von etwa 98% der Schallenergie , die aber weitgehend durch die Verstärkungsmechanismen des Mittelohres wettgemacht werden.

Das **Mittelohr** funktioniert bei Säugern als Schalldruckverstärkersystem mit drei verschiedenen Komponenten:

1. Bildung eines Hebelarms durch unsymmetrische Anheftung des Hammers an das Trommelfell,
2. unterschiedliche Hebelarmlänge der Gehörknöchelchen (der Hebelarm des Hammers ist immer größer als der des Amboß),
3. unterschiedliches Oberflächenverhältnis zwischen Trommelfell und Steigbügelplatte (das Trommelfell ist immer größer als die Steigbügelplatte; das Verhältnis beträgt beim Menschen 15:1 und ist bei anderen Säugern häufig größer: Hund 27:1, Ratte 34:1. Auch bei Vögeln korreliert dieser Quotient mit der Empfindlichkeit des auditorischen Systems und beträgt beispielsweise beim Haubentaucher nur 18:1, bei der Waldohreule jedoch 40:1).

Der Gesamtverstärkungsfaktor des Mittelohrs beträgt etwa 1:50 bis 1:90 (26-39 dB); durch Resonanzen der Ohrmuschel und des äußeren Gehörgangs kann sich der Schalldruck bei bestimmten Frequenzen (Mensch: 2-5 und 11-13 kHz) weiter erhöhen. Durch seine Übertragungseigenschaften wirkt das Mittelohr außerdem als **Bandpaßfilter** mit Filterflanken, deren Steilheit artspezifisch ist. So wird beispielsweise die Übertragung im Ultraschallbereich bei Fledermäusen und kleinen Nagern durch kleine, leichte und steife Gehörknöchelchen bewirkt. Bei Säugetieren kann durch reflektorische Kontraktion der Muskeln des Mittelohres eine größere Steifheit der Übertragungskette erreicht und damit der Durchlaß für tiefere Frequenzen gedämpft werden. Fehlt der **Druckausgleich** im Mittelohr durch Verlegung (Schleimhautanschwellungen) der **Eustachischen Röhre**, über die die Paukenhöhle mit dem Pharynx verbunden ist, werden die Übertragungseigenschaften des Mittelohres ebenfalls stark verschlechtert (Schwerhörigkeit).

Das Mittelohr hat bei Amphibien, Reptilien und Vögeln eine ähnliche Verstärkerfunktion wie bei Säugern, obwohl diese Tierarten nur zwei Gehörknöchelchen besitzen. **Fische** haben kein Trommelfell und damit auch kein Mittelohr; der Schall wird meistens über spezifische Ausformungen der Schwimmblase fortgeleitet. Die zur Schallübertragung benutzten Schwimmblasenanteile liegen häufig zwischen den Bogengängen des Innenohres, oder die Übertragung der Schallwellen erfolgt durch Knochenleitung.

> Die Gehörknöchelchen des Mittelohres bilden ein Schalldruckverstärkersystem und fungieren gleichzeitig als Bandpaßfilter.

• Innenohr

Die Transduktion des Schalls in elektrische Signale findet in den Haarsinneszellen statt, die sich bei den Säugern im **Cortischen Organ** der **Schnecke (Cochlea)** befinden. **Die Schnecke** besteht aus einem knöchernen Kanal, der sich im Felsenbein mit ca. 2,5 Windungen um den **Modiolus** herumdreht. Vögel und Reptilien haben eine nahezu gerade Cochlea, während andere Vertebraten wie die Amphibien keinen Schneckengang besitzen. Im Inneren der Cochlea befinden sich drei übereinanderliegende häutige Kanäle, die als **Scala tympani**, **Scala media** und **Scala vestibuli** bezeichnet werden (Abb. 5.11). Zwischen den beiden mit Perilymphe gefüllten Kanälen der Scala vestibuli und Scala tympani besteht im Helicotrema in der Spitze der Cochlea eine Verbindung (Abb. 5.11). Zum Mittelohr hin ist die Scala vestibuli durch die Membran des **ovalen Fensters** und die Scala tympani durch die Membran des **runden Fensters** abgegrenzt. Die Scala media ist mit **Endolymphe** gefüllt, die von der Stria vascularis produziert wird und deren Zusammensetzung mit ihrem hohen Anteil von etwa 145 mmol/l K^+ der Intrazellulärflüssigkeit entspricht. Die Ionenkonzentration der **Perilymphe** entspricht etwa der in der Extrazellulärflüssigkeit und enthält 140 mmol/l Na^+. Peri- bzw. Endolymphräume der Cochlea stehen mit den entsprechenden Räumen des Vestibularorgans in Verbindung (Abb. 5.11).

Zwischen Scala media und Scala vestibuli befindet sich die **Reissner-Membran,** während die Abgrenzung zwischen Scala media und Scala tympani durch die **Basilarmembran** erfolgt, auf der die in die Scala media hineinragende wulstförmige Verdickung des Cortischen Organs liegt. Das **Cortische Organ** enthält in Stützzellen eingebettet die Haarzellen, die nur Stereovilli tragen und in einer

Reihe von **inneren Haarzellen** und drei Reihen von **äußeren Haarzellen** angeordnet sind. Das Cortische Organ des Menschen besitzt etwa 3.500 innere und 12.000 äußere Haarzellen. Nur die Stereovilli der äußeren Haarzellen haben Kontakt zu der darüberliegenden gallertigen Tectorialmembran, die wie die Basilarmembran am Modiolus befestigt ist.

Die Sinneszellen des Gehörorgans sind als innere und äußere Haarzellen auf der Basilarmembran im Cortischen Organ angeordnet.

• Schallübertragung und Transduktionsprozeß

Bei Beschallung des Ohres werden die Schwingungen der Gehörknöchelchen über die Membran des **ovalen Fensters** auf die Perilymphe der **Scala vestibuli** übertragen. Da die Perilymphe nicht kompressibel ist, werden die Scalenmembranen und damit auch das **Cortische Organ ausgelenkt**. Über die Perilymphe der **Scala tympani** wird die Schallschwingung auf die Membran des **runden Fensters** übertragen und bewirkt deren Vorwölbung in die Paukenhöhle. Im Verlauf der Schallschwingung wird der Bewegungsverlauf umgekehrt, da Steigbügel und Membran des ovalen Fensters wieder nach außen schwingen. Ein Schallereignis bewirkt also eine Folge von **wechselnden Auslenkungen des Cortischen Organs**.

Die durch den Schall hervorgerufenen Auslenkungen der Scalenmembranen führen zu einer **Relativbewegung zwischen Tectorial- und Basilarmembran**, die an verschiedenen Stellen des Modiolus befestigt sind, und damit zu **einer Scherbewegung der Stereovilli** in der äußeren Haarzellenreihe (Abb. 5.14 A). Obwohl die **äußeren Haarzellen** dreifach so häufig sind wie die inneren Haarzellen, werden sie nur von **weniger als 10%** der im Hörnerven verlaufenden Afferenzen versorgt. Mehr als **90% der Afferenzen** innervieren die **inneren Haarzellen**; sie sind dicker und stärker myelinisiert als die Nervenfasern der äußeren Haarzellen. Jede innere Haarzelle wird von 10-30 Afferenzen versorgt. Obwohl also die Hörinformation zum größten Teil von den inneren Haarzellen vermittelt wird, ist der Mechanismus ihrer Erregung bisher unklar. Favorisiert wird z.Z. eine Hypothese, nach der die inneren Haarzellen durch oscillierende Längenänderungen der äußeren Haarzellen erregt werden (s.u.).

Der **Transduktionsprozeß** an den äußeren Haarzellen wird durch die Auslenkung der Stereovilli eingeleitet. Bei einer Aufwärtsbewegung der Basilarmembran werden wie bei den Haarzellen des Gleichgewichtsorgans durch Dehnung der tip links (Abb. 5.12) dehnungsabhängige K^+-Kanäle an den Spitzen der Stereovilli der äußeren Haarzellen

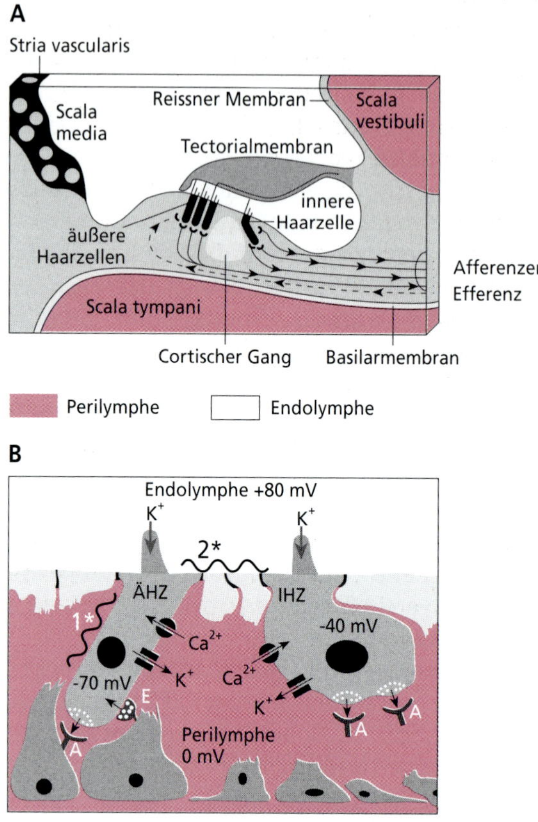

Abb. 5.14 Schematische Darstellung des Cortischen Organs **(A)** und des Transduktionsprozesses an den Haarzellen der Basilarmembran **(B)**.
A Das Cortische Organ bildet eine wulstförmige Verdickung auf der Basilarmembran, auf der sich die inneren und äußeren Haarzellen befinden. Nur die äußeren Haarzellen ragen in die gallertige Masse der Tectorialmembran. Die Sinneszellen sind synaptisch mit afferenten Nervenfasern aus dem Ganglion spirale verbunden. Die äußeren Haarzellen besitzen außerdem eine efferente Innervation.
B Der Transduktionsprozeß beginnt in den äußeren Haarzellen (ÄHZ); Abscheren der Mikrovilli öffnet spezifische Ionenkanäle in den Spitzen der Sinneshaare, durch die K^+-Ionen aus der Endolymphe der Scale media in die Sinneszellen fließen und die Membran der äußeren Haarzellen depolarisieren (Sensorpotential). Die schnellen Hin- und Herbewegungen der Mikrovilli führen zu schnellen Veränderungen des Sensorpotentials. Diese oscillierenden Depolarisationen induzieren ihrerseits oszillierende Längenänderungen (1*) der äußeren Haarzellen. Dadurch werden die Schwingungen der Basilarmembran verstärkt (2*) und die inneren Haarzellen (IHZ) ortsspezifisch erregt (nach Schmidt/Thews, 27. Aufl.).

geöffnet, und es kommt zur Bildung eines depolarisierenden Sensorpotentials. Die treibende Kraft für den K^+-Einstrom bildet die Potentialdifferenz von 150 mV zwischen dem Endolymphraum der Scala media, der auf Grund der hohen K^+-Konzentration der Endolymphe (145 mmol/l) ein Potential von +80 mV besitzt (**endocochleäres Potential**), und dem Intrazellulärraum der äußeren Haarzellen mit einem Potential von -70 mV. Das Sensorpotential bildet sich durch Ausstrom der K^+-Ionen über spannungsabhängige Ionenkanäle an der seitlichen Zellmembran, die durch die Depolarisation geöffnet werden, wieder zurück (Abb. 5.14 B). Wie beim Transduktionsvorgang in den Haarzellen des Vestibularorgans wird durch das Sensorpotential die **Freisetzung eines erregenden Transmitters erhöht** und dadurch die Aktivität in den afferenten Nervenfasern moduliert. Da nur ein kleiner Teil der Hörinformation von den äußeren Haarzellen stammt, ist es wahrscheinlich wichtiger, daß die oscillierenden Depolarisationen außerdem **zu oscillierenden Längenänderungen der äußeren Haarzellen** führen. Dadurch soll die Amplitude der Wanderwellen (s.u.) frequenzcharakteristisch und damit ortsspezifisch so stark vergrößert werden, daß auch **die inneren Haarzellen erregt** werden (Abb. 5.14 B). Die frequenzselektive **Verstärkerfunktion** der äußeren Haarzellen ist demnach Voraussetzung für die frequenzspezifische Hörfähigkeit.

Relativbewegungen zwischen Tektorial- und Basilarmembran bewirken eine Scherbewegung der Haarsinneszellen, durch welche Transmitterausschüttung und Frequenz der Aktionspotentiale in Hörnervenafferenzen moduliert werden.

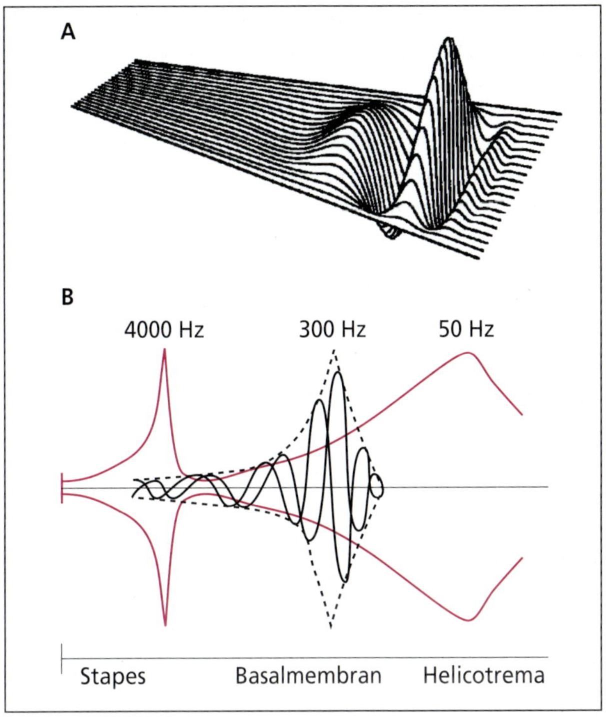

Abb. 5.15 A Dreidimensionale Darstellung der Wanderwelle auf der Basilarmembran.
B Wanderwellen und deren Umhüllende bei 300 Hz und die Umhüllenden bei 4.000 Hz und 50 Hz. Hochfrequente Wanderwellen haben ihre größte Amplitude in Stapesnähe, während niedrige Frequenzen am stärksten in Nähe des Helicotrema ausgeprägt sind (nach Dudel, Menzel, Schmidt, Neurowissenschaft, 1996).

- **Frequenzanalyse des Schalls**

Die Frequenzanalyse von Schallreizen erfolgt durch einen spezifischen Mechanismus, dessen Aufklärung auf Untersuchungen von Békésy (1960) zurückgeht. Jeder Schall versetzt die Membranen in der Cochlea in frequenzabhängige Schwingungen, die sich auf der Basilarmembran von der Schneckenbasis zum Helicotrema fortbewegen. Diese Bewegungen gleichen wandernden Wellen an einem horizontal aufgespannten Seil und werden deshalb als **Wanderwellen** (Abb. 5.15 A) bezeichnet. Die **Amplitudenhöhe** der Wanderwellen auf der Basilarmembran wird jedoch durch die **mechanischen Eigenschaften der Membran** moduliert. In der Nähe des Stapes (ovales Fenster) ist die Basilarmembran schmal (Mensch: 100 µm) und steif; am Helicotrema wird die Membran wesentlich breiter (Mensch: 500 µm), und ihre Steifheit nimmt erheblich ab. Auf ihrem Weg zum Helicotrema nimmt die Amplitude der Wanderwelle zunächst zu, während Fortpflanzungsgeschwindigkeit und Wellenlänge abnehmen. Reibungsverluste dämpfen jedoch die Schwingungsenergie so weit, daß die Wellen oft verschwinden, bevor sie das Helicotrema erreichen. Zwischen Stapes und Helicotrema bilden sich **Amplitudenmaxima** aus, deren **Ort** auf der Basilarmembran von der **Frequenz der Wanderwelle** abhängig ist (Abb. 5.15 B). Bei hohen Frequenzen liegt das Ortsmaximum in der Nähe des Stapes, während niedrige Frequenzen ihr Maximum in der Nähe des Helicotremas haben. Auf diese Weise kommt es zur **Frequenz-Orts-Transformation**. Da sich Schallereignisse in der Regel aus unterschiedlichen Frequenzen zusammensetzen, gibt es auf der Basilarmembran **gleichzeitig an verschiedenen Orten maximale Auslenkungen**. Die Amplitude der Wanderwelle am Ortsmaximum wird durch oscillierende Längenänderungen der äußeren Haarzellen verstärkt (s.o.).

Die Frequenzcodierung des Schalls erfolgt durch Frequenz-Orts-Transformation auf der Basilarmembran.

- **Codierung der Schallsignale im Hörnerven**

Das Innenohr wird bei Wirbeltieren durch den N. cochlearis, ein Teil des VIII. Hirnnerven, innerviert und enthält neben afferenten auch efferente Nervenfasern. Neunzig Prozent der afferenten Nervenfasern kommen beim Säuger von jeweils einer einzigen Synapse einer inneren Haarzelle, die nach dem Ortsprinzip durch eine ganz bestimmte Schallfrequenz erregt wird. Bei Beschallung des Ohres wird daher auch die entsprechende afferente Nervenfaser durch eine bestimmte Frequenz – die **Bestfrequenz** dieser Faser – optimal erregt. Die Bildung von Aktionspotentialen ist außerdem an die Phasenlage der Schallschwingung gekoppelt. Durch diese **Phasenkopplung** entstehen Gruppen von Aktionspotentialen, die durch Pausen getrennt sind, deren Dauer der Frequenz umgekehrt proportional ist. Erst diese **Intervallcodierung** ermöglicht die genaue Wahrnehmung von Tonhöhen und erlaubt die Analyse von musikalischen Strukturen. Da einzelne Nervenfasern nur eine **maximale Entladungsfrequenz von 800 Hz** erreichen können, müssen bei höheren Frequenzen mehrere Fasern, die in der gleichen Phasenlage aber zu unterschiedlichen Zeiten (auf Lücke) antworten, zusammenwirken. Der Schwellenschalldruck für die Phasenkopplung ist niedriger als für die Bestfrequenz einzelner Nervenfasern, d.h., die Phasenkopplung ist entscheidend für die Empfindlichkeitsschwelle einer Hörnervenfaser.

Zunahme der **Schallintensität** wird durch Steigerung der Entladungsrate codiert. In Intensitätsbereichen über 40 dB erfolgt die Intensitätscodierung durch **Rekrutierung** von weiteren Fasern aus der unmittelbaren Nachbarschaft, die bei gleicher oder ähnlicher Bestfrequenz eine höhere Antwortschwelle besitzen.

> Zur Kodierung der Schallsignale werden neben der Bestfrequenz der einzelnen afferenten Nervenfasern eine Intervallkodierung und die Rekrutierung von benachbarten Fasern benutzt.

- **Verarbeitung der Schallsignale im ZNS**

Die Zellkörper der sensorischen Nervenfasern des N. cochlearis liegen im Spiralganglion; ihre zentralen Axone projizieren zu den Nuclei cochleares im Hirnstamm, die aus vier bzw. fünf verschiedenen Zelltypen mit unterschiedlichen Funktionen bestehen. Teilweise werden schon in den Stammhirnkernen die Zeit- oder Intensitätsmuster der afferenten Nervenfasern völlig umcodiert (Kap. 4.2.3). Die im Laufe der weiteren auditorischen Verarbeitung in den verschiedenen Gehirnarealen immer stärker ausgeprägte **Mustererkennung** nimmt hier ihren Anfang.

Auf dem Weg in den auditorischen Cortex ziehen bei Säugern die Fasern über die ipsi- oder kontralateralen **Olivenkerne** in den **Lemniscus lateralis** der gleichen oder kontralateralen Seite. In den Nervenzellen des Olivenkomplexes im Hirnstamm können daher bereits akustische Signale von beiden Ohren verglichen werden. Auch im weiteren Verlauf steigen die Hörbahnen sowohl ipsi- als auch kontralateral auf und erreichen zunächst den Colliculus inferior des Mittelhirns; von dort aus ziehen sie zum **Corpus geniculatum mediale** des Thalamus, um schließlich in die **primäre Hörrinde** des Temporallappens zu münden.

Details der Verknüpfung der verschiedenen Hörkerne sind selbst innerhalb einer Wirbeltierklasse außerordentlich variabel. Neben den geschilderten ascendierenden Bahnen mit rückläufigen Kollateralen gibt es eine Vielzahl von **absteigenden efferenten Bahnsystemen**, die ebenfalls häufig auf die kontralaterale Seite kreuzen und auf jeder Ebene positive und negative Rückkopplungsschleifen bilden. Endpunkte der **efferenten Kontrolle** sind die äußeren Haarzellen bzw. die afferenten Fasern der inneren Haarzellen in der Cochlea.

Die Analyse eines Schallreizes in auditorischen Neuronen des Thalamus und Cortex ist durch Spezialisierung auf bestimmte Eigenschaften des Schallreizes, wie z.B. Aktivierung oder Hemmung bei Frequenzzunahme oder -abnahme, Anfang und Ende eines Schallreizes, charakterisiert. Mit Hilfe dieser **Mustererkennung** können artspezifische Laute oder menschliche Sprache erkannt werden.

Zur **Lokalisation** einer Schallquelle ist beidohriges (**binaurales**) Hören notwendig. Signale aus verschiedenen Richtungen erzeugen in beiden Ohren Unterschiede in der Ankunftzeit, der Schallintensität, sowie der Frequenzmodulation und der Phasenkopplung. Landlebende Säugetiere können zusätzlich zur Erkennung des Raumwinkels bestimmen, ob sich die **Schallquelle** oben, unten, vorne oder hinten befindet. Offenbar wird das Schallsignal durch die unterschiedlich geformten Areale der **Ohrmuschel** mehrfach moduliert. Die verzerrten Schallmuster werden in höheren Neuronen der Hörbahnen zur Bildung des Raumeindrucks verwendet.

> Zur Mustererkennung werden die Schallsignale von beiden Ohren auf verschiedenen Ebenen des ZNS verglichen.

5.4 Gesichtssinn

M. H. Erhard und H. Petry

Im Tierreich finden sich verschiedene Beispiele der Augenentwicklung. Das Säugetier- und Vogelauge gehört sicherlich zu den am besten entwickelten visuellen Systemen. Allerdings spielt das **Organum visus** bei den einzelnen Tierarten eine ganz unterschiedliche Rolle. Zum Beispiel ist von Raubtieren

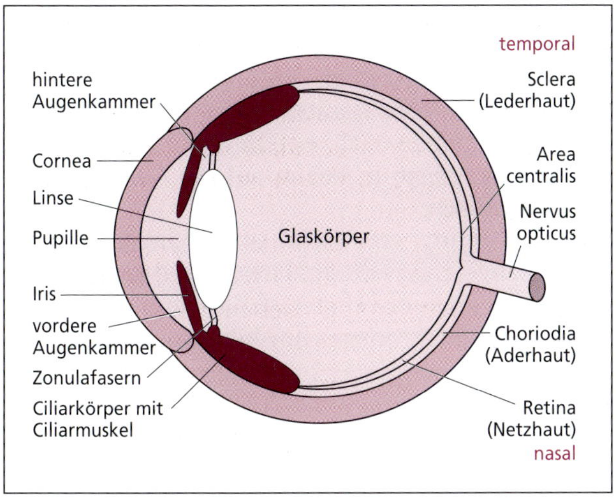

Abb. 5.16 Horizontalschnitt durch das Auge.

und Greifvögeln bekannt, daß das Auge sehr hohe funktionelle Leistungen vollbringen kann. Leider weiß man insgesamt über die tierartlichen Besonderheiten relativ wenig, da diesbezügliche Untersuchungen sehr aufwendig sind bzw. der Blick durch ein Tierauge dem Menschen naturgemäß verwehrt ist. Daher soll in diesem Kapitel die allgemeine Physiologie des Auges gegenüber tierartlichen Besonderheiten in den Vordergrund gestellt werden.

Das Auge besteht aus drei okularen Schichten: Die Sclera mit Cornea gehört zur Tunica externa. Chorioidea, Corpus ciliaris und Iris sind der Tunica media zugeteilt und die Netzhaut zählt zur Tunica interna. Hinzu kommen die Inhaltsstoffe des Auges wie Kammerwasser, Linse und Glaskörper (Abb. 5.16).

5.4.1 Das Auge als optischer Apparat

• Physikalische Grundlagen

Ein optisches System ist dadurch charakterisiert, daß Lichtstrahlen beim Übertritt von einem in ein anderes durchsichtiges Medium gebrochen werden. Bei einer kugeligen Grenzfläche zwischen zwei Medien entsteht dadurch eine Abbildung (Abb. 5.17). Strahlen aus der Ferne fallen parallel ein und sammeln sich im hinteren Brennpunkt (F_h). Im Gegensatz zum Auge können bei den meisten optischen Systemen Strahlen auch in umgekehrter Richtung einfallen, die sich dann bei parallelem Eintreffen im vorderen Brennpunkt (F_v) sammeln. Die Verbindungslinie zwischen vorderem und hinterem Brennpunkt wird als **optische Achse** bezeichnet, wobei deren Schnittpunkt mit der Übergangsfläche von einem Medium in das andere den Hauptpunkt (H) darstellt (Abb. 5.17). Charakterisiert wird ein optisches System durch die Brechkraft, die sich aus dem Kehrwert der vorderen Brennweite (F_v-H) in Metern ergibt und in Dioptrien angegeben wird. Die Brechkraft einer Linse hängt dabei von ihrer Krümmung und wesentlich von den Brechungsindices der an der Brechung beteiligten Medien ab. Luft besitzt einen Brechungsindex von 1,0, während Flüssigkeiten in Abhängigkeit von den darin gelösten Substanzen einen Brechungsindex > 1,3 aufweisen. Je weiter die Brechungsindices variieren, desto stärker ist die Brechung.

Die Brechkraft eines optischen Systems ist von der Krümmung der Grenzflächen und den Brechungsindices der umgebenden Medien abhängig.

• Auge als dioptrischer Apparat

Das Auge stellt ein zusammengesetztes optisches System (dioptrischer Apparat) dar. Das Licht wird aus der Luft kommend durch die aufgelagerte Tränenflüssigkeit, die Cornea, die vordere Augenkammer mit Kammerwasser, die Linse und zuletzt durch den Glaskörper auf die Retina als umgekehrtes, verkleinertes Bild projiziert.

Die Hauptbrechung am Auge (ca. 2/3 der Gesamtbrechung) findet beim Übergang vom Medium Luft zur Tränenflüssigkeit statt, da ihre Brechungsindices am stärksten differieren. Bei unter Wasser lebenden oder tauchenden Tieren ist die Brechkraft

Abb. 5.17 Abbildung durch ein einfaches optisches System.
H = Hauptpunkt,
F_v = vorderer Brennpunkt,
F_h = hinterer Brennpunkt

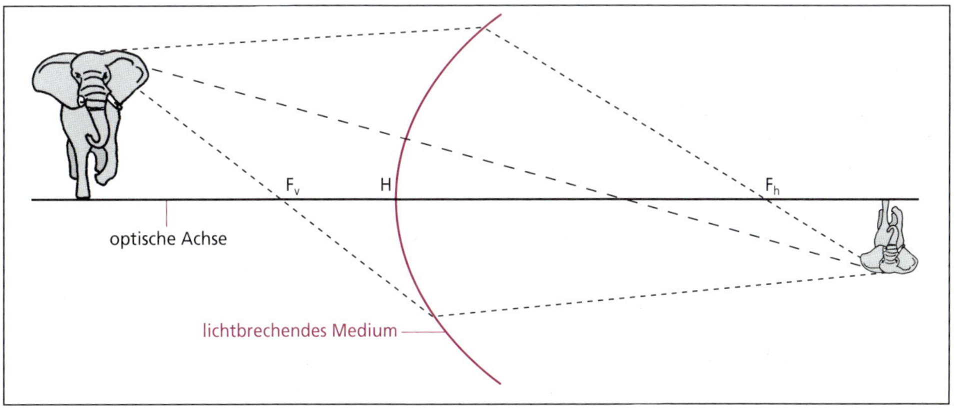

des Auges entsprechend deutlich reduziert. Die Tränenflüssigkeit stellt mit der darunterliegenden Cornea nicht nur das erste „flüssige“ Medium dar, sondern verbessert durch den Ausgleich von Unebenheiten auf der Cornea auch deren optische Eigenschaft. Des weiteren werden Schmutzpartikel und Infektionserreger abtransportiert. Vor Infektionen schützen auch in ihr enthaltene Enzyme und sekretorisches Immunglobulin A. Die Cornea wird durch die Tränenflüssigkeit über Diffusion ernährt und vor Austrocknung, die eine Trübung zur Folge hätte, geschützt. Die Tränendrüsen befinden sich dorsolateral des Auges und geben die Tränenflüssigkeit in den Conjunctivalsack ab. Der Abfluß erfolgt über den Tränengang und Tränensack zur Nasenhöhle.

Die Cornea selbst ist avasculär und reichlich mit myelinfreien Nervenfasern durchzogen. Diese Nervenfasern haben im Rahmen des Cornealreflexes eine wichtige Schutzfunktion für das Auge. Eine passive, über eine endotheliale Ionenpumpe ausbalancierte Wasserbewegung dient der Aufrechterhaltung der cornealen Transparenz.

Das Kammerwasser wird am Processus ciliaris produziert und dient der Ernährung von Cornea und Linse. Die Durchflußrate von der hinteren zur vorderen Augenkammer ist beträchtlich (z.B. Katze: 1 ml/min). Der Abfluß erfolgt über den Schlemmschen Kanal ins Venensystem. Ein Glaukom (Grüner Star) kann durch Abflußbehinderungen des Kammerwassers entstehen. Dabei kann die Erhöhung des Augeninnendrucks von physiologisch 2,66 kPa (20 mm Hg) auf bis zu 7,98 kPa (60 mm Hg) dann sekundär zur Degeneration der Sinneszellen der Netzhaut führen. Beim Übergang von der Cornea zum Kammerwasser werden die Lichtstrahlen geringgradig gestreut, da der Brechungsindex des Kammerwassers im Vergleich zu dem der Cornea etwas niedriger ist.

Die zweite Lichtbrechung (ca. 1/3 der Gesamtbrechung) erfolgt an der Linse, die frei von Nerven und Gefäßen ist. Die nicht mehr teilungsfähigen postmitotischen Linsenfasern können durch die dicke Linsenkapsel nicht abgestoßen werden, so daß es im Alter zwangsläufig zu einer Linsenfaserverdichtung kommt (Kernsklerose). Läsionen der Linsenkapsel führen zur Freisetzung von immunogenen Kristallinen, die eine nicht erwünschte Antikörperbildung im Sinne einer Autoimmunantwort nach sich ziehen kann. Eine Trübung der Linse wird als Grauer Star (Katarakt) bezeichnet.

An der Grenzfläche zum Glaskörper kommt es wiederum zu einer geringgradigen Zerstreuung der Lichtstrahlen. Der hohe Wassergehalt der gelförmigen Substanz, die durch ein kollagenes Fasergerüst durchzogen ist, hat wiederum einen geringen Brechungsindex des Glaskörpers im Vergleich zur Linse zur Folge.

Die Krümmungsradien von Cornea und Linse sind bei den einzelnen Tierarten sehr unterschiedlich. Dadurch ergeben sich bei den Tierarten unterschiedliche Werte in bezug auf die Gesamtbrechkraft der Augen.

Die Brechung von Licht ist abhängig von der Wellenlänge. Langwelliges Licht wird dabei geringer gebrochen als kurzwelliges, so daß physiologischerweise am Auge chromatische Aberrationen entstehen.

Das Auge stellt ein zusammengesetztes optisches System dar. Die Hauptbrechung am Auge findet an der Cornea statt.

- **Änderung der Linsenbrechkraft**

Damit Säugetiere unterschiedlich entfernte Gegenstände scharf sehen können, muß das Auge seine Brechkraft variieren. Dieser Vorgang der **Akkommodation** kann auf verschiedene Weise erfolgen. Bei den meisten Wirbeltieren wird über den Ciliarmuskel unter Vermittlung von Zonulafasern eine Zugkraft auf die Linse ausgeübt. Die Kontraktion des Ziliarmuskels (Ringmuskel) bewirkt eine Erschlaffung der Zonulafasern, und die Linse nimmt aufgrund ihrer Eigenelastizität eine stärker gekrümmte Form ein (Nahakkommodation). Bei Fernakkommodation ist der Ciliarmuskel entspannt, und die Linse flacht sich durch den Zug der Zonulafasern ab. Die Innervation des Ciliarmuskels erfolgt über den Parasympathicus (Kontraktion) und Sympathicus. Fische weisen einen anderen Akkommodationsmechanismus auf, indem sie den Abstand der starren Linse zur Retina verändern.

Als Akkommodationsbreite wird die Brechwertänderung zwischen Fern- und Nahakkommodation bezeichnet. Bei den Haussäugetieren scheint diese im Vergleich zum Menschen (14 Dioptrien) teilsweise deutlich geringer zu sein. Zudem nimmt die maximale Brechkraft der Linse und dabei die Akkomodationsbreite aufgrund des Verlustes an Eigenelastizität mit zunehmendem Alter ab.

Die Änderung des Linsenbrechkraft (Akkommodation) ist die Voraussetzung für die Focussierung unterschiedlich entfernter Gegenstände.

5.4.2 Signalaufnahme und -verarbeitung von Lichtreizen in der Netzhaut

- **Aufbau der Netzhaut**

Die Netzhaut (Retina) enthält die Sinnesrezeptorzellen und ist als Teil des Gehirns zu bezeichnen, da sie während der Embryonalentwicklung aus einer

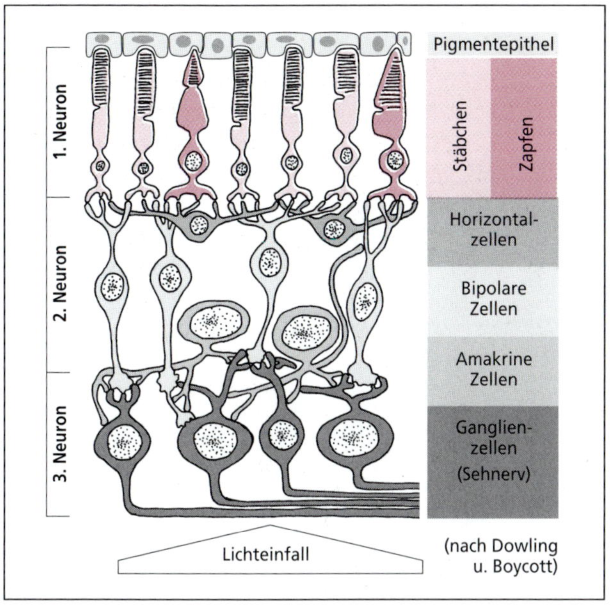

Abb. 5.18 Schematischer Aufbau der Netzhaut.

Ausstülpung des Zwischenhirnbodens entsteht. Das erste Neuron stellt die eigentliche Photorezeptorzelle dar, die im Pigmentepithel verankert ist (Abb. 5.18). Zusätzlich sind in der Netzhaut Ganglienzellen (3. Neuron) und das 2. Neuron (Horizontalzellen, Bipolarzellen, amakrine Zellen) zu finden. Das Licht fällt – vom Glaskörper kommend – am 3. und 2. Neuron vorbei auf das 1. Neuron. Die Nervenzellen sind marklos, um die notwendige Transparenz für das einfallende Licht zu gewährleisten.

• Photorezeptoren der Netzhaut

Stark unterschiedliche Beleuchtungsstärken erfordern verschiedene Rezeptortypen mit unterschiedlichen Absolutschwellen. Dementsprechend existieren in der Netzhaut für das Farbensehen sog. **Zapfen** mit höherer Absolutschwelle und **Stäbchen** für geringere Lichtintensitäten mit niedriger Absolutschwelle.

Zapfen und Stäbchen sind auf der Netzhaut unterschiedlich verteilt. Die Zapfen befinden sich in der Area centralis, die deshalb der Bereich des schärfsten Sehens ist. Um die Area centralis gruppieren sich im paraarealen Umfeld die Stäbchen, deren Dichte zur Peripherie hin abnimmt. Die Dichte der Sinneszellen bestimmt das **räumliche Auflösungsvermögen**. So verhilft eine hohe Dichte von Sinneszellen Falken und Adlern zu einer zwei- bis sechsmal besseren Fernsicht im Vergleich zum Menschen. Die Sehschärfe des Auges hängt ab von seinem räumlichen Auflösungsvermögen. Entscheidend ist hierfür, ob zwei feinste getrennte Punkte noch gesondert wahrgenommen werden können. Unter dem **zeitlichen Auflösungsvermögen** versteht man, inwieweit schnell aufeinanderfolgende Einzelreize getrennt voneinander erkannt werden können. Bei Tauben und Greifvögeln wurde nachgewiesen, daß diese 150 Einzelbilder pro Sekunde wahrnehmen können und somit dem Menschen (ca. 30 Einzelbilder/Sekunde) weit überlegen sind. Dies dürfte für die Manövrierfähigkeit im Flug eine wichtige Rolle spielen.

Die Verteilung der Zapfen und Stäbchen in der Retina ist tierartlich verschieden. Tagaktive Tiere besitzen viele Zapfen, die für das Farbensehen (**photoptisches Sehen**) zuständig sind. Hauptsächlich Stäbchen sind beispielsweise bei Katze, Kaninchen und Eule zu finden. Bei diesen dämmerungsaktiven Tieren ist jedoch aufgrund des Vorhandenseins von wenigen Zapfen auch Farbensehen nachgewiesen. Nachtaktive Tiere wie z.B. Goldhamster, Igel, Maulwurf und Fledermäuse verfügen nur über Stäbchen und sind somit nur zum Schwarz-Weiß-Sehen befähigt (**skotoptisches Sehen**).

Jede Rezeptorzelle besitzt ein Außenglied, das über ein dünnes Cilium mit dem restlichen Zellkörper verbunden ist. In den Außengliedern befinden sich zahlreiche Membranscheibchen (Stäbchen) bzw. Membraneinfaltungen mit dem jeweils eingelagerten Sehfarbstoff. Dagegen trägt der Zellkörper den Zellkern und die Zellorganellen. Die Rezeptoraußenglieder werden zeitlebens erneuert und die abgestoßenen Bestandteile der Außenglieder durch Phagocyten der Pigmentepithelschicht beseitigt. Abb. 5.19 zeigt eine elektronenmikroskopische Darstellung der Rezeptorzellen.

> Das Auge besitzt zwei verschiedene Rezeptorzellen. Stäbchen zeigen die niedrigste Absolutschwelle und sind für das Schwarz-/Weiß-Sehen zuständig. Zapfen ermöglichen Farbensehen.

• Transduktion des optischen Reizes

Unter **Transduktion** versteht man die Umsetzung eines optischen Reizes in eine Erregung neuronaler Elemente. Dieser Prozeß ist eng an den Sehfarbstoff der Stäbchen und Zapfen gekoppelt (Abb. 5.20). In den Membranscheibchen der Stäbchen befindet sich als Sehfarbstoff das **Rhodopsin**, das aus dem Glykoprotein Opsin und der chromophoren Gruppe des Retinals aufgebaut ist. Trifft Licht als adäquater Reiz auf den Sehfarbstoff, werden die ankommenden Photonen absorbiert. Das Retinal wechselt dadurch innerhalb von Pikosekunden aufgrund eines Energietranfers von der „11-cis"- in die „trans"-Form (Stereoisomerisation) (Abb. 25.2). Über mehrere Zwischenreaktionen entsteht letztendlich nach wenigen Millisekunden das Metarhodopsin II. Die Strukturänderung im Sehfarbstoffmolekül löst eine

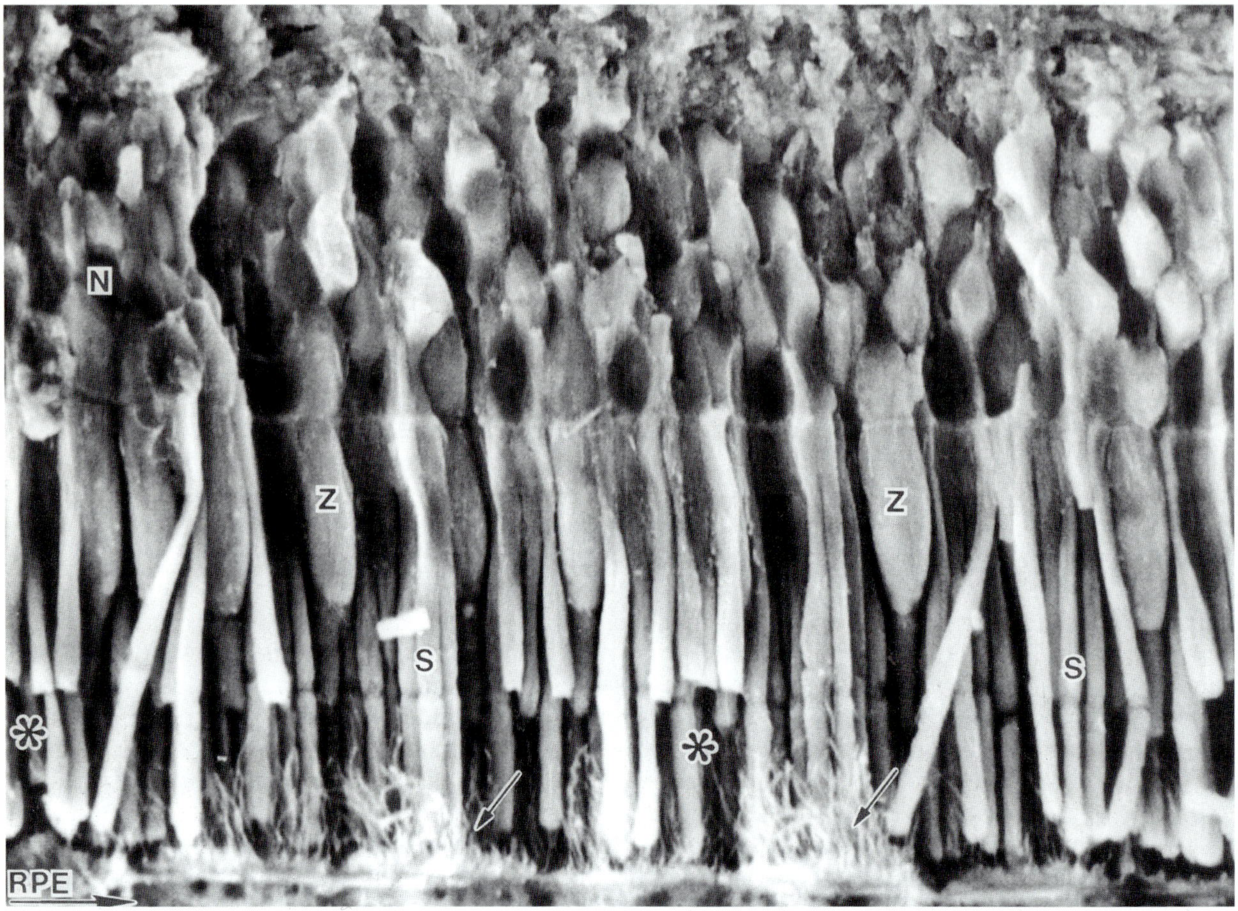

Abb. 5.19 Retina vom Schwein („Minipig"): In der äußeren Körnerschicht liegen die Perikaryen (N) der helligkeitsempfindlichen Stäbchenzellen und der farbempfindlichen Zapfenzellen. Die Fortsätze dieser Rezeptoren sind als Stäbchen (S) und als Zapfen (Z) erkennbar. Am oberen Rand des Bildes befinden sich die Synpasen zwischen erstem Neuron (Sinneszelle) und zweitem Neuron (z.B. einer bipolaren Zelle). Am unteren Bildrand erkennt man die Zellen des Pigmentepithels (RPE), die mit dünnen Fortsätzen (Pfeile) die distalen Abschnitte der Sinneszellen umgeben. Alle Innenglieder der Sinneszellen sind erhalten; die Sternchen zeigen Stellen, wo die Außenglieder der Rezeptoren im Laufe der histologischen Bearbeitung des Präparates verlorengegangen sind. Das Licht erreicht die im Außenglied der Sinneszellen liegenden Photopigmente, nachdem es durch alle inneren Schichten der Retina gedrungen ist.
x 1500. (Präparat und Aufnahme von Dr. E. Knop, MHH, Hannover. Wir danken Herrn Prof. E. Reale, daß er uns diese Aufnahme zur Verfügung gestellt hat.)

Signalkaskade unter Vermittlung eines G-Proteins (Transducin) aus. Dieser Verstärkungseffekt erfolgt indirekt über den intrazellulären Überträgerstoff des zyklischen Guanosinmonophosphats (cGMP), das die Natrium- und Calciumkanäle in der Zellmembran in Ruhe, also im Dunkeln, offen hält und somit eine Depolarisation bewirkt. Bei Lichteinfall wird das Transducin unter Mitwirkung von Guanosintriphosphat (GTP) aktiviert und cGMP zu 5`GMP hydrolysiert. Dadurch werden die Natrium- und Calciumkanäle geschlossen, so daß es an der Zellmembran zu einer Hyperpolarisation mit verringerter Transmitterfreisetzung kommt. Eine Natrium-Calcium-Austauschpumpe führt anschließend zu einer Verringerung der intrazellulären Calciumkonzentration. Über vermehrte Synthese von cGMP wird die Depolarisation wieder eingeleitet.

Unter Transduktion versteht man die Umsetzung eines optischen Reizes in eine Erregung neuronaler Elemente. Am Auge kommt es durch die Schließung von Natrium- und Calciumkanälen zu einer Hyperpolarisation an der Zellmembran.

• **Signalverarbeitung**

Die Axone der retinalen Ganglienzellen verlassen als Nervus opticus das Auge durch den sog. blinden Fleck (Papilla n. optici), an dem sich demzufolge keine Rezeptoren befinden können. Die Kreuzung der nasalen Sehnervenfasern im Chiasma opticum ist bei den einzelnen Tierarten unterschiedlich ausgeprägt. Nach dem Chiasma opticum zieht der als **Tractus opticus** bezeichnete Nervenstrang zum Corpus geniculatum laterale, von welchem sich wie-

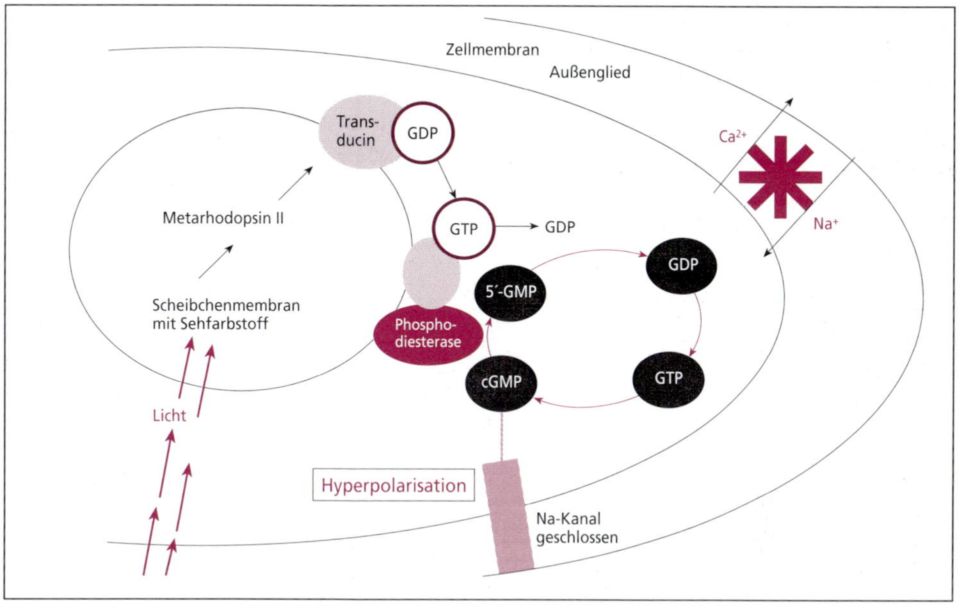

Abb. 5.20 Transduktionsprozeß im Außenglied eines Stäbchens.

derum Nervenfasern zur prätektalen Region und zu den Colliculi superiores des Mittelhirns abspalten. Die direkte Projektion erfolgt auf die primäre Sehrinde im occipitalen Cortex, in dem ein wesentlicher Teil der Verarbeitung stattfindet, aber auch eine Weiterleitung an andere Rindengebiete oder subcorticale Bereiche gewährleistet wird (Kap. 4.2.2). Die Schilderung der genauen physiologischen Abläufe in den sechs Zellschichten der primären Sehrinde und die unterschiedlichen Aufgaben sonstiger Areale muß weiterführender Fachliteratur vorbehalten bleiben. Die genauen Abläufe der Signalverarbeitung sind bei unseren Haussäugetieren (außer bei der Katze) auch nicht exakt bekannt, zumal derartige Untersuchungen sehr aufwendig sind.

5.4.3 Tapetum lucidum

Soweit bekannt, besitzen mit Ausnahme der Primaten, Schweine und Kamele, Säugetiere und einige Vögel ein Tapetum lucidum, das aus Zellen aufgebaut (Carnivoren) oder fibrösen Ursprungs (Herbivoren) ist. Im histologischen Schnitt ist diese Zellschicht zwischen dem Pigmentepithel und den Blutgefäßen der Aderhaut zu finden. Als Bestandteil enthalten diese Zellen Kristalle wie z.B. Zinkcysteinhydrat (Hund) oder Riboflavin (Katze). Durch das Tapetum lucidum werden die Photonen, die die neuronalen Schichten der Netzhaut passiert haben, reflektiert und können somit die Rezeptorzellen nochmals reizen. Tiere mit Tapetum lucidum sind für den Betrachter leicht an den grün bis blau reflektierenden Augen zu erkennen, sobald diese im Dunkeln von einer Lichtquelle angestrahlt werden.

5.4.4 Adaptationsmechanismen

Als Adaptation bezeichnet man die Anpassung des Auges an unterschiedliche Beleuchtungsstärken. Um Extremreize, die sich in einer Größenordnung von $1:10^{12}$ bewegen, verarbeiten zu können, verfügt das Auge über verschiedene Adaptationsmechanismen.

Eine wichtige Schutzfunktion gegen eine Überbelichtung stellt der **Pupillenreflex** dar. Dabei ändert die pigmentierte Iris durch Variation der Pupillenweite die Menge des einfallenden Lichtes. Die meisten Tiere besitzen für diese Regulation zwei antagonistisch wirkende glatte Muskeln (M. sphincter pupillae und M. dilatator pupillae), die vom Parasympathicus (Sphinctermuskulatur, Miosis) und Sympathikus (erweitert, Mydriasis) innerviert werden.

Des weiteren trägt die Konzentration des Sehfarbstoffes, die sich in einem dynamischen Gleichgewicht befindet, wesentlich zur Adaptation bei. Hinzu kommen Mechanismen der örtlichen und zeitlichen Summation während der Signalverarbeitung und -weiterleitung.

Durch Messung der Schwellenreizstärke kann der zeitliche Verlauf der Adaptation bestimmt werden. Die **Dunkeladaptation** ist näherungsweise an den Zeitgang der Umgebungsleuchtdichte während der Abenddämmerung angepaßt und dauert mit bis zu 45 Minuten relativ lange. Dagegen liegt die Zeitspanne für die **Helladaptation** im Sekundenbereich.

Hinsichtlich der Absolutschwellen muß zwischen Zapfen und Stäbchen unterschieden werden. Die Absolutschwelle für die Zapfen liegt um mehrere Größenordnungen über der der Stäbchen, so daß die wahre Absolutschwelle von den Stäbchen abhängig ist. Deshalb ist bei geringen Beleuchtungsstärken auch kein Farbensehen mehr möglich.

Die Anpassung des Auges an verschiedene Beleuchtungsstärken (Adaptation) erfolgt über die Änderung der Pupillenweite, der Sehfarbstoffkonzentration, sowie der örtlichen und zeitlichen Summation.

5.4.5 Farbensehen

Wird Sonnenlicht (weißes Licht) durch ein Prisma zerlegt, entsteht ein farbiges Spektrum von Violett bis Rot. Das entspricht einer Wellenlänge von 400 nm bis 750 nm. Nach der **Theorie des trichromatischen Sehens** (v. Helmholtz) wird die Lichtabsorption in der Retina durch drei verschiedene Zapfentypen gewährleistet. Bei Säugetieren liegt die Empfindlichkeit dieser unterschiedlichen Zapfen im kurz- (Violett/Blau), mittel- (Grün) und im langwelligen (Gelb/Rot) Bereich. Somit wird das gesamte Farbenspektrum von diesen drei Zapfentypen mit wellenlängenabhängiger Unterschiedsschwelle abgedeckt. Die Absorptionsmaxima treten bei den einzelnen Säugern bei unterschiedlichen Wellenlängen auf, da der Sehfarbstoff speciesabhängig aus unterschiedlichen Proteinen besteht.

Farbensehen ist bei allen Haussäugetieren nachgewiesen, dürfte aber unterschiedlich ausgeprägt sein. So scheinen beispielsweise Kühe absolut rotblind und Pferde blaublind zu sein. Extreme Abweichungen treten bei Insekten und verschiedenen Vögeln auf. Bei Vögeln zeigt ein Zapfentyp sein Absorptionsmaximum im ultravioletten (UV) Bereich. Deshalb bevorzugen z.B. weibliche Vögel bei der Partnersuche solche Männchen, deren Gefieder UV-Licht bestimmter Wellenlängen reflektiert. Dagegen dürfte die für das Säugerauge sichtbare Gefiederzeichnung bei der Wahl des Partners häufig keine Rolle spielen. Für Vögel scheint das UV-Licht auch eine wichtige Rolle für die Orientierung bei bedecktem Himmel zu spielen.

Wichtig ist, daß die eigentliche Farbe im visuellen System erst entsteht, indem die Mischverhältnisse der Lichtquanten durch drei spektral unterschiedliche Zapfen zentral in der primären Sehrinde und anderen nachgeschalteten Hirnregionen verarbeitet werden. So existieren für die Farbenwahrnehmung ebenfalls rezeptive Felder. Durch die Kombination von Farbton, Sättigung und Helligkeit entstehen letztendlich mehrere Millionen Qualitäten.

Nach der **Gegenfarbentheorie** (Mach und Hering) wird weißes Licht wahrgenommen, wenn zwei Gegenfarben (z.B. Rot/Grün, Gelb/Blau) additiv gemischt werden. Die Farben werden durch additive Mischung aus den rezeptorbedingten drei Grundfarben erzeugt. Eine bestimmte Farbe entsteht demnach, wenn Licht verschiedener Wellenlänge die Rezeptoren der Netzhaut erregt.

Drei verschiedene Zapfentypen absorbieren das gesamte Farbenspektrum.

5.4.6 Augenbewegung und plastisches Sehen

Als **Blickfeld** wird der Teil der Umwelt bezeichnet, der bei unbewegtem Kopf, aber frei bewegten Augen wahrgenommen wird. Das **Gesichtsfeld** ist dagegen der mit unbewegten Augen erfaßte Bereich. Bedingt durch die ungleichmäßige Verteilung von Stäbchen und Zapfen in der Netzhaut, ist das Gesichtsfeld je nach Farbe des Gegenstandes unterschiedlich groß.

Durch die seitliche Stellung der Augen und die damit verbundene Divergenz der Augenachsen wird der von beiden Augen erfaßte Bereich (**binokulares Gesichtsfeld**) vergrößert.

Für Fluchttiere ist das große Gesichtsfeld besonders wichtig, um Gefahren aus fast allen Bereichen der Umwelt erkennen zu können. Dagegen ist bei Raubtieren das binokulare Gesichtsfeld deutlich kleiner, da die Augenachsen nur eine geringe Divergenz aufweisen. Dafür ist bei diesen Tieren die Tiefenwahrnehmung deutlich besser ausgeprägt. Durch das binokulare Deckfeld können die Informationen beider Augen verglichen werden. Dabei werden fixierte Punkte auf korrespondierende Netzhautstellen in beiden Augen abgebildet. Ein Gegenstand wird als näher empfunden, wenn eine Abbildung auf der Netzhaut nach temporal im Vergleich zum Fixationspunkt verschoben ist (Querdisparation). Weiter entfernte Gegenstände werden dagegen mehr nasal abgebildet. Alle zusätzlich zum Fixationspunkt auf korrespondierenden Netzhautstellen abgebildeten Punkte liegen auf dem sog. **Horopterkreis**. Dies führt dazu, daß Punkte außerhalb des Horopterkreises doppelt gesehen werden und somit eine Tiefenwahrnehmung entsteht. Durch Erfahrungswerte über die Größe von Gegenständen in Kombination mit Schattenbildungen, Verzerrungen und Verdeckungen ist bis zu einem gewissen Grad auch eine Tiefenwahrnehmung mit einem Auge möglich.

5.5 Geruch und Geschmack

F.-K. Pierau

5.5.1 Geruchssinn

Der **Geruch bildet zusammen mit dem Geschmack** das phylogenetisch älteste Sinnessystem. Obwohl die Chemorezeptoren beider Sinnesorgane unmittelbaren Kontakt zu ihren Reizstoffen haben müssen, entwickelte sich der Geruch mit der Eroberung des Landes durch höhere Lebewesen zu einem Sinn der **Fernwahrnehmung**. Als Transportmedium für die Moleküle von Duftstoffen dient die Luft und überträgt oft kilometerweit Geruchsinformationen, die zur Warnung oder Orientierung benutzt werden. Bei Tieren dient der Geruch aber auch in vielfältiger Weise der Kommunikation; beispielsweise ist er zur Identifikation von „Familienzugehörigkeit" außerordentlich wichtig. Die Beeinflussung des Sozial- und Sexuallebens erfolgt durch Ausscheiden chemischer Signalstoffe (**Pheromone**), mit denen z.B. Reviere markiert werden oder Paarungsbereitschaft angezeigt wird. Viele Wirbeltiere besitzen für die Wahrnehmung von Pheromonen in ihrer Nasenhöhle ein spezielles Organ: das **vomeronasale Organ**. Über den Geruchssinn werden auch beim Menschen Stimmungen und Emotionen hervorgerufen oder beeinflußt. Sprichwörtlich wird die starke affektive Komponente des Geruchssinnes ausgedrückt in Redewendungen wie: „Man kann jemand nicht riechen" oder „Die Chemie stimmt".

Der Geruchssinn ist ein Kommunikator und hat eine wichtige soziale Funktion.

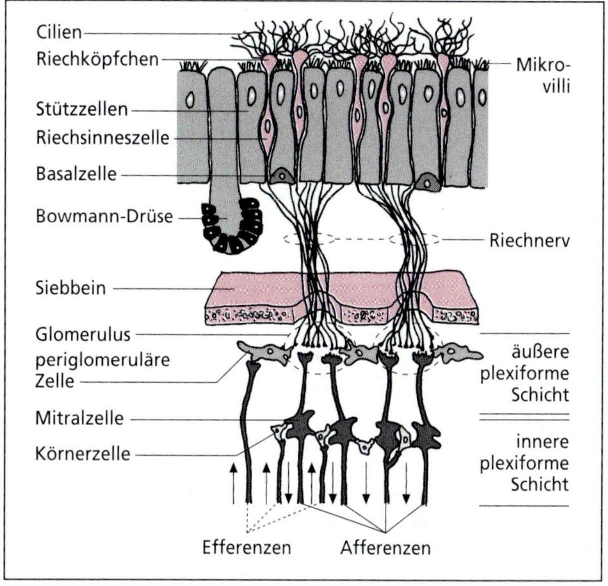

Abb. 5.21 Schematische Darstellung der Riechschleimhaut mit ihren Verbindungen zum Bulbus olfatorius. Die Axone der Sinneszellen projizieren zu den Stammdendriten der Mitralzellen in den Glomeruli des Bulbus olfactorius und zu periglomerulären Zellen. Vorwiegend hemmende Verbindungen werden durch die periglomerulären Zellen zwischen den Glomeruli und durch Körnerzellen zwischen den Mitralzellen hergestellt. Beide Arten von Interneuronen werden auch durch efferente Nervenfasern innerviert (descendierende Hemmung) (nach Schmidt/Thews, 27. Aufl.).

- **Morphologie des Geruchssinnes und Transduktionsvorgänge**

Bei landlebenden Säugetieren befindet sich das **Riechepithel** in den beiden Nasenhöhlen, die durch das Septum getrennt sind. Die Luft wird durch die Nasenöffnungen in die drei übereinanderliegenden, mit Schleimhaut ausgekleideten wulstartigen **Conchen** geleitet, von denen nur die obere das **Riechepithel** enthält. Bei ruhiger Atmung liegt das Riechepithel nicht unmittelbar in dem durch die Nase fließenden Luftstrom, so daß nur etwa 2% der in der Luft enthaltenen **Duftstoffe** die Sinneszellen erreichen. Größere Mengen von Duftstoffen werden erst beim **Schnüffeln** in den oberen Nasenabschnitten verwirbelt. Sie können nur wirksam werden, wenn sie im Schleim löslich sind, aus dem sie von der Schleimhaut absorbiert werden und durch Diffusion zu den Cilien gelangen. Das **Molekulargewicht** von Duftstoffen liegt zwischen 50 und 300, jedoch lassen weder die Molekülgröße noch die Molekülstruktur Rückschlüsse auf die Art des Geruchs zu.

Die meisten Gerüche sind **Mischgerüche**; Lebensmittel enthalten oft mehrere hundert riechende Substanzen. Die Intensität der Geruchswahrnehmung nimmt mit zunehmender Dauer der Geruchseinwirkung ab; diese **Adaptation** ist jedoch in der Regel unvollständig, so daß die Wahrnehmung nach erfolgter Adaptation meistens 20-40% der Anfangsintensität beträgt.

Neben den eigentlichen **Riechzellen** enthält das Riechepithel **Basal-** und **Stützzellen** sowie die **Bowman-Drüsen**; letztere sind an der Schleimbildung beteiligt (Abb. 5.22). Riechzellen haben eine durchschnittliche Lebensdauer von nur einem Monat und werden ständig durch Ausdifferenzierung von Basalzellen erneuert. Sie sind damit die einzigen Neuronen des adulten Nervensystems, die zu regelmäßiger mitotischer Teilung in der Lage sind. Die Riechzellen sind primäre **bipolare Sinneszellen**; sie tragen am apicalen Ende zahlreiche **dünne Sinneshaare (Cilien)** (Abb. 5.21). Die **chemorezeptive Oberfläche** der Sinneszellen wird durch Verfilzung der Cilien in der Schleimschicht erheblich vergrößert.

An den Cilien der Riechzellen rufen die Duftstoffe ein **Sensorpotential** hervor, indem sie durch Bindung an Rezeptormoleküle G-Proteine aktivieren, die intrazelluläre Botenstoffkaskaden anstoßen, die wiederum unspezifische Kationenkanäle öffnen. Als Botenstoffe (second messenger) fungieren sowohl **cAMP** (cyclisches Adenosinmonophosphat) als auch **IP_3** (Inositol-1,4,5-triphosphat). Der Duft von **Früchten und Blumen** wird überwiegend über die **cAMP-Kaskade** vermittelt, während z.B. **Aldehyde und**

Amine (faulige Gerüche) die **IP_3-Kaskade** stimulieren. Man geht davon aus, daß bereits die Bindung eines einzigen Moleküls eines Duftliganden zur Erregung der Sinneszelle führt. Es gibt mehr als 30 verschiedene Rezeptorproteine, von denen jede Sinneszelle mehrere besitzt. Wahrscheinlich kann **jedes Rezeptorprotein mehrere Duftstoffe** binden, jedoch scheint die Reizwirkung um so stärker zu sein, je besser die Molekülstruktur von Rezeptor und Ligand übereinstimmen. Auf diese Weise ließe sich die unterschiedliche Empfindlichkeit von Rezeptorzellen gegenüber bestimmten Duftstoffen ebenso erklären, wie die Tatsache, daß einzelne Rezeptorzellen auf viele aber nicht auf alle Duftstoffe reagieren. Eine Besonderheit des Riechsystems besteht darin, daß die **Zunahme der Konzentration** von Duftstoffen nicht nur die Intensität der Empfindung verstärkt, sondern auch zu **Änderungen der Qualität** und **Bewertung** der **Geruchswahrnehmung** führen kann. Die Empfindlichkeit des Geruchssinns korreliert mit der Gesamtgröße der Riechschleimhaut und damit der Zahl von Sinneszellen. Während die Riechschleimhaut (Regio olfactoria) beim Menschen eine Fläche von etwa 10 cm^2 hat, auf der sich etwa 30 Millionen Riechzellen befinden, besitzen Dackel ca 75 cm^2 bzw. Schäferhunde etwa 150 cm^2 Riechfläche mit 125 bzw. 250 Millionen Sinneszellen. Die Riechfähigkeit von Vögeln entspricht etwa der des Menschen und anderer Primaten.

Riechzellen sind primäre Sinneszellen, deren Sinneshaare verschiedene Rezeptorproteine besitzen, die jeweils mehrere Duftstoffe binden können.

- **Afferente und zentrale Verarbeitung der Geruchsinformation**

Die Axone der Riechzellen ziehen durch die Siebbeinplatte und laufen gebündelt als **Fila olfactoria** im N. olfactorius zum **Bulbus olfactorius** und sind damit die einzigen Sinneszellen, die direkt in das Gehirn projizieren (Abb. 5.22 u. Kap. 4.2.6). Im Bulbus olfactorius bilden sie zunächst ein dichtes Netz, aus dem bis zu 1.000 Axone von Riechzellen mit ähnlichen Empfindlichkeitsprofilen in den **Glomeruli olfactorii** auf die apicalen Hauptdendriten einer (Mensch) oder mehrerer (Hund) **Mitralzelle(n)** konvergieren. Da die Riechzellen mit ihrer begrenzten Lebenszeit sich immer wieder aus Basalzellen neu bilden, müssen ihre Axone ständig zu den entsprechenden Glomeruli neue synaptische Verbindungen knüpfen. Axone von Riechzellen projizieren auch auf **periglomeruläre Zellen**, die zusammen mit den **Körnerzellen** negative Rückkopplungsschleifen (Abb. 5.21) mit den beiden Dendritenebenen der Mitralzellen bilden und außerdem als Interneuronen für **descendierende Hemmbahnen** vom kontralateralen Bulbus olfactorius und vom Riechhirn dienen. Aus dem Bulbus olfactorius ziehen die Axone der Mitralzellen über den **Tractus olfactorius** zum kontralateralen Bulbus bzw. zum **ipsilateralen Riechhirn** (Paleocortex). Von dort aus verlaufen Bahnen sowohl in den **Neocortex** als auch zum **Limbischen System** und zu vegetativen Kernen des Hypothalamus und zur Formatio reticularis, was sowohl die starken affektiven als auch autonomen Reaktionen erklärt, die mit der Geruchswahrnehmung verbunden sind. Geruchswahrnehmungen können auch über Endigungen des **N. trigeminus** in der Nasenschleinhaut und im Mund-Rachen-Raum erfolgen. Die Empfindlichkeit dieser Nervenfasern scheint jedoch geringer zu sein und sich vorwiegend auf wenige Empfindungen wie stechend, beißend oder brennend zu beziehen.

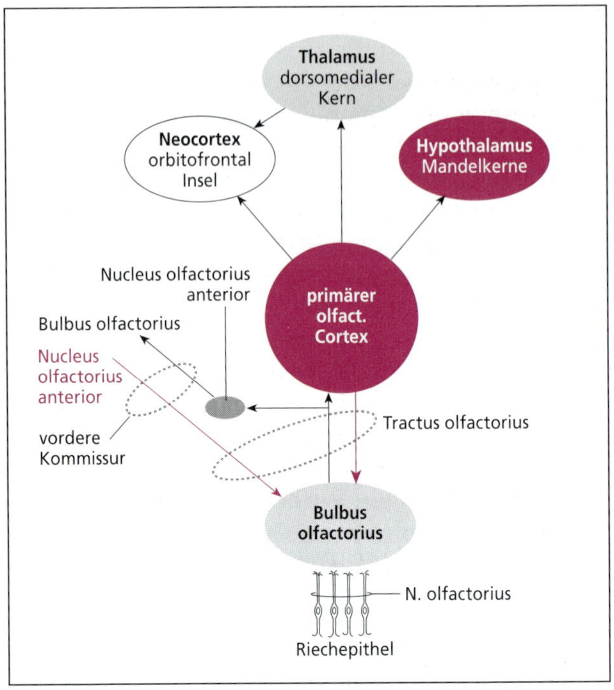

Abb. 5.22 Schematische Darstellung der afferenten und efferenten Riechbahnen. Auf der ipsilateralen Seite verlaufen die afferenten Bahnen vom primären olfactorischen Cortex (Paleocortex) entweder direkt oder nach Umschaltung im Thalamus in den Neocortex; weitere Bahnen ziehen in den Hypothalamus und verschiedene Abschnitte des Limbischen Systems. Afferente hemmende Bahnen bestehen zum kontralateralen Bulbus olfactorius. Efferente Hemmbahnen (rote Pfeile) kommen vom kontralateralen Bulbus olfactorius und vom ipsilateralen primären olfactorischen Cortex.

Da Riechzellen sich ständig neu aus Basalzellen entwickeln, müssen immer wieder neue Synapsen zu den Mitralzellen im Bulbus olfactorius gebildet werden.

5.5.2 Geschmackssinn

- **Morphologie des Geschmackssinn und Transduktionsvorgänge**

Im Hinblick auf die Klassifizierung von Geschmacksempfindungen ist man auf Untersuchungen am Menschen angewiesen. Danach gibt es vier primäre Geschmacksqualitäten: sauer, salzig, bitter, süß. Aus diesen Grundqualitäten entstehen Mischempfindungen wie süßsauer, sauersalzig. Die Existenz von metallischem Geschmack und Glutamatgeschmack ist umstritten.

Die Sinneszellen des Geschmackssinnes liegen bei allen Säugetieren in den **Geschmacksknospen**, die in den **Geschmackspapillen** der Zunge und in der Schleimhaut des weichen Gaumens, der Epiglottis und des Rachens liegen.

Die Zunge besitzt drei verschiedene Typen von Geschmackspapillen. Am häufigsten kommen die über die gesamte Zungenoberfläche verteilten **Pilzpapillen (Papillae fungiformes)** vor (200-400). Von den **Blätterpapillen (Papillae foliatae)** gibt es nur 15-20; sie bilden dicht hinteranderliegende Falten am hinteren Seitenrand der Zunge. Am weitesten treten die **Wallpapillen (Papillae vallatae)** aus der Zungenoberfläche hervor (ca. 1 mm); sie sind an der Grenze zum Zungengrund V-förmig angeordnet. Lediglich als Mechanorezeptoren dienen die **Fadenpapillen (Papillae filiformes)**, die ebenfalls über die gesamte Zungenoberfläche verteilt sind und zusammen mit Nozizeptoren am Schutzsystem des Mund- und Rachenraums beteiligt sind.

Die **Geschmacksknospen** (Abb. 5.23) befinden sich hauptsächlich in den Wänden und Falten der Zungenpapillen und enthalten 10-150 **Sinneszellen,** die wie Segmente von Nabelorangen angeordnet sind und sich nach oben in einen flüssigkeitsgefüllten Trichter (**Porus**) öffnen; zwischen den Sinneszellen sind **Stützzellen** eingebettet. Geschmacksknospen kommen aber auch in der Schleimhaut des weichen Gaumens, der Epiglottis und des Pharynx vor. Ihre Zahl variiert zwischen den Papillenarten (Wallpapillen bis 100, Pilzpapillen 3-4) und bei den einzelnen Wirbeltieren beträchtlich. Hunde, Rinder und Hasen besitzen zwischen 15 und 30.000 Geschmacksknospen, während der Mensch nur etwa 5.000, Enten 100 und Hühner und Tauben nur 20-40 besitzen. Bei Fischen sind die Geschmacksknospen nicht nur in der Mundhöhle, sondern auch in den Kiemenhöhlen ausgebildet oder sogar – wie beim Wels, der über 100.000 von ihnen besitzt – über den ganzen Körper verteilt.

Die **Geschmackssinneszellen** sind keine Nervenzellen, sondern **modifizierte Epithelzellen.** Zur Oberflächenvergrößerung besitzen sie an ihrem apicalen Ende feine, fingerförmige Fortsätze (Mikrovilli) in denen die **Geschmackssensoren** liegen. Die Lebensdauer der Sinneszellen beträgt nur ca. eine Woche; sie werden fortlaufend durch **Basalzellen** ersetzt, die sich im unteren Teil der Geschmacksknospe befinden. Im Alter wird die Produktion der Sinneszellen zunehmend geringer und dadurch die Empfindlichkeit der Geschmacksempfindung erheblich reduziert. Zwischen den Sinneszellen winden sich marklose Nervenfasern aus Geschmacksneuronen verschiedener Hirnnerven und bilden mit diesen synaptische Kontakte. Geschmackssinneszellen verhalten sich also wie **sekundäre Sinneszellen**, die bei Aktivierung die Freisetzung von Transmittern modulieren. Wie bei anderen Sinneszellen wird durch den **Transduktionsprozeß**, d.h. der Interaktion zwischen Geschmacksstoff und Rezeptormolekül, ein **depolarisierendes Sensorpotential** erzeugt. Allerdings liegen dieser Depolarisation unterschiedliche Mechanismen der Ionendurchlässigkeit an den verschiedenen Sensormembranen zugrunde.

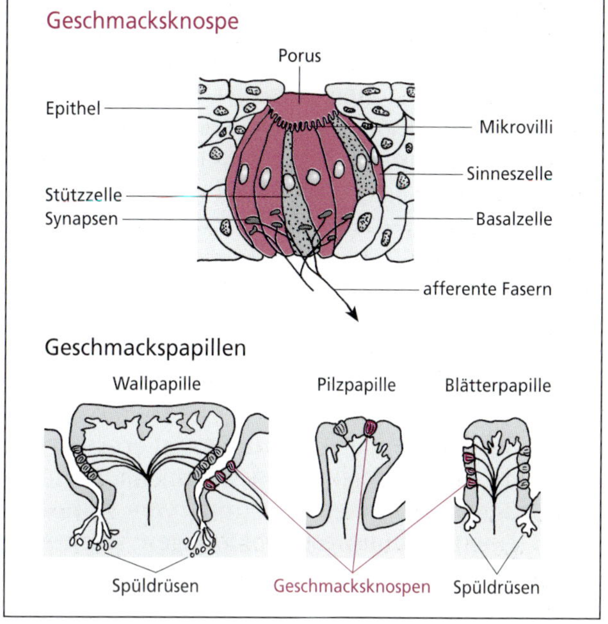

Abb. 5.23 Schematischer Aufbau einer Geschmacksknospe (oben) und von drei verschiedenen Geschmackspapillen (unten) (nach Schmidt/Thews, 27. Aufl.).

> Geschmackssinneszellen sind modifizierte Epithelzellen, die an einem Ende Geschmacksrezeptoren und am anderen Ende Synapsen besitzen.

Der **Sauergeschmack** ist abhängig von der Konzentration von H^+-Ionen; daher schmecken vollständig dissoziierte Säuren stärker sauer als äquimolare Lösungen schwach dissoziierter Säuren. Ausnahmen, wie z.B. die stark sauer schmeckende

Essigsäure, weisen auf zusätzliche Mechanismen hin. Durch die **Reaktion von H^+-Ionen** mit Proteinen eines K^+-selektiven Membrankanals wird der (Ruhe-) **Ausstrom von K^+-Ionen blockiert**, und dadurch bildet sich ein depolarisierendes Sensorpotential.

Der **Salzgeschmack** wird durch wasserlösliche Salze hervorgerufen, die in Lösungen in Kationen und Anionen dissoziieren, z.B. in Na^+ und Cl^- bei Kochsalz. Der Grad der „Salzigkeit" läßt sich in einer **Rangordnung** sowohl für Kationen als auch für Anionen beschreiben:

Kationen: $NH_4^{1+} > K^{1+} > Ca^{2+} > Na^{1+} > Li^{1+} > Mg^{2+}$
Anionen: $SO_4^{2-} > Cl^{1-} > Br^{1-} > I^{1-} > HCO_3^{1-} > NO_3^{1-}$

Das **depolarisierende Sensorpotential** entsteht bei Zunahme der extrazellulären Kationenkonzentration durch verstärkten Einstrom von **Kationen** durch einen **spannungsunabhängigen selektiven Ionenkanal**, der durch das nichtpermeable Kation Amilorid blockiert werden kann. **Anionen** wirken dagegen nicht direkt auf die Sinneszellen; sie werden mit Hilfe spezifischer Transportmechanismen in die **Stützzellen** eingeschleust und führen dort zur Depolarisation, die über **gap junctions** die Sinneszellen aktiviert.

Der **Bittergeschmack** wird durch eine Vielzahl von Stoffen hervorgerufen, deren molekulare Struktur sehr unterschiedlich ist. Gemeinsam ist diesen Molekülen jedoch eine polare Gruppe, die mit einer größeren hydrophoben Gruppe in definiertem Abstand kombiniert ist. Vor allem pflanzliche Bitterstoffe wie z.B. die Alkaloide Chinin oder Strychnin, haben häufig eine hohe **Toxizität**; daher erscheint es sinnvoll, daß der **Bittergeschmackssinn besonders empfindlich** ist. Gegen viele bitterschmeckende Substanzen besteht bei den meisten Lebewesen eine **genetisch fixierte Aversion.** Im Transduktionsprozeß wird nach Interaktion des Bitterstoffs mit spezifischen Rezeptorproteinen durch Aktivierung der intrazellulären IP_3-Signalkaskade die intrazelluläre Ca^{2+} Konzentration erhöht und die Transmitterfreisetzung ausgelöst.

Der **Süßgeschmack** wird überwiegend durch organische Substanzen, wie verschiedene Zucker, Alkohole, Glykole und auch Aminosäuren (bei neutralem pH) hervorgerufen. Die meisten Lebewesen reagieren auf **süße Nahrung positiv**, da sie das Vorhandensein von Kohlenhydraten und Proteinen, also wichtigen Nahrungsstoffen, signalisiert. Die Moleküle von süßen Substanzen sind unterschiedlich konfiguriert. Alle süßen Stoffe scheinen an einen **einzigen Typ von Rezeptormolekül** zu binden, allerdings mit unterschiedlicher Affinität. Das Rezeptormolekül aktiviert über ein G-Protein die Adenylatcyclase (AC) und erhöht damit die intrazelluläre **Konzentration** von **cAMP**, das den K^+ Ausstrom an selektiven Ionenkanälen vermindert und dadurch zu einem depolarisierenden Sensorpotential führt.

Der Transduktionsprozeß wird entweder durch direkte Wirkung auf selektive K^+-Kanäle oder durch intrazelluläre Botenstoffe ausgelöst.

- **Codierung der Geschmacksqualitäten**

Prinzipiell kann **jede Geschmackssinneszelle verschiedene Rezeptorproteine** besitzen und daher auf eine Vielzahl von Reizstoffen reagieren, die **mehreren oder allen vier Geschmacksqualitäten** angehören können, ohne daß eine bevorzugte Empfindlichkeit vorhanden ist. Auch durch thermische oder mechanische Reize können die Geschmackssinneszellen aktiviert werden. Ein spezifisches **Geschmacksprofil** findet sich erst in den **Geschmacksneuronen**, die nicht nur mehrere Sinneszellen synaptisch innervieren, sondern auch zu verschiedenen Geschmacksknospen ziehen. Unter Geschmacksprofil versteht man die für **jede afferente Faser spezifische Rangfolge** der Empfindlichkeit für die vier Grundqualitäten. So kann z.B. eine Faser am stärksten auf süß reagieren, weniger stark auf sauer oder salzig und am geringsten auf bitter; andere Fasern haben die stärkste Entladungsfrequenz bei salzig oder sauer. **Reizintensität** und **Geschmackseindruck** ergeben sich erst aus der gemeinsamen Verarbeitung der Information vieler afferenter Nervenfasern.

- **Zentrale Verarbeitung der Geschmacksinformation**

Die afferenten Nervenfasern (Abb. 5.24) verlaufen im **N. facialis (VII. Gehirnnerv)**, **N. glossopharyngeus (IX. Gehirnnerv)**, **N. vagus (X. Gehirnnerv)**. Einige Geschmacksfasern verlaufen auch im **N. trigeminus (V. Gehirnnerv)**, der aber überwiegend **thermo- und mechanosensible** Axone aus der Zunge enthält. **Alle Geschmacksfasern** ziehen gemeinsam im Tractus solitarius zum **Nucleus tractus solitarii** in der Medulla oblongata, auf dessen Neuronen auch viscerale und somatische Afferenzen konvergieren. Von dort aus wird ein Teil der Geschmacksinformation zusammen mit anderen Modalitäten (Temperatur, Schmerz) über den **kontralateralen Thalamus** zum **Gyrus postcentralis** geleitet. Andere Axone ziehen zu verschiedenen Kernen des **Hirnstammes** (Abb. 5.24), die an **Verdauungsreflexen** aller Art, z.B. Speichelfluß und Magensaftsekretion oder Schlucken und Würgen, aber auch an motorischen Steuerungsvorgängen von **Kauen und Mimik** beteiligt sind. Die **emotio-**

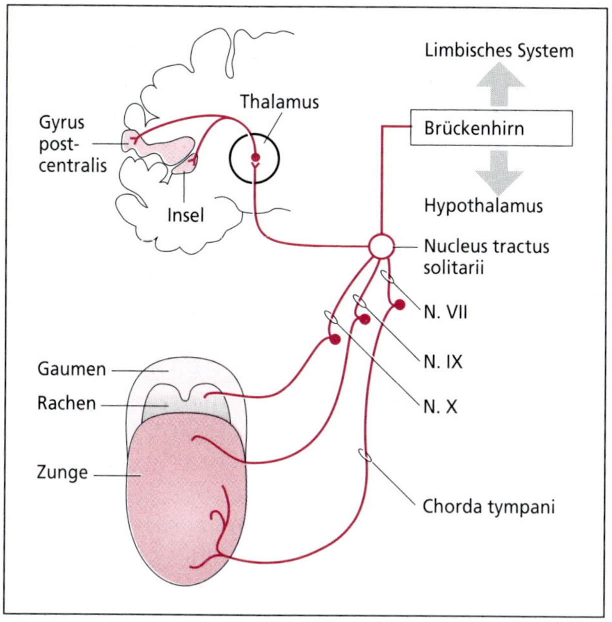

Abb. 5.24 Schematische Darstellung der afferenten Geschmacksbahnen. Die Axone von drei verschiedenen Hirnnerven innervieren die Geschmacksknospen in unterschiedlichen Bereichen von Zunge, Mundhöhle und Rachen. Vom Nucleus tractus solitarii ziehen Bahnen über den kontralateralen Thalamus in den Neocortex bzw. über das Brückenhirn zum Hypothalamus und zu verschiedenen Arealen des Limbischen Systems.

nale Komponente des Geschmackssinnes wird über Verbindungen zum **Hypothalamus** und zum **Limbischen System** vermittelt.

- **Geschmackswahrnehmung**

Die Empfindungsqualitäten eines Stoffes sind nicht nur von seiner Konzentration und der rezeptiven Reizschwelle, sondern auch von **Adaptationsvorgängen** abhängig. Sie sind beim Geschmackssinn stark ausgeprägt, können nach wenigen **Sekunden beginnen** und z.B. bei Bitterstoffen über **Stunden anhalten**. Die Adaptation wird durch die Spüldrüsen unterstützt. Nach längerer Einwirkung einer Lösung, die Geschmacksstoffe enthält, wird auch **Wasser schmackhaft**: nach Säureadaptation schmeckt es süß, nach Kochsalzlösung bitter oder sauer. Adaptation erfolgt sowohl zwischen Stoffen mit der gleichen Grundqualität als auch zwischen Substanzen mit unterschiedlicher Geschmacksqualität.

Die Geschmackswahrnehmung wird nicht nur durch die Konzentration eines Stoffes sondern auch durch Adaptationsvorgänge geprägt.

Weiterführende Literatur zu 5.2

Heffner, R.S., H.E. Heffner: Hearing in Large Animals: Horses (Equus caballus) and Cattle (Bos taurus). Behavioral Neuroscience 97 (1983) 299-309.

Heffner, H.E.: Hearing in Large and Small Dogs: Absolute Threshold and Size of the Tympanic Membrane. Behavioral Neuroscience 97 (1983) 310-318.

Short, C.E., A. Van Poznak (Eds.): Animal Pain. Churchill Livingstone, New York–Edinburgh–London–Melbourn–Tokyo 1992.

Wall, P.D., R. Melzak (Eds.): Textbook of Pain. Churchill Livingstone, Edinburgh 1994.

Zenz, M., I. Jurna (Hrsg.): Lehrbuch der Schmerztherapie. Grundlagen, Theorie und Praxis für Aus- und Weiterbildung. Wissenschaftliche Verlagsgesellschaft, Stuttgart 1993.

6 Vegetatives Nervensystem

M. Diener

6.1 Funktion des vegetativen Nervensystems

Das vegetative Nervensystem umfaßt den Teil des Nervensystems, der der Regulation der inneren Organe und des Stoffwechsels dient. Zu diesem Zweck arbeitet das vegetative Nervensystem eng mit dem Hormonsystem und dem somatischen Nervensystem zusammen. Synonym wird das vegetative Nervensystem auch als autonomes oder unwillkürliches Nervensystem bezeichnet, weil es weitgehend der willkürlichen Kontrolle entzogen ist. Allerdings gibt es enge Interaktionen zwischen vegetativem und somatischem Nervensystem, so daß Vorgänge wie z.B. die Miktion, die primär durch das vegetative Nervensystem gesteuert werden, auch willentlich beeinflußt werden können.

Das vegetative Nervensystem reguliert die Tätigkeit der inneren Organe und den Stoffwechsel.

6.2 Bau des vegetativen Nervensystems

Das vegetative Nervensystem besteht aus verschiedenen Funktionssystemen: dem Sympathicus, dem Parasympathicus und dem Darmnervensystem. Die beiden ersten Anteile sind die eigentlichen, klassischen Teile des vegetativen Nervensystems. Dazu kommen noch viszerale Afferenzen, die Informationen von den inneren Organen dem Zentralnervensystem zuleiten.

Sympathicus und Parasympathicus besitzen sehr viele Ähnlichkeiten in ihrer Struktur (Abb. 6.1). Ihre Nervenzellen sind prinzipiell in Form von Zwei-Neuronen-Ketten angeordnet. Die zentralen Anteile des vegetativen Nervensystems liegen im Rückenmark und im Hirnstamm; die peripheren Neurone sind außerhalb des Zentralnervensystems in Ganglien lokalisiert. Die Ganglien des Sympathicus liegen meistens nahe dem Zentralnervensystem und somit organfern, während die des Parasympathicus nahe an den zu innervierenden Organen gelegen sind. Die zentralen Neurone werden, da sie vor den Ganglien liegen, als präganglionäre Neurone bezeichnet, während die Neurone in den Ganglien selbst in Analogie dazu postganglionäre Neurone genannt werden. Von den postganglionären Neuronen gehen dünne, unmyelimisierte, Nervenfasern aus, die die einzelnen Organe innervieren (Tab. 6.1).

Die präganglionären Neurone des Sympathicus befinden sich im Rückenmark im Bereich der Seitenhörner. Sympathische Neurone findet man nicht im gesamten Rückenmarkbereich, sondern nur im Thoracal- und Lumbalmark (Th_1 bis $L_{2/3}$ beim Menschen; bei Hund, Pferd und Rind bis L_4/L_6). Die Nervenzellkörper dieser Neurone senden ihre Axone mit den Rami communicantes zum Grenzstrang. Dieser besteht aus einer Reihe von paravertebral gelegenen Ganglien (z.B. Ggl. cervicale craniale, Ggl. cervicale medium und Ggl. stellatum). Hier erfolgt z.T. die Umschaltung zum zweiten (postganglionären) Neuron. Neben dem Grenzstrang, der beidseits neben der Wirbelsäule liegt, gibt es noch eine Reihe von prävertebralen Ganglien des Sympathicus, die vor der Wirbelsäule liegen und unpaarig angelegt sind (Ggl. coeliacum, Ggl. mesentericum craniale und Ggl. mesentericum caudale). Die präganglionären Axone der Neurone, die zu diesen Ganglien projizieren, durchqueren den Grenzstrang ohne Umschaltung, d.h. ohne eine synaptische Übertragung. Die Fasern der postganglionären Neurone ziehen als vegetative Nerven oder mit den Blutgefäßen zu den zu innervierenden Organen. Die innervierten Zielorgane sind die glatte Muskulatur aller Organe, der Herzmuskel, die Gefäße und z.T. die exokrinen Drüsen.

Die präganglionären Neurone des Parasympathicus sind im Hirnstamm und im Sacralmark lokalisiert (Abb. 6.1). Parasympathische Kerngebiete findet man im Mesencephalon, in der Pons und in der Medulla oblongata. Ihre Axone schließen sich Hirnnerven mit vegetativen Anteilen (N. oculomotorius, N. facialis, N. glossopharyngeus, N. vagus) an. Außerdem finden sich parasympathische präganglionäre Neurone im Bereich des Zwischenhorns im Sacralmark (S_2-S_4). Die Umschaltung zu den postganglionären Neuronen erfolgt in Ganglien, die nahe an den zu innervierenden Organen liegen. Zielorgane des Parasympathicus sind die glatte Muskulatur und die Drüsen. Gefäße werden mit

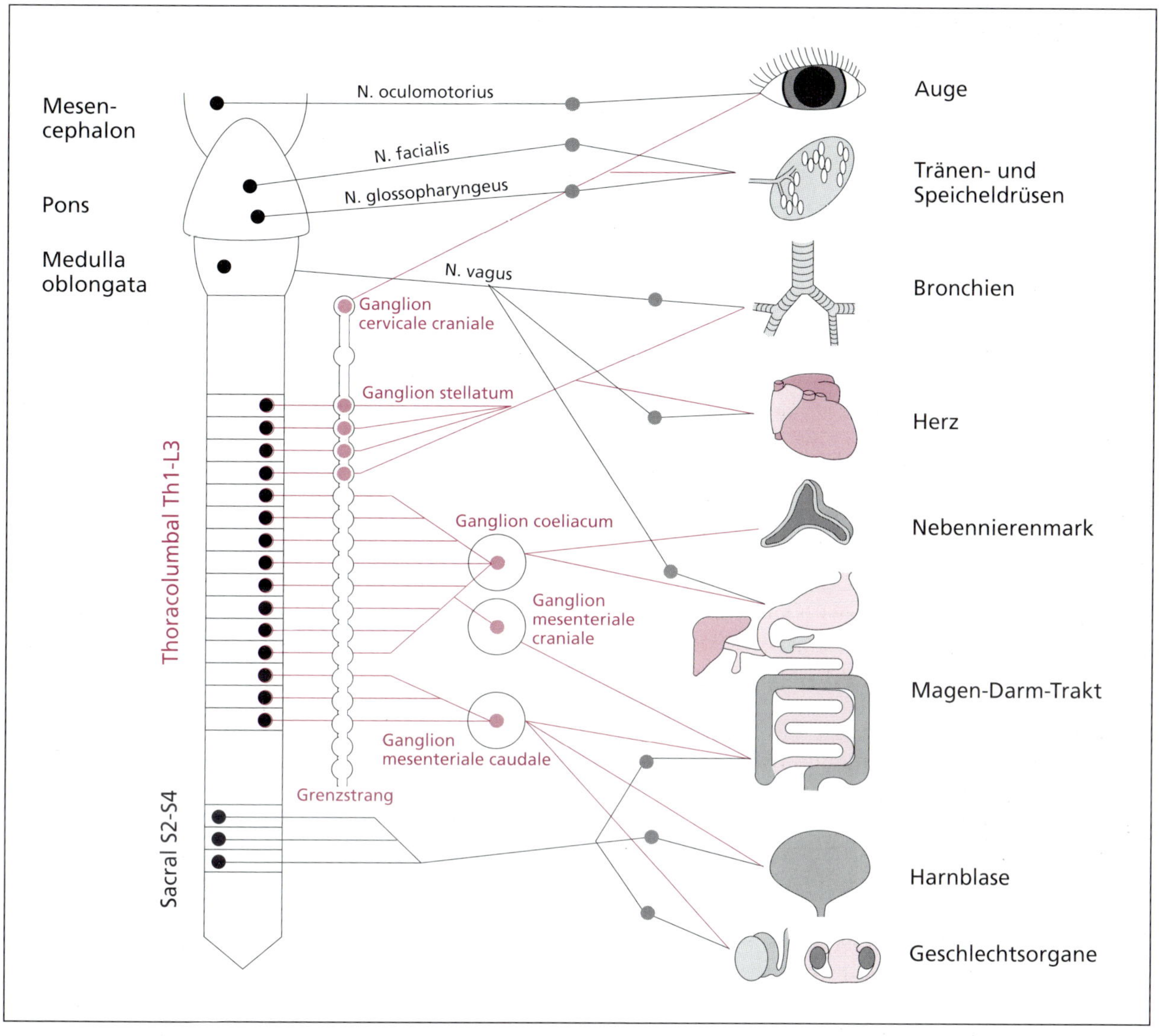

Abb. 6.1 Schematischer Verlauf des Sympathicus (rot) und des Parasympathicus (schwarz). Auch in den tieferen Abschnitten des Grenzstrangs findet eine Umschaltung von prä- auf postganglionäre Neurone statt, die hier aus Gründen der Vereinfachung nicht eingezeichnet sind. Die Fortsätze dieser postganglionären Neurone dienen in der Regel dazu, die Blutgefäße zu den einzelnen Organen zu innervieren.

wenigen Ausnahme (Arteriolen in den Geschlechtsorganen, in Speicheldrüsen und im Gehirn) nicht parasympathisch innerviert.

Es gibt deutliche Unterschiede zwischen den Nervenkontaktstellen im prä- und im postganglionären Bereich. Die präganglionären Neurone von Sympathicus und Parasympathicus benutzen für die Weiterleitung der Erregung an den Synapsen mit den postganglionären Neuronen generell Acetylcholin als Transmitter (Abb. 6.2). Die Axone der postganglionären Neurone ziehen schließlich zu den zu innervierenden Organen. Im Unterschied zum somatischen Nervensystem gibt es im postganglionären Bereich keine hochspezialisierten Kontaktstellen zwischen Neuron und Endorgan, also keine Synapsen. Statt dessen besitzen die vegetativen Nervenfasern in regelmäßigen Abständen Auftreibungen (Varikositäten), in denen sich Vesikel befinden mit Transmittern, welche bei Eintreffen eines Aktionspotentials freigesetzt werden. Die Transmitter diffundieren über eine relativ weite Distanz (bis zu 1 µm) durch den Extrazellularraum zum Endorgan, wo sie an in der Membran diffus verteilte Rezeptoren binden. Während präganglionär Parasympathicus und Sympathicus die gleichen Transmitter benutzen, unterscheiden sie sich hinsichtlich der postganglionären Transmitter; beim Parasympathicus ist es Acetylcholin, beim Sympathicus – bis auf wenige Ausnahmen – Noradrenalin.

Sympathicus und Parasympathicus bestehen aus Zwei-Neuronen-Ketten.

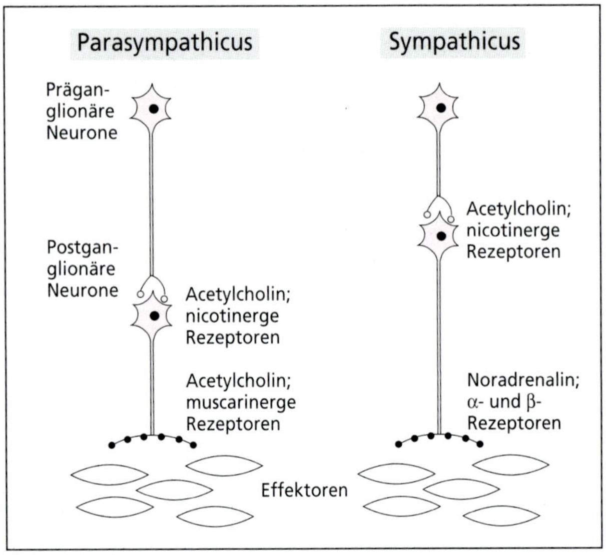

Abb. 6.2 Anordnung der prä- und postsynaptischen Neurone bei Sympathicus und Parasympathicus.

6.3 Wirkungen von Sympathicus und Parasympathicus

Sympathicus und Parasympathicus wirken in der Regel gegensinnig und werden unter unterschiedlichen Bedingungen aktiviert (Tab. 6.1). Der Sympathicus wird aktiviert, wenn es zu Belastungen des Körpers kommt. Typische Stimuli für das sympathische Nervensystem sind z.B. Flucht- oder Kampfsituationen. Aktivierung des Sympathicus führt zu einer Mobilisierung von Leistungsreserven, um das Tier an eine Belastungssituation anzupassen. Ganz anders ist die Aufgabe des Parasympathicus, der bei Ruhesituationen aktiviert wird und dazu dient, Körperfunktionen zu erhalten.

Ein typisches Beispiel für den Antagonismus zwischen Sympathicus und Parasympathicus bietet das Herz. Hier kommt es bei einer Aktivierung des Sympathicus zu einer Steigerung der Herzfrequenz und der Kontraktionskraft der Arbeitsmuskulatur. Der Parasympathicus senkt dagegen die Herzfrequenz. Die glatte Muskulatur der Arteriolen ist dagegen ein Beispiel für ein Gewebe, das in der Regel nur vom Sympathicus innerviert wird. Stimulierung des Sympathicus führt zu einer Kontraktion vieler Gefäße, die zu nicht direkt lebensnotwendigen Organen ziehen, also z.B. der Arteriolen der Haut oder des Magen-Darm-Traktes. Dort wird die Durchblutung gesenkt, so daß mehr O_2 bzw. Nährstoffe für die akut lebensnotwendigen Bereiche, wie z.B. Herz oder Zentralnervensystem, zur Verfügung stehen. An den Gefäßen, die zur Skelettmuskulatur führen, kann der Sympathicus je nach Gefäßgebiet die Durchblutung erhöhen oder senken, indem er eine Vasokonstriktion oder eine Dilatation auslöst (Kap. 9.4.2). Die Gefäßmuskulatur ist – von Ausnahmen abgesehen – nicht parasympathisch innerviert. Eines der wenigen arteriellen Gefäßgebiete, die direkt vom Parasympathicus innerviert werden, sind die Gefäße des Penis und der Klitoris. Dort bewirkt eine Aktivierung dieses Teils des vegetativen Nervensystems eine Vasodilatation und damit eine Erektion. Die Venen sind generell nur sympathisch innerviert. Eine Reizung des Sympathicus löst eine Konstriktion aus, so daß Blutreserven, die in den Venen gespeichert sind, mobilisiert werden können.

Im Magen-Darm-Trakt wird durch den Parasympathicus die Kontraktion der Ring- und Längsmuskulatur erhöht, während die Tätigkeit der Sphincteren vermindert wird. Der Sympathicus hat die antagonistische Wirkung. Ähnlich ist es bei der Harnblase: Der Parasympathicus fördert die Entleerung der Blase, der Sympathicus hemmt sie. Am Auge innerviert der Sympathicus den M. dilatator pupillae, deshalb weitet sich bei Schreck die Pupille, während der Parasympathicus den M. sphincter pupillae innerviert und die Pupille eng stellt.

Die Tätigkeit der Drüsen im Magen-Darm-Trakt, wie z.B. der Bauchspeicheldrüse, wird durch den Paraympathikus gefördert, durch den Sympathicus gehemmt. Eine andere Situation liegt bei den Schweißdrüsen vor, sie werden nur sympathisch innerviert; der „Angstschweiß" bricht aus, wenn es bei einer Schrecksituation zu einer Aktivierung des sympathischen Nervensystems kommt.

Bei all diesen Wirkungen darf man nicht vergessen, daß der Körper Organfunktionen nicht dadurch regelt, daß er das sympathische bzw. parasympathische Nervensystem „ein-" oder „abschaltet". Statt dessen gibt es immer eine gewisse Grundaktivität in beiden Teilen des vegetativen Nervensystems, die man als **Parasympathicotonus** bzw. **Sympathicotonus** bezeichnet. Für beide Teile des vegetativen Nervensystems gilt, daß die Neurone in der Regel eine Spontanaktivität (0,1-4 Hz) aufweisen, die je nach Bedürfnis des Körpers oder tageszeitabhängig verändert wird.

Der Sympathicus wird bei Belastungssituationen, der Parasympathicus unter Ruhebedingungen vermehrt aktiv.

6.4 Transmitter und Rezeptoren von Sympathicus und Parasympathicus

6.4.1 Acetylcholin

Die Synthese des Acetylcholins (Abb. 6.3) erfordert das Enzym Cholinacetyltransferase, welches Acetat, das in einer Esterbindung gebunden an Coenzym A vorliegt, mit Cholin verknüpft. Die Synthese findet

Tabelle 6.1 Wirkungen von Sympathicus und Parasympathicus an verschiedenen Organen

Organ	Parasympathicus	Cholinerge Rezeptoren	Sympathicus	Adrenerge Rezeptoren
Herzmuskel:	Frequenz ↓	Musc. (M_2)	Frequenz ↑ Kontraktionskraft ↑	β_1 β_1
Glatte Muskulatur:				
Gefäße				
– Arterien Haut	–	–	Vasokonstriktion	α_1
– Arterien Skelettmuskel	–	–	Vasokonstriktion Vasodilatation	α_1 β_2
– Arterien Genitalorgane	Vasodilatation	auch NO und VIP beteiligt	–	–
– Venen	–	–	Vasokonstriktion	α_1
Magen-Darm-Trakt				
– Längsmuskulatur	Motilität ↑	Musc. (M_3)	Motilität ↓	α_2 und β_2
– Ringmuskulatur	Motilität ↑	Musc. (M_3)	Motilität ↓	α_2 und β_2
– Sphincteren	Erschlaffung	auch noncholinerge Transmitter beteiligt	Konstriktion	α_1
Urogenitaltrakt				
– M. detrusor vesicae	Kontraktion	Musc. (M_3)	Erschlaffung	β_2
– M. sphincter v. int.	–		Kontraktion	α_1
– Ductus deferens	–	–	Kontraktion	α_1
– Uterus	–	–	Kontraktion Erschlaffung	α_1 β_2
Auge				
– M. dilatator pupillae	–	–	Kontraktion	α_1
– M. sphincter pupillae	Kontraktion	Musc. (M_3)	–	
Bronchien	Kontraktion	Musc. (M_3)	Erschlaffung	β_2
Haarmuskulatur	–	–	Kontraktion	α_1
Drüsenzellen:				
Speicheldrüsen	Seröse Sekretion	Musc. (M_3)	mucöse Sekretion	α_1
Tränendrüsen	Sekretion	Musc. (M_3)	–	
Verdauungsdrüsen	Sekretion	Musc. (M_3)	Sekretion ↓	α_1
Schweißdrüsen	–	–	Sekretion ↑	speziesabhängig. α oder β,cholinerg bei ekkrinen Drüsen
Stoffwechsel:				
Leber	–	–	Glykogenolyse	β_2
Fettzellen	–	–	Lipolyse	β_2/β_3

Angegeben sind die jeweils an einem Organ dominierenden Rezeptorsubtypen. Cholinerge Übertragung wird an den sympathisch innervierten Schweißdrüsen beim Menschen und bei manchen Primaten sowie an Fußsohlen von Hund und Katze gefunden. Die Hemmung der Motilität der Längs- und Ringmuskulatur durch α_2-Rezeptoren erfolgt über eine Hemmung der Acetylcholinfreisetzung aus enteralen Neuronen.

im Cytoplasma der Nervenzellen statt. Das entstandene Acetylcholin wird in Vesikeln in den Nervenendigungen gespeichert. Bei Eintreffen eines Aktionspotentials fusionieren die Vesikel mit der Membran der Nervenendigung und entleeren Acetylcholin in den Extrazellulärraum. Der Transmitter diffundiert dann zu den Rezeptoren der Drüsen- oder Muskelzellen.

Damit eine bedarfsgerechte Erregungsübertragung möglich ist, muß die einmal in Gang gesetzte Stimulation der Rezeptoren auf den innervierten Organen wieder beendet werden können. Dies erfolgt durch Abbau des Transmitters. Das Enzym, das das Acetylcholin inaktiviert, ist die Acetylcholinesterase. Sie befindet sich sowohl auf der Zellmembran der Endorgane wie auch der freisetzenden Nervenendigungen. Die Acetylcholinesterase spaltet hydrolytisch Acetylcholin in Acetat und Cholin. Das Acetat wird aus dem synaptischen Spalt „ausgewaschen" und metabolisch verwertet. Cholin hingegen wird in die Nervenendigung zurücktransportiert und kann dort von der Cholinacetyltransferase für die Synthese von neuem Acetylcholin verwendet werden.

Acetylcholin ist Transmitter an der Synapse zwischen prä- und postganglionärem Neuron sowie an der Kontaktstelle zwischen postganglionärem parasympathischen Neuron und Endorgan.

6.4.2 Adrenalin und Noradrenalin

Bei der Mehrzahl der Haustiere spielt das Noradrenalin die dominierende Rolle als Neurotransmitter an den postganglionären Neuronen des Sympathi-

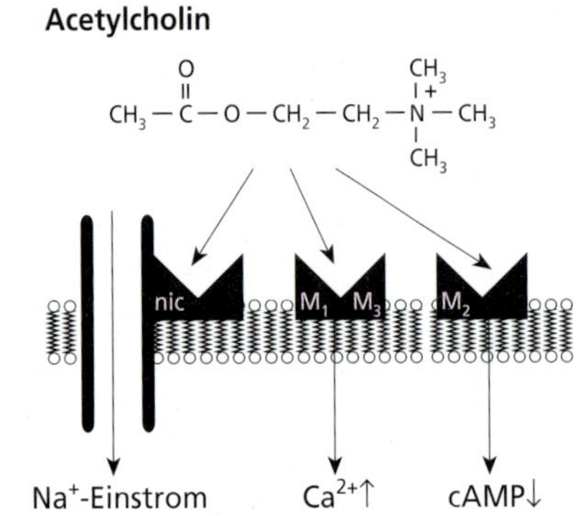

Nicotinerge Rezeptoren	Muscarinerge Rezeptoren
Stimulation sympathischer postganglionärer Neurone	M_1: Vor allem auf Neuronen → Förderung der Erregbarkeit M_2: Herz → Senkung der Herzfrequenz
Stimulation parasympathischer postganglionärer Neurone	M_3: Glatte Muskulatur → Kontraktion Drüsenzellen → Sekretion

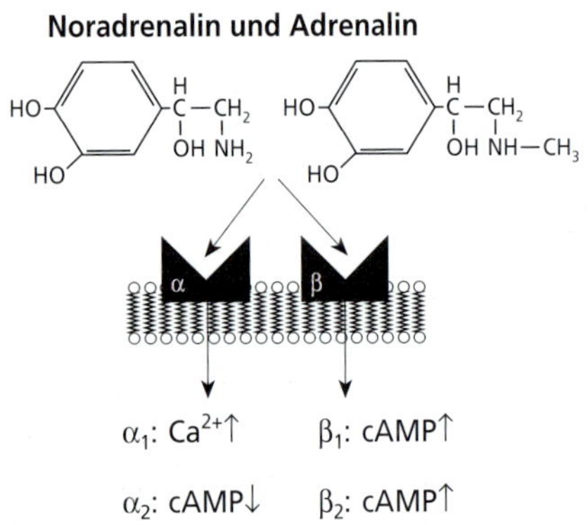

α_1	α_2	β_1	β_2
Vasokonstriktion	Hemmung der Noradrenalin-freisetzung	Herz: Frequenz und Kontraktionskraft ↑	Vasodilatation
Kontraktion der intestinalen Sphincteren			Bronchodilatation
	Sympathicotonus ↓	Renin-freisetzung ↑	Glykogenolyse ↑
Uteruskontraktion	Intestinale Relaxation (Hemmung der ACh-Freisetzung)		Uterusrelaxation
Pupillendilatation			Thermogenese

Abb. 6.3 Kopplung cholinerger und adrenerger Rezeptorsubtypen an verschiedene Signalwege.

cus. Bei niederen Vertebraten und bei Vögeln wird eine verwandte Substanz als Neurotransmitter verwendet, das Adrenalin (Abb. 6.3). Adrenalin spielt aber bei allen Tieren eine wichtige Rolle als Hormon, das aus dem Nebennierenmark ins Blut freigesetzt wird. Die Synthese beider adrenerger Substanzen beginnt bei der Aminosäure Tyrosin. Durch Hydroxylierung zu Dopa (3,4-Dihydroxyphenylalanin) und nachfolgender Decarboxylierung entsteht Dopamin im Cytoplasma der Nervenendigung. Dopamin wird in Vesikeln gespeichert und dort durch Hydroxylierung in Noradrenalin bzw. im Nebennierenmark oder in den sympathischen Nervenendigungen beim Vogel durch eine Methylierung am Stickstoff zum Adrenalin umgewandelt.

Im Unterschied zu den parasympathischen Nerven spielt für die Inaktivierung der Transmitter im sympathischen Nervensystem der Rücktransport von Noradrenalin aus dem Extrazellulärraum die quantitativ ausschlaggebende Rolle. Mit Hilfe eines spezifischen Transporters wird Noradrenalin durch die Membran der Nervenendigung in das Cytosol transportiert. Dort wird es wieder in die Vesikel aufgenommen und steht so erneut als Transmitter zur Verfügung. Außerdem gibt es einen metabolischen Abbau von Adrenalin und Noradrenalin. Noradrenalin kann aus der Kontaktstelle Nerv – Endorgan herausgewaschen werden und gelangt so ins Blut. Dadurch kommt es ebenso wie Adrenalin, das vom Nebennierenmark in die Blutbahn abgegeben wurde, in Kontakt mit Enzymen wie der Monoaminooxidase (MAO) und der Catechol-O-Methyltransferase (COMT), die vor allem im Lungengewebe, in den roten Blutkörperchen und der Leber lokalisiert sind. Endprodukt des enzymatischen Abbaus ist die Vanillinmandelsäure, die im Urin ausgeschieden wird.

Noradrenalin ist der Transmitter an der Kontaktstelle zwischen postganglionärem sympathischen Neuron und Endorgan

6.4.3 Cholinerge Rezeptoren

Die Rezeptoren für Acetylcholin an den parasympathisch innervierten Endorganen unterscheiden sich deutlich von den Acetylcholinrezeptoren an den vegetativen Ganglien. Schon relativ früh wurde beobachtet, daß bestimmte Wirkungen von Acetylcholin durch Nicotin, ein Alkaloid des Tabaks, nachgeahmt werden können. Dies gilt für die Erregung der postganglionären Neurone durch Acetylcholin. Dementsprechend bezeichnet man die Acetylcholinrezeptoren in den Ganglien als nicotinerge Rezeptoren. Diese finden sich sowohl auf den synaptischen Membranen der postganglionären Neurone der parasympathischen wie auch auf denen der sympathischen Nerven. Die Acetylcholinrezeptoren auf den parasympathisch innervierten Endorganen lassen sich dagegen durch ein Alkaloid des Fliegenpilzes, das Muscarin, erregen. Man unterscheidet demnach zwei Haupttypen von Rezeptoren für Acetylcholin: **nicotinerge** und **muscarinerge Rezeptoren** (Abb. 6.2).

Mittlerweile kennt man auch die molekulare Struktur dieser verschiedenen Rezeptortypen (Abb. 6.3). Beim nicotinergen Rezeptor handelt es sich um einen rezeptorgesteuerten Ionenkanal. Immer wenn Acetylcholin an diesen Rezeptor bindet, öffnet sich ein unspezifischer Kationenkanal und die Zellmembran depolarisiert infolge eines Einstroms von Na^+. Sofern die Depolarisation stark genug ist und die Schwelle für das zusätzliche Öffnen von schnellen, spannungsabhängigen Na^+-Kanälen überschreitet, wird ein Aktionspotential ausgelöst.

Bei den muscarinergen Rezeptoren gibt es bedeutsame Unterformen (Rezeptorsubtypen). Mittlerweile hat man durch Klonierungsversuche die Sequenz der einzelnen Peptidketten, aus denen diese Rezeptoren bestehen, identifiziert. Bei den muscarinergen Rezeptoren werden drei wichtige Rezeptorsubtypen, M_1-, M_2- und M_3-Rezeptoren, unterschieden. M_1-Rezeptoren sitzen z.B. im zentralen Nervensystem und auf enterischen Neuronen (Abb. 6.3). M_2-Rezeptoren findet man auf den Schrittmacherzellen im Sinusknoten des Herzens. Die muscarinergen Rezeptoren auf den meisten anderen Endorganen, die vom Parasympathicus innerviert werden, gehören dagegen zum M_3-Subtyp.

Alle muscarinergen Rezeptoren gehören zur Gruppe der G-Protein-gekoppelten Rezeptoren. Bindung des Acetylcholins an den Rezeptor löst eine Konformationsänderung des Rezeptorproteins aus. Dies führt dazu, daß ein membranständiges GTP-bindendes-Protein (G-Protein) aktiviert wird. Im Falle der muscarinergen Rezeptoren vom Typ M_1 oder M_3 kommt es nach Bindung des Acetylcholins an seinen Rezeptor zu einer Aktivierung der Phospholipase C. Diese Phospholipase baut Phospholipide in der Zellmembran ab. Dadurch wird Inositoltrisphosphat (IP_3) freigesetzt, ein Botenstoff, der an bestimmte Rezeptoren auf intrazellulären Ca^{2+}-Speichern, z.B. auf dem Endoplasmatischen Reticulum, bindet und dort eine Freisetzung gespeicherter Ca^{2+}-Ionen auslöst. Anders ist die Signalübertragung bei den M_2-Rezeptoren. Erregung dieser Rezeptoren führt zur Abnahme der intrazellulären Konzentration an cAMP. Grund hierfür ist, daß der M_2-Rezeptor an ein hemmendes G-Protein (G_i) gekoppelt ist. Dieses G_i-Protein bindet an die Adenylatcyclase, die cAMP aus ATP bildet, und hemmt sie.

Nicotinerge und muscarinerge Rezeptoren vermitteln die Wirkung von Acetylcholin.

6.4.4 Adrenerge Rezeptoren

Eine ähnliche Vielfalt von Rezeptortypen findet man auch beim Noradrenalin. Diese Rezeptoren sprechen nicht nur auf Noradrenalin, sondern auch auf Adrenalin an, weshalb man sie als adrenerge Rezeptoren bezeichnet. Hier unterscheidet man zwei Hauptformen: α- und β-Rezeptoren. Noradrenalin hat eine höhere Affinität zu α-Rezeptoren, Adrenalin zu β-Rezeptoren. Bei beiden unterscheidet man mindestens zwei Unterformen: α_1-, α_2-, β_1- und β_2-Rezeptoren. Die verschiedenen Subtypen adrenerger Rezeptoren sind an unterschiedliche Signalwege in der Zelle gekoppelt. Eine Erregung von α_1-Rezeptoren führt zu einem Anstieg der Konzentration an Ca^{2+} in der Zelle. Die beteiligten Signalwege sind ähnlich wie bei den muscarinergen Rezeptoren M_1 und M_3. Über die α_2-Rezeptoren hingegen wird wie über die M_2-Rezeptoren die cAMP-Konzentration durch eine Hemmung der Adenylatcyclase gesenkt. Über die β-Rezeptoren dagegen wird unabhängig vom jeweiligen Subtyp die Adenylatcyclase aktiviert.

Diese Rezeptorsubtypen sind auf die einzelnen Effektoren unterschiedlich verteilt (Tab. 1). α_1-Rezeptoren findet man an vielen der vom Sympathicus innervierten Organe. Sie vermitteln z.B. bei einer Sympathicusreizung die Vasokonstriktion an den Gefäßen der Haut sowie eine Kontraktion der Sphincteren im Magen-Darm-Trakt. α_2-Rezeptoren dagegen findet man mit wenigen Ausnahmen (z.B. manchen Gefäßen) nicht auf den vom Sympathicus innervierten Organen, sondern auf Neuronen. Eine wichtige Lokalisation von α_2-Rezeptoren ist zum Beispiel die Membran der Endigungen von adrenergen Nervenzellen. Ihre Erregung durch Noradrenalin hemmt die weitere Freisetzung von Noradrenalin.

Eine andere Gewebeverteilung weisen die β-Rezeptoren auf (Tab. 6.1). β-Rezeptoren vom Typ β_1 findet man vor allem am Herzen. Das sind die Rezeptoren, durch die der Sympathikus bei Streßsituationen über den Schrittmacher die Herzfrequenz und am Arbeitsmyocard die Kontraktionskraft erhöht. Daneben fördern β_1-Rezeptoren an der Niere die Freisetzung des Enzyms Renins. Alle anderen praktisch bedeutsamen β-Rezeptoren sind dagegen vom Typ β_2. Neuerdings unterscheidet man noch eine dritte Form von β-Rezeptoren, die β_3-Rezeptoren, die bei manchen Spezies die Wirkung von Noradrenalin bzw. Adrenalin am Fettgewebe vermitteln.

α- und β-Rezeptoren vermitteln die Wirkung von Adrenalin und Noradrenalin.

6.4.5 Cotransmitter

Lange Zeit ging man von dem Postulat aus, daß eine Nervenzelle nur einen einzigen Transmitter bildet und abgibt. Mittlerweile weiß man, daß diese Vorstellung falsch ist. Es gibt eine ganze Reihe von sog. Cotransmittern, die neben den eigentlichen, klassischen Transmittern wie Acetylcholin oder Noradrenalin von vielen Neuronen, auch denen des vegetativen Nervensystems, freigesetzt werden. Wichtige Cotransmitter im vegetativen Nervensystem sind Stickoxid (NO), ATP und Neuropeptide.

Stickoxid wird in Nervenendigungen durch die NO-Synthase gebildet (Abb. 6.4). Diese spaltet NO von Arginin ab, wobei als Nebenprodukt Citrullin anfällt. Die Form der NO-Synthase, die in Nervenzellen vorkommt, ist Ca^{2+}-abhängig. Immer dann, wenn es nach einem Aktionspotential zu einem Öffnen spannungsabhängiger Ca^{2+}-Kanäle kommt, wird das Enzym aktiv und bildet NO. Stickoxid ist sehr lipophil; Zellmembranen stellen für NO deshalb kein Hindernis dar. Es diffundiert aus der Nervenzelle heraus und erreicht seine Zielzelle per diffusionem. Auch dort kann das NO die Zellmembran nahezu ungehindert durchdringen und eine Antwort in der Zelle auslösen. NO fällt damit weitgehend aus dem Rahmen der üblichen Neurotransmitter. Es wird nicht in Vesikeln gespeichert, sondern bei Bedarf synthetisiert und abgegeben. Stickoxid wirkt im Unterschied zu anderen Neurotransmittern auch nicht auf Rezeptoren an der Zelloberfläche, sondern kann direkt in die innervierte Zelle eindringen. In den Zielzellen werden die Wirkungen von NO über cGMP als Second Messenger vermittelt. Eine cytosolische Form der Guanylatcyclase wird durch NO aktiviert und bildet vermehrt cGMP. Ein Anstieg der intrazellulären cGMP-Konzentration in glatten Muskelzellen löst eine Erschlaffung der Zelle aus. Da dies auch für die glatte Muskulatur der Gefäße gilt, ist NO ein wichtiger

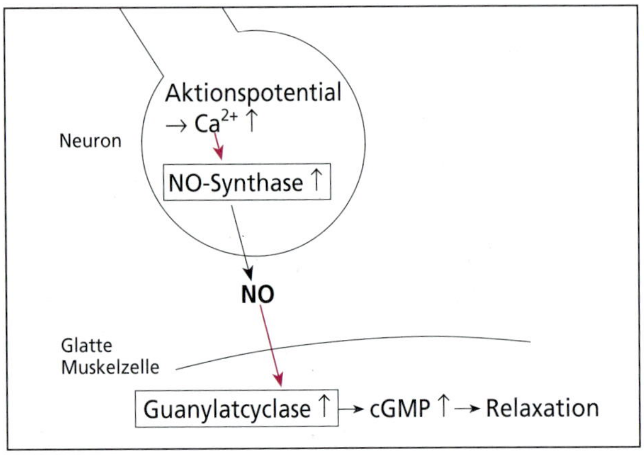

Abb. 6.4 NO als Neurotransmitter (rote Pfeile: Stimulation).

Vasodilatator. Die NO-induzierte Vasodilatation spielt u.a. eine Rolle bei der Erektion, die parasympathisch durch eine Gefäßweitstellung im Corpus cavernosum ausgelöst wird.

Ein anderer Cotransmitter im vegetativen Nervensystem ist das ATP. Wie etwa für Noradrenalin oder Acetylcholin gibt es an bestimmten Zielzellen, zum Beispiel an glatten Muskelzellen, Rezeptoren für ATP, die sog. Purinrezeptoren. Rezeptoren für ATP findet man beispielsweise an Arteriolenwänden und am Samenleiter, wo ATP eine Kontraktion auslöst. Außerdem spielt ATP eine wichtige Rolle bei der Steuerung der Motilität des Magen-Darm-Traktes, die durch ATP gehemmt wird. Die dritte Klasse von Kotransmittern umfaßt Neuropeptide, wie z.B. das Vasoaktive Intestinale Peptid (VIP) oder das Neuropeptid Y (NPY).

Neben den klassischen Transmittern werden häufig noch Cotransmitter freigesetzt.

6.5 Interaktion mit dem Hormonsystem

Das vegetative Nervensystem steht in enger Beziehung zum Hormonsystem, insbesondere zum Nebennierenmark. An den Nebennieren kann man beim Säuger morphologisch und funktionell zwei verschiedene Bereiche unterscheiden: das Nebennierenmark und die Nebennierenrinde. Im Mark befinden sich die sogenannten chromaffinen Zellen, die Adrenalin oder Noradrenalin bilden. Bei Vögeln besteht keine Trennung in Mark und Rinde, adrenalin- und noradrenalin- bzw. corticoidbildende Zellen sind hier gemischt angeordnet. Bei den meisten Species (Ausnahme: Wale, Hühner) bilden die chromaffinen Zellen mehr Adrenalin als Noradrenalin, das Verhältnis liegt meist bei etwa 4:1. Diese Hormone werden in Granula gespeichert und bei Bedarf durch Exocytose freigesetzt.

Entwicklungsgeschichtlich entspricht das Nebennierenmark einem großen sympathischen Ganglion. Die chromaffinen Zellen sind Abkömmlinge von Sympathicoblasten aus der Neuralleiste und damit modifizierte „postganglionäre" Nervenzellen, die ihre Dendriten und Axone verloren haben und zu hormonbildenden Drüsenzellen geworden sind. Dadurch erklärt sich die enge Verbindung von sympathischem Nervensystem und dem Nebennierenmark. Die chromaffinen Zellen sind von präsynaptischen Neuronen des Sympathicus innerviert. Überträgerstoff an der Synapse zwischen dem präganglionären Neuron und der chromaffinen Zelle ist Acetylcholin. Acetylcholin löst eine Freisetzung von Adrenalin und Noradrenalin im Nebennierenmark aus. Adrenalin- und Noradrenalinabgabe aus dem Nebennierenmark wird durch die gleichen Stimuli angeregt, die auch die Aktivierung des Sympathicus hervorrufen, also Streß, Kampf, Flucht oder Kältebelastung. Diese Botenstoffe zirkulieren im Blut und mobilisieren vor allem in der Leber und im Fettgewebe Brennstoffe zur Energiegewinnung.

Vegetatives Nervensystem und Endokrinum arbeiten eng zusammen bei der Steuerung der Organfunktionen.

6.6 Vegetative Afferenzen

Die Begriffe sympathisches und parasympathisches Nervensystem gelten streng genommen nur für die Efferenzen im vegetativen Nervensystem. Grund dafür ist, daß die Unterscheidung Sympathicus/Parasympathicus sich danach richtet, wie die efferenten Neurone angeordnet sind und welche Transmitter sie ausschütten.

Das unwillkürliche Nervensystem muß aber, um seiner Aufgabe gerecht werden zu können, Informationen über den Aktivitätszustand der inneren Organe erhalten. Diese Aufgabe erfüllen vegetative (viscerale) Afferenzen. Sie machen einen großen Teil der Fasern in vegetativen Nerven aus. So sind z.B. im N. vagus, einem Hauptnerven des vegetativen Nervensystems, mehr als 80% der Fasern, die zum Bauchraum ziehen, afferent; bei sympathischen Nerven wie den Nn. splanchnici ist ihr Anteil etwas geringer, er liegt hier bei etwa 50%. Die afferenten Fasern in solchen Nerven werden einheitlich als viscerale Afferenzen bezeichnet, unabhängig davon, ob sie sich parasympathischen oder sympathischen efferenten Nerven anschließen.

Die Nervenzellkörper der vegetativen Afferenzen liegen in den Spinalganglien oder bei den Afferenzen, die mit dem N. vagus verlaufen, im Ggl. jugulare oder im Ggl. nodosum. Diese Neurone haben sehr lange Ausläufer, die sich in der Peripherie verzweigen. Dort stehen sie in Kontakt mit verschiedensten Sensoren, z.B. im Bereich des Magen-Darm-Traktes mit Dehnungssensoren, die über den Dehnungszustand der glatten Muskulatur informieren, oder Chemosensoren, die über die Anwesenheit bestimmter Nährstoffe oder den pH-Wert im Darmlumen informieren. Erregung dieser Sensoren führt dazu, daß in den afferenten Fasern Aktionspotentiale ausgelöst werden, die in Richtung Zentralnervensystem über den Nervenzellkörper zum Rückenmark weitergeleitet werden. Dort erfolgt eine Umschaltung zu Neuronen im Dorsalhorn bzw. zu Neuronen des Ncl. tractus solitarii, wo sensorische Fasern aus dem N. vagus bzw. dem N. glossopharyngeus enden.

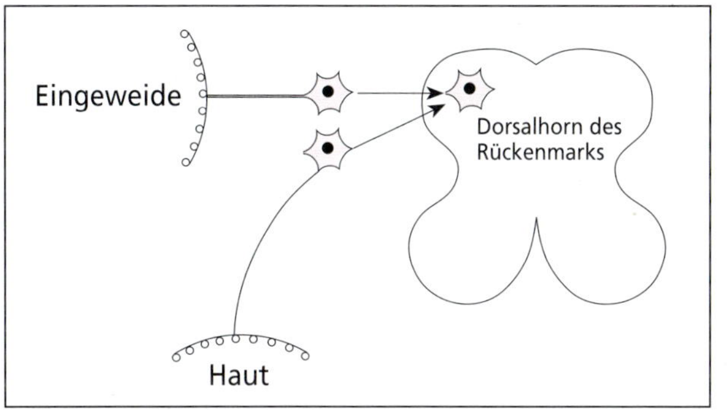

Abb. 6.5 Viscerale Afferenzen.

An dieser Stelle, den Dorsalneuronen, besteht eine praktisch bedeutsame Ungenauigkeit in der Informationsweiterleitung. Es scheint so zu sein, daß viscerale Afferenzen zusammen mit Afferenzen aus der Haut an den gleichen Dorsalhornneuronen konvergieren (Abb. 6.5). Dementsprechend ist es besonders bei Schmerzwahrnehmungen für das Zentralnervensystem oft schwieirg zu unterscheiden, woher der Impuls „es tut weh" eigentlich kommt. Man spricht in diesem Zusammenhang vom übertragenen Schmerz. Das heißt, daß eine Schmerzwahrnehmung, die letztlich aus inneren Organen kommt, auf bestimmte Hautareale projiziert wird. Das Rückenmark ist segmental organisiert, d.h., bestimmte Rückenmarksegmente sind für die Innervation ganz bestimmter Areale im Körper verantwortlich. Schmerzen aus bestimmten inneren Organen werden deshalb auf bestimmte Hautareale übertragen, die man als **Headsche Zonen** bezeichnet. Da es bei den betroffenen Arealen sehr häufig auch zu Muskelverspannungen, zu einer sogenannten Abwehrspannung, kommt, ist die Kenntnis der Headschen Zonen wichtig, denn diese Symptome können durch einfache klinische Untersuchungen wie Beobachten oder Tasten erfaßt werden (Kap. 4.4.1).

Afferente Fasern informieren das vegetative Nervensystem über den Zustand der einzelnen Organe.

6.7 Vegetative Reflexe

Das vegetative Nervensystem arbeitet eng mit dem Zentralnervensystem zusammen. Neuronengruppen in der Medulla oblongata beeinflussen viele Funktionen des vegetativen Nervensystems, z.B. die Kreislaufregulation. Diese stehen ihrerseits wiederum unter Kontrolle des Hypothalamus, der eine Art Interface zwischen willkürlichem und unwillkürlichem Nervensystem und zum Hormonsystem darstellt.

Das Zusammenspiel zwischen beiden soll anhand eines reflektorischen Vorgangs, der Miktion, näher

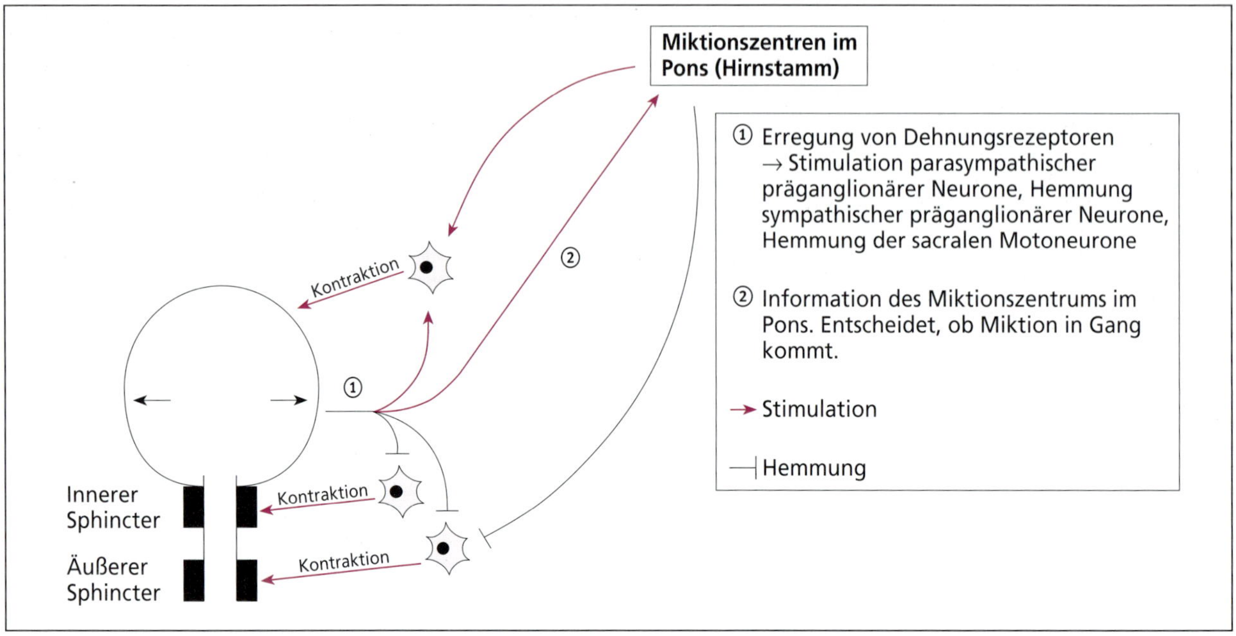

Abb. 6.6 Steuerung der Miktion (rote Pfeile: Stimulation).

erläutert werden. Die Blase ist sympathisch und parasympathisch innerviert (Abb. 6.6). Die parasympathischen präganglionären Neurone sitzen im Sakralmark in den Segmenten S_2-S_4. Ihre Neuriten verlaufen mit dem N. splanchnicus pelvinus zur Blase. Die postganglionären Neurone liegen im Plexus vesicalis in nächster Nähe der Harnblase. Erregung dieser parasympathischen Fasern hat eine Kontraktion des Detrusors und eine Erschlaffung des M. sphincter vesicae internus zur Folge und setzt so die Miktion in Gang. Eine Erregung der sympathischen Nervenfasern hat die entgegengesetzte Wirkung auf Detrusor und Sphincter. Dazu kommt noch der M. sphincter urethrae externus, der aus quergestreifter Muskulatur besteht und willkürlich innerviert ist. Die entsprechenden Motoneurone liegen im Sakralmark.

Dehnungssensoren in der Blasenwand melden die Nachricht „die Blase ist gefüllt" dem Rückenmark. Dort gibt es Verschaltungen zu den präganglionären parasympathischen und sympathischen Neuronen: Die parasympathischen Neurone werden aktiviert, die sympathischen gehemmt. Außerdem werden die Motoneurone, die die quergestreifte Muskulatur des M. sphincter urethrae externus innervieren, gehemmt. Damit eine Miktion in Gang kommt, muß noch ein Faktor hinzukommen: ein Einfluß des Gehirns. Im Pons gibt es Gruppen von Neuronen, die steuernd auf die Blasenentleerung einwirken. Erst wenn ein aktivierender Einfluß dieser Neurone hinzukommt, setzt die Miktion ein. Da die pontinen Zentren ihrerseits mit anderen Kerngebieten aus dem oberen Hirnstamm, dem Hypothalamus und dem Großhirn verbunden sind, ist dafür gesorgt, daß eine willentliche Beeinflussung der Miktion gewährleistet wird. Einmal in Gang gekommen, schaukelt sich der Prozeß der Miktion, bedingt durch den Druckanstieg in der Blase während der Detrusorkontraktion, selbst auf, was dafür sorgt, daß die Blase vollständig entleert wird.

Bei vielen Reflexen wie z.B. der Miktion oder der Defäkation arbeiten vegetatives und somatisches Nervensystem eng zusammen.

6.8 Zusammenfassung

Das vegetative Nervensystem dient der unwillkürlichen Steuerung des Stoffwechsels und der inneren Organe. Anatomisch und funktionell kann man mehrere Abteilungen unterscheiden, den Sympathicus, den Parasympathicus und das enterische Nervensystem. Eine Aktivierung des Sympathicus erfolgt vor allem in Belastungssituationen und dient der Bereitstellung von Leistungsreserven, während dem Parasympathicus eine eher erhaltende Funktion zukommt. Das enterische Nervensystem (Kap. 15.2) dient der weitgehend vom Zentralnervensystem unabhängigen Steuerung des Magen-Darm-Traktes. Dazu kommen noch viscerale Afferenzen, die über den Zustand der inneren Organe informieren.

Weiterführende Literatur

Bylund, D.B., D.C. Eikenberg, J.P. Hieble, S.Z. Langer, R.J. Lefkowitz, K.P. Minneman, P.B. Molinoff, R.R. Jr. Ruffolo, U. Trendelenburg: International union of pharmacology nomenclature of adrenoceptors. Pharmacol. Rev. 46 (1994): 121-136.

Hökfelt, T. : Neuropeptides in perspective: the last ten years. Neuron 7 (1991): 867-879.

Jänig, W., C. McC. Brooks: The autonomic nervous system in health and disease: neurobiology and pathophysiology. J. Autonom. Nerv. Syst. 7 (1983): 193-415.

Lefkowitz, R.J., B.B. Hoffman, P. Taylor: The autonomic and somatic motor nervous system. In: Gilman, A.G., T.W. Rall, A.S. Nies, P.T. Taylor (Hrsg.): The pharmacological basis of therapeutics, 8. Aufl.., Pergamon Press, New York, S. 84-121, 1991.

Palm, D., D. Helmbrecht, K. Quiring: Pharmakologie noradrenerger und adrenerger Systeme. In: Forth, W., D. Henschler, W. Rummel, K. Starke (Hrsg.), Pharmakologie und Toxikologie, 6. Aufl., BI Wissenschaftsverlag, Mannheim S. 148-199, 1992

Starke, K.: Pharmakologie cholinerger Systeme. In: Forth, W., D. Henschler, W. Rummel, K. Starke (Hrsg.): Pharmakologie und Toxikologie, 6. Aufl., BI Wissenschaftsverlag, Mannheim S. 125-147, 1992

7 Muskelphysiologie

L. Szentkuti und H. J. Ehrlein

7.1 Skelettmuskulatur

L. Szentkuti

7.1.1 Struktur des Skelettmuskels

Die **Skelettmuskeln** stellen jeweils eine Mischung aus einer Vielzahl (20-1700) motorischer Einheiten dar (**Multi unit Typ**), mehr oder weniger straff verbunden durch Bindegewebe für die Aufgabe, ein Gelenk, oder zwei Gelenke, an der Wirbelsäule sogar mehrere Gelenke, zu überspannen und als Beuger oder Strecker zu bewegen. Die Muskelfasern verschiedener motorischer Einheiten sind voneinander elektrisch weitgehend isoliert. Fasern derselben Einheit haben über das terminale Axon des innervierenden α-Motoneurons einen gut leitenden Kontakt zueinander (Abb. 7.1).

Eine **motorische Einheit** stellt die kleinste funktionelle Einheit im motorischen System eines Tieres dar. Sie ist die gemeinsame Endstrecke aller efferenten, motorischen Erregungen im ZNS und leitet über ein α-Motoneuron die Erregungen zu den von diesem Neuron innervierten Muskelfasern. Die motorische Einheit (Abb. 7.1) ist also der kleinste Effektor der Motorik. Sie besteht aus einem α-Motoneuron im Ventralhorn des Rückenmarks oder im Hirnstamm (größte Neurone des ZNS), dem Axon mit seinem terminalen Axonfortsätzen, den neuromuskulären Synapsen (motorische Endplatten) und den Muskelfasern. Die Axonfortsätze sind nicht mehr von Markscheiden bedeckt, sie innervieren 5–200 Muskelfasern. Die einzelnen Muskelfasern eines Skelettmuskels besitzen bei erwachsenen Tieren nur eine einzige motorische Endplatte, d.h., sie sind mononeural innerviert.

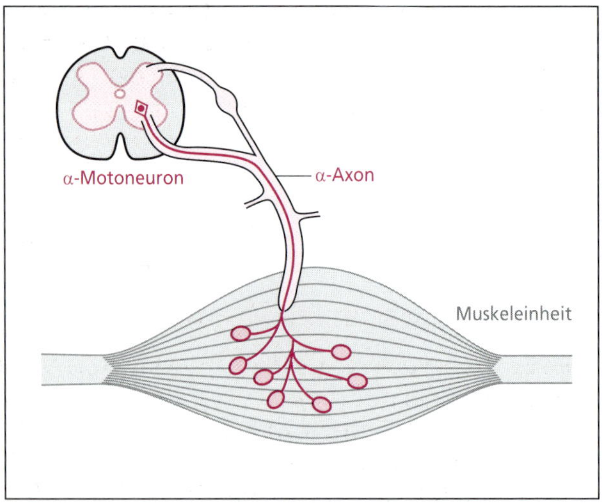

Abb. 7.1 Motorische Einheit. Eine motorische Einheit ist die gemeinsame Endstrecke für motorische Erregungen zu einer Gruppe von Muskelfasern. Sie besteht aus einem α-Motoneuron im Ventralhorn des Rückenmarks oder im Hirnstamm, seinem peripheren Axon mit seinem terminalen Axonbaum im Muskel und seiner Muskeleinheit, die alle Muskelfasern erfaßt, die von diesem α-Motoneuron innerviert werden.

Die **Innervation** selbst findet bereits frühembryonal an heranreifenden Myoblasten und Myotuben statt, die anfangs durch mehrere α-Motoneurone kontaktiert, also polyneural innerviert werden. Von diesen behält jedoch nur eine einzige Synapse eine bleibende Stabilität. Sie bleibt in der Regel bis ins hohe Alter bestehen. Das α-Motoneuron steht ständig in einer dynamischen Wechselbeziehung mit den von ihm innervierten Muskelfasern. Die Entladungsfrequenz eines α-Motoneurons kann die Fasereigenschaften der innervierten Muskelfasern, u.U. auch den Muskelfasertyp, verändern. Die vom selben α-Motoneuron innervierten Muskelfasern einer motorischen Einheit gehören alle dem selben Muskelfasertyp an. Kreuzinnervationsversuche zwischen langsamen/roten und schnellen/weißen Muskeln haben gezeigt, daß die ererbten Eigenschaften der α-Motoneurone die Muskelfasereigenschaften der innervierten Muskelfasern in wesentlichem Maße prägen. Die α-Motoneurone im Motoneuronen-Pool eines Muskels gehören zwar alle zu den größten Neuronen im multineuronalen Netz des ZNS (sie sind alle α-Motoneurone), doch sind sie heterogen in ihrer Erregbarkeit und in ihrer Größe. Die kleinsten von ihnen sind leicht erregbar und schwer hemmbar, die größten von ihnen dagegen schwer erregbar und leicht hemmbar: Es besteht ein **„Größenprinzip"** in der Motorik. Die funktionelle Wechselbeziehung zwischen den heranreifenden α-Motoneuronen und den von ihnen letztlich dauerhaft innervierten Muskelfasern (um die Geburt sterben bis zu 50% der α-Motoneurone im Rückenmark ab, weil sie keine dauerhafte neuromuskuläre Synapsen mit Myotuben bilden konnten) führt dazu, daß zwischen der Größe und der Erregbarkeit der α-Motoneurone und dem Energiewechsel der von ihnen innervierten Muskelfasern (Tab. 22.2) die folgende Abhängigkeit besteht:

1. Muskelfasern, die von leicht erregbaren kleinen α-Motoneuronen innerviert wurden, bilden eine **S-Einheit** (Slow, **Typ I**), die nur langsam geringe Kräfte entwickelt, einen überwiegend aeroben Stoffwechsel und viel Myoglobin besitzt. Diese Muskelfasern sind rot, jeweils von 4-6 Kapillaren umgeben, und sie ermüden wenig. Sie sind auf Haltefunktionen spezialisiert.
2. Von einem besonders großen, schwer erregbaren α-Motoneuron innervierte Muskelfasern bilden eine **FF-Einheit** (fast, fatigable, **Typ IIB**). Sie haben wenig Myoglobin, sind blaß oder „weiß", entwickeln schnell starke Kräfte, besitzen Enzyme zur anaeroben ATP-Synthese aus Glucose. Sie sind jeweils nur von 1-2 Kapillaren umgeben. Sie haben einen großen Umfang, besitzen nur wenige Mitochondrien und ermüden schnell.
3. Die von einem mittelgroßen und mittelmäßig erregbaren α-Motoneuron innervierten Muskelfasern bilden eine „intermediäre" **FR-Einheit** (fast, resistant to fatigue, **Typ IIA**). Solche Muskelfasern sind rot und besitzen sowohl die Enzymsysteme zur aeroben als auch die zur anaeroben ATP-Gewinnung aus Glucose. Sie sind schnell und entwickeln weniger starke Kräfte als FF-Einheiten, dagegen sind sie ausdauernd, wenn auch nicht in dem Maße, wie die auf Halteaufgaben spezialisierten S-Einheiten (Abb. 7.2). Die Variationsbreite der Eigenschaften von FR-Einheiten ist erheblich. Das Training eines Muskels, das auf Dauerleistung zielt, führt zu einer Zunahme der aeroben Kapazität von dessen FR-Einheiten. Dabei sind auch Muskelfasertransformationen vom Fasertyp IIB in IIA und auch in I beschrieben worden.

Weitere Muskelfasertypen: Superschnelle, mit **Typ IIM** bezeichneten Muskelfasern wurden in den Kaumuskeln von Katzen, Hunden und Affen beschrieben. Sie exprimieren schwere Myosinketten, die sich von denen der Typ-I- und Typ-II- Fasern, einschließlich der noch undifferenzierten IIC-Fasern, unterscheiden. IIM-Fasern kontrahieren sich noch erheblich schneller als die FF-Fasern (Typ IIB) in den Muskeln der Gliedmaßen.

Die funktionelle Bedeutung der verschiedenen Isoformen von Myosin im Skelettmuskel ist noch nicht ganz geklärt. Es wird angenommen, daß die verschiedenen Myosin-Isoformen eine Adaptation des Muskels an funktionelle Anforderungen durch

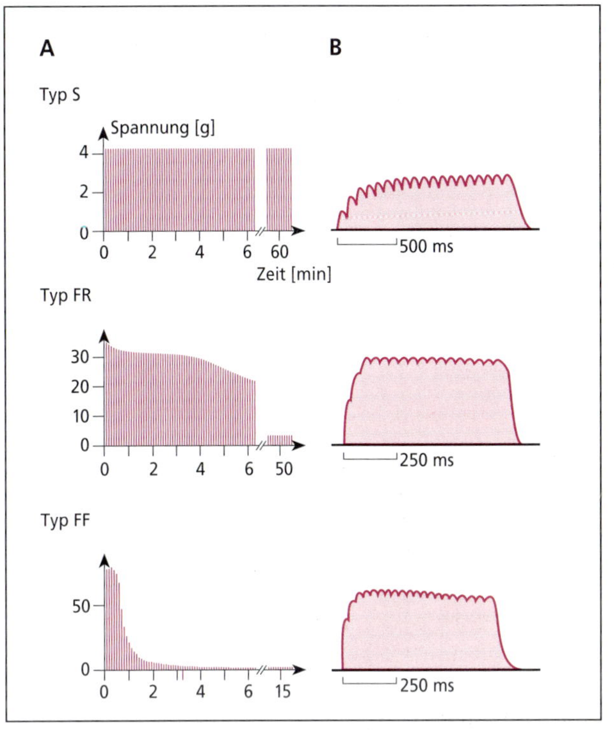

Abb. 7.2 Kontraktile Eigenschaften von 3 Typen motorischer Einheiten nach Reizung der α-Motoneurone. a) Ermüdung, b) isometrische Kontraktionskraft bei unterschiedlicher Ordinate und Abszisse. Eine S-Einheit ermüdet nicht und kontrahiert sich langsam und schwach; eine FF-Einheit (unten) ermüdet schnell und kontrahiert sich kräftig und schnell; eine FR-Einheit ist intermediär (nach Burke et al., 1973).

unterschiedlich schnelle Verkürzungsgeschwindigkeiten darstellen. Eine Besonderheit stellen die Skelettmuskeln von Hunden dar: Bei dieser Tierart fehlen die schnell ermüdenden IIB (FF)- Fasern. An deren Stelle findet man sog. II Dog (**IID**)-Fasern, die sich schnell kontrahieren, aber neben der glykolytischen eine hohe oxidative Kapazität aufweisen.

Größe und Erregbarkeit des α-Motoneurons bestimmen den Fasertyp der innervierten Muskelfasern.

7.1.2 Die neuromuskuläre Synapse

Die Erregungsübertragung vom α-Motoneuron auf das Kollektiv der innervierten Muskelfasern erfolgt an neuromuskulären Synapsen, die auch als **motorische Endplatten** bezeichnet werden (Abb. 7.3). Die chemische Überträgersubstanz **Acetylcholin** (ACh) wird in den aktiven Zonen der präsynaptischen Membran in Vesikeln gespeichert (5 000-10 000 ACh-Moleküle pro Vesikel).

Das terminale Axon verliert in der Nähe der innervierten Muskelfaser seine Myelinscheide, verzweigt sich in mehrere dünne Kollateralen, die jeweils mit

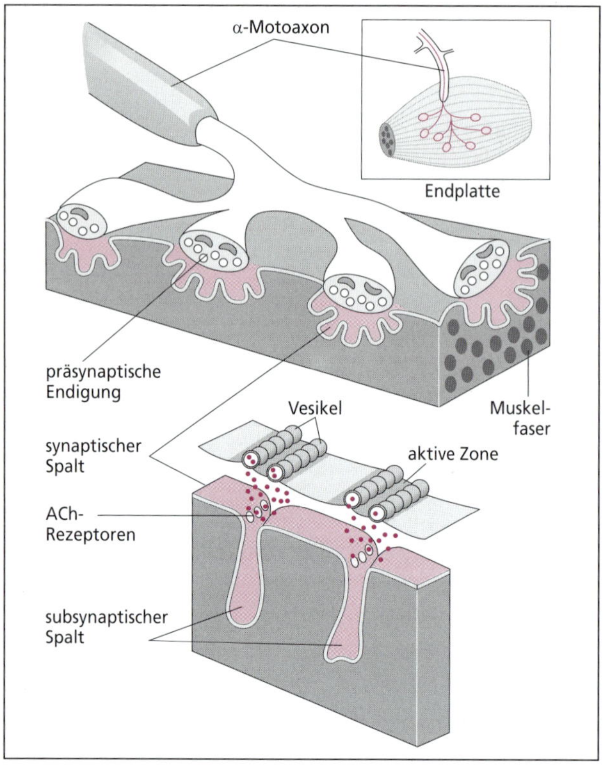

Abb. 7.3 Neuromuskuläre Synapse. Das terminale Nervenaxon verliert seine Myelinscheide, verzweigt sich in dünne Kollateralen, die mit dem Sarcolemm der Muskelfaser eine synaptische Verbindung eingehen. Jeder präsynaptische Endkolben enthält eine aktive Zone der Membran zur Acetylcholin (ACh)-Freisetzung, Vesikel als Speicher von ACh und spannungsgesteuerte Ca^{2+}-Ionenkanäle. Die subsynaptischen Spalten enthalten ACh-Rezeptoren, bei deren Aktivierung sich Ionenkanäle öffnen und einen Endplattenstrom hervorrufen (modifiziert nach Deetjen und Speckmann, 1994).

einer Vertiefung der Muskelfasermembran eine synaptische Verbindung eingehen. Das Nervenaxon bildet dabei weintraubenartige Endkolben (aktive Zonen), aus denen durch Erregung ACh freigesetzt wird. Das Sarcolemm der Muskelfaser ist unter dem Nervenendkolben eingestülpt und bildet Falten zur Oberflächenvergrößerung.

Auch Größe und Konfiguration der motorischen Endplatte sind abhängig vom Muskelfasertyp, letztlich von der Größe des α-Motoneurons. Jeder präsynaptische Endkolben enthält

- eine **aktive Zone** der Membran zur ACh-Freisetzung,
- **Vesikel**, die als Speicher jeweils 5 000-10 000 Moleküle ACh enthalten, und
- potentialgesteuerte **Ca^{2+}-Ionen-Kanäle**.

Bei einer Depolarisation der Axonmembran strömen freie Ca^{2+}-Ionen in die präsynaptische Endigung und lösen dort ein Verschmelzen der Vesikel mit der präsynaptischen Membran aus, das anschließend zu einer ACh-Freisetzung in den etwa 50nm breiten synaptischen Spalt führt. Direkt unter den aktiven präsynaptischen Zonen besitzt die postsynaptische Membran nicotinische ACh-Rezeptoren mit einer Dichte von etwa 10 000 pro μm^2.

Durch ACh-Bindung an die ACh-Rezeptoren wird in erster Linie die Permeabilität von Na^+-Ionen, aber auch die von K^+-Ionen im Sarcolemm erhöht, und es entsteht auf der postsynaptischen Membran ein **Endplattenpotential (EPP).** In der Tiefe der Falten der postsynaptischen Membran befinden sich spannungsgesteuerte Na^+-Kanäle, die durch das EPP elektrotonisch depolarisiert werden. Dadurch entstehen Aktionspotentiale, die an der Muskelfasermembran fortgeleitet werden.

Im synaptischen Spalt wird die ACh-Konzentration in wenigen Millisekunden wieder gesenkt:

- durch das Enzym Acetylcholinesterase, das in der Basalmembran lokalisiert ist und das ACh in Cholin und Acetat spaltet, und
- durch eine freie Diffusion von ACh aus dem synaptischen Spalt.

Die Erregungsübertragung an den neuromuskulären Synapsen kann durch Pharmaka oder durch toxisch wirksame Substanzen blockiert werden. Curare mit dem Wirkstoff **d-Tubocurarin** blockiert die ACh-Rezeptoren, damit erfolgt keine Depolarisation der postsynaptischen Membran, und es wirkt als nicht depolarisierendes Muskelrelaxans. ACh-ähnliche Substanzen wie z.B. **Succzinylcholin** depolarisieren die postsynaptische Membran länger als das ACh, weil sie langsamer abgebaut werden. Hemmer der Cholinesterase (**Eserin, Neostigmin**) verzögern die Spaltung von ACh und führen dadurch zu einer längeren oder zu einer Dauerdepolarisation der Muskelzellmembran. Das Insektizid **E 605** hemmt die Cholinesterase irreversibel. Sogenannte Kampfgase sind lipophile Alkylphosphate, die auch potente Inhibitoren der Acetylcholinesterase darstellen. Toxische Substanzen blockieren die Erregungsübertragung oft irreversibel, wie z.B. das Schlangengift **α-Bungarotoxin**, das sich irreversibel an die nicotinischen ACh-Rezeptoren bindet. Das Gift von **Clostridium botulinum** blockiert präsynaptisch die ACh-Freisetzung. In Nerven-Muskel-Präparaten (in vitro) kann die ACh-Freisetzung auch durch einen Entzug von freien **Ca^{2+}-Ionen** oder durch eine Zufuhr von **Mg^{2+}-Ionen** blockiert werden.

Die elektrische Erregung des α-Motoneurons wird chemisch mit Acetylcholin auf nicotinische ACh-Rezeptoren der postsynpatischen Membran übertragen. Dadurch wird die Permeabilität der aktiven Zone für Na^+- und K^+-Ionen erhöht. Es entstehen lokale Endplattenpotentiale (EPP), die an spannungsempfindlichen Na^+-Ionenkanälen Aktionspotentiale auslösen. Die Aktionspotentiale werden an der Muskelfasermembran fortgeleitet.

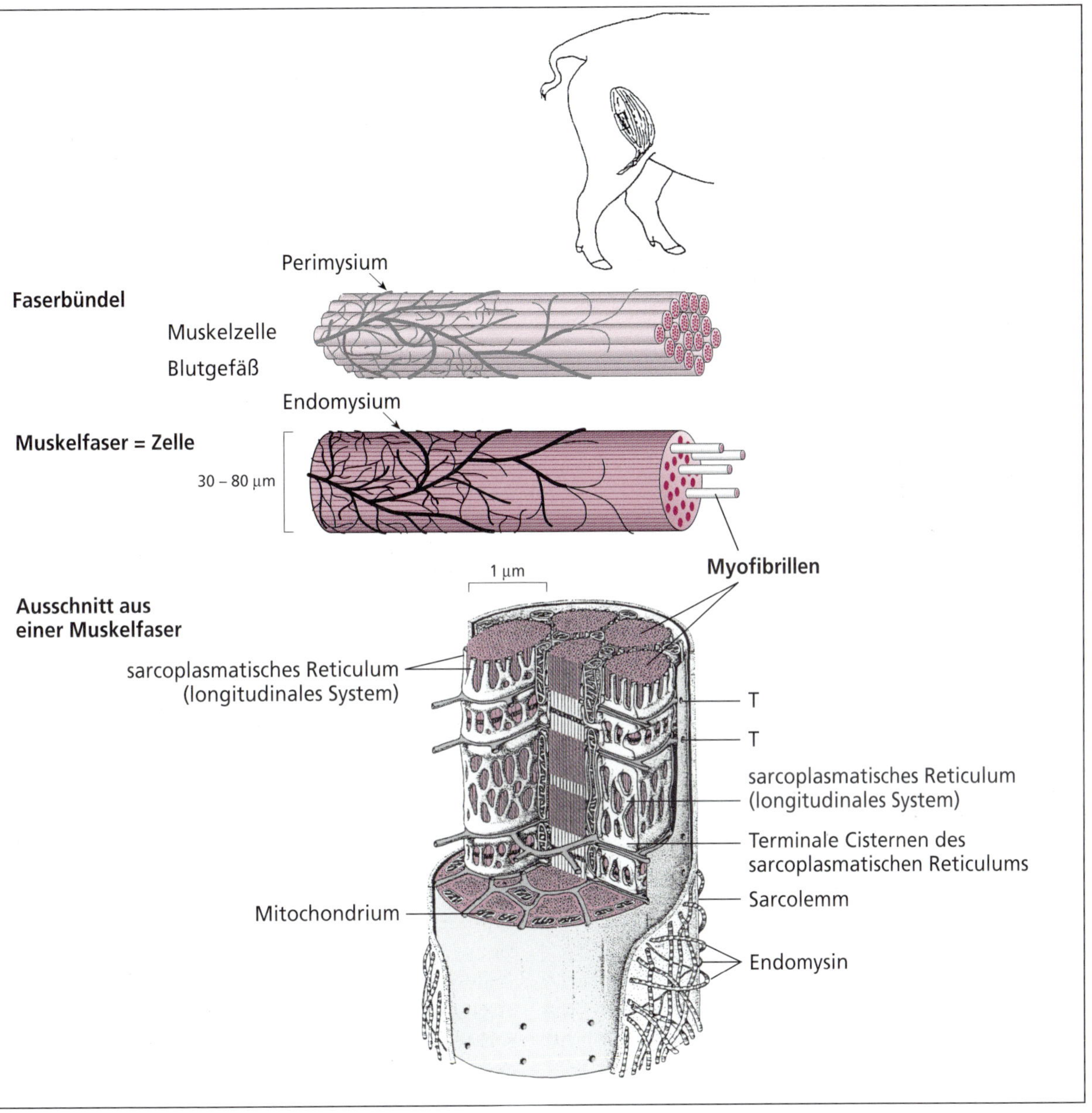

Abb. 7.4 Der Skelettmuskel besteht aus Muskelfaserbündeln,aus 30-100 µm dicken Muskelzellen (= Muskelfasern), aus 1-1,5 µm dicken Myofibrillen, Mitochondrien und Membranen des sarcoplasmatischen Reticulums sowie der T-Tubuli (T). Die Myofibrillen sind aus hintereinandergeschalteten, 2-3 µm langen Sarcomeren aufgebaut. Das sarcoplasmatische Reticulum wird auch als System der longitudinalen Tubuli (L-Tubuli) bezeichnet.

7.1.3 Molekularer Mechanismus der Muskelkontraktion

Die Verkürzung eines Muskels nach überschwelliger Erregung resultiert aus der additiven Verkürzungswirkung von hintereinandergeschalteten Sarcomeren in den Myofibrillen.

- **Myofibrillen: Hintereinandergeschaltete Sarcomere aus dünnen und dicken Filamenten**

Die Skelettmuskelzelle ist länglich und wird als **Muskelfaser** bezeichnet. Sie ist mehrkernig, 10-100 µm dick, einige cm lang und umhüllt von der Muskelzellmembran, dem Sarcolemm. Die Kerne liegen peripher. Im Sarcoplasma der Muskelfasern befinden sich die kontraktilen Proteine Actin und Myosin, sie bilden in etwa 1-1,5 µm dünne **Myofibrillen** (Abb. 7.4). Die Myofibrillen, die im Gegensatz zu den Muskelfasern bei allen Tierarten eine ähnliche Dicke aufweisen, sind durch sog. Z-Scheiben in 2-3 µm lange Fächer, sog. Sarcomere, unterteilt. Der Eindruck der Querstreifung entsteht im Lichtmikroskop durch eine Hell-Dunkel-Bänderung der Sarcomere, in denen die Actin- und die Myosinmoleküle hochgradig organisiert angeordnet sind.

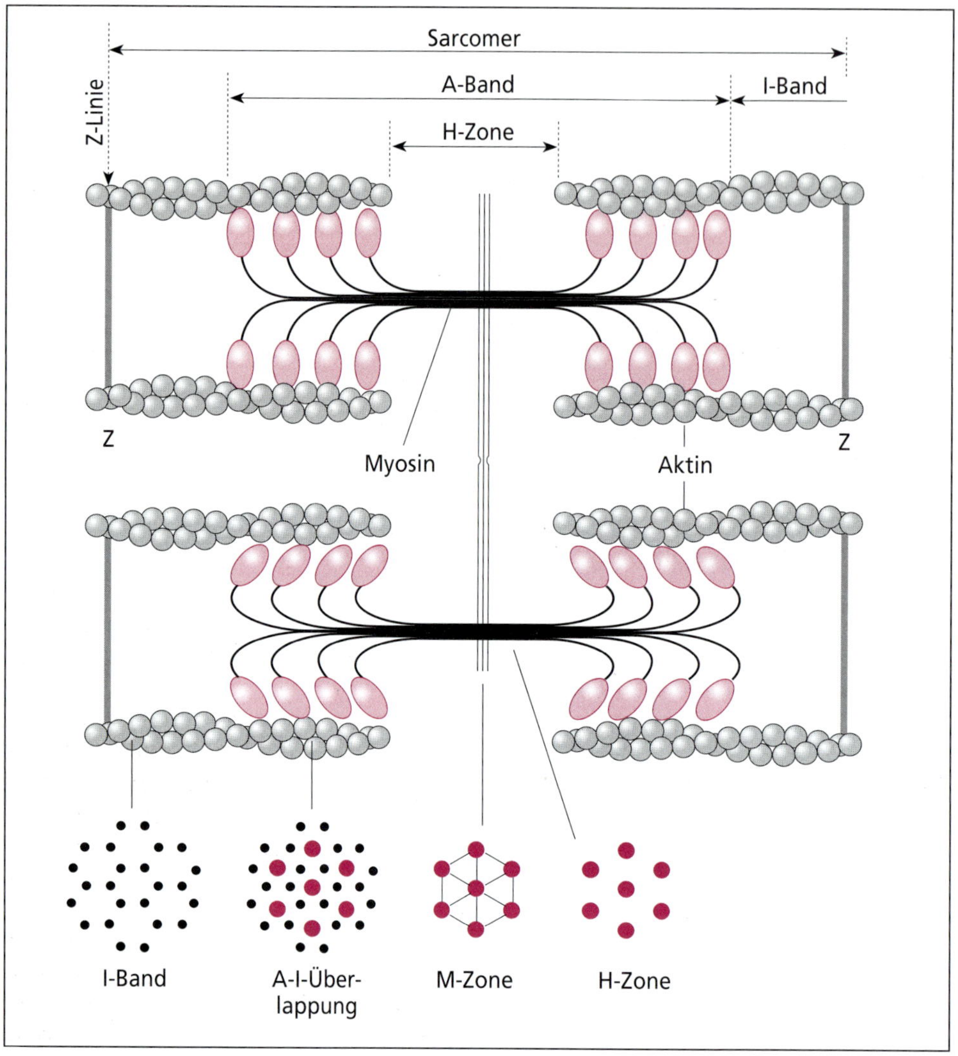

Abb.7.5 Aufbau eines Sarkomers im Längsschnitt (oben) und im Querschnitt (unten).
Das Sarcomer besteht aus etwa 1000 dicken Filamenten (Myosin), die von beiden Seiten von je 2000 dünnen Filamenten (Aktin) umgeben sind. Die dünnen Filamente sind in Z-Scheiben befestigt und bestehen aus zweisträngig umeinander gewundenen Ketten von F-Actin. Weiterführende Angaben in Lehrbüchern der Histologie.

In der Mitte eines jeden Sarcomers liegen etwa 1000 dicke Filamente aus Myosin (MG 500 000) mit einem Durchmesser von etwa 10 nm. Wie die Borsten einer Bürste ragen von beiden Seiten etwa 2000 dünne Filamente in Richtung Sarcomermitte hinein, befestigt jeweils an der Z-Scheibe durch α-Actinin. Die dünnen Filamente bestehen aus dem globulären Protein G-Actin (MG 42 000), das im Sarcoplasma fadenförmig polymerisiert als F-Actin vorliegt und zweisträngig umeinander gewundene Ketten aus F-Actin bildet (Abb. 7.5), jeweils mit Windungen in Abständen von 35,5 nm. Parallel zu den F-Actin-Strängen ist im dünnen Filament das stabförmige Sperrprotein Tropomyosin angelagert, an dem in Abständen von 38,5 nm das kugelförmige Regulator-Protein Troponin mit seiner Untereinheit T (TnT) bindet, an dem über die Untereinheit i (Tni) ein Ca^{2+}-bindender Proteinanteil (TnC) gebunden ist (Abb. 7.12).

Die dicken Filamente bestehen aus Myosin. Das Myosinmolekül ist aus mehreren Untereinheiten zusammengesetzt: aus 2 (einem Paar) identischen schweren Ketten (HMM: Heavy meromyosin) und aus 2 Paar unterschiedlichen leichten Ketten (LMM: Light meromyosin). Jede schwere Kette besteht aus einem globulären Kopf (20 nm) und einem helixartigen Hals-(60 nm)- und Schwanzteil (80 nm; Abb. 7.6). An jedem Myosinkopf sind zwei verschiedene leichte Ketten gebunden. Zwischen dem Kopf und dem Schwanz befindet sich eine gelenkartig bewegliche Region (Scharnierregion). Ein dickes Filament wird aus 300-400 Myosin-Dimeren durch bipolar angelagerte Aggregation gebildet. Die zentrale Region des dicken Filaments besteht nur aus antiparallel überlappenden Myosinschwänzen. In den beidseitigen terminalen Regionen entspringen der Oberfläche des helixartigen dicken Filaments in Abständen von 14 nm die bipolar angeordneten, beweglichen Myosinköpfchen. Die Myosinköpfchen besitzen eine ATPase-Aktivität, die bei Abwesenheit von Actin nicht nachweisbar ist, bei Zusatz von Actin jedoch die ATP-Hydrolyse 200fach

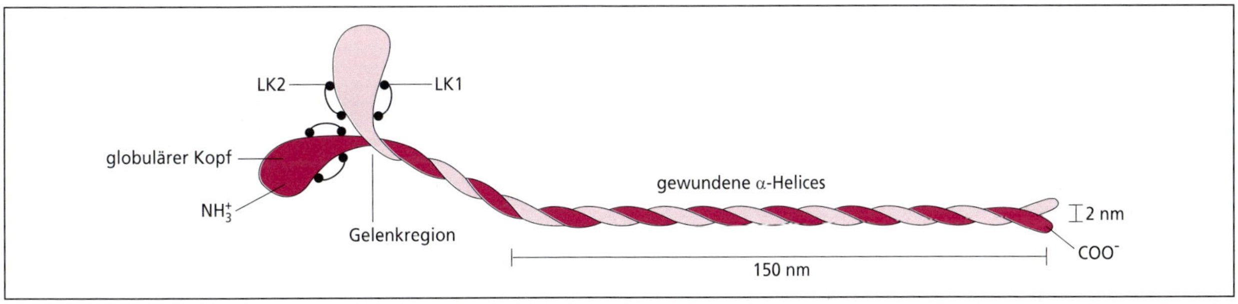

Abb. 7.6 Das Myosinmolekül aus 2 identischen schweren Ketten (HMM: Heavy meromyosin) und aus 2 Paar unterschiedlichen leichten Ketten (LMM: Light meromyosin LK1 und LK2). Jede schwere Kette besteht aus einem globulären Kopf- und einem helixartig gewundenen Hals- und Schwanzteil. Zwischen dem Kopf und dem Hals befindet sich eine bewegliche „Scharnierregion". Ein dickes Filament wird aus 300-400 Myosindimeren durch bipolar angelagerte Aggregation der Schwanzteile gebildet. Die zentrale Region des dicken Filamentes besteht nur aus antiparallel überlappenden Myosinschwänzen. Actin- und ATP-Bindungsstellen sind an den Köpfen lokalisiert (modifiziert nach Bagshaw, in Heckmann, 1989).

erhöht (actin-aktivierte Myosin-ATPase). Dabei spaltet jedes Myosinmolekül 5-10 ATP-Moleküle pro Sekunde.

• **Das Filamentgleiten nach Querbrückenbildung**

Die Verkürzung der Sarcomere kommt dadurch zustande, daß die dünnen Filamente von beiden Seiten in Richtung Sarcomermitte an den dicken Filamenten vorbeigleiten. Die krafterzeugenden Elemente sind dabei die einzelnen Myosin-Actin-Querbrücken. Die Kraftentfaltung einer Myofibrille hängt a) von der Zahl der aktiven Querbrücken in den Sarcomeren und b) von der Länge ihrer Sarcomere, d.h. von ihrer Vordehnung ab. Jeder Myosinkopf oder „Querfortsatz" kann sich, wenn der starre Tropomyosinfaden nicht in Sperrposition dazwischen liegt, spontan mit dem Actin von einem der benachbarten dünnen Filamente zu einer Querbrücke verbinden und anschließend eine Kippbewegung des Scharniergelenks in Richtung Sarcomermitte durchführen, die zu einer minimalen Gleitwirkung (ca. 6-7 nm) auf das dünne Filament führt. Das gegensinnige Gleiten der dünnen Filamente der rechten und linken Sarcomerhälfte kommt durch die bipolare Anordnung der Myosinköpfchen in beiden Sarcomerhälften zustande (Abb. 7.7). Eine einmalige Kippbewegung aller Myosinköpfchen eines Sarcomers würde aber nur zu einer Verkürzung um etwa 1% der Sarcomerlänge, also nur um etwa 20 nm führen. Erst durch ein wiederholtes „Rudern" (Anheften, Kippen, Aufrichten, Loslassen) der Myosinköpfchen an die dünnen Filamente ergibt die Addition der in den Myofibrillen in Serie hintereinandergeschalteten Sarcomere eine makroskopisch sichtbare Längenveränderung, die zur Bewegung eines Gelenks ausreicht. Die makroskopisch sichtbare Längenveränderung eines Muskels wird also in den Myofibrillen nach dem Tauziehprinzip einer Seilmannschaft durch wiederholte minimale Kipp- oder Ruderbewegungen der Querbrücken erzielt.

Während der ATP-Hydrolyse wechseln die Querbrücken zwischen einer schwachen und einer starken Bindungskonfiguration. Der Querbrückenzyklus zwischen Actin, Myosin und ATP kann in mindestens vier Schritte unterteilt werden (Abb. 7.8). Nach neueren Vorstellungen **oscilliert** die Bindungsaffinität der Querbrücken mehrere Male zwischen schwacher und starker Bindung, während 1 Molekül ATP hydrolysiert wird. Die Kraftentfaltung findet jeweils in dem Moment statt, wenn die angehefteten Myosinköpfchen von der schwachen in den starken Bindungszustand wechseln und eine Konformationsänderung (45°) erfahren. Dies setzt voraus, daß die Ablösung des Myosinköpfchens vom Actin auch ohne eine erneute ATP-Anbindung an den Myosinkopf stattfindet, wenn das Gleichgewicht zwischen den Assoziations-/Dissoziationskräften zur Dissoziation hin verschoben ist. Man nimmt ferner an, daß

a) sowohl der Übergang der Myosinköpfchen in den starken, um 45⁰ gekippten Bindungszustand als auch
b) die Geschwindigkeit der Phosphatfreisetzung von der Konzentration freier Ca^{2+}-Ionen im Sarcoplasma abhängt.

Die ATPase des Myosins wird durch Actinberührung bei Anwesenheit von Mg^{2+}-Ionen aktiviert. Je mehr Querbrücken aktiviert werden, umso höher ist die ATP-Spaltungsrate pro Zeiteinheit und umso höher die Muskelkraft. Energieumsatzrate und Kraft des Muskels sind einander proportional.

Nach einem erfolgten Ruderschlag wird oft erneut ein ATP-Molekül an den Myosinkopf gebunden (Abb. 7.8), das bei Anwesenheit freier Mg^{2+}-Ionen zur Abtrennung des Myosinköpfchens vom Actinfaden die Energie liefert. Nach der Trennung des Myosinköpfchens vom Actin und nach der ATP-

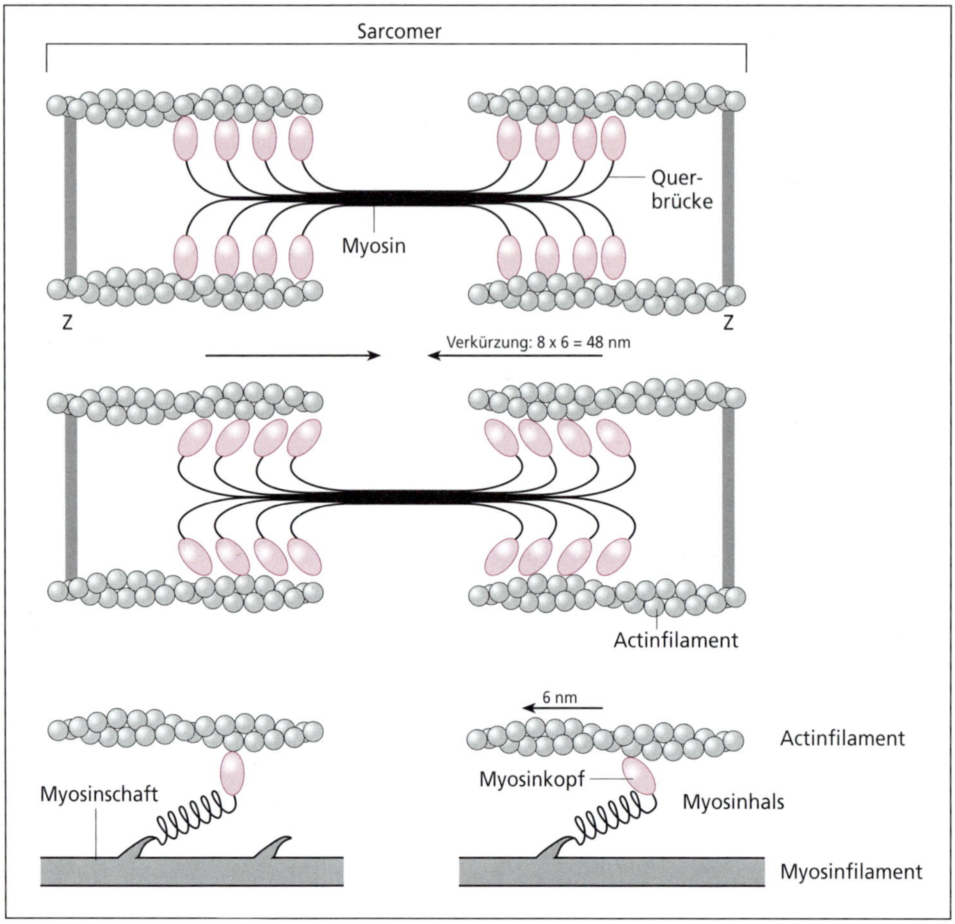

Abb. 7.7 Das Filamentgleiten. Modellvorstellung zur Funktion der Querbrücken: Nach der Herstellung der Myosinkopf-Actin-Verbindung (Querbrücke) führt der Myosinkopf eine zur Sarkomermitte hin gerichtete Kippbewegung durch, die nur zur Auslösung einer minimalen, ca. 6 nm langen Gleitwirkung zwischen Aktin- und Myosinfilament führt. Die dünnen Filamente gleiten von beiden Hälften des Sarcomers in Richtung Sarcomermitte (modifiziert nach Huxley, 1974).

Hydrolyse bleiben ADP und P_i (anorganisches Phosphat) noch für einige Millisekunden an dem Myosinkopf gebunden. Wenn die ATP-Spaltung gehemmt wird, dann wird dadurch der Querbrückenzyklus unterbunden, und der Muskel erschlafft („Weichmacherwirkung" des ATPs). Sinkt dagegen der ATP-Spiegel im Sarcoplasma unter 5 µmol/g Muskel, so haften die Myosinköpfchen permanent am Actinfaden, und der Muskel kommt in den Rigorzustand. Auch die Totenstarre (Rigor mortis) wird durch ATP-Mangel in den Muskelfasern verursacht, bei gleichzeitig hoher Konzentration an freien Ca^{2+}-Ionen im Sarcoplasma.

Myosin und Actin besitzen sehr hohe Assoziationskräfte zueinander. Nach Verlagerung von Tropomyosin aus der blockierenden Position am dünnen Filament kommt es spontan zur Querbrückenbildung und zum Abknicken der Myosinköpfchen. Dabei wird die Myosin-ATPase durch die Actinberührung aktiviert und spaltet, bei ausreichend hoher Mg^{2+}-Konzentration im Sarcoplasma, das ATP in ADP und P_i.

- **Einfluß der Vordehnung der Myofibrillen auf die Kraftentfaltung**

Die Anzahl der aktiven Querbrücken bestimmt die Kraftentfaltung einer Muskelfaser und letztlich eines Muskels. Die Wechselwirkungen zwischen den Actin- und Myosinmolekülen können nur in den Bereichen der Sarcomere ablaufen, in denen Actin und Myosin gegeneinander so gelagert vorliegen, daß sie sich berühren können. Bei optimaler Vordehnung der Myofibrillen (L_0) haben in den Sarcomeren 100% der Myosinköpfchen die geeignete Position zur Bildung einer Querbrücke mit einem der Actinfäden. Optimal vorgedehnte Sarcomere sind 2,0-2,2 µm lang (Abb. 7.9). Bei einer weiteren Vordehnung der Myofibrillen reduziert sich der Anteil der Myosinköpfchen, die aktiv an einer Querbrückenbildung beteiligt sein können, allmählich bis auf 0, wie z.B. bei der Sarcomerlänge von 3,5 µm. Eine noch weitere Vordehnung der Myofibrillen führt zu einem „Muskelfaserriß". Auch bei einer zu geringen Vordehnung der Muskelfaser nimmt in den Sarcomeren die Möglichkeit zur Kraftentfaltung ab, weil dabei die in die Mitte geschobenen dünnen Filamente gegen- und übereinanderstoßen und die terminalen Enden der dicken Filamente auf die Z-

Abb. 7.8 Querbrückenkinetik (Anheften, Kippen ,Aufrichten,Loslassen). Näheres im Text. Die relative Länge der Pfeile zeigt die Änderung der freien Energie bei dem jeweiligen zugehörigen Reaktionsschritt der ATP-Hydrolyse (nach Squire, 1990).

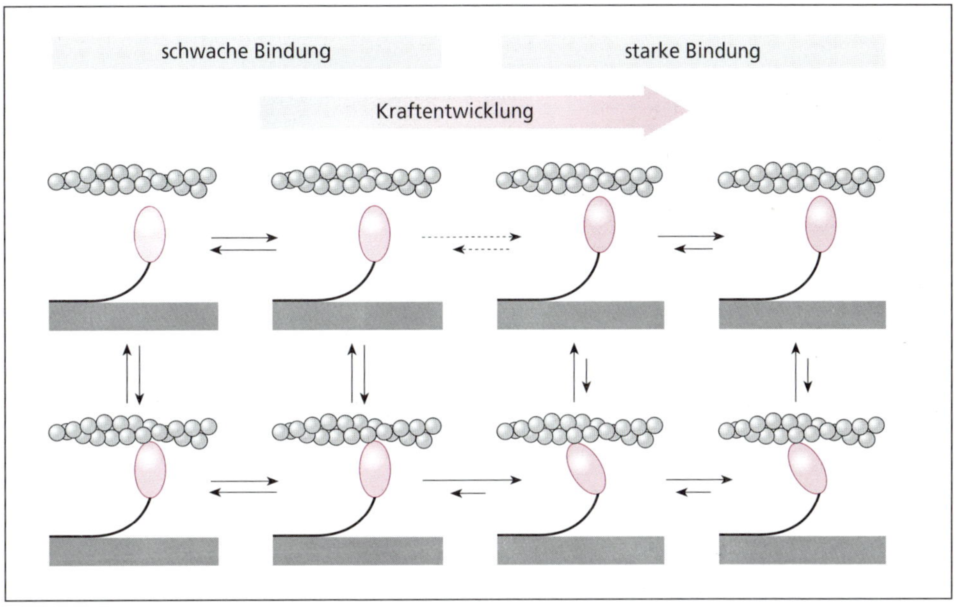

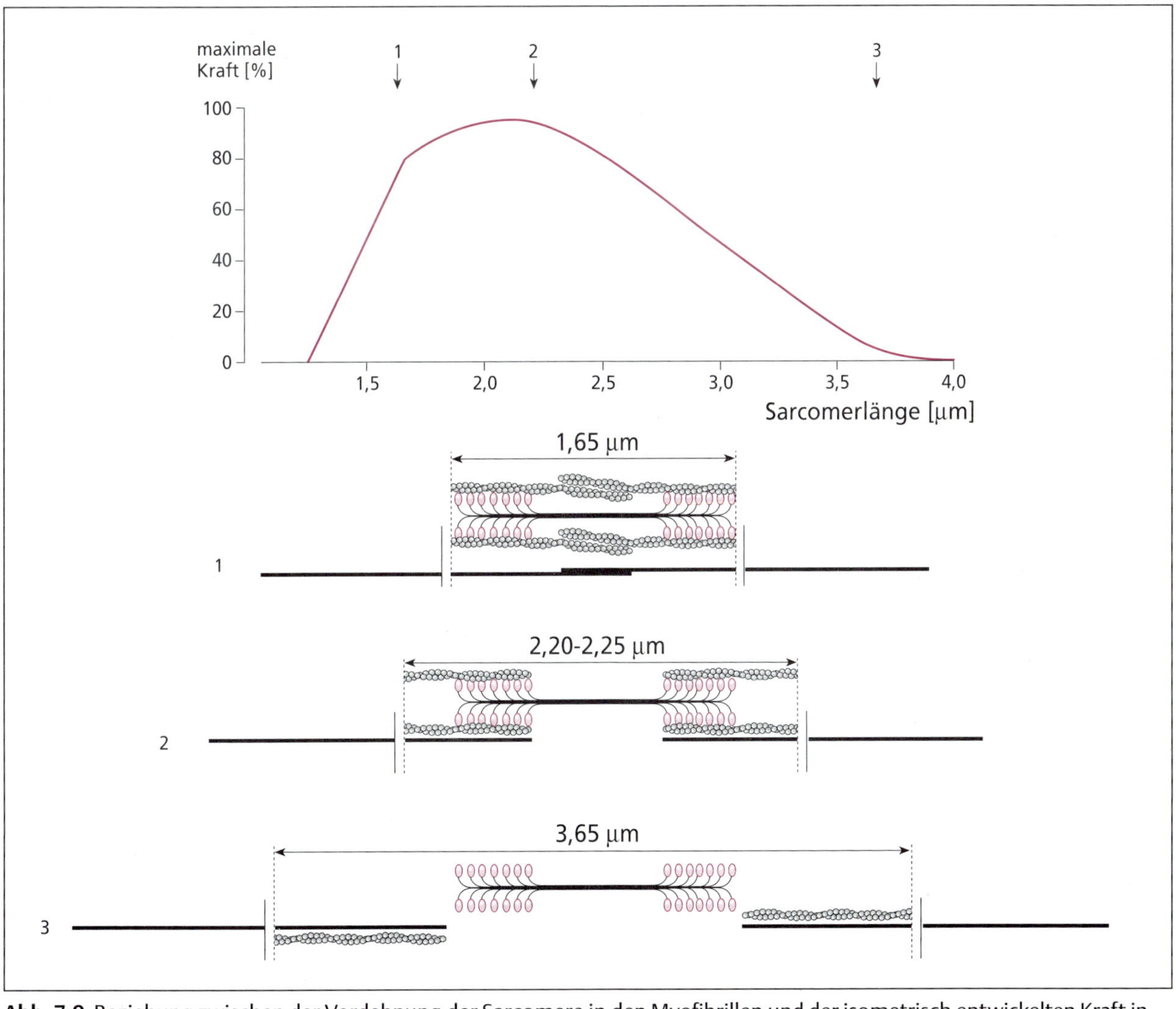

Abb. 7.9 Beziehung zwischen der Vordehnung der Sarcomere in den Myofibrillen und der isometrisch entwickelten Kraft in einer Muskelfaser. Nur bei einer optimalen Vordehnung haben alle Myosinköpfe die geeignete Position zur Querbrückenbildung (nach Wilkie, 1983).

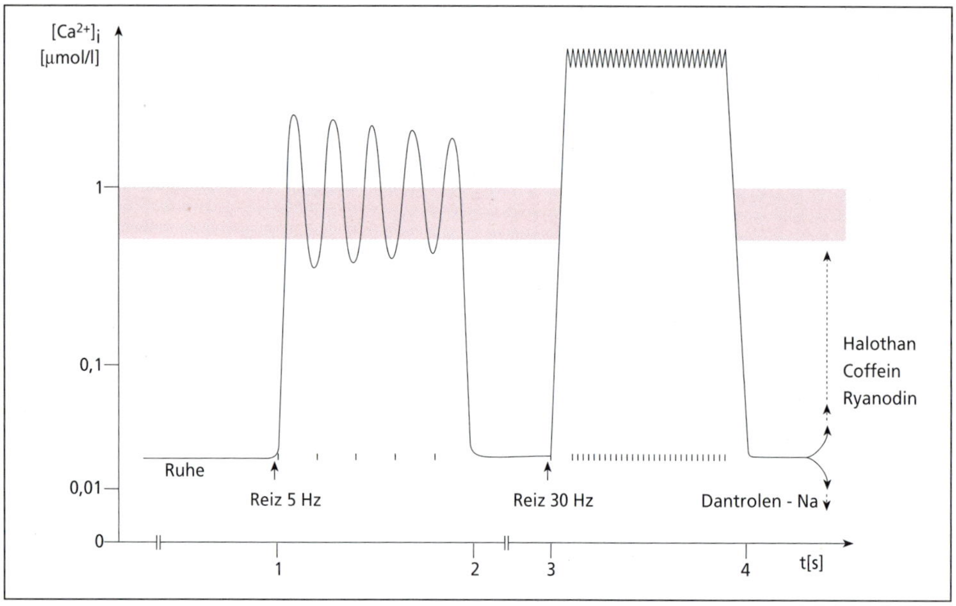

Abb. 7.10 Die Konzentration freier Ca^{2+}-Ionen im Sarcoplasma von nichterregten Muskelzellen ist auf einem sehr niedrigen Niveau (um 10 nmol/l) einreguliert. Der Querbrückenzyklus in den Sarcomeren wird durch ein Konzentrationspeak (Spitze) an freien Ca^{2+}-Ionen im Sarkoplasma ($[Ca^{2+}]_i$-Signal) ausgelöst, wenn und solange der Schwellenwert an freien Ca^{2+}-Ionen im Sarkoplasma (ca. 1 µmol/l) erreicht oder überschritten ist (modifiziert nach Blinks et al., 1978).

Scheiben drücken, wie z.B. bei einer Sarcomerlänge von 1,5 µm. Eine weitere Verkürzung der Sarcomere ist dadurch behindert oder ausgeschlossen.

Nur optimal vorgedehnte Myofibrillen können maximale Kräfte entfalten.

7.1.4 Der Ca^{2+}-Schalter der Muskelfasern

Im Sarcoplasma von ruhenden, nichterregten Muskelfasern ist die intrazelluläre Konzentration freier Ca^{2+}-Ionen $[Ca^{2+}]_i$ auf einem sehr niedrigen Niveau, (um 10 nmol/l) einreguliert, damit ist sie etwa um das 10.000 – 15.000fache niedriger als in der extrazellulären Gewebsflüssigkeit. Der Querbrückenzyklus in den Myofibrillen wird durch ein intrazelluläres $[Ca^{2+}]_i$ – Signal aktiviert, wobei im Sarcoplasma der Muskelfasern $[Ca^{2+}]_i$ für einige Millisekunden um das 200-1000fache des Ruhewertes ansteigt und 1 µmol/l erreicht oder überschreitet (Abb. 7.10). Bei normalem ATP-Angebot bleibt der Querbrückenzyklus in den Sarcomeren solange aktiv, wie $[Ca^{2+}]_i$ über 1 µmol/l beträgt. Wenn die freien Ca^{2+}-Ionen nach jeder überschwelligen Membrandepolarisation erst aus der extrazellulären Gewebsflüssigkeit zu den innenliegenden Myofibrillen diffundieren müßten, wäre dafür die Entfernung (bis zu 100 µm) zu groß. Die Skelettmuskelfasern haben deshalb ein intrazelluläres Ca^{2+}-Speichersystem entwickelt, das die freien Ca^{2+}-Ionen aus dem Sarcoplasma entfernt, intrazellulär in longitudinal angeordneten Schläuchen, im sarcoplasmatischen Reticulum (SR), einschließt (sequestriert) und bis zur nächsten Erregung speichert. Nach einer überschwelligen Erregung entleert sich das SR in weniger als 5 Millisekunden teilweise in das Sarcoplasma, und außerdem öffnen sich auch Ca^{2+}-Kanäle des Sarcolemms.

Das SR bildet in den Muskelfasern um jede Myofibrille herum ein intrazelluläres Netzwerk von Membranschläuchen, sog. longitudinale Tubuli (Abb. 7.4), das sich an den Grenzen zwischen A- und I-Bande zu **terminalen Zisternen** erweitert. Diese kolbenförmige SR- Erweiterungen sind von den T-förmigen Einstülpungen des Sarcolemms in das Innere der Muskelfaser nur um 16 nm entfernt (Abb. 7.11). Diese kurze Distanz zwischen den T- und den L- Tubuli wird durch ein spannungsempfindliches Ca^{2+}-Kanal-Protein (DHP-Sensor-Protein) überbrückt, das die Erregung an Ryanodinrezeptoren des SR leitet.

An der Freisetzung von freien Ca^{2+}-Ionen aus den **Triaden** des SR in das Sarcoplasma sind mehrere Membranstrukturen bzw. Proteine beteiligt (Abb. 7.11). Die Membranen der T-Tubuli sind reich an spannungsempfindlichen Ca^{2+}-Kanälen, die im Sarcolemm fehlen. Während eines Aktionspotenials kommt es an den T-Tubuli zu einem langsamen Influx von Ca^{2+}-Ionen (L-Strom). Die Proteine der spannungsempfindlichen Ca^{2+}-Kanäle sind Rezeptoren für mehrere Klassen von Ca^{2+}- Kanal-Blockern, wie Nitrendipin oder PN 200-110, Phenylalkylamine wie Verapamil oder D600, Benzodiazepine (Diltiazem) und werden **DHP(Dihydropyridin)-Rezeptoren (DHPR)** genannt. Eine strukturelle Änderung der DHPR führt zu einer Depolarisierung der Membranen und ist essentiell für die Ca^{2+}-Freisetzung aus den Triaden.

Die terminalen Zisternen des SR bilden fußartige Strukturen (Abb. 7.11), die den DHP-Rezeptoren als **Ryanodinrezeptoren** entgegengesetzt angeordnet

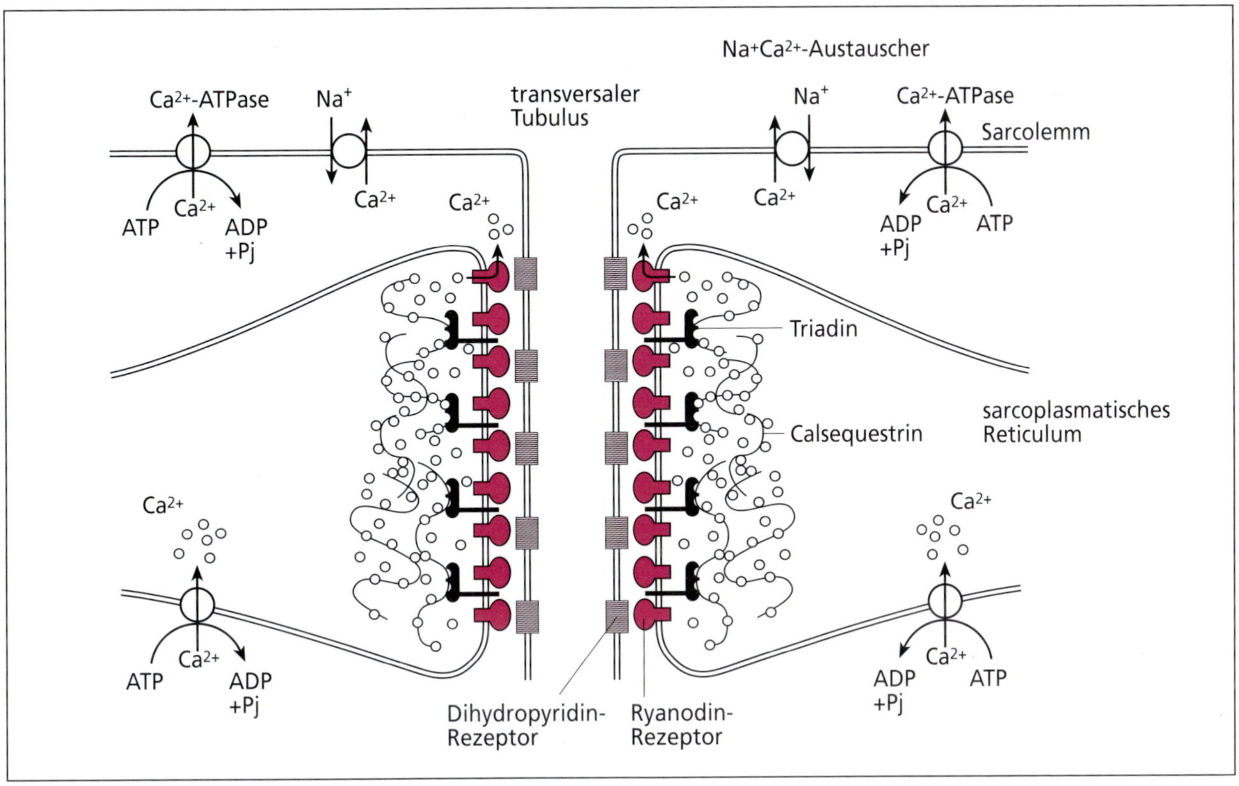

Abb. 7.11 Membranproteine an den Triaden einer Skelettmuskelfaser, die an der Regulation von intrazellulären Ca^{2+}-Ionen-Signalen beteiligt sind (nach Mickelson und Louis, 1996).

sind. Durch Dichtezentrifugation in Saccharose sind aus dem SR leichte und schwere Bläschen (Vesikel) isoliert worden. Leichtes SR enthält hohe Aktivitäten an ATP-abhängigen Ca^{2+}-Pumpen, während Ca^{2+}-bindende/-freigebende Proteine in schweren SR-Fraktionen gefunden wurden. Die **Ca^{2+}-ATPase** macht im Skelettmuskel mehr als die Hälfte der SR-Proteine aus. Das Protein des Ca^{2+}-Freisetzungskanals bindet an das Pflanzenalkaloid Ryanodin, wie auch das Coffein, und wird **Ryanodinrezeptor (RYR)** genannt. Bei Schweinen mit stark bemuskelten Hintergliedmaßen sind in den weißen Muskelfasern die Ryanodinrezeptoren oft fehlerhaft exprimiert. Solche Tiere, wie auch Menschen, reagieren auf eine Halothannarkose mit einer Kontraktur der anfälligen Muskeln, ausgelöst durch hohe intrazelluläre Ca^{2+}-Freisetzung, und sterben, wenn die Narkose fortdauert, an einer malignen Hyperthermie. Die Tiere erleiden oft eine Belastungsmyopathie.

Der Ca^{2+}-Freisetzungskanal wird durch **mikromolare** Ca^{2+}-Konzentrationen und durch Adeninnucleotide aktiviert, durch **millimolare** Ca^{2+} – und Mg^{2+}-Konzentrationen gehemmt. Aktivierbar ist der Kanal ferner durch pH-Veränderungen, durch Ruthenium-Rot, Calmodulin, Coffein sowie durch lokale und systemische Betäubungsmittel. **Calsequestrin** dient als ein Ca^{2+}-Puffer bei der Triggerung der Muskelkontraktion. Es beeinflußt direkt die RYR-Aktivität. **Triadin** verbindet die transversalen Tubuli mit den terminalen Cisternen des SR über Disulfidbrücken, verankert das Calsequestrin in den Triadenmembranen und schafft die Verbindung zwischen Calsequestrin und RYR.

Bei einer Depolarisation des Sarcolemms, die die T-Tubuli einschließt, öffnen sich schlagartig die Ca^{2+}-Ionenkanäle des sarcoplamatischen Reticulums im Bereich der terminalen Cisternen und geben gespeicherte Ca^{2+}-Ionen in das Sarcoplasma frei. Ob diese intrazelluläre Ca^{2+}- Freisetzung durch elektrische, rein mechanische oder chemische Mechanismen ausgelöst wird, ist bisher nicht geklärt; klar ist dagegen, daß sie in etwa 5-7 Millisekunden zur Auslösung der Kontraktion in den Myofibrillen führt, und zwar durch eine Bindung von freien Ca^{2+}-Ionen an das **Troponin C**. Bei einer Konzentration an freien Ca^{2+}-Ionen im Sarcoplasma von 1 µmol/l oder höher bindet das Troponin-C Ca^{2+}-Ionen, bei niedrigerem $[Ca^{2+}]_i$-Wert gibt das Troponin-C Ca^{2+}-Ionen wieder ab. Das Troponin-C in den dünnen Filamenten der Sarcomere ist also der eigentliche „Ca^{2+}-Schalter" der Muskelzellen (Abb. 7.10, Abb. 7.12).

Die Anbindung von freien Ca^{2+}-Ionen an die Troponin-C-Moleküle führt an den dünnen Fila-

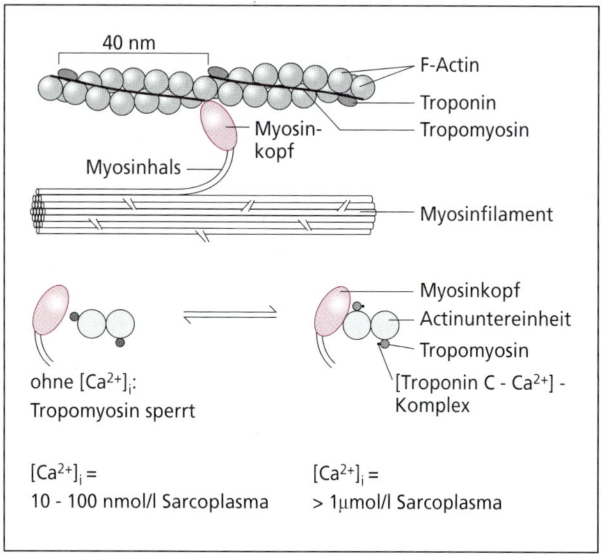

Abb. 7.12 Wirkung eines $[Ca^{2+}]_i$-Signals auf die Position von Tropomyosin im dünnen Filament. Sperrposition bei niediger $[Ca^{2+}]_i$; Myosinkopf- Actin-Kontakt (= Querbrücke), wenn $[Ca^{2+}]_i$ 1µmol/l Sarcoplasma erreicht oder überschritten hat (modifiziert nach Huxley, 1973).

menten zu einer Konformationsänderung in den Troponin-Tropomyosin-Komplexen (Abb. 7.12). Dabei wird das Sperrprotein Tropomyosin aus der blockierenden Position zwischen den Myosinköpfchen und den Actinfäden in die Rinne zwischen den beiden Fäden des helixartigen dünnen Filaments hineingeschoben. Die Actinmoleküle sind dann ungeschützt und in hohem Maße zur Querbrückenbildung mit den in stärkere Bindungzustände strebenden Myosinköpfchen bereit. Der Querbrückenzyklus im Sarcomer bleibt solange aktiv, bis $[Ca^{2+}]_i$ im Sarcoplasma 1µmol/l erreicht oder überschreitet (Abb. 7.10) und auch genügend ATP (4-5 mmol/l) zur Loslösung der Querbrücken vorhanden ist. Die Erschlaffung (Relaxation) der Muskelfaser setzt ein, sobald die aktivierte Calciumpumpe (Ca^{2+}-ATPase) die freien Ca^{2+}-Ionen aus dem Sarcoplasma in das SR wieder entfernt und $[Ca^{2+}]_i$ auf Werte weit unter 1 µmol/l senkt. Auch die Geschwindigkeitskonstante der Phosphatfreisetzung beim Übergang in den starken, gekippten Bindungszustand der Querbrücken wird vermutlich über die Konzentration freier Ca^{2+}-Ionen im Sarcoplasma kontrolliert.

Steigt die Konzentration von freien Ca^{2+}-Ionen im Sarcoplasma auf 1 µmol/l an, so bindet das Troponin C die Ca^{2+}-Ionen, verändert seine Konfiguration und verschiebt den Tropomyosinfaden aus der blockierenden Sperrposition. Die sehr potente Ca^{2+}-ATPase senkt die $[Ca^{2+}]_i$ in wenigen Millisekunden wieder in den Ruhebereich ab.

7.1.5 Regulationsmechanismen der Muskelkontraktion

Die Kraft eines Muskels resultiert aus der Summation der Zugkräfte seiner Muskelfasern. Je dicker ein Muskel und je höher der Anteil an FF-Einheiten am Muskelquerschnitt ist, um so stärker ist er. Am stärksten ist also ein dicker weißer Muskel. Pro cm^2 Muskelquerschnitt entfalten Säugetiermuskeln maximal eine Kraft um 40 N, Kaltblütermuskeln maximal um 30 N.

Drei Mechanismen sind an der Regulation der Kraftentfaltung eines Muskels in vivo beteiligt:

1. „Rekrutierung" seiner motorischen Einheiten im Motoneuronen-Pool durch übergeordnete supraspinale motorische Zentren des ZNS (Kap. 4.3),
2. Frequenzmodulation der zu den α-Motoneuronen geleiteten Aktionspoteniale im Rückenmark (Abb. 7.15),
3. Optimierung der Vordehnung der Myofibrillen in den Muskelfasern durch Anpassung (Steigerung/ Reduzierung) des Reflextonus über die motorische γ-Schleife (Abb. 7.15).

Die α-Motoneurone eines Muskels im Rückenmark sind durch supraspinale motorische Zentren unterschiedlich leicht erregbar, sie besitzen unterschiedliche Rekrutierungsschwellen (Abb. 7.13). Dabei weist jede Einheit eigene Rekrutierungscharakteristika auf. Sowohl die Muskelkraft als auch die Geschwindigkeit der Kontraktion eines Muskels können durch Aktivierung eines zunehmenden oder abnehmenden Anteils seiner motorischen Einheiten im α-Motoneuronen-Pool des Rückenmarks reguliert werden (Abb. 7.14). Die räumliche Summation der willkürlichen efferenten Erregungen wirkt sich auf den α-Motoneuronen-Pool des aktivierten

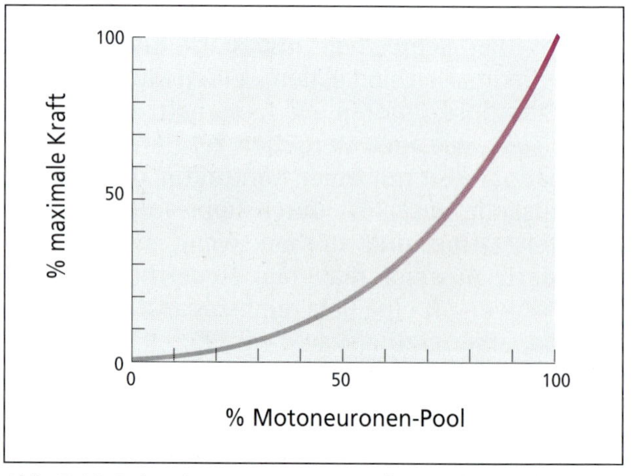

Abb. 7.13 Rekrutierung von motorischen Einheiten des M. peronaeus longus einer Katze: Zunahme der maximalen tetanischen Kraft bei linearer Darstellung der Ordinate (Nach Kernell et al. 1983).

Muskels mit einer selektiv abgestuften Ausdehnung aus. In einem großen, kräftigen Muskel werden zunächst nur S-Einheiten, bei steigender Aktivierung des Pools vermehrt auch FR-Einheiten und bei starker Erregung auch die FF-Einheiten des Muskels für die Beteiligung an der Kontraktion rekrutiert. Die Einteilung eines Muskels in motorische Einheiten stellt ein Mittel zum Schutz vor Ermüdung dar. Die α-Motoneurone eines Pools werden asynchron erregt, so daß zu einem bestimmten Zeitpunkt jeweils nur ein Teil der motorischen Einheiten aktiv ist.

In Abhängigkeit von der Art der beabsichtigten willkürlichen motorischen Bewegung eines Muskels wählt das ZNS nicht nur die zu erregenden motorischen Einheiten aus, sondern bestimmt auch die Erregungsfrequenz der Muskelfasern der rekrutierten motorischen Einheiten (Abb. 7.14). Die **Frequenzcodierung** führt zu einem feinregulierten Übergang von Einzelzuckungen in stärkere tetanische Kontraktionen. In größeren Muskeln ist dieser Mechanismus nur zu einer geringeren Steigerung der Kraft befähigt als die Rekrutierung. Muskeln, die aus einer Vielzahl kleiner motorischer Einheiten zusammengesetzt sind, z.B. die Zehenbeuger, steuern dagegen ihre Kontraktionskraft vornehmlich über diesen Mechanismus der Frequenzmodulation.

Die Optimierung der Vordehnung von motorischen Einheiten eines Beugers oder eines Streckers wird entweder zielbewußt oder unwillkürlich über den **Reflextonus** monosynaptischer Muskeleigenreflexe reguliert. Anspannungen z.B. für Halteaufgaben führen über die γ-Schleifen zu fusimotorischen Erregungen der kleinen γ-Motoneurone in den Ventralhörnern des Rückenmarks, die in den

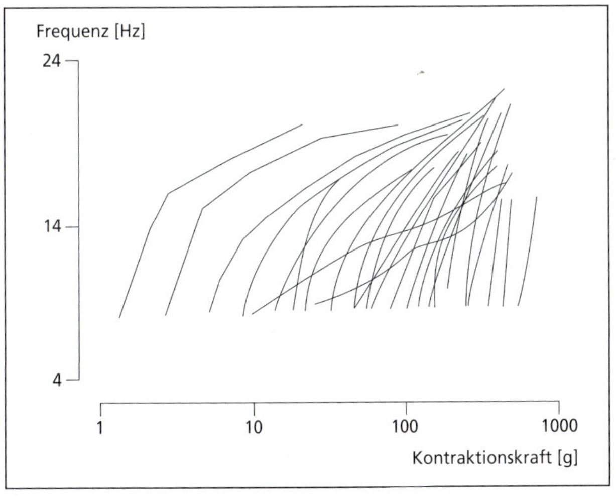

Abb.7.14 Frequenzcodierte Rekrutierungsschwellen von 24 motorischen Einheiten im menschlichen M. extensor digitorum communis bei einer Willkürkontraktion (nach Monster und Chan, 1977).

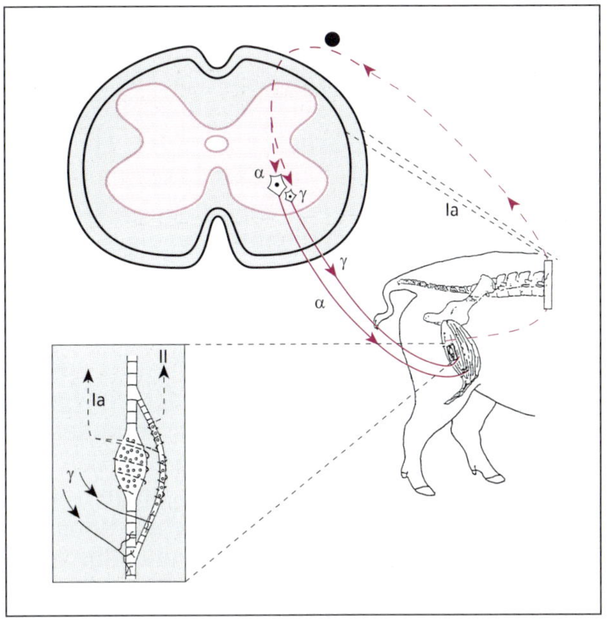

Abb. 7.15 Reflektorische Steuerung der Muskellänge über die γ-Schleife.
Die Längensensoren befinden sich intrafusal in den Muskelspindeln. Mit zunehmender Länge des Muskels werden die Kernsack- und Kernkettenfasern zunehmend erregt. Die Erregungen werden afferent über die Ia-Fasern der Spinalganglien in die Dorsalhörner des Rückenmarks geleitet und auf die homonymen α-Motoneurone in den Ventralhörnern monosynaptisch übertragen. Die α-Motoneurone des Antagonisten erreichen die efferenten Nervenaktionspotentiale über hemmende Interneurone. Die Feinregulierung der Empfindlichkeit der Längenmesser erfolgt fusimotorisch über kleine γ-Motoneurone aus den Ventralhörnern.

Muskelspindeln (intrafusal) Kernketten- und Kernsackfasern aktivieren. Deren Erregung wird aus den Muskelspindeln über die Ia- bzw. II-Fasern sensorisch-afferent zu den Dorsalhörnern des Rückenmarks geleitet und im Rückenmark monosynaptisch auf die α-Motoneurone desselben Muskels und damit auf die extrafusalen Muskelfasern geschaltet (Abb. 7.15). Auch bei scheinbarer Ruhe ist in vielen Muskeln eine elektromyographisch registrierbare Aktivität motorischer Einheiten vorhanden. Einige motorische Einheiten befinden sich dabei in einem unwillkürlichen Spannungszustand (neurogener Reflextonus), der nur bei einer tiefen Entspannung (im Schlaf) vollständig erlischt, in der Narkose aber teilweise vorherrscht.

Die Kraft eines Muskels kann durch die motorischen Zentren im Hirnstamm a) über die Rekrutierung verschieden hoher Anteile seines α-Motoneuronen-Pools, b) über eine Frequenzmodulation der Erregungen im Rückenmark und c) über eine reflektorische Veränderung der Vordehnung reguliert werden.

7.1.6 Muskelmechanik

Der Muskel besitzt sowohl elastische Elemente, die bei Dehnung des Muskels eine Rückstellkraft aufbauen, als auch plastische, verformbare Elemente. Isoliert man die kontraktilen Proteine Myosin und Actin aus einem Skelettmuskel, so erhält man eine plastisch verformbare Proteinmasse, die die Bewegung eines Gelenks allein nicht bewerkstelligen kann. Auf die Knochen übertragen wird die aus der Verkürzung von Myofibrillen resultierende Kraft durch **elastische Elemente** des Muskels, die in erster Linie in Form von **Kollagen** in der bindegewebigen Umhüllung der Fasern, der Faserbündel, des gesamten Muskels und teilweise auch in den Sehnen lokalisiert sind. Auch in den Sarcomeren selbst steckt eine gewisse Elastizität, gegeben durch die Gelenkigkeit der Myosinköpfchen und durch die Biegsamkeit der Z-Scheiben. Die meßbare Muskelkraft entsteht nach Aktivierung der kontraktilen Elemente in den Myofibrillen erst durch die Anspannung der elastischen Elemente.

Ein isolierter Muskel kann in vitro unter isometrischen, isotonischen oder auxotonischen Bedingungen zur Kontraktion gebracht werden. Bei einer **isometrischen** Kontraktion wird die Länge des Muskels vor der Reizung fixiert und nach der Reizung die Kraft (Spannung) registriert. Dabei wird die durch das Rudern der Myosinköpfchen in den Sarcomeren entwickelte Kraft auf die elastischen Strukturen des Muskels übertragen. Wird ein Muskel dagegen nur an einem Ende fixiert und am anderen Ende mit einem leicht belasteten Hebel verbunden, so verkürzt sich der gereizte Muskel, ohne eine zusätzliche Spannung zu entwickeln: **isotonisch**. Im Organismus befinden sich die Muskeln zwischen Ursprung und Ansatz am Skelett in einem vorgedehnten Zustand; müssen sich nach einer Erregung erst isometrisch anspannen, bevor sie sich isotonisch verkürzen können. Diese Form nennt man eine **auxotonische** Kontraktion.

- **Die Kraft-Längen-Beziehung im Muskel**

Die Kraftentfaltung eines Muskels ist in starkem Maße abhängig von dem Grad der Vordehnung seiner Myofibrillen. Bei der Länge L_0 (optimale Länge) entwickelt jeder Muskel die maximale aktive Spannung. Die Sarcomere in den Myofibrillen sind dann 2,0-2,2 µm lang (Abb. 7.9) und alle Myosinköpfchen in optimaler Position zur Querbrückenbildung. Dehnt man den Muskel passiv weiter (Abb. 7.16), so zeigt sich der Muskel mit zunehmender Länge weniger elastisch, er folgt nicht dem Hookeschen Gesetz, besitzt ein anderes Elastizitätsmodul als z.B. Gummi oder eine Stahlfeder. Nach einer passiven Entdeh-

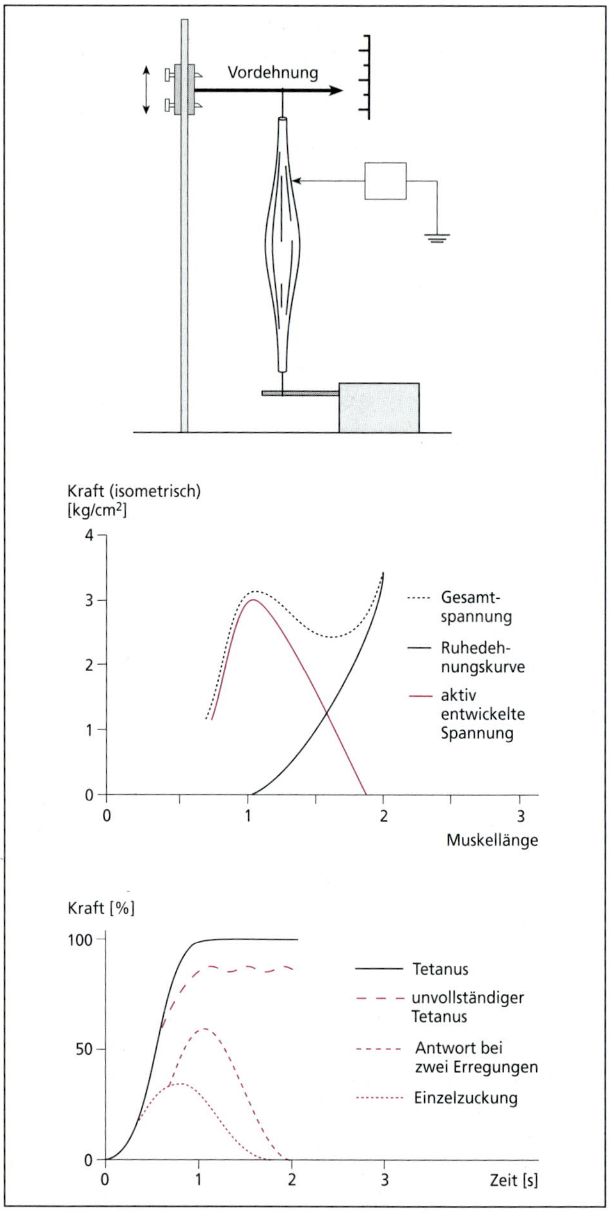

Abb. 7.16 Isometrische Registrierung der Kraft an einem isolierten vorgedehnten Muskel.
Oben: Versuchsschema
Mitte: Die Ruhedehnungskurve nimmt mit zunehmender Vordehnung steil zu. Die aktiv entwickelte Spannung hängt von der Länge der Sarcomere in den vorgedehnten Myofibrillen ab. Die gesamte isometrische Kraft resultiert aus der Addition der Vordehnkraft und der aktiven Kontraktionskraft bei der gegebenen Länge.
Unten: Die Reizfrequenz-Kraft-Beziehung. Eine einmalige kurze Reizung (Einzelreiz) eines isometrisch vorgedehnten Muskels ruft eine kurze Einzelzuckung hervor. Wird der Muskel vor der Relaxation ein zweites Mal gereizt, so beginnt die zweite Zuckung auf einem höheren Dehnungsniveau und führt zu einer überlagerten, superponierten Kraft, die höher ist als bei der Einzelzuckung. Bei weiterer Steigerung der Reizfrequenz verschmelzen die Einzelzuckungen zu einem unvollständigen, später zu einem vollständigen Tetanus, und der Muskel entwickelt dabei die bei der vorgegebenen Vordehnung maximale tetanische Kraft (nach Wilkie, 1983).

nung bleibt im Muskel ein Dehnungsrückstand zurück, da der Muskel auch plastische Elemente besitzt. Die aktiv entwickelte Spannung hängt von der Anzahl der aktiven, rudernden Querbrücken in den Myofibrillen ab. Sie ist bei der Länge L_0 am höchsten und nimmt bei weiterer passiven Vordehnung der Sarcomere stetig ab (Abb. 7.16). Die gesamte isometrische Kraft eines Muskels resultiert aus der Addition seiner Vordehnkraft und seiner aktiven Kontraktionskraft. Bei sehr starker Vordehnung wird die Kraft ausschließlich auf die Vordehnkraft reduziert, weil in stark vorgedehnten Myofibrillen die Möglichkeit zur Querbrückenbildung überhaupt nicht mehr gegeben ist (Abb. 7.16, Abb. 7.9). Als Längensensor in den Sarcomeren scheint die $[Ca^{2+}]_i$-Empfindlichkeit von Troponin-C zu fungieren, die durch die Muskeldehnung zunimmt.

- **Die Erregungsfrequenz-Kraft-Beziehung**

Einmalige kurze Reizung eines Muskels (Einzelreiz) bewirkt unter isometrischen Bedingungen eine sog. **Einzelzuckung** (Abb. 7.16): eine schnelle Zunahme der Spannung in wenigen Millisekunden, gefolgt von einer etwas langsameren Relaxation auf das Ausgangsniveau. Wird der Muskel vor der Relaxation ein zweites Mal gereizt, so beginnt die neue Zuckung auf einem höheren Dehnungsniveau, und der Muskel reagiert auf den schnell folgenden zweiten Reiz mit einer überlagerten zweiten Zuckung (Superposition; s. Abb. 7.16). Die dabei erzielte Gesamtspannung ist höher als bei der Einzelzuckung. Bei weiterer Steigerung der Reizfrequenz verschmelzen die Einzelzuckungen, zu einer tetanischen Kontraktion (unvollständiger Tetanus). Bei weiter steigender Reizfrequenz fusionieren die Einzelzuckungen vollständig, die Kräfte der Einzelzuckungen summieren sich dabei und ergeben die bei der gegebenen Vordehnung maximal erreichbare **tetanische Kraft** des Muskels (vollständiger Tetanus), die in der Regel 4- bis 10mal höher ist als bei einer Einzelzuckung. Da das ZNS die α-Motoneurone im Rückenmark fast ausschließlich durch hochfrequente Erregungen steuert, sind die willkürlichen Muskelkontraktionen in vivo selten Einzelzuckungen. Einzelzuckungen treten lediglich als Antwort auf ausgelöste Dehnungsrefexe oder auf die elektrische Reizung mit Einzelimpulsen auf. Die Frequenzmodulation der Erregungen (Abb. 7.16) ist einer der Mechanismen zur Regulation der Kraftentfaltung in den Muskeln (Kap. 7.1.5).

Eine kurze Depolarisation der Muskelzellmembran ruft intrazellulär keine vollständige Entleerung der Ca^{2+}-Ionenspeicher hervor. Durch die Steigerung der Frequenz bis auf Maximalwerte erzielt man eine bis zu 60%ige Entleerung der SR-Schläuche. Damit wird im Sarcoplasma die $[Ca^{2+}]_i$ längeranhaltend erhöht (Abb. 7.10) als nach einem Einzelreiz.

Eine hochfrequente Reizung läßt dem Muskel keine Zeit für die Relaxation. Da die elastischen Elemente bereits durch den vorangegangenen Reiz angespannt sind, beginnt die nachfolgende Verkürzung auf einem höher angespannten Niveau. Dabei kommt es zu einer Summation der Einzelkräfte als tetanische Kraft. Diese Kontraktionsform wird als **Tetanus** bezeichnet. Dieser Ausdruck wird in der Medizin auch für das Krankheitsbild des Wundstarrkrampfes verwendet, bei dem Bakterientoxine die Freisetzung inhibitorischer Transmitter hemmen (Kap. 3.3.3) und damit langanhaltende Skelettmuskelkontraktionen hervorrufen. Unter Tetanie wird eine Übererregbarkeit der motorischen Neurone im ZNS verstanden. Auch dabei treten Krämpfe der Skelettmuskulatur auf. Beim Menschen und den meisten Tieren führt ein Absinken des Plasma-Ca^{2+}-Spiegels (Hypocalcämie) zur Tetanie. Dies vermindert die Bindung von Ca^{2+}-Ionen an negative Ladungen der Zellmembranaußenseite, so daß das von den Kanälen „gefühlte" Membranpotential sinkt und die potentialgesteuerten Na^{+}-Kanäle eher ihr Schwellenpotential erreichen. Bei Wiederkäuern wird die sog. Weidetetanie durch ein Absinken des Mg^{2+}-Spiegels im Plasma (Hypomagnesämie) und im Liquor cerebrospinalis hervorgerufen. Eine Verminderung der extrazellulären Mg^{2+}-Konzentration erhöht den präsynaptischen Ca^{2+}-Einstrom und damit die Transmitterfreisetzung.

- **Die Beziehung zwischen Geschwindigkeit und Kraft bei Belastung**

Bei einer isotonischen Kontraktion (Beugung oder Streckung eines Gelenks nach Anspannen des Muskels) hängt die Geschwindigkeit der Muskelverkürzung , sowohl bei Einzelreizung als auch bei tetanischer Aktivierung, von der Höhe der Belastung ab. Dabei verkürzt sich der Muskel unbelastet mit maximaler und bei steigender Belastung mit abnehmender Geschwindigkeit (Abb. 7.17). Wenn die Belastung die Hubfähigkeit des Muskels übersteigt, bleibt die Verkürzung des Muskels aus.

Die **Verkürzungsgeschwindigkeit** des Muskels ist begrenzt durch die Geschwindigkeit des Filamentgleitens in den Sarcomeren. Je schneller die Querbrücken „rudern" und ATP spalten, um so höher ist die Geschwindigkeit des Filamentgleitens. Muskelfasern in langsamen S-Einheiten der Haltemuskeln besitzen ein **Myosin**, das nur eine geringe **ATPase-Aktivität** aufweist, während die Fasern von FF-Einheiten Myosinköpfchen mit hoher ATPase -Aktivität haben und das Filamentgleiten in sehr kurzer Zeit bewerkstelligen können. Froschmuskeln (M. sarto-

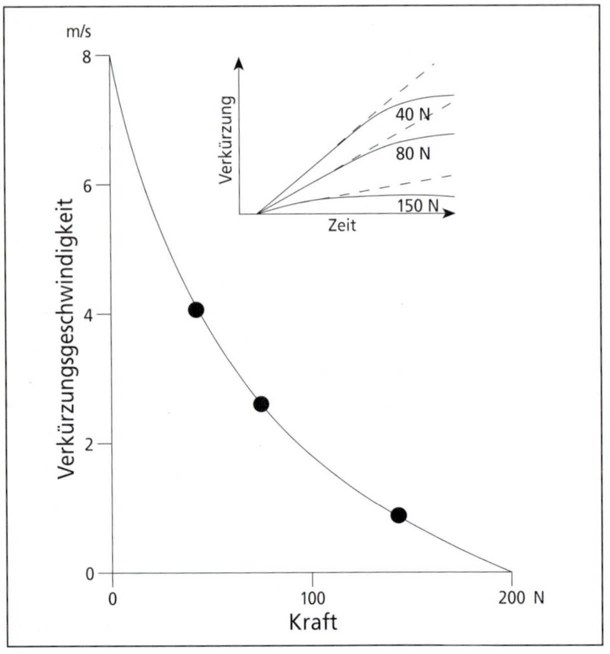

Abb. 7.17 Kraft-Geschwindigkeit-Beziehung. Der unbelastete Muskel verkürzt sich mit maximaler Geschwindigkeit. Mit zunehmender Belastung nimmt die Geschwindigkeit der Muskelverkürzung ab. Säugetiermuskeln verkürzen sich mit einer Geschwindigkeit von bis zu 8 $m \cdot s^{-1}$. Die Kontraktionsgeschwindigkeit nimmt mit zunehmender Belastung hyperbolisch ab und erreicht bei halber Belastung 1/5 (20%) des Maximalwertes (1,6 $m\,s^{-1}$). Oben rechts: Leichte Last wird schnell, schwere Last langsam angehoben (nach Wilkie, 1983).

rius) verkürzen sich mit einer Geschwindigkeit von 0,2 $m{\cdot}s^{-1}$, wobei die Sarcomere eine Verkürzung von 2 µm Länge auf 1,6 µm erfahren. Längere Säugermuskeln verkürzen sich mit einer Geschwindigkeit bis zu 8 $m{\cdot}s^{-1}$ in unbelastetem Zustand. Mit zunehmender Belastung nimmt die Kontraktionsgeschwindigkeit des Muskels hyperbolisch ab (Hillsche Kraft-Geschwindigkeit-Relation) und erreicht 1/5 des Maximalwertes (1,6 $m{\cdot}s^{-1}$) bei halber (relativer) Belastung (etwa 100 N in Abb. 7.17).

Erreicht oder überschreitet die Belastung die maximale isometrische Kraft bei einer gegebenen Vordehnung, so verkürzt sich der Muskel nicht mehr. Bei noch größerer Belastung wird der Muskel gedehnt (Bremswirkung beim Bergabgehen). Die vom Muskel aufzubringende Kontraktionskraft entspricht der Belastung. Aus der Hill-Regel kann geschlossen werden , daß (a) ein Muskel bei einer sehr schnellen Kontraktion nur eine geringe Kraft entfaltet und (b) bei hoher Belastung des Muskels die Kontraktion nur langsam erfolgt. Schwere Gegenstände können also, wenn überhaupt, nur langsam bewegt werden.

Der Muskel entfaltet die maximale Kraft bei optimaler Vordehnung. Leichte Gegenstände können schnell, schwere nur langsam bewegt werden.

7.1.7 Muskelenergetik

Die Energie für die Muskelkontraktion stammt aus der Hydrolyse des ATP. In den Muskelfasern von arbeitenden Muskeln muß das ATP über ein Recycglingsystem neugebildet werden. Die Vorräte sind äußerst gering. Die Regeneration des ATP-Spiegels im Sarcoplasma (5 mmol/l) erfolgt in roten Muskelfasern aerob auf dem Weg über die oxidative Phosphorylierung von Fettsäuren und Glucose. Das System ist im Gleichgewicht, solange der ATP-Gehalt des Sarcoplasmas 4-5 mmol/l und der Phosphokreatingehalt 20-30 mmol/l nicht unterschreiten. Für Leistungssteigerungen muß der Muskel eine temporäre Sauerstoffschuld eingehen, da er zeitweilig mehr ATP verbraucht als die ATP-Neubildung liefert. Der Wirkungsgrad des Muskels ist durch Ermüdung und durch Wärmeproduktion eingeschränkt.

- **ATP-Bildung und Substratverbrauch**

Im arbeitenden Muskel ist der ATP-Verbrauch 100 bis 1.000mal größer als im ruhenden Muskel (Kap. 22). Zu einer Dauerleistung ist der Muskel nur dann befähigt, wenn und solange zwischen der ATP-Spaltung und der ATP-Resynthese ein Fließgleichgewicht aufrechterhalten bleibt. Der O_2-Verbrauch ist im arbeitenden Muskel 50-100mal höher als in Ruhe. Für die Bildung von 1 Mol ATP werden 1/6 Mol O_2 benötigt. In der selben Größenordnung ist dabei auch die Abbaurate von Glykogen im Muskel erhöht.

Die ATP-Synthese erfolgt in roten Muskelfasern vorwiegend über aerobe, in weißen Muskelfasern über anaerobe Mechanismen. In allen Muskelfasern kann ATP aus Kreatinphosphat nachgeliefert werden.

Die Bildung von ATP aus der Reserve an energiereichen Phosphaten, im Muskel aus **Kreatinphosphat (KP)** und ADP, ist kurzfristig und schnell über die **Lohmann-Reaktion** möglich:

$$\textbf{ADP} + \textbf{KP} \leftrightarrows \textbf{ATP} + \textbf{Kreatin}$$

Der Gehalt an Kreatinphosphat (KP) fällt im Muskel solange nicht unter 30 mmol/l Sarcoplasma, bis die aerobe ATP-Synthese zur Deckung des Bedarfes ausreicht. Nach Beendigung der Muskeltätigkeit wird der Reservepool an KP durch eine Umkehr der Lohmann-Reaktion wieder aufgefüllt. Die im arbeitenden Muskel vorhandenen KP-Mengen decken den ATP-Bedarf allerdings nur für einige Kontraktionen. Der ATP-Spiegel sinkt im Sarcoplasma erst dann ab, wenn die KP-Reserven verbraucht sind.

Die wichtigste aerobe Energiequelle der roten Muskelfasern ist die oxidative Phosphorylierung von Fettsäuren und Glykosylresten aus dem Glykogen. Dieser Stoffwechselweg liefert bei einer adäquaten Durchblutung kontinuierlich, aber nur sehr langsam ATP (36 mol ATP/mol Glucose, Abb. 22.1).

Eine **schnelle ATP-Synthese** findet in den weißen Muskelfasern vor allem durch die **anaerobe** Glykolyse in der **Milchsäuregärung** statt. Dieser Stoffwechselweg erlaubt eine 2- bis 3mal schnellere Muskelarbeit (ATP-Spaltungsrate) als der oxidative Weg in den roten Fasern, doch ist der Nettogewinn an ATP in diesem Stoffwechselweg sehr gering (2 mol ATP/ mol Glucose, oder 3 mol ATP/ mol Glucose-6-phosphat); es fällt dabei Lactat in beträchtlichen Konzentrationen an. Die hohe ATP-Syntheserate kann in diesem anaeroben Stoffwechselweg **nur für eine kurze Dauer** (Kap. 22) aufrechterhalten werden. Für eine Dauerleistung des Muskels ist eine ATP-Synthese über die oxidative Phosphorylierung erforderlich. Dieser Weg setzt eine ausreichende Anlieferung von O_2 an die Muskelfasern, eine gute Durchblutung des Muskels und das Vorhandensein von Mitochondrien in ausreichender Anzahl voraus. Nach Überwindung des „toten Punktes" wird im arbeitenden Muskel, ein Fließgleichgewicht zwischen ATP-Spaltung und ATP-Synthese erreicht.

- **Muskelermüdung**

Wenn für die Muskelarbeit vermehrt anaerobe Energie herangezogen wird, tritt eine **periphere Ermüdung** der Muskeln ein: eine reversible Abnahme der Kontraktionskraft und eine Reduktion der Geschwindigkeit sowohl der Kontraktion als auch insbesondere der Relaxation. Durch ein Absinken des pH-Wertes im Sarcoplasma wird der Querbrückenzyklus in den Sarcomeren gehemmt (Kap. 22). Die Verarmung des Muskels an energiereichen Phosphaten führt zur verlangsamten Relaxation, zu Kontraktionsrückständen und gelegentlich auch zu einer Kontraktur. Sie läßt sich bei guter Muskeldurchblutung durch O_2-Zufuhr beheben.

Bei Überforderung der Leistungsfähigkeit des Tieres tritt eine **zentrale Ermüdung** ein, die über Veränderungen im ZNS zu Bewegungs-und Koordinationsstörungen führt. Dabei werden die Endplattenpotentiale in den Muskeln vielfach unterschwellig.

- **„Muskelkater"**

Ungewohnte Kraft-und Dauerleistungen mit Überschreiten der Belastungsgrenze können zum „Muskelkater" führen. Dabei treten in den Muskeln Schmerzen auf, die bis zu 72 Stunden nach der Muskelarbeit ihr Maximum erreichen. Licht und elektronenmikroskopisch wurden **Mikrotraumen** an Myofibrillen, am Sarcolemm von Muskelfasern und im Bindegewebe des Muskels beobachtet. Die Anhäufung von Milchsäure ist offensichtlich nicht die Ursache des Muskelkaters.

Die **Defekte** am Sarcolemm führen zu Ca^{2+}-Ionen-Influxen, die **lokale Hyperkontraktionen** auslösen. K^+-Ionen und „muskelspezifische Enzyme" wie **Kreatinkinase** gelangen vermehrt in die extrazelluäre Flüssigkeit. Im Interstitium wurden lokale Wundheilungsprozesse, Makrophagen und Mastzellen beobachtet. Histamin, Kinine, Prostaglandine und K^+-Ionen erregen im Interstitium die Nozizeptoren.

Bei extremer Muskelbeanspruchung kann bereits bei Muskelgesunden eine **Myoglobinurie** auftreten. Einzelfasernekrosen (Rhabdomyelosen) führen zur erhöhten Permeabilität des Sarcolemms für Myoglobin (MG 17000), Kreatinkinase, Glykogen, K^+ und Kreatin. Eine akute Muskelschädigung führt in etwa 24 Stunden zur Myoglobinurie. Übermäßige Konzentrationen von Myoglobin im Blut erhöhen die Gefahr einer tubulären Insuffizienz der Niere.

7.1.8 Wärmeproduktion bei der Muskelkontraktion

Maximal ein Drittel der umgesetzten chemischen Energie wird im Muskel direkt in mechnische Arbeit umgewandelt. Der Durchschnittswert für den **Wirkungsgrad** oder Nutzeffekt des Muskels beträgt 25%. Bei einer isometrischen Kontraktion, bei der keine äußerlich erkennbare Arbeit geleistet wird, ist der Wirkungsgrad gleich Null. Der Rest der chemischen Energie wird bei der Muskelarbeit in Wärme umgewandelt: unmittelbar nach der Erregung (**Aktivierungswärme**), während der Relaxation (**Erschlaffungswärme**) und nach Beendigung der Muskeltätigkeit beim Auffüllen der Energiespeicher (**Erholungwärme**). Energieaufwendige Erholungsprozesse, wie z.B. der Antrieb der Ionenpumpen und die oxidative Regeneration von ATP, sind mit einer beträchtlichen Wärmeproduktion verbunden. Je höher die Arbeitsleistung, um so höher ist die Wärmeproduktion. Die Hydrolyse von 1 Mol ATP liefert im Muskel 48 kJ (12 kcal). Davon werden bei einer 30%igen Nutzung etwa 14 kJ für die Muskelarbeit und 34 kJ für die Wärmebildung verwendet. Der Organismus von Warmblütern nutzt Muskelkontraktionen (z.B. Kältezittern) auch zur Aufrechterhaltung der Körpertemperatur (Kap. 21.4).

7.1.9 Anpassung der Muskelleistung an funktionelle Anforderungen

Die Leistungsfähigkeit der Muskulatur wird durch eine Erhöhung bzw. Reduzierung des Muskelquerschnittes (Hypertrophie bzw. Atrophie) an veränderte funktionelle Anforderungen angepaßt. Die Anpassung wird **neuronal** über Aktivierung bzw. Inaktivierung der motorischen Einheiten und **hormonal** durch Förderung oder Hemmung der Proteinsynthese in den Muskelfasern reguliert.

7.1.9.1 Hypertrophie

Durch häufige, wiederholte Belastung eines Muskels (**Training**) kommt es zu einer Zunahme des Muskelquerschnittes ohne Veränderung der Faserzahl. In austrainierten Muskeln bleibt die Zellzahl unverändert, doch nimmt die Dicke der vorhandenen Muskelfasern zu. In den Muskelfasern werden durch Training die Dichte, die Anzahl und die Länge der **Myofibrillen** durch eine Steigerung der Proteinsynthese erhöht. Eiweißreiche Ernährung und eine regelmäßige mehrmalige Bewegung des Muskels bis zu 50% seiner Maximalkraft täglich (Krafttraining) sind die Voraussetzungen einer Hypertrophie. **Anabol** wirksame Hormone wie **Insulin**, **Testosteron** und Somatomedin (**IGF-1**) fördern den Aufbau von Glykogen und die Proteinsynthese in den Muskelzellen. Eine trainingsbedingte Zunahme der Zellzahl in den Muskeln (Hyperplasie) findet nicht statt. Es steigen aber die aerobe Kapazität und der Mitochondriengehalt der Muskelfasern.

7.1.9.2 Atrophie

Durch Inaktivität eines Muskels (Gipsverband, Nervenlähmung) werden sein Querschnitt und sein Proteingehalt allmählich reduziert. Die Verkleinerung des Muskelquerschnittes führt zu einer erheblichen Leistungsminderung des Muskels, obwohl die maximale Kraftentwicklung pro cm^2 Querschnittsfläche nicht reduziert wird. Einige Wochen nach Immobilisierung einer Gliedmaße wird die Atrophie der Muskeln sehr deutlich ausgeprägt. Sie kann durch regelmäßige willkürliche oder durch elektrische Reizung der Muskeln täglich für einige Sekunden teilweise verhindert werden.

Katabol wirkende Hormone wie **Glucocorticoide** (Cortisol) führen über eine Hemmung der Proteinsynthese zu einer zusätzlichen Abnahme der Muskelmasse. **Thyroxin** aktiviert die Na^+/K^+-ATPase des Sarcolemms und verbraucht dabei sarcoplasmatisches ATP. Bei Hyperthyreose kommt es deshalb zu einer Verarmung der Muskeln an ATP, zur Muskelschwäche und schnelleren Ermüdung der Muskeln. Die Relaxation der Muskeln ist dabei infolge einer verzögerten Repolarisation der Muskelzellmembranen verlangsamt. **Interleukin-1**, aus Makrophagen bei fieberhaften Erkrankungen freigesetzt, kann zur Proteolyse in den Muskeln führen.

7.1.10 Zusammenfassung

Der Skelettmuskel stellt eine bindegewebige Verbindung einer Vielzahl motorischer Einheiten dar (**Multi unit** Typ), die in ihrer Kontraktilität, Erregbarkeit, Erregungsleitungsfähigkeit und in ihrem Ermüdungsverhalten jeweils unterschiedliche Eigenschaften aufweisen. Im Sarcoplasma der länglichen Muskelzellen (Muskelfasern) sind die kontraktilen Proteine Myosin und Actin in „Myofibrillen" eingelagert. Sie sind als dicke und dünne Filamente in hintereinander geschalteten Sarcomeren angeordnet. Die Verkürzung der Sarcomere kommt durch ein Vorbeigleiten der dünnen Filamente an den dicken Filamenten in Richtung Sarcomermitte von beiden Seiten aus zustande. Die Querbrückenbildung zwischen Myosinköpfchen und benachbarten Actinfilamenten wird durch intrazelluläre Ca^{2+}-Signale, $[Ca^{2+}]_i$-Peaks sowie durch Ca-Bindung an Troponin C ausgelöst. Die Querbrücken werden durch ATP-Spaltung bei Mg^{2+}-Anwesenheit gelöst. Die Anzahl der aktiven Querbrücken bestimmt die Höhe der Kraftentfaltung einer Muskelfaser. Die Kraftentfaltung eines Muskels wird 1. durch willkürliche motorische Rekrutierung variabler Anteile seines Motoneuronen-Pools, 2. durch die Frequenz der erregenden Aktionspotentiale (Frequenzmodulation) und 3. durch Veränderungen der Vordehnung über die motorische γ-Schleife reguliert. Die Energie für die Muskelkontraktion stammt aus der ATP-Hydrolyse. Die Re-Synthese von ATP findet in roten Muskelfasern langsam und vor allem aerob über die oxidative Phosphorylierung von Fettsäuren und von Glykosylresten aus dem Glykogen, in den weißen Muskelfasern dagegen schnell und anaerob über die Glykolyse in der Milchsäuregärung statt. Über 70% der chemischen Energie wird im Muskel in Wärme umgewandelt. Die Leistungsfähigkeit eines Muskels wird entsprechend den Anforderungen neuronal und hormonal reguliert.

7.2 Glatte Muskulatur

H. J. Ehrlein

Die glatte Muskulatur der inneren Organe unterscheidet sich sowohl in morphologischer Hinsicht als auch durch besondere elektrische Eigenschaften von der Skelettmuskulatur. Da die Muskelzellen im Gegensatz zu den Skelettmuskelfasern lichtmikroskopisch keine Querstreifung aufweisen, werden sie als glatte Muskelzellen bezeichnet.

7.2.1 Struktur glatter Muskelzellen

Die glatten Muskelzellen sind mikroskopisch kleine, spindelförmige Zellen (Länge 50-500 µm, Durchmesser 5-10 µm). Sie enthalten als kontraktile Elemente, wie die Skelettmuskulatur, Actin- und Myo-

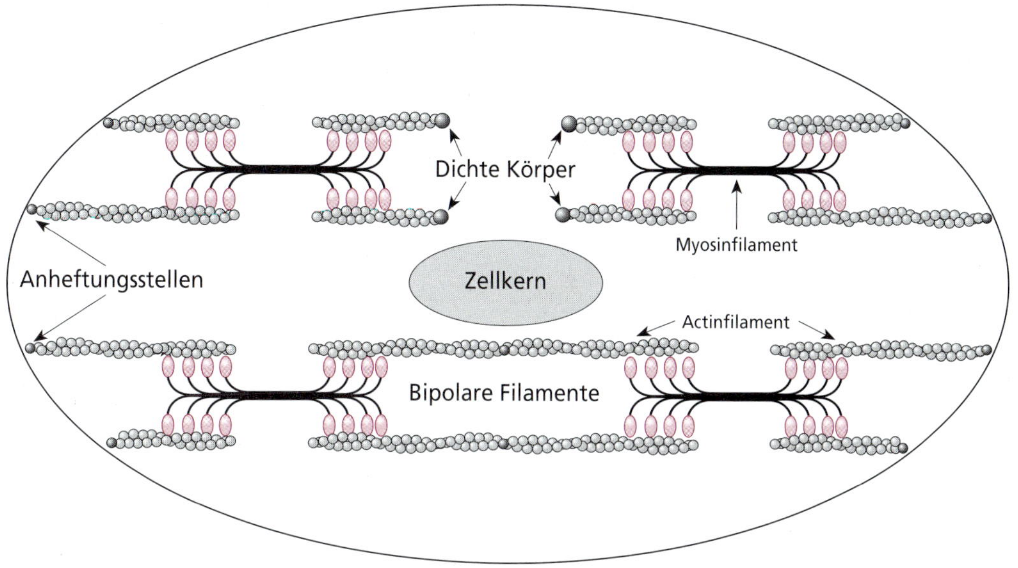

Abb. 7.18 Struktur der glatten Muskelzelle mit Actin- und Myosinfilamenten. Die Actinfilamente sind entweder bipolar oder an sog. dichten Körpern angeheftet. Die Anordnung der Filamente ermöglicht eine große Verschiebung und Längenänderung der Zelle.

sinfilamente, die jedoch nicht in Sarcomeren angeordnet und nur unter bestimmten Voraussetzungen histologisch nachweisbar sind. Die Actinfilamente sind vorwiegend in der Längsrichtung der spindelförmigen Zellen ausgerichtet. Sie haben Anheftungsstellen an der Zellmembran, besonders im Bereich der gegenüberliegenden Pole der Zelle (Abb. 7.18).

Ob innerhalb der Zelle zusätzliche Anheftungspunkte in Form von sog. **dichten Körpern** vorhanden sind, ist umstritten. Möglicherweise handelt es sich dabei um verdichtete Strukturen infolge der histologischen Präparation. Als Alternative wird angenommen, daß die Actinfilamente bipolare Verbindungen zu den Myosinfilamenten besitzen, so daß sie innerhalb der Zelle keine zusätzlichen Anheftungspunkte benötigen. Der Kontraktionsmechanismus von glatten Muskelzellen ist weniger untersucht worden als der der Skelettmuskulatur. Es ist jedoch davon auszugehen, daß die Kontraktion ebenfalls durch Verschiebung der Actin- und Myosinfilamente zustande kommt. Durch eine große Verschiebbarkeit der Filamente und eine Formveränderung der Zellen von der Spindel- in die Kugelform besitzen glatte Muskelzellen die Fähigkeit zu einer großen Längenänderung.

7.2.2 Funktionelle Klassifizierung glatter Muskelzellen

Die glatte Muskulatur der inneren Organe wird vom vegetativen Nervensystem innerviert. Nach der Art der Innervation und der Verbindung der Muskelzellen untereinander kann man zwei Typen von glatten Muskelzellen unterscheiden: Muskelzellen vom **Single-unit-Typ** und Muskelzellen vom **Multi-unit-Typ** (Abb. 7.19).

Die glatten Muskelzellen vom **Single-unit-Typ** sind zu einem Zellverband zusammengelagert und durch enge Kontaktstellen der Zellmembranen, sog. **gap junctions**, miteinander verbunden (Abb. 7.19). Über diese Kontaktstellen können elektrische Potentiale von Zelle zu Zelle weitergeleitet werden. Diesen Muskeltyp findet man im Magen-Darm-Kanal und im Urogenitaltrakt. Das Muskelgewebe wird meist durch myogene Schrittmacher erregt und zeigt Spontanaktivität. Die myogene Aktivität wird durch die neurale Innervation nur moduliert. Da elektrische Signale innerhalb des Zellverbandes weitergeleitet werden können, genügt es, daß eine begrenzte Zahl von Muskelzellen durch die Überträgerstoffe des vegetativen Nervensystems beeinflußt wird (Abb. 7.19).

Die glatten Muskelzellen vom **Multi-unit-Typ** bilden keine großen Zellverbände, sondern es sind nur wenige Muskelzellen zusammengelagert und durch gap junctions miteinander verbunden. Daher wird nahezu jede Muskelzelle, ähnlich wie bei der Skelettmuskulatur, von einer Nervenfaser versorgt. Die glatten Muskelzellen dieses Typs zeigen keine Spontanaktivität, sondern sie sind von der neuralen Innervation abhängig. Glatte Muskelzellen vom Multi-unit-Typ sind an den inneren Augenmuskeln, in den Atemwegen, in Blutgefäßen und an Haarfollikeln der Haut anzutreffen.

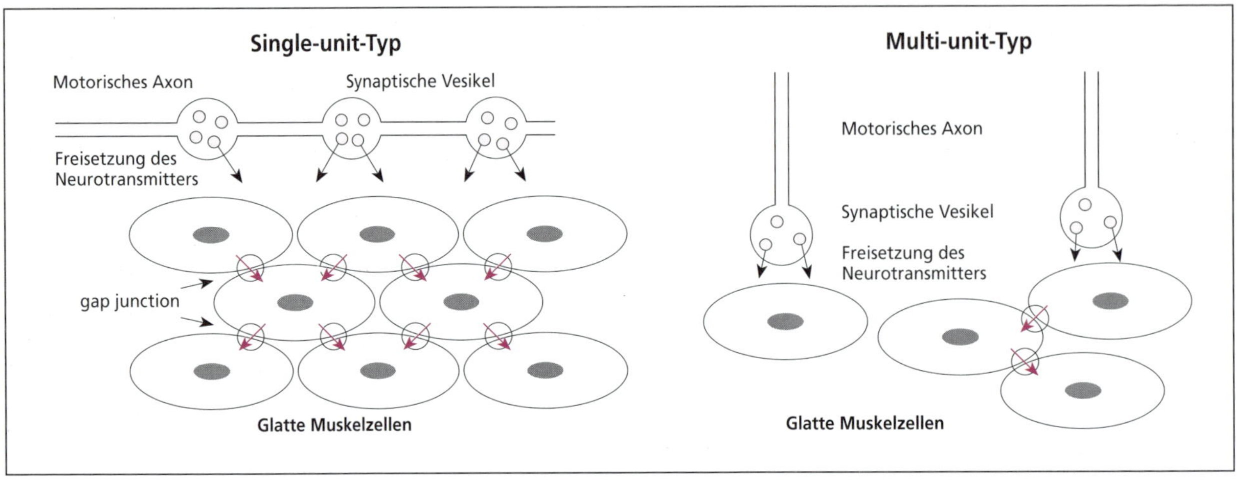

Abb. 7.19 Die glatte Muskulatur kann in zwei Typen unterteilt werden: Muskelzellen vom Single unit-Typ und vom Multi-unit-Typ. Die roten Pfeile stellen die Weiterleitung von Potentialen dar.

Der Sympathikus und der Parasympathikus wirken an glatten Muskelzellen verschiedener Organe unterschiedlich. Außerdem spielen zum Teil Hormone bei der Steuerung der Kontraktionen eine Rolle. Dies wird in den Kapiteln Kreislauf (Kap. 9.4.2) und Innervation des Magen-Darm-Kanals (Kap. 15.2) beschrieben.

Glatte Muskelzellen sind durch enge Kontaktstellen miteinander verbunden und zu einem Zellverband zusammengelagert.

7.2.3 Elektrische Eigenschaften der glatten Muskulatur

Die glatten Muskelzellen haben im Gegensatz zur Skelettmuskulatur nur gering ausgeprägte intrazelluläre Calciumspeicher. Aus diesem Grund sind sie zur Auslösung der elektromechanischen Kopplung auf einen Calciumeinstrom aus dem Extrazellularraum angewiesen. Glatte Muskelzellen vom Single-unit-Typ haben zwei Arten von Calciumkanälen: chemisch gesteuerte und elektrisch gesteuerte, d.h. potentialgesteuerte Kanäle. Als stimulierender Überträgerstoff wirkt an den glatten Muskelzellen des Magen-Darm-Kanals vor allem Acetylcholin (ACh). Die Bindung von ACh an den Rezeptor der Muskelzelle bewirkt eine Öffnung von chemisch gesteuerten Calciumkanälen, so daß extrazelluläres Calcium in die Zelle einströmt (Abb. 7.20). Der Calciumeinstrom ist mit einer Depolarisation der Zellmembran verbunden. Diese Depolarisation führt wiederum zur Öffnung von potentialgesteuerten Calciumkanälen. Die Depolarisation wird über gap junctions auf benachbarte Muskelzellen übertragen und somit innerhalb des Muskelgewebes fortgeleitet (Abb. 7.19, Abb. 7.20). Glatte Muskelzellen vom Multi-unit-Typ haben dagegen vorwiegend chemisch gesteuerte (rezeptorgesteuerte) Calciumkanäle. Ihre Aktivität wird daher in besonderem Maße durch das vegetative Nervensystem über die Freisetzung von Neurotransmittern gesteuert.

Die glatten Muskelzellen des Magen-Darm-Kanals können nach ihren elektrischen und mechanischen Eigenschaften in sog. **tonische** und **phasische Zellen** differenziert werden. Muskelzellen mit tonischen Eigenschaften erzeugen lang anhaltende, sog. tonische Kontraktionen, während Muskelzellen mit phasischen Eigenschaften durch kurze Kontraktionen mit anschließender Erschlaffung gekennzeichnet sind. Tonische glatte Muskelzellen haben, wie andere Zellen des Körpers, ein konstantes elektrisches Ruhepotential. Phasische glatte Muskelzellen haben dagegen kein gleichbleibendes Ruhepotential, sondern das Ruhepotential zeigt langsame rhythmische Schwankungen, die aufgrund des langsamen Verlaufs als **langsame Wellen (slow waves)**

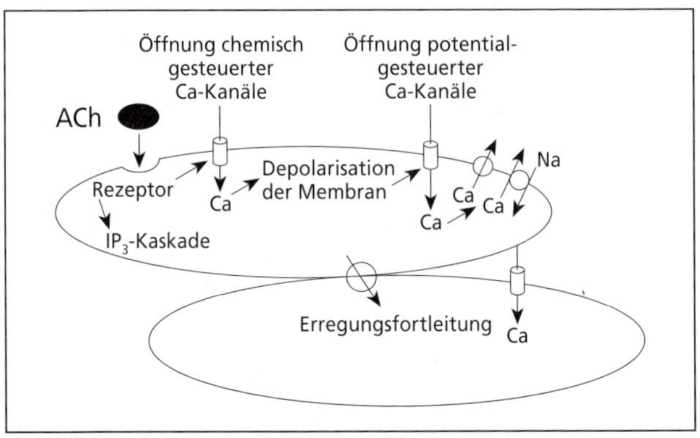

Abb. 7.20 Vorgang der elektromechanischen Kopplung. Glatte Muskelzellen haben chemisch gesteuerte und potentialgesteuerte Calciumkanäle. Die Erregungsleitung von Muskelzelle zu Muskelzelle erfolgt über gap junctions. IP_3: Inositoltriphosphat

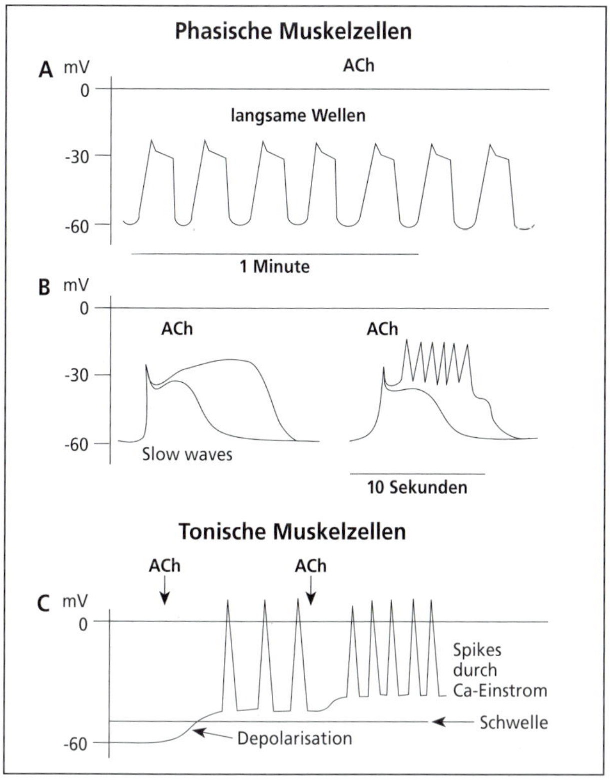

Abb. 7.21 A Glatte Muskelzellen mit phasischen Eigenschaften erzeugen langsame elektrische Wellen, die durch eine schnelle Depolarisation mit einer Plateauphase gekennzeichnet sind.
B Bei Erregung der Muskulatur durch ACh tritt entweder eine Verbreiterung und Erhöhung der Plateauphase oder Spikebildung ein.
C Eine Erregung von tonischen glatten Muskelzellen führt zur Spikebildung. Die Spikefrequenz hängt von der Stärke der Depolarisation ab.

bezeichnet werden (Abb. 7.21). Sie haben auch die Bezeichnungen **Schrittmacherpotentiale**, da sie die maxiamle Frequenz der Muskelkontraktionen bestimmen, **basaler elektrischer Rhythmus**, da sie einen elektrischen Grundrhythmus darstellen, oder **elektrische Kontrollaktivität**, da sie die Kontraktionen steuern.

Die Ursache dieser langsamen Wellen wurde ursprünglich auf einen rhythmischen Einstrom von Natrium zurückgeführt. Nach neuen Erkenntnissen beruhen die langsamen Wellen im wesentlichen auf einem Calciumeinstrom. Die Erscheinungsform der langsamen Wellen ist zum Teil gewebeabhängig. Im Magen-Darm-Kanal sind die langsamen Wellen durch eine schnelle Depolarisation von 20-30 mV mit einer anschließenden Plateauphase gekennzeichnet (Abb. 7.21). Die elektrischen Wellen der phasischen glatten Muskelzellen sind immer vorhanden, auch bei erschlaffter Muskulatur, d.h., die langsamen Potentialschwankungen führen selbst noch nicht zu Kontraktionen. Werden phasische oder tonische glatte Muskelzellen durch Acetylcholin erregt, werden chemisch gesteuerte Calciumkanäle geöffnet (Abb. 7.20). Durch den extrazellulären Calciumeinstrom tritt eine Zunahme der Depolarisation ein. Hierdurch werden zusätzliche potentialgesteuerte Calciumkanäle geöffnet (Abb. 7.20), die entweder anhaltend offen bleiben oder kurzzeitig öffnen und schließen. Ein lang anhaltender Calciumeinstrom führt zu einer Erhöhung und Verbreiterung der Plateauphase der slow waves, während durch kurzzeitiges Öffnen und Schließen der Kanäle in der Plateauphase Salven von Spikes eintreten (Abb. 7.21B). Die Erhöhung und Verbreiterung der Plateauphase bzw. die Zahl der Spikes stehen dabei in einem proportionalen Zusammenhang zur Kontraktionsstärke. Bei tonischen glatten Muskeln kann der Calciumeinstrom ebenfalls rhythmisch erfolgen und mit einer Spikebildung verbunden sein (Abb. 7.21C), oder er kann anhaltend sein und ohne Spikebildung verlaufen. Das in die Muskelzelle eingeströmte Calcium wird durch Calcium-Transporter (eine Calcium-ATPase und einen Calcium-Natrium-Austauscher) wieder aus der Zelle heraustransportiert (Abb. 7.20).

Glatte Muskelzellen können tonische und phasische Eigenschaften haben. Phasische Muskelzellen erzeugen langsame elektrische Wellen (slow waves), die Schrittmacherfunktion haben.

Wie zuvor beschrieben, sind die glatten Muskelzellen zur Auslösung der elektromechanischen Kopplung auf einen extrazellulären Calciumeinstrom angewiesen. Die Bindung des Überträgerstoffes ACh an einen Rezeptor der Muskelzelle ruft jedoch nicht nur einen Calciumeinstrom aus dem Extrazellularraum hervor, sondern die Überträgerstoff-Rezeptor-Bindung löst gleichzeitig eine IP_3-Kaskade in der Muskelzelle aus, welche ihrerseits Calcium aus den Speichern des sarcoplasmatischen Reticulums freisetzt (Abb. 7.22). Das von außen eingeströmte und intrazellulär freigesetzte Calcium bindet an ein Protein namens Calmodulin. Der Calcium-Calmodulinkomplex beeinflußt sowohl das Myosin als auch das Actin. Es wird ein zelluläres Enzym – die Myosinleichtkettenkinase – aktiviert, welches ATP spaltet und leichte Peptidketten des Myosinkopfes (siehe Skelettmuskulatur) phosphoryliert (Abb. 7.22 und Abb. 7.23) Die Myosinbindungsstelle des Actinmoleküls wird durch das Hemmprotein **Caldesmon** blockiert (Abb. 7.23). Der Calcium-Calmodulin-Komplex aktiviert eine Proteinkinase. Hierdurch wird Caldesmon phosphoryliert und bindet an den Calcium-Calmodulin-komplex. Das Caldesmon gibt nun die Myosin-Bindungsstelle des Actinmoleküls frei, so daß Myo-

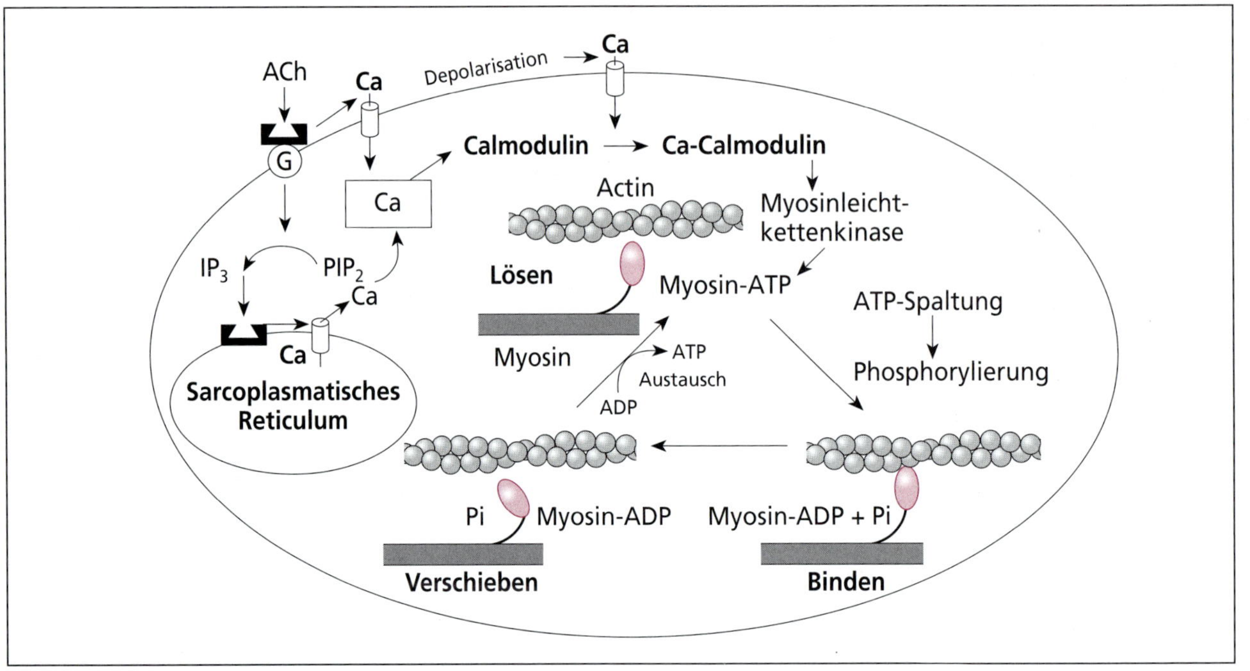

Abb. 7.22 Kontraktionsauslösender Mechanismus durch Calcium. Calcium bindet in der Muskelzelle an Calmodulin. Der Komplex aktiviert Kinasen, die ATP spalten und einerseits Myosin, andererseits den Hemmstoff Caldesmon phosphorylieren. Hierdurch wird der Bindungsort des Actins freigegeben. Es tritt eine Bindung zwischen Actin und Myosin ein. Durch Abknicken des Myosinkopfes verschiebt sich das Myosin- gegen das Actinfilament. Nach Austausch von ADP gegen ATP lösen sich die Filamente, so daß eine erneute Bindung des Myosinkopfes mit einem benachbarten Actinmolekül des Actinfilamentes eintreten kann. Der Kontraktionsmechanismus besteht somit – wie beim Skelettmuskel – aus einem zyklischen Binden, Verschieben und Lösen der Filamente.

sin an Actin binden kann und der Kontraktionsmechanismus in Gang gesetzt wird (Abb. 7.22, 7.23). Das Caldesmon des glatten Muskels entspricht in seiner Wirkung dem Tropomyosin des Skelettmuskels. Da bei phasischen glatten Muskelzellen der Calciumeinstrom und die intrazelluläre Calciumfreisetzung an die langsamen Wellen gebunden sind, bestimmen die langsamen Wellen der Muskelzellen die maximale Frequenz und die Ausbreitungsgeschwindigkeit von Kontraktionen.

Glatte Muskelzellen haben geringe Calciumspeicher und sind auf einen Calciumeinstrom angewiesen. Der Kontraktionsmechanismus wird durch den Hemmstoff **Caldesmon** gehemmt.

7.2.4 Mechanische Eigenschaften der glatten Muskulatur

Die mechanischen Eigenschaften der glatten Muskelzellen unterscheiden sich in zwei Eigenschaften von denen der Skelettmuskulatur. Die Kontraktionen der glatten Muskulatur sind wesentlich langsamer, und die glatte Muskulatur hat eine wesentlich größere Dehnbarkeit als Skelettmuskelfasern. Dies beruht einerseits darauf, daß die fehlende Strukturierung der kontraktilen Elemente in Sarcomere eine größere Verschiebung zwischen Actin- und Myosinfilamenten ermöglicht. Zum anderen tritt bei Kontraktion und Erschlaffung eine Formveränderung der Muskelzellen von der Spindel- in die Kugelform und umgekehrt ein. Hierdurch ist eine zusätzliche Längenänderung der Muskelzellen gegeben. Die große Längenänderung der Muskulatur von Hohlorganen wie Magen oder Blase ist wichtig, damit sie als Speicher wirken und Inhalt aufnehmen und entleeren können.

Durch eine große Verschiebbarkeit zwischen Actin- und Myosinfilamenten und durch die Spindelform besitzen glatte Muskelzellen die Fähigkeit zu einer großen Längenänderung.

7.3 Vergleich zwischen glatter Muskulatur, Herz- und Skelettmuskulatur

L. Szentkuti

Alle Muskelzellen besitzen die Fähigkeit, die chemische Bindungsenergie aus dem ATP in mechanische Energie und Wärmeenergie umzuwandeln. Die funktionelle Spezialisierung auf verschiedene Auf-

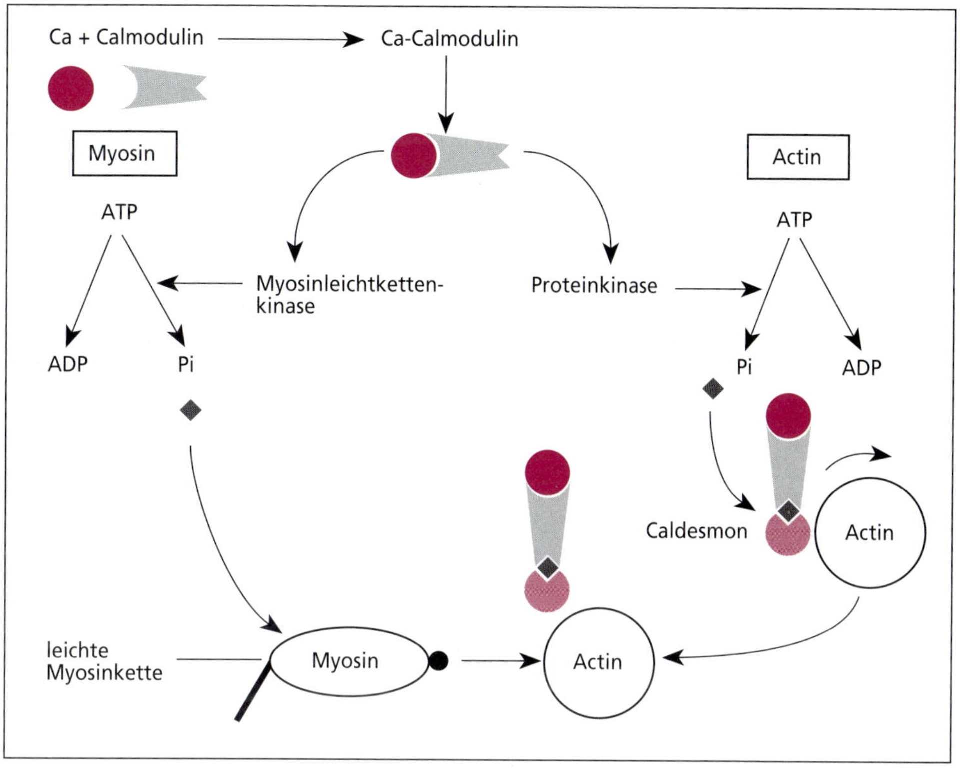

Abb. 7.23 Wirkung von Ca-Calmodulin. Es phosphoryliert zum einen die Myosinleichtkettenkinase, zum anderen den Hemmstoff Caldesmon, der die Myosinbindungsstelle des Actinmoleküls blockiert. Die Bindungsstelle wird freigegeben, und es tritt die Bindung zwischen Myosin und Actin ein.

gaben führt zwangsläufig auch zu einer strukturellen Differenzierung.

7.3.1 Strukturelle Unterschiede

Anatomisch werden die Muskeln in **glatte** und **quergestreifte** (Herz- und Skelettmuskel) eingeteilt, basierend auf dem Fehlen oder Vorhandensein einer hochgradig organisierten, systematischen Anordnung der kontraktilen Proteine Actin und Myosin im Sarcoplasma der Zellen (Myofibrillen). In einer Skelettmuskelfaser liegen die quergestreiften Myofibrillen streng geordnet nebeneinander.

Im **Skelettmuskel** sind die längszylindrischen Fasern keine Einzelzellen, sondern stellen **Plasmodien** dar, die als Resultat von Zellwachstum und Kernteilung ohne Zellteilung im Embryonal-, Fetal- oder Perinatalstadium entstanden sind. Pro Faser sind viele (bis zu 100) Kerne peripher unter dem Sarcolemm angeordnet und lassen den Raum im Zellinneren für den kontraktilen Apparat, die Myofibrillen, frei.

Glatte Muskelzellen sind klein, spindelförmig mit einem zentral liegenden Kern und enthalten keine Myofibrillen. Als Äquivalente für die Z-Scheiben der Myofibrillen weisen die kleinen, einkernigen Zellen des glatten Muskels mehrere Anheftungspunkte am Cytoskelett für die dünnen Filamente auf, sog. dichte Körper (dense bodies, dense areas); eventuell sind diese aber Kunstprodukte bei der Fixierung. Intermediäre Filamente aus Polymeren des Proteins **Desmin** sollen die dichten Körper der glatten Muskelzellen zu einem Netzwerk des Cytoskeletts verbinden und ermöglichen die Interaktion zwischen dünnen (7 nm) und dicken (15 nm) Filamenten.

Die **Herzmuskelzellen** sind kurz (100-150 µm), quergestreift, mitochondrienreich, mit meist nur einem zentral gelegenen Kern, begrenzt von einem oder mehreren Glanzstreifen, in denen sich elektrisch gut leitende Verbindungen zu den Nachbarzellen, sog. **Nexus (gap junctions)** befinden (Tab. 7.1).

7.3.2 Unterschiede in der Art der Innervation

Glatte Muskulatur ist entweder vom **Single-unit-Typ** (Gastrointestinaltrakt, Blase, Uterus) oder vom **Multi-unit-Typ** (Blutgefäße, Bronchien, Iris). Beim Single-unit-Typ sind die glatten Muskelzellen über gap junctions zu größeren Gruppen zusammengefaßt. Beim Multi-unit-Typ sind keine oder nur wenige Nexus zwischen den Muskelzellen vorhanden, und die Zellen sind auf eine Innervation durch vegetative Nerven angewiesen (Abb. 7.19). Der **Herzmuskel** stellt eine einzelne motorische Einheit (Single-unit-Typ) dar. Die Erregung breitet sich im Herzen von Zelle zu Zelle über „Glanzstreifen" aus und erreicht das gesamte Herz als **„funktionelles Syncytium"**.

In den Skelettmuskeln können willkürliche Kontraktionen nur bei intakter Verbindung der Muskel-

Tabelle 7.1 Struktureller Vergleich zwischen glatter Muskulatur, Herzmuskel- und Skelettmuskulatur

Parameter	Glatte Muskulatur	Herzmuskel	Skelettmuskulatur
Zellform	spindelförmig	längszylindrisch (kurz)	längszylindrisch (kurz bis lang)
Länge [μm]	50-500	100-150	100 – 10^6
Anzahl der Kerne pro Zelle	1	1	bis 100
Lage des (der) Kerns(e)	zentral	zentral	peripher
Mitochondrien	wenige	viele	wenige bis viele (je nach Fasertyp)
Sarcoplasmatisches Reticulum	wenig entwickelt	mäßig entwickelt	stark entwickelt
Schrittmacherzellen	vorhanden (langsam)	vorhanden (schnell)	fehlen
Motorische Endplatte	fehlt	fehlt	vorhanden
Nexus	vorhanden im Darm (single unit), fehlen weitgehend in Gefäßwänden, Iris (multi unit)	vorhanden (Syncytium)	keine (multi unit)

fasern mit den motorischen Zentren des ZNS ausgelöst werden. Ein **Skelettmuskel** besteht aus einer Vielzahl motorischer Einheiten (**Multi-unit-Typ**). Das Axon eines α-Motoneurons spaltet sich im Muskel auf, bildet einen terminalen Axonbaum und innerviert mononeuronal, d.h. jeweils nur über eine einzige motorische Endplatte, eine bestimmte Anzahl (5-200) Muskelfasern. Durch die Aufspaltung der motorischen Nervenfaser faßt ein α-Motoneuron mehrere Muskelfasern in einem Muskel zu einer **motorischen Einheit** zusammen. Elektrisch leitende Membranverbindungen (Nexus) zu benachbarten Muskelfasern gibt es im Skelettmuskel nicht. Ein Skelettmuskel besteht aus so vielen motorischen Einheiten, wie α-Motoneurone an dauerhaften Nerv-Muskel-Verbindungen hergestellt haben.

7.3.3 Funktionelle Unterschiede

• **Erregbarkeit**

Die Höhe des an den Zellmembranen aufgebauten Ruhepotentials ist im **glatten Muskel** wesentlich niedriger als im Herz- und im Skelettmuskel (Tab. 7.2). Es liegt nur zwischen -40 und -60 mV und ist oft nicht stabil, sondern zeigt sog. langsame Wellen (slow waves), d.h. es ändert sich oft wellenförmig mit niedriger Frequenz (5-15/min) um einige (10-30) mV. Daneben zeigt es plötzliche, kurze überschwellige Depolarisationen, sog. „Spike"-Salven. Man beobachtet im glatten Muskel auch langandauernde (50-100 ms) Aktionspotentiale mit einem ausgeprägten Plateau wie in Herzmuskelzellen.

Glatte Muskelzellen vom Single-unit-Typ sind sehr empfindlich auf Dehnungsreize, die sie mit einer Depolarisation ihrer Membran beantworten. Sie werden nicht neuronal gestartet. In einer Gruppe von glatten Muskelzellen (Bündel) haben die langsamen Potentialschwankungen der Zellen (slow waves) eine identische Frequenz. Da benachbarte Bündel im Single unit über Nexus miteinander verbunden sind, wird die Frequenz von schnell entladenden Bündeln (Schrittmacher) auf benachbarte langsamere Bündel mit geringerer Frequenz übertragen. Eine Hyperpolarisation der Zellmembranen führt zu einer Abflachung der slow waves, zur Abnahme des Muskeltonus im Magen-Darm-Trakt, macht die Zellen wenig oder nicht erregbar und verursacht schließlich eine Lähmung (Atonie).

Die Spannung der aus vielen Einheiten bestehenden Gefäßmuskulatur (Multi-unit-Typ) wird über die Erhöhung bzw. Absenkung der Konzentration von **Überträgerstoffen** der vegetativen Neurone ohne wesentliche Veränderung des Membranpotentials reguliert („pharmakomechanische Kopplung"). Wie im Herzmuskel, aber im Gegensatz zum Skelettmuskel, befinden sich die Rezeptoren für die Transmitter am gesamten Sarcolemm der glatten Muskelzellen. Sie erhöhen über den „second messenger" Inositoltriphosphat (IP_3) die intrazelluläre Konzentration freier Ca^{2+}-Ionen.

Die **Herzmuskelzelle** des Arbeitsmyocards zeigt in der Diastole ein stabiles Ruhepotential zwischen -85 und -90 mV (innen negativ), während das Potential der primären Schrittmacherzellen nur bei -60 bis -70 mV liegt. Diese Zellen senken durch spontane diastolische Depolarisation (Präpotential) das Membranpotential in rhythmischen Zeitabständen bis zum Schwellenpotential von ca. -50 mV und depolarisieren dadurch die Zellmembran.

Das Aktionspotential der Herzmuskelzellen ist sehr lang (je nach Schlagfrequenz mehrere Hundert ms). Ausgelöst wird es durch einen lawinenartigen Einstrom von Na^+- und Ca^{2+}-Ionen in das Zellinnere, gefolgt von einer langen Plateauphase, in der die Membranleitfähigkeit relativ gering ist und sich der Einstrom und Ausstrom von Kationen die Waage halten. Die elektrische Leitfähigkeit des Sarcolemms ist am Herzen während der Plateauphase relativ gering. Der Ca^{2+}-Einstrom während der Depolarisation

Tabelle 7.2 Funktioneller Vergleich zwischen glatter Muskulatur, Herzmuskel- und Skelettmuskulatur

	Glatte Muskulatur	Herzmuskel	Skelettmuskulatur
Erregbarkeit der Membran			
Höhe des Ruhepotentials [mV]	50-60 instabil („slow waves"), insbesondere in Schrittmachern („spikes")	85 instabil in Schrittmachern stabil im Arbeitsmyocard	80-85, stabil
Schrittmachereigenschaft	spontan aktiv (langsam)	spontan aktiv (schnell)	fehlt
Dauer des Aktionspotentials [ms]	50-100	50-300	2-4
Kontraktilität der Zellen			
Intrazelluläre Bindung von Ca^{2+} an	Calmodulin	Troponin-C	Troponin C
Kontraktionsauslösung	neuronal, myogen, humoral	myogen	nur neuronal
Kontraktionsgeschwindigkeit	sehr niedrig	niedrig	niedrig bis hoch, je nach Fasertyp
Kontraktionsdauer [ms]	200 – 3000	200 – 400	10 – 70
Latenzzeit [ms]	500 – 2000	10 – 100	1 – 2
Refraktärzeit [ms]	50 – 100	50 – 300	2 – 4
V_0: maximale Verkürzungsgeschwindigkeit	variabel	variabel	konstant

ist, verglichen mit dem Na^+-Einstrom, etwa 50fach kleiner. Die abschließende Phase der Repolarisation wird infolge zunehmender Kaliumleitfähigkeit durch einen K^+-Ausstrom aus der Zelle ausgelöst. Die K^+-Permeabilität der Membranen nimmt im Kammermyocard zum Zeitpunkt der Öffnung der Na^+-Kanäle ab und nach dem Schließen der Ca^{2+}-Kanäle wieder zu.

Im **Skelettmuskel** ist das Ruhepotential höher als in den Schrittmacherzellen des Herzens und in der glatten Muskulatur und erreicht stabile Werte in Höhe von -80 bis -90 mV, die den Werten von Nervenzellen nahekommen. Das Aktionspotential dauert in Skelettmuskelfasern nur wenige ms (je nach Fasertyp 2-4) und wird in erster Linie durch eine Aktivierung des schnellen Na^+-Systems im Sarcolemm hervorgerufen.

- **Die Auslösung der Kontraktion**

In **Skelettmuskelzellen** wird die Kontraktion ausschließlich durch Aktionspotentiale ausgelöst. Der transmembranale Ca^{2+}-Einstrom ist bedeutungslos. Die Depolarisation des Sarcolemms breitet sich über die T-Tubuli schnell in das Innere der Muskelfasern aus und erreicht die terminalen Cisternen. Dadurch werden der spannungsabhängige, modifizierte Calciumkanal der Dihydropyridinrezeptoren und die Ca^{2+}-Kanäle der longitudinalen Tubuli (Ryanodinrezeptoren) geöffnet, und die Ca^{2+}-Ionen diffundieren in das Sarcoplasma, wo sie, wenn $[Ca^{2+}]_i$ den Schwellenwert um 1 µmol/l erreicht oder überschreitet, an Troponin C gebunden werden. Durch die Anbindung von Ca^{2+}-Ionen an das Troponin C verändert der Tropomyosinfaden seine Position an den dünnen Filamenten zur Achse hin (wird verschoben) und gibt die Bindungsstellen für die Myosinköpfchen frei. Der Querbrückenzyklus der Actin-Myosin-Wechselwirkung startet (Abb. 7.12).

In **Herzmuskelzellen** entsteht ein Aktionspotential durch eine schnelle Depolarisation des Sarcolemms, ausgelöst durch eine Erhöhung der Na^+- und der Ca^{2+}-Ionen-Leitfähigkeit der Zellmembran. Der Calciumeinstrom von außen findet im Bereich der Triaden statt und induziert eine Calciumfreisetzung aus dem SR (Ca-induzierte Ca-Freisetzung). Dieser Vorgang ist in der Skelettmuskulatur potentialgesteuert (potentialinduzierte Ca-Freisetzung). Eine Verlängerung der Aktionspotentialdauer (Vaguswirkung) oder eine Erhöhung der Calciumpermeabilität (Sympathicuswirkung) führt zur Verminderung bzw. Zunahme der Füllung und Entleerung der intrazellulären Ca^{2+}-Speicher und bewirkt dadurch eine negativ bzw. positiv inotrope Wirkung.

Auch im **glatten Muskel** wird der kontraktile Apparat durch eine Erhöhung von $[Ca^{2+}]_i$ gestartet; die Kontraktion wird in erster Linie durch transmembranal eingeströmte Ca^{2+}-Ionen ausgelöst, aber es gibt auch spannungs gesteuerte Calciumkanäle. Das elektrische Signal erreicht über gap junctions auch benachbarte glatte Muskelzellen. Rezeptorgesteuerte Ca^{2+}-Kanäle findet man in der glatten Muskulatur der Blutgefäße. Die Aktivierung der Rezeptoren löst dort einen Ca^{2+}-Einstrom aus der extrazellulären Flüssigkeit aus (pharmakomechanische Kopplung).

- **Die Relaxation der Muskelfasern**

Eine Relaxation tritt nach Absinken von $[Ca^{2+}]_i$ im Sarcoplasma auf unterschwellige Werte (< 1 µmol/l) ein. ATP-abhängige Ca^{2+}-Pumpen befördern nach der Erregung das eingeströmte Calcium in wenigen Millisekunden wieder aus dem Sarcoplasma hinaus.

Das Calcium wird zum größten Teil bereits während der Plateauphase über den $3Na^+/Ca^{2+}$- Austauscher wieder nach außen befördert. Außerdem entfernt die hoch aktive Ca-ATPase des sarcoplasmatischen Reticulums die freien Ca^{2+}-Ionen aus dem Sarcoplasma und „sequestriert" sie im SR. Bei niedrigem $[Ca^{2+}]_i$ erschlaffen die Muskelfasern unter Anbindung von ATP an die Myosinköpfchen. Die Geschwindigkeit der Relaxation hängt davon ab, wie schnell die Konzentration der freien Ca^{2+}-Ionen im Sarcoplasma abgesenkt wird. Dies wiederum hängt im Herzmuskel überwiegend von der Aktivität der SR-Ca-ATPase ab, deren Aktivität durch Catecholamine über β-Rezeptoren stimuliert wird. Im glatten Muskel wird die Aktivität dieses Enzyms durch cAMP gesteigert. Schließlich wird die Relaxationsgeschwindigkeit auch von der Höhe der elastischen Rückstellkräfte (Vordehnung) mit beeinflußt.

- **Kontraktile Eigenschaften**

In Skelettmuskelfasern wird nach der Erregung der Membran bis zur Auslösung der Verkürzung nur eine kurze **Latenzzeit** von 1-2 ms benötigt. Im Herzmuskel dauert die Latenzzeit länger (bis 100 ms), und im glatten Muskel können nach der Membranerregung bis zum Starten der Verkürzung sogar 500-2000 ms vergehen. Die Dauer der Kontraktion (**Kontraktionszeit**) hängt von Faktoren ab wie Art des Muskels, Art der Aktivierung, Vordehnung und Geschwindigkeit der $[Ca^{2+}]_i$- Freisetzung. Am schnellsten kontrahieren sich die „schnellen Skelettmuskeln", die einen hohen Anteil an FF-Fasern (histochemisch IIB-Fasern) besitzen (Kontraktionszeiten zwischen 10 und 30 ms). FR-Einheiten kontrahieren sich, je nach Tierart, in 30-60 ms, S-Einheiten von Skelettmuskeln in 40-70 ms. Beim Herzmuskel kann die Kontraktionsdauer 200-400 ms betragen, beim glatten Muskel sogar mehrere Sekunden.

Wird eine Skelettmuskelfaser oder eine motorische Einheit durch ein einzelnes Aktionspotential (Einzelimpuls) überschwellig erregt, so löst dies eine Einzelzuckung aus. Dabei depolarisiert das Aktionspotential nur einen kleinen Anteil der Sarcolemmoberfläche (partielle Depolarisation). Folgen Aktionspotentiale in rascher Folge aufeinander, so reicht die Zeit für eine Absenkung von $[Ca^{2+}]_i$ auf unterschwellige Werte nicht aus. Es kommt dann zu einer Superposition in der Vordehnung und schließlich zu einer tetanischen Kontraktion (Abb. 7.16). Die dabei entwickelte Kraft erreicht bis zu 10fach höhere Werte als bei der Einzelzuckung. Die tetanische Kontraktion ist die Kontraktionsform des Skelettmuskels. Der Herzmuskel ist gegen Tetanisierung durch das langandauernde Aktionspotential und die lange Refraktärzeit geschützt. Beim glatten Muskel ist die Beziehung zwischen Membranerregung und Kontraktion sehr variabel.

In einem relaxierten Muskel wird die Kraft-Längen-Beziehung durch den Anteil an leicht dehnbaren **Elastinfasern** und weniger leicht oder nicht dehnbaren **Kollagenfasern** bestimmt. Bei optimaler Vordehnung (Länge L_0) beschreiben die Kraft-Längen-Diagramme für Skelettmuskeln und für glatte Muskeln einen ähnlichen Verlauf. Allerdings können sich glatte Muskeln stärker verkürzen als Skelettmuskeln und entwickeln dabei, bezogen auf den Muskelquerschnitt, doppelt so hohe maximale Kräfte (60 N/cm^2) wie Skelettmuskeln (30 N/cm^2). Der Grund dafür ist noch nicht bekannt. Der Herzmuskel ist weniger elastisch als der Skelettmuskel und arbeitet auf dem aufsteigenden Ast eines plateaulosen Längen-Spannungs-Diagramms. Einige glatte Muskeln, wie die Sphincteren, entwickeln einen andauernden Tonus, ohne dabei entsprechend ATP zu verbrauchen. Dabei können sich die Querbrücken vermutlich „verankern" („latch") und mit einer hohen Halteökonomie arbeiten.

Weiterführende Literatur zu 7.1

Blinks, J.R., R. Rüdel, S.R. Taylor (1978): Calcium transients in isolated amphibian skeletal muscle fibers. J. Physiol. 277, 291-323.

Burke, R.E., D.N. Levine, P. Tsairis, F.E. Zajac (1973): Physiological types and histochemical profiles in motor units of cat gastocnemius. J. Physiol. 234, 723-748.

Cameron, W.E., H. Fang, B.S. Brozanski, R.D. Guthrie (1989): The postnatal growth of motoneurons at three levels of the cat neuraxis. Neuroscience Letters 104, 274-280.

Deetjen, P. , E.J. Speckmann (1994): Physiologie. 2. Aufl. Urban & Schwarzenberg, München–Wien–Baltimore

De Luca, C.J., R.S. Le Fever, M.P. McCue, A.P. Xenakis (1982): Behaviour of human motor units in different muscles during linearly varying contractions. J. Physiol. 329, 113-128.

Heckmann, R. (1989): Grundlagen und Methodik zu klinisch-neuro-physiologischen Untersuchungen beim Hund. Enke Verlag, Stuttgart.

Henneman, E. (1981): Recruitment of motoneurons: the size-principle. Progr. clin. Neurophysiol. 9, 26-60.

Huxley, A.F. (1974): Muscular contraction. J. Physiol. 243, 1-43.

Huxley, H.E. (1973): Structural changes in the actin and myosin containing filaments during contraction. Cold Spring. Harb. Symp. quant. Biol. 37, 361-389.

Kernell, D. (1992): Organized variability in the neuromuscular system: A survey of task-related adaptations. Arch. Italiennes de Biologie 130, 19-66.

Mickelson, J.R., C.F. Louis (1996): Malignant hyperthermia: Excitation-contraction coupling, Ca^{2+} release channel, and cell Ca^{2+} regulation defects. Physiol. Rev. 76, 537-592.

Monster, A.W., Chan, H. (1977): Isometric force production by motor units of extensor digitorum communis muscle in man. J. Neurophysiol. 40, 1432-1443.

Squire, J.M. (1990): Molecular mechanisms in muscular contraction. MacMillan Press.
Wilkie, D.R. (1983): Muskel: Struktur und Funktion. B.G. Teubner, Stuttgart.

Weiterführende Literatur zu 7.2

Guyton, A.C., J.E. Hall: Textbook of Medical Physiology. 9th edition, W.B. Saunders, Philadelphia, 1996, 95-103.
Rüegg, J.C.: Smooth Muscle. In Comprehensive Human Physiology (eds. R. Greger and U. Windhorst) Springer-Verlag, Berlin, Heidelberg, 1996, 895-910.
Sander, K.M.: A case for intestinal cells of Cajal as pacemakers and mediators of neurotransmission in the gastrointestinal tract. Gastroenterology 111 (1996) 492-515.
Sanders, K.M., T t. Ordog, S.D. Koh, S. Torihashi, S.M. Ward: Development and plasticity of intestinal cells of Cajal. Neurogastroenterol. Motil. 11 (1999) 311-338.

8 Herz

J. Harmeyer

8.1 Bau und Funktion des Herzens

Das Herz besteht aus zwei in Serie geschalteten Pumpen und kann auch außerhalb des Körpers regelmäßig schlagen.

• Lage und Funktion des Herzens

Zwei in Serie geschaltete an verschiedenen Stellen des Kreislaufs placierte Antriebseinheiten bilden das Herz. Das rechte Herz pumpt venöses Blut in den Lungenkreislauf (Kleiner Kreislauf) und das linke Herz arterielles Blut in den Körperkreislauf (Großer Kreislauf). Beides sind keine in sich geschlossenen „Kreisläufe“, sondern Kreislaufsegmente eines gemeinsamen Kreislaufsystems. Förderleistung und Arbeitstakt beider Herzen (Herzhälften) sind gleich bzw. synchron.

Das Herz wird von einem recht unelastischen bindegewebigen Beutel (Pericard) umschlossen, der es vor diastolischer Überdehnung schützt. Ein Flüssigkeitsfilm zwischen Beutel und äußerer Kammerwand (Epicard) reduziert die Reibung des Herzens am umgebenden Gewebe. Als Innenauskleidung der Herzmuskulatur (Myocard) fungiert das Endocard.

• Arbeitsweise des Herzens

Das Herz erzeugt eine pulsative Strömung, deren Richtung durch Einlaß- (Segelklappen, Atrioventricularklappen) und Auslaßventile (Taschenklappen, Semilunarklappen) festgelegt ist. Der Pumpantrieb entsteht durch rhythmische Kontraktion der muskulösen Wände und der damit verbundenen Verkleinerung der Kammervolumina. Ein Herztakt besteht aus der Systole (Kontraktion) und Diastole (Herzpause), letztere endet mit der Füllung der Kammern.

Beiden Herzkammern (Ventrikeln) ist je eine Vorkammer (Atrium) vorgeschaltet (Abb. 8.1), die während der Systole das zum Herzen strömende Blut speichert. Das Fassungsvermögen beider Vorkammern ist gleich groß, ebenso wie das Schlagvolumen beider Kammern. Die Vorkammern unterstützen durch ihre Kontraktion (Vorkammersystole), die zeitlich kurz vor der Kammersystole liegt, die Füllung der Kammern mit Blut.

• Pumparbeit und Strömungswiderstand

Am Anfang des Großen Kreislaufs (Aorta) herrscht im Mittel ein etwa fünfmal höherer Druck (~ 100 mm Hg) als am Anfang des Kleinen Kreislaufs (A. pulmonalis). Grund dafür ist der etwa fünffach größere mittlere Strömungswiderstand dieses Kreislaufsegments im Vergleich zum Kleinen Kreislauf. Entsprechend ist die Arbeitsleistung des linken Ventrikels etwa fünfmal größer als die des rechten.

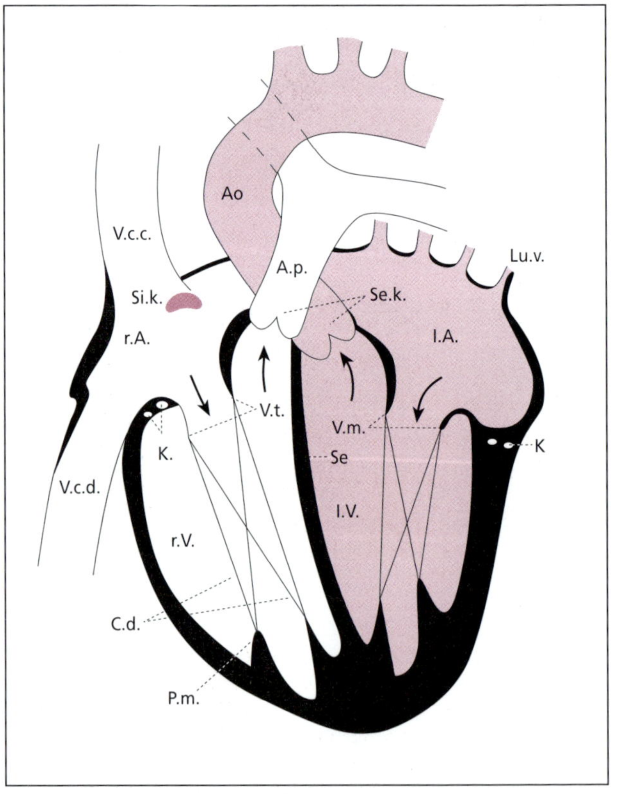

Abb. 8.1 Vorderansicht auf einen Herzquerschnitt in Diastole, schematisch. Die Pfeile weisen in Richtung des Blutflusses

Ao	= Aorta	r.V.	= rechter Ventrikel
A.p.	= Arteria pulmonalis	Se	= Kammerseptum
C.d.	= Chordae tendineae	Si.k	= Sinusknoten
K.	= Coronargefäße	Se.k.	= Semilunarklappen
Lu.v.	= Lungenvenen	V.m.	= Valvula mitralis (bicuspidalis)
l.A.	= linkes Atrium		
l.V.	= linker Ventrikel	V.t.	= Valvula tricuspidalis
P.m.	= Papillarmuskel	V.c.c.	= Vena cava cranialis
r.A.	= rechtes Atrium	V.c.d.	= Vena cava caudalis

• **Das Herz als Organ mit autonomer Reizbildung**
In der Herzmuskulatur verteilt befindet sich ein aus nicht voll ausgereiften Herzmuskelzellen bestehendes Reizbildungs- und Erregungsleitungssystem. Zu seinen Hauptelementen gehören der Sinusknoten, der Atrioventricularknoten, das His-Bündel mit den anschließenden beiden Tawara-Schenkeln und den sich baumförmig verzweigenden Purkinjefasern. Diese Zellen besitzen die Fähigkeit zu spontaner Reizbildung, die während der Ontogenese des Herzens allen Herzmuskelzellen eigen ist. Diese lassen das Herz auch außerhalb des Körpers weiter schlagen.

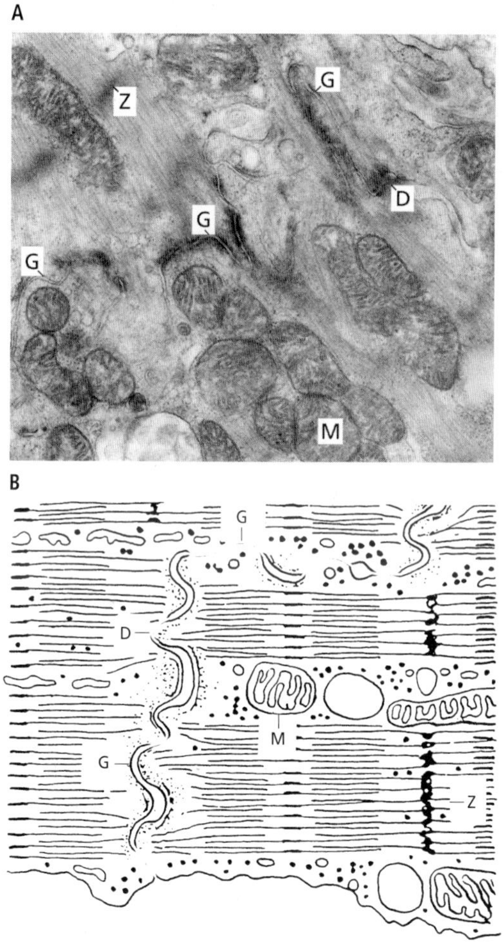

Abb. 8.2 A. Schnitt durch das Kammermyocard einer Maus, elektronenmikroskopische Aufnahme (25.000fach) der doppellagigen (bilayer) Glanzstreifen (G) (Nexus), die die Enden von Herzmuskelzellen miteinander verbinden. Der elektrische Widerstand dieser Grenzschicht beträgt nur 1/400 von dem der äußeren Zellmembran. Die Grenzschicht durchdringende Poren werden von einem besonderen Kanalprotein (Connexon) mit sehr hoher Kaliumleitfähigkeit gebildet. Je eine Hälfte dieser Pore wird von einer Muskelzelle bereitgestellt. Beide Hälften formen den funktionstüchtigen Kanal. Myofibrillen heften an den Glanzstreifen an, deren Zugkräfte durch Desmosomen (D) aufgenommen werden.
B. Schnitt (schematisch) durch einen Herzmuskel mit Glanzstreifen (G), die mit Versatz durch mehrere Muskelfasern ziehen und eine wichtige strukturerhaltende Funktion besitzen. G = Glanzstreifen, D = Desmosomen, M = Mitochondrien, Z = Z-Streifen

Die Herzmuskelfasern bestehen aus vielen aneinander gereihten Muskelzellen, die von einer gemeinsamen Hülle (Perimembran) umgeben sind. Die einzelnen Muskelzellen werden durch Doppelmembranen (Glanzstreifen) voneinander abgegrenzt (Abb. 8.2), die mit elektrisch gut leitenden Ionenkanälen bestückt sind. So sind alle Fasern der Vorkammern und alle Fasern der Hauptkammern jeweils elektrisch leitend miteinander verbunden, und bilden zwei funktionelle Syncytien. Jeder Herzschlag wird durch ein Aktionspotential ausgelöst, das im Sinusknoten gebildet wird. Sein Rhythmus bestimmt die für die Tierarten typische Herzfrequenz (Tab. 8.1).

Tabelle 8.1 Herzschlagfrequenzen bei Tieren und beim Menschen (Ruhewerte, min^{-1})

Wal	20
Bulle	40
Kuh	55
Kalb	120
Adultes Pferd	35
Fohlen	110
Schaf	75
Ziege	75
Lamm	100
Schwein	80
Ferkel	220
Hund	70-160
Welpe	220
Katze	120
Huhn	230
Taube	240
Ratte	300
Maus	600
Etruskische Spitzmaus	1000
Mensch	75

Die Muskelfasern der Kammern besitzen einen ringförmig-spiraligen Verlauf und tragen dadurch den hämodynamischen Erfordernissen während der

Formänderung optimal Rechnung. Bei normal gefüllten Kammern wird vom linken Ventrikel vorwiegend Blut durch Verkürzung von Ringmuskulatur ausgetrieben. Bei unzureichender Füllung verkleinert sich der linke Ventrikel zunehmend auch in Längsrichtung, wodurch sich die bewegliche Basis stärker in Richtung (ortsfester) Herzspitze bewegt. Das Lumen des rechten Ventrikels erscheint im Querschnitt halbmondförmig und wird von der Wandmuskulatur hauptsächlich in Längsrichtung verkleinert.

8.2.2 Mechanik der Kammerfüllung

• Herzklappen

Jede Herzhälfte besitzt am Ein- und Ausgang je eine Herzklappe, die zwischen Vorkammern und Kammern (Segelklappe, Atrioventricularklappe, AV-Klappe, Einlaßventil) und zwischen Kammern und abführenden Gefäßen (Taschenklappe, Semilunarklappe, Auslaßventil) gelegen sind. Die linke AV-Klappe ist zweizipflig (Mitralklappe) und die rechte dreizipflig (Tricuspidalklappe). Beide bestehen aus dünnen bindegewebigen Häuten, die im geöffneten Zustand trichterförmig in die Kammern hineinragen. Über Sehnenfäden (Chordae tendineae) sind sie an Papillarmuskeln in der Herzspitze befestigt (Abb. 8.1), um ein Durchschlagen in die Vorkammern während der Systole zu verhindern. Die einzelnen Segel (Zipfel) der Klappen sind größer als die Öffnungen, die sie verschließen. Ihre Ränder können sich daher breiter aneinanderlegen und für eine gute Abdichtung sorgen, die auch bei einer Vergrößerung des Herzens noch funktioniert.

Die Semilunarklappen bestehen je aus drei „halbmondförmigen“ Taschen, die durch raschen Verschluß zu Beginn der Diastole einen Blutrückfluß in die Kammern verhindern.

Der rhythmische Wechsel von Diastole und Systole (Herzzyklus) ist mit einem periodischen Öffnen und Schließen der Klappen verbunden. Er läßt sich in vier Phasen gliedern: die Entspannungs- und Füllungsphase während der Diastole sowie die Anspannungs- und Austreibungsphase während der Systole (mechanische Herzzyklusphasen; Abb. 8.3A).

• Entspannungs- und Füllungsphase

Zu Beginn der Diastole sinkt der Druck in beiden Ventrikeln unter den in der Aorta und in der Arteria pulmonalis herrschenden Druck. Der dadurch herbeigeführte Verschluß der Taschenklappen markiert den Beginn der Entspannungsphase. Da jetzt alle Klappen des Herzens geschlossen sind, sinkt der

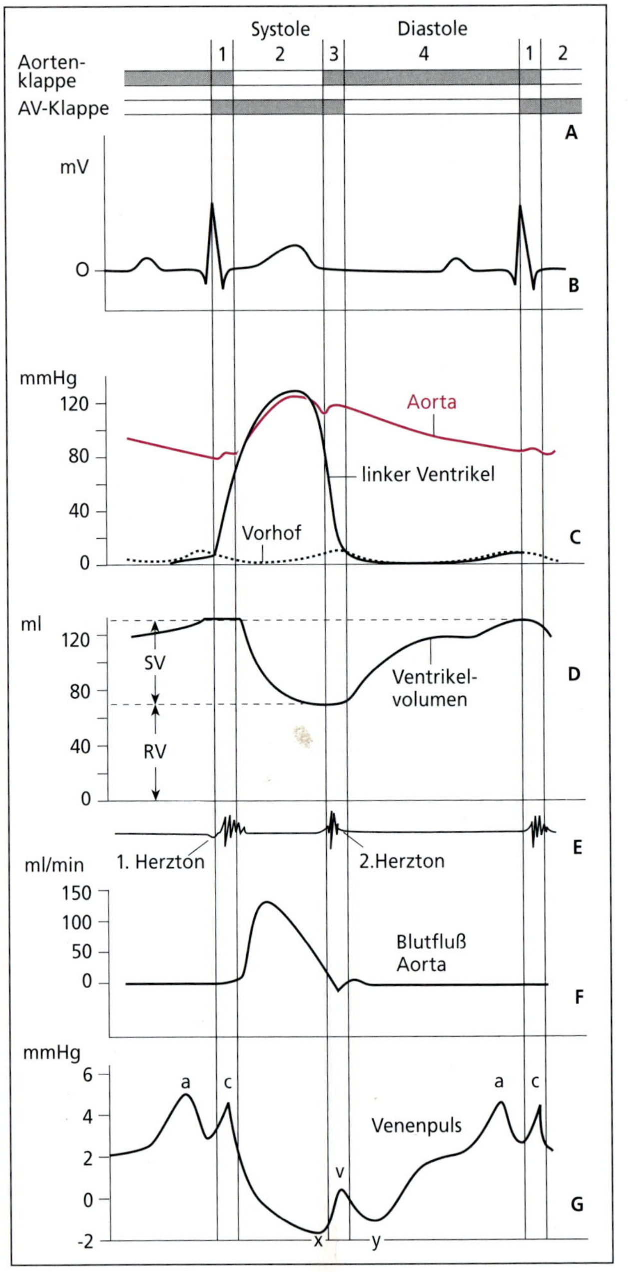

Abb. 8.3 Von oben nach unten: Mechanische Phasen eines Herzzyklus.
A 1 = Druckanspannungsphase; 2 = Austreibungsphase; 3 = Entspannungsphase; 4 = Füllungsphase
■ = Klappe geschlossen; □ = Klappe geöffnet
B Elektrokardiogramm
C Druckverlauf während der Herzaktion im linken Vorhof, linken Ventrikel und in der Aorta
D Ventrikelvolumen während der Herzaktion,
SV = Schlagvolumen,
RV = Reservevolumen
E Phonokardiogramm mit Herztönen
F Blutfluß in der Aorta
G Druckverlauf in der Vena cava communis (Venenpuls)
a = Vorhofkontraktion, c = Anspannungsphase des rechten Ventrikels, Vorwölbung der AV-Klappe, x = Absenkung der Ventilebene, v = Beginn des Aufsteigens der Ventilebene bei geschlossener AV-Klappe, y = Füllung des rechten Ventrikels.

Kammerinnendruck rasch weiter ab (isovolumetrische Erschlaffung).

Die Herzkammern nehmen während der Entspannung bei konstantem Kammervolumen zunächst eine mehr längliche Form an. Dies ist mit einer geringfügigen Längenzunahme der Herzmuskelfasern verbunden. Deshalb handelt es sich hierbei nicht um eine isometrische Erschlaffung im strengen Sinne, sondern um eine isovolumetrische Erschlaffung. Entsprechendes gilt auch für die Anspannungsphase.

Sobald der Kammerinnendruck bis unter den in den Vorkammern herrschenden Druck gefallen ist, öffnen sich die AV-Klappen. Dieser Moment markiert das Ende der Entspannungs- und den Beginn der Füllungsphase.

Während der Füllungsphase strömt Blut aus den Vorkammern und den angeschlossenen Venen in die Kammern. Der Kammerinnendruck schwankt in dieser Zeit um 0 mm Hg und kann zeitweise leicht negativ sein. Die Füllungsphase dauert in Ruhe etwa neunmal länger als die Entspannungsphase. Im ersten Viertel der Füllungsphase werden die Ventrikel bereits weitgehend mit Blut gefüllt, so daß die Vorkammersystole am Ende der Füllungsphase in Ruhe nur noch wenig zur Kammerfüllung beiträgt. Wird mit zunehmender Herzfrequenz die Diastole kürzer, rückt die Vorhofsystole immer näher an den Anfang der Füllungsphase und trägt so in immer größeren Umfang zur Kammerfüllung bei. Die Füllungsphase endet, wenn die Ventrikelkontraktion beginnt. Jetzt übersteigt der Druck der Ventrikel den Druck der Vorhöfe, so daß die AV-Klappen geschlossen werden. Öffnen und Schließen der AV-Klappen markieren also Anfang und Ende der Füllungsphase (Abb. 8.3A).

- **Anspannungs- und Austreibungsphase**

Mit der Anspannungsphase beginnt die Systole. Die fortschreitende Verkürzung der Kammermuskulatur läßt den Kammerinnendruck nun rasch ansteigen. Sobald er den enddiastolischen Druck der abführenden Arterien überschreitet, öffnen sich die Semilunarklappen. Dieser Zeitpunkt markiert das Ende der Anspannungs- und den Beginn der Austreibungsphase (Abb. 8.3C). Wie in der Entspannungs- sind auch in der Anspannungsphase alle Herzklappen geschlossen.

In der Austreibungsphase wird Blut aus den Ventrikeln ausgetrieben. Der Druck in den Kammern verläuft jetzt gleichsinnig zu dem in den angeschlossenen großen Arterien. Zunächst steigt er steil und dann immer flacher an. Scheinbar überraschend fällt der Druck vor Ende der Austreibungsphase bereits wieder ab (Abb. 8.3C). Dies hängt mit der abnehmenden Auswurfleistung der Kammern am Ende der Austreibungsphase und dem höheren physikalischen Impuls des abströmenden Blutes zusammen. Am Ende der Austreibungsphase steht das Blut am Anfang der Aorta und der A. pulmonaris still. Der Druck in den Kammern fällt unter den der Arterien. Jetzt werden die Semilunarklappen durch kurzes Rückströmen von Blut in Richtung Kammern geschlossen. Öffnen und Schließen der Semilunarklappen markieren also Anfang und Ende der Austreibungsphase.

- **Unterschiede zwischen linkem und rechtem Herzen**

Die mechanischen Herzphasen sind im rechten und linken Ventrikel unterschiedlich. So ist die Anspannungsphase im rechten Ventrikel kürzer als im linken, so daß die Austreibungsphase früher beginnt und darüber hinaus länger dauert, da der niedrigere enddiastolische Druck der A. pulmonalis früher erreicht wird und der Kammerdruck länger oberhalb des in diesem Gefäß herrschenden Druckes bleibt, als dies entsprechend im linken Ventrikel der Fall ist. Der Druck im rechten Ventrikel wird teilweise von der linken Kammer miterzeugt. So kann bei einem Funktionsausfall großer Teile der rechten Kammerwand die Pumpleistung des rechten Herzens weitgehend erhalten bleiben.

- **Ventilebene des Herzens**

Das Herz ist mit dem Herzbeutel an seiner Spitze am Sternum fixiert. Während der Systole bewegt sich die dorsal gelegene und elastisch an den großen Gefäßen aufgehängte Herzbasis nach rechts und nach ventral. Das bewirkt eine Dehnung der Vorkammern und großen Venen. Die vier in einer Ebene zwischen Vorhöfen und Kammern gelegenen Klappen des Herzens folgen dieser Bewegung. Sie bilden die Ventilebene des Herzens, die bei Absenkung in der Systole einen Sog erzeugt. Dieser erleichtert die Füllung der Vorkammern und der angrenzenden Venen (Abb. 8.3G). Bei Anhebung in der Diastole unterstützt sie die Füllung der Ventrikel (Ventilebenenmechanismus).

8.2.3 Kammerdruck und Spannung der Wandmuskulatur

Je dicker die Wand der Ventrikel und je kleiner ihr Radius sind, um so geringer ist die Spannung in den Ventrikelwänden bei gleichem Blutdruck.

Der im Blut der Kammern herrschende Druck P [N/cm^2] wird von den Muskelfasern der Kammerwände erzeugt, in denen er sich in Form einer Wandspannung T [N/cm^2] manifestiert. Diese ist nichts anderes als die Zugkraft [N], in Faserrichtung pro cm^2 Wandquerschnitt. Aus dieser in der Kammerwand **insgesamt** vorhandenen Zugkraft resultiert eine nach innen gerichtete Kraft K_i [N]. K_i nimmt bei gleicher Wandspannung T mit der Wanddicke zu. Das macht deutlich, daß der etwa fünffach höhere Druck im linken Ventrikel während der Systole im Vergleich zum rechten (120 zu 24 mm Hg) allein durch eine Zunahme der Wandstärke aufgebracht werden kann, ohne daß dies mit einer Zunahme der Wandspannung verbunden ist. Die von der Kammerwand insgesamt auf das Lumen einwirkende Kraft K_i hängt aber nicht nur von der Dicke der Kammerwände, sondern auch vom Radius der Kammern ab. So wird K_i bei gleichbleibender Wandspannung größer, wenn der Radius abnimmt.

Dies zeigt wiederum, daß die von den Wänden der Kammern insgesamt erzeugte Kraft K_i nicht abnimmt, wenn die Kammerwände zwar dünner, die Kammer insgesamt aber auch kleiner wird. Kleine Tiere weisen deshalb einen ebenso großen systolischen Blutdruck auf wie große Tiere, obwohl die Kammerwände ihrer Herzen viel dünner sind als die großer Tiere.

Der Zusammenhang zwischen Kammervolumen, Wanddicke und Kammerdruck zeigt aber auch, daß bei krankhafter Vergrößerung des Herzens, z.B. bei Vorliegen einer dilatativen Cardiomyopathie, die Wandspannung und damit auch die Belastung der Kammermuskulatur steigt. Erst wenn eine solche Störung durch eine allmähliche Verdickung der Kammerwände ausgeglichen worden ist, kann die Wandspannung auf ihren Normalwert zurückgehen. Dies ist z.B. bei einer Trainingshypertrophie eines Herzens regelmäßig der Fall.

Der Zusammenhang zwischen Wandspannung und Innendruck wurde erstmals um 1820 von dem französischen Mathematiker Laplace für eine Kugel mathematisch formuliert (Laplacesches Gesetz). Dieser Zusammenhang, ergänzt um die Wanddicke, ist angenähert auf das Herz anwendbar. Das Laplacesche Gesetz sagt, daß eine von der Wandspannung insgesamt aufgebrachte nach innen gerichtete Kraft K_i [N] mit der nach außen gerichteten Kraft K_e [N] in einer Flüssigkeit mit dem Druck P im Gleichgewicht steht ($K_i = K_e$). Die Größe von K_i ergibt sich als:

$K_i = 2r\pi \cdot d \cdot T$ (Kreisumfang · Wanddicke (d) · Wandspannung (T)),

die von K_e als:

$K_e = r^2 \cdot \pi \cdot P$ (Hohlraumquerschnitt · Druck (P)).

Durch Gleichsetzen von K_i und K_e und Auflösung nach P ergibt sich das Laplacesche Gesetz

$$P = \frac{T \cdot 2d}{r} \; [\text{N/cm}^2]$$

Dieses Gesetz zeigt auch, daß, wie oben dargelegt, der Kammerdruck P bei gleichbleibendem Radius r mit der Wanddicke d linear zunimmt und bei gleichbleibender Wandspannung T mit zunehmendem Radius linear abnimmt.

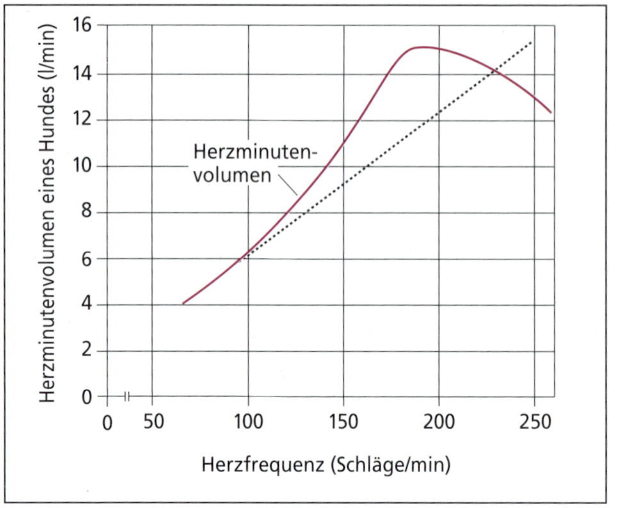

Abb. 8.4 Bei körperlicher Arbeit nimmt mit zunehmender Frequenz das Schlagvolumen zunächst zu und die Restblutmenge ab. Dadurch steigt das Herzminutenvolumen im oberen Leistungsbereich mit der Frequenz nicht linear (gestrichelte Linie), sondern bis zu einer bestimmten Frequenz überproportional und danach unterproportional (durchgezogene Linie).

8.2.4 Anpassung der Pumpleistung

Ein mittlerer arterieller Blutdruck von 100 mm Hg (13,3 kPa) erscheint wenig anschaulich. Er entspricht dem Druck eines Gewichtes von 17 kg (!) auf einer Handfläche von der Größe von etwa 130 cm^2. Das Herz kann seine Pumpleistung (Herzminutenvolumen) je nach Tiergröße und Trainingszustand durch Erhöhung der Schlagfrequenz und des Schlagvolumens verdrei- bis verzehnfachen (Schlagfrequenz [1/min] · Schlagvolumen [ml] = Herzminutenvolumen [ml/min]) (Kap. 22). Die Kammern werden während der Systole nur zum Teil – in Ruhe je nach Trainingszustand zu etwa 40-60% – entleert. Bei körperlicher Arbeit wird zunehmend mehr Restblut ausgepumpt. Frequenz und Herzminutenvolumen steigen am Anfang gleichsinnig (Abb. 8.4).

8.3 Elektrische Vorgänge im Herzmuskel

Die Herzmuskelzellen sind elektrisch leitend miteinander verbunden. Einige Zellen erzeugen selbsttätig für alle Muskelzellen ein lang dauerndes Aktionspotential (AP), das parallel mit der Kontraktion abläuft. Dadurch verbleibt der Herzmuskel lange in der Refraktärphase und kann sich nicht tetanisch verkürzen.

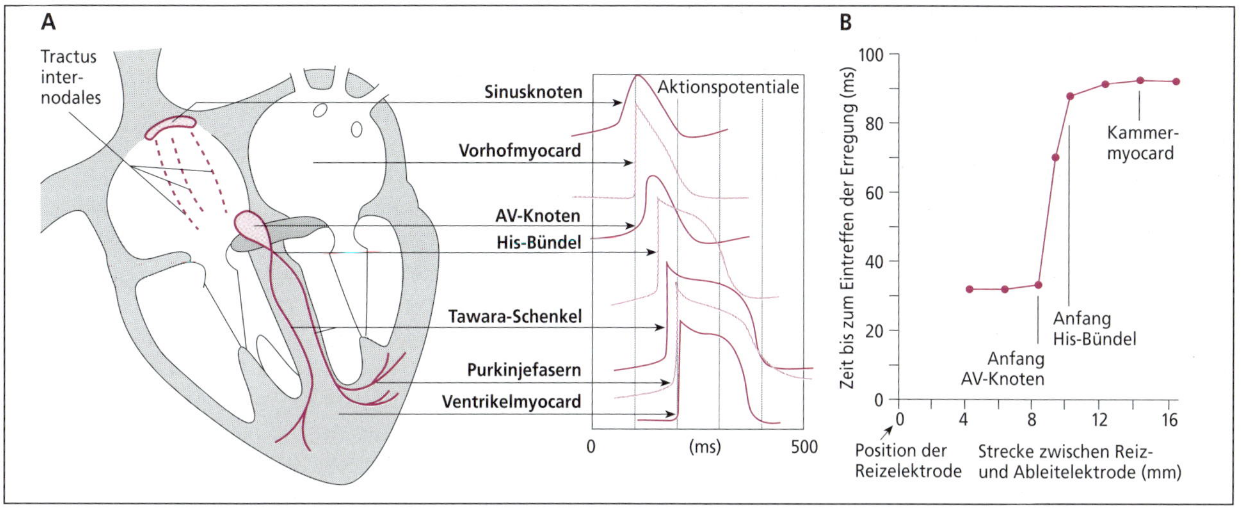

Abb. 8.5 **A** Reizbildungs- und Erregungsleitungssystem des Herzens sowie Form und Dauer der Aktionspotentiale in verschiedenen Abschnitten des Herzens. Beachte das lang dauernde Aktionspotential der Purkinjefasern.
B Latenzzeit (in ms) zwischen einem in der Nähe des Sinusknotens gesetzten Reiz und der Ankunft des daraus resultierenden APs mit zunehmender Entfernung von der Reizelektrode (Überleitungsstrecke). Beachte die langsame Erregungsleitung im Bereich des AV-Knotens.

8.3.1 Unterschiede zwischen Skelett- und Herzmuskulatur

Wie beim Skelettmuskel löst auch beim Herzmuskel ein Aktionspotential eine Kontraktion aus. Zwischen den APs von Skelett- und Herzmuskel gibt es jedoch wesentliche Unterschiede:

1. Während der Skelettmuskel aus einzelnen, elektrisch voneinander isolierten motorischen Einheiten besteht, sind im Herzen alle Fasern der Kammern bzw. der Vorkammern elektrisch leitend miteinander verbunden (funktionelles Syncytium). Ein AP breitet sich somit immer über alle Herzmuskelzellen aus („Alles-oder-Nichts-Effekt“).
2. Im Skelettmuskel kommt das AP vom zuführenden Nerven, im Herzen entsteht es dagegen im Organ selbst. Der dafür notwendige auslösende Reiz wird in einem spezialisierten, nur wenige mm großen Zellverband, dem Sinusknoten, erzeugt (Abb. 8.5). Dieser als Reizgenerator anzusehende Schrittmacher generiert in rhythmischen Abständen ein AP und kontrolliert dadurch die Schlagfrequenz. Das macht das Herz in seiner Grundaktivität von äußeren Signalen unabhängig und sorgt dafür, daß das Herz auch außerhalb des Körpers (Autonomie) mit gleichbleibender Frequenz (Automatie) weiter schlägt.
3. Ein weiterer Unterschied betrifft die Länge des APs. Die APs des Skelettmuskels sind mit 2 bis 4 ms kurz und entstehen in rascher Folge. Das AP des Kammermyocards dauert 200-400 ms und ist somit bis 100 mal länger als das der Skelettmuskulatur. Das AP des Herzens besitzt zwischen De- und Repolarisation ein langgestrecktes Plateau (Abb. 8.6).
4. Jede Herzkontraktion ist eine Einzelzuckung. Willkürbewegungen der Skelettmuskeln sind tetanische Verkürzungen.
5. Die zeitliche Zuordnung von AP und Kontraktion ist am Herzen und an den Skelettmuskeln sehr verschieden. Am Skelettmuskel beginnt die Kontraktion erst nach Abklingen des zugehörigen APs. Im Herzmuskel kommt es zu einer starken zeitlichen Überlagerung von AP und Kontraktion (Abb. 8.6). Beide Ereignisse sind etwa zeitgleich und nur um ca. 20 ms phasenverschoben. Der Herzmuskel besitzt daher eine sehr lange Refraktärzeit von mehreren hundert Millisekunden, die sich über die ganze Dauer der Kontraktion erstreckt (Abb. 8.14). Diese Parallelität der Ereignisse verhindert, daß im Herzen ein zweites AP entstehen kann, bevor das vorausgegangene AP und die dadurch ausgelöste Kontraktion abgeklungen sind. Der Herzmuskel kann sich daher nicht tetanisch verkürzen.
6. Der letzte Unterschied betrifft die Regelung der Kontraktionskraft. Im Skelettmuskel erfolgt die Kraftabstufung durch Rekrutierung von Fasern. Im Herzmuskel regeln Dauer und Größe des APs Dauer und Stärke der Kontraktion.

8.3.2 Reizbildung und Erregungsleitung im Herzen

• Anatomisch-physiologische Grundlagen
Spezielle, relativ kleine, myofibrillenarme und sarcoplasmareiche, wenig differenzierte Herzmuskel-

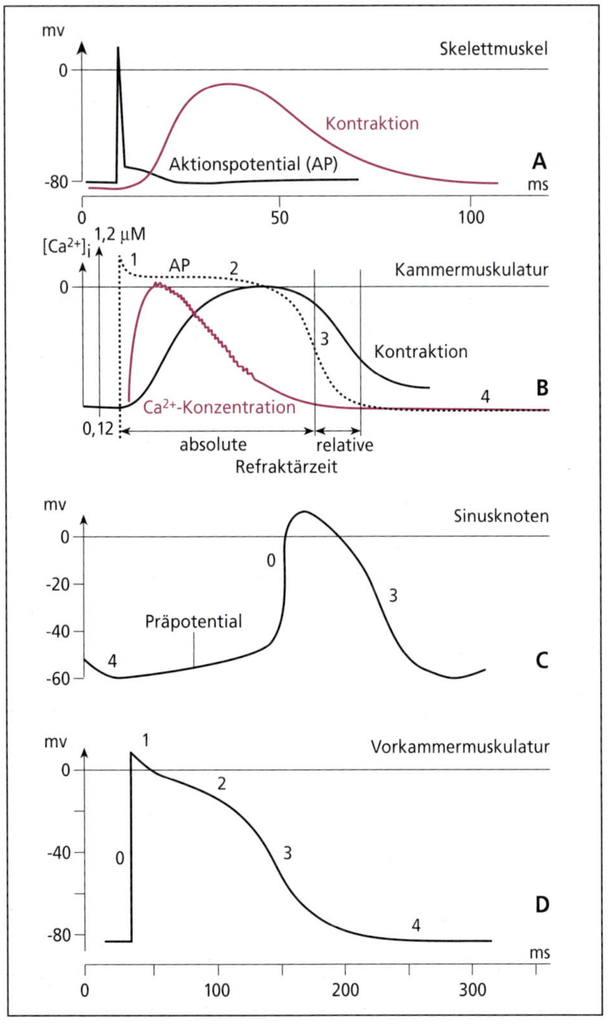

Abb. 8.6 Zusammenhang zwischen Aktionspotential und Kontraktion im Skelettmuskel **(A)**, in der Ventrikelmuskulatur **(B)** sowie der Verlauf des Calciumtransients **(B)**. Aktionspotential in einer primären Schrittmacherzelle (Sinusknoten) **(C)** und n der Vorkammermuskulatur **(D)**. Die arabischen Ziffern bezeichnen Phasen des Aktionspotentials des Herzens, $[Ca^{2+}]_i$ = intrazelluläre freie Calciumkonzentration. Phase 0 = Depolarisation mit „Overshoot", Phase 1 = initiale Repolarisation, Phase 2 = Plateauphase, Phase 3 = Repolarisation, Phase 4 = Ruhepotential.

zellen fungieren als Reizgeber und Schrittmacher. Sie bilden in ihrer Gesamtheit das Reizbildungs- und Erregungsleitungssystem des Herzens. Mit Lugolscher Lösung kann es am Endocard wegen seines hohen Glykogengehaltes sichtbar gemacht werden. Es besteht aus dem im rechten Vorhof an der Einmündungsstelle der V. cava cranialis gelegenen Sinusknoten (SA-Knoten), dem Atrioventricularknoten (AV-Knoten) an der Vorhof-Kammer-Grenze, dem His-Bündel mit seinen zwei Tawara-Schenkeln und den sich verzweigenden Purkinjefasern (Abb. 8.5). In dem ellipsoidförmigen (Hund) oder hufförmigen (Pferd, Wiederkäuer) Sinusknoten sind nur wenige im Zentrum gelegene Zellen für die primäre Reizbildung verantwortlich (primäre Schrittmacherzellen). Der SA-Knoten ist durch Eindellungen im Epicard (Sulcus terminalis) und durch Erhebungen im Endocard (Crista terminalis) auch makroskopisch erkennbar.

Der im Sinusknoten gebildete Reiz erzeugt im gesunden Herzen nach Überschreiten des Schwellenpotentials von -40 bis -35 mV eine Erregung. Der Reiz entsteht spontan durch langsame (diastolische) Depolarisation (Präpotential), die spontan in ein AP übergeht (Abb. 8.6C). Dieses wird durch die Vorkammermuskulatur bevorzugt über bestimmte Muskelbahnen (Tractus) an den im interatrialen Septum, rechts vor der Öffnung des Coronarsinus gelegenen AV-Knoten weitergeleitet. Von dort zieht es über die Fasern des His-Bündels durch die bindegewebige, elektrisch nicht leitende Grenzschicht (Anulus fibrosus) zwischen Vor- und Hauptkammern in die Kammern. Im mittleren Abschnitt des AV-Knotens verläuft die Erregung mit einer Geschwindigkeit von ca. 5 cm/s sehr langsam (Abb. 8.5B). Dadurch wird sichergestellt, daß die Kammersystole erst beginnt, wenn die Vorkammersystole beendet ist. Im Kammermyocard breitet sich die Erregung tierartlich unterschiedlich über Purkinjefasern, intermediäre Fasern und schließlich von Zelle zu Zelle weiter aus. Purkinjefasern und intermediäre Fasern besitzen kein T-System und kein sarcoplasmatisches Reticulum, da sie nur der Weiterleitung von Erregungen dienen. Im Erregungsleitungssystem werden Erregungen je nach Tiergröße (außer im AV-Knoten) mit 100-400 cm/s fortgeleitet. In der Kammermuskulatur beträgt die Geschwindigkeit nur 50-100 cm/s. Die schnellere Ausbreitung der Erregung durch das His-Purkinje-System verbessert die Synchronizität und Funktionalität der Kontraktion.

Das Ruhepotential der Zellen des SA- und AV-Knotens ist mit -60 bis -70 mV weniger negativ als das des Arbeitsmyocards (~-90 mV). Ihr AP besitzt kein Plateau und ist kürzer als das der Kammermuskulatur (Abb. 8.6C). Eine Ausnahme davon bilden die Endverzweigungen der Purkinjefasern an der Kammermuskelgrenze. Diese Zellen weisen einerseits einen großen Faserdurchmesser, ein hohes Ruhepotential (~-90 mV) und eine schnelle Erregungsleitung auf, besitzen andererseits aber das längste Aktionspotential aller Kammermuskelzellen. Dadurch verleihen sie dem Herzen einen Schutz vor Kammerflimmern.

- **Hierarchie der Reizbildung**

Alle Anteile des reizbildenden und erregungsleitenden Systems besitzen die Fähigkeit zur spontanen

Reizbildung. Der Unterschied zwischen ihnen liegt in der Steilheit des Präpotentials. Es wird vom Sinusknoten über den AV-Knoten zur Peripherie hin immer flacher. Dadurch erreicht das Präpotential des Sinusknotens in der Regel als erstes das Schwellenpotential und vermag als erstes eine Erregung auszulösen (primärer Schrittmacher). Ist jedoch die Überleitung der Erregung von den Vorkammern zu den Kammern beeinträchtigt oder ganz unterbrochen (partieller bzw. totaler Herzblock), können der AV-Knoten und weiter distal gelegene Anteile des Erregungsleitungssystems eine Schrittmacherfunktion übernehmen und mit langsamerer Frequenz einen Kammerrhythmus aufrechterhalten (sekundäre, tertiäre Schrittmacher).

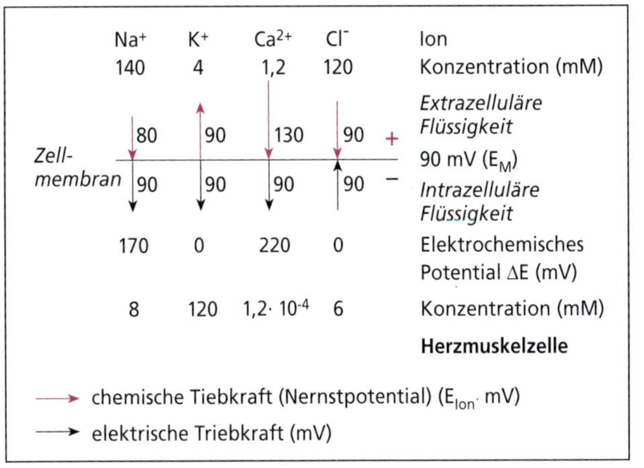

Abb. 8.7 Intra- und extrazelluläre Konzentrationen der für Ruhe- und Aktionspotential wichtigen Ionen sowie die chemischen und elektromotorischen Triebkräfte unter Ruhebedingungen bei einem Membranpotential von -90 mV. Die chemische Triebkraft entspricht jeweils dem Nernstpotential E_{Ion}. Unter Ruhebedingungen ist die elektromotorische Triebkraft, ΔE, für Kaliumionen Null und der Nettokaliumstrom trotz hoher Kaliumleitfähigkeit der Membran ebenfalls Null. Wenn es zu keiner Nettoladungsverschiebung bei anderen Ionen kommt, z.B. weil die Membran für sie nicht durchlässig ist, bleibt das Membranpotential konstant.

8.4 Ladungsverteilung und Triebkräfte des Membranpotentials

Über 20 verschiedene, teilweise herzspezifische Ionenkanäle und Pumpenströme bestimmen durch ihr potential-, zeit- und überträgerstoffabhängiges Öffnen und Schließen die typische Form und einzelnen Phasen des 200-400 ms dauernden cardialen APs. Durch Beeinflussung bestimmter Eigenschaften dieser Kanäle mit zahlreichen Pharmaka kann die Herzfunktion in vielfältiger Weise beeinflußt werden.

Potentialschwankungen im Herzen werden durch Aktivitätsänderungen spezifischer potential-, zeit- und elektrolytabhängiger Ionenkanäle (potential operated channels, POC) und durch Aktivitätsänderungen von überträgerstoffgesteuerten Ionenkanälen (receptor operated channels, ROC) erzeugt. Das Ruhepotential der Arbeitsmuskulatur von etwa -90 mV ist ähnlich wie das der Nerven und des Skelettmuskels im wesentlichen ein Kaliumdiffusionspotential. Die besondere Form und Dauer des APs des Herzmuskels werden jedoch durch die besonderen Eigenschaften der im Herzen vorkommenden Ionenkanäle geprägt. Das AP der Herzmuskelfaser wird in fünf Phasen eingeteilt (Abb. 8.6).

Alle Potentialschwankungen des Herzens werden durch **Nettoladungsverschiebungen** durch die Zellmembran (Sarcolemm) ausgelöst. Ihre Größe und Richtung während des APs sind von zwei Faktoren abhängig:

a) von der momentanen selektiven Durchlässigkeit der Membran, und
b) von dem momentanen elektrochemischen Potential (elektromotorische Kraft, ΔE) des Ions.

Das elektrochemische Potential eines Ions im Herzmuskel (Abb. 8.7) ist die Differenz zwischen seiner chemischen Triebkraft, z.B. ausgedrückt als Nernstpotential (E_{Ion}) (Kap. 2.4.2) und dem aktuellen Membranpotential (E_M) ($\Delta E = E_{ion} - E_M$). Da sich das Membranpotential während eines APs fortwährend ändert, ändert sich auch fortwährend sein elektrochemisches Potential ΔE. Dieses gilt für jedes einzelne Ion. Je größer die Nettoverschiebung elektrischer Ladungen, desto größer die Potentialschwankung.

8.4.1 Ionenkanäle in Cardiocyten und Ionenströme während des Aktionspotentials

Die Ionenströme durch Zellmembranen der Herzmuskel- und der Schrittmacherzellen während des APs werden durch zahlreiche Ionenkanäle und Pumpenproteine beeinflußt. Über 20 verschiedene Membranproteine sind daran beteiligt (Tab. 8.2). Dabei kommen Membranströme zum Tragen, die in Nerven und Skelettmuskulatur entweder nicht vorkommen oder dort nur eine untergeordnete Rolle spielen. Andere für Nerven und Muskeln wichtige Ionenkanäle, wie z.B das schnelle Natriumsystem, sind für Schrittmacherzellen praktisch ohne Bedeutung. Typisch für das Herz ist auch ein sarcolemmaler Calciumeinstrom (I_{Ca}), der die Calciumfreisetzung aus dem sarcoplasmatischen Reticulum aus-

Tabelle 8.2 Ionenkanäle des Sarcolemms und des sarcoplasmatischen Reticulums in Schrittmacherzellen und Cardiomyocyten

Kanaltyp	Kanal-strom	Eigenschaften	Wirkung
Natriumkanäle des Natriumsystems	I_{Na}	schnell aktivierbar und inaktivierbar, potential- und zeitgesteuert, durch Tetrodotoxin und Lokalanästhetika hemmbar, in primären Schrittmacherzellen nicht vorhanden	Einwärtsstrom, schnelle Depolarisation
Natriumkanäle des Natriumgrundstroms	I_g	nur in Schrittmacherzellen, für Natrium I_{gNa} und Kalium I_K durchlässig, weitgehend potential- und zeitunabhängig, der Natriumgrundstrom in anderen Zellen wird mit I_b bezeichnet (b für **basal**)	Na-Einstrom (Natriumgrundstrom), während Diastole, erzeugt diastolische Depolarisation (Phase 4 des APs), bei abnehmender Kaliumpermeabilität, K-Ausstrom nach Depolarisation
Kationenkanäle	I_F	nur in primären Schrittmacherzellen, durch maximale diastolische Depolarisation aktivierbar, Aktivierung durch cAMP vermittelt, durch Adenosin hemmbar	Na-Einstrom, während diastolischer Depolarisation (Phase 4 des APs) „pacemaker current“
T-Calciumkanäle	$I_{Ca\text{-}T}$	schnell aktivierbar und schnell inaktivierbar, potential- und zeitgesteuert mit kurzem Zeitfenster und mit negativerer Aktivierungsschwelle als L-Ca-Kanäle, durch Ca-Kanalblocker hemmbar, vorwiegend in Schrittmacherzellen, im Myocard kaum vorhanden	während der Endphase der diastolischen Depolarisation (Phase 4 des APs), während der raschen Depolarisation (Phase 0 des APs) und den ersten 2-3 ms. des Ca-Transients geöffnet, löst Ca-vermittelte Ca-Freisetzung aus, im Myocard von geringer Bedeutung
L-Calciumkanäle	$I_{Ca\text{-}L}$	langsam inaktivierbar, zeit- und potentialgesteuert, mit positiverer Aktivierungsschwelle als der T-Calcium Kanal, durch ATP und viele Hormone (z.B. Endothelin 1, Angiotensin II, Sekretin, Histamin, Atriales Natriuretisches Peptid (ANP), vasoaktives intestinales Peptid (VIP), Bradykinin u.a.) stimulierbar, durch Anstieg der intrazellulären freien Calciumkonzentration geschlossen, Aktivierung durch cAMP vermittelt, durch Ca-Kanalblocker hemmbar	Einstrom, diastolische Depolarisation (Phase 4 des APs), schnelle Depolarisation (Phase 0 des APs), Plateauphase (Phase 2 des APs), löst Ca-vermittelte Ca-Freisetzung aus
Kaliumkanäle	I_K, $I_{K\text{-}ACH}$, $I_{K\text{-}ATP}$, $I_{K\text{-}ADO}$	Diese Gruppe umfaßt verschiedene Kanaltypen, langsam aktivierbare und inaktivierbare, potential- und zeitgesteuerte Kanäle, einige sind durch β-adrenerge Agonisten und ATP hemmbar, andere durch Acetylcholin und Adenosin stimulierbar	Ausstrom, Depolarisation (Phase III und Phase 4 des APs), Stimulation wirkt negativ chronotrop und negativ inotrop. Stimulation des K_{ADO} Kanals erzeugt Vasodilatation der Coronargefäße
K_1-Kaliumkanal	I_{K1}	langsam aktivierbar und langsam inaktivierbar, potentialgesteuert, nicht zeitgesteuert, auch bei sehr negativem Membranpotential ($E_M < E_K$) geöffnet, vermittelt dann Kaliumeinstrom (inwardly rectifying), fehlt in Schrittmacherzellen	Ausstrom während des APs, Depolarisation (Phase 3 des APs), stabilisiert Ruhepotential (Phase 4 des APs), bestimmt Maximum der diastolischen Repolarisation
T_0-Kationenkanal	I_{TO}	rasch aktivierbar und inaktivierbar, zeit- und potentialgesteuert, für Na^+ und K^+ durchlässig, fehlt in Schrittmacherzellen	Kaliumausstrom, initiale Repolarisation (Phase 1 des APs)
Natrium-Calcium-Austauscher	$I_{3Na+/Ca2+}$	elektrogen, potential- und zeitgesteuert, operiert für Natrium und Calcium in beide Richtungen, abhängig vom elektrochemischen Gradienten (ΔE)	geringer Ca-Einstrom und Na-Ausstrom während Depolarisation (Phase 0 des APs), Ca-Ausstrom und Na-Einstrom während der Plateauphase (Phase 2 des APs)
Natrium-Kalium-Pumpe	$I_{3Na+/2K+}$	elektrogen, ständig aktiv, durch ATP angetrieben, durch k-Strophanthin hemmbar, durch Cäsium aktivierbar	Kaliumeinstrom, Natriumausstrom, hält chemische Gradienten verschiedener Ionen direkt bzw. indirekt aufrecht
Chloridkanal	I_{Cl}	potential- und zeitgesteuert	Einstrom während initialer Repolarisation (Phase 1 des APs)

Kanaltyp	Kanal-strom	Eigenschaften	Wirkung
Sarcolemmale Calcium-ATPase	--	ständig aktiv, durch ATP angetrieben, stimulierbar durch cAMP und Calmodulin, vermutlich elektrogen, 1 Ca^{2+} im Austausch von 1 H^+	langfristiger Regulator der intrazellulären Calciumhomöostase, geringe Kapazität
Calcium-ATPase des sarcoplasmatischen Reticulums	$I_{Ca(ATP)}$	ständig aktiv, durch ATP angetrieben, transportiert 2 Ca^{2+} pro ATP-Molekül, stimulierbar durch Phosphorylierung von Phospholamban	Rücktransport des Calciums in das SR, zur Beendigung des Calciumtransients
Calciumkanal des sarcoplasmatischen Reticulums	-	durch sarcolemmalen Calciumeinstrom aktiviert, entleert SR-Speicher, durch Ryanodin inaktivierbar, durch Caffein aktivierbar	induziert Calciumtransient

löst. Im Skelettmuskel wird dieser Schritt durch das ankommende Potential vermittelt.

Das Sarcolemm des Arbeitsmyocards und der Schrittmacherzellen zeichnet sich durch eine Reihe typischer Merkmale aus, die im folgenden aufgeführt sind (Tab. 8.2).

- **Arbeitsmyocard**

1. Wie der Nerv und der Skelettmuskel besitzt auch das Arbeitsmyocard potential- und zeitgesteuerte Natrium- und Kaliumkanäle, die wesentlich zur Depolarisation und Repolarisation beitragen.
2. Langsam aktivierbare L-Calciumkanäle (**L** steht für **l**ong-**l**asting) werden durch Depolarisation (Phase 0) aktiviert und bleiben während der initialen Repolarisation (Phase 1) und der Plateauphase (Phase 2) aktiv. Sie vermitteln einen langanhaltenden Einstrom von Calcium in die Zelle (I_{Ca-L}).
3. Ein für das Arbeitsmyocard typischer $3Na^+/Ca^{2+}$-Austauscher wird durch die Depolarisation aktiviert und transportiert während der Depolarisation für kurze Zeit Natriumionen aus der Zelle und Calciumionen in die Zelle. Dies ist mit einem Nettokationenausstrom verbunden. Während des Plateaus transportiert dieser Austauscher Natriumionen nach intra- und Calciumionen nach extrazellulär. Daraus resultiert ein Nettokationeneinstrom. Die Richtung des Ionenaustausches hängt von den jeweils herrschenden intra- und extrazellulären Konzentrationsverhältnissen von Natrium und Calcium und vom jeweiligen Membranpotential ab. Unter Ruhebedingungen beträgt das Gleichgewichtspotential dieses Austauschers etwa -40mV.
4. Charakteristisch für den Herzmuskel und für die Form seines APs ist ferner ein besonderer Kationenkanal (T_0) der nach der schnellen Depolarisation einen Kaliumausstrom (I_{TO}) erzeugt und dadurch die für Cardiocyten typische initiale Repolarisation (Phase 1) auslöst. Dieser Kanaltyp kommt in primären Schrittmacherzellen, deren AP keine Phase 1 aufweist, nicht vor.
5. Ein durch Depolarisation kurzzeitig aktivierbarer Chloridkanal unterstützt durch einen (depolarisierenden) Chlorideinstrom, I_{Cl}, die initiale Repolarisation (Tab. 8.3).
6. Das Sarcolemm des Arbeitsmyocards besitzt drei potentialgesteuerte Kaliumkanäle und drei wichtige rezeptorgesteuerte Kaliumkanäle. Bei den potentialgesteuerten Kaliumkanälen handelt es sich:
   a) Um den K-Kaliumkanal, der durch Depolarisation langsam aktiviert und durch Repolarisation langsam inaktiviert wird. Der durch ihn vermittelte Kaliumausstrom (I_K) leitet die Repolarisationsphase des APs (Phase 3) ein und prägt entscheidend dessen Form und Dauer.
   b) Um den K_1-Kaliumkanal, der durch eine oberhalb (positiver) des Ruhepotentials gelegene Aktivierungsschwelle gekennzeichnet ist. Er trägt bei Hyperpolarisation durch einen Kaliumeinstrom, I_{K1}, zur Stabilisierung des Ruhepotentials bei (inwardly rectifying).
   c) Um den bereits erwähnten T_0-Kationenkanal, der bis kurz nach Beendigung der Depolarisation (Phase 0) geöffnet ist und zusammen mit einem transienten Chlorideinstrom (I_{Cl}) die initiale Repolarisation (Phase 1) auslöst.

Ergänzt wird die Kanalausstattung des Sarcolemms im Bereich der Kaliumkanäle durch eine Reihe rezeptorgesteuerter Kaliumkanaltypen. Dazu zählen u.a. die durch Acetylcholin, ATP-Mangel und Adenosin aktivierbaren Kaliumkanäle, die nach Aktivierung durch die zugehörigen Agonisten einen Kaliumausstrom fördern (Tab. 8.3). Eine Aktivierung dieser Kanäle wirkt negativ inotrop und negativ chronotrop auf das Herz.

Der über Acetylcholin vermittelte Effekt wird

Tabelle 8.3 Besondere Funktionen von Ionenkanälen in der Zellmembran des Herzens im Vergleich zu Nerven und Muskelzellen

Ionenkanal bzw. Membraneigenschaft	Arbeitsmyocard	primäre Schrittmacherzellen
Membrankapazität des Sarcolemms	keine Besonderheiten	gering
schnell aktivierbares Natriumsystem	vorhanden, keine Besonderheiten	fehlt
Natriumpermeabilität unter Ruhebedingungen	vorhanden, keine Besonderheiten	hoch, mit auslösender Faktor für Präpotential
L-Calciumkanäle	verantwortlich für die calciuminduzierte Freisetzung aus dem sarcoplasmatischen Reticulum	wie im Arbeitsmyocard
$3Na^+/Ca^{2+}$-Austauscher	verstärkt initiale Repolarisation, hält Plateauphase aufrecht, transportiert in der Plateauphase Calcium aus der Zelle	verstärkt initiale Repolarisation, keine Plateauphase
T-Calciumkänale	fehlen weitgehend	fördern Präpotential, verzögern Depolarisation
unspezifische Kationenkänäle (F-Kanäle)	fehlen	induzieren Präpotential
unspezifische Kationenkanäle (T0-Kanal)	erzeugen initiale Repolarisation (Phase 1 des APs)	fehlen
Chloridkanäle	verstärken initiale Repolarisation	fehlen
K1-Kaliumkanäle	stabilisieren Membranpotential	fehlen

intrazellulär über ein spezifisches Pertussistoxin-sensitives G-Protein vermittelt. Der durch ATP-Mangel vermittelte und durch Tolbutamid hemmbare Effekt stellt eine funktionelle Verbindung zwischen myocardialem Energiestoffwechsel und Herzaktivität dar. Eine Aktivierung des K_{ATP}-Kanals verlängert auch das Präpotential der Schrittmacherzellen und verkürzt das AP des Arbeitsmyocards. Ähnlich wirkt ein Anstieg von Adenosin, dessen Konzentration im Herzen bei ATP-Mangel ansteigt. Die meisten dieser Kanäle können durch Pharmaka gezielt beeinflußt werden.

• **Schrittmacherzellen**

Am Sarcolemm der Schrittmacherzellen sind die im folgenden aufgezählten Merkmale von Bedeutung.

1. Primäre Schrittmacherzellen besitzen im Vergleich zum Arbeitsmyocard eine geringe Membrankapazität, so daß bereits kleine Membranströme große Potentialschwankungen hervorrufen.
2. Primäre Schrittmacherzellen besitzen keine schnell aktivierbaren Natriumkanäle. Die Depolarisation dieser Zellen beruht hauptsächlich auf einem Calciumeinstrom.
3. Im Vergleich zum Arbeitsmyocard besitzen Schrittmacherzellen keine K_1-Kaliumkanäle. Dadurch wird das instabile Ruhepotential dieser Zellen stark von anderen und für diese Zellen typische Ionenströme geprägt.
4. Ein sich während der langsamen Depolarisation (Präpotential) öffnender und rasch wieder schließender T-Calciumkanaltyp (T steht für transient) vermittelt und moduliert durch Calciumeinstrom ($I_{Ca\text{-}T}$) die letzte Phase des Präpotentials und erhöht die Steilheit der Depolarisation (Phase 0).
5. Ein für diese Zellen typischer Kationenkanal, der durch Repolarisation und Hyperpolarisation aktiviert wird, und zeitgesteuert einen zusätzlichen, sich langsam verstärkenden Natriumeinstrom (I_F) vermittelt.
6. Die Zellmembran der primären Schrittmacherzellen weist in Ruhe eine relativ hohe **zeit- und potentialunabhängige** Kationenpermeabilität auf. Durch sie wird ein ständiger Einstrom von Natriumionen (Natriumgrundstrom, I_{gNa}) unterhalten, der das Ruhepotential depolarisiert.

8.4.2 Das Aktionspotential des Arbeitsmyocards

Die folgenden Prozesse kennzeichnen den Verlauf des APs im Arbeitsmyocard.

Phase 0, Depolarisation. Eine eintreffende Erregung aktiviert das schnell reagierende potential- und zeitgesteuerte Natriumsystem und löst die Depolarisation aus. Zeitgleich damit werden potential- und zeitgesteuerte L-Calciumkanäle aktiviert. Der durch sie unterhaltene Calciumeinstrom verstärkt die rasche Depolarisation und löst **direkt** die Calciumfreisetzung aus dem sarcoplasmatischen Reticulum aus (Induktion des Calciumtransients). Verschiedene Lokalanästhetika, wie Lidocain und Mexiletin, wirken blockierend auf den Natriumeinstrom und dämpfen dadurch die Ausbildung eines APs. Diese zur Klasse I zählenden Antiarrhythmika gehören zu den potentesten Blockern bei ventriculären Arrhythmien.

Phase 1, initiale Repolarisation. Die rasche Depolarisation der Phase 0 aktiviert den unspezifischen, für Kalium- und Natriumionen gleichermaßen durchlässigen, rasch inaktivierbaren Kationenkanal T_0. Dieser Kanal unterhält am Ende der Depolarisation einen kurzzeitigen repolarisierenden Kaliumausstrom.

Phase 2, Plateauphase. Während der 200-400 ms dauernden Plateauphase ist bei niedriger Gesamtleitfähigkeit des Sarcolemms die Nettoladungsverschiebung Null. In dieser Phase transportiert der Na/Ca-Austauscher Natriumionen in die Zelle und Calciumionen nach außen. Der damit verbundene Nettokationeneinstrom (in Form von Natriumionen) wird durch einen gleich großen Kaliumausstrom kompensiert. Der Kaliumausstrom wird am Anfang der Plateauphase hauptsächlich durch T_0-Kationenkanäle und am Ende der Plateauphase durch K-Kaliumkanäle unterhalten. Der $I_{Ca\text{-}L}$ nimmt während dieser Phase zunehmend ab.

Phase 3, Repolarisation. Die Repolarisation wird durch die verzögert einsetzende und allmählich zunehmende Aktivierung von potential- und zeitgesteuerten K-Kaliumkanälen induziert. Die noch langsamer einsetzende Aktivierung von K_1-Kaliumkanälen beschleunigt gegen Ende diesen Prozeß.

Phase 4, Ruhepotential. Auch während des Ruhepotentials findet keine Nettoladungsverschiebung durch das Sarcolemm statt. Das Ruhepotential (E_M) wird im wesentlichen durch die relativ hohe Permeabilität der K_1-Kaliumkanäle bestimmt und befindet sich in der Nähe des Kaliumgleichgewichtspotentials, E_K.

8.4.3 Das Aktionspotential der Schrittmacherzellen

Charakteristische Merkmale der Schrittmacherzellen sind ihr instabiles Ruhepotential, das Fehlen der initialen Repolarisation und der Plateauphase (Abb. 8.6C). Wegen der geringen Membrankapazität sind kleine Ionenströme mit relativ großen Potentialschwankungen verbunden.

Phase 4, Präpotential. Das Präpotential wird durch einen Nettokationeneinstrom erzeugt, der sofort nach dem Ende des APs einsetzt. Er besteht aus einem Einstrom von Natriumionen (Natriumgrundstrom, I_{gNa}), einem Einstrom von Calciumionen (I_{Ca}), hauptsächlich über L-Calciumkanäle und dem für Schrittmacherzellen typischen Natriumeinstrom I_F. Der depolarisierende Effekt des Natrium- und Calciumeinstroms wird durch eine langsam abnehmende Kaliumpermeabilität unterstützt.

Die relative Bedeutung der einzelnen für das Präpotential verantwortlichen Ionenströme I_{gNa}, I_{Ca} und I_F ist tierartlich verschieden und altersabhängig. Außerdem bestehen Unterschiede zwischen den sog. „primären", im Zentrum des SA- und AV-Knotens gelegenen und den „sekundären", mehr peripher gelegenen Schrittmacherzellen. Durch die Beteiligung vieler verschiedener Ionenkanäle am Präpotential können Schrittmacherzellen die Herzfrequenz gut an unterschiedliche Bedingungen in Ruhe und bei Belastung und auch an pathologische Zustände, wie Hypoxie oder Fieber, anpassen.

Phase 0, Depolarisation. Die Depolarisation verläuft in Schrittmacherzellen wegen des Fehlens des schnellen Natriumsystems flacher als im Myocard (Abb. 8.6C,D). Sie wird vorwiegend durch einen Calciumeinstrom ausgelöst, der durch L-Calciumkanäle und durch T-Calciumkanäle unterhalten wird.

Phase 1, initiale Repolarisation; Phase 2, Plateauphase. Das AP der Schrittmacherzellen zeigt keine initiale Repolarisation und kein Plateau. An die Depolarisation (Phase 0) schließt sich unmittelbar die Repolarisation (Phase 3) an.

Phase 3, Repolarisation. Die Repolarisation des APs in Schrittmacherzellen beruht auf einem zunehmenden Kaliumausstrom über K-Kaliumkanäle. Diese Kanäle werden durch Depolarisation aktiviert und im Verlauf der Repolarisation zeitgesteuert langsam inaktiviert. Die zeitgesteuerte Inaktivierung hält über das Ende der Repolarisation hinaus an und trägt dadurch mit zum Präpotential bei. Der Calciumeinstrom klingt während der Repolarisation rasch ab. Die eingeströmten Calciumionen werden wie auch im Arbeitsmyocard durch den $3Na^+/Ca^{2+}$-Austauscher wieder nach außen befördert. Da Schrittmacherzellen keine K_1-Kaliumkanäle besitzen, kann das Ruhepotential nicht auf einem niedrigen Wert stabilisiert werden, und die Repolarisation kommt bereits bei Erreichen eines Wertes von -60 bis -70 mV zum Halten.

Die Steilheit des Präpotentials nimmt vom Sinusknoten über den AV-Knoten bis zu den Purkinjefasern immer mehr ab. Andererseits wird die Depolarisation immer steiler (Abb. 8.5A). Ruhe- und Aktionspotential des Erregungsleitungssystems werden so dem Arbeitsmyocard immer ähnlicher. Eine Ausnahme hiervon bilden langsam leitende Anteile des AV-Knotens, die für die Überleitungszeit zwischen Vorkammern und Kammern verantwortlich sind. In ihnen wird die Depolarisation fast ausschließlich von einem langsamen Calciumeinstrom getragen.

Zusammengefaßt bedeutet das: Das instabile Ruhepotential der Schrittmacherzellen kommt durch einen Nettokationeneinstrom zustande, der sich aus einem relativ hohen Natriumgrundstrom (I_{gNa}) einem spezifischen potentialgesteuerten Na-

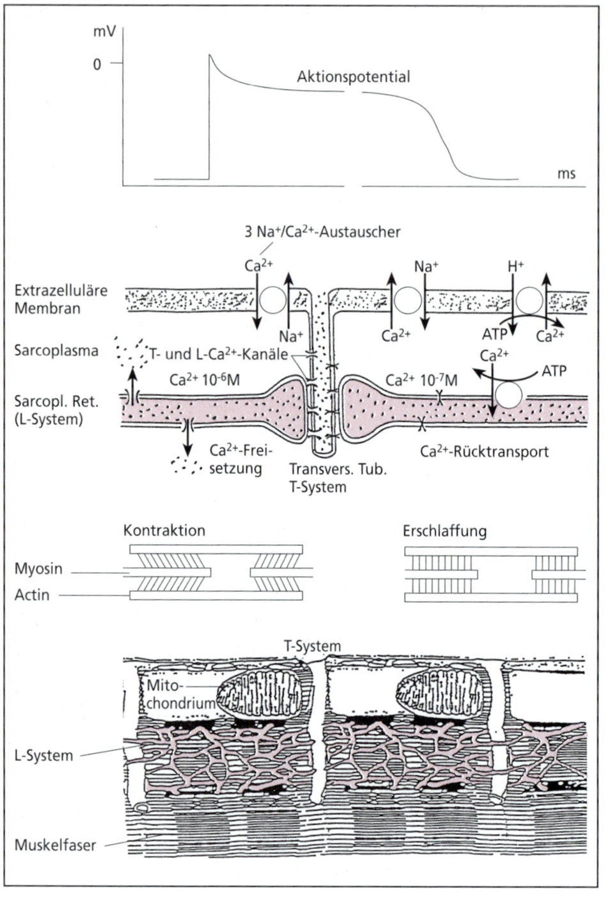

Abb. 8.8 Von oben nach unten: Aktionspotential bei anschwellendem (links) und abschwellendem (rechts) Calciumtransient.
Bidirektionale Calciumströme durch Sarcolemm und Membranen des sarcoplasmatischen Reticulums während des anschwellenden (links) und des abschwellenden (rechts) Calciumtransients (schematisch).
Kontraktionszustände des Sarcolemms.
Myocyt, schematisch.

triumeinstrom (I_F) und einem langsam zunehmenden Calciumeinstrom (I_{Ca}) zusammensetzt. Die Depolarisation beruht hauptsächlich auf einem Einstrom von Calciumionen. Ein schnell reagierendes Natriumsystem fehlt. Das Aktionspotential besitzt keine initiale Repolarisation und kein Plateau. Die Repolarisation wird durch Kaliumausstrom über K-Kaliumkanäle herbeigeführt. Da K_1-Kaliumkanäle fehlen, kommt die Repolarisation schon vor Erreichen des Kaliumgleichgewichtspotentials zum Stehen und geht spontan in ein neues Präpotential über.

8.4.4 Kontraktionsbeeinflussung durch Kaliumkanäle

Aufgrund des engen Zusammenhanges zwischen Aktionspotential und Kontraktion können die kontraktilen Eigenschaften des Herzens durch Manipulation der potential- und rezeptorgesteuerten Kaliumkanäle (ROC) beeinflußt werden. Solche Eingriffe haben Einfluß auf das Präpotential sowie auf Form und Dauer der APs von Schrittmacherzellen und Arbeitsmyocard. Acetylcholin, ATP-Mangel und Adenosin verlängern z.B. das Präpotential und verkürzen und verkleinern das AP. Dadurch wirken sie negativ inotrop und negativ chronotrop. Da diese Effekte intrazellulär über „second messenger" vermittelt werden, sind sie auf verschiedenen Stufen einer pharmakologischen Beeinflussung gut zugänglich.

8.4.5 Calcium als Mediator zwischen Erregung und Kontraktion

Eine calciumvermittelte und nicht wie im Skelettmuskel eine potentialvermittelte Calciumfreisetzung löst am Herzen eine Kontraktion aus. Die langfristige Feinregelung der zellulären Calciumhomöostase ist die wichtigste Voraussetzung für eine gesunde Herzfunktion.

Im Herzen setzt das einlaufende AP nicht direkt Calciumionen aus den intrazellulären Speichern frei. Es induziert vielmehr einen Calciumeinstrom durch das Sarcolemm, der seinerseits Calcium aus dem sarcoplasmatischen Reticulum freisetzt. Das unterscheidet den Herzmuskel deutlich von der Skelettmuskulatur. Durch die Freisetzung des Calciums aus dem SR steigt die Konzentration der freien Calciumionen im Sarcoplasma schnell von etwa 0,12 auf 1,0 bis 1,5 µmol/l (Calciumtransient) (Abb. 8.6B, Abb. 8.8) und bleibt danach bedeutend länger auf dieser Höhe als in der Skelettmuskulatur.

Der durch das AP induzierte Calciumeinstrom findet nur an ganz bestimmten Stellen der transversalen Tubuli (im Bereich der Triaden) statt. Durch Größe, Form und Dauer des APs kann die Freisetzung von Calcium aus dem SR und dadurch die Stärke und die Dauer der Kontraktion modifiziert werden. Das im SR gespeicherte Calcium strömt durch spezifische, durch Ryanodin inaktivierbare und durch Coffein aktivierbare Calciumkanäle in das Cytosol (Abb. 8.8). Etwa 5% des eintretenden Calciums tragen zur Erhöhung der freien Calciumkonzentration bei, 95% des freigesetzten Calciums werden an Proteine, wie Troponin C, Calmodulin und Zellwandproteine gebunden. Wie im Skelettmuskel führt auch im Herzmuskel die Bindung von Calcium an Troponin C zur Kontraktion. Der Rücktransport des Calciums aus dem Cytosol in das SR beginnt sofort nach Entleerung der Speicher mit einer etwa 10fach langsameren Rate als der Calciumeinstrom. Er wird durch eine spezifische

Calciumpumpe, die SR-Ca-ATPase, bewerkstelligt, die durch den Anstieg der freien Calciumkonzentration aktiviert wird. Hierfür wird zunächst eine Calcium/Calmodulin-abhängige Proteinkinase aktiviert, die ihrerseits eine inhibitorische Untereinheit (Phospholamban) der Pumpe inaktiviert. Im SR liegt das zurücktransportierte Calcium zu etwa 10% in freier Form vor. Der übrige Teil ist an ein spezifisches Calcium-Bindungsprotein, das Calsequestrin, gebunden, das 35-40 Calciumionen pro Molekül aufnehmen kann. Die Calciumkonzentration im SR wird bei gefülltem Speicher auf etwa 10-15 mmol/l geschätzt. Der größte Teil des Calciums, der nach Eintreffen eines APs in das Cytosol gelangt, stammt aus den intrazellulären Speichern des SR. Dieser Teil beträgt im Rattenherzen 92% des freigesetzten Calciums. Die restlichen 8% diffundieren durch L-Calciumkanäle von außen in die Zellen. Der größte Teil des von extrazellulär stammenden Calciums (7%) wird während der Plateauphase durch den $3Na^+/Ca^{2+}$-Austauscher wieder nach außen befördert. Nur etwa 1% gelangt durch die sarcolemmale ATP-abhängige Calciumpumpe im Austausch mit einem Proton wieder nach außen (Abb. 8.8).

Die langfristige Regulation der zellulären Calciumhomöostase ist für die motorische Aktivität des Herzens von großer Bedeutung. Dies erfordert eine Feinabstimmung der von extra- und intrazellulär ein- und austretenden Calciumströme. Jede geringste Imbalance dieser beiden bidirektionalen Fluxe würde schnell eine Calciumdepletion oder eine Überladung der Zelle mit Calcium nach sich ziehen.

• **Kontraktionsbeeinflußung durch Calcium**

Wegen der großen Bedeutung der Calciumhomöostase ist sie von zahlreichen Faktoren abhängig und auf vielfältige Weise beeinflußbar, z.B. durch den intrazellulären pH-Wert, die ATP-Konzentration oder von β-adrenergen Agonisten. Aufgrund der Wirkungsweise des $3Na^+/Ca^{2+}$-Austauschers haben Verschiebungen der Natriumkonzentration zwischen intra- und extrazellulärer Flüssigkeit einen starken Einfluß auf die Calciumhomöostase. Eine geringe **Zunahme der intrazellulären freien Natriumkonzentration** kann z.B. die elektrochemische Triebkraft für den Calciumausstrom durch das Sarcolemm während des Plateaus stark vermindern. Das würde bei unverändertem Calciumeinstrom zu einer Anreicherung des intrazellulären Calciums führen. Das wiederum würde den intrazellulären Calciumspeicher vergrößern, eine stärkere Calciumfreisetzung und schließlich eine stärkere Kontraktion nach sich ziehen (positiv inotroper Effekt). Die Wirkung des ältesten bekannten, früher aus Fingerhutarten gewonnenen Herzmittels Digitoxin, beruht zum Teil auf einem solchen Mechanismus. Als spezifischer Hemmer der sarcolemmalen Na^+/K^+-ATPase führt k-Strophanthin (Ouabain) zu einer Erhöhung der intrazellulären Natriumkonzentration und dadurch zu den oben beschriebenen Effekten. Eine Erhöhung der extrazellulären Calciumkonzentration sowie Adrenalin fördern ebenfalls den Calciumeinstrom während des APs und verbessern die Kontraktionskraft des Herzens. Andererseits kommt es bei Inkubation von Herzmuskelzellen in calciumfreier Lösung durch Wegfall der calciumvermittelten Calciumfreisetzung zum Herzstillstand. Das Aktionspotential ändert sich unter diesen Bedingungen zunächst jedoch nur wenig. „Calciumkanalblocker" wie Nifedipin aus der Gruppe der Dihydropyridine oder Verapamil aus der Gruppe der Phenylalkylamine werden heute verbreitet zur Stabilisierung der Herzfunktion eingesetzt. Ein Hauptteil ihrer Wirkung besteht jedoch nicht in der direkten Dämpfung des Arbeitsmyocards als vielmehr in der erschlaffenden Wirkung auf die Gefäßmuskulatur. Die ausgelöste Vasodilatation des Coronarsystems erleichtert die Versorgung des Herzens mit Sauerstoff.

Eine Frequenzzunahme oder Extrasystolen verstärken den Calciumeinstrom und damit die Kontraktionskraft (positive Frequenzinotropie; Abb. 8.9). Diese Phänomene werden als Frequenzinotropie und postextrasystolische Potenzierung bezeichnet. Sie beruhen hauptsächlich darauf, daß durch die verkürzte Diastolenzeit der sarcolemmale Ca-Ausstrom hinter dem Ca-Einstrom zurückbleibt. Ähnlich läßt sich die Zunahme der Kontraktionskraft durch kurzzeitigen Herzstillstand auf eine vollständigere Wiederauffüllung der intrazellulären

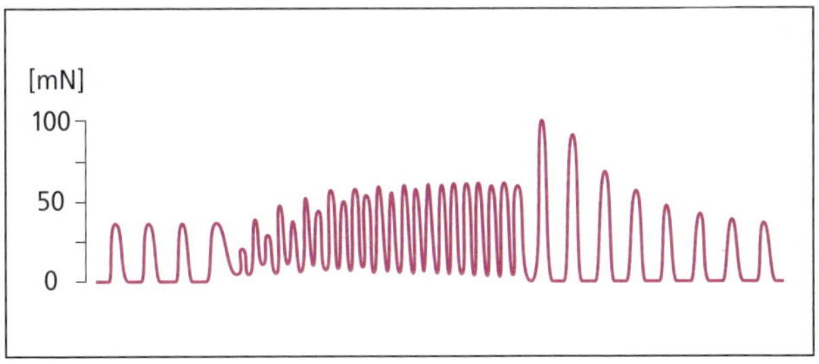

Abb. 8.9 Druckverlauf im rechten Ventrikel eines Kaninchens bei isovolumetrischer Kontraktion.
Die Kontraktionskraft des Herzens nimmt bei Erhöhung der Schlagfrequenz zu (positive Frequenzinotropie, Treppenphänomen) und steigt auch bei Reizung nach einer Pause (postextrasystolische Potenzierung). Frequenzzunahme verstärkt den Calciumeinstrom in das Sarcoplasma, vermindert den Calciumausstrom und vergrößert den zellulären Calciumspeicher. Eine längere Pause vergrößert ebenfalls den intrazellulären Ca-Speicher. Das erhöht den Calciumtransient und die nachfolgende Kontraktion.

Calciumspeicher zurückführen (Treppenphänomen; Abb. 8.9). Der parasympathische Überträgerstoff Acetylcholin oder eine Erhöhung der extrazellulären Kaliumkonzentration vermindert dagegen den Calciumeinstrom, verkürzt dadurch das AP und vermindert die Kontraktionskraft des Herzens.

8.5 Regulation der Herztätigkeit

Das Herz kann seine Pumpleistung an unterschiedliche körperliche Belastungen anpassen. Bereits wenige Sekunden nach Einsetzen einer körperlichen Arbeit steigen Schlagfrequenz und Herzminutenvolumen und erreichen, je nach Tierart und Trainingszustand, bei maximaler Belastung das 2 ½- bis 8fache des Ruhewertes. Beim Pferd z.B. stellt sich bereits 15-20 s nach Beginn der Belastung die der Leistung entsprechende Herzfrequenz ein (bis zu einem Maximum von 200-240 Schlägen/min). Bei dieser Anpassung wirken intra- und extracardiale (nervale und humorale) Einflüsse zusammen. Aus hämodynamischen Gründen zwingend werden alle Änderungen der Förderleistung vom rechten und linken Ventrikel weitgehend synchron realisiert. Geringste anhaltende Disparitäten in der Förderleistung beider Kammern würden unweigerlich zu Blutstau und Blutmangel in jeweils einem der beiden Kreislaufsegmente führen.

8.5.1 Intracardiale Regulationsmechanismen, Frank-Starling-Mechanismus

Durch intracardiale Mechanismen kann das Herz seine Pumpleistung unter Beibehaltung der Herzfrequenz verändern.

Die **im Herzen** liegenden **autoregulatorischen Mechanismen** zur Anpassung der Herzleistung an wechselnde Bedingungen wurden erstmals von einem deutschen (Otto Frank, gest. 1895) und einem englischen (E.H. Starling, 1866-1927) Physiologen näher untersucht. Sie stellten fest, daß das isolierte Herz auf einen zunehmenden enddiastolischen Druck der rechten Vorkammer (Vorlast) mit einem vergrößerten Schlagvolumen und auf eine Zunahme des maximalen systolischen Druckes in der linken Kammer (Nachlast) mit gleichbleibendem Schlagvolumen auf einem höheren Druckniveau reagiert. Die Herzfrequenz änderte sich in beiden Fällen nicht. Die Physiologen erkannten, daß durch erhöhte Vorlast in Form eines erhöhten venösen Rückstroms die rechte Kammer stärker gefüllt und stärker gedehnt wurde als zuvor. Darauf antwortete das isolierte Herz spontan mit einer stärkeren Kontraktion und einem größeren Schlagvolumen bei gleichzeitig geringfügiger Zunahme der Restblutmenge der Kammern.

Bei Erhöhung der Nachlast nahm erst die endsystolische Füllung der linken Kammer zu. Dies löste einen Rückstau in den Lungenvenen aus, der rasch zu einer stärkeren Füllung der linken Kammer führte, die dann das gleiche Schlagvolumen wie vorher gegen einen höheren Druck auszutreiben vermochte. Die physiologische Bedeutung dieses Mechanismus besteht in einer raschen Anpassung beider Herzhälften an Blutdruckschwankungen in einzelnen Kreislaufsegmenten, wie sie z.B. durch Lageänderungen oder durch die Atembewegungen hervorgerufen werden oder durch Änderungen des Blutflusses bei vegetativer Stimulation (z.B. durch Gabe von β-Rezeptoren-Blockern). Typisch für jede Anpassung dieser Art ist das Gleichbleiben der Herzfrequenz. Jede Anpassung des Herzens an körperliche Arbeit ist dagegen mit einer Zunahme der Schlagfrequenz und, trotz erhöhter Nachlast, mit einem **abnehmenden enddiastolischen Volumen** verbunden. Das zeigt, daß der Frank-Starling-Mechanismus als Anpassungsmechanismus bei körperlicher Arbeit keine Rolle spielt.

Die Zunahme der Kontraktionskraft bei zunehmender Dehnung beruht einmal auf der bereits vom Skelettmuskel bekannten Längen-Kraft-Relation der Sarcomeren (Abb. 7.9), zum anderen auf einer zunehmenden Calciumsensitivität der Myofilamente mit zunehmender Sarcomerenlänge. Dieser letzte Effekt wird vermutlich durch die calciumbindende Untereinheit des cardialen Troponins (TnC) vermittelt.

8.5.2 Herzarbeit und Frank-Starling-Mechanismus im Druck-Volumen-Diagramm

Die von einem Skelettmuskel geleistete Arbeit ist das Produkt aus Kraft · Weg [N · cm]. Die vom Herzen geleistete Arbeit ist das Produkt aus Druck [N/cm^2] · Volumen [cm^3], [$N/cm^2 \cdot cm^3 = N \cdot cm$]. Den passiven und aktiven Längen-Kraft-Relationen des Skelettmuskels (Ruhedehnungskurve, isometrische und isotonische Maxima, Abb. 7.16) entspricht am Herzen das Druck-Volumen-Diagramm (Abb. 8.10A). Jeder Herzschlag beschreibt eine in sich geschlossene Schleife, dessen Fläche (Druck · Volumen) der Arbeit eines Herzschlags entspricht. Die Strecke zwischen den Punkten A und B ist die Füllungsphase. In B beginnt mit einem isovolumetrischen Druckanstieg die Anspannungsphase (bis Punkt C). Daran schließt sich bis Punkt D die Austreibungsphase an, die durch ein abnehmendes Volumen und

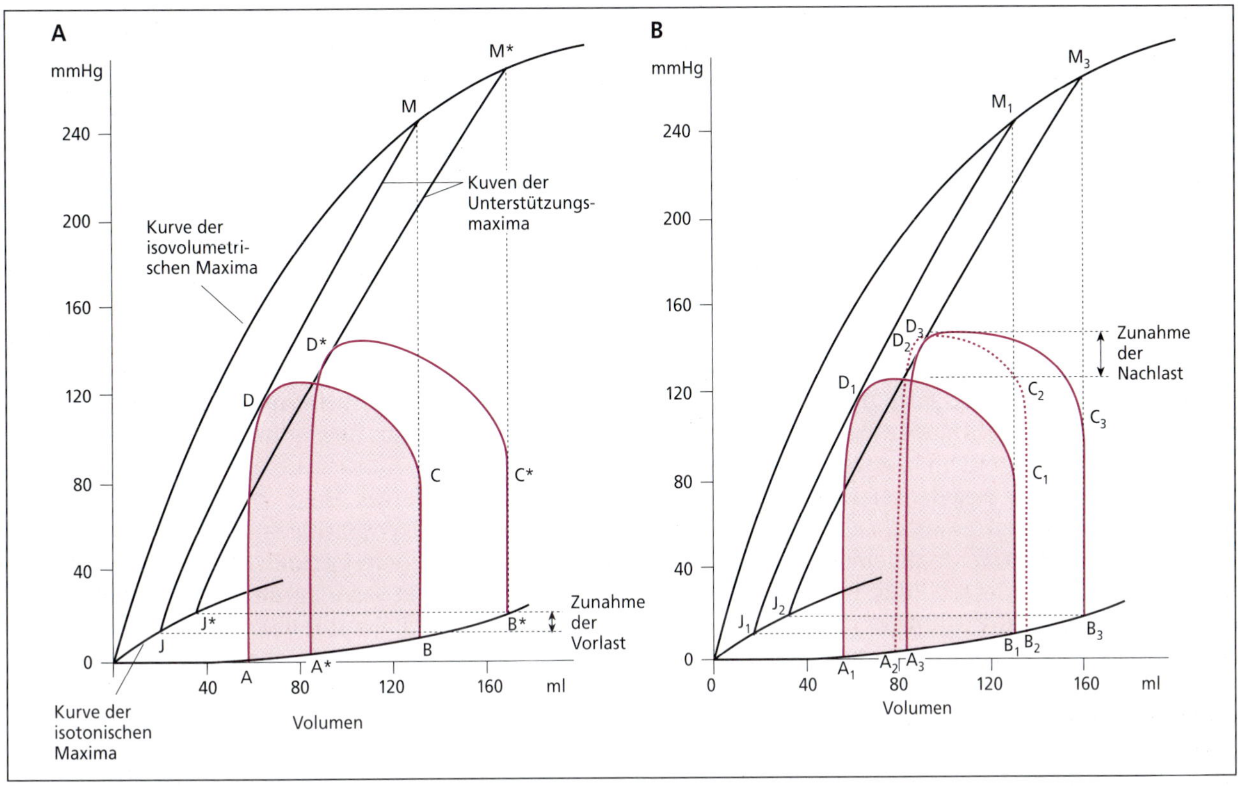

Abb. 8.10 Druck-Volumen-Diagramme des Herzens und Anpassung an eine gestiegene Vorlast **(A)** und Nachlast **(B)**.
A Druck-Volumen-Änderungen des Herzens während eines Herzschlags werden durch die Druck-Volumen-Schleife beschrieben. Sie verläuft durch die Punkte A (Druck am Ende der Entspannungsphase), B (enddiastolischer Druck), C (Druck am Ende der Anspannungsphase) und D (endsystolischer Druck). Auf eine erhöhte Vorlast reagiert die Kammer mit einer stärkeren Füllung, einem größeren Schlagvolumen und zunehmendem Restblut. Nach Anpassung verläuft die Druck-Volumen-Schleife durch die Punkte A*, B*, C*, D*.
B Die Anpassung des isolierten Herzens an eine erhöhte Nachlast vollzieht sich in mehreren Schritten. Zunächst vermindert sich das Schlagvolumen (gestrichelte rote Kurve), da die Austreibunsphase bereits bei D_2 endet. Dadurch steigt die Restblutmenge in der Kammer von A_1 bis A_2. Dies erhöht sekundär die Vorlast und den enddiastolischen Druck, so daß die Kammer jetzt stärker gefüllt wird, bis B_2. Durch die zunehmende enddiastolische Dehnung erreicht die Kammer bei der Austreibung jetzt den Druck D_3. Das zunächst noch verringerte Schlagvolumen ($A_3 B_2$) führt zu weiterer Zunahme der Vorlast, bis die enddiastolische Füllung bei B_3 wieder das ursprüngliche Schlagvolumen erreicht hat. So wird die Druck-Volumen-Schleife stufenweise so weit nach rechts verschoben bis die alte Pumpleistung, jetzt bei erhöhter Nachlast, wieder erreicht ist. Die systolischen Drücke (D_1, D_2, D_3) liegen jeweils auf den Kurven der dazu gehörenden Unterstützungsmaxima (s. dazu weiterführende Literatur).

kurvilinearen Druckverlauf gekennzeichnet ist. Die isovolumetrische Entspannungsphase führt von Punkt D wieder zum Ausgangspunkt zurück.

Die Anpassung des Herzens an eine gestiegene Vorlast erscheint im Druck-Volumen-Diagramm als Verschiebung der Schleife nach rechts (Abb. 8.10A). Die gestiegene Vorlast verschiebt den Punkt der enddiastolischen Füllung der Kammern auf der Ruhedehnungskurve von B nach B*, und das Schlagvolumen des Herzens steigt (Strecke A* B*) bei angestiegener Restblutmenge. Da die Nachlast unverändert ist, beginnt die Austreibung des Blutes bei gleichem Druck wie vorher (im Punkt C*). Das Druckmaximum der Austreibungsphase ist jedoch infolge des größeren Schlagvolumens größer geworden. Es liegt jetzt auf der zu diesem Dehnungszustand gehörenden Kurve der Unterstützungsmaxima.

Die Anpassung des Herzens an eine erhöhte Nachlast im Druck-Volumen-Diagramm zeigt Abb. 8.10B. Auch in diesem Falle wird die Druck-Volumen-Schleife stufenweise nach rechts verschoben. Nach diesem Anpassungsvorgang wird vom Herzen die gleiche Blutmenge ausgepumpt wie vorher, nun aber gegen einen höheren endsystolischen Druck. Die Anpassung vollzieht sich in mehreren Schritten. Durch die höhere Nachlast wird zunächst weniger Blut ausgetrieben, wodurch das Schlagvolumen sinkt. Dadurch steigt die Restblutmenge im linken Ventrikel, so daß sich seine Vorlast sekundär erhöht. Dieses erzeugt eine größere enddiastolische Dehnung und ermöglicht dadurch dem Ventrikel das gleiche Schlagvolumen wie vorher bei höherem Arbeitsdruck (bis etwa 170 mm Hg) (Abb. 22.7) auszupressen.

8.5.3 Extracardiale Regulation der Herzfunktion

Durch extracardiale Mechanismen (Nerven, Hormone) kann das Herz seine Pumpleistung bei gleichzeitiger Änderung der Herzfrequenz an körperliche Belastungen anpassen. Der N. sympathicus wirkt auf Vorkammern und Kammern positiv, der N. parasympathicus hauptsächlich auf die Vorkammern negativ chrono-, ino- und dromotrop.

Die Anpassung des Herzens an körperliche Arbeit wird vor allem durch das vegetative Nervensystem und durch Hormone des Nebennierenmarks gesteuert. Die von diesen Quellen ausgehenden Signale beeinflussen in der Regel drei Eigenschaften des Herzens: die Schlagfrequenz (**chronotrope Wirkung**), die Kontraktionskraft (**inotrope Wirkung**) und die Geschwindigkeit der atrioventrikulären Erregungsleitung (**dromotrope Wirkung**). Der Sympathicus wirkt als Stimulator und der Parasympathicus als Inhibitor des Herzens. Schon bei Körperruhe steht das Herz unter dem Einfluß des vegetativen Nervensystems mit überwiegend parasympathischem Einfluß. Die einzelnen Abschnitte des Herzens werden vom Sympathicus und Parasympathicus unterschiedlich stark innerviert.

- **Sympathische und parasympathische Innervation**

Sympathicus und Parasympathicus ziehen auf unterschiedlichen Bahnen zum Herzen. Präganglionäre Fasern des **Sympathicus** verlassen im caudalen Hals- und cranialen Thoraxbereich (2. bis 5. Thoraxsegment), von den Seitenhörnern kommend, über die Ventralwurzeln das Rückenmark. Diese Fasern werden in den Hals- und oberen Thoraxganglien des Grenzstrangs und im cardialen Plexus auf postganglionäre Fasern (Nervi cardiaci, Nervi accelerantes) umgeschaltet, die dann **ohne Zwischenschaltung motorischer Endplatten** die Herzmuskulatur der Vorkammern und Kammern und die glatten Muskelzellen der Gefäße erreichen (Abb. 8.11). Überträgerstoffe der sympathischen Fasern sind hauptsächlich der β_1-adrenerge Agonist Noradrenalin und in geringerem Umfang das vorwiegend aus dem Nebennierenmark stammende Adrenalin, das auf β- und α-Rezeptoren agonistisch wirkt.

Die präganglionären Fasern des **Parasympathicus** nehmen in der Medulla oblongata ihren Ausgang und gelangen mit dem N. vagus in das Herz. Dort ziehen sie parallel mit den Gefäßen. Der rechte N. vagus versorgt hauptsächlich den rechten Vorhof und den hier gelegenen Sinusknoten, der linke N. vagus hauptsächlich den AV-Knoten und die linksseitigen Areale der Vorhöfe. Die Umschaltung der parasympathischen Fasern von prä- auf postganglionär findet erst im Herzen statt. Die Vorhöfe werden insgesamt stärker autonom innerviert als die Kammern.

- **Rezeptoren des Parasympathicus und des Sympathicus**

Der Parasympathicus setzt Acetylcholin frei, dessen Wirkung auf das Herz hauptsächlich durch muscarinische, durch Atropin hemmbare Acetylcholinrezeptoren vermittelt wird. Der Parasympathicus wirkt auf Schrittmacherzellen und auf das Vorhofmyocard direkt, und zwar negativ chronotrop, inotrop und dromotrop. Im Kammermyocard dämpft der Parasympathicus dagegen durch präsynaptische Hemmung den Einfluß des Sympathicus. Ein sympathisch stimuliertes Herz wird besonders stark durch den Parasympathicus gehemmt. Auf die Herzgefäße wirkt Acetylcholin durch einen über NO vermittelten Effekt vasodilatatorisch. Dieser Mechanismus wird durch Verabreichung von Nitroglycerin bei akuten Anfällen von Angina pectoris therapeutisch genutzt.

Bei den cardialen adrenergen Rezeptoren werden aufgrund ihrer Ansprechbarkeit auf Überträgerstoffe und Pharmaka und nach ihren Wirkungen grob zwei Hauptgruppen unterschieden, die α- und β-Rezeptoren. Am Herzen wirkt der Sympathicus am stärksten auf β_1-Rezeptoren. Diese Wirkung ist positiv chronotrop, inotrop und dromotrop. Das gilt auch für den über β_2-Rezeptoren vermittelten Effekt des Sympathicus, der nach Muster, Intensität und Dauer jedoch meist schwächer ausfällt. Die Konzentration der β_1-Rezeptoren nimmt im Herzen mit dem Alter zu, die der β_2-Rezeptoren nicht. In Coronargefäßen überwiegt die Zahl der β_2-adrenergen Rezeptoren gegenüber den β_1-Rezeptoren.

Adrenalin (und Noradrenalin) aus dem Nebennierenmark beeinflussen die Herzfunktion durch Aktivierung von β- und α-Rezeptoren. Im Herzen kommen hauptsächliche α_1-Rezeptoren vor. Auch eine α-adrenerge Stimulation erhöht wie eine β-adrenerge Stimulation u.a. den Calciumtransient und die Sensitivität der Myofilamente gegenüber Calcium und wirkt dadurch positiv inotrop und positiv chronotrop. Dieser Effekt bleibt in seiner Stärke jedoch hinter dem der β_1 -adrenergen Stimulation zurück. Außerdem erhöht und verlängert eine α_1-adrenerge Stimulation die Plateauphase des APs durch Hemmung vieler Kaliumkanalströme (I_{TO}, I_K, I_{K1} und I_{ACH}; Tab. 8.2). Eine Stimulation von α-Rezeptoren durch Pharmaka, z.B. durch Mitoxamin und Phenylephrin, hat einen verzögert einsetzenden, nachhaltig positiv inotropen und positiv chronotropen Effekt auf das Herz.

Neben α_1 -Rezeptoren kommen in Schrittmacher-

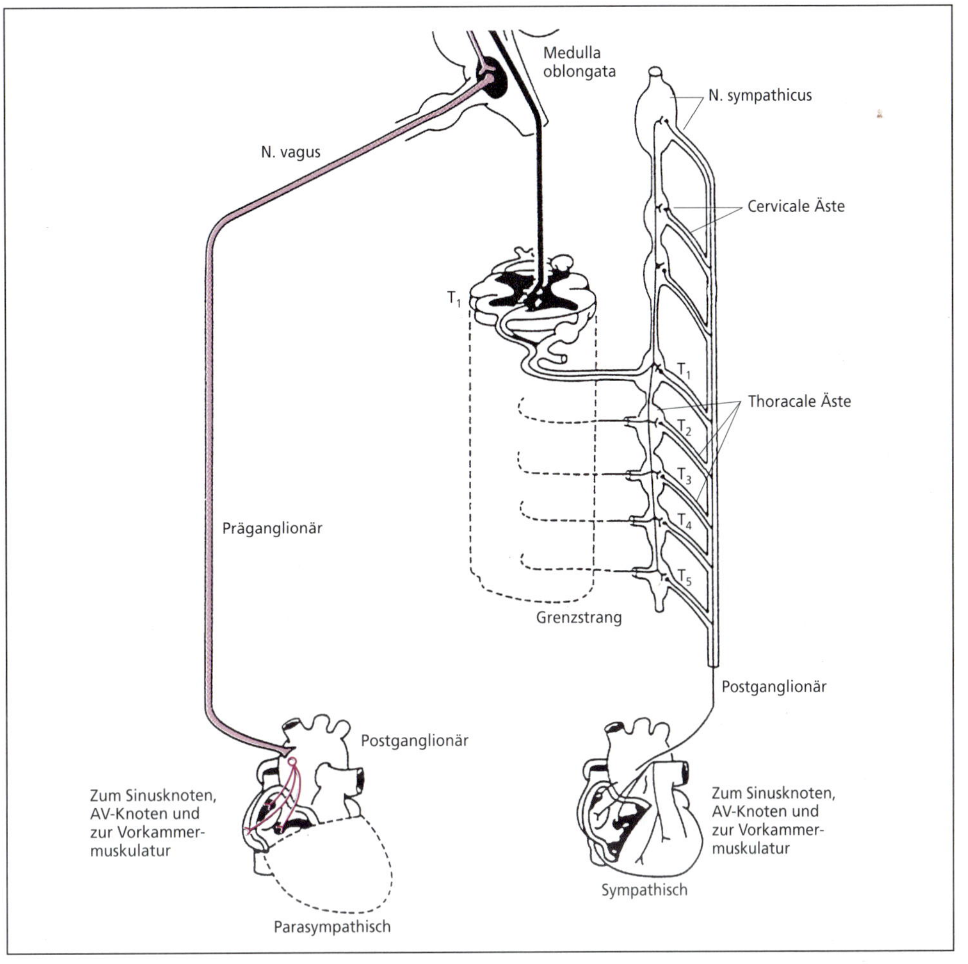

Abb. 8.11 Autonome efferente Innervation des Herzens, schematisch. Die sympathischen und parasympathischen Nerven laufen im Herzen ein Stück gemeinsam entlang der Gefäße an die Muskulatur (caudaler und cranialer Plexus). Der Parasympathicus beeinflußt die Ventrikelmuskulatur indirekt durch Hemmung des Sympathicus.

zellen und Muskelzellen noch α_2 -Rezeptoren vor, deren Konzentration mit dem Alter der Tiere abnimmt. Ihre funktionelle Bedeutung scheint für das Herz erwachsener Tiere gering.

- **Intrazelluläre Übertragung sympathischer und parasympathischer Signale**

Die durch β_1-adrenerge Agonisten in Gang gesetzte intrazelluläre Signalkette beginnt meistens mit der Aktivierung eines G_s-Proteins und Stimulation einer Adenylatcyclase. Der daraus resultierende Anstieg der cAMP-Konzentration vermittelt die Phosphorylierung einer cAMP-abhängigen Proteinkinase, die ihrerseits die Regulatoreinheit eines Effektors aktiviert oder deaktiviert, z.B. die eines L-Calciumkanals oder die der Ca-ATPase des SR (Tab. 8.4).

Die Signalkette einer α_1-adrenergen Stimulation nimmt meist ihren Anfang mit der Aktivierung einer Phospholipase C, die IP_3 (Phosphoinositolpyrophosphat) und 1,2-DAC (Diacylglycerol) freisetzt. IP_3 stimuliert eine calmodulinabhängige Phosphodiesterase, durch die die intrazelluläre cAMP-Konzentration gesenkt wird. Das 1,2-DAC stimuliert häufig eine Proteinkinase C, die durch Phosphorylierung von Effektoren die Funktionen von Ionenkanälen moduliert.

Der Signalweg der parasympathischen Stimulation wird mit der Aktivierung eines G_i-Proteins und einer Phosphodiesterase eingeleitet. Dieses Enzym antagonisiert den mit adrenerger Stimulation verbundenen cAMP-Anstieg und dämpft dadurch den sympathischen Effekt. Außerdem aktiviert eine parasympathische Stimulation meistens eine Guanylatcyclase. Der dadurch ausgelöste Anstieg von cGMP ist vermutlich für die direkten acetylcholinabhängigen Effekte im Herzen verantwortlich (Tab. 8.4).

- **Chronotrope Wirkungen**

Der Sympathicus steigert die Herzfrequenz und verkürzt das AP und die Kontraktionsdauer der Kammermuskulatur. Der Parasympathicus vermindert die Herzfrequenz, verkürzt das AP der Schrittmacherzellen und des Vorhofmyocards.

Stimulation des Sympathicus (Sympathicustonus) steigert die Herzfrequenz. Präpotential und Dauer des APs der Schrittmacherzellen werden verkürzt (Abb. 8.12), durch Erhöhung des potentialunabhän-

Tabelle 8.4 Wirkungen des vegetativen Nervensystems auf das Herz

Funktion	Sympathicus	Parasympathicus
Überträgerstoffe und Rezeptoren	Noradrenalin, Adrenalin, adrenerge β- und α-Rezeptoren	Acetylcholin, muscarinische Rezeptoren
Signalübertragung	β-Rezeptoren: G_S-Proteine, Zunahme von cAMP, Aktivierung einer Proteinkinase, Phosphorylierung von Ionenkanälen α-Rezeptoren: Phospholipase C, Zunahme von IP_3, Aktivierung einer Calmodulin-abhängigen Phosphodiesterase, Abfall von cAMP, Stimulation von Proteinkinase C, Phosphorylierung von Ionenkanälen	G_i-Protein, Abnahme von cAMP, Anstieg von cGMP
Wirkungen	positiv chronotrop, inotrop und dromotrop	negativ chronotrop, inotrop und dromotrop
Effekte auf AP a) Schrittmacherzellen	steilere spontane diastolische Depolarisation a) durch zunehmenden Na-Einstrom über verschiedene Ionenkanäle b) durch abnehmenden K^+-Ausstrom	flachere spontane diastolische Depolarisation: a) durch zunehmenden K^+-Ausstrom b) durch abnehmenden K^+- und Ca^{2+}-Einstrom
b) Arbeitsmyocard	Zunahme und Verkürzung des Ca^{2+}-Transients, verstärkte bidirektionale Ca^{2+}-Fluxe durch sarcolemmale und sarcoplasmatische Membranen	Abnahme und Verkürzung des Ca-Transients, Verminderung von Größe und Dauer des APs, auf Vorkammer direkt, auf Kammern indirekt

gigen Natriumgrundstroms, I_g und des „pacemaker currents" I_F. Außerdem steigt die Kaliumleitfähigkeit, g_k, rascher an und fällt gegen Ende des APs schneller ab. Dieses beschleunigt das Präpotential und verkürzt das AP.

Stimulation des Parasympathicus vermindert die Herzfrequenz. Das Präpotential der Schrittmacherzellen flacht ab (Abb. 8.12). Das AP wird verkürzt, da die Stimulation spezifischer acetylcholinsensitiver Kaliumkanäle (K_{ACH}) die Kaliumleitfähigkeit (g_K) erhöht und den repolarisierenden Kaliumausstrom verstärkt. Die maximale diastolische Repolarisation wird negativer. Der „pacemaker current" (I_F) und der über L-Calciumkanäle vermittelte Ca-Einstrom werden gehemmt. Diese Effekte tragen alle zu einer Abflachung des Präpotentials und zu einer Verkürzung des APs bei.

Der Einfluß des Parasympathicus auf das Herz ist sehr stark. Beim Menschen kann durch Reizung des N. vagus mit einem Schlag an den Hals mit der Handaußenkante oder durch Einatmen reizender Dämpfe eine Bradycardie ausgelöst werden. Tauchende Meeressäuger senken während einer 20- bis 30minütigen Tauchphase ihre Herzfrequenz mit Hilfe des N. vagus um über 80% auf ca. 20 Schläge/ min.

- **Inotrope Wirkungen**

Die inotropen Wirkungen werden hauptsächlich durch Änderungen der Calcium- und Kaliumpermeabilität des Sarcolemms hervorgerufen.

Der positiv inotrope Effekt einer β_1-adrenergen Stimulation beruht vor allem auf einer Verstärkung des über L-Calciumkanäle vermittelten sarcolemmalen Calciumeinstroms, einer verstärkten Calciumaufnahme in das sarcoplasmatische Reticulum während der Herzpausen und einer erhöhten Calciumfreisetzung aus dem SR. Der Calciumtransient wird kürzer und größer. Dies führt zu einer Zunahme der Kontraktionskraft. Die bidirektionalen Calciumströme durch das Sarcolemm und durch die Membranen des sarcoplasmatischen Reticulums steigen an. Dies ist auch mit einer Aktivierung des $3Na^+/Ca^{2+}$-Austauschers verbunden. Ferner wird das AP durch schnellere Aktivierung und raschere Inaktivierung von K-Kaliumkanälen verkürzt. Dem höheren Energiebedarf des Herzens bei α- und β-adrenerger Stimulation wird auch durch Stimulation des cardialen Energieumsatzes durch diese Wirkstoffe Rechnung getragen.

β-adrenerge Rezeptoren-Blocker, wie Propranolol (β-Blocker), hemmen den Calciumeinstrom und verlängern das Präpotential der Schrittmacherzellen. Sie senken die Kontraktilität des Myocards und verbessern die Durchblutung des Herzens. Andererseits kann eine Abnahme der Schlagfrequenz allein bereits die Kontraktionskraft des Herzens erhöhen (negative Frequenzinotropie).

Die direkt negativ inotrope Wirkung des Parasympathicus bleibt auf das Vorhofmyocard beschränkt. Sie beruht auf einer Verkürzung des Aktionspotentials und einem verringerten Calcium-

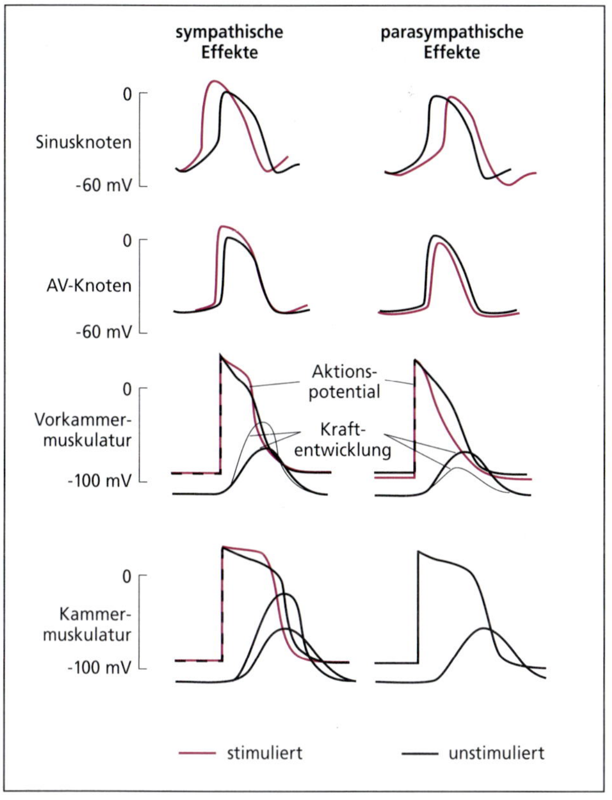

Abb. 8.12 Wirkungen einer sympathischen und parasympathischen Stimulation auf Aktionspotentiale und Kontraktion von Schrittmacherzellen und Arbeitsmyocard.
Der N. sympathicus erhöht die Herzfrequenz und steigert die Kontraktionskraft. Der N. parasympathicus senkt die Herzfrequenz und Kontraktionskraft der Vorhofmuskulatur.

transient. Die Aktivierung der K_{ACH}-Kaliumkanäle durch Acetylcholin vermindert die Größe und verkürzt die Dauer des APs. Entsprechend vermindern sich Stärke und Dauer der Kontraktion. Acetylcholin dämpft auch die Schnelligkeit der Kraftentwicklung der Muskelfasern (Kontraktilität).

• **Dromotrope Wirkungen**

Dromotrope Effekte manifestieren sich hauptsächlich in den langsam leitenden Fasern des AV-Knotens.

Die dromotropen Effekte des vegetativen Nervensystems beruhen auf deren Einfluß auf den AV-Knoten. Die Erregungsleitung ist in diesen Zellen unter Normalbedingungen bereits wesentlich niedriger als im Arbeitsmyocard (Abb. 8.5B). Catecholamine erhöhen die Erregungsleitungsgeschwindigkeit dieser Zellen. Durch Stimulation des Calciumeinstroms über L-Calciumkanäle erhöhen sie die Steilheit des Präpotentials und der Depolarisation. Außerdem erhöht ein Sympathicustonus die Geschwindigkeit der Erregungsleitung in der Vorhofmuskulatur.

Parasympathicustonus, besonders der des linken N. vagus, vermindert dagegen durch Zunahme der Kaliumleitfähigkeit (g_{ACH}) die Erregungsleitung der Vorhofmuskulatur und des AV-Knotens. Acetylcholin hemmt ferner im AV-Knoten den „pacemaker current" und verlangsamt dadurch das Präpotential. Bei starker Vagusreizung, besonders des linken Vagus, kann es zur vollständigen Blockade der Erregungsüberleitung zwischen Vorkammern und Kammern kommen (totaler Herzblock).

8.5.4 Bedeutung des Sympathicus für die Anpassung des Herzens an körperliche Arbeit

Der Einfluß von körperlicher Arbeit auf die Herztätigkeit kann durch echokardiographische Messungen sichtbar gemacht werden. Diese zeigen, daß sich mit steigender Belastung des Herzens das enddiastolische Volumen der Kammern nicht vergrößert, sondern verkleinert. Wenn der Frank-Starling-Mechanismus die Anpassung an Leistung steuern würde, müßte es umgekehrt sein. Trotz Ausbleibens einer größeren Vordehnung steigt die Kontraktionskraft der Kammern deutlich an (um mehr als 100%). Bei steigender Schlagfrequenz nimmt trotz verkürzter Systolen- und stärker verkürzter Diastolendauer (Abb. 22.6) das Schlagvolumen zu. Allein verantwortlich hierfür ist die Zunahme des Sympathicustonus, durch den Schlagfrequenz stark und Schlagvolumen mäßig zunehmen. Beim Pferd können sich im EKG durch die starke Verkürzung der Diastolendauer und Zunahme der Schlagfrequenz von 70 auf 240/s die T-Welle (Ende der Kammersystole) und die P-Welle (Beginn der Vorhofsystole) überlagern. Bei körperlicher Arbeit deckt die größere Pumpleistung des Herzens einen Teil des Sauerstoffmehrbedarfs der arbeitenden Skelettmuskulatur. Der Rest wird durch erhöhte Sauerstofftransportkapazität des Blutes und durch vermehrte Sauerstoffentnahme aus dem Blut gedeckt (Kap. 22.2).

8.6 Afferente Innervation des Herzens

In den Bahnen des N. sympathicus und des N. parasympathicus ziehen auch afferente markhaltige Fasern vom Herzen über das Dorsalhorn in das Rückenmark, die von atrialen und ventriculären Rezeptoren kommen. Sie geben Auskunft über die Druck-Volumen-Arbeit des Herzens und stehen mit der Ausschüttung von Atrialem Natriuretischem Peptid (ANP) in Verbindung (Kap. 12.6.3 u. 23.2.3.4). Bei Herzinsuffizienz zum Beispiel und der damit verbundenen erhöhten Vorlast ist seine Konzentration im Plasma stark erhöht. In den gleichen Bahnen ziehen außerdem marklose, als freie Nervenendigungen beginnende Fasern aus subendocardialen Bereichen und aus der Umgebung der Gefäße nach zentral. Diese Fasern signalisieren u.a. den bei Herzkrankheiten (Infarkt, Angina pectoris, Entzündung des Herzmuskels) auftretenden, segmental ausstrahlenden und vom Menschen als dumpf und heftig empfundenen Schmerz.

8.7 Energetik und Stoffwechsel des Herzens

Das Herz kann viele verschiedene Substrate energetisch nutzen. Der energetische Wirkungsgrad beträgt etwa 30%. Für die mechanische Pumparbeit werden etwa 80% der vom Herzmuskel umgesetzten Energie verbraucht.

8.7.1 Trainingseffekte auf das Herz

Bei länger anhaltenden physiologischen Belastungen (Training) kommt es besonders beim Menschen zu einer Zunahme der Dicke und Länge der Herzmuskelzellen (Hypertrophie). Die Wanddicke der Kammern, die Kammervolumina, das Herzgewicht und das Ruheschlagvolumen nehmen zu. Gleichzeitig nimmt die Ruhefrequenz ab (Trainingsbradycardie). Bei Pferden sind die trainingsinduzierten Anpassungen des Herzens weniger deutlich und mitunter kaum nachweisbar. Allerdings nimmt auch bei Pferden das Schlagvolumen während körperlicher Arbeit um bis zu 40% zu. Bei langdauerndem, sehr intensivem Training kann auch die Zahl der Herzmuskelfasern zunehmen (Herzhyperplasie).

Funktionsstörungen der Herzklappen können im Herzen Anpassungsreaktionen auslösen, die denen einer Trainingsbelastung ähneln. Auf eine Stenose der Aortenklappe z.B. reagiert das linke Herz mit einer Hypertrophie der Kammer. Bei einer Insuffizienz dieser Klappe kommt es wegen der verminderten Nettopumpleistung der Kammer bei erhöhter Nachlast zunächst zu einer Vergrößerung des Ventrikels (Dilatation). Die damit verbundene erhöhte Wandspannung in der Muskulatur (Kap. 8.2.3) wird durch eine Anpassungshypertrophie der Wand allmählich rückgängig gemacht.

8.7.2 Herzmechanik, Herzleistung und mechanischer Wirkungsgrad

Die vom Herzen geleistete Arbeit entspricht der von der Druck-Volumen-Schleife umschlossenen Fläche (Kap. 8.5.2). Sie beträgt z.B. für ein Schwein von 70 kg etwa 1 Nm (1 Nm = 1 J = 1 Wattsekunde). Davon entfallen ca. 20% auf die rechte Kammer. Um eine pulsative Strömung des Blutes zu erzeugen, muß auch der Herzmuskel selbst immer von neuem bewegt werden. Die dafür nötige Beschleunigungsarbeit beträgt unter Ruhebedingungen jedoch nur etwa 1% der Herzarbeit. Dieser Anteil kann mit zunehmender Herzfrequenz stark zunehmen. Jeder Herzschlag beschleunigt nicht nur die Blutsäule, sondern dehnt auch die herznahen Gefäße (Kap. 9.2.4 u. 9.3.1). Die Pumparbeit der Systole geht daher teilweise in kinetische und teilweise in potentielle Energie über. Die als potentielle (statische) Energie gespeicherte Arbeit wird in der Diastole wieder in kinetische Energie umgesetzt und unterhält dadurch in der Herzpause herzfern eine weitgehend kontinuierliche Strömung.

Der Wirkungsgrad der Herzarbeit beträgt, gemessen am Sauerstoffverbrauch, 20-35% und nimmt erstaunlicherweise mit steigendem Herzminutenvolumen zu, allerdings nur solange sich die Nachlast dabei nicht erhöht. Steigt der systolische Blutdruck an, verschlechtert sich der Wirkungsgrad des Herzens. Dies wird durch den Merksatz: „Für das Herz ist Druckarbeit schwerer als Volumenarbeit" deutlich beschrieben. Er erklärt auch, daß bei akuter Herzinsuffizienz eine Absenkung des peripheren Widerstandes durch vasodilatatorisch wirkende Pharmaka nicht nur die Herzarbeit linear reduziert, sondern daß dies über die Blutdrucksenkung hinaus eine weitere energetische Entlastung des Herzmuskels darstellt. Etwa 80% der im Herzen bereitgestellten Energie wird für mechanische Pumparbeit aufgewendet. Die Ionenpumpen beanspruchen nur wenige Prozent der umgesetzten Energie. Obwohl das Herz nur um 1% des Körpergewichts ausmacht, fließen in Ruhe 4-8% des Herzminutenvolumens durch den Herzmuskel. Dazu kommt, daß die Sauerstoffentnahmerate im Herzmuskel fast dreimal so groß ist (70%) wie in den übrigen Organen des Körpers (ca. 25%). Trotzdem kann sich bei Belastung des Herzens sein Sauerstoffverbrauch noch je nach Trainingszustand vervier- bis versechsfachen. Dieses setzt allerdings eine fast gleichhohe Zunahme der Coronardurchblutung voraus, da die Sauerstoffutilisation kaum noch gesteigert werden kann und der Herzmuskel nicht zu nennenswerter anaerober Energiegewinnung befähigt ist.

Störungen der Coronardurchblutung führen daher kaum jemals zu einer Verknappung an energetisch nutzbaren Substraten, sondern immer zu einem Sauerstoffmangel. Die hohe Sauerstoffabhängigkeit der Herzmuskelzellen wird auch an ihrem großen Gehalt an Mitochondrien deutlich, der etwa 35% des

Zellvolumens ausmacht im Gegensatz zu nur 2-8% im Skelettmuskel. Die Anpassungsbreite des Herzmuskels steht und fällt mit der Anpassungsbreite der Coronardurchblutung.

8.7.3 Energiebereitstellung und Energienutzung

Das Herz kann viele natürlich vorkommenden Substrate, wie Glucose, freie Fettsäuren, Milchsäure und Ketonkörper, energetisch nutzen. In diesem Punkt ist es ein echter „Allesfresser". Welche Stoffe das Herz davon im einzelnen verbrennt, hängt hauptsächlich von deren Konzentration im Plasma ab. Auch im Herzmuskel ist ATP die primäre energieliefernde Substanz. Seine Menge ist jedoch, gemessen am Verbrauch, so klein, daß sie pro Minute mehrmals umgesetzt wird. Kreatinphosphat bildet hier einen gewissen Puffer. Dies macht verständlich, daß die ATP-Konzentration im Herzmuskel mit eines der wichtigsten regulatorischen Parameter für die Coronardurchblutung darstellt, der darüber hinaus viele weitere durchblutungsregelnde Faktoren beeinflußt.

8.7.4 Hämodynamik des Coronarkreislaufs

Der Herzmuskel wird nicht gleichmäßig durchblutet. Während der Diastole tritt Blut ein und während der Systole fließt Blut ab.

Trotz ihrer großen Bedeutung ist die Durchblutung für den Herzmuskel aus hämodynamischen Gründen ein schwierig zu lösendes Problem. Hauptgrund dafür ist dessen Behinderung durch die Muskelanspannung während der Systole (Abb. 8.13), so daß Blut nur während der Diastole in die Muskulatur des linken Ventrikels gelangen kann. Was für den Bluteinstrom hinderlich ist, erweist sich für den Blutausstrom als förderlich. Er nimmt während der Systole stark zu, so daß Blut aus der Muskulatur des linken Ventrikels abfließt. Einstrom und Abstrom von Blut sind dadurch phasenverschoben. Die Wand im Bereich des Endocards weist während des systolischen Druckanstiegs die höchsten Wandspannungen auf. Dort ist folglich die Durchblutung auch am stärksten behindert. Bei atherosklerotischen Prozessen sind beim Menschen in diesem Bereich Infarkte besonders häufig (Innenwandinfarkte).

Der Herzmuskel versucht, die funktionsbedingten Einschränkungen der Durchblutung durch verschiedene Maßnahmen auszugleichen. Dazu zählen eine hohe Kapillarisierungsdichte, durch die jede Muskelfaser im Mittel von vier Kapillaren umgeben ist, und eine Palette sehr wirkungsvoller gefäßerweiternder Mechanismen. Als wichtigster vasodilatatorisch wirkender Stimulator fungiert O_2-Mangel, der durch zahlreiche andere physikochemische, humorale und endotheliale Stimulatoren ergänzt wird. Dazu zählen ein Anstieg von Adenosin, ein Abfall von ATP, eine Erhöhung der extrazellulären Kaliumkonzentration, Adrenalin durch Stimulation von β_2-Rezeptoren, NO, Acetylcholin, Histamin, Serotonin, Prostaglandin (PGI_2) sowie eine Ansäuerung des Blutes. Einige Calciumkanalblocker wirken in der glatten Gefäßmuskulatur der Coronararterien durch Hemmung des Calciumeinstroms ebenfalls vasodilatierend. Sympathische Stimulation von α-Rezeptoren wirkt in der Gefäßmuskulatur des Herzens primär vasokonstriktorisch. Dieser Effekt wird jedoch in situ durch Mitaktivierung vieler vasodilatatorisch wirkender metabolischer Faktoren kompensiert, mit der Folge, daß auch eine Noradrenalinfreisetzung im Herzen immer eine Vasodilatation zur Folge hat.

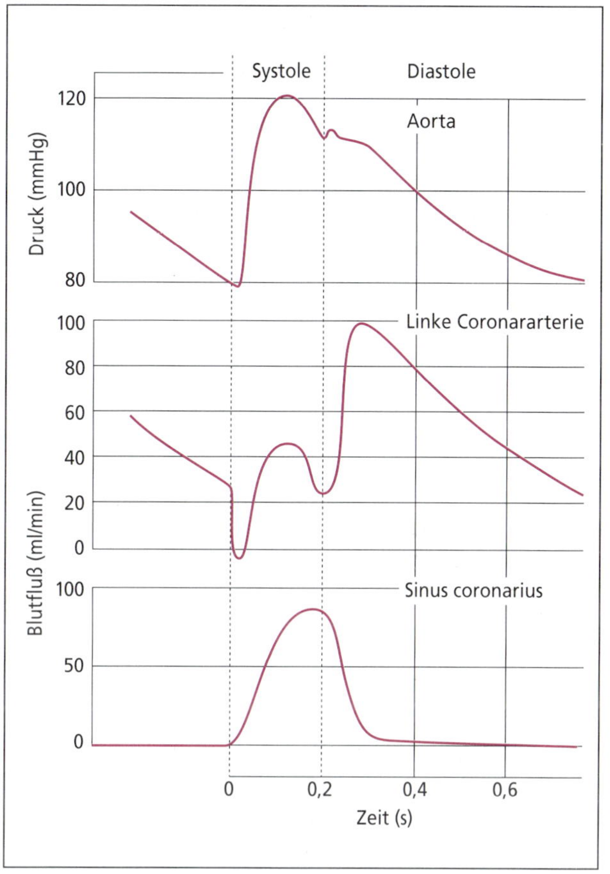

Abb. 8.13 Blutfluß während eines Herzzyklus in der Aorta, in der linken Coronararterie und im Sinus coronarius. Blut tritt in den Herzmuskel überwiegend zu Beginn der Diastole ein und am Ende der Systole aus.

8.8 Das Elektrokardiogramm

8.8.1 Entstehung des EKG-Signals

Die Aktionspotentiale des Herzens bilden elektrische Dipole, deren Summe (Integralvektor) an der Hautoberfläche als Spannungs-Zeit-Kurve (EKG) meßbar ist. Die nach Einthoven standardisierten Ableitpunkte zur Aufzeichnung von drei bipolaren EKGs (I, II, III) liegen an drei Extremitäten. Interne Verschaltung (und Erdung) von jeweils zwei Meßpunkten erlaubt bei den so placierten Elektroden gleichzeitig die Aufzeichnung von drei unipolaren Ableitungen (aVR, aVL, aVF).

Ein schlagendes Herz sendet ständig elektrische Signale aus, die als Elektrokardiogramm (EKG) an der Körperoberfläche meßbar sind (Abb. 8.14). Art und Geschwindigkeit der Depolarisation und Rückbildung von Aktionspotentialen im Herzmuskel gewähren Einblick in Prozesse der Reizbildung und Erregungsausbreitung im Herzen. Diese Vorgänge sind an der Körperoberfläche meßbar, da sich das von Membrandipolen erzeugte elektrische Feld in der gut leitenden als Dielektrikum wirkenden extrazellulären Flüssigkeit ohne nennenswerten Verlust bis an die Körperoberfläche ausbreitet (Abb. 8.15A). Im Körper wird das Feld zwar verformt, gebündelt, aber kaum abgeschwächt. Dipole sind an Membranen nur solange präsent, wie sich depolarisierende oder repolarisierende Erregungsfronten über die Faser bewegen (Abb. 8.15B). Zwei Erregungsfronten, die in gleicher Richtung über zwei parallel laufende Fasern ziehen, erzeugen einen gleich großen Dipol wie die Erregungsfront einer Faser. Die Ladungsdichte des von zwei Erregungsfronten ausgehenden elektrischen Feldes hat sich jedoch verdoppelt. Dadurch sind von vielen Fasern gleichzeitig ausgehende Signale leichter meßbar als die von einer Faser. So lassen sich z.B. die vom Erregungsleitungssystem ausgehenden Signale mit herkömmlichen EKG-Geräten nicht erfassen, wohl aber die des gesamten Myocards. Laufen zwei Erregungsfronten in entgegengesetzter Richtung über zwei parallele Fasern, heben sie sich gegenseitig auf. Auch die räumliche Lage der Meßpunkte relativ zur Lage des Dipols spielt bei der Messung des Signals eine Rolle. Liegen die Meßpunkte senkrecht zur Lage des Dipols, also quer zur Längsachse der Faser, ist kein Signal mehr meßbar.

Das Signal, das durch Ausbreitung einer Erregung auf allen Vorkammer- und Kammermuskelzellen entsteht und sich aus der Addition aller Einzelfaserdipole ableitet, bezeichnet man als Integralvektor. Seine Größe beträgt an der Haut etwa 1 mV und an der Herzoberfläche kaum mehr.

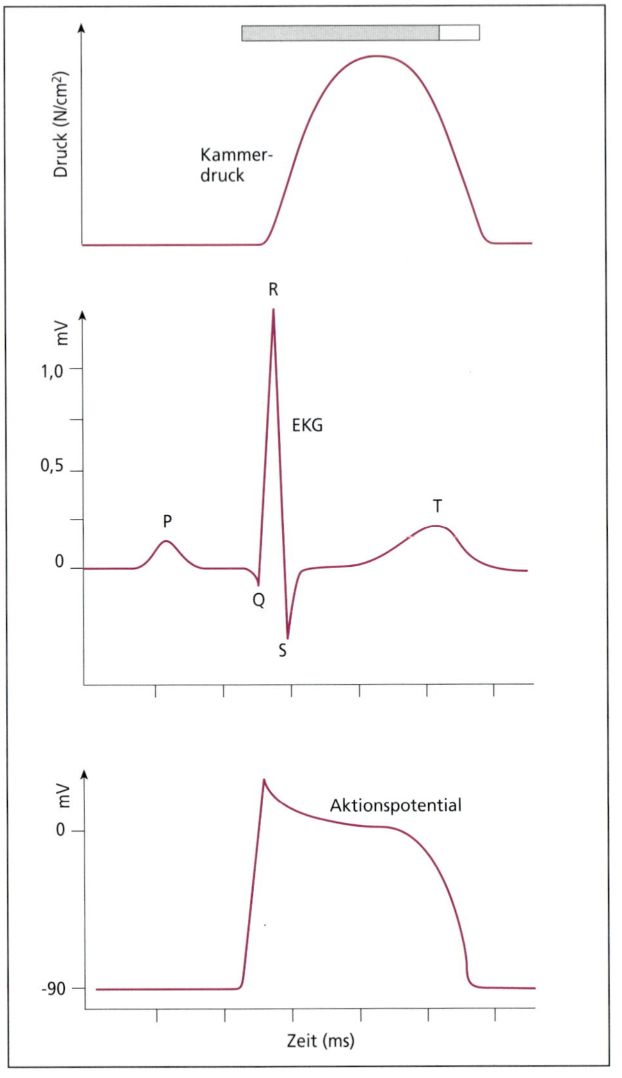

Abb. 8.14 Druckverlauf in einer Herzkammer (oben), ein zeitgleich dazu aufgezeichnetes Elektrokardiogramm eines Hundes (Mitte) (schematisch).
P = Signal der Depolarisation der Vorkammermuskulatur
QRS = Signal der Depolarisation der Kammermuskulatur
T = Signal der Repolarisation der Kammermuskulatur
und ein AP einer Kammermuskelzelle (unten).
■ = absolute, □ = relative Refraktärzeit

Der Integralvektor kann als Pfeil mit wechselnder Länge dargestellt werden, dessen bewegliche positive Spitze sich in allen drei Richtungen des Raumes frei bewegt und dessen negative Basis in der Herzmitte fixiert wird (Abb. 8.16). In einem solchen Modell beschreibt die Spitze des Integralvektors während einer Herzaktion im Raum drei in sich geschlossene Schleifen: die kleine Vorhofschleife während der Vorkammerkontraktion (P-Welle im EKG), die große Ventrikelschleife während der Depolarisation der Kammern (QRS-Komplex im EKG) und die kleine Repolarisationsschleife während der Repolarisation der Kammern (T-Welle im EKG). Die Bewegung der Spitze sowie Form und Lage

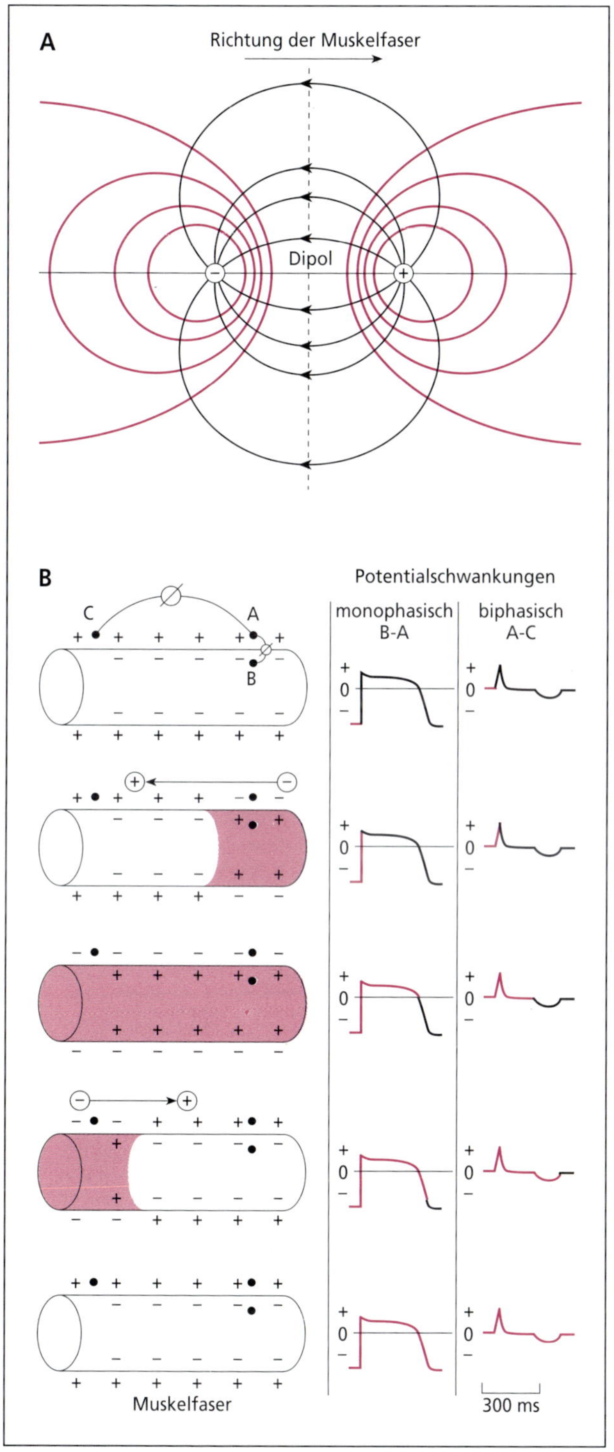

Abb. 8.15 Elektrische Vorgänge im Herzen, durch die das EKG-Signal an der Körperoberfläche meßbar wird.
A Planarer Schnitt durch das dreidimensionale elektrische Feld eines Dipols in einem räumlichen Leiter. Die durchgezogenen Linien symbolisieren den Stromfluß, die gestrichelten Linien sind Isopotentiallinien.
B Signalschwankungen auf einer Herzmuskelfaser während eines Aktionspotentials, aufgezeichnet in monophasischer und biphasischer Ableitung (schematisch). Die biphasische Ableitung entspricht bereits weitgehend einer EKG-Kurve. Ausnahme: negative T-Zacke (Erläuterungen s. Text).

der Schleifen im Raum können mit einem Oszillographen mit räumlicher Bildauflösung sichtbar gemacht und auf drei senkrecht zueinander stehende Ebenen (Sagittal-, Frontal- und Transversalebene) projiziert werden (Abb. 8.17). Wenn der Integralvektor in der Ventrikelschleife seine größte Länge besitzt, ist die Summe aller Potentialschwankungen (ΔP) pro Zeiteinheit (ΔT) am größten ($\Delta P/\Delta T)_{max}$. Dieser Augenblick entspricht der R-Zacke im EKG (Abb. 8.16). Die positive Spitze des Integralvektors weist in diesem Augenblick von der Herzmitte etwa in Richtung Herzspitze und liegt etwa parallel zur anatomischen Herzachse. Die Verlängerung des Integralvektors zum Zeitpunkt R in beide Richtungen kennzeichnet die Lage der elektrischen Herzachse.

8.8.2 Messung des Elektrokardiogramms

Die sich in den Raum erstreckenden Vektorschleifen liefern eine sehr vollständige Information über die Ausbreitung der Erregung. Ihre Darstellung ist meßtechnisch aufwendig und ihre Analyse schwierig. Außerdem können aus technischen Gründen nur die Kurven von jeweils einem Herzschlag dargestellt werden. In der Praxis werden daher die elektrischen Vorgänge im Herzen durch eine Messung zwischen zwei, meist an der Köperoberfläche gelegenen Punkten erfaßt und aufgezeichnet. Ein Meßpunkt kann aber auch mit Hilfe eines Gefäßkatheters im Herzen placiert werden. Die zwischen zwei Punkten aufgezeichneten Signale stellen Projektionen des Integralvektors auf die Verbindungslinie zwischen diesen Ableitpunkten dar. Eine Aufzeichnung dieser Projektion auf einen sich senkrecht durch die Verbindungslinie bewegenden Meßstreifen ergibt das EKG. Bei richtiger Wahl der Ableitpunkte liefern solche EKG-Kurven meist ein ausreichend genaues Bild von der Dynamik der Erregungsausbreitung im Herzen.

• **Definitionen**
Zur Standardisierung der Messungen und um an verschiedenen Orten aufgezeichnete EKGs von verschiedenen Personen miteinander vergleichen zu können, wurden zuerst für den Menschen zur Positionierung der Ableitpunkte an der Körperoberfläche und über die Polung der EKG-Geräte Vereinbarungen getroffen. Solche Regeln, zusammen mit einer einheitlichen Bezeichnung der Zacken, wurden zuerst von dem niederländischen Mediziner W. Einthoven (1860-1927) vorgeschlagen (**Standardableitungen**). Diese Standards gelten heute auch für Tiere.

Nach dieser Technik werden beim Menschen

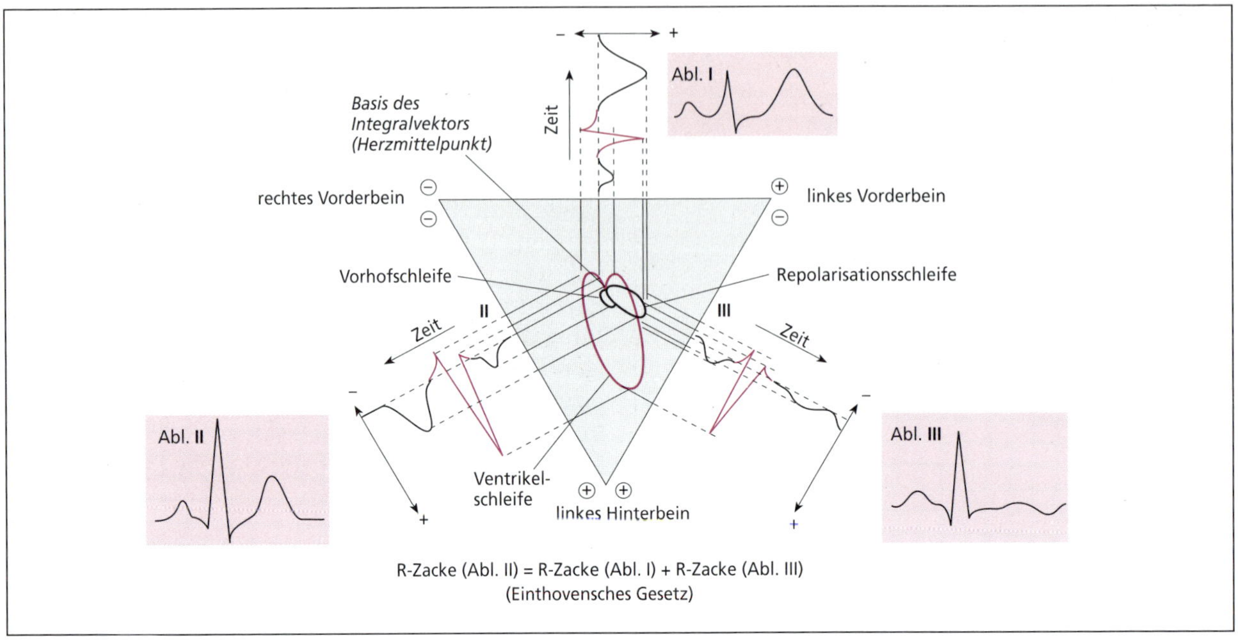

Abb. 8.16 Planare Projektion der Vektorschleifen des Herzens von frontal während einer Herzaktion. Der Integralvektor ändert dabei ständig seine Größe und Richtung. Seine negative Basis wurde in der Mitte eines gleichseitigen Dreiecks (Herzmitte) fixiert. Die positive Spitze beschreibt während der Herzaktion drei Vektorschleifen, eine kleine Vorhofschleife (entsprechend der P-Welle), die Ventrikelschleife (entsprechend des QRS-Komplexes) und die Repolarisationsschleife (entsprechend der T-Welle). Die Projektion der Bewegungen der Vektorspitze auf eine bewegte Fläche, die durch die Linien des gleichseitigen Dreiecks gezogen wird, liefert drei EKG-Kurven, die den Ableitungen I, II und III nach Einthoven entsprechen. Vereinbarungsgemäß werden EKG-Geräte so gepolt, daß in Ableitung I die positive Spitze des Integralvektors auf dem Papier nach oben ausschlägt, wenn sie auf den linken Arm (bei Tieren auf das linke Vorderbein) zeigt, und wenn sie in Ableitung II und III auf das linke Bein (bei Tieren auf das linke Hinterbein) zeigt.

Elektroden am rechten Arm (RA, rotes Kabel), am linken Arm (LA, gelbes Kabel) und am linken Fuß (LF, grünes Kabel) befestigt. Das entspricht bei Haustieren Ableitpunkten an beiden Vorderextremitäten und am linken Hinterbein. Das rechte Bein wird beim Menschen bzw. das rechte Hinterbein bei Tieren (RF, schwarzes Kabel) mit einem geerdeten vierten Kabel verbunden (Abb. 8.18). In dieser Meßanordnung liefert die Ableitung I eines EKG-Gerätes die Spannungs-Zeit-Kurve zwischen rechtem und linkem Vorderbein, die Ableitung II, die zwischen rechtem Vorderbein und linkem Hinterbein und die Ableitung III, die zwischen dem linken Vorder- und linken Hinterbein. Die Polung der Meßgeräte wurde so festgelegt, daß in Ableitung I der Ausschlag auf dem Papier nach oben zeigt, wenn die positive Spitze des Integralvektors auf das linke Vorderbein (LA) gerichtet ist und in Ableitung II + III auf das linke Hinterbein (LF) zeigt (Abb. 8.16). Aufgrund der Lage der Elektroden an den Ecken eines etwa gleichschenkligen Dreiecks hat die R-Zacke in Ableitung II etwa die Größe, die der Summe der R-Zacken in den Ableitungen I + III entspricht (II = I + III, Einthovensches Gesetz, Abb. 8.16). Für den Papiervorschub wird meistens eine Geschwindigkeit von 25 mm/s und bei höheren Herzfrequenzen

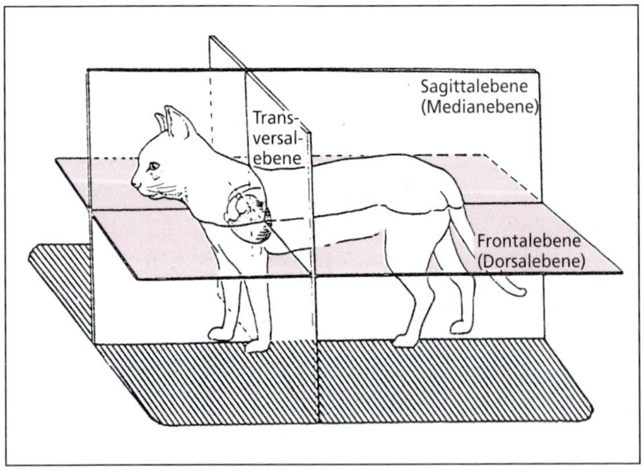

Abb. 8.17 Schnitt- und Projektionsebenen durch ein Tier am Beispiel einer Katze. Die drei von Einthoven für den Menschen vorgeschlagenen Ableitpunkte der Standardelektroden liegen auch bei Tieren etwa in einer Ebene (der Frontalebene).

oder zur genaueren Analyse der Kurven eine von 50 mm/s eingestellt. Die Verstärkung sollte so gewählt werden, daß sich die Ausschläge simultan aufgezeichneter Kurven nicht überlappen. Kleine Haustiere sollten sich möglichst in rechter Seitenlage befinden. Bei Großtieren wird das EKG im Stehen aufgezeichnet.

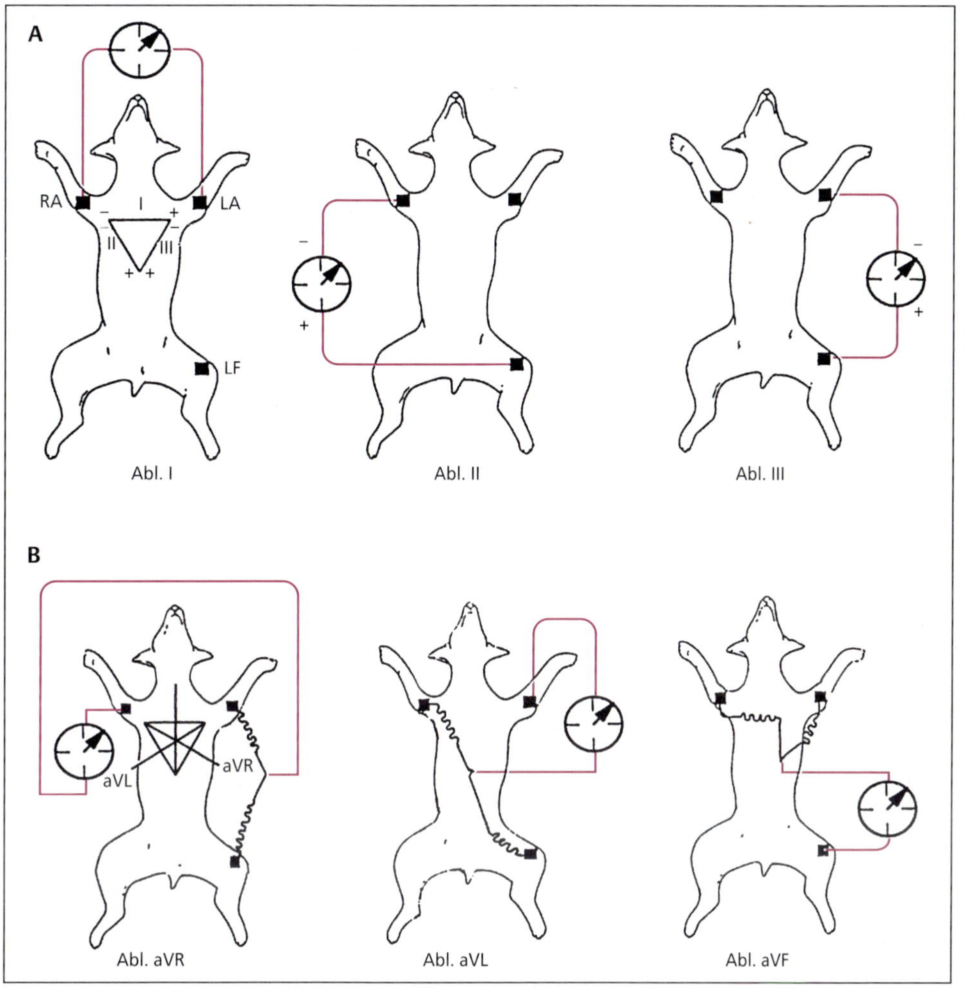

Abb. 8.18 Standard-EKG-Ableitungen beim Hund A Lage der Ableitelektroden zur Aufnahme von EKGs in bipolarer Standardableitung nach Einthoven, RA = rechtes Vorderbein, LA = linkes Vorderbein, LF = linkes Hinterbein, RF = rechtes Hinterbein (Erde). B Verschaltung von Meßpunkten zur Aufzeichnung unipolarer Ableitungen nach Goldberger.

Bei Standardableitungen sind die am Körper befestigten Elektroden nicht geerdet. Die Potentialmessung findet zwischen zwei „differenten" Elektroden statt. Dieses wird als bipolare Ableitung bezeichnet.

In der Standardableitung nach Einthoven befinden sich die Ableitelektroden am Körper in einer Ebene, der Frontalebene (Abb. 8.17, 8.18), vereinfacht an den Ecken eines gleichschenkligen Dreiecks. Außerdem wird beim Menschen bei Ableitung II der Integralvektor der R-Zacke, der hier etwa parallel zur anatomischen Herzachse liegt, in voller Größe abgebildet. In den Ableitungen I und III wird der Integralvektor der R-Zacke in der Frontalebene jeweils unter einem um 60° nach links bzw. nach rechts gedrehten Projektionswinkel abgebildet. Dieses trifft trotz der anderen Lage des Herzens im Brustkorb auch für die Messung bei Tieren zu. Der in Ableitung II bei Tieren gemessene Integralvektor befindet sich jedoch nicht mehr wie beim Menschen parallel zur elektrischen Herzachse. Dies rührt daher, daß sich bei Tieren die Herzspitze in Richtung Sternum abgesenkt hat. Das meßbare Signal wird um so kleiner, je mehr sich die elektrische Herzachse von der durch die Ableitpunkte vorgegebenen Linie wegbewegt hat, d.h. je steiler das Herz im Brustkorb liegt. Bei Hunden kann die anatomische Längsachse des Herzens mit dem Sternum cranial einen Winkel von etwa 40° bilden. Bei Wiederkäuern und Pferd steht die Herzachse dagegen fast senkrecht auf dem Sternum. Dadurch fallen die EKG-Ausschläge von Gliedmaßenableitungen bei Tieren oft kleiner aus als beim Menschen, und ihre Richtung ist variabler (besonders die der T-Welle), die sich bereits mit der Fußstellung ändern kann. Um dieses Problem zu umgehen, werden bei Tieren die Elektroden auch in der Nähe der elektrischen Herzachse placiert, also auf dem Widerrist und am Sternum.

Neben den von Einthoven vorgeschlagenen **bipolaren Ableitungen** sind noch sog. **unipolare Ableitungen** gebräuchlich. Mit ihr werden Signale zwischen einer differenten und einer „indifferenten", d.h. geerdeten Elektrode gemessen. Nach einem Vorschlag von Goldberger werden die nach der Standardmethode angebrachten Elektroden für die Aufzeichnung von drei unipolaren Ableitungen

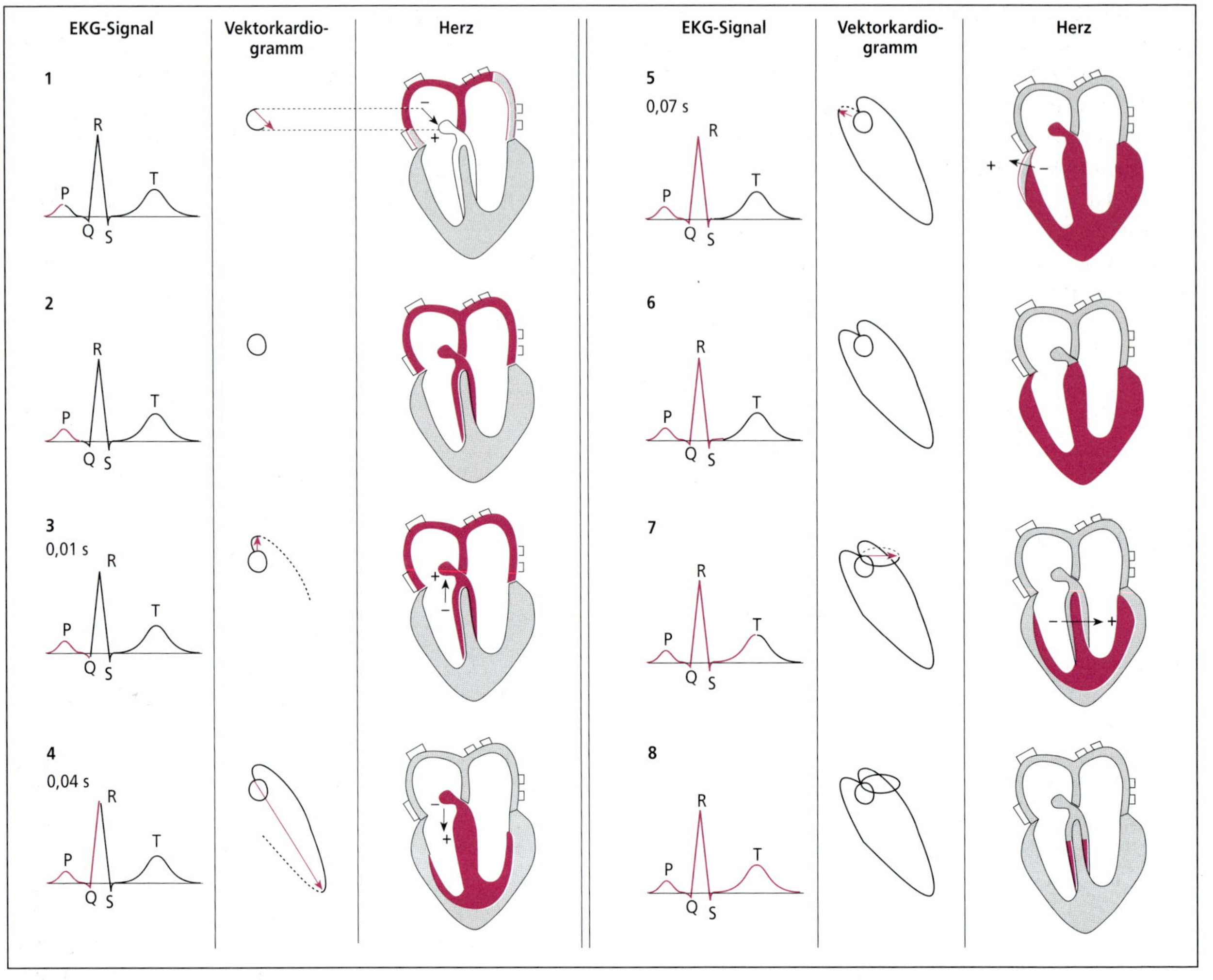

Abb. 8.19 Ausbreitung der Erregung in Vorkammer- und Kammermuskulatur des Herzens während eines Herzzyklus in ihrer zeitlichen Beziehung zum EKG-Signal, Transversalschnitt durch das Herz, Frontalansicht. Die Abbildungen zeigen eine Folge von Momentaufnahmen der Erregungsausbreitung und daraus resultierende Signale im Vektorkardiogramm und Elektrokardiogramm, fortlaufend von 1 bis 8. Der jeweilige Integralvektor ist als Pfeil in das Herzschema eingezeichnet.

genutzt. Dazu werden jeweils zwei der drei Ableitelektroden im EKG-Gerät (intern) über einen hochohmigen Widerstand zu einer „indifferenten" Elektrode verbunden. Potentialschwankungen zwischen dieser indifferenten und der jeweils dritten, differenten, Elektrode werden registriert. Das ergibt die Ableitungen aVR, aVL und aVF (Abb. 8.18B). Durch diese Verschaltung wird die Richtung, in der der Integralvektor in der Frontalebene abgebildet wird, gegenüber den drei Standardableitungen jeweils um 30° gedreht (Abb. 8.18B). Dies ermöglicht eine simultane Aufzeichnung des EKGs unter den drei Standardbedingungen und unter drei unipolaren Meßbedingungen und erlaubt eine Festlegung der Lage der elektrischen Herzachse in der Frontalebene mit einer Genauigkeit von etwa 30°. Natürlich lassen sich mit einer solchen Meßanordnung noch weitere Informationen über die Ausbreitung der Erregung und über Störungen im Herzen gewinnen. Darüber hinaus sind in der klinischen Praxis noch viele weitere Meßmethoden gebräuchlich.

• Die Form der EKG-Kurve und ihre Kennzeichnung

Die einzelnen Zacken des EKGs sind Ausdruck bestimmter Zustände der Ausbreitung der APs über den Herzmuskel.

Die Ausschläge des unter Standardbedingungen aufgezeichneten EKGs werden mit Buchstaben bezeichnet. Sie kennzeichnen bestimmte Zustände der Herzaktion (Abb. 8.14). Die in Ableitung II nach oben gerichtete **P-Welle** entsteht durch die Depolarisation der Vorkammermuskulatur. Die Projektion des Integralvektors auf die Linie RA-LF zeigt mit seiner positiven Spitze auf LF (Abb. 8.19). Nach der P-Welle befindet sich das AP der Vorkammermuskulatur in der Plateauphase. Die Potentialschwankungen über das Sarcolemm sind jetzt Null. Dadurch fehlen signalinduzierende Dipole und die EKG-Kurve verläuft bis Punkt Q auf der Nullinie. Die **PQ-Strecke** entspricht der Zeit, die die Erregung zur Überleitung von der Vorkammermuskulatur auf die Kammern benötigt. Sie wird durch die langsam leitenden Fasern des AV-Knotens hervorgerufen. Die PQ-Strecke (PQ-Intervall) wird vom Beginn der P-Welle bis zum Beginn der Q-Zacke gemessen.

Der **QRS-Komplex** ist Ausdruck der Depolarisation der Kammermuskulatur (Abb. 8.19). Die Erregung läuft zunächst durch die Purkinjefasern auf der linken Seite des Kammerseptums in Richtung Basis. Daraus resultiert die negative Q-Zacke, die beim Pferd und Wiederkäuer häufig fehlt. Dann wird die Kammermuskulatur von der Basis in Richtung Spitze depolarisiert (positive **R-Zacke**). Bei Fleischfressern und Menschen breitet sich das AP in dieser Phase hauptsächlich von subendocardial in Richtung Epicard aus. Bei Wiederkäuern und Pferd dagegen penetrieren die Purkinjefasern von endocardial kommend, tief bis zu zwei Dritteln die Kammerwand und verteilen sich von dort in alle Richtungen. Dadurch weist der QRS-Komplex zwischen Fleischfressern und Wiederkäuern häufig Unterschiede auf. In der unipolaren Ableitung (aVR) ist der QRS-Komplex bei Fleischfressern meist positiv, bei Wiederkäuern und Pferd mal positiv und mal negativ. Am Ende des QRS-Komplexes erreicht die Erregung Muskelpartien im basalen Bereich der rechten Kammer. In dieser Phase zeigt die positive Spitze des Integralvektors in der Projektion der Ableitung II nach RA (S-Zacke). Nach der S-Zacke ist das Ventrikelmyocard vollständig erregt und die APs befinden sich in der Plateauphase. Die EKG-Kurve verläuft bei fehlenden transsarcolemmalen Nettoladungsverschiebungen auf der Nullinie (ST-Intervall).

Der Abstand zwischen zwei R-Zacken entspricht der Dauer einer Herzperiode. Er eignet sich zur Messung der Herzfrequenz. In der Regel werden eine Strecke zwischen 10-20 Zacken unter Berücksichtigung des Papiertransports ausgewertet.

Die **T-Welle** beschreibt den „Repolarisationsvektor" der Kammer-APs. Sie ist in der Standardableitung II häufig nach oben gerichtet (Abb. 8.19). Die positive Spitze des Vektors zeigt folglich in Richtung LF. Streng logisch müßte der Repolarisationsvektor dem Depolarisationsvektor (R-Zacke) entgegengerichtet sein. Die gleichsinnige Ausrichtung beider Vektoren rührt daher, daß die Fasern des Kammermyocards in umgekehrter Reihenfolge repolarisieren wie sie depolarisieren. Dies wird dadurch ermöglicht, daß, etwas vereinfacht, die zuerst depolarisierten Fasern das längste AP besitzen und die zuletzt depolarisierten Fasern das kürzeste. Diese Eigenschaft der Fasern stellt sicher, daß besonders bei hohen Herzfrequenzen das Kammermyocard immer wieder vollständig repolarisiert und ansprechbar ist, wenn das nächste AP ankommt. Auch dieses Merkmal verleiht dem Kammermyocard in Verbindung mit dem sehr langen AP der Purkinjefasern (bei großen Tieren ungefähr 450 ms) einen Schutz vor kreisenden Erregungen und Kammerflimmern.

8.8.3 Bedeutung der Elektrokardiographie für Diagnostik und Klinik

> Die aus einer EKG-Kurve unmittelbar ableitbaren Informationen sind auf Vorgänge der Erregungsausbreitung beschränkt. Störungen im EKG weisen jedoch indirekt oft auf andere funktionelle Störungen hin.

Ein Elektrokardiogramm liefert zunächst nur Informationen über im Herzen ablaufende elektrische Vorgänge. Dazu zählen Hinweise auf Herzrhythmusstörungen (Arrhythmien, Extrasystolen), auf Störungen der Erregungsfortleitung sowie auf die Lage der elektrischen Herzachse. Allerdings lassen sich aus einer sorgfältigen EKG-Analyse wie der Ausmessung von Breite, Dauer, Form und Regelmäßigkeit der P- und T-Wellen und des QRS-Komplexes auch Hinweise auf Störungen der Hämodynamik und des Stoffwechsels des Herzens gewinnen. So weist beim Menschen z.B. ein hoher ST-Übergang oft auf das Vorliegen eines akuten Infarktes hin. Auch über Störungen der Kontraktionskraft, Druckschwankungen oder Strömungsprofile können aus dem EKG indirekt Informationen gewonnen werden. Andererseits liefert das EKG keinen eindeutigen Anhaltspunkt dafür, ob es sich bei einer vorliegenden cardialen Störung z.B. um eine Hypertrophie oder eine Dilatation handelt. Formänderungen des EKGs im Anschluß an den QRS-Komplex, wie z.B. Hebungen oder Senkungen der ST-Strecke oder Verformungen der T-Welle, sind oft ein sensibler Indikator für beginnende oder bereits bestehende Störungen im Energiestoffwechsel des Herzens.

• Überleitungsstörungen

Sauerstoffmangel oder Hyperkaliämie können die Überleitung der Erregung von den Vorkammern auf die Kammern stark beeinträchtigen. Fällt der Sinusknoten als primärer Schrittmacher für die Kammern aus, kann der AV-Knoten mit niedrigerer Frequenz den Herzrhythmus aufrechterhalten (totaler Herzblock; Abb. 8.20B). In einem solchen Fall ist durch

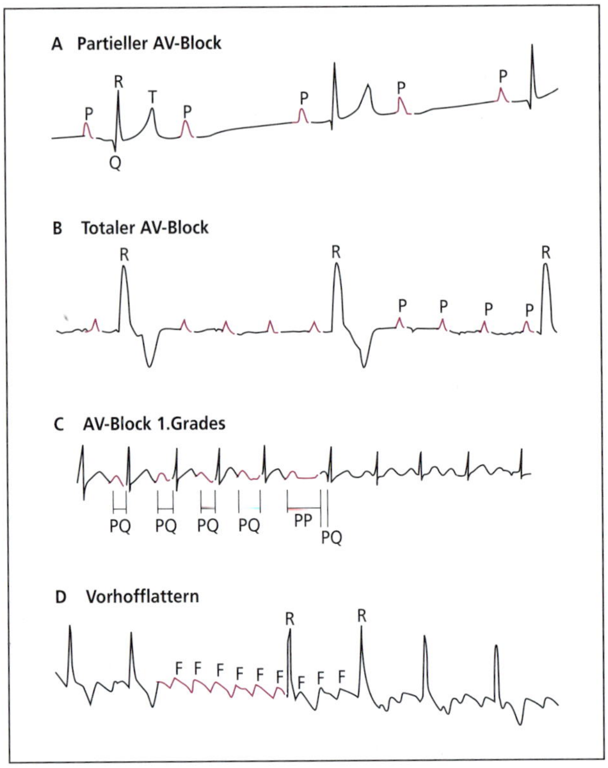

Abb. 8.20 EKG-Kurven von Überleitungsstörungen im Herzen.
A Partieller AV-Block 2. Grades, jede 2. P-Welle erreicht nicht die Ventrikel
B Totaler Herzblock mit unabhängigem SA-Rhythmus (PP...) und AV-Rhythmus (RR...)
C Partieller AV-Block 1. Grades, repetitive Zunahme des PQ-Intervalls mit Arrhythmie.
D Vorhofflattern (FF...) mit ventrikulärer Arrhythmie.

retrograde Aktivierung der Vorkammern die P-Welle oft negativ (in Abb. 8.20 nicht zu sehen). Vorkammern und Kammern schlagen unabhängig, beide mit eigenem Rhythmus. Erreicht das Vorkammersignal nur noch jedes zweite Mal oder in unregelmäßiger Folge die Kammern, schlagen Vorkammern und Kammern ebenfalls in verschiedenem Rhythmus (partieller Herzblock 2. Grades; Abb. 8.20A). Schließlich kann sich die Überleitungszeit von Herzschlag zu Herzschlag verlängern, so daß in Abständen eine Extrasystole entsteht (partieller Herzblock 1. Grades; Abb. 8.20C).

- **Herzrhythmusstörungen**

Ein wichtiges Anwendungsgebiet der Elektrokardiographie bei Pferden und Hunden ist die Diagnostik und Analyse von Herzrhythmusstörungen. Extrasystolen sind Kammerkontraktionen, die außerhalb des normalen Herzrhythmus auftreten. Je nach Ursprung des auslösenden Signals kann es sich dabei um supraventriculäre Extrasystolen handeln, bei denen die Erregungen aus dem Sinusknoten, dem Vorhof oder dem AV-Knoten kommen, oder um ventriculäre Extrasystolen, bei denen die Erregungen aus dem His-Bündel oder dem Kammermyocard stammen. In beiden Fällen liegt die Ursache in sog. fokalen oder ektopischen Zentren, die z.B. als Folge einer schweren Kammermyocardschädigung entstehen. Die Extrasystolen können bei niedriger Herzfrequenz zwischen zwei normalen Kammersystolen eingestreut sein (interponierte Extrasystolen; Abb. 8.21A). Bei höherer Frequenz oder auch bei zeitlich späterem Auftreten der Extrasystole kann der nachfolgende reguläre Sinusreiz in die Refraktärzeit der Extrasystole fallen und dadurch unbeantwortet bleiben (Extrasystole mit kompensatorischer Pause). In diesem Fall bleibt der Sinusrhythmus, abgesehen von der einmaligen Unterbrechung, erhalten. Die Erregung einer ventrikulären oder supraventrikulären Extrasystole kann jedoch auch retrograd über den AV-Knoten auf die Vorkammern und den Sinusknoten übergreifen. Dadurch wird der reguläre Schrittmacherrhythmus unterbrochen, der anschließend mit einer Phasenverschiebung wieder neu beginnt (Abb. 8.21C). Bei Sportpferden kommen unter Ruhebedingungen Arrhythmien vor, z.B. als Folge eines AV-Blocks 2. Grades. Eine solche Störung verschwindet jedoch meistens während der Belastung. Auch Hunde weisen in Ruhe öfter Sinusarrhythmien auf, die als physiologisch angesehen werden müssen. Dabei kann es sich um atmungssynchrone Arrhythmien handeln, die mit rhythmischen Aktivitätsänderungen des N. vagus in Beziehung stehen.

- **Flattern und Flimmern der Vorhöfe (kreisende Erregungen)**

Herz- (Vorhof, Kammer)flattern und -flimmern ist das Ergebnis unkoordinierter (asynchroner) Kontraktionen einzelner Muskelabschnitte und Muskelzellen. Kammerflimmern verschwindet nicht von allein und führt in wenigen Minuten zum Tod.

Werden die Fasern der Vorhöfe nicht mehr gleichzeitig erregt, ist eine koordinierte Kontraktion nicht mehr möglich. Dieser Zustand liegt vor, wenn einzelne Fasern oder Fasergruppen phasenverschoben erregt werden. Einmal eingetreten, verschwindet ein solcher Zustand meist nicht mehr von allein, da die asynchron ablaufenden Erregungsmuster immer von neuem Fasern erregen. Da die APs der einzelnen Fasern unterschiedlich lang sind, kann sich die Phasenverschiebung allmählich vergrößern. Die unkoordinierte Kontraktion einzelner Vorhofabschnitte bezeichnet man als **Vorhofflattern** (Abb. 8.20D). Durch weitere Aufspreizung der Erregungen entwickelt sich daraus ein Zustand, in dem mehr und mehr Fasern unabhängig voneinander agieren. Es

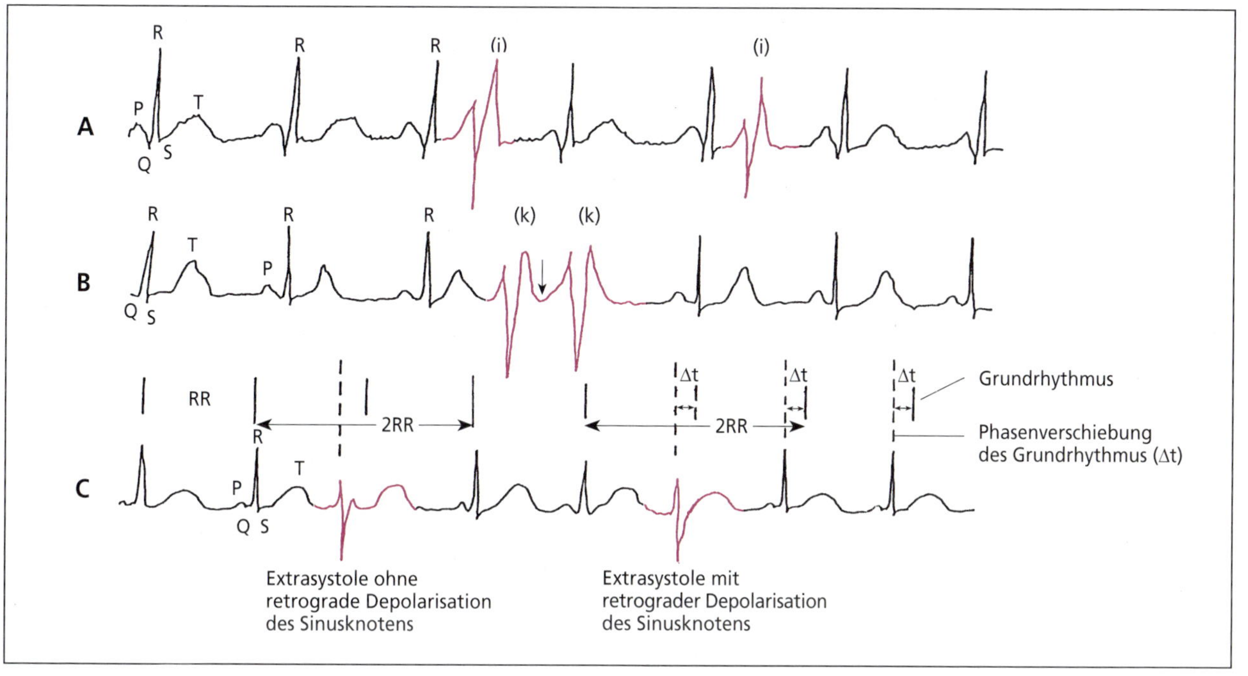

Abb. 8.21 EKG-Kurven mit Extrasystolen.
A Interponierte Extrasystolen (i) bei regelmäßigem SA-Rhythmus ohne kompensatorische Pause.
B Zwei ventrikuläre intermittierende Extrasystolen (k), die den normalen Sinusrhythmus (Pfeil) unterbrechen.
C Extrasystolen mit (bzw. ohne) retrograder Depolarisation des Sinusknotens.
Links: Eine in einem ektopischen Zentrum entstehende Erregung erzeugt eine Extrasystole (gestrichelte vertikale Linie). Der normale SA-Rhythmus wird nach 2 RR wieder aufgenommen.
Rechts: Eine ektopisch entstandene Erregung depolarisiert auch retrograd die Vorkammermuskulatur und den Sinusknoten. Der Grundrhythmus des SA-Knotens setzt danach verspätet wieder ein (2 RR + Δt).

entstehen kreisende Erregungen und **Vorhofflimmern**. Dieser Zustand greift nicht zwangsläufig auf die Ventrikel über. Die Ventilfunktion der trägen und langsam leitenden Verbindungsfasern des AV-Knotens bieten hierfür meist einen ausreichenden Schutz. Vorhofflattern und Vorhofflimmern können bei ungestörtem Kammerrhythmus sogar längere Zeit unerkannt bleiben. Sie treten bei großen Hunderassen in Ruhe nicht selten auf. Bei manchen Sportpferden tritt dagegen Vorhofflimmern manchmal bei körperlicher Arbeit auf, das in Ruhe erfreulicherweise wieder verschwindet. Dieses hat keine unmittelbar nachteiligen Folgen, reduziert allerdings meistens die maximale Leistungsfähigkeit des Herzens.

- **Kammerflattern und Kammerflimmern**

Eine unkoordinierte Ausbreitung von Erregungen in der Kammermuskulatur hat dagegen im Vergleich zu den Vorhöfen ungleich schwerere Folgen für das Herz. Schon bei **Kammerflattern** ist die Pumpleistung stark reduziert, bei **Kammerflimmern** ist sie vollkommen aufgehoben. Ein Kreislaufstillstand ist die Folge, der in wenigen Minuten zum Tode führt. Ursachen für die Entstehung von Kammerflimmern sind z.B. Stromeinwirkung oder sog. ektopische Reizbildungszentren im Kammermyocard. Letztere treten häufig beim Menschen nach Herzinfarkten in der Grenzschicht zwischen absterbendem (infarziertem) und noch intaktem Gewebe auf. Die teilgeschädigte Infarktaußenschicht zeigt in akutem Zustand Hyperirritabilität mit autonomer Reizbildungsaktivität. Weitere Ursachen für Kammerflimmern können sein:

- eine Abnahme der Leitungsgeschwindigkeit im Ventrikelmyocard bei gleichzeitiger Verkürzung des Aktionspotentials, z.B. bei Hyperkaliämie,
- verlängerte Leitungswege im Kammermyocard, z.B. bei Herzdilatation oder Halbseiten-His-Bündellähmung,
- verkürzte Refraktärzeiten des Kammermyocards, z.B. nach Adrenalin-Überdosierung.

In allen diesen Fällen besteht die Gefahr des Aufspreizens der Erregungen mit „rekurrierendem" Charakter und einem sich selbst unterhaltenden „Reentry".

Besonders empfindlich reagieren die Kammern auf einen äußeren elektrischen Reiz, wenn dieser in der Zeit der T-Welle auf das Herz trifft (vulnerable Phase). Aufgrund der unterschiedlich langen Dauer der APs in einzelnen Abschnitten des Arbeitsmyocards (Kap. 8.8.2) sind die repolarisierenden

Fasern während der T-Welle für einen neuen Reiz sehr unterschiedlich ansprechbar. Einige Fasern reagieren darauf (z.B. auf einen Stromschlag) mit einem Aktionspotential, andere, die sich noch in der absoluten Refraktärzeit befinden, nicht. Diese Fasern werden dann phasenverschoben auf rekurrierendem Wege kurze Zeit später erregt. Die anfangs nur geringe Phasenverschiebung der Aktionspotentiale verstärkt sich mit jedem Herzschlag. Fünf bis zehn Sekunden nach einem solchen Stromschlag kann Kammerflimmern eintreten.

Wenige Minuten nach dem Eintritt von Kammerflimmern besteht die Möglichkeit, es mit Hilfe eines Defibrillators zu beheben. Mit diesem Gerät werden über zwei großflächige Elektroden meist zwei kurze Stromimpulse von mehreren Ampère mit einer Spannung von mehreren 1000 Volt durch das Herz geleitet. Die positive Wirkung dieser Stromstöße wird so erklärt, daß durch den ersten starken Reiz des Defibrillators alle ansprechbaren Muskelfasern des Herzens (nicht die Muskelfasern in der absoluten Refraktärzeit) schlagartig depolarisiert werden. Dadurch werden viele der Herzmuskelfasern gleichzeitig refraktär, und der physiologische Sinusreiz kann danach wieder wirksam werden.

8.9 Klinische Aspekte der Herzfunktion

Durch Auskultation der beiden Herztöne, durch Palpation der Herzaktion (Herzspitzenstoß), durch Echokardiographie und durch kathetergestützte invasive Verfahren können weitere diagnostisch wichtige Informationen über die Herzfunktion gewonnen werden.

8.9.1 Äußere Kennzeichen der Herztätigkeit

Von außen zugängliche Anzeichen der Herztätigkeit sind außer dem EKG die Herztöne, der Herzspitzenstoß, der Arterien- und Venenpuls und das durch Perkussion abgrenzbare Herzdämpfungsfeld der Brustwand. Diese Merkmale werden durch Aufzeichnungen und Bilder ergänzt, die sich mittels Phono- und Echokardiographie und Computer- bzw. NMR-Tomographie gewinnen lassen.

• **Herztöne**

Ein schlagendes Herz erzeugt zwei Herztöne (Abb. 8.3), den etwas länger dauernden ersten Herzton zu Beginn der Systole und den kürzeren zweiten Herzton zu Beginn der Diastole. Der erste Herzton entsteht hauptsächlich durch Schwingungen der Wandmuskulatur (Muskelton), der zweite durch den Schluß der Semilunarklappe (Klappenton). Herztöne sind bei Tieren mit einem Phonendoskop an der Brustwand medial und cranial hinter der Ellbogenbeuge gut hörbar. Sie klingen wie ein dumpfes „buh-dup“. Manchmal ist bei Pferden am Anfang der Diastole ein dritter Herzton hörbar, der durch Bluteinstrom in die Ventrikel entsteht. Über ein Herzschallmikrophon lassen sich die im Frequenzbereich zwischen 5 und 400 Hz liegenden Herztöne aufnehmen und frequenzabhängig verstärken (Phonokardiographie).

• **Herzgeräusche**

Bei Funktionsstörungen des Herzens können neben den Herztönen Herzgeräusche auftreten. Sie resultieren aus Schädigungen der Klappen, aus Defekten des Vorhof- und Kammerseptums oder aus Veränderungen der Blutzusammensetzung. Je nach Zeitpunkt ihres Auftretens lassen sie sich in systolische und diastolische Herzgeräusche unterteilen. Am häufigsten entstehen Herzgeräusche durch Turbulenzen der Strömung (Kap. 9.2.2) aufgrund von angeborenen oder erworbenen Klappenfehlern. Ein unvollständiger Verschluß (Insuffizienz) oder ein nicht vollständiges Öffnen (Stenose) einer Herzklappe, z.B. als Folge von Entzündungen und Narbenbildung, sind in der Regel mit einem Herzgeräusch verbunden. An jeder der vier Herzklappen können insuffizienzbedingte oder stenotische Herzgeräusche auftreten, so daß bei Vorliegen eines klappenbedingten Herzgeräusches zunächst acht verschiedene Ursachen dafür in Betracht kommen. Je nach der zeitlichen Lage des Geräusches – ob systolisch oder diastolisch – lassen sich diese dann bereits auf nur vier reduzieren. Mit weiteren nichtinvasiven Verfahren, z.B. durch Feststellung des Auskultationspunktes und der Feststellung des Geräuschmaximums (punctum maximum), und mit Hilfe weiterer klinischer Merkmale (z.B. begleitet durch positiven oder negativen Venenpuls) läßt sich auch mit einfachen Mitteln die Ursache eines Herzgeräusches oft weitgehend eingrenzen.

• **Herzspitzenstoß**

Die Arbeit des Herzens während der Systole ist an der Stelle der Brustwand, an der die Herzspitze an ihr verankert ist, als Herzspitzenstoß fühlbar und mitunter auch sichtbar. Die Stelle liegt zwischen drittem und sechstem Interkostalraum in der Nähe der Sternums.

• **Echokardiographie**

Mit modernen echokardiographischen Verfahren können Formänderungen, Funktionsstörungen und

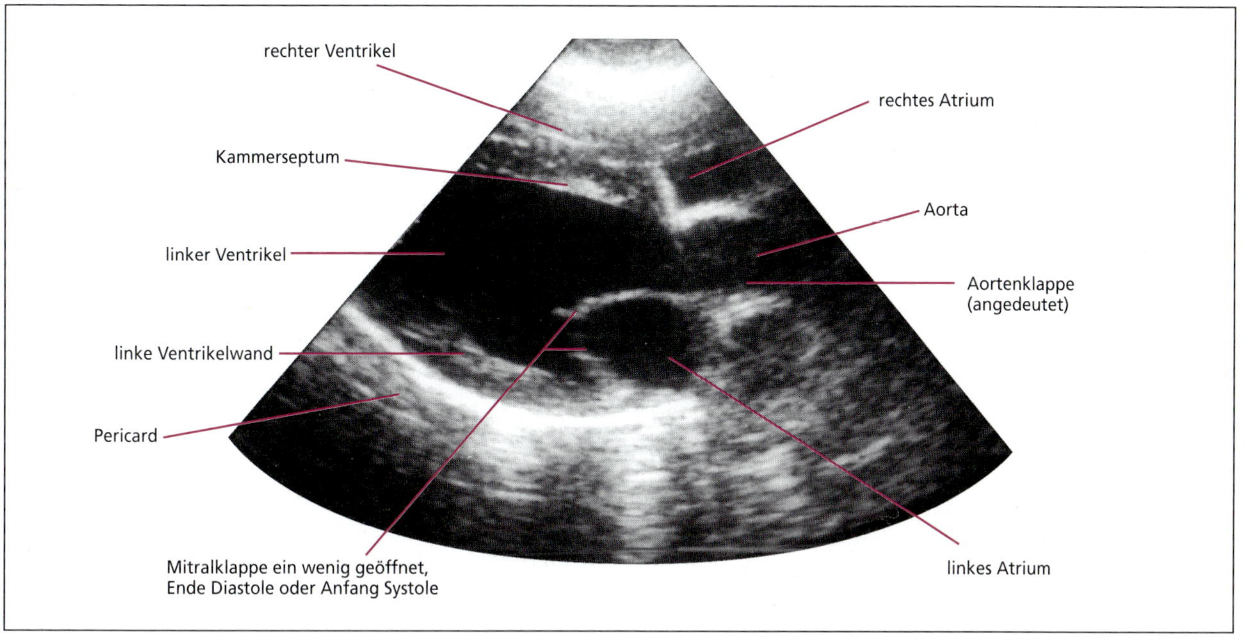

Abb. 8.22 Echokardiogramm eines Hundes, in dem eine Reihe von Strukturelementen aus dem Inneren des Herzens erkennbar sind.

Druckverläufe im Herzen genau analysiert werden (Abb. 8.22). Heutige, mit „Multiple-array"-Elementen ausgestattete Geräte ermöglichen es, in Verbindung mit geeigneter Software, nicht nur die Wand- und Klappenbewegungen, Änderungen der Wanddicke und Formänderungen der Kammern sowie die Lage des Herzens im Brustkorb während der Herzaktion, sondern auch Druck- und Strömungsprofile zum Teil in dreidimensionaler Auflösung farbig abzubilden und auszuwerten. Diese Technik hat die diagnostischen Möglichkeiten zur Erkennung von Herzkrankheiten besonders beim Hund und Pferd sehr erweitert.

- **Invasive Methoden zur Diagnostik der Herzfunktion**

Mit Kathetern und Sonden, die über zu- und abführende Gefäße an verschiedenen Stellen des Herzens bis in die Coronarien placiert werden, können Blutfluß, Blutdruck, Wandbeschaffenheit, aber auch EKGs von Vorkammern und Kammern aufgezeichnet werden (Abb. 8.3). Zur Untersuchung des rechten Herzens wird meistens ein geeigneter Katheter von der V. jugularis in die rechte Vorkammer, die rechte Kammer und weiter bis in die A. pulmonalis vorgeschoben. Das Herzzeitvolumen läßt sich mit Hilfe von Indikatoren, wie Wärme (Thermodilutionsmethode) oder Farbstoffen (Evans Blue, Cardiogreen – Indikatorverdünnungsmethoden) bestimmen. Verengungen des Coronarsystems werden beim Menschen mittels eingeschobener Katheter durch mechanische Dehnung der betroffenen Gefäße sowie durch Einsetzen von Spiralen zumindest vorübergehend behoben.

8.9.2 Ischämie und Herzstillstand

Sauerstoffmangel ist bei Funktionsstörungen des Herzens der primäre leistungsbegrenzende Faktor.

Eine Unterversorgung des Herzens mit Blut (**Ischämie**) bedeutet für das Herz in erster Linie Sauerstoffmangel (**Hypoxie**). Auf Hypoxie reagiert das Herz zuerst mit einer Dilatation und dann, je nach Schwere des O_2-Defizits, mit einem Herzstillstand. Obwohl nur in geringem Maße zur anaeroben Energiegewinnung befähigt, steigt auch im Herzmuskel bei Anoxie die Milchsäurekonzentration. Dauert ein Herzstillstand länger als 30 Minuten, ist bei Körpertemperatur eine Wiederbelebung des Herzens infolge irreversibler Zellschädigung nicht mehr möglich. Paradoxerweise treten die schwersten durch Ischämie hervorgerufenen Schäden erst bei der Reperfusion des Herzens ein. Dies hat wahrscheinlich seinen Grund in der toxischen Wirkung einer dann eintretenden zu hohen freien intrazellulären Calciumkonzentration. Sie wird erst durch die Reperfusion induziert und ist durch die vorgeschädigten energieverarmten Zellen nicht kontrollierbar.

Dauert eine Ischämie lokal 1 bis 2 Stunden, tritt eine irreversible Zerstörung des betroffenen Gewebes ein (Infarkt). Die Ionenkanäle in den Glanzstreifen, die das absterbende Gewebe gegen gesunde Herzmuskelfasern abgrenzen, werden auf der kranken Seite durch die hohe intrazelluläre Calciumkonzentration geschlossen. Dadurch grenzt sich das geschädigte Gewebe auch elektrisch vom noch intakten Arbeitsmyocard ab.

Je nach Schwere einer Herzinsuffizienz oder in Verbindung mit einem Infarkt kann das Herz auch nach Ausschöpfung seiner Kompensationsmöglichkeiten den Körper nicht mehr ausreichend mit Blut versorgen. Ein solcher Zustand kann sich bereits unter Ruhebedingungen manifestieren oder erst bei Belastung eintreten. Eine eingeschränkte Durchblutung des Herzmuskels, z.B. durch Coronarsklerose, führt bei Menschen besonders häufig zu Herzinsuffizienz.

8.9.3 Effekte extrazellulärer Elektrolyte auf die Herzfunktion

Störungen des Kalium-, Natrium-, Calcium-, Magnesium- und Säure-Basen-Haushaltes hinterlassen oft typische Spuren im EKG.

Viele Stoffwechselerkrankungen werden von Störungen des Elektrolythaushaltes, z.B. bei Kalium, Natrium, Calcium oder Magnesium, begleitet. Konzentrationsänderungen dieser Elektrolyte in der extrazellulären Flüssigkeit manifestieren sich oft in typischen Merkmalen des EKGs. Zu den Erkrankungen mit primärer oder sekundärer Beteiligung von Elektrolytstörungen gehören z.B. die Gebärparese (Milchfieber, begleitet von Hypocalcämie), die Ketose der Rinder und Schafe (begleitet von Hypokaliämie), die Weidetetanie (begleitet von Hypomagnesämie), der Diabetes mellitus (oft begleitet von Hyperkaliämie), die Pansenacidose (begleitet von Hyperkaliämie), die Labmagenverlagerung (begleitet von Hypokaliämie) oder der Hypercortizismus (begleitet von Hypernatriämie). Die Auswirkungen dieser Störungen auf das EKG sind jedoch selten so typisch, daß sie für eine Diagnose allein ausreichen. Sie lassen sich aus der Wirkung der Ionen auf die Funktion spezifischer Ionenkanäle weitgehend ableiten. So beruht z.B. die bei Hyperkaliämie auftretende schmalere und vergrößerte T-Welle auf einer durch Kaliumionen induzierten Zunahme der Kaliumleitfähigkeit des Sarcolemms und der daraus resultierenden rascheren Repolarisation. Die bei Hypernatriämie mitunter anzutreffende Verkürzung des QRS-Komplexes kommt durch die steilere Depolarisation des APs infolge eines beschleunigten Na-Einstroms zustande. Die bei Hypocalcämie zuweilen sichtbare Verlängerung des QT-Intervalls sowie des ST-Segments wird durch Verlängerung der Plateauphase des APs ausgelöst. Die folgenden Veränderungen im EKG verdienen im Zusammenhang mit Störungen des Elektrolythaushaltes aus klinischer Sicht Beachtung.

- **Störungen des Kaliumhaushaltes**

Hyperkaliämie: Hyperkaliämie senkt das Konzentrationsverhältnis von Kalium zwischen extra- und intrazellulärer Flüssigkeit und verkleinert das Membranruhepotential (wird positiver). Infolge zunehmender Aktivierung von K1-Kaliumkanälen steigt die Kaliumleitfähigkeit des Sarcolemms, und das Natriumsystem wird Potential-gesteuert teilweise inaktiviert. Die Repolarisation des APs wird steiler und kürzer und die Depolarisation langsamer (Abb. 8.23A oben). Bei mäßiger Hyperkaliämie (~6 mmol/l) zeigt das EKG zunächst eine hohe, schmale, manchmal zeltförmige T-Welle (Abb. 8.23, Mitte), zu der bei weiter steigendem Plasmakalium (auf ~9 bis 11 mmol/l) ein verkürztes QT-Intervall, ein verbreiteter QRS-Komplex und eine verkleinerte R-Zacke hinzukommen können. Die S-Zacke kann nach unten verlängert sein. Bei weiter steigendem Kalium verschwindet das ST-Segment schließlich, so daß der QRS-Komplex unmittelbar in die T-Welle übergeht. Eine P-Welle ist nicht mehr erkennbar (Abb. 8.23A, unten). Bei einer Plasmakaliumkonzentration > 12 mmol/l besteht durch das stark verkürzte AP im Kammermyocard die Gefahr ventriculärer Extrasystolen, die leicht in Kammerflimmern übergehen können. Noch stärker hyperkaliämische Lösungen (~25 mmol/l) immobilisieren das Herz (cardioplege Lösungen).

Auch im **Sinusknoten** aktiviert Hyperkaliämie K-Kaliumkanäle. Dies verlangsamt die diastolische Depolarisation, senkt die Schlagfrequenz (Sinusbradycardie) und verzögert die Erregungsausbreitung mit der Gefahr von Überleitungsstörungen. Wenn Sinusknoten- und Vorhofeffekte das klinische Bild einer Hyperkaliämie prägen, kann ein Herzstillstand in Diastole eintreten. Die hyperkaliämischen Effekte auf das EKG werden durch Hyponatriämie verstärkt und durch Hypernatriämie gedämpft.

Hypokaliämie: Hypokaliämie (< 3 mmol/l) vergrößert das Ruhepotential (mehr negativ) und senkt die Kaliumleitfähigkeit. Die Repolarisation wird flacher und damit länger (Abb. 8.23B, oben). Bei Senkung der ST-Strecke wird die T-Welle kleiner und breiter und kann mit einer U-Welle verschmelzen, wahrscheinlich handelt es sich dabei um ein Repolarisationssignal von langdauernden APs der Purkinjefasern oder um Nachpotentiale des Kammermyocards (Abb. 8.23B, Mitte). Der QRS-Komplex wie auch die P-Zacke werden durch zunehmende Aktivierung des Na-Systems größer. Das PQ-Inter-

Abb. 8.23 Veränderungen im EKG bei Störungen des Elektrolythaushaltes. Es ist zu beachten, daß die Kurven mit unterschiedlichem Papiervorschub gezeichnet wurden. Sie sind untereinander nicht vergleichbar.

A EKG-Kurven von Tieren mit Hyperkaliämie.
Oben: EKG eines Tieres mit mäßiger Hyperkaliämie mit geringgradig verkürzter T-Welle, relativ breitem QRS-Komplex und einer Extrasystole.
Mitte: EKG eines Tieres mit mäßiger Hyperkaliämie und Sinusbradycardie. Die T-Welle im EKG ist erhöht, sehr spitz und von zeltartiger Form. Das ST-Segment ist verkürzt und die P-Welle nicht mehr erkennbar.
Unten: EKG eines Hundes mit schwerer Hyperkaliämie. Das EKG zeigt eine ventriculäre Tachycardie, mit stark verbreitertem QRS-Komplex. Das ST-Segment verschwindet. Der Sinusrhythmus fehlt oder ist nicht mehr erkennbar. Es besteht akute Gefahr für Kammerflimmern.

B EKG-Kurven von Tieren mit Hypokaliämie.
Oben: geringgradige Hypokaliämie. Die T-Welle ist geringgradig verbreitert.
Mitte: EKG bei mittelgradiger bis schwerer Hypokaliämie. Das EKG zeigt eine abgeflachte T-Welle, die mit einer U-Welle verschmilzt.
Unten: EKG bei hochgradiger Hypokaliämie. Im EKG sind die T- und U-Welle stark vergrößert und miteinander verschmolzen.

C EKG-Kurven von Tieren mit Hyper- und Hypocalcämie.
Oben: EKG von einem Tier mit Hypocalcämie. Im EKG sind das QT-Intervall und das ST-Segment verlängert.
Unten: EKG von einem Tier mit Hypercalcämie. Das EKG fällt durch einen großen QRS-Komplex und ein verkürztes ST-Segment auf.

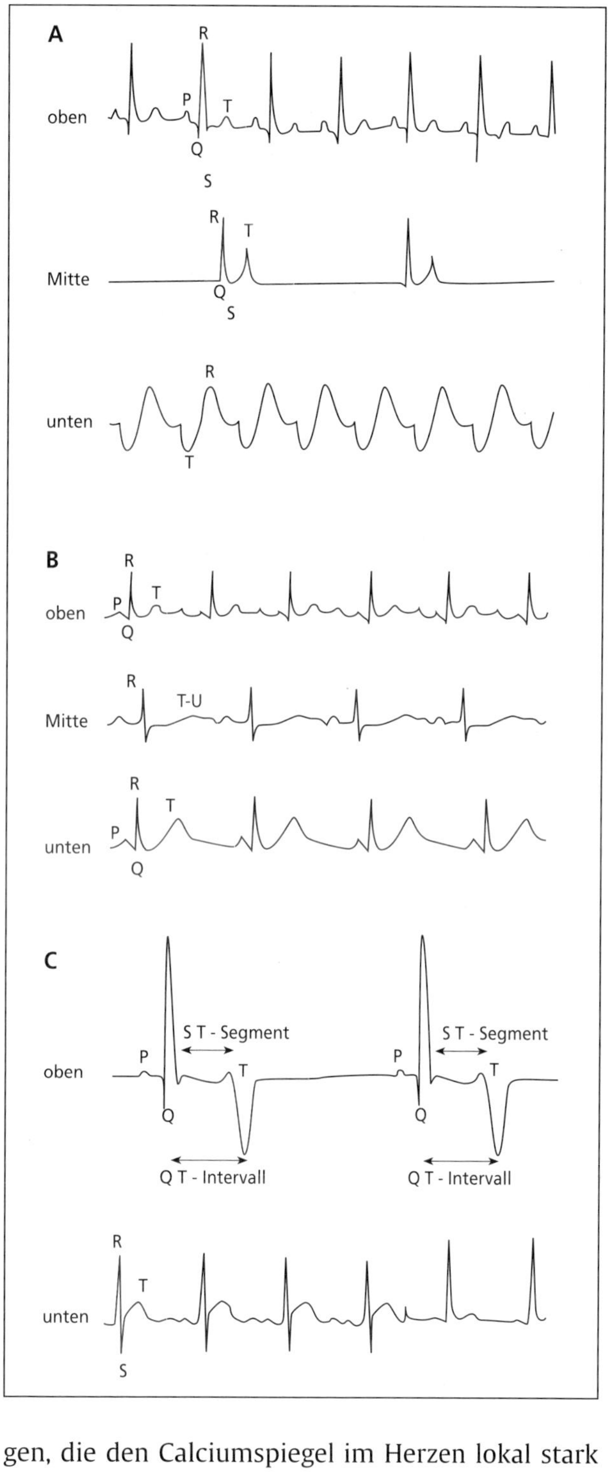

vall wird länger (Abb. 8.23B, Mitte). Bei schwerer Hypokaliämie verschmelzen die T- und U-Zacken zu einem stark vergrößerten Signal (Abb. 8.23B, unten).

Auch in den Schrittmacherzellen vermindert Hypokaliämie die Kaliumleitfähigkeit. Dadurch gewinnen die das Membranpotential destabilisierenden Ströme, I_F und I_{gNa} (Tab. 8.2) relativ an Bedeutung. Die Herzfrequenz steigt, was die Gefahr der Entstehung supraventriculärer und ventriculärer ektopischer Zentren mit Arrhythmien und anschließendem Kammerflimmern mit sich bringt.

• Störungen des Calciumhaushaltes

Die Wirkung von Hypercalcämie auf das EKG ergibt sich aus einer Verkürzung der Plateauphase, deren Ursache nicht ausreichend geklärt ist. Durch diesen Effekt werden das ST-Segment und das QT-Intervall verkürzt (Abb. 8.23C, unten). Hypocalcämie verlängert entsprechend das Plateau des APs und im EKG das ST-Segment und das QT-Intervall (Abb. 8.3C, oben). Bei starker Hypocalcämie mit Calciumkonzentrationen < 1,5 mmol/l, z.B. bei Milchfieber, ist auch die intrazelluläre Calciumhomöostase gestört und die Kontraktilität des Herzens nimmt ab. Eine rasche intravenöse Infusion von Calciumlösungen, die den Calciumspiegel im Herzen lokal stark erhöhen, kann zur Verkürzung des Präpotentials im Reizbildungssystem mit der Gefahr von Arrhythmien führen.

• Störungen des Natrium- und Magnesiumhaushaltes

Hypernatriämie stimuliert den durch $3Na^+/Ca^{2+}$-Austausch vermittelten Calciumtransport aus der Zelle während des Plateaus. Dies vermindert die

Kontraktionskraft des Herzens. Das EKG weist dabei in der Regel keine typischen Änderungen auf. Durch intravenöse Infusion magnesiumhaltiger Lösungen, z.B. zur Therapie der Weidetetanie, kann es im EKG zur Verkürzung des QT-Intervalls und zur Verlängerung des PR-Intervalls kommen. Diese Änderungen sind jedoch klinisch ohne große Bedeutung.

• **Störungen des Säure-Basen-Haushaltes**

Acidosen, wie z.B. die Pansenacidose (Kap. 15.4.3.3) oder die bovine Ketose (Kap. 17.3.4) und die diabetische Ketoacidose, wirken negativ inotrop und beeinträchtigen dadurch die Herzfunktion. Der Effekt dieser pH-Wert-Störungen auf das EKG ist wenig typisch. Der extrazelluläre Protonenanstieg fördert über den Na^+/H^+-Austauscher den Natriumauswärtsstrom und senkt dadurch die intrazelluläre Natriumkonzentration. Dies verstärkt über den $3Na^+/Ca^{2+}$-Austauscher einen Natriumeinstrom und gleichzeitig einen Calciumausstrom. Die Abnahme des intrazellulären Calciums vermindert, besonders am Beginn einer intrazellulären Acidose, den Calciumtransient und dadurch die Kontraktionskraft des Kammermyocards. Die Ca-Aufnahme in das SR ist ebenfalls gesenkt. Die Calciumsensitivität der kontraktilen Proteine nimmt vermutlich wegen der pH-sensitiven Affinität von Troponin C zu Calcium mit abfallendem pH-Wert ab. Dies vermindert ebenfalls die Kontraktionskraft des Herzens. Bei Acidosen besteht häufig auch eine Hyperkaliämie, die durch einen vermehrten Ausstrom von Kalium aus den Zellen in den extrazellulären Raum zustande kommt.

Weiterführende Literatur

Barry, D.M., J.M. Nerbonne: Myocardial Potassium Channels: Electrophysiological and Molecular Diversity. Annu. Rev. Physiol. 1996, 58:363-394.

Bers, D.M.: Excitation-contraction coupling and cardiac contractile force. Kluwer Academic Publishers, Dordrecht, 1991.

Braunwald, E.: Heart Disease. A Textbook of Cardiovascular Medicine. W. B. Saunders Co., Philadelphia, 1992.

Dokos, S., B. Celler, N. Lovell: Ion Currents Underlying Sinoatrial Node Pacemaker Activity: A New Single Cell Mathematical Model. J. Theror. Biol. 1996, 181:245-272.

Fozzard, H.A.: The Heart and Cardiovascular System. Raven Press, New York, 1986.

Hilgemann, W., K.D. Philipson, G. Vassort: Sodium-Calcium Exchange. Proc. of the third Intern. Conf., Woods Hole/Mass., The New York Academy of Sciences, New York 1996

Janvier, N.C., M.R. Boyett: The role of Na-Ca exchange current in the cardiac action potential. Cardiovasc Res. 1996, 32:69-84.

Langer, G.A.: Calcium and the Heart. Raven Press, New York: 1990.

Macfarlaine, P.W., L. Edenbrandt, O. Pahlm: 12-lead vectorcardiography. Butterworths-Heinemann, Oxford, 1995.

Opie, L.H.: The Heart. Physiology and Metabolism. 2nd ed. Raven Press, New York, 1991.

9 Kreislauf

W. von Engelhardt

9.1 Allgemeine Aufgaben der Kreislaufsysteme und Aufbau der Gefäßwände

Eine ausreichende Durchblutung des Gewebes ist Voraussetzung für den Stoffwechsel und die Funktionen der Gewebe. Der Kreislauf muß dafür sorgen, daß ein geeignetes Milieu der Gewebeflüssigkeit aufrechterhalten wird. Wichtige Aufgabe des Kreislaufs ist dabei der Transport von Nährstoffen, Blutgasen, Stoffwechselprodukten, Immunglobulinen und Hormonen. Der Kreislauf muß den für Austauschvorgänge erforderlichen hydrostatischen Druck in den Kapillaren aufrechterhalten, er ist an der Thermoregulation beteiligt und schafft die Voraussetzungen für Abwehrvorgänge und Immunantworten in den Geweben. An veränderte Anforderungen muß der Kreislauf sich schnell anpassen können. Dazu gehören u.a. eine schnelle Mehrdurchblutung des Muskels bei Arbeit oder der Haut bei thermoregulatorischen Aufgaben. Bei diesen wechselnden Anpassungen ist es wichtig, daß trotz eines erhöhten Herzminutenvolumens und der Umverteilung und Mehrdurchblutung vieler Organe, in einigen Organen, wie in Niere und Gehirn, die Durchblutung weitgehend konstant bleibt.

Der Blutkreislauf besteht aus einem in sich geschlossenen System parallel oder auch seriell geschalteter Blutgefäße. Die beiden hintereinander geschalteten Pumpen, das rechte und das linke Herz, erzeugen eine gerichtete Blutströmung (Abb.9.1). Der **Körperkreislauf** (oder auch „Großer Kreislauf") ist der Bereich zwischen dem linken Ventrikel und der rechten Vorkammer. Das Gebiet zwischen dem rechten Ventrikel und der linken Vorkammer ist der **Lungenkreislauf** (oder „Kleiner Kreislauf"). In beiden Gefäßabschnitten wird funktionell und morphologisch zwischen Arterien, Arteriolen, Kapillaren, Venolen und Venen unterschieden. Verbindungen zwischen zwei hintereinander geschalteten

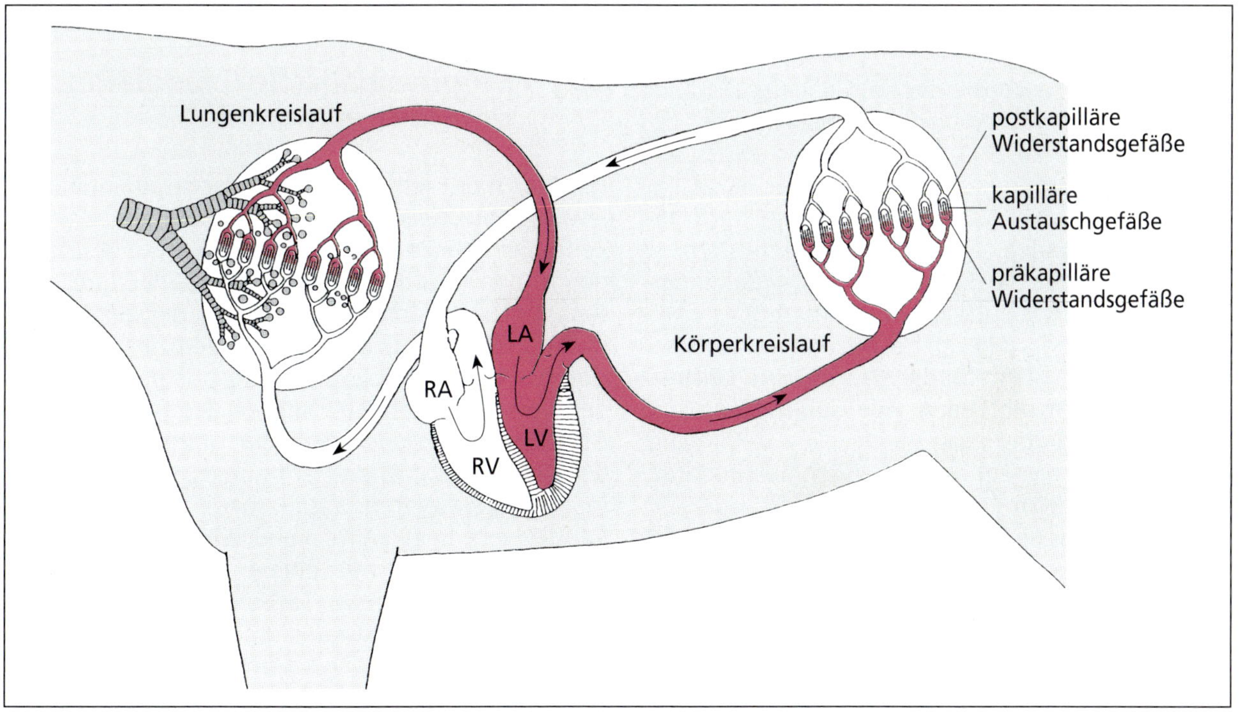

Abb. 9.1 Körperkreislauf und Lungenkreislauf. RA und LA – rechter und linker Vorhof; RV und LV – rechter und linker Ventrikel; arterielles Blut: rot.

Tabelle 9.1 Relative Angaben über die Wandzusammensetzung der Blutgefäße in den verschiedenen Gefäßabschnittten (die Anzahl der Pluszeichen gibt den Anteil der jeweiligen Gewebe in der Gefäßwand an).

	Aorta	Arterien	Arteriolen	Kapillaren	Venolen und kleine Venen	größere Venen	V. cava
Endothel	+	+	+	+	+	+	+
elastische Fasern	++++	+++	+	-	±	+	++
glatte Muskelzellen	+	+++	++++	-	+	++	++
kollagene Fasern	+++	++	+	-	+	++	+++

Tabelle 9.2 Anzahl der Blutgefäße im Körperkreislauf, mittlerer Durchmesser der Gefäße, mittlerer Blutdruck und Strömungsgeschwindigkeiten bei einem mittelgroßen Hund.

	Aorta	große Arterien	Arteriolen	Kapillaren	Venolen	große Venen	V. cava
Anzahl der Gefäße	1	40	4×10^7	$1{,}2 \times 10^9$	8×10^7	40	1
Durchmesser (mm)	10	3	0,02	0,008	0,03	5	15
Gesamtquerschnitt (relativ zur Aorta, Aorta=1)	1	4	160	750	710	14	1,5
mittlerer Druck (mm Hg)	100	95	30	15-30	15	10	~0
Strömungsgeschwindigkeit ($cm \cdot sec^{-1}$)	40	30-40	0,3	0,04	0,5	10	15

Kapillarbereichen, z.B. zwischen Darm und Leber, werden als **Pfortadergefäße** bezeichnet. Parallel zu den Blutgefäßen ist ein **Lymphgefäßsystem** vorhanden, in dem Flüssigkeit aus dem interstitiellen Raum gesammelt und in das Blutgefäßsystem über den Ductus thoracius in das Venensystem zurückgeleitet wird.

Aufbau und Zusammensetzung der Gefäßwände variieren in den verschiedenen Abschnitten des Gefäßsystems (Tab. 9.1). Der Anteil der elastischen Fasern ist am größten in der Aorta, viele elastische Fasern sind auch in den größeren und mittleren Arterien vorhanden. In den Gefäßabschnitten, in denen vor allem die Regulation des Gefäßwiderstandes und die Regulation des Blutvolumes erfolgen, ist besonders viel glatte Muskulatur vorhanden. Das gilt vor allem für die Arteriolen, in geringerem Umfang für die Venen. Alle Gefäßwände sind mit einem Endothel ausgekleidet. Die Gefäßwand der Kapillaren besteht ausschließlich aus Endothel und Basalmembran.

Durch die starke Aufzweigung der Gefäße nimmt der Gesamtquerschnitt von der Aorta zu den Kapillaren hin etwa um das 750fache zu und dann zur Vena cava hin wieder ab. Entsprechend nimmt die mittlere Strömungsgeschwindigkeit des Blutes von der Aorta ($40\ cm \cdot s^{-1}$) zur Kapillare hin ($0{,}04\ cm \cdot s^{-1}$) ab. Zur Vene hin nimmt die Strömungsgeschwindigkeit wieder zu, in der V. cava fließt das Blut mit 10-18 $cm \cdot sec^{-1}$. Die Abhängigkeit zwischen Strömungsgeschwindigkeit und Querschnitt sind in Tabelle 9.2 für einen mittelgroßen Hund zusammengestellt.

9.2 Biophysikalische Grundlagen der Hämodynamik

Das Blut fließt entlang einem Druckgradienten. Die jeweilige Stromstärke ist das Blutvolumen, das pro Zeiteinheit fließt. Die Stromstärke wird bestimmt durch den Blutdruck und den Widerstand der Gefäße. Die Widerstandsänderung bei der Durchblutungsregulation erfolgt vor allem in den Arteriolen. Die Strömungsgeschwingkeit des Blutes in den verschiedenen Abschnitten des Gefäßsystems ist umgekehrt proportional zur Querschnittsfläche der Gefäße, so daß die Strömungsgeschwindigkeit im weitverzweigten Kapillarnetz niedrig ist. Im Kapillarnetz liegt weitgehend eine laminare Strömung des Blutes mit einem parabolischen Geschwindigkeitsprofil vor. Turbulenzen können allerdings auch unter physiologischen Bedingungen bei hohen Fließgeschwindigkeiten in den großen Gefäßen auftreten. Sie treten jedoch bei vielen pathophysiologischen Bedingungen auf, wie z.B. Gefäßstenosen und Herzklappenfehlern. Der Dehnungszustand eines Blutgefäßes wird als Wandspannung angegeben, die Dehnungsfähigkeit durch seine Compliance oder ihren Kehrwert, den Volumenelastizitätskoeffizienten. Die Dehnbarkeit der Venen ist größer als die der Arterien.

9.2.1 Stromstärke, Druck, Widerstand

Die Beziehung zwischen treibender Druckdifferenz (Δ P), Widerstand (R) und Stromstärke (I) kann analog zum **Ohmschen Gesetz** definiert werden.

$$I = \frac{\Delta P}{R}$$

Entsprechend kann der Strömungswiderstand (R) als Quotient von Druckdifferenz und Stromstärke (I) angegeben werden.

$$R = \frac{\Delta P}{I}$$

Die mittlere Strömungsgeschwindigkeit ($\bar{v}$) ist abhängig vom Querschnitt der jeweiligen Gefäße (A).

$$\bar{v} = \frac{I}{A}$$

Daraus folgt, daß

$$I = \bar{v} \cdot A = \bar{v} \cdot r^2 \cdot \pi$$

Wenn sich bei gleichbleibender Stromstärke der Querschnitt in den einzelnen Gefäßabschnitten verändert, so ändert sich damit die Strömungsgeschwindigkeit.

Bei der starken Aufzweigung im Kapillarbereich nimmt der Gesamtquerschnitt stark zu, und damit ist die Fließgeschwindigkeit in den Kapillaren sehr niedrig (Tab. 9.2).

Der **Gesamtwiderstand** (R_{gesamt}) ist bei hintereinander geschalteten Widerständen (Reihenschaltung) gleich der Summe der jeweiligen Einzelwiderstände

$$R_{gesamt} = R_1 + R_2 + R_3 \ldots).$$

Bei parallel geschalteten Gefäßen ist der reziproke Wert des Gesamtwiderstandes gleich der Summe der reziproken Werte der Teilwiderstände

$$\frac{1}{R_{gesamt}} = \frac{1}{R_1} + \frac{1}{R_2} + \frac{1}{R_3} \text{ usw.}$$

oder

$$R_{gesamt} = \frac{1}{\frac{1}{R_1} + \frac{1}{R_2} + \frac{1}{R_3} \ldots}$$

Eine Erweiterung des Ohmschen Gesetzes stellt das **Hagen-Poiseuillesche Gesetz** dar.

$$I = \frac{\pi r^4 \Delta P}{8 \eta L}$$

wobei r = der Radius der Gefäße, Δ P die Druckdifferenz, η die Viskosität und L die Länge des Gefäßes sind. Wenn für I in dieser Gleichung $\Delta P/R$ eingesetzt wird, dann ist

$$R = \frac{8 \eta L}{\pi r^4}$$

Da der **Radius in seiner 4. Potenz** wirksam wird, bedeutet dies, daß für Durchblutungsänderungen **kleine Veränderungen im Radius den Widerstand entscheidend verändern.** Eine Radiuszunahme um 20% kann damit einem Durchblutungsanstieg auf mehr als das Doppelte des Ausgangswertes bewirken. Diese Radiusveränderungen treten vor allem im Bereich der Arteriolen auf.

Die Anwendung des Hagen-Poiseuilleschen Gesetzes auf den Blutkreislauf und die Hämodynamik kann jedoch nur mit Vorbehalt erfolgen, da dieses Gesetz für **starre Röhren** (Blutgefäße sind jedoch dehnbar) und für **gleichmäßige** und **laminare Strömung** gilt (Blut fließt in den arteriellen Teil jedoch pulsierend, und Turbulenzen können vorkommen).

Der Gesamtwiderstand ändert sich in der 4. Potenz des Gefäßradius. Deshalb haben sehr kleine Veränderungen des Radius sehr große Effekte auf den Gesamtwiderstand und analog dem Ohmschen Gesetz damit auf den Blutdruck und/oder auf den Blutfluß.

9.2.2 Strömungsformen

Bei den in den Blutgefäßen im allgemeinen laminaren Strömungen bewegen sich alle Flüssigkeitsteilchen parallel zur Gefäßachse. Der Axialstrom in der Mitte hat die höchste Fließgeschwindigkeit, die der Wand unmittelbar anliegende Flüssigkeit bewegt sich fast nicht (Abb. 9.2). Bei einer turbulenten Strömung erfolgt bei gleicher Druckdifferenz die Flüssigkeitsbewegung langsamer, es entstehen Wirbel und damit erhebliche Energieverluste. Die Flüssigkeit und die Blutkörperchen bewegen sich nicht mehr nur parallel, sondern auch quer zur Gefäßachse (Abb. 9.2). Die bei der laminaren Strömung bestehende lineare Beziehung zwischen Stromstärke und Druckdifferenz (Ohmsches Gesetz) besteht bei turbulenter Strömung durch die Wirbelbildung und die damit verbundenen zusätzlichen Energieverluste nicht mehr. Der Übergang von der laminaren zu einer turbulenten Strömung ist abhängig vom Durchmesser der Gefäße (2 r), von der mittleren Fließgeschwindigkeit ($\bar{v}$), der Dichte (ρ) und der Viskosität (η) der Flüssigkeit. In der dimensionslosen Reynolds-Zahl (Re) sind diese Größen zusammengefaßt.

$$Re = \frac{2 r \bar{v} \rho}{\eta}$$

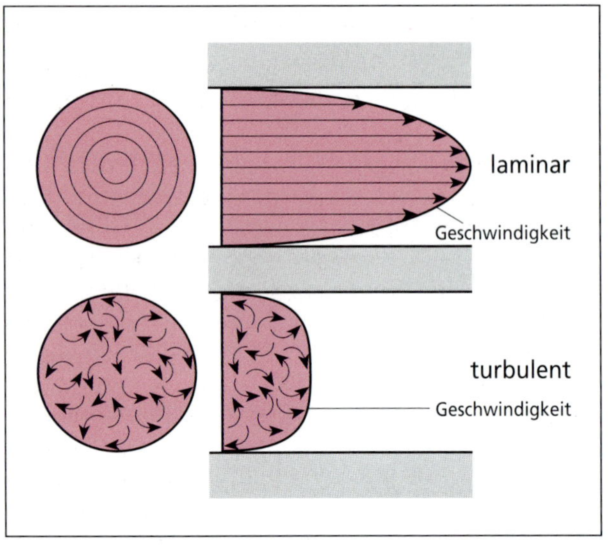

Abb. 9.2 Geschwindigkeitsprofile bei laminarer und bei turbulenter Strömung.

Überschreitet die Reynolds-Zahl einen kritischen Wert von 2000-2200, so geht die laminare in eine turbulente Strömung über. In der Aorta und auch der A. pulmonalis werden während der Austreibungszeit diese Werte vor allem bei den großen Säugetieren erheblich überschritten. Damit entstehen dort kurzzeitig turbulente Strömungen. Erhöhte Strömungsgeschwindigkeiten entstehen auch bei Gefäßstenosen und Klappeninsuffizienzen des Herzens. Die entstehenden Turbulenzen können als auskultierbare Strömungsgeräusche erkannt werden.

Strömungsgeräusche sind durch turbulente Strömung in den Blutgefäßen und im Herzen bedingt.

9.2.3 Viskosität des Blutes

Viskosität resultiert aus der inneren Reibung einer Flüssigkeit. Blut ist eine Suspension von Blutzellen im Blutplasma. Diese heterogene (Nicht-Newton-) Flüssigkeit weist eine variable Viskosität auf. Je höher der Hämatokrit und je höher die Plasmaproteinkonzentrationen sind, desto zähflüssiger ist das Blut. Darüber hinaus verändert die Fließgeschwindigkeit des Blutes die sog. scheinbare oder apparente Viskosität. Mit zunehmender Strömungsgeschwindigkeit nimmt die Viskosität ab. Dies ist durch ein Verformen der Erythrocyten vor allem in den Gefäßen mit kleinem Querschnitt zu erklären (Fåhraeus-Lindquist-Effekt). Bei langsamer Strömungsgeschwindigkeit steigt die Viskosität auch durch die Bildung von Erythrocytenaggregaten („Geldrollen“) in den kleinen Blutgefäßen, oft werden dabei Kapillaren vorübergehend verschlossen.

9.2.4 Dehnbarkeit der Blutgefäße

Für das passiv-mechanische Verhalten der Gefäßwände sind neben dem Anteil und der strukturellen Anordnung der glatten Muskulatur das Dehnungsverhalten der elastischen und der kollagenen Fasern in der Media und in der Adventitia von großer Bedeutung (Tab. 9.1). Die Elastizität der Wände der Arterien nimmt mit zunehmendem Abstand vom Herzen ab. Durch den vom Herzen erzeugten Druck werden vor allem die herznahen Blutgefäße gedehnt.

Die passive Dehnbarkeit der Aorta spielt für die Dämpfung des Druck- und Strompulses, der durch die rhythmische Tätigkeit des linken Ventrikels entsteht, eine große Rolle (Windkesselfunktion).

Die Differenz zwischen dem intra- und dem extravasalen Druck ist der **transmurale Druck** (P_t). Der Dehnungszustand eines Gefäßes wird durch die Dehnbarkeit der Gefäße und den transmuralen Druck bestimmt. Da der extravasale Druck (Gewebedruck) nur sehr gering ist, kann näherungsweise der intravasale Druck in den Arterien dem transmuralen Druck gleichgesetzt werden. Ausnahmen sind die Gefäßsysteme im Herzen und z. T. auch im Skelettmuskel, wo sich auch während der Kontraktionen erhebliche Gewebedrucke entwickeln, so daß es während der Systole und der Kontraktion des Skelettmuskels zu einer Abnahme des Gefäßdurchmessers und zu einem völligen Gefäßkollaps kommen kann (Kap. 8.7.4). Auch in den Venen im Thoraxbereich kann es während des Atemzyklus zu beträchtlichen extravasalen Druckschwankungen und damit veränderten Füllungen der Gefäße kommen. Die Wandspannung (T) ist eine Kraft pro Fläche. Dabei ist die Wandspannung neben dem transmuralen Druck (P_t) vor allem auch vom Radius (r) des Gefäßes und von der Dicke der Gefäßwand (d) abhängig (Abb. 9.3). Das modifizierte Laplacesche Gesetz lautet

$$T = \frac{P_t\, r}{2d}$$

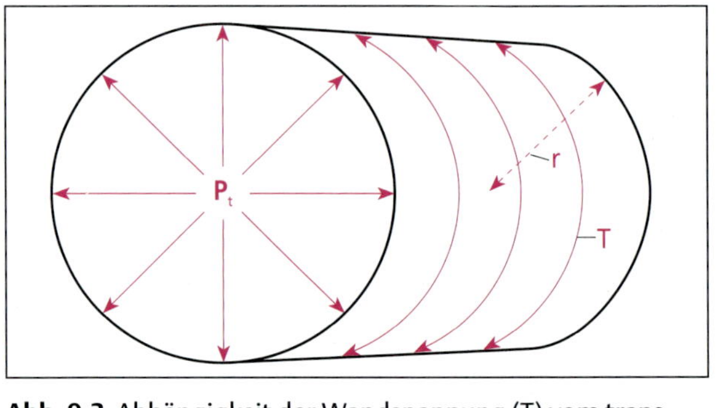

Abb. 9.3 Abhängigkeit der Wandspannung (T) vom transmuralen Druck (P_t) und vom Radius (r) der Blutgefäße.

Mit steigendem Radius, aber gleichbleibendem Druck, steigt die Wandspannung. Bei gleichen Drucken müssen deshalb Blutgefäße mit größerem Durchmesser eine dickere Wand haben als kleinere Gefäße.

Wenn der Gefäßdurchmesser z.B. bei einer pathologischen Gefäßwanderweiterung (Aneurysma) zunimmt, ohne daß die Gefäßwand dicker wird, kann es zu Gefäßrupturen kommen. Da der systolische Blutdruck bei starker körperlicher Arbeit ansteigt, kann es z.B. bei Rennpferden im Bereich von Aneurysmen während des Rennens zu plötzlichen Gefäßrupturen und damit zum schnellen Verbluten kommen. Umgekehrt ist in einem Blutgefäß mit geringem Radius die Wandspannung gering. Wenn es zu einem Absinken des Blutdruckes kommt, kann die Wandspannung so gering werden, daß das Gefäß geschlossen wird.

Die Dehnbarkeit der Blutgefäße ist in den einzelnen Gefäßabschnitten sehr verschieden. Venen sind um ein Vielfaches besser dehnbar als Arterien. Die Dehnbarkeit eines Gefäßes kann als Quotient zwischen der Druckänderung (ΔP) und der entsprechenden Volumenänderung (ΔV) definiert werden. Dabei ist der Volumenelastizitätskoeffizient (É)

$$É = \frac{\Delta P}{\Delta V}$$

É ist klein bei großer Dehnbarkeit und umgekehrt. Entsprechend wird analog der Dehnbarkeit der Lunge auch für die Gefäße die Compliance (C) als reziproker Wert des Volumenelastizitätskoeffizienten verwendet.

$$C = \frac{\Delta V}{\Delta P}$$

9.3 Hämodynamik in den einzelnen Gefäßsystemen

Das arterielle Hochdrucksystem erlaubt den schnellen Transport und die Verteilung des Blutes im Körper. Es folgt die terminale Strombahn mit den Arteriolen, den Kapillaren und den Venolen. Die Arteriolen regulieren durch Widerstandsveränderungen die Durchblutung und den hydrostatischen Druck in den Kapillaren. In den Kapillaren erfolgt der Gas-, Stoff- und Flüssigkeitsaustausch. Das Niederdrucksystem mit den kleinen und großen Venen ist vor allem ein Blutvolumenspeicher, über den das Blut zum Herzen zurückgeführt wird.

9.3.1 Das arterielle System

Das aus dem Herzen diskontinuierlich ausgeworfene Blutvolumen wird durch die Elastizität der großen Arterien (**Windkesselfunktion**) in eine mehr kontinuierliche Strömung des Blutes umgewandelt. In der Wand der herznahen großen Arterien ist der Anteil der elastischen Fasern sehr hoch (Tab. 9.1). Durch den schnellen Druckanstieg dehnen sich die elastischen Fasern, dadurch kann etwa die Hälfte des Schlagvolumens gespeichert werden, und ein Teil der kinetischen Energie wird in potentielle Energie umgewandelt. Während der Diastole erschlaffen die elastischen Fasern wieder, und die kinetische Energie wird zurückverwandelt. Die Windkesselfunktion der Aorta und der großen Arterien führt entsprechend der Elastizität der Gefäßwände zu einer Dämpfung der Pulsation, des Blutdruckes und auch der Strömungsgeschwindigkeit des Blutes (Abb. 9.4 u. 9.5). Bei alten Tieren sinkt ebenso wie bei älteren Menschen die Dehnbarkeit der Aorta. Damit kann weniger kinetische Energie gespeichert werden, die Blutdruckamplitude ist deshalb höher, die Strömungsgeschwindigkeit ist größer und stärker diskontinuierlich.

Durch einen solchen Windkessel wird auch bei Fischen der für einen wirkungsvollen Gasaustausch notwendige kontinuierliche Blutfluß durch die Kapillaren der Kiemen erreicht. Der große Bulbus unmittelbar nach dem Herzen und auch die ventrale Aorta der Fische sind reich an elastischen Fasern; durch ihre Dehnbarkeit glätten sie die durch das Herz hervorgerufenen Schwankungen und sorgen für eine gleichmäßige Durchblutung der Kiemen. Die dorsale Aorta, die das aus den Kiemen kommende Blut aufnimmt, ist deutlich weniger elastisch als die ventrale Aorta.

9.3.1.1 Pulswelle und Blutdruck

Die Pulswelle entsteht dadurch, daß das Schlagvolumen nicht sofort vollständig weiterbefördert wird, sondern z.T. die Aortenwand dehnt. Als Welle läuft dieser Druckpuls über die arteriellen Gefäßwände vom Herzen weg zur Peripherie hin. Seine Ausbreitungsgeschwindigkeit ist die **Pulswellengeschwindigkeit**. Sie beträgt in den **herznahen Gefäßen 5-6 m/s** und steigt auf über **30 m/s in den peripheren Arterien** an. Diese Zunahme der Pulswellengeschwindigkeit zur Peripherie hin ist durch die abnehmende Elastizität in den peripheren Arterien zu erklären. Durch die bei älteren Menschen und Tieren geringe Elastizität der Arterien nimmt die Pulswellengeschwindigkeit mit dem Alter zu. Diese Pulswellengeschwindigkeit (oder auch Druckpuls) darf nicht verwechselt werden mit der wesentlich langsameren pulsierenden Strömungsgeschwindigkeit (oder auch Strompuls), auf die im Kap. 9.3.1.2 eingegangen wird.

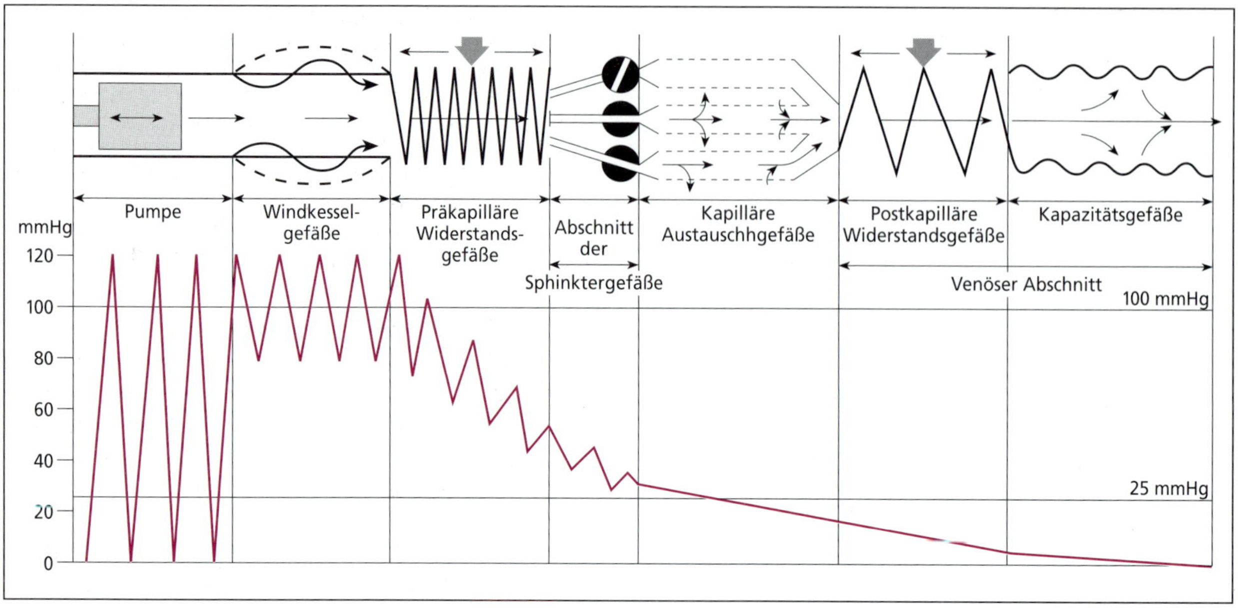

Abb. 9.4 Schematische Darstellung der funktionellen Unterschiede in den Gefäßabschnitten des Körperkreislaufs (modifiziert nach Mellander und Johansson, 1968).

In den Arterienabschnitten zeigt der Druckpuls charakteristische Unterschiede (Abb. 9.5 und 9.6). In den herznahen Arterien, wie der Aorta ascendens, ist eine Inzisur vorhanden. Sie entsteht dadurch, daß es kurz vor und während des Schließens der Aortenklappen zu einem kurzen Rückstrom des Blutes kommt. Es kommt dadurch zu einem kurzdauernden Abfall und anschließendem Wiederanstieg des Druckes. Diese Inzisur ist in den herzfernen Gefäßen nicht mehr sichtbar. Besonders auffällig ist, daß das Druckmaximum und auch die Höhe der Amplitude des Druckpulses in den Arterien mit zunehmender Entfernung vom Herzen bei Säugern und auch Vögeln zunehmen. Für dieses Phänomen gibt es zwei Erklärungen: 1. Die Druckwellen werden von peripheren Aufzweigungen reflektiert, und die in entgegengesetzter Richtung verlaufenden Drücke addieren sich. 2. Durch die abnehmende Elastizität der Arterienwände zur Peripherie hin kann dort weniger kinetische Energie gespeichert werden.

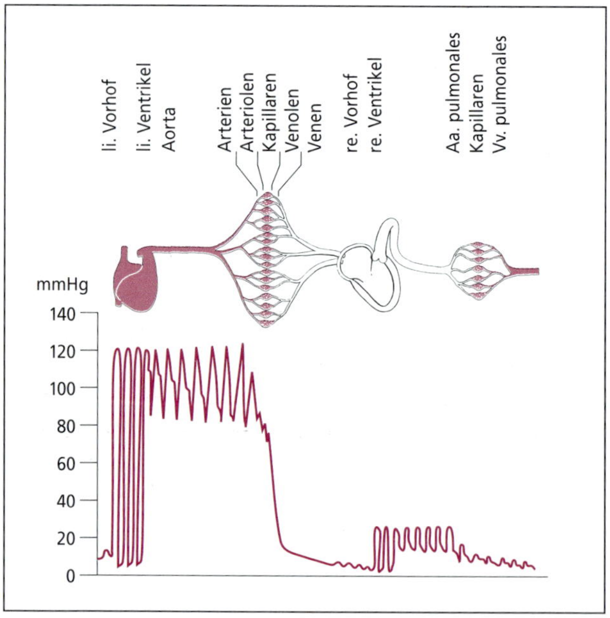

Abb. 9.5 Schematische Darstellung des Blutdruckes im Körperkreislauf und im Lungenkreislauf eines Haustieres.

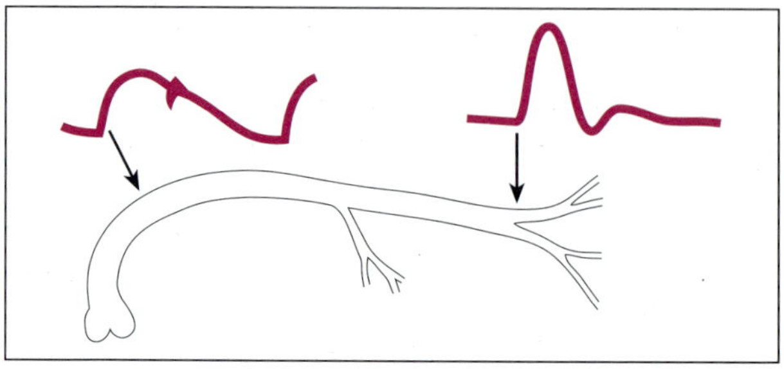

Abb. 9.6 Form der Pulswelle in der herznahen Aorta und in einer peripheren Arterie.

- **Arterieller Blutdruck**

Der in der Systole erreichte maximale Druck wird als **systolischer Druck**, der niedrigste pulsatorische Druck vor Beginn des systolischen Anstiegs als **diastolischer Druck** bezeichnet. Die Differenz zwischen beiden ist die Blutdruckamplitude. Die Druckveränderungen zwischen systolischem und diastolischem Druck werden auch als Blutdruckschwankung (Pulswelle) erster Ordnung bezeichnet. Die Blutdruckamplitude kann gegenüber den Normalwerten erhöht sein z.B. bei verminderter Elastizität der Arterienwände im Alter oder bei Arterioskle-

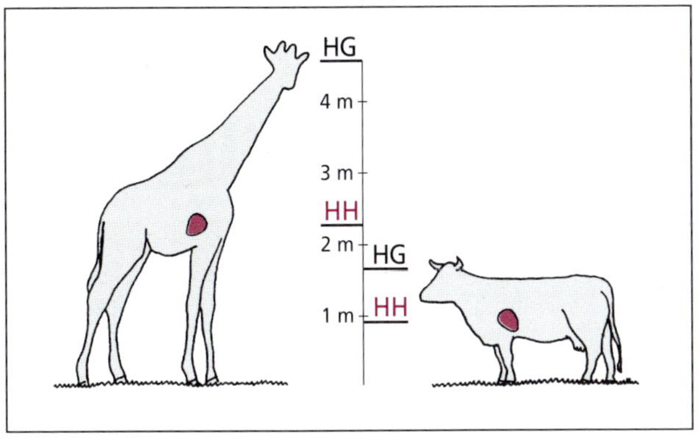

Abb. 9.7 Damit im Gehirn einer stehenden Giraffe 4,5 m über dem Boden (HG) ein mittlerer Blutdruck von 100 mm Hg aufrechterhalten werden kann, muß der mittlere Blutdruck in Herzhöhe (HH) 260 mm Hg betragen. Beim Rind reicht ein mittlerer Blutdruck in Herzhöhe von etwa 100 mm Hg aus, damit die Gehirndurchblutung gewährleistet ist.

Tabelle 9.3 Mittlerer Ruheblutdruck in Herzhöhe bei Haustieren, Labortieren und Vögeln.

	systolischer Blutdruck (mmHg)	diastolischer Blutdruck (mmHg)	mittlerer Blutdruck (mmHg)
Haussäugetiere	120-140	80-95	95-107
Ratte, Meerschweinchen	100-110	60-70	80-90
Vögel	175-250	145-170	160-190
Giraffe	260	160	219

rose, durch Blutrückfluß ins Herz bei Aorteninsuffizienz. Bei Aortenstenose ist sie niedriger.

Der **mittlere arterielle Blutdruck** wird durch Integration der Druckpulskurve über die Zeit bestimmt. Er liegt nicht genau in der Mitte zwischen dem systolischen und dem diastolischen Blutdruck; die Form der Druckkurve bedingt einen etwas niedrigeren mittleren Wert. Es ist interessant, daß die arteriellen Drücke bei den Vögeln deutlich höher sind (Tab. 9.3).

Der mittlere arterielle Blutdruck in Ruhe ist in den großen und mittleren Arterien bei den Haus-und Labortieren ähnlich wie beim Menschen.

Bei vergleichenden Angaben ist es wichtig, daß der arterielle Blutdruck in Herzhöhe angegeben wird. In den Beinen und im gehobenen Kopf muß der jeweilige hydrostatische Druck addiert oder abgezogen werden. So hat z.B. der aufrecht stehende Mensch bei einem mittleren Blutdruck in Herzhöhe von 90 mm Hg in den Fußarterien einen Druck von 120 mm und in den Kopfarterien von 75 mm Hg.

Eine besondere Situation liegt bei Giraffen vor (Abb. 9.7). Der mittlere Blutdruck in Herzhöhe der Giraffe beträgt 260 mm Hg. Dieser hohe Druck ist notwendig, damit bei einem 4,5 m hohen Tier im Kopf noch ein mittlerer Blutdruck von 70 mm Hg erreicht werden kann. Wenn Giraffen nun plötzlich den Kopf senken, um Wasser aufzunehmen, steigt der Druck in den Kopfarterien auf sehr hohe Werte an. Klappen in den Nackenvenen verhindern beim Senken des Kopfes den Rückfluß von Blut in den Kopf. Damit wird ein zu hoher hydrostatischer Druck in den Gehirnkapillaren verhindert.

- **Arterieller Druck im Lungenkreislauf**

Der systolische Druck in der A. pulmonalis schwankt zwischen 20 und 40 mm Hg, der diastolische zwischen 10 und 20 mm Hg (mittlerer Druck 15-25 mm Hg; Abb. 9.5). Bei Rindern, Pferden und Schweinen wurden höhere Werte gemessen (im Mittel etwa 26 mm Hg) als bei Menschen, Hunden, Katzen und kleinen Wiederkäuern. Der Widerstand in den Lungenarteriolen ist gering; die Fließgeschwindigkeit des Blutes in den Lungenkapillaren ist vor allem bei gesteigertem Herzminutenvolumen hoch, und die Kontaktzeit in den Lungenkapillaren ist dann kurz (Abb. 11.24).

Der Blutdruck in der A. pulmonalis ist wesentlich niedriger als in der Aorta. Der Widerstand in den Lungenarteriolen ist gering.

- **Blutdruckmessung**

Nach Einstechen einer Kanüle in eine Arterie können mit einem Druckmeßgerät der systolische und der diastolische Druck gemessen werden (**direkte Methode**). Dieses invasive Verfahren ist genau; es ist jedoch besonderen Situationen vorbehalten. Historisch interessant ist, daß die erste Blutdruckmessung von Stephen Hales 1728 bei einem Pferd durchgeführt wurde. Dabei wurde die Höhe der Blutsäule in einem Glasrohr, das mit der A. carotis verbunden war, gemessen (Abb. 9.8).

Beim Menschen wird der Blutdruck im allgemeinen mit der klinisch üblichen **indirekten Methode** erfaßt (nach Riva-Rocci). Eine um den Oberarm gelegte Manschette wird aufgeblasen, bis der Manschettendruck über dem erwarteten systolischen Druck liegt. Der Druck wird dann langsam abgelassen. Wenn der Manschettendruck zwischen dem systolischen und dem diastolischen Druck liegt, hört man bei der gleichzeitigen Auskultation der Arterie distal der Manschette charakteristische Geräusche (Korotkow-Geräusche). Diese Geräusche entstehen durch Strömungsturbulenzen, wenn der arterielle Druck die durch den Manschettendruck verursachte Kompression der Arterie vorübergehend aufhebt und der Blutstrom kurzfristig sehr schnell durch das noch teilweise komprimierte Gefäß fließt. Das erste Auftreten des Geräusches markiert den Zeitpunkt, zu dem der systolische

Abb. 9.8 Stephen Hales (1677-1761) hat 1728 die erste direkte Blutdruckmessung beim Tier vorgenommen. Er hat in einem senkrecht stehenden Glasrohr die Höhe der Blutsäule gemessen.

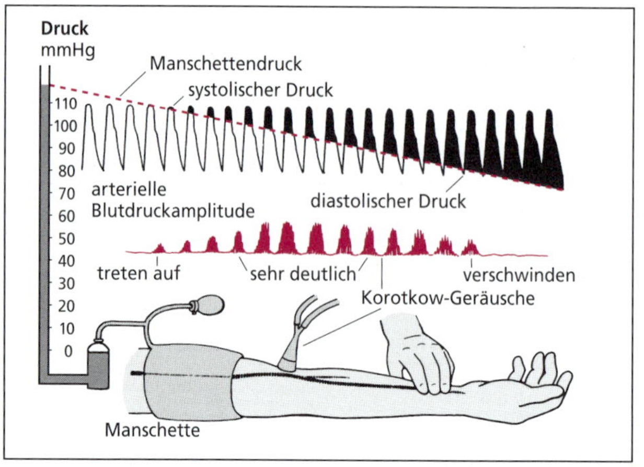

Abb. 9.9 Indirekte Blutdruckmessung nach Riva-Rocci. Geräusche (Korotkow-Geräusche) entstehen, wenn der Manschettendruck den systolischen Blutdruck unterschreitet; sie verschwinden, wenn der diastolische Blutdruck unterschritten wird.

Blutdruck am Manometer abzulesen ist. Bei weiterem Abnehmen des Manschettendruckes werden die Korotkow-Geräusche zunächst lauter. Letztlich werden die Geräusche dumpfer und leiser, und sie verschwinden. Dies ist das Zeichen dafür, daß die turbulente Strömung durch das periodisch eingeengte Gefäß nun in die laminare Strömung des dauernd offenen Gefäßes übergeht. Das Verschwinden des Korotkow-Geräusches markiert den diastolischen Blutdruck (Abb.9.9).

Bei den Haustieren sind indirekte Blutdruckmessungen häufig wenig befriedigend. Es werden entsprechende Manschetten an Schwanz (Pferd, Rind, Hund, Ratte) oder auch an den Extremitäten angelegt. Mit distal der Manschette fixiertem Druckaufnehmer, Mikrophon oder Fotosensor kann der Beginn des Blutflusses bei abnehmendem Manschettendruck und damit der systolische Blutdruck befriedigend erfaßt werden. Wenig zuverlässig ist meistens das Erfassen des diastolischen Blutdruckes. Bessere Ergebnisse werden mit der Doppler-Methode erzielt. Geber und Empfänger sind in die Manschette eingebaut, damit können die kurzfristige Dehnung und anschließende Kompression der Arterienwand bei jedem Druckpuls erfaßt werden. Wenn bei abnehmendem Manschettendruck die Arterienwand keine nennenswerte Bewegung mehr ausführt, ist der diastolische Druck erreicht. Da diese Methode aufwendig ist, wird sie nur bei speziellen Fragestellungen eingesetzt.

• **Blutdruck bei Arbeit**

Mit zunehmender Arbeitsbelastung steigt der systolische Blutdruck, der diastolische Druck verändert sich jedoch im Vergleich mit Ruhewerten nicht oder nur wenig. Die starke Vasodilatation in der arbeitenden Muskulatur ist Ursache für den sich wenig verändernden oder gleichbleibenden diastolischen Druck. Mit zunehmender Ermüdung nimmt der diastolische Druck meistens sogar ab. Die Blutdruckamplitude steigt mit der Belastung an, da bei gesteigerter Herzarbeit und erhöhter Herzschlagfrequenz proportional weniger Energie in den Windkesselgefäßen gespeichert werden kann (Abb. 22.7).

9.3.1.2 Blutfluß in den Arterien

Es wurde bereits darauf hingewiesen, daß in den großen und mittleren Arterien durch die Windkesselfunktion die diskontinuierliche Fördertätigkeit des Herzens von zentral nach peripher zunehmend gedämpft wird. In den Kapillaren ist die Strömung dann praktisch kontinuierlich. Die Fließgeschwindigkeit des Blutes in den einzelnen Gefäßen hängt vom Gesamtquerschnitt im jeweiligen Gefäßbett ab (Kap. 9.2.1 – erweitertes Ohmsches Gesetz). In den großen Arterien beträgt die mittlere Strömungsgeschwindigkeit etwa 40 cm · s^{-1} , in den mittleren und kleineren Arterien 10-40 cm · s^{-1}. Durch die große Querschnittserweiterung im Bereich des Kapillarbettes sinkt die Strömungsgeschwindigkeit auf sehr niedrige Werte ab (etwa 0,04 cm · s^{-1}) (Tab. 9.2).

Die Fließgeschwindigkeit des Blutes (Strompuls) ist wesentlich niedriger als die mit höherer Geschwindigkeit sich ausbreitende Pulswelle (Druckpuls). Die Strömungsgeschwindigkeit beträgt etwa 1/20 der Pulswellengeschwindigkeit.

9.3.2 Das venöse System

Der Rückfluß des Blutes zum Herzen und die Speicherung eines großen Blutvolumens sind die beiden Hauptaufgaben der Venen (Abb. 9.10).

Etwa 70% des Blutes befinden sich in den Venen des Blutkreislaufs.

Es ist wichtig, daß ein erheblicher Teil dieses Blutvolumens bei Bedarf dem Kreislauf schnell zur Verfügung gestellt werden kann (Kap. 9.5 u. 9.6). Der Venendruck in Höhe des Herzens liegt dicht bei 0 mm Hg. Aufgrund der Schwerkraft liegen oberhalb des Herzens die Werte unter 0 mm Hg; beim Anstechen der Halsvene bei nach oben gestrecktem Kopf kann deshalb über die Kanüle Luft aspiriert werden. 1,20 m unterhalb des Herzens sind beim stehenden Tier oder Menschen aufgrund der Schwerkraft ein Venendruck von 90 mm Hg und oberhalb des Hufes der ruhig stehenden Giraffe Venendrucke bis zu 150 mm Hg zu erwarten (Abb. 9.7). Die Muskelpumpe, die Atmungspumpe und der Ventilebenenmechanismus fördern den venösen Rückfluß zum rechten Herzen, und dadurch sind die Venendrücke in den Extremitäten meistens deutlich niedriger, als aufgrund der Schwerkraft errechnet wird.

9.3.2.1 Muskelpumpe

Für den venösen Rückstrom aus den Extremitäten liefert die Muskelpumpe den wichtigsten Beitrag. In den meisten kleinen und mittleren Venen des Körpers sind in regelmäßigen Abständen **Venenklappen** vorhanden. Diese Klappen verhindern einen venösen Rückfluß. Beim stehenden Tier oder Menschen wird durch die Venenklappen die Blutsäule segmental untergliedert, so daß der resultierende hydrostatische Druck in den Beinvenen tatsächlich wesentlich niedriger ist, als er der eben besprochenen Gesamthöhe entspricht. Durch Kontraktion der Muskeln werden die Venen zusammengepreßt. Aufgrund der Ventilwirkung der Klappen strömt das Blut dadurch herzwärts (Abb. 9.11).

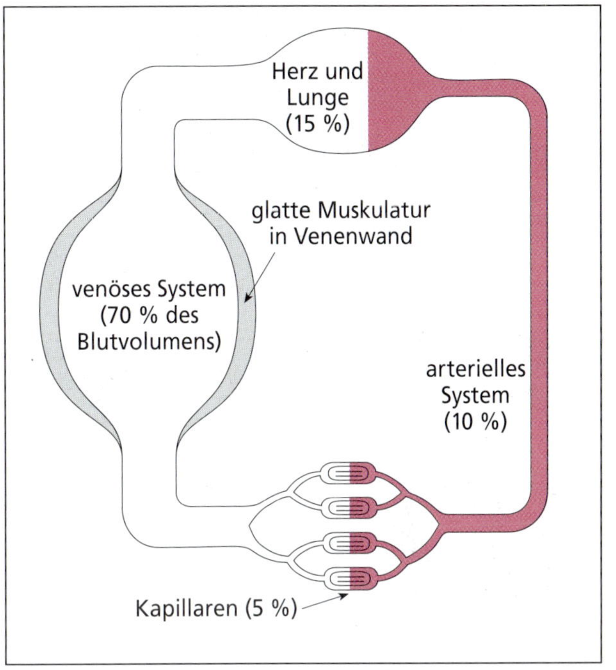

Abb. 9.10 Blutverteilung im Körper- und im Lungenkreislauf. Der weitaus größte Anteil des Blutes befindet sich in den Venen; die Venen sind die wichtigsten Blutspeicher.

Durch rhythmische Aktivitäten der Skelettmuskulatur beim Laufen wird Blut in den Venen von Segment zu Segment durch die Muskelpumpe herzwärts weiter transportiert.

Beim sehr ruhig stehenden Tier kann es jedoch zur vermehrten Füllung der Venen und damit zu einem sukzessiven Auseinanderweichen der Venenklappen kommen. Schließlich ist eine kontinuierliche Blutsäule vorhanden, und der Druck in den unteren Extremitäten entspricht dann der Schwerkraft. Durch den dadurch hohen Venendruck ist auch der Druck in den Kapillaren erhöht. Damit ist das Gleichgewicht zwischen kapillärer Filtration und Reabsorption in Richtung einer verstärkten Filtration verschoben (Kap. 9.3.3.2). Dies ist mit verantwortlich für die bei ruhigem Stehen gehäuft auftretenden Ödembildungen in den unteren Extremitäten.

9.3.2.2 Atmung, venöser Rückfluß und Blutdruck

Während der Inspiration sinkt der intrathorakale Druck. Damit werden die intrathorakalen Venen und auch die Vorhöfe gedehnt. Dies führt zu einer Zunahme des Bluteinstroms aus den extrathorakalen Venen in die intrathorakalen Venen und den rechten Vorhof. Darüber hinaus wird bei der Inspiration durch das Senken des Zwerchfells der Druck im Abdomen erhöht, und es kommt auch

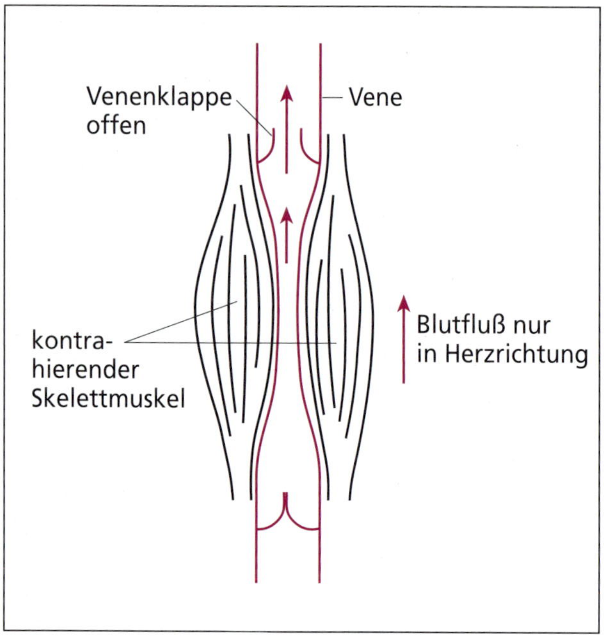

Abb. 9.11 Muskelpumpe. Während der Kontraktion des Skelettmuskels wird der Durchmesser der Venen vermindert; der Venendruck steigt in diesem Venenabschnitt an. Durch die Venenklappen kommt es zu einem Blutfluß zum Herzen hin.

dadurch zu einem verstärkten venösen Einstrom in die Thoraxvenen. Während der Exspiration verhindern Venenklappen ein Zurückfließen des Blutes in die extrathorakalen Venen. Der erhöhte venöse Rückstrom während der Inspiration (Atmungspumpe) führt zu einer verbesserter enddiastolischen Füllung des rechten Ventrikels. Damit nimmt über den Frank-Starling-Mechanismus das Schlagvolumen zu (8.5.1 u. 8.5.2). Durch das erhöhte Schlagvolumen steigt der Druck in der A. pulmonalis.

Die atmungsbedingte Füllung des linken Ventrikels ist annähernd gegensinnig zu der des rechten Herzens. Während der Inspiration wird durch den niedrigen thorakalen Druck Blut in der Lunge zurückgehalten. Dadurch ist die Füllung des linken Ventrikels vermindert, und der arterielle Druck im Körperkreislauf sinkt etwas. Bei der Exspiration ist demgegenüber die Füllung verstärkt, und das Schlagvolumen und der arterielle Blutdruck steigen. Diese durch Atmung bedingten Blutdruckschwankungen werden auch als Blutdruckschwankungen 2. Ordnung bezeichnet.

9.3.2.3 Ventilebenenmechanismus

Durch das rhythmische Verschieben der Ventilebene des Herzens wird in jeder Austreibungsphase im rechten Vorhof und in angrenzenden Hohlvenen eine Druckerniedrigung erreicht, wodurch ein Sogeffekt auf das Venenblut ausgeübt wird (s. Herz)

9.3.2.4 Venenpuls

Beim ruhig liegenden Tier können in den herznahen Venen charakteristische geringe Druckveränderungen registriert werden (Abb. 8.3G). Die **a-Welle** wird durch Vorhofkontraktion hervorgerufen. Die kurz darauf folgende **c-Welle** ist hauptsächlich durch das Vorwölben der Trikuspidalklappe in den rechten Vorhof während der Anspannungsphase des Ventrikels bedingt. Die sich anschließende Senkung bis zu einem Minimum (x) wird durch die Verschiebung der Ventilebene des Herzens während der Austreibungsphase ausgelöst. Während der Entspannung der Ventrikel steigt wegen der zunächst noch geschlossenen Atrioventrikularklappe der Druck im Vorhof und in der V. cava zunächst relativ steil an, fällt aber nach Öffnung der Klappe infolge des Bluteinstroms in den Ventrikel wieder ab, so daß eine positive Welle, die **v-Welle**, mit nachfolgender Senkung (*y*) entsteht. Während der weiteren Ventrikelfüllung steigt der Druck allmählich bis zu nächsten **a-Welle** wieder an.

9.3.3 Die Mikrozirkulation in der terminalen Strombahn

Unter terminaler Strombahn versteht man die Arteriolen, die Kapillaren und die Venolen (Abb. 9.5) sowie das Drainagesystem der im Gewebe blind endenden Lymphkapillaren. In den einzelnen Organen ist der Aufbau der Strombahn an die spezifischen Bedürfnisse angepaßt.

9.3.3.1 Arteriolen

Die wesentlichsten Widerstandsänderungen und damit die wesentlichste Regulation der Organdurchblutung erfolgt in den Arteriolen (**präkapilläre Widerstandsgefäße und** Sphinktergefäße; Abb. 9.4). Die Gefäßwand der Arteriolen ist im Verhältnis zum Innenradius wesentlich dicker als in allen übrigen Gefäßabschnitten. Besonders ausgebildet ist die Schicht der zirkulären glatten Muskulatur, die für die Widerstandsänderungen verantwortlich ist (Tab. 9.1). Veränderungen der Widerstände werden in den Kap. 9.4 und 9.6 besprochen. Die Widerstände und auch die Möglichkeiten zur Regulation sind im Lungenkreislauf gering und wenig entwickelt.

Die Arteriolen sind präkapilläre Widerstandsgefäße, durch die die Durchblutung und der Blutdruck entscheidend reguliert werden.

9.3.3.2 Kapillaren

Der Austausch zwischen Blut und Gewebe erfolgt im Bereich der Kapillaren (**Austauschgefäße**). Die Wand der Kapillare besteht nur aus den Endothelzellen mit der Basalmembran (Tab. 9.1). In den meisten Organen sind Kapillaren vom **kontinuierlichen Typ** vorhanden (Abb. 9.12). Kleine Moleküle bis fast hin zur Größe von Plasmaproteinen und vor allem auch lipoidlösliche Substanzen können gut durch das Endothel dieser Kapillare hindurchtreten. In den Gehirnarterien sind die **tight junctions** (Zonulae occludentes) besonders gut entwickelt, die Permeabilität der Gehirnkapillare ist deshalb niedrig (Blut-Hirn-Schranke). In den Glomeruli der Niere aber auch in der Darmschleimhaut und einigen exokrinen und auch endokrinen Drüsen sind **fenestrierte Kapillaren** vorhanden. Die Permeabilität dieser fenestrierten Kapillaren ist für kleine Moleküle 100-1000fach höher als in den Kapillaren vom kontinuierlichen Typ. In der Leber, der Milz und auch im Knochenmark sind die Kapillaren diskontinuierlich. In diesen **diskontinuierlichen Kapillaren** sind große inter- und auch intrazelluläre Lücken vorhanden, die auch die Basalmembran einschließen. Diese Kapillaren gestatten auch den Durchtritt von Proteinen, anderen Makromolekülen und auch korpuskulären Substanzen.

- **Stoffaustausch zwischen Blut und interstitiellem Raum**

Stoffaustausch durch Diffusion: Der **Stoffaustausch durch Diffusion** spielt bei weitem die größte Rolle. Kleine Substanzen bis zu einem Molekülradius von etwa 1 nm, auch lipidlösliche Substanzen und die Atemgase können frei durch die Kapillarwand diffundieren. Für die freie Diffusion größerer Substanzen ist die Permeabilität wesentlich niedriger. Plasmaproteine können nicht oder nur wenig aus dem Blut austreten. Es wurde für den Menschen in allen Kapillaren des Körpers ein kapillärer Diffusionsaustausch von Wasser in Höhe von 80000 l/Tag und ein Glucoseaustausch von 20000 g/Tag berechnet. Dies macht deutlich, wie umfangreich die **Austauschvorgänge durch Diffusion** in den Kapillaren sind.

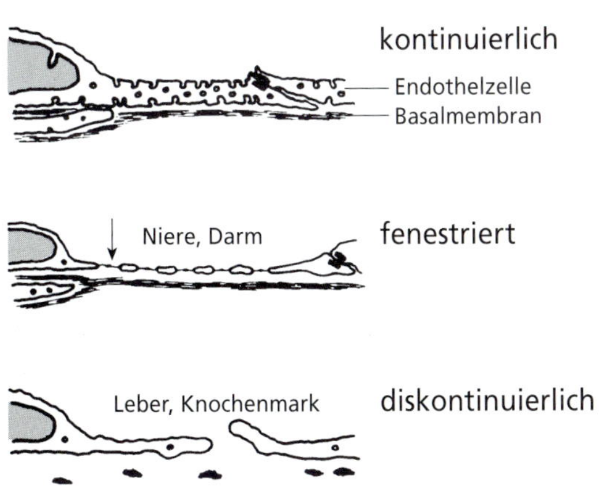

Abb. 9.12 Schematische Darstellung der drei wichtigsten Typen des Kapillarendothels.

Verteilung von Flüssigkeit zwischen Blut und Interstitium: Obwohl der Austausch von Flüssigkeit durch die Kapillarwand zwischen Blut und interstitieller Flüssigkeit hauptsächlich durch Diffusion erfolgt, sind für die Nettobewegung von Wasser Filtrationsvorgänge und Rückresorptionsvorgänge entscheidend. Die **Filtration** und **Reabsorption** in den Kapillaren hängen von den **hydrostatischen** (ΔP) und den **kolloidosmotischen** ($\Delta\pi$) Druckdifferenzen ab. Die Nettoauswärtsbewegung wird als Filtration, die Nettoeinwärtsbewegung wird als Reabsorption bezeichnet.

Effektiver Filtrationsdruck. Der Nettoflüssigkeitstransport durch die Kapillarwand wird bestimmt durch den **effektiven Filtrationsdruck** (P_{eff}) zwischen dem Blut und dem interstitiellen Raum. Der effektive Filtrationsdruck ergibt sich aus den Druckdifferenzen zwischen hydrostatischen (ΔP) und kolloidosmotischen ($\Delta\pi$) Drücken.

$$P_{eff} = \Delta P - \Delta\pi = (P_c - P_i) - (\pi_c - \pi_i)$$

wobei die Drücke im Plasma (c) und die im interstitiellen Raum (i) berücksichtigt werden. Da der intravasale hydrostatische Druck meistens höher ist als der extravasale Druck im Interstitium, würde Blutflüssigkeit durch die Kapillarwand dauernd in das Interstitium verlorengehen. Der kolloidosmotische Druck, der durch die Proteine erzeugt wird, die nicht oder nur in sehr geringem Umfang durch die Kapillarwand hindurchtreten können, steht diesem nach außen gerichteten hydrostatischen Druck entgegen und hält damit Wasser zurück.

Der kolloidosmotische Druck ändert sich im Verlauf der Kapillare nicht nennenswert (Mittelwerte für π_c ~ 24 mm Hg). Deutliche Änderungen sind jedoch beim hydrostatischen Druck vorhanden. Da der hydrostatische Druck am Beginn der Kapillare (etwa 30 mm Hg) zum Ende hin (etwa 19 mm Hg) abnimmt, verändert sich der effektive Filtrationsdruck entlang der Kapillare. Der hydrostatische Druck im Gewebe ist normalerweise sehr gering. In Lehrbüchern mitgeteilte Daten schwanken, da es schwierig ist, diese Werte zuverlässig zu messen. Der mittlere Druck im Interstitium könnte bei 1 mm Hg liegen. Am Anfang der Kapillare ist der nach außen gerichtete effektive Filtrationsdruck größer

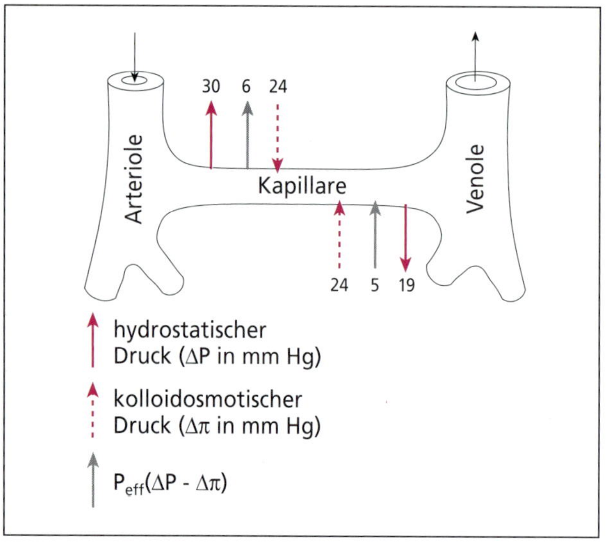

Abb. 9.13 Filtration und Reabsorption in der Blutkapillare. Die hydrostatischen und die kolloidosmotischen Kräfte und die daraus resultierende effektive Filtration sind durch Pfeile angegeben.

(+ 6 mm Hg). Der effektive Filtrationsdruck ist am Ende der Kapillare durch den niedrigen hydrostatischen Druck im Lumen der Kapillare nach innen gerichtet (-5 mm Hg). Damit kann Wasser aus dem Interstitium wieder in die Kapillare eintreten (Reabsorption). Die effektiven Filtrationsdrucke am Beginn und Ende der Kapillare zeigen, daß der Nettoflüssigkeitstransport aus der Kapillare heraus größer ist als der Rücktransport (Abb. 9.13). Die nach auswärts gerichteten Kräfte sind etwas größer als die nach innen gerichteten Kräfte. Dieser Unterschied bewirkt in der Bilanz eine stärkere Nettofiltration in das Gewebe hinein. Diese auch als Nettofiltration bezeichnete Differenz beträgt bei einem 50-80 kg schweren, gesunden Tier etwa 2 l je Tag. Diese Flüssigkeit wird als Lymphe über die Lymphgefäße aus dem interstitiellen Raum abtransportiert.

Für die quantitative Betrachtung, vor allem im Vergleich mit den umfangreichen Diffusionsvorgängen, ist es wichtig, daß im arteriellen Abschnitt der Kapillare nur etwa 0,5% der durch die Kapillare fließenden Plasmaflüssigkeit abfiltriert wird, dies sind bei einem mittelgroßen Tier von etwa 70 kg 20 l je Tag. Hiervon werden jedoch etwa 90% im venösen Abschnitt der Kapillare rückresorbiert. Die restlichen 10% werden über die Lymphgefäße aus dem interstitiellen Raum abtransportiert.

Auftreten von Ödemen. Verschiedene Ursachen können für das Auftreten von Ödemen verantwortlich sein (Abb. 9.14).

1. Durch **erhöhten Venendruck** ist der hydrostatische Druck im venösen Teil der Kapillare erhöht. Die für die Reabsorption verantwortlichen Drücke sind dadurch vermindert.
2. Bei **Vasodilatation** in Bereich der Arteriolen ist der hydrostatische Druck in den Kapillaren erhöht, damit sind die für die Filtration verantwortlichen Drücke höher als die für die Reabsorption.
3. Bei **erhöhter Permeabilität der Kapillarwand** (Insektenstiche, Verbrennungen, lokale Entzündungen, allergische Reaktionen) können lokal oder auch generalisiert Plasmaproteine aus den Kapillaren austreten und in das Interstitium gelangen. Dadurch sind die kolloidosmotischen Druckdifferenzen vermindert, die Filtration ist erhöht und die Reabsorption vermindert. Lokale Mediatoren für Permeabilitätsänderungen sind u.a. Histamin und Cytokine.
4. Bei **Hypoproteinämien** (z.B. Hunger, renale Eiweißausscheidung, Leberparenchymschäden, exsudative Enteropathien) ist der kolloidosmotische Druck im Plasma vermindert, und damit überwiegt die Filtration in das Interstitium.
5. Bei **Störungen des Lymphabflusses** steigen die hydrostatischen Drucke im Gewebe an. Dadurch sind die für die Filtration verantwortlichen Kräfte zwar vermindert, die für die Reabsorption notwendigen Drücke reichen jedoch nicht aus, um die im Interstitium angesammelte Flüssigkeit in die Kapillaren zu transportieren.

Bei Vasodilatation der Arteriolen, bei erhöhter Permeabilität der Kapillarwand und auch bei Hypoproteinämien sind die für die Filtration verantwortlichen Drücke gegenüber denen für die Reabsorption erhöht. Die Ursachen für diese erhöhten Kräfte aus der Kapillare hinaus sind aber sehr verschieden. Bei der Vasodilatation ist an der arteriellen Seite der Kapillare der hydrostatische Druck erhöht, bei der erhöhten Permeabilität ist der kolloidosmotische Druck im Interstitium erhöht, und bei der Hypoproteinämie ist der kolloidosmotische Druck im Blutplasma erniedrigt. Alle diese Faktoren führen gleichermaßen zu erhöhtem effektivem Filtrationsdruck am Anfang der Kapillare.

Exsikkose bei Dehydratation: Wenn es bei **Dehydratation** zu Plasmaflüssigkeitsverlusten kommt, steigt dadurch der kolloidosmotische Druck im Plasma. Damit ist die Filtration vermindert und die Reabsorption erhöht. Durch diese erhöhte Rückresorption kann es zum Flüssigkeitsverlust im Interstitium kommen.

1. Die wichtigste Barriere für den Stoffaustausch zwischen intra- und extravasalem Raum ist das Gefäßendothel.
2. Der Stoffaustausch zwischen Blut und Inter-

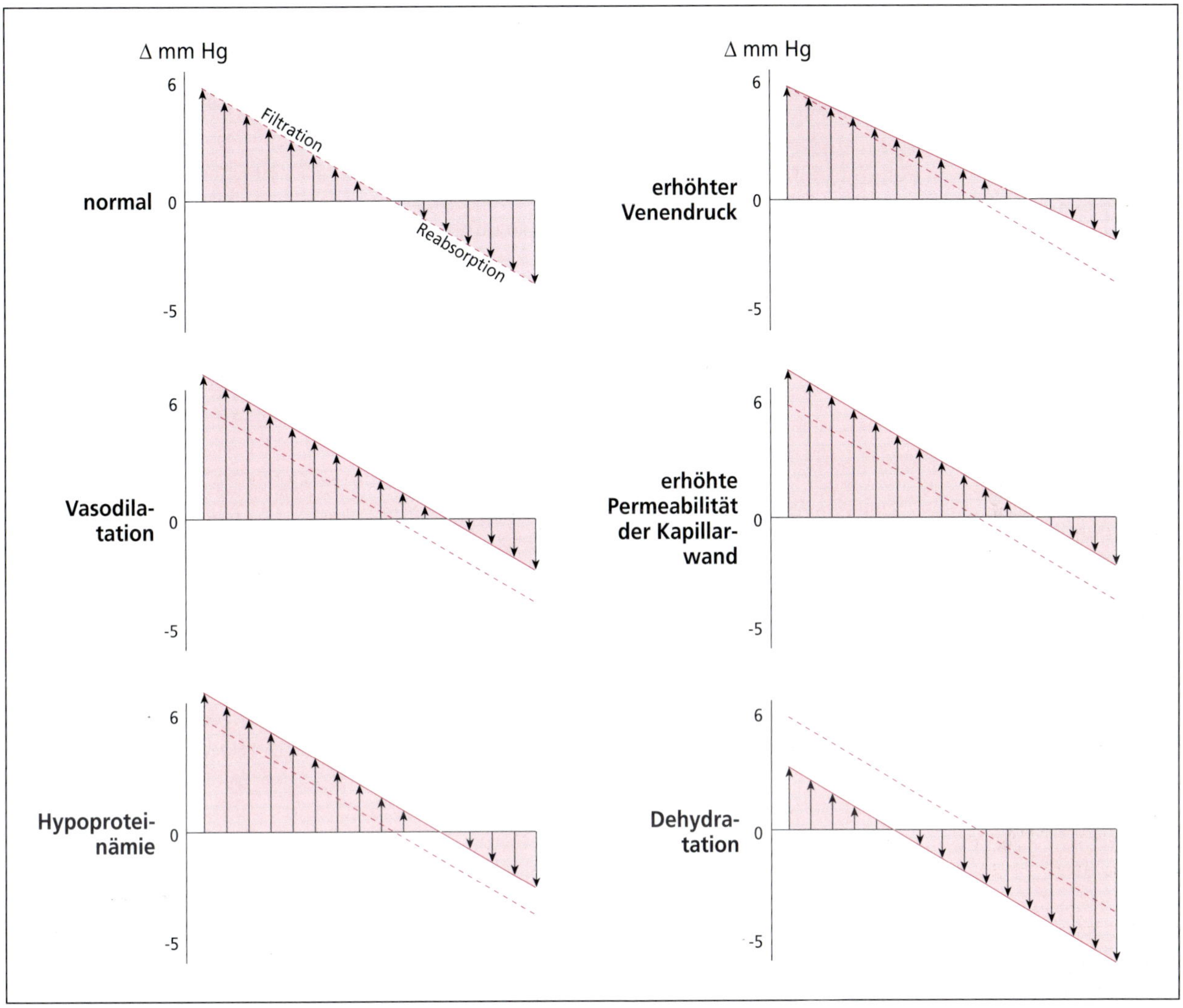

Abb. 9.14 Schematische Darstellung der effektiven Drücke (als Druckdifferenzen angegeben) entlang der Kapillare. Wenn die Kräfte aus der Kapillare hinaus (erhöhte hydrostatische Drucke, verminderte kolloidosmotische Drucke oder erhöhte Gefäßpermeabilität) erhöht sind, entstehen Ödeme. Wenn die an der Rückresorption beteiligten Kräfte überwiegen, entsteht eine Exsikkose. Die Filtration und Reabsorption unter normalen Bedingungen sind jeweils als rote gestrichelte Linie angegeben.

stitium erfolgt hauptsächlich durch Diffusion.

3. Für den Flüssigkeitsaustausch durch die poröse Kapillarwand sind die hydrostatischen und die kolloidosmotischen Drücke in den Gefäßen und im Gewebe maßgebend.
4. Bei Veränderung der hydrostatischen und/oder der kolloidosmotischen Drücke im Kapillarbereich treten Ödeme oder Exsikkosen auf.

9.3.4 Lymphabfluß

Durch die Spalten in den Lymphkapillaren gelangt Flüssigkeit aus dem Interstitium in die Lymphgefäße. Die Muskelzellen in den Lymphgefäßwänden kontrahieren sich rhythmisch. Zahlreiche Klappen, ähnlich den Venenklappen, bewirken eine gerichtete Strömung. Für die Lymphströmung ist vor allem, ähnlich der Wirkung der Muskelpumpe beim Blutfluß in den Venen (Abb. 9.11), der von außen erfolgende wechselnde Druck auf die Lymphgefäße von Bedeutung. Die Lymphkapillaren sammeln sich zu großen Lymphgefäßen. In den größeren Lymphgefäßen sind Lymphknoten eingebaut. In den Lymphknoten kann die Lymphzusammensetzung verändert werden. Dadurch hat die postnodale Lymphe häufig eine höhere Eiweißkonzentration als die pränodale Lymphe. Die postnodale Lymphe ist daher nicht repräsentativ für die Zusammensetzung der intestinalen Flüssigkeit und auch nicht für die Bildungsrate der Lymphe.

Die überschüssige interstitielle Flüssigkeit wird als Lymphe abtransportiert.

9.4 Lokale Durchblutungsregulation

Die Durchblutungsregulation erfolgt durch zahlreiche z.T. konkurrierende Einflüsse auf die glatte Muskulatur in den Arteriolen (Multi-unit-Typ, Kap. 7.2.2; präkapilläre Widerstandsgefäße und Sphinktergefäße, Abb. 9.4). An den Veränderungen des Muskeltonus sind beteiligt neurogene, myogene, humorale und endothelvermittelte Mechanismen. An den meisten physiologischen Durchblutungsregulationen sind mehrere Vorgänge beteiligt.

9.4.1 Ruhedurchblutung und maximale Durchblutungssteigerung in den Geweben

Die Höhe der Ruhedurchblutung ist in den verschiedenen Organen unterschiedlich (Abb. 9.15). In Geweben mit hohem Ruhestoffwechsel (Herzmuskel, Gehirn) und auch in Geweben, in denen die Durchblutung nicht allein der Gewebeversorgung dient (Niere), ist die Durchblutung je 100 g Gewebe verhältnismäßig hoch. Für die Höhe der Ruhedurchblutung ist die Höhe des Ruhetonus der Gefäßwand entscheidend.

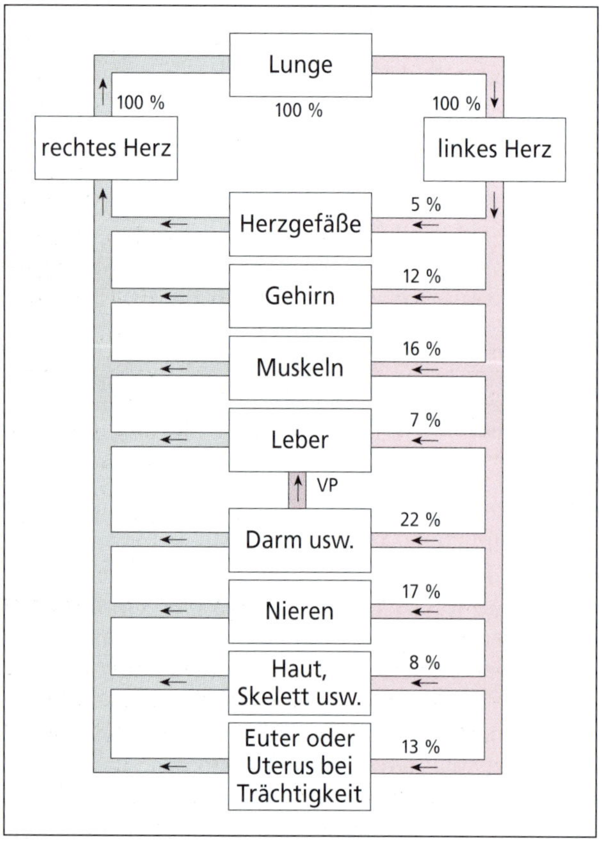

Abb. 9.15 Schema das Blutkreislaufs und der Ruhedurchblutung. Körper- und Lungenkreislauf sind hintereinandergeschaltet; die Durchblutung der einzelnen Gefäße erfolgt in Parallelschaltung. Die Prozentzahlen geben an, welche Anteile des Herzminutenvolumens in Ruhe durch die verschiedenen Organgebiete fließen. Die Blutströmung erfolgt in Richtung der Pfeile. VP = Pfortader.

Auch die maximal mögliche Durchblutungssteigerung ist in den einzelnen Geweben keineswegs gleich. Die mögliche Steigerung ist hoch in Gefäßgebieten, in denen die Anforderungen stark zunehmen können (z.B. Skelettmuskulatur und Haut); die Durchblutungssteigerungen in diesen Geweben können über das 60fache gegenüber der Ruhedurchblutung hinausgehen. In den meisten übrigen Geweben steigt die Durchblutung um etwa das Fünffache an. In der Niere und in geringerem Umfang auch im Gehirn ist die Durchblutung dagegen weitgehend unabhängig von den Regulationsvorgängen im übrigen Körper konstant.

> Die Ruhedurchblutung ist durch den Ruhetonus der Gefäßwände bedingt.

9.4.2 Kontrolle der lokalen Durchblutung

- **Autoregulation**

Während in den meisten Organen die Höhe der Durchblutung an einen wechselnden Bedarf angepaßt wird, wird bei einzelnen Organen auch bei veränderten arteriellen Drücken die Durchblutung durch Autoregulation weitgehend konstant gehalten. Die Autoregulation wird vor allem durch myogene Erregung der glatten Muskulatur erreicht. Der steigende Blutdruck bewirkt eine zunehmende Erregung der Muskulatur, und damit steigt der Gefäßtonus. Dadurch kann die **Durchblutung bei wechselnden Perfusionsdrucken weitgehend konstant gehalten** werden. Autoregulatorische Reaktionen sind in den Gefäßen der meisten Organe zu finden, vor allem in der Niere (zu Mechanismen Kap. 12.3.1, auch Abb. 12.6), dem Gehirn und dem Herzen, aber auch in geringem Umfang in der Skelettmuskulatur, in der Leber und im Magen-Darm-Kanal. Nicht vorhanden ist eine Autoregulation in den Gefäßen des Lungenkreislaufs; in diesen Gefäßen erfolgt eine passive Dehnung, und die Stromstärke nimmt überproportional mit steigendem Perfusionsdruck zu (Abb. 9.16)

> In Organen mit ausgeprägter Autoregulation verändert sich die Durchblutung nicht oder nur wenig, wenn der arterielle Blutdruck steigt.

- **Metaboliten des Gewebestoffwechsels**

Mit zunehmendem Stoffwechsel des Gewebes steigt die metabolische Dilatation. Der erhöhte CO_2-Partialdruck, steigende Lactat- und H^+-Konzentrationen, das bei ATP-Abbau gebildete Adenosin und anorganisches Phosphat, erhöhte extrazelluläre K^+-

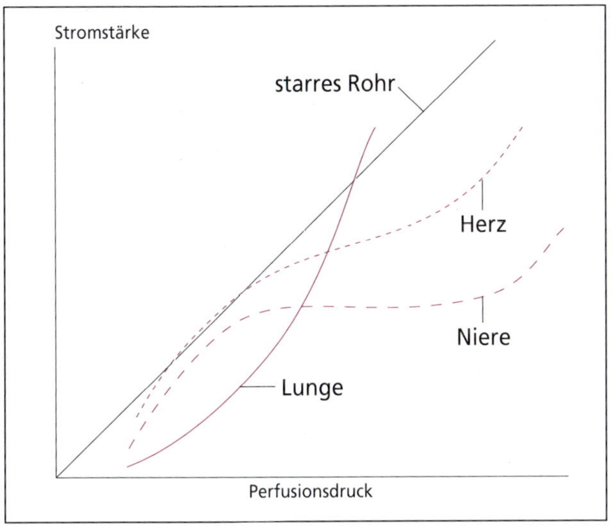

Abb. 9.16 Beziehungen zwischen Perfusionsdruck und Stromstärke für ein starres Rohr, ein Organ mit starker Autoregulation (Niere), ein Organ ohne Autoregulation (Lunge) und für das Herz, in dem die Autoregulation eine gewisse Rolle spielt.

Konzentrationen infolge verstärkter zellulärer Aktivität bewirken eine **lokale Vasodilatation** und damit eine Durchblutungssteigerung. Von vorrangiger Bedeutung ist diese metabolische Regulation bei der starken Durchblutungssteigerung des arbeitenden Skelettmuskels. Die Dilatation erfolgt vor allem durch Hemmung der spannungsabhängigen Ca^{2+}-Kanäle in den glatten Muskelzellen der Arteriolen und durch Hemmung der Noradrenalinfreisetzung. An der regionalen Durchblutungsregulation ist auch das Endothel beteiligt; zu den vom Endothel freigesetzten dilatierenden Substanzen gehört Stickstoffmonoxid (NO).

- **Nervale Regulation**

Die **Vasokonstriktion** wird vor allem durch **sympathisch-noradrenerge Steuerung** erreicht. Im Bereich der Arteriolen und der kleinen Arterien, in geringem Maße auch in den Venen, sind die Gefäße von postganglionären noradrenergen Nervenfasern innerviert. Durch Freisetzen von Noradrenalin aus den Varikositäten wird durch Bindung an die α_1-Rezeptoren der Tonus der glatten Muskelzellen gesteigert und damit die Durchblutung vermindert (vegetatives Nervensystem, Kap. 6, Tab. 6.1).

Auch als zirkulierende Catecholamine beeinflussen Noradrenalin und auch Adrenalin dosisabhängig die Durchblutung. Bei niedrigen Adrenalinkonzentrationen wird über die Aktivierung der β_2-Rezeptoren eine Vasodilatation und damit eine Durchblutungssteigerung erreicht. Bei hohen Adrenalinkonzentrationen ist eine α_1-Wirkung wie bei Noradrenalin vorhanden. Die physiologische Wirkung der Catecholamine in den verschiedenen Geweben hängt von der lokalen Dichte der α_1- und β_2-Rezeptoren ab. In den Hautgefäßen überwiegen die α_1-Rezeptoren, in den Gefäßen des Magen-Darm-Kanals und der Muskulatur sind sowohl α_1- wie β_2-Rezeptoren vorhanden. In den Koronargefäßen überwiegen β_2-Rezeptoren.

Sympathisch-cholinerge Steuerung. Eine sympathisch-cholinerge Vasodilatation wurde bisher nur bei Hund, Katze und Ziege in der Skelettmuskulatur nachgewiesen; ob sie auch bei anderen Species vorhanden ist, ist nicht bekannt. Diese Steuerung scheint besonders in der Startphase der Muskelarbeit von Bedeutung zu sein.

Parasympathisch-cholinerge Steuerung. Eine parasympathisch-cholinerge Vasodilatation spielt gegenüber der sympathischen Innervation eine geringe Rolle. Eine parasympathisch-cholinerge Innervation von Blutgefäßen wurde bisher vor allem in den Genitalien und auch in den Koronargefäßen und im Gehirn gezeigt. Durch Vasodilatation in den Genitalien kommt es zur Blutfüllung der erigierenden Gewebe und zur gleichzeitigen Relaxation der Schwellkörpermuskulatur.

- **Humorale Regulation**

Schon bei äußerst geringer Konzentration bewirkt Angiotensin II eine starke Vasokonstriktion. Auf das Renin-Angiotensin-Aldosteron-System und auch auf die Wirkung von Adiuretin (Antidiuretisches Hormon = ADH = Vasopressin) und Atriopeptin (Atriales Natriuretisches Peptid = ANP) wird bei der Besprechung der Blutvolumenregulation (Kap. 9.5) und der Nierenfunktion (Kap. 12.6.3 u. 12.14.1) eingegangen.

Lokal begrenzte Durchblutungsänderungen können auch nach mechanischen Reizen, Temperatureinwirkung, entzündlichen und allergischen Vorgängen auftreten. Bei dieser Dilatation spielen mehrere Gewebshormone eine Rolle. Dazu gehören die Prostaglandine, Bradykinin und Histamin. Bradykinin und Histamin erhöhen darüber hinaus die Permeabilität der Kapillarwände und fördern damit die Entstehung lokaler Ödeme (Abb. 9.14).

- **Beteiligung des Endothels bei der Regulation des Gefäßtonus**

Die Endothelzellen setzen zahlreiche Stoffe frei, die einen dilatierenden Einfluß auf die Gefäßmuskulatur ausüben. Dazu gehören Stickstoffmonoxid (NO) mit vasodilatorischer Wirkung (identisch mit dem endothelium-derived relaxing factor, EDRF), Prostacyclin (PGI_2), endothelium-derived hyperpolarizing factor (EDHF) und das stark vasokonstriktorisch wirkende Peptid Endothelin.

Die Durchblutung der Organe wird durch viele konkurrierende Einflüsse auf die Widerstandsgefäße reguliert.

9.5 Verteilung und Regulation des Blutvolumens

Das Blutvolumen liegt bei monogastrischen Tieren meistens zwischen 70 und 80 ml/kg Körpergewicht. Bei fetten Schweinen und bei Wiederkäuern ist durch den wenig durchbluteten hohen Fettanteil oder das große Vormagenvolumen das relative Blutvolumen meistens niedriger (etwa 55-75 ml/kg Körpergewicht). Jüngere Tiere haben ein höheres Blutvolumen als ausgewachsene Tiere.

Bei Blutverlust kann es **kurzfristig** zu einer Zunahme des Venentonus kommen. Dadurch kann genügend Blut dem Herzen zufließen. Eine Sympathicusaktivierung bewirkt darüber hinaus eine Erhöhung des Widerstandes in den Arteriolen und führt damit zu einer Abnahme des effektiven Filtrationsdruckes und einer Zunahme der Reabsorption im venösen Teil der Kapillaren. Dies ermöglicht mittelfristig eine Ergänzung des intravasalen Volumens.

Bei **mittel- bis längerfristiger** Verminderung des Blutvolumens wird die Wasserausscheidung in der Niere durch Ausschüttung von Adiuretin (Antidiuretisches Hormon = ADH = Vasopressin) vermindert. Über das Renin-Angiotensin-Aldosteron-System kommt es zur erhöhten Vasokonstriktion in den Arteriolen und zur vermehrten Rückresorption von Na^{+} im distalen Tubulus, im Sammelrohr und auch im Dickdarm; dadurch wird auch die Rückresorption von Wasser erhöht. Darüber hinaus wird durch beide Hormone Durst ausgelöst (Kap. 4.4.4.4).

In der Wand der Herzvorhöfe wird Atriopeptin gebildet und gespeichert. Bei Dehnung der Vorhöfe wird durch Volumenzunahmen Atriopeptin vermehrt. Die Natriumrückresorption im Sammelrohr ist dadurch herabgesetzt; es wird mehr Wasser ausgeschieden, und ein erhöhtes Blutvolumen wird dadurch vermindert.

9.6 Zentrale Kreislaufregulation

Damit unter Ruhebedingungen bei Belastungen die einzelnen Kreislauffunktionen in den physiologischen Grenzen ablaufen, sind Kontrollvorgänge und eine übergeordnete Koordination (Kap. 4.4.4.2) erforderlich. Hierzu gehören vor allem die Anpassung des **arteriellen Blutdruckes**, des **Herzminutenvolumens** und die Kontrolle des Blutvolumens. Wichtige Aspekte bei der Regulation des Herzminutenvolumens und auch des Blutvolumens wurden bereits besprochen. Bei der allgemeinen Kreislaufregulation ist die **Regulation des arteriellen Blutdruckes** von zentraler Bedeutung. In Abb. 9.19 sind die wesentlichen Faktoren zusammengefaßt, die den mittleren arteriellen Blutdruck beeinflussen; auf viele dieser Einflüsse wurde bereits eingegangen.

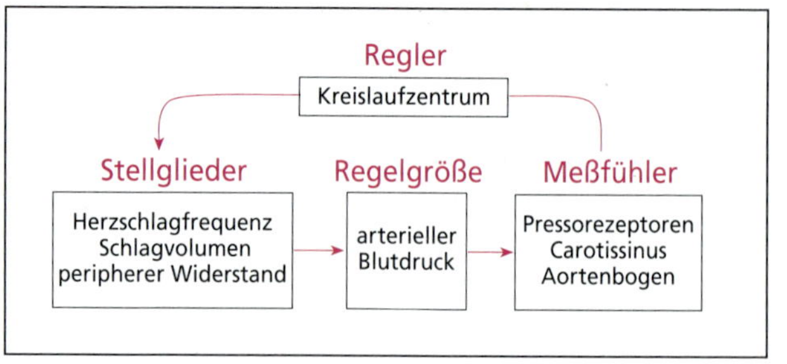

Abb. 9.17 Regelkreis für kurzzeitige Regulation des arteriellen Mitteldruckes.

An der zentralen Kontrolle des Kreislaufs sind vor allem Neurone in der Medulla oblongata beteiligt.

- **Kurzfristige Blutdruckregulation**

Über Kreislaufreflexe erfolgt nach dem Prinzip eines Regelkreises mit Regler, Stellgliedern, Regelgröße und Meßfühlern das kurzfristige Aufrechterhalten eines adäquaten Blutdruckes (Abb. 9.17). Rezeptoren, die Druckänderungen erfassen (**Pressorezeptoren**), sind dehnungsempfindliche Endorgane im **Carotissinus** (Teilung in A. carotis externa und interna) und in der Gefäßwand des **Aortenbogens**. Diese Rezeptoren haben eine Proportional-Differential-Empfindlichkeit (PD-Rezeptoren), deren mittlere Entladungsrate bei höherem Mitteldruck höher ist als bei niedrigem Mitteldruck. Für das Verständnis des Regelkreises ist es wichtig, daß die Afferenzen zum Kreislaufzentrum in der Medulla oblongata im ZNS führen, einen ständigen **hemmenden** Einfluß auf die vegetativen Kerngebiete im Hirnstamm ausüben. Das bedeutet z.B., daß bei Abfallen des arteriellen Druckes der **Sympathicotonus** zunimmt, während der **Parasympathicotonus** abnimmt. Dies führt zu einer Zunahme der Herzschlagfrequenz und des Schlagvolumens des Herzens und auch zu einer Zunahme des peripheren Widerstands. Der Pressorezeptorenreflex ermöglicht somit eine schnelle, kontrollierte Gegenregulation bei kurzfristigen Veränderungen des Druckes in den großen Arterien (Abb. 9.18).

Afferenzen zum Kreislaufzentrum kommen darüber hinaus vor allem aber auch von den Chemorezeptoren, von Schmerzrezeptoren und von höher gelegenen Hirnstrukturen (limbisches System, Cortex).

Die Blutdruckregulation erfolgt auch über Vorgänge, die nicht im engeren Sinne zum Regelkreis

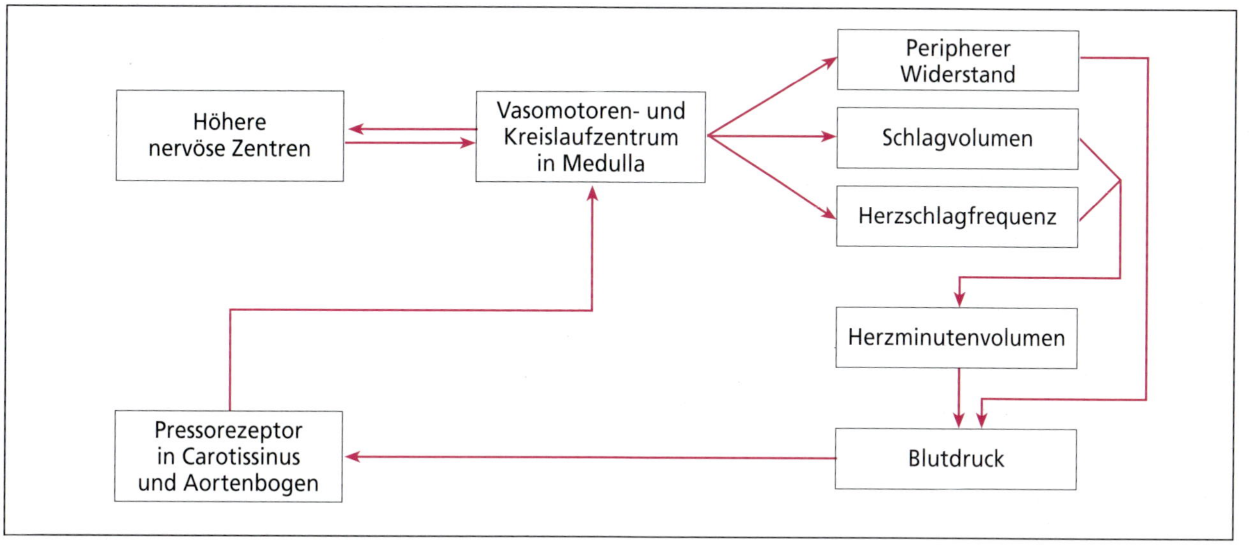

Abb. 9.18 Vereinfachtes Schema der Blutdruckregulation

der arteriellen Blutdruckregulation gerechnet werden. Dazu gehören vor allem die Chemorezeptoren, auch Schmerzrezeptoren und Afferenzen aus dem limbischen System und dem Cortex.

- **Mittel- und längerfristige Blutdruckregulation**

Längerfristige Mechanismen der Blutdruckregulation beruhen in erster Linie auf mittelfristigen Vorgängen, die das Blutvolumen in Relation zur Gefäßkapazität beeinflussen. Die Beteiligung von Adiuretin (ADH), Aldosteron, Angiotensin und dem Atriopeptin (Atrialen Natriuretischen Peptid [ANP]) wird im Kapitel Niere besprochen. Auf einige beteiligte Vorgänge und die dadurch bewirkten Veränderungen wird in Abb. 9.19 hingewiesen.

9.7 Kreislaufversagen, Schock

Bei Kreislaufinsuffizienz reicht das Herzminutenvolumen nicht mehr aus, um eine genügende Durchblutung der Körperorgane zu gewährleisten. Ursachen sind eine Hypovolämie, ein Herzversagen oder eine periphere Vasodilatation.

Bei einer **Hypovolämie** wird das Herz während der Diastole nicht mehr genügend mit Blut gefüllt, der Vorhofdruck sinkt, die diastolische Herzfüllung und das Schlagvolumen und damit das Herzminutenvolumen sind vermindert. Eine Hypovolämie kann bei Blutverlust und auch bei Verlust von Körperflüssigkeit (Flüssigkeitsverlust durch die Niere, Durchfälle, Erbrechen, Verbrennungen, exzessives Schwitzen, Ileus, Ascites) auftreten. Ein Schock tritt meistens erst bei einem Blutverlust von über 25% des Blutvolumens auf.

Ein **Herzversagen**, das zum Schock führt, kann primär kardial (Klappenfehler, Herzinsuffizienz, Herzinfarkt) oder sekundär kardial (Lungenembolie, Hypothyreose, Hyperparathyreoidismus) ausgelöst werden.

Eine plötzlich auftretende **Dilatation peripherer Gefäße** kann auftreten bei Allergien, Anaphylaxie, Sepsis, Fieber, intensiven Schmerzen, Schreck. Wenn die einsetzenden Kreislaufregulationen nicht mehr ausreichen, wird auch das ZNS nicht mehr genügend durchblutet, und es kommt zur Bewußtlosigkeit.

9.8 Fetaler Kreislauf und Kreislaufumstellung während und nach der Geburt

Der Gasaustausch im fetalen Kreislauf erfolgt in der Placenta. Durch die Nabelvene (V. umbilicalis) fließt das sauerstoffreiche Blut (nur zu etwa 80% gesättigt) zum Fetus. Ein geringer Anteil dieses Blutes gelangt in die Leber. Das aus der Placenta kommende Blut mischt sich dann mit dem entsättigten Blut aus der unteren Körperhälfte. Dieses Mischblut, das über die V. cava inferior in den rechten Vorhof strömt, hat nur noch eine O_2-Sättigung von 60-65%. Das allermeiste Blut gelangt durch das *Foramen ovale* in den linken Vorhof. Das restliche Blut wird aus dem rechten Ventrikel in die *A. pulmonalis* gepumpt. Der Widerstand in den noch kollabierten Lungengefäßen ist noch hoch, und etwa 75% des Blutes gelangt aus der *A. pulmonalis* durch den *Ductus arteriosus Botalli* aufgrund des vorhandenen Druckgradienten in die Aorta. Die Blutmenge, die durch

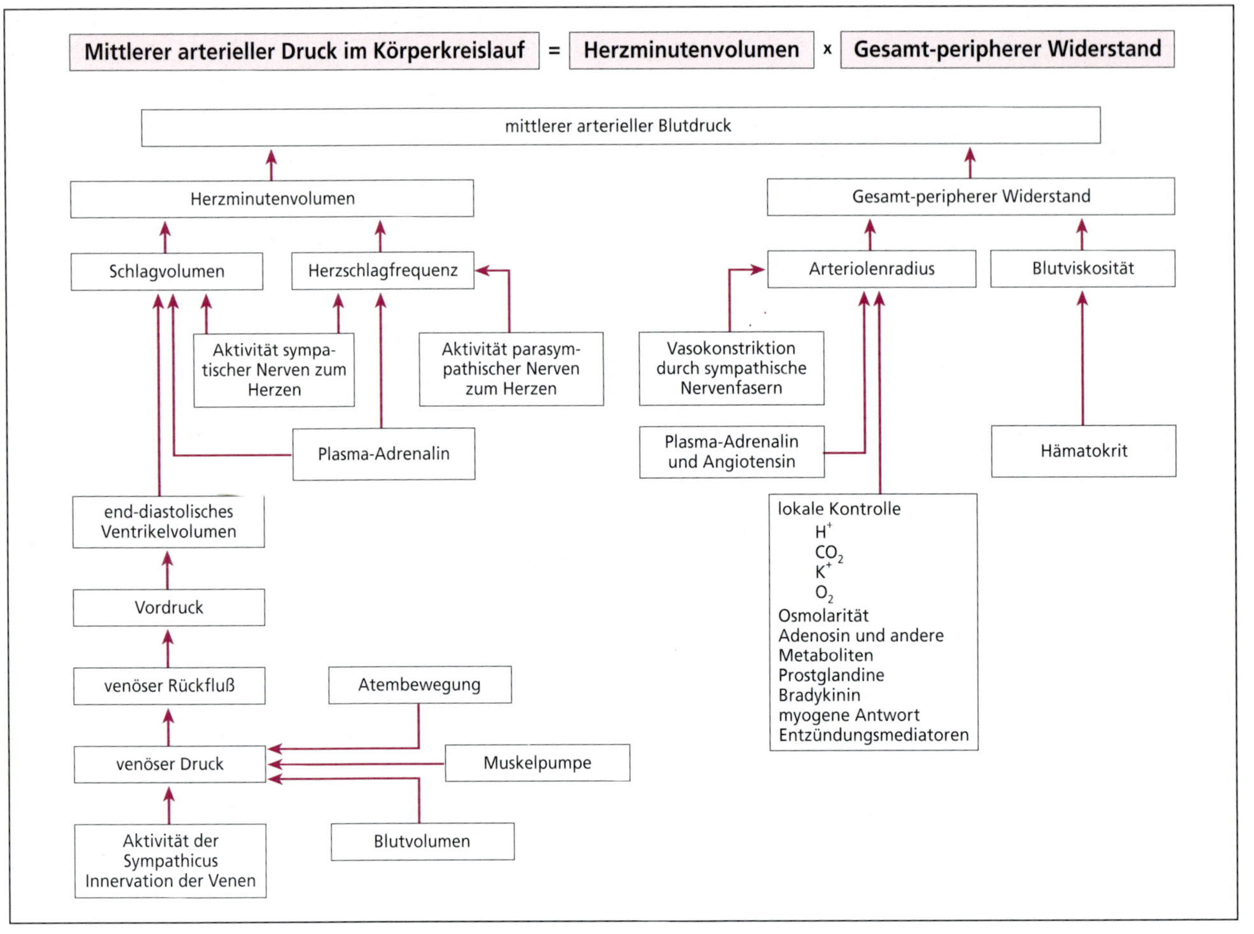

Abb. 9.19 Zusammenfassende Darstellung der an der Blutdruckregulation beteiligten Vorgänge.

das Kapillargebiet der Lunge über die Lungenvenen zum linken Vorhof zurückfließt, ist vor der Geburt nur gering. Über die Aorta werden die Organe des Fetus mit Mischblut versorgt. Ein Teil des Blutes gelangt über die Nabelarterie (*A. umbilicalis*) zurück zur Placenta (Abb. 9.20). Durch das *Foramen ovale* sowie den *Ductus arteriosus* sind die beiden Ventrikel im fetalen Kreislauf weitgehend parallel geschaltet.

Während der Geburt kommt es zu gravierenden Veränderungen:

1. Die Tonuszunahme und eine Kompression der Arterien durch die Uterusmuskulatur während der Wehen führen zu einem Absinken der Uterusdurchblutung.
2. Durch die Zunahme des peripheren Widerstandes in der Placenta steigt der fetale Aortendruck.
3. Mit abnehmender Placentadurchblutung steigt der CO_2-Partialdruck im fetalen Blut. Über die Chemorezeptoren des Fetus wird die Lungenatmung angeregt.
4. Mit Entfaltung der Lungen sinkt der Strömungswiderstand im Lungenkreislauf. Dies führt zur Umkehr des Druckgefälles zwischen der Aorta

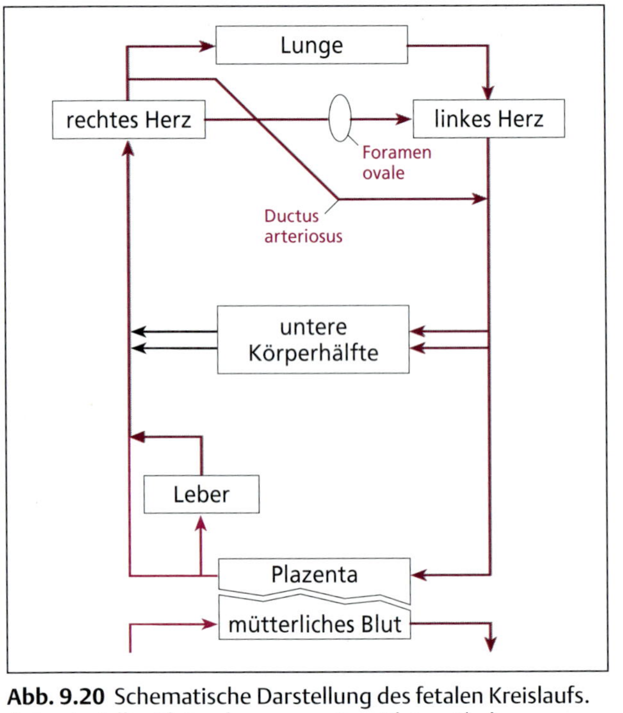

Abb. 9.20 Schematische Darstellung des fetalen Kreislaufs. Rot: arterielles Blut, schwarz: venöses Blut, rot/schwarz: Mischblut

und der *A. pulmonalis*. Dadurch kommt es zunächst zur Strömungsumkehr im *Ductus arteriosus*, und es fließt nun Blut aus der Aorta in die *A. pulmonalis*.

5. Auch das Druckgefälle zwischen dem rechten und dem linken Vorhof kehrt sich um, da wegen des Wegfalls des Blutrückflusses aus der Placenta der Druck im rechten Vorhof sinkt, während durch den stärkeren Zufluß von Blut aus der Lunge der Druck im linken Vorhof steigt. Hierdurch wird die Klappe im linken Atrium gegen das *Foramen ovale* gedrückt. Zunächst ist das Foramen dadurch funktional verschlossen, in den folgenden Tagen verwächst die Klappe, und das *Foramen ovale* ist bleibend verschlossen.
6. Im *Ductus arteriosus* kommt es durch Kontraktion der glatten Muskulatur zu einer langsamen Verengung und damit zu einem funktionellen Verschluß innerhalb von 1-2 Tagen nach der Geburt. Der anatomische Verschluß des Ductus arteriosus und des Foramen ovale kann mehrere Wochen dauern.

Weiterführende Literatur

Berne, R.M., M. N. Levy (1992): Cardiovascular Physiology. 6. ed. Mosby-Year Book, St. Louis.

Fallon, J. T. (1994): Cardiovascular Pathophysiology. J.B. Lippincott, Philadelphia. Philadelphia, J.B. Lippincott, 1994

Minor, W.R. (1990): Cardiovascular Physiology. UniversityPress, New York, Oxford.

Patton, H.D., A. F. Fuchs, B. Hille, A. M. Scher, R. Steiner (1989): Textbook of Physiology Vol. 2. Saunders, Philadelphia.

Renkin, E.M., C. C. Michel (1984): Handbook of Physiology, Section 2: The Cardiovascular System. American Physiological Society, Bethesda.

10 Blut und Abwehr

U. Lösch, J. Cihak, M. H. Erhard und B. Kaspers

10.1 Funktion des Blutes

Das zirkulierende Blut nimmt mit seinen Zellen – vor allem im Atmungs- und Magen-Darm-Trakt – Stoffe der Umgebung auf, gibt diese abhängig vom jeweils bestehenden Konzentrationsgradienten an die entsprechenden Zellverbände ab und transportiert umgekehrt Stoffwechsel-**Endprodukte** zu den ausscheidenden Organen. Somit gehören zu den Funktionen des Blutes neben dem **Stofftransport** die möglichst gleichmäßige **Verteilung** gelöster Substanzen im Extrazellulärraum.

Das Blutplasma, als zirkulierender Anteil der Extrazellulärflüssigkeit, gewährleistet demnach gleichgewichtige (homöostatische) Bedingungen bezüglich Stoffkonzentration, Ionenverteilung, H^+-Ionen-Konzentration und Temperatur. Diese Homöostase wird gemäß Claude Bernard (1813-78) als Isotonie, -ionie, -hydrie und -thermie bezeichnet. Um die Homöostase zu gewährleisten, werden die Konzentrationen der Blutinhaltsstoffe von den Körperorganen ständig kontrolliert und – wenn nötig – korrigiert.

10.2 Flüssige Bestandteile des Blutes

10.2.1 Blutplasma

Verhindert man bei der Blutgewinnung die Gerinnung, so läßt sich die Blutflüssigkeit, das Blutplasma von den zellulären Bestandteilen trennen. Läßt man demgegenüber das Blut gerinnen, werden die Gerinnungsstoffe verbraucht, und Serum setzt sich vom geronnenen Blutkuchen ab. Das Blutserum entspricht somit der Plasmafraktion ohne Gerinnungsfaktoren.

Das Plasma stellt eine Flüssigkeit dar, die ca. 0,8% NaCl, weitere anorganische Elektrolyte, sowie Proteine, Nicht-Protein-Stickstoff (NPN), Kohlenhydrate und Lipide enthält. Neben den echt gelösten Stoffen (Elektrolyte, Glucose, NPN-Verbindungen) liegen die Proteine kolloidal gelöst, die Lipide proteingebunden vor. Ein Teil der Kationen bindet an die Protein-Anionen und ist somit nicht verfügbar.

10.2.2 Elektrolyte

Die jeweiligen Konzentrationen der wichtigsten Elektrolyte sind Tabelle 10.1 zu entnehmen. Daraus geht hervor, daß Na^+ und Cl^- die im Plasma mengenmäßig bestimmenden Ionen darstellen. Außerdem sind K^+, Ca^{2+}, Mg^{2+} und HCO_3^-, $H_2PO_4^-/HPO_4^{2-}$, SO_4^{2-} sowie die Proteine, die in Kap. 10.2.3 besprochen werden, von Bedeutung.

Die anorganischen Elektrolyte bestimmen primär den **osmotischen Druck** des Blutplasmas. Von den ca. 7 atm (> 5000 mm Hg) werden gerade 25 mm Hg von den Proteinen erzeugt. Auch die Glucose trägt relativ wenig zum osmotischen Druck des Plasmas bei. Bei der geringen Molekülmasse (Molekulargewicht) der anorganischen Ionen ist die Anzahl der Moleküle pro Einheit (kg oder l) und damit der Einfluß dieser Ionen auf den osmotischen Druck entsprechend hoch.

Die **Isotonie**, die Aufrechterhaltung des osmotischen Drucks im Extrazellularraum (ca. 280 mosmol/l) stellt eine der Grundvoraussetzungen für das Funktionieren der Körperzellen dar. Eine weitere Voraussetzung dafür besteht in der **Isoionie** im quantitativen Verhältnis der Ionen zueinander, wobei die unterschiedliche Grundzusammensetzung

Tabelle 10.1 Durchschnittliche Konzentration der im Plasma von Säugetieren enthaltenen Stoffe

Ion/Substanz	g/l	mmol/l
Na^+	3,25	140
K^+	0,18	5
Ca^{2+}	0,10	3
Mg^{2+}	0,02	1
Cl^-	3,60	101
HCO_3^-	0,60	24
$H_2PO_4^-/HPO_4^{2-}$	0,04	2
SO_4^{4-}	0,02	1
Protein	63–80	1
Glucose	0,80 (0,35–2,00)	4,4 (2,0–11,0)
Lipide = etherlösliche Stoffe	5,0	–
Harnstoff – N	0,15	–
Gesamt – NPN	0,30	–

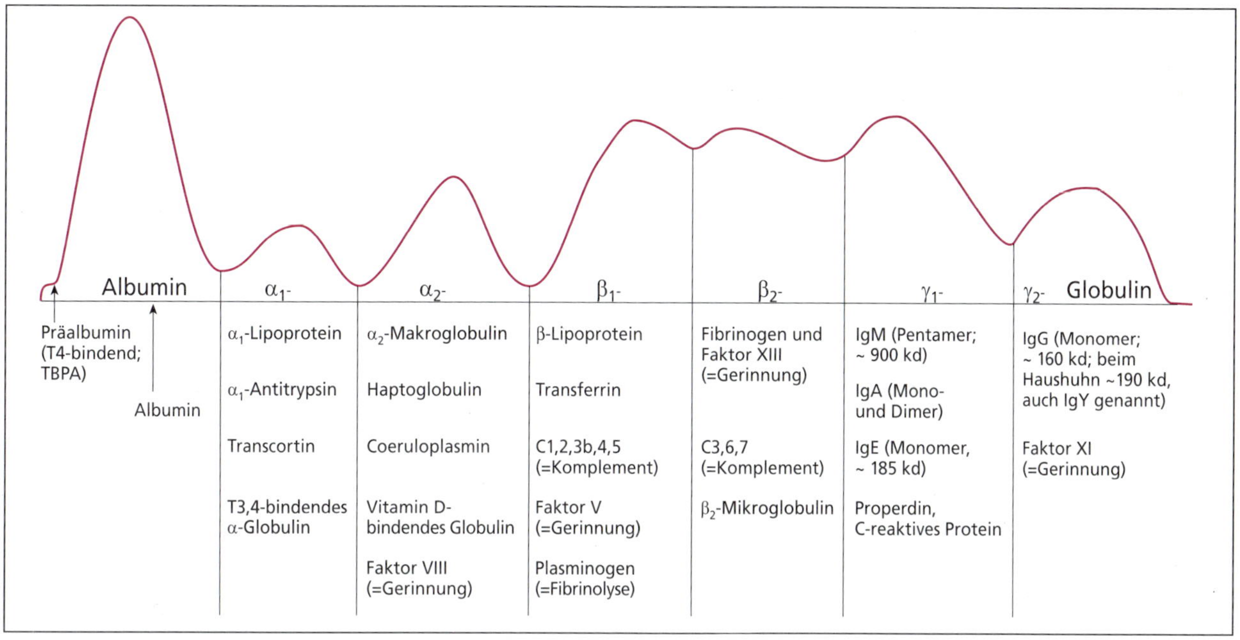

Abb. 10.1 Bei vielen Tierarten vorkommende Plasmaproteine in den jeweiligen elektrophoretischen Positionen bzw. Fraktionen.

der Ionen im Extra- und Intrazellularraum die Voraussetzung für die Aufrechterhaltung der Membranpotentiale ist.

10.2.3 Proteine

Die Plasmaproteine bestehen aus Albumin, Fibrinogen und den verschiedenen Globulinen. Albumin stellt eine homogene Fraktion und ein reines Protein dar, es besitzt also keinerlei prosthetische Gruppe. Globuline sind eine hochgradig heterogene Fraktion, die meist aus Glykoproteinen und auch aus Lipo- und Metalloproteinen besteht.

Mit Hilfe bestimmter Methoden lassen sich die einzelnen Plasmaproteine hinlänglich charakterisieren. Mit Hilfe der **Elektrophorese** kann man die Plasmaproteine entsprechend dem Ladungs-Masse-Quotienten auftrennen (Abb. 10.1). Das relativ kleine, aber hochnegative Präalbumin (ein Globulin!) ist der höchsten Migration im elektrischen Feld zur Anode hin unterworfen, während Proteine mit relativ großer Molekülmasse und geringer Ladung (z.B. IgG) nahezu an der Auftragsstelle liegen bleiben. Es ergibt sich die Sequenz: Präalbumin/Albumin, $\alpha_{1,2}$-, $\beta_{1,2}$-, $\gamma_{1,2}$-Globuline. Mit Hilfe der Kombination einer elektrophoretischen Trennung mit dem Einsatz spezifischer Antikörper (= **Immunelektrophorese**) läßt sich das Auflösungsvermögen dieser Methode immens vergrößern. So können heute mehr als 100 Einzelproteine unterschieden werden.

Die Funktionen aller Plasmaproteine betreffen den **Transport** unspezifisch gebundener Substanzen (z.B. Kationenbindung), die **Pufferung** und die Erzeugung des **kolloidosmotischen (= onkotischen) Drucks**. Darüber hinaus transportieren einzelne Plasmaproteine bestimmte Substanzen (z.B. Lipide), oder sie stellen spezifische Gerinnungsstoffe sowie antigenspezifische und -unspezifische Abwehrstoffe dar.

Mit Ausnahme der Immunglobuline (Ig) werden alle Plasmaproteine programmgemäß in der Leber synthetisiert. Die Synthese der Immunglobuline erfolgt dagegen nur auf einen antigeninduzierten Abruf hin. Die Produktionsstätten der Ig sind die **lymphatischen Organe**, d. h. Lymphknoten und Milz. Aufgrund der antigenabhängigen Induktion beginnt die Synthese der Ig erst nach der Geburt. Zuvor besteht i.d.R. eine sterile Umwelt für den Fetus.

Während für alle Plasmaproteine das Dogma „ein Gen = eine Polypeptidkette" gilt, liegt das Programm für beide Peptidketten (schwere und leichte Kette) der Immunglobuline in einer Vielzahl von Gensegmenten vor. Hierauf beruht die Vielfalt der Antikörper.

Unter den Plasmaproteinen finden sich auch **Enzyme**, wovon insbesondere die **Transaminasen** von diagnostischer Bedeutung sind (siehe Lehrbücher der klinischen Chemie).

Die **Plasmaproteine insgesamt** (ca.70 g/l) stellen eine permanent verfügbare **Nährlösung** für den Organismus dar; insbesondere in Situationen des Nahrungsmangels wird diese Eiweißquelle genutzt. Als amphotere Ionen dienen sie der **Pufferung**, die im Gegensatz zur Säure-Basen-Regulation durch

Lunge und Niere umgehend erfolgt. Auch die Viskosität des Plasmas (> 2 gegenüber 1 bei Wasser) wird von ihnen bestimmt. Schließlich sind die Plasmaproteine insgesamt für die **Bindung** gelöster **Kationen** verantwortlich. Bei Hyperproteinämien werden dem Organismus konzentrationsabhängig Kationen entzogen, was sich insbesondere beim Ca^{2+} gravierend auswirkt. Bei Elektrolytbestimmungen im Plasma muß daher immer der **ionisierte** Anteil gesondert erfaßt werden.

10.2.4 Nicht-Protein-Stickstoff (NPN)

Stickstoffhaltige Nichtprotein-Substanzen werden unter dem Begriff NPN zusammengefaßt. Der Stickstoff der NPN-Fraktion beträgt im Schnitt 500 mg/l Plasma. **Harnstoff**, das Endprodukt des Proteinstoffwechsels, stellt den mengenmäßig größten Anteil dar. Bei Pflanzenfressern folgt die **Hippursäure**, dann folgen **Kreatinin**, **Aminosäuren**, **Purin**- und **Pyrimidinderivate**, **Allantoin** sowie die **Harnsäure bei den Vögeln**. Beim Wiederkäuer ist der NPN mikrobiell umsetzbar. **Kreatin** im Harn spricht für Muskelabbauprozesse. Die Harnsäure kann beim Vogel, in Analogie zur Gicht des Menschen, in Organen (vor allem der Niere) und in Gelenken auskristallisieren.

10.2.5 Kohlenhydrate

Während sich im Blut der Pfortader je nach Futterzusammensetzung verschiedene Monosaccharide finden, weist das Blut der Vena hepatica ausschließlich **Glucose** auf, die insbesondere für die Funktion des **ZNS** unabdingbar ist. Bei Wiederkäuern werden aufgenommene Kohlenhydrate (auch Cellulose) im Pansen mikrobiell zu kurzkettigen Fettsäuren abgebaut. Vor allem die Propionsäure dient dann in der Leber als Substrat zur Glucoseneubildung (**Gluconeogenese**). Auch Raubkatzen, die sich fast kohlenhydratfrei ernähren, gewinnen die Blutglukose via Gluconeogenese.

Die Konzentration der Glucose im Plasma differiert bei den verschiedenen Tierarten deutlich. Die niedrigsten Glucosespiegel weisen die Wiederkäuer auf (1,7–3,3 mmol/l), die höchsten das Haushuhn (7–11 mmol/l). Bei den anderen Nutz- und Begleittieren werden Werte zwischen 3,5–5,5 mmol/l gefunden. Postprandial flutet die Glucosekonzentration in Abhängigkeit von der Nahrungszusammensetzung u. U. stark an.

10.2.6 Lipide

Aus der Lymphe kommend treten Chylomikronen, die aus Triglyceriden (ca. 90%), Phospholipiden (ca. 4%), Cholesterin (ca. 5%) und einer Proteinhülle bestehen, ins Blut über. Nach einer fettreichen Mahlzeit wird das Serum daher trüb.

> Lösliche Blutbestandteile sind Elektrolyte, Proteine, Nicht-Protein-Stickstoff, Kohlenhydrate und Lipide.

10.3 Zelluläre Bestandteile

10.3.1 Hämatopoese

Alle Blutzellen (Erythrocyten, Granulocyten, Monocyten, Thrombocyten und Lymphocyten) entwickeln sich aus gemeinsamen Stammzellen im Knochenmark. Die pluripotenten Stammzellen bezeichnet man als CFU (colony forming units), da sie imstande sind, Kolonien von determinierten Vorläuferzellen zu bilden, aus denen später die lymphoiden bzw. die myeloiden Zellen entstehen (Abb. 10.2). Die Stammzellen haben eine große Regenerationsfähigkeit. Vorläuferzellen, die schon auf die Entwicklung zu einzelnen Linien festgelegt sind (erythropoetische, granulo-/monozytopoetische, thrombopoetische) bezeichnet man als CFU-E, CFU-GM, CFU-Meg usw. (Abb. 10.4).

Hämatopoetische Zellen im Knochenmark werden vier verschiedenen Zellpools zugeordnet: dem Stammzellpool, dem Teilungspool (determinierte, sich schnell teilende Vorläuferzellen), dem Reifungspool (mehr differenzierte Zellen, die sich nicht mehr teilen) und dem Speicherpool (reife Zellen). Für die Entwicklung der verschiedenen Blutzellen sind hämatopoetische Wachstumsfaktoren, sog. „colony stimulating factors“ (CSF), notwendig. Die pluripotenten hämatopoetischen Stammzellen vermehren sich und bilden das ganze Leben lang differenzierte Zellen, die sich dann zu den einzelnen Blutzellinien entwickeln (Abb. 10.2).

10.3.2 Erythrocyten

10.3.2.1 Zellform, -zahl und -größe (Normwerte)

Der reife Erythrocyt (rote Blutzelle) stellt beim Säuger eine kernlose, hochspezialisierte Zelle dar, die eine bikonkave Scheibenform aufweist. Bei den Sauropsiden ist diese Zelle kernhaltig. Der mittlere Durchmesser liegt mit großen tierartlichen Unterschieden zwischen 3,9 und 7,2 µm, wobei seine Dicke am Rande etwa 2 µm beträgt. Die Erythrocytengröße steht im Verhältnis zur Körpergröße. Elefanten besitzen beispielsweise sehr große

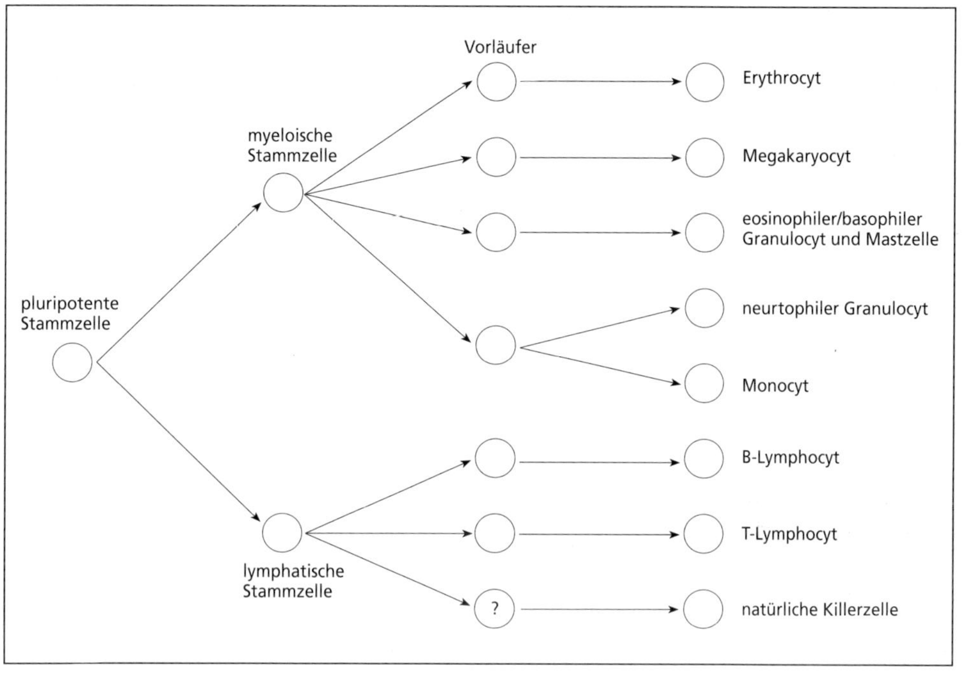

Abb. 10.2 Schema der Hämatopoese.

Erythrocyten. Ausnahmen stellen aber Tiere dar, die normalerweise in großer Höhe leben. Bergziegen weisen zum Beispiel sehr kleine Erythrocyten auf. Dadurch wird die gesamte Erythrocytenoberfläche vergrößert, um den niedrigen Sauerstoffpartialdruck ausgleichen zu können. Demgegenüber benutzen Meeressäuger ihre großen, dicken Erythrocyten als Sauerstoffspeicher während der Tauchperioden. Amphibien, Reptilien und Vögel besitzen in abnehmender Reihenfolge größere Erythrocyten. Die individuellen Größenunterschiede einer Erythrocytenpopulation unterliegen einer Normalverteilung.

Für die Haussäugetiere kann eine negative Korrelation zwischen Zellgröße und -zahl erhoben werden (Tab. 10.2). Dementsprechend zeigt die durchschnittliche **Anzahl der Erythrocyten** im Blut bei den einzelnen Tierarten große individuelle Unterschiede. Einflüsse hinsichtlich Geschlecht, Alter, Rasse und individuellen Status wie etwa Trainingszustand beeinflussen zusätzlich die Zellzahl, die bei unseren Haussäugetieren bei Werten von 5 bis 14 Millionen pro µl Blut liegt (Tab. 10.2).

Der prozentualle Anteil der korpuskulären Bestandteile vom Blutvolumen wird als **Hämatokrit** bezeichnet. Da das Verhältnis zwischen den Erythrocyten und den Leukocyten (alle weißen Blutkörperchen) bei 1000:1 liegt, wird der Hämatokrit ganz wesentlich von der Erythrocytenzahl und -größe bzw. der Verteilung der Körperflüssigkeiten bestimmt. Die Normwerte liegen mit großen tierartlichen Unterschieden zwischen 0,28 l/l und 0,52 l/l (Tab. 10.2). Trainierte Tiere zeigen tendenziell höhere Werte (Kap. 22.2.3 u. 22.5.1). Enorme, länger anhaltende Flüssigkeitsverluste, wie sie beispielsweise bei Durchfallerkrankungen oder Schwitzen auftreten können, erhöhen die Zellzahl pro Volumeneinheit und somit den Hämatokritwert. Umgekehrt können Störungen bei der Hämatopoese oder chronische Blutverluste mit sekundärer Flüssigkeitsverlagerung in den intravasalen Bereich zur prozentualen Verringerung der Erythrocytenzahl und damit des Hämatokrits beitragen. Unmittelbar nach akuten Blutverlusten bleibt der Hämatokrit konstant, da der Verlust und damit auch das Verhältnis zwischen korpuskulären Bestandteilen und Plasma als relative Größe gleich bleibt.

Die Anzahl und die Beschaffenheit – sprich Deformierbarkeit – der Zellen sind neben der Plasmaproteinkonzentration entscheidend für die Fließeigenschaften des Blutes (Viskosität) verantwortlich. Grundvoraussetzung für die Formänderung der Erythrocyten im Blutstrom ist die relativ geringe Biegesteifigkeit der Zellmembran und des submembranösen Cytoskeletts. Die Blutviskosität im Gefäß hängt aber auch von der Strömung, der Schubspannung sowie, wie in jeder Flüssigkeit, wesentlich von der Temperatur ab. Relativ niedrig ist die Viskosität bei schneller Stömung und demzufolge hoher Schubspannung, die auf das Blut einwirkt. Da sich die Erythrocyten vorwiegend im axialen Blutstrom befinden, entsteht eine zellarme Randströmung mit verringerter innerer Reibung. Die Dicke der zellarmen Randschicht nimmt relativ zum Gefäßdurchmesser zu, je kleiner das Gefäß wird. In einigen Kapillaren, in denen der einzelne Erythrocyt

Tabelle 10.2 Referenzwerte des Hämatokrits, der Hämoglobinkonzentration im Gesamtblut, der Erythrocytenzahlen und -durchmesser im tierartlichen Vergleich

Tierart	Hämatokrit (l/l)	Hämoglobingehalt (g/l)	Erythrozytenzahl (x 10^{12}/l)	Erythrozytendurchmesser (μm)
Rind	0,28–0,38	90–140	5,0–10,0	5,7
Schaf	0,30–0,38	87–128	6,5–11,3	5,1
Ziege	0,28–0,40	80–125	8,0–14,0	4,1
Schwein	0,33–0,45	108–148	5,8–8,1	6,1
Pferd	0,30–0,50[1)]	110–170	6,0–12,0	5,5
Hund	0,44–0,52	150–190	5,5–8,5	7,3
Katze	0,30–0,44	90–150	5,0–10,0	5,7
Kaninchen	0,42	80–150	4,0–6,0	7,0
Meerschweinchen	0,42	110–160	4,2–6,5	7,0
Huhn	0,32	112	3,0–4,5	7,5/12,0
Gans	0,44	109	2,6–3,3	7,2/12,2
Ente	0,40	115	3,0–4,5	6,2/12,1
Frosch	0,30	78	0,2–0,6	15,0/25,0

[1)] Werte von Kaltblut- über Warmblut- zum Vollblutpferd zunehmend

mit seiner Verformbarkeit den limitierenden Faktor darstellt (Bolusströmung), kehren sich die Verhältnisse allerdings wieder um.

Eine Verminderung der Erythrocytenzahl und/oder -masse wird als **Anämie**, eine absolute oder relative Vermehrung der Erythrocyten als **Polyglobulie** bezeichnet. Die Ursachen von Anämien oder Polyglobulien können zahlreich sein.

Zu beachten bleibt, daß bei neugeborenen Katzen und Hunden physiologischerweise die Erythrocytenzahl und die Hämoglobinkonzentration die Hälfte der Normwerte der Erwachsenen betragen.

Das Verhältnis zwischen Erythrocyten und Leukocyten liegt im Blut bei 1000:1. Somit wird die Viskosität der Blutes wesentlich von den Erythrocyten beeinfußt.

10.3.2.2 Hämoglobin und Erythrocytenfunktion

Hauptfunktion der Erythrocyten ist der Gastransport. Die bikonkave Scheibenform der Erythrocyten führt zur Vergrößerung der Zelloberfläche und erhöht dadurch die Diffusion der Atemgase durch die Zellmembran. Die flexible Form, die mit zunehmendem Alter des Erythrocyten abnimmt, erleichtert zugleich die Passage durch die engen Kapillaren.

Wirbellose, wie beispielsweise die Mollusken mit ihrem Blutfarbstoff Hämocyanin, haben das Trägermolekül nicht an eine spezielle Zelle gebunden, sondern frei im Blutplasma gelöst. Höher entwickelte Tiere wie die Säuger und Vögel benötigen für die gesteigerten Stoffwechselleistungen mehr Sauerstoff und demzufolge auch mehr Blutfarbstoff als Trägermoleküle. Die Fließeigenschaft des Blutes wird trotz hoher hämoglobinbedingter Proteinkonzentration aufrechterhalten, indem das Hämoglobin in Zellen verpackt ist. Die Viskosität des Blutes bleibt somit erhalten. Hämoglobin liegt im Erythrocyten in einer Konzentration von 5 mol/l vor und ist somit mit 95% am gesamten intrazellulären Proteingehalt beteiligt. Die Hämoglobinkonzentrationen sind mit ihren tierartlichen Unterschieden in Tabelle 10.2 zusammengestellt.

Das Hämoglobin stellt ein Hämoproteid dar, das aus der sauerstofftragenden prosthetischen Gruppe Häm und einem artspezifischen Proteinteil (-globin) besteht. Das Häm-Molekül, das zugleich für die rote Farbe des Blutes sorgt, besteht aus einem zweiwertigen zentralen Eisenatom und vier substituierten Pyrrolringen, die einen Protoporphyrinring bilden (Abb. 10.3). Da das Hämoglobin aus vier Häm-Molekülen mit je zwei alpha- bzw. beta-Polypeptidketten aufgebaut ist, kann es maximal vier Sauerstoffmoleküle reversibel binden und entsprechend transportieren. Die Zweiwertigkeit des Eisenatoms bleibt dabei unbeeinflußt. Die Fähigkeit der Sauerstoffbindung ist an das Vorhandensein der Polypeptidketten gekoppelt. Die z.B. bei einigen Schaf- und Ziegenrassen vorkommende Sichelzellbildung wird durch Hämoglobinvarianten hervorgerufen. Das Hämoglobin von Embryonen oder Feten und auch noch von Säuglingen (Kap. 11.5.1) unterscheidet sich ebenfalls im Proteinanteil (embryonales und fetales Hämoglobin). Sauerstoffbeladenes Hämoglobin wird als **Oxyhämoglobin** und der Vorgang selbst als **Oxygenation** bezeichnet. Unter **Desoxygenation** versteht man die Abgabe des Sauer-

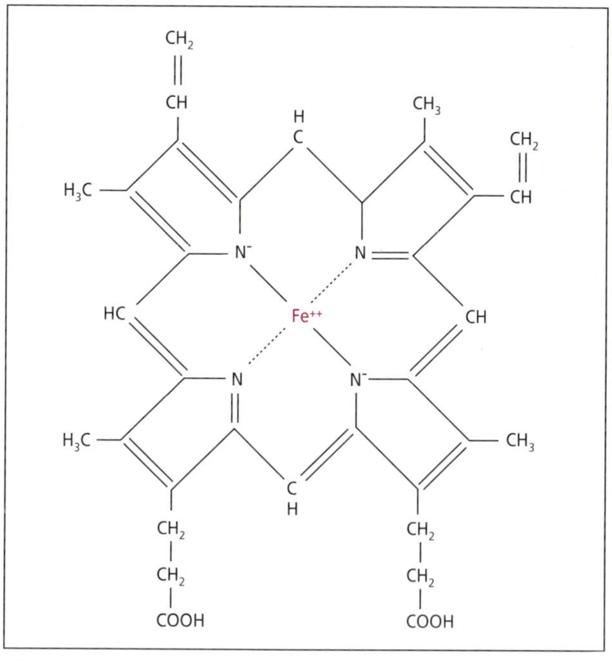

Abb. 10.3 Strukturformel des Häm-Moleküls (Quelle: Scheunert/Trautmann, Lehrbuch der Veterinärphysiologie, Parey Verlag).

stoffs in Abhängigkeit des Sauerstoffpartialdruckes. Kommt es zu einer Oxidation des zweiwertigen Eisens zum dreiwertigen, spricht man von einer **Methämoglobin**- oder **Hämiglobinbildung**. Am dreiwertigen Eisenatom kann Sauerstoff nicht dissoziabel angelagert werden. Durch körpereigene Reduktionsmittel wird eine Methämoglobinkonzentration im Erythrocyten von 1-2 % nicht überschritten. Dies ist eine wichtige Voraussetzung für die Funktion des Erythrocyten, da die spontane Oxidation des zweiwertigen Eisens zum dreiwertigen Eisen laufend auftritt und das entstandene Methämoglobin für den Sauerstofftransport wertlos ist. Die Sauerstoffbeladung ist wesentlich von Parametern wie Sauerstoff- und Kohlendioxidpartialdruck, Temperatur, pH-Wert, Diphosphoglyceratgehalt und von der Anzahl der bereits gebundenen Sauerstoffmoleküle abhängig (Kap. 11.5.1). Des weiteren kann Hämoglobin über eine Carbaminobindung Kohlendioxid vom Gewebe zur Lunge transportieren.

Die Hauptfunktion des Erythrocyten ist der Gastransport. Der Sauerstoff wird dazu reversibel an intrazellulläres Hämoglobin gebunden.

10.3.2.3 Beziehungen der Erythrocytenparameter (Indices)

Die Indices **mittlere Hämoglobinkonzentration in den Erythrocyten** (**MCHC**, mean corpuscular hemoglobin concentration), **mittlerer Hämoglobingehalt der Erythrocyten** (**MCH**, mean corpuscular hemoglobin, auch bezeichnet als Färbekoeffizient [HbE] oder Hämoglobin im Einzelerythrocyten) und **mittleres Erythrocytenvolumen** (**MCV**, mean corpuscular volume) errechnen sich aus den Parametern Hämatokrit (Hkt), Erythrocytenzahl (E) und Hämoglobingehalt (Hb). **MCHC** (Hb [g/l] / Hkt [l/l]), **MCH** (Hb [g/l] / E [1/l]) und **MCV** (Hkt [l/l] / E [1/l]) dienen der näheren Diagnose von Anämien (Tab. 10.3).

Tabelle 10.3 Referenzbereiche für MCHC, MCH und MCV

Tierart	MCHC (g/l)	MCH (pg)	MCV (fl)
Rind	310–340	11–17	40–60
Schaf	290–340	13–14	34–46
Ziege	280–310	8–9	25–31
Schwein	300–350	17–21	50–65
Pferd	310–360	13–19	37–55
Hund	310–340	17–23	60–77
Katze	310–350	13–17	40–55

10.3.2.4 Bildung und Abbau der Erythrocyten

Die Erythrocyten sind wie alle Blutzellen mesodermaler Herkunft (mesodermale Periode). Während der frühen Embryonalentwicklung werden die ersten Erythroblasten gebildet, in denen sich bereits Hämoglobin nachweisen läßt. Mit der weiteren Embryonalentwicklung findet die Hämatopoese vorwiegend in der Leber, später teilweise auch in der Milz statt (hepatolienale Periode). Von der zweiten Hälfte der Embryonalentwicklung an übernimmt das Knochenmark allmählich die Funktion der Blutbildung (medulläre Periode), so daß bei Neugeborenen ausschließlich das rote Knochenmark den Ort der **Erythropoese** darstellt.

Die kernhaltigen Zellen der Erythropoese im Knochenmark lassen sich aufgrund ihrer Größe, des Kern-Cytoplasma-Verhältnisses, der Kernstruktur und Anfärbbarkeit des Cytoplasmas unterscheiden (Tab. 10.4). Alle Blutzellen stammen von einer pluripotenten Stammzelle ab, die die Fähigkeit zur Differenzierung und Proliferation hat. Während der Entwicklung zum reifen Erythrocyten wird die Zelle kleiner und verliert beim Säuger Nucleolen und Kern. Mit zunehmendem Alter verlagert sich der hauptsächliche Bildungsort vom Knochenmark der großen Röhrenknochen auf das der Rippen, später auf das des Sternums und zuletzt auf das der Wirbel- und Beckenknochen. Diese Altersabhängigkeit ist bei entsprechenden Knochenmarkpunktionen zu berücksichtigen.

Die Neubildung der Erythrocyten entspricht normalerweise der Abbaurate verbrauchter Zellen. Geregelt wird die Erythropoese über das Hormon

Tabelle 10.4 Charakteristika der Zellformen während der Erythropoese bei Säugetieren

Zellformen	Charakteristika
Proerythroblast	junge, unreife, große, runde Zelle; kernhaltig, scharf begrenzte Nucleolen; Zytoplasma stark basophil
Erythroblast	kleinere, runde Zelle; keine Nucleolen; kleinerer Kern; Cytoplasma von basophil bis polychromatisch; zunehmender Hämoglobingehalt
Normoblast	Zelle wird noch kleiner; dichterer Kern; vollständige Hämoglobinisation; Cytoplasma polychromatisch bis orthochromatisch
Retikulocyt	kernlos; feines, netzartiges Gerüst (= Ausfällung von Ribonucleoproteinen bei Reticulocytenfärbung); nicht mehr teilungsfähig; noch mäßige RNA-, Protein- und Hämsynthese
Normocyt (reifer Erythrozyt)	kleine, kernlose, runde Zelle mit zentraler Aufhellung (bikonkave Form)

Erythropoetin, das vorwiegend in der Niere (zu geringem Anteil auch in der Leber) synthetisiert und sezerniert wird (Kap. 12.14.2). Das Hormon stellt ein Glykoprotein mit einem Molekulargewicht von etwa 34 kd dar und stimuliert die Differenzierung der bereits determinierten Stammzellen bei Verringerung des lokalen Sauerstoffpartialdrucks in der Niere unabhängig von der primären Ursache. Nierenerkrankungen können somit auch die primäre Ursache einer gestörten Erythrocytennachbildung sein. Eine Stimulierung der Erythropoese kann z.B durch den Aufenthalt in großer Höhe, bei erhöhtem Sauerstoffbedarf infolge von körperlichen Aktivitäten oder nach Blutverlusten erfolgen. Indirekte Wirkungen von Wachstums-, Schilddrüsen- und Geschlechtshormonen sowie Glucocorticoiden sind bekannt. Eisen, Vitamin B_{12} und Folsäure müssen für die Erythropoese in ausreichender Menge zur Verfügung stehen.

Die mittlere Überlebenszeit der Erythrocyten ist von der Größe der Säugetiere abhängig (Überlebenszeit [Tage] = 68,9 x Körpergewicht $[kg]^{0,132}$). Während die Erythrocyten beim Rind bzw. beim Pferd im Durchschnitt 160 Tage bzw. 140 bis 150 Tage überleben, zeigen die Erythrocyten kleinerer Tiere wie Schwein (62 Tage) und Katze (70 Tage) kürzere mittlere Überlebenszeiten. Hierbei besteht ein direktes Verhältnis zum Stoffwechsel der Säugetiere, so daß bei kleineren Tieren aufgrund der höheren Neubildungsrate eine relativ hohe Zahl an Retikulocyten normal ist. Retikulocyten stellen die direkten Vorläuferzellen der Erythrocyten dar (Tab. 10.4). Bei Pferden und anderen Unpaarhufern finden sich aufgrund der verzögerten Freisetzung aus dem Knochenmark keine Reticulocyten im peripheren Blut. Der Nachweis von Reticulocyten bei Vögeln gestaltet sich schwierig, da die Vorläuferzellen ein den Zellkern umgebendes Partikelband aufweisen. Diese Partikel verteilen sich während der Reifung im Cytoplasma und bleiben im reifen Erythrocyten erhalten. Ohne die tierartliche Differenzierung zu berücksichtigen, werden überschlagsweise an einem Tag circa 1 % der Erythrocyten erneuert, was einer Neubildungsrate von 160 Millionen Erythrocyten pro Minute entspricht.

Der Alterungsprozeß im Erythrocyten ist durch eine verminderte Stoffwechselaktivität, eine Verschlechterung der Membraneigenschaften, gekoppelt mit Wasserverlust und eine Einschränkung der Deformierbarkeit charakterisiert. Der Abbau der Erythrocyten findet vorwiegend in der Milz statt, wo die Zellen des mononucleären Phagocytensystems alte Erythrocyten phagozytieren und abbauen. Die Polypeptidketten werden nahezu vollständig abgebaut und in den Aminosäurenpool aufgenommen, wohingegen das Eisen dem Knochenmark praktisch vollständig zur Neusynthese zur Verfügung gestellt wird. Der Protoporphyrinring wird über mehrere Zwischenstufen (Verdoglobulin, Biliverdin-Eisen-Globulin-Komplex, Biliverdin) in Bilirubin umgewandelt. Das lipophile, toxische Bilirubin I wird zunächst an Albumin gebunden transportiert und durch die Leber, nach Veresterung mit der Glucuronsäure in den Hepatocyten über die Galle in den Darm ausgeschieden (Kap. 17.4.3). Im Darm entsteht durch Bilirubin-II-Abbau das farblose Urobilinogen, das teilweise wieder resorbiert wird und nach Verstoffwechslung in der Leber über den Harn ausgeschieden werden kann.

Die Erythropoese wird über das Hormon Erythropoetin geregelt. Entscheidend ist dabei der Sauerstoffpartialdruck im Nierengewebe.

10.3.2.5 Stoffwechsel

Die Fähigkeit zur Zellteilung sowie DNA-, RNA-, Protein-, Lipid- und Häm-Synthese geht reifen Erythrocyten verloren. Erythrocyten stellen somit im Stoffwechsel eingeschränkte, aber für den Gastransport hochspezialisierte Zellen dar.

Im reifen Erythrocyten findet hinsichtlich des Energiestoffwechsels anaerobe Glykolyse statt. Glucose und in geringer Menge auch Fructose dienen als Substrate. Allerdings entstehen pro Molekül Glucose statt 36 bei intaktem Tricarbonsäurezyklus und intakter Atmungskette nur 2 Moleküle ATP (Adenosintriphosphat). Der Energieverbrauch aufgrund der

Tabelle 10.5 Gesamtleukocytenzahl/μl und Differentialblutbild in Prozent

Spezies	Gesamtleukocytenzahl	Neutrophile	Lymphocyten	Monocyten	Eosinophile	Basophile
Mensch	3000–11000	57–70	20–30	5–7	2–4	0–1
Pferd	5000–10000	45–70	20–45	0–5	0–4	0–2
Rind	4000–10000	20–50	45–65	2–6	2–6	0–2
Schaf	4000– 6000	20–45	40–65	2–6	2–6	0–3
Ziege	4000–10000	30–48	50–70	0–4	0–4	0–1
Schwein	10000–20000	10–39	45–85	0–5	0–5	0–2
Hund	6000–12000	55–75	13–30	0–4	0–4	0–1
Katze	6000–11000	60–78	15–35	0–4	0–4	0–1
Ratte	5000–25000	20–25	70–75	2–3	2–3	0–1
Maus	4000–12000	20–30	40–60	3–5	3–5	0–1
Kaninchen	6000–13000	35–55	40–60	2–6	2–6	2–6
Huhn	20000–30000	25–50	40–60	2–5	2–5	2–3

geringen Energieausbeute spielt quantitativ für den gesamten Organismus nur eine untergeordnete Rolle (ca. 5 %). Ein Großteil der gewonnenen Energie wird für aktive Ionentransportvorgänge benötigt.

Zusätzlich verfügen die Erythrocyten mit dem 2,3-Bisphosphoglycerat(BPG)-Zyklus über einen Nebenweg zur Glykolyse. BPG spielt auch bei der Sauerstoffbindung an das Hämoglobin eine wichtige Rolle (Kap. 11.5.1). Im Rahmen der Glykolyse entsteht auch reduziertes Nicotinsäureamid-Dinukleotid ($NADH_2$), das wiederum für die Hämiglobinreductase von Bedeutung ist.

Das Tripeptid Glutathion bildet ein Redoxsystem und schützt freie SH-Gruppen vor einer Oxidation. Solche oxidationsgefährdeten SH-Gruppen tragen vor allem Enzyme in der Erythrocytenmembran und das Hämoglobinmolekül selbst. Mit zunehmendem Alter geht den Erythrocyten die Glutathionsynthese verloren, was neben anderen Faktoren zum Untergang der Erythrocyten führt. Hämolyse kann beispielsweise in vitro durch Blockade der SH-Gruppen erzeugt werden.

Der hochspezialisierte Erythrocyt gewinnt seine Energie, die er hauptsächlich für Ionentransportvorgänge benötigt, aus der anaeroben Glykolyse.

10.3.3 Leukocyten

Neben den Erythrocyten findet sich im Blut eine zweite Gruppe von Zellen, die zusammen als weiße Blutzellen oder Leukocyten (gr. leukos = weiß) bezeichnet werden. Leukocyten sind kernhaltige Zellen. Unter dem Lichtmikroskop lassen sich innerhalb der Leukocytenpopulation anhand der Morphologie und der Anfärbbarkeit verschiedene Zellen unterscheiden. So finden sich Lymphocyten, Monocyten und neutrophile, eosinophile sowie basophile Granulocyten. Diese Zellen sind funktionell dem Abwehrsystem zuzurechnen und sollen dort genauer besprochen werden (Kap. 10.5).

Die im Blut nachweisbaren Leukocyten stellen nur einen kleinen Teil (ca. 5%) der im Körper vorhandenen Gesamtleukocytenzahl. Die Mehrzahl der Leukocyten findet sich unterschiedlich verteilt in den Organen des Körpers. Das Blut stellt für diese Zellen ein Transport- und Verteilungssystem dar. Granulocyten und Monocyten gelangen so vom Ort ihrer Bildung, dem Knochenmark, in die Gewebe, die sie nicht mehr verlassen. Lymphocyten rezirkulieren dagegen, wandern demnach aus dem Blut in die Gewebe aus und aus den Geweben auch wieder in das Blut zurück. Eine Untersuchung der im Blut vorhandenen Leukocyten gibt daher wertvolle Informationen über die Reaktionslage des Abwehrsystems. Die Gesamtleukocytenzahl unterscheidet sich tierartlich mit Werten von 3000 bis 30000 Zellen pro μl Blut stark (Tab. 10.5). Übersteigt die Gesamtleukocytenzahl den für die jeweilige Tierart ermittelten oberen Grenzwert, so spricht man von einer **Leukocytose**. Eine Erniedrigung unter den unteren Grenzwert wird als **Leukocytopenie** bezeichnet. Das Differentialblutbild gibt zusätzlich Informationen über die prozentualen Anteile der jeweiligen Zellarten an der Gesamtleukocytenzahl (Tab. 10.5). Ermittelt wird es durch Auszählen der Zellarten in Blutausstrichen. Bei einigen Species stellen die Granulocyten mehr als 50% der Leukocyten (Mensch, Pferd, Hund, Katze), was zur Bezeichnung **granulozytäres Blutbild** geführt hat. Demgegenüber weisen die Wiederkäuer, Schweine, das Huhn sowie Ratte, Maus und Kaninchen ein **lymphozytäres Blutbild** mit mehr als 50% Lymphocyten auf.

Ebenfalls im Blutausstrich finden sich die kleinen, kernlosen Blutplättchen, die bei der Hämostase von großer Bedeutung sind. Sie werden dort genauer besschrieben (Kap. 10.4.2).

10.4 Hämostase

Verletzungen von Gefäßen führen zum Verlust von Blut aus dem Gefäßsystem. Auch unter physiologischen Bedingungen kommt es im Organismus ständig zu kleinen, nicht wahrnehmbaren Gefäßverletzungen und Blutungen. Um Blutverluste möglichst gering zu halten, reagiert der Organismus auf Gefäßverletzungen mit der Aktivierung komplexer und sehr streng regulierter Vorgänge, die schließlich zur Blutstillung (Hämostase: gr. haem = Blut und stasis = Stillstand) und zur Reparatur der Gefäßverletzung führen. Vier an der Hämostase beteiligte Mechanismen können unterschieden werden:

1 Vasokonstriktion (Gefäßverengung),
2. Bildung eines Thrombocytenaggregats (primäre Blutstillung),
3. Blutgerinnung (sekundäre Blutstillung),
4. Bildung von Bindegewebe (endgültiger Wundverschluß).

Während die ersten drei genannten Vorgänge innerhalb von Sekunden bis Minuten ablaufen und somit sehr rasch eine Stillung der Blutung bewirken, beginnt der Vorgang der Bindegewebsbildung erst nach Stunden bis Tagen. Er führt zum endgültigen Verschluß der Verletzung und zur weitgehenden Wiederherstellung der ursprünglichen Gewebestruktur. Zwischen den einzelnen Hämostasemechanismen bestehen zahlreiche Interaktionen.

10.4.1 Vasokonstriktion

Unmittelbar nach einer Verletzung kommt es zu einer Vasokonstriktion und damit zu einer deutlichen Verringerung des Blutflusses. Ausgelöst wird diese Reaktion des Gefäßes durch 1. neuronale Reflexe, 2. lokale, myogene Spasmen und 3. lokale, humorale Faktoren (z.B. Thromboxan A_2). Der Grad der Vasokonstriktion ist abhängig von der Art und dem Umfang der Verletzung. Ein scharfer Schnitt blutet wesentlich stärker als ein stumpfes Trauma, wie etwa eine Quetschung. Die Vasokonstriktion kann viele Minuten bis zu Stunden andauern und so den nachfolgenden Vorgängen der Hämostase Zeit zur Ausbildung geben.

10.4.2 Bildung eines Thrombocytenaggregats

Im Bereich der verletzten Gefäßwand kommt es sehr rasch zur Anlagerung von Thrombocyten (Blutplättchen) und zur Ausbildung von Thrombocytenaggregaten. Dadurch werden die sehr kleinen und ständig auftretenden Gefäßläsionen verschlossen, ohne daß das System der plasmatischen Gerinnung (Kap. 10.4.3) aktiviert werden muß. Die herausragende Bedeutung der Bildung eines Plättchenpfropfes für die Blutstillung läßt sich daran erkennen, daß ca. 80% der Hämostasestörungen beim Hund auf zu niedrige Plättchenzahlen oder Fehlfunktionen der Plättchen (z.B. von-Willebrand-Erkrankung, Thrombasthenie, Thrombocytenagglutination) zurückgeführt werden können.

• Bildung und Abbau der Thrombocyten

Thrombocyten (Blutplättchen) haben ihren Ursprung im Knochenmark, wo aus der Reihe der myeloiden Stammzellen zunächst die Megakaryocyten heranreifen (Megakaryocytopoese; Abb. 10.4). Diese Entwicklung steht unter dem Einfluß zahlreicher hämatopoetischer Wachstumsfaktoren (u.a. Colony-stimulating factors und Thrombopoetin).

Die reifen Megakaryocyten verlassen das Knochenmark und gelangen ins Blut. Bei diesem Vorgang und bei der Passage der Megakaryocyten

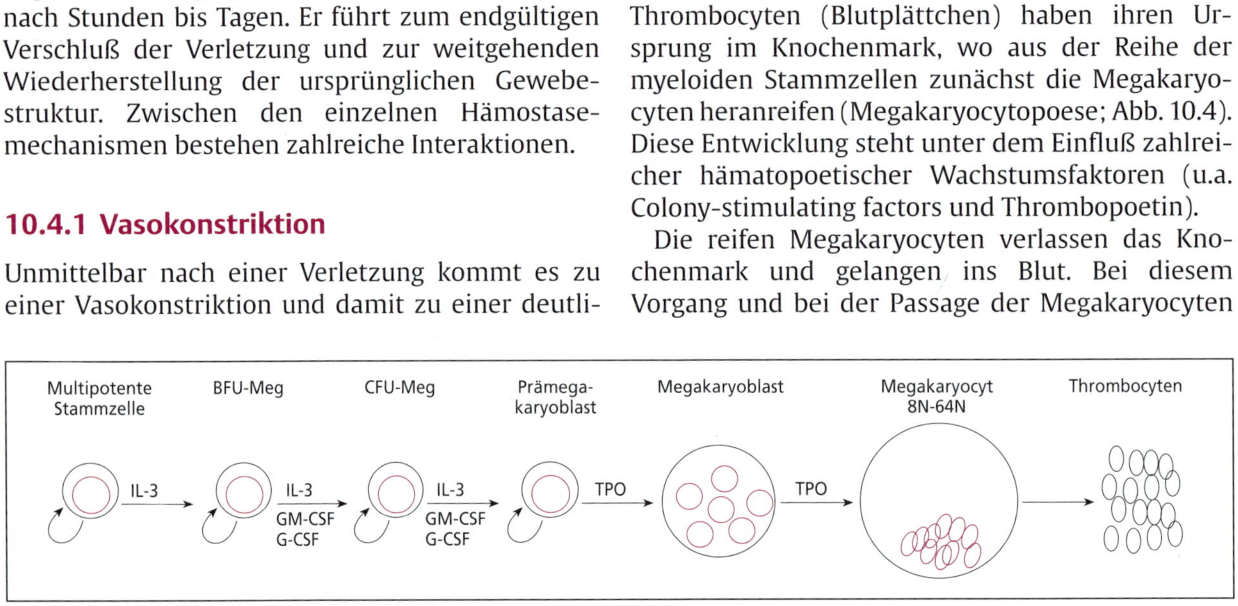

Abb. 10.4 Bildung der Thrombocyten. Im Knochenmark reifen aus den multipotenten hämatopoetischen Stammzellen über mehrere Vorläuferstadien Megakaryocyten. Die dabei ablaufenden Differenzierungs- (→) und Proliferationsvorgänge (↻) werden durch zahlreiche Wachstumsfaktoren reguliert.
BFU-Meg (Burst-forming-unit-Megakaryocyten),
CFU-Meg (Colony-forming-unit-Megakaryocyten),
GM-CSF (Granulocyte-Macrophage-Colony-stimulating-factor),
G-CSF (Granulocyte-Colony-stimulating-factor),
TPO Thrombopoetin,
IL-3 (Interleukin-3).
Die Megakaryocyten zerfallen beim Verlassen des Knochenmarks in bis zu 1000 Thrombocyten.

durch die Pulmonalarterien zerfallen die Zellen in die Thrombocyten, wobei bis zu 1000 Plättchen pro Megakaryocyt entstehen können. Sie sind bei den Säugetieren kernlos und 2-4 µm groß, bei Sauropsiden (Vögeln und Reptilien) dagegen kernhaltig und etwas größer (4-8 µm beim Huhn). Die Zahl der Thrombocyten im Blut schwankt tierartlich stark, mit Werten von 2,5 x 10^4 (Huhn), 2 x 10^5 (Pferd) bis 1 x 10^6 (Ratte) Zellen pro µl Blut. Ihre Lebensdauer beträgt etwa 3-10 Tage, dementsprechend müssen 2-5 Millionen Blutplättchen pro Sekunde neu gebildet werden. Während des Alterungsvorgangs der Thrombocyten kommt es zu deutlichen Veränderungen im Kohlenhydratmuster der Zellmembran. Diese Veränderungen werden von den Zellen des mononucleären Phagocytensystems (MPS) der Milz und Leber erkannt, was schließlich zur Phagocytose und zum Abbau der alten Thrombocyten führt.

• Morphologie und Stoffwechsel der Thrombocyten

Thrombocyten haben, obwohl sie beim Säuger keinen Kern besitzen und sich auch nicht mehr vermehren können, zahlreiche Charakteristika ganzer Zellen. So besitzen sie Mitochondrien, ein glattes endoplasmatisches Retikulum und einen Golgi-Apparat zur Proteinsynthese sowie zahlreiche Granula. Morphologisch können elektronendichte Granula von sog. α-Granula und den Lysosomen abgegrenzt werden. Erstere enthalten verschiedene Adeninnucleotide, Serotonin, anorganische Phosphate und Calcium. In den α-Granula sind zahlreiche Proteine (u.a. Plättchenfaktor 4, β-Thromboglobulin, Wachstumsfaktoren, Fibrinogen, Faktor V und VIII, Fibronectin, von-Willebrand-Faktor, Thrombospondin) gespeichert, während die Lysosomen verschiedene saure Hydrolasen enthalten. Bei der Plättchenaggregation werden die Inhaltsstoffe der Granula freigesetzt und damit für die Hämostase verfügbar.

• Thrombocytenfunktion

Thrombocyten adhärieren im Bereich von Gefäßverletzungen an die subendotheliale Matrix.

Im Bereich von Gefäßverletzungen kommt es innerhalb von Sekunden zur Anlagerung von Blutplättchen an die freigelegten Bindegewebsstrukturen (Abb. 10.5). Diese Thrombocytenadhäsion wird durch den von-Willebrand-Faktor (vWF) vermittelt. vWF ist das größte Plasmaprotein mit einem Molekulargewicht von bis zu 20 x 10^6 kd. Es besteht aus zahlreichen, identischen Untereinheiten. Seine Plasmakonzentration beträgt lediglich 10 µg/ml. Gebildet wird vWF durch das Gefäßendothel und von Megakaryocyten, die den Faktor in den α-Granula speichern. Endothelzellen geben vWF in das Blut und in die subendotheliale Matrix ab. Kommt es zu Verletzungen des Endothels, so bindet der vWF an die freigelegten Kollagenstukturen und erfährt dabei eine Konformationsänderung. Erst diese ermöglicht die Bindung von vWF an einen membranständigen Rezeptorkomplex (GPIb/IX-Komplex) auf den Thrombocyten. Hierdurch wird eine erste **Adhäsion der Plättchen** an die subendotheliale Matrix erreicht (Abb. 10.5, ①). Dieser Vorgang stellt einen wichtigen Regulationsmechanismus dar, da nicht kollagengebundener vWF nicht in der Lage ist, an den GPIb/IX-Komplex zu binden, wodurch eine Aggregation von Plättchen im intakten Gefäß verhindert wird. In Gefäßen, in denen niedrige Scherkräfte herrschen (z.B. Venen), kommt es nach Gefäßverletzungen auch zu einer fibrinogenvermittelten Adhäsion der Thrombocyten. Bei hohen Scherkräften (Arteriolen, Mikrozirkulation) wird die Thrombocytenadhäsion nahezu ausschließlich über den vWF vermittelt. Die Adhäsion der Thrombocyten führt zu deren **Aktivierung**, wobei sich die Form der Thrombocyten verändert und die Inhaltsstoffe der Granula freigesetzt werden (Abb. 10.5, ②). Einige der freigesetzten Substanzen wie ADP, Serotonin und Thromboxan A_2 aktivieren weitere Thrombocyten. Die Aktivierung der Thrombocyten führt zur Konformationsveränderung in einem weiteren Rezeptorkomplex, dem GPIIb/IIIa-Komplex, wodurch dessen Bindung an Fibrinogen ermöglicht wird. Es kommt zur Ausbildung von Fibrinogenbrücken zwischen den aktivierten Thrombocyten (Abb. 10.5, ③). Ein **Thrombocytenaggregat** ist entstanden und ein erster Verschluß der Gefäßverletzung erreicht.

Die Thrombocytenadhäsion und -aggregation führt zu einem temporären Verschluß der Gefäßläsion.

Der Thrombocytenpfropf wird als weißer Abscheidungsthrombus bezeichnet und kann in vivo nicht wieder aufgelöst werden. Er kann allerdings durch das strömende Blut mitgerissen werden. Die kurz nach dem Beginn der Thrombocytenaggregation einsetzende Bildung von Fibrin (Gerinnung) und die damit verbundene Vernetzung des Thrombocytenaggregats führen zu einer Stabilisierung des Thrombocytenpfropfes. In das Fibringerinnsel werden auch Erythrocyten eingelagert, so daß ein roter Abscheidungsthrombus entsteht. Schließlich kommt es zur Retraktion des Gerinnsels, wodurch eine weitere Stabilisierung, eine Annäherung der Gefäßwände und ein Stillstand der Blutung erreicht werden. Die Retraktion wird durch eine Kontraktion der Filamente des Thrombocytencytoskeletts bewirkt.

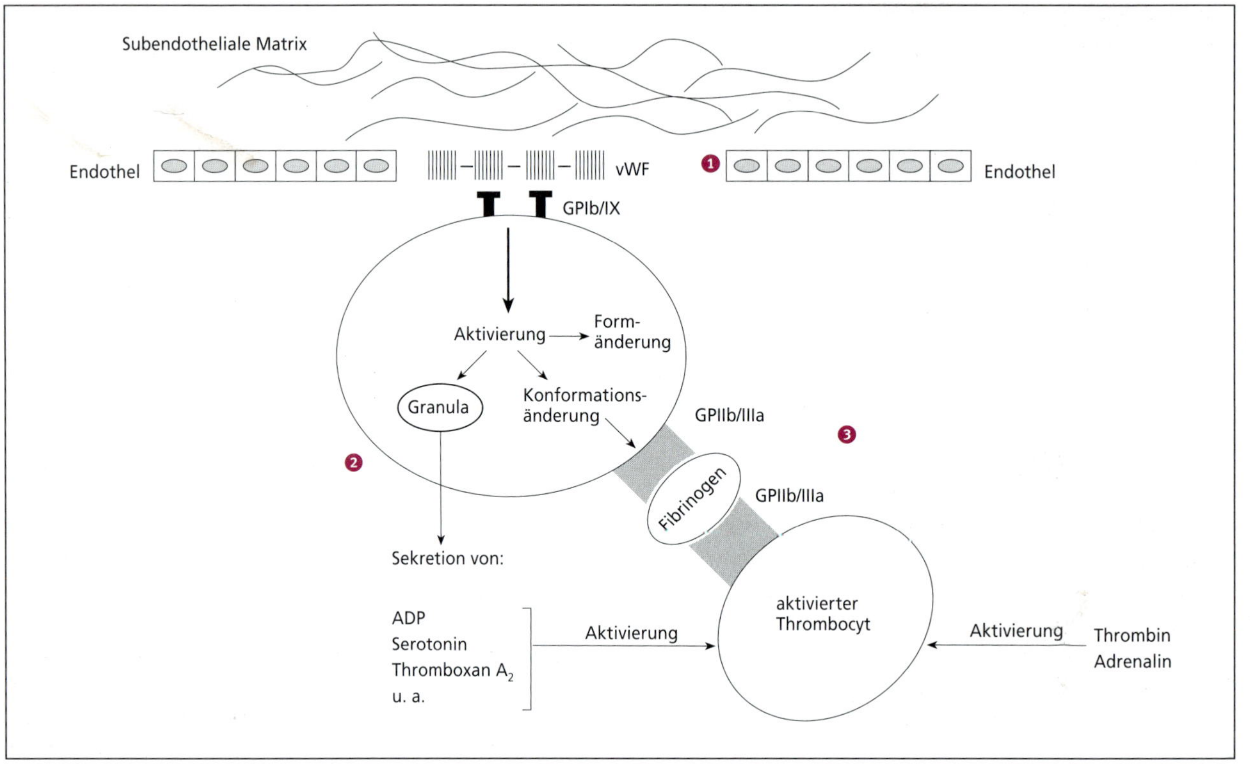

Abb. 10.5 Bildung eines Plättchenpfropfs (Erläuterung im Text).

10.4.3 Gerinnung

10.4.3.1 Fibrinbildung

Die plasmatische Gerinnung führt zur Bildung eines Fibrinnetzwerkes und somit zu einem stabilen Wundverschluß.

An der Bildung und der Auflösung des Blutgerinnsels sind über 50 Faktoren beteiligt, die entsprechend als **Prokoagulantien** bzw. **Antikoagulantien** bezeichnet werden. Ob es zur Gerinnung kommt, hängt von der Balance zwischen diesen beiden Faktorengruppen ab. Im Falle einer Gefäßschädigung überwiegen die Prokoagulantien und bewirken die Ausbildung eines Fibringerinnsels. Die beteiligten Faktoren werden international mit römischen Zahlen bezeichnet (z.B. Prothrombin ist Faktor II), ihre aktivierte Form ist durch ein „a" gekennzeichnet (z.B. Thrombin ist Faktor IIa). Aktive Faktoren entstehen durch proteolytische Spaltung aus den inaktiven Vorstufen. Die aktivierten Faktoren sind häufig selbst Proteasen, also proteinspaltende Enzyme, die dann nachgeschaltete Faktoren aktivieren können. Im Ablauf der **Gerinnungskaskade** kommt es zu einer deutlichen Verstärkung der Reaktion von Stufe zu Stufe, ein Prinzip, das auch in der Komplementkaskade wiederzufinden ist.

Bereits um die Jahrhundertwende wurde der grundlegende Vorgang der Gerinnung aufgeklärt (Abb. 10.6). Als Folge einer Gefäßschädigung oder eines Plättchenzerfalls wird ein Proteinkomplex gebildet, der als Prothrombinaktivator bezeichnet wird. Er besitzt proteolytische Eigenschaften und spaltet spezifisch Prothrombin, ein 68-kd-Protein, zu Thrombin (33 kd). Thrombin besitzt seinerseits auch wieder proteolytische Aktivität. Es katalysiert die Aktivierung von Fibrinogen zu Fibrin. Fibrinogen ist ein Plasmaprotein mit einem Molekulargewicht von 340 kd, dessen Plasmakonzentration etwa 1-7 mg/ml beträgt. Thrombin spaltet aus diesem Molekül 4 kleine Peptide ab und legt somit die Bindungsstellen frei, die für die Polymerisation von Fibrinmolekülen zu einem, zunächst noch recht instabilen, aber unlöslichen Fibrinfaden nötig sind. Thrombin aktiviert ein weiteres Enzym, den fibrinstabilisierenden Faktor (Faktor XIII zu XIIIa). Faktor XIIIa wirkt als Enzym, das die Bildung covalenter Bindungen zwischen den Fibrinfäden katalysiert und so ein sehr stabiles dreidimensionales Netzwerk entstehen läßt. Thrombin bewirkt somit sowohl die Polymerisierung von Fibrinmonomeren zu Fibrinfäden als auch deren Quervernetzung über die Faktor XIII-Aktivierung.

Das Fibrinnetzwerk ist mit den subendothelialen Strukturen im Bereich der Gefäßläsion und dem dort entstandenen Thrombocytenaggregat eng ver-

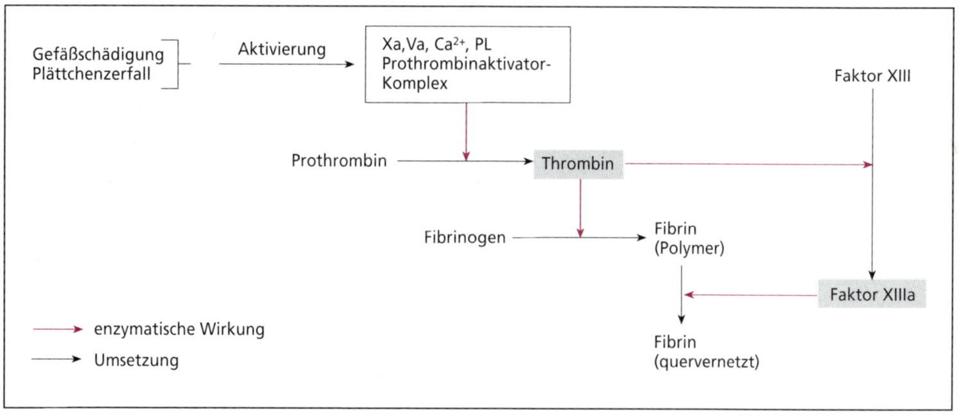

Abb. 10.6 Bildung von Fibrin (Erläuterung im Text).

bunden. Als Folge der Retraktion des Gerinnsels wird eine Flüssigkeit (Serum) aus dem Gerinnsel herausgepreßt. Das Gerinnsel selbst dient in den nächsten Wochen als Matrix für Fibroblasten, die in das Gerinnsel einsprossen, neues Gewebe bilden und so die Verletzung endgültig und dauerhaft schließen. Zahlreiche Wachstumsfaktoren, darunter der aus den Blutplättchen stammende „platelet derived growth factor" (PDGF), sind an der Regulation der Wundheilung beteiligt.

10.4.3.2 Aktivierung des Prothrombinaktivators

Ein entscheidender Schritt bei der Bildung eines Fibringerinnsels ist die enzymatische Aktivierung von Prothrombin zu Thrombin. Katalysiert wird dieser Schritt durch den Prothrombinaktivator (Abb. 10.6 und Abb. 10.7).

Wie kommt es zur Aktivierung dieses Enzymkomplexes? Anfang der 60er Jahre stellten Ratnoff und MacFarlane ein Modell vor, demzufolge Gefäßläsionen eine Kaskade von Aktivierungsschritten auslösen, die schließlich zur Bildung des Prothrombinaktivators und damit auch zur Fibrinbildung führen. Das Modell hat nach wie vor Gültigkeit, wurde aber seither ergänzt und modifiziert (Abb. 10.7). Schon die frühen Arbeiten über die Gerinnungskaskade zeigten zwei unterschiedliche Aktivierungswege im Gerinnungssystem auf, die als exogener Weg (extrinsisches System) und als endogener Weg (intrinsisches System) bezeichnet werden. Wenn Blut mit geschädigtem Gewebe in Kontakt kommt, wird sehr rasch die plasmatische Gerinnung aktiviert. Ausgelöst wird dieser Vorgang durch einen Faktor, der im Gewebe und damit außerhalb des Blutes, also extrinsisch vorkommen. Ursprünglich wurde dieser Faktor Gewebsthromboplastin genannt, nach seiner genaueren Charakterisierung dann als Faktor III bezeichnet (in der englischsprachigen Literatur hat sich der Begriff „tissue factor" [TF] durchgesetzt). Andere Experimente zeigten, daß Blut auch dann gerinnt, wenn es mit Glas in Kontakt kommt. Offensichtlich sind dabei nur solche Faktoren für die Auslösung des Gerinnungsvorgangs notwendig, die bereits im Blut vorhanden sind. Entsprechend wurde dieser Aktivierungsweg als intrinsischer Weg bezeichnet (Abb. 10.7).

Das **extrinsische System** wird nach einer Gefäßverletzung aktiviert. Infolge der Läsion kommen subendothelial gelegene Zellen mit dem Blut in Kontakt. Einige dieser Zellen exprimieren auf ihrer Oberfläche ein mit Phospholipiden assoziiertes Glykoprotein, das Gewebsthromboplastin („tissue factor", TF). Dieses bindet das Plasmaprotein Faktor VII mit hoher Affinität. In Anwesenheit von Ca^{2+}-Ionen wird Faktor VII zu VIIa aktiviert, wodurch ein enzymatisch aktiver Komplex entsteht. Dieser aktiviert Faktor X durch Proteolyse zu Faktor Xa, woraufhin der Prothrombinaktivatorkomplex ([Xa,Va, Ca^{2+},PL]-Komplex) entsteht. Die Aktivierungskaskaden des intrinsischen und des extrinsischen Systems laufen demnach auf der Stufe der Bildung des Prothrombinaktivators zusammen.

> Infolge einer Gefäßläsion freigelegtes Gewebsthromboplastin aktiviert das extrinsische System.

Im **intrinsischen System** kommt es zur Bindung des plasmatischen Faktors XII an negativ geladene Oberflächen (Glas ist ebenfalls negativ geladen, so daß Glasoberflächen die Gerinnung auslösen können). Faktor XII ändert dabei seine Konformation, wodurch eine Angriffsstelle für eine proteolytische Spaltung freigelegt wird. An dieser Stelle spaltet das im Blut vorhandene Kallikrein den Faktor XII, wodurch die aktivierte Form XIIa entsteht. Faktor XIIa ist seinerseits auch eine Protease und in der Lage den Faktor XI zu XIa zu aktivieren, der wiederum Faktor IX zu IXa aktiviert. Auch Faktor IXa ist proteolytisch aktiv, allerdings nur in Anwesenheit eines Cofaktors, des Faktors VIIIa sowie von Ca^{2+}-Ionen und Phospholipiden (PL). Auf die funktionelle Bedeutung dieses Komplexes aus verschiedenen

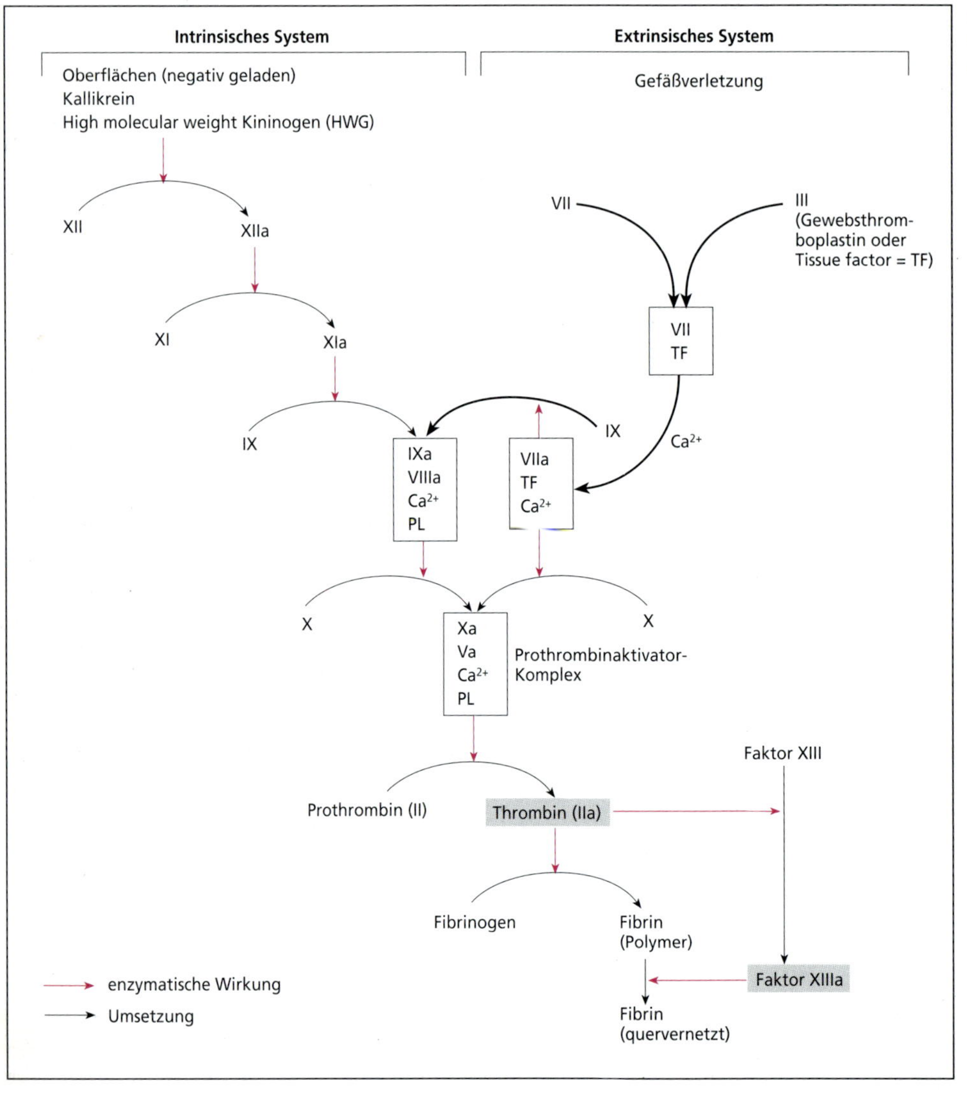

Abb. 10.7 Schema der Gerinnungskaskade (Erläuterung im Text).

Komponenten wird später näher eingegangen. Der Faktor [IXa,VIIIa,Ca^{2+},PL]-Komplex spaltet Faktor X zu Xa. Auch dieser benötigt einen Cofaktor (Faktor Va), außerdem Ca^{2+} und Phospholipide, um aktiv zu werden. Der Faktor [Xa,Va,Ca^{2+},PL]-Komplex wird als Prothrombinaktivatorkomplex bezeichnet und ist in der Lage, Prothrombin zu Thrombin zu spalten. Damit ist der terminale Weg zur Fibrinbildung aktiviert.

Klinische Beobachtungen haben Zweifel an der bislang beschriebenen besonderen Bedeutung des intrinsischen Systems für die Gerinnung in vivo aufkommen lassen. Patienten mit Faktor-XII-Mangel oder Kallikreinmangel zeigen keine Hämostasestörungen, obwohl diese Faktoren an der Auslösung des intrinsischen Systems maßgeblich beteiligt sind (Abb. 10.7). Allerdings führt ein Faktor-VIII-Mangel (Hämophilie A) bzw. ein Faktor IX-Mangel (Hämophilie B) zu schweren Blutungen. Der Faktor [IXa, VIIIa,Ca^{2+},PL]-Komplex des intrinsischen Systems ist demnach von großer funktioneller Bedeutung.

Eine Erklärung dieser widersprüchlichen Befunde ergab sich aus Untersuchungen, die zeigten, daß der Gewebsthromboplastin-Faktor VIIa-Komplex des extrinsischen Systems nicht nur Faktor X aktivieren kann, sondern auch den Faktor IX aktiviert (Abb. 10.7). Eine Aktivierung des intrinsischen Systems ist für die Bildung des Faktor [IXa,VIIIa,Ca^{2+},PL]-Komplexes somit nicht nötig. Daraus darf aber nicht geschlossen werden, daß eine Aktivierung des intrinsischen Systems in vivo bei Gerinnungsvorgängen ausbleibt.

Das intrinsische System wird durch die Interaktion des Faktors XII mit negativ geladenen Oberflächen aktiviert.

Die Bildung des Prothrombinaktivatorkomplexes und des Faktor [IXa,VIIIa,Ca^{2+},PL]-Komplexes erfolgt streng membranassoziiert und wird damit lokal begrenzt (Abb. 10.8). Den Cofaktoren V bzw. VIII kommt dabei eine besondere Bedeutung zu. Schon

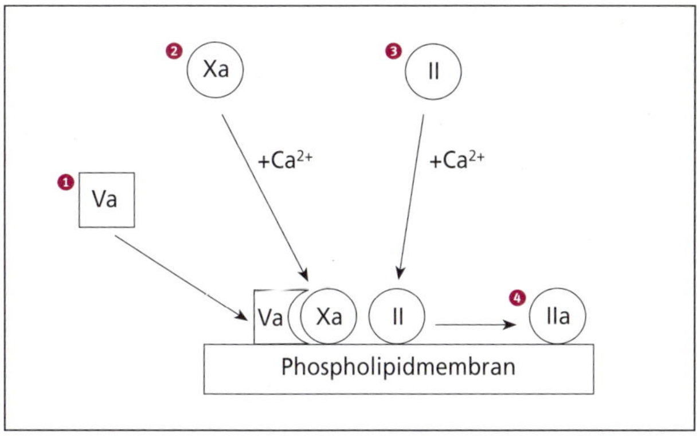

Abb. 10.8 Bildung des Prothrombinaktivators (Erläuterung im Text).

minimale Mengen an Thrombin oder Faktor Xa reichen aus, um die Aktivierung von Faktor V bzw. VIII zu Va bzw. VIIIa zu erreichen. In ihrer aktivierten Form können die Faktoren an Phospholipide der Zellmembranen von Endothelzellen oder Thrombocyten binden (Abb. 10.8, ①). Die membrangebundenen Faktoren Va bzw. VIIIa weisen eine hohe Affinität für die Faktoren Xa bzw. IXa auf und vermitteln so deren Bindung an die Zellmembran (Abb. 10.8, ②). Zudem bewirkt die Bildung der Komplexe aus den Faktor Xa und Va bzw. IXa und VIIIa eine bis zu 1000fache Erhöhung der enzymatischen Aktivität der Proteasen (Faktor Xa bzw. IXa). Ohne die Bindung an den jeweiligen Cofaktor (Va oder VIIIa) sind die Proteasen praktisch wirkungslos. Die Bindung (Abb. 10.8, ③) und Aktivierung (Abb.8, ④) der Faktoren II bzw. X würden ausbleiben. Deutlich wird dies bei der Hämophilie A, bei der ein Faktor-VIII-Mangel zu schweren Gerinnungsstörungen und Blutungen führt. Derartige Gerinnungsstörungen werden auch bei den Haustieren, insbesondere beim Hund, gefunden.

Neben den bisher genannten Faktoren sind auch Ca^{2+}-Ionen essentielle Faktoren im Gerinnungsgeschehen (Abb. 10.7 und Abb. 10.8). Durch den Entzug von Ca^{2+}-Ionen aus dem Blut kann die Gerinnung verhindert werden. In der Praxis benutzt man daher häufig Substanzen wie Citrat, Oxalat oder Ethylendiamintetraessigsäure (EDTA), die Ca^{2+}-Ionen gut binden, um die Gerinnung des Blutes in vitro zu verhindern. Welche Funktion kommt den Ca^{2+}-Ionen in diesem System zu?

Phospholipidmembranen sind stark negativ geladen. Da viele Gerinnungsfaktoren ebenfalls stark negativ geladene Abschnitte aufweisen, ist deren Bindung an die Phospholipidmembranen nicht ohne weiteres möglich. Ca^{2+}-Ionen können nun einerseits an die negativ geladenen Bereiche der Gerinnungsfaktoren binden, andererseits aber auch mit den Phospholipidmembranen in Wechselwirkung treten. Ca^{2+}-Ionen vermitteln somit die Bindung entsprechender Faktoren an die Membranen. Ein Ca^{2+}-Entzug verhindert diesen Vorgang und damit unter anderem den Aufbau des Prothrombinaktivatorkomplexes, da sowohl Faktor Xa als auch Prothrombin (Faktor II) nur Ca^{2+}-abhängig an die Phospholipidmembran binden (Abb. 10.8). Die Proteine, die über Ca^{2+}-Ionen an die Membranen gebunden werden, sind durchweg Proenzyme. Die Synthese dieser Proteine (Faktor II, VII, IX und X) in der Leber ist Vitamin-K-abhängig. Vitamin K (Kap. 25.3.1) ist Bestandteil eines Enzymkomplexes, der im Bereich des N-Terminus der genannten Gerinnungsfaktoren Glutamatreste zu γ-Carboxyglutamat umsetzt. Hieraus resultiert eine Erhöhung der negativen Ladung in diesem Molekülbereich. Vitamin-K-Mangel zieht damit ein Ausbleiben der γ-Carboxylierung nach sich, weshalb die Ca^{2+}-vermittelte Bindung der Gerinnungsfaktoren an Phospholipidmembranen ausbleibt. Schwere Gerinnungsstörungen sind die Folge.

Vitamin-K-Analoge, z.B. Dicumarol oder Warfarin werden therapeutisch zur Gerinnungshemmung eingesetzt. Sie finden aber auch als Rodentizide bei der Bekämpfung von Ratten und Mäusen Anwendung, wo die Aufnahme dieser Substanzen ebenfalls zu Gerinnungsstörungen und damit zum Verbluten führt.

10.4.3.3 Physiologische Gerinnungshemmung und Fibrinolyse

Den Vorgängen der Hämostase stehen im intakten Gefäß ebenso komplexe antithrombotische und antikoagulatorische sowie fibrinolytische Mechanismen gegenüber. Viele dieser Funktionen werden durch das **Endothel** vermittelt.

Endothelzellen trennen das Blut von der subendothelialen Matrix und verhindern so eine Plättchenadhäsion und die Aktivierung der plasmatischen Gerinnung durch diese Strukturen. Zudem ist die Zelloberfläche der Endothelzellen stark negativ geladen, wodurch die ebenfalls negativ geladenen Thrombocyten abgestoßen werden. Durch die zusätzliche Sekretion von Prostaglandin I_2 (PGI_2) und Stickstoffmonoxid (NO) wird eine intravasale Aggregation von Thrombocyten verhindert, ein Mechanismus, der insbesondere in der Umgebung bereits gebildeter Blutgerinnsel von Bedeutung ist.

Auf der Zelloberfläche von Endothelzellen ist ein Protein, das Thrombomodulin, exprimiert (Abb. 10.9), welches Thrombin bindet und damit die thrombinvermittelte Spaltung von Fibrinogen zu Fibrin verhindert. Dieser Thrombomodulin-Thrombin-Komplex ist zugleich ein starker Aktivator der

Protease „Protein C“. Aktiviertes Protein C inaktiviert die Faktoren Va und VIIIa und wirkt zudem fibrinolytisch. Die enzymatische Aktivität von Protein C kann durch die Bindung von Protein S an Protein C weiter gesteigert werden. Ebenfalls auf der Endothelzellmembran findet sich Heparansulfat. Dieses bindet das im Plasma vorkommende Antithrombin III (ATIII). Freies ATIII ist in geringem Maße in der Lage, Thrombin zu inaktivieren. Durch die Bindung an Heparansulfat kommt es zu einer deutlichen Erhöhung der thrombinhemmenden Wirkung. In gleicher Weise wirkt auch Heparin, das von Endothelzellen und Mastzellen gebildet und freigesetzt wird und so nicht membrangebunden die ATIII-Wirkung um das etwa 1000fache verstärken kann. Heparin wird daher auch als potenter Gerinnungshemmer therapeutisch genutzt.

Antithrombotische und antikoagulatorische Mechansimen werden durch das Gefäßendothel vermittelt.

Bereits gebildete Gerinnsel werden durch das **Fibrinolysesystem** wieder aufgelöst (Abb. 10.10). Der proteolytische Abbau von Fibrin erfolgt durch eine Serinprotease, das Plasmin. Plasmin wird unter dem Einfluß verschiedener Aktivatoren aus seiner inaktiven Vorstufe, dem Plasminogen, gebildet. Bereits während der Gerinnselbildung wird Plasminogen in das Fibrinnetz eingebaut. Mit einer präzise abgestimmten zeitlichen Verzögerung gegenüber der Fibrinbildung kommt es zur Freisetzung eines Plasminogenaktivators aus dem geschädigten

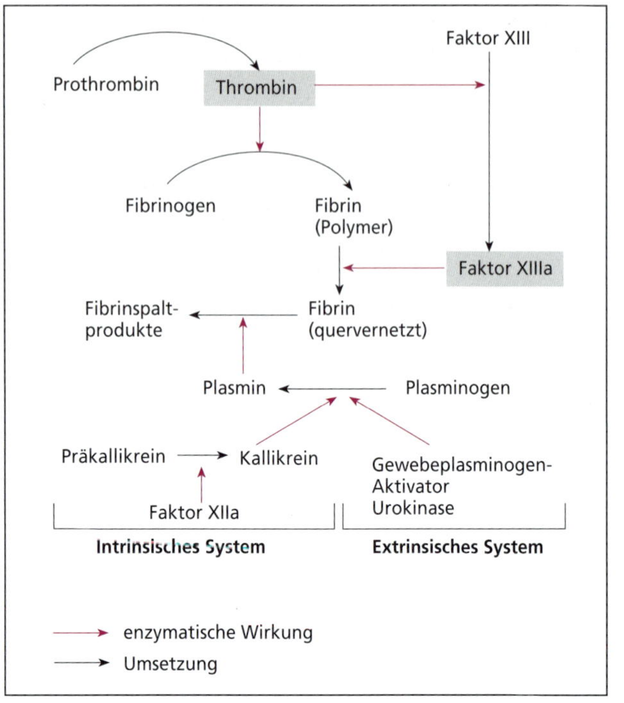

Abb. 10.10 Fibrinolysesystem.

Gewebe und den Endothelzellen und damit zur Bildung von Plasmin im Fibringerüst. Neben diesem Gewebeaktivator (extrinsisches System) existieren auch Blutaktivatoren (intrinsisches System). Der wichtigste Blutaktivator ist Faktor XIIa, der Präkallikrein zu Kallikrein umsetzt, welches dann Plasminogen zu Plasmin aktiviert. Plasmin wirkt aber nicht nur fibrinolytisch. Durch den Abbau der Gerinnungsfaktoren Va und VIIIa wirkt es auch einer Neubildung von Thrombin und damit von Fibrin entgegen.

Die Protease Plasmin wirkt fibrinolytisch und antikoagulatorisch.

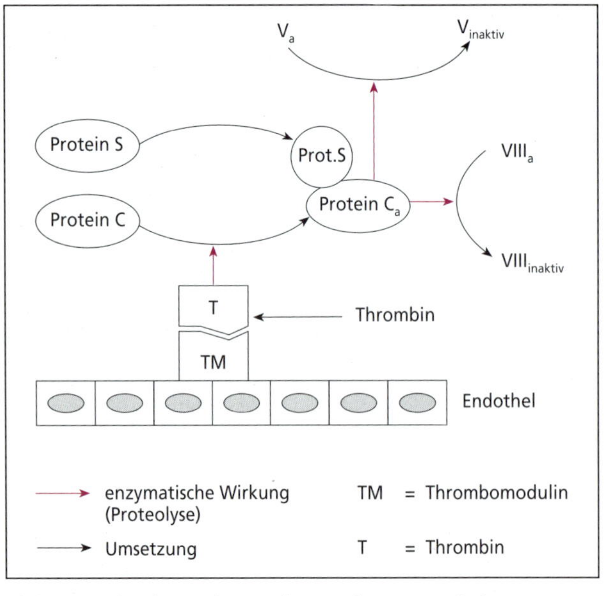

Abb. 10.9 Antikoagulatorische Mechanismen (Erläuterung im Text).
TM = Thrombomodulin
T = Thrombin.

10.5 Abwehr

Nur unter großem technischem Aufwand können Wirbeltiere keimfrei gehalten werden. Ansonsten leben sie vom Zeitpunkt der Geburt an in einer von Mikroorganismen (Bakterien, Pilzen, Viren, Parasiten) besiedelten Umgebung. Dies kann zu Belastungen und Schäden führen. Zur Vermeidung solcher Schädigungen und zur Bekämpfung der von bestimmten Mikroorganismen induzierten Infektionskrankheiten besitzen höhere Organismen ein komplexes Abwehrsystem.

Als erste Linie der Abwehr von Mikroorganismen steht dem Körper das **unspezifische** oder angeborene **Abwehrsystem** zur Verfügung. Da viele Komponenten dieses Systems ständig im Körper vorliegen bzw. binnen weniger Stunden gebildet oder aktiviert werden können, kann das unspezifische Abwehrsystem sehr schnell reagieren. Zu diesem System zählen lösliche Faktoren, wie das Komplementsystem, die Akute-Phase-Proteine und das Interferonsystem. Die Zellen des unspezifischen Abwehrsystems sind die Granulocyten, die Monocyten und die Makrophagen.

Mit einer zeitlichen Verzögerung von Tagen bis Wochen reagiert das **spezifische** oder erworbene **Abwehrsystem** (Immunsystem) auf solche Infektionserreger, die die Barriere der unspezifischen Abwehr durchbrochen haben. In diesem Fall kommt es zur Aktivierung von Lymphocyten, die entweder spezifische Antikörper zur Abwehr bilden oder infizierte Zellen des Körpers töten und so den Infektionserregern das Überleben und die Vermehrung erschweren oder unmöglich machen.

Die einzelnen Komponenten der spezifischen und unspezifischen Abwehr interagieren sehr eng miteinander und können erst dadurch ihre volle Aktivität entfalten. Eine funktionelle Trennung beider Systeme existiert in vivo demnach nicht. Aus didaktischen Gründen sollen sie aber getrennt besprochen werden.

10.5.1 Unspezifische Abwehr

Zahlreiche humorale und zelluläre Komponenten sind an der unspezifischen Abwehr beteiligt.

10.5.1.1 Komplementsystem

Der bedeutsamste humorale Träger der unspezifischen Abwehr ist das Komplementsystem. Ähnlich dem Gerinnungssystem stellt es eine Proenzymkaskade dar, in der die inaktiven Proenzyme aktiviert werden können. Die Proenzyme sind meist aus mehreren Polypeptidketten bestehende Proteine sehr unterschiedlicher Größe (80-410 kd). Einige aktivierte Produkte, wie z.B. C4a oder C3a, weisen nur eine realtive Molekülmasse von 10 kd auf. Die Folge der einzelnen Komponenten wird von C1 bis C9 durchnumeriert, wobei die Numerierung entdeckungschronologisch erfolgte, so daß die Proenzymkaskade mit C1, C2, C4, C3, C5 beginnt und dann bis C9 weiterläuft.

Aktivierung bedeutet in diesem System, daß von einem Proenzym Teile einer Polypeptidkette abgesprengt werden, die sich mit anderen Komponenten verbinden, wodurch diese zu aktiven Enzymen werden. Das Substrat des aktivierten Enzyms ist jeweils die nächste Komplementkomponente.

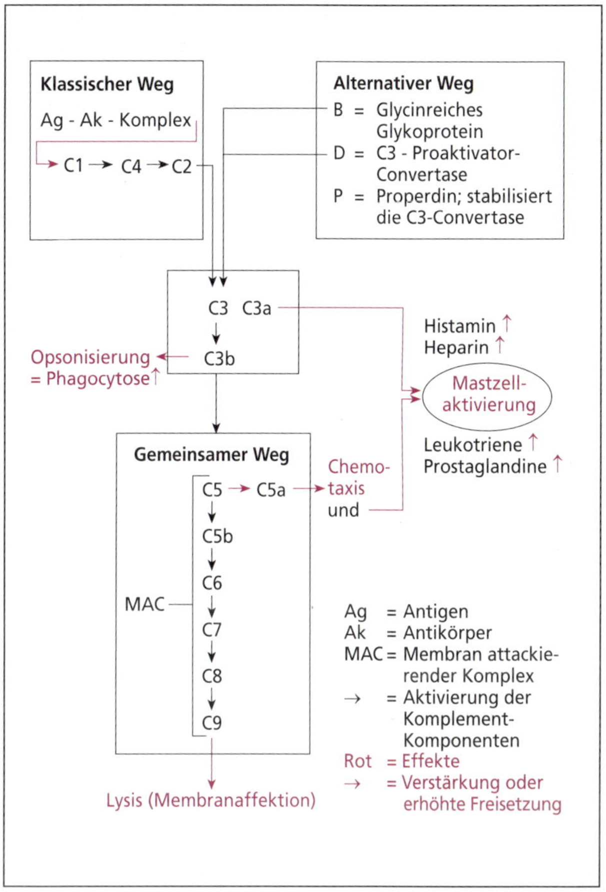

Abb. 10.11 Komplementsystem: Abläufe und Effekte.

Ein Beispiel soll eine derartige Aktivierung verdeutlichen: Das aktivierte C1-Bruchstück (=C1s) wirkt sowohl auf C2 als auch auf C4 ein. Von C4 spaltet es die C4α-Kette in zwei ungleiche Teile. Das größere Teil (C4b) kann an Oberflächen von Zellen Antigen und Antikörper binden. C1s bewirkt außerdem, daß C2 sich an C4b binden kann. So ergibt sich C4b2a, ein neues Enzym, das auch C3-Convertase genannt wird, weil es C3 in C3a und C3b spaltet (Abb. 10.11). C3a aktiviert Mastzellen zur erhöhten Freisetzung von Histamin, Heparin, Leukotrienen und Prostaglandinen, d. h. es kommt zur örtlichen Entzündung. C3b bindet an C4b2a, woraus sich C4b2a3b, wiederum ein neues Enzym ergibt. Diese Verbindung wird C5-Convertase genannt, weil sie C5 in C5a und C5b umsetzt. C5a wirkt chemotaktisch (Kap. 10.5.2.1) und aktiviert – wie C3a – Mastzellen (s. oben). C5b dagegen formt einen tetramolekularen Komplex mit C6, C7 und C8. Dieser Komplex bindet an die Zielzelle und polymerisiert eine Vielzahl von C9-Molekülen, woraus sich ein Tunnelprotein ergibt (MAC = Membran-Angiffs-Komplex), das zur Lysis der Zielzelle führt (Abb. 10.11).

Die „Zündung" der Komplement-Kaskade erfolgt **„klassisch"** oder **„alternativ"**. Die klassische Zündung erfolgt durch Antigen-Antikörper-Komplexe, die alternative durch Membranbestandteile bestimmter Mikroorganismen (B,D in Abb. 10.11). Beide Wege führen zur Bildung einer C3-Convertase. Beim alternativen Weg **stabilisiert** Properdin die C3-Convertase. In beiden Fällen kommt es zur Bildung der C5-Convertase und damit zum MAC (Abb. 10.11). Zusätzlich wurde noch ein Lektinweg beschrieben, der über Mannose-Bindeprotein zur Aktivierung von C3 führt.

Die Aktivierung der Komplement-Kaskade führt also zur **Opsonisierung**, zur **Chemotaxis**, zur Aktvierung von **Mastzellen** und **basophilen** Granulocyten und zur **Zell-Lysis**.

Komplementabhängige **Opsonisierung** bedeutet, daß die aktivierte C3 Komponente (C3b) Antigene besetzt. Dadurch wird der Effekt phagocytierender Zellen über deren C3-Rezeptoren deutlich gesteigert. Die Effektivität von Phagocyten erreicht ein Vielfaches, wenn zusätzlich (zu C3b) antigenspezifische Antikörper über Fc-Rezeptoren Antigen-Phagocyten-Brücken bilden.

Ein weiterer unspezifischer, aber hochwirksamer Vorgang, besteht in der Induktion der **Chemotaxis**, d.h., die Komplement-Komponente C5a dirigiert Leukocyten an den Ort der Auseinandersetzung mit dem Antigen.

Schließlich führen die Komponenten C3a und C5a zur **Aktivierung** von **Mastzellen** und **basophilen Granulocyten**. Dadurch kommt es zur Freisetzung vor allem gefäßaktiver Substanzen wie Histamin, Heparin, Leukotrienen u. a. m.

Der „Membran-Angriffs-Komplex" (MAC = C5b + C 6 + C7 + C8 + C9; s. Abb. 10.11) wird auch als lytischer Komplex bezeichnet. Sein Effekt besteht in der **Lysis** fremder Zellen, vor allem von Mikroorganismen.

10.5.1.2 Akute Phase Reaktion

Übersteigen Entzündungsreaktionen eine gewisse Intensität, so tritt eine systemische Veränderung auf, die sog. Akute-Phase-Reaktion. Zu den Akute Phase Proteinen gehören das C-reaktive Protein Serum-Amyloid-A, das Transferrin, α_1-Antitrypsin, α_2-Makroglobulin und auch das Fibrinogen. Wie diese Akute Phase Proteine in die Entzündungsprozesse eingreifen, ist nicht genau bekannt. Diagnostisch sind Konzentrationserhöhungen von Fibrinogen und α_2-Makroglobulin von Interesse. Erhöhte Erythrocytenaggregation bedeutet erhöhte Blutkörperchensenkungsgeschwindigkeit.

10.5.1.3 Interferone und unspezifische Abwehr

Interferone stellen eine Gruppe von Glykoproteinen dar, die von fast allen Zellen des Körpers innerhalb weniger Stunden nach viraler Infektion gebildet werden. Sie schützen andere Zellen vor der Infektion und begrenzen so die Virusvermehrung, bis eine effektive Immunabwehr in Gang kommt. Diese antivirale Aktivität wird vor allem auf Typ-I-Interferone zurückgeführt, zu denen die Interferone α, β, ω und τ gezählt werden. Sie beruht auf der Induktion antiviraler Mechanismen, durch die in den meisten Fällen die Synthese viraler Proteine gehemmt wird. Dagegen besitzt Interferon-γ als einziger Vertreter der Typ II-Interferone vorwiegend immunmodulatorische Fähigkeiten. Von besonderer Bedeutung bei unspezifischen Abwehrreaktionen ist dabei seine aktivierende Wirkung auf Makrophagen.

10.5.1.4 Enzyme

Beispielhaft für viele Enzyme, die an der unspezifischen Abwehr beteiligt sind, soll das **Lysozym** genannt werden. Lysozym ist ein Serprocidin, d. h. eine Serinprotease aus den Granula neutrophiler Granulocyten. Interessant sind in diesem Zusammenhang auch die **Defensine** (nichtglykolysierte, kationische, argininreiche Peptide), die die Membranen mikrobieller Erreger durch Einlagerung permeabel machen.

Die unspezifische Abwehr führt zur Entzündung, zur Freisetzung bzw. Aktivierung einer Vielzahl intrazellulärer oder im Bluplasma vorliegender Substanzen wie Enzymen oder auch von Sauerstoff- bzw. Stickstoffradikalen.

Diese Reaktionen des Organismus können sowohl hilfreich als auch zerstörend sein. Die **Ambivalenz** der Entzündung muß stets vor Augen gehalten werden.

10.5.1.5 Zellen der unspezifischen Abwehr

Neben den beschriebenen löslichen Komponenten finden sich im Organismus Zellen, die dem unspezifischen Abwehrsystem zugerechnet werden. Dies sind die Granulocyten und die Zellen des mononucleären Phagocytensystems (MPS). Sie sind in der Lage fremde Partikel, wie z.B. Kohlepartikel oder Bakterien und Pilze, aufzunehmen und zu zerstören. Darüber hinaus entfernen die Zellen des MPS gealterte Erythrocyten und Thrombocyten.

- **Granulocyten**

Die Bildung von Granulocyten – Granulocytopoese bzw. Myelopoese – erfolgt im Knochenmark. Hier entwickeln sich aus den determinierten Stammzellen unter dem Einfluß zahlreicher hämatopoetischer Wachstumsfaktoren reife Granulocyten. Aufgrund ihrer charakteristischen Anfärbbarkeit unterscheidet man neutrophile, eosinophile und basophile Granulocyten. Die Größe dieser Zellen schwankt tierartspezifisch zwischen 7 µm und 15 µm. Auffällig ist der stark segmentierte Kern, der je nach Alter der Zellen bei neutrophilen Granulocyten 3 bis 5 Segmente, bei eosinophilen und basophilen Granulocyten meist nur 2 Segmente aufweist. Unreife Granulocyten, die unter physiologischen Bedingungen nur in geringer Zahl im Blut auftreten, haben dagegen einen langgestreckten, unsegmentierten Kern und werden daher als stabkernige Granulocyten bezeichnet. Das Cytoplasma der Granulocyten ist von zahlreichen Granula durchsetzt. Insgesamt stellen die Granulocyten einen erheblichen Teil der zirkulierenden Leukocyten dar. Je nach Tierart werden 20-70% Granulocyten im Differentialblutbild gefunden (Tab. 10.5). Eosinophile Granulocyten stellen bei den meisten Haustierarten nur 1-10% der Gesamtleukocyten, die basophilen Granulocyten sogar weniger als 1% (Tab. 10.5).

Die Granulocytenpopulationen unterscheiden sich auch funktionell voneinander. Die wichtigste Funktion der **neutrophilen Granulocyten** (pseudoeosinophile oder heterophile Granulocyten beim Haushuhn) ist die Phagocytose, das heißt, die Aufnahme und Zerstörung von Bakterien, Zelltrümmern oder Fremdpartikeln. Diese Funktion nehmen sie nicht im Blut, sondern im Gewebe wahr. Granulocyten heften sich in Entzündungsgebieten an aktivierte Endothelzellen an. Die **Adhäsion** wird durch membranständige Moleküle (Adhäsionsmoleküle) auf den Endothelzellen und auf den Granulocyten vermittelt. Einmal adhäriert, können die Zellen das Blut aktiv verlassen (**Diapedese**) und, einem chemischen Gradienten folgend, in das Entzündungsgebiet einwandern. Dieser, als **Chemotaxis** bezeichnete Vorgang wird durch lösliche Faktoren (Komplementkomponente C5a, Interleukin-8 u.a.) vermittelt. Im Entzündungsgebiet angekommen können Granulocyten Partikel und Mikroorganismen aufnehmen und zerstören. Eine hohe Phagocytoseleistung ist aber nur möglich, wenn an die zu entfernenden Partikel zuvor Immunglobuline oder Komplemetkomponenten (z.B. C3b) gebunden haben, ein Vorgang, der als **Opsonisierung** bezeichnet wird. Opsonisierte Partikel werden über Immunglobulin- oder Komplementrezeptoren an die Phagocytenmembran gebunden, von dieser umflossen und in das Cytoplasma aufgenommen. Das so entstandene Zellkompartiment, das Phagosom, fusioniert mit Lysosomen zu einem Phagolysosom, wodurch die Inhaltsstoffe der Lysosomen (u.a. Lysozym, neutrale Proteasen, saure Hydrolasen) mit dem phagocytierten Material in Kontakt gebracht werden. Phagocytierte Mikroorganismen werden so zerstört. Granulocyten sind auch in der Lage, toxische Sauerstoffverbindungen zu bilden. Innerhalb von Sekunden nach der Bindung von Mikroorganismen an die Zellmembran der Granulocyten kommt es zur Aktivierung mehrerer Enzyme (NADPH-Oxidase, Superoxid-Dismutase, Myeloperoxidase), die aus molekularem Sauerstoff O_2^-, H_2O_2 und OCl^- bilden („respiratory burst"). Diese Verbindungen töten Mikroorganismen durch Oxidation.

Die zweite Granulocytenfraktion, die **eosinophilen Granulocyten**, zirkulieren nach dem Verlassen des Knochenmarks nur sehr kurze Zeit im Blut (ca. 30 Minuten), wandern dann in die Gewebe des Körpers ein und weisen hier eine Lebensdauer von etwa 12 Tagen auf. Auch die eosinophilen Granulocyten können sehr effektiv phagocytieren und Mikroorganismen töten, wobei sie über ganz ähnliche Mechanismen verfügen, wie die neutrophilen Granulocyten (lysosomale Enzyme, reaktive Sauerstoffverbindungen). Eosinophile Granulocyten geben die Inhaltsstoffe der Granula aber auch nach außen in das umgebende Gewebe ab. Sie können auf diese Weise auch extrazelluläre Parasiten, wie z.B. Würmer, töten.

Basophile Granulocyten stellen die kleinste Leukocytenfraktion im Blut dar. Ihre Funktion ist nicht so gut geklärt wie die der neutrophilen und eosinophilen Granulocyten. Eine große funktionelle Bedeutung kommt den basophilen Granulocyten bei pathophysiologischen Vorgängen wie den allergischen Reaktionen zu, da diese Zellen Immunglobuline vom IgE-Typ binden können. Als Reaktion auf die IgE-Bindung und Quervernetzung der IgE Moleküle durch das entsprechende Allergen kommt es zur Degranulation. Durch die Freisetzung von Histamin und Serotonin aus den basophilen Granula beeinflussen diese Zellen den Gefäßtonus und die Gefäßpermeabilität und modulieren so Entzündungsreaktionen. Lange Zeit wurde angenommen, daß basophile Granulocyten Vorläuferzellen der im Gewebe liegenden Mastzellen darstellen, da sie diesen aufgrund der Granulainhaltsstoffe und anderer Merkmale ähneln. Diese Therorie wurde inzwischen wiederlegt. Funktionell scheinen beide Zelltypen dennoch verwandt zu sein.

• Mononucleäre Phagocyten

Auch die Zellen des mononucleären Phagocytensystems (MPS) reifen im Knochenmark aus pluripotenten, hämatopoetischen Vorläuferzellen heran. Als Monocyten verlassen sie das Knochenmark, gelangen ins Blut und zirkulieren hier für mehrere Tage. Monocyten sind 14-20 µm große Zellen, die eine relativ kleine Kern-Cytoplasma-Relation haben. Der Kern ist rund bis nierenförmig, das Cytoplasma weist zahlreiche Granula und Vakuolen auf. Die Monoztyen wandern aus dem Blut in die

Tabelle 10.6 Lokalisation und Bezeichnung von Makrophagen

Lokalisation	Bezeichnung
Knochenmark	Monoblasten, Promonocyten, Monocyten, Makrophagen
Blut	Monocyten
Leber	Kupffersche Sternzellen
Lunge	Alveolarmakrophagen
Bindegewebe	Histiocyten
Knochen	Osteoclasten
Haut	Histiocyten, Langerhanszellen
ZNS	Mikroglia
Serosa	Pleural-, Peritonealmakrophagen

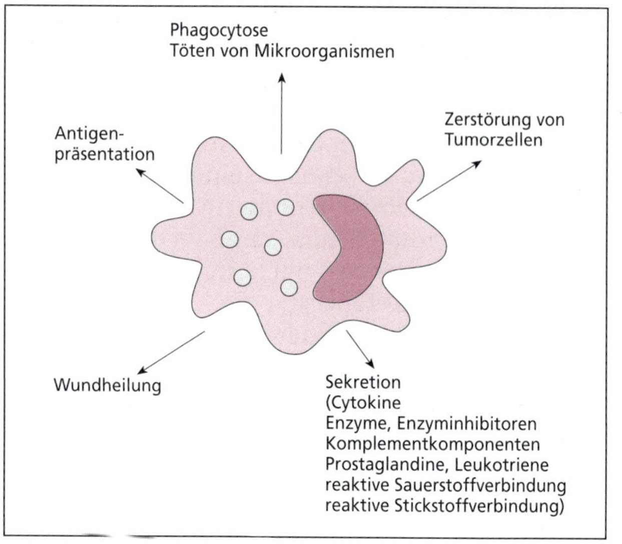

Abb. 10.12 Makrophagenfunktionen.

Gewebe aus, wo es unter dem Einfluß lokaler Faktoren zur weiteren Differenzierung der Zellen zu **Makrophagen** kommt.

Makrophagen stellen in morphologischer (Tab. 10.6) und funktioneller (Abb. 10.12) Hinsicht eine sehr heterogene Gruppe von Zellen dar. Sie synthetisieren und sezernieren eine Fülle an Faktoren; allein über 100 Proteine sind beschrieben worden. Darunter befinden sich auch zahlreiche Cytokine, wie der Tumornekrosefaktor (TNF-α) und das Interleukin-1 (IL-1), die unter anderem das Thermoregulationszentrum beeinflussen und somit Fieber induzieren. Ebenso wie die Granulocyten können Makrophagen sehr effektiv opsonisierte Partikel phagocytieren und zerstören. Auch die antimikrobiellen Mechanismen sind denen der neutrophilen Granulocyten vergleichbar. So bilden Makrophagen reaktive Sauerstoffverbindungen, zusätzlich reaktive Stickstoffverbindungen (Stickstoffmonoxid) und verfügen über lysosomale Enzyme. Im Gegensatz zu den neutrophilen Granulocyten sind Makrophagen allerdings wiederholt und über lange Zeiträume in der Lage zu phagocytieren.

Die Zellen des MPS stellen aber nicht nur wichtige Zellen des unspezifischen Abwehrsystems dar. Sie sind in besonderem Maße an der Regulation des spezifischen Abwehrsystems beteiligt. Diese Funktion nehmen sie wahr, indem sie phagocytierte Antigene spalten, die dabei entstehenden Peptide aus 10-25 Aminosäuren in MHC-Klasse II-Moleküle einbauen und mit diesen an die Zelloberfläche bringen. Hier erfolgt die Antigenerkennung durch T-Helferzellen und somit die Aktivierung des spezifischen Abwehrsystems (Kap. 10.5.2.3). Neben den Makrophagen sind vor allem die dendritischen Zellen und die Langerhanszellen der Haut potente **antigenpräsentierende Zellen**.

- **Natürliche Killerzellen**

In der Lymphocytenfraktion des Blutes findet sich eine Population von Zellen, die weder den B-Zellen noch den T-Zellen zugerechnet werden kann. Sie werden aufgrund ihrer Funktion als „Natürliche Killerzellen" (NK-Zellen) bezeichnet. Tierartlich unterschiedlich, machen sie bis zu 15% der Lymphocyten des Blutes aus. Häufig werden sie als große, granuläre, nicht phagocytierende Lymphocyten beschrieben. NK-Zellen gehen aus den hämatopoetischen Stammzellen des Knochenmarks hervor und sind der lymphoiden Linie zuzurechnen.

NK-Zellen sind ein Teil der angeborenen Abwehr. Sowohl virusinfizierte Zellen als auch Tumorzellen können von NK-Zellen erkannt und getötet werden. Sie sind in den ersten 1-3 Tagen einer viralen Infektion aktiviert, werden danach funktionell durch virusspezifische cytotoxische T-Lymphocyten ersetzt. Nach Kontakt mit der Zielzelle setzen NK-Zellen cytotoxische Faktoren (Perforine, Granzyme, Tumor-Nekrose-Faktor) frei und schädigen die Zielzelle so stark, daß sie innerhalb von Sekunden bis Minuten stirbt.

Die Erkennung der Zielzellen durch NK-Zellen war bis vor kurzem weitgehend unklar. Im Gegensatz zu cytotoxischen T-Zellen (Kap. 10.5.2.3) reagieren NK-Zellen nicht auf die Präsentation von Antigen durch MHC-Klasse-I-Moleküle. Vielmehr erkennen und töten sie solche Zellen, die keine MHC-Moleküle tragen.

10.5.2 Spezifische Abwehr

10.5.2.1 Lymphocyten

Auch die Lymphocyten stammen von einer pluripotenten Stammzelle aus dem Knochenmark ab. Lymphocyten sind kleine (Durchmesser: 7-15 µm), runde Zellen, die als mononucleäre Zellen einen großen, runden Nucleus besitzen und die spezifischen Immunzellen darstellen. Die Zellkern-Zellplasma-Relation ist relativ groß, wobei Unterschiede zwischen den rein morphologisch zu differenzierenden kleinen (7-10 µm) bzw. großen (11-15 µm) Lymphocyten bestehen. Die kleinen Lymphocyten, die ca. 98% der Gesamtpopulation ausmachen, befinden sich offenbar in einem Ruhezustand. Nach einer Aktivierung nehmen sie insbesondere im Bereich des Cytoplasmas an Größe zu, können sich anschließend teilen und ihre Funktion als „Effektorzellen" ausüben.

Funktionell wird zwischen B-Lymphocyten, T-Lymphocyten und Lymphocyten, die keinen der beiden Zelltypen zuzurechnen sind, unterschieden. Die dritte Population der Lymphocyten sind die „Natürlichen Killerzellen". Dem B-Zell-System werden die **humoralen Immunreaktionen** und dem T-Zell-System die **zellvermittelten Immunreaktionen** zugeordnet. Die funktionelle Einteilung der lichtmikroskopisch nicht differenzierbaren Lymphocyten kann anhand charakteristischer Oberflächenmarker erfolgen. In der Regel stellen solche Oberflächenmarker Proteine dar, wie z.B. Rezeptoren, Enzyme oder Antikörpermoleküle.

Die Prägung der T-Lymphocyten findet im Thymus, die der B-Lymphocyten bei den Vögeln in der Bursa Fabricii bzw. beim Säuger im „Bursaäquivalent", dem Knochenmark oder in den Peyerschen Platten, statt.

Die Anzahl der B- bzw. T-Lymphocyten im Säugetierorganismus ist etwa gleich. Allerdings sind im Blut, in dem sich nur 1 % der Gesamtlymphocyten befinden, die T-Lymphocyten die häufiger anzutreffende Lymphocytenpopulation (bis zu 80 %). Dies ist besonders deshalb wichtig, weil bei der klinischen Diagnostik in der Regel nur die Zellen des Blutes zur Verfügung stehen. Die Lebensdauer der T-Lymphocyten beträgt mehrere Monate bis Jahre, während B-Lymphocyten deutlich kürzer leben. Relativ langlebig sind in beiden Lymphocytenpopulationen die Gedächtniszellen („memory cells"), die besondere Bedeutung bei sekundären spezifischen Immunreaktionen nach wiederholtem Antigenkontakt erlangen.

Einen wichtigen Faktor für eine adäquate Immunantwort stellen die Zell-Zell-Interaktionen dar. Zum Beispiel wird, wie bereits erwähnt, für eine optimale B-Zell-Antwort zusätzlich die Hilfe anderer Zellen in Form von Zellkontakten bzw. der Aktivierung über Interleukine benötigt.

10.5.2.2 B-Lymphocyten und Antikörper

- **B-Zell-Rezeptor**

Der wichtigste Rezeptor des B-Lymphocyten ist der sog. B-Zell-Rezeptor (B cell receptor = BCR), mit dem analog zum T-Zell-Rezeptor (T cell receptor = TCR) des T-Lymphocyten fremde, immunogene Strukturen spezifisch gebunden und somit erkannt werden. Der BCR stellt das zellmembranständige Antikörpermolekül mit einer hydrophoben Transmembrandomäne zur Verankerung an die Oberfläche des B-Lymphocyten dar, durch welches der B-Lymphozyt das Antigen erkennt (Abb. 10.13). Nach der Signalübertragung ins Zellinnere schließen sich mehrere Teilungen (klonale Expansion) und Differenzierungsvorgänge an. Dieser aktivierte B-Lymphozyt, der nach der abgeschlossenen Differenzierung als **Plasmazelle** bezeichnet wird, stellt die eigentliche Effektorzelle dar, die im rauhen endoplasmatischen Reticulum die Antikörper produziert und anschließend über die Zellmembran sezerniert. Ein B-Lymphozyt besitzt zur Antigenerkennung auf seiner Zelloberfläche etwa 100000 identische Antikörpermoleküle. Nach der Aktivierung werden pro Plasmazelle in einer Sekunde circa 2000 identische Antikörpermoleküle hergestellt und ins Extrazellularvolumen sezerniert.

> Der B-Lymphozyt erkennt über seinen B-Zell-Rezeptor, der ein zellmembranständiges Antikörpermolekül darstellt, das zugehörige Antigen.

- **Selektionstheorie**

Spezifische Antikörper werden entsprechend der genetischen Information eines jeden B-Lymphocyten synthetisiert. Jeder B-Lymphozyt besitzt nur einen bestimmten, genau definierten Antikörper auf seiner Zelloberfläche. Der gleiche und nur dieser Antikörper wird nach der Differenzierung von der Plasmazelle auch in der angegebenen großen Anzahl sezerniert. Nur wenn das passende Antigen auf den entsprechenden B-Lymphocyten trifft, wird dieser aktiviert. Die Bindung folgt dem Schlüssel-Schloß-Prinzip, so daß das Antigen als dreidimensionales Gebilde in die Bindungstasche des Antikörpers passen muß. Unsere Haussäugetiere besitzen somit eine Vielzahl von verschiedenen B-Lymphocyten, um auf viele Tausende verschiedener Antigene reagieren zu können. Der B-Lymphozyt wird somit durch das komplementäre Antigen selektiert und zur Vermehrung und Differenzierung angeregt (Abb. 10.13). Der Körper ist aufgrund der genetischen Anlage mit einer breiten Palette von B-Zell-Klonen ausgestattet, um gegen verschiedenste antigene Strukturen reagieren zu können. Tritt nun ein Antigen in den Körper ein, veranlaßt es lediglich die schon genetisch darauf vorbereiteten Zellen, die spezifischen Antikörper herzustellen. Deshalb sind für diagnostische Untersuchungen aviäre Antikörper sehr interessant, da aufgrund der phylogene-

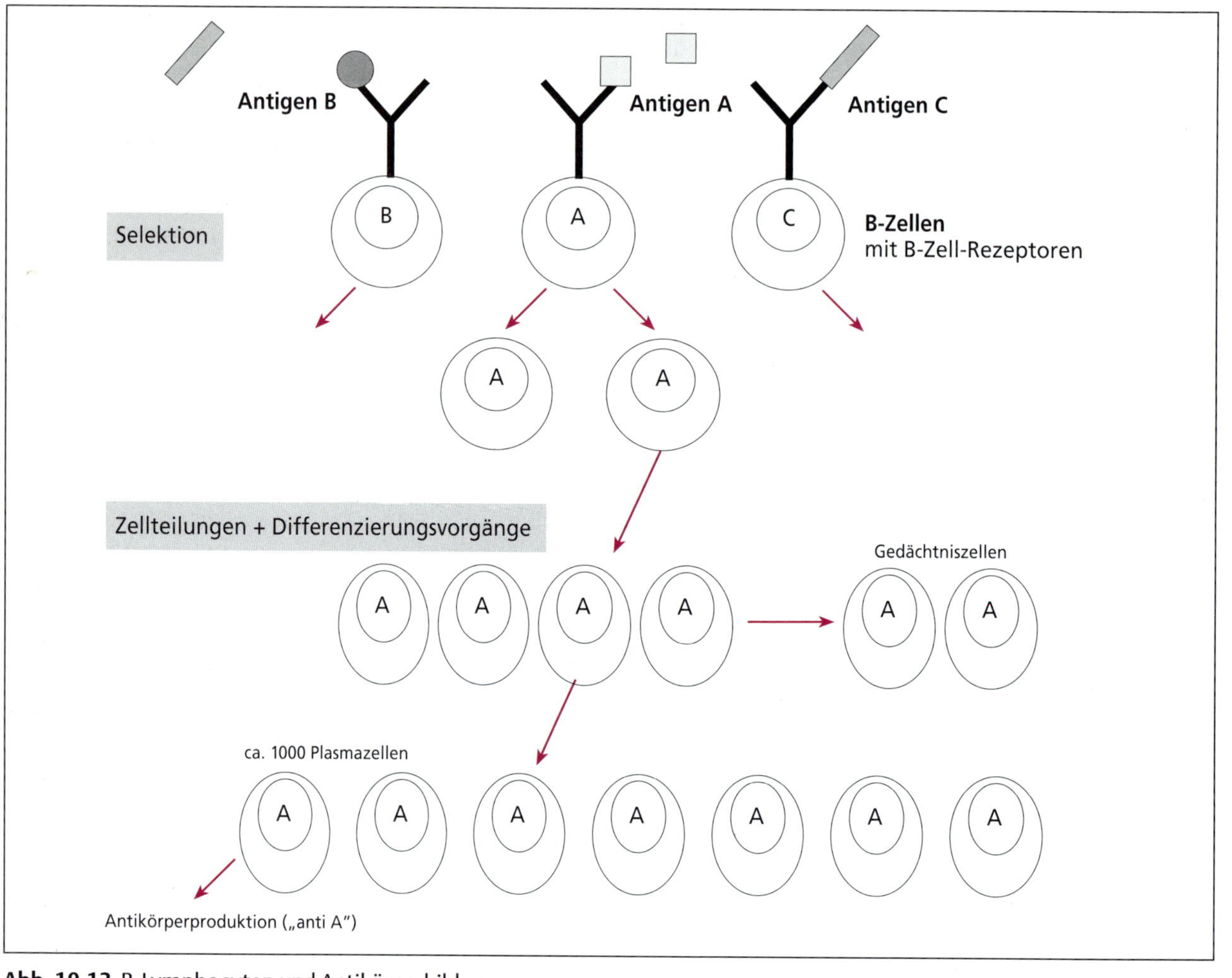

Abb. 10.13 B-Lymphocyten und Antikörperbildung.

tischen Distanz zum Säuger Vögel andere Antikörperspezifitäten aufweisen und somit Säugerantigene teilweise besser als fremd erkennen können.

• Zelldifferenzierung

Nach Kontakt des Antigens mit dem zellmembranständigen Antikörpermolekül und der intrazellulären Signalübertragung beginnen die Differenzierungsvorgänge in den Keimzentren von Lymphfollikeln. Der antigenbindende B-Lymphocyt wird nun als Plasmablast bezeichnet und teilt sich binnen 10 Stunden. Während der weiteren ca. 8 Zellteilungen verlängert sich der Zeitabstand zwischen den Teilungen, und es entsteht schließlich die reife, antikörpersezernierende Plasmazelle. Fünf Tage nach Antigenkontakt kommt es dann zu einer massiven Antikörpersekretion. Die Reifung ist im Hinblick auf die zu erfolgende Antikörperherstellung mit einer relativen Verkleinerung des Zellkerns zugunsten des Zellplasmas gekoppelt. Die Lebensdauer der Plasmazellen beträgt allerdings nur wenige Tage.

Das Antigen selektiert bestimmte B-Lymphocyten, die nach Differenzierungsvorgängen identische Antikörpermoleküle produzieren und sezernieren.

• Immunologisches Gedächtnis und Immunglobulinklassenwechsel

Das immunologische Gedächtnis wird in der Tiermedizin sehr häufig für die Prophylaxe von Infektionskrankheiten bei der aktiven Immunisierung genutzt. Eine Applikation abgeschwächter oder abgetöteter Erreger genügt für die Immunisierung. Das immunisierte Tier kann so vor lebensbedrohlichen Infektionskrankheiten geschützt werden. Die gleichen Mechanismen sind natürlich auch dafür verantwortlich, daß ein von einer Infektionskrankheit genesenes Tier auf eine neuerliche Attacke desselben Erregers mit einem rascheren und massiveren Antikörperausstoß reagieren kann und somit die Erkrankung in den Anfängen aufgehalten wird. Für die Prophylaxe von Intoxikationen werden Toxinbestandteile, z.B. ungiftige, aber immunogene Toxinfragmente, benutzt.

Verantwortlich für das immunologische Gedächtnis sind die „Gedächtniszellen" („Memory-Zellen"). Wahrscheinlich handelt es sich um eine Vorstufenform der Plasmazellen, die teilungsfähig bleiben und eine schnellere und effektivere Immunreaktion bewerkstelligen können. Entscheidend für die verbesserte Immunitätslage nach erneutem Antigenkontakt scheinen die Erhöhung der Anzahl antigenspezifischer Gedächtniszellen und die höhere Produktionsrate von Antikörpern in den neu differenzierten Plasmazellen zu sein. Die sich wiederholende Selektion durch das Antigen führt zudem zu besser bindenden, höher affinen Antikörpern (siehe Affinitätsreifung). Das immunologische Gedächtnis kann antigenabhängig über Jahre oder Jahrzehnte persistieren.

Der Immunglobulinklassenwechsel, auch als „Antikörper-Switch" bezeichnet, ist in der Regel gekoppelt mit der Sekundärantwort nach erneutem Kontakt eines bereits „bekannten" Antigens. Während nach dem Erstkontakt relativ große Antikörper (rel. Molekülmasse ca. 900000) vom Immunglobulin-M-(IgM)-Typ gebildet werden, ist das Antikörpermolekül der Zweitantwort das Immunglobulin G (IgG; rel. Molekülmasse 160000).

> Unter immunologischer Gedächtnisreaktion versteht man eine beschleunigte und effektivere Immunantwort nach erneutem Antigenkontakt.

- **Antigen-Antikörper-Bindung**

Ein Antikörper erkennt selektiv Molekülstrukturen, die als **Epitope** bezeichnet werden. Besitzt ein Molekül entsprechende Epitope, so sprechen wir von einem **Antigen**. Demzufolge kann ein Antigen auch mehrere Epitope besitzen. In der Natur haben Antigene abhängig von ihrer Größe, Struktur und Ladung fast immer mehrere Epitope. So kann man davon ausgehen, daß beispielsweise ein Bakterium Tausende von Epitopen besitzt. Bei Proteinantigenen reichen ca. 10 Aminosäuren aus, ein Epitop zu bilden. Durch den Austausch nur einer einzigen Aminosäure wird das Epitop meist so verändert, daß der gleiche Antikörper dieses neugeschaffene Epitop nicht mehr erkennen kann. Ein Antigen muß zum Antikörper wie der Schlüssel zum Schloß passen.

Als Antigen erkannt wird ein Molekül erst ab einer Größe von 5-10 kd. Kleinere Moleküle, sog. Haptene, können aber durchaus Epitope tragen, die von Antikörpern gebunden werden können. Allerdings betrachtet der Organismus diese Haptene erst dann als fremd und reagiert entsprechend mit einer Immunantwort, wenn diese kleinen Moleküle an ein Trägermolekül gekoppelt werden. Viele allergische Reaktionen beruhen auf der Tatsache, daß sich eine chemische Substanz in vivo an ein Trägermolekül (z.B. Albumin) bindet.

Die Antigen-Antikörper-Bindung ist eine reversible Bindung, die dem Massenwirkungsgesetz folgt. Es handelt sich dabei um eine Summe von Einzelkräften wie Wassenstoffbindungen, elektrostatische Bindungen, Van-der-Waals-Bindungen und hydrophobe Bindungen. Die Einzelkräfte sind relativ schwach, aber als Summe dieser Kräfte entsteht eine relativ starke Bindungskraft zwischen Antigen und Antikörper. Die Stärke der Bindungskräfte ist ein proportionales Maß für die Affinität eines Antikörpers zum betreffenden Antigen. Ein hoch affiner Antikörper ist somit ein gut bindender Antikörper.

Die Affinitäten der Antikörper, die gegen ein ganz bestimmtes Antigen gerichtet sind, können sich während des Lebens ändern. Nimmt die Affinität der Antikörper z.B. nach mehrmaligem Antigenkontakt zu, so spricht man von einer **Affinitätsreifung**. Voraussetzung für eine derartige Reifung ist die Bildung von neuen B-Zell-Rezeptoren, hervorgerufen durch somatische Hypermutation in den Gensegmenten für die variablen Teile des Immunglobulinmoleküls. Speziell in diesen Bereichen dieser Gene findet im Vergleich zu anderen Körperzellen eine um den Faktor 10000 häufigere Mutation statt. Nach der Schaffung von neuen B-Zell-Klonen durch Hypermutation werden dann die Zellen mit den höchsten Affinitäten durch eine begrenzte Menge an Antigen selektiert. Das begrenzt verfügbare Antigen bindet natürlich bevorzugt an diejenigen B-Zellen, deren Rezeptoren die höchste Affinität zum Antigen aufweisen, und aktiviert diese Zellen, die daraufhin den hochaffinen Antikörper produzieren und sezernieren.

Ein weiterer wichtiger Begriff ist die **Antigenspezifität**. Eine Antigen-Antikörper-Bindung wird dann als spezifisch bezeichnet, wenn ein bestimmtes Antigen erkannt wird, andere Antigene aber nicht gebunden werden. Können dagegen zusätzlich andere Antigene gebunden werden, so zeigt dieser Antikörper sog. **Kreuzreaktionen**. Solche Kreuzreaktionen können erwünscht sein, wie z.B. bei Impfungen, die ein großes Spektrum von verwandten Erregern abdecken sollen. Umgekehrt können Kreuzreaktionen bei Diagnostiksystemen zu falsch-positiven Ergebnissen führen.

> Die Antigen-Antikörper-Bindung stellt eine reversible Bindung dar, die dem Massenwirkungsgesetz folgt. Die Affinität ist ein Maß für die Bindungskraft.

- **Immunglobulinklassen**

In der Tierwelt nimmt der Spezifitätsgrad des entwickelten Immunsystems mit der phylogenetischen

Tabelle 10.7 Immunglobuline im Überblick (die angegebenen Konzentrationen stellen die Referenzbereiche aller Haussäugetiere dar)

	IgG	IgM	IgA	IgE	IgD (Mensch)
Molekulargewicht (kd)	160	900	360	200	180
Sedimentationskoeffizient	7S	19S	11S	8S	7S
hauptsächlicher Bildungsort	Milz, Lymphknoten	Milz, Lymphknoten	Verdauungs-, Respirationstrakt	Verdauungs-, Respirationstrakt	Milz, Lymphknoten
Konzentration (mg/ml Serum)	6–27	0,7–5	0,1–0,5	–0,04	/*
Konzentration (mg/ml Kolostrum)	15–80	0,1–1,3	4–10	/*	/*
Konzentration (mg/ml Milch)	0,2–0,8	0,05–0,09	0,1–5,0	/*	/*

/*: in geringsten Konzentrationen oder gar nicht vorhanden

Entwicklungsstufe zu. Beispielsweise können bereits Seeanemonen spezifische Proteine bilden, die fremde Strukturen erkennen. Schon Schnecken stellen schützende Proteine her, und bei Insekten treten bereits antibakterielle Proteine wie Lysozym oder Cepronin auf.

Höher entwickelte Tiere besitzen zudem Immunglobuline. Die verschiedenen Immunglobuline (Ig) werden in Isotypen eingeteilt und unterscheiden sich strukturell und funktionell. Antikörper vom IgM-Isotyp sind in verschiedenen Varianten bei Fischen nachgewiesen worden, Amphibien besitzen bereits zusätzlich IgG. Bei den Vögeln kommen Immunglobulin A (IgA)-Antikörper hinzu, während bis jetzt IgE und IgD gesichert nur bei Säugern (IgD nur bei manchen Säugern) nachgewiesen wurden.

Mengenmäßig stellt IgG das Hauptimmunglobulin dar. Wie bei allen anderen Immunglobulinen

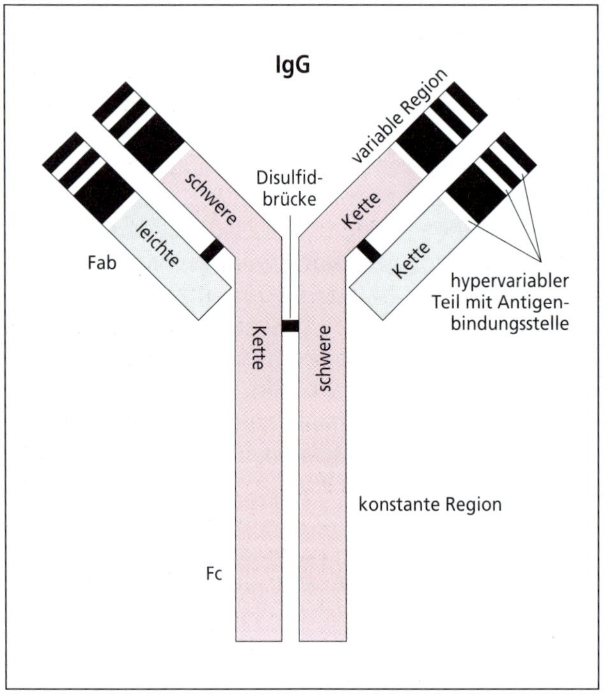

Abb .10.14 Struktur von Immunglobulin G.

handelt es sich um ein Glykoprotein (Kohlenhydratanteil 2-14 %), das in der röntgenkristallographischen Darstellung eine charakteristische Y-Form zeigt. Es besteht aus vier Polypeptidketten, wobei alle Ketten mit Disulfidbrücken verbunden sind und jeweils 2 Ketten identisch sind (Abb. 10.14). Die Kette mit einer relativen Molekülmasse von 50-60 kd stellt die schwere, die mit einer relativen Molekülmasse von 25 kd die leichte Kette dar. Diese Grundstrukturen sind bei allen Immunglobulinen zu finden. Dementsprechend bestehen IgM-Antikörper bei Säugetieren aus 5 solchen Y-förmigen Molekülen (Pentamer).

IgA als Dimer ist vorwiegend lokal an Scheimhäuten als sogenannter sekretorischer Antikörper zu finden. Die beiden Y-Moleküle sind hier über eine zusätzliche J-Kette verbunden. Die sekretorische Komponente (Glykoprotein, 71 kd), die covalent in den intestinalen Epithelzellen oder Hepatocyten in das IgA-Molekül eingefügt wird, schützt das IgA vor proteolytischen Enzymen.

Antikörper vom Typ IgE spielen bei allergischen Prozessen eine wesentliche Rolle (Tab. 10. 7).

IgM ist der Antikörper der Erstantwort. IgG wird vermehrt nach weiteren Antigenkontakten gebildet. IgA wird lokal auf Schleimhäuten sezerniert. IgE ist an allergischen Prozessen beteiligt.

- **Antikörpervielfalt**

Um verschiedenste Antigene, die den Organismus bedrohen, bekämpfen zu können, bedarf es einer großen Menge und Vielfalt an Antikörpern. Diese Millionen verschiedener Antikörper müßten durch Millionen verschiedener Gene codiert werden. Die gesamte genetische Ausstattung eines Säugetiers besteht allerdings aus etwa 100.000 Genen. Nur ein Bruchteil der zur Verfügung stehenden Gene ist für die Antikörperbildung verantwortlich. Höhere Wirbeltiere verfügen demzufolge über einen komplizierten Mechanismus, um die Vielfalt zu gewährleisten. Die genetische Grundlage für die Antikörperherstellung jeder Plasmazelle besteht in einer Kombination von verschiedenen Gensegmenten bei der Herstellung des hypervariablen Teils des Antikörpermoleküls. Dieser Teil des Moleküls trägt auch die Bindungsstelle für das Antigen. So ergeben sich durch die Kombination, ähnlich wie bei den Buchstaben im Alphabet anstatt der Vielzahl von Worten, millionenfache Variationen von Antikörpermolekülen. Dieser Mechanismus läuft bei der Herstellung der leichten und schweren Kette nach dem gleichen Prinzip ab. Erhöht wird diese Vielfalt noch zusätzlich durch das gehäufte Auftreten von Punktmutationen während der Zelldifferenzierung insbesondere im Bereich der Gensequenzen, die die Antigenbindungsstelle des Antikörpers codieren.

Ursachen der Variabilität von Immunglobulinen
- Rekombination verschiedener Gensegmente
- Somatische Hypermutationen im hypervariablen Teil
- Ungenauigkeit bei der Rekombination
- Kombination von schweren und leichten Ketten
- Verschiedene Immunglobulinklassen

• Funktionen der Antikörper

Die Funktionen der Antikörper sind natürlich nicht nur auf die Antigenbindung, z.B. mit einer direkten Neutralisation von Toxinen oder Pathogenen beschränkt. So können auch Antikörpermoleküle (vorwiegend IgG) Fremdsubstanzen markieren (Opsonisierung), wonach diese beispielsweise von phagocytierenden Zellen beseitigt werden. Des weiteren können Antikörper Komplement aktivieren und zur Aktivierung von natürlichen Killerzellen (antikörperabhängige zellvermittelte Cytotoxizität) oder zur Sensibilisierung von Mastzellen und basophilen Granulocyten (IgE) beitragen.

• Blutgruppen

Die Blutgruppen sind durch Blutgruppenantigene auf der Erythrocytenmembran charakterisiert. Bei Anwesenheit von Antikörpern gegen entsprechende Blutgruppenantigene kann eine Agglutination eintreten, die durch eine Zusammenballung von vielen Erythrocyten infolge einer Antigen-Antikörper-Reaktion gekennzeichnet ist. Der Antikörper fungiert dabei als Bindungsglied zwischen zwei oder mehreren Erythrocyten. Eine derartige Agglutination kann in vivo zu verheerenden Schäden führen, z.B. Verstopfung der Kapillaren oder Schädigung des Filterapparates in der Niere nach sekundärer Hämolyse. Im Verlaufe des Geschehens können durchaus Todesfälle auftreten.

Während beim Menschen das AB0- und das Rhesus-System große praktische Bedeutung besitzen und klar definiert sind, stellt die systematische Einteilung der Blutgruppen bei Haussäugetieren ein Problem dar. Grundsätzlich sind bei allen Tieren Blutgruppenantigene in die Erythrocytenmembran eingelagert, die allerdings tierartlich stark variieren.

10.5.2.3 T-Lymphocyten

T-Lymphocyten, auch T-Zellen genannt, reifen im Thymus und werden deshalb als thymusabhängige (T-) Lymphocyten bezeichnet. Üblicherweise werden sie in T-Helfer-Zellen und cytotoxische T-Zellen aufgeteilt.

• Oberflächenmarker von T-Lymphocyten

Der wohl wichtigste Marker (charakteristisches Oberflächenmolekül, das nur auf T-Lymphocyten und Thymocyten vorkommt) von T-Lymphocyten ist der T-Zell-Antigenrezeptor (T cell receptor = TCR). Alle T-Lymphocyten tragen an ihrer Oberfläche TCR Moleküle, die der Antigenerkennung dienen. Der T-Zell-Rezeptor ist ein heterodimeres Glykoprotein mit einer relativen Molekülmasse von ca. 90 kd. Er besteht aus zwei Ketten: einer α- und einer β-Kette oder einer γ- und einer δ-Kette. Jede Kette besteht aus einem konstanten, einem „joining" und einem variablen Teil, die β- und δ-Ketten haben zusätzlich einen „diversity"-Teil. Ähnlich wie bei Antikörpern entsteht die TCR Vielfalt durch Rekombination der variablen, joining und diversity Gene.

Der T-Zell-Rezeptor ist nicht-covalent mit dem sog. CD3 Komplex assoziiert. Dieser besteht aus einigen Polypeptidketten und dient der Signalübertragung vom TCR in das Zellinnere. Der TCR wird immer zusammen mit CD3 als TCR/CD3 Komplex exprimiert. CD3 ist daher auch ein Marker für alle T-Zellen.

T-Lymphocyten können entweder den $\alpha\beta$-TCR oder den $\gamma\delta$-TCR exprimieren. Die $\alpha\beta$-T-Zellen sind die klassischen T-Zellen, denen alle schon länger bekannten T-Zell-Funktionen zugeordnet werden können. Die Mehrzahl der T-Lymphocyten sind solche $\alpha\beta$-T-Zellen. Die $\gamma\delta$-T-Lymphocyten sind Zellen, die erst vor einigen Jahren als eine Subpopulation von T-Lymphocyten entdeckt wurden. Über ihre Funktion weiß man bisher relativ wenig. Es ist inzwischen aber klar, daß sie sich funktionell von $\alpha\beta$-T-Lymphocyten deutlich unterscheiden. Bei Mensch und Maus stellen $\gamma\delta$-T-Zellen nur einen kleinen Teil der gesamten T-Lymphocyten dar, beim Schaf, Rind, Schwein und Haushuhn sind sie dagegen zahlreich. Zur Vereinfachung werden im folgenden Text $\alpha\beta$-T-Lymphocyten als T-Lymphocyten bezeichnet.

Weitere wichtige Moleküle an der Oberfläche von T-Lymphocyten sind CD4 und CD8. Die Abkürzung

CD steht für „cluster of differentiation" und beschreibt verschiedene, für bestimmte Zellpopulationen oder Differenzierungsstadien charakteristische Zelloberflächenmoleküle. So ist CD4 auf T-Helferzellen und CD8 auf cytotoxischen T-Zellen exprimiert. Beide Moleküle dienen als Corezeptoren und verstärken die Signale, die vom TCR in die T-Zelle gelangen.

T-Lymphocyten erkennen fremde Antigene mit Hilfe des T-Zell-Antigenrezeptors, wobei CD4-Moleküle auf T-Helferzellen und CD8-Moleküle auf cytotoxischen T-Zellen als Co-Rezeptormoleküle dienen.

- **Antigenerkennung**

Die Art und Weise, wie T-Lymphocyten Antigene erkennen, ist komplizierter als bei den B-Lymphocyten. Der T-Zell-Antigenrezeptor erkennt nicht das Antigen allein, sondern nur einen Komplex von Antigenpeptid und MHC-Molekül. MHC bedeutet „major histocompatibility complex" (Haupthistokompatibilitätskomplex). MHC-Moleküle an der Oberfläche von antigenpräsentierenden Zellen enthalten Antigenbruchstücke (Peptide) und präsentieren diese den T-Lymphocyten. Der T-Zellantigenrezeptor erkennt das Antigen nur, wenn es als MHC-gebundenes Peptid präsentiert wird. Ein Schema der Interaktion zwischen dem TCR und dem Peptid-MHC-Molekül ist in Abbildung 10.15 dargestellt.

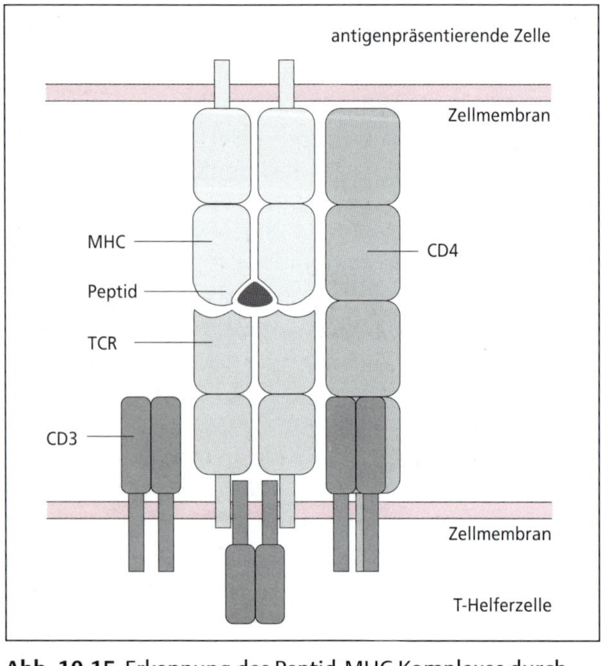

Abb.10.15 Erkennung des Peptid-MHC-Komplexes durch den T-Zell-Rezeptor.
TCR = T cell receptor, MHC = Haupthistokompatibilitätskomplex, CD3 und CD4 = Moleküle an der Oberfläche der T-Helferzellen.

Dabei ist noch zu berücksichtigen, daß CD4-tragende T-Zellen (T-Helfer-Zellen) antigene Peptide im Komplex mit MHC-Klasse II-Molekülen erkennen, während CD8-tragende T-Zellen (cytotoxische T-Zellen) antigene Peptide, die an MHC-Klasse I-Moleküle gebunden sind, erkennen.

Wie kommt es aber zu einer solchen Antigenpräsentation? Intrazelluläre Pathogene (alle Viren und einige Bakterien) vermehren sich im Cytosol, wo ihre Proteine zu Peptiden abgebaut, in das Endoplasmatische Reticulum transportiert, dort von neusynthetisierten MHC-Klasse I-Molekülen gebunden und an die Zelloberfläche transportiert werden. Extrazelluläre Antigene, z.B. Bakterien, gelangen durch Endocytose in Vesikel von antigenpräsentierenden Zellen, wo die beim Abbau entstehenden Peptide an neusynthetisierte MHC-Klasse II-Moleküle gebunden und an die Zelloberfläche transportiert werden. Auch Peptide von Bakterien, die in zellulären Vesikeln leben (z.B. Mykobakterien), werden so präsentiert.

T-Lymphocyten erkennen fremde Antigene in Form von Peptidfragmenten, die an Proteine des Haupthistokompatibilitätskomplexes gebunden sind.

Bei der Impfung mit intaktem Virus (Lebendvakzine) werden so eine MHC-Klasse I- und eine MHC-Klasse II-assoziierte Immunantwort induziert. Ein Problem der Vaccinierung mit inaktivierten Viren ergibt sich daraus, daß sich diese in den Zellen nicht vermehren, so daß sie in der Regel von MHC Klasse II Molekülen präsentiert werden und somit nur die CD4-positiven (Helfer-) T-Zellen aktivieren. Dies führt dann zur Produktion von spezifischen Antikörpern durch B-Zellen, wobei die Helfer-T-Zellen die B-Zellen unterstützen. Dagegen wird eine zellvermittelte Immunität, die von CD8-positiven cytotoxischen T-Zellen getragen wird, kaum aktiviert. Die gebildeten Antikörper können zwar in den Organismus eingedrungene Viren in der Regel neutralisieren; kommt es aber trotzdem zur Etablierung einer Infektion, spielen bei nichtcytopathischen Viren die CD8-positiven zytotoxischen T-Lymphocyten eine entscheidende Rolle: Sie töten virusinfizierte Zellen ab und hemmen somit die Neubildung von Viren und die Ausbreitung der Infektion. Wenn durch die Vaccinierung nicht gleichzeitig mit den CD4-positiven Helfer-T-Zellen auch die CD8-positiven zytotoxischen T-Zellen aktiviert werden, kann das Immunsystem im Kampf gegen eine virale Infektion unter Umständen versagen. Daher ist die Impfung mit einer Lebendvaccine einem Totimpfstoff überlegen.

Zwischen der zellvermittelten und der humoralen Immunantwort, das bedeutet der Aktivierung von

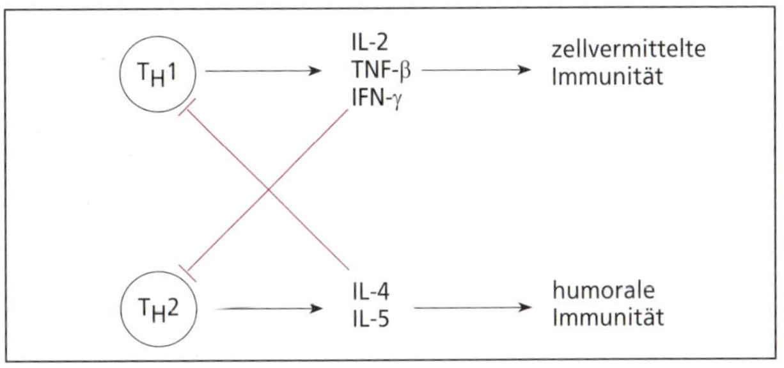

Abb. 10.16 Hemmung der Entwicklung von TH1- bzw. TH2-Subpopulationen von CD4-positiven-T-Zellen durch Cytokine der jeweils anderen Subpopulation.

zytotoxischen T-Zellen versus Antikörperproduktion, gibt es eine interessante Beziehung: Starke Antikörperproduktion geht oft mit einer schwachen cytotoxischen T-Zell-Antwort auf einen Antigenstimulus einher und umgekehrt. Diese reziproke Beziehung zwischen der zellvermittelten und der humoralen Immunantwort ist schon seit längerer Zeit bekannt, aber erst in der letzten Zeit konnte sie geklärt werden – womit wir bei der Immunregulation und der funktionellen Aufteilung von T-Helfer-Zellen sind.

• CD4 T-Zell-Subpopulationen

Es gibt zwei funktionell unterschiedliche Subpopulationen von CD4-positiven T-Helferzellen: TH1- und TH2-Zellen. Die TH1-Zellen bilden lösliche Faktoren, sog. Cytokine, die für die zellvermittelten Immunreaktionen notwendig sind (z.B. Makrophagenaktivierung, Hilfe für cytotoxische T-Zellen, Überempfindlichkeitsreaktion vom verzögerten Typ und autoimmune Organentzündungen). Diese Cytokine sind das Interferon-γ, der Tumornekrose-Faktor-β (TNF-β) und Interleukin-2 (IL-2). Die TH2-Zellen leisten demgegenüber durch ihre Cytokinproduktion (z.B. IL-4 und IL-5) Hilfe für antikörperproduzierende B-Zellen und sind auch an allergischen Erkrankungen beteiligt. Sie werden außerdem für die Abwehr gegen intestinale Wurminfektionen gebraucht. TH1- und TH2-Zellen bzw. ihre Cytokine hemmen sich gegenseitig (Abb. 10.16). Dies ist wohl die Erklärung für die oft beobachtete reziproke Beziehung zwischen spezifischer Antikörperproduktion und zytotoxischer T-Zell-Antwort.

Ob überwiegend TH1- oder TH2-Zellen aktiviert werden und somit eher die zellvermittelte oder die humorale Immunreaktion induziert wird, hängt nicht nur von der Art des Antigens, sondern auch von der Immunisierungsroute, der Antigenmenge und weiteren Faktoren ab.

CD4-positive T-Helferzellen werden in zwei Subpopulationen aufgeteilt: T-Helfer-1 (TH1-) und T-Helfer-2(TH2)-Zellen.

• Die Entwicklung der T-Lymphocyten

T-Lymphocyten entwickeln sich im Thymus, einem primären lymphatischen Organ, aus Vorläuferzellen, die aus dem Knochenmark stammen. Diese Stammzellen wandern schon während der embryonalen Entwicklung in den Thymus ein und reife Thymocyten beginnen schon vor der Geburt, aus dem Thymus auszuwandern und sich in den T-Zell-abhängigen Zonen der sekundären lymphatischen Organe (Milz, Lymphknoten) niederzulassen. Die Reifung von T-Lymphocyten im Thymus erfolgt vor allem bis zur Geschlechtsreife. Eine gewisse Restreifung von T-Lymphocyten im Thymus gibt es allerdings auch noch im Erwachsenenalter, obwohl der Thymus dann erheblich an Größe abnimmt.

Die Reifung von T-Zellen im Thymus ist ein komplizierter Vorgang: Im wesentlichen geht es darum, daß einerseits die zukünftigen T-Lymphocyten im Thymus die Fähigkeit erlernen, Antigene (Peptide) in Verbindung mit körpereigenen MHC-Molekülen zu erkennen; andererseits werden autoreaktive T-Zellen eliminiert, die körpereigene Peptide zusammen mit eigenen MHC Molekülen erkennen. Der erste Vorgang wird als positive Selektion, der zweite als negative Selektion bezeichnet. Tatsächlich verläßt nur ein kleiner Prozentsatz der Thymocyten den Thymus als reife T-Zellen.

T-Lymphocyten reifen im Thymus, wo sie einer positiven bzw. einer negativen Selektion unterworfen werden.

• Funktion der T-Lymphocyten

T-Lymphocyten sind in erster Reihe Effektorzellen der zellvermittelten Immunität. Zu ihren Hauptaufgaben gehören die Tötung virusinfizierter Zellen (cytotoxische T-Zellen) und die Aktivierung von Makrophagen, so daß diese stark bakterizid werden. Eine weitere Hauptaufgabe der T-Zellen ist es, den B-Zellen bei der Antikörperproduktion zu helfen (T-Helfer-Zellen). Die Funktionen der T-Zellen sind der Abbildung 10.17 zu entnehmen. Im folgenden sollen die Hauptaufgaben der T-Zellen etwas genauer besprochen werden.

T-Zell-vermittelte Immunität: T-Zellen reagieren auf Antigenkontakt mit Proliferation, d.h. Vermehrung, und mit der Produktion von verschiedenen Cytokinen. Ein Ausdruck der Antigenaktivierung von TH1-Zellen ist z.B. die Überempfindlichkeitsreaktion vom verzögerten Typ, wozu auch die Tuberkulinreaktion gehört. Dabei wandern spezifische T-Lymphocyten an den Ort der Antigenfreisetzung und produzieren Cytokine, die die unspezifische Einwanderung weiterer Lymphocyten einleiten. Zusätzlich werden Zellen des Monocyten/Makro-

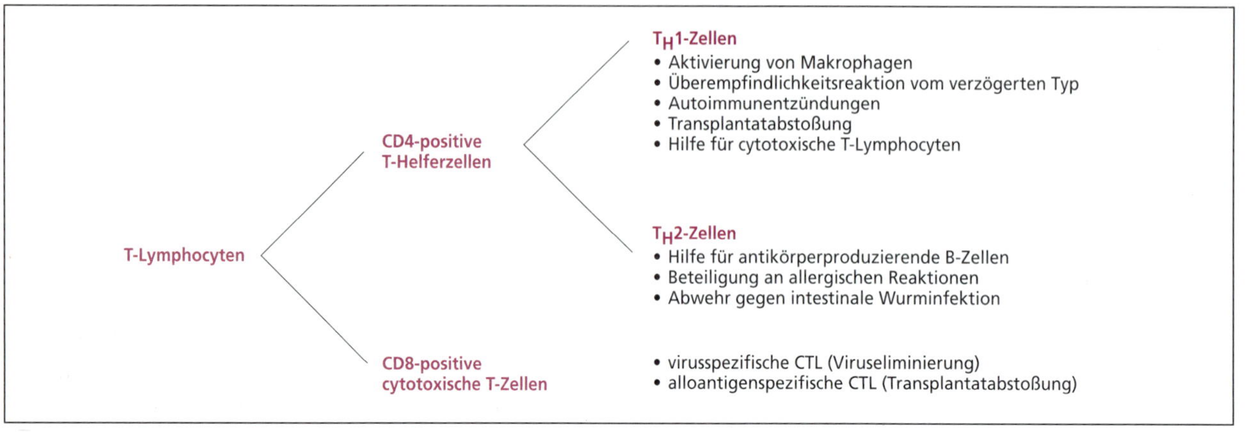

Abb. 10.17 T-Zell-Funktionen.

phagensystems an den Reaktionsort gelockt und durch Cytokine der TH1-Zellen aktiviert. Es kommt also zur entzündlichen Reaktion. Ähnliche, durch TH1-Zellen induzierte Vorgänge einschließlich Gewebeschädigung durch freigesetzte Cytokine und aktivierte Makrophagen werden auch bei autoimmunen entzündlichen Prozessen beobachtet und bei bakteriellen Infektionen, bei denen Cytokine der TH1-Zellen Makrophagen zum Töten von Bakterien aktivieren.

Auch die Eliminierung fremder Zellen, z.B. die Abstoßung von Allotransplantaten, wird von T-Lymphocyten vermittelt. T-Lymphocyten erkennen Alloantigene, das bedeutet MHC Antigene an der Zelloberfläche genetisch unterschiedlicher Tiere der gleichen Spezies, und können als alloantigenspezifische cytotoxische T-Lymphocyten allogenetische Zellen zerstören. Die CD4-positiven TH1-Zellen tragen gleichfalls zur Transplantatabstoßung bei.

Eine der wichtigsten Funktionen von T-Lymphocyten ist es, als zytotoxische T-Lymphocyten virusinfizierte Zellen zu töten. Virusspezifische zytotoxische T-Lymphocyten sind CD8-positive T-Zellen, die durch ihren T-Zell-Antigenrezeptor das Antigen (virale Peptide) an der Oberfläche der virusinfizierten Zielzellen zusammen mit MHC Klasse I Molekülen erkennen. Das CD8-Molekül verstärkt dabei die Bindung zwischen der zytotoxischen T-Zelle und der virusinfizierten Zielzelle. Die cytotoxische T-Zelle wird aktiviert, bildet Effektormoleküle (Perforin) und tötet die virusinfizierte Zielzelle.

T-Lymphocyten können auch tumorassoziierte Antigene an bestimmten Tumoren (z.B. Melanom) erkennen, was zur Induktion einer cytotoxischen T-Zellreaktion führt, die allerdings in der Regel nicht effektiv genug ist, um das Tumorwachstum zu verhindern. Die experimentelle Immunologie sucht nach Wegen, um solche Reaktionen zu verstärken.

Die wichtigste Funktion der TH1-Zellen ist die Aktivierung von Makrophagen, während die Hauptaufgabe der cytotoxischen T-Zellen das Töten virusinfizierter Zellen ist.

Ähnlich wie bei den B Zellen gibt es auch bei den T-Zellen das Phänomen der Gedächtniszellen.

Helferfunktion für die Antikörperproduktion der B-Lymphocyten: T-Helferzellen sind CD4-positive T-Lymphocyten. Sie sind notwendig für die Antikörperproduktion gegen die meisten Antigene. Hilfe für B-Zellen wird hauptsächlich von TH2-Zellen ausgeübt. Die Hilfe umfaßt einerseits den Kontakt zwischen den antigenspezifischen B-Zellen und T-Zellen, andererseits helfen T-Zellen den B-Zellen durch Cytokinproduktion. Cytokine der TH2-Zellen sind notwendig für die Vermehrung der B-Zellen, für ihre Differenzierung zu antikörpersezernierenden Plasmazellen und auch für den Switch zwischen den Immunglobulinklassen.

Cytotoxische T-Zellen und TH1-Zellen sind verantwortlich für die zellvermittelte Immunität, während TH2-Zellen für die Aktivierung von B-Zellen und die Antikörperproduktion im Rahmen der humoralen Immunität notwendig sind.

11 Atmung

G. Gros

11.1 Einleitung

Wirbeltiere zeigen vier Typen von Gasaustauschorganen, deren Prinzipien in Abb. 11.1 skizziert sind:

1. Gasaustausch über die Haut, der bei Amphibien von Bedeutung ist. Hierbei werden Sauerstoff und Kohlendioxid zwischen den Blutkapillaren der Haut und der umgebenden Luft ausgetauscht („offenes System").
2. Gasaustausch in der Säugerlunge. Hier findet der Gasaustausch zwischen den Blutkapillaren der Lungenalveolen und dem Alveolarraum statt („Pool-System", da in den Alveolen ein großer aber doch begrenzter Vorrat von Sauerstoff zur Verfügung steht).
3. Gasaustausch in der Vogellunge. Der Gasaustausch findet zwischen den Blutkapillaren und den gasdurchströmten Parabronchien statt, wobei die beiden Strömungsrichtungen senkrecht zueinander verlaufen („Kreuzstrom").
4. Gasaustausch in den Kiemen der Fische. Der O_2- und CO_2-Austausch erfolgt zwischen den Blutkapillaren der Sekundärlamellen der Fischkiemen (Kap. 11.10) und dem zwischen den Sekundärlamellen durchströmenden Wasser. Die Strömungsrichtungen von Blut und Wasser verlaufen entgegengesetzt („Gegenstromsystem").

Dieses Kapitel wird zunächst ausführlich die Funktion der Säugerlunge darstellen, und in den beiden Kapiteln 11.9 und 11.10 werden die Besonderheiten der Lungenatmung bei Vögeln und der Kiemenatmung bei Fischen zusammenfassen.

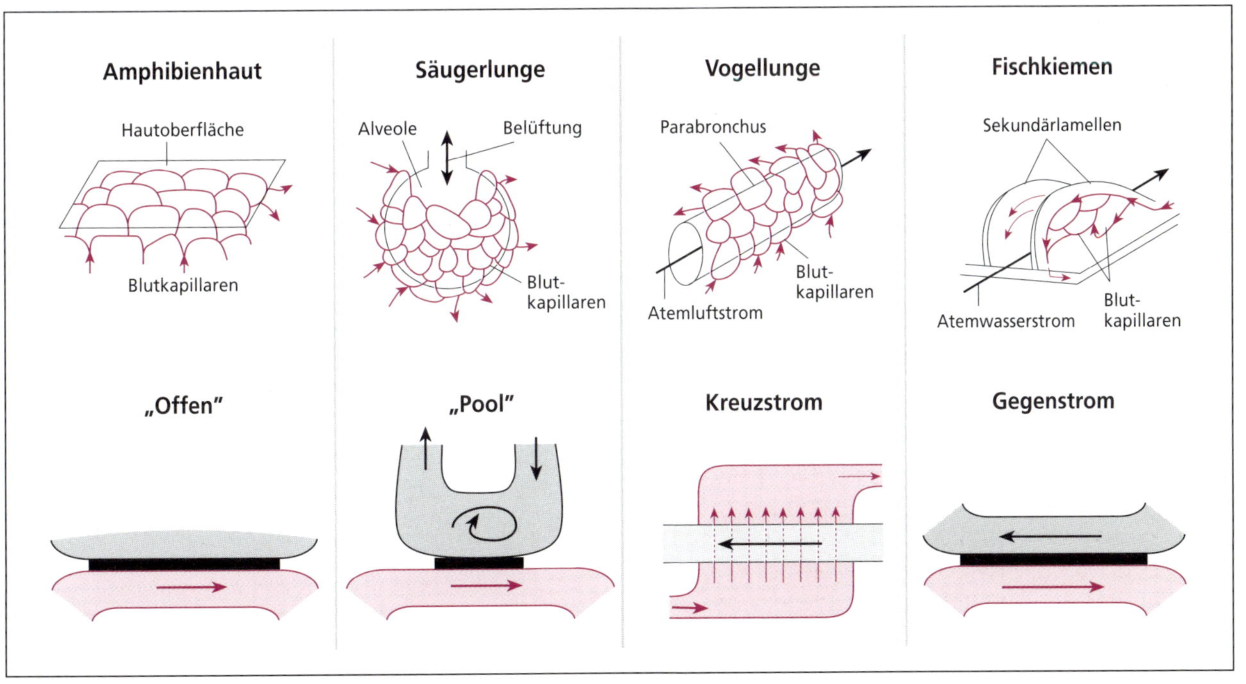

Abb. 11.1 Prinzipien des Gasaustauschs der Atmungsorgane verschiedener Wirbeltiere, geordnet in der Reihenfolge zunehmender Austauscheffizienz: Amphibienhaut (offenes System), Säugerlunge (Poolsystem), Vogellunge (Kreuzstromsystem), Fischkiemen (Gegenstromsystem). Schwarze Pfeile deuten die Richtung des Stroms des O_2-zuführenden Mediums Wasser oder Luft an, rote Pfeile die Richtung des O_2-aufnehmenden Kapillarblutstroms. Die Hautatmung beim „offenen System" ist besonders ineffizient, weil aufgrund der Dicke der Haut der Diffusionswiderstand zwischen Kapillaren und Umgebungsluft sehr groß ist (nach Scheid et al., 1989).

11.2 Morphologische Grundlagen der Lungenatmung bei Säugern

Abb. 11.2 zeigt schematisch die Vorgänge, die zur Atmung der Säuger erforderlich sind („äußere Atmung" und „innere Atmung"):

1. O_2 wird durch den Atemgasstrom aus der Umgebungsluft bis zu den Alveolen transportiert, CO_2 aus den Alveolen in die Umgebung. Diese Transporte erfolgen durch **Konvektion**, d.h. durch Strömung. Dieser konvektive Gastransport wird Ventilation genannt.
2. O_2 und CO_2 gelangen über die dünne Trennwand zwischen Alveole und Blutkapillare, die alveolokapilläre Barriere, aus dem Gasraum der Alveole in das Blut der Alveolarkapillaren. Dies erfolgt durch **Diffusion**.
3. Der Gastransport zwischen Alveolarkapillaren und den O_2-verbrauchenden Geweben erfolgt durch den Blutkreislauf, also durch **Konvektion** des Blutes. Dieser Transport kann effizient erfolgen, da Blut eine hohe Bindungskapazität sowohl für O_2 als auch für CO_2 hat.
4. Der letzte Schritt des Gasaustausches ist der Übertritt von O_2 aus dem Blut in die Zellen der Gewebe, bis hin zu den O_2-verbrauchenden und CO_2-produzierenden Mitochondrien („innere Atmung"). Dies erfolgt durch **Diffusion** der beiden Gase.

11.2.1 Atemwege

Das **luftleitende Atemwegssystem** beginnt mit der Trachea und endet mit den Alveolen. Dazwischen verzweigt sich das Atemwegssystem beim Menschen 23 mal (23 „Atemwegsgenerationen") oder mehr. Die „Leitungszone" reicht bis zur 16. Generation und umfaßt Trachea, Bronchien, Bronchiolen und Terminalbronchiolen. In diesem Bereich findet kein Gasaustausch statt (Totraum). Die vier letzten Aufzweigungen bilden die „Respirationszone" mit den Ductuli und Sacculi alveolares, in denen der Gasaustausch erfolgt. Der Gesamtquerschnitt des Atemwegsbaums ist zunächst gering, und nimmt etwa ab der Höhe der Terminalbronchiolen von Generation zu Generation erheblich zu.

Eine wichtige Aufgabe der Atemwege ist die **Reinigung** der inspirierten Luft. Kleinere Partikel bleiben auf der Schleimschicht des Bronchialepithels hängen. Sie werden von den Zilien der Epithelzellen in Richtung Epiglottis befördert. Größere Partikel lösen durch Reizung von Rezeptoren in den Atemwegsschleimhäuten den Hustenreflex aus. Dabei werden diese Partikel durch den stark beschleunigten Atemgasstrom nach außen geschleudert. Außerdem tragen die Atemwegsschleimhäute zur **Erwärmung** und **Anfeuchtung** der eingeatmeten Luft bei, so daß diese (bei körperlicher Ruhe) wasserdampfgesättigt und mit einer Temperatur von 37°C in den Alveolen ankommt.

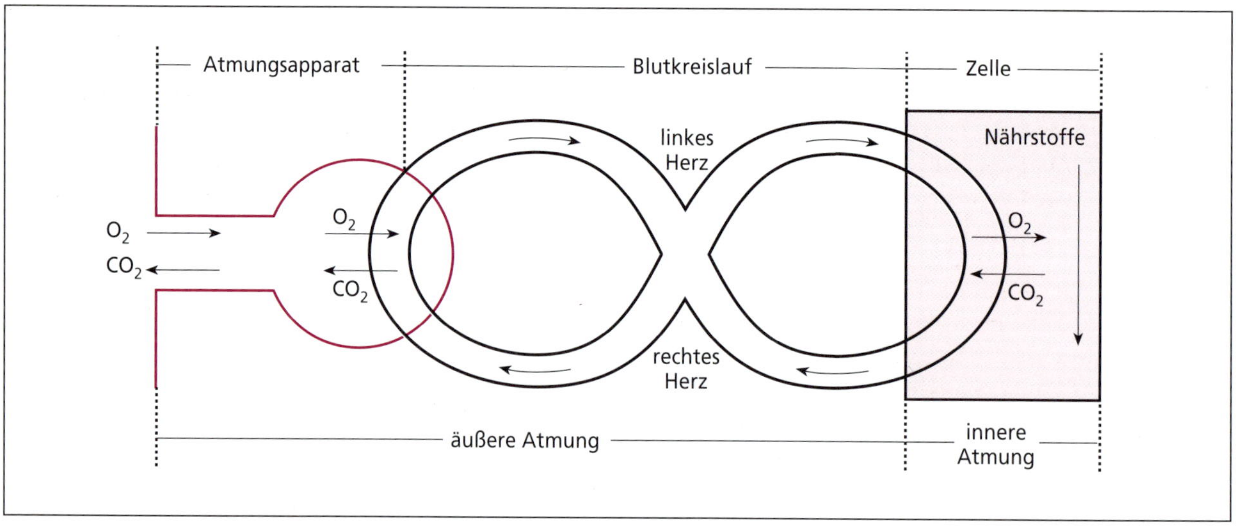

Abb. 11.2 Äußere und innere Atmung. Die äußere Atmung umfaßt einen ersten Konvektionsschritt (konvektiver Transport der Atemgase durch die Atemwege), einen Diffusionsschritt (Diffusion der Atemgase über die Trennmembran zwischen Luft (bzw. Wasser) und Blut, und einen zweiten Konvektionsschritt (konvektiver Transport von O_2 und CO_2 durch den Blutkreislauf vom Atmungsorgan zum O_2-verbrauchenden Gewebe bzw. umgekehrt). Die innere Atmung umfaßt einen zweiten Diffusionsschritt (Diffusion der Atemgase zwischen Gewebekapillare und Mitochondrien der Zellen der Gewebe) und die dort ablaufenden O_2-verbrauchenden Prozesse. Die beiden Diffusionsschritte erfolgen für O_2 und für CO_2 nur in Form der physikalisch gelösten Gase, der Transport im Blut erfolgt hauptsächlich in Form der chemisch gebundenen Gase (nach Scheunert und Trautmann, 1987).

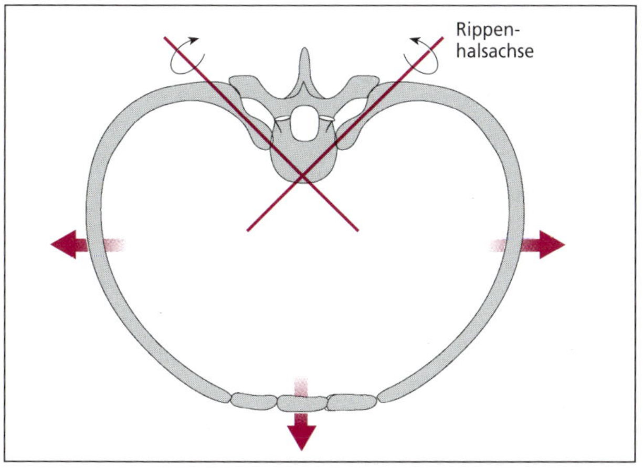

Abb. 11.3 Erweiterung des Intrathorakalraums bei der Brustatmung. Bei Anhebung der Rippenbögen durch die Inspirationsmuskeln kommt es zu einer Drehbewegung der Rippen um die beiden eingezeichneten Rippenhalsachsen, wodurch der Thoraxquerschnitt nach lateral und ventral (beim Menschen) erweitert wird (nach Schmidt-Thews, 1997).

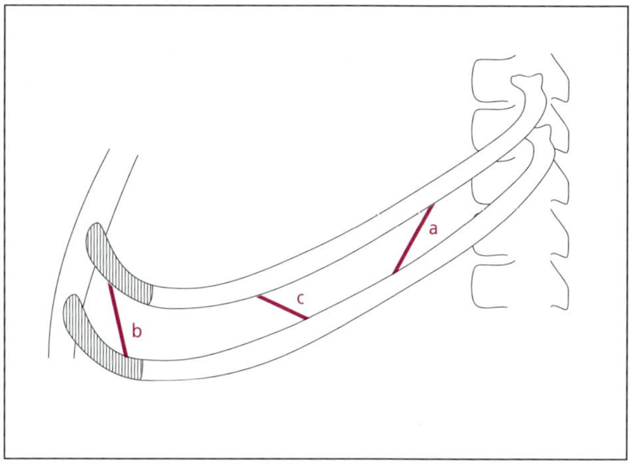

Abb. 11.4 Zwischenrippenmuskulatur. Rippenhebung und Inspiration durch Mm. intercostales externi (a) und Mm. intercostales interni intercartilaginei (b), aktive Rippensenkung und Exspiration durch Mm. intercostales interni (c).

11.2.2 Morphologische Grundlagen der Ein- und Ausatmung

Die Belüftung des Atemwegs- und Alveolarraums, also die Ventilation, kommt durch **Volumenänderungen des intrathorakalen Raumes** zustande. Diese entstehen durch Rippenbewegungen („Brustatmung") und durch Zwerchfellkontraktionen („Bauchatmung"). **Brustatmung:** Aufgrund der Lage der Drehachse in den gelenkigen Verbindungen zwischen Wirbeln und Rippen kommt es bei Anhebung der Rippenbögen zu einer Vergrößerung des Thoraxquerschnitts nach lateral wie nach ventral, und damit zur Inspiration (Abb. 11.3). Die inspiratorische Rippenhebung kommt durch Kontraktion der äußeren Zwischenrippenmuskeln Mm. intercostales externi (a in Abb. 11.4), Mm. intercostales interni intercartilaginei (b in Abb. 11.4), und evtl. der Mm. scaleni zustande. Die exspiratorische Rippensenkung erfolgt in Ruhe vorwiegend passiv, bei verstärkter Atmung unterstützt durch Kontraktion der inneren Zwischenrippenmuskeln Mm. intercostales interni (c in Abb. 11.4). Die unterschiedliche Wirkung der Zwischenrippenmuskeln beruht auf den unterschiedlichen Drehmomenten, die sie jeweils auf obere und untere Rippe ausüben.

Bauchatmung: Kontraktion des Zwerchfells führt zur Erweitung des Thoraxraums in Richtung Bauchraum; sie ist der wirkungsvollere der beiden Inspirationsmechanismen und ist immer an der Inspiration beteiligt, bei Ruhe wie unter körperlicher Belastung. In der Exspirationsphase erschlafft das Zwerchfell und wölbt sich dabei wieder verstärkt in den Thoraxraum hinein. Die meisten Säuger benutzen zugleich Brust- und Bauchatmung. Beim Hund steht die Brustatmung im Vordergrund, bei Pferd und Wiederkäuern mehr die Bauchatmung. Der Atemtyp ist von diagnostischem Interesse, z.B. behindern Magenüberfüllung und Gravidität die Bauchatmung und lassen daher die Brustatmung mehr hervortreten, Rippenfrakturen führen zur Betonung der Bauchatmung.

Bei verstärkter Ventilation, z.B. bei körperlicher Tätigkeit, können Inspiration wie Exspiration durch die **Atemhilfsmuskulatur** unterstützt werden. Hilfseinatmer sind Pectoralis major und minor, Scaleni, Sternocleidomastoideus und Serrati; sie tragen zur Hebung der Rippen bei. Hilfsausatmer sind die Bauchmuskeln, die die Rippen nach unten ziehen und die Baucheingeweide nach oben drücken (Mensch) und damit das Zwerchfell in den Thoraxraum hineinpressen können.

Die Inspiration erfolgt durch „Bauchatmung" (= Zwerchfellkontraktion) und durch „Brustatmung" (= Vergrößerung des Thoraxquerschnitts durch Hebung der Rippen). Die Exspiration erfolgt in Ruhe passiv.

11.2.3 Übertragung Thorax–Lunge–Pleuren.

Wieso folgt die Lunge den Thoraxbewegungen so vollständig, daß der Spalt zwischen Pleura parietalis (Rippenfell) und Pleura visceralis (Lungenfell) stets ein kapillärer Spalt bleibt? Der Pleuraspalt enthält einen dünnen Flüssigkeitsfilm und ist vollkommen luftfrei. Da der Flüssigkeitsfilm weder komprimierbar noch dehnbar ist, ist die Lunge gezwungen, jeder

Größen- und Formveränderung des Thorax zu folgen. Gegenüber einer Verwachsung der beiden Pleurablätter hat diese Konstruktion den Vorzug, daß die Lunge hierbei gegen die Thoraxinnenwand verschieblich ist. Nur dadurch ist die Gleichmäßigkeit der Dehnung der Lunge beim Inspirationsvorgang gewährleistet. Bei Säugerspecies, bei denen die beiden Pleurablätter teilweise miteinander verwachsen sind (Elefant, Tapir), erfolgt die Ventilation fast ausschließlich durch Zwerchfelltätigkeit. Für die Aufrechterhaltung des kapillären Flüssigkeitsfilms im Pleuraspalt ist wichtig, daß die Blutkapillaren der Pleurablätter hydrostatische und kolloidosmotische Drucke besitzen, die zur Flüssigkeitsresorption (nicht zur Sekretion) aus dem Pleuraspalt führen, und daß am Ende dieser Kapillaren der Gesamt-Gasdruck niedriger ist als derjenige in den Alveolen, so daß im Pleuraspalt keine Gasblasen entstehen können und Gas, das z.B. bei einer Verletzung in den Pleuraspalt gelangt ist, resorbiert werden kann.

Die Trennung der Pleurablätter durch den kapillären Pleuraspalt gewährleistet, daß die Lunge allen Thoraxbewegungen folgt und die Lungenoberfäche gegen die Thoraxinnenwand verschieblich ist.

11.2.4 Alveolo-kapilläre Barriere

Nachdem der Sauerstoff der inspirierten Luft die Alveolen erreicht hat, erfolgt im nächsten Schritt (Schritt 2, Kap. 11.2 u. Abb. 11.2) sein Weitertransport ins Blut der Alveolarkapillaren mittels Diffusion. Die Säugerlunge bietet ideale Verhältnisse für eine hohe Effizienz dieses Diffusionsprozesses, der die alveolo-kapilläre Barriere überwindet: 1. Die Barriere ist sehr dünn, ihre Dicke beträgt < 1 µm, obwohl sie, wie Abb. 11.5 zeigt, aus Alveolarepithel (mit Basalmembran), interstiellem Raum und Kapillarendothel (mit Basalmembran) besteht. 2. Die Kontaktfläche zwischen Alveolen und Alveolarkapillaren ist sehr groß. Wie Abb. 11.1 andeutet, sind die Alveolen von einem dichten Kapillarnetz umgeben. Infolge der geringen Größe der Alveolen mit einem Durchmesser von ca. 0,2 mm ist die Gesamt-Alveolaroberfläche groß. Eine Lunge von Menschen, Schafen oder großen Hunden hat eine Gesamt-Alveolaroberfläche von 120–140 m². Größe der Austauschfläche für O_2 und CO_2 und geringe Dicke der alveolo-kapillären Barriere machen es möglich, daß der Diffusionsprozeß zwischen Alveolen und Kapillarblut vollständig abgeschlossen ist, wenn das Blut die Lunge verläßt.

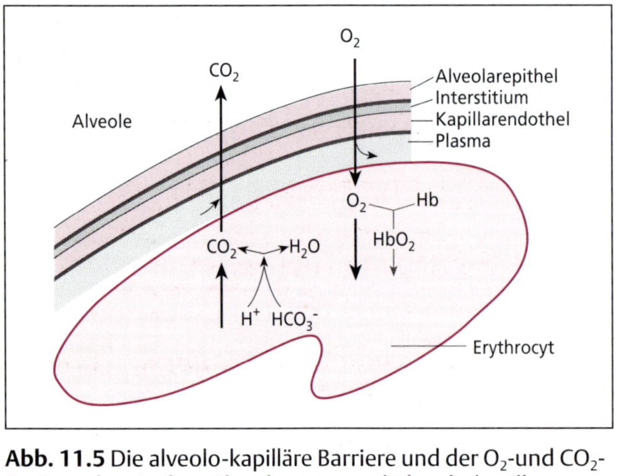

Abb. 11.5 Die alveolo-kapilläre Barriere und der O_2-und CO_2-Austausch zwischen Alveolarraum und Alveolarkapillare. Dicke der Barriere 0,5-1 µm.

Die alveolo-kapilläre Barriere ist mit < 1 µm extrem dünn und ermöglicht zusammen mit der großen Alveolaroberfläche ideale Diffusionsverhältnisse zwischen Alveole und Blut für O_2 und CO_2.

11.3 Ventilation und Lungenvolumina

Während **Ventilation** das Volumen pro Zeit beschreibt, das in die Lunge hinein oder aus ihr herausströmt, sind **Lungenvolumina** Teilvolumina des maximal in der Lunge enthaltenen Gesamtvolumens. Der Begriff **Lungenkapazitäten** beschreibt Volumina, die sich aus zwei oder mehreren der Lungenvolumina zusammensetzen.

11.3.1 Volumina und Kapazitäten

Abb. 11.6 gibt eine Übersicht über Volumina und Kapazitäten (Zahlenwerte gelten für den Menschen):

1. **Atemzugvolumen, AZV oder V_E:** Das Volumen, das pro einzelnem Atemzug in- bzw. exspiriert wird. Beim Menschen in Ruhe ca. 0,5 l.
2. **Inspiratorisches Reservevolumen:** Das Volumen, das nach Ende einer normalen Inspiration (in Ruhe) bei maximaler Anstrengung noch inspiriert werden kann: beim Menschen ca. 2,5 l.
3. **Exspiratorisches Reservevolumen:** Das Volumen, das am Ende einer normalen (Ruhe-) Exspiration bei maximaler Anstrengung noch exspiriert werden kann: beim Menschen ca. 1,5 l. Gemeinsam beschreiben die Volumina 1-3 also das maximal mögliche Atemzugvolumen.
4. **Residualvolumen:** Das Volumen, das auch bei

maximaler Anstrengung nicht ausgeatmet werden kann und also immer in der Lunge verbleibt. Der physiologische Sinn eines Residualvolumens besteht u.a. darin, daß auch in der Phase tiefster Exspiration noch Gas in der Lunge vorhanden ist und damit auch zu diesem Zeitpunkt vom Lungenkapillarblut noch O_2 aufgenommen und CO_2 abgegeben werden kann: beim Menschen ca. 1-1,5 l.

5. **Inspirationskapazität:** Summe von Ruhe-Atemzugvolumen und Inspiratorischem Reservevolumen. Beschreibt, ausgehend von der Atemmittellage, das maximal mögliche Inspirationsvolumen.
6. **Funktionelle Residualkapazität, FRC:** Summe von Residualvolumen und Exspiratorischem Reservevolumen. Diese Kapazität wird normalerweise bestimmt, wenn das Residualvolumen bestimmt werden soll, was für die Lungenfunktionsdiagnostik von Interesse sein kann (bei Obstruktion und Emphysem ist das Residualvolumen vergrößert): beim Menschen ca. 3 l, beim Pferd etwa 16 l.
7. **Vitalkapazität, VC:** Summe von Ruhe-Atemzugvolumen, Inspiratorischem und Exspiratorischem Reservevolumen. Gibt das maximale Atemzugvolumen an und ist damit ein wichtiger Parameter körperlicher Leistungsfähigkeit.
8. **Totalkapazität, TC:** Summe sämtlicher Lungenvolumina: das Gasvolumen, das eine Lunge maximal aufnehmen kann: beim Menschen ca. 6 l.

Das **Atemzugvolumen** bei körperlicher Ruhe liegt für verschiedene Tierarten bei folgenden Werten:

Kaninchen (3 kg)	20 ml
Katze (3 kg)	40 ml
Hund (8 kg)	150 ml

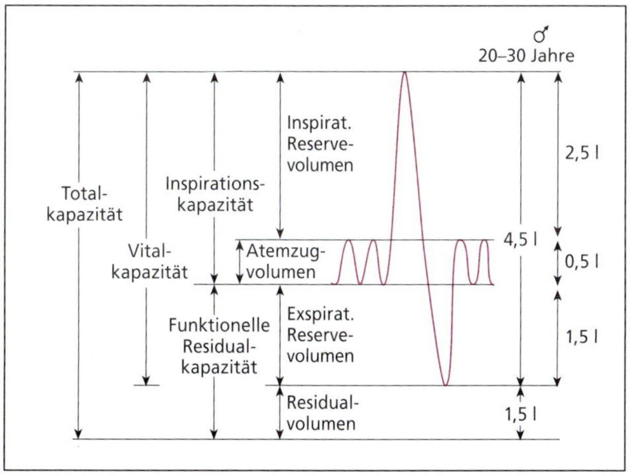

Abb. 11.6 Lungenvolumina und Lungenkapazitäten. Zahlen gelten etwa für 70 kg schwere junge Männer. Bei Frauen sind die Volumina etwas geringer, in höherem Lebensalter nimmt das Residualvolumen auf Kosten der Vitalkapazität zu und evtl. auch die Totalkapazität ab.

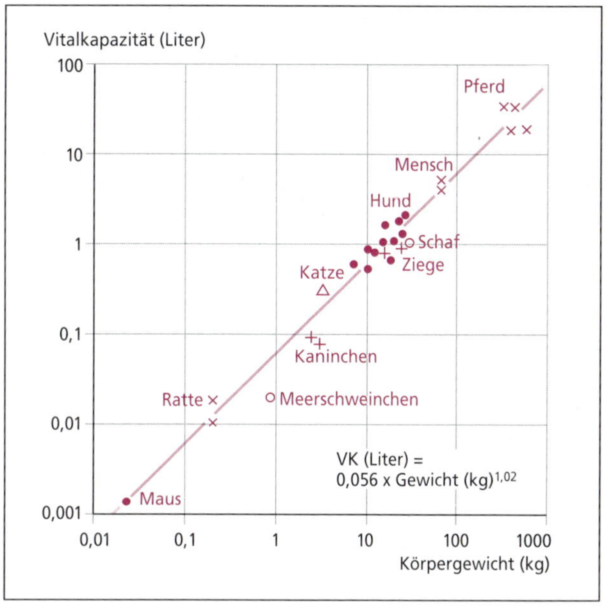

Abb. 11.7 Die Vitalkapazität von Haus-und Laboratoriumstieren in Abhängigkeit vom Körpergewicht. Doppelt-logarithmische Auftragung. Exponent der allometrischen Beziehung ist 1 (nach Hörnicke, 1969).

Ziege (40 kg)	350 ml
Mensch (70 kg)	500 ml
Rind (500 kg)	3800 ml
Pferd (550 kg)	6000 ml

Die **Vitalkapazität** nimmt, wie auch die Totalkapazität der Lunge, mit dem Körpergewicht der Species zu. Wie Abb. 11.7 in doppelt-logarithmischer Darstellung zeigt, nimmt die Vitalkapazität zwischen Maus und Pferd um ca. 4 Zehnerpotenzen zu, genau so wie das Körpergewicht um 4 Zehnerpotenzen steigt. Auch innerhalb einer Species hängt die Vitalkapazität vom Körpergewicht ab. Außerdem ist die Vitalkapazität altersabhängig, sie nimmt zunächst bis zum Abschluß des Wachstums zu und dann mit zunehmendem Alter ab. Diagnostisch ist die Vitalkapazität zur Erfassung vor allem von restriktiven, aber auch von obstruktiven, Lungenfunktionsstörungen wichtig. Funktionell ist sie von Bedeutung, weil sie das maximale Atemzugvolumen eines Tieres darstellt.

Die Vitalkapazität ist das maximal mögliche Atemzugvolumen. Sie ist vor allem bei restriktiven Lungenfunktionsstörungen vermindert.

11.3.2 Messung von Lungenvolumina und Lungenkapazitäten

Das einfachste Verfahren ist die **Spirometrie** (Abb. 11.8). Dabei wird aus einem geschlossenen Raum geatmet, wobei die Glocke des Spirometers sich mit

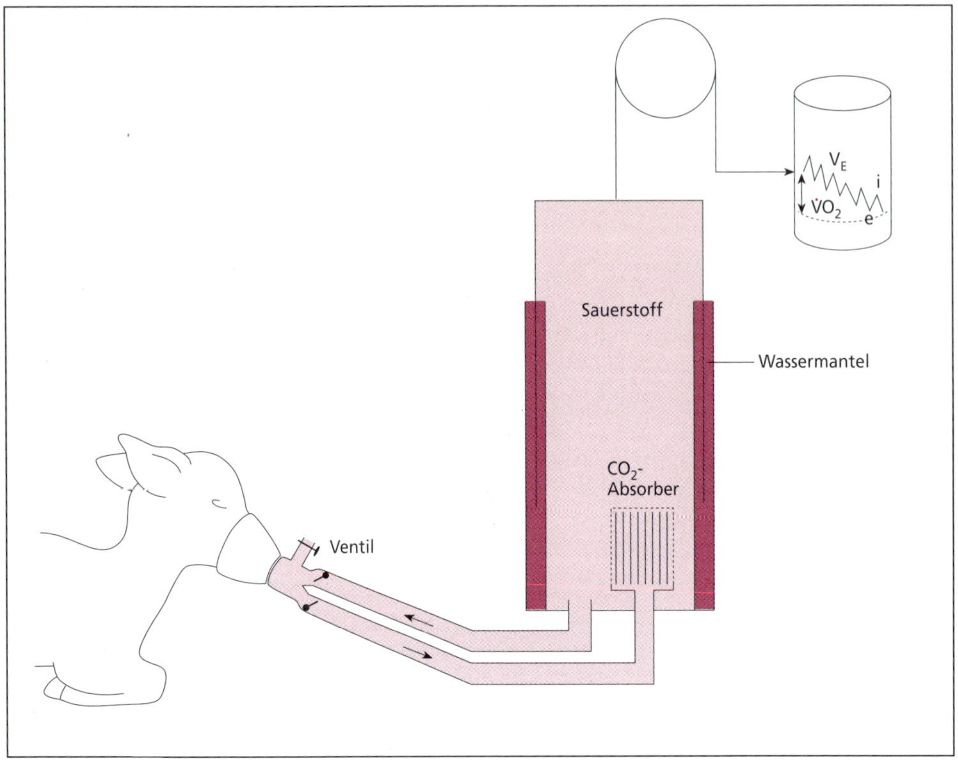

Abb. 11.8 Spirometer. Eine zylindrische Glocke taucht in den Wassermantel eines ebenfalls zylindrischen Behälters ein und schließt damit den variablen Innenraum des Spirometers luftdicht ab. Ein an der Glocke befestigter Schreibhebel zeichnet die Atembewegungen auf. Das Tier wird über ein Mundstück an das Spirometer angeschlossen, wobei Zuluft und Abluft über Klappen getrennt geführt werden. Wenn über längere Zeit Ruheatmung registriert wird, so ergibt sich eine Abnahme des Spirometervolumens (s. Registrierung auf der Schreibtrommel), deren Steigung den Sauerstoffverbrauch des Tieres $\dot{V}_{O2}$ widerspiegelt.
V_E = das Atemzugvolumen, e = exspiratorisch, i = inspiratorisch.

Ein- und Ausatmung abwärts bzw. aufwärts bewegt. Das ausgeatmete Gas wird durch einen mit Natronkalk gefüllten CO_2-Absorber hindurchgeleitet, der das CO_2 des Exspirationsgases entfernt, so daß das Spirometer CO_2-frei bleibt. Vor Beginn der Messung wird das Spirometer mit reinem Sauerstoff gefüllt, nicht mit Luft, so daß trotz der kontinuierlichen Entnahme von O_2 durch das Tier die O_2-Konzentration im Spirometer konstant (d.h. bei 100%) bleibt, da weder N_2 noch CO_2 vorhanden sind. Die Volumenänderungen im Spirometer werden durch einen mit der Glocke verbundenen Schreibhebel dargestellt. Damit kann die in Abb. 11.6 dargestellte Kurve registriert und damit alle Lungenvolumina und Lungenkapazitäten, mit Ausnahme des Residualvolumens und der Funktionellen Residualkapazität, bestimmt werden. Das Verfahren kann an anästhesierten oder trainierten Tieren durchgeführt werden.

Eine Alternative zur Spirometrie stellt der **Pneumotachograph** dar. Abb. 11.9A zeigt das Prinzip. Es wird durch ein „Staurohr" ein- und ausgeatmet, das entweder mit einer Maske oder mittels eines Trachealkatheters angeschlossen wird (anästhesierte oder an die Maske gewöhnte Tiere). Das Staurohr erzeugt durch in geringem Abstand angeordnete Lamellen einen mäßigen Strömungswiderstand. Gemessen wird die Druckdifferenz vor und hinter dem Lamellenwiderstand. Analog zum Ohm'schen Gesetz

$$I = U / R$$

gilt auch für den durch diesen Strömungswiderstand erfolgenden Gasstrom

$$\dot{V} = \Delta P / R$$

wobei $\dot{V}$ der Gasstrom, ΔP die Druckdifferenz vor und hinter den Lamellen und R der Strömungswiderstand der Lamellen ist (auch Kap. 9.2.1). Das gemessene ΔP ist also proportional zum Gasstrom $\dot{V}$ (oberer Teil von Abb. 11.9B). Durch elektronische Integration von $\dot{V}$ über die Zeit

$$\int \dot{V}\, dt = V$$

erhält man das Volumen (unterer Teil von Abb. 11.9B). Der Pneumotachograph erlaubt es damit, sowohl den „Gasflow" als auch dieselben Lungenvolumina und Lungenkapazitäten zu messen, die das Spirometer liefert. Für die Untersuchung der Lungenmechanik (Kap. 11.4) ist der Gasflow eine wichtige Größe.

Lungenvolumina und Lungenkapazitäten können mit dem Spirometer (= geschlossenes System) oder mit dem Pneumotachographen (= offenes System) gemessen werden. Atemgasflows werden am direktesten mit dem Pneumotachographen gemessen.

Die **Funktionelle Residualkapazität** und hieraus dann das Residualvolumen können mit der **He-Einwaschmethode** bestimmt werden. Benutzt wird ein Spirometer wie in Abb. 11.8, jedoch enthält die-

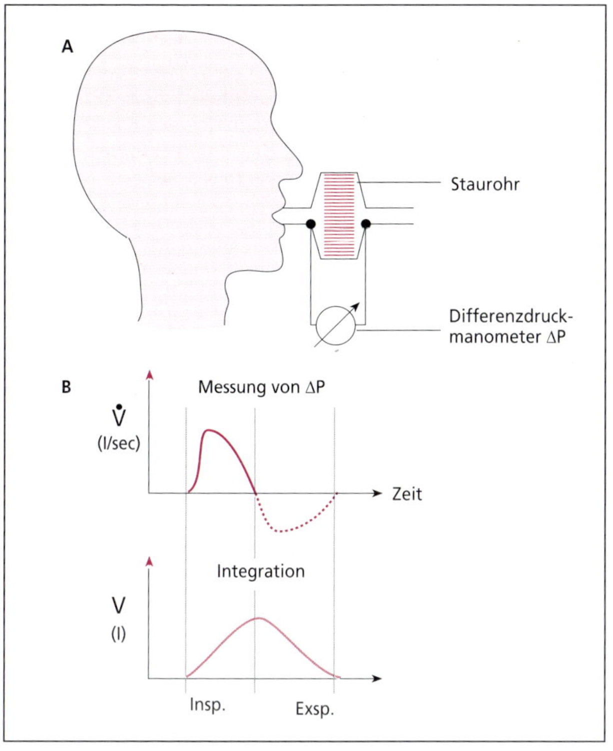

Abb. 11.9 A) Prinzip des Pneumotachographen. Der Proband atmet durch ein „Staurohr", in dem sich ein gewisser Strömungswiderstand befindet, durch den hindurchgeatmet werden muß. Gemessen wird die Differenz der Drucke vor und hinter dem Strömungswiderstand, ΔP, mittels eines Differenzdruckmanometers. **B)** In Abhängigkeit von der Zeit liefert ΔP den Atemgasstrom $\dot{V}$, da die beiden Größen in Analogie zum Ohmschen Gesetz zueinander proportional sind. Eine elektronische Integration über die Zeit liefert daraus das Atemvolumen V als Funktion der Zeit.

ses Spirometer (Volumen V_{sp}) außer O_2 eine geringe Konzentration von Helium, $C_{initial}$, und eine Meßvorrichtung zur Erfassung der He-Konzentration. Am Ende einer normalen Exspiration des Tieres (⇒ Lungenvolumen = FRC) wird ein Ventil geöffnet, so daß das Tier aus dem Spirometer zu atmen anfängt und das Helium sich gleichmäßig auf Spirometervolumen und Lungenvolumen verteilt. Die neue Heliumkonzentration, C_{end}, wird dann gemessen und eine Massenbilanz für Helium gebildet, bei der die insgesamt vorhandene Heliummenge, m, als konstant betrachtet wird:

$$m_{initial} = m_{end}$$

Da Menge gleich Konzentration mal Volumen:

$$C_{initial} \cdot V_{sp} = C_{end}\,(V_{sp} + V_{FRC})$$

Hieraus wird das Volumen der FRC ermittelt. He ist ein für diese Bestimmung besonders geeignetes Gas, da seine Löslichkeit in Wasser sehr gering ist und daher fast kein Helium aus dem Alveolarraum ins Blut und Körpergewebe abgegeben wird; deshalb ist die Annahme einer konstanten He-Menge gerechtfertigt.

Das **Residualvolumen** erhält man durch Subtraktion des exspiratorischen Reservevolumens von der FRC.

11.3.3 Der Totraum und seine Bestimmung

Man definiert den **anatomischen Totraum** als den Raum des Respirationstrakts, der belüftet ist, aber in dem kein Gasaustausch stattfinden kann. Das ist der Raum von Maul bzw. Nase bis zu den Terminalbronchiolen. Dieser Raum muß sowohl bei der Inspiration wie bei der Exspiration erst „leergespült" werden, bevor ein Austausch von Umgebungsluft und Alveolargas erfolgt. Der anatomische Totraum variiert geringfügig mit dem Atemzyklus, da während der Inspiration der Sympathicotonus zunimmt und zu einer Bronchienerweiterung führt und während der Exspiration durch eine Zunahme des Parasympathicotonus eine Bronchokonstriktion erfolgt. Seine physiologische Aufgabe ist die bereits (Kap. 11.2.1) beschriebene Reinigung, Befeuchtung und Erwärmung der Atemluft.

Der **funktionelle Totraum** ist definiert als der Raum des Respirationstrakts, der belüftet ist und in dem kein Gasaustausch **stattfindet**. Er ist gleichgroß oder größer als der anatomisch bedingte Totraum. Bei Lungenerkrankungen können Alveolarbereiche auftreten, die belüftet aber nicht durchblutet sind und damit nicht zum Gasaustausch beitragen; solche Lungenbezirke führen zu einer Vergrößerung des funktionellen Totraums.

Messung des Totraums. Wie im Falle der Residualvolumenbestimmung wird eine Mengenbilanz für ein Indikatorgas aufgestellt, hier CO_2. Jedes exspirierte Atemzugvolumen, V_E, besteht aus einem ersten Anteil V_D, der aus dem Totraum stammt, gefolgt von einem zweiten Anteil V_A, der aus dem Alveolarraum stammt:

$$V_E = V_D + V_A \qquad (1)$$

Für die mit V_E ausgeatmete CO_2-Menge gilt dann entsprechend:

$$m_{CO_2,E} = m_{CO_2,D} + m_{CO_2,A} \qquad (2)$$

oder, ausgedrückt mittels CO_2-Konzentrationen und Gasvolumina,

$$V_E \cdot C_{CO_2,E} = V_D \cdot C_{CO_2,D} + V_A \cdot C_{CO_2,A} \text{ (Bohr'sche Formel)} \qquad (3)$$

wobei $C_{CO_2,E}$ die CO_2-Konzentration im gesamten exspirierten Gas, $C_{CO_2,D}$ die vor Beginn einer Exspiration im Totraum vorliegende CO_2-Konzentration und $C_{CO_2,A}$ die im Alveolarraum herrschende CO_2-Konzentration ist. Da nach Beendigung einer

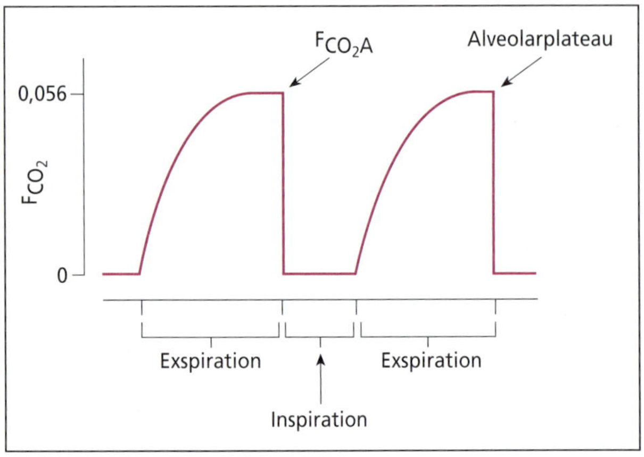

Abb. 11.10 Kontinuierliche Registrierung der CO_2-Konzentration (CO_2-Fraktion F_{CO_2}) vor dem Mund mittels eines kontinuierlich messenden CO_2-Analysators, durch den hindurch geatmet wird. Während der Exspiration steigt F_{CO_2} zunächst an, eine Phase in der sich Totraumgas und Alveolargas mischen, dann erreicht F_{CO_2} näherungsweise einen konstanten Wert, das Alveolarplateau. Die diesem Plateau entsprechende CO_2-Konzentration wird auch **endexspiratorische CO_2-Konzentration** genannt und stellt näherungsweise die im Alveolarraum herrschende CO_2-Konzentration dar.

Inspiration, vor Beginn der nächsten Exspiration, die CO_2-Konzentration im Totraum gleich ist derjenigen in der Umgebungsluft und diese mit 0,03% praktisch =0 ist, vereinfacht sich diese Gleichung zu:

$$V_E \cdot C_{CO_2,E} = V_A \cdot C_{CO_2,A} \quad (4)$$

V_E kann mit einem Spirometer oder Pneumotachographen bestimmt werden, wenn dann noch $C_{CO_2,E}$ und $C_{CO_2,A}$ gemessen werden, kann V_A berechnet werden.

Die mittlere **exspiratorische CO_2-Konzentration, $C_{CO_2,E}$**, wird gemessen, indem aus mehreren Atemzyklen das gesamte exspirierte Gas in einem Kunststoffsack, dem „Douglas-Sack“, gesammelt wird und dann die CO_2-Konzentration dieses Gases z.B. mit einem Infrarotanalysator (Absorption von Infrarotstrahlung durch CO_2) gemessen wird.

Die **alveoläre CO_2-Konzentration, $C_{CO_2,A}$**, wird bestimmt, indem durch einen CO_2-Analysator hindurch ein- und ausgeatmet wird. Wie Abb. 11.10 zeigt, befindet sich am Ende einer Inspiration im CO_2-Analysator Umgebungsluft, d.h. $C_{CO_2} = 0$. Nach Einsetzen der Exspiration nimmt die CO_2-Konzentration kontinuierlich zu und erreicht ein Plateau, sobald reines Alveolargas den CO_2-Analysator erreicht. Die CO_2-Konzentration dieses „Alveolarplateaus“ ist etwa gleich $C_{CO_2,A}$.

Typische Werte für diese Konzentrationen sind $C_{CO_2,E}$ = 0,04 ml CO_2/ml Gas und $C_{CO_2,A}$ = 0,056 ml CO_2/ml Gas. Mit diesen Werten und V_E = 500 ml ergibt Gl. 4:

$$V_A = V_E \cdot C_{CO_2,E} / C_{CO_2,A} = 500 \cdot 0{,}04/0{,}056 \approx 360 \text{ ml}$$

Aus Gl. 1 ergibt sich damit ein Totraumvolumen V_D von 140 ml, ein normaler anatomischer Totraum beim Menschen, der 30% seines Ruhe-Atemzugvolumens ausmacht. Der Totraum beträgt auch bei den Haussäugetieren in Ruhe etwa 25-40% des Atemzugvolumens (nicht bei Tieren während des Hechelns!).

Das Residualvolumen ist das Lungenvolumen, das auch bei maximaler Anstrengung nicht ausgeatmet werden kann. Der funktionelle Totraum ist der Raum, der ventiliert wird, aber nichts zum Gasaustausch der Lunge beiträgt; er ist beim gesunden Tier gleich dem anatomischen Totraum. Beide Volumina werden durch die Mengenbilanz eines Indikatorgases ermittelt, das Residualvolumen mit He, der Totraum mit CO_2.

11.3.4 Ventilation

Die Gesamtventilation wird auch **Atemzeitvolumen, $\dot{V}_E$**, genannt; sie ergibt sich als Produkt aus Atemzugvolumen und Atemfrequenz f:

$$\dot{V}_E = V_E \cdot f$$

Die Atemfrequenz hängt vom Körpergewicht der Tiere ab und nimmt mit abnehmendem Körpergewicht zu (Abb. 11.11). Beim Menschen liegt sie in Ruhe bei 14/min. Daraus ergibt sich ein Ruhe-Atemzeitvolumen von 7 l/min. Das Ruhe-Atemzeitvolumen hängt stark vom Körpergewicht der Tiere ab, es nimmt mit zunehmendem Körpergewicht zu (Abb. 11.12).

Die Ventilation, d.h. Belüftung, des Alveolarraums wird **Alveoläre Ventilation $\dot{V}_A$** genannt, diejenige des Totraums **Totraumventilation $\dot{V}_D$**. Beide zusammen ergeben das Atemzeitvolumen:

$$\dot{V}_E = \dot{V}_D + \dot{V}_A$$

Da der anatomische Totraum eine feste Größe ist, wird die alveoläre Ventilation umso kleiner, je „flacher“ die Atmung, d.h. je kleiner das Atemzugvolumen in Relation zum Totraumvolumen ist. **Hecheln** ist ein Beispiel für extrem flache Atmung, wobei die alveoläre Ventilation auf wenige Prozent der Totraumventilation fallen kann. Dies erlaubt es, eine sehr hohe Atemfrequenz und hohes Atemzeitvolumen mit einer normalen CO_2-Abatmung (normale $\dot{V}_A$) aber großer Wärmeabgabe aus den Atemwegen zu verbinden. Umgekehrt ist eine „tiefe“ Atmung der effizienteste Weg, um eine hohe alveoläre Ventilation zu erreichen.

Wenn man die Volumina der Gl. 4 durch Gesamtventilation bzw. alveolare Ventilation ersetzt, erhält man:

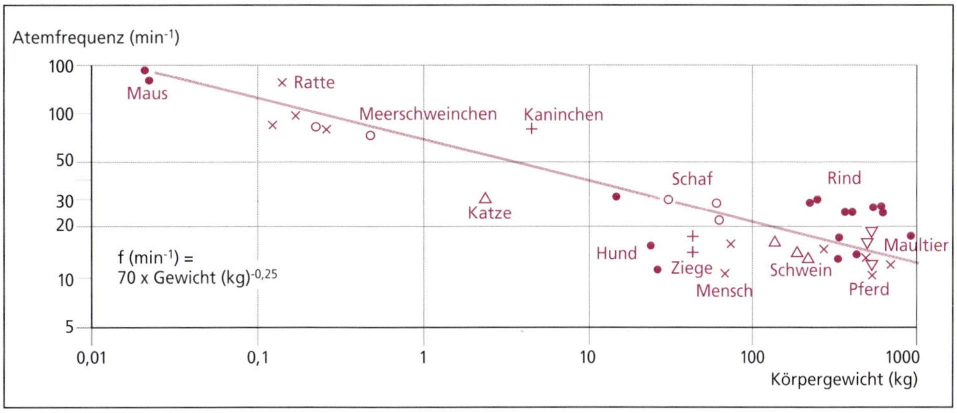

Abb. 11.11 Ruheatemfrequenz (f) der Haus- und Labortiere in Abhängigkeit vom Körpergewicht. Je kleiner das Tier, desto größer die Atemfrequenz. Die allometrische Beziehung wird beschrieben durch eine Regressionsgerade mit dem Exponenten -0,25 (nach Hörnicke, 1969).

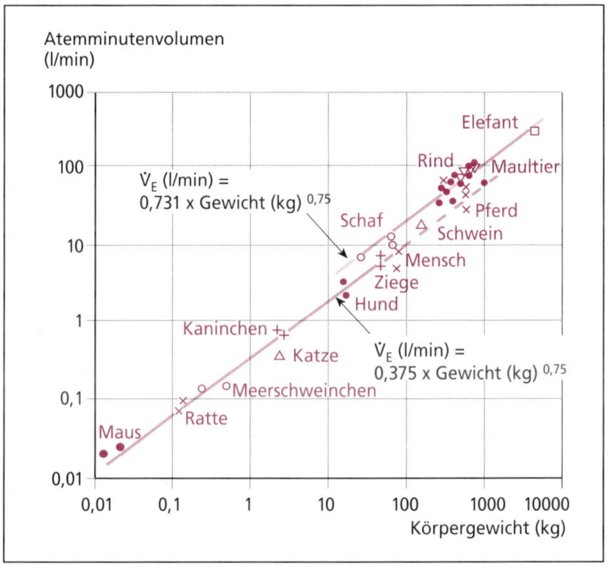

Abb. 11.12 Atemminutenvolumen bei Ruhe von Haus- und Labortieren in Abhängigkeit vom Körpergewicht. Je größer das Tier, desto höher das Atemminutenvolumen ($\dot{V}_E$). Der Exponent der allometrischen Beziehung liegt bei 0,75. Aus diesem Wert und dem Exponenten von -0,25 für die Atemfrequenz folgt, daß das Ruheatemzugvolumen mit einem Exponenten von 1,0 vom Körpergewicht abhängt, d.h., beim Atemzugvolumen gilt, daß eine Verzehnfachung des Körpergewichts mit einer Verzehnfachung des Atemzugvolumens einhergeht, während das Atemminutenvolumen etwas geringer mit dem Körpergewicht ansteigt (nach Hörnicke, 1969).

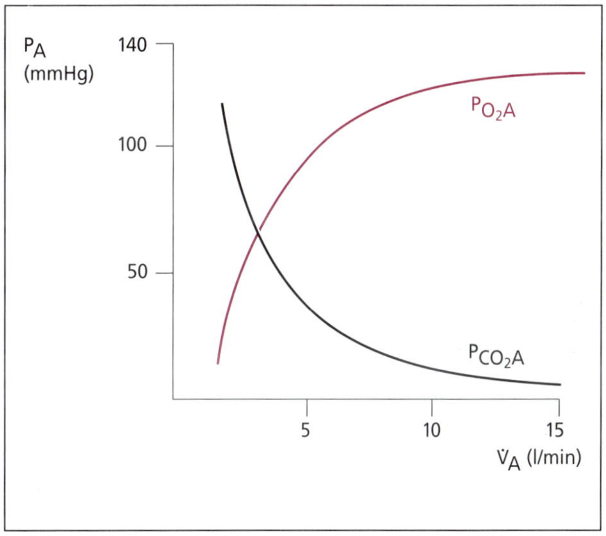

Abb. 11.13 Beziehung zwischen den alveolären Partialdrucken P_A und der alveolären Ventilation $\dot{V}_A$ beim Menschen. Die einer Normoventilation entsprechenden Punkte liegen bei $\dot{V}_A$ = 5 l/min, $P_{CO_2,A}$ = 40 mmHg und $P_{O_2,A}$ = 100 mmHg.

$$C_{CO_2,A} = C_{CO_2,E} \cdot (\dot{V}_E / \dot{V}_A)$$

Da das Produkt $C_{CO_2,E} \cdot \dot{V}_E$ gleich der CO_2-Abgabe des Organismus $\dot{V}_{CO_2}$ ist, die bei konstantem O_2-Verbrauch des Körpers konstant ist, ist die alveoläre CO_2-Konzentration unter dieser Bedingung umgekehrt proportional zur alveolären Ventilation $\dot{V}_A$:

$$C_{CO_2,A} = \dot{V}_{CO_2} / \dot{V}_A$$

$$C_{CO_2,A} \sim 1 / \dot{V}_A$$

Da Gaskonzentration (Volumenanteil des Gases am trockenen Gasgemisch) und Gaspartialdruck (Beitrag des Gases zum Gesamtdruck im Gasgemisch) zueinander proportional sind:

$$P = C \cdot (B - P_{H_2O})$$

wobei B der Gesamtdruck oder Barometerstand ist, P_{H_2O} die Wasserdampfspannung, gilt ebenso:

$$P_{CO_2,A} \sim 1 / \dot{V}_A$$

Entsprechend verläuft die Beziehung zwischen $P_{CO_2,A}$ und $\dot{V}_A$ hyperbelförmig, wie Abb. 11.13 zeigt: mit zunehmender alveolärer Ventilation geht $P_{CO_2,A}$ gegen Null, bei sehr geringer $\dot{V}_A$ steigt $P_{CO_2,A}$ massiv an. Abb. 11.13 illustriert auch, daß $P_{O_2,A}$ sich bei Änderungen von $\dot{V}_A$ spiegelbildlich zu $P_{CO_2,A}$ verhält. Da nach der Passage des Blutes durch die Lunge die Blutpartialdrucke den alveolären Partialdrucken angeglichen sind, gilt auch:

$$P_{CO_2,a} \approx \dot{V}_{CO_2} / \dot{V}_A ,$$

$$P_{CO_2,a} \sim 1 / \dot{V}_A$$

wobei $P_{CO_2,a}$ für den arteriellen CO_2-Partialdruck steht. Hieran läßt sich die pathologische Situation eines sehr großen funktionellen Totraums mit nur kleiner alveolärer Ventilation verstehen, also großem Quotienten $\dot{V}_{CO_2}/\dot{V}_A$: die CO_2-Abgabe kann dann so ineffizient werden, daß $P_{CO_2,a}$ sehr hoch wird. Den Zustand erhöhten CO_2-Partialdrucks im Blut nennt man **Hyperkapnie**. Die zu niedrige alveoläre Ventilation, die zur Hyperkapnie führt, nennt man **Hypoventilation**. Da der normale arterielle P_{CO_2} 40 ± 5 mmHg (40 mmHg = 5,3 kPa) beträgt, ergeben sich folgende Definitionen:

$P_{CO_2,a}$ > 45 mmHg	= Hyperkapnie = Hypoventilation
$P_{CO_2,a}$ < 35 mmHg	= Hypokapnie = Hyperventilation
$P_{CO_2,a}$ = 40 ± 5 mmHg	= Normoventilation

Hypoventilation bzw. Hyperventilation heißt, daß die Ventilation in Relation zur CO_2-Produktionsrate oder Stoffwechselsituation zu niedrig bzw. zu hoch ist. Davon zu unterscheiden sind die Begriffe **Hyperpnoe**, bzw. **Eupnoe**. Eupnoe ist die normale Ruheventilation der jeweiligen Species und Hyperpnoe eine darüber hinaus gesteigerte Ventilation; z.B. liegt bei körperlicher Belastung physiologischerweise eine Hyperpnoe vor, da aber $P_{CO_2,a}$ dabei normal sein kann, geht das nicht mit Hyperventilation sondern mit Normoventilation einher. Der Begriff **Dyspnoe** bezeichnet nicht ein bestimmtes Atemzeitvolumen, sondern das subjektive Empfinden der **Atemnot**, das im allgemeinen mit einem erniedrigten arteriellen P_{O_2} einhergeht.

> Die alveoläre Ventilation ist die für den Gasaustausch entscheidende Größe der Lungenbelüftung. Ist sie erhöht, liegt eine Hyperventilation (bei vermindertem $P_{CO_2,a}$) oder eine Hyperpnoe (bei normalem $P_{CO_2,a}$) vor.

11.4 Atmungsmechanik

Vor allem bei der Vergrößerung des Lungenvolumens, der Inspiration, aber auch bei seiner Verkleinerung, der Exspiration, sind mechanische Widerstände zu überwinden, die pathologischerweise verändert sein können. Man unterscheidet **Elastische Atmungswiderstände** und **Visköse Atmungswiderstände**.

Elastische Atmungswiderstände sind sowohl während der Atemtätigkeit als auch bei Atemruhe wirksam und umfassen:

1. elastische Strukturen von Lunge und Thorax, d.h. vor allem elastische Fasern
2. die Oberflächenspannung der Alveolen, die an der Grenzfläche von Alveolarepithel und Alveolargas wirksam ist und durch Surfactant vermindert wird.

Beide Komponenten der Elastischen Atmungswiderstände führen an der isolierten Lunge zum weitgehenden Lungenkollaps.

Visköse Atmungswiderstände sind nur während des Ventilationsvorgangs wirksam; sie umfassen:

3. den Strömungswiderstand der Atemwege, „Resistance" genannt,
4. den Gewebswiderstand, damit ist der Widerstand gemeint, den Lunge und Thorax der nichtelastischen „plastischen" Verformung entgegensetzen. Die plastische Verformung ist vergleichbar der Verformung von Knete, die Kraft erfordert, aber nicht spontan reversibel ist.

Der Gewebswiderstand macht nicht mehr als 10% des viskösen Widerstandes aus, so daß hier hauptsächlich der Strömungswiderstand der Atemwege betrachtet werden muß.

> Elastische Atmungswiderstände sind bei ruhendem Lungen-Thorax-System wirksam und beruhen auf:
> 1. elastischen Strukturen (elastische Fasern)
> 2. Oberflächenkräften an der Gas-Wasser-Phasengrenze der Alveolen.
>
> Visköse Atmungswiderstände sind nur wirksam, während ein Atemgasstrom stattfindet; sie sind im wesentlichen bedingt durch:
> 3. den Atemwegswiderstand (Strömungswiderstand).

11.4.1 Elastische Atmungswiderstände

Elastische Fasern der Lunge stehen in vivo stets unter Spannung; zusammen mit der Oberflächenspannung der Alveolen führt das zu einem Bestreben der Lunge, sich zu verkleinern. Das hat zum einen zur Folge, daß die normale Ruhe-Exspiration passiv durch die „elastische Retraktion" der Lunge erfolgen kann. In tiefer Inspirationsstellung hat auch der Thorax das Bestreben, sich zu verkleinern, so daß Lunge und Thorax zusammenwirken. In Atemmittellage allerdings, also etwa in normaler Exspirationsstellung, setzt der Thorax einer weiteren Verkleinerung des Lungenvolumens einen Widerstand entgegen, und die Retraktionskraft der Lunge wird kompensiert durch eine gleich große, entgegengesetzt wirkende Kraft des Thorax, so daß das System Thorax-Lunge im Gleichgewicht ist. Eine weitere Verkleinerung des Lungenvolumens erfordert daher Zuhilfenahme der Exspirationsmuskulatur, d.h., isoliert würde der Thorax ein größeres

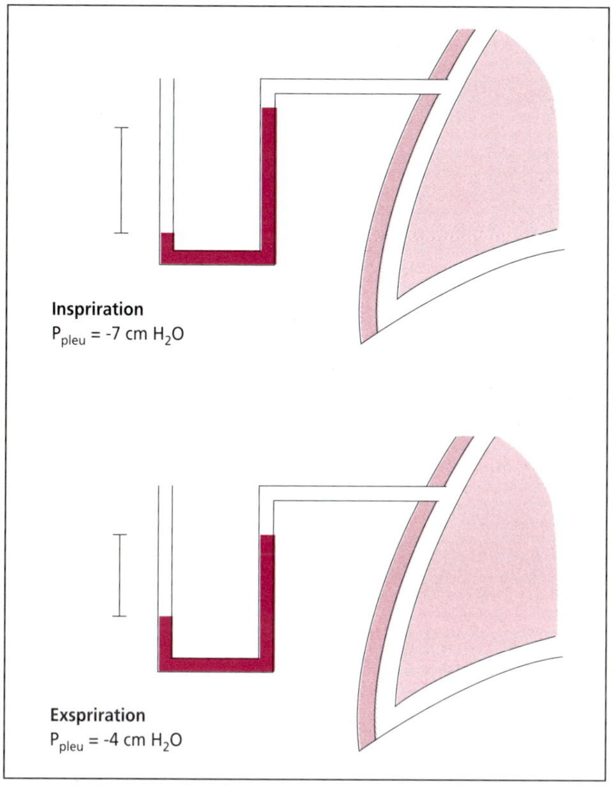

Abb. 11.14 Intrapleurale Drucke in normaler Inspirations- und Exspirationsstellung. Bei Inspiration wird der Druck zwischen den beiden Pleurablättern negativer, da in Inspiration die elastische Retraktionskraft der Lunge zunimmt.

Volumen annehmen als in Atemmittellage und die Lunge ein (sehr viel) kleineres, nahe bei Null liegendes Volumen.

• Intrapleuraler Druck

Angesichts der Tatsache, daß in vivo die Lunge **immer** das Bestreben hat sich zu verkleinern, also eine Retraktionskraft durch elastische Fasern und Oberflächenspannung ausübt, ist verständlich, daß in dem kapillären Spalt zwischen visceralem und parietalem Pleurablatt ein „negativer“ intrapleuraler Druck besteht, also ein Druck, der geringer ist als der atmosphärische Druck. Wenn man in den Pleuraspalt einsticht, wie in Abb. 11.14 gezeigt, kann man diesen negativen Druck messen. In Inspirationsstellung steht das Lungengewebe stärker unter elastischer Zugspannung, so daß hier der intrapleurale Druck „stärker negativ“ ist (7 cm Wassersäule unter dem Atmosphärendruck) als in Exspirationsstellung (4 cm H_2O).

Eine (z.B. unfallbedingte) Eröffnung des Pleuraspaltes entweder zum Alveolarraum oder nach außen hin führt zum Einstrom von Luft in den Pleuraspalt und damit zu Lungenkollaps oder **Pneumothorax**. Die betroffene Lunge folgt den Thorax- und Zwerchfellbewegungen nicht mehr und nimmt also an Ventilation und Gasaustausch nicht mehr teil. Wenn nur die Lunge einer Seite betroffen ist, kann eine ausreichende Atmungsfunktion noch von der Lunge der anderen Seite gewährleistet werden.

Wegen der Gefahr des Pneumothorax verbietet sich normalerweise die **Messung des intrapleuralen Druckes** durch Einstechen in den Pleuraspalt. Änderungen des Pleuradruckes können statt dessen sehr gut durch Messung der atemabhängigen Änderungen des **Oesophagusdrucks** erfaßt werden. Das ist möglich, weil der Ösophagus ebenso wie der Pleuraspalt außerhalb der Lunge aber innerhalb des Thorax liegt, und weil die Ösophaguswand sehr weich ist und den sie umgebenden Druck gut überträgt. Man schiebt einen Katheter in den Ösophagus, an dessen Ende sich ein kleiner Ballon befindet, der so aufgeblasen wird, daß er der Ösophagusinnenwand gut anliegt (Abb. 11.15a). An das außerhalb des Mundes liegende Katheterende wird ein Manometer angeschlossen.

Die nicht im Thorakalraum aufgespannte Lunge kollabiert fast vollständig. Daher übt sie in vivo eine Zugspannung auf die Thoraxinnenwand aus, was sich in Atemmittellage in einem negativen Druck im Pleuraspalt niederschlägt.

• Compliance der Lunge – Ruhedehnungskurve

An einer isolierten Lunge kann man leicht eine „Ruhedehnungskurve“ registrieren, das ist die Beziehung zwischen intrapulmonalem Volumen (welches bei atmosphärischem Druck in der isolierten Lunge nahezu Null ist) und intrapulmonalem Druck. Die Steigung der Ruhedehnungskurve

$$\Delta V_{pul}/\Delta P_{pul} = \textbf{Compliance der Lunge}$$

ist ein Maß für die **Volumendehnbarkeit der Lunge**, die **Compliance** genannt wird. Dabei ist der sog. „intrapulmonale Druck“ P_{pul} definiert als Differenz der Drücke innerhalb der Lunge und in der umgebenden Atmosphäre. In vivo besteht die Schwierigkeit der Compliance-Bestimmung darin, den intrapulmonalen Druck zu messen. Der Druck im Mund ist gleich dem intrapulmonalen Druck, wenn kein Gas ein- oder ausströmt (Atempause) und die Atemmuskulatur entspannt ist. Beides erfordert aktive Mitarbeit und ist am Tier nicht möglich. Beim Menschen kann jedoch

1. aus der Ruhedehnungskurve die Compliance der **Lunge allein** (C_L) ermittelt werden, wenn Lungenvolumen und transpulmonale Druckdifferenz $P_{pul} - P_{pleu}$ in Beziehung gesetzt werden. P_{pul} ist dabei der intrapulmonale Druck (genauer die Differenz zwischen intrapulmonalem Druck und

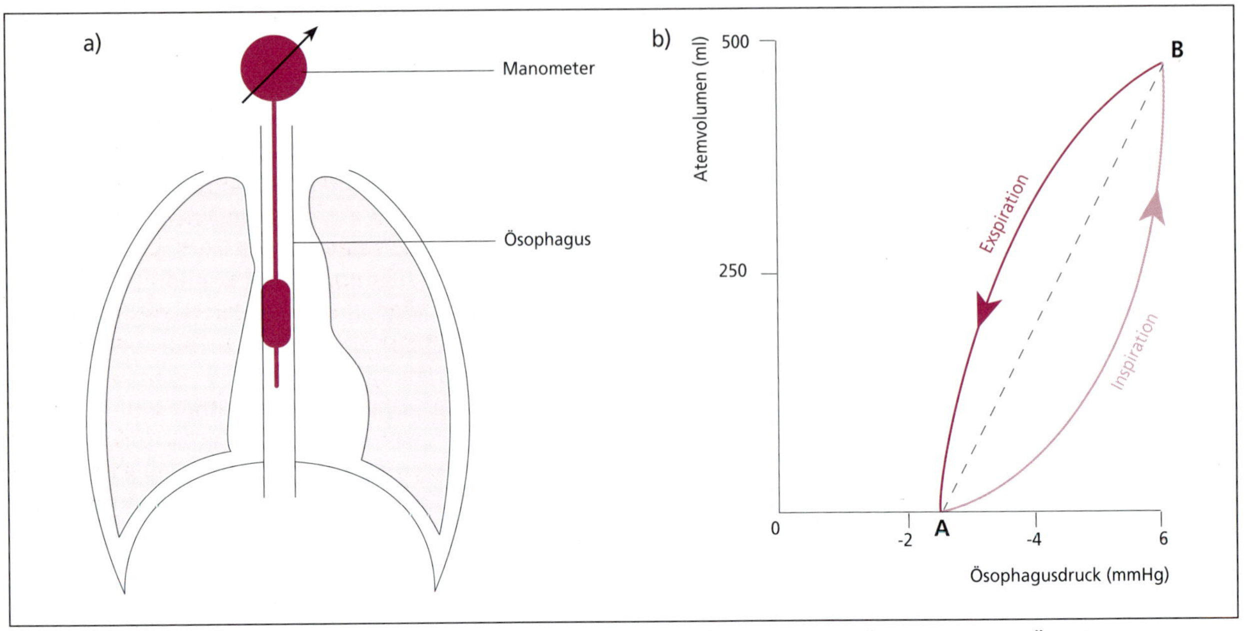

Abb. 11.15 a) Messung der Änderungen des intrapleuralen Drucks durch Erfassung der Änderungen des Ösophagusdrucks mittels Ösophaguskatheter. **b)** Bestimmung der Lungencompliance aus einer Atemschleife. Gemessen werden Atemvolumen (mit Spirometer oder Pneumotachograph) und Pleuradruckänderungen anhand des Ösophagusdrucks (mit Ösophaguskatheter wie in a). Die Verbindungslinie des inspiratorischen Endpunkts (B) mit dem exspiratorischen Endpunkt (A) ergibt die Lungencompliance, da in A und B der Atemgasstrom sistiert und visköse Atmungswiderstände keine Rolle spielen.

atmosphärischem Druck) und P_{pleu} der intrapleurale Druck (= Druckdifferenz zwischen Druck im Pleuraspalt und atmosphärischem Druck).

2. die Compliance des **Thorax allein** (C_{Th}) als $\Delta V/\Delta P_{pleu}$ bestimmt werden.
3. die gemeinsame Compliance von **Lunge + Thorax** (C_{L+Th}) als $\Delta V/\Delta P_{pul}$ erhalten werden.

Die Compliance des Systems Lunge + Thorax ergibt sich aus den Einzel-Compliances wie folgt:

$$1/C_{L+Th} = 1/C_L + 1/C_{Th}$$

Eine **vereinfachte Methode der Bestimmung der Lungencompliance,** die keine aktive Mitarbeit des Probanden erfordert, wird mittels Registrierung der Lungenvolumenveränderungen durch ein Spirometer (oder durch einen Pneumotachographen) und Messung des intrapleuralen Druckes mit einem Ösophaguskatheter bei normaler Ruheatmung durchgeführt. Ein Beispiel einer solchen Registrierung zeigt Abb. 11.15 b. Jeder Atemzyklus ergibt eine „Atemschleife". Wie kann aus der Atemschleife die Lungencompliance bestimmt werden, die ja außer Kenntnis von P_{pleu} auch die von P_{pul} erfordert (transpulmonale Druckdifferenz = $P_{pul} - P_{pleu}$)? Die beiden Endpunkte der Atemschleife repräsentieren jeweils das Ende einer Inspiration bzw. den Beginn der darauffolgenden Exspiration (Punkt B) und Ende der Exspiration/Beginn der Inspiration (Punkt A). Beim Wechsel von der einen Phase des Atemzyklus zur anderen entsteht jedesmal eine kurze Atempause, in der kein Gas strömt. Das heißt, an diesen beiden Wendepunkten ist der intrapulmonale Druck dem atmosphärischen Druck gleich, also $P_{pul} = 0$ und die transpulmonale Druckdifferenz $P_{pul} - P_{pleu} = -P_{pleu}$. Damit ist die Steigung der Verbindungslinie von A und B in Abb. 11.15 b

$$\Delta V_{pul}/\Delta P_{pleu} = C_L = \textbf{Compliance der Lunge.}$$

Die Registrierung solcher Atemschleifen erlaubt also ohne aktive Mitarbeit eine Ermittlung der Volumendehnbarkeit der Lunge in vivo; sie ist damit auch an Haustieren möglich. Die Lungencompliance ist vermindert, wenn z.B. als Restzustand nach einer Lungenentzündung das Lungengewebe vermehrt Bindegewebe und die (schlecht dehnbaren) kollagenen Fasern enthält.

- **Beitrag der alveolären Oberflächenspannung zum elastischen Atmungswiderstand – Surfactant**

Die Oberflächenspannung, die an der Phasengrenze zwischen alveolärem Gasraum und dem Flüssigkeitsfilm auf der Oberfläche des Alveolarepithels herrscht, erzeugt eine Kraft, die auf eine Verkleinerung der Alveolen hinwirkt. Wäre die volle Oberflächenspannung wirksam, wie sie an einer Wasser-Gas-Phasengrenze zu erwarten ist, so würde dies zum Kollaps vieler Alveolen führen und damit zu einer Verminderung der Gasaustauschfläche der Lunge. Lungenareale, in denen dies eingetreten ist, nennt man **Atelektasen**. Die Entstehung von Atelek-

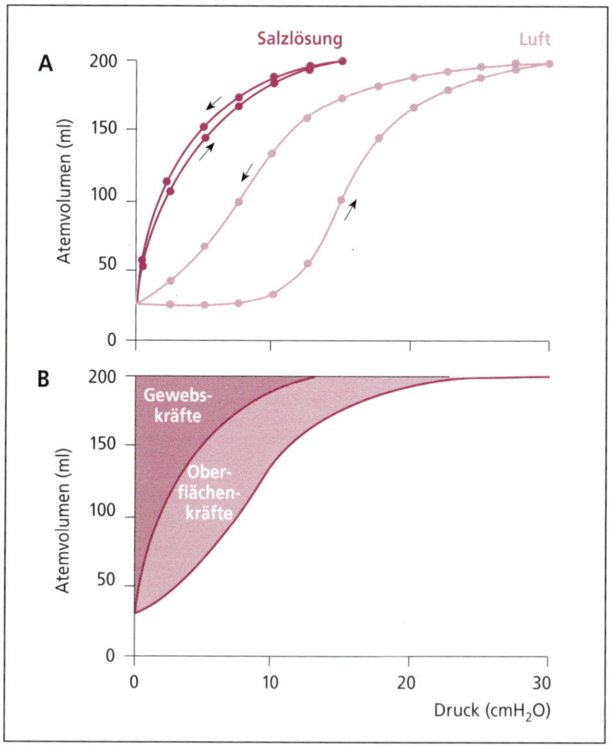

Abb. 11.16 A Ruhedehnungskurven einer flüssigkeitsgefüllten Lunge (links, durchgezogene Kurven) und einer luftgefüllten Lunge (rechts, gestrichelte Kurven). Die letztere Kurve zeigt eine erhebliche Hysterese, d.h. Verschiebung der Kurve zwischen inspiratorischer Füllung und exspiratorischer Entleerung. **B** Im Mittel ist eindeutig, daß die Ruhedehnungskurve der luftgefüllten Lunge (rot + rosa) weiter rechts verläuft als diejenige der flüssigkeitsgefüllten Lunge (rot). Ursache ist der Beitrag der Oberflächenspannung der Alveolen zu den elastischen Widerständen der Lunge, der in der luftgefüllten Lunge anwesend und in der flüssigkeitsgefüllten Lunge abwesend ist. Aufgetragen sind die Lungenvolumenänderungen gegen den intrapulmonalen Druck (jeweils bei Ruhe gemessen).

tasen wird unter physiologischen Verhältnissen dadurch verhindert, daß die alveoläre Oberflächenspannung durch oberflächenaktive Substanzen auf ca. 1/10 des Wertes vermindert wird, der vorläge, wenn der Flüssigkeitsfilm auf der Alveolenoberfläche aus reinem Wasser bestünde. Diese oberflächenaktiven Substanzen werden **Surfactant** genannt und bestehen zum größten Teil aus Phophatidylcholin, daneben aus anderen Lipiden und aus Proteinen. Das Surfactant wird in den Typ II Alveolarepithelien synthetisiert und von dort in den Oberflächen-Flüssigkeitsfilm abgegeben, wo es an der Wasser-Gas-Phasengrenze ähnlich wie Detergentien wirkt. Während der Ontogenese nimmt die Produktion von Surfactant kontinuierlich zu, die volle Produktionsleistung ist erst beim reifen Neugeborenen erreicht. Daher kann beim unreifen Frühgeborenen **Surfactantmangel** bestehen, der zu Atelektasen und mangelhafter Oxygenierung des Blutes führt (Neonatal respiratory distress syndrome, NRDS). Auch beim Erwachsenen kann ein funktioneller Mangel an Surfactant auftreten, z.B. durch Schädigung der alveolo-kapillären Barriere mit Plasmaaustritt aus den Alveolarkapillaren in die Alveolen, Bildung eines Fibrinbelags auf der Alveolaroberfläche und dadurch bedingter Inaktivierung des Surfactant, was ebenfalls zu massiven Atelektasen mit der Folge mangelhafter O_2-Beladung des Blutes in der Lunge führt (Adult respiratory distress syndrome, ARDS).

Die auch mit Surfactant noch vorhandene alveoläre Oberflächenspannung muß durch Aufwendung von Kraft überwunden werden, wenn die Lunge gedehnt wird und dabei die Alveolen vergrößert werden. Damit leistet die Oberflächenspannung einen Beitrag zu den elastischen Atmungswiderständen. Die Größe dieses Beitrages läßt sich illustrieren, wenn man die Ruhedehnungskurve der gasgefüllten Lunge mit derjenigen einer flüssigkeitsgefüllten Lunge vergleicht. Abb. 11.16 zeigt dies. Die linke durchgezogene Kurve in Abb. 11.16A zeigt die Druck-Volumen-Beziehung einer mit Kochsalzlösung gefüllten Lunge, die rechten, gestrichelten Kurven dasselbe für eine mit Luft gefüllte Lunge. Bei der luftgefüllten Lunge verlaufen Lungenfüllung und Lungenentleerung bei unterschiedlichen Drucken (die Beziehung zeigt eine Hysterese). Wenn man dies vernachlässigt, bleibt dennoch, wie in Abb. 11.16B gezeigt, die Tatsache, daß die Ruhedehnungskurve der luftgefüllten Lunge im Bereich höherer Drücke verläuft als die Ruhedehnungskurve der flüssigkeitsgefüllten Lunge. Die Kurve der flüssigkeitsgefüllten Lunge wird bestimmt allein durch den Widerstand der elastischen Gewebskomponenten der Lunge (vor allem elastische Fasern), bei der luftgefüllten Lunge kommt der durch die alveolare Oberflächenspannung erzeugte Widerstand hinzu.

Grob gilt, daß etwa die Hälfte der elastischen Retraktionskraft (und des elastischen Atmungswiderstandes) der normalen Lunge auf elastischen Gewebskomponenten beruht, die andere Häfte auf der alveolären Oberflächenspannung.

Die Compliance beschreibt die Volumendehnbarkeit von Lunge allein, Thorax allein oder Lunge und Thorax gemeinsam. Sie ist ein reziprokes Maß für die Gesamtheit der elastischen Atmungswiderstände aus elastischen Komponenten und der Oberflächenspannung der Alveolen.

• **Pathophysiologische Bedeutung der Compliance**

Die Compliance stellt die Leitgröße für eine ganze Gruppe von Lungenfunktionsstörungen dar. Jede pathologische Verminderung der Compliance – sei es der Lunge oder des Thorax – wird **restriktive Lungenfunktionsstörung** genannt. Bei dieser Gruppe von Erkrankungen muß für die Erweiterung des Thorax- und Lungenvolumens bei der Inspiration vermehrt Druck aufgewandt werden; die Ausdehnungsfähigkeit von Thorax bzw. Lunge ist vermindert. Ebenso ist typischerweise das maximal erreichbare Lungenvolumen verkleinert. Damit ist auch die Vitalkapazität verkleinert, neben der verminderten Compliance ein weiteres Leitsymptom einer restriktiven Lungenfunktionsstörung. Ein Beispiel einer restriktiven Lungenfunktionsstörung ist die Lungenfibrose beim Hund, bei der vermehrt kollagene Fasern im Lungengewebe eingelagert sind.

Leitsymptome einer restriktiven Lungenfunktionsstörung sind: verminderte Compliance und verkleinerte Vitalkapazität.

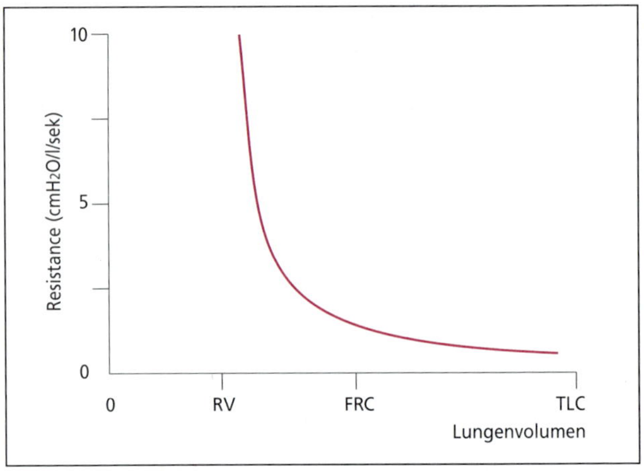

Abb. 11.17 Resistance der Lunge in Abhängigkeit vom Lungenvolumen. Normalerweise wird die Resistance der Lunge bei der funktionellen Residualkapazität FRC gemessen und angegeben. Beim Menschen beträgt sie dort ca. 2 cm H_2O/l/s. Die Abbildung illustriert, daß die Resistance R erheblich vom Dehnungszustand der Lunge abhängt: bei maximaler Inspiration nimmt R noch etwas ab, bei maximaler Exspiration wird die Resistance „unendlich“, d.h., beim Erreichen des Residualvolumens RV kommt es zum Kollaps der Atemwege, der den Exspirationsvorgang beendet.

11.4.2 Visköse Atmungswiderstände – Atemwegswiderstand

Die elastischen Atmungswiderstände bestimmen die Ruhedehnungskurve der Lunge, d.h., sie sind maßgeblich für die Beziehung zwischen Lungenvolumen und intrapulmonalem Druck, wenn kein Atemgasstrom stattfindet („bei Ruhe“). Während die Lunge gefüllt oder entleert wird, also Gas durch die Atemwege strömt, müssen zusätzliche Widerstände überwunden werden: die viskösen Widerstände. Den wesentlichen Anteil hieran hat der Atemwegswiderstand = Strömungswiderstand der Atemwege. Analog dem Ohmschen Gesetz

$$I = U/R$$

gilt für den Atemgasstrom $\dot{V}$

$$\dot{V} = (P_{intrapulmonal} - P_{atm}) / R$$

Hierbei ist R der Atemwegswiderstand, genannt **Resistance**. Die Differenz zwischen intrapulmonalem Druck und atmosphärischem Druck in der Umgebung, P_{atm}, stellt die den Atemgasstrom treibende Druckdifferenz dar. Da P_{pul} definitionsgemäß die Druckdifferenz zwischen Intrapulmonalraum und Umgebung ausdrückt, gilt folgende Beziehung:

$$\dot{V} = P_{pul} / R$$

Die Bestimmung der Resistance erfordert also a) die Messung des Atemgasstromes $\dot{V}$, und b) die Ermittlung des intrapulmonalen Drucks. Während der Gasstrom mit einem Pneumotachographen gemessen werden kann, ist der Druck im Alveolarraum der Lunge einer direkten Messung nicht zugänglich. Dieses Problem kann mit dem **Bodyplethysmographen** gelöst werden, einer luftdicht geschlossenen Box, in der der Proband sitzt, und in der ein hochempfindliches Manometer den Druck mißt. Man nutzt aus, daß z.B. eine Abnahme des intrapulmonalen Drucks, wie sie mit einer Vergrößerung des Lungenvolumens (und des Thorax) einhergeht, sich in einer Zunahme des Drucks in der Plethysmographen-Box widerspiegelt und umgekehrt.

Bei wenig kooperativen Probanden existieren folgende Alternativen der Resistance-Bestimmung, die in der Veterinärphysiologie besondere Bedeutung haben:

Resistance-Messung aus Atemflow und Pleuradruck: Bei einem gegebenen Lungenvolumen werden bei zwei verschiedenen Atemflows $\dot{V}$ die zugehörigen Pleuradrucke P_{pleu} gemessen. Die Resistance ergibt sich dann aus der Änderung des Pleuradrucks pro Änderung des Atemgasflows:

$$R = \Delta P_{pleu} / \Delta\dot{V}$$

Dies beruht auf folgender Überlegung: Wenn an einem gegebenen Lungenvolumen, z.B. an der FRC, der Gasstrom um $\Delta\dot{V}$ gesteigert wird, dann ist der dabei beobachtete Anstieg von P_{pleu} ausschließlich durch den dazu erforderlichen Anstieg des intrapulmonalen Drucks bedingt, da bei gegebenem Lungenvolumen die elastischen Kräfte von Lunge und Thorax immer dieselben sind. Unter dieser Bedingung ist die obige Gleichung identisch $R = \Delta P_{pul} / \Delta\dot{V}$.

Resistance-Messung mittels Druckoszillation: Mit einem Lautsprecher werden Druckwellen erzeugt. Die an Mund bzw. Nase gemessenen Atemgasflowwerte und Drucke erlauben eine Abschätzung des Atemwegswiderstands. Solche Geräte werden bei Pferd, Wiederkäuern wie auch beim Menschen eingesetzt; tragbare Varianten können auch unter Feldbedingungen eingesetzt werden.

Die Resistance hängt ab von der Dehnung der Lunge und damit vom Lungenvolumen. Abb. 11.17 zeigt, daß der Atemwegswiderstand mit abnehmendem Lungenvolumen erheblich ansteigt, bis es beim Erreichen des Residualvolumens zum Kollaps der Atemwege kommt. Die Ursache liegt darin, daß bei abnehmendem Lungenvolumen die Zugkraft der elastischen Fasern des Lungengewebes abnimmt. Da diese Zugkraft auch auf die Atemwege ausgeübt wird und wichtig ist für deren Offenhaltung, kommt es bei nachlassender Zugkraft zu einem allmählichen Atemwegsverschluß. Bei normaler Atemmittellage (= normale Exspirationsstellung = FRC Funktionelle Residualkapazität) ist die Resistance vor allem von den größeren Atemwegen bis hinab zur 10. Generation bestimmt, während die kleineren Atemwege wie die Bronchiolen nur wenig zum Gesamtströmungswiderstand beitragen.

- **Pathophysiologische Bedeutung der Resistance**

Eine Erhöhung der Resistance kennzeichnet die Gruppe der **obstruktiven Lungenfunktionsstörungen.** Eine Schwellung des Atemwegsepithels, vermehrte Schleimsekretion der Atemwegsepithelien und/oder ein Spasmus der glatten Bronchialmuskulatur führen zu einer Verengung des Lumens der Bronchien und Bronchiolen. Nach dem Hagen-Poiseuille'schen Gesetz (Kap. 9.2.1) resultiert dies in einer Zunahme des Strömungswiderstandes, die der Abnahme der vierten Potenz des Radius proportional ist. Beispiele für solche Erkrankungen sind die COPD (chronic obstructive pulmonary disease) der Pferde, Asthma bronchiale und chronische Bronchitiden. Der Atemwegswiderstand unterliegt physiologischerweise einer Steuerung durch das vegetative Nervensystem: Der Sympathicus bewirkt durch Aktivierung der β_2-Rezeptoren der glatten Bronchialmuskulatur deren Erschlaffung, erweitert damit die Atemwege und vermindert den Atemwegswiderstand; der Parasympathicus verengt die Atemwege durch Erhöhung des glatten Muskeltonus (Tab. 6.1) und erhöht den Atemwegswiderstand. Infolge der Tag-Nacht-Rhythmik des vegetativen Tonus kommt es während des Schlafs zu einer Bronchokonstriktion und erhöhtem Atemwegswiderstand.

> Die Resistance stellt den Strömungswiderstand der Atemwege dar, vor allem den der oberen 10 Generationen. Sie ist das Leitsymptom der obstruktiven Lungenfunktionsstörungen.

11.5 Gastransport im Blut

Zweck der Ventilation ist es, O_2 aus der Luft durch Konvektion in die Alveolen zu bringen, von wo er durch den pulmonalen Gasaustausch (Kap. 11.6) ins Blut gelangt. Dadurch, daß Blut große Mengen an O_2 aufnehmen kann, stellt der Kreislauf ein effizientes Mittel dar, O_2 durch Konvektion zu den O_2-verbrauchenden Geweben zu transportieren. In diesem Kapitel beschäftigen wir uns mit der Fähigkeit des Blutes, O_2 und CO_2 aufzunehmen und abzugeben.

Sowohl Sauerstoff als auch Kohlendioxid liegen im Blut a) in chemisch gebundener Form und b) in physikalisch gelöster Form vor. Die chemisch gebundene Form überwiegt weit für beide Gase. Dennoch ist die physikalisch gelöste Form sehr wichtig, da vorwiegend diese in Flüssigkeiten und über Zellmembranen hinweg diffundieren kann. Die Konzentration des physikalisch gelösten Gases steht in festem Zusammenhang mit dem herrschenden Gaspartialdruck (Henry-Daltonsches Gesetz):

$$C_{Gas} = \alpha_{Gas} \, P_{gas}$$

wobei α den „Löslichkeitskoeffizienten" des Gases in Blut bzw. in wäßriger Lösung darstellt. Die Konzentrationen der gelösten Gase sind entscheidend 1. für die Diffusion der Gase über die alveolo-kapilläre Barriere, 2. für die Diffusion der Gase vom Kapillarblut der Gewebe bis hin zu den Mitochondrien (oder umgekehrt), und 3. für die Konzentrationen, die die chemisch gebundenen Formen im Blut erreichen.

Ein wichtiger Unterschied zwischen O_2 und CO_2 besteht im Wert des Löslichkeitskoeffizienten α:

$$\alpha_{CO_2} \approx 20 \ \alpha_{O_2}$$

d.h., daß CO_2 in wäßrigem Medium 20 mal besser löslich ist als O_2. Das bedeutet, daß auch die Diffusion in wäßrigem Medium für CO_2 bei gleichem Partialdruck 20mal schneller erfolgt als für O_2.

> Die Diffusion der Gase erfolgt in deren physikalisch gelöster Form; die Konzentration der physikalisch gelösten Gase ist proportional dem Gaspartialdruck. Bei gleichen Partialdrucken ist 20 mal mehr CO_2 als O_2 gelöst.

11.5.1 Sauerstoff-Transport

O_2 liegt im Blut in zwei Formen vor: physikalisch gelöst und chemisch an das Hämoglobin gebunden. Für Blut bei 37°C beträgt α_{O_2} 0,028 ml O_2/ml Blut/atm. Bei einem arteriellen O_2-Partialdruck von 100 mmHg ergibt sich eine Konzentration gelösten Sauerstoffs im Blut (CO_2) von

$$C_{O_2} = \alpha_{O_2} P_{O_2} / (760 \text{ mmHg atm}^{-1})$$
$$= 0{,}0037 \text{ ml } O_2/\text{ml Blut}$$

Eine weit größere O_2-Konzentration liegt in Form von an Hämoglobin gebundenem O_2 (HbO_2) vor. Bei einer Hämoglobinkonzentration im Blut, C_{Hb}, von 150 g/l und voller O_2-Beladung des Hämoglobins sind das

$$C_{HbO_2} = 0{,}2 \text{ ml } O_2/\text{ml Blut}$$

d.h. ca. 50mal mehr als die Konzentration des physikalisch gelösten Sauerstoffs.

Hämoglobin ist ein aus vier Polypeptidketten bestehendes Protein (Kap. 10.3.2.2 u. Abb. 10.3) mit einem Molekulargewicht von 64500, das bei Vertebraten ausschließlich innerhalb von Erythrocyten und dort in einer Konzentration von 350 g/l vorliegt. Jede der zwei α- und zwei β-Ketten des Hämoglobin-Tetramers enthält ein Häm, in dessen Zentrum ein zweiwertiges Eisen über zwei Haupt- und zwei Nebenvalenzen gehalten wird. Eine weitere Nebenvalenz des Eisens erlaubt eine reversible Anlagerung von molekularem Sauerstoff, ein Vorgang, den man **Oxygenation** nennt und bei dem die Wertigkeit des Eisens unverändert bleibt. Im Gegensatz dazu nennt man die Umwandlung des zwei- in dreiwertiges Eisen Oxidation (dabei entsteht **Methämoglobin**). Jedes Hämoglobinmolekül kann 4 Moleküle O_2 reversibel binden, dabei entsteht aus Deoxyhämoglobin das Oxyhämoglobin. Die maximale Bindungsfähigkeit von Hämoglobin für O_2 beträgt 4 mol/mol, das entspricht etwa einer O_2-Bindungsfähigkeit von 1,34 ml O_2/g Hb, **Hüfnersche Zahl** genannt.

Die **O_2-Kapazität des Blutes** ist definiert als maximales Bindungsvermögen von Vollblut für Sauerstoff. Sie ergibt sich aus der Hämoglobinkonzentration des Blutes und der Hüfnerschen Zahl:

O_2-Kapazität = Hb-Konzentration · Hüfnersche Zahl
= 150 g Hb/l Blut · 1,34 ml O_2/g Hb
= 200 ml O_2/l Blut

Diese Konzentration von gebundenem Sauerstoff wird physiologischerweise im arterialisierten Blut fast, jedoch nicht ganz, erreicht. Die Hämoglobinkonzentration des Menschen liegt etwa bei 150 g/l, im Blut der meisten Haustiere und auch beim Geflügel liegt sie etwa im Bereich von 100-170 g/l (Tab. 10.2), und die O_2-Kapazität dementsprechend zwischen 140-230 ml/l.

Die **Sauerstoffsättigung des Blutes**, S_{O_2}, stellt den Anteil von Oxyhämoglobin am gesamten vorhandenen Hämoglobin dar. Tabelle 11.1 zeigt, daß das Blut von nahezu voller Sättigung von 97% im arteriellen Blut bei der Passage der O_2-verbrauchenden Gewebe auf eine mittlere Sättigung von 73% im gemischt-venösen Blut des rechten Herzvorhofs entsättigt wird.

Tabelle 11.1 Blutgase im arteriellen und gemischt-venösen Blut am Beispiel des jugendlichen Menschen in körperlicher Ruhe

	pO_2	S_{O_2}	$[O_2]$	pCO_2	$[CO_2]$	pH
Arterielles Blut	90	97 %	0,20	40	0,48	7,40
Venöses Blut	40	73 %	0,15	46	0,52	7,37
Arterio-venöse Differenz (AVD)			0,05		0,04	

pO_2 und pCO_2 in mmHg, $[O_2]$ und $[CO_2]$ in mlO_2/ml Blut

98% des O_2 im Blut liegen gebunden an das Hämoglobin vor, 2% physikalisch gelöst. Ein Hämoglobin-Tetramer kann vier O_2-Moleküle binden, bzw. 1 g Hämoglobin bindet 1,34 ml O_2.

Die **Sauerstoffbindungskurve** beschreibt den Zusammenhang zwischen Sauerstoffsättigung (oder Konzentration von HbO_2) und dem bestehenden O_2-Partialdruck. Sie ist dargestellt in Abb. 11.18. Ihr Verlauf weist eine charakteristische S-Form auf. Dagegen hat die in Abb. 11.18 ebenfalls gezeigte O_2-Bindungskurve des roten Muskelfarbstoffs Myoglobin eine hyperbole Form, wie es für eine einfache Reaktion vom Typ

$$\textbf{Mb} + \textbf{O}_2 \Leftrightarrow \textbf{MbO}_2$$

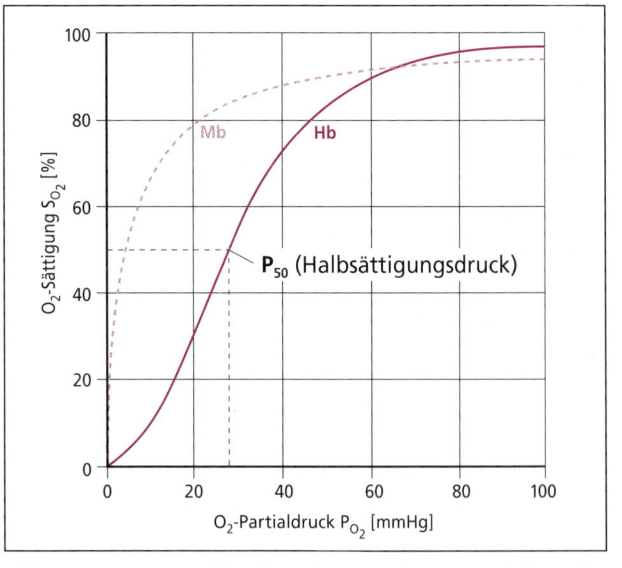

Abb. 11.18 Sauerstoffbindungskurven von Hämoglobin, Hb, und Myoglobin, Mb. Hb ist ein tetrameres Protein und zeigt Kooperativität bei der O_2-Anlagerung, Mb ist ein monomeres Protein ohne Kooperativität. Außerdem ist die intrinsische O_2-Affinität vom Häm des Mb größer als die vom Häm des Hb, weswegen die Mb-O_2-Bindungskurve weit links im Vergleich zur Hb-Bindungskurve liegt. Die O_2-Affinitäten werden durch den Halbsättigungsdruck P_{50} charakterisiert (27 mmHg bei menschlichem Blut).

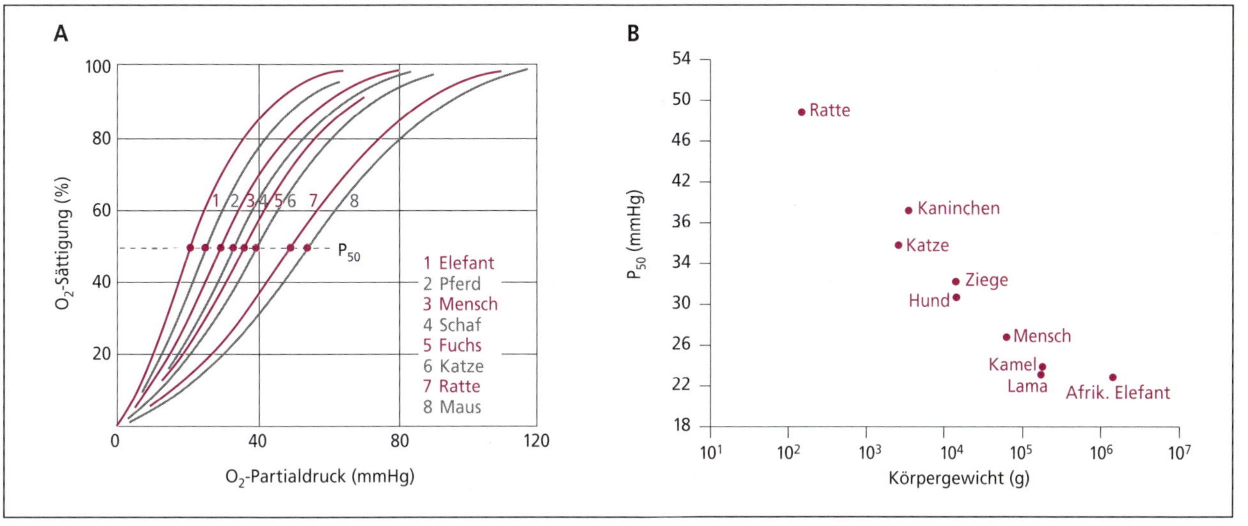

Abb. 11.19 A) O_2-Bindungskurven verschiedener Säugetiere. Je kleiner das Tier, desto weiter rechts liegt die Bindungskurve. **B)** P_{50}-Werte der Blute verschiedener Säuger. Es besteht eine allometrische Beziehung, die eine Zunahme des P_{50} mit abnehmendem Körpergewicht zeigt.

zu erwarten ist. Zudem ist auffällig, daß die Bindungskurve für Myoglobin sehr viel weiter links liegt als diejenige für Hämoglobin.

Der **S-förmige Verlauf** der O_2-Bindungskurve von Hämoglobin beruht auf einer durch die Anlagerung von O_2 ans Eisen ausgelösten **Konformationsänderung** des Hb-Moleküls. Im vollständig deoxygenierten Zustand weisen die 4 Häme des Tetramers eine niedrige Affinität für O_2 auf, daher steigt der Anfangsteil der Kurve zunächst nur sehr langsam mit steigendem P_{O_2} an. Nach Anlagerung des ersten O_2-Moleküls an ein Tetramer erfolgt in der betroffenen Polypeptidkette eine Konformationsänderung, die sich auf die Konformation der anderen drei Ketten und des gesamten Tetramers überträgt. Folge ist, daß nun die drei noch freien Häme eine erhöhte Sauerstoffaffinität annehmen, weshalb die O_2-Bindungskurve nun in den steil verlaufenden Mittelteil „einbiegt". Die Beeinflussung der drei noch nicht oxygenierten Häme durch die O_2-Beladung des ersten Häms nennt man **Kooperativität**. Sie kann nur in einem Proteinmolekül erfolgen, das aus mehr als einer Untereinheit besteht, und daher zeigt die O_2-Bindungskurve des monomeren Myoglobins (Mol.gew. 17000) keine S-Form.

Der **biologische Sinn des S-förmigen Verlaufs** ist folgender: Durch den flach verlaufenden Anfangsteil der Kurve wird der steile Mittelteil nach rechts verschoben. Das bedeutet, daß die physiologischerweise im Gewebe ablaufende Entsättigung sich relativ weit rechts, d.h. bei höheren O_2-Partialdrucken abspielt. Damit besteht in der Kapillare ein hoher P_{O_2} und somit eine hohe treibende Kraft für die Diffusion des gelösten Sauerstoffs vom Blut bis zum Mitochondrium. Insofern ist die Abgabe von O_2 ans Gewebe günstiger, wenn der Mittelteil der Bindungskurve weiter rechts liegt. Andererseits soll die Kurve nicht so weit rechts liegen, daß bei einem P_{O_2} von 100 mmHg, wie er in der Alveole vorliegt, eine annähernd vollständige Sättigung des Hämoglobins nicht mehr möglich ist. Die in Abb. 11.18 gezeigte O_2-Bindungskurve stellt einen Kompromiß zwischen diesen Anforderungen dar.

Die **Sauerstoffaffinität des Hämoglobins** drückt sich in ihrer Lage im S_{O_2}-P_{O_2}-Diagramm aus. Eine rechts liegende Kurve bedeutet niedrige Affinität, da hohe Partialdrucke nötig sind, um eine bestimmte O_2-Sättigung (S_{O_2}) zu erreichen. Die Sauerstoffaffinität wird üblicherweise quantifiziert durch den Partialdruck, der erforderlich ist, um das Hämoglobin zu 50% zu sättigen. Dieser Halbsättigungspartialdruck wird P_{50} genannt. Hoher P_{50} bedeutet niedrige Affinität, kleiner P_{50}-Wert hohe Affinität. Abb. 11.19 zeigt die O_2-Affinitäten der Blute einiger Säugertierarten. Es wird in Abb. 11.19 A und B sichtbar, daß zwischen P_{50} und Körpergewicht ein klarer allometrischer Zusammenhang besteht: je größer das Körpergewicht, desto niedriger der $P_{50,}$ d.h. desto höher die O_2-Affinität. Die P_{50}-Werte der Vögel bewegen sich in einem ähnlichen Bereich wie diejenigen der Säuger. Dagegen liegen die P_{50}-Werte der Fische entsprechend den ungünstigeren Bedingungen der Wasseratmung (Kap. 11.10) mit etwa 1-2 mmHg erheblich niedriger. Der P_{50} beim Menschen beträgt 27 mmHg.

Die O_2-Bindungskurve des Hämoglobins verläuft S-förmig aufgrund der Kooperativität der O_2-Bindung der vier Hämoglobin-Untereinheiten. Die dadurch zustandekommende Verschiebung des

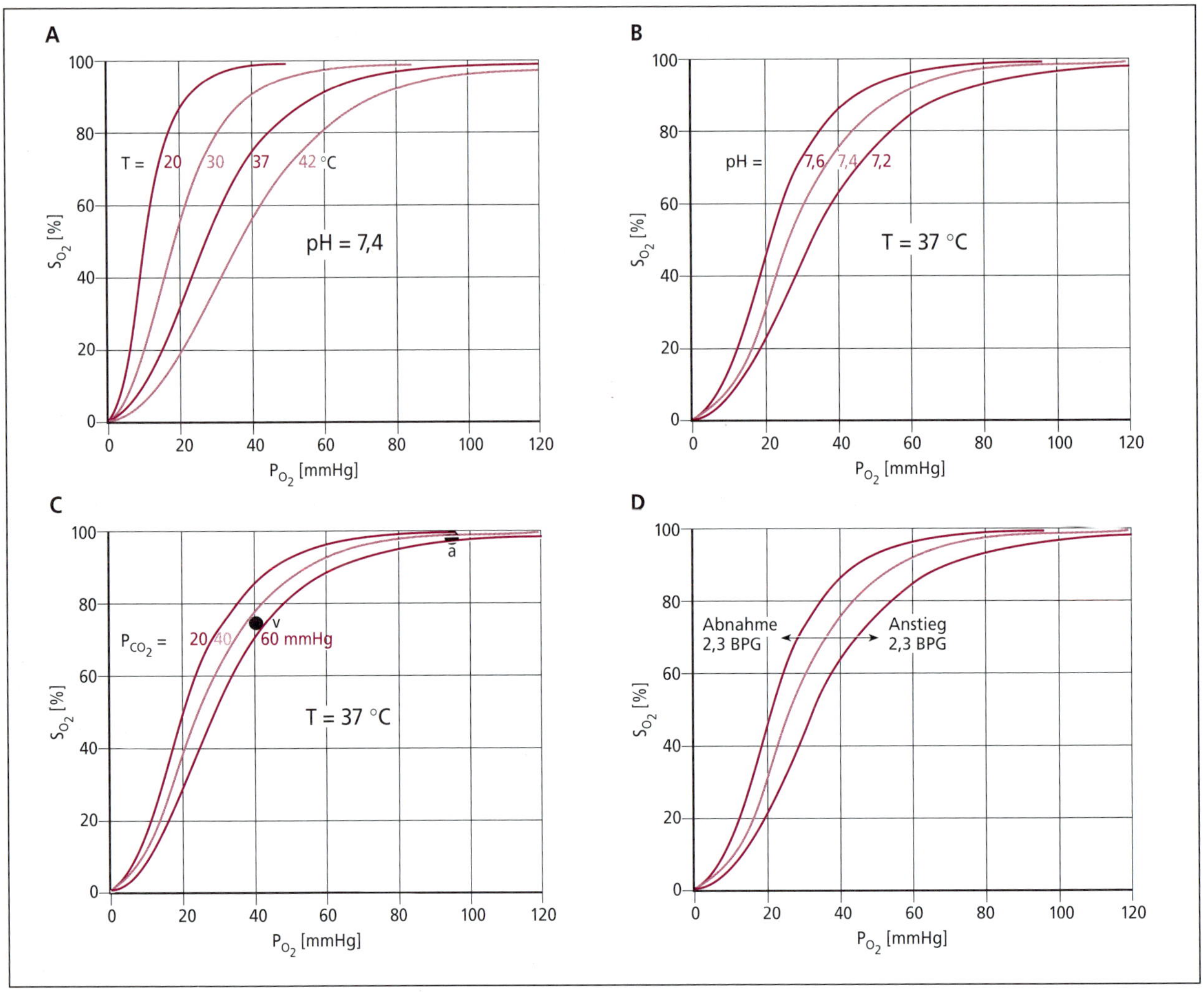

Abb. 11.20 Effektoren der O_2-Affinität des Blutes. **A)** O_2-Bindungskurve bei verschiedenen Temperaturen. Temperaturanstieg bewirkt eine Rechtsverschiebung der Kurve, d.h. eine Abnahme der O_2-Affinität. **B)** O_2-Bindungskurve bei verschiedenen pH-Werten. pH-Abnahme (= Anstieg der [H^+]) bewirkt eine Rechtsverschiebung (= Bohr-Effekt). C) O_2-Bindungskurve bei verschiedenen CO_2-Partialdrucken. Anstieg des P_{CO_2} bewirkt eine Rechtsverschiebung. D) O_2-Bindungskurve bei verschiedenen Konzentrationen von 2,3-BPG. Anstieg der intraerythrocytären BPG-Konzentration bewirkt ebenfalls eine Rechtverschiebung der O_2-Bindungskurve. Die Punkte a und v in Abb. 11.20 C markieren die Situation im arteriellen Blut (a) bzw. im gemischt-venösen Blut (v) (im rechten Vorhof): von einer arteriellen O_2-Sättigung von 97% gibt das Blut bei der Gewebspassage unter Bedingungen körperlicher Ruhe ca. ¼ des gebundenen O_2 ab, so daß die gemischt-venöse S_{O_2} noch 73% beträgt. Die O_2-Abgabe im Gewebe wird erleichtert dadurch, daß der venöse pH etwas niedriger ist (im arbeitenden Muskel deutlich niedriger) als der arterielle (Bohr-Effekt) und auch dadurch, daß der venöse P_{CO_2} höher ist als der arterielle.

steilen Mittelteils der O_2-Bindungskurve nach rechts ermöglicht eine O_2-Abgabe an das Gewebe bei relativ hohen O_2-Partialdrucken. Ein Maß für die Lage der O_2-Bindungskurve – und damit der O_2-Affinität – ist der O_2-Halbsättigungsdruck P_{50}.

Regulation der O_2-Affinität. Die O_2-Affinität ist bei einer gegebenen Tierart nicht völlig fixiert, sondern sie kann durch Effektoren moduliert werden. Abb. 11.20 illustriert, daß folgende Größen bei Säugern die O_2-Affinität beeinflussen: Temperatur, pH-Wert des Blutes, CO_2-Partialdruck des Blutes und die intraerythrocytäre Konzentration von 2,3-Bisphosphoglycerat (2,3-BPG), einem Produkt des Glykolysestoffwechsels, das in Erythrocyten in außergewöhnlich hoher Konzentration vorliegt (etwa im gleichen Konzentrationsbereich wie die Hämoglobin-Tetramere).

Die Effekte der vier Größen lassen sich wie folgt zusammenfassen:

Anstieg der Temperatur → Anstieg von P_{50} = Rechtsverschiebung der Bindungskurve

Anstieg der H^+-Konzentration (= Abfall des pH-Werts) → Anstieg von P_{50} = Rechtsverschiebung der Bindungskurve

Anstieg von P_{CO_2} → Anstieg von P_{50} = Rechtsverschiebung der Bindungskurve

Anstieg von 2,3-BPG → Anstieg von P_{50} = Rechtsverschiebung der Bindungskurve

Effekt der Temperatur: Der Temperatureffekt ist bedingt durch die Temperaturabhängigkeit der Oxygenierungsreaktion des Hämoglobins. Eine physiologisch nützliche Wirkung kommt dadurch zustande, daß insbesondere bei körperlicher Arbeit die Bluttemperatur in der Lunge aufgrund der gesteigerten Ventilation niedriger als die Kerntemperatur ist, was die O_2-Bindung begünstigt, während in der arbeitenden Muskulatur die Temperatur mehrere Grad über der Kerntemperatur liegen kann, was die Affinität senkt und die O_2-Abgabe ans Gewebe fördert.

Effekt des pH-Werts: Die Wirkung des pH wird **Bohr-Effekt** genannt. Der Bohr-Effekt beruht darauf, daß die Oxygenierung des Hämoglobins mit einer Dissoziation von H^+ einhergeht, so daß man qualitativ schreiben kann:

$$\mathbf{Hb + O_2 \Leftrightarrow HbO_2 + H^+}$$

Diese Dissoziation von Protonen beruht darauf, daß bei der mit der Oxygenierung verbundenen Konformationsänderung des Hämoglobins pK-Werte von Aminosäureresten des Hb sich ändern. Man kann umgekehrt aus der obigen Reaktionsgleichung ablesen, daß eine Erhöhung der H^+-Konzentration das Reaktionsgleichgewicht in Richtung Deoxyhämoglobin verschiebt, also die O_2-Affinität vermindert und die O_2-Bindungskurve nach rechts verschiebt. Der physiologische Nutzen des Bohr-Effekts kommt sowohl bei der O_2-Aufnahme des Blutes in der Lunge wie bei der O_2-Abgabe im Gewebe zum Tragen: in der Lunge wird CO_2 abgegeben, dadurch steigt der pH-Wert und die O_2-Affinität nimmt zu, im Gewebe nimmt das Blut CO_2 und evtl. Milchsäure auf, dadurch fällt der pH-Wert, die O_2-Affinität nimmt ab und die O_2-Abgabe ans Gewebe wird erleichtert.

Effekt des P_{CO_2}: Die Wirkung von CO_2 beruht zum großen Teil auf dem Bohr-Effekt, da eine Änderung des P_{CO_2} von einer Änderung des pH-Werts begleitet ist. Ein kleinerer Teil beruht darauf, daß CO_2 als Carbaminohämoglobin von den N-terminalen Aminogruppen des Hämoglobins gebunden wird und dadurch auch direkt die O_2-Affinität vermindert. Physiologischerweise kommt dieser Effekt zusätzlich zum und gleichsinnig mit dem Bohr-Effekt zum Tragen.

Effekt von 2,3-Bisphosphoglycerat: 2,3-BPG bindet vorzugsweise an Deoxyhämoglobin und stabilisiert den zugehörigen Konformationszustand des Hb-Tetramers, d.h., es verschiebt das Hb-O_2-Gleichgewicht in Richtung Deoxyhämoglobin und verschiebt die O_2-Bindungskurve nach rechts; z.B.

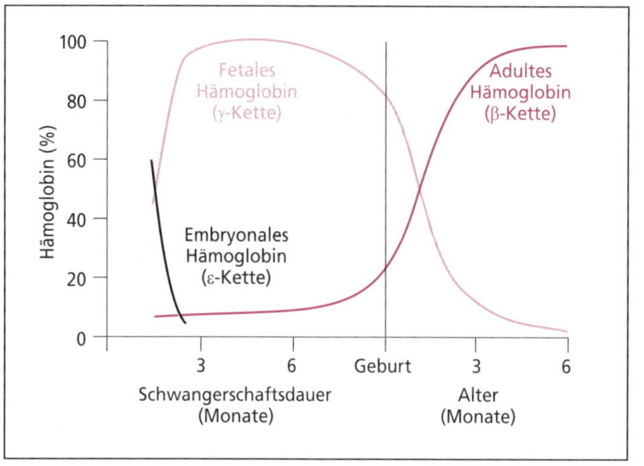

Abb. 11.21 Wechsel der Hämoglobin-Isoformen während der Ontogenese beim Menschen. In der Fetalperiode wird das zunächst exprimierte embryonale Hb (ε-Kette) durch fetales Hb, HbF, ersetzt, das aus 2α- und 2γ-Ketten besteht. Postnatal wird das fetale Hb dann durch adultes Hb, HbA, ersetzt, das aus 2α- und 2β-Ketten aufgebaut ist. Die Anteile der Hb-Isoformen sind jeweils in Prozenten ausgedrückt, doch ist die Hb-Konzentration des fetalen Blutes absolut erheblich höher (180 g/l) als die Hb-Konzentration nach dem ersten Lebensjahr (150 g/l). Bei manchen Species (z.B. Pferd, Schwein) wird vom embryonalen Hb unmittelbar auf adultes Hb gewechselt, so daß Neugeborene lediglich adultes Hb haben.

kommt es bei Höhenaufenthalt zu einer Zunahme von 2,3-BPG im Erythrocyten und zu einer Rechtsverschiebung der Bindungskurve, was die O_2-Abgabe ans Gewebe erleichtert.

Lediglich bei einigen Nichtsäugern wie dem Krokodil und den Schleimaalen wird die O_2-Affinität des Blutes hauptsächlich durch einen anderen Effektor, das HCO_3^-, reguliert.

> Die O_2-Affinität des Hämoglobins, d.h. die Lage der Bindungskurve, kann durch Effektoren verändert werden. Solche sind pH (Bohr-Effekt), P_{CO_2}, 2,3-BPG und Temperatur.

O_2-Transport in Mutter und Fetus. Mutter und Fetus von Säugern sind meistens mit unterschiedlichen Hämoglobinen ausgestattet. Abb. 11.21 zeigt den Wechsel von der embryonalen Situation (embryonales Hämoglobin, ε-Kette) zur fetalen Situation (fetales Hämoglobin, γ-Kette) und dann zur postnatalen Situation (adultes Hämoglobin, β-Kette) am Beispiel des menschlichen Neugeborenen. Bei der Geburt dominiert noch das fetale Hämoglobin, ein Tetramer, das aus zwei α-Ketten und zwei γ-Ketten zusammengesetzt ist. Postnatal verschwindet das fetale Hb innerhalb einiger Monate und wird ersetzt durch adultes Hämoglobin, das aus zwei α- und zwei β-Ketten besteht. Ein solcher Wechsel von fetalem zu adultem Hämoglobin ist charakteristisch für viele Säuger einschließlich der Primaten, nicht jedoch für Pferde und Schweine, die zwar embryonales aber kein fetales Hämoglobin besitzen.

Für den Transfer von O_2 vom mütterlichen zum fetalen Blut in der Placenta besteht eine schwierigere Situation als für die O_2-Aufnahme des Blutes in der Lunge. Während in der Alveole der P_{O_2} praktisch konstant bleibt, weil der ans Blut abgegebene Sauerstoff durch die Ventilation kontinuierlich ersetzt wird, geht die O_2-Abgabe des maternalen an das fetale Blut mit einer Abnahme des P_{O_2} im maternalen Blut einher, was den O_2-Transfer limitiert. Um diese ungünstige Situation zu kompensieren, haben verschiedene Species in unterschiedlichem Maße folgende Mechanismen entwickelt:

1. Die O_2-Affinität des Blutes auf der fetalen Seite ist höher als auf der maternalen Seite,
   a) durch eine höhere O_2-Affinität des fetalen im Vergleich zum adulten Hämoglobin, wobei dies eine intrinsische Eigenschaft des fetalen Hb ist (z.B. bei Schafen und Ziegen, bei denen der fetale P_{50} 10-20 mmHg niedriger ist als der maternale) oder
   b) dadurch, daß das fetale Hämoglobin 2,3-BPG nicht bindet und deshalb eine höhere Affinität aufweist als das adulte, obwohl die intrinsischen P_{50}-Werte der beiden Hämoglobine etwa gleich sind (z.B. bei einigen Primaten) oder
   c) dadurch, daß die fetalen Erythrocyten zwar adultes Hämoglobin besitzen, aber infolge der Abwesenheit von 2,3-BPG in fetalen Erythrocyten und der Anwesenheit von 2,3-BPG in adulten Erythrocyten die O_2-Affinität der fetalen höher als die der adulten (maternalen) Erythrocyten ist (z.B. Pferde und Schweine).
2. Die O_2-Kapazität des fetalen Blutes ist höher als diejenige des adulten (maternalen) Blutes. Dies beruht auf einer höheren Hämoglobinkonzentration im fetalen als im maternalen Blut und findet sich z.B. bei Kälbern und Lämmern, aber besonders ausgeprägt beim Menschen, wo das Neugeborenenblut eine Hb-Konzentration von 180 g/l und das mütterliche Blut eine Hb-Konzentration von 120 g/l aufweisen.

Beide Mechanismen, höhere O_2-Affinität und höhere O_2-Kapazität, begünstigen die O_2-Aufnahme des fetalen Blutes, indem sie dazu beitragen, dem mütterlichen Blut den Sauerstoff zu „entreißen". Sie treten in einigen Species gemeinsam auf, in anderen einzeln. Beim Menschen z.B. sind die Affinitäten praktisch gleich, die Kapazitäten jedoch besonders unterschiedlich.

Die O_2-Aufnahme des Feten in der Placenta wird dadurch sehr verbessert, daß das fetale Blut entweder eine höhere O_2-Kapazität oder eine höhere O_2-Affinität oder beides im Vergleich zum mütterlichen Blut besitzt.

Blockade des O_2-Transports durch Kohlenmonoxid. CO ist extrem giftig, weil die Affinität des Hämoglobins für CO 350 mal größer ist für O_2. Bei einer Umgebungskonzentration von CO von 0,003 Vol.-% (im Vergleich zu 20,9 Vol.-% O_2 in der Luft!) liegen bereits 5% des Hb als HbCO vor. Physiologisch ist ein Anteil von 1% HbCO. Bei starken Rauchern kann man bis zu 15% HbCO finden, d.h., daß 15% des vorhandenen Hämoglobins für den O_2-Transport ausfallen.

11.5.2 CO_2-Transport

CO_2 liegt im Blut in drei Formen vor: physikalisch gelöst, chemisch gebunden als HCO_3^- und chemisch gebunden als Carbamat vor allem am Hämoglobin, auch Carbaminohämoglobin genannt. In Blut bei 37°C beträgt der Löslichkeitskoeffizient für CO_2 α_{CO_2} 0.49 ml CO_2/ml Blut/atm. Mit dem arteriellen CO_2-Partialdruck von 40 mmHg (Tab. 11.1) erhält man eine Konzentration gelösten Kohlendioxids im Blut von

$$C_{CO_2} = \alpha_{CO_2} P_{CO_2} / (760 \text{ mmHg atm}^{-1}) = 0{,}026 \text{ ml } CO_2 / \text{ml Blut}$$

Das ist trotz des 2,5 mal geringeren Partialdrucks von CO_2 im Vergleich zu O_2 fast das 10-fache der Konzentration gelösten Sauerstoffs im arteriellen Blut.

Auch im Fall des CO_2 liegen die chemisch gebundenen Formen in weit höherer Konzentration vor als die gelöste Form. Tabelle 11.1 zeigt, daß arterielles Blut insgesamt 0,48 ml CO_2/ml Blut enthält, so daß das physikalisch gelöste Gas nur etwa 5% des Gesamt-CO_2 ausmacht. Auch das Carbamino-CO_2 macht etwa 5% des Gesamt-CO_2 aus. Damit ist HCO_3^- für 90% des CO_2 im Blut verantwortlich, stellt also bei weitem den größten Anteil.

Die Reaktionen des chemisch gebundenen CO_2 verlaufen entsprechend folgender Reaktionsschemata:

1) Bicarbonat HCO_3^-:

$$CO_2 + H_2O \Leftrightarrow H_2CO_3 \Leftrightarrow HCO_3^- + H^+$$

Der erste Schritt dieser Reaktion, die CO_2-Hydratationsreaktion, ist unkatalysiert recht langsam und braucht etwa 1 Minute, um zum Abschluß zu kommen. Der zweite Schritt, die Dissoziation der Kohlensäure H_2CO_3, erfolgt dagegen extrem schnell. Da die Aufenthaltsdauer eines Erythrocyten in einer Kapillare (Kontaktzeit) ca. 0,7 s beträgt, würde die Geschwindigkeit der Hydratationsreaktion des CO_2

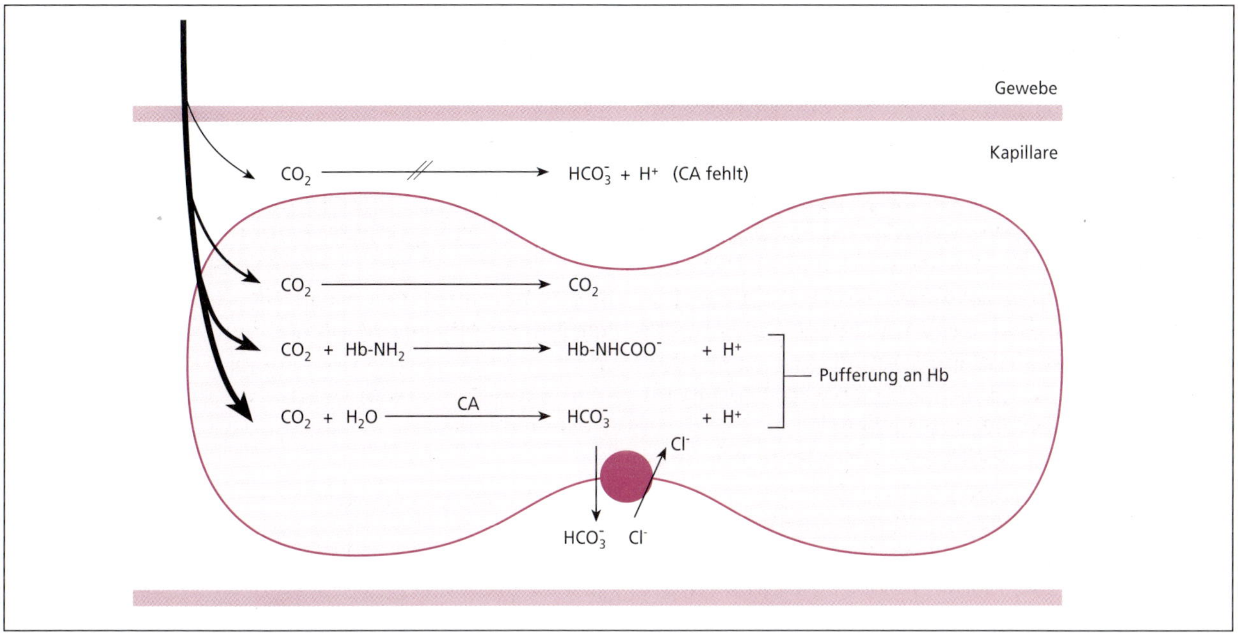

Abb. 11.22 CO_2-Aufnahme des Erythrocyten in einer Gewebekapillare. CO_2 diffundiert in physikalisch gelöster Form in die Blutkapillare hinein. Es reagiert im Plasma nicht nennenswert, da dort keine Carboanhydrase ist und die CO_2-Hydratation daher innerhalb der Kapillarkontaktzeit nicht nennenswert ablaufen kann. CO_2 dringt jedoch in den Erythrocyten ein, wo ein kleiner Teil in physikalisch gelöster Form bleibt, ein weiterer kleiner Teil mit den N-terminalen NH_2-Gruppen des Hämoglobin zu Carbamino-Hämoglobin reagiert und der größte Teil, durch die Katalyse des Enzyms Carboanhydrase beschleunigt, Bicarbonat bildet. Die mit HCO_3^- äquimolar anfallenden Protonen werden weitestgehend vom Hämoglobin gepuffert. Mehr als die Hälfte des produzierten HCO_3^- verläßt den Erythrocyten ins Blutplasma im Austausch über den HCO_3^--Cl^--Austauscher (Hamburger-Shift). In der Lunge laufen all diese Vorgänge in umgekehrter Reihenfolge ab.

bei weitem nicht ausreichen, um genügend CO_2 in Bicarbonat umzuwandeln. Daher ist es für die CO_2-Abgabe und -Aufnahme des Blutes essentiell, daß im Erythrocyten das Enzym **Carboanhydrase** (CA) vorhanden ist und den ersten Schritt der obigen Reaktion um das 10.000fache beschleunigt.

Das Reaktionsgleichgewicht dieser Reaktion kann durch Anwendung des Massenwirkungsgesetzes folgendermaßen beschrieben werden:

$$\frac{[H^+]\,[HCO_3^-]}{[CO_2]} = K'_1$$

Das gilt, da die Konzentration der Kohlensäure sehr viel niedriger ist als diejenige von gelöstem CO_2 und deshalb vernachlässigt werden kann. K'_1 wird daher die erste scheinbare Dissoziationskonstante der Kohlensäure genannt. Logarithmiert, ergibt sich die als Henderson-Hasselbalchsche Gleichung (Kap. 14.2.1) bekannte Form des Massenwirkungsgesetzes:

$$pH = pK'_1 + \log([HCO_3^-]/[CO_2])$$

Der pK'_1-Wert beträgt 6,10 bei 37°C. Daraus ergibt sich, daß das Verhältnis von HCO_3^- zu CO_2 beim normalen pH-Wert des Blutes von 7,4 sich wie 20:1 verhält. Das erklärt den großen Beitrag des Bicarbonats zum Gesamt-CO_2-Gehalt des Blutes. Die Henderson-Hasselbalch-Beziehung erlaubt es, aus der leicht zugänglichen Messung von pH und pCO_2 (und damit dem gelösten $[CO_2]$) die Bicarbonatkonzentration zu berechnen.

2) Carbamino-CO_2 (Carbamat):

$$Hb\text{-}NH_2 + CO_2 \Leftrightarrow Hb\text{-}NHCOO^- + H^+$$

Die an dieser Reaktion teilnehmenden Aminogruppen sind praktisch nur die 4 N-terminalen Aminogruppen des Hämoglobin-Tetramers. Wichtig ist, daß die CO_2-Affinität dieser Aminogruppen mit der Oxygenation abnimmt, so daß die Carbamino-Bindung des Hämoglobins als *oxylabil* bezeichnet wird.

5% des im Blut transportierten CO_2 liegen physikalisch gelöst vor, 5% als Carbamino-Hämoglobin, 90% als Bicarbonat.

Der **Vorgang der CO_2-Aufnahme des Blutes** ist in Abb. 11.22 dargestellt. CO_2 diffundiert in physikalisch gelöster Form aus dem Gewebe durch Zellmembran und Kapillarwand durch das Blutplasma in den Erythrocyten hinein. Dort bleibt ein kleiner Teil in physikalisch gelöster Form, ein zweiter ebenfalls kleiner Teil bildet Carbaminohämoglobin, und der größte Teil bildet, beschleunigt durch die hohe intraerythrocytäre Carboanhydrase-Aktivität, im Inneren des Erythrocyten Bicarbonat. Die bei

Carbamat- und bei Bicarbonat-Bildung anfallenden H^+ werden vom Hämoglobin gepuffert. Im Plasma findet eine Hydratation von CO_2 kaum statt, da Plasma keine Carboanhydrase enthält. Die Bicarbonat-Bildung und die gemeinsame Anwesenheit von Hämoglobin und Carboanhydrase im Erythrocyteninneren ist sehr sinnvoll, da Hämoglobin der bei weitem wichtigste Nicht-Bicarbonat-Puffer des Blutes ist, so daß die Protonen dort gebildet werden, wo sie unmittelbar gepuffert werden können. Da hierbei HCO_3^- praktisch nur im Erythrocyten anfällt, entsteht ein von innen nach außen gerichteter elektrochemischer Gradient für Bicarbonat. Diesem folgend strömt der größere Teil des neugebildeten Bicarbonats vom Erythrocyteninneren ins Blutplasma. Dies wird ermöglicht durch die Anwesenheit eines HCO_3^--Cl^--Austauschers (Antiport) in der Erythrocytenmembran. Dadurch wird letztlich der größere Teil des anfallenden Bicarbonats im Plasma – und nicht im Erythrocyten – transportiert. Derselbe Prozeß verläuft umgekehrt bei der CO_2-Abgabe des Blutes bei der Passage durch die Lungenkapillaren. Der gesamte Vorgang benötigt etwa 0,5 s bis zum Abschluß, ist also bei einer Kontaktzeit des Erythrocyten in der Kapillare von 0,7 s ausreichend schnell.

Dieser in Abb. 11.22 dargestellte Ablauf findet sich im Blut aller Säuger und Vögel und der meisten Fische. Eine Ausnahme sind die Neunaugen und Schleimaale, deren Erythrocyten zwar Hämoglobin und Carboanhydrase enthalten, aber keinen HCO_3^--Cl^--Antiport, und deren Erythrocytenmembran daher praktisch undurchlässig für Bicarbonat ist.

Im Blut der meisten Wirbeltiere werden: 1. HCO_3^- und H^+ aus CO_2 fast nur innerhalb des Erythrocyten gebildet, da diese Reaktion nur dort durch die Anwesenheit der Carboanhydrase ausreichend schnell abläuft, 2. die dabei anfallenden H^+ fast vollständig vom intraerythrocytären Hämoglobin gepuffert und anschließend 3. der größere Teil des im Erythrocyten gebildeten HCO_3^- im Austausch gegen Cl^- ins Plasma transferiert.

Die **CO_2-Bindungskurve des Blutes** ist in Abb. 11.23 dargestellt. Sie zeigt, daß der CO_2-Gehalt des arteriellen Blutes etwa doppelt so groß ist wie sein O_2-Gehalt. Sie zeigt weiter, daß die CO_2-Bindungskurve im physiologischen Partialdruckbereich zwischen 40 und 46 mmHg praktisch linear verläuft. Darin unterscheidet sie sich sehr von der O_2-Bindungskurve (Abb. 11.18 u. Tab. 11.1), die zwischen 90 mmHg (P_{O_2} arteriell) und 40 mmHg (P_{O_2} venös) stark von einem linearen Verlauf abweicht und vom flachen Endteil in den steileren Mittelteil der Kurve einbiegt.

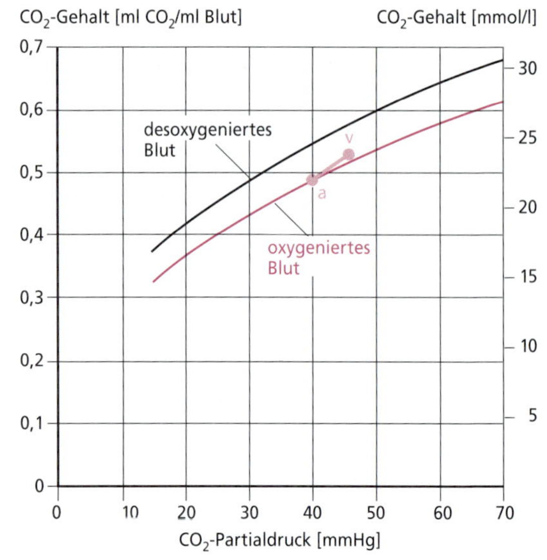

Abb. 11.23 CO_2-Bindungskurven des Blutes (Mensch, 37°C). Die Kurven sind zwischen den arteriellen (a) und gemischt-venösen (v) in-vivo-Werten nahezu linear. Voll desoxygeniertes Blut kann ca. 10% mehr CO_2 aufnehmen als voll oxygeniertes Blut (Haldane-Effekt). In vivo wird nur ein Teil des Haldane-Effektes wirksam, da gemischt-venöses Blut nur zu etwa 25% desoxygeniert ist.

Die dritte wichtige Information der Abb. 11.23 sind die Unterschiede der CO_2-Bindungskurven von deoxygeniertem und oxygeniertem Blut. Deoxygenation des Blutes erhöht dessen Aufnahmefähigkeit für CO_2. Diese Eigenschaft des Blutes wird **Christiansen-Douglas-Haldane-Effekt** oder kurz **Haldane-Effekt** genannt. Der physiologische Nutzen stellt sich im Gewebe ein, wenn die O_2-Abgabe ans Gewebe die CO_2-Aufnahme aus dem Gewebe erleichtert. Umgekehrt wird in der Lunge die CO_2-Abgabe durch die gleichzeitig erfolgende O_2-Aufnahme erleichtert.

Der Haldane-Effekt hat zwei molekulare Ursachen: a) bei der Oxygenation werden H^+-Ionen frei, die durch Reaktion mit HCO_3^- zur Bildung von CO_2 führen, also die Abgabe von CO_2 verbessern, und b) bei der Oxygenation wird oxylabiles Carbamino-CO_2 vom Hämoglobin abgespalten, das zusätzlich die CO_2-Abgabe erhöht. Wie in Abb. 11.23 durch die Punkte a und v angedeutet, wird in vivo der Haldane-Effekt nur teilweise wirksam, da arterielles Blut (a) zwar fast voll oxygeniert, aber venöses Blut (v) nur zu einem Viertel desoxygeniert ist.

Der Haldane-Effekt erleichtert die Aufnahme von CO_2 ins Blut aus dem Gewebe durch die gleichzeitig erfolgende Abgabe von O_2 des Blutes ans Gewebe sowie den umgekehrten Prozeß in der Lunge.

11.6 Pulmonaler Gasaustausch

Bei ausreichender Belüftung des Alveolarraums der Lunge ist der nächste Schritt, der für den Gasaustausch mit dem Blut entscheidend ist, die Diffusion von O_2 und CO_2 über die alveolo-kapilläre Barriere. Diese besteht aus Alveolarepithel, Interstitium mit Basalmembran und Kapillarendothel. Ihre Dicke beträgt nur 0,5-1 µm (Abb. 11.5). Sie kann nur durch Diffusion der gelösten Gase überwunden werden. Ein solcher Diffsionsprozess folgt dem 1. Fickschen Diffusionsgesetz:

$$\frac{dm}{dt} = - D \cdot F \cdot \frac{\Delta C}{d}$$

wobei dm/dt die pro Zeiteinheit über die Diffusionsbarriere hinweg diffundierende Stoffmenge darstellt, D den Diffusionskoeffizienten, der die Diffusionsgeschwindigkeit des betrachteten Stoffes im betrachteten Medium charakterisiert, F die zur Verfügung stehende Diffusionsfläche, ΔC die den Diffusionsprozeß treibende Konzentrationsdifferenz und d die Schichtdicke der Diffusionsbarriere. Da die Alveolar-Blut-Schranke an einer Phasengrenze Gas/Flüssigkeit liegt, kann die obige Form des Fickschen Diffusionsgesetzes hier nicht angewendet werden, weil die **Konzentrationen** des Gases in der Gasphase und im Blut sich niemals angleichen, wie es das Diffusiongesetz vorhersagt. Statt dessen müssen Gaspartialdrucke betrachtet werden, die sich auch über Phasengrenzen hinweg angleichen, wenn genügend Diffusionszeit zur Verfügung steht. Unter Benutzung des Henry-Daltonschen Gesetzes kann man das Ficksche Gesetz für diesen Fall wie folgt schreiben:

$$\frac{dm}{dt} = - \alpha \cdot D \cdot F \cdot \frac{\Delta P}{d}$$

wobei α der Löslichkeitskoeffizient des Gases im Gewebe der alveolo-kapillären Barriere ist und ΔP die Partialdruckdifferenz zwischen Alveole und Kapillare:

$$\Delta P = P_{cap} - P_A$$

Die **Diffusionskapazität der Lunge** charakterisiert die Diffusionseigenschaften einer individuellen Lunge, ohne daß die in vivo unzugänglichen Parameter D, F und d ermittelt werden müßten. Die Diffusionkapazität D_L wird durch folgende Form des Fick´schen Diffusionsgesetzes definiert:

$$\frac{dm}{dt} = D_L \cdot (P_A - P_{cap})$$

D_L faßt also die „Materialkonstanten" der Lunge D, F und d zu einer Größe zusammen. Zur Bestimmung der Diffusionskapazität einer Lunge müssen also ermittelt werden:

1. dm/dt, das ist im Fall von D_{L,O_2} gleich dem O_2-Verbrauch des Organismus $\dot{V}_{O_2}$, der ja vollständig über die Lunge aufgenommen wird
2. P_A kann wie oben beschrieben als endexspiratorischer Partialdruck bestimmt werden
3. P_{cap}, der mittlere kapilläre Partialdruck; dieser kann nur mit aufwendigen Rechenverfahren aus dem gemischt-venösen und dem arteriellen Partialdruck abgeschätzt werden.

Der **O_2-Verbrauch $\dot{V}_{O_2}$** kann aus der Steigung einer Spirometer-Aufzeichnung $\Delta V/\Delta t = \dot{V}_{O_2}$, wie in Abb. 11.8 dargestellt, bestimmt werden.

Die Schwierigkeit der Ermittlung von P_{cap} wird im allgemeinen dadurch umgangen, daß man nicht die **Diffusionskapazität für O_2, sondern für CO** in niedriger Konzentration bestimmt; da die Affinität des Hb für CO extrem hoch ist, bleibt bei dieser Messung $P_{CO,cap}$ praktisch =0, so daß die obige Gl. sich vereinfacht. D_{L,O_2} wird dann zur Abschätzung von $D_{L,CO}$ verwendet:

$$D_{L,O_2} = 1{,}23 \ D_{L,CO}$$

womit der etwas geringere Wert von αD für CO im Vergleich zu O_2 berücksichtigt wird.

Unter pathologischen Bedingungen kann D_L vermindert sein, a) weil die Gesamtaustauschfläche F des Lungenalveolarraums verkleinert ist, oder b) weil die Dicke d der alveolo-kapillären Barriere vergrößert ist. Ein Beispiel für eine Erhöhung von d ist die **Lungenfibrose**, bei der im Interstitium der Alveolen vermehrt Bindegewebe eingelagert ist. Daher gehört sehr häufig zum Symptomenkomplex einer restriktiven Lungenfunktionsstörung neben verminderter Compliance und verminderter Vitalkapazität auch eine reduzierte Diffusionskapazität der Lunge. Ein Beispiel für eine Verminderung von F ist das **Lungenemphysem**, bei dem Lungengewebe eingeschmolzen wird, so daß große Löcher im Lungenparenchym entstehen, sog. Bullae, in denen Alveolen aber auch Blutkapillaren verloren gegangen sind. Daher ist die Gesamt-Alveolaroberfläche und damit auch D_L vermindert.

Die Diffusionskapazität D_L beschreibt summarisch die Diffusionseigenschaften einer Lunge, z.B. für O_2. D_L ist Diffusionkoeffizient D mal Löslichkeit α mal Diffusionfläche F, dividiert durch Diffusionsstrecke d.

Kontaktzeit. Für die insgesamt über die alveolokapilläre Barriere übertretende Gasmenge ist außer D, F, ΔP und d auch das Zeitintervall (dt in der Fickschen Gleichung) entscheidend, das dem einzelnen Erythrocyten für den Gasaustausch mit der

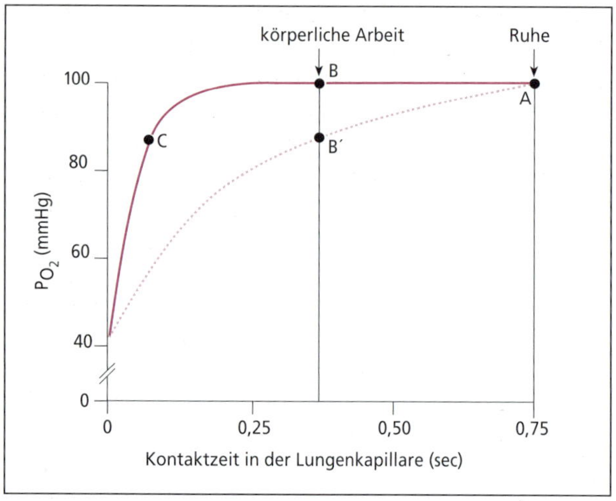

Abb. 11.24 O_2-Partialdruckangleich in der Lunge in Abhängigkeit von der Kontaktzeit in der Lungenkapillare. Durchgezogene Kurve: normale Lunge (oder reine Emphysemlunge), gestrichelte Kurve: Lunge mit Fibrose und verdickter alveolokapillärer Barriere. Die Kontaktzeit in Ruhe (A) beträgt 0,75 s. Körperliche Arbeit mit Steigerung des HMV kann die Kontaktzeit halbieren (B und B´), was bei Verdickung der alveolo-kapillären Barriere zu mangelhafter O_2-Beladung des Blutes führt (B´). Verlust von Lungenkapillaren beim Emphysem kann die Kontaktzeit ebenfalls erheblich reduzieren (B), wobei weitere Verkürzung der Kontaktzeit durch Arbeit (C) dann die Arterialisierung des Blutes einschränkt.

Alveole zur Verfügung steht, die Kontaktzeit. Die Kontaktzeit in der Lunge beträgt etwa 0,7 s. Abb. 11.24 zeigt den intrakapillären Verlauf des O_2-Partialdrucks im Verlauf einer Kontaktzeit von 0,75 s. Die durchgezogene Kurve gilt für Lungen mit normaler Diffusionskapazität für Sauerstoff, die gestrichelte Kurve zeigt, daß in einer Lunge mit verminderter Diffusionskapazität der Prozeß der O_2-Aufnahme des Blutes wesentlich langsamer verläuft. Abb. 11.24 illustriert den Effekt einiger physiologischer und pathologischer Situationen auf die O_2-Aufnahme:

1. Bei der gesunden Lunge ist die O_2-Aufnahme nach ca. 0,2 s abgeschlossen, so daß die Kontaktzeit bei körperlicher Ruhe (Punkt A) mehr als reichlich bemessen ist.
2. Bei körperlicher Arbeit vergrößert sich das Herzzeitvolumen, d.h., die Kontaktzeit verkürzt sich wegen der erhöhten Strömungsgeschwindigkeit des Blutes in der Lunge, hier auf etwa die Hälfte. Bei der gesunden Lunge ist ein voller Angleich von alveolärem und kapillärem P_{O_2} dabei immer noch gewährleistet (B).
3. Bei einer verminderten Diffusionskapazität durch verdickte alveolo-kapilläre Membranen (z.B. Lungenfibrose) reicht die Kontaktzeit bei Ruhe gerade noch aus (gestrichelte Kurve, A), bei durch körperliche Arbeit verkürzter Kontaktzeit allerdings nicht mehr (B´): es kommt zur arteriellen Hypoxämie.
4. Wenn das Lungenkapillarbett teilweise obstruiert (z.B. Embolie) oder teilweise zerstört (z.B. Lungenemphysem) ist und deshalb in den verbleibenden Kapillaren die Strömungsgeschwindigkeit erhöht und die Kontaktzeit verkürzt ist, so kommt in Ruhe noch ein Partialdruckangleich zustande (B); wird die Kontaktzeit dann allerdings im Zuge körperlicher Arbeit weiter verkürzt (C), so wird ein Partialdruckangleich zwischen Alveole und Kapillarblut nicht mehr erreicht, und es resultiert arterielle Hypoxämie.

In gesunden Lungen ist also die Kontaktzeit weit ausreichend für die O_2-Aufnahme in der Lunge, und das gilt auch noch, wenn bei körperlicher Arbeit die Kontaktzeit etwa halbiert ist.

Neben der Diffusionkapazität der Lunge ist die Kontaktzeit des Erythrocyten in der Lungenkapillare entscheidend – aber normalerweise ausreichend – für den pulmonalen Gasaustausch. Die Kontaktzeit kann bei einer Reduktion des Lungen-Kapillarbetts und bei Steigerung des Herzzeitvolumens kritisch verkürzt sein.

Diffusionkapazität der Lunge für CO_2. Während die Diffusionskoeffizienten D für O_2 und CO_2 sehr ähnlich sind, unterscheiden sich die Löslichkeitskoeffizienten α um das 20fache. Daher gilt

$$D_{L,CO_2} = 20 \cdot D_{L,O_2}$$

Diffusionsstörungen der Lunge mit verminderter Diffusionskapazität wirken sich daher in erster Linie auf die O_2-Aufnahme aus, und erst bei hochgradiger Einschränkung der Diffusionskapazität ist auch die CO_2-Abgabe in der Lunge betroffen. Daher ist für eine Diffusionsstörung zunächst folgender Blutgasbefund charakteristisch

$P_{O_2,a} \downarrow$; $P_{CO_2,a} =$, genannt **„Partialinsuffizienz“**,

und erst bei sehr schwerwiegenden Diffusionstörungen kann daraus der Befund

$P_{O_2,a} \downarrow$; $P_{CO_2,a} \uparrow$, genannt **„Globalinsuffizienz“**

entstehen.

Diffusionsstörungen erzeugen zunächst eine Partialinsuffizienz mit vermindertem P_{a,O_2} und normalem P_{a,CO_2}. Nur bei sehr massiven Störungen kann auch eine Globalinsuffizienz resultieren.

Lungendurchblutung. Da das gesamte Herzzeitvolumen durch die Lungengefäße fließen muß, ist die Lungenperfusion $\dot{Q}$ gleich dem Herzminutenvolumen, HMV, beim Menschen ca. 6 l/min.

Physiologischer Rechts-Links-Shunt: Ein kleiner Teil der Bronchialgefäße schickt venöses Blut in die (arterialisiertes Blut führende) Pulmonalvene, ebenso gelangt ein kleiner Teil des coronarvenösen Blutes in bereits arterialisiertes Blut, d.h., daß Blut, das die Alveolarkapillaren schon passiert hat, eine Beimengung von etwas venösem Blut erfährt. Diese Beimengung macht physiologischerweise etwa 2% des Herzeitvolumens aus. Sie ist verantwortlich dafür, daß arterielles Blut nur einen P_{O_2} von 90 mmHg aufweist, obwohl der alveoläre und der diesem vollständig angeglichene endkapilläre P_{O_2} der Lunge 100 mmHg betragen. Die normale alveolo-arterielle P_{O_2}-Differenz AaD_{O_2} von 10 mmHg beruht also auf dem physiologischen Shunt. Ein pathologischer Shunt, wie z.B. beim Ventrikel-Septum-Defekt, führt zu stark vermindertem P_{a,O_2} und einer erheblich vergrößerten AaD für P_{O_2}.

Lungenperfusion bei körperlicher Arbeit. Bei schwerer Belastung auf dem Laufband wurde beim Pferd über einen Anstieg des HMV auf mehr als das 8-9fache berichtet (Kap. 22.2.2). Beim untrainierten Menschen kann das HMV maximal auf das 4fache, beim hochtrainierten Menschen bis auf das 8fache ansteigen. Wie wird der entsprechende Anstieg der Lungenperfusion erreicht? Zunächst nimmt der pulmonale Blutdruck zu (pulmonale Hypertension), was die treibende Druckdifferenz für die Lungenperfusion erhöht, dann nimmt der pulmonale Gefäßwiderstand ab, da die druckpassiven Lungengefäße sich weiten (Abb. 9.16) und auch das Lungenkapillarblut-Volumen zunimmt. Das letztere bedeutet, daß die Kontaktzeit in den Lungenkapillaren nicht umgekehrt proportional mit zunehmendem HMV abnimmt, sondern weniger. Daher ist die in Abb. 11.24 angenommene Halbierung der Kontaktzeit auch bei schwerer körperlicher Arbeit realistisch.

Verteilung von Ventilation und Perfusion. Die Durchblutung der Lunge ist nicht homogen verteilt. Generell ist die Durchblutung des unteren Teils der Lunge größer als die des oberen. Dies ist beim Menschen natürlich von der Körperlage abhängig, im Stehen sind die basalen Lungenanteile sehr viel stärker durchblutet als die apikalen. Beim Pferd sind die ventralen Lungenanteile stärker durchblutet als die dorsalen. Die Hauptursache hierfür ist das ausgeprägt druckpassive Verhalten der Lungengefäße, das dazu führt, daß bei dem höheren hydrostatischen Druck in den unteren Partien die Gefäße erweitert werden (Abb. 9.16) und/oder zusätzliche Gefäße eröffnet werden, während in den oben gelegenen Lungenpartien das Gegenteil eintritt.

In ähnlicher Weise, wenn auch in etwas geringerem Ausmaß, ist die Lungenventilation ungleich verteilt. So ist beim stehenden Menschen in Ruhe der basale Lungenabschnitt gut belüftet, während die apikalen Partien nur gering ventiliert werden.

Diese gute Abstimmung zwischen Ventilation und Perfusion der Lunge ist dem **Euler-Liljestrand-Mechanismus** (oder der hypoxischen Vasokonstriktion der Lungengefäße) zu verdanken. Im Gegensatz z.B. zum Muskel, wo erniedrigter P_{O_2} oder erhöhter P_{CO_2} eine der Stoffwechselsituation angemessene Vasodilatation mit Durchblutungssteigerung bewirken (Kap. 9.4.2), verhalten sich die Lungengefäße umgekehrt: wenn ein Alveolarbereich schlecht belüftet wird und P_{O_2} abfällt und P_{CO_2} ansteigt, so reagieren die Gefäße dieses Bereiches mit einer Vasokonstriktion. Die hypoxische Vasokonstriktion der Lunge ist dadurch ein wichtiger Mechanismus, der dafür sorgt, daß Ventilation und Perfusion einander angepaßt sind. Damit wird vermieden, daß eine Alveole unnötig stark durchblutet wird, obwohl sie nicht ventiliert wird, oder umgekehrt.

Trotz dieses Mechanismus ist die Abstimmung zwischen Ventilation $\dot{V}_A$ und Perfusion $\dot{Q}$ auch physiologischerweise nicht perfekt. Bei Menschen beträgt die alveoläre Ruheventilation 5 l/min, das Herzzeitvolumen 6 l/min, das ergibt ein Ventilations-Perfusionsverhältnis $\dot{V}_A/\dot{Q}$ von ca. 0,8. Auch beim Pferd liegt dieses Verhältnis zwischen 0,8 und 1,0. Die Verteilung dieses Verhältnisses über die Lunge ist beim Menschen jedoch nicht ganz homogen, in den unteren Partien erreicht es einen Wert von 0,6, in den oberen Regionen von bis zu 3. Beim Pferd dagegen ist das Ventilations-Perfusionsverhältnis sehr homogen zwischen dorsaler und ventraler Lunge verteilt und beträgt überall etwa 0,9. Die mäßige Ungleichverteilung von $\dot{V}_A/\dot{Q}$ beim Menschen könnte man als „physiologische Verteilungsstörung" bezeichnen. Sie bessert sich erheblich bei körperlicher Belastung des Menschen.

Die gute, obgleich nicht bei allen Species perfekte, Abstimmung zwischen Ventilation und Perfusion im Lungengewebe wird durch den Euler-Liljestrand-Mechanismus (hypoxische Vasokonstriktion) vermittelt.

Verteilungsstörungen. Verteilungsstörung ist eine über das physiologische Maß hinausgehende Inhomogenität der Verteilung von $\dot{V}_A/\dot{Q}$ über das Lungengewebe. Dabei kann das globale $\dot{V}_A/\dot{Q}$ völlig normal sein. Trotzdem führt eine solche Verteilungsstörung zu schweren Störungen des Gasaustauschs in der Lunge mit dem Hauptsymptom arterielle Hypoxämie (= verminderter P_{O_2} im arteriellen Blut). Sie kann bei einer Fülle von Lungenerkrankungen auftreten, wie Lungenentzündung, Bronchitiden, Lungengefäßthrombosen und -embolien etc.

Außer Störungen der Verteilung von Ventilation und Perfusion kann es auch Störungen der Verteilung von Diffusion und Perfusion geben. Wir wollen hier nur die ersteren besprechen.

Wieso führt eine inhomogene Verteilung von $\dot{V}_A/\dot{Q}$ zu einer Behinderung des pulmonalen Sauerstoffaustauschs? Wir wollen uns zum Verständnis die Lunge als aus zwei Kompartimenten (A und B) bestehend vorstellen.

Im **Idealzustand** seien beide Kompartimente gleich durchblutet und gleich ventiliert:

Kompartiment	A	B	A+B	
Alveoläre Ventilation	2,4	2,4	4,8	l/min
Lungenperfusion	3,0	3,0	6,0	l/min
$\dot{V}_A/\dot{Q}$	0,8	0,8	0,8	
P_{A,O_2}	101	101	101	mmHg
P_{a,O_2}	101	101	101	mmHg
AaD für P_{O_2}	0	0	0	mmHg
P_{a,CO_2}	40	40	40	mmHg

Dabei ist der physiologische Shunt vernachlässigt, daher ist die alveolo-arterielle P_{O_2}-Differenz AaD Null. Die arteriellen Blutgaswerte sind normal.

Bei einer **Störung der Verteilung von Ventilation und Perfusion** könnte die Situation wie folgt verändert sein:

Kompartiment	A	B	A+B	
Alveoläre Ventilation	3,6	1,2	4,8	l/min
Lungenperfusion	3,0	3,0	6,0	l/min
$\dot{V}_A/\dot{Q}$	1,2	0,4	0,8	
P_{A,O_2}	114	77	105	mmHg
P_{a,O_2}	114	77	89	mmHg
AaD für P_{O_2}	0	0	16	mmHg
P_{a,CO_2}	36	4	40	mmHg

Dabei sei die Lungendurchblutung in beiden Kompartimenten wie oben gleich, dagegen die Ventilation in A erhöht, in B vermindert, dementsprechend sind die $\dot{V}_A/\dot{Q}$-Verhältnisse in A hoch und in B niedrig. Die Gesamtventilation ist wie oben normal, ebenso ist das globale $\dot{V}_A/\dot{Q}$-Verhältnis identisch zum Idealzustand. Trotzdem ist der P_{O_2} des arteriellen Blutes von 101 auf 89 mmHg vermindert. Die Ursache ist wie folgt: Die Erhöhung des alveolären P_{O_2} in A von 101 auf 114 mmHg bringt praktisch keine Verbesserung der ohnehin schon nahezu 100%igen O_2-Sättigung des Hämoglobins, die Absenkung des P_{A,O_2} von 101 auf 77 mmHg in B bringt dagegen in diesem Kompartiment eine merkliche Reduktion der O_2-Beladung des Hämoglobins. Beides kann man sich anhand des (nicht-linearen) Verlaufs der O_2-Bindungskurve (Abb. 11.20) klar machen. Die Mischung der Blute der beiden Kompartimente im arteriellen Blut im Verhältnis 1:1 führt dann zu einem Mittelwert der beiden Sättigungen, was eine mäßig verminderte arterielle Sauerstoffsättigung bedeutet. Wegen der nicht-linearen Form der O_2-Bindungskurve resultiert hieraus der deutlich verminderte arterielle P_{O_2} von 89 mmHg. Dies obwohl der mittlere alveoläre P_{O_2} wegen des großen Anteils des stark ventilierten Kompartiments sogar auf 105 mmHg erhöht ist, so daß eine alveolo-arterielle O_2-Partialdruckdifferenz von 16 mmHg zustandekommt. Da die CO_2-Bindungskurve im relevanten Bereich praktisch linear verläuft, entsteht dort kein Problem: aus der Mischung des Blutes aus dem hyperventilierten Kompartiment (P_{CO_2} erniedrigt) mit dem Blut aus dem hypoventilierten Kompartiment (P_{CO_2} erhöht) entsteht arterielles Blut mit einem etwa normalen P_{a,CO_2}. Charakteristisch für eine Verteilungsssstörung ist also eine Partialinsuffizienz mit erniedrigtem P_{a,O_2} und normalem P_{a,CO_2} (nur bei extremen Störungen auch eine Globalinsuffizienz), und eine vergrößerte alveolo-arterielle O_2-Partialdruckdifferenz.

Extremfälle von Verteilungsstörungen sind Lungenkompartimente, die gut durchblutet, aber nicht ventiliert sind (= funktioneller Shunt) oder solche, die gut ventiliert aber nicht durchblutet sind (= funktioneller Totraum).

Auch wenn die globale Ventilation und Perfusion einer Lunge normal sind, können Inhomogenitäten der Verteilung des Ventilations-Perfusions-Verhältnisses (= Verteilungsstörung) zu schweren Störungen des pulmonalen Gasaustauschs führen, von denen vor allem der P_{a,O_2} betroffen ist.

Pulmonaler Gasaustausch bei verschiedenen Lungenfunktionsstörungen. Allen Störungen ist das Leitsymptom arterielle Hypoxämie, also verminderter P_{a,O_2}, gemeinsam. Unterschiede bestehen in P_{a,CO_2}, in der alveolo-arteriellen P_{O_2}-Differenz und im Effekt einer Erhöhung der inspiratorischen Sauerstoffkonzentration auf den O_2-Druck im arteriellen Blut.

	P_{a,O_2}	AaD-P_{O_2}	P_{a,CO_2}	Anstieg von P_{a,O_2} auf Gabe von O_2 in Atemluft
Restriktive Ventilationsstörung (ohne Diffusionsstörung!)	↓	–	↑	deutlich
Obstruktive Ventilationsstörung	↓	–	↑	deutlich
Diffusionsstörung	↓	↑	–	deutlich
Pathologischer Shunt	↓	↑	–	kaum
Verteilungsssstörung	↓	↑	–	deutlich

Zur Differentialdiagnose Shunt-Verteilungsstörung ist der Effekt einer erhöhten inspiratorischen O_2-Konzentration auf die AaD für P_{O_2} verwendbar. Unter Sauerstoffatmung verschwindet die AaD bei Verteilungsstörungen weitgehend, während sie bei pathologischem Shunt bestehen bleibt bzw. sogar größer wird (= 100%-Sauerstoff-Test).

11.7 Regulation der Atmung

11.7.1 Rhythmogenese

An der Steuerung der Atmung sind zwei Regionen in der Medulla oblongata beteiligt: 1. die Neurone der ventralen respiratorischen Gruppe, VRG, und 2. die Neurone der dorsalen respiratorischen Gruppe, DRG, die im Nucleus tractus solitarii, NTS, liegen. Die VRG repräsentiert das eigentliche Atemzentrum, in dem die eigentliche Rhythmogenese erfolgt. Im NTS werden vor allem die afferenten Zuflüsse für Husten-, Hering-Breuer- und Chemorezeptorenreflexe umgeschaltet. Weiter haben die Neurone der pontinen respiratorischen Gruppe, PRG, (hemmende) Einflüsse auf die VRG.

Eine Vielzahl respiratorischer Neurone unterschiedlicher Eigenschaften bildet in der VRG ein Netzwerk, das den Atemrhythmus erzeugt. Die „Ausgangsneurone" des Netzwerks sind verantwortlich für drei Phasen des Atemzyklus:

Inspiratorische Neurone	→ Aktivierung des N. phrenicus und der Nn. intercostales externi → Zwerchfellkontraktion und Kontraktion der Mm.intercostales ext. → **Inspirationsphase**
Postinspiratorische Neurone	→ Beendigung der Kontraktion von Zwerchfell und Intercostales ext. → **Postinspirationsphase = passive Ausatmungsphase**
Exspiratorische Neurone	→ Aktivierung der Ausatmungsmuskeln Mm. intercostales interni und der Bauchmuskulatur → **„aktive" Ausatmungsphase.** Diese ist jedoch bei körperlicher Ruhe auch vorwiegend passiv, so daß bei Ruhe die gesamte Exspiration im wesentlichen passiv verläuft.

Der Atemrhythmus mit dem steten Wechsel zwischen In-und Exspiration wird von einem Netzwerk respiratorischer Neurone (= Atemzentrum) in der Medulla oblongata erzeugt.

11.7.2 Respiratorische Reflexe.

Lungendehnungsreflex – Hering-Breuer-Reflex. Im Bronchialbaum sind Lungendehnungsrezeptoren lokalisiert, deren Afferenzen im N. vagus verlaufen und die über die Neurone der DRG im NTS die Atemtätigkeit beeinflussen. Dehnung der Lunge bei der Inspiration führt über diese Afferenzen zu einer Hemmung der Inspiration und einer Aktivierung der Postinspiration. Sinn ist es, die inspiratorische Atemexkursion zu begrenzen und die Lunge vor Überdehnung zu schützen. Bei Ausschaltung der Afferenzen dieser Dehnungsrezeptoren nimmt entsprechend die Atemtiefe zu, verbunden mit einer Abnahme der Atemfrequenz.

Schutzreflexe. Mechanische oder chemische Reizung von in der Submucosa der Nasenschleimhaut gelegenen Rezeptoren löst den **Niesreflex** aus. Ähnlich löst mechanische oder chemische Reizung von subepithelialen Rezeptoren in Larynx und Trachea den **Hustenreflex** aus. Beim Husten werden sehr hohe Geschwindigkeiten des exspiratorischen Luftstroms erzeugt, die mit Turbulenz einhergehen und Partikel aus Trachea und Larynx herausbefördern.

Deflationsreflex, Head-Reflex. Durch eine starke Abnahme des Lungenvolumens („Deflation"), aber auch durch chemische Reize, werden schnell adaptierende bronchial lokalisierte **Irritant-Rezeptoren** aktiviert, die eine verstärkte Inspiration auslösen und die Exspiration hemmen.

J-Reflex. Im Lungeninterstitium liegen neben den Alveolarkapillaren (Juxtakapillär) freie Nervenendigungen von C-Fasern, die bei einer Erhöhung des Extrazellularraums der Lunge aktiviert werden (z.B. bei Lungenödem, Stauungslunge). Es resultiert eine Depression der Atemtätigkeit bis hin zu reflektorischer Apnoe sowie eine Bradykardie mit arterieller Hypotonie und eine Hemmung der Motorik. Es wird angenommen, daß dieser Reflex für Atemstörungen bei Lungenödem, Lungenstauung etc. verantwortlich ist und möglicherweise die Belastbarkeit durch körperliche Arbeit limitiert, da bei Arbeit die Drucke im Lungengefäßsystem ansteigen (→ Dyspnoe bei körperlicher Belastung).

Die Tätigkeit des Atemzentrums wird durch die Afferenzen respiratorischer Reflexe wie Lungendehnungsreflex (Hering-Breuer) und Schutzreflexen (Hustenreflex, Niesreflex) moduliert.

11.7.3 Chemische Atmungsregulation

Sie ist der wesentliche Mechanismus, der unter Bedingungen körperlicher Ruhe das Atemminutenvolumen so einstellt, daß es der Stoffwechselsituation angepaßt ist. Dazu werden von Chemorezeptoren die arteriellen Blutgasparameter P_{a,CO_2}, pH_a und P_{a,O_2} fortlaufend registriert. Sensoren sind die **peripheren Chemorezeptoren im Glomus caroticum** (an der Carotisgabel) und in den Glomera aortica (im Aortenbogen). Sie registrieren P_{a,CO_2}, P_{a,O_2} und pH_a. Von **den zentralen Chemorezeptoren in der Medulla oblongata** (möglicherweise an ihrer Ventralseite) werden P_{a,CO_2} und pH_a registriert. Die Informationen werden im Atemzentrum zur Steuerung von Atemfrequenz und Atemzugvolumen verwendet.

Abb. 11.25 zeigt die „Atemantworten" auf Veränderungen von P_{a,CO_2}, pH_a und P_{a,O_2}. Sie zeigt, daß

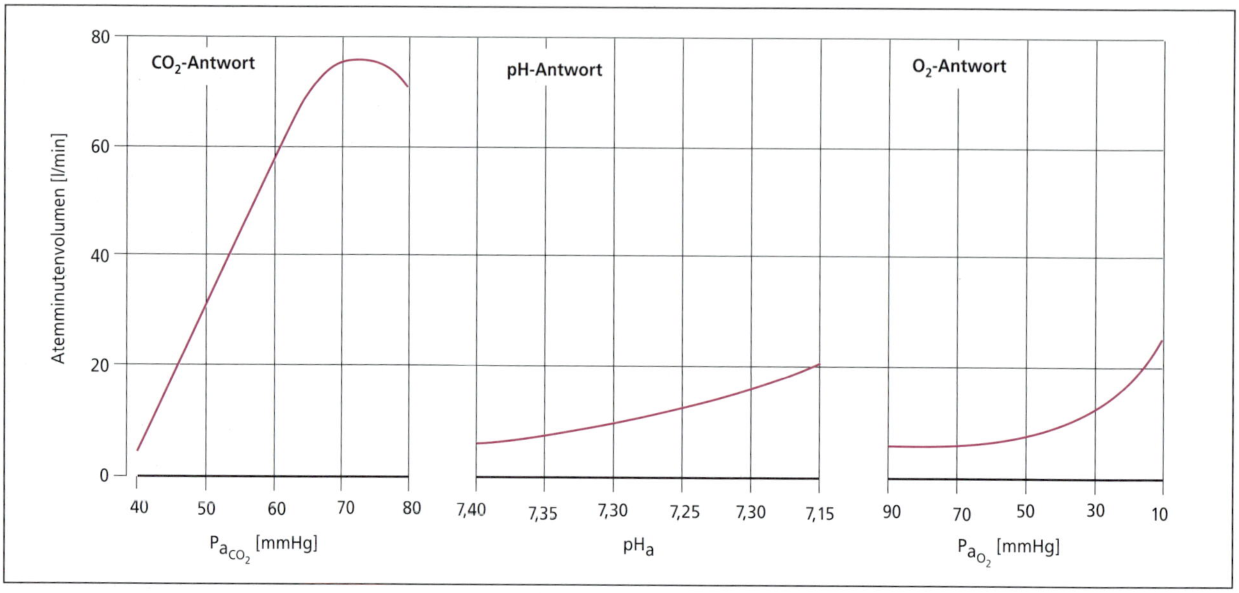

Abb. 11.25 Atemantworten: Ruheventilation in Abhängigkeit von $P_{CO_2,a}$, pH_a, P_{O_2a}.

P_{a,CO_2} einen besonders ausgeprägten Effekt auf die Ventilation hat. Wenn der P_{a,CO_2} von 40 auf 60 mmHg steigt, so wird das Atemminutenvolumen um fast das Zehnfache gesteigert, beim Menschen von 7 l/min auf 60 l/min. Bei 70 mmHg wird ein maximales Atemzeitvolumen von 75 l/min erreicht, bei höheren Partialdrucken wirkt CO_2 atemdepressiv. Eine Absenkung des pH_a führt zu einem schwächeren Effekt auf die Ventilation, die bei pH_a=7,1 etwa verdreifacht ist. Bemerkenswert ist der Effekt einer Hypoxämie: bis zu einem P_{a,O_2} von 50 mmHg kommt kaum eine Steigerung der Ventilation zustande. Erst bei einer sehr gravierenden Hypoxämie mit erheblicher Reduktion der O_2-Sättigung steigt die Ventilation deutlich an und erreicht bei extremem O_2-Mangel etwa das Dreifache der normalen Ruheventilation. Der Atemantrieb durch O_2 ist also nur bei ausgeprägter Hypoxämie (z.B. Aufenthalt in goßer Höhe) wichtig, außerdem ist er entscheidend bei chronischer Hyperkapnie, wenn das Atemzentrum an hohe P_{a,CO_2}-Werte adaptiert ist und dadurch O_2 zum wesentlichen Stimulus wird.

Es ist interessant festzuhalten, daß die chemischen Atemantriebe maximal etwa eine Verzehnfachung des Atemminutenvolumens bewirken können, während die maximal mögliche (beim Menschen willkürliche) Ventilation das 25fache der normalen Ruheventilation erreicht. Maximale körperliche Arbeit führt bei Menschen zu einer Ventilation etwa vom 15fachen der Ruheventilation, bei Pferden zum 23fachen (Tab. 22.4).

Es muß angefügt werden, daß auch die Körpertemperatur insbesondere bei denjenigen Tieren einen wichtigen Stimulus für die Ventilation darstellt, die durch Hecheln (d.h. hochfrequente flache Atmung mit überwiegender Totraumbelüftung) einen nennenswerten Teil ihrer Thermoregulation bewerkstelligen.

> Die chemische Atmungsregulation paßt die Tätigkeit des Atemzentrums (und der Ventilation) an die Stoffwechselbedürfnisse an. P_{a,CO_2}, P_{a,O_2} und pH_a liefern dazu über periphere und zentrale Chemorezeptoren Afferenzen an das Atemzentrum.

11.7.4 Atmungsregulation bei Arbeit

Beim Menschen und bei Haustieren, soweit sie untersucht worden sind, bleiben die arteriellen Blutgasparameter P_{a,CO_2}, P_{a,O_2} und pH_a während körperlicher Arbeit deutlich unterhalb der Dauerleistungsgrenze unverändert. Insofern scheiden sie als Ursache der gesteigerten Ventilation aus. Erst bei Arbeitsbelastungen nahe der Dauerleistungsgrenze kommt es zu einem Abfall des P_{a,CO_2} („Arbeitshyperventilation") und auch einem gewissen Abfall von P_{a,O_2} (mangelhafte Arterialisierung des Blutes in der Lunge bei verminderter Kontaktzeit), was außer beim Menschen auch bei Pferden und Ponys beobachtet wurde. Beide Veränderungen können nicht für eine Ventilationssteigerung verantwortlich gemacht werden. Statt dessen scheinen zwei neurale Mechanismen entscheidend zu sein:

1. **Zentrale Mitinnervation.** Zu Beginn der Arbeit wird das Atemzentrum (wie auch das Kreislaufzentrum) durch die Aktivierung des sensomotorischen Systems „mitinnerviert". Dies erklärt

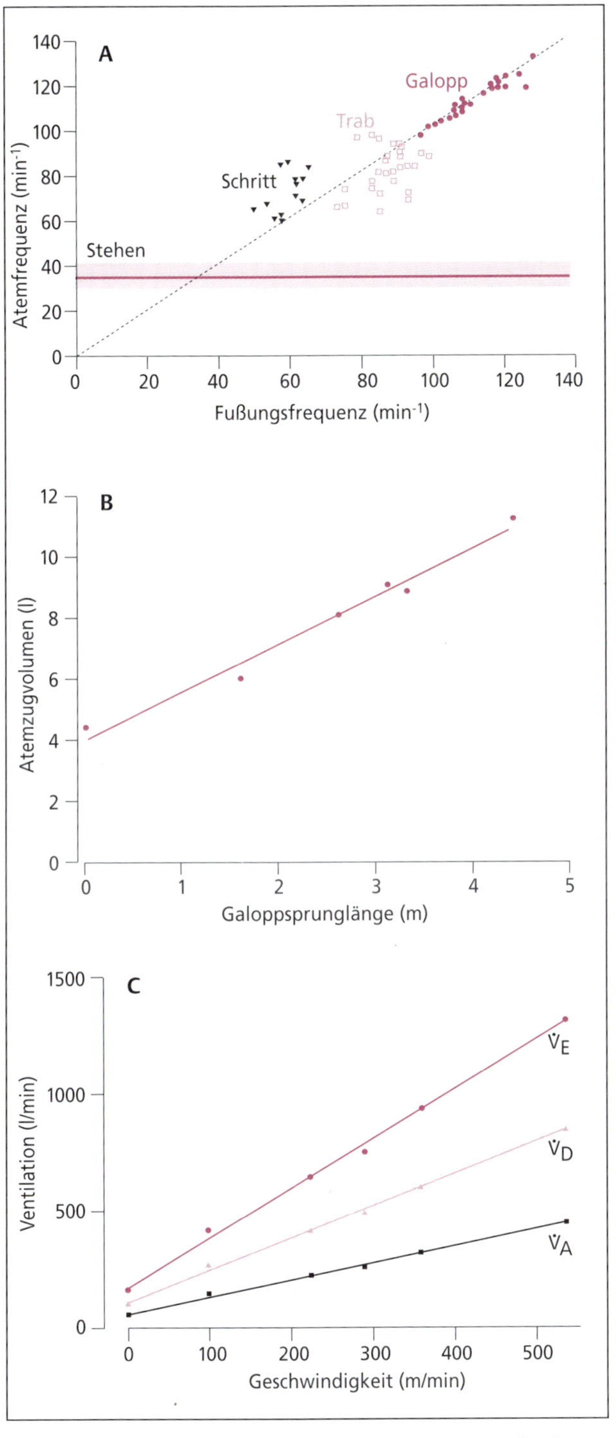

Abb. 11.26 A Abhängigkeit der Atemfrequenz von Pferden von der Fußungsfrequenz. Insbesondere beim galoppierenden Pferd besteht eine strikte 1:1 Synchronisation der beiden Parameter, beim trabenden und Pferden im Schritt ist die Synchronisation nicht so ausgeprägt. **B** Lineare Abhängigkeit des Atemzugvolumens von Pferden von der Galoppsprunglänge. Da außerdem Atemfrequenz und Galoppsprungfrequenz identisch sind (A), ergibt sich zwingend die in **C** gezeigte lineare Beziehung zwischen Atemminutenvolumen und Laufgeschwindigkeit (nach Hörnicke et al. 1983). $\dot{V}_E$ Gesamtventilation, $\dot{V}_D$ Totraumventilation, $\dot{V}_A$ alveoläre Ventilation.

auch, daß Ventilation und Herzeitvolumen sofort bei Arbeitsbeginn erhöht sind.

2. **Reafferenzprinzip.** Eine Feineinstellung von Ventilation und Kreislauf für die tatsächlich geleistete Arbeit erfolgt über Rückmeldungen aus der arbeitenden Muskulatur. Als Sensoren im Muskelgewebe werden Chemosensoren und/oder Mechanorezeptoren diskutiert.

Synchronisation von Atmung und Lokomotion beim Pferd. Dies stellt eine besondere Form der Atmungssteuerung bei galoppierenden Pferden und Hunden dar. Fußungs- und Atemfrequenz sind identisch (Abb. 11.26A), was als mechanisch vorteilhaft angesehen wird (Kap. 22.2.1). Abb. 11.26A zeigt, daß die 1:1-Synchronisation von Fußungs- und Atemfrequenz beim Pferd im Galopp sehr ausgeprägt, im Schritt und Trab dagegen nicht oder deutlich schwächer ausgebildet ist. Weiterhin besteht zwischen Atemzugvolumen und Galoppsprunglänge eine lineare Beziehung (Abb. 11.26B). Das führt zu einer zwingenden linearen Kopplung der Ventilation an die Laufgeschwindigkeit (Abb. 11.26C) und stellt ein sehr logisches Prinzip der Ventilationsanpassung an die Arbeitsbelastung dar, da zwischen Laufgeschwindigkeit und O_2-Verbrauch ebenfalls ein linearer Zusammenhang besteht (Kap. 22.2.1). Das ruhende Pferd hat ein Atemminutenvolumen von etwa 60 l/min und eine Atemfrequenz von ca. 12/min. Im Galopp kann das Atemminutenvolumen auf 1400 l/min, d.i. das 23fache der Ruheventilation, und die Atemfrequenz auf 120/min ansteigen (Tab. 22.4).

Voraussetzung für die Kopplung von Fußungs- und Atemfrequenz ist, daß die Pferde im Zeitintervall eines Schrittes die Exspirationsphase beenden können. Beim gesunden Pferd genügt die Hälfte dieser Periode für eine vollständige Exspiration. Bei Pferden, die an chronisch-obstruktiver Bronchitis (COPD, chronic obstructive pulmonary disease) leiden, ist die Exspirationsphase aufgrund des erhöhten Atemwegswiderstandes verlängert. Damit wird die maximale Atemfrequenz und somit auch die maximale Schrittfrequenz und Laufgeschwindigkeit bei COPD vermindert.

11.8 Vergleichende Pathophysiologie der Lungenfunktion der Haustiere

11.8.1 Obstruktive Lungenerkrankungen

Atemwegsobstruktionen können nach ihrer Ursache in drei Klassen unterteilt werden:

Intraluminale Ursachen: wird hauptsächlich durch exzessive Sekretion von Mucus in das Bronchiallumen verursacht, z.B. bei COPD.

Intramurale Ursachen: Hier liegt die Ursache in der Wand der Atemwege. Sie kann auf starker Konstriktion der glatten Bronchialmuskulatur beruhen, auf Hypertrophie der Schleimdrüsen wie bei COPD oder auf Verdickung der Larynx- oder Bronchialwände durch Entzündung und Ödem bei Laryngitis oder Bronchitis.

Extraluminale Ursachen: Eine wichtige Erkrankung ist das Lungenemphysem, bei dem Lungengewebe eingeschmolzen ist. Durch den damit verbundenen Verlust von elastischen Fasern wird auf die Atemwege eine geringere radiale Zugspannung ausgeübt mit der Folge, daß die Atemwegslumina verkleinert sind. Insofern stellt das Lungenemphysem ebenfalls eine obstruktive Störung dar. Eine zweite Erkrankung, die sich (auch) extraluminal auswirkt, ist die COPD. Wegen der erschwerten Exspiration wird ein erhöhter Druck in der Lunge erzeugt, der auch im Interstitium wirksam ist und dadurch zu einer Kompression intrathorakaler Atemwege führt, was die Exspiration weiter erschwert.

Hauptsächliche funktionelle Konsequenz obstruktiver Lungenerkrankungen sind erhöhte Resistance, vergrößertes Residualvolumen (durch vorzeitigen Atemwegsverschluß bei der Exspiration) in Verbindung mit verkleinerter Vitalkapazität bei normaler Totalkapazität.

Eine weitere Unterteilung obstruktiver Erkrankungen erfolgt nach der Lokalisation der Obstruktion im Atmungssystem. **Obstruktion der oberen Atemwege** bezieht sich auf Obstruktion im Bereich der Nase, des Pharynx und Larynx und der extrathorakalen Trachea. Beispiele sind die bei Pferden und Hunden besonders häufige Paralyse des Larynx, die akute Laryngitis bei Rindern, eine atrophische Rhinits bei Schweinen, und chronische nasale Infekte bei Katzen. Da die oberen Atemwege besonders viel zur gesamten Resistance beitragen, ist die Hauptfolge ein Anstieg der pulmonalen Resistance mit einem erheblichen Mehraufwand an mechanischer Atemarbeit. Die **Obstruktionen der unteren Atemwege** beziehen sich auf die intrathorakale Trachea, die Bronchien und Bronchiolen. Im Vordergrund der Symptome können hier eine Ungleichverteilung der Ventilation und erhebliche Ventilations-Perfusions-Verteilungsstörungen stehen mit der Folge arterieller Hypoxämie. Infolge von hypoxischer Vasokonstriktion in den schlecht belüfteten Lungenarealen kann es bei diesen Krankheitsbildern zusätzlich zu pulmonaler Hypertonie kommen. Beispiele sind chronische Bronchitiden, die besonders häufig bei Pferden, Hunden und Katzen auftreten und allergisch bedingte Bronchospasmen bei Rindern.

Die häufigste Lungenerkrankung bei Pferden ist COPD, chronic obstructive lung disease. Sie wird als Hyperreagibilität der Atemwege auf eingeatmete Allergene wie Pilzsporen, Chemikalien wie Ammoniak und H_2S oder inhalierte Partikel angesehen. Betroffen sind die unteren Atemwege, die im allgemeinen zusätzlich bakteriell infiziert sind. Die Obstruktion kommt durch vermehrte Schleimsekretion, Eiter, Bronchokonstriktion und chronische Entzündung der Bronchiolen mit Hyperplasie des Epithels zustande. Die betroffenen Pferde husten. Der erhöhte Atemwegswiderstand kann zu Verteilungsstörungen mit arterieller Hypoxämie führen, und diese zu pulmonaler Vasokonstriktion mit pulmonaler Hypertonie und Rechtsherzhypertrophie. Langfristig führt der chronisch erhöhte Atemwegswiderstand zur Ausbildung eines Lungenemphysems mit Verlust von Lungengewebe (Dämpfigkeit). Hunde und Katzen können ebenfalls allergisch bedingte Bronchitiden (Katzenasthma) entwickeln.

11.8.2 Restriktive Lungenerkrankungen.

Leitbefunde sind verminderte Lungencompliance, stark verminderte Vitalkapazität und verringerte Totalkapazität. Die Resistance ist normal.

Folgende Typen restriktiver Lungenerkrankungen bei Haustieren sind bekannt.

1. **Interstitielle Lungenerkrankungen.** Sie sind charakterisiert durch progrediente Fibrosierung der Lunge aus unbekannter Ursache oder als Folge von Entzündungen des Lungengewebes, d.h. durch Einlagerung von kollagenen Fasern, die die Volumendehnbarkeit der Lunge einschränken. Während sie beim Menschen eine häufige Erkrankung ist, wird sie bei Haustieren selten beobachtet.
2. **Intraparenchymale restriktive Erkrankungen.** Eine große Gruppe bilden mikrobiell bedingte Pneumonien (Lungenentzündungen), die aufgrund von Flüssigkeitsansammlung und Zellinfiltration die Volumendehnbarkeit vermindern. Hierzu gehören auch maligne Lungentumore bzw. Lungenmetastasen.
3. **Extraparenchymal bedingte restriktive Erkrankungen.** Einschränkungen der Ausdehnungsfähigkeit der Lunge oder des Thorax können zustande kommen durch Pleuraerguß (Flüssigkeitsansammlung zwischen den beiden Pleurablättern), Pneumothorax (Kollaps der Lunge durch Lufteintritt in den Pleuraspalt, z.B. durch Verletzungen der Thoraxwand oder Rupturen von Emphysemblasen), Deformitäten des knöchernen Thorax oder Schwäche der Atemmuskulatur.

4. **NRDS, neonatal respiratory distress syndrome.** NRDS ist bei frühgeborenen Lämmern, Schweinen, Kälbern, Fohlen und Hunden beobachtet worden. Aufgrund von Surfactant-Mangel ist die Volumendehnbarkeit der Lungen vermindert und es entstehen Atelektasen (= nicht entfaltete Lungenbezirke). Aufgrund erhöhter Permeabilität der alveolo-kapillären Barriere treten Proteine und Zellen in die Alveolen ein und aggregieren zu Schichten, die die Alveolaroberfläche bedecken (= Syndrom der hyalinen Membranen). Aus dem selben Grund kann es zur Flüssigkeitsansammlung in den Alveolen kommen (= Lungenödem). Hyaline Membranen und Flüssigkeit inaktivieren das noch vorhandene Surfactant und verschlechtern so das Krankheitsbild weiter.

11.9 Atmung bei Vögeln

Bei Vögeln findet der Gasaustausch zwischen dünnen Luftkapillaren mit einem Durchmesser von etwa 10 µm und Blutkapillaren statt, die in engem Kontakt miteinander stehen (Abb. 11.27C). Die Luftkapillaren werden von den Parabronchien mit Frischluft versorgt. Wie Abb. 11.27B und 28 zeigen, werden die Parabronchien folgendermaßen belüftet: Luft tritt durch die Trachea ein, strömt durch den Mesobronchus in die Gruppe der kaudalen Luftsäcke und in die Dorsobronchi. Von letzteren aus werden die Parabronchi durchströmt, von wo die „verbrauchte“ Luft durch die Ventrobronchi zur Trachea und durch diese in umgekehrter Richtung wieder nach außen strömt. Abb. 11.27C und D zeigen die Konsequenzen dieser Situation für den Gasaustausch in der Vogellunge. In Abb 27C stömt frische Luft von rechts in den Parabronchus ein; die weit rechts gelegenen Luftkapillaren erhalten daher noch unverbrauchte Luft, die weiter links gelegenen Atemgas mit immer weiter abnehmendem Sauerstoffgehalt (und zunehmendem CO_2-Gehalt). Aus der gegebenen Strömungsrichtung des Gases durch den Parabronchus resultiert also der in Abb. 11.27D gezeigte Verlauf des O_2-Partialdrucks im Parabronchus, und hieraus ergibt sich, daß das am Anfang des Parabronchus dem Gasaustausch zugeführte Blut einen hohen P_{O_2} erreicht, während am Ende des Parabronchus ein nur wenig über dem venösen Wert liegender P_{O_2} eingestellt wird. Wie in Abb. 11.1 dargestellt, nennt man diesen Modus des Gasaustauschs Kreuzstrom, weil das Kapillarblut über eine größere Strecke senkrecht zum Luftstrom fließt. Der Kreuzstrom ist ein relativ wirkungsvolles Prinzip des Gasaustauschs, da er zu P_{O_2}-Werten im

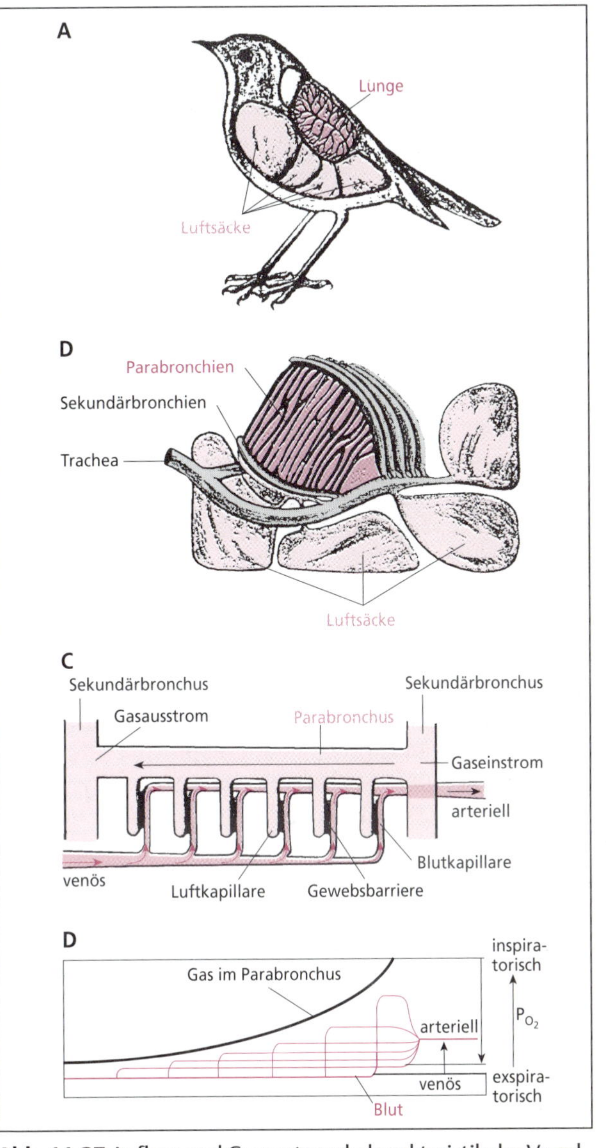

Abb. 11.27 Aufbau und Gasaustauschcharakteristik der Vogellunge (nach Piiper und Scheid, 1991). **A** Anordnung der Lunge und mehrerer großer Luftsäcke im Brust-Bauch-Raum des Vogels. **B** Die Trachea teilt sich in zwei Hauptbronchien, von denen die Sekundärbronchien abzweigen, die durch zahlreiche den Gasaustausch vermittelnde Parabronchien verbunden sind. **C** Vom (dorsalen) Sekundärbronchus strömt Luft unidirektional durch den Parabronchus zum (ventralen) Sekundärbronchus. Vom Lumen der Parabronchien gehen viele Luftkapillaren aus, die in engem Kontakt mit Blutkapillaren stehen. Durch die dünne Barriere zwischen Blut- und Luftkapillare findet der Gasaustausch durch Diffusion statt. Die Richtungen von Gasstrom und Blutstrom kreuzen einander. **D** O_2-Partialdruckverlauf im Gas des Parabronchus (obere schwarze Kurve) und im Blut der einzelnen Blutkapillaren (rote Linien). Die am weitesten rechts liegenden Kapillaren erreichen die höchsten O_2-Partialdrücke, da sie mit der noch unverbrauchten Luft am Beginn des Parabronchus in Kontakt treten. Dadurch ist der nach Mischen der Kapillarblute zustande kommende arterielle P_{O_2} höher als der exspiratorische P_{O_2}, weswegen das Kreuzstromsystem ein effizienteres Gasaustauschsystem ist als das Poolsystem der Säugerlunge (Abb. 11.1, Abb. 11.31).

arterialisierten Blut führen kann, die höher liegen als diejenigen der Ausatemluft (Abb. 11.27D). Das ist in der Säugerlunge nicht möglich.

Der pulmonale Gasaustausch bei Vögeln findet unter den relativ effizienten Bedingungen des „Kreuzstroms" statt, der im Gegensatz zum „Poolsystem" der Säugerlunge erlaubt, daß der arterielle P_{O_2} höher wird als der exspiratorische P_{O_2}.

Wie wird die Vogellunge ventiliert? Die Rippen der Vögel bewegen sich während der Atmung kaum nach vorn, und das Lungenvolumen (= Parabronchien und Sekundärbronchien) verändert sich wenig. Verantwortlich für den Luftstrom sind die mit der Vogellunge verbundenen Luftsäcke, und zwar haupsächlich die der caudalen Gruppe (postthorakaler und abdominaler Luftsack) und in geringerem Maße die der cranialen Gruppe (cervicaler, interclavicularer und präthorakaler Luftsack). Die Volumina der Luftsäcke ändern sich durch ventrodorsale Thoraxbewegungen.

Abb. 11.28 zeigt, daß der Luftstrom im Mesobronchus bidirektional ist, in den Parabronchien dagegen unidirektional. Bei der Inspiration (schwarze Pfeile) strömt Frischluft durch den Mesobronchus in die caudalen Luftsäcke und in die Dorsobronchien, dann durch die Parabronchien in die Ventrobronchien und in die cranialen Luftsäcke. Während

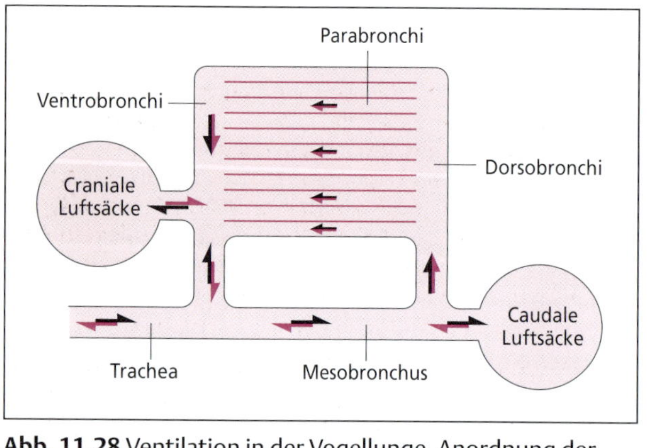

Abb. 11.28 Ventilation in der Vogellunge. Anordnung der Sekundärbronchien Dorsobronchi und Ventrobronchi, die durch die Parabronchien miteinander verbunden sind und Anordnung der cranialen und dorsalen Luftsäcke. Die Pfeile illustrieren das Prinzip der Belüftung der Parabronchien der Vogellunge.
Schwarze Pfeilhälften: Inspiration, Luft strömt über die Trachea und den Mesobronchus in die Dorsobronchi und die caudalen Luftsäcke. Rote Pfeilhälften: Exspiration, Luft strömt aus den caudalen Luftsäcken in die Dorsobronchi und über den Mesobronchus nach außen. In der In- wie der Exspirationsphase strömt Frischluft in derselben Richtung aus den Dorsobronchi durch die Parabronchien in die Ventrobronchi. Die cranialen Luftsäcke spielen eine geringere Rolle für die Ventilation als die caudalen Luftsäcke (nach Scheid et al., 1972).

der Exspiration (rote Pfeile) strömt die Luft aus den komprimierten caudalen Luftsäcken über die Dorsobronchien durch die Parabronchien und in geringerem Umfang durch den Mesobronchus zur Trachea und dann nach außen. Aus den cranialen Luftsäcken, deren Volumen sich während der Atmung nur gering ändert, strömt in der Exspiration ebenfalls etwas Luft über die Ventrobronchien zur Trachea. Die Volumenänderungen der Luftsäcke bei der Ventilation kommen hauptsächlich durch ventro-craniale Bewegungen des Sternums zustande, dessen Beweglichkeit daher beim Anfassen der Tiere nicht behindert werden darf. Ein besonderer Vorteil der Vogellunge ergibt sich daraus, daß sowohl während der Inspiration als auch während der Exspiration Frischluft durch die Parabronchien strömt, und zwar immer in derselben Richtung. Dies wird nicht durch Klappen ermöglicht, sondern dadurch, daß die Öffnungen der Dorso- und Ventrobronchien zum Mesobronchus hin einen variablen, mit der Strömungsrichtung wechselnden Strömungswiderstand aufweisen. Es stellt optimale Bedingungen für den Gasaustausch in den Luftkapillaren der Parabronchien her.

Die Lunge der Vögel besteht aus Parabronchien mit Luftkapillaren, denen über Sekundärbronchien Frischluft zugeführt wird. Die Ventilation wird durch Volumenänderungen des Systems von Luftsäcken, die um die Lunge herum angeordnet sind, bewirkt.

Vögel haben in Ruhe ähnliche arterielle P_{O_2}-Werte wie Säuger, zwischen 80 und 100 mmHg. P_{a,CO_2} ist dagegen etwas niedriger und liegt zwischen 25 und 40 mmHg. Dementsprechend besteht eine respiratorische Alkalose mit pH_a-Werten zwischen 7,45 und 7,6. Vögel hyperventilieren bei körperlicher Aktivität wie Laufen und Fliegen, einige Arten auch beim Hecheln, d.h. P_{a,CO_2} nimmt ab. Einige Vogelarten können in erstaunlich großen Höhen bis 6000 oder in Extremfällen 8000 m fliegen. Unter den dort herrschenden hypoxischen Bedingungen kommt es ebenfalls zu einer erheblichen Hyperventilation mit P_{a,CO_2}-Werten bis unter 8 mmHg. Diese Vogelarten scheinen sowohl die Hypokapnie als auch die gravierende Hypoxie sehr viel besser zu tolerieren als Säuger. Die Regulation der Atmung von Vögeln erfolgt über das Glomus caroticum (das vor allem O_2-empfindlich ist) und über CO_2-Receptoren in den Lungen sowie über pH- und CO_2-Receptoren im Gehirn. Zur Anpassung der Atmung während körperlicher Aktivität gibt es ähnliche Mechanismen wie beim Säuger. Mitinnervation, also Aktivierung des Atemzentrums von höheren Gehirnregionen bei Beginn der Arbeit, und Reafferenz zum Atemzentrum von Chemo- und Mechanorezeptoren der Muskulatur scheinen beide wirksam zu sein.

Gastransfer im Vogelei. Die äußeren Dimensionen des Vogeleies sind fixiert, während der Bedarf des Embryos an O_2- und CO_2-Austausch zwischen Legen und Schlüpfen 1000fach zunimmt. Während der Entwicklung entsteht ein zunehmend großer Luftraum unter der Eierschale, der beim Hühnerei zum Zeitpunkt des Schlüpfens etwa 12 ml beträgt. Die Eierschale besitzt Poren (Abb. 23.76), durch die hindurch die Diffusion von O_2 und CO_2 in diesen Luftraum hinein stattfindet. Diese Gase diffundieren auch durch die der Eierschale anliegende Membran und durch die Chorioallantoismembran hindurch. Der Gasaustausch findet zwischen der Luftkammer und den Blutkapillaren der Chorioallantois statt. Die Anpassung an den größer werdenden Embryo erfolgt durch Größenzunahme der Luftkammer mit Vergrößerung der Diffusionsfläche Luftkammer/Umgebungsluft, durch Abnahme des P_{O_2} in der Luftzelle und im Blut, was mit einer Zunahme des P_{O_2}-Gradienten zwischen Luftkammer und Umgebung verbunden ist, und durch die Fortentwicklung des embryonalen Kreislaufsystems und eine Zunahme des Hämatokrits des embryonalen Blutes.

11.10 Atmung bei Fischen

Atmung im wäßrigen Medium findet unter erheblich anderen Bedingungen statt als Atmung in der Luft. Ein fundamentaler Unterschied ist die unterschiedliche Aufnahmefähigkeit für Gase in Luft und in Wasser (Tab. 11.2)

Tabelle 11.2 zeigt zum einen, daß bei gegebenem Sauerstoffpartialdruck Wasser nur 2-4% des O_2-Gehaltes der Luft aufweist. Daraus folgt, daß der Sauerstoffaustausch zwischen Wasser und Blut eine sehr viel höhere Ventilation erfordert als der O_2-Austausch zwischen Luft und Blut. Daß dies tatsächlich der Fall ist, zeigt der Vergleich zwischen menschlicher Lunge und Kiemen der Forelle in Abb. 11.29. Während das Ventilationsverhältnis $\dot{V}_A/\dot{Q}$ bei der Lunge etwa bei 0,8 liegt, weist die Forelle ein $\dot{V}_K/\dot{Q}$-Verhältnis von 10, also mehr als das 10fache auf.

Tabelle 11.2 Aufnahmefähigkeit für Gase in Luft und Wasser

	Temperatur	O_2	CO_2
Partialdruck		155 mmHg	3 mmHg
Gaskonzentration in Luft	10°C	21 ml/100 ml	0,44 ml/100 ml
Gaskonzentration in Wasser	10°C	0,77 ml/100 ml	0,47 ml/100 ml
Gaskonzentration in Luft	40°C	21 ml/100 ml	0,44 ml/100 ml
Gaskonzentration in Wasser	40°C	0,47 ml/100 ml	0,21 ml/100 ml

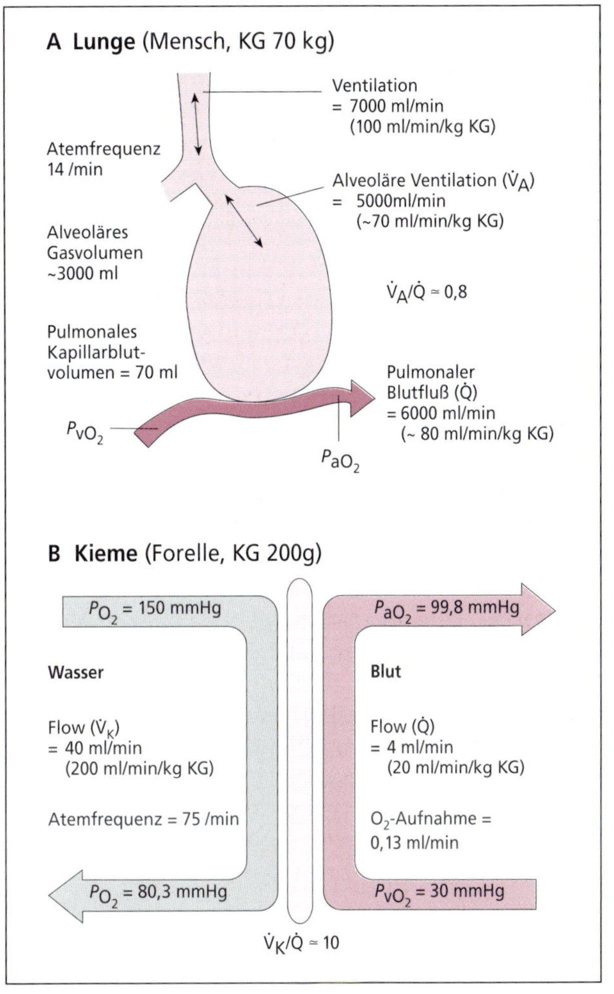

Abb. 11.29 Charakteristika von Ventilation und Perfusion in der Lunge (Poolsystem, A) und in den Fischkiemen (Gegenstromsystem, B). Zum Ausgleich der ungünstigeren Transporteigenschaften für O_2 von Wasser im Vergleich zu Luft ist das Ventilations-Perfusions-Verhältnis in Fischkiemen ($\dot{V}_K/\dot{Q}$) >10 mal größer als in der Säugerlunge ($\dot{V}_A/\dot{Q}$). Zudem ist das Gegenstromsystem ein effektiveres Gasaustauschsystem als das Poolsystem der Lunge (nach Scheid et al., 1972).

Es ergeben sich weitere wesentliche Unterschiede zwischen Wasser- und Luft-Atmung:

1. Wasser ist nicht nur wegen der geringen Löslichkeit für O_2 ein schlechteres O_2-Transportmittel als Luft, sondern auch wegen der sehr viel höheren Viskosität, was einen höheren Energieaufwand für die Ventilation – über den für ihren hohen Wert nötigen Aufwand hinaus – erforderlich macht. Während der für die Ruheatmung

beim Menschen nötige Anteil am Gesamtenergieumsatz ~ 1% beträgt, macht dieser Anteil z.B. bei Schleien 30% des Ruheumsatzes aus.

2. Die O_2-Versorgung von Wasseratmern ist besonders großer Variabilität unterworfen. Zum einen ist die O_2-Löslichkeit, wie Tabelle 11.2 zeigt, stark temperaturabhängig und wird bei Anstieg der Wassertemperatur erheblich geringer, was ungünstigerweise zugleich den Energieumsatz der Fische steigert und das O_2-Angebot vermindert. Zum anderen gibt es oft Regionen in natürlichen Gewässern, deren O_2-Partialdruck wesentlich geringer ist als der der Luft.
3. Die für einen ausreichenden O_2-Transport erforderliche hohe Ventilation der Kiemen stellt eine Hyperventilation dar. Wie Tabelle 11.2 zeigt, ist die Aufnahmefähigkeit des Wassers für CO_2 praktisch genau so hoch wie diejenige der Luft, d.h., sie ist 20-30mal größer als die für O_2 in Wasser. Der CO_2-Austausch erfolgt also auch in Wasser sehr effektiv, daher liegt der arterielle P_{CO_2} bei Wassertieren mit Werten zwischen 2 und 4 mmHg sehr viel niedriger als bei Säugern und Vögeln, während der P_{a,O_2} wie bei Säugern etwa 100 mmHg erreichen kann (Abb. 11.29).

Wasser ist wegen seiner geringen Löslichkeit für Sauerstoff ein sehr viel schlechteres Medium für den O_2-Austausch als Luft. Dies erfordert bei Wassertieren eine „Hyperventilation", durch die normale arterielle P_{O_2}-Werte erreicht werden können, jedoch der arterielle P_{CO_2} 10 bis 20 mal niedriger ist als bei Säugern.

Ventilation der Kiemen. Bei den Kiemen der Knochenfische sind auf vier Kiemenbögen jeweils zwei Reihen von Kiemenblättern (Kiemenfilamente) angeordnet (Abb. 11.30C). Auf den Kiemenblättern sind sowohl auf der Ober- wie auf der Unterseite hintereinander die gut durchbluteten Kiemenblattlamellen aufgereiht (Abb. 11.30D), die dem eigentlichen Gasaustausch dienen. Die Kiemen trennen zwei Kammern, den Mundraum und den Kiemenraum (Abb. 11.30A, C). Der Kiemenraum wird nach außen vom Operculum (Kiemendeckel) und der Branchiostegalmembran (Kiemenhaut) verschlossen. Durch die Tätigkeit von Muskelpumpen im Mundraum und im Kiemenraum fließt Wasser aus dem Mundraum durch die Kiemen hindurch in den Kiemenraum und verläßt diesen durch das sich öffnende Operculum. Damit kommt bei vielen Fischen ein kontinuierlich unidirektionaler Wasserstrom durch die Kiemen zustande, bei einigen Fischen allerdings kommt es auch zu kurzzeitigen Phasen einer Umkehr dieser Strömungsrichtung. Die aktive Ventilation durch die Tätigkeit der Muskelpumpen läuft folgendermaßen ab (Abb. 11.30A): Zunächst wird bei geöffnetem Maul der Mundraum erweitert, wobei Wasser in die Mundhöhle einströmt. Der Kiemenraum ist dabei durch die Klappenfunktion des Operculum und der Branchiostegalmembran verschlossen. Durch Auswärtsbewegung des Operculums kommt es dann zu einem Unterdruck im Kiemenraum und zum Wasserstrom aus dem Mundraum in den Kiemenraum, durch die Kiemen hindurch (Saugpumpe). Durch die folgende Verkleinerung des Mundraums kommt es zum Druckanstieg in der Mundhöhle, der zum Verschluß der Mundöffnung durch Klappen (Maxillar- und Mandibularklappen) und zur Fortsetzung des Wasserstroms in den Kiemenraum hinein führt. Danach wird aktiv der Kiemenraum durch spezielle Muskeln verkleinert und der damit verbundene Druckanstieg (Druckpumpe) führt zur Abhebung der freien Ränder der Branchiostegalmembran vom Körper des Fisches, so daß jetzt Wasser aus dem Kiemenraum nach außen strömt. Dann beginnt der Atemzyklus von neuem.

Bodenbewohnende Fische verfügen über eine besonders ausgeprägte Fähigkeit der beschriebenen Art der aktiven Ventilation. Dagegen ist bei schnellen Schwimmern wie Forelle und Lachs die Rolle der aktiven Atembewegungen klein, der Atemwasserstrom wird in erster Linie bei geöffnetem Mund durch die schnelle Fortbewegung des Fisches im Wasser erzeugt. Makrelen haben praktisch keine aktive Ventilation mehr. Die Elasmobranchier (Knorpelfische) benutzen ein ähnliches Prinzip der aktiven Ventilation wie die Knochenfische.

Durch wechselnde Füllung und Entleerung des Mund- und des Kiemenraumes, zwischen denen die Kiemen angeordnet sind, wird ein unidirektionaler Wasserstrom von frischem Wasser durch die Kiemen erzeugt.

Gasaustausch in den Kiemen. Der Gasaustausch findet an den gut durchbluteten Lamellen statt, die auf den Ober- und Unterseiten der Kiemenblättchen aufsitzen (Abb. 11.30C, D). Wie dort eingezeichnet, erfolgt der Strom des Wassers zwischen den Lamellen parallell zur Lamellenoberfläche. Dabei ist die Richtung des Wasserstroms bei den meisten Wassertieren entgegengesetzt zur Richtung des Blutflusses durch die Lamellen (Abb. 11.30D), d.h. es liegt ein **Gegenstromsystem** vor (Abb. 11.31A). Bei manchen Tieren, bei einigen auch nur während einer kurzen Phase des Atemzyklus, verlaufen Wasserstrom und Blutstrom gleichsinnig und bilden also ein **Gleichstromsystem**, das etwas weniger effizient ist als das Gegenstromsystem. Die Dimension des wasserdurchströmten Kanals zwischen den Lamel-

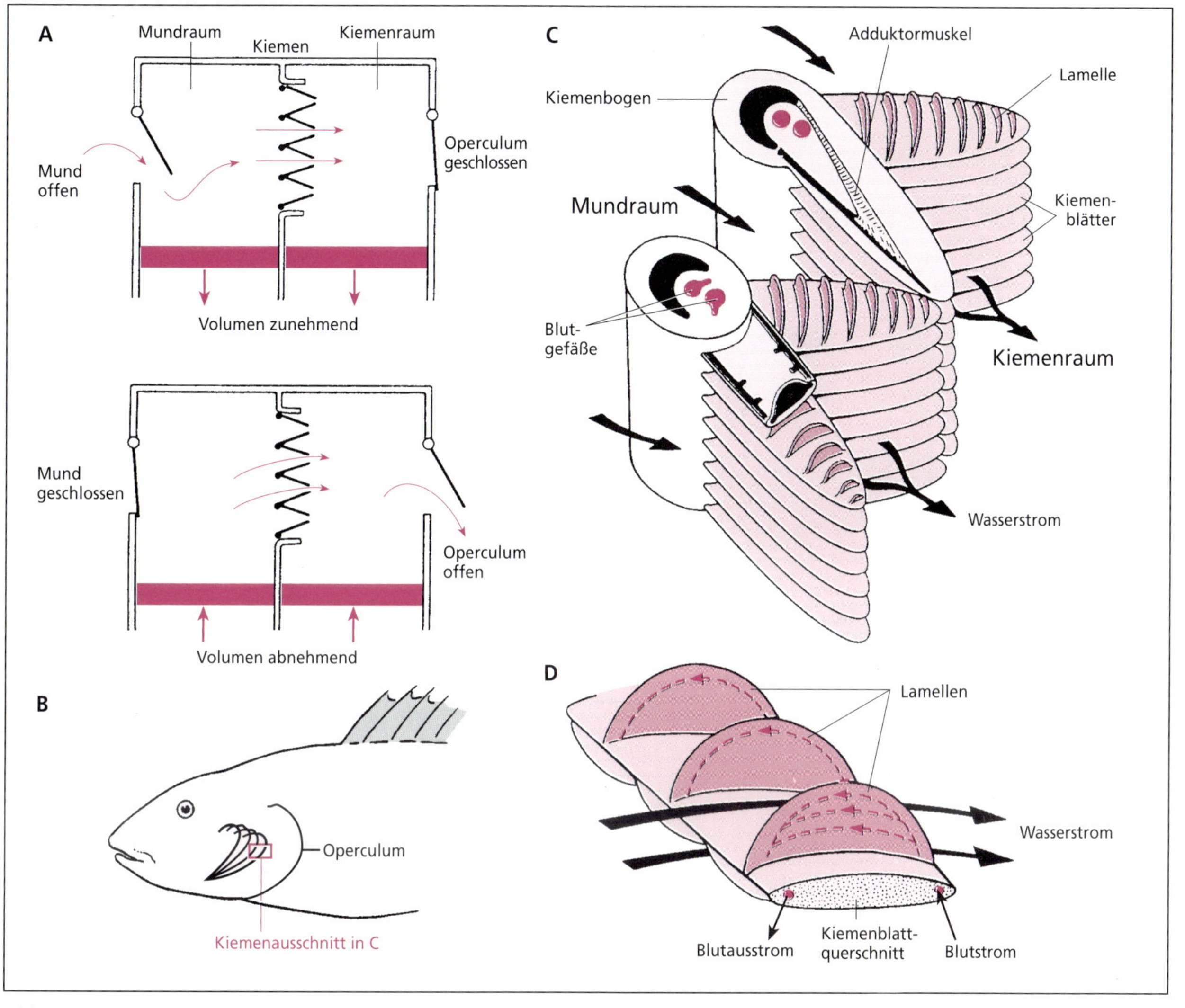

Abb. 11.30 Prinzip der Ventilation und des Gasaustauschs in den Kiemen von Knochenfischen.
A) Schematische Darstellung der Füllung von Mundraum und Kiemenraum durch die „Saugpumpe", also Erweiterung der beiden Räume, und anschließend deren Entleerung durch die „Druckpumpe", d.h. die Verkleinerung der Räume. In beiden Phasen strömt Wasser in derselben Richtung durch die Kiemen.
B) Außenansicht des Fischkopfes mit Operculum (Kiemendeckel) und Andeutung der Position der unter dem Operculum liegenden vier Kiemenbögen.
C) Zeigt zwei der insgesamt vier Kiemenbögen, die jeweils besetzt sind mit zwei Reihen von Kiemenblättern. Die Kiemenblätter sind auf ihrer Ober- und Unterseite mit parallel angeordneten Lamellen besetzt, an denen der Gasaustausch zwischen Wasser und Blut stattfindet.
D) Blutströmung in den Kapillaren der Lamellen und Strömungsrichtung des Wassers sind beim Gegenstromsystem entgegengesetzt gerichtet (nach Scheid et al., 1972).

len ist gegeben durch einen Lamellenabstand von bis zu 50 µm, eine Länge der Lamellen von ca. 1 mm und eine Lamellenhöhe von bis zu 0,5 mm. Die Diffusionsstrecke im Wasserraum zwischen den Lamellen ist also mit maximal 50 µm / 2 recht klein. Die Gesamtoberfläche der Kiemenlamellen beträgt etwa 10 cm^2/g Körpergewicht. Damit ist die Gesamt-Gasaustauschfläche der Kiemen in der gleichen Größenordnung wie die alveolare Austauschfläche des Menschen, die ca. 17 cm^2/g Körpergewicht beträgt. Die Diffusionsstrecke, die von den Blutgasen zwischen Lamellenoberfläche bis zur Lamellenkapillare überwunden werden muß, ist bei Kiemen zwischen 5-10 µm lang, also deutlich dicker als die alveolo-kapilläre Barriere der Lunge mit 1 µm.

Abb. 11.31 illustriert, daß das in den Kiemen der Fische vorherrschende **Gegenstromsystem** ein besonders effizientes Prinzip des Gasaustauschs darstellt. Damit werden die Nachteile der für den O_2-Transport ungünstigen Situation des Gasaustauschs im Wasser und der relativ großen Diffusionsstrecke zwischen Blut und Wasser teilweise

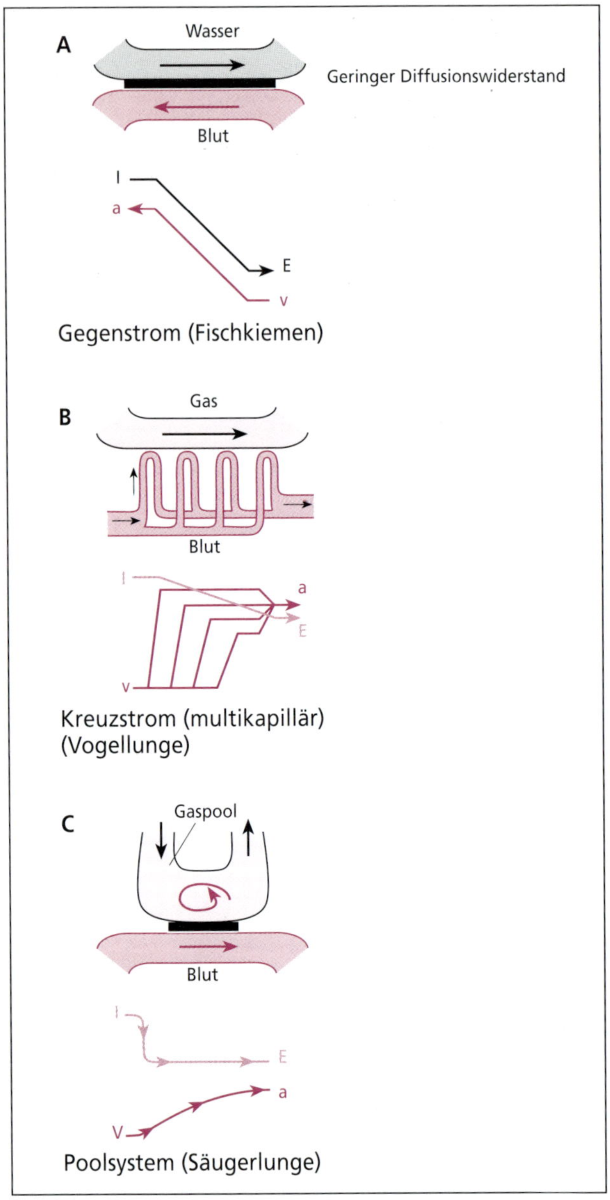

Abb. 11.31 Gasaustauschprinzipien, die bei Säugern, Vögeln und Fischen verwirklicht sind. Blutströmung rot, Wasserstrom grau, Gasstrom rosa.
I, inspiratorischer P_{O_2}, E, exspiratorischer P_{O_2}, a, arterieller P_{O_2}, v, venöser P_{O_2}.
A und **B** nach Scheid et al. (1972), **C** nach Scheid et al. (1989). Die höchste Austauscheffizienz wird beim Gegenstromsystem mit geringem Diffusionswiderstand erreicht (a>>E), die nächstbeste beim Kreuzstromsystem (a>E).

kompensiert. Abb. 11.31C zeigt zum Vergleich die Situation in der Säugerlunge: Der Alveolarraum wird als ein einigermaßen gut durchmischter, homogener Pool von Alveolargas betrachtet, und das Blut tritt in Kontakt mit diesem homogenen Pool. Wegen des Totraums der Lunge und wegen arteriovenöser Shunts ist der exspiratorische (E) P_{O_2} der Lunge immer höher als der arterielle (a). Deutlich effizienter als das Poolsystem ist das Kreuzstromsysten (oder multikapilläres System) wie es in der Vogellunge realisiert ist (Abb. 11.31B): dadurch daß ein Teil des Blutes sich mit völlig „unverbrauchtem" Gas ins Gleichgewicht setzen kann, kann der arterielle P_{O_2} höher liegen als der exspiratorische P_{O_2}. Die Abb. 11.31A illustriert, daß das effizienteste Austauschsystem das Gegenstromsystem der Fischkiemen ist: das einströmende Kapillarblut nimmt zunächst O_2 aus dem relativ „verbrauchten" ausströmenden Wasser auf und kann am Ende der Kapillarstrecke seinen P_{O_2} dem inspiratorischen (I) P_{O_2} des einströmenden Wassers annähern. Inwieweit der inspiratorische P_{O_2} tatsächlich erreicht wird, hängt ab vom Diffusionswiderstand der Wasser-Blut-Barriere. Auf jeden Fall liegt der arterielle P_{O_2} wesentlich höher als der exspiratorische P_{O_2}. Es ergibt sich damit folgende Reihenfolge der potentiellen Effizienz der verschiedenen Gasaustauschsysteme:

Offenes System < Poolsystem < Gleichstromsystem < Kreuzstromsystem < Gegenstromsystem

Das Poolsystem ist dabei hauptsächlich deshalb ineffizienter als das Gleichstromsystem, da es mit dem Vorhandensein eines Totraums gekoppelt ist. Das Kreuzstromsystem kann einen P_{a,O_2} liefern, der über dem exspiratorischen P_{O_2} liegt, das Gegenstromsystem sogar einen P_{a,O_2}, der dem inspiratorischen Wert sehr nahekommt.

Noch wesentlich ineffektiver als das Poolsystem der Säugerlunge ist das in Abb. 11.1 skizzierte „**offene System**". Damit ist die Hautatmung gemeint, die bei Amphibien und einigen Fischen, inbesondere beim Aal, eine gewisse Rolle zusätzlich zur Lungen- oder Kiemenatmung spielt. Die Plethodontiden, Salamander, die weder Lunge noch Kiemen besitzen, bewerkstelligen ihre Sauerstoffversorgung ausschließlich über die Hautatmung. Bei der Hautatmung ist der „Luftpool" unendlich groß und inspiratorische und exspiratorische O_2-Konzentration sind identisch. Der arterielle P_{O_2} liegt erheblich unter dem P_{O_2} der Luft, da die Haut aufgrund ihrer für den mechanischen Schutz erforderlichen Dicke einen sehr großen Diffusionswiderstand darstellt. Ohne dieses letztere Problem könnte das offene System sogar effizienter sein als das Poolsystem, da ein Totraum fehlt.

Die Nachteile der Wasseratmung und der relativ dicken Diffusionsbarriere zwischen Wasser und Kiemenblut werden beim Fisch teilweise ausgeglichen durch das effizienteste Gasaustauschsystem, das Gegenstromsystem, bei dem Kapillarblut und Wasser in entgegengesetzter Richtung aneinander vorbeiströmen.

Weiterführende Literatur

Beadle, R.E. (1989): The Respiratory System. In: Equine Sports Medicine (ed. W.E. Jones). Lea & Febiger, chapter 6, pp. 59-86.

Comroe, J.H., R.E. Forster, A.B. DuBois, W.A. Briscoe, E. Carlsen (1962): The Lung. 2nd ed. Yearbook, Chicago/Il.

Fishman, A.P. (ed.) (1987): The Respiratory Sytem, Vols. I-IV. In: Handbook of Physiology (Section 3). American Physiological Society.

Murray, J.F. (1985): In: Pathophysiology – The Biological Principles of Disease (eds. L.H. Smith, S.O: Thier). W.B. Saunders, Section XI, pp. 753-854.

Randall, D., W. Burggren, K. Fench (1997): Gas exchange and acid-base balance. In: „Eckert Animal Physiology". W.H. Freeman, N.Y., pp. 517-570.

12 Niere

M. Fromm und K. Hierholzer

12.1 Grundlagen der Nierenfunktion

Aufgaben der Nieren sind 1. Ausscheidung harnpflichtiger Substanzen, 2. Konservierung erhaltenswerter Substanzen, 3. Regulation des Wasser- und Elektrolythaushaltes, 4. Regulation des Säure-Basen-Haushaltes, 5. Bildung und Inaktivierung von Hormonen. Die Strategie der Ausscheidungsfunktion besteht darin, daß zunächst durch glomeruläre Filtration in die Tubuli große Mengen niedermolekularer Solute und Wasser als Primärharn vorläufig ausgeschieden werden und anschließend durch tubuläre Resorption von etwa 99% des Filtrates die erhaltenswerten Substanzen und Wasser zurückgewonnen werden. Durch tubuläre Sekretion werden manche Stoffe zusätzlich in das Tubuluslumen abgegeben. Die filtrierten und dann nicht resorbierten sowie die sezernierten Stoffe werden ausgeschieden. Die Ausscheidung von Elektrolyten und Wasser ist so geregelt, daß die Zusammensetzung der Körperflüssigkeiten konstant gehalten wird. Zu diesem Zweck kann der Harn bei geringer Ausscheidungsrate gegenüber dem Blutplasma konzentriert (Antidiurese) oder bei großer Ausscheidungsrate verdünnt werden (Wasserdiurese).

Die Aufgaben der Nieren sind die Ausscheidung harnpflichtiger Substanzen bei gleichzeitiger Konservierung von erhaltenswerten Substanzen, die Regulation des Wasser- und Elektrolythaushaltes und des Säure-Basen-Haushaltes sowie die Bildung und Inaktivierung von Hormonen. Unter **harnpflichtigen Substanzen** versteht man nicht weiter zerlegbare Stoffwechselprodukte, die in wesentlichen Mengen nur durch die Nieren ausgeschieden werden können.

Von diesen Aufgaben ist die Ausscheidung der harnpflichtigen Substanzen bei gleichzeitiger Zurückhaltung der dem Körper zu erhaltenden Substanzen vielleicht die schwierigste, da die harnpflichtigen Substanzen und die dem Körper zu erhaltenden Substanzen sich nicht prinzipiell in Molekulargewicht, Stoffklasse oder elektrischer Ladung unterscheiden. Dies kommt der fast unlösbaren Aufgabe gleich, aus einem Eimer voll weißer Wandfarbe, die man etwas zu stark mit roter Abtönfarbe versetzt hat, diese wieder zu entfernen. Die weiße Farbe entspricht dabei der großen Menge Solute, die dem Körper erhalten bleiben müssen und die rote Farbe den harnpflichtigen Substanzen.

Die Nieren bedienen sich zur Lösung dieser Aufgabe folgender Strategie: Zunächst werden durch **Filtration** an den Glomeruluskapillaren alle niedermolekularen Solute sowie Wasser vorläufig in die Tubuli ausgeschieden (entsprechend der gesamten weißen und roten Farbe). Dann werden durch **tubuläre Resorption** in spezifischer Weise alle diejenigen Solute zurückgewonnen, die der Körper braucht und für die er in der Evolution Transportmechanismen entwickelt hat („weiße Farbe"). Umgekehrt werden durch **tubuläre Sekretion** manche Solute zusätzlich ins Lumen abgegeben. Die nicht resorbierten sowie die zusätzlich sezernierten Solute verbleiben im Tubulussystem und werden schließlich als Harn ausgeschieden („rote Farbe").

Die Nieren unterscheiden zwischen harnpflichtigen und nicht-harnpflichtigen Substanzen jedoch nicht nur in qualitativer Weise, sondern scheiden von den nicht-harnpflichtigen Substanzen auch in quantitativer Weise nur jeweils soviel aus, wie nötig ist, um die Konzentration der Körperflüssigkeiten konstant zu halten. Das gleiche gilt für Wasser. Diese Konstanthaltung des Milieu intérieur (Claude Bernard) geschieht vor allem durch Regulation der tubulären Resorption von Soluten und Wasser.

Bemerkenswert sind die hierbei transportierten Mengen: Für ihre Größe haben Säugetiernieren mit ~20% des Herzminutenvolumens eine extrem hohe Durchblutung (**renaler Blutfluß, RBF**). Ein Viertel bis ein Fünftel des Plasmaflusses wird in den Glomeruli filtriert (**glomeruläre Filtrationsrate, GFR**); als Urin ausgeschieden wird jedoch bei geringer vorheriger Flüssigkeitszufuhr nur weniger als 1% des Filtrates. Mehr als 99% des Filtrates werden in den Tubuli wieder resorbiert und so dem Körper erhalten.

Bei Wassermangel werden geringe Mengen eines stark konzentrierten Urins ausgeschieden (**Antidiurese**). Dies wird bewerkstelligt durch die **Haar-**

nadelgegenstromkonzentrierung der Tubulusflüssigkeit im Nierenmark, die unter dem Einfluß des „**Antidiuretischen Hormons**" (ADH, Adiuretin, Vasopressin) erfolgt. ADH erhöht die Wasserpermeabilität der distalen Tubulusabschnitte und steigert so die Wasserresorption.

Ist die Flüssigkeitszufuhr jedoch hoch, wird die Abgabe von ADH gedrosselt, die Sammelrohre werden impermeabel für Wasser, und es werden große Mengen eines verdünnten Urins ausgeschieden (**Wasserdiurese**). Eine weitere Form der vermehrten Harnausscheidung ist die **osmotische Diurese**. Sie kommt dadurch zustande, daß filtrierte Substanzen nicht ausreichend resorbiert und zusammen mit einer osmotisch äquivalenten Menge Wasser ausgeschieden werden. Der Harn unterschreitet bei dieser Diureseform nicht die Osmolalität des Blutplasmas (290 mosmol/kg). Therapeutisch wird eine osmotische Diurese durch **Diuretika** ausgelöst. Diuretika sind Substanzen, die die tubuläre Solutresorption hemmen.

Die Nieren erfüllen somit **5 Hauptaufgaben**:

1. Ausscheidung von harnpflichtigen Stoffwechselendprodukten und Fremdstoffen. Diese werden filtriert und/oder sezerniert (z.B. Harnstoff, Harnsäure, NH_4^+, Kreatinin, Protonen, Medikamente, Gifte, Drogen).
2. Konservierung von Substanzen, die dem Körper erhalten bleiben sollen. Diese werden entweder gar nicht filtriert (z.B. großmolekulare Proteine) oder filtriert und wieder resorbiert (z.B. Glucose, Aminosäuren, Wasser).
3. Regulation des Wasser- und Elektrolythaushaltes durch Ausscheidung eines konzentrierten oder verdünnten Urins.
4. Regulation des Säure-Basen-Haushaltes durch Ausscheidung eines sauren oder alkalischen Urins.
5. Endokrine Funktionen. Außer daß die Nieren Zielorgane für viele Hormone darstellen (ADH, Aldosteron, Atriopeptin, Parathormon u.a.), metabolisieren sie Hormone (Corticosteroide, Testosteron, Peptidhormone) und synthetisieren Hormone als endokrine Organe (Erythropoetin, Thrombopoetin, Calcitriol, Urodilatin, Eicosanoide und Gewebshormone).

Man kann sich anhand dieses Funktionskataloges leicht vorstellen, daß eine ausreichende Funktion der Nieren für den Organismus lebenswichtig ist. Bei kritischer Einschränkung der Nierenfunktion sammeln sich die harnpflichtigen Substanzen im Körper an, und es kommt zur Urinvergiftung (**Urämie**).

12.2 Morphologie der Nieren

Größe der Nieren sowie Zahl der Nephrone sind annähernd proportional der Körperoberfläche des Tieres; z.B. enthalten die beiden Nieren des Schweins etwa 2 Mio. Nephrone. Das Nephron besteht aus Glomerulus, proximalem Tubulus, Henle-Schleife und distalem Tubulus. Es mündet in das Sammelrohrsystem. Die Blutgefäße besitzen zwei Kapillargebiete in Serie, die Glomeruluskapillaren und die peritubulären Kapillaren. Die Henle-Schleifen der tiefen Nephrone sind länger als die der oberflächlich gelegenen. Die Segmente des proximalen Tubulus bestehen aus durchlässigen Epithelien, die des distalen Tubulus und des Sammelrohres aus mitteldichten Epithelien.

Die Funktionseinheit der Nieren ist das Nephron. Es besteht aus Glomerulus, proximalen und distalen Tubuli mit der Henle-Schleife und dem ableitenden Sammelrohr. Die Größe der Nieren verschiedener Säugetierspezies variiert zwar stark mit der Körpergröße, die Nephrone unterscheiden sich jedoch nicht stark in ihrem Durchmesser oder ihrer Länge. Die unterschiedliche Nierengröße kommt hauptsächlich durch die unterschiedliche Zahl der Nephrone zustande; z.B. enthält die menschliche Niere etwa 2 Mio. Nephrone. Makroskopisch lassen sich an einem Nierenschnitt drei Abschnitte – Rinde, äußeres und inneres Mark – erkennen. An der Grenze zwischen Rinde und äußerem Mark verlaufen die großen Arcuata-Arterien und -Venen.

Die **Anordnung der Gefäße** ist in Abb. 12.1 rechts schematisch dargestellt. Die **In-Serie-Schaltung** (afferente Arteriolen → glomeruläre Kapillaren → efferente Arteriolen → peritubuläre Kapillaren) wird als **Portalkreislauf** bezeichnet. Durch diese Reihenfolge ergibt sich, daß der Blutdruck in den glomerulären Kapillaren höher ist als in den peritubulären.

Die Anordnung der **tubulären Strukturen** des Nierenparenchyms folgt zwar stets dem gleichen Grundprinzip (Abb. 12.1), die Länge der Henle-Schleifen ist jedoch je nach topographischer Lage in der Niere unterschiedlich: Die oberflächlichen Tubuli bilden kurze Schleifen, während die tiefen (= juxtamedullären) Tubuli lange Schleifen besitzen, die bis nahe an die Papillenspitze reichen. Je länger die Schleifen sind, desto stärker sind sie zur Urinkonzentrierung befähigt. Jede einzelne Henle-Schleife kehrt an den eigenen Glomerulus zurück und bildet an der Kontaktstelle die Macula densa.

Die einzelnen Tubulussegmente werden von ultrastrukturell unterschiedlichen Epithelzellen gebildet (Abb. 12.2), denen eine funktionelle **segmen-**

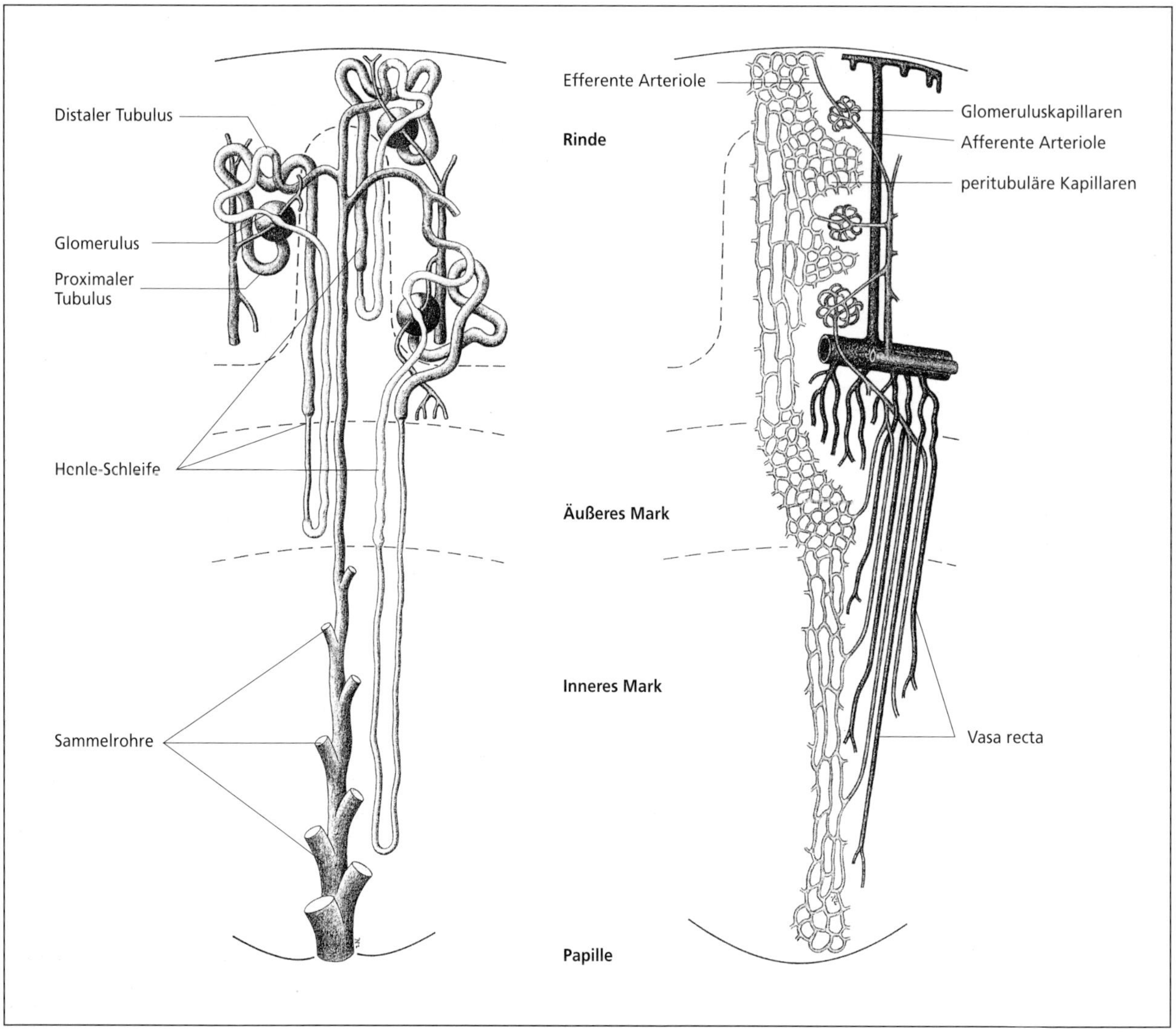

Abb. 12.1 Strukturelle Organisation der Niere. **Links**: drei Nephrone mit Sammelrohrsystem. Oberflächliche Nephrone haben kurze Henle-Schleifen, tiefe (juxtamedulläre) Nephrone dagegen lange Schleifen, die bis ins innere Mark reichen. An die Glomeruli schließen sich die proximalen Tubuli, die Henle-Schleifen und die distalen Tubuli an, die in das Sammelrohrsystem münden. **Rechts**: Anordnung der Gefäße: Aus den Aa. interlobulares gehen afferente Arteriolen ab, die in das glomeruläre Kapillarknäuel münden. Von hier wird das Blut über efferente Arteriolen in das peritubuläre Kapillarnetz geleitet. Juxtamedulläre Glomeruli münden über efferente Arteriolen in markwärts ziehende Vasa recta (nach Koushanpour und Kriz, 1986).

tale Heterogenität zugeordnet ist. Die proximalen Tubulussegmente werden von „lecken" Epithelien gebildet, bei denen die Schlußleisten durchlässiger sind als die apicale Zellmembran. Die distalen Tubuli und die Sammelrohre bestehen dagegen aus „mitteldichten" Epithelien, bei denen die Schlußleisten weniger durchlässig sind als die apicale Zellmembran. Der Vollständigkeit halber sei hier erwähnt, daß die Harnblase von einem „dichten" Epithel ausgekleidet ist, bei dem die Schlußleisten erheblich geringer durchlässig als die ebenfalls kaum durchlässigen Zellmembranen sind. Tubuluszellen, die hohe aktive Transportleistungen erbringen, besitzen zahlreiche Mitochondrien. Diese befinden sich bevorzugt in der Nähe der Na^+/K^+-ATPase, die in der basolateralen Membran lokalisiert ist. In den Sammelrohren der Niere existieren 2 Zelltypen: Hauptzellen, die vorwiegend K^+ und H^+ sezernieren, und Zwischenzellen, die K^+ resorbieren (Abb. 12.14).

Lymphgefäße und Nerven. Lymphgefäße finden sich vor allem in der Nierenrinde. Im Nierenmark sind Lymphgefäße selten und schwach ausgebildet; dies ist bedeutsam für die Gegenstromkonzentrierung des Urins. Die Niere ist mit sympathischen Nervenfasern aus dem Plexus coeliacus versorgt. Sie ziehen vor allem zu den glatten Muskelzellen der Arterien und Arteriolen und zum juxtaglomerulären Apparat.

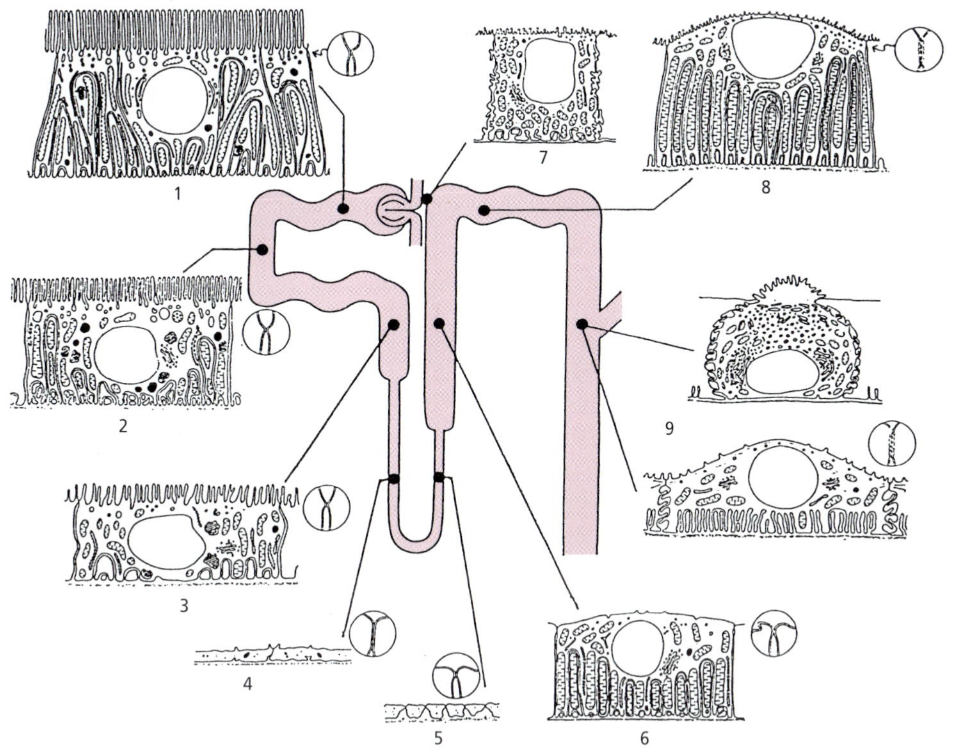

Abb. 12.2 Longitudinale Heterogenität der Tubulusepithelien. Die Epithelzellen sind mit der dem Tubuluslumen zugewandten apicalen Seite nach oben dargestellt. Die kreisförmigen Detailzeichnungen sind vergrößerte Darstellungen der Schlußleisten (Zonulae occludentes, englisch: tight junctions). **1** proximaler gewundener Tubulus (Segment S1), **2** proximaler gewundener Tubulus (Segment S2), **3** proximaler gestreckter Tubulus (pars recta, Segment S3), **4** dünner absteigender Schenkel, **5** dünner aufsteigender Schenkel, **6** dicker aufsteigender Schenkel der Henle-Schleife, **7** Macula densa, **8** distaler gewundener Tubulus, **9** kortikaler Teil des Sammelrohres; oben: dunkle Zelle; unten: helle Zelle (nach Kriz, 1994). Mitochondrienreichtum weist auf hohe aktive Transportleistung hin (1-2 und 6-8). Kleine flache Zellen weisen keinen meßbaren aktiven Transport auf (4-5). Starke Einfältelung der apicalen Membran (Oberflächenvergrößerung) sowie punktartige Zonulae occludentes sind typisch für „lecke" Epithelien mit großer Durchlässigkeit, hohen Transportraten und der Unfähigkeit, gegen nennenswerte Gefälle zu transportieren (1-2). Ausgeprägte reißverschlußartige Zonulae occludentes sind typisch für „mäßig lecke" bzw. „mitteldichte" Epithelien mit geringerer Durchlässigkeit, geringeren Transportraten und der Fähigkeit, gegen starke Gefälle zu transportieren (8-9).

12.3 Hämodynamik und Sauerstoffverbrauch

Die Nierendurchblutung ist hoch, vor allem in der Nierenrinde. Der hohe O_2-Antransport ermöglicht einen hohen renalen O_2-Verbrauch, der vor allem der tubulären Na^+-Resorption dient. In der Nierenrinde ist die arteriovenöse O_2-Differenz niedrig (1,5 Vol.-%) und unabhängig von der Durchblutungshöhe. Die Höhe der Rindendurchblutung ist autoreguliert, d.h. weitgehend unabhängig von Schwankungen des arteriellen Blutdruckes. Die Autoregulation besteht aus zwei Komponenten, dem Bayliss-Effekt und dem tubulären Feedback. Auch Hormone können die Nierendurchblutung beeinflussen.

Nierendurchblutung und Gefäßwiderstände. Die Gesamtdurchblutung beträgt bei Haustieren etwa 0,7 l/min pro m^2 Körperoberfläche. Obwohl die Nieren nur etwa 0,5% des Körpergewichtes ausmachen, beträgt der renale Blutfluß etwa 20% des Herzminutenvolumens. Diese hohe Durchblutung dient vor allem den in der Einleitung geschilderten quantitativ aufwendigen Filtrations- und Resorptionsvorgängen.

Die Durchblutung ist regional extrem unterschiedlich: Fast 90% fließen durch die Nierenrinde, weniger als 10% durch das äußere Mark und etwa 1% durch das innere Mark (Tab. 12.1). Die verhältnismäßig geringere Durchblutung des Nierenmarkes kommt durch zwei Faktoren zustande, den hohen Strömungswiderstand der langen bis ins Mark ziehenden Vasa recta und die in Antidiurese markwärts zunehmende Blutviskosität.

Tabelle 12.1 Nierendurchblutung und intrarenale Blutverteilung nach Messungen an der Hundeniere.

	Gewicht	RBF gesamt
Nieren gesamt	300 g	1200 ml/min
	in % d. Gesamtmasse	in % d. Gesamtdurchblutung
Rinde	70	92,5
äußeres Mark	20	6,5
inneres Mark	10	1,0

Der Druckabfall entlang der Nierengefäße ist in Abb. 12.3 dargestellt. Der Druckabfall in den Glomeruluskapillaren und in den peritubulären Kapillaren ist gering. Als Hauptwiderstandsgefäße fungieren vor allem die afferenten und auch die efferenten Arteriolen. Widerstandsänderungen der afferenten und efferenten Arteriolen haben unterschiedliche Effekte auf die Durchblutung (RBF) und die glomeruläre Filtrationsrate (GFR): Afferente Widerstandsänderungen bewirken gleichsinnige Änderungen von RBF und GFR, efferente Widerstandsänderungen gegensinnige Veränderungen von RBF und GFR (Abb. 12.4).

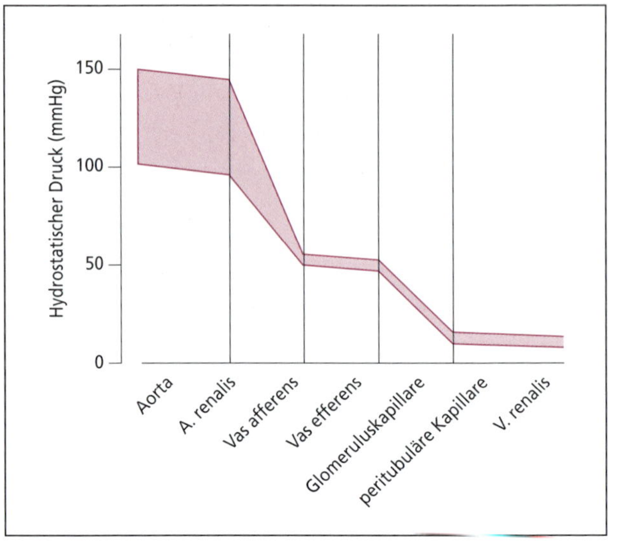

Abb. 12.3 Druckabfall im Nierengefäßsystem. Die afferenten und die efferenten Arteriolen (Vasa aff. und eff.) verursachen den stärksten Druckabfall. Schraffierter Bereich: autoregulative Nivellierung unterschiedlicher arterieller Drucke durch die afferenten Arteriolen.

R_{aff}	R_{eff}	R_{total}	P_{Glom}	GFR	RBF
normal	normal	normal	normal	normal	normal
↓	normal	↓	↑	↑	↑
↑	normal	↑	↓	↓	↓
normal	↓	↓	↓	↓	↑
normal	↑	↑	↑	↑	↓

Abb. 12.4 Auswirkung von Änderungen des afferenten (R_{aff}) und efferenten (R_{eff}) Arteriolenwiderstandes auf Gesamtwiderstand (R_{total}), Druck in den Glomeruluskapillaren (P_{Glom}), glomeruläre Filtrationsrate (GFR) und renalen Plasmafluß (RPF). Die erste Zeile stellt die Ausgangssituation dar. Der arterielle hydrostatischen Druck und der kolloidosmotische Druck des arteriellen Blutes werden als konstant angenommen.

12.3.1 Regulation der Nierendurchblutung, Autoregulation

Der Begriff Autoregulation bezeichnet die Tatsache, daß die Durchblutung nicht einfach druckpassiv variiert, sondern in einem Bereich des arteriellen Mitteldruckes von 80-180 mmHg relativ konstant gehalten wird (Abb. 12.5). Die Autoregulation funktioniert auch bei denervierten und bei isoliert perfundierten Nieren. Bis zu einem gewissen Grad findet man Autoregulation auch im Bereich anderer Gefäßgebiete (z.B. im Intestinal-, Gehirn- und Muskelgebiet), jedoch nicht so ausgeprägt wie in der Niere (Kap. 9.4.2 u. Abb. 9.16). „Autoregulation" bedeutet nicht, daß die Nierendurchblutung völlig druckunabhängig ist: Erstens besteht eben doch eine geringe Abhängigkeit (Abb. 12.5), und zweitens können renale Durchblutung und GFR aus anderen Gründen variieren. Bei starker sympathikoadrenerger Aktivierung (Blutverlust, Schock) sinken RBF und GFR ab. Nach der Nahrungsaufnahme kommt es physiologischerweise zu einer Zunahme der GFR.

Aus Abb. 12.5 kann folgendes abgeleitet werden: Da im Autoregulationsbereich eine Änderung des Druckes wenig Änderung des RBF verursacht, müssen bei steigendem arteriellen Druck entweder die afferenten und/oder die efferenten Arteriolen enger gestellt worden sein. Da die GFR dem RBF bei Druckanstieg annähernd parallel verläuft, muß es sich um

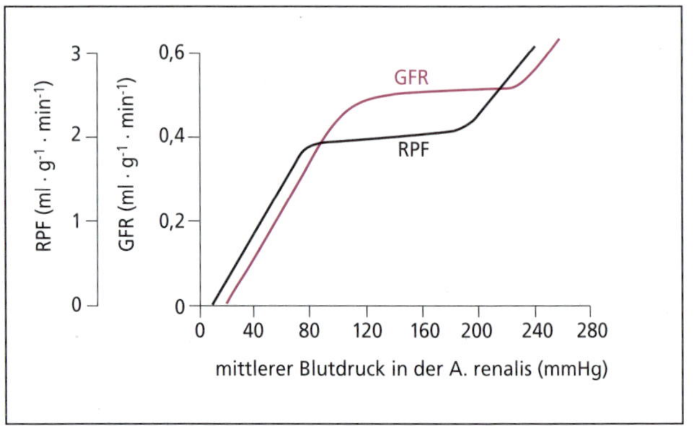

Abb. 12.5 Autoregulation des renalen Plasmaflusses (RPF) und der glomerulären Filtrationsrate (GFR) beim Hund.

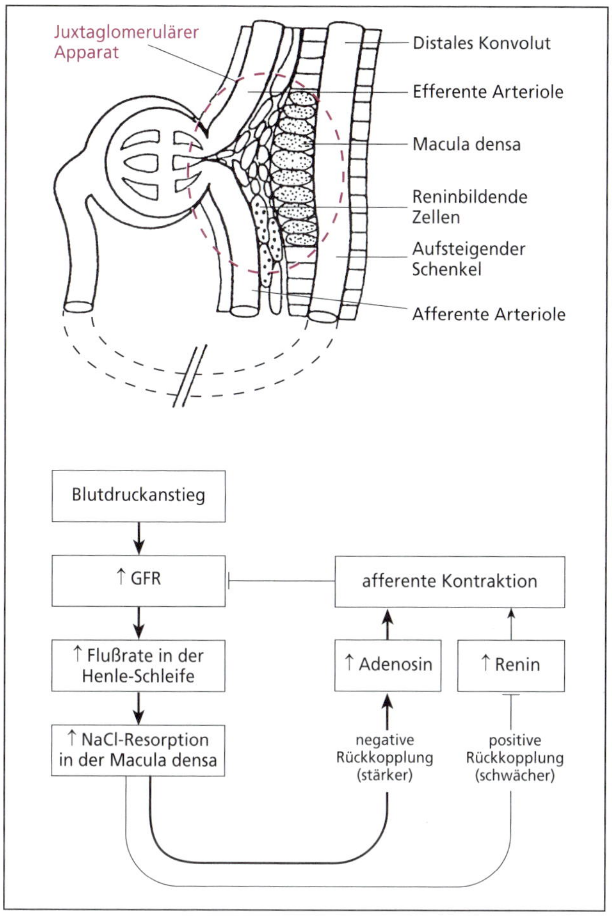

Abb. 12.6 Tubuloglomeruläre Feedback (Erläuterungen s. Text).

eine überwiegende Anpassung der afferenten Arteriolen handeln.

Die Autoregulation wird vermutlich durch zwei Mechanismen verursacht:

Bayliss-Effekt (myogener Mechanismus). Seit den Untersuchungen von Bayliss (1902) ist bekannt, daß glatte Muskelfasern auf eine Dehnung nach wenigen Sekunden mit einer Tonuserhöhung reagieren. Es ist bisher nicht klar, ob der Bayliss-Effekt durch parakrin wirkende Substanzen oder z.B. über einen **Ca^{2+}-Einstrom** durch dehnungsaktivierte Kationenkanäle ausgelöst wird.

Tubuloglomerulärer Feedback (TGF). Der TGF ist ein aus mehreren Komponenten bestehender Mechanismus, der noch nicht völlig aufgeklärt ist. Eine vereinfachte Modellvorstellung zeigt Abb. 12.6. Bei einem Blutdruckanstieg steigt die GFR zunächst an; dies führt über eine erhöhte tubuläre Strömungsrate zu einer Steigerung der an der Macula densa vorbeifließenden NaCl-Menge bzw. NaCl-Konzentration („load"). Macula-densa-Zellen enthalten den für den dicken aufsteigenden Schenkel der Henle-Schleife charakteristischen luminalen **$Na^+2Cl^-K^+$-Cotransporter** (Abb. 12.12B). Die erhöhte NaCl-Konzentration führt zu einer Mehrresorption von Na^+ und Cl^-. Durch den basolateralen Efflux durch einen Cl^--Kanal kommt es zu einer Depolarisation der basolateralen Zellmembran. Die benachbarten Goormaghtigh-Zellen reagieren auf diese Membrandepolarisation und induzieren – möglicherweise über eine Ausschüttung von **Adenosin** – in den glatten Muskelzellen der afferenten Arteriole eine Kontraktion. Hierdurch wird dem auslösenden GFR-Anstieg im Sinne einer negativen Rückkopplung entgegengewirkt. Im Gegensatz hierzu wird die Ausschüttung von **Renin** gehemmt, so daß Renin den TGF über eine Angiotensin-II-Freisetzung im Sinne einer positiven Rückkopplung sogar abschwächt (Greger und Windhorst, 1996).

Der Widerstand der afferenten und efferenten Arteriolen kann auch durch verschiedene humorale und nervale Faktoren beeinflußt werden. Die wichtigsten Vasokonstriktoren sind Angiotensin II, Noradrenalin und Adenosin. Als Vasodilatatoren wirken Acetylcholin, Bradykinin, Histamin und Dopamin.

12.3.2 Sauerstoffverbrauch

Die Nieren haben einen hohen spezifischen O_2-Verbrauch. Er ändert sich proportional zum renalen Blutfluß und dient vorwiegend der tubulären Resorption von Ionen. Bei Säugetieren beträgt er um 5 $ml \cdot 100g^{-1} \cdot min^{-1}$ (=250 $\mu mol \cdot 100g^{-1} \cdot min^{-1}$). Zwar ist der O_2-Verbrauch hoch, jedoch ist die Durchblutung der Nieren ebenfalls sehr hoch, so daß die arteriovenöse O_2-Differenz mit ca. 1,5 Vol.% sehr niedrig ist.

Bei abnehmender Durchblutung (Abb. 12.7) sinkt der O_2-Verbrauch zunächst proportional ab, und die arteriovenöse O_2-Differenz (AVD O_2) bleibt konstant („flußlimitierter Bereich"). Erst wenn die Durch-

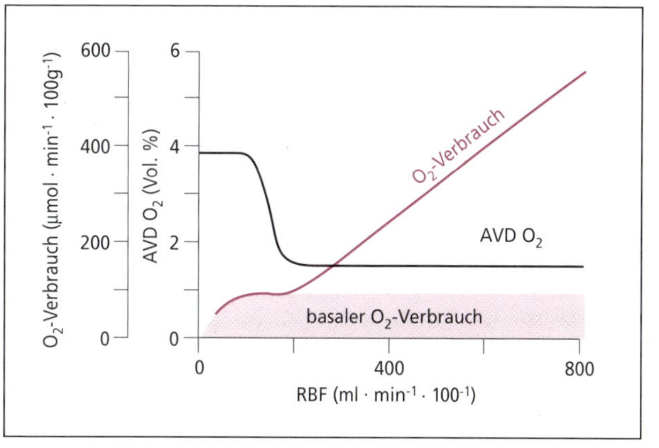

Abb. 12.7 Veränderung des renalen O_2-Verbrauchs und der arterio-venösen Differenz der O_2-Konzentration (AVD O_2) bei abnehmendem renalem Blutfluß (RBF) beim Hund.

blutung auf weniger als ein Viertel des Ausgangswertes sinkt, steigt die arteriovenöse O_2-Differenz an und hält so die basale O_2-Versorgung aufrecht. Der renale O_2-Verbrauch im flußlimitierten Bereich ist proportional der „Filtratbelastung" (filtered load) des Tubulussystems und, da fast das gesamte filtrierte Na^+ wieder resorbiert wird, der tubulären Na^+-Resorption. Der renale O_2-Verbrauch wird im wesentlichen von der Größe des renalen Na^+-Transportes bestimmt und beträgt etwa 1 mmol O_2 pro 28 mmol Na^+.

12.4 Funktionen der Glomeruli

Die Glomeruli sind als Ultrafilter der Ort der Bildung des Primärurins, der aus dem Blut abgepreßt wird. Regulierende Faktoren und Autoregulation bestimmen das Kräftespiel und damit die Größe der GFR. Das in den Glomeruli enthaltene Mesangium-System besitzt Funktionen bei der Abwehr und im Rahmen endokriner Regulation. Die Ultrafiltration beeinflussende Größen sind Größe und Permeabilität der filtrierenden Fläche sowie transmuraler hydrostatischer und kolloidosmotischer Druckunterschied. Das zwischen den Glomeruluskapillaren und zur Macula densa hin gelegene Mesangium ist zur Kontraktion befähigt und hat mechanische, immunologische und auto-, para- und endokrine Eigenschaften.

In den Glomeruli findet Filtration bzw. Ultrafiltration statt. **Filtration** ist der Transport von Lösungsmittel (Wasser) und filtrierbaren Teilchen auf Grund eines hydrostatischen Druckgradienten durch einen Filter hindurch. Ein einfacher poröser Filter selektiert zwischen gelösten Teilchen und dem Lösungsmittel einerseits und ungelösten Teilchen andererseits. Die Porengröße z.B. der Kapillarwände ist kleiner als bei einfachen Filtern; hier spricht man dann von **Ultrafiltration**, da auch große gelöste Moleküle (Proteine) zurückgehalten werden. Diese Ungleichverteilung der Proteine verursacht einen kolloidosmotischen Druck, der dem hydrostatischen Druck entgegengesetzt ist.

An Epithelien im engeren Sinne spielen Filtration und Ultrafiltration keine merkliche Rolle, da deren Permeabilität zu gering ist. Filtration und Ultrafiltration sind nicht sättigbar, d.h., die Filtrationsrate hängt ohne Limitierung linear von der treibenden Kraft ab.

Für die Filtration (sowie für solvent drag) gilt die Überlegung, daß die mitgeführten Teilchen an den Wasserdurchtrittsstellen entweder durchgelassen oder „reflektiert" werden können. Das Maß hierfür ist der **Reflexionskoeffizient** σ; er kann experimentell bestimmt werden aus π_{real}, dem realen an der zu untersuchenden Membran gemessenen osmotischen Druck, und π_{ideal}, dem an einer ideal selektiven Membran auftretenden osmotischen Druck

$$\sigma = \pi_{real} / \pi_{ideal} \qquad (1)$$

Für π_{ideal} gilt nach van't Hoff:

$$\pi_{ideal} = R \cdot T \cdot \Delta c_{osm} \qquad (2)$$

(R=allg. Gaskonstante, T=abs. Temperatur, Δc_{osm}= Osmolalitätsdifferenz)

Da $\pi_{real} \leq \pi_{ideal}$, kann σ Werte zwischen 1 (vollständige Reflexion der Teilchen an der Membran) und 0 (keine Behinderung) annehmen. Der durch Filtration bzw. Ultrafiltration verursachte Teilchentransport J_i wird beschrieben durch

$$J_i = \bar{c}_i \cdot (1-\sigma) \cdot J_V \qquad (3)$$

($\bar{c}_i$=mittlere Konzentration von i im transportierenden Kompartiment, σ = Reflexionskoeffizient von i, J_V = transepithelialer Volumen- bzw. Wassertransport).

Die glomeruläre Filtrationsrate hängt demnach von den Eigenschaften der Filtermembran sowie von den hydrostatischen und kolloidosmotischen Druckdifferenzen ab. Die Gesamtoberfläche der Glomeruluskapillaren beträgt etwa 5000-15000 cm^2/100g Niere. Bei einem geschätzten Porenanteil von 10% ergibt sich eine Gesamtfiltrationsfläche von etwa 1000 cm^2/100g Niere. Durch den Blutdruck wird aus den glomerulären Kapillarschlingen je nach Tierart 20 – 25% des Serumwassers in die Bowman-Kapselräume abgepreßt. Dieses Glomerulusfiltrat wird fast vollständig in den Tubuli resorbiert, so daß nur 1/100 des Volumens in das Nierenbecken ausgeschieden wird).

Die **Filtrationsbarriere** (Abb. 12.8) besteht aus drei Schichten (von innen nach außen): Endothelzellen, Basalmembran und epitheliale Podozyten. Die drei Schichten verursachen eine Durchtrittsbehinderung für Moleküle entsprechend ihrer Größe und Ladung. Kleinmolekulare Solute können ebenso leicht wie Wasser passieren; sie werden „frei filtriert". Stoffe mit höherem Molekulargewicht, vor allem Plasmaproteine, werden am Durchtritt gehindert. Blutzellen werden bereits an den Fensterporen der Endothelzellen (Abb. 9.12) zurückgehalten. In der dreischichtigen Basalmembran werden Teilchen mit einem Molekulargewicht ab ~200 kDa zurückgehalten. Die engste begrenzende Stelle für den Durchtritt von Soluten sind die Schlitzporen der Podozyten. Hier können Stoffe von >65 kDa normalerweise nicht hindurchtreten.

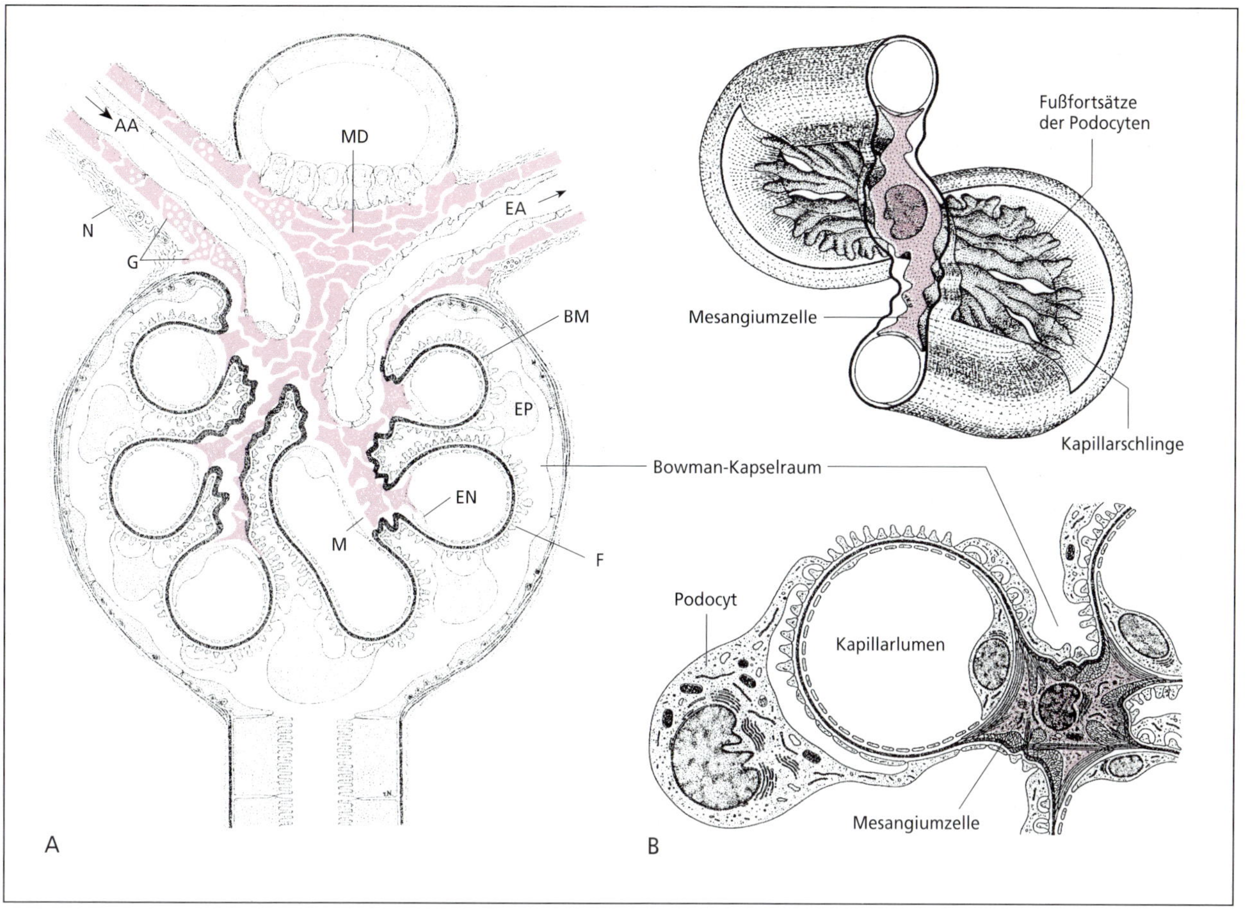

Abb. 12.8 A: Struktur eines Glomerulus mit juxtaglomerulärem Apparat. Am Gefäßpol mündet die afferente Arteriole (AA), die von sympathischen Nervenfasern (N) versorgt ist und deren glatte Muskelzellen unmittelbar vor der Einmündung deutliche Granula (G) aufweisen. Es handelt sich um die reninbildenden Epitheloidzellen. Die Wand der glomerulären Kapillarschlingen besteht aus 3 Schichten: den Endothelzellen (EN), der Basalmembran (BM) und den von außen angelagerten Epithelzellen (EP) mit Fußfortsätzen (F) (= Podocyten). Die rot dargestellten Mesangiumzellen (M) befinden sich zwischen den Kapillarschlingen und als extraglomeruläres Mesangium im Winkel zwischen den Arteriolen und dem Macula densa-Segment des distalen Tubulus (MD). Die Glomeruluskapillaren münden in eine efferente Arteriole (EA). **B:** Anordnung von intraglomerulären Mesangiumzellen und Podocyten; oben: Kapillarschlinge mit einer zentralen Mesangiumzelle, die mit Fußfortsätzen an der inneren Kurvatur der kapillären Basalmembran verankert ist und die Kurvenstruktur stabilisiert; unten: Querschnitt mit der gleichen Anordnung. Auch die Podocytenanordnung stabilisiert die Kapillarschlinge und wirkt einer druckpassiven Dehnung entgegen (Koushanpour und Kriz, 1986; Kriz, 1994).

In Tabelle 12.2 sind die Molekulargewichte und Molekülgrößen einiger typischer Solute ihrer Filtrierbarkeit gegenübergestellt. Außer der Molekülgröße und Form spielen auch die Plasmabindung und die Ladung von Soluten eine Rolle: Kleinmolekulare Solute erfahren eine Filtrationsbehinderung, wenn sie im Plasma an Proteine gebunden sind, wie z.B. Ca^{2+}, Mg^{2+}, Eisen, verschiedene Hormone (z.B. Corticosteroide, Schilddrüsenhormone) und viele Medikamente.

Die Basalmembran und die Schlitzporenstrukturen sind reich an negativ geladenen sialinsäurehaltigen Proteoglykanen und Glykoproteinen. Diese negativen fixen Wandladungen bewirken, daß bei gleicher Molekülgröße polykationische Makro-

Tabelle 12.2 Beziehungen zwischen Molekulargewicht, Molekülgröße und glomerulärer Filtrierbarkeit (nach Pitts, 1972).

Substanz	Molekulargewicht (Da)	Molekülradius (nm)	Siebkoeffizient ($[X]_{Filtrat}/[X]_{Plasma}$)
Wasser	18	0,10	1,0
Harnstoff	60	0,16	1,0
Glucose	180	0,36	1,0
Rohrzucker	342	0,44	1,0
Inulin	5500	1,48	0,98
Myoglobin	17000	1,95	0,75
Eieralbumin	43500	2,85	0,22
Hämoglobin	68000	3,25	0,03
Serumalbumin	69000	3,55	<0,01

moleküle besser passieren können als polyanionische.

Donnan-Effekt (**Gibbs-Donnan-Effekt**). Proteine liegen bei physiologischem pH vorwiegend als Anionen vor. Da bei der Ultrafiltration die Proteine zurückgehalten werden, ergibt sich eine Ungleichverteilung aller beteiligten Ionensorten diesseits und jenseits der Filtermembran. Die primäre Ungleichverteilung der permeablen Ionen erzeugt eine kleine Spannung, das **Donnan-Potential**. Dieses wiederum beeinflußt die sich endgültig einstellende **Donnan-Verteilung**. Die Donnan-Verteilung läßt sich durch den **Donnan-Faktor** beschreiben, der für alle passiv verteilten Kat- und Anionen gilt. Für einwertige Kationen bzw. Anionen ergibt sich ein Konzentrationsunterschied von + bzw. -5%, für zweiwertige Ionen von + bzw. -10%.

- **Funktion des Mesangiums**

Der „axiale“ Raum zwischen den Kapillarschlingen ist von einem Mesangium ausgefüllt (Abb. 12.8). Es besteht aus den von glatten Muskelzellen abstammenden Mesangiumzellen und einer mesangialen Matrix aus Kollagenen und Fibronectin. Die Mesangiumzellen sind durch gap junctions verbunden und bilden so ein einheitlich funktionierendes Syncytium. Das Mesangium wird zur Kapillarseite hin nicht durch eine Basalmembran begrenzt, sondern nur durch fenestriertes Epithel. Dadurch besteht zum Mesangium hin keine komplette selektive Filtermembran.

Das Mesangium ist mit den kontraktilen Zellen am juxtaglomerulären Apparat verankert und greift andererseits über Mikrosehnen an den Basalmembranen der Kapillarschlingen an. Über die Bedeutung dieses kontraktilen Systems ist wenig bekannt. Diskutiert werden eine Stabilisierungsfunktion und eine Beeinflussung der Filtrationsfläche. Mesangiumzellen können Makromoleküle phagocytieren, die an der Filtermembran am Durchtritt gehindert wurden. Aufgenommen werden z.B. Immunkomplexe und andere Makromoleküle, z.B. Antigene, die prozessiert und präsentiert werden können.

Mesangiumzellen haben auto-, para- und endokrine Funktionen, d.h., sie bilden Wachstumsfaktoren und Hormone, die die Umgebung beeinflussen. Viele Vasokonstriktoren führen zu einer Kontraktion der Mesangiumzellen und zu einer Verminderung der GFR. Hierzu gehören vor allem Vasopressin, Angiotensin II, Endothelin, Thromboxan und PTH.

12.5 Meßmethoden

Harn- und Plasmaanalysen sowie vor allem Clearancemessungen geben Aufschluß über die verschiedenen Nierenfunktionen. Die Clearance für eine Substanz X berechnet sich aus der pro Zeiteinheit ausgeschiedenen Menge X, geteilt durch die Plasmakonzentration von X. Sie ist definiert als die Menge Plasmaflüssigkeit pro Zeit, die bei einmaliger Nierenpassage vollständig von Substanz X befreit wird.

Der **Clearancequotient** ist die Clearance einer filtrierten Substanz X, dividiert durch die gleichzeitig gemessene Clearance von Inulin. Ist der Wert < 1, wird X tubulär resorbiert, ist er > 1, wird X zusätzlich sezerniert. Die **glomeruläre Filtrationsrate (GFR)** kann mit der Clearance von filtrierten, aber nicht resorbierten und nicht sezernierten Stoffen wie **Inulin** gemessen werden. Der **renale Plasmafluß (RPF)** kann mit der Clearance von filtrierten und vollständig sezernierten Stoffen wie **PAH** gemessen werden. Zur Berechnung des **renalen Blutflusses (RBF)** muß durch (1 – Hämatokrit) dividiert werden.

12.5.1 Plasmakonzentrationen, Harnkonzentrationen und Harnzeitvolumen

Substanzkonzentrationen im Plasma. Die Verminderung der Ausscheidung einer Substanz führt zu einer erhöhten Plasmakonzentration dieser Substanz; daher eignen sich Plasmaanalysen ($[X]_P$) in gewissem Maß zur Erfolgskontrolle der Nierenfunktion. Allerdings kann die Zunahme der Plasmakonzentration auch auf eine vermehrte Zufuhr oder endogene Bildung hinweisen. Beispiele für solche „prärenalen“ (also nicht in den Nieren lokalisierte) Krankheitsvorgänge sind Diabetes mellitus ($[Glucose]_P \uparrow$) und bestimmte Formen der Acidose ($[K]_P \uparrow$, $[pH]_P \downarrow$).

Harnzeitvolumen. Die durchschnittliche renale Wasserausscheidung pro Zeit ($\dot{V}_U$) bei mäßiger Flüssigkeitszufuhr hängt vor allem von der Körpergröße des Tieres ab. Einige Normalwerte: Pferd und Rind 6-12 l/d, Schwein 2-4 l/d, Hund, Katze und Kaninchen 0,1-0,3 l/d, Nager je nach Größe zwischen 40 und 1 ml/d.

Bei hoher Flüssigkeitszufuhr oder der Ausschwemmung von Ödemen kann $\dot{V}_U$ um ein Mehrfaches ansteigen (Polyurie, Diurese). Bei starkem Wassermangel kann $\dot{V}_U$ bis auf etwa ein Drittel der oben genannten Werte vermindert werden (physiologische Oligurie, Antidiurese). Dieses Volumen reicht normalerweise noch aus, um die täglich anfallenden Stoffwechselendprodukte zu eliminieren. Sinkt $\dot{V}_U$

noch weiter (pathologische Oligurie) oder versiegt sie völlig (Anurie), kommt es zur Ansammlung (Retention) von Soluten und Wasser und schließlich zur Urämie.

Substanzkonzentrationen im Urin. Die Konzentrationen einzelner Solute ($[X]_U$ in mmol/l) und die Gesamtkonzentration aller Solute im Urin ($[Osmol]_U$ in mosmol/kg) schwanken über weite Bereiche. Dies hat zwei Gründe: Erstens verursacht die Zunahme von $\dot{V}_U$ eine Abnahme von $[X]_U$ und $[Osmol]_U$ (Abb. 12.26). Zweitens variieren die Menge der mit dem Futter aufgenommenen Solute und der im Stoffwechsel entstehenden Endprodukte je nach Fütterung und Tierhaltung in weiten Bereichen; damit variieren auch die mit dem Urin auszuscheidenden Stoffmengen. Einige Substanzen sollten jedoch praktisch nie im Urin erscheinen. Dies sind außer den schon genannten normalerweise vollständig resorbierten Stoffen wie Glucose und Aminosäuren vor allem normalerweise nicht filtrierte Substanzen wie Proteine, Erythrocyten und Leukocyten. Ihr Auftreten hat pathologische Bedeutung und weist auf eine schwerwiegende Permeabilitätsstörung, zumeist der Glomeruluskapillaren, hin.

Urinanalysen und Plasmaanalysen sind besonders aussagekräftig, wenn sie zeitgleich durchgeführt werden, da sie dann eine Berechnung der Clearance ermöglichen.

12.5.2 Renale Clearance

Die Clearance (=Klärwert) einer Substanz X (C_X) errechnet sich nach der Formel

$$C_X = \frac{\dot{V}_U \cdot [X]_U}{[X]_P} \qquad (4)$$

(in ml/min bzw. l/d; $\dot{V}_u$=Urinvolumen pro Zeit, $[X]_U$ bzw. $[X]_P$=Konzentrationen von Substanz X im Urin bzw. Plasma; Achtung, diese Formel gilt nicht für Wasser).

Bei intakter Niere ist die Clearance der meisten Substanzen nahezu konstant, da bei veränderter Plasmakonzentration die ausgeschiedene Substanzmenge pro Zeit proportional variiert. Tabelle 12.3 zeigt einige typische Werte.

Tabelle 12.3 Typische Clearancewerte beim Menschen unter Normalbedingungen.

Substanz	Clearance (ml/min)
Glucose	0
Aminosäuren	0
Na^+	0,5
K^+	8
Harnstoff	75
Inulin (Kreatinin)	125
PAH	650

Definiert wird die Clearance einer Substanz X als die Menge Plasma pro Zeit, die bei einmaliger renaler Passage vollständig von der Substanz X befreit (geklärt) wird. Die Clearance ist für die meisten Substanzen eine real nicht vorkommende Größe – die zwei Ausnahmen, Inulin/Kreatinin und PAH, werden später ausführlich dargestellt.

Hierzu ein Beispiel: Bei einem Tier sei der renale Plasmafluß 100 ml/min. Die gleichzeitig gemessene Clearance einer Substanz X betrage 10 ml/min. Nach der Clearanceangabe wurden also 10 ml Plasma pro Minute von der Substanz X vollständig befreit. Tatsächlich betrug die renale Extraktion der gesamten durchfließenden Plasmamenge nur 10% und die Konzentration von X im Nierenvenenblut betrug daher ca. 90% der arteriellen Plasmakonzentration.

Man unterscheidet zwischen **endogener Clearance,** der Clearance für körpereigene Substanzen (z.B. Kreatinin, Harnstoff, Glucose, Aminosäuren, osmotische Clearance, Clearance des freien Wassers) und **exogener Clearance**, der Clearance für durch Dauerinfusion zugeführte Meßsubstanzen (z.B. Inulin, PAH).

Die **osmotische Clearance** (C_{osmol}) beinhaltet die Summe aller Solute (=Osmolyte) und bleibt praktisch unverändert, außer bei osmotischer Diurese, wo sie steigt. Die Formel ist identisch mit der allgemeinen Clearanceformel (**4**):

$$C_{osmol} = \frac{\dot{V}_U \cdot [Osmolyte]_U}{[Osmolyte]_P} \qquad (5)$$

Die **Freiwasserclearance** (C_{H_2O}) ist die Clearance für reines Wasser. Sie ist definiert als die Menge Wasser pro Zeit, die dem Plasma zugefügt (bzw. dem Harn entzogen) werden muß, um isoosmolal zu sein. Da der Harn normalerweise hyperosmolal ist, ist C_{H_2O} zumeist negativ. Bei maximaler osmotischer Diurese kann C_{H_2O} null werden und bei Wasserdiurese positive Werte erreichen (Abb. 12.26). Die Formel der Freiwasserclearance weicht als einzige von der allgemeinen Form ab:

$$C_{H_2O} = \dot{V}_U - C_{osmol} \qquad (6)$$

Clearancequotienten (C_X/C_{Inulin}) dienen der Beurteilung der renalen Behandlung einer Substanz X im Vergleich zu Inulin, das nur filtriert und nicht resorbiert oder sezerniert wird (s.u.). Unbehinderte Filtration vorausgesetzt, läßt sich aus den Clearancequotienten ablesen:

$C_X/C_{Inulin} = 1$	Substanz X wird wie Inulin ausgeschieden, also im Nettoeffekt weder resorbiert noch sezerniert,
$C_X/C_{Inulin} < 1$	Substanz X wird im Nettoeffekt resorbiert,
$C_X/C_{Inulin} > 1$	Substanz X wird im Nettoeffekt sezerniert.

12.5.3 Messung der glomerulären Filtrationsrate

Ein Sonderfall ist die Clearance von Substanzen, die unbehindert filtriert und in den Tubuli nicht resorbiert oder sezerniert werden. Wenn außerdem eine solche Substanz nicht toxisch ist und in der Niere weder synthetisiert noch abgebaut wird, dann stellt die Clearance dieser Substanz ein Maß für die glomeruläre Filtrationsrate (GFR) dar. Ein typischer exogener Marker ist Inulin, ein endogener Marker Kreatinin. Oft gibt man die GFR auf Körperoberfläche bezogen an, da die Nierenfunktion in absoluten Größen annähernd proportional zum metabolischen Körpergewicht und damit näherungsweise zur Körperoberfläche ist. Im höheren Alter des Tieres nimmt die GFR allmählich ab.

Inulin-Clearance. Ein geeigneter Indikator zur experimentellen Messung der GFR ist **Inulin**, ein Fructosepolysaccharid aus Dahlienwurzeln (~5500 Da). Da die filtrierte Inulinmenge pro Zeit identisch ist mit der im Urin ausgeschiedenen Menge pro Zeit, gilt

$$\mathbf{GFR \cdot [In]_P = \dot{V}_U \cdot [In]_U} \qquad (7)$$

was sich leicht in die allgemeine Form der Clearanceformel umstellen läßt

$$\mathbf{C_{Inulin} = GFR = \frac{\dot{V}_U \cdot [In]_U}{[In]_P}} \qquad (8)$$

Da Inulin im Körper nicht gebildet wird, muß der Indikator durch Dauerinfusion zugeführt werden, so daß eine konstante Plasmakonzentration (steady state) erreicht wird (z.B. 20 mmol/l). In dieser Phase wird über einen repräsentativen Zeitraum der Urin quantitativ gesammelt und vor, während und nach der Meßperiode Blut entnommen, damit C_{Inulin} berechnet werden kann. Andere exogene Marker der GFR sind Polyfructosan, Na^+-Iothalamat und Cr-EDTA.

Kreatinin-Clearance. Kreatinin ist etwas weniger „ideal" in seinen Eigenschaften als Inulin, da es bei vielen Tieren in geringem Maße tubulär sezerniert wird und deshalb etwas zu hohe GFR-Werte angibt. Deutlich pathologische GFR-Einschränkungen können trotzdem gut erfaßt werden. Ein wichtiger Vorteil von Kreatinin ist jedoch, daß es als Endprodukt des Muskelstoffwechsels unter normalen Bedingungen mehr oder weniger konstant gebildet (endogene Clearance) und daher in konstanter Menge ausgeschieden wird. Das bedeutet, daß $\dot{V}_U \cdot [Kr]_U$, der Zähler der allgemeinen Clearanceformel (***4***), konstant ist.

Die Beziehung zwischen GFR und $[Kr]_P$ stellt eine Hyperbel dar (Abb. 12.9), aus deren Verlauf sich folgendes ablesen läßt: Sinkt die GFR auf die Hälfte des Normalwertes, steigt die Kreatininkonzentration im Plasma auf das Doppelte an. Entsprechend führt eine Abnahme der GFR auf 1/3, 1/5 oder 1/10 der Norm zum Anstieg von $[Kr]_P$ um das 3-, 5-, bzw. 10fache der Norm. Allein aus der Plasmakonzentration von Kreatinin lassen sich deshalb wertvolle Hinweise auf die Größe der GFR ableiten, allerdings erst bei starken Einschränkungen der GFR, da im flachen Bereich der Kurve (Abb. 12.9) die biologische Streuung eine verläßliche Aussage verhindert.

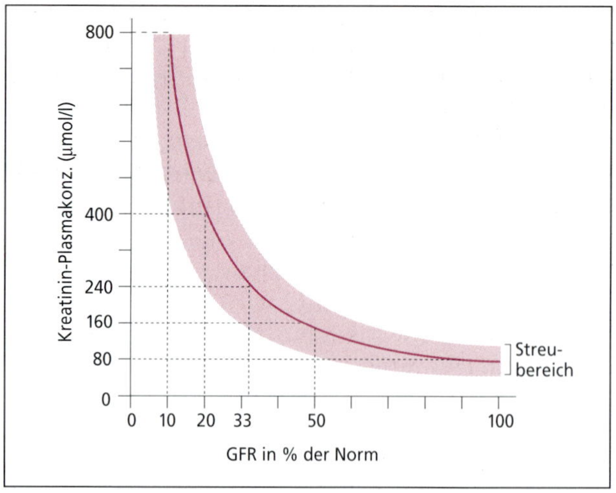

Abb. 12.9 Beziehung zwischen der Plasma-Kreatininkonzentration und der glomerulären Filtrationsrate (GFR).

12.5.4 Messung des renalen Plasmaflusses

Ein weiterer Sonderfall ist die Clearance von Substanzen, die unbehindert filtriert und darüber hinaus in den Tubuli vollständig sezerniert werden. Die Clearance einer solchen Substanz stellt ein Maß für den renalen Plasmafluß dar (RPF). Es gibt eine Reihe von Indikatorsubstanzen, die bei der Nierenpassage des Blutes praktisch vollständig eliminiert („geklärt") werden; am bekanntesten ist der exogene Marker Para-Aminohippurat (PAH).

PAH-Clearance. Wenn PAH infundiert wird, wird PAH filtriert und das gesamte in die Vasa recta einströmende PAH sekundär aktiv sezerniert (Abb. 12.21A). Da die gesamte filtrierte und sezernierte PAH-Menge pro Zeit identisch ist mit der im Urin ausgeschiedenen Mege pro Zeit, gilt für den effektiven renalen Plasmafluß (RPF_{eff}):

$$\mathbf{RPF_{eff} \cdot [PAH]_P = \dot{V}_U \cdot [PAH]_U} \qquad (9)$$

was sich wieder leicht in die allgemeine Form der Clearanceformel umstellen läßt:

$$\mathbf{C_{PAH} = RPF_{eff} = \frac{\dot{V}_U \cdot [PAH]_U}{[PAH]_P}} \qquad (10)$$

Die Gleichsetzung C_{PAH} mit RPF_{eff} gilt jedoch nur, wenn die Plasmakonzentration <0,3 mmol/l ist, da anderenfalls das Transportmaximum der Carrier überschritten wird und PAH nicht vollständig sezerniert wird. Eine weitere Voraussetzung ist, daß alle Vasa recta überhaupt mit proximalen Tubuli Kontakt haben. Da dies nicht der Fall ist, wird eben nur der „effektive" RPF gemessen, der den genauen Wert um etwa 5-10% unterschätzt.

Der **renale Blutfluß (RBF)** wird aus RPF und dem Volumenanteil der Zellen im Blut, also dem Hämatokrit (Hkt), berechnet:

$$\mathbf{RBF = RPF / (1 - Hkt)} \qquad (11)$$

Weitere Substanzen, die bei einmaligem renalen Durchfluß nahezu vollständig geklärt werden, sind ^{125}I-Hippuran, einige Röntgenkonstrastmittel und einige Antibiotika.

12.6 Tubuläre Transportmechanismen: Natrium, Chlorid und Wasser

Im proximalen Tubulus werden etwa 2/3 der filtrierten Mengen von Na^+, Cl^- und Wasser resorbiert. Na^+ wird primär aktiv resorbiert und dient mit seiner apicalen Aufnahme in die Zelle als Antrieb für zahlreiche Cotransporte mit Nährstoffen und anderen Soluten. Cl^- wird im proximalen Tubulus passiv auf dem parazellulären Weg resorbiert. Der dicke aufsteigende Teil der Henle-Schleife ist wasserimpermeabel, jedoch wird die Tubulusflüssigkeit durch Ionenresorption, die über einen apicalen $Na^+2Cl^-K^+$-Cotransporter erfolgt, verdünnt. Im distalen Tubulus werden Na^+ und Cl^- apical im Cotransport aufgenommen. Im corticalen Sammelrohr wird Na^+ unter der Kontrolle von Aldosteron durch einen apicalen Kanal in die Zelle aufgenommen. In diesem Segment wird Wasser durch apicale Wasserkanäle (Aquaporin 2), die unter Kontrolle von ADH stehen, aufgenommen.

Der filtrierte Primärharn ist, bis auf die fehlenden Makromoleküle und den durch den Donnan-Effekt verursachten leichten Unterschied (Kap. 12.4), ähnlich zusammengesetzt wie das Blutplasma. Die Tubuli haben nun die Funktion, aus dem Primärharn den Endharn aufzubereiten. Dies geschieht nach einem aufwendigen Mechanismus: Nachdem sehr große Mengen von Soluten und Wasser durch **glomeruläre Ultrafiltration** in die Tubuli ausgeschieden worden sind, werden noch weitere Solute durch **tubuläre Sekretion** hinzugefügt, und zugleich wird eine fast ebenso große Menge, die filtriert worden war, durch **tubuläre Resorption** wieder zurückgewonnen. Hierbei werden die für den Körper erhaltenswerten Stoffe resorbiert mit der Folge, daß nur die nicht resorbierten Substanzen im Tubulus verbleiben und ausgeschieden werden.

Für die Niere gilt in ausgeprägter Weise die in Abb. 12.2 schematisch dargestellte Strategie der röhrenförmigen Epithelien. Die proximalen Tubuli sind „leck" (leaky) und transportieren große Mengen NaCl und Wasser, jedoch nur gegen kleine Konzentrationsgradienten. Die distalen Tubulussegmente dagegen sind „mitteldicht" und transportieren zwar nur kleine Mengen, aber gegebenenfalls gegen große Konzentrationsgradienten. In den distalen Segmenten findet eine hormonal gesteuerte Feineinstellung der Zusammensetzung des Urins statt.

Die fraktionelle Resorption von Na^+, Cl^- und Wasser in den Segmenten des Nierentubulus im **antidiuretischen Zustand**, also bei geringer Wasserzufuhr, ist in Abb. 12.10 dargestellt.

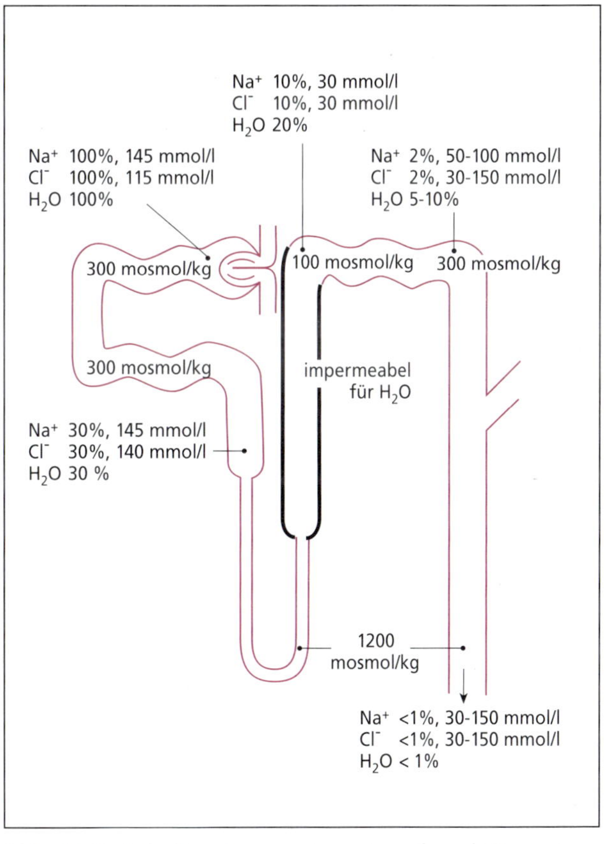

Abb. 12.10 Tubulärer Transport von Na^+, Cl^- und Wasser in Antidiurese. Die Prozentangaben beziehen sich auf die in den betreffenden Nephronabschnitten noch vorhandenen Mengen in Relation zur filtrierten Menge (filtriertes „load" = 100%). Zusätzlich sind lokale tubuläre Konzentrationen und Osmolalitäten angegeben.

12.6.1 Wassertransport

Wasser wird vorwiegend passiv transportiert. Es folgt aus osmotischen Gründen der Summe aller transportierten Solute, und zwar in der Relation 1 l Wasser je 290 mosmol Solute (entsprechend der Osmolarität des Blutplasmas von 290 mosmol/l). Bestimmend für den Wassertransport sind daher die Transportrate der Summe aller Solute sowie die Permeabilität für Wasser („hydraulische Leitfähigkeit"). Wasser kann je nach Permeabilität bevorzugt parazellulär und/oder transzellulär transportiert werden. Der parazelluläre Weg durch die Schlußleiste und den Interzellularspalt ist der bevorzugte Weg bei lecken Epithelien.

Für den transzellulären Weg durch die apicale und die basolaterale Zellmembran gilt, daß die Lipidphase der Zellmembranen eine sehr geringe Wasserpermeabilität aufweist, so daß der Transport auf Wasserkanäle angewiesen ist. Derartige Kanäle finden sich in vielen Zellarten; sie werden als Aquaporine bezeichnet. Es gibt in der Niere zwei Ausnahmen, auf die später noch näher eingegangen wird: 1. Im dicken aufsteigenden Teil der Henle-Schleife existieren überhaupt keine Wasserkanäle, und 2. in der apicalen Membran der distalen Tubuli und Sammelrohre werden Wasserkanäle nur in Gegenwart von ADH eingebaut und aktiviert; diese ADH-induzierten Wasserkanäle werden als Aquaporin-2 bezeichnet. Bei Hemmung der ADH-Ausschüttung wird die Wasserresorption im spätdistalen Tubulus und in den Sammelrohren behindert, und es kommt zur Wasserdiurese. Bei starker osmotischer Diurese kann die Wasserresorption im ganzen Nephron vermindert sein (Kap. 12.13.2).

Kürzlich ist am Beispiel des $2Na^+$-Glucose-Carriers SGLT1 (Kap. 12.9.1) gezeigt worden, daß Wasser auch sekundär aktiv transportiert werden kann. SGLT1 transportiert demnach mit jedem Zyklus auch 210 Wassermoleküle (Meinild et al., 1998).

12.6.2 Natrium- und Chloridtransport

Der Gesamtkörpergehalt an austauschbarem Na^+ wird etwa 9mal pro Tag filtriert. Von dieser Menge (filtered load) werden in Antidiurese >99% resorbiert und nur <1% ausgeschieden. Etwa 60% der filtrierten Na^+- und Cl^--Menge wird zusammen mit Wasser bereits im proximalen Tubulus resorbiert.

Die ersten 25% des proximalen Tubulus unterscheiden sich von den restlichen 75% in ihrer Transportcharakteristik, daher werden diese beiden Segmente getrennt besprochen. Die unterschiedliche Transportcharakteristik wird nicht – wie man vermuten könnte – durch eine segmental unterschiedliche Ausstattung mit Transportern verursacht, sondern lediglich dadurch, daß die Resorption von Glucose und Aminosäuren (bei normalen Plasmakonzentrationen) bereits im ersten Abschnitt des proximalen Tubulus nahezu vollständig ist (Abb. 12.11).

Im **frühproximalen Tubulus** (25%) wird Na^+ vorwiegend im Cotransport mit anderen Substanzen in die proximale Tubuluszelle aufgenommen, und zwar im Antiport mit H^+ und im Symport mit Glucose, Galactose, neutralen und sauren Aminosäuren, Phosphat, Sulfat, Mono- und Dicarboxylsäuren (Abb. 12.12A). Die Symporte mit Na^+ erzeugen eine transepitheliale Spannung von etwa -2 mV (Lumen negativ).

Die im Antiport mit Na^+ sezernierten H^+-Ionen werden zusammen mit HCO_3^- als CO_2 und H_2O wieder in die Zelle aufgenommen, so daß sich eine Zirkulation ergibt; das in der Zelle entstehende HCO_3^- wird basolateral im Symport mit Na^+ abgegeben (Abb. 12.23). Hydrogencarbonat gelangt somit in die Tubulusepithelzelle, obwohl durch die apicale Membran kein HCO_3^--Transport erfolgt.

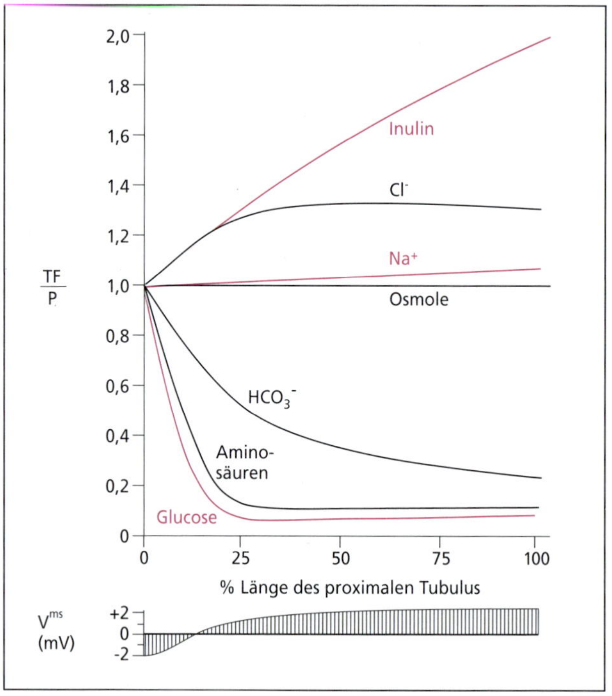

Abb. 12.11 Axiales Profil der Solutkonzentrationen und der transepithelialen Spannung im proximalen Tubulus. Die Solutkonzentrationen der tubulären Flüssigkeit (TF) sind als Fraktion der jeweiligen Plasmakonzentrationen (P) angegeben. Glucose und Aminosäuren werden schon frühproximal fast vollständig resorbiert. Die Inulinkonzentration als Indikator der Wasserresorption steigt stetig auf einen Wert von über 2 an. Die Umkehr der transepithelialen Spannung (V^{ms}) bewirkt, daß die Cl^--Resorption hinter der Wasserresorption zurückbleibt und die Cl^--Konzentration über die des Plasmas ansteigt.

Die Solutresorption treibt die Wasserresorption, die in diesem „lecken" Epithel vorwiegend parazellulär erfolgt. Zusammen mit dem resorbierten Wasser werden weitere Solute (z.B. Cl^-, s.u.) durch **Konvektion (solvent drag)** mitgeführt, sofern sie einen ausreichend niedrigen **Reflexionskoeffizienten** haben und daher die Schlußleiste gut passieren können (Fromm und Hierholzer, 1997).

Cl^- wird im frühproximalen Tubulus ausschließlich passiv und auf dem parazellulären Weg resorbiert. Dies geschieht über drei Antriebsmechanismen: 1. durch Diffusion aufgrund der o.g. lumennegativen Spannung von -2 mV, 2. durch Diffusion aufgrund der durch die Wasserresorption erhöhten luminalen Cl^--Konzentration (Abb. 12.11), 3. durch solvent drag. Da sich diese Triebkräfte erst entlang des proximalen Tubulus aufbauen müssen, wird am Anfang des frühproximalen Tubulus noch wenig Cl^- resorbiert, und die luminale Cl^--Konzentration steigt zunächst an (Abb. 12.11).

Im **spätproximalen Tubulus** (75%) finden sich die gleichen Na^+-Transporter wie im frühproximalen Tubulus. Zusätzlich existieren im spätproximalen Tubulus (pars recta) auch apicale Na^+-Kanäle, durch die Na^+ in die Zelle aufgenommen wird.

Cl^- ist im spätproximalen Tubulus etwa 30% höher konzentriert als im Plasma (Abb. 12.11). Dieser Konzentrationsgradient ist der Antrieb für die parazelluläre Cl^--Diffusion in diesem Segment. Die Cl^--Resorption und die oben genannte HCO_3^--Resorption verursacht eine lumen-positive Spannung von etwa +2 mV, die zwar die Diffusion der Anionen wie Cl^- und HCO_3^- hemmt, aber zugleich die parazelluläre Diffusion von Kationen wie Na^+, K^+, Ca^{2+} und Mg^{2+} fördert.

Die Na^+/K^+-ATPase hat eigentlich nur einen Wirkungsgrad von 3 mol Na^+ pro mol ATP. Durch zusätzliche Diffusion und Konvektion wird im proximalen Tubulus jedoch ein Mehrfaches dieser Menge transportiert; dadurch erhöht sich der Gesamtwirkungsgrad auf etwa 10 mol Na^+ pro mol ATP.

Die **dünnen Teile der Henle-Schleife** bestehen aus mitochondrienarmen, kleinen Epithelzellen (Abb. 12.2) (daher ist der Tubulus hier „dünn"). Sie sind sehr wasserpermeabel, leisten jedoch keinen wesentlichen aktiven Transport. In diesem Segment werden etwa 25% des filtrierten Wassers resorbiert. Antrieb der Wasserresorption ist die zum Mark hin zunehmende Osmolalität des Interstitiums, die durch das Gegenstromsystem (Kap. 12.12) aufgebaut wird.

Im **dicken aufsteigenden Teil der Henle-Schleife** werden 25-30% der filtrierten Na^+- und Cl^--Menge resorbiert. Die Aufnahme dieser Ionen wird durch einen Cotransporter in der apicalen Membran vermittelt, der Na^+, K^+ und Cl^- im Verhältnis 1:1:2 transportiert und durch sog. Schleifendiuretika (z.B. Furosemid) blockiert werden kann (Abb. 12.12B). Auf der basolateralen Seite wird Na^+ durch die Na^+/K^+-ATPase und Cl^- durch einen Kanal ins Interstitium abgegeben. Der dicke aufsteigende Teil der Henle-Schleife enthält keine Wasserkanäle und ist somit praktisch **wasserimpermeabel**. Als Folge sinkt die Osmolalität entlang des TAL auf Werte von etwa 100 mosmol/kg (Abb. 12.10); daher wird der dicke aufsteigende Teil auch als **Verdünnungssegment** bezeichnet.

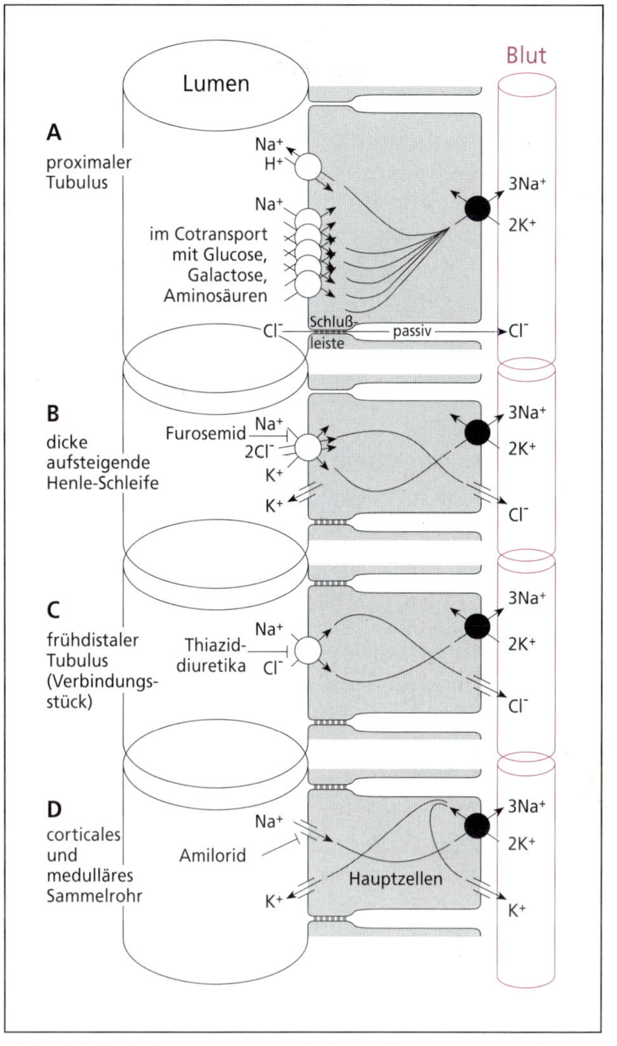

Abb. 12.12 Zellmodelle des tubulären Transports von Na^+ und Cl^-. **A** proximaler Tubulus. Im spätproximalen Tubulus existiert zusätzlich ein apicaler Na^+-Kanal (hier nicht eingezeichnet). **B** dicker Teil der aufsteigenden Henle-Schleife. **C** frühdistaler Tubulus (Verbindungsstück). **D** corticales und medulläres Sammelrohr.

In der pars convoluta des **distalen Tubulus** werden etwa 10% der filtrierten Na^+- und Cl^--Menge resorbiert. Die hohe Wasserpermeabilität bewirkt, daß die Tubulusflüssigkeit nach kurzer Strecke wieder isoton zum Blutplasma wird. In der apicalen Membran befindet sich ein Na^+Cl^--Cotransporter, der durch Thiazid-Diuretika blockiert werden kann (Abb. 12.12C).

Im **corticalen und medullären Sammelrohr** werden nur noch maximal 5% der filtrierten Na^+- und Cl^--Menge resorbiert, allerdings u.U. gegen erhebliche Konzentrationsgradienten. Das corticale und das äußere medulläre Sammelrohr bestehen aus zwei Zellsorten, den mitochondrienreicheren („dunklen") Hauptzellen (principal cells) und den mitochondrienärmeren („hellen") Schalt- oder Zwischenzellen (intercalated cells) (Abb. 12.2). In den Hauptzellen wird Na^+ apical durch einen Kanal aufgenommen, der durch Aldosteron induziert und aktiviert wird und durch „kaliumsparende" Diuretika wie Amilorid blockiert werden kann (Abb. 12.12D).

12.6.3 Regelung des Natriumtransportes

In Antidiurese werden >99% des filtrierten Na^+ resorbiert und <1% ausgeschieden. Im proximalen Tubulus werden dabei ca. 60% des filtrierten Na^+ resorbiert. Diese Menge ist mehr oder weniger konstant, da die GFR und damit die filtrierte Na^+-Menge praktisch konstant ist. Im terminalen Tubulus findet eine hormonale Regulation der Na^+-Resorption statt. Daran ist vor allem Aldosteron beteiligt.

Aldosteron fördert im spätdistalen Tubulus und in den corticalen Sammelrohren die Na^+-Resorption. Es wirkt induzierend und stimulierend auf zwei Transporter: den apicalen Na^+-Kanal und die basolaterale Na^+/K^+-ATPase. Zugleich stimuliert es direkt und indirekt die K^+-Sekretion (Kap. 12.7, auch Kap. 15.7.3.1). Es stehen zwar nur 2-3% des filtrierten Na^+ unter der Kontrolle von Aldosteron, aber dies reicht, um den Na^+-Haushalt konstant zu halten (Abb. 23.26). Bei gestörter Aldosteron-Ausschüttung (**Morbus Addison**) kommt es zur Mehrausscheidung von Na^+ und Flüssigkeit und zur Retention von K^+.

Atriopeptin (Atriales Natriuretisches Peptid, ANP) wird in den Vorhöfen des Herzens gebildet und bei starker Kochsalzzufuhr ins Blut ausgeschüttet. ANP fördert die Na^+-Ausscheidung, indem es die GFR etwas erhöht und die Na^+-Resorption im Sammelrohr hemmt.

12.7 Kalium

Im proximalen Tubulus werden 60-70% des filtrierten Kaliums parazellulär resorbiert; im dicken aufsteigenden Teil der Henle-Schleife werden weitere 25-35% über den apicalen $Na^+K^+2Cl^-$-Cotransporter sowie parazellulär resorbiert; im distalen Tubulus und im Sammelrohr steht der K^+-Transport unter hormonaler Kontrolle: Bei geringer Aldosteronausschüttung wird K^+ hier resorbiert, bei hoher sezerniert.

Die intra- und extrazellulären Konzentrationen von Kalium verhalten sich umgekehrt wie die von Natrium. Mehr als 98% der Kalium-Ionen befinden sich intrazellulär, geregelt wird jedoch vor allem der kleine extrazelluläre Anteil von 1-2%. Die Regelung des K^+-Haushaltes geschieht hauptsächlich durch Variation der renalen K^+-Ausscheidung. Etwa 10% der im Körper aufgenommenen Kaliumionen werden durch den Darm ausgeschieden. Die erregbaren Zellen des Körpers sind relativ intolerant gegenüber Veränderungen der K^+-Konzentration im Plasma. Sinkt der Wert auf weniger als die Hälfte des Normalwerts (Hypokaliämie), kann keine Kontraktion der Skelettmuskulatur mehr stattfinden. Verdoppelt sich der Wert (Hyperkaliämie), kann es zum Herzstillstand kommen. Eine leichte Hypo- oder Hyperkaliämie fällt oft zuerst im EKG auf.

Kalium wird im Glomerulus unbehindert filtriert. Im proximalen Tubulus werden etwa 60-70% und in der Henle-Schleife 20-30% des filtrierten K^+ resorbiert. Im distalen Tubulus erscheinen etwa 5-15%. Bis dahin ist die Resorption weitgehend konstant. Im distalen Tubulus ist der Nettotransport von K^+ jedoch sehr variabel und kann zwischen Resorption und starker Sekretion schwanken. Ob K^+ in den distalen Tubulusabschnitten sezerniert oder resorbiert wird, hängt u.a. von der K^+-Zufuhr ab (Abb. 12.13).

K^+ im proximalen Tubulus. Obwohl in der apicalen Membran kein Transporter existiert, durch den K^+ in die Zelle aufgenommen werden kann, wird K^+ im proximalen Tubulus mit hoher Rate resorbiert. Die proximale K^+-Resorption erfolgt ausschließlich parazellulär (Abb. 12.14A). Drei Wege bzw. Mechanismen für die K^+-Resorption kommen in Frage:

- parazellulärer Transport durch Diffusion durch Schlußleiste und Interzellularspalt (Anteil 60%).
- Parazellulärer Transport durch konvektive Teilchenmitführung mit dem parazellulär resorbierten Wasser (solvent drag) ebenfalls durch Schlußleiste und Interzellularspalt (berechneter Anteil 20%).
- Transzellulär durch primär aktiven Transport, jedoch auf einem sehr ungewöhnlichen Weg: zunächst Diffusion durch die Schlußleiste, dann primär aktive Aufnahme in die Zelle durch die Na^+/K^+-ATPase in der lateralen Membran (Abb. 12.14A).

Die K^+-Resorptionsrate hängt stark von der parazellulären Wasserbewegung ab, die ihrerseits dem

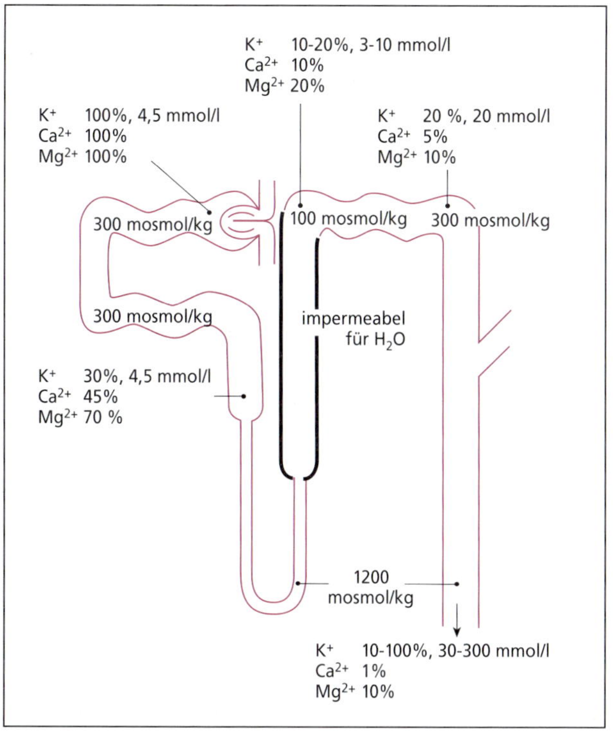

Abb. 12.13 Tubulärer Transport von K^+, Ca^{2+} und Mg^{2+} in Antidiurese. Die Prozentangaben beziehen sich auf die in den betreffenden Nephronabschnitten noch vorhandenen Mengen in Relation zum filtrierten 'load' (100%). In den distalen Tubulusabschnitten wird K^+ je nach K^+-Plasmakonzentration resorbiert oder sezerniert, so daß die Ausscheidung über einen weiten Bereich variieren kann.

Transport hauptsächlich von Na^+ und Cl^- folgt. Verminderte Wasserresorption aufgrund von extrazellulärer Volumenexpansion oder nach Gabe eines osmotischen Diuretikums wie Mannit vermindert daher auch die K^+-Resorption.

Im **dicken aufsteigenden Teil der Henle-Schleife** wird K^+ durch den schon beschriebenen apicalen $Na^+K^+2Cl^-$-Cotransporter in die Zelle aufgenommen. Während jedoch Na^+ und Cl^- transepithelial resorbiert werden, fließt K^+ in erheblichem Umfang durch einen apicalen K^+-Kanal zurück ins Lumen (Abb. 12.14B). Durch diese Rezirkulation von K^+ wird die für dieses Tubulussegment typische lumen-positive Spannung verursacht. Diese transepitheliale Spannung treibt eine K^+-Resorption auf dem parazellulären Weg.

Im **distalen Tubulus und in den Hauptzellen des Sammelrohres** verläuft der K^+-Transport wiederum sowohl transzellulär als auch parazellulär und steht unter hormonaler Kontrolle: Bei hoher Aldosteronausschüttung wird K^+ passiv sezerniert (Abb. 12.14C): Das auf der basolateralen Seite von der Na^+/K^+-ATPase in die Zelle aufgenommene K^+ verläßt diese sowohl durch apicale als auch durch basolaterale K^+-Kanäle der Hauptzellen.

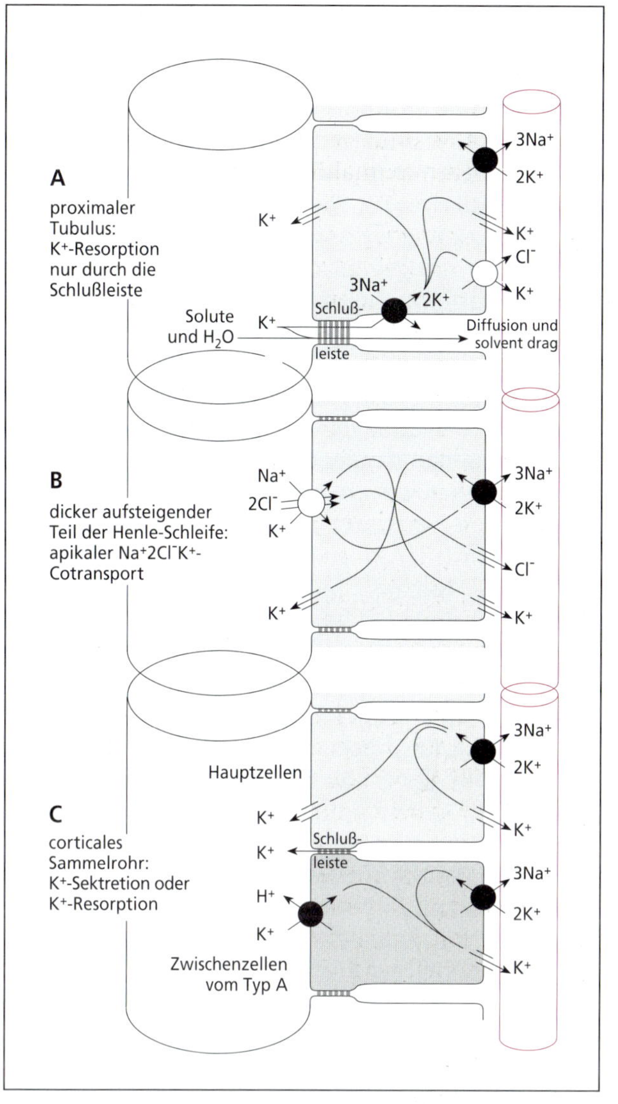

Abb. 12.14 Zelluläre Mechanismen des renalen K^+-Transports in verschiedenen Tubulussegmenten. **A** proximaler Tubulus, **B** dicker aufsteigender Teil der Henle-Schleife, **C** corticales Sammelrohr; oben: Hauptzellen; unten: Zwischenzellen Typ A.

Bei geringer Aldosteronausschüttung wird K^+ primär aktiv resorbiert, und zwar durch eine H^+/K^+-ATPase in der apicalen Membran der Zwischenzellen vom Typ A (Abb. 12.14C). Dieser Transporter findet sich auch in den Parietalzellen des Magens und im distalen Colon (Abb. 15.42 u. 15.69). Aldosteron stimuliert die Na^+-Resorption in diesen Segmenten und erzeugt so eine ausgeprägte transepitheliale lumen-negative Spannung. Bei vermehrter K^+-Aufnahme treibt diese Spannung eine **K^+-Sekretion** durch den für K^+ permeablen Schlußleistenkomplex. Dies verursacht zugleich, daß das intrazelluläre K^+ in den Hauptzellen vermehrt auf der apicalen Seite und weniger auf der basolateralen Seite herausströmt.

• **Regulation der Kaliumausscheidung**

Der K^+-Transport wird durch so verschiedene Parameter beeinflußt wie Diät, pH-Wert, elektrische Spannung und Flußrate:

Diätetisch vermehrte bzw. verringerte K^+-Zufuhr verstärkt bzw. verringert die Ausscheidung von K^+.

Veränderungen der extra- und intrazellulären **H^+-Konzentration** führen im distalen Tubulus und im Sammelrohr zu gegensinnigen Veränderungen des intrazellulären K^+-Gehaltes. Dies hat zur Folge, daß eine akute Alkalose die K^+-Ausscheidung erhöht und eine akute Acidose die K^+-Ausscheidung verringert.

Eine lumen-negative **transepitheliale elektrische Spannung** verstärkt die K^+-Sekretion im spätdistalen Tubulus (und corticalen Sammelrohr). Diese Spannung wird hier vor allem durch die apicale Na^+-Leitfähigkeit verursacht, die durch drei Faktoren geregelt wird: 1. **Aldosteron** induziert und aktiviert apicale Na^+-Kanäle. 2. Das kaliumsparende Diuretikum **Amilorid** (Kap. 12.13.2) blockiert apicale Na^+-Kanäle. 3. Erhöhung des **luminalen Na^+-Angebotes** durch Hemmung der Na^+-Resorpion in proximaleren Segmenten verursacht eine Steigerung der distalen Na^+-Resorption. Dies ist eine von zwei Ursachen für die erhöhte K^+-Ausscheidung bei Gebrauch der Schleifendiuretika und der Benzothiadiazine.

Eine Steigerung der **Flußrate** kann die luminale K^+-Konzentration soweit vermindern, daß der Konzentrationsgradient über der apicalen Membran eine Sekretion begünstigt. Dies ist eine zweite Ursache für die erhöhte K^+-Sekretion nach Gabe von Schleifendiuretika oder Benzothiadiazinen.

12.8 Calcium und Magnesium, Phosphat und Sulfat

Calcium und Magnesium werden aufgrund ihrer Plasmabindung nur zu 60 (Ca^{2+}) bzw. 75% (Mg^{2+}) filtriert. Beide Elektrolyte werden proximal und im dicken aufsteigenden Schenkel der Henle-Schleife vorwiegend parazellulär resorbiert. Hauptantrieb ist eine lumen-positive transepitheliale Spannung. Der proximale Tubulus ist für Mg^{2+} weniger permeabel als für Ca^{2+}. Phosphat und Sulfat werden vorwiegend im proximalen Tubulus im Kotransport mit je 2 Na^+ resorbiert.

12.8.1 Calcium

Die Aufnahme von Calcium mit der Nahrung beträgt etwa 20 mmol/d. In und nach der Schwangerschaft ist der Bedarf erhöht, da über die Placenta und über die Milch erhebliche Mengen für den Einbau in das Skelett des Neugeborenen zur Verfügung gestellt werden. 30-35% des mit der Nahrung aufgenommenen Calciums werden im Darm, und zwar hauptsächlich im Dünndarm (Abb. 15.65), resorbiert; da der Darm jedoch Calcium gleichzeitig auch sezerniert, beträgt die Netto-Aufnahme nur 20-25%. Etwa 40% des Calciums im Blutplasma sind an Proteine gebunden; daher wird Calcium nicht unbehindert filtirert, sondern nur zu etwa 60%. Die Calciumausscheidung erfolgt zu 80-90% über den Darm und nur zu 10-20% durch die Nieren.

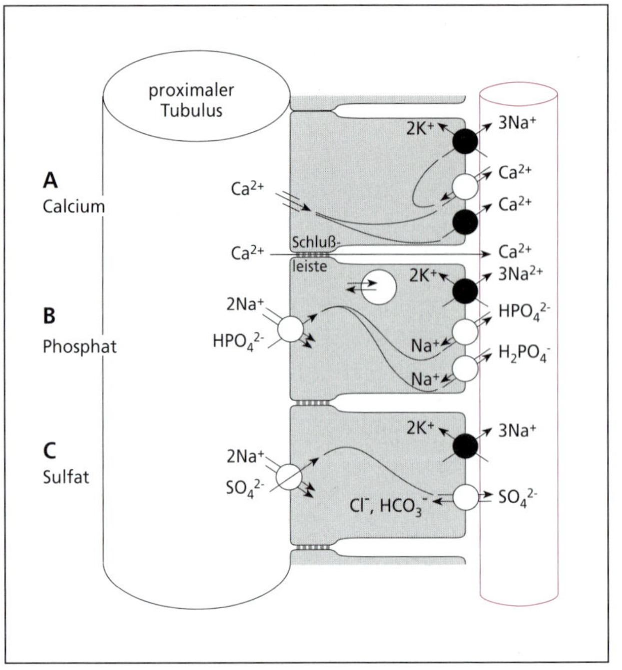

Abb. 12.15 Zelluläre Mechanismen im proximalen Tubulus: **A** Ca^{2+}-Transport, **B** Phosphat-Transport, **C** Sulfat-Transport.

Die **Resorptionsorte** für Calcium sind zu 60% der proximale Tubulus, zu 30% der dicke Teil der aufsteigenden Henle-Schleife und zu 9% die distalen Segmente; die verbleibenden 1% werden ausgeschieden (Abb. 12.13).

Im proximalen Tubulus wird Calcium vor allem durch die Schlußleisten durch Diffusion und solvent drag aufgenommen (Abb. 12.15A). Aus diesem Grund bleibt die Ca^{2+}-Konzentration entlang des proximalen Tubulus nahezu unverändert. Der transzelluläre Transport besteht aus einem apicalen Ca^{2+}-Kanal und basolateral aus einem sekundär aktiven Antiporter, der 3 Na^+ gegen 1 Ca^{2+} austauscht, sowie einer Ca^{2+}-ATPase. Beide transportieren Ca^{2+} in das Interstitum.

Im dicken aufsteigenden Teil der Henle-Schleifen und im distalen Tubulus wird Calcium ebenfalls vorwiegend passiv transportiert; treibende Kräfte sind hier die lumen-positive elektrische Spannung und der Konzentrationsgradient. Im Sammelrohr ist die Calcium-Permeabilität zu gering, um nennenswerte passive Fluxe zu erlauben.

12.8.2 Magnesium

Magnesium wird aufgrund seiner Proteinbindung ebenfalls nicht unbehindert filtriert, sondern nur zu 50-80%. Die Magnesiumausscheidung erfolgt zu 80-90% über den Darm und zu 10-20% durch die Nieren.

Der proximale Tubulus inklusive Pars recta ist weniger permeabel für Mg^{2+} als für alle anderen kleinen Ionen. Daher wird hier nur 30-40% des Mg^{2+} resorbiert. Im dicken aufsteigenden Teil der Henle-Schleife wird der größte Teil (50-60%) der ultrafiltrierten Menge resorbiert. Ähnlich wie die Ca^{2+}-Resorption wird die Mg^{2+}-Resorption von der lumen-positiven Spannung angetrieben, die durch die Cl^--Resorption erzeugt wird. Schleifendiuretika bewirken durch die Hemmung der Cl^--Sekretion auch eine Hemmung der Resorption und vermehrte Ausscheidung von Mg^{2+}. Diese Befunde weisen daruf hin, daß Mg^{2+} vorwiegend parazellulär transportiert wird.

In den distalen Tubulusabschnitten werden nur noch 2-5% des filtrierten Mg^{2+} resorbiert, der Rest von etwa 5-10% des filtrierten Mg^{2+} wird mit dem Urin ausgeschieden (Abb. 12.13).

12.8.3 Phosphat

Phosphat wird nahezu unbehindert filtriert und – ähnlich wie Glucose – im proximalen Tubulus bereits weitgehend resorbiert. Allerdings liegt die Schwellenkonzentration, oberhalb der das Transportmaximum für Phosphat überschritten wird und eine Ausscheidung erfolgt, noch im Bereich der normalen Plasmakonzentration. Dies bedeutet, daß die Ausscheidung von Phosphat bei normalen Plasmakonzentrationen durch die Nieren geregelt werden muß.

Phosphat wird im proximalen Tubulus als HPO_4^{2-} oder als $H_2PO_4^-$ durch zwei verschiedene Carrier ($NaPi_1$ und $NaPi_2$) gegen den elektrochemischen Gradienten aufgenommen (Abb. 12.15B). Der Transporter $NaPi_2$ wird durch sinkende PTH-Konzentrationen aktiviert. Auf der basolateralen Seite verläßt Phosphat die Zelle aufgrund des auswärts gerichteten elektrochemischen Gradienten über bisher nicht aufgeklärte Mechanismen. Eine wesentliche parazelluläre Permeabilität besteht nicht.

Der Phosphattransport wird außer durch die Phosphatkonzentration im Plasma durch die Hormone **Parathormon** (**PTH**), **Calcitonin** und **$1{,}25(OH)_2$-D_3** (Calcitriol) geregelt. Calcitonin wirkt wie PTH hemmend auf die Resorption von Phosphat und erhöht damit die Ausscheidung. Calcitriol hat den entgegengesetzten Effekt; es erhöht die Resorption und hemmt damit die Ausscheidung.

12.8.4 Sulfat

Die Charakteristik des Sulfattransports ist ähnlich der des Phosphats. Es wird in ähnlicher Weise durch einen elektroneutral arbeitenden Cotransporter zusammen mit je 2 Na^+ in die Zelle aufgenommen (Abb. 12.15C). Auf der basolateralen Seite verläßt Sulfat die Zelle entlang eines elektrochemischen Gradienten durch einen Antiporter, der Sulfat gegen andere Anionen (aber nicht Phosphat) austauscht.

12.9 Kohlenhydrate, Aminosäuren und Oligopeptide

Kohlenhydrate, Aminosäuren und Oligopeptide werden frei filtriert und dann wieder vollständig resorbiert, so daß nur Spuren ausgeschieden werden. D-Glucose und D-Galactose sowie neutrale und saure L-Aminosäuren werden im proximalen Tubulus sekundär aktiv mit Na^+ über verschiedenartige Carrier resorbiert. D-Fructose sowie basische L-Aminosäuren werden über einfache Carrier (Uniporter) passiv aufgenommen. Di- und Tripeptide werden tertiär aktiv mit H^+ resorbiert. Die Resorption dieser Nährstoffe ist bei normaler Plasmakonzentration schon in der ersten Hälfte des proximalen Tubulus abgeschlossen. Bei steigender Plasmakonzentration werden zunächst weitere Bereiche des proximalen Tubulus für den Transport rekrutiert, bis schließlich bei Überschreitung der sog. Schwellenkonzentration alle Transporter maximal arbeiten (Sättigung) und die betreffenden Substanzen ausgeschieden werden. Bei Diabetes mellitus kommt es zu einer Glucosurie, wenn die Glucosekonzentration im Plasma 10 mmol/l (Normalwert etwa 5 mmol/l) überschreitet.

12.9.1 Glucose

Glucose wird frei filtriert, so daß die normale Plasmakonzentration ohne vorangehende Nahrungsaufnahme von etwa 5 mmol/l auch im Primärfiltrat vorliegt. Bei dieser Konzentration wird D-

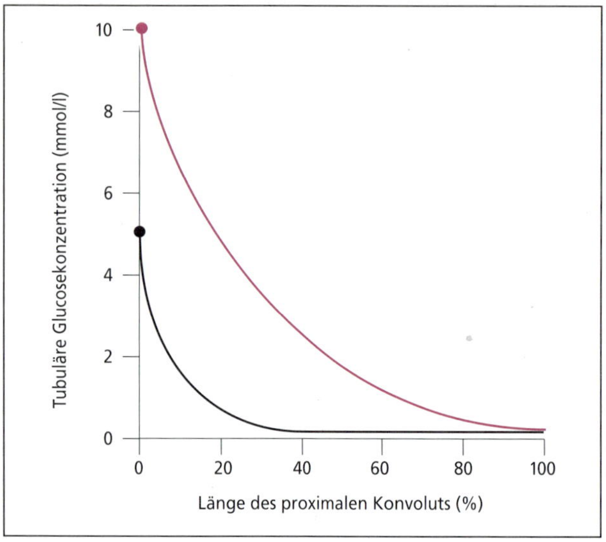

Abb. 12.16 Abnahme der Glucosekonzentration im proximalen Tubulus bei normaler (schwarze Linie) und bei erhöhter Glucosekonzentration im Plasma (rote Linien) (nach Rohde und Deetjen, 1968).

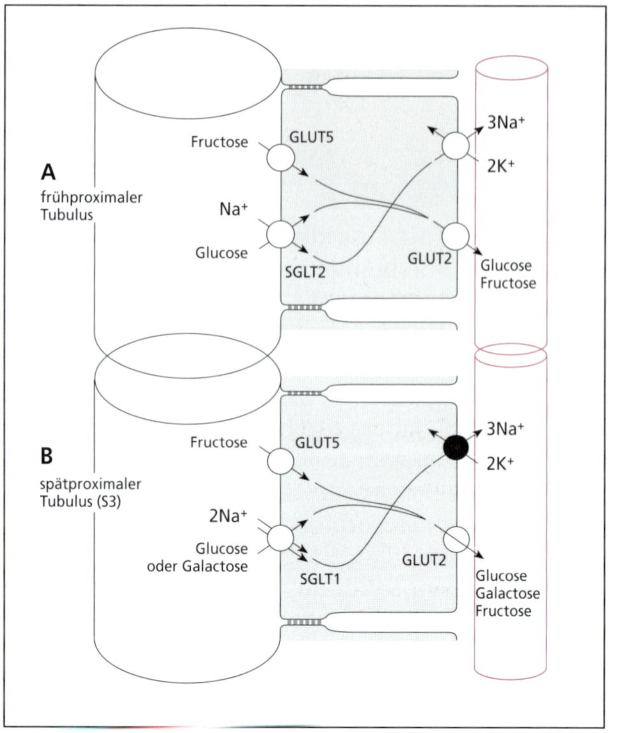

Abb. 12.17 Zelluläre Mechanismen des Zuckertransports im proximalen Tubulus. **A** frühproximaler Tubulus: Apikaler niedrig-affiner 1:1 Na^+Glucose-Symporter mit der Bezeichnung SGLT2. **B** spätproximaler Tubulus (=pars recta, =S3-Segment): Apicaler, hochaffiner 2:1-Na^+Glucose- und Galactose-Symporter SGLT1. Gesamter proximaler Tubulus: apikaler Fructose-Uniporter GLUT5 und basolateraler Uniporter für alle Zucker GLUT2.

Glucose bereits in der ersten Hälfte des proximalen Tubulus praktisch vollständig resorbiert (Abb. 12.16; schwarze Linie). Wenn aufgrund steigender Plasmakonzentration auch die Konzentration im Filtrat steigt, werden nach und nach weitere Abschnitte des proximalen Tubulus in den Transport einbezogen (rote Linie). Das Transportmaximum wird erreicht, sobald der gesamte proximale Tubulus für den Transport rekrutiert ist.

Mechanismen des Glucosetransports. Alle im folgenden genannten Transporter akzeptieren Zucker nur in der D-Form, nicht in der L-Form. Glucose und Galactose werden über sekundär aktive Transportmechanismen in der apicalen Membran auch entgegen ihrem Konzentrationsgradienten in die Zelle aufgenommen. Als unmittelbarer Antrieb dient hierbei der zelleinwärts gerichtete elektrochemische Gradient für Na^+, der über eine Flußkopplung des Zuckers mit Na^+ ausgenutzt wird. Der Na^+-Gradient wird durch die basolateral gelegene Na^+/K^+-ATPase aufrechterhalten.

Im proximalen Tubulus existieren zwei verschiedene Na^+-Glucose-Carrier (Abb. 12.17): Im frühproximalen Tubulus findt sich ein Carrier mit geringerer Affinität zu Glucose (SGLT2), der Na^+ und Glucose im Verhältnis 1:1 in die Zelle aufnimmt. Im spätproximalen Tubulus (pars recta) und im Dünndarm findet sich ein Carrier mit höherer Affinität (SGLT1), der im Verhältnis 2:1 arbeitet und daher Glucose auch noch bei sehr geringer luminaler Konzentration transportieren kann. SGLT1 akzeptiert außer Glucose auch **Galactose**. Für **Fructose** existiert in der apicalen Membran lediglich ein Uniporter (GLUT5), so daß dieser Zucker nur passiv transportiert wird. Der Efflux von Glucose, Fructose und Galactose wird auf der basolateralen Seite durch einen alle genannten Monosaccharide akzeptierenden Uniporter (GLUT2) vermittelt.

Bei **Diabetes mellitus** steigt die Glucosekonzentration im Plasma und im Primärharn an. Wie schon erläutert, kann die filtrierte Glucose bis zur **Schwellenkonzentration** von etwa 10 mmol/l nahezu vollständig resorbiert werden. Oberhalb von 10 mmol/l wird Glucose in immer größeren Mengen mit dem Urin ausgeschieden (Glucosurie). Dies ist in Abb. 12.18 dargestellt. Hierbei ist zu sehen, daß sich die Ausscheidungsrate aus der Differenz zwischen Filtrationsrate und Transportrate ergibt.

Die Abrundung der Kurvenübergänge („splay") kommt durch zwei Dinge zustande: 1. Da die Affinität der Carrier endlich ist, werden schon unterhalb des Transportmaximums einige Moleküle nicht mehr resorbiert. 2. Biologische Streuung: Unterschiedlich lange Tubuli haben unterschiedliche Transportmaxima. Oberhalb von ca. 16 mmol/l steigt die renale Ausscheidung linear mit der Glucosekonzentration des Plasmas an, da dann das Transportmaximum T_m der Glucoseresorption deutlich überschritten ist.

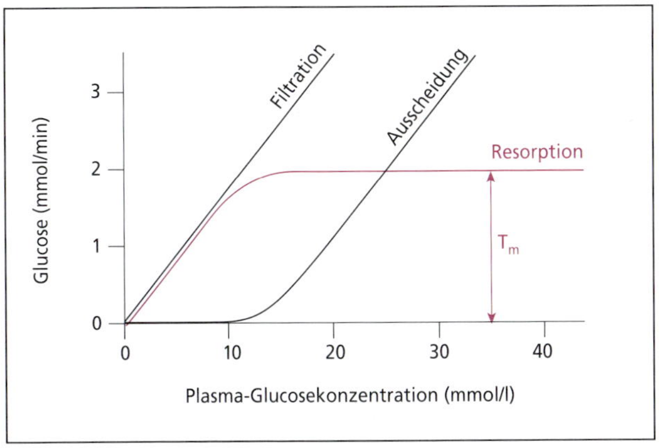

Abb. 12.18 Filtration, Resorption und Ausscheidung von Glucose in Abhängigkeit von der Glucosekonzentration im Plasma. T_m = Transportmaximum.

Zusammen mit der Glucose wird aus osmotischen Gründen vermehrt Wasser ausgeschieden, was die bei Diabetes mellitus auftretende osmotische Diurese und den zum Ausgleich entstehenden Durst bedingt.

Wenn die Glucoseausscheidung, wie im Fall des Diabetes mellitus, durch Insulinmangel bedingt ist, wird sie als **prärenale Glucosurie** bezeichnet. Viel seltener sind die Formen der **renalen Glucosurie**, die durch erbliche Defekte des Na^+-Glucose-Carriers zustandekommen.

12.9.2 Aminosäuren, Dipeptide und Tripeptide

Die Plasmakonzentrationen der bei Säugern vorkommenden Aminosäuren (AS) liegen zwischen etwa 1 µmol/l und 1 mmol/l. Aminosäuren (sowie Oligopeptide und Polypeptide) werden frei filtriert, so daß die normale AS-Plasmagesamtkonzentration von etwa 2-3 mmol/l auch im Primärfiltrat vorliegt. Die Ausscheidung der verschiedenen AS beträgt 0,1-6% der filtrierten Menge.

Alle im folgenden genannten Transporter akzeptieren Aminosäuren nur in der L-Form. Für Lokalisation und Mechanismen des Aminosäurentransports gelten ansonsten ähnliche Prinzipien wie für Glucose: Die AS werden vorwiegend schon im ersten Abschnitt des proximalen Tubulus resorbiert und bei ansteigendem AS-load werden weitere Abschnitte rekrutiert (ähnlich wie bei Glucose, Abb. 12.16).

Neutrale und saure AS werden durch sekundär aktive Na^+AS-Cotransporter auch entgegen ihres elektrochemischen Gradienten in die Tubuluszelle aufgenommen, während **basische AS** über einfache Uniporter nur passiv aufgenommen werden können (Abb. 12.19).

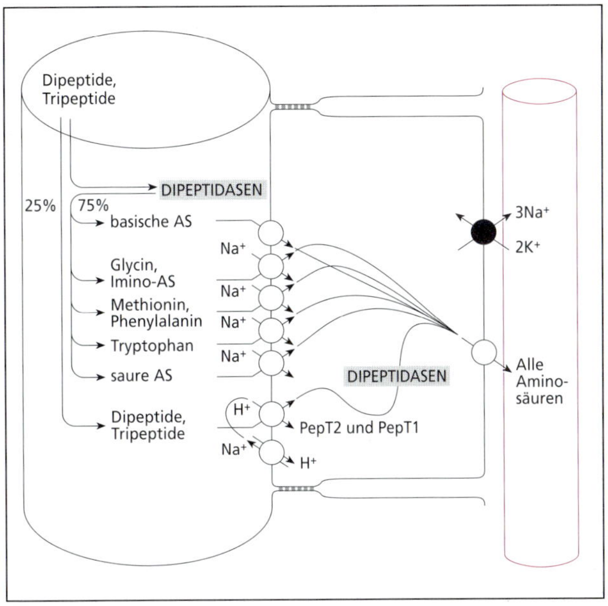

Abb. 12.19 Zelluläre Mechanismen des Aminosäuren- (AS) und Oligopeptidtransports im proximalen Tubulus. H^+-Peptid-Symporter PepT2 und PepT1.

Dipeptide und Tripeptide werden im tertiär aktiven Kotransport mit H^+ in die Zelle aufgenommen (Abb. 12.19). Den antreibenden H^+-Gradienten liefert ein sekundär aktiver apicaler Na^+/H^+-Antiport.

Polypeptide und Proteine, die in geringen Mengen in den proximalen Tubulus filtriert wurden, werden dort weitgehend zu AS und Oligopeptiden abgebaut und als solche resorbiert. Geringe Mengen können jedoch durch Endocytose auch intakt aufgenommen werden.

In der Tubuluszelle werden alle Oligopeptide, Polypeptide und Proteine bis hin zu den AS zerlegt und dann im gemeinsamen Weg mit den direkt aufgenommenen AS über passiv transportierende Uniporter in der basolateralen Zellmembran dem Körper wieder zugeführt.

12.10 Harnstoff, Harnsäure, Oxalat und andere organische Ionen

Harnstoff wird proximal zu etwa 50% passiv resorbiert, während der distale Tubulus und das corticale Sammelrohr fast impermeabel für Harnstoff sind. Im medullären Teil des Sammelrohres wird er durch einen leistungsfähigen apicalen Uniporter resorbiert und in der Henle-Schleife wieder passiv sezerniert. Dieser Kreislauf trägt wesentlich zur Gegenstromkonzentrierung bei.

Harnsäure wird ungehindert filtriert, die Transporteigenschaften im proximalen Tubulus sind jedoch bei verschiedenen Tierarten unterschiedlich. Oxalat wird proximal vorwiegend resorbiert, aber auch sezerniert. Calciumoxalat ist der häufigste Bestandteil von Nieren- und Harnsteinen. Für eine große Zahl organischer Anionen und Kationen, darunter viele Medikamente, existieren im proximalen Tubulus (pars recta) zwei relativ unspezifische sekretorische Transportsysteme: Die Sekretion organischer Anionen (Beispiele PAH, Furosemid, Penicillin) erfolgt basolateral im tertiär aktiven Antiport mit Dicarboxylat, das seinerseits sekundär aktiv mit Na^+ aufgenommen wird. Organische Kationen (Beispiel N-Methylnicotinamid) werden apical ebenfalls im tertiär aktiven Antiport, jedoch mit H^+ sezerniert.

12.10.1 Harnstoff

Der beim Abbau der Proteine und Aminosäuren anfallende Stickstoff muß, wenn er nicht für die Resynthese von Aminosäuren benutzt werden kann, ausgeschieden werden. Der Stickstoff wird bei den verschiedenen Tiergruppen in drei unterschiedlichen Endprodukten ausgeschieden. Während die Fische hauptsächlich Ammoniak abgeben, scheiden die Reptilien, Vögel und Säugetiere Harnstoff und/oder Harnsäure aus. Harnstoff kann auf zweierlei Weise entstehen: im Ornithin-Harnstoffzyklus (z.B. Säugetiere) oder auf uricolytischem Wege (z.B. Knochenfische). Die Harnstoffproduktion hängt von der Proteinaufnahme mit der Nahrung ab.

Harnstoff (engl. Urea) wird unbehindert filtriert. Die Hälfte der filtrierten Menge wird proximal durch Diffusion und Solvent drag resorbiert. Die distalen Tubuli und die kortikalen Sammelrohre sind fast impermeabel für Harnstoff. Dies führt dazu, daß Harnstoff erst im medullären Teil des Sammelrohres durch einen apicalen **Harnstoff-Carrier** (ein Uniporter mit hoher Umsatzrate) resorbiert wird. Teilweise diffundiert der Harnstoff zurück in die Henle-Schleife, fließt mit der Tubulusflüssigkeit sammelrohrwärts und gerät so in einen Kreislauf (Abb. 12.20). Mit diesem Kreislauf trägt Harnstoff wesentlich zu der hohen Osmolalität im Nierenmark bei (Kap. 12.12). Die Harnstoffkonzentration kann im Sammelrohr 100fach höher sein als im Plasma bzw. Ultrafiltrat, so daß Harnstoff in hoher Konzentration bei minimalem Wasserverlust ausgeschieden werden kann.

Da der Harnstofftransport in den medullären Sammelrohren von der in den distalen Tubulusabschnitten resorbierten Menge Wasser abhängt, verursacht eine Verringerung der Wasserausscheidung eine vermehrte Harnstoffausscheidung. Eine krankhafte Verminderung der GFR führt daher zu einem Anstieg der Harnstoffkonzentration im Plasma. Bei proteinarmen Diäten kann bei Wiederkäuern und bei Cameliden die renale Harnstoffausscheidung nur noch sehr gering sein (Abb. 15.35). Bei Cameliden wurde gezeigt, daß dann bei proteinarmer Diät 90-96% des im Körper gebildeten Harnstoff-N in den Magen-Darm-Kanal sezerniert werden und dort bei der mikrobiellen Proteinsynthese verwendet werden. Die Regulationsmechanismen, die für die erhöhte renale Harnstoffresorption und für die Veränderung der Harnstoffpermeabilität der Vormagenmucosa verantwortlich sind, sind nicht bekannt.

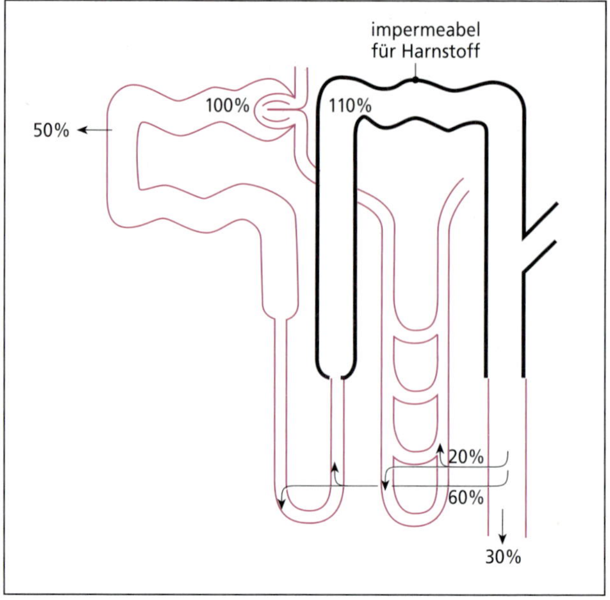

Abb. 12.20 Tubulärer Transport von Harnstoff in Antidiurese. Die Prozentangaben beziehen sich auf die in den betreffenden Nephronabschnitten noch vorhandenen Mengen in Relation zum filtrierten „load" (100%).

12.10.2 Harnsäure, Oxalat, Allantoin und Hippursäure

Harnsäure (Urat) liegt im Plasma vorwiegend als Na^+-Urat vor; die Konzentration ist 0,2-0,4 mmol/l. Die Löslichkeit von Urat ist gering; bei erhöhter Plasmakonzentration (**Hyperuricämie**) können sich **Harnsäurekristalle**, z.B. mit Ca^{2+}, bilden. Die Kristallbildung in Gelenkkapseln führt dort zu Phagocytose- und Entzündungsreaktionen mit dem Krankheitsbild der **Gicht**.

Die meisten Säugetiere wandeln Harnsäure unter Einwirkung des Enzyms Uricase zu Allantoin um (uricolytischer Weg) und scheiden daher keine wesentlichen Mengen von Harnsäure aus (**ureotelische Tiere**). Die Menschenaffen und der Mensch besitzen keine Uricase und scheiden daher etwa 5% des anfallenden Stickstoffs als Harnsäure aus. Terrestrische Vögel und Reptilien scheiden den Stickstoff überwiegend als Harnsäure aus (**uricotelische Tiere**) (Kap. 12.15.1).

Die Harnsäure wird dabei zum größeren Teil (beim Menschen 70%) mit dem Harn, der kleinere Teil über den Darm ausgeschieden. Harnsäure wird ungehindert filtriert, die Transporteigenschaften im proximalen Tubulus sind jedoch bei verschiedenen Tierarten unterschiedlich:

Bei Menschen, Schimpansen und den meisten Hunden wird Harnsäure vorwiegend resorbiert, und zwar etwa 90% der filtrierten Menge. Bei einem Anstieg von $[\text{Urat}]_P$ wird die Harnsäure sowohl vermehrt resorbiert als auch vermehrt ausgeschieden. Der Resorptionsmechanismus erreicht ein Transportmaximum bei $[\text{Urat}]_P$ >1 mmol/l. Die Ausscheidung steigt jedoch schon vor Erreichen dieses T_m, da die Titrationskurve der Harnsäure einen starken „splay" aufweist (Kap. 12.9.1 und Abb. 12.17). Beim **Dalmatiner** wird im Gegensatz zu anderen Hunden Harnsäure proximal nicht resorbiert sondern sezerniert. Bei Ratten wird Harnsäure frühproximal sezerniert und erst im weiteren Verlauf des proximalen Tubulus resorbiert.

Während die Säuger nur einen Teil des Stickstoffs als Harnsäure ausscheiden, ist die Harnsäure bei den Reptilien und den Vögeln das wichtigste Ausscheidungsprodukt. Der Sekretionsmechanismus entspricht dem der schwachen organischen Anionen.

Säugetiere sind ureotelisch, d.h., sie bauen Stickstoffsubstanzen bevorzugt zu Harnstoff ab. Zusätzlich sind im Urin kleine Mengen von Harnsäure und/oder **Allantoin** nachweisbar. Allantoin wird im intermediären Stoffwechsel der Leber durch das Enzym Uricase gebildet. Das Enzym fehlt bei Menschen, Vögeln und Dalmatinerhunden nahezu vollständig. Bei Säugetieren unterhalb der Primaten ist Allantoin sogar das Hauptendprodukt des Stickstoff-Stoffwechsels.

Allantoin scheint bei Ratten und Hunden (Ausnahme: Dalmatiner) praktisch ausschließlich durch glomeruläre Filtration ausgeschieden zu werden. Clearance-Quotienten ($C_{\text{Allantoin}}/C_{\text{Inulin}}$) von 1,04 sprechen für eine leichte Allantoin-Sekretion beim Menschen. Bei den meisten Säugetieren (nicht Mensch und Menschenaffen) wird die beim Purinabbau gebildete Harnsäure in den Hepatocyten weiter zu Allantoin oder Allantoinsäure abgebaut; diese werden renal ausgeschieden. Dalmatinerhunde sind dabei eine Ausnahme. Sie können die gebildete Harnsäure nicht vollständig in die Peroxisomen der Hepatocyten einschleusen, und sie scheiden deshalb renal Harnsäure aus.

Hippursäure, die bei der Entgiftung von Benzoesäure entsteht, findet sich in hoher Konzentration vor allem im Urin von Herbivoren, dagegen bei Carnivoren und Omnivoren nur in Spuren.

Calciumoxalat ist der häufigste Bestandteil von Nieren- und Harnsteinen. Oxalat entsteht im Aminosäurenstoffwechsel und wird auch mit der Nahrung aufgenommen. Es wird im proximalen Tubulus sowohl sezerniert als auch resorbiert. Vermutlich erfolgt die Oxalatsekretion über einen der Transporter für schwache organische Säuren.

12.10.3 Schwache organische Anionen und Kationen

Viele schwache organische Anionen und Kationen werden nicht nur filtriert, sondern zusätzlich durch tertiär aktive Sekretionsmechanismen vorwiegend in der Pars recta des proximalen Tubulus ausgeschieden (Abb. 12.21). Zu diesen Substanzen gehören körpereigene und körperfremde Substanzen, u.a. auch viele Medikamente.

Schwache organische Anionen werden auf der basolateralen Seite durch einen Dicarboxylat/org. Anionen-Antiporter entgegen dem elektrochemischen Gradienten in die Zelle aufgenommen (Abb.

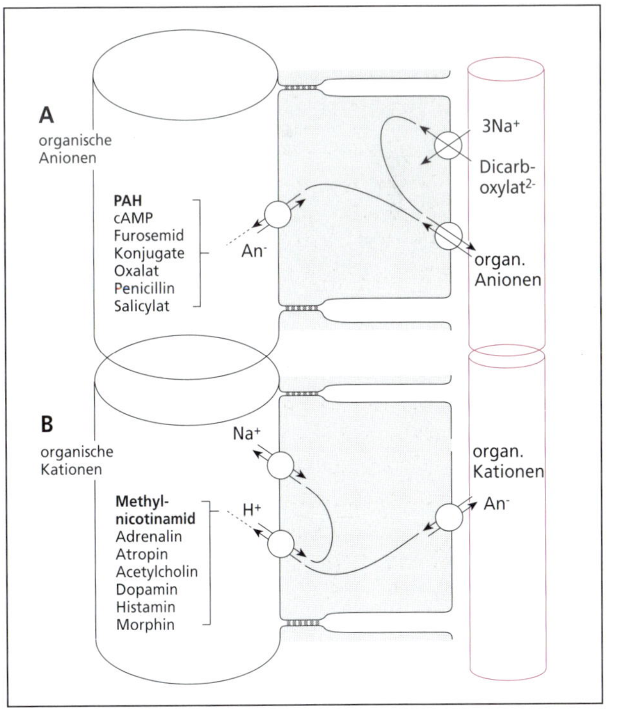

Abb. 12.21 Sekretion schwacher organischer Ionen im spätproximalen Tubulus (Pars recta). **A** organische Anionen, **B** organische Kationen. Die Listen zeigen einige der transportierten organischen Ionen. An^- = Anion unbekannter Sorte.

12.21A). Der diesen tertiär aktiven Transport antreibende Dicarboxylat-Gradient wird durch Na^+/Dicarboxylat-Symporter erzeugt. Der apicale Efflux erfolgt durch noch nicht näher bekannte Anionen-Antiporter. So wird **Paraaminohippursäure (PAH)** bei einmaliger Passage durch die Niere fast vollständig ausgeschieden. Die Clearance für PAH entspricht daher dem **effektiven renalen Plasmafluß** (Kap. 12.5.4). **Furosemid** und andere Medikamente, die in der Niere wirken sollen, können in einer niedrigen Dosierung gegeben werden, da sie durch Filtration und zusätzliche Sekretion in der Niere angereichert werden. **Penicillin** und andere Medikamente werden durch Filtration und zusätzliche Sekretion beschleunigt aus dem Körper eliminiert. Durch Probenecid, einen kompetitiven Hemmstoff des Dicarboxylat/org. Säuren-Antiporters, kann die Ausscheidung von z.B. Penicillin vermindert werden.

Schwache organische Kationen werden basolateral entlang ihres Konzentrationsgradienten durch noch nicht näher bekannte Antiporter in die Zelle aufgenommen (Abb. 12.21). Für den Efflux auf der apicalen Seite steht ein H^+/org. Kationen-Antiporter zur Verfügung. Der diesen tertiär aktiven Transport antreibende H^+-Gradient wird durch einen apicalen Na^+/H^+-Antiporter erzeugt. Typische organische Kationen, die auf diese Weise sezerniert werden, sind Atropin und Morphin.

12.11 Erhaltung des Säuren-Basen-Gleichgewichtes

Eine im Körper entstandene Acidose wird durch die Niere kompensiert, indem das filtrierte HCO_3^- resorbiert und vermehrt Säure ausgeschieden wird. Umgekehrt wird bei einer Alkalose die HCO_3^--Resorption vermindert und weniger Säure ausgeschieden. Im proximalen Tubulus wird die Säureausscheidung durch einen apicalen Na^+/H^+-Antiporter vermittelt, der wahlweise mit einer Phosphatausscheidung, einer Ammoniumausscheidung oder einer Hydrogencarbonatresorption einhergeht. Im Sammelrohr wird eine K^+/H^+-ATPase bei Acidose in die apicale Membran der Zwischenzellen vom Typ A eingebaut und bei Alkalose in die basolaterale Membran der Zwischenzellen vom Typ B.

Bei einer **Acidose** wird der Urin angesäuert, indem das filtrierte HCO_3^- praktisch vollständig resorbiert und vermehrt Säure ausgeschieden wird, während bei einer **Alkalose** der Urin alkalisiert wird, indem die HCO_3^--Resorption vermindert wird und weniger Säuren ausgeschieden werden. Die Ansäuerung des Urins kann bis zu pH 4 gehen; dies entspricht einer H^+-Ausscheidung von nur 100 µmol/l und damit nur weniger als 1% der auszuscheidenden sauren Valenzen. Quantitativ bedeutsam sind die „titrierbaren Säuren" sowie das Ammonium (NH_4^+).

Die **titrierbare Säure** entsteht durch Aufnahme von H^+ in die filtrierten Puffersalze Phosphat, Sulfat, Harnsäure und Citrat. Die titrierbaren Säuren des Urins werden durch Titration mit NaOH bestimmt. Da NH_4^+ in den titrierbaren Säuren nicht enthalten ist, ergibt sich: ausgeschiedene Säure = titrierbare Säure + ausgeschiedenes NH_4^+ – ausgeschiedenes HCO_3^-.

Das Entstehen von titrierbarer Säure wird bestimmt durch die Konzentration und den pK des Puffers und den pH des Blutes. Je höher der pK des Puffers, desto größer ist der Anteil der dissoziierten Form dieses Puffers.

Wasserstoffsekretion im proximalen Tubulus. Der Grundprozeß der Säureausscheidung besteht aus dem schon in Kapitel 12.6.2 im Zusammenhang mit der Na^+-Resorption beschiebenen sekundär aktiven Na^+/H^+-Cotransporter in der apicalen Zellmembran (Abb. 12.12A) sowie verschiedenen basolateralen HCO_3^--Resorptionsmechanismen. Das weitere Schicksal des sezernierten H^+ hängt davon ab, welche Anionen im Tubuluslumen überwiegen.

Ansäuerung des Urins durch Phosphatausscheidung. Phosphat (pK 6,8) liegt im Blut zu 80% als sekundäres Phosphat (HPO_4^{2-}) vor. Bei einer Acidose wird Phosphat aus den Knochen in die extrazelluläre Flüssigkeit freigesetzt und wird vermehrt filtriert. Es verbindet sich mit dem sezernierten H^+ zu primärem Phosphat ($H_2PO_4^-$) und wird, da unresorbierbar, als „titrierbare Säure" ausgeschieden (Abb. 12.22A). Gleichzeitig wird HCO_3^- resorbiert und damit der Acidose entgegengewirkt.

Ansäuerung des Urins durch Ammoniumausscheidung. Der Ammoniak ⇔ Ammonium-Puffer ($NH_3 \Leftrightarrow NH_4^+$) hat mit einem pK von 9,2 eine noch höhere Kapazität als der Phosphatpuffer. Die Ausscheidung von Ammonium-Ionen kann bei einer Acidose auf das 10fache ansteigen. In den Tubulusepithelzellen wird NH_4^+ und NH_3 von amidhaltigen Aminosäuren, vor allem von Glutamin, gebildet. Aus Glutamin entsteht dabei unter Abgabe von 2 NH_4^+ das 2-Oxo-Glutarat^{2-} (Abb. 12.22B). NH_3 diffundiert durch die Lipidphase der apicalen Membran in das Tubuluslumen. NH_3 verbindet sich in der Tubulusflüssigkeit mit H^+ zu NH_4^+ und wird, da nicht resorbierbar, als saure Valenz ausgeschieden.

Ansäuerung des Urins durch Hydrogencarbonatresorption. Bei normaler HCO_3^--Plasmakonzentration (etwa 24 mmol/l) wird praktisch kein Hydrogencarbonat ausgeschieden, da das gesamte fil-

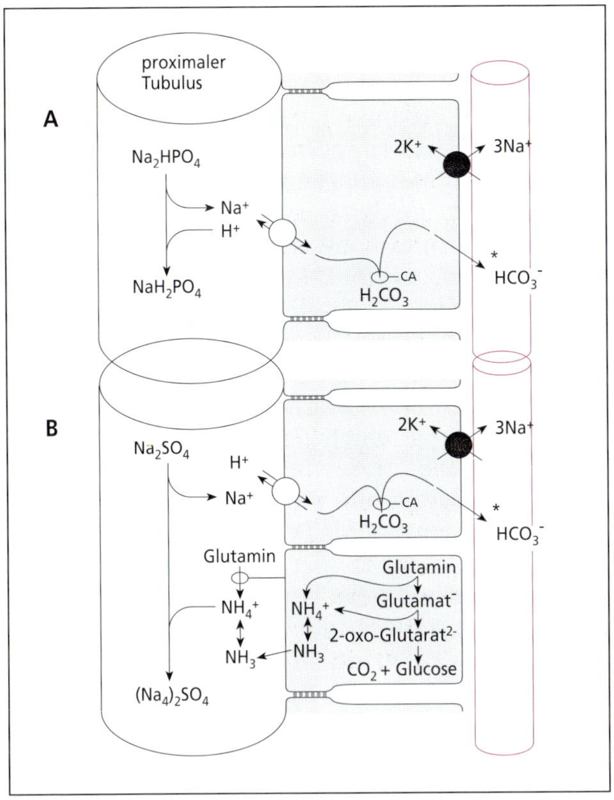

Abb. 12.22 Zelluläre Mechanismen der renalen H^+-Sekretion: **A** Ausscheidung als Phosphat. **B** Sekretion als $NH_3 \Leftrightarrow NH_4^+$ und Ausscheidung als NH_4^+. * basolaterale Transportmechanismen für HCO_3^- siehe Abb. 12. 23.

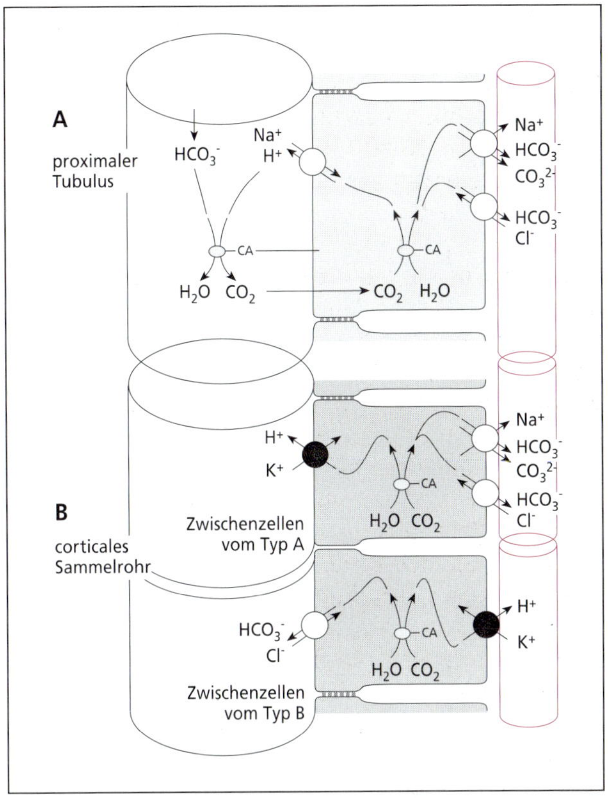

Abb. 12.23 Zelluläre Mechanismen des renalen H^+-Transports. **A** proximaler Tubulus: apicaler Na^+/H^+-Antiport, **B** corticales Sammelrohr (CCT): apicale H^+/K^+-ATPase in den Zwischenzellen vom Typ A; basolaterale H^+/K^+-ATPase in den Zwischenzellen vom Typ B. CA = Carboanhydrase.

trierte Hydrogencarbonat resorbiert wird; 90% davon im proximalen Tubulus und 10% in den distalen Abschnitten (Abb. 12.23).

Die Resorption von HCO_3^- ist abhängig von der Konzentration im Plasma und damit im Ultrafiltrat. Wenn bei einer Alkalose die HCO_3^--Plasmakonzentration die Schwellenkonzentration von 28 mmol/l überschreitet, wird HCO_3^- ausgeschieden. Ein geringer Anstieg des HCO_3^- im Plasma führt bei intakter Niere solange zu einer Ausscheidung von HCO_3^-, bis diese Abweichung nahezu korrigiert ist.

Der Mechanismus der HCO_3^--Resorption ergibt sich aus Abb. 12.23A. Das im Tubuluslumen befindliche HCO_3^- wird nicht als solches in die Zelle aufgenommen, sondern verbindet sich mit dem sezernierten H^+ zu H_2CO_3, das in CO_2 und H_2O gespalten wird. CO_2 diffundiert durch die Lipidphase der Zellmembran in die Zelle. Das intrazelluläre CO_2 wird durch Carboanhydrase in H_2CO_3 umgewandelt. Dieses gibt ein H^+ an den Na^+/H^+-Antiporter ab, der dieses wieder ins Lumen rezirkulieren läßt. Das verbleibende HCO_3^- diffundiert über verschiedene Transportmechanismen (Abb. 12.23A) durch die basolaterale Membran ins Blut und ist somit resorbiert worden.

Wasserstoffsekretion oder -resorption im Sammelrohr. Die Zwischenzellen der Sammelrohre bauen bei acidotischer Stoffwechsellage eine H^+-sezernierende K^+/H^+-ATPase in die apicale Membran ein; die Zwischenzellen werden dann als Typ A bezeichnet (Abb. 12.22B u. 12.14C). Bei alkalotischer Stoffwechsellage dagegen wird die K^+/H^+-ATPase spiegelbildlich in die basolaterale Membran eingebaut, so daß H^+ resorbiert wird (Zwischenzellen Typ B). Auf der jeweils gegenüberliegenden Zellseite befinden sich HCO_3^--transportierende Carrier (Abb. 12.23B).

12.12 Gegenstromkonzentrierung und Antidiurese

Antidiurese ist der normale Funktionszustand der Niere nach geringer Flüssigkeitszufuhr. Die Ausscheidungsrate ist gering, der Harn ist jedoch bis zu 4mal konzentrierter als das Blutplasma. Diese Harnkonzentrierung erfolgt durch das Gegenstromsystem, bestehend aus Henle-Schleife, Vasa recta und Sammelrohr. Für diese drei Strukturen bildet sich ein gemeinsamer Konzentrationsgradient mit hoher Osmolalität im Nierenmark und kontinuierlich abnehmender Osmolalität zur Nierenrinde hin aus, der durch mehrere Eigenschaften zustande kommt: Der dicke aufsteigende Schleifenschenkel ist wasserimpermeabel. Da dort Na^+ und Cl^- resorbiert werden, wird die Tubulusflüssigkeit bei der Rückkehr vom Mark zur Rinde verdünnt. Im tiefen Nierenmark tritt Harnstoff aus dem Sammelrohr in die Henle-Schleife über. Die Markdurchblutung ist gering, so daß die dort entstehende hohe Plasmaosmolalität kaum ausgeschwemmt wird. Die Tubulusflüssigkeit im absteigenden dünnen Schleifenschenkel wird durch Na^+- und Cl^--Einstrom aus dem aufsteigenden Schenkel, den Vasa recta und dem Sammelrohr zunehmend hyperosmolal. Im Sammelrohr verursacht ADH eine hohe Wasserpermeabilität; daher diffundiert Wasser aus dem Sammelrohr in die Vasa recta sowie die absteigenden Schleifenschenkel, und es entsteht ein konzentrierter Harn.

Bei Wassermangel kann der Urin bei verschiedenen Tierarten auf das 4- bis 10fache der Plasmaosmolalität konzentriert werden. Diese Fähigkeit zur Harnkonzentrierung ist an das Vorhandensein eines Gegenstromsystems im Nierenmark gebunden. Dieses findet sich nur bei Vögeln und Säugern.

Die beteiligten Strukturen und Vorgänge sind in Abb. 12.24 schematisch dargestellt. Es handelt sich um den absteigenden dünnen, den aufsteigenden dünnen und dicken Schenkel der Henle-Schleife, um das Sammelrohr und das Gefäßbündel der Vasa recta. Die wesentlichen Transporteigenschaften der beteiligten Strukturen sind in Tabelle 12.4 aufgeführt. Die Harnkonzentrierung ist durch **fünf Transportcharakteristika** bedingt: 1. Na^+- und Cl^--Nettoresorption in dicken aufsteigenden Teil der Henle-Schleife, 2. Wasserimpermeabilität des gesamten aufsteigenden Teils der Henle-Schleife, 3. Harnstoffresorption im medullären Sammelrohr, 4. durch ADH verursachte hohe Wasserpermeabilität im Sammelrohr, 5. geringe Durchblutung der Vasa recta im Markbreich.

Im äußeren Mark führt das Zusammenwirken von Na^+- und Cl^--Resorption und fehlender Wasserpermeabilität im dicken aufsteigenden Teil der Henle-Schleife zu einer Verdünnung der Tubulusflüssigkeit in diesem Segment. Das dabei resorbierte Na^+ und Cl^- treten in die Vasa recta sowie in die absteigende Henle-Schleife über. Dadurch wird die Tubulusflüssigkeit in der absteigenden Henle-Schleife zunehmend NaCl-reicher, also konzentrierter. Das gleiche gilt für die Vasa recta. Dieser Effekt der **Na^+- und Cl^--Rezirkulation** ist umso ausgeprägter, je länger die Henle-Schleife ist. Wüstennager haben relativ lange Schleifen, während Süßwassersäugetiere, wie z.B. Biber, relativ kurze Schleifen besitzen.

Durch das hyperosmolale Nierenmark verläuft auch das Sammelrohr, das über den distalen Tubulus mit der Henle-Schleife in Verbindung steht. Ist das antidiuretisch wirksame Hormon ADH in ausreichender Konzentration vorhanden, so werden der spätdistale Tubulus und das Sammelrohr durch Einbau von ADH-abhängigen **Wasserkanälen** (Aquaporin-2) wasserpermeabel. Dies hat zur Folge, daß Wasser aus osmotischen Gründen aus dem Sammelrohrlumen in die Vasa recta und die Henle-

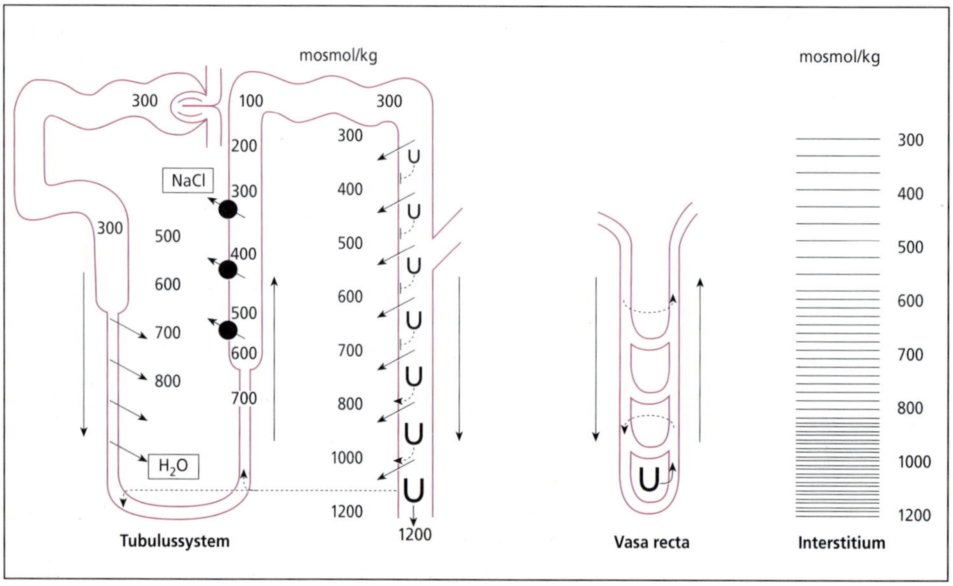

Abb. 12.24 Schematische Darstellung der Konzentrierung und Verdünnung des Urins durch das Gegenstromsystem. Getrennte Darstellung der tubulären und vasculären Vorgänge und der resultierende corticomedulläre osmotische Gradient im Interstitium. Erklärungen s. Text. U = Harnstoff.

Tabelle 12.4 Transporteigenschaften der an der Urinkonzentrierung beteiligten Segmente des Tubulussystems (nach Hierholzer und Fromm, 1997).

Segment		Wasser-permeabilität	Harnstoff-permeabilität	aktiver Na^+-Transport
Henle-Schleife				
• dünn absteigend (DTL)		+	+	0
• dünn aufsteigend (ATL)		0	+	0
• dick aufsteigend (TAL)		0	0	+
Sammelrohre				
• cortical (CCT),	$[ADH]_P$ niedrig:	0	0	+
	$[ADH]_P$ hoch:	+		
• medullär (MCT),	$[ADH]_P$ niedrig:	0	+	(+)
	$[ADH]_P$ hoch:	+		

Schleife abfließt. Da das Sammelrohr am Ort der höchsten Osmolalität im Nierenmark endet, wird bei Antidiurese ein stark konzentrierter Harn in das Nierenbecken abgegeben.

Für das **innere Mark** muß noch nachgetragen werden, warum dort die Konzentrierung weiter zunimmt, obwohl die dort lokalisierten dünnen Teile der Henle-Schleifen keine aktive Na^+- und Cl^--Resorption aufweisen. Tatsächlich sind es im inneren Mark auch nicht diese beiden Ionen, sondern vor allem **Harnstoff**, der hier die Konzentrierung verstärkt. Diese funktioniert folgendermaßen: Das corticale Sammelrohr ist impermeabel für Harnstoff, aber in Gegenwart von ADH wasserpermeabel. Wasser wird resorbiert, Harnstoff jedoch nicht, und es resultiert eine zunehmende Konzentrierung des Harnstoffs im corticalen Sammelrohr. Erst das medulläre Sammelrohr besitzt einen spezifischen Carrier für Harnstoff in der apicalen Membran, so daß hier Harnstoff entlang einem Konzentrationsgradienten in die Vasa recta und in die dünnen Teile der Henle-Schleife diffundieren kann (Abb. 12.24 u. 12.20). Ein Teil des in die Sammelrohre einfließenden Harnstoffs unterliegt somit einer **Rezirkulation**. An der Konzentrierung des inneren Marks können auch Endprodukte des lokalen Stoffwechsels wie Lactat und HCO_3^- beteiligt sein. Da die Durchblutung der Vasa recta im Markbereich sehr gering ist, wird die dort aufgebaute Konzentration nicht sofort wieder ausgeschwemmt.

12.13 Diurese

Unter **Diurese** versteht man alle Zustände mit vermehrter Harnausscheidung pro Zeit. Man unterscheidet drei Formen: Wasserdiurese, osmotische Diurese und Druckdiurese. Bei **Wasserdiurese** kann durch Hemmung der ADH-Ausschüttung ein stark hypoosmolaler Harn aufgrund verringerter Wasserpermeabilität des Sammelrohres ausgeschieden werden. Bei **osmotischer Diurese** werden Solute nicht resorbiert, so daß eine osmotisch äquivalente Menge Wasser ebenfalls nicht resorbiert und zusammen mit den Soluten ausgeschieden wird. Die Harnosmolalität sinkt bis 290 mosmol/kg. Ursachen sind Überschreitung der tubulären Resorptionkapazität durch erhöhte Solutkonzentration (Beispiel Glucose bei Diabetes) oder Verringerung der Solutresorption durch Hemmstoffe (Diuretika). Zur **Druckdiurese** kommt es bei Blutdrucksteigerung aufgrund erhöhter Durchblutung der Vasa recta und des damit verbundenen Abbaus der Konzentrierungsfähigkeit im Nierenmark.

Unter Diurese versteht man alle Zustände mit erhöhtem Harnzeitvolumen. Einen vergleichenden Überblick über die Diureseformen gibt Abb. 12.25. Allen Diuresezuständen ist gemeinsam, daß mit der Zunahme der Harnausscheidungsrate $\dot{V}_U$ die osmotische Gesamtkonzentration des Urins ($[Osmol]_U$) absinkt, allerdings bei verschiedenen Diureseformen unterschiedlich stark (Abb. 12.26).

12.13.1 Wasserdiurese

In Antidiurese wird ADH aus dem Hypophysenhinterlappen verstärkt freigesetzt und gelangt von der Blutseite zu den Sammelrohrepithelzellen. Dort bindet es an Rezeptoren und stimuliert über intrazelluläres cAMP eine Zunahme der Wasserpermeabilität in der apicalen Membran der Hauptzellen des Sammelrohrs. Hierbei wird ein wasserkanalbildendes Glykoprotein (Aquaporin-2) gebildet, das zunächst in kleinen Vesikeln im Zellinneren gespeichert und unter dem Einfluß von ADH in die apicale Membran eingebaut wird.

Umgekehrt überwiegt mit abnehmender ADH-

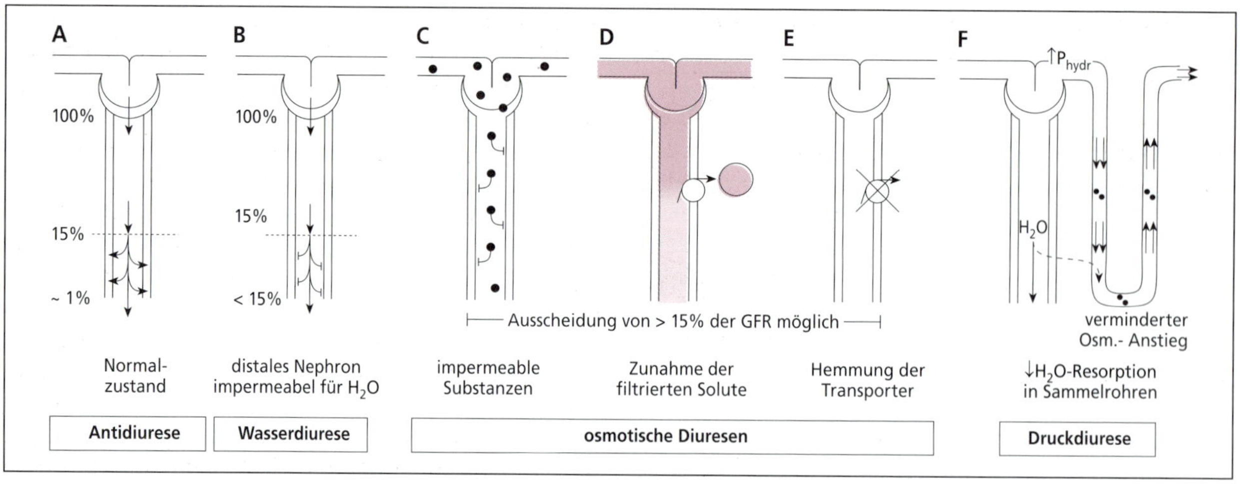

Abb. 12.25 Diuresemechanismen. **A Normalzustand** = **Antidiurese**: In Gegenwart von ADH werden im distalen Nephron etwa 15% des Ultrafiltrats (= 100%) resorbiert. Weniger als 1% werden ausgeschieden. **B Wasserdiurese**: Bei vollständiger Abwesenheit von ADH wird im distalen Nephron praktisch kein Wasser resorbiert. **C-E Formen der osmotischen Diurese**: Solute, die nicht ausreichend resorbiert werden, halten aus osmotischen Gründen Wasser und werden zusammen mit diesem vermehrt ausgeschieden. Dies kann drei Ursachen haben: **C** Filtration impermeabler Substanzen (Beispiel: Mannit), **D** Zunahme der filtrierten Solute und Überschreitung des Transportmaximums für die betreffenden Substanzen (Beispiel: Hyperglykämie), **E** Hemmung der Resorptionsmechanismen z.B. durch Pharmaka (Saluretika). **F Druckdiurese**: druckpassive Zunahme der Markdurchblutung und Ausschwemmung von Osmolyten aus dem hypertonen Mark (nach Hierholzer und Fromm, 1997).

Sekretion die Ausschleusung von Aquaporin-2 aus der apicalen Membran, so daß das Sammelrohr zunehmend wasserimpermeabel wird. Wenn Wasser nun den im Sammelrohr resorbierten Soluten nicht folgen kann, wird die Tubulusflüsigkeit hypoosmolal und es wird ein fast wasserklarer Urin geringer Osmolalität aber in großer Menge pro Zeit ausgeschieden (Abb. 12.25B). Die Transportraten der Solute werden bei der Wasserdiurese nicht beeinflußt.

Das Ausmaß der Wasserdiurese kann im Gegensatz zur osmotischen Diurese bei vollständiger Hemmung der ADH-Sekretion maximal 12-15% der GFR betragen. Die Ursache ist, daß in den Tubulussegmenten, in denen die Wasserkanäle ADH-abhängig sind, eben nur 12-15% des Primärharns resorbiert werden kann; die Urinosmolalität kann dabei bis etwa 50 mosmol/kg sinken (Abb. 12.26).

Bei **Diabetes insipidus** (D.i.) wird entweder kein ADH gebildet und freigesetzt (**D.i. centralis**) oder ADH wird zwar ausgeschüttet, hat aber in der Niere keine Wirkung (**D.i. renalis**).

12.13.2 Osmotische Diurese

Es kommt zu einer osmotischen Diurese, wenn Solute vermindert oder nicht resorbiert werden und deshalb zusammen mit einer osmotisch äquivalenten Menge Wasser im Tubuluslumen verbleiben und in das Nierenbecken als Urin abfließen. Osmotische Diurese kann erheblich stärker als Wasserdiurese sein; die Urinosmolaltät sinkt jedoch nicht tiefer als

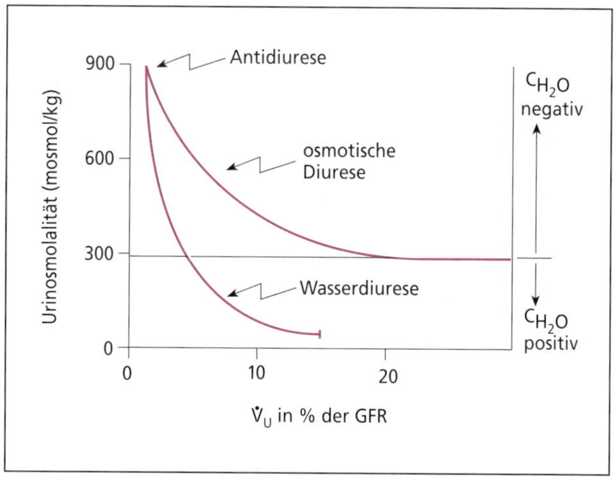

Abb. 12.26 Verhältnis von Urinosmolalität und Urinausscheidungsrate (in % der glomerulären Filtrationsrate) bei zunehmender osmotischer Diurese oder Wasserdiurese.

auf den Wert der Plasmaosmolaltiät (290 mosmol/kg; Abb. 12.26).

Dies kann im Prinzip drei Ursachen haben:

Filtration nicht-resorbierbarer Solute (**osmotische Diurese im engeren Sinn**; s. Abb. 12.25C). Ein Beispiel für ein Solut, das filtriert wird, für das jedoch kein resorptiver Transportmechanismus zur Verfügung steht, ist der Zuckeralkohol Mannit. Mannit kann als starkes Diuretikum z.B. zur Ausschwemmung von Ödemflüssigkeit angewandt werden, hat aber den Nachteil, daß es infundiert werden muß, da es im Darm ebenfalls nicht resorbiert wird.

Überschreitung des tubulären Transportmaximums aufgrund erhöhter Konzentration im Filtrat (Abb. 12.25D). Ein typisches Beispiel ist der Zustand bei **Diabetes mellitus**. Bei einer Konzentrationszunahme von Glucose im Plasma und im Ultrafiltrat auf >10 mmol/l kann die im proximalen Tubulus entlang fließende Glucose nicht mehr zu 100% resorbiert werden;

Hemmung der tubulären Ionenresorption (Abb. 12.25E). Diuretika, die über diesen Mechanismus wirken, werden auch als **Saluretika** bezeichnet, da sie eine Mehrausscheidung der im Plasma enthaltenen Salze verursachen. Therapeutisch eignen sie sich zur Ausschwemmung von nierengängigen Giften und von Ödemflüssigkeit.

Alle Saluretika werden filtriert, manche zusätzlich im proximalen Tubulus sezerniert (Abb. 12.21A). Durch die tubuläre Wasserresorption steigt dann die Konzentration der Saluretika soweit an, daß sie diuretisch wirksam werden. In Abb. 12.27 sind die Wirkorte der verschiedenen **Gruppen von Saluretika** skizziert und typische Beispiele aufgeführt.

Carboanhydrase-Hemmer besitzen nur eine geringe diuretische Wirkung, obwohl sie im proximalen Tubulus wirken, wo ja am meisten resorbiert wird. Dieser überraschende Zusammenhang erklärt sich dadurch, daß distal noch genügend Resorptionskapazität vorhanden ist, um die proximale Minderresorption fast auszugleichen. Carboanhydrase-Hemmer hemmen das Enzym Carboanhydrase und dadurch die bereits in Abb. 12.22A veranschaulichte Resorption von HCO_3^-. Es ist zwar nachteilig, daß der Urin **alkalisch** wird; jedoch können schwache Säuren (z.B. Barbiturate) besser dissoziieren und werden dadurch in ihrer Resorption behindert. Auf diese Weise kann man überdosierte Medikamente forciert ausschwemmen.

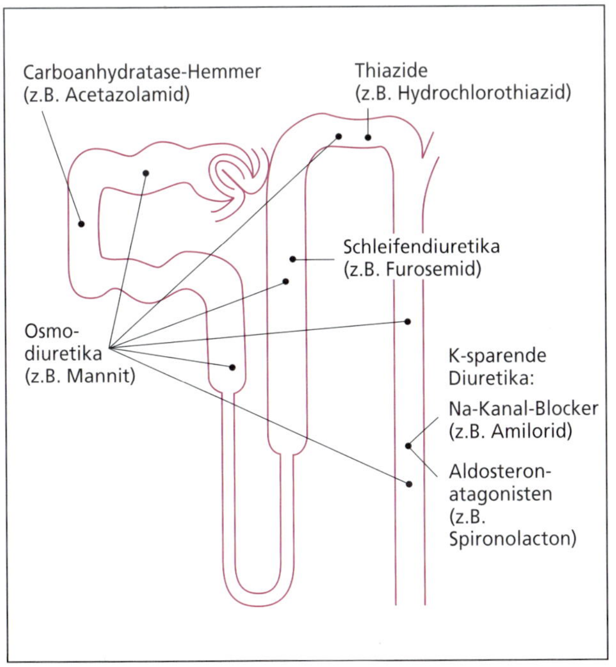

Abb. 12.27 Wirkorte von osmotische Diurese auslösenden Diuretika.

Schleifendiuretika sind die am stärksten wirkenden Saluretika. Sie hemmen nur einen Transportmechanismus: den **$Na^+K^+2Cl^-$-Symporter** in der dicken aufsteigenden Henle-Schleife (Abb. 12.12B). Ihre starke Wirkung ist dadurch zu erklären, daß sie den Gegenstromkonzentrationsmechanismus außer Kraft setzen und außerdem die distal gelegenen Segmente keine ausreichende Resorptionkapazität besitzen, um die in der Henle-Schleife aufgetretene Minderresorption auszugleichen. Da Na^+ vermehrt in die distalen Segmente einströmt und dann dort vermehrt resorbiert wird, werden K^+ und H^+ vermehrt sezerniert. Schleifendiuretika können daher eine Hypokaliämie und eine Alkalose verursachen.

Thiaziddiuretika sind mäßig stark wirksam, haben jedoch eine systemische blutdrucksenkende Wirkung. Sie hemmen den im distalen Konvolut lokalisierten **Na^+Cl^--Symporter** (Abb. 12.12C). Thiazide verursachen über den gleichen Mechanismus, wie bei den Schleifendiuretika beschrieben, ebenfalls einen K^+- und H^+-Verlust.

K^+-sparende Diuretika wirken nur schwach. Sie hemmen den in den Hauptzellen des Sammelrohres lokalisierten **Na^+-Kanal** (Abb. 12.12D). Durch die Hemmung des Natriumeinstroms wird zugleich die Sekretion von K^+ und H^+ reduziert; Dadurch wirken diese Diuretika K^+-sparend. Sie werden typischerweise mit Thiaziden oder Schleifendiuretika kombiniert, um eine ausgeglichene K^+- und H^+-Bilanz zu erhalten.

12.13.3 Druckdiurese

Die Markdurchblutung ist nicht autoreguliert und steigt daher bei erhöhtem arteriellem Blutdruck an. Eine Zunahme der Blutstromstärke in den Vasa recta führt zu einem gesteigerten Abtransport von Soluten aus dem Nierenmark. Damit verringert sich die Osmolalität des Nierenmarks, die die treibende osmotische Kraft für den passiven Wasserausstrom aus den Sammelrohren darstellt und es kommt zur **Druckdiurese**. Der Mechanismus könnte eine Bedeutung für die chronische Regulation des arteriellen Blutdrucks bei Änderungen des extrazellulären Volumens haben. Ist dieser erhöht und steigt deshalb der Blutdruck an, so werden über die medulläre Druckdiurese mehr Solute und Wasser ausgeschieden und das extrazelluläre Volumen wieder korrigiert.

12.14 Endokrine Funktionen

In den Nieren werden einige Hormone synthetisiert und aktiviert, die in den Nieren selbst oder im ganzen Körper wirken. Renin, das hauptsächlich in den Epitheloidzellen der Vasa afferentia gebildet wird, fördert die Bildung von Angiotensin II. Erythropoetin (EPO), Thrombopoetin und Megakaryopoetin, die hauptsächlich in den Nieren gebildet werden, fördern die Hämatopoese. Die Nieren sind Bildungsorte von Vitamin-D-Hormon, Endothelinen und Urodilatin. Im proximalen Tubulus werden Peptidhormone metabolisiert. Renal gebildete Eicosanoide (Prostaglandine und Thromboxan) beeinflussen den renalen Gefäßtonus, die tubuläre Na^+-Resorption und die ADH-Wirkung. Die Nieren sind Zielorte für Corticosteroide, die sie auch metabolisieren.

Die Niere ist Zielorgan für viele extra- und intrarenal gebildete Hormone. **Vasokonstriktorisch** wirken: ADH, Catecholamine, Angiotensin II, Endotheline, Thromboxan. **Vasodilatatorisch** wirken: Dopamin (dosisabhängig), Urodilatin, PGE_2, PGI_2, Kinine. Auf den **tubulären Transport** wirken: ADH (↑Wasserresorption), Aldosteron (↑Na^+-Resorption, ↑K^+-Sekretion, ↑H^+-Sekretion), Parathormon (↓PO_4^{2-}-Resorption, ↑Ca^{2+}-Resorption), Atriopeptin ↓Na^+-Resorption).

Die Niere hat darüber hinaus echte endokrine Funktionen, indem sie Hormone aus Vorstufen aktiviert, Hormone de novo synthetisiert und Hormone inaktiviert.

12.14.1 Renin-Angiotensin-System

Im Körper existieren mehrere **Renin-Angiotensin-Systeme** (RAS; Abb. 23.26), so auch in der Niere. **Renin** ist selbst kein Hormon, katalysiert jedoch die Bildung von Angiotensin I, das durch in den Arteriolenwänden befindliches **Angiotensin converting enzyme** (ACE) in die biologisch aktive Form **Angiotensin II** umgewandelt wird. Bei einigen Tierarten kann schließlich das biologisch weniger aktive Angiotensin III entstehen. Ausgeschüttet wird Renin aus Epitheloidzellen, vor allem der afferenten Arteriolen.

Die Sekretion von Renin wird auf folgende Weise stimuliert (Abb. 12.28): 1. Abfall des systemischen Blutdrucks, vermittelt durch Barorezeptoren. Die Empfindlichkeit dieses Barorezeptorenmechanismus ist bei Na^+-Mangel im Körper gesteigert; 2. Abfall der tubulären NaCl-Konzentration im Macula densa-Bereich (Kap. 12.3.1, tubuloglomeruläres Feedback); 3. renale sympathische Innervierung

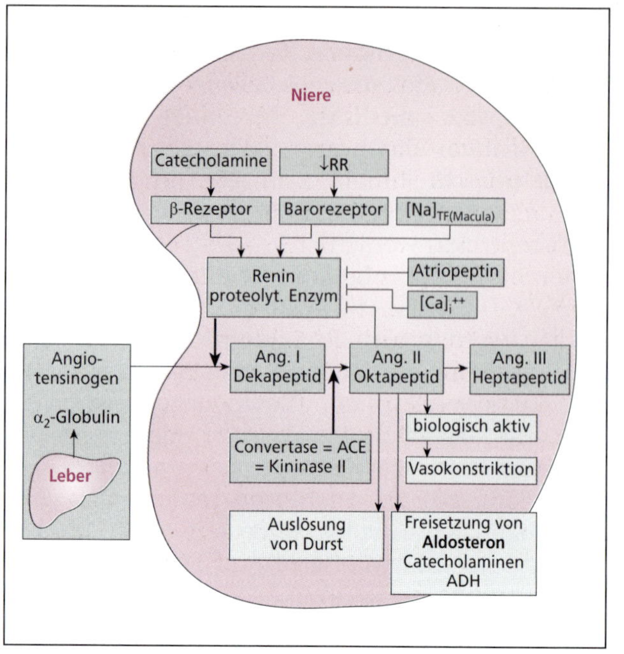

Abb. 12.28 Das renale Renin-Angiotensin-System (nach Hierholzer und Fromm, 1997).

über α_1-Adrenozeptoren; 4. weitere humorale Faktoren wie PGE_2, PGI_2, Neuropeptid Y und Kinine; 5. Medikamente wie Schleifendiuretika, ACE-Hemmer, β-Agonisten und Ca^{2+}-Antagonisten.

Angiotensin II bewirkt vor allem eine Vasokonstriktion der afferenten und efferenten Arteriolen mit unterschiedlichen Auswirkungen auf die GFR. Bei Volumenüberschuß scheint Angiotensin II vorwiegend den afferenten Arteriolenwiderstand zu erhöhen und damit die GFR zu senken. Bei Volumenmangel wird auch der efferente Arteriolenwiderstand im Sinne eines protektiven Mechanismus zur Aufrechterhaltung der GFR erhöht. Weiterhin wirkt Angiotensin II stimulierend auf die Na^+-Resorption im proximalen Tubulus, die Aldosteronausschüttung in der Nebenierenrinde (hierdurch Stimulation der distalen Na^+-Resorption und K^+-Sekretion) und die ADH-Ausschüttung im Hypophysenhinterlappen (hierdurch Stimulation der Wasserresorption).

12.14.2 Erythropoetin

Erythropoetin (EPO) wird in der Fetalzeit in der Leber sysnthetisiert, beim erwachsenen Tier jedoch fast ausschließlich in der Niere. Als ein klassisches Hormon gelangt EPO über den Blutkreislauf an seinen Wirkort, das Knochenmark, wo es die Erythropoese stimuliert (Kap. 10.3.2.4). Bei chronischer Niereninsuffizienz kommt es daher zur „renalen" Anämie. Diese kann heutzutage mit gentechnisch hergestelltem EPO behandelt werden.

Gebildet wird EPO in der Nierenrinde, wahrscheinlich in spezialisierten interstitiellen Zellen, die zwischen proximalen Tubuluszellen und peritubulären Kapillaren liegen. Die Ausschüttung von EPO wird vor allem durch eine Abnahme des O_2-Partialdruckes stimuliert. Es könnte sein, daß bei insuffizienter O_2-Versorgung der hohe O_2-Verbrauch durch die aktiv transportierenden Tubuluszellen zu einer lokal ausgeprägten pO_2-Abnahme führt.

Weitere Hormone, die die Blutbildung fördern und in der Niere gebildet werden (McDonald, 1992), sind **Thrombopoetin** (TSF, Thrombocytopoesis-stimulierender Faktor) und **Megakaryopoetin** (MSF, Megakaryocyten-stimulierender Faktor). Beide wirken letztlich auf die Bildung von Thrombocyten ein, jedoch auf unterschiedliche Weise: MSF scheint die Vorläuferzellen von Megakaryocyten zur Koloniebildung anzuregen, TSF scheint die Entwicklung von Megakaryocyten zu stimulieren.

12.14.3 Vitamin-D-Hormon, Endotheline und Peptidhormone

Vitamin D-Hormon (Cholecalciferol, Calcitriol). Die Bildung erfolgt in drei Stufen: 1. Vitamin D_3 (Calciol) wird mit der Nahrung aufgenommen und/oder wird aus Cholesterol in Gegenwart von UV-Strahlung in der Haut gebildet; 2. dieses wird in der Leber zu 25(OH)-D_3 (Calcidiol) hydroxyliert; 3. In der Niere wird 25(OH)-D_3 zu der aktiven Form des Vitamin D-Hormons 1,25$(OH)_2$-D_3 (Calcitriol) hydroxyliert. Diese intrarenale Aktivierung erfolgt in den Mitochondrien des proximalen Tubulusepithels unter dem Einfluß von Cytochrom P450 Monooxygenase. Dieses Enzym wird in den zwei Segmenten des proximalen Tubulus unterschiedlich stimuliert, im proximalen Konvolut durch PTH und in der Pars recta durch Calcitonin.

Die endokrinen Funktionen von Vitamin-D Hormon werden in Kap. 23 besprochen. Vitamin-D-Hormon fördert die Ca^{2+}-Resorption in Darm (Abb. 15.65) und Niere (Kap. 12.8.1) und die Freisetzung aus dem Knochen (Kap. 27).

Endothelin(e) (ET). Endotheline sind eine Gruppe von Gewebshormonen, die als funktionelle Antagonisten von EDRF (endothelial derived relaxing factor; identisch mit NO) wirken. Gebildet werden sie u.a. in der Niere in den Endothelzellen der meisten arteriellen und venösen Gefäße sowie im Glomerulus, außerdem in Tubuluszellen des Nierenmarks. Die Bildung wird über eine ganze Reihe von Faktoren ausgelöst; dazu gehören Hypoxie, IL-2, TGF-β, Vasopressin, Angiotensin II, Thrombin, Bradykinin, PAF, ATP. Rezeptoren für Endotheline finden sich in Mesangiumzellen der Glomeruli und in Strukturen des inneren Marks. ET wirken vor allem kontrahierend auf das mesangiale System und die glatten Muskelzellen der Gefäße. Dies verursacht eine GFR-Abnahme durch Einschränkung der filtrierenden Oberfläche. Insgesamt wirken ET antinatriuretisch.

Urodilatin. Das aus 32 Aminosäuren bestehende Peptid Urodilatin wird vermutlich in der Niere gebildet. Es bindet sich, ähnlich wie die natriuretischen Peptide aus dem Herz, an Atriopeptin-Rezeptoren und stimuliert die Guanylatcyclase. Wirkungen von Urodilatin sind Vasodilatation und Natriurese. Regulation, Wirkungsmechanismus und Abbau des Peptids sind nicht aufgeklärt.

Peptidhormone. Die Hormone gelangen entweder durch Filtration mit anschließender apicaler Pinocytose oder durch basolaterale Aufnahme (Mechanismus unbekannt) von der Blutseite her an den Abbauort. Je niedriger das Molekulargewicht, desto größer der filtrierte Anteil. Bei einer Molekülgröße von ca. 25 kDa beträgt der Siebkoeffizient noch ca. 0,5. Daraus ergibt sich, daß der Gesamtpool des Körpers der Peptidhormone mehr als einmal pro Tag filtriert wird. Die Peptidhormone unterliegen in den Zellen des proximalen Tubulus einem intensiven renalen Metabolismus mit einem Abbau bis hin zu den einzelnen Aminosäuren. Diese werden über die Aminosäuren-Carrier der basolateralen Zellemembran (Abb. 12.19) ausgeschleust und gelangen wieder in das Blut. Der tubuläre Peptidhormonabbau bewirkt demnach nicht nur eine Entfernung kreisender Hormone im Blut, sondern auch eine Konservierung von Aminosäuren.

12.14.4 Eicosanoide

Nieren besitzen wie viele andere Gewebe die Fähigkeit, Eicosanoide zu bilden. Die wichtigsten aktiven Eicosanoide, die unter physiologischen Bedingungen in der Niere gebildet werden, sind die **Prostaglandine** E_2, I_2 und $F_{2}\alpha$ sowie in geringeren Mengen **Thromboxan** A_2. Eicosanoide werden in fast allen Strukturen der Niere gebildet, am meisten in den arteriellen Gefäßen. In allen diesen Strukturen wurden auch Eicosanoid-Rezeptoren nachgewiesen. Hormonale Stimuli der renalen Eicosanoidsynthese sind Angiotensin II, Catecholamine (sowie sympathische Stimulierung), Kinine und ADH. Die renal gebildeten Eicosanoide werden in der Nierenrinde in Sekunden bis Minuten inaktiviert. Die Wirkungen der Eicosanoide sind vorwiegend auto- und parakrin. Die Hauptwirkungen sind: 1. Vasodilatation durch PGI_2 und PGE_2 und Vasokonstriktion durch TxA_2, $PGF_{2}\alpha$ und LTD_4; 2. Hemmung der tubulären Na^+-Resorption durch PGE_2 und PGI_2; 3. Abschwächung der Wirkung von ADH durch PGE_2.

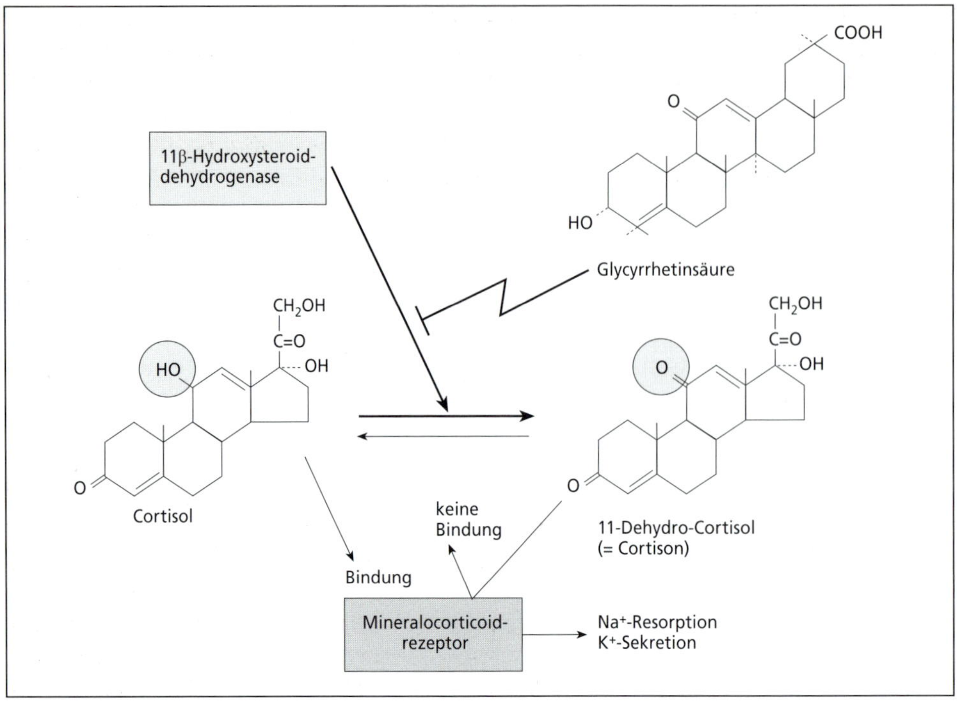

Abb. 12.29 Der Mineralocorticoidrezeptor kann nicht zwischen Aldosteron und 11-OH-Glucocorticosteroiden unterscheiden; er wird jedoch durch die inaktivierende Wirkung des Enzyms 11β-Hydroxysteroid-Oxidoreductase (11β-Hydroxysteroid-Dehydrogenase) vor den hohen Glucocorticosteroidkonzentrationen geschützt.

12.14.5 Corticosteroide

Corticosteroide (CS) werden aufgrund ihrer guten Lipidlöslichkeit durch einfache Diffusion durch die Lipidphase der Zellmembranen aufgenommen. Sie werden vor allem durch die basolaterale Membran, aber nach Filtration auch durch die apicale Membran aufgenommen. Die Niere ist ein typisches CS-Zielorgan. Es existieren zwei Arten von CS-Rezeptoren: Typ I-Rezeptoren vermitteln **mineralocorticoide Effekte** wie Na^+-Resorption und K^+-Sekretion im distalen Nephron; ein typischer Auslöser ist Aldosteron. Rezeptoren des Typs II vermitteln dagegen **glucocorticoide Effekte** wie Hemmung der distalen H_2O-Resorption und Modulation der proximalen Phosphatresorption; ein typischer Auslöser ist Cortisol. Der früher beschriebene Typ-III-Rezeptor ist kein CS-Rezeptor, sondern identisch mit dem unten beschriebenen Enzym 11β-HSOR.

Überraschenderweise binden Aldosteron und Cortisol gleichgut an Typ I- und Typ II-Rezeptoren, die somit nicht zwischen diesen beiden Hormonen unterscheiden; nur Cortison wird nicht gebunden. Cortisol ist im Plasma 100-1000fach höher konzentriert als Aldosteron, so daß am Typ II-Rezeptor praktisch nur Cortisol wirkt und der Typ II-Rezeptor somit vorzugsweise glucocorticoide Effekte vermittelt. Die Unterscheidungsfähigkeit der Rezeptoren für Aldosteron und Cortisol wird durch das Enzym **11β-Hydroxysteroid-Oxidoreductase** (11β-HSOR, E.C. 1.1.1.146; auch 11β-Hydroxysteroid-Dehydrogenase, 11β-HSD) verursacht. Es katalysiert die Reaktion Cortisol ⇔ Cortison, kann jedoch Aldosteron in seiner Halbacetalform nicht angreifen (Abb. 12.29). In den Zellen mit Typ I-Rezeptoren dagegen erfolgt die Unterscheidung durch 11β-HSOR, die in diesen Zellen vorwiegend als Oxidase wirkt. Auf diese Weise ist der Typ I-Rezeptor vor der hohen Cortisolkonzentration geschützt und vermittelt somit vorzugsweise mineralocorticoide Effekte

12.15 Exkretion bei Vögeln und Osmoregulation bei Fischen

E. Skadhauge

12.15.1 Vögel

In der Veterinärmedizin sind von den auf dem Land lebenden Vögeln die Haushühner und Puten und von den Wasservögeln die Enten und Gänse von Bedeutung. Wie bei den Säugetieren sind auch bei den Vögeln die Nieren ein wichtiges Exkretionsorgan. Darüber hinaus haben Enten und Gänse, wie die meisten Meeresvögel und auch einige Reptilien, am Kopf oberhalb der Augen paarige Salzdrüsen. Vögel und Reptilien legen Eier. Damit im Ei eine osmotisch nicht wirksame Speicherung des Endproduktes des Stickstoffwechsels erfolgen kann, scheiden diese Tiere vor allem Harnsäure aus. Vögel haben keine Harnblase, aber sie speichern den Harn in der Kloake, im Colon und auch in den paarigen Caeca.

Wie die Säugetiere haben auch Vögel in den Nieren ein Gegenstromsystem, und sie können dadurch einen gegenüber dem Plasma hypertonen Harn bilden. Die maximal mögliche Harnkonzentration ist bei den Vögeln jedoch niedriger als bei den meisten landlebenden Säugetieren. Eine Besonderheit bei den Vögeln ist, daß sie postrenal den durch den Ureter abgegebenen Harn in der Kloake und im Dickdarm verändern können. Dies ist eine für die Osmoregulation der Vögel wichtige Möglichkeit. Darüber hinaus können Meeresvögel durch die Salzdrüsen ein stark hypertones Sekret bilden und abgeben. Diese Fähigkeit erlaubt es einigen Vogelarten und einigen Reptilien, von Meerwasser zu leben.

Vögel haben keine Harnblase. Der über den Ureter abgegebene Harn gelangt in die Kloake und teilweise auch in den Dickdarm.

12.15.1.1 Renale Exkretion

Nierendurchblutung und glomeruläre Filtrationsrate: In vielerlei Hinsicht ist die Harnbildung bei Vögeln und Säugetieren ähnlich. Die Niere wird bei den Vögeln jedoch sowohl von arteriellem Blut wie von Pfortaderblut versorgt. Die Nierendurchblutung, die glomeruläre Filtrationsrate (GFR) und die fraktionelle Filtrationsrate entsprechen denen der Säugetiere. Bei durstenden Vögeln und bei Vögeln, die durch Trinken von Meerwasser einer hohen Salzbelastung ausgesetzt sind, ist die GFR reduziert. Durch Ausschüttung von Arginin-Vasotocin (AVT) aus dem Hypophysenhinterlappen können Vögel die GFR vermindern.

Nephrone und Osmolarität des Harns: In den Vogelnieren sind Nephrone vorhanden, die teilweise jenen der Säugetiere ähneln (MT, mammalian type), diese Nephrone haben Henle-Schleifen. Darüber hinaus sind Nephrone ohne Henle-Schleife zu finden (RT, reptilian type). AVT reduziert die GFR sowohl in den RT- wie den MT-Nephronen. An der höheren Osmolarität des Harns sind aber nur die MT-Nephronen beteiligt. Beim Haushuhn, bei der Pute und bei der Ente kann die Wasser- und die Ionenausscheidung in verhältnismäßig weitem Bereich variiert werden. Bei Dehydratation kann die Harnosmolarität bis auf 600 mosm/l ansteigen.

Ausscheidung von Stickstoff mit dem Harn: Die Hauptstickstoffausscheidung mit dem Ureterharn erfolgt beim Huhn in Form von Harnsäure. Die Harnsäure macht etwa 80%, Ammoniak etwa 15% aus; der Rest der Stickstoffausscheidung entfällt auf Harnstoff und Kreatin/Kreatinin. Bei proteinarmer Diät ist der prozentuale Anteil von Ammoniak erhöht und der von Harnsäure erniedrigt. Da die Löslichkeit von Harnsäure sehr gering ist, benötigen Vögel und Reptilien für die Stickstoffausscheidung nur wenig Wasser. Zur Osmolarität des Harns trägt die Harnsäure wenig bei. Mit abnehmender Temperatur präzipitieren die Harnsäurekristalle. Sie sind verantwortlich für die dünne weiße Schicht, die häufig auf dem Vogelkot zu sehen ist. Früher wurde als Stickstoffdünger Guano verwendet. Hierbei handelt es sich um das harnsäurereiche Zersetzungsprodukt von Seevogelkot. Guano wurde hauptsächlich an der Küste von Peru gewonnen.

Die Osmolarität des Harns der Vögel ist niedriger als bei den meisten Landsäugetieren. Das wichtigste Endprodukt des N-Stoffwechsels der Vögel ist Harnsäure.

Säure-Basen-Ausscheidung: Wie bei Säugetieren liegt der pH-Wert des Ureterharns zwischen pH 5 und pH 8 (im Mittel 6,5-7,0). Infolge der metabolischen Acidose ist während der Eischalenbildung der pH-Wert niedriger, auch die Calciumkonzentration fällt dann ab, und die Chlorid- und die Phosphatkonzentrationen steigen an. Die Calcium- und die Phosphatausscheidung werden über das Parathormon reguliert.

Hormonale Regulation der Salz- und Wasserausscheidung: Die renale Wasserausscheidung wird vor allem durch das Arginin-Vasotocin (AVT) reguliert. Darüber hinaus wird, wie auch bei den Säugetieren, die Natriumresorption in der Niere durch Aldosteron gesteuert. Aldosteron erhöht im Coprodeum und im Colon die Natriumresorption durch Einbau und Öffnen von Natriumkanälen in den apikalen Membranen. Bei Natriummangel steigt die Aldosteronkonzentration im Blut an. Bei Dehydratation ist auch die AVT-Konzentrationen hoch, und es wird wenig Ureterharn gebildet.

Ebenso wie die Säugetiere bilden auch die Vögel in der Vorhofwand des Herzens das Natriuretische Peptid (ANP), das die renale Natrium- und Wasserausscheidung erhöht. Vögel haben auch ein Renin-Angiotensin-System, dessen Bedeutung für den Natriumhaushalt jedoch noch nicht befriedigend geklärt ist.

Das bei Vögeln vorhandene Arginin-Vasotocin (AVT) entspricht in der Funktion weitestgehend dem Antidiuretischen Hormon (Vasopressin) der Säugetiere.

12.15.1.2 Veränderung des Ureterharns in der Kloake, im Colon und in den Caeca

Der Harn gelangt aus dem Ureter in das Coprodeum. Durch antiperistaltische Bewegungen fließt ein Teil

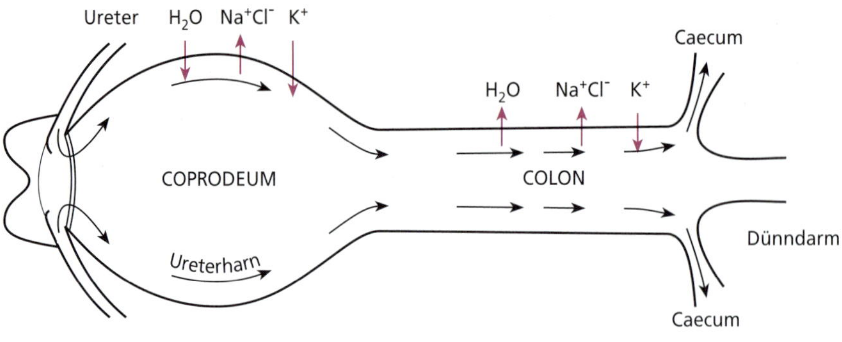

Abb. 12.30 Retrograder Fluß von Ureterharn in den Dickdarm der Vögel.
Der Ureterharn fließt in das Urodeum und gelangt von dort in das Coprodeum. Durch antiperistaltische Motorik wird ein Teil des Harns an der Oberfläche der Mucosa entlang in das Colon und sogar bis in die Caeca transportiert. Im Zentrum des Colonlumens und auch im Zentrum des Coprodeums ist der Darminhalt an größeren Partikeln reicher. Der Transport dieser Digesta erfolgt in der Darmmitte nach aboral und wird als Kot abgegeben. Im Coprodeum geschieht trotz der Natrium- und Chloridresorption eine Wassersekretion, da bei Dehydratation vor allem die Osmolarität im Coprodeuminhalt hoch ist. Auch im Colon kommt es zur NaCl-Resorption. Da die Osmolarität im Coloninhalt geringer ist, kann Wasser der Natriumresorption folgen. Deshalb wird im Colon Wasser resorbiert.

dieses Harns aus dem Coprodeum in das Colon (Abb.12.30), ein kleiner Teil sogar bis in die Caeca. Beim Kotabsatz wird Inhalt aus dem Coprodeum und aus dem Colon entleert, der Caecuminhalt wird weniger häufig abgegeben.

Dehydration und Natriummangel: In Abb. 12.30 ist schematisch dargestellt, daß Natrium, Chlorid und Wasser aus dem Coprodeum und aus dem Colon resorbiert werden und Kalium sezerniert wird. Bei einer natriumarmen Diät ist die Natriumresorption im Coprodeum erhöht. Mit dieser erhöhten Natriumresorption im Coprodeum ist jedoch nicht – wie in den meisten Abschnitten des Magen-Darm-Kanals – auch eine Wasserresorption verbunden. Es erfolgt im Coprodeum vielmehr durch den osmotischen Gradienten zwischen Blut und Coprodeuminhalt eine Wassersekretion. Im Coloninhalt ist demgegenüber die Osmolarität geringer als im Coprodeuminhalt, und Wasser folgt der Natriumresorption. Unter Dehydratation kann als Richtwert gelten, daß etwa 70% des mit dem Ureterharn ausgeschiedenen Natriums und 15% des mit dem Harn angegebenen Wassers im Coprodeum und im Colon resorbiert werden können.

Hydratation und Salzbelastung: Bei hoher Wasseraufnahme wird viel Harn mit geringer Osmolarität gebildet. Bei hoher Salzaufnahme ist die Natriumresorption im Coprodeum unterdrückt, im Colon wird aber nach wie vor Natrium resorbiert. Im Coprodeum wie auch im Colon hängt die Resorption von NaCl von der NaCl-Aufnahme ab. Die Regulation erfolgt hauptsächlich über Aldosteron, das apicale Natriumkanäle öffnet. Bei hoher NaCl-Aufnahme ist die Aldosteronkonzentration niedrig, und im Coprodeum und im Colon sind die Natriumkanäle weitgehend geschlossen. Im Colon scheint bei salzreicher Diät jedoch ein Transport von Natrium, Glucose und Aminosäuren mit dem Kot induziert zu werden, so daß dort weiter Natrium resorbiert wird. Die Resorption von Natrium und von Wasser ist auch in den Caeca beträchtlich; die Vorgänge entsprechen etwa denen im Coprodeum und im Colon.

12.15.1.3 Salzdrüsen

Die Salzdrüsen enthalten zahlreiche Schlingen, die in Ausführungsgänge münden. Das Sekret der Salzdrüsen ist klar, wird in die Nasenhöhle abgegeben und tropft schließlich aus der Schnabelspitze ab. Eine hohe NaCl-Aufnahme stimuliert das Wachstum der Salzdrüsen, dadurch wird die Ausscheidungskapazität erhöht. Die Ausscheidung scheint durch Osmorezeptoren stimuliert zu werden. Das Sekret enthält nahezu reines NaCl. Bei Enten und Gänsen wurde eine Osmolarität bis zu 1100 mosm/l gemessen. Das bedeutet eine drei- bis vierfache Zunahme der Plasmaosmolarität und ist nahezu doppelt so hoch wie die maximale Konzentration des Ureterharns. Die stimulierte Salzdrüse kann bis zu 75% des aufgenommenen NaCl ausscheiden. Bei der üblichen kommerziellen Haltung von Gänsen und Enten sind die Salzdrüsen nicht aktiviert. Sie können aktiviert werden, wenn die Tiere statt Frischwasser Salzwasser erhalten.

Bei der üblichen kommerziellen Haltung von Gänsen und Enten sind die Salzdrüsen nicht aktiviert. Bei hoher Salzaufnahme können Gänse und Enten ein Sekret mit Werten bis zu 1100 mosm/l bilden und ausscheiden.

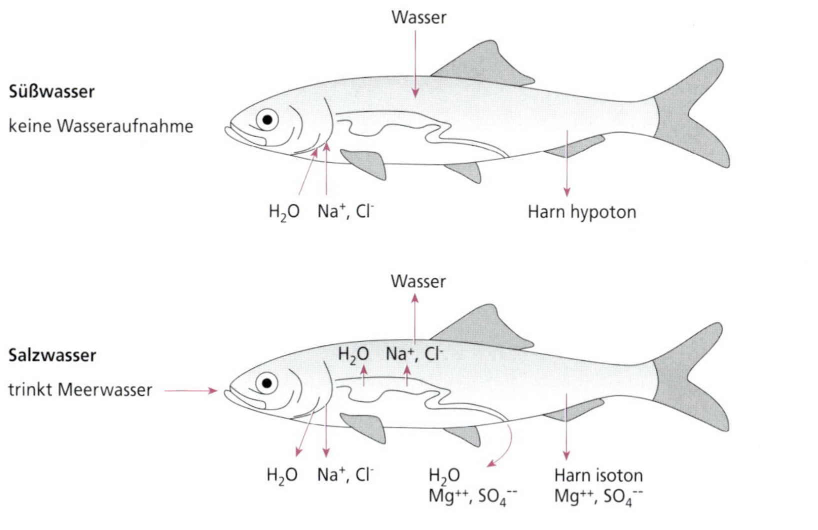

Abb. 12.31 Im Süßwasser (oben) nehmen die Fische dauernd Wasser durch die Haut und durch die Kiemen auf. Es wird ein hypotoner Harn abgegeben, die Tiere trinken nicht. Salzwasserfische (unten) verlieren Wasser durch die Haut und die Kiemen, sie trinken Meerwasser und scheiden Na^+ und Cl^- über die Kiemen aus.

12.15.2 Osmoregulation bei Fischen

Tierärzte haben es bei der Betreuung von Fischfarmen vor allem mit Lachsen, Forellen und auch Aalen zu tun. Die Osmoregulation ist bei der Aquakultur von Interesse, weil bei diesen Fischen häufig ein Transport zwischen Frischwasser und Seewasser oder Brackwasser erfolgt.

Knochenfische regulieren die Osmolarität in der extrazellulären Flüssigkeit ebenso wie unsere Haussäugetiere vor allem durch die Konzentrationen und den Transport von Natrium, Chlorid und Hydrogencarbonat. Die Osmolarität der Körperflüssigkeit erhalten die Knochenfische im Bereich zwischen 250 und 400 mosm/l aufrecht.

Bei den Fischen ist im Süßwasser deshalb ein großer osmotischer Gradient zwischen der Körperflüssigkeit und dem Wasser vorhanden. Durch die Körperoberfläche und ganz besonders durch die Kiemen wird Wasser aufgenommen. Dieses Wasser wird über die Nieren mit viel Harn von sehr geringer Osmolarität wieder ausgeschieden. Das notwendige NaCl nehmen diese Fische mit der Nahrung auf, aber es erfolgt darüber hinaus eine aktive Aufnahme von Na^+ und Cl^- aus dem Süßwasser durch die Kiemen (Abb. 12.31).

Im Salzwasser mit einer Konzentration von etwa 1000 mosm/l besteht ein osmotischer Gradient in entgegengesetzter Richtung, und die Tiere verlieren über die Körperoberfläche und über die Kiemen dauernd Wasser. Sie müssen deshalb Salzwasser trinken. Im Darm werden dann Wasser und NaCl resorbiert, und NaCl wird ständig mit nur wenig Wasser über die Kiemen ausgeschieden. Salzwasser und auch Brackwasser enthalten jedoch auch divalente Ionen wie Mg^{2+}, Ca^{2+} und SO_4^{2-}, und darüber hinaus auch HCO_3^-. Diese Ionen werden im Magen-Darm-Kanal nur schlecht resorbiert. $CaCO_3$ präzipitiert im Dickdarm, die $MgSO_4$-Konzentration steigt zum Ende des Dünndarms hin an. Beide, $CaCO_3$ und $MgSO_4$, werden mit dem Kot ausgeschieden. Ein kleiner Anteil des $MgSO_4$ wird jedoch im Darm resorbiert und dann über die Niere ausgeschieden. Bei Fischen im Salzwasser ist es eine wichtige Funktion der Niere, Mg^{2+} und SO_4^{2-} aus dem Körper zu eliminieren. Das wesentlichste Endprodukt des Stickstoffstoffwechsels bei diesen Fischen ist Ammoniak, das über die Kiemen abgegeben wird.

Bei Knochenfischen sind die Kiemen für die Osmoregulation von entscheidender Bedeutung. Im Salzwasser müssen die Kiemen Na^+ und Cl^- aus dem Körper heraustransportieren. Im Süßwasser erfolgt dieser Ionentransport in den Kiemen in entgegengesetzter Richtung.

Wenn Fische aus Süßwasser in Salzwasser überführt werden, ist dies für sie eine große osmotische Herausforderung. Da plötzlich über dem Darm große Mengen von NaCl aufgenommen werden, müssen in den Kiemen Na^+- und Cl^--Ionen sofort in entgegengesetzte Richtung gepumpt werden. Es dauert etwa ein bis zwei Wochen bevor sich ein steady state zwischen Trinken, Aufnahme in den Magen-Darm-Kanal und Exkretion von NaCl über die Kiemen einstellt. Diese Regulation geschieht durch Cortison. Während dieser Adaptation an das Salzwasser entwickeln sich spezielle Transportzellen, sogenannte Chloridzellen, in den Kiemen, die die Na^+- und Cl^--Sekretion bewirken. Im Darm und in den Kiemen steigt die Konzentration der am Transport beteiligten Enzyme an. Ein wichtiger Schritt bei der Adaptation an das Salzwasser ist die

Reduktion der osmotischen Permeabilität der Kiemen.

Bei Adaptation vom Salzwasser an das Süßwasser muß umgekehrt in den Kiemen der Na^+- und der Cl^--Transport aus dem Körper in das umgebende Wasser aufhören; Na^+ und Cl^- müssen durch die Kiemen aufgenommen werden. Diese Anpassung wird sehr wahrscheinlich über Prolactin gesteuert.

Die Fähigkeit verschiedener Fischarten, sich an ein Medium mit hoher Osmolarität anzupassen, hängt von der Fähigkeit ab, wie sie die erwähnten Vorgänge „umschalten" können. Diese „Salztoleranz" ist auch bei der gleichen Species nicht konstant. Sie hängt von der Umgebungstemperatur, von der Ca^{2+}-Konzentration und dem pH-Wert des Wassers ab. Nahezu alle Fischarten scheinen sich nur recht langsam an Salzwasser adaptieren zu können. Da bei sehr niedrigen Temperaturen die Stoffwechselrate niedrig ist, können die notwendigen zellulären Aktivitäten nicht genügend gesteigert werden. Umgekehrt sind hohe Temperaturen gefährlich, weil die durch den Osmolaritätsgradienten bedingten Wasserverluste über die Kiemen durch die erforderlichen hohen Ventilationsraten groß sind.

Die Überlebensrate beim Überführen von Fischen aus Süßwasser in Salzwassser ist besser, wenn die Tiere zunächst einige Tage fasten und dann als Voradaptation ein Futter mit hohem NaCl-Gehalt erhalten. Durch das Fasten scheint die Na^+-Aufnahme durch die Kiemen induziert zu werden. Durch den hohen NaCl-Gehalt im Futter wird die Lipidzusammensetzung der Kiemen und damit die Permeabilität verändert. Die osmotische Regulation bei den Knochenfischen erfolgt vor allem durch Adaptation der Vorgänge in den Kiemen und im Darm. Nieren spielen bei dieser Adaptation nur eine untergeordnete Rolle. Der Harn wird in der Harnblase gespeichert, die Mucosa der Harnblase hat bei Süßwasserfischen eine geringe Permeabilität für Wasser. Bei Süßwasser- und bei Salzwasserfischen können in der Harnblase geringe Mengen von NaCl resorbiert werden. Die Harnblase ist bei Fischen für die Osmoregulation jedoch insgesamt von geringer Bedeutung.

> Beim Überführen von Fischen aus dem Süß- in das Salzwasser oder umgekehrt muß eine Umkehr des Transports von Na^+ und von Cl^- in den Kiemen erfolgen.

Weiterführende Literatur zu Kapitel 12.1 bis 12.14

Brenner, B., F. C. Rector (1995): The kidney. 5th ed., Saunders, Philadelphia.

Fromm, M., K. Hierholzer (1997): Epithelien. In: Schmidt, R. F., G. Thews (eds.): Physiologie des Menschen, 27. Aufl., Springer, Berlin, 719-736.

Greger. R., U. Windhorst (1996): Comprehensive human physiology. Springer, Berlin–Heidelberg, 1469-1648.

Hierholzer, K., M. Fromm (1987): Wasser- und Elektrolythaushalt; Physiologie der Niere. In: Scheunert, S, A. Trautmann, G. Wittke (eds.): Lehrbuch der Veterinär-Physiologie, 7. Aufl., Parey, Berlin, 359-436.

Hierholzer, K., M. Fromm (1997): Funktionen der Nieren. In: Schmidt, R. F., G. Thews (eds.): Physiologie des Menschen, 27. Aufl., Springer, Berlin, 737-777.

Hierholzer, K., R. Schmidt (1991): Pathophysiologie des Menschen, Chapman & Hall, Weinheim.

Koushanpour, E., W. Kriz (1986): Renal physiology. Structure and function. 2nd ed., Springer, Berlin.

Kriz, W. (1994): Nieren und harnableitende Organe. In: Benninghoff, Makroskopische Anatomie, Embryologie und Histologie des Menschen, Hrsg. D. Drenckhahn, W. Zenker, Bd. 2, 15. Aufl., Urban & Schwarzenberg, München–Wien–Baltimore, S. 25-68.

Meinild, A.K., D.A. Klaerke, D.D.F. Loo, E.M. Wright, T. Zeuthen (1998): The human Na^+-glucose cotransporter is a molecular water pump. J Physiol 508: 15-21.

Pitts, R. F. (1972): Physiologie der Niere und der Körperflüssigkeiten. Schattauer Verlag, Stuttgart, New York.

Seldin, D. W., G. Giebisch (1992): The kidney: Physiology and pathophysiology. 2nd ed., Raven Press, New York.

Windhager, E. E. (1992): Handbook of physiology, Section 8: Renal physiology, Oxford University Press, London

Weiterführende Literatur zu Kapitel 12.15

Goldstein, D. L., E. Skadhauge (1998): Renal and extrarenal regulation of body fluid composition. In: Sturkie's Avian Physiology, 5th ed. (ed. G.C. Wittow). Academic Press, New York, 265-297.

Randall, D., W. Burggven, K. French (Eds.) (1997): Animal Physiology. 4th ed. Freeman, New York, 571-626.

Skadhauge, E. (1993): Basic characteristics and hormonal regulation in ion transport in avian hinguts. In: Advances in Comparative and Environmental Physiology. Vol. 16. (ed. W. Clauss) Springer Verlag, Berlin–Heidelberg–New York, 67-93.

Wood, C. M., T.J. Shuttleworth (Eds.) (1995): Cellular and molecular approaches to fish ionic regulation. Academic Press, San Diego.

13 Wasser- und Elektrolythaushalt

G. Gäbel

13.1 Bedeutung des Wassers

Sollen Gewebe und Organe ihre physiologische Funktion erfüllen, so ist dies nur möglich, wenn sie von einem wäßrigen Milieu umgeben sind. Organische Substrate und Ionen treten in enge Beziehung mit dem sie umgebenden Wasser und entfalten erst in Verbindung mit ihm ihre Wirkung bzw. stehen den metabolischen Umsetzungen zur Verfügung. Daher ist der Organismus bestrebt, die Wassermenge und die Konzentration der im Wasser gelösten Substanzen weitgehend konstant zu halten.

13.2 Wasserbilanz

13.2.1 Wasseraufnahme

Jeder Organismus gibt zwangsweise Wasser auf verschiedenen Wegen ab (Kap. 13.2.2). Um die Gesamtmenge des Körperwassers konstant zu halten, muß die Wasseraufnahme – zumindest auf lange Sicht – diese Wasserverluste ausgleichen, die Wasseraufnahme muß der Wasserabgabe entsprechen.

Säugetiere decken ihren Wasserbedarf aus drei Quellen:
- mit dem **Futter** aufgenommenes Wasser,
- **Trink**wasser,
- **Oxidations**wasser.

In Tabelle 13.1 ist die Wasseraufnahme einer (niedrig) laktierenden der einer nicht laktierenden Kuh gegenübergestellt.

Es wird deutlich, daß ein erhöhter Bedarf – in diesem Fall die Milchproduktion – hauptsächlich durch eine Erhöhung der Trinkwasseraufnahme gedeckt wird. Die Wasseraufnahme über das Futter bzw. aus dem oxidativen Metabolismus spielt unter den meisten Umständen quantitativ eine untergeordnete Rolle. Deren Bedeutung kann allerdings bei eingeschränkter Trinkwasseraufnahme, z.B. bei in ariden Zonen lebenden Säugetieren, zunehmen. Oxidationswasser entsteht immer bei der Oxidation organischer Substrate. Für die vollständige Glucoseoxidation gilt dabei folgende Reaktionsgleichung:

Tabelle 13.1 Wasserbilanz einer Kuh im laktierenden und nichtlaktierenden Zustand (Angaben in l/Tag) – die Laktationsleistung ist mit 12 l/Tag als gering einzustufen (nach Swenson und Reece, 1993).

	nicht laktierend	laktierend
Aufnahme		
Trinkwasser	26	51
Wasser im Futter	1	2
Oxidationswasser	2	3
Total	29	56
Abgabe		
Urin	7	11
Verdunstung (Haut/Atmung)	10	14
Kot	12	19
Milch	0	12
Total	29	56

$$C_6H_{12}O_6 + 6\,O_2 \rightarrow 6\,CO_2 + \mathbf{6\,H_2O}$$
$$180\text{ g} + 192\text{ g} \rightarrow 264\text{ g} + \mathbf{108\text{ g}}$$

Es ist ersichtlich, daß pro Gramm oxidierter Glucose ca. 0,6 g Wasser entsteht. Entsprechende Reaktionsgleichungen ergeben pro Gramm oxidiertes Fett ca. ein g Wasser und pro Gramm oxidierter Proteine ca. 0,4 g Wasser. Für die Oxidation ist O_2 erforderlich, das durch Atmung aufgenommen werden muß. In ariden Gebieten ist der Wasserverlust über die Atemwege bei der erforderlichen O_2-Aufnahme häufig größer als der Wassergewinn bei der Oxidation.

13.2.2 Wasserabgabe

Terrestrisch lebende Säugetiere verlieren auf folgenden Wegen Wasser:
- über die **Haut**,
- über die **Atemwege**,
- über die Abgabe von **Urin**,
- über die Ausscheidung von **Kot**,
- über die **Produkte** (Milch etc.).

Durch Verdunstung über die Haut und über die epitheliale Auskleidung der Atemwege wird kontinuierlich Wasser abgegeben (**insensibler Wasserverlust**). Dieser Wasserverlust ist abhängig von Umgebungstemperatur und Luftfeuchtigkeit, er

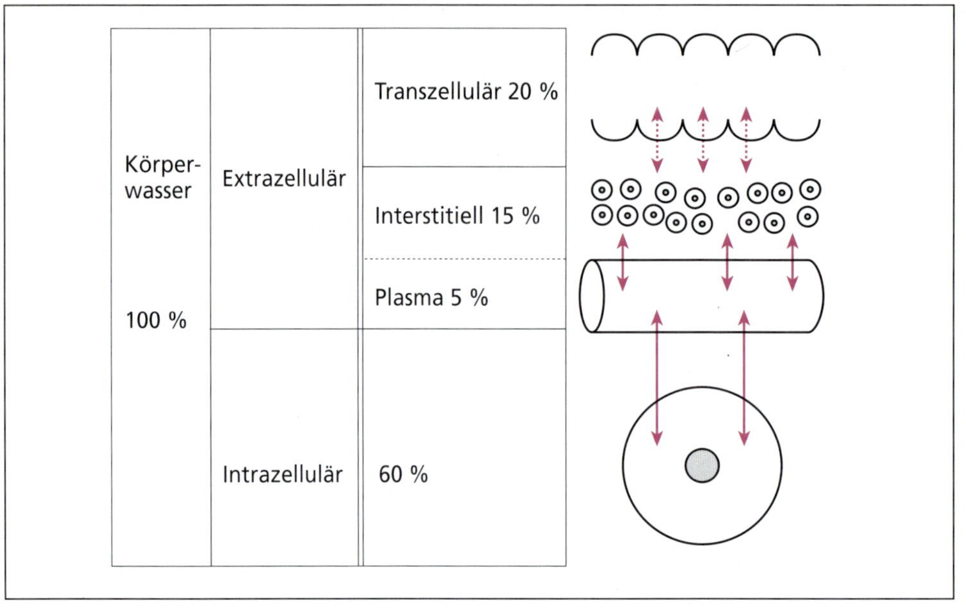

Abb. 13.1 Flüssigkeitsräume des Körpers und Austausch der Flüssigkeit zwischen den Räumen.

steigt an beim Schwitzen bzw. Hecheln. Der Wasserverlust mit dem Kot ist niedrig bei carnivoren und bei omnivoren Tieren, bei Herbivoren hat er – bedingt durch die größere Kotmenge mit einem höheren Wassergehalt – einen größeren Anteil an der gesamten Wasserabgabe. Der Wasserverlust mit den Produkten spielt vor allem bei milchproduzierenden Tieren eine Rolle. Tabelle 13.1 macht deutlich, daß bei der laktierenden Kuh mit der Milch große Mengen Wasser „verlorengehen".

Die oben genannten Wege der Wasserabgabe sind zwingend und somit bei der Regulation des Wasserhaushaltes nur bedingt zu verändern. Demgegenüber stellt die Wasserabgabe über den Urin (nur wenig über den Kot) die Wasserabgabe dar, die regulatorisch beeinflußt werden kann. Allerdings sind auch hier Grenzen dadurch gesetzt, daß

a) je nach Fütterung bzw. Stoffwechselsituation **„harnpflichtige" Substanzen** anfallen, die über den Urin ausgeschieden werden müssen; dies sind u.a. Harnstoff, Harnsäure, Kreatin und Kreatinin;
b) die harnpflichtigen Substanzen nur bis zu einem gewissen Maximalwert in der Niere konzentriert werden können, also immer eine Mindestmenge an Wasser ausgeschieden werden muß.

Tabelle 13.2 gibt das maximale Konzentrierungsvermögen der Niere und parallel die Schwankungsbreiten der Urinausscheidung bei verschiedenen Tierarten wieder. Auffällig ist die hohe renale Konzentrationsfähigkeit der Katze.

Bei Wassermangel kann die Harnproduktion eingeschränkt werden. Für die Ausscheidung harnpflichtiger Substanzen muß allerdings eine Mindestmenge an Wasser ausgeschieden werden.

Tabelle 13.2 Maximale Konzentrierung des Urins und Urinmenge bei verschiedenen Tierarten und beim Menschen.

Species	maximale Urin-Osmolalität [osm/kg]	Urinmenge [ml/kg KM/Tag]
Kalb	0,5[d]	17-45[c]
Ziege	1,0[d]	10-40[c]
Schwein	1,1[b]	5-30[c]
Mensch	1,4[a]	9-29[c]
Pferd	1,4[d]	3-18[c]
Hund	2,6[d]	20-100[c]
Katze	3,1[b]	10-20[c]

[a] Schmidt-Nielsen und O'Dell (1961),
[b] Schmidt-Nielsen (1964),
[c] Swenson und Reece (1993),
[d] Kolb (1989).

13.3 Kompartimentierung des Körperwassers

Im Mittel bestehen etwa 45 bis 75% des Körpers (bezogen auf die Körpermasse) aus Wasser. Die höheren Werte sind bei jungen und die niedrigeren bei älteren Tieren festzustellen. Außer vom Alter hängt der Wassergehalt des Körpers auch von dessen Fettgehalt ab. Fettgewebe hat mit 10 bis 30 % einen wesentlich geringeren Wasseranteil als andere Gewebe (quergestreifte Muskulatur: 70-80 %), so daß Tiere mit einem höheren Fettgehalt einen geringeren Wasseranteil als magere Tiere haben. In Abb. 13.1 ist die Verteilung des Körperwassers schematisch dargestellt.

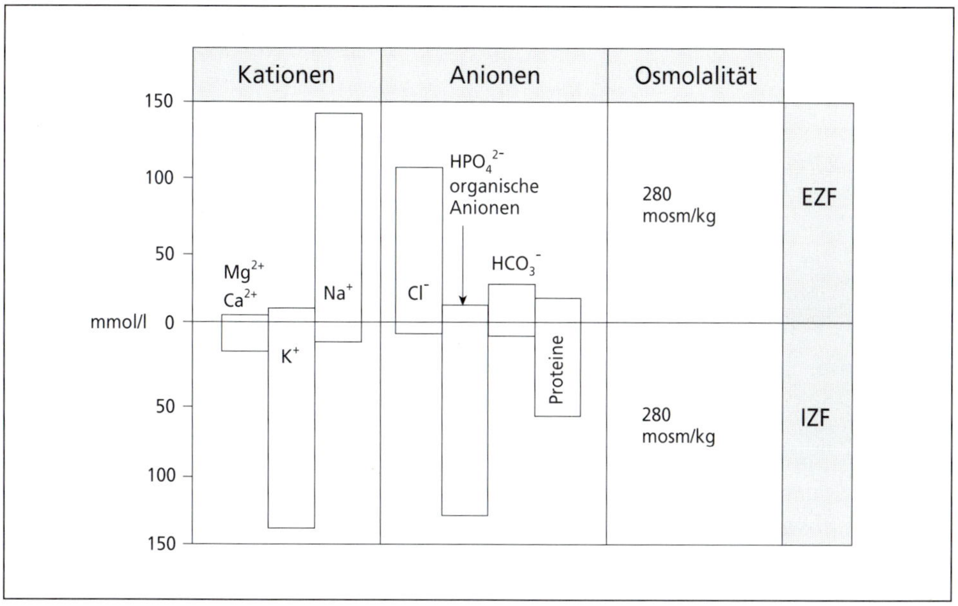

Abb. 13.2 Konzentration der wichtigsten Kationen und Anionen in der intrazellulären Flüssigkeit (IZF) und der extrazellulären Flüssigkeit (EZF, ohne transzelluläre Flüssigkeit). Die Gesamtsumme der negativen Ladungen entspricht denen der positiven Ladungen bei beiden Kompartimenten.

Das gesamte Wasservolumen verteilt sich auf zwei Kompartimente, die **extrazelluläre (EZF)** und die **intrazelluläre (IZF)** Flüssigkeit.

Bei mageren Tieren entfallen ca. 60 % des Gesamtkörperwassers auf das in den Zellen lokalisierte Wasser. Das Extrazellularwasser (ca. 40 %) wird in drei weitere Kompartimente unterteilt. Als **Blutplasma** bezeichnet man den extrazellulären flüssigen Anteil des Blutes. Als **interstitielles Wasser** versteht man das die Zellen unmittelbar umfließende Wasser. Plasmawasser und interstitielles Wasser kommunizieren intensiv, da über die kapilläre Wand Wasser effektiv ausgetauscht wird. Zu dem **transzellulären Wasser** ist vor allem das Wasser in den epithelial ausgekleideten Hohlorganen (Blase, Harnleiter, Gastrointestinaltrakt, Gelenke) zu zählen. Da dieses Wasser durch eine im Vergleich zum Kapillarendothel dichte Barriere abgetrennt ist, ist der Wasseraustausch mit diesem Kompartiment weniger intensiv, bzw. dieses Wasser kann sogar als Reserve dienen. So ist der eine große Wassermenge enthaltende Vormagen der Wiederkäuer auch als Wasserreservoir anzusehen.

45-75% des Körpers bestehen aus Wasser. Hiervon sind ca. 60% intrazellulär und ca. 40% extrazellulär lokalisiert.

13.3.1 Zusammensetzung der Extrazellular- und Intrazellularflüssigkeit

Abb. 13.2 zeigt schematisch die Zusammensetzung der Extra- und der Intrazellularflüssigkeit. Die Zusammensetzung der transzellulären Flüssigkeit variiert meist stark und ist daher nicht in die Darstellung einbezogen.

Die **Extrazellularflüssigkeit** enthält als Kation hauptsächlich **Natrium**, **intrazellulär** ist **Kalium** das wichtigste Kation. Diese ungleiche Verteilung ist Folge der Aktivität der Na^+/K^+-ATPase in der Zellmembran, die Natrium nach extra- und Kalium nach intrazellulär transportiert. Intrazellulär wird die positive Ladung des Kaliums hauptsächlich durch – weitgehend impermeable – Anionen und negativ geladene Proteine ausgeglichen. Neben dem Ladungsausgleich erfüllen diese organischen Ionen vielfältige Funktionen im Stoffwechsel der Zellen. Neben den anorganischen Elektrolyten befinden sich in der Extrazellularflüssigkeit zudem Bicarbonat als puffernde Substanz (Kap. 14), verschiedene Proteine und organische Substrate.

Die Extrazellularflüssigkeit wird oft auch als **„inneres Milieu“** bezeichnet, das das Überleben der Zellen sichert. Um diese Funktion zu erfüllen, muß deren Zusammensetzung – hauptsächlich über die Nieren – exakt reguliert werden, so daß die Zellen in einer Flüssigkeit „baden“ können, die Elektrolyte und Substrate in einer adäquaten, gleichbleibenden Konzentration enthält. Aufgrund der Permeabilitätseigenschaften des Kapillarendothels ähneln sich Blutplasma (Tab. 10.1) und Intrazellulärflüssigkeit in ihrem Gehalt an niedermolekularen Substanzen, unterscheiden sich aber im Proteingehalt. Im Blutplasma sind Proteine (Albumin, Globuline) in höherer Konzentration vorhanden, da diese nicht die Endothelbarriere permeieren können. Neben ihrer spezifischen Funktion sorgen die Proteine auch für die Aufrechterhaltung des kolloidosmotischen bzw. onkotischen Druckes (Kap. 10.2.3).

Die extrazelluläre Flüssigkeit besteht aus transzellulärem Wasser (vor allem im Gastrointestinaltrakt), dem Blutplasma und der Flüssigkeit zwischen den Zellen, der interstitiellen Flüssigkeit. Die interstitielle Flüssigkeit ist – bis auf die Proteine – ähnlich zusammengesetzt wie Blutplasma.

13.3.2 Osmotische Gleichgewichte und Wasserbewegung

Die in Abb. 13.2 aufgeführten Bestandteile sind osmotisch aktiv, d.h., im Falle von osmotischen Ungleichgewichten zwischen den Kompartimenten kann es zu größeren Wasserverschiebungen kommen. Im folgenden sollen daher zunächst die Prinzipien der osmotisch bedingten Wasserbewegung und später die regulativen Möglichkeiten dargestellt werden.

Prinzipiell beruht eine osmotisch bedingte Wasserbewegung auf zwei Voraussetzungen:
- einer selektiv permeablen Membran und
- einem transmembranalen osmotischen Gradienten.

Sofern eine Membran (z.B. die Zellmembran) zwei Flüssigkeitskompartimente (z.B. EZF und IZF) trennt und für Wasser, aber nicht für die gelösten Teilchen, durchlässig ist, bezeichnet man diese Eigenschaft als **selektive Permeabilität**. Sollte ferner die Konzentration gelöster, osmotisch wirksamer Teilchen auf beiden Seiten der selektiv permeablen Membran unterschiedlich groß sein, so kommt es zu einer Nettodiffusion von Wasser auf die Seite mit der höheren Konzentration gelöster Teilchen – ein Vorgang, der als **Osmose** bezeichnet wird.

• Osmolalität, Osmolarität und Osmotischer Druck

Die Konzentration aller gelöster, damit osmotisch wirksamer Teilchen wird als **Osmolalität** (wenn bezogen auf ein **Kilogramm** Lösungsmittel) oder als **Osmolarität** (wenn bezogen auf ein **Liter** Lösungsmittel) bezeichnet. Zu beachten ist, daß die Osmolalität einer Lösung von der Molalität der gelösten Substanzen bestimmt wird. So erzeugen 180 g Glucose (= 1 Mol), gelöst in einem Kilogramm Wasser, 1 osm/kg. Sofern allerdings Substanzen dissoziieren (wie es bei Salzen der Fall ist), ist jedes der dissoziierten Teilchen osmotisch wirksam. Werden also 58 g NaCl (= 1 Mol NaCl) in einem Kilogramm Wasser gelöst, dissoziiert dies in 1 Mol Na^+ und 1 Mol Cl^-, d.h., die Osmolalität beträgt 2 osm/kg.

In vielen Fällen entspricht die so errechnete Osmolalität nicht völlig der tatsächlichen. Gründe hierfür sind eine unvollständige Dissoziation des Salzes und/oder gegenseitige Wechselwirkungen der Moleküle und Ionen (Anziehung bzw. Abstoßung), welche wiederum die osmotischen Aktivitäten beeinflussen. So ergibt die Addition der in Abb. 13.2 angeführten osmotisch wirksamen Teilchen in der EZF einen Wert von 300 mosm/kg, der tatsächlich gemessene Wert liegt aber aus den genannten Gründen bei ca. 280 mosm/kg.

Diffundiert Wasser – bei Vorhandensein einer selektiv permeablen Membran – auf die Seite höherer Osmolalität, kann diese osmotische Wasserbewegung durch einen Druck ausgeglichen bzw. sogar umgekehrt werden, der auf die Lösung mit höherer Osmolarität, ausgeübt wird. Der Druck, der benötigt wird, um die Osmose gerade zu stoppen, wird als **osmotischer Druck** bezeichnet. Der osmotische Druck einer Lösung bei 37°C läßt sich näherungsweise durch folgende Formel berechnen:

osmotischer Druck [kPa] =
2,6 · Osmolalität [mosm/kg]

Für physiologische Körperflüssigkeiten bedeutet dies, daß sie einen osmotischen Druck von 2,6 · 280 = 728 kPa erzeugen können. Dies entspricht einer Wassersäule von ca. 74 Metern (ein kPa ≈ 10,2 cm H_2O)!

Demzufolge können selbst geringe osmotische Unterschiede in den Wasserkompartimenten zu großen Wasserverschiebungen führen. Um derartige Wasserverschiebungen zu vermeiden, muß der Körper bestrebt sein, osmotische Unterschiede gar nicht entstehen zu lassen, d.h., er muß die Osmolalität effektiv und in engen Grenzen regeln.

Die Osmolalität von Extra- und Intrazellularflüssigkeit beträgt etwa 280 mosm/kg. Osmotische Gradienten erzeugen treibende Kräfte für Wasserverschiebungen.

13.3.3 Wasserbewegung im anisotonen Milieu

Werden Zellen oder Gewebe in eine Lösung verbracht, deren Konzentration an osmotisch aktiven nichtpermeablen Substanzen gleich der des Cytoplasmas ist, so findet keine osmotisch bedingte Wasserbewegung statt. Die Lösung wird dann als **isoton** bezeichnet. Eine 0,9%ige NaCl-Lösung (154 mmol/l NaCl) ist weitgehend isoton zum Plasma bzw. zur EZF und wird deshalb oft als „physiologische Kochsalzlösung" bezeichnet. Eine Lösung, deren Konzentration an osmotisch aktiven, nichtpermeablen Substanzen niedriger ist als die der Zellen, wird als **hypoton** bezeichnet. Von dieser Lösung wird Wasser in die Zellen hineingetrieben und damit ein Anschwellen der Zellen induziert. In **hypertonen** Lösungen ist aufgrund der höheren Osmolalität im Extrazellularraum eine Wasserbewegung aus den Zellen heraus zu beobachten, die Zellen schrumpfen.

- **Volumenregulation der Zellen**

Osmotische Unterschiede zwischen Intra- und Extrazellularraum können durch zwei Strategien minimiert werden:
- Die extrazelluläre Osmolalität muß in relativ engen Grenzen geregelt werden (13.3.4) und/oder
- die Zellen müssen in der Lage sein, die Osmolalität des Intrazellularraums der des Extrazellularraums anzupassen.

Für die generelle Einstellung der intrazellulären Osmolalität ist zunächst die Aktivität der Na^+/K^+-ATPase eine wesentliche Voraussetzung. Hierdurch wird Kalium intrazellulär konzentriert. Getrieben vom Konzentrationsgradient, diffundiert Kalium von intra- nach extrazellulär und erzeugt so ein Membranpotential. Dieses wiederum verhindert, daß Chlorid in die Zelle einströmt. Diese potentialabhängige „Impermeabilität" der Zellmembran für Chlorid ist wesentliche Voraussetzung für die Einstellung des osmotischen Gleichgewichts. Hierdurch wird die osmotische Wirksamkeit der intrazellulären Protein-Anionen nicht noch zusätzlich durch einen Chlorideinstrom verstärkt. Ein Energie- bzw. O_2-Mangel (Ischämie) führt infolge des ATP-Mangels zu einer verminderten Aktivität der Na^+/K^+-ATPase und damit zu einem Chlorideinstrom, wodurch sich die Osmolalität der Zelle erhöht. Wasser strömt in die Zelle, es kommt zu einem Zellödem.

Über diese prinzipiellen Mechanismen hinaus können Zellen sich auch an Osmolalitätsabweichungen der EZF in gewissen Grenzen anpassen. Überführt man Zellen in hypertone Lösungen, so ist zunächst die oben beschriebene Schrumpfung zu beobachten. Nach einer gewissen Zeit nehmen die Zellen wieder ihre physiologische Form dadurch an, daß die intrazelluläre Osmolalität steigt und sich damit der extrazellulären anpaßt. Diese Erhöhung der intrazellulären Osmolalität beruht auf zwei Mechanismen:

1. einer Erhöhung der Natriumpermeabilität (z.B. durch Aktivierung von Natrium-Cotransportsystemen); dadurch erfolgt ein Natriumeinstrom nach intrazellulär;
2. einem Abbau von makromolekularen Substanzen zu mehreren niedermolekularen (Osmolyten).

Der in hypotonem Milieu erfolgten Schwellung wird in entsprechender Weise durch eine Absenkung der intrazellulären Osmolalität begegnet:

1. Erhöhung der Kaliumpermeabilität und dadurch erfolgte Ausschleusung von Kalium,

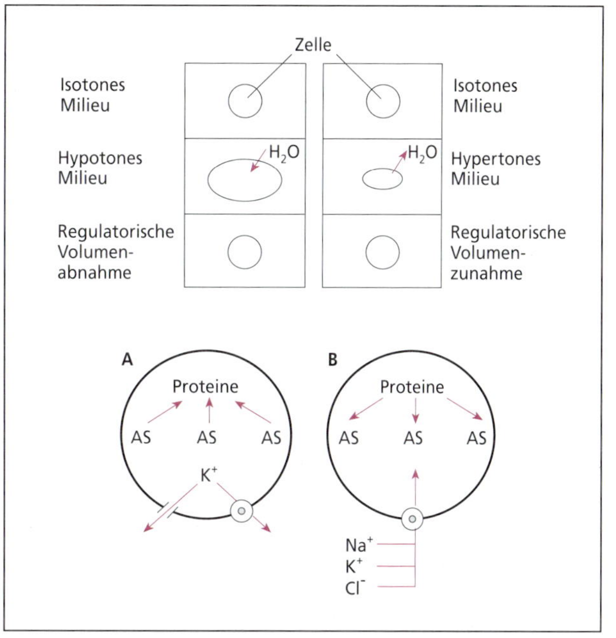

Abb. 13.3 Veränderungen des Zellvolumens im anisotonen Medium und Mechanismen der Gegenregulation (AS = Aminosäuren). A = intrazelluläre Osmolarität nimmt ab, B = intrazelluläre Osmolarität steigt.

2. Überführung von zahlreichen niedermolekularen Substanzen in wenige höhermolekulare.

Die Mechanismen der **regulativen Volumenveränderungen** sind in Abb. 13.3 schematisch zusammengefaßt.

Für die Aufrechterhaltung der intrazellulären Osmolarität ist die Na^+/K^+-ATPase verantwortlich. Die Zelle kann sich in gewissen Grenzen an Veränderungen der extrazellulären Osmolarität anpassen.

13.3.4 Regulation des Flüssigkeitshaushaltes und der Osmolalität in der Extrazellulärflüssigkeit

Wichtigstes Regulationsorgan ist die Niere, wichtigstes Hormon das **Antidiuretische Hormon (ADH bzw. Vasopressin)**. Darüber hinaus greifen **Aldosteron** und ein Peptid-Hormon, der **Atriale Natriuretische Faktor (ANF)**, in die Regulation ein.

13.3.4.1 Osmoregulation

Die Osmolalität des Plasmas bzw. der EZF variiert selten mehr um 1-2%. Das Meß- und Regelsystem ist also äußerst empfindlich. Abb. 13.4 zeigt den Regelkreis für die Osmoregulation. Wie zu sehen ist, basiert der Regelkreis auf einem einfachen negativen Feedbacksystem. Stellglieder sind die Wasseraufnahme und die Wasserausscheidung über die

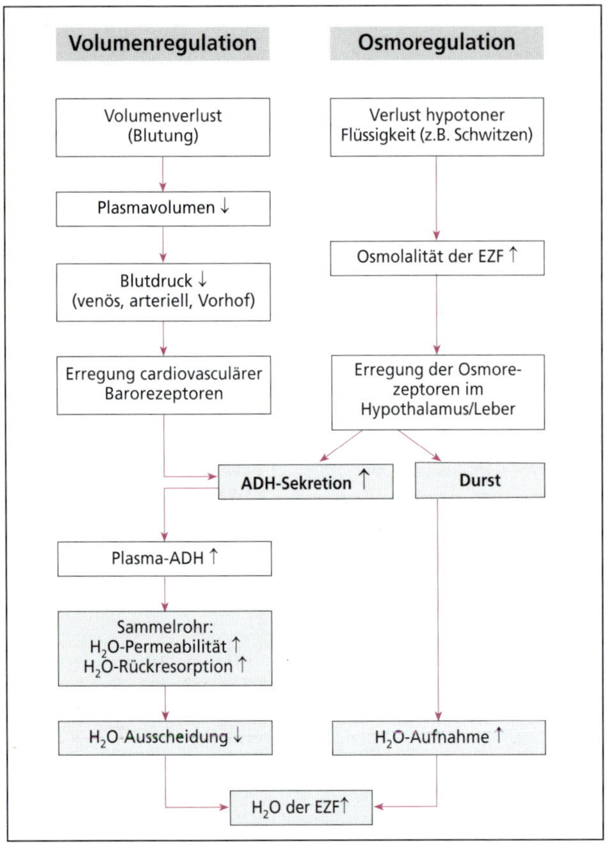

Abb. 13.4 Schema der ADH-vermittelten Regulation von Osmolalität und Volumen.

Niere. Der Ablauf der Regulation entspricht folgender Kaskade:

1 Verlust von hypotoner Flüssigkeit (z.B. Schwitzen) erhöht die Osmolalität der EZF.
2. Durch die erhöhte Osmolalität werden **Osmorezeptoren** erregt. Derartige Osmorezeptoren befinden sich im Hypothalamus und im Bereich der Pfortader.
3. Die Erregung der Osmorezeptoren wiederum hat zwei Wirkungen:
   a Stimulation der **ADH-Produktion** in den Nuclei supraoptici bzw. erhöhte ADH-Sekretion aus dem Hypophysenhinterlappen,
   b Anregung des Durstzentrums.
4. a Der erhöhte ADH-Spiegel im Plasma bewirkt eine erhöhte **Wasserpermeabilität** in den distalen Tubuli und in den Sammelrohren der Nierennephrone. Dies wiederum hat eine erhöhte Rückresorption und damit eine verringerte Wasserausscheidung zur Folge.
   b Das **Durstgefühl** veranlaßt das Tier, Wasser aufzunehmen.
5. Die Reduzierung der H_2O-Ausscheidung bzw. die Steigerung der H_2O-Aufnahme bewirkt eine Konzentrationsabnahme der osmotisch wirksamen Teilchen; die Osmolalität sinkt.

13.3.4.2 Volumenregulation

Die Volumenregulation ist in Abb. 13.4 der Osmoregulation gegenübergestellt.

Kommt es zu isotonen Volumenänderungen, verändert sich die Osmolalität der EZF also nicht, können Osmorezeptoren nicht reagieren. In diesem Fall hat der Körper die Möglichkeit, das Gesamtvolumen der EZF zu erfassen.

Das Volumen kann *indirekt* über Rezeptoren im Bereich der großen Hohlvenen bzw. im Bereich des Herzvorhofs rezipiert werden. Verringert sich das Blutvolumen (z.B. bei Hämorrhagien), so führt dies zu einer Verringerung des venösen Rückstroms und des arteriellen Blutdrucks, was wiederum über die cardiovasculären Rezeptoren eine erhöhte ADH-Sekretion induziert.

> Das Antidiuretische Hormon (ADH) ist das wichtigste Hormon für die Osmo- und Volumenregulation: ADH stimuliert die Wasserrückresorption im Sammelrohr des Nephrons, der Urin wird konzentriert.

13.3.4.3 Volumenregulation über NaCl

Wie oben beschrieben, ist die Regulation des Wasserbestandes indirekt mit der Regulation des NaCl-Haushaltes gekoppelt. Ähnliches gilt auch in umgekehrter Richtung. Ein Eingriff bei der NaCl-Konzentration bedeutet aufgrund der Verschiebung der osmotischen Verhältnisse immer auch einen Eingriff in den Wasserhaushalt. Bei der direkten Kontrolle des NaCl-Haushaltes (bzw. der indirekten Kontrolle des Wasserhaushaltes) spielt die **Renin/ Angiotensin/Aldosteron-Kaskade** eine zentrale Rolle. Deren Wirkungsmechanismus ist in den Kapiteln 12.6.3, 12.14.1 und 15.7.3.1 eingehend dargestellt. Obwohl Aldosteron eine zentrale Rolle bei der Regulation des Natriumhaushaltes spielt, sind auch andere Faktoren daran beteiligt. Von diesen Faktoren hat ein Peptidhormon, der **Atriale Natriuretische Faktor (ANF)**, eine besondere Bedeutung. Das Hormon wird von Zellen im Vorhof des Herzens synthetisiert.

Nimmt das Plasmavolumen zu, kommt es zu einem erhöhten venösen Rückstrom und damit zu einer Dehnung der Vorhöfe des Herzens. Die Dehnung wird in den Vorhöfen erfaßt und veranlaßt spezielle Zellen in den Vorhöfen zur Sekretion von ANF. Dieser wiederum *senkt* die Natriumrückresorption in der Niere, damit wird mehr Natrium ausgeschieden und der Natriumbestand des Plasmas verringert. Letzteres wiederum hat über die osmotisch bedingten Wasserverschiebungen eine Verringerung des Plasmavolumens zur Folge.

14 Säure-Basen-Haushalt

G. Gäbel

14.1 Der pH-Wert in Körperflüssigkeiten

Der pH-Wert der extrazellulären Flüssigkeit (EZF) liegt bei den meisten Tierarten im Bereich von 7,36 bis 7,44 mit einem Mittel von etwa 7,4. Unter physiologischen Bedingungen sind dessen Schwankungen äußerst gering; ein Abfall unter 7,0 bzw. ein Anstieg über 7,8 führt zu schweren systemischen Störungen bis hin zum Exitus.

Die hohe pH-Sensitivität des Organismus erklärt sich über den Einfluß von Protonen auf funktionelle Strukturen in den Zellmembranen bzw. im Cytosol. Vor allem Peptide und Proteine (Enzyme, Transport- und Bindungsproteine, Kanalproteine u.a.) zeichnen sich durch hohe pH-Empfindlichkeit aus.

Die Regulation der H^+-Konzentration folgt dem gleichen Grundprinzip wie die Regulation der Konzentration anderer Ionen, d.h., für die Aufrechterhaltung einer konstanten Konzentration müssen sich H^+-Abgabe und H^+-Aufnahme die Waage halten. Überwiegt die H^+-Abgabe die -Aufnahme, verliert der Körper also H^+-Ionen, steigt der pH-Wert, es entwickelt sich eine **Alkalose**. Im umgekehrten Fall, d.h., wenn die H^+-Abgabe geringer als die -Aufnahme ist und somit der pH-Wert fällt, entsteht eine **Acidose**.

Tabelle 14.1 faßt die Möglichkeiten der H^+-Produktion und -Abgabe zusammen. Die Bedeutung der verschiedenen Wege hängt von der Stoffwechselsituation des Tieres ab.

Tabelle 14.1 Möglichkeiten der H^+-Produktion/Aufnahme und -Abgabe

• H+-Produktion/Aufnahme

A. über CO_2
- aus dem oxidativen Metabolismus (hauptsächlich Citratzyklus/Atmungskette) $CO_2 + H_2O \rightarrow H_2CO_3 \rightarrow H^+ + HCO_3^-$

B. über H_2SO_4/H_3PO_4
- aus dem oxidativen Abbau S- und P-haltiger Aminosäuren (Fleischfresser!)

C. H^+-Produktion als Folge von Pufferverlust
- HCO_3^--Ausscheidung über die Nieren
- HCO_3^--Verlust im Kot (Durchfall!)
- HCO_3^--“Verlust“ über den Speichel (Wiederkäuer)

• H+-Abgabe/Verbrauch

A. über CO_2
- über die Atmung

$$H^+ + HCO_3 \rightarrow H_2CO_3 \rightarrow \underset{\substack{\downarrow \\ \text{Lunge}}}{CO_2} + H_2O$$

B. als H^+
- H^+-Ausscheidung über die Nieren
- Überführung organischer Salze (Citrat, Aconitat u.a.) in deren Säuren (Pflanzenfresser!) $\rightarrow$Verbrauch von H^+

Bei der H^+-Produktion ist zunächst zu differenzieren, ob **Säuren in flüchtiger Form** (als CO_2) oder in nichtflüchtiger Form (als H_3PO_4 / H_2SO_4) entstehen.

Quantitativ gesehen, werden die meisten H^+-Ionen in flüchtiger Form über CO_2 ($CO_2 + H_2O \rightarrow H_2CO_3 \rightarrow H^+ + HCO_3^-$) produziert (Decarboxylierung von Ketosäuren/Citratzyklus). Trotz der quantitativen Bedeutung stellt die CO_2-Produktion kein Problem für die Säure-Basen-Regulation dar, da CO_2 normalerweise schnell und effektiv über die Lungen abgegeben werden kann. In der Säure-Basen-Regulation schwieriger zu handhaben sind H^+-Ionen, die in Form **nichtflüchtiger Säuren** gebunden sind. So werden bei der Oxidation der SH-Gruppen schwefelhaltiger Aminosäuren (Methionin, Cystein) und der Hydrolyse organischer Phosphorsäuren neben Sulfat und Phosphat auch Protonen freigesetzt. Naturgemäß ist dieser Teil der Protonenproduktion bei proteinreicher Kost verstärkt. Dieser Protonenüberschuß kann nur über die Niere (Kap. 12.11) kompensiert werden, so daß Fleischfresser i.d.R. einen sauren Urin ausscheiden. Wird hingegen pflanzliche Nahrung aufgenommen, so gelangen mit den Pflanzen Salze organischer Säuren (Citrat, Aconitat, Fumarat, Malat usw.) in den Organismus. Diese Salze müssen aber vor der Einschleusung in die katabolen Stoffwechselwege (oxydativer Abbau zu CO_2) in die entsprechende Säure überführt, also protoniert werden. Auf diese Weise werden in der Gesamtbilanz Protonen „verbraucht“, was über eine erhöhte Bicarbonatausscheidung durch die Niere kompensiert werden muß. Pflanzenfresser scheiden demzufolge einen alkalischen, bicarbonathaltigen Urin aus.

Im Organismus entstehen Säuren sowohl in flüchtiger Form über CO_2 ($CO_2 + H_2O \rightarrow H_2CO_3 \rightarrow H^+ + HCO_3^-$) als auch in nichtflüchtiger Form. Die CO_2-Produktion stellt unter physiologischen Bedingungen für die Säure-Basen-Regulation kein Problem dar.

14.2 Regulationssysteme

Um eine Acidose/Alkalose zu vermeiden, stehen mehrere Kontroll- und Regulationssysteme zur Verfügung:

1. **Puffersysteme:** Alle Körperflüssigkeiten enthalten verschiedenartige Puffer, die in der Lage sind, sich mit Protonen bzw. Hydroxylionen zusammenzulagern. Eine besondere Bedeutung für die Pufferung in biologischen Flüssigkeiten hat der Bicarbonat/Kohlensäure-Puffer.
2. **Pulmonale Regulation:** Sinkt der pH-Wert bzw. steigt der pCO_2 des Blutes, wird das Atemzentrum stimuliert und damit die Ventilation aktiviert. Durch die verstärkte CO_2-Abgabe mit der Ausatmungsluft wird der Bicarbonat/Kohlensäure-Puffer neu eingestellt.
3. **Renale Regulation:** Die Niere ist in der Lage, je nach Stoffwechselsituation Protonen oder Bicarbonat auszuscheiden und somit den Bicarbonat/Kohlensäure-Puffer sowohl in die alkalische als auch in die saure Richtung einzustellen.

Im folgenden werden die Regulationssysteme genauer dargestellt.

14.2.1 Puffersysteme

• Definition

Werden nur wenige Tropfen einer starken Säure (HCl, H_2SO_4) in einen Becher reinen Wassers verbracht, so dissoziiert diese vollständig, und es entstehen freie Protonen, der pH-Wert sinkt. Ist jedoch ein Puffersystem vorhanden, so werden die Protonen durch das System „weggefangen", und der pH-Wert ändert sich nur wenig. Im einfachsten Fall bestehen Puffersysteme nur aus einer **schwachen Säure** und ihrer **konjugierten Base**. Die Pufferung in biologischen Flüssigkeiten erfolgt aber meist durch mehrere, gleichzeitig wirkende Puffersysteme.

Puffern heißt, daß die Konzentration an freien H^+-Ionen nur gering schwankt, indem diese durch konjugierte Basen schwacher Säuren abgefangen werden.

• Henderson-Hasselbalch-Gleichung

Jede Säure kann bis zu einem bestimmten Grad dissoziieren. Je stärker die Säure, desto stärker ist ihr

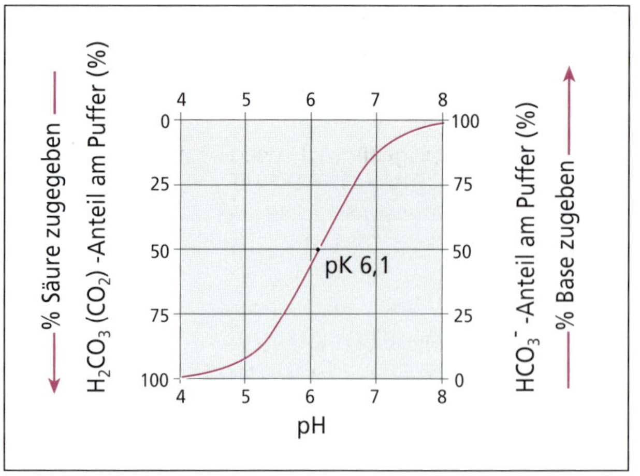

Abb. 14.1 Titrationskurve für den Bicarbonat/Kohlensäure (CO_2)-Puffer.

Bestreben zu dissoziieren, also Protonen abzugeben. Demzufolge ist auch der durch die Säure hervorgerufene pH-Wert-Abfall entsprechend verstärkt. Quantitativ wird das Dissoziationsbestreben durch die sogenannte Dissoziationskonstante K bzw. durch den **pK-Wert (pK = -log K)** beschrieben. Zu beachten ist, daß die pK-Wert-Skala eine dekadisch logarithmische ist, d.h., ein um eine Einheit niedrigerer pK-Wert bedeutet, daß die Säure zehnfach stärker ist. Säuren, deren pK-Wert kleiner als 1 ist, werden allgemein als starke Säuren, Säuren mit einem pK-Wert zwischen 1 und 5 als mittelstark und solche mit einem pK-Wert über 5 als schwach bezeichnet.

Die Konzentration freier H^+-Ionen und damit der pH-Wert ergibt sich aus dem Dissoziationsgrad der Säuren. Dieser kann nach der Henderson-Hasselbach-Gleichung berechnet werden:

$$\mathbf{pH = pK + \log \frac{[konjugierte\ Base]}{[Säure]}}$$

In Abb. 14.1 ist der nach der Henderson-Hasselbalch-Gleichung errechnete Zusammenhang zwischen Säure-Basen-Verhältnis und pH-Wert am Beispiel des Bicarbonat/Kohlensäure-Puffers dargestellt. Wie ersichtlich, ist das Ausmaß der pH-Wert-Änderung durch Säure-Base-Zugabe abhängig vom Ausgangswert. Im zentralen Bereich der Kurve – im Bereich des pK-Wertes – führt eine Zugabe von OH^- oder H^+ nur zu einer geringen Verschiebung des Verhältnisses von Base zu Säure und somit auch nur zu einer geringen Veränderung des pH-Wertes. An den Enden der Kurve sind die entsprechenden pH-Wert-Veränderungen wesentlich größer.

Für die Beurteilung eines Puffersystems läßt sich somit folgendes aus der Henderson-Hasselbalch-Gleichung schlußfolgern:

Tabelle 14.2 Puffersysteme des Blutes

	Puffersystem	Lokalisation	pK-Wert	Konzentration (mmol/l)
Geschlossene Systeme	desoxygeniertes Hämoglobin $Hb^- + H^+ \Leftrightarrow HHb$	intrazellulär	8,25	24
	oxygeniertes Hämoglobin $O_2Hb^- + H^+ \Leftrightarrow O_2HHb$	intrazellulär	6,95	
	Proteine $Pr^- + H^+ \Leftrightarrow HPr$	intrazellulär und extrazellulär	–	
	Hydrogenphosphat $HPO_4^{2-} + H^+ \Leftrightarrow H_2PO_4^-$	intrazellulär und extrazellulär	6,8	
Offenes System	Bicarbonat $HCO_3^- + H^+ \Leftrightarrow H_2CO_3 \Leftrightarrow H_2O + CO_2$	intrazellulär und extrazellulär	6,1	24
			Summe	48

a) Der pH-Wert eines Puffersystems wird durch das Verhältnis von konjugierter Base zu Säure bestimmt, nicht durch deren absolute Konzentration.
b) Je mehr der pK-Wert einer Säure vom eingestellten pH-Wert der Lösung nach unten abweicht, desto größer ist der Anteil konjugierter Basen in dieser Lösung.
c) Sind die Konzentrationen von konjugierter Base und Säure gleich, so ergibt sich: pH = pK (da log 1 = 0). In diesem Bereich ist die Pufferkapazität am größten.

• **Biologische Puffersysteme**

Die 4 wichtigsten Puffersysteme des Blutes sind
- Hämoglobinat/Hämoglobin,
- Proteinat/Protein,
- Hydrogenphosphat/Dihydrogenphosphat,
- Bicarbonat/Kohlensäure (CO_2).

Tabelle 14.2 faßt die Puffersysteme des Blutes sowie ihre Lokalisation, pK-Werte und Konzentrationen zusammen.

Zunächst ist zwischen **offenen** und **geschlossenen Systemen** zu unterscheiden.

Die Nicht-Bicarbonat-Puffer sind sog. geschlossene Systeme. Dies bedeutet, daß die Gesamtkonzentration des Puffers, d.h., die Summe aus basischem und saurem Anteil, konstant bleibt, da diese Puffersysteme *keiner* Regulation unterliegen. Im Gegensatz dazu kann im Bicarbonat/Kohlensäure(CO_2)-Puffer sowohl die CO_2- als auch die HCO_3-Konzentration durch die Atmung bzw. durch die Niere reguliert werden, es liegt somit ein offenes System vor.

Hämoglobinat- und Proteinat-Puffer: Unter den Nicht-Bicarbonat-Puffern nimmt das Hämoglobin/Hämoglobinat-System eine herausragende Stellung ein, da es intrazellulär in hoher Konzentration (> 100 g/l Gesamtblut, Tab. 10.2) vorliegt. Die Bedeutung dieses Systems liegt vor allem in der Pufferung der bei der CO_2-Aufnahme in den Erythrocyten entstehenden Protonen. Ähnlich wie das Hämoglobin in den Erythrocyten wirken in anderen Zellarten verschiedene intrazelluläre Proteinatpuffer. Die extrazellulär, im Plasma vorhandenen Proteine entfalten ihre Wirkung fast nur bei einer Übersäuerung, da sie bei physiologischem pH-Wert vor allem als Anionen vorliegen (isoelektrische Punkte zwischen 4,9 und 6,4).

Dihydrogenphosphat/Hydrogenphosphat-Puffer: Von allen Puffersystemen hat das Dihydrogenphosphat/Hydrogenphosphat-System den pK-Wert, der am nächsten an dem physiologischen pH-Wert liegt (Tab. 14.2). Es kommt also den besprochenen Kriterien für einen idealen Puffer am nächsten. Durch die geringe Konzentration im Blutplasma (1,5–2 mmol/l) ist die Pufferwirkung im Blut aber nicht sehr hoch. Der $H_2PO_4^-/HPO_4^{2-}$-Puffer spielt eine besondere Rolle bei der **pH-Wert-Regulation über die Niere.** HPO_4^{2-} wird im Glomerulum filtriert und anschließend im Tubulus konzentriert, so daß hier die Pufferkapazität zunimmt. Die Tubulusflüssigkeit kann dann die von den Tubuluszellen sezernierten Protonen „binden" und sie als sog. „titrierbare Säure" ausscheiden (Kap. 12.11).

H_2CO_3/CO_2 /HCO^-_3-System: Bei diesem System ist zunächst als saurer Bestandteil die Kohlensäure (H_2CO_3) dem basischen Teil, dem Bicarbonat (HCO_3^-), gegenüberzustellen. Allerdings ist es fast unmöglich, die Konzentration von H_2CO_3 in biologischen Systemen zu erfassen. Kohlensäure ist relativ instabil und zerfällt sofort in CO_2 und Wasser. Das heißt, daß die CO_2-Konzentration in biologischen Flüssigkeiten proportional der H_2CO_3- Konzentration ist und dementsprechend CO_2 anstatt H_2CO_3 in der EZF erfaßt werden kann. Die physiologische CO_2-Konzentration der EZF beträgt im Mittel 1,2 mmol/l, wobei dieses als Gas physikalisch gelöst ist.

Gelöstes CO_2 und Partialdruck des CO_2 stehen in einem engen physikalischen Zusammenhang. Der Löslichkeitskoeffizient für CO_2 bei 37 °C beträgt 0,0304 mmol/(mmHg·l) bzw. 0,228 mmol/(kPa·l). Die im Plasma vorhan-

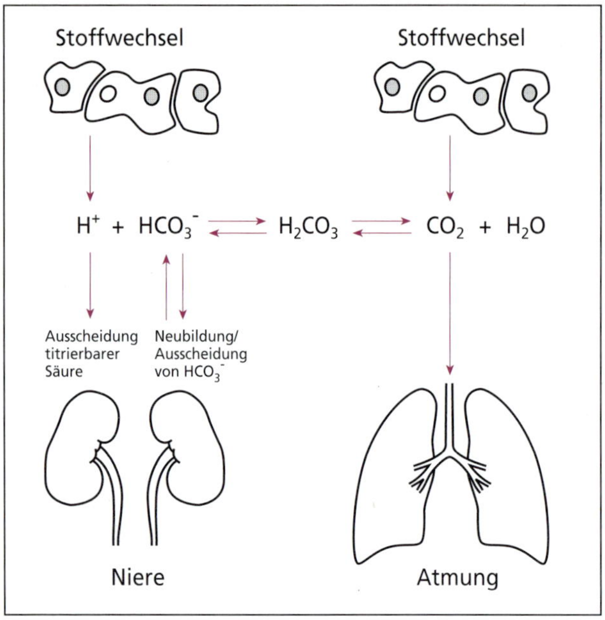

Abb. 14.2 Einstellung des Bicarbonat/Kohlensäure(CO_2)-Puffers über die Aktivität von Niere und Atmung.

dene mittlere Konzentration von 1,2 mmol/l CO_2 würde somit einem CO_2-Partialdruck von 5,3 kPa (=40 mmHg) entsprechen. In der Diagnostik von Störungen im Säure-Basen-Haushalt wird i.d.R. der Partialdruck von CO_2 und nicht dessen Konzentrationen angegeben.

Der pK-Wert des HCO_3^-/CO_2-Systems beträgt 6,1 in biologischen Flüssigkeiten. Entsprechend der Henderson-Hasselbalch-Gleichung ist bei 1,2 mmol/l CO_2 zur Einstellung des physiologischen pH-Wertes von 7,4 folgendes Verhältnis von HCO_3^- zu CO_2 nötig:

$$\mathbf{7{,}4 = 6{,}1 + \log \frac{24\ mmol/l\ HCO_3^-}{1{,}2\ mmol/l\ CO_2}}$$

Aus der Gleichung ist abzuleiten, daß
a) der pK-Wert vom physiologischen pH-Wert relativ weit entfernt liegt,
b) aufgrund der Divergenz zwischen pH-Wert und pK-Wert das Schwergewicht des Verhältnisses von HCO_3^- zu CO_2 auf Seiten des Bicarbonats liegt.

Diese Feststellungen widersprechen auf den ersten Blick den dargelegten Bedingungen für ein ideales Puffersystem. Allerdings ist das HCO_3^- /CO_2^--System ein **offenes System**, und es sind somit andere Kriterien für die Beurteilung dieses Systems anzuwenden. Dies soll im folgenden näher erläutert werden.

Aus Abb. 14.2 wird deutlich, daß über die Aktivität von Niere und Atmung sowohl saure als auch basische Bestandteile des HCO_3^-/CO_2-Systems einer Regulation unterliegen. Vergleicht man die Bedeutung von Niere und Atmung, so kommt quantitativ der Atmung die bedeutendere Stellung zu, und zwar aus zwei Gründen:

a) CO_2 ist ein lipidpermeables Gas, das rasch über Zellgrenzen äquilibriert. Somit kann eine Einstellung der CO_2-Konzentration rasch erfolgen. Die Einstellung der HCO_3^--Konzentration über die Niere benötigt längere Zeit.
b) Wie aus obiger Formel ersichtlich, ist der – für die Einstellung des pH-Wertes entscheidende – Quotient von HCO_3^- zu CO_2 sehr hoch. Dies bedeutet, daß eine relativ geringe Verschiebung der CO_2-Konzentration (durch verstärkte oder verminderte Atmung) eine relativ starke Veränderung des Quotienten und damit des pH-Wertes hervorruft. Erinnert sei daran, daß dies nur möglich ist, weil der pK-Wert des HCO_3^-/CO_2-Puffers nicht dem Ideal eines Puffersystems für die EZF entspricht.

Die Effektivität der Regulation des offenen HCO_3^-/CO_2-Systems wird deutlich, wenn man berechnet, wie ein (angenommen) geschlossenes System auf eine Säurebelastung reagiert und wenn man dies der Reaktion eines offenen Systems gegenüberstellt.

Nimmt man z.B. an, daß aus dem anaeroben Stoffwechsel 4 mmol/l Milchsäure freigesetzt werden, würden in einem **geschlossenen System** folgende Reaktionen ablaufen:

a) 4 mmol/l Protonen der Milchsäure würden mit 4 mmol/l Bicarbonat reagieren:

$$\mathbf{4\ HCO_3^- + 4\ H^+ \rightarrow 4\ H_2CO_3}$$

b) Die Verhältnisse im Bicarbonat/CO_2-Puffer würden sich in folgender Weise verschieben:

	vorher	nachher
HCO_3^-	24 mmol/l	20 mmol/l (-4 mmol/l)
CO_2	1,2 mmol/l	5,2 mmol/l (+4 mmol/l)

c) Entsprechend der Henderson-Hasselbalch-Gleichung würde sich der pH- Wert jetzt in folgender Weise einstellen:

$$\mathbf{pH = 6{,}1 + \log \frac{20\ mmol/l\ HCO_3^-}{5{,}2\ mmol/l\ CO_2} = 6{,}68}$$

Eine extreme Acidose wäre die Folge.

In einem **offenen System** erfolgt aber eine effektive Abatmung des CO_2. Entsprechend der Henderson-Hasselbalch-Gleichung stellt sich der pH-Wert nach der CO_2-Abatmung wie folgt ein:

$$\mathbf{pH = 6{,}1 + \log \frac{20\ mmol/l\ HCO_3^-}{1{,}2\ mmol/l\ CO_2} = 7{,}32}$$

Das HCO_3^-/CO_2-System ist ein offenes System. Die Einstellung der CO_2-Konzentration über die Atmung ist sehr effektiv, da geringe Veränderungen in der CO_2-Konzentration zu starken Veränderungen im pH-Wert führen. Voraussetzung ist aber, daß der pK-Wert des HCO_3^-/CO_2-Systems vom physiologischen pH-Wert relativ weit entfernt ist.

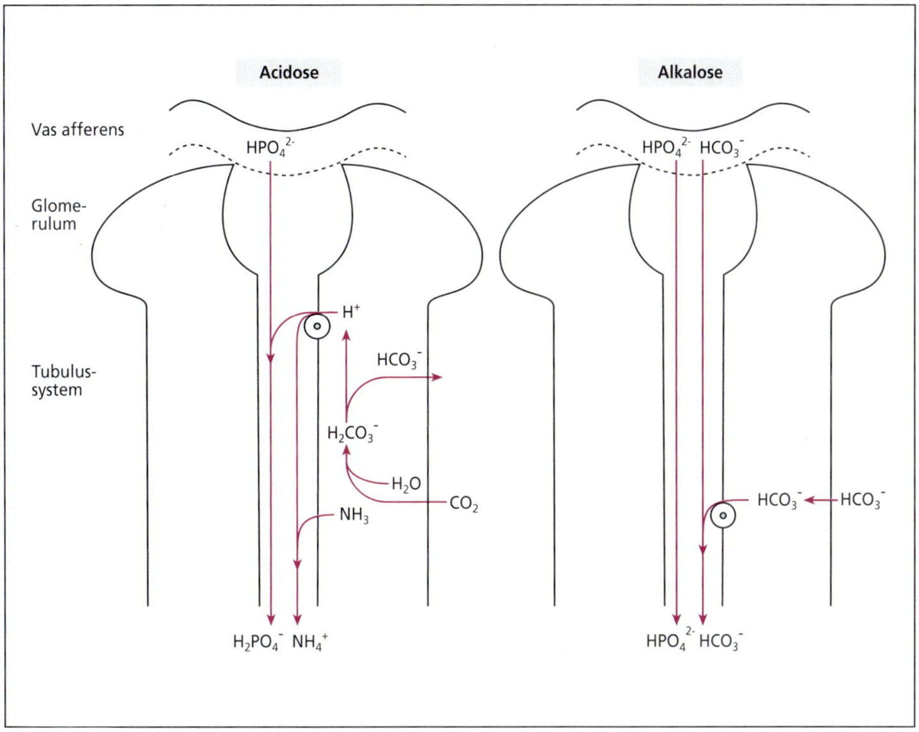

Abb. 14.3 Renale Einstellung des Bicarbonat/Kohlensäure-Puffers.
Bei acidotischer (saurer) Belastung ist die Niere in der Lage:
(a) H^+ zu sezernieren, die in Form titrierbarer Säure ($H_2PO_4^-$, NH_4^+) ausgeschieden werden;
(b) HCO_3^- neu zu bilden, wobei die HCO_3^--Neubildung (stöchiometrisch) immer mit einer H^+-Sekretion verbunden ist.
Bei alkalotischer Belastung kann die Niere HCO_3^- ausscheiden.

Durch den – relativ kleinen – regulatorischen Eingriff an der CO_2-Konzentration ist also der pH-Wert (fast) wieder in physiologische Bereiche angehoben worden. Die danach erfolgende weitere Kompensation ist unter Kapitel 14.2.2 beschrieben.

14.2.2 Pulmonale Regulation

Die pulmonale Regulation kommt auf zwei Wegen zustande:

1. **über eine Variation des pCO_2 im Blut.** Erhöht sich die metabolische Produktion von CO_2, so erhöht sich auch der pCO_2 in der EZF. In der Folge steigt das Druckgefälle vom Blut zur Alveole, es diffundiert mehr CO_2 in die Ausatmungsluft, es wird mehr CO_2 abgegeben. Auf diese Weise wird allein durch das veränderte Druckgefälle der pCO_2 im Blut und damit der pH-Wert wieder in den Normbereich geregelt, ohne daß die Atmung verändert ist.
2. **Über die Veränderung der alveolären Ventilation.** Zusätzlich zu den oben beschriebenen Abläufen kann die Lunge direkt den pCO_2 im Blut beeinflussen. So führt eine Erhöhung des pCO_2 und/oder eine Erniedrigung des pH-Wertes zu einer Stimulation der Chemorezeptoren mit nachfolgender Aktivierung des Atmungszentrums (Kap. 11.7.3). Auf diese Weise können Abweichungen vom physiologischen pH-Wert durch die entsprechende Veränderung in der Atemtätigkeit kompensiert werden.

14.2.3 Renale Regulation

Der Niere (Kap. 12.11) kommen bei der Regulation des Bicarbonat/CO_2-Systems prinzipiell folgende Aufgaben zu (Abb. 14.3):

a) **tubuläre Rückgewinnung des im Glomerulum filtrierten Bicarbonats.** Dieser Prozeß ist keine Regulation im eigentlichen Sinn. Die Niere sorgt nur dafür, daß dem Körper keine Pufferbasen verlorengehen.
b) **Neubildung von Bicarbonat.** Die Niere ist in der Lage, Bicarbonat aus CO_2 neu zu bilden und somit HCO_3^- dem Puffersystem zuzuführen. Die Bildung von HCO_3^- erfolgt im proximalen Tubulus entsprechend der Reaktionsgleichung:

$$CO_2 + H_2O \rightarrow H_2CO_3 \rightarrow H^+ + HCO_3^-$$

Da hierbei Protonen entstehen, müssen diese in Form von titrierbarer Säure ausgeschieden werden, d.h., nur in Kombination mit den unter d genannten Prozessen ist die Neubildung von Bicarbonat möglich.
c) **Ausscheidung von Bicarbonat.** Die unter b genannten Prozesse werden im Falle einer acidotischen Stoffwechsellage aktiviert. Im Falle einer alkalotischen Stoffwechsellage (Pflanzenfresser!) ist die Niere in der Lage, Bicarbonat auszuscheiden. Auf diese Weise wird die Gesamtmenge an Basen in den Körperflüssigkeiten reduziert.
d) **Ausscheidung von Protonen (titrierbare Säure).** Die Epithelzellen des proximalen Tubulus, des

distalen Tubulus und des Sammelrohrs können Protonen sezernieren. Diese dienen einerseits dazu, das filtrierte Bicarbonat zurückzugewinnen; andererseits können im Falle einer acidotischen Stoffwechsellage diese Protonen durch HPO_4^{2-} bzw. NH_3 im Tubulus „gefangen" und als $H_2PO_4^-$ bzw. NH_4^+ – als sog. titrierbare Säure – im Urin ausgeschieden werden.

14.2.4 Geschwindigkeit der Säure-Basen-Regulation

Die beschriebenen Puffersysteme regulieren den pH-Wert innerhalb von Sekunden, die Atmung innerhalb von Minuten. Die renalen Regulationssysteme benötigen mehrere Tage für eine Korrektur des pH-Wertes. Dies liegt unter anderem daran, daß die hierfür nötigen Veränderungen in der Ausscheidung titrierbarer Säuren metabolischer Natur sind und mehrere Tage für die Anpassung benötigen. Es ist allerdings zu betonen, daß die bei der Oxidation von schwefel- und phosphorhaltigen Aminosäuren entstehenden nichtflüchtigen Säuren über die Niere ausgeschieden werden müssen. In diesem Fall ist also eine Stabilität des Säure-Basen-Haushaltes nur durch die Aktivität der Nieren erreichbar.

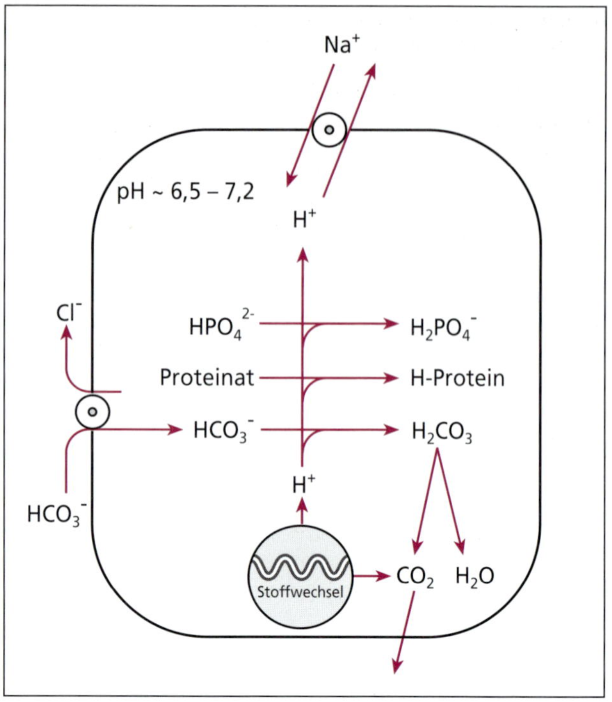

Abb. 14.4 Zellulär lokalisierte Mechanismen der Säure-Basen-Regulation. Neben den intrazellulären Puffersystemen (HPO_4^{2-}, Proteinat, HCO_3^-) spielen vor allem Transportproteine eine Rolle, die Protonen ausschleusen (Na^+/H^+-Austauscher) und Pufferbasen (Cl^-/HCO_3^--Austauscher) einschleusen.

14.3 Regulation des intrazellulären pH-Wertes

Die bisher dargestellten Mechanismen zielen auf eine Einstellung des pH-Wertes im Extrazellularraum. Die eigentliche Belastung der Säure-Basen-Regulation hat aber ihren Ursprung im intrazellulären Bereich. Hier sind die metabolischen Prozesse lokalisiert, hier werden CO_2 und Protonen freigesetzt.

Die Zelle hat ihrerseits spezifische Mechanismen, um den intrazellulären pH-Wert einzustellen. Dazu gehören:

a) die dargestellten **Puffersysteme** (Proteinat- und Phosphat-Puffer),
b) zellulär lokalisierte **Membranproteine**, die in der Lage sind, je nach Stoffwechselsituation Protonen bzw. Bicarbonat auszuscheiden oder aufzunehmen.

Die wichtigen Mechanismen sind schematisch in Abb. 14.4 zusammengefaßt. Die intrazellulären Proteinat- und Phosphatkonzentrationen sind wesentlich höher als extrazellulär (Tab. 2.4)! Ihre Pufferwirksamkeit ist dadurch intrazellulär groß.

Über die Transportproteine werden intrazellulär anfallende Protonen nach extrazellulär bzw. Pufferbasen (insbesondere HCO_3^-) nach intrazellulär befördert. Es muß betont werden, daß diese Mechanismen zwar zunächst den intrazellulären pH-Wert regulieren, aber letztlich zu einer Belastung der extrazellulären Regulationssysteme führen. Die Einstellung des extrazellulären pH-Wertes ist also einerseits Folge der intrazellulären metabolischen Vorgänge, andererseits Voraussetzung dafür, daß die Zelle sich überhaupt von der Last der Protonen befreien kann.

14.4 Störungen des Säure-Basen-Haushaltes

14.4.1 Einteilung

Störungen im Säure-Basen-Haushalt sind meistens keine eigenständige Erkrankungen, sondern Folgen bzw. Komplikationen verschiedener Grundleiden.

Bei der Abhandlung des Säure-Basen-Haushaltes wird der pH-Wert von 7,4 als physiologisch bezeichnet. Abweichungen davon als Acidose bzw. Alkalose. Für die Werte des pCO_2, des HCO_3^- und des BE werden der Einfachheit halber Normwerte von 5,3 kPa CO_2, 24 mmol/l HCO_3 und ein BE von 0 als physiologisch angenommen.

Tabelle 14.3 Einige Grundleiden, die Störungen im Säure-Basen-Haushalt verursachen können

Störung	Grundleiden
Respiratorische Acidose	Hypoventilation (Narkose/Anästhesie), Obstruktive Atemwegserkrankungen (Asthma u.a.), Diffusionsstörungen (Lungenödem)
Respiratorische Alkalose	Hyperventilation (bei Sauerstoffmangel)
Metabolische Acidose	Durchfall (Bicarbonat-Verlust), Nierenerkrankungen, übermäßige Ketonkörperbildung (Diabetes mellitus, „Ketose"), Pansenacidose, Lactatacidose
Metabolische Alkalose	Erbrechen (HCl-Verlust)

Tabelle 14.4 pH-Wert-Veränderungen im Plasma und mögliche Kompensationen

Störung	Plasma-pH	Ursache	Kompensation
Respirator. Acidose	↓	pCO_2 ↑	**Niere:** H^+-Ausscheidung ↑ HCO_3^--Neubildung ↑
Respirator. Alkalose	↑	pCO_2 ↓	**Niere:** H^+-Ausscheidung ↓ HCO_3^--Ausscheidung ↑
Metabol. Acidose	↓	HCO_3 ↓	**Lunge:** Hyperventilation (pCO_2 ↓)
Metabol. Alkalose	↑	HCO_3 ↑	**Lunge:** Hypoventilation (pCO_2 ↑)

Je nach Grundleiden werden die Störungen folgendermaßen eingeteilt:
- respiratorische Acidose,
- respiratorische Alkalose,
- metabolische Acidose,
- metabolische Alkalose.

In Tabelle 14.3 sind mögliche Ursachen der Störungen im Säure-Basen-Haushalt zusammengefaßt.

Tabelle 14.4 faßt die Veränderungen im Plasma bei Störungen im Säure-Basen-Haushalt zusammen und stellt gleichzeitig die möglichen Kompensationsmechanismen dar. Als „erste Linie der Verteidigung" dienen die Puffersysteme (Kap. 14.2.1). Um diese Puffer nicht zu verbrauchen und den pH-Wert wieder in physiologische Bereiche zu regeln, sind allerdings Kompensationsmechanismen nötig. Allgemein läßt sich sagen, daß metabolische Störungen vor allem durch die Lunge kompensiert werden, respiratorische durch die Niere.

14.4.2 Respiratorische Acidose

Eine respiratorische Acidose ist Folge einer verminderten Ventilation bzw. eines verminderten Gasaustausches in den Alveolen, entweder als Folge einer Hypoventilation oder einer Störung der Diffusion (z.B. infolge eines Lungenödems). Diese Grundleiden haben eine verminderte CO_2-Abgabe zur Folge, der pCO_2-Wert im Blut erhöht sich. Wenn sich die CO_2-Konzentration erhöht, verschiebt sich die Reaktion

$$\uparrow \mathbf{CO_2 + H_2O \rightarrow H_2CO_3 \rightarrow H^+ + HCO_3^-}$$

nach rechts, d.h., es entstehen Bicarbonat und Protonen.

Der Anstieg im pCO_2 ↑ und in der H^+-Konzentration stimuliert in der Niere die Neubildung von HCO_3^- und die H^+-Ausscheidung. In der Folge steigt die HCO_3^--Konzentration im Plasma, der pH-Wert wird in den physiologischen Bereich angehoben.

14.4.3 Respiratorische Alkalose

Eine respiratorische Alkalose ist meist Folge einer Hyperventilation. In Umkehrung der bei der respiratorischen Acidose vorgestellten Vorgänge wird durch die verstärkte CO_2-Abatmung die Reaktion

$$\downarrow \mathbf{CO_2 + H_2O \leftarrow H_2CO_3 \leftarrow H^+ + HCO_3^-}$$

nach links getrieben. Die H^+-Konzentration und die Bicarbonat-Konzentration im Plasma sinken ab. Die (längere Zeit benötigende) renale Kompensation liegt in einer verminderten H^+/NH_4^+ bzw. in einer erhöhten HCO_3^--Ausscheidung (Kap. 12.11). Dadurch wird die HCO_3^--Konzentration im Plasma vermindert, der pH-Wert fällt ab.

14.4.4 Metabolische Acidose

Eine metabolische Acidose resultiert entweder aus einer verstärkten Freisetzung nichtflüchtiger Säuren (z.B. bei anaerober Glykolyse → Laktat bzw. bei Ketose → β-Hydroxybuttersäure, Acetessigsäure) oder ist Folge eines übermäßigen Verlustes an HCO_3^- (z.B. bei Durchfall bzw. Nierenversagen).

Werden nichtflüchtige Säuren ins Plasma abgegeben, wird durch den Anfall der Protonen die Reaktionsgleichung:

$$\uparrow \mathbf{H^+ + HCO_3^- \rightarrow H_2CO_3 \rightarrow H_2O + CO_2}$$

nach rechts getrieben. HCO_3^- wird hierbei also verbraucht, so daß die Veränderungen im Plasma durch eine Erniedrigung des pH-Wertes und der Bicarbonat-Konzentration gekennzeichnet sind. Der Abfall des pH-Wertes stimuliert die Chemorezeptoren, das Atemminutenvolumen steigt an (respiratorische Kompensation). Hierdurch wird mehr CO_2 abgegeben, der pCO_2 sinkt ab. Im Gegensatz zur renalen Kompensation erfolgt die respiratorische Kompensation sehr schnell, schon nach wenigen

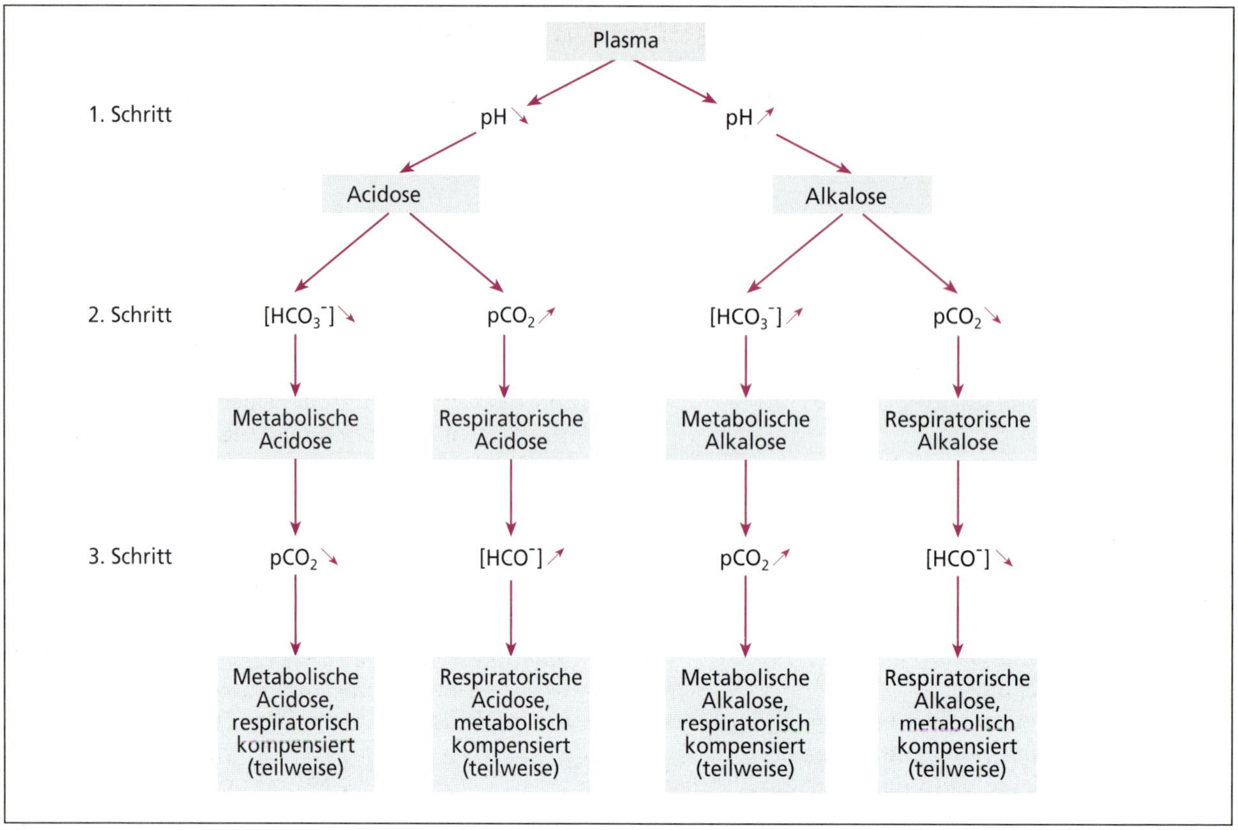

Abb. 14.5 Vorgehen bei der Beurteilung von Störungen im Säure-Basen-Haushalt anhand des pH-Wertes, des pCO_2 und der HCO_3^--Konzentration.

Minuten ist das Atemminutenvolumen erhöht. Ist die Niere nicht an der Störung beteiligt, so kann sie auch am Kompensationsgeschehen teilnehmen. Die Mechanismen entsprechen den bei der respiratorischen Acidose dargestellten.

14.4.5 Metabolische Alkalose

Eine metabolische Alkalose resultiert entweder aus der Aufnahme von Alkalien oder aus dem verstärkten Verlust nichtflüchtiger Säuren (z.B. bei Erbrechen → HCl-Verlust). Die Reaktionsgleichung:

$$\downarrow\ \mathbf{H^+ + HCO_3^- \leftarrow H_2CO_3 \leftarrow H_2O + CO_2}$$

ist durch den Protonenverbrauch nach links getrieben, entsprechend steigt der pH-Wert und die Bicarbonat-Konzentration. Die Kompensationsmechanismen laufen umgekehrt wie bei der metabolischen Acidose ab.

14.4.6 Diagnostische Bedeutung der Plasmaparameter

Zur Beurteilung der Pathogenese (metabolisch/respiratorisch) und einer eventuellen Kompensation können folgende Parameter des Säure-Basen-Status im Plasma herangezogen werden:

- pH-Wert
- pCO_2 [mmHg bzw. kPa]
- HCO_3^- [mmol/l]
- base excess bzw. Basenüberschuß [BE in mmol/l]

Der pH-Wert gibt nur darüber Auskunft, in welcher Richtung (acidotisch oder alkalotisch) die Störung auftritt. Anhand des pCO_2-Wertes läßt sich beurteilen, ob die Störung respiratorischer oder nicht respiratorischer Natur ist. Die Bicarbonat-Konzentration und noch mehr der BE gelten als Parameter für die Beurteilung nicht respiratorischer Störungen. Wie aus Tabelle 14.4 ersichtlich, liegt die Gesamtkonzentration aller Pufferbasen (Bicarbonat und Nichtbicarbonat) bei 48 mmol/l, in diesem Fall läge der „Basenüberschuß" bei 0 mmol/l. Der Mehrbetrag über 48 mmol/l wird als Basenüberschuß bezeichnet, der Minderbetrag als Basendefizit bzw. als negativer Basenüberschuß.

Das prinzipielle Vorgehen zur Beurteilung von Störungen im Säure-Basen-Haushalt anhand des pH-Wertes, des pCO_2 und der Bicarbonat-Konzentration ist in Abb. 14.5 dargelegt. Ein weiteres Kriterium ist der BE. Änderungen in der Bicarbonat-Konzentration führen i.d.R. auch zu gleichgerichteten Änderungen im BE.

15 Physiologie des Magen-Darm-Kanals

G. Breves, M. Diener, H. J. Ehrlein, W. von Engelhardt, M. Kaske, Sabine Leonhard-Marek, H. Martens, P.D. Møller, E. Scharrer, M. Schemann und S. Wolffram

15.1 Nahrungsaufnahme und Speichelsekretion

G. Breves

15.1.1 Nahrungsaufnahme, Kauen und Schlucken

Bei allen Haussäugetieren sind Lippen, Zähne und Zunge zentrale Organe zur Futteraufnahme. Dabei sind die eigentlichen Mechanismen im tierartlichen Vergleich deutlich verschieden. Werden Pferde aus der Krippe gefüttert, so wird der Futterbissen vor allem durch die gut beweglichen Lippen aufgenommen. Sie werden bei Weidefütterung zurückgezogen, um den oberen und unteren Schneidezähnen das Abtrennen des Grases von seiner Basis zu ermöglichen. Dagegen sind die Lippen von Rind und Schaf nur durch eine relativ geringe Beweglichkeit gekennzeichnet. Bei diesen Tieren können kleinere Grasbüschel durch die lange, schlanke und bewegliche Zunge umschlungen und durch nackenwärts gerichtete Kopfbewegungen abgetrennt werden. Schweine wühlen bei Weidehaltung den Untergrund mit der Rüsselscheibe auf und transportieren das Futter vor allem über die nach vorne spitz zulaufenden Unterlippen in die Mundhöhle. Fleischfresser setzen zur Futteraufnahme vor allem die Zähne ein, wobei die Vordergliedmaßen häufig zur Fixation des Futters beitragen.

Zur Aufnahme von Flüssigkeit wird bei Fleischfressern das freie und bewegliche Zungenende löffelähnlich geformt, während bei allen anderen Haussäugetieren der durch Inspiration und Zungenkontraktion erzeugte Sog die Flüssigkeit in die Mundhöhle transportiert.

Durch den Kauvorgang wird der Futterbissen zerkleinert und durch die gleichzeitige Durchfeuchtung mit Speichel in eine besser schluckfähige Form überführt. Die Kauintensität ist tierartspezifisch und wird ferner durch die Grobstruktur des Futters beeinflußt. Während Fleischfresser aufgenommenes Futter nur in geringem Umfang kauen, sind Pflanzenfresser durch eine höhere Kauintensität gekennzeichnet, wobei dies bei Wiederkäuern vor allem die Wiederkauphasen, die pro Bolus ca. 60 s dauern, betrifft. Während der Kauphasen erfolgen die Kieferbewegungen bei Carnivoren und Omnivoren überwiegend in vertikaler Richtung und bei Herbivoren in horizontaler Ebene, wobei der eigentliche Kauvorgang stets nur auf einer Seite abläuft. Das Abschlucken des gekauten und mit Speichel vermischten Bissens stellt einen komplexen Vorgang der einzelnen Elemente des Kopfdarmes dar und besteht aus einem willkürlichen und einem reflektorischen Anteil.

Der willkürliche Anteil besteht darin, daß durch Bewegungen von Mund und Zunge der Futterbissen etwa in die Mitte zwischen Zunge und hartem Gaumen positioniert wird. In dieser Lage werden durch das Futter Rezeptoren in der Schleimhaut im hinteren Mundhöhlen- und Pharynxbereich stimuliert. Die von ihnen aufgenommenen Reize führen zu Aktionspotentialen, die über Afferenzen verschiedener Nerven (N. vagus, N. glossopharyngeus, N. trigeminus) zum Schluckzentrum geleitet werden. Das Schluckzentrum wird durch eine Gruppe von Neuronen auf dem Boden des 4. Hirnventrikels gebildet. Nach seiner Stimulation wird der reflektorische Teil des Schluckaktes über motorische Anteile des V., IX., X., XI. und XII. Hirnnerven gesteuert, die über ihre efferenten Anteile Zunge, Mundhöhle, Rachen und Kehlkopfmuskulatur innervieren. Zu Beginn des reflektorischen Teils des Schluckaktes wird zunächst die Mundhöhle gegenüber dem Nasopharynx und der Trachea verschlossen, indem der weiche Gaumen dicht an die hintere Pharynxwand angehoben und der Kehlkopf so verlagert wird, daß seine Öffnung in den Pharynx teilweise bedeckt ist. Gleichzeitig werden die Arytenoidknorpel, an denen die hinteren Enden der Stimmbänder ansetzen, durch Kontraktion der Larynxmuskulatur verengt. In dieser Phase tritt eine kurze Hemmung der Respiration ein. Im nächsten Schritt wird der Bolus aus dem Bereich der Mundhöhle an das craniale Ösophagusende transportiert, ein Vorgang, der durch Kontraktion der Mm. myohyoideus und hyoglossus vermittelt wird. Durch die Kontraktion des M. myohyoideus wird die Zunge gegen den harten Gaumen gedrückt und durch Kontraktion des M. hyoglossus nach hinten gezogen. Aus der

Volumenreduktion der geschlossenen Rachenhöhle resultieren eine ausgeprägte Zunahme im intrapharyngealen Druck und eine Erschlaffung am Übergang zwischen Pharynx und Ösophagus. Dieser Bereich wird über einen Sphincter-Mechanismus kontrolliert, der durch einen hohen Ruhetonus gekennzeichnet ist. Die Relaxation wird durch Hemmung der tonischen Kontraktion erreicht. Beim Menschen beginnt die Erschlaffung des Sphincters ca. 0,2-0,3 s nach Beginn des Schluckaktes und dauert etwa 0,5-1,2 s. Durch das aus diesen Vorgängen entstehende Druckgefälle in cranio-caudaler Richtung wird der Bissen durch den Sphincterbereich transportiert und gelangt infolge einer initialen Relaxation in das obere Ende des Ösophagus, von dem aus sich eine peristaltische Welle in caudaler Richtung ausbreitet, die durch eine über den Ruhetonus hinausgehende Kontraktion im Sphincterbereich begleitet wird und erst nach Transport des Bolus durch den Ösophagus zum Ruhetonus zurückkehrt.

Die durch den Schluckakt induzierte sog. primäre peristaltische Welle ist von der möglichen sekundären peristaltischen Welle zu differenzieren, die durch lokale Ösophagusstimulation direkt erzeugt werden kann.

Die Ösophaguskontraktionen werden durch die muskulösen Wandanteile vermittelt. Bei den meisten Haussäugetieren besteht die Ring- und Längsmuskulatur aus quergestreiften Muskelfasern, bei Pferd und Katze werden caudale Teile der Wand durch glatte Muskelzellen gebildet. Der Ösophagus wird im cranialen Bereich durch Fasern des N. recurrens und in den unteren Abschnitten durch thorakale Vagusanteile innerviert. Die Geschwindigkeit der Boluspassage durch den Ösophagus beträgt beim Hund etwa 5 cm/s. Daraus ergibt sich eine Transitzeit von etwa 4-5 s.

> Der Schluckakt stellt einen sehr komplexen, nerval gesteuerten Vorgang dar, der aus einem willkürlichen und einem unwillkürlichen Anteil besteht.

15.1.2 Speichelsekretion

Der gemischte Speichel, der sich aus dem serösen, mucösen oder seromucösen Sekret der einzelnen Speicheldrüsen zusammensetzt, ist ein Verdauungssekret mit vielfältigen Funktionen für die im Bereich des Kopfdarmes und bei Wiederkäuern in den Vormägen stattfindenden Verdauungsprozesse. Bei den Säugetieren sind die jeweils paarig angelegten Ohrspeichel-, Submaxillar- (Mandibular-) und Sublingualdrüsen die Hauptspeicheldrüsen. Ihr Sekret wird durch das zahlreicher kleinerer Speicheldrüsen (ventrale Backendrüsen, Gaumen-, Backen- und Pharynxdrüsen, Lippendrüsen) ergänzt. Anatomische Einzelheiten sind den einschlägigen Lehrbüchern für Anatomie der Haustiere zu entnehmen.

15.1.2.1 Funktionen des Speichels

Die vielfältigen Aufgaben des Speichels lassen sich in primär verdauungsphysiologische und sekundäre Funktionen unterteilen. Zur ersten Gruppe zählen bei allen Säugern Schutz der Mundschleimhaut und Zähne vor Austrocknung und Säurewirkung, Erleichterung des Schluckens durch Durchfeuchtung und Erhöhung der Gleitfähigkeit des Bissens und bei einigen Species wie Mensch und Schwein der Beginn der enzymatischen Kohlenhydratverdauung. Bei Wiederkäuern sind die Regulation des Pansen-pH sowie die Sekretion von Phosphat, Bicarbonat und Harnstoff weitere verdauungsphysiologische Funktionen. Zur Gruppe der sekundären Speichelfunktionen zählen baktericide Wirkungen, Beteiligung an der Temperaturregulation bei hechelnden Tieren sowie bei einigen Species Speichel zur Vermittlung verhaltensorientierter Abwehrmaßnahmen.

15.1.2.2 Sekretionsrate und Zusammensetzung des Speichels

Die tägliche Speichelsekretion ist nicht konstant, da die Speicheldrüsen mit Ausnahme der Ohrspeichel- und der ventralen Backendrüsen ein diskontinuierliches Sekretionsverhalten zeigen. Im Speciesvergleich weist das tägliche Speichelvolumen, dessen Bestimmung mit großen methodischen Problemen verbunden ist, erhebliche Unterschiede auf. Während bei Fleischfressern täglich nur etwa 0,1-0,2 l Speichel sezerniert werden, kann beim Rind das tägliche Speichelvolumen zwischen 60 und 160 l betragen. Bei den übrigen Haussäugetieren bewegen sich die Sekretionsraten zwischen diesen Extremwerten (Tab. 15.1).

Im Mittel besteht der Speichel zu etwa 90% aus dem Sekret der Glandula parotis und Glandula sub-

Tabelle 15.1 Tägliche Speichelvolumina bei verschiedenen Species

Species	Speichelvolumen (l/Tag)
Mensch	1-1,5
Fleischfresser	0,1-0,2
Schwein	1-1,5
Schaf	6-16
Rind	60-160
Pferd	5-10

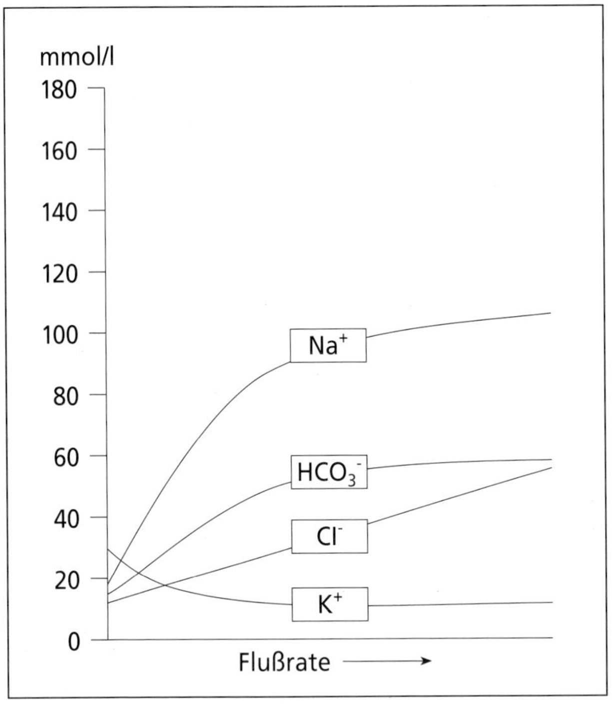

Abb. 15.1 Einfluß der Speichelflußrate auf die ionale Zusammensetzung des Speichels der Glandula parotis und Glandula mandibularis beim Hund (modifiziert nach Dukes' Physiology of Domestic Animals, 1993).

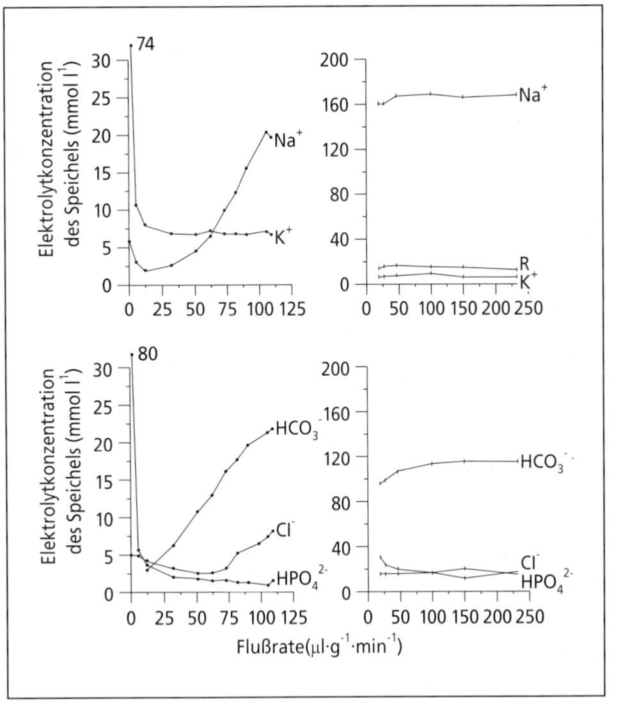

Abb. 15.2 Einfluß der Speichelflußrate auf die ionale Zusammensetzung des Speichels der Glandula mandibularis (links) und Glandula parotis (rechts) beim Schaf (modifiziert nach Cook, 1995).

maxillaris. Die restlichen 10% entfallen zu jeweils der Hälfte auf die Sublingualdrüsen und die übrigen kleineren Speicheldrüsen.

Bei Wiederkäuern können die Speicheldrüsen funktionell in zwei Gruppen differenziert werden. Bei den Drüsen der ersten Gruppe ist die Zusammensetzung des Sekretes unabhängig von der Flußrate, weitgehend isoton zum Plasma und durch hohe Bicarbonat- und Phosphatkonzentrationen gekennzeichnet. Zu dieser Gruppe zählen die Ohrspeichel- und die unteren Backendrüsen, die ein seröses Sekret abgeben, und die Gaumen-, Backen- und Pharynxdrüsen mit einem mehr mucösen Sekret. Zur zweiten Gruppe zählen die Mandibular-, Lippen- und Unterzungendrüsen, die nur eine vergleichsweise sehr geringe Speichelmenge sezernieren. Sie setzen ein gemischtes seromucöses Sekret frei, das bei basaler Sekretionsrate gegenüber dem Plasma hypoton ist, durch niedrige Bicarbonat- und hohe Phosphatkonzentrationen gekennzeichnet ist und deren Sekretionsrate vor allem durch Futteraufnahme stimuliert wird. Die mucösen Eigenschaften werden duch das Glykoprotein Mucin vermittelt.

Der Speichel ist eine farblose, leicht opalisierende Flüssigkeit, die vor allem aus H_2O und Elektrolyten besteht.

Bei **Nichtwiederkäuern** liegt bei basaler Sekretionsrate die Osmolarität des Speichels nur bei Werten zwischen 60 und 80 mosm/l und enthält Na^+, K^+, Cl^-, HCO_3^- mit Konzentrationen zwischen 10-30 mmol/l sowie geringe $H_2PO_4^-$-Konzentrationen bei einem pH-Wert von 7,4. Durch Stimulation der Sekretionsrate nähert sich der Speichel durch Zunahmen der Konzentrationen an Na^+, Cl^- und HCO_3^- bei nur geringen Änderungen der K^+-Konzentration isotonen Werten an (Abb. 15.1).

Bei **Wiederkäuern** ist der Parotisspeichel unabhängig von der Flußrate näherungsweise isoton mit einem pH-Wert von etwa 8,2 und bei bedarfsdeckender Versorgung mit Na^+ und K^+ mit relativ konstanten Konzentrationen an Na^+, K^+, Cl^-, HCO_3^- und HPO_4^{2-}. Die HCO_3^--und HPO_4^{2-}-Konzentrationen sind mit Werten von etwa 110 mmol/l bzw. 20 mmol/l jeweils um ein Mehrfaches höher als die entsprechenden Plasmakonzentrationen. Demgegenüber ist der Speichel der Glandula mandibularis bei basaler Sekretion hypoton und unter stimulierten Bedingungen durch ausgeprägte Änderung der Ionenkonzentrationen gekennzeichnet (Abb. 15.2).

Neben den Elektrolyten enthält der Speichel verschiedene N-haltige Verbindungen, unter denen Harnstoff beim Wiederkäuer mit etwa 80% den größten Anteil ausmacht. Die Harnstoffkonzentration im Speichel der Wiederkäuer kann zwischen 50 und 65 % der Plasmaharnstoffkonzentration liegen.

Die physiologische Bedeutung der Harnstoffsekretion besteht im Harnstoffrückfluß in die Vormägen mit anschließender schneller Spaltung durch Urease in Ammoniak und Nutzung für die mikrobielle Proteinsynthese. Damit ist die Harnstoffsekretion eine Komponente des ruminohepatischen Kreislaufs (Kap. 15.4.2.2 und 15.4.3.2). Als Speichelproteine sind Amylasen bei Schwein, Ratte und Kaninchen und eine Lipase beim Kalb beschrieben worden. Darüber hinaus können in Spuren Lysozym, Lactoferrin sowie Immunglobuline im Speichel nachgewiesen werden.

15.1.2.3 Zelluläre Mechanismen der Speichelsekretion

Der Prozeß der Speichelbildung ist vor allem in zwei Abschnitten der Speicheldrüsen lokalisiert, den Drüsenendstücken, den Acini, in denen die Bildung des Primärspeichels stattfindet, sowie in den Streifenstücken und Ausführungsgängen, in denen durch verschiedene Modifikationen der endgültige Sekundärspeichel gebildet wird. Bei Wiederkäuern sind keine Streifenstücke ausgebildet. Für morphologische Details wird auf entsprechende Lehrbücher der Histologie verwiesen.

Durch verschiedene Untersuchungen auf zellulärer Ebene konnten die grundlegenden epithelialen Transportprozesse, die zur Entstehung des Speichels führen, näher charakterisiert werden. Dabei wurde festgestellt, daß im Vergleich zwischen Wiederkäuern und Nichtwiederkäuern und zwischen einzelnen Drüsen teilweise erhebliche Unterschiede bestehen. Im folgenden sollen daher beispielhaft für die Drüsenstücke der Glandula mandibularis von Ratte und Kaninchen und der Glandula parotis beim Wiederkäuer wesentliche zelluläre Mechanismen der Speichelbildung beschrieben werden.

Der zelluläre Transport der Speichelbestandteile wird durch Transportprozesse vermittelt, die auch an anderen Epithelien nachgewiesen worden sind.

- **Sekretionsmechanismen der Glandula mandibularis bei Nichtwiederkäuern**

Die bislang beschriebenen zellulären Mechanismen der Speichelbildung in den Drüsenendstücken sind schematisch in Abb. 15.3 dargestellt. In der basolateralen Membran sind die elektrogene Na^+/K^+-ATPase, ein Na^+/H^+- und Cl^-/HCO_3^--Antiporter und ein $Na^+/K^+/2Cl^-$-Symporter lokalisiert. Das in die Zelle aufgenommene Cl^- und intrazellulär gebildetes HCO_3^- werden durch Ionenkanäle über die apicale Membran ausgeschleust, wobei das dadurch entstehende negative Potential durch einen entsprechenden parazellulären Na^+-Transport ausgeglichen wird. Diesen Ionenverschiebungen folgt H_2O aus osmotischen Gründen, wobei die quantitative Verteilung zwischen para- und transzellulärem H_2O-Transport noch nicht näher bekannt ist. Der elektrogene Anionenflux aus der Zelle wird durch den basolateralen K^+-Efflux über K^+-Kanäle kompensiert. Diese Transportprozesse können durch Acetylcholin und daraus resultierende Zunahmen der intrazellulären Ca^{2+}-Konzentrationen stimuliert werden, wobei die apicalen Cl^- und HCO_3^--Kanäle und die basolateralen K^+-Kanäle als primäre Ziele dieser Regulationsmechanismen angesehen werden. Die Beeinflussung der basolateralen Transportprozesse durch Acetylcholin wird ebenfalls diskutiert, wobei diese Mechanismen noch nicht näher bekannt sind. Aus jüngsten Untersuchungen liegen Hinweise vor, daß dieses zelluläre Modell auch auf die Glandula mandibularis vom Schaf übertragbar ist.

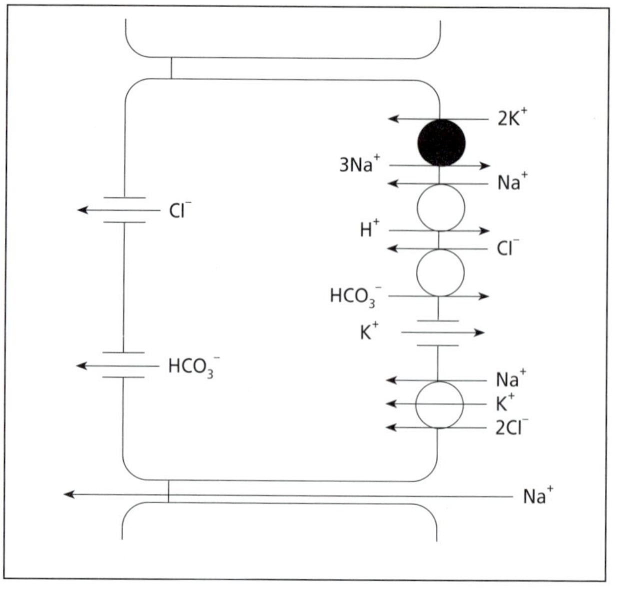

Abb. 15.3 Zelluläres Modell zum Sekretionsmechanismus der Glandula mandibularis von Ratte und Kaninchen (modifiziert nach Cook, 1995).

Der aus den Drüsenendstücken in die Sammelrohre fließende Speichel kann durch weitere Ionentransportprozesse in seiner Zusammensetzung moduliert werden und wird damit zum Sekundärspeichel. Dies betrifft vor allem Na^+, K^+, Cl^-, HCO_3^- und H_2O. Die im Vergleich mit Wiederkäuern deutlich höhere Na^+-Reabsorption bedingt, daß der Sekundärspeichel bei monogastrischen Tieren gegenüber dem Plasma hypoton ist.

- **Sekretionsmechanismus der Glandula parotis bei Wiederkäuern**

Wesentliche Besonderheiten in der Zusammensetzung des Primärspeichels bei Wiederkäuern sind

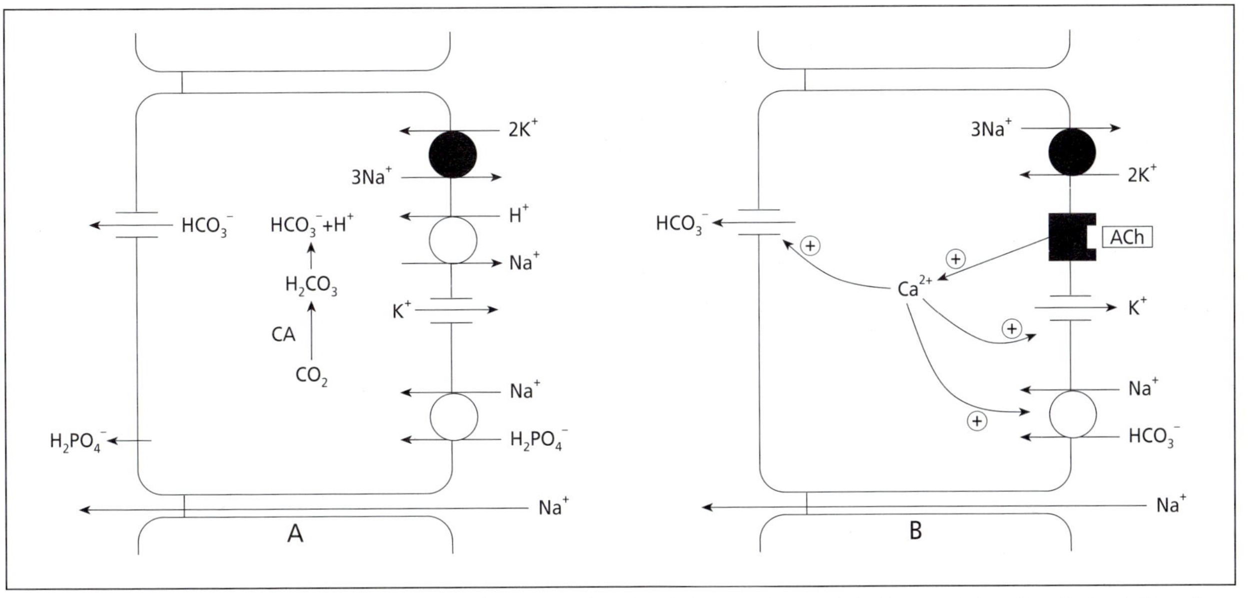

Abb. 15.4 Zelluläres Modell zum Sekretionsmechanismus der Glandula parotis vom Schaf unter nicht stimulierten **(A)** und stimulierten Bedingungen **(B)**, modifiziert nach Cook (1995). CA = Carboanhydrase, ACh = Acetylcholin.

die hohen Phosphat- und Bicarbonatkonzentrationen. Ihre Grundlage sind Transportsysteme an der basolateralen Membran, die sich erheblich von denen bei monogastrischen Tieren unterscheiden und bei deren Funktion zwischen der spontanen, nicht stimulierten und der Acetylcholin-stimulierten Sekretion unterschieden werden muß. Die für beide Situationen entwickelten zellulären Modelle sind in Abb. 15.4 dargestellt. Bei der nicht stimulierten Zelle werden die cytosolischen $H_2PO_4^-$-Konzentrationen durch den basolateral lokalisierten $Na^+/H_2PO_4^-$-Cotransporter erhöht, der durch die Na^+/K^+-ATPase energetisiert wird. Außer über diesen Cotransporter wird Na^+ über einen Na^+/H^+-Antiporter, der jedoch in seiner Struktur nicht mit dem von Nichtwiederkäuern identisch ist, in die Zelle transportiert. Der Mechanismus der $H_2PO_4^-$-Ausschleusung über die luminale Membran ist bislang noch nicht charakterisiert. Intrazellulär gebildetes HCO_3^- wird auf der luminalen Seite über einen Anionenkanal, der möglicherweise mit dem Ca^{2+}-aktivierbaren Cl^--Kanal identisch ist, aus der Zelle ausgeschleust. Das durch die Anionenausschleusung entstehende negative Potential wird durch parazellulären Na^+-Transport mit nachfolgendem H_2O-Transport ausgeglichen. Intrazellulär wird der elektrogene Anioneneffiux durch basolateral lokalisierte K^+-Kanäle kompensiert.

Bei der durch Acetylcholin stimulierten Speichelsekretion wird durch die Erhöhung der intrazellulären Ca^{2+}-Konzentration ein basolateral lokalisierter Na^+/HCO_3^--Cotransporter induziert. Dies führt auch zu einer Aktivierung des $Na^+/H_2PO_4^-$-Cotransporters. Die Ausschleusungsrate beider Anionen auf der luminalen Seite und der basolaterale K^+-Ausstrom werden ebenfalls über eine Ca^{2+}-abhängige Kanalaktivierung vermittelt.

Die Ausbildung der für Wiederkäuer spezifischen Transportprozesse ist postnatal mit dem Beginn der Rauhfutteraufnahme und der vollständigen Entwicklung der Innervation durch den Parasympathicus korreliert, wie entsprechende Denervierungs- und Fütterungsversuche gezeigt haben.

15.1.2.4 Steuerung der Speichelsekretion

Die Innervation der Speicheldrüsen erfolgt über parasympathische Fasern des N. facialis und N. glossopharnygeus und über sympathische Fasern, die aus den ersten drei Thorakalsegmenten stammen. Die Stimulation der parasympathischen Fasern führt zur Vasodilatation, die teils direkt und teils indirekt über die Freisetzung vasoaktiver Substanzen (Bradykinin) vermittelt wird, und zu starker Zunahme der Speichelsekretion, die vor allem auf Steigerung der Parotissekretion zurückzuführen ist. Diese Stimulation ist durch Atropin hemmbar. Neben Acetylcholin wird die Bedeutung weiterer Neurotransmitter, wie z.B. VIP, diskutiert. Bei monogastrischen Species und Wiederkäuern werden die Wirkungen von Acetylcholin über Änderungen der cytosolischen Ca^{2+}-Konzentrationen als Second-messenger-System vermittelt. Die Reizung des Sympathicus führt zu Vasokonstriktion, Kontraktion der Korbzellen der Drüsenendstücke und Abnahme der Speichelsekretion. Diese Wirkungen werden

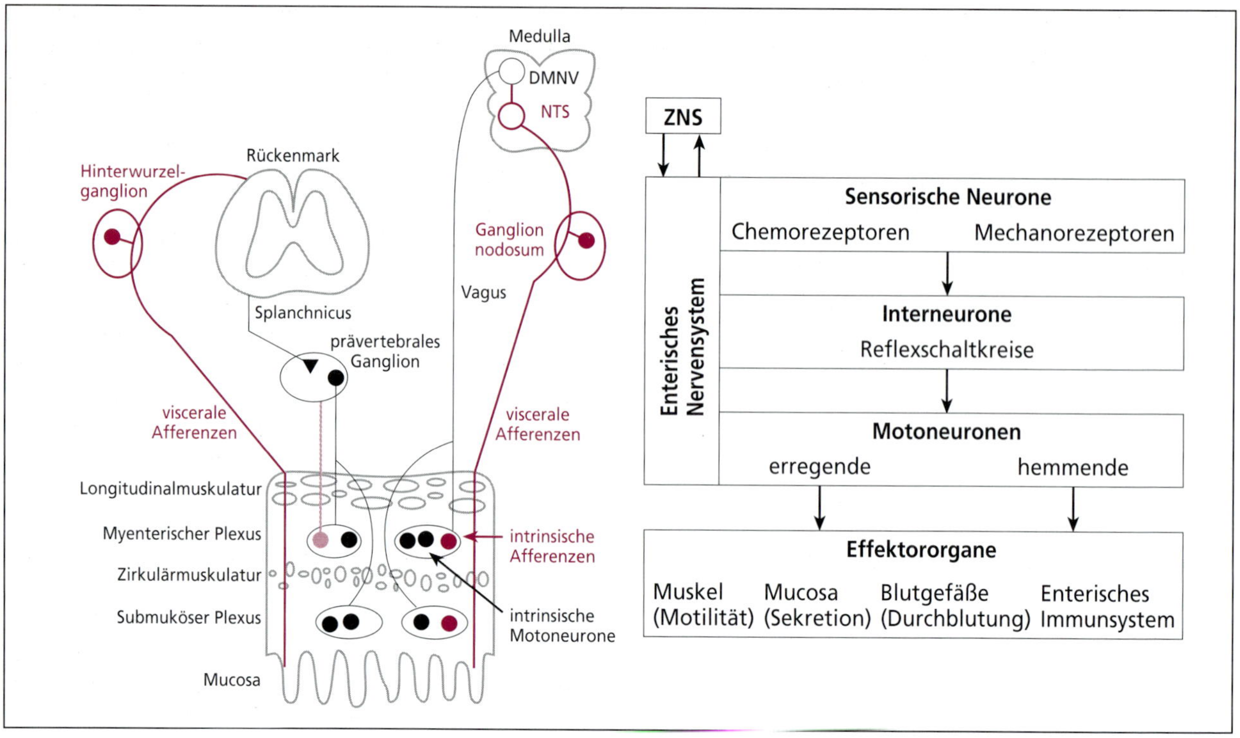

Abb. 15.5 Modell zur Innervation des Magen-Darm-Kanals.
Das enterische Nervensystem kontrolliert über sensorische Neurone, Interneurone und Motoneurone die Aktivität der verschiedenen Effektorsysteme. Extrinsische Afferenzen ziehen als spinale und vagale Afferenzen zum zentralen Nervensystem. Zusätzlich existiert eine afferente Verschaltung zu prävertebralen sympathischen Ganglien. Über den Sympathicus (Nervus splanchnicus) und Parasympathicus (Nervus vagus) erfolgt die efferente Rückmeldung. DMNV dorsaler Motor-Nucleus des Vagus, NTS Nucleus tractus solitarius.

über α- und β-Rezeptoren und Änderungen der Konzentrationen von cAMP auf zellulärer Ebene vermittelt. Unter dem Einfluß des Sympathicus nehmen Protein- und Mucingehalt des Speichels zu. Bei der reflektorischen Kontrolle der Speichelsekretion sind unbedingte und bedingte Reflexe beteiligt. Die unbedingten Reflexe werden über Chemo- und Mechanorezeptoren, die in der Mundhöhle, im Ösophagus und im Hauben-Pansen-Bereich lokalisiert sind, ausgelöst. Während für die Chemorezeptoren vor allem pH-Änderungen im Vormageninhalt ausschlaggebend sind, werden die Mechanorezeptoren vor allem durch die Struktur des Futters beeinflußt.

Der Nachweis der bedingten Reflexe als Auslöser der Speichelsekretion geht auf die klassischen Versuche von Pawlow zurück, der Hunden nach einem Klingelzeichen Futter verabreichte. Dabei stellte er nach einer gewissen Trainingszeit eine Zunahme der Speichelsekretion auch dann fest, wenn die Tiere dem akustischen Reiz ohne Gabe von Futter ausgesetzt waren. Mit diesen Untersuchungen wurde erstmals bewiesen, daß Verdauungsfunktionen reflektorisch über das ZNS beeinflußbar sind.

Verschiedene Hormone werden als mögliche Steuerungsfaktoren der Speichelsekretion diskutiert. Dazu zählen Parathormon, Calcitonin und Aldosteron sowie gastrointestinale Hormone wie Gastrin oder Sekretin. Sie können Änderungen der Speichelzusammensetzung und der Sekretionsrate vermitteln. Genauere Kenntnisse der diesen Wirkungen zugrunde liegenden Mechanismen und ihrer physiologischen Relevanz liegen bislang noch nicht vor.

15.2 Enterisches Nervensystem und Innervation des Magen-Darm-Traktes

M. Schemann

Nervale Mechanismen sind an der Regulation aller wesentlichen physiologischen Magen-Darm-Funktionen, wie Motilität, Sekretion, lokale Durchblutung (Mikrozirkulation) und immunologische Funktionen beteiligt. Die Innervation des Magen-Darm-Traktes erfolgt durch die verschiedenen Teilsysteme des vegetativen Nervensystems, deren Nervenzellen zum einen außerhalb (extrinsisch) oder innerhalb (intrinsisch) der Magen- und Darmwand lokalisiert sind (Abb. 15.5). Die extrinsische Versorgung erfolgt über **viscerale Afferenzen** sowie über **parasympa-**

thische und **sympathische Nerven** (motorische Nerven), während die intrinsischen sensorischen und motorischen Nerven dem **enterischen Nervensystem** angehören. Zahlenmäßig überwiegen die Nerven des enterischen Nervensystems. Einigen tausend extrinsischen Nervenfasern stehen mehrere 10-100 Millionen enterische Nervenzellen gegenüber; diese Zahl ist etwa genauso groß wie die Gesamtzahl der Neurone im Rückenmark. Die zahlenmäßige Diskrepanz hat auch funktionelle Bedeutung und ist eine der Grundlagen der Eigenständigkeit des enterischen Nervensystems.

Allgemein ist das enterische Nervensystem für die autonome Regulation der elementaren Magen-Darm-Funktionen verantwortlich, während die extrinsischen Nervenbahnen primär eine Überwachungsfunktion innehaben und nur gelegentlich regulierend und kontrollierend eingreifen.

15.2.1 Das enterische Nervensystem

Das **enterische Nervensystem** ist ein eigenständiger Teil des vegetativen Nervensystems und ist innerhalb der Wand des gesamten Magen-Darm-Kanals lokalisiert, vom Ösophagus bis zum Rektum. Sowohl anatomisch als auch funktionell ist das enterische Nervensystem zweigeteilt. Ein als Plexus myentericus bezeichnetes Nervengeflecht liegt zwischen der Längs- und Zirkulärmuskulatur, der Plexus submucosus befindet sich mehr lumenorientiert zwischen Mucosa und Zirkulärmuskulatur (Abb. 15.5). Während der **Plexus myentericus** primär die Aktivität der **Muskulatur** kontrolliert, steuert der **Plexus submucosus** die verschiedensten **Mucosafunktionen**, wie **Sekretion** und **Resorption**. Beide Plexus spielen eine Rolle bei der Regulation der **Durchblutung**.

Das enterische Nervensystem kann die Effektoren, wie Muskel und Mucosa, getrennt ansteuern und deren Aktivität stimulieren oder hemmen. Darüber hinaus ist das enterische Nervensystem auch in der Lage, deren Aktivitäten zu koordinieren. So sind zum Beispiel Sekretion und Muskelkontraktionen während der Propulsion des Darminhaltes zeitlich aufeinander abgestimmt. Sekretion von Wasser, Elektrolyten und Mukus erfolgt vor der propulsiven Kontraktion der Muskulatur. Daneben wird die Durchblutung erhöht, um die Sekretion von Flüssigkeit und Elektrolyten zu unterstützen.

Um die verschiedenen Funktionen regulieren zu können, existieren im enterischen Nervensystem funktionell unterschiedliche Zelltypen. Ähnlich wie im zentralen Nervensystem besitzt das enterische Nervensystem **sensorische Neurone**, **Interneurone** und **Motoneurone** (Abb. 15.5, rechts). Die Existenz all dieser funktionell unterschiedlichen Nerven ist für die Regulation komplexer Vorgänge zwingend erforderlich. Dieses „Bauch-Gehirn" besitzt eine Reihe von fest installierten Programmen (**Reflexschaltkreise**), die es je nach Stimulus initiieren kann.

Für die Kommunikation innerhalb des enterischen Nervensystems und für die Kontrolle der Effektorsysteme steht die enorme Anzahl von etwa 25 verschiedenen Transmittersubstanzen zur Verfügung. Je nach Region und Species ist der neurochemische Code, d.h. die Vielfalt verschiedener Transmitter-Kombinationen, charakteristisch für einen bestimmten Zelltyp. Aufgrund des charakteristischen Codes hat man bis heute 30 verschiedene Populationen enterischer Nervenzellen charakterisiert, die als sensorische Neurone, Interneurone oder Motoneurone fungieren. Wahrscheinlich gibt es innerhalb der verschiedenen Kombinationen, funktionell gesehen, primäre und sekundäre Transmitter (Tab. 15.2).

Da das enterische Nervensystem alle elementaren Magen-Darm-Funktionen reguliert, werden im folgenden zuerst die einzelnen Komponenten der enterischen Schaltkreise beschrieben.

15.2.1.1 Sensorische Neurone

Die **intrinsischen Sensoren** fungieren als primär afferente Nerven und sind für die Eigenständigkeit des Magen-Darm-Kanals von entscheidender Bedeutung. Sie ermöglichen, daß sogar das isolierte Organ Reize wahrnehmen und seine Funktionen selbständig und unabhängig von zentralen Einflüssen erfüllen kann.

Signale der enterischen Sensoren beeinflussen primär andere enterische Nervenzellen. Einige Axone projizieren aber auch zu den sympathischen Bauchganglien und zum zentralen Nervensystem. Die intrinsischen Sensoren kodieren hauptsächlich mechanische und chemische Reize. **Mechanorezeptoren** registrieren die Wandspannung, die intraluminalen Drücke oder Volumenänderungen. **Mechanosensible Nerven** in der Mucosa werden durch Scherreize erregt. **Chemorezeptoren** reagieren auf den Nährstoff, die Osmolarität oder den pH des luminalen Inhaltes.

Man geht inzwischen davon aus, daß afferente Nervenzellen die sensorischen Stimuli kodieren, andere Zellen jedoch den eigentlichen Sensor darstellen. Als Art „Geschmacksknospen" im Darm reagieren enterochromaffine Zellen in der Schleimhaut auf chemische Stimuli und setzen daraufhin Serotonin frei. Auch eine rein mechanische Reizung dieser Zellen führt zu einer Serotoninausschüttung. Das Serotonin aktiviert dann primar afferente enterische Nervenzellen.

Tabelle 15.2 Wichtige Transmittersubstanzen im Magen-Darm-Trakt und ihre Wirkungen

Nerventyp	Primäre Transmitter	Wichtige co-lokalisierte Transmitter	Wirkungsmechanismus der primären Transmitter
Parasympathicus	Acetylcholin		Aktivierung hemmender und erregender enterischer Nerven über nicotinerge Synapsen
Sympathicus	Noradrenalin	Neuropeptid Y (in vasomotorischen Nerven)	1) Präsynaptische Hemmung der Acetylcholinfreisetzung aus enterischen Neuronen (präsynaptische α_2-Rezeptoren 2) Direkte postsynaptische Hemmung enterischer Neurone (postsynaptische α_2-Rezeptoren)
viscerale Afferenzen (extrinsische Sensoren)	Substanz P Calcitonin gene-related Peptide		Aktivierung enterischer Neurone erhöhte Durchblutung, Sekretion und Motilität
enterische sensorische Neurone (intrinsische Sensoren)	Substanz P	Acetylcholin	Aktivierung enterischer Neurone über Neurokinin-Rezeptoren (NK1 und NK3)
Interneurone	Acetylcholin	Somatostatin Serotonin Substanz P	Aktivierung hemmender und erregender Neurone über nicotinerge und z.T. auch muscarinerge Rezeptoren.
erregende Muskel-Motoneurone	Acetylcholin	Substanz P	Aktivierung der Muskelzelle über muscarinerge Rezeptoren.
hemmende Muskel-Motoneurone	Stickstoffmonoxid	Vasoaktives Intestinales Peptid, ATP	NO-induzierte Erhöhung des cGMP-Spiegels in der Muskelzelle führt zur Relaxation
erregende Sekreto-Motoneurone	Acetylcholin Vasoaktives Intestinales Peptid		Aktivierung der sekretorischen Zellen der Schleimhaut über muskarinerge und VIP Rezeptoren
hemmende Sekreto-Motoneurone	Neuropeptid Y Somatostatin		Hemmung der sekretorischen Zellen der Schleimhaut über NPY und SOM Rezeptoren
Vaso-Motoneurone	Vasoaktives Intestinales Peptid Acetylcholin		Relaxation der Blutgefäße über VIP und muscarinerge Rezeptoren
Innervation endokriner Zellen, die jeweils			
Gastrin	Gastrin Releasing Peptide		stimulierende GRP Rezeptoren (Subtyp?)
Histamin	Acetylcholin		stimulierende muscarinerge Rezeptoren
Motilin	Acetylcholin		stimulierende muscarinerge Rezeptoren
Serotonin	Acetylcholin		stimulierende muscarinerge und nicotinerge Rezeptoren
Somatostatin synthetisieren	Acetylcholin		stimulierende und hemmende muscarinerge Rezeptoren

15.2.1.2 Interneurone

Die Kommunikation zwischen enterischen Nervenzellen wird durch **Interneurone** sichergestellt, die Millionen von synaptischen Verbindungen zu enterischen Nervenzellen aufrechterhalten. Sie verarbeiten Signale, die von anderen enterischen Nervenzellen oder auch vom Gehirn kommen und entscheiden über die Aktivierung oder Hemmung der verschiedenen Reflexschaltkreise. Wie im Gehirn sind die interneuronalen Schaltkreise Basis für höhere Funktionen eines **integrativen Nervensystems**.

15.2.1.3 Motoneurone

Motoneurone innervieren die Effektorsysteme und sind die letzten Glieder enterischer Schaltkreise. Die Signale der sensorischen bzw. der Interneurone werden über erregende postsynaptische Potentiale (EPSPs) an die Motoneurone weitergegeben. Die Transmitter, die diese EPSPs erzeugen, sind neben Acetylcholin eine Reihe von Neuropeptiden. Man unterscheidet zwischen **Muskel-**, **Sekreto-** und **Vaso-Motoneuronen** (Abb. 15.6). Eine Aktivierung der Motoneurone kann zu einer Hemmung oder Erregung der Effektoren führen, je nachdem ob die Motoneurone hemmende oder erregende Neurotransmitter ausschütten.

Der wichtigste erregende Neurotransmitter der **Muskel-Motoneurone** ist **Acetylcholin**, das muscarinerge Rezeptoren auf den glatten Muskelzellen der Magen-Darm-Wand aktiviert und motilitätsstimulierend wirkt (Kap. 6.4.1). Ein weiterer moti-

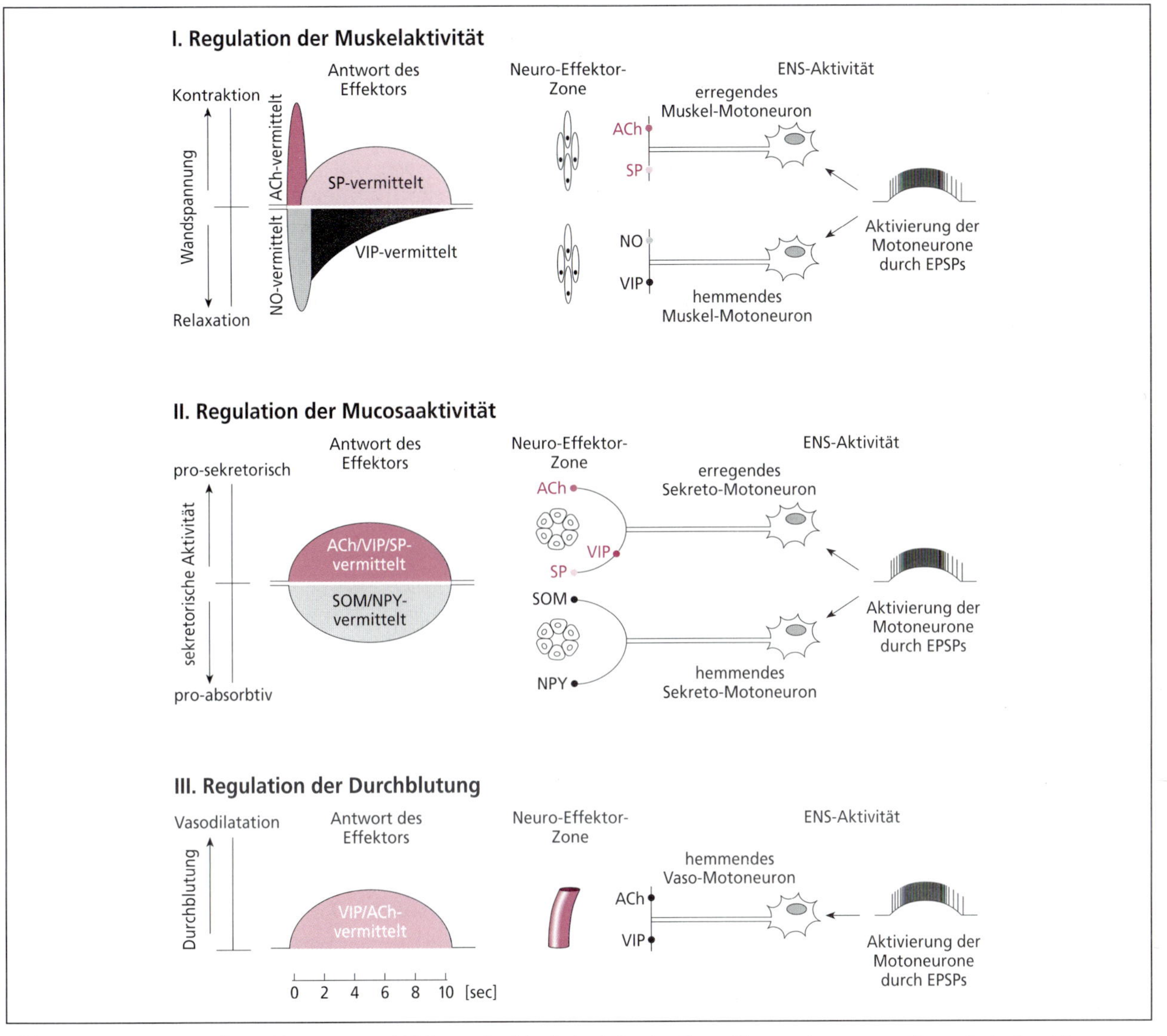

Abb. 15.6 Die erregende und hemmende Wirkung der Muskel-, Sekreto-, bzw. Vasomotoneurone des enterischen Nervensystems. Die Muskel-Motoneurone liegen im Plexus myentericus, die Sekreto-Mononeurone liegen primär im Plexus submucosus während die Vaso-Motoneurone in beiden Plexus vorkommen. Die Aktivierung der funktionell unterschiedlichen Neurone erfolgt über eine synaptische Aktivierung, in deren Folge ein excitatorisches postsynaptisches Potential entsteht (EPSP). Die selektive Aktivierung hemmender oder erregender Motoneurone führt zu entsprechenden Änderungen der Effektorsysteme wie Muskulatur (I), Sekretion (II) oder Durchblutung (III). Beachte, daß Motoneurone, auch wenn sie an der Neuro-Effektorzone identische Transmittersubstanzen ausschütten, unterschiedlichen Populationen angehören. Die Kolokalisation mehrerer Transmittersubstanzen ermöglicht eine potenzierte Antwort bei gleichzeitiger Ausschüttung der Substanzen; sie erlaubt aber ebenfalls zeitlich versetzt auftretende Antworten. Zum Beispiel kommt es nach Aktivierung der Mukselmotoneurone zuerst zu einer Ausschüttung von Acetylcholin und einer kurz andauernden Kontraktion (siehe I). Nach dieser initialen Aktivierung der Muskulatur wird bei anhaltender Aktivierung der Muskel-Motoneurone zusätzlich Substanz P ausgeschüttet, welches zu einer länger anhaltenden Kontraktion der Muskulatur führt. Ähnliches gilt für die hemmenden Transmitter Stickstoffmonoxid und Vasoaktives Intestinales Peptid (siehe I). ACh = Acetylcholin; VIP = Vasoaktives Intestinales Peptid; SP = Substanz P; SOM = Somatostatin; NPY = Neuropeptid Y.

litätsstimulierender Transmitter ist **Substanz P**, ein Neuropeptid, das meist mit Acetylcholin in einer bestimmten Population von Motoneuronen co-lokalisiert ist. Substanz P spielt besonders bei der länger anhaltenden Erhöhung des Muskeltonus eine Rolle. Bei einer Aktivierung erregender Neurone kommt es zuerst zu einer Ausschüttung von Acetylcholin, das durch die Cholinesterase schnell abgebaut wird. Erst bei länger anhaltender Stimulation wird Substanz P freigesetzt.

Die wichtigsten hemmenden Neurotransmitter der **Muskel-Motoneurone** sind **Stickstoffmonoxid (NO), Vasoaktives Intestinales Peptid (VIP), Pituitary Adenylatecyclase Activating Peptide**

(PACAP) und Adenosintriphosphat (ATP) (Kap. 6.4.5). Ihre hemmende Wirkung auf die Muskelaktivität führt zu einer Relaxation des Darms. Ähnlich wie bei den erregenden Motoneuronen existiert auch bei den hemmenden Motoneuronen eine differenzierte Ausschüttung ihrer Überträgerstoffe. Stickstoffmonoxid vermittelt hierbei eine schnell einsetzende, kurz anhaltende Hemmung, das Vasoaktive Intestinale Peptid eine langanhaltende Hemmung. Bei Aktivierung hemmender Motoneurone wird also zuerst Stickstoffmonoxid freigesetzt; erst bei einer längerandauernden Aktivierung erfolgt die Ausschüttung von Vasoaktivem Intestinalem Peptid. Diese Art der Hemmung wird als **NANC-Hemmung** bezeichnet (**n**icht-**a**drenerg, **n**icht-**c**holinerg vermittelt), da weder Noradrenalin noch Acetylcholin primär beteiligt sind.

Sekreto-Motoneurone sind in der Mehrzahl erregend und verstärken durch ihre Transmitter **Acetylcholin** und **Vasoaktives Intestinales Peptid** (**VIP**) die sekretorische Aktivität des Epithels. Einige hemmende Sekreto-Motoneurone schütten **Somatostatin** oder **Neuropeptid Y** aus.

Enterische Vasomotoneurone sind an der Regulation der Mikrozirkulation beteiligt. Nachgewiesen sind bisher **cholinerge** und **VIP-erge Vasomotoneurone**, die die Blutgefäße erweitern und damit die Durchblutung im Darm erhöhen.

Das enterische Nervensystem besitzt sensorische Neurone, Interneurone und Motoneurone, die über synaptische Verbindungen als eigenständige Schaltkreise fungieren. Die wichtigsten Neurotransmitter der erregenden Muskel-Motoneurone sind Acetylcholin und Substanz P, die der hemmenden Muskel-Motoneurone Stickstoffmonoxid, Vasoaktives Intestinales Peptid, Adenosintriphosphat und Pituitary Adenylatecylcase Activating Peptide. Sekreto-Motorneuone schütten primär die sekretorischen Transmitter Acetylcholin und Vasoaktives Intestinales Peptid aus.

15.2.1.4 Funktionelle Bedeutung des enterischen Nervensystems

Der oben beschriebene strukturelle Aufbau des enterischen Nervensystems ist die Basis für Reflexschaltkreise, die je nach Bedarf an- oder ausgeschaltet werden können.

• **Muskelreflexe**

Das enterische Nervensystem kontrolliert über Reflexe die einzelnen Effektorsysteme. Der wohl bedeutendste und am besten charakterisierte Reflex ist der **peristaltische Reflex**, der von seinen Entdeckern Bayliss und Starling auch als **„Gesetz des Darmes“** bezeichnet wurde (Abb. 15.7). Dieser Reflex ist für die propulsive Peristaltik und die koordinierte Passage des Darminhaltes verantwortlich. Er besagt, daß eine Reizung von Dehnungsrezeptoren durch den Darminhalt sensorische Neurone stimuliert, die ihrerseits einen Reflexschaltkreis in Gang setzten, der oral des Dehnungsstimulus zu einer Kontraktion und aboral zu einer Erschlaffung der Zirkulärmuskulatur führt (Abb. 15.7). Diese oral-aborale Sequenz wird durch die Projektionspolarität der Motoneurone gewährleistet. Erregende Nerven projizieren oral, hemmende hingegen aboral. Die hemmenden bzw. erregenden Motoneurone werden entweder direkt, d.h. über synaptische Verschaltung zwischen dem sensorischen Neuron und den Motoneuronen oder indirekt über zwischengeschaltete Interneurone aktiviert. Die für den peristaltischen Reflex spezifischen Verschaltungen ziehen nur über relativ kurze Strecken von einigen Millimetern bis wenigen Zentimetern. Um einen koordinierten Transport über größere Strecken zu ermöglichen, werden mehrere solcher Schaltkreise nacheinander aktiviert. Eine Modulation des Transportes wird dadurch erreicht, daß synaptische Kontakte zwischen den einzelnen Elementen der Schaltkreise aktiviert oder gehemmt werden. Die Rolle der Längsmuskulatur für die Entstehung und Aufrechterhaltung der Peristaltik ist noch weitgehend unklar.

Die peristaltischen Bewegungen des Darmes sind stereotyp ablaufende Reflexe, die durch Dehnung der Darmwand ausgelöst werden (Kap. 15.3.2). Der peristaltische Reflex kann aber auch durch Chemosensoren initiiert werden, die durch Säure oder Nährstoffe, wie Aminosäuren, Glucose und Fettsäuren aktiviert werden.

Unter physiologischen Bedingungen steht der Darm unter einem hemmenden Einfluß, der durch die kontinuierlichen Ausschüttung hemmender Transmitter, insbesondere Stickstoffmonoxid, aufrechterhalten wird. Für die Regulationsvorgänge ist dies ein entscheidender Vorteil. Ein stets vorhandener **hemmender Tonus** fungiert als „Bremse“ und verringert die Gefahr des Auftretens eines Spasmus. Darüber hinaus kann eine Steigerung der Darmaktivität sehr leicht durch das Lösen der „Bremse“ erreicht werden, ohne daß zusätzlich erregende Systeme angeschaltet werden müssen. Eine pathologische **Hyperaktivität** des **hemmenden Systems** kann den Darm so stark relaxieren, daß er fast atonisch wird. Es kommt in Extremfällen zur vollständigen Paralyse des Darms; einem Zustand bei dem der peristaltische Reflex nicht mehr ausgelöst werden kann, da die Sensoren auch bei straker Dehnung des Darms keine Wandspannung registrieren. Eine

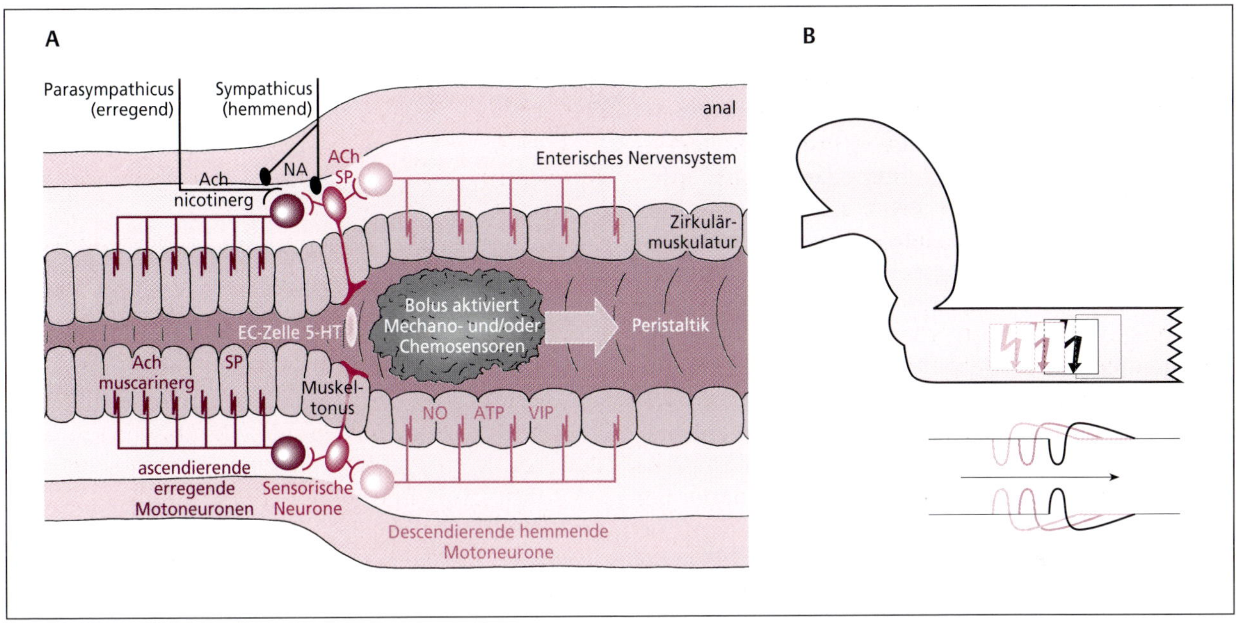

Abb. 15.7 A) Die Verschaltung des peristaltischen Reflexes und dessen Modulation durch extrinsische parasympathische oder sympathische Nerven. Der peristaltische Reflex basiert auf enterischen Schaltkreisen, die durch den Sympathicus und Parasympathicus beeinflußt werden können.
Ein Bolus dehnt ein Darmsegment, das daraufhin seinen Tonus erhöht. Diese erhöhte Wandspannung aktiviert ein afferentes (sensorisches) Neuron, das zwei Populationen von Motoneuronen aktiviert (zur Vereinfachung sind die Verschaltungen der Interneurone nicht dargestellt). Die sequentiell auftretende aborale Relaxation und orale Kontraktion erfolgen durch die polarisierte Projektion erregender und hemmender Motoneurone. Die erregenden Motoneurone ziehen dabei oralwärts und schütten Acetylcholin (ACh) und Substanz P (SP) aus. Die hemmenden Motoneurone projizieren aboral und schütten Stickstoffmonoxid (NO), Vasoaktives Intestinales Peptid (VIP) Adenosintriphosphat (ATP) und/oder Pituitary Adenylatecyclase Activating Peptide (PACAP) aus.
Aktivierung des Sympathicus führt zur Ausschüttung seines Überträgerstoffes Noradrenalin (NA), das präsynaptisch über α_2 Rezeptoren die Ausschüttung von Acetylcholin hemmt. Diese Hemmung existiert vornehmlich im erregenden Teil des Schaltkreises. Da die Aktivität der hemmenden Nervenzellen im wesentlichen unverändert bleibt, resultiert eine ausgeprägte Hemmung der Motorik.
Stimulation des Parasympathicus führt zur Ausschüttung seines Überträgerstoffes Acetylcholin (Ach), das enterische Nervenzellen über nikotinerge Rezeptoren aktiviert. Werden erregende enterische Bahnen aktiviert, kommt es zur Ausschüttung von Acetylcholin (Ach) aus enterischen Neuronen und zur Kontraktion der Muskulatur. Eine Aktivierung hemmender enterischer Bahnen hingegen führt zur Ausschüttung von NO, VIP, ATP oder PACAP, und es kommt zu einer Relaxation der Muskulatur.
B) Enterische Schaltkreise (als Boxen dargestellt), bestehend aus oral projizierenden erregenden Motoneuronen und anal projizierenden hemmenden Motoneuronen, sind entlang des Magen-Darm-Traktes wie an einer Perlenschnur aneinandergereiht. Die Komponenten der Schaltkreise sind in (15.7A) dargestellt. Durch sequentielle Aktivierung entsteht eine Propulsion des Inhaltes in aboraler Richtung (Pfeil). Grundlage der Propulsion ist der durch den peristaltischen Reflex ausgelöste Kontraktions-Erschaffungs-Zyklus. Wird ein Schaltkreis durch einen lokal erhöhten Sympathicustonus oder durch lokal begrenzte Hyperaktivität enterischer inhibitorischer Nerven gehemmt, kommt es zum Stillstand der Peristaltik. Ein generell erhöhter inhibitorischer Tonus würde alle Schaltkreise inaktivieren.
Modifiziert nach Wood, J.D., in: Motility: Clinical Perspectives in Gastroenterology 3: 1988.

pathologische **Hyperaktivität** des **erregenden Systems** führt hingegen zu einem beschleunigten Transport und kann zu Durchfall führen.

Viele Erkrankungen, deren Symptomatik mit einer **funktionellen Obstruktion** einhergehen, beruhen auf neuronalen Degenerationen unterschiedlichen Ausmaßes. Bei einer generalisierten Degeneration sind hemmende und erregende Zellpopulationen betroffen. Der Ausfall der hemmenden Nerven wiegt schwerer, da diese, wie oben beschrieben, die physiologische „Bremswirkung" aufrechterhalten. Die entstehenden Störungen lassen sich daher meist durch den fehlenden **inhibitorischen Tonus** erklären. Krankheitsbilder wie Achalasie, Stenose der Sphincteren oder Morbus Hirschsprung können durch eine lokale **Aganglionose** bedingt sein. Eine **Hypoganglionose** führt zu intestinalen **Pseudoobstruktionen** oder **Ileus** und ist Ursache der Dysfunktionen bei der **Chagas-Krankheit** oder bei **Cytomegalievirus-Infektionen**. Bei **Diabetes mellitus** kommt es ebenfalls zu Dysfunktionen enterischer Schaltkreise, die sich besonders in einer **Gastroparese** (Verlangsamung der Magenentleerung) niederschlagen.

- **Mucosareflexe**

Analog dem peristaltischen Reflex werden auch Reflexe bei der Regulation der Mucosafunktionen postuliert, deren Verschaltungen jedoch noch weitgehend ungeklärt sind. Bekannt ist, daß **Acetylcholin** und **Vasoaktives Intestinales Peptid prosekretorisch** wirken, und die primären Transmitter der erregenden Sekreto-Motoneurone sind. **Neuropeptid Y** und **Somatostatin** werden von hemmenden Sekreto-Motoneuronen ausgeschüttet und hemmen die Sekretion. Aktivierung der Sekreto-Motoneurone erfolgt über verschiedene Mechanismen, die auf bidirektionalen Interaktionen zwischen dem enterischen Nervensystem und Epithelzellen, Lamina propria Zellen oder Hormonen beruhen. **Lamina propria Zellen** spielen besonders bei entzündlichen Prozessen eine Rolle, in dem sie durch die Ausschüttung von **Histamin** und **Prostaglandinen** Sekreto-Motoneurone aktivieren. Bei den Epithelzellen spielen besonders die **enterochromaffinen Zellen** eine Rolle, die nach Aktivierung **Serotonin** und **Guanylin** ausschütten.

- **Neuro-Immun-Interaktionen**

Eine intensive Kommunikation zwischen enterischem Nerven- und enterischem Immunsystem ist Voraussetzung für lokale **Neuro-Immun-Interaktionen**, die bei Eindringen von Antigenen Barrierefunktionen übernehmen. Antigene aktivieren immunkompetente Zellen, die ihrerseits prosekretorisch wirkende Mediatoren, wie **Histamin**, **Prostaglandine** oder **Leukotriene** ausschütten (Abb. 10.12). Diese Mediatoren stimulieren Epithelzellen direkt, aktivieren aber auch enterische Sekreto-Motoneurone, wodurch die direkte Wirkung potenziert wird. Solche Neuro-Immun-Interaktionen aktivieren Muskel- und Mucosareflexe. Die funktionelle Bedeutung liegt darin, daß luminale Toxine durch die antigeninduzierte Stimulation der Sekretion stark verdünnt werden und durch gesteigerte Motilität den Darm schneller passieren. Die enterotoxischen Wirkungen vieler **Bakterientoxine** beruhen auf der Aktivierung der Neuro-Immun-Interaktionen. So ist bekannt, daß die pro-sekretorische und motilitätssteigernde Wirkung von **Choleratoxin, Clostridium-difficile-Toxin A, hitzestabilen Toxinen von Escherichia coli** und **Salmonella typhimurium** z.T. über das enterische Nervensystem vermittelt werden. Die primären Auslöser dieser Kaskade sind zum einen Entzündungsmediatoren, die im Verlaufe der Abwehrmechanismen lokal ausgeschüttet werden. Zum anderen erhöhen die bakteriellen Enterotoxine den cAMP und/oder cGMP-Spiegel im Gewebe, was zu einer massiven Sekretion von Serotonin aus enterochromaffinen Zellen führt. Serotonin aktiviert daraufhin pro-sekretorisch wirkende enterische Bahnen.

> Polarisierte Projektionen enterischer Nervenzellen sind die Basis für den peristaltischen Reflex. Der peristaltische Reflex vermittelt eine nach mechanischer oder chemischer Stimulation stattfindende anale Relaxation und eine orale Kontraktion. Oral projizierende (ascendierende) Nervenzellen sind erregend während anal-projizierende (descendierende) Nervenzellen meist hemmend wirken. Dadurch ist der Darm in der Lage, Inhalt anal zu transportieren.

15.2.2 Interaktionen zwischen dem Zentralnervensystem und dem enterischen Nervensystem

Das **Gehirn** ist in der Lage, Verdauungsprozesse zu überwachen und zu modulieren. Um diese Aufgaben zu erfüllen, existieren **Hirn-Darm-Verbindungen** (Abb. 15.5). Den **afferenten** Part übernehmen **viszerale Afferenzen**, die Informationen vom Magen-Darmtrakt zum ZNS weiterleiten. **Parasympathische** bzw. **sympathische** Nerven übernehmen als **efferenter** Schenkel dieser Hirn-Darm-Achse die Aufgabe Signale vom ZNS zum Gastrointestinaltrakt zu senden und sind funktionell motorische Nerven. Das enterische Nervensystem spielt dabei die Rolle eines intelligenten Terminals verbunden mit dem Gehirn als Mastercomputer. Zwar werden über die Hirn-Darm-Achse die Aktivitäten des Magen-Darm-Kanals den entsprechenden lokalen Bedürfnissen angepaßt. Da aber nur das Gehirn Informationen über den Status anderer Organsysteme hat, ist diese Verbindung auch im Rahmen von adaptiven Prozessen, innerhalb derer die Funktionen verschiedener Organsysteme aufeinander abgestimmt werden müssen, von entscheidender Bedeutung. Ein typisches Beispiel sind die physiologischen Regulationsmechanismen bei Arbeit. Hierbei wird die Aktivität des Magen-Darm-Traktes, unabhängig von lokalen Bedürfnissen, durch einen hohen Sympathicustonus zugunsten anderer Organsysteme herunterreguliert.

15.2.2.1 Extrinsische Afferenzen und Efferenzen

Die **extrinsischen Nerven** versorgen den Magen-Darm-Trakt mit einer relativ geringen Zahl sensorischer und motorischer Nervenfasern. Die enterischen Reflexe umspannen wenige cm Darm und koordinieren die Aktivitäten benachbarter Regionen. Dagegen ist die extrinsische Innervation des Magen-Darm-Traktes und deren zentrale Verschaltung im Gehirn so ausgelegt, daß für längere Darmabschnitte eine bestimmte Grundaktivität eingestellt wird, die mehr oder weniger grob moduliert werden kann. Dadurch können besonders Reflexe zwischen weiter entfernten Regionen vermittelt werden. Beispiele hierfür sind die Relaxation des Magenfundus während des Abschluckens der Nahrung, der gastrocolische Reflex oder motorische Reflexe beim Erbrechen. Die Funktion extrinsischer Reflexe unterscheidet sich damit grundsätzlich von den enterischen Reflexen, die mehr für die Feinabstimmung der lokalen Aktivitäten an benachbarten Darmabschnitten verantwortlich sind.

Die extrinsischen viscerosensorischen sowie motorischen Nerven benutzen verschiedene Signalwege. Ein Teil der **visceralen Afferenzen**, die den oberen Verdauungstrakt versorgen, verlaufen zusammen mit dem Vagus. Diese Nervenfasern sind periphere Endungen von bipolaren sensorischen Nervenzellen, die sich im **Ganglion nodosum** befinden. Die zentralen Endungen der bipolaren Nervenzellen ziehen zum **Nucleus tractus solitarius** (NTS), in dem die erste Verschaltung dieser „vagalen Afferenzen" erfolgt. Nervenzellen des NTS projizieren zum nahe gelegenen **dorsalen Motor-Nucleus des Vagus** (DMNV) (Abb. 15.5), in dem die Verschaltung auf efferente vagale Fasern erfolgt.

Ein anderer Teil der sensorischen Nervenfasern läuft mit dem **Nervus splanchnicus**, einem sympathischen Nerv. Die sensorischen Nervenzellen befinden sich im **Hinterwurzelganglion**. Die zentralen Endungen der Hinterwurzelganglienzellen enden im **Rückenmark** in der Lamina 1 und 5. Dort werden sie umgeschaltet und projizieren weiter zu **thalamischen Regionen**. Die efferenten, motorischen Bahnen dieser sensorischen Nervenfasern verlaufen im Nervus splanchnicus. Extrinsische Reflexe basieren also auf **viszero-parasympathischen** und **viscerosympathischen** Verschaltungen.

Die extrinsisch verschalteten **Sensoren** informieren das Gehirn über eine Vielzahl von Parametern, wie die Konzentration verschiedener Nährstoffe, luminaler pH, Osmolarität und den Grad der Wandspannung im Magen-Darm-Kanal. Die viszeralen Afferenzen spielen besonders bei der Regulation der mechanischen Vorgänge im Magen und Rectum sowie im Vormagensystem der Wiederkäuer eine wichtige funktionserhaltende Rolle (Kap. 15.3.5.3). Durch die Registrierung der Wandspannung und der Nährstoffkonzentration wird die Motilität so eingestellt, daß zeitlich der Weitertransport des Darminhaltes und die Resorption von Nährstoffen aufeinander abgestimmt sind.

Der Darm ist in der Lage, auf unterschiedliche Dehnung differenziert zu antworten. Während Dehnung in physiologischen Bereichen zu einer Stimulation der Motorik führt, wird die Motorik durch übermäßige Dehnung gehemmt, da hier spezifische Populationen von Mechanorezeptoren aktiviert werden, die eine höhere Reizschwelle haben und primär Hemmechanismen initiieren. Durch diesen Schutzmechanismus vermeidet der Darm eine Überbeanspruchung der Muskulatur, die zu mechanischen Läsionen und im Extremfall zum Reißen der Muskulatur führen könnte.

Die sensorische Innervation, d.h. die Registrierung verschiedenster Stimuli, erfolgt also sowohl durch das enterische Nervensystem als auch durch das zentrale Nervensystem. Diese bei der Steuerung vieler Organe vorhandene Redundanz erlaubt eine Aufrechterhaltung der wichtigsten Funktionen, selbst beim Ausfall einiger Komponenten eines der Überwachungssysteme. Dies gilt allerdings nicht für den Totalausfall des enterischen Nervensystems.

Eine **Aganglionose** des Gastrointestinaltraktes, selbst wenn sie nur einige Millimeter betrifft, führt zu oft dramatischen Folgen. An dem betroffenen Segment entwickelt sich eine spastische Konstriktion, die eine funktionelle Obstruktion darstellt und den Weitertransport von Inhalt erschwert. Dies kann zu einer Dilatation des Segmentes oral der Konstriktion führen. Meist sind hiervon das Colon und der untere Ösophagussphincter betroffen, so daß es zum Bild des Megacolons bzw. des Megaösophagus kommt.

Die extrinsischen sensorischen Nervenfasern nehmen über ihre periphere Endung verschiedene Reize wahr und senden diese Informationen zum Gehirn. Die peripheren Endungen sitzen in der Muskulatur und in der Epithelschicht. Bevor sie den Darm in Richtung Gehirn verlassen, bilden sie Verzweigungen innerhalb der Darmwand, sog. **Axonkollaterale**. Werden Signale zum Gehirn weitergeleitet, erfolgt auch eine Aktivierung dieser Axonkollateralen, die lokal Transmitter ausschütten. Damit herrscht bei diesen sensorischen Nervenfasern kein strenges Einbahnstraßenprinzip. Vielmehr übernehmen sie mit Hilfe dieser Axonkollateralen auch lokale efferente Funktionen (**efferente Funktion der Afferenzen**, siehe auch neurogene Entzündung). Dieses Phänomen ist nicht spezifisch für den Magen-Darm-Trakt, sondern ist an der Steuerung vieler Organsysteme beteiligt. Die Substanzen, die hierbei lokal in der Magen-Darm-Wand freigesetzt werden, sind in der Regel Neuropeptide, wie **Substanz P** und **Calcitonin gene-related Peptide**. Obwohl über solche **Axonreflexe** die Aktivitäten aller Effektorsysteme moduliert werden können, spielen sie besonders bei der Regulation der **Durchblutung** eine wichtige Rolle. Eine Aktivierung der efferenten Funktion der Afferenzen führt zu einer intensiveren Durchblutung und erlaubt damit den schnellen Abtransport schädigender Substanzen. Eine mögliche Ursache von Magengeschwüren liegt in einer Störung der efferenten Funktion der Afferenzen und damit einer Beeinträchtigung dieser Schutzfunktion.

15.2.2.2 Wirkung des Parasympathicus

Im Verhältnis zu der Anzahl der enterischen Neurone innervieren nur wenige tausend efferente **Vagusfasern** den Magen-Darm-Trakt. Damit stehen für eine direkte Innervation der Muskulatur oder der Mucosa zu wenig Vagusfasern zur Verfügung, um diese wirkungsvoll zu beeinflussen. Die Vagusfasern ziehen daher zu enterischen Nervenzellen und benutzen enterische Bahnen als Zwischenverstärker (Abb. 15.7). Die efferenten, motorischen Vagusfasern sind cholinerg und schütten nach Aktivierung **Acetylcholin** aus. Acetylcholin ist im Magen-Darm-Kanal ein erregender Transmitter und aktiviert alle nachgeschalteten enterischen Nervenzellen über **cholinerge nicotinerge** Rezeptoren. Eine **Aktivierung des Vagus** führt zu einer verstärkten Sekretion im Magen-Darm-Trakt. Dies läßt sich dadurch erklären, daß die für Sekretion zuständigen Vagusfasern enterische Bahnen aktivieren, die prosekretorisch wirken. Im Gegensatz dazu hat der Vagus auf die Aktivität der Muskulatur eine erregende aber auch hemmende Wirkung. Diese differenzierte Beeinflussung der Muskelaktivität wird dadurch erreicht, daß einige Vagusfasern erregende Nervenzellen, andere Vagusfasern hingegen hemmende Nervenzellen aktivieren. Die erregenden, enterischen Nerven schütten an den neuromuskulären Endigungen Acetylcholin aus und aktivieren die Muskelzelle über muscarinerge Rezeptoren. Die Hemmung beruht auf der Ausschüttung der bereits erwähnten Transmitter NO bzw. VIP aus enterischen Nervenzellen.

Klassische Beispiele für parasympathisch-vermittelte Reflexe sind die **rezeptive Relaxation** des Magens während der Füllung (hemmender Reflex) oder die erhöhte Säuresekretion nach Dehnung des Magens (erregender Reflex). Auch komplexere Reflexe wie die Aktivierung der verschiedenen motorischen Komponenten beim **Erbrechen** sind vagal vermittelt.

Ein pathologisch **erhöhter Parasympathicustonus** führt in den meisten Fällen zu einer gesteigerten motorischen Aktivität und kann zu krampfartigen Kontraktionen führen. Eine erfolgreiche Behandlung kann in manchen Fällen durch die Blockade muscarinerger Rezeptoren erreicht werden. Es muß jedoch berücksichtigt werden, daß eine Hypermotorik oft andere primäre Ursachen hat und die Ausschaltung muscarinerger Mechanismen eher eine symptomatische und weniger eine kausale Behandlung darstellt.

Ein pathologisch **geringer Parasympathicustonus** hat bei Monogastriden selten dramatische Folgen. Ein Totalausfall des parasympathischen Systems kann nach kurzer Adaptationszeit schnell durch das enterische Nervensystem kompensiert werden. Eine Ausnahme hiervon bilden die Vormägen der Wiederkäuer, deren motorische Aktivität sehr stark von einer parasympathischen Aktivierung abhängt. Ein fehlender Vagustonus infolge funktioneller Vagusläsionen („Vagus-Indigestion") führt zu mehr oder weniger ausgeprägter Paralyse der Vormägen (Kap. 15.3.5.3). Eine zusätzliche Achalasie der Sphincteren führt zu abomasalem Reflux und einer Akkumulation von Inhalt im Pansen, der durch die Atonie nicht weitertransportiert werden kann. Zusätzliche entzündliche Vorgänge schädigen viscerale Afferenzen, die als extrinsische, sensorische Fasern mit dem Vagus verlaufen. Dadurch können dehnungsinduzierte Reflexe nicht mehr initiiert werden, was die funktionelle Atonie zusätzlich verschlimmert.

15.2.2.3 Wirkung des Sympathicus

Auch **sympathische Nerven** beeinflussen meist nicht direkt die Effektoren, sondern benutzen enterische Bahnen (Abb. 15.7). Dies gilt für die Muskel- und Mucosaaktivität; die Blutgefäße im Magen-Darm-Trakt werden allerdings direkt durch Sympathicusfasern innerviert. Die Noradrenalinausschüttung sympathischer Nerven hemmt sowohl die Motorik als auch die Sekretion im gesamten Magen-Darm-Trakt. Noradrenalin kontrahiert allerdings Sphincteren, ein Effekt, der funktionell jedoch ebenfalls eine Hemmung darstellt, da z.B. die Engstellung des Pylorus die Magenentleerung verlangsamt. Die hemmende Wirkung von **Noradrenalin** wird über prä- und postsynaptische **α_2-Rezeptoren** vermittelt (Tab. 6.1). Die **präsynaptische Hemmung** überwiegt im myenterischen Plexus, wo sich α_2-Rezeptoren primär auf cholinergen Synapsen befinden. Die Aktivierung dieser Rezeptoren durch Noradrenalin führt zu einer **Hemmung der Acetylcholinausschüttung** sowohl an der **interneuronalen Synapse** als auch an der **neuromuskulären Endigung**. Dadurch wird die aktivierende Wirkung der erregenden Motoneurone blockiert, während die Aktivität der hemmenden Motoneurone weitgehend unbeeinflußt bleibt. **Prä-und postsynaptische hemmende α_2-Rezeptoren** existieren im submucösen Plexus und sind für die Hemmung der Sekretion verantwortlich. Hier befinden sich α_2-Rezeptoren auch direkt auf erregenden Sekreto-Motoneurone, die nach Rezeptoraktivierung hyperpolarisieren. Diese Sekreto-Motoneurone werden dadurch in einen unerregbaren Zustand versetzt und schütten keine pro-sekretorisch wirkenden Transmitter mehr aus.

Ein pathologisch **erhöhter Sympathicustonus** führt zu einer starken Hemmung der Motorik und der Sekretion. Wenn diese Hemmung über längere Zeit andauert, kann es zu einem paralytischen Ileus kommen, in dessen Folge der Magen-Darm-Trakt atonisch wird. Ein erhöhter Sympathicustonus ist wahrscheinlich eine der Ursachen für die **Darmatonie** und die gestörte Peristaltik bei der **Graskrankheit** beim Pferd. Zusätzlich werden jedoch auch Störungen im enterischen Nervensystem als Ursache diskutiert.

Der bei vielen **Streßsituationen** erhöhte Sympathicustonus ist nicht für streß-assoziierte Symptome wie **Durchfall** verantwortlich. Die genauen Mechanismen dieser streß-induzierten Symptome am Magen-Darm-Trakt sind weitgehend unbekannt. Man vermutet jedoch eine Beteiligung des **Darmimmunsystems**, das nach Sensibilisierung Substanzen ausschüttet, die zu einer Hypersekretion führen. Die Sensibilisierung des Darmimmunsystems erfolgt wahrscheinlich über **viscerale sensorische Fasern**, die durch massive Ausschüttung ihrer Transmittersubstanzen Immunzellen aktivieren.

> Die nervale Versorgung des Magen-Darm-Traktes erfolgt über afferente, sympathische, parasympathische und enterische Nerven. Das enterische Nervensystem reguliert die koordinierte Aktivität der verschiedenen Effektorsysteme wie Muskulatur und Mucosa. Das enterische Nervensystem besitzt sensorische Neurone, Interneurone und Motoneurone und kann somit wie ein Mini-Gehirn Reflexe lokal initiieren und kontrollieren. Exzitatorische und inhibitorische Reflexe beruhen auf der differenzierten Ausschüttung erregender und hemmender Transmitter. Der Einfluß des parasympathischen und sympathischen Nervensystems auf Funktionen des Magen-Darm-Traktes basiert auf der prä- und postsynaptischen Aktivierung oder Hemmung enterischer Bahnen. Während der Parasympathicus einen erregenden und hemmenden Einfluß ausübt, hat der Sympathicus fast ausschließlich eine hemmende Wirkung.

15.3 Motorik des Magen-Darm-Kanals

H. J. Ehrlein und M. Kaske

15.3.1 Motorik des einhöhligen Magens und des Labmagens

H. J. Ehrlein

Der Magen wird unter morphologischen Gesichtspunkten in Fundus, Körper und Antrum pyloricum unterteilt. Unter dem Aspekt der motorischen Funktion wird dagegen zwischen dem Magenspeicher und der Magenpumpe unterschieden (Abb. 15.8). Der Magenspeicher besteht aus Fundus und Magenkörper. Die Magenpumpe ist der Bereich des Magens, an dem peristaltische Wellen auftreten: Er umfaßt den distalen Teil des Magenkörpers und das Antrum. Aufgrund der unterschiedlichen Eigenschaften der glatten Muskulatur kann der Magenspeicher auch als tonischer Teil, die Magenpumpe als phasischer Teil des Magens bezeichnet werden (Kap. 7.2.3).

> Der Magen besteht aufgrund seiner motorischen Funktion aus Speicher und Pumpe.

15.3.1.1 Funktion des Magenspeichers

Bereits zu Beginn des Jahrhunderts wurde festgestellt, daß der Innendruck des Magens mit der Füllung nur geringgradig ansteigt. Beim Hund beträgt beispielsweise die Druckzunahme nur 1,2 cm Wassersäule je 100 ml Füllung. Die geringe Druck-

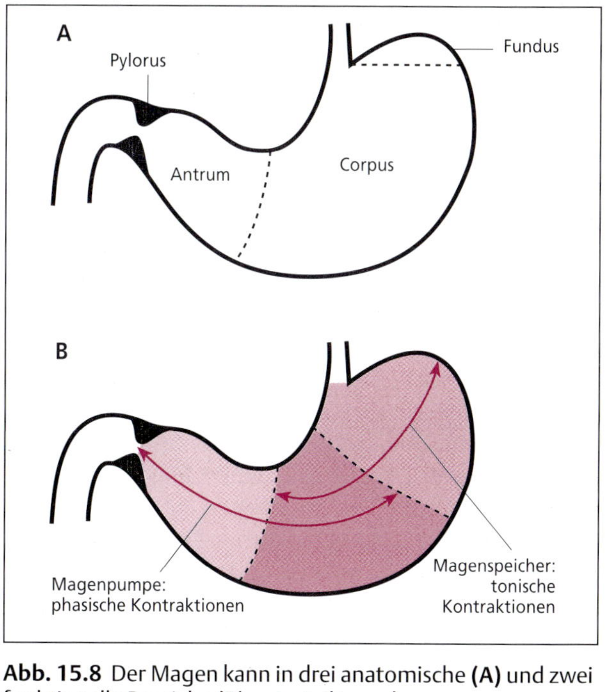

Abb. 15.8 Der Magen kann in drei anatomische **(A)** und zwei funktionelle Bereiche **(B)** unterteilt werden.

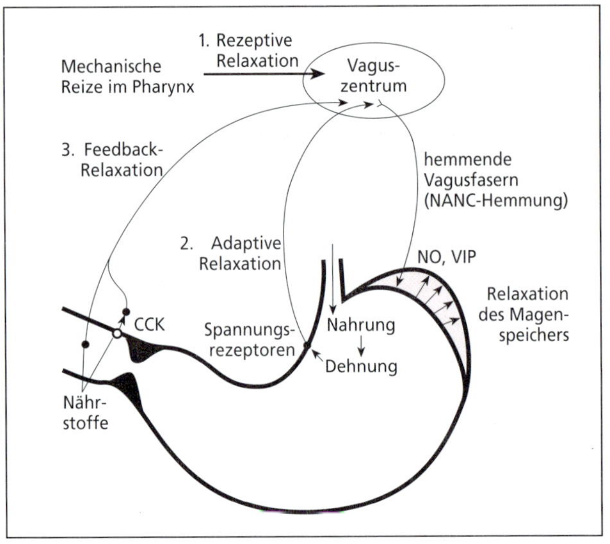

Abb. 15.9 Die Erschlaffung des Magenspeichers wird hauptsächlich durch Reflexe reguliert. Es können drei Arten der Relaxation unterschieden werden: die rezeptive, adaptive und Feedback-Relaxation.

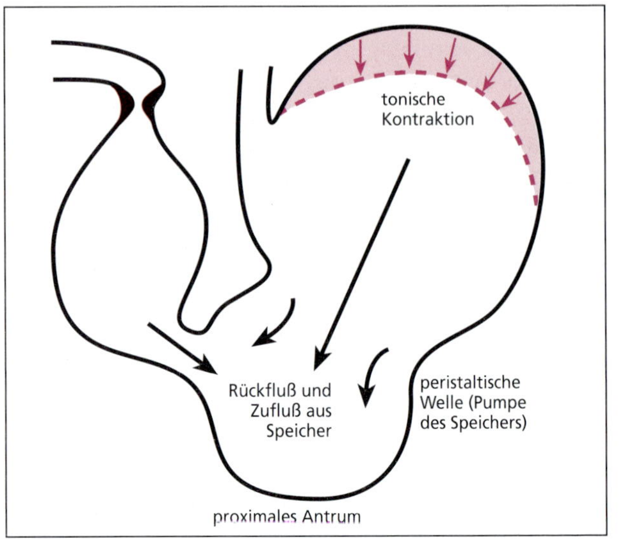

Abb. 15.10 Der Fluß von Chymus aus dem Speicher in die Antrumpumpe erfolgt durch zwei Mechanismen: tonische Kontraktionen und peristaltische Wellen im Speicherbereich.

zunahme des Magens liegt daran, daß der Magen bei Füllung nicht wie ein Ballon gedehnt wird, sondern daß eine reflektorisch gesteuerte Erschlaffung des Magens eintritt. Es können dabei drei Arten der **Magenrelaxation** unterschieden werden: die rezeptive, die adaptive und die Feedback-Relaxation des Magens. Die rezeptive Relaxation besteht in einer kurzzeitigen Erschlaffung des Magens, die während des Kauens und Schluckens eintritt. Durch Stimulation von Mechanorezeptoren in der Mundhöhle und im Pharynx werden vago-vagale Reflexe ausgelöst, die eine kurzzeitige Erschlaffung des Magenspeichers bewirken (Abb. 15.9). Durch diese rezeptive Erschlaffung wird der Magen zur Aufnahme eines Bissens vorbereitet. Wenn der Magen mit Nahrung gefüllt wird, werden Spannungsrezeptoren in der Magenwand erregt, die über gastro-gastrische Reflexe eine adaptive Relaxation auslösen (Abb. 15.9). Diese Steuerung sorgt dafür, daß der Chymus so lange im Magen gespeichert wird, bis er für die Entleerung ausreichend verflüssigt und zerkleinert ist. Gastrin, das die Sekretion des Magensaftes stimuliert, bewirkt eine zusätzliche Relaxation des Magenspeichers. Dieser hormonell gesteuerte Mechanismus gewährleistet, daß der sezernierte Magensaft ohne Druckzunahme im Magen Platz findet. Eine weitere reflektorische Steuerung des Magenspeichers geht von Nährstoffen im Darm aus (Abb. 15.9). Diese Feedback-Relaxation des Magens und die damit verbundene längere Speicherung des Mageninhaltes sind die Voraussetzung dafür, daß die Magenentleerung an die Verdauungs- und Resorptionsvorgänge des Darmes angepaßt wird. Da die Feedback-Regulation nicht nur den Magenspeicher sondern auch die Magenpumpe betrifft, wird diese Steuerung der Magenmotorik im Abschnitt 15.3.1.4 beschrieben.

Die rezeptive, die adaptive und die Feedback-Relaxation des Magens erfolgen über nicht-adrenerge, nicht-cholinerge Vagusfasern (NANC-Hemmung). Diese speziellen Vagusfasern setzen als Überträgerstoff nicht Acetylcholin, sondern Stickoxid (NO) und das Vasoaktive Inhibitorische Peptid (VIP) frei (Abb. 15.9). Der Magenspeicher muß jedoch nicht nur Inhalt speichern, sondern auch entleeren. Die Entleerung des Speichers geschieht durch zwei Mechanismen: durch eine tonische Kontraktion des gesamten Speichers und durch die peristaltischen Wellen, die über den distalen Bereich des Magenkörpers laufen. Sie stellen somit die Pumpe des Magenspeichers dar (Abb. 15.10). Sowohl die peristaltischen Wellen als auch tonische Kontraktionen des Speichers werden durch cholinerge Vagusfasern stimuliert. Die peristaltischen Wellen erzeugen im Bereich des Magenkörpers nur eine geringe Einschnürungstiefe. Sie durchmischen und entleeren somit nur die oberflächliche, durch Magensaft verflüssigte und anverdaute Schicht des Mageninhaltes, während im Inneren des Magenspeichers der pH Wert noch lange Zeit hoch bleibt und somit die Spaltung von Stärke durch die Speichelamylase weitergeht.

Der Magenspeicher wird durch drei Reflexkreise gesteuert, die als rezeptive, adaptive und Feedback-Relaxation bezeichnet werden.

15.3.1.2 Funktion der Magenpumpe

Das Charakteristikum der Magenpumpe sind **peristaltische Wellen**. Sie gehen von der Mitte des Magenkörpers aus und laufen zum Pylorus hin. Den peristaltischen Wellen liegen elektrische Wellen der glatten Muskulatur zugrunde. Die als **Schrittmacherpotentiale** oder als **slow waves** (Kap. 7.2.3) bezeichneten elektrischen Wellen beginnen in der Mitte des Magenkörpers und breiten sich von Muskelzelle zu Muskelzelle aboral aus (Abb. 15.8). Die Frequenz dieser Schrittmacherpotentiale ist tierartlich verschieden. Die Schrittmacherpotentiale bestimmen die maximale Frequenz und die Ausbreitungsgeschwindigkeit der peristaltischen Wellen (Tab. 15.3). Die Schrittmacherpotentiale selbst bewirken jedoch noch keine Kontraktionen; sie sind immer vorhanden, auch wenn am Magen peristaltische Wellen fehlen. Kontraktionen treten erst ein, wenn Acetylcholin durch anregende Reflexe freigesetzt wird. Acetylcholin öffnet während des Maximums der langsamen Wellen Calciumkanäle, so daß ein Calcium-Einstrom in die glatten Muskelzellen eintritt. Der Calcium-Einstrom löst die elektromechanische Kopplung aus (Kap. 7.2.3). Er ist zugleich mit der Bildung von Spikepotentialen verbunden. Die Freisetzung von Acetylcholin und somit die Stimulation der Magenmotorik erfolgt über cephale und gastrische Reflexe: Sie werden bei der Nahrungsaufnahme durch Mechanorezeptoren der Mundhöhle sowie Dehnungsrezeptoren der Magenwand ausgelöst.

Die peristaltischen Wellen sind im Bereich des Magenkörpers schwach und stellen – wie zuvor ausgeführt – die Pumpe des Magenspeichers dar. Wenn die peristaltischen Wellen das Antrum erreichen, werden die Kontraktionen kräftiger.

Bei dem Entleerungsmechanismus der Antrumpumpe können drei Phasen unterschieden werden: 1. eine Phase des Vorschubs, 2. eine Phase der Entleerung und Durchmischung und 3. eine Phase der Rücktreibung und Zerkleinerung (Abb. 15.11). Diese Phasen treten aufgrund der regelmäßig wiederkehrenden Schrittmacherpotentiale zyklisch ein. Während des Ablaufs der peristaltischen Welle über das proximale Antrum erschlafft das zuvor kontrahierte distale Antrum. Dadurch wird Chymus zunächst in das distale Antrum transportiert (Phase des Vorschubs). Wenn die peristaltische Welle über die Mitte des Antrums läuft, öffnet sich der Pylorus, und Duodenalkontraktionen werden gehemmt, so daß jetzt eine kleine Menge des Chymus in das Duodenum übertreten kann. In dieser Phase der Entleerung und Durchmischung ist die peristaltische Welle noch relativ weit vom Pylorus entfernt.

Tabelle 15.3 Frequenz und Ausbreitungsgeschwindigkeit von Kontraktionswellen am Magen, Dünn- und Dickdarm von Hund, Schwein, Schaf und Kaninchen.

Abschnitt des Gastrointestinaltraktes	Maximale Frequenz Kontraktionen/Zeit	Geschwindigkeit cm/Sekunde
Magen (peristaltische Wellen)		
Hund	5,2/min	0,8-1,1
Kaninchen	4,6/min	0,4-0,5
Schwein	3,3/min	–
Schaf	5,4/min	–
Dünndarm (peristaltische Wellen)		
Hund		
Duodenum	15,8 – 17,8/min	7-12
Jejunum	17 – 17,7/min	4,7
Ileum	13,3- 13,8/min	0,7-0,8
Schwein		
Jejunum	15/min	5,6
Ileum	11/min	0,5
Schaf		
Ileum	14,4 – 14,8/min	0,4 + 0,02
Dickdarm		
Kaninchen		
Caecum (peristalt.-antiperist. Wellen)	1 – 2,1/min	1,5
Colon		
Segmentationen	0,46/min	–
Haustrenbewegungen	13,8 – 16,2/min	–
Riesenkontraktionen	0,5/Std.	1,3 – 3,2
Schwein		
Colon (peristaltische Wellen)	7,6 – 8,3/Std.	4,4
Schaf		
Caecum		
(peristalt.-antiperist. Wellen)	58/Std.	3,9 – 4,6
Riesenkontraktion	2 ± 0,3/Std	0,6 ± 0,06
Colon (peristaltische Wellen)	12,3 ± 1,8/Std.	4,7 ± 0,3
Spirale (peristaltische Wellen)	2,0 ± 0,2/Std.	2,8 ± 1,5
Spirale (Segmentationen)	2,4/min	7,3 ± 0,6 cm/min
Riesenkontraktion	2,8 ± 0,4/Std.	0,9 ± 0,4

Der Mageninhalt wird somit nicht durch Druck in den Darm gepreßt, sondern durch die peristaltische Welle in den Darm gespült. Dieser Mechanismus der Antrumpumpe ist zugleich mit einer Siebwirkung verbunden. Da Flüssigkeit schneller fließt als visköser und fester Inhalt, wird Flüssigkeit mit kleinen suspendierten Partikeln durch den Pylorus transportiert, während die feste Masse des Chymus und größere Partikel im Magen zurückbleiben. Die peristaltische Welle verschließt das Lumen des mittleren Antrums in der Regel nicht vollständig. Infolgedessen fließt ein Teil des Chymus durch den zentra-

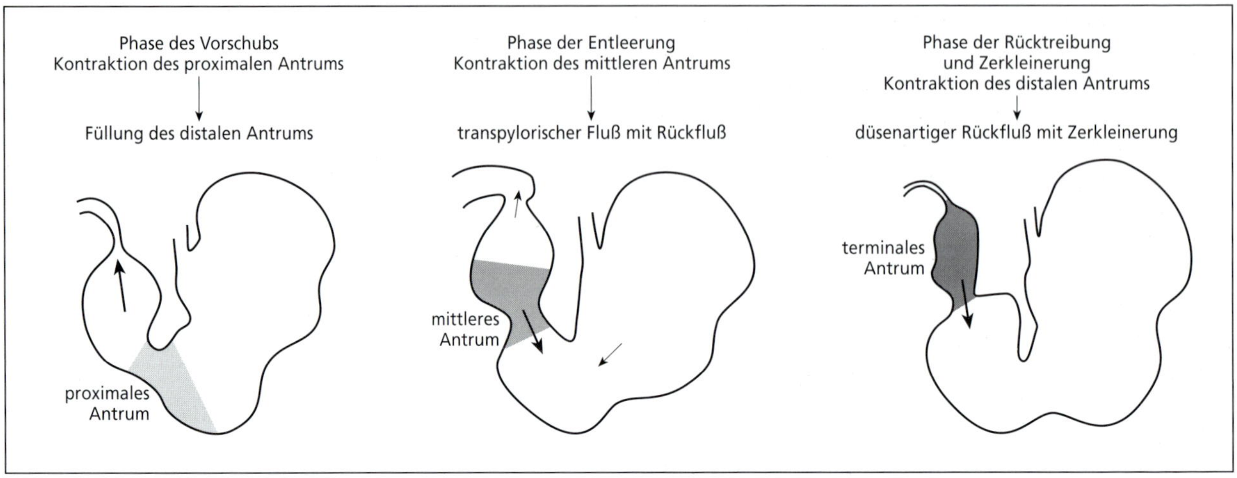

Abb. 15.11 Die Funktion der Magenpumpe kann in drei Phasen unterteilt werden: Phase des Vorschubs beim Ablauf der peristaltischen Welle über das proximale Antrum, Phase der Entleerung beim Ablauf der peristaltischen Welle über das mittlere Antrum, Phase der Rücktreibung und Zerkleinerung beim Ablauf der peristaltischen Welle über das distale Antrum.

len Schnürring in das proximale Antrum zurück (Abb. 15.11). Hierdurch tritt in Verbindung mit der Entleerung zugleich eine Durchmischung des Chymus ein. Bei der Kontraktion des distalen bzw. terminalen Antrums schließt sich der Pylorus, so daß der transpylorische Fluß beendet wird. Der Inhalt des terminalen Antrums wird durch den Schnürring der Kontraktionswelle in das erschlaffende mittlere Antrum zurückgepreßt (Abb. 15.11). Dieser düsenartige Rückstrom des Chymus bewirkt eine kräftige Durchmischung des Chymus und eine Zerkleinerung von Partikeln. Daher stellt die Kontraktion des terminalen Antrums die Phase der Rücktreibung und Zerkleinerung dar. Bei Pflanzenfressern können rohfaserhaltige Pflanzenteile vom Magen nur begrenzt zerkleinert werden. Die Entleerung der Pflanzenfasern geschieht dadurch, daß sehr viel Magensaft gebildet wird und die Partikel zusammen mit dieser Flüssigkeit durch den Pylorus in den Darm gespült werden.

Die Magenpumpe arbeitet in drei Phasen: Vorschub – Entleerung und Durchmischung – Rückfluß und Zerkleinerung.

Zwischen der Magen- und Duodenalmotorik besteht eine enge Beziehung, die als antro-duodenale Koordination bezeichnet wird. Da der Pylorus als elektrischer Isolator wirkt, enden die elektrischen und somit auch peristaltischen Wellen des Magens am Pylorus. Die Schrittmacherpotentiale des Duodenums haben eine höhere Frequenz als die des Magens, so daß die Duodenalkontraktionen in höherer Frequenz auftreten und zugleich kürzer sind. Die antro-duodenale Koordination besteht darin, daß Duodenalkontraktionen während der Entleerungsphase des Magens gehemmt werden. Darüber hinaus wird der entleerte Magenchymus bereits während der Kontraktion des terminalen Antrums und des Pylorus durch eine peristaltische Welle des Duodenums aboral weitertransportiert (Abb. 15.12). Aufgrund der höheren Frequenz der Duodenalkontraktionen kann sich das Duodenum zwei- bis dreimal während einer Antrumwelle kontrahieren und wie ein Förderband den entleerten Mageninhalt weitertransportieren.

15.3.1.3 Magenentleerung

Die komplexen Funktionen des Magenspeichers und der Magenpumpe lassen erkennen, daß die Magenentleerung von verschiedenen Faktoren abhängt (Abb. 15.12). Die Relaxation des Magenspeichers, die Einschnürungstiefe der peristaltischen Wellen, die Weite des Pylorus, die rezeptive Erschlaffung des Bulbus duodeni und die Art der Duodenalkontraktionen spielen eine wichtige Rolle. Eine lang anhaltende Relaxation des Speichers (Abb. 15.12, Nr. 6a) und eine flache peristaltische Welle des Magen-

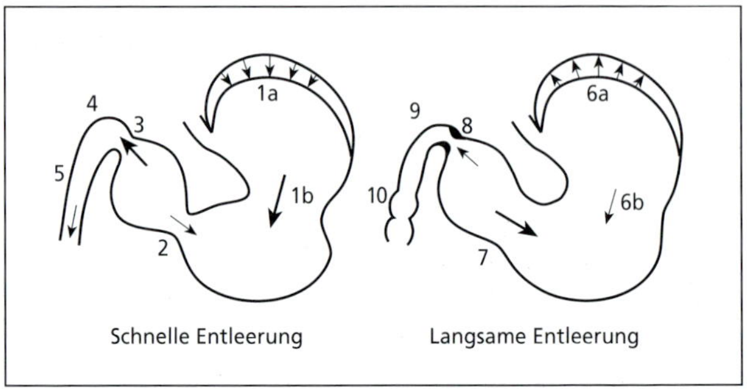

Abb. 15.12 Verschiedene Faktoren der Magen- und Duodenalmotorik wirken zusammen und regulieren die Magenentleerung. Erklärung der Zahlen siehe Text.

körpers (Abb. 15.12, Nr. 6b) sind eine Voraussetzung für eine verzögerte Magenentleerung, während eine tonische Kontraktion des Speichers (Abb. 15.12, Nr. 1a) und eine tiefere peristaltische Welle des Magenkörpers (Abb. 15.12, Nr. 1b) zu einer beschleunigten Magenentleerung beitragen. Eine kräftige peristaltische Welle des Antrums, die mit einer tiefen Einschnürung verbunden ist (Abb. 15.12, Nr. 2), bewirkt in der Entleerungsphase einen vermehrten Vorschub und Fluß von Chymus durch den Pylorus, während bei einer geringen Einschnürungstiefe der Antrumwelle der Vorschub verringert und der Rückfluß verstärkt sind (Abb. 15.12, Nr. 7). In der Entleerungsphase öffnet sich der Pylorus aufgrund von Tonusänderungen unterschiedlich weit (Abb. 15.12, Nr. 3 und 8). Dadurch wird der Widerstand des Magenausgangs und infolgedessen der transpylorische Fluß beeinflußt. Eine rezeptive Erschlaffung des Bulbus duodeni (Abb. 15.12, Nr. 4) verringert den Widerstand, der vom Darm ausgeht, während ein enges Duodenum (Abb. 15.12, Nr. 9) den Widerstand erhöht. Peristaltische Wellen des Duodenums, die den entleerten Chymus schnell nach aboral weitertransportieren (Abb. 15.12, Nr. 5), begünstigen ebenfalls die Magenentleerung, während segmentierende Kontraktionen (Abb. 15.12, Nr. 10) den Widerstand des Duodenums erhöhen und den transpylorischen Fluß hemmen. Die Magenmotorik kann durch Hormone oder Pharmaka stimuliert werden. Eine Zunahme der Magenentleerung tritt aber nur ein, wenn das Zusammenspiel zwischen Speicher, Pumpe und Duodenalmotorik erhalten bleibt. Durch Verabreichung von Acetylcholin oder von Parasympathomimetica ist dies nicht gegeben. Als wirksamstes Stimulans der Magenentleerung hat sich derzeit Erythromycin erwiesen, das über Motilinrezeptoren die Magenkontraktionen verstärkt.

Die Magenentleerung wird durch den Speicher, die Tiefe der Antrumwellen, die Öffnung des Pylorus und die Art der Duodenalmotorik beeinflußt.

15.3.1.4 Regulation der Magenmotorik und -entleerung

Die Magenmotorik und Magenentleerung werden durch verschiedene Regulationsmechanismen beeinflußt, die entweder vom Magen oder vom Darm ausgehen. Die Funktion des Magens besteht darin, den Inhalt so lange zu speichern, bis er zur Entleerung ausreichend zerkleinert und verflüssigt ist. Die Regulation des Darmes sorgt dafür, daß die Magenentleerung gebremst und an die Verdauungs- und Resorptionsvorgänge des Darmes angepaßt wird.

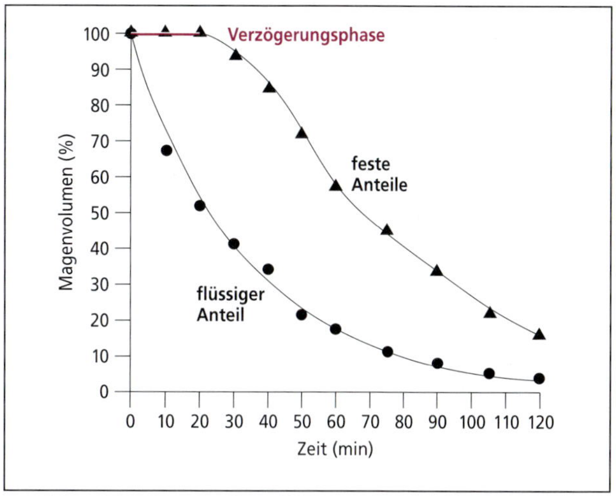

Abb. 15.13 Flüssige und feste Anteile des Futters werden unterschiedlich schnell aus dem Magen entleert. Die Entleerung von Flüssigkeit verläuft exponentiell, die Entleerung von groben, festen Partikeln beginnt erst nach ausreichender Zerkleinerung (Verzögerungsphase). Anschließend wird die visköse Futtermasse weitgehend linear entleert.

- **Vom Magen ausgehende Regulationen**

Die Entleerung von Flüssigkeit beginnt unmittelbar nach der Nahrungsaufnahme. Nach einer schnellen Anfangsentleerung nimmt die Entleerungsrate ab, so daß die Entleerung von Flüssigkeit exponentiell verläuft (Abb. 15.13). Die Entleerung der viskösen Futtermasse ist dagegen langsamer und verläuft weitgehend linear. Die verzögerte Magenentleerung beruht einerseits auf dem erhöhten Strömungswiderstand des viskösen Chymus. Zum anderen wird mit zunehmender Viskosität die Einschnürungstiefe der peristaltischen Wellen und somit der Vorschub verringert. Bei einer sehr faserreichen oder festen Nahrung beginnt die Entleerung der groben Futterpartikel erst nach einer Verzögerungsphase, die als Lag-Phase bezeichnet wird, da die Futterpartikel vor der Entleerung zunächst zerkleinert und verflüssigt werden müssen (Abb. 15.13).

- **Vom Darm ausgehende Regulationen**

Nährstoffe hemmen die Magenentleerung vom Darm aus. Diese als Feedback bezeichnete Regulation der Magenentleerung geht bereits vom Duodenum aus. Sie wird als Duodenalbremse (duodenal break) bezeichnet. Aber auch das Jejunum (Jejunumbremse) und Ileum (Ileumbremse) sind an der Feedback-Hemmung beteiligt. Die Hemmung der Magenentleerung beruht dabei auf den bereits beschriebenen Faktoren, die an dem Entleerungsmechanismus beteiligt sind (Abb. 15.12).

Die Feedback-Hemmung der Magenentleerung kann durch verschiedene Reize ausgelöst werden (Abb. 15.14). Säure, erhöhte oder verringerte Osmo-

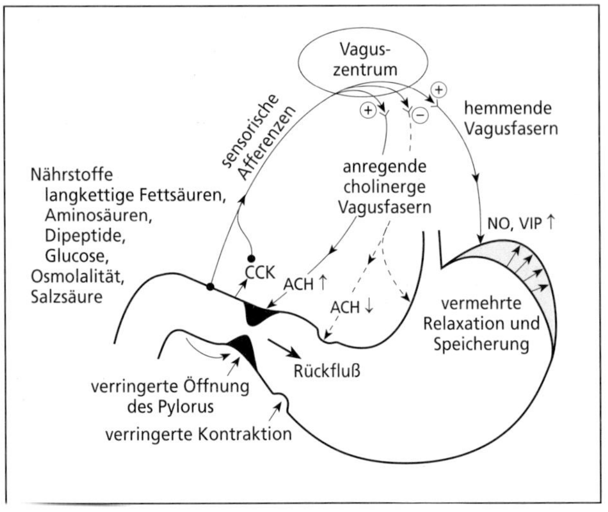

Abb. 15.14 Die Feedbackregulation der Magenentleerung wird durch entero-gastrische Reflexe und freigesetzte intestinale Hormone gesteuert: Eine vermehrte Relaxation des Speichers erfolgt über hemmende Vagusfasern, eine Hemmung der Antrumpumpe wird durch verringerte Aktivierung der anregenden, cholinergen Vagusfasern herbeigeführt, während sowohl intestinale Hormone als auch eine Stimulation cholinerger Vagusfasern einen vermehrten Schluß des Pylorus bewirken.

lalität des Chymus sowie die Menge der in den Darm entleerten Nährstoffe hemmen die Magenentleerung. Die Regulation erfolgt über entero-gastrische Reflexe sowie über die Freisetzung intestinaler Hormone. Bei der reflektorischen Feedback-Regulation spielt der Vagus eine besondere Rolle. Durch Messung der Impulsfrequenz an afferenten Vagusfasern konnten Glucorezeptoren, Osmorezeptoren, Säurerezeptoren sowie Rezeptoren für Aminosäuren und langkettige Fettsäuren nachgewiesen werden. Die Rezeptoren sind jedoch keine speziellen, morphologisch nachweisbaren Strukturen, sondern die afferenten Nervenfasern selbst besitzen Rezeptorfunktion.

Die Hemmung der Magenentleerung wird vor allem durch die gespaltenen und resorbierbaren Nährstoffe ausgelöst. An der Feedback-Regulation sind außerdem intestinale Hormone beteiligt. Eines der wichtigsten Hormone ist dabei das Cholecystokinin (CCK), das durch luminale Säure, Fett- und Aminosäuren aus I-Zellen des Darmepithels freigesetzt wird (Abb. 15.14). Das freigesetzte CCK wirkt dabei als Hormon, indem es auf dem Blutweg zum Magen gelangt und vor allem den Magenspeicher vermehrt erschlafft. Zugleich stimuliert es aber auch CCK-Rezeptoren an afferenten Vagusfasern der Darmschleimhaut und löst dadurch hemmende entero-gastrische Reflexe aus. Der Darm kann somit über die CCK produzierenden Epithelzellen Inhaltsstoffe wahrnehmen, noch ehe sie resorbiert worden sind. Außer CCK sind das Peptid YY sowie das glucagon-ähnliche Peptid (GLP-1) weitere Hormone, die unter physiologischen Bedingungen an der Feedback-Regulation der Magenentleerung beteiligt sind. Sie werden vorwiegend in distalen Darmbereichen freigesetzt und spielen vor allem bei der Ileumbremse eine Rolle. Die durch Nährstoffe bedingte Feedback-Hemmung hängt im wesentlichen von der Zahl der Rezeptoren ab, die im Darm durch die einzelnen Nährstoffe stimuliert werden. Daher nimmt die Hemmung der Magenentleerung sowohl mit der Nährstoffmenge zu, die in den Darm gelangt, als auch mit der Darmlänge, die mit Nährstoffen in Berührung kommt. Die einzelnen Nährstoffe üben eine unterschiedlich starke Feedback-Hemmung aus. Dennoch hat sich gezeigt, daß die vom Magen entleerte Energie unabhängig von der Nährstoffzusammensetzung ist. Obwohl es im Darm sicher keine Rezeptoren für den Energiegehalt der Nährstoffe gibt, dürfte das Zusammenwirken der einzelnen Reize dem Energiegehalt der Nährstoffe entsprechen.

Untersuchungen an Schweinen über Beziehungen zwischen der Magenentleerung und der Nährstoffresorption im Darm haben ergeben, daß die Resorption der einzelnen Nährstoffe nach einer Sättigungskinetik verläuft und für die einzelnen Nährstoffe unterschiedlich ist. Kohlenhydrate werden in größerer Menge resorbiert als Protein und Fett. Die vom Magen entleerte Nährstoffmenge ist jedoch für alle Nährstoffe wesentlich geringer als die Resorptionskapazität des Darmes. Diese Resorptionsreserve gewährleistet eine gleichbleibende Energieresorption trotz unterschiedlicher Nährstoffzusammensetzung des Futters. Bei leichtverdaulichen Nährstoffen wird außerdem nur ein Teil der Darmlänge für die vollständige Resorption benötigt. Diese Reserve dient dazu, daß auch schwer verdauliche Nährstoffe bis zum Ende des Dünndarmes weitgehend abgebaut und resorbiert werden. Insgesamt beträgt die Resorptionsreserve des Darmes das 2-3fache der aus dem Magen entleerten Nährstoffmenge. Andererseits hat sich gezeigt, daß ein erhöhter Nährstofffluß in den Darm Übelkeit, Erbrechen und Durchfall infolge Zunahme der Osmolalität und eines erhöhten Wassereinstroms verursacht. Die Resorptionsreserven des Darmes können daher nicht für eine erhöhte Energiezufuhr herangezogen werden. Eine nutzbare Resorptionsreserve besteht bei den monogastrischen Tieren darin, daß für die Resorption des täglichen Energiebedarfs nur ein Zeitraum von 12 Stunden benötigt wird. Die restliche Zeit steht für die Reinigung von Magen und Dünndarm zur Verfügung. Bei kurzfristig erhöhter Energiezufuhr wird die digestive Periode verlängert, während bei länger erhöhter Energieaufnahme die Resorptionskapazität durch Adaptationsvorgänge gesteigert wird.

Der Magen sorgt für Verflüssigung, Zerkleinerung und rasche Entleerung, während die Feedback-Hemmung des Darmes die Magenentleerung an die Resorptionsverhältnisse anpaßt.

15.3.2 Motorik des Dünndarmes

H. J. Ehrlein

15.3.2.1 Elektrische Aktivität

An den glatten Muskelzellen des Dünndarmes treten – wie am Magen – elektrische langsame Wellen auf, die über die Verbindungsstellen (gap junctions) der Muskelzellen in aboraler Richtung weitergeleitet werden. Die Frequenz der langsamen Wellen nimmt vom Duodenum bis zum Ileum stufenweise ab (Tabelle 15.3). Nach neuen Erkenntnissen wird die elektrische Aktivität der glatten Muskelzellen von sog. „interstitiellen Zellen nach Cajal" (IZC) beeinflußt. Die Cajal-Zellen liegen zwischen der inneren Zirkulär- und der äußeren Längsmuskelschicht des Magen-Darm-Kanals. Sie sind untereinander durch Fortsätze verbunden und bilden somit ein Netzwerk von Schrittmacherzellen, das die langsamen Wellen der glatten Muskulatur synchronisiert. Die Frequenzplateaus der elektrischen Aktivität kommen dadurch zustande, daß die langsamen Wellen oraler Darmbereiche infolge der höheren Frequenz die Muskelzellen des aboral gelegenen Darmsegmentes synchronisieren. Die Synchronisation hört auf, wenn der Widerstand für die Erregungsausbreitung zu groß wird. Von diesen Stellen gehen jeweils neue Erregungswellen mit einer geringeren Frequenz aus. Die Länge der Frequenzplateaus nimmt nach distal ab, da der Widerstand der Erregungsausbreitung nach distal zunimmt und hierdurch die Synchronisation früher endet. Die Schrittmacherpotentiale bestimmen, ähnlich wie am Magen, die maximale Frequenz der Darmkontraktionen (Tab. 15.3). Die Länge der Frequenzplateaus bestimmt zusätzlich die Länge der peristaltischen Wellen, während der Widerstand der Erregungsausbreitung die Geschwindigkeit der peristaltischen Wellen beeinflußt. Daher sind die peristaltischen Wellen am proximalen Darm schnell und lang und werden distal fortschreitend langsamer und kürzer. Durch diese Grundeigenschaften der elektrischen Aktivität wird der Chymustransport in distaler Richtung in dem Maße verlangsamt, wie das Volumen des Darminhaltes durch Resorption von Nährstoffen und Wasser abnimmt.

15.3.2.2 Kontraktionsformen des Dünndarmes

Der Dünndarm erzeugt, im Gegensatz zum Magen, verschiedene Kontraktionsformen (Tab. 15.4). Unter physiologischen Bedingungen treten fünf verschiedene Kontraktionsformen auf: peristaltische Wellen, stationäre Segmentationskontraktionen, aborale Riesenkontraktionen, stationäre oder wandernde Kontraktionsgruppen sowie ein als Phase III bezeichnetes Kontraktionsmuster. Außerdem gibt es zwei pathologische Kontraktionsformen: oral oder aboral laufende Riesenkontraktionen sowie antiperistaltische Wellen. In Tabelle 15.4 ist außerdem dargestellt, in welchen Darmbereichen, zu welchen Verdauungsphasen und durch welche Reize die einzelnen Kontraktionsformen auftreten.

Peristaltische Wellen sind aboral fortschreitende ringförmige Kontraktionen, die infolge enterischer Reflexe mit einer aboralen Erschlaffung verbunden sind (siehe enterisches Nervensystem, Kap. 15.2.1.4).

Tabelle 15.4 Physiologische und pathophysiologische Kontraktionsmuster des Dünndarmes beim Hund

Kontraktionsmuster	Darmsegment	Periode
• **Physiologische Muster**		
1. Peristaltische Wellen	gesamter Dünndarm	nährstofffreies Mahl/Futter
2. Stationäre Kontraktionen	proximaler Darm	Futter, besonders Protein
3. Aborale Riesenkontraktionen	distaler Darm	interdigestiv (Phase II)
4. Kontraktionsgruppen		
a stationär	proximaler Darm	Futter, besonders Fett
b wandernd	gesamter Dünndarm	Futter, besonders Fett
5. Phase III	gesamter Dünndarm	interdigestiv
• **Pathologische Muster**		
1. Risenkontraktionen		
a) abroal fortschreitend	proximaler Darm	starke Reize (Essigsäure) distale Gastrektomie
b) oral fortschreitend	proximaler Darm	Reize mit Erbrechen
2. Antiperistaltische Wellen	proximaler Darm	distale Gastrektomie

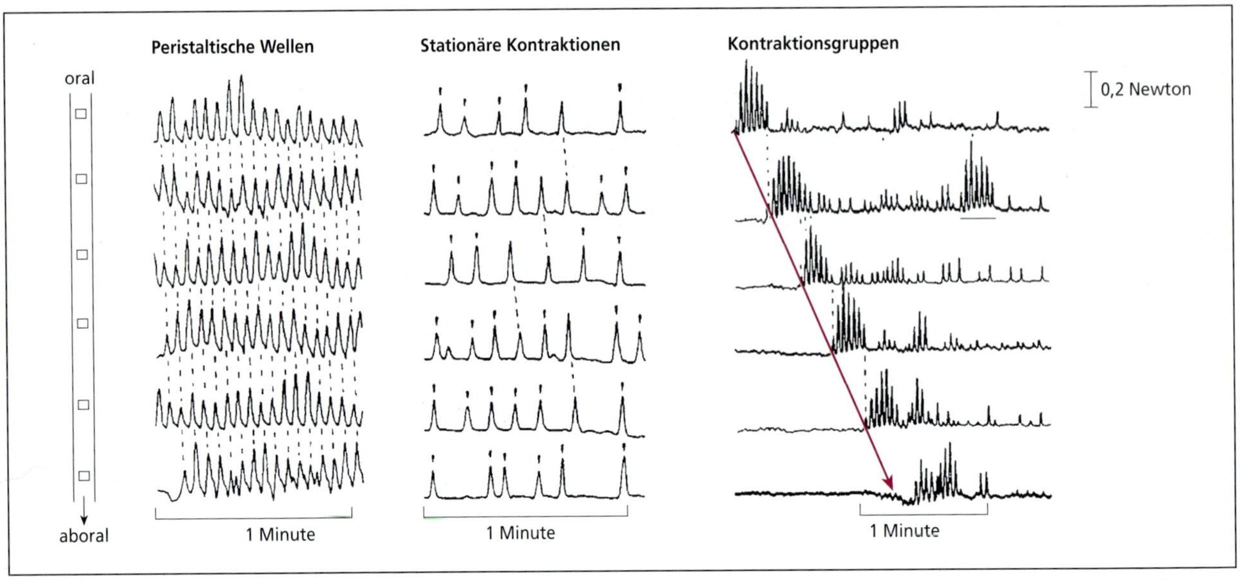

Abb. 15.15 Die drei häufigsten Kontraktionsformen des Dünndarmes sind peristaltische Wellen (gekennzeichnet durch gestrichelte Linien), stationäre Kontraktionen (gekennzeichnet durch Pfeilspitzen) und Kontraktionsgruppen, die entweder stationär an einem Darmsegment auftreten (horizontale Linie) oder langsam nach aboral wandern (roter Pfeil).

Sie treten in großer Zahl bei einem nährstofffreien Darminhalt auf (Abb. 15.15). Die peristaltischen Wellen bedingen einen aboralen Chymustransport. Die Geschwindigkeit der peristaltischen Wellen wird durch die langsamen Wellen bestimmt. Beim Hund beträgt die Geschwindigkeit der peristaltischen Wellen im Duodenum 7-12 cm/s, im Jejunum 4,7 cm/s und im Ileum 0,7-0,8 cm/s (Tab. 15.3).

Stationäre Kontraktionen sind dadurch gekennzeichnet, daß sie isoliert an einzelnen Meßstellen auftreten (Abb. 15.15). Sie schnüren das Darmlumen lokal ein, verschieben dabei den Chymus in orale und aborale Richtung und teilen den Darminhalt kurzzeitig in einzelne Segmente. Daher wird diese Kontraktionsform auch als **Segmentation** bezeichnet. Die Segmentationskontraktionen dienen der Durchmischung des Darminhaltes.

Kontraktionsgruppen und die sog. **Phase III** stellen zwei komplexe Kontraktionsformen dar. Kontraktionsgruppen sind durch mehrere aufeinanderfolgende Kontraktionen gekennzeichnet (Abb. 15.15). Die Kontraktionen bestehen dabei aus kurzen peristaltischen Wellen, die den Chymus einige Zentimeter nach aboral schieben und ihn bei Erschlaffung wieder zurückfließen lassen. Der Chymus wird dadurch kräftig durchmischt. Wenn die kurzen peristaltischen Wellen nacheinander an der gleichen Stelle des Darmes auftreten, ist die Kontraktionsgruppe stationär. Wenn dagegen die aufeinanderfolgenden peristaltischen Wellen jeweils einige Millimeter weiter aboral beginnen und enden, wandert die Kontraktionsgruppe langsam nach aboral weiter. Kontraktionsgruppen wandern meist nur über ein kurzes Darmsegment. Sowohl stationäre als auch wandernde Kontraktionsgruppen treten vermehrt nach einer fettreichen Nahrung auf. Die Phase III (wandernder motorischer Komplex) ist das charakteristische Kontraktionsmuster der interdigestiven Motorik. Sie besteht, ähnlich wie die Kontraktionsgruppen, aus peristaltischen Wellen, die jedoch über ein längeres Darmsegment laufen (Abb. 15.16). Die Funktion der Phase III wird bei der interdigestiven Motorik näher beschrieben.

Riesenkontraktionen zeichnen sich im Vergleich zu den üblichen Darmkontraktionen durch eine große Amplitude und eine lange Kontraktionsdauer aus (Abb. 15.17). Unter physiologischen Bedingungen wurden sie beim Hund am Ileum während der interdigestiven Periode beobachtet. Die Riesenkontraktionen schnüren das Darmlumen vollständig ab und schreiten langsam in aboraler Richtung weiter. Hierdurch schieben sie den Darminhalt vor sich her und reinigen das betreffende Darmsegment sehr gründlich von Inhalt. Riesenkontraktionen können als Vorläufer des Erbrechens auch in oraler Richtung fortschreiten. Sie beginnen in der Darmmitte und befördern den Darminhalt in den Magen zurück. Durch anschließendes Erbrechen wird der Mageninhalt entleert. Der Brechvorgang wird durch ein „Brechzentrum" in der Medulla oblongata gesteuert (Kap. 4.4.4.3). Beim Erbrechen wird der Mageninhalt durch Kontraktion der Bauchmuskeln (Bauchpresse) und nicht durch Kontraktionen des Magens in die Speiseröhre gepreßt und durch antiperistaltische Wellen des Ösophagus zur Mundhöhle befördert. Der Brechvorgang unterscheidet sich somit

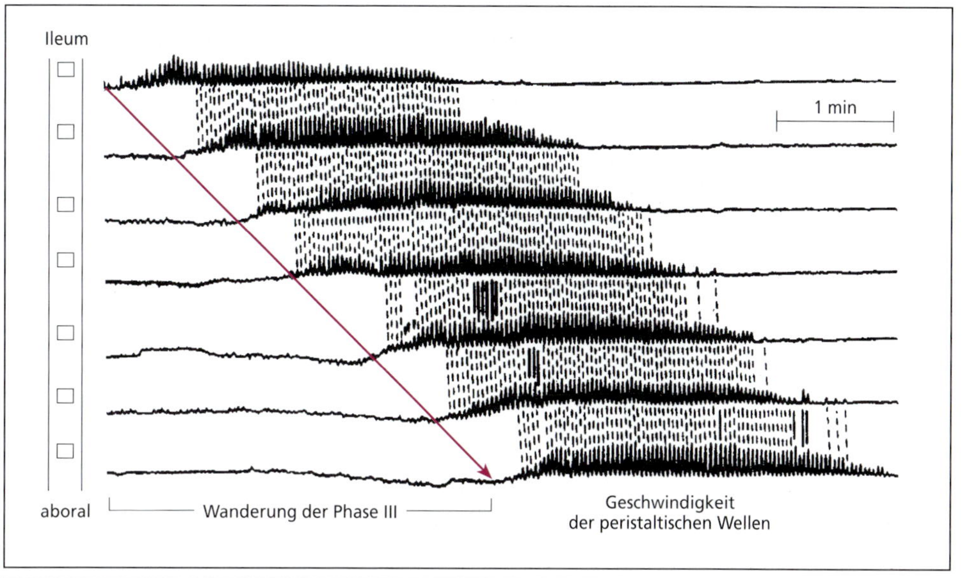

Abb. 15.16 Die Phase III der interdigestiven Motorik – auch wandernder motorischer Komplex genannt – ist ein komplexes Kontraktionsmuster, das aus langen peristaltischen Wellen (gestrichelte Linien) besteht. Die Phase III wandert langsam nach aboral weiter (roter Pfeil), indem die aufeinanderfolgenden peristaltischen Wellen jeweils etwas weiter aboral beginnen und enden.

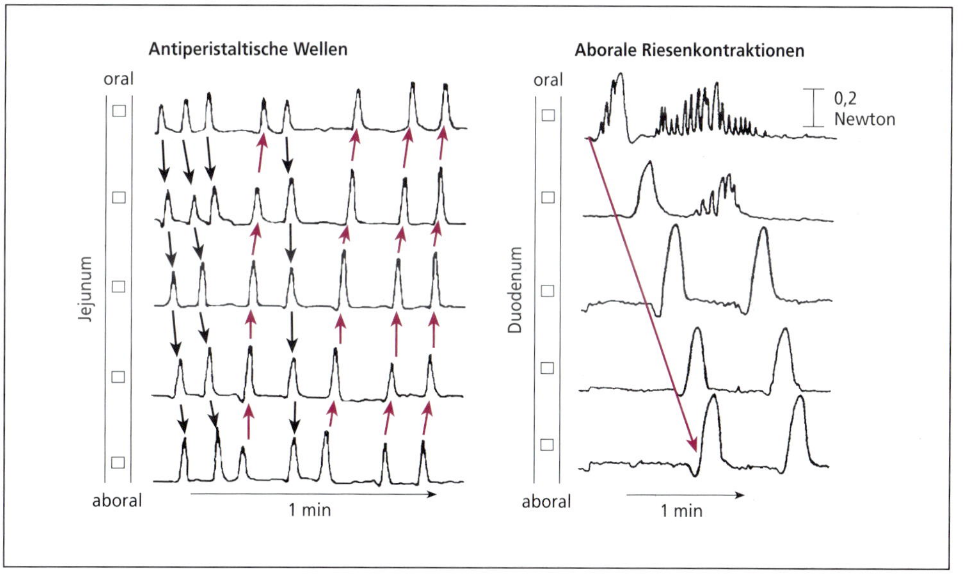

Abb. 15.17 Riesenkontraktionen am proximalen Darm und antiperistaltische Wellen sind pathologische Kontraktionsformen. Wechselnde peristaltische (schwarze Pfeile) und antiperistaltische Wellen (rote Pfeile) des Jejunums traten beim Hund häufig nach distaler Gastrektomie auf.

grundlegend von der Rejektion der Wiederkäuer, bei der Vormageninhalt durch Inspiration bei geschlossener Glottis in den Ösophagus angesaugt wird (Kap. 15.3.5.5).

Die Geschwindigkeit der Riesenkontraktionen ist langsamer als die der peristaltischen Wellen; sie beträgt 0,4-0,8 cm/s. Das Auftreten von oralen oder aboralen Riesenkontraktionen während der postprandialen Periode ist als pathologisch anzusehen. Orale oder aborale Riesenkontraktionen können z.B. durch Enterotoxine (Choleratoxin) oder durch verschiedene Pharmaka wie Apomorphin, Dopamin oder Erythromycin ausgelöst werden.

Antiperistaltische Wellen sind am Dünndarm nur als seltenes, pathologisches Kontraktionsmuster anzutreffen (Abb. 15.17). Nach Magenteilresektionen konnten beim Hund anhaltende Phasen von peristaltischen und antiperistaltischen Wellen beobachtet werden. Das Erscheinungsbild der einzelnen Kontraktionsformen des Dünndarmes ist am besten durch röntgenologische Darstellung der Bewegungsvorgänge ersichtlich.

Die Dünndarmmotorik besteht aus verschiedenen Kontraktionsformen: peristaltischen Wellen, Segmentationskontraktionen, stationären und wandernden Kontraktionsgruppen, dem wandernden motorischen Komplex und Riesenkontraktionen.

15.3.2.3 Entstehung der Kontraktionsformen

Die Kontraktionsformen des Dünndarmes werden durch das enterische Nervensystem in Verbindung mit den elektrischen langsamen Wellen der glatten Muskulatur gesteuert. Das enterische Nervensystem des Darmes übt eine hemmende Wirkung

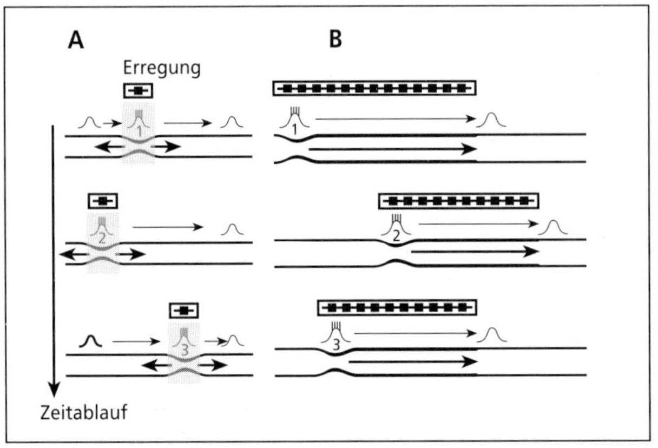

Abb. 15.18 **A** Stationäre Kontraktionen, die das Lumen abschnüren, entstehen durch eine kurze Erregung eines kurzen Darmsegmentes. Sie treten in unregelmäßiger zeitlicher Folge an verschiedenen Stellen des Darmes auf. Sie schieben den Darminhalt nach oral und aboral und bewirken somit eine Durchmischung. **B** Einzelne peristaltische Wellen, die an wechselnden Darmsegmenten auftreten, entstehen durch eine jeweils kurze Erregung eines langen Darmsegmentes.

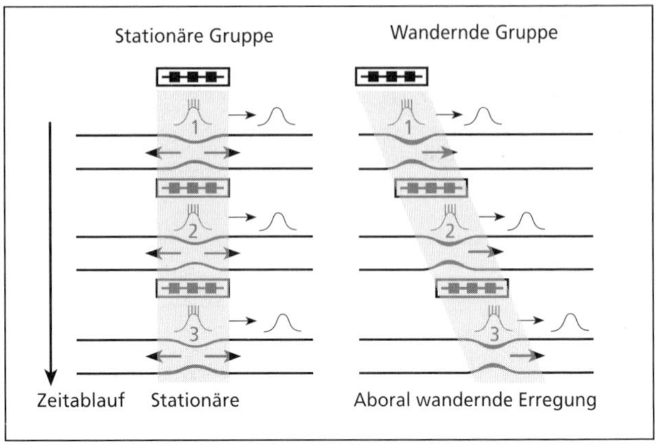

Abb. 15.19 Kontraktionsgruppen entstehen durch eine lang anhaltende Erregung eines kurzen Darmsegmentes. Die an dem erregeten Darmsegment nacheinander ablaufenden slow waves erzeugen 4-10 kurze peristaltische Wellen in der maximalen Frequenz und somit eine Kontraktionsgruppe. Die Gruppe ist stationär, wenn die Erregung an dem betreffenden Darmsegment verbleibt, wenn sich die Erregung dagegen nach aboral verschiebt, wandert die Gruppe am Darm weiter. Das Erregungsmuster der Phase III entspricht der wandernden Gruppe, das erregte Segment und damit die Länge der peristaltischen Wellen sind jedoch größer. Schwarze Rechtecke = Schaltkreise des peristaltischen Reflexes (Kap. 15.2.1.4).

auf die Motorik aus, indem NO und VIP als hemmende Überträgerstoffe freigesetzt werden. Hierdurch bleiben die langsamen Wellen der glatten Muskelzellen unterschwellig, und potentialabhängige Calciumkanäle bleiben geschlossen. Kontraktionen treten erst ein, wenn die neurale Bremse gelöst wird und somit einzelne Darmsegmente erregbar werden. Diese Erregung des Darmes durch das enterische Nervensystem kann räumlich und zeitlich unterschiedlich erfolgen und hierdurch verschiedene Kontraktionsformen herbeiführen (Tab. 15.5 und Abb. 15.18 und 15.19). Der peristaltische Reflex stellt dabei den grundlegenden Schaltkreis des enterischen Nervensystems dar (s. enterisches Nervensystem, Kap. 15.2). Die Schaltkreise des peristaltischen Reflexes sind entlang des Darmes wie Perlen einer Perlenkette aneinandergereiht und durch Interneurone miteinander verbunden (Abb. 15.18 und 15.19). Bei der Erregung einzelner Darmbereiche werden die Schaltkreise des peristaltischen Reflexes aktiviert. Hierdurch wird die Wirkung der Hemmneurone aufgehoben und somit die Bremse gelöst. Durch Freisetzung von Acetylcholin werden in Verbindung mit den langsamen Wellen der glatten Muskulatur potentialabhängige Calciumkanäle geöffnet. Der Calcium-Einstrom wiederum löst die elektromechanische Kopplung aus und ist mit der Bildung von Spikepotentialen verbunden (Kap. 7.2.3). Auf diese Weise sind stationäre Segmentationskontraktionen, peristaltische Wellen, stationäre und wandernde Kontraktionsgruppen sowie die Phase III von den langsamen Wellen der glatten Muskulatur abhängig. Die Riesenkontraktionen sind dagegen unabhängig von den langsamen Wellen des Darmes. Sie werden ausschließlich durch das enterische Nervensystem gesteuert: Während des Auftretens der Riesenkontraktionen werden die langsamen Wellen der glatten Muskulatur kurzzeitig unterdrückt und es wird eine Salve von Aktionspotentialen erzeugt, die langsam in oraler oder aboraler Richtung fortschreitet. Die verschiedenen Kontraktionsmuster des Dünndarmes sind im enterischen Nervensystem in Form von Schaltkreisen programmiert und werden durch luminale Reize über Reflexe oder Hormone aktiviert (Abb. 15.20). So stimuliert Cholecystokinin beispielsweise den peristaltischen Programmablauf, während Neurotensin am Dünndarm des Hundes ausgeprägte Segmentationskontraktionen hervorruft. Somatostatin hat dagegen eine allgemein hemmende Wirkung auf die Darmmotorik.

Tabelle 15.5 Entstehung der Kontraktionsformen des Dünndarmes durch unterschiedliche Erregungsmuster.

Kontraktionsform	Dauer der Erregung	Länge des erregten Darmsegmentes
stationäre Kontraktion	kurz	kurz
peristaltische Wellen	kurz	lang
stationäre Kontraktionsgruppe	lang	kurz
wandernde Kontraktionsgruppe	lang	kurz und aboral wandernd
Phase III	lang	lang und aboral wandernd

Abb. 15.20 Luminale Reize lösen vago-vagale Reflexe aus, die über vorhandene Schaltkreise des enterischen Nervensystems unterschiedliche Kontraktionsmuster erzeugen.

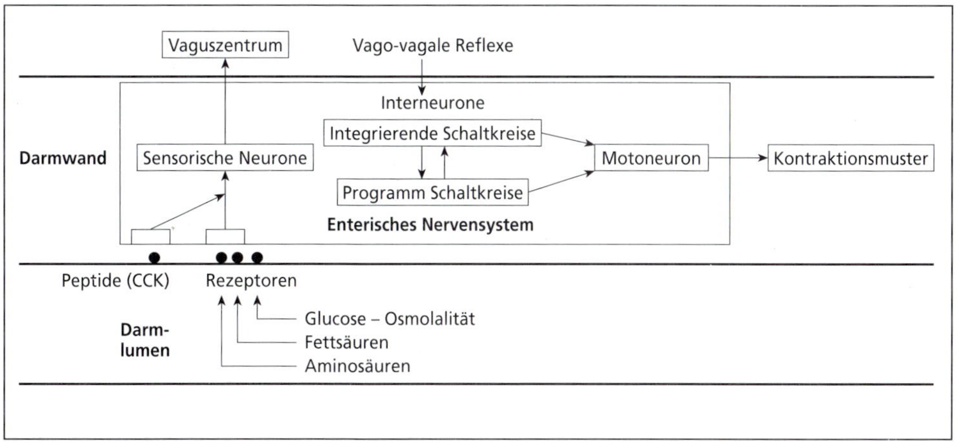

15.3.2.4 Regulation der Dünndarmmotorik und des Chymustransports

Nach der Fütterung wird die Darmmotorik sowohl durch Dehnungsreize stimuliert als auch durch die luminalen Nährstoffe beeinflußt. Die postprandiale Darmmotorik besteht aus einer Mischung von stationären Segmentationskontraktionen, Kontraktionsgruppen und kurzen, peristaltischen Wellen (Abb. 15.21). Die Segmentationskontraktionen und die stationären Kontraktionsgruppen sorgen für eine Durchmischung des Chymus, während einzelne, kurze peristaltische Wellen sowie wandernde Kontraktionsgruppen den Chymus langsam in aboraler Richtung weitertransportieren. Mit zunehmender Füllung distaler Darmbereiche wird die Motorik des proximalen Darmes gehemmt. Die Zahl der peristaltischen Wellen nimmt ab und die Zahl der Segmentationskontraktionen nimmt zu. Die Flußrate im Darm wird im wesentlichen von der Länge und der Zahl der peristaltischen Wellen bestimmt. Diese Feedback-Regulation, die von Nährstoffen in distalen Darmbereichen ausgelöst wird, verringert daher nicht nur die Magenentleerung, sondern auch den Nährstofffluß des proximalen Darmes. Sie ist der wichtigste Steuerungsmechanismus, mit dem der Nährstofffluß an die Verdauungs- und Resorptionsvorgänge angepaßt wird. Bei der Feedback-Hemmung, die durch Nährstoffe in distalen Darmbereichen ausgelöst wird, sind außer Reflexen auch Hormone beteiligt, insbesondere das Peptid YY und das Glucagon-ähnliche Peptid (GLP-1).

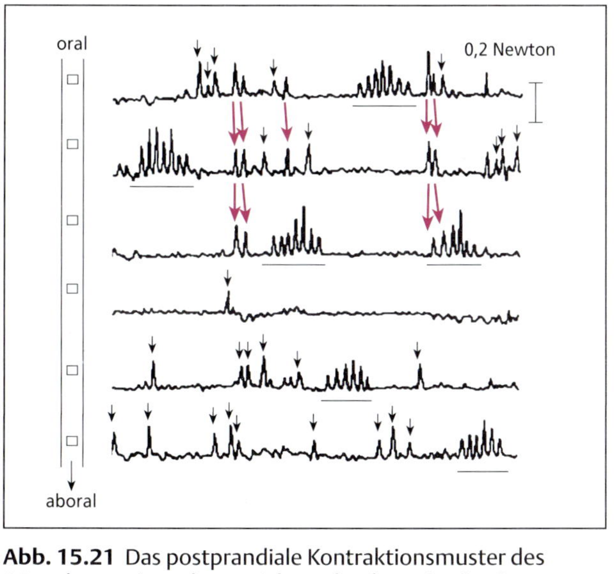

Abb. 15.21 Das postprandiale Kontraktionsmuster des Dünndarmes ist gekennzeichnet durch stationäre Segmentationskontraktionen (schwarze Pfeile), stationäre und wandernde Kontraktionsgruppen (horizontale Linien) sowie einzelne kurze peristaltische Wellen (rote Pfeile).

> Durch Feedback-Regulation des Darmes werden nicht nur Magenentleerung, sondern auch Motorik und Chymustransport in jeweils proximalen Darmbereichen gesteuert.

15.3.3 Interdigestive Motorik von Magen und Dünndarm

H. J. Ehrlein

Bei Omnivoren und Carnivoren kann der tägliche Nährstoffbedarf in etwa 12 Stunden verdaut und resorbiert werden, so daß Magen und Dünndarm in der restlichen Zeit weitgehend leer sind. Dieser Zeitraum wird als **interdigestive Periode** bezeichnet. Der leere Magen-Darm-Kanal verharrt jedoch nicht in einem Zustand motorischer Ruhe, sondern er erzeugt rhythmisch wiederkehrende Aktivitätszyklen, die als interdigestive Motorik bezeichnet werden. Bei vielen monogastrischen Pflanzenfressern sowie bei den Wiederkäuern bleiben Magen und Dünndarm immer gefüllt, so daß bei diesen Tieren keine deutliche Trennung zwischen einer digestiven und einer interdigestiven Periode mög-

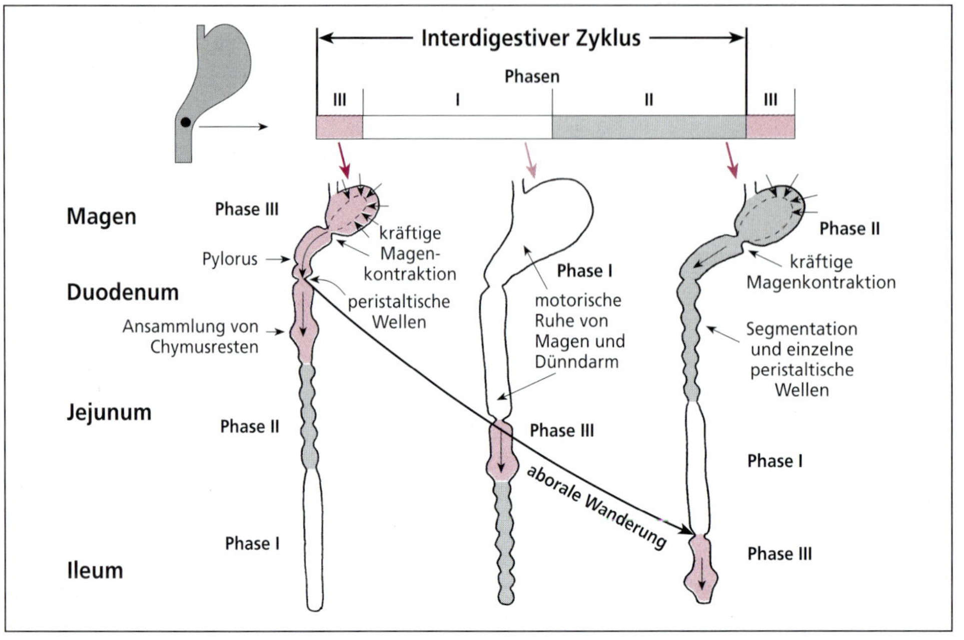

Abb. 15.22 Die interdigestive Motorik besteht aus drei Phasen (Phase I, II und III). Die Phase III bzw. der wandernde motorische Komplex beginnt gleichzeitig am Magen und Duodenum und wandert über den Dünndarm innerhalb von 90-120 Minuten. Wenn eine Phase III das Ileum erreicht, beginnt die nächste Phase III am Magen und Duodenum.

lich ist. Dennoch treten auch bei diesen Tieren die typischen Kontraktionsmuster der interdigestiven Motorik auf.

Die interdigestive Motorik besteht aus drei Phasen, die als Phase I, Phase II und Phase III bezeichnet werden (Abb. 15.22). Die Phase I ist eine Phase der motorischen Ruhe, in der Phase II treten am Darm Kontraktionen in unregelmäßiger Folge auf, während die Phase III durch das zuvor beschriebene Kontraktionsmuster des Dünndarmes gekennzeichnet ist (Abb. 15.16 und 15.22). Bei den Omnivoren und Carnivoren kehren diese drei Phasen zyklisch wieder. Die Dauer eines solchen Aktivitätszyklus ist tierartlich unterschiedlich: beim Hund und Schwein dauern die Zyklen etwa 90 Minuten, bei der Ratte dagegen nur 15 Minuten. Von den drei Phasen des interdigestiven Zyklus kommt der Phase III die größte Bedeutung zu. Die Phase III beginnt bei den Omnivoren und Carnivoren gleichzeitig am Magen und Duodenum (Abb. 15.22). Am Magen treten im Abstand von 2-3 Minuten 1-2 kräftige Kontraktionen des Magenspeichers und kräftige peristaltische Wellen auf (Abb. 15.22). Der Pylorus öffnet sich dabei weit, und der Bulbus duodeni erschlafft, d. h., es ist eine ausgeprägte antroduodenale Koordination vorhanden. Hierdurch pressen die Magenkontraktionen, im Gegensatz zur digestiven Periode, Nahrungs- und Sekretreste oder unverdauliche Nahrungspartikel in den Darm. Der Magen wird somit von Inhalt befreit und gereinigt. Große Partikel, die der Magen nicht zerkleinern kann – wie Knochenstücke, Pfirsichkerne, schwer lösliche Tabletten o.a. – werden beim Hund am Ende der Magenentleerung durch die interdigestive Motorik in den Darm gepreßt. Am Darm besteht die Phase III aus peristaltischen Wellen, die an einem Darmsegment in der maximalen Frequenz auftreten (Abb. 15.16) und Chymusreste sowie Sekrete in distaler Richtung weitertransportieren. Die Phase III wandert vom Duodenum langsam über den gesamten Dünndarm bis zum Ileum (Abb. 15.22). Die aborale Wanderung der Phase III ist – wie die der Kontraktionsgruppen – dadurch bedingt, daß sich die Erregung des Darmsegmentes langsam nach aboral verschiebt (Abb. 15.19) und hierdurch die aufeinanderfolgenden peristaltischen Wellen jeweils einige Millimeter weiter aboral beginnen und enden (Abb. 15.23). Die Phase III schiebt auf diese Weise Chymus- und Sekretreste vor sich her und reinigt somit Magen und Dünndarm. Bei Wiederkäuern, deren Labmagen nicht leer wird, gibt es die kräftigen Magenkontraktionen der Phase III nicht. Am Dünndarm tritt jedoch die Phase III in gleicher Weise wie bei monogastrischen Tieren auf trotz anhaltender digestiver Periode. Wenn bei Wiederkäuern eine Phase III am Duodenum beginnt, tritt am Labmagen eine kurzzeitige Hemmung der Motorik ein. Bei Schweinen können Phasen III des Darmes auch postprandial eintreten, so daß die Phase III am postprandialen Chymustransport wesentlich beteiligt ist. Bei der Katze treten Riesenkontraktionen anstelle der Phase III ein. Die Funktion der Phase III besteht in der Reinigung des Darmes von Chymusresten. Sie verhindert zugleich eine bakterielle Überwucherung des Darmes. Die Reinigungswirkung der Phase III wird durch eine vermehrte Magen-, Pankreas- und Gallensekretion unterstützt, die kurz vor Beginn der Phase III eintritt.

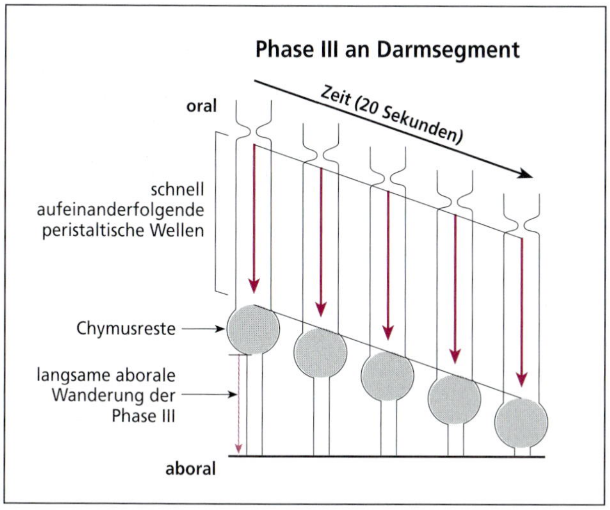

Abb. 15.23 Die Phase III des Düündarmes besteht aus peristaltischen Wellen, die in maximaler Frequenz zirka 5-10 Minuten lang über ein begrenztes Darmsegment ablaufen. Sie reinigen das Darmsegment von Chymusresten, die sich aboral des Segmentes ansammeln. Da jede folgende Welle etwas weiter aboral beginnt und endet, wandert die Phase III langsam nach aboral weiter.

Ein aboral wandernder Bereich von peristaltischen Wellen (Phase III) reinigt den Dünndarm in regelmäßigen Intervallen.

• **Regulation der interdigestiven Motorik**

Die Phase III der interdigestiven Motorik wird vom enterischen Nervensystem rhythmisch erzeugt. Durch die Nahrungsaufnahme wird die Bildung der Phase III unterdrückt, so daß vorübergehend ein postprandiales Kontraktionsmuster auftritt. Diese Hemmung der Phasen III ist bei Wiederkäuern und Schweinen unvollständig. An der postprandialen Unterdrückung der Phase III sind sowohl vago-vagale Reflexe als auch eine große Anzahl von gastrointestinalen Hormonen beteiligt. Durch exogene Verabreichung verschiedener intestinaler Hormone wie Gastrin, Sekretin oder Cholecystokinin wird die interdigestive Motorik unterdrückt, und es tritt ein typisches Fütterungs-Kontraktionsmuster ein. Die Füllung des Magen-Darm-Kanals durch die Nahrungsaufnahme unterdrückt ebenfalls die Phase III über vagale Reflexe. Wenn nach der Nahrungsaufnahme der Vagus durch Kühlung ausgeschaltet wird, hört das digestive Kontraktionsmuster auf, und es treten wieder Phasen III ein. Das Wiederauftreten der Phase III nach Ende der postprandialen Periode wird durch die Freisetzung von Motilin aus endokrinen Zellen der Duodenalschleimhaut gefördert. Durch operative Eingriffe in der Bauchhöhle bleibt die Phase III in Abhängigkeit des Schweregrades über einige Stunden oder Tage aus. Das Wiederauftreten der Phase III ist postoperativ ein Anzeichen dafür, daß sich die Magen-Darm-Funktionen wieder normalisiert haben.

15.3.4 Motorik des Dickdarmes

H. J. Ehrlein

Die Dickdärme haben im wesentlichen zwei Funktionen: Sie stellen Gärkammern dar, in denen die unverdaulichen Nährstoffe bakteriell abgebaut werden, zum anderen dienen sie zur Wasserresorption und damit zur Kotbildung (Kap. 15.7). Für diese Funktionen muß der Chymus kräftig durchmischt und langsam aboral weitertransportiert werden.

Durchmischung und Transport des Chymus werden durch vier Kontraktionsformen erreicht: 1. peristaltische und antiperistaltische Wellen, 2. aboral wandernde Segmentationskontraktionen, 3. Haustrenbewegungen und 4. aboral laufende Riesenkontraktionen. Bei den peristaltischen und antiperistaltischen Wellen ist charakteristisch, daß die Einschnürungstiefe der Kontraktionswellen im Gegensatz zum Dünndarm gering ist. Dadurch ist der Vorschub des Chymus begrenzt, zugleich tritt durch die zentrale Öffnung ein düsenartiger Rückstrom und somit eine kräftige Durchmischung des

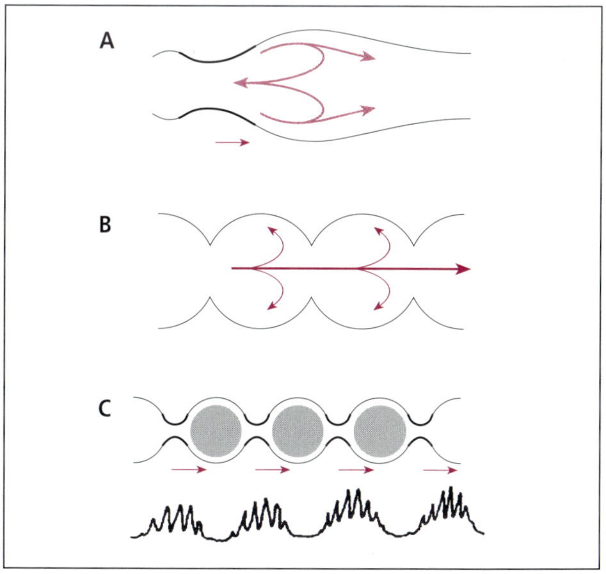

Abb. 15.24 A. Am Caecum und Colon erzeugen peristaltische Wellen nur eine geringe Einschnürungstiefe und führen somit zu einem geringen Vorschub, verbunden mit einem Rückfluß durch den zentralen Schnürring.
B. An einem haustrierten Dickdarm bewirken peristaltische Wellen einen geringen zentralen Fluß und eine Durchmischung des Chymus in den Haustren.
C. Am Dickdarm treten häufig viele, langanhaltende Einschnürungen ein, die nach aboral weiterwandern. Der Chymus wird in Segmente unterteilt und langsam weitertransportiert. In der Registrierung entstehen dabei Kontraktionsgruppen.

Chymus ein (Abb. 15.24A). Die Segmentationskontraktionen unterteilen den Chymus in einzelne Boli (Abb. 15.24C). Im Gegensatz zum Dünndarm treten sie nicht kurzzeitig und an wechselnden Stellen auf, sondern stellen lang anhaltende, zirkuläre Einschnürungen dar, die sich zugleich langsam in aboraler Richtung bewegen (Abb. 15.24C). Haustrenbewegungen können in einem Wechsel von Kontraktion und Erschlaffung bestehen und den Chymus umwälzen, oder sie können eine oral gerichtete Rollbewegung mit gezieltem Transport von Flüssigkeit darstellen. Aboral laufende Riesenkontraktionen sind wie am Dünndarm durch eine große Kontraktionsstärke und -dauer sowie durch eine langsamere Geschwindigkeit im Vergleich zu peristaltischen Wellen gekennzeichnet. Sie erzeugen einen besonders starken aboralen Chymustransport. In Verbindung mit den morphologischen Unterschieden der Dickdärme kommen die vier Kontraktionsformen bei den einzelnen Tierarten in unterschiedlicher Ausprägung vor, so daß man sich ohne detaillierte Beschreibung ein falsches Bild von den motorischen Vorgängen machen würde. Daher ist es erforderlich, die Dickdarmmotorik der einzelnen Tierarten darzustellen.

15.3.4.1 Dickdarmmotorik des Schweines

Der Chymustransport vom Ileum in das Colon erfolgt beim Schwein schubartig. Nach einer Phase mit Segmentationskontraktionen erschlafft das terminale Ileum plötzlich und entleert den Chymus durch eine kräftige Riesenkontraktion in den Dickdarm (Abb. 15.25D). In Abhängigkeit vom Ballaststoffgehalt des Futters treten diese Entleerungsschübe im Abstand von 6,5- 8,5 Minuten ein, d.h. 7-9 mal pro Stunde. Zu etwa 70% tritt unmittelbar nach dem Chymusfluß eine peristaltische Welle des Caecums und Colons ein, die den übergetretenen Chymus und das im Caecum gebildete Gas in das Colon weitertransportiert (Abb. 15.25D). Die Wellen breiten sich mit einer Geschwindigkeit von 4,4 cm/s über den gesamten Colonkegel aus. Durch jede Welle wird Gas über weite Strecken transportiert, der Coloninhalt wird dagegen nur wenige Zentimeter weitergeschoben und zugleich in den Haustren durchmischt (Abb. 15.24B). Da die Kontraktionsstärke der peristaltischen Wellen in distaler Richtung abnimmt, verlangsamt sich der Chymustransport. Die ausgeprägten Haustren des Schweinecolons zeigen nur minimale Eigenbewegungen und tragen nur gering zur Durchmischung des Chymus bei. Während der Erschlaffung, die den peristaltischen Wellen vorausgeht, verringern sich die haustralen Einschnürungen, nach der Kontraktionswelle treten die Haustren wieder verstärkt in Erscheinung. Wenn bei dem Chymusfluß vom Ileum keine peristaltische Colonwelle auftritt, wird der Chymus durch Haustrenbewegungen in das Caecum zurücktransportiert. Im Caecum und Anfangsteil des Colons ist eine ausgeprägte Gasbildung infolge der Gärung vorhanden.

15.3.4.2 Dickdarmmotorik des Schafes

Der Chymusfluß vom Ileum in den Dickdarm erfolgt sowohl während der Phase III als auch in der übrigen Zeit durch peristaltische Wellen, die häufig in der maximalen Frequenz von 15 Kontraktionen/min auftreten (Tab. 15.3). Die peristaltischen Wellen schnüren das Lumen nahezu vollständig ein. Da die peristaltischen Wellen eine geringe Ausbreitungsgeschwindigkeit von 0,4 cm/s haben und über das gesamte terminale Ileum laufen, sind mehrere peristaltische Wellen gleichzeitig vorhanden (Abb. 15.25). Sie unterteilen den Chymus in einzelne Boli und schieben diese langsam durch den anhaltend geöffneten Ileocaecalsphincter in den Dickdarm. Die Motorik des Caecums und des Anfangsteils des Colons ist durch peristaltische und antiperistaltische Wellen gekennzeichnet. Die mittlere Frequenz der peristaltischen und antiperistaltischen Wellen beträgt 1/min, die mittlere Geschwindigkeit beträgt 4,3 cm/s (Tab. 15.3). Die peristaltischen und antiperistaltischen Wellen treten in unregelmäßiger Folge auf und laufen über unterschiedlich weite Strecken des Caecums (Abb. 15.25B). Die Kontraktionsstärke und somit die Einschnürungstiefe der Wellen sind ebenfalls variabel. In der Regel schnüren die Wellen das Lumen nur teilweise ein und bewirken daher eine kräftige Durchmischung des Chymus im Bereich des Caecums und des Anfangsteils des Colons (Abb. 15.24A). Nach einiger Zeit der Durchmischung – im Mittel nach 4,7 Minuten – wird der Chymus durch peristaltische Wellen und Riesenkontraktionen in das Colon weitertransportiert (Abb. 15.25C und Tabelle 15.3). Die Wellen beginnen im aboralen Bereich des Caecums oder im Anfangsteil des Colons und haben eine Geschwindigkeit von 4,7±0,3 cm/s. Etwa 60% der Wellen enden im proximalen Colon, während 40% der Wellen sich bis in das Spiralcolon ausbreiten und dieses mit Chymus füllen (Abb. 15.25F). Einige zusätzliche peristaltische Wellen beginnen im mittleren Bereich des proximalen Colons und treten ebenfalls auf das Spiralcolon über und einige peristaltische Wellen beginnen und enden im Bereich des Spiralcolons. Die mittlere Frequenz von peristaltischen Wellen im Spiralcolon beträgt etwa 2 Wellen/Stunde. Im Spiralcolon wird der Chymus durch lang anhaltende

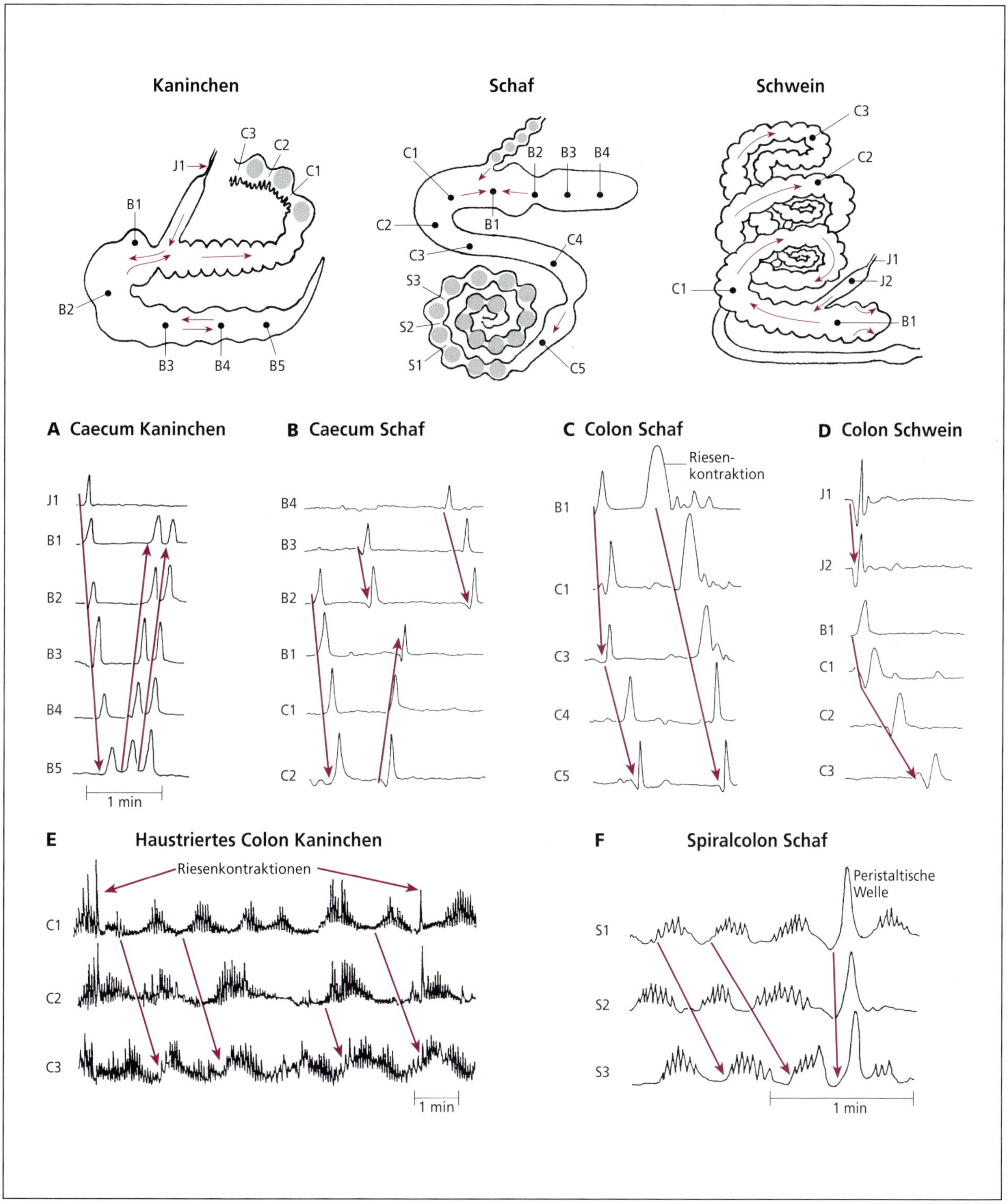

Abb. 15.25 Typische Kontraktionsformen des Dickdarmes beim Kaninchen, Schaf und Schwein. **A, B:** Die Caecummotorik von Kaninchen und Schaf ist durch peristaltische und antiperistaltische Wellen gekennzeichnet. **C:** Im proximalen Colon des Schafes sind peristaltische Wellen und Riesenkontraktionen vorherrschend. **D:** Beim Schwein wird das Ileum durch Riesenkontraktionen entleert, die häufig mit Caecumkontraktionen und peristaltischen Wellen des Colons koordiniert sind. **E, F:** Die Motorik des einfach-haustrierten Colons des Kaninchens sowie des Spiralcolons des Schafes ist durch langanhaltende, aboral wandernde Segmentationskontraktionen gekennzeichnet, die den Chymus in Boli unterteilen und langsam weiterschieben. In den registrierten Kurven treten die Segmentationskontraktionen als rhythmischer Basisanstieg in Erscheinung. Überlagerte frequente Kontraktionen erzeugen das Bild von Kontraktionsgruppen. Sie stellen am Colon des Kaninchens Haustrenbewegungen, am Spiralcolon des Schafes oberflächliche Kontraktionswellen dar. Ein schnellerer Weitertransport erfolgt durch einzelne peristaltische Wellen bzw. Riesenkontraktionen. I: Ileum, B: Blinddarm, C: Colon, S: Spiralcolon.

Segmentationskontraktionen in viele Boli unterteilt. Die Segmentationskontraktionen schreiten mit 7,3 cm/min in aboraler Richtung fort (Tab. 15.3). Hierdurch werden die Boli langsam in aborale Richtung geschoben (Abb. 15.25F). Wenn eine peristaltische Welle im Spiralcolon auftritt, erschlafft das Darmsegment aboral der Welle, die Segmentationen werden kurzzeitig aufgehoben, und der Chymus wird rasch über unterschiedliche Strecken des Spiralcolons weitergeschoben, manchmal bis zum Ende des Spiralcolons. Außer den peristaltischen Wellen treten am Caecum und Colon 2 bzw. 2,8mal pro Stunde aboral laufende Riesenkontraktionen auf. Sie sind durch eine große Amplitude, eine lange Kontraktionsdauer und eine geringere Geschwindigkeit gekennzeichnet (Abb. 15.25C und Tab. 15.3). Sie breiten sich meist nur über ein kurzes Darmsegment aus. Da das Caecum und das proximale Colon ein weites Lumen haben, schnüren selbst die Riesenkontraktionen das Lumen nicht vollständig ein. Sie bewirken zwar einen kräftigeren aboralen Transport als die peristaltischen Wellen, entleeren das Caecum und proximale Colon aber nicht vollständig. Nur im Bereich des Spiralcolons schnüren die Riesenkontraktionen das Darmlumen ganz ein, so daß der gesamte Darminhalt weitergeschoben wird. Wenn die Riesenkontraktionen oder peristaltischen Wellen des Spiralcolons aufhören, tritt sofort wieder die Segmentierung des Chymus ein. Die mittlere Transitzeit durch das Spiralcolon beträgt eine Stunde. Bei einem beschleunigten Chymustransport durch das Spiralcolon bilden Schafe Kotballen anstelle der kleinen Kotpellets.

15.3.4.3 Dickdarmmotorik des Kaninchens

Bei Kaninchen, die ein sehr großes Caecum haben, besteht die Caecummotorik aus peristaltischen und antiperistaltischen Wellen (Abb. 15.25A), die abwechselnd vom Bereich des Ileo-Caecalsphincters zur Blinddarmspitze und von der Blinddarmspitze in Richtung Colon zurücklaufen. Die Frequenz der Caecumkontraktionen zeigt tagesrhythmische Schwankungen mit Maxima (2,1 Kontraktionen/min) während der Nacht und Minima (1,0 Kontraktionen/min) während des Tages. Die peristaltischen und antiperistaltischen Wellen bewirken vorwiegend eine Durchmischung des Caecuminhaltes (Abb. 15.24A). Der Chymustransport vom Ileum in das Caecum erfolgt schubartig durch eine peristaltische Welle. Die Ileumkontraktion ist in der Regel mit einer antiperistaltischen Caecumwelle koordiniert, so daß der vom Ileum übergetretene Chymus zunächst mit dem Caecuminhalt gemischt wird (Abb. 15.25A). Durch die aboral gerichteten peristaltischen Caecumwellen wird Blinddarminhalt in das proximale, dreifach haustrierte Colon geschoben. Die Dehnung des Colons stimuliert Haustrenbewegungen, die durch eine oral laufende Rollbewegung Flüssigkeit mit darin gelösten Substraten aus dem proximalen Colon in das Caecum zurücktransportieren. Am Übergang zum einfachhaustrierten Colon treten – wie in der Spirale des Schafes – aboral wandernde Segmentationskontraktionen auf, die den Chymus in einzelne Boli unterteilen und ihn langsam nach aboral weitertransportieren. Die Segmentationskontraktionen sind von Haustrenbewegungen überlagert (Abb. 15.24C und 15.25E). Sie transportieren durch eine oral gerichtete Rollbewegung flüssigen Dickdarminhalt und auch Mikroorganismen über das dreifach-haustrierte Colon in das Caecum zurück, während die unverdaulichen, festen Bestandteile des Coloninhaltes gleichzeitig durch die aboral wandernden Segmentationskontraktionen in distaler Richtung weiterbefördert und langsam zu festen Kotpellets geformt werden (Hartkot). Auf diese Weise findet eine Trennung von flüssigem und festem Inhalt statt. Außer den bekannten, kaffeebohnenartigen Kotpellets scheiden Kaninchen in tagesrhythmischen Schwankungen weiche Pellets aus, die als Weichkot bezeichnet werden. Während der Phase der Weichkotbildung sind Haustrenbewegungen gering ausgeprägt, und der aborale Transport von Caecum- und Coloninhalt wird durch aboral fortschreitende Riesenkontraktionen unterstützt (Abb. 15.25E). Sie schnüren als kräftige Kontraktionswelle das Lumen vollständig ab und schieben den gesamten Coloninhalt in aboraler Richtung weiter. In der Weichkotphase wird somit vorwiegend nährstoffhaltiger Caecuminhalt ausgeschieden. Daher wird der Weichkot auch als **Caecotrophe** bezeichnet. Die Caecotrophe wird von den Tieren direkt vom After oral aufgenommen (Kap. 18.8 u. Abb. 15.74). Die Hart- und Weichkotbildung wird außer der Motorik auch durch unterschiedliche Resorptions- und Sekretionsvorgänge beeinflußt (Kap. 15.7.3.4). Diese werden im Kapitel „Resorption und Sekretion im Dickdarm" behandelt.

15.3.4.4 Colonmotorik des Hundes

In der interdigestiven Periode werden Chymus- und Sekretreste durch aboral wandernde Kontraktionsgruppen, durch Riesenkontraktionen und durch die Phase III vom Ileum in den Dickdarm transportiert. In der digestiven Phase erfolgt der Chymusfluß in unregelmäßiger Folge durch kurze peristaltische Wellen und durch Segmentationskontraktionen, die im Sphincterbereich eintreten.

Die Colonmotorik des Hundes wurde durch Registrierung der elektrischen oder mechanischen Aktivität am ausführlichsten untersucht. Eine funktionelle Beschreibung der Kontraktionen fehlt jedoch bisher. Es wurden drei Arten von Colonkontraktionen beschrieben: 1. einzelne phasische Kontraktionen, die in solche von kurzer und langer Dauer unterteilt werden, 2. organisierte Gruppen von Kontraktionen, die als wandernde oder nichtwandernde motorische Komplexe bezeichnet werden, und 3. Riesenkontraktionen. Die aboral wandernden motorischen Komplexe werden vorwiegend aus phasischen Kontraktionen von langer Dauer (0,5 bis 2 Minuten) gebildet. Bei Registrierung der elektrischen Aktivität treten die phasischen Kontraktionen von langer Dauer als lange „spikebursts" (LSB) in Erscheinung. Die langen spikebursts und somit die phasischen Kontraktionen schreiten in aboraler Richtung fort. Die motorischen Komplexe dürften somit aus peristaltischen Wellen bestehen, die über ein begrenztes Colonsegment laufen. Durch die aborale Wanderung des Komplexes wird der langsame aborale Transport des Chymus unterstützt. Die phasischen Kontraktionen von kurzer Dauer dürften oberflächliche Kontraktionswellen darstellen, welche die nahe an der Schleimhaut gelegene Chymusschicht umwälzen. Diese Kontraktionen des nicht-haustrierten Hundecolons dürften den Haustrenbewegungen anderer Tierarten entsprechen.

15.3.4.5 Dickdarmmotorik des Pferdes

Die Caecummotorik des Pferdes besteht – wie beim Kaninchen – aus peristaltischen und antiperistaltischen Wellen, die in rhythmischem Wechsel auftreten. Ein Teil der aboral gerichteten Kontraktionswellen tritt auf das Colon über und befördert somit Blinddarminhalt schubartig in das proximale Colon. Beim Pferd werden diese peristaltischen Wellen auch als „große Blinddarmbewegung" bezeichnet. Außer den peristaltischen und antiperistaltischen Wellen wurde am Caecum des Pferdes eine ausgeprägte Haustrenbildung mit Rollbewegungen beobachtet.

Über die Colonmotorik des Pferdes liegen bisher nur unvollständige Einblicke durch Röntgenuntersuchungen und Registrierung der elektrischen Aktivität vor. Die Befunde zeigen einige Analogien zu der Colonmotorik des Hundes. Am Colon des Pferdes wechseln, wie beim Hund, Aktivitätsphasen mit Phasen motorischer Ruhe ab. Hierdurch kommen wandernde Komplexe zustande, die beim Pferd jedoch durch sehr kurze Pausenphasen unterbrochen werden. Die wandernden Komplexe bestehen aus aboral fortschreitenden „spike-bursts". Es dürfte sich dabei um peristaltische Wellen handeln, die über ein kurzes Colonsegment laufen. Durch die gleichzeitige aborale Wanderung des Komplexes dürfte der Coloninhalt – wie beim Hund – langsam nach aboral weitertransportiert werden.

15.3.4.6 Gastrocolischer Reflex

Durch die Nahrungsaufnahme wird die Dickdarmmotorik sowohl des Hundes als auch des Kaninchens angeregt, während bei Schaf und Schwein nur eine geringe stimulierende Wirkung auftritt. Die Stimulation wird als **gastrocolischer Reflex** bezeichnet. Solche gastrointestinalen Reflexe werden sowohl durch Dehnung des Magens als auch durch Nährstoffe im Duodenum hervorgerufen. Außerdem sind an der Stimulation der Dickdarmmotorik die Hormone CCK und Gastrin beteiligt. Außer durch den gastrocolischen Reflex wird die Dickdarmmotorik bei allen Tieren durch die Füllung des Dickdarmes mit Chymus angeregt. Dies tritt im allgemeinen $1^1/_2$-2 Stunden nach der Nahrungsaufnahme ein. Bei Ad-libitum-Fütterung und bei Wiederkäuern wird die Variation des Chymusflusses mehr durch das Auftreten von digestiven Phasen III beeinflußt. So ist bei Wiederkäuern und beim Schwein nach Ablauf der Phase III im Ileum die Dickdarmmotorik für 10-20 Minuten verringert, da in dieser Zeit weniger Chymus vom Ileum in den Dickdarm fließt.

15.3.5 Vormagenmotorik und Ingestapassage

M. Kaske

15.3.5.1 Einleitung

Wiederkäuer haben sich im Laufe der Evolution zu Spezialisten für minderwertiges Futter entwickelt.

Die Verdauungsstrategie der Unterordnung *Ruminantia* hat sich im Laufe der Evolution als sehr erfolgreich erwiesen. Vertreter der drei wichtigsten Familien Bovidae (z.B. Rind, Schaf, Ziege, Antilopen), Cervidae (z.B. Reh, Elch) und Giraffidae (z.B. Giraffe, Okapi), besiedeln heute mit insgesamt 158 Species nahezu alle Klimazonen der Erde.

Die Phylogenese der *Ruminantia* ist verbunden mit der Entwicklung einer besonders effizienten Nutzung von Gräsern als Futtergrundlage. Gräser sind aufgrund des hohen Anteils an Gerüstsubstanzen (u.a. Cellulose, Hemicellulose und Lignin) und des häufig auch niedrigen Proteingehalts qualitativ minderwertiges Futter. Die anatomische Organisation des Gastrointestinaltrakts der heutigen Wiederkäuer repräsentiert das Ergebnis eines langen Adaptationsprozesses an cellulosereiche Nahrung.

Die β-glykosidische Bindung der Glucosemonomere im Cellulosemolekül kann von Säugetieren aufgrund des Fehlens körpereigener cellulolytischer Enzyme nicht gespalten werden; Wiederkäuer entwickelten deshalb mit dem Vormagensystem (sowie dem Dickdarm) Fermentationskammern im Gastrointestinaltrakt, in denen Protozoen, Bakterien und Pilze das Futter unter anaeroben Bedingungen aufschließen (Kap. 15.4.7 u. 15.7). Die vollständige Hydrolyse der Zellwandbestandteile erfordert das synergistische Zusammenwirken zahlreicher mikrobieller Enzyme und läuft per se langsam ab. Die Effizienz der Verdauung hängt somit von der Zeit ab, welche die Ingesta gegenüber den Mikroorganismen exponiert bleibt. Die Überlegenheit der Wiederkäuer bei der Nutzung von cellulosereichem Futter, verglichen mit monogastrischen Herbivoren, ergibt sich insbesondere aus der langen Verweilzeit der Ingesta im Vormagensystem (Kap. 15.8). Wiederkäuer können so den Nachteil des langsamen Abbaus der Zellwandbestandteile weitgehend kompensieren.

15.3.5.2 Funktionelle Anatomie des Vormagensystems

Das große Volumen und die starke Kompartimentierung des Vormagensystems ermöglichen eine lange Verweilzeit von Futterpartikeln und damit eine effektive mikrobielle Verdauung von pflanzlichen Gerüstsubstanzen. In Reticulorumen und Psalter laufen intensive Resorptionsvorgänge ab.

Das Vormagensystem unserer Hauswiederkäuer ist außerordentlich voluminös und nimmt den gesamten linken Bauchraum vom Zwerchfell bis zur Beckenhöhle ein. Das aufgenommene Futter kann somit lange gespeichert werden. Cranial in der Zwerchfellkuppel liegt die Haube (Syn.: Netzmagen, Reticulum). Die Schleimhaut der Haube bildet papillenbesetzte Leisten, die vier- bis sechseckige Zellen bilden; auch am Boden der Haubenzellen befinden sich kleine Schleimhautfältchen und Papillen. Diese Strukturen sind wichtig für Entmischungsvorgänge der Ingesta. Die Haube ist durch die Hauben-Pansen-Falte vom Pansenvorhof (Schleudermagen) getrennt. Funktionell bilden Haube und Pansen eine Einheit und werden deshalb auch als **Reticulorumen** bezeichnet.

Wichtige Voraussetzung für effektive mikrobielle Fermentationsvorgänge ist die ständige, intensive Durchmischung der Ingesta im Reticulorumen. Kontraktionen der glatten Muskulatur der Vormagenwand wären dazu angesichts des großen Volumens nicht ausreichend; die Kontraktionen der Pansenpfeiler jedoch, die als starke Muskelwülste weit in das Lumen des Pansens ragen, ermöglichen eine intensive Umwälzung der Ingesta im Vormagen. Der Pansen wird durch den cranialen und caudalen Pansenpfeiler, die Kranzpfeiler sowie den linken und rechten Längspfeiler in Pansenvorhof, dorsalen und ventralen Pansensack sowie ventralen und dorsalen Blindsack kompartimentiert. Als Anpassung an Rauhfutter mit häufig spitzen, scharfen Futterbestandteilen trägt die Pansenschleimhaut ein mehrschichtiges, verhorntes Epithel, das histologisch einige Ähnlichkeiten mit der Epidermis der Haut aufweist. Trotzdem werden im Reticulorumen große Mengen verschiedenster Substrate resorbiert (Kap. 15.4.3). Ein Hinweis darauf ist die erhebliche Vergrößerung der Schleimhautoberfläche durch die zahlreichen Zotten insbesondere im Bereich des ventralen Pansensackes und Pansenvorhofs. Die Blutversorgung des stark vascularisierten Vormagensystems erfolgt über Gefäße, die von der A. coeliaca abgehen; das venöse Blut gelangt über die Portalvene zunächst in die Leber und erreicht dann die V. cava caudalis.

Die Hauben-Psalter-Öffnung bildet den anatomischen Engpaß für die Passage der Ingesta aus dem Reticulorumen in den Psalter und befindet sich medial auf Höhe der Hauben-Pansen-Falte an deren Übergang zum Pansenvorhof. Die Hauben-Psalter-Öffnung wird von den beiden muskulösen Lippen der Haubenrinne umfaßt, die von der dorsal gelegenen Cardia spiralig nach caudoventral ziehen. Durch reflektorischen Schluß der Haubenrinne gelangt bei Kälbern die aufgenommene Milch unter Umgehung des Reticulorumens direkt in den Labmagen.

Der Psalter (Syn.: Blättermagen, Omasum) als dritter Vormagen hat eine runde bis ovale Form und liegt medial der Haube im intrathorakalen Raum der Bauchhöhle. Die zahlreichen, unterschiedlich großen Schleimhautfalten („Blätter") mit zahlreichen Papillen bewirken eine enorme Oberflächenvergrößerung und weisen darauf hin, daß auch im Psalter intensiv resorbiert wird.

Der birnenförmige Labmagen entspricht dem drüsenhaltigen Magen der Monogastriden und liegt überwiegend ventral und rechts der Medianen. Er steht mit dem Omasum über die weitlumige Psalter-Labmagen-Öffnung in Verbindung. Die Schleimhaut trägt im Fundusbereich große Falten, die pyloruswärts verstreichen; diese Schleimhautfalten sollen bei Kontraktionen der Labmagenwand den Reflux von Labmageninhalt in den Psalter verhindern.

15.3.5.3 Motorik von Haube und Pansen

Die Vormagenmotorik ermöglicht eine intensive Durchmischung der Ingesta, die Abgabe der

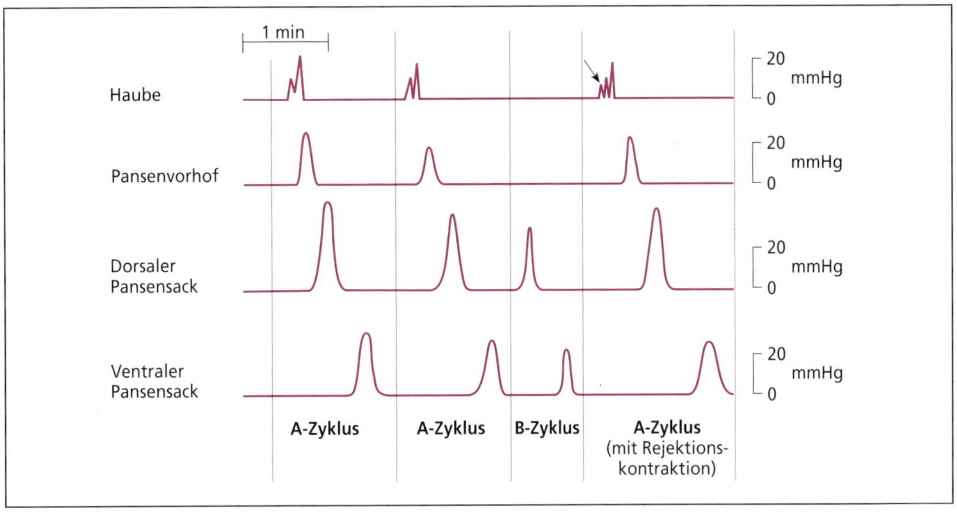

Abb. 15.26 Schematische Darstellung von zwei A-Zyklen, eines B-Kontraktionszyklus und eines A-Zyklus während des Wiederkauens mit zusätzlicher Rejektionskontraktion der Haube (Pfeil).

Pansengase („Ruktus") und den geregelten Weitertransport von Ingesta aus dem Reticulorumen in den Psalter. Die Motorik von Haube und Pansen ist durch A-Zyklen und B-Zyklen charakterisiert.

Das Grundmuster der Hauben-Pansen-Motorik ist charakterisiert durch regelmäßige, verblüffend stereotype Kontraktionssequenzen, die nacheinander die verschiedenen Anteile von Haube und Pansen erfassen. Dabei wird zwischen den sog. A-Zyklen (Syn.: primäre Zyklen) und den B-Zyklen (Syn.: sekundäre Zyklen) unterschieden (Abb. 15.26).

A-Zyklen breiten sich von cranial nach caudal aus (Abb. 15.27). Jeder A-Zyklus beginnt zunächst mit einer biphasischen Haubenkontraktion. Während der ersten Haubenkontraktion verkleinert sich die Haube auf etwa die Hälfte ihrer ursprünglichen Größe. Es folgt eine teilweise Relaxation, an die sich unmittelbar die zweite Haubenkontraktion anschließt. Diese ist noch kräftiger als die erste und läßt das Lumen der Haube nahezu verschwinden. Es schließt sich die Kontraktion des Pansenvorhofs an, die zu einem Rückfluß der Ingesta in die sich relaxierende Haube führt. Nun beginnt sich der dorsale Pansensack von cranial nach caudal fortschreitend zu kontrahieren. Dabei ziehen sich alle Pansenpfeiler ringförmig zusammen und bewegen sich nach dorsal. Während der anschließenden Kontraktion des ventralen Pansensacks bewegen sich die Pfeiler wieder nach ventral, so daß Flüssigkeit über den cranialen Pansenpfeiler nach cranial in den Pansenvorhof gelangen kann. Schließlich kontrahiert sich der ventrale Blindsack.

B-Zyklen laufen ohne Beteiligung von Haube und Pansenvorhof ab. Sie beginnen mit einer Kontraktion des ventralen Blindsackes mit sich anschließender Kontraktion des dorsalen und dann des ventralen Pansensackes (Abb. 15.26).

Die Frequenz der Pansenmotorik kann leicht durch Auskultation in der linken dorsalen Flankenregion bestimmt werden. Hörbar ist dabei ein kräftiges Knisterrauschen, das durch das Vorbeistreichen grober Ingestapartikel an der sich kontrahierenden Wand des dorsalen Pansensackes entsteht. Beim gesunden Tier sind etwa drei Kontraktionen in zwei Minuten hörbar; zwischen A- und B-Zyklen kann dabei nicht differenziert werden. Während der Futteraufnahme ist die Frequenz nahezu doppelt so hoch.

• Die Regulation der Hauben-Pansen-Motorik

– Extrinsische Kontraktionen

Die Hauben-Pansen-Motorik beruht entscheidend auf vago-vagalen Reflexen. Das Reflexzentrum liegt in der Medualla oblongata. Im Unterschied zum Darm hat das enterische Nervensystem nur untergeordnete Bedeutung für motorische Vorgänge im Reticulorumen.

Bestandteile des Reflexbogens, über den die Motorik von Haube und Pansen reguliert wird, sind
1. Rezeptoren in der Maulhöhle, der Wand des Vormagens, des Labmagens und des Duodenums,
2. afferente Nervenfasern, die über den N. vagus (z. T. auch über den N. splanchnicus) projizieren,
3. ein paariges, bilaterales Magenzentrum in der Medulla oblongata,
4. efferente Nervenfasern, die wiederum vor allem über den N. vagus laufen,
5. die glatte Muskulatur der Vormagenwand als Erfolgsorgan.

Rezeptoren in der Wand von Haube und Pansen sind für die Regulation der Motorik am wichtigsten.

Spannungsrezeptoren liegen tief in der glatten Muskulatur. Die größte Dichte dieser nur langsam

	Zeit [s]	Ablauf der Kontraktion	Schematische Darstellung	Resultierende Bewegung der Ingesta
Haube 1. Kontraktion 2. Kontraktion	 0-2 2-4	Der Haubenboden bewegt sich nach cranio-dorsal; das Lumen der Haube wird kleiner; nach kurzer Relaxation erfolgt die zweite Haubenkontraktion nahezu als Totalkontraktion. auf Maximum der zweiten Haubenkontraktion Öffnung der HPÖ und Erweiterung des Psalterkanals.	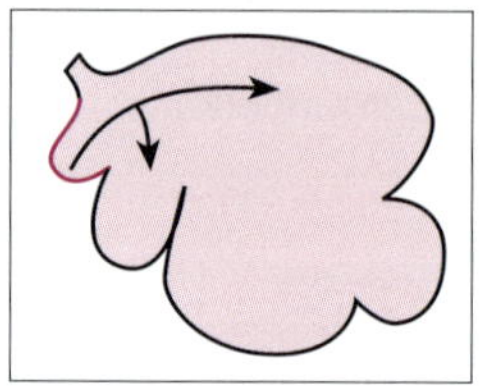	Große, leichte Partikel gelangen nach caudo-dorsal; Flüssigkeit fließt teilweise in Pansenvorhof. Ingestapassage durch Hauben-Psalter-Öffnung in den Psalter.
Pansenvorhof (Schleudermagen)	6-9	Der Boden des Schleudermagens bewegt sich nach dorsal. Haube erschlafft.	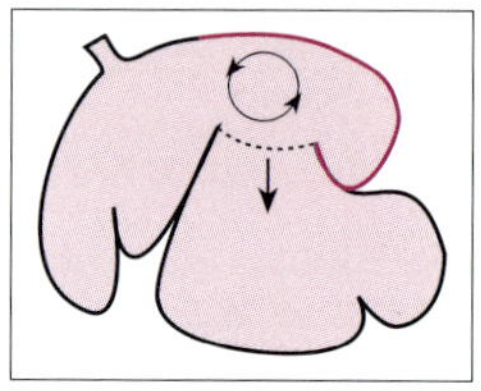	Vormageninhalt gelangt teilweise zurück in die erschlaffende Haube.
Dorsaler Pansensack Dorsaler Blindsack	6-13	Kontraktion von cranial ausgehend in caudale Richtung; gleichzeitig bewegen sich die Pansenpfeiler ringförmig nach dorsal.		Grobstrukturiertes Futter wird umgewälzt; kleinere Partikel werden nach ventral gepreßt; die dorsale Gasblase wird nach cranial geschoben (evtl. Ruktus).
Ventraler Pansensack Ventraler Blindsack	20-30	Kontraktion von cranial nach caudal; Pansenpfeiler ziehen sich wieder ringförmig zusammen und bewegen sich abwärts; danach kontrahiert der ventrale Blindsack.	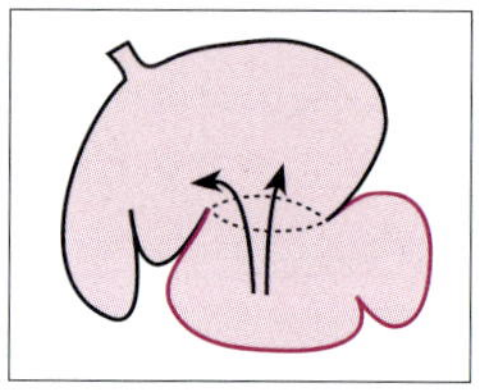	Flüssigkeit mit kleinen Partikeln wird nach dorsal gepreßt und gelangt über den kranialen Pansenpfeiler in den Pansenvorhof.

Abb. 15. 27 Einzelne Phasen eines A-Zyklus und Auswirkung auf die Ingesta. HPÖ = Hauben-Psalter-Öffnung.

adaptierenden Rezeptoren befindet sich in der Haube sowie im Bereich von Cardia, Hauben-Pansen-Falte und cranialem Pansenpfeiler (Abb. 15.28). Die Spannungsrezeptoren reagieren auf passive Dehnung der glatten Muskulatur, hervorgerufen durch die Ingesta, sowie auf aktive Dehnung der Wand während der Kontraktionen; die rezeptiven Felder haben einen Durchmesser von 5-20 mm.

Epitheliale Rezeptoren befinden sich vergleichsweise oberflächlich direkt unterhalb der Basalmembran der Epithelzellen insbesondere in der Haube und im Bereich der Pansenpfeiler. Diese Rezeptoren adaptieren schnell und reagieren auf unterschiedliche Reizqualitäten („polymodale Rezeptoren"). Einerseits sind sie mechanosensitiv und werden somit durch Dehnungsreize aktiviert, andererseits sind sie chemosensitiv, wobei sie insbesondere auf Änderungen der ruminalen Konzentration der kurzkettigen Fettsäuren reagieren.

Sowohl die Spannungsrezeptoren als auch die epithelialen Rezeptoren projizieren über afferente vagale Fasern zu Ganglienzellanhäufungen in der Medulla oblongata und der Formatio reticularis. Das Verhältnis zwischen afferenten und efferenten Fasern im N. vagus liegt bei 10:1; es handelt sich somit primär um einen sensorischen Nerven.

Serosale Rezeptoren, die durch Dehnung der Vormagenwand aktiviert werden, wurden in der Serosa insbesondere am Ansatz des Mesenteriums nachgewiesen. Sie projizieren vor allem über den N. splanchnicus. Am N. splanchnicus ist zwar keine tonische Aktivität nachweisbar, potentiell kann aber die Aktivierung dieser serosalen Rezeptoren die Hauben-Pansen-Motorik indirekt hemmend beeinflussen. Eine beidseitige Durchtrennung des N. splanchnicus bleibt ohne Auswirkung auf die Hauben-Pansen-Motorik.

Die Hauben-Pansen-Motorik wird auch durch vagal innervierte, mechano- und chemosensitive **epitheliale Rezeptoren im Labmagen und im Duodenum** beeinflußt (Abb. 15.28). Darüber hinaus sind **bukkale Mechanorezeptoren**, die über den N. trigeminus projizieren, bei der Entstehung einer erhöhten Frequenz von A-Zyklen während der Futteraufnahme involviert.

Das bilateral-paarige Magenzentrum befindet sich im Bereich der dorsalen Vaguskerne in der Medulla oblongata. Hier erfolgt eine Integration von hemmenden und erregenden Signalen aus der Peripherie und von höheren Zentren des Zentralnervensystems (Abb. 15.28). Die A- und B-Zyklen sind letztlich die Folge von Erregungen, die im Magenzentrum gebildet werden und über efferente vagale Fasern zum Vormagen gelangen. Die primäre

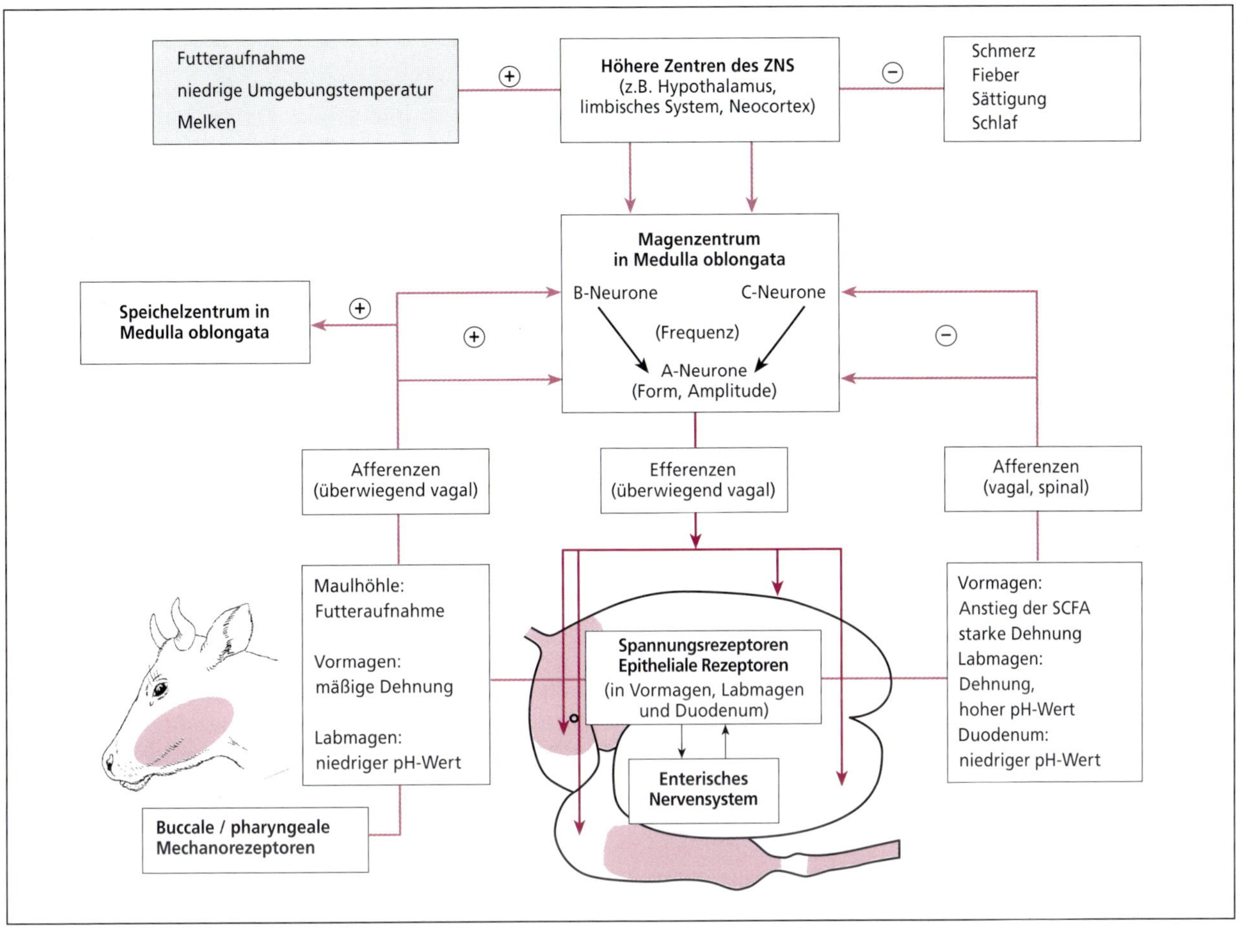

Abb. 15.28 Darstellung des vago-vagalen Reflexbogens zur Regulation der Hauben-Pansen-Motorik mit peripheren und zentralen Einflußfaktoren auf Frequenz und Amplitude der Kontraktionen; die rot markierten Areale repräsentieren die Zonen mit der höchsten Rezeptordichte.

Steuerung von Frequenz, Form und Amplitude der Kontraktionszyklen ist nicht endgültig geklärt; postuliert wird, daß sog. A-Interneurone – dicht an den vagalen Motoneuronen gelegen – die Form und Amplitude der Zyklen bestimmen („inotrope Regulation"). Diese Interneurone haben keine Ruhe-Entladungsfrequenz. Die Frequenz der Zyklen ergibt sich durch die Beeinflussung der A-Interneurone durch B- und C-Interneurone („chronotrope Funktion"). Die Entladungsfrequenz der B-Interneurone nimmt progressiv zu, je länger die letzte Haubenkontraktion zurückliegt; die Entladung der C-Interneurone hemmt demgegenüber die A-Interneurone. Mehrere Typen von A-Interneuronen scheinen für die Auslösung der Kontraktion von Haube, dorsalem bzw. ventralem Pansensack verantwortlich zu sein.

Die parasympathischen Wurzelzellen liegen im Magenzentrum (Nucleus parasympathicus) sowie im Nucleus ambigus der Medulla. Die Neuriten sind sehr lang und reichen bis zu den Eingeweideganglien der Bauchhöhle. Am linken und rechten N. vagus wird jeweils ein Kopf-, Hals-, Brust- und Bauchteil unterschieden. Der kurze Kopfteil reicht bis zum Abgang des N. laryngeus cranialis, der Halsteil wird gebildet aus dem N. vagus und dem Halssympathicus (Truncus vagosympathicus). In Höhe der Apertura thoracis trennen sich die beiden Nerven wieder. Linker und rechter N. vagus ziehen nach dorsolateral und teilen sich jeweils in einen dorsalen und einen ventralen Ast. Nach Durchtritt durch den Hiatus oesophageus vereinigen sich beide Dorsaläste bzw. beide Ventraläste und treten dorsal bzw. ventral des Ösophagus in die Bauchhöhle ein. Der dorsale Bauchvagus innerviert insbesondere den Pansen und gibt nur wenige Fasern an Blätter- und Labmagen ab; er wird deshalb auch als „Pansennerv" bezeichnet. Der ventrale Bauchvagus innerviert demgegenüber primär Haube, Blätter- und Labmagen („Hauben-Psalter-Labmagen-Nerv").

Das Magenzentrum ist zwar auch an der Steuerung der B-Zyklen beteiligt, jedoch sind die erregenden und hemmenden Einflüsse nicht identisch. So führt eine experimentelle Dehnung der Haube zu einer erhöhten Frequenz von A-Zyklen, die Frequenz der B-Zyklen nimmt demgegenüber ab. Die B-Zyklen werden deshalb als vergleichsweise autonom betrachtet. Insbesondere beim Rind fällt auf, daß das Verhältnis zwischen A- und B-Zyklen stark schwanken kann. Unmittelbar nach der Futteraufnahme ist das Verhältnis A:B etwa 1:1, während des Hungerns demgegenüber etwa 3:1.

– Intrinsische Kontraktionen

Das enterische Nervensystem hat durch intrinsische tonische Kontraktionen modulierenden Einfluß auf die Hauben-Pansen-Motorik.

Die herausragende Rolle vago-vagaler Reflexe für die Hauben-Pansen-Motorik wird nach experimenteller Durchschneidung der Halsvagi („Vagotomie") deutlich: es kommt zu einem völligen Sistieren der A- und B-Zyklen, und innerhalb von wenigen Tagen stirbt das Tier infolge massiver Störungen der Ingestapassage. Wird jedoch der Panseninhalt durch eine Pansenfistel entfernt und durch eine Nährlösung ersetzt, so überleben die Tiere eine Vagotomie. Innerhalb von etwa zwei Wochen stellt sich dann eine tonische Aktivität des Vormagens, hervorgerufen durch rhythmische Entladungen von Nervenzellen des enterischen Nervensystems (Plexus myentericus und Plexus submucosus), wieder ein; regelmäßige Kontraktionszyklen, vergleichbar mit A- oder B-Zyklen, treten jedoch nicht mehr auf. Derartige „intrinsische Kontraktionen" sind auf die Entladung von Neuronen, insbesondere des myenterischen Plexus, zurückzuführen.

– Periphere Einflüsse auf die Hauben-Pansen-Motorik

Mäßige Dehnung der Wand des Reticulorumens führt zu einer vermehrten Motorik des Reticulorumens. Starke Dehnung und hohe Fettsäurenkonzentrationen hemmen die Hauben-Pansen-Motorik. Die Aktivierung von Rezeptoren in Maulhöhle, Labmagen und Duodenum hat zusätzlichen Einfluß.

Die Vormagenmotorik wird durch Menge, Art und Textur des Futters beeinflußt. Leichte bis mäßige Dehnung der Wand des Reticulorumens stellt den wohl wichtigsten Reiz für eine Aktivierung der Hauben-Pansen-Motorik dar; diese wird vermittelt durch die Aktivierung der Spannungsrezeptoren. Hohe Futteraufnahme führt dadurch zu kräftigeren Kontraktionen und – über eine gleichzeitige Beeinflussung des Speichelzentrums in der Medulla – zu einer vermehrten Salivation (Abb. 15.28). Die Aufnahme von Rauhfutter hat dabei deutlichere Effekte als die Aufnahme von Kraftfutter – nicht verwunderlich angesichts des größeren Volumens, das eine bestimmte Rauhfuttermenge im Vergleich zur gleichen Menge Kraftfutter beansprucht.

Eine starke (Über-)Dehnung des Vormagens, wie sie z.B. bei tympanischen Tieren auftritt, hemmt demgegenüber die Hauben-Pansen-Motorik. Wahrscheinlich wird dieser Effekt durch die massive Aktivierung der mechanosensitiven epithelialen Rezeptoren vermittelt, wobei deren hemmender Einfluß auf die Motorik offensichtlich größer ist als der erregende Einfluß der Spannungsrezeptoren.

Hemmenden Einfluß auf die Vormagenmotorik haben auch chemische Stimuli aufgrund der Aktivierung der epithelialen Rezeptoren. Praktisch am wichtigsten ist dabei der Einfluß der kurzkettigen Fettsäuren, die während der mikrobiellen Fermentation der Kohlenhydrate im Vormagen entstehen. Die Rezeptoren reagieren dabei auf die titrierbare Acidität des Panseninhalts. Aufgrund der Lage der epithelialen Rezeptoren etwa 150 µm unterhalb der Oberfläche werden sie vor allem von Säuren beeinflußt, die aufgrund hoher Permeabilität schnell durch das Epithel diffundieren; dies trifft insbesondere auf Buttersäure zu. Die epithelialen Rezeptoren werden auch durch starke Hypo- und Hypertonizität des Vormageninhalts aktiviert; diese Effekte spielen aber aufgrund der vergleichsweise geringen Schwankungen der Osmolarität des Vormageninhalts beim wiederkäuergerecht gefütterten Tier keine nennenswerte Rolle.

Die Magenzentren werden zusätzlich erregt, wenn epitheliale Rezeptoren im Labmagen bei niedrigem pH-Wert des Labmageninhalts aktiviert werden. Die vago-vagal induzierte Erhöhung der Vormagenmotorik stellt so sicher, daß der Labmagen ständig ausreichend gefüllt ist. Eine unphysiologische Dehnung des Labmagens und ein hoher pH-Wert hemmen demgegenüber die Vormagenmotorik über die erwähnten vago-vagalen Reflexe; zusätzlich tritt eine Hemmung auf durch Aktivierung von serosalen Rezeptoren, die über den N. splanchnicus projizieren. Über diese beiden voneinander unabhängigen sensorischen Wege wird eine Überfüllung des Labmagens verhindert.

Schließlich vermitteln epitheliale Rezeptoren im Duodenum bei Aktivierung durch niedrigen pH-Wert bzw. Hypo- oder Hyperosmolarität eine Hemmung sowohl der Labmagen- als auch der Hauben-Pansen-Motorik. Eine zu schnelle Ingestapassage aus dem Labmagen in das Duodenum wird so verhindert.

– Beeinflussung der Hauben-Pansen-Motorik durch höhere Zentren des ZNS

Die Hauben-Pansen-Motorik wird durch Schmerzen und Fieber stark gehemmt.

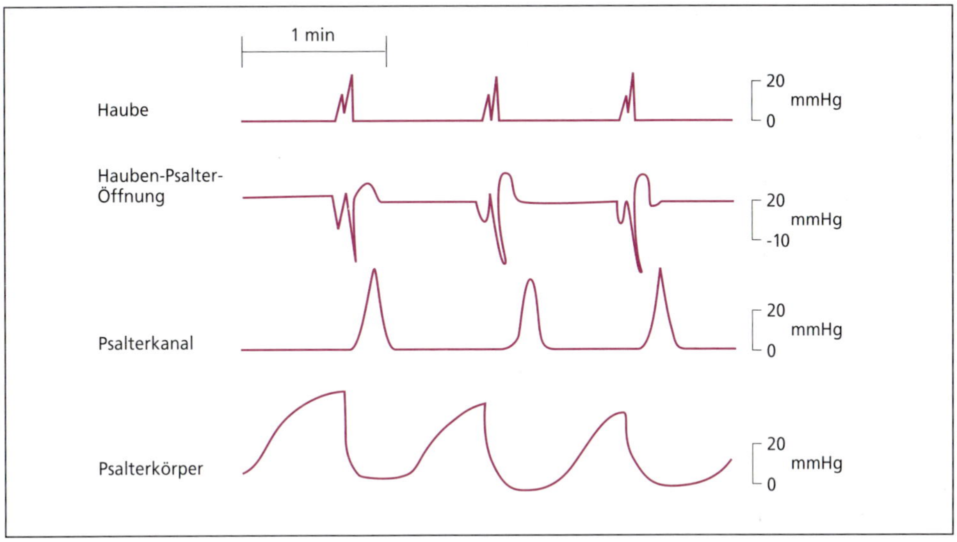

Abb. 15.29 Schematische Darstellung des Zusammenhangs zwischen Hauben- und Psaltermotorik: In der Hauben-Psalter-Öffnung entsteht während der zweiten Haubenkontraktion ein Unterdruck; die resultierende Saugwirkung führt zum Übertritt von Ingesta aus der Haube in den Psalter.

Die Hemmung der Hauben-Pansen-Motorik durch schmerzhafte Stimuli ist Folge a) einer direkten Wirkung auf das Magenzentrum, b) einer Aktivierung des sympathico-adrenergen Systems (Hemmung der Motorik über den N. splanchnicus) und c) der verminderten oder sistierenden Futteraufnahme („Anorexie"), die häufig im Zusammenhang mit Schmerzen auftritt (Abb. 15.28).

Auch bei kranken Tieren mit Fieber ist die Vormagenmotorik herabgesetzt, und zwar infolge der direkten Wirkungen der Pyrogene auf das Magenzentrum sowie durch indirekte Effekte der Prostaglandine.

15.3.5.4 Die Motorik des Psalters

Der Psalter funktioniert als Saug-Druck-Pumpe. Die Motorik ist teilweise mit der Hauben-Pansen-Motorik koordiniert und vom N. vagus weitgehend unabhängig.

Bei der Motorik des Psalters (Abb. 15.29) ist zunächst zu unterscheiden zwischen der Motorik des Psalterkanals und der des Psalterkörpers. Die Motorik des Psalterkanals steht in enger Beziehung zur Hauben-Pansen-Motorik.

Der **Psalterkanal** erweitert sich stets auf dem Höhepunkt der zweiten Haubenkontraktion. Bei offener Hauben-Psalter-Öffnung werden in diesem Moment Ingesta aus dem Bereich des Haubenbodens in den Psalter angesaugt („Saugphase"). Unmittelbar darauf schließt sich die Hauben-Psalter-Öffnung und der Psalterkanal kontrahiert sich; die Ingesta werden dadurch teilweise zwischen die Psalterblätter gepreßt („Druckphase"). Es schließt sich nach einer Latenz von etwa 10 s eine langsam zunehmende, von oral nach aboral gerichtete Kontraktion des **Psalterkörper**s an; die Ingesta werden dabei aus dem Psalterkörper in Richtung der weitlumigen Psalter-Labmagen-Öffnung gepreßt. Unmittelbar vor der folgenden biphasischen Haubenkontraktion relaxiert der Psalterkörper wieder vollständig. Die Motorik des Psalterkörpers ist nicht streng mit der Hauben-Pansen-Motorik koordiniert; insbesondere beim Rind bleiben häufig während mehrerer Kontraktionszyklen von Haube und Pansen Kontraktionen des Psalterkörpers aus.

Im Unterschied zur Hauben-Pansen-Motorik wird die Psaltermotorik primär lokal reguliert („intrinsische Kontraktionen"). Nach Vagotomie oder Anwendung von Anästhetika bleibt die Motorik des Psalterkörpers nahezu unbeeinflußt, während die Hauben-Pansen-Motorik sistiert. Zusammensetzung und Menge des Zuflusses von Ingesta aus der Haube sowie omasale Füllung beeinflussen die Motorik jedoch deutlich. Während der Futteraufnahme nimmt bei zunehmender Frequenz der biphasischen Haubenkontraktionen die Dauer der Kontraktionsphase des Psalterkörpers ab; die Füllung des Psalters mit Ingesta wird dadurch unterstützt.

15.3.5.5 Funktionelle Bedeutung und Regulation der Wiederkauaktivität

Das Wiederkauen repräsentiert einen angeborenen, komplexen, vago-vagal gesteuerten reflektorischen Vorgang. Bei artgemäßer Fütterung wird das aufgenommene Futter etwa acht Stunden täglich wiedergekaut. Wiederkauen ist ein wichtiger Parameter zur Beurteilung der Gesundheit der Tiere.

Das Wiederkauen, das der Unterordnung *Ruminantia* zu ihrem Namen verholfen hat, ist eine ele-

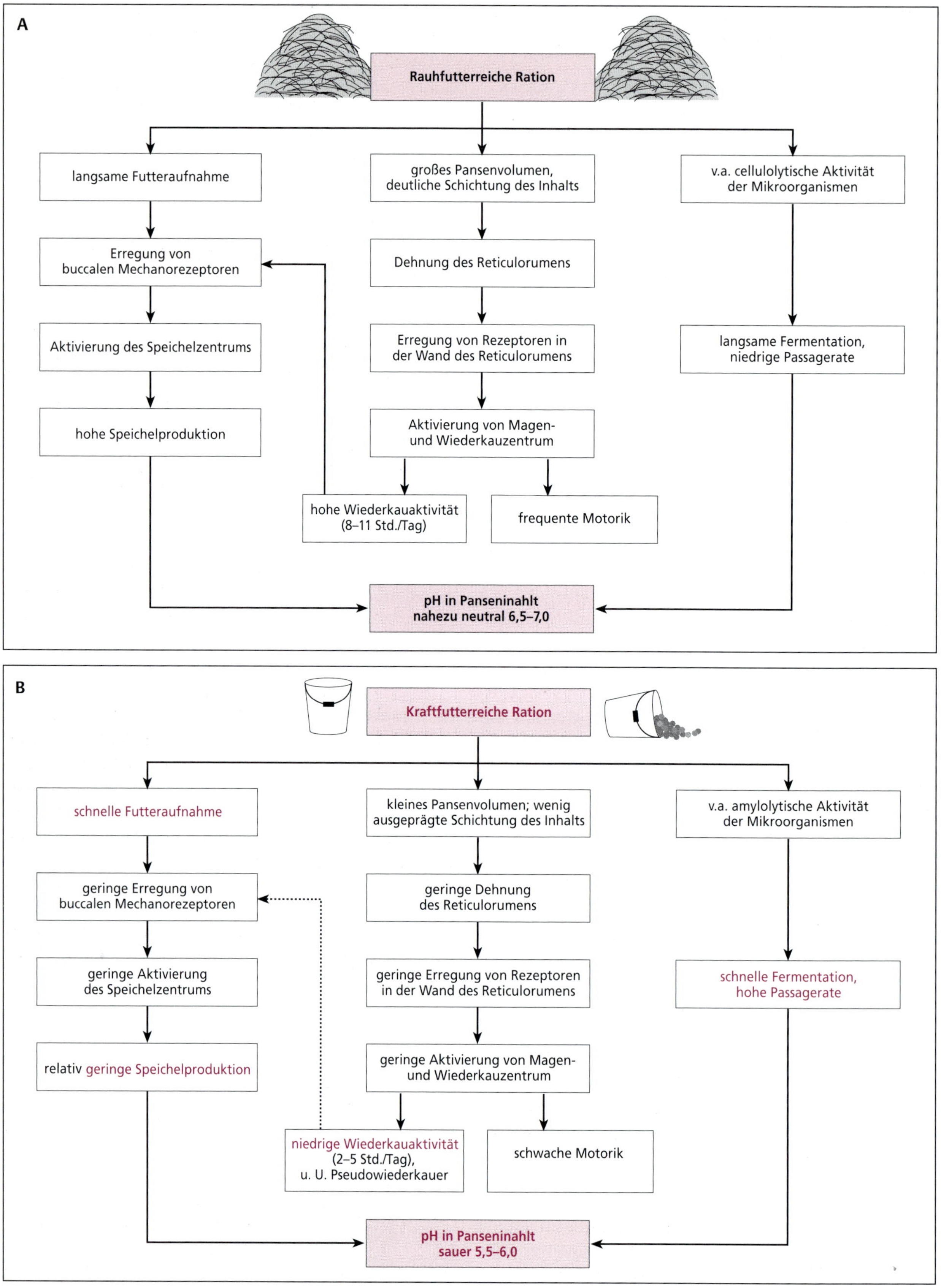

Abb. 15.30 Beeinflussung der Verdauungsvorgänge im Reticulorumen durch die Fütterung: **A** - rauhfutterreiche Ration; **B** - kraftfutterreiche Ration.

mentare Voraussetzung für den physiologischen Ablauf der Verdauungsvorgänge im Vormagen:

- Die mit dem Wiederkauen einhergehende Zerkleinerung großer Partikel führt zu einer Oberflächenvergrößerung, die Voraussetzung für eine intensive mikrobielle Besiedlung und den Abbau von Zellinhaltsstoffen ist. Damit beeinflußt das Wiederkauen – vor allem bei rauhfutterreichen Rationen – indirekt das Ausmaß der mikrobiellen Fermen tation.
- Wiederkauen ist aufgrund der Aktivierung von bukkalen Mechanorezeptoren mit einem erhöhten Speichelfluß verbunden. Die Wiederkauaktivität beeinflußt damit das Milieu im Reticulorumen (Abb. 15.30).
- Die mit dem Wiederkauen einhergehende Abnahme der Partikelgröße und Zunahme der Partikeldichte beeinflussen entscheidend den Ablauf der Ingestapassage aus dem Reticulorumen in den Psalter.

Wiederkauen wird durch die Stimulation der epithelialen Rezeptoren in der Mucosa von Haube und Pansenvorhof induziert (Abb. 15.30). Adäquate Reize für diese Rezeptoren sind Berührungen der Schleimhaut durch grobe Futterpartikel im Panseninhalt. Das erklärt die deutliche Abhängigkeit der Wiederkauaktivität von Menge und Zusammensetzung der Ration: Bei Fütterung von strukturreichen Rauhfutterrationen kauen die Tiere zwischen 8 und 11 Stunden pro Tag wieder, bei kraftfutterreichen Rationen oder Verfüttern von gemahlenem Rauhfutter sinkt die Wiederkauaktivität bis auf etwa zwei Stunden täglich ab. Die epithelialen Rezeptoren projizieren über vagale Fasern zum Wiederkauzentrum in der Medulla oblongata. Nach Vagotomie oder Decerebrierung tritt deshalb kein Wiederkauen mehr auf.

Jeder **Wiederkauzyklus** beginnt mit der Rejektion eines Bolus in die Maulhöhle. Der Rejektion eines Bolus geht eine zusätzliche Kontraktion der Haube unmittelbar vor der biphasischen Haubenkontraktion voraus („Rejektionskontraktion", Abb. 15.26). Dadurch wird Ingesta aus dem Bereich von Haube und Pansenvorhof vor die Cardia gehoben, deren unterer Sphincter sich gleichzeitig öffnet. Infolge einer Inspiration bei angehobenem weichem Gaumen vergrößert sich der Unterdruck im thorakalen Bereich des Ösophagus (25-40 mm Hg), so daß der Bolus in den Ösophagus angesaugt wird. Eine schnelle antiperistaltische Kontraktion des Ösophagus befördert den Bolus in die Maulhöhle; durch kurzfristiges Schließen der Epiglottis wird dabei verhindert, daß Ingesta in die Trachea gelangt. Im Unterschied zum Erbrechen sind Kontraktionen der Bauchmuskulatur und des Magens an der Rejektion nicht beteiligt. In der Maulhöhle wird der Bolus zunächst durch Anheben der Zunge ausgedrückt; die ausgepreßte Flüssigkeit wird unmittelbar wieder abgeschluckt. Jeder Wiederkauzyklus dauert nun etwa eine Minute, in der der Bolus mit regelmäßigen Kieferschlägen gekaut wird. Die Futterpartikel werden so weiter zerkleinert. Die Speichelsekretion ist während des Wiederkauens gegenüber der Ruheperiode mehr als verdoppelt. Nach etwa 50 Kieferschlägen endet der Wiederkauzyklus mit dem Abschlucken; der nächste Zyklus beginnt nach einer kurzen Pause von 5-10 Sekunden.

Für jede Rejektion ist es notwendig, daß Hauben-Pansen-Motorik (Rejektionskontraktion), Atmung (Inspiration mit Verschluß der Luftwege) und Aktivität des Ösophagus synchronisiert werden. Diese schwierige Koordination, die vermutlich im Bereich des Hypothalamus erfolgt, gelingt offenbar am besten im Zustand der Ruhe. Wiederkauen ist deshalb vor allem bei liegenden, dösenden Tieren zu beobachten. Aufregung und Streß wirken stark hemmend. Unterbindet man jedoch experimentell das Wiederkauen durch Anlegen von engen Masken bei Kühen für mehrere Stunden, so beginnen die Tiere sofort nach Abnahme der Masken selbst bei massiven Störungen und trotz Hungerns unmittelbar mit dem Wiederkauen. Dies verdeutlicht die große Bedeutung von übergeordneten Zentren des ZNS für den Wiederkauvorgang.

Als **Pseudo-Wiederkauen** wird eine Aktivität bezeichnet, bei der Boli rejiziert werden, ohne daß sich Perioden rhythmischer Kaubewegungen anschließen. Pseudo-Wiederkauen wird vor allem bei Fütterung von strukturarmen Rationen beobachtet und gilt als Ausdruck der zentralen Komponente an der Auslösung des Wiederkauvorgangs.

Wiederkauen setzt stets ein Mindestmaß an Wohlbefinden voraus; Schmerzen, Fieber und Streß hemmen die Wiederkauaktivität. Damit ist das Wiederkauen ein guter Indikator für die Gesundheit des Tieres.

15.3.5.6 Der Ruktus

Der Ruktus ermöglicht dem Wiederkäuer die Abgabe der Pansengase und erfolgt im Zusammenhang mit einer Kontraktion des dorsalen Pansensackes. Bei Störungen des Ruktus kann sich schnell eine lebensbedrohliche Tympanie entwickeln.

Während der mikrobiellen Fermentation entstehen in den Ingesta Gasbläschen (vor allem Kohlendioxid und Methan) (Kap. 15.4.2.2), die emporperlen und sich in einer voluminösen Gasblase im dorsalen Pansensack sammeln. Im Hinblick auf die enormen

Mengen Gas, die gebildet werden (500-1500 l pro Tag beim Rind), ist eine regelmäßige Abgabe des Pansengases über den Ruktus zwingend notwendig. Der Ruktus erfolgt als vago-vagaler Reflex ein- bis zweimal pro Minute. Zunächst wird die dorsale Gasblase durch eine Kontraktion des dorsalen Pansensackes während des B-Zyklus (nur sehr selten während des A-Zyklus) nach cranial vor die Cardia geschoben. Rezeptoren in der Umgebung der Cardia werden aktiviert, so daß sich diese reflektorisch öffnet und das Gas in den Ösophagus strömen kann. Eine antiperistaltische Kontraktion befördert das Gas nach oral. Das Gas wird jedoch nicht sofort nach außen abgegeben, da der Nasen-Rachen-Raum durch das gespannte und emporgehobene Gaumensegel verschlossen ist. Auch das Maul der Tiere ist beim Ruktus geschlossen, entsprechend gelangt das Gas zunächst in die Lunge. Dort wird das Kohlendioxid teilweise resorbiert und führt zu einer vorübergehenden Hyperventilation aufgrund der Erregung peripherer Chemorezeptoren.

Wichtige Voraussetzung für den geordneten Ablauf des Reflexes ist, daß die Cardia während der Kontraktion des dorsalen Pansensackes nicht von Ingesta bedeckt ist. Liegt ein Wiederkäuer in Seiten- oder Rückenlage, so ist der Ruktus erschwert oder nicht möglich. Dies ist einer der Gründe, weshalb Operationen beim Rind im allgemeinen im Stehen unter Lokalanästhesie durchgeführt werden.

Auch eine Schlundverstopfung (z.B. durch Rübenstücke) kann zu einer Störung des Ruktus führen, so daß die Tiere zunehmend aufgasen („Tympanie"). Innerhalb weniger Stunden können dann Atem- und Kreislaufstörungen, vor allem aufgrund des Vordrängens des Zwerchfells nach cranial, auftreten. Eine erhöhte Gasproduktion (z.B. durch Verfüttern leicht fermentierbaren Futters) oder auch das experimentelle Einleiten von Gas in den Pansen führen demgegenüber nicht zur Tympanie. Bei bestimmten Fütterungsbedingungen entsteht jedoch im Reticulorumen feinblasiger Schaum; das enthaltende Gas kann dabei nicht mehr eruktiert werden („schaumige Gärung") (Kap. 15.4.3.2). Es resultiert dann in kurzer Zeit ein lebensbedrohlicher Zustand mit enormem Druckanstieg im Pansen.

15.3.5.7 Der Haubenrinnenreflex

Durch den Haubenrinnenreflex gelangt bei jungen Wiederkäuern die Milch unter Umgehung des Reticulorumens unmittelbar in den Labmagen.

Der neugeborene Wiederkäuer ist während der ersten Lebenswochen ausschließlich auf Milch als Nahrungsquelle angewiesen; das Vormagensystem ist zunächst klein, nicht mit Mikroorganismen besiedelt und somit praktisch funktionslos. Für die physiologische Verdauung der Milch – insbesondere die Gerinnung des Caseins (Kap. 15.5.3) unter Einwirkung des Labferments (Prochymosin) und der Salzsäure – ist es entscheidend, daß die Milch nach der Aufnahme ohne Verzögerung schnell in den Labmagen gelangt. Dazu dient der Haubenrinnenreflex (der ältere Ausdruck „Schlundrinnenreflex" sollte vermieden werden, da sich die Haubenrinne embryonal aus der Magenanlage entwickelt). Als Haubenrinnenreflex wird die reflektorisch ausgelöste spiralige Drehung der beiden Haubenlippen bei gleichzeitiger Relaxation von Hauben-Psalter-Öffnung und Psalterkanal bezeichnet, die zu einem rohrartigen Bypass zwischen Ösophagus und Labmagen führt. Bei unphysiologischen Haltungs- und Fütterungsmethoden kann es bei Kälbern zu einem vollständigen oder teilweisen Ausfall des Haubenrinnenreflexes kommen. Es entwickelt sich dann aufgrund der mikrobiellen Fermentation der Milch im Vormagen eine chronische Verdauungsstörung (sog. Pansensäufer).

Die Auslösung des Reflexes bei neugeborenen Wiederkäuern beruht auf der Aktivierung von Chemorezeptoren in Maulhöhle und Pharynx durch die beim Saugen aufgenommene Milch. Weitere Bestandteile des Reflexbogens sind vagale Afferenzen (über den N. glossopharyngeus), die Medulla oblongata sowie der dorsale Bauchvagus als efferente Reflexbahn. Experimentell läßt sich der Schluß der Haubenrinne durch Applikation von Lokalanästhetika im Maulbereich, intravenöse Injektion von Atropin oder eine Vagotomie verhindern; umgekehrt kann durch Zugabe von Kupfer- oder Natriumsalzen zur Tränke der Reflex bei Lämmern und Kälbern ausgelöst werden, selbst wenn diese keine Milch enthält. Der Reflex ist durch andere sensorische Stimuli konditionierbar und um so leichter auslösbar, je hungriger das Tier ist. Mit zunehmender Aufnahme von Rauhfutter und der progressiven Entwicklung des Vormagensystems verschwindet der Haubenrinnenreflex.

15.3.5.8 Die Schichtung der Ingesta im Reticulorumen

Bei normal gefütterten Wiederkäuern befinden sich im dorsalen Pansensack vorwiegend grobe, weniger zerkleinerte Ingesta („Pansenmatte"), darüber befindet sich die dorsale Gasblase. Der Inhalt von ventralem Pansensack und Haube ist relativ flüssig („Pansensee").

Aufgrund der unterschiedlichen physikalischen Eigenschaften der Futterpartikel (Größe, Form,

Dichte) und infolge der Vormagenmotorik findet man im Reticulorumen von gesunden Wiederkäuern eine ausgeprägte Schichtung des Panseninhalts.

Bei artgemäßer Fütterung sind die frisch aufgenommenen Futterpartikel zunächst groß und ihre Dichte ist durch luftgefüllte Hohlräume niedrig (unter 1,0 g/ml). Das nur grob gekaute Futter gelangt nach dem Abschlucken zunächst in den Pansenvorhof. Durch die Hauben-Pansen-Motorik wird es nach dorsal geschoben und befindet sich dann in einer dichten Matte von grobstrukturiertem Futter im dorsalen Pansensack. Das während der mikrobiellen Verdauung entstehende Gas perlt nach dorsal und sammelt sich im dorsalen Pansensack oberhalb der Matte grobstrukturierten Futters als große Gasblase. Das Wiederkauen führt zur Abnahme der Partikelgröße und Zunahme der Partikeldichte. Die weitgehend verdauten Partikel sind klein, und ihre Dichte ist hoch (1,2-1,4 g/ml). Sie sedimentieren allmählich in den ventralen Pansensack. Der Inhalt des ventralen Pansensackes ist entsprechend flüssiger und durch einen höheren Anteil von kleineren Partikeln mit höherer Dichte charakterisiert. Diese weitgehend verdauten Partikel gelangen durch die Kontraktionen des ventralen Pansensackes in den Pansenvorhof und anschließend in die Haube. Durch die Motorik von Haube und Psalterkanal gelangen die Ingesta aus dem Bereich des Haubenbodens in den Psalter.

15.3.5.9 Ingestapassage

- **Die Bedeutung der Verweilzeit der Ingesta**

> Die Verweilzeit der Ingesta im Reticulorumen wird bestimmt durch das Volumen des Reticulorumens (Poolgröße), die Höhe der Futteraufnahme und die Abbaurate des Futters.

Die Verdaulichkeit einer Futterkomponente im Reticulorumen ergibt sich aus dem Verhältnis zwischen Abbaurate und Passagerate (Abb. 15.30). Cellulose als die wichtigste Gerüstsubstanz in Gräsern ist ein Substrat mit relativ hoher potentieller Verdaulichkeit, wird aber nur langsam abgebaut. Rauhfutter kann entsprechend im Vormagen um so vollständiger von den Mikroorganismen fermentiert werden, je länger die Verweilzeit (als reziproker Wert der Passagerate) ist. Eine lange Verweilzeit kann jedoch den Nachteil haben, daß aufgrund des limitierten Vormagenvolumens nur relativ wenig Substrat aufgenommen werden kann (Abb. 15.73). Eine hohe Futteraufnahme erfordert dann ein möglichst großes Volumen der Fermentationskammer. Tatsächlich hat sich das Vormagenvolumen im Laufe der Evolution im Rahmen der Anpassung der Wiederkäuer an cellulosereiche Diäten immer mehr vergrößert und kann 20 % – in Extremfällen bis 30 % – des Körpergewichts ausmachen.

Die Abbaurate eines Futtermittels oder Futterinhaltsstoffes kann durch Inkubation von Proben in Pansenflüssigkeit unter In-vitro-Bedingungen näherungsweise bestimmt werden („künstlicher Pansen"). Die mittlere Verweilzeit von Flüssigkeit und Futterpartikeln läßt sich nur im Fütterungsversuch aus der Kinetik der fäkalen Exkretion von unverdaulichen Substanzen („Markern") berechnen. Die Ergebnisse derartiger Versuche zeigen, daß Futterpartikel sehr viel länger im Reticulorumen zurückgehalten werden (18-72 h) als Flüssigkeit (ca. 12 h); dieses Phänomen bezeichnet man als **selektive Retention der Partikel**. Die Verweilzeit von Futterpartikeln ist jedoch nicht einheitlich, sondern von der Dichte und der Größe der Partikel abhängig.

- **Die Ingestapassage aus dem Reticulorumen in den Psalter**

> Die Passage von Ingesta durch die Hauben-Psalter-Öffnung in den Psalter erfolgt nahezu ausschließlich auf dem Höhepunkt der zweiten Haubenkontraktion. Die Haubenmotorik führt zu einer Entmischung der Ingesta. Dadurch können vorzugsweise weitgehend verdaute, kleine Futterpartikel mit hoher Dichte das Reticulorumen verlassen, während wenig abgebaute Partikel vor allem aufgrund ihrer niedrigen Dichte zurückgehalten werden.

Infolge der zeitlichen Coinzidenz von zweiter Haubenkontraktion und Ingestapassage wird die Zusammensetzung der Ingesta, die das Reticulorumen verlassen, entscheidend durch die Haubenmotorik beeinflußt. Die Entmischungsvorgänge, die während der Haubenkontraktionen ablaufen, basieren vor allem auf dem unterschiedlichen Flotations- und Sedimentationsverhaltens der Ingestapartikel. Große, wenig verdaute Futterpartikel flotieren infolge der niedrigen Dichte überwiegend; diese Partikel werden durch die Haubenkontraktionen nach dorso-caudal transportiert (Abb. 15.31). Die Dichte von kleinen, weitgehend verdauten Partikeln ist dagegen relativ hoch; diese Partikel verbleiben mit einer höheren Wahrscheinlichkeit während der Haubenkontraktionen in der Haube und können deshalb auf dem Maximum der zweiten Haubenkontraktion bevorzugt in den Psalterkanal angesaugt werden. Im Psalter und im distalen Verdauungstrakt werden deshalb nahezu ausschließlich Partikel mit einer Länge unter 3 mm gefunden. Die Partikelgröße selbst ist dabei jedoch von unterge-

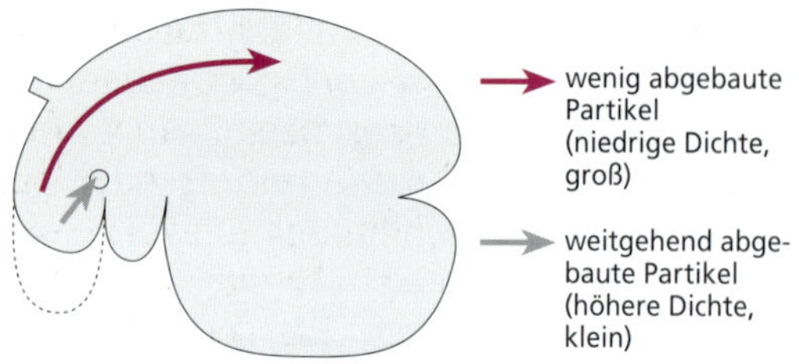

Abb. 15.31 Entmischungsvorgänge der Ingesta aufgrund des unterschiedlichen Flotations- und Sedimentationsverhaltens der Ingestapartikel während der Haubenkontraktionen. Die Ingestapassage in den Psalter erfolgt nahezu ausschließlich auf dem Maximum der zweiten Haubenkontraktion. Gestrichelt dargestellt ist die Kontur der Haube in relaxiertem Zustand.

ordneter Bedeutung, da der maximale Durchmesser der Hauben-Psalter-Öffnung potentiell auch die Passage größerer Partikeln erlaubt. Entscheidend ist vielmehr, daß nur kleine Partikel eine ausreichend hohe Dichte besitzen, um während der Haubenkontraktionen im ventralen Teil der Haube zu verbleiben.

Dieser komplexe Zusammenhang zwischen Vormagenmotorik, Ingestapassage und physikalischen Eigenschaften der Futterpartikel führt dazu, daß überwiegend weitgehend abgebaute Futterpartikel das Reticulorumen verlassen, während wenig verdaute Partikel effektiv zurückgehalten werden.

Eine pathophysiologisch wichtige Störung der Entmischungsvorgänge der Ingesta in der Haube ist bei der sog. **Fremdkörpererkrankung** des Rindes zu beobachten. Rinder nehmen aufgrund ihrer wenig selektiven Futteraufnahme recht häufig spitze Fremdkörper (Nägel, Schrauben, Draht) mit dem Futter auf. Diese gelangen nach dem Abschlucken in die Haube. Während der kräftigen Haubenkontraktionen können sie die Haubenwand perforieren. Es entwickelt sich schnell eine lokale Entzündung mit fibrinösen Verklebungen zwischen Haube und Bauchwand (**„Reticuloperitonitis traumatica“**). Die Beweglichkeit der Haube wird dadurch mehr oder weniger stark eingeschränkt, so daß die Entmischung der Partikel nicht mehr funktioniert. Auch große Futterpartikel können dann trotz niedriger Dichte das Reticulorumen verlassen, so daß als ein typisches Symptom bei diesen Patienten ein deutlich erhöhter Anteil an großen Futterpartikeln im Kot beobachtet wird. Teilweise treten auch Störungen der abomaso-duodenalen Ingestapassage auf; der physiologischen Zusammensetzung des reticulären Ausflusses scheint somit auch eine wesentliche Bedeutung für die normale Labmagenentleerung zuzukommen. Störungen der Ingestapassage bei einer Reticuloperitonitis traumatica können darüber hinaus auch durch fremdkörperbedingte Schädigungen der Vagusäste verursacht werden.

- **Die Ingestapassage im distalen Verdauungstrakt**

Flüssigkeit und Partikel passieren den Gastrointestinaltrakt distal des Reticulorumens in etwa 18 h.

Die Verweilzeit der Ingesta im Psalter ist mit 0,5-3 h kurz. Ebenso wie im Reticulorumen werden Partikel länger zurückgehalten als Flüssigkeit. Die Ingesta gelangen schließlich in den Labmagen. Im Unterschied zu Monogastriden bestehen die zufließenden Ingesta beim Wiederkäuer unter physiologischen Bedingungen nur aus Flüssigkeit, Mikroorganismen und kleinen Partikeln. Der Zufluß von Ingesta in den Labmagen erfolgt – wiederum im Unterschied zum Monogastriden – weitgehend kontinuierlich. Die transpylorische Passage der Ingesta in das Duodenum erfolgt in Form einzelner Schübe (ca. 10 pro Stunde). Die mittlere Verweilzeit der Ingesta im Labmagen liegt bei weniger als einer Stunde, wobei in dieser Zeit noch eine wesentliche Volumenzunahme infolge der Sekretion des Labmagens stattfindet. Flüssige Konsistenz und niedrige Viskosität des Labmageninhalts sind wichtige Voraussetzungen für die physiologische transpylorische Ingestapassage. Die Ingestapassage durch Dünn- und Dickdarm schließlich wird durch peristaltische Darmkontraktionen bewirkt; die Transitzeit liegt bei etwa 15 Stunden.

15.4 Funktionen der Vormägen

H. Martens, G. Breves und Sabine Leonhard-Marek

15.4.1 Entwicklung der Vormägen

H. Martens

Die drei Abschnitte der Vormägen – Haube, Pansen und Blättermagen – sowie der Labmagen entwickeln sich aus einem gemeinsamen spindelförmigen Abschnitt des fetalen Darms (nicht des Ösophagus). Somit sind zwar bei der Geburt alle (Vormägen/Magen-)Abteilungen entwickelt, aber die für den erwachsenen Wiederkäuer typischen Verhältnisse sind noch nicht gegeben. Zwei Unterschiede fallen vor allem auf. Bei der Geburt dominiert das Volumen bzw. Gewicht des Labmagens, das 55-60% der gesamten Magenanlagen ausmacht (Labmagen > Vormägen). Ferner beträgt der Gewichtsanteil aller Magenabteilungen (Vormägen + Labmagen) am gesamten Verdauungskanal nur etwas über 20%.

Diese Gewichtsverhältnisse verändern sich innerhalb der Magenabteilungen und in bezug zum gesamten Verdauungskanal nach der Geburt erheblich und innerhalb weniger Monate, wenn den neugeborenen Lämmern oder Kälbern wiederkäuergerecht strukturiertes, rohfaserreiches Futter angeboten wird. Als Stimulus für diese Entwicklung sind neben dem strukturierten Futter die durch die einsetzende Fermentation entstehenden kurzkettigen Fettsäuren anzusehen. Nach Abschluß dieser Anpassungsvorgänge an das wiederkäuergerechte Futter entfallen auf die Vormägen etwa 80-90% des Gewichtes aller Magenabteilungen (Vormägen >> Labmagen), auf die Mägen zusammen etwa 50% des Gesamtgewichtes des Magen-Darm-Kanals. Diese relativen Angaben lassen die absolute Größenzunahme nicht erkennen. Beim erwachsenen Wiederkäuer füllt das Vormagensystem praktisch die gesamte linke Hälfte der Bauchhöhle. Das Volumen im Reticulorumen beträgt 10-15% des Körpergewichts, also 6-12 l bei den kleinen Wiederkäuern und häufig > 100 l bei Kühen mit hoher Milchleistung.

Diese Entwicklung kann jedoch entscheidend verzögert werden, wenn Kälbern in der Kälbermast nur flüssige Nahrung angeboten wird. Unter diesen Fütterungsbedingungen entfällt nicht nur der Reiz für die Vormagenentwicklung, sondern es treten auch Verhaltensauffälligkeiten auf. Vermehrt wird Lecksucht beobachtet, die zur Aufnahme von Haaren und als Folge davon im Pansen zur Bildung von Bezoaren mit entsprechend negativen Auswirkungen auf die Verdauung führt. Die fortgesetzte Ernährung von neugeborenen Wiederkäuern mit Flüssignahrung ist also nicht nur unter ernährungsphysiologischen Gesichtspunkten kritisch zu sehen.

> Die postnatale Entwicklung der Vormägen wird entscheidend durch die Fütterung bestimmt. Die Aufnahme von strukturierter Rohfaser bedingt den Beginn der Fermentationsvorgänge in den Vormägen und damit deren Entwicklung.

15.4.2 Verdauungsvorgänge in den Vormägen

G. Breves und Sabine Leonhard-Marek

Die Verdauung des Futters in den Vormägen der Wiederkäuer steht in enger Beziehung zur mikrobiellen Besiedlung der Vormägen. Die Mikroorganismen bilden ein Ökosystem innerhalb der Vormagenabteilungen, das sowohl qualitativ als auch quantitativ einen erheblichen Beitrag zur Verdauungsphysiologie des Wirtstieres leistet. Die Beziehung zwischen Wirtstier und Mikroorganismen stellt eine Symbiose dar, da von beiden Partnern nutzbare Leistungen erbracht werden, zu denen der jeweils andere nicht befähigt ist. Zu den Leistungen des Wirtstieres gegenüber den Mikroorganismen zählen die Konstanthaltung der Körpertemperatur, die Substratbereitstellung aus Futter und endogenen Sekreten sowie die Erhaltung eines Fließgleichgewichtes durch Speichelsekretion und Flüssigkeits- bzw. Partikelumsatz. Demgegenüber bestehen die Leistungen der Mikroorganismen gegenüber dem Wirtstier darin, durch Fermentations- und Syntheseleistungen hochwertige Nährstoffe bereitzustellen. Zu den wichtigsten Fermentationsleistungen gehört der mikrobielle Abbau von pflanzlichen Zellwandbestandteilen wie Cellulose und anderer Kohlenhydrate; dabei werden kurzkettige Fettsäuren gebildet, die das Wirtstier nutzen kann. Physiologisch wichtige Syntheseleistungen sind die Bildung mikrobiellen Proteins, essentieller und nichtessentieller Aminosäuren sowie der wasserlöslichen Vitamine. Darüber hinaus sind einige Pansenbakterien in der Lage, potentielle toxische Substanzen unschädlich zu machen. Dazu zählen u.a. Nitrite, Phytöstrogene, Pflanzen- und Pilztoxine.

> Die Mikroorganismen der Vormägen leben in Symbiose mit ihrem Wirtstier und leisten sowohl qualitativ als auch quantitativ einen erheblichen Beitrag zur Verdauungsphysiologie der Wiederkäuer.

15.4.2.1 Mikroorganismen in den Vormägen

Die in den Vormägen vorkommenden Mikroorganismen gliedern sich in Bakterien, Protozoen und Pilze. Dabei sind die taxonomischen, morphologischen und biochemischen Merkmale der Bakterien und Protozoen im Gegensatz zu denen der Pilze gut untersucht. Der überwiegende Teil der mikrobiellen Biomasse in den Vormägen besteht aus Bakterien und Protozoen, deren Volumenanteil am Pansenvolumen mit jeweils ca. 10% in einer ähnlichen Größenordnung liegt. Vormagenbakterien sind für die grundlegenden biochemischen Stoffwechselleistungen essentiell. Eine Reduktion der Protozoenzahl durch Fütterungsfaktoren oder ihre gezielte vollständige Elimination aus dem Pansen (Defaunierung) mittels verschiedener chemisch-physikalischer Methoden (Detergentien, Lösungsmittel, Fette, Kupfersulfat) führt hingegen zu keiner grundlegenden Beeinträchtigung des Vormagenstoffwechsels. Ähnliches wird für Pilze angenommen. Die konkrete Wirkung einer Defaunierung wird durch Faktoren wie Zusammensetzung der Ration, das Tier und die Protozoenpopulation bestimmt.

- **Bakterien**

Die bakterielle Besiedlung der sich entwickelnden Vormägen beginnt unmittelbar nach der Geburt. Sie erfolgt maßgeblich durch Kontakt mit anderen Tieren und der Umgebung sowie durch das Futter. Während der ersten Lebenswochen nimmt die Dichte der Bakterienpopulation im Vormageninhalt zu. Beim erwachsenen Tier wird eine Keimdichte zwischen 10^{10} und 10^{11}/ml beschrieben. Die Zellgröße der Pansenbakterien ist variabel und liegt etwa in einem Bereich zwischen 1 und 10 µm Durchmesser. Die Bakterienpopulation besteht überwiegend aus anaeroben Keimen. Obligat und fakultativ aerobe Keime stellen mit einem Gehalt von etwa 10^4/ml nur einen geringen Teil der gesamten Bakterienpopulation dar. In den Vormägen existieren mit der Flüssigkeit, dem wandnahen Bereich und der Oberfläche der Futterpartikel drei verschiedene Kompartimente für die Bakterien. Mit etwa 70-80% ist der überwiegende Teil der Bakterien mit der Partikeloberfläche der Strukturbestandteile oder dem Pansenepithel assoziiert. Dabei bilden sich neben der Adhäsion von Bakterien an Oberflächenstrukturen aus Gruppen einzelner Keime sog. Konsortien, die aus morphologisch und biochemisch unterschiedlichen Bakterien bestehen können. Für die Bindung von Bakterien untereinander und an Oberflächen sind extrazelluläre Strukturen wie Mucopolysaccharide und Glycoproteine essentiell. Unter den verschiedenen Bakteriengruppen im Vormagensystem wird vor allem den wandassoziierten Bakterien die Funktion zugeschrieben, durch die Verwertung von O_2, das insbesondere zusammen mit fester und flüssiger Nahrung in das Vormagensystem gelangen kann, den O_2-Partialdruck niedrig zu halten und damit anaerobe Verhältnisse aufrechtzuerhalten. Das anaerobe Milieu wird auch durch ein Redoxpotential im Bereich zwischen -250 und -300 mV unterstrichen. Vom Redoxpotential läßt sich ableiten, welche chemischen Reaktionen freiwillig verlaufen. Das negative Redoxpotential ist im Pansen mit dafür verantwortlich, daß Kohlenhydrate nur bis zur Stufe der kurzkettigen Fettsäuren (und nicht bis zu CO_2 und H_2O) abgebaut werden, so daß die in den Fettsäuren enthaltene Energie dem Wirtstier zur Verfügung steht.

Die vollständig ausgebildete Bakterienflora besteht aus mehr als 200 Species, die sich aufgrund ihrer unterschiedlichen Anfärbbarkeit, ihrer Morphologie, der von ihnen bevorzugten Substrate und ihrer Endprodukte differenzieren lassen. Die Tabellen 15.6 und 15.7 geben eine Übersicht zu wichtigen grampositiven und gramnegativen Bakterien und ihren morphologischen und funktionellen Eigenschaften.

Eine weitere physiologisch wichtige Gruppe bilden verschiedene Species der Archaebakterien (*Methanosarcina* spp., *Methanomicrobium* spp., *Methanobrevibacter* spp., *Methanobacterium formicium*). Ihre gemeinsame Funktion ist die Bildung von Methan aus CO_2 und H_2, wodurch der H_2-Partialdruck in der Vormagenflüssigkeit niedrig gehalten werden kann. Dies verhindert letztendlich eine zu starke Bildung von Ethanol und Lactat im Rahmen der Vormagenfermentation.

Die qualitative und quantitative Zusammensetzung der Bakterienflora wird vor allem durch die Futterkomponenten bestimmt. So kann beispielsweise die Umstellung von einer rohfaserreichen auf eine stärkereiche Ration zur Reduktion cellulolytischer Bakterien bei gleichzeitiger Zunahme amylolytischer Bakterien und von Streptokokken, Lactobazillen und lactatverwertenden Bakterien führen. Neben diesen diätetischen Einflüssen sind die anaeroben Bedingungen in den Vormägen und die Umsatzraten der Digesta weitere Einflußfaktoren für die Aktivität und die Zusammensetzung der bakteriellen Flora.

Bakterien sitzen überwiegend an der Oberfläche der Futterpartikel und am Pansenepithel. Die Zusammensetzung der Bakterienflora wird vor allem durch das Futterangebot bestimmt. O_2-verwertende Bakterien stabilisieren anaerobe Ver-

Tabelle 15.6 Grampositive Bakterien in den Vormägen (modifiziert nach Stewart, 1991)

Species	Form	Bevorzugte Substrate	Endprodukte
Ruminococcus albus	kugelig	Cellulose, Xylan	Formiat, Acetat, Ethanol, H_2, CO_2
Ruminococcus flavefaciens	kugelig	Cellulose, Xylan	Formiat, Acetat, Succinat, H_2
Streptococcus bovis	kugelig	Stärke, lösliche Zucker, Succinat, Protein	Formiat, Acetat, Lactat, Ethanol, CO_2
Lachnospira multiparus	stäbchenförmig	Pectin, Protein, Stärke	Formiat, Acetat, Lactat, H_2, CO_2
Eubacterium ruminantium	stäbchenförmig	lösliche Zucker	Formiat, Butyrat, Lactat, CO_2
Lactobacillus ruminis	stabchenförmig	lösliche Zucker	Lactat
Lactobacillus vitulinus	stäbchenförmig	lösliche Zucker	Lactat
Clostridium spp.	stäbchenförmig	Cellulose, Protein	Formiat, Acetat, Butyrat, Ethanol, H_2, CO_2

Tabelle 15.7 Gramnegative Bakterien in den Vormägen (modifiziert nach Stewart, 1991)

Species	Form	Bevorzugte Substrate	Endprodukte
Bacteroides ruminicola	stäbchenförmig	Hemicellulose, Pectin, Xylan	Formiat, Propionat, Acetat, NH_4^+
Bacteroides amylophilus	stäbchenförmig	Stärke, Pectin, Protein	Formiat, Acetat, Succinat
Bacteroides succinogenes	stäbchenförmig	Cellulose, Stärke	Formiat, Acetat, Succinat
Selemonas ruminantium	sichelförmig	Stärke, lösliche Zucker, Glycerol, Protein	Acetat, Lactat, Propionat, H_2, CO_2
Butyrivibrio fibrisolvens	stäbchenförmig	Cellulose, Xylan	Formiat, Acetat, Lactat, Butyrat, Ethanol, H_2, CO_2
Anaerovirio lipolytica	stäbchenförmig	Lactat, Glycerid, Fett	Acetat, Propionat, Succinat
Wolinella succinogenes	bogenförmig	H_2	Succinat, CO_2
Treponema bryantii	spiralig	Pectin, lösliche Zucker, Fett	Formiat, Acetat, Lactat, Succinat, Ethanol
Megasphaera elsdenii	kugelig	lösliche Zucker, Lactat	Acetat, Propionat, Butyrat, Valerat, Caproat, H_2, CO_2
Succinimonas amylolytica	kugelig-stäbchenförmig	Stärke, Dextrin	Acetat, Succinat

hältnisse und ein negatives Redoxpotential. Methanbildner kontrollieren den H_2-Partialdruck. Diese beiden Faktoren bestimmen das Gleichgewicht der chemischen Reaktionen im Vormageninhalt.

• Protozoen

Neben den Bakterien bilden die obligat anaeroben Protozoen mit verschiedenen Species von Ciliaten und Flagellaten eine weitere Gruppe von Vormagenmikroorganismen. Die Besiedlung der Vormägen mit Protozoen setzt ebenfalls postnatal ein und ist auf direkten Kontakt von Tieren untereinander zurückzuführen. Die Ciliaten (Wimpertierchen) kommen in der Pansenflüssigkeit in Konzentrationen zwischen 10^5 und 10^8 Zellen/ml vor und machen aufgrund ihrer Größe von ca. 20-200 µm die Hälfte der im Pansen vorhandenen mikrobiellen Biomasse aus. Die zur Familie der Isotrichidae zählenden Gattungen *Isotricha* und *Dasytricha* sind auf der gesamten Zelloberfläche mit einem Wimpernsaum ausgestattet. Er fehlt bei den Arten der Gattungen *Eutodinium* und *Diplodinium*, die zur Familie Ophryoscolecidae gehören. Häufig sind bei der mikroskopischen Untersuchung von Ciliaten im Cytoplasma neben den Zellorganellen ovoide Granula erkennbar, die Amylopectin enthalten. Je nach Zusammensetzung des Futters können diese Vakuolen einen erheblichen Teil der Ciliaten-Trockenmasse ausmachen. Die in der Pansenflüssigkeit vorkommenden Flagellaten (Geißeltierchen) stellen nur einen relativ geringen Teil der Protozoen-Biomasse dar, da die wenigen bisher nachgewiesenen Arten mit einem Durchmesser zwischen 4 und 14 µm nur eine geringe Größe aufweisen. Ihre Konzentration liegt zwischen 10^3 und 10^4 Zellen/ml Pansenflüssigkeit. Im Vergleich mit den Bakterien ist die Konzentration der Protozoen in der Pansenflüssigkeit durch eine höhere Variabilität gekennzeichnet. Die wichtigsten Einflußfaktoren sind die Zusammensetzung des Futters, die Häufigkeit der Mahlzeiten und verschiedene physikochemische Faktoren.

Die Besiedlung der Vormägen mit Protozoen geschieht durch Kontakt mit anderen Tieren. Die Protozoen sind den Bakterien zwar zahlenmäßig unterlegen, stellen aber aufgrund ihrer Größe ebenfalls die Hälfte der mikrobiellen Biomasse in den Vormägen. Reduktion oder Elimination der Protozoen bewirkt keine grundlegende Beeinträchtigung des Vormagenstoffwechsels.

• Pilze

Im Gegensatz zu Bakterien und Protozoen liegen zum Vorkommen von Pilzen in der Pansenflüssigkeit sowie ihrer physiologischen Funktion weniger umfangreiche Daten vor. Alle bislang nachgewiesenen Pilze sind obligat anaerob mit einem engen Temperaturoptimum zwischen 33 und 41°C. Sie können als Zoosporen in der Pansenflüssigkeit und in ihrer vegetativen Form, dem Sporangium, in enger Assoziation mit Pflanzenpartikeln vorkommen.

Die im Pansen vorkommenden Arten können aufgrund ihrer morphologischen Struktur differenziert werden. Bislang sind vor allem *Neocallimastix-*, *Piromonas-* und *Sphaeromonas*-Arten nachgewiesen worden. Sie können ein weites Spektrum von löslichen Kohlenhydraten und pflanzlichen Polysacchariden metabolisieren. Dabei entstehen ähnliche

Endprodukte wie bei der Kohlenhydratfermentation durch Bakterien und Protozoen. Die Dichte der Pilzpopulation steigt mit dem Rohfasergehalt der Ration. Für verschiedene Pilzspecies sind proteolytische Eigenschaften nachgewiesen worden. Über den Fettstoffwechsel bei Pilzen liegen nur wenige Daten vor. Es konnte jedoch gezeigt werden, daß sie zur Synthese langkettiger Fettsäuren befähigt sind. Über die möglichen Wechselwirkungen zwischen Pilzen und Bakterien bzw. Protozoen ist nur wenig bekannt. Ebenso wie Protozoen werden sie als nicht essentiell für den mikrobiellen Vormagenstoffwechsel angesehen.

15.4.2.2 Mikrobielle Stoffwechselprozesse in den Vormägen

Quantitativ und qualitativ leisten die Bakterien den wesentlichsten Anteil des mikrobiellen Stoffwechsels in den Vormägen. Protozoen haben jedoch einige verdauungsphysiologische Besonderheiten, auf die am Schluß des Kapitels eingegangen wird.

- **Kohlenhydrate**

In der Ernährung von Wiederkäuern wird der Begriff „Rohfaser" häufig gebraucht, um die am wenigsten abbaubare Fraktion des Futters zu charakterisieren. Dabei handelt es sich nicht um eine biochemisch einheitliche Gruppe von Nährstoffen, sondern um den unlöslichen Rest von Futterpflanzen, dessen Zusammensetzung durch die zu seiner Bestimmung angewandten Extraktionsmethoden bestimmt wird. Im engeren Sinn sind unter dem Begriff „Rohfaser" Zellwandbestandteile höherer Pflanzen zu verstehen, die als Strukturbestandteile in den drei Schichten der Zellwand, der Mittellamelle sowie der primären und sekundären Zellwand vorkommen. Dabei handelt es sich um Pectine, Hemicellulosen, Cellulose, Lignin sowie Wachs, Cutin und Suberin.

Die Pectine sind Hauptbestandteil der Mittellamelle und bilden zusammen mit den Hemicellulosen einen wesentlichen Teil der Primärwände. Die wichtigsten Pectine sind α-D-1,4-Polygalacturonane und Rhamnogalacturonane, die wiederum aus D-Galacturonsäure, L-Rhamnose, L-Arabinose und D-Galactose gebildet werden. Die Hemicellulosen sind ebenfalls Mischpolymere mit einem hohen Xylosegehalt sowie L-Arabinose, D-Galactose, D-Mannose, D-Glukose, D-Glucuronsäure und 4-O-Methyl-Glucuronsäure als weiteren Bestandteilen. Sie können über Wasserstoffbrücken mit Cellulose verbunden sein. Die Hemicellulosen sind für Flexibilität und Plastizität der Zellwand wichtig; ihr Gehalt nimmt in der sekundären Zellwand deutlich ab. Der Gesamtgehalt an Hemicellulosen ist ebenso wie der Anteil der Einzelkomponenten pflanzenspezifisch.

Cellulose ist ein hochmolekulares Glukosepolymer aus Cellobiose-Untereinheiten, die aus einzelnen Glukosemolekülen in β-D-1,4 glykosidischen Bindungen miteinander verknüpft sind. Cellulose ist ein Hauptbestandteil der sekundären Zellwand und für ihre Festigkeit und Zähigkeit verantwortlich. Lignin wird in allen Zellwandschichten mit zunehmendem Alter der Pflanze eingelagert und ist ein Mischpolymer, das aus Phenylpropanverbindungen, Coniferyl-, p-Cumaryl- und Sinapylalkohol besteht. Wachse, Suberin und Cutin sind Mischpolymere, die aus langkettigen Alkoholen, oxygenierten Fettsäuren und Aromaten bestehen. Sie können als Bestandteile der Cuticula oder als tertiäre Auflagerungen vorkommen.

Von den Zellwandbestandteilen sind die Zellinhaltsstoffe abzugrenzen. Diese Gruppe besteht aus Proteinen, Nucleinsäuren, Kohlenhydraten, Lipiden, Lipoiden, Vitaminen und Mineralstoffen. In einzelnen Pflanzen können auch antinutritive oder toxische Komponenten vorkommen.

Die verdauungsphysiologische Bewertung der Pflanzenbestandteile erfolgt danach, in welchem Umfang die Komponenten durch körpereigene oder durch mikrobiell gebildete Enzyme umgesetzt und damit für das Wirtstier verwertbar gemacht werden können. Dabei gilt generell, daß die Zellinhaltsstoffe durch körpereigene Enzyme abgebaut werden können, während für den Abbau des überwiegenden Teils der Zellwandbestandteile mikrobiell gebildete Enzyme erforderlich sind.

Von allen Zellwandbestandteilen ist Lignin durch die geringste mikrobielle Abbaubarkeit gekennzeichnet. Da Lignin verschiedene Bindungen mit potentiell abbaubaren Zellwandbestandteilen eingehen kann, wird durch verschiedene technologische Behandlungsverfahren versucht, diese Bindungen zu lockern, um eine höhere Verwertung von lignifizierten Pflanzenbestandteilen zu erreichen.

Voraussetzung für den mikrobiellen Abbau der Zellwandkomponenten ist die Kolonisation der Faserbestandteile durch Mikroorganismen. Die Fähigkeit zur Kolonisation ist für Bakterien, Protozoen und Pilze nachgewiesen, sie erfolgt vor allem über Läsionen der Pflanzenepidermis oder durch die Blattstomata.

In zahlreichen Untersuchungen an isolierten Mikroorganismenstämmen ist ihre Fähigkeit zur Produktion von Enzymen zum Abbau der Zellwandbestandteile nachgewiesen worden. Dabei ist die Mehrzahl der Enzyme bakteriellen Ursprungs oder wird von Protozoen gebildet. In Tabelle 15.8 sind die

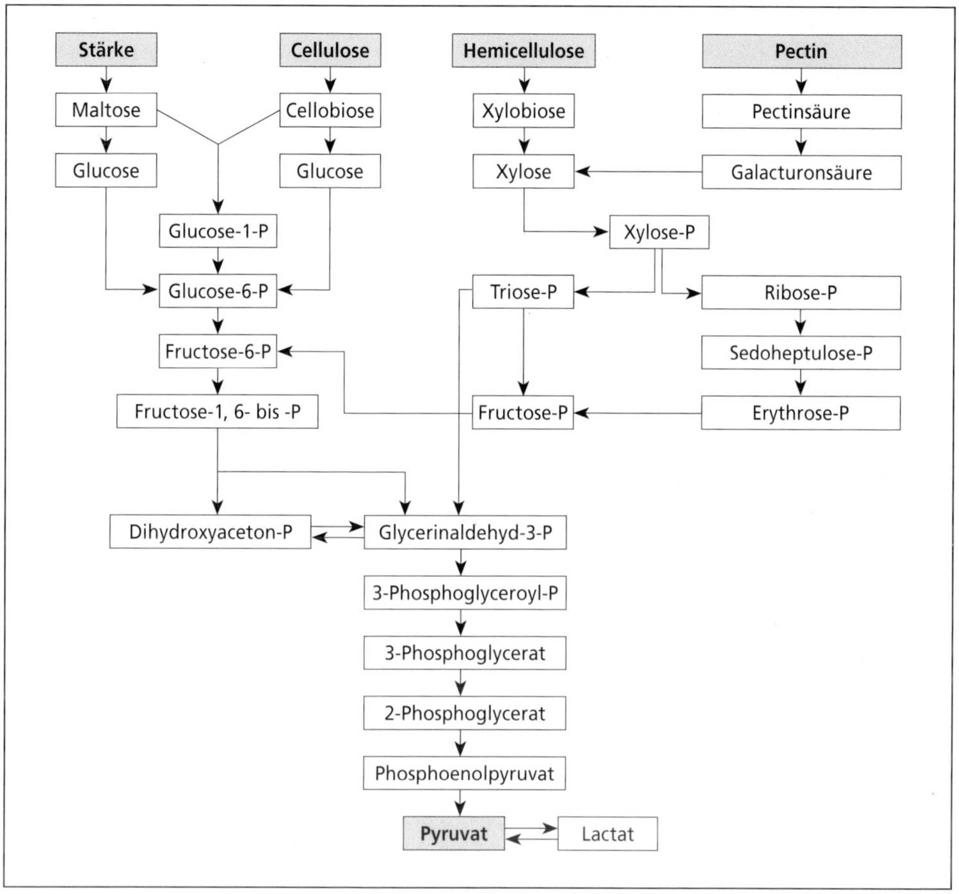

Abb. 15.32 Abbau der Kohlenhydrate zum Pyruvat.

wichtigsten zum Abbau von Cellulose, Hemicellulose und Pectin nachgewiesenen Enzyme zusammengestellt.

Die durch die Hydrolyse der Zellwandbestandteile gebildeten Monomere werden anschließend in der anaeroben Glykolyse (Embden-Meyerhof-Weg) und im Pentose-Phosphat-Zyklus zu Pyruvat umgesetzt. Pyruvat ist das zentrale Intermediärprodukt des mikrobiellen Kohlenhydratstoffwechsels, das jedoch aufgrund einer hohen Umsatzgeschwindigkeit

Tabelle 15.8 Cellulose-, hemicellulosen- und pectinspaltende Enzyme

Substrat	Enzym
Cellulose	Endo-1-4-β-Glucanase Cellobiohydrolase β-Glucosidase
Hemicellulosen	L-Arabinase D-Galactanase D-Mannase D-Xylanase β-Xylosidase β-Glucosidase α-L-Arabinofuranosidase
Pectin	Eserasen Hydrolasen

in Richtung der kurzkettigen Fettsäuren (SCFA) und Pansengase in der Pansenflüssigkeit praktisch nicht nachweisbar ist. Die in Form von Wärme und Methan freigesetzte Energie kann vom Wirtstier nicht genutzt werden. Der Abbau der hochmolekularen Kohlenhydrate über Glykolyse und Pentose-Phosphat-Weg bis zum Pyruvat ist in Abb. 15.32 schematisch dargestellt. Vom Pyruvat ausgehend können die kurzkettigen Fettsäuren Acetat, Propionat und Butyrat sowie die Pansengase auf verschiedenen Stoffwechselwegen gebildet werden. Die wichtigsten Schritte sind in Abb. 15.33 dargestellt. Die kurzkettigen Fettsäuren können in unterschiedlichen molaren Proportionen gebildet werden. Dabei überwiegt stets der Anteil von Acetat, gefolgt von Propionat und Butyrat. Wichtige Einflußfaktoren für ihre molaren Anteile sind Art und Menge der mit dem Futter aufgenommenen Kohlenhydrate und die physikalische Struktur des Futters. So führt eine stärkereiche Fütterung zu einer Verminderung der Acetatanteile zugunsten einer Erhöhung der Propionatanteile. Die Butyratanteile bleiben dabei relativ unverändert. Ähnliche Veränderungen bei zusätzlich erhöhten Butyratanteilen können mit der Zunahme des Vermahlungsgrades des Futters erreicht werden. Beispiel-

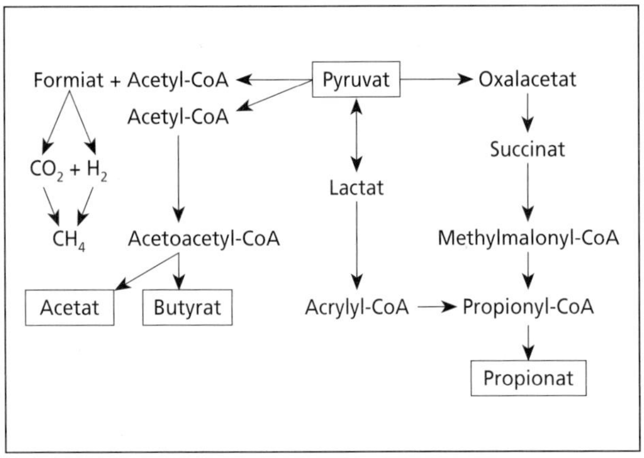

Abb. 15.33 Bildung kurzkettiger Fettsäuren aus Pyruvat.

$$31\ C_6H_{12}O_6 + 62\ H_2O \rightarrow 62\ CH_3COOH + 62\ CO_2 + 124\ (2H)$$

$$11\ C_6H_{12}O_6 + 22\ (2H) \rightarrow 22\ CH_3CH_2COOH + 22\ H_2O$$

$$16\ C_6H_{12}O_6 \rightarrow 16\ CH_3CH_2CH_2COOH + 32\ CO_2 + 32\ (2H)$$

$$58\ C_6H_{12}O_6 + 40\ H_2O \rightarrow 62\ CH_3COOH + 22\ CH_3CH_2COOH + 16\ CH_3CH_2CH_2COOH + 94\ CO_2 + 134\ (2H)$$

$$134\ (2H) + 33{,}5\ CO_2 \rightarrow 33{,}5\ CH_4 + 67\ H_2O$$

58 Hexose → 62 Essigsäure + 22 Propionsäure + 16 Buttersäure + 33,5 Methan + 60,5 Kohlendioxid + 27 Wasser

163,1 MJ → 54,4 MJ + 33,8 MJ + 34,9 MJ + 29,4 MJ + 0 MJ + 0 MJ

Abb. 15.34 Stöchiometrie der Fermentation von Kohlenhydraten im Pansen.

Tabelle 15.9 Molare SCFA-Anteile (%) in Abhängigkeit von der Kohlenhydratzusammensetzung der Ration

SCFA	cellulosereich (Heu)	stärkereich (Kraftfutter)
Acetat	60-70	40-50
Propionat	15-20	30-40
Butyrat	10-15	10-15

haft ist in Tabelle 15.9 der Einfluß der Kohlenhydratquelle auf die molaren SCFA-Anteile erläutert. Die SCFA-Konzentrationen in der Pansenflüssigkeit sind nicht konstant, sie können in einem Bereich zwischen 60 und 150 mmol/l schwanken. Sie werden vor allem durch die Art und Menge des aufgenommenen Futters bestimmt. So steigen die SCFA-Konzentrationen innerhalb von 1-3 Stunden nach Futteraufnahme an und fallen anschließend wieder ab. Neben Acetat, Propionat und Butyrat werden auch Valerat und die verzweigtkettigen Fettsäuren Isobutyrat und Isovalerat in geringen Mengen gebildet, sie kommen jedoch nur in Spuren vor. Da die SCFA-Konzentrationen außer durch die Produktionsrate auch durch das Volumen der Pansenflüssigkeit, die Resorption über die Vormagenwand und die Passagerate von Digesta in Richtung Labmagen beeinflußt werden, ist die Fermentationsintensität aus der Höhe der SCFA-Konzentrationen in der Vormagenflüssigkeit nicht abzuleiten. Hierzu ist es erforderlich, die SCFA-Produktionsraten direkt zu messen. Bei Schafen lagen bei einer Futteraufnahme zwischen 600 und 900 g Trockensubstanz die Gesamt-SCFA-Produktionsraten zwischen 3 und 6 Mol/Tag. Für Milchkühe können unter Berücksichtigung höherer Futteraufnahmen etwa 10fach höhere Werte angenommen werden.

Bei den mikrobiellen Stoffwechselprozessen werden **Pansengase** gebildet, von denen ca. 50-60% aus CO_2 und ca. 30-40% aus Methan bestehen. O_2, H_2, H_2S und CO können in Spuren vorkommen. Stickstoff (N_2) und auch ein Teil des O_2 entstammen der atmosphärischen Luft und sind nicht als Fermentationsgase anzusehen. CO_2 entsteht vor allem durch Decarboxylierung von Pyruvat, oxidative Decarboxylierung von Aminosäuren und durch Spaltung von Harnstoff. Die für die Bildung von CH_4 aus CO_2 erforderlichen Reduktionsäquivalente (2 H) werden bei der Glykolyse, dem Pentose-Phosphat-Weg, der Decarboxylierung von Pyruvat und dem Aminosäurenabbau geliefert. Die Methanbildung durch die sog. **Methanbakterien** (Methanobakterien) ist eine schrittweise Reduktion von CO_2 unter Verwendung der Reduktionsäquivalente. Sie erfolgt nach der Stöchiometrie:

$$CO_2 + 4\,(2\,H) \rightarrow CH_4 + 2\,H_2O.$$

Die Methanbildung stellt für das Wirtstier einen erheblichen Verlust an Futtermittelenergie dar. Aus der Stöchiometrie der Kohlenhydratfermentation ist abzuleiten, daß infolge der Methanbildung Energieverluste in Höhe von ca. 18% auftreten (Abb. 15.34). Die tägliche Gasbildung ist eine Funktion der Futteraufnahme und daher erheblichen Schwankungen ausgesetzt. Für Schafe und Rinder werden im Mittel 30 bzw. 150 l CH_4/Tag angenommen. Das Methan muß über den Ruktus (Kap. 15.3.5.7) abgegeben werden, da keine nennenswerte Resorption in den Vormägen erfolgen kann.

Der quantitative Umfang, in dem pflanzliche Zellwandbestandteile mikrobiell umgesetzt werden können, kann durch exogene und endogene Faktoren limitiert werden. Zu den exogenen Faktoren zählen vor allem Stärke und Intaktheit der pflanzlichen Epidermis, die einen wirkungsvollen Schutz gegen die Kolonisation durch Mikroorganismen bilden. Die internen Faktoren werden durch die

Feinstruktur der Polysaccharide bestimmt. So wurde beispielsweise gezeigt, daß zwischen der Abbaubarkeit von amorpher und kristalliner Cellulose keine nennenswerten Unterschiede bestehen. Ein wesentlicher Faktor ist jedoch der Lignifizierungsgrad des Pflanzenmaterials. Die nicht ausreichende Porosität in lignifizierten Zellwänden verhindert die freie Diffusion der cellulolytischen Enzyme und daraus folgt, daß der mikrobielle Abbau nur an der Oberfläche erfolgen kann. Daher nimmt die mikrobielle Abbaubarkeit mit steigendem Ligningehalt ab.

> Die pflanzliche Zellwand besteht aus Pectinen, Hemicellulosen, Cellulose und Lignin. Diese Substanzen können nur durch mikrobiell gebildete Enzyme abgebaut werden. Zentrales Intermediärprodukt des Abbaus ist Pyruvat, aus dem die kurzkettigen Fettsäuren (SCFA) Acetat, Propionat und Butyrat sowie die Pansengase CO_2 und CH_4 entstehen. die Art des Futters bestimmt die SCFA-Produktion. Methanbildung bedeutet einen Verlust an Futtermittelenergie.

- **Proteine und Nicht-Protein-N(NPN)-haltige Verbindungen**

Die im Futter vorkommenden N-haltigen Verbindungen bestehen aus Proteinen und NPN-Verbindungen (freie Aminosäuren, Nitrat, Harnsäure und Harnstoff). Neben diesen exogenen Quellen tragen endogene Sekretionsprozesse zur N-Versorgung der Vormagenmikroorganismen bei. Dazu zählen die Sekretion von Mucoproteinen mit dem Speichel, die Harnstoffsekretion über den Speichel und durch die Vormagenwand und die Abschilferung von Epithelzellen.

Der Abbau von Proteinen erfolgt enzymatisch durch Proteasen mikrobiellen Ursprungs bis zu Oligopeptiden, Dipeptiden und Aminosäuren. Der überwiegende Teil dieser Proteasen stammt von Bakterien. Protozoen können etwa 10-20% zur proteolytischen Aktivität beitragen. Kleinere Peptide und Aminosäuren können von Mikroorganismen aufgenommen werden und intrazellulär zu Ammoniak und Carbonsäuren abgebaut oder für die Neusynthese von mikrobiellem Protein wiederverwertet werden (Abb. 15.35). Aufgrund des pK-Wertes von 9,25 liegt Ammoniak bei einem pH-Wert der Pansenflüssigkeit von 6,25 zu 99,9% als NH_4^+ und nur zu 0,1% als NH_3 vor. Der Umfang des ruminalen Proteinabbaus ist variabel und wird durch Proteineigenschaften wie Löslichkeit, Sekundär- und Tertiärstruktur sowie Struktur von Disulfidquerbrücken bestimmt. Je nach Proteinquelle werden durchschnittlich zwischen 30 und 70% des Gesamtproteins im Pansen abgebaut. Bei Protein aus frischem Gras können jedoch auch bis zu 100% intraruminal abgebaut werden. Verschiedene Pflanzeninhaltsstoffe wie z.B. Tannine (Polyphenole) oder auch chemische Behandlungsverfahren können durch Reduktion der Proteinlöslichkeit eine Verminderung des Proteinabbaus bewirken und darüber Futterproteine vor dem mikrobiellen Abbau schützen. NPN-Verbindungen werden ebenfalls durch Enzyme mikrobiellen Ursprungs abgebaut. Hauptendprodukte sind dabei NH_4^+, CO_2 und je nach Substrat organische Säuren. Will man Futtermittelproteine direkt dem Wiederkäuer zukommen lassen, müssen sie bei der Futtermittelherstellung technisch „verpackt" und so vor mikrobiellem Abbau geschützt werden („protected proteins").

Der von Mikroorganismen gebildete Ammoniak wird in die Pansenflüssigkeit ausgeschieden. Außer durch diesen Eintritt von NH_4^+ in die Pansenflüssigkeit werden die NH_4^+-Konzentration und die Größe des NH_4^+-Pools durch die NH^+_4-Elimination bestimmt, die sich aus NH_4^+-Assimilation durch Mikroorganismen, Resorption durch die Pansenwand und Abfluß in den unteren Verdauungstrakt zusammensetzt.

Die NH_4^+-Assimilation durch Mikroorganismen stellt den ersten und quantitativ wichtigsten Schritt der mikrobiellen Proteinsynthese dar. Je nach Fütterung können 40-95% des bakteriellen Proteins aus NH_4^+ stammen, der restliche Anteil stammt aus Aminosäuren und Peptiden. Für die NH_4^+-Assimilation sind bislang zwei Systeme nachgewiesen worden: Unter dem Einfluß der NADP-abhängigen Glutamatdehydrogenase entsteht aus NH_4^+ und α-Ketoglutarat Glutaminsäure, und aus NH_4^+ und Glutaminsäure wird unter ATP-Verbrauch Glutamin

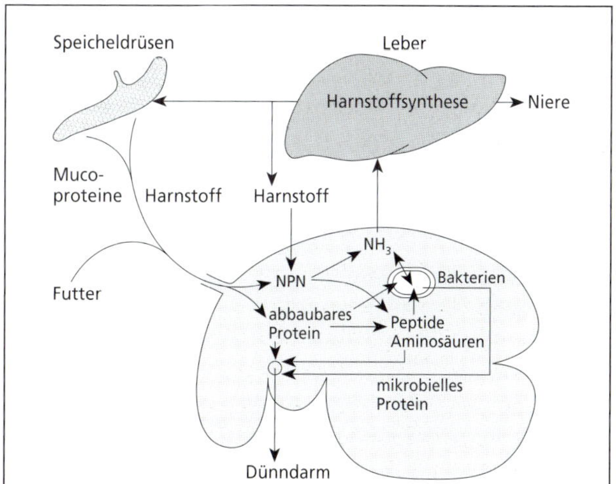

Abb. 15.35 Umsetzungen N-haltiger Verbindungen in den Vormägen; ruminohepatischer Kreislauf.

gebildet. Glutamin und Glutaminsäure sind Substrate für die weiteren Aminosäuren-Synthesewege.

Über den **ruminohepatischen Kreislauf** findet eine kontinuierliche Rezirkulation von Harnstoff statt (s. auch Kap. 15.4.3.2 u. 12.10.1). Nach Resorption von NH_4^+ über die Pansenwand und Transport via Pfortaderblut findet in der Leber die Harnstoffsynthese („Ammoniakentgiftung") statt (Kap. 17.3.3). Harnstoff verläßt die Leber über die V. hepatica und kann nach Perfusion des Lungenkreislaufs über das arterielle Blut zu den Speicheldrüsen und zur Vormagenwand transportiert und auf diesen Wegen in das Vormagensystem sezerniert werden. Hier findet unter dem Einfluß der mikrobiellen Urease die Spaltung in NH_4^+ und CO_2 statt. Die Höhe der Harnstoffzirkulation über die Speicheldrüsen ist eine Funktion der Harnstoffkonzentration im Plasma; die Harnstoffkonzentration im Mischspeichel beträgt im Mittel 65% der des Plasmas.

Futterproteine werden zu 30-100% im Pansen vor allem durch die Bakterien abgebaut. Endprodukt ist Ammoniak, das zur Synthese von mikrobiellem Protein genutzt wird oder nach ruminaler Resorption in der Leber zur Harnstoffbildung führt. Harnstoff gelangt durch Sekretion über die Speicheldrüsen und die Vormagenwand wieder in die Vormägen, so daß der dort gebundene Stickstoff dem Wiederkäuer bei Bedarf wieder zur Verfügung steht.

- **Fette**

In den meisten pflanzlichen Futtermitteln sind die Fettgehalte mit weniger als 50 g/kg Trockensubstanz gering. Ausnahmen sind Ölsaaten, die durch deutlich höhere Fettgehalte gekennzeichnet sein können. Fette können im Pansen in erheblichem Umfang unter dem Einfluß mikrobieller Enzyme hydrolysiert werden. Die wichtigsten dieser von Bakterien und Protozoen stammenden Enzyme sind Lipasen, Galactosidasen und Phospholipasen, sie vermitteln eine vollständige Spaltung von Triglyceriden. Die hydrolytische Spaltung ist Voraussetzung für die sich anschließende Hydrierung ungesättigter Fettsäuren, wobei bei vollständiger Hydrierung Stearinsäure und bei unvollständiger Hydrierung cis-trans-Isomere entstehen können. Die im Futterfett enthaltenen Komponenten Glycerol und Galactose können mikrobiell zu SCFA umgesetzt werden. Langkettige Fettsäuren können mikrobiell inkorporiert aber auch von den Mikroorganismen synthetisiert werden. Ausgangssubstrate der mikrobiellen Synthese sind SCFA, verzweigtkettige Fettsäuren können aus Isobutyrat und Isovalerat gebildet werden. Dabei können auch ungeradzahlige Fettsäuren entstehen. Der Umfang der Neusynthese von langkettigen Fettsäuren ist geringer als ihre Inkorporation und Speicherung; sie nimmt mit der Zunahme der Konzentration an langkettigen Fettsäuren in der Pansenflüssigkeit ab. Die Fähigkeit zur Inkorporation und Synthese ist auch für Protozoen und Pilze nachgewiesen worden. Innerhalb der Mikroorganismen bilden Fettsäuren in Form von Phospholipiden oder Sterolestern Strukturbestandteile der mikrobiellen Zellmasse. Native Futterfette können zu einer erheblichen Reduktion des mikrobiellen Wachstums führen. Dieser Effekt nimmt mit dem Gehalt an mehrfach ungesättigten Fettsäuren in der Ration zu, kann durch divalente Kationen wie Ca^{2+} gehemmt werden und betrifft vor allem cellulolytische Keime.

Fette können im Pansen hydrolysiert werden. Anschließend werden die ungesättigten Fettsäuren weitgehend hydriert, Glycerol kann mikrobiell zu SCFA umgesetzt werden. Ein zu hoher Anteil an Futterfett kann das mikrobielle Wachstum erheblich reduzieren.

- **Vitamine**

Vormagenmikroorganismen können aufgrund ihrer Syntheseeigenschaften in erheblichem Umfang zur Versorgung des Wirtstieres mit Vitaminen beitragen. Dies betrifft Vitamin C und die Vitamine des B-Komplexes als wasserlösliche Vitamine sowie das fettlösliche Vitamin K. Dagegen müssen beim Kalb und Lamm mit noch nicht vollständiger Entwicklung des Vormagensystems alle Vitamine über die Nahrung zugeführt werden. Unter bestimmten Bedingungen können auch beim adulten Wiederkäuer Thiamin(B_1)- oder Cobalamin(B_{12})-Mängel auftreten. So können Thiaminmangelzustände beim wachsenden Tier durch plötzliche Futterumstellungen mit kohlenhydratreichen Futterkomponenten oder infolge der Synthese von bakteriellen Thiaminasen entstehen. Cobalaminmangel kann bei unzureichender Cobaltversorgung entstehen.

- **Spezifische verdauungsphysiologische Funktionen der Pansenprotozoen**

1. Beteiligung an der mikrobiellen Vormagenverdauung: Da Protozoen über kohlenhydrat-, protein- und fettspaltende Enzyme verfügen, sind auch sie maßgeblich am intraruminalen Nährstoffabbau beteiligt. Wie die Bakterien zeichnen sich auch die Protozoen durch deutliche Unterschiede in der Substratspezifität aus. Während die Arten der Genera *Isotricha* und *Dasytricha* bevorzugt lösliche Kohlenhydrate aufnehmen und entweder fermentieren oder als Amylopectin speichern können,

bevorzugen die Vertreter der Gattung *Diplodinium* Partikel pflanzlicher Zellwände. Alle Protozoen decken ihren Bedarf an N-haltigen Nährstoffen durch die Aufnahme von kleinen Futterpartikeln, Bakterien, Pilzen und anderen Protozoen. Die Speicherfähigkeit von leicht fermentierbaren Kohlenhydraten stellt zugleich einen wirkungsvollen Schutzmechanismus dar, um für das Wirtstier das Risiko einer Pansenacidose zu mindern. So führt die stufenweise Umstellung von einer rohfaserreichen auf eine stärkereiche Ration zu einer Zunahme der Protozoenpopulation und damit zu einer höheren Speicherfähigkeit von Kohlenhydraten. Bei einer zu schnellen Rationsumstellung können die vorübergehende drastische pH-Abnahme und Zunahme der Osmolarität zur Vernichtung der Protozoenpopulation führen (Defaunierung).

2. Bereitstellung von Fermentationsprodukten: Zu den Fermentationsprodukten, die die Protozoen dem Wirtsorganismus bereitstellen zählen vor allem Acetat, Butyrat und Lactat. Das von ihnen gebildete CO_2 und H_2 wird durch Methanobakterien zu Methan umgesetzt. Im Gegensatz zu Pansenbakterien bilden Protozoen kein Propionat. Die Protozoen können nach ihrer Passage aus dem Vormagensystem im Labmagen/Dünndarm-Bereich chemisch-enzymatisch verdaut werden und auf diese Weise zusätzlich biologisch hochwertiges Protein liefern. Es ist allerdings zu berücksichtigen, daß Protozoen ebenso wie Futterpartikel und die daran anhaftenden Bakterien selektiv im Vormagensystem retiniert werden können.

3. Detoxifizierungsreaktionen: Aufgrund ihrer zahlreichen hydrolytischen und reduzierenden Enzyme können toxische Futterkomponenten von Protozoen neutralisiert werden. Dazu zählt die bereits lange bekannte Reduktion von Nitritgruppen organischer Verbindungen zu Aminen. Dies erklärt auch die im Vergleich mit Bakterien geringere Empfindlichkeit der Protozoen gegenüber Pestiziden und verschiedenen Antibiotika.

4. Bildung schlecht resorbierbarer Schwermetallverbindungen: Aufnahme und Verdauung unlöslicher Proteine durch die Protozoen führen zu einer vermehrten Bereitstellung von Peptiden und Aminosäuren für bakterielle Stoffwechselprozesse. Dies erhöht die Bildung von Sulfiden, die mit Kupfer unlösliche Kupfersulfidverbindungen mit geringer Resorbierbarkeit eingehen können. Auf diese Weise können Protozoen das Risiko von Kupferintoxikationen vermindern; bei geringem Kupferangebot und hoher Molybdänzufuhr jedoch auch zur Entstehung eines Kupfermangels beitragen. Sehr große Kupfersulfatmengen führen zum Absterben der Protozoen (Kap. 15.4.2.1). Eine weitere Möglichkeit besteht in der Bildung von Kupferchelaten mit ebenfalls geringer Resorbierbarkeit.

5. Regulation der Bakterienpopulation und der Konzentration der Abbauprodukte: Durch die Fähigkeit der Protozoen zur Inkorporation von Bakterien kann die Bakterienkonzentration in der Vormagenflüssigkeit reduziert und reguliert werden. Die Verdauung von Bakterien durch die Protozoen erhöht die Bereitstellung organischer und anorganischer Abbauprodukte in der Pansenflüssigkeit und kann so das Wachstum der verbliebenen Bakterien und deren Wachstumseffizienz verbessern.

> Protozoen decken ihren Nährstoffbedarf durch die Aufnahme von Futterpartikeln, Bakterien, Pilzen und anderen Protozoen und regulieren damit auch die Bakterienpopulation. Sie können leicht fermentierbare Kohlenhydrate speichern und so das Risiko einer Pansenacidose mindern. Die Verdauung von Protozoen im Labmagen/Dünndarm-Bereich liefert biologisch hochwertiges Protein. Protozoen können die Gefährdung durch Pflanzentoxine und Schwermetalle herabsetzen.

15.4.2.3 Pathophysiologische Aspekte

Eine zu schnelle Futterumstellung in Richtung leicht fermentierbare Kohlenhydrate kann eine überschießende Produktion von SCFA und Lactat und die Enstehung einer **Pansenacidose** fördern. Ein Mißverhältnis zwischen Protein- und Kohlenhydratgehalt der Futterration mit einem relativ zu hohen Stickstoffangebot begünstigt dagegen die Entstehung einer **Pansenalkalose**. Das beim proteolytischen Abbau entstehende Ammoniak wird in dieser Situation nur unzureichend in mikrobielles Protein eingebaut, da durch den relativ zu niedrigen Kohlenhydratgehalt zu wenig Energie und zu wenig Kohlenstoffgerüste zur Proteinsynthese zur Verfügung stehen. Der hohe pK-Wert des Ammoniaks bedingt ein zunehmend alkalischeres Pansenmilieu. Damit wird der mikrobielle Stoffwechsel gehemmt. Außerdem sinkt mit steigendem pH der Ionisierungsgrad von Ca^{2+} und Mg^{2+} und damit die Resorptionsrate dieser Mineralstoffe.

Bestimmte Pflanzen begünstigen das Entstehen einer sog. schaumigen Gärung und damit einer **Pansentympanie**. Für die schaumige Gärung wird eine stabile Dispersion kleiner Futterpartikel, besonders von Chloroplastenmembranen, verantwortlich gemacht. Die bei der mikrobiellen Fermentation gebildeten Gase werden in Form winziger Bläschen in diesen Partikeln gefangen. Sie können damit nicht zu einer Gasblase im dorsalen Pansensack konfluieren und über den Ruktus abgegeben werden. Das gebildete Gas verbleibt in den Vormägen und führt rasch zum lebensbedrohlichen Aufblähen des Pansens.

15.4.3 Resorptionsvorgänge

H. Martens

15.4.3.1 Charakteristika der Vormagenflüssigkeit

Das Verständnis der im Pansenepithel nachgewiesenen Transportmechanismen wird wesentlich erleichtert, wenn kurz die luminalen Konzentrationen der zu transportierenden Substanzen vorgestellt werden. Die wichtigsten Kationen sind Natrium und Kalium, deren Konzentration zusammen etwa 130-150 mmol/l beträgt und weitgehend konstant ist. Es treten jedoch für Natrium und Kalium große – reziproke – Schwankungen ohne Veränderung der Summenkonzentration auf. Der Natriumgehalt im Vormageninhalt wird maßgeblich durch die Konzentration dieses Ions im Speichel bestimmt und kann über 100 mmol/l betragen. Starke Veränderungen (Abnahmen) werden mit zunehmendem Kaliumgehalt im Futter beobachtet. Unter diesen Bedingungen nimmt die Kaliumkonzentration zu und Natrium reziprok ab. Als Anionen fungieren primär die kurzkettigen Fettsäuren Acetat, Propionat und Butyrat, deren Konzentrationen (100 mmol/l oder mehr) und molaren Proportionen stark schwanken können, ferner Chlorid (10-20 mmol/l), HCO_3^- (20-60 mmol/l) und Phosphat (10-15 mmol/l). Die ruminalen Konzentrationen von Mg^{++} und Ca^{++} betragen je nach Gehalt dieser Mineralstoffe im Futter 1-10 mmol/l. Entsprechend den Eiweißgehalten des Futters verändern sich die Konzentrationen von Ammoniak (NH_3/NH_4^+: 3-10 mmol/l, in Extremfällen 30-40 mmol/l). Die Osmolarität der Pansenflüssigkeit wird durch die Summe aller gelösten Stoffe bestimmt und kann vor einer Fütterung leicht hypoton (260-280 mosmol/l) sein. Infolge der Fermentationsvorgänge nach der Futteraufnahme kann die Osmolarität erheblich zunehmen und weit über 400 mosmol/l ansteigen. Der pH-Wert beträgt unter physiologischen Bedingungen 5,5-7,0.

Die aufgeführten ruminalen Konzentrationen der Ionen unterscheiden sich beträchtlich von den entsprechenden Werten im Blut, d.h. das Pansenepithel ist in der Lage, erhebliche chemische Gradienten aufrechtzuerhalten. Aus dieser Tatsache läßt sich unschwer ableiten, daß dieses mehrschichtige und verhornte Epithel dem unkontrollierten passiven parazellulären Stoffaustausch einen erheblichen Widerstand entgegensetzt und daher als mäßig dichtes Epithel (moderately tight) bezeichnet wird. Diese Schlußfolgerung wird auch unterstützt durch die transepitheliale Potentialdifferenz der Vormagenepithelien von 20-60 mV (Blutseite positiv). Die Schädigung dieser Barrierefunktion kann erhebliche gesundheitliche Konsequenzen haben (Kap. 15.4.3.3).

> Die Konzentrationen wichtiger Ionen in der Pansenflüssigkeit und im Blutplasma unterscheiden sich erheblich. Das Vormagenepithel läßt also einen passiven Konzentrationsausgleich nicht zu. Es fungiert als Barriere und kann im Hinblick auf diese Epithelfunktion als moderat dicht bezeichnet werden.

15.4.3.2 Transportmechanismen des Pansenepithels

- **Mineralstoffe**

Natrium: Die hohe endogene Sekretion von Natrium mit dem Speichel (> 500 g Natrium pro Tag bei einer Kuh) hat schon sehr früh zu Überlegungen über mögliche Resorptionsmechanismen für diesen Mineralstoff in den Vormägen geführt. Da die ruminale Natriumkonzentration immer geringer ist als die Konzentration von Natrium im Blut und die transepitheliale Potentialdifferenz 20-60 mV (Blutseite positiv) beträgt, muß eine mögliche Natriumresorption gegen einen transepithelialen elektrischen und chemischen Gradienten erfolgen und erfordert daher aktive Transportmechanismen. Alle bisher zu dieser Fragestellung durchgeführten Untersuchungen unterstützen die Annahme zweier aktiver Transportmechanismen für Natrium, den elektrogenen und den elektroneutralen Natriumtransport. Der elektrogene Natriumtransport entspricht dem aus Untersuchungen im distalen Colon und Tubulus der Niere bekannten Transportschema (Abb. 12.12 u. 15.69). Natrium wird luminal durch einen Kanal in die Epithelzelle aufgenommen und basolateral mit Hilfe der Na^+,K^+-ATPase wieder herausgepumpt (serielle Anordnung von Kanal und Na^+,K^+-ATPase; Abb. 15.36).

Auf diese Weise wird mit dem Natrium eine positive Ladung durch das Epithel transportiert. Es handelt sich deshalb um einen elektrogenen Transport, der im Gegensatz zu den entsprechenden Transportsystemen in der Niere und im Colon nicht durch Aldosteron stimulierbar und nicht durch das Diuretikum Amilorid hemmbar ist. Parallel zu diesem Transportsystem existiert ein zweiter, elektroneutraler Mechanismus. Die luminale Aufnahme von Natrium in die Pansenepithelzelle wird durch einen Na^+/H^+-Austauscher vermittelt, der die Natriumaufnahme mit einer Abgabe von Protonen

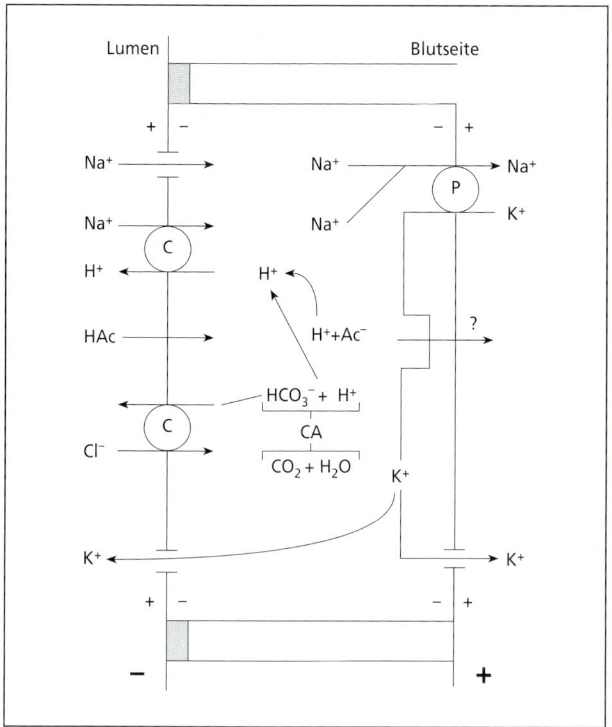

Abb. 15.36 Schematische Darstellung des elektrogenen und elektroneutralen Na^+-Transportes durch das Pansenepithel (C = Carrier; P = Pumpe, hier Na^+, K^+-ATPase; CA = Carboanhydrase, Ac^- = Acetat, HAc = undissoziierte Essigsäure). Für das mehrschichtige Pansenepithel wurde das für ein zylindrisches Epithel übliche Schema übernommen. Transportphysiologisch ist diese Vereinfachung mit großer Sicherheit korrekt, weil die verschiedenen Zellschichten des Pansenepithels einem (Transport) Compartment entsprechen.

kombiniert (Abb. 15.36). Auch in diesem Fall erfolgt die basolaterale Abgabe des Natriums über die Na^+,K^+-ATPase. Die Funktion eines Na^+/H^+-Austauschers zum transepithelialen Natriumtransport erfordert die kontinuierliche Bereitstellung von Protonen in der Epithelzelle. Als Protonenlieferant ist H_2CO_3 anzusehen, die katalysiert durch die Carboanhydrase aus Wasser und Kohlendioxid entsteht ($H_2O + CO_2 \Leftrightarrow H_2CO_3 \Leftrightarrow H^+ + HCO_3^-$). Ein weiterer Mechanismus der intrazellulären Protonenbereitstellung könnte darin bestehen, daß kurzkettige Fettsäuren (Acetat, Propionat oder Butyrat) undissoziiert in die Zelle diffundieren, dort dissoziieren und auf diese Weise Protonen für den Na^+/H^+-Austauscher zur Verfügung stellen (Abb. 15.36, 15.38 u. 15.39).

Das Vorkommen zweier Transportsysteme für die gleiche Substanz, hier Natrium, in einem Epithel erscheint in diesem Falle ungewöhnlich. Eine Bestimmung der kinetischen Daten für beide Systeme ergab für den elektrogenen Natriumtransport eine niedrige Michaelis-Konstante, K_m, und eine geringe V_{max}, für den elektroneutralen deutlich höhere Werte für K_m und V_{max}. Daraus läßt sich eine sinnvolle Arbeitsteilung ableiten, elektrogen wird Natrium überwiegend bei niedrigen Konzentrationen (< 20 mmol/l) aus der Pansenflüssigkeit in das Blut transportiert, elektroneutral bei höheren Konzentrationen. Auf diese Weise ist sichergestellt, daß Natrium bei praktisch allen physiologisch in der Vormagenflüssigkeit vorkommenden Natriumkonzentrationen resorbiert wird. Die Arbeitsteilung wird auch erkennbar, wenn man für beide Systeme die Triebkräfte für die Aufnahme von Natrium durch die apicale Membran abschätzt. Beim elektrogenen Transport kann neben dem evtl. noch vorhandenen chemischen vor allem der elektrische Gradient für den luminalen Aufnahmevorgang genutzt werden. Für den Na^+/H^+-Austauscher stehen jedoch nur die chemischen Gradienten beider beteiligter Ionen zur Verfügung.

Zwei parallel arbeitende, luminale Aufnahmemechanismen für Natrium, elektrogen und elektroneutral, erlauben in Kombination mit der Na^+/K^+-ATPase in der basolateralen Membran die ruminale Natriumresorption bei allen physiologisch vorkommenden Natriumkonzentrationen in der Pansenflüssigkeit.

Chlorid: Der seit vielen Jahren bekannte Chloridtransport aus dem Lumen zur Blutseite weist eine enge Koppelung zum (elektroneutralen) Na^+-Transport auf. Diese Beziehung ergibt sich aus der Nutzung der mit Hilfe der Carboanhydrase in den Zellen aus H_2CO_3 entstehenden Dissoziationsprodukte H^+ und HCO_3^-. Die Verwendung der Protonen für den Na^+/H^+-Austauscher wird kombiniert mit einem Anionenaustauscher in der luminalen Membran (Abb. 15.36), der die HCO_3^- -Abgabe ins Lumen mit der Aufnahme von Chlorid ermöglicht. Über die basolaterale Abgabe des Chlorids ist nichts bekannt.

Die HCO_3^--Abgabe ins Lumen muß als wichtiger, aber häufig nicht beachteter Faktor der Pufferung der Vormagenflüssigkeit angesehen werden.

Kalium: Untersuchungen über den ruminalen Kaliumtransport haben in vitro und in vivo zu widersprüchlichen Ergebnissen geführt, so daß eine getrennte Darstellung dieser Ergebnisse notwendig erscheint. In In-vitro-Untersuchungen werden immer auf beiden Seiten der verwendeten Epithelien – luminal und serosal – gleiche Kaliumkonzentrationen von 4 oder 5 mmol/l eingesetzt. Unter diesen Bedingungen ergab sich immer eine sehr geringe Nettosekretion von Kalium in das Lumen. Dieser Vorgang wird mit Hilfe der Abbildung 15.36 verständlich. Der Natriumtransport aus der Epithelzelle durch die basolaterale Membran wird – „bergauf" – durch die Na^+,K^+-ATPase möglich. 3 Natriumionen werden herausgepumpt und im Austausch werden 2 Kaliumionen in die Zelle transportiert. Dieses Kalium muß die Zelle wieder verlassen, um eine Akkumulation zu vermeiden. An allen Epithelien erfolgt diese Abgabe durch einen Kanal in der basolateralen Membran (Abb. 15.36). Im Pansenepithel ist zusätzlich ein Kaliumkanal in der luminalen Membran vorhanden (Abb. 15.36), durch den Kalium in geringem Umfang in das Lumen sezerniert wird, so daß ein Nettotransport von Kalium von der serosalen zur luminalen Seite beobachtet wird. Diese apicale Kaliumabgabe wird wesentlich durch die Potentialdifferenz der luminalen Membran, PD_a, bestimmt.

Die Versuchsbedingungen bei den üblichen In-vivo-Versuchen unterscheiden sich ganz erheblich von den dargestellten In-vitro-Verhältnissen. Die ruminale Kaliumkonzentration weist in vivo sehr große Schwankungen auf, die vor allem durch die Kaliumgehalte des Futters bedingt sind. Mit steigendem Kaliumgehalt im Futter nimmt die Kaliumkonzentration in der Pansenflüssigkeit linear zu und kann mehr als 100 mmol/l betragen. Damit werden die Plasmakonzentrationen von 4-5 mmol/l erheblich übertroffen. Dieser große chemische Gradient begünstigt eine Resorption, und in allen In-vivo-Versuchen ergab sich eine lineare Beziehung zwischen der ruminalen Kaliumkonzentration und der Kaliumresorption. Es ist ein passiver Mechanismus anzunehmen. Eindeutige Ergebnisse bezüglich des Passageweges – trans- oder parazellulär – liegen nicht vor.

Mit der Variation der ruminalen Kaliumkonzentration ergeben sich wichtige elektrophysiologische Veränderungen am Pansenepithel, die praktische Konsequenzen haben und daher erläutert werden sollen (s. Mg^{2+}-Resorption). Seit vielen Jahren ist bekannt, daß sich die transepitheliale Potentialdifferenz des Pansenepithels, PD_T, linear mit dem dekadischen Logarithmus der Kaliumkonzentration erhöht. Diese Beziehung wird durch den Kaliumkanal in der luminalen Membran verständlich (s. Abb. 15.36). Der Kaliumgradient zwischen luminal und intrazellulär bestimmt wesentlich die Potentialdifferenz der apicalen Membran, PD_a (Kap. 2.4). Jede Erhöhung der ruminalen Kaliumkonzentration führt zu einer Depolarisation von PD_a. Da $PD_T = PD_a - PD_b$ ist (PD_b = Potentialdifferenz der basolateralen Membran); es ergibt sich bei einer Depolarisation von PD_a die seit vielen Jahren bekannte Erhöhung von PD_T. Die o.a. Schwankungen der PD_T zwischen 20 und 60 mV sind vor allem durch Unterschiede in der luminalen Kaliumkonzentration bedingt.

Die Kaliumkonzentration in der Pansenflüssigkeit bestimmt maßgeblich die Potentialdifferenz von PD_a und damit auch von PD_t. Die Veränderung dieser Potentialdifferenzen sind von großer Wichtigkeit für das Verständnis der epithelialen Elektrophysiologie und damit u.a. für den ruminalen Magnesiumtransport.

Magnesium: Das besondere Interesse an den Mechanismen des ruminalen Magnesiumtransports ergab sich aus der Tatsache, daß die Pathogenese der Hypomagnesämie (Weidetetanie) der Wiederkäuer in sehr vielen Fällen auf eine unzureichende Mg^{2+}-Resorption aus dem Magen-Darm-Kanal zurückzuführen ist. Mg^{2+} wird fast nur in den Vormägen resorbiert. In den übrigen Abschnitten des Verdauungskanals erfolgt keine nennenswerte Nettoresorption von Mg^{2+}.

Es besteht kein Zweifel, daß Mg^{2+} aus dem Pansen aktiv oder sekundär aktiv resorbiert wird. Diese Schlußfolgerung ergibt sich schon aus der Abschätzung der transepithelialen chemischen und elektrischen Gradienten. Die Mg^{2+}-Konzentration in der Pansenflüssigkeit beträgt 1- 8 mmol/, ist damit deutlich höher als im Plasma (0,7-1,0 mmol/l) und würde eine passive Resorption begünstigen. Dem erwähnten chemischen Gradienten steht jedoch die transepitheliale Potentialdifferenz von 20-60 mV (Blutseite positiv) entgegen, die bei der Annahme passiver Mechanismen eine Sekretion verursachen würde. Da in der Regel der elektrische Gradient höher als der chemische Gradient ist, kann eine passive Resorption von Mg^{2+} aus den Vormägen ausgeschlossen werden. Infolgedessen konzentrierten sich die Bemühungen auf den Nachweis aktiver Mechanismen. Die zu dieser Fragestellung erhaltenen Ergebnisse sind in Abbildung 15.37 zusammengefaßt.

Der ruminale Mg^{2+}-Transport weist im Hinblick auf die luminalen Aufnahmemechanismen Parallelen zum Natriumtransport auf. Auch für Mg^{2+} existieren zwei Aufnahmemechanismen. Viele bisher zum Mg^{2+}-Transport erhaltenen Befunde stützen die Annahme, daß die luminale Mg^{2+}-Aufnahme zum einen (wahrscheinlich) durch einen Kanal erfolgt. Dieser (passive) Vorgang der luminalen Aufnahme wird bestimmt durch bestehende chemische und elektrische Gradienten. Die Abhängigkeit von elektrischen Gradienten hat zu der Bezeichnung potentialabhängiger Mg^{2+}-Transport geführt.

Es zeigte sich jedoch, daß ein weiterer Aufnahmemechanismus existieren mußte. Alle Versuchsansätze beeinflußten den Mg^{2+}-Transport erheblich, wenn die intrazelluläre Bereitstellung von Protonen im Pansenepithel verändert wurde. Es wurde ein elektroneutraler $Mg^{2+}/2H^+$-Austauscher vorgeschlagen, der potentialunabhängig ist. Wie für den Na^+/H^+-Austauscher trifft auch für das entsprechende Transportsystem für Mg^{2+} zu, daß Protonen für die

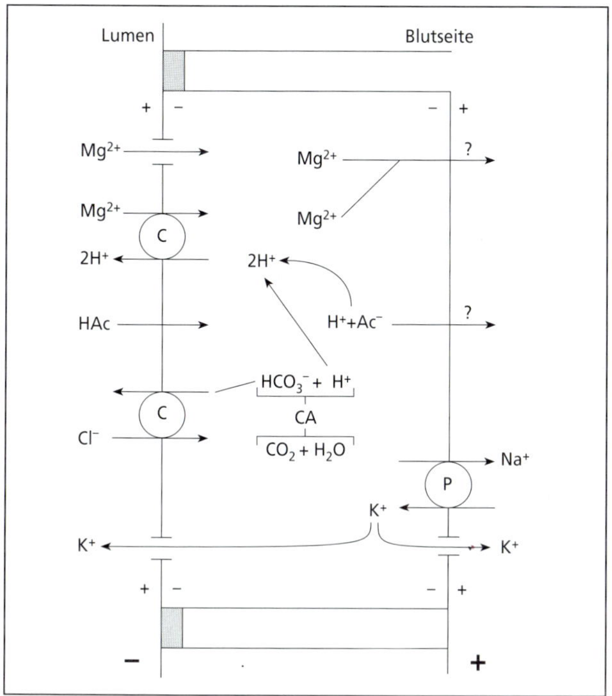

Abb. 15.37 Transportmodell für den ruminalen Mg^{2+}-Transport (C = Carrier; P = Pumpe, hier Na^+, K^+-ATPase; CA = Carboanhydrase). Der Mechanismus für den Mg^{2+}-Transport durch die basolaterale Membran ist nicht bekannt (?).

Aktivität dieses Transportmechanismus zur Verfügung stehen müssen. Diese Bereitstellung von Protonen kann wiederum mit Hilfe der Carboanhydrase aus CO_2 und H_2O erfolgen oder über die Aufnahme von undissoziierten kurzkettigen Fettsäuren (Abb. 15.38). Der Abgabemechanismus durch die basolaterale Membran ist nicht bekannt. Die Existenz zweier luminaler Aufnahmemechanismen für Mg^{2+} führt wie beim Na^+ zu der Frage der physiologischen Bedeutung. Da die Mg^{2+}-Resorption aus den Vormägen zur Sicherstellung einer normalen Blutmagnesiumkonzentration essentiell ist, müssen die ruminalen Mg^{2+}-Transportmechanismen insbesondere auch bei sehr niedrigen Mg^{2+}-Konzentrationen (1 mmol/l oder weniger) eine ausreichende Mg^{2+}-Resorption ermöglichen. Diese Aufgabe kann durch den potentialabhängigen Mg^{2+}-Transport unter Nutzung des elektrischen Gradienten der PD_a erfolgen. Mit Hilfe dieses Mechanismus ist somit eine Mg^{2+}-Aufnahme sogar dann noch möglich, wenn die luminale Mg^{2+}-Konzentration gleich oder geringfügig geringer ist als in der Epithelzelle, in der die Mg^{2+}-Konzentration bei 0,5-1 mmol/l liegt. Wie beim Natrium wird die Mg^{2+}-Aufnahme mit Hilfe des elektroneutralen $Mg^{2+}/2H^+$-Austauschers durch die chemischen Gradienten der beteiligten Ionen bestimmt. Da der pH-Wert in der Pansenflüssigkeit (5,5-7,0) praktisch immer geringer ist als in der Epithelzelle, wird die elektroneutrale Mg^{2+}-Aufnahme vor allem vom Mg^{2+}-Gradienten zwischen Lumen und Cytosol bestimmt Damit kann bei geringen ruminalen Mg^{2+}-Konzentrationen mit Hilfe dieses Mechanismus Mg^{2+} nicht resorbiert werden.

Die Resorption von Mg^{2+} aus den Vormägen ist essentiell für den Magnesiumhaushalt der Wiederkäuer. Störungen dieser Resorption können daher zur Hypomagnesämie und u.U. auch zur Tetanie (hypomagnesämische Weidetetanie) führen. Eine Verminderung der ruminalen Magnesiumresorption ist bei einer Erhöhung der Kaliumkonzentration in der Pansenflüssigkeit immer zu erwarten. Diese Beeinflussung ist auf die elektrophysiologischen Veränderungen des Pansenepithels zurückzuführen.

Calcium: In der überwiegenden Zahl der Untersuchungen zur Frage einer Ca^{2+}-Resorption aus den Vormägen wurde gezeigt, daß Ca^{2+} aus dem Pansen resorbiert wird. Da bei Ca^{2+}-Mangel der Ca^{2+}-Transport stimuliert wird, ist zu vermuten, daß die ruminale Ca^{2+}-Resorption wie im Darm durch Calcitriol beeinflußt wird. Die vorliegenden Erkenntnisse reichen nicht aus, um ein schlüssiges Transportmodell vorzuschlagen. Es ist jedoch anzunehmen, daß die für den Dünndarm (Kap. 15.6.7.3) gezeigten Modellvorstellungen auch für den Pansen zutreffen.

Die Kenntnise über den sicher nachgewiesenen Ca^{2+}-Transport lassen z.Z. keine Schlußfolgerung über den Transportmechanismus und über die physiologische Bedeutung des ruminalen Ca^{2+}-Transports für den Calciumhaushalt der Wiederkäuer zu.

Phosphat: Der hohe Phosphatgehalt im Speichel führt dazu, daß auch in der Pansenflüssigkeit hohe Phosphatkonzentrationen von 10-15 mmol/l auftreten, die damit die Plasmakonzentrationen von 2-3 mmol/l weit übertreffen. Dieser chemische Gradient wird verstärkt durch die transepitheliale Potentialdifferenz, die 20-60 mV (Blutseite positiv) beträgt, so daß eine erhebliche Triebkraft (chemischer + elektrischer Gradient) für eine passive Resorption dieses Anions gegeben ist. Die vorliegenden Ergebnisse unterstützen die Annahme einer Diffusion, die mit großer Wahrscheinlichkeit parazellulär erfolgt.

Phosphat wird wahrscheinlich passiv und parazellulär transportiert.

- **Fermentationsprodukte**

Die mikrobiellen Umsetzungen der Nährstoffe (Kohlenhydrate, Proteine und Fette) des Futters führen im Vormagensystem zu einer Freisetzung von z. T. großen Mengen von Endprodukten des mikrobiellen Stoffwechsels, die aus dem Panseninhalt entfernt werden müssen.

Kurzkettige Fettsäuren: (short chain fatty acids = SCFA; früher auch flüchtige Fettsäuren, volatile fatty acids = VFA) entstehen durch die mikrobiellen Umsetzungen der Nährstoffe im Reticulorumen (Kap. 15.4.2.2). Als Faustregel gilt, daß pro kg aufgenommener organischer Substanz (OS) 4-5 Mol SCFA gebildet werden. Bei einer Aufnahme von 20 kg OS pro Tag bei Kühen mit hoher Milchleistung ergibt sich somit eine Gesamtmenge von 80-100 Mol SCFA pro Tag oder etwa 5,6-7,0 kg. Diese großen Mengen SCFA erklären die o.a. hohen Konzentrationen der SCFA in der Vormagenflüssigkeit von 100 mmol/l und mehr (bis zu 180 mmol/l) und lassen unschwer erkennen, daß eine Akkumulation dieser Endprodukte in der Pansenflüssigkeit zu einem unerwünschten Absinken des pH-Wertes und Anstieg des osmotischen Druckes führen muß. Eine effektive Resorption der SCFA verhindert diese mögliche Komplikation. Trotz intensiver Untersuchung der Resorption der kurzkettigen Fettsäuren in vivo und in vitro können bisher nur Teilaspekte des transepithelialen SCFA-Transportes als gesichert angesehen werden. Es besteht kaum ein Zweifel, daß die SCFA-Resorption als passiver Vorgang anzusehen ist. Der hohe chemische Gradient zwischen Panseninhalt und Blut dient dabei als wesentliche Triebkraft. Es sind offensichtlich zwei Transportmechanismen bei der transzellulären Passage der SCFA vorhanden: 1. die Aufnahme der SCFA in die Epithelzelle als Anion (dissoziiert) mit Hilfe eines Anionenaustauschers in der luminalen Membran oder 2. in der undissoziierten Form (non-ionic diffusion; Abb. 15.38). Für beide Vorgänge liegen Befunde vor, und es ist sehr wahrscheinlich, daß beide Mechanismen parallel wirksam werden. Die Bedeutung der SCFA-Resorption in der undissoziierten Form geht aus Untersuchungen hervor, in denen der pH-Wert im Lumen abgesenkt wurde, um damit den Anteil der undissoziierten SCFA zu erhöhen (pK der SCFA $\approx$ 4,8, d.h. bei einem pH-Wert von 6,8 liegen 1 %, bei einem pH-Wert von 5,8 10 % undissoziiert vor). In diesen Versuchen mit erniedrigten luminalen pH-Werten wurde immer eine erhöhte SCFA-Resorption festgestellt, die jedoch nicht direkt proportional zur Zunahme des undissoziierten Anteils der SCFA erfolgte. Dies deutet darauf hin, daß ein zweiter Mechanismus für die SCFA-Resorption angenommen werden müßte. Es handelt sich hierbei mit großer Sicherheit um die Aufnahme der SCFA durch die luminale Membran mit Hilfe eines Anionenaustauschers im Austausch gegen HCO_3^- (Abb. 15.38).

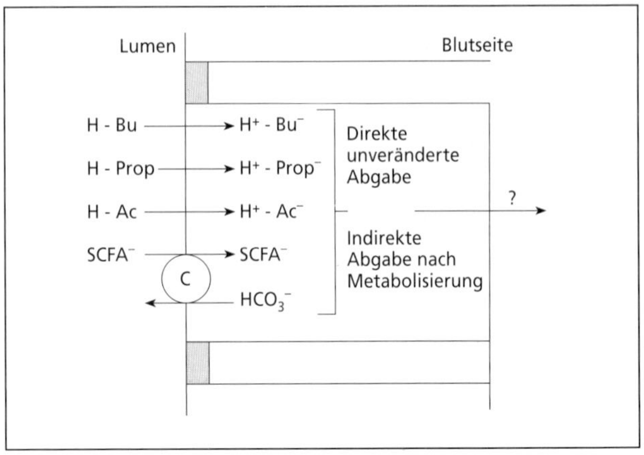

Abb. 15.38 Modellvorstellungen über die luminale Aufnahme von kurzkettigen Fettsäuren (SCFA). Die intraepitheliale Metabolisierung der Fettsäuren ist nur erwähnt (Näheres s. Text). Der Transport von SCFA durch die basolaterale Membran ist nicht bekannt (?). HAc, HProp, HButyr = undissoziiertes Acetat, Propionat oder Butyrat, Ac^-, $Prop^-$, But^- = SCFA in der ionisierten Form. Die luminale Aufnahme von $SCFA^-$-Ionen erfolgt mit Hilfe des Anionenaustauschers (nur beispielhaft für Acetat dargestellt; C = Carrier). Aus Gründen der Übersichtlichkeit ist auf die Darstellung des Transports von Protonen aus der Zelle (Na^+/H^+-Austauscher) sowie der HCO_3^--Bereitstellung mit Hilfe der Carboanhydrase verzichtet worden (Abb. 15.36).

Die auf diese Weise erfolgte Sekretion von HCO_3^- in das Pansenlumen ist als wichtiger Pufferungsmechanismus für die Stabilisierung des pH-Wertes der Pansenflüssigkeit anzusehen.

Die Lipoidlöslichkeit und die damit verbundene leichtere Diffusion der undissoziierten SCFA durch Membranen nehmen mit der C-Kettenlänge der SCFA zu. Infolgedessen wird bei gleichen Konzentrationen Butyrat > Propionat > Acetat resorbiert.

Bei der Resorption der SCFA wurde immer wieder festgestellt, daß die in das Epithel luminal aufgenommenen SCFA nicht im gleichen Umfang basolateral abgeben werden (Mechanismus nicht bekannt). Die drei wichtigsten kurzkettigen Fettsäuren werden in erheblichem Ausmaß intraepithelial metabolisiert (Butyrat >> Propionat > Acetat). Das Ausmaß dieser Metabolisierung variiert stark. Aus Butyrat, das (in vitro) > 90 % metabolisiert wird, entstehen die Ketokörper Acetoacetat und β-Hydroxybutyrat, aus Propionat Lactat, und Acetat wird nur zu einem geringen Anteil in Ketokörper umgebaut. Alle SCFA können zu CO_2 metabolisiert werden und damit der Energiegewinnung dienen. Diese intraepitheliale Umsetzung hat zur Folge, daß die intrazelluläre Konzentration der SCFA gering gehalten wird. Der Konzentrationsgradient für die SCFA vom Lumen ins Cytosol bleibt dadurch erhalten und begünstigt somit die passive luminale Aufnahme in die Zelle. Da der Stoffwechsel der SCFA auch der

Energiegewinnung dient, ergeben sich Vorteile für aktive Transportmechanismen. So werden z.B. der Transport von Na^+, Mg^{2+} und Ca^{2+} durch SCFA stimuliert. Diese Beobachtung kann nicht nur durch die Bereitstellung von Protonen für den Na^+/H^+- oder den vermuteten $Mg^{2+}/2H^+$-Austauscher erklärt werden.

Ammoniak: Ammoniak liegt bei physiologischen pH-Werten vor allem als Ammonium, NH_4^+, (pK = 9,25) vor. Dennoch wird allgemein im Sprachgebrauch Ammoniak verwendet. Ammoniak ist zwar als Endprodukt des mikrobiellen Proteinabbaus und anderer Stickstoffverbindungen (z.B. Harnstoff) anzusehen, es kann aber für die mikrobielle Proteinsynthese wieder verwendet werden und ist somit im eigentlichen Sinne kein „Endprodukt". Die Konzentration von Ammoniak wird bestimmt durch die Freisetzung aus stickstoffhaltigen Vorstufen, die Resorption und die Wiederverwendung für die Synthese von stickstoffhaltigen Verbindungen, insbesondere für die Synthese von mikrobiellem Protein. Da diese Vorgänge – Ab- und Aufbau – erheblich variieren können, ergeben sich zwangsläufig die o.a. Schwankungen in der Ammoniakkonzentration: 3-10 mmol/l, u. U. erheblich mehr. Da die Konzentrationen von Ammoniak im Blut (100-200 µmol/l) wegen der hohen Toxizität erheblich niedriger ist, besteht ein Konzentrationsgefälle vom Lumen zum Blut und damit die Möglichkeit einer passiven Resorption durch Diffusion. Wie bei den SCFA ergibt sich auch in diesem Falle die Problematik der Membranpassage. Bei pH-Werten im Vormageninhalt von 5,5-7,0 liegt nur ein sehr kleiner Anteil des Ammoniaks als NH_3 (< 1 %) vor, das sehr lipoidlöslich ist und daher in dieser Form leicht das Epithel passieren kann. Diese mögliche Resorption ist dann von Bedeutung, wenn hohe Ammoniakkonzentrationen, kombiniert mit hohen pH-Werten (> 7,0), auftreten. Die unter diesen Umständen vermehrt einsetzende Ammoniakresorption kann die Entgiftungskapazität der Leber überschreiten, so daß die Gefahr einer Ammoniakvergiftung besteht.

Ammoniak wird jedoch auch resorbiert, wenn der pH-Wert < 7,0 ist und damit NH_3 nur in sehr geringen Konzentrationen vorliegt. Die Resorption ist offensichtlich auch in der Form von NH_4^+ möglich, obwohl NH_4^+ aufgrund seiner geringen Lipoidlöslichkeit nicht wie NH_3 durch die Epithelmembranen diffundieren kann. Die Aufnahme in die Epithelzelle erfolgt wahrscheinlich durch die in der apicalen Membran vorhandenen Kaliumkanäle (Abb. 15.36).

Aminosäuren und Peptide: Der Abbau der Proteine durch Mikroorganismen führt als Zwischenprodukt zu einer umfangreichen Freisetzung von Peptiden und Aminosäuren. Die Resorption von Aminosäuren ist bedeutungslos, weil die Konzentrationen in der Pansenflüssigkeit sehr gering sind (µmol/l). Für Peptide, die in höheren Konzentrationen (mmol/l) vorkommen, wird eine passive Resorption diskutiert.

- **Harnstoff**

Für die schon erwähnte Synthese von mikrobiellem Protein verwendet ein großer Anteil der Mikroorganismen NH_4^+ als Stickstoffquelle. Eine besondere Bedeutung hat hierbei der Harnstoff, der mit dem Speichel oder direkt aus dem Blut durch das Pansenepithel in die Vormägen gelangt. Durch die mikrobielle Urease wird Harnstoff sofort in CO_2 und 2 NH_4^+ gespalten. Auf diese Weise kann der Wiederkäuer den Harn(stick)stoff wieder für die mikrobielle Proteinsynthese verwenden. Damit wird das Endprodukt des intermediären Stickstoffstoffwechsels der Säugetiere, das üblicherweise bei monogastrischen Tieren mit dem Harn ausgeschieden wird, im Pansen erneut genutzt. Dieses Recycling wird auch als **ruminohepatischer Kreislauf** bezeichnet (Abb. 15.35). Die Passage von Harnstoff durch das Pansenepithel erfolgt aufgrund des Konzentrationsgradienten durch Diffusion. Dabei wird im Lumen der Harnstoff in der o.a. Weise sofort mit Hilfe der Urease gespalten. Der Konzentrationsgradient für Harnstoff vom Plasma zum Vormageninhalt bleibt somit immer erhalten. Die Transportrate von Harnstoff kann aber erheblich variieren. Dabei scheint die ruminale NH_4^+ Konzentration von Bedeutung zu sein. Hohe Ammoniumkonzentrationen hemmen auf bisher nicht bekannte Weise die Diffusion von Harnstoff aus dem Plasma in den Pansen. Diese Abhängigkeit ist sicherlich physiologisch sinnvoll, weil bei für die mikrobielle Proteinsynthese ausreichenden NH_4^+ Konzentrationen ein weiterer Zufluß von Stickstoffverbindungen unerwünscht ist. Diese Regulation des Harnstoffrecyclings hat wichtige praktische Konsequenzen. Bei proteinarmer Ernährung und damit niedrigen NH_4^+ Konzentrationen können bis über 90 % des insgesamt im Körper gebildeten Harnstoffs in die Vormägen rezirkulieren und wieder verwendet werden. Die restliche Menge (< 10 %) wird mit dem Harn ausgeschieden. Die Rezirkulation hat jedoch nur geringe Bedeutung, wenn proteinreiche Futtermittel aufgenommen werden, die zu hohen NH_4^+ Konzentrationen in der Pansenflüssigkeit führen. Unter diesen Umständen wird der größte Teil des gebildeten Harnstoffs über die Niere ausgeschieden.

Bei der Resorption von NH_4^+ und der Harnstoffrezirkulation handelt es sich um entgegengesetzte Transportraten für Stickstoff durch das Pansenepithel: NH_4^+ wird resorbiert, und Harn(stick)stoff diffundiert in den Vormageninhalt. Von praktischer Bedeutung ist die Nettobilanz dieser Stickstoffpassage. Bei niedrigen Proteinaufnahmen und ausreichender Energieversorgung und damit hohem mikrobiellem Stoffwechsel überwiegt die Harnstoffdiffusion. Es kommt somit zu einem Nettogewinn von Stickstoff innerhalb des Vormagensystems, der für die mikrobielle Proteinsynthese verwendet wird. Diese Situation ist jedoch nur noch selten bei Kühen mit hoher Milchleistung gegeben, die für die hohe Milchproduktion mit proteinreichem Futter gefüttert werden. Die Ammoniakkonzentration ist dann in der Pansenflüssigkeit häufig sehr hoch, wodurch eine Resorption begünstigt wird. Unter diesen Umständen kann es zu einer Nettoresorption von Stickstoff aus den Vormägen in der Form von NH_4^+ kommen, das in der Leber dann zu Harnstoff synthetisiert werden muß (Kap. 17.3.3) und dadurch zu einer Leberbelastung beitragen kann.

Die ernährungsphysiologische Bedeutung der Ammoniakresorption und des Harnstoffrecyclings besteht unter heutigen Fütterungsbedingungen darin, die Nettoverluste von Stickstoff aus den Vormägen gering zu halten, d.h., die Ammoniakresorption soll nach Möglichkeit den Rückfluß von Harnstoff in die Vormägen nicht übersteigen.

- **Wasser**

Der Inhalt des Reticulorumens beträgt etwa 10-15 % des Körpergewichts und zeichnet sich durch einen hohen Wassergehalt aus (ca. 90 %). Die Osmolarität der Vormagenflüssigkeit ist vor der Fütterung leicht hypoton (260-280 mosmol/l). Als Folge der einsetzenden Fermentation nach einer Futteraufnahme können sich erhebliche Erhöhungen ergeben, so daß u. U. > 400 mosmol/l gemessen werden. Diese Unterschiede im osmotischen Druck müssen trotz unzureichender Kenntnisse über die Mechanismen und Passagewege des Wassertransports durch das Pansenepithel als wesentliche Ursache für eine Wasserbewegung angesehen werden. Hypotoner Vormageninhalt begünstigt eine Wasserresorption, die auch noch bis zu einer Osmolarität von 340 mosmol/l zu beobachten ist. Damit dürfte unter normalen Fütterungsbedingungen praktisch immer die Voraussetzung für eine Wasserresorption gegeben sein. Weitere Erhöhungen (> 340 mosmol/l) des osmotischen Druckes in der Flüssigkeit des Vormageninhalts verursachen einen Nettotransport von Wasser aus dem Blut in den Pansen. Diese Situation liegt sehr häufig bei Kühen mit hoher Milchleistung vor. Als Folge ergibt sich ein vermehrter Abfluß von Vormageninhalt aus dem Reticulorumen in den Blättermagen.

Der Wassertransport durch das Pansenepithel erfolgt aufgrund von osmotischen Gesetzmäßigkeiten. Mechanismen (z.B. die Beteiligung von Wasserkanälen) oder Passagewege (trans-/parazellulär) sind nicht bekannt.

15.4.3.3 Pathophysiologie

- **Pansenacidose**

Der pH-Wert der Vormagenflüssigkeit von 5,5-7,0 ergibt sich aus den Wechselwirkungen zwischen der Bildung der SCFA als Folge der Fermentation der Nährstoffe, der Pufferung durch den Speichel und durch die HCO_3^- Sekretion des Pansenepithel (Abb. 15.36) sowie den Abtransport der SCFA (Resorption und Abfluß in den Psalter). Gefährdet ist dieses Gleichgewicht immer dann, wenn das Futter große Mengen leicht fermentierbarer Kohlenhydrate (Stärke) enthält und damit die Produktion der SCFA zu- und das Puffervermögen des Speichels infolge verringerter Speichelbildung abnehmen. Unter diesen Umständen steigt die Konzentration der SCFA schnell an (wesentlich > 130 mmol/l), und der pH-Wert sinkt. Eine effektive Pufferung durch den Speichel bleibt aus, wenn das kohlenhydratreiche Futter strukturarm ist und dadurch das Wiederkauen vermindert (Kap. 15.3.5.5) und die Speichelproduktion reduziert werden (Abb. 15.30). Die Akkumulation der SCFA in der Vormagenflüssigkeit und das Absinken des pH-Wertes < 5,5 müssen als Ursache von Veränderungen angesehen werden, die zu erheblichen Störungen der Barriere- und Transportfunktion der Vormagenepithelien führen. Ein Absinken des pH-Wertes ist mit einer Zunahme des undissoziierten Anteils der SCFA verbunden. Der pK-Wert der SCFA beträgt 4,8, d.h., bei diesem pH-Wert liegen 50 % der SCFA in dissoziierter und 50 % in undissoziierter Form vor. Da die undissoziierte Form der SCFA lipoidlöslich ist, erfolgt eine rasche Aufnahme in die Epithelzellen durch die luminale Membran. In der Zelle erfolgt bei einem pH-Wert von etwa 7,0 eine weitgehende Dissoziation (99 %), so daß sich für die Epithelzelle eine Belastung mit Protonen ergibt. Zur Vermeidung einer intrazellulären Acidose wird der Na^+/H^+-Austauscher in der luminalen Membran aktiviert, um diese Protonen aus der Zelle zu entfernen. Das aufgenommene Natrium wird mit Hilfe der Na^+/K^+-ATPase basolateral aus der Zelle entfernt, und somit der transzelluläre Na^+-Transport erhöht (Abb. 15.39).

Entscheidend für das Zusammenwirken dieser drei Mechanismen (Abb. 15.39) ist die Tatsache, daß die Aufnahme der undissoziierten SCFA (1), die Stimulierung des Na^+/H^+-Austauschers (2) und der

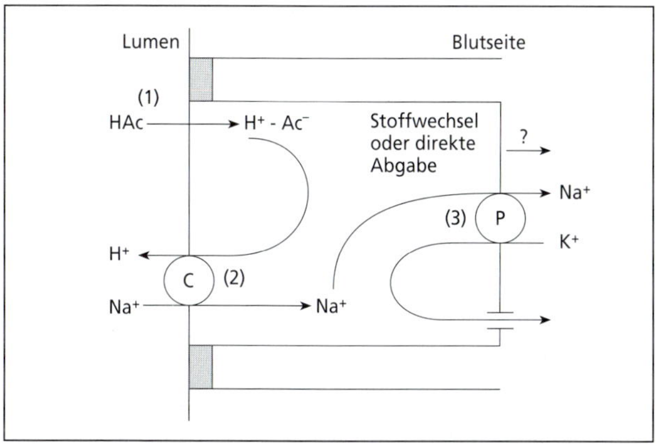

Abb. 15.39 Vereinfachte Darstellung der Aufnahme von SCFA in undissoziierter Form und deren Auswirkungen auf den Na^+-Transport. Die mit Zahlen gekennzeichneten Transportschritte müssen unter Steady-state-Bedingungen gleich sein (1 = 2 = 3). Näheres siehe Text. Hac = undissoziiertes Acetat als Beispiel für eine SCFA.

basolaterale Abtransport mit Hilfe der Na^+/K^+-ATPase (3) unter Steady-state-Bedingungen zahlenmäßig gleich sein müssen.

Die Pathogenese der Störung der Epithelfunktionen bei der Acidose beginnt mit der verstärkten Aufnahme der undissoziierten SCFA. Wenn durch diesen Vorgang die Belastung der Zellen mit Protonen die Kapazität des Na^+/H^+-Austauschers übersteigt [Aufnahme von Protonen (1) > Abtransport (2)], kommt es zu einer intrazellulären Acidose, die u. a. auch dazu führt, daß die Na^+/K^+-ATPase durch den erniedrigten pH-Wert gehemmt wird. Als Folge kann das durch den aktivierten Na^+/H^+-Austauscher vermehrt in die Zelle aufgenommene Na^+ nicht mehr wegtransportiert werden (2 > 3; s. Abb. 15.39). Die intrazelluläre Akkumulation von Na^+ kann zur Zellschwellung und aufgrund der veränderten Gradienten für Na^+ zu einer Abnahme der Aktivität des Na^+/H^+-Austauschers führen, die wiederum eine Verringerung des Abtransportes der Protonen verursacht. Folglich wird die intrazelluläre Acidose noch weiter verstärkt. Es ist leicht erkennbar, daß dadurch die Zellschädigung weiter fortschreitet und dann Lysiserscheinungen auftreten, die die aus der Klinik bekannten Epithelläsionen erklären.

Diese Folgeerscheinungen einer akuten Acidose können zu einer weiteren Funktionsbeeinträchtigung der Vormagenepithelien führen, wenn die akute Acidose weiterbesteht und dadurch das Fermentationsmuster erheblich verändert wird. Das geschilderte Absinken des pH-Wertes in der Pansenflüssigkeit verursacht die Verdrängung der Mikroorganismen, die bei normalen pH-Werten das übliche Fermentationsmuster (Acetat, Propionat und Butyrat) bestimmen. Anhaltend niedriger pH-Wert begünstigt das Wachstum der Lactatbildner, so daß die Lactatkonzentration zu- und die der üblichen SCFA abnimmt. Hieraus ergeben sich zwei negative Konsequenzen. Lactat ist eine stärkere Säure (pK 3,8) als die SCFA (pK 4,8) und wird aus den Vormägen mit intaktem Epithel kaum resorbiert. Die sich dann ergebende Akkumulation des Lactats verursacht einen Anstieg des osmotischen Druckes mit der Konsequenz des o.a. Wassereinstroms in die Vormägen und der weiteren Schädigung der Epithelfunktionen Barriere und Transport. Die negativen Auswirkungen einer Vormagenacidose beschränken sich nicht auf die Funktionen des Epithels. Nachhaltig wird auch die Vormagenmotilität gehemmt und der Säure-Basen-Haushalt der Tiere gestört.

Akute und vor allem chronische Acidosen der Vormägen (evtl. auch systemisch) sind ein weitverbreitetes Problem in der praktischen Fütterung der Hochleistungskühe. Ursache ist immer ein Ungleichgewicht zwischen der Menge der durch die Fermentation entstehenden SCFA und der Pufferkapazität der Vormagenflüssigkeit. Als Konsequenz ergeben sich Störungen der Epithelfunktionen wie Transport und Barriere sowie die Gefahr einer allgemeinen metabolischen Acidose.

- **Störungen der Mg^{2+}-Resorption**

Störungen der Mg^{2+}-Resorption aus dem Verdauungskanal von Wiederkäuern sind seit vielen Jahren bekannt und bei der Pathogenese der **hypomagnesämischen Weidetetanie** von großer Bedeutung. Die Untersuchungen zu dieser Problematik wurden wieder aufgenommen und intensiviert, als sich herausstellte, daß Mg^{2+} praktisch nur aus den Vormägen resorbiert wird und Störungen der Mg^{2+}-Resorption in diesem Abschnitt des Verdauungskanals nicht kompensiert werden können. Eine Verringerung der Mg^{2+}-Resorption in den Vormägen ist deshalb mit einer erhöhten Ausscheidung von Mg^{2+} im Kot verbunden. Von den vielen Faktoren, die in der Literatur im Zusammenhang mit der Beeinflussung der Mg^{2+}-Resorption in den Vormägen genannt werden, ist die Kaliumkonzentration in der Pansenflüssigkeit von großer Wichtigkeit; ein Anstieg der Kaliumkonzentration verursacht immer eine Herabsetzung der Mg^{2+}-Resorption.

Zwei Faktoren bestimmen die Konzentration von Kalium in der Vormagenflüssigkeit: 1. der Kaliumgehalt des Futters, 2. die Kaliumkonzentration im Speichel. Der Kaliumgehalt im Futter ist infolge der Verwendung großer Mengen von kaliumhaltigen Düngern hoch und beträgt 2-4,5 % der Futtertrockenmasse. Entsprechend steigen die Kaliumkonzentrationen in der Vormagenflüssigkeit linear mit dem Kaliumgehalt im Futter an und können mehr als 100 mmol/l betragen. Der Kaliumgehalt im Vormageninhalt kann andererseits durch die Konzentration von Kalium im Speichel beeinflußt werden. Wenn die Natriumaufnahmen mit dem Futter nicht den Bedarf der Tiere decken, erfolgt im Speichel ein Ersatz des Natriums durch Kalium. Entsprechend steigt die Kaliumkonzentration in der Vormagenflüssigkeit an. Auch in diesem Falle können sich Konzentrationen von weit über 100 mmol/l ergeben. Die elektrophysiologischen Konsequenzen dieses Anstiegs der Kaliumkonzentration für das Pansenepithel sind bekannt. Die Potentialdifferenz der apicalen Membran des Pansenepithels, PD_a, wird bestimmt durch die intra- und extrazellulären Kaliumkonzentrationen (Abb. 15.36; Kaliumkanal in der apicalen Membran). Eine Erhöhung der ruminalen (extrazellulären) Kaliumkonzentration verursacht daher immer eine Depolarisation von PD_a mit der Konsequenz, daß PD_T erhöht wird ($PD_T = PD_a - PD_b$). Diese intraepithelialen (PD_a) und transepithelialen (PD_T) elektrophysiologischen Veränderungen müssen Konsequenzen für den Transport von Ionen, in diesem Fall von Mg^{2+}, haben. PD_T (20-60 mV, Blutseite positiv) wirkt als passive Triebkraft und wird daher den Mg^{2+}-Transport durch den parazellulären Passageweg in der Weise beeinflussen, daß Mg^{2+} unter dem Einfluß von PD_T vermehrt von der Blutseite durch den parazellulären Passageweg zur Lumenseite diffundiert. Es muß jedoch betont werden, daß diese parazelluläre Passage nicht von großer quantitativer Bedeutung ist, weil die parazelluläre Permeabilität des Pansenepithels relativ gering ist. Die durch hohe ruminale Kaliumkonzentrationen verminderte Mg^{2+}-Resorption ist also vor allem auf eine Störung des transzellulären, aktiven Mg^{2+}-Transportes zurückzuführen. Die vorgestellten elektrophysiologischen Veränderungen von PD_a machen diesen Effekt auf den Mg^{2+}-Transport verständlich. Wenn durch einen Anstieg der luminalen Kaliumkonzentration PD_a depolarisiert wird, vermindert sich die Triebkraft für die potentialabhängige Mg^{2+}-Aufnahme in die Epithelzelle (s. Mechanismen des Mg^{2+}-Transportes; Abb. 15.37). Der potentialabhängige Mg^{2+}-Transport wird daher auch als kaliumsensitiver Transport bezeichnet.

Die seit Jahrzehnten bekannten negativen Beziehungen zwischen der Höhe der Kaliumaufnahme mit dem Futter und der scheinbaren Verdaulichkeit von Mg^{2+} lassen sich durch die aufgezeigten elektrophysiologischen Gesetzmäßigkeiten erklären. Eine weitere Beobachtung aus dem Bereich der praktischen Tierernährung ist somit auch erklärbar. Es ist bekannt, daß der negative Effekt von Kalium besonders ausgeprägt ist, wenn die Mg^{2+}-Aufnahme mit dem Futter gering ist. Die parallele Existenz von zwei Transportmechanismen für Mg^{2+} in der luminalen Membran ermöglicht einen effektiven Mg^{2+}-Transport bei stark schwankenden Mg^{2+} Konzentrationen in der Vormagenflüssigkeit. Aufgrund der bestehenden elektrischen und chemischen Gradienten ist jedoch bei niedrigen Mg^{2+}-Konzentrationen (< 1 mmol/l) im Lumen eine Mg^{2+}-Aufnahme durch die luminale Membran nur mit Hilfe des potentialabhängigen Mg^{2+}-Transportes möglich, der aber nachhaltig durch die kaliumabhängigen Veränderungen von PD_a negativ beeinflußt wird. In der Praxis begegnet man dieser ausgeprägt negativen Wirkung von hohen Kaliumkonzentrationen auf den Mg^{2+}-Transport (bei geringen Mg^{2+}-Konzentrationen) mit einer Erhöhung der Mg^{2+}-Zugabe mit dem Futter. Dadurch läßt sich zwar der absolute Effekt des Kaliums auf den potentialabhängigen Mg^{2+}-Transport nicht beeinflussen, der aktive Mg^{2+}-Transport durch das Pansenepithel wird aber infolge der hohen luminalen Mg^{2+}-Konzentrationen vom potentialunabhängigen Mg^{2+}-Transport dominiert, so daß die Effekte des Kaliums geringer sind. Der potentialunabhängige Mg^{2+}-Transport wird daher auch als kaliuminsensitiv bezeichnet.

15.4.3.4 Transportmechanismen im Psalter

Die Kenntnisse über die Transportmechanismen im Blättermagen sind außerordentlich lückenhaft und im Verhältnis zu den zahlreichen Untersuchungen entsprechender Vorgänge im Pansen leider unzureichend. Experimentell abgesicherte Transportmodelle können nicht vorgeschlagen werden. Dennoch sind einige wichtige Aussagen möglich.

Die wesentlichen Befunde lassen sich aus In-vivo-Versuchen ableiten, in denen die Passage von Vormageninhalt aus dem Retikulorumen in den Blättermagen bestimmt und mit dem Abfluß aus dem Blättermagen in den Labmagen verglichen wurde. Aus der Differenz ergab sich dann die Nettoresorption bzw. Nettosekretion. Aufgrund dieser Befunde ist der Schluß zulässig, daß der Psalter ein wichtiges Resorptionsorgan für Wasser, Natrium, Kalium und die SCFA ist. Bei kleinen Wiederkäuern ergaben sich Resorptionsraten von 10-20 % (bezogen auf die in den Psalter einfließenden Mengen), bei Rindern von 40-50 %. Die Bedeutung dieser Prozentangaben wird erkennbar, wenn man die Flüssigkeitsmengen betrachtet, die täglich in den Blättermagen fließen: 15-25 l bei kleinen Wiederkäuern, bis zu 200 l oder mehr bei Kühen.

Im Hinblick auf die Transportmechanismen für Elektrolyte ist sicherlich die Übernahme einiger Erkenntnisse aus Untersuchungen mit Pansenepithelien zulässig. So besteht kaum ein Zweifel, daß Natrium wie im Pansen elektrogen und elektroneutral transportiert wird. Parallelen dürften sich auch für den Kaliumtransport ergeben. Eine Resorption von Mg^{2+} ist nachgewiesen. Strittig ist jedoch die quantitative Bedeutung der Mg^{2+}-Resorption im Psalter innerhalb der Vormägen.

Ein entscheidender und physiologisch wichtiger Unterschied zum Pansenepithel ergibt sich aber für Cl^- und HCO_3^-. In allen In-vivo-Versuchen wurde eine Nettosekretion von Cl^- und eine Resorption von HCO_3^- festgestellt. Diese HCO_3^--Resorption ist sicherlich vorteilhaft, weil eine Passage von HCO_3^- in den Labmagen mit unerwünschten Nebeneffekten verbunden wäre. Aus dem HCO_3^- würde infolge des niedrigen pH-Wertes im Labmagen (pH 2-3) sofort CO_2 freigesetzt werden, das aus dem Labmagen entfernt werden müßte. Ferner wirkt HCO_3^- als Puffer, so daß entsprechend große Mengen HCl erforderlich wären, um diese Pufferkapazität aufzuheben. Während die physiologische Bedeutung einer HCO_3^--Resorption offensichtlich ist, liegen über die beteiligten Transportmechanismen nur begrenzte Erkenntnisse vor. Die Befunde lassen sich am besten mit der Annahme von Anionenaustauschern (Cl^-/HCO_3^--Austauscher) in der apicalen und basolateralen Membran vereinbaren.

Die bekannten und wichtigen Resorptionsfunktionen des Blättermagens für Wasser und Elektrolyte sind im Hinblick auf die beteiligten Transportmechanismen nur deskriptiv bekannt.

15.5 Funktionen des einhöhligen Magens

E. Scharrer und S. Wolffram

Der Magen hat vielfältige Aufgaben zu erfüllen. Er dient u.a. als Nahrungsspeicher und ermöglicht damit die Diskontinuität der Nahrungsaufnahme bei Mensch und Tier. Der Übertritt des mit dem Speichel und dem Magensaft vermischten „Nahrungsbreis" aus dem Magen in den Dünndarm erfolgt durch eine vom Duodenum aus präzise regulierte Magenentleerung mit relativ konstanter Rate. Bei unbeschränktem Zugang zum Futter wird der Magen dabei nicht völlig leer. Die Speicherfunktion des Magens sowie die Regulation der Magenentleerung wurden an anderer Stelle bereits ausführlich beschrieben (Kap. 15.3.1). Dem Magen kommen darüber hinaus in beschränktem Umfang Verdauungsfunktionen zu. Im folgenden werden zunächst die sekretorischen Funktionen der Magenschleimhaut beschrieben. Anschließend wird auf die Regulation der Sekretion sowie auf die Verdauungs- und Schutzfunktionen der Sekrete, die mikrobielle Aktivität im Magen sowie die Absorptionsfunktionen der Magenschleimhaut eingegangen.

Der Magen fungiert als Nahrungsspeicher. Außerdem wird im Magen die Verdauung der Nahrung, insbesondere der Proteine und Lipide, eingeleitet.

15.5.1 Sekretorische Funktionen

Am Magen lassen sich drei Drüsenzonen unterscheiden: die Cardiadrüsenzone, die Fundusdrüsenzone und die Pylorusdrüsenzone (Abb. 15.40). Insbesondere beim Pferd, bei der Ratte und beim Hamster und im geringen Ausmaß beim Schwein befindet sich im Anschluß an die Einmündung des Oesophagus in den Magen (= Cardia) ein größeres mit cutaner Schleimhaut ausgekleidetes drüsenloses Areal (Abb. 15.40).

Mit Ausnahme des Schweines, dessen Magen eine relativ große Cardiadrüsenzone aufweist, die sich an das Areal mit cutaner Schleimhaut anschließt, ist im Magen der übrigen monogastrischen Haustiere nur eine schmale Cardiadrüsenzone vorhanden, welche an die Cardia bzw. die Zone mit cutaner Schleimhaut angrenzt. Die distal sich anschließenden Fundus-

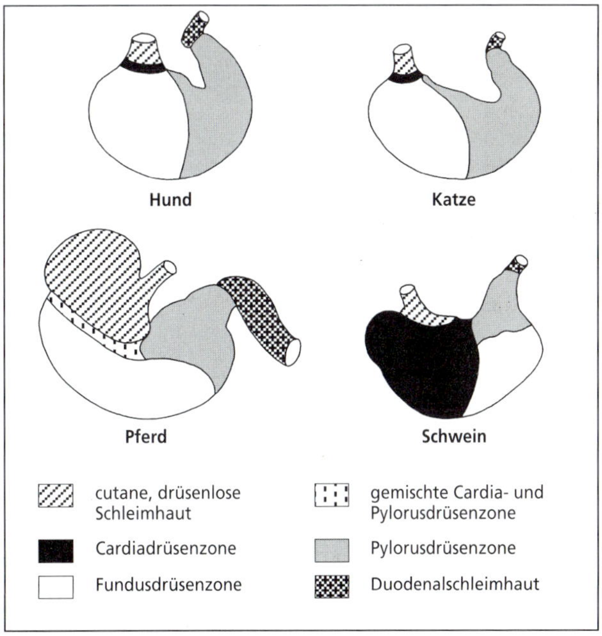

Abb. 15.40 Schematische Darstellung der verschiedenen Areale der Magenschleimhaut bei monogastrischen Haustieren.

drüsen- und Pylorusdrüsenzonen sind bei allen Haustieren markant ausgeprägt (Abb. 15.40). Alle im Magen vorkommenden Drüsen repräsentieren tubuläre Drüsen, die in die Magengrübchen einmünden.

Im folgenden wird zunächst die Funktion der Fundusdrüsen besprochen, da sie für die Magensaftsekretion, insbesondere die HCl- und Enzym-Sekretion, am bedeutsamsten sind. Anschließend wird die Funktion der Cardia- und Pylorusdrüsen dargestellt, die hauptsächlich Schleim sezernieren.

Das Gesamtsekretvolumen pro Tag beträgt beim Hund 0,2-0,5 l, beim Schwein 2-3 l und beim Pferd 6-8 l. Beim Menschen liegt der betreffende Wert bei 1-2 l.

15.5.1.1 Sekretion der Fundusdrüsen

Die Fundusdrüsen bestehen aus Nebenzellen (Halszellen), Belegzellen (Parietalzellen) und Hauptzellen (Abb. 15.41). Alle diese Zellen entstehen aus Stammzellen im „Halsbereich" der Drüsen. Sie unterliegen einem ständigen Turnover, werden also laufend durch neue Zellen ersetzt.

Die Halszellen sezernieren wie das Oberflächenepithel, das auch die Magengrübchen (Faveolae) auskleidet, Schleim. Die Parietalzellen sezernieren Salzsäure (HCl), während die Hauptzellen Enzyme, insbesondere Pepsinogen, sezernieren.

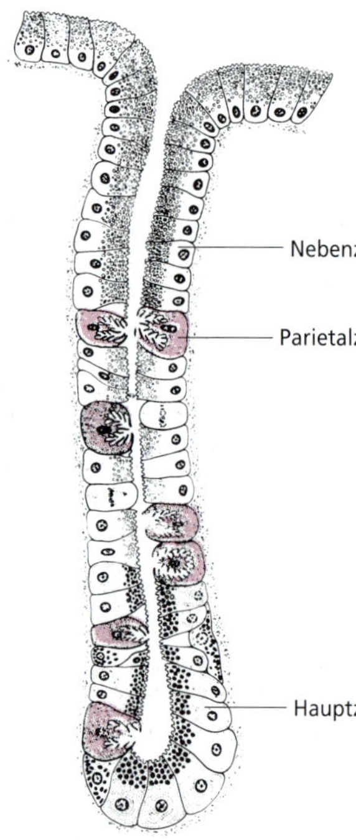

Abb. 15.41 Aufbau der Fundusdrüse (nach Ito 1981).

- **HCl-Sekretion der Parietalzellen (Belegzellen)**

Parietalzellen weisen viele intrazelluläre Canaliculi auf, deren Membran in funktioneller Hinsicht der apicalen (dem Lumen zugewandten) Membran weitgehend entspricht (Abb. 15.42). Bei Aktivierung der Parietalzellen durch verschiedene Stimuli (s. später) verschmilzt ein Ende der Canaliculi z.T. derart mit der apicalen Membran, daß ihr Lumen zum Drüsenlumen hin offen ist. Auf diese Weise wird die Oberfläche der apicalen Membran und damit die Sekretionsrate vergrößert.

Mechanismus der HCl-Sekretion (Abb. 15.42): In der apicalen Membran der Parietalzelle befindet sich eine H^+, K^+-ATPase, die H^+ gegen einen 10^6fachen Konzentrationsgradienten in das Drüsenlumen und gleichzeitig K^+ in die Zelle befördert. Die dafür erforderliche Energie wird durch ATP-Spaltung bereitgestellt. In die apicale Membran sind ferner K^+- und Cl^- Kanäle integriert, durch die K^+ bzw. Cl^- „bergab" aus der Zelle austreten. K^+ wird anschließend durch die H^+, K^+-ATPase wieder in die Zelle aufgenommen, während Cl^- zusammen mit H^+ via Drüsenkanal in das Magenlumen gelangt.

Die intrazelluläre Bereitstellung von H^+ für die Sekretion wird durch das Enzym Carboanhydrase (CA) gefördert:

$$CO_2 + H_2O \overset{CA}{\Leftrightarrow} H_2CO_3 \Leftrightarrow H^+ + HCO_3^-$$

Das CO_2 stammt dabei aus dem Stoffwechsel der Parietalzellen. Das bei der Carboanhydrase-Reaktion anfallende HCO_3^- wird über einen Cl^-/HCO_3^--Austauscher der basolateralen („blutseitigen") Membran aus der Zelle ausgeschleust, wobei gleichzeitig Cl^- aufgenommen wird. In der basolateralen Membran befinden sich zusätzlich eine Na^+, K^+-ATPase (Na^+, K^+-Pumpe) und ein Na^+/H^+-Austauscher. Der Na^+/H^+-Austauscher eliminiert überschüssige Protonen (H^+) bei geringer sekretorischer Aktivität der Parietalzelle. Die Na^+, K^+-ATPase, welche Na^+ aus der Zelle heraus und K^+ in die Zelle hinein pumpt, gewährleistet die Aufrechterhaltung der transmembranalen Na^+ und K^+-Gradienten und damit des Membranpotentials von ca. -50mV (Innenseite negativ), welches insbesondere den Cl^--Ausstrom durch die Cl^- Kanäle der apicalen Membran treibt.

Parietalzellen sezernieren auch den Intrinsic factor, ein Glykoprotein, das mit Vitamin B_{12} einen Komplex bildet, der im Ileum absorbiert wird.

- **Enzym-Sekretion der Hauptzellen**

An den Ribosomen der Hauptzellen wird Pepsinogen, die inaktive Vorstufe der Endopeptidase Pepsin, synthetisiert. Pepsinogen wird dann im Golgi-Apparat in von einer Membran umhüllte Sekret-

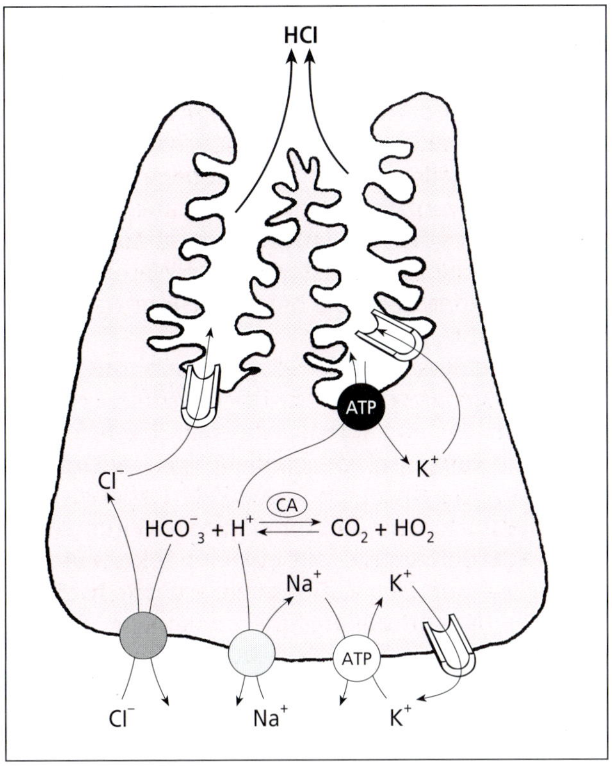

Abb. 15.42 Mechanismus der HCl-Sekretion der Parietalzellen (CA = Carboanhydrase).

granula verpackt, die zur apicalen Membran wandern. Die Abgabe von Pepsinogen in das Drüsenlumen erfolgt durch Exocytose. Dabei verschmilzt die Membran der Sekretgranula mit der apicalen Membran der Hauptzelle.

Durch ständigen Rücktransport von Membranmaterial der apicalen Membran in Form kleiner Vesikel in den Golgi-Apparat wird eine Vergrößerung der Zelloberfläche infolge der Exocytose verhindert. Sowohl die Wanderung der Sekretgranula als auch der vesiculäre Rücktransport von Membranmaterial zum Golgi-Apparat erfolgen dabei via Cytoskelett.

Insbesondere beim Milchkalb und Milchlamm, aber auch eingeschränkt in der frühen postnatalen Phase der übrigen Haussäugetiere, wird von den Hauptzellen der Fundusdrüsen des Labmagens anstelle des Pepsinogens überwiegend die inaktive Vorstufe des Labferments (Prochymosin = Prorennin) durch Exocytose sezerniert.

Sowohl Pepsinogen als auch Prochymosin werden im Anschluß an die Sekretion durch den niedrigen pH-Wert des Fundusdrüsensekrets (pH 1) zum Pepsin bzw. Chymosin aktiviert. Dabei werden mehrere Peptidketten abgespalten.

Außer oberflächlichen Epithelzellen sezernieren auch Hauptzellen bei Monogastriden z.T. eine gastrale Lipase in aktiver Form, welche der lingualen Lipase beim Kalb und Lamm entspricht. Im unteren Drittel der Fundusdrüsen des Labmagens, in dem die Hauptzellen überwiegend lokalisiert sind, wird bei Wiederkäuern ferner das die bakterielle Zellwand angreifende Enzym Lysozym sezerniert, das an der Verdauung von Pansenbakterien beteiligt ist.

15.5.1.2 Sekretion der Cardia- und Pylorusdrüsen

Die Zellen der Cardia- und Pylorusdrüsen entsprechen weitgehend den Nebenzellen der Fundusdrüsen und sezernieren , wie die oberflächlichen Epithelzellen, Schleim durch Exocytose. Schleim besteht aus großmolekularen Glykoproteinen (Mucine), die in den betreffenden Zellen als Sekretgranula vorliegen. Daneben wird von den gleichen Zellen durch einen in der apicalen Membran lokalisierten Cl^-/HCO_3^--Austauscher HCO_3^- sezerniert, das für neutrale pH-Verhältnisse an der Epitheloberfläche trotz des sauren pH des Mageninhalts (pH 1-4) sorgt. Dieses neutrale pH-Mikroklima wird zusätzlich durch eine die Magenschleimhaut überlagernde, 0,5-1 mm dicke Schleimschicht aufrechterhalten.

In den Parietalzellen der Fundusdrüsen des Magens erfolgt die HCl-Sekretion durch eine K^+/H^+ ATPase sowie durch Cl^--Kanäle zur Ansäuerung des Mageninhalts. In den Hauptzellen der Fundusdrüsen werden Verdauungsenzyme durch Exocytose sezerniert. Schleim wird zusammen mit Bicarbonat zum Schutz des Epithels insbesondere von den Cardia- und Pylorusdrüsen in das Magenlumen abgegeben.

15.5.2 Regulation der gastralen Sekretion

15.5.2.1 Regulation der HCl-Sekretion

Die HCl-Sekretion der Parietalzellen wird nerval, hormonal und durch parakrin wirksame Substanzen (z.B. Histamin) reguliert. Infolge der Nahrungsaufnahme kommt es zur Freisetzung von Acetylcholin aus postganglionären parasympathischen Neuronen, welche u.a. die Parietalzellen innervieren. Acetylcholin stimuliert über muscarinartige Rezeptoren der Zellmembran die HCl-Sekretion. Dabei fungieren Diacylglycerin (DAG) und Inositoltriphosphat (IP_3), die durch eine Phospholipase aus einem Membranphospholipid in das Cytoplasma freigesetzt werden, als second messenger, welche die Ankopplung intrazellulärer Canaliculi an die apicale Membran der Parietalzelle bewirken und auf diese Weise die HCl-Sekretion stimulieren.

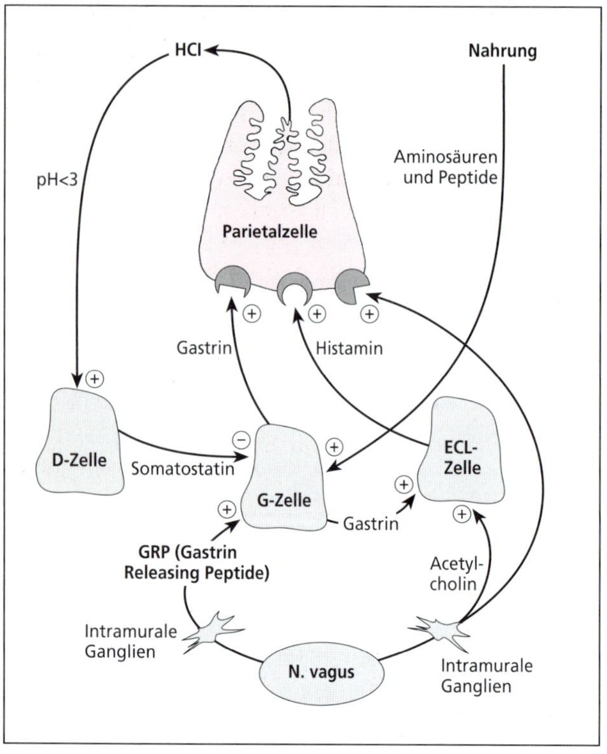

Abb. 15.43 Regulation der HCl-Sekretion der Parietalzellen.

Das von endokrinen Zellen (G-Zellen) der Pylorusdrüsen gebildete und in die Blutbahn abgegebene Peptidhormon Gastrin regt über Gastrin-Rezeptoren der Zellmembran der Parietalzellen und die gleichen second messenger (Diacylglycerin und Inositoltriphosphat) die HCl-Sekretion ebenfalls an. Die Gastrinausschüttung in die Blutbahn wird ebenfalls indirekt durch die Futteraufnahme bzw. die Anwesenheit von Futter im Magen stimuliert. Als Stimulatoren der Gastrinausschüttung fungieren dabei Aminosäuren und Peptide, die bei der bereits im Magen beginnenden Proteinverdauung anfallen, sowie Gastrin Releasing Peptide (GRP), das von bestimmten postganglionären parasympathischen Neuronen der Magenwand als Transmitter abgegeben wird (Abb. 15.43).

Die Gastrinsekretion wird indirekt durch eine Erniedrigung des pH-Werts des Mageninhalts gehemmt. Da Gastrin infolge einer Stimulierung der HCl-Sekretion den pH-Wert im Magen erniedrigt, handelt es sich dabei um eine negative Rückkopplung. Diese negative Rückkopplung wird durch das Peptid Somatostatin vermittelt, das bei Erniedrigung des pH-Wertes im Magen durch die in der Nähe der endokrinen G-Zellen lokalisierten sog. D-Zellen abgegeben wird und auf parakrinem Weg (Wirkung erfolgt in der Umgebung der betreffenden Zellen) die Gastrin-Sekretion der G-Zellen hemmt (Abb. 15.43).

Schließlich befinden sich im Interstitium in der Nachbarschaft von Parietalzellen häufig Histamin produzierende Zellen, die enterochromaffinen Zellen ähneln (enterochromaffin-like cells, ECL-Zellen). Die Abgabe von Histamin durch diese Zellen wird durch Gastrin und Acetylcholin, den Transmitter parasympathischer Neurone, angeregt. Histamin, das Amin der Aminosäure Histidin, stimuliert über sog. H_2-Rezeptoren der Parietalzellen ebenfalls die HCl-Sekretion, wobei cAMP als second messenger fungiert.

Die verschiedenen, die HCl-Sekretion fördernden Stimuli potenzieren sich in ihrer Wirkung auf die Parietalzellen. Man spricht von einer Potenzierung, wenn die Wirkung zweier gleichzeitig wirksamer Stimuli größer ist als die Summe der Einzelwirkungen. Dies gilt z.B. für die stimulierende Wirkung von Gastrin und Histamin auf die HCl-Sekretion und erklärt, warum die HCl-Sekretion durch mehrere von der Nahrungsaufnahme abhängige Stimuli reguliert wird.

15.5.2.2 Regulation der Enzymsekretion

Die Enzymsekretion durch die Hauptzellen der Fundusdrüsen wird nerval und hormonal gesteuert (Abb. 15.44). Die nervale Stimulierung der Sekretion im Zusammenhang mit der Futteraufnahme wird durch Acetylcholin, den wichtigsten Transmitter postganglionärer parasympathischer Neurone, sowie durch Noradrenalin, den Transmitter postganglionärer sympathischer Neurone, induziert. Die Wirkung von Acetylcholin wird dabei analog zu den Parietalzellen durch die second messenger Diacylglycerin und Inositoltriphosphat vermittelt. Inositoltriphosphat bewirkt die Freisetzung von Ca^{2+} aus Ca^{2+}-Speichern des endoplasmatischen Reticulums. Die auf diese Weise erhöhte intrazelluläre Ca^{2+}-Konzentration spielt bei der durch Exocytose erfolgenden Enzymsekretion eine wichtige Rolle.

Noradrenalin stimuliert die Enzymsekretion über β-adrenerge Rezeptoren der Zellmembran, die über eine Aktivierung der Adenylatcyclase der Zellmembran die intrazelluläre Konzentration des second messengers cAMP erhöhen. cAMP fördert über Phosphorylierung bestimmter Proteine die Exocytose und damit die Enzymsekretion.

Die Gastrointestinalhormone Cholecystokinin (CCK) und Sekretin regen ebenfalls die Enzymsekretion über die second messenger Diacylglycerin und Inositoltriphosphat (durch CCK) bzw. cAMP (durch Sekretin) an. Die Abgabe dieser Hormone in die Blutbahn aus endokrinen Zellen des proximalen Dünndarms wird ebenfalls durch von der Futteraufnahme abhängige Stimuli (CCK: Aminosäuren

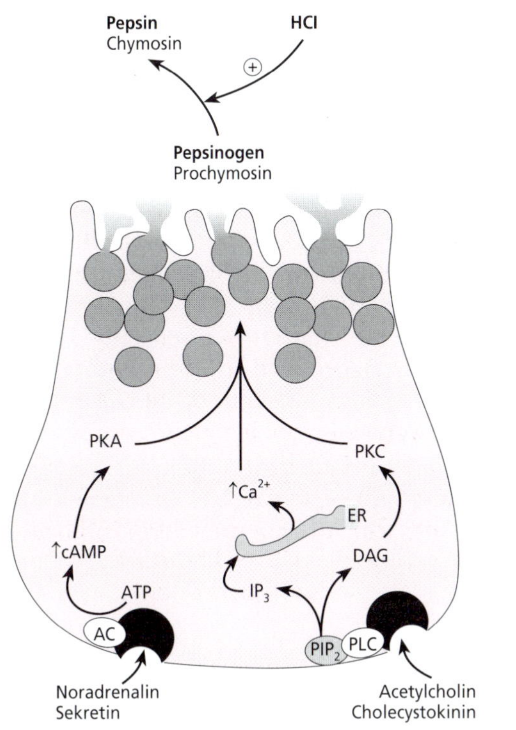

Abb. 15.44 Regulation der Pepsinogen (Prochymosin)-Sekretion durch die Hauptzelle.
(AC = Adenylatcyclase, DAG = Diacylglycerin, ER = endoplasmatisches Reticulum, IP_3 = Insositoltriphosphat, PIP_2 = Phosphatidylinositdiphosphat, PKA = Proteinkinase A, PKC = Proteinkinase C, PLC = Phospholipase C).

und Fettsäuren im Darmlumen; Sekretin: niedriger pH-Wert im Duodenum) stimuliert.

15.5.2.3 Regulation der Schleim- und Bicarbonat-Sekretion

Die Schleimsekretion wird in viel geringerem Ausmaß durch die Nahrungsaufnahme beeinflußt als die Salzsäure- und Enzymsekretion. Acetylcholin, der Transmitter des parasympathischen Nervensystems, sowie Prostaglandin E, dessen Präcursor Arachidonsäure aus Membranphospholipiden durch die Phospholipase A_2 freigesetzt wird, stimulieren jeweils die Schleimsekretion. Dabei ist im Fall von Acetylcholin das bereits genannte Second-messenger-System (Diacylglycerin und Inositoltriphosphat) beteiligt, während der Effekt von Prostaglandin E über cAMP vermittelt wird. Ein niedriger pH-Wert im Magen ist der wichtigste Stimulus für die Schleimsekretion. Er aktiviert über einen vago-vagalen Reflex die Acetylcholinausschüttung parasympathischer Neurone der Magenwand und regt die Bildung von Prostaglandin E an.

Nichtsteroidale Entzündungshemmer, wie z.B. Acetylsalicylsäure (Aspirin), hemmen die Prostaglandinbildung und beeinträchtigen somit die Schutzfunktion der den Magen auskleidenden Schleimschicht. Auch die als Stresshormone fungierenden Glucocorticoide (Nebennierenrindenhormone) haben in hohen Konzentrationen einen entsprechenden Effekt. Die gastrale HCO_3^--Sekretion wird weitgehend analog reguliert wie die Schleimsekretion.

Die HCl-, Enzym- und Schleimsekretion wird im Magen in Abhängigkeit von der Nahrungsaufnahme durch den Parasympathicus stimuliert. Ferner wird die HCl- und Enzymsekretion durch Gastrointestinalhormone angeregt. Lokal gebildete Botenstoffe, wie Histamin und Prostaglandin E, stimulieren zudem die HCl- bzw. Schleimsekretion.

15.5.2.4 Abhängigkeit der sekretorischen Aktivität des Magens von der Futteraufnahme

Wie bereits erwähnt, ist die Futteraufnahme ein starker Stimulus für die HCl- und Enzymsekretion, weniger jedoch für die Schleim- und HCO_3^--Sekretion. Dabei wird die Magensaftsekretion schon vor dem Abschlucken des Bissens durch den Geruch und den Geschmack des Futters sowie bei Erwartung der Fütterung angeregt. Dieser als **cephale Phase** bezeichnete Anteil der Magensaftsekretion, der durch Lernvorgänge beeinflußt werden kann (Konditionierung nach Pawlow), wird zentralnervös insbesondere über den Nervus vagus induziert. Dabei überwiegt als Auslöser der Magensaftsekretion die nerval gesteigerte Gastrinsekretion.

Die sog. **gastrale Phase** der Magensaftsekretion wird reflektorisch durch die Dehnung des Magens infolge der Futteraufnahme (vago-vagaler Reflex) sowie durch Aminosäuren und Peptide induziert, die infolge der partiellen Proteinverdauung (Pepsinwirkung!) bereits im Magen anfallen. In beiden Fällen kommt es insbesondere zu einer verstärkten Gastrinfreisetzung und damit einer erhöhten HCl-Sekretion. Zusätzlich bedingt die Magendehnung reflektorisch über den Parasympathicus eine vermehrte Enzymsekretion.

In geringem Umfang wird die Magensaftsekretion auch vom proximalen Dünndarm aus durch mechanische und chemische (Aminosäuren) Stimuli im Zusammenhang mit der Futteraufnahme angeregt (= **intestinale Phase**). Die diesbezüglichen Mechanismen sind jedoch im einzelnen nicht bekannt.

Mit der Sekretionsrate nimmt die H^+-Konzentration des Magensaftes stark zu, während die Na^+-Konzentration stark abnimmt. Dies hängt damit zusammen, daß bei der Stimulation der Magensaftsekretion, z.B. durch die Futteraufnahme, die HCl-Sekretion gegenüber dem Restsekret, das als Kation vor allem Na^+ enhält, überproportional zunimmt. Die Cl^--Konzentration steigt mit der Sekretionsrate nur relativ wenig an, da auch das Restsekret viel Cl^- enthält.

15.5.3 Funktionen der Sekrete

• Salzsäure

Der durch die HCl-Sekretion bedingte niedrige pH-Wert des Mageninhalts (pH 1-4) führt zur Abtötung vieler mit dem Futter aufgenommener Mikroorganismen. Beim Wiederkäuer werden insbesondere die mit dem Panseninhalt in den Labmagen gelangenden Pansenbakterien durch den niedrigen pH-Wert abgetötet. Es gibt jedoch Bakterienarten, die sich in der den Magen auskleidenden Schleimschicht ansiedeln und vermehren. Dies gilt zum Beispiel für *Helicobacter pylori*, ein spiraliges Bakterium, das beim Menschen Entzündungen und Geschwüre der Magen- und Duodenalschleimhaut hervorrufen kann. Verwandte Keime kommen auch im Magen von Hund und Katze vor. Durch Abgabe des Enzyms Urease, das den durch Diffusion aus der Blutbahn in den Magen gelangenden Harnstoff in NH_3 und CO_2 spaltet, vermag *Helicobacter pylori* in seiner Umgebung neutrale pH-Verhältnisse zu schaffen und damit im Magen zu überleben.

Neben seiner bactericiden Wirkung bewirkt der durch die HCl-Sekretion bedingte niedrige pH-Wert im Magen die Aktivierung von Pepsinogen bzw. Prochymosin zu Pepsin und Chymosin. Dies geschieht durch Abspaltung von Peptidketten.

• Pepsin

Pepsin fungiert als Endopeptidase (pH-Optimum: pH 1-3), das vor allem Peptidbindungen von Nahrungsprotein mit aromatischen Aminosäuren spaltet. Dabei fallen Peptide und Aminosäuren an. Schleim wird vom Pepsin nicht angegriffen.

• Chymosin

Das Milchprotein Casein ist ein Phosphoprotein, das in der Milch von Wiederkäuern in hoher Konzentration (Kuhmilch: ca. 2.5%) vorkommt. Es besteht aus mehreren Untereinheiten, die über Calciumphosphatbrücken aneinander gekoppelt sind. Eine dieser Untereinheiten ist das Kappa (κ)-Casein, das aus einem hydrophoben und einem hydrophilen Anteil besteht. Es fungiert als Lösungsvermittler für den restlichen hydrophoben Caseinkomplex. Der hydrophile Anteil des κ-Caseins ist ein Glykopeptid (M = 8000), das viele saure Aminosäuren sowie Hydroxyaminosäuren enthält.

Chymosin spaltet durch Hydrolyse einer zwischen Phenylalanin und Methionin bestehenden Peptidbindung das Glykopeptid ab, so daß der verbleibende hydrophobe κ-Casein-Anteil (= Para-κ-Casein, M = 20'000) zusammen mit dem restlichen Caseinkomplex ausfällt.

Durch die Ausfällung des Caseins (Labgerinnung) im Kälbermagen wird die Magenentleerung verzögert. Dies wirkt einer Überforderung der Verdauungs- und Absorptionskapazität des Dünndarms entgegen. Bei Störungen der Caseinausfällung kann Durchfall auftreten.

Chymosin wird auch zur Caseinausfällung bei der Käseherstellung verwendet. Heutzutage wird dafür anstelle des Chymosins aus dem Labmagen von Kälbern gentechnologisch hergestelltes Chymosin eingesetzt.

• Lysozym

Das im Labmagen von Wiederkäuern sezernierte Lysozym ist im Gegensatz zu anderen Lysozymen bei niedrigem pH-Wert wirksam und wird durch Pepsin nicht angegriffen. Es ist wahrscheinlich an der Verdauung eines Kohlenhydrats (Murein) der Zellwand von Pansenbakterien beteiligt. Im Magensaft der übrigen Haustiere kommt kein Lysozym vor.

• Gastrale Lipase

Die gastrale Lipase (pH-Optimum 3,0-7,0) monogastrischer Haustiere vermag analog zur lingualen Lipase von Kalb und Lamm im sauren Milieu des Magens Triglyceride zu Diglyceriden bzw. Monoglyceriden und Fettsäuren zu hydrolysieren. Dabei werden bevorzugt mittelkettige und ungesättigte langkettige endständige Fettsäuren abgespaltet. Beim jungen Hund wurde beispielsweise festgestellt, daß 50-60% des Milchfetts bereits im Magen verdaut werden. Dies entspricht etwa den Verhältnissen beim Kalb, bei dem die intragastrale Fettverdauung allerdings durch die linguale Lipase erfolgt. Die gastrale Lipase weist eine hohe Resistenz gegenüber der proteolytischen Aktivität von Pepsin auf.

• Intrinsic factor

Der Intrinsic factor ist ein Glykoprotein, das für die intestinale Absorption von Vitamin B_{12} (Cobalamin) erforderlich ist. Dieses Vitamin bildet mit dem Intrinsic factor einen Komplex, für dessen Aufnahme in die Ileum-Epithelzelle in der apicalen Membran ein spezifischer Rezeptor vorhanden ist. Nach Gastrektomie ist daher die Vitamin-B_{12}-

Absorption gestört. Dies manifestiert sich in Form einer Anämie, da Vitamin B_{12} bei der Bildung der roten Blutkörperchen eine wichtige Rolle spielt.

- **Schleim (Mucus)**

Die den Magen auskleidende 0,5-1 mm dicke Schleimschicht dient dem Schutz der Schleimhaut vor mechanischen Läsionen sowie gegenüber den H^+-Ionen im Lumen. Die Sekretion von Bicarbonat durch die schleimsezernierenden Zellen sorgt dabei für neutrale pH-Verhältnisse unter der Schleimschicht.

> Der auf die Salzsäure zurückzuführende niedrige pH-Wert im Magenlumen wirkt baktericid und aktiviert Pepsinogen und Prochymosin zu Pepsin und Chymosin. Pepsin leitet die Proteinverdauung ein, während Chymosin insbesondere beim Kalb die Ausfällung des Milchproteins Casein bewirkt. Die gastrale Lipase leitet die Fettverdauung ein. Der im Magen gebildete Intrinsic factor ist für die Vitamin-B_{12}-Resorption im Ileum erforderlich. Eine oberflächliche Schleimschicht schützt die Magenmucosa vor dem sauren Mageninhalt.

15.5.4 Mikrobielle Aktivität im Magen

In der proximalen Magenhälfte wurde beim Schwein und Pferd eine beträchtliche mikrobielle Aktivität nachgewiesen, die sich nach der Fütterung in einem Anstieg der Konzentration von kurzkettigen Fettsäuren (bis ca. 40 mmol/l) und Milchsäure (bis 50 mmol/l) manifestiert. In der proximalen Magenhälfte ist der pH-Wert nach der Fütterung relativ hoch (pH 4-6), so daß sich Bakterien ansiedeln, die Kohlenhydrate in geringem Umfang zu kurzkettigen Fettsäuren (Essigsäure, Propionsäure, Buttersäure) und Milchsäure abbauen. Kurzkettige Fettsäuren in Verbindung mit einem niedrigen pH-Wert können beim Schwein Magengeschwüre vor allem im Bereich der cutanen Schleimhaut hervorrufen. Auch beim Pferd wurde über das gehäufte Auftreten von Magengeschwüren berichtet. Ob dabei ebenfalls kurzkettige Fettsäuren eine Rolle spielen, ist offen.

15.5.5 Resorptionsfunktion des Magens

Schwache Säuren, wie z.B. kurzkettige Fettsäuren, werden im Magen effektiv absorbiert, da sie infolge des niedrigen pH-Werts zu einem erheblichen Teil in undissoziierter Form vorliegen. Die undissoziierte Form dieser Säuren ist relativ gut lipidlöslich und kann daher die Lipidmatrix der Zellmembran rasch passieren. Im Cytosol des Magenepithels kann es dabei infolge der Dissoziation der kurzkettigen Fettsäuren zu einer Ansäuerung kommen, die im Extremfall zu Epithelschädigungen führen kann.

15.6 Funktionen des Dünndarmes und seiner Anhangsdrüsen

E. Scharrer und S. Wolffram

Da die Motorik des Dünndarmes schon besprochen wurde (Kap. 15.3.2), werden in diesem Abschnitt lediglich die sekretorischen Funktionen des Dünndarmes und des Pankreas, die Verdauung im Dünndarm sowie die Resorption der Nährstoffe besprochen. Die Sekretion der Galle durch die Leber wird im Kapitel 17 dargestellt. Hier wird lediglich auf die Funktion der Gallenblase sowie auf die Bedeutung der Galle für die Fettverdauung eingegangen.

15.6.1 Sekretion des Dünndarmes

Die sekretorischen Prozesse im Bereich des Dünndarmes umfassen die Schleim- und Bicarbonat-Sekretion der Brunnerschen Drüsen, die Bicarbonat-Sekretion des Duodenalepithels, die Schleimsekretion der zwischen den normalen Epithelzellen der Darmschleimhaut liegenden Becherzellen sowie die Cl^--Sekretion der Glandulae intestinales (= Lieberkühnsche Krypten).

- **Sekretion der Brunnerschen Drüsen**

Bei den Brunnerschen Drüsen handelt es sich um in der Submucosa gelegene tubulo-alveoläre Drüsen, deren Ausführungsgänge in das Duodenum münden. Sie sezernieren Schleim und Bicarbonat und tragen damit zum Schutz der Duodenalschleimhaut vor dem in das Duodenum übertretenden sauren Mageninhalt bei. Die Schleimsekretion erfolgt, wie im Magen, durch Exocytose, während die Bicarbonatsekretion durch einen Cl^-/HCO_3^--Austauscher vermittelt wird. Cl^- rezirkuliert dabei wahrscheinlich z.T. durch einen Cl^--Kanal in der apicalen Zellmembran. Die Sekretion der Brunnerschen Drüsen wird durch den Parasympathicus angeregt, durch den Sympathicus gehemmt.

- **Bicarbonatsekretion des Duodenalepithels**

Die HCO_3^--Sekretion durch das Duodenalepithel erfolgt trans- und parazellulär. An der transzellulären Sekretion ist ein $NaHCO_3^-$-Cotransport in der antiluminalen Membran des Zottenepithels sowie ein Cl^-/HCO_3^--Austauscher in der apicalen Membran beteiligt. Auch ein für HCO_3^- und Cl- durchlässiger

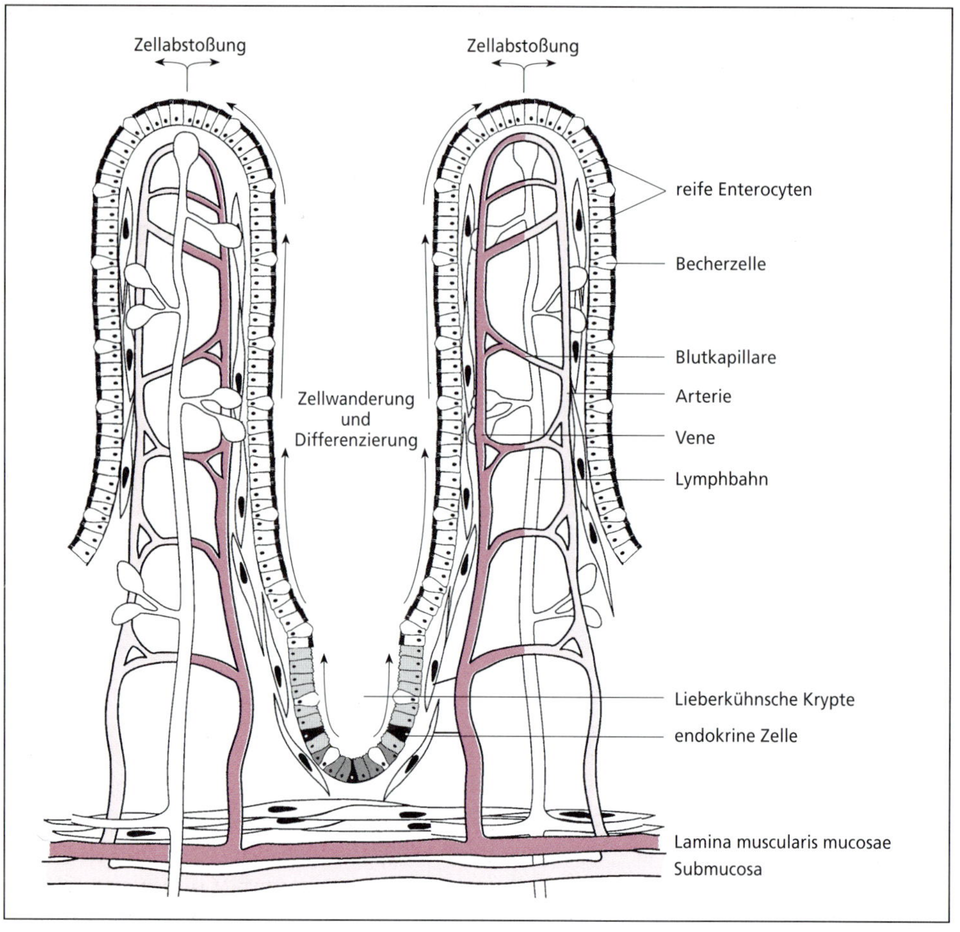

Abb. 15.45 Schematische Darstellung der Darmzotten und Lieberkühnschen Krypten.

Anionenkanal befindet sich in der apicalen Membran. Das sezernierte HCO_3^- wird z.T. durch $NaHCO_3$-Cotransport in die Zelle aufgenommen, z.T. entsteht es durch die Carboanhydrase-Reaktion in der Zelle. Das dabei zusätzlich anfallende H^+ wird über einen Na^+/H^+-Austauscher in der basolateralen Membran ausgeschleust.

Die duodenale HCO_3^--Sekretion ist an der Neutralisierung der HCl beteiligt. Sie wird durch den niedrigen pH-Wert des Duodenalinhalts über einen vago-vagalen Reflex sowie lokal gebildetes Prostaglandin E stimuliert. Der Sympathicus hemmt dagegen die HCO_3^--Sekretion.

• Schleimsekretion der Becherzellen

Becherzellen unterscheiden sich von den „normalen" Epithelzellen der Dünndarmzotten und -krypten durch zahlreiche schleimhaltige Sekretgranula. Die Zahl der Becherzellen nimmt im Dünndarm von proximal nach distal zu. Die meisten Becherzellen finden sich im Dickdarm.

Die Schleimsekretion erfolgt durch eine besondere Art der Exocytose (kollektive Exocytose), wobei alle gespeicherten Sekretgranula zusammen entleert werden. Die Speicherung der Sekretgranula beschränkt sich auf die Theca, ein durch Mikrotubuli und Intermediärfilamente begrenztes apicales Kompartiment des Cytoplasmas.

Die Schleimsekretion wird durch Acetylcholin und Prostaglandin E stimuliert. Acetylcholin wird dabei von Neuronen des enterischen Nervensystems auf luminale mechanische und chemische Reize hin als Transmitter freigesetzt. Die Prostaglandinbildung wird ebenfalls durch luminale chemische Stimuli (z.B. niedriger pH-Wert) angeregt. Auch einige bakterielle Toxine (z.B. Toxine von *Escherichia coli*, Choleratoxin) fördern die Schleimsekretion. Bei Besiedlung des Dünndarmes mit Parasiten hat man zudem eine Zunahme der Becherzellen und damit der Schleimsekretion beobachtet.

Das Dünndarmepithel ist von einer ca. 0,5 mm dicken Schleimschicht bedeckt, die eine Schutzfunktion gegen mechanische, chemische (niedriger pH-Wert, Proteasen) sowie von Bakterien, Parasiten und Viren ausgehende Noxen hat.

Die Sekretion von Schleim und HCO_3^- durch die Brunnerschen Drüsen sowie das Duodenalepithel dient dem Schutz des Duodenalepithels vor dem durch die Magenentleerung in das Duodenum gelangenden sauren Mageninhalt. Dem von den Becherzellen der Darmschleimhaut sezernierten Schleim kommt dagegen im gesamten Darm eine Schutzfunktion gegenüber mechanischen und chemischen Noxen zu.

- **Funktionen der Glandulae intestinales (Lieberkühnsche Krypten)**

Die von der Basis der Darmzotten ausgehenden Schleimhauteinstülpungen werden als Glandulae intestinales (Lieberkühnsche) Krypten oder Lieberkühnsche Drüsen bezeichnet (Abb. 15.45). Im Gegensatz zum Zylinderepithel der Dünndarmzotten besteht das Epithel der Krypten aus kubischen Zellen mit zahlreichen Mitosen. Im Bereich der Krypten finden sich auch Becherzellen, Paneth-Zellen (sezernieren Lysozym) sowie endokrine Zellen, die Intestinalhormone an die Blutbahn abgeben.

Die Krypten haben nicht nur sekretorische Funktionen, sondern sie sind auch der Ort der Epithelzellreplikation. Die hier durch Zellteilung neu entstehenden Zellen wandern innerhalb von drei Tagen bis zur Zottenspitze und werden dort in das Lumen abgeschilfert. Während dieser Wanderung erfolgt eine Differenzierung zu zylinderförmigen Zellen, die über Mechanismen verfügen, welche die Zellen vor allem zur Resorption befähigen. Das Kryptenepithel hat dagegen hauptsächlich Sekretionsaufgaben.

Es vermag über einen speziellen energieabhängigen Mechanismus Cl^- zu sezernieren (Abb. 15.46). Dabei wird Cl^- über einen vom transmembranalen elektrochemischen Na^+-Gradienten getriebenen $Na^+/K^+/2Cl^-$-Cotransport der basolateralen Membran gegen ein elektrisches Potentialgefälle in die Zelle befördert, um durch einen Cl^--Kanal der apicalen Membran „bergab" in das Kryptenlumen zu gelangen. Das mit dem Cotransporter in die Zelle gelangte Na^+ wird zur Aufrechterhaltung des transmembranalen Na^+-Gradienten durch die in der basolateralen Membran befindliche Na^+/K^+-ATPase unter Energie-(ATP-)Verbrauch wieder hinausgepumpt. K^+ rezirkuliert durch K^+-Kanäle in der basolateralen Membran. Dem auf diese Weise sekundär aktiv sezernierten Cl^- folgen Na^+ und in geringerem Umfang K^+ parazellulär durch die Zonulae occludentes (tight junctions) aus Elektroneutralitätsgründen passiv nach, so daß NaCl (und KCl) in das Lumen transferiert wird. Wasser folgt aus osmotischen Gründen. Pro Tag wird bei einem mittelgroßen Hund auf diese Weise 0,5-1 Liter Flüssigkeit sezerniert.

Die Sekretion von Cl^- wird durch (parasympathische) Neurone des Plexus submucosus angeregt, die als Transmitter Acetylcholin und z.T. auch VIP (vaso-

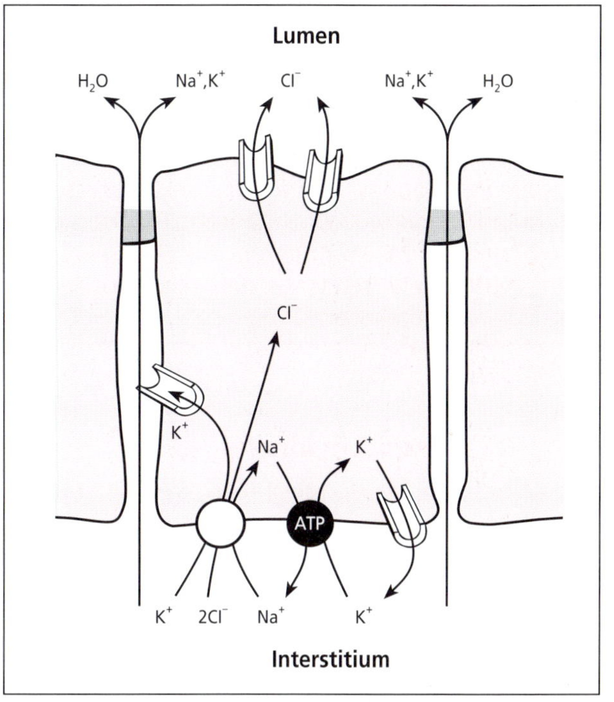

Abb. 15.46 Cl^--Sekretion in den Glandulae intestinales (Lieberkühnsche Krypten).

aktives Intestinales Peptid) abgeben. Beide Transmitter bewirken über Ca^{2+} (Acetylcholin) bzw. cAMP (VIP) als second messenger eine Verstärkung der Cl^--Sekretion. Dies geschieht vor allem im Zusammenhang mit der Nahrungsaufnahme, um den Chymus (= Darminhalt) zu verflüssigen und damit die Verdauung und Resorption der Nährstoffe zu begünstigen. Dabei sind lokale Reflexe des Darmnervensystems sowie vago-vagale Reflexe im Spiel, die z.B. durch Dehnung des Darmes ausgelöst werden.

Toxine bakterieller Durchfallerreger (z.B. Enterotoxine von *Escherichia coli*, Choleratoxin) vermögen die Cl^--Sekretion dramatisch zu stimulieren, so daß es zum sekretorischen Durchfall kommen kann. Dabei spielen Toxinrezeptoren der Kryptenzelle eine Rolle, die über die Aktivierung von second messenger-Systemen (z.B. cGMP im Falle von hitzestabilem Coli-Enterotoxin) die Cl^--Kanäle öffnen. Bakteriell bedingte Durchfälle spielen insbesondere bei Jungtieren eine große Rolle.

Bei vielen Species (nicht bei Hund, Katze und Schwein!) kommen an der Basis der Krypten sog. Paneth-Zellen mit eosinophilen Granula vor, die Lysozym und defensinartige Peptide sezernieren. Lysozym verdaut Peptidoglykane (Murein) der Zellwand vieler Bakterien. Defensine schädigen die bakterielle Zellwand durch Porenbildung und wirken damit wie Lysozym baktericid. Beide scheinen somit an der Epitheloberfläche eine Schutzwirkung gegen Bakterien zu entfalten.

Die Zellen der Glandulae intestinales (Krypten) sezernieren sekundär aktiv Cl^-, dem Na^+ und K^+ parazellulär folgen. Aus osmotischen Gründen tritt dabei auch Wasser in das Lumen über. Die auf diese Weise sezernierte Elektrolytläsung begünstigt die Verdauungs- und Resorptionsprozesse im Dünndarm. Toxine von manchen bakteriellen Durchfallerregern stimulieren die Cl^--Sekretion der Krypten sehr stark, so daß (sekretorischer) Durchfall auftreten kann.

15.6.2 Exokrines Pankreas (Bauchspeicheldrüse)

Das exokrine Pankreas ist eine zusammengesetzte tubulo-alveoläre Drüse mit Endstücken (Alveolen oder Acini) und einem komplexen Gangsystem, das mit kubischen Zellen (Gangzellen) ausgekleidet ist. Das Sekret des Pankreas (Bauchspeichel) gelangt über den Ausführungsgang (Ductus pancreaticus) in das Duodenum. Die Zellen der Endstücke haben das typische Aussehen von proteinbildenden und -sezernierenden Zellen. Sie zeichnen sich durch ein ausgeprägtes rauhes endoplasmatisches Reticulum, einen großen Golgi-Apparat und zahlreiche Sekretgranula aus. Viele Endstücke enthalten auch einige Zellen, die den Gangzellen ähneln (zentroacinäre Zellen). Gangzellen weisen nur ein spärliches endoplasmatisches Reticulum sowie keine Sekretgranula auf. Sie sind auf die Sekretion einer bicarbonatreichen Elektrolytlösung spezialisiert, während die Zellen der Endstücke mit Ausnahme der zentroacinären Zellen hauptsächlich Verdauungsenzyme sezernieren.

Beim Menschen werden pro Tag 1-2 l Bauchspeichel sezerniert. Für die Haustierspecies sind die betreffenden Werte im einzelnen meist nicht bekannt. Überschlagsweise kann angenommen werden, daß beim Hund 0,2-0,4 Liter, beim Schwein 1-2 l und beim Rind 10-15 l Bauchspeichel pro Tag produziert werden. Demgegenüber wird beim Pferd sehr viel mehr Bauchspeichel sezerniert (30-35 l/ Tag).

Die Flußrate des Bauchspeichels, die im Gegensatz zu Wiederkäuern bei Monogastriden in hohem Maße von der Freßaktivität abhängig ist, beeinflußt im allgemeinen die Elektrolytzusammensetzung und den pH-Wert des Bauchspeichels. Mit zunehmender Flußrate steigt die HCO_3^--Konzentration (bis 140 mmol/l), während die Cl^--Konzentration entsprechend abfällt (bis 25 mmol/l). Die Na^+- und K^+-Konzentrationen sind dagegen von der Flußrate unabhängig und entsprechen weitgehend der Plasmakonzentration. Beim Pferd steigt die HCO_3^--Konzentration mit der Flußrate kaum an und ist stets geringer (ca. 60 mmol/l) als die Cl^--Konzentration (ca. 90 mmol/l).

Der Anstieg der HCO_3^--Konzentration des Bauchspeichels mit der Flußrate reflektiert die überproportionale Zunahme des HCO_3^--reichen Gangzellensekrets gegenüber dem enzymreichen Acinussekret, dessen Elektrolytzusammensetzung der extrazellulären Flüssigkeit entspricht. Beim Pferd dagegen scheinen beide Sekrete proportional zuzunehmen. Dies erklärt, warum sich in diesem Fall die Elektrolytzusammensetzung des Bauchspeichels mit dessen Flußrate kaum verändert.

• Elektrolyt- und Wassersekretion

Die Sekretion von Elektrolyten und Wasser erfolgt sowohl in den Gangzellen als auch in den Acinuszellen, wobei den Gangzellen jedoch im allgemeinen eine dominierende Rolle zukommt. Die Acinuszellen sezernieren analog zur Bildung des Primärspeichels eine Elektrolytlösung mit plasmaähnlicher Zusammensetzung. Primär wird dabei Cl^- durch einen Cl^--Kanal der apicalen Membran in das Lumen abgegeben, wobei Na^+ und K^+ parazellulär durch die Zonulae occludentes aus elektrischen Gründen folgen. Die Aufnahme von Cl^- durch die antiluminale Membran erfolgt durch einen vom transmembranalen Na^+-Gradienten getriebenen $Na^+/K^+/2Cl^-$-Cotransporter. Das auf diese Weise intrazellulär aufgenommene Na^+- und K^+ wird über die Na^+/K^+-Pumpe bzw. über K^+-Kanäle der basolateralen Membran wieder ausgeschleust. Durch Aktivierung der Cl^--und K^+-Kanäle kann somit die Elektrolyt- und, osmotisch bedingt, die Wassersekretion stimuliert werden.

Im Gegensatz zum Cl^--reichen Sekret der Acinuszellen ist das Sekret der Gangzellen HCO_3^--reich und damit alkalisch. Die HCO_3^--Sekretion der Gangzellen hängt insbesondere von der cytoplasmatischen Carboanhydrase, einem mit einem Cl^--Kanal funktionell gekoppelten Cl^-/HCO_3^--Austauscher der apicalen Membran, sowie von einem Na^+/H^+-Austauscher der basolateralen Membran ab. Energetisiert wird der Sekretionsprozeß letztendlich durch die Na^+/K^+-ATPase (Na^+/K^+-Pumpe), da sie für die Aufrechterhaltung des transmembranalen elektrochemischen Na^+-Gradienten sorgt. Na^+ und K^+ folgen dem sezernierten HCO_3^- parazellulär passiv nach. Wasser wird osmotisch in das Gangsystem überführt. Abb. 15.47 veranschaulicht den Sekretionsmechanismus der Gangzellen.

• Sekretion von Verdauungsenzymen

Folgende Verdauungsenzyme werden von den Acinuszellen des Pankreas z.T. in inaktiver, z.T. in aktiver Form durch Exocytose sezerniert.

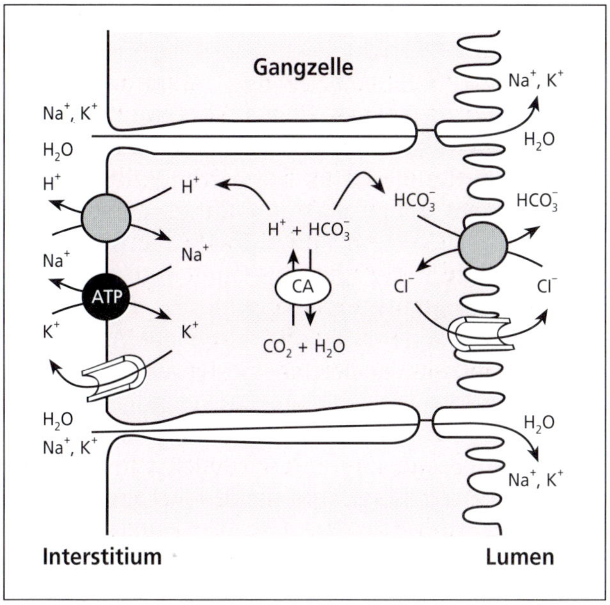

Abb. 15.47 HCO_3^--Sekretion in den Gangzellen der Pankreasgänge, CA = Carboanhydrase.

a) **Peptidasen** (inaktiv): Trypsinogen, Chymotrypsinogen, Proelastase, Procarboxypeptidase A, Procarboxypeptidase B.
b) **Nucleasen** (aktiv): Ribonuclease, Desoxiribonuclease.
c) **Amylase** (α-Amylase) (aktiv)
d) **Lipasen:** Lipase (aktiv), Pro-Colipase (inaktiv), Pro-Phospholipase A_2 (inaktiv), Cholesterinesterase (aktiv)

Die Sekret- oder Zymogengranula der Acinuszellen enthalten ein Gemisch dieser Enzyme. Das Muster der vom Pankreas synthetisierten und sezernierten Enzyme adaptiert sich bei Monogastriden im Zeitraum von mehreren Tagen an die Futterzusammensetzung. So bewirkt z.B. stärkereiche Fütterung eine Zunahme der Amylase im Bauchspeichel, während fett- bzw. proteinreiche Fütterung zu einer Zunahme der Lipasen bzw. Peptidasen führt.

Interessanterweise sezernieren die Acinuszellen von Wiederkäuern, genetisch bedingt, sehr viel mehr Nucleasen als bei anderen Species. Dies hängt mit der großen Menge von Nucleinsäuren zusammen, die mit den Pansenbakterien in den Dünndarm gelangen und dort verdaut werden müssen. Demgegenüber wird bei Wiederkäuern wegen der Kohlenhydratfermentation im Pansen vom Pankreas relativ wenig Amylase sezerniert. Auch beim Pferd enthält der Bauchspeichel relativ wenig Amylase, da das Pferd, evolutionsbiologisch betrachtet, als Grasfresser angesehen werden kann und Gras nur wenig Stärke enthält.

Die Aktivierung der in inaktiver Form sezernierten Pankreasenzyme erfolgt erst im Dünndarm. Dabei aktiviert das bürstensaummembran-ständige Enzym Enteropeptidase (Enterokinase) durch Abspaltung eines Hexapeptids das Trypsinogen zum Trypsin. Trypsin aktiviert sodann das verbliebene Trypsinogen durch Autokatalyse zum Trypsin. Auch die übrigen in inaktiver Form sezernierten Pankreasenzyme (s.o.) werden durch Trypsin mittels Peptidabspaltung aktiviert. Mit den Verdauungsenzymen des Pankreas wird auch ein Trypsininhibitor (Peptid, M = 6000) sezerniert, welcher die Aktivierung des Trypsins im Pankreas verhindert.

Das exokrine Pankreas ist eine zusammengesetzte tubulo-alveolare Drüse, bei der die Zellen des Gangsystems eine $NaHCO_3^-$-reiche Lösung sezernieren, während die Zellen der Acini Verdauungsenzyme durch Exocytose sowie eine NaCl-reiche Lösung in das Lumen abgeben.

- **Regulation der Sekretion**

Gangzellen: Die Abgabe eines $NaHCO_3$-reichen Sekrets durch die Gangzellen wird hormonal und nerval reguliert. Die durch einen niedrigen pH-Wert des Chymus im proximalen Dünndarm (Magensäure!) ausgelöste Abgabe des Peptidhormons **Sekretin** durch endokrine intestinale Zellen in die Blutbahn geht mit einer Aktivierung der Sekretion der Gangzellen einher. Sekretin stimuliert dabei über Sekretinrezeptoren der Zellmembran die Adenylatcyclase und damit die Bildung von cAMP, welches die Abgabe eines $NaHCO_3^-$-reichen Sekrets anregt (Abb. 15.48). Als Angriffspunkte kommen dabei der die intrazelluläre Bildung von HCO_3^- begünstigende Na^+/H^+-Austauscher der antiluminalen Membran sowie der Cl^--Kanal der luminalen Membran in Betracht (Abb. 15.47).

Das in das Duodenum gelangende HCO_3^--reiche Sekret neutralisiert die H^+-Ionen unter Bildung von H_2O und CO_2, so daß der Stimulus für die Sekretinabgabe in die Blutbahn abgeschwächt wird. Auch der Parasympathicus regt über die Aktivierung VIP-erger Neurone die Sekretion der Gangzellen an. Die Wirkung von VIP wird ebenfalls über cAMP vermittelt.

Acinuszellen: Die Sekretion der Acinuszellen (Enzyme, NaCl-reiches Sekret) wird durch das Intestinalhormon **Cholecystokinin (CCK)** sowie durch den **Parasympathicus** (Transmitter: Acetylcholin) gesteigert (Abb. 15.48). CCK und Acetylcholin entfalten ihre Wirkung über CCK-Rezeptoren bzw. muscarinartige cholinerge Rezeptoren der Zellmembran. Die Aktivierung dieser Rezeptoren geht mit der intrazellulären Freisetzung der second messenger Inositoltriphosphat und Diacylglycerin aus einem Phospholipid der Zellmembran einher.

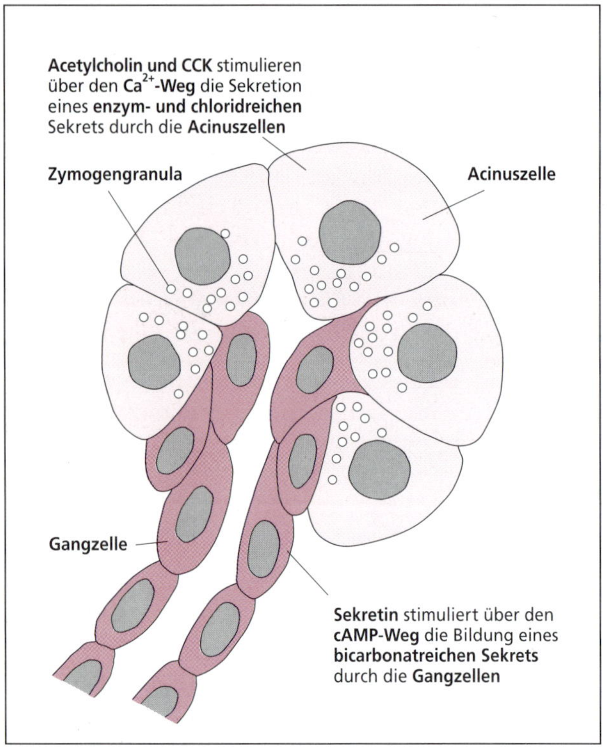

Abb. 15.48 Regulation der Sekretion des Pankreas.

Inositoltriphosphat erhöht sodann die intrazelluläre Ca^{2+}-Konzentration durch Öffnung von Ca^{2+}-Kanälen der Ca^{2+}-Speicher des endoplasmatischen Reticulums. Ca^{2+} und Diacylglycerin aktivieren gemeinsam eine Proteinkinase (Proteinkinase C), welche über die Phosphorylierung von Proteinen die Exocytose sowie die Cl^--Sekretion stimuliert.

Die CCK-Abgabe durch endokrine Zellen des proximalen Dünndarmes in die Blutbahn wird insbesondere durch Spaltprodukte der Protein- (Aminosäuren) und Fett(Fettsäuren)-Verdauung angeregt.

- **Stimulation der Pankreassekretion durch die Futteraufnahme**

Mit der Futteraufnahme in Zusammenhang stehende Stimuli (Geruch, Geschmack, Magendehnung, niedriger pH-Wert im Duodenum, Protein- und Fettverdauungsprodukte im Dünndarm) fördern die Pankreassekretion bei Monogastriden sehr stark.

Je nach dem Wirkort der Stimuli spricht man von einer kephalen, gastralen und intestinalen Phase der Pankreassekretion.

Die **cephale Phase** der Sekretion wird durch den Geruch und Geschmack des Futters sowie durch kaubedingte taktile Stimuli induziert. Sie wird über parasympathische Fasern des Nervus vagus vermittelt. Die **gastrale Phase** der Sekretion beruht auf der durch die Futteraufnahme verursachten Dehnung der Magenwand, welche über einen vago-vagalen Reflex die Sekretion des Pankreas steigert. Die in quantitativer Hinsicht wichtigste Phase der durch die Futteraufnahme bedingten Sekretionssteigerung ist die **intestinale Phase**. Sie basiert auf der vermehrten Abgabe der Intestinalhormone Sekretin und CCK in die Blutbahn. Die betreffenden Effekte werden dabei, wie bereits erwähnt, durch eine pH-Erniedrigung (Sekretin) bzw. durch den Anfall von Spaltprodukten der Protein- und Fettverdauung (CCK) im Dünndarmlumen ausgelöst.

Bei Wiederkäuern ist die durch die Aufnahme einer „Mahlzeit" auslösbare Steigerung der Pankreassekretion viel weniger ausgeprägt als bei Monogastriden. Dies hängt wohl damit zusammen, daß das abgeschluckte Futter zunächst in das Vormagensystem gelangt, und daher eine ausgeprägte gastrale und intestinale Phase der Pankreassekretion nicht in Erscheinung tritt.

- **Störungen der Pankreassekretion**

Eine Beeinträchtigung der Sekretion des exokrinen Pankreas (Pankreasinsuffizienz) ist besonders beim Hund relativ häufig. Ursache hierfür ist oft eine chronische Entzündung des Pankreas (chronische Pankreatitis), die häufig auf wiederholte akute Entzündungen zurückgeht. Dabei werden insbesondere Acini durch Selbstverdauung zerstört und durch Bindegewebe ersetzt. Die Ursachen der Pankreatitis sind weitgehend unbekannt. Vereinzelt kann die Pankreasinsuffizienz beim Hund auch angeboren sein.

Die Pankreasinsuffizienz manifestiert sich erst bei ausgedehnter Zerstörung der Acini in Form einer Maldigestion, die vor allem die Fettverdauung, weniger die Kohlenhydrat- und Proteinverdauung betrifft und damit zu einer gesteigerten Fettausscheidung über die Faeces (Steatorrhoe) führt.

> Die sekretorische Aktivität der Gangzellen wird hauptsächlich durch das Intestinalhormon Sekretin, diejenige der Acinuszellen dagegen durch Cholecystokinin sowie den parasympathischen Transmitter Acetylcholin gesteigert. Über diese Botenstoffe regt die Futteraufnahme die Sekretion des Pankreas an, wobei die Sekretion der Gangzellen im allgemeinen überproportional ansteigt. Deshalb nimmt die HCO_3^--Konzentration des Pankreassaftes im allgemeinen mit dessen Flußrate zu.

15.6.3 Galle und Funktion der Gallenblase

Die Gallenbildung erfolgt durch die Leberzellen (Kap. 17.2.1 u. 17.2.2) und die Epithelzellen der hepatischen Gallengänge ($NaHCO_3$-Sekretion, analog zu den Gangzellen des Pankreas). Die Galle wird in der

Tabelle 15.10 Zusammensetzung der Galle (Fleischfresser)

Parameter	Leber-Galle	Gallenblasen-Galle
	mmol/l	
Gallensäuren[1)]	35	300
Gallenfarbstoffe[2)]	1	5
Phospholipide[3)]	2	15
Cholesterin	2	10
Na^+	165	280
K^+	5	10
Ca^{2+}	2,5	12
Cl^-	90	15
HCO_3^-	45	10
pH	8,2	6,5

[1)] hauptsächlich Tauro- und Glykocholsäure sowie Tauro- und Glykochenodesoxycholsäure, [2)] hauptsächlich Bilirubindiglucuronat, [3)] hauptsächlich Lecithin.

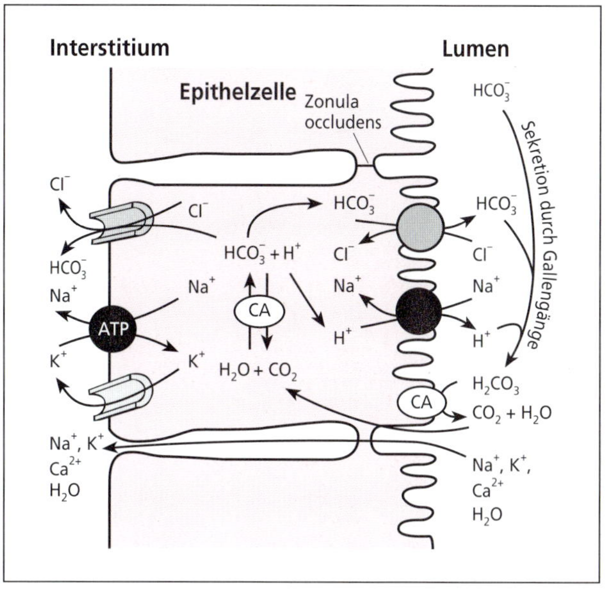

Abb. 15.49 Elektrolyt- und Wasserresorption des Gallenblasenepithels, CA = Carboanhydrase.

Gallenblase gespeichert und durch Elektrolyt- und Wasserresorption eingedickt. Die in der Leber gebildete Galle hat damit eine andere Zusammensetzung als die Galle in der Gallenblase (Tab. 15.10). Bei Species ohne Gallenblase (Pferd, Kamel, Ratte, Taube) gelangt die Lebergalle über den Ductus choledochus direkt in den proximalen Dünndarm.

Die pro Tag über den Ductus choledochus in den Dünndarm gelangende Galle beträgt bei Mensch und Schwein 0,5-1 l, beim Hund 0,1-0,2 l, beim Schaf 0,5-0,7 l, beim Rind 3-5 l und beim Pferd 7-10 l.

- **Konzentrierung der Galle in der Gallenblase**

Die Konzentrierung der organischen Komponenten der Galle (konjugierte Gallensäuren, Gallenfarbstoffe, Phospholipide, Cholesterin) in der Gallenblase erfolgt durch Resorption von Wasser. Wasser folgt bei der Resorption dem resorbierten Na^+ und Cl^- aus osmotischen Gründen.

Na wird durch einen Na^+/H^+-Austauscher und Cl^- durch einen Cl^-/HCO_3^--Austauscher der apicalen Membran in die Epithelzellen der Gallenblase aufgenommen. Durch die basolaterale Membran wird Na^+ mittels der Na^+/K^+-Pumpe und Cl^- durch einen Anionenkanal ausgeschleust, der auch für HCO_3^- durchlässig ist (Abb. 15.49).

Durch die Ausschleusung von Na^+ und Cl^- kommt es zu einer lokalen Erhöhung der Osmolarität in den interzellulären Spalten, die zum Gallenblasenlumen hin durch Zonulae occludentes (tight junctions) abgeschlossen sind. Die erhöhte Osmolarität in den interepithelialen Spalten bedingt sodann die Wasserresorption entlang einem lokalen osmotischen Gefälle. Die Resorption von HCO_3^- aus der Gallenblase ist an die Sekretion von H^+ durch den Na^+/H^+-Austauscher gebunden. Das sezernierte H^+ reagiert an der Oberfläche des Gallenblasenepithels mit HCO_3^- zu H_2CO_3, welches in CO_2 und H_2O zerfällt. Aufgrund seiner guten Lipidlöslichkeit diffundiert CO_2 in das Epithel, wo es mittels der Carboanhydrase (CA)-Reaktion in HCO_3^- und H^+ überführt wird ($CO_2 + H_2O \overset{CA}{\leftrightarrow} H_2CO_3 \rightarrow H^+ + HCO_3^-$). H^+ gelangt über den Na^+/H^+-Austauscher wieder in das Lumen, während HCO_3^- die Epithelzelle teils über den Anionenkanal der basolateralen Membran, teils über den Cl^-/HCO_3^--Austauscher der apicalen Membran verläßt (Abb. 15.49). Über den erstgenannten Ausschleusungsprozeß wird der HCO_3^--Übertritt in das Interstitium und die Blutbahn vermittelt. Somit hängt die HCO_3^--Resorption vom Na^+/H^+-Austauscher der apicalen Membran, von der Carboanhydrase und dem Anionenkanal in der basolateralen Membran ab.

Die bei Fleischfressern, beim Geflügel sowie beim Menschen 5- bis 10mal, bei den übrigen Haustierspecies jedoch nur 2- bis 3mal höhere Konzentration der Gallensäuren, Gallenfarbstoffe, Phospholipide (Lecithin) sowie des Cholesterins in der Galle der Gallenblase im Vergleich zur Lebergalle ist Ausdruck der durch die Elektrolytresorption angetriebenen Wasserresorption. Die organischen Komponenten der Galle werden nämlich in der Gallenblase kaum resorbiert. Trotz der starken Konzentrierung der Gallensäuren und der übrigen organischen Komponenten (Tab. 15.10) weist die Galle der Gallenblase annähernd die gleiche Osmolarität auf wie die Lebergalle. Dies hängt damit zusammen, daß die Gallensäuren großenteils micellar gelöst und damit nur wenig osmotisch aktiv sind. Moleküle wie Gallensäuren und Phospholipide, die

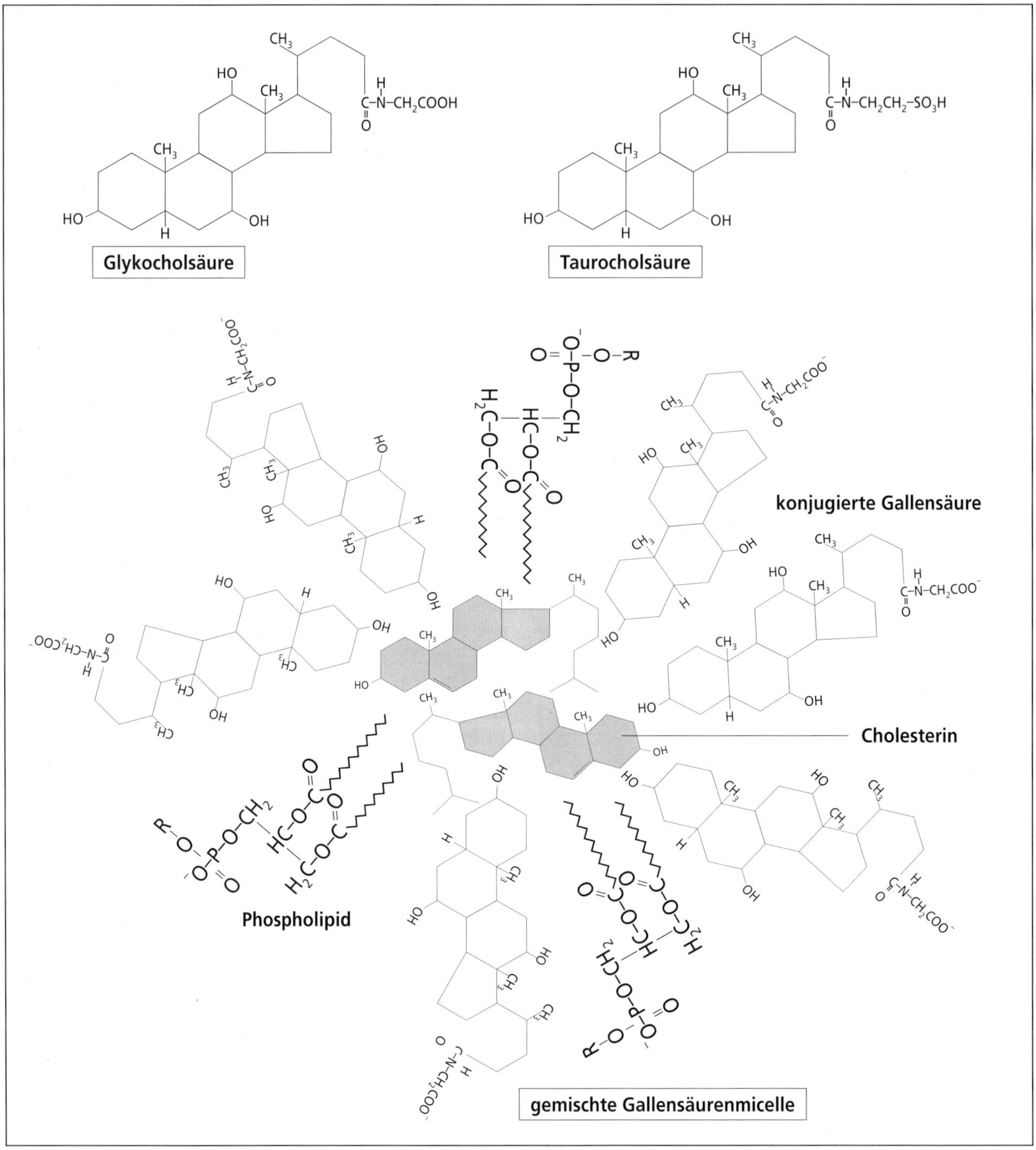

Abb. 15.50 Aufbau konjugierter Gallensäuren und gemischter Gallensäurenmicellen

ein hydrophiles und ein hydrophobes Ende aufweisen, werden als Detergentien bezeichnet. Sie bilden in wäßriger Lösung Molekülaggregate (Micellen), bei denen das hydrophobe Ende (Steroidgerüst der konjugierten Gallensäuren) den Kern und das hydrophile Ende (Taurin bzw. Glycin der konjugierten Gallensäuren) die Schale bildet (Abb. 15.50). In den Kern ist dabei z.T. auch das hydrophobe Cholesterin inkorporiert.

Der Aufbau der mit Glycin bzw. Taurin konjugierten Gallensäuren (z.B. Glykocholsäure, Taurocholsäure) sowie die Struktur von Gallensäurenmicellen sind in Abb. 15.50 dargestellt.

Konjugierte Gallensäuren sind relativ starke Säuren und liegen somit als Anionen vor. Die Gallensäurenmicellen weisen damit an ihrer Außenseite viele negative Ladungen auf und repräsentieren somit Polyanionen, die Kationen ihrer Wertigkeit entsprechend zu binden, und damit zu immobilisieren vermögen. Dies erklärt zum großen Teil die hohen Konzentrationen von Kationen (Na^+, K^+, Ca^{2+}) in der Galle der Gallenblase (Tab. 15.10) und deren relativ geringe osmotische Aktivität.

Die osmotische Aktivität von Na^+ und Ca^{2+} in der Gallenblase entspricht Konzentrationen von etwa 145 mmol/l (Na^+) bzw. 1.5 mmol/l (Ca^{2+}). Die geringe Konzentration von anorganischen Anionen (Cl^-, HCO_3^-) in der Gallenblase ist darauf zurückzuführen, daß die konjugierten Gallensäuren nicht vollständig micellar gelöst sind und somit teilweise als „freie" Anionen vorliegen.

Bei Haustieren treten im Vergleich zum Menschen **Gallensteine** relativ selten auf. Beim Menschen bestehen Gallensteine hauptsächlich aus Cholesterin, dessen micellare Löslichkeit recht begrenzt ist, während bei Haustieren Gallensteine hauptsächlich aus Ca-Bilirubinat bestehen. Dabei gehen der Gallensteinbildung häufig bakterielle Infektionen der Gallenblase voraus, die bei Haustieren mit einer Hydrolyse des Bilirubindiglucuronats zu Bilirubin und Glucuronsäure einhergeht. Das schlecht lösliche Ca-Salz des Bilirubins fällt dann aus.

> Die in der Leber gebildete Galle wird in der Gallenblase gespeichert. Dabei kommt es infolge der von der Elektrolytresorption abhängigen Wasserresorption des Gallenblasenepithel zu einer Konzentrierung der organischen Komponenten der Galle (konjugierte Gallensäuren, Gallenfarbstoffe, Phospholipide, Cholesterin). Beim Pferd gelangt die Lebergalle wegen des Fehlens der Gallenblase über den Ductus choledochus unverändert in den Dünndarm.

- **Füllung und Entleerung der Gallenblase**

Im Nüchternzustand ist der Ductus choledochus an der Einmündung in das Duodenum durch Kontraktion der glatten Zirkulärmuskulatur (Sphincter Oddi), insbesondere bei Hund und Katze sowie beim Menschen, verschlossen, so daß die von der Leber sezernierte Galle vom Ductus hepaticus aus über den Ductus cysticus die Gallenblase erreicht statt über den Ductus choledochus in das Duodenum zu gelangen. Bei Wiederkäuern und beim Schwein ist die Tonusentwicklung des Sphincter Oddi relativ gering, so daß die Galle weniger effizient in der Gallenblase gespeichert und eingedickt wird. Beim Pferd gelangt die Lebergalle infolge des Fehlens der Gallenblase mehr oder weniger kontinuierlich in das Duodenum.

Wie bereits bei der Regulation der Pankreassekretion erwähnt, bewirken die Spaltprodukte der Fett- und Proteinverdauung im Dünndarm die Freisetzung des Intestinalhormons Cholecystokinin (CCK), welches die Kontraktion der glatten Muskulatur der Gallenblase sowie die Erschlaffung des Sphincter Oddi und damit die Entleerung der Gallenblase im Anschluß an die Fütterung auslöst. Die in der Gallenblase gespeicherte und eingedickte Galle wird auf diese Weise in den proximalen Dünndarm überführt, um dort die Fettverdauung zu unterstützen (Kap. 15.6.6). Die fütterungsbedingte Entleerung der Gallenblase wird zudem durch die reflektorische Freisetzung von Acetylcholin durch postganglionäre parasympathische Neurone unterstützt, welches auf die glatte Muskulatur der Gallenblase kontrahierend wirkt.

> Die Entleerung der Gallenblase wird durch die Futteraufnahme induziert, wobei das im proximalen Dünndarm vermehrt freigesetzte Hormon Cholecystokinin die Kontraktion der glatten Muskulatur der Gallenblase sowie die Erschlaffung der Zirkulärmuskulatur des Ductus choledochus an der Einmündung in das Duodenum (Sphincter Oddi) bewirkt. Auch der Parasympathicus ist an der Entleerung der Gallenblase beteiligt.

15.6.4 Verdauung und Resorption der Kohlenhydrate

Die wichtigsten im Dünndarm durch Enzyme des Pankreassaftes (Amylase) sowie des Dünndarmepithels (Di- und Oligosaccharidasen) verdauten Nahrungskohlenhydrate sind Stärke (und Glykogen), Saccharose und Lactose. Strukturkohlenhydrate, wie z.B. Cellulose, Hemicellulose und Pectin, welche Bestandteile der pflanzlichen Zellwand sind, werden von diesen Enzymen nicht angegriffen. Sie werden hauptsächlich im Dickdarm (Kap. 15.7.2.2) bzw. bei Wiederkäuern im Vormagensystem (Kap. 15.4.2.2) durch mikrobielle Enzyme zu kurzkettigen Fettsäuren (Essigsäure, Propionsäure, Buttersäure) abgebaut. Im Dünndarm spielt dieser mikrobielle Abbau von Kohlenhydraten nur eine geringe Rolle.

15.6.4.1 Stärkeverdauung

Stärke besteht aus Glucoseeinheiten, die 1,4-α-glykosidisch und 1,6-α-glykosidisch verknüpft sind. Die nur aus unverzweigten spiraligen Ketten von 1,4α-glykosidisch verknüpften Glucoseeinheiten bestehende Fraktion der Stärke wird als **Amylose** (50–2000 Glucoseeinheiten), die aus 1,4- und 1,6-α-glykosidisch verknüpften Glucoseeinheiten bestehende verzweigtkettige Fraktion (die Verzweigung kommt durch die 1,6-α-glykosidische Bindung zustande) als **Amylopectin** (2000–200'000 Glucoseeinheiten) bezeichnet. Amylopectin macht 70–80% der Stärke aus. Stärke wird vor allem in

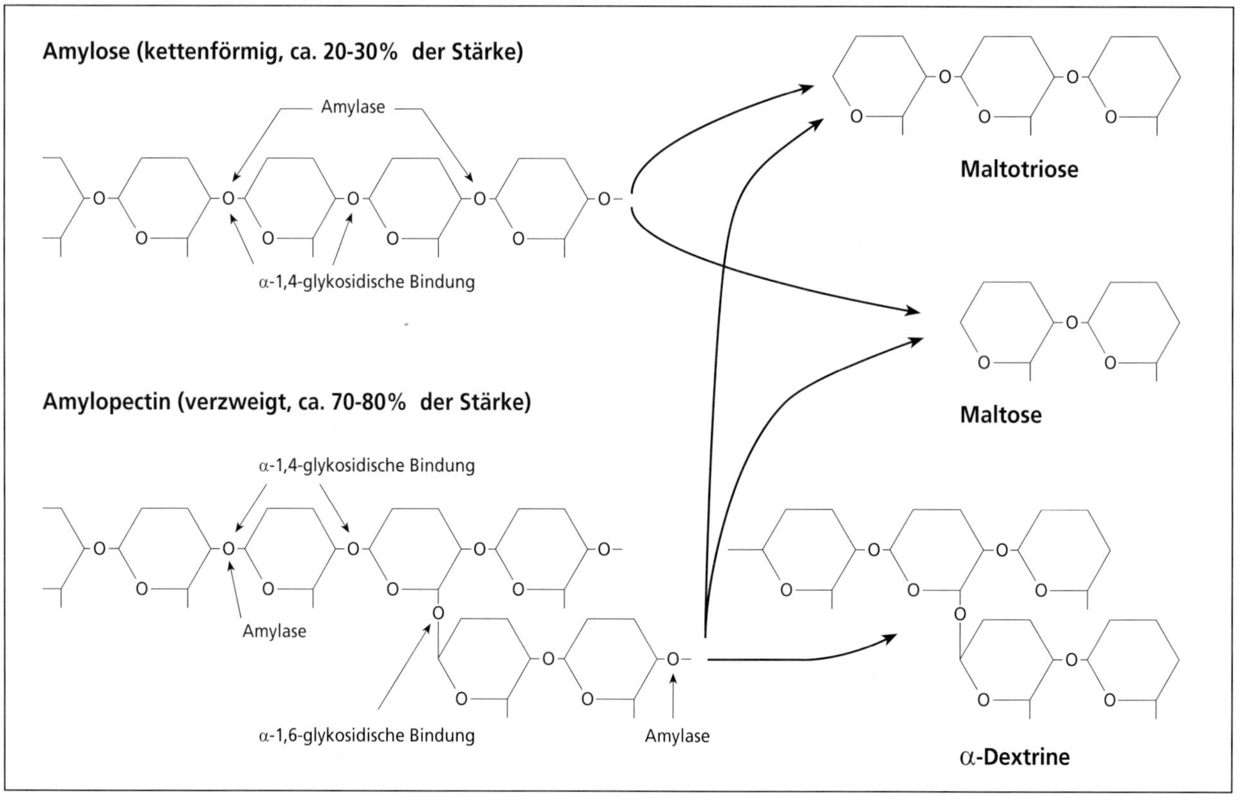

Abb. 15.51 Intraluminale Verdauung von Stärke durch Amylase.

Körnern (Getreide) und Knollen (Kartoffeln) als Reservekohlenhydrat gespeichert. Die Speicherung erfolgt in Form von Stärkekörnern, wobei die Molekülketten z.T. sehr eng aneinander liegen.

Das in der Leber und Muskulatur als Reservekohlenhydrat vorkommende Glykogen (= tierische Stärke) entspricht in seinem Aufbau weitgehend demjenigen von Amylopectin; allerdings ist der Verzweigungsgrad ausgeprägter.

Die Stärkeverdauung läuft nach vorausgegangener mechanischer (Mahlen) bzw. thermischer (Kochen) Zerstörung der inneren Struktur der Stärkekörner effektiver ab als ohne eine derartige Vorbehandlung, da sich die Amylase des Pankreassaftes und des Speichels unter diesen Bedingungen an die Stärkemoleküle besser anlagern kann. Der Hauptort der Stärkeverdauung ist das proximale Drittel des Dünndarmes, da in diesem Darmabschnitt die Aktivität der pankreatischen Amylase sowie die an der Stärkeverdauung beteiligten bürstensaummembran-ständigen Enzyme (Glucoamylase, α-Dextrinase, Saccharase) am höchsten ist.

Amylase vermag nur die 1,4-α-glykosidischen Bindungen der Stärke hydrolytisch zu spalten, wobei als Bruchstücke Maltose, Maltotriose und a-Dextrine entstehen (Abb. 15.51). α-Dextrine sind verzweigtkettige Oligosaccharide mit mindestens einer 1,6-α-glykosidischen Bindung und mehreren 1,4-α-glykosidischen Bindungen, die wegen der Nähe zur Kettenverzweigung an der 1,6-α-glykosidischen Bindung durch Amylase nicht gespalten werden können.

Die genannten Bruchstücke werden anschließend durch in der Bürstensaummembran des Dünndarmepithels verankerte Oligo- bzw. Disaccharidasen zu Glucose aufgespalten. Dazu zählen **Glucoamylase** (Maltase), **α-Dextrinase** (Isomaltase) und **Saccharase**.

Glucoamylase und Saccharase spalten Glucose durch Hydrolyse 1,4-α-glykosidischer Bindungen ab, wobei Glucoamylase auf größere Stärkebruchstücke wirkt, während Saccharase vor allem Maltose und Maltotriose spaltet. α-Dextrinase spaltet die 1,6-α-glykosidischen Bindungen der α-Dextrine, deren Bruchstücke dann durch Glucoamylase und Saccharase weiter zu Glucose hydrolysiert werden.

Im Gegensatz zu den 1,4-α- und 1,6-α-glykosidischen Bindungen der Stärke werden die 1,4-β-glycosidischen Bindungen von Cellulose, dem wichtigsten pflanzlichen Gerüstkohlenhydrat, das ebenfalls aus vielen Glucoseeinheiten besteht, durch Amylase sowie die bürstensaummembran-ständigen Oligo- und Disaccharidasen nicht hydrolytisch gespalten. Cellulose und andere Gerüstkohlenhydrate (Hemicellulose, Pectin) können jedoch im Vormagensystem der Wiederkäuer bzw. im Dickdarm mikrobiell abgebaut werden, wobei als resorbierbare Endprodukte kurzkettige Fettsäuren (Essigsäure, Propionsäure, Buttersäure) anfallen.

15.6.4.2 Verdauung von Lactose und Saccharose

Lactose (Milchzucker) besteht aus einem Glucose- und einem Galactosemolekül, die über eine 1,4-β-glykosidische Bindung verknüpft sind. Lactose wird durch das bürstensaummembran-ständige Enzym **Lactase** zu Glucose und Galactose hydrolysiert. Die Saccharose (Rüben- bzw. Rohrzucker) wird durch das Bürstensaummembran-Enzym **Saccharase**, welche auch Maltose und Maltotriose zu spalten vermag (Kap. 15.6.4.1), in Glucose und Fructose zerlegt, die in der Saccharose über eine 1,2-α-glykosidische Verbindung verknüpft sind.

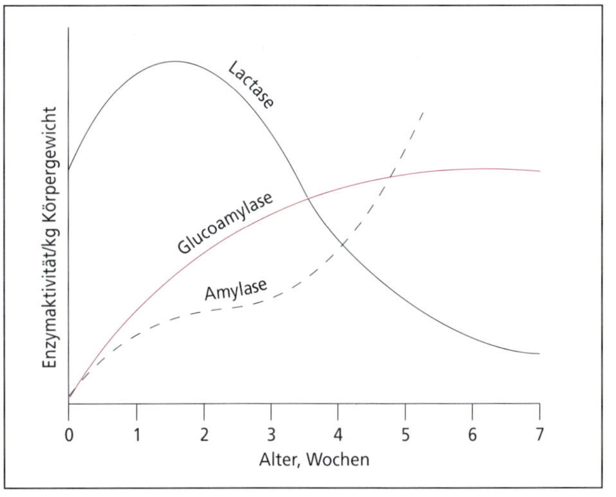

Abb. 15.52 Entwicklungsbedingte Veränderung der Aktivität einiger Enzyme der Kohlenhydratverdauung beim Ferkel.

15.6.4.3 Postnatale Entwicklung der Kohlenhydratverdauung

Im Säuglingsstadium ist die Lactase-Aktivität im Dünndarm bei allen Haustierarten hoch. Sie weist im Alter von 1-3 Wochen die höchste Aktivität auf und fällt dann mit dem Absetzen vom Muttertier mehr oder weniger rasch ab (Abb. 15.52). Dieser Abfall ist genetisch programmiert und läßt sich durch Verlängerung der Milchverabreichung nur geringgradig verzögern.

Die Aktivität der übrigen Enzyme der Kohlenhydratverdauung (Amylase, Glucoamylase, Saccharase, α-Dextrinase) ist während der Säuglingsphase gering. Sie steigt im Alter von 4-6 Wochen stark an und erreicht mit Ausnahme des Pferdes im Alter von ca. 2-3 Monaten (Pferd: ca. 1 Jahr) die Werte adulter Tiere. Diese entwicklungsbedingten Veränderungen der Enzyme der Kohlenhydratverdauung spiegeln die entwicklungsbedingten Veränderungen des Ernährungsmodus wider. So nehmen z.B. Ferkel im Alter von 2-5 Wochen bei entsprechender Gelegenheit neben der Lactose enthaltenden Muttermilch in zunehmendem Maße festes Beifutter auf, das als Kohlenhydrat vor allem Stärke (Getreide) enthält. Ab der fünften Woche werden Ferkel normalerweise von der Muttersau getrennt (Absetzen der Ferkel) und damit stärkereich ernährt.

15.6.4.4 Tierartliche Unterschiede

Bezüglich der Kohlenhydratverdauung gibt es erhebliche Speciesunterschiede. So ist die Stärkeverdauung im Dünndarm bei reinen Carnivoren, wie der **Katze**, nicht jedoch beim Hund, relativ limitiert. Analoges gilt für das **Pferd**, bei dem über den Pankreassaft relativ wenig Amylase in den Dünndarm gelangt. Dies erklärt sich wohl damit, daß das Pferd evolutionsbiologisch als Grasfresser anzusehen ist und Gras kaum Stärke enthält, so daß während der Evolution kein Selektionsdruck hinsichtlich einer effektiven Stärkeverdauung geherrscht haben dürfte.

Da bei Wiederkäuern Kohlenhydrate im Vormagensystem mikrobiell weitgehend zu kurzkettigen Fettsäuren abgebaut werden, ist die geringe Aktivität der Enzyme der Kohlenhydratverdauung (Amylase, Glucoamylase, α-Dextrinase, Saccharase) im Dünndarm von Wiederkäuern verständlich. Demgegenüber ist die Stärkeverdauung im Dünndarm beim Schwein und auch beim Huhn sehr effektiv. Eine Besonderheit bei Vögeln ist das Fehlen der Lactase in der Bürstensaummembran des Dünndarmepithels.

Wird die Verdauungskapazität für Kohlenhydrate im Dünndarm überschritten, so wird dies häufig durch einen gesteigerten mikrobiellen Abbau von Kohlenhydraten zu kurzkettigen Fettsäuren im Dickdarm zumindest teilweise kompensiert. Ferner vermögen sich die Enzyme der Kohlenhydratverdauung innerhalb von ca. drei Tagen in begrenztem Umfang an eine längerfristig erhöhte Stärkezufuhr über das Futter zu adaptieren.

15.6.4.5 Störungen der Kohlenhydratverdauung

Bei Menschen und Katzen tritt nicht selten nach der Säuglingsphase eine sog. **Lactoseintoleranz** auf, die auf das genetisch bedingte weitgehende Fehlen der Lactase in der Bürstensaummembran des Dünndarmepithels zurückzuführen ist. Der Verzehr von Milch bzw. Lactose führt in diesem Fall häufig zu Durchfällen, da die im Dünndarm nicht verdaute

Lactose im Dickdarm nur partiell mikrobiell abgebaut wird. Ferner entsteht beim mikrobiellen Abbau neben Essigsäure, Propionsäure und Buttersäure relativ viel Milchsäure, deren Resorption im Dickdarm sehr limitiert ist und die damit aus osmotischen Gründen zur Entstehung von Durchfall beiträgt.

Auch bei der recht häufigen Schädigung des Darmepithels durch Viren ist infolge der reduzierten Aktivität der membranständigen Enzyme (Lactase, Saccharase, Glucoamylase, α-Dextrinase) die Kohlenhydratverdauung neben anderen Verdauungsprozessen beeinträchtigt, so daß auch in diesem Fall häufig Durchfall auftritt.

Die wichtigsten im Dünndarm zur Verdauung gelangenden Kohlenhydrate sind Stärke, Saccharose und Lactose. Stärke wird durch die Amylase des Pankreassekrets hauptsächlich zu Maltose, Maltotriose und (verzweigtkettigen) α-Dextrinen abgebaut. Die Hydrolyse dieser Spaltprodukte zu Glucose erfolgt durch die Bürstensaummembran (BSM)-ständigen Enzyme Glucoamylase, α-Dextrinase und Saccharase, welche neben Maltose zudem Saccharose (zu Glucose und Fructose) spaltet. Lactose wird durch die im Säuglingsstadium eine hohe Aktivität aufweisende BSM-ständige Lactase zu Glucose und Galactose hydrolysiert.

15.6.4.6 Resorption von Monosacchariden

Die bei der Verdauung von Stärke, Lactose und Saccharose im Dünndarm anfallenden Monosaccharide (Glucose, Galactose, Fructose) werden vom Dünndarmepithel resorbiert, d.h., sie werden durch die Bürstensaummembran (BSM) in die Epithelzelle aufgenommen und verlassen die Epithelzelle durch die basolaterale (antiluminale) Membran (BLM). Anschließend treten sie in die Kapillaren über und gelangen über die Pfortader zunächst zur Leber und dann z.T. in die Vena cava caudalis.

In geringem Umfang werden Glucose und Fructose während der Resorption im Dünndarmepithel zu Lactat abgebaut, das ebenfalls im Pfortaderblut erscheint.

- **Transport von Glucose durch die Bürstensaummembran**

Die Aufnahme von Glucose und Galactose durch die BSM in die Epithelzelle erfolgt durch carrier-vermittelten Na^+-Cotransport gegen ein Konzentrationsgefälle.

Der Glucosecarrier hat zwei Bindungsstellen für Na^+ und eine Bindungsstelle für Glucose, wobei die Anlagerung von Na^+ an seine Bindungsstellen die

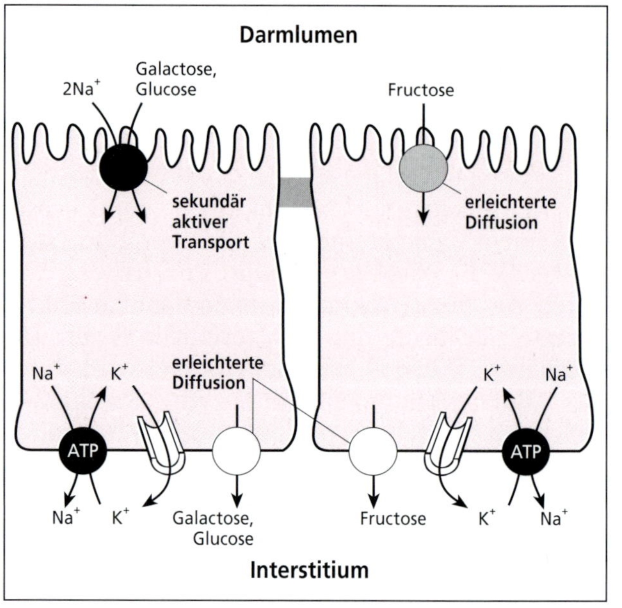

Abb. 15.53 Mechanismen der intestinalen Monosaccharidresorption.

Voraussetzung für die Anlagerung von Glucose an den Carrier ist (Abb. 15.53). Na^+ erhöht somit die Affinität des Carriers zu Glucose und energetisiert gleichzeitig aufgrund des über die BSM hinweg bestehenden elektrochemischen Na^+-Gradienten den transmembranalen Transport von Glucose gegen ein Konzentrationsgefälle. Na^+ gelangt dabei via Glucose-Carrier entlang dem elektrochemischen Gradienten in die Epithelzelle (Abb. 15.53). Zur Aufrechterhaltung der niedrigen Na^+-Konzentration in der Epithelzelle (15 mmol/l) wird Na^+ durch die in der BLM lokalisierte Na^+/K^+-Pumpe unter ATP-Spaltung hinausgepumpt. Das dabei in die Zelle aufgenommene K^+ rezirkuliert durch K^+-Kanäle der BLM, wobei der Öffnungsgrad dieser Kanäle mit der Aktivität der Na^+/K^+-Pumpe zunimmt. Der Mechanismus dieser Kopplung ist noch nicht definitiv geklärt.

Neben Glucose und Galactose haben auch einige nichtmetabolisierbare Monosaccharide, z.B. α-Methyl-Glucosid und 3-0-Methylglucose eine Affinität zum Na^+/Glucose-Cotransporter der BSM. Auch die Pentose Xylose hat eine geringgradige diesbezügliche Affinität (Anstieg und Verlauf der Xylosekonzentration im Blut nach oraler Xyloseverabreichung werden als klinischer Test zur Beurteilung von Resorptionsstörungen im Dünndarm herangezogen).

Die Na^+-abhängige Aufnahme von Glucose durch die BSM in die Epithelzelle ist ein saturabler Prozeß, d.h. mit steigender Glucosekonzentration flacht die Glucoseaufnahmerate allmählich ab und erreicht schließlich einen Maximalwert (V_{max}). Die Glucose-

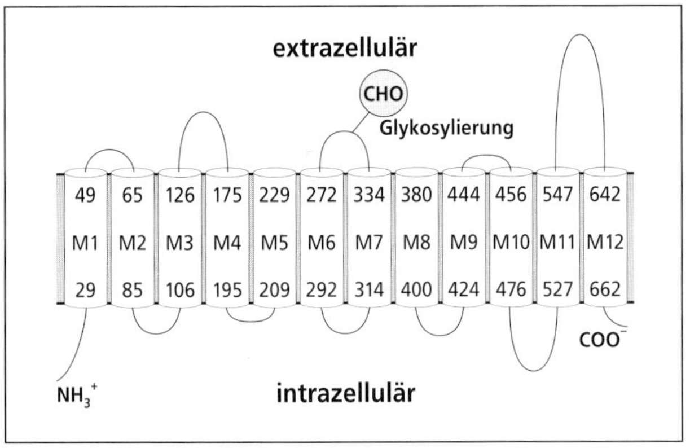

Abb. 15.54 Modell der Sekundärstruktur des intestinalen Na^+-abhängigen Glucosetransporters.

konzentration, bei der die Glucosetransportrate den halbmaximalen Wert erreicht, entspricht dem K_m-Wert (Michaelis-Konstante) des Na^+-Glucose-Cotransporters. Der K_m-Wert ist umgekehrt proportional zur Affinität ($1/K_m$) von Glucose zum Glucose-Carrier. Der K_m-Wert für Glucose beträgt ca. 0,3 mmol/l und ist somit relativ niedrig (Hochaffinitätscarrier). Ob es, analog zum proximalen Nierentubulus, im Dünndarm neben diesem Hochaffinitätscarrier mit zwei Bindungsstellen für Na^+ zusätzlich einen Niedrigaffinitätscarrier (höherer K_m-Wert) mit einer Bindungsstelle für Na^+ gibt, ist umstritten.

Die molekulare Struktur des Na^+-abhängigen Glucosecarriers der BSM ist inzwischen aufgeklärt. Es handelt sich dabei um ein Proteinmolekül mit 12 transmembranalen Domänen (Abb. 15.54), wobei jede Domäne aus 21 hydrophoben Aminosäuren besteht. Das Protein (M = 84'000) ist an der Außenseite der BSM glykosyliert. Wie jedoch dieses Protein Glucose und Na^+ durch die Membran transportiert, ist noch unbekannt.

- **Transport von Glucose durch die basolaterale Membran**

Die Ausschleusung der in den Epithelzellen der Dünndarmzotten akkumulierten Glucose durch die BLM in das Interstitium (Zottenstroma) erfolgt „bergab" durch einen Na^+-unabhängigen Glucosecarrier (= erleichterte Diffusion; Abb. 15.53). Dabei handelt es sich ebenfalls um einen saturablen Prozeß (K_m für Glucose: 20 mmol/l). Der Glucosecarrier der BLM hat eine Affinität zu Glucose, Galactose und Fructose und vermag damit auch die beiden letztgenannten Monosaccharide aus der Epithelzelle auszuschleusen.

Allerdings funktioniert der betreffende Glucosecarrier prinzipiell in beiden Richtungen, so daß in Fällen, in denen keine Glucose aus dem Darmlumen resorbiert werden kann (z.B. Futterentzug, Dickdarm), Glucose zur Energieversorgung des Darmepithels durch den Glucosecarrier der BLM aufgenommen wird.

- **Resorption von Fructose**

Fructose wird aus dem Dünndarmlumen über einen separaten Carrier bergab durch erleichterte Diffusion in die Epithelzellen der Darmzotten aufgenommen und tritt via Glucosecarrier der BLM (s.o.) in das Interstitium über (Abb. 15.54); die Fructoseresorption erfolgt also passiv.

- **Regulation der Monosaccharidresorption**

Analog zu den Enzymen der Kohlenhydratverdauung können sich auch die Mechanismen der intestinalen Monosaccharidresorption an kohlenhydratreiche Ernährung adaptieren. Es konnte nämlich gezeigt werden, daß unter diesen Bedingungen die Transportrate für Glucose und Fructose durch die BSM und BLM innerhalb von etwa drei Tagen zunimmt. Darüber hinaus ließ sich der Glucosetransport durch die BLM durch eine Erhöhung des Blutzuckerspiegels bereits innerhalb von 30 min aktivieren.

Von Interesse ist in diesem Zusammenhang die sehr geringe intestinale Glucoseresorptionskapazität bei adulten Wiederkäuern. Dies kann als Anpassung des Dünndarmepithels an die sehr geringe Monosaccharidkonzentration des Dünndarminhalts bei Wiederkäuern angesehen werden. Bei Wiederkäuern werden die über das Futter aufgenommenen Kohlenhydrate ja bereits im Vormagensystem mikrobiell zu kurzkettigen Fettsäuren abgebaut (Kap. 15.4.2.2). Bei Milchkälbern und -lämmern dagegen, welche über die Milch eine beträchtliche Menge von Lactose aufnehmen, die im Dünndarm zu Glucose und Galactose gespalten wird, werden Monosaccharide effektiv resorbiert. Offensichtlich kommt es somit während der Vormagenentwicklung, welche beim Rind physiologischerweise im Alter von drei Monaten abgeschlossen ist, zu einer Abnahme der Glucoseresorptionskapazität. Da bei adulten Schafen gezeigt werden konnte, daß die Infusion einer Glucoselösung in den Dünndarm für einige Stunden nach ca. drei Tagen zu einer Erhöhung der Glucoseresorptionskapazität führt, scheint auch bei adulten Wiederkäuern eine Induktion der intestinalen Glucosecarrier durch das Transportsubstrat möglich.

Dieses für Pflanzen- und Allesfresser gültige Prinzip scheint allerdings bei reinen Fleischfressern, wie der Katze, nicht realisiert zu sein, da die Transportkapazität des Na^+-Glucose-Cotransports der BSM bei der Katze trotz der physiologischerweise geringen Kohlenhydrataufnahme über das Futter relativ hoch ist.

• **Störungen der Monosaccharidresorption**

Es ist verständlich, daß bei Schädigungen des Epithels der Dünndarmzotten, z.B. durch Viren oder Bakterien, die Monosaccharidresorption sowie die Resorption anderer Nährstoffe beeinträchtigt sind. Dies ist auch dann noch der Fall, wenn die Epitheldefekte durch raschen „Nachschub" von in den Krypten neu gebildeten Epithelzellen bereits behoben sind, da es sich dabei vielfach um funktionell noch nicht ausgereifte Zellen handelt. Physiologischerweise sind nur in der oberen Hälfte der Dünndarmzotten bezüglich der Resorptionsfunktionen voll ausgereifte Epithelzellen vorhanden. Bei Reparatur von größeren Epitheldefekten kann die gesamte Dünndarmzotte vorübergehend mit unausgereiften Epithelzellen (Kryptenzellen) besetzt sein. Die Zotten sind in diesem Fall häufig verkürzt und verdickt (**Zottenatrophie**).

Glucose und Galactose werden durch Na^+-Cotransport „bergauf" durch die BSM in die Dünndarmepithelzellen transportiert. Der Austritt auf der anderen Seite der Epithelzelle erfolgt durch erleichterte Diffusion. Fructose wird durch erleichterte Diffusion resorbiert. Neben der Kohlenhydratverdauung kann sich auch die Monosaccharidresorption an die Kohlenhydratzufuhr adaptieren.

15.6.5 Verdauung und Resorption der Proteine

Die Proteinverdauung findet hauptsächlich im Dünndarm statt, beginnt jedoch bereits im Magen. Die Endprodukte der Proteinverdauung sind kurzkettige Peptide (hauptsächlich Di- und Tripeptide) und Aminosäuren, welche vom Dünndarmepithel überwiegend durch sekundär aktiven Transport resorbiert werden. Dabei ist die Peptidresorption aus dem Darmlumen in quantitativer Hinsicht von größerer Bedeutung als die Aminosäurenresorption.

15.6.5.1 Proteinverdauung

Die an der Proteinverdauung beteiligten Peptidasen des Magen- und Pankreassekrets sowie der BSM des Dünndarmepithels sind in Tabelle 15.11 zusammengestellt. Man teilt sie nach ihren Angriffspunkten in Endo- und Exopeptidasen sowie in Peptidasen mit speziellen Funktionen ein.

Endopeptidasen spalten Peptidbindungen durch Hydrolyse vor allem im mittleren Bereich der Proteinmoleküle, während **Exopeptidasen** endständige Aminosäuren der Proteinmoleküle abspalten. Je nachdem, ob durch die betreffende Exopeptidase eine endständige Aminosäure (AS) mit freier Carboxylgruppe (C-terminale AS) oder mit freier Aminogruppe (N-terminale AS) abgespalten wird, bezeichnet man sie als **Carboxypeptidase** oder **Aminopeptidase**.

Zu den Endopeptidasen zählen das **Pepsin**, das von den Hauptzellen der Fundusdrüsen des Magens als Pepsinogen sezerniert wird, sowie **Trypsin**, **Chymotrypsin** und **Elastase**, welche über das Pankreassekret als inaktive Proenzyme (Trypsinogen, Chymotrypsinogen, Proelastase) in das Duodenum gelangen. Auch die Carboxypeptidasen A und B gelangen in inaktiver Form (Procarboxypeptidase A und B) über das Pankreassekret in das Duodenum.

Die Aktivierung der Peptidasen des Pankreas erfolgt, wie bereits im Abschnitt 15.6.2 besprochen, im Dünndarm durch das BSM-ständige Enzym Enteropeptidase (Trypsinogen → Trypsin) sowie durch Trypsin (Trysinogen → Trypsin, Chymotrysinogen → Chymotrypsin, Proelastase → Elastase) jeweils durch Abspaltung eines Peptids.

Neben den genannten Peptidasen des Magens bzw. des Pankreas sind verschiedene BSM-ständige Peptidasen (Aminopeptidase, Carboxypeptidase, γ-Glutamyltranspeptidase, Dipeptidyl-Peptidase, Dipeptidasen) an der Proteinverdauung beteiligt. Die Funktionen der einzelnen Peptidasen sind in Tabelle 15.11 beschrieben. Sie haben im allgemeinen eine mehr oder weniger spezifische Affinität zu bestimmten Peptidbindungen.

Die Verdauung der Nahrungsproteine beginnt bereits im Magen, wo sie infolge des sauren Milieus zunächst denaturiert werden (Denaturierung = Verlust der Sekundär- und Tertiärstruktur der Proteine). Dadurch wird die proteolytische Wirkung von Pepsin (pH-Optimum: 1-3) begünstigt, wobei als Spaltprodukte Peptide und auch bereits AS anfallen. Pepsin greift somit nicht nur Peptidbindungen im mittleren Bereich des Proteinmoleküls an, sondern kann in geringem Umfang auch endständige AS abspalten. Da der pH-Wert des Darminhalts im Duodenum proximal der Einmündung des Ductus pancreaticus im Sauren liegt, ist Pepsin auch im Duodenum noch wirksam. In quantitativer Hinsicht scheint allerdings Pepsin für die Proteinverdauung nicht sehr bedeutsam zu sein, da nach Ausfall der Pepsinproduktion im Magen (z.B. nach Entfernung des Magens) die Proteinverdauung im Verdauungstrakt nicht nennenswert vermindert ist. Offenbar vermögen somit die Endopeptidasen des Pankreas den Ausfall von Pepsin zu kompensieren.

Die über das Pankreassekret als Proenzyme in den

Tabelle 15.11 An der Proteinverdauung im Gastrointestinaltrakt beteiligte Peptidase

Enzyme	Funktion	Spaltprodukte
A. Endopeptidasen		
Pepsin (Magen)[1)]	Spaltung von Peptidbindungen mit aromatischen AS[4)]	Peptide (AS)[6)]
Trypsin (Pankreas)[2)]	Spaltung von Peptidbindungen mit basischen AS	Peptide (AS)
Chymotrypsin (Pankreas)[2)]	Spaltung von Peptidbindungen mit aromatischen AS inkl. Tryptophan	Peptide (AS)
Elastase (Pankreas)[2)]	Spaltung von Peptidbindungen mit neutralen AS ohne Ringsystem	Peptide (AS)
B. Exopeptidasen		
Carboxypeptidase A (Pankreas)[2)]	Spaltung von Peptidbindungen mit C-terminalen AS	AS, Peptide
Carboxypeptidase B (Pankreas)[2)]	Spaltung von Peptidbindungen mit C-terminalen basischen AS	AS, Peptide
Carboxypeptidase (BSM[3)]	Spaltung von Peptidbindungen mit C-terminalen AS	AS, Peptide
Aminopeptidase (BSM)	Spaltung von Peptidbindungen mit N-terminalen AS	AS, Peptide
C. Sonstige Peptidasen		
γ-Glutamyl-Transpeptidase (BSM)	Abspaltung der AS Glutaminsäure des Tripeptids Glutathion[5]	AS, Dipeptid
Dipeptidyl-Peptidase (BSM)	Abspaltung von prolinhaltigen Dipeptiden aus Peptiden	Dipeptide, Peptide
Dipeptidasen (BSM)	Spaltung von bestimmten Dipeptiden	AS

[1) 2)] Sekretion im Magen bzw. Pankreas als inaktive Proenzyme, [3)] BSM = Bürstensaummembran, [4] AS = Aminosäure(n), [5)] Glutathion besteht aus Glutaminsäure, Glycin und Cystein und gelangt über das Futter und die Galle in den Dünndarm. [6)] Kleine Mengen

Dünndarm gelangenden Endo- und Exopeptidasen hydrolysieren nach ihrer Aktivierung die Nahrungsproteine zu Oligopeptiden (maximal 7 Aminosäuren) und AS. Die Peptidasen der BSM spalten die Oligopeptide zu Di- und Tripeptiden und AS auf, so daß als resorptionsfähige Endprodukte der Proteinverdauung im Dünndarm Di- und Tripeptide sowie AS anfallen. Die in Form von Di- und Tripeptiden zur Resorption gelangenden AS übertreffen dabei die Resorption der freien AS um etwa das Doppelte.

Neben den Nahrungsproteinen werden im Verdauungstrakt auch sog. **endogene Proteine** verdaut. Diese endogenen Proteine gelangen vor allem über die gastrointestinalen Sekrete (Mucine, Enzyme) sowie über die an der Zottenspitze abgeschilferten Epithelzellen in das Dünndarmlumen. Das pro Tag in den Darm gelangende endogene Protein entspricht in quantitativer Hinsicht etwa der pro Tag über das Futter (15 % Protein bezogen auf Trockensubstanz) zugeführten Proteinmenge. Mucine und Verdauungsenzyme werden vor allem im Ileum und Dickdarm durch bakterielle Peptidasen verdaut, während die übrige Fraktion des endogenen Proteins wie die Nahrungsproteine verdaut wird.

An der Proteinverdauung sind Endopeptidasen des Magens und Pankreas, Exopeptidasen des Pankreas und der Bürstensaummembran (BSM) des Dünndarmepithels sowie weitere BSM-ständige Peptidasen beteiligt. Als resorptionsfähige Endprodukte der Proteinverdauung fallen Aminosäuren sowie Di- und Tripeptide an.

15.6.5.2 Resorption von Aminosäuren

Neutrale Aminosäuren (z.B. Alanin, Serin, Cystein, Leucin), saure AS (Glutaminsäure, Asparaginsäure), basische AS (Lysin, Arginin, Cystin), Iminosäuren (Prolin) und β-AS (Taurin, β-Alanin) werden durch separate Na^+-Cotransport-Systeme der BSM in die Dünndarmepithelzelle aufgenommen. Für basische AS gibt es in der BSM auch einen Na^+-unabhängigen Carrier (Abb. 15.54). Bezüglich ihres molekularen Aufbaus sowie ihrer Anordnung in der BSM ähneln die Na^+-abhängigen AS-Carrier dem Na^+-abhängigen Glucosecarrier der BSM (Abb. 15.53). Infolge des durch den transmembranalen elektrochemischen Na^+-Gradienten energetisierten „Bergauftransports" der AS durch die BSM (= sekundärer aktiver Transport) akkumulieren die AS im Cytoplasma der Epithelzellen (Abb. 15.55). Der Na^+-Gradient wird dabei wie bei der sekundär aktiven Glucoseresorption durch die Na^+/K^+-Pumpe der BLM aufrechterhalten. Wie im Fall des Na^+-Glucose-Cotransports müssen die Na^+-abhängigen AS-Carrier der BSM zuerst Na^+ binden, bevor sich AS an ihre Bindungsstelle anlagern können. Na^+ erhöht somit auch die Substrataffinität der AS-Carrier. Die Na^+-abhängigen AS-Carrier haben entweder eine (Carrier für neutrale AS, Iminosäuren-Carrier, Carrier für basische AS) oder zwei (Carrier für saure AS bzw. β-AS) Bindungsstellen für Na^+. Haben mehrere AS eine Affinität zu einem Carrier, so konkurrieren sie um dessen AS-Bindungsstelle und hemmen sich daher wechselseitig kompetitiv beim Transport durch die BSM.

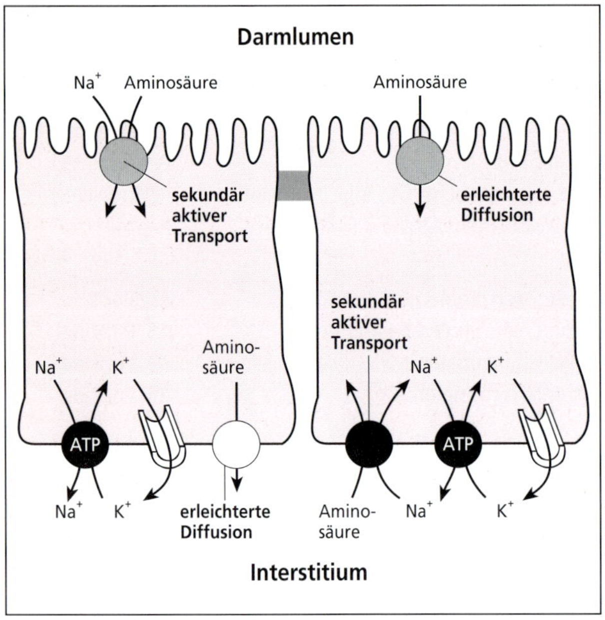

Abb. 15.55 Mechanismus der intestinalen Aminosäurenresorption.

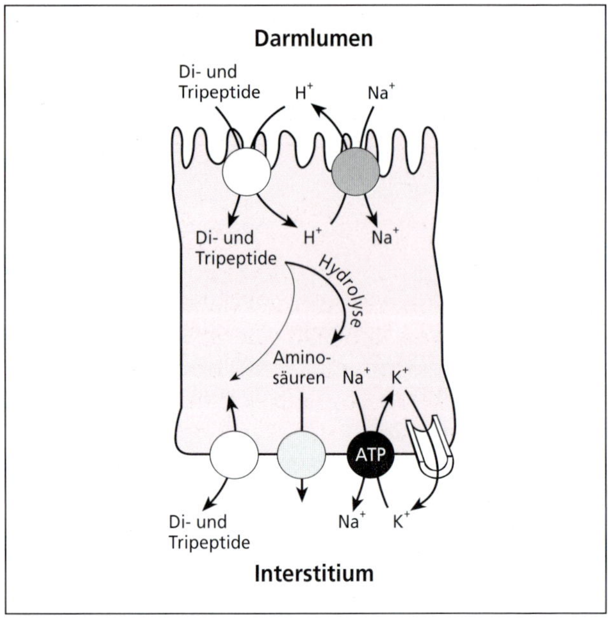

Abb. 15.56 Mechanismus der intestinalen Peptidresorption.

Der Austritt von AS aus der Epithelzelle durch die BLM in das Interstitium erfolgt „bergab“ durch carriervermittelte erleichterte Diffusion (Abb. 15.55). Dabei sind abermals separate Carrier für verschiedene AS-Gruppen im Spiel (Carrier für neutrale, saure bzw. basische AS).

Ferner gibt es in der BLM zusätzlich Na^+-abhängige AS-Carrier, durch die die Epithelzelle mit AS für die Proteinsynthese sowie für energetische Zwecke versorgt wird, wenn aus dem Darmlumen keine AS resorbiert werden. Dies gilt insbesondere für die Kryptenzellen und für das Dickdarmepithel, da die BSM-Membran der betreffenden Zellen über keine Na^+-abhängigen AS-Carrier verfügt. Jedoch weist auch die BLM des Epithels der Dünndarmzotten Na^+-abhängige AS-Carrier auf. Diese Zellen sind vor allem auf die Aufnahme der AS Glutamin durch die BLM in das Cytoplasma angewiesen, da Glutamin neben Ketonkörpern als eines der wichtigsten energieliefernden Substrate des Dünndarmepithels fungiert.

15.6.5.3 Resorption von Di- und Tripeptiden

Die Aufnahme von Di- und Tripeptiden durch die BSM kann gegen ein Konzentrationsgefälle erfolgen. Dieser „Bergauftransport“ wird durch einen über die BSM hinweg bestehenden elektrochemischen H^+-Gradienten energetisiert. Die Aufrechterhaltung dieses H^+-Gradienten wird durch einen Na^+/H^+-Austauscher der BSM gewährleistet, durch den H^+ gegen einen elektrochemischen Gradienten aus der Zelle herausbefördert wird und Na^+ entlang einem elektrochemischen Gradienten in die Zelle hineingelangt (Abb. 15.56). Der Na^+-Gradient energetisiert dabei den „Bergauftransport“ der Protonen, welche die Oberfläche der BSM ansäuern (saures Mikroklima). Der Peptidtransport durch die BSM ist damit indirekt von Na^+ abhängig. Er erfolgt über einen H^+-Peptid-Cotransporter, dessen molekulare Struktur kürzlich aufgeklärt wurde.

Dieser Peptidcarrier transportiert auch bestimmte Antibiotika, die eine Peptidbindung aufweisen (z.B. Cephalosporine und Penicillin). In der Dünndarmepithelzelle werden die durch die BSM aufgenommenen Di- und Tripeptide durch Di- und Tripeptidasen des Cytoplasmas weitgehend zu freien AS hydrolysiert, welche durch die BLM durch erleichterte Diffusion in das Interstitium übertreten (Kap. 15.6.5.2). Allerdings kommt in der BLM auch ein Peptidcarrier vor, der im Gegensatz zum Peptidcarrier der BSM nicht elektrogen ist, in beiden Richtungen funktioniert und durch den somit Di- und Tripeptide in geringem Umfang ausgeschleust werden können und damit in das Pfortaderblut gelangen.

15.6.5.4 Proteinresorption bei Neugeborenen

Neugeborene können nur in geringem Umfang gegen Infektionserreger gerichtete Immunglobuline (Antikörper) bilden, da ihr Immunsystem noch nicht ausgereift ist. Sie sind daher auf die vom Muttertier produzierten Immunglobuline angewiesen. Die Übertragung maternaler Immunglobuline auf den Fetus bzw. das Neugeborene erfolgt im Uterus diaplacentar bzw. über die vom Neugeborenen aufgenommene Kolostralmilch (= unmittelbar vor und nach der Geburt gebildete Milch mit hohem Immunglobulingehalt; Kap. 24.7.3 u. Abb. 24.9). Die diesbezüglichen Species-Unterschiede sind in Tabelle 15.12 dargestellt.

Die intestinale Resorption der Immunglobuline sowie auch anderer Proteine in der frühen postnatalen Phase erfolgt durch Endocytose (BSM) und Exocytose (BLM). Proteine werden dabei, von Vesikeln umschlossen, von der BSM zur BLM transportiert, wobei es zur Verschmelzung mehrerer Endocytose-Vesikel zu größeren Vesikeln kommt. Während des transzellulären Transports können sich Vesikel in der Nähe des Zellkerns mit Lysosomen assoziieren (Phagolysosomen). In diesem Fall werden die Proteine in den Vesikeln durch lysosomale Peptidasen verdaut. Bei Species, wie z.B. beim Meerschweinchen und Kaninchen, die postnatal keine intakten Immunglobuline zu resorbieren vermögen, werden die durch Endocytose durch die BSM in die Dünndarmepithelzelle aufgenommenen Proteine in Phagolysosomen völlig verdaut.

Nach der Exocytose werden die Immunglobuline sowie auch andere Proteine hauptsächlich über die Lymphkapillaren abtransportiert, da sie in die Blutkapillaren wegen des dichteren Endothels so gut wie nicht gelangen können.

Teilweise werden die resorbierten Proteine (M < 70'000) über den Harn wieder ausgeschieden (Proteinurie der Neugeborenen). Dies gilt jedoch nicht für Immunglobuline (M > 150'000).

Ein Trypsininhibitor in der Kolostralmilch sowie die relativ geringe Sekretion von Magensäure und Pepsinogen bei Neugeborenen sorgen dafür, daß die über die Kolostralmilch aufgenommenen Immunglobuline in den ersten Lebenstagen im Gastrointestinaltrakt nur in geringem Umfang verdaut werden.

Die Mechanismen für die Beendigung der Resorption intakter Proteine ein bis zwei Tage nach der Geburt (Tab. 15.12, Ausnahme: Ratte) sind nicht definitiv bekannt.

Tabelle 15.12 Übertragung von Immunglobulinen von der Mutter auf den Fetus bzw. das Neugeborene

Species	Übertragungsmodus		Zeitraum der Resorption von Immunglobulinen
	Intrauterin	Mit Kolostralmilch	
Pferd	-	+++	24h
Schwein	-	+++	36h
Rind, Schaf, Ziege	-	+++	24h
Hund, Katze	+	++	1-2 Tage
Ratte, Maus	+	++	16-20 Tage
Mensch	+++	(+)	
Meerschweinchen	+++	-	
Kaninchen	+++	-	

+ geringgradig, ++ mäßig, +++ intensiv

Aminosäuren (AS) werden durch 5 verschiedene Na^+-Cotransport-Systeme „bergauf" durch die BSM in die Enterocyten aufgenommen und auf der anderen Seite der Zelle durch erleichterte Diffusion ausgeschleust. Basische AS werden auch Na^+-unabhängig resorbiert. Die Resorption der Di- und Tripeptide erfolgt durch H^+-Cotransport. Bei neugeborenen Haustieren werden in den ersten zwei Lebenstagen auch intakte Proteine, insbesondere Immunglobuline, resorbiert.

15.6.5.5 Verdauung von Nucleoproteinen und Nucleinsäuren

Die über tierische und pflanzliche Futtermittel aufgenommenen Nucleoproteine und freien Nucleinsäuren (Ribonucleinsäure = **RNA**, Desoxyribonucleinsäure = **DNA**) werden im Gastrointestinaltrakt durch die Peptidasen des Magens, des Pankreas und der BSM zu AS und Oligopeptiden (**Proteinanteil der Nucleoproteine**) sowie durch die Endonucleasen des Pankreassekrets (Ribonuclease, Desoxyribonuclease) sowie Exonucleasen, Mononucleotidasen, N-Glykosidase und Nucleosid-Phosphorylase der BSM zu Nucleosiden, Purin- u. Pyrimidinbasen, Pentosen (Ribose und Deoxyribose) und Ribose-1-Phosphat (**Nucleinsäuren**) verdaut. Ribose-1-Phosphat wird durch die alkalische Phosphatase der BSM zu Ribose und Phosphat hydrolysiert.

Die Verdauung der Nucleinsäuren ist in Abb. 15.57 dargestellt.

Von besonderer Bedeutung ist die Nucleinsäurenverdauung bei Wiederkäuern, da über die Pansenbakterien eine große Menge Nucleinsäuren in den Dünndarm gelangt. Damit hängt wohl zusammen, daß bei Wiederkäuern sehr viel mehr Nucleasen vom Pankreas sezerniert werden als bei Monogastriden.

15.6.5.6 Resorption der Nucleinsäurenspaltprodukte

Purin- und Pyrimidinbasen (z.B. Guanin, Uracil) werden durch einen Na^+-abhängigen Carrier der BSM in die Dünndarmepithelzelle aufgenommen und in der Zelle z.T. (Purinbasen) metabolisiert (Xanthin → Harnsäure, Kap. 12.10.2). Pyrimidinbasen scheinen weitgehend unverändert das Dünn-

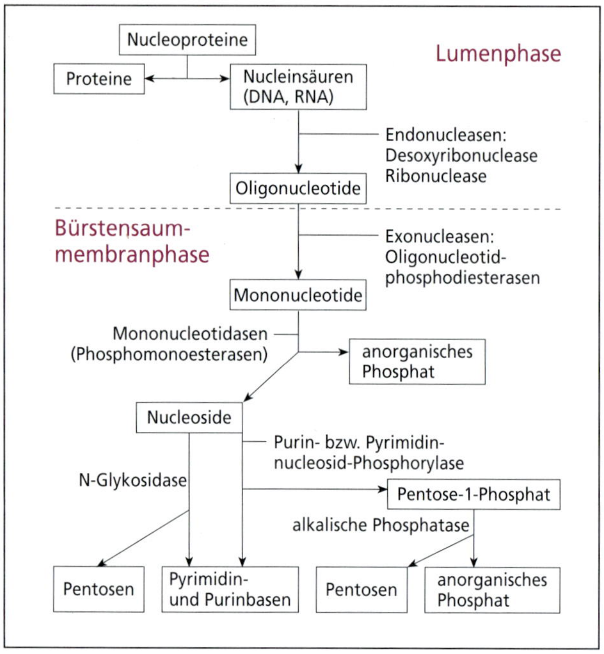

Abb. 15.57 Verdauung von Nucleinsäuren.

darmepithel zu passieren. Nucleoside werden ebenfalls mittels Na^+-abhängiger Carrier aktiv durch die BSM in die Epithelzelle transportiert, wo sie in geringem Umfang als Substrate für die Nucleinsäurensynthese fungieren, zum großen Teil jedoch zu Pentosen und Pyrimidin- bzw. Purinbasen hydrolysiert werden.

Nucleinsäuren werden durch die Nucleasen des Pankreas sowie BSM-ständige Enzyme zu Nucleosiden, Purin- und Pyrimidinbasen, Pentosen und Phosphat abgebaut. Die Nucleoside sowie die Purin- und Pyrimidinbasen werden durch separate Na^+-Cotransportsysteme der BSM resorbiert.

15.6.6 Verdauung und Resorption der Fette

Die wichtigsten Futterlipide sind Triglyceride, Phospholipide (überwiegend Lecithin) und Cholesterin, wobei der Anteil der Triglyceride stark überwiegt.

15.6.6.1 Verdauung der Triglyceride

Die Verdauung der Triglyceride wird bereits im Magen durch die gastrale bzw. die linguale Lipase (pH-Optimum: 3-7) eingeleitet, welche Triglyceride zu Diglyceriden, Monoglyceriden und Fettsäuren hydrolysieren. Dabei werden vor allem mittelkettige und ungesättigte langkettige endständige Fettsäuren aus Triglyceriden abgespalten. Die gastrale und die linguale Lipase sind aufgrund des intraluminalen sauren Milieus auch im Duodenum noch aktiv.

Distal der Einmündung des Ductus pancreaticus in das Duodenum wird die Triglyceridverdauung durch die **pankreatische Lipase** fortgesetzt, die Di- und Triglyceride zu β-Monoglyceriden (mit mittelständiger Fettsäure) und Fettsäuren hydrolysiert.

Dieser Vorgang ist jedoch von der Anwesenheit von **Colipase** abhängig, die über das Pankreassekret als Pro-Colipase in den Dünndarm gelangt und dort durch Trypsin infolge der Abspaltung eines Pentapeptids (= Enterostatin) zu Colipase aktiviert wird. Ferner setzt die Lipasewirkung die Anwesenheit von **konjugierten Gallensäuren** (Abb. 15.5) im Darmlumen voraus. Konjugierte Gallensäuren (Tauro- und Glykocholsäure sowie Tauro- und Glykochenodesoxycholsäure) sind Detergentien und bewirken die **Emulgierung** der wasserunlöslichen Triglyceride im wäßrigen Milieu des Dünndarmlumens. Dabei bilden die konjugierten Gallensäuren an der Oberfläche der Triglyceridtröpfchen eine monomolekulare Schicht, wobei der hydrophobe Pol der konjugierten Gallensäuren den Triglyceriden, der hydrophile Pol jedoch der wäßrigen Phase zugewandt ist (Abb. 15.58). Je mehr konjugierte Gallensäuren im Dünndarmlumen vorhanden sind, um so kleiner werden die Triglyceridtröpfchen, und um so größer wird ihre Gesamtoberfläche (viele kleine Kugeln haben eine größere Oberfläche als eine große Kugel mit gleichem Volumen). Das über die Galle in den Dünndarm gelangende Lecithin ist ebenfalls ein Detergens und unterstützt daher die emulgierende Wirkung der Gallensäuren. Die durch die Emulgierung bewirkte Oberflächenvergrößerung der Triglyceridtröpfchen begünstigt die Wirkung der Lipase, da die Lipase an der Oberfläche der Lipidtröpfchen wirkt (Abb. 15.58). Colipase fungiert dabei als Platzhalter für die Lipase an der Oberfläche der Triglyceridtröpfchen und verhindert deren Inaktivierung durch die Gallensäuren. Die bei der Hydrolyse der Triglyceride durch Lipase anfallenden Monoglyceride und Fettsäuren sind ebenfalls Detergentien und unterstützen somit ebenfalls die Emulgierung der Triglyceride.

Monoglyceride und Fettsäuren sind allerdings im wäßrigen Milieu des Dünndarmlumens schlecht löslich. Sie bilden jedoch als Detergentien zusammen mit den konjugierten Gallensäuren unter diesen Bedingungen sog. gemischte Micellen. Es handelt sich dabei um Molekülaggregate, bei denen der hydrophobe Molekülanteil (z.B. Hydrocarbonkette der Fettsäuren) zentralwärts und der hydrophile Molekülanteil (z.B. COOH-Gruppe der Fettsäuren) nach außen gerichtet sind (Abb. 15.58). Die gemischten Micellen im Dünndarm haben einen Durchmesser von ca. 3-5 nm, während Emulsionskügelchen einen Durchmesser von 100-1000 nm aufweisen.

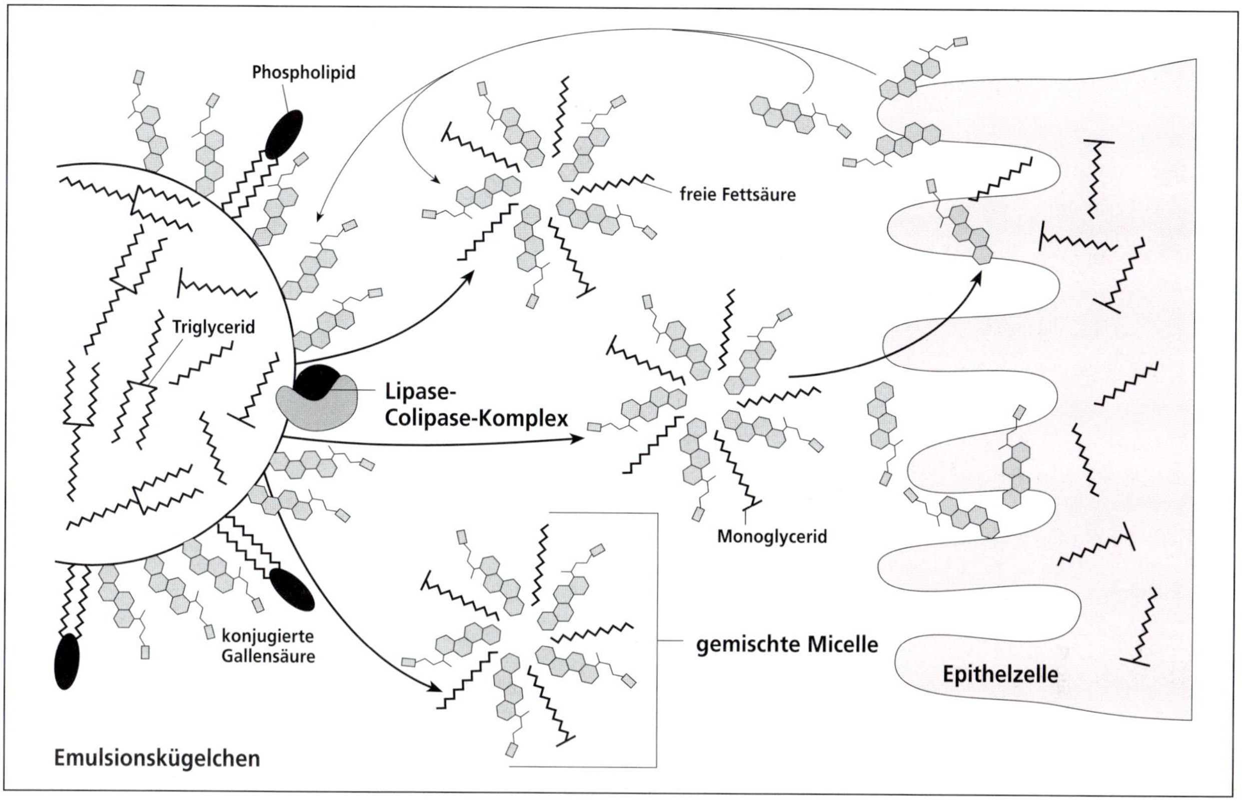

Abb. 15.58 Intraluminale Verdauung von Triglyceriden.

Konjugierte Gallensäuren sind somit für die Emulgierung der Triglyceride sowie die Solubilisierung der Spaltprodukte (Micellenbildung) der Triglyceridverdauung wichtig. Die Solubilisierung ist Voraussetzung für die Resorption der Fettsäuren und Monoglyceride.

Die Verdauung der Triglyceride erfolgt im Magen und Dünndarm durch die säurestabile gastrale bzw. linguale Lipase und die pankreatische Lipase. Als resorptionsfähige Spaltprodukte fallen dabei Fettsäuren und Monoglyceride an. Die Fettsäuren bilden zusammen mit den konjugierten Gallensäuren im Dünndarm wasserlösliche gemischte Micellen. Konjugierte Gallensäuren emulgieren zudem die Nahrungslipide und begünstigen damit die Lipasewirkung.

15.6.6.2 Resorption von Fettsäuren und Monoglyceriden

Die im Dünndarmlumen in micellarer Lösung vorliegenden Fettsäuren und Monoglyceride gelangen physiologischerweise in der proximalen Dünndarmhälfte per diffusionem durch die BSM in das Zottenepithel. Infolge des durch den Na^+/H^+-Austauscher der BSM bedingten sauren Mikroklimas an der Epitheloberfläche werden Fettsäuren in diesem Bereich in die undissoziierte Form überführt. Die Diffusion der undissoziierten Form durch die BSM erfolgt dabei aufgrund der besseren Lipidlöslichkeit gegenüber der dissoziierten Form beschleunigt. Da konjugierte Gallensäuren aufgrund ihres niedrigen pK-Wertes (pK-Wert von Taurocholsäure: 2,5) im sauren Mikroklima an der Epitheloberfläche kaum in die undissoziierte Form überführt werden, ist ihre Aufnahme in das Epithel des Jejunums durch Diffusion gering. Sie werden erst im Ileum durch einen Na^+-abhängigen sekundär aktiven Transport effektiv resorbiert. Dies begünstigt die Emulgierungs- und Solubilisierungsfunktion der konjugierten Gallensäuren im Jejunum. Im Cytoplasma des Dünndarmepithels werden die durch die BSM aufgenommenen Monoglyceride und Fettsäuren über zwei Stoffwechselwege, den α-Glycerinphosphat-Weg und den Monoglyceridweg, wieder zu Triglyceriden aufgebaut (Abb. 15.59).

Das für den α-Glycerinphosphat-Weg erforderliche α-Glycerinphosphat entsteht durch Reduktion des Glycerinaldehydphosphats, eines Metaboliten des Glucosestoffwechsels. Für die durch Acyltransferasen katalysierte Anlagerung an das α-Glycerinphsophat bzw. an Monoglyceride (Monoglyceridweg) müssen die Fettsäuren erst unter ATP-Verbrauch durch die Bindung von Coenzym A aktiviert werden.

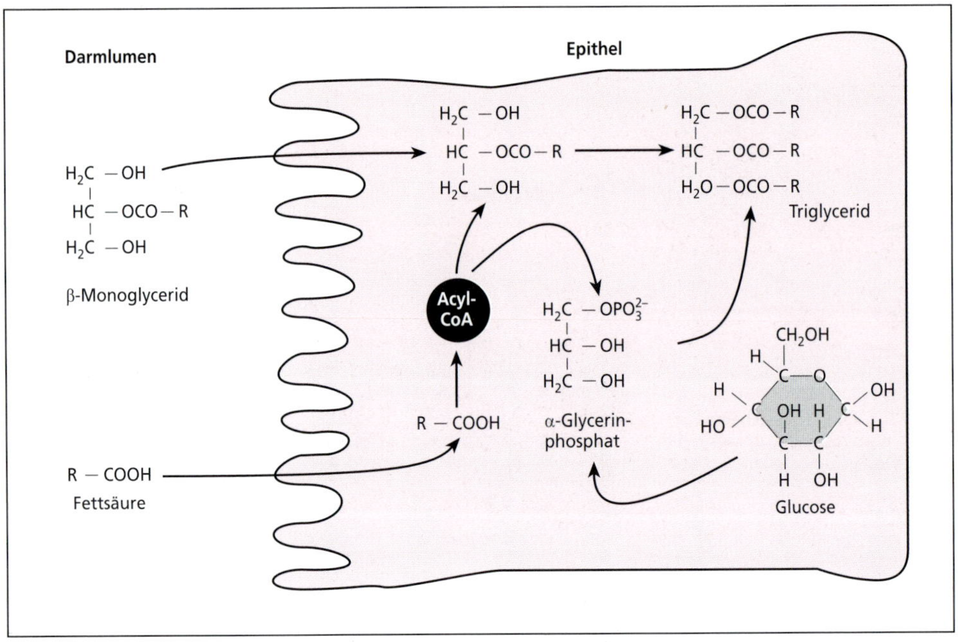

Abb. 15.59 Intrazelluläre Resynthese von Triglyceriden im Dünndarmepithel.

Die auf diese Weise entstandenen Triglyceride werden von in der Epithelzelle gebildeten Lipoproteinmolekülen umhüllt. Die betreffenden Partikel werden als **Chylomikronen** (Durchmesser: 50–400 nm) bezeichnet (Abb. 15.60). In den Chylomikronen befinden sich neben Triglyceriden in geringem Umfang auch Fettsäureester von Cholesterin sowie fettlösliche Vitamine (Vitamin A, Vitamin E, Vitamin D, Vitamin K).

Im Golgi-Apparat werden mehrere Chylomikronen von einer Membran umhüllt. In dieser Form werden die Chylomikronen via Cytoskelett zur BLM transportiert, wo sie durch Exocytose in das Interstitium ausgeschleust werden, um anschließend hauptsächlich in die Lymphkapillaren überzutreten. Im Pfortaderblut erscheinen daher nur wenige Chylomikronen. Bei der Exocytose verschmilzt nur die das Aggregat von Chylomikronen umgebende Membran mit der BLM (Abb. 15.60).

Kurz- und mittelkettige Fettsäuren (bis zwölf C-Atome) werden im Dünndarmepithel kaum in Triglyceride eingebaut. Sie verlassen die Epithelzelle über die BLM und gelangen in die Blutkapillaren und damit ins Pfortaderblut.

15.6.6.3 Verdauung und Resorption der Phospholipide

Das wichtigste Nahrungsphospholipid ist Phosphatidylcholin (= Lecithin). Beträchtliche Mengen dieses Phospholipids gelangen auch über die Galle in den Dünndarm.

Phosphatidylcholin wird durch Phospholipase A_2, welche über das Pankreassekret als inaktives Proenzym in den Dünndarm gelangt und durch Trypsin aktiviert wird, infolge der Abspaltung der mittelständigen Fettsäure in Lysophosphatid umgewandelt. Lysophosphatid gelangt durch Diffusion in die Epithelzelle und wird durch Reveresterung mit einer Fettsäure wieder in Phosphatidylcholin umgewandelt. Phosphatidylcholin wird in der Epithelzelle für die Bildung der Lipoproteinhülle der Chylomikronen benötigt und gelangt somit mit den Chylomikronen in die Lymphkapillaren und letztlich in die Vena cava.

Über die Verdauung und Resorption anderer in der Nahrung vorkommenden Phospholipide ist wenig bekannt.

15.6.6.4 Resorption von Cholesterin

Cholesterin kommt hauptsächlich in Futtermitteln tierischen Ursprungs vor. Ferner gelangt Cholesterin über die Galle in den Dünndarm. Das über das Futter zugeführte Cholesterin ist zu etwa 15% mit Fettsäuren verestert. Cholesterinester werden im Dünndarmlumen durch die pankreatische Cholesterinesterase gespalten. Cholesterin gelangt durch carriervermittelte erleichterte Diffusion in die Epithelzelle und wird mit Fettsäuren reverestert in die Chylomikronen inkorporiert. In den Kryptenzellen kann Cholesterin synthetisiert werden. Der Hauptort der Cholesterinsynthese ist jedoch die Leber.

15.6.6.5 Resorption von Gallensäuren

Wie bereits im Abschnitt 15.6.3 kurz erwähnt, werden die mit Taurin bzw. Glycin konjugierten Gallensäuren im Ileum durch einen für konjugierte Gallen-

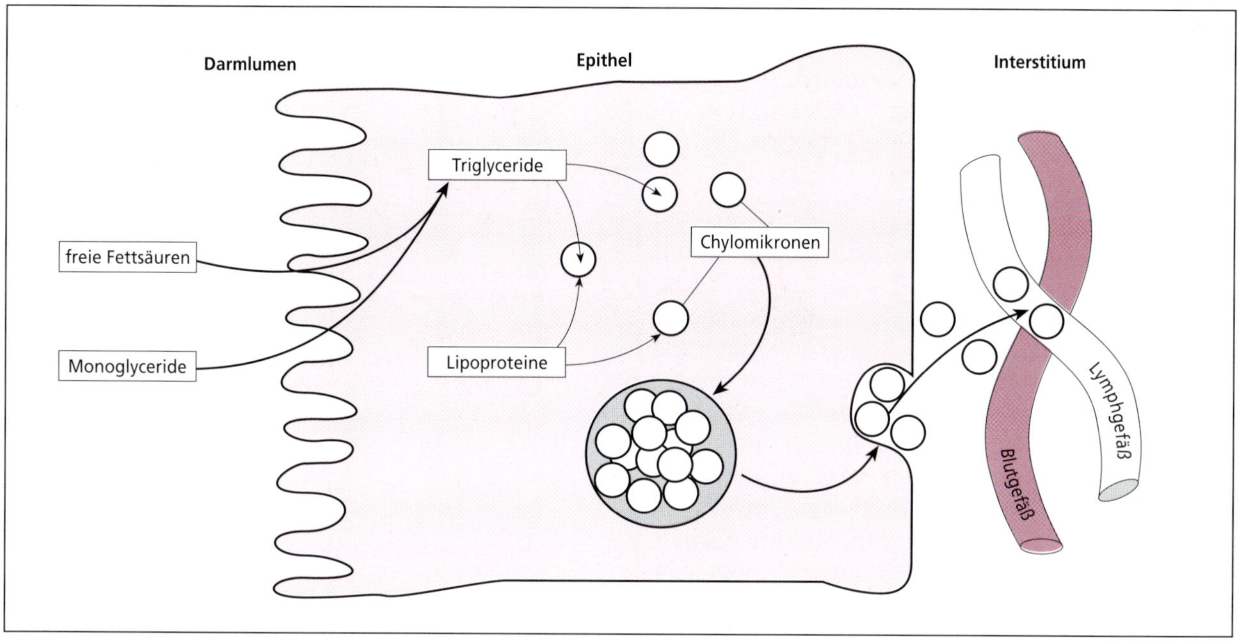

Abb. 15.60 Bildung, Transport und Exocytose der Chylomikronen.

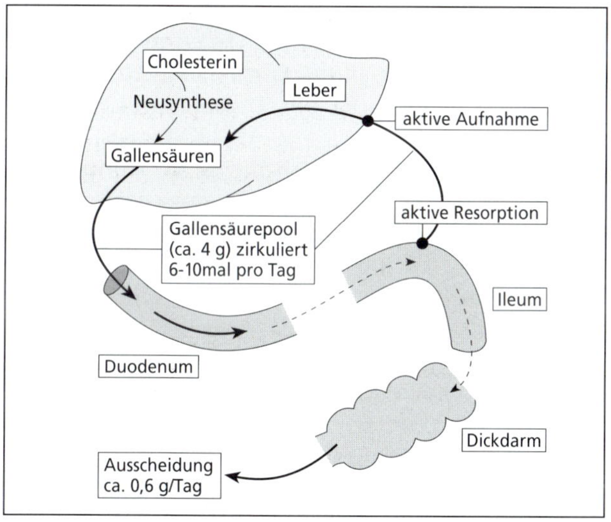

Abb. 15.61 Enterohepatischer Kreislauf der Gallensäuren.

säuren spezifischen Na^+-Cotransporter der BSM in das Zottenepithel gegen einen elektrochemischen Gradienten aufgenommen. Der Austritt durch die BLM erfolgt durch einen Anionenaustauscher, durch den konjugierte Gallensäuren im Austausch gegen Bicarbonat in das Interstitium ausgeschleust werden, um dann über das Pfortaderblut zur Leber transportiert zu werden. Von den Leberzellen werden die Gallensäuren aufgenommen und wieder in die Gallenkanälchen sezerniert. Es existiert somit für die konjugierten Gallensäuren ein enterohepatischer Kreislauf (Abb. 15.61). Im Jejunum werden konjugierte Gallensäuren in beschränktem Umfang durch Diffusion absorbiert.

Pro Tag durchlaufen die konjugierten Gallensäuren 5- bis 10mal den Darmtrakt. Nur etwa 3-4% der über die Galle in den Dünndarm gelangenden konjugierten Gallensäuren treten in den Dickdarm über, wo sie durch Bakterien dekonjugiert und in dieser Form in geringem Umfang durch Diffusion resorbiert werden. In der Leber findet dann eine erneute Konjugierung mit Taurin oder Glycin statt. Großenteils werden die in den Dickdarm gelangten und dort dekonjugierten Gallensäuren jedoch über die Faeces ausgeschieden. Dieser Verlust wird von der Leber durch Neusynthese von Gallensäuren aus Cholesterin (Kap. 17.2.1) kompensiert. Die über die Faeces ausgeschiedenen Gallensäuren können somit als (alleinige) Ausscheidungsprodukte des Cholesterinstoffwechsels angesehen werden.

15.6.6.6 Störungen der Fettverdauung und -resorption

Insbesondere bei fettreicher Ernährung manifestieren sich Störungen der Fettverdauung oder Fettresorption in einer erhöhten Fettausscheidung über die Faeces, die man als **Steatorrhoe** bezeichnet. Steatorrhoe kann z.B. bei der beim Hund recht häufigen Insuffizienz des exokrinen Pankreas infolge eines Lipasemangels auftreten. Auch beim Durchfall der Saugferkel, der auf einer virusbedingten Schädigung des Epithels der Darmzotten beruht, resultiert aus einer gestörten Fettresorption eine Steatorrhoe. Diese Steatorrhoe, die häufig auch ohne Durchfall auftritt, wird durch den hohen Fettgehalt (7%) der Sauenmilch begünstigt. Für die Steatorrhoe ist vielfach eine lehmartige Kotbeschaffenheit typisch. Da der Dickdarm Spaltprodukte der Fettverdauung nicht zu resorbieren vermag, werden die bei Störungen der Fettverdauung oder -resorption in den Dickdarm übertretenden Lipide fast vollständig über die Faeces ausgeschieden.

Die Fettsäuren und Monoglyceride der gemischten Micellen gelangen im Jejunum durch Diffusion in die Epithelzellen, wo sie zu Triglyceriden reverestert werden. Durch Umhüllung der Triglyceridpartikel mit einer Lipoproteinhülle entstehen sog. Chylomikronen, welche durch Exocytose in das Interstitium ausgeschleust werden und dann hauptsächlich in die Lymphkapillaren übertreten. In die Chylomikronen werden neben Triglyceriden Phospholipide, Cholesterinester und fettlösliche Vitamine inkorporiert. Die konjugierten Gallensäuren werden im Ileum aktiv durch Na^+-Cotransport resorbiert.

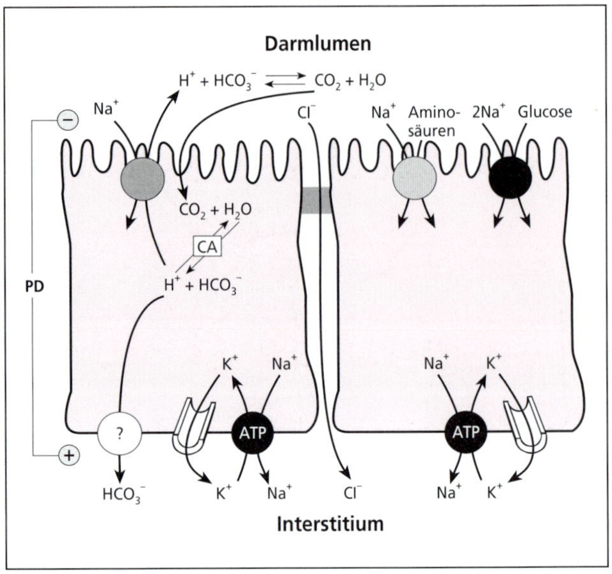

Abb. 15.62 Mechanismen der Na^+, Cl^- und HCO_3^--Resorption im Dünndarm, CA = Carboanhydrase.

15.6.7 Resorption der Mineralstoffe und Spurenelemente

15.6.7.1 Resorption von Na^+ und Cl^-

Das aus dem aufgenommenen Futter sowie aus den Sekreten des Verdauungstrakts (Speichel, Magensekret, Dünndarmesekret, Pankreassekret, Galle) stammende Na^+ und Cl^- wird im Dünndarm jeweils zu etwa 80% resorbiert. Na^+ wird dabei hauptsächlich durch Na^+-Cotransport-Systeme für Glucose und Aminosäuren resorbiert (Abb. 15.62), die bereits besprochen wurden (Kap. 15.6.4.6 u. 15.6.5.2). Durch diese und andere in quantitativer Hinsicht weniger wichtige Na^+-Cotransport-Systeme gelangt Na^+ entlang einem Konzentrationsgradienten durch die BSM in die Epithelzellen der Dünndarmzotten und wird mittels der Na^+/K^+-Pumpe durch die BLM ins Interstitium gepumpt (Abb. 15.62). Da dabei positive elektrische Ladung in Form von Na^+ durch das Epithel geschleust wird (**= elektrogene Na^+-Resorption**), baut sich eine transepitheliale elektrische Potentialdifferenz von ca. 5 mV auf (serosale Seite des Epithels positiv). Diese Potentialdifferenz führt zur Diffusion von Cl^- durch die Zonulae occludentes (tight junctions) in die interepithelialen Spalten und das Interstitium. Je dichter die Zonulae occludentes sind, um so größer ist die durch die elektrogene Na^+-Resorption verursachte transepitheliale Potentialdifferenz. Dies erklärt, warum die transepitheliale Potentialdifferenz im Ileum (dichtere Zonulae occludentes!) größer ist als im proximalen Jejunum.

Neben der elektrogenen Na^+-Resorption gibt es im Jejunum eine **elektroneutrale Na^+-Resorption**, die über einen Na^+/H^+-Austauscher der BSM erfolgt. Das dabei durch die BSM exportierte H^+ reagiert im Darmlumen z.T. mit HCO_3^- zu H_2O und CO_2, wobei CO_2 durch Diffusion in die Epithelzelle gelangt und dort unter Mitwirkung der Carboanhydrase in H^+ und HCO_3^- umgewandelt wird. HCO_3^- verläßt die Epithelzelle „bergab" durch die BLM, während H^+ durch den Na^+/H^+-Austauscher der BSM ausgeschleust wird. Na^+ wird durch die Na^+/K^+-Pumpe der BLM ins Interstitium gepumpt. Der Na^+/H^+-Austauscher der BSM vermittelt somit u.a. die Resorption von $NaHCO_3^-$ (Abb. 15.62).

Im distalen Jejunum und Ileum befindet sich in der BSM neben dem Na^+/H^+-Austauscher ein Cl^-/HCO_3^--Austauscher, so daß in diesen Darmabschnitten transzellulär NaCl resorbiert wird. Der Austritt von Cl^- durch die BLM serfolgt durch Cl^--Kanäle, während Na^+, wie schon erwähnt, durch die Na^+/K^+-Pumpe der BLM aus der Epithelzelle befördert wird (Abb. 15.62).

Die umfangreiche **Resorption von Wasser** im Dünndarm, die z.B. beim Schwein ca. 10 Liter pro Tag beträgt (Abb. 15.64), ist aus osmotischen Gründen an die Resorption von Elektrolyten (insbesondere Na^+ und Cl^-) gekoppelt, obgleich zwischen dem Dünndarminhalt und dem Pfortaderblut im allgemeinen kein osmotisches Gefälle besteht. Die trans- und parazellulär erfolgende Wasserresorption scheint vielmehr durch einen zwischen den interepithelialen Spalten und dem Dünndarmlumen bestehenden lokalen osmotischen Gradienten angetrieben zu werden. Insbesondere durch die Resorption von Na^+ und Cl^- (incl. HCO_3^-, Glucose, Aminosäuren usw.) kommt es in den interepithelialen

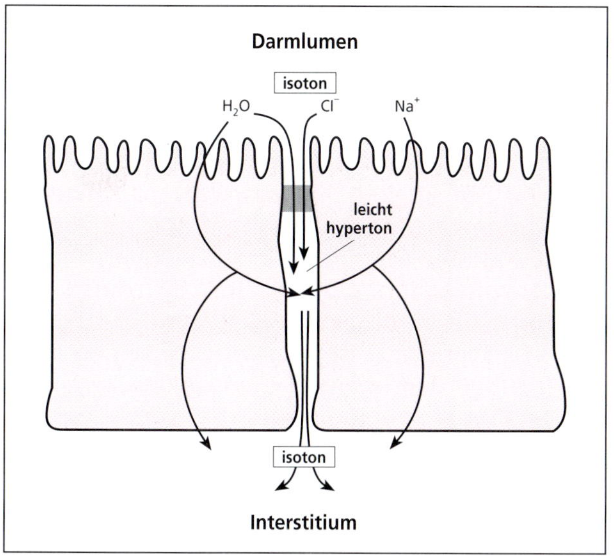

Abb. 15.63 Wasserresorption im Dünndarm

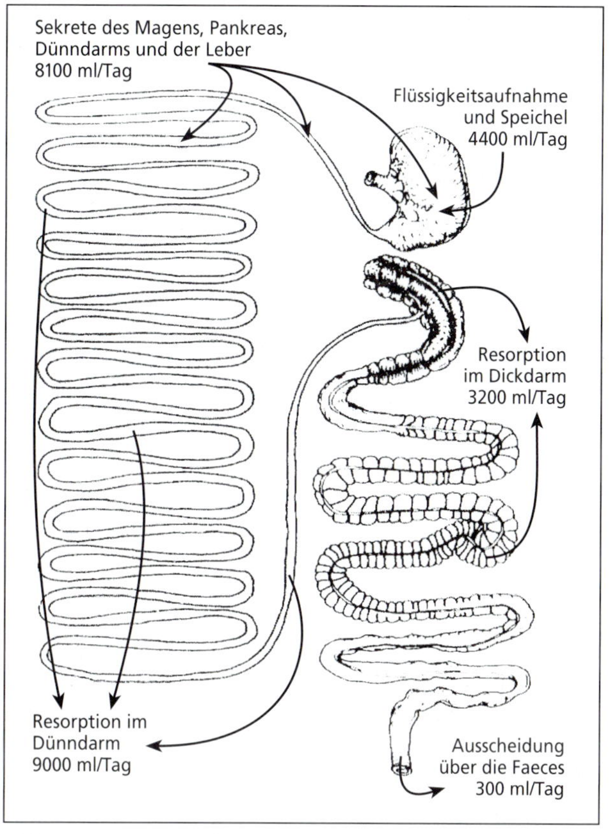

Abb. 15.64 Wasserbilanz im Gastrointestinaltrakt des Schweines.

Spalten zu einem lokalen Osmolaritätsanstieg, der zu einem Übertritt von Wasser aus dem Darmlumen in die interepithelialen Spalten führt (Abb. 15.63), von wo aus die Flüssigkeit infolge eines hydrostatischen Druckgradienten in das Zottenstroma übertritt und dann in die Kapillaren gelangt.

Da die Zonulae occludentes für Elektrolyte partiell durchlässig sind, verstärkt die parazelluläre Wasserresorption die Na^+- und Cl^--Resorption. Man bezeichnet dieses Phänomen als Konvektion oder solvent drag (Mitnahme von gelösten Stoffen durch den Wasserstrom). Durch den solvent drag wird der ATP-Verbrauch für die Na^+-Resorption im Dünndarm verringert, da lediglich die transzelluläre Na^+-Resorption direkt von der Na^+/K^+-ATPase (Na^+/K^+-Pumpe) der BLM und damit von der Hydrolyse von ATP abhängig ist.

Wasser folgt dem resorbierten Na^+ und Cl^- aus osmotischen Gründen (lokale Osmose). Die Wasserresorption induziert dabei eine zusätzliche parazelluläre Resorption von Ionen (Na^+, K^+, Mg^{2+}, Cl^-). K^+ und Mg^{2+} scheinen im Dünndarm hauptsächlich über diesen Mechanismus resorbiert zu werden.

15.6.7.2 Resorption von K^+

Das über das Futter sowie über die Sekrete des Verdauungstrakts in den Dünndarm gelangende K^+ wird hauptsächlich im Dünndarm resorbiert. Infolge der großen Durchlässigkeit der Zonulae occludentes für K^+ erfolgt die Resorption parazellulär durch solvent drag.

Der Dünndarm spielt in quantitativer Hinsicht bei der Resorption von Mineralstoffen und Wasser eine wichtige Rolle. Na^+ wird überwiegend elektrogen durch Na^+-Cotransport-Systeme (z.B. Na^+-Glucose-Cotransport), z.T. auch via Na^+/H^+-Austauscher resorbiert. Cl^- wird hauptsächlich parazellulär, daneben in geringem Umfang transzellulär über einen Cl^-/HCO_3^--Austauscher resorbiert.

15.6.7.3 Resorption von Ca^{2+}

Ca^{2+} wird nur im Duodenum und proximalen Jejunum durch aktiven Transport resorbiert. Im distalen Jejunum und Ileum wird Ca^{2+} sogar parazellulär in das Darmlumen sezerniert, wobei die transepitheliale Potentialdifferenz (Serosaseite positiv) als Triebkraft fungiert. Das saure Milieu im Duodenum begünstigt die Lösung der über das Futter aufgenommenen Ca-Salze im Darmlumen und damit die Resorption von Ca^{2+}. Futterinhaltsstoffe, welche die Löslichkeit von Ca^{2+} durch Bildung unlöslicher Ca-Salze reduzieren, beeinträchtigen die Ca^{2+}-Resorption. Dazu zählen u.a. die Oxalsäure (z.B. im Rübenblatt enthalten) sowie die Phytinsäure (= Phosphatester des sechs-wertigen Alkohols Inosit), welche vor allem im Getreide vorkommt.

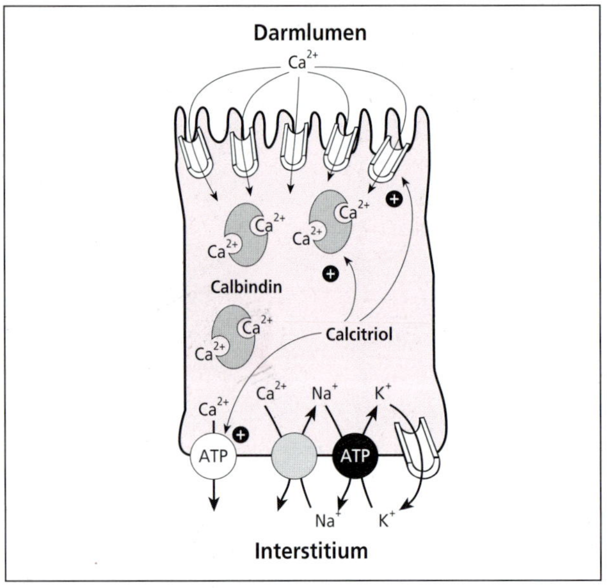

Abb. 15.65 Mechanismen der aktiven und der sekundär aktiven Ca^{2+}-Resorption im Dünndarm.

Der Mechanismus der aktiven und auch der sekundär aktiven Ca^{2+}-Resorption ist in Abb. 15.65 dargestellt.

Ca^{2+} gelangt entlang einem steilen elektrochemischen Gradienten durch Ca^{2+}-Kanäle der BSM in das Cytoplasma, da die Konzentration von freiem Ca^{2+} im Cytoplasma des Zottenepithels sehr gering ist (< 1 µmmol/l). Im Cytoplasma wird Ca^{2+} großenteils reversibel an ein Ca^{2+}-bindendes Protein (Calbindin) gebunden und in dieser Form zur BLM transportiert, durch die Ca^{2+} mittels einer Ca^{2+}-Pumpe (= Ca^{2+}-ATPase) sowie eines durch den transmembranalen Na^+-Gradienten angetriebenen Na^+/Ca^{2+}-Austauschers (Stöchiometrie: 3 Na^+ : 1 Ca^{2+}) aus der Zelle exportiert wird.

Die Effizienz der aktiven Ca^{2+}-Resorption hängt von der Ca- und P-Zufuhr über das Futter sowie vom Ca-Bedarf ab. Der Ca-Bedarf ist während des Wachstums, der Laktation und Legetätigkeit (Huhn) erhöht. In diesen Fällen ist die Bildung von 1,25 $(OH)_2$-D_3 (Vitamin-D-Hormon = Calcitriol) in der Niere gesteigert. Dieses Hormon fördert den Einbau von Ca^{2+}-Kanälen in die BSM sowie den Einbau von Ca^{2+}-Pumpen in die BLM. Ferner stimuliert es die Bildung von Calbindin. Auf diese Weise wird die Ca^{2+}-Resorption gesteigert (Abb. 15.65).

Ca^{2+} wird im proximalen Dünndarm aktiv und sekundär aktiv resorbiert, wobei es „bergab" durch die BSM in die Enterocyten gelangt, intrazellulär reversibel an ein Protein gebunden wird und durch eine Ca^{2+}-ATPase und einen $3Na^+/Ca^{2+}$-Austauscher auf der anderen Seite „bergauf" aus der Zelle befördert wird.

15.6.7.4 Resorption von Mg^{2+}

Im Gegensatz zu Wiederkäuern, bei denen die Mg^+-Resorption hauptsächlich in den Vormägen erfolgt (Kap. 15.4.3.2 u. Abb. 15.37), wird Mg^{2+} bei Monogastriden im Dünn- und Dickdarm resorbiert. Dabei steht im proximalen Dünndarm die parazelluläre Resorption von Mg^{2+} durch solvent drag im Vordergrund, während Mg^{2+} im distalen Dünndarm sowie im Colon offenbar transzellulär und auch durch aktiven Transport resorbiert werden kann. Der betreffende Mechanismus ist jedoch im einzelnen nicht geklärt. Bei den meisten Haustierspecies (Ausnahme: Pferd) scheint die Nettoresorption von Mg^{2+} im Dünndarm in quantitativer Hinsicht von geringer Bedeutung zu sein. Der Dickdarm scheint diesbezüglich wichtiger zu sein.

15.6.7.5 Resorption von Phosphat

Anorganisches Phosphat wird im Dünndarm, insbesondere im Jejunum, transzellulär durch aktiven Transport resorbiert. Dabei werden das primäre und sekundäre Phosphat ($H_2PO_4^-$ und HPO_4^{2-}) durch Na^+-Cotransport via BSM in das Zottenepithel aufgenommen. Die Triebkraft für den gegen einen elektrischen Gradienten (die Innenseite der BSM ist negativ geladen!) erfolgenden Phosphattransport durch die BSM wird somit durch den transmembranalen Na^+-Gradienten geliefert. Der Austritt von Phosphat durch die BLM in das Interstitium scheint dagegen durch carriervermittelte erleichterte Diffusion zu erfolgen.

Die in der Niere gebildete aktive Form des Vitamins D, das 1,25 $(OH)_2$-D_3 (Calcitriol, Kap. 12.14.3), stimuliert die Phosphatresorption, indem vermehrt Na^+-Phosphat-Cotransporter in die BSM eingebaut werden. Die bei Monogastriden im Calcium- und Phosphormangel erhöhte Phosphatresorption geht auf die unter diesen Bedingungen gesteigerte Bildung von 1,25 $(OH)_2$-D_3 zurück. Bei Wiederkäuern hat Calciummangel einen ähnlichen Effekt, wogegen Phosphormangel die Na^+-abhängige Phosphatresorption im Jejunum bei Wiederkäuern nicht durch die gesteigerte Bildung von 1,25 $(OH)_2$-D_3 erhöht. Bei diesen Species führt nämlich Phosphormangel zu keiner vermehrten Bildung von 1,25 $(OH)_2$-D_3.

Die Resorption des in Form von Phytinsäure (Getreide!) und ihrer Salze (beide Fraktionen zusammen = Phytin) aufgenommenen Phosphors setzt die Freisetzung von Phosphat durch bakterielle Phytasen bzw. durch Phytasen, die mit dem pflanzlichen Futter aufgenommen werden, voraus. Bei Wiederkäuern wird das Phosphat des Phytins durch die Pansenbakterien fast vollständig freigesetzt und im Dünndarm resorbiert. Bei Monogastriden ist der

Phytin-P nur partiell (zu ca. 50% bei Weizen, Gerste und Roggen, zu ca. 20% bei Mais und Hafer) für die Resorption verfügbar. Durch Zusatz von Phytase zum Futter läßt sich die Verwertung des Phytin-P verbessern.

Die Resorption von Phosphat (HPO_4^{2-},$H_2PO_4^-$) erfolgt durch Na^+-Cotransport.

15.6.7.6 Resorption der Spurenelementen

Im folgenden werden die Mechanismen der intestinalen Resorption der wichtigsten essentiellen Spurenelemente (Fe, Cu, Zn, Mn, J, Se, Mo) besprochen. Zusammenhänge zwischen der Resorption und dem Stoffwechsel von essentiellen Spurenelementen werden im Kapitel 26.2 im einzelnen dargestellt. Auch der Einfluß bestimmter Futterinhaltsstoffe auf die Resorption von Spurenelementen wird dort beschrieben.

- **Resorption von Eisen**

Eisen wird im Duodenum durch aktiven Transport resorbiert. Der niedrige pH-Wert des Duodenalinhalts begünstigt die Lösung von Eisensalzen und damit die Resorption von Eisen. Die Eisenresorption setzt die Reduktion von Fe^{3+} zu Fe^{2+} voraus, da lediglich Fe^{2+} aktiv resorbiert wird. Die Reduktion von Fe^{3+} zu Fe^{2+} scheint durch Vitamin C, Cystein (stammt großenteils aus der Proteinverdauung) und das cysteinhaltige Tripeptid Glutathion, das vor allem über die Galle in den Dünndarm gelangt, zu erfolgen.

Fe^{2+} gelangt über ein Glykoprotein der BSM „bergab" in die Epithelzelle und wird mittels eines cytoplasmatischen Fe^{2+}-bindenden Proteins (Mobilferrin) zur BLM befördert, durch die es „bergauf" unter ATP-Verbrauch ausgeschleust wird (Abb. 15.66). Der betreffende Mechanismus ist im einzelnen nicht bekannt. Nach Ausschleusung aus der Epithelzelle wird Fe^{2+} durch die im Blut zirkulierende Cu-haltige Ferroxidase Coeruloplasmin zu Fe^{3+} oxidiert und an das Plasmaprotein Transferrin gebunden. Auch während des Transfers durch die Epithelzelle kann Fe^{2+} teilweise zu Fe^{3+} oxidiert werden und in dieser Form an das in der Epithelzelle vorhandene Protein Ferritin gebunden werden (Abb. 15.66). Das an Ferritin gebundene Eisen gelangt schließlich mit den an der Zottenspitze abgestoßenen Epithelzellen (Lebensdauer: 2-3 Tage) wieder ins Darmlumen und wird fast vollständig über die Faeces ausgeschieden. Im Eisenmangel enthält das Duodenalepithel weniger Ferritin. Die Effizienz der Eisenresorption nimmt unter diesen Umständen stark zu. Normalerweise werden nur ca. 10% des über das Futter aufgenommenen anorganischen Eisens resorbiert. Allerdings ist das in Form von Häm (Myoglobin, Hämoglobin) aufgenommene Eisen viel besser resorbierbar, da Häm in intakter Form mittels carriervermittelten Transports rasch durch die BSM in die Epithelzelle aufgenommen wird. Durch das Enzym Hämoxygenase wird Fe^{2+} dann aus dem Häm freigesetzt und durch die BLM ausgeschleust (Abb. 15.66).

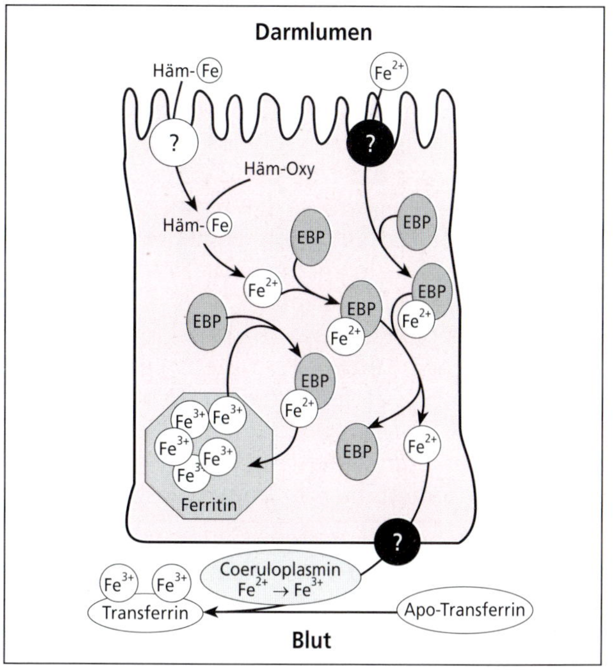

Abb. 15.66 Modell der intestinalen Eisenresorption. EBP = Fe^{2+}-bindendes Protein, Mobilferrin.

Eisen (Fe^{2+}) wird vom Duodenum durch aktiven Transport resorbiert. Es gelangt „bergab" durch die BSM in die Epithelzelle und wird auf der anderen Seite unter ATP-Verbrauch ausgeschleust. In Abhängigkeit von der Eisenversorgung wird Eisen in der Epithelzelle z.T. als Fe^{3+} an Ferritin gebunden. Häm-Fe wird effizienter resorbiert als Fe^{2+}.

- **Resorption von Kupfer, Zink und Mangan**

Die Resorption von Kupfer, Zink und Mangan erfolgt hauptsächlich im proximalen Dünndarm. Im Prinzip entsprechen die daran beteiligten Resorptionsmechanismen dem Mechanismus der Eisenresorption („Bergabtransport" durch die BSM in die Epithelzelle, teilweise Bindung an cytoplasmatische Speicher- und Transportproteine, Export durch die BLM mittels eines energieabhängigen, saturablen Transportprozesses). Als cytoplasmatisches Speicherprotein fungiert dabei Metallothionein, ein kleines Cystein-reiches Protein, das insbesondere Zink und Kupfer, aber nur wenig Mangan bindet. Der nachgewiesene Hemmeffekt einer hohen Zinkzufuhr über das Futter auf die Kupferresorption scheint auf einer Induktion von Metallothionein zu beruhen, welches in der Dünndarmepithelzelle außer Zink vermehrt Kupfer bindet und damit den Export von Kupfer durch die BLM reduziert. Andererseits wird die Zink-und Manganresorption durch Calcium gehemmt, so daß teilweise eine Konkurrenz dieser Kationen um gemeinsame Transportmechanismen anzunehmen ist. Näheres ist darüber allerdings nicht bekannt.

Gewöhnlich werden etwa 20% des über das Futter aufgenommenen Kupfers resorbiert. Für Zink und Mangan liegen die betreffenden Werte bei etwa 50% bzw. unter 5%. Bei geringer Zufuhr bzw. bei erhöhtem Bedarf dieser Spurenelemente, z.B. während des Wachstums, nimmt die Effizienz der Resorption zu.

Die Resorptionsmechanismen für Kupfer, Zink und Mangan entsprechen im Prinzip denjenigen für Fe^{2+}.

- **Resorption von Jod, Selen und Molybdän**

Das über das Futter zugeführte bzw. über den Speichel und Magensaft sezernierte **Jodid** (I^-) wird im Dünndarm zu etwa 90% resorbiert. Jodid benützt dabei die Resorptionsmechanismen für Chlorid, insbesondere den Cl^-/HCO_3^--Austauscher der BSM sowie den Anionenkanal der BLM. Ferner sind die Zonulae occludentes für Jodid partiell durchlässig, so daß die transepitheliale Potentialdifferenz (Blutseite positiv), sowie die Wasserresorption (solvent drag!) zur Jodidresorption beitragen.

Selen (Se) wird im Dünndarm ähnlich effektiv wie Jod resorbiert. Über das Futter wird Se hauptsächlich als Selenomethionin aufgenommen, welches anstelle der schwefelhaltigen Aminosäure Methionin in Futterproteinen enthalten sein kann. In viel geringerem Umfang ist Se im Futterprotein auch als Selenocystein enthalten. Selenocystein kommt dabei nur im aktiven Zentrum selenhaltiger Enzyme vor. Die Resorption beider selenhaltiger Aminosäuren, in denen der Schwefel von Methion und Cystein durch Selen ersetzt ist, erfolgt über den Na^+-abhängigen Resorptionsmechanismus für neutrale Aminosäuren (s. Aminosäurenresorption). Selen wird insbesondere in Selenmangelgebieten dem Futter in anorganischer Form als Selenit (SeO_3^{2-}) bzw. Selenat (SeO_4^{2-}) zugesetzt. Selenit wird im Dünndarm durch Cystein und Glutathion zu Selenid (SeH^-) reduziert und in dieser Form effektiv resorbiert, während Selenat im distalen Dünndarm wie Sulfat durch Na^+-Cotransport resorbiert wird. Sulfat und Selenat konkurrieren dabei um den gleichen Transportmechanismus. Bei Wiederkäuern ist die Selenresorption nur etwa halb so effektiv (Resorption von etwa 40% des über das Futter aufgenommenen Selens) wie bei Monogastriden, da im reduktiven Milieu des Vormagensystems aus verschiedenen Selenverbindungen teilweise wasserunlösliches elementares Selen entsteht, welches kaum resorbiert wird.

Molybdat (MoO_4^{2-}), die wichtigste Molybdänverbindung im Futter, wird ebenfalls sehr effektiv über diesen Mechanismus resorbiert. Der Efflux der genannten Anionen (SO_4^{2-}, SeO_4^{2-}, MoO_4^{2-}) durch die BLM erfolgt wahrscheinlich passiv, wobei das Membranpotential (Außenseite positiv) den Übertritt der Anionen aus der Epithelzelle in das Interstitium begünstigt.

Jodid wird im Dünndarm wie Chlorid resorbiert. Selen kommt überwiegend als Selenomethionin in Futterproteinen vor und wird als Selenomethionin wie die neutrale Aminosäure Methionin sehr effektiv resorbiert. Selenat wird wie Sulfat und Molybdat im distalen Dünndarm mittels des gleichen Na^+-Cotransport-Systems resorbiert.

15.7 Funktionen des Dickdarmes

G. Breves und M. Diener

Trotz erheblicher Speciesunterschiede in der Anatomie des Dickdarmes erfüllt dieser Teil des Verdauungstraktes eine Reihe von Funktionen, die für alle Species hervorzuheben sind. Dazu zählen Chymusspeicherung und Regulation von Kotmenge und Kotzusammensetzung, mikrobieller Abbau von organischer Substanz und mikrobielle Syntheseleistungen sowie der epitheliale Transport von Elektrolyten, Endprodukten des mikrobiellen Stoffwechsels und Wasser. Mit diesen Funktionen ist der Dickdarm als ein Teil des Verdauungssystems mit komplexen Einflüssen auf den Gesamtstoffwechsel anzusehen, die vor allem über mikrobielle Stoffwechselleistungen vermittelt werden.

15.7.1 Volumen und Digestapassage

Aufgrund erheblicher tierartlicher Unterschiede in der makroskopischen Anatomie des Dickdarmes sind auch das Volumen dieses Organs sowie die Passagezeit und damit die Verweilzeit des Chymus durch ausgeprägte Speciesunterschiede gekennzeichnet. Ferner können insbesondere innerhalb einer Species Volumen und Passagezeit durch Futtermenge und -zusammensetzung und durch die Dickdarmmotilität (Kap. 15.3.4) beeinflußt werden. Bei Mensch und Fleischfressern beträgt das Feuchtgewicht des Dickdarminhaltes nur etwa 1% des Kör-

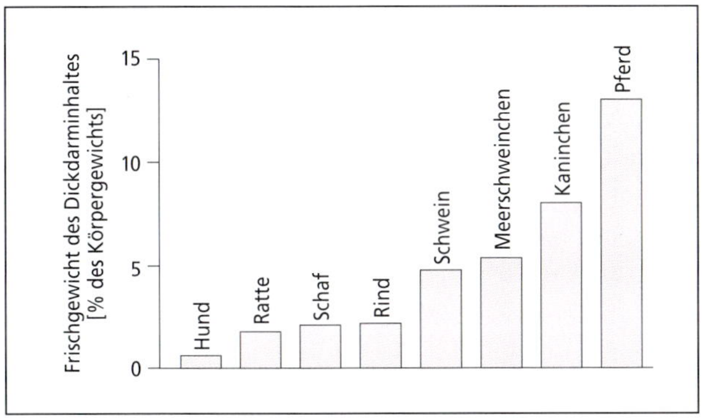

Abb. 15.67 Frischgewicht des Dickdarminhaltes in % des Körpergewichtes bei verschiedenen Species.

pergewichtes, bei der Ratte und den Wiederkäuern sind die Werte etwa doppelt so hoch. Noch größer ist der Darminhalt beim Schwein (5% des Körpergewichtes), Kaninchen (8%) und Pferd (13%; Abb. 15.67).

Die tägliche Passagerate der Digesta in den Dickdarm und die mittlere Verweilzeit weisen innerhalb einer Species und im Speciesvergleich erhebliche Unterschiede auf. Sie liegt beim Schwein zwischen 4 und 6 l/Tag, bei kleinen Wiederkäuern zwischen 2 und 8,5 l/Tag, beim Pony bei etwa 20 l/Tag. Die hohe Variationsbreite innerhalb einer Species wird vor allem durch Art und Menge des aufgenommenen Futters bestimmt. Im Mittel beträgt die Verweilzeit der Digesta im Dickdarm bei Fleischfresser, Schwein, Wiederkäuer und Pferd etwa 10-50 Stunden.

15.7.2 Mikrobieller Stoffwechsel

Der Gastrointestinaltrakt von Säugetieren wird unmittelbar nach der Geburt durch Mikroorganismen besiedelt. Dazu zählen vor allem Bakterien, gelegentlich auch Protozoen und Pilze. Bei den Protozoen handelt es sich meistens um andere Arten als die in den Vormägen vorkommenden Species. Über die physiologische Bedeutung der Protozoen und Pilze liegen bislang keine gesicherten Kenntnisse vor. Neben dem Vormagensystem der Wiederkäuer ist der Dickdarm aller Haussäugetiere Hauptort der mikrobiellen Besiedlung.Die Bakteriendichte im Dickdarm ist mit Werten zwischen 10^{10} und 10^{12} koloniebildenden Einheiten pro g Dickdarminhalt in einer ähnlichen quantitativen Größenordnung und mit etwa 400 verschiedenen Bakterienarten durch eine ähnliche Speciesvielfalt wie in den Vormägen gekennzeichnet (Kap. 15.4.2). Zu den häufig beobachteten Keimen gehören verschiedene Arten der Gattungen Bacteroides, Fusobacterium, Streptococcus, Eubacterium, Ruminococcus, Lactobacillus und Treponema sowie coliforme Keime wie *Escherichia coli*. Für die gesamte Bakterienpopulation existieren auch im Dickdarm mit der flüssigen Phase, den Partikelstrukturen und dem wandnahen Bereich drei Hauptverteilungsräume. Für die in enger Assoziation mit dem Dickdarmepithel befindlichen Mikroorganismen werden spezifische biochemische Funktionen diskutiert, die bislang noch nicht eindeutig geklärt sind. Daraus ist jedoch zu schließen, daß die mit den Faeces ausgeschiedenen Bakterien in metabolischer Hinsicht nicht für die im Caecum-Colonbereich kolonisierten Bakterien repräsentativ sind. Für die Aufrechterhaltung der physiologischen Dickdarmflora und ihrer metabolischen Funktionen sind die folgenden Faktoren Voraussetzung:

1. Neutralisation saurer Endprodukte des mikrobiellen Stoffwechsels,
2. Verweilzeit der Digesta im Dickdarm,
3. Verdünnung von Stoffwechselendprodukten durch die flüssige Phase des Dickdarminhaltes,
4. Resorption von Endprodukten der mikrobiellen Fermentation.

Als Puffersysteme im Dickdarminhalt dienen das HCO_3^-- und $H_2PO_4^-$/HPO_4^{2-}-System. Dabei stammt HCO_3^- überwiegend aus Sekretionsprozessen in den einzelnen Abschnitten des Intestinaltraktes, während Phosphat vor allem alimentären Ursprungs ist. Während bei Schwein und Pferd HCO_3^- das dominierende Puffersystem darstellt, überwiegt bei Fleischfressern das Phosphat-Puffersystem. Der pH-Wert des Dickdarminhaltes liegt ebenso wie im Vormageninhalt mit Werten zwischen 6 und 7 im leicht sauren Bereich. Im Gegensatz zu den Mikroorganismen der Vormägen, die für ihre Stoffwechselprozesse vor allem die mit dem Futter aufgenommenen Substrate nutzen, steht den Dickdarmmikroorganismen ein komplexes Substratgemisch aus zwei unterschiedlichen Quellen zur Verfügung. Der größte Teil dieser Substrate erreicht den Dickdarm mit der flüssigen Phase aus dem terminalen Ileum und besteht aus denjenigen Nährstoffen, die durch körpereigene Prozesse im oberen Magen-/ Dünndarmbereich nicht oder nur unvollständig verdaut worden sind. Darüber hinaus ist ein Teil der den Dickdarm erreichenden Digesta endogenen Ursprungs und besteht aus endogenen Sekreten oder abgeschilferten Epithelien des Intestinaltraktes.

Am mikrobiellen Dickdarmstoffwechsel ist eine mikrobielle Population beteiligt, die der in den Vormägen ähnelt.

15.7.2.1 Mikrobieller Kohlenhydratstoffwechsel

Die unter anaeroben Bedingungen stattfindende Kohlenhydratfermentation ist für die Dickdarmflora eine wichtige Kohlenstoff- und Energiequelle und stellt zugleich einen limitierenden Faktor für Erhalt und Wachstum der Flora dar. Die im Dickdarm mikrobiell abbaubaren Kohlenhydrate bestehen vor allem aus Zellwandbestandteilen pflanzlichen Ursprungs, die durch körpereigene Enzyme im wesentlichen nicht abbaubar sind. Dazu zählen alle Polysaccharide mit β-glykosidischer Bindung wie Cellulose und die Gruppe der Nicht-Cellulose-Polysaccharide wie Hemicellulosen, Pectin, Inulin, Guar und pflanzliche Gummi. Niedermolekulare Kohlenhydrate wie Mono-, Di- oder Trisaccharide und Polysaccharide mit α-glykosidischer Bindung wie Stärke können vermehrt den Dickdarm erreichen, wenn die Kapazität der kohlenhydratspaltenden Enzyme im Dünndarm überschritten wird. Das aus dem wandnahen Bereich des Dickdarmepithels stammende Glykoprotein Mucin und die aus Zellabschilferungen freigesetzten Kohlenhydrate sind charakteristische mikrobiell fermentierbare Substrate endogenen Ursprungs.

Zwischen der Kohlenhydratfermentation im Dickdarm und in den Vormägen bestehen viele Übereinstimmungen. Auch im Dickdarm sind die kurzkettigen Fettsäuen (SCFA) Acetat, Propionat und Butyrat die wichtigsten Endprodukte der anaeroben Kohlenhydratfermentation (Abb. 15.32 u. 15.33), die aufgrund der pH-Werte im Dickdarmlumen und ihrer pK-Werte von ca. 4,8 zu etwa 99% als Salz und nur zu etwa 1% als freie Säuren vorliegen. Bei allen Haussäugetieren sind die SCFA die quantitativ wichtigsten Anionen im Dickdarminhalt, ihre Konzentrationen liegen bei etwa 100 mmol/l Caecum- bzw. Colonflüssigkeit mit molekularen Anteilen von ca. 65% Acetat, 25% Propionat und 10% Butyrat. Das Fermentationsmuster kann in begrenztem Umfang durch Änderung der Rationsgestaltung beeinflußt werden. So kann bei Fütterung stärkereicher Rationen das Acetat/Propionat-Verhältnis im Dickdarm vermindert werden. Damit sind sowohl die SCFA-Konzentrationen als auch die molaren Verhältnisse in einer ähnlichen Größenordnung wie in der Vormagenflüssigkeit (Abb. 15.68). In geringen Mengen werden bei der Kohlenhydratfermentation auch Formiat, Valerat und Lactat und aus dem Abbau verschiedener Aminosäuren (Valin, Leucin, Isoleucin) die verzweigtkettigen Fettsäuren Isobutyrat, Isovalerat und 2-Methylbutyrat gebildet. Bei der mikrobiellen Kohlenhydratfermentation entstehen ferner CO_2 und H_2 als Fermentationsgase. Die H_2-Gehalte im Dickdarminhalt werden durch spezifische Prozesse („hydrogen sinks") niedrig gehalten, dabei ist die Methanbildung im Vergleich mit den Vormägen im Dickdarm deutlich niedriger. Als dickdarmspezifischer Mechanismus ist hier die reduktive Acetogenese identifiziert worden, ein Mechanismus, der bislang für die Vormägen nicht nachgewiesen werden konnte. Sie erfolgt auf der Grundlage der folgenden Reaktionsgleichung:

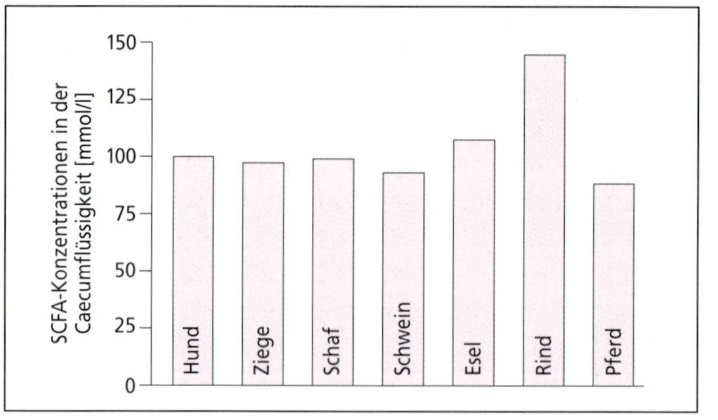

Abb. 15.68 SCFA-Konzentrationen in der Caecumflüssigkeit bei verschiedenen Species.

$$4\,H_2 + 2CO_2 \rightarrow CH_3COOH + 2H_2O$$

Die Bildung von Acetat aus H_2 anstelle von Methan reduziert nicht nur die Methanausscheidung, sondern verbessert für das Wirtstier auch die Ausbeute an endogen umsetzbaren Metaboliten aus dem Substratabbau.

15.7.2.2 Mikrobieller Stoffwechsel von Proteinen und N-haltigen Verbindungen

Obwohl die Mechanismen des Proteinstoffwechsels im Dickdarm im Vergleich mit den entsprechenden Umsetzungen in den Vormägen bisher weniger intensiv untersucht sind, werden prinzipiell ähnliche Stoffwechselwege vermutet (Kap. 15.4.2.2). Der N-Umsatz im Dickdarm ist das Resultat unterschiedlicher mikrobieller Enzyme wie Proteasen, Desaminasen, Decarboxylasen und Ureasen. Aus dem Proteinabbau werden Ketosäuren, Amine, CO_2 sowie das zentrale Endprodukt Ammoniak freigesetzt. Ammoniak ist zugleich eine wichtige Stickstoffquelle für die Synthese mikrobieller Aminosäuren und damit der mikrobiellen Proteinsynthese. Der Ammoniakpool im Dickdarm wird vor allem durch die Höhe der N-Versorgung mit der Ration bestimmt. Er kann ferner durch die Harnstoffsekretion über die Schleimhaut des Dünn- und des Dickdarmes mit anschließender Harnstoffspaltung durch Urease beeinflußt werden. Limitierend für die mikrobielle Proteinsynthese ist vor allem die energetische Versorgung der Dickdarmmikroorganismen. Damit hat die Rohfaseraufnahme für das mikrobielle Wachstum eine zentrale Bedeutung. Bei ausreichender Energieversorgung werden im Dickdarm für die Effizienz des mikrobiellen Wachstums ähnliche Werte wie in den Vormägen bestimmt. Seit einigen Jahren hat in der Humanmedizin im Zusammenhang mit verschiedenen Dickdarmerkrankungen die Fähigkeit von Mikroorganismen zur Synthese potentiell toxischer Substanzen besonderes Interesse erlangt. Dazu zählen verschiedene Enzyme, aber auch z.B. Nitrosamine, die aus sekundären Aminen unter dem Einfluß nitratreduzierender Bakterien gebildet werden können.

15.7.2.3 Mikrobieller Stoffwechsel von Fetten, Steroiden und Gallensäuren

Nahrungsfette und langkettige Fettsäuren erreichen den Dickdarm nur noch in geringem Umfang, da sie überwiegend in den proximalen Darmabschnitten verdaut werden. Dennoch können Fette durch mikrobielle Lipasen gespalten werden und die langkettigen Fettsäuren durch cis-trans-Isomerisierung und anschließende Hydrogenierung oder durch Hydratationen transformiert werden. Da im Dickdarm keine nennenswerte Fettresorption stattfindet, werden die noch vorhandenen Fette und langkettigen Fettsäuren vor allem mit den Faeces ausgeschieden. Mit Sulfat oder Glucuronat konjugierte natürliche und synthetische Steroide können mit der Galle in den Darm ausgeschieden, durch mikrobielle Sulfatasen und Glucuronidasen dekonjugiert und durch Redoxreaktionen, Hydroxylierungen, Dehydroxylierungen und Dehydrogenierungen metabolisiert werden. Die quantitativ wichtigsten primären Gallensäuren Cholsäure und Chenodesoxycholsäure können im Dickdarm mikrobiell dekonjugiert und unter Bildung sekundärer Gallensäuren dehydroxyliert, oxidiert oder aromatisiert werden. Die Kotfarbe wird vor allem durch den Gehalt an Abbauprodukten der Gallenfarbstoffe und die Nahrung bestimmt.

15.7.2.4 Mikrobielle Vitaminsynthese

Dickdarmmikroorganismen können ebenso wie die in den Vormägen die Vitamine der B-Gruppe und Vitamin K synthetisieren. Die Syntheserate dieser Vitamine ist mit der Intensität des mikrobiellen Wachstums korreliert und damit von der Energie- und Stickstoffverfügbarkeit im Dickdarm abhängig. Aufgrund der geringen Resorptionsfähigkeit des Dickdarmepithels für Vitamine ist die Nutzung dieser Stoffwechselleistungen nur bei Tieren mit Koprophagie oder Caecotrophie signifikant.

> Die Biochemie des mikrobiellen Dickdarmstoffwechsels ist durch ein hohes Maß an Übereinstimmungen mit dem mikrobiellen Vormagenstoffwechsel gekennzeichnet.

15.7.3 Resorption und Sekretion

Der Dickdarm spielt eine wichtige Rolle bei der Resorption von Wasser und Elektrolyten; von wenigen Ausnahmen abgesehen, findet hier keine Aufnahme von Nährstoffen wie z.B. Kohlenhydraten oder Aminosäuren mehr statt. Der Darm muß nicht nur die mit der Nahrung aufgenommene Flüssigkeit resorbieren, sondern auch diejenige, die mit den Sekreten des Magen-Darm-Trakts in das Darmlumen gelangt und deren Volumen das der oral aufgenommenen Flüssigkeit um ein Mehrfaches übertrifft. Der Mensch z.B. muß neben ca. 2 l Wasser, die täglich mit der Nahrung aufgenommen werden, auch noch ca. 7 l Flüssigkeit pro Tag aus gastrointestinalen Sekreten in seinem Magen-Darm-Trakt resorbieren. Der Großteil dieser Flüssigkeit (ca. 90%) wird im Dünndarm resorbiert, die letzten 10% im Dickdarm. Die Flüssigkeitsaufnahme wird angetrieben durch den aktiven Na^+-Transport, dem Wasser aus osmotischen Gründen folgt (Abb. 15.63). Je nach Funktionszustand des Dickdarmes ist die Dickdarmschleimhaut aber auch in der Lage, Elektrolyte sekundär aktiv ins Darmlumen zu sezernieren, denen dann Wasser aus osmotischen Gründen nachströmt. Lange Zeit nahm man an, daß Resorption und Sekretion an unterschiedlichen Zellen stattfinden; die Sekretion sollte auf die jungen, proliferierenden Zellen in der Tiefe der Krypten, die Resorption auf die ausdifferenzierten Oberflächenzellen beschränkt sein. Neuere Untersuchungen ergaben allerdings, daß sich diese Vorstellung nicht mehr halten läßt; es gibt demnach Zellen in der Darmschleimhaut, die sowohl sezernieren als auch resorbieren können.

Neben der Aufgabe des Wasser- und Elektrolyttransportes dient der Dickdarm, insbesondere bei nichtwiederkäuenden Herbivoren, der Resorption der bei der Fermentation anfallenden kurzkettigen Fettsäuren.

15.7.3.1 Resorption anorganischer Ionen

Natrium ist das in Dünn- und Dickdarm quantitativ wichtigste Ion, das aktiv resorbiert wird. Der Na^+-Transport bestimmt entscheidend den Wassertransport. Für Na^+ gibt es vor allem im distalen Colon verschiedene Transportwege bei den meisten Säugetieren (Abb. 15.69). Eine Möglichkeit Na^+ zu resorbieren, besteht im Austausch gegen Protonen durch einen Na^+/H^+-Austauscher in der apicalen, d.h. dem Darmlumen zugewandten Membran. Triebkraft ist die niedrige Na^+-Konzentration in der Zelle, die durch die Tätigkeit der Na^+/K^+-Pumpe in der basolateralen, also der Blutseite zugewandten Membran aufrechterhalten wird. Da dieser Austauscher, wenn er alleine in der Membran vorkäme, zu einem Säureverlust und damit zu einer Alkalisierung des Cytoplasmas führen würde, kommt er in der Regel kombiniert mit einem parallel arbeitenden Cl^-/HCO_3^--Austauscher vor. Die zweite Möglichkeit, Na^+ transzellulär im Dickdarm zu resorbieren, besteht über Na^+-Kanäle in der apicalen Membran. Man spricht in diesem Fall von einem elektrogenen Na^+-Transport, da es zum Nettoladungstransport von positiv geladenen Teilchen aus dem Lumen auf die Blutseite kommt. Bei Na^+-Mangel wird von der Nebennierenrinde vermehrt das Hormon Aldosteron ausgeschüttet. Aldosteron stimuliert den Einbau von Na^+-Kanälen in die Bürstensaummembran und löst so eine Steigerung der elektrogenen Na^+-Resorption im distalen Colon aus. Dabei spielen wahrscheinlich sowohl der Einbau von präformierten Na^+-Kanälen aus Membranvesikeln als auch die De-novo-Synthese von Na^+-Kanälen eine Rolle.

Der Anteil der Na^+-Kanäle und des Na^+/H^+-Austauschers an der Na^+-Resorption weist deutliche Speciesunterschiede und zudem regionale Unterschiede entlang der Längsachse des Dickdarms auf. Beim Menschen, beim Schwein und beim Kaninchen z.B findet im distalen Colon eine Na^+-Resorption über Na^+-Kanäle statt, im proximalen Colon dagegen über Na^+/H^+-Austauscher. Die Natriumresorption über Na^+/H^+-Austauscher verläuft im Unterschied zur Resorption über Na^+-Kanäle elektroneutral. Bei Species wie z.B. der Ratte, bei denen unter Normalbedingungen im distalen Colon Austauschermechanismen für die Na^+-Resorption benutzt werden, werden diese bei einem Anstieg der Plasma-Aldosteronkonzentration durch Na^+-Kanäle ersetzt, wodurch die Na^+-Resorption ansteigt.

Die in die Zelle aufgenommenen Na^+-Ionen werden basolateral durch die Tätigkeit der Na^+/K^+-Pumpe im Austausch gegen K^+ zur Blutseite hin ausgeschleust. Dieses Enzym transportiert Na^+- und K^+-Ionen entgegen ihrem jeweiligen chemischen Gradienten. Die für diesen Transportschritt erforderliche Energie wird durch die Spaltung von ATP bereitgestellt. Es handelt sich also um einen primär aktiven Transportmechanismus. Der Eintritt von Na^+ aus dem Dickdarmlumen ins Zellinnere erfolgt dagegen entlang dem chemischen Gradienten, da die Na^+-Konzentration im Cytoplasma durch die Tätigkeit der Na^+/K^+-Pumpe niedrig gehalten wird. Man spricht deshalb z.B. beim Na^+/H^+-Austauscher von einem sekundär aktiven Transport. Beim Einstrom von Na^+ über Na^+-Kanäle ins Cytosol kommt als weitere Antriebskraft für die Aufnahme von Na^+-Ionen aus dem Darmlumen noch das Membranpotential, d.h. die negative Ladung der Membran-

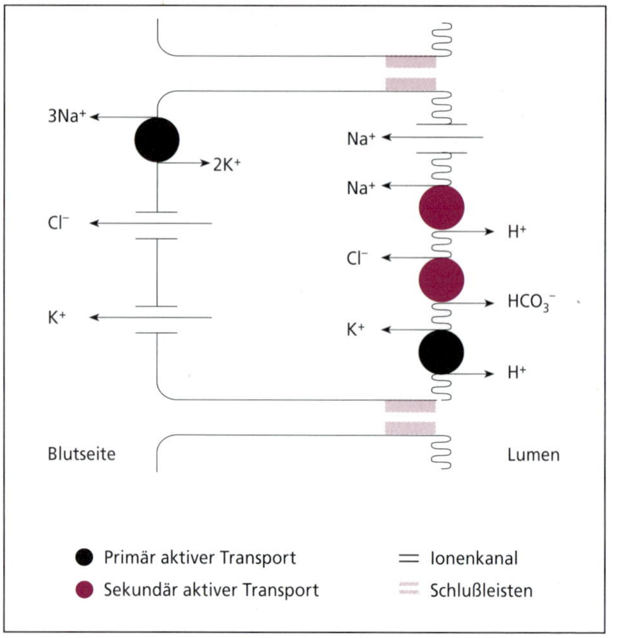

Abb. 15.69 Mögliche Mechanismen der Resorption von Na^+, Cl^- und K^+ am Colon.

innenseite, hinzu. Aufgrund der höheren Antriebskraft und der höheren Transportgeschwindigkeit ist deshalb die Resorption von Na^+ über Na^+-Kanäle deutlich effektiver als diejenige über Na^+/H^+-Austauscher.

Auch Cl^- wird im Dickdarm resorbiert (Abb. 15.69). Die sekundär aktive, transzelluläre Cl^--Resorption wird durch einen Cl^-/HCO_3^--Austauscher in der apicalen Membran vermittelt. Dieser arbeitet, wie bereits erwähnt, eng mit dem Na^+/H^+-Austauscher in derselben Membran zusammen. Auch er arbeitet nach dem Prinzip des sekundär aktiven Transportes; der eigentlich aktive Schritt ist die Na^+/K^+-Pumpe, die dafür sorgt, daß – angetrieben vom Na^+-Gradienten – der Na^+/H^+-Austauscher Protonen aus der Zelle herausschleust. Damit steigt der pH-Wert in der Zelle an. Diese pH-Veränderung stellt die Triebkraft dafür dar, daß Cl^- im Austausch gegen HCO_3^- in die Zelle eingeschleust wird. Durch die resultierende HCO_3^--Sekretion normalisiert sich der intrazelluläre pH-Wert wieder. Die Cl^--Ionen verlassen die Zelle basolateral über bislang ungenügend charakterisierte Mechanismen. Bei Geweben, in denen Na^+ primär über Na^+-Kanäle resorbiert wird, folgen Cl^--Ionen passiv aus Gründen der Elektroneutralität durch die Schlußleisten („tight junctions") und den Zwischenzellraum.

Im Unterschied zum Dünndarm, wo K^+ nur passiv über den Zwischenzellraum die Schleimhaut passieren kann, gibt es am Dickdarm transzelluläre Mechanismen für den K^+-Transport (Abb. 15.69 und 15.70). Bei der aktiven K^+-Resorption im Dickdarm spielt eine K^+/H^+-Pumpe in der apicalen Membran eine große Rolle. Sie wurde beim Meerschweinchen, Kaninchen und bei der Ratte in der apicalen Membran des distalen Colons nachgewiesen. Dabei handelt es sich um ein Enzym, das unter ATP-Spaltung K^+-Ionen entgegen ihrem Konzentrationsgradienten in das Zellinnere schleust und dafür Protonen herausschafft. Ein ähnliches Enzym ist an den Belegzellen in der Magenschleimhaut an der Bildung von Salzsäure beteiligt (Kap. 15.5.1.1 u. Abb. 15.42). Die resorbierten K^+-Ionen verlassen die Zelle vor allem über basolaterale K^+-Kanäle.

15.7.3.2 Sekretion anorganischer Ionen

Das quantitativ bedeutsamste Ion, das von der Dickdarmschleimhaut sezerniert werden kann, ist Cl^-. Eine Cl^--Sekretion kann unter physiologischen Bedingungen neuronal vermittelt ausgelöst werden, z.B. dann, wenn die Darmwand gedehnt wird. Sie spielt aber auch eine wichtige Rolle unter pathophysiologischen Bedingungen, wenn es z.B. durch bakterielle Toxine oder Entzündungsmediatoren zu einer unphysiologisch starken Aktivierung der Sekretion und damit zu einer Diarrhoe kommt. Energetisiert wird die Cl^--Sekretion letztlich durch die Tätigkeit der Na^+/K^+-Pumpe in der basolateralen Zellmembran (Abb. 15.70). Sie schleust aktiv, d.h. unter ATP-Spaltung, drei Na^+-Ionen aus der Zelle heraus im Austausch gegen zwei K^+-Ionen. Dadurch reichert sich K^+ in der Zelle gegenüber der Extrazellulärflüssigkeit stark an. Da die Zellen gleichzeitig über K^+-Kanäle in der Basolateralmembran verfügen, baut sich ein K^+-Diffusionspotential auf. Das Membranpotential solcher Kryptenzellen, das im Bereich von -70 mV bis -50 mV liegt, wird hauptsächlich von der K^+-Leitfähigkeit bestimmt. Außerdem besitzen die Kryptenzellen einen $Na^+/K^+/Cl^-$-Cotransporter in der Basolateralmembran. Dieser schleust Na^+, K^+ und Cl^- im Verhältnis 1:1:2 zusammen in die Zelle. Antriebskraft für den Eintritt von Cl^- ist der Na^+-Gradient, der durch die Tätigkeit der Na^+/K^+-Pumpe aufrechterhalten wird. Es liegt also ein sekundär aktiver Transportmechanismus vor, der Cl^- über sein elektrochemisches Gleichgewicht hinaus in der Kryptenzelle anreichert. In der apicalen Membran befinden sich Cl^--Kanäle. Das sind Transportproteine, die selektiv Cl^- passieren lassen. Wenn diese Kanäle sich vermehrt öffnen (und/oder mehr Cl^--Kanäle in die Membran eingebaut werden), so fließen Cl^--Ionen entlang dem elektrochemischen Gradienten aus der Zelle in das Kryptenlumen, es wird also Cl^- sezerniert. Hauptantriebskraft für den Ausstrom der Cl^--Ionen ist das Membranpotential. Na^+-Ionen folgen passiv durch den Zwischenzellraum aus Gründen der Elektroneutralität; aus osmotischen Gründen folgt dem sezernierten NaCl Wasser.

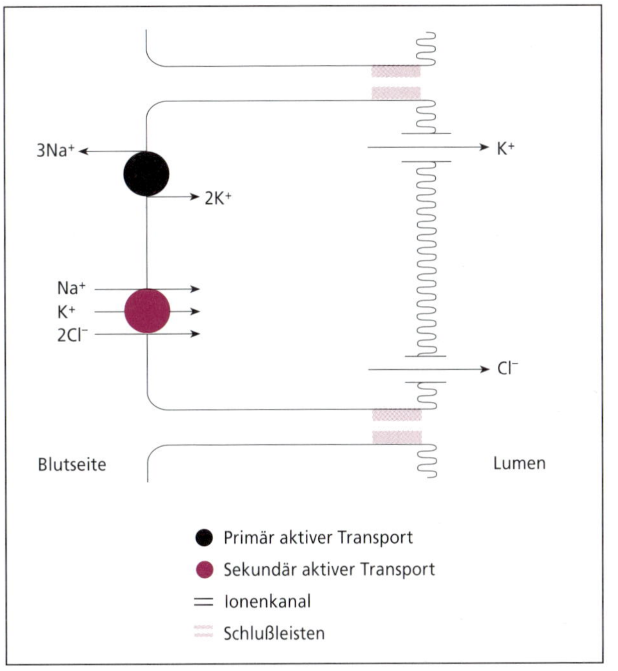

Abb. 15.70 Mechanismen der Sekretion von K^+ und Cl^- am Colon.

Im Dickdarm findet (wie auch im Duodenum und im Ileum) außerdem physiologischerweise eine HCO_3^--Sekretion statt. Bicarbonat wird über den mit dem Na^+-H^+-Austauscher parallel geschalteten Cl^-/HCO_3^--Austauscher ins Darmlumen sezerniert (Abb. 15.69). Bicarbonat wird dabei aus metabolisch anfallendem CO_2 gebildet, das durch eine intrazelluläre Carboanhydrase in Kohlensäure umgewandelt wird. Die Kohlensäure zerfällt dann rasch zu H^+ und HCO_3^-, deren Transport dann über den Na^+/H^+-Austauscher bzw. den Cl^-/HCO_3^--Austauscher vermittelt wird.

Kaliumionen können vom Dickdarmepithel nicht nur aktiv resorbiert (Abb. 15.69), sondern auch sezerniert werden (Abb. 15.70). Die Richtung des K^+-Transportes im Dickdarm hängt von der Lage des Kaliumhaushaltes im Gesamtorganismus ab; unter Normalbedingungen findet man meist eine Nettosekretion von K^+. Dazu werden K^+-Ionen basolateral von den Epithelzellen über die Na^+/K^+-Pumpe bzw. über den $Na^+/K^+/2Cl^-$-Cotransporter aufgenommen. Die Abgabe aus der Zelle ins Darmlumen erfolgt dann über K^+-Kanäle in der apicalen Membran.

15.7.3.3 Wassertransport

Im Organismus gibt es kein aktives Transportsystem für Wasser. Wasser kann immer nur passiv entlang von osmotischen Gradienten, die durch den Elektrolyttransport aufgebaut werden, fließen. Aufgrund der aktiven Resorption hauptsächlich von Na^+ und Cl^-, die die quantitativ bedeutsamsten Ionen im Speisebrei darstellen, werden die Zwischenzellräume gegenüber dem Darmlumen hyperton (Abb. 15.63). Dieser osmotische Gradient treibt einen Wasserstrom aus dem Darmlumen ins Interstitium der Mucosa, wobei das Wasser sowohl transzellulär als auch parazellulär, d.h. durch die Schlußleisten und die Zwischenzellräume, aufgenommen werden kann. Bei Schaf, Kaninchen und Ratte kann die Osmolarität in den Zwischenzellräumen auf Werte von bis zu 800-1200 mosmol/l ansteigen, beim Rind dagegen nur auf etwa 350 mosmol/l. Der Grad, bis zu dem der Dickdarminhalt eingedickt werden kann, ist dementsprechend speciesabhängig und z.B. beim Rind nur schwach ausgeprägt.

15.7.3.4 Intra- und extrazelluläre Regulation des Elektrolyttransportes

Die Cl^--Sekretion wird in den Epithelzellen vor allem durch drei intrazelluläre Second-messenger-Systeme reguliert: cAMP-, cGMP- und Ca^{2+}-Signalweg (Abb. 15.71). Diese haben unterschiedliche Angriffspunkte. cAMP fördert die Cl^--Sekretion direkt, indem es das Öffnen von Cl^--Kanälen in der Bürstensaummembran auslöst. Der Mechanismus besteht in einer Phosphorylierung apicaler Cl^--Kanäle durch eine cAMP-abhängige Proteinkinase, die Proteinkinase A. Die gleiche Wirkung hat ein Anstieg der intrazellulären cGMP-Konzentration. Auch hier kommt es vermittelt über eine Proteinkinase, zu einer Phosphorylierung apicaler Cl^--Kanäle. Einen anderen Wirkmechanismus besitzt intrazelluläres Ca^{2+}; ein Anstieg der intrazellulären Ca^{2+}-Konzentration führt zur Öffnung von basolateralen K^+-Kanälen. Damit wird das Membranpotential an das Gleichgewichtspotential der K^+-Ionen angenähert und die Zellmembran hyperpolarisiert. Dadurch steigt die Antriebskraft für den Austritt der negativ geladenen Cl^--Teilchen aus der Zelle an; die Cl^--Sekretion wird also indirekt stimuliert. Parallel zu diesen Wirkungen hemmen alle drei Signalketten die NaCl-Resorption, wobei die Hemmung aber auf den NaCl-Transport über Na^+/H^+- und Cl^-/HCO_3^--Austauscher beschränkt ist; der Na^+-Transport über Na^+-Kanäle wird dadurch nicht gehemmt.

Wasser folgt passiv den sezernierten Elektrolyten aus osmotischen Gründen. Das Sekret der Krypten, das im gesamten Gastrointestinaltrakt gebildet wird, hat eine wichtige physiologische Bedeutung beim Weitertransport des Darminhalts, den es im Sinne eines Spüleffektes fördert.

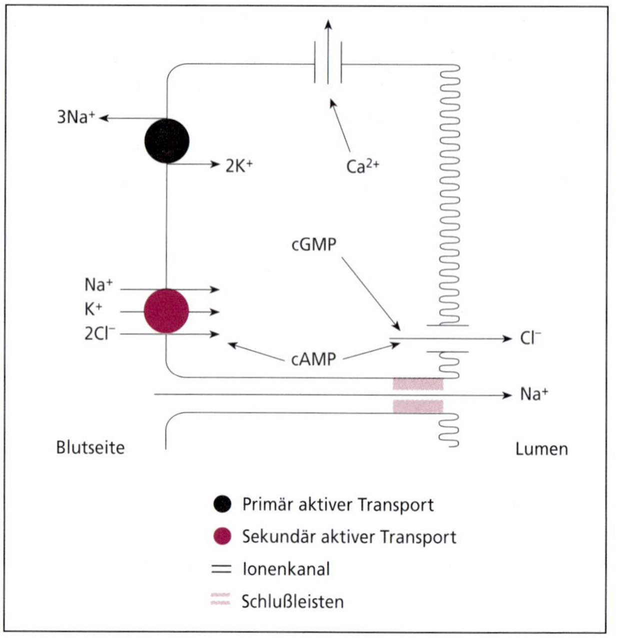

Abb. 15.71 Intrazelluläre Regulation der Cl^--Sekretion am Colon.

Bei unphysiologisch starker Aktivierung dieser Sekretion kann das sezernierte Volumen um ein Vielfaches ansteigen; klinisch resultiert daraus eine Diarrhoe. Eine fehlgeleitete Aktivierung der Cl^--Sekretion kann z.B. erfolgen, wenn es durch ein bakterielles Gift, das hitzestabile Toxin von *Escherichia coli*, zu einer Stimulation der Guanylatcyclase und damit zum Anstieg der intrazellulären cGMP-Konzentration kommt. Eine ähnliche Folge hat das Choleratoxin, das über eine Veränderung von G-Proteinen zu einer langfristigen Aktivierung der Adenylatcyclase und damit zu einer Steigerung der cAMP-Produktion führt.

Beispiele für extrazelluläre Botenstoffe, die auf den Elektrolyttransport am Colon einwirken:

- **Sekretorische Botenstoffe:**

Wirkung über eine Stimulation des cAMP-Weges:
- Vasoaktives Intestinales Peptid, Prostaglandin E_2
- Choleratoxin, Hitzelabiles Toxin von *Escherichia coli* (LT)

Wirkung über eine Stimulation des cGMP-Weges:
- Guanylin
- Hitzestabiles Toxin von *Escherichia coli* (STa)

Wirkung über eine Stimulation des Ca^{2+}-/Proteinkinase C-Weges:
- Acetylcholin, Serotonin, Substanz P

- **Proresorptive Botenstoffe:**
- Somatostatin, Neuropeptid Y, Adrenalin, Noradrenalin

Der Dickdarm spielt eine besondere Rolle beim Wasser- und Elektrolythaushalt. Im Dickdarm hat der Organismus die letzte Möglichkeit, noch einmal auf die Zusammensetzung der Faeces einzuwirken. Aus diesem Grund unterliegt der Ionentransport im Dickdarm einer sehr genauen Regulation. Eine Kontrolle wird unter anderem durch das enterale Nervensystem ausgeübt, also die Plexus in der Darmwand. Nervenzellen des enteralen Nervensystems geben eine Reihe von Transmittern ab, die die Sekretion fördern und gleichzeitig die Resorption hemmen. Die quantitativ bedeutsamsten sekretorischen Transmitter sind Acetylcholin und das Vasoaktive Intestinale Peptid (VIP), die über eine Stimulation des Ca^{2+}- bzw. cAMP-Weges in den Epithelzellen ihre Wirkung entfalten. Andere Transmitter des enteralen und des sympathischen Nervensystems wie Somatostatin, Neuropeptid Y oder Noradrenalin fördern dagegen die Resorption bei gleichzeitiger Hemmung der Sekretion. Neben Neurotransmittern haben auch eine Vielzahl parakriner Substanzen, die bei immunologischen Prozessen, wie z.B. Antigen-Antikörper-Reaktionen, oder bei Entzündungen freigesetzt werden, einen Einfluß auf den Ionentransport.

Eine andere Kontrolle des Elektrolyttransportes erfolgt durch das Hormon Aldosteron aus der Nebennierenrinde. Die Plasma-Aldosteronkonzentration ist stark vom Na^+-Gehalt der Nahrung abhängig und unterliegt z.T. einem deutlichen circadianen Rhythmus. Dies gilt insbesondere für das Kaninchen. Kaninchen scheiden zwei verschiedene Formen von Kot aus: Tagsüber wird ein wasserarmer, harter, bohnenförmiger Kot („Hartkot") ausgeschieden, nachts ein wasserreicher, weicher Kot („Weichkot"), der als Caecotrophe von den Kaninchen noch einmal aufgenommen wird (Abb. 15.74). Diese Kotphasen korrelieren mit tageszeitlichen Schwankungen der Plasma-Aldosteronkonzentration; in der Hartkotphase ist die Aldosteronkonzentration hoch, in der Weichkotphase niedrig. Grund für den unterschiedlichen Wassergehalt in den Faeces ist die Veränderung des Na^+-Transportes durch das Aldosteron. Aldosteron bewirkt den Einbau von Na^+-Kanälen in die Bürstensaummembran, die Na^+ sehr effizient aus dem Lumen entfernen können. Damit wird dem Kot viel Flüssigkeit entzogen, er wird hart. Ist dagegen die Anzahl der Na^+-Kanäle gering, so bleibt mehr Flüssigkeit im Dickdarmlumen zurück, der Kot wird weich.

15.7.3.5 Resorption organischer Ionen

Im Unterschied zum Dünndarm ist der Dickdarm relativ dicht mit Bakterien besiedelt. Sie sorgen dafür, daß, ähnlich wie beim Wiederkäuer im Vormagen, Strukturkohlenhydrate wie Cellulose oder

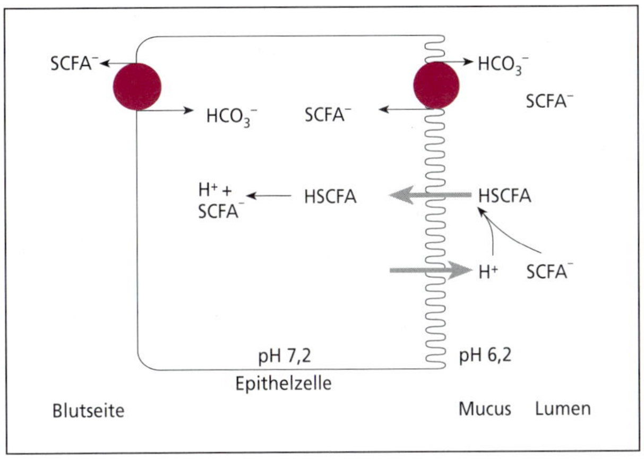

Abb. 15.72 Zelluläre Mechanismen der Resorption von kurzkettigen Fettsäuren im Dickdarm. SCFA = kurzkettige Fettsäuren.

Hemicellulose, die von körpereigenen Enzymen nicht abgebaut werden können, durch Fermentation in flüchtige Fettsäuren umgewandelt werden. Je nach Species können bis zu 30-40% des basalen Engergiebedarfs aus der Verbrennung von kurzkettigen Fettsäuren, die aus dem Dickdarm stammen, gewonnen werden. Beim Schwein sind es etwa 15-30%, beim Pferd 30%, beim Kaninchen 30-40%, beim Hund 7% und beim Mensch 6-9%.

Kurzkettige Fettsäuren können vom Darmepithel sehr gut aufgenommen werden (Abb. 15.72). Sie sind schwache Säuren und liegen daher bei dem eher neutralen bis leicht sauren pH des Dickdarminhalts unter physiologischen Verhältnissen im Lumen zu etwa 99% in der dissoziierten, also ionalen Form vor. Acetat-, Propionat- bzw. Butyrat-Anionen sind also die eigentlichen Substrate, die von den Epithelzellen aufgenommen werden müssen. Zwei verschiedene Aufnahmemechanismen für kurzkettige Fettsäuren existieren am Dickdarm. Der eine besteht darin, daß die kurzkettigen Fettsäuren als relativ lipophile, d.h. fettlösliche Verbindungen die Zellmembran leicht durchdringen, sofern sie nicht dissoziiert sind, d.h. keine Ladung tragen. Für die Überführung der kurzkettigen Fettsäuren in ihre nichtdissoziierte, ungeladene Form sind Protonen erforderlich, die aus den Digesta, der Dissoziation von Kohlensäure und durch den Na^+/H^+-Austauscher bzw. die K^+/H^+-ATPase bereitgestellt werden können. Die nicht dissoziierten, lipophilen Fettsäuren können dann die Zellmembran relativ frei passieren. Der pH-Wert in der Zelle ist etwas alkalischer als der im wandnahen Mikroklima, er liegt bei etwa 7,2. Dadurch dissoziieren die aufgenommenen kurzkettigen Fettsäuren wieder. Der Konzentrationsgradient der freien Säure vom Mikroklima in die Zelle hin bleibt somit erhalten, die kurzkettigen Fettsäuren können weiter in die Zelle einströmen.

Neben dieser Diffusion haben die Dickdarmzellen aber auch spezielle Transportmechanismen für die Aufnahme von kurzkettigen Fettsäuren entwickelt. So wurde in der Bürstensaummembran ein Anionenaustauscher nachgewiesen, der kurzkettige Fettsäuren im Austausch gegen HCO_3^- in die Zelle einschleust. Ein Teil der kurzkettigen Fettsäuren wird dann über bislang weitgehend unbekannte Mechanismen über die Basolateralmembran an den Blutstrom abgegeben. Bei einigen Species scheint hierfür ebenfalls ein $SCFA^-/HCO_3^-$-Austauscher verantwortlich zu sein. Die quantitative Bedeutung dieser Austauscher für die Resorption kurzkettiger Fettsäuren ist noch unklar, Schätzungen zufolge liegt ihr Anteil bei bis zu 70% des gesamten Transportes dieser Substanzen. Kurzkettige Fettsäuren sind darüber hinaus das wichtigste Nährsubstrat, das zur Energieversorgung des Dickdarmepithels dient. Sie sind auch ein wichtiger trophischer Faktor für die Mucosa und stimulieren die Na^+-Resorption.

Während dem Dickdarm früher lediglich Aufgaben hinsichtlich der Elektrolyt- und Wasserresorption zugeschrieben wurden, sind vor allem Caecum und oberes Colon an wesentlichen Verdauungsprozessen beteiligt.

Im Unterschied zu Wiederkäuern, bei denen die Fermentation vor allem vor dem Dünndarm, d.h. in den Vormägen, stattfindet, können die im Dickdarm synthetisierten bakteriellen Proteine oder Vitamine nicht vom Wirtsorganismus genutzt werden, da keine nennenswerte Aminosäuren- bzw. Peptid- oder Vitaminresorption im Dickdarm mehr besteht. Eine Ausnahme machen Tiere wie z.B. das Kaninchen, die ihren Weichkot teilweise wieder fressen, so daß die von Bakterien im Caecum synthetisierten Proteine oder Vitamine in den Dünndarm gelangen und dort resorbiert werden können.

15.8 Vergleichende Aspekte der Vormagen- und Dickdarmverdauung

W. v. Engelhardt

Damit Herbivoren Pflanzen verdauen und nutzen können, sind im Magen-Darm-Kanal große **Gärkammern** vorhanden. Diese Gärkammern können entweder vor oder/und nach dem Dünndarm liegen. Wenn die Gärkammern überwiegend vor dem Dünndarm liegen, handelt es sich um **Vormagenverdauer**, wenn sie nach dem Dünndarm liegen, um **Dickdarmverdauer**.

Die Hauswiederkäuer, die zur Unterordnung Ruminantia gehören, haben große Vormägen. Auch Kamele und Lamas haben große Vormägen und kauen auch wieder; sie bilden jedoch die eigene Unterordnung Camelidae. Die Camelidae haben sich unabhängig von den Ruminantia entwickelt und sind phylogenetisch wesentlich älter. Neben den wiederkauenden Vormagenverdauern gibt es nicht wiederkauende Vormagenverdauer, die zu verschiedenen systematischen Taxa gehören, z.B. Känguruhs, Flußpferde, Faultiere, Colobusaffen.

Die Dickdarmverdauer können eingeteilt werden in solche Species, bei denen die mikrobielle Verdauung vor allem im Caecum erfolgt (**Caecumverdauer**, z.B. Hamster, Meerschweinchen, Biber, Wühlmäuse, Wasserschweine, Kaninchen, Chinchillas, Koalas). Bei anderen Tieren ist das Colon die wesentlichere Fermentationskammer (**Colonverdauer**, z.B. Pferde, Elefanten, Nashörner, Wombats, viele Affenarten, Schweine). Die Größe der Dickdärme ist bei den einzelnen Tierarten sehr verschieden (Abb. 15.67). So beträgt z.B. bei Pferden und Elefanten der Dickdarminhalt etwa 13% des Körpergewichtes. Diese Dickdarmfermentationskammern sind damit etwa ebenso groß wie die Vormägen der Hauswiederkäuer. Trotz der etwa gleichen Gärkammervolumen ist jedoch bei den Dickdarmverdauern die Celluloseverdauung deutlich niedriger als bei Schafen und Rindern.

Vormagenverdauer können Cellulose und Hemicellulose besser nutzen als Dickdarmverdauer.

Cellulose und andere Zellwandbestandteile der Pflanzen können durch körpereigene Enzyme nicht abgebaut werden. Die Mikroorganismen in den Gärkammern produzieren Enzyme, die die β-glykosidischen Bindungen der Cellulose spalten können. Die mikrobielle hydrolytische Spaltung der großen Cellulosemoleküle ist ein vergleichsweise langsamer Vorgang. Die Effizienz des Abbaus hängt deshalb davon ab, wie lange die Nahrung in den Gärkammern bleibt. Die Verweildauer der Futterteile in den Vormägen oder im Dickdarm ist deshalb eng mit dem Umfang der Celluloseverdauung korreliert. Da Hauswiederkäuer Futterpartikel gegenüber der Flüssigkeit selektiv in den Vormägen zurückhalten können (Kap. 15.3.5.9), kann in den Vormägen durch lange Retentionszeit ein effizienter Abbau von Pflanzengerüstsubstanzen erreicht werden. Bei Ziegen ist die selektive Retention von Futterpartikeln im Pansen etwas weniger entwickelt als bei Schafen. Ziegen können deshalb schwer verdauliches Futter in den Vormägen schlechter abbauen als Rinder und Schafe. Bei Dickdarmverdauern mit einem Dickdarmvolumen, das etwa dem der Vormägen entspricht, ist die Celluloseverdauung durch die kürzere Retentionszeit niedriger als bei Wiederkäuern.

Bei Fütterung von Gras mittlerer und guter Qualität sind die Hauswiederkäuer aus den vorhergehenden Überlegungen durch die lange selektive Retention der Futterpartikel in den Vormägen in bezug auf die Celluloseverdauung den Pferden deutlich überlegen. Dies ist jedoch völlig anders, wenn Gras schlechter Qualität verfüttert wird (Abb. 15.73). Dann können Wiederkäuer durch die lange Retentionszeit des Futters in den Vormägen nicht die notwendige Menge des qualitativ schlechten Futters aufnehmen, um den Nährstoffbedarf zu decken. Durch die lange Retentionszeit des Futters in den Vormägen ist bei Wiederkäuern die Aufnahme von voluminösen Futtermengen limitiert. Bei den Pferden ist dagegen die Futteraufnahme nicht in dieser Weise begrenzt. Equiden können durch Erhöhen der Passagezeiten durch den Magen-Darm-Kanal die Aufnahme des qualitativ schlechten Futters erhöhen und aus der großen aufgenommenen Futtermenge bei der Verdauung im Dünn- und im Dickdarm noch genügend Nährstoffe gewinnen.

Leichtverdauliche Kohlenhydrate, hochwertige Proteine und ungesättigte Fettsäuren werden in den Vormägen ab- oder umgebaut; Dickdarmverdauer können solche Nährstoffe durch körpereigene Verdauung und durch Resorption im Dünndarm effizient nutzen.

Die Mikroorganismen in den Vormägen und auch in den Dickdärmen bauen Monosaccharide, Disaccharide und Polysaccharide zu kurzkettigen Fettsäuren ab. Die kurzkettigen Fettsäuren werden schnell resorbiert; sie sind eine entscheidende Energiequelle für den endogenen Stoffwechsel. Da in den Vormägen die Monosaccharide abgebaut werden, müssen Wiederkäuer die für den endogenen Stoffwechsel benötigte Glucose vor allem aus Propionat, glucogenen Aminosäuren und auch aus Lactat und Glycerin wieder synthetisieren (Gluconeogenese, Kap. 17.3.2). Auch qualitativ hochwertiges Eiweiß wird in den Vormägen mikrobiell abgebaut. Das dabei gebildete Ammoniak und auch Aminosäuren können die Mikroorganismen bei der mikrobiellen Proteinsynthese nutzen. Der Abbau von hochwertigen Kohlenhydraten und hochwertigem Futterprotein ist ein wesentlicher Nachteil bei der Vormagenverdauung. Tiere mit Dickdarmverdauung können demgegenüber diese leichtverdaulichen Kohlenhydrate und verdauliches Eiweiß im Magen und im Dünndarm spalten und als Monosaccharide und als Aminosäuren bzw. Peptide resorbieren. Nur die Kohlenhydrate und die Proteine, die im Dünndarm nicht abgebaut werden können, gelangen in den Dickdarm und können dort mikrobiell genutzt werden.

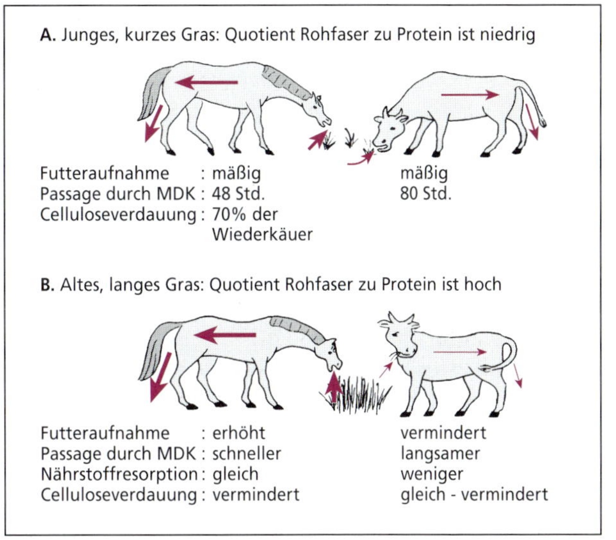

Abb. 15.73 Es sind wesentliche Unterschiede in der Futteraufnahmestrategie bei Pferden und Rindern vorhanden, wenn sie schlecht verdauliches, altes Gras minderer Qualität oder junges Gras guter Qualität erhalten. Bei qualitativ gutem Gras oder Heu sind grasende Wiederkäuer den Equiden (auch Zebras) im Hinblick auf die Effizienz der Verdauung überlegen **(A)**. Equiden können jedoch Futter geringer Qualität besser tolerieren als Wiederkäuer, da sie in der Lage sind, die Futteraufnahme und die Passage durch den Magen-Darm-Kanal (MDK) zu erhöhen. Dabei ist zwar die Verdaulichkeit vermindert; Equiden können aus der größeren Futtermenge jedoch noch genügend Nährstoffe gewinnen **(B)**. Durch die lange Retentionszeit des Futters in den Vormägen ist bei den Wiederkäuern die Futteraufnahme limitiert.

Auch Fette werden durch die Lipasen der Mikroorganismen in den Vormägen gespalten. Freigesetzte ungesättigte Fettsäuren werden anschließend hydriert, und es entstehen gesättigte Fettsäuren (vor allem Stearinsäure). Nur ein kleiner Teil dieser Stearinsäure kann später im Dünndarm und im Körper durch Desaturasen in Ölsäure überführt werden. Im Dünndarm werden die langkettigen Fettsäuren resorbiert und bei der Fettsynthese verwendet. Körperfett enthält deshalb bei Wiederkäuern viele gesättigte und nur wenig ungesättigte Fettsäuren. Dickdarmverdauer spalten die aufgenommenen Triglyceride im Dünndarm. Die im Futterfett vorhandenen ungesättigten Fettsäuren bleiben weitgehend erhalten und werden in das Körperfett eingebaut. Im Gegensatz zu den Vormagenverdauern entspricht das Fettsäurenmuster des Körperfettes bei den monogastrischen Tieren der Zusammensetzung der Fette im Futter.

Sehr kleine Herbivoren können nicht Vormagenverdauer sein.

Der Grundumsatz nimmt mit zunehmender Körpermasse ab (s. metabolisches Körpergewicht, Kap. 18.7). Der daher relativ hohe Energiestoffwechsel bei den sehr kleinen Tieren kann durch den langsamen Abbau von Zellwandbestandteilen allein nicht gedeckt werden. Diese kleinen Herbivoren sind darauf angewiesen, die erforderlichen Nährstoffe in ausreichenden Mengen aufzunehmen. Einen verlustreichen Ab- und Umbau in Vormägen können sie sich nicht leisten. Sehr kleine Herbivoren (wie Hamster, Meerschweinchen, Chinchilla) können deshalb nur Dickdarmverdauer und nicht Vormagenverdauer sein. Als Dickdarmverdauer können sie im Dünndarm aus dem Futter genügend Energie zur Deckung des relativ hohen Energiestoffwechsels gewinnen, anschließendend können sie im Dickdarm zusätzlich Pflanzengerüstsubstanzen verdauen.

Herbivoren mit einem Körpergewicht von etwa 4-30 kg können Wiederkäuer sein. Diese kleinen Wiederkäuer haben ihr Weideverhalten an den hohen Energiebedarf angepaßt. Zu solchen kleinen Wiederkäuern gehören Hirschferkel, Muntjak, kleine Ducker, Dikdik und auch das Reh. Diese kleinen Wiederkäuer wählen bei der Futteraufnahme vor allem leicht verdauliche Früchte, Blüten und Blätter, die in den Vormägen verhältnismäßig schnell abgebaut werden können. Sie werden deshalb auch als **Konzentratselektierer** bezeichnet. Auch einige der größeren Wiederkäuer haben sich zu Konzentratselektierern entwickelt (z.B. Gerenuk, Giraffe). Sie können damit ökologische Nischen nutzen, die anderen Tieren nicht oder nur wenig zugänglich sind. Bei diesen Konzentratselektierern ist das Vormagenvolumen, bezogen auf das Körpergewicht, deutlich kleiner, die Retentionszeiten sind kürzer als bei den überwiegend Gräser fressenden Wiederkäuern.

Vormagenverdauer können Futterproteine schlechter Qualität und Nicht-Protein-Stickstoff bei der Synthese von hochwertigem mikrobiellem Protein nutzen. Dieses mikrobielle Protein kann im Dünndarm verdaut werden.

Die Mikroorganismen in den Vormägen und auch im Dickdarm können hochwertiges mikrobielles Protein aufbauen. Dabei können sie auch qualitativ schlechtes Futtereiweiß und Nicht-Protein-Stickstoff (NPN, vor allem Harnstoff) nutzen (Abb. 15.35). Unter proteinarmen Fütterungsbedingungen kann die Nutzung des in die Vormägen sezernierten Körperharnstoffes bei der mikrobiellen Proteinsynthese ein großer Vorteil sein. Bei proteinarmen Diäten mit ausreichendem Energiegehalt kann zur Deckung des Erhaltungsbedarfs bis zu 80% des im Körper gebildeten Harnstoffs nach der Rezirkulation in den Vormägen bei der mikrobiellen Proteinsynthese verwendet werden.

Das in den Vormägen gebildete hochwertige mikrobielle Protein gelangt in den Labmagen und in den Dünndarm, wird zu Aminosäuren und Peptiden abgebaut und resorbiert. Bei Hochleistungstieren ist diese Harnstoffzirkulation jedoch meistens kein Vorteil. Hochleistungstiere können ihre Leistungen nur dann erbringen, wenn sie größere Mengen eines hochwertigen, verhältnismäßig leichtverdaulichen und auch proteinreichen Futters erhalten. Durch dieses proteinreiche Futter ist die Ammoniakkonzentration im Vormageninhalt ohnehin schon sehr hoch, und der rezirkulierende Körperharnstoff wird nur wenig genutzt. Die umfangreiche Ammoniakresorption und die anschließende Harnstoffsynthese in der Leber bedeuten für die Hochleistungstiere sogar eine zusätzliche Belastung.

Dickdarmverdauer können das gebildete mikrobielle Protein meistens nicht nutzen. Eine Ausnahme ist die Caecotrophie der Kaninchen.

Das im Dickdarm gebildete mikrobielle Protein ist hochwertig und ähnelt dem des Vormagenstoffwechsels. Es kann jedoch bei den meisten Dickdarmverdauern nicht genutzt werden, da in der Dickdarmmucosa keine Transportsysteme für Aminosäuren vorhanden sind. Das mikrobielle Protein wird deshalb mit dem Kot ausgeschieden, ein kleinerer Anteil wird zu Ammoniak abgebaut, dies wird resorbiert und in der Leber zu Harnstoff synthetisiert.

Eine völlig andere Strategie haben die Hasenartigen (Kaninchen, Hasen, Pfeifhasen) entwickelt. Kaninchen können im proximalen Colon durch kontinuierliche schwache antiperistaltische Motorik

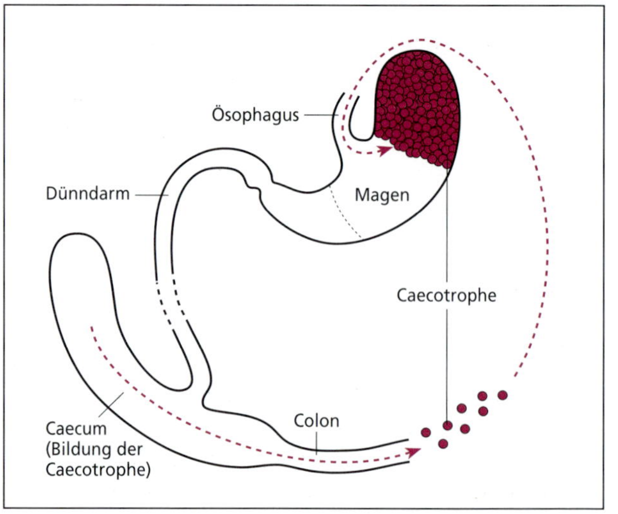

Abb. 15.74 Die bei Kaninchen im Caecum gebildete Caecotrophe wird meistens einmal täglich als Weichkot abgegeben, vom Anus abgesaugt, im Magen zwischengelagert und anschließend im Dünndarm verdaut (nach Harder 1950).

Mikroorganismen und Wasser zurück in das Caecum transportieren (Kap. 15.3.4.3). Dadurch ist im Caecuminhalt der Kaninchen der Anteil von mikrobiellem Protein hoch. Futterpartikel werden demgegenüber schnell durch das Colon zum Anus transportiert. Die Retentionszeit dieser Futterpartikel ist verhältnismäßig kurz und die Celluloseverdauung bei den Kaninchen dementsprechend schlecht. Dafür haben die Kaninchen den großen Vorteil, daß sie einen Teil des im Dickdarm gebildeten mikrobiellen Proteins nutzen können. Meistens einmal täglich wird der Caecuminhalt durch schnelle Peristaltik durch das Colon transportiert. Im proximalen Colon wird der pastöse Inhalt aus dem Caecum mit einer Schleimhülle zu kleinen Pellets verpackt; dadurch wird dieser Caecuminhalt vor einer Verdauung im Colon weitgehend geschützt. Dieser Caecuminhalt ist in der Zusammensetzung völlig anders als der normale Kot, der als Hartkot bezeichnet wird. Der abgegebene Caecuminhalt ist in der Konsistenz breiig und wird als **Caecotrophe** bezeichnet. Diese proteinreiche Caecotrophe saugen die Kaninchen vom Anus ab; sie ist deshalb im Stall nur selten zu sehen. Die in der Schleimhülle verpackte Caecotrophe wird im Magen zwischengelagert (Abb. 15.74). Im Dünndarm wird die Caecotrophe verdaut, und die Aminosäuren werden resorbiert.

15.9 Besonderheiten der Verdauung bei Vögeln

P.D. Møller

Die Anatomie und die Funktionen der einzelnen Abschnitte des Magen-Darm-Kanals der Vögel zeigen im Vergleich mit denen anderer Haustiere z.T. sehr große Unterschiede. Verdauungsvorgänge und Mechanismen, die den Haussäugetieren ähnlich sind, werden in diesem Abschnitt nicht genannt. Der Magen-Darm-Kanal von Hühnern ist schematisch in Abb. 15.75 dargestellt.

15.9.1 Schnabel und Schnabelhöhle

Im Laufe der Evolution haben sich bei Vögeln keine Zähne, kein weicher Gaumen, keine Epiglottis, keine Lippen und keine Backen entwickelt. In der Schnabelhöhle wird das Futter mechanisch nicht zerkleinert. Die Schnabelhöhle ist mit kutaner Schleimhaut ausgekleidet, vor allem bei körnerfressenden Vögeln sind zahlreiche mucöse Drüsen vorhanden. Die Speicheldrüsen sind bei Vögeln nur wenig entwickelt, bei körnerfressenden Vögeln etwas mehr als bei Vögeln, die feuchtes, weiches Futter aufnehmen. Bei einigen Vögeln ist im Speichel Amylase vorhanden, bei Hühnern und Puten nicht. Bei Spechten wird ein klebriges Sekret zum Fangen von Insekten abgegeben. Mauersegler sezernieren ein Glykoprotein für den Nestbau.

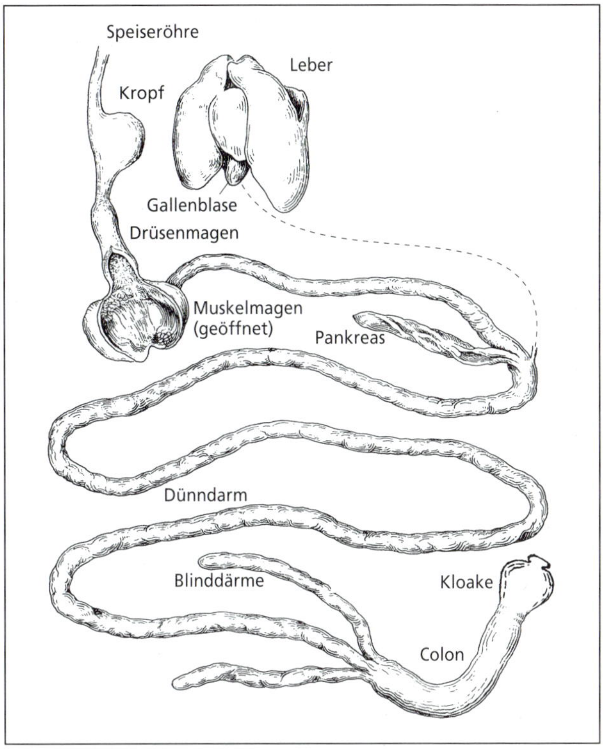

Abb. 15.75 Schematische Darstellung des Magen-Darm-Kanals beim Huhn (nach Jakobsen).

15.9.2 Ösophagus und Kropf

Der Ösophagus ist bei den meisten Vögeln relativ lang und dünnwandig. Er kann durch eine größere Anzahl longitudinaler Falten leichter erweitert werden als bei den Säugetieren. Kurz vor Eintritt in die Brusthöhle erweitert sich der Ösophagus bei vielen Vogelarten zum **Kropf**. Bei Hühnern, Papageien, Sperlingen und Tauben ist der Kropf besonders groß. Enten und Gänse haben keinen eigentlichen Kropf, sondern nur eine spindelartige Erweiterung der Speiseröhre am Eingang in die Brusthöhle. Einige Species, z.B. Eulen und Pinguine, haben keinen Kropf. Eine Besonderheit ist der Kropf beim südamerikanischen Hoatzin. Es sind die einzigen Vögel, die sich fast ausschließlich von Blättern ernähren und nur wenig Früchte und Blüten fressen. Der Inhalt im großen Kropf des Hoatzins beträgt 13-18% des Körpergewichtes. In diesem Kropfinhalt erfolgt ein intensiver mikrobieller Stoffwechsel, ähnlich dem in den Vormägen der Wiederkäuer.

Im Kropf, bei einigen Vogelarten im gesamten

Ösophagus, kann Futter gespeichert werden. Eine weitere Funktion ist die Regulation der Magenfüllung. Der Kropfinhalt wird durch kräftige Kontraktionen der Kropfmuskulatur und der Ösophaguswand in den Drüsenmagen und anschließend in den Muskelmagen transportiert. Dies erfolgt vor allem dann, wenn der Muskelmagen leer ist. Bei allen Vogelarten mit Ausnahme des Hoatzin, spielt die Verdauung im Kropf und im Ösophagus keine Rolle.

Eine weitere Besonderheit ist die **Kropfmilch bei Tauben**. Sie dient der Ernährung der Jungvögel in den ersten beiden Wochen nach dem Schlupf. Durch Prolactin gesteuert, erfolgen eine Proliferation und ein Abstoßen fettbeladener Zellen des mehrschichtigen Plattenepithels. Die Kropfmilch ist sehr fett- und auch sehr proteinreich; im Gegensatz zur Milch der Säugetiere enthält sie keine Kohlenhydrate und kein Calcium. Durch Würgebewegungen wird das Kropfsekret in die Schnabelhöhle befördert, aus welcher die Jungtiere die Kropfmilch aufnehmen.

15.9.3 Drüsenmagen und Muskelmagen

Vögel besitzen einen Drüsen- und einen Muskelmagen. Der Drüsenmagen ist dem Muskelmagen vorgeschaltet. Im **Drüsenmagen** werden, wie im einhöhligen Magen und auch im Labmagen der Säugetiere, Pepsinogen, Salzsäure und Schleim sezerniert. Die pH-Werte im Drüsenmagen und Muskelmagen sind ähnlich niedrig wie bei den Säugetieren (pH 2).

Der **Muskelmagen** ist vor allem bei körnerfressenden Vögeln gut entwickelt. In der Wand des Muskelmagens sind zwei kräftige Muskelpaare vorhanden; eines dieser Paare ist besonders stark entwickelt. Die Schleimhaut bei körnerfressenden Vögeln sezerniert ein Sekret, das an der Oberfläche schnell sehr hart wird und die sog. Reibeplatte bildet. Dieses Sekret (Koilin) besteht aus einem Kohlenhydrat-Eiweiß-Komplex. Die Reibeplatte schützt die Schleimhaut vor Verletzungen. Die Hauptfunktion des Muskelmagens besteht bei körner- und pflanzenfressenden Vogelarten in der Zerkleinerung der Nahrung. Diese Aufgabe wird durch kräftige Kontraktionen der Muskulatur, durch die Steinchen und den Sand im Magenlumen und durch die parallelen Längsfalten der Schleimhaut erreicht. Körnerfressende Vögel nehmen die kleinen Steinchen und den Sand auf; Sand und Steinchen im Muskelmagen werden auch als „Grit" bezeichnet. Die mechanische Leistung des Muskelmagens ist erstaunlich. Bei anderen Vogelarten spielt der Muskelmagen eine untergeordnete Rolle, bei den fleischfressenden Vögeln ist er eher ein dünnwandiger Sack, der als Speicherorgan dient.

Die Speicheldrüsen sind bei Vögeln nur wenig entwickelt. Der Kropf ist ein wichtiges Speicherorgan. Im Muskelmagen erfolgt die Zerkleinerung des Futters.

15.9.4 Dünndarm

Der Dünndarm der Vögel ist im Vergleich zur Körperlänge deutlich kürzer als bei den pflanzenfressenden Säugetieren. Die Verdauungsvorgänge im Dünndarm, die Zusammensetzung des Pankreassekretes und der Galle entsprechen weitgehend denen der Säugetiere. Lactose fehlt jedoch im Dünndarmsekret des Geflügels. Einige Vogelarten, wie Taube und Perlhuhn, haben keine Gallenblase; bei diesen gelangt die Galle direkt aus der Leber in den Dünndarm. Wie bei den Säugetieren werden die Salze der Gallensäuren im Ileum resorbiert und in die Leber zurücktransportiert.

15.9.5 Dickdarm und Kloake

Die Besonderheit des Dickdarms bei den Vögeln sind die **paarigen Blinddärme**. Besonders groß sind diese bei Haushuhn, Ente, Gans und vor allem beim Birkhuhn. Sehr groß sind die Blinddärme beim südamerikanischen Nandu. Tauben haben verhältnismäßig kleine Blinddärme. Die Größe der Blinddärme beim Hausgeflügel hängt von der Art des Futters ab. Bei Species, die rohfaserreiches Futter aufnehmen, sind die Blinddärme besonders stark entwickelt.

Im Blinddarm des Geflügels sind viele Mikroorganismen vorhanden. Ähnlich wie in den Vormägen der Wiederkäuer und im Dickdarm der Säugetiere können die Vögel mit großen Caeca Zellwandbestandteile mikrobiell abbauen. Dabei werden kurzkettige Fettsäuren (SCFA) gebildet. Die Konzentrationen der kurzkettigen Fettsäuren in den Caeca sind ähnlich hoch wie in den Vormägen und im Dickdarm der Säugetiere. Die SCFA werden in den Blinddärmen und im Colon resorbiert, sie tragen wesentlich zum intermediären Energiestoffwechsel der Tiere bei.

Eine Besonderheit des N-Stoffwechsels im Dickdarm der Vögel ist, daß durch antiperistaltische Bewegungen im Colon aus der Kloake Harn in die Caeca transportiert wird (Abb. 12.30). Die Mikroorganismen können den Stickstoff aus der Harnsäure und aus dem Harnstoff bei der mikrobiellen Proteinsynthese verwerten. Anders als im Dickdarm der Säugetiere können Vögel im Caecum Aminosäuren teilweise resorbieren. Die Bedeutung dieses Aminosäurentransportsystems in den Caeca ist noch nicht genau bekannt. Wie bei den Säugetieren findet in den Caeca eine mikrobielle Synthese von B-Vitaminen statt.

Das **Colon** ist bei den allermeisten Vogelarten sehr kurz. Eine Ausnahme bildet das sehr lange Colon beim Strauß; es ist 8-11 m, das Caecum 80 cm lang. Im Colon der Strauße erfolgt ein umfangreicher mikrobieller Abbau von Cellulose und Polysacchariden, wobei große Mengen kurzkettiger Fettsäuren gebildet werden.

Die Resorptionsvorgänge und die beteiligten Mechanismen im Dickdarm der Vögel sind denen bei Säugetieren vergleichbar. Bedeutungsvoll ist vor allem die Resorption von Natrium und von Wasser. Bei Natriummangel ist die Natriumresorption im Colon und Coprodeum erhöht. An dieser Regulation ist vor allem das Aldosteron beteiligt. Nach einem sehr kurzen Colon mündet der Dickdarm in die **Kloake**. Im oralen Teil der Kloake, dem **Coprodeum**, erfolgt wie auch im Colon eine beträchtliche Resorption von Wasser und von Elektrolyten. In den aboralen Teil der Kloake münden der Harnleiter und der Eileiter bzw. der Samenleiter.

15.9.6 Passage von Futter durch den Magen-Darm-Kanal

Die mittlere Retentionszeit im Magen-Darm-Kanal beträgt beim Hausgeflügel meistens 5-12 Stunden; bei legenden Hennen beträgt sie u.U. nur 4 Stunden, bei nicht legenden Hennen 8 Stunden, bei brütenden Hennen 11 Stunden. Bei körnerfressenden Tieren ist die Passagezeit länger als nach Fütterung mit rohfaserreichem Futter.

> In den verhältnismäßig großen paarigen Blinddärmen des Hausgeflügels erfolgt ein intensiver mikrobieller Stoffwechsel, wobei kurzkettige Fettsäuren gebildet werden. Durch retrograden Transport gelangt auch Harn in die Caeca. Die Passagezeiten im Magen-Darm-Kanal der Vögel sind verhältnismäßig kurz.

Weiterführende Literatur zu Kapitel 15.1

Cook, D.J. (1995): Salivary Secretion in Ruminants. In: Ruminant Physiology: Digestion, Metabolism, Growth and Reproduction. Eds. W. v. Engelhardt, S. Leonhard-Marek, G. Breves, D. Giesecke. Ferdinand Enke Verlag, Stuttgart, 153-170.

Cook, D.J., E. W. van Lennep, M. L. Roberts, J. A. Young (1994): Secretion by the Major Salivary Glands. In: Physiology of the Gastrointestinal Tract. 3rd Edition. Raven Press, New York, 1061-1118.

Weiterführende Literatur 15.3 bis 15.3.4

Mayer, E.A. (1994): The Physiology of Gastric Storage and Emptying. In: Physiology of the Gastrointestinal Tract (edited by L.R. Johnson). Raven Press, New York, p. 929-976.

Vantrappen, G., J. Janssens, T.L. Peeters (1981): The migrating motor complex. Med.Clin.North Am. 65, 1311-1329.

Weisbrodt, N.W. (1987): Motility of the Small Intestine. In: Physiology of the Gastrointestinal Tract (edited by L.R. Johnson).Raven Press, New York, p. 631-663.

Weiterführende Literatur zu 15.3.5

Ehrlein, H. J. (1980): Vormagenmotorik bei Wiederkäuern. Inst. f. wissenschaftl. Film, C 1328, Göttingen.

Kennedy, P. M., M. R. Murphy (1988): The nutritional implications of differential passage of particles through the ruminant alimentary tract. Nutr. Res. Rev. 1, 189-208.

Poncet, C. (1991): The outflow of particles from the reticulo-rumen. In: Rumen Microbial Metabolism and Ruminant Digestion (J. P. Jouany, ed.). INRA Editions, Paris, 297-322.

Ruckebusch, Y. (1989): Gastrointestinal motor functions in ruminants. In: Handbook of Physiology (S. G. Schultz, J. D. Wood, B. B. Rauner, eds.), Oxford Univ. Press, New York, 1225-1282.

Weiterführende Literatur zu Kapitel 15.4.2

Rumen microbial metabolism and ruminant digestion (1991): Ed. J.-P. Jouany. INRA Editions, Paris.

Ruminant Physiology: Digestion, Metabolism, Growth and Reproduction. (1995): Eds. W. v. Engelhardt, S. Leonhard-Marek, G. Breves und D. Giesecke. Ferdinand Enke Verlag, Stuttgart.

Weiterführende Literatur zu Kapitel 15.4.3

Chu, S., M. H. Montrose (1995): Extracelluar pH regulation in microdomains of colonic crypts: effects of short-chain fatty acids. Proc. Nat. Acad. Sci. 92, 3303-3307.

Gäbel, G., H. Martens (1991): Transport of Na^+ and Cl^- across Forestomach Epithelium: Mechanisms and Interactions with Short-Chain Fatty Acids. In: Physiological Aspects of Digestion and Metabolism in Ruminants. Eds.: T. Tsuda, Y. Sasaki, R. Kawashima. Academic Press, pp. 129-151.

Martens, H. (1995): Gastrointestinale Transportmechanismen. In: Nutztierernährung. (Hrsg. Hj. Abel, G. Flachowsky, H. Jeroch, S. Molnar). Gustav Fischer Verlag, S. 219-246.

Powell, D. W. (1981): Barrier function of epithelia. Am. J. Phys. 241, 275-288.

Ritzhaupt, A., A. Ellis, K. B. Hosie, S. P. Shirazi-Beechey (1998): The characterization of butyrate transport across pig and human colonic luminal membrane. J. Physiol. 507, 819-830.

Weiterführende Literatur zu Kapitel 15.5

Chang, E.B., M.D. Sitrin, D.D. Block (1996): Gastrointestinal, Hepatobiliary and Nutritional Physiology. Lippincott-Raven, Philadelphia-New York.

Guilford, W.G., S.A. Center, D.R. Strombeck, D.A. Williams, D.J. Meyer (1996): Strombeck's Small Animal Gastroenterology, Third edition. W.B. Saunders Company, Philadelphia.
Ito, S. (1981): Functional Gastric Morphology. In: Physiology of the Gastrointestinal Tract, Vol. 1 (ed.: L. R. Johnson). Raven Press, New York, pp. 517-550.
Johnson, L.R. (ed.) (1994): Physiology of the Gastrointestinal Tract, Volumes 1 and 2. Third edition. Raven Press, New York.

Weiterführende Literatur zu Kapitel 15.6

Chang, E.B., M.D. Sitrin, D.D. Block (1996): Gastrointestinal, Hepatobiliary and Nutritional Physiology. Lippincott-Raven, Philadelphia-New York.
Guilford, W.G., S.A. Center, D.R. Strombeck, D.A. Williams, D.J. Meyer (1996): Strombeck's Small Animal Gastroenterology, Third edition. W.B. Saunders Company, Philadelphia.
Johnson, L.R. (ed.) (1994): Physiology of the Gastrointestinal Tract, Volumes 1 and 2. Third edition. Raven Press, New York.
O'Dell, B.L., R.A. Sunde (eds.) (1997). Handbook of Nutritionally Essential Mineral Elements. Marcel Dekker, New York.

Weiterführende Literatur zu Kapitel 15.7

Binder, H.J., J. Cummings, K.H. Soergel (eds.) (1994): Short chain fatty acids. Kluwer Academic Press, Amsterdam.
Binder, H.J., G.J. Sandle (1994): Electrolyte transport in the mammalian colon. In: Johnson, L.R. (Ed.): Physiology of the Gastrointestinal Tract. 3rd Edition. Raven Press, New York, pp. 2133-2171.
Clauss, W. (1993): Segmental heterogeneity and regulation of electrolyte transport in the rabbit large intestine. In: Clauss, W. (Ed.): Ion transport in vertrebrate colon. Adv. Comp. Environ. Physiol. 16, 95-112. Springer Verlag, Heidelberg–New York
Jouany, J.P. (Ed.) (1991): Rumen microbial metabolism and ruminant digestion. INRA Editions, Paris.
Stevens, C.E., J.D. Hume (1995): Comparative physiology of the vertebrate digestive system. 2nd Edition. Cambridge University Press, Cambridge.

Weiterführende Literatur zu Kapitel 15.9

Nutrition and Feeding of Poultry. (Eds. M. Larbier, B. Leclercq). Translated and edited by Julian Wiseman. Loughborough Nottingham University Press Cop. (1994).
Sturkie's Avian Physiology (Ed. Whittow). G.C. Academic Press Inc. (1999).

16 Regulation der Nahrungsaufnahme

W. Langhans und E. Scharrer

16.1 Nahrungsaufnahme und Energiebilanz

Mensch und Tier sind auf die Zufuhr von Energie in Form von Nahrung angewiesen. Sie befinden sich im Energiegleichgewicht, wenn Nahrungsaufnahme (=Energieaufnahme) und Energieabgabe im Mittel gleich sind. Trotz zum Teil erheblicher Fluktuationen von Nahrungsaufnahme und Energieabgabe bleibt bei gesunden erwachsenen Individuen die Körpermasse und damit der verläßlichste Indikator für die Energiebilanz langfristig erstaunlich konstant. Die Energiebilanz wird demnach sehr gut reguliert. Die Variablen in diesem physiologischen Regelkreis sind die Energieaufnahme einerseits sowie die Energieabgabe und die Energiespeicherung andererseits (Abb. 16.1). Der Mensch kann die Energieabgabe gezielt steigern (z.B. körperliche Aktivität) oder die Nahrungsaufnahme willentlich einschränken. Generell wird die Energiebilanz jedoch bei Mensch und Tier über einen physiologischen Mechanismus unbewußt reguliert. Da bei erwachsenen Individuen nur etwa 20% von zu viel aufgenommener Energie in Form von Wärme abgegeben werden, erfolgt diese Regulation primär über Veränderungen der Nahrungsaufnahme.

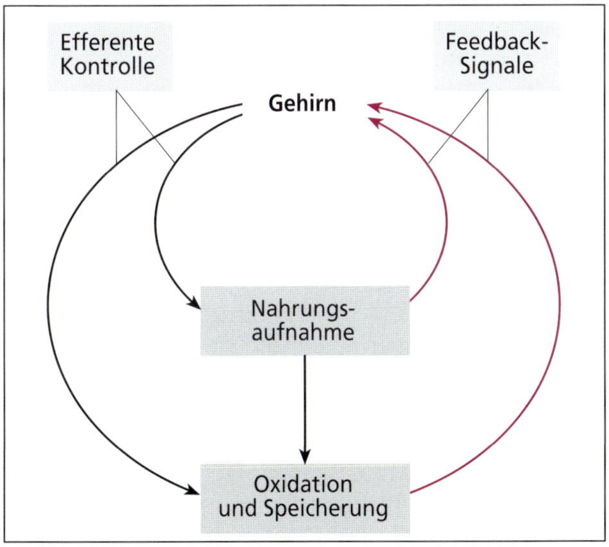

Abb. 16.1 Physiologischer Regelkreis Energiebilanz

Bei erwachsenen Individuen wird die Energiebilanz vorwiegend über die Nahrungsaufnahme und langfristig erstaunlich gut reguliert.

16.2 Verzehrsmuster

Energie wird im Organismus mehr oder weniger kontinuierlich umgesetzt, aber die Nahrungsaufnahme erfolgt periodisch in Form von Mahlzeiten. Größe, Anzahl und zirkadiane Verteilung der Mahlzeiten variieren von Species zu Species. Bei freiem Zugang zur Nahrung verzehren Mensch und Schwein etwa 3-5, die meisten übrigen Haus- und Labortiere 6-12 Mahlzeiten pro 24 h. Eine deutlich höhere Mahlzeitenfrequenz (ca. 30/24 h) ist bei Kaninchen, Meerschweinchen und Huhn zu beobachten. Bei wachsenden Tieren ist die Mahlzeitenfrequenz höher als bei ausgewachsenen. In der Haustierhaltung wird die Mahlzeitenfrequenz meistens vom Menschen bestimmt.

Etwa 2/3 bis 3/4 der pro 24 h aufgenommenen Nahrungsmenge werden in der aktiven Phase des Tag-Nacht-Zyklus verzehrt. Die Existenz einer Korrelation zwischen metabolischer Körpermasse ($kg^{3/4}$) (Kap. 18.6) und Energieaufnahme über 24h zeigt, daß innerhalb von 24h eine Regulation der Energiebilanz über Veränderungen der Nahrungsaufnahme erfolgt. Über mehrere Tage betrachtet ist diese Regulation meist noch genauer. Bei Ausschaltung von externen Störfaktoren sind ferner oft Korrelationen zwischen der Größe einzelner Mahlzeiten und der Dauer der Mahlzeitenintervalle feststellbar. Die Nahrungsaufnahme wird demnach auch von Mahlzeit zu Mahlzeit reguliert. Die physiologische Steuerung von Mahlzeitgröße und -häufigkeit ist bei allen Säugern ähnlich und läßt sich als Regelkreis mit negativem Feedback darstellen. Hunger (=Nahrungsaufnahmetrieb) und/oder Appetit (=Verlangen nach bestimmter Nahrung) veranlassen Mensch und Tier Nahrung aufzunehmen. Infolge der Nahrungsaufnahme werden gastrointestinale und metabolische Mechanismen aktiviert, die zur Beendigung der Mahlzeit führen und die

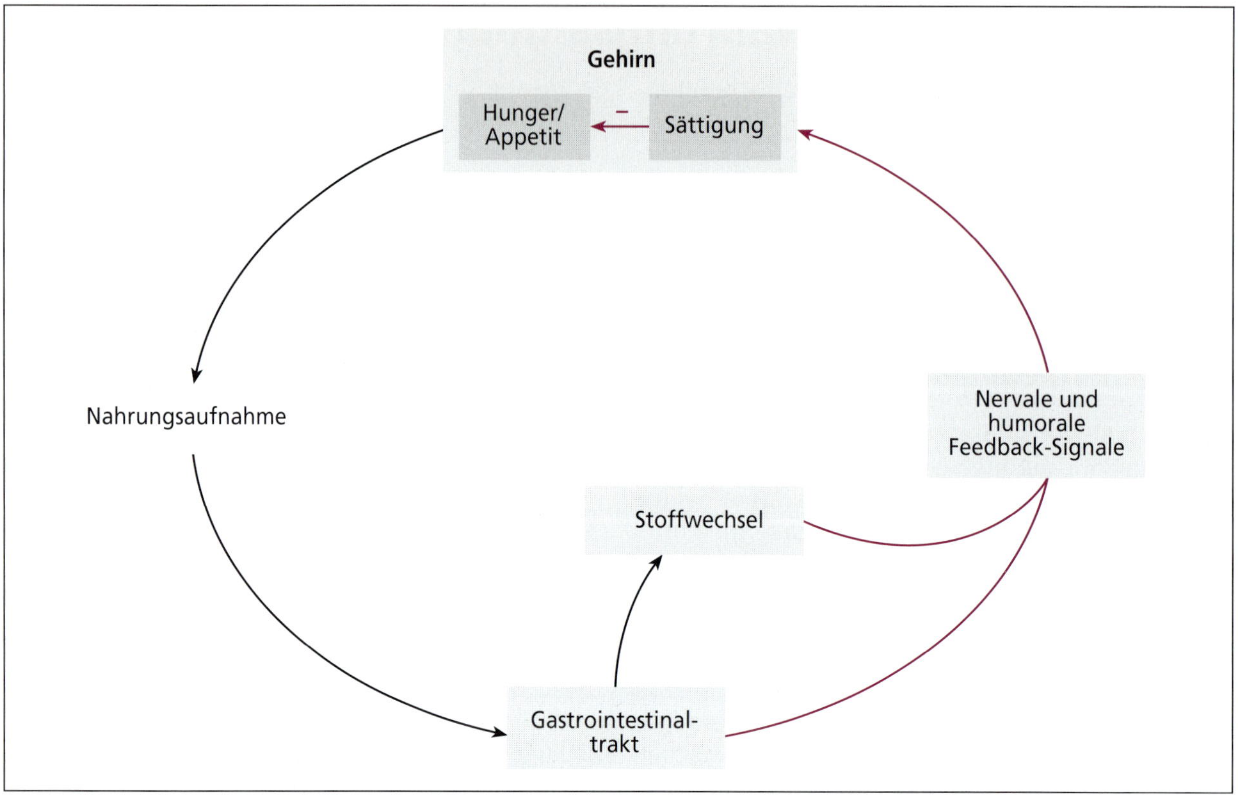

Abb. 16.2 Regulation der Nahrungsaufnahme durch gastrointestinale und metabolische Sättigungssignale.

Sättigung für einige Zeit aufrechterhalten (Abb. 16.2). Im Folgenden werden Hunger und Sättigung als reziproke Zustände betrachtet, die im wesentlichen auf Veränderungen der Intensität derselben Feedback-Signale beruhen.

Fluktuationen der Nahrungsaufnahme resultieren aus Veränderungen der Größe und Häufigkeit von Mahlzeiten, welche durch einen physiologischen Regelkreis mit negativem Feedback gesteuert werden.

16.3 Hunger und Sättigungssignale

16.3.1 Gastrointestinale Signale

16.3.1.1 Vom Magen ausgehende Signale

Der Physiologe Walter Cannon stellte vor über 80 Jahren bei Versuchspersonen einen Zusammenhang zwischen den am Magen registrierbaren starken Kontraktionen (=Hungerkontraktionen) und dem Auftreten von Hungergefühlen fest. Er führte daher den Hunger auf die Kontraktionen des leeren Magens zurück. Da Hunger jedoch auch unabhängig von den Hungerkontraktionen des Magens auftreten kann, war Cannons Hypothese nicht lange haltbar.

Trotzdem ist der als Nahrungs- bzw. Energiespeicher fungierende Magen eine wichtige Voraussetzung für die periodische Organisation der Nahrungsaufnahme. Die Magenentleerung wird vom Dünndarm aus durch die Resorption von Nahrungsbausteinen (Glucose, Fettsäuren, Aminosäuren) über vagale Reflexe und hormonale Vorgänge gesteuert (Kap. 15.3.1.4). So ist ein weitgehend kontinuierlicher Übertritt der im Magen gespeicherten Nahrungsenergie in den Dünndarm und damit letztlich auch in die Blutbahn gewährleistet.

Intragastrale Nährstoffinfusionen reduzieren die Mahlzeitgröße auch dann, wenn die Nährstoffe nicht in den Dünndarm gelangen. Die Drainage von Nahrung aus dem Magen via Magenkanüle während einer Mahlzeit führt hingegen zu einer Zunahme der Mahlzeitgröße. Die Präsenz von Nahrung im Magen wirkt demnach sättigend. Dieser Effekt beruht auf der Magendehnung (Abb. 16.3). Von gastralen Dehnungssensoren gelangt das Sättigungssignal über afferente Vagusfasern zum Gehirn (Kap. 4.4.4.4). Als erste Relaisstation fungiert dabei der Nucleus tractus solitarii in der Medulla oblongata. Das Fassungsvermögen des Magens ist insbesondere bei voluminöser Nahrung mit geringer energetischer Dichte für den Verzehr limitierend und spielt dementsprechend für die Sättigung bei der Milchaufnahme des Neugeborenen eine besondere Rolle.

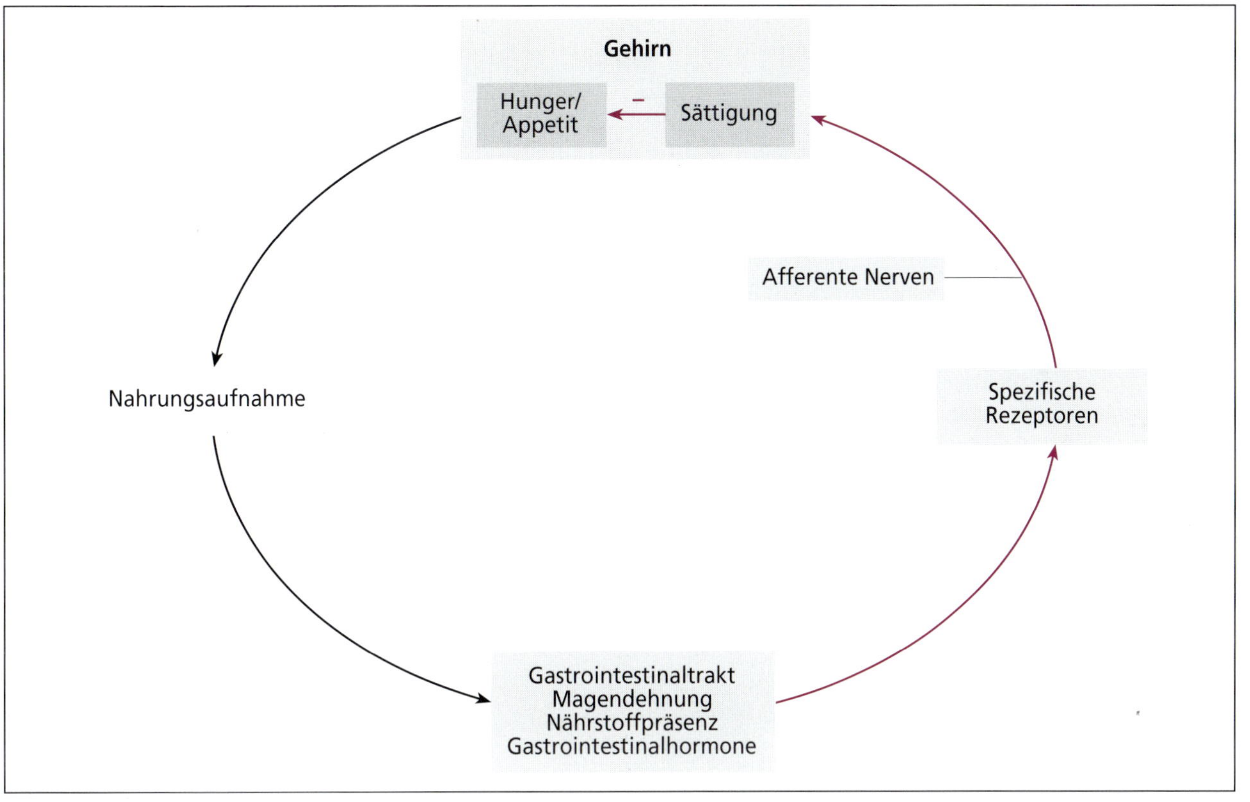

Abb. 16.3 Gastrointestinale Sättigungssignale.

16.3.1.2 Vom Darm ausgehende Signale

Außer gastralen Mechanosensoren sind auch intestinale Sensoren für Glucose, Aminosäuren und Fettsäuren sowie intestinale Osmosensoren am Zustandekommen der Sättigung beteiligt. Diese intestinalen Chemosensoren sind ebenfalls über vagale Afferenzen mit dem Gehirn verbunden. Von den gastrointestinalen Peptiden wirkt vor allem das Cholecystokinin (CCK) sättigend. Es induziert Sättigung vorwiegend auf parakrinem Weg, über CCK_A-Rezeptoren (A=Abdomen) an peripheren Enden vagaler Afferenzen im Pylorusbereich. Ob ein Teil des Sättigungseffekts von CCK bei einzelnen Species auch auf einer hormonartigen Wirkung beruht, ist noch nicht endgültig geklärt. Die physiologische Bedeutung von CCK als Sättigungshormon wird dadurch unterstrichen, daß das Fehlen funktioneller CCK_A-Rezeptoren durch einen Gendefekt bei Ratte und Mensch mit Obesitas einhergeht. Das Gastrin-Releasing-Peptid und Neuromedin B, die vor allem als Transmitter im Darmnervensystem fungieren, könnten ebenfalls zur Sättigung beitragen. Analoges gilt für das Glucagon-Like-Peptide-1 (GLP-1), welches wie viele andere gastrointestinale Peptide im Dünndarm und im Gehirn vorkommt. Die intracerebroventrikuläre Applikation eines GLP-1-Antagonisten stimuliert und die zentrale oder periphere Injektion von GLP-1 reduziert die Nahrungsaufnahme. Eine Sättigungsfunktion wird schließlich auch für das bei der Fettverdauung von der pankreatischen Procolipase abgespaltene Pentapeptid Enterostatin diskutiert. Es reduziert nach peripherer oder intracerebroventrikulärer Applikation insbesondere die Fettaufnahme.

16.3.1.3 Besonderheiten bei Wiederkäuern

Bei Wiederkäuern ist dem eigentlichen Magen (Labmagen) ein umfangreiches Vormagensystem vorgeschaltet, in dem die aufgenommenen Kohlenhydrate mikrobiell zu Essigsäure, Propionsäure und Buttersäure abgebaut werden. Diese kurzkettigen Fettsäuren werden großenteils bereits aus dem Vormagen resorbiert und sind die Hauptenergiequelle für Wiederkäuer. Es ist naheliegend, daß Feedback-Signale aus dem Vormagen an der Futteraufnahmeregulation bei Wiederkäuern beteiligt sind (Abb. 16.4). Analog zu den gastralen Sättigungssignalen bei Monogastriden trägt bei Wiederkäuern die Reizung von ruminalen Mechanosensoren insbesondere bei rohfaserreicher Fütterung (=geringe Energiedichte) zur Sättigung bei. Die Aktivierung dieser Mechanosensoren ist außer von der Futteraufnahme insbesondere von der Retentionszeit der Futterpartikel im Pansen abhängig. Der die Reten-

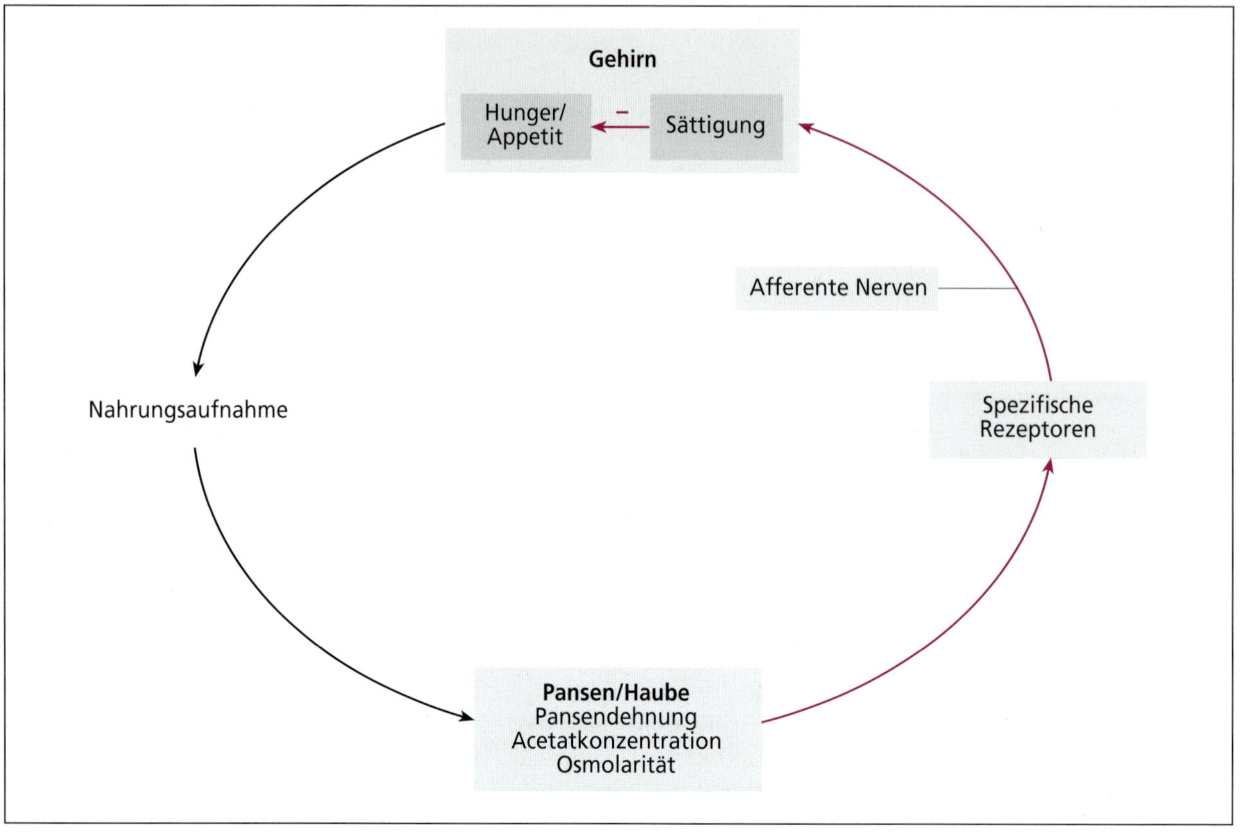

Abb. 16.4 Sättigungssignale aus dem Vormagensystem der Wiederkäuer

tionszeit bestimmende Weitertransport der Partikel durch das Ostium reticuloomasicum nimmt mit der Dichte und dem Zerkleinerungsgrad der Partikel sowie mit der Amplitude der Haubenkontraktion zu. Zerkleinerung und Dichtezunahme der Partikel hängen u.a. von der Wiederkauaktivität ab (Kap. 15.3.5.9). Von den bei der Pansenfermentation entstehenden kurzkettigen Fettsäuren reduziert vor allem Essigsäure nach intraruminaler Infusion die Futteraufnahme. Entsprechende Infusionen von Essigsäure in den Labmagen oder in die Blutbahn beeinflussen die Futteraufnahme kaum. Dies spricht für eine Beteiligung von Chemosensoren in der Vormagenschleimhaut an der Regulation der Nahrungsaufnahme bei Wiederkäuern. Möglicherweise ist das betreffende Feedback-Signal jedoch nicht spezifisch für Essigsäure, sondern beruht zusätzlich auf einer Aktivierung ruminaler Osmosensoren. Der im Verlauf der Futteraufnahme stattfindende Anstieg der Osmolarität des Panseninhalts gilt bei Wiederkäuern nämlich als wichtiges Sättigungssignal. Die pH-Sensoren in der Vormagenwand dürften hingegen unter physiologischen Bedingungen für die Regulation der Nahrungsaufnahme unbedeutend sein. Allerdings wird bei einem starken Absinken des pH-Wertes im Pansen, z.B. bei der Pansenacidose, die Pansenmotorik durch die Aktivierung der pH-Sensoren reflektorisch gehemmt (Abb. 15.30). Dies könnte zu der bei der Pansenacidose auftretenden Verzehrsdepression beitragen.

Magenfüllung, intestinale Nährstoffpräsenz, gastrointestinale Peptide (z.B. CCK und GLP-1) und beim Wiederkäuer auch die Osmolarität des Panseninhaltes führen während einer Mahlzeit zur Sättigung. Die betreffenden Signale werden vorwiegend durch den Vagus ans Gehirn übermittelt.

16.3.2 Metabolische Signale

Die parenterale Applikation unterschiedlicher energieliefernder Substrate und langfristige parenterale Ernährung führen bei Mensch und Tier zu einer Hemmung der spontanen Nahrungsaufnahme. Antimetabolite des Glucose- und Fettstoffwechsels besitzen einen verzehrssteigernden Effekt. Die Nahrungsaufnahme unterliegt demnach auch einer metabolischen Kontrolle.

16.3.2.1 Glucose und Sättigung

Glucose wurde wegen ihrer besonderen Rolle im Stoffwechsel schon frühzeitig ein Sättigungseffekt zugeschrieben. Anfang der 50er Jahre wurde postu-

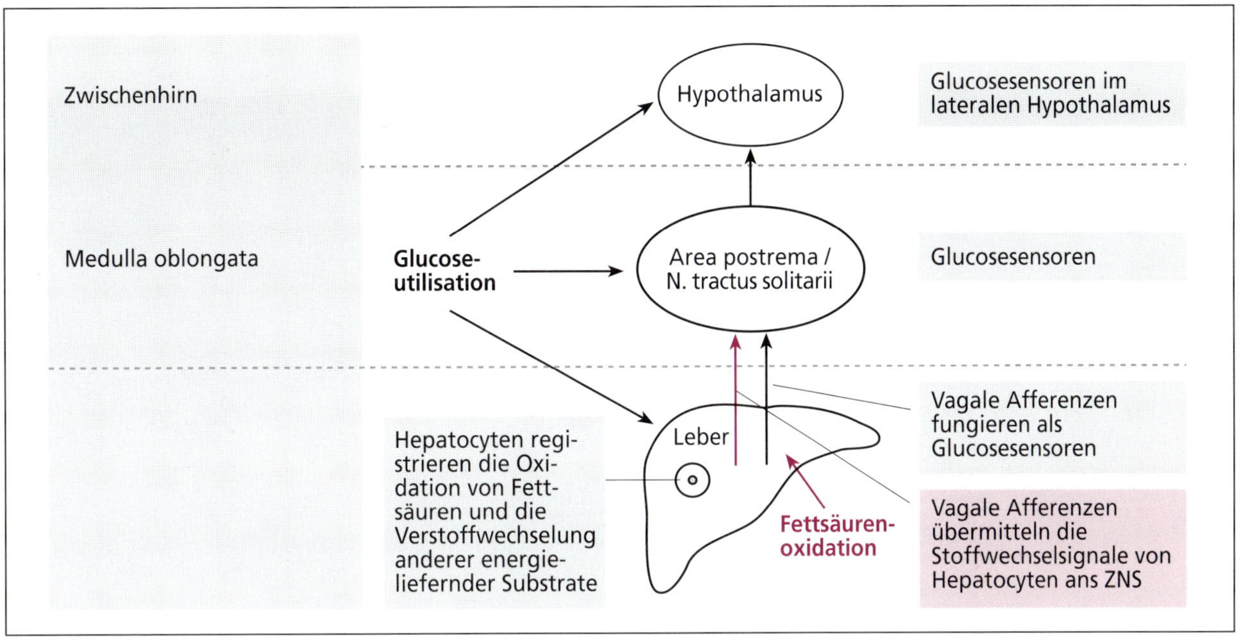

Abb. 16.5 Registrierung und Übermittlung metabolischer Sättigungssignale an das Gehirn

liert, daß eine Zu- bzw. Abnahme der Glucoseutilisationsrate von Glucosesensoren vor allem im Gehirn registriert wird und damit Sättigung bzw. Hunger bewirkt (= glucostatische Regulation der Nahrungsaufnahme). Tatsächlich führt die parenterale Applikation von Glucoseantimetaboliten, die den intrazellulären Glucoseabbau hemmen (z.B. 2-Desoxy-D-Glucose), bei den meisten Monogastriden zu einer Verzehrssteigerung, während die parenterale Applikation von Glucose häufig eine Verzehrsdepression bewirkt. Da bereits geringe Mengen von Glucoseantimetaboliten nach Injektion in die Hirnventrikel den Verzehr deutlich stimulieren, sind zentralnervale Glucosesensoren an der Regulation der Nahrungsaufnahme beteiligt. Diese Sensoren scheinen insbesondere in der Medulla oblongata lokalisiert zu sein (Abb. 16.5). Auch vagale Afferenzen der Leber, die auf einen Anstieg der portalen Blutglucosekonzentration mit einer Aktivitätsabnahme reagieren, tragen zur Regulation der Nahrungsaufnahme bei (Abb. 16.5). So reduziert die Infusion von Glucoselösung in die Pfortader den Verzehr stärker als entsprechende Infusionen in die Vena jugularis.

Es gibt noch keinen schlüssigen Beweis dafür, daß die nach parenteraler Applikation von Glucoseantimetaboliten auftretende Verzehrssteigerung ein physiologisches Hungersignal widerspiegelt. Da jedoch bei Ratte und Mensch der Blutglucosespiegel unmittelbar vor spontanen Mahlzeiten vorübergehend absinkt und der Mahlzeitbeginn verzögert wird, wenn man den Blutglucoseabfall durch eine Glucoseinfusion verhindert, dürften Glucosesensoren an der Auslösung spontaner Mahlzeiten beteiligt sein.

16.3.2.2 Fettsäuren und Sättigung

Die Glykogenspeicherkapazität der Leber ist limitiert und die Umwandlung von Kohlenhydraten in Fett energetisch aufwendig. Unter normalen Ernährungsbedingungen wird daher der größte Teil der aufgenommenen Kohlenhydrate rasch verstoffwechselt (Abb. 16.6). Dies ist für die Regulation der Nahrungsaufnahme von besonderer Bedeutung (siehe oben). Da es eine Obergrenze für die adaptive Steigerung der Energieabgabe bei überhöhter Energieaufnahme gibt, geht eine vermehrte Oxidation von Kohlenhydraten im allgemeinen mit einer reduzierten Fettoxidation einher. Somit überwiegt nach einer Mahlzeit die Kohlenhydratoxidation; von gleichzeitig aufgenommenem Fett wird prozentual weniger oxidiert und dementsprechend mehr gespeichert (Abb. 16.6). Diese unzureichende Oxidation von Nahrungsfett bei hoher Fettaufnahme wird mit der Entstehung von Obesitas beim Menschen in Zusammenhang gebracht und bildet die Grundlage der Empfehlung, bei einer angestrebten Reduktion des Körpergewichtes in erster Linie den Fettanteil der Diät zu reduzieren. Dennoch beeinflußt die Oxidation langkettiger Fettsäuren die Nahrungsaufnahme. So stimulieren Hemmstoffe der mitochondrialen Fettsäurenoxidation die Futteraufnahme nach parenteraler Applikation bei fettreich gefütterten Versuchstieren. Die Oxidation von Fettsäuren trägt primär zur Aufrechterhaltung der

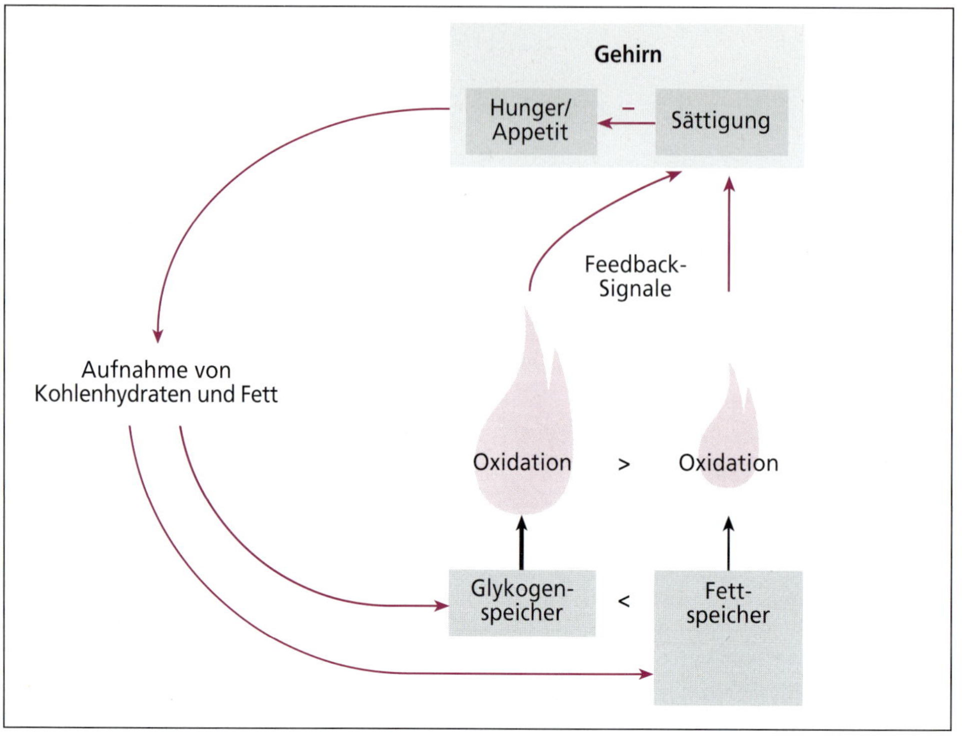

Abb. 16.6 Unterschiedliche Verstoffwechselung von Kohlenhydraten und Fett nach einer Mahlzeit.

Sättigung nach einer Mahlzeit bei. Die Sensoren, welche den Effekt der Fettsäurenoxidation auf die Nahrungsaufnahme vermitteln, befinden sich vor allem in der Leber (Abb. 16.5). Wie das aus der Fettsäurenoxidation in Leberzellen resultierende Sättigungssignal auf afferente Nerven übertragen wird, ist noch nicht geklärt. Der Sättigungseffekt der Fettsäurenoxidation steht keineswegs im Widerspruch zu der im Hungerzustand gesteigerten Fettmobilisation (und Fettsäurenoxidation). Dies ist vielmehr ein Versuch des Organismus, die fehlende Nahrungsenergie durch die Mobilisation von Energiereserven zu kompensieren. Tatsächlich zeigte sich, daß die Fettmobilisation bei Nahrungskarenz den Hunger reduziert.

Der Leber kommt bei der metabolischen Regulation der Nahrungsaufnahme große Bedeutung zu. Sie kann praktisch alle energieliefernden Metabolite oxidieren (Kap. 17.3) und ist das erste Organ, das die meisten der im Darm resorbierten Nahrungsbausteine passieren. Die Plasmakonzentrationen von Glucose und anderen Nährstoffen steigen im Pfortaderblut bereits während einer Mahlzeit deutlich an und bleiben während der gesamten resorptiven Phase erhöht.

16.3.2.3 Besonderheiten bei Wiederkäuern

Trotz ihrer zentralen Rolle im Stoffwechsel besitzen die aus dem Pansen resorbierten kurzkettigen Fettsäuren bei Wiederkäuern offenbar keine wichtige Sättigungsfunktion. So ist bei Ad-libitum-Fütterung kein deutlicher mahlzeitinduzierter Anstieg der Plasmakonzentration von kurzkettigen Fettsäuren feststellbar, und ihre intravenöse Infusion hemmt die Futteraufnahme im allgemeinen nicht. Nur durch die intraportale Infusion von Propionat läßt sich der Verzehr reduzieren. Dieser Effekt tritt nach Denervation der Leber nicht auf und dürfte demnach durch hepatische Sensoren vermittelt werden. Dazu paßt, daß Propionat als wichtiges gluconeogenetisches Substrat bei Wiederkäuern vorwiegend in der Leber verstoffwechselt wird (Kap. 17.3.2). Wie Propionat die hepatischen Sensoren stimuliert, ist unbekannt.

Wegen des niedrigen Fettgehalts von Wiederkäuerfutter ist die physiologische Bedeutung langkettiger Fettsäuren als Sättigungssignal bei Wiederkäuern wahrscheinlich gering. Ein Sättigungseffekt der Fettsäurenoxidation könnte jedoch zu der bei Milchkühen im ersten Drittel der Laktation zu beobachtenden negativen Energiebilanz beitragen. Die stark vermehrte Mobilisation von Körperfett führt dabei oft zur klinisch manifesten Ketose, welche von einer ausgeprägten Reduktion der Futteraufnahme begleitet ist. Auch Ketonkörper scheinen bei Wiederkäuern den Verzehr zu hemmen. Anders als bei Monogastriden kommt Glucose bei Wiederkäuern kaum als metabolisches Sättigungssignal in Betracht, da selbst unphysiologisch hohe oder niedrige Blutglucosespiegel die Futteraufnahme nicht beeinflussen.

Metabolische Sättigungssignale resultieren aus der von speziellen Sensoren in Gehirn (Glucose) und Leber (Glucose, Fettsäuren, andere Metabolite) registrierten Verstoffwechselung von energieliefernden Substraten.

16.3.3 Pankreashormone

16.3.3.1 Glucagon

Wegen seines hyperglykämischen Effekts wurde Glucagon schon frühzeitig mit der Verzehrsregulation in Verbindung gebracht. Als kataboles Hormon wird Glucagon in Energiemangelsituationen sezerniert (Kap. 17.3.2 u. 23.2.2.4). Die Ausschüttung von Glucagon aus dem Pankreas wird jedoch auch während der Nahrungsaufnahme über autonome Reflexe stimuliert. Glucagon ist am Zustandekommen der Sättigung beteiligt, da bei partieller Elimination des während einer Mahlzeit freigesetzten Glucagons durch spezifische Glucagonantikörper die Mahlzeitgröße zunimmt. Umgekehrt wird durch parenterale Applikation von Glucagon vor einer Mahlzeit bei Mensch und Tier die Mahlzeit verkleinert. Es ist anzunehmen, daß Glucagon über eine Wirkung in der Leber Sättigung induziert. Der genaue Mechanismus dieses Sättigungseffekts ist noch unbekannt.

16.3.3.2 Insulin

Insulin wird ebenfalls im Verlauf der Nahrungsaufnahme freigesetzt und reduziert nach parenteraler Applikation in nicht hypoglykämisch wirkenden Dosen die Nahrungsaufnahme. Die Infusion spezifischer Insulinantikörper in die Pfortader von Ratten während einer spontanen Mahlzeit führt zu einer deutlichen Vergrößerung der Mahlzeit. Der genaue Mechanismus und der Wirkort eines Sättigungseffekts von Insulin müssen ebenfalls noch aufgeklärt werden. Zu erwähnen ist auch, daß Insulin in hohen, pharmakologischen Dosen infolge einer Hypoglykämie zu Hyperphagie (griech. phagein = fressen) führt.

16.3.3.3 Amylin

Amylin ist ein vor wenigen Jahren entdecktes Peptid, welches gemeinsam mit Insulin von den β-Zellen des endokrinen Pankreas sezerniert wird. Beim Tier reduziert Amylin nach parenteraler Applikation die Futteraufnahme durch eine Verringerung von Mahlzeitgröße und Mahlzeitfrequenz. Die Applikation eines spezifischen Amylinantagonisten führt bei der Ratte zu einer Verzehrssteigerung. Der Sättigungseffekt von Amylin scheint durch eine direkte Wirkung von Amylin auf zentralnervale Neuronenverbände bedingt zu sein.

Die Pankreashormone Glucagon, Insulin und Amylin besitzen einen Sättigungseffekt. Die diesem Sättigungseffekt zugrunde liegenden Mechanismen sind noch weitgehend unbekannt.

16.3.4 Zusammenspiel peripherer Sättigungssignale

Die Aktivierung von gastrointestinalen Sättigungssignalen erfolgt großenteils bereits während der Mahlzeit; deshalb sind diese Signale für die Regulation der Mahlzeitgröße von besonderer Bedeutung. Zusätzlich beeinflußt die Verweildauer der Nahrung im Verdauungstrakt die Dauer der Sättigung nach einer Mahlzeit. Sie wird durch Magenentleerung, Verdauung und Resorption determiniert. Die Magenentleerungsgeschwindigkeit ist dabei abhängig von der Beschaffenheit der Nahrung und wird vom Dünndarm aus über nervale und humorale Feedback-Signale gesteuert (Kap. 15.3.1.4). Viele dieser Feedback-Signale besitzen auch einen Sättigungseffekt. Somit sind Nahrungsaufnahme und Geschwindigkeit der gastrointestinalen Passage von Digesta oft positiv korreliert und eine Verzögerung der Magenentleerung geht häufig mit einer Verzehrsdepression einher. Letzteres könnte auch bei der im Verlauf von fieberhaften Erkrankungen zu beobachtenden Inappetenz eine Rolle spielen. Metabolische Sättigungssignale werden im Verlauf einer Mahlzeit später aktiviert als gastrointestinale Sättigungssignale und sind dementsprechend für die Aufrechterhaltung der Sättigung nach einer Mahlzeit von besonderer Bedeutung. Generell ist der physiologische Regelkreis für die Regulation der Nahrungsaufnahme durch vielfältige Interaktionen zwischen den einzelnen Sättigungssignalen charakterisiert.

Es gibt nicht „das" Hunger- oder Sättigungssignal! Die sequentielle Aktivierung der gastrointestinalen und metabolischen Sättigungssignale und deren vielfältige Interaktionen sind für die adäquate Regulation der Nahrungsaufnahme essentiell.

16.4 Lipostatische Regulation der Nahrungsaufnahme

16.4.1 Fettdepots und Verzehr

Die Körpermasse ist langfristig der zuverlässigste Indikator für die Energiebilanz und wird bei erwachsenen Individuen weitgehend durch die Größe der Fettdepots determiniert. Da die Energie-

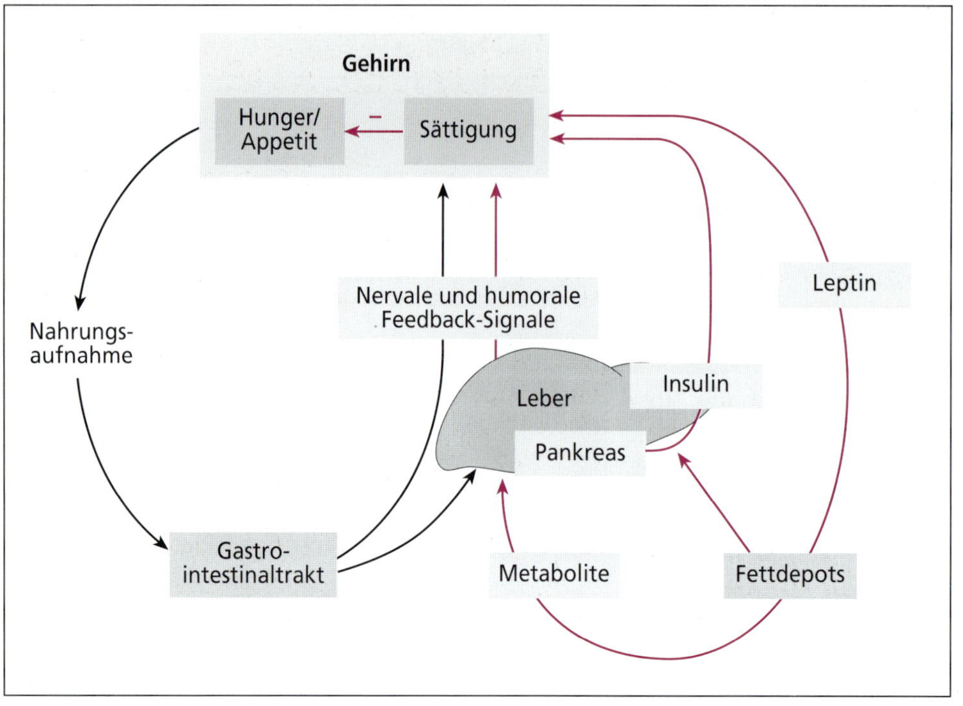

Abb. 16.7 Lipostatische Feedback-Signale bei der Regulation der Nahrungsaufnahme.

bilanz vor allem über die Nahrungsaufnahme reguliert wird, ist anzunehmen, daß die Größe der Fettdepots den Verzehr beeinflußt (= lipostatische Regulation). Tatsächlich kommt es nach experimentellen Veränderungen der Größe der Fettdepots bei Versuchstieren zu kompensatorischen Veränderungen des Verzehrs. Lipostatische Feedback-Signale könnten auch für die im ersten Viertel der Laktation bei der Hochleistungskuh zu verzeichnende negative Energiebilanz (Energieaufnahme < Energieabgabe) mitverantwortlich sein, da in der letzten Phase der Gravidität vermehrt Fett gespeichert wird.

Die Nahrungsaufnahme wird durch die Größe der Fettdepots moduliert (= lipostatische Regulation).

16.4.2 Lipostatische Signale

Für den Einfluß der Fettdepots auf den Verzehr werden verschiedene Mechanismen diskutiert (Abb. 16.7). Metabolite wie freie Fettsäuren oder Glycerin, deren Plasmakonzentration die Größe der Fettdepots widerspiegelt, kommen als lipostatische Feedback-Signale in Betracht. Die Verstoffwechselung dieser aus vergrößerten Fettdepots vermehrt freigesetzten Metabolite könnte die oben erwähnten metabolischen Sättigungssignale verstärken. Auch dem Insulin wird eine lipostatische Feedback-Funktion zugeschrieben. Der basale Plasmaspiegel von Insulin und der Insulinspiegel der Cerebrospinalflüssigkeit sind mit der Größe der Fettdepots direkt korreliert, und die intravenöse oder intracerebroventrikuläre Applikation von Insulin in nicht hypoglykämisch wirkenden Dosen reduziert den Verzehr. Aus dem Blut gelangt Insulin über einen spezifischen, rezeptorvermittelten Transportprozeß ins Gehirn und wirkt dort auf Neuronenverbände, die Insulinrezeptoren besitzen und in die Regulation von Nahrungsaufnahme und Stoffwechsel involviert sind. Da lipostatische Feedback-Signale den Verzehr primär über eine Modulation der Mahlzeitgröße modulieren, paßt auch die nach intracerebroventrikulärer Insulininfusion zu beobachtende Verstärkung des Sättigungseffekts von CCK (siehe oben) zu einer lipostatischen Feedback-Funktion von Insulin.

Neuerdings wird insbesondere auch das erst 1994 charakterisierte Polypeptid Leptin als lipostatisches Feedback-Signal bei der Regulation der Energiebilanz diskutiert (Abb. 16.7). Leptin (von griech. leptos = dünn) ist das Produkt des sog. Obesitas(ob)-Gens, dessen Mutation für die bei ob/ob-Mäusen zu beobachtende genetisch bedingte Obesitas verantwortlich ist. Bei diesen Tieren wird aufgrund des genetischen Defektes kein Leptin produziert. Leptin ist ein Polypeptid aus 167 Aminosäuren, das primär im Fettgewebe exprimiert wird. Nach parenteraler Applikation bei übergewichtigen ob/ob-Mäusen und normalgewichtigen Labortieren reduziert Leptin die Futteraufnahme und erhöht den Energieumsatz. Auch der Mensch besitzt das ob-Gen. Übergewichtige Menschen haben jedoch keine verminderte Leptinproduktion, sondern oft sogar erhöhte Leptinspiegel im Blut. Leptin wirkt demnach bei übergewichtigen Menschen nicht. Diese Unwirksamkeit von Leptin ist nicht durch einen primären Rezeptordefekt verursacht. Generell läßt sich Übergewicht beim Menschen nicht durch eine Einzelgenmutation erklären, sondern ist das Resultat des komplexen Zusammenspiels von genetischer Veranlagung und unterschiedlichen Umweltfaktoren.

Als lipostatische Feedback-Signale kommen Metabolite, Insulin und Leptin in Betracht.

16.5 Steuerung der Nahrungswahl

16.5.1 Charakteristika des Wahlverhaltens

Omnivoren, aber auch andere Species, können sich aus einem vielfältigen Angebot unterschiedlicher Nährstoffquellen bedarfsgerecht ernähren. Dies impliziert die Fähigkeit, Nahrung anhand ihrer sensorischen Qualitäten zu erkennen und auszuwählen. Bei vielen Species sind tageszeitabhängige Variationen der Nahrungswahl feststellbar. So werden am Beginn der aktiven Phase des Tag-Nacht-Zyklus im allgemeinen Kohlenhydrate bevorzugt, gegen Ende der aktiven Phase hingegen eher Fette bzw. energiedichtere Nahrungsmittel. Weidende Wiederkäuer bevorzugen normalerweise Pflanzen, die viel Stickstoff, viel umsetzbare Energie und viel wasserlösliche Kohlenhydrate enthalten.

16.5.2 Steuerung durch den Geschmack

Bei Säugetieren und Mensch wird die Nahrungswahl vorwiegend durch Geschmacksstimuli, in geringerem Umfang auch durch Geruchsstimuli gesteuert. Die Akzeptanz eines Geschmacksstimulus wird dabei durch angeborene wie auch erlernte Präferenzen und Aversionen bestimmt. Die meisten Species zeigen eine angeborene Präferenz für süßen und eine angeborene Aversion gegenüber bitterem Geschmack (Kap. 5.5.2). Die Reaktionen auf salzigen und sauren Geschmack sind indifferent und konzentrationsabhängig; hohe Konzentrationen führen zu Meidereaktionen.

Angeborene Geschmackspräferenzen und -aversionen sind veränderbar. So nimmt die Schmackhaftigkeit von Nahrung im Verlauf einer Mahlzeit ab (Abb. 16.8), was zur Sättigung beiträgt. Da dieser Effekt spezifisch für den Gechmack der aufgenommenen Nahrung ist, spricht man in diesem Zusammenhang auch von *geschmacksspezifischer Sättigung*. Nahrung mit anderem Geschmack wird meist noch bereitwillig verzehrt. Die Nahrungsaufnahme wird dann vorwiegend durch den Appetit gesteuert.

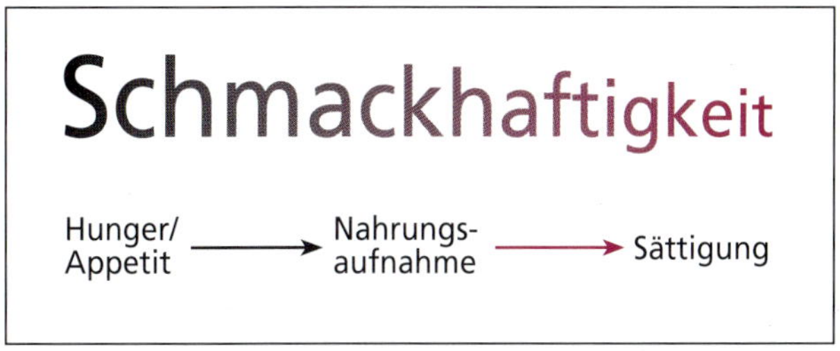

Abb. 16.8 Abnahme der Schmackhaftigkeit im Verlauf einer Mahlzeit als Bestandteil der Sättigung.

Dementsprechend nimmt die Mahlzeitgröße bei Mensch und Tier zu, wenn im Verlauf einer Mahlzeit mehrere unterschiedliche Speisen bzw. Futtermittel angeboten werden. Dieser sogenannte Dessert-Effekt ist nicht auf einzelne Mahlzeiten beschränkt. Ratten werden unweigerlich fett, wenn ihnen kontinuierlich verschiedene schmackhafte Nahrungsmittel zur Auswahl angeboten werden (= Cafeteria-Diät). Ähnliche Faktoren könnten auch an manchen Formen der Obesitas des Menschen und der Heimtiere ursächlich beteiligt sein. Die geschmacksspezifische Sättigung begünstigt das Wechseln von einer Nährstoffquelle zur anderen und erhöht damit – statistisch betrachtet – die Wahrscheinlichkeit einer ausgewogenen Ernährung.

Mensch und Tier lernen, bestimmte Nahrung zu bevorzugen oder abzulehnen. Dabei werden die positiven oder negativen Konsequenzen der letztmaligen Aufnahme dieser Nahrung mit deren sensorischen Eigenschaften assoziiert und führen in der Folge zu deren Bevorzugung oder Ablehnung (Abb. 16.9). Der Geschmack fungiert dabei als wichtigster konditionierter Stimulus. Eine besonders stark ausgeprägte Geschmacksaversion entsteht, wenn der Geschmack intensiv und neu ist. Erlernte Geschmacksaversionen treten auch bei Mangelernährung oder Intoxikationen auf, zum Beispiel bei

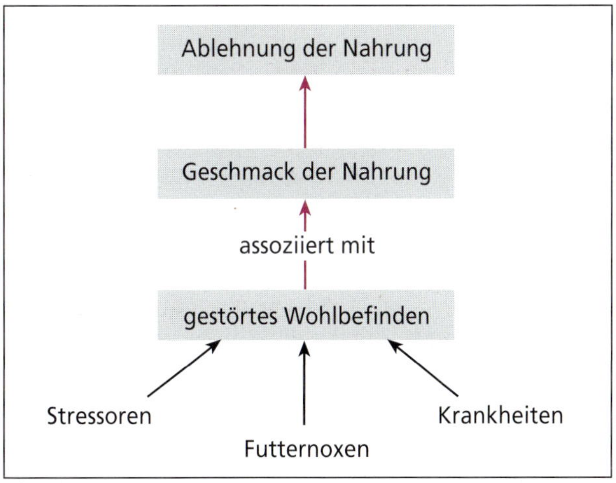

Abb. 16.9 Schema zur erlernten Geschmacksaversion

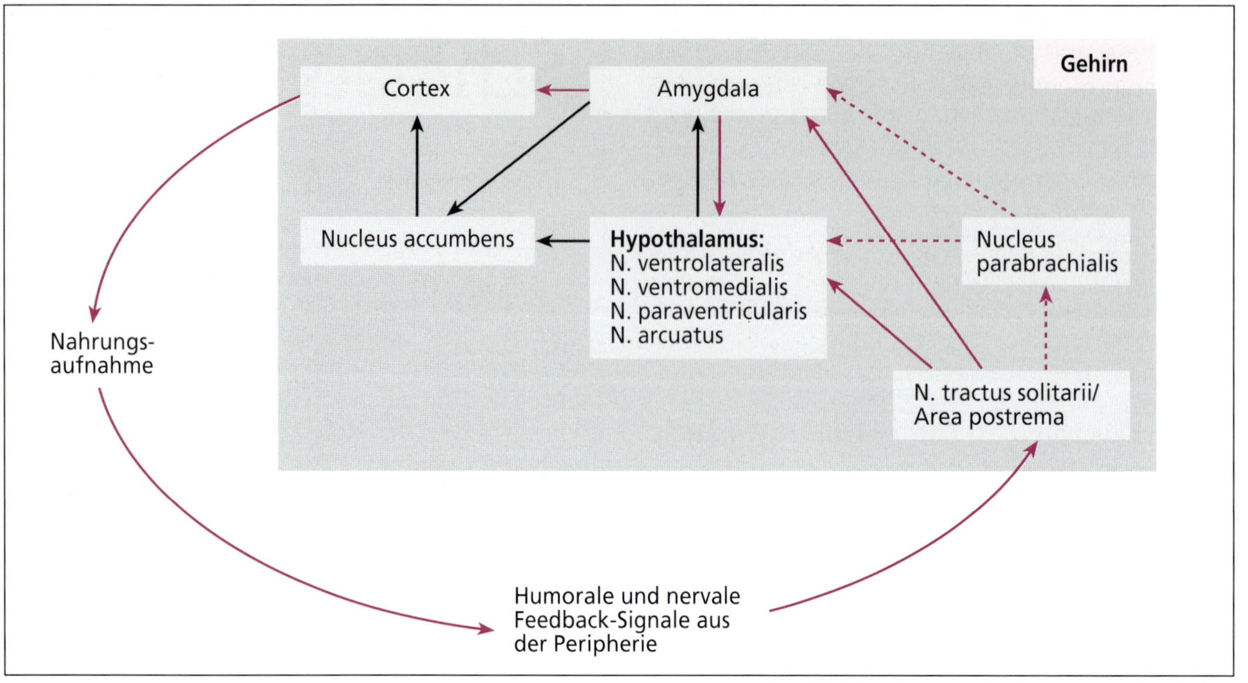

Abb. 16.10 Beteiligung unterschiedlicher Areale des Gehirns an der Regulation der Nahrungsaufnahme. Schwarze Pfeile: die Nahrungsaufnahme stimulierende Verschaltungen, rote Pfeile: negativer Feedback.

Schweinen und Rindern, deren Futter mit Pilztoxinen kontaminiert ist. Eine Geschmacksaversion führt zu Inappetenz, wenn kein anderes Futter zur Auswahl steht.

Auch Störungen des Wohlbefindens, die vom verzehrten Futter völlig unabhängig sind, können zu einer Geschmacksaversion führen. Im Tierexperiment lassen sich Geschmacksaversionen durch Injektion unterschiedlicher Toxine und durch viele andere Manipulationen induzieren. Dies gilt auch dann, wenn ein Tier ein Futter kennt und mit dem betreffenden Geschmack bisher positive Erfahrungen verknüpft hat. Aufgrund dieser Gegebenheiten ist anzunehmen, daß erlernte Geschmacksaversionen auch bei unterschiedlichen Krankheiten zur Verzehrsdepression beitragen.

Erlernte Geschmackspräferenzen bewirken, daß Tiere mit Nährstoffmangelzuständen ein Futter bevorzugen, welches die betreffenden Nährstoffe enthält. Ratten, die an eine Zinkmangeldiät adaptiert waren, entwickelten sogar eine ausgeprägte Präferenz für Essig, dem Spuren von Zink beigemischt waren. Erlernte Aversionen und Präferenzen sind sehr wirksame Mechanismen der Nahrungswahl. Angeboren dürfte lediglich der Kochsalzappetit bei Na-Mangel sein.

> Die Steuerung der Nahrungswahl beruht vorwiegend auf angeborenen und erlernten Präferenzen und Aversionen für Geschmacksstimuli.

16.6 ZNS und Regulation der Nahrungsaufnahme

16.6.1 Beteiligte Hirnareale

Dem Hypothalamus kommt bei der zentralnervalen Integration peripherer Hunger- und Sättigungssignale und deren Umsetzung in die entsprechenden Verhaltensweisen eine wichtige Funktion zu (Kap. 4.4.4.4). Bilaterale Läsionen im ventromedialen Hypothalamus bewirken beim Versuchstier Hyperphagie und Fettsucht, bilaterale Läsionen im ventrolateralen Hypothalamus führen demgegenüber zu einer vorübergehenden Aphagie und zu Gewichtsverlust. Aufgrund dieser und anderer Beobachtungen wurde dem ventromedialen Hypothalamus lange Zeit die Funktion eines Sättigungszentrums, dem ventrolateralen Hypothalamus die Funktion eines Hungerzentrums zugeschrieben. Dieses einfache Konzept wurde inzwischen aufgegeben, da auch Läsionen in anderen Kerngebieten des Hypothalamus oder in bestimmten Arealen des limbischen Systems und des Mittelhirns entsprechende Effekte auf den Verzehr besitzen.

Die Nahrungsaufnahme wird nach heutiger Auffassung über ein komplexes Netzwerk von Neuronen reguliert, das sich von der Medulla oblongata bis zum Hypothalamus und zum limbischen System erstreckt (Abb. 16.10). Zur Hirnrinde projiziert dieses System über den Thalamus und Hypothalamus. Die Einspeisung der über afferente Vagusfasern übertragenen gastrointestinalen und hepatischen Sättigungssignale erfolgt über den Nucleus tractus solitarii der Medulla oblongata. Von dort aus projizieren Nervenfasern zum Teil über den Nucleus parabrachialis des Pons zum Hypothalamus, zum limbischen System und zur Hirnrinde. Geschmacksafferenzen werden ebenfalls im Nucleus tractus solitarii und im Nucleus parabrachialis umgeschaltet. Eine weitere Einspeisung von Informationen in dieses neuronale Netzwerk erfolgt über die eng mit dem Nucleus tractus solitarii verschaltete Area postrema. Als Circumventrikularorgan besitzt die im Dach des 4. Hirnventrikels gelegene Area postrema eine besonders durchlässige Blut-Hirn-Schranke und fungiert damit als Chemorezeptoren-Areal für im Blut zirkulierende Substanzen. Die im kaudalen Hirnstamm beginnende Konvergenz von viszeralen Afferenzen und Geschmacksafferenzen bildet auch die morphologische Grundlage für die Modulation der Schmackhaftigkeit.

Die zentralnervale Integration peripherer Sättigungssignale erfolgt über ein komplexes Netzwerk von Neuronen, das sich von der Medulla oblongata bis zum Hypothalamus erstreckt, der eine übergeordnete, integrative Funktion besitzt.

16.6.2 Neurochemische und neuroendokrine Aspekte

Insbesondere im hypothalamischen Nucleus paraventricularis, aber auch im Nucleau arcuatus, wurden Systeme von Neurotransmittern und -peptiden charakterisiert, die beim Zustandekommen von Hunger und Sättigung wie auch bei der Nahrungswahl eine wichtige Rolle spielen.

Noradrenalin besitzt nach Injektion in die Hirnventrikel einen ausgeprägten verzehrsstimulierenden Effekt, der durch alpha-2-adrenerge Rezeptoren im Nucleus paraventricularis vermittelt wird. Die Stimulierung der Nahrungsaufnahme über diese Rezeptoren ist besonders am Beginn der aktiven Phase des Tag-Nacht-Zyklus von Bedeutung und spezifisch für Kohlenhydrate. Dieses noradrenerge System wird durch einen hohen Blutglucosespiegel gehemmt und durch ein Absinken des Blutglucosespiegels aktiviert. Ferner wird der verzehrssteigernde Effekt von Noradrenalin durch Glucocorticoide verstärkt, was den oft zu beobachtenden verzehrssteigernden Effekt von Glucocorticoidbehandlungen erklären könnte. Auch das Neuropeptid Y (NPY) stimuliert insbesondere die Aufnahme von Kohlenhydraten. Eine Hemmung der Synthese von NPY im Hypothalamus trägt zum verzehrsreduzierenden Effekt von Insulin und Leptin (Kap. 16.4) bei. Weitere

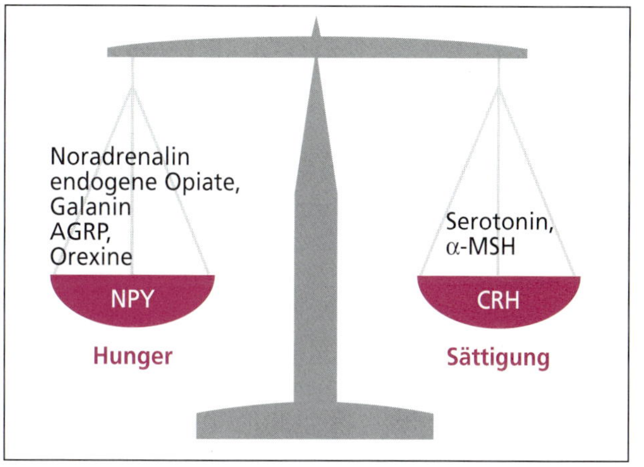

Abb. 16.11 Hunger und Sättigung als Resultat der Balance unterschiedlicher Neuropeptide und -transmitter. AGRP = Agouti-Related Peptide, NPY = Neuropeptid Y, α-MSH = alpha-Melanocyten-Stimulierendes Hormon, CRH = Corticotropin-Releasing Hormon.

Substanzen mit einem zentralen verzehrssteigernden Effekt sind das Peptid Galanin, die erst kürzlich identifizierte Neuropeptidfamilie der Orexine, das Agouti-Related Peptide (AGRP) und, zumindest unter bestimmten Bedingungen, endogene Opiate. Galanin und endogene Opiate stimulieren nach Injektion in den hypothalamischen Nucleus paraventricularis vor allem die Fettaufnahme. Das AGRP stimuliert den Verzehr über eine Blockade der Melanocortin-4-Rezeptoren (siehe nächster Absatz). Die Expression von AGRP im Hypothalamus wird unter anderem durch Leptin reduziert.

Einen zentralen verzehrshemmenden Effekt besitzt Serotonin. Serotonin und serotoninerge Pharmaka reduzieren die Nahrungsaufnahme und führen bei chronischer Applikation zu einer Reduktion der Körpermasse. Ferner aktiviert Serotonin das Sympathische Nervensystem und damit auch den Kohlenhydrat- und Fettstoffwechsel. Wahrscheinlich wird der verzehrshemmende Effekt von Serotonin letztlich durch das Corticotropin-Releasing-Hormon (CRH, Corticoliberin) vermittelt, dem eine Schlüsselrolle als zentrale Sättigungssubstanz zugeschrieben wird. Erst kürzlich zeigte sich, dass auch das alpha-Melanocyten-Stimulierende Hormon (α-MSH) einen physiologischen Sättigungseffekt besitzt. Dieser wird über über Melanocortin-

An der zentralnervösen Regulation der Nahrungsaufnahme sind viele Neurotransmitter und -peptide beteiligt. Verzehrsstimulierend wirken das Neuropeptid Y, Noradrenalin, das Agouti-Related Peptide, die Orexine, Galanin und manche endogene Opiate, verzehrshemmend wirken insbesondere Serotonin, das Melanocyten-Stimulierende Hormon und das Corticotropin-Releasing-Hormon.

4-Rezeptoren vermittelt und trägt zum verzehrshemmenden Effekt von Leptin bei. Generell ist das Verhältnis der unterschiedlichen verzehrsstimulierenden und verzehrshemmenden Neuropeptide und -transmitter im Hypothalamus eine wichtige Determinante von Hunger und Sättigung (Abb. 16.11).

16.7 Nahrungsaufnahme beeinflussende Faktoren

Die Nahrungsaufnahme wird durch eine ganze Reihe von äußeren und inneren Faktoren moduliert, die a priori nichts mit der physiologischen Regulation zu tun haben. Ein Beispiel dafür ist die Abhängigkeit der Nahrungsaufnahme von der Umgebungstemperatur. Die inverse Korrelation zwischen Umgebungstemperatur und Nahrungsaufnahme hängt wahrscheinlich mit dem steigenden Energiebedarf für die Thermogenese bei abnehmender Umgebungstemperatur zusammen. Auch während des Wachstums ist die Nahrungsaufnahme als Folge des erhöhten Energiebedarfs erhöht, und die Nahrungswahl reflektiert den veränderten Nährstoffbedarf für Protein- und Fettsynthese.

Auf psychologischen Streß reagieren etwa 1/3 aller Individuen mit einer Verzehrssteigerung und 2/3 mit einer Verzehrsreduktion. Die streßinduzierte Verzehrssteigerung ist wahrscheinlich vorwiegend durch eine Aktivierung des endogenen Opiatsystems bedingt. Für die streßinduzierte Verzehrsdepression dürften hingegen vorwiegend die Aktivierung des sympathischen Nervensystems und die vermehrte Bildung von CRH verantwortlich sein.

Enge Interaktionen bestehen zwischen Nahrungs- und Wasseraufnahme. Menge und Zusammensetzung der aufgenommenen Nahrung sind wichtige Determinanten der Wasseraufnahme. Andererseits ist die Nahrungsaufnahme bei Wassermangel reduziert. Bei Wiederkäuern hemmt Wassermangel zudem das Wiederkauen. Wie Wassermangel den Verzehr reduziert, ist weitgehend unbekannt. Der enge Zusammenhang zwischen Verfügbarkeit von Wasser und Futteraufnahme ist insbesondere für Wiederkäuer von praktischer Bedeutung. In vielen Gegenden der Erde sind Wiederkäuer regelmäßig Dehydratationsphasen ausgesetzt; die daraus resultierende Hypophagie ist ein limitierender Faktor für die Produktion. Laktierende Wiederkäuer reagieren auf Wassermangel besonders empfindlich.

Bei weiblichen Individuen fluktuiert die Nahrungsaufnahme in Abhängigkeit vom Sexualzyklus. Der Verzehr nimmt im Proöstrus ab und erreicht im Östrus ein Minimum. Dies ist auf den verzehrsreduzierenden Effekt der Östrogene bei niedrigen Blutspiegeln von Gestagenen zurückzuführen. Wirkungsweise und Wirkort der Östrogene in diesem Zusammenhang sind noch nicht vollständig geklärt. Einigen Befunden zufolge verstärken Östrogene den Effekt peripherer Sättigungssignale wie CCK. Während der Gravidität nimmt die Nahrungsaufnahme infolge des erhöhten Energiebedarfs normalerweise zu. Bei Kühen ist gegen Ende der Trächtigkeit jedoch eher eine Abnahme der Futteraufnahme feststellbar. Dies dürfte vor allem mit dem deutlichen Anstieg der Plasmaspiegel von Östrogenen in der Endphase der Trächtigkeit zusammenhängen. Frühere Vermutungen, die Größenzunahme des Fetus limitiere den für eine Ausdehnung des Pansens in der Bauchhöhle verfügbaren Platz und hemme somit die Futteraufnahme „mechanisch", sind nicht mehr haltbar. Auch während der Laktation ist die Futteraufnahme aufgrund des gesteigerten Energiebedarfs im allgemeinen erhöht. Trotzdem befinden sich die meisten Species in der ersten Phase der Laktation in einer negativen Energiebilanz, aus der sich bei der Hochleistungskuh oft eine Ketose entwickelt (Kap. 17.3.4). Warum die Milchkuh in dieser Phase nicht entsprechend ihrem Energiebedarf frißt, ist unbekannt. Lipostatische oder metabolische Sättigungssignale könnten dabei eine Rolle spielen.

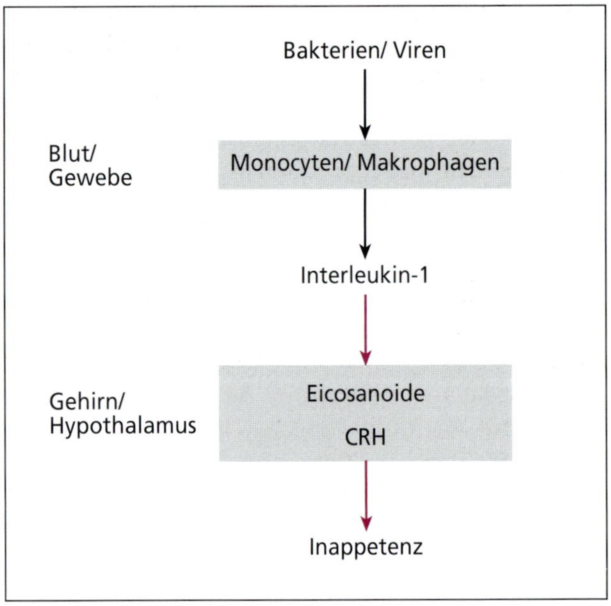

Abb. 16.12 Schema zum verzehrsreduzierenden Effekt des Cytokins Interleukin-1.

Von großer praktischer Bedeutung ist die im Verlauf von Krankheiten zu beobachtende Verzehrsdepression. Sie ist Bestandteil der als Akutphasenantwort bezeichneten generalisierten Abwehrreaktion des Organismus auf Infektionen und andere

Noxen. Die Inappetenz trägt kurzfristig zur Abwehr der Noxe bei, schädigt längerfristig jedoch den Organismus über eine Depletion von Protein- und Energiereserven und verzögert damit die Genesung. Beim Nutztier sind beträchtliche Leistungseinbußen die Folge. Zentrales Ereignis beim Zustandekommen der Akutphasenantwort ist die Produktion von Cytokinen, die bei Antigenkontakt insbesondere von Monozyten, Makrophagen, Epithel- und anderen Zellen freigesetzt werden. Viele Cytokine (vor allem Interleukin-1 und Tumornekrosefaktor) besitzen einen ausgeprägten verzehrsreduzierenden Effekt und tragen vermutlich zur krankheitsbedingten Inappetenz bei. Wie Cytokine den Verzehr reduzieren, ist noch nicht vollständig geklärt. Für Interleukin-1 wird ein zentraler, durch Eicosanoide (Arachidonsäureabkömmlinge) und Corticotropin-Releasing-Hormon vermittelter verzehrsreduzierender Effekt angenommen (Abb. 16.12). Dies ist von praktischer Bedeutung, weil Inhibitoren der Eicosanoidsynthese wegen ihrer analgetischen, antiphlogistischen und antipyretischen Wirkungen in der Klinik häufig eingesetzt werden. Auch erlernten Aversionen dürfte eine wichtige Rolle bei der krankheitsbedingten Inappetenz zukommen. Dies steht im Einklang mit der Beobachtung, daß sich der Verzehr bei Patienten durch das Anbieten von neuer, anders schmeckender Nahrung häufig zumindest vorübergehend stimulieren läßt.

Die Nahrungsaufnahme wird durch viele äussere und innere Faktoren beeinflußt, die a priori nichts mit der physiologischen Regulation zu tun haben. Die meisten derartigen Effekte beruhen auf einer Modulation der dargestellten Hunger- bzw. Sättigungsmechanismen.

17 Physiologische Aspekte der Leberfunktion

H.-P. Sallmann und H. Fuhrmann

17.1 Stellung der Leber im Gesamtorganismus und Arbeitsteilung der Zellpopulationen

Die Leber ist entodermalen Ursprungs und entwickelt sich während der Ontogenese zu einem der großen parenchymatösen Organe im Organismus der Haustiere und des Menschen. Über das Pfortadersystem (Abb. 17.1) steht die Leber in engem Kontakt mit der basolateralen Seite des Gastrointestinaltraktes. Aus dem Darmchymus resorbierte monomere und niedermolekulare Anteile der Nährstoffe sowie Mineralien, Spurenelemente, Vitamine, Pharmaka und evtl. Xenobiotika treffen – soweit sie nicht über die Lymphbahn (Ductus thoracicus) transportiert werden – nach der Passage der Darmwand zunächst auf das Lebergewebe. Neben dieser ersten Auseinandersetzung mit den über das Pfortaderblut zugeführten Substanzen hat die Leber auch Metabolite umzusetzen, die durch das arterielle Gefäßsystem angeliefert werden. Dem Organ ist somit aus funktioneller Sicht eine zentrale Stellung zuzuordnen; es ist das Hauptstoffwechselorgan.

> Die Leber ist Hauptstoffwechselorgan. Sie setzt vor allem niedermolekulare Nährstoffe, Pharmaka und Xenobiotika um, die aus dem Chymus stammen und ihr über die Pfortader zugeführt werden.

Die physiologischen Funktionen des Lebergewebes stehen in engem Zusammenhang mit seiner Mikroarchitektur, der Blutversorgung und dem Gallefluß. Das mit Sauerstoff, Nährstoffen, Metaboliten und Schadstoffen angereicherte Blut der Äste der V. portae und der A. hepatica tritt an der Basis des Leberacinus (portale Triade) in die Sinuszone ein und wird an den Leberzellbälkchen vorbeigeführt, um dann in die ableitende Zentralvene zu gelangen. In entgegengesetzter Richtung erfolgt die Abgabe der Galle (Abb. 17.2).

Die metabolischen Aktivitäten der Leber erfolgen vor allem in den **Parenchymzellen (Hepatocyten),** die einen Anteil von 60-70% an der Zellausstattung des Gewebes haben. Sie gewährleisten wichtige Stoffwechselprozesse:

- vollständiger oder partieller Abbau der Nährstoffe (Glykolyse; Fettsäureoxidation; Endoxidation)
- Synthesen und Resynthesen von Energieträgern und Proteinen (Gluconeogenese; Ketogenese; Glykogen-, Lipid-, Lipoprotein- und Proteinsynthesen)
- Entgiftung (Ammoniakentgiftung; Harnstoffbildung und Glutaminstoffwechsel; Biotransformationen (Phase I-, Phase II-Reaktionen)
- Gallensäuresynthese, Gallebildung und -exkretion.

Die Leistungen der Leber bei Abgabe von Proteinen und Lipoproteinen in das Plasma sowie der Galle

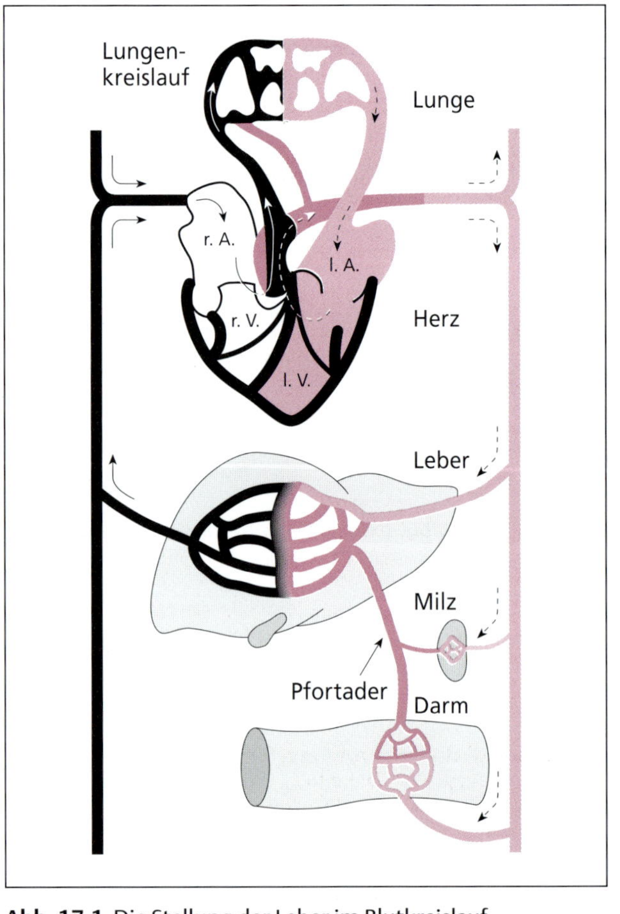

Abb. 17.1 Die Stellung der Leber im Blutkreislauf.
l. A. linkes Atrium, r. A. rechtes Atrium, l. V. linker Ventrikel, r. V. rechter Ventrikel.

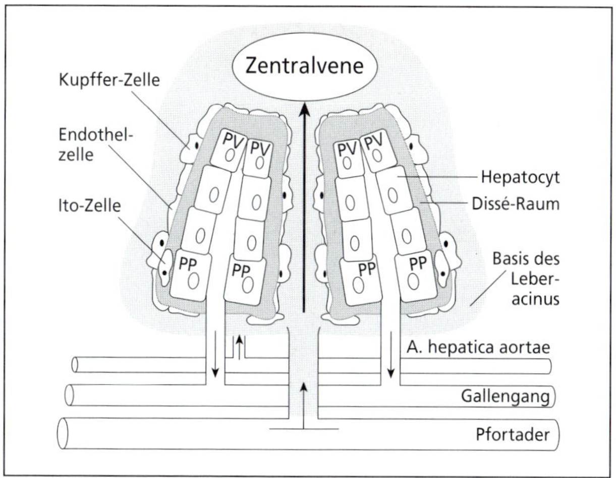

Abb. 17.2 Bau des Leberläppchens (schematisch). PP periportal, PV perivenös.

(Gallensäuren und Gallenfarbstoffe) in das Gallengangsystem charakterisieren die Leber als sezernierende Drüse.

Mikroarchitektur, Blutversorgung und Gallenfluß bestimmen die Stoffwechselfunktion der Leber. Die wichtigsten metabolischen Leistungen erfolgen in den Hepatocyten.

Obwohl sich die Parenchymzellen des Lebergewebes im histologischen Bild sehr homogen darstellen, zeigen sie hinsichtlich der o.g. Stoffwechselfunktionen ausgeprägte Heterogenität. Histochemische Verfahren, retroportale Perfusionsstudien und Mikrodissektion haben gezeigt, daß die Enzymausstattung der aufgeführten Stoffwechselzyklen entsprechend der Mikrozirkulation im Leberacinus mit Schwerpunkten entweder in der periportalen (afferente Zone) oder in den perivenösen (efferente Zone) Hepatocyten vorhanden ist. Dabei ist eine strikte Zuordnung eher die Ausnahme (z.B. Glutaminsynthese – perivenös). In Tabelle 17.1 ist die Zonierung wichtiger metabolischer Abläufe des Intermediärstoffwechsels zusammengestellt.

Aus dieser Verteilung läßt sich ableiten, daß im periportalen Bereich ein großer Teil der glucogenen Prozesse in Verbindung mit den Abbauvorgängen stattfindet, während der glykolytische Stoffwechsel, die Lipogenese und ein Teil der Glykogensynthese vornehmlich perivenös erfolgen. Grundlage dieser metabolischen Zonierung bildet die entsprechende Anordnung der zu den aufgeführten Stoffwechselzyklen gehörenden Enzyme (Tab. 17.1).

Es ist davon auszugehen, daß ein hoher O_2-Partialdruck, das reichliche Angebot an Substraten aus der Nahrung und auch der Zufluß von Hormonen die Aktivität der Enzyme der Gluconeogenese, der Oxidationsprozesse sowie der Cholesterin- und Gallensäurebildung im periportalen Bereich steigern. Eine wichtige Voraussetzung für die hohe Stoffwechselaktivität in der periportalen Zone ist die Vereinigung des Nährstoffe tragenden portalen Blutstroms mit dem arteriellen Blut der A. hepatica an der Basis des Leberacinus (Abb. 17.2). Die wesentlichen perivenös erfolgenden Stoffwechselzyklen der Glykolyse und der Lipogenese betreffen Umsetzungen, die unabhängig vom Sauerstoffangebot ablaufen und vornehmlich auf dem Glucoseangebot basieren. Die Glucoseaufnahme in das Lebergewebe ist dementsprechend im gleichen Bereich lokalisiert.

Auch das Vorkommen der antioxidativ wirksamen Glutathionperoxidase-Reaktion im periportalen Bereich ist verständlich, weil hier aufgrund hoher Sauerstoffkonzentration eine oxidative Streßsituation für das Lebergewebe am wahrscheinlichsten ist. Dagegen finden die zumeist sauerstoffunabhängigen Umsetzungen der Biotransformationen (Phase-II-Reaktion) wie die Glucuronidierung und Glutathionkonjugation vorwiegend in der perivenösen Zone der Leber statt.

Tabelle 17.1 Metabolische Zonierung einiger Stoffwechselzyklen und deren Schlüsselenzyme im Lebergewebe

Periportal	Perivenös
Gluconeogenese aus Aminosäuren und Lactat Glucose-6-Phosphatase; Phosphoenolpyruvat-Carboxykinase; Fructose-1,6-bis-Phosphatase	**Glykolyse** Hexokinase; Glucokinase
Glykogensynthese	**Glykogensynthese aus Glucose** Glykogensynthetase
Fettsäureoxidation, Ketogenese, Citratzyklus β-Hydroxybutyryl-CoA-Dehydrogenase; β-Hydroxy-β-Methylglutaryl-CoA-Reductase Succinat-Dehydrogenase	**Fettsäuresynthese** Acetyl-CoA-Carboxylase
Harnstoffsynthese Carbamoylphosphat-Synthetase	**Glutaminsynthese** Glutamin-Synthetase
Cholesterinsynthese und Gallensäuresynthese β-Hydroxy-β-Methylglutaryl-CoA-Reductase	

Die Stoffwechselfunktionen des Lebergewebes sind zoniert, d.h., periportal sind schwerpunktartig die Gluconeogenese, die Harnstoffsynthese und die Oxidationsprozesse verlagert, während perivenös vermehrt Glykolyse, Glykogensynthese, Fettsäuresynthese und Gallensäuresynthese stattfinden.

Neben der großen Fraktion der metabolisch aktiven **Hepatocyten** enthält das Zellmaterial der Leber zwei weitere Zelltypen, die bis zu 30% aller Zellen repräsentieren. **Endothelzellen** und **Kupffer-Zellen** bilden die vaskuläre einschichtige Endothelwand, die den Sinusraum vom direkt mit den Parenchymzellen in Verbindung stehenden perisinusoiden oder Dissé-Raum trennen. Beide Zellarten haben einerseits eine Barrierefunktion zwischen Blut und Parenchym, andererseits erlauben sie selektiv den Durchtritt der Nährstoffe. Sie besitzen siebartige Fenestrierungen (Abb. 9.12). Spezifische Proteine (Glykoproteine; Transferrin; high density lipoproteins – HDL; low density lipoproteins – LDL) können über Rezeptoren eingeschleust werden. Die Kupffer-Zellen sind als seßhafte Makrophagen aufzufassen; sie erfüllen die immunologischen Funktionen der Leber. Durch ihre Phagocytosekapazität reinigen sie das Pfortaderblut von korpuskulären Antigenen und verhindern damit deren Zutritt zum Leberparenchym. Aus dem Anteil der Kupffer-Zellen von 50% am gesamten Gefäßendothel ergibt sich ihre funktionelle Bedeutung; sie bilden die größte Makrophagenpopulation im tierischen Organismus. Ihre vorwiegende Anordnung im periportal-afferenten Bereich des Leberacinus ist wegen der hohen Belastung des Pfortaderblutes mit Fremdstoffen sinnvoll. Auch dies stellt einen Teil der Zonierung dar.

Ito- und PiT-Zellen sind kleinere Anteile der Zellpopulation des Lebergewebes, die zusammen nicht mehr als 5% ausmachen. Beide Zelltypen sind im Dissé-Raum lokalisiert. **Ito-Zellen** beteiligen sich durch Synthese von Kollagen und Laminin an der Produktion der extrazellulären Matrix. Außerdem sind sie in der Lage, einen großen Teil des im Körper befindlichen fettlöslichen Vitamins A zu speichern; deshalb werden sie auch als modifizierte Adipocyten klassifiziert.

Ähnlich wie die Kupffer-Zellen sind die **PiT-Zellen** als eine der Leber assoziierten Population großer granulärer Lymphocyten ebenfalls mit immunologischen Aufgaben befaßt. Sie wirken als „natural killer cells" und bieten damit Schutz gegen virale Infektionen und einwandernde Tumorzellen.

17.2 Der Beitrag der Leber zur intestinalen Verdauung

Die Leber hat durch die Gallenbildung für die intestinale Fettverdauung eine erhebliche Bedeutung. Die von der Leber sezernierte Galle wird in der Gallenblase gespeichert und konzentriert. Ausnahmen bilden u.a. Pferd, Kamel, Reh, Ratte und Taube, denen eine Gallenblase fehlt. Wichtigste Bestandteile der Gallenblase sind die Gallensäuren und die Gallenfarbstoffe mit einem Gehalt von ca. 10%. Die Gallensäuren sind Voraussetzung für die im Dünndarm stattfindende, durch Micellen vermittelte Lipidresorption (Kap. 15.6.6). Außerdem regulieren die Gallensäuren neben der Cholesterinaufnahme über die Nahrung die Neusynthese von Cholesterin im Organismus.

17.2.1 Synthese und Funktion der Gallensäuren

Die wichtigsten Gallensäuren der Galle sind die Glyko- und Taurocholsäure. Sie werden in der Leberzelle aus Cholesterin synthetisiert. Zunächst wird Cholesterin hydroxyliert, hydriert und ein C3-Fragment abgespalten, so daß die Chenodesoxycholsäure entsteht. Eine weitere Hydroxylierung führt dann zur Cholsäure. Die so entstandenen Säuren haben einen pKa-Wert von 6-7. Sie werden mit Coenzym A und ATP aktiviert und reagieren mit den Aminosäuren Glycin und Taurin zu den wirksamen Gallensäuren, deren pKa-Wert bei 2 liegt (Abb. 17.3). Diese Konjugation mit den Aminosäuren ist funktionell von Bedeutung, da nur so eine optimale Dissoziation und damit Emulgationswirkung bei dem im Dünndarm vorliegenden pH-Wert von 7-8 erfolgt. In der Gallenblase selbst dienen die Gallensäuren zusammen mit Phosphatidylcholin als Lösungsvermittler für das Cholesterin der Gallenflüssigkeit.

Die Gallensäuren werden aus Cholesterin synthetisiert. Die konjugierten Gallensäuresalze Glykocholat und Taurocholat sind effektive Detergentien.

Im Darmchymus ermöglicht erst die Anwesenheit von Gallensäuren die Bildung von Micellen und schafft damit die Voraussetzung für die Resorption von Lipiden und fettlöslichen Vitaminen. Die Verdauung von Lipiden beginnt mit deren Emulgation. Bei diesem Vorgang entstehen zunächst mechanisch aus den großen Fetttropfen kleinere Tropfen. Gallensäuren und Phospholipide setzen die Oberflächenspannung herab und erleichtern diesen

Abb. 17.3 Struktur der Gallensäuren.

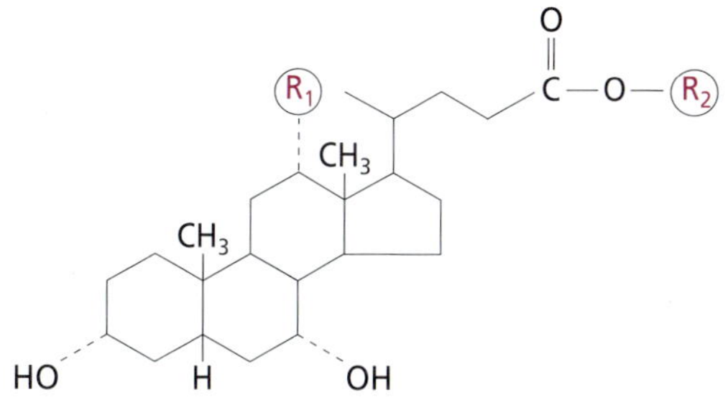

	R1: --OH	R1: H
R2: H	Cholsäure	Chenodesoxycholsäure
R2: NH – CH_2 – COO^-	Glycocholsäure	Glycochenodesoxycholsäure
R2: NH – CH_2 – CH_2 – SO_3^-	Taurocholsäure	Taurochenodesoxycholsäure

Prozeß. Im Dünndarmchymus kann nun die Pankreaslipase nach Aktivierung durch eine Co-Lipase angreifen und die Triglyceride zu freien Fettsäuren und 2-Monoacylglyceriden hydrolysieren. Die Resorption der Fettsäuren wird durch Micellenbildung möglich. Dabei handelt es sich um Fetttröpfchen, die mit einem Monolayer aus Gallensäuren, Monoglyceriden und Phospholipiden überzogen sind. Diese Schicht bildet gegenüber dem wäßrigen Milieu des Darmlumens eine Fett-Wasser-Grenzfläche aus. Erst dadurch wird der notwendige Kontakt der Lipide mit den Enterocyten möglich, der Voraussetzung für die Resorption von Monoacylglyceriden, freien Fettsäuren und Cholesterin ist (Kap. 15.6.6.1 u. 15.6.6.2). Die Gallensäuren bleiben zurück und werden durch bakterielle Enzyme zum Teil in die sekundären Gallensäuren umgesetzt. Im Ileum erfolgt über einen sekundär-aktiven Na-Cotransporter die nahezu vollständige Rückresorption der Gallensäuren in das Pfortaderblut (enterohepatischer Kreislauf der Gallensäuren, Kap. 15.6.6.5 u. Abb. 15.61).

Die Gallensäuren gelangen zur Leber und diffundieren z.T. nicht-konjugiert durch die sinusoidale (Basolateral-) Membran. Ein anderer Teil gelangt als konjugierte Gallensäure (Abb. 15.50) über einen Na-Cotransporter in die Leberzelle. An der gallenseitigen (Apikal-) Membran befindet sich ein ATP-abhängiger Gallensäure-Transporter, der für die erneute Sekretion in die Galle verantwortlich ist.

Gallensäuren sind für die Fettverdauung unerläßlich, da sie an der intestinalen Micellenbildung beteiligt sind und die Pankreaslipase aktivieren. Sie unterliegen einem enterohepatischen Kreislauf.

17.2.2 Regulation der Gallenbildung und -sekretion

Die Regulation der Gallenbildung in der Leber ist ein komplexer Vorgang, bei dem vor allem die Konzentration der Gallensäuren im Pfortaderblut und Sekretin die Sekretionsleistung der Leber regulieren. Die Kontraktion der Gallenblase zur Entleerung der Galle in das Duodenum erfolgt durch Cholecystokinin (CCK), das als intestinales Hormon in der Dünndarmschleimhaut gebildet wird (Kap. 15.6.3).

17.3 Die Leber im Intermediärstoffwechsel

Die Leber befindet sich im ständigen Austausch mit den anderen Organen. Für das Verständnis der Physiologie der Leber müssen die wichtigsten biochemischen Umsetzungen des Intermediärstoffwechsels besprochen werden. Die detaillierte Beschreibung der Stoffwechselvorgänge in Hepatocyten und anderen Zellpopulationen wird in Lehrbüchern der Biochemie vorgestellt.

17.3.1 Synthese und Funktion der Lipoproteine

Als Vehikel für die resorbierten Nahrungsbestandteile und die endogenen Metabolite von der und zur Leber dient das Blut. Der Transport von hydrophoben Lipiden im wäßrigen Milieu des Plasmas erfolgt mit Hilfe von geeigneten Proteinen. Für die freien Fettsäuren ist dies das Albumin mit seinen 6-8

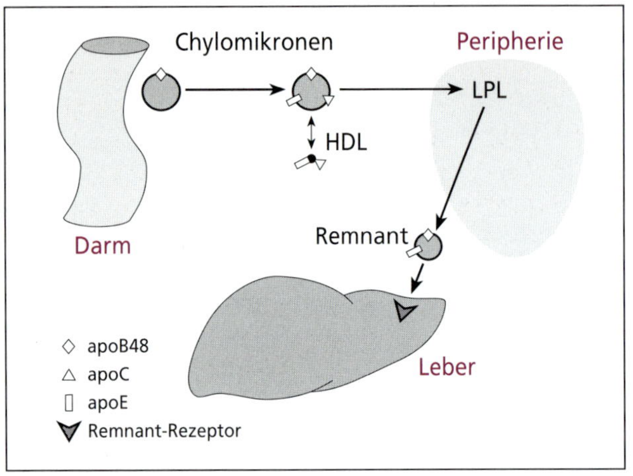

Abb. 17.4 Stoffwechsel der Chylomikronen.

←→	Austausch
apoB48	Apolipoprotein B48
apoC	Apolipoprotein C
apoE	Apolipoprotein E
HDL	Lipoproteine hoher Dichte
LPL	Lipoproteinlipase.

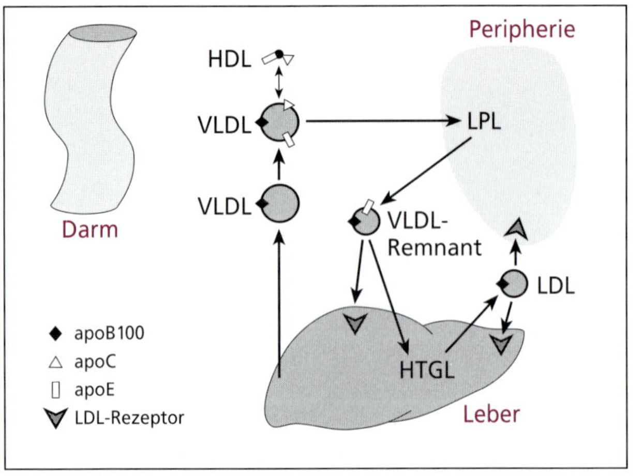

Abb. 17.5 Stoffwechsel der Lipoproteine geringer Dichte und der Lipoproteine sehr geringer Dichte.

←→	Austausch
apoB100	Apolipoprotein B100
apoC	Apolipoprotein C
apoE	Apolipoprotein E
HDL	Lipoproteine hoher Dichte
HTGL	Hepatische Triglyceridlipase
LDL	Lipoproteine geringer Dichte
LPL	Lipoproteinlipase
VLDL	Lipoproteine sehr geringer Dichte.

Bindungsstellen. Alle anderen Lipide müssen über spezielle Lipoproteine transportiert werden, deren Synthese in der Leber, aber auch im Darm stattfindet. Diese Lipoproteine weisen ebenfalls micelläre Strukturen auf. Es sind grundsätzlich vier Lipoproteinklassen zu unterscheiden, die über ihre unterschiedliche Dichte differenziert werden können. Weitere Unterscheidungsmerkmale sind der Anteil der verschiedenen Lipidklassen, der Proteingehalt und der Charakter der Apolipoproteine, die bis auf Apolipoprotein A und B48 ausschließlich in der Leber synthetisiert werden. Diese Proteine sind einerseits Strukturkomponenten, andererseits Liganden für Rezeptoren oder auch Aktivatoren für Enzyme des Fettstoffwechsels.

Die Chylomikronen bestehen zu 90% aus Triglyceriden und tragen das Apolipoprotein B48. Die Lipoproteine sehr geringer Dichte (VLDL, very low density lipoproteins) enthalten ca. 60% Triglyceride und zu gleichen Teilen Cholesterin, Phospholipide und Proteine. Die Lipoproteine geringer Dichte (LDL, low density lipoproteins) bestehen zum großen Teil aus Cholesterin (40%), während die Lipoproteine hoher Dichte (HDL, high density lipoprotein) aus Proteinen, Phospholipiden und Cholesterin etwa gleicher Verteilung zusammengesetzt sind.

Das Problem des Transports von wasserunlöslichen Lipiden im Blut ist mittels der Bildung von Lipoproteinen gelöst.

Das Nahrungsfett besteht vor allem aus Triacylglycerinen, die nach Spaltung und Resorption im Enterocyten reverestert werden. Danach werden sie mit Cholesterin, Phospholipiden und ApoB48 zu **Chylomikronen** zusammengebaut und in das lymphatische System abgegeben. Sie erreichen den Großen Kreislauf über den Ductus thoracicus (Abb. 17.4 u. 15.60).

Die Chylomikronen übernehmen von Lipoproteinen hoher Dichte (HDL) die Apolipoproteine C und E, geben das Apolipoprotein A ab und dienen nun als Substrat für die Lipoproteinlipase der Endothelien in Fettgewebe und quergestreifter Muskulatur. Hier werden Triacylglycerine in Glycerin und freie Fettsäuren gespalten und aufgenommen. Bei diesem Vorgang schrumpfen die Chylomikronen zu cholesterinreichen Remnants, die dann vom Remnant-Rezeptor auf der Oberfläche von Hepatocyten erkannt und internalisiert werden.

Chylomikronen transportieren Fette an der Leber vorbei in die Peripherie.

Die **Lipoproteine sehr geringer Dichte** (VLDL) werden, im Gegensatz zu den postprandial auftretenden Chylomikronen, in der Leber kontinuierlich produziert. Die Synthese erfolgt im Hepatocyten aus Triacylglycerinen sowie Cholesterinestern, Phospholipiden und Apolipoprotein B100. Nach Sekretion in den Kreislauf nehmen sie Apolipoprotein C und E von HDL auf (Abb. 17.5). Ihr weiteres Schicksal entspricht zunächst dem der Chylomikronen. Die VLDL-Remnants (IDL, intermediate density lipoprotein) werden zum geringeren Teil direkt von der

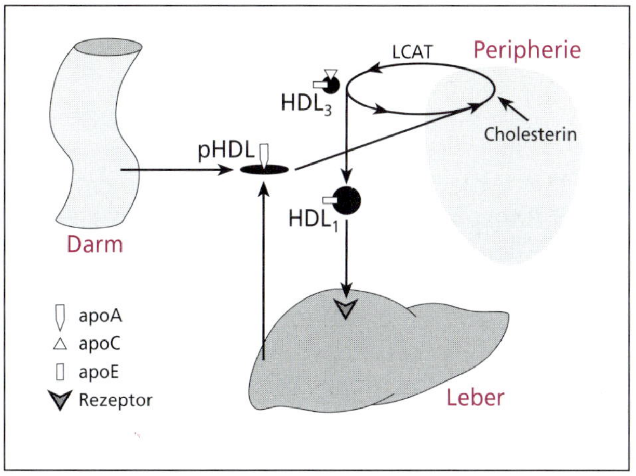

Abb. 17.6 Stoffwechsel der Lipoproteine hoher Dichte (Verhältnisse beim Hund).

apoA	Apolipoprotein A
apoC	Apolipoprotein C
apoE	Apolipoprotein E
HDL_1	Lipoproteine hoher Dichte, sphärische Partikel (hohe Cholesterinkonzentration)
HDL_3	Lipoproteine hoher Dichte, sphärische Partikel (Core enthält Cholesterinester)
LCAT	Lecithin-Cholesterin-Acyltransferase
pHDL	primäre Lipoproteine hoher Dichte.

Leber über den LDL-Rezeptor aufgenommen. Sie sind auch Substrat für die hepatische Triglyceridlipase. Deren Wirkung läßt die Partikel weiter zu **Lipoproteinen geringer Dichte** (LDL) schrumpfen. LDL enthalten Apolipoprotein B100, sind reich an Cholesterinestern und werden in dieser Form vom LDL-Rezeptor in den peripheren Geweben erkannt und internalisiert.

Die **Lipoproteine hoher Dichte** (HDL) sind bei vielen Säugetieren die häufigsten Lipoproteine. Sie werden als primäre HDL (pHDL) in Leber und Dünndarm als scheibenförmige Partikel aus Phospholipiden, Cholesterin und Apolipoprotein A gebildet, die in der Peripherie zusätzlich Cholesterin aufnehmen (Abb. 17.6). Das enthaltene Cholesterin wird durch die Wirkung des Plasmaenzyms Lecithin-Cholesterin-Acyltransferase in Cholesterinester überführt. Aufgrund ihrer Hydrophobizität verlassen diese die periphere Phospholipiddoppelschicht und füllen das Innere der HDL auf, so daß sphärische Partikel (HDL 3) entstehen. So wird ein Konzentrationsgradient geschaffen, der die weitere Aufnahme von Cholesterin aus peripheren Geweben erlaubt. Zudem wird der Gradient über das **Cholesterinester-Transferprotein** (CETP) durch die Abgabe der Cholesterinester an Chylomikronen, VLDL und LDL im Tausch gegen Triglyceride beibehalten. Auf diese Weise entstehen HDL 2, die relativ triglyceridreich sind und als Substrat für die hepatische Triglyceridlipase dienen. Dem Hund fehlt die CETP-Aktivität (Abb. 17.6). Bei dieser Species nimmt HDL 3 neben ApoE weiterhin peripheres Cholesterin auf. Die so entstandenen HDL 1 werden in der Leber über LDL- und Remnant-Rezeptoren aus dem Kreislauf entfernt. Auch beim Pferd konnte das CETP nicht nachgewiesen werden. In welcher Weise die Equiden den Rücktransport des Cholesterins aus der Peripherie bewerkstelligen, ist noch nicht geklärt.

Die wichtigsten Funktionen der Lipoproteine im Lipidstoffwechsel sind nachfolgend zusammengefaßt.

Tierartliche Unterschiede hinsichtlich des Gehalts an Lipoproteinen sind in Tabelle 17.2 gegenübergestellt.

• **Hauptfunktionen der Lipoproteine**

Chylomikronen	Transport der verdauten Fette zur Leber und in die Peripherie (Triglyceride, aber auch Phospholipide, Cholesterin, fettlösliche Vitamine), bei Pflanzenfressern von untergeordneter Bedeutung
VLDL	Transport und Verteilung von Triglyceriden und Cholesterin aus der Leber, bei Wiederkäuern Transport der verdauten Fette
LDL	Transport des Cholesterins der Leber in die Peripherie
HDL	Transport des Cholesterins in die Leber, Bereitstellung von Apolipoproteinen

Die Lipoproteine sehr geringer Dichte (VLDL) sind für den Transport von Lipiden aus der Leber in die Peripherie verantwortlich. Die Lipoproteine gerin-

Tabelle 17.2 Lipoproteine (mg/100 ml Plasma) bei genüchterten Tieren

Lipoproteine	Hund	Katze	Schwein	Rind	Pferd	Huhn
VLDL	40	10	55	10	70*	60/3500**
LDL	50	70	240	200	50	120/200**
HDL 1	10	–	–	–	–	–
HDL 2, 3	350	270	150	340	220	360/60**

* VLDL bei Shetlandponys deutlich höher, ** legendes Huhn.

ger Dichte (LDL) transportieren vor allem Cholesterin in die Peripherie. Die Lipoproteine hoher Dichte (HDL) dienen dem Transport des Cholesterins in die Leber und stellen Apolipoproteine zur Verfügung.

17.3.2 Gluconeogenese

Die Neubildung von Glucose aus Nicht-Kohlenhydrat-Vorstufen wird als Gluconeogenese bezeichnet. Der endogenen Glucoseneubildung kommt eine zentrale Stellung im Stoffwechsel zu. Sie gewährleistet langfristig die Aufrechterhaltung eines konstanten Blutglucosespiegels unter den Bedingungen des Nahrungsentzugs und der Kohlenhydratunterversorgung. Dies ist erforderlich, weil das Gehirn und die Erythrocyten fast vollständig von Glucose als Energiequelle abhängig sind und gespeichertes Glykogen nur in begrenztem Ausmaß zur Verfügung steht.

Der Stoffwechselweg findet nur im Leberparenchym und in der Nierenrinde statt, wobei die Hepatocyten mit einem Anteil von 80-85% an der Glucoseneubildung beteiligt sind. Als Vorläufersubstrate dienen vor allem glucoplastische Aminosäuren, Lactat, Glycerin und Propionat. Diese niedermolekularen Substanzen werden dem Lebergewebe in hohen Konzentrationen über das Pfortaderblut und die A. hepatica an der Basis des Acinus zugeführt, so daß Gluconeogenese hauptsächlich im periportalen Bereich stattfindet. Intrazellulär beteiligen sich die Kompartimente Mitochondrien, Cytosol und Endoplasmatisches Reticulum (ER) an dem Stoffwechselweg. Die Endfertigung des mitochondrial und cytoplasmatisch synthetisierten Glucosemoleküls erfolgt durch die dem ER anhaftende Glucose-6-Phosphatase. Dieses Enzym fehlt den nicht zur Gluconeogenese befähigten Organen.

Die endogene Synthese von Glucose erfolgt aus glucogenen Nicht-Kohlenhydrat-Vorstufen im Lebergewebe (80%) und in der Nierenrinde (20%).

Die Glucosesynthese in Leber und Niere erfolgt prinzipiell als rückläufige Glykolyse (Glucoseabbau). Weil drei enzymatische Schritte im abbauenden Weg bei Berücksichtigung der in vivo auftretenden Substratkonzentrationen stark negative Änderungen der freien Enthalpie aufweisen (bis zu -30 $KJ \cdot mol^{-1}$), sind Rückreaktionen im Rahmen der Gluconeogenese auf diesen Stufen nicht möglich. Die Reaktion von Glucose zu Glucose-6-phosphat mittels Glucokinase und von Fructose-6-phosphat zu Fructose-1,6-bis-phosphat mittels Phosphofructokinase sowie der Schritt von Phosphoenolpyruvat (PEP) zu Pyruvat, der durch Pyruvatkinase katalysiert ist, gelten deshalb als irreversible glykolytische Reaktionen.

Die Umgehung dieser Reaktion („Bypass") im gegenläufigen Gluconeogeneseweg gelingt einerseits durch die Aktion zweier Phosphatasen: **Glucose-6-Phosphatase** und **Fructose-1,6-bis-Phosphatase**. Beide Enzyme setzen aus phosphorylierten Substraten Phosphat frei. Andererseits erfordert die Umgehung der Pyruvatkinasereaktion zunächst den Eintritt von Pyruvat in das Mitochondrium und seine Carboxylierung zu Oxalacetat. Nach Hydrierung zu Malat erfolgt der erneute Übergang in das Cytosol (Malat-Aspartat-Shuttle). Mit Hilfe der cytoplasmatischen Malatdehydrogenase entsteht wiederum Oxalacetat, das jetzt unter Einsatz von Guanosintriphosphat (GTP) und Abspaltung von CO_2 durch die **Phosphoenolpyruvat-Carboxykinase** (PEPCK) zu Phosphoenolpyruvat (PEP) umgesetzt wird. Diese Umgehungsenzyme katalysieren nun ebenfalls irreversible Prozesse, deren Gleichgewichte weit auf der Seite der Synthese liegen (Abb. 17.7).

Die Reaktionsfolge der Gluconeogenese entspricht prinzipiell einer rückläufigen Glykolyse. Drei enzymatische Schritte des Glykolyseweges müssen aus energetischen Gründen durch spezifische Glykoneogenese-Enzymsysteme umgangen werden.

Die Einschleusung der wichtigsten Vorläufersubstrate der Gluconeogenese gelingt im Cytoplasma auf der Triosephosphatstufe (Glycerin) und über Pyruvat (Lactat, glucoplastische Aminosäuren). Im Citratzyklus der Mitochondrien finden ebenfalls glucoplastische Aminosäuren und das Propionat Anschluß an die Gluconeogenese.

Die Regulation der Gluconeogenese wird in erster Linie von der Verfügbarkeit der Substrate bestimmt und erfolgt bei Monogastriden reziprok zur Glykolyse. Bei Nahrungsaufnahme und hohem Angebot an resorbierter Glucose können dadurch die Glykolyse und die Glycogenspeicherung im Vordergrund des Leberkohlenhydratstoffwechsels stehen. Eine Notwendigkeit zur Gluconeogenese für die Aufrechterhaltung der Homöostase besteht nicht. Im postresorptiven Zustand oder bei Kohlenhydratmangel (Hunger) sind demgegenüber Glucoseutilisation und Glykogensynthese reduziert, während zur Konstanthaltung des Blutzuckerspiegels nun Glykogenolyse und Gluconeogenese vermehrt ablaufen. Die Vorläufersubstrate werden durch die parallel aktivierten abbauenden Stoffwechselwege der anderen Nährstoffe (Proteolyse, Lipolyse) bereitgestellt.

Abb. 17.7 Gluconeogenese und Glykolyse gAS = glucoplastische Aminosäuren Rot gekennzeichnete Substrate u. Enzyme stehen in Zusammenhang mit der Gluconeogenese.

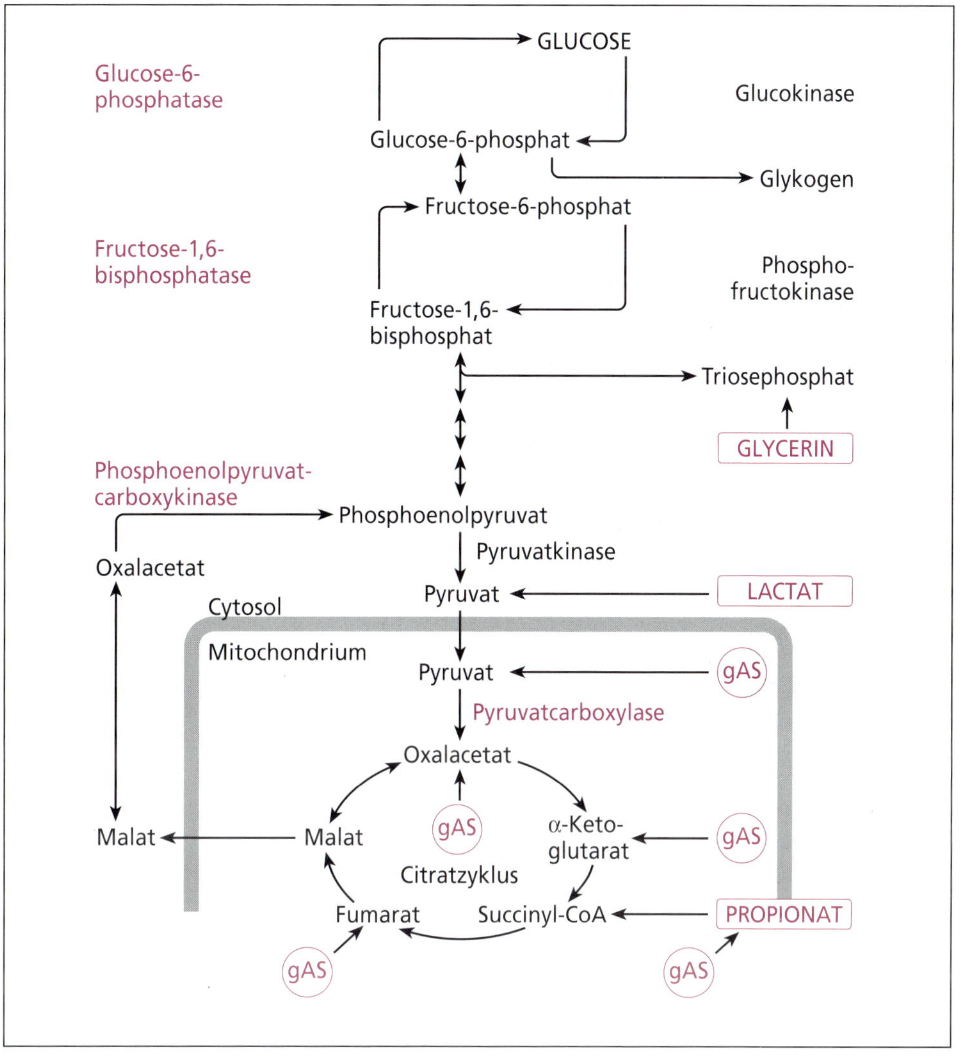

Die konsequente reziproke Beeinflussung der beiden Glucosestoffwechselwege gelingt vor allem im Bereich der Umgehungsreaktionen. Regulatoren wie ATP oder AMP aktivieren oder inhibieren z.B. die Phospofructokinase-1 allosterisch und verursachen die jeweils entgegengesetzten Effekte an der Fructose-1,6-bis-Phosphatase. Damit wird zusätzlich verhindert, daß nutzlose Stoffwechselzyklen (futile cycles) bedient werden. Betrachtet man nämlich die glykolytische Aktivierung des Fructose-6-phosphats zu Fructose-1,6-bis-phosphat und die gluconeogenetische Rückreaktion als isolierte Einheit, so wäre der Nutzen bei gleicher Geschwindigkeit des phosphorylierenden und des dephosphorylierenden Schrittes lediglich eine wärmeproduzierende ATP-Hydrolyse.

Die metabolischen Hormone **Insulin** und **Glucagon** sind an der gegenläufig ausgerichteten Regulation der beiden Kohlenhydratstoffwechselzyklen beteiligt (Kap. 20.4.1 u. 23.2.2.4). Während Insulin die Utilisation der Glucose in der Leberzelle fördert, aktiviert Glucagon die Gluconeogenese auf der Stufe der Fructosephosphate, was gleichzeitig dem glykolysefördernden Insulineffekt entgegenwirkt. Glucagon steigert über eine cAMP-bedingte Absenkung des Spiegels von Fructose-2,6-bis-phosphat die Fructose-1,6-bis-Phosphatase-Aktivität und reduziert damit gleichzeitig die Umsetzungsrate der Phosphofructokinase.

Gluconeogenese und Glykolyse sind im Bereich der Umgehungsreaktionen reziprok reguliert. Insulin und Glucagon fungieren als Hauptregulatoren.

In Phasen des Glucosebedarfs tragen darüber hinaus auch die Hormone des Nebennierenmarks zur Einstellung der Glucosehomöostase bei. Adrenalin und Noradrenalin aktivieren über den second messenger cAMP die Glykogenolyse und die Lipolyse. Sie wirken damit ebenfalls den Insulineffekten entgegen und fördern die Gluconeogenese, was zur Erhöhung der Blutglucosespiegel beiträgt. Auch durch Glucocorticoide wird die Glucoseproduktion in der Leber – insbesondere durch Aktivierung der Proteolyse und Bereitstellung glucoplastischer Aminosäuren – angeregt.

Die Besonderheiten der Verdauungsphysiologie des Wiederkäuers haben erhebliche Konsequenzen für den Kohlenhydratstoffwechsel der Leber. Nahezu alle mit der Nahrung aufgenommenen Kohlenhydrate werden im Pansen durch Bakterien und Protozoen zu kurzkettigen Fettsäuren abgebaut (Kap. 15.4.2.2). Der Wiederkäuer resorbiert damit nur ganz geringe Mengen an Glucose. Die im Blut zirkulierende und im Glykogen gespeicherte sowie in den Milchzucker eingebaute Glucose ist also fast ausschließlich gluconeogenetisch entstanden. Damit ist insbesonders für das hochlaktierende Rind und für trächtige Schafe eine stoffwechselphysiologische „Gratwanderung" vorgezeichnet. Die Tiere begegnen dem kontinuierlich hohen Glucosebedarf mit intensiver und permanent aktiver Gluconeogenese. Zu 65% geschieht dies aus dem von Pansenbakterien produzierten Propionat. Somit gewährleistet das voluminöse Vormagensystem durch kontinuierlichen Nährstoffzufluß zur Leber eine gleichmäßige Glucoseneubildung. Außerdem wird über die Hälfte der ebenfalls im Pansen anfallenden Buttersäure in der Pansenwand in Hydroxybuttersäure umgeformt. Dies fördert die Gluconeogenese, weil Buttersäure im Gegensatz zur Hydroxybuttersäure die Überführung des Propionats in Glucose hemmt.

Die metabolischen Hormone wirken beim Wiederkäuer molekular in gleicher Weise wie bei Monogastriden. Dennoch ist deren Rolle angesichts des veränderten Verhaltens des Kohlenhydratstoffwechsels in der Leber noch nicht befriedigend geklärt. Man geht davon aus, daß hinsichtlich der Regulierung von Glykolyse und Gluconeogenese nicht so sehr die absolute Höhe der Hormonspiegel, sondern viel mehr das Verhältnis von Insulin zu Glucagon von Bedeutung ist (Tab. 20.2). Alle bisherigen Untersuchungen sprechen dafür, daß beim Rind dem Glucagon bei der Steuerung des Kohlenhydratstoffwechsels eine wesentlich höhere Bedeutung zukommt als dem Insulin. Wiederkäuer können Glucose nicht zur Fettsäuresynthese heranziehen, sie setzen statt dessen Acetat und Hydroxybutyrat als Ausgangssubstrate ein. Dadurch kann der Glucosedurchsatz in der Leber niedrig gehalten werden. Die Glucoseaufnahme in das Eutergewebe ist insulinunabhängig, so daß ein niedriger Insulinspiegel die Verteilung der Nährstoffe zugunsten der Milchdrüse und der Milchleistung einreguliert. Dies erhöht aber gleichzeitig die Gefahr der vermehrten Ketogenese im Lebergewebe.

Catecholamine und Glucocorticoide wirken beim Wiederkäuer in gleicher Weise wie bei den gut untersuchten Labornagern und beim Menschen; sie stimulieren die Gluconeogenese. Auch das Wachstumshormon (STH), dessen Blutspiegel in der frühen Laktation ansteigt, scheint in gleicher Richtung zu wirken. Es ist nicht geklärt, ob das Hormon einen direkten Effekt auf die Gluconeogenese ausübt oder ob seine Wirkung auf den Blutglucosespiegel durch Hemmung der peripheren Nutzung der Glucose zustande kommt. Durch die Steigerung der Lipolyse trägt STH andererseits dazu bei, die Organsysteme mit alternativer Energie aus Fettsäuren und Ketonkörpern zu versorgen.

Die Besonderheiten der Verdauungsphysiologie bei Wiederkäuern bedingen eine sehr geringe intestinale Glucoseabsorption. Endogene Glucosemoleküle sind deshalb vorwiegend gluconeogenetisch gebildet. Wichtigstes Substrat der kontinuierlich arbeitenden Gluconeogenese ist bakteriell gebildetes Propionat (60%).

17.3.3 Harnstoffsynthese

Ammoniak stellt schon in niedrigen Konzentrationen ein Zellgift dar. In der Leber existiert ein komplexes System, das sich mit dem Stoffwechsel von Ammonium befaßt. Dies ist einerseits die perivenöse NH_3-Fixierung durch Bildung von Glutamin aus Glutamat mit der Glutaminsynthetase. Zum anderen wird die Konzentration an freiem NH_3 durch die vor allem perivenös vorkommende mitochondriale Glutamatdehydrogenase bestimmt. Weiterhin erfolgt periportal die Freisetzung von NH_3 aus Glutamin mit der mitochondrialen Glutaminase und an gleicher Stelle bei Säugetieren die anschließende Synthese von Harnstoff. Bei Vögeln und Reptilien wird zur endgültigen Entgiftung von NH_3 Harnsäure gebildet.

Die Harnstoffsynthese findet ausschließlich in der Leber durch die Enzyme des Harnstoffzyklus statt. Die Stickstoffatome des Harnstoffs werden einerseits von Ammoniak direkt, andererseits von der Aminosäure Aspartat geliefert. Die Reaktionsfolge beginnt mit der intramitochondrialen Synthese des Carbamoylphosphats aus freiem Ammoniak, Hydrogencarbonat und 2 ATP durch die Carbamoylphosphatsynthetase. Es handelt sich hier um den geschwindigkeitsbestimmenden Schritt der Gesamtsynthese, wobei N-Acetylglutamat allosterischer Aktivator ist. Die Konzentration dieses Effektors ist wiederum eng mit dem Glutamatspiegel in der Leber korreliert.

Im folgenden reagiert Carbamoylphosphat mit Ornithin zu Citrullin, welches über ein spezifisches Transportprotein in das Cytosol gelangt. Die Argi-

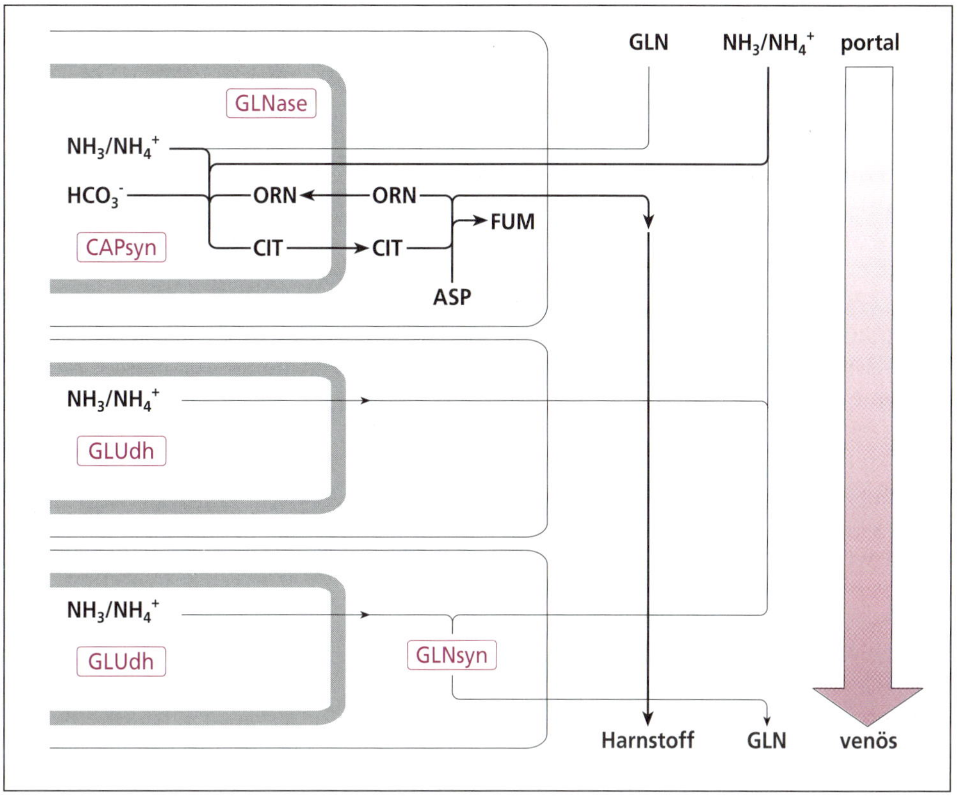

Abb. 17.8 Zonaler Stoffwechsel von Glutamin und Ammonium in der Leber.

ASP	Aspartat
CIT	Citrullin
CAPsyn	Carbamyl-phosphat-synthetase
FUM	Fumarat
GLN	Glutamin
GLNase	Glutaminase
GLNsyn	Glutamin-synthetase
GLU	Glutamat
GLUdh	Glutamat-dehydrogenase
ORN	Ornithin.

ninosuccinat-Synthetase katalysiert ATP-abhängig die Vereinigung von Citrullin und Aspartat zu Argininosuccinat, welches unter Abspaltung von Fumarat in Arginin übergeht. Die Aminosäure Arginin enthält bereits den Harnstoff, der nur noch hydrolytisch freigesetzt werden muß, wobei Ornithin entsteht. Ornithin gelangt über einen Transportmechanismus zurück in das Mitochondrium, womit der Reaktionskreislauf geschlossen ist.

Harnstoff entsteht aus Stickstoff des freien NH_3 und des Aspartats in Verbindung mit HCO_3^-. Der Stoffwechselzyklus verläuft sowohl in den Mitochondrien als auch im Cytosol. Er ist periportal angeordnet.

In den perivenösen Hepatocyten wird verbliebenes Ammoniak über die Glutaminsynthetase unter ATP-Verbrauch an Glutamat gebunden und auf diese Weise entgiftet. Somit ist der hepatische Glutaminhaushalt über die periportale Glutaminase und die streng perivenös lokalisierte Glutaminsynthetase geregelt. Dieser interzelluläre Glutaminzyklus ist ebenfalls energiefordernd.

Beide Systeme der Ammoniakentgiftung sind nicht nur an der NH_3-Homöostase, sondern auch an der Kontrolle des Säure-Basen-Haushalts beteiligt. Bei relativer Acidose kommt es durch Hemmung der pH-sensitiven Glutaminase zu einer abnehmenden Harnstoffsynthese. Damit wird auch der Verbrauch von Hydrogencarbonat begrenzt. Gleichzeitig ist die Glutaminsynthetase-Aktivität erhöht, so daß die Entgiftung von NH_3 in der Leber gewährleistet bleibt (Abb. 17.8). In den Nierentubuli kann aus Glutamin NH_3 freigesetzt und als NH_4^+ ausgeschieden werden, was für die renale Regulation des Säure-Basen-Haushalts Bedeutung hat.

Der in der Leber gebildete Harnstoff wird in das Blut abgegeben und gelangt in den Magen-Darm-Trakt (Abb. 15.35) oder wird als polares, ungeladenes Molekül in der Niere ausgeschieden.

17.3.4 Die Ketogenese als Teilaspekt des Leberstoffwechsels bei Energiemangel

Im Organismus tritt ein Energiemangel ein, wenn erhöhte Anforderungen in Form von Hochträchtigkeit (kleine Wiederkäuer) bzw. Laktation (Rind) den Energiestoffwechsel überfordern (Kap. 20.4.2). Gleiches gilt, wenn die Zufuhr von Kohlenhydraten und auch Fett über die Nahrung unzureichend ist (Hunger). Unter diesen Umständen sinkt der Insulinspiegel, und die lipolytisch wirkenden Hormone, vor allem Catecholamine und Glucagon sowie Wachstumshormon, können ihre Wirkung entfalten. Es kommt zu einem Anstieg der freien Fettsäuren im Plasma. Auch im Cytosol der Leber nimmt der Gehalt an Acyl-CoA entsprechend zu. Dies bewirkt, ebenso wie der Glucagon-Überschuß, ein

Absinken der Malonyl-CoA-Konzentration, was wiederum die Carnitin-Acyltransferase I aktiviert. Das Ergebnis ist bei Wiederkäuern, aber auch bei Mensch und Ratte eine vermehrte Einschleusung von Fettsäuren in das Mitochondrium. Die Ketonkörper entstehen dann aus Acetyl-CoA, das in großem Maße bei der **β-Oxidation** dieser Fettsäuren anfällt und nur unzureichend im Citratzyklus eingeschleust werden kann.

Die Leber ist Hauptort der intramitochondrialen Ketogenese. Ausgangspunkt ist die Kondensation von 3 Acetyl-CoA zu β-Hydroxy-β-Methyl-Glutaryl-CoA mit Acetoacetyl-CoA als Zwischenprodukt. Es folgt die Abspaltung von Acetyl-CoA, so daß Acetoacetat entsteht. Acetoacetat kann in NADH-abhängiger Reaktion zu β-Hydroxybutyrat reduziert werden oder auch spontan zu Aceton decarboxylieren. Somit werden die durch Lipolyse freigesetzten Fettsäuren in eine wasserlösliche, also leicht transportierbare und oxidierbare Form überführt. Die Ketonkörper werden in das Blut abgegeben, wobei das Verhältnis von β-Hydroxybutyrat zu Acetoacetat tierartlich unterschiedlich ist (Ratte 2:1, Mensch 3:1, Wiederkäuer 10:1). Die Ketonkörper können in Herz- und Skelettmuskulatur, Nierenrinde und Zentralnervensystem (Ausnahme Wiederkäuer) verwertet werden, um dort Glucose zumindest teilweise zu ersetzen. Die Oxidationsrate steigt zunächst proportional zum Plasmaspiegel an. Ist eine weitere Verwertung nicht mehr möglich, so nimmt die Ausscheidung der Ketonkörper über Niere, Milchdrüse, Haut und Atemluft zu. Bei Überschreitung der Ausscheidungskapazität kann sich eine metabolische Azidose entwickeln.

Im Gegensatz zu den anderen Haussäugetieren ist bei Pferd und Schwein die Neigung zur Ketonkörperbildung im Energiemangel nur gering. Bei diesen Spezies werden die durch Lipolyse aus dem Fettgewebe freigesetzten Fettsäuren in der Leber vornehmlich zu Triglyceriden reverestert (Gefahr der Hyperlipämie). Eine Ausnahme hinsichtlich der vornehmlich in der Leber stattfindenden Ketogenese stellen die Wiederkäuer dar, bei denen auch in der Pansenwand β-Hydroxybutyrat aus Butyrat entsteht. Diese Umwandlung ist von besonderer Bedeutung, da sich Butyrat, nicht jedoch β-Hydroxybutyrat, auf die Gluconeogenese aus Propionat hemmend auswirkt.

Ketonkörper werden vermehrt gebildet, wenn Acetyl-CoA nur unzureichend in den Citratzyklus gelangt (Kohlenhydratmangel, Hunger). Hauptort der Ketogenese ist die Leber. Wiederkäuer können in der Pansenwand β-Hydroxybuttersäure synthetisieren.

17.4 Der Beitrag der Leber zur Entgiftung

Viele, zum Teil schädigende Endo- und Xenobiotika werden von der Leber entgiftet und ausgeschieden. Es handelt sich zumeist um lipophile Substanzen, die wegen ihrer physiko-chemischen Eigenschaften (schlechte Wasserlöslichkeit, Bindung an Proteine) nicht über die Niere ausgeschieden werden können. Hierzu gehören Hormone (z.B. Steroide), Xenobiotika (Arzneimittel, Futterinhaltsstoffe, Umweltchemikalien) oder auch Verbindungen endogener Herkunft, die im Stoffwechsel nicht weiter abgebaut werden können (z.B. Bilirubin). Es können zwei Phasen des hepatischen Stoffwechsels solcher Substanzen unterschieden werden. Dies ist zunächst die Biotransformation durch chemische Modifikation, gefolgt von der Konjugation.

17.4.1 Biotransformation durch chemische Modifikation

Häufige Reaktionen der chemischen Modifikation (Phase I) zu entgiftender Stoffe sind Oxidation, Reduktion und hydrolytische Spaltung. Zur Gruppe der Oxidoreductasen gehören Alkoholdehydrogenasen, Aldehyddehydrogenasen und Monooxygenasen. Bei letzteren handelt es sich um Cytochrom-P450-abhängige Isoenzyme, welche mikrosomal die Hydroxylierung vieler Pharmaka und Gifte katalysieren. Die Reaktion folgt der Summengleichung:

$$\mathrm{R\text{-}H + O_2 + NADPH + H^+ \rightarrow R\text{-}OH + H_2O + NADP^+}$$

Dabei kommt es zur Übertragung von Elektronen auf molekularen Sauerstoff. Es können reaktive Sauerstoffspecies frei werden, die wiederum die komplexen Vorgänge der Lipidperoxidation in Gang setzen und so zum „oxidativen Streß" beitragen. Die Glutathion-S-Transferasen und Epoxidhydrolasen sind in der Lage, einige der reaktiven Substanzen, die bei der Lipidperoxidation entstehen, direkt zu inaktivieren.

Die hepatische Modifikation von Pharmaka und Wirkstoffen kann aber auch zu einer höheren Toxizität führen. Ein bekanntes Beispiel dafür ist die Epoxidbildung an Aflatoxin B_1.

17.4.2 Biotransformation durch Konjugation

Der chemischen Veränderung folgt zumeist eine Konjugationsreaktion (Phase II), wobei durch Kopplung an hydrophile Gruppen das Ausscheidungsverhalten über die Niere verbessert wird. Dafür kommen die Ether- bzw. Esterbindung mit Glucu-

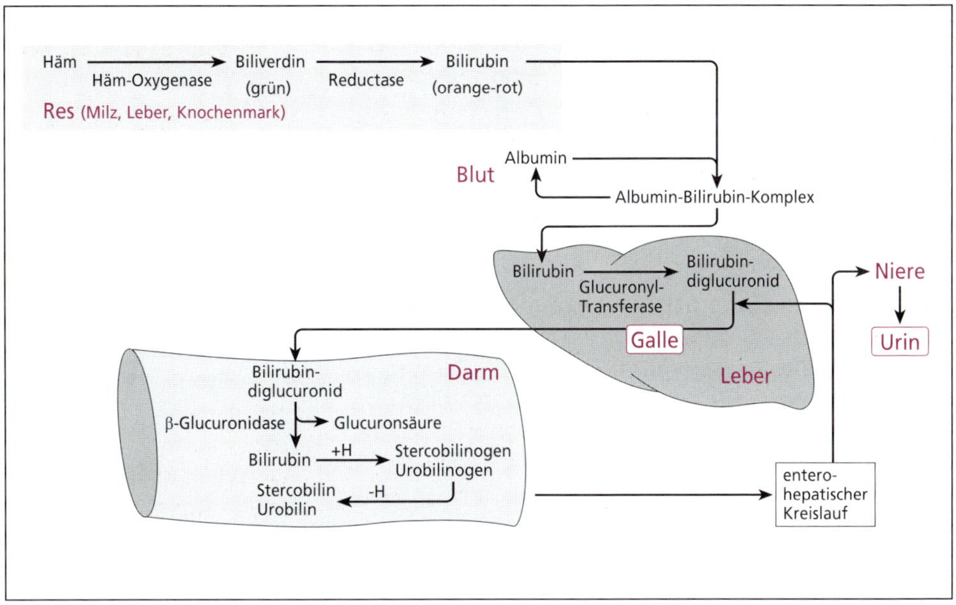

Abb. 17.9 Bildung der Gallenfarbstoffe.
RES Reticuloendotheliales System.

ronsäure oder Schwefelsäure, die Säureamidbindung mit Glycin oder Acetat und die Mercaptursäurebildung mit Glutathion in Frage. Zum Teil werden diese Verbindungen dann über die Gallenflüssigkeit in den Darm ausgeschieden.

Durch UDP-Glucuronyltransferasen wird die Glucuronidierung katalysiert, wobei Phenole und Alkohole in O-Glucuronide überführt werden:

UDP-Glucuronsäure + R-OH →
UDP + R-O-Glucuronsäure + H_2O

Aromatische oder verzweigtkettige aliphatische Säuren, so auch Bilirubin, können als Esterglucuronide bzw. Diglucuronide über die Galle ausgeschieden werden.

UDP-Glucuronsäure + R-COOH →
UDP + R-C-OO-Glucuronsäure + H_2O

Bei Neugeborenen und Jungtieren ist die Aktivität der biotransformierenden Enzymsysteme (Monooxygenasen, Glucuronyltransferasen) noch gering. Sie sind daher gegenüber vielen Arzneimitteln sehr viel empfindlicher als adulte Tiere.

Die Entgiftung von lipophilen Endo- und Xenobiotika erfolgt in der Leber. Die Verbindungen werden chemisch modifiziert und konjugiert, um die Wasserlöslichkeit zu erhöhen.

17.4.3 Bildung der Gallenfarbstoffe

Die wichtigsten Gallenfarbstoffe sind Bilirubin und Biliverdin. Sie entstehen beim Abbau von Häm in den reticuloendothelialen Zellen der Leber, der Milz und des Knochenmarks (Kap. 10.3.2.4). Häm gehört zur Gruppe der Metalloporphyrine, wie sie in Katalase, den Cytochromen und Peroxidasen vorkommen. Die Enzyme zur Häm-Biosynthese sind in jeder Zelle vorhanden, besonders in der Leber werden hohe Aktivitäten gefunden.

Das erste Produkt des Häm-Abbaus ist Biliverdin, welches durch die Wirkung einer mikrosomalen Hämoxygenase entsteht. In einem zweiten Schritt reagiert Biliverdin über die cytosolische Bilirubinreductase zu Bilirubin. Dieses Enzym fehlt den Vögeln, den Reptilien und dem Sumpfbiber, was bei solchen Tieren zu einer grünlichen Farbe der Galle führt. Bilirubin wird als lipophile Substanz an Albumin gebunden zur Leber transportiert. Hier geschieht die Koppelung an Glucuronsäure zum Diglucuronid, das als wasserlösliche Verbindung mit der Galle ausgeschieden wird. Im Dickdarm erfolgt die Reduktion des Bilirubins bis zu den farblosen Verbindungen Stercobilinogen und Urobilinogen. Nach Oxidation mit Sauerstoff bzw. Wasserstoffentzug entstehen u.a. Urobilin und Stercobilin; letzteres bedingt die normale Kotfarbe. Die verschiedenen Abbauprodukte des Bilirubins werden z.T. im Darm reabsorbiert. Sie gelangen so erneut in die Leber (enterohepatischer Kreislauf, Abb. 15.61), aber auch zu einem geringen Teil über den Blutkreislauf zur Niere und werden dort ausgeschieden (Abb. 17.9). Eine physiologische Bedeutung für die Verdauung besitzen die Gallenfarbstoffe nicht.

Gallenfarbstoffe sind Abbauprodukte des Häms. Nach Kopplung von Glucuronsäure erfolgt die Ausscheidung der Farbstoffe über die Galle und gelangen in einem enterohepatischen Kreislauf teilweise zur Leber zurück.

Weiterführende Literatur

Boyer, J.L., J. Graf, P.J. Meier(1992): Hepatic transport systems regulating pHi, cell volume and bile secretion. In Hoffman, J.F., De Weer, P. (Eds.): Annual Review of Physiology, 54, 415-438.

Chapman, M.J. (1986):Comparative analysis of mammalian plasma lipoproteins. Methods Enzymol. 128:70-143.

Watson, T.D.G., L. Burns, S. Love, J.C. Packard, J. Shepherd: The isolation, characterisation and quantification of the equine plasma lipoproteins. Equine Vet.J. 23:353-359.

Watson, T.D.G., J. Barrie (1993): Lipoprotein metabolism and hyperlipidaemia in the dog and cat: a review. Journal of Small Animal Practice 34:479-487.

18 Energiestoffwechsel

H. Petry

18.1 Allgemeine Grundlagen

Der lebende Organismus ist ein arbeitendes System, und sein charakteristisches Kennzeichen ist der ständige Umsatz von Energie. Energie tritt in verschiedenen meßbaren Formen auf (z.B. als mechanische, elektrische, thermische oder chemische Energie), die ineinander überführt werden können. Der Wirkungsgrad der Umwandlung ist allerdings < 1, da ein Teil der Primärenergie durch Überwindung von Reibungskräften in Wärme übergeht. In einem geschlossenen System bleibt die Energiesumme bei sämtlichen in ihm stattfindenden Umwandlungen konstant. Dieser Energieerhaltungssatz der Physik gilt auch für den lebenden Organismus. Dies ist zunächst nicht einsehbar, da der lebende Organismus ein mit seiner Umwelt kommunizierendes offenes System ist. Denn nur aufgrund des ständigen Stoff- und Energieaustausches mit der Umwelt laufen im Organismus ununterbrochen Reaktionen auf das Gleichgewicht hin ab, aus denen der Organismus die nötige Energie für seine Lebensvorgänge gewinnt.

Bezieht man bei der Betrachtung der energetischen Umsetzungen des Organismus die ihm zugeführte Nahrung sowie alle von ihm abgegebenen gasförmigen, flüssigen und festen Stoffwechselendprodukte ein, erhält man ein geschlossenes System, für welches der Energieerhaltungssatz seine volle Gültigkeit bewahrt.

Alle lebensnotwendigen Vorgänge im Körper, wie z.B. die Synthese körpereigener Makromoleküle, der mannigfache Stofftransport gegen ein Konzentrationsgefälle, die Aufrechterhaltung der Körpertemperatur sowie innere mechanische Arbeitsleistungen (z.B. Herz-, Atmungs-, Verdauungstätigkeit), sind energiezehrende Prozesse. Es bedarf somit einer relativ konstanten und gleichwertigen Zufuhr von energieliefernden Betriebsstoffen. Ein weiterer zusätzlicher Bedarf an Energiespendern ergibt sich durch die zur Lebenserhaltung des Individuums notwendigen äußeren mechanischen Arbeitsleistungen (Körperbewegungen) sowie bei vermehrter innerer Arbeit (Ansatz von Körpersubstanz, bei Trächtigkeit, Produktion von Milch, Eiern u.a.).

Der Organismus gewinnt seine Energie durch oxidativen Abbau der mit der Nahrung aufgenommenen Nährstoffe (Kohlenhydrate, Fette, Proteine). Als eigentliche Energielieferanten für den Betriebsstoffwechsel des Körpers fungieren die Kohlenhydrate, während die Fette hauptsächlich die Energiespeicherung übernehmen. Die Proteine sind primär Körperbaustoffe, die einer ständigen Abnutzung unterliegen und fortlaufend ausgetauscht werden müssen. Der Körper kann die in dem abgebauten Protein enthaltene chemische Energie zum Teil freisetzen und ebenfalls zur Deckung seines Energiebedarfs nutzen. Damit besitzt der Körper die Möglichkeit, auch Nahrungseiweiß zur Energiegewinnung zu verwerten.

Die entscheidende energieliefernde Reaktion des Stoffwechsels ist die stufenweise verlaufende Oxidation des beim oxidativen Abbau der Nährstoffe anfallenden Wasserstoffs, die in der Atmungskette der Mitochondrien stattfindet und zur Bildung von ATP führt.

> Der Organismus gewinnt die zur Aufrechterhaltung seiner Lebensfunktionen notwendige Energie durch oxidativen Abbau der mit der Nahrung aufgenommenen Nährstoffe (Kohlenhydrate, Fette, Proteine).

Der Organismus kann für seine Arbeitsleistungen nur chemische Energie nutzen. Diese ist experimentell als Wärmeenergie faßbar, und Untersuchungen des Energiehaushaltes des Organismus werden deshalb als Messungen von Wärmemengen (Kalorimetrie) ausgeführt.

Die Maßeinheit der Wärmemenge (Q) ist das Joule (J). Für große Wärmemengen benutzt man die dezimalen Vielfachen k (kilo) bzw. M (Mega): 1000 [J] = 1 [kJ] bzw. 1000 000 [J] = 1 [MJ]. Die quantitative Beziehung zu der veralteten und nicht mehr zulässigen Kalorie ist: 4,2 [J] = 1 [cal]. Für die Verknüpfung des Joule zu den Maßeinheiten der anderen Energieformen gilt

1 Joule [J] =	1 Newtonmeter [Nm] =	1 Wattsekunde [Ws]
thermische Energie	mechanische Energie	elektrische Energie

18.2 Energiegehalt der Nährstoffe

18.2.1 Bombenkalorimeter

Der Energiegehalt der Nährstoffe, von Nahrungs- bzw. Futtermitteln sowie von allen stofflichen Ausscheidungen des Körpers (Kot, Harn, Gärgase) wird im Bombenkalorimeter als Verbrennungswärme ermittelt. Die notwendige quantitative Verbrennung der Stoffe erfolgt bei Sauerstoffüberdruck in einer druckfesten Stahlbombe. Die freigesetzte Wärme wird von einem Wassermantel aufgefangen, dessen Temperaturerhöhung gemessen wird. Daraus wird die freigesetzte Wärmemenge berechnet.

Die im Bombenkalorimeter bestimmte spezifische Verbrennungswärme [kJ/g] der Nährstoffe bezeichnet man als ihren physikalischen Brennwert zur Unterscheidung gegenüber ihrem für die Oxidation im Körper geltenden physiologischen Brennwert.

Die spezifische Verbrennungswärme von Nahrungs- oder Futtermitteln wird als deren Bruttoenergie bezeichnet, da bei der Verwertung der Nahrung im Organismus über die Ausscheidung von Kot, Harn und Gärgasen Energieverluste auftreten und somit nur ein Teil der Nahrungsenergie (= Nettoenergie, s.u.) für den Organismus nutzbar ist.

Der Energiegehalt (physikalischer Brennwert) von festen, flüssigen oder gasförmigen Stoffen wird im Bombenkalorimeter durch quantitative Verbrennung der Stoffe ermittelt.

18.2.2 Physikalischer und physiologischer Brennwert

Kohlenhydrate und Fette werden in der Kalorimeterbombe und im Organismus gleichermaßen vollständig zu CO_2 und H_2O oxidiert. Somit werden trotz der verschiedenen Reaktionswege pro g Kohlenhydrat bzw. pro g Fett im Bombenkalorimeter und Organismus jeweils die gleichen Wärmemengen freigesetzt (Hessscher Wärmesatz). Bei Kohlenhydraten und Fetten sind deshalb der im Bombenkalorimeter bestimmte physikalische Brennwert und der für die Oxidation im Körper gültige physiologische Brennwert jeweils identisch.

Im Gegensatz zu Kohlenhydraten und Fetten wird Protein nur im Bombenkalorimeter vollständig verbrannt; der Organismus kann den im Protein enthaltenen Stickstoff nicht oxidieren. Dieser wird deshalb bei Säugetieren und Kaltblütern in Harnstoff bzw. bei Vögeln und Reptilien in Harnsäure eingebaut und dann mit diesen im Harn ausgeschieden. Diese organischen Verbindungen lassen sich im Bombenkalorimeter verbrennen, enthalten also noch Energie. Der physiologische Brennwert des Proteins ist deshalb kleiner als der physikalische Brennwert, wenn Protein zur Energiegewinnung genutzt wird.

18.2.3 Brennwert von Kohlenhydraten

Die für den Betriebsstoffwechsel des Körpers aus der Gruppe der **Monosaccharide** wichtigen Hexosen (Glucose, Fructose, Mannose, Galactose) unterscheiden sich lediglich durch die räumliche Anordnung ihrer Atome, sie haben aber alle die gleiche Summenfomel ($C_6H_{12}O_6$), damit gleiches Molekulargewicht (180 g) und gleiche elementare Zusammensetzung (40,0% C; 53,3% O; 6,7% H). Sie verbrennen alle im Bombenkalorimeter und Organismus quantitativ zu CO_2 und H_2O und haben deshalb auch den gleichen physikalischen bzw. physiologischen Brennwert von 15,6 kJ/g (Hessscher Wärmesatz).

Analoges gilt für die Gruppe der **Disaccharide** (Maltose, Saccharose, Lactose), die jeweils durch Zusammenlagerung von zwei Hexosemolekülen unter Wasseraustritt entstehen. Auch sie haben folglich alle die gleiche Summenformel ($C_{12}H_{22}O_{11}$), damit gleiches Molekulargewicht (342 g), gleiche elementare Zusammensetzung (42,1% C; 51,5% O; 6,4% H) und ebenfalls den gleichen physikalischen bzw. physiologischen Brennwert von 16,6 kJ/g.

Die **Polysaccharide** (Stärke, Glykogen, Cellulose) sind glykosidische Verknüpfungen einer jeweils unterschiedlich großen Anzahl (n) von Glucosemolekülen. Sie haben die allgemeine Summenformel $(C_6H_{10}O_5)_n$, das Molekulargewicht $162 \cdot n$ [g], jedoch die gleiche elementare Zusammensetzung 44,4% C; 49,4% O; 6,2% H. Ihr physikalischer bzw. physiologischer Brennwert liegt bei 17,6 kJ/g (Stärke).

18.2.4 Brennwert von Fetten

Die für den Energiehaushalt des Körpers bedeutsamen Fette sind Triglyceride. Ihr unterschiedlicher Aufbau aus gesättigten und ungesättigten Fettsäuren (hauptsächlich Palmitin-, Stearin- und Ölsäure) spiegelt sich in dem verschieden hohen Schmelzpunkt der Fette (z.B. harter Rindertalg, weiches Schweineschmalz) und ihren unterschiedlichen Energiegehalten wider. Der für die tierischen Fette im Bombenkalorimeter ermittelte physikalische (= physiologische) Brennwert liegt im Durchschnitt bei 39,8 kJ/g. Die elementare Zusammensetzung von tierischen Fetten beträgt im Mittel mit 77% C; 11% O und 12% H.

18.2.5 Brennwert von Protein

Für Proteine lassen sich wegen ihres komplexen Aufbaus aus jeweils verschiedenen Aminosäuren keine definierten chemischen Summenformeln angeben. Die Frage nach ihrer elementaren Zusammensetzung kann deshalb nur experimentell durch die organische Elementaranalyse beantwortet werden. Danach enthalten tierische Eiweiße im Mittel 53,0% C, 22,8% O, 7,1% H, 16,2% N und 0,9% S.

Der physikalische Brennwert der verschiedenen tierischen Proteine beträgt in der Kalorimeterbombe im Mittel 23,9 kJ/g. Ausgehend von diesem Wert läßt sich der physiologische Brennwert für Protein abschätzen durch Abzug der Energieverluste, die durch Ausscheidung der noch Energie enthaltenden Endprodukte aus dem Proteinabbau auftreten. Für Säugetiere, bei denen der im Eiweiß enthaltene N (16,2%) quantitativ über Harnstoff (46,7% N; 10,6 kJ/g) ausgeschieden wird, ergibt sich ein Energieverlust von 3,7 kJ pro g abgebautes Protein und damit der Schätzwert für den physiologischen Brennwert von Protein zu 20,2 kJ/g. Für Vögel, die Harnsäure (33,3% N; 11,5 kJ/g) als Endprodukt des Eiweißabbaus ausscheiden, beträgt der Schätzwert für den physiologischen Brennwert von Protein 18,3 kJ/g. Die Ausscheidung des N über Harnsäure ist also aus energetischer Sicht ungünstiger, doch belastet diese wiederum den Wasserhaushalt des Organismus weniger als die Ausscheidung über Harnstoff.

Der tatsächliche physiologische Brennwert von Protein ist nach Abzug noch zusätzlich zu berücksichtigender Energieverluste (Quellung des Proteins, Lösung des Harnstoffs, oxidative Entfernung des Schwefels aus dem Eiweiß usw.) niedriger als der oben abgeleitete Schätzwert. Für Säugetiere ist deshalb nach internationaler Übereinkunft der physiologische Brennwert des Proteins mit 18,4 kJ/g einzusetzen.

Kohlenhydrate und Fette werden im Organismus vollständig oxidiert, ihr physiologischer Brennwert ist deshalb gleich dem physikalischen Brennwert. Proteine werden dagegen im Organismus nur unvollständig oxidiert, ihr physiologischer Brennwert ist deshalb kleiner als der physikalische Brennwert.

18.2.6 Gesetz der Isodynamie

Kohlenhydrate, Fette und Proteine können sich im Betriebsstoffwechsel des Organismus als Energiespender gegenseitig vertreten. Entsprechend ihrer physiologischen Brennwerte sind isoenergetisch:

100 g Fett (39,8 kJ/g) = 226 g KH (17,6 kJ/g) = 216 g Protein (18,4 kJ/g)

Dieses Gesetz der Isodynamie (Rubner) ist von besonderer Bedeutung für die bedarfsgerechte Fütterung der landwirtschaftlichen Nutztiere, wenn die Herstellung isoenergetischer Futterrationen durch Austausch einzelner Futterkomponenten erforderlich ist.

Kohlenhydrate, Fette und Proteine können sich gegenseitig als Energiespender entsprechend ihrer physiologischen Brennwerte vertreten.

18.3 Nahrung als Energiequelle

Die im Bombenkalorimeter bestimmte **Bruttoenergie** eines Futters kann das Tier nur zum Teil für Erhaltung und Leistung nutzen, da bei der Verwertung des Futters im Organismus verschiedene Energieverluste auftreten (Abb. 18.1):

Das aufgenommene Futter muß im Magen-Darm-Kanal durch eine Vielzahl komplex miteinander verknüpfter physikalischer, chemischer und mikrobieller Vorgänge der Resorption zugänglich gemacht werden. Dabei werden die nicht verdaulichen, aber noch Energie enthaltenden Futterbestandteile abgetrennt und im Kot wieder ausgeschieden. Nach Abzug dieses Energieverlustes von der Bruttoenergie verbleibt die **verdauliche Energie** des Futters. Diese reduziert sich um weitere Energieverluste, die durch die Abgabe der (brennbaren) Gärgase Methan und Wasserstoff sowie durch die Freisetzung der Fermentationswärme auftreten. Die infolge der mikrobiellen KH-Vergärung gebildeten und als Darmgase abgegebenen Mengen an CH_4 und H_2 sind beim Fleischfresser in der Regel unbedeutend,

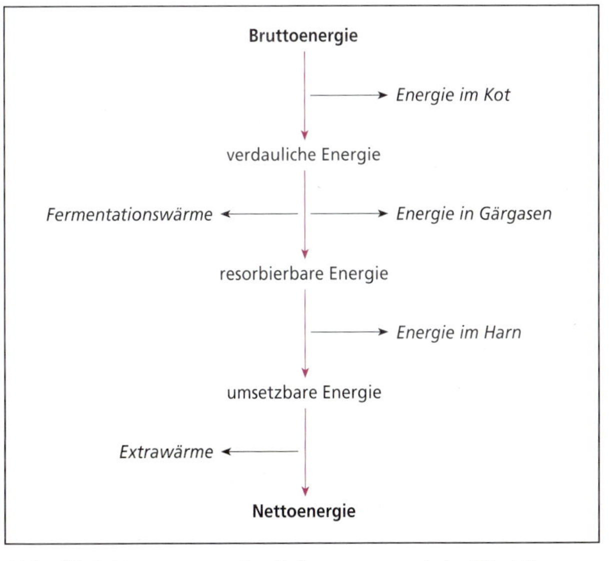

Abb. 18.1 Verwertung der Nahrungsenergie im Tierkörper.

größer beim Schwein und deutlich größer beim Pferd. Beim Wiederkäuer ist die Vergärung der KH im Pansen ein entscheidender Vorgang im Ablauf der Gesamtverdauung (Kap. 15.4.2.2). Wiederkäuer geben deshalb auch über den Ructus große Mengen CH_4 und H_2 ab. Entsprechend den spezifischen Verbrennungswärmen dieser Gase gehen von der verdaulichen Futterenergie pro Liter abgegebenen Methans 39,4 kJ und pro Liter abgegebenen Wasserstoffs 12,7 kJ als nicht nutzbare Energie verloren. Für eine 600 kg Kuh (tägliche Gärgasbildung etwa 300 l CH_4 und 30 l H_2) resultiert hieraus ein Energieverlust von etwa 12 MJ pro Tag. Dies entspricht 23% ihres energetischen Erhaltungsbedarfs.

Die im Magen-Darm-Kanal lebenden Mikroorganismen entnehmen die für ihre Lebenserhaltung notwendige Energie der vom Wirtstier aufgenommenen Nahrung (beim Rind etwa 6% der insgesamt aufgenommen KH-Energie). Diese chemische Nahrungsenergie wird letztendlich als Wärme frei, die vom Wirtstier in kalter Umgebung zur Aufrechterhaltung seiner Körpertemperatur genutzt werden kann. In warmer Umgebung muß diese Fermentationswärme dagegen nach außen abgegeben werden und ist somit als thermischer Energieverlust zu werten.

Nach Abzug der durch die mikrobielle Fermentation und Bildung der Gärgase auftretenden Energieverluste von der verdaulichen Energie ergibt sich die **resorbierbare Energie**. Davon sind weitere Energieverluste abzuziehen, die durch die Ausscheidung der ebenfalls noch Energie enthaltenden N-haltigen Verbindungen im Harn auftreten. Dies sind als Endprodukte des Eiweißabbaus Harnstoff (10,6 kJ/g) bei Säugetieren und Harnsäure (11,5 kJ/g) bei Vögeln und Reptilien. Hinzu kommen die Endprodukte des Purinstoffwechsels. Bei Primaten und Sauropsiden ist dies Harnsäure, die bei den übrigen Säugetieren weiter zu Allantoin (11,0 kJ/g) und bei den Kaltblütern zu Harnstoff oxidiert wird. Weiterhin findet sich im Harn der Warmblüter Kreatinin (20,9 kJ/g) als Folge des Muskelstoffwechsels. Der Harn von Herbivoren (Pferd, Wiederkäuer) enthält zudem größere Mengen Hippursäure (23,7 kJ/g), die vorwiegend in der Leber aus in der pflanzlicher Nahrung vorkommenden phenolischen Aminosäuren synthetisiert wird.

Nach Abzug dieser Energieverluste von der resorbierbaren Energie erhält man die **umsetzbare Energie**. Bei einer Kuh wurde der mittlere Gesamtenergieverlust bis zur umsetzbaren Energie mit 47,3% der aufgenommenen Bruttoenergie ermittelt (Kot 32,7%, Gärgase 8,2% und Harn 6,4%). Auch die umsetzbare Energie wird nochmals reduziert durch die sog. Extrawärme. Es ist dies die in warmer Umgebung bei bzw. nach der Nahrungsaufnahme zu beobachtende Erhöhung der Wärmeproduktion als Folge der kalorigenen Wirkung der Nährstoffe. Diese beträgt bezogen auf die umsetzbare Energie der zugeführten Nährstoffe, im Durchschnitt bei Eiweiß 18%, bei KH 5-9% und bei Fett 3-4%.

Ursachen der kalorigenen Wirkung sind zum einen (etwa 15%) vermehrte Verdauungsarbeit (Futteraufnahme, Kauen, Schlingen, Magen-Darm-Motorik), Sekretionsarbeit, intermediäre Stoffwechselvorgänge vor allem in der Leber, ferner Reizwirkungen auf die Gewebezellen, Verbrennung von nicht brauchbaren Aminosäuren und Umbildung von Aminosäuren in KH (Gluconeogenese). Die hauptsächlichen Ursachen (etwa 85%) aber sind Transformationsverluste bei der ATP-Bildung und bei der Synthese körpereigener Substanz.

Nach Abzug der Extrawärme von der umsetzbaren Energie erhalten wir schließlich die **Nettoenergie** des Futters. Nur sie allein steht dem Organismus als nutzbarer Energieanteil des Futters für Erhaltung und Leistung zur Verfügung. Die Kenntnis des Nettoenergiegehaltes eines Futters ist deshalb die notwendige Voraussetzung zur Bewertung seines energetischen Leistungsvermögens.

Experimentell wird die Nettoenergie eines Futters durch Aufstellung einer C- und N-Bilanz in einem Gesamtstoffwechselversuch (= Verdauungsversuch mit Gaswechselmessung) am entsprechenden Versuchstier ermittelt. Dazu wird das zu untersuchende Futter zusätzlich zu einer energetisch für den Erhaltungsbedarf bereits ausreichenden Grundfutterration gefüttert. Der dadurch am Versuchstier bewirkte energetische Ansatz in Form von Körperfett entspricht dann dem Nettoenergiegehalt des Versuchsfutters.

Das Tier kann von der Energie des Futters (Bruttoenergie) nur einen Teil (Nettoenergie) für Erhaltung und Leistung nutzen, da bei der Verwertung des Futters im Organismus verschiedene Energieverluste (Ausscheidung von Kot, Gärgasen, Harn) auftreten.

18.4 Deckung des Energiebedarfs im Hunger

Bei fehlender Nahrungsaufnahme muß die Energie für die lebensbedingenden Prozesse (Kreislauf, Atmung, Wärmehaushalt, Muskel- und Nerventätigkeit) von den eigenen Körperbestandteilen geliefert werden. Da die nur geringen Kohlenhydratvorräte (Glykogen) des Körpers sehr schnell aufgebraucht sind, beginnt bereits nach kurzer Zeit die Verbrennung des Depotfetts, welches die wesentliche Energiequelle bei Hunger ist. Bei längerer Nahrungskarenz tritt allerdings als Folge des darniederliegenden Kohlenhydratstoffwechsels eine Änderung im Endabbau der Fettsäuren mit Bildung von Ketonkörpern ein (Hungeracidose).

Da vom Organismus Eiweiß nicht bevorratet wird, sinkt im Hungerzustand der Eiweißstoffwechsel sehr schnell ab („Anpassung an die Not"). Wenn nach längerem Hungerzustand die Fettvorräte weitgehend verbraucht sind, verbleibt jedoch dem Organismus zur Deckung seines Energiebedarfs nur noch der Abbau des körpereigenen Eiweißes (erkennbar durch den Anstieg der N-Ausscheidung im Harn sowie des Respirationsquotienten). Danach kommt es unweigerlich zum Hungertod, da nicht mehr ausreichend Energie für die Lebensprozesse zur Verfügung steht: Eine ausreichende Wärmeproduktion findet nicht mehr statt, Herz- und Atemmuskeln sowie die Verdauungsdrüsen versagen. Es sinken Körpertemperatur, Puls und Atemfrequenz drastisch ab. Schließlich tritt eine allgemeine Muskelschwäche ein, obwohl noch keineswegs sämtliche Reserven aufgebraucht sind. Denn Körper verhungerter Tiere enthalten durchaus noch nutzbare chemische Energie, sogar in Form von Fett.

Die **Überlebensdauer** im Hungerzustand ist vor allem vom Körperfettvorrat abhängig. Junge Tiere verfügen über nur geringe Fettreserven und halten somit den Hungerzustand weniger gut aus als erwachsene, gut genährte Tiere. Kleine Tiere mit ihrer relativ hohen Stoffwechselintensität (s.u.) vertragen das Hungern schlechter als große Tiere. Besonders gefährdet sind in dieser Beziehung Vögel mit ihrem vergleichsweise intensiven Stoffwechsel. Winterschläfer und Kaltblüter können wiederum sehr lange ohne Nahrung bleiben.

Im allgemeinen tritt der Hungertod nach Verlust von 25-50 % der Körpermasse ein. Die Gewichtsabnahme der Organe im Hungerzustand ist unterschiedlich; die lebenswichtigen Organe werden geschont. Während das Körperfett bis um 97%, die Muskeln um 30%, die Drüsen um 17 (Pankreas) bis 54% (Leber) abnehmen, verlieren Herz und Zentralnervensystem nur 2–3% an Gewicht.

Hunde ertragen das Hungern bei Wasserzufuhr im allgemeinen ohne dauernde Schädigung 60 Tage, Katzen 18 Tage, Pferd und Rind 8 Tage.

> Bei fehlender Nahrungsaufnahme muß die Energie für die lebensnotwendigen Prozesse von körpereigenen Kohlenhydraten, Fetten und Proteinen geliefert werden; die Überlebensdauer im Hungerzustand ist vor allem vom Körperfettvorrat abhängig.

18.5 Messung des Energieumsatzes

Die Energieumsatzrate eines Tieres kann mit Hilfe der direkten oder der indirekten Kalorimetrie ermittelt werden.

18.5.1 Direkte Kalorimetrie

Die im Körper fortlaufend freigesetzte Wärme muß bei homoiothermen Tieren nach außen abgegeben werden, damit die Körpertemperatur konstant bleibt. Somit sind beim Warmblüter Wärmeproduktion und Wärmeabgabe gleich groß (Kap. 21.4 u. 21.5). Da erstere quantitativ aus der Höhe des Umsatzes an chemischer Energie resultiert, kann der Energieumsatz eines homoiothermenTieres durch Messung der von ihm nach außen abgegebenen Wärmemenge bestimmt werden. Dieses Meßverfahren nennen wir direkte Kalorimetrie.

Die experimentelle Bestimmung der Wärmeabgabe von Versuchstieren erfolgt in einem **Tierkalorimeter**:

Bei dem bereits vor 200 Jahren von Lavoisier erdachten Eiskalorimeter schmelzen Eiswürfel entsprechend der von dem Versuchstier abgegebenen Wärmemenge (1 g Schmelzwasser = 335 J Wärmeabgabe). Mit diesem in seiner Funktionsweise sehr einfachen Tierkalorimeter konnte aber das Versuchstier nur bei der unphysiologischen Umgebungstemperatur von 0 °C untersucht werden. Moderne Tierkalorimeter funktionieren als Kompensations- bzw. Zwillingskalorimeter oder Strömungskalorimeter. Am häufigsten kommt jedoch das Wärmeflußkalorimeter zum Einsatz, bei dem der ungehindert durch die Kalorimeterwand nach außen stattfindende Wärmefluß gemessen wird.

18.5.2 Indirekte Kalorimetrie

• **Prinzip**

Für die Verbrennung der einzelnen Nährstoffe bestehen jeweils bestimmte quantitative Beziehungen zwischen verbrannter Substanzmenge, Verbrennungsendprodukten, stattfindendem Gaswechsel (CO_2-Produktion und O_2-Verbrauch) und freigesetzter Wärmemenge, wie dies die hier beispielhaft aufgezeigte Verbrennungsgleichung von Glucose demonstriert:

$$1\ \text{Mol}\ C_6H_{12}O_6 + 6\ \text{Mol}\ O_2 \rightarrow 6\ \text{Mol}\ H_2O + 6\ \text{Mol}\ CO_2 + 2808\ [\text{kJ}]$$

180 g Glucose (15,6 kJ/g)	6 x 22,4 l = 134 l Sauerstoff	Respirationswasser	6 x 22,4 l = 134 l Kohlendioxid	freigesetzte Wärmemenge

Aufgrund dieser Stöchiometrie können wir, ohne die oxidierte Nährstoffmenge zu kennen, aus dem

Gaswechsel der Verbrennung die dabei freigesetzte Wärmemenge (= umgesetzte Energie) berechnen.

Da die für die direkte Verbrennung der Nährstoffe im Bombenkalorimeter gültigen Verbrennungsgleichungen summarisch auch für die stufenweise ablaufende Oxidation der Nährstoffe im intermediären Stoffwechsel des Körpers gelten, können wir auch den Energieumsatz eines Tieres aus seinem gemessenen **Gaswechsel** berechnen. Dieses Verfahren nennen wir indirekte Kalorimetrie.

• Messung des Gaswechsels

CO_2-Produktion (= CO_2-Abgabe-Ausatemluft minus CO_2-Aufnahme-Einatemluft) und **O_2-Verbrauch** (= O_2-Aufnahme-Einatemluft minus O_2-Abgabe-Ausatemluft) eines Versuchstieres werden in der Regel in einer **Respirationskammer** bestimmt, die unterschiedlich belüftet werden kann:

Beim **geschlossenen Belüftungssystem** befindet sich das Versuchstier in einer nach außen vollkommen dichten Respirationskammer. Das von dem Tier abgegebene CO_2 wird aus der Kammerluft fortlaufend durch chemische Absorption entfernt und gasanalytisch bestimmt. Der von dem Tier aus der Kammerluft verbrauchte O_2 wird aus einem Vorratsbehälter ergänzt.

Moderne Respirationsanlagen arbeiten zumeist mit dem **offenen Belüftungssystem** (Abb. 18.2), wobei durch die Respirationskammer kontinuierlich Frischluft gesaugt wird. Der Gaswechsel des Versuchstieres ergibt sich aus den Differenzen der mit der Frischluft in die Kammer eingeführten und mit der Kammerabluft aus der Respirationskammer abgeführten CO_2- und O_2-Mengen. Da die Zusammensetzung der Frischluft konstant bleibt, müssen zur Berechnung des tierischen Gaswechsels nur der Luftdurchsatz durch die Kammer sowie die CO_2- und O_2-Konzentrationen in der Kammerabluft gemessen werden.

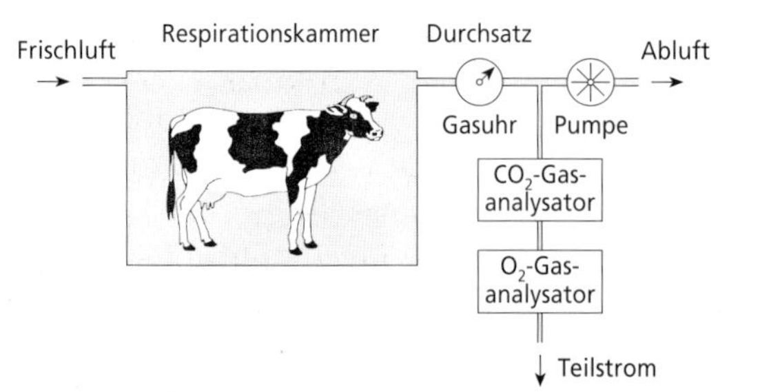

Abb. 18.2 Anordnung zur Bestimmung des Energieumsatzes von Tieren mitels indirekter Kalorimetrie (Respirationskammer mit offenem Belüftungssystem; physikalische Gasanalyse).

• Gasanalyse

Früher konnten in Respirationsversuchen für den tierischen Gaswechsel mit Hilfe der **chemischen Gasanalyse** nur Durchschnittswerte über relativ große Zeitabschnitte erhalten werden. Heute wird deshalb die Gasanalyse mit Hilfe **physikalischer Verfahren** (CO_2: Infrarot-Absorptionsmessung, O_2: paramagnetisches Meßverfahren) durchgeführt, die auch die Registrierung sehr schnell verlaufender Änderungen des Gaswechsels, wie sie z.B. als Folge der nicht ausschaltbaren Spontanaktivität der Tiere auftreten, ermöglichen.

• Berechnung des Energieumsatzes

Die Berechnung des Energieumsatzes eines Versuchstieres aus seinem im Respirationsversuch gemessenen Gaswechsel leitet sich aus den Verbrennungsgleichungen der drei Nährstoffe ab, die zur Energiegewinnung im Körper normalerweise gleichzeitig oxidiert werden. Für die Oxidation der Nährstoffe im tierischen Organismus gilt nach internationaler Vereinbarung:

Nährstoff	CO_2-Produktion Liter	O_2-Verbrauch Liter	Wärmebildung kJ
1 g Kohlenhydrat:	0,83	0,83	17,6
1 g Fett:	1,43	2,01	39,8
1 g Protein:	0,77	0,96	18,4

Hieraus lassen sich CO_2 -Produktion, O_2 -Verbrauch und Wärmebildung (= Energieumsatz E) für die gleichzeitige Verbrennung der beliebigen Nährstoffmengen K [g] Kohlenhydrat, F [g] Fett und P [g] Protein ableiten:

$$\begin{array}{lcrcrcr} & & \textbf{KH} & & \textbf{Fett} & & \textbf{Protein} \\ \mathbf{CO_2} & = & \mathbf{0{,}83 \cdot K} & + & \mathbf{1{,}43 \cdot F} & + & \mathbf{0{,}77 \cdot P} \\ \mathbf{O_2} & = & \mathbf{0{,}83 \cdot K} & + & \mathbf{2{,}01 \cdot F} & + & \mathbf{0{,}96 \cdot P} \\ \mathbf{E} & = & \mathbf{17{,}6 \cdot K} & + & \mathbf{39{,}8 \cdot F} & + & \mathbf{18{,}4 \cdot P} \end{array}$$

Durch algebraisches Umformen ergibt sich aus diesem Gleichungssystem die Brouwersche Formel zur Berechnung der Energieumsatzrate eines Versuchstieres aus gemessenem Gaswechsel (CO_2 -Produktion, O_2 -Verbrauch) und oxidierter Proteinmenge:

$$\mathbf{E = 5{,}02 \cdot CO_2 + 16{,}18 \cdot O_2 - 0{,}96 \cdot P}$$

Die im Organismus zur Energiegewinnung oxidierte Proteinmenge P wird erhalten durch Multiplikation der von dem Versuchstier während des Respirationsversuches im Harn ausgeschiedenen N-Menge mit dem Faktor 6,25 (für 16% N in Protein).

Die obige Brouwersche Formel ist gültig zur Berechnung des Energieumsatzes bei monogastrischen Tieren. Bei Wiederkäuern muß man mit einer erweiterten Gleichung rechnen, in der die Energieverluste über die Gärgase CH_4 und H_2 sowie über die Ausscheidung von Hippursäure im Harn berücksichtigt werden.

Die Energieumsatzrate eines Tieres kann mit Hilfe der direkten Kalorimetrie (Messung der Wärmeabgabe) oder indirekten Kalorimetrie (Berechnung der Umsatzrate aus dem gemessenen Gaswechsel) ermittelt werden.

18.6 Respiratorischer Quotient

Das Verhältnis von CO_2-Produktion zu O_2-Verbrauch bei der Nährstoffoxidation wird als **Respiratorischer Quotient** (RQ) bezeichnet. Da jeder Nährstoff entsprechend seiner spezifischen Verbrennungsgleichung einen charakteristischen RQ-Wert hat, ergeben sich durch diesen Parameter -- mit Einschränkung -- Hinweise auf die im intermediären Stoffwechsel zur Energiegewinnung gerade stattfindende Nährstoffverbrennung.

Für die Verbrennung der einzelnen Nährstoffe lassen sich unter Zuhilfenahme ihrer Verbrennungsgleichungen folgende RQ-Werte angeben:

Alle **Kohlenhydrate** (Mono-, Di- und Polysaccharide) haben entsprechend ihrem identischen Molekülaufbau ($C_n(H_2O)_m$) denselben RQ = 1,0.

Für die Verbrennung der verschiedenen, sich unterschiedlich aus gesättigten und ungesättigten Fettsäuren aufbauenden **Fette** liegt der RQ zwischen 0,703 (harte Fette) und 0,713 (weiche Fette).

Für **Protein** wiederum läßt sich nur ein Näherungswert herleiten, da sich für die Verbrennung der komplex und jeweils sehr verschieden aufgebauten Proteine keine exakten stöchiometrischen Gleichungen definieren lassen. Für die rechnerische Abschätzung des Protein-RQ unterstellt man, daß der im Eiweiß enthaltene N (16,2%) quantitativ bei Säugetieren in Harnstoff (46,7% N) bzw. bei Vögeln in Harnsäure (33,3% N) eingebaut und damit ausgeschieden wird. Für die Oxidation der danach vom Protein noch verbliebenen Mengen an C und H berechnet sich dann für **Säugetiere** ein RQ von 0,83 bzw. für **Vögel** ein RQ von 0,71.

Der Respiratorische Quotient (Verhältnis von CO_2-Produktion zu O_2-Verbrauch) beträgt bei alleiniger Verbrennung von Kohlenhydraten 1,0, von Fetten 0,703-0,713 und von Proteinen (Säugetiere) näherungsweise 0,83.

Da im Körper normalerweise die Verbrennung eines Gemisches der drei Nährstoffe erfolgt, wird beim Versuchstier ein entsprechend variierender **Misch-RQ** zwischen 0,71 (nur Fettverbrennung) und 1,0 (nur Kohlenhydratverbrennung) gemessen. Die Bedeutung des RQ als Indikator für die Nährstoffverbrennung darf allerdings nicht überschätzt werden, da sich für die Verbrennung unterschiedlicher Nährstoffgemische der gleiche RQ-Wert ergeben kann.

Fehlerhafte Schlußfolgerungen aus dem RQ können sich ergeben, wenn die Menge des intermediär produzierten CO_2 verschieden ist von der Menge des im gleichen Zeitraum respiratorisch abgegebenen CO_2. Aus diesem Grund wird z.B. beim Wiederkäuer, bei dem sich die über den Ruktus abgegebenen Pansengase (CO_2, CH_4, H_2) mit der Exspirationsluft mischen, in der Respirationskammer stets ein aus intermediärer Sicht etwas zu hoher RQ gemessen.

Kurzfristige Änderungen des RQ treten unabhängig vom intermediären Nährstoffabbau auf, wenn die Lungenventilation des Organismus erhöht oder erniedrigt wird. So steigt der RQ z.B. bei einer Hyperventilation an, da hierbei verstärkt CO_2 aus dem Blut abgegeben wird, aber die O_2-Aufnahme nicht in gleichem Ausmaß zunimmt.

Eine Erhöhung des RQ wird auch beobachtet, wenn aus dem Stoffwechsel vermehrt Säuren ins Blut abgegeben und deren H^+-Ionen zur Aufrechterhaltung des pH-Wertes im Blut neutralisiert werden müssen. Als Folge davon wird CO_2 aus dem Bicarbonat des Blutes freigesetzt und über die Lunge abgeatmet.

Ernährungsbedingte **RQ-Werte > 1** werden in der Fettmast gemessen. Hierbei werden Tiere zur Erzielung eines Fettansatzes über ihren energetischen Erhaltungsbedarf hinaus reichlich mit Kohlenhydraten gefüttert. Durch die Umwandlung der sauerstoffreichen Kohlenhydrate (49%) in sauerstoffarmes Fett (11%) steigt der RQ deutlich über den Wert 1,0 an (bei Mastgänsen und -schweinen bis zu 1,6), da der intermediär aus den Kohlenhydraten freigesetzte O_2 zur Oxidation von C zu CO_2 genutzt wird und nicht von außen zugeführt werden muß.

RQ-Werte < 0,7 werden bei starkem Kohlenhydrat-Mangel gemessen, sei es durch extremen Hunger oder infolge einer gestörten Kohlenhydrat-Verwertung, z.B. bei Diabetes mellitus. Hier mangelt es an Oxalessigsäure zum Einschleusen des aus dem Fettabbau anfallenden Acetyl-CoA in den Citronensäurezyklus (Abb. 17.7). Das Acetyl-CoA wird im Ausweg zu Ketonverbindungen synthetisiert. Somit wird der C aus dem abgebauten Fett nur zum Teil zu CO_2 oxidiert, so daß der RQ unter den Wert für die Fettverbrennung (0,71) absinkt.

18.7 Energieumsatz und Körpergröße

18.7.1 Definition der Energieumsatzrate

Die energetische Umsatzrate von Tieren ist eine unter dem Einfluß zahlreicher Faktoren stehende variable Größe. Das Niveau des Energieumsatzes wird bestimmt in erster Linie durch die Körpergröße des Tieres, die Tierart und in gewissem Umfang auch durch Alter und Geschlecht des Tieres. Die Energieumsatzrate eines Tieres ist deutlich erhöht nach der Nahrungsaufnahme, bei jeder körperlichen Aktivität sowie bei Leistung (Wachstum, Milchproduktion, Trächtigkeit). Die Umsatzrate wird aber auch durch Umgebungstemperatur, Beleuchtung bzw. Tageszeit und vermutlich auch die Jahreszeit beeinflußt (Kap. 21 u. 28). Darüber hinaus spielen der jeweilige Ernährungs- und Funktionszustand des Organismus eine Rolle.

> Die Energieumsatzrate von Tieren ist eine unter dem Einfluß zahlreicher Faktoren stehende variable Größe.

Der im postresorptiven Zustand, bei metabolisch indifferenter Umgebungstemperatur und bei körperlicher Ruhe im Wachzustand gemessene **Grundumsatz** eines Individuums entspricht dem zur Aufrechterhaltung des Lebens minimal notwendigen Energieumsatz für Kreislauf, Atmung, Muskeltonus, Drüsentätigkeit, Zellteilung u.a. Die Beteiligung der einzelnen Gewebe am Grundumsatz (z.B. Niere 7%, Leber 12%) ist entsprechend ihrem unterschiedlichen O_2-Verbrauch und ihrem unterschiedlichen Anteil an der Gesamtkörpermasse verschieden. Der Grundumsatz der Tiere ist ein für den intra- und interspezischen Vergleich ihres Energieumsatzes brauchbarer Standardumsatz.

Ein Tier befindet sich im energetischen **Erhaltungsumsatz**, wenn es in seiner Körpermasse weder zu- noch abnimmt (Energiezufuhr = Erhaltungsbedarf). Die Energieumsatzrate eines Tieres bei körperlicher Arbeit oder Produktion (Ansatz, Eier, Milch, Trächtigkeit) bezeichnet man als **Leistungsumsatz**.

> Der Grundumsatz ist der minimal notwendige Energieumsatz zur Aufrechterhaltung der lebensnotwendigen Funktionen des Organismus. Im Erhaltungsumsatz bleibt die Körpermasse konstant (Energiezufuhr = Erhaltungsbedarf). Die Umsatzrate bei körperlicher Arbeit oder Produktion bezeichnet man als Leistungsumsatz.

Der zur experimentellen Bestimmung des Grundumsatzes erforderliche **postresorptive Zustand** (Ausschaltung der Verdauungsarbeit) wird bei den einzelnen Tierarten nach unterschiedlich langer Futterkarenz erreicht. Die notwendige Hungerzeit (z.B. Ratte 12 – 18 h, Kaninchen 24 – 72 h, Schwein 5 – 6 d, Rind > 4 d) hängt ab von der Futterpassagezeit, die durch den auf die jeweilige Ernährungsweise der Tiere abgestimmten anatomischen Aufbau des Verdauungstraktes bestimmt wird. Bei den Wiederkäuern ist es wegen des besonderen Verdauungssystems schwierig, den Zeitpunkt der postresorptiven Phase sicher zu erreichen.

Um den Einfluß der Umgebungstemperatur auf die Energieumsatzrate gleichzuhalten, wird der Grundumsatz bei **metabolisch indifferenter Umgebungstemperatur** gemessen:

Homoiotherme Tiere halten ihre Körper(kern) temperatur durch Regulation der Wärmeproduktion und Wärmeabgabe konstant. Fällt die Umgebungstemperatur ab, steigt die Wärmeabgabe des Tieres an die Umgebung an. Hierauf reagiert der Körper zunächst durch periphere Vasokonstriktion und Aufstellen der Haare bzw. Federn, um den Wärmeverlust nach außen zu reduzieren. Reicht dies nicht aus, wird zur Aufrechterhaltung der Körpertemperatur durch Muskelaktivitäten und Oxidation von Fett zusätzlich Wärme produziert (Kap. 21).

Bei Ansteigen der Umgebungstemperatur wird die Wärmeabgabe des Tieres an die Umgebung zunehmend erschwert, und das Tier muß durch Schwitzen bzw. Hecheln (Prinzip der Wasserverdunstung) seine Wärme abgeben. Durch die damit verbundene Muskel- und Sekretionsarbeit kommt es allerdings zu einer zusätzlichen Energieumsetzung und Freisetzung von Wärme.

Im Bereich der metabolisch indifferenten Umgebungstemperatur ist die Energieumsatzrate eines homoiothermen Tieres am niedrigsten, da hier keine zusätzliche Wärme zur Aufrechterhaltung der Körpertemperatur produziert werden muß und die im Körper fortlaufend anfallende Stoffwechselwärme ohne zusätzliche energiezehrende Leistungen an die Umgebung abgegeben werden kann.

Die metabolisch indifferente Umgebungstemperatur ist bei kleinen Tieren höher als bei großen Tieren (z.B. Ratte 28 °C, Schwein 22 °C, Rind 15 °C), denn erstere haben über ihre größere relative Körperoberfläche (s.u.) einen höheren relativen Wärmeverlust. Andererseits kann bei derselben Tierart die metabolisch indifferente Umgebungstemperatur in Abhängigkeit zur jeweiligen wärmeleitenden Beschaffenheit der Körperoberfläche (Behaarung, Fettschicht usw.) variieren.

Tiere zeigen die zur Messung ihres Grundumsatzes erforderliche **körperliche Ruhe** nur selten, da sie immer wieder durch exogene und endo-

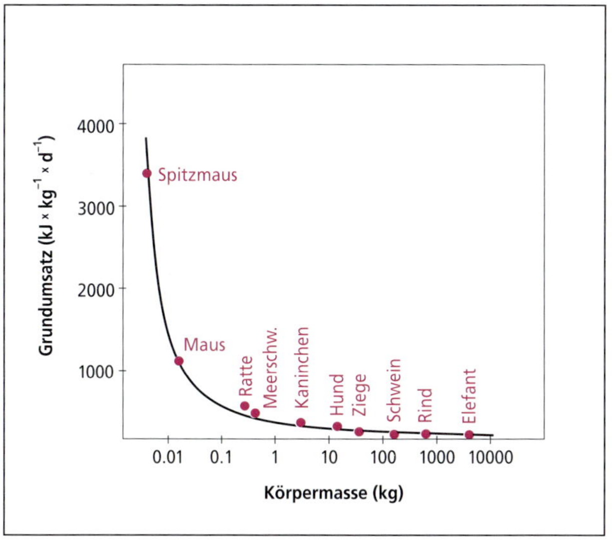

Abb. 18.3 Relative Energieumsatzrate (Grundumsatz [kJ/24h] pro kg Körpermasse) verschieden großer Säugetiere (beachte: Körpermasse auf logarithmischer Skala; nach Wieser, 1986).

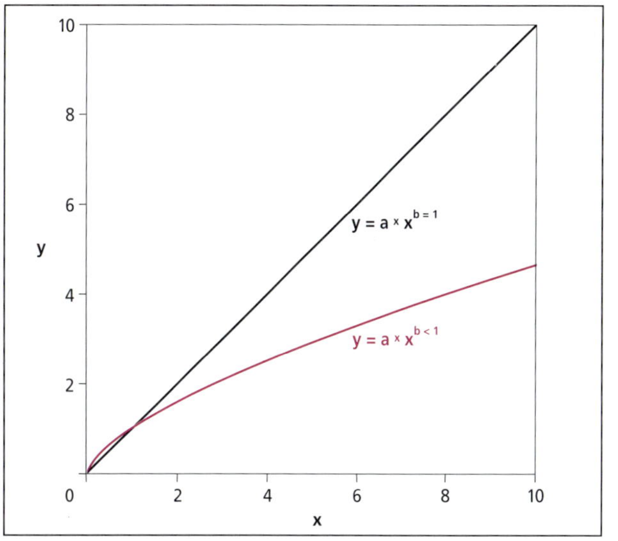

Abb. 18.4 Grafische Darstellung einer Potenzfunktion mit einem Exponenten b < 1 zur Erklärung der bei Tieren mit zunehmender Körpergröße (Körpermasse) (x) einhergehenden unterproportionalen Zunahme von Körperoberfläche bzw. Energieumsatzrate (y).

gene Reizwirkungen zu körperlichen Aktivitäten gezwungen werden. Aufgrund dieser nicht ausschaltbaren Spontanaktivität enthält die von Tieren gemessene Energieumsatzrate stets einen motorisch bedingten Anteil. Deshalb müssen während der Energieumsatzmessung die Körperbewegungen des Versuchstieres fortlaufend registriert werden, damit die energetische Umsatzrate auf den Zustand der körperlichen Ruhe korrigiert werden kann.

Der Grundumsatz wird im postresorptiven Zustand, bei metabolisch indifferenter Umgebungstemperatur und körperlicher Ruhe gemessen. Der Grundumsatz ermöglicht den intra- und interspezifischen Vergleich des Energieumsatzes.

18.7.2 Beziehung zwischen Energieumsatz und Körpergröße

Die Kenntnis der quantitativen Beziehung zwischen Energieumsatzrate (Grundumsatz) und Körpergröße der Tiere ist aus verschiedenen Gründen für die vergleichende Physiologie von besonderem Interesse.

Zur Angabe der **Körpergröße** von Tieren wird gewöhnlich deren Körpermasse herangezogen, denn diese ist im Gegensatz zu Körperoberfläche und Körpervolumen einfach und zuverlässig zu ermitteln. Der sehr unterschiedlichen Körpergestalt der verschiedenen Tiere wird dabei allerdings keine Rechnung getragen.

18.7.2.1 Energieumsatzrate und Körpermasse

Jede lebende Zelle muß zur Aufrechterhaltung ihrer Funktionen laufend chemische Energie umsetzen. Der Energieumsatz des mehrzelligen Organismus korreliert deshalb sehr eng mit dessen Zellmasse, d.h. seiner Körpergröße bzw. Körpermasse. Die energetische Umsatzrate von großen Tieren ist zwar aus diesem Grund absolut höher als die kleiner Tiere; pro kg Körpermasse, das heißt relativ, haben jedoch große Tiere eine niedrigere Energieumsatzrate als kleine Tiere (Abb. 18.3).

Die Grundumsatzrate von kleinen Tieren ist zwar absolut niedriger, relativ (= pro kg Körpermasse) jedoch höher als die großer Tiere.

18.7.2.2 Energieumsatzrate und Körperoberfläche

Früher hatte man angenommen, daß die unterschiedlich hohe relative Umsatzrate kleiner und großer Tiere allein durch die Größe ihrer relativen Körperoberfläche bestimmt werde (Rubners Oberflächenregel):

Entsprechend geometrischer Zusammenhänge ist die Beziehung zwischen Oberfläche O und Volumen V bei allen Körpern durch die Potenzfunktion $O = f \cdot V^{2/3}$ quantifiziert (siehe z.B. Würfel mit der Kantenlänge a: $V = a^3$; $O = 6 \cdot a^2$; $O = 6 \cdot V^{2/3}$), wobei die unterschiedliche Gestalt der Körper durch den Faktor f zum Ausdruck kommt. Isometrische Körper haben jeweils denselben f-Wert (z.B. $f_{Würfel} = 6{,}0$;

f_{Kugel} = 4,84). Haben gleichgestaltige Körper dieselbe spezifische Dichte (z.B. Glaskugeln), ist ihre Oberfläche auch der 2/3-Potenz der Masse M proportional: $O = k \cdot M^{2/3}$.

Der k-Wert wurde für viele Tierarten im Mittel zu 10 [dm^2 / $kg^{2/3}$] bestimmt (Meehsche „Konstante"). Die für die quantitative Beziehung von Körperoberfläche zu Körpermasse gültige Potenzfunktion $O = k \cdot M^{2/3}$ bedingt durch ihren Massenexponenten $2/3 < 1$, daß bei Tieren die Körperoberfläche mit zunehmender Körpermasse unterproportional anwächst (Abb. 18.4). Das Verhältnis O : M ist deshalb bei kleinen Tieren größer (100 g Ratte 22 : 1) als bei großen Tieren (1000 kg Bulle 1 : 1). Kleine Tiere haben somit eine größere relative Körperoberfläche (d.h. pro kg Körpermasse) und damit auch einen größeren relativen Wärmeverlust (d.h. pro kg Körpermasse) an die Umgebung als große Tiere (Kap. 21.5).

Eine nur 20 g schwere Maus (782 $kJ \cdot kg^{-1} \cdot d^{-1}$) könnte also mit dem spezifischen Energieumsatz eines 4 Tonnen schweren Elefanten (37 $kJ \cdot kg^{-1} \cdot d^{-1}$) ihre Körpertemperatur infolge ihrer zu großen relativen Körperoberfläche und des dadurch bedingten hohen relativen Wärmeverlustes nicht auf der notwendigen Höhe halten. Der Elefant wiederum könnte pro kg Körpermasse nicht dieselbe spezifische Stoffwechselintensität haben wie die Maus, denn er hat für eine solch hohe Wärmeproduktion eine zu kleine relative Körperoberfläche.

> Die Körperoberfläche von Tieren wächst mit zunehmender Körpergröße unterproportional an. Kleine Tiere haben deshalb pro kg Körpermasse (= relativ) eine größere Körperoberfläche und damit einen höheren Wärmeverlust an die Umgebung als große Tiere.

Aufgrund des unterproportionalen Zusammenhanges von wärmeabgebender Körperoberfläche und wärmeproduzierender Körpermasse können homoiotherme Tiere nicht beliebig klein werden, da wegen der dann zu großen relativen Körperoberfläche ihre Wärmeverluste an die Umgebung zu hoch werden. Sie können andererseits aber auch nicht beliebig groß werden, weil dann über ihre zu kleine relative Körperoberfläche nicht mehr genug Wärme abgeführt werden kann.

Die Höhe der Energieumsatzrate der Tiere wird aufgrund des ständigen Wärmeverlustes an die Umgebung verständlicherweise sehr wesentlich durch die Größe ihrer Körperoberfläche bestimmt. Der Wärmefluß an die kühlere Umgebung (vgl. Newtonsches Wärmeflußgesetz) ist jedoch beim Tierkörper der Körperoberfläche nicht proportional, da der Wärmeleitkoeffizient und die Temperaturdifferenz an verschiedenen Stellen der Haut unterschiedlich sind. Der Wärmeleitkoeffizient variiert durch unterschiedliche Behaarung und verschieden dicke Fettschichten von Tierart zu Tierart sowie bei den einzelnen Individuen derselben Art. Darüber hinaus können Tiere im Rahmen der physikalischen Thermoregulation den Wärmeleitfaktor ihrer Körperoberfläche (Sträuben der Haare oder Federn) und die Temperatur ihrer Haut (Blutzirkulation im Hautgewebe) erheblich verändern (Kap. 21.5.2.1).

Die hohe relative Umsatzrate kleiner Tiere resultiert auch aus der Tatsache, daß bei kleinen Tieren der Anteil der stoffwechselintensiven inneren Organe an der Gesamtmasse des Körpers höher ist als der der stoffwechselarmen Stützorgane. Bei großen Tieren ist dies umgekehrt, denn diese brauchen aus mechanischen Gründen einen höheren Anteil von Knochen und Verbindungsgeweben. Bei der Maus z.B. tragen die inneren Organe etwa 12% und das Skelett nur etwa 5% zur Gesamtmasse bei; beim Elefanten sind dies dagegen etwa 2% bzw. 30%.

> Die im Vergleich zu großen Tieren bei kleinen Tieren höhere relative Umsatzrate resultiert aus ihrem höheren relativen Wärmeverlust an die Umgebung und ihrem größeren relativen Anteil stoffwechselintensiver Organe an der Gesamtkörpermasse.

18.7.2.3 Allometrische Umsatzformeln

Die Beziehung zwischen Energieumsatzrate (Grundumsatz E [kJ/24 h]) und Körpergröße (Körpermasse M [kg]) bei Tieren ist durch eine allometrische Beziehung (Potenzfunktion mit der Körpermasse M als Basis) $E = a \cdot M^b$ zu quantifizieren, in der entsprechend der mit zunehmender Körpergröße unterproportional ansteigenden Energieumsatzrate der Massenexponent $b < 1$ ist (Abb. 18.4). Das Niveau der Stoffwechselintensität wird durch den Faktor a angezeigt.

> Die Beziehung zwischen Energieumsatzrate und Körpergröße bei Tieren ist durch eine allometrische Beziehung zu quantifizieren, in der entsprechend der mit zunehmender Körpermasse unterproportional ansteigenden Energieumsatzrate der Massenexponent < 1 ist.

Die von Kleiber erstmals mittels Regressionsanalyse durchgeführte statistische Auswertung der Grundumsatzdaten von erwachsenen Säugetieren im Größenbereich von 20 g schweren Mäusen bis zu 600 kg schweren Rindern führte zu der folgenden **interspezifischen Grundumsatzformel** für Säugetiere:

$$\mathbf{E\,[kJ/24\,h] = 283 \cdot (M\,[kg])^{0,756}}$$

Abb. 18.5 Beziehung zwischen Energieumsatz und Körpermasse (Körpergröße) bei Einzellern*, poikilothermen* und homoiothermen Tieren (* Umsatzwerte auf 39°C korrigiert; nach Hemmingsen, 1960).

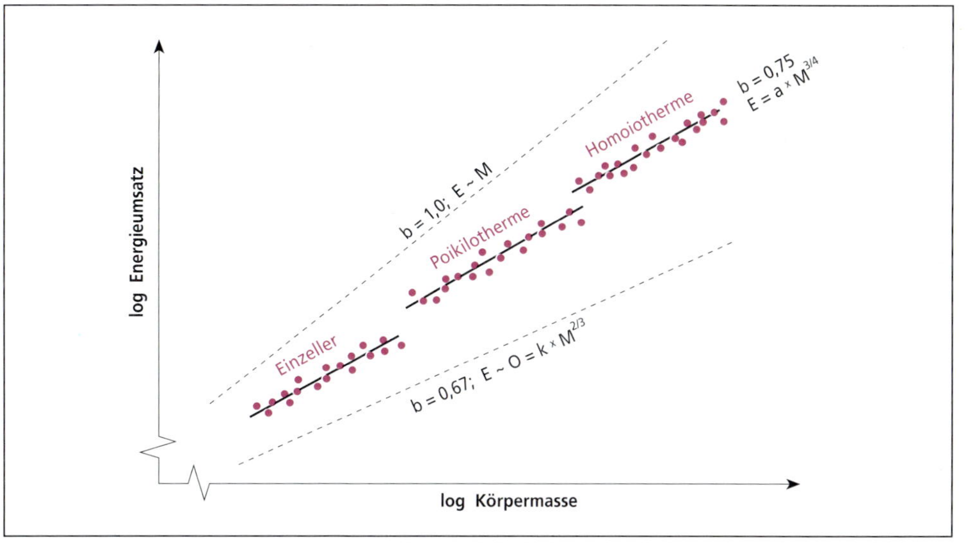

Danach ist die Grundumsatzrate von Säugetieren mit guter Näherung der 3/4-Potenz ihrer Körpermasse proportional und beträgt bei kleinen und großen Säugetieren pro $kg^{3/4}$ Körpermasse gleichermaßen 283 kJ/24 h (= Niveau der Stoffwechselintensität).

Die 3/4-Potenz der Körpermasse $(M\ [kg])^{3/4}$ wird als **metabolische Körpergröße** bezeichnet. Dieser Parameter besitzt große Bedeutung, da mit ihm viele Stoffwechselvorgänge quantitativ enger korrelieren als mit der Körpermasse selbst.

Die Grundumsatzrate von Säugetieren ist mit guter Näherung der 3/4-Potenz ihrer Körpermasse proportional und beträgt pro $kg^{3/4}$ etwa 283 kJ/Tag.

Kleibers Ergebnis über die Beziehung zwischen Energieumsatzrate (Grundumsatz) und Körpergröße (Körpermasse) bei Säugetieren wurde auch für Vögel, poikilotherme Tiere (Reptilien, Amphibien, Fische) und sogar Einzeller bestätigt. In den dabei berechneten allometrischen Umsatzformeln liegen die Massenexponenten ebenfalls nahe bei b = 0,75. Damit gilt für das gesamte Tierreich eine einheitliche Gesetzmäßigkeit für den mit zunehmender Körpergröße einhergehenden unterproportionalen Anstieg der Energieumsatzrate (Abb. 18.5). Der Massenexponent b = 0,75 erklärt sich möglicherweise als Ergebnis einer ständigen notwendigen Anpassung während des evolutionären Wachstums der Arten: Einerseits steigt mit zunehmender Körpermasse die Energieumsatzrate entsprechend an (Proportionalität $E \sim M^1$; b = 1), andererseits muß die im Organismus gebildete Wärmemenge über die zur Verfügung stehende Körperoberfläche abgegeben werden (Proportionalität $E \sim O = k \cdot M^{2/3}$; b = 0,67).

Der für verschiedene Tierklassen bestimmte Massenexponent nahe 0,75 zeigt eine im gesamten Tierreich einheitliche Gesetzmäßigkeit für den mit zunehmender Körpergröße einhergehenden unterproportionalen Anstieg der Energieumsatzrate an.

Bemerkenswert ist, daß in den Umsatzformeln der Faktor a, durch den das Niveau der Stoffwechselintensität angezeigt wird, sich sprunghaft beim Übergang von den Einzellern zu den multizellulären poikilothermen Tieren und von diesen zu den Homoiothermen erhöht. Diese beiden Diskontinuitäten lassen sich möglicherweise mit einer erhöhten Mitochondrien- und Schilddrüsenaktivität bei den höher entwickelten Tierklassen erklären.

Weiterführende Literatur

Kleiber, M. (1967): Der Energiehaushalt von Mensch und Haustier. Paul Parey, Hamburg-Berlin.
Wieser, W. (1986): Bioenergetik. Georg Thieme, Stuttgart.

19 Wachstum

J. Wittmann

19.1 Charakterisierung des Wachstums

19.1.1 Parametrische Erfassung des Wachstums

Wachstum ist ein sehr komplexes Wesensmerkmal lebender Organismen. Seinen Verlauf kann man mit Hilfe einfacher Parameter wie permanente Zunahme der Körpermasse, der Körperlänge, der Widerristhöhe oder des Körper- oder Gliedmaßenumfanges erfassen. Das Wachstum bestimmter Organe, z.B. der Muskulatur oder der Knochen, läßt sich anhand der Stickstoff- bzw. der Calcium- und Phosphatbilanzen verfolgen. Erhöht sich mit dem Wachstum der Fleischsansatz oder die Knochengröße, so werden hierfür vermehrt stickstoffhaltige Verbindungen bzw. Calcium- oder Phosphat-Ionen zurückgehalten. Als Folge davon verschiebt sich das Gleichgewicht zwischen Aufnahme und Ausscheidung dieser Substanzen. Ein gebräuchliches und weithin akzeptiertes Kriterium für den Wachstumsstatus ist auch der Epiphysenschluß der Knochen.

Für alle biologischen Systeme – Einzeller, tierische und pflanzliche Zellen, Gewebe, Organe, aber auch Populationen – ist eine exponentielle Wachstumskurve charakteristisch, der in der Natur Grenzen gesetzt sind (logistisches Wachstum). Man erhält sie, indem man Parameter wie Körpermasse, Länge, Zellzahl gegen die Zeit aufträgt (Abb. 19.1A). Für spezielle Fragestellungen kann man die tägliche Zunahme allein (Abb. 19.1B) oder bezogen auf ein erreichtes Körpermaß (Abb. 19.1C) gegen die Zeit auftragen.

> Organismen wachsen exponentiell, d.h., die prozentuale Zunahme eines Wachstumsparameters ist konstant.

19.1.2 Zell- und Organwachstum

Wachstum ist ein anaboler Prozeß. Voraussetzung hierfür ist, daß von der aufgenommenen Nahrung über den Erhaltungsbedarf hinaus Energie und Substrate für den Aufbau organischer Substanzen verfügbar sind. Die daraus gebildeten Substanzen werden entweder in die Zelle eingebaut oder extrazellulär abgelagert. Eine intrazelluläre Anhäufung führt zu einer Zellvergrößerung (Hypertrophie) oder zu einer Zellvermehrung (Hyperplasie). Auch bei der Hyperplasie ist in der Vorphase der Zellteilung ein hypertrophes Element involviert. Zellen teilen sich, wenn sie eine gewisse Größe erreicht haben, bei der die Austauschvorgänge zunehmend erschwert werden. Die mitotisch vollzogene Zellvermehrung nennt man auch Proliferation.

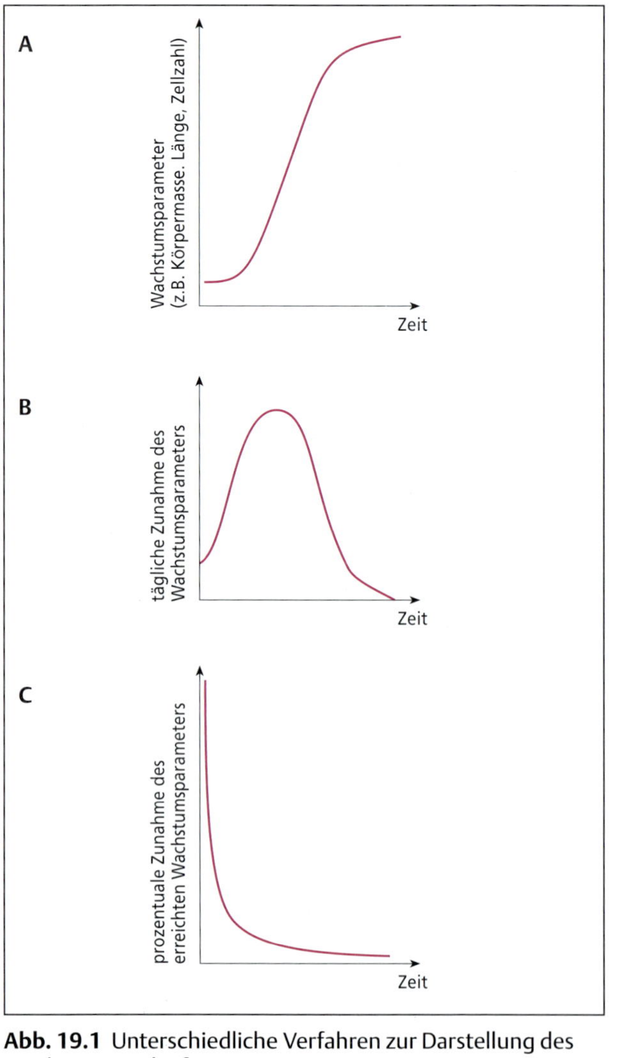

Abb. 19.1 Unterschiedliche Verfahren zur Darstellung des Wachstumsverlaufs.

Bei vielen Organen ist ab einer bestimmten Entwicklungsstufe eine Zellvermehrung nicht mehr möglich. Dies gilt z.B. für Muskel-, Nerven- und Fettzellen. Das Wachstum erfolgt in diesen Fällen nur noch hypertrophisch. Demgegenüber vollzieht sich das Wachstum der Leber, der Niere und auch der Epidermis über eine Zunahme der Zellzahl. Dies hat zur Folge, daß bei diesen Geweben eine erstaunliche Regenerationsleistung möglich ist. So kann bei der Leber ein großer Gewebeverlust in kurzer Zeit durch funktionell intakte Neubildung ersetzt werden. Die Regeneration der Leber erfolgt dabei nicht einfach durch Zunahme der Zellzahl; es regeneriert auch die strukturelle Einheit, in diesem Falle die Lobuli. Bei der Niere kommt es nach dem Entfernen einer Niere stets zu einem kompensatorischen Wachstum der verbliebenen Niere. Hier vergrößert sich im Gegensatz zur Leber nur die Zellzahl, nicht aber die Anzahl der Nephronen. Auch in der regenerierenden Lunge nimmt nur die Anzahl der Zellen und nicht die Anzahl der Alveolen zu. Proliferieren diese Organe nur in besonderen Situationen, so wachsen Hautanhangsgebilde wie Haare, Wolle, Nägel und Huf permanent.

An der Zellvergrößerung können alle Substanzen beteiligt sein; faktisch sind es jedoch Proteine und Fette. Besonders ausgeprägt ist eine Fettdepotbildung bei Tieren, die einen Winterschlaf durchführen, oder bei Zugvögeln, deren Flug einen besonders hohen Energiebedarf erfordert. Die Bildung von großen Fettdepots kann auch genetisch bedingt sein. Bei den sog. Fettmäusen ist die erhöhte Fettablagerung offensichtlich darauf zurückzuführen, daß über eine genetische Verankerung die Phase der Fettzellenhyperplasie länger andauert als bei den Normalgewichtigen.

Basiert die anabole Leistung auf dem Proteinaufbau, so nimmt dieser sowohl bei der Hyperplasie wie auch bei der Hypertrophie seinen Ausgang von der DNA. Der entscheidende Unterschied besteht darin, daß im ersten Falle der Weg der Replikation, im zweiten Falle der Weg der Transkription beschritten wird.

Zellen wachsen entweder hypertroph oder hyperplastisch.

19.1.3 Wachstum und Zellzyklus

Der Zellzyklus (Abb. 19.2) stellt die zentrale Regulationseinheit des proliferativen Wachstums dar. Er wird dadurch in Gang gesetzt, daß die Zelle aus der Ruhephase (G_0) herausgenommen und in den aktiven G_1-Status versetzt wird. In dieser G_1-Phase, die als die eigentliche Wachstumsphase der Zelle bezeichnet werden kann, finden u.a. RNA-Synthese, Proteinbiosynthese und der Aufbau des Zytoskeletts statt. Dem schließt sich die S-Phase an, die die Replikation steuert. Bevor die Zelle dann in die mitotische Phase (M-Phase) eintritt, verweilt sie in der Regel noch einige Zeit in der G_2-Phase, in der die Vorbereitungen für die Mitose getroffen werden. Nach dem Durchlaufen dieses Zyklus kann sich entweder eine erneute Replikations- und Mitosephase oder eine Ruhephase anschließen.

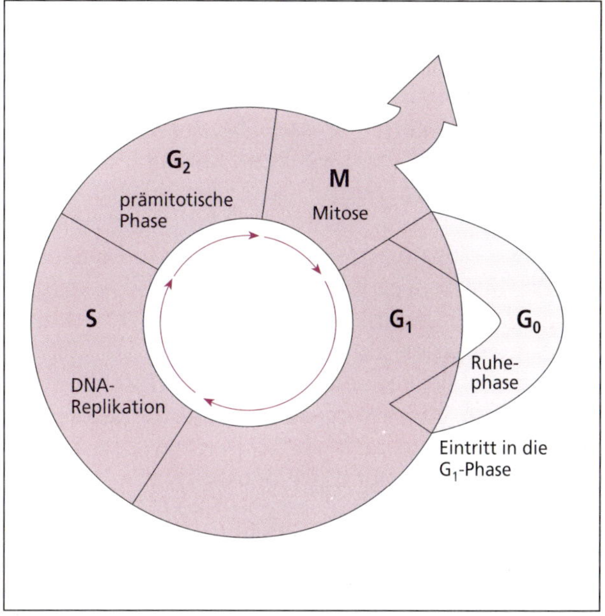

Abb. 19.2 Schematische Darstellung des Zellzyklus.

Der entsprechende Schritt bei der Proliferation ist demnach die Anhebung der Zelle aus der G_0- in die G_1-Phase. Sie wird durch sog. Wachstumsfaktoren ermöglicht. Es sind dies Proteine, die über organspezifische Rezeptoren an die Zelloberfläche gebunden werden. Dies löst, in der Regel beginnend mit der Aktivierung der Tyrosin-Kinase-Domäne, eine Kaskade von Reaktionen aus, die zur DNA-Synthese und nachfolgend zur Mitose führen. Die Wachstumsfaktoren machen nicht nur die Zelle kompetent für den Zellzyklus, sie steuern ihn auch im weiteren Verlauf.

Es gibt auch Proteine, die hemmend in den Zellzyklus und damit in die zelluläre Proliferation eingreifen. So verhindert β-Interferon den Eintritt in die S-Phase. In letzter Zeit konnte auch beim β-TGF ein eindeutiger antiproliferativer Effekt aufgezeigt werden. Wachstum ist offensichtlich das Resultat von Wachstumsstimulatoren und -inhibitoren.

Wachstum unterliegt der Regulation durch den Zellzyklus.

19.1.4 Wachstum und Differenzierung

Wachstum verläuft vor allem in der pränatalen Phase sehr oft zusammen mit der Differenzierung. Diesen kombinierten Prozeß bezeichnet man als Entwicklung. Als Faustregel gilt, daß sich die mitogene Aktivität im Verlauf der Differenzierung verlangsamt, ohne jedoch völlig zum Stillstand zu kommen. Das Zusammenwirken von Differenzierung und Proliferation ist heute noch weitgehend unklar. Ohne Zweifel kommt den Wachstumsfaktoren eine zentrale Funktion zu. Man geht davon aus, daß es Wachstumsfaktoren gibt, die die Differenzierung begünstigen, gleichzeitig aber der Proliferation entgegenwirken und vice versa. Demnach bestimmt das Verhältnis der auf das Wachstum bzw. Differenzierung einwirkenden Wachstumsfaktoren das Entwicklungsgeschehen. Andererseits werden von den Wachstumsfaktoren Prozesse ausgelöst, die sowohl im Dienste der Differenzierung wie auch der Proliferation stehen. Dadurch laufen Wachstum und Differenzierung immer gleichzeitig ab, wenn auch mit unterschiedlicher Intensität.

Differenzierung ist vielfach mit dem Wachstum gekoppelt.

19.1.5 Allometrisches Wachstum

Obgleich die biochemischen Grundstrukturen, die dem Wachstum zugrunde liegen, im wesentlichen bekannt sind, ist der Plan, nach dem das Wachstum abläuft, noch weitgehend unklar. Ohne Zweifel kommt der genetischen Steuerung in diesem Zusammenhang eine zentrale Bedeutung zu. Aber auch ohne Kenntnis der genetischen Ebene offenbart der Wachstumsverlauf eine Reihe von Direktiven, an denen sich das Wachstum orientiert. So vollzieht sich Wachstum offensichtlich nicht über einen gleichmäßigen Einbau organischer Substanzen in die einzelnen Körperteile. Beim Rind steht z.B. im ersten Jahr das Höhenwachstum im Vordergrund. Im zweiten Jahr tritt dieses zugunsten des Längen- und Breitenwachstums zurück. Dem schließt sich dann eine Vergrößerung der Breiten- und Tiefenmaße des Brustkorbs an. Dieser Verlauf läßt sich – jedoch unter anderen Zeitintervallen – auch bei anderen Species beobachten. Auf diese Weise wird eine ganz besondere Körperform ausgebildet, die ihrerseits besondere Fähigkeiten und Funktionen ermöglicht.

Aber auch die Organe zeigen kein nach allen Seiten hin homogenes Wachstum. So wird bei der Vergrößerung des Knochens das Dickenwachstum mehr als das Längenwachstum betont. Damit wird der Tatsache Rechnung getragen, daß mit zunehmendem Körpergewicht der Knochen in seinem Querschnitt stärker beansprucht wird als in seiner Längsachse.

Auch zeichnet die einzelnen Organe eine unterschiedliche Wachstumsgeschwindigkeit aus. Sie hängt u.a. davon ab, wann in der Ontogenese die Funktion des betreffenden Organs gebraucht wird. So werden Herz und Kreislauf relativ früh entwickelt, um Gasaustausch und Substratversorgung zu gewährleisten. Auch die Nierenfunktion setzt relativ früh ein. Demgegenüber übernimmt die Lunge ihre Austauschfunktion erst in der neonatalen Phase. Wichtige Differenzierungsschritte laufen bei ihr erst gegen Ende der fetalen Phase ab. So differenzieren sich die Zellen, die den an der Lungenentfaltung beteiligten Surfactant ausbilden, erst kurz vor der Geburt. Relativ spät erlangen die Geschlechtsorgane einen funktionsfähigen Status.

Höhere Organismen wachsen also in der Weise, daß sich die Größe ihrer Körperteile oder Organe nicht nur absolut, sondern auch relativ zur gesamten Körpergröße verändert (allometrisches Wachstum).

Am Gesamtwachstum sind die einzelnen Organe in unterschiedlichem Ausmaß beteiligt.

19.1.6 Wachstum und Körperoberfläche

Wie aus geometrischen Gründen leicht einzusehen ist, nimmt im Verlauf des Wachstums die wärmeabgebende Körperoberfläche nicht proportional zur wärmeproduzierenden Körpermasse zu. Wie im Kapitel Energiestoffwechsel eingehender ausgeführt wird (Kap. 18.7), sind aufgrund dieser Tatsache dem Größenwachstum Grenzen nach oben gesetzt, da ab einer bestimmten Körpergröße die Oberfläche nicht mehr ausreicht, um die Wärme nach außen zu leiten, die für die Aufrechterhaltung der Körpertemperatur abgegeben werden muß. Umgekehrt birgt ein sehr kleiner Organismus den Nachteil, daß eine relativ große Wärmemenge durch Abstrahlung nach außen verlorengeht. Andererseits erfordern Organe, deren Funktionen auf dem Fickschen Gesetz basieren, eine besonders große Oberfläche. Bei der Lunge und bei den Kiemen wird dies durch Ein- bzw. Ausstülpungen des Gewebes erreicht. Verdauungstrakt und der Dottersack oviparer Species erreichen eine hohe resorptive Kapazität durch die Ausbildung von Zotten bzw. durch Faltung der Dottersackmembran.

Die Größe der Körperoberfläche begrenzt das Wachstum.

19.2 Die pränatale Phase

19.2.1 Exogene Einflüsse auf das Wachstum

Mit der Befruchtung werden gleichzeitig die Voraussetzungen für die anschließenden Zellteilungen gelegt. Sie sind zunächst dadurch charakterisiert, daß sie mehr oder weniger ohne merkliche Größenzunahme verlaufen. In diesem Falle kommt es zu keiner Zellvergrößerung, weil die G_1-Phase so kurz ausfällt, daß die darin vorgesehenen synthetischen Leistungen nicht erbracht werden können. Mit der Ausbildung der Keimblätter wird dann die Grundlage für die Organogenese gelegt.

Das Ausmaß des Wachstums wird von Faktoren wie Größe, Gesundheits- und Ernährungsstatus des Muttertieres und Wurfgröße mitbestimmt. Der Einfluß der Größe des mütterlichen Individuums auf das pränatale Wachstum läßt sich leicht demonstrieren. Kreuzt man die Individuen zweier Rassen von unterschiedlicher Körpergröße, so weist das Neugeborene immer dann das höhere Geburtsgewicht auf, wenn das mütterliche Individuum von der größeren Rasse abstammt.

Das gesteigerte Wachstum des Fetus von größeren Muttertieren steht mit der größeren Placenta im Zusammenhang. Dadurch ist eine bessere Versorgung von seiten des Muttertieres möglich, was sich positiv auf die Wachstumsrate auswirkt. Daß das Geburtsgewicht maßgeblich vom Mutter- und nicht vom Vatertier bestimmt wird, ist hinsichtlich des Geburtsvorganges wichtig, da andernfalls immer dann, wenn das Vatertier das größere Individuum darstellt, mit Geburtskomplikationen zu rechnen wäre.

Bei Mehrlingsgeburten ist ein geringeres Geburtsgewicht zu beobachten. So sind bei Schafen die Drillingsgeburten um ca. 15% leichter als Zwillinge und diese wieder um ca. 20% leichter als Einzelgeburten. Je größer die Zahl der Feten, um so schlechter fällt die Ernährung für jeden einzelnen aus und um so geringer ist die Wachstumsrate. Bei multiparen Species sind oft auch unterschiedliche Körpergewichte innerhalb eines Wurfes zu beobachten. Dies ist in der Regel darauf zurückzuführen, daß nicht alle Positionen im Uterus gleichwertig versorgt werden.

Aufgrund dieser Zusammenhänge sollte man erwarten, daß sich durch eine bessere Versorgung des Muttertieres selbst ein positiver Effekt auf das Wachstum der Feten ausüben läßt. Dies ist nicht der Fall, solange das Muttertier gut versorgt wird. Bei schlechter Versorgung hingegen kann es zu einer Wachstumsbeeinträchtigung der Frucht kommen, wenn die Nahrung so drastisch reduziert wird, daß der Proteinstoffwechsel in Mitleidenschaft gezogen wird.

Ein besonders interessantes Beispiel, wie die Umweltbedingungen das pränatale Geschehen prägen, ist bei einigen wildlebenden Tieren, z.B. Reh und Bär, gegeben. Der im Herbst nach der Begattung eingeleitete Entwicklungsprozeß kommt in den Wintermonaten zum Stillstand und setzt sich erst im Frühjahr wieder fort, wenn bessere Bedingungen gegeben sind.

Die embryonale Ernährung beeinflußt nachhaltig das pränatale Wachstum.

19.2.2 Wachstumsfaktoren und Hormone

Das pränatale Wachstum erfolgt in erster Linie mitogen. Schon daraus läßt sich eine wichtige Aufgabe der Wachstumsfaktoren ableiten. Es überrascht daher nicht, daß Wachstumsfaktoren in einer sehr frühen Entwicklungsphase angetroffen werden. Vermutlich kontrollieren lokal aktive Wachstumsfaktoren das pränatale Wachstum. Überraschenderweise ist in der pränatalen Phase die somatotrope Achse noch kaum aktiv, obgleich das Wachstumshormon (Somatotropes Hormon, STH, identisch mit Growth hormone, GH) in sehr hoher Konzentration vorkommt.

Ein Hormon mit eindeutig wachstums- und entwicklungsfördernder Wirkung ist das Insulin. Es wird als das eigentlich anabole Hormon in der pränatalen Phase angesehen. Seine Wirkung entfaltet Insulin auf unterschiedliche Weise (Kap. 23.2.2.4 u. 17.3.2).

Auch von den Hormonen der Schilddrüse geht ein positiver Effekt auf die fetale Entwicklung aus. Besonders ausgeprägt ist der Einfluß auf die Reifung des peripheren und zentralen Nervensystems sowie auf die Entwicklung der Knochen. Die entwicklungsfördernde Wirkung der Schilddrüsenhormone läßt sich besonders deutlich bei Amphibien und Vogelembryonen aufzeigen. Bei den Reptilien beschleunigen sie die Metamorphose. Schilddrüsenhormone, drei Tage vor dem Schlupf in das Ei appliziert, lösen beim Hühnerembryo eine deutliche Wachstumssteigerung und einen vorzeitigen Schlupf aus.

Negativ hingegen wirkt sich ein Hormonmangel auf die Entwicklung aus. Besonders auffällig sind die hypothyreoten Auswirkungen bei Tierarten, die mit einem hohen Reifungsgrad zur Welt kommen, wie z.B. Rind und Pferd.

Das STH ist kein effektives pränatales Wachstumsstimulans.

19.3 Die postnatale Phase

19.3.1 Verlauf und Beeinflußbarkeit des postnatalen Wachstums

Die postnatale Phase, die bei den einzelnen Tierarten von unterschiedlich langer Dauer ist (Tab. 19.1), läßt sich in drei Abschnitte einteilen. Die Phase des Jugendstadiums reicht von der Geburt bis zum Beginn der Geschlechtsreife. In ihr kommt die Ossifikation zum Abschluß. Sie wird bei Nutztieren für die Fleischproduktion genutzt. Die zweite Phase umfaßt die Zeit der Geschlechtsreife. In ihr erreicht der Organismus seine maximale Größe und Leistungsfähigkeit. Im Stadium des Alterns kommt es schließlich zu Abbauerscheinungen, die ihrerseits wiederum Funktionsstörungen auslösen.

Ähnlich wie in der pränatalen wird auch in der postnatalen Phase der durch den Genotyp vorgegebene Wachstumsverlauf von zahlreichen Faktoren mitgeprägt. Allein schon pränatale Entwicklungsstörungen können sich in der postnatalen Phase weiter negativ auswirken und das Wachstum beeinträchtigen. Ein bei der Geburt gewichtsmäßig unterentwickeltes Jungtier hat es schwer, sich gegenüber seinen Wurfgeschwistern beim Säugen durchzusetzen, und bleibt auf diese Weise weiterhin benachteiligt.

Überhaupt kommt der Muttermilch im Wachstumsgeschehen eine große Bedeutung zu. Sie enthält alle für die Entwicklung erforderlichen Nahrungskomponenten. Ihre Zusammensetzung weist deutliche artspezifische Unterschiede auf. Offensichtlich hat der z.T. sehr erhebliche Unterschied im Trockensubstanzgehalt Auswirkungen auf die Wachstumsgeschwindigkeit (Tab. 19.1).

Auch in der sich daran anschließenden Phase ist die Fütterung der wichtigste nichtgenetische Faktor für Wachstum und Leistung. Meist ist aber die Beeinträchtigung nicht so folgenschwer, daß sie durch entsprechende Fütterung (Realimentation) nicht wieder weitgehend ausgeglichen werden könnte.

Je nach beabsichtigtem Nutzungsziel werden heute ganz bestimmte Fütterungsnormen empfohlen. Auf diese Weise ist in Zusammenarbeit mit einer planmäßigen Tierzucht bei den Haustieren eine erstaunliche Verbesserung der Wachstumsrate erreicht worden, wie folgende Daten zeigen. Wurde um 1800 beim Schwein eine Körpermasse von 40 kg erst in zwei bis drei Jahren erreicht, so wies um 1850 ein Schwein schon nach zwei Jahren eine Körpermasse von durchschnittlich 70 kg auf. Bei den heutigen Mastformen kann ein Schwein bereits nach einem Jahr 150 kg wiegen. Ein ähnlicher Erfolg ist auch bei den Rindern zu verzeichnen. Um 1800 wiesen Rinder eine durchschnittliche Körpermasse von 200 bis 250 kg auf. Heute erreichen sie in der gleichen Zeit das Doppelte an Körpermasse bei drei- bis vierfacher Milchleistung.

> Die Trockensubstanz in der Muttermilch beeinflußt die Wachstumsgeschwindigkeit.

19.3.2 Wachstum und Hormone

Ein normales Wachstum erfordert die hormonale Regulation. Im Gegensatz zur pränatalen Phase steht in der neonatalen Phase das STH im Vordergrund. Seine Bedeutung kommt dadurch zum Ausdruck, daß die Konzentration um die Zeit der Pubertät stark erhöht ist und sein Ausfall zum Wachstumsstillstand führt.

Es hat verschiedene Angriffspunkte (Kap. 23.2.1.3). Ein interessantes Beispiel für das Zusammenwirken von STH und IGF-I einerseits und Wachstum andererseits liefern die Pygmäen in Zaire. Bis zur Pubertät zeigen sie ein normales Wachstum, wobei die Spiegel von STH und IGF-I denen normalwüchsiger Rassen entsprechen. In der Pubertät fällt dann der IGF-I-Spiegel auf ein Drittel der Normalwüchsigen ab, und gleichzeitig stellt sich eine ausgeprägte Wachstumsretardierung ein.

Ähnlich wie beim Fetus sind auch postnatal Insulin und Schilddrüsenhormone wichtige Wachstumsstimulatoren. Deutlicher als pränatal greifen die Geschlechtshormone in das postnatale Wachstum ein. Bekanntlich wachsen männliche Individuen schneller als weibliche. Schließlich zeigen auch Glucocorticoide und Catecholamine einen anabolen Effekt. Auf ihre Wirkungsweise wird im Kapitel 23.2.2.5 eingegangen.

> Im Gegensatz zur pränatalen Phase ist in der postnatalen Phase das STH ein effektives Wachstumsregulans.

19.3.3 Der Prozeß des Alterns

Die an die Reifung sich anschließende Phase des Alterns läßt sich nicht genau festlegen, da sich die Alternsprozesse, die zur Funktionsbeeinträchtigung führen, sehr langsam manifestieren. Auch erreichen vor allem Nutztiere in der Regel nicht die Stufe des Alterns, da diese aus wirtschaftlicher Sicht nicht rentabel ist. Aber selbst in der freien Natur lebende Tiere durchlaufen meist nicht die von der Natur vorgegebene Lebensspanne. So werden Mäuse in der freien Wildbahn kaum älter als ein Jahr, obgleich sie unter Laborbedingungen ein Alter von drei bis vier Jahren erreichen.

Tabelle 19.1 Einfluß der Zusammensetzung der Muttermilch auf das Wachstum

Tierart	Geburts-gewicht in kg	Verdopplung des Geburts-gewichts in Tagen	Muttermilch TS %	P %	F %	50% des End-gewichts erreicht in Tagen	Wachstums-abschluß in Jahren
Kaninchen	0,06	7	32,0	12,0	16,0	100	1-1,5
Hund	0,26	9	25,0	9,7	9,6	–	2
Schwein	1,40	13	19,0	6,0	7,2	180	2,5-3
Schaf	4,0	16	17,0	5,0	7,0	150	2-2,5
Ziege	4,0	22	12,5	3,3	3,8	170	2-2,5
Rind	40,0	48	12,9	3,5	4,0	360	4-5
Pferd	50,0	55	9,9	2,1	1,3	360	5

TS: Trockensubstanz, P: Protein, F: Fett

Dem Altern liegen vielfältige Prozesse zugrunde. In den Zellen ist eine verminderte Ansprechbarkeit des Zellzyklus auf Wachstumsfaktoren zu registrieren. Als Folge davon kommt es zu einer Verlangsamung oder Abnahme der Mitoserate. Zellen werden nicht mehr in dem Umfang regeneriert, wie sie zugrunde gehen. Oft ist eine hormonale Minderleistung involviert.

Im Bindegewebe werden Zellverluste zunächst durch den Einbau von Kollagen ersetzt. Dieses schrumpft im Lauf der Zeit, was sich dann in der Haut in Form von Falten äußert. In der Lunge wird auf ähnliche Weise das Gewebe verdichtet, mit der Konsequenz, daß der Sauerstoffeintausch erschwert wird. Dies hat bei abfallender Totalkapazität und zunehmendem Residualvolumen eine Abnahme der Vitalkapazität der Lunge zur Folge.

Nutztiere erreichen in der Regel nicht die Phase des Alterns.

19.4 Eingriffe in das Wachstum

In der modernen Tierhaltung nehmen ökonomische Aspekte eine vorrangige Stellung ein. Durch moderne Selektions- und Reproduktionstechnik, verbunden mit optimalen Haltungsbedingungen, erhält man Rassen, die schnell wachsen, eine größere Körpermasse im ausgewachsenen Zustand aufweisen und schließlich den Reifestatus schneller erreichen.

Wachstum und Leistung lassen sich auch bei optimaler Haltung durch Verabreichung von besonderen Zusatzstoffen noch weiter steigern. Derartige Leistungsförderer können Antibiotika sein. Ihre Wirkung beruht darauf, daß sie im Darm die Ansiedlung toxischer Keime verhindern. Auch eine positive Einwirkung auf die Verdauung wird diskutiert. Gaben von Antibiotika sind allerdings nicht unumstritten; bei längerer Verabreichung besteht die Gefahr, daß sich resistente Keime ausbilden.

Wachstumsfördernde Wirkung zeigen auch Vitamine, insbesondere die des B-Komplexes. Derartige Zusatzstoffe sind allerdings nur dann lohnend, wenn keine ausreichende Versorgung im üblichen Futterangebot gegeben ist.

Als besonders effektive Leistungs- und Wachstumsförderer erweisen sich Hormone. Umfangreiche Untersuchungen sind in diesem Zusammenhang mit den Sexualhormonen durchgeführt worden. Vor allem in einer Entwicklungsphase, in der die körpereigene Produktion der Geschlechtshormone noch nicht voll entwickelt ist, entfaltet die exogene Zufuhr einen besonders ausgeprägten Effekt. Ein Eingriff in das Wachstum auf der Ebene der Sexualhormone stellt schließlich auch die Kastration dar. Sie führt zu einem verringerten Wachstum.

Eine ausgeprägte Steigerung des Wachstums bewirken auch Eingriffe auf der somatotropen Achse. Bei geringerem Futteraufwand kommt es zu einem deutlichen Proteinansatz, während der Fettansatz sich gleichzeitig verringert. Vergleichbare Befunde liegen auch beim Einsatz des Releasing-Hormons (GRH) vor.

Ein anderer Ansatz geht von der Ausschaltung des Somatostatins (GIH) aus. Blockt man die Somatostatinsekretion durch aktive Immunisierung, so erhöht sich der STH-Spiegel, was eine Steigerung des Wachstums auslöst. Schließlich läßt sich der STH-Spiegel auch durch exogene Gaben von Antikörpern gegen das STH selbst steigern, da der Körper auf diesen Eingriff mit einer Überproduktion des Hormons reagiert. Insgesamt stehen Wissenschaft und Öffentlichkeit diesem Verfahren skeptisch gegenüber, da man letztlich die gesundheitlichen Auswirkungen nicht abschätzen kann.

Ein exzessives Wachstum ist bei STH-transgenen

Tieren zu beobachten. Bei ihnen werden mit Hilfe verschiedener biotechnologischer Methoden Genkonstrukte, die das STH exprimieren, in die Zygote verbracht, so daß sie in das Genom des entstehenden Individuums zusammen mit einem Promotor eingebaut werden. Dadurch wird eine Wachstumssteigerung bis zu 100% erreicht. Derartig entwickelte Organismen werden heute als Modelle für verschiedene Forschungsziele produziert.

Ein Riesenwuchs (Gigantismus) kann sich auch bei spontaner STH-Hypersekretion einstellen, wenn diese noch vor dem Schluß der Wachstumsfugen im Knochen stattfindet. Bei adulten Individuen führt eine chronische Erhöhung des STH zur Akromegalie. Damit bezeichnet man ein exzessives Wachstum der Extremitäten.

Ursache dieser Hormonentgleisung ist in der Regel ein Adenom des Hypophysenvorderlappens oder auch ein erhöhter Spiegel des GRH.

Schließlich hat man sich sehr intensiv mit dem Einsatz der Schilddrüsenhormone zur Wachstumssteigerung beschäftigt. Obgleich sich Hormone als potente Wachstumsförderer erwiesen haben, hat man in der Praxis von ihrem Einsatz Abstand genommen, da ihre Anwendung viele Risiken birgt.

Hormone stellen effektive Wachstumsförderer dar, haben aber keine praktische Bedeutung erlangt.

19.5 Malignes Wachstum

Mit Hilfe des Zellzyklus läßt sich erklären, wie sich ein Gewebe proliferierend vergrößert. Er erklärt aber nicht, warum ein Organ oder ein Organismus bei einer bestimmten Größe sein Wachstum einstellt, warum gewisse Organe regenerationsfähig sind, andere hingegen nicht.

Es gibt allerdings deutliche Hinweise, daß das Ausmaß des Wachstums durch die räumliche Begrenzung limitiert wird. Läßt man nämlich Zellen in Kultur wachsen, so beobachtet man zunächst bei entsprechender Dichte der Zellen eine Abstoßung. Ist keine räumliche Freiheit mehr gegeben, so kommt es schließlich zum Stillstand des Wachstums. Ganz anders verhalten sich maligne Krebszellenkulturen. Sie setzen ihr Wachstum ad infinitum fort. Wird die Kultur immer dichter, so bildet sich im Laufe der Zeit eine mehrschichtige Kultur aus, was bei normalgearteten Zellen nicht beobachtet werden kann. Inzwischen weiß man, daß die Wachstumsdauer normal entwickelter Zellen mit der ausreichenden Versorgung von Wachstumsfaktoren in Zusammenhang steht. Ist diese nicht garantiert, so stellt die Kultur ihr Wachstum ein. Bei malignen Zellen ist dieser Stimulus der Wachstumsfaktoren offensichtlich nicht mehr erforderlich. Sie haben einen Transformationsprozeß durchlaufen, in dessen Verlauf sie von der Regulation des Zellzyklus abgekoppelt wurden. Dabei haben sie auch ihren organspezifischen Charakter verloren, d.h., derartige Zellen weisen nicht mehr die für ein bestimmtes Organ typischen Zellstrukturen und die daraus resultierenden Eigenschaften auf.

Es besteht heute kein Zweifel, daß die Transformation über sog. Onkogene zustande kommt. Es sind dies Protoonkogene, die normalerweise im Organismus vorkommen, aber durch Veränderungen in ihrem Aufbau nichterwünschte Proteine bilden, die störend in den Zellzyklus eingreifen. Davon ist eine hohe Anzahl bereits identifiziert worden. Vielfach sind es modifizierte Wachstumsfaktoren bzw. deren Rezeptoren oder auch Protein-Kinasen. Geringfügige, durch genetische Veränderungen bedingte Variationen führen zu einer Intensivierung des Zellzyklus, der letztlich nicht mehr abgeschaltet werden kann und zudem undifferenzierte Zellen ausbildet. Derartige Auswirkungen können schließlich durch die Hemmung von sog. Tumorsuppressorgenen entstehen.

Malignes Wachstum unterliegt nicht mehr der Regulation durch den Zellzyklus.

Weiterführende Literatur

Gilbert, S. F. (1995): Developmental Biology. 4th ed. Sinauer Associates Inc. Publishers, Sunderland, Massachusetts.

Hafez, E.S.E., J. A. Dyer (1969): Animal Growth and Nutrition. Lea & Febiger, Philadelphia.

20 Stoffwechselregulation

M. Stangassinger

20.1 Allgemeine Charakteristika des Stoffwechsels

Intermediärer Stoffwechsel ist die Gesamtheit von enzymatischen und nichtenzymatischen, chemischen und physikalischen Reaktionen, die innerhalb einer Zelle auftreten und zur Aufrechterhaltung der Lebensvorgänge notwendig sind.

Während die große Mehrheit stoffwechselphysiologischer Abläufe auf enzymkatalysierte Reaktionen entfällt, stellen die nichtenzymatischen chemischen und physikalischen Reaktionen mit physiologischer Bedeutung vergleichsweise eine Minderheit dar. Zu den nichtenzymatischen Stoffwechselabläufen zählen spontane chemische Reaktionen, strikt photochemische Reaktionen und strikt physikalische Reaktionen. Letztere betreffen vorwiegend die Diffusion von Molekülen im Cytoplasma und in anderen Körperflüssigkeiten sowie die Bindung von Liganden an intra- und extrazelluläre lösliche Proteine oder membranständige Rezeptorproteine.

Die sequentielle Ordnung bestimmter abgrenzbarer Serien zusammengehöriger enzymkatalysierter chemischer Reaktionen führt zu einem Stoffwechselweg (Abb. 20.1a). Dabei dient das Produkt jeder biochemischen Reaktion als Substrat für die nächste.

Multiple Interaktionen von verschiedenen Stoffwechselwegen formen ein Reaktionsnetzwerk (Abb. 20.1b). Solche vernetzten Interaktionen als Kennzeichen eines hohen Grades an Komplexität bestehen auf der Ebene der Zelle, des Gewebes und der Organe. Werden bei Stoffwechselverknüpfungen Membranbarrieren überwunden, so kann sich ein Netzwerk über mehrere Kompartimente erstrecken, mit der Konsequenz, daß zwischen diesen dann auch vielfältige Wechselwirkungen auftreten können. Die einzelnen Kompartimenten zugeordneten Zelltypen sind charakterisierbar anhand eines dominierenden spezifischen Stoffwechselprofils, welches Grundlage für ihre spezielle Funktion und gleichzeitig Voraussetzung dafür ist, daß sie Aufgaben für andere Bestandteile des Organismus übernehmen können.

Da oftmals mehrere Stoffwechselwege innerhalb ein und derselben Zelle um das gleiche Substratmolekül konkurrieren und ein gleicher „Kampf" zur gleichen Zeit um Tausende anderer Moleküle vor sich geht, könnte man vermuten, daß das ganze Stoffwechselsystem so fein ausbalanciert sein müßte, daß ein Zwischenfall wie die Nahrungsaufnahme verhängnisvoll sein muß. Tatsächlich aber ist die Zelle, metabolisch gesehen, bemerkenswert stabil.

Die Anzahl enzymatischer Stoffwechselreaktionen, die mit-, neben- und nacheinander ablaufen, ist groß, die Anzahl der Typen von Reaktionen jedoch relativ klein. Zudem ist der Mechanismus dieser Reaktionen meistens recht einfach (z.B. Dehydrierung eines Alkohols führt zur Entstehung einer Doppelbindung). Dabei wird offensichtlich, daß trotz unterschiedlicher Stoffwechselleistungen ein nahezu gleicher Grundplan des intermediären Stoffwechsels und – wie später zu zeigen sein wird – auch seiner Regulationsprinzipien vorliegt.

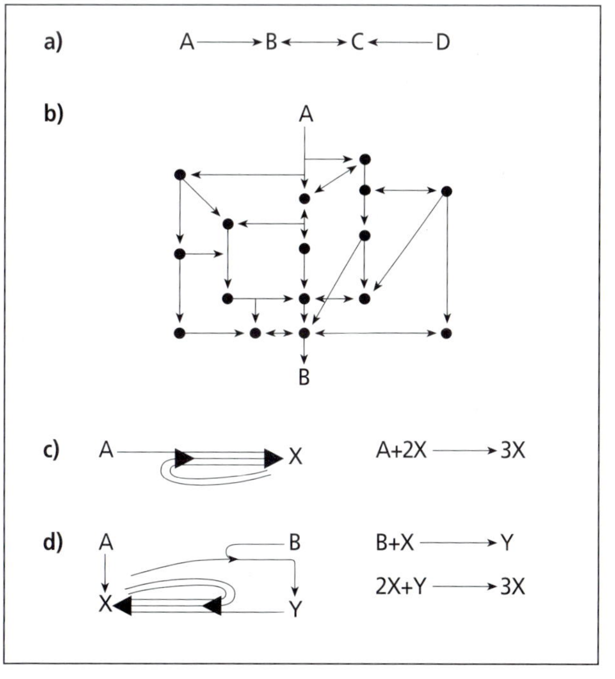

Abb. 20.1 Linearer Stoffwechselweg (**a**), Stoffwechselnetzwerk (**b**) und wechselseitige Beeinflussung von Stoffwechselwegen über Katalyseschleifen (**c, d**) (nach Gerok, 1988).

Die sequentielle Ordnung einer abgrenzbaren Serie von enzymkatalysierten chemischen Reaktionen führt zu einem Stoffwechselweg. Die Anzahl von Stoffwechselreaktionen, die mit-, neben- und nacheinander ablaufen ist sehr groß, die Anzahl der dabei genutzten Reaktionstypen relativ klein.

20.1.1 Gemeinsamkeiten im Stoffwechsel

Die vielen Gemeinsamkeiten und Wechselbeziehungen zwischen den einzelnen Reaktionen, welche den intermediären Stoffwechsel repräsentieren, lassen sich auf folgende zentrale Bereiche einengen:

- Adenosintriphosphat (ATP) dient als wichtigster unmittelbarer Überträger freier Energie („Energiewährung") bei den meisten Stoffwechselprozessen.
- In chemotrophen Organismen wird ATP aus der Oxidation von Brennstoffmolekülen (Glucose, Fettsäuren, Aminosäuren) gewonnen (der ATP-ADP-Zyklus als fundamentaler Mechanismus des Energieaustausches).
- Reduziertes Nicotinamid-adenin-dinucleotid-phosphat (NADPH) ist der wichtigste Elektronendonator bei reduktiven Biosynthesen.
- Alle Makromoleküle werden aus einer relativ kleinen Anzahl von Bausteinen aufgebaut
- Biosynthetische (anabole) und abbauende (katabole) Reaktionen verlaufen meistens auf getrennten Wegen.

Es ist einleuchtend, daß die wissenschaftliche Analyse dieses komplexen Systems äußerst schwierig ist und deshalb des Reduktionismus bedarf. Die zu untersuchende Reaktion oder Reaktionsfolge wird aus dem Netz der Interaktionen isoliert, oder die interagierenden Faktoren werden ausgeschaltet. Dabei wird sie in der Regel in den Zustand des Gleichgewichtes übergeführt, unterliegt den Gesetzen der Gleichgewichtsdynamik und kann in ihrer Kinetik durch eine Differentialgleichung exakt beschrieben werden. Das bedeutet, bei Kenntnis der Ausgangsbedingungen ist das Ergebnis voraussagbar. Nach diesem Prinzip konnten viele Reaktionen in lebenden Systemen erfaßt und dargestellt werden.

Dieses Bild von streng determinierten und starr geordneten Systemen entspricht jedoch nicht der Wirklichkeit. Lebende Systeme unterscheiden sich von diesen reduktionistischen Modellen in wichtigen Aspekten, die sich wie folgt zusammenfassen lassen:

- Sie besitzen einen hohen Grad an sequentieller Ordnung (Stoffwechselwege) und Komplexität durch Vernetzung.
- Es sind offene Systeme, welche fortwährend Substrate aufnehmen und Produkte abgeben.
- Die ablaufenden Reaktionen befinden sich meist nicht im, sondern fern vom Gleichgewicht. Auch sind viele Reaktionen irreversibel.
- Stoffwechselwege können nicht mit maximaler Flußrate operieren, da sonst die Substrate rasch verbraucht wären, eines oder mehrere Zwischenprodukte in toxischer Konzentration akkumulieren und verschiedene Wege sich wegen gegenseitiger Konkurrenz als ineffizient erweisen würden.
- In ähnlicher Weise können Stoffwechselwege auch nicht mit minimaler Flußrate ablaufen, da dies mit dem Leben unverträglich wäre. Es könnten nicht genügend Produkte erzeugt und Energie freigesetzt werden, die für kritische Reaktionen notwendig sind, und es gäbe keine Möglichkeit, sich ändernden äußeren Bedingungen anzupassen.
- Reaktionsschleifen sind die Regel (Abb. 20.1c), wobei das Produkt einer Reaktion seine eigene Synthese im Sinne der Beschleunigung (Autokatalyse) oder Hemmung beeinflußt. Auch eine wechselseitige Beeinflussung (wechselseitige Katalyse) von zwei Stoffwechselwegen über derartige Katalyseschleifen ist möglich (Abb. 20.1d).

Trotz vieler Gemeinsamkeiten in zentralen Bereichen bedarf die wissenschaftliche Analyse des Stoffwechsels des Reduktionismus. Aber lebende Systeme unterscheiden sich von den streng determinierten und starr geordneten reduktionistischen Modellen in wichtigen Aspekten.

20.1.2 Organisationsprinzipien des Stoffwechsels: Konstanz und Variabilität

Es ist üblich, den Stoffwechsel eines Organismus als offenes, sich im Fließgleichgewicht mit der Umgebung befindliches System zu betrachten, denn die Konzentrationen der Substrate und Produkte einzelner Reaktionen bleiben innerhalb eines bestimmten Zeitraumes konstant und täuschen ein Gleichgewicht vor. Da aber ständig eine Nettoumsetzung von Substrat zu Produkt und dessen weitere Abgabe stattfinden, handelt es sich um ein Fließgleichgewicht. Jeder Metabolit hat im Fließgleichgewicht eine begrenzte Lebenszeit (ausgedrückt als biologische Halbwertszeit), die wiederum abhängig ist von Poolgröße und Umsatz des Metaboliten. Da beide Größen veränderlich sind, können die Halbwertszeiten auch ein und derselben Verbindung bei verschiedenen Stoffwechsellagen unterschiedlich sein. Mit anderen Worten, der Stoffwechsel von Zellen ist gleichermaßen konstant und variabel. Beide Eigenschaften bilden in ihrer Einheit die Grundlage für ständige Anpassung an unterschiedliche äußere und innere Bedingungen, erfordern aber auch den Einfluß bestimmter Regulationsmechanismen. Im Verlauf der Evolution haben sich sehr feine Regulationsmechanismen zur Gewährleistung einer bestimmten metabolischen Variabilität herausgebildet. Bei unseren landwirtschaftlichen Nutztieren wurde in den letzten Jahrzehnten durch züchterische Maßnahmen diese natürliche Variabilität derartiger genetisch fixierter Mechanismen in bestimmten Teilbereichen noch besonders akzentuiert bzw. gefördert.

Angriffspunkte aller Regulationen sind letztlich die chemischen Prozesse, die durch spezifische Enzyme katalysiert werden. Die Häufigkeit, mit welcher diese Proteine mit ihren Liganden in Kontakt treten, hängt von der Konzentration und der Diffusionsgeschwindigkeit der Reaktionspartner ab. Damit in einem Stoffwechselweg jedes Enzym seinen Reaktionspartner rasch und effizient findet, müssen die Reaktionspartner in einer organisierten Form innerhalb der Zelle vorliegen. Die Möglichkeiten dafür sind jedoch begrenzt. So kann z.B. in einem Multienzymkomplex das Produkt von Enzym A direkt an Enzym B usw. weitergegeben werden. Die Diffusionsgeschwindigkeit der Reaktionspartner innerhalb dieses Komplexes ist dadurch nicht mehr limitierend für die Geschwindigkeit des Reaktionsablaufes. Aber auch die Nutzung von intrazellulären Membranen zur Kompartimentierung (mit Konzentrationserhöhung) der Reaktionspartner oder zur partiellen Begrenzung der Diffusion des Substrates auf die zwei Dimensionen einer Membran kann hier sehr fördernd wirken. Obwohl die Diffusionsgeschwindigkeit in einer Membran ca. 100mal geringer ist als in freier wäßriger Lösung, kommen zwei Reaktionspartner schneller zueinander, wenn z.B. Enzyme an intrazelluläre Membranen gebunden werden (z.B. endoplasmatisches Reticulum, Mitochondrienmembran) und das Substrat nach dem Auftreffen auf der Membran über die Diffusion in der Membran seinen Reaktionspartner erreicht. Gegenüber einem Zustand, bei dem beide Reaktionspartner im wäßrigen Raum diffundieren, ist ihr Aufeinandertreffen bei Fixierung des Enzyms auf einer Membran um den Faktor 15 (große Membranfläche) bzw. 90 (kleine Membranfläche) erhöht.

> Der Stoffwechsel von Zellen ist gleichermaßen konstant und variabel. Beide Eigenschaften bilden die Grundlage für ständige Anpassung (= Regulation) an unterschiedliche äußere und innere Bedingungen.

20.2 Allgemeine Charakteristika der Stoffwechselregulation

20.2.1 Biochemische Regelkreise

Das Modell eines technischen Regelkreises (Abb. 20.2) läßt sich im Prinzip auch auf die Stoffwechselregulation anwenden. Die Regelgröße ist der innerhalb eines bestimmten Zeitintervalls über den Umsatz eines Substrats, (z.B. von Glucose) konstant zu haltende Zustand (z.B. die Glucosehomöostase). Als Regler fungieren intrazellulär vor allem Enzyme und übergeordnet im Gesamtorganismus das Zentralnervensystem (ZNS) sowie hormonproduzierende Drüsen (hier: die B-Zellen des Pankreas), die über spezifische Bindungsstellen als Meßfühler (hier: Glucoserezeptor) Substrat- oder Produktkonzentrationen registrieren können. Die Regler senden Signale aus, so z.B. die Enzyme in Form von Stoffwechselzwischenprodukten, Effektoren genannt, das ZNS bzw. die Drüsen in Form von Neurotransmittern bzw. Hormonen (hier: Insulin). Diese Signale verändern sogenannte Stellglieder, die den

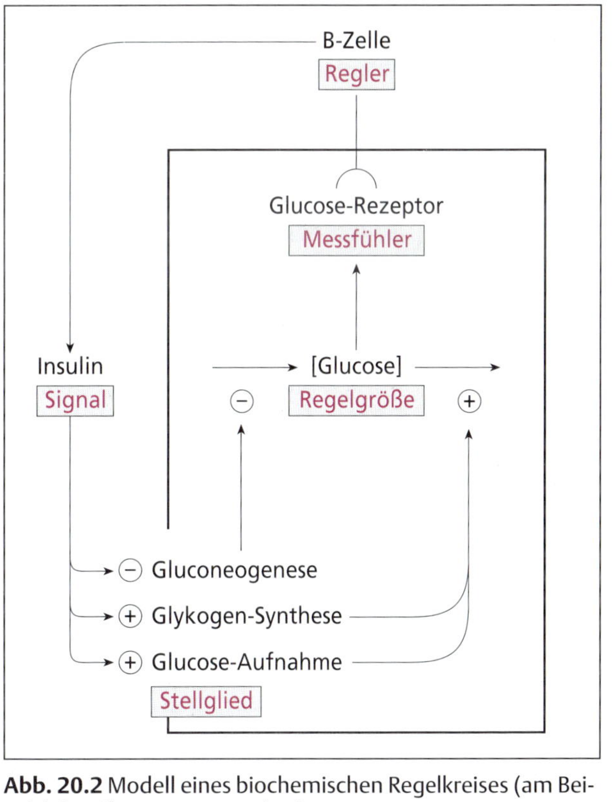

Abb. 20.2 Modell eines biochemischen Regelkreises (am Beispiel des Glucoseumsatzes) mit:
- Regler (z.B. hormonproduzierende Zelle),
- Signal (z.B. Hormon),
- Stellglied (z.B. Aktivität von Enzymen und Transportsystemen),
- Regelgröße (z.B. Stoffumsatz),
- Meßfühler (z.B. spezifische Substratbindungsstellen)

(nach Jungermann und Möhler, 1980).

in konstantem Flux zu haltenden Stoffwechseltyp katalysieren und unterhalten. Solche Stellglieder sind z.B. die Affinität, die Aktivität oder auch die Konzentration von Enzymen und Transportproteinen.

Das Modell eines technischen Regelkreises gilt auch für die Stoffwechselregulation.

20.2.2 Hierarchische Organisation

Stoffwechselkontrolle kann auf verschiedenen Ebenen der Zelle (z.B. Membran, Cytosol, Enzyme, Zellkern) stattfinden. Der Vorteil dieser hierarchischen Organisation ist die Möglichkeit, Antworten zu erhalten, die sich im Zeitpunkt ihres Beginnes und in der Dauer ihrer Auswirkung unterscheiden und damit der Zelle erlauben, sich einem externen Reiz anzupassen.

So haben regulatorische Abläufe auf der Ebene der Membran (Substrat- oder Produkttransport, Hormonwirkung) eine rasche Antwort im Bereich von Minuten zur Folge. Regulierende Eingriffe auf Enzymebene in Form der Aktivierung/ Inaktivierung können ebenfalls rasch, in Minuten bis Stunden, in Form des Enzymabbaus jedoch langsamer, in Stunden bis Tagen, stattfinden. Regulierende Reaktionen auf der Ebene des Zellkerns (Hormonwirkung, Substratinduktion, Produkthemmung) treten sehr langsam, in Stunden bis Tagen, auf. Zellteilung und Zellerneuerung stellen die langsamsten Prozesse dar. Sie dauern Tage bis Monate.

Durch die hierarchische Organisation des Stoffwechsels können sich regulierende Einflüsse im Zeitpunkt des Beginns und der Dauer ihrer Auswirkungen unterscheiden.

20.2.3 Koordination, An- und Abschaltung

Innerhalb eines Stoffwechselweges muß jeder Reaktionsschritt zum vorausgehenden und zum nachfolgenden koordiniert sein. Ohne Koordination würden sich Stoffwechselzwischenprodukte anhäufen oder stark verdünnen, der Stoffwechselweg wäre empfindlich gestört. Diese Forderung nach Koordination gilt auch für die große Zahl von metabolischen Wechselbeziehungen zwischen Organen. Auch hier müssen die Geschwindigkeiten von Produktion und Utilisation einander angepaßt sein, d.h., der Interorganstoffwechsel muß in bezug auf ein verbindendes Zwischenprodukt wie Glucose, Lactat oder freie Fettsäuren koordiniert werden. Darüber hinaus müssen die verschiedenen in sich koordinierten Stoffwechselbeziehungen sinnvoll in den Gesamtstoffwechsel des Körpers integriert werden. So muß z.B., bezogen auf den Energiestoffwechsel, die Summe der Energiefreisetzung aus exogenen und endogenen Quellen in Organen der Summe des Bedarfs für Synthesen, Transport und mechanische Arbeit angepaßt sein.

Die erste Hauptaufgabe der Regulation besteht also in der Koordinierung des Stoffwechsels, die zweite darin, bereits koordinierte und integrierte Stoffwechselwege an- und abzuschalten. Dies ist deshalb nötig, weil bei den meisten Organen die metabolischen Anforderungen vor, während und nach der Nahrungsaufnahme oder einer körperlichen Aktivität extrem unterschiedlich sind. Der Stoffwechsel muß also entsprechend den Bedürfnissen geregelt werden. Dies erfordert oftmals auch extrem rasch ansprechende Regulationsprinzipien.

Die Hauptaufgabe der Regulation besteht in der bedarfsgerechten Koordinierung des Stoffwechsels. Dies bedeutet auch An- und Abschaltungen bereits koordinierter und integrierter Stoffwechselwege.

20.3 Mechanismen der Stoffwechselkontrolle

Lebende Systeme müssen sich ständig erneuern. Offensichtlich ist dies der Preis, den sie für die ihnen innewohnende Instabilität zahlen müssen, denn ein total stabiles System, das dann im chemischen (thermodynamischen) Gleichgewicht existiert, ist ein totes System. Ein lebendes System existiert also weit entfernt vom Gleichgewichtszustand und spricht dadurch auf Fluktuationen in seiner Umwelt an. Dies bedeutet aber auch, daß der Stoffwechsel kinetisch und nicht thermodynamisch reguliert wird. Diese kinetische Stoffwechselkontrolle ist vom Prinzip her auf die Geschwindigkeit der Gleichgewichtseinstellung biochemischer Abläufe ausgerichtet. Erreicht werden kann sie durch Veränderungen bei der Menge des verfügbaren Substrates oder des sich anhäufenden Produktes (z.B. jeweils durch Regulation am Transportsystem) und/oder bei den Cofaktoren und Enzymen (z.B. durch Synthese, Abbau, Aktivierung/Inaktivierung, Zusammenlagerung, Membranbindung). Aber auch jeder Faktor (z.B. Hormone), der in einer nachgeordneten Art und Weise modulierend wirksam wird (z.B. über die Energiebilanz und das zelluläre Mikroklima), kann zur Stoffwechselkontrolle beitragen.

Ein für den Organismus offensichtlich wichtiges Prinzip zeigt sich darin, daß in den meisten Stoff-

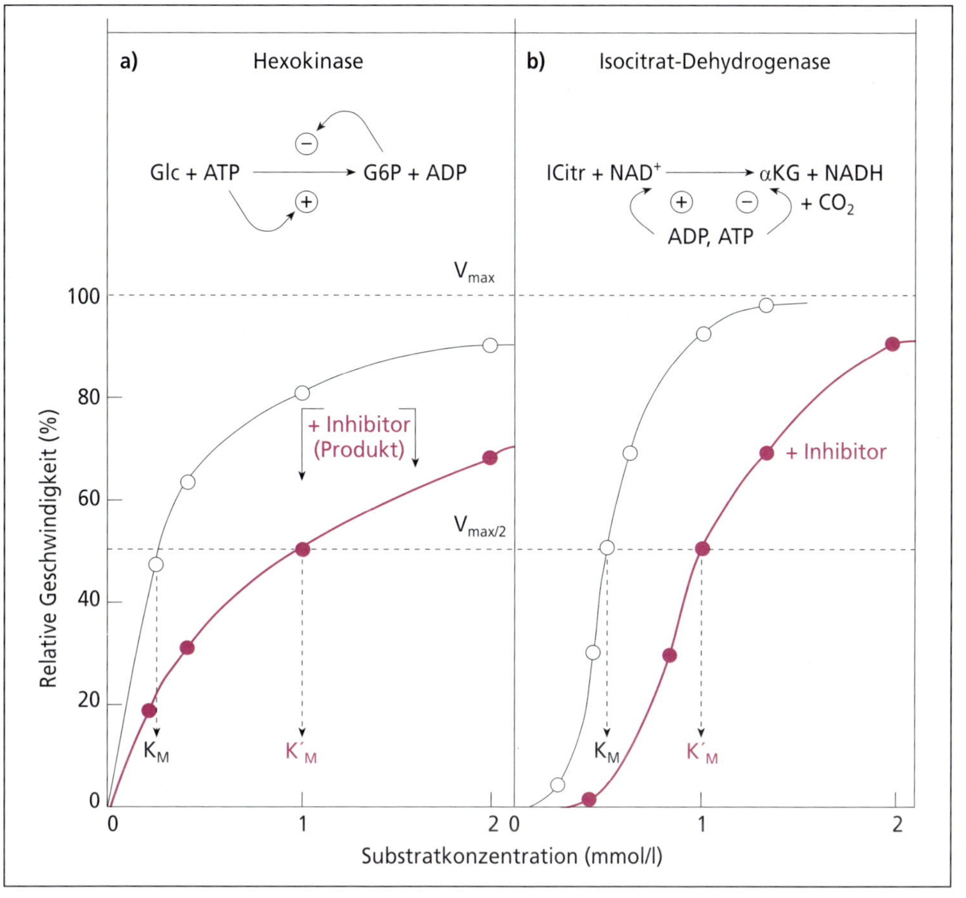

Abb. 20.3 Die effektive Reaktionsgeschwindigkeit (V) von a) „hyperbolen" (z.B. Hexokinase) und **b)** „sigmoiden" (z.B. Isocitrat-Dehydrogenase) Enzymen bei steigender Substratkonzentration S. Veränderung der Enzymaffinität ($K_M \rightarrow K'_M$: Michaelis-Konstante, entspricht der Substratkonzentration mit halbmaximaler Reaktionsgeschwindigkeit) durch isosterische **(a)** Produkthemmung bzw. durch allosterische **(b)** Hemmung (nach Jungermann und Möhler, 1980).

wechselwegen der Substratdurchsatz in erster Linie durch die Menge und Aktivität bestimmter Enzyme kontrolliert wird und weniger durch die verfügbare Substratmenge. Gewöhnlich übernimmt die erste irreversible Reaktion in einem Stoffwechselweg eine Schrittmacherfunktion für den gesamten Ablauf (z.B. der Phosphofructokinase für die Glykolyse (Abb. 17.7) und der Acetyl-CoA-Carboxylase für die Fettsäuresynthese). Sie bestimmt Richtung und Rate des Substratflusses. Die Aktivität der beteiligten Enzyme ist jeweils abhängig von ihren katalytischen Eigenschaften sowie von Aktivierungs- und Inaktivierungsmechanismen. Dabei wird die katalytische Eigenschaft durch die Aminosäurensequenz (bestimmt den dreidimensionalen Proteinaufbau), durch die Spezifität des Substrates und durch die molekularen Reaktionsbedingungen bestimmt.

Eine Reaktion im thermodynamischen Gleichgewicht leistet keine Arbeit und ist nicht regulierbar. Stoffwechsel wird kinetisch reguliert und ist vom Prinzip her auf die Geschwindigkeit der Gleichgewichtseinstellung biochemischer Abläufe ausgerichtet. Als Kontrollstellen haben sich irreversible Reaktionen eines Stoffwechselweges bewährt.

20.3.1 Enzyme als Kontrollelemente

Die Geschwindigkeit einer enzymkatalysierten Reaktion wird durch vier unabhängige Parameter determiniert: der Enzymsättigung, der Enzymaffinität, der Enzymaktivität und der Enzymkonzentration.

20.3.1.1 Enzymsättigung

Einfache Enzyme stellen zusammen mit dem jeweiligen Substrat und Produkt bereits einen einfachen Regelkreis dar. Das Substrat bewirkt eine positive, das Produkt eine negative Rückkopplung. Wird eine Veränderung der Reaktionsgeschwindigkeit über die Enzymsättigung durch Variierung der Substratkonzentration erzielt, so bezeichnet man dies als **Autoregulation** (Abb. 20.3a).

Wichtig ist dabei, wie empfindlich ein Enzym auf eine Änderung der Substratkonzentration reagiert. Als Maß für diese Empfindlichkeit wird häufig die Steilheit der hyperbolen Beziehung der Reaktionsgeschwindigkeit zur Substratkonzentration herangezogen. Danach ist im Sättigungsbereich, also bei bereits erreichter maximaler Reaktionsgeschwindigkeit, das Enzym gegenüber weiteren Konzentrationserhöhungen unempfindlich.

Allein im Bereich von Substratkonzentrationen mit Reaktionsgeschwindigkeiten, die deutlich unter der maximalen (z.B. bei 10%) liegen, reagiert das Enzym auf Änderungen der Substratkonzentration höchst empfindlich.

Diese Darstellung eines hyperbolen Empfindlichkeitsverlaufes ist für viele Regulationsaufgaben jedoch ungenügend. So gibt es eine Reihe von Enzymen, die wesentlich empfindlicher reagieren und dies auch in Form einer sigmoiden Beziehung zu erkennen geben. Eine sigmoide Beziehung der Reaktionsgeschwindigkeit zur Substratkonzentration (Abb. 20.3b) ergibt sich immer dann, wenn ein Enzym mehrere Substratbindungsstellen besitzt und diese sich gegenseitig so beeinflussen, daß die Besetzung der ersten Bindungsstelle die aller weiteren erleichtert. Die Wirksamkeit dieser von der Substratkonzentration abhängigen Enzymsättigung als Regelmechanismus kann jedoch noch erhöht werden, wenn, wie bei wichtigen Schlüsselenzymen des Stoffwechsels, die Enzymsättigung auch noch von Effektoren durch Veränderung der Enzymaffinität gesteuert wird.

20.3.1.2 Enzymaffinität

Besitzen Produkte mit ihrem Vorläufersubstrat eine starke Strukturähnlichkeit, so binden sie z. T. auch an die Substratbindungsstelle mit der Folge, daß höhere Substratkonzentrationen benötigt werden, um die gleiche Reaktionsgeschwindigkeit wie ohne Produkt zu erreichen (= isosterische kompetitive Produkthemmung; s. Abb. 20.3a). Für die Mehrheit aller Enzyme ist diese Beeinträchtigung physiologisch relevant, weil sie in vivo in der Regel weit entfernt von ihrer Substratsättigung tätig sind.

Auch mit dem Substrat nicht strukturverwandte Verbindungen können sich an einer Effektorbindungsstelle, die sich von der Substratbindungsstelle unterscheidet, anlagern, eine Konformationsänderung im Protein auslösen (= allosterische Regulation; Abb. 20.3b) und damit die Enzymaffinität vermindern (Inhibitoren) oder erhöhen (Aktivatoren).

Ein im Organismus universell gültiges Beispiel für eine derartige über Enzymaffinitätsveränderungen wirkende Regulation bietet der Energiestoffwechsel. Dort werden viele Reaktionen durch ATP gehemmt und durch ADP oder AMP stimuliert. Sind die Adenylate selbst Substrat und/oder Produkt einer Reaktion (Abb. 20.3a), so liegt eine isosterische Kompetition vor (z.B. bei Hexokinase, Pyruvatkinase). Sind sie an der Reaktion nicht unmittelbar beteiligt (Abb. 20.3b), handelt es sich um eine allosterische Regulation (z.B. bei Isocitrat-Dehydrogenase).

20.3.1.3 Enzymaktivität

Aktivitätsänderungen insbesondere von Schlüsselenzymen werden über eine enzymgesteuerte, covalente Modifikation (Aktivierung oder Inaktivierung) erreicht, die bei Proteinkinasen durch Anheftung einer Phosphatgruppe (aus ATP) an bestimmte Aminosäuren im Enzym bewirkt wird. So wird beispielsweise die katalytische Aktivität der glykogenspaltenden Phosphorylasen durch Phosphorylierung erhöht, die der Glykogen-Synthase dadurch dagegen herabgesetzt (Abb. 20.4). Ähnlich reversible covalente Proteinmodifikationen lassen sich vereinzelt bei anderen Enzymen auch durch Adenylierung (AMP-Anlagerung, aus ATP) und durch Methylierung (CH_3-Anlagerung aus Methionin) erzielen.

Covalente Modifikationen von metabolischen Schlüsselenzymen sind üblicherweise die letzte Stufe einer Kaskadenverstärkung. Hierdurch kön-

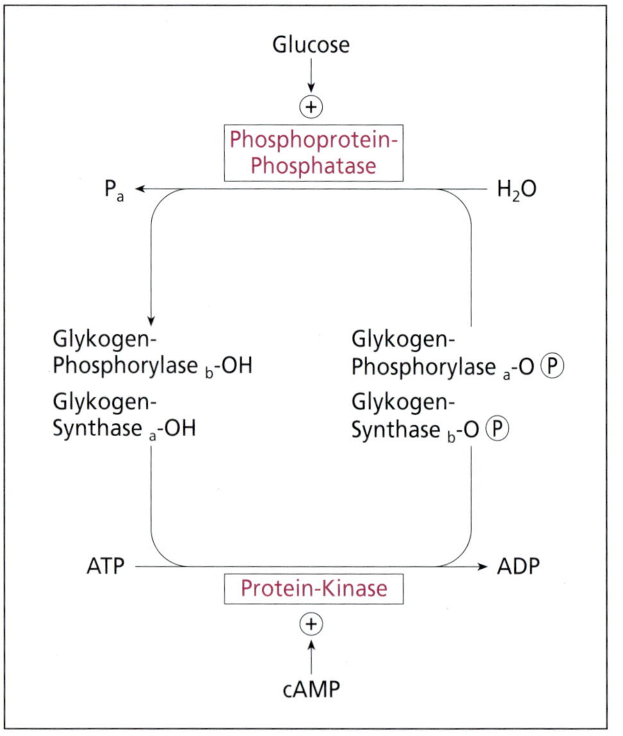

Abb. 20.4 Enzymgesteuerte covalente Modifikation (Phosphorylierung bzw. hydrolytische Dephosphorylierung) der Enzyme des Glykogenstoffwechsels (Gg-Abbau bzw. Gg-Synthese).
Gg-Phosphorylase$_a$-O **P** und Gg-Synthase$_a$-OH sind aktive Enzyme.
Gg-Phosphorylase$_b$-OH und Gg-Synthase$_b$-O **P** sind inaktive Enzyme.
(nach Jungermann und Möhler, 1980).

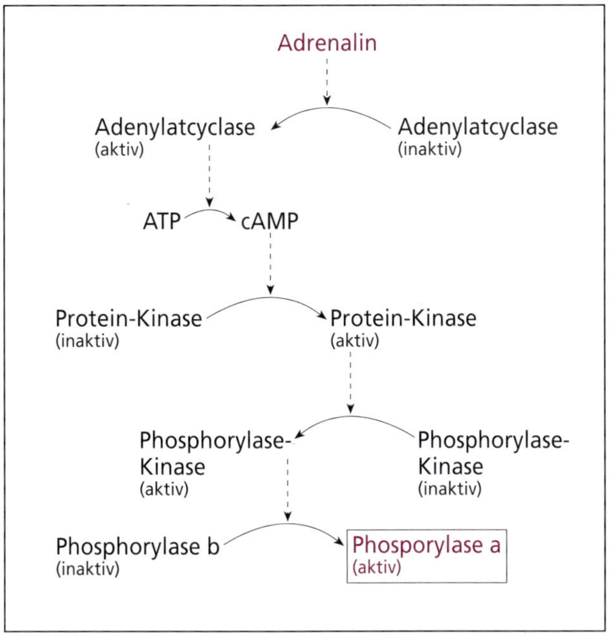

Abb. 20.5 Glykogenabbau durch Phophorylase, als letzte Stufe einer durch Adrenalin ausgelösten Kaskadenverstärkung.

nen Stoffwechselwege durch winzige Auslösersignale rasch an- oder abgeschaltet werden, wie es die Stimulierung des Glykogenabbaus durch Adrenalin demonstriert (Abb. 20.5). Damit wird der Stoffwechselkontrolle eine neue Dimension eröffnet, weil spezifische Reaktionswege mit Hilfe von Signalen (wie Hormonen) reguliert werden können, die in keiner Strukturbeziehung zu den Stoffwechselzwischenstufen selbst stehen.

20.3.1.4 Enzymkonzentration

Ein Regelkreis bleibt nur dann funktionsfähig, wenn die benutzten Signale nur für die Dauer einer Korrektur der Regelgröße präsent sind. Um ein Dauersignal zu vermeiden, müssen sie eine begrenzte Lebenszeit haben und damit einem spezifischen Turnover unterliegen. Dies gilt für Metabolite wie auch für Hormone als Signalsubstanzen. Erstere werden entweder in anderen simultan ablaufenden enzymkatalysierten Reaktionsfolgen als Substrat verbraucht oder unterliegen einem nichtenzymatischen chemischen Abbau bzw. werden ausgeschieden. Peptid- und Proteohormone werden in der Regel durch proteolytischen Abbau, Steroidhormone durch Reduktion und Kopplung (= Biotransformation) inaktiviert. Insbesondere längerfristig auszurichtende Regulationserfordernisse (z.B. bei anhaltend geänderten Ernährungs- und Leistungsbedingungen) laufen vorwiegend über die Veränderung von Enzymkonzentrationen. Bis durch kontrollierte Proteosynthese und Proteolyse quantitativ neue Enzymmuster entstehen, vergehen in der Regel Stunden bis Tage. Wie dabei der Enzymabbau spezifisch reguliert wird, und warum einzelne Enzyme so unterschiedliche Halbwertszeiten aufweisen (von wenigen Stunden, z.B. Tyrosin-Aminotransferase t/2 = 2 h, bis zu mehreren Tagen, z.B. Lactat-Dehydrogenase t/2 = 16 d), ist derzeit noch nicht bekannt. Auch ist im einzelnen noch unklar, welche Faktoren die Synthese bestimmter Enzyme regulieren. Wichtig sind sicherlich die Ernährungslage und die Spiegel von bestimmten stoffwechselaktiven Hormonen (Insulin, Glucagon, Glucocorticoide, Thyroxin).

20.3.2 Hormone und andere Botenstoffe als Kontrollelemente

Eine umfassende, aber auch lokal begrenzte funktionelle Steuerung des Stoffwechsels kann mittels endokriner, parakriner, autokriner oder juxtakriner Verteilung von spezifischen Botenstoffen erreicht werden.

Bei der Entwicklung von Einzellern hin zu höchst komplexen Organismen mit Zell- bzw. gewebespezifischer Arbeitsteilung waren körperübergreifende Organsysteme nötig, um die Aktionen aller Funktionseinheiten zu integrieren, zu koordinieren und um Informationen von einem Bereich des Körpers in einen anderen zu tragen. In der Tat gibt es einige Organsysteme (z.B. Verdauungstrakt, Kreislaufsystem, Lunge, Skelett, Muskulatur), die den übrigen Organismus mitversorgen, aber nur wenige Gewebe (ZNS, Hormondrüsen, Immunsystem), die ihn funktionell steuern. Während mittels über das Blut verteilter Hormone ein in allen körperlichen Bereichen aufeinander abgestimmter Stoffwechsel erzielt wird, können in einzelnen Geweben oder Organen zusätzlich Botenstoffe mittels parakriner (extrazelluläre und extravasale Diffusionsprozesse innerhalb eines oder zwischen verschiedenen Geweben), autokriner (intrazelluläre Diffusionsprozesse) oder juxtakriner Verteilung (Zwischenzellinteraktionen zweier unmittelbar benachbarter Zellen über membranverankerte, nichtdiffusible Moleküle) zu einer lokal begrenzten Stoffwechselabstimmung beitragen. Nicht selten sind es sogar als Hormone bekannt gewordene Botenstoffe, für die in neuester Zeit derartige zusätzliche, räumlich begrenzte Rollen gefunden wurden. Oftmals stellt es sich sogar so dar, daß ein und dasselbe Molekül während der Entwicklung vom befruchteten Ei zum fertigen, ausgewachsenen Individuum zunächst initial als Wachstumsfaktor auto-, juxta- und/oder parakrin wirksam wird.

Dies bedeutet aber auch, daß die Hauptfunktions-

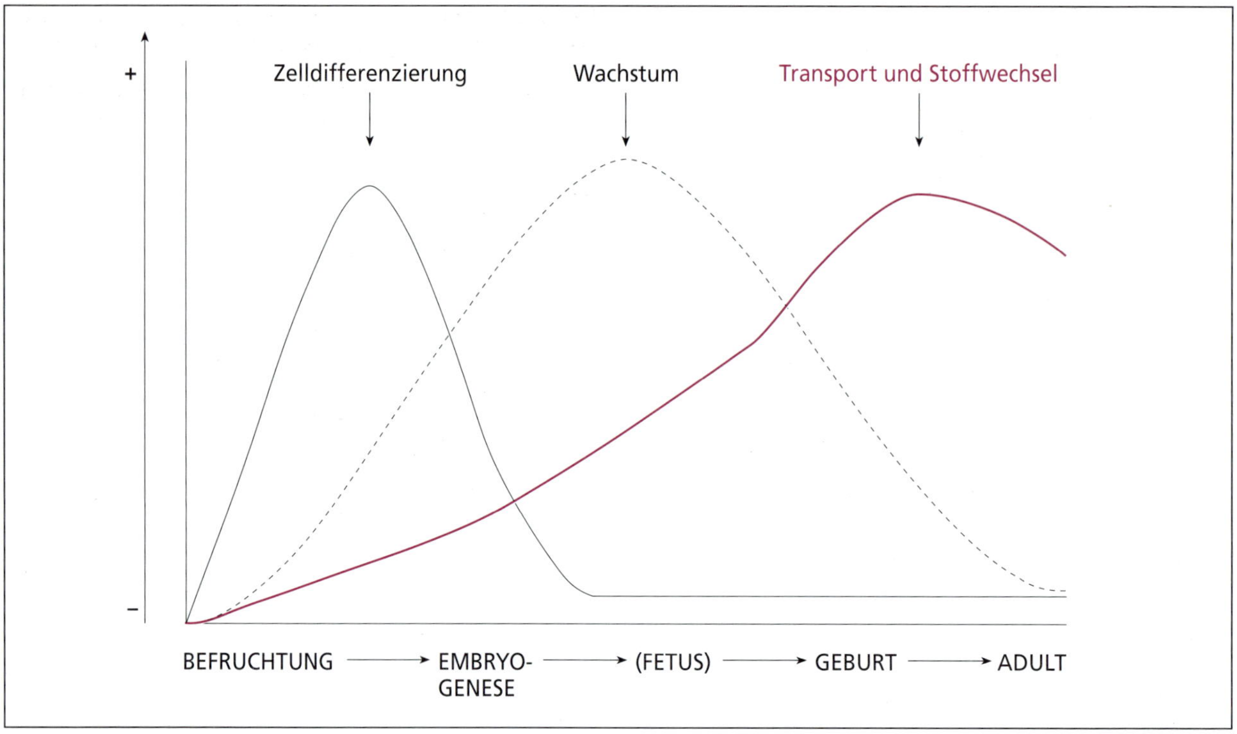

Abb. 20.6 Idealisierte bevorzugte Rolle eines Multifunktions-Hormons (z.B. Insulin) während der Entwicklung eines Organismus (nach De Pablo, 1993).

rolle eines derartigen Signals (sobald es im Verlauf der Embryogenese, des fetalen und postnatalen Wachstums sowie beim adulten Tier funktionell auftritt) sich der Komplexität des Organismus folgend ändert (Abb. 20.6). Derartige funktionelle Adaptationen können sich auch bei bestimmten physiologischen Zuständen (Wachstum, Trächtigkeit, Lactation) oder bei Krankheiten am adulten Tier wiederholen und sind damit für das Verständnis der qualitativ und quantitativ variablen metabolischen Ausprägung dieser Zustände von grundlegender Bedeutung.

Zudem zeichnet sich ab, daß eine Reihe von ursprünglich als nicht endokrin eingestuften Geweben hormonähnliche Botenstoffe (z.B. Cytokine) produzieren können. Darüber hinaus scheinen viele Hormone gegenüber anderen auch antagonistische biologische Aktionen auslösen zu können. Durch diesen Hormonantagonismus, zusammen mit einer z.T. stark ausgeprägten Hormonhierarchie und den daraus resultierenden Möglichkeiten der Mehrfachmodulation (z.B. Signalverstärkung, Rückkopplung) an den einzelnen Umschaltstationen, ermöglicht das endokrine System eine Stoffwechselkontrolle mit zeitlich geordneten metabolischen Antworten, welche durch neurale Mechanismen allein nicht ähnlich effizient wahrgenommen werden können. Die nervale Kontrollfunktion erfolgt, Einsatz und Wirkungsdauer betreffend, sehr schnell (im Millisekundenbereich), während die Hormonfunktion in zeitlichen Bereichen von Minuten bis Stunden oder sogar Tagen bis Monaten rangiert.

20.4 Ausrichtung der Stoffwechselkontrolle

Eine den Stoffwechsel integrierende und koordinierende Hormonwirkung kann grundsätzlich auf zwei verschiedene Ziele ausgerichtet sein: das der Homöostase und/oder das der Homöorhese.

Man kennt heute eine Vielzahl gut untersuchter, hormonal regulierter chemischer Lebensprozesse, insbesondere im Zusammenhang mit der Nahrungsaufnahme, die auf ein bestimmtes physiologisches Gleichgewicht, die **Homöostase** (z.B. Glucosehomöostase, Energiehomöostase, Calciumhomöostase), ausgerichtet sind. Hier erlauben homöostatisch tätige Hormone (insbesondere Insulin und Glucagon) einen relativ konstanten Nährstoffzufluß, auch im peripheren Gewebe, indem die während der resorptiven Phase im Überschuß anfallenden Nährstoffe gespeichert werden, um dann zwischen den Mahlzeiten, in der sog. postresorptiven Phase, nach Mobilisierung metabolisch zur Verfügung zu

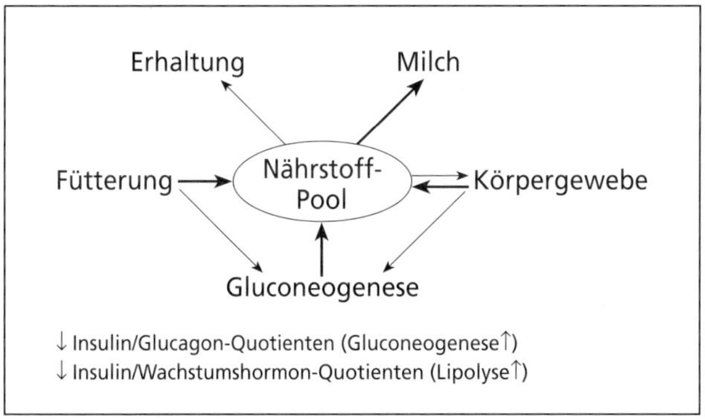

Abb. 20.7 Homöorhetische Signale gewährleisten einen verstärkten Nährstofffluß (über Steigerung der Gluconeogenese, Mobilisierung von Energiereserven) zur Milchdrüse bei gleichzeitiger Unterstützung produktiver Abläufe in der Milchdrüse.

Tabelle 20.1 Insulinsekretion und Insulinelimination bei Kühen (n=6) in Abhängigkeit von der Milchleistung

Milchleistung	**(kg/d)**	**16,0**	**8,0**	**0**[1)]
Basalspiegel	(mU/l)[2)]	29,9	30,5	46,1
Insulinsekretion	(mU/l min)[3)]	118	148	298
Insulinclearance	(l/min)	8,9	5,9	5,1

1) trockenstehend;
2) Konzentrationsangabe in Milli-Units/Liter;
3) stimuliert durch eine i. v. Glucoseinjektion (0,5 g/kg$^{0.75}$LM) und berechnet als Fläche unter dem glucoseinduzierten hyperinsulinämischen Konzentrationsverlauf.

stehen. Neben diesem homöostatischen Prinzip, bei dem der Zustand einer relativen Uniformität des inneren Milieus eines Organismus trotz sich ständig ändernder Umweltbedingungen angestrebt wird, existiert noch ein weiteres wichtiges Ziel hormonaler Regulation: die **Homöorhese**. Letzteres ist insbesondere bei wachsenden oder anderweitig produktiv (trächtig, laktierend) tätigen Tieren, die naturbedingt ständig wechselnden physiologischen Zuständen unterworfen sind, aber auch bei kranken Tieren von Bedeutung. Die Homöorhese ist eine hormoninduzierte, überwiegend langfristig ausgerichtete Koordinierung des Stoffwechsels zur Gewährleistung eines spezifischen, durch den jeweiligen körperlichen Zustand vorgegebenen metabolischen Bedürfnisses (Abb. 20.7). Homöorhetisch wirksame Signale (z.B. ein niedriger Insulin/Glucagon- und Insulin/Wachstumshormon-Quotient) ermöglichen also eine koordinierte metabolische **Langzeitregulation**, während homöostatisch wirksame Signale (z.B. Insulin, Glucagon, Adrenalin) bei der **Kurzzeitregulation** („minute to minute") und bei lebensbedrohenden Situationen bevorzugt zur Geltung kommen. Sie induzieren relativ große metabolische Veränderungen über kurze Zeiträume und überla-

Tabelle 20.2 Peripartale molare Hormonkonzentrationsquotienten bei niedrig (N)- und hochleistenden (H) Kalbinnen

		2 Wochen a.p.	**4 Wochen p.p.**	**8 Wochen p.p.**
Basale Hormonspiegel				
Insulin (mU/l)	N	16,7	13,1	16,8
	H	23,5	12,4	9,6
Glucagon (ng/l)	N	215	359	401
	H	213	509	399
Wachstumshormon (ng/ml)	N	3,2	10,3	11,0
	H	4,0	11,3	12,4
Quotient basaler Hormonspiegel				
Insulin/Glucagon	N	2,5	1,1	1,1
	H	2,7	0,7	0,8
Insulin/Wachstumshormon	N	711	222	327
	H	1170	226	145

a. p. = ante partum; p. p. = post partum; mU = mUnit.
N: 1708 ± 226 kg FCM/100 d, (n = 6);
H: 2339 ± 284 kg FCM/100 d, (n = 5);
FCM = fat corrected milk (Fettgehalt 4%).

Tabelle 20.3 Zur „Hormonantwort" produktiv beanspruchbarer Gewebe

Hormon	**Leber**	**Fettgewebe**	**Milchdrüse**
Insulin	+	+	+/–
Glucagon	+	+	–
Prolactin	+	–	+
Wachstumshormon	+	+	–
IGF-I	?	–	+
Cortisol	+	+	+

– keine Antwort;
+/– Antwort bei einigen untersuchten Species;
?: nicht bekannt.

gern damit die Langzeitregulation, sobald vitale Funktionen erhalten werden müssen. Dies bedeutet, ein Stoffwechselablauf, der von homöorhetischen Signalen getragen wird, muß gleichzeitig die Bedürfnisse der Kurzzeitregulation gewährleisten. Am besten scheint dies über veränderte Empfindlichkeiten der Auslösung und/oder Wirkung homöostatischer Kontrollmechanismen erreicht zu werden. Ersteres beinhaltet die Veränderung der Empfindlichkeit der Abgabe und/oder der Beseitigung eines homöostatischen Hormons (Tab. 20.1 und 20.2), letzteres die Veränderung der Gewebeempfindlichkeit gegenüber einem homöostatischen Signal mittels der Anzahl und/oder der Bindungskinetik spezifischer Rezeptoren.

In Verbindung mit der Tatsache, daß produktiv beanspruchte Gewebe (z.B. Leber, Fettgewebe, Muskulatur) nicht grundsätzlich auf alle Hormone

Tabelle 20.4 Lactationsbedingte Veränderungen in der Maximalantwort und der Sensitivität von Hormonen

Hormon	Species	Gewebe	Effekt Maximal-antwort	Sensitivität
Insulin	Ratte	Fettgewebe	↓	?
Insulin	Schaf	Fettgewebe	↓	↓
Insulin	Schaf	Muskel	↓	↓
Glucagon	Ratte	Fettgewebe	↑	↑
Noradrenalin	Kuh	Fettgewebe	↑	–
Noradrenalin	Ratte	Fettgewebe	–	–
Noradrenalin	Schaf	Fettgewebe	↑	–

↑ Anstieg; ↓ Abnahme; – keine Veränderung; ? nicht bekannt.

mit einer metabolischen Veränderung reagieren (Tab. 20.3), bedeutet obige Feststellung, daß die Größe eines hormoninduzierten Signals auch innerhalb der Zelle eines reaktiven Gewebes nicht nur von der Konzentration dieses Hormons und antagonistisch tätiger Hormone abhängt, sondern auch von der Fähigkeit der Zelle, auf das Hormon zu reagieren. So kommen z.B. die den Bedingungen der Lactation bisher zugeordneten Empfindlichkeitsveränderungen primär homöostatisch wirksamer Hormone vorwiegend über eine Veränderung in der Maximalantwort und/oder der für den halbmaximalen Effekt nötigen Hormonkonzentration (= Sensitivität) zum Tragen (Tab. 20.4).

20.4.1 Homöostatische Stoffwechselregulation am Beispiel des Blutzuckerspiegels

Die Stoffwechselhomöostase ist von einem raschen Zusammenspiel unterschiedlicher Stoffwechselprozesse zwischen einer Vielzahl von Organen und Geweben abhängig.

Allen diesen Interaktionen übergeordnet sind grundlegende hormonale Regelmechanismen, welche primär dem Nährstoff- und Energiebedarf der Gewebe folgen.

Der Hauptnährstoff des Organismus ist zweifellos Glucose, ein Substrat, welches im Zentrum aller möglichen Ausrichtungen des intermediären Stoffwechsels steht und leicht verfügbar ist (über die Futteraufnahme [Kap. 16] und/oder die endogene Produktion in der Leber [Kap. 17.3.2]). Die Aufrechterhaltung einer Glucosehomöostase ist deshalb für den Organismus von besonderer Bedeutung, weil Glucose unter Normalbedingungen nicht nur ein bevorzugtes, sondern für bestimmte Gewebe (z.B. Zentralnervensystem) sogar ein obligat zu nutzendes Substrat darstellt. Letztere Gewebe können Glucose weder synthetisieren noch speichern. Ein Mangel dieses Nährstoffes führt demnach rasch zu zellulären Minder- oder Fehlfunktionen. Es ist deshalb nicht verwunderlich, daß sich in homoiothermen Wirbeltieren ein Regulationssystem nicht nur zur Gewährleistung der Glucoseversorgung in Krisensituationen entwickelt hat, sondern auch, um Glucoseüberschüsse bei Überfluß zu speichern. Damit ist das Wohlergehen des Organismus auch in Mangelsituationen gesichert. Um den im Blut zirkulierenden Glucosespiegel weitgehend konstant zu halten, mußten sich also nicht nur auf Glucoseproduktion, sondern auch auf Glucoseverbrauch ausgerichtete Kontrollmechanismen entwickeln. Von fundamentaler Bedeutung für dieses antagonistische System ist der Blutspiegel biologisch aktiven Insulins.

Insulin ist der Schlüsselmodulator der Glucosehomöostase.

Das Auftreten jeder nahrungsinduzierten Hyperglykämie wird grundsätzlich von einer vorübergehend gesteigerten Insulinfreisetzung (Kap. 23.2.2.4), einer gleichbleibenden oder vorübergehend ansteigenden Glucagonfreisetzung und einem zeitlich etwas versetzten Anstieg der Adrenalinsekretion begleitet. Das wichtigste Signal für die möglichst früh einzuleitenden homöostatischen Prozesse ist der deutliche Anstieg des Insulinspiegels mit der daraus resultierenden Anhebung des molaren Insulin/Glucagon-Quotienten (als typisches Merkmal einer anabolen Stoffwechselsituation), obwohl zahlreiche Mahlzeiten gleichzeitig über eine Stimulation der B(β)-Zellen eine gemäßigte Glucagonfreisetzung anregen können. Durch eine derartige gekoppelte hormonale Reaktion, auch als symbiotische homöostatische Antwort bezeichnet, kann der übermäßig dominierenden Wirkung des Insulins (z.B. in Form einer postprandialen Hypoglykämie) rechtzeitig entgegengewirkt werden. Die bei einer gegebenen Nahrungsaufnahme tatsächlich erzielte Einstellung des molaren Insulin/Glucagon-Quotienten wird vermutlich mittels einer im Inselapparat ablaufenden parakrinen Autoregulation zwischen den A-(Glucagon), B-(Insulin), D-(Somatostatin) und F-Zellen (Pankreatisches Polypeptid) erreicht. Wegen der besonderen Empfindlichkeit der A- und B-Zellen gegenüber dem Somatostatin kommt letzterem für die jeweils erreichte Insulin/Glucagon-Quotient-Einstellung eine besondere Bedeutung zu. Beim Insulin wird der mahlzeiteninduzierte Anstieg zunächst häufig durch psychische und sensorische Reize über cholinerge Nervenbahnen (N. vagus) rasch initiiert, durch enteral induzierte nervale (cholinerge) und humorale (GIP, CCK, GLP und andere Peptide, s. Kap. 16.3.1.2 u. 23.2.3.1) Reizantworten verstärkt und schließlich durch die direkte Wirkung des ansteigenden Blutzuckerspiegels gehalten. Nach der Verteilung des Insulins mit dem Blut kann auf der Ebene der Gewebe dessen blutzuckersenkende Wirkung durch zelluläre Glucoseaufnahme über zwei grundsätzlich unterschiedliche, aber sich ergänzende Mechanismen erreicht werden.

Der Beitrag der Leber zur hypoglykämischen Insulinwirkung beruht vorwiegend auf einer Aktivierung der Glucokinase-Reaktion, die dazu führt, daß freie Glucose in der Leberzelle vergleichsweise kurzlebig ist. Als Folge dieser gesteigerten Glucosephosphorylierung mit weiterer Umsetzung über diverse nachgeschaltete Stoffwechselprozesse (Glykogensynthese, Pentosephosphat- und Glykolyseweg) resultiert ein in die Leberzelle gerichteter Konzentrationsgradient, der einen beschleunigten Glucoseeintritt erlaubt (Pull-Mechanismus). Zu einer derartigen, an sich insulinunabhängigen Glucoseaufnahme sind auch andere Organe, wie das ZNS, die Niere und der Darm, befähigt, und zwar abhängig von der Höhe des extrazellulären Glucosespiegels.

Werden bei größeren aus der Nahrung verfügbaren Glucosemengen über die Leber hinaus auch Muskulatur und Fettgewebe davon überschwemmt, so erfolgt die insulininduzierte Absenkung eines überhöhten Blutglucosespiegels vorwiegend über einen zusätzlichen, anderen Wirkungsmechanismus. In den letztgenannten Geweben erfolgt eine Interaktion des Insulins mit einem spezifischen Membranrezeptorprotein. Dessen nachfolgende Autophosphorylierung induziert schließlich ein Glucosetransportmolekül, das eine erleichterte Diffusion von Glucose ins Zellinnere ermöglicht (= Push-Mechanismus). Der dafür erforderliche Konzentrationsgradient wird ebenfalls durch die intrazelluläre Phosphorylierung zum Glucose-6-Phosphat, nämlich über die insulinunabhängige Hexokinase-Reaktion, aufrechterhalten.

Zusätzlich zur Glucoseaufnahme und Phosphorylierung spielt ein erhöhter Insulinspiegel auch eine wichtige Rolle bei der Modulation von Enzymmechanismen, welche die Glykogensynthese fördern (Aktivierung der Glykogen-Synthase) und gleichzeitig die Glykogenolyse hemmen (Inaktivierung der Glykogen-Phosphorylase). Seine starke antigluconeogenetische Wirkung ist auf eine Hemmung derjenigen Enzyme zurückzuführen, die eine Umwandlung von Aminosäuren in Glucose ermöglichen. Insgesamt gesehen, ermöglicht das in der Folge einer gesteigerten Insulinpräsenz auftretende metabolische Szenario eine rasche, effiziente und überwiegend reversible (Leber, Muskulatur) Verwertung überschüssiger Glucose.

Aufgrund der besonderen Verdauungs- (mikrobielle Nährstofftransformation) und Stoffwechselverhältnisse (z.B. permanente Abhängigkeit der metabolischen Glucoseverfügbarkeit von der hepatischen Gluconeogenese) ist bei Wiederkäuern mit einer rasch einsetzenden und massiven fütterungsbedingten Störung der Glucohomöostase (hier Hyperglykämie) nicht zu rechnen.

Bei Wiederkäuern ist der ebenfalls zu beobachtende fütterungsinduzierte Anstieg des molaren Insulin/Glucagon-Quotienten für den Blutglucosespiegel praktisch ohne Bedeutung.

Grundlage für diese Stabilität sind die fehlende Beeinträchtigung der hepatischen Gluconeogenese (wegen der bevorzugten insulinunabhängigen Nutzung von Propionsäure), der Mangel an Glucokinase in der Leber (fehlender Pull-Mechanismus) sowie eine deutlich herabgesetzte Insulinempfindlichkeit des Fettgewebes und der Muskulatur (verminderter Push-Mechanismus). Darüber hinaus bietet der mahlzeiteninduzierte Insulinanstieg über die Aktivierung der hepatischen Glykogen-Synthase für Wiederkäuer die einmalige Möglichkeit, mittels gluconeogenetisch erzeugten Glucose-6-Phosphats den Glykogengehalt der Leber aufzufüllen.

Bei zunehmendem Mangel an exogenen Nährstoffen (z.B. im Hungerzustand) und der damit einhergehenden deutlichen Absenkung des basalen Insulinspiegels wird im Organismus nicht nur eine andere Nährstoffverfügbarkeit initiiert, sondern auch eine geringere Glucoseverwertung eingeleitet. So entfallen in der Leber die Blockade der Phosphorylase und die Aktivierung der Synthase mit dem Ergebnis, daß bei einer gehemmten Glykogensynthese die Glykogenolyse gesteigert wird. Letztere Reaktionsfolge wird durch den möglichen Anstieg des Glucagonspiegels per se oder zumindest durch seine im abnehmenden Insulin/Glucagon-Quotienten begründete relative Zunahme noch beschleunigt. Bei länger anhaltendem Nährstoffmangel wird hinsichtlich Glykogenolyse die Rolle des Glucagons durch Catecholamine unterstützt bzw. noch ausgedehnt. Dies ist insofern wichtig, weil der Glykogengehalt der Leber, verglichen mit dem der gesamten Muskulatur, gering ist und außerdem Glucagon für die Mobilisierung von Muskelglykogen bedeutungslos ist. Die weiteren Glucagonwirkungen in der Leber unter der Vorgabe einer Nährstoff- und Glucosemangelsituation betreffen den gluconeogenetischen Stoffwechselweg. So stimuliert Glucagon die Gluconeogenese vorwiegend aus Aminosäuren. Bei Nichtwiederkäuern können z.B. nach Erschöpfung der Leberglykogenreserven mehr als 95% der hepatischen Glucoseabgabe der glucagoninduzierten Steigerung der Gluconeogenese aus Muskel-Aminosäuren zugeschrieben werden. Postresorptiv unterliegen nur 75% der hepatischen Glucoseabgabe der Kontrolle durch Glucagon.

Am Muskel sind beim Auftreten einer nährstoffmangelinduzierten Hypoinsulinämie die üblicherweise insulinabhängigen Vorgänge im Zusammenhang mit der Aufrechterhaltung der Glucosehomöostase verlangsamt: die Glykogenese deutlich mehr als die Glykolyse. Letztere erfährt bei fortgesetzter Dauer des Nährstoffmangels durch Adrenalin sogar wieder eine geringe Beschleunigung, so daß mehr und mehr Lactat und Alanin vom Muskel über die Zirkulation zur gluconeogenetischen Verwertung an die Leber abgegeben werden.

Auch im Nährstoffmangel steht die Leber aus homöostatischer Sicht im Zentrum eines orchestralen Zusammenwirkens von metabolischen Vorgängen, die zur Stabilisierung des Blutglucosespiegels führen.

Bei Wiederkäuern beschränkt sich die hyperglykämische Wirkung eines absolut und/oder relativ zunehmenden Glucagonspiegels ebenfalls auf die Stimulierung der Glykogenolyse und die Steigerung der gluconeogenetischen Verwertung von Aminosäuren.

20.4.2 Homöorhetische Stoffwechselregulation am Beispiel von Wachstum und Laktation

Grundlegend betrachtet, kann Wachstum als das Ergebnis zunächst einer Hyperplasie (Anstieg der Zellzahl) und nachfolgend einer kompetitiven Hypertrophie seiner verschiedenen Gewebe (Anstieg der Zellgröße und des Zellvolumens) gelten.

Ist ein Gewebe erst einmal differenziert, läuft sein weiteres Wachstum auf der Basis der Verfügbarkeit von Nährstoffen im Extrazellulärraum und der Essentialität jedes einzelnen Gewebes für das Überleben des gesamten Individuums ab. So hat man beispielsweise davon auszugehen, daß das Nerven- und Knochengewebe und/oder auch immunkompetentes Gewebe mit einer relativ hohen, genetisch determinierten Priorität ausgestattet sind und dadurch der Wachstumsprozeß dort auch noch bei marginaler Nährstoffversorgung gewährleistet wird.

Einer der Hauptgründe dafür, warum Nutztiere in der Regel nie ihr genetisches Wachstumspotential voll ausnützen, dürfte darin zu sehen sein, daß sie ständig mehr oder minder intensiv pathogenen und/oder nichtpathogenen immunologischen Belastungen ausgesetzt sind. Die Folge ist, daß dann zur Unterstützung des lebensnotwendigen Immunsystems nicht nur Nährstoffe umgeleitet sondern auch anabole Prozesse unterbrochen und in nicht seltenen Extremfällen sogar noch katabole Stoffwechselaktivitäten initiiert werden. Die dafür notwendige Umprogrammierung des Stoffwechsels ist ein homöorhetischer Prozeß, der von proinflammatorischen Cytokinen (vorwiegend Interleukin-1 und -6 sowie Tumornekrosefaktor) mit induziert wird. Primär sollen diese Botenstoffe die Proliferation von Lymphocyten- und Makrophagen-Populationen, die Produktion von Antikörpern und die Synthese von Akut-Phase-Proteinen in der Leber erlauben und absichern. Erreicht wird die cytokininduzierte Stoffwechselumprogrammierung sekundär durch Beeinflussung neuroendokriner Vorgänge, mit der Folge, daß die STH-Sekretion reduziert, die Plasmacorticosteroid-Spiegel angehoben und die Catecholaminsekretion gesteigert wird. Die beiden letztgenannten hormonalen Veränderungen sind wichtige Rückkopplungsmöglichkeiten, nicht nur um immunologische und inflammatorische Antworten zu modulieren, sondern auch um über die funktionelle Beeinträchtigung des Verdauungstraktes und die Induktion von Lipolyse und Proteolyse den Ansatz von Körpermasse zu mindern.

Für die Erzeugung von Lebensmitteln tierischer Herkunft (z.B. Fleisch, Milch) war es eine interessante und ökonomisch äußerst wichtige Erkenntnis, daß der relative Zuwachs von Muskel- und Fettgewebe beeinflußt werden kann, wenn sich die Hierarchie der Wachstumspriorität zwischen Muskel- und Fettgewebe verschiebt und damit bei gegebener Nährstoffversorgungslage eine Nährstoffumverteilung (= Repartitioning), z.B. weg vom Fettgewebe und hin zur Muskulatur oder zur Milchdrüse, erfolgen kann. Die bisher aufgezeigten, in der Tierproduktion nutzbaren, aber in der Europäischen Union nicht legalisierten Repartitioning-Strategien beruhen dabei in der Regel auf mittels Pharmaka ausgelösten spezifischen Stoffwechselveränderungen. Beispielgebend hierfür ist die Anwendung -adrenerger Agonisten, schilddrüsenaktiver Substanzen und anaboler Steroidimplantate.

Eine weitere Technik, für das Muskelwachstum günstige Nährstoffverteilungsprioritäten zu erzielen, besteht darin, bevorzugt die Effizienz des Proteinansatzes über eine Genverstärkung zu erhöhen.

Ein derzeit stark umstrittenes Beispiel für Genverstärkung ist die Applikation von exogenem speciesspezifischem Wachstumshormon (STH) mit der dadurch erreichten supraphysiologischen Anhebung primärer Wachstumsstimulatoren. Dadurch werden die mit dem Wachstum involvierten Gene vollständiger und über einen längeren Zeitraum aktiviert, wodurch dem Tier ermöglicht wird, das bereits vorhandene genetische Potential für den Proteinansatz deutlicher zu exprimieren. Die metabolischen Effekte von STH vervollständigen dabei die wachstumsstimulierende Wirkung, indem der Ansatz magerer (fettfreier) Körpermasse dadurch gefördert wird, daß STH die Proteinsynthese beschleunigt und den Energiestoffwechsel hin zum Verbrauch von Fett lenkt.

Laktation ist ein komplexer Prozeß, bei dem das Muttertier große Mengen von sowohl über die Nahrung aufgenommenen als auch endogen produzierten und gespeicherten Nährstoffen über das Sekret Milch abgibt.

Es müssen tiefgreifende und lang anhaltende metabolische Veränderungen in der Muskulatur, dem Fettgewebe und der Leber stattfinden (Tab. 20.5), um den Nährstoffeigenbedarf des Tieres (= Erhaltung) und gleichzeitig den langanhaltenden beträchtlichen irreversiblen Verlust des Körpers an Fett, Kohlenhydraten, Proteinen, Mineralstoffen u. a. während der Laktation (= Leistung) zu erfüllen (Abb. 20.7).

Eine Vielzahl hormonaler Mechanismen orchestriert beides, die Milchbildung und gleichzeitig die Verteidigung der mütterlichen Homöostase. Dem STH, das während der Laktation in erhöhter extrazellulärer Konzentration vorliegt, obliegt dabei wie beim Wachstum eine wichtige Umverteilungswirkung, insbesondere auf Fettgewebe und Muskulatur ausgerichtet. Da dem STH keine direkte lipolytische Wirkung zukommt, ist eine Erhöhung der Sensitivität für jene physiologischen Signale (z.B. Adrenalin), welche die Fettmobilisierung ermöglichen, wahrscheinlich.

Obwohl die extrazelluläre Konzentration von Insulin während der Laktation bereits deutlich erniedrigt ist (Tab. 20.2), antagonisiert STH zusätzlich noch dessen Wirkung auf die Lipogenese in Adipocyten. Durch die gleichzeitig erheblich verminderte Glucoseaufnahme der Muskulatur wird reichlich Glucose für die Lactosesynthese in der Milchdrüse bereitgestellt. Wie STH in der Milchdrüse letztlich die Milchsynthese stimuliert, ist noch unklar. Allein mit der erhöhten Nährstoffzufuhr ist die Steigerung der Syntheseleistung nicht zu erklären. Auch von IGF-I, dessen Rezeptor an der Milchdrüse nachgewiesen werden konnte, kann wenig Erklärungshilfe erwartet werden, denn gerade in den ersten Wochen der Laktation mit ansteigender Milchsekretionsleistung ist der extrazelluläre Gehalt an IGF-I deutlich erniedrigt, und auch exogene Zufuhren zeigen weder in vivo noch in vitro stimulierende Wirkung auf die mammäre Syntheseleistung.

Tabelle 20.5 Laktationsbedingte Veränderungen im Organismus der Milchkuh

Gewebe	Gewicht	Blutfluß	Aktivität	
Milchdrüse	↑	↑	– Substrataufnahme	↑
			– Syntheseleistung	↑
Verdauungstrakt	↑	↑	– Resorptionskapazität	↑
Leber	↑	↑	– Substrataufnahme	↑
			– Syntheseleistung	↑
			– Metabolitabgabe	↑
Herzmuskel	↑	↑	– Blutausstoß	↑
Fettgewebe	↓	?	– Substrataufnahme	↓
			– Syntheseleistung	↓
			– Metabolitabgabe	↑
Skelettmuskel	↓	→	– Substrataufnahme	↓ →
			– Metabolitabgabe	↑
			– Syntheseleistung	↓ →
Skelett	↓	?	– Stoffaufnahme	↓
			– Stoffabgabe	↑

↑ Anstieg; ↓ Abnahme; → keine Veränderung; ? nicht bekannt

STH unterscheidet sich damit in seiner stoffwechselregulierenden Eigenschaft bemerkenswert von anderen Hormonen. Seine metabolischen Effekte setzen langsam ein, bleiben relativ gering in ihren Auswirkungen, bestehen aber über lange Zeiträume. Zudem erfolgt diese homöorhetisch nutzbare Wirkung selten im Alleingang. So modifiziert STH entweder die Empfindlichkeit anderer Hormone (z.B. Insulin ↓, Catecholamine ↑), oder das Ausmaß einiger seiner Wirkungen hängt von der Anwesenheit bestimmter Botenstoffe (z.B. IL-1, IL-6, TNF) und/oder anderer Hormone (z.B. Insulin, Glucocorticoide) ab. STH ist in gewisser Weise wirkungsselektiv, indem es andere Hormone moduliert. Es antagonisiert die Wirkung von Insulin auf den Kohlenhydrat-, aber nicht auf den Proteinstoffwechsel. In ähnlicher Weise ergänzt es sich mit den Glucocorticoiden, indem es die Fettmobilisierung fördert, und mit dem Insulin, indem es dessen Wirkung auf die Glucoseutilisierung antagonisiert. Andererseits minimiert es die Aktion der Glucocorticoide auf die Proteinoxidation.

Weiterführende Literatur

Bauman, D.E., H.H. Eisemann, W.B. Currie (1982): Hormonal effects on partitioning of nutrients for tissue growth: role of growth hormone and prolactin. Fed. Proc. **41**, 2538-2544.

Brockman, R.P. (1986): Pancreatic and adrenal hormonal regulation of metabolism. In: Control of Digestion and

Metabolism in Ruminants, pp. 405-419 (Milligan, L.P., W.L. Grovum and A. Dobson, eds.). Prentice Hall, Englewood Cliffs, N.J.

Goodman, H.M. (1993): Growth hormone and metabolism. In: The Endocrinology of Growth, Development and Metabolism in Vertebrates, pp. 93-115 (Schreibman, M.P., C. G. Scanes and P. K. T. Pang, eds.). Academic Press, London.

Herman, R.H., O. D. Taunton (1980): The mechanism of action of hormones. In: Principles of Metabolic Control in Mammalian Systems, pp. 535-620 (Herman, R.H., R. M. Cohn and P. D. McNamara, eds.). Plenum Press, New York and London.

Hochachka, P.W., G. N. Somero (1984): Design of cellular metabolism. In: Biochemical Adaptation, pp. 15-54 (Hochachka, P.W. and G. N. Somero, eds.). Princeton University Press, Princeton, N.J.

Spurlock, M. E. (1997): Regulation of metabolism and growth during immune challenge: An overview of cytokine function. J. Anim. Sci. **75**, 1773-1783.

Stangassinger, M. (1989): Zur Physiologie der Wiederkäuer-Leber mit besonderer Berücksichtigung von Produktionsbedingungen. Prakt. Tierarzt **70,** Colleg. vet., 15-20.

Stangassinger M. (1995): Stoffwechselregulation. In: Nutztierernährung: Potentiale – Verantwortung – Perspektiven. S. 247-263 (Abel, H., G. Flachowsky, H. Jeroch und S. Molnar, Hrsg.). Gustav Fischer, Stuttgart.

Stangassinger, M., D. Giesecke (1986): Splanchnic metabolism of glucose and related energy substrates. In: Control of Digestion and Metabolism in Ruminants, pp. 347-366 (Milligan, L.P. , W. L. Grovum, and A. Dobson, eds.). Prentice Hall, Englewood Cliffs, N.J.

Vernon, R.G. (1989): Endocrine control of metabolic adaptation during lactation. Proc. Nutr. Soc. **48**, 23-32.

Vernon, R.G., S. Sasaki (1991): Control of responsiveness of tissues to hormones. In: Physiological Aspects of Digestion and Metabolism in Ruminants, pp. 155-182 (Tsuda,T. , Y. Sasaki and R. Kawashima, eds.). Academic Press, London.

21 Wärmebilanz und Temperaturregulation

C. Jessen

21.1 Poikilothermie und Voraussetzungen der Homoiothermie

Insekten, Fische und Reptilien sind poikilotherm (wechselwarm): Ihre Körpertemperatur folgt der Umgebungstemperatur. Dagegen sind Säuger und Vögel homoiotherm (gleichwarm): Ihre Körpertemperatur bleibt auch dann in Grenzen konstant, wenn sie Kälte- oder Wärmebelastungen ausgesetzt sind. Ein wärmeproduzierender Körper – und das ist jedes Lebewesen, dessen Stoffwechsel Wärme bildet – kann nur dann eine konstante Temperatur halten, wenn seine Wärmeproduktion gleich der Wärmeabgabe an die Umgebung ist. Da die Wärmeabgabe mit sinkender Umgebungstemperatur zunimmt, muß **ein Homoiothermer bei größerer Kältebelastung die Wärmeproduktion steigern**.

Die „trockene" Wärmeabgabe durch Strahlung, Leitung und Konvektion ist immer proportional der Temperaturdifferenz zwischen der wärmeren Körperoberfläche und der kälteren Umgebung. In warmer Umgebung kann die Temperaturdifferenz für eine ausreichende trockene Wärmeabgabe zu klein werden – besonders bei erhöhter Wärmeproduktion (Arbeit). Die Körpertemperatur würde stetig steigen, wenn nicht **bei Wärmebelastung** ein weiterer Mechanismus verfügbar wäre: „feuchte" **Wärmeabgabe durch Verdunstung von Wasser** auf der Haut (Schwitzen) oder im Nasen-Rachen-Raum (Hecheln).

> Eine konstante Körpertemperatur erfordert, daß Wärmeproduktion und Wärmeabgabe gleich sind. Wenn Störungen eine der beiden Größen verändern, führt das temperaturregulierende System die andere nach, so daß das Gleichgewicht wiederhergestellt wird.

21.2 Biologische Regelung in technischen Begriffen

Die geregelte Größe ist die Innentemperatur des Körpers, die **Kerntemperatur** (Abb. 21.1). Ihr **Ist**wert wird durch Kerntemperatur-Meßfühler gemessen und mit einem **Soll**wert verglichen. Differenzen zwischen Ist- und Sollwert ergeben Regelabweichungen und aktivieren die Stellglieder der Wärmeabgabe (Schwitzen, Hecheln, Hautdurchblutung, Verhalten) oder der Wärmeproduktion (Kältezittern, zitterfreie Wärmebildung), so daß die **Abweichungen** der Kerntemperatur **begrenzt** werden. Innere Störgrößen (z.B. erhöhte Wärmeproduktion bei Arbeit) treffen direkt den Kern, während äußere Störgrößen (z.B. erhöhte Wärmeabgabe in der Kälte) primär auf die Haut wirken. Auch sie enthält Temperaturmeßfühler.

Die Aktivität der Stellglieder ist proportional zur Größe der Regelabweichung (**Proportionalregelung**). Daraus ergibt sich, daß nur eine Regelabweichung, also eine Differenz zwischen Ist- und Sollwert, die Stellglieder aktiviert. Wenn etwa eine größere Wärmeproduktion bei Arbeit eine Steigerung der Wärmeabgabe erfordert, dann muß diese durch eine Erhöhung der Kerntemperatur ausgelöst und aufrechterhalten werden. Unter dem Einfluß einer inneren Störgröße kann das System die Kerntemperatur also nicht auf dem Sollwert halten, sondern nur ihre Abweichung begrenzen.

> Innere Störgrößen führen zu einem veränderten Niveau der Kerntemperatur, auf dem das Gleichgewicht von Wärmeproduktion und Wärmeabgabe wiederhergestellt ist.

• Neuronale Komponenten

Kerntemperatur-Meßfühler gibt es möglicherweise an vielen Orten des Körperkerns. Bei Vögeln und Säugern ist ihre Konzentration im Rückenmark besonders hoch (Abb. 21.2). Bei Säugern, eingeschränkt bei Vögeln, enthält auch der Hypothalamus Neurone, die sich wie die Warmrezeptoren der Haut verhalten und deren Aktivität bei Erwärmung zunimmt. In der **Haut** überwiegen die **Kaltrezeptoren**.

Die **Reglerfunktion** ist vorwiegend an den Hypothalamus gebunden (Kap. 4.4.4.6). Hier konvergieren die afferenten Temperatursignale aus den verschiedenen Teilen des Körpers. Ebenfalls im Hypothalamus wird der Sollwert gebildet, und auch die

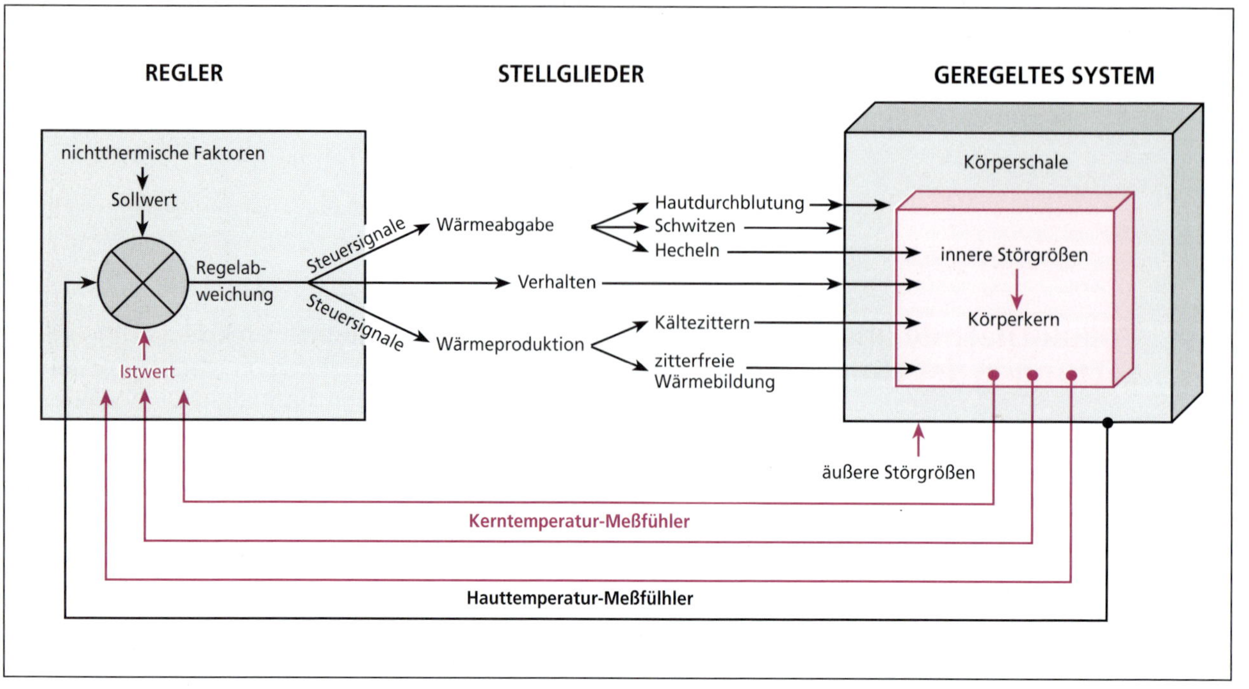

Abb. 21.1 Regelkreis der Temperaturregulation. Der Istwert der Kerntemperatur (gemessen an verschiedenen Orten im Kern) wird durch innere Störgrößen verändert, so daß im Regler (Hypothalamus) eine Differenz zwischen Ist- und Sollwert auftritt (Regelabweichung). Die daraus entstehenden Steuersignale aktivieren Stellglieder, welche die Regelabweichung begrenzen (negative Rückkopplung). Äußere Störgrößen wirken primär auf die Haut.

efferenten Signale zu den Stellgliedern haben hier ihren Ursprung. Die **Steuersignale** für Kältezittern und Hecheln werden durch das motorische System übertragen. Die Wärmebildung im Braunen Fett wird über das sympathische System angesteuert (Noradrenalin, β-Rezeptoren). Das gilt auch für Hautdurchblutung und Schweißsekretion (Adrenalin und Noradrenalin, α- und β-Rezeptoren, mit Unterschieden zwischen Equiden und Boviden).

Bisher ist unbekannt, wie das System seinen **Sollwert** erhält. Damit werden die Grenzen der Analogie zwischen biologischer Temperaturregulation und technischer Regelung deutlich: Der technische Regelkreis ist nur ein didaktisches Mittel, um die Funktionen einzelner Elemente einzuordnen. Das gilt auch für nichtthermische Faktoren, deren Einflüsse durch eine **Verstellung des Sollwerts** gedeutet werden. Ein Beispiel ist der **Tagesrhythmus** der Körpertemperatur, die bei tagaktiven Arten morgens etwa 0,5–1,0°C niedriger als am Nachmittag ist. Er ist Ausdruck einer endogenen Periodik, die durch äußere Zeitgeber (Hell-Dunkel-Wechsel) mit der Ortszeit synchronisiert wird (Kap. 28 u. Abb. 28.1). Die niedrige Körpertemperatur im **Winterschlaf** kann als eine Senkung des Sollwerts interpretiert werden (Abb. 21.14). Die thermoregulatorischen Reaktionen beim **Fieber** lassen sich durch einen erhöhten Sollwert erklären (Abb. 21.15).

Temperaturmeßfühler befinden sich im Körperkern und in der Haut. Die Reglerfunktion ist im Hypothalamus lokalisiert.

21.3 Temperaturfeld des Körpers

21.3.1 Kern und Schale

Diese Begriffe lassen sich gut am Menschen darstellen (Abb. 21.3). Der Kern besteht aus dem Gehirn und dem Inneren des Rumpfes. Hier befinden sich die stoffwechselintensiven Organe, in denen unter Ruhebedingungen etwa 70% der gesamten Wärme erzeugt werden. **Nur der Kern** ist eigentlich **homoiotherm**. Seine Temperatur bleibt konstant, wenn sich die Umgebungsbedingungen von milder Wärme zu milder Kälte ändern. Demgegenüber nähert sich die Temperatur der Schale von ihren kernnahen Schichten nach außen immer mehr der Umgebungstemperatur an. In der Wärme ist die Schale dünn, so daß die 37°C-Isotherme auch das Innere der distalen Extremitäten einschließt. Bei **niedriger Umgebungstemperatur** nimmt die Durchblutung der peripheren Gewebeschichten ab, und die **Schale** wird **dicker**. Die Extremitäten werden zu Teilen der Schale. Das Bild von Kern und Schale mit variabler Dicke gilt für alle Säuger und Vögel.

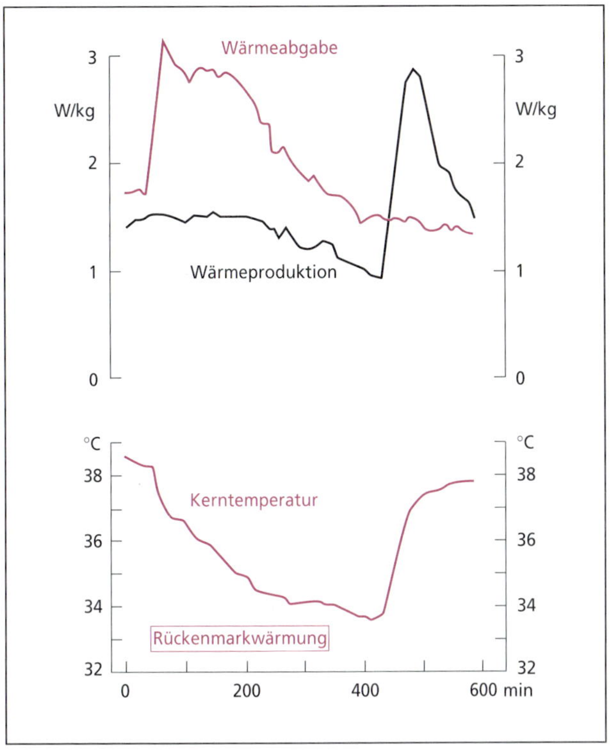

Abb. 21.2 Kerntemperatur-Meßfühler im Rückenmark. Die lokale Wärmung des Rückenmarks eines Ochsen erhöhte die Wärmeabgabe durch Hecheln und Schwitzen, so daß die Kerntemperatur auf 34°C fiel. Nach Beendigung der Rückenmarkwärmung stieg die Wärmeproduktion an, welche die Kerntemperatur auf den Ausgangswert zurückführt. Der Versuch beweist die Existenz von Temperatur-Meßfühlern im Rückenmark.
Stellen Sie sich vor, Sie würden den Temperaturfühler eines klimatisierten Raums mit heißer Luft anblasen. Darauf würde die Raumkühlung einsetzen und die Temperatur des Raums senken. Die lokale Wärmung einer temperaturfühlerfreien Zone des Raums (wie des Versuchstieres) würde zwar auch zu einer Erhöhung der Wärmeabgabe führen, aber einen Anstieg der Temperatur im gesamten Raum (oder Tier) voraussetzen (Jessen et al. 1972).

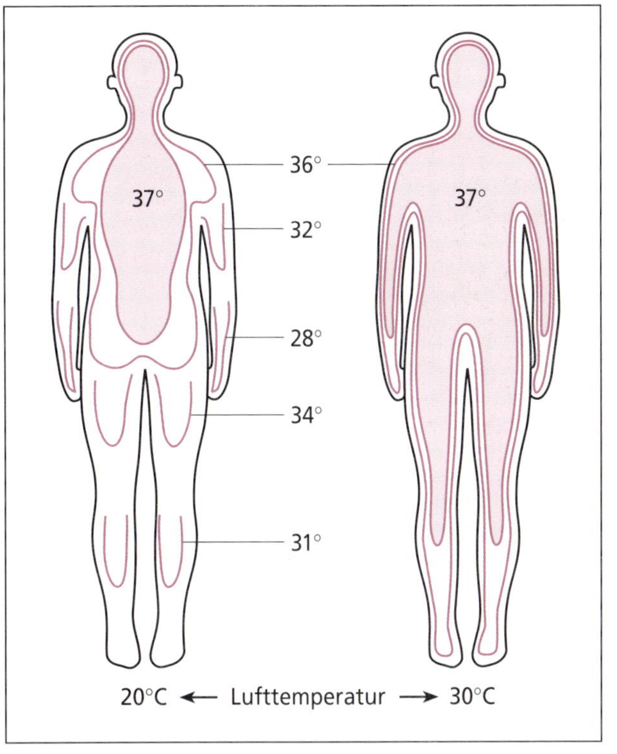

Abb. 21.3 Temperaturfeld des Körpers. Nur der Kern ist im eigentlichen Sinn homoiotherm; seine Temperatur bleibt bei mäßigen Änderungen der Lufttemperatur konstant. Demgegenüber bildet sich bei Kältebelastung durch eine Abnahme der peripheren Durchblutung eine isolierende Schale aus. Die roten Linien stellen Isothermen in den tiefen Geweben dar, also nicht auf der Haut (nach Aschoff, 1971).

Nur der Körperkern ist im engeren Sinne homoiotherm. Er wird von einer Schale umgeben, in der sich die Temperatur der Gewebe der Umgebungstemperatur annähert.

21.3.2 Natürliche Hirnkühlung

Bei den Paarhufern bilden Äste der A. maxillaris vor dem Gehirn ein Netz aus dünnwandigen Arterien (**Rete mirabile**), die sich vor Eintritt in den Circulus arteriosus cerebri wieder vereinigen (Abb. 21.4 oben). Das Netz liegt im **Sinus cavernosus**, dessen venöser Zufluß kühles Blut aus dem Nasen-Rachen-Raum heranführt. Damit ergibt sich ein **Wärmeaustauscher**, der das zum Gehirn strömende Blut und das Gehirn kühlt. Die Kühlung wird geregelt: Das Blut aus dem Nasen-Rachen-Raum kann von der V. dorsalis nasi (VND) entweder über die V. angularis oculi (VAO) zum Sinus cavernosus fließen und damit eine Hirnkühlung bewirken, oder über die V. facialis (VF) zum Herz zurückkehren. Im zweiten Fall wird der Wärmetauscher umgangen, so daß keine Kühlung erfolgt. Welchen Weg das Blut nimmt, wird direkt durch den Kontraktionszustand der Vv. angularis oculi bzw. facialis und indirekt durch die Hirntemperatur bestimmt. Bei niedriger Hirntemperatur ist die Kühlung abgeschaltet. Bei steigender Temperatur fließt vermehrt kühles venöses Blut über den Sinus cavernosus, so daß die Hirntemperatur geringer ansteigt als die Temperatur des Rumpfkerns (Abb. 21.4 unten).

Bei wärmebelasteten Paarhufern regelt das Gehirn seine eigene Temperatur unabhängig von der Rumpfkerntemperatur.

21.3.3 Normalbereich der Kerntemperatur

Auch abgesehen von der Hirntemperatur ist die Kerntemperatur räumlich nicht so gleichmäßig, wie

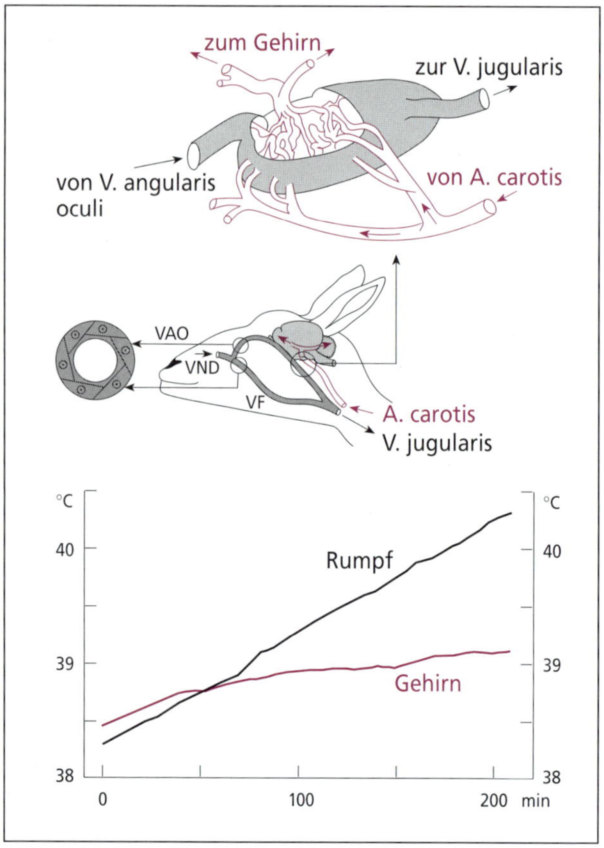

Abb. 21.4 Unabhängige Regelung der Gehirntemperatur. Oben: Wärmeaustausch zwischem dem warmen arteriellen Zufluß zum Gehirn und dem kühlen venösen Rückstrom aus dem Nasen-Rachen-Raum im Rete mirabile-Sinus cavernosus. Unten: Bei steigender Körpertemperatur wird der Anstieg der Hirntemperatur vermindert (nach Johnsen und Folkow 1988, Kuhnen und Jessen 1991).

Tabelle 21.1 Normale Kerntemperaturbereiche (°C)

Pferd	37,5-38,5
Rind	37,5-39,5
Schaf	38,0-39,5
Ziege	38,0-39,5
Schwein	38,0-40,0
Hund	37,5-39,0
Katze	38,0-39,0
Kaninchen	38,5-39,5
Meerschweinchen	38,5-39,5
Gans	40,0-41,0
Huhn	40,0-42,0
Taube	40,0-42,0

es die Abb. 21.3 vortäuscht. Dennoch genügt für klinische Zwecke ein repräsentativer Wert, der im Rektum, in der Vagina oder in der Kloake gemessen wird. Er soll nach längerer Ruhe bei neutraler Lufttemperatur bestimmt werden. Diese Bedingungen lassen sich häufig nicht einhalten. Bei einem Rennpferd kann es mehr als eine Stunde dauern, bis eine arbeitsbedingte Hyperthermie abgeklungen ist. Bei Kleintieren genügt der Streß des Haltens, um die Temperatur deutlich zu erhöhen. Außerdem sind Tageszeit, Fütterungsniveau und andere Faktoren von Bedeutung. Insofern geben die Angaben der Tabelle 21.1 nur Richtwerte. Ein Wert im oberen Grenzbereich kann umso eher als Hinweis auf **Fieber** gelten, je besser die Meßbedingungen eingehalten wurden.

Temperaturmessungen zum Ausschluß eines Fiebers sollen bei normaler Umgebungstemperatur und nach längerer Ruhe erfolgen.

21.4 Wärmebildung

In Ruhe wird die gesamte im Stoffwechsel umgesetzte Energie zu Wärme. Die **Ruhe-Wärmeproduktion** in thermoneutraler Umgebung ist eine wichtige Größe der Wärmebilanz (Abb. 21.11 und 21.12) und wird in **W/kg Körpergewicht** angegeben (1 W = 1 J/s = 60 J/min = 3,6 kJ/h = 86,4 kJ/d). Sie nimmt mit steigendem Gewicht ab: Eine 20 g schwere Maus hat pro Gramm eine etwa 20fach höhere Ruhe-Wärmeproduktion als ein 5000 kg schwerer Elefant (Kap. 18.7.2). Das erklärt sich zum guten Teil über die Oberflächen/ Volumen-Quotienten: Pro Gramm ist die Oberfläche der Maus viel größer als die des Elefanten, und da die Wärmeabgabe an die Umgebung auch eine Funktion der Größe der Körperfläche ist,

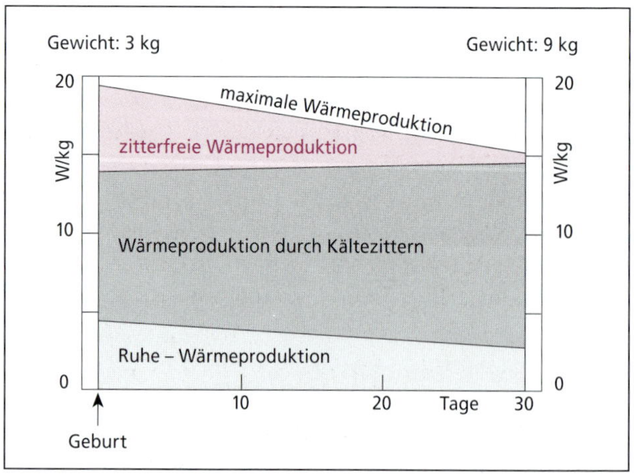

Abb. 21.5 Maximale Wärmeproduktion und ihre Komponenten bei kältebelasteten Lämmern. Nach der Geburt beträgt die bei schwerer Kältebelastung (niedrige Temperatur, Wind, feuchtes Fell) maximale Wärmeproduktion nahezu 20 W/kg, von der etwa 30% auf die zitterfreie Wärmebildung im Braunen Fett entfallen. Nach 30 Tagen und Gewichtszunahme auf 9 kg ist das Braune Fett fast vollständig zurückgebildet (nach Alexander und Williams, 1968).

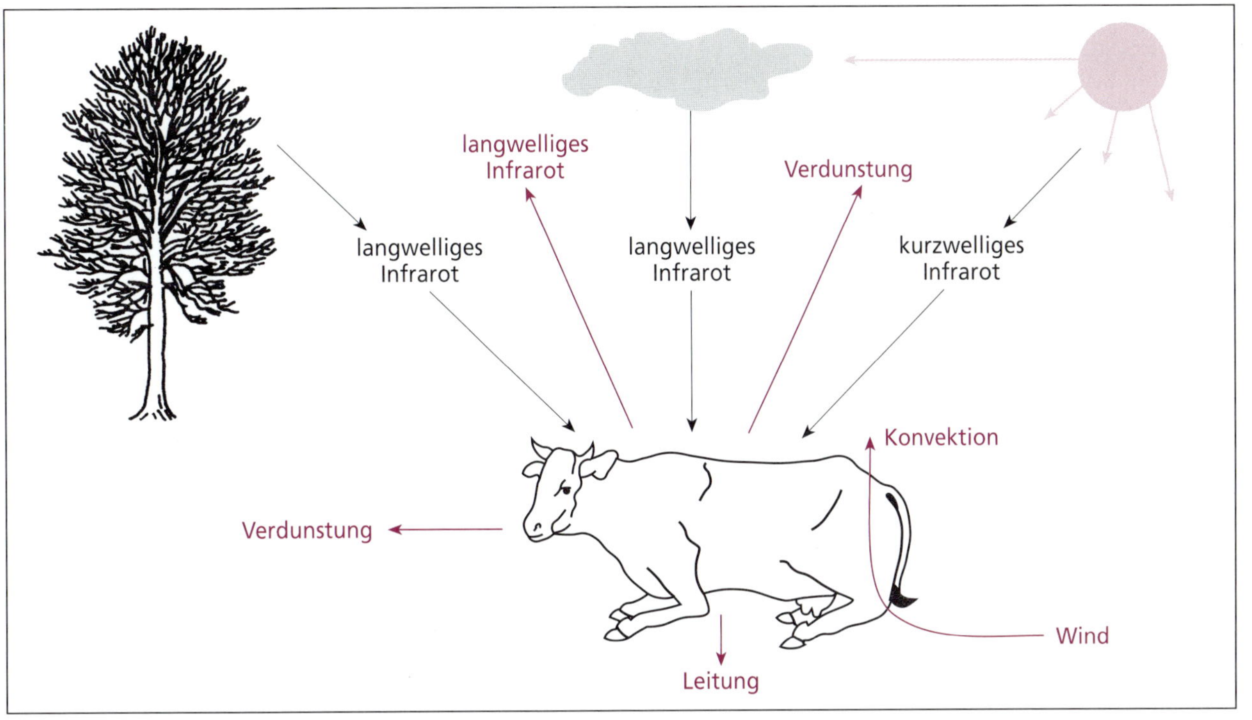

Abb. 21.6 Wärmeaustausch mit der Umgebung. Ausstrom (rot) durch Leitung (Kontakt mit einem kälteren Boden), Konvektion (kühle Luft streicht über das Fell und erwärmt sich), Strahlung (vom wärmeren Fell zu kälteren Objekten der Umgebung), Verdunstung von Wasser (Schwitzen und Hecheln). Einstrom (schwarz) durch Strahlung von der Sonne (kurzwelliges Infrarot) und von wärmeren Objekten der Umgebung (langwelliges Infrarot) (nach Porter und Gates, 1969).

verliert eine Maus zwangsläufig viel mehr Wärme pro Gramm als ein Elefant. Wenn die Maus also homoiotherm sein soll, muß sie eine sehr hohe Wärmeproduktion pro Gewichtseinheit haben (Kap. 18.7.2.2).

Für die wichtigsten Haustiere liegt die Ruhe-Wärmeproduktion bei normaler Fütterung zwischen 2 W/kg (Hund) und 1 W/kg (Rind). Bei erhöhter Fütterung (Mast, Trächtigkeit, Laktation) können diese Werte erheblich ansteigen. Bei größerer **Kältebelastung** muß die **Wärmeproduktion** über den Ruhewert **erhöht** werden, um die Kerntemperatur konstant zu halten. Eine Möglichkeit besteht im **Kältezittern**: Unwillkürliche Kontraktionen der Muskulatur, die sich einem erhöhten Tonus überlagern. So kann die Wärmeproduktion kurzfristig auf das Fünffache des Ruhewertes gesteigert werden.

Säuger mit einem **Gewicht unter 10 kg**, also auch Babys, verfügen darüber hinaus über eine **zitterfreie Wärmebildung** im Braunen Fettgewebe (Ausnahme: Ferkel). Die Mitochondrien dieses Gewebes in den schalennahen Schichten des Rumpfes besitzen ein spezifisches Protein, das einen Kurzschluß-Protonenkanal über die Membran öffnen kann, so daß der Protonengradient nicht für die Bildung von ATP genutzt wird und die in ihm enthaltene Energie als Wärme frei wird. Bei Kleinsäugern und Winterschläfern bleibt die Fähigkeit zur zitterfreien Wärmebildung lebenslang erhalten, bei größeren Arten ist sie nur in der postnatalen Phase relevant. Dann ist die Gefahr einer schweren Kältebelastung auch am größten (Abb. 21.5).

Bei akuter Kältebelastung wird die Wärmeproduktion durch Kältezittern und/oder zitterfreie Wärmebildung erhöht.

21.5 Wärmeabgabe

21.5.1 Physikalische Voraussetzungen

Die Gesamtwärmeabgabe ist gleich der Summe ihrer Komponenten Leitung, Konvektion, Strahlung und Verdunstung. Abgesehen vom Hecheln sind ihre Größen immer **proportional der Körperoberfläche**, so daß die charakterisierenden Faktoren in W/m^2 angegeben werden (zur Orientierung: die Oberfläche eines 10 kg Hundes beträgt etwa 0,5 m^2, die eines 500 kg Rindes etwa 5 m^2). Abb. 21.6 zeigt, daß es neben den Auswärtsströmen auch Einwärtsströme gibt (Strahlung).

Die Wärmeabgabe durch **Leitung** beruht auf der direkten Übertragung kinetischer Energie von Molekül zu Molekül, bei der ein Netto-Transfer von Wärme aus der wärmeren in die kältere Schicht erfolgt. Dieser Weg kann am liegenden Tier quantitativ bedeutsam werden, wenn die Wärmeleitfähigkeit eines Stallbodens hoch ist.

Bei der **konvektiven Wärmeabgabe** übernimmt die dem Fell anliegende Luft Wärme durch Leitung und steigt auf, so daß kältere Luft nachfolgt. In der Grenzschicht tritt laminare Strömung auf (**freie Konvektion**). Die Abgabe über diesen Weg ist proportional der Temperaturdifferenz zwischen Luft und Körperoberfläche. Mit zunehmendem Wind nimmt die Wärmeabgabe zu (**erzwungene Konvektion**; Abb. 21.7). Diese wichtige Beziehung erklärt, warum eine Kältebelastung bei niedriger Lufttemperatur erheblich größer wird, wenn es zusätzlich windig ist. Sie ist auch bedeutsam für die Wärmeabgabe laufender Tiere: Wenn ein Pferd bei Windstille mit einer Geschwindigkeit von 30 km/h läuft, schafft es einen Wind von etwa 8 m/s, der die Wärmeabgabe durch Konvektion und Verdunstung sehr verbessert.

Das Gesetz von Stefan-Boltzmann beschreibt den **Wärmeaustausch durch Strahlung**. Für geschlossene Räume gilt, daß die Wärmeabgabe durch Strahlung etwa 5 W/m² für eine Differenz von 1°C zwischen Fell und umgebenden Wänden (also nicht der Luft!) beträgt. Dieser Wärmeabgabe durch langwelliges Infrarot kann eine erhebliche **Wärmeaufnahme** durch kurzwellige Strahlung gegenüberstehen. Bei klarem Himmel kann die Sonneneinstrahlung auch in unseren Breiten 800 W/m² erreichen. Aber auch bei bewölktem Himmel ist am Tage die Wärmeaufnahme durch Strahlung (langwelliges Infrarot von der Wolkendecke) in der Regel größer als die Abgabe. In Ställen überwiegt dagegen meistens der Auswärtsstrom (kalte Wände).

Der „trockenen" Wärmeabgabe durch Leitung, Konvektion und Strahlung steht die „feuchte" **Wärmeabgabe durch Verdunstung** von Wasser (Evaporation) auf der Haut oder in den Atemwegen gegenüber. Ihr charakteristisches Merkmal ist die hohe Verdampfungswärme des Wassers (2400 kJ/l). Besonders für schwitzende Arten steht damit ein hocheffektiver Weg der Wärmeabgabe zur Verfügung: Wenn z.B. ein 600 kg schweres Pferd pro Stunde nur 3 l **Schweiß** sezerniert, dann ermöglicht dessen **Verdunstung** eine Wärmeabgabe von 2000 W. Das entspricht seiner dreifachen Ruhe-Wärmeproduktion. Natürlich muß der Schweiß verdunsten – abtropfender Schweiß wird umsonst vergossen! Die Verdunstung ist abhängig von der **Differenz der Wasserdampf-Partialdrücke** auf der Haut und in der Luft (also nicht von der Temperaturdifferenz) und erzeugt für eine Differenz von 1 kPa eine Wärmeabgabe von etwa 58 W/m²; dieser Wert gilt für ruhende Luft und nimmt mit steigender Windgeschwindigkeit ähnlich zu wie die konvektive Wärmeabgabe (Abb. 21.7).

Die Unabhängigkeit der Verdunstung von der Lufttemperatur bedeutet, daß über diesen Weg auch dann Wärme abgegeben werden kann, wenn die Temperatur der Luft höher ist als die der Haut und damit die anderen Kanäle der Wärmeabgabe verschlossen sind. Wärmeabgabe durch Verdunstung setzt nur voraus, daß der Wasserdampf-Partialdruck auf der Haut oder Schleimhaut höher ist als in der Luft. Nach einem Regen an einem heißen Tag ist der Wasserdampfgehalt der Luft hoch, so daß die Wärmeabgabe über alle Kanäle schwierig wird. Das Gefühl der **Schwüle** senkt dann zweckmäßigerweise die Arbeitsbereitschaft: Unter diesen Bedingungen werden die Grenzen der Regelung bereits bei leichter Belastung erreicht (Hyperthermie).

Auch ein Tier, das weder schwitzt noch hechelt, gibt Wärme durch Verdunstung ab. Die Ausatmungsluft ist wasserdampfgesättigt, und auch durch die trockene Haut diffundiert ständig Wasser, so daß sich eine ungeregelte Wärmeabgabe in Höhe von etwa 20% der Ruhe-Wärmeproduktion ergibt (**Perspiratio insensibilis**).

> Die Wärmeabgabe durch Konduktion, Konvektion und Strahlung ist proportional zur Körperoberfläche und zur Temperaturdifferenz zwischen Körperoberfläche und Umgebung. Für die Verdunstung gilt die Differenz der Wasserdampf-Partialdrücke.

21.5.2 Physiologische Reaktionen

Alle nachfolgend beschriebenen Reaktionen der Stellglieder der Wärmeabgabe und -produktion werden durch Eingangssignale aus den Temperaturfühlern des Kerns und der Haut ausgelöst und moduliert.

Eine ebenso billige wie wirksame Antwort auf eine ungünstige Wetterlage besteht darin, sich durch entsprechendes **Verhalten** ein günstigeres **Mikroklima** zu schaffen. Da der Wärmeaustausch immer proportional zur Körperoberfläche ist, hilft es, die **effektive Oberfläche** anzupassen. Ein Hund rollt sich in der Kälte zusammen, während er an einem heißen Strand seine Beine spreizt, um ihre dünn behaarten Innenseiten in einen engen Kontakt mit kalten Sand schichten zu bringen. Ein Wurf junger Ferkel bildet in der Kälte eine eng aneinanderliegende Gruppe, deren frierende Außenglieder nach einiger Zeit auf einen warmen Platz im Zentrum dürfen. Nach einer kalten Nacht bietet eine Antilope der aufgehenden Sonne ihre Seite, um möglichst viel Strahlungswärme einzufangen. Mittags sucht sie den Schatten eines Baumes, und nach der Hitze des Tages richtet sie die Längsachse ihres Körpers parallel zu den Strahlen der Sonne aus, um möglichst wenig Wärme aufzunehmen.

Da die trockene Wärmeabgabe proportional zur Temperaturdifferenz zwischen Körperoberfläche und Umgebung ist, sollte in der Kälte die **Oberflächentemperatur** möglichst niedrig sein, da dann die Wärmeabgabe klein ist. Andererseits sollte bei Wärmebelastung die Temperatur der Oberfläche möglichst höher sein als die der Luft, um eine trockene Wärmeabgabe möglich zu machen. Für die Anpassung der Oberflächentemperatur stehen zwei Mechanismen zur Verfügung, die einerseits den äußeren Wärmetransport von der Haut zur Oberfläche (Fell oder Federn), andererseits den inneren Wärmetransport vom Kern zur Haut (Hautdurchblutung) beeinflussen.

21.5.2.1 Fell und Federn

Der Wärmedurchgang durch das Fell ist eine Funktion der Felldicke. Er beträgt bei 10 mm Dicke etwa 4 W/m² für eine Temperaturdifferenz von 1°C zwischen Haut und Luft, aber bei einem Fell von 40 mm Dicke nur 1 W/(m²·°C). Diese hochgradige **Isolation** entspricht etwa der einer ruhenden Luftschicht gleicher Dicke. Luft hat eine sehr niedrige Wärmeleitfähigkeit und ist damit ein guter Isolator. Der entscheidende Punkt ist die **Unterdrückung der Konvektion**: Das Fell legt eine Schale aus ruhender Luft um die Haut. Ein Vergleich zeigt die Wirksamkeit: Ein unbekleideter Mensch beginnt bei einer Lufttemperatur von 25°C nach einiger Zeit vor Kälte zu zittern, während ein arktischer Fuchs auch weit unter dem Gefrierpunkt den Wärmeverlust aus der Ruhe-Wärmeproduktion decken kann. Die Schale der ruhenden Luft wird mit zunehmendem Wind mehr und mehr zerstört (Abb. 21.7). Bereits eine frische Brise (Windgeschwindigkeit 7,5 m/s) verdoppelt die Wärmeabgabe, wenn der Wind im rechten Winkel auf das Fell trifft. Die Situation kann schnell kritisch werden, wenn Wind und Regen zusammenkommen.

Im Sommer erschwert ein dickes Fell die Wärmeabgabe. Die meisten Säuger tragen dem dadurch Rechnung, daß sie ihr Fell im Frühjahr und im Herbst anpassen. Dieses ist ein besonders wichtiger Mechanismus der **Akklimatisation**, der Anpassung an langfristige Änderungen der thermischen Umgebungsbedingungen. Der Fellwechsel wird primär durch die jahreszeitlichen Änderungen der Tageslänge gesteuert. Das Sommerfell ist dünner und meistens auch heller. Es ist damit besser für die Lösung eines Sommerproblems geeignet. Wenn die Strahlungsbelastung 800 W/m² oder mehr beträgt, ist das Überleben ohne Hitzschlag nur möglich, weil

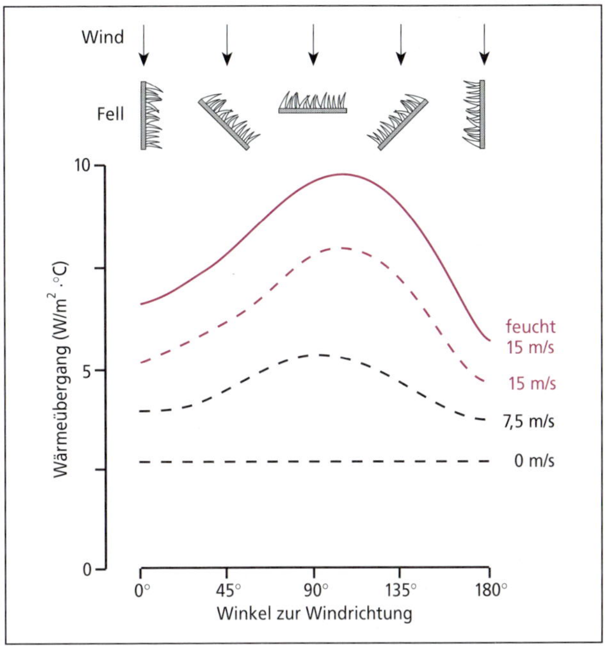

Abb. 21.7 Konvektive Wärmeabgabe über das Fell als Funktion von Windgeschwindigkeit und Windrichtung. Bei ruhender Luft (schwarz gestrichelt) beträgt der Wärmeübergang durch das Fell eines Rentieres etwa 2,5 W/m² pro Grad Temperaturdifferenz zwischen Haut und Luft. Mit zunehmendem Wind und bei feuchtem Fell steigt der Wärmeverlust stark an, besonders dann, wenn der Wind in rechtem Winkel auf das Fell trifft (nach Lentz und Hart, 1960).

das Fell einen Teil der kurzwelligen Strahlung reflektiert oder langwellig wieder abgibt. Damit erreicht nur ein kleiner Teil der Strahlung den Körperkern. Ein Fell schützt also auch gegen Wärmeeinstrahlung.

Ein Nachteil der Isolierung durch Fell liegt darin, daß sich die Länge und Dichte der Haare nur langsam im Verlauf der Jahreszeiten ändern. Schnelle Anpassungen des Isolationswerts des Fells durch **Pilomotorik** sind beim Säuger nur in engen Grenzen möglich. Dabei werden die Haare durch die Kontraktion glatter Muskelfasern aufgerichtet, so daß die Luftschicht dicker wird. Bei Vögeln ist dieser Mechanismus jedoch von großer Bedeutung, da das Gefieder aus aerodynamischen Gründen keine großen saisonalen Unterschiede erlaubt.

Fell oder Federn bilden eine isolierende Luftschicht um den Körper. Ein Fell schützt auch gegen Wärmeeinstrahlung.

21.5.2.2 Hautdurchblutung

Der Wärmeabgabe von der Haut durch das Fell an die Umgebung ist der Wärmetransport vom Körperkern zur Haut vorgeschaltet. Die **Wärmeleit-**

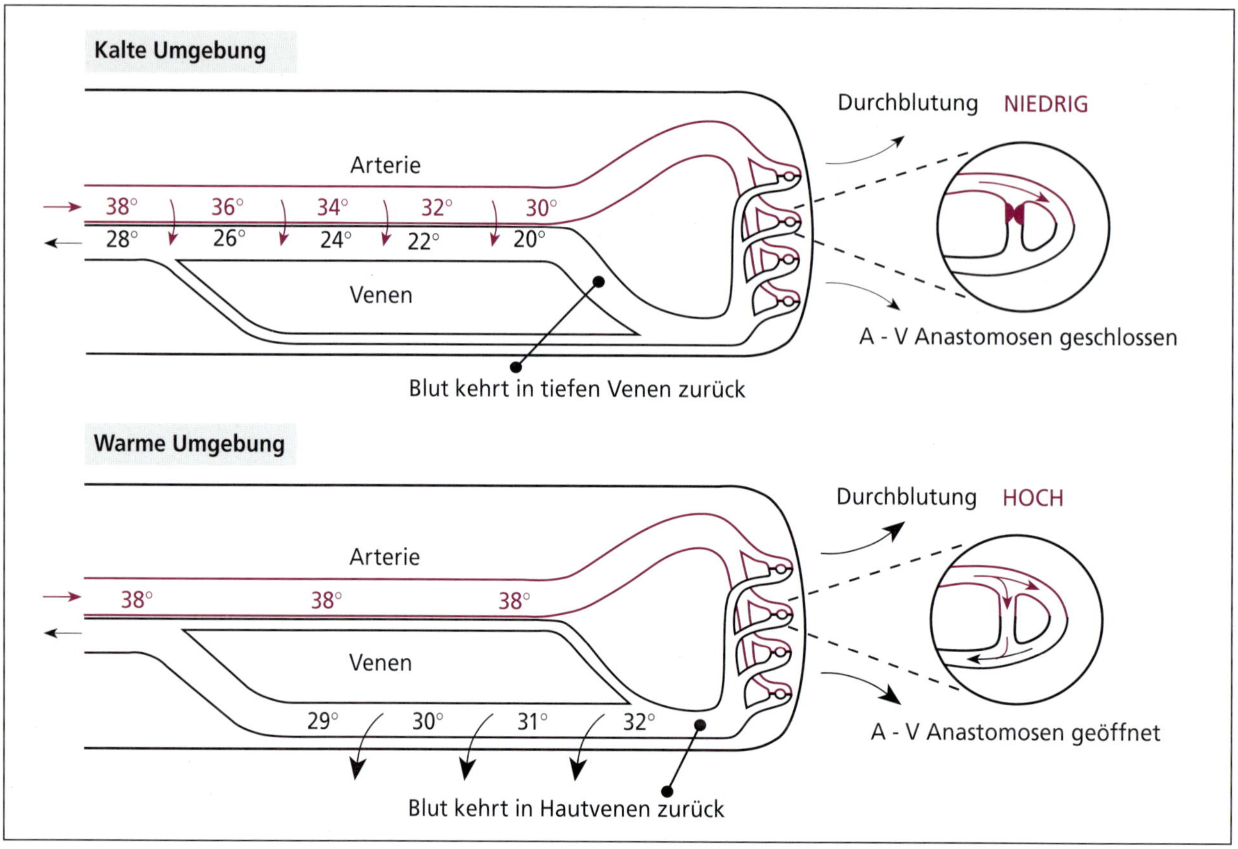

Abb. 21.8 Gegenstrom-Wärmeaustausch in den Beinen bei Kältebelastung und Öffnung der arteriovenösen Anastomosen bei Wärmebelastung. In der Kälte (oben) erfolgt der Rückstrom über tiefe Venen, die den Arterien eng anliegen. Das venöse Blut führt dabei einen Teil der Wärme des arteriellen Blutes im Kurzschluß (rote Pfeile) in den Rumpf zurück. Bei Wärmebelastung (unten) erfolgt der Rückstrom über oberflächliche Venen, und die Wärmeabgabe nach außen (dicke schwarze Pfeile) steigt an. Sie wird außerdem durch eine Zunahme der Durchblutung in den Akren gesteigert, da sich dort arteriovenöse Anastomosen öffnen (nach Hörnicke 1987).

fähigkeit der Gewebe ist relativ niedrig. Subcutanes Fett als Schalengewebe hat etwa die gleiche Wärmeleitfähigkeit wie Holz. Daraus ergibt sich einerseits zwar eine gute Isolation in der Kälte, andererseits aber eine potentiell kritische Situation, wenn innere Wärmebelastungen (z.B. erhöhter Stoffwechsel bei Arbeit) den Transport größerer Wärmemengen zur Haut erfordern.

Die Lösung liegt dann in der konvektiven **Überbrückung der Schale**. In der Muskulatur wird Wärme vom Blut aufgenommen und durch eine hohe Durchblutung zur Haut befördert. Die Änderung der regionalen Durchblutung ist also auch ein Stellglied der Temperaturregulation, da sie den inneren Wärmetransport anpaßt. Die **innere Wärmedurchgangszahl** (W/m^2 pro °C Temperaturdifferenz zwischen Kern und Haut) kann bei Wärmebelastung 5- bis 8mal größer sein als in der Kälte. Dieser große Bereich macht Änderungen der Hautdurchblutung zu einem wichtigen Mechanismus der kurzfristigen Regulation.

Der untere Grenzwert der Wärmeabgabe wird bei längerdauernder Kältebelastung erreicht. Die Durchblutung der Haut ist dann sehr gering, so daß ihre Temperatur sich der Umgebungstemperatur annähert – mit der Folge, daß der Wärmeverlust minimiert wird. Eine besondere Rolle spielen in diesem Zusammenhang die Beine, auf die ein großer Anteil der Körperoberfläche und damit auch der Wärmeabgabe entfällt. Hier erfaßt die **Durchblutungsdrosselung** nicht nur die **Haut**, sondern auch die **Muskulatur**. Die Grenze der Drosselung wird durch die für den Ruhestoffwechsel erforderliche Minimaldurchblutung gesetzt. Die Anordnung der Gefäße hilft, die Wärmeverluste weiter zu vermindern. Der venöse Rückstrom erfolgt dann über tiefe Venen, die den Arterien eng anliegen und die Wärme des arteriellen Blutes direkt zum Rumpf zurückführen (**Gegenstrom-Wärmeaustausch**; Abb. 21.8). Die **Beine** werden Teil der **Körperschale**.

Bei Wärmebelastung steigt die Hautdurchblutung stark an, und der Rückstrom des Blutes wird auf oberflächliche Venen umgeleitet, so daß sich eine höhere Wärmeabgabe ergibt. Die Akren (Zehen,

Nase, Ohren) spielen wegen ihres großen Oberflächen/Volumen-Quotienten eine besondere Rolle in der Feinanpassung der Wärmeabgabe. Hier sind die Durchblutungsänderungen besonders groß: In der Haut der Akren liegen **arteriovenöse Anastomosen** (Abb. 21.8), die sich bei Wärmebelastung öffnen. Damit wird der Strömungswiderstand der Kapillaren kurzgeschlossen, so daß sehr hohe Stromstärken erreicht werden. Ein Beispiel sind die großen Ohren des Afrikanischen Elefanten: In der Kälte sind die Temperaturen der vasokonstringierten Haut und der Luft fast gleich, und die Wärmeabgabe ist gering. In der Wärme steigen Durchblutung und Hauttemperatur steil an, und der Elefant wedelt mit den Ohren, so daß Strahlung und Konvektion einen wesentlichen Teil der Ruhe-Wärmeproduktion abführen.

Neben der Steuerung der Hautdurchblutung durch das sympathische Nervensystem sind auch nicht-nervale, lokale Faktoren bedeutsam. **Venen** kontrahieren sich bei Abkühlung, und die Verminderung der Hautdurchblutung bei Kälte ist auch ein direkter Temperatureffekt auf die Hautgefäße (Abb. 21.15 oben). Wenn die Hauttemperatur an den Akren (Zehen, Ohren) unter 10°C sinkt, wird die Vasokonstriktion im Abstand von etwa 20 min durch eine kurzdauernde Vasodilatation unterbrochen (**Lewis-Reaktion**). Möglicherweise verlieren die Gefäße bei niedriger Temperatur die Empfindlichkeit für Noradrenalin. Der Mechanismus wirkt dem Auftreten lokaler Frostschäden entgegen.

Die arteriovenösen Anastomosen im **Brutfleck** der Vögel zeigen eine sehr spezielle Form einer lokalen Temperaturempfindlichkeit: Hier nimmt, anders als bei den übrigen Hautgefäßen und nur während der Brut, die Durchblutung mit sinkender Temperatur zu. So kann ein brütender Vogel ausgekühlte Eier schnell wieder aufwärmen – allerdings um den Preis eines hohen eigenen Wärmeverlustes, der durch Kältezittern wieder ausgeglichen werden muß.

In der Kälte ist die Durchblutung der Haut sehr gering, und die Beine werden Teil der Körperschale. In der Wärme wird die Schale konvektiv überbrückt, und die Hautdurchblutung nimmt stark zu.

21.5.2.3 Hecheln und Schwitzen

Wenn bei einer Wärmebelastung die trockene Wärmeabgabe nicht ausreicht, kann die Bilanz nur durch die Verdunstung von Wasser ausgeglichen werden. Das geschieht in den Atemwegen (Hecheln) und/oder auf der Haut (Schwitzen), wobei sich für die einzelnen Arten ganz unterschiedliche Verteilungen ergeben (Abb. 21.9).

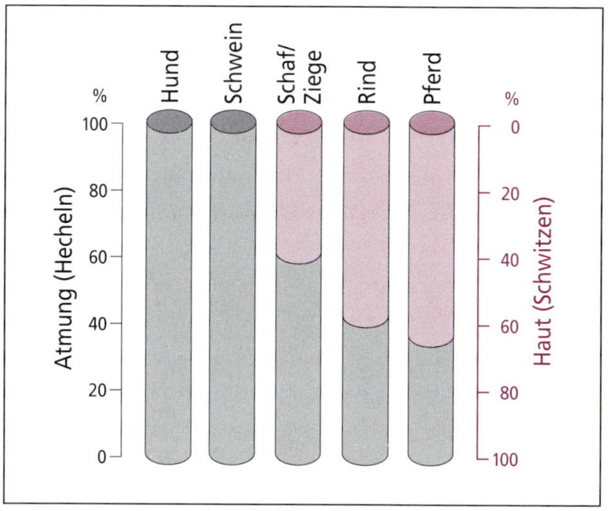

Abb. 21.9 Verteilung der Wärmeabgabe durch Verdunstung von Wasser auf der Haut und in den Atemwegen bei verschiedenen Arten. Wärmeabgabe über die Atmung bedeutet nicht, daß sie immer durch Hecheln erfolgt; der hier für das Pferd angegebene große Anteil gilt für schwere Arbeit und folgt aus der hohen alveolären Ventilation; grau = durch Atmung, rot = durch Haut.

Dem **Schwitzen** steht mit der Haut eine große Verdunstungsfläche zur Verfügung. Wenn dann, wie z.B. beim Pferd, eine **hohe Kapazität** der Schweißsekretion hinzukommt, ergibt sich ein sehr potenter Mechanismus der Wärmeabgabe, die maximal etwa 15 W/kg erreichen dürfte (zur Einordnung: Bei einer Geschwindigkeit von 30 km/h gegen 10% Steigung beträgt die Wärmeproduktion eines Pferdes fast 40 W/kg). Mit dem Schweiß gehen **Wasser und Elektrolyte** verloren, so daß bei langdauerndem Schwitzen das Plasmavolumen abnimmt und sich negative Rückwirkungen auf den Kreislauf ergeben. Schlammbadende Schweine vermeiden diesen Nachteil, indem sie das Potential einer großen Verdunstungsfläche nutzen, ohne den Wasser- und Elektrolythaushalt zu belasten.

Eine Erhöhung der Wärmeabgabe über die Atmung setzt neben einer vermehrten Speichelsekretion eine Erhöhung des Atemminutenvolumens voraus. Damit tritt ein Konflikt auf: Das Atemminutenvolumen wird an sich durch die Größe der alveolären Ventilation bestimmt, die erforderlich ist, um einen arteriellen CO_2-Partialdruck von 5,3 kPa einzustellen. **Hecheln**, eine hochfrequente flache Atmung, löst zunächst den Konflikt, indem es die alveoläre Ventilation konstant läßt und nur die Ventilation des Totraums steigert: Im Totraum verdunstet zwar Wasser, aber es findet kein Gasaustausch statt. Bei schweren Wärmebelastungen steigt jedoch auch die alveoläre Ventilation, und es entsteht eine respiratorische Alkalose (Abb. 21.10 u. Kap. 14.4.3). Derart schwere äußere Wärmebelastungen

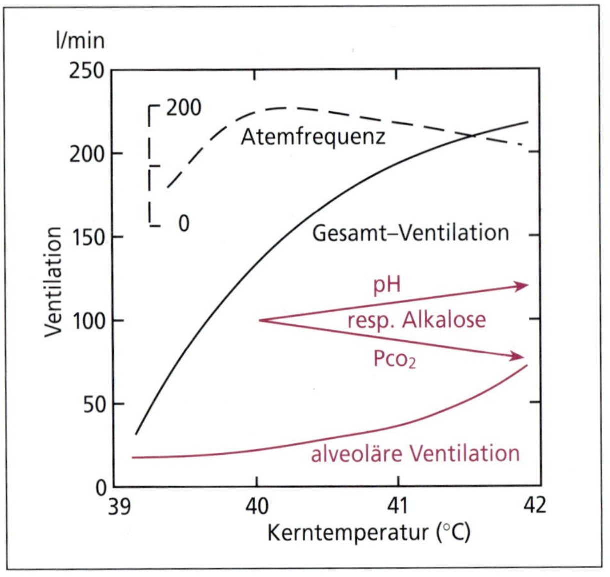

Abb. 21.10 Atmung bei Wärmebelastung. Gesamtventilation, alveoläre Ventilation und Atemfrequenz als Funktion der Kerntemperatur. Die Totraum-Ventilation ergibt sich aus der Differenz zwischen Gesamtventilation und alveolärer Ventilation. Wenn die Kerntemperatur 40°C übersteigt, nimmt die alveoläre Ventilation zu. Der CO_2-Partialdruck sinkt, und eine respiratorische Alkalose entsteht. Rinder bei schwerer äußerer Wärmebelastung (nach Hales und Findlay, 1968).

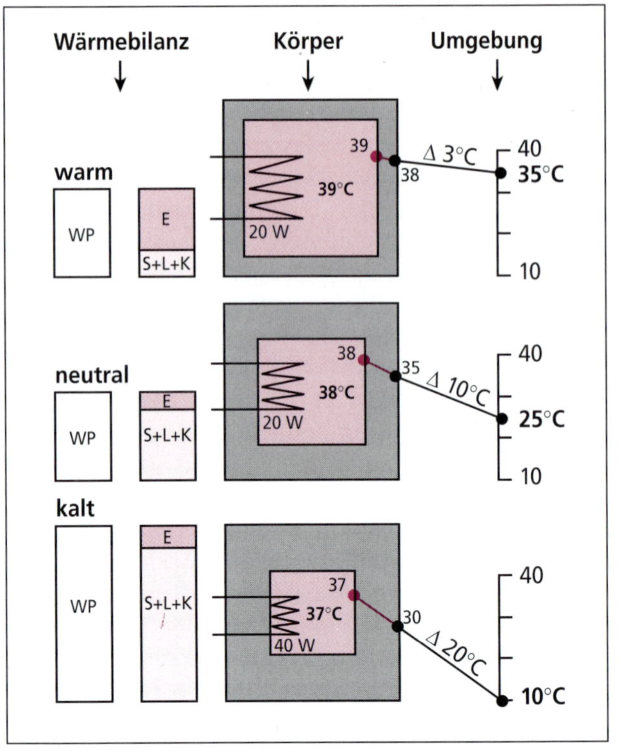

Abb. 21.11 Wärmebilanz, Temperaturen von Kern und Schale in thermoneutraler, warmer und kalter Umgebung. Links: Wärmebilanz. WP = Wärmeproduktion, E = Wärmeabgabe durch Evaporation (Verdunstung), S+L+K = Wärmeabgabe durch Strahlung, Leitung und Konvektion. Mitte: Körperkern (rot) und -schale (grau). Rechts: Umgebungstemperatur. Oben warm, Mitte thermoneutral, unten kalt (s. Text).

treten in Mitteleuropa bei größeren Arten allerdings kaum auf. Bei innerer Wärmebelastung (Rennpferd) sinkt dagegen der CO_2-Partialdruck trotz hoher Ventilation und respiratorischer Wärmeabgabe (bis zu 7 W/kg) nicht, da der Abatmung von CO_2 eine hohe Produktion gegenübersteht.

Schwitzen ist wegen der großen Oberfläche ein sehr effektiver Mechanismus der Wärmeabgabe. Schwere äußere Wärmebelastungen führen bei hechelnden Arten zur respiratorischen Alkalose.

21.6 Akute äußere thermische Belastungen

Abb. 21.11 zeigt in runden Zahlen den Einsatz der autonomen Stellglieder (unter Ausschluß des Verhaltens) bei verschiedenen Umgebungsbedingungen. Ein ruhendes Tier von 10 kg Gewicht hat bei 25°C Lufttemperatur (Abb. 21.11, Mitte), also in **thermoneutraler** Umgebung, eine Wärmeproduktion von 20 W und eine Kerntemperatur von 38°C. Die Hautdurchblutung liegt im mittleren Bereich, so daß die Hauttemperatur 35°C beträgt. Damit besteht ein Temperaturgradient von 10°C zur Umgebung, der für eine Wärmeabgabe von 20 W durch Strahlung, Leitung, Konvektion, und Perspiratio insensibilis ausreicht. Die Bilanz ist also in einem nahezu passiven Gleichgewicht.

Wenn das Tier in eine Lufttemperatur von 35°C (Abb. 21.11, oben) geht, fällt seine trockene Wärmeabgabe zunächst auf Null, da Luft- und Hauttemperaturen jetzt gleich sind. Folglich werden Haut- und Kerntemperaturen ansteigen und eine Steigerung der Hautdurchblutung auslösen, so daß die Schale sehr dünn wird und die Hauttemperatur weiter steigt. Damit entsteht zwar wieder ein Gradient für die trockene Wärmeabgabe, aber er ist zu klein, um 20 W abzuführen. Der Ausgleich der Bilanz erfordert Schwitzen oder Hecheln.

Bei einer Änderung der Lufttemperatur von 25°C auf 10°C (Abb. 21.11, unten) nimmt die trockene Wärmabgabe stark zu, da zunächst ein Gradient von 25°C zwischen Haut und Luft besteht. Der Abfall von Haut- und Kerntemperaturen löst eine Verminderung der Hautdurchblutung aus, so daß sich eine dicke Schale ausbildet und der Gradient zwischen Haut und Luft kleiner wird. Die trockene Wärmeabgabe nimmt zwar gegenüber der Situation unmittelbar nach der Änderung ab, aber sie ist dennoch höher als die Ruhe-Wärmeproduktion. Der Ausgleich der Bilanz erfordert eine Steigerung der Wärmeproduktion von 20 auf 40 W, z.B. durch Kältezittern.

Nur in thermoneutraler Umgebung reichen Änderungen der Hautdurchblutung aus, um die Wärmebilanz auszugleichen und eine konstante Kerntemperatur einzustellen.

21.7 Langfristige Änderungen der Wärmebilanz

Die Zahlen des vorangehenden Abschnitts ändern sich, wenn langfristige Faktoren berücksichtigt werden. Die mittlere Tagestemperatur der Luft als Index für äußere Belastungen ist im europäischen Winter etwa 15°C niedriger als im Sommer, und freilebende Tiere passen sich durch ein dickeres Fell an. Andererseits ist die Ruhe-Wärmeproduktion eines hochgefütterten trächtigen oder laktierenden Tieres erhöht. Beide Faktoren verändern den **Thermoneutralbereich**, d.h. die Lufttemperatur, bei der weder Kältezittern oder zitterfreie Wärmebildung noch Schwitzen oder Hecheln zum Ausgleich der Bilanz herangezogen werden müssen (Abb. 21.12).

Als Beispiel dient die Bilanz eines ruhenden Tieres mit einem Gewicht von 70 kg, einer Ruhe-Wärmeproduktion von 100 W und einer Kerntemperatur von 38°C. Das Tier hat ein Sommerfell (Abb. 21.12, oben). Bei einer Lufttemperatur von 23°C ist die trockene Wärmeabgabe gleich der Ruhe-Wärmeproduktion, so daß ein nahezu passives Gleichgewicht besteht und die Körpertemperatur konstant bleibt. Sinkt die Lufttemperatur unter 23°C, muß die Wärmeproduktion steigen, um die Höhe der trockenen Abgabe zu erreichen. Oberhalb von 23°C muß Hecheln oder Schwitzen die Differenz zwischen der trockenen Wärmeabgabe und der Ruhe-Wärmeproduktion ausgleichen.

Eine Erhöhung der Ruhe-Wärmeproduktion durch erhöhte Futteraufnahme (Abb. 21.12, Mitte), verschiebt den Schnittpunkt zwischen trockener Wärmeabgabe und Ruhe-Wärmeproduktion auf eine niedrigere Lufttemperatur. Das Tier muß also erst dann seine Wärmeproduktion durch Zittern erhöhen, wenn die Temperatur unter 15°C sinkt. Andererseits muß schon oberhalb 15°C Hecheln oder Schwitzen einsetzen.

Ein ähnlicher Effekt ergibt sich, wenn nicht der Stoffwechsel erhöht ist, aber die Isolierung durch das Fell zugenommen hat (Abb. 21.12, unten). In der Praxis werden häufig beide Faktoren zugleich wirksam, so daß gutgefütterte freilebende Schafe oder Rinder in einem normalen europäischen Winter selten auf Kältezittern zurückgreifen müssen. Andererseits ist dann auch bei niedriger Lufttemperatur die Atemfrequenz oft schon leicht erhöht.

Die Thermoneutral-“Punkte“ der Abb. 21.12 ergeben sich aus einem vereinfachenden grafischen Ansatz. In der Realität steht für den Punkt eine **thermoneutrale Zone** der Lufttemperatur, in der weder Kältezittern noch Hecheln oder Schwitzen zum Ausgleich der Bilanz erforderlich sind. Hier sind die regulativen Änderungen von Hautdurchblutung und Pilomotorik besonders ausgeprägt, und die Anpassung der Wärmeabgabe an die Ruhe-Wärmeproduktion erfolgt nur durch Änderungen der Schalendurchblutung und Oberflächentemperatur. Auch Verhaltensreaktionen verbreitern die thermoneutrale Zone. Insofern müßten die durchgezogenen schwarzen Geraden in Abb. 21.12 (trockene Wärmeabgabe S+L+K) genaugenommen in der thermoneutralen Zone ein nahezu abszissen-paralleles Segment enthalten.

Die thermoneutrale Zone ist breit bei Wiederkäuern und Pferden und eng bei Schweinen und Geflügel. Innerhalb einer Art ist sie bei Jungtieren eng und liegt hoch. Mit steigendem Alter und Gewicht wird sie breiter und zu niedrigeren Temperaturen verschoben.

Die thermoneutrale Zone wird durch das Fütterungsniveau und den Isolationswert des Fells verschoben. Der Variationsbereich der trockenen Wärmeabgabe und das Verhalten bestimmen ihre Breite.

- **Chronische thermische Belastungen und Produktivität**

Für ausgewachsene Rinder, Schafe und Ziegen sind **Kältebelastungen** in Mitteleuropa im allgemeinen nicht so groß, daß es zu deutlichen Abnahmen der Produktivität kommt. Das Futterangebot wird in der Regel für eine optimale Produktivität so hoch gewählt, daß diese Arten mit dem daraus folgenden hohen Stoffwechsel bei guter Fellisolierung auch im Winter nur selten Umgebungsbedingungen ausgesetzt sind, bei denen die **untere Grenze der thermoneutralen Zone** erreicht wird. Demgegenüber liegt sie selbst für hochgefütterte Schweine von etwa 100 kg bei 10-15°C. Unterhalb dieser Grenze muß das Futterangebot erhöht werden, wenn der durch Kältezittern erhöhte Substratverbrauch nicht die Gewichtszunahme hemmen soll.

Von größerer praktischer Bedeutung sind Abnahmen der Milchleistung und auch des Gewichts-

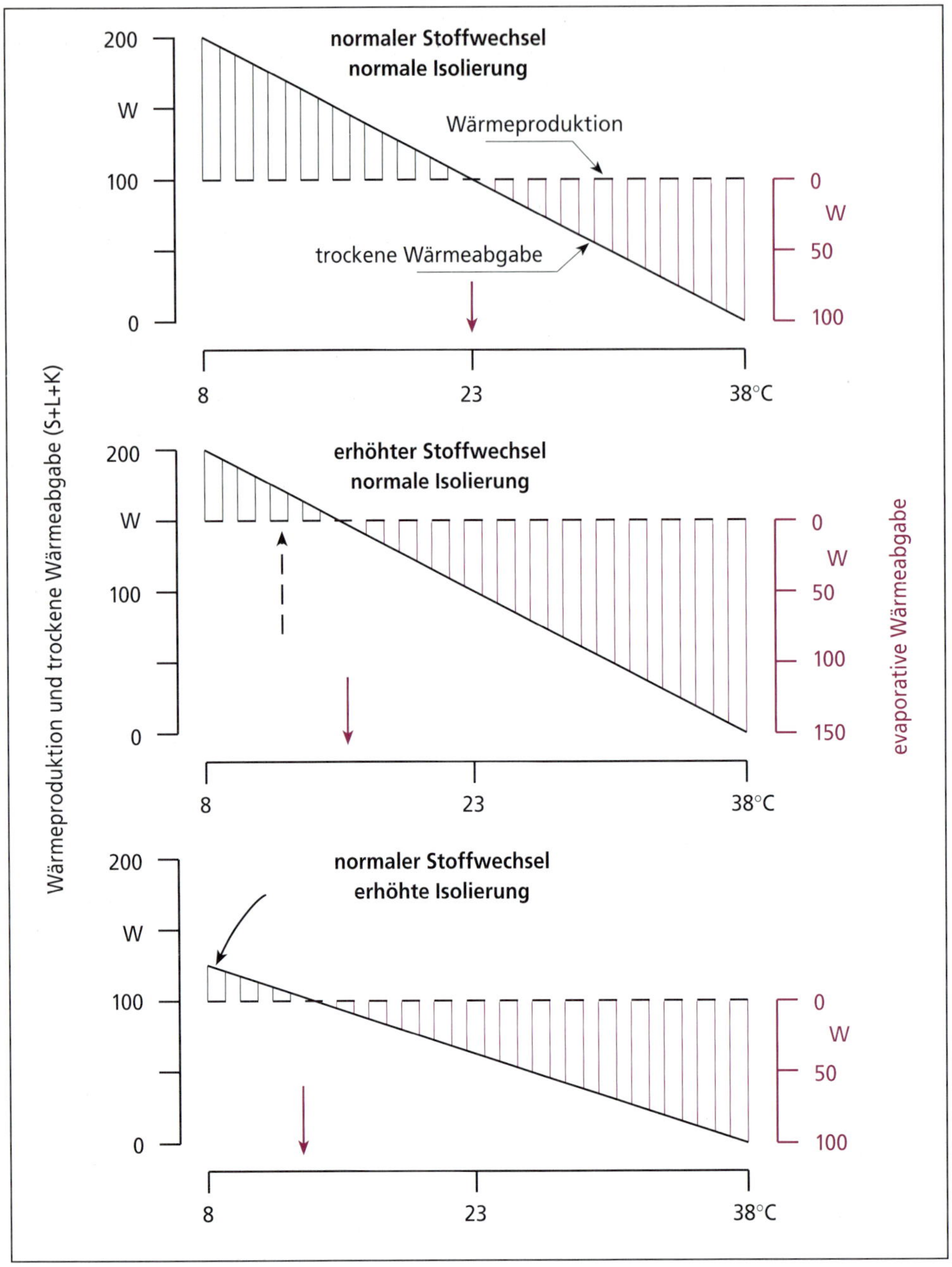

Abb. 21.12 Umgebungstemperatur und Wärmebilanz bei Änderungen von Ruhestoffwechsel oder Isolierung. Ruhe-Wärmeproduktion (unterbrochene schwarze Gerade), trockene Wärmeabgabe durch Strahlung, Leitung und Konvektion (durchgezogene schwarze Gerade), thermoregulatorisch erforderliche Zunahme der Wärmeproduktion (offene schwarze Säulen) und thermoregulatorisch erforderliche Zunahme der evaporativen Wärmeabgabe (offene rote Säulen). Dicke schwarze Pfeile: primäre Änderungen von Wärmeproduktion (Mitte) oder trockener Wärmeabgabe durch Isolierung (unten). Rote Pfeile: Thermoneutralpunkte der Umgebungstemperatur (s. Text).

ansatzes bei chronischer **Wärmebelastung**. Die Ursache dieses unerwünschten Effektes liegt darin, daß die Tiere bei höheren Temperaturen weniger Futter aufnehmen, deshalb einen niedrigeren Stoffwechsel und damit auch eine niedrigere Ruhe-Wärmeproduktion haben. Diese Reaktion ist thermoregulatorisch natürlich sinnvoll, da sie die thermoneutrale Zone zu höheren Lufttemperaturen verschiebt, so daß bei gleicher Lufttemperatur jetzt die Wärmeabgabe durch Verdunstung weniger hoch sein muß.

Chronische Wärmebelastungen vermindern die Produktivität.

21.8 Regelgrenzen und Schwellenänderungen

21.8.1 Arbeit

Der Wirkungsgrad körperlicher Arbeit liegt bei etwa 20%. Wenn ein Pferd bei einer Geschwindigkeit von 30 km/h eine äußere Leistung von 10 W/kg hat, fallen gleichzeitig 40 W/kg „Abfallwärme" an (für ein Gewicht von 500 kg insgesamt 20 kW!), die zur Haut transportiert und von dort abgegeben werden müßte, wenn die Kerntemperatur sich auf ein stabiles Niveau einstellen soll (Kap. 22.4).

Mit dieser Aufgabe sind Kreislauf und Temperaturregulation überfordert. Die maximale Schweiß-

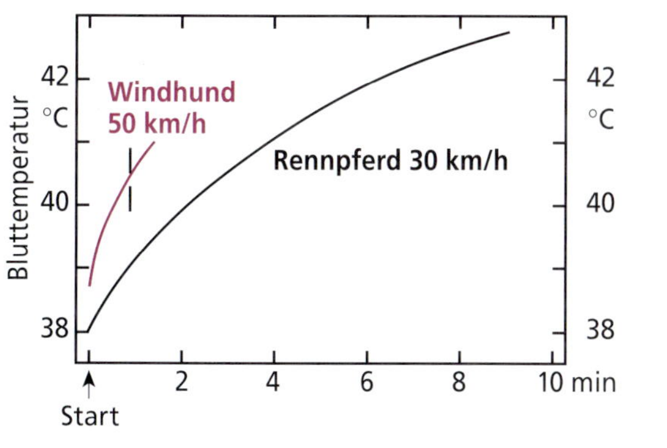

Abb. 21.13 Kerntemperaturen von Pferd und Hund als Funktion der Laufdauer. Nach 9 Minuten erreichte die Kerntemperatur des Pferdes, das mit etwa 90% der maximalen Sauerstoffaufnahme lief, etwa 43°C. Der Windhund war schneller, und sein gewichtsbezogener Energieumsatz war höher. Die Kerntemperatur des Hundes stieg also sehr viel steiler an (2°C/min). Unterbrochene Linie: Ende des Laufs (nach Hodgson et al. 1993, Nold et al. 1991).

sekretion eines Pferdes ist zwar sehr hoch, aber wegen des relativ ungünstigen Oberflächen/Volumen-Quotienten steht nicht genügend Fläche zur Verdunstung bereit, so daß ein Teil des Schweißes trotz der hohen Windgeschwindigkeit bei 30 km/h abtropft. Damit bleibt die Wärmeabgabe hinter der Wärmeproduktion zurück. Die Differenz wird als **Wärme gespeichert**, so daß es zu einem **Anstieg der Kerntemperatur** kommt (Abb. 21.13). Beim Windhund ist der Oberflächen/Volumen-Quotient günstiger, aber die Kapazität des Hechelns zur Wärmeabgabe geringer. Die Höhe von Dauerleistungen wird wesentlich durch die maximale Wärmeabgabe definiert, die in der herrschenden Umgebung möglich ist. Entscheidend ist, ob ein Gleichgewicht zwischen Produktion und Abgabe von Wärme bei einer vielleicht stark erhöhten, aber stabilen Kerntemperatur unterhalb der Schädigungsgrenze eingestellt werden kann.

Intensität und Dauer von schwerer Arbeit werden auch durch die maximal mögliche Wärmeabgabe bestimmt.

21.8.2 Hyperthermie und Hypothermie

Bei hoher körperlicher Leistung erreichen größere Arten relativ schnell die Grenzen der Regelung, während natürliche äußere Wärmebelastungen in der Regel nicht ausreichen, um eine gefährliche **Hyperthermie** zu verursachen. Das gilt allerdings nur dann, wenn genügend Wasser verfügbar ist. Wasserverluste durch Schwitzen und Hecheln führen zur **Dehydratation**, die wiederum das Schwitzen oder Hecheln **hemmt**. Damit stellt sich die Kerntemperatur auf einen höheren Wert ein. Zwischen 42 und 43°C beginnt der Bereich, in dem ein lebensbedrohender **Hitzschlag** mit Abnahme der Hautdurchblutung, Kollaps und Bewußtseinsverlust auftreten kann. Die Dauer der Temperaturerhöhung entscheidet über die Prognose: Hunde überlebten auch eine Rektaltemperatur von 44°C, wenn sie nur wenige Minuten dauerte und die Tiere schnell durch ein Wasserbad gekühlt wurden.

Die bei Schweinen nicht seltene **maligne Hyperthermie** ist die Folge eines Defekts intrazellulärer Membranen, der im Rahmen des akuten Streß-Syndroms oder durch Narkotica sichtbar wird und zur exzessiven Erhöhung des cytoplasmatischen Ca^{2+}-Spiegels führt. Daraus resultieren Dauerkontraktionen der Muskulatur, welche die Wärmeproduktion steigern. Da gleichzeitig die Wärmeabgabe vermindert ist, können lebensbedrohend hohe Kerntemperaturen auftreten. Intraoperativ besteht die Therapie in der Gabe von Medikamenten, welche spezifisch den cytoplasmatischen Ca^{2+}-Spiegel senken.

Die untere Regelgrenze wird durchschritten, wenn eine konstante Körpertemperatur eine Wärmeproduktion von mehr als etwa dem fünffachen Ruheumsatz erfordert. Eine daraus folgende **Hypothermie** dürfte bei wohlgefütterten größeren Arten mit gut ausgebildetem Fell in Mitteleuropa selten sein. Bei neugeborenen Lämmern und Ferkeln, aber auch bei frisch geschorenen Schafen kann dagegen eine derartige Situation durchaus eintreten. Die Wärmeproduktion erreicht ein Maximum bei einer Kerntemperatur von etwa 35°C und fällt dann mit sinkender Temperatur wieder ab. Bei 30-32°C setzt Bewußtlosigkeit ein, und bei 25°C tritt häufig Herzflimmern auf.

Bei Körpertemperaturen über 42-43°C droht ein Hitzschlag. Unterhalb 35°C fällt die Wärmeproduktion mit sinkender Temperatur.

21.8.3 Winterschlaf

Kleine Säuger wie die echten Winterschläfer Igel und Siebenschläfer, aber auch der Feldhamster haben eine Strategie für lange Perioden von **Kälte** und **Futtermangel** entwickelt. Ein endogener Rhythmus senkt den Sollwert bis knapp über dem Gefrierpunkt. Die Kerntemperatur folgt dieser **Sollwertverstellung**, und alle Stoffwechselvorgänge werden verlangsamt (Abb. 21.14). Entscheidend ist die **Senkung der Ruhe-Wärmeproduktion**: Bei kleinen Arten beträgt sie in tiefer Hypothermie nur noch 1% des Wertes bei 38°C. Die Temperatur wird

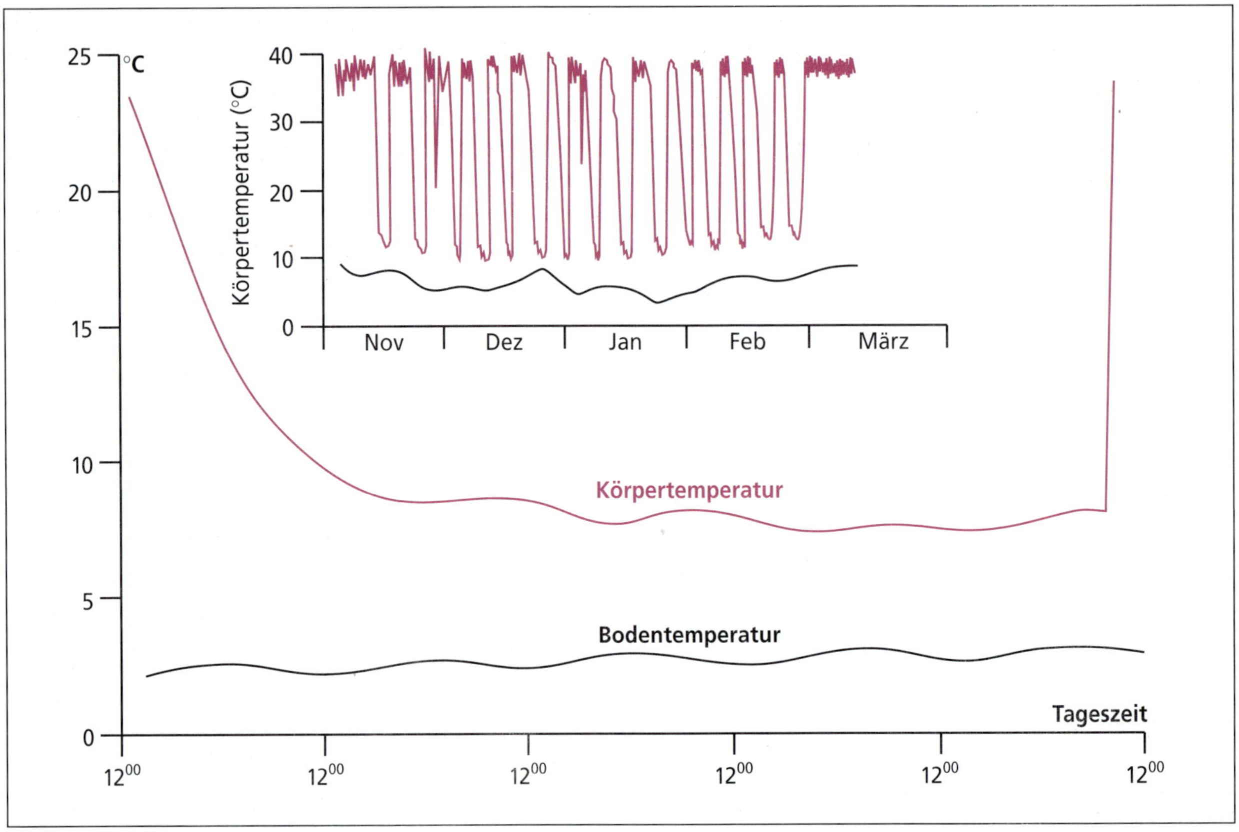

Abb. 21.14 Winterliche Schlafphasen eines Feldhamsters. Zu Beginn einer Episode sank die Körpertemperatur im Verlauf von etwa 24 Stunden auf 8°C ab. Der Anstieg am Ende der Episode erfolgte innerhalb von 2 Stunden. Einsatzbild: Verlauf der Körpertemperatur während des Winters. Hypotherme Schlafphasen von etwa 5 Tagen und eutherme Wachphasen von etwa 2 Tagen (nach Wollnik und Schmidt 1995).

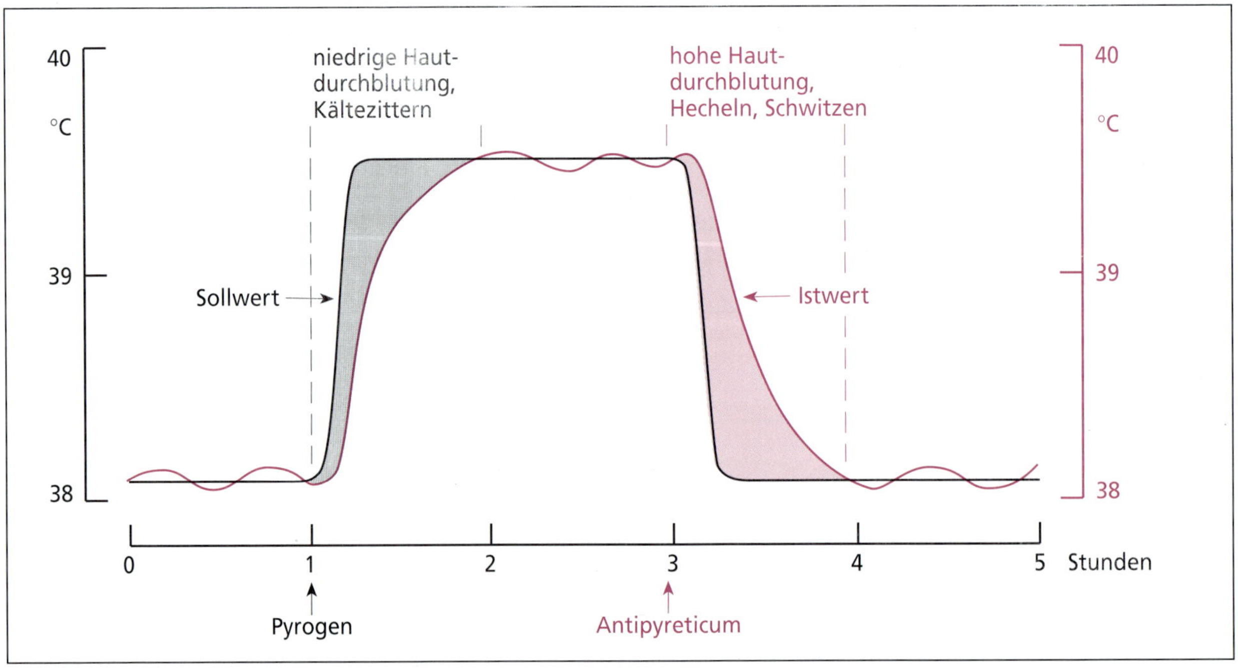

Abb. 21.15 Sollwertverstellung im Fieber. Durch Pyrogene wird der Sollwert auf einen höheren Wert verstellt. Die resultierende Regelabweichung (graue Fläche) aktiviert die Stellglieder der Kältegegenregulation. Die Gabe eines fiebersenkenden Medikaments normalisiert den Sollwert. Es ergibt sich wiederum eine Regelabweichung (rote Fläche), welche die Wärmeabgabe aktiviert.

auf dem neuen Sollwert reguliert: Wenn sie unter den Gefrierpunkt zu sinken droht, steigt die Wärmeproduktion an. Der Schlaf wird häufig unterbrochen. Für die Aufheizphasen ist die **zitterfreie Wärmebildung** im braunen Fett wichtig. Trotz des dabei hohen Energieverbrauchs „rechnet" sich der Winterschlaf: Die **Energieeinsparung** über den gesamten Winter liegt bei etwa 85%.

Winterschlaf: Regulation auf einem niedrigen Sollwert.

21.8.4 Fieber

Fieber ist eine Reaktion auf Infektionen. Exogene Pyrogene (z.B. Lipopolysaccharide aus Bakterien) induzieren in Makrophagen die Bildung von **Cytokinen**. Die Interleukine aus dieser Gruppe lösen die Immunantwort aus und erhöhen die Temperatur. Der zentrale Angriffspunkt ist vermutlich das Organum vasculosum laminae terminalis, dessen offene Blut-Hirn-Schranke den Eintritt der Interleukine (17-26 kDa) erlaubt. Hier wird **Prostaglandin E_2** gebildet, das als Mediator auf die Neurone des Hypothalamus wirkt. Ein Argument für seine wichtige Rolle besteht darin, daß klassische fiebersenkende Stoffe (**Antipyretica**) die Bildung von Prostaglandin hemmen.

Die regulatorischen Reaktionen entsprechen einer **Sollwertverstellung** (Abb. 21.15 u. Kap. 4.4.4.6). Pyrogene erhöhen den Sollwert der Kerntemperatur über ihren Istwert. Diese Regelabweichung erzeugt eine Verminderung der Hautdurchblutung und Kältezittern. Damit wird die Kerntemperatur auf den neuen Sollwert geführt, und mit abnehmender Regelabweichung verschwinden Vasokonstriktion und Zittern. Die erhöhte Kerntemperatur wird in der **Plateauphase** gegen Störgrößen geregelt, wie die normale Temperatur beim Gesunden. Ein Antipyreticum senkt den Sollwert unter den Istwert; hohe Hautdurchblutung und Schwitzen oder Hecheln kennzeichnen das abklingende Fieber.

Fieber: normale Regulation auf einen erhöhten Sollwert.

Weiterführende Literatur

Aschoff, J., B. Günther, K. Kramer: Energiehaushalt und Temperaturregulation. Urban & Schwarzenberg, München 1971.

Blaxter, K.: Energy Metabolism in Animals and Man. Cambridge University Press, Cambridge 1989.

Fregly, M.J., C.M. Blatteis (Hrsg.): Handbook of Physiology. Sektion 4: Environmental Physiology I und II. Oxford University Press, New York 1996.

Hilliger, H.G.: Stallgebäude, Stalluft und Lüftung. Enke, Stuttgart 1990.

Ingram, D.L., L.E. Mount: Man and Animals in Hot Environments. Springer, Berlin 1975.

Schönbaum, L., P. Lomax (Hrsg.): Thermoregulation: Physiology and Biochemistry. Pergamon, New York 1990.

Schönbaum, L., P. Lomax (Hrsg.): Thermoregulation: Pathology, Pharmacology and Therapy. Pergamon, New York 1991.

Yousef, M.K. (Hrsg.): Stress Physiology in Livestock. CRC Press, Boca Raton 1985.

22 Arbeitsphysiologie unter besonderer Berücksichtigung des Pferdeleistungssports

W. von Engelhardt

Jagden, Landwirtschaft, Anforderungen der Kavallerie und zunehmend der Leistungs- und Freizeitsport haben die Leistungsfähigkeit von Pferden und auch von Hunden für spezifische Aufgaben durch gezielte Selektionen verbessert. Die geforderten Leistungen können sehr verschiedenartig sein. So können Quarterhorses, Vollblutpferde und Greyhounds kurze Strecken sehr schnell laufen. Von Schlittenhunden, Zugpferden und schweren Huntern werden demgegenüber Dauerleistungen verlangt. Diese sehr unterschiedlichen Anforderungen bedeuten verschiedenartige physiologische Anpassungen. Die Leistungsphysiologie bei Sportpferden ist für Tierärzte von besonderer Bedeutung. Im folgenden wird deshalb vor allem auf physiologische Reaktionen bei Belastung von Pferden eingegangen.

22.1 Der arbeitende Muskel

22.1.1 Energiestoffwechsel des arbeitenden Muskels

In der Muskelzelle ist nur sehr wenig ATP gespeichert, es reicht für einige wenige Muskelkontraktionen. Etwas ATP kann aus der im Kreatinphosphat (KP) gespeicherten Energie gewonnen werden; auch diese Energiequelle ist begrenzt.

Der größte Teil der Energie wird aus Glucose und aus der Oxidation von freien Fettsäuren gewonnen (Abb. 22.1 u. Kap. 7.1.7). Dabei kann die ATP-Bildung ohne Sauerstoff, also anaerob, über Pyruvat zu Lactat erfolgen. Es entstehen beim anaeroben Abbau jedoch aus 1 Mol Glucose nur 2 Mol ATP. Ein wesentlich effizienterer Weg ist die aerobe ATP-Bildung. Beim aeroben Glucoseabbau entstehen aus 1 Mol Glucose 36-38 Mol ATP; bei der Oxidation der freien Fettsäuren werden in Abhängigkeit von der jeweiligen Fettsäure je Mol etwa 140 Mol ATP gebildet.

In diesem Zusammenhang ist es wichtig, daß die ATP-Bildung verschieden schnell erfolgt. Das im Muskel vorhandene ATP ist innerhalb der ersten Sekunden nach Arbeitsbeginn verbraucht. Aus dem Abbau von Kreatinphosphat (KP) wird während der folgenden 10-30 Sekunden ATP ebenfalls schnell gebildet. In den sich daran anschließenden 20-30 Sekunden muß der Muskel ATP überwiegend anaerob unter Bildung von Lactat gewinnen. Erst etwa 60 Sekunden nach Arbeitsbeginn kann ATP zunehmend aus dem aeroben Stoffwechsel zur Verfügung gestellt werden; und der Muskel ist dann bei mittelschwerer Arbeit nicht mehr auf den unökonomischen anaeroben ATP-Gewinn angewiesen (Abb. 22.2).

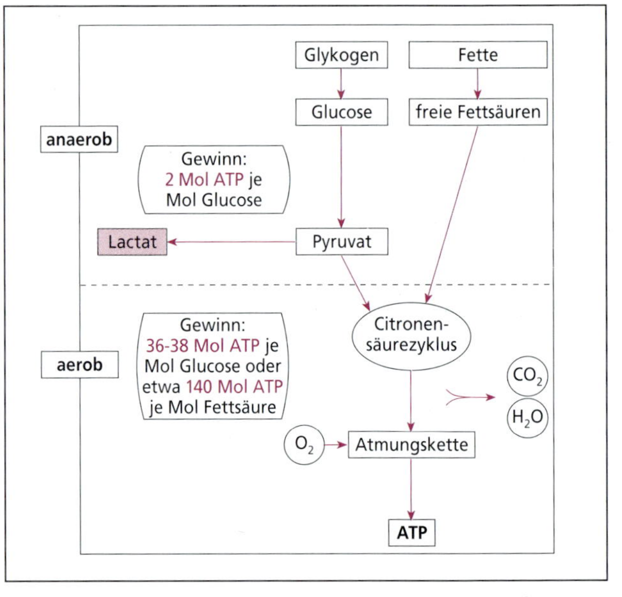

Abb. 22.1 Aerobe und anaerobe Energiegewinnung bei Arbeit.

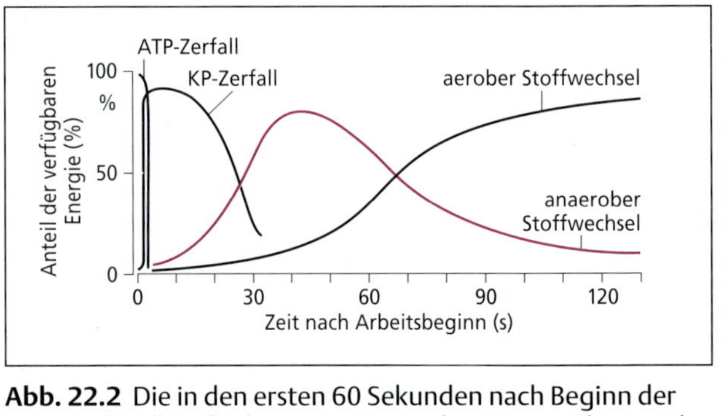

Abb. 22.2 Die in den ersten 60 Sekunden nach Beginn der Arbeit schnell verfügbare Energie wird vorwiegend anaerob zur Verfügung gestellt. Erst eine Minute nach Arbeitsbeginn kann die für die arbeitende Muskulatur benötigte Energie auch aerob zur Verfügung gestellt werden.

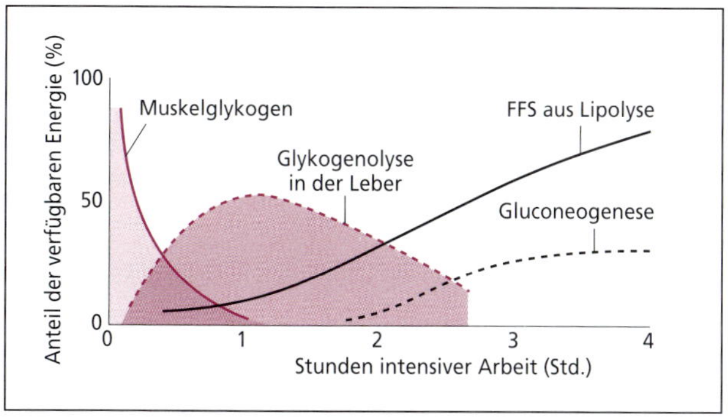

Abb. 22.3 Energielieferung bei länger anhaltender Ausdauerleistung; FFS = freie Fettsäuren.

Für die Ausdauerleistungsfähigkeit sind ein möglichst hoher aerober Stoffwechsel und ein niedriger anaerober Stoffwechsel wichtig. Mit zunehmendem anaerobem Stoffwechsel bei längerer Arbeit steigen die Blutlactatkonzentrationen, und die Tiere ermüden.

Bei Ausdauerleistung werden zunächst die intrazellulären Depots des Muskels genutzt. Diese Depots sind bald erschöpft, und der arbeitende Muskel ist darauf angewiesen, Glucose oder freie Fettsäuren aus dem Blut aufzunehmen (Abb. 22.3). Nach Abnahme der intrazellulären Muskelglykogenreserve wird die Glykogenolyse in der Leber gesteigert. Gleichzeitig kommt es zu einer gesteigerten Lipolyse in den Fettdepots. Es stehen damit freie Fettsäuren für den Energiestoffwechsel zur Verfügung. Bei länger anhaltender Belastung wird die Oxidation von freien Fettsäuren zunehmend wichtiger. Damit die Blutglucosekonzentration nicht unter einen notwendigen Schwellenwert absinkt, muß Glucose neu gebildet werden. Die Glucoseneubildung (Kap. 17.3.2) nach 2½-3 Stunden Arbeit erfolgt überwiegend aus dem Abbau von Körpereiweiß und auch aus dem durch Lipolyse freiwerdenden Glycerin.

22.1.2 Woher kommt das benötigte ATP?

Von der Dauer und der Intensität der Belastungen hängt es ab, woher der arbeitende Muskel ATP nimmt. Das Quarterhorse läuft über 400 m mit einer Spitzengeschwindigkeit bis zu 1200 m/min. Für diese Distanz benötigt es weniger als 20 Sekunden, und es ist anzunehmen, daß 80% des ATP aus dem Kreatinphosphat, 18% aus dem anaeroben Glucoseabbau und nur 2% aus dem aeroben Stoffwechsel stammen (Tab. 22.1).

Vollblüter benötigen für die Derby-Distanz von 2400 m etwas mehr als 2 Minuten; es ist anzunehmen, daß das notwendige ATP nur etwa zu 5% aus dem Kreatinphosphat kommt, zu 70% aus dem anaeroben Abbau und zu 25% aus der aeroben ATP-

Tabelle 22.1 Bildung des für die Muskelarbeit erforderlichen ATP aus Kreatinphosphat (KP), aus dem anaeroben und dem aeroben Stoffwechsel bei verschiedenen Leistungen der Pferde

Belastungen	ATP-Bildung KP	anaerob	aerob
Rennen			
Quarterhorse (400 m)	80%	18%	2%
Vollblutderby (2400 m)	5%	70%	25%
Vielseitigkeit	10%	40%	50%
Distanzritt	1%	5%	94%

Tabelle 22.2 Muskelfasertypen

Parameter	Typ I S	Typ IIA FR	Typ IIB FF
Kontraktionsgeschwindigkeit	langsam	schnell	schnell
Oxidative Kapazität	hoch	mittel bis hoch	gering
Kapillardichte	hoch	mittel	niedrig
Glycogengehalt	mittel	hoch	hoch
Ermüdung	gering	mittel	hoch

S = slow; FR = fast, resistant to fatigue; FF =fast fatigable

Gewinnung. Mit der Dauer der Belastung nimmt der aerobe Anteil zu.

Bei Vielseitigkeitsprüfungen mit den wechselnden Belastungen liegt der aerobe Anteil bei 50%, bei Distanzritten bei 94%.

22.1.3 Muskelfasertypen

Im Kapitel Muskelphysiologie (Kap. 7.1.1) wurden die drei verschiedenen Muskelfasertypen vorgestellt. Es wird zwischen den langsam kontrahierenden und langsam ermüdenden (S oder Typ I), den sich schnell kontrahierenden und schnell ermüdenden (FF oder Typ II B) und einer oder mehrerer Übergangstypen (FR oder Typ II A) unterschieden (Tab. 22.2). Die oxidative Kapazität und die Kapillardichte sind in den Typ-I-Fasern hoch. Der Glykogengehalt ist in den schnellen Typ-II-Fasern hoch. Die meisten Muskeln enthalten ein Mosaik aus diesen drei Muskelfasertypen. Entsprechend den wichtigsten Funktionen der einzelnen Muskeln kommen die verschiedenen Fasertypen unterschiedlich häufig vor. Die Verteilung der Muskelfasertypen in einem Muskel scheint im hohen Maße genetisch bedingt zu sein. Bei dem auf kurze Sprintstrecken spezialisierten Quarterhorse sind 93% der vorhandenen Fasern schnell kontrahierende und damit schneller ermüdende Fasern, 7% langsam kontrahierende und weniger schnell ermüdende. Die Zahl der schnell ermüdenden Fasern ist beim Vollblüter niedriger. Beim Schweren Hunter sind nur noch 69% schnelle Fasern und 31% langsame und wenig schnell ermü-

Tabelle 22.3 Prozentuale Anteile der schnell kontrahierenden Muskelfasern (Typ II) im M. gluteus medius bei Pferd, Hund und Kamel

Species	Typ-II-Fasern
Quarterhorse	93%
Schwere Hunter	69%
Greyhound	97%
Foxhound	65%
Kamel	30%

dende Fasern vorhanden. Der Vergleich der prozentualen Anteile, der sich schnell kontrahierenden Muskelfasern zwischen Pferd, Kamel und Hund ist in Tabelle 22.3 gezeigt.

Bei Hunden ist die Verteilung der Muskelfasertypen mit der bei Pferden vergleichbar. Bei den Sprintern, den Greyhounds, sind etwa 97% der Fasern schnelle Fasern. Demgegenüber haben die Foxhounds, die eine gute Ausdauerleistung bringen müssen, nur 65% mittel bis schnell ermüdende Fasern. Beim Kamel überwiegen bei weitem die wenig ermüdenden langsamen Fasern. Kamele sind vergleichsweise langsame Tiere mit hoher Ausdauer, wie auch die Menschen. Für länger dauernde Arbeit ist es entscheidend, daß die aerobe ATP-Produktion groß ist. Die Sauerstoffaufnahme ist deshalb für die Beurteilung des Stoffwechsels bei Ausdauerbelastung von besonderer Bedeutung.

Pferde und Hunde sind mehr als der Mensch für Sprintleistungen auf kurzen Strecken geeignet. Der hohe Anteil der schnell kontrahierenden, aber auch schnell ermüdenden Muskelfasern deutet auf die angelegte Spezialisierung des Pferdes und des Hundes als Kurzstreckenläufer hin.

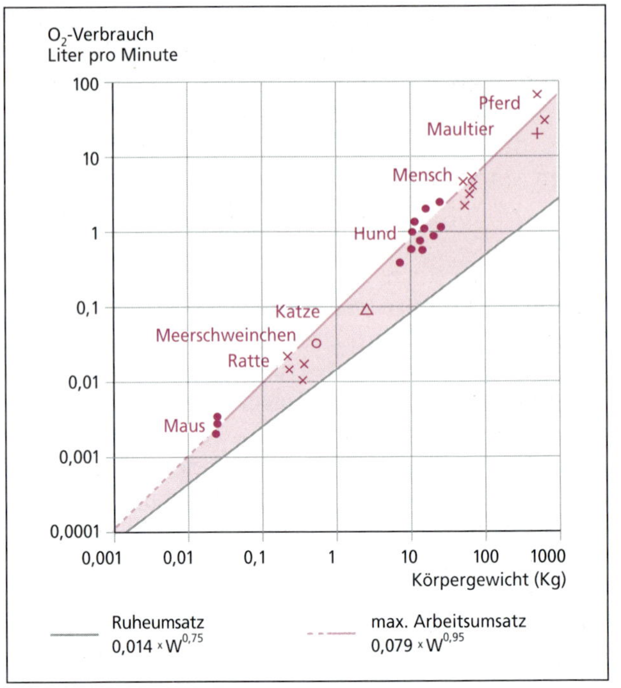

Abb. 22.4 Sauerstoffaufnahme bei maximalem Arbeitsumsatz in Abhängigkeit vom Körpergewicht bei verschieden schweren Tieren (rote Regressionsgerade). Zum Vergleich ist die Regressionsgerade für den Ruheumsatz eingezeichnet (schwarze Gerade) (nach Hörnicke, 1974).

22.2 Aerober Stoffwechsel und Ausdauer

Die Ausdauerleistungsgrenze, d.h. die Fähigkeit, eine Arbeit ohne nennenswerte Ermüdung über längere Zeit durchzuführen, hängt davon ab, wieviel und welche Substanzen für die ATP-Bildung zur Verfügung stehen und wieviel Sauerstoff vom Körper aufgenommen, zu der arbeitenden Muskulatur gebracht und dort freigesetzt werden kann.

22.2.1 Sauerstoffaufnahme und Atmung

Die Atmung ist bei Arbeit nicht nur für die O_2-Aufnahme und die CO_2-Abgabe wichtig; sie spielt auch bei der Regulation des Säure-Basen-Haushaltes und bei der Temperaturregulation eine wichtige Rolle. Pferde und Kamele können bei schwerer Arbeit die Sauerstoffaufnahme um das 35fache steigern (Abb. 22.4); auch beim Nandu wurde eine 36fache Steigerung gemessen. Kleinere Tiere können die Sauerstoffaufnahme je kg Körpergewicht gegenüber den Ruhewerten bei weitem nicht so steigern wie große Tiere. Ursache dafür ist vor allem, daß der Ruhestoffwechsel bei kleinen Tieren je kg Körpergewicht wesentlich höher ist als bei großen Tieren (Kap. 18.7.2). Der Ruheumsatz steigt in Abhängigkeit vom Körpergewicht mit dem Exponenten 0,75. Die maximale Sauerstoffaufnahme je kg Körpergewicht nimmt jedoch mit dem Exponenten 0,95 zu (Abb. 22.4).

Bei großen Tieren ist die Differenz zwischen Ruhe- und Belastungsumsatz deshalb größer als bei kleinen Tieren. Das bedeutet, daß die großen Tiere bei Belastung mehr Sauerstoff für die arbeitende Muskulatur zur Verfügung haben. Ratten können bei starker Belastung den Sauerstoffverbrauch gegenüber den Ruhewerten nur um das 4fache, Mischlingshunde um etwa das 10fache, Menschen und auch Greyhounds um etwa das 20fache und Pferde und Kamele um mehr als das 30fache steigern.

Durch den relativ niedrigen Grundumsatz der großen Tiere können große Tiere 1 g Körpergewicht über 1 km ökonomischer befördern als kleine Tiere.

Das Pferd ist dabei fast siebenmal effizienter als der Mensch, und es befördert 1 g Körpergewicht 93mal effizienter als die Maus. Die hohe maximale aerobe Stoffwechselaktivität des Muskels bei Pferd und Hund drückt sich auch in einer vergleichsweise hohen Mitochondriendichte in der Muskelzelle aus.

Die Atemfrequenz steigt mit zunehmender Belastung an. Beim Menschen ist sie unabhängig von der Schrittfrequenz. Beim Pferd ist jedoch im Galopp die Atemfrequenz im Verhältnis 1:1 mit der Galoppfrequenz korreliert (Abb. 11.26). Dem galoppierenden Pferd wird die Atemfrequenz durch die Sprungfrequenz aufgezwungen. Das schnell galoppierende Pferd hat dadurch, verglichen mit dem Menschen und mit anderen trabenden Lauftieren, eine relativ hohe Atemfrequenz und deshalb eine verhältnismäßig flache Atmung. Dadurch bleibt die Totraumbelüftung auch bei höheren Belastungen der Pferde relativ hoch.

Der Bewegungsablauf beim Galopp scheint beim Pferd und auch beim Hund die Lungenbelüftung zu erleichtern. Durch das Strecken des Körpers ist die Inspiration besser, andererseits wird durch das Andrücken der Vorderbeine in der Landephase die Exspiration unterstützt. Bei Pferden mit Erkrankungen der Atemwege kann das 1:1-Verhältnis zwischen Inspiration und Fußung signifikant verändert sein.

Auch Traber zeigen bei submaximaler Arbeit eine 1:1-Synchronisation zwischen Fußung und Atmung. Bei maximaler Anforderung kann sich dies aber ändern; auf eine Einatmung können bei Trabern dann zwei Fußungen folgen (aber auch 1:1,5; 1:2,5; 1:3). Dies ermöglicht bei maximaler Arbeit den Trabern tiefe Inspirationen. Traber haben durch eine variable Teilsynchronisation bei hohen Laufgeschwindigkeiten eine wesentlich niedrigere Atemfrequenz und tiefere Inspirationen als Galopper.

Da bei hohen Laufgeschwindigkeiten die Atemfrequenz durch die Schrittfolge beim Pferd weitgehend festgelegt ist, wird die Sauerstoffaufnahme vor allem durch das Atemzugvolumen variiert. Durch die verhältnismäßig hohen Atemfrequenzen im Galopp wird die mögliche Kapazität des Atemzugvolumens selten genutzt. Die Zunahmen der Lungenbelüftung und die Sauerstoffaufnahme bei schwerer Arbeit von Pferden sind in Tabelle 22.4 zusammengestellt.

Bei Sportlern wird der Sauerstoffverbrauch während einer definierten Arbeit zur Beurteilung der Leistungsfähigkeit verwendet. Beides, die Sauerstoffaufnahme und auch die geleistete Arbeit, kann bei Sportpferden während der natürlichen Arbeit und während des Trainings nicht ohne weiteres erfaßt werden. Untersuchungen haben gezeigt, daß die Laufgeschwindigkeit des Pferdes ein brauchbarer Parameter für die jeweilige Leistung ist. Mit steigender Laufgeschwindigkeit nimmt die Sauerstoffaufnahme linear zu; nur bei den maximalen Herzschlagfrequenzen erreicht die Sauerstoffaufnahme einen Plateauwert.

Tabelle 22.4 Atmung und Sauerstoffaufnahme in Ruhe und bei Arbeit, mittleres Körpergewicht der Pferde 550 kg (aus Hörnicke et al., 1983)

Parameter	Ruhewerte	Steigerung bei schnellem Galopp
Atemminutenvolumen	60 l · min^{-1}	23fach
Atemzugvolumen	5 l	2,6fach
Atemfrequenz	12 min^{-1}	10fach
O_2-Aufnahme	1,8 l × min^{-1}	33fach

22.2.2 Herzschlagfrequenz, Herzleistung und arterieller Blutdruck

Die Ruheherzschlagfrequenz des Pferdes liegt im Mittel bei 30 bis 40 Schlägen pro Minute, bei mittelgroßen Mischlingshunden bei 120 Schlägen pro Minute. Bei maximaler Arbeit kann die Herzschlagfrequenz beim Pferd bis zu 240 Schlägen pro Minute, das sind 4 Schläge pro Sekunde, ansteigen. Obwohl das Pferdeherz etwa 14mal schwerer ist als das des Menschen und 10mal schwerer als das des Greyhound, ist die maximale Herzschlagfrequenz ebenso hoch oder sogar höher als beim Menschen und nur wenig niedriger als beim Greyhound. Bei maximaler Belastung können Pferde die Herzschlagfrequenzen über das 7fache, Menschen nur um das 3,2fache und mittelgroße Hunde um das 2,5fache erhöhen (Abb. 22.5).

Mit steigender Herzschlagfrequenz nimmt die Diastolendauer des Herzens wesentlich stärker ab als die Systolendauer (Kap. 8.5.4). Bei einer Herzschlagfrequenz von 30 Schlägen pro Minute ist die Diastole und damit die Erholungszeit für den Herz-

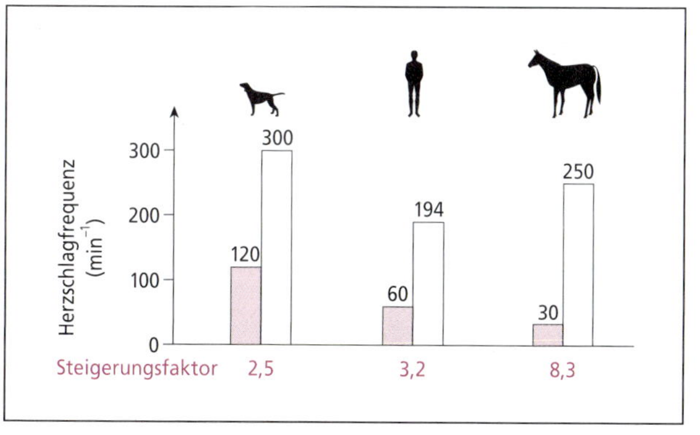

Abb. 22.5 Herzschlagfrequenz bei Hund, Mensch und Pferd in Ruhe und bei maximaler Belastung.

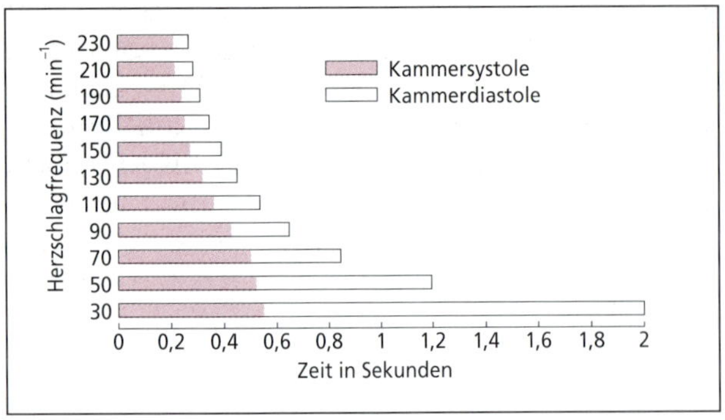

Abb. 22.6 Mittlere Systolen- und Diastolendauer bei zunehmender Herzschlagfrequenz der Pferde (nach Engelhardt, 1979).

muskel des Pferdes 25mal länger als bei 230 Schlägen pro Minute (Abb. 22.6). Bei einer Herzschlagfrequenz von 230 Schlägen pro Minute beträgt die Diastolenzeit nur noch 0,06-0,07 Sekunden. Während dieser sehr kurzen Zeit muß etwa 1 l Blut in jede Herzkammer des Pferdes fließen.

Die Verteilung des aufgenommenen Sauerstoffs im Körper des Pferdes hängt von der Pumpleistung des Herzens und von der Sauerstofftransportkapazität des Blutes ab. Die Zunahme des Herzminutenvolumens erfolgt im wesentlichen durch Erhöhung der Herzschlagfrequenz; das Herzschlagvolumen steigt bei Belastung um etwa 40%. Das Herzminutenvolumen kann gegenüber der Ruhe bei schwerster Arbeit der Pferde um das 9,8fache zunehmen (Abb. 22.8). Das ist wesentlich mehr als beim Menschen, dem nur eine Steigerung um das 5- bis 6fache möglich ist.

Durch Zunahme des Herzminutenvolumens bei allerdings gleichzeitiger Abnahme des peripheren Gesamtwiderstandes steigt der mittlere arterielle Blutdruck mit zunehmendem Körpergewicht an. Dabei steigt der systolische Blutdruck sehr viel deutlicher an, während der diastolische Druck meistens unverändert bleibt oder nur wenig zunimmt (Abb. 22.7). Bei starker Ermüdung und dadurch besonders starker Vasodilatation in der Muskulatur kann der diastolische Druck sogar unter dem der Ruhewerte liegen.

22.2.3 Hämoglobinkonzentration und Sauerstofftransportkapazität des Blutes

Die Steigerung der Sauerstoffaufnahme beim Pferd um das 35fache ist durch das gesteigerte Herzminutenvolumen allein nicht zu erklären. Es kommen hinzu eine erhöhte Sauerstofftransportkapazität des Blutes, eine bessere Muskeldurchblutung und eine höhere Sauerstoffausnutzung in der arbeitenden Muskulatur (Bohr-Effekt, Kap. 11.5.1). Pferde

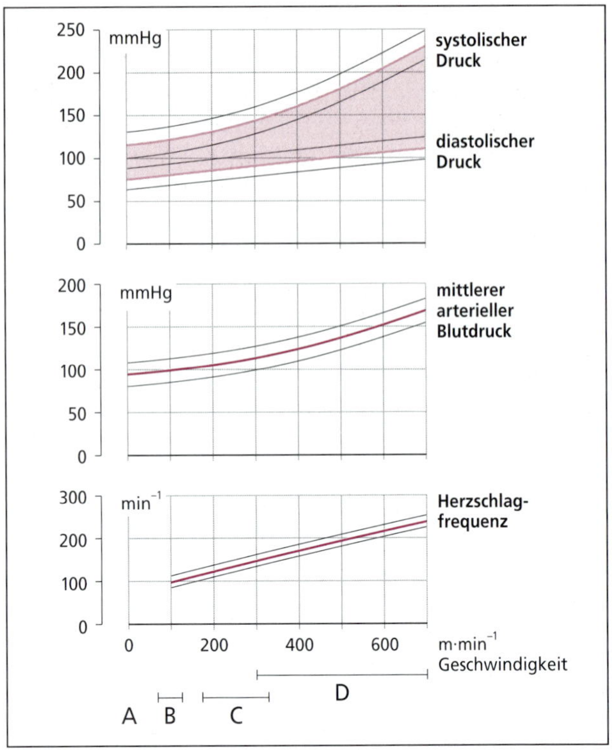

Abb. 22.7 Anstieg von Herzschlagfrequenz, mittlerem arteriellem Blutdruck, diastolischem und systolischem Blutdruck bei Warmblutpferden bei zunehmender Laufgeschwindigkeit. A – Ruhe, B – Schritt, C – Trab, D – Galopp.
Bei den Regressionsgeraden sind die Standardabweichungen als schwarze Linien eingezeichnet.

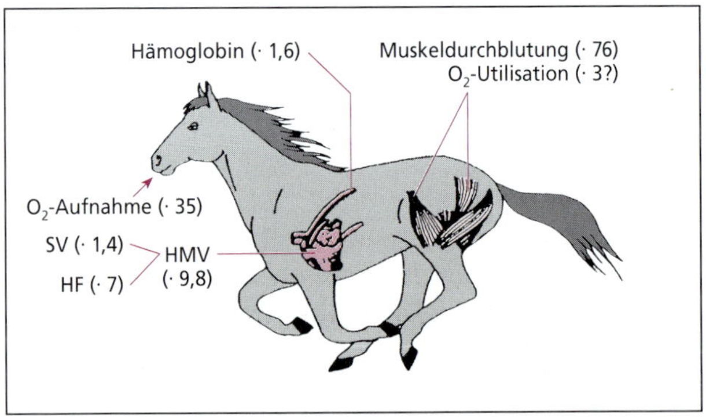

Abb. 22.8 Parameter von Herz und Kreislauf, die an der gesteigerten Sauerstoffaufnahme bei schwerer Arbeit der Pferde beteiligt sind (SV – Schlagvolumen, HF – Herzschlagfrequenz, HMV – Herzminutenvolumen). In Klammern sind die mittleren Steigerungen gegenüber den Ruhewerten angegeben (nach Engelhardt, 1995).

sind in der Lage, durch Entspeicherung der Milz die Hämoglobinkonzentration im Blut um bis zu 60% gegenüber den Ruhewerten zu steigern (Abb. 22.8). Dadurch kann das Blut auch 60% mehr Sauerstoff transportieren. Ähnliche Erhöhungen sind beim Lama bekannt. Hunde und auch Menschen können demgegenüber die Hämoglobinkonzentrationen bei starker Belastung nur um etwa 20% erhöhen.

22.2.4 Muskeldurchblutung

Weitere wichtige Anpassungen an die Arbeit sind die stark erhöhte Durchblutung und die höhere Sauerstoffausnutzung des arbeitenden Muskels. Bei Pferden wurde gezeigt, daß in stark arbeitenden Muskeln die Durchblutung gegenüber den Ruhewerten mehr als 70fach erhöht war (Abb. 22.8). Die hohe Durchblutungszunahme ist durch eine starke Abnahme des peripheren Widerstandes in der arbeitenden Muskulatur infolge niedriger pH-Werte und erhöhter Stoffwechselprodukte in der arbeitenden Muskulatur zu erklären (Kap. 9.4.2). Die niedrigen pH-Werte und auch die erhöhte Temperatur im arbeitenden Muskel erleichtern durch den Bohr-Effekt die Sauerstofffreisetzung aus dem Hämoglobin. Der Bohr-Effekt erlaubt eine bessere Ausnutzung des in den Muskelkapillaren vorhandenen Sauerstoffs (Abb. 11.20). Es ist sinnvoll, daß bei Pferden, die das Herzminutenvolumen bei Arbeit so sehr steigern können, der Bohr-Effekt höher entwickelt ist als bei Menschen und bei den meisten kleinen Tieren.

Pferde können die Sauerstoffaufnahme bei Belastung wesentlich stärker steigern als der Mensch. Das große Herz des Pferdes mit einer großen Pumpleistung, die große Sauerstofftransportkapazität des Blutes, eine große Steigerung der Durchblutung des arbeitenden Muskels und ein gut entwickelter Bohr-Effekt bedeuten eine hohe aerobe Kapazität.

Pferde sind sowohl zur kurzfristigen anaeroben Höchstleistung wie auch zur Ausdauerleistung befähigt.

22.3 Anaerober Stoffwechsel, Ermüdung und Blutlactatkonzentration

Bei vielen Belastungen im Pferdesport und auch bei Greyhound-Rennen spielt vor allem der anaerobe und wenig der aerobe Stoffwechsel eine Rolle (Tab. 22.1). Der hohe Anteil der schnell kontrahierenden und für den anaeroben Stoffwechsel spezialisierten Muskelfasern bei Rennpferd und Greyhound sind Ausdruck für eine hohe anaerobe Kapazität. Durch eine hohe Lactat-Dehydrogenase-Aktivität (LDH) im Muskel können Vollblüter und Greyhounds ATP schnell anaerob bereitstellen. Beim Vollblüter und auch beim Greyhound sind die LDH-Aktivitäten höher als beim Menschen.

Bei sehr intensiver, länger anhaltender Arbeit, bei der durch den aeroben Stoffwechsel nicht mehr genügend ATP zur Verfügung gestellt werden kann, muß der Muskel das notwendige ATP zusätzlich anaerob gewinnen (Abb. 22.1). Dadurch wird im Muskel zunehmend Lactat gebildet. Als Anzeichen der auftretenden Ermüdung gilt die Höhe der Blutlactatkonzentration. Je höher die Blutlactatkonzentration ansteigt, umso stärker ist der Grad der Ermüdung.

22.4 Thermoregulation und Schweißsekretion

Die starke Steigerung des Stoffwechsels bei Belastungen bedeutet, daß der Körper große Wärmemengen abgeben muß. Eine schnelle Wärmeabgabe während und auch nach der Arbeit ist unbedingte Voraussetzung für das Überleben der Tiere. Beim Pferd erfolgt diese Abgabe vor allem über das Schwitzen (Abb. 21.9). Bei kurzzeitigen Belastungen ist dies ohne nennenswerte Schwierigkeiten möglich. Bei längeren Belastungen, z.B. bei einem Distanzritt über 80 km, wurde eine Schweißproduktion von 37 l für ein 500 kg schweres Pferd berechnet. Die Wirksamkeit des Kühlens beim Schwitzen hängt vor allem von der Luftfeuchtigkeit und der Luftbewegung ab. Bei trockenem, warmem Klima sind die Voraussetzungen für die Verdunstung günstig. Bei hoher Luftfeuchtigkeit und geringer Luftbewegung, z.B. auch im Stall, verdunstet u.U. nur ein Drittel des gebildeten Schweißes, und zwei Drittel fließen ohne Evaporation von der Haut ab.

Nach starker Belastung kann die Rektaltemperatur beim Pferd kurzfristig bis auf über 41 °C ansteigen (Abb. 21.13), in der arbeitenden Muskulatur wurden sogar Temperaturen bis zu 43 °C gemessen. Wenn die Wärmeabgabe bei und nach einer starken Belastung eingeschränkt bleibt, kann dies schnell zu einem Hitzekollaps führen (Kap. 21.8.1).

Die Flüssigkeitsverluste durch den Schweiß können erheblich sein. Beim Distanzritt werden durchschnittlich 7-8 l Schweiß je Stunde abgesondert. Innerhalb von 5 Stunden haben die Tiere dann etwa 8% ihres Körpergewichtes durch Schwitzen verloren. Bei hoher Laufgeschwindigkeit in heißem Klima wurde sogar von einer Schweißsekretionsrate bis zu 15 l je Stunde berichtet. Bei längeren Belastungen sollten Pferde deshalb Gelegenheit zur Wasseraufnahme haben. Da Pferde meistens unter solchen Bedingungen nicht spontan Wasser aufnehmen wollen, ist es hilfreich, wenn die Tiere schon während des Trainings an das Tränken in den kurzen Belastungspausen gewöhnt werden.

Tabelle 22.5 Elektrolytkonzentrationen (mmol · l^{-1}) im Schweiß von Pferden und Menschen (nach Snow, 1984)

Species	Natrium	Kalium	Chlorid
Pferd	130-190	20-50	160-190
Mensch	40-60	4-5	30-50

Die Elektrolytkonzentrationen und damit auch die Elektrolytverluste mit dem Schweiß sind bei Pferden wesentlich höher als beim Menschen. Während der Mensch einen stark hypotonen Schweiß abgibt, ist dieser bei Pferden leicht hyperton (Tab. 22.5). In jedem Liter Schweiß verlieren Pferde deshalb 3-4mal mehr Natrium, Chlorid und Kalium als der Mensch. Bei Beginn der Schweißsekretion ist der Schweiß der Pferde reich an Glykoproteinen. Diese setzen die Oberflächenspannung herab; dadurch kommt es zur Schaumbildung und auch zum Glanzschimmer an der Haaroberfläche, die Reflexion der Sonnenstrahlen ist dadurch verbessert.

Durch den hohen Energiestoffwechsel wird bei starker körperlicher Arbeit viel Wärme gebildet, die die Pferde vor allem durch Schwitzen abgeben. Die Elektrolytkonzentration im Pferdeschweiß ist im Vergleich zum Menschen außerordentlich hoch, die Tiere verlieren deshalb bei längerem Schwitzen Na^+ und Cl^-.

22.5 Einfluß von Training auf Herz, Kreislauf und Stoffwechsel

22.5.1 Hämoglobinkonzentration und Sauerstofftransportkapazität

Durch das Training wird bei Pferden die Fähigkeit verbessert, bei Belastungen Erythrocyten aus der Milz auszuschütten und damit die Sauerstofftransportkapazität des Blutes zu erhöhen. Schon durch ein mittleres Training erreichen jedoch die Bluthämoglobinkonzentrationen einen Plateauwert; ein weiteres Training bewirkt keinen weiteren Anstieg. Diese Begrenzung ist sinnvoll, da eine stärkere Zunahme der Erythrocytenkonzentration zu einer zu starken Erhöhung der Blutviskosität und damit zu einer Beeinträchtigung der Fließeigenschaften des Blutes führen würde.

22.5.2 Herzgröße, Schlagvolumen und Herzschlagfrequenz

Pferde und auch andere Säugetiere, die durch ihre Lebensgewohnheiten längere Strecken laufen, haben meistens ein relativ großes Herz. Beim untrainierten Vollblüter wiegt das Herz 0,8%-1%, bei Warmblutpferden 0,6%-0,7%, beim Hasen 1,2% des Körpergewichtes. Demgegenüber haben die nur kurze Strecken laufenden Kaninchen und auch Hausschweine nur ein Herzgewicht von etwas mehr als 0,4% des Körpergewichtes. Als Anpassung an das Training erfolgt, wie auch bei Sportlern, eine Hypertrophie des Herzmuskels. Beim trainierten Vollblüter wurden Herzmuskelgewichte von 1,1% und bei Greyhounds von 1,5% des Körpergewichts gemessen. Da das Schlagvolumen etwa linear mit dem Herzgewicht ansteigt, ist nach intensivem Ausdauertraining eine Zunahme des Herzschlagvolumens um 20-25% zu erwarten.

Während einer definierten, standardisierten Belastung schlägt das große Herz des trainierten Pferdes langsamer als das kleinere Herz des wenig trainierten Pferdes. Für eine bestimmte Laufgeschwindigkeit benötigen schlechter trainierte Pferde deshalb eine höhere Herzschlagfrequenz als gut trainierte Tiere. Die Abhängigkeit zwischen Herzschlagfrequenz und Laufgeschwindigkeit bei definierten Belastungen wird deshalb als Parameter für die Beurteilung des Trainingszustandes verwendet. Eine nach unten verschobene Kurve der linearen Abhängigkeit zwischen Herzschlagfrequenz und Laufgeschwindigkeit gilt als Verbesserung der Ausdauerleistung der Pferde.

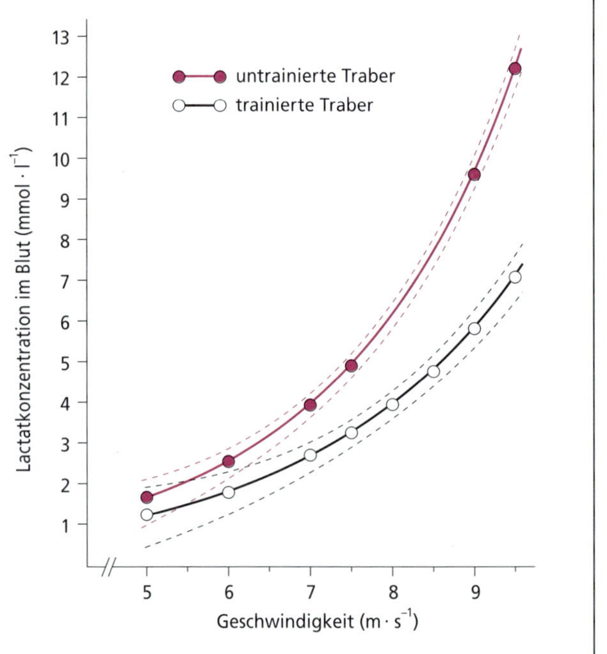

Abb. 22.9 Zunahme der Blutlactatkonzentrationen im venösen Blut bei untrainierten und bei trainierten Trabern in Abhängigkeit von der Laufgeschwindigkeit (nach Thornton et al., 1983).

22.5.3 Ermüdung des Muskels

Durch Training kann die maximale Sauerstoffaufnahme erhöht und die Sauerstoffversorgung des arbeitenden Muskels verbessert werden. Damit kann bei starken, längeren Belastungen mehr ATP aerob zur Verfügung gestellt werden, und es wird entsprechend weniger Lactat gebildet. Die Blutlactatkonzentrationen sind daher bei trainierten Pferden bei definierten, standardisierten Belastungen niedriger als bei untrainierten (Abb. 22.9).

Durch Training kann das Verhältnis zwischen Muskelfasern vom Typ I und Typ II nur wenig verändert werden; es können allerdings Typ IIB in IIA und auch etwas in I Fasern umgewandelt werden. Durch Ausdauertraining werden die oxidative Kapazität, die Enzyme für den Abbau der freien Fettsäuren, die Anzahl und die Größe der Mitochondrien sowie die Muskeldurchblutung erhöht. Durch das Training kann die Glykogenreserve in den Muskelzellen verbessert werden. Nach vollständigem Glykogenabbau und bei schwerster Arbeit dauert es wenigstens 2 Tage, bis die Glykogenreserve im Muskel wieder vollständig aufgefüllt ist.

22.6 Beurteilung des Trainingszustandes und der Leistungsfähigkeit von Sportpferden

Mit den zur Verfügung stehenden Methoden wird bei Pferden bisher fast ausschließlich die aerobe Kapazität der Tiere und damit die Ausdauerleistungsfähigkeit beurteilt. Die Ausdauer spielt besonders bei Vielseitigkeitsprüfungen, bei langen Rennen, bei Distanzritten und bei schweren Springprüfungen und auch bei Schlittenhundrennen eine entscheidende Rolle. Die Herzschlagfrequenz während und die Blutlactatkonzentrationen unmittelbar nach gut standardisierten Belastungstests können helfen, die Ausdauerleistungsfähigkeit eines Tieres zu beurteilen. Alle bisherigen Untersuchungen zeigen, daß in Ruhe gewonnene Blut- und Kreislaufparameter keinerlei Hinweise auf den Trainingszustand geben.

Weiterführende Literatur

Hodgson, D.R., R.J. Rose (1994): The athletic horse. W.B. Saunders, Philadelphia.

Saltin, B., R.J. Rose (1994): The racing camel – Physiology, metabolic functions and adaptations. Acta Physiol. Scand. **150**, Supplement 617.

Snow, D.H., C.J. Vogel (1987): Equine fitness – The care and training of the athletic horse. David & Charles, Newton Abbot, London.

23 Endokrinologie

23.1 Allgemeine Endokrinologie

B. Meinecke

23.1.1 Einleitung

Die Endokrinologie befaßt sich mit der Erforschung von Hormonen. Hormone werden in bestimmten Drüsen gebildet und über den Blutstrom in verschiedene Körperregionen transportiert, wo sie an spezifischen Zielzellen ihre Wirkung entfalten und so im gesamten Körper die Stoffwechsellage regulieren. Das Wort Hormon leitet sich vom griechischen Verb hormao ab, das antreiben oder anregen bedeutet. Ein Hormon ist also eine Substanz, die Stoffwechselprozesse in Gang setzt, die sonst nicht ablaufen würden.

Früher nahm man an, daß Hormone nur von spezialisierten Drüsen synthetisiert und an den Blutkreislauf abgegeben werden, um ihre entfernt liegenden Zielorgane zu erreichen. Dieses klassische Konzept hat durch die Entdeckung von komplexen Hormonen und Hormonrezeptoren bei Einzellern eine erhebliche Neuerung erfahren, denn mit dieser Entdeckung wurde klar, daß endokrine Drüsen eine späte Entwicklung der Evolution darstellen. Möglicherweise sind das Nervensystem und die endokrine Signalvermittlung aus gemeinsamen Vorläufern entstanden, wobei ursprünglich einfach aufgebaute Zellen chemische Signale für ihre Nachbarzellen abgegeben haben. Diese Botenstoffe müssen einen Selektionsvorteil für die Zellen dargestellt haben, so daß sie im Verlaufe der fortschreitenden Entwicklung genetisch konserviert wurden. Von den höheren Organismen erfolgte dann die Übernahme der Signalmoleküle als Hormone, Neurotransmitter oder als andere interzelluläre Boten, wie z.B. Wachstumsfaktoren, Interferone oder Prostaglandine.

Ein solcher Evolutionsverlauf erklärt zum großen Teil die weitreichende Einheitlichkeit bei der Signalübermittlung und -verarbeitung innerhalb der interzellulären Kommunikation.

Man kann davon ausgehen, daß jede Körperzelle der höheren Organismen jene Gene enthält, die für die Hormonsynthese notwendig sind. Dies wird unter anderem daran erkennbar, daß viele Krebszellen in der Lage sind, Hormone zu produzieren, so daß bei einem tumorösen Krankheitsgeschehen Signalmoleküle am falschen Ort und zur falschen Zeit erscheinen können. Die Bedeutung der Endokrinologie liegt also nicht nur in der Erklärung physiologischer Regulationsvorgänge, sondern auch in der Ursachenforschung von pathophysiologischen Abläufen.

23.1.2 Einteilung der Hormone

- **Nach dem Transportweg**

Nach den zurückgelegten Wegstrecken unterteilt man die extrazellulären Signalsubstanzen in **endokrine**, **parakrine** und **autokrine** Hormone. Endokrine Hormone gelangen über den Blutweg zu ihren Zielorten, während die parakrinen Wirkstoffe von Zellen freigesetzt werden und ihre unmittelbar benachbarten Zellen beeinflussen. Bei der autokrinen Signalübertragung reagieren Zellen auf Substanzen, die sie selbst abgegeben haben (Abb. 23.1).

Der para- und autokrine Kommunikationsweg wird von den Wachstumsfaktoren, Cytokinen und Lymphokinen genutzt, um das Zellwachstum und die Funktionsdifferenzierung zu steuern. Die Wachstumsfaktoren dienen als Mediatoren der klassischen endokrinen Hormone, wie z.B. des ACTH oder des Östrogens, die eine mehr globale Wirkung entfalten und auf zellulärer Ebene eine zusätzliche Modifizierung ihrer zellspezifischen Funktion erfahren. Östrogene bewirken z.B. die Synthese des Transforming Growth Factor β (TGF_β), der seinerseits im Ovar in die Synthese der Östrogene eingreift.

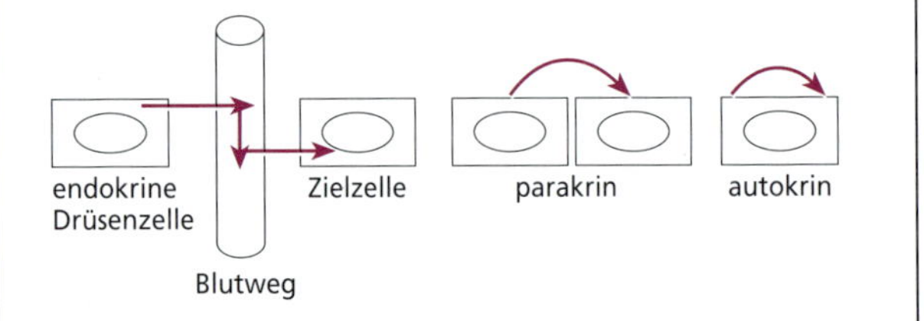

Abb. 23.1 Schematische Darstellung endokriner, parakriner und autokriner Wirkungswege.

• **Nach den chemischen Eigenschaften**
Hormone lassen sich in drei große Gruppen unterteilen:
1. lipophile Hormone, die durch die Zellmembran diffundieren und im Cytosol oder im Kern an ihren Rezeptor binden (Steroidhormone);
2. hydrophile Hormone, die an Rezeptoren auf der Zellmembran binden (Polypeptidhormone);
3. lipophile Hormone, die an Rezeptoren auf der Zellmembran binden (Prostaglandine).

23.1.3 Rezeptorvermittelte Signalübertragung

Ein Hormonmolekül kann seine Botschaft nur weitervermitteln, wenn es an der Zielzelle seine spezifische Bindungsstelle findet, zu der es paßt. Diese Bindungsstelle wird als **Rezeptor** bezeichnet. Die Rezeptoren für die verschiedenen Hormone unterscheiden sich hinsichtlich ihres Vorkommens in den verschiedenen Geweben, ihrer Lokalisation in oder an der Zielzelle, ihrer Struktur sowie ihrer funktionellen Eigenschaften.

Rezeptoren sind nicht als statisches „Ausstattungsmolekül" einer Zielzelle anzusehen, sie sind vielmehr als ein vorübergehender „Ausstattungszustand" der Zielzelle anzusprechen, der beständig wechselt und von der Zelle selbst durch Ermittlung ihres internen und externen Milieus bestimmt wird.

Bindet ein Hormon an seinen Rezeptor, so werden in der Zelle verschiedene Signale (second messenger) gebildet, die über die Beeinflussung von Stoffwechselprozessen schnell wirksam werden (Millisekunden, Sekunden), oder es kommt zu einer Veränderung von Genaktivitäten, deren Manifestation längere Zeit in Anspruch nimmt (Stunden).

Hormone binden an spezifische zelleigene Rezeptoren. Ihre Wirkung entfalten sie über die Aktivierung von Genen oder über die Bildung intrazellulärer Signalmoleküle (second messenger).

• **Einteilung der Rezeptoren**
Rezeptoren lassen sich nach ihrer Lokalisation (Cytoplasma/Zellkern oder Plasmamembran), nach ihrer molekularen Struktur und nach den beteiligten Signalübertragungswegen klassifizieren. Der besseren Übersicht wegen sollen die Rezeptoren für die drei nach ihren chemischen Eigenschaften eingeteilten Hormongruppen kurz dargestellt und ihre Funktionen erläutert werden.

Jeder bisher bekannte Rezeptor hat Proteincharakter, wobei die verschiedenen Regionen des Proteinmoleküls als **Domänen** bezeichnet werden. Sehr häufig codiert ein bestimmtes Exon (als Exon bezeichnet man den Abschnitt in einem Gen, der tatsächlich in mRNA übersetzt wird; Abschnitte, die nicht in mRNA umgeschrieben werden, heißen Introns) im Gen für eine Domäne. Ein Rezeptor kann aufgrund seiner verschiedenen Domänen als „Domänenpuzzle" betrachtet werden, wobei die einzelnen „Domänenpuzzleteile" auch in andere Rezeptoren oder Proteine „passen". Diese große Ähnlichkeit der Domänen läßt darauf schließen, daß es für die Evolution einfacher war, vorhandene Gene zu verdoppeln oder zu modifizieren als vollständig neue zu entwickeln.

23.1.3.1 Steroidhormonrezeptoren

Zu den wichtigsten lipophilen Hormonen, die frei in die Zielzelle diffundieren können, gehören die Steroidhormone, das Thyroxin, das Vitamin-D_3-Hormon und die Retinsäure. Der im Cytoplasma lokalisierte Rezeptor für diese Signalmoleküle ist nach einem einheitlichen Prinzip aufgebaut und besteht aus nur einer Polypeptidkette (Abb. 23.2). Es

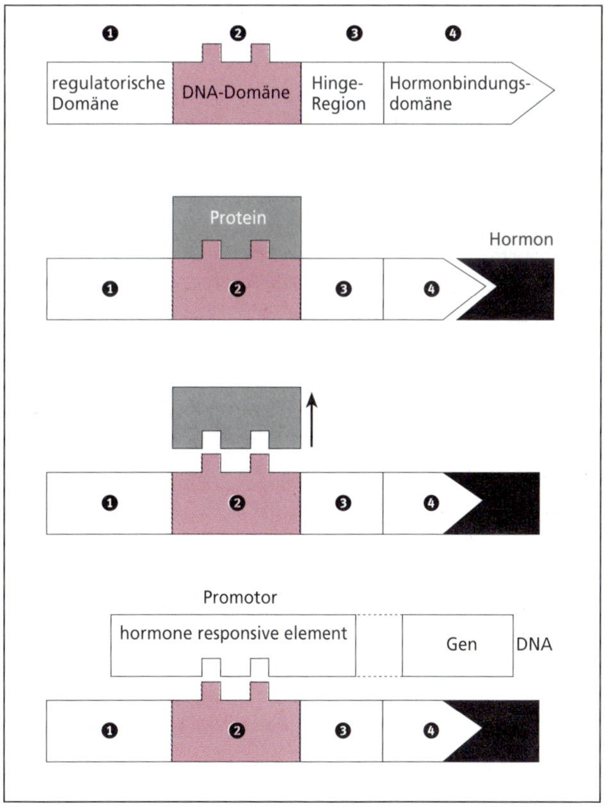

Abb. 23.2 Domänenstruktur und Funktion eines Steroidhormonrezeptors. Die DNA-Domäne trägt eine zinkfingerähnliche Struktur, die durch ein Protein geschützt ist. Mit der Bindung des Steroidhormons an den Rezeptor dissoziiert das Protein ab, und die DNA-Domäne des Hormon-Rezeptor-Komplexes kann an die DNA (Promotor) binden und das dazugehörige Gen aktivieren.

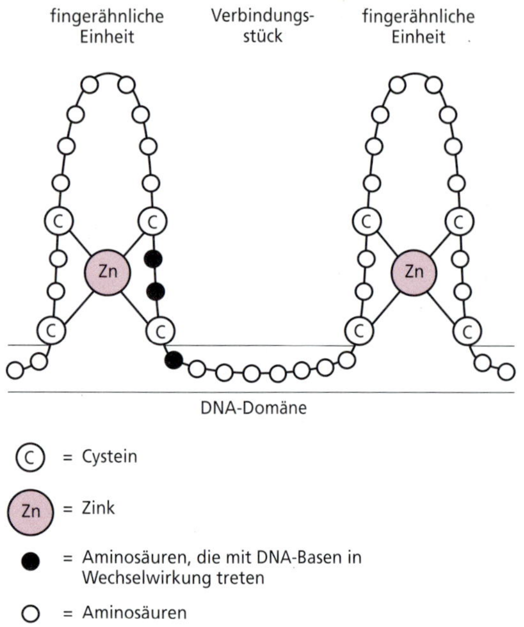

Abb. 23.3 Schema der DNA-bindenden Domäne eines Steroidhormonrezeptors. Die erste zinkfingerartige Einheit bindet an die DNA, die zweite verbindet sich mit einem weiteren Rezeptormolekül (Rezeptorpaarbildung, Dimerisierung). Ein Hormonmolekül (Östrogen, Progesteron, Glucocorticoide) wirkt also über zwei Rezeptormoleküle an der DNA.

ist deshalb nicht verwunderlich, daß die spezifischen Hormone mit mehr als einem Rezeptor innerhalb dieser Rezeptorfamilie reagieren können.

Die DNA-Domäne der Steroidhormonrezeptoren weist eine charakteristische Aminosäurensequenz auf. In diesem Abschnitt des Rezeptors befinden sich zwei Strukturen, die durch Anhäufungen der Aminosäure Cystein gekennzeichnet sind, wobei jeweils 4 Cysteinmoleküle, die durch ein Zinkatom fixiert sind, den Grundstock für eine fingerähnliche Aminosäurenschleife bilden (Abb. 23.3). Diese „Zinkfinger" unterscheiden sich in jedem der verschiedenen Steroidhormonrezeptoren. Bei einer Zinkmangelernährung kann es unter anderem zu einer verzögerten sexuellen Entwicklung kommen. Dieses Symptom läßt sich der Unfähigkeit von Östrogen- und Androgenrezeptoren zuschreiben, in Abwesenheit von Zink die passenden Strukturen in ihrer DNA-Domäne auszubilden (keine „Zinkfinger" → keine DNA-Bindung).

Die DNA-Domäne (mit ihren Zinkfingern) bindet hormonspezifisch an einen Enhancer im Genpromotor (Abb. 23.2). Enhancer bestehen aus etwa 70 Basenpaaren und verbessern die Erkennung des Promotors durch die RNA-Polymerasen, die das Gen in mRNA übersetzen. Promotoren sind etwa 100 Basenpaare lange DNA-Sequenzbereiche, von denen aus die Transkription eines Gens gesteuert wird. Sie liegen vor dem Gen, das transkribiert werden soll.

Für die Steroidhormonrezeptoren, die ihr zuständiges Hormon gebunden haben und an die DNA assoziieren müssen, um ihre Botschaft wirksam werden zu lassen, gibt es vier unterschiedliche Enhancer, die auch als „hormone responsive elements" der DNA bezeichnet werden.

Glucocorticoide, Progesteron und Androgene teilen sich ebenso wie Vitamin A und Thyroxin je einen Enhancer, während Vitamin-D_3-Hormon und Östrogene jeweils an einen eigenen Enhancer binden. Damit keine Verwechslungen vorkommen, z.B. daß Glucocorticoide, weil sie an den gleichen Enhancer binden, plötzlich eine Progesteronwirkung entfalten, hat sich auf der DNA-Ebene ein sinnreiches Kontrollsystem entwickelt. Steroidhormonrezeptoren heften sich immer paarweise an die DNA an, jeweils ein Molekül des Paares an eine Hälfte der DNA-Bindungsstelle. Um Verwechslungen zu vermeiden, müssen die „Zinkfinger" der DNA-Domäne des Rezeptors sowohl die Basensequenz der jeweiligen Hälfte der Bindungsstelle als auch den Abstand zwischen den beiden Hälften erkennen (Abb. 23.3). Der Enhancer erkennt also gewissermaßen das Hormon an seinem spezifischen Zinkfinger und aktiviert dann die dazu passenden Transkriptionsfaktoren.

Die Steroidhormonrezeptoren bestehen aus einer einzigen Polypeptidkette, die 4 charakteristische Domänen aufweist. Nach der Bindung des Steroidhormons an seinen Rezeptor wandert der Hormon-Rezeptor-Komplex in den Zellkern, bindet an die DNA und aktiviert die Transkription von spezifischen Genen.

23.1.3.2 Hormonrezeptoren auf der Zelloberfläche

Viele Hormone sind nicht lipophil und können deshalb nicht in die Zelle diffundieren. Sie müssen ihre Botschaft an Rezeptoren, die auf der Zelloberfläche lokalisiert sind, übergeben. Zu dieser großen Gruppe von hydrophilen Hormonen gehören die Polypeptidhormone (z.B. Glucagon, Corticotropin, Follitropin, Lutropin, Thyreotropin, Thyreoliberin, Gonadoliberin) sowie kleinere Moleküle wie z.B. Adrenalin. Es sind 7 Rezeptortypen bekannt, die auf der Zelloberfläche ihre Botschaft empfangen und auf unterschiedliche Art und Weise in das Zellinnere weitervermitteln (Abb. 23.4).

Im Rahmen der Endokrinologie sind die G-Protein-regulierten sowie die zur Tyrosinkinasefamilie gehörigen Rezeptoren bedeutungsvoll.

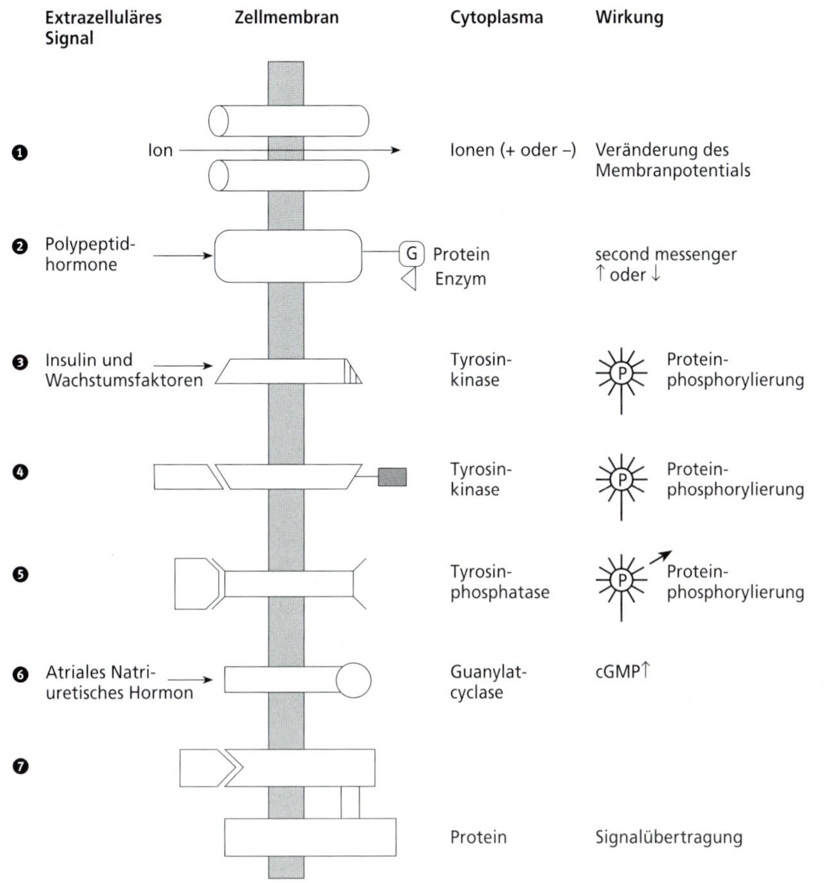

Abb. 23.4 Rezeptorvermittelte Informationsübertragung von der Zelloberfläche in das Zellinnere.
1. Signalkontrollierte Ionenkanäle;
2. G-Protein-regulierte Rezeptoren;
3. Rezeptoren mit einer Tyrosinkinase-Aktivität in der cytoplasmatischen Domäne;
4. Rezeptoren, die mit einer Tyrosinkinase gekoppelt sind;
5. Rezeptoren, die mit einer Tyrosinphosphatase in ihrer cytoplasmatischen Domäne ausgestattet sind;
6. Rezeptor für das Atriale Natriuretische Hormon, der eine Guanylatcyclase in der cytoplasmatischen Domäne aufweist;
7. Rezeptoren, die mit einem integralen Membranprotein gekoppelt sind.

Die Polypeptidhormone binden an ihren zellmembranständigen Rezeptor und vermitteln ihre Wirkung über G-Proteine an die Adenylatcyclase, deren cAMP-Produktion aktiviert oder inhibiert wird (second messenger). Der Insulinrezeptor entfaltet nach der Hormonbindung Kinaseaktivität und phosphoryliert zelleigene Proteine.

• **Der Insulinrezeptor**

Der Insulinrezeptor besteht aus zwei Polypeptidketten, die durch Disulfidbrücken miteinander verbunden sind. Die beiden extrazellulär lokalisierten α-Untereinheiten binden das Insulin. Die beiden β-Untereinheiten verfügen über einen extra- und einen intrazellulären Anteil, die durch eine Transmembrandomäne verbunden sind (Abb. 23.5). Die intrazellulär gelegenen Domänen besitzen Tyrosinkinaseaktivität, d.h., sie übertragen nach der Bindung von Insulin Phosphor auf bestimmte Zielproteine und beeinflussen so den Stoffwechsel. Auf welche Art und Weise die Information nach der Bindung des Insulins von der extrazellulären Seite zur Aktivierung der Tyrosinkinase in das Zellinnere gelangt, ist bisher nicht geklärt.

• **G-Protein-regulierte Rezeptoren**

G-Proteine sind zellmembranständige Signalüberträgerproteine. Die Bezeichnung G-Protein leitet sich aus ihrer Eigenschaft ab, Guanosindiphosphat (GDP) bzw. Guanosintriphosphat (GTP) zu binden. Die Übertragung der Hormoninformation von der Zelloberfläche in das Zellinnere durch G-Protein-regulierte Rezeptoren stellt einen der wichtigsten Signaltransduktionswege dar. Die meisten hydrophilen und lipophilen Hormone (z.B. Glucagon, TSH,

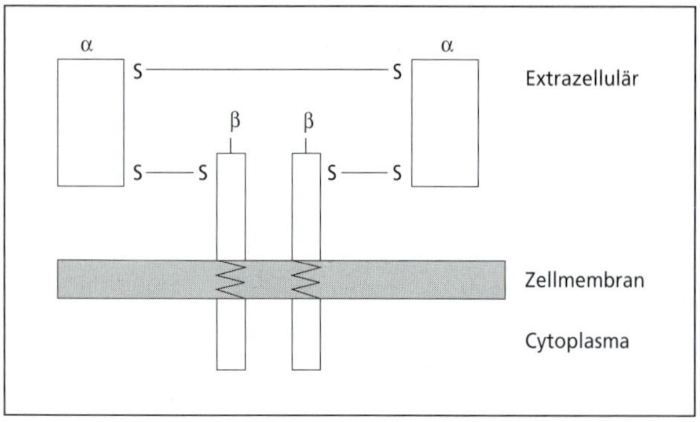

Abb. 23.5 Schema des Insulinrezeptors (S-S = Disulfidbrücke).

ACTH, FSH, LH, PGE_1, Opioide, Somatostatin), die an Zelloberflächenrezeptoren binden, benutzen diese Signalkaskade. G-Proteine, die die Adenylatcyclase stimulieren, werden als G_s-Protein bezeichnet. Daneben gibt es G-Proteine, die die Phospholipase C aktivieren (G_q-Proteine, z.B. Rezeptoren für α_1-Adrenergika), G_t-Proteine (t = Transducin), die die cGMP-Phosphodiesterase stimulieren (z.B. Rezeptoren für Photonen in Stäbchen und Zäpfchen der Retina) und G_{olf}-Proteine (olf = Olfactorius), die die Adenylatcyclase in den Neuronen des olfaktorischen Epithels stimulieren.

Im Rahmen der Endokrinologie spielen die **G_s-Proteine** die bedeutendste Rolle. Sie dienen den Hormonen als Verstärker und Feinmodulatoren bei ihrer Aufgabe, die Zellfunktion über die Produktion von cAMP (second messenger) zu steuern.

G_s-Proteine bestehen aus drei verschiedenen Peptidketten (Heterotrimere), die in Abhängigkeit von ihrer Größe als α-, β- und γ-Untereinheit bezeichnet werden. Bindet ein Hormon an seinen Rezeptor (Abb. 23.6), so assoziiert der Hormon-Rezeptor-Komplex mit dem G_s-Protein, das daraufhin GDP von der α-Untereinheit freisetzt und statt dessen GTP bindet. Die Hormon-Rezeptor-Bindung hat also zunächst die Bildung eines GTP-Protein-Komplexes am Rezeptor zur Folge. Im darauffolgenden Schritt dissoziieren die β- und γ-Untereinheiten vom Rezeptor, und es verbleibt die α-Untereinheit, die an GTP gebunden ist. Dieser Proteinkomplex ist der eigentlich wirksame Bestandteil in der G-Protein-vermittelten Signalübertragung, denn nur er ist in der Lage die Adenylatcyclase zu aktivieren.

Die α-Untereinheit verfügt über eine GTPase-Aktivität, so daß sie ihr eigenes gebundenes GTP zu GDP hydrolysiert. Diese im Molekül verankerte GTPase-Eigenschaft beendet die stimulierende Wirkung der Adenylatcyclase, denn in dem Moment, in dem GTP zu GDP hydrolysiert wird, dissoziiert die entstandene GDP-α-Untereinheit von der Adenylatcyclase (Abbruch der Adenylatcyclase-Stimulation).

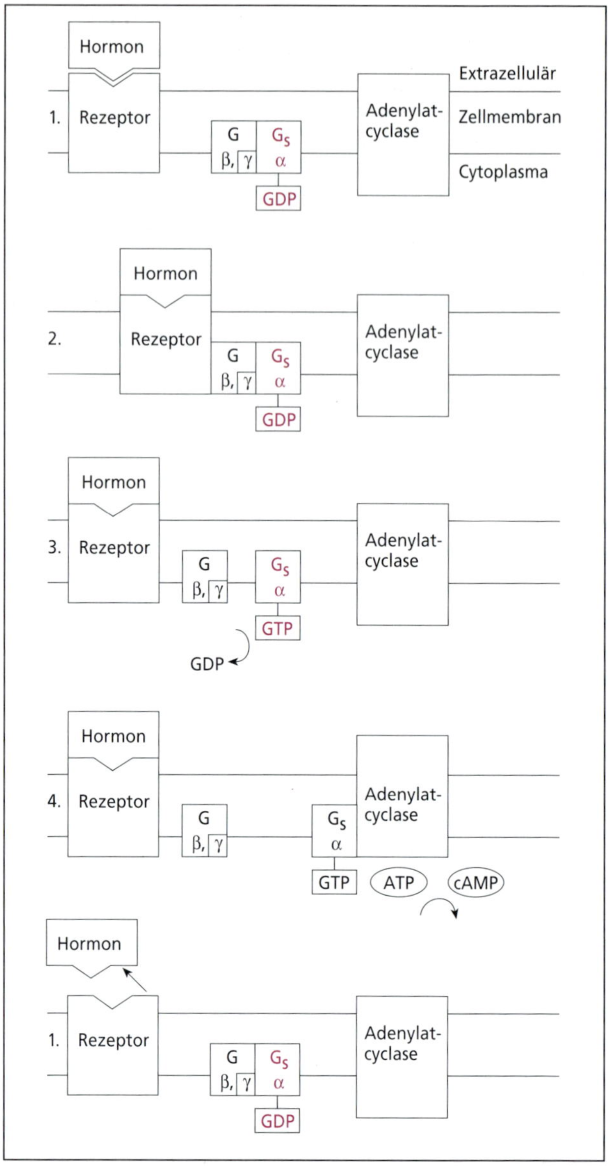

Abb. 23.6 Aktivierung der Adenylatcyclase durch G-Protein-vermittelte Signalübertragung.
1. Ausgangssituation: Das Hormon wird mit der extrazellulären Flüssigkeit zum Rezeptor transportiert.
2. Das Hormon wird vom Rezeptor gebunden. Der Hormon-Rezeptor-Komplex wird in der Zellmemban zum α-β-γ-GDP-Molekül transportiert.
3. Das an $G_s\alpha$ gebundene GDP wird gegen GTP ausgetauscht. Die $G_s\alpha$-Untereinheit „wandert" zur Adenylatcyclase.
4. Die $G_s\alpha$-Untereinheit bindet an die Adenylatcyclase, und es wird cAMP gebildet.
5. Das GTP wird hydrolysiert, und die Gsα-Untereinheit bindet wieder an das Gβ-γ-Molekül. Das Hormon dissoziiert vom Rezeptor.

Die freigesetzte GDP-α-Untereinheit assoziiert mit den beiden β- und γ-Untereinheiten zum ursprünglichen α-β-γ-GDP-Molekül.

Der Rezeptor und das G_s-Protein können sich sehr schnell in der Membran bewegen, so daß ein einzelner Rezeptor, der durch ein Hormonmolekül aktiviert wurde, viele $G_s\alpha$-GTP-Komplexe (ca. 100) produzieren kann. Jeder dieser $G_s\alpha$-GTP-Komplexe stimuliert eine Adenylatcyclase, die daraufhin zahlreiche (hunderte) cAMP-Moleküle freisetzt.

Dieser Verstärkerfunktion des G-Proteins steht die ebenso wichtige Fähigkeit gegenüber, durch die GTPase schnell von der Adenylatcyclase zu dissoziieren und so die physiologische Reaktion der Zelle rasch zu beenden. Um die Adenylatcyclase kontinuierlich zu stimulieren, muß das Hormon ununterbrochen einwirken. Sinkt also der Hormonspiegel, so wird die Adenylatcyclase in kürzester Zeit (Sekunden) abgeschaltet.

Für die Feinmodulation der cAMP-Produktion verfügen manche Zielzellen über zusätzliche inhibierende Rezeptoren. Glucagon und ACTH stimulieren in Fettgewebszellen, z.B. über das G_s-Protein, die Adenylatcyclase, während Prostaglandin E_1 (PGE_1) das Enzym hemmt. PGE_1 benutzt dazu einen Rezeptor, der an das membranständige G_i-Protein koppelt (i steht für Inhibierung). Dieses G_i-Protein unterscheidet sich nur in seiner α-Untereinheit vom G_s-Protein. Nach der Aktivierung durch PGE_1 bindet die $G_i\alpha$-Untereinheit GTP und wandert zur Adenylatcyclase, die so gehemmt wird. Zusätzlich wird die Wirksamkeit des G_s-Proteins vermindert, indem die beiden Untereinheiten (β, γ) des G_i-Proteins den aktiven $G_s\alpha$-GTP-Komplex binden und so unwirksam machen.

So komplex dieses System auf zellulärer Ebene auch geregelt sein mag, so wird doch augenscheinlich, daß durch die gleichzeitige Bindung von mehreren Hormonen an eine Zielzelle eine Feinabstimmung ihrer physiologischen Antwort auf die Hormonsignale möglich wird.

Die G-Protein-vermittelte Hormonwirkung dient der Verstärkung und der schnellen Feinregulation des hormonalen Signals auf zellulärer Ebene.

23.1.4 Hormonsekretion

23.1.4.1 Rückkopplungsmechanismen

Die Sekretion eines Hormons unterliegt einer Kontrolle, die z.B. den Sekretionszeitpunkt und die Sekretionsmenge des betreffenden Hormons festlegt. Die Kontrollinstanzen sind hierarchisch geordnet und werden durch Feedback(Rückkopplungs)-Meldungen informiert. Ein klassisches Beispiel für ein solches System ist die Hypothalamus-Hypophysen-Ovar-Achse, in der jede Ebene der Hierarchie ständig Rückmeldungen über die Hormonsekretionsaktivität der untergeordneten Ebenen erhält.

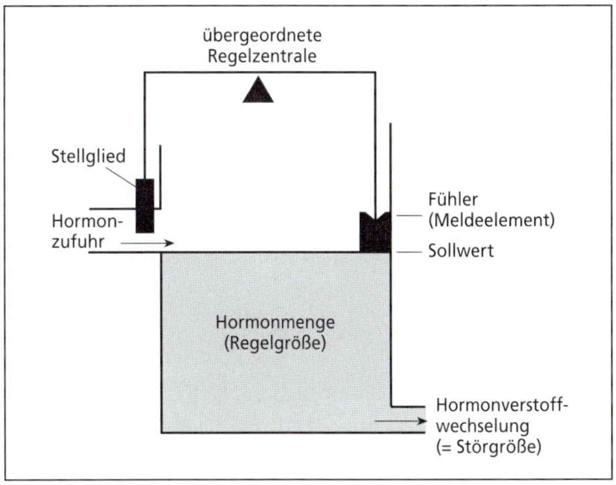

Abb. 23.7 Prinzip eines Regelkreises. Beispiel der Regulation der Hormonkonzentration. Die Hormonmenge ist durch den Sollwert vorgegeben. Werden Hormone verstoffwechselt (verbraucht), so sinkt die Hormonmenge, und der Sollwert wird unterschritten. Der Fühler meldet die Sollwertunterschreitung an die übergeordnete Reglerzentrale, die die Hormonsekretion (Stellglied) darauf erhöht, um den Sollwert wieder herzustellen.

Die meisten hormonalen Regulationssysteme formen eine Rückkopplungsschleife (feedback loop), in der die kontrollierte Variable (die Bluthormonkonzentration) die Hormonsekretionsrate bestimmt. Im allgemeinen handelt es sich dabei um negative Feedback-Mechanismen, d.h., der Anstieg der Bluthormonkonzentration erniedrigt die Sekretionsrate. Es existieren aber auch positive Feedback-Mechanismen, bei denen die Erhöhung einer Bluthormonkonzentration die Sekretion eines anderen Hormons stimuliert (Östrogen/LH).

Die Kontrollsysteme, die sich für die Regulation von bestimmten Hormonen im Laufe der Evolution gebildet haben, sind in sich geschlossen und funktionieren nach dem Prinzip eines Regelkreises (Abb. 23.7), d.h., die aktive Kontrolle hängt vom sezernierten Hormon ab, das selbst die kontrollierte Variable (Regelgröße) im Regelkreis darstellt. Drei Elemente bestimmen die Funktion eines Regelkreises: ein Meldeelement (Fühler), das die aktuelle Konzentration der Variablen feststellt, ein Sollwertgeber, der die geeigneten Grenzkonzentrationen für die Variable definiert, und ein Stellglied, das die Differenz zwischen aktueller Konzentration (Istwert) und der definierten Grenzkonzentration (Sollwert) ausgleicht.

23.1.4.2 Endokrine Rhythmen

Nahezu alle physiologischen Funktionen eines Organismus unterliegen periodischen Veränderungen, die entweder endogen oder exogen kontrolliert

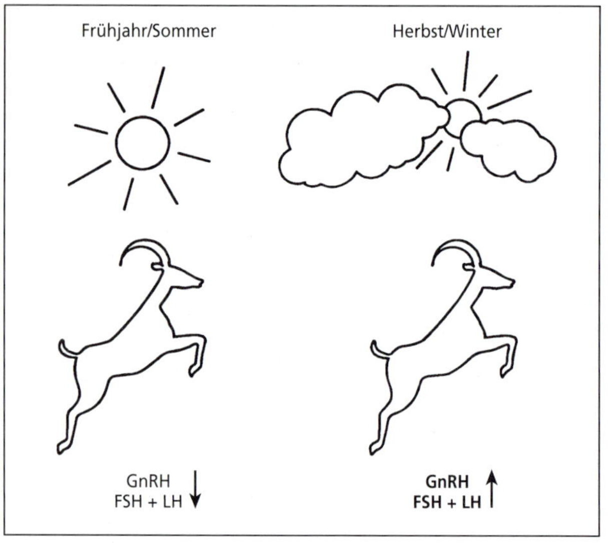

Abb. 23.8 Lichtabhängige Veränderung der Hormonsekretion bei der Ziege.

werden. So beeinflussen externe Signale, wie z.B. das Licht über den Hell-Dunkel-Wechsel, endokrine Funktionen. Diese externen Signale werden als **Zeitgeber** bezeichnet. Im eigentlichen Sinne bestimmen sie keinen Sekretionsrhythmus, sie kontrollieren und synchronisieren vielmehr ein Sekretionsereignis; z.B. bestimmt die abnehmende Tageslichtmenge bei Ziegen und Schafen das Anlaufen der Brunstzyklen über die erhöhte GnRH-Sekretion (Abb. 23.8).

Bei zunehmender Tageslichtmenge vermindert sich die GnRH-Sekretion, so daß keine ausreichenden Mengen an FSH und LH aus dem Hypophysenvorderlappen freigesetzt werden, um einen Brunstzyklus aufrechtzuerhalten. Die Tiere hören auf zu zyklieren (saisonaler Anöstrus). Nimmt die Tageslichtmenge im Herbst ab, so steigt die GnRH-Sekretion, und die zunehmenden FSH- und LH-Konzentrationen lassen die Brunstzyklen wieder anlaufen. Tiere, die nur während der kurzen Herbst- und Wintertage sexuell aktiv sind, nennt man **short-day breeders**, solche, die nur im Frühjahr/Sommer sexuell aktiv sind, **long-day breeders** (z.B. Pferd).

Viele endogene Sekretionsrhythmen weisen eine Periodizität von ca. 24 Stunden auf und werden **circadian** (ungefähr ein Tag) genannt. Erfolgt der Sekretionsrhythmus frequenter als einmal pro Tag, so spricht man von einem **ultradianen** Rhythmus (ultra = darüber hinaus).

Die häufigsten Sekretionsrhythmen folgen einem circadianen Muster; so erreicht die Sekretion des Wachstumshormons und des Prolactins kurz nach dem Schlafbeginn ihr tägliches Maximum, Cortisol wird dagegen zwischen zwei und vier Uhr nachts in erhöhtem Maße freigesetzt.

Unter klinischen Gesichtspunkten erlangt die Sekretionsrhythmik der Hormone große Bedeutung, denn die physiologische Variabilität der Hormonkonzentrationen muß bei der Interpretation von Hormonbefunden Berücksichtigung finden.

23.1.5 Messung von Hormonkonzentrationen in Körperflüssigkeiten

Hormonkonzentrationen werden meistens im peripheren Blutplasma ermittelt, bei bestimmten Krankheitsbildern kann es aber notwendig werden, Hormonkonzentrationen z.B. in der Cerebrospinalflüssigkeit festzustellen. Auch wird im Rahmen von Bestandsüberwachungen bei Rinderbetrieben vielfach der Progesterongehalt in der Milch gemessen.

Grundlage der Hormonbestimmung ist der **Radioimmunoassay (RIA)**, der auf der kompetitiven Hemmung der Antikörperbindung eines radioaktiv markierten Hormons durch das nicht markierte Hormon beruht.

Die radioimmunologische Bestimmung einer Hormonkonzentration im Blutplasma wird durchgeführt, indem man gleichzeitig eine Standard-

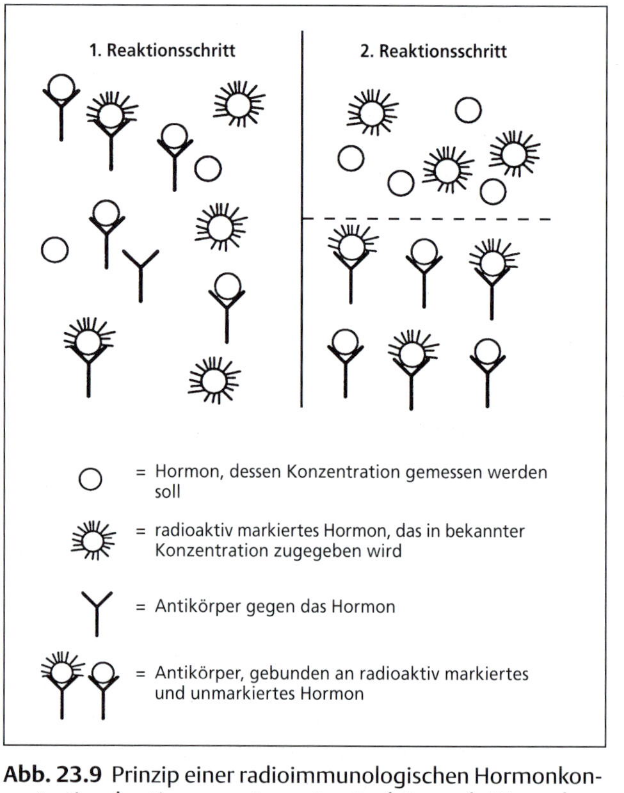

Abb. 23.9 Prinzip einer radioimmunologischen Hormonkonzentrationsbestimmung. Im ersten Reaktionsschritt werden der zu untersuchenden Probe ein radioaktiv markiertes Hormon in bekannter Konzentration und der Hormonantikörper zugesetzt. Im zweiten Reaktionsschritt werden alle ungebundenen Hormonmoleküle entfernt, so daß nur noch antikörpergebunde Hormonmoleküle vorhanden sind.

präparation, die das radioaktiv markierte Hormon in bekannter Konzentration sowie den Antikörper gegen das Hormon enthält, und die zu untersuchende Probe, die das Hormon in unbekannter Konzentration beinhaltet, in ein Reagenzgefäß pipettiert (Abb. 23.9).

In einem weiteren Reaktionsschritt werden alle ungebundenen Hormonmoleküle (markierte und unmarkierte) aus dem Reagenzglas entfernt, so daß nur noch Hormonmoleküle, die an den Antikörper gebunden sind, im Testansatz verbleiben.

Nach der Trennung von freiem und gebundenem Hormon wird die Radioaktivität im Teströhrchen in einem Detektor gemessen. Je mehr Hormonmoleküle in der zu untersuchenden Probe waren, um so geringer wird die Radioaktivität im Teströhrchen sein, denn die nicht markierten Hormonmoleküle verdrängen konzentrationsabhängig die markierten Hormonmoleküle vom Antikörper. Der ermittelte Zahlenwert, den der Detektor anzeigt (counts per minutes, cpm) wird in eine Verdrängungskurve (Standardkurve) eingetragen und gibt so die Konzentration des zu bestimmenden Hormons wieder.

Die Messung einer Hormonkonzentration in einer Probe kann auch ohne Radionuklide durchgeführt werden, indem die Markierung über eine Enzymkopplung erfolgt, die eine Farbreaktion zur Folge hat (Enzyme linked immunosorbent assay, ELISA).

Die heutigen Testverfahren können Hormonkonzentrationen im Femtomol-Bereich (10^{-15}) ermitteln; die für die Klinik wichtigsten Hormone weisen Blutplasmakonzentrationen im Pico-(10^{-12}) und Nanomol (10^{-9})-Bereich auf.

23.2 Spezielle Endokrinologie

E. Möstl

23.2.1 Hypothalamus-Hypophysen-System

Die basalen Teile des Zwischenhirns werden als Hypothalamus bezeichnet. Typisch für diese Gehirnregion ist das Vorkommen von neurosekretorischen Zellen. Diese bilden Hormone oder hormonähnliche Verbindungen. Die Fortsätze dieser Zellen enden frei im Hypophysenhinterlappen oder in der Eminentia mediana (bilden also keine Synapsen). In den Zellen sind Granula aus Transportproteinen (Neurophysine) eingelagert. Die Zellen liegen gruppenweise in den sog. Kernen des Hypothalamus.

> Die Hormone des Hypothalamus werden als neurohypophysäre bzw. hypophyseotrope Hormone bezeichnet.

23.2.1.1 Neurohypophysäre Hormone

> Im Hypothalamus werden die Hypophysenhormone Oxytocin und Vasopressin gebildet.

Diese Hormone wandern in den Axonen in den Hypophysenhinterlappen. Sie werden dort gespeichert und bei Bedarf an das Blut abgegeben. Aufgrund ihres Vorkommens im Hypophysenhinterlappen werden sie als neurohypophysäre (Hinterlappen) Hormone bezeichnet und bei der Beschreibung des Hypophysenhinterlappens behandelt.

23.2.1.2 Hypophyseotrope Hormone

> Die Hormone des Hypothalamus wirken entweder stimulierend auf den Hypophysenvorderlappen (Releasing-Hormone) oder hemmen die Ausscheidung von Hypophysenhormonen (Inhibiting-Hormone).

Für die Hypophysenvorderlappenhormone FSH, LH, TSH und ACTH sind nur Releasing-Hormone bekannt (Tab. 23.1). Für das Wachstumshormon, Prolactin und MSH gibt es sowohl Releasing- als auch Inhibiting-Hormone. Chemisch handelt es sich bei den Hormonen des Hypothalamus meist um kurzkettige Peptide (Ausnahme ist das Prolactin-Inhibiting-Hormon (PIH), das ein biogenes Amin (Dopamin) ist).

Im peripheren Blut kommen die Hormone des Hypothalamus nur in sehr geringen Mengen vor. Die pulsatile Ausschüttung dieser Hormone (Abb. 23.40 u. 23.43) ist für die Funktion von Wichtigkeit, da z.B. die chronische Verabreichung von synthetischem GnRH zu einer Verringerung der GnRH-Rezeptoren und somit zu einer erniedrigten FSH-/LH-Sekretion

Tabelle 23.1 Die Hormone des Hypothalamus

Name des Hormons	Wirkung und Struktur
Gonadoliberin (GnRH)	stimuliert sowohl die FSH- als auch die LH-Ausschüttung (ein Dekapeptid)
Thyreoliberin (TRH)	wirkt auf die Freisetzung von TSH (ein Tripeptid)
Corticoliberin (CRH)	dieses Hormon ist das gemeinsame Releasing-Hormon für ACTH, MSH und β-Endorphin (41 Aminosäuren)
Somatoliberin (GRH)	bewirkt die Freisetzung des Somatotropen Hormons (44 Aminosäuren)
Somatostatin (GIH)	hemmt die Sekretion des Somatotropen Hormons
Prolactoliberin (PRH)	bewirkt die Freisetzung von Prolactin (Vorhandensein von PRH ist umstritten)
Prolactostatin (PIH-Dopamin)	hemmt die Sekretion von Prolactin
Melanoliberin (MRH)	ist identisch mit CRH

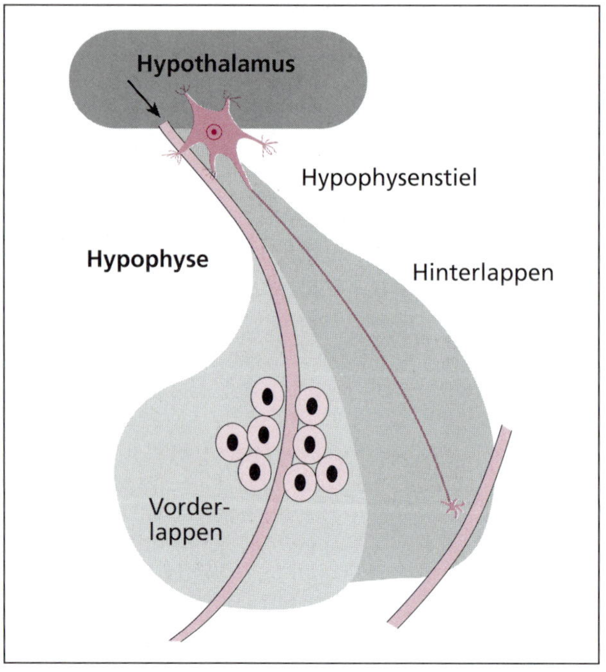

Abb. 23.10 Die Verbindung zwischen Hypothalamus und Hypophyse erfolgt über den Hypophysenstiel. Die Hormone gelangen durch das Pfortadersystem bzw. durch axonalen Transport in die Hypophyse.

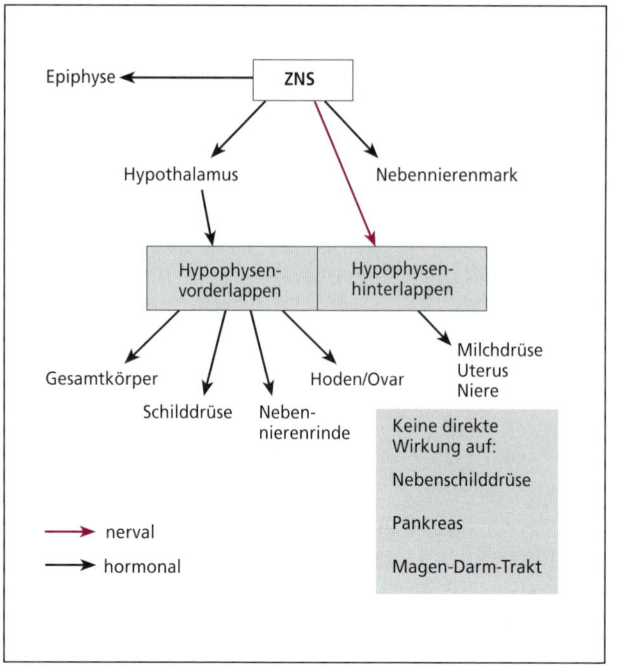

Abb. 23.11 Die Hypophyse spielt eine zentrale Rolle bei der Steuerung des Organismus.

führt. Die physiologische pulsatile Ausschüttung hingegen fördert die FSH-/LH-Sekretion.

23.2.1.3 Hormone der Hypophyse

Die Hypophyse gliedert sich in die **Adenohypophyse** (mit dem Hypophysenvorderlappen, HVL), die **Pars intermedia** sowie die **Neurohypophyse** (Hypophysenhinterlappen, HHL).

Der HHL ist über den Hypophysenstiel mit dem Hypothalamus verbunden (Abb. 23.10). Er besteht aus marklosen Nervenfasern und Gliazellen. Der HVL setzt sich aus verschiedenen epithelialen Zellen zusammen, die in Strängen angeordnet sind. Die Blutversorgung des HVL erfolgt über ein Gefäßsystem, das in der Nähe der Eminentia mediana einen Venenplexus bildet. Von dort strömt das Blut in Kapillaren in den HVL, so daß Hormone des Hypothalamus leicht in die Adenohypophyse gelangen (Pfortadersystem des Hypophysenvorderlappens, Abb. 23.57).

Über glandotrope Hormone übt die Hypophyse einen großen Einfluß auf viele Organe aus (der „Dirigent" im „endokrinen Orchester", Abb. 23.11). Alle Hormone des Hypophysenvorderlappens (HVL) sind Polypeptide oder Proteohormone. Sie werden einerseits nach den jeweiligen Zielorganen (Schilddrüse, Gonaden, Nebenniere) bezeichnet (Thyreotropes Hormon, gonadotrope Hormone, [Adreno] corticotropes Hormon). Andererseits bildet der HVL

Tabelle 23.2 Wirkung der HVL-Hormone

Kurzbezeichnung	Name und Wirkungsweise
TSH	Thyreoidea-stimulierendes Hormon (Thyreotropin); stimuliert die Bildung und Ausschüttung der Schilddrüsenhormone
LH	Luteinisierendes Hormon (Lutropin); löst die Ovulation aus, stimuliert die Progesteronsekretion des Gelbkörpers und die Androgensekretion des Hodens
FSH	Follikelstimulierendes Hormon (Follitropin); stimuliert das Wachstum der Follikel und deren Östrogensekretion; fördert die Spermiogenese
ACTH	Adrenocorticotropes Hormon (Corticotropin); stimuliert die Nebennierenrinde zur vermehrten Glucocorticoidproduktion
STH	Somatotropes Hormon, Wachstumshormon (Somatotropin); fördert das Längenwachstum der Knochen. Die Wirkung erfolgt über den in der Leber gebildeten Wachstumsfaktor (IGF I). Es wirkt ferner lipolytisch und bewirkt beim Rind eine vermehrte Milchleistung
PRL	Prolactin; fördert die Mammo- und Laktogenese und ist bei einigen Species (Nagetiere, Hund) an der Erhaltung und Progesteronsekretion des Gelbkörpers beteiligt (Luteotropes Hormon). Bei Tauben bewirkt PRL die Kropfmilchbildung und löst bei Vögeln den Brutpflegeinstinkt aus
β-Endorphin	wirkt als „Schmerzblocker", da es Opiatrezeptoren besetzt und so in gewisser Weise als Opiat-Analogon wirkt

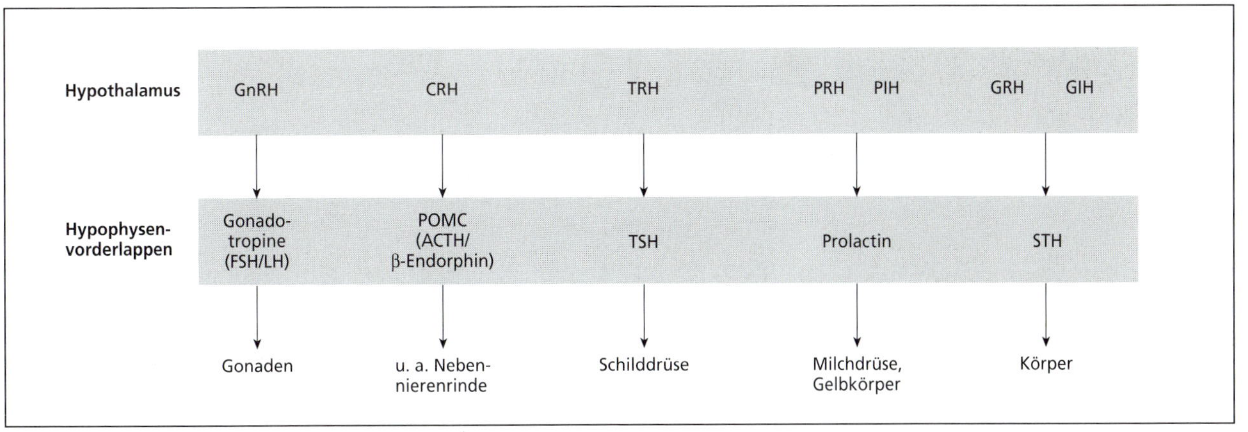

Abb. 23.12 Schematische Darstellung der Hypothalamus- Hypophysen-Achse.

Hormone, die nicht auf eine Drüse, sondern auf den gesamten Körper wirken (Wachstumshormon, Prolactin, Endorphine und Melanocytenstimulierendes Hormon). Die Synthese der HVL-Hormone erfolgt aus längerkettigen Proteinvorstufen (Prä-/Pro-Hormon), wobei durch Abspaltung das Prohormon (die Speicherform) entsteht. Durch weitere Verkürzung der Peptidkette entsteht das eigentliche Hormon, wobei gelegentlich auch Aggregatbildungen auftreten (Big-Formen).

Der Abbau erfolgt überwiegend durch proteolytische Enzyme. Ein kleiner Teil der Hormone wird bei manchen Species (Primaten) mit dem Harn ausgeschieden.

• **Hypophysenvorderlappen**

Eine Übersicht über die Wirkungen der Hypophysenvorderlappenhormone bietet Tab. 23.2. Die Regulation ihrer Sekretion erfolgt über die Releasing-Hormone des Hypothalamus (Abb. 23.12). Die Ausschüttung dieser Hormone wird durch einen Feedback der untergeordneten Drüsen mitreguliert (Abb. 23.13).

Die Wachstumshormonsekretion wird durch das Growth Hormone Releasing Hormone (GRH Somatoliberin) und das entsprechend inhibitorisch wirkende Hormon GIH (Somatostatin) gesteuert. Hypoglykämie, einige Aminosäuren, Stressoren und Muskelarbeit bewirken einen Anstieg des Wachstumshormongehaltes im Blut. Ein hoher Glucosegehalt senkt die Konzentration. IGF I wirkt im Sinne eines negativen Feedback auf die STH-Ausscheidung.

Prolactin wird über das Prolactin Inhibiting Hormone (PIH) gesteuert. PIH ist als einziges hypophyseotropes Hormon kein Peptid, sondern es handelt sich um das biogene Amin Dopamin.

β-Endorphin entsteht aus dem Proopiomelanocortin (POMC). Aus diesem Vorläufermolekül entstehen durch Abspaltung das Hormon ACTH und β-Lipotropin, das wiederum in β-MSH und β-Endorphin aufgespalten wird. Durch CRH erfolgt das Signal zur Aufspaltung des POMC und somit erklärt sich der gleichzeitige Anstieg von β-Endorphin und ACTH im Streßgeschehen.

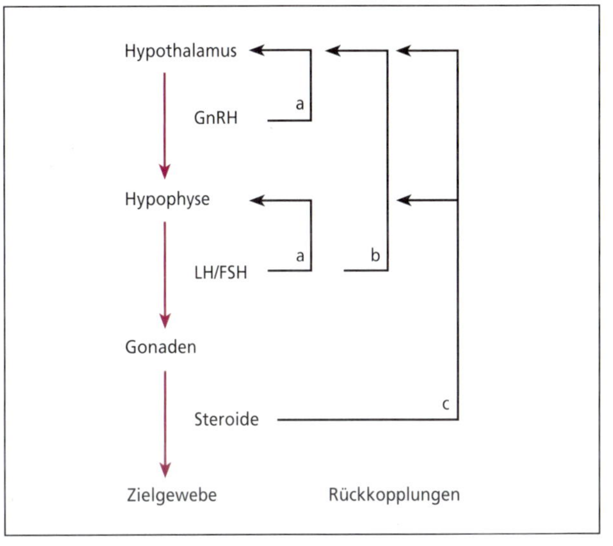

Abb. 23.13 Regulation der Sexualsteroide als Beispiel für negative Rückkopplungsvorgänge.
a = ultra-short feedback; b = short feedback; c = long feedback.

Klinisches: Ein Ausfall von Hypophysenhormonen kann durch Tumore zustande kommen. Manche Tumorarten bilden hingegen Hypophysenhormone, so daß es in der Folge zu Überfunktionen kommt. So ist z.B. der Großteil der beim Hund vorkommenden Fälle von Hyperadrenocortizismus (Überfunktion der Nebennierenrinde) durch Hypophysentumoren bedingt, die ACTH produzieren (Abb. 23.14).

Das bovine Wachstumshormon bSTH wird gentechnologisch hergestellt und führt nach Injektion zur Förderung der Milchleistung bei Kühen. Obwohl

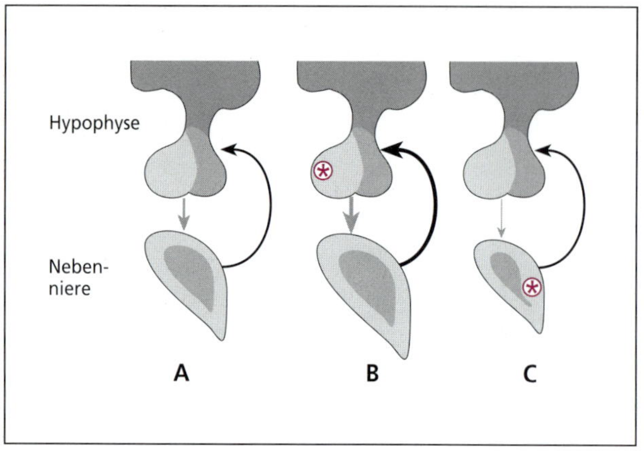

Abb. 23.14 Tumoren der Hypophyse oder der Nebenniere können zur Überproduktion von Nebennierenrindenhormonen führen.
A = physiologischer Vorgang;
B = ein ACTH- bildender Tumor führt zur Hypertrophie der Nebennierenrinde und vermehrten Cortisolbildung;
C = ein cortisolbildender Tumor der Nebennierenrinde bewirkt eine verminderte ACTH- Produktion.

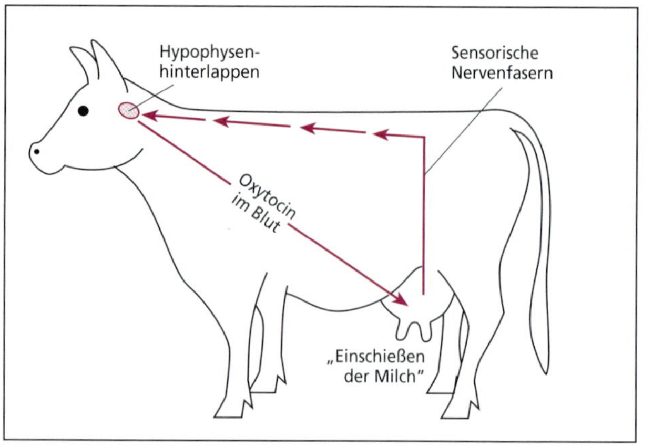

Abb. 23.15 Neurohumoraler Reflexbogen zur Steuerung der Milchabgabe.

seine Wirkung speciesspezifisch ist, ist die Anwendung von Wachstumshormon zur Milchleistungsförderung wegen verschiedener Bedenken (z.B. Tierschutzgründe) verboten.

• Hypophysenmittellappen

Dieser Teil produziert das Melanocyten-stimulierende Hormon (MSH, Melanotropin). MSH fördert bei Fischen, Amphibien und Reptilien die Ausbreitung der Melaningranula und dadurch eine Dunkelfärbung der Haut der Tiere. Bei Säugern ist über die Funktion dieses Hormons noch wenig bekannt.

• Hypophysenhinterlappen

Bei den Hormonen, die im Hinterlappen gespeichert werden, handelt es sich um die Nonapeptide (aus 9 Aminosäuren aufgebaut) Vasopressin (Antidiuretisches Hormon, Adiuretin, ADH) und Oxytocin.

ADH bewirkt die vermehrte Rückresorption von Wasser durch die Niere. Sein Fehlen führt zum Diabetes insipidus, bei dem infolge der mangelnden Rückresorption sehr hohe Harnmengen ausgeschieden werden. Bei der Verabreichung von pharmakologischen (sehr hohen) Mengen von ADH kommt es zur Kontraktion von Kapillaren und Arteriolen. Dies führt zur Blutdruckerhöhung, daher auch der Name Vasopressin.

Oxytocin: Oxytocin bewirkt eine Kontraktion der Myoepithelzellen der Milchdrüse. In der Folge kommt es zur Milchejektion. Die Ausschüttung von Oxytocin erfolgt über Rezeptoren an der Milchdrüse, die durch Wärme und Berührungsreize angesprochen werden (Abb. 23.15). Das Signal zur Oxytocinausschüttung wird dann auf nervalem Weg an den Hypophysenhinterlappen weitergeleitet (neurohumoraler Reflexbogen). Oxytocin bewirkt in der Endphase der Gravidität nach Dehnungsreizen der Cervix und Vagina (ausgelöst z.B. durch den Eintritt von Fruchtteilen in den Geburtskanal) das Auftreten der Preßwehen durch Kontraktion der glatten Uterusmuskulatur. Auch hier ist wiederum ein neurohumoraler Reflexbogen an der Ausschüttung von Oxytocin in das Blut der Muttertiere involviert (Ferguson-Effekt). Weiter übt Oxytocin im Gehirn bei einigen Species (Nagetiere) eine Wirkung auf die Stärkung von Paarbindungen aus. Die Halbwertszeit ist kurz, bei einigen Species (Primaten) wird Oxytocin bereits im Blutplasma durch ein Enzym abgebaut.

• Epiphyse

Die Epiphyse ist eine Ausstülpung des Zwischenhirndachs. Sie besteht aus Pineal- und Gliazellen sowie Bindegewebe. Die Pinealzellen bilden aus der Aminosäure Tryptophan über mehrere Zwischenstufen Melatonin. Die Epiphyse ist eine Kopplungsstelle zwischen der Umwelt (Photoperiodik [Kap. 28]) und endokrinen Vorgängen. Die Bildung des Melatonins wird durch Licht gesteuert. Die Lichtmenge wird vom Auge registriert und das Signal letztlich von postganglionären Sympathikusfasern an die Epiphyse weitergeleitet. Die Melatoninsynthese bzw. -sekretion läuft bei Dunkelheit intensiver ab als unter Lichteinwirkung. Melatonin zeigt bei verschiedenen Tierarten unterschiedliche Wirkungen. Beim Pferd kommt es infolge erhöhter Melatoninkonzentrationen (kurze Tageslichtdauer) zur Hemmung der Sekretion von gonadotropem Hormon. Dies führt zur Unterdrückung des Östrus (Abb. 23.16) bzw. zu einer Herabsetzung der Aktivität der Testes. Bei einigen anderen Species

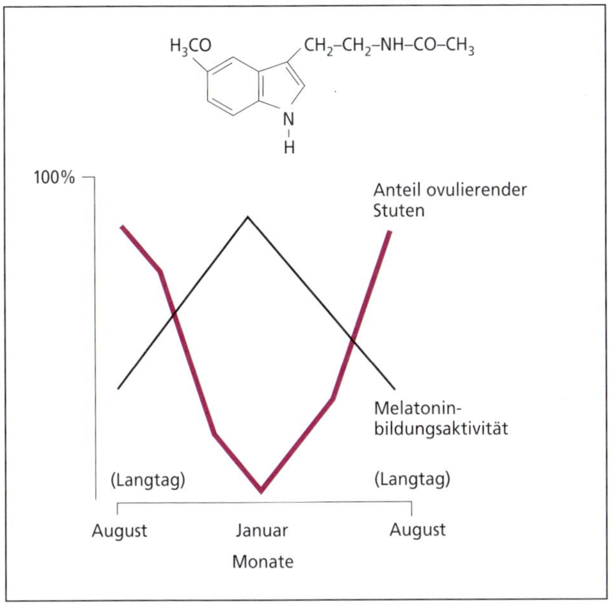

Abb. 23.16 Bei Dunkelheit wird mehr Melatonin gebildet. Dieses Hormon steuert die Reproduktionssaison.

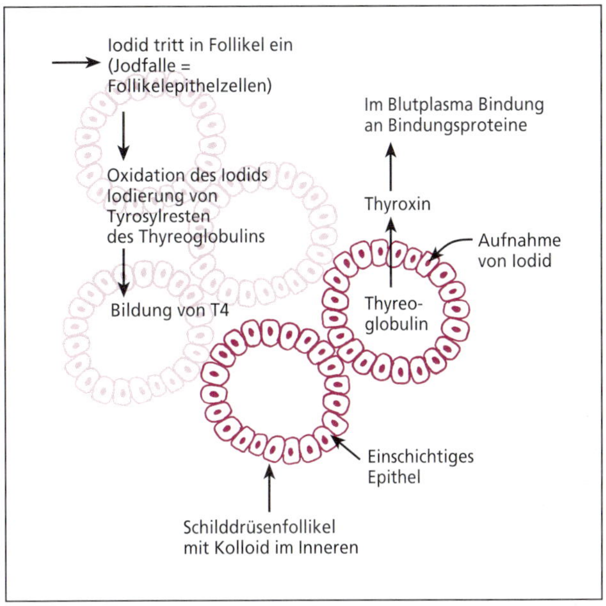

Abb. 23.17 Aufbau der Schilddrüsenfollikel.

(z.B. Schaf) lösen kürzer werdende Lichtperioden, wie sie im Herbst auftreten, ebenfalls einen Anstieg von Melatonin im Blut aus. Bei dieser Species führt Melatonin jedoch zur Östrusinduktion.

23.2.2 Glanduläre Hormone

23.2.2.1 Schilddrüse

Bei Säugetieren liegt die Schilddrüse (Thyreoidea) unterhalb des Schildknorpels (daher der Name) an der Trachea. Die Drüse weist zwei seitliche Lappen auf, die über einen mehr oder weniger stark ausgeprägten Isthmus miteinander verbunden sind.

Histologisch besteht die Schilddrüse aus verschieden großen Follikeln, die das Schilddrüsenkolloid enthalten. Die Follikel sind innen mit einer einschichtigen Epithelzellage ausgekleidet, werden von einem Netz von Blutkapillaren umschlossen und untereinander durch Bindegewebe zusammengehalten (Abb. 23.17). Die Epithelhöhe ist ein Parameter für die Schilddrüsenaktivität. Im Elektronenmikroskop sieht man an den Epithelzellen Mikrovilli sowie Strukturen, die auf Pinocytosevorgänge hinweisen.

Die **Biosynthese der Schilddrüsenhormone** umfaßt 4 Schritte:

1. Die aktive Aufnahme und Anreicherung von Iodid in die Schilddrüse. Dabei wird in den Epithelzellen Iodid zu Jod oxidiert (mit Hilfe einer Peroxidase und Wasserstoffperoxid).
2. Das Jod lagert sich nun an Tyrosinmoleküle an und bildet Jodtyrosine.
3. Durch Kondensation zweier Bi-Jodtyrosin-Reste (unter Alaninabspaltung) entsteht das Thyroxin (Tetra-Jod-L-Thyronin, T_4). Diese Schilddrüsenhormone werden nun in das Thyreoglobulin, das sich in den Follikeln befindet, eingebaut und so gespeichert.
4. Die Sekretion erfolgt nach Proteolyse des Thyreoglobulins. Bei der Proteolyse spielt die Wirkung lysosomaler Enzyme eine wesentliche Rolle. Die Schilddrüse gibt vor allem T_4, aber auch geringe Mengen T_3 in die umgebenden Kapillaren ab (Abb. 23.18).

Im Blut sind Schilddrüsenhormone überwiegend an Präalbumine bzw. Globuline gebunden, die als Trägerproteine fungieren. Nur die ungebundenen Hormone können jedoch in die Zelle eindringen und so zur Wirkung gelangen. Proteingebundene Schilddrüsenhormone bilden eine Art Speicher. T_4 wird von den Trägerproteinen mit höherer Affinität gebunden als T_3. Daher hat T_4 auch eine längere Halbwertzeit (6 Tage) als T_3.

Periphere Zellen wandeln T_4 durch Deiodinasen je nach den Erfordernissen des Stoffwechsels zu T_3 (einem biologisch hoch wirksamen Schilddrüsenhormon) oder zu reversem T_3 (rT_3), einer biologisch unwirksamen Verbindung, um.

Der Abbau erfolgt im peripheren Gewebe durch Dejodierung. Ein kleiner Teil der Schilddrüsenhormone wird auch an Schwefelsäure oder Glucuronsäure gebunden und über die Niere bzw. die Galle ausgeschieden.

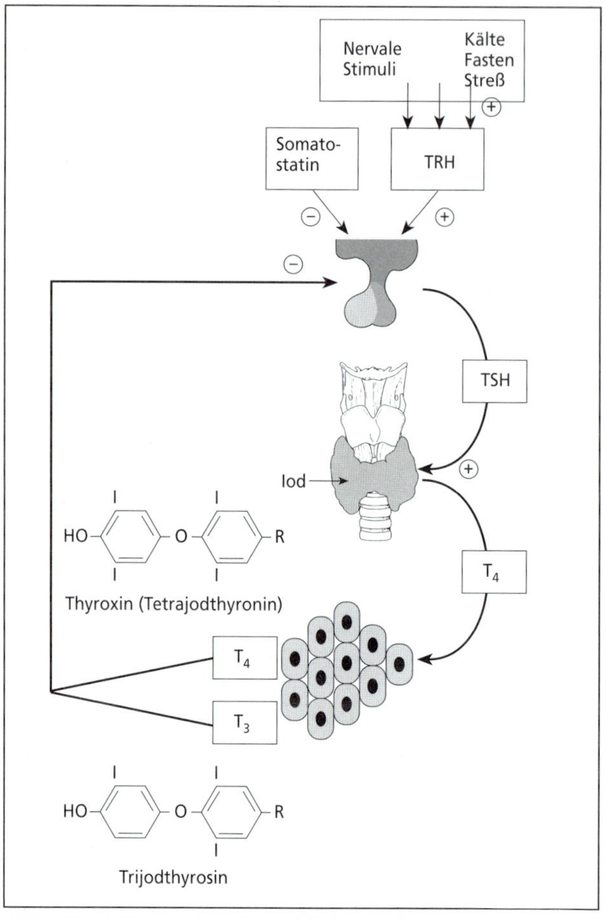

Abb. 23.18 Regulation der Schilddrüsenhormonsynthese.

Wirkungen der Schilddrüsenhormone:
Die Funktionen der Schilddrüsenhormone sind:

1. Steigerung des Grundumsatzes.
2. Proteinbiosynthese: nur bei einem bestimmten Schilddrüsenhormongehalt wirkt das Wachstumshormon; zu hohe Hormonspiegel bewirken eine negative Stickstoffbilanz (katabole Wirkung).
3. Stimulation der Kohlenhydratresorption im Darm, Stimulierung der Glykogenolyse in Muskel und Leber.
4. Mobilisation von Depotfett und in der Folge Anstieg der freien Fettsäuren im Blut.
5. Stimulation der Diurese. Bei zu hohem T_4-Gehalt kommt es zu erhöhter Calciumausscheidung.
6. Erhöhung der Atem- und Herzfrequenz.

Bei Mangel an Schilddrüsenhormonen kommt es zur Trägheit, bei zu hohem Gehalt zu einer Übererregbarkeit des Zentralnervensystems.

Regulation der Schilddrüsenhormone: Der Hypothalamus bildet TRH, das auf die Hypophyse einwirkt und sie zur vermehrten Abgabe von TSH veranlaßt. Dieses Hormon wirkt auf die Schilddrüse und fördert die Sekretion der Schilddrüsenhormone. Die Steuerung des Schilddrüsenhormongehaltes erfolgt durch einen negativen Feedback-Mechanismus. Erhöhte Mengen von nicht an Trägerproteine gebundenen Schilddrüsenhormonen wirken auf die Hypophyse hemmend.

Umweltfaktoren, wie z.B. Kälte, wirken über das Zentralnervensystem auf die neurosekretorischen Zellbezirke des Hypothalamus und veranlassen diesen, vermehrt TRH zu bilden (Abb. 23.18).

Klinisches: Zur Testung der Schilddrüsenaktivität können sog. **Funktionstests** (Messung der Schilddrüsenhormonkonzentration nach TRH- bzw. TSH-Applikation) durchgeführt werden. Eine Schilddrüsenüberfunktion kann durch sog. **Adenome**, das sind Zellareale in der Schilddrüse, die unabhängig von der TSH-Stimulation Schilddrüsenhormon bilden, bedingt sein.

Thyreostatika: Thyreostatika hemmen die Biosynthese der Schilddrüsenhormone. Durch die zu niedrigen Konzentrationen versucht der Hypothalamus, durch vermehrte TSH-Ausschüttung die Schilddrüse zu stimulieren. In der Folge kommt es zu einer Vergrößerung der Schilddrüse (Kropfbildung). Auch manche Pflanzeninhaltsstoffe wirken kropfbildend, wie z.B. Goitrin in Kohlarten.

Hypothyreoidismus: Beim **Hund** ist der **Hypothyreoidismus** eine der am häufigsten diagnostizierten Krankheiten des Endokriniums. Dabei ist in den meisten Fällen nicht ein Jodmangel die Ursache, sondern eine Atrophie oder eine Entzündung der Schilddrüse. Das klinische Bild äußert sich u.a. durch Veränderungen der Haut (stumpfes und sprödes Haarkleid, Haarausfall), weiter treten eine gewisse Schwäche und eine verminderte Resistenz gegen Krankheiten auf. Außerdem bestehen eine Tendenz zur Verfettung sowie Fertilitätsstörungen.

Ein langanhaltender Mangel an Schilddrüsenhormonen führt bei einigen Tierspecies zum **Myxödem**, das durch Einlagerung von Mucopolysacchariden in den Interzellularraum zu einer Verdickung (Ödematisierung) der Haut führt.

23.2.2.2 Nebenschilddrüse

Die Nebenschilddrüse (Parathyreoidea) besteht aus kleinen, nur wenige Millimeter großen Bezirken, die aus Strängen von Epithelzellen bestehen; deshalb wird die Parathyreoidea auch als Epithelkörperchen bezeichnet. Das **Parathormon** (Parathyrin, PTH) wird aus einer Prä-/Pro-Form durch Abspaltung der Prä- und Pro-Sequenz gebildet und besteht bei Rind, Schwein und Ratte aus einer linearen Kette von 64 Aminosäuren (relative Molekülmasse ca. 9500), beim Geflügel aus 88 Aminosäuren. Für die biologische Wirkung ist nur ein Teilabschnitt des Hormons erforderlich (PTH 1-34). Die Aminosäurensequenzen des PTH von Rind, Schwein und Pferd sind relativ ähnlich. Die Aminosäurensequenzen des Geflügels stimmen hingegen in den ersten 34 Aminosäuren nur zu ca. 60% überein. Die Halbwertszeit von PTH beträgt ca. 9 Minuten.

Wirkungen des Parathormons:

Das PTH ist (zusammen mit Calcitriol und Calcitonin) das wichtigste Hormon für die Regulation des Calciumstoffwechsels. Beim Absinken des Nicht-Protein- oder komplex gebundenen Ca^{2+} kommt es zum Anstieg der Parathormonkonzentration im Blut. Bereits geringe Veränderungen der Ca^{2+}-Konzentrationen führen innerhalb von Sekunden zu einer Änderung der PTH-Sekretion.

Die Aufgabe des PTH ist somit die Aufrechterhaltung der physiologischen Calciumkonzentration von ca. 2–3 mmol (10 mg%) in der extrazellulären Flüssigkeit (Kap. 27.2.1). Das PTH bewirkt die Erhöhung des Blutcalciumspiegels durch:

1. verstärkte Calciumresorption im Dünndarm,
2. verstärkte Calciummobilisation im Knochen,
3. erhöhte Calciumrückresorption in den distalen Nierentubuli sowie eine Phosphatexkretion.

Die verstärkte Calciumrückresorption kommt über die vermehrte Umwandlung von Calcidiol zu Calcitriol in der Niere zustande (Kap. 12.14.3). Dies führt in der Folge zur Neubildung von Calciumbindungsproteinen in den Darmzellen und zur vermehrten Calciumrückresorption (Abb. 15.65). Die Calciummobilisation im Knochen wird durch Aktivierung der Osteoklasten (knochenabbauende Zellen) bewirkt (Kap. 27.2). Die Interaktionen zwischen Ca^{2+}, Parathormon, Calcitonin sowie Calcitriol sind in Abb. 23.19 dargestellt.

Klinisches: Eine Unterfunktion der Nebenschilddrüse (**Hypoparathyreoidismus**) wird durch Entfernen der Nebenschilddrüsen oder durch deren Läsion bewirkt. Eine vollständige Entfernung aller Epithelkörperchen ist tödlich, da es zum Absinken des Blutcalciumspiegels und dadurch zu Krämpfen mit Atemlähmung und Kreislaufkollaps kommt.

Eine Überfunktion der Parathyreoidea (**Hyperparathyreoidismus**) kann durch Adenome verursacht sein (Adenom: eine vom Drüsenepithel ausgehende Geschwulst, die z.T. auch Hormone produziert, ohne von Regelvorgängen des Körpers beeinflußt zu werden; autonome Produktion). Dabei spielt auch ein PTH-related Peptid (PTHrP) eine Rolle, da manche Tumoren solche Peptide in großem Ausmaß bilden. Physiologischerweise ist PTHrP am Calciumtransport in die Milch beteiligt.

Der sekundäre Hyperparathyreoidismus ist die

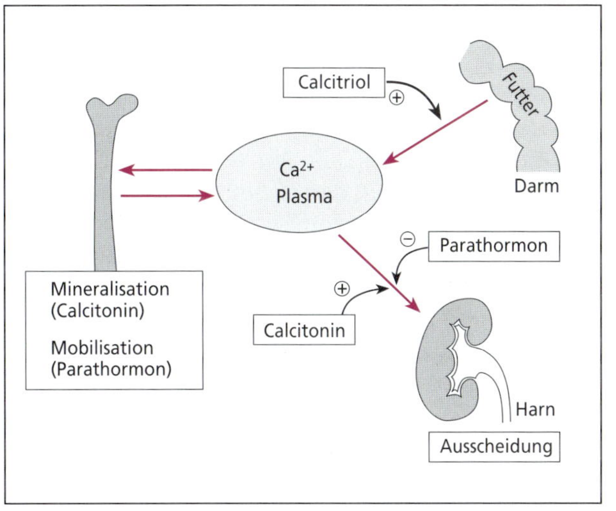

Abb. 23.19 An der Aufrechterhaltung der Ca^{2+}-Konzentration sind verschiedene Hormone beteiligt.

Reaktion der Nebenschilddrüse auf niedrige Calciumspiegel bzw. eine Calcium-Phosphor-Imbalanz. Durch den Versuch, den Calciumspiegel im Bereich der Norm zu halten, steigt die PTH-Konzentration im Blut an. Es kommt zu einer Hyperplasie der Nebenschilddrüsen, die ständig erhöhte Parathormonausschüttung führt zur Entkalkung der Knochen (Osteomalazie). So kommt es z.B. insbesondere bei jungen Hunden und Katzen, denen überwiegend Fleisch gefüttert wird (welches eine niedere Calciumkonzentration und hohe Phosphatkonzentrationen aufweist), zu einem ernährungsbedingten, „sekundären" Hyperparathyreoidismus mit Entkalkung der Knochen. Auch durch Störungen der Nierenfunktion kann es zum Anstieg von Parathormon im Blut kommen. Durch die Funktionsstörung der Nieren wird zu wenig Phosphat ausgeschieden, so daß der Phosphatgehalt im Blut ansteigt. Es entsteht ein relativer Calciummangel, der in der Folge die PTH-Sekretion fördert.

Hypocalcämische Gebärparese des Rindes: Während der ersten Laktationswochen befinden sich Kühe meist in einer negativen Calciumbilanz, da mehr Calcium über die Milch abgegeben als über die Nahrung aufgenommen wird. Während des Trockenstehens (der Phase, in der die Rinder vor der Geburt nicht gemolken werden) sind die Mechanismen zur Calciumaufnahme relativ inaktiv. Sie müssen jedoch unmittelbar nach der Geburt aktiviert werden, um den Erfordernissen der Laktation zu entsprechen. Bei Kühen mit Gebärparese laufen diese Adaptationsprozesse zu langsam ab („schlafende" Parathyreoidea), und es kommt zum Absinken der Calciumkonzentration im Extrazellulärraum. Dabei kommt es zur Störung der Nerven- und Muskelfunktion.

23.2.2.3 C-Zellen der Schilddrüse bzw. Ultimobranchialkörper

Das Peptidhormon **Calcitonin** (auch Urodilatin genannt, 32 Aminosäuren) wird bei Säugetieren in den parafollikulären C-Zellen der Schilddrüse (bei den übrigen Tieren in den Ultimobranchialkörpern) gebildet. Der Abbau erfolgt wahrscheinlich im Nierenparenchym. Die Halbwertszeit beträgt beim Wiederkäuer ca. 18 Minuten.

Wirkung: Calcitonin senkt den Calciumspiegel des Blutes (Kap. 27.2.3). Dies erfolgt durch:

1. Hemmung der Ca^{2+}-Freisetzung aus dem Knochen,
2. Hemmung der Phosphatrückresorption aus den Nierentubuli.

Calcitonin wirkt am Skelett antagonistisch zu Parathyrin, in der Niere hingegen syergistisch. Es sorgt für eine rasche, kurz andauernde Senkung des Ca^{2+}-Gehaltes. Somit wird eine Hypercalcämie z.B. nach Nahrungsaufnahme verhindert.

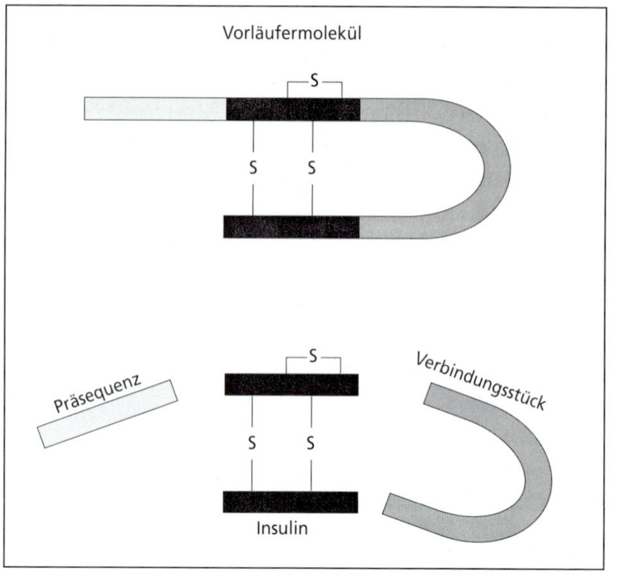

Abb. 23.20 Insulinbiosynthese aus einem längerkettigen Vorläufermolekül (oben) durch Abspaltung der Präsequenz und des „Verbindungsstücks".

23.2.2.4 Pankreas

In die Bauchspeicheldrüse eingelagert finden sich die sog. **Langerhansschen Inseln**, die Insulin und Glucagon bilden.

Die Langerhansschen Inseln sind reich mit Kapillaren versorgt und bestehen aus 4 unterschiedlichen Zelltypen: A-, B-, D- und PP-Zellen. Der dominierende Zelltyp der Inseln sind die insulinbildenden B-Zellen (60-80%), gefolgt von den glucagonproduzierenden A-Zellen (10-20%) und den somatostatinbildenden D-Zellen (5-10%). Die PP-Zellen (3-10%) produzieren das sog. Pankreaspolypeptid.

• Insulin

Insulin ist ein Peptidhormon (relative Molekülmasse ca. 6000). Es besteht aus 2 Ketten, die über Disulfidbrücken verbunden sind (A-Kette: 21 Aminosäuren; B-Kette: 30 Aminosäuren). Die Aminosäurenzusammensetzung des Insulinmoleküls weist deutliche Speciesunterschiede auf. Das Molekül neigt stark zur Aggregatbildung (Di-, Tetra-, Hexamere) und zur Reaktion mit Zn^{2+} oder basischen Proteinen. Dadurch wird die Löslichkeit des Moleküls stark vermindert; diese Eigenschaft kann für die Herstellung von Depotformen von Insulin zur Diabetesbehandlung genutzt werden.

Biosynthese: Glucose induziert die Insulinbiosynthese. In den B-Zellen erfolgt die Synthese an Polysomen als Prä-/Pro-Insulin (relative Molekülmasse 11.500). Nach der Abspaltung der 25 Aminosäuren langen Präsequenz des Moleküls (die als „Adresse" dient, um das Molekül in Mikrovesikel einzuschleusen) wird das verbleibende Peptid als Proinsulin bezeichnet. In der Folge wird das „Verbindungspeptid" aus dem Molekül abgespalten (Abb. 23.20); nach Bildung von 2 Disulfidbrücken ergibt sich die Struktur des zweikettigen Insulinmoleküls. Das Molekül wird nun als Komplex in den B-Zellen gespeichert und bei Bedarf abgegeben. Der Abbau erfolgt in der Leber, wobei die Disulfidbrücken zwischen der A- und B-Kette gespalten werden.

Wirkungen des Insulins: Auf die Rolle des Insulins im Stoffwechsel wird in Kapitel 20.3.2 und Kapitel 20.4 eingegangen.

Insulin reguliert primär den Kohlenhydratstoffwechsel. Die Hauptaufgabe von Insulin ist es, die Blutglucosekonzentration nicht über ein gewisses Maß ansteigen zu lassen. Dies geschieht durch erhöhte Aufnahme von Glucose und Aminosäuren in Leber, Muskel und Fettgewebe sowie durch vermehrte Bildung von Glykogen, Triacylglyceriden und Proteinen.

Die Wirkungen in der Zelle werden über Insulinrezeptoren (Kap. 23.1.3.2) durch eine Tyrosinkinase ausgelöst. Auch die cAMP-Phosphodiesterase wird aktiviert und bewirkt ihrerseits die Hemmung der Lipolyse und der Glykogenolyse (s. auch Kap. 17.3.2).

• Glucagon

Glucagon ist ein Polypeptid (29 Aminosäuren). Die Biosynthese erfolgt wie bei vielen Peptidhormonen über eine hochmolekulare Vorstufe (Proglucagon).

Glucagon fördert die Glykogenolyse, die Gluconeogenese und die Lipolyse. Es hat also praktisch die gegenteilige Wirkung wie Insulin (Kap. 20.4). Die Glykogenwirkung in der Zelle wird durch Erhöhung des cAMP- oder IP3-Gehaltes bewirkt. Die Inaktivierung von Glucagon erfolgt in der Leber.

- **Regulation des Blutzuckerspiegels durch das Pankreas**

Das Zentralnervensystem ist weitgehend auf die Energieversorgung durch Glucose angewiesen. Da es selbst praktisch keine Energiereserven speichern kann, ist es von der Versorgung durch Blutglucose abhängig. Kommt es zum Glucosemangel, so führt dies zu hypoglykämischen Krämpfen und Bewußtlosigkeit und bei längerdauerndem, schwerem Glucosemangel schließlich zum Tod. Die Blutglucosekonzentration muß daher sorgfältig reguliert werden (Kap. 20.4.1). Insulin sorgt für eine Senkung der Blutglucose und Bildung von Glykogenvorräten. Sinkt hingegen der Blutzuckerspiegel ab, so wird Glucagon in das Blut abgegeben, welches den Abbau von Glykogen zu Glucose bewirkt. Sind die Glykogenvorräte weitgehend erschöpft, muß der Körper vermehrt Glucocorticoide sezernieren; dadurch kommt es zur Gluconeogenese aus Aminosäuren.

Eine hohe Glucagon- und eine geringe Insulinsekretion bewirken weiter eine Stimulation der Lipolyse und die Nutzung des dabei freiwerdenden Glycerins im Rahmen der Gluconeogenese. Bei längerdauernden Hypoglykämieperioden steigt auch der Wachstumshormongehalt im Plasma an (lipolytische Wirkung). Somit kann in längerdauernden Hungerperioden der Blutglucosespiegel auf Kosten der Muskulatur und des Fettgewebes aufrechterhalten werden. Muß der Blutzuckerspiegel aufgrund plötzlicher Belastungen (Kampf und Fluchtsituationen) angehoben werden, so wird dies durch eine Adrenalinausschüttung aus dem Nebennierenmark bewirkt (Abb. 23.21, Kap. 17.3.2 u. 20.4).

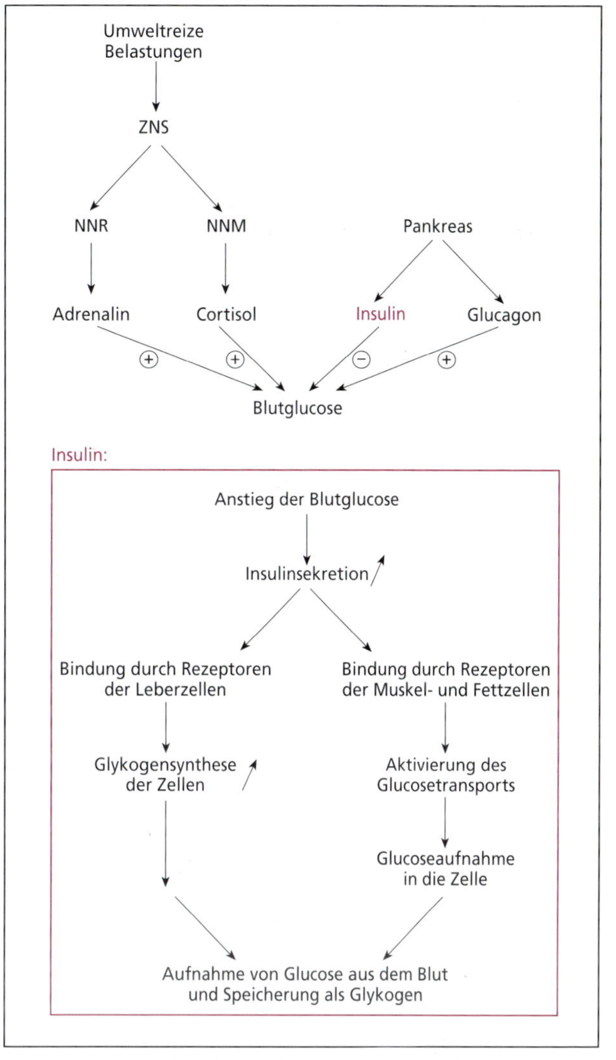

Abb. 23.21 Die Blutglucosekonzentration wird durch verschiedene Hormone gesteuert.

- **Insulinsekretion beim Wiederkäuer**

Beim Wiederkäuer haben die flüchtigen Fettsäuren Propionat, Butyrat und Valerat eine große Bedeutung. Es erfolgt daher im Gegensatz zu monogastrischen Species die Steuerung der Insulinsekretion durch den Gehalt an kurzkettigen Fettsäuren im Blut. Interessanterweise ist das Acetat nicht an der Regulation der Insulinkonzentration beteiligt. Die geringe Blutglucosekonzentration und die geringe Glucosetoleranz der Wiederkäuer sind aus den Besonderheiten der Insulinregulation verständlich.

- **Diabetes mellitus:** Ein Mangel an Insulin führt bei allen Species zum Diabetes mellitus. Die Störungen können im Bereich der Biosynthese des Insulins, der Sekretion, des Transportes oder Abbaues bzw. in einer verminderten Insulinempfindlichkeit der Gewebe liegen. Die häufigsten Symptome eines Diabetes sind: Polyurie/Polydipsie, Gewichtsverlust/Polyphagie, Schwäche- und Antriebslosigkeit, erhöhte Neigung zu Infektionen.

Beim Diabetes der Nutztiere handelt es sich zumeist um einen **Insulinmangel**, vergleichbar mit dem Typ 1 Diabetes (juveniler Diabetes) beim Menschen. Der beim Menschen weitverbreitete „insulinunabhängige“ Diabetes (Typ 2 Diabetes, Altersdiabetes) wird seltener diagnostiziert, da landwirtschaftliche Nutztiere nicht das Alter erreichen, in dem sich diese Krankheit manifestiert. Bei Hunden tritt Diabetes zumeist zwischen 4 und 14 Jahren auf (Häufigkeitsmaximum 7-8 Jahre). Hündinnen sind doppelt so häufig betroffen wie Rüden, wobei bei einigen Rassen familiäre Dispositionen diskutiert werden. Bei der Hündin wird die Therapie des Dia-

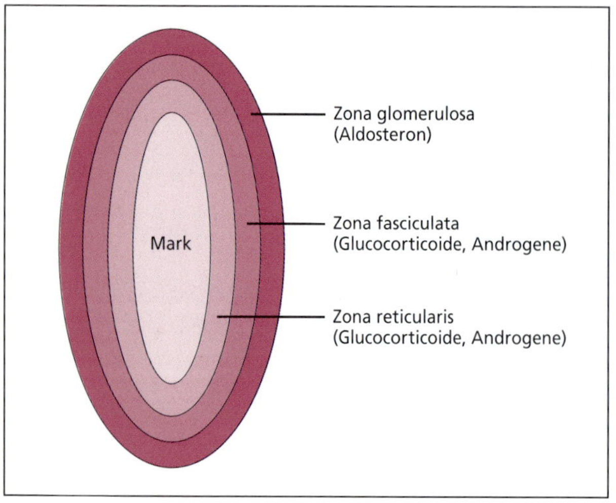

Abb. 23.22 Schematischer Aufbau der Nebenniere.

betes zusätzlich durch den Östrus und die anschließende Gelbkörperphase kompliziert, da Östrogene einen gewissen antagonistischen Effekt gegenüber Insulin aufweisen. Nach der Ovulation steigt Progesteron im Plasma der Hündin an und bleibt für ca. 2 Monate auf einem hohen Niveau. Dies führt zu einer Stimulation der Wachstumshormonkonzentration. Wachstumshormon wiederum wirkt als Insulinantagonist, da es die Zahl der Insulinrezeptoren an der Zellmembran verringert. Es entwickeln sich eine vorübergehende Insulinresistenz und eine Hyperinsulinämie.

23.2.2.5 Nebenniere

Die Nebenniere besteht aus zwei Anteilen: Nebennierenmark und Nebennierenrinde. Das Nebennierenmark ist ektodermaler, die -rinde mesodermaler Herkunft. Das Gewicht der Nebenniere beträgt beim Haushund ca. 1g, beim Schaf 2-3g und beim Rind 20-25g. Die Rinde ist in verschiedene Schichten gegliedert (Abb. 23.22).

- **Nebennierenmark**

In den Granula der Markzellen sind Adrenalin und Noradrenalin gespeichert. Sie werden als Catecholamine bezeichnet. Ihre Biosynthese ist in Abb. 23.23 dargestellt. Im ersten Schritt wird die Aminosäure Tyrosin zu Dopa hydroxyliert. Im ZNS und im autonomen Nervensystem wirkt Dopa als Neurotransmitter sowie als Hemmfaktor für die Prolactinfreisetzung. Durch Decarboxylierung entsteht Dopamin, durch Hydroxylierung der Seitenkette weiter Noradrenalin, durch die Wirkung einer Methyltransferase dann das Adrenalin. Für dieses Enzym ist eine hohe Glucocorticoidkonzentration erforderlich, die dadurch gewährleistet ist, daß sich das Nebennierenmark in unmittelbarer Nachbarschaft der Nebennierenrinde befindet.

Die Regulation der Biosynthese erfolgt auf nervalem Weg. Adrenalin wird nur im Nebennierenmark gebildet, Noradrenalin auch in anderen chromaffinen Geweben. Zusätzlich zur Hormonwirkung hat Noradrenalin auch eine Funktion als Neurotransmitter. Im Nebennierenmark der Säugetierfeten überwiegt Noradrenalin, erst nach der Geburt wird Adrenalin zum dominierenden Catecholamin. Im peripheren Blut ist jedoch die Noradrenalinkonzentration relativ hoch, da dieses Hormon auch von den sympathischen Nerven in das Blut abgegeben wird.

Für die Catecholamine werden Halbwertszeiten zwischen 20 Sekunden und 10 Minuten beschrieben. Die Inaktivierung erfolgt über:

1. Aufnahme in die sympathischen Nerven,
2. Aufnahme in die chromaffinen Zellen des Nebennierenmarks,
3. enzymatische Inaktivierung durch die Enzyme Catecholamin-O-Methyltransferase (COMT) und Monoaminooxidase (MAO),
4. Abbau zu Vanillinmandelsäure.

Wirkungen der Catecholamine: Die Wirkungen der Catecholamine werden über verschiedene Rezepto-

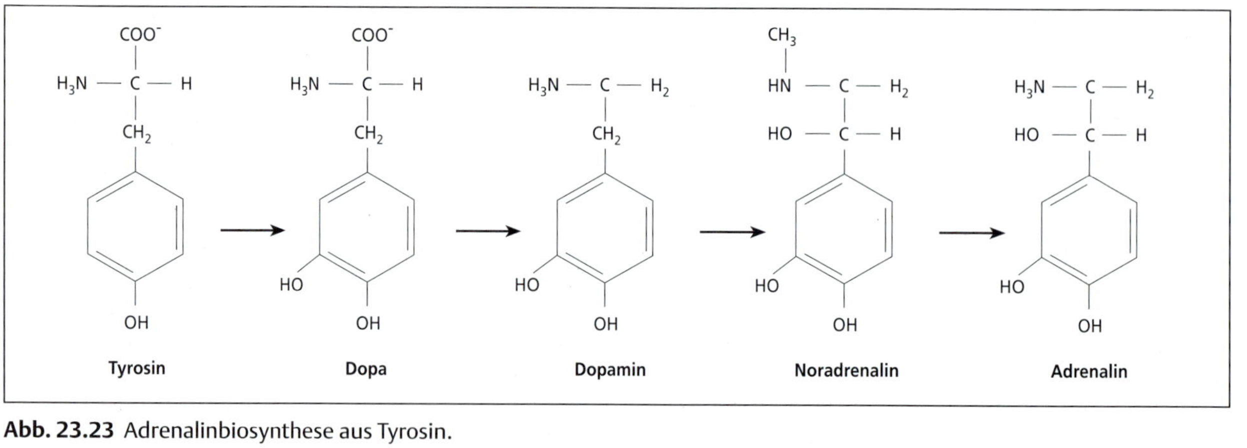

Abb. 23.23 Adrenalinbiosynthese aus Tyrosin.

ren vermittelt. Man unterscheidet α- und β-Rezeptoren (Abb. 6.3). Adrenalin (A) und Noradrenalin (NA) zeigen ein graduell unterschiedliches Wirkungsspektrum, da die jeweiligen Rezeptoren die beiden Catecholamine mit unterschiedlicher Affinität binden. Noradrenalin wirkt überwiegend über α_1-Rezeptoren, Adrenalin über α_1- und β_2-Rezeptoren (Kap. 6.5).

Generell dienen die Catecholamine dazu, den Körper bei hohen Belastungen zu unterstützen und sind daher an der Aufrechterhaltung von Basalregulationen nicht beteiligt.

Wirkung auf Herz- und Gefäßsystem. Zumeist überwiegt bei Adrenalin (besonders im Muskel) die gefäßerweiternde Wirkung, in Haut, Darm und Niere jedoch die Vasokonstriktion. Da die Herztätigkeit ansteigt, kommt es zu einer Erhöhung des Herzminutenvolumens, der systolische Blutdruck steigt an (Kap. 8.5.3). Da der periphere Widerstand verringert ist (gefäßerweiternde Wirkung), kommt es zum Absinken des diastolischen Drucks.

Bei Noradrenalin überwiegt die gefäßverengende Wirkung, so daß der diastolische Blutdruck ansteigt. Beide Catecholamine bewirken, daß die Blutversorgung von Haut, Darm und Niere zugunsten der übrigen Organe verringert wird.

Wirkung auf Verdauung und Genitaltrakt. Adrenalin und Noradrenalin setzen die Aktivität der glatten Muskulatur dieser Organe herab. Nur die Sphinkteren des Darmes werden kontrahiert, um die Peristaltik weiter zu drosseln (Tab. 6.1). Die Verdauung ist bei Abwehr und Flucht von untergeordneter Bedeutung, wird also „stillgelegt".

Wirkung auf das respiratorische System. Durch eine Stimulation des Atemzentrums im Gehirn steigt die Atemtiefe an, der Tonus der Bronchialmuskulatur wird herabgesetzt (dadurch wird im Bedarfsfall ein rascher Gasaustausch in der Lunge ermöglicht). Die Stimulation der Atmung durch Adrenalin ist mit einer erhöhten CO_2-Produktion im Muskel verbunden.

Wirkung auf den Kohlenhydratstoffwechsel. Der Blutglucosespiegel wird erhöht, da Glykogen vermehrt mobilisiert wird. Für die Erhöhung der Glucosekonzentration reichen bereits geringe Adrenalinmengen aus, die noch keine Blutdruckerhöhung bewirken. (Hierbei sind überwiegend β_2-Rezeptoren beteiligt. Adrenalin wirkt daher ca. 10mal stärker als Noradrenalin). Der Wirkungsmechanismus ist in Abb. 23.24 dargestellt. Durch Hemmung der Insulinsekretion wird eine Wiederaufnahme der Glucose in die Organe verringert.

Fettstoffwechsel. Catecholamine fördern die Lipolyse im Fettgewebe (hormonsensitive Lipasen) und führen zum Anstieg von Glycerin und freien Fettsäuren im Blut. Da gleichzeitig die Glucoseaufnahme in den Zellen verringert wird, werden die freien Fettsäuren vermehrt zur Energiegewinnung herangezogen.

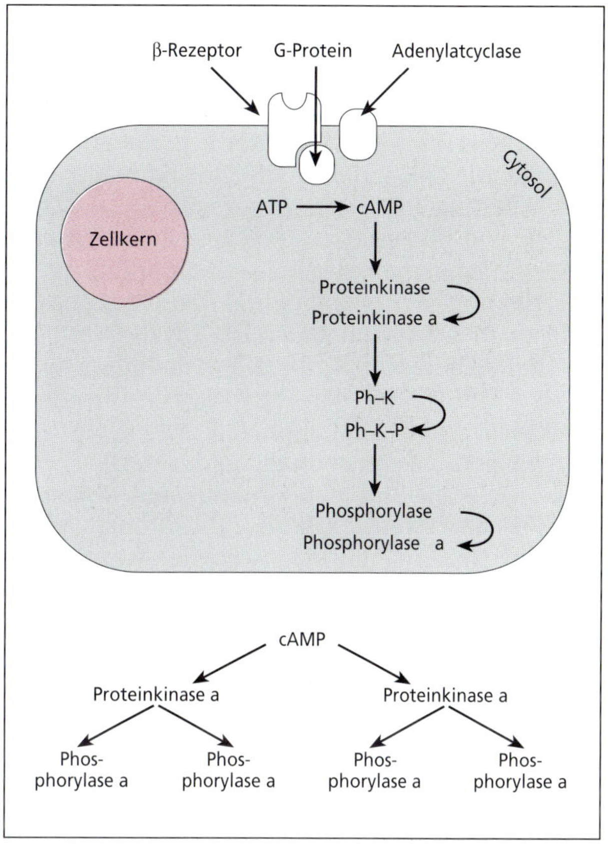

Abb. 23.24 Wirkung von Adrenalin auf den Abbau von Glykogen. Die einzelnen Schritte führen zu einer Signalverstärkung um den Faktor 10^6. Die aktivierte Phosphorylase (Phosphorylase a) spaltet aus Glykogen Glucosephosphat ab.

Klinisches: Für medizinische Anwendungen stehen Abkömmlinge der Catecholamine zur Verfügung, die spezifisch einzelne Rezeptortypen blockieren (Rezeptorenblocker) oder die Wirkung der Catecholamine nachahmen (Sympathomimetika). Dabei stehen für α- und β-Rezeptoren spezifische Substanzen zur Verfügung, so daß die Wirkung auf die α- oder β-Rezeptoren (Tab. 6.1) überwiegt. Die Verabreichung von β-Sympathomimetika an Masttiere führt zu einer geringeren Fettproduktion sowie zu einer höheren Proteinbildung als bei Vergleichstieren und könnte daher potentiell als Masthilfsmittel eingesetzt werden. Da sich diese Präparate jedoch in einigen Organen anreichern und eine sehr hohe Bioverfügbarkeit aufweisen, verbietet sich der Einsatz aus Gründen des Verbraucherschutzes, da in Fällen einer (illegalen) Verabreichung der Verbraucher durchaus biologisch wirksame Mengen des β-Sympathomimetikums verzehrt.

• **Nebennierenrinde**

Beim Säugetier kann die Nebennierenrinde in drei Schichten gegliedert werden. Die **Zona glomerulosa** liegt unmittelbar unter der Bindegewebskapsel der Nebennierenrinde. Darunter liegt die **Zona fasciculata.** Die Zellen dieser Schicht sind relativ groß und enthalten zahlreiche Lipideinschlüsse (Cholesterin und Cholesterinester). Bei einer lang dauernden Stimulation der Nebennierenrinde durch ACTH kommt es zu einer Vergrößerung der Zona fasciculata, so daß anzunehmen ist, daß die Hormone der Nebennierenrinde vor allem in dieser Zone gebildet werden. Die **Zona reticularis** ist die innerste Schicht und besteht aus netzartig angeordneten Zellsträngen. Sie grenzt direkt an das Mark.

Die Nebennierenrindenhormone sind Abkömmlinge des Cholesterins. Die aus 21 C-Atomen bestehenden Nebennierenrindensteroide werden als **Corticoide (Corticosteroide)** bezeichnet.

Man unterscheidet nach ihrer Wirkung zwei Gruppen von Nebennierenrindenhormonen. Die **Glucocorticoide** (wirken auf den Glucosestoffwechsel) mit den Hauptvertretern Cortisol und Corticosteron und die **Mineralocorticoide** (wirken auf die Natriumretention und Kaliumausscheidung) mit dem Hauptvertreter Aldosteron.

Glucocorticoide: Cortisol und Corticosteron werden in einem tierartlich unterschiedlichen Verhältnis in das Blut sezerniert. Vögel, Mäuse und Ratten bilden überwiegend Corticosteron, während bei Schweinen und Wiederkäuern die Cortisolkonzentration im Blutplasma dominiert. Die Glucocorticoide sind dabei überwiegend an Albumin gebunden. Bei einigen Species (z.B. Pferden) wird Cortisol im Blut durch ein spezifisches Bindungsprotein (Transcortin) gebunden und in dieser Form transportiert. Proteingebundenes Hormon ist nicht direkt wirksam, sondern stellt eine Speicherform dar.

Der Abbau erfolgt primär in der Leber, wobei Tetrahydroderivate mit einem gesättigten A-Ring entstehen. Die Ausscheidung erfolgt über die Nieren, in geringem Ausmaß auch über die Faeces.

Die Glucocorticoide werden bei Streß (bewirkt eine ACTH-Ausschüttung) in erhöhtem Maße gebildet (Abb. 23.25) und spielen eine wichtige Rolle bei der Regulation des Metabolismus von Kohlenhydraten, Fetten und Proteinen.

Die Glucocorticoide besitzen eine proteinkatabole Wirkung. Es kommt zum vermehrten Eiweißabbau und zum Anstieg der Gluconeogenese aus Aminosäuren. Glucocorticoide besitzen auch eine gewisse Mineralocorticoidwirkung, die jedoch deutlich schwächer ist als die von Aldosteron.

In der Folge kommt es zur Erhöhung der Blutglucosekonzentration sowie zur vermehrten Glykogen-

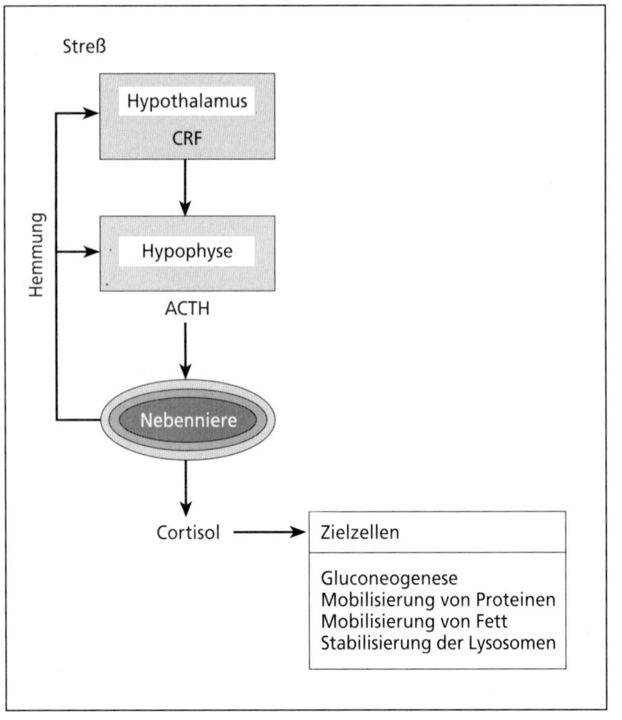

Abb. 23.25 Streß bewirkt eine vermehrte Bereitstellung von Energie.

bildung in der Leber. Die Fettsäuresynthese in der Leber wird gehemmt. Glucocorticoide (und ihre oft deutlich länger und stärker wirksamen synthetischen Derivate) führen, bedingt durch die Hemmung der Proteinbiosynthese, zur verminderten Synthese entzündungsfördernder Substanzen und wirken somit entzündungshemmend. Auch die Antikörperproduktion wird vermindert und die zelluläre Abwehr unterdrückt (immunsuppressive Wirkung).

Glucocorticoide führen zur Neubildung von Enzymen, die zur Gluconeogenese in der Leber dienen (z.B. Alaninaminotransferase, Aldolase, Glucose-6-Phosphatase).

Mineralocorticoide vor allem **Aldosteron:** Aldosteron aktiviert vorhandene Na^+-Kanäle, induziert die Bildung und den zusätzlichen Einbau von Na^+-Kanälen in den apikalen Membranen der distalen Tubuli der Niere (Kap. 12.6.3) und in den Enterocyten des distalen Colons (Kap. 15.7.3.1). Dadurch kann die elektrogene Natriumresorption erhöht werden. Die Natriumretention in den distalen Nierentubuli und eine erhöhte Natriumresorption im Colon dient der Aufrechterhaltung der Natriumkonzentration im Blut. Fehlen die Mineralocorticoide, so tritt Wasser verstärkt vom Blut in das Gewebe über. Dadurch kommt es zum Kreislaufkollaps. Das Fehlen der Nebennierenrinde ist mit dem Leben nur vereinbar, wenn kontinuierlich Natriumchlorid verabreicht wird. Die Regulation der Aldosteronsekretion ist bei den Hormonen der Niere (Renin-Angiotensin-Aldosteron-System) beschrieben (Kap. 12.14.1 u. Abb. 23.26).

Klinisches: Bei länger dauerndem Streß kommt es zu einer Atrophie des Thymus und der Lymphknoten (Unterdrückung der Immunabwehr). Eine vermehrte Cortisolsynthese (Hyperadrenocortizismus, Morbus Cushing) kann durch Tumore der Hypophyse (vermehrte ACTH-Produktion) oder durch Tumore der Nebennierenrinde bedingt sein. (Beim Hund überwiegen als Ursache Adenome im HVL.) Durch Applikation eines synthetischen Glucocorticoids an Tiere mit Hyperadrenocortizismus kommt es zu einer geringeren bzw. kurzzeitigeren Unterdrückung der endogenen Cortisolproduktion der Nebennierenrinde, verglichen mit gesunden Tieren (Suppressionstest).

Eine Unterfunktion der Nebennierenrinde (Morbus Addison) führt zu Schwäche, Dehydratation des Körpers und Bradykardie sowie zu Störungen des Kohlenhydrat- und Elektrolytstoffwechsels.

23.2.3 Gewebshormone

Gewebshormone stammen aus Organen, für die die Hormonproduktion nicht die Hauptaufgabe ist.

23.2.3.1 Gastrointestinale Hormone

Es handelt sich um Peptide, deren Ausschüttung durch Futter und Futterbestandteile erfolgt. Die Wirkung der gastrointestinalen Hormone liegt in der Steuerung der Verdauung des Futters. Ihre Aktivität wird wesentlich vom vegetativen Nervensystem (N. vagus) bestimmt. In der Regel werden durch einen Stimulus mehrere gastrointestinale Hormone ausgeschüttet. Diese Gruppe von Hormonen wird zwar in spezialisierten Zellen gebildet, einheitliche Produktionsorgane sind jedoch nicht zu lokalisieren (parakrin wirkende Substanzen).

• Gastrin
Gastrin wird in den G-Zellen des Magens gebildet und stimuliert die HCl-Sekretion. Übersteigt der HCl-Gehalt im Magen eine gewisse Grenze, so wird die Gastrinsekretion gehemmt (Feedback-Mechanismus).

• Cholecystokinin
Cholecystokin (CCK) (früher auch Pankreozymin genannt) wird in der Duodenalschleimhaut gebildet. Es stimuliert die Sekretion von Amylase, Lipase und Trypsinogen im exokrinen Pankreas, bewirkt eine Kontraktion der Gallenblase und ist an der Regulation der Nahrungsaufnahme beteiligt.

• Sekretin
Sekretin wird in der Duodenalschleimhaut gebildet. Es stimuliert die Abgabe von Bicarbonat aus dem Pankreas. Es hemmt die Gastrinsekretion.

• Gastric Inhibitory Polypeptide (GIP)
GIP wird in der Duodenal- bzw. Jejunumschleimhaut gebildet. Es verstärkt die Insulinsekretion nach Futteraufnahme und hemmt die Motorik der oberen Abschnitte des Magen-Darm-Traktes. Die Stimulation der Freisetzung erfolgt durch die Resorption von Aminosäuren bzw. Glucose. GIP wird deshalb auch als „glucose-dependent insulin-releasing peptide“ bezeichnet.

• Vasoaktives Intestinales Polypeptid (VIP)
VIP ist ein wichtiger Neurotransmitter des Enterischen Nervensystems (Kap. 15.2.1.3). Es ist ein hemmender Transmitter der Muskel-Motoneurone und ist ein erregender Transmitter der Sekreto-Motoneurone.

• Glucagon-ähnliche Peptide (GLP I u. GLP II, glucagon-like peptide)
GLP wird im Intestinaltrakt bei Nahrungsaufnahme freigesetzt (Kap. 16.3.1.2). Es hemmt die Magen- und Darmmotorik. Es hat eine ähnliche Wirkung wie das Glucagon aus dem Pankreas.

Elimination der gastrointestinalen Hormone
In der Leber erfolgt ein proteolytischer Abbau. Ferner werden Sekretin und Glucagon über die Nieren ausgeschieden (bei Nierenversagen ist die Blutkonzentration dieser Hormone erhöht). Die Halbwertszeit gastrointestinaler Hormone liegt nach intravenöser Applikation unter 3 Minuten.

Speciesunterschiede
Vermutlich infolge unterschiedlicher Ernährungsweisen ergeben sich Speciesunterschiede in der Verteilung von Zellen, die Gastrointestinalhormone bilden. So ist das sekretinbildende Schleimhautareal bei Wiederkäuern größer als bei Fleischfressern.

Gastrointestinale Hormone im Gehirn
Einige gastrointestinale Hormone können auch im Zentralnervensystem nachgewiesen werden. Die Bildung solcher Peptide durch Nervengewebe ist insofern erklärbar, als einige hormonproduzierende Zellarten des Verdauungstraktes aus der Neuralleiste stammen.

Klinisches
Wie bei anderen Organen kann es durch Tumoren zur Überproduktion einzelner Hormone kommen. Solche Erkrankungen werden jedoch bei Tieren rela-

tiv selten diagnostiziert, z.B. führt eine erhöhte Gastrinkonzentration (entspricht dem Zollinger-Ellison Syndrom des Menschen) zu Erbrechen, Gewichtsabnahme, Futterverweigerung und Durchfall sowie in der Folge der erhöhten HCl-Sekretion zum Auftreten von Ulcera.

23.2.3.2 Niere

• Renin
Renin (relative Molekülmasse 4.000) wirkt als ein proteolytisches Enzym und wird von den juxtaglomerulären Zellen gebildet. Es regelt die Ionenzusammensetzung der Körperflüssigkeiten. Sinkt der Blutdruck, so wird Renin vermehrt sezerniert und wandelt (in der Leber) Angiotensinogen zu Angiotensin I (ein biologisch noch inaktives Dekapeptid) um. In der Lunge erfolgt durch das Converting-Enzym eine weitere Kettenverkürzung. Es entsteht das vasopressorisch wirkende Oktapeptid Angiotensin II (Abb. 23.26 u. 12.28).

• Erythropoetin
Erythropoetin (ein Glykoprotein, relative Molekülmasse 35.000) fördert die Differenzierung von Stammzellen des Knochenmarks zu Erythroblasten. Mangelnde Sauerstoffversorgung (Aufenthalt in großen Höhen, aber auch Anämie) führt zur vermehrten, Niereninsuffizienz zur verminderten Erythropoetinbildung (Kap. 10.3.2.4 u. 12.14.2).

• Calcitriol (1,25-Dihydroxycolecalciferol)
Dieses Steroidhormon wird aus Calcidiol in der Niere gebildet (Kap. 12.14.3 u. 27.2.2).

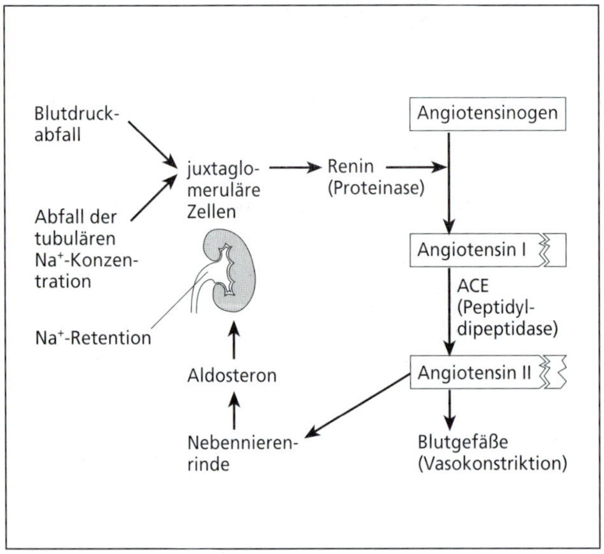

Abb. 23.26 Renin-Angiotensin-Aldosteron-System. Sinkt der Blutdruck oder die Na^+-Konzentration, wird von den juxtaglomerulären Zellen Renin in das Blut sezerniert. Renin (eine Proteinase) spaltet das Peptid Angiotensinogen zu Angiotensin I (10 Aminosäuren). Durch die Wirkung von ACE (angiotensin converting enzyme) wird vom C-terminalen Ende des Angiotensin I ein Dipeptid abgespalten, es entsteht Angiotensin II. Dieses stimuliert die Nebenniere zur Bildung von Aldosteron (gleichzeitig wirkt es durch Vasokonstriktion blutdrucksteigernd). Aldosteron bewirkt in der Niere eine Na^+-Retention.

23.2.3.3 Thymus

Das Thymusgewebe besteht aus Bindegewebe, Epithelzellen und Lymphocyten. Mit zunehmendem Alter kommt es zur Fetteinlagerung und Atrophie (Schwund) der Drüse. Der Thymus ist für die Funktionsfähigkeit des Immunsystems von Bedeutung. Es wurden verschiedene Peptide (Thymosine, Thymopoetin und Serumthymusfaktor) isoliert, die vermutlich in den Epithelzellen gebildet werden. Thymosine fördern die Proliferation von Lymphocyten in den lymphatischen Geweben. Tieren, denen postpartal der Thymus entfernt wurde, sind für Infektionskrankheiten deutlich anfälliger; Hauttransplantate von anderen Tieren heilen jedoch gut ein. Diese Befunde beweisen die Wirkung des Thymus auf die Immunabwehr.

23.2.3.4 Herz

Von den Zellen des Atriums wird ein hormonwirksames Peptid, das **„Atriale Natriuretische Peptid"** (**ANP**), gebildet. Dieses Peptid aus 28 Aminosäuren bewirkt:

1. verstärkte Natriumausscheidung und damit vermehrte Diurese,
2. Hemmung der Renin-, Aldosteron- und Vasopressinsekretion,
3. Vasodilatation durch eine Relaxation der Gefäßmuskulatur.

Die Sekretion von ANH wird durch Dehnung der atrialen Herzmuskelzellen (bedingt durch erhöhtes Blutvolumen) bewirkt (Kap. 12.6.3).

Der Na^+-Gehalt des Blutes wird somit durch 2 antagonistisch wirkende Hormone (ANH und Aldosteron) reguliert (ähnlich wie Ca^{2+} durch Parathormon und Calcitonin).

23.2.3.5 Leber

Das in der Hypophyse gebildete Wachstumshormon wirkt nicht direkt auf die Wachstumsprozesse in der Peripherie, sondern steuert diese über Insulin-like Growth Factors (IGF). Es handelt sich dabei um 2 Peptide (IGF I und IGF II), die in der Leber gebildet werden. Die Form der Peptide ähnelt der von Insulin. Ihre biologische Halbwertszeit ist relativ lang

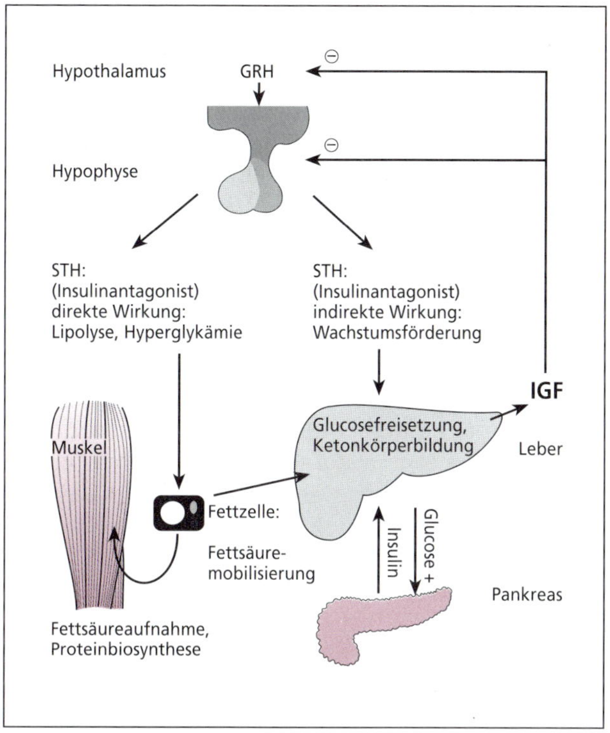

Abb. 23.27 Das Wachstumshormon wirkt über Insulin-like Growth Factors (IGF).

(8 Stunden), was durch im Blut vorkommende IGF-Bindungsproteine bedingt ist, die den Abbau verzögern. IGF I ist für das Wachstum erforderlich und weist eine mitogene (Zellteilunginduzierende) Wirkung auf. IGF II wirkt ebenfalls mitogen und kommt in Feten in hoher Konzentration vor (Abb. 23.27).

23.2.3.6 Placenta

Die Placenta bildet bei den meisten Tierarten Steroidhormone sowie Peptid- und Proteohormone. Es bestehen große Speciesunterschiede in bezug auf die Hormonbildung in diesem Organ.

• Steroidhormone

Progesteron und andere Gestagene werden von den Placenten vieler Species gebildet, jedoch ist für die Aufrechterhaltung der Gravidität die Produktion im Ovar (Corpus luteum/Corpora lutea auxiliaria) von größerer Bedeutung. Beim Rind ist die placentäre Progesteronproduktion nur zwischen dem 150./180. bis 240./250. Graviditätstag in der Lage, die Trächtigkeit aufrechtzuerhalten. In den übrigen Graviditätsstadien ist das Ovar als Progesteronquelle erforderlich. Auch beim Schaf und beim Rind spielt die Progesteronproduktion in der Placenta eine wichtige Rolle. Bei einigen Species (z.B. Pferden) kommt es präpartal zum Anstieg von Progesteronmetaboliten (Pregnanen) im Plasma der Muttertiere, deren Bedeutung derzeit noch nicht geklärt ist. In-vitro-Versuche zeigten, daß hohe Gestagenkonzentrationen, wie sie in der Placenta vorkommen, den Oxytocinrezeptor blockieren.

• Östrogene

Bei den Wiederkäuern kommt es mit zunehmender Graviditätsdauer zum Anstieg von Östrogenen (Östronsulfat) im Blut der Muttertiere (Ziege: ca. ab der 9., Schaf und Rind: ab der 12./ 13. Graviditätswoche). Die höchsten Werte werden in der präpartalen Periode erreicht. Im Blut der Feten finden sich neben Östronsulfat auch hohe Konzentrationen von konjugiertem Östradiol-17α (da Östradiol-17α ein schwach wirksames Östrogen ist, könnte es sich um einen Schutzmechanismus handeln, der die Östrogenwirkung auf den Feten verhindert). Die Bildung der Östrogenvorstufen erfolgt bei den Wiederkäuern in der Placenta.

Beim Schwein hat die Östrogenverlaufskurve während der Gravidität zwei Maxima. Das erste findet sich vom Tag 25-30, das zweite unmittelbar vor der Geburt.

Bei Equiden kommt es ca. ab dem 35.-40. Tag zu einem Anstieg der Östrogene (Quelle: Ovar), ab dem 70. Tag zu einem weiteren Anstieg durch Östrogene aus der Placenta. Um den 5.-6. Graviditätsmonat wird ein Konzentrationsmaximum erreicht, dann sinken die Werte zur Geburt hin wieder ab. Dabei handelt es sich überwiegend um konjugiertes Östron, dessen Vorstufen in den fetalen Gonaden gebildet werden. Erst im letzten Graviditätsdrittel treten die für Equiden typischen im Ring B ungesättigten Östrogene (Equilin, Equilenin) auf. Die Vorstufen dieser Östrogene sind noch nicht bekannt.

Bei Hunden gibt es keine spezifische Östrogenproduktion in der Placenta (Abb. 23.28).

• Peptid- und Proteohormone

Das Pregnant Mare Serum Gonadotropin (PMSG, equines Choriongonadotropin, eCG) ist ein Glykoprotein (relative Molekülmasse 45000-65000). Der Kohlenhydratanteil liegt bei 40% und bedingt die für ein Hormon ungewöhnlich lange Halbwertszeit von über 2 Tagen. Gebildet wird PMSG in den „endometrial cups", die vom fetalen Teil der Placenta stammen. PMSG hat LH- und FSH-ähnliche Wirkungen, wobei die FSH-Wirkung dominiert. Interessanterweise ist die physiologische Rolle von PMSG bei der Stute weitgehend unklar, da z.B. beim Esel PMSG in wesentlich niedrigerer Konzentration vorkommt. Eine luteotrope Funktion von PMSG konnte bisher bei der Stute nicht bewiesen werden. Die Bestimmung von PMSG kann zwischen dem 40. und 100./120. Tag zur Graviditätsdiagnostik bei der

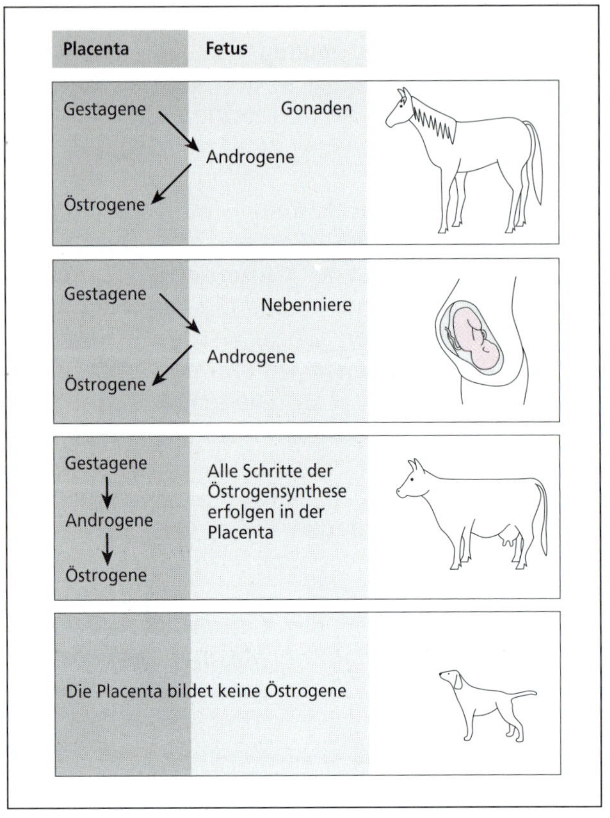

Abb. 23.28 Syntheseorte der Vorstufen der placentären Östrogene bei verschiedenen Species. Die Vorstufen werden in den fetalen Gonaden, den Niebennierenrinden oder in der Placenta selbst gebildet.

Stute herangezogen werden. Aufgrund der ausgeprägten FSH-Wirkung wird PMSG in der Biotechnologie (Superovulationsinduktion) eingesetzt.

- **Placentäre Lactogene**

Diese speciesspezifischen Hormone weisen Eigenschaften auf, die denen des Wachstumshormons bzw. Prolactin ähneln. Ihre Bedeutung liegt in der Regulation von Wachstum und Differenzierung der Milchdrüse. Eine Wirkung auf den Gelbkörper (luteotrope Wirkung) wird diskutiert. Das Vorkommen von placentären Lactogenen wurde bisher bei Primaten, Wiederkäuern und Nagetieren beschrieben.

In der Placenta können auch Proteine nachgewiesen werden, die GnRH-, TRH- und Somatostatin-Aktivität aufweisen.

- **Relaxin**

Relaxin ist ein Polypeptid, das bei einigen Tierarten (z.B. Schwein, Hund) vom Corpus luteum, aber auch von der Placenta und der Milchdrüse (Hund) gebildet wird. Es bewirkt die Lockerung der Beckensymphyse durch Quellen der kollagenen Fasern. Dadurch kommt es zur Erleichterung des Geburtsvorganges.

- **Eicosanoide**

Von der Placenta werden auch Prostaglandine (PGE_2, $PGF_{2\alpha}$) gebildet. In der Endphase der Gravidität kommt es zum Anstieg dieser Verbindungen im Blut der Muttertiere, wobei Prostaglandine für das Ingangkommen der Geburt eine wesentliche Rolle spielen.

23.2.4 Mediatorstoffe

23.2.4.1 Serotonin (5-Hydroxytryptamin, 5-HT)

Serotonin kommt beim Säugetier im Zentralnervensystem, in der Milz, Lunge und im Darmtrakt vor. Serotonin ist ein Abkömmling der Aminosäure Tryptophan, die durch Decarboxylierung in das biogene Amin umgewandelt wird. Serotonin reguliert vasokonstriktorisch bzw. dilatatorisch den Tonus der Bronchialmuskulatur bzw. die Darmperistaltik.

23.2.4.2 Histamin

Histamin ist ein biogenes Amin und leitet sich von der Aminosäure Histidin ab. Die höchsten Histaminkonzentrationen sind in Lunge, Haut und Gastrointestinaltrakt nachweisbar. Hohe Konzentrationen werden auch in den Mastzellen (an Heparin gebunden) gespeichert.

Histamin bewirkt die Kontraktion der glatten Muskulatur im Respirations- und Intestinaltrakt sowie des Uterus. Auf die glatte Muskulatur von Gefäßen wirkt Histamin relaxierend. In der Folge kommt es zur Blutdrucksenkung. Weiter erhöht Histamin die Permeabilität der Gefäße im Kapillargebiet, wodurch sich Rötungen und Quaddelbildungen ergeben. Die Freisetzung von Histamin aus den Speicherformen ergibt sich durch Verletzung des Gewebes. Auch manche Pharmaka wirken als „Histaminliberatoren".

- **Klinisches**

Manche Pharmaka wirken als Antihistaminika. Sie verdrängen das Histamin von den Rezeptoren des Gewebes und werden zur Behandlung von Allergien eingesetzt.

23.2.4.3 Plasmakinine

Die Plasmakinine sind Oligopeptide, die aus der α_2-Globulin-Fraktion durch das Enzym Kallikrein freigesetzt werden. Die Grundstruktur ist das Peptid Bradykinin, von dem sich Kallidin und Methylkallidin ableiten.

Plasmakinine wirken kontrahierend auf die Muskulatur von Uterus, Darm und Bronchien. Sie senken

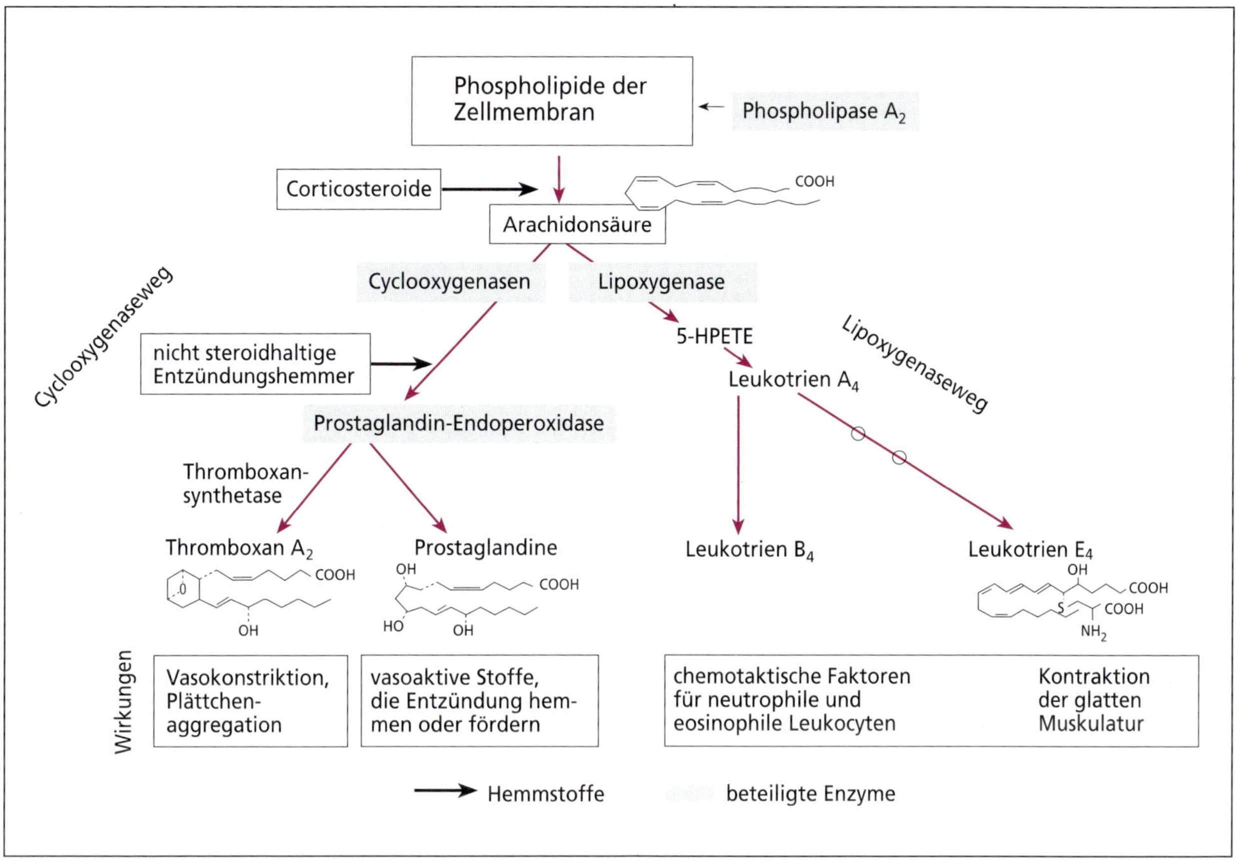

Abb. 23.29 Synthese der Eicosanoide aus Arachidonsäure. Die Angriffspunkte einiger entzündungshemmender Stoffe sind eingezeichnet.

den Blutdruck. Der Abbau erfolgt durch ein Enzym (Angiotensin-Converting-Enzyme, ACE), das für die Bildung von Angiotensin II verantwortlich ist, zu inaktiven Bruchstücken.

23.2.4.4 Eicosanoide

Diese Verbindungen (Prostaglandine, Prostazykline und Thromboxane) stammen von den ungesättigten Fettsäuren Arachidonsäure und Eicosapentaensäure ab. Diese Fettsäuren sind Bestandteile der Phospholipide in Zellmembranen und werden durch die Phospholipase A_2 freigesetzt. Die Prostaglandine wurden zuerst in der Samenflüssigkeit nachgewiesen (Name), werden jedoch von vielen Organen gebildet. Man unterscheidet bei den „primären" Prostaglandinen die E-Serie (Ketogruppe C9) und die F-Serie (Hydroxylgruppe C9). „Sekundäre" Prostaglandine (Serien A bis D) sind Umwandlungsprodukte der E-Serie.

Die vermehrte Synthese im Gewebe erfolgt nach Reizung (Schädigung) der Zellmembran, wobei andere Gewebehormone (Bradykinin und Histamin) die Freisetzung steigern. Prostaglandine führen zu einem Anstieg der intrazellulären cAMP- und cGMP-Konzentration.

• **Wirkungen**
Durch Prostaglandine werden Schilddrüse, Nebennierenrinde, Nebenschilddrüse und Ovar zur vermehrten Sekretion angeregt (der Stop der Progesteronsynthese im Corpus luteum nach einem Prostaglandin-$F_{2\alpha}$-Anstieg ist ein sekundärer Effekt). In der Niere sind Prostaglandine an der Regulation der Durchblutung beteiligt und modulieren die Reninfreisetzung. Weiter hemmen Prostaglandine die Salzsäureproduktion des Magens. Prostaglandine der E-Serie wirken blutdrucksenkend und sind Mediatorstoffe, die an der Fieber- und Schmerzauslösung beteiligt sind. Auch Prostacycline und Thromboxane sind am Zustandekommen von Entzündungsprozessen (u.a. Thrombocytenaggregation, Vasokonstriktion, Vasodilatation) beteiligt.

Der Abbau der Prostaglandine erfolgt sehr rasch, wobei das Lungengewebe eine wesentliche Rolle spielt (Bildung von biologisch unwirksamen 15-Keto-Prostaglandinen).

• **Klinisches**
Von der Cyclooxygenase sind zwei Enzymformen bekannt, wobei die Cyclooxygenase 2 durch Entzündungsvorgänge stimulierbar ist und es somit zur

vermehrten Synthese von Cycloendoperoxid kommt. Etliche entzündungshemmende und fiebersenkende Medikamente blockieren die Prostaglandinsynthese und entfalten so ihre Wirkung (Abb. 23.29).

23.2.4.5 Cytokine

Cytokine sind eine Gruppe von Hormonen, die von verschiedenen Zellarten (überwiegend Makrophagen) gebildet werden und zur Aktivierung von Zellen beitragen. Zu den Cyktokinen zählen unter anderem die Interleukine, Lymphokine, der Tumornekrosefaktor und γ-Interferon.

Interleukine sind zumeist Glykoproteine, die die Proliferation und Stimulation lymphoider Zellen bewirken. Einige Interleukine erzeugen Fieber oder regen die Leber zur Sekretion der sog. Akute-Phase-Proteine an. Interleukin-1 führt zur Erhöhung der ACTH-Konzentration. Dies wiederum führt zur erhöhten Glucocorticoidkonzentration im Blut. Dadurch wird die Eiweißsynthese gehemmt und eine zu starke Immunantwort blockiert.

- **Tumornekrosefaktor (TNF)**

Der TNF setzt sich aus zwei Proteinhormonen (α und β) mit ähnlicher Wirkung zusammen.

Wirkungen:

1. Auslösung von Nekrosen (örtlicher Gewebetod) bei manchen Tumoren,
2. Kachexie,
3. Stimulation von T- und B-Zellen.

- **Interferone (INF)**

Interferone sind speciesspezifische Proteine (relative Molekülmasse 13.000-160.000).

Interferone sind Glykoproteine, die von verschiedenen Zellen gebildet werden und das Immunsystem beeinflussen. Typ I der Interferone kann unterteilt werden in α-Interferon (Leukocyteninterferon) und β-Interferon (Fibroblasteninterferon). Typ II wird als γ-Interferon (IFN-γ-Immuninterferon) bezeichnet und von T-Helferzellen gebildet.

Interferone wirken antiviral und antiproliferativ. Durch Wirkung auf die Makrophagen wird die Antikörperproduktion reguliert. Die Bildung des Interferons wird durch Induktoren ausgelöst (Viren, Endotoxine).

23.2.5 Pheromone

Es sind Wirkstoffe, die zur Informationsübermittlung zwischen Individuen einer Art dienen (**Soziohormone**).

Bei Insekten wurden bereits zahlreiche Pheromone chemisch charakterisiert. Bei Säugetieren wurden Pheromone zwar nachgewiesen, jedoch sind Wirkungen z.T. schwierig zu erforschen. Die Pheromone steuern die Synchronisation der Paarung und der Geburt, die Pubertätsbeschleunigung und bei weiblichen Tieren die Optimierung der Befruchtung (Induktion der Ovulation).

Über eine Gruppe von Pheromonen beim Eber (Ebergeruchsstoff) liegen bereits detaillierte Untersuchungen vor. Es handelt sich um 5α-Androstane (Androgenabkömmlinge) mit einer Doppelbindung im D-Ring des Steroidmoleküls. An der Position 3 findet sich eine α-/β- bzw. Oxo-Gruppierung. Diese Steroide werden im Hoden gebildet und auch über den Speichel abgegeben. Durch ruckartige Kaubewegungen eines Ebers werden aus Speichel Schaumflocken gebildet, die aufgrund der großen Oberfläche eine gute Ausbreitung der Duftstoffe bewirken. Der Ebergeruchsstoff löst bei Sauen im Östrus die Duldungsstarre aus und kann (in Sprayform, diese Stoffe sind synthetisch herstellbar) zur Rauscheerkennung eingesetzt werden.

23.3 Reproduktion beim Säugetier

23.3.1 Reproduktion beim weiblichen Tier

B. Meinecke

23.3.1.1 Reproduktionshormone

Die wichtigsten Reproduktionshormone können den **Peptidhormonen** und den **Steroidhormonen** zugeordnet werden. Ehe die verschiedenen Vertreter der jeweiligen Hormonklasse besprochen werden, soll zunächst der grundsätzliche Unterschied in der Wirkungsweise von Peptid- und Steroidhormonen skizziert werden.

- **Peptidhormone**

Die Peptidhormone bestehen aus einer oder mehreren Ketten von Aminosäuren (Abb. 23.30).

Zu ihnen gehören die trophischen (ernährend, erhaltend) Hormone wie z.B. die Releasing-Hormone des Hypothalamus und eine Reihe von Peptiden und Glykopeptiden, die von dem Hypophysenvorderlappen (HVL) freigesetzt werden. Die Spezifität der Peptidhormone ist durch die Ausbildung von speziellen Rezeptoren in der Zellmembran des Zielgewebes sichergestellt. Diese Hormone entfalten ihre Wirkung an der Zellmembran, indem sie an ihren Rezeptor binden und ein Signal induzieren, das in die Zelle weitergeleitet wird.

Ist die Bindung eines Peptidhormons an seinen Rezeptor erfolgt, so kann der Rezeptor selbst als

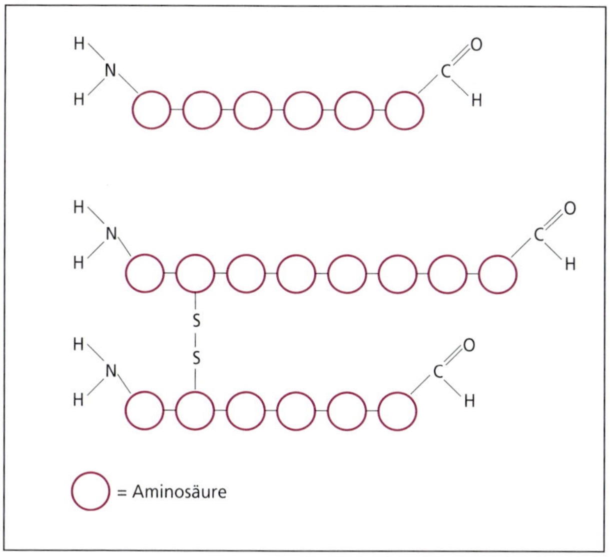

Abb. 23.30 Grundgerüst der Peptidhormone.

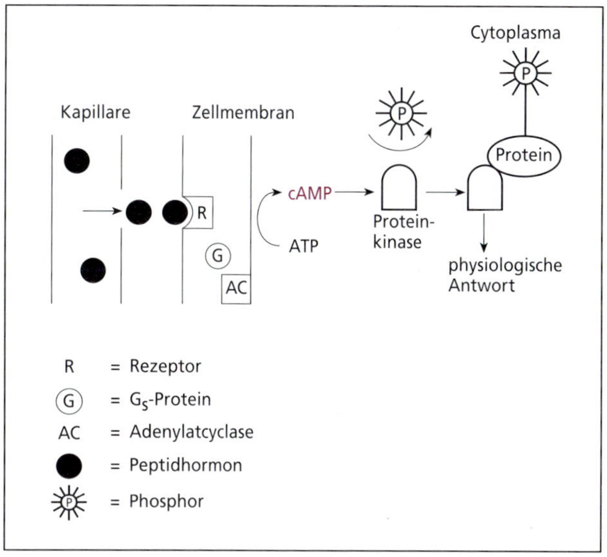

Abb. 23.31 Durch cAMP vermittelte Wirkung eines Peptidhormons.

aktive Substanz eine Wirkung hervorrufen oder er geht eine weitere Bindung mit einem zelleigenen Agens ein und wirkt dann als Ionenkanal oder Enzym. Die wichtigsten Peptidhormone in der Reproduktionsphysiologie nutzen einen dritten Weg, indem nach der Bindung an den Rezeptor eine Kopplung an einen intrazellulären Botenstoff erfolgt. Der häufigste Übermittler, der dabei benutzt wird, ist das **zyklische Adenosinmonophosphat (cAMP)**. Die Bindung eines Peptidhormons an seinen Zellmembranrezeptor aktiviert über die Vermittlung des Kopplungsproteins (G-Protein) das **Adenylatcyclasesystem** innerhalb der Zellmembran, woraufhin cAMP in der Zelle bereitgestellt wird (Abb. 23.31).

Das cAMP bindet und aktiviert eine Proteinkinase, die daraufhin zwei katalytische Untereinheiten freisetzt, die die Phosphorylierung zellulärer Proteine (z.B. Enzyme, mitochondriale Proteine) katalysieren.

Die Wirkungsintensität eines Peptidhormons kann durch Veränderungen in der Zahl und in der Struktur des Rezeptors beeinflußt werden. Die biologische Wirkung ist auch durch Variationen in der molekularen Struktur des Peptidhormons veränderbar.

Die Wirkungsweise der Peptidhormone weist drei physiologische Besonderheiten auf, die für das Verständnis der zellulären Antwort von Bedeutung sind. Zum einen arbeitet das Adenylatcyclasesystem außerordentlich schnell und effektiv, d.h. jedes Cyclasemolekül produziert nach dem Andocken des G-Proteins, das vom Rezeptor des Peptidhormons aktiviert wird, viele cAMP-Moleküle. Das Hormonsignal wird ein erstes Mal verstärkt (amplifiziert). Zum anderen werden durch die Proteinkinasen, die über die zahlreichen cAMP-Moleküle aktiviert werden, wiederum große Mengen an unterschiedlichen Proteinen phosphoryliert, so daß das Hormonsignal eine zweite Amplifikation erfährt. Die so phosphorylierten Proteine bewirken ihrerseits die Änderung der Zellfunktion und damit die physiologische Antwort auf das Hormonsignal.

Die dritte Besonderheit, die bei der Wirkungsweise von Peptidhormonen berücksichtigt werden muß, liegt in der Antwortbereitschaft der Zielzellen, die sich im Laufe der Evolution herausgebildet hat. Die Blutplasmakonzentration der Peptidhormone ist außerordentlich gering, d.h., das Signal, das die Zielzellen empfangen, ist sehr schwach. Die Zielzellen sind jedoch mit einer großen Anzahl an Peptidhormonrezeptoren in ihrer Plasmamembran ausgestattet, so daß das Signal nicht verlorengehen kann. Als weitere Sicherung kommt hinzu, daß nur sehr wenige (ca. 1%) der Bindungsstellen von Peptidhormonmolekülen besetzt werden müssen, um die zelluläre Antwort hervorzurufen.

Peptidhormone binden an zellmembranständige Rezeptoren und führen zu einer schnellen zellulären Antwort, die durch Phosphorylierung von Proteinen bewirkt wird.

Eine Signalübertragung, die wie oben beschrieben mit mehreren Verstärkervorrichtungen arbeitet, beinhaltet aber auch die Gefahr, daß das kleinste Signal eine maximale zelluläre Antwort hervorruft. Verglichen mit einem Radio, würde jedes Signal, das auf die Antenne trifft, mit voller Lautstärke übertragen werden. Um eine Regulation der Signalübertragung von Peptidhormonen zu ermöglichen, hat sich ein biologisches System entwickelt, das die Verstärkung und die Verminderung der zellulären Antwort gewährleistet. Um im Vergleich mit dem Radio zu bleiben: Dieses System stellt die Laut- und Leiseeinstellung dar. Die Natur verwendet zur **Modulation der Hormonantwort** drei Hauptkomponenten:

1. Heterogenität der Hormone,
2. Regulation der Rezeptoren,
3. Regulation der Adenylatcyclase.

1. Heterogenität

Hypophysäre Peptidhormone, die in der Fortpflanzung eine Rolle spielen, sind aus zwei Grundelementen aufgebaut. Sie bestehen aus zwei unterschiedlichen Polypeptidketten, die als α- und β-Untereinheiten bezeichnet werden, sowie einem zusätzlichen Kohlenhydratanteil. Chemisch gesehen, gehören sie in die Gruppe der Glykoproteine. In dieser Zusammensetzung (Zucker + Polypeptid) liegen zahlreiche Variationsmöglichkeiten, die zur Abschwächung oder Verstärkung der Hormonwirkung verwendet werden.

Heterogenität des Polypeptidanteils: Die α-Untereinheit ist bei den verschiedenen Peptidhormonen (LH, FSH, TSH, eCG, hCG) innerhalb einer Tierart stets identisch. Die β-Untereinheit differiert jedoch bei den verschiedenen Peptidhormonen in ihrer Aminosäurenzusammensetzung und bestimmt so die Bindung an den Rezeptor (Abb. 23.32).

Der Austausch einer einzigen Aminosäure in der β-Untereinheit (Punktmutation) kann die biologische Wirkung des Hormonmoleküls vollständig zum Erlöschen bringen. Die Bindung an den Rezeptor kann nur dann erfolgen, wenn α- und β-Untereinheit ein Dimer (Verbindung von zwei gleichartigen Molekülen) geformt haben. Da stets mehr α- als

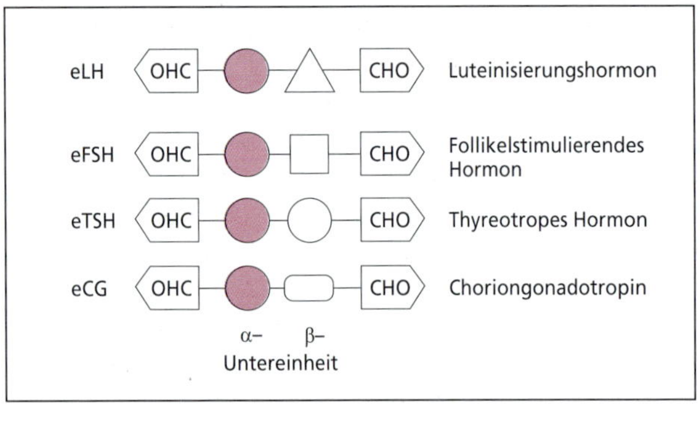

Abb. 23.32 Kombination der α- und β-Untereinheit bei equinen (e) Glykoproteinhormonen. Innerhalb der Tierart Pferd ist die α-Untereinheit stets identisch, dagegen variieren die β-Untereinheit und der Kohlenhydratanteil (CHO). Innerhalb eines Hormons kann der Kohlenhydratanteil variieren, es entstehen Isoformen.

β-Untereinheiten bei den Gonadotropinen vorhanden sind, bestimmt die Syntheserate der β-Untereinheit die biologische Antwort mit.

Heterogenität des Kohlenhydratanteils: Die α- und β-Untereinheiten werden nach ihrer getrennten Synthese glykosyliert und anschließend zusammengeführt. Erst dann wird der Kohlenhydratanteil modifiziert und das Heterodimer gebildet. Die Kohlenhydratseitenketten können dabei sehr unterschiedlich sein, d.h. bei identischem Polypeptidanteil (α- und β-Untereinheit) kann die Kohlenhydratkomponente variieren und so eine andere Form (Isoform) desselben Hormons bilden. Da der Kohlenhydratanteil eines Peptidhormons für die Kopplung des Hormon-Rezeptor-Komplexes an die Adenylatcyclase mitverantwortlich ist, wird hierdurch die physiologische Antwort variiert.

Berücksichtigt man, daß die Synthese der Isoformen von Peptidhormonen im Verlaufe des Sexualzyklus starken Schwankungen unterliegt, so kann man streng genommen z.B. nicht von dem FSH-Molekül sprechen, sondern nur von der jeweiligen Isoformenmischung. In dieser Mischung der verschiedenen Formen ein- und desselben Peptidhormons, wobei sich jeweils Molekulargewicht, Struktur und Halbwertszeit bei den Isoformen unterscheiden, liegt auch die antagonistische Wirkung einiger Isoformen begründet. Werden z.B. Kohlenhydratreste aus dem FSH-Molekül entfernt, so entsteht eine FSH-Isoform mit Anti-FSH-Wirkung.

Die biologische Gesamtaktivität eines Gonadotropins ist das Ergebnis der Wirkungen seiner jeweiligen Isoformenzusammensetzung.

2. Regulation der Rezeptoren

Peptidhormone können die Anzahl der für sie zur Verfügung stehenden Rezeptoren in der Zielzellmembran steigern oder vermindern. Dieser Vorgang wird als **Up- und Down-Regulation** bezeichnet. Durch die Down-Regulation der Peptidhormonrezeptoren wird eine Begrenzung der Hormonwirkung erzielt. Liegen über einen langen Zeitraum (Tage, Wochen) hohe Peptidhormonkonzentrationen im Blut vor, so reagieren die Hormon-Rezeptor-Komplexe in der Zellmembran (also die Rezeptoren, die schon ein Peptidhormon gebunden haben) mit einer seitlichen Bewegung (laterale Migration), die sie zu einer speziellen Region der Membran bringt, die als „coated pit" bezeichnet wird. Es kommt also bei chronischem Hormonüberschuß zu einer Hormon-Rezeptor-Komplex-Konzentration (Cluster-Bildung) in bestimmten Regionen der Zellmembran, die daraufhin mit einer Einschnürung reagiert und die Hormon-Rezeptor-Komplexe in Form einer

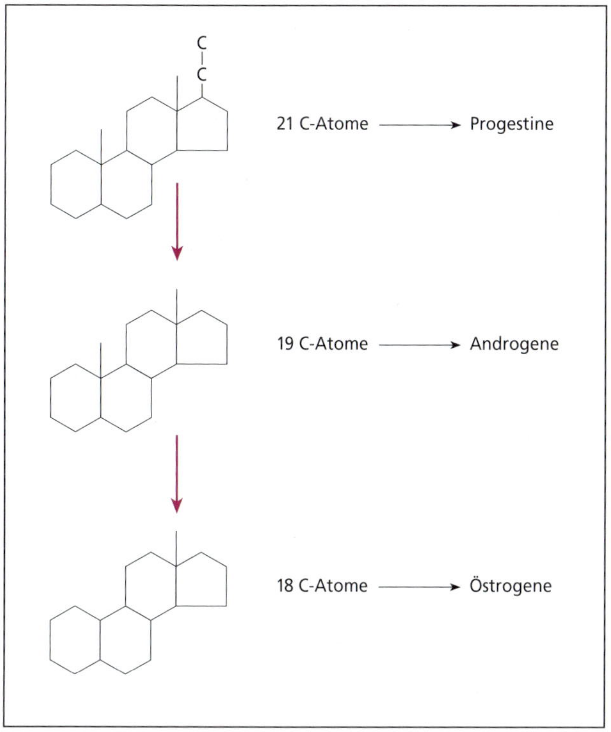

Abb. 23.33 Einteilung der Sexualsteroidhormone. Steroidhormone werden aus Cholesterin synthetisiert. Bei der enzymatischen Konversion kann die Anzahl der C-Atome nur verringert, nie erhöht werden.

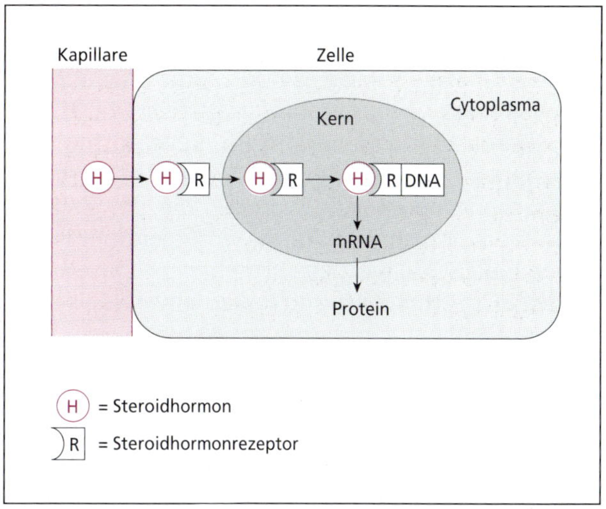

Abb. 23.34 Wirkungsprinzip eines Sexualsteroidhormons. Steroidhormone verlassen den Blutstrom mit Hilfle von Diffusionskräften, binden in der Zelle an einen Rezeptor und als Rezeptorhormonkomplex an die DNA. Sie aktivieren die Transkription spezifischer Gene.

Endocytose internalisiert und in der Zelle weiterverarbeitet. Die Zielzelle kann also bei einem lang einwirkenden Peptidhormonüberschuß völlig unempfindlich werden, weil alle Rezeptoren internalisiert (down-reguliert) sind.

Das Herunterregeln der Rezeptorendichte an der Zielzelle ist auch ein Grund dafür, daß Peptidhormone pulsatil (episodisch) freigesetzt werden. Die Zu- und Abnahme der Zahl der freigesetzten Peptidmoleküle verhindert, daß das Hormon seine eigenen Rezeptoren an der Zielzelle down-reguliert.

3. Regulation der Adenylatcyclase

Die Adenylatcyclase besteht aus 3 Proteineinheiten: dem Rezeptor, einer Guanylnucleotid-Untereinheit und der katalytischen Untereinheit. Die regulative Guanylnucleotid-Untereinheit ist ein Bindungsprotein, das durch GTP gesteuert wird und deshalb als GTP-bindendes oder G-Protein bezeichnet wird. Die katalytische Untereinheit ist das eigentliche Enzym, das ATP zu cAMP konvertiert. Bindet ein Peptidhormon an den Rezeptor, so wird zunächst das Kopplungsprotein (G-Protein) durch die Aufnahme von GTP aktiviert und an die katalytische Untereinheit gekoppelt, erst dann erfolgt die Bildung von cAMP aus ATP. Die Enzymaktivität wird durch die Hydrolyse des GTP zu GDP inaktiviert. Da das G-Protein selbst als GTPase fungiert, die im Moment der GTP-Bindung aktiviert wird, liegt hier die schnelle Kontrolle, die über die cAMP-Produktion und damit über die Hormonantwort ausgeübt wird.

- **Steroidhormone**

Die Sexualsteroidhormone werden, je nach Anzahl der Kohlenstoffatome in drei große Gruppen eingeteilt (Abb. 23.33).

Das Ovar kann alle drei Klassen der Sexualsteroidhormone synthetisieren. Von den Nebennieren unterscheidet sich das Ovar durch die fehlende 21-Hydroxylase und die gleichfalls fehlende 11β-Hydroxylase. Gluco- und Mineralcorticoide können deshalb im normalen Ovargewebe nicht synthetisiert werden. Im Verlaufe der Steroidhormongenese im Ovar kann die Anzahl der C-Atome im Cholesteringrundgerüst oder in jedem anderen Steroidhormon verringert, aber nie erhöht werden.

Wirkungsweise der Steroidhormone: Steroidhormonmoleküle verlassen den Blutstrom und erreichen ihre Zielzellen, indem sie durch die Zellmembran diffundieren. Die Faktoren, die diese Diffusion steuern, sind unbekannt. In der Zielzelle bindet das Steroidhormonmolekül an seinen Rezeptor, wird in den Kern transportiert und bindet hier an die DNA (Abb. 23.34).

Durch die Bindung erfährt der Rezeptor eine Gestaltveränderung und formt zusammen mit dem Steroidhormon den Hormon-Rezeptor-Komplex. Bei der Transformation des Rezeptors, die durch das Ankoppeln des Steroidhormons ausgelöst wird, erfolgt die Freilegung einer Chromatinbindungsstelle am Hormon-Rezeptor-Komplex (DNA-bindende Domäne). Solange der Rezeptor ungebunden ist, wird diese Chromatinbindungsstelle von **Hitzeschockproteinen**, die mit dem Rezeptormolekül assoziiert sind, inaktiviert. Man versteht darunter eine Gruppe definierter Proteine, die der Zelle in vielfältiger Weise bei ihren wechselnden Funktionen helfen: Sie werden vermehrt nach Streß, wie z.B. Hitze, synthetisiert und helfen physiologischerweise u.a. bei der Regulation der Aktivität von DNA-bindenden Faktoren. Die Hitzeschockproteine schützen gleichzeitig das Rezeptormolekül vor vorzeitigem Abbau. Die Aktivierung des Rezeptors durch das Steroidhormonmolekül führt zur Dissoziation des Verbundes aus Rezeptor und Hitzeschockprotein, wobei die Chromatinbindungsstelle freigelegt wird.

Der jetzt aktivierte Hormon-Rezeptor-Komplex bindet an eine spezifische Stelle der DNA, die als „hormone responsive element" bezeichnet wird und oberhalb des Gens liegt, das transkribiert werden soll. Unmittelbar nach dem Anklinken des Hormon-Rezeptor-Komplexes an das „hormone responsive element" der DNA wird die RNA-Polymerase aktiviert und das Gen transkribiert. Es folgt dann die Translation der neuen mRNA an den Ribosomen.

Steroidhormone agieren an der DNA und induzieren die Transkription von Genen.

Wirkungsdauer eines Steroidhormons: Die biologische Aktivität eines Steroidhormons bleibt nur so lange erhalten, solange der Hormon-Rezeptor-Komplex am Chromatin bindet. Daraus folgt, daß einmal die Dissoziationsrate des Steroidhormons und seines Rezeptors und zum anderen die Halbwertszeit des chromatingebundenen Hormon-Rezeptor-Komplexes über die biologische Aktivität entscheiden. Löst sich der Hormon-Rezeptor-Komplex mit seiner Chromatinbindungsdomäne vom „hormone responsive element" des spezifischen Gens, so kommt die Transkription zum Erliegen.

Dissoziiert das Steroidhormon von seinem Rezeptor, so lagern sich die Hitzeschockproteine wieder an den Rezeptor und inaktivieren die Chromatinbindungsdomäne. Da die „hormone responsive elements" an der DNA reichlich zur Verfügung stehen und unter physiologischen Bedingungen nur zum geringen Teil besetzt werden, ist bei den Steroidhormonen stets die Dauer der Einwirkung bedeutender als die Dosis. Die einmalige hohe Dosis ruft eine vorübergehende Änderung der Proteinsynthese in der Zelle hervor. Die chronische Verabreichung, auch kleinster Mengen, wird mit einer dauerhaft veränderten Proteinsynthese beantwortet.

Der Unterschied, warum einige Steroidhormone in kleinsten Mengen große biologische Wirkung entfalten, während andere viel höhere Blutkonzentrationen aufweisen müssen, um ihre Effekte hervorzubringen, liegt an den unterschiedlichen Halbwertszeiten der Hormon-Rezeptor-Komplexe. Östrogen z.B. verfügt über einen stabilen Hormon-Rezeptor-Komplex, der lange Zeit am Chromatin bindet, während Progesteron nur einen Hormon-Rezeptor-Komplex ausbildet, der für kurze Zeit am Chromatin andockt. Deswegen muß Progesteron im Vergleich zu Östrogen in viel höherer Konzentration im Blut zirkulieren.

- **Endogene Opioide**

Neben den klassischen Peptidhormonen existieren noch eine Reihe weiterer Peptide, die im ZNS Einfluß auf die Feinregulation der Hormonsynthese nehmen. Zu diesen gehört die Opioidpeptid-Familie, deren Mitglieder aus einem gemeinsamen Vorläufermolekül, dem Proopiomelanocortin (POMC), hervorgehen (Abb. 23.35). Durch eine Reihe von Aminosäurenkettenabspaltungen entstehen Enkephalin und die Endorphine, zu denen das α-, β- und γ-Endorphin gehören. Synthetisiert werden die Endorphine vor allem im Hypothalamus und seinen benachbarten Kerngebieten. Opioide binden an dieselben Rezeptoren wie Opiate und modulieren die Sekretion der Gonadotropine. Ansteigende Opioidkonzentrationen hemmen die Gonadotropinproduktion durch eine Unterdrückung der GnRH-Sekretion. Die Opioide sind auch bei der Unterdrückung der LH-Sekretion während des saisonalen Anöstrus beteiligt.

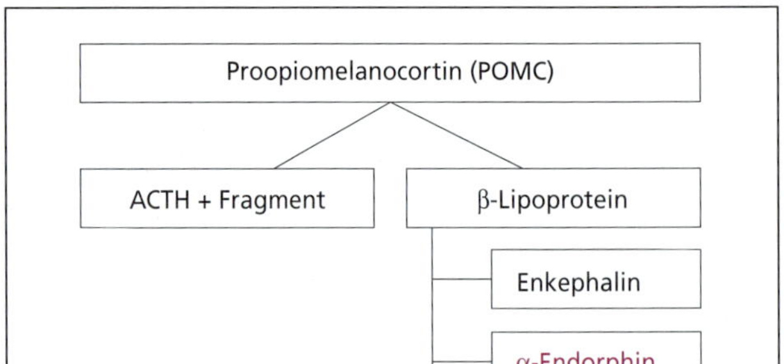

Abb. 23.35 Die endogenen Opioide entstehen aus dem gemeinsamen Vorläufermolekül Proopiomelanocortin (POMC). Sie sind vor allem bei der Regulation der hypothalamischen GnRH-Sekretion beteiligt.

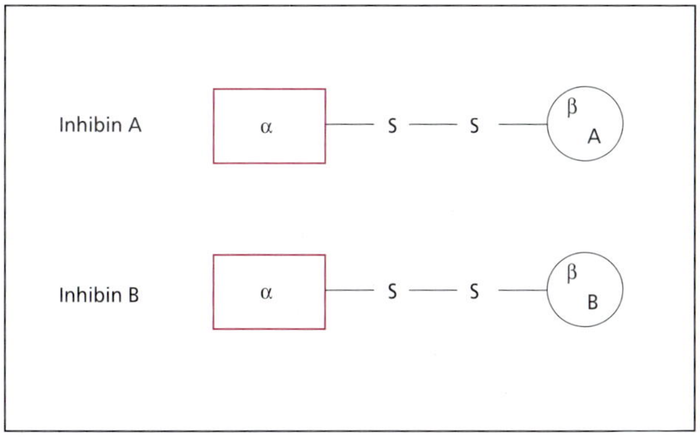

Abb. 23.36 Aufbau des Inhibinmoleküls. Inhibin ist ein Glykoprotein, das aus einer α-und einer β-Untereinheit besteht. Die α-Untereinheit ist bei den Inhibinformen identisch.

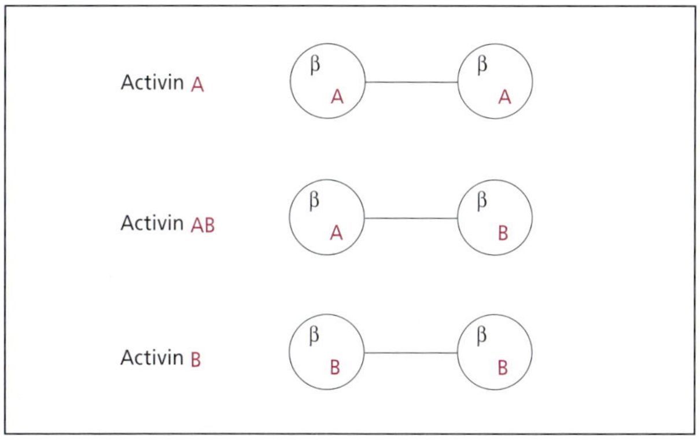

Abb. 23.37 Aufbau des Activinmoleküls. Activin ist ein Glykoprotein, das aus den β-Untereinheiten des Inhibinmoleküls aufgebaut ist.

- **Inhibin und Activin**

Inhibin und Activin sind Peptide, die zur Familie eines Wachstumsfaktors gehören (Transforming Growth Factor β, TGFβ). Inhibin besteht aus zwei unterschiedlichen Peptiden, die als α- und β-Untereinheit bezeichnet werden und über Disulfidbrücken verbunden sind. Inhibin liegt in zwei Formen vor: Inhibin A und Inhibin B, wobei in beiden Formen die α-Untereinheit identisch ist, während die β-Untereinheit differiert (Abb. 23.36).

Inhibin wird von den Granulosazellen des Ovarfollikels sezerniert, gelangt von dort zum Hypophysenvorderlappen und hemmt (inhibiert) hier selektiv die FSH-Sekretion.

Activin wird ebenfalls von den Granulosazellen sezerniert, eine Bereitstellung erfolgt aber auch von den Zellen der Hypophyse, die die Gonadotropine synthetisieren. Das Activinmolekül besteht aus jeweils zwei β-Untereinheiten des Inhibins A und/oder B. Es existieren drei verschiedene Formen des Activins (Abb. 23.37). Im Gegensatz zu Inhibin steigert Activin die FSH-Sekretion.

- **Follistatin**

Follistatin ist ein Peptid, das von zahlreichen Zellen der Hypophyse sezerniert wird, aber auch in der Follikelflüssigkeit vorkommt. Es hemmt die FSH-Synthese und -Sekretion in der Hypohyse und reduziert die FSH-Antwort auf die GnRH-Pulse. Follistatin bindet zudem an Activin und vermindert so die durch dieses Peptid hervorgerufene Steigerung der FSH-Sekretion. Die Gemeinsamkeit der Peptide Inhibin, Activin und Follistatin liegt in ihrer ausschließlichen Wirkung (hemmend oder fördernd) auf die FSH-Sekretion.

- **Oxytocin**

Der Hypophysenhinterlappen ist eine direkte Verlängerung des Hypothalamus, mit dem er über den Hypophysenstiel verbunden ist (Abb. 23.57). Oxytocin wird von neurosekretorischen Zellen des Nucleus supraopticus und N. paraventricularis zusammen mit Vasopressin als großes Vorläufermolekül, das auch ein Transportprotein (Neurophysin) enthält, synthetisiert. Oxytocin besteht ebenso wie Vasopressin aus 9 Aminosäuren. Die Gene für beide Neurohormone liegen eng beieinander; ihre Transkription wird durch endokrine Faktoren, z.B. Steroidhormone, reguliert. Die Neurone synthetisieren zwei große Vorläuferproteinmoleküle, die als Pro-Pressophysin und Pro-Oxyphysin bezeichnet werden. Beide Hormone werden gemeinsam im Axon zum Hypophysenhinterlappen transportiert und dort auch gemeinsam freigesetzt. Während der axonalen Wanderung werden die Neurophysine abgespalten. Oxcytocin wird auch im Ovar synthetisiert, so daß es zwei Herkunftsorte aufweisen kann (Abb. 23.38).

Oxytocin induziert die Kontraktion der Uterusmuskeln, des Eileiters und der Myoepithelzellen der Milchdrüse. Es hat deshalb große Bedeutung beim Spermientransport im weiblichen Genitale, bei der Geburt und bei der Milchsekretion.

Das ovarielle Oxytocin ist bei der Regulierung der Lebensspanne des Corpus luteum beteiligt. Es stimuliert die Freisetzung von Prostaglandin $F_{2\alpha}$ aus den Endometriumzellen, das daraufhin die Luteolyse einleitet.

- **Melatonin**

Melatonin ist das Hauptprodukt der Zirbeldrüse (Glandula pinealis), die embryonal als Fortsatz des Daches des dritten Hirnventrikels entsteht. Nach der Geburt verliert diese Drüse alle afferenten und efferenten neuronalen Verbindungen mit dem Gehirn, und die Parenchymzellen erhalten eine neue sympathogene Innervation, die dem Organ eine aktive Neurosekretion und eine Reaktion auf hormonale und umweltbedingte Reize erlauben.

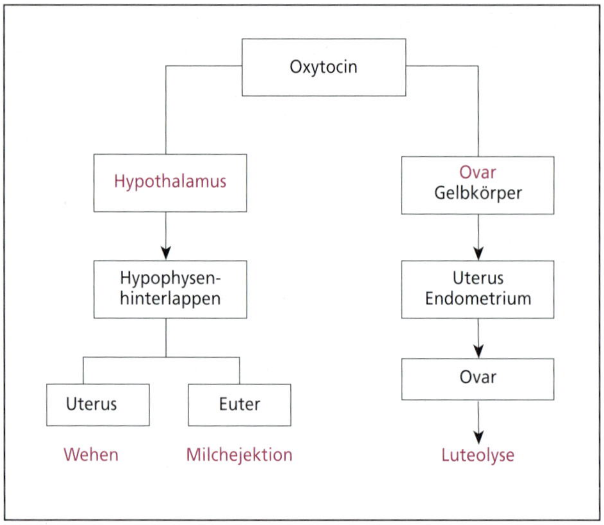

Abb. 23.38 Syntheseorte und Zielorgane des Oxytocins. Oxytocin ist ein Nonapeptid, das im Hypothalamus synthetisiert und über den Hypophysenhinterlappen sezerniert wird. Es bewirkt am Euter den Milchejektionsreflex (Einschießen der Milch) und unter der Geburt die Kontraktion des Myometriums (Wehen). Das vom Gelbkörper gebildete Oxytocin ist bei der Freisetzung von $PGF_{2\alpha}$ aus dem Endometrium beteiligt (Luteolyse).

Melatonin ist chemisch N-acetyl-5-methoxy-Tryptamin und weist in seiner Sekretion eine deutliche circadiane Rhythmik (geringe Mengen tagsüber, große Mengen nachts) auf. Im Zusammenhang mit der Reproduktion wird Melatonin als Vermittler der Saisonalität und hier als Hemmer der GnRH-Sekretion des Hypothalamus angesehen.

- **Relaxin**

Relaxin ist ein Polypeptidhormon, das in den Ovarien, besonders im Gelbkörper, in der Placenta und im Uterus von trächtigen Tieren synthetisiert wird. Relaxin besteht aus zwei Polypeptidketten, die als α- und β-Untereinheit bezeichnet werden und 22 bzw. 26 Aminosäuren umfassen. Dieses Peptidhormon wird während der Gravidität zunehmend synthetisiert und nimmt Einfluß auf das Wachstum und die Dehnbarkeit der Gebärmutter. In Geburtsnähe ist Relaxin für die Auflockerung der Cervix und die Erschlaffung der Beckenbänder verantwortlich.

- **Prostaglandine**

Prostaglandine können in den meisten Geweben des Körpers synthetisiert werden. Sie fungieren als auto-, para- und endokrine Botenstoffe. Prostaglandine sind ungesättigte Hydroxyfettsäuren, die 20 C-Atome inklusive eines Cyclopentanringes enthalten. Sie werden im Gewebe aus Membranphospholipiden über mehrere Schritte synthetisiert und nach ihrer Sekretion innerhalb von Sekunden und Minuten vollständig abgebaut (Abb. 23.39).

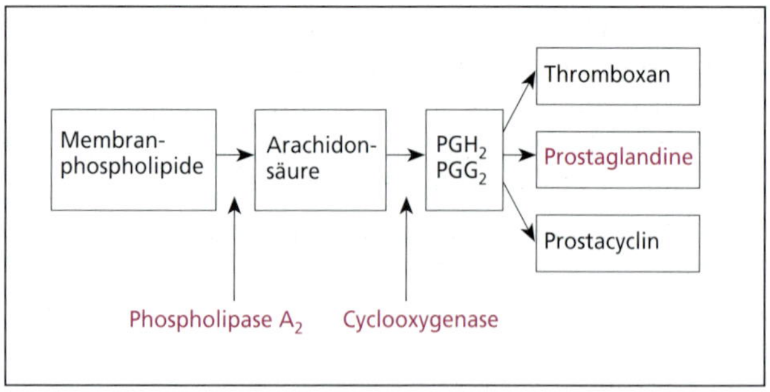

Abb. 23.39 Schema des Syntheseweges der Prostaglandine.

Prostaglandin $F_{2\alpha}$ ($PGF_{2\alpha}$) ist das natürliche luteolytische Agens, das den Abbau des Gelbkörpers im Falle des Ausbleibens der Gravidität einleitet und so einen erneuten Zyklus startet. Klinisch wird $PGF_{2\alpha}$ bei fast allen Tierarten zur Aborteinleitung bei unerwünschter Gravidität verwendet. Prostaglandin $F_{2\alpha}$ und PGE_2 spielen zudem eine bedeutende Rolle bei der Ovulation, denn die Verabreichung von Cyclooxygenasehemmern führt bei den meisten Tieren zum Ausbleiben der Ovulation. Bei der Geburt werden große Mengen an Prostaglandinen freigesetzt, die sowohl die Kontraktion der Uterusmuskulatur initiieren als auch die Luteolyse des Trächtigkeitsgelbkörpers beschleunigen.

23.3.1.2 Pubertät

Die Pubertät kann als der Prozeß definiert werden, der Tier und Mensch zur erfolgreichen Reproduktion befähigt. Die Pubertät ist kein plötzliches Ereignis, bei dem bildlich gesprochen ein Schalter umgelegt und das Licht eingeschaltet wird. Es handelt sich vielmehr um einen langsam fortschreitenden Ausreifungsprozeß, bei dem, um beim Vergleich zu bleiben, über einen Dimmer das Licht allmählich hochgeregelt wird.

Pubertät ist ein langsam fortschreitender Prozeß, bei dem das Tier seine reproduktive Kompetenz erwirbt.

Physiologisch benötigt der Beginn der Pubertät die Entwicklung spezifischer hypothalamischer Neurone. Diese müssen in die Lage versetzt werden, genügende Mengen an GnRH mit ausreichender Pulsfrequenz zu sezernieren. Nur so kann GnRH die Gonadotropinsekretion der Hypophyse stimulieren, die ihrerseits die Gametogenese, Steroidhormonsynthese und die Entwicklung der Reproduktionsorgane sicherstellen. Die Ausreifung der GnRH-Neurone wird durch die Relation der Körperoberfläche zum Körpergewicht, die Umwelt und die Erbanlagen (Genotyp) wesentlich beeinflußt.

Der **Pubertätsbeginn** ist beim weiblichen Tier

durch das Auftreten der ersten Brunst festgelegt. Da hierbei meistens keine Ovulation erfolgt, reflektiert die erste äußerlich wahrnehmbare Brunst noch nicht die Erlangung der vollen reproduktiven Kapazität. Während der juvenilen Phase wird die GnRH-Sekretion u.a. durch einen zentral wirkenden Mechanismus unterdrückt, der bis heute nicht sicher identifiziert ist. Die Beobachtung, daß Mädchen, die ohne Ovaranlage geboren werden, dieselben endokrinen Charakteristika bis zur Pubertät aufweisen wie Mädchen mit Ovarien, belegt, daß die präpubertäre GnRH-Hemmung zentral lokalisiert sein muß. Mit dem Herannahen der Pubertät verliert die zentrale GnRH-inhibierende Komponente ihren Einfluß, und die hypothalamischen Neurone erlangen allmählich die Fähigkeit, GnRH in hoher Frequenz und mit großer Amplitude zu sezernieren. Die GnRH-Pulse werden zunächst verstärkt von einer FSH-Sekretion des HVL beantwortet, während die LH-Freisetzung noch moderat bleibt (Einleiten des Follikelwachstums, aber noch ohne Ovulation). GnRH führt in dieser frühen pubertären Phase an den Zellen des HVL auch zu einer Induktion seiner eigenen Rezeptoren, so daß die gonadotropen Zellen ihre Antwortkapazität auf die zunehmenden GnRH-Pulse steigern können. Das Östrogen, das von den heranreifenden Follikeln sezerniert wird, erhöht fortschreitend die sekretorische LH-Antwort (Abb. 23.40) auf die GnRH-Pulse (positives Feedback), während das Inhibin (von den heranreifenden Follikeln sezerniert) zunehmend die FSH-Antwort auf die GnRH-Pulse reduziert (negatives Feedback). Die Ausreifung der Peptid-Steroidhormon-Wechselwirkung wird auch von einer Modifikation der LH-Moleküle begleitet, die durch Veränderungen ihrer

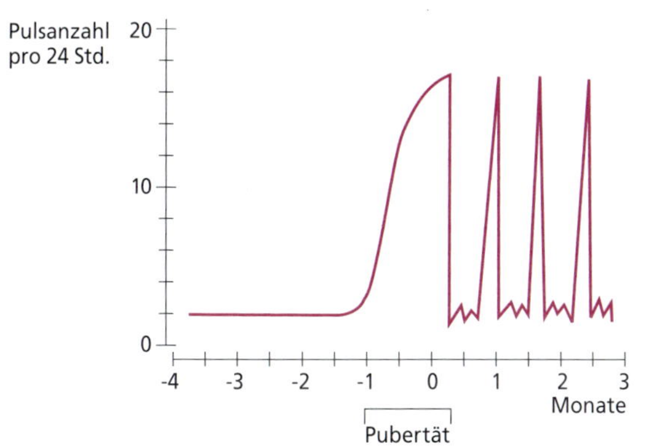

Abb. 23.40 LH-Pulsfrequenz von Rindern vor und nach der Pubertät. Die LH-Pulse reflektieren dabei die GnRH-Pulse. Rinder benötigen etwa 2 Monate, bevor die Pulsfrequenz hoch genug wird, um den ersten präovulatorischen LH-Peak zu erreichen.

Tabelle 23.3 Durchschnittliches Alter (Variationsbreite des Eintritts der Geschlechtsreife bei verschiedenen Haustieren.

Tierart	Alter (Monate) männlich	Alter (Monate) weiblich
Pferd	13 (12-19)	14 (10-14)
Rind	11 (9-24)	11 (7-18)
Schwein	6 (5-7)	7 (5-8)
Schaf	7 (4-14)	7 (6-9)

Glykosylierung biologisch potenter werden und schließlich die erste Ovulation auslösen können.

Das Alter, in dem die Tiere geschlechtsreif werden, variiert stark zwischen den und innerhalb der Tierarten (Tab. 23.3).

Die Rassezugehörigkeit hat einen starken Einfluß auf das Alter der Tiere bei Eintritt in die Pubertät. Milchrindrassen werden z.B. mit 7-9 Monaten geschlechtsreif, Fleischrindrassen erst mit 12-13 Monaten. Auch die Jahreszeit (Saison) übt bei saisonal reproduzierenden Tieren (Schaf, Ziege) einen bedeutsamen Einfluß auf den Zeitpunkt des Pubertätseintrittes aus. Schaflämmer, die im Frühjahr geboren werden, beginnen im Herbst desselben Jahres mit dem Sexualzyklus (4-8 Monate). Werden die Lämmer dagegen spät im Jahr geboren (Oktober), so kommen sie erst im Herbst des darauffolgenden Jahres in die Pubertät (10-12 Monate).

Neben der Saison üben weitere Umwelteinflüsse wie die Anwesenheit von männlichen Tieren (Beschleunigung des Pubertätseintrittes) oder die Gruppengröße, in denen die Tiere gehalten werden (kleine Gruppengröße = späterer Eintritt in die Pubertät), einen wichtigen Einfluß auf den Beginn der Pubertät aus.

Der Eintritt der Pubertät hängt von der Fähigkeit spezifischer hypophysärer Neuronen ab, GnRH in ausreichenden Mengen zu synthetisieren und in frequenten Pulsen zu sezernieren. Um den ersten präovulatorischen LH-Peak freizusetzen, müssen die Neurone erst die Fähigkeit erlangen, auf die Östrogene mit einem positiven Feedback zu antworten.

23.3.1.3 Sexualzyklus

Als Sexualzyklus wird bei den Tieren die Zeitspanne zwischen zwei Brunstperioden bezeichnet. Nur während der Brunst (Stute: Östrus, Rosse, die Stute ist rossig; Rind: Brunst, die Kuh ist brünstig; Schaf/Ziege: Brunst, das Schaf, die Ziege ist bockig; Hund: Läufigkeit, die Hündin ist läufig; Katze: Raunze, die Katze ist rollig) zeigen die Tiere Paarungsbereit-

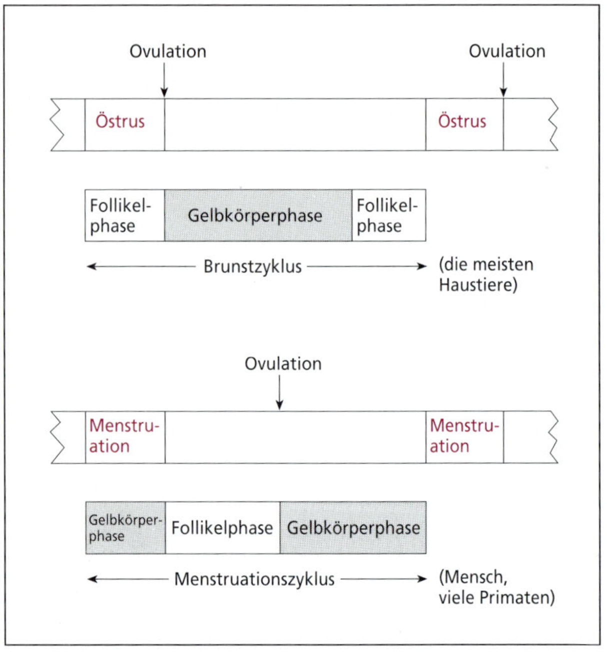

Abb. 23.41 Vergleichende Darstellung des Brunst- und Menstruationszyklus. Der Brunstzyklus der Tiere beginnt mit dem ersten Tag des Östrus und endet mit der darauffolgenden Brunst. Tiere ovulieren meistens gegen Ende der Brunst. Der Menstruationszyklus beginnt mit dem ersten Tag der Menstruation und endet mit dem Beginn der nächsten Menstruation. Die Ovulation erfolgt meistens in der Mitte des Menstruationszyklus.

schaft (Rezeptivität), die aus ethologischer Sicht sowohl die Duldung als auch die Aufforderung zur Kopulation umfaßt. Der Sexualzyklus beginnt mit dem Östrus und endet mit dem Auftreten der folgenden Brunst.

Das Wort Oestrus leitet sich aus dem Griechischen ab und bedeutet Viehbremse, tobend, toll, Wahnsinn. Der Begriff wurde verwendet, um die Familie der Nasen-Rachen-Fliegen (Oestridae) zu beschreiben, die bei den Rinderherden Unruhe (bis hin zur Stampede) auslösten. Da das Brunstverhalten beim weiblichen Tier ähnliche Unruheerscheinungen aufwies, wurde der Ausdruck Östrus auf die Brunstphase übertragen.

Der **Brunstzyklus** umfaßt eine Follikel- und eine Gelbkörperphase (biphasischer Zyklus; Abb. 23.41).

Physiologischerweise kann der Sexualzyklus durch die Gravidität, bei einigen Tieren durch die Laktation oder durch die Jahreszeit (Saison), unterbrochen werden. Da die Tiere dann kein Brunstverhalten mehr aufweisen, bezeichnet man diese Phasen als **Anöstrus** (Brunstlosigkeit). Neben dem physiologischen Aussetzen des Sexualzyklus gibt es eine Reihe von pathologischen Vorgängen (z.B. chronische Infektion der Gebärmutterschleimhaut, abgestorbene und anschließend mumifizierte Feten, Mangel- und Unterernährung), die einen Anöstrus verursachen können.

Die Frequenz des Sexualzyklus im Verlaufe eines Jahres weist tierartspezifische Besonderheiten auf. Bei Rind, Schwein, Maus und Ratte sind die Brunstzyklen regelmäßig über das gesamte Jahr verteilt. Diese Tiere werden deshalb als **polyöstrisch** bezeichnet.

Saisonal polyöstrische Tiere (Pferd, Schaf, Ziege, Damtier) zeigen nur während einer bestimmten Phase im Jahr regelmäßig wiederkehrende Brunstzyklen. So sind z.B. Schaf und Ziege „short-day breeders", die nur dann zyklieren, wenn die Tageslänge abnimmt (Herbst). Im Gegensatz hierzu sind Pferde „long-day breeders", weil sie nach dem Winteranöstrus bei zunehmender Tageslichtdauer (Frühjahr) wieder anfangen, regelmäßig Rosse zu zeigen.

Monöstrische Tiere (Hund, Wolf, Fuchs) sind nur einmal im Jahr zyklisch. Beim Hund gibt es Rassen, die zwei- oder dreimal im Jahr läufig werden, sie gehören aber trotzdem formal zu den monöstrischen Tieren.

Die Dauer des Brunstzyklus und die Zeitspanne, in der die Tiere Brunstsymptome zeigen, variieren von Tierart zu Tierart. Innerhalb einer Tierart können z.T. erhebliche physiologische Schwankungsbreiten auftreten, die durch das Individuum selbst oder durch die Umwelt hervorgerufen werden können. Tab. 23.4 gibt Auskunft über die Dauer des Sexualzyklus und des Östrus bei verschiedenen Haustieren.

Im Gegensatz zu den Tieren weisen Menschen und viele Primaten einen Menstruationszyklus auf, der die Zeitspanne zwischen dem Beginn einer und dem Beginn der folgenden Menstruation umfaßt (Abb. 23.41).

• Endokrine Steuerung des Sexualzyklus und der Ovulation

Die endokrine Steuerung des Brunstzyklus unterliegt der Kontrolle eines hierarchischen Systems, wobei an der Spitze der Hypothalamus, in der Mitte die Hypophyse und an der Basis die Ovarien stehen. Alle drei Ebenen kommunizieren und beeinflussen sich gegenseitig. Die bedeutendsten Kommunikationswege sind die **Rückkopplungen**, bei denen der sezernierte Botenstoff über seine Blutkonzentration seine eigene Synthese hemmt oder (selten) fördert.

Das für die Fortpflanzung wichtigste Neurosekret (Neurohormon) des Hypothalamus ist das **Gonadotropin Releasing Hormon (GnRH, Gonadoliberin)**. Es kontrolliert die Freisetzung der Gonadotropine LH und FSH aus dem Hypophysenvorderlappen.

GnRH ist ein kleines Peptid mit 10 Aminosäuren (Dekapeptid), das auch auto- und parakrine Funk-

Tabelle 23.4 Dauer des Brunstzyklus und des Östrus bei verschiedenen Haustieren

Species	Ovulations-typ	Zyklusdauer (Tage) gesamt	Follikelphase	Östrusdauer	Zeitpunkt der Ovulation Stunden nach dem LH-Peak	in Relation zum Zyklus
Pferd	spontan	19-25	4-8	4-8 Tage	-	1-2 Tage vor Rosseende
RInd	spontan	21-22	3-5	18-19 Stunden	24 Stunden	25-30 Std. nach Östrusbeginn
Schaf	spontan	17	2-3	24-36 Stunden	21-23 Stunden	24-27 Std. nach Östrusbeginn
Ziege	spontan	20-21	2-3	32-40 Stunden	-	30-36 Std. nach Östrusbeginn
Schwein	spontan	20-21	3-5	40-60 Stunden	40 Stunden	38-42 Std. nach Östrusbeginn
Hund	spontan	203-224	13-14	7-9 Tage	38-44 Stunden	1-3 Tage nach Östrusbeginn
Katze	induziert	14-21	5-6	4-6 Tage	25-26 Stunden	24-36 Std. nach Coitus
Mensch	spontan	28	12-14	-	16-24 Stunden	14 Tage vor Einsetzen der nächsten Menstruation

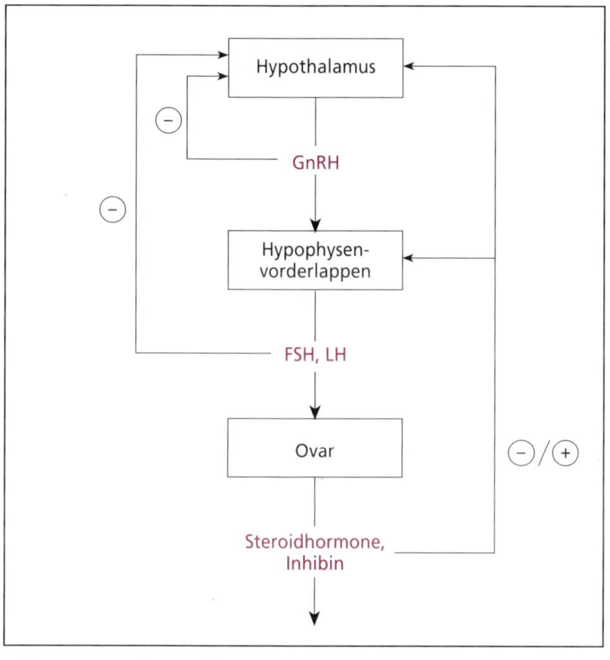

Abb. 23.42 Schema der Rückkopplungsschleifen bei der endokrinen Steuerung des Sexualzyklus. Die Steroidhormone hemmen (Östrogen kann auch fördern) die Sekretion von FSH und LH sowie GnRH. FSH und LH hemmen die Sekretion von GnRH. GnRH hemmt seine eigene Sekretion.

tionen hat, seine wesentlichste Bedeutung liegt in der gleichzeitigen Freisetzung von LH und FSH. Die Zellen, die GnRH synthetisieren, liegen überwiegend im Nucleus arcuatus und entsenden ihre Ausläufer zum Portalgefäßsystem der Hypophyse (Abb. 23.57).

Die Halbwertszeit des GnRH beträgt nur 2-4 Minuten, deswegen hängt die Aufrechterhaltung des Zyklus von einer beständigen GnRH-Sekretion ab. Die Freisetzung der GnRH-Moleküle aus den Neuronen des Nucleus arcuatus unterliegt einer fein ausgesteuerten Regelung, die vom GnRH selbst, von den freigesetzten Gonadotropinen und von den ovariellen Steroidhormonen beeinflußt wird (Abb. 23.42). Die vom Ovar sezernierten Steroidhormone wirken dabei über eine lange Rückkopplungsschleife (long feedback loop). Da die GnRH-Neurone keine Östrogenrezeptoren besitzen, wird dieses Steroidhormonsignal zunächst in eine Dopamin-, Adrenalin- und Endorphinbotschaft umgeschrieben, ehe es an die GnRH-Neurone weitergegeben wird.

Die Freisetzung des GnRH erfolgt aufgrund der vielfältigen Rückkopplungsmeldungen zwar beständig, aber in zu- und abnehmenden Mengen. Dieser **pulsatile Sekretionsmodus** verhindert unter anderem, daß die Zielzellen im Hypophysenvorderlappen ihre Rezeptoren in der Zellmembran internalisieren und das GnRH-Molekül an Wirkung verliert.

Die Gonadotropine FSH und LH reduzieren ihre eigene Synthese und Freisetzung über eine kurze Rückkopplungsschleife (short feedback loop) durch eine Hemmung der GnRH-Sekretion, und schließlich vermindert sezerniertes GnRH seine eigene Synthese, indem es auf seine eigenen Neuronen zurückkoppelt (ultra short feedback).

Die endokrine Regulation des Sexualzyklus erfolgt über die Hypothalamus-Hypophysen-Ovar-Achse, die hierarchisch aufgebaut ist. Die wichtigste Steuerung der Hormonfreisetzung erfolgt über die hemmenden Rückkopplungsschleifen (negatives Feedback).

Durch die pulsatile Sekretion eröffnen sich der neuroendokrinen Steuerung zwei zusätzliche Regulationsmechanismen. Zum einen kann die Menge der freigesetzten GnRH-Moleküle (Amplitude), zum anderen die Zeit zwischen zwei GnRH-Freisetzungen (Frequenz) variiert werden (Abb. 23.43).

Da die LH- und FSH-Freisetzung dem Sekretionsmuster des GnRH entspricht, kann an das Ovar beispielsweise ein Puls mit großer Amplitude in einer Stunde entsendet werden oder drei schnelle Pulse mit jeweils kleineren Amplituden. Pulsfrequenz und

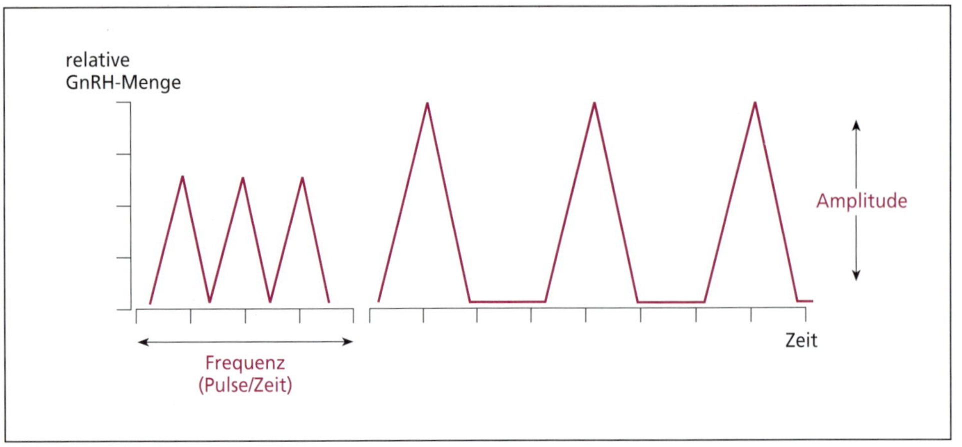

Abb. 23.43 Frequenz und Amplitude bei der GnRH-Sekretion. Der Sekretionstyp des GnRH kann variiert werden. Wenn die GnRH-produzierenden Neuronen „feuern", wird das Neurohormon „explosionsartig" (episodisch, pulsatil) freigesetzt. Mit welchselnder Aktivität der Neuronen ändern sich die Frequenz und die Menge des sezernierten Neurohormons.

Amplitudenhöhe unterliegen jedoch einer kritischen Regelung, d.h., sie können nicht beliebig variiert werden. Injiziert man z.B. einem Affen 1 mg GnRH/min sechs Minuten lang jede Stunde (das entspricht einem Puls pro Stunde), so wird im Portalgefäßsystem der Hypophyse eine Blutkonzentration erreicht, die auf 2 ng/ml GnRH ansteigt. Dies reicht aus, um genügend FSH und LH aus dem Hypophysenvorderlappen freizusetzen und das Ovar zur normalen Funktion anzuhalten. Erhöht man die Zahl der Pulse auf zwei oder fünf, so stellt die Hypophyse die FSH- und LH-Sekretion ein, das gleiche geschieht, wenn die injizierte GnRH-Menge erhöht wird.

Das Sekretionsmuster des GnRH (und der Gonadotropine FSH und LH) unterliegt hinsichtlich der Pulsamplitude und der Pulsfrequenz großen individuellen Schwankungen. Verallgemeinernd gilt: Die pulsatile Sekretion ist während der Follikelphase in der Amplitude frequenter und kleiner als während der Gelbkörperphase.

GnRH ist ein Neurohormon, das pulsatil (episodisch) freigesetzt wird. Frequenz und Amplitude der Freisetzung ändern sich im Verlaufe des Zyklus. Da GnRH die Gonadotropine LH und FSH aus der Hypophyse freisetzt, erfolgt deren Sekretion gleichfalls pulsatil.

Treffen GnRH-Moleküle auf die gonadotropen Zellen im HVL, so werden FSH und LH sezerniert. Die Gonadotropine werden im Cytoplasma in speziellen Granula gespeichert, die nach dem Eintreffen des GnRH-Signals am Rezeptor zur Plasmamembran transportiert und dort als Granula durch die Plasmamembran ausgeschleust werden. Neben der Sekretion unterliegt auch die Synthese der Gonadotropine der Kontrolle durch GnRH. Der kritische Punkt im Synthesegeschehen liegt in der GnRH-abhängigen Bereitstellung der β-Untereinheit von FSH und LH. Bei unzureichender GnRH-Versorgung des HVL reduziert sich also nicht nur die Sekretion, sondern auch die Synthese der Gonadotropine.

Koppelt ein GnRH-Molekül an seinen Rezeptor in der Membran der gonadotropen Zelle, so werden nicht nur Synthese und Sekretion der Gonadotropine beeinflußt, sondern es wird gleichzeitig eine Reihe von biochemischen Prozessen im Cytoplasma eingeleitet, die die Zelle auf das nächste GnRH-Signal (den in etwa einer Stunde folgenden GnRH-Puls) vorbereiten. Trifft das anschließende GnRH-Signal auf die Zelle, so antwortet sie jetzt mit einer vermehrten FSH- und LH-Freisetzung. GnRH ist also in der Lage, seine eigenen Zielzellen zu sensibilisieren. Diese Sensibilisierung der Zellen des HVL gelingt dem GnRH aber nur, wenn ausreichende Mengen Östrogen die HVL-Zellen erreichen. Die erhöhte Ansprechbarkeit der gonadotropen Zellen des HVL bei ansteigender Östrogenkonzentration im Blut spielt eine zentrale Rolle bei der plötzlichen Freisetzung von großen LH-Mengen zur Ovulationsauslösung.

GnRH reguliert Synthese und Sekretion von FSH und LH. In Anwesenheit von Östrogenen sensibilisiert GnRH seine Zielzellen im HVL.

GnRH bewirkt in seinen Zielzellen im HVL aber nicht nur eine vermehrte Synthese und Sekretion von FSH und LH, sondern bestimmt auch darüber, wieviel von den neu synthetisierten Gonadotropinen in der Zelle gespeichert und wieviel sezerniert wird. In den gonadotropen Zellen baut sich also ein FSH- und LH-Speicher auf. Aktuelle Sekretion, Synthese und Speicherung variieren im Verlaufe des Zyklus.

In der frühen Follikelphase, wenn die Östrogenkonzentration noch gering ist, wird wenig FSH und LH gespeichert und sezerniert. Mit ansteigender Östrogensekretion wird bei geringgradig geänderter Sekretion zunehmend mehr FSH und LH in die zellulären Speicher eingelagert. In dieser Phase des

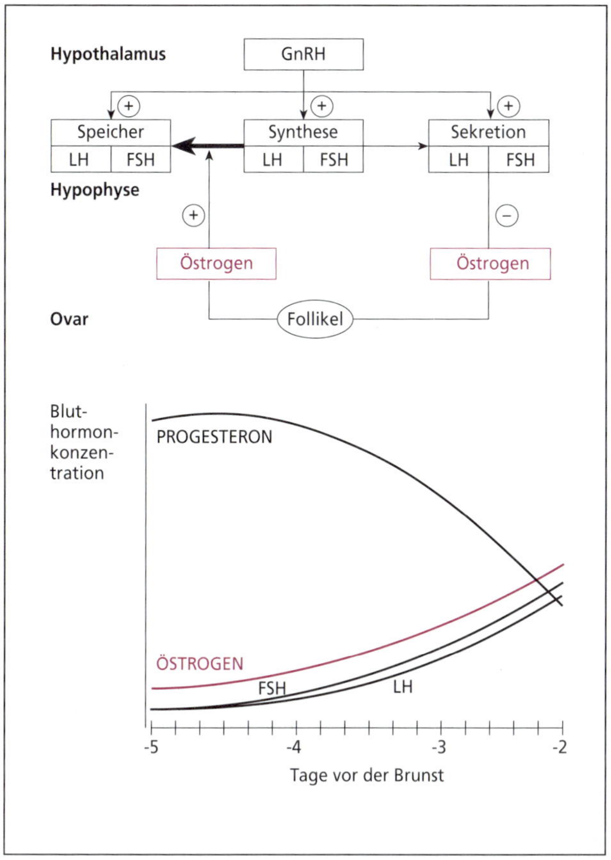

Abb. 23.44 Funktionelle Abläufe und periphere Hormonkonzentrationen in der frühen Follikelphase des Brunstzyklus. In der frühen Follikelphase wird wenig LH und FSH synthetisiert und sezerniert. Die noch geringen Östrogenkonzentrationen hemmen die Sekretion und unterstützen die LH/FSH-Speicherung im HVL.

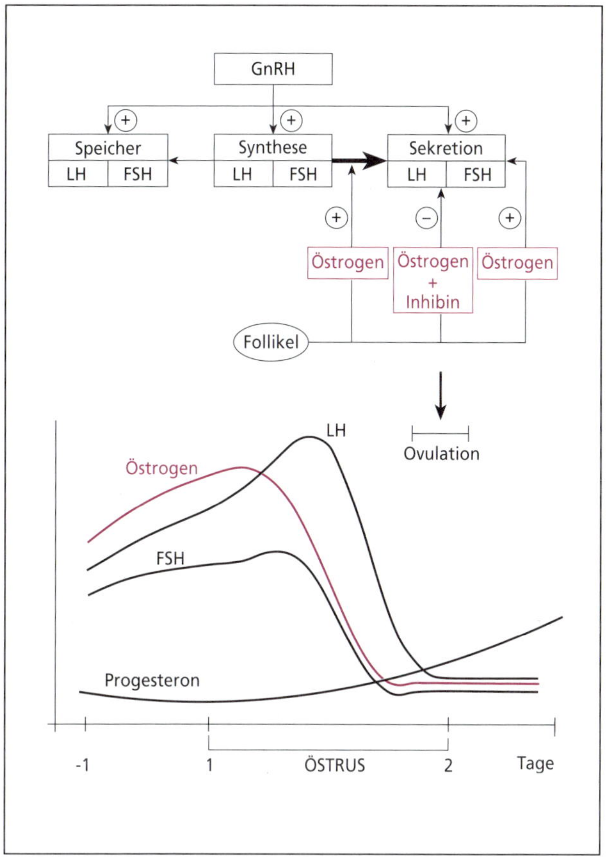

Abb. 23.45 Funktionelle Abläufe und periphere Hormonkonzentrationen in der späten Follikelphase des Brunstzyklus. Wenn die Östrogenkonzentrationen in der späten Folikelphase einen Schwellenwert überschritten haben, fördern sie die Sekretion des LH bei gleichzeitiger (gemeinsam mit Inhibin) Hemmung der FSH-Sekretion.

Zyklus übt das Östrogen bei noch geringer Konzentration einen positiven Effekt auf die Synthese und Speicherung der Gonadotropine aus (Abb. 23.44).

Gleichzeitig wird die vorzeitige Freisetzung der gespeicherten Gonadotropine durch einen negativen Effekt der Östrogene auf die FSH- und LH-Sekretion verhindert.

Während der frühen Follikelphase des Brunstzyklus liegen geringe Östrogenkonzentrationen vor, die eine hemmende Wirkung auf die FSH- und LH-Freisetzung haben (negatives Feedback).

Schreitet die Follikelphase fort, sensibilisiert die ansteigende Östrogenkonzentration die gonadotropen Zellen. Die jetzt eintreffenden GnRH-Pulse werden deshalb von Mal zu Mal stärker beantwortet. Jeder GnRH-Puls bewirkt nicht nur die Sekretion der gerade in Membrannähe vorhandenen Sekretgranula, sondern aktiviert auch den intrazellulären Speicher für den folgenden Puls. Dieser Sensibilisierungsvorgang wird zusätzlich durch die Vermehrung von GnRH-Rezeptoren unterstützt, ein Vorgang, der ebenfalls östrogenabhängig ist.

Mit der zunehmenden Follikelausreifung steigt die Östrogenkonzentration im Blut weiter an und erreicht einen kritischen Schwellenwert, der für eine kritische Zeitspanne gehalten wird. In dieser Zeitspanne steigt auch die Anzahl der GnRH-Pulse (Frequenz und Amplitude nehmen zu), die jetzt auf zusätzliche GnRH-Rezeptoren an den HVL-Zellen treffen. Jeder der schnell eintreffenden GnRH-Pulse wird stärker beantwortet als der vorangegangene, weil mehr und mehr der gespeicherten FSH- und LH-Menge bereitgestellt wird (Abb. 23.45). Das gesamte System schaukelt sich also an dem positiven Effekt des Östrogens auf die Mobilisierung der Gonadotropinspeicher und auf die zusätzliche Ausbildung von GnRH-Rezeptoren auf. Es kommt im übertragenen Sinne zur Explosion und damit zur Freisetzung großer Mengen an LH. Der heranreifende Follikel produziert Östrogen und Inhibin. Beide Hormone hemmen die FSH-Sekretion aus dem HVL, deswegen wird bei der präovulatorischen Gondadotropinfreisetzung überwiegend LH sezerniert.

Während der späten Follikelphase des Brunstzyklus liegen hohe Östrogenkonzentrationen vor, die eine fördernde Wirkung auf die LH-Freisetzung ausüben (positives Feedback). Östrogene und Inhibin hemmen die FSH-Sekretion (negatives Feedback) während der gesamten Follikelphase.

Die ansteigende Östrogenkonzentration beeinflußt über die GnRH-Sensibilisierung der gonadotropen Zellen des HVL nicht nur die Menge des sezernierten FSH und LH, sondern auch deren molekularen Aufbau. In der Zeitspanne der präovulatorischen Gonadotropinfreisetzung wird eine Isoformenmischnung von FSH und LH freigesetzt, deren biologische Aktivität wesentlich höher als zu Beginn der Follikelphase ist.

Betrachtet man die vielfältigen gegenseitigen Abhängigkeiten der zellulären Antworten in diesem Zusammenspiel von Hypothalamus (GnRH), Hypophyse (FSH, LH) und Ovar (Östrogen, Inhibin), so erscheint das follikuläre Östrogen als zentrales Agens, das die Ovulation endokrin steuert.

Der Follikel selbst bestimmt durch seine Östrogenkonzentration, ob und wann er ovuliert.

- **Tierartliche Besonderheiten**

Einige Tierarten wie z.B. die Katze, das Kaninchen oder die Cameliden (Kamel, Lama, Alpaka), ovulieren nur dann, wenn sie bedeckt worden sind. Diesen Typ der Ovulation bezeichnet man als **induzierte Ovulation**, während es bei den übrigen Haustierarten zur **spontanen Ovulation** kommt. Bei den spontan ovulierenden Tieren kann die Ovulation durch den Kopulationsreiz beschleunigt, aber nicht ausgelöst werden.

Bei der induzierten Ovulation folgt dem meist mechanischen Reiz der Vagina oder Cervix (sensorische Nervenendigungen) eine Fortleitung über das Rückenmark zum Hypothalamus. Ist der Kopulationsreiz nachhaltig genug (bei Tieren, die induziert ovulieren, ist entweder die Kopulationsfrequenz oder die Dauer des Coitus außerordentlich ausgeprägt), so „feuern" die GnRH-Neurone frequent und setzen große Mengen GnRH frei, die ihrerseits zur plötzlichen und massiven LH-Ausschüttung aus dem HVL führen.

- **Wachstumsdynamik der Ovarfollikel während des Sexualzyklus**

Im Ovar läuft das Follikelwachstum als Kontinuum ab, d.h., es beginnt bereits während der Fetalentwicklung und endet erst, wenn sämtliche Eizellen durch Zelluntergang (Atresie) oder Ovulation verbraucht sind. Weder Gravidität noch Alter oder chronische Anovulation unterbrechen diesen Prozeß. In der Zeitspanne vor der Pubertät durchlaufen die Follikel nur wenige Entwicklungsschritte, ehe sie atresieren. Erst mit dem Erreichen der Geschlechtsreife und der ausreichenden Synchronisation der Rückkopplungsmechanismen etabliert sich der biphasische Zyklus, bei dem sich in regelmäßigen Zeitabständen Follikel- und Lutealphase abwechseln.

Das initiale Wachstum eines Primordialfollikels betrifft die Größenzunahme der Eizelle sowie die Gestaltveränderung und die Vermehrung der Granulosazellen. Die Follikelgruppe, die auf ein bisher unbekanntes Signal mit dem Wachstum beginnt, umfaßt je nach Tierart 100-300 Primordialfollikel und teilt den Gesamtfollikelbestand des Ovars in eine ruhende und eine wachsende Follikelpopulation. Dieser Prozeß ist unumkehrbar. Beginnt der Primordialfollikel mit dem Wachstum, so durchläuft er es bis zur Ovulation oder atresiert. Die ersten Teilungen der Granulosazellen und die Größenzunahme der Eizelle erfolgen hormonunabhängig. Erst wenn die Granulosazellen mehrere Generationen durchlaufen haben, ist das weitere Schicksal von der endokrinen Versorgung abhängig. Aus der Gruppe der dann gonadotropinreaktiven Follikel wird durch die Gonadotropine eine kleinere Population (Kohorte, 3-5 Follikel) rekrutiert, deren Entwicklung in Richtung Ovulation fortschreitet, während alle anderen derselben Wachstumswelle atresieren. Die 3-5 rekrutierten Follikel unterliegen bis zur Ovulation einem Selektionsprozeß, bei dem sich ein dominanter Follikel herauskristallisiert, der bis zur Ovulation gelangt, während die übrigen atresieren.

Bei einigen Tierarten (Primaten, Rind) konnte nachgewiesen werden, daß der dominante Follikel die Begleitfollikel seiner eigenen Kohorte in ihrer weiteren Entwicklung beeinträchtigt (aktive Dominanz). Auf diese Art und Weise verschafft er sich Wachstumsvorteile und erhöht seine Chance, bis zur Ovulation zu gelangen (Abb. 23.46). Bei Tieren, die mehrere Eizellen ovulieren (Schwein, Hund, Katze), liegen bisher keine exakten Angaben über die Wirkung von dominanten Follikeln vor.

Da der Übertritt von der ruhenden in die wachsende Follikelpopulation kontinuierlich erfolgt, befinden sich an den Ovarien stets heranreifende Follikel, die aus verschiedenen Follikelwachstumswellen stammen. Einige Tierarten (Pferd, Rind, Schaf, Ziege) lassen unabhängig vom jeweiligen Zyklusstand eine weit fortschreitende Follikelausreifung zu, bei der einzelne Follikel präovulatorische

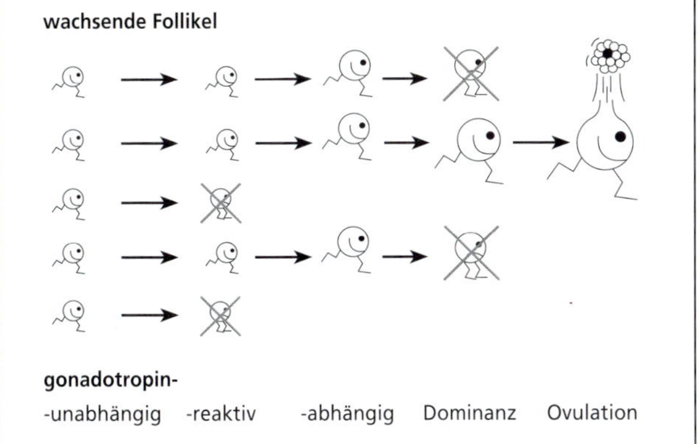

Abb. 23.46 Funktionsabläufe bei der Follikulogenese. Der gonadotropinunabhängige präantrale Follikel beginnt auf ein bisher unbekanntes Signal hin mit seinem Wachstum. Er entwickelt ein Antrum und an seinen Granulosa- und Thecazellen Rezeptoren, die ihn für FSH und LH reaktiv werden lassen. Das Fortschreiten der Ausreifung wird anschließend von der FSH- und LH-Versorgung abhängig. Auf dem Weg zur Ovulation wird ein Follikel dominant und hemmt (aktiv oder passiv) die Entwicklung der Begleitfollikel in seiner Kohorte.

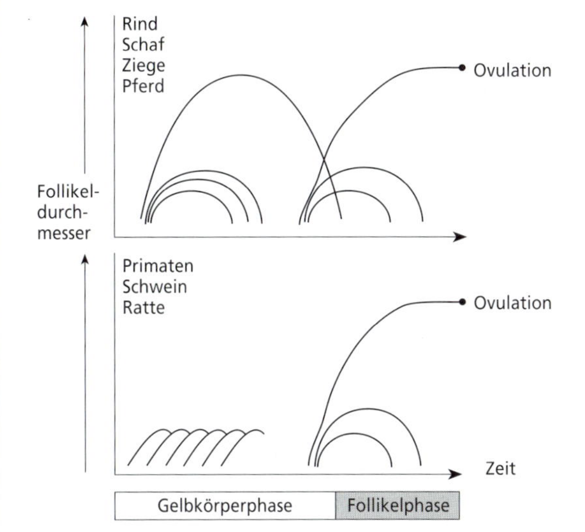

Abb. 23.47 Follikelentwicklung bei verschiedenen Säugetieren. Bei Rind, Schaf, Ziege und Pferd wachsen die Follikel in mehreren Wellen (1-3) während eines Brunstzyklus heran und erreichen dabei präovulatorische Durchmesser. Bei Primaten, Schwein und Ratte finden sich viele Follikelanbildungswellen während der Gelbkörperphase, aber die Follikel bleiben klein und atresieren früh.

Durchmesser erreichen. Hier findet sich z.B. neben einem Corpus luteum in Blüte auch ein großer, reifender Follikel, der nur deswegen nicht ovuliert, weil das vom Corpus luteum sezernierte Progesteron keine Ovulation zuläßt. Bei anderen Tierarten (Schwein, Ratte, Primaten) wird das Follikelwachstum während der Gelbkörperphase frühzeitig beendet, so daß neben einem Blütegelbkörper nur kleine, antrale Follikel am Ovar zu sehen sind. Hier findet die weitergehende Ausreifung nur nach dem Untergang des Gelbkörpers statt (Abb. 23.47).

Das Follikelwachstum ist ein Kontinuum, das ohne gonadotrope Hormone gestartet wird. Die funktionelle Entwicklung eines Follikels umfaßt: Rekrutierung, Selektion, Dominanz, Ovulation oder Atresie.

• Endokrine Steuerung der Follikelreifung

Die endokrine Steuerung der Follikelreifung erfolgt über die Granulosa- und Thecazellen. Hat der Follikel sein gonadotropinreaktives Entwicklungsstadium erreicht, so weisen seine Granulosazellen FSH-Rezeptoren und seine Theca-interna-Zellen LH-Rezeptoren auf. Das aus dem HVL in basalen Mengen freigesetzte LH bindet an seinen Rezeptor an den Thecazellen und stimuliert durch die Vermittlung von cAMP die Synthese von Androgenen (Androstendion, Testosteron) aus den jeweiligen Steroidhormonvorstufen. Diese Androgene werden in die Granulosazellen transportiert. Die Granulosazellen ihrerseits binden das ebenfalls in basalen Konzentrationen vorhandene FSH an ihre Rezeptoren und stimulieren so die Aromatisierung der Androgene aus den Thecazellen zu Östrogenen. Da die Thecazellen bei den meisten Tieren über keine Aromatisierungsenzyme verfügen, können nur Granulosazellen Östrogene synthetisieren (Abb. 23.48).

Die Zahl der FSH-Rezeptoren an einer Granulosazelle ist zunächst limitiert, so kann ein wachsender Follikel seine FSH-Rezeptoren an einer Granulosazelle nur begrenzt vermehren. Durch eine Zunahme der Granulosazellzahl kann er jedoch die Anzahl seiner FSH-Rezeptoren rasch erhöhen. Da das synthetisierte Östrogen mitogen (mitosestimulierend) wirkt, ist das weitere Schicksal des Follikels davon abhängig, ob er ausreichend Östrogen synthetisieren kann, um so seine Granulosazellen und indirekt auch seine FSH-Rezeptoren zu vermehren. Nur wenn es ihm gelingt, die aus der Theca interna stammenden Androgene zu Östrogen zu konvertieren, bleibt sein Mikromilieu durch Östrogene geprägt. Gelingt ihm das nicht, so androgenisiert er und atresiert.

Die zunehmende Granulosazellzahl führt zu einer stetig ansteigenden Östrogensynthese und -sekretion des heranreifenden Follikels. Dieses sezernierte Östrogen hat auf follikulärer und hypophysärer Ebene zwei bedeutende Effekte. Am Follikel induziert es das Einsprossen von Blutgefäßen in die Theca interna. Der östrogenreiche Follikel erhält

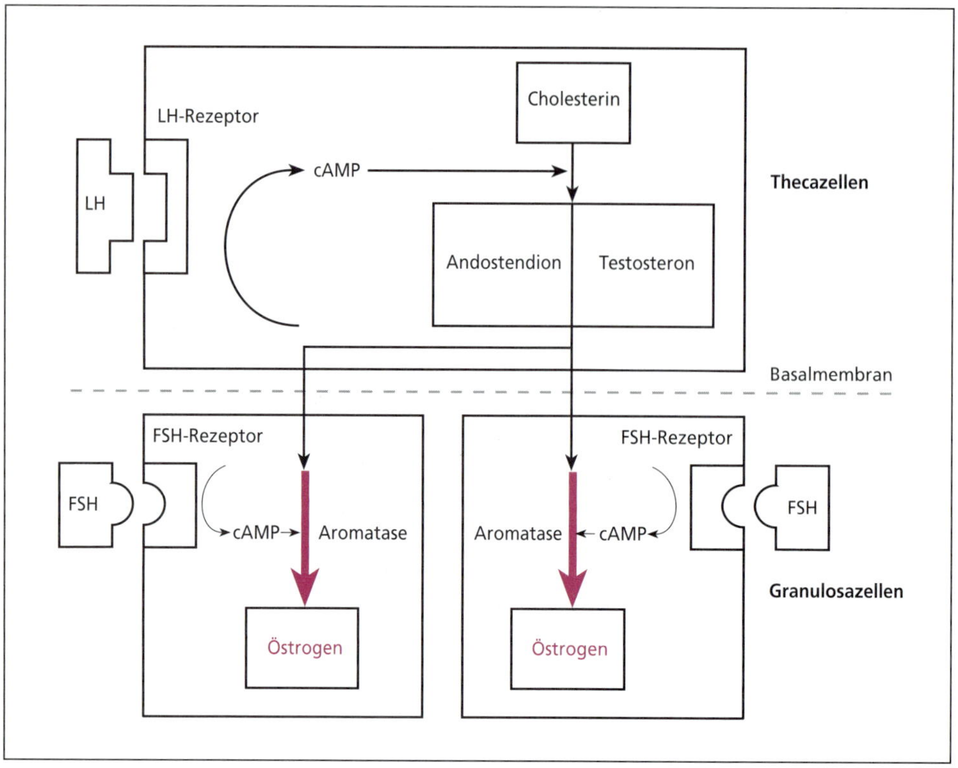

Abb. 23.48 Die Östrogensynthese im Follikel ist an zwei Gonadotropine (FSH/LH) und zwei Zellarten (Granulosa-/Thecazelle) gebunden. LH stimuliert die Synthese von Androgenen in den Thecazellen. Diese Androgene werden in die Granulosazellen transportiert und dort zu Östrogenen aromatisiert. FSH stimuliert die Aromatase in den Granulosazellen.

also mehr Blut als die übrigen Follikel seiner Entwicklungswelle. Auf hypophysärer Ebene vermindert die ansteigende Östrogensekretion zusammen mit dem gleichfalls ansteigenden Inhibin eine weitere Zunahme der FSH-Freisetzung über die negative Rückkopplung. Da der östrogenreiche und damit auch kapillarreiche Follikel aber mehr Blut erhält, gelangen auch mehr FSH-Moleküle zu ihm, die er mit Hilfe seiner zahlreichen FSH-Rezeptoren binden und so wieder mehr Östrogen synthetisieren kann. Er verbessert so seine Entwicklungschancen gegenüber seinen Konkurrenzfollikeln in der Kohorte und übt eine passive Dominanz über sie aus, indem er ihnen das knapp werdende FSH durch die bessere Blutversorgung und seinen zahlenmäßig überlegenen FSH-Rezeptoren-Besatz entzieht.

In der Endphase der Reifung (präovulatorische Entwicklung) übt das Östrogen einen dritten bedeutenden Effekt auf den Follikel aus, denn es induziert jetzt die Ausbildung von LH-Rezeptoren an den Granulosazellen. Damit verfügt der präovulatorische Follikel über die Hormonbindungsstellen, die er benötigt, um auf die ovulationsauslösende LH-Ausschüttung aus dem HVL zu reagieren.

Die Östrogensynthese im heranreifenden Follikel erfolgt nach dem 2-Gonadotropin-2-Zell-Modell. Dabei stimuliert LH in den Thecazellen die Androgensynthese, während FSH in den Granulosazellen die Aromatisierung der Androgene fördert.

• Ovulation und Corpus luteum

Das präovulatorisch in großen Mengen freigesetzte LH bindet an die Granulosa- und Thecazellen und aktiviert eine Reihe von Enzymsystemen, die die Luteinisierung der Zellen und die Ovulation induzieren. Bei der Ovulation wird durch die Vermittlung ansteigender $PGF_{2\alpha}$- und PGE_2-Konzentrationen in der Follikelflüssigkeit ein kleiner Follikelwandbereich zunächst gefäßlos, dann durch Enzyme soweit abgebaut, daß es zum Riß kommt (Stigmabildung) und die Eizelle zusammen mit dem Cumulus oophorus ovuliert werden kann. Der Innendruck des Follikels bleibt zur Ovulation hin konstant.

Aus den Granulosa- und Thecazellen des ovulierten Follikels formen sich die Luteinzellen des Corpus luteum. Zunächst wird die Basalmembran, die vor der Ovulation die vaskularisierte Thecazellschicht von der gefäßlosen Granulosazellschicht trennte, aufgelöst. Durch die entstehenden Lücken wandern Gefäß- und Blutzellen ein, die von Fibroblasten begleitet werden. In dem so entstehenden Netzwerk siedeln sich große (aus Granulosazellen hervorgehend) und kleine (aus Thecazellen hervorgehend) Luteinzellen an, die Progesteron sezernieren. Aus dem Follikel, der überwiegend Östrogen synthetisierte, wird so eine ovarielle exokrine Drüse, die überwiegend Progesteron, das graviditätssichernde Steroidhormon, in den Blutkreislauf abgibt.

In den ersten Tagen nach der Ovulation sind die jungen Luteinzellen hinsichtlich der Progesteron-

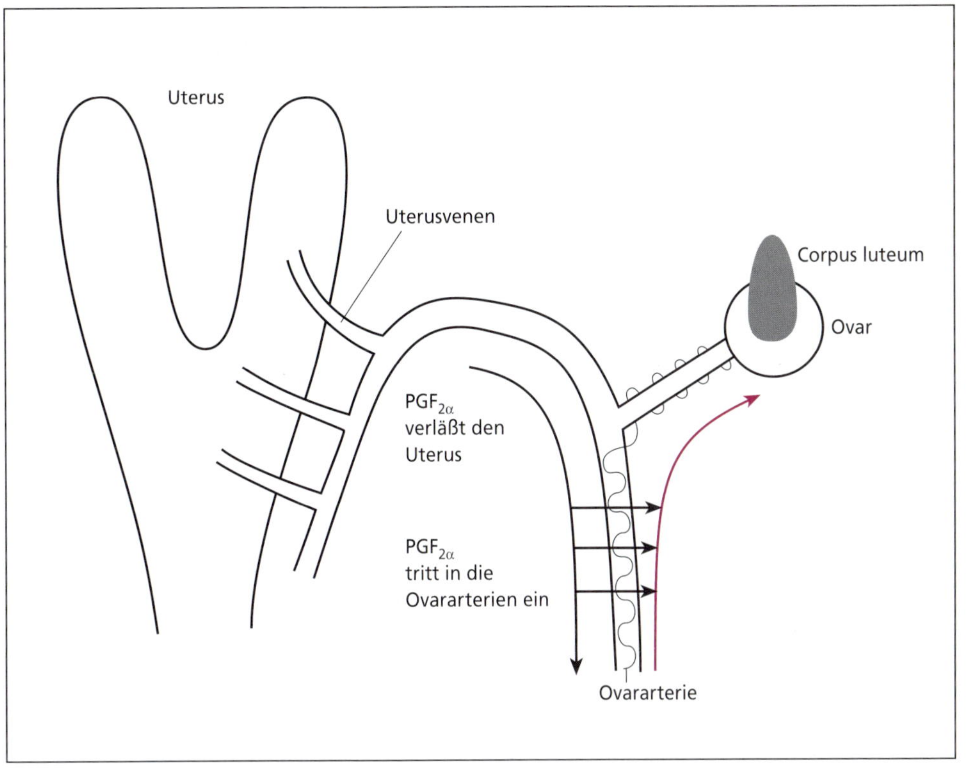

Abb. 23.49 Sekretionsweg des uterinen $PGF_{2\alpha}$ in die Ovararterie. $PGF_{2\alpha}$ wird in den Endometriumzellen synthetisiert und bei Ausbleiben der Gravidiät in die Uterusvenen abgegeben. Beim Rind, Schwein und Schaf gelangt $PGF_{2\alpha}$ durch die Gefäßwände in die Ovararterie, die sich meanderförmig der Ovarvene auflegt.

produktion autonom, d.h. ihre Progesteronsynthese kann auch in Abwesenheit von hypophysären Signalen ungestört stattfinden, weil die präovulatorische LH-Freisetzung die initiale Progesteronsynthese ausreichend stimuliert. Diese Phase umfaßt nur ungefähr ein Drittel der gesamten 14- bis 18tägigen Lebensspanne des zyklischen Gelbkörpers. Progesteron ist das bedeutendste Produkt des Gelbkörpers, weil es ein ausgeprägtes negatives Feedback auf die GnRH-Sekretion des Hypothalamus ausübt, wobei die Frequenz der Pulse und die basale GnRH-Freigabe reduziert werden. Diese Art der GnRH-Sekretion läßt die Follikelentwicklung in der Gelbkörperphase zu, jedoch keine Ovulation.

Hormone, die das Wachstum der Luteinzellen unterstützen und ihre Progesteronsynthese stimulieren, werden als luteotrope Hormone bezeichnet. Das wichtigste luteotrope Hormon bei den Haustieren ist das LH, dessen basale Sekretion aus dem HVL eine ausreichende Progesteronsekretion der Luteinzellen sicherstellt. Bei einigen Tierarten (Ratte, Schwein, Hund) übt auch Prolactin einen luteotropen Effekt auf den Gelbkörper aus. Neben diesen beiden hypophysären luteotropen Hormonen unterliegt die Progesteronsynthese des Gelbkörpers parakrinen Einflüssen, deren genaue Mechanismen bisher ungeklärt sind.

Im Lutealgewebe des Corpus luteum befinden sich große und kleine Luteinzellen. Große Luteinzellen stammen von den Granulosazellen, kleine Luteinzellen von den Thecazellen ab. Progesteron reduziert die Frequenz und Amplitude der GnRH-Sekretion.

Bei ausbleibender oder steriler Paarung wird die Lebensspanne des Gelbkörpers durch $PGF_{2\alpha}$, das aus den Endometriumzellen stammt, begrenzt. Das luteolytisch wirkende $PGF_{2\alpha}$ wird etwa 14 Tage nach der Ovulation in die venöse Dränage des Uterus sezerniert, wenn die Gebärmutter kein embryonales Signal erhalten hat, das diesen Vorgang verhindert. Das $PGF_{2\alpha}$ gelangt in hohen Konzentrationen in die utero-ovarielle Dränage und diffundiert von dort, unter Umgehung des großen Kreislaufs, direkt in die Arteria ovarica, um so den Gelbkörper zu erreichen. Da $PGF_{2\alpha}$ sehr schnell inaktiviert wird (bei einem Lungendurchgang wird die Wirksamkeit um > 90% reduziert), stellt dieser Transportweg die luteolytische Wirkung sicher (Abb. 23.49). Der genaue Mechanismus, wie $PGF_{2\alpha}$ aus dem Endometrium freigesetzt wird und worin seine luteolytische Wirkung liegt, ist nicht geklärt. Offensichtlich interagieren die großen und kleinen Luteinzellen, um in den Endometriumzellen die $PGF_{2\alpha}$-Freisetzung zu provozieren.

Die großen Luteinzellen verfügen zwar über LH-Rezeptoren, aber diese sind nicht funktionell, d.h., sie reagieren nicht auf eine LH- oder cAMP-Stimulation. Ihre geringe Progesteronsekretion erfolgt

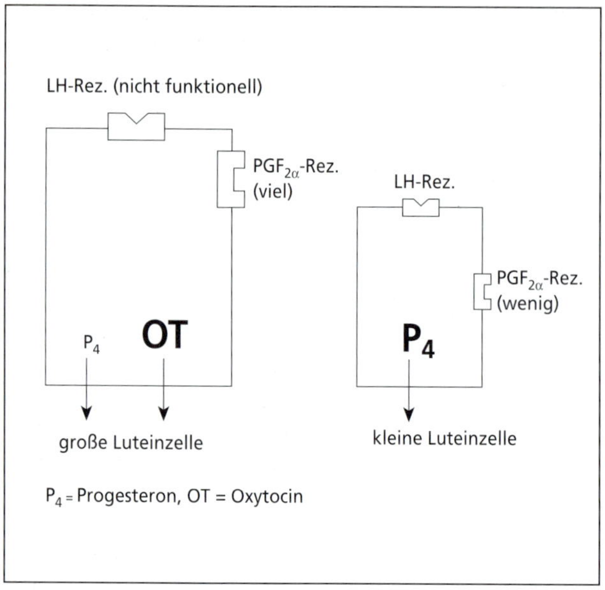

Abb. 23.50 Luteinzellrezeptoren, die bei der Luteolyse eine Rolle spielen. $PGF_{2\alpha}$ aus dem Endometrium bindet an die $PGF_{2\alpha}$-Rezeptoren und führt so zu einer Oxytocinfreisetzung. Dieses Oxytocin stimuliert die episodische $PGF_{2\alpha}$-Freisetzung aus den Endometriumzellen, wodurch die Luteolyse eingeleitet wird.

über einen bisher ungeklärten Mechanismus. Sie weisen aber $PGF_{2\alpha}$-Rezeptoren auf und synthetisieren Oxytocin. Im Gegensatz hierzu besitzen die kleinen Luteinzellen funktionell intakte LH-Rezeptoren und reagieren auf einen LH-Reiz mit einer erhöhten Progesteronsekretion. Sie verfügen aber nur über wenige $PGF_{2\alpha}$-Rezeptoren und können kein Oxytocin synthetisieren (Abb. 23.50).

Man nimmt an, daß bei der Luteolyse zunächst $PGF_{2\alpha}$ an die $PGF_{2\alpha}$-Rezeptoren der großen Luteinzellen bindet und dort eine Verminderung der Progesteronproduktion sowie eine Freisetzung von Oxytocin bewirkt. Der daraus folgende geringe Abfall der Progesteronkonzentration im Blut führt zu einer Zunahme der Oxytocinrezeptoren im Endometrium, das nach dem Binden des freigesetzten Oxytocins aus den großen Luteinzellen zunehmend $PGF_{2\alpha}$ sezerniert, so daß der lokale ovarielle Blutfluß (vasokonstriktorische Wirkung des $PGF_{2\alpha}$) soweit gehemmt wird, daß der Untergang der kleinen Luteinzellen folgt. Die lokale Ischämie (Blutleere) ist jedoch nicht die alleinige Ursache der Luteolyse. Die Luteolyse bewirkt das Versiegen der Progesteronsynthese, den Zelluntergang der Luteinzellen und so den Übergang aus der Luteal- in die Follikelphase des Zyklus.

Die hierarchisch geordneten endokrinen Regulationssysteme (Hypothalamus-Hypophyse-Ovar) stellen den regelmäßigen Ablauf des Brunstzyklus sicher.

23.3.1.4 Gravidität

• Etablierung der Gravidität

Bei den meisten Haussäugetieren (Schwein, Schaf, Ziege, Rind) nimmt der Embryo erst relativ spät – zwischen dem 16. und 18. Tag nach der Ovulation – durch Anlagerung an das Endometrium zellulären Kontakt zur maternalen Umwelt auf. In der Frühgravidität der Stute ist diese Phase bis zum 35. Tag (post ovulationem) besonders lang. Das uterine Signal zur Luteolyse erfolgt etwa 14-16 Tage nach der Ovulation, also stets vor der ersten physischen Kontaktaufnahme zwischen Embryo und Endometrium. Die wichtigste Aufgabe, die der Embryo zunächst für sein Überleben zu bewältigen hat, liegt demnach in der Verhinderung der Luteolyse, so daß sich die Lebensspanne des Gelbkörpers verlängert.

Physiologisch lassen sich bei der Etablierung der Gravidität folgende Funktionsabläufe definieren:

1. Der Embryo produziert ein Signal.
2. Das Signal wird zum mütterlichen Organismus transportiert.
3. Der mütterliche Organismus empfängt und erkennt das Signal.
4. Der mütterliche Organismus produziert ein Antwortsignal.
5. Hypophyse und/oder Ovar reagieren mit der Umstellung von nicht gravid auf gravid.

• Signale des Embryos

Beim Schaf sezerniert der Trophoblast ab dem 12. Tag p. ovul. ein Protein, das als ovines Trophoblastin (oTP) bezeichnet wird. Die Sekretion ist bis zum 25. Tag p. ovul. nachweisbar (Abb. 23.51). Dieses embryonale Protein hat ausgeprägte antiluteolytische Eigenschaften, die auf eine Hemmung der

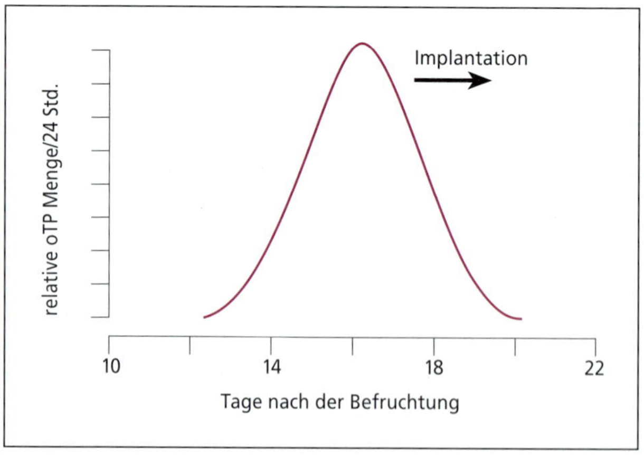

Abb. 23.51 Sekretionsdynamik von ovinem Trophoblastin (oTP) in vitro. Entnimmt man Schafembryonen zu verschiedenen Zeiten nach der Befruchtung aus dem Uterus und kultiviert sie in vitro, so sezernieren sie stadiumspezifisch zu- und abnehmende Mengen an Trophoblastin in das Kultivierungsmedium.

Oxytocinsynthese in den großen Luteinzellen zurückzuführen sind.

Die Primärstruktur des oTP weist einen hohen Homologiegrad mit α-Interferon auf (Interferone sind Glykoproteine, die im Rahmen der Immunantwort sowie unter Einfluß zahlreicher antigener oder mitogener Stimuli gebildet werden). Es verfügt auch über antivirale Eigenschaften. Aufgrund seiner ausgeprägt antiluteolytischen Aktivitäten wird es als Interferon tau (τ) bezeichnet. Das oTP kann als embryonales Interferon betrachtet werden, das in Abwesenheit von viralen Infektionen der Gebärmutter natürlicherweise im Trophoblasten exprimiert wird. Diese Eigenschaft unterscheidet es von den übrigen Interferonen. Mit der Kontaktaufnahme zwischen dem Trophoblasten und dem Karunkelepithel erlischt die oTP-Synthese.

Bei Rind und Ziege sind gleichfalls Trophoblastproteine (bTP und cTP) mit denselben antiluteolytischen Eigenschaften identifiziert worden. Die Gene, die für die Trophoblastproteine codieren, sind gleichfalls beim Moschusochsen identifiziert worden, so daß man davon ausgeht, daß innerhalb der Familie Bovidae die Blockierung der Prostaglandinsynthese durch Trophoblastproteine die Ursache für die Verlängerung der Lebensspanne des Gelbkörpers ist.

Im Gegensatz zu den Wiederkäuern verfolgt der Embryo des Schweines bei seiner Signalgebung an das mütterliche Kompartiment eine völlig andere Strategie. Ihm geht es nicht um die Blockierung der Prostaglandinsynthese, sondern um eine Reorientierung der endometrialen Prostaglandinsekretion. Um den Tag 10-12 beginnt der Schweineembryo, Östrogen zu sezernieren. Unter dem Einfluß dieses lokal wirkenden Steroidhormons tritt das endometriale $PGF_{2\alpha}$ aus den Uterusvenen in den arteriellen Schenkel des Gefäßsystems über und gelangt in das Uteruslumen, ohne das Ovar in ausreichender Konzentration erreichen zu können. Aus einem endokrinen (Endometrium → Uterusvene → Ovararterie → Corpus luteum) wird ein exokriner (Endometrium → Uterusvene → Uterusarterie → Uteruslumen) Sekretionsmodus, und die zyklische Luteolyse bleibt aus.

Bei den Carnivoren (Hund, Wolf) gibt es wahrscheinlich kein frühes embryonales Signal, weil die Lebensspannen des zyklischen und des Graviditätsgelbkörpers identisch sind. Bei diesen Tierarten entwickelt sich im Anschluß an die Ovulation bei ausgebliebener oder steriler Paarung stets eine Pseudogravidität. Die Funktion des Corpus luteum wird dabei rein maternal über hypophysäres LH und Prolactin geregelt.

Innerhalb der Carnivoren stellt die Katze einen Sonderfall dar, da ihre Gelbkörper während der Pseudogravidität nur etwa 35 Tage funktionell intakt bleiben. Im Falle der Gravidität übernimmt die Placenta bis zum 64. Tag die Progesteronproduktion.

Bei den Equiden ist die Notwendigkeit eines frühembryonalen Signals belegt, da sich die Lebensspanne des Corpus luteum bei der Stute nur dann verlängert, wenn der Embryo mindestens bis zum Tag 15 p. ovul. in der Gebärmutter verbleibt. Es gilt auch als gesichert, daß der Embryo über seine Sekrete eine Blockierung der uterinen $PGF_{2\alpha}$-Synthese und -Sekretion bewirkt und so den Gelbkörper vor dem Untergang bewahrt. Allerdings ist das embryonale Signal bisher nicht sicher identifiziert worden.

• Maternale Hormone während der Gravidität

Die Sicherstellung einer erfolgreichen Gravidität wird endokrin übermittelt. Dabei übernimmt zunächst das Corpus luteum des Muttertieres die Bereitstellung der essentiellen Hormone (Progesteron, bei einigen Tieren auch Östrogen; Abb. 23.52).

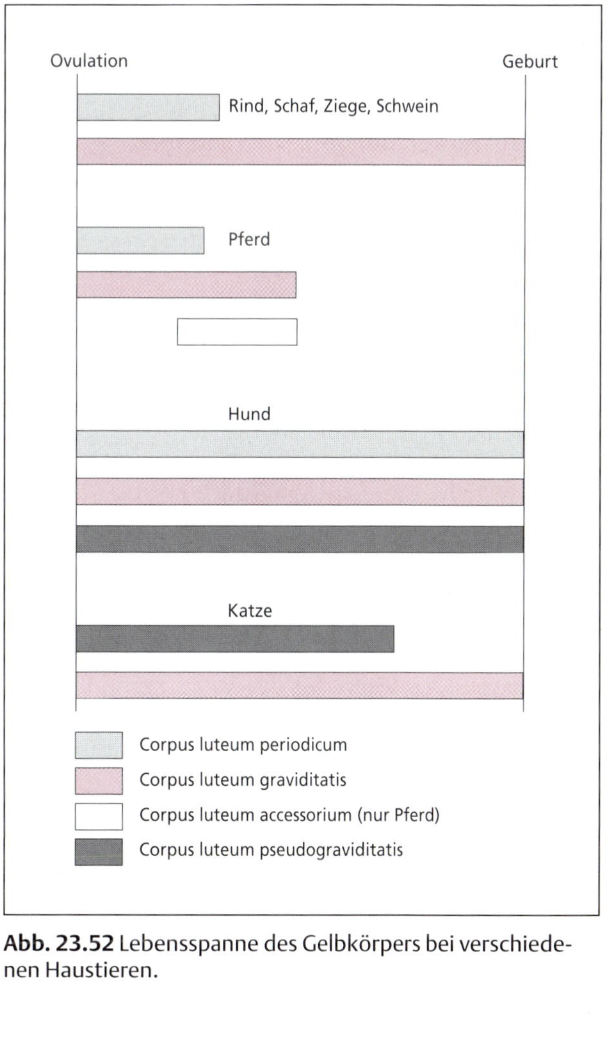

Abb. 23.52 Lebensspanne des Gelbkörpers bei verschiedenen Haustieren.

Während der folgenden Graviditätsphase können sowohl der Fetus als auch die Placenta durch die Synthese spezifischer hormonaler Produkte zur Aufrechterhaltung der Gravidität beitragen. Der Begriff der **feto-placentaren Einheit** bezieht sich dabei auf eine gegenseitige Abhängigkeit in der Bereitstellung von Steroidhormonen.

Welche Bedeutung den maternalen Leistungen bei der Aufrechterhaltung der Gravidität zukommt, läßt sich durch die Entfernung der Ovarien während der Trächtigkeit dokumentieren. Ovariektomiert man Rinder, Ziegen, Schweine und Hunde während der ersten oder zweiten Hälfte der Gravidität, so abortieren sie. Appliziert man im Anschluß an die Operation in ausreichender Menge Progesteron, so bleibt die Gravidität erhalten. Bei diesen Tierarten unterhält also der Trächtigkeitsgelbkörper bis zur Geburt die Progesteronproduktion. Dagegen sind Pferde, Katzen und Schafe in der Lage, nach einer Ovariektomie (Pferd: Tag 70, Katze: Tag 50, Schaf: Tag 55) die Gravidität aufrechtzuerhalten, weil hier die Placenta während der fortgeschrittenen Gravidität eine ausreichende Progesteronsynthese sicherstellt.

Die Steroidhormonsynthese folgt während der Gravidität nicht dem konventionellen Weg wie bei der Hormonproduktion innerhalb eines Organs. Die Endprodukte der hormonalen Synthese sind vielmehr als Resultate von Interaktionen separater Organsysteme anzusehen, weil die einzelnen Komponenten des Hormonsyntheseapparates während der Gravidität nicht in der Lage sind, jeweils allein die benötigten Hormone bereitzustellen.

Die Interaktionen der drei beteiligten Kompartimente (Fetus, Placenta, mütterlicher Organismus) sind beim Menschen gut erforscht und sollen deshalb als Beispiel für die Funktion einer feto-placentaren Einheit kurz skizziert werden.

Die Progesteronsynthese wird beim Menschen nach der 7. Woche der Gravidität von der Placenta übernommen, während das Corpus luteum graviditatis abgebaut wird. Da die Placenta aber nicht in der Lage ist Cholesterin aus Acetat aufzubauen, ist sie für ihre Progesteronproduktion auf die Bereitstellung von Cholesterin aus dem maternalen Kompartiment angewiesen. Da der Fetus keine Enzymausstattung für eine eigene Progesteronsynthese aufweist, trägt er nicht zur Progesteronsynthese bei. Ab der 10. Woche der Gravidität erfolgt die Progesteronsynthese beim Menschen als Resultat einer placento-maternalen Kooperation (Abb. 23.53).

Die Östrogene spielen während der Gravidität eine Hauptrolle bei der endokrinen Regulation der Implantation, bei der Entwicklung der Milchdrüse, bei der Geburt und beim Einsetzen der Laktation. Sie

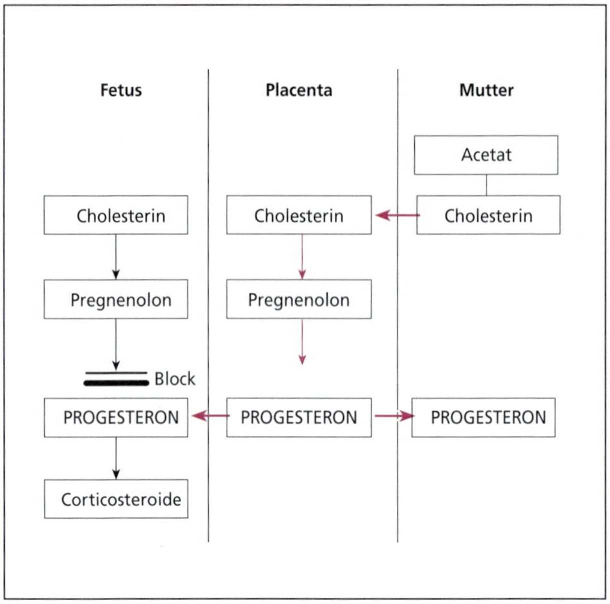

Abb. 23.53 Placento-maternale Kooperation bei der Progesteronsynthese des Menschen nach der 7. Graviditätswoche. Die Placenta verwendet das vom maternalen Kompartiment zur Verfügung gestellte Cholesterin zur Progesteronsynthese. Das placentare Progesteron wird dem fetalen und maternalen Kompartiment zur Verfügung gestellt.

werden aus den Androgenen synthetisiert. Der Placenta des Menschen fehlt jedoch das Enzymsystem, um Progesteron zu Androgenen zu konvertieren, deshalb benötigt sie für ihre Östrogensynthese Androgene aus den übrigen Kompartimenten.

In der frühen Gravidität werden die Androgene zunächst aus dem mütterlichen Blutstrom genutzt. Der Bedarf an Vorstufen steigt jedoch schnell an, so daß bis zur 20. Graviditätswoche das fetale Kompartiment die Bereitstellung der Vorstufen fast vollständig übernommen hat. Die wichtigste Östrogenvorstufe ist das Dehydroepiandrosteron (DHEA), das in der fetalen Nebennierenrinde produziert und anschließend zu DHEA-Sulfat (DHEA-S) sulfatiert wird. Die Placenta spaltet den Sulfatrest ab, bildet aus DHEA Androstendion und Testosteron, die sie anschließend zu Östrogenen aromatisiert (Abb. 23.54).

Unter den Haustieren weist das Pferd während der Gravidität eine ähnliche Kompartimentierung der Steroidhormonsynthese wie der Mensch auf. Die Placenta der Stute produziert ab dem 50. Tag der Trächtigkeit große Mengen an Progesteron, wobei die Vorstufen aus dem maternalen Kompartiment bereitgestellt werden. Der Fetus ist hierbei nicht beteiligt.

Ab dem 80. Tag der Gravidität hypertrophieren die fetalen Gonaden und synthetisieren DHEA, das direkt nach der Sulfatierung in die Placenta trans-

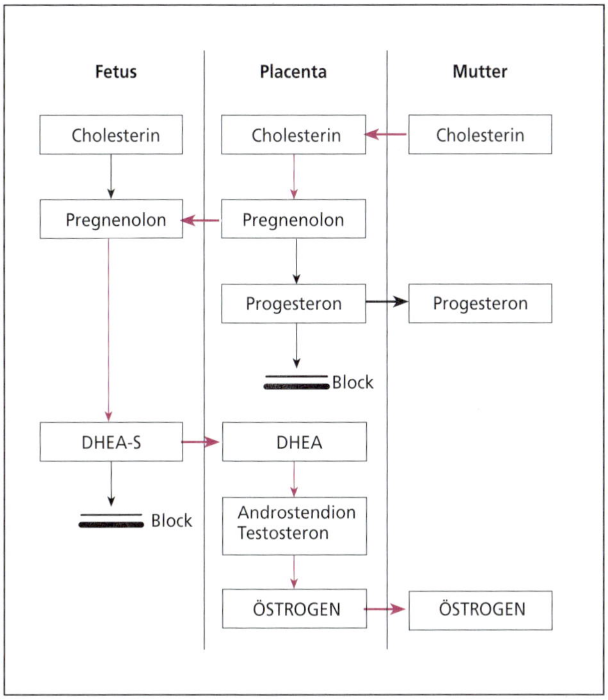

Abb. 23.54 Feto-placentare Kooperation bei der Östrogensynthese des Menschen. Die Placenta ist nicht zur Östrogensynthese aus Progesteron befähigt. Sie nutzt deshalb vom fetalen Kompartiment bereitgestelltes Dehydroepiandrosteron-Sulfat (DHEA-S), um Östrogen zu produzieren.

portiert und zu Östrogenen aromatisiert wird. Gegen Ende der Trächtigkeit bilden sich die hypertrophierten Gonaden zurück, gleichzeitig fällt der DHEA-S- und damit der Östrogenspiegel im Blut ab.

Choriongonadotropine: Der Pferdetrophoblast synthetisiert ab dem 35. bis zum 120.-150. Tag der Gravidität ein Gonadotropin, das als **e**quines **C**horion**g**onadotropin (eCG) bezeichnet wird. Im Gegensatz zum **h**umanen **C**horion**g**onadotropin (hCG) dient das eCG nicht der Aufrechterhaltung des Gelbkörpers während der Frühgravidität, denn die Sekretion beginnt erst, nachdem die Regression des Corpus luteum verhindert worden ist. Das eCG spielt vielmehr bei der Immunregulation während der Implantation (Tag 35 bei der Stute) und bei der Ausbildung akzessorischer Gelbkörper eine bedeutende Rolle.

Choriongonadotropine sind auch beim Schaf und beim Rind identifiziert, aber noch nicht gereinigt worden.

• Geburt

Der Wechsel im Progesteron-Östrogen-Verhältnis stellt die bedeutendste hormonale Veränderung im Zusammenhang mit der Geburt dar. Während in der Gravidität stets eine Phase der Progesterondominanz vorliegt, sinkt der Progesteronblutspiegel gegen Ende der Gravidität bei den meisten Tieren ab, wobei gleichzeitig die relative Östrogenkonzentration zunimmt. Progesteron bewirkt während der Gravidität eine Ruhigstellung der Uterusmuskulatur (Progesteronblock), so daß sich die wachsende Frucht ungestört in einer dehnbaren Gebärmutter entwickeln kann. Die elektrische Leitfähigkeit der Myometriumzellmembran wird hierbei herabgesetzt und so die Erregbarkeit und die Fortleitung eines Reizes weitgehend blockiert.

Eine der wesentlichsten Konsequenzen, die sich aus der Auflösung des Progesteronblocks und der Abnahme des Progesteron-Östrogen-Verhältnisses ergibt, ist die Wiederherstellung der Antwortbereitschaft des Myometriums auf die kontraktile Stimulation. Unter dem zunehmenden Einfluß von Östrogenen gegen Ende der Gravidität wird die Synthese von Proteinen (Actomyosin), die bei der Kontraktion wesentliche Bedeutung haben, induziert. Auch die Anzahl der Calciumkanäle in der Membran der Uteruszelle steigt rapide an (60% Zunahme).

Die elektrische und metabolische Kopplung der Myometriumzellen wird durch Gap junctions vermittelt (glatte Muskelzellen vom Single-unit-Typ; Kap. 7.2.2 u. Abb. 7.19). Diese stellen die Fortleitung und Synchronisation der Kontraktionswellen im Uterus sicher. Während der Gravidität ist die Zahl der Gap junctions im Myometrium nur gering, nimmt jedoch unter dem Einfluß der steigenden Östrogenkonzentration stark zu und präpariert so den Uterus auf seine Wehentätigkeit.

Die Abnahme des Progesteron-Östrogen-Verhältnisses gegen Ende der Gravidität favorisiert auf zellulärer Ebene all jene Prozesse, die eine Kontraktion zulassen.

Beim Schaf beginnen etwa 10 Tage vor der Geburt endokrine Veränderungen, die schließlich in den Partus münden. Zunächst steigt im Fetus die Cortisolsekretion aus der NNR an, wobei vermutlich eine erhöhte ACTH-Sekretion des fetalen Hypothalamus ursächlich beteiligt ist. Es muß jedoch einschränkend betont werden, daß das eigentliche vom Fetus produzierte Signal, das den Geburtsbeginn festlegt, bis heute unbekannt ist.

Eine Entfernung der fetalen Nebennierenrinde oder der fetalen Hypophyse verlängert die Gravidität, während die Infusion von ACTH oder Glucocorticoiden in die fetale Blutzirkulation eine vorzeitige Geburt auslöst. Stimulationsfaktoren, die von der Mutter ausgehen und auf die fetale Nebenniere einwirken, spielen keine Rolle, da beim Schaf das maternale ACTH die Placenta nicht passieren und somit die fetale Blutzirkulation nicht erreichen kann.

Dem Anstieg der fetalen Glucocorticoidsekretion folgt die Abnahme der maternalen Progesteronkonzentration im Blut. Diese Abnahme wird durch die Induktion des Enzyms 17α-Hydroxylase in der Schafplacenta bewirkt. Die ansteigende Enzymaktivität führt zu einer Zunahme eines Dihydroxyprogesteronmetaboliten (17α,20α-Dihydroxy-pregn-4-en-3-one), der zu Östrogenen konvertiert werden kann. Beim Schaf nimmt also die Progesteronsynthese zur Geburt hin nicht direkt ab, sondern die ansteigende Metabolisierung zu einem 17α-hydroxylierten Produkt resultiert in einer verminderten Progesteronverfügbarkeit.

Das letzte Glied in der Kette der präpartalen endokrinen Ereignisse (fetaler ACTH-Anstieg → fetaler Glucocorticoidanstieg → Anstieg der Progesteronmetabolisierung → Abnahme der Progesteronverfügbarkeit → Anstieg der Östrogensynthese) ist die Zunahme der $PGF_{2\alpha}$-Produktion wenige Stunden vor dem Beginn der uterinen Aktivität. Der Anstieg der $PGF_{2\alpha}$-Sekretion hängt vom stimulierenden Effekt der Östrogene auf die Phospholipase-A_2-Aktivität ab. Mit der Zunahme des Östrogeneinflusses steigt auch die Aktivität der Phospholipase A_2 an, die ihrerseits zur Freisetzung von Arachidonsäure, dem gemeinsamen Vorläufermolekül aller Prostaglandine, führt. Die Zunahme der $PGF_{2\alpha}$-Konzentration zieht zwei wichtige Effekte nach sich. Auf der einen Seite führt $PGF_{2\alpha}$ zu einer schnelleren Luteolyse, so daß die Progesteronsynthese zum Erliegen kommt und der Einfluß des Progesterons auf das Myometrium rasch schwindet (Auflösung des Progesteronblocks) und auf der anderen Seite sensibilisiert Prostaglandin den Uterus für Oxytocin (Abb. 23.55).

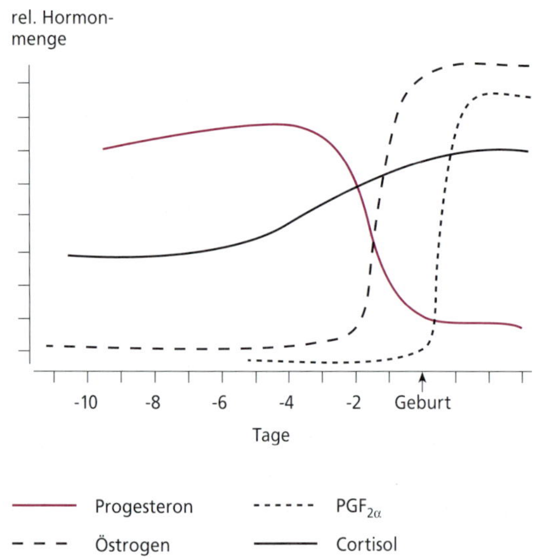

Abb. 23.55 Endokrine Veränderungen in der peripartalen Phase des Schafes. Das fetale Cortisol induziert in der Placenta ein Enzysystem, so daß Progesteron zu Östrogen konvertiert werden kann. Das Östrogen fördert die $PGF_{2\alpha}$-Freisetzung aus der Placenta.

Oxytocin wird erst während der Geburt, wenn die Cervix durch die Fruchthüllen gedehnt wird, ausgeschüttet. Dieses hypothalamische Peptidhormon wird im maternalen Hypophysenhinterlappen (HHL) gespeichert und über einen neuroendokrinen Reflex (Ferguson-Reflex) freigesetzt. Die höchsten Blutkonzentrationen werden während der Austreibung (Passage der Frucht durch den mütterlichen Geburtsweg) gemessen. Auch die fetale Hypophyse trägt mit Oxytocinausschüttungen zur Geburt bei.

Am Uterusmuskel wird die kontraktionsauslösende Wirkung des Oxytocins durch Rezeptoren vermittelt, an die das Oxytocinmolekül bindet. Die Anzahl dieser Rezeptoren an der Myometriumzelle nimmt mit der herannahenden und in besonderer Weise nach dem Beginn der Geburt stark zu. Die Synthese der Oxytocin-Rezeptoren steht dabei unter der Kontrolle von Östrogenen und Prostaglandinen (Sensibilisierung des Uterus für Oxytocin).

23.3.1.5 Reproduktionsbiotechnik

In den letzten Jahrzehnten sind verschiedene biotechnische Verfahren entwickelt worden, um die physiologischen Abläufe unter den Aspekten des Betriebsmanagements besser kontrollieren und um das genetische Potential des weiblichen Tieres besser nutzen zu können.

- **Östrussynchronisation**

Die Induktion des Östrus zu vorbestimmten Zeiten in Tiergruppen erleichtert das Betriebsmanagement, weil der Landwirt nur innerhalb einer planbaren Zeitspanne mit der Beobachtung und Handhabung der Tiere während der Brunst und der Geburt beschäftigt ist. Auch im Rahmen des Embryotransfers müssen die Brunstzyklen von Spender- und Empfängertier synchronisiert werden.

Es gibt zwei Methoden, Östrus und Ovulation zu synchronisieren:

1. Die Gabe von Progesteron oder synthetischen Progesteronabkömmlingen wird genutzt, um die Lutealphase zu verlängern. Anschließend erfolgt der Progesteronentzug, der eine synchrone Follikelreifung induziert.
2. Die Gabe von $PGF_{2\alpha}$-Analoga wird genutzt, um vorhandene Gelbkörper zur Regression zu bringen und so eine synchrone Follikelreifungswelle zu induzieren.

Beide Methoden weisen mannigfaltige Varianten auf, und viele Synchronisationsprotokolle nutzen Teile beider Methoden. Für Rind, Schaf und Ziege liegen bewährte Behandlungsvorschriften vor, die im Zusammenhang mit einer zeitlich fixierten instrumentellen Besamung genutzt werden.

Beim Schwein hat die durch $PGF_{2\alpha}$ induzierte Luteolyse keine praktische Bedeutung erlangt, weil die Gelbkörper bis zum 12. Tag p. ovul. nicht auf eine $PGF_{2\alpha}$-Injektion ansprechen.

Die Synchronisation von Rosse und Ovulation bei der Stute wird durch physiologische Besonderheiten dieser Tierart erschwert. So neigen Stuten dazu, spontan einen persistierenden Gelbkörper zu entwickeln, sie können während der Gelbkörperphase erneut ovulieren und so zwei unterschiedlich alte Gelbkörper an den Ovarien aufweisen. Besondere Schwierigkeiten ergeben sich bei der Ovulationssynchronisation, weil die Rossedauer eine ausgeprägte Variabilität aufweist. Deshalb läßt sich bei der Stute mit Hilfe von $PGF_{2\alpha}$ der Rossebeginn zufriedenstellend synchronisieren, aber die Ovulationen liegen z.B. bei einer 4- und 7tägigen Rossedauer dennoch weit auseinander. Der zusätzliche Einsatz von hCG oder GnRH zur Ovulationsauslösung hat bisher noch zu keinem allgemein anerkannten Synchronisationsregime geführt.

• **Embryotransfer und assoziierte Biotechniken**

Bei allen landwirtschaftlichen Nutztieren können die noch nicht implantierten Embryonen aus der Gebärmutter des Spendertieres gewonnen und in den Uterus von zyklussynchronen Empfängertieren übertragen werden. Dieses Verfahren wird in der Landwirtschaft, ähnlich wie die instrumentelle Besamung, als Standardverfahren angewendet, um das genetische Potential des weiblichen Tieres besser nutzen zu können. Besonders beim Rind hat sich der Embryotransfer nach der Etablierung nichtchirurgischer Gewinnungs- und Übertragungsverfahren sowie geeigneter Tiefgefrierungstechniken für Embryonen weltweit durchgesetzt. Die Spendertiere erhalten während der Gelbkörperphase (Tag 9-12 des Zyklus) ein oder mehrere Gonadotropininjektionen (FSH, eCG), um die Ausreifung von zahlreichen Follikeln sicherzustellen (Superovulation). Mit Hilfe der induzierten Luteolyse ($PGF_{2\alpha}$) wird am Tag 12 bei Spender- und Empfängertieren die Brunst ausgelöst. Anschließend werden die Spendertiere instrumentell besamt. Die Gewinnung der Embryonen erfolgt 6-8 Tage nach der Besamung.

Die Embryotransfertechniken werden auch als Forschungsmethoden genutzt. So sind sie im Zusammenhang mit der Erstellung identischer Mehrlinge (Embryonenteilung), von Intra- und Interspecies-Chimären, transgenen Tieren und der embryonalen Geschlechtsselektion erfolgreich eingesetzt worden.

Geschlechtsbestimmung: Angestrebt wird die Trennung von Spermien, die ein X- oder Y-Chromosom tragen, so daß bereits bei der instrumentellen Besamung entschieden werden kann, ob männliche oder weibliche Nachkommen aus der Gravidität hervorgehen sollen (Kap. 23.3.2.6). Da der DNA-Gehalt bei den Y-Chromosom-tragenden Spermien geringer ist, können sie nach Markierung mit Fluorochromen über einen Sortiervorgang von den übrigen Spermien getrennt werden. Dieses Verfahren befindet sich gegenwärtig im fortgeschrittenen Experimentalstadium.

Bei der postkonzeptionellen Geschlechtsbestimmung entnimmt man den vom Spendertier gewonnenen Embryonen eine oder mehrere Blastomeren und ermittelt mit Hilfe molekularbiologischer Methoden Y-Chromosom-spezifische DNA-Sequenzen. Dieses Verfahren wird von Embryotransferstationen routinemäßig angeboten.

In-vitro-Produktion von Embryonen: Embryonen von Rind, Schaf, Ziege und Schwein können experimentell in vitro erzeugt werden. Beim Rind sind die Verfahren so weit ausgereift, daß in vitro erstellte Embryonen auf den Embryotransferstationen in Empfängertiere transferiert werden.

Züchterisch sind beim Rind jene Tiere dabei von besonderem Interesse, die aus dem Produktionsprozeß des Betriebes herausgenommen werden müssen, von denen aber noch – aufgrund des genetischen Potentials – Nachkommen gewünscht werden. Von solchen Tieren können Eizellen aus den Follikeln durch Punktion gewonnen, in vitro gereift, befruchtet und über 6-8 Tage kultiviert werden, bis sie das transferfähige Entwicklungsstadium der Morula oder Blastocyste erreicht haben.

Die Punktionstechnik kann wiederholt bei einem Tier eingesetzt werden, wobei es gleichzeitig gravid sein kann, ohne daß Störungen zu befürchten sind. Die Erfolgsraten dieses Verfahrens sind gegenwärtig noch eingeschränkt.

23.3.1.6 Saisonalität

Unter den landwirtschaftlichen Nutztieren weisen Ziege, Schaf und Stute eine deutliche saisonale Beeinflussung des Fortpflanzungsgeschehens auf. Aufgrund der jahreszeitlich gebundenen Sexualrhythmik werden diese Tiere als saisonal polyöstrisch bezeichnet. Bei Rind und Schwein sind die saisonalen Einflüsse durch die Domestikation fast vollständig verschwunden, ihre Brunstzyklen verlaufen regelmäßig und unbeeinträchtigt vom Jahresverlauf (polyöstrische Tiere).

Tiere, die eine saisonale Fortpflanzungsrhythmik aufweisen, können in solche eingeteilt werden, die

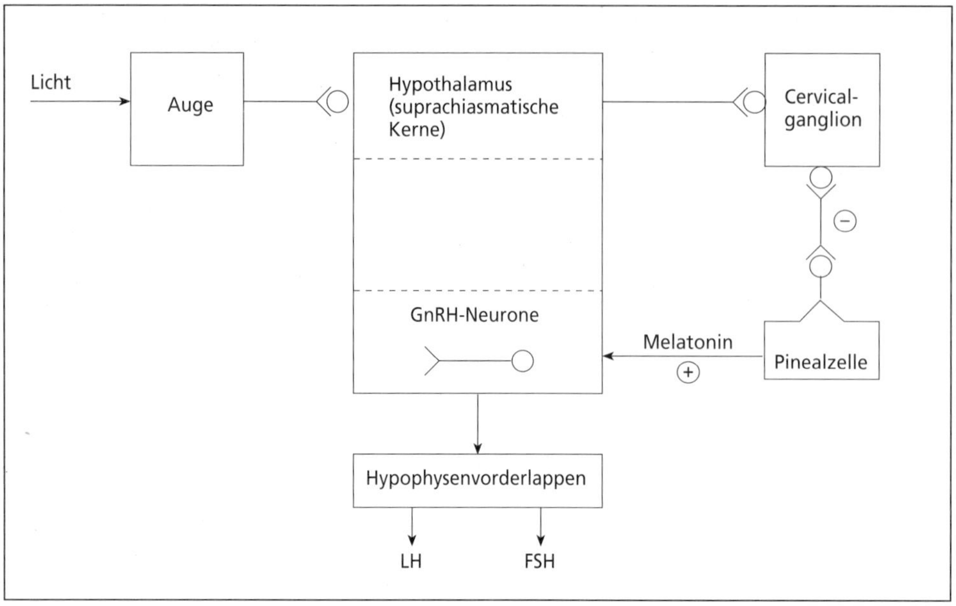

Abb. 23.56 Schema der hemmenden Wirkung des Lichtes bei Schaf und Ziege. Der Lichtreiz erreicht nach neuronaler Fortleitung die Pinealzelle als hemmendes Signal und verhindert die Melatoninsynthese und -sekretion. Melatonin stimuliert die GnRH-Sekretion.

Brunstzyklen während kurzer Tagesdauer und kalter Umgebungstemperatur zeigen (short-day breeders), und solche, die während langer Tagesdauer und warmer Umgebungstemperatur zyklieren (long-day breeders). Zu den ersten gehören Schaf und Ziege, zu den letzteren die Stute.

Ob die Fortpflanzungssaison im Herbst/Winter oder im Frühling/Sommer angesiedelt ist, wird im wesentlichen von der Graviditätsdauer bestimmt. So liegt die Paarungssaison bei der Stute mit einer Trächtigkeitsdauer von ca. 340 Tagen im Frühling/Sommer, während Ziegen und Schafe mit einer Graviditätsdauer von ungefähr 150 Tagen ihre Fortpflanzungssaison im Herbst/Winter aufweisen. In beiden Fällen werden die Jungtiere im Frühling/Sommer geboren, wenn durch ausreichend Grünfutteraufwuchs die Laktation der Muttertiere und die Ernährung der Jungtiere gewährleistet sind. Die Saisonalität im Fortpflanzungsgeschehen einer Tierart stellt also einen evolutionär erworbenen Selektionsvorteil dar.

Schaf- und Ziegenrassen weisen große Unterschiede im Hinblick auf die Dauer der Saison auf. So zyklieren Merinoschafe während einer ca. 260 Tage langen Saison, während diese bei Schwarzkopfschafen nur ca. 140 Tage dauert.

Auch beim Pferd manifestieren sich Rassenunterschiede ebenfalls deutlich. Ponys zyklieren während der Herbst-/Wintermonate nicht, während ca. 70% der Warmblutstuten in gemäßigten Klimazonen das ganze Jahr über regelmäßig rossen.

Die beiden wesentlichsten Faktoren, die den Beginn der jährlichen Fortpflanzungssaison bestimmen, sind die Photoperiode (Tageslichtdauer) und die Umgebungstemperatur (Kap. 28). Die Photoperiode ist der bedeutendere Einflußfaktor und wird in Form von Lichtprogrammen (künstliche Beleuchtung der Ställe) bei der Steuerung der Fortpflanzungssaison genutzt.

Der Beginn der Fortpflanzungssaison ähnelt der Pubertät. Während der anöstrischen Phase wird kaum GnRH synthetisiert, deshalb ruht der Zyklus. Beim Wiederanlaufen des Sexualzyklus müssen die GnRH-Neurone erst in die Lage versetzt werden, GnRH in genügender Menge und ausreichenden Pulsen freizusetzen, damit FSH und LH aus dem Hypophysenvorderlappen sezerniert werden können.

Die Aktivitätszunahme der GnRH-Neurone wird über die Photorezeption der Retina gesteuert. Der Lichtimpuls wird von der Retina nerval zum suprachiasmatischen Kerngebiet (SCN) im Hypothalamus und anschließend zu einem Cervicalganglion fortgeleitet. Die Reize der präsynaptischen Neurone (Retina → Hypothalamus → Cervicalganglion) bewirken, daß die postsynaptischen Neurone „feuern". Die postsynaptischen Neurone nehmen mit hemmenden Faseranteilen Kontakt zu den Zellen der Zirbeldrüse (Glandula pinealis) auf. Die Pinealzellen sezernieren ein Hormon, das als Melatonin bezeichnet wird. Melatonin stimuliert die GnRH-Sekretion. Während des Tages wird der Lichtreiz exzitatorisch zu den hemmenden Faseranteilen, die die Pinealzellen kontaktieren, fortgeleitet und inhibiert so die Melatoninsynthese. Deshalb wird während der langen Tagesdauer im Sommer bei Schaf und Ziege kein Melatonin und deshalb auch kein GnRH sezerniert. In der Nacht wird dieser hemmende Reizleitungsweg unterbrochen, weil kein Licht auf die Retina fällt. Dementsprechend steigen in der Nacht die

Melatoninproduktion und damit die Simulation der GnRH-Sekretion an. Mit den abnehmenden Tageslichtmengen im Herbst überwiegt schließlich die Zeitspanne, die zum Aussetzen des hemmenden Einflusses auf die Melatoninsekretion führt, und es wird kontinuierlich zunehmend Melatonin freigesetzt, das im Hypothalamus die GnRH-Neurone zur Freisetzung von GnRH stimuliert (Abb. 23.56).

Auf welche Art und Weise die Stute ihre Melatoninsekretion reguliert, die ja ihre Fortpflanzungsrhythmik genau umgekehrt zu Schaf und Ziege steuert, ist nicht sicher bekannt.

23.3.2 Reproduktion beim männlichen Tier

Edda Töpfer-Petersen und Christine Aurich

23.3.2.1 Hypothalamus-Hypophysen-Gonaden-Achse

Die Gonaden stehen unter der Kontrolle von Hypothalamus und Hypophyse. Diese Organe wirken bei der Regulation der Fortpflanzung des männlichen wie des weiblichen Tieres über neuronale und endokrine Mechanismen eng zusammen. Die häufig benutzte Bezeichnung Hypothalamus-Hypophysen-Gonaden-Achse impliziert eine überwiegend hierarchische Struktur, tatsächlich liegen der Regulation der Fortpflanzung jedoch verschiedene, ineinander vernetzte Regelkreise zugrunde.

> Zentrales Nervensystem, Hypophyse und Hoden interagieren durch verschiedene endokrine Regelkreise und bilden eine funktionelle Einheit.

• **Aufbau der Hypothalamus-Hypophysen-Hoden-Achse**

Der **Hypothalamus** ist ein Teil des Zwischenhirns und befindet sich median an der Hirnbasis. Er bildet die ventrale Wand und Teile der Seitenwände des dritten Hirnventrikels. Im Hypothalamus befinden sich verschiedene Kerngebiete (Nuclei, Ganglien), die über afferente und efferente Nervenbahnen mit übergeordneten Strukturen des zentralen Nervensystems (ZNS) in Verbindung stehen. So ist der Hypothalamus ein wichtiges Integrationszentrum, das Signale verarbeitet und „Befehle" an untergeordnete Strukturen weitergibt. Diese Befehle können sowohl neuronaler als auch endokriner Art sein. Hypothalamische Kerngebiete, die ihre „Befehle" in Form von endokrinen Signalen, d.h. durch Freisetzung von Hormonen, weitergeben, bestehen aus hochspezialisierten Zellen, die sowohl die Eigenschaften von Neuronen als auch von endokrinen Drüsenzellen besitzen und deshalb als **neurosekretorische Zellen** bezeichnet werden. In der kernnahen Region der Zellen werden kurzkettige Peptidhormone (Neuropeptide) synthetisiert, entlang der Axone transportiert, in den Nervenzellendigungen gespeichert und von dort in das Blut sezerniert. Die Ganglienzellen von Nucleus supraopticus und Nucleus paraventricularis synthetisieren die Hormone Oxytocin und Vasopressin. Die Axone ihrer Zellen durchziehen den Tractus supraoptico-hypophyseus und enden in der Neurohypophyse, dem Hypophysenhinterlappen. Oxytocin und Vasopressin werden damit zwar aus der Neurohypophyse in das Blut abgegeben, sind jedoch Hormone hypothalamischen Ursprungs, da die Kerngebiete ihrer neurosekretorischen Neurone im Hypothalamus liegen. Die neurokrinen Zellen der Ganglien im Bereich der präoptischen Region und des mediobasalen Hypothalamus produzieren dagegen Peptidhormone, die ihrerseits an der Adenohypophyse, dem Hypophysenvorderlappen, die Synthese und Freisetzung anderer Hormone regulieren. Hypothalamische Hormone mit stimulierender Wirkung an der Hypophyse werden als **Liberine** oder **Releasing-Hormone**, solche mit hemmender Wirkung dagegen als **Statine** oder **Inhibiting-Hormone** bezeichnet (Tab. 23.5). Releasing- und Inhibiting-Hormone erreichen die Adenohypophyse nicht direkt über die Axone der Ganglienzellen, sondern über ein venöses Pfortadersystem, das aus zwei hintereinanderge-

Tabelle 23.5 Hypothalamische Releasing- und Inhibiting-Hormone und ihre hypophysäre Wirkung

Hormon	Kurzbezeichnung	beeinflußtes Hypophysenhormon
1. Releasing-Hormone		
Corticotropin-Releasing-Hormone (Corticoliberin)	CRH	Adrenocorticotropes Hormon (ACTH)
Gonadotropin-Releasing-Hormone (Gonadoliberin)	GnRH	Luteinisierendes Hormon (LH), Follikelstimulierendes Hormon (FSH)
Growth-Hormone-Releasing-Hormone (Somatoliberin)	GRH	Wachstumshormon (STH)
MSH-Releasing-Hormone (Melanoliberin)	MRH	Melanozyten-stimulierendes Hormon (MSH)
Thyreotropin-Releasing-Hormone (Thyreoliberin)	TRH	Thyreotropin (TSH), Prolactin
2. Inhibiting-Hormone		
Growth-Hormone Inhibiting-Hormone (Somatostatin)	GIH	STH
Prolactin Inhibiting Factor (Prolactostatin) (Dopamin)	PIF	Prolactin
3. ungeklärter Sekretionsmechanismus		
		β-Endorphin

Tabelle 23.6 Wichtige an der Regulation der Fortpflanzungsfunktionen beteiligte Hormone und ihre Wirkungen beim männlichen Tier

Hormon	Bildungsort	Struktur	Wirkung
GnRH	Hypothalamus	Dekapeptid	Synthese und Sekretion von LH und FH S
Endogene Opioide	ZNS	Peptid	Hemmung der GnRH-Freisetzung
LH	Adenohypophyse	Glykoprotein	Synthese und Sekretion von Androgenen und Östrogenen aus den Leydigzellen
FSH	Adenohypophyse	Glykoprotein	– Stimulation der Spermatogenese – Synthese und Sekretion von an der Steuerung der Spermatogenese beteiligten Faktoren aus den Sertolizellen
Prolactin	Adenohypophyse	Protein	– Hodenfunktion (?) – jahreszeitabhängiger Fellwechsel
Melatonin	Epiphyse	Indolamin	saisonale Hemmung der Hypothalamus-Hypophysen-Funktion
Inhibin	Sertolizelle	Protein	Hemmung der FSH-Freisetzung
Androgene	Leydigzelle	Steroide	männliches Genitale: – Stimulation der Spermatogenese – Beeinflussung der Ausbildung und Funktion der männlichen Geschlechtsorgane Haut, Haare, und Hautanhangsorgane: – Entwicklung der sekundären Geschlechtsmerkmale Niere und blutbildende Organe: – Stimulation der Hämatopoese Skelett: – in niedriger Konzentration: Förderung des Längenwachstums – in hoher Konzentration: Schluß der Epiphysenfugen, Calcifizierung Stoffwechsel: – anabole Wirkung durch vermehrte Nucleinsäuren- und Eiweißsynthese – Beeinflussung des Fettmetabolismus ZNS: – Stimulation des männlichen Fortpflanzungsverhalten

schalteten Kapillargebieten besteht. Releasing- und Inhibiting- Hormone werden von den Nervenendigungen im Bereich der Eminentia mediana des Hypothalamus in das erste Kapillargeflecht freigesetzt. Über dessen venösen Abfluß gelangen sie direkt in ein zweites Venengeflecht im Bereich des Hypophysenvorderlappens und steuern dort die Hormonsynthese und -freisetzung der hypophysären Drüsenzellen.

Die **Hypophyse** ist beim männlichen und weiblichen Tier identisch aufgebaut und besteht aus drei Teilen (Abb. 23.57): Vorderlappen (Adenohypophyse), Zwischenlappen und dem Hinterlappen (Neurohypophyse). Diese Teile sind unterschiedlicher embryonaler Herkunft. Hypophysenvorderlappen (HVL) und -zwischenlappen haben die Struktur und Funktion einer endokrinen Drüse. Ihre Hormone (Tab. 23.6) besitzen überwiegend Proteinstruktur (sog. Proteohormone oder Peptidhormone, Kap. 23.3.1.1, Abb. 23.30 u. 23.31). Die Drüsenepithelzellen der Adenohypophyse werden histologisch in basophile, acidophile und chromophobe Zellen eingeteilt, die nebeneinander anzufinden sind. Die Synthese der unterschiedlichen adenohypophysären Hormone kann weitgehend be-

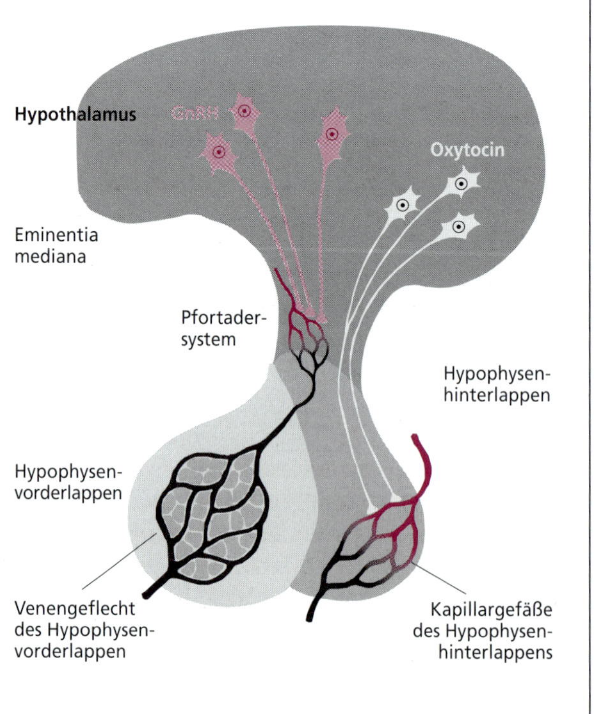

Abb. 23.57 Hypothalamus-Hypophysen-System

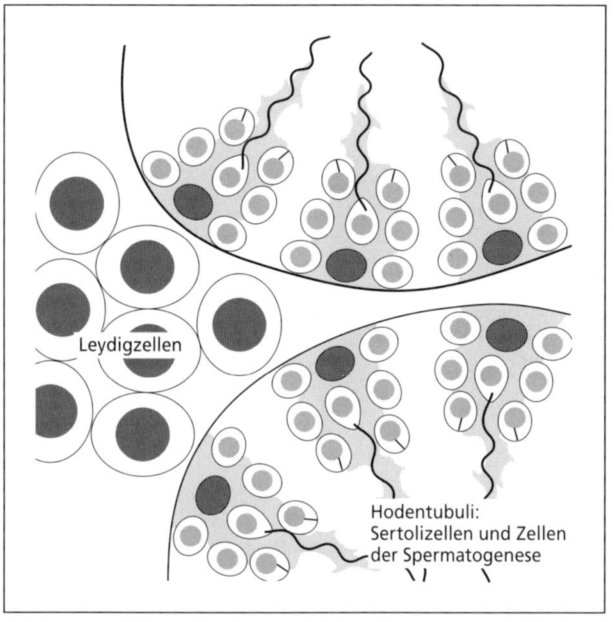

Abb. 23.58 Schematische Darstellung des histologischen Hodenaufbaus.

stimmten Zelltypen zugeordnet werden, eine Zellart ist aber nicht streng auf die Synthese eines Hormons spezialisiert, d.h. verschiedene adenohypophysäre Hormone können gleichzeitig in einer Zelle vorkommen. Die Neurohypophyse ist dagegen neuronalen Ursprungs und stellt eine Ausstülpung des Hirnbodens dar. Sie setzt sich aus speziellen Gliazellen (Pituicyten), einem Kapillarnetz sowie marklosen Nervenfasern, die größtenteils Axone von Ganglienzellen bestimmter Hypothalamuskerne darstellen, zusammen.

Das Parenchym der männlichen Gonaden, der **Hoden**, besteht aus einem Netzwerk von Samenkanälchen, den Tubuli seminiferi, und dazwischenliegenden Ansammlungen von interstitiellen Zellen, den Leydigzellen (Abb. 23.58). Das Epithel der Tubuli seminiferi wird gemeinsam von Sertolizellen und Spermatogonien, Spermatozyten und Spermatiden gebildet. Die unterschiedlichen Entwicklungsstadien der Spermatogenese liegen in engem Kontakt zu den Sertolizellen. Sertolizellen haben bei der Entwicklung der männlichen Gameten Nähr- und Stützfunktion. Leydigzellen sind der Syntheseort von Sexualhormonen (Tab. 23.6). Chemisch sind diese Hormone Steroide (Abb. 23.33 u. 23.34). Beim männlichen Individuum sind als Sexualhormone Androgene, darüber hinaus je nach Species aber auch unterschiedliche Mengen von Östrogenen von Bedeutung.

• GnRH

Das hypothalamische Hormon **Gonadotropin-Releasing-Hormon (GnRH)** ist ein Neuropeptid, das aus 10 Aminosäuren besteht. In der medialen präoptischen Region des Hypothalamus befinden sich ca. 1000 GnRH-synthetisierende neurosekretorische Zellen. Über das Axon dieser Zellen wird GnRH zur Eminentia mediana des Hypothalamus transportiert und dort in das Pfortadersystem der Adenohypophyse sezerniert. Im Hypophysenvorderlappen stimuliert GnRH beim männlichen wie beim weiblichen Individuum die Synthese und Sekretion der Gonadotropine LH (Luteinisierendes Hormon) und FSH (Follikelstimulierendes Hormon).

Nur im Pfortadersystem der Hypophyse kommt endogen freigesetztes GnRH in so hohen Konzentrationen vor, daß es die hypophysäre Gonadotropinfreisetzung stimulieren kann. Im peripheren Blutkreislauf sind die Konzentrationen von GnRH aufgrund der kurzen biologischen Halbwertszeit von 2-4 Minuten und der starken Ausverdünnung sehr gering. Es ist deshalb auch nicht möglich, GnRH in Blutplasma der peripheren Zirkulation quantitativ zu bestimmen.

Die Sekretion von GnRH erfolgt pulsatil (Abb. 23.43). Die GnRH-Pulsfrequenz wird durch einen bisher nicht näher lokalisierten Zeitgeber (Pulsgenerator) vorgegeben. Über die Frequenz der pulsatilen GnRH-Sekretion werden die Synthese und die Freisetzung von LH und FSH gesteuert. Der GnRH-Pulsgenerator wird durch übergeordnete zentralnervöse Zentren beeinflußt. Diese registrieren und verarbeiten Reize und Signale, die eine Bedeutung für das Reproduktionsgeschehen haben. Solche Signale können aus dem Organismus selbst oder aus seiner Umwelt eingehen (Kap. 23.3.1.6 u. 28.3). Wichtige Umweltfaktoren, die die GnRH-Freisetzung indirekt beeinflussen, sind z.B. die Tageslichtlänge (Jahreszeit), das Klima (Temperatur, Luftfeuchtigkeit), das Nahrungsangebot oder der soziale Status, den ein Tier in einer Gruppe besitzt. Darüber hinaus können sich auch Streßfaktoren, z.B. eine übermäßige psychische oder physische Belastung, auf die GnRH-Sekretion auswirken. Alle Signale werden von übergeordneten Hirnzentren registriert und führen zur Sekretion sogenannter Neuromodulatoren. Diese modulieren die GnRH-Freisetzung, indem sie die Aktivität des GnRH-Pulsgenerators oder der GnRH-Neuronen direkt oder indirekt beeinflussen.

• Neuromodulatoren

Zahlreiche Hormone, die erstmals in Organen wie der Hypophyse oder in verschiedenen Abschnitten des Gastrointestinaltraktes isoliert worden sind, wurden in den letzten Jahren auch im ZNS isoliert. Im ZNS können ihnen vielfach Funktionen zugeordnet werden, die mit den schon länger bekann-

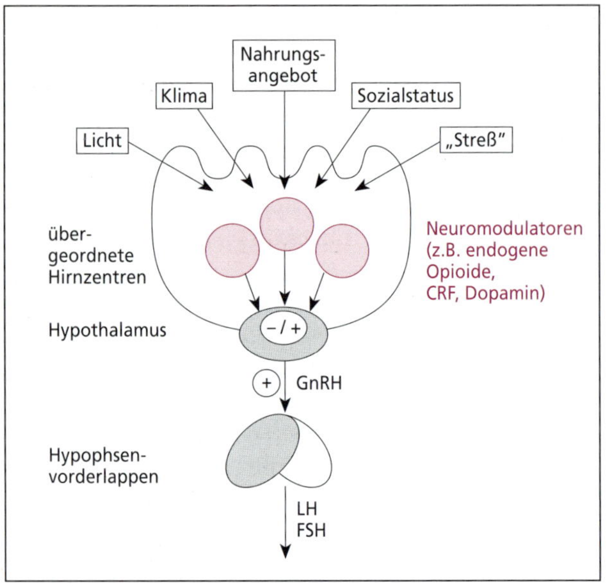

Abb. 23.59 Beeinflussung des Hypothalamus-Hypophysen-Systems durch exogene Faktoren, deren Wirkung über Neuromodulatoren vermittelt wird.

ten endokrinen Funktionen der Hormone in keinem Zusammenhang stehen. Im ZNS wirken sie zusammen mit anderen Substanzen als Neuromodulatoren (Abb. 23.59). Neuromodulatoren sind Botensubstanzen, die durch parakrine oder autokrine Mechanismen die Aktivität von Hirnarealen oder Nervenzellansammlungen beeinflussen. Sie können in 5 Kategorien eingeteilt werden:

1. Neuromodulatoren, die zuerst im Hypothalamus isoliert wurden, z.B. Corticotropin-Releasing-Hormon (CRH), GnRH, Thyreotropin-Releasing-Hormon (TRH);
2. Neuromodulatoren, die zuerst in der Neurohypophyse isoliert wurden, z.B. Oxytocin, Vasopressin;
3. Neuromodulatoren, die zuerst im Gastrointestinaltrakt isoliert wurden, z.B. Cholecystokinin, Gastrin, Insulin, Glucagon;
4. endogene opioide Peptide;
5. andere Neuromodulatoren.

Bei den Neuromodulatoren handelt es sich häufig um kurzkettige Peptide, die auch als **Neuropeptide** bezeichnet werden. Diese kurzkettigen Peptide sind meist nicht direktes Endprodukt der Proteinbiosynthese, sondern es erfolgt zunächst die Synthese von langkettigen Vorläufermolekülen. Aus einem Vorläufermolekül werden enzymatisch die Aminosäurensequenzen verschiedener Peptide abgespalten. Die aus einem Vorläufermolekül entstehenden Peptide sind dabei häufig an der Regulation ganz unterschiedlicher Funktionen beteiligt. Die Vorläufermoleküle werden deshalb auch als polyfunktionelle Peptide bezeichnet.

Neuromodulatoren, die zunächst als neurohypophysäre oder hypothalamische Hormone isoliert wurden, spielen im ZNS vielfach eine Rolle bei der Auslösung von Verhaltensmustern. Das aus der Hypophyse freigesetzte Oxytocin stimuliert z.B. beim weiblichen Tier in Zusammenhang mit der Geburt und dem Saugen des Neugeborenen die Kontraktionen der glatten Muskulatur von Uterus und Euter. Darüber hinaus kommt es parallel auch im ZNS zur vermehrten Freisetzung von Oxytocin. Dort bewirkt Oxytocin die Ausbildung von mütterlichen Verhaltensweisen. GnRH, das als Neurohormon die LH- und FSH-Sekretion reguliert, stimuliert in seiner Funktion als Neuromodulator das männliche Geschlechtsverhalten bei der Paarung. Den zunächst im Gastrointestinaltrakt isolierten Neuromodulatoren konnten in den letzten Jahren wichtige Funktionen bei der Feinregulation der Freisetzung verschiedener Hormone oder bei der Auslösung von Verhaltensweisen zugeordnet werden.

Endogene opioide Peptide (**Opioide**) sind körpereigene Peptide, die eine vergleichbare Wirkung besitzen wie Opiate, z.B. Morphin. Aufgrund ihrer Herkunft aus 3 verschiedenen Vorläufermolekülen werden sie in die Familien der Endorphine, Enkephaline und Dynorphine unterteilt. Opioide sind an der Regulation vieler Körperfunktionen beteiligt und wurden sowohl aus dem ZNS als auch verschiedenen peripheren Organsystemen isoliert. Im ZNS spielen Opioide als Neuromodulatoren eine wichtige Rolle bei der Regulation der GnRH-Freisetzung. Beim männlichen Tier sind sie an der Vermittlung der negativen Rückkopplung von Testosteron auf die GnRH-Sekretion beteiligt, beim weiblichen Tier vermitteln Opioide in der Gelbkörperphase die negative Rückkopplung von Progesteron auf die Freisetzung von GnRH, so daß die LH-Sekretion gehemmt wird. Darüber hinaus ist es nicht auszuschließen, daß Opioide auch bei der Entstehung von Fertilitätsstörungen mitwirken.

Im Zentralnervensystem lokalisierte Neuromodulatoren vermitteln die Wirkung endogener und exogener Einflüsse auf die Regulation der Fortpflanzung.

• Gonadotropine

Synthese und Sekretion der Gonadotropine erfolgen beim männlichen und weiblichen Tier identisch. Die Gonadotropine LH und FSH werden in den basophilen Zellen der Adenohypophyse synthetisiert. Die gonadotropinbildenden Zellen werden als gonadotrope Zellen bezeichnet. Die Mehrzahl der gonadotropen Zellen ist in der Lage, sowohl LH als auch

FSH zu synthetisieren und zu sezernieren. Nur ein geringer Prozentsatz der gonadotropen Zellen synthetisiert ausschließlich LH oder FSH. Strukturell gehören die Gonadotropine zu den Glykoproteinen. Sowohl das LH- als auch das FSH-Molekül besteht aus zwei Peptidketten, an die verschiedene Kohlenhydratseitenketten konjugiert sind. Die Peptidketten werden als α- und β-Kette bezeichnet (Abb. 23.32). Die α-Ketten von LH und FSH sind in ihrer Aminosäurensequenz identisch, die β-Ketten unterscheiden sich und bestimmen die Spezifität der Gonadotropinmoleküle.

Durch an die Peptidstruktur konjugierte Kohlenhydratseitenketten erfahren LH- und FSH-Moleküle Modifikationen in ihrer Struktur. LH- bzw. FSH-Moleküle weisen zwar eine konstante Peptidstruktur auf, können sich aber hinsichtlich ihrer Kohlenhydratseitenketten unterscheiden. Gonadotropinmoleküle, die identische Peptidketten besitzen, sich aber in ihren Kohlenhydratseitenketten unterscheiden, werden als **Isohormone** oder Isoformen bezeichnet. Verschiedene Isohormone von LH und von FSH kommen nebeneinander in der Hypophyse und auch im Blutkreislauf vor. Durch die verschiedenen Kohlenhydratketten ändern sich die Affinität der Isohormone zu ihren Rezeptoren sowie ihre biologische Halbwertszeit. Demzufolge unterscheiden sich Isohormone in ihrer biologischen Wirksamkeit. Die Wirkung der Gonadotropine kann also nicht nur über die quantitative Freisetzung, sondern auch durch Änderungen des Isohormonmusters moduliert werden.

LH wird von den gonadotropen Zellen der Hypophyse in Granula gespeichert und unter der Einwirkung von GnRH pulsatil freigesetzt (Abb. 23.40). Dabei bedingt die GnRH-Pulsfrequenz direkt die LH-Pulsfrequenz. FSH wird dagegen in den gonadotropen Zellen nicht gespeichert, sondern entsprechend der FSH-Syntheseaktivität der Zellen weitgehend kontinuierlich ins Blut sezerniert. Die FSH-Synthese wird durch GnRH-Pulse aktiviert, diese haben aber auf die Sekretion von FSH keinen Einfluß. Die LH-Sekretion ist demzufolge viel enger an die GnRH-Pulsfrequenz gekoppelt als die FSH-Freisetzung.

Die Gonadotropine regulieren – zusammen mit anderen Faktoren – die Hodenfunktion. LH stimuliert beim männlichen Tier die Synthese und Freisetzung von Androgenen aus den Leydigzellen. FSH bindet an die Sertolizellen und ist essentiell für die Stimulation und die Aufrechterhaltung der Spermatogenese. FSH hat z.T. direkte Effekte auf die Entwicklung der Samenzellen, z.T. stimuliert es die Sertolizellen zur Synthese und Sekretion von weiteren Faktoren, die parakrine und autokrine Effekte bei der Regulation der Spermatogenese besitzen. Außerdem beeinflussen Sertolizellen auf parakrinem Wege die Leydigzellfunktion und können die Steroidbiosynthese sowohl hemmen als auch stimulieren. Aus Leydig- und Sertolizellen konnten bisher zahlreiche Faktoren isoliert werden, die eine Rolle für die Kommunikation zwischen Leydig- und Sertolizellen sowie den verschiedenen Stadien der Spermatogenese spielen. Die genaue Funktion der einzelnen Substanzen ist dabei größtenteils noch unbekannt. Zu diesen Faktoren gehören beispielsweise Oxytocin, Vasopressin, Inhibin, Aktivin, Wachstumsfaktoren, endogene Opioide und andere Proteine.

Inhibin, ein Glykoprotein, ist ein wichtiges Produkt der Sertolizellen, dessen Synthese und Freisetzung durch FSH stimuliert wird. Inhibin übt parakrine Effekte auf verschiedene Stadien der Spermatogenese aus, darüber hinaus reguliert es auf endokrinem Wege die Hypophysenfunktion. Es gelangt über den Blutkreislauf zur Hypophyse und hemmt an den gonadotropen Zellen des Hypophysenvorderlappens selektiv die Synthese und Sekretion von FSH. Werden die Sertolizellen bei erhöhter FSH-Sekretion unter anderem auch zu einer vermehrten Inhibinsynthese und -sekretion stimuliert, führt Inhibin über diesen negativen Rückkopplungsmechanismus zu einer Verminderung der FSH-Freisetzung und verhindert damit ein Überschießen der Hodenfunktion.

- **Prolactin**

Prolactin ist ein einkettiges Proteohormon. Seine Synthese erfolgt in den laktotropen Zellen der Adenohypophyse. Wie bei den Gonadotropinen kommen auch bei Prolactin verschiedene Isohormone nebeneinander vor. Neben Isohormonen mit unterschiedlicher Glykosylierung gibt es auch Isoformen, die durch Veränderungen der Länge der Peptidkette entstehen.

Die Freisetzung von Prolactin aus der Hypophyse wird durch Dopamin gesteuert. Dopamin hat dabei jedoch keinen stimulierenden Effekt auf die Prolactinsekretion, sondern wirkt als Prolactin-Inhibiting Factor (PIF). Ein eigenes hypothalamisches Releasing-Hormon für Prolactin konnte bisher nicht sicher nachgewiesen werden, aber experimentell kann durch Applikation von Thyreotropin-Releasing-Hormon (TRH) die Prolaktinsekretion stimuliert werden. Über die Funktion und Bedeutung von Prolactin im Rahmen der Reproduktionsphysiologie des männlichen Tieres ist bisher wenig bekannt. Es wird jedoch angenommen, daß Prolactin eine Rolle bei der Steuerung der Hodenfunktion hat und auch bei der Regulation der saisonalen Fortpflanzungsaktivität der Gonaden bei Schaf und Pferd beteiligt ist.

- **Steroidhormone und Leydigzellfunktion**

Beim männlichen Individuum werden als Steroidhormone Androgene und – je nach Species in unterschiedlichen Konzentrationen – auch Östrogene von den Leydigzellen des Hodens synthetisiert und sezerniert. In den Leydigzellen erfolgt die Steroidhormonbiosynthese wie bei den in der Nebennierenrinde synthetisierten Steroidhormonen aus Cholesterin. Wichtigstes Syntheseprodukt ist das C17-Steroid **Testosteron**. Das für die Androgensynthese benötigte Cholesterin stammt teilweise aus dem Blutkreislauf, teilweise wird es von den Leydigzellen selbst aus Acetat synthetisiert. Die intrazelluläre Cholesterinspeicherung erfolgt in cytoplasmatischen Fettdepots. Von dort gelangt Cholesterin zu den Mitochondrien. Hier erfolgt in der inneren Mitochondrienmembran zunächst die Konvertierung von Cholesterin zu Pregnenolon. Dieses Steroidmolekül wird im endoplasmatischen Reticulum der Leydigzellen durch verschiedene Enzyme metabolisiert. Dabei ist das Enzymsystem des endoplasmatischen Reticulums nicht in der Lage, alles anfallende Pregnenolon in Testosteron zu konvertieren, so daß neben Testosteron noch andere Androgene entstehen. So kann Pregnenolon zu Δ16-Androgenen oxidiert werden, die bei verschiedenen Species in den Schweißdrüsen zu Pheromonen (Sexualduftstoffen) metabolisiert werden. Andere aus Pregnenolon entstehende Metabolite beeinflussen die FSH-Sekretion und die Spermatogenese.

LH spielt bei der Regulation der Steroidbiosynthese in den Leydigzellen eine zentrale Rolle und greift an mehreren Stellen in die Testosteronsynthese ein. Die LH-Rezeptoren sind membranständig, so daß LH nicht intrazellulär in den Leydigzellen wirkt, sondern seine Wirkung durch Freisetzung von Second-messenger-Substanzen, insbesondere cAMP, vermittelt wird (Abb. 23.31). Die Second-messenger-Substanzen stimulieren intrazellulär den Transport von Cholesterin in die Mitochondrien sowie die Genexpression und Aktivität bestimmter Enzyme. Dabei sind eine Aktivierung des Cholesterintransports und der Enzymaktivität Mechanismen, über die LH sehr schnell die Testosteronsynthese aktiviert. Durch eine Stimulation der Enzymsynthese hat LH darüber hinaus langfristige Effekte auf die Testosteronproduktion in den Leydigzellen.

Androgene verlassen die Leydigzellen durch Diffusion und werden über den Blutkreislauf schnell auf alle Organsysteme verteilt. Im Blutkreislauf und in den Hoden ist Testosteron das häufigste Androgen. Im Blut sind 98% des Testosterons an Proteine (Albumine, Sexualhormon-bindendes Globulin) gebunden. Da nur das freie, d.h. nicht-proteingebundene Testosteron biologisch aktiv werden kann, ist die Bioaktivität des im Blut zirkulierenden Testosterons nur gering. In die Zielzellen gelangen freie Androgene hauptsächlich durch Diffusion, teilweise auch durch spezifische Transportsysteme. In zahlreichen Zielorganen wird Testosteron intracytoplasmatisch durch Aktvität des Enzyms 5α-Reductase zu 5α-Dihydrotestosteron konvertiert, welches das eigentlich zellaktive Androgen ist. Testosteron kann aber auch durch Aktivität des Enzyms Aromatase zu Östradiol-17β metabolisiert werden (Abb. 23.60).

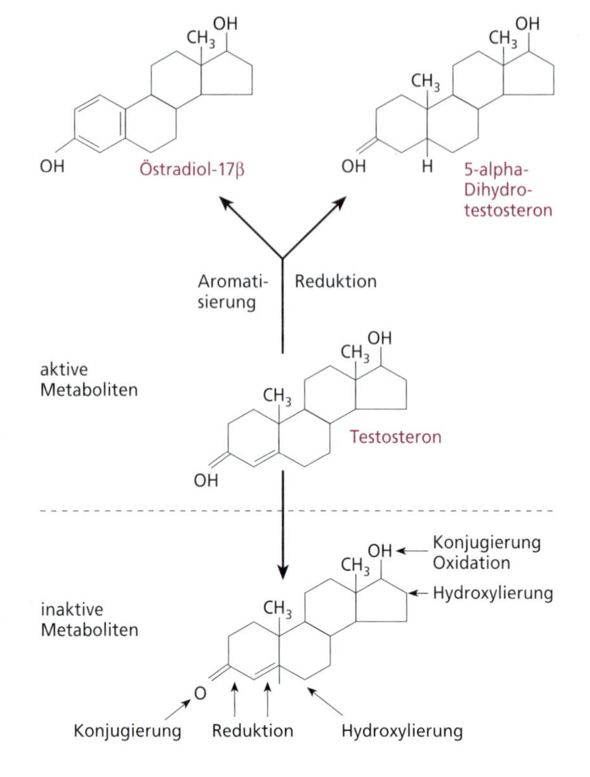

Abb. 23.60 Möglichkeiten der Metabolisierung von Testosteron im männlichen Organismus (modifiziert nach Rommerts, 1990)

Testosteron und Dihydrotestosteron binden an denselben Steroidrezeptor (Kap. 23.1.3.1 u. Abb. 23.2) im Zellkern, wobei Dihydrotestosteron zu diesem Rezeptor eine wesentlich höhere Affinität und damit eine wesentlich stärkere biologische Wirkung besitzt als Testosteron. Für Östradiol existieren eigene nucleäre Rezeptoren in den Zielzellen. Durch verschiedene andere Enzyme kann Testosteron intrazellulär außerdem zu Molekülen metabolisiert werden, für die keine Rezeptoren existieren und die deshalb nicht biologisch aktiv sind. Zu welchen Metaboliten Testosteron umgebaut wird, hängt vom Enzymprofil der jeweiligen Zielzelle ab.

Androgene beeinflussen ihre eigene Synthese durch hemmende Effekte auf die hypothalamische GnRH- und damit indirekt die hypophysäre LH-Freisetzung (Rückkopplungs- oder Feedbackmechanismus). Eine hohe Testosteronkonzentration im peripheren Blutkreislauf führt zu einer Hemmung der GnRH-Freisetzung (negative Rückkopplung). Die inhibierende Wirkung von Testosteron auf die GnRH-freisetzenden Neurone wird im ZNS durch Neuromodulatoren vermittelt. Hohe Testosteronkonzentrationen führen zu einer Stimulierung von Hirnarealen, die endogene Opioide freisetzen und darüber eine hemmende Wirkung auf die GnRH-Neurone ausüben (Abb. 23.61). Dadurch wird die LH-Freisetzung reduziert und es erfolgt keine weitere Stimulation der Leydigzellfunktion, so daß die Androgensynthese abnimmt.

Im männlichen Organismus haben Androgene sowohl intratestikulär als auch in peripheren Organsystemen vielfältige Wirkungen. Testosteron ist für den kontinuierlichen Ablauf der Spermatogenese essentiell. Dabei erfolgt die Beeinflussung der Spermatogenese durch Testosteron indirekt über Effekte auf die Sertolizellen. Die Reifung der Spermien im Nebenhoden steht unter dem Einfluß von Dihydrotestosteron, das in den Sertolizellen aus Testosteron metabolisiert und in die Hodentubuli sezerniert wird. Über den peripheren Blutkreislauf gelangt Testosteron zu zahlreichen anderen Zielorganen.

In der Pubertät stimulieren Androgene die vollständige Ausbildung der männlichen Geschlechtsorgane (Penis, akzessorische Geschlechtsdrüsen), deren Funktion und Morphologie beim adulten Tier nur unter ausreichendem Androgeneinfluß gewährleistet ist. Darüber hinaus sind Androgene unter anderem durch Effekte auf die Knochen-, Muskel- und Hautfunktion für das speciesspezifische maskuline Erscheinungsbild (Körperbau, sekundäre Geschlechtsmerkmale) verantwortlich. Durch Effekte im ZNS stimulieren Androgene die Ausbildung männlicher Verhaltensmuster. Dabei sind auch im ZNS selbst synthetisierte und sezernierte Androgene von Bedeutung. Diese Verhaltensmuster stehen zum großen Teil direkt mit dem Fortpflanzungsverhalten in Zusammenhang, wie z.B. aggressives Verhalten gegenüber anderen männlichen Artgenossen, Durchführung von Rangkämpfen oder der gesamte Ablauf des Paarungsverhaltens. Für die Ausbildung des Fortpflanzungstriebes (Libido sexualis) beim männlichen Tier ist eine ausreichende Testosteronproduktion notwendig, es bestehen jedoch keine direkten Zusammenhänge zwischen der Ausprägung der Libido sexualis und der Höhe der endogenen Androgenproduktion bei einem Individuum.

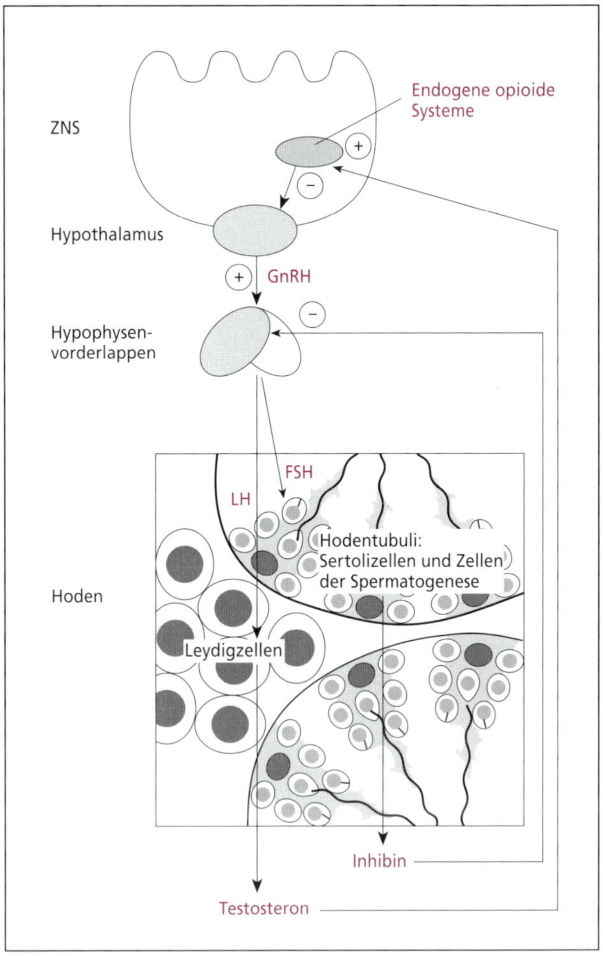

Abb. 23.61 Einfluß von Testosteron und Inhibin auf die hypothalamische GnRH-Sekretion und hypophysäre FSH-Sekretion durch negative Rückkopplung.

> Die meisten mit der Fortpflanzung in Zusammenhang stehenden Funktionen beim männlichen Tier hängen von der Anwesenheit von Androgenen ab.

23.3.2.2 Spermatogenese und Sertolizellfunktion

• Spermatogenese

Frühe Keimzellen sind, wie alle anderen Zellen auch, diploid und besitzen je einen väterlichen und mütterlichen Chromosomensatz. Um in der nächsten Generation die Diploidie zu erhalten, dürfen die Gameten, Spermatozoon und Eizelle nur einen Chromosomensatz besitzen. Sie müssen haploid sein. Nur Keimzellen sind darauf spezialisiert, die dafür notwendige Reifeteilung oder **Meiose** durchzuführen. Im Verlauf der Meiose wird nicht nur der Chromosomensatz halbiert, sondern es kommt durch die zufällige Verteilung der verschiedenen mütterlichen und väterlichen homologen Chromo-

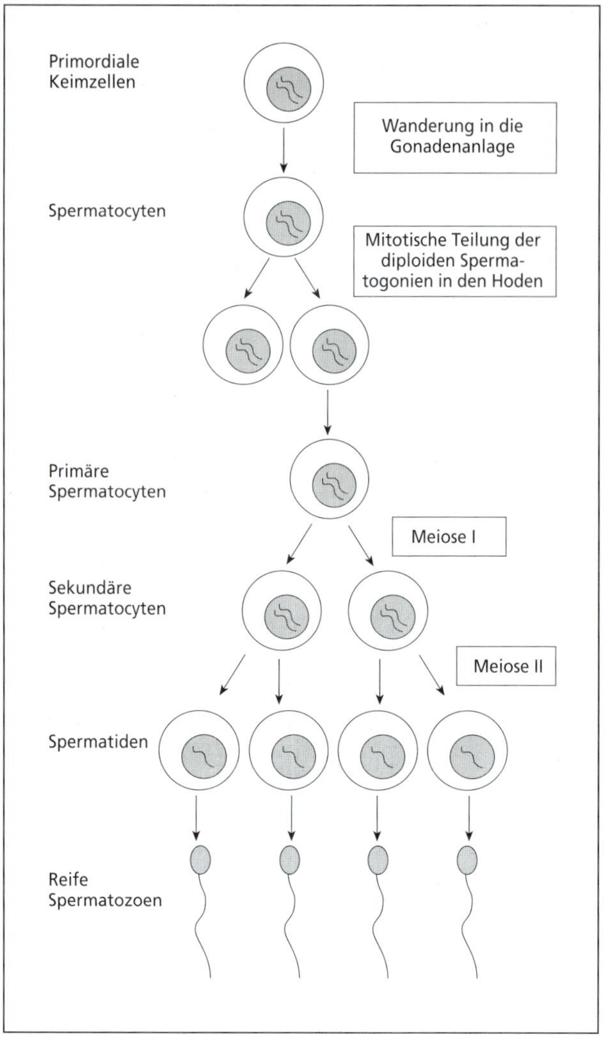

Abb. 23.62 Schematische Darstellung der Spermatogenese beim Säugetier.

somen und durch das sog. Crossing-over, bei dem ganze Chromosomenabschnitte zwischen den homologen Chromosomen ausgetauscht werden, zu einer vollständigen Neuverteilung von mütterlichen und väterlichen Erbanlagen. Die neugebildeten Gameten der neuen Generation tragen damit eine andere, neue Kombination von Erbanlagen. Für die Funktion und Arterhaltung eines Organismus ist ein haploider Chromosomensatz ausreichend. Diploide Organismen sind jedoch überlegen, da sie eine Reservekopie besitzen, die in Fällen letaler oder schädlicher Mutationen die Überlebenschancen erhöht. Das gilt auch für Mutationen und Genverdopplungen, die eine neue wertvolle Funktion einführen. Durch die Diploidie kann der Organismus neue und alte Funktionen nutzen. Durch die mit der sexuellen Fortpflanzung verbundene Umverteilung der Gene können sich solche neuen Erbanlagen besser und schneller durchsetzen.

Spermatogenese ist der Prozeß, bei dem sich aus den diploiden männlichen Keimzellen durch Meiose haploide Spermatozoen bilden (Abb. 23.62). Während der embryonalen Entwicklung machen die primordialen Keimzellen mehrere Vermehrungsphasen durch und differenzieren sich zu Spermatogonien. Dabei bleibt der Meioseblock, der verhindert, daß Spermatogonien in die Meiose eintreten, bis zur Geschlechtsreife bestehen. Mit dem Beginn der Pubertät kommt es zur Aktivierung der Hypothalamus-Hypophysen-Gonaden-Achse und unter Einfluß von FSH und Testosteron zur Induktion der Spermatogenese.

Die Spermatogonien teilen sich zunächst mitotisch. Ein Teil dieser neuen Spermatogonien bleibt als Stammzellpopulation erhalten, während ein anderer Teil sich weiterdifferenziert und in die Meiose eintritt. Erster Schritt der Meiose ist die Verdopplung des diploiden Chromosomensatzes. Diese primären Spermatocyten sind die größten Keimzellen des Keimepithels. Sie sind noch diploid, und jedes Chromosom besteht aus 2 identischen DNA-Strängen, den Chromatiden. Sie enthalten also insgesamt 4 Sätze der DNA (4n DNA). Während der Teilung I der Meiose bilden sich die haploiden sekundären Spermatocyten. Sie enthalten nur noch jeweils ein homologes, aus zwei Chromatiden bestehendes Chromosom (2n DNA). In den sekundären Spermatocyten findet keine Reduplikation der DNA mehr statt. Sie treten sofort in die Teilung II der Meiose ein, bei der die beiden Chromatiden jedes Chromosoms auf die Tochterzellen verteilt werden, so daß die nun neu entstandenen Spermatiden jeweils eine einzige Kopie des gesamten Chromosomensatzes besitzen. Aus einer diploiden primären Spermatocyte sind also 4 haploide Spermatiden entstanden. In dem sich anschließenden Prozeß der Spermiogenese differenzieren die Spermatiden zu hochspezialisierten Spermatozoen.

Spermatozoen werden erst mit Eintritt der Geschlechtsreife gebildet, vorher unterliegen die männlichen Keimzellen einem Meioseblock.

Die **Spermiogenese** kann man in vier Phasen unterteilen, in deren Verlauf sich aus der runden Spermatide unter Verlust überflüssigen Cytoplasmas und cytoplasmatischer Organellen ein sehr kompaktes, stromlinienförmiges Spermatozoon mit einem Bewegungsapparat bildet.

In der **Golgiphase** bildet sich unter Verschmelzung kleiner Vesikel vom Golgiapparat die akrosomale Vakuole, die sich an die Kernmembran anheftet. Gleichzeitig wandern die beiden Centriolen zum gegenüberliegenden Kernpol. Während sich das proximale Centriol an die Basalplatte des Kerns anlegt, wächst aus dem distalen Centriol das Axonema, das den späteren Spermatozoenschwanz bildet.

In der **Kappenphase** flacht sich die akrosomale Vacuole ab und breitet sich über den oberen Bereich des Kern aus.

Während der **Akrosomphase** elongiert die Zelle unter zunehmender Verdichtung des Kerns. Dabei werden die für somatische Zellen typischen Kernproteine, die Histone, gegen die spermienspezifischen Protamine ausgetauscht, die für die besonders kompakte Packung des Chromatins verantwortlich sind. In dieser Phase dreht sich die Spermatide, so daß ihr Schwanz in Richtung des Tubuluslumens zeigt. Die Mitochondrien ordnen sich um die obere Region der Geißel an und bilden das Mittelstück. Das Cytoplasma verlagert sich zunehmend und umgibt nun den proximalen Bereich der Geißel.

In der sich anschließenden **Reifephase** wird die Transformation zu dem typisch geformten Spermatozoon abgeschloßen und das überflüssige Cytoplasma in Form des Residualkörpers abgeschnürt und nach Entlassen des fertigen Spermatozoons in den tubulären Raum in der Sertolizelle abgebaut.

Die Freisetzung des Spermatozoons aus dem Keimepithel bezeichnet man als **Spermiation.** Die Dauer eines Spermatogenesezyklus variiert bei den Haustieren mit beispielsweise 34 Tagen beim Schwein, 43 Tagen beim Rind und 57 Tagen beim Pferd. Der Mensch benötigt 74 Tage für die Bildung von Spermatozoen.

Während der gesamten Spermatogenese bleiben die aus einer Spermatogonie entstandenen Keimzellen über Cytoplasmabrücken miteinander verbunden. Damit ist gewährleistet, daß auch die haploiden Keimzellen mit allen Produkten des kompletten diploiden Genoms versorgt werden. Das spielt z.B. für das Überleben einer Spermatide mit einem Y-Chrosomsom, das nur eine verhältnismäßig geringe Anzahl von Genen besitzt, und bei solchen, die ein Gen mit rezessiv schädlicher Mutation tragen, eine Rolle.

- **Funktion der Sertolizellen**

Die Sertolizelle ist die somatische Zelle des Keimepithels. Sie proliferiert im Gegensatz zu den Keimzellen während des adulten Lebens eines männlichen Tieres nicht mehr. Sie umschließt während der gesamten Dauer der Spermatogenese die Keimzellen. Für die sich entwickelnde Keimzelle ist die Sertolizelle lebensnotwendig. Keimzellen, die aus dem Verbund mit der Sertolizelle gelöst werden, können nicht in die Spermatogenese eintreten.

Die Sertolizelle übernimmt wichtige Aufgaben:

1. Sie vermittelt die Übertragung der **hormonellen Stimuli** auf die Keimzellen.
2. Sie sorgt für das **richtige Milieu** für die sich entwickelnden Keimzellen.
3. Sie organisiert die Keimzellpopulation und sorgt für deren **Transport** in Richtung des Tubuluslumens.
4. Sie baut die **Blut-Hoden-Schranke** auf, die die Keimzellen vor negativen äußeren Einflüssen und schädlichen Wirkungen durch das eigene Immunsystem schützt. Darüber hinaus ist sie durch negative **Rückkopplung** an der Regulation der FSH-Sekretion aus der Hypophyse beteiligt.

Keimzellen haben keine Androgenrezeptoren und mit Ausnahme der Spermatogonien auch keine Rezeptoren für FSH. Die Keimzellpopulation ist also hinsichtlich der Hormonwirkung auf die Vermittlung durch die Sertolizelle angewiesen. FSH und Testosteron stimulieren die Sertolizelle zur Produktion einer ganzen Reihe von Faktoren, die für die Entwicklung der Keimzellen essentiell sind. Dabei ist die Beeinflussung nicht einseitig, sondern jedes Keimzellstadium produziert Faktoren, die ihrerseits die Sertolizelle zur Produktion der gewünschten Substanzen und Faktoren anregen. Es besteht zwischen Keimzellen und Sertolizelle eine Kommunikation, die die Bedingungen für die verschiedenen Keimzellstadien optimiert und die verschiedenen Funktionen koordiniert. Diese parakrine und autokrine Regulation beschränkt sich nicht auf das Keimepithel, sondern schließt die benachbarten Leydigzellen und peritubulären Zellen ein. Somit existiert zwischen den verschiedenen Kompartimenten und einzelnen Zellen des Hodens ein Informationsnetz, das für die Feinregulierung der Spermatogenese verantwortlich ist. Nur ein Teil dieser Faktoren ist bisher identifiziert worden. Das Androgenbindende Protein (ABP) ist eines der ersten Sertolizellprodukte, das charakterisiert worden ist. Es bindet Testosteron und sorgt für eine ausreichende Steroidhormonkonzentration in der Sertolizelle und den Transport von Testosteron in die Nebenhoden.

Eine weitere wichtige Funktion der Sertolizelle ist der Aufbau **der Blut-Hoden-Schranke**. Tritt bei Einsetzen der Pubertät die erste Keimzelle in die Meiose, so bilden sich zwischen benachbarten Sertolizellen die Zonulae occludentes oder Tight junctions aus, die das Keimepithel in einen basalen und adluminalen Teil einteilen und nur einen selektionierten Stoffaustausch zwischen beiden Kompartimenten erlauben. Damit ist gewährleistet, daß die sehr empfindlichen haploiden Keimzellstadien vor toxischen und schädlichen Einflüßen geschützt sind. Während der Spermatogenese werden eine Reihe von Proteinen und Antigenen an der Oberfläche der Keimzellen exprimiert, die als nicht körpereigen erkannt werden. Ohne diese Schutzmaßnahme der Blut-Hoden-Schranke würden die Keimzellen deshalb durch die Zellen des eigenen Immunsystems geschädigt und abgebaut werden.

Die Sertolizelle ist wichtigster Partner der männlichen Keimzellen.

23.3.2.3 Sexualverhalten

Das Sexualverhalten wird durch ein im Zentralnervensystem liegendes, für das Verhalten verantwortliches Zentrum gesteuert. Bereits in der Fetalzeit führt die Anwesenheit von Androgenen zur Maskulinisierung dieses Zentrums. Beim heranwachsenden und adulten Tier werden durch zunehmende Produktion von Androgenen in den Hoden das männliche Geschlechtsverhalten und die Geschlechtslust (Libido sexualis) aktiviert. Höhepunkt des männlichen Geschlechtsverhaltens ist die Paarung mit einem brünstigen weiblichen Tier. Sie setzt voraus, daß das männliche Tier eine gewisse Erregungsbereitschaft besitzt und bei Anwesenheit eines brünstigen weiblichen Tieres ein geschlechtsbegehrendes Verhalten entwickelt, d.h. sich dem Tier nähert und direkten Kontakt aufnimmt. Im weiteren kommt es zum Paarungsakt, der sich aus einer Reflexkette, d.h. einer Kette von sich einander bedingenden angeborenen Reflexhandlungen zusammensetzt und nur bedingt willensmäßig beeinflußbar ist. Gesteuert wird die Paarungsreflexkette von einem im Lumbal- und Sakralmark lokalisierten Nervenzentrum (Erektionszentrum). Unangenehme oder schmerzhafte Erfahrungen beim Paarungsakt können die Libido sexualis mindern oder sogar vollkommen ausschalten.

Die **Paarungsreflexkette** beginnt mit einem für jede Species charakteristischen Vorspiel, dabei nimmt das männliche Tier visuell, olfaktorisch und taktil Kontakt zum weiblichen Partner auf. Es erfolgen daraufhin die Emission und Erektion des Penis. Diese werden durch einen vermehrten Bluteinstrom bei vermindertem Blutausstrom ermöglicht, der durch Vasodilatation der Arterien bei gleichzeitiger Vasokonstriktion der Venen im Bereich der Penisschwellkörper verursacht wird. Diese Vorgänge stehen unter dem Einfluß des parasympathischen Nervensystems. Im weiteren kommt es dann, ausgelöst durch den „Torbogenreflex" (Umriß der Nachhand des Paarungspartners), zum Aufsprung und zur Umklammerung des weiblichen Tieres, welche von Suchbewegungen und Einführen des Penis in die weibliche Vagina gefolgt werden.

Der Ejakulation gehen je nach Tierart Friktionsbewegungen (Pferd, Hund, Schwein) voraus, oder sie findet während des Nachstoßes statt (Wiederkäuer). Die eigentliche Ejakulation (Austreibung des Spermas) ist eine Folge von Kontraktionswellen der glatten Muskulatur von Epididymis, Ductus deferens und Urethra. Gleichzeitig kommt es zur Kontraktion der Wände der akzessorischen Geschlechtsdrüsen, so daß sich deren Sekrete mit den Spermatozoen zum Sperma vermischen. Die Austreibung des Spermas aus der Urethra wird darüber hinaus durch Kontraktionen des M. ischiocavernosus und des M. bulbocavernosus unterstützt. Anschließend an die Ejakulation steigt das männliche Tier vom Paarungspartner ab, wobei der Penis infolge des Nachlassens der Blutfülle allmählich erschlafft. Je nach Species findet ein mehr oder weniger ausgeprägtes Nachspiel statt.

Der Paarungsakt ist eine Kette einander bedingender angeborener Reflexe, die nur bedingt willensmäßig gesteuert werden kann.

23.3.2.4 Saisonalität

Zahlreiche in gemäßigten Klimazonen lebende Tierarten sind saisonal fortpflanzungsaktiv. Die saisonale Fortpflanzungsaktivität wird vor allem über jahreszeitliche Veränderungen der Tageslichtdauer gesteuert. Dabei gibt es Tierarten, deren Fortpflanzungsaktivität mit abnehmender Tageslichtlänge (z.B. Schaf, Ziege) oder mit zunehmender Tageslichtlänge (z.B. Pferd, Hamster) einsetzt. Die jahreszeitlichen Veränderungen der Reproduktionsaktivität werden durch Schwankungen der GnRH-Synthese und -Sekretion im Hypothalamus reguliert, die ihrerseits durch die Photoperiodik bestimmt werden (Abb. 23.56). Lichtimpulse werden von der Retina empfangen, in Form von afferenten Nervensignalen zur Epiphyse (Zirbeldrüse, Pinealorgan) geleitet und in ein endokrines Signal umgewandelt. Dieses endokrine Signal besteht in der Sekretion des Hormons **Melatonin**. Lichteinfall hemmt die Melatoninsekretion, Dunkelheit stimuliert die Freisetzung von Melatonin. Durch den Wechsel zwischen Tag und Nacht kommt es zu Schwankungen der Melatoninkonzentrationen im Blut, es stellt sich ein circadianer Rhythmus ein. Die Melatoninsekretion fluktuiert aber auch bei Tieren unter Einwirkung ständiger Dunkelheit, so daß Lichteinfall die Änderungen der Melatoninkonzentrationen offensichtlich nur an die Tageslichtlänge anpaßt. Melatonin beeinflußt im ZNS über Neuromodulatoren die GnRH-Freisetzung und damit die Aktivität der Fortpflanzungsfunktionen. Neuere Untersuchungen weisen darauf hin, daß endogene Opioide und Dopamin als die GnRH-Sekretion hemmende Neuromodulatoren an der Steuerung der saisonalen Fortpflanzungaktivität beteiligt sind. Die Hemmung der GnRH-Freisetzung außerhalb der Paarungssaison führt zu verminderter Gonadotropinsynthese und -sekretion und nachfolgend zu Einbußen in der Hodenfunktion.

Melatonin inhibiert außerdem direkt die Freisetzung von Prolactin aus der Hypophyse. Prolactin ist möglicherweise über Effekte auf die Hoden an der Steuerung der saisonalen Fortpflanzungsaktivität beteiligt. Unabhängig von möglichen Funktionen im Zusammenhang mit der Reproduktionssteuerung, ist Prolactin auch an der Anpassung des Organismus an die Jahreszeit beteiligt und reguliert z.B. den Wechsel zwischen der Ausbildung eines Sommer- und Winterhaarkleides.

Hinsichtlich der Ausprägung von saisonalen Veränderungen der Fortpflanzungsfunktionen gibt es sowohl zwischen Species als auch zwischen Tierrassen graduelle Unterschiede. Bei wenig domestizierten Tierarten und -rassen sind die Auswirkungen der Photoperiodik oft stärker ausgebildet als bei stark domestizierten. Bei männlichen Individuen kann es bei deutlichem saisonalem Fortpflanzungsverhalten außerhalb der Paarungssaison zu einer ausgeprägten Hodenregression (Abb. 23.63) kommen. Die Hodenmasse reduziert sich z.B. beim Syrischen Goldhamster oder bei bestimmten Schafrassen auf etwa 10% im Vergleich zur Paarungssaison. Spermatogenese und Androgensynthese sistieren fast vollständig, die akzessorischen Geschlechtsdrüsen atrophieren, und die Tiere werden infertil. Dagegen sind bei Species und Rassen mit weniger ausgeprägtem saisonalem Fortpflanzungsverhalten, so z.B. bei männlichen Pferden, die durch die Tageslichtlänge bedingten Schwankungen der Fortpflanzungsaktivität nicht so deutlich. Außerhalb der Zuchtsaison kommt es hier

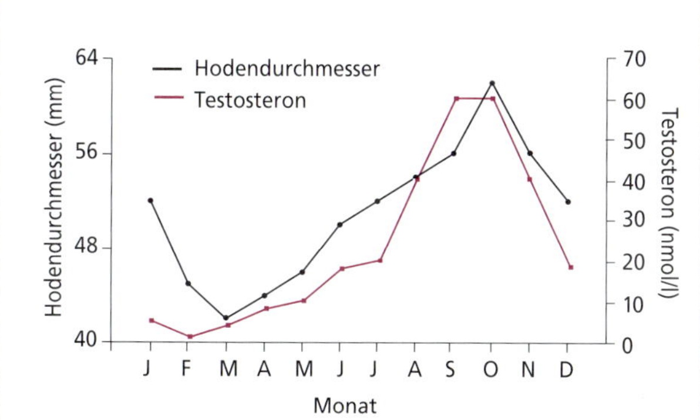

Abb. 23.63 Abhängigkeit der Hodengröße und Testosteronsekretion von der Tageslichtlänge bei saisonal reproduktionsaktiven Soay-Schafböcken (modifiziert nach Ebling und Lincoln, 1985).

zwar zu einer gewissen Abnahme der Androgensynthese und der Spermatogenese, die männlichen Individuen bleiben jedoch das ganze Jahr über fertil. Der Ausprägungsgrad des durch die Tageslichtlänge gesteuerten saisonalen Fortpflanzungsverhaltens wird auch durch Umweltfaktoren wie Klima und Nahrungsangebot beeinflußt.

> Die Fortpflanzungsaktivität wird bei saisonal aktiven Species von der Tageslichtlänge gesteuert. Die Ausprägung der saisonalen Reproduktionsaktivität ist dabei auch eine Folge des Grades der Domestikation einer Tierart oder -rasse.

23.3.2.5 Physiologie der Befruchtung

Damit sich aus Spermatozoon und Eizelle ein neues Individuum entwickeln kann, müssen beide Gameten während des Befruchtungsprozesses aufeinandertreffen, sich gegenseitig erkennen und das Spermatozoon in die Eizelle eindringen. Erst dann kann sich das haploide Genom des Spermatozoons mit dem haploiden Genom der Eizelle vereinigen und die diploide Zygote bilden.

Der **Befruchtungsvorgang** ist eine komplexe Sequenz von Ereignissen, die im weiblichen Genitaltrakt ablaufen. Vor der Befruchtung müssen Spermatozoen eine subtile Veränderung ihres funktionellen Zustandes durchmachen, die **Kapazitation**. Erst kapazitierte Spermatozoen können die **Eizelle erkennen** und an die Zona pellucida der Eizelle gebunden die **Akrosomreaktion** durchführen. Als Akrosomreaktion bezeichnet man die Exocytose des Akrosoms, durch die akrosomale Enzyme aktiviert und freigesetzt werden. Mit deren Hilfe kann ein **hyperaktiviertes Spermatozoon** die **Zona pellucida penetrieren** und schließlich mit der **Eizelle fusionieren.** Außerdem hat die Eizelle einen Mechanismus entwickelt, den **Polyspermieblock**, der verhindert, daß weitere Spermatozoen in die Eizelle eindringen.

• Spermienreifung im Nebenhoden

Trotz einer morphologisch kompletten Ausstattung sind Spermatozoen aus dem Hoden noch nicht befruchtungsfähig. Sie sind nicht in der Lage, sich eigenständig zu bewegen, die Eizelle zu erkennen und die Zona pellucida zu durchdringen. Diese Fähigkeiten erwerben sie erst während ihres Transportes durch den Nebenhoden – ein Prozeß, der als Spermienreifung oder Nebenhodenreifung der Spermatozoen bezeichnet wird.

Spermatozoen verlassen hochdifferenziert das Keimepithel und werden durch den Sekretionsfluß und die Peristaltik der Hodenkanälchen über Rete

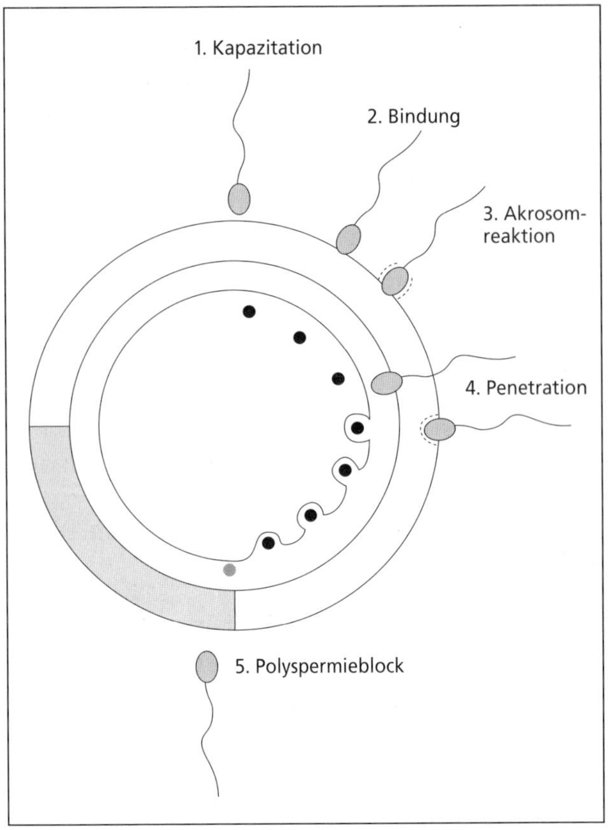

Abb. 23.64 Befruchtungssequenz – 1 und 2. Kapazitierte Spermatozoen binden an die Zona pellucida. 3. Durch die Bindung wird die Akrosomreaktion induziert. 4. Mit Hilfe der freigesetzten Enzyme und der hyperaktivierten Bewegung des Spermatozoons kann das Spermatozoon die Zona pellucida penetrieren. 5. Fusion des akrosomreagierten Spermatozoons mit der Vitellinmembran der Eizelle löst den Polyspermieblock aus, und die Eizelle vollendet die Meiose.

testes und Ductuli efferentes in den Nebenhoden transportiert. Für ihre Aufgabe, väterliche DNA zur Eizelle zu transportieren und mit der mütterlichen DNA zu vereinigen, sind Spermatozoen hervorragend ausgestattet und in verschiedene Funktionseinheiten, die sog. Domänen, differenziert. Der Kopf, der fast vollständig vom Kern eingenommen wird, wird je nach Tierart im oberen Drittel bis Hälfte vom Akrosom umschlossen. Das Akrosom enthält eine Reihe proteolytischer Enzyme (beispielsweise die Serinproteinase Akrosin), mit deren Hilfe das Spermatozoon die äußeren Eihüllen, insbesondere die Zona pellucida durchdringen und schließlich bis zur Eizelle gelangen kann. Das anschließende Äquatorialsegment und die postakrosomale Region sind darauf spezialisiert, mit dem Oolemma der Eizelle zu fusionieren. Das Mittelstück mit seinen Mitochondrien übernimmt die Energieversorgung der Zelle, und der Schwanz ist für die selbständige Fortbewegung zuständig (Abb. 23.64).

Entsprechend den verschiedenen funktionellen Regionen des Spermatozoons ist auch die Plasmamembran in Domänen mit unterschiedlichen Eigenschaften und Funktionen organisiert. Form und Größe eines Spermatozoons können bei den Tierarten sehr variieren.

Der **Nebenhoden (Epididymis)** hat im wesentlichen drei Aufgaben. Er sorgt für den **Spermientransport**, ist verantwortlich für die **Spermienreifung** und dient als **Spermienspeicher.** Während die Reifungsprozesse je nach Tierart vorwiegend im Nebenhodenkopf und -körper ablaufen, dient der Nebenhodenschwanz als Speicherorgan für die ausgereiften Spermatozoen. Die Differenzierung des Nebenhodens als Speicherorgan ist bei den Placenta-Tieren besonders weit entwickelt. Sie ist vermutlich mit dem Prinzip der inneren Befruchtung und der sich daraus ergebenden Notwendigkeit zur Speicherung der Spermatozoenpopulation bis zur Ejakulation verknüpft. Allein schon für den Transport entlang des Nebenhodens werden 10-14 Tage benötigt. Bedingt durch diese verhältnismäßig lange Zeit von Transport und Speicherung muß das Überleben der Spermatozoen im Nebenhoden gesichert werden. So sind die funktionellen Reifungsprozesse mit Vorgängen verbunden, die dem Schutz der Spermatozoen dienen.

Die epididymale Flüssigkeit besteht z.T. aus Sekretionsprodukten der Sertolizellen, die gemeinsam mit den Spermatozoen die Hodentubuli verlassen. Diese Sekretionsprodukte dienen auch der Ernährung der Spermatozoen. Ihre Synthese und Sekretion werden von FSH in Anwesenheit von Testosteron stimuliert. Die Flüssigkeitsproduktion ist kontinuierlich, und der entstehende Flüssigkeitsstrom bewirkt ein Ausschwemmen der Spermatozoen aus den Hodentubuli in Richtung Nebenhoden. Im Nebenhoden werden die Sertolizellsekrete durch die resorptive und sekretorische Aktivität des Nebenhodenepithels verändert, so daß sich die Zusammensetzung der epididymalen Flüssigkeit in den verschiedenen Nebenhodenabschnitten ständig ändert. Unterschiede zur Zusammensetzung des Blutplasmas werden durch die **Blut-Nebenhoden-Schranke** aufrechterhalten. Neben Proteinen und Lipiden enthält die epididymale Flüssigkeit hohe Konzentrationen an Androgenen, insbesondere Dihydrotestosteron. Die resorptive und sekretorische Aktivität des Nebenhodenepithels sowie die Reifung der Spermatozoen können nur in Anwesenheit von Androgenen ablaufen.

Die Mechanismen der Spermienreifung und der dabei entstehenden Schutzmaßnahmen für die Spermatozoen sind äußerst kompliziert und noch nicht vollständig aufgeklärt. Im Verlauf der Nebenhodenpassage kommt es zur Stabilisierung von Schwanz- und Kernstrukturen durch Ausbildung von Disulfidbrücken und zu Veränderungen des Metabolismus. Ein Hauptmerkmal der Nebenhodenreifung ist die funktionelle Veränderung der Plasmamembran des Spermatozoons. Durch die Wechselwirkungen mit den Sekretionsprodukten in den verschiedenen Abschnitten des Nebenhodens kommt es zur schrittweisen Reifung der exponierten Spermatozoenoberfläche. Dabei werden Substanzen, die im Hoden an das Spermatozoon adsorbiert wurden, entfernt und Proteine oder Glykoproteine der Spermatozoenmembran durch Enzyme des Nebenhodens wie Proteasen, Glykosidasen und Glykosyltransferasen modifiziert. Andere Proteine des Nebenhodens werden in die Membran eingebaut (integrale Membranproteine) oder assoziieren fest mit der Spermatozoenoberfläche (periphere Membranproteine). Auch die Lipiddoppelschicht selbst verändert Zusammensetzung und Verteilung ihrer einzelnen Komponenten. Einige Membranproteine verteilen sich innerhalb der Plasmamembran vollständig um. Diese Umverteilung von Proteinen und die Veränderungen in der Lipiddoppelschicht tragen zur Bildung der Domänenstruktur bei, wie sie für die Plasmamembran eines reifen Spermatozoons typisch ist. Diese Reifung der Plasmamembran wird im wesentlichen für Motilität, Eizellerkennung und für die weiteren Spermatozoenfunktionen verantwortlich gemacht, die das Spermatozoon benötigt, um eine Eizelle zu befruchten.

Die Blut-Nebenhoden-Schranke schützt ähnlich wie die Blut-Hoden-Schranke die Spermatozoen vor dem eigenen Immunsystem. Es kommen jedoch noch weitere Schutzmaßnahmen dazu. Der Einbau von Cholesterin in die Spermatozoenplasmamembran trägt zur Stabilisierung der Membran bei. Dieser Effekt wird durch eine Schutzschicht aus Proteinen verstärkt, die funktionelle Proteine in der Spermatozoenoberfläche wie beispielsweise Rezeptoren für die Eizelle oder Ionenkanäle maskiert oder auch deren Abbau durch Proteolyse verhindert. Der Nebenhoden hat weiterhin einige Mechanismen entwickelt, die Spermatozoen vor oxidativem Streß, d.h. vor einer Lipidperoxidation schützen. Das Auftreten einer Lipidperoxidation der Spermienmembran bei der Lagerung im Nebenhodenschwanz hätte eine starke Einschränkung der Befruchtungsfähigkeit zur Folge.

Testikuläre Spermatozoen sind noch nicht befruchtungsfähig und müssen erst im Nebenhoden eine Reifungsphase durchlaufen, in deren Verlauf sie die Befruchtungkompetenz erwerben.

• **Seminalplasma und Ejakulation**

Der flüssige Anteil des Ejakulats wird als **Seminalplasma** bezeichnet. Er besteht aus den Sekreten der akzessorischen Geschlechtsdrüsen (Samenleiterampulle, Samenbläschendrüsen, Prostata und Bulbourethraldrüsen) sowie zu einem prozentual geringfügigen Anteil aus den Sekretionsprodukten des Nebenhodens.

Die akzessorischen Geschlechtsdrüsen sind tierartlich unterschiedlich ausgebildet, und auch die Zusammensetzung des Seminalplasmas weist speciesspezifische Unterschiede auf. Ausbildung und Funktion der akzessorischen Geschlechtsdrüsen sind androgenabhängig. Kastration eines männlichen Tieres stoppt die testikuläre Testosteronbiosynthese und bewirkt damit eine Inaktivität der akzessorischen Geschlechtsdrüsen. Findet die Kastration vor Erreichen der Geschlechtsreife statt, so bleiben die akzessorischen Geschlechtsdrüsen unterentwickelt. Bei spät kastrierten Tieren atrophieren sie und stellen die sekretorische Tätigkeit ein. Die Sekrete der akzessorischen Geschlechtsdrüsen haben Schutz-und Nährfunktion für die Spermatozoen. Während der Ejakulation assoziieren Proteinase-Inhibitoren und andere Proteine des Seminalplasmas an die Zelloberfläche und vergrößern die umhüllende Proteinschicht. Sie schützen damit die empfindlichen Spermatozoenmembranen während der Wanderung durch den weiblichen Genitaltrakt, bei der das Spermatozoon auch ungünstigen Bedingungen ausgesetzt sein kann. Diese Proteine werden als **Dekapazitationsfaktoren** bezeichnet.

Je nach Tierart wird der Samen in der Vagina (Scheidenbesamer, z.B. Primaten, Rind und Kaninchen) oder im Uterus (Uterusbesamer, z.B. Schwein, Pferd und Hund) deponiert. Bei Scheidenbesamern stellen Cervix uteri und Cervicalmucus die erste Barriere für die Spermatozoen dar. In der stark gefalteten und mit Mucus gefüllten Cervix kommt es zur ersten Selektion der Spermatozoen. Immotile und mißgebildete Spermatozoen werden hier zurückgehalten, während sich die anderen in den Falten und Krypten der Cervix anreichern oder entlang dieser mittels ihrer Eigenbewegung in den Uterus wandern. Die Cervix besitzt eine gewisse Speicherkapazität für Spermatozoen, die Abgabe von Spermatozoen in den Uterus kann über Tage andauern. Die Viskosität des Cervicalmucus wird hormonal beeinflußt, ist somit zyklusabhängig und der Cervicalmucus ist nur um den Ovulationstermin für Spermatozoen passierbar. Der Transport der Spermien im Uterus selbst ist vorwiegend passiv und wird durch Kontraktionen der Uterusmuskulatur unterstützt. Nur wenige Spermatozoen passieren

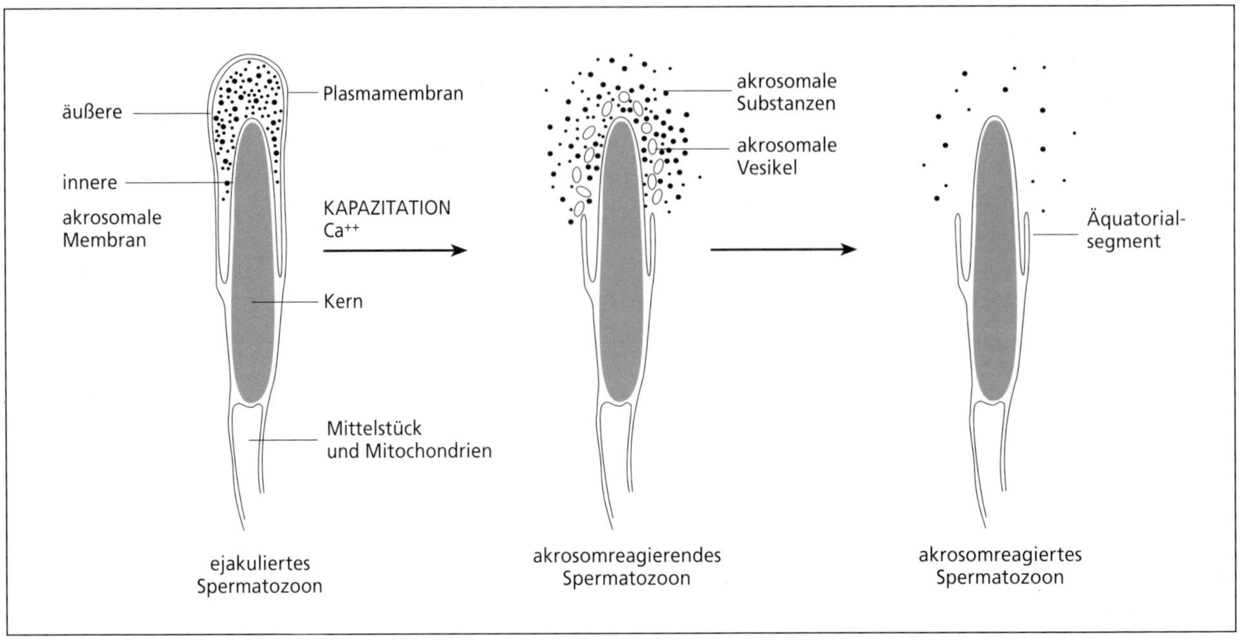

Abb. 23.65 Schematische Darstellung der Akrosomreaktion. Die äußere akrosomale Membran fusioniert mit der darüberliegenden Plasmamembran an vielen Stellen punktförmig. Dadurch werden die akrosomalen Enzyme aktiviert und freigesetzt. Am Äqutorialsegment fusionieren innere und äußere akrosomale Membranen, um die Integrität der Zelle zu erhalten.

die uterotubale Verbindung und gelangen in den Eileiter. Für Spermatozoen, die unmittelbar im Uterus deponiert werden, ist die erste Barriere die uterotubale Verbindung, an der ähnlich wie in der Cervix , eine Selektion der Spermien stattfindet. Das kaudale Segment des Eileiteristhmus stellt ein Spermienreservoir dar, in dem die Spermatozoen bis zur Ovulation der Eizelle warten. Motile und befruchtungskompetente Spermien gehen einen engen Kontakt mit den Epithelzellen des Isthmus ein, während degenerierte oder tote Spermien im Lumen schwimmen und schließlich phagozytiert werden.

• Spermienkapazitation

Während dieser Warteperiode im Isthmus beginnen die Spermatozoen zu kapazitieren. Unter **Kapazitation** versteht man alle physiologischen Veränderungen eines Spermatozoons, die es zur Akrosomreaktion und hyperaktivierten Bewegung befähigen. Nur kapazitierte Spermatozoen können die Akrosomreaktion eingehen. Bei der Akrosomreaktion fusioniert die äußere akrosomale Membran an vielen Punkten mit der darüberliegenen Plasmamembran, so daß im Akrosom Öffnungen und Kanäle entstehen, durch die die akrosomalen Enzyme freigesetzt werden können (Abb. 23.65). In späteren Stadien der Kapazitation verändern Spermatozoen ihr Bewegungsmuster in eine Bewegungsform, die am ehesten als starke Zick-Zack-Bewegung charakterisiert werden kann. Diese hyperaktive Bewegungsform ist äußerst energieverbrauchend und mit einer Aktivierung des Metabolismus verbunden. Akrosomreaktion und hyperaktivierte Bewegung sind für die Penetration der Zona pellucida der Eizelle essentiell. Die hyperaktive Bewegung unterstützt auch die Freisetzung der Spermatozoen von den Epithelzellen des Eileiteristhmus und den nachfolgenden aktiven Transport zum Ort der Befruchtung.

Erster Schritt der Kapazitation sind die Entfernung der schützenden Proteinhülle und der Efflux von Cholesterin aus der Spermienmembran. Der Cholesterinefflux wird vermutlich durch lipidbindende Proteine des weiblichen Genitaltrakts vermittelt. Damit werden die Schutzmaßnahmen wieder aufgehoben, die im Verlauf der Spermienreifung und der Ejakulation getroffen worden sind, damit Spermien die Speicherung im Nebenhoden und die Passage im weiblichen Genitaltrakt überleben. Der Verlust von Cholesterin erhöht die Fluidität der Plasmamembran. Dieser Effekt betrifft insbesondere die an der Akrosomreaktion beteiligte Plasmamembran der akrosomalen Region des Spermatozoenkopfes. In der fluiden periakrosomalen Membran verändern integrale Membranproteine ihre Lokalisation und bilden Aggregate. Dadurch entstehen proteinarme Mikrodomänen mit besonders fluiden und fusiogenen Eigenschaften, über die bei der späteren Akrosomreaktion die vielfältigen Punktfusionen mit der darunterliegenden äußeren akrosomalen Membran ablaufen.

Beeinflußt wird der Kapazitationsprozeß von den Sekretionsprodukten des Eileiters. Welche Signale jedoch zum Lösen des Kontaktes mit dem Eileiterepithel und der Bewegung der kapazitierten Spermatozoen in Richtung Eizelle führen, sind noch weitestgehend unbekannt. Um den Ovulationszeitpunkt beginnen die Spermatozoen in die Eileiterampulle, den Ort der Befruchtung, zu wandern. Flüssigkeitsstrom und Bewegung der Zilien der Epithelzellen unterstützen die Wanderung.

Spermatozoen müssen kapazitieren, um eine Eizelle befruchten zu können.

- **Spermatozoon-Eizell-Interaktion und Akrosomreaktion**

Der erste Kontakt zwischen Spermatozoon und Eizelle findet an der Zona pellucida der Eizelle statt. Die **Zona pellucida** ist eine extrazelluläre Matrix, die die Eizelle umschließt und zunächst diese und später den jungen Embryo vor mechanischen Schädigungen bewahrt. Sie besteht aus drei Glykoproteinen, die entsprechend der Größe des codierenden Gens als ZPA-, ZPB- und ZPC-Protein bezeichnet werden. Die Glykoproteine der Zona pellucida werden im wesentlichen von der Eizelle selbst produziert. Für einige Haustierarten kann nicht ausgeschlossen werden, daß auch die umliegenden Granulosazellen an der Produktion der Zona pellucida beteiligt sind. Alle drei Proteine sind hochglykosyliert. Sie bilden lange Filamente, die ein elastisches Netzwerk um die Eizelle bilden. Beim Schwein erreicht die Zona pellucida eine Dicke von 5-20 µm.

Die Zona pellucida reguliert die Funktion eines kapazitierten Spermatozoons und sorgt für den richtigen Zeitablauf von Akrosomreaktion und Penetration. Außerdem verhindert sie im Falle einer Befruchtung das Eindringen weiterer Spermatozoen in die Eizelle (Abb. 23.66). An der Zona pellucida spielt sich auch die spezifische Erkennung beider Gameten ab. An diesem als primäre Bindung bezeichneteten Vorgang sind Proteine und Kohlenhydrate beteiligt. Dabei binden definierte Kohlenhydratseitenketten der Glykoproteine der Zona pellucida an komplementäre Proteine oder Rezeptoren der Spermatozoenoberfläche. Für Spermatozoen wurden eine Reihe solcher kohlenhydrat- und Zona-pellucida-bindender Proteine identifiziert. Man geht daher davon aus, daß die Erkennung und Bindung beider Gameten durch ein komplexes Zusammenspiel von verschiedenen Rezeptorsystemen reguliert wird.

Nach Bindung an die Zona pellucida wird die Akrosomreaktion der Spermatozoen ausgelöst.

Der Kapazitationsprozeß hat die Spermatozoen

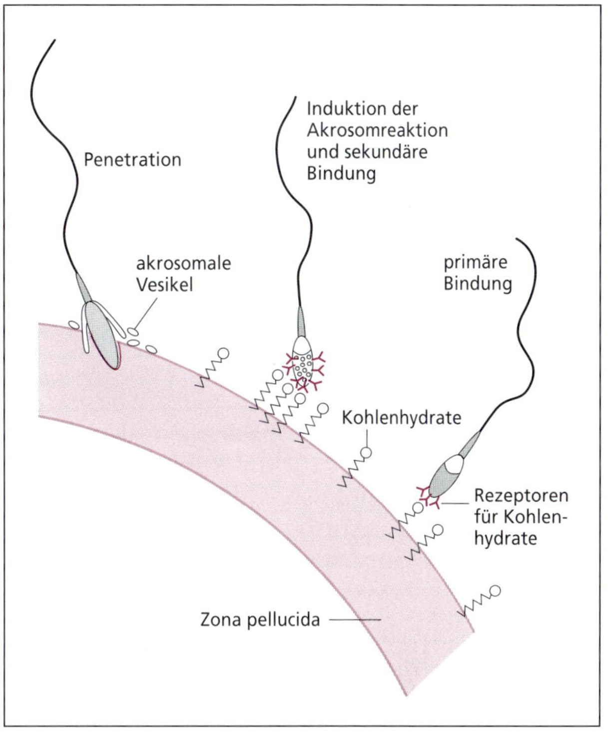

Abb. 23.66 Spermatozoen-Zona-pellucida-Interaktion. Primäre Bindung: Das Spermatozoon bindet über Kohlenhydratbindende Proteine der Spermatozoenoberfläche an definierte Kohlenhydrate der Zona pellucida. Sekundäre BIndung: Das akrosomreagierte Spermatozoon wird temporär über akrosomale Proteine wie beispielsweise Akrosin an die Zona pellucida gebunden.

für die vielfältigen Fusionsprozesse am Akrosom vorbereitet. Induziert wird die Akrosomreaktion schließlich durch die Glykoproteine der Zona pellucida über eine rezeptorvermittelte Signaltransduktion. Der Mechanismus ist derzeit noch nicht vollständig aufgeklärt. Unter Beteiligung von G-Proteinen, einer Rezeptortyrosinkinase und möglicherweise noch anderen Signaltransduktionswegen wird ein spannungsabhängiger Calciumkanal geöffnet, der für einen massiven Calciuminflux in die Zelle sorgt. Dieser Calciuminflux ist letztlich für die morphologisch erkennbare Exocytose (Akrosomreaktion) verantwortlich. Die Induktion der Akrosomreaktion verläuft nicht streng spezifisch. Sie kann spontan oder durch eine Reihe anderer Substanzen ausgelöst werden.

Spermatozoen, die bereits vor Erreichen der Eizelle im weiblichen Genitaltrakt die Akrosomreaktion durchgeführt haben, fallen für die Befruchtung aus. Durch die Auslösung der Akrosomreaktion an der Zona pellucida ist gewährleistet, daß die dabei freigesetzten Enzyme (beispeilsweise Akrosin) direkt an ihrer Zielstruktur wirksam werden können. Durch limitierte Proteolyse wird die Zona pellucida in der Bindungsregion angedaut und in ihrer Struktur lokal so verändert, daß ein hyperaktiviertes Spermatozoon eindringen kann. Die Hybridvesikel aus Plasmamembran und äußerer akrosomaler Membran, die sich bei der Akrosomreaktion bilden, bleiben als sog. Ghosts auf der Außenseite der Zona pellucida zurück. Enzyme, die mit dem akrosomreagierten Spermatozoon assoziiert bleiben, dauen einen Schlitz in die Zona pellucida, durch den das Spermatozoon in den perivitellinen Raum der Eizelle gelangt. Akrosin ist eines der Enzyme, das durch die Akrosomreaktion aktiviert und freigesetzt wird. Es ist zusammen mit anderen Enzymen am Penetrationsprozeß beteiligt. Akrosin besitzt neben seinen proteolytischen Eigenschaften auch eine lectinähnliche Affinität für die Kohlenhydrate der Zona pellucida. Es wird daher diskutiert, ob Akrosin nach Ablaufen der Akrosomreaktion für die sekundäre Bindung verantwortlich ist, die verhindert, daß akrosomreagierte Spermatozoen von der Zona pellucida wegschwimmen. Im perivitellinen Raum angekommen, kann ein akrosomreagiertes Spermatozoon schließlich mit der Eizelle fusionieren.

- **Spermatozoon-Eizell-Fusion und Polyspermieblock**

Im Verlauf der Akrosomreaktion verändern sich auch das Äquatorialsegment und die postakrosomale Region der Spermatozoons und werden dadurch bereit für die Fusion mit dem Oolemma der Eizelle. Es konzentrieren sich in dieser Region fusionskompetente Proteine. Das Spermatozoon lagert sich seitlich an die Eizelle an, die Mikrovilli der Eizelloberfläche nehmen Kontakt mit der fusiogenen Region des Spermatozoons auf und umhüllen das Spermatozoon, bis es schließlich in das Cytoplasma der Eizelle aufgenommen ist. Dabei verliert das Spermatozoon seine einzelnen Strukturen wie Schwanz und Mittelstück. Der Kern beginnt zu dekondensieren und es bildet sich der männliche Vorkern.

Nur akrosomreagierte Spermatozoen können mit der Eizelle fusionieren.

Durch die Fusion der beiden Membranen kommt es zu einer sehr schnellen periodischen Depolarisation der Eizellplasmamembran und durch die Aktivierung verschiedener Signaltransduktionswege zur ebenfalls periodischen Freisetzung von Ca^{2+} aus internen Speichern. Diese Vorgänge sind für die weitere Entwicklung der befruchteten Eizelle essentiell. Gewöhnlich können mehrere Spermatozoen die Zona pellucida passieren, aber nur ein Spermatozoon (mit wenigen Ausnahmen) dringt in die Eizelle ein. Die sofort einsetzende Depolarisation der Eizellmembran verhindert die Fusion weiterer Spermatozoen. Dieser Prozeß verläuft außerordentlich schnell und ist sozusagen eine Sofortmaßnahme. Sie wird daher als **schneller Polyspermieblock** bezeichnet. Induziert durch die intrazellulare Freisetzung von Ca^{2+} kommt es anschließend zur Exocytose der corticalen Granula, die unterhalb der Plasmamembran der Eizelle lokalisiert sind. Die Cortex-Granula-Reaktion wird auch als **langsamer Polyspermieblock** bezeichnet, da sie einige Sekunden benötigt, um sich zu entwickeln. In Folge der Ausschüttung der Enzyme der corticalen Granula wird die Zona pellucida strukturell verändert. Dabei modifizieren vermutlich Glykosidasen und Proteasen die Glykoproteine der Zona pellucida, so daß Spermatozoen die Zona pellucida nicht mehr erkennen und binden können. Für bereits gebundene Spermatozoen ist die Zona pellucida nicht mehr passierbar.

Anders als das Spermatozoon ist die sich entwickelnde Eizelle in der Prophase der I. Reifeteilung arretiert. Erst bei der Ovulation wird die Meiose wieder aufgenommen, um bis zur Befruchtung in der Metaphase der II. Reifeteilung zu verharren. Bei Fusion von Spermatozoon und Eizelle wird die Eizelle aktiviert und vollendet die II. Reifeteilung unter Abschnürung eines Polkörperchens. Haben der weibliche und männliche Vorkern ihre maximale Größe erreicht, so lösen sich die Kernmembranen auf, und es kommt zur Verschmelzung beider Kerne, ein Vorgang, der **Syngamie** genannt wird und zur Bildung der diploiden Zygote führt.

23.3.2.6 Geschlechtsbestimmung

- **Das chromosomale Geschlecht**

Das Geschlecht eines Säugetiers wird bei der Befruchtung festgelegt und hängt von der Kombination seiner Geschlechtschromosomen ab. Während die Eizelle nur Träger von X-Chromosomen sein kann, entstehen durch Meiose aus den männlichen Keimzellen Spermatozoen, die sowohl X-Chromosomen als auch Y-Chromosomen tragen können.

Zwei X-Chromosomen (XX) führen zur Entwicklung von Ovarien und eines weiblichen Phänotypus. Die Anwesenheit eines Y-Chromosoms (XY) bedingt die Bildung von Hoden und damit eine männliche Entwicklung. Die Geschlechtsdifferenzierung beginnt also mit der Festlegung des chromosomalen Geschlechts bei der Befruchtung, gefolgt von der Entwicklung der Gonaden im embryonalem Stadium. Abhängig davon kommt es schließlich zur Ausbildung der sekundären Geschlechtsmerkmale oder des sexuellen Phänotypus. Es besteht zwischen diesen drei Entwicklungsstufen eine Abhängigkeit, die erstmalig von Jost im Jahr 1953 formuliert und daher als **Jost-Paradigma** bezeichnet wurde.

Jost-Paradigma: chromosomales Geschlecht ⇒ gonadales Geschlecht⇒ sexueller Phänotypus.

Das Y-Chromosom ist verantwortlich für die männliche Entwicklung. Selbst bei einer ungewöhnlichen Anzahl von X-Chromosomen (z.B XXY, XXXY) führt die Anwesenheit eines Y-Chromosoms zur Hodenbildung, wenn auch in diesen Fällen die Fertilität des männlichen Tieres durch z.B. Störung der Spermatogenese eingeschränkt ist. Die Entscheidung, ob sich aus der indifferenten Gonadenanlage ein Hoden entwickelt, hängt im wesentlichen von einem einzigen Genlocus auf dem kurzen Arm des Y-Chromosoms ab, dem SRY-Gen (**S**exbestimmende **R**egion des **Y**- Chromosoms). Dieses Gen befindet sich direkt unterhalb der pseudoautosomalen Region, über die die Paarung der Geschlechtschromosomen verläuft. SRY codiert für den schon lange vermuteten **T**estis **d**eterminierenden **F**aktor (TDF).

Die Anwesenheit eines Y-Chromosoms ist verantwortlich für die männliche Entwicklung und legt das Geschlecht fest.

TDF stimuliert die Genexpression, die für die Hodenbildung notwendig ist. Fehlt auf dem Y-Chromosom SRY, kommt es unweigerlich zur Entwicklung eines Ovars und damit zu einem weiblichen Erscheinungsbild. Wird bei der Paarung von X und Y-Chromosomen im Verlauf der Meiose und bei einem Crossing-over in der pseudoautosomalen Region das nahe gelegene SRY-Gen auf das X-Chromosom übertragen, bildet sich trotz Anwesenheit von zwei X-Chromosomen ein Hoden und ein männliches Erscheinungsbild (XX-Männer; Abb. 23.67).

Man könnte das SRY-Gen daher als den Schalter bezeichnen, der zwischen männlicher und weiblicher Entwicklung entscheidet. Das SRY-codierte Protein (TDF) ist ein DNA-bindendes Protein mit einer sog. HMG-Box. HMG steht für „high mobility group" und ist ein Motiv, das in verschiedenen Proteinklassen die Bindung an DNA vermittelt. Außerhalb der HMG-Box ist die Proteinsequenz von TDF verschiedener Species sehr unterschiedlich. Die Funktion des Proteins ist also mit der DNA-bindenden Eigenschaft der HMG-Box assoziiert. Allerdings ist der genaue Wirkungsmechanismus von TDF noch nicht vollständig geklärt. Vermutlich bewirkt TDF durch Bindung an regulatorische DNA-Sequenzen die Unterdrückung der Genkaskade, die die Entstehung von Ovarien induziert. Die für Ovar- oder Hodenentwicklung verantwortlichen Gene liegen nicht nur auf den Geschlechtschromosomen, sondern darüber hinaus auf verschiedenen autosomalen Chromosomen.

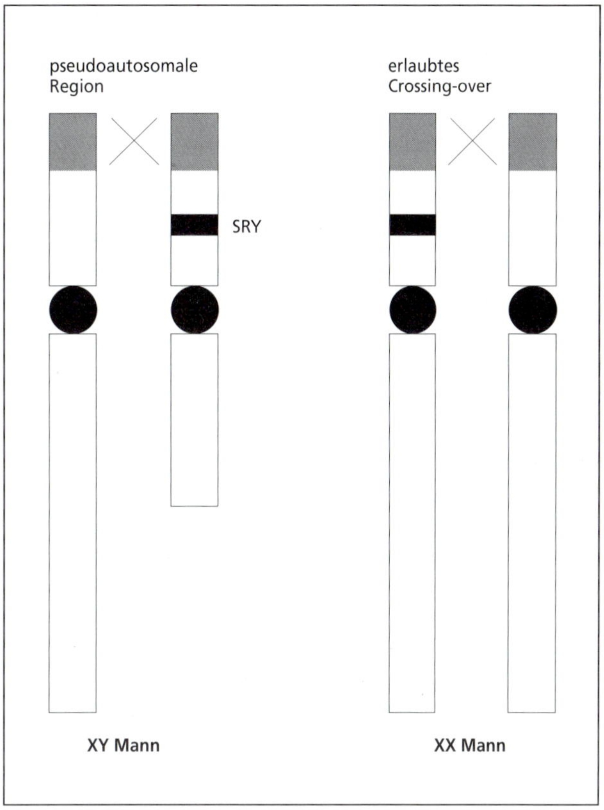

Abb. 23.67 Geschlechtschromosomen beim Mann mit physiologischem Chromosomensatz (XY) und beim XX-Mann.

Die Gegenwart von Keimzellen ist für die Bildung der Hoden nicht zwingend notwendig. Auch nach Entfernung oder selektiver Zerstörung der Primordialkeimzellen wird die Entwicklung zum Hoden initiiert. TDF wird kurz vor der Differenzierung der Gonadenanlage für eine begrenzte Zeit in den somatischen Zellen der Keimleiste gebildet. Beim Schwein sind SRY-Transkripte zwischen Tag 21 und 26 der Trächtigkeit nachweisbar, am Tag 31, wenn die männliche Entwicklung der Gonadenanlage histologisch erkennbar ist, jedoch nicht mehr. TDF wird vermutlich in den Vorläufern der Sertolizelle exprimiert und induziert die Differenzierung der Sertolizellen aus bis dahin undifferenzierten Zellen der Gonadenanlage.

Das SRY-Gen tritt ausschließlich bei den Säugetieren auf. Das schließt neben den Placenta-Tieren auch die Beuteltiere ein. Das SRY-Gen hat also vor mehr als 80-180 Millionen Jahren, bevor sich die Beuteltiere von den Placenta-Tieren trennten, seine Funktion als geschlechtsbestimmender Faktor übernommen. Bei Vögeln, die die Geschlechtschromosomen Z und W tragen und bei denen die Weibchen das heterogame Geschlecht (ZW) darstellen, bei Reptilien, deren Geschlecht ebenfalls durch die Chromosomen Z und W bestimmt wird oder deren

Geschlecht temperaturabhängig ist, und bei niederen Vertebraten konnte ein funktionelles SRY-Homolog nicht nachgewiesen werden.

• **Das gonadale Geschlecht**

Die Differenzierung der Primordialkeimzellen beginnt schon in einem sehr frühen Stadium. Bei Mensch und Haussäugetieren sind sie in den ersten Entwicklungswochen (bei der Maus 7 Tage post coitum, bei größeren Haussäugetieren etwa nach drei Wochen) in der Dottersackwand nachweisbar, von der sie einem noch unbekannten Mechanismus folgend in die Keimleiste wandern. Sie sind durch ihre Größe, den runden Kern und ihre histologische Anfärbkeit durch alkalische Phosphatase leicht von den somatischen Zellen zu unterscheiden. Während der Wanderung, in der Keimleiste und in den späteren Gonaden teilen und vermehren sich die Primordialkeimzellen erheblich bis zu einer Zahl von mehreren Millionen Zellen. Sie siedeln sich vornehmlich in der Mitte der Keimleiste an, aus der sich die indifferente Gonadenanlage entwickelt. Dabei ordnen sich männliche Keimzellen (XY) im Zentrum und weibliche Keimzellen (XX) in der Peripherie an. Das erste Zeichen der Bildung eines Hodens ist die Entwicklung der fetalen Sertolizellen und deren Aggregation zu den primitiven Samensträngen, in denen sie die Keimzellen umschließen. Bei Mensch und Rind geschieht dieser Schritt etwa in der sechsten Entwicklungswoche. Die Differenzierung zum Hoden läuft der zum Ovar um Tage (Maus) bis Wochen (Mensch) voraus.

Die Sertolizelle kontrolliert die Entwicklung der indifferenten Gonadenanlage zum Hoden.

Während die Differenzierung der Sertolizelle aus den primitiven Stützzellen unter Einfluß von SRY bzw. seines Genprodukts TDF beginnt, ist die weitere testikuläre Entwicklung im wesentlichen hormonabhängig. Die erste biochemische Aktivität der fetalen Sertolizelle ist die Bildung eines Hormons, das die Rückbildung des Müllerschen Ganges bewirkt, aus dem sich bei weiblichen Individuen der weibliche Geschlechtstrakt bildet.

Anti-Müllerian Hormon (AMH), auch Müllerian-inhibiting Factor (MIF) genannt, ist ein dimeres Glykoprotein, das zur gleichen Proteinfamilie wie die späteren Sertolizellprodukte Inhibin und Activin gehört. Es unterdrückt über einen lokalen Mechanismus die Entwicklung des Müllerschen Ganges und ist darüber hinaus an der Organisation der Sertolizellen und Keimzellen zu den primitiven Samensträngen beteiligt (Abb. 23.68). Der Müllersche Gang ist nur für eine sehr begrenzte frühe Zeitspanne kurz nach dem Beginn der Hodendifferenzierung für AMH sensitiv. Beim Rind beginnt die AMH-Synthese etwa zu dem Zeitpunkt, an dem sich die primitiven Samenstränge zu organisieren beginnen, und erreicht ein Maximum zur Zeit der Rückbildung des Müllerschen Ganges. Diese Konzentration von zirkulierenden AMH reicht aus, um bei Zwillingsgraviditäten des Rindes, bedingt durch die für das Rind typische Fusion beider Plazenten, bei dem weiblichen Zwilling ebenfalls eine Rückbildung des Müllerschen Ganges und Maskulinisierung des Genitaltraktes zu bewirken – ein Phänomen, das als **Zwickenbildung** oder Freemartinismus bezeichnet wird und nur beim Rind vorkommt.

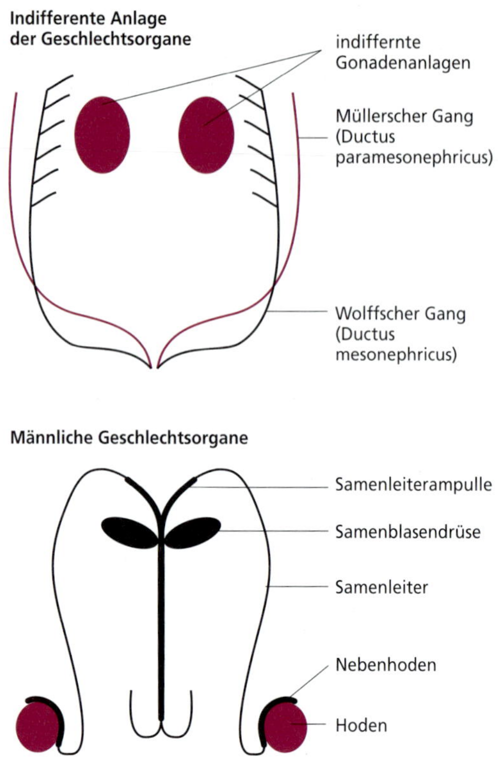

Abb. 23.68 Fetalentwicklung des Müllerschen Ganges zum männlichen Geschlechtstrakt.

Geschlechtsbestimmung kann danach gleichgesetzt werden mit der Determinierung der Sertolizelle. Die initiale Differenzierung des Hodens wird von der Sertolizelle kontrolliert.

SRY ⇒ TDF ⇒ Sertolizelle ⇒ Hoden

Neben diesen wichtigen Aufgaben für die frühe Entwicklung des Hodens sorgt die fetale Sertolizelle ebenfalls dafür, daß sich die männlichen Keimzellen weiterhin mitotisch teilen können, aber – anders als die weiblichen Keimzellen im fetalen Ovar nicht in die Meiose eintreten. Dieser Meiosestop dauert bis zum Einsetzen der Geschlechtsreife. Damit ist gewährleistet, daß Spermatozoen nicht schon in der fetalen und kindlichen Entwicklungsphase gebildet werden, sondern die Spermatogenese gezielt bei Eintritt in die Pubertät angeschaltet wird.

• **Der männliche Phänotypus**

Die weitere Entwicklung des Hodens und die Ausbildung des männlichen Erscheinungsbildes laufen nur in Anwesenheit des androgenen Steroidhormons Testosteron ab. Während die Entwicklung des weiblichen urogenitalen Traktes weitestgehend unabhängig von der Hormonproduktion des fetalen Ovars ist, muß die männliche Entwicklung durch Hormone induziert werden (Abb. 23.69).

Unter Einfluß von Testosteron entwickelt sich der Wolffsche Gang zum Nebenhoden (Epididymis), Samenleiter (Ductus vas deferentis) und zur Samenblasendrüse (Vesicula seminalis). Weiterhin kommt es unter Einfluß von Testosteron zur Virilisierung der urogenitalen Keimleiste und der Entwicklung der äußeren Genitalien. Um die morphologischen Veränderungen der äußeren Genitalien zu bewirken, muß Testosteron in den entsprechenden Zielzellen durch das Enzym 5α-Reductase in Dihydrotestosteron umgewandelt werden. Dihydrotestosteron (DHT) besitzt eine wesentlich höhere Affinität zum Androgenrezeptor und gleicht damit die niedrigen Androgenkonzentrationen aus. Bei einem Defekt der 5α-Reduktase kommt es zur Feminisierung der äußeren Genitalien.

Die Leydigzelle tritt während der Embryonalentwicklung etwas später auf als die Sertolizelle und ist im Interstitium zwischen den primitiven Hodenkanälchen angeordnet. Es ist wahrscheinlich, daß ihre Entwicklung ebenfalls von der Sertolizelle beeinflußt wird. Erstes Zeichen, daß aus einer Vorläuferzelle eine Leydigzelle wird, sind das Auftreten der Enzyme, die für die Biosynthese von Testosteron verantwortlich sind und die Expression des LH-Rezeptors in der Zellmembran. Die morphologische Differenzierung der Leydigzelle korreliert mit dem Beginn der Testosteronbiosynthese. Sie wird entweder durch mütterliches Hormon oder durch vom Feten selbst produziertes LH stimuliert.

Bei den meisten Säugern gibt es zwei Wachstumsphasen der Leydigzellen. Vor der Geburt hat die Leydigzelle die Aufgabe, Testosteron zu produzieren, das für die Entwicklung und das Wachstum der Hoden, der inneren und äußeren Genitalien und schließlich für den Hodendescensus notwendig ist. Eine weitere wichtige Aufgabe der fetalen Testosteronproduktion ist die geschlechtsspezifische Prägung des Gehirns. Schon im frühen fetalen Stadium wird das spätere männliche Verhalten festgelegt. Bemerkenswerterweise ist es nicht Testosteron selbst, das diesen Effekt auf das Gehirn ausübt, sondern sein aromatisiertes Folgeprodukt (Östrogen). Nur für Östrogene existieren im Hirn die entsprechenden Rezeptoren. Je nach Tierart entwickeln sich die Leydigzellen vor oder kurz nach der Geburt zurück und stellen die Testosteronproduktion ein. Sie nehmen diese erst wieder bei Eintritt in die Pubertät auf und produzieren Testosteron über das gesamte fertile Leben eines männlichen Individuums.

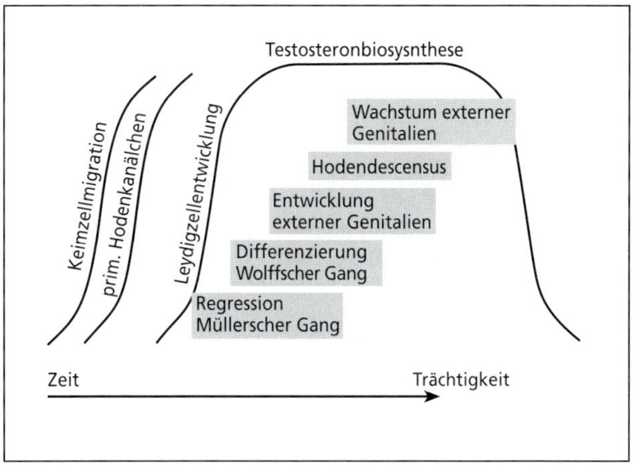

Abb. 23.69 Schematische Darstellung der Geschlechtsdifferenzierung beim männlichen Embryo/Fetus im zeitlichen Ablauf der Trächtigkeit beim Säugetier.

> Die Entwicklung des männlichen Phänotypus läuft nur in Anwesenheit von Testosteron ab.

23.4 Reproduktion beim Vogel

R. Gerstberger und S. W. Barth

Die Fortpflanzung der meisten Vogelspezies verläuft zyklisch und ist jahreszeitbedingt. Eine Vielzahl stimulatorischer Umweltbedingungen induziert die Gonadenentwicklung, welche ihrerseits das Paarungsverhalten reguliert. Nach Abschluß der Brutperiode kommt es zur gonadalen Rezession, begleitet von aufzuchtspezifischen Verhaltensmustern. Physikalische Umweltfaktoren wie Tageslichtlänge und Temperatur, Futterverfügbarkeit sowie psychogene Faktoren wie soziale Rangstellung und Interaktionen liefern Signale, welche in die „innere Uhr" des Zwischenhirns integriert werden und **circadiane** und **circaannuelle Rhythmen** (Kap. 28) im Bereich der sexuellen Fortpflanzung produzieren. Die Synchronisation dieser physiologischen und verhaltensbiologischen Aktivitäten wird durch die koordinierte Interaktion komplexer gonadotroper und gonadaler Hormonsysteme reguliert.

23.4.1 Weibliche Reproduktionsphysiologie

23.4.1.1 Struktur und Funktion des Ovars

Beim Vogel gelangt meist nur der linksseitige der beiden embryonal angelegten Eierstöcke zur vollen, funktionellen Ausbildung. Bereits während der Embryonalentwicklung enthält dieser Eierstock (Ovar) einige Millionen Oocyten, die schon im frühen Verlauf der Embyrogenese angelegt werden (Oogenese). Allerdings werden mehr als 90% der Follikel, die zum Zeitpunkt des Schlupfes im unreifen Kükenovar vorhanden sind, wieder zurückgebildet, und nur wenige werden während der Geschlechtsreife zu präovulatorischen Follikeln heranwachsen und ovulieren. Das linksseitige Ovar besteht aus der inneren gefäßreichen Markzone sowie der äußeren Rinde, in welcher sich die Follikelanlagen befinden; es ist über das Mesovarium (Eierstockgekröse) mit der dorsalen Wand des Peritonealraumes verbunden. Die arterielle Blutzufuhr, letztendlich ausgehend von der Aorta abdominalis, dient vorrangig der Versorgung der jeweils fünf größten präovulatorischen Follikel; venöses Blut gelangt aus dem Ovar in die Vena cava posterior.

- **Follikulogenese und Ovulation**

Die zahlenmäßig größte follikuläre Gruppe besteht aus mikroskopisch kleinen Primordialfollikeln, welche aus dem Oocyten und den Vorstufen der Theca- und Granulosazellschichten bestehen. Nur ein geringer Teil dieser Primordialfollikel, die keinen Dotter enthalten, entwickelt sich durch Einlagerung von Triglyceriden und Cholesterin zu 1-3 mm großen, weißen Follikeln, die in Folge langsamer Wachstums- und Differenzierungsvorgänge zu 6-25 gelblichen, dottergefüllten Follikeln mit einem Durchmesser von 2-8 mm auswachsen. Zwei wichtige Mechanismen regulieren in diesem Stadium der Entwicklung das weitere Schicksal der Follikel, und zwar Rückbildung der unreifen Follikel (Atresie) oder die Auswahl des Follikels für das präovulatorische Wachstum und die Ovulation (follikuläre Selektion).

Die meisten der langsam wachsenden Follikel mit einem Durchmesser von weniger als 9 mm werden atretisch, so daß sich nur etwa 5% dieser Follikel während der weiteren Follikulogenese zu ovulationsfähigen Einheiten entwickeln. Aufgrund spezifischer Selektionsmechanismen werden diejenigen Follikel rekrutiert, die im geschlechtsreifen Ovar die makroskopisch auffälligste Gruppe aus 5 bis 6 gelben, dottergefüllten Follikeln bilden, welche zur Zeit der Ovulation eine Größe von bis zu 35 mm erreichen können. Die präovulatorischen Follikel sind entsprechend ihrer Größe, ihres Dottergehaltes, ihrer Wachstumsrate und des Zeitpunktes ihrer Ovulation in eine Rangordnung (Hierarchie) gegliedert, wobei der größte Follikel als F1-Follikel, die nächst kleineren als F2-, F3-Follikel usw. bezeichnet werden. Der jeweils größte präovulatorische Follikel (F1) ovuliert, und nachfolgend wächst der F2-Follikel zum F1-Follikel heran. Die Tatsache, daß allgemein beim Vogel pro Ovulation ein Follikel ovuliert (bei großen Pinguin- und Möwenarten sogar nur ein Follikel pro Zuchtsaison), stellt einen großen Unterschied zu vielen multiparen Säugetieren (z.B. Hund, Katze, Schwein) dar, bei denen eine verschiedeh große Anzahl von reifen Follikeln gleichzeitig ovuliert. Diese präovulatorischen Follikel wachsen bei multiparen Säugetieren synchron (nicht wie beim Vogel hierarchisch), d.h. viele reife Follikel besitzen die gleiche Größe und Rezeptivität gegenüber ovulationsauslösenden Faktoren.

> Im nur linksseitig angelegten Vogelovar sind die präovulatorischen Follikel entsprechend ihrer Größe hierarchisch geordnet und werden entweder atretisch oder für die Ovulation selektiert.

Zur Zeit der Geschlechtsreife lassen sich im Vogelovar die o.a. Gruppen verschieden großer Follikel differenzieren, welche unabhängig von ihrer unterschiedlichen Größe eine ähnliche morphologische Grundstruktur aufweisen. So sind mit Ausnahme der kleinsten alle Follikel dottergefüllt und bestehen aus der Keimzelle (Oocyt) und verschiedenen Zellschichten mesodermalen Ursprungs, die das Ovum (Keimzelle + Dotter) umgeben. Die innerste Zellschicht, die vom Dotter nur durch die perivitelline Membran abgetrennt ist, wird von den **Granulosazellen** gebildet, die auf einer Basalmembran liegen. In den wenig differenzierten Follikeln mit einem Durchmesser von 2-8 mm liegen die Granulosazellen mehrschichtig vor, wohingegen diese unmittelbar vor der Ovulation in F2- und F1-Follikeln einschichtig organisiert sind. Während sich beim Säugetier im Laufe des follikulären Wachstums innerhalb der vielschichtigen Granulosazellage das Antrum ausbildet und der Oocyt relativ klein bleibt, füllt beim Vogel durch massives Größenwachstum der Oocyt den Follikel vollständig aus, es bildet sich kein Antrum (Abb. 23.70).

Die sich in der Follikelwand nach außen an die Granulosazellen anschließenden, stark vaskularisierten und durch das autonome Nervensystem innervierten **Thecazellen** gliedern sich in die äußeren Zellschichten der Theca externa, die einen hohen Anteil an Fibroblasten und Kollagenfasern enthalten und somit die Follikelwand stabilisieren, und in die Theca interna auf. Letztere ist gemeinsam

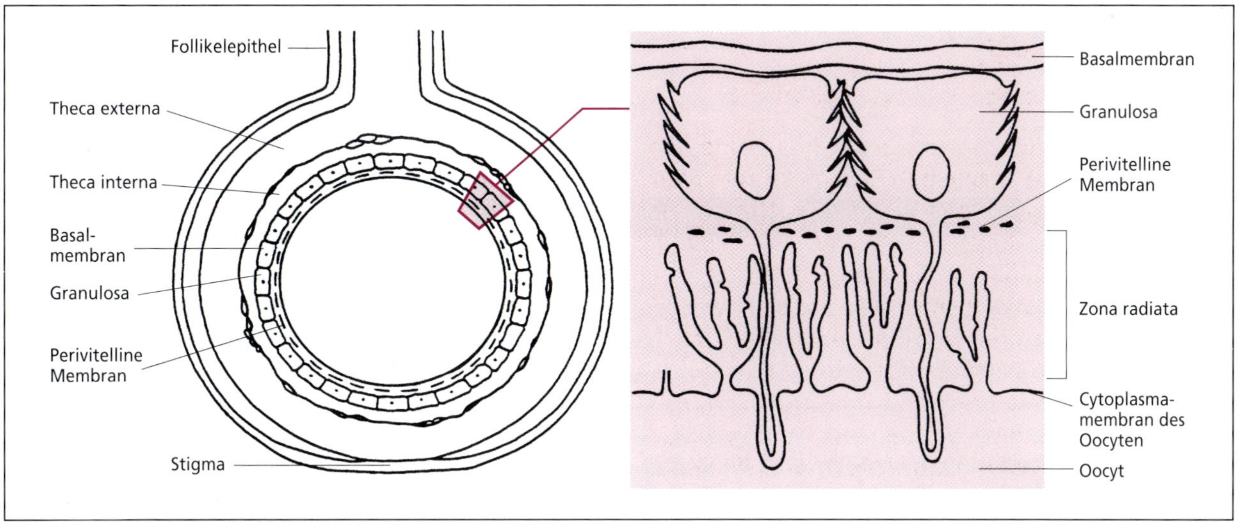

Abb. 23.70 Struktureller Aufbau eines Follikels (links) und im besonderen der Follikelwand im Bereich der Granulosa-Oocyten Region (rechts).

mit der luminal angrenzenden Granulosazellschicht sowohl an der Steroidsynthese als auch an der Einlagerung von Dotter beteiligt. Besonders in reifen, präovulatorischen Follikeln erweist sich der Bereich der Thecazellen als stark vaskularisiert, um den Transport der in der Leber gebildeten Dottervorstufen aus dem Blut in das Lumen des Follikels zu ermöglichen. Nur ein kleiner apikaler Bereich, Stigma genannt, wird nicht von dieser Blutversorgung eingeschlossen.

Nach vollendeter Reifung des F1-Follikels reißt die Follikelwand am Stigma auf, und es kommt zur **Ovulation** des Ovum. Bereits 30 Minuten vor der Ovulation ist im Bereich des Stigmas eine Abnahme der Wanddicke des Follikels zu erkennen. Die Ruptur des Follikels ist durch die unvernetzte, parallele Laufrichtung der Kollagenfasern einerseits und die einsetzende Sekretion von Kollagenasen, Proteasen und Cathepsin im Bereich des Stigmas andererseits bedingt. Diese besonderen strukturellen und enzymatischen Eigenschaften machen das nicht durchblutete Stigma zu einer „Sollbruchstelle" im Bereich der Follikelwand. Kommt es in seltenen Fällen zur Ruptur in einer vaskularisierten Region der Follikelwand, so sind als Hinweis dafür im Hühnerei sog. „Blutpunkte" zu erkennen.

Nach der Ovulation verläßt das Ovum den Eierstock, umhüllt von der perivitellinen Membran. Der vom Ovum befreite postovulatorische Follikel, der am Ovar verbleibt, enthält noch alle Zellschichten (Granulosazellen, Thecazellen), die bereits in der präovulatorischen Phase vorhanden waren, und degeneriert beim Huhn innerhalb nur eines Tages unmittelbar nach der Ovulation. Zwar stellt dieser postovulatorische Follikel die anatomisch äquivalente Struktur zum Corpus luteum der Säuger dar, doch ist der postovulatorische Follikel, anders als das Corpus luteum, nicht durchblutet. Er kann somit nicht endokrin aktiv sein und ist daher unter diesem Gesichtspunkt nicht das funktionelle Analogon zum Corpus luteum des Säugerovars.

Die Follikelwand präovulatorischer Follikel besteht aus der luminal gelegenen Granulosazellschicht und den sich radiär anschließenden Thecazellschichten, welche zur Ovulation im Bereich des Stigmas aufreißen. Der postovulatorische Follikel ist nur von der perivitellinen Membran umhüllt.

Im Rahmen der Regulation der Follikulogenese bestimmen zwei wichtige Vorgänge über die Lebensfähigkeit eines Follikels, d.h. 1. die **Selektion** eines Follikels für die schnelle präovulatorische Wachstumsphase mit nachfolgender Einleitung der Ovulation und 2. die **Atresie** eines Follikels, d.h. dessen Rückbildung und Resorption (Abb. 23.71).

Für die prähierarchischen Follikel, welche unmittelbar vor dem Eintritt in die schnelle, follikuläre Wachstumsphase stehen, ist die **Selektion** stark von der Expression und Aktivität eines urokinaseähnlichen Plasminogen-Aktivators abhängig, welcher in direktem Zusammenhang mit der Regulation zellulärer Reorganisationsvorgänge der extra- und intrazellulären Zellmatrix steht. Unmittelbar nach der Selektion kommt es zu einem starken Abfall der Urokinaseaktivität. Ferner sind zwei Peptidhormone, das Follikelstimulierende Hormon (FSH) des Hypophysenvorderlappens und das Vasoaktive Intestinale Peptid (VIP) des Gastrointestinaltraktes, an der Regulation der Selektion maßgeblich beteiligt. Diese Hormone induzieren die Bildung von

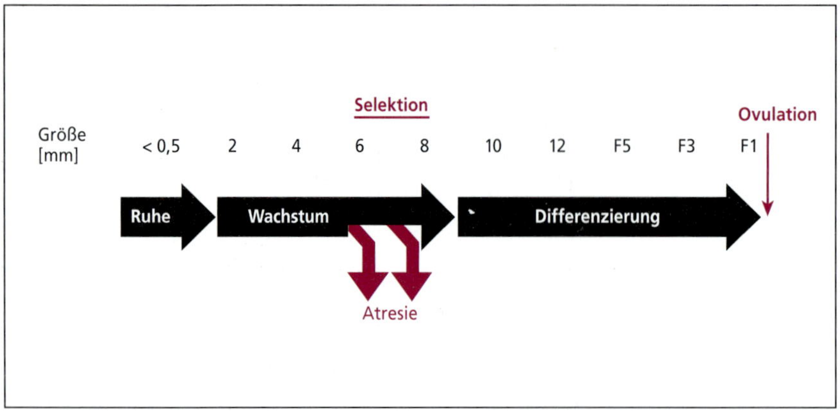

Abb. 23.71 Die Hierarchie der Follikel eines Vogelovars stellt die Kontinuität reifer Follikel an aufeinanderfolgenden Tagen sicher. Wie am Beispiel der Henne gezeigt, wachsen dabei die Follikel über einen Zeitraum von 2-3 Wochen bis zur Ovulation heran. Von den für die langsame Wachstumsphase selektierten, prähierarchischen Follikeln unterliegen die meisten der Atresie. Nur wenige der 6-8 mm großen, prähierarchischen Follikel werden für die weitere Differenzierung zu reifen, präovulatorischen Follikeln selektiert.

Progesteron in den Granulosazellen und leiten die Differenzierung der Follikel in der schnellen Wachstumsphase ein. Progesteron stellt, wie im anschließenden Kapitel beschrieben wird, das wichtigste Steroidhormon in den Granulosazellen der schnell wachsenden Follikel dar.

Welche Mechanismen sind wichtig dafür, daß der Effekt von FSH und VIP die Selektion bestimmter Follikel zuläßt, während andere Follikel nicht rezeptiv für FSH und VIP bleiben? Anders als beim Säuger (Kap. 23.3.1.3) wird die Selektion eines Follikels beim Vogel nicht durch inhibitorische oder stimulierende Effekte angrenzender Follikel beeinflußt. Daher müssen die zellulären Vorgänge, welche den Follikel rezeptiv für FSH und VIP machen, über parakrine oder autokrine Prozesse innerhalb des jeweiligen Follikels vermittelt werden. Nur wenige dieser Mechanismen, die einen Follikel für das schnelle präovulatorische Wachstum empfänglich machen, sind bislang erforscht. Wichtig ist jedoch die Tatsache, daß es diesen Follikeln gelingt, gegen den Vorgang der Follikelatresie, der in dieser Phase der Follikulogenese mit der Selektion konkurriert, „resistent" zu werden.

Die **Follikelatresie** repräsentiert einen Vorgang, der sich kontinuierlich innerhalb der Masse langsam wachsender Follikel einer Größe von 2-6 mm ereignet. Jedoch werden nicht nur während der Zuchtsaison durch den Vorgang der Atresie Follikel zurückgebildet; auch am Ende der Phase maximaler Fruchtbarkeit werden alle wachsenden Follikel mit Ausnahme der Primordialfollikel atretisch und letztlich resorbiert. Diese Follikelatresie wird durch einen kontrolliert programmierten Zelltod (**Apoptose**) hervorgerufen. Der Vorgang der Apoptose ist dabei charakterisiert durch 1. Schrumpfen und Kondensation des Chromatins in den Zellkernen (Kernpyknose) vereinzelt liegendender Zellen und 2. die Aktivierung einer Endonuclease (Enzym), welche die genomische DNA in diesen Zellen abbaut. Eine zentrale Rolle bei der Follikelatresie kommt den Granulosazellen zu, in denen erste apoptotische Vorgänge bereits sehr frühzeitig nachzuweisen sind.

Die Proteohormone FSH und VIP sind maßgeblich an der ovulationseinleitenden Selektion der präovulatorischen Follikel beteiligt. Der Prozeß der Follikelatresie ist durch den Vorgang der Apoptose (programmierter Zelltod) in den Granulosazellen charakterisiert.

- **Steroidsynthese**

Die unterschiedlichen Zellarten der Follikel synthetisieren drei verschiedene Gruppen von Steroidhormonen: 1. **Progestagene**, 2. **Androgene** und 3. **Östrogene**, die sowohl innerhalb des Ovars (parakrin) als auch in die periphere Blutbahn (endokrin) sezerniert werden. Beim Säugetier sind alle im Ovar produzierten Steroidhormone wichtig für die Kontrolle des ovariellen Zyklusgeschehens. Dabei stellt bei Säugetieren das Progesteron als quantitativ vorherrschendes (Pro-)Gestagen in erster Linie während der Lutealphase das wichtigste Hormon für die Aufrechterhaltung der Trächtigkeit dar (Kap. 23.3.1.4), eines physiologischen Vorganges, welcher in der Reproduktionsendokrinologie des Vogels fehlt. Andererseits kommen auch beim Vogel den ovariellen Steroiden vielschichtige, physiologische Funktionen außerhalb und innerhalb des Ovars zu. So steht die Bildung der dotterspezifischen Lipid- und Proteinvorstufen, die in der Leber produziert und über das Blut den wachsenden Follikeln zur Verfügung gestellt werden, sowie die Produktion der Eiklarproteine unter der direkten Regulation ovarieller Steroide.

Verschiedene Vorgänge der Reproduktion werden nicht von einzelnen Steroiden allein, sondern in einem komplexen endokrinen Zusammenspiel reguliert. So besitzen weder Progesteron noch die Androgene für sich allein einen Effekt auf die Entwicklung des Oviduktes während der Geschlechtsreife. Diese Hormone entwickeln ihre Wirkung bei

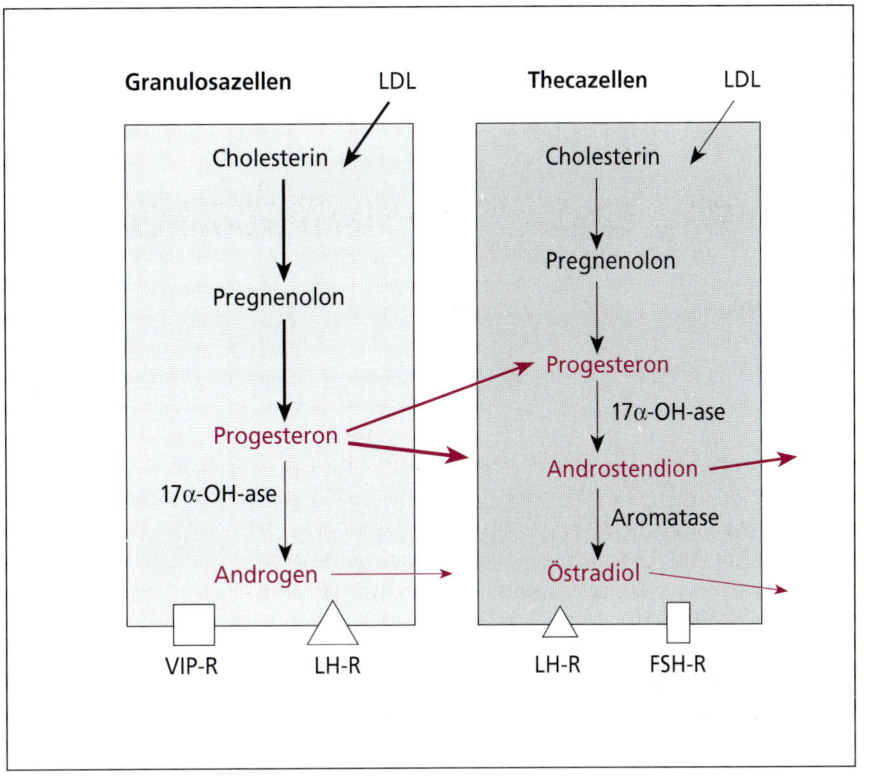

Abb. 23.72 Zwei-Zell-Modell der Steroidbiosynthese in präovulatorischen Follikeln der Henne. Granulosazellen der präovulatorischen Follikel synthetisieren Progesteron aus Pregnenolon. Das so gebildete Progesteron kann 1. ins Blut sezerniert, 2. parakrin ausgeschleust und von den Thecazellen aufgenommen oder 3. innerhalb der Granulosazellen in Androgene umgewandelt werden. Granulosazellen werden in erster Linie von LH (Luteinisierendes Hormon) nach Rezeptorinteraktion (LH-R) kontrolliert.
Thecazellen der präovulatorischen Follikel synthetisieren ebenfalls Progesteron, welches zusätzlich – von den Granulosazellen kommend – in die Thecazellen diffundieren kann, um nachfolgend Androstendion zu bilden. Von den Zellen der Theca interna werden die Androgene freigesetzt und in den Zellen der Theca externa in Östradiol umgewandelt. Thecazellen exprimieren sowohl LH- als auch FSH-Rezeptoren. VIP = Vasoaktives Intestinales Peptid, LDL = Low-Density Lipoproteins.

der Entwicklung des Oviduktes und der Bildung von Eiklar während der Oogenese im Legetrakt der Henne nur **synergistisch** mit Östrogenen. Für die hormonelle Beeinflussung anderer physiologischer Vorgänge müssen wiederum die verschiedenen Steroide **sequentiell**, d.h. zeitlich nacheinander wirken. So kann z.B. die Produktion von Avidin als einem Bestandteil des Eiklars durch Progesteron erst stimuliert werden, nachdem sich unter dem trophischen Einfluß von Östrogen das Ovidukt entwickelt hat. Neben den genannten physiologischen Effekten beeinflussen die Steroidhormone die Ausprägung geschlechtsspezifischer Verhaltensmuster (Balz, Duldungsreflex) durch die Regulation der Synthese verschiedener Neurotransmitter (zentralnervöse Botenstoffe) und anderer hypothalamischer Hormone in steroidrezeptiven Strukturen des zentralen Nervensystems.

Die follikulären Hormone werden in den zur Steroidsynthese kompetenten Granulosa- und Thecazellen aus Cholesterin, welches das Vorstufenmolekül für alle Steroidhormone darstellt, gebildet. Cholesterin wird dabei in Form der „Low-density-Lipoproteins" (LDL) sogenannter Chylomikronen in die Zellen aufgenommen. Während der Entwicklung von langsam zu schnell wachsenden Follikeln kommt es sowohl innerhalb der Theca- als auch der Granulosazellen zu ausgeprägten Schwankungen der Steroidsynthese. Hauptsächlich unter dem stimulierenden Einfluß des adenohypophysären Luteinisierenden Hormons (LH) synthetisieren bereits in kleinen dotterfreien Follikeln die Thecazellen Androgene und Östrogene, nicht jedoch Progesteron. Bis zum Eintritt der Follikel in die schnelle Wachstumsphase sind die Granulosazellen noch nicht an der Steroidsynthese beteiligt, obwohl diese bereits in diesem Stadium Rezeptoren für das gonadotrope Hormon FSH besitzen. Der Grund für die Inkompetenz der Granulosazellen hinsichtlich der Progesteronsynthese stellt vielmehr das völlige Fehlen einer enzymatischen Hydroxylase-Aktivität dar, welche die Umwandlung von Cholesterin in Pregnenolon katalysiert und somit essentiell für die Biosynthese aller ovariellen Steroide ist (Abb. 23.72).

Erst während des schnellen Follikelwachstums wird von den Granulosazellen vermehrt Progesteron gebildet und den Thecazellen als Substrat zur Verfügung gestellt, um zu Testosteron und Östrogen umgebaut zu werden. Bezüglich der Steroidsynthese bilden die Thecazellen und Granulosazellen in den reifen Follikeln somit eine Funktionseinheit (Zwei-Zell-Modell). Progesteron aus den Granulosazellen wird jedoch nicht nur in den Thecazellen metabolisiert, sondern auch in hohem Maße von den Granulosazellen in das Blut sezerniert, ein wichtiger Vorgang für die Induktion des ovulationsauslösenden LH-Peaks. Auch beim Säugetier läßt sich aus der funktionellen Einheit der Theca- und Granulosazellen ein Zwei-Zell-Modell ableiten (Abb. 23.48), jedoch werden im Unterschied zum

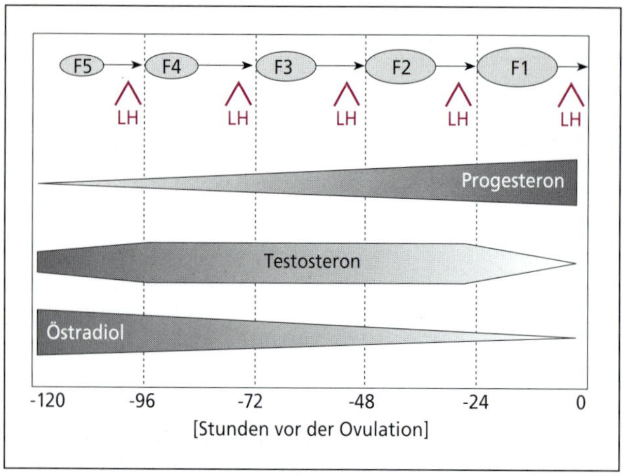

Abb. 23.73 Schematische Repräsentation der Steroidkonzentrationen in Theca- und Granulosagewebe im Verlauf der Follikelreifung beim Huhn. F1 bis F6 stellen präovulatorische Follikel dar. LH bezeichnet den Zeitpunkt jeweils maximaler LH-Sekretion aus der Adenohypophyse. Auf der Abszisse sind die jeweiligen Stundenzahlen vor Eintritt der Ovulation angegeben.

Vogel von den Thecazellen Androgene produziert, die den Granulosazellen als Substrat für die Synthese und Sekretion von Östrogenen dienen.

Nicht nur während der gesamten Follikulogenese bis zur Ovulation, sondern auch für die Stadien schnell wachsender Follikel unterschiedlicher Größe werden Progesteron, Androgene und Östrogene nicht in konstantem Maße gebildet (Abb. 23.73). So erhöht sich in den großen dottergefüllten Follikeln die Östrogensynthese kontuinuierlich während der Follikelreifung, um nach Erreichen des F2-Stadiums wieder abzufallen und schließlich unmittelbar vor der Ovulation im F1-Follikel vollständig eingestellt zu werden. Auch die Androgensynthese aus Progesteron steigt mit zunehmendem Wachstum der Follikel und erreicht ein Maximum im Stadium des F3-Follikels, um etwa 16 Stunden nach Erreichen des F1-Stadiums zu enden. Die Synthese von Progesteron steigt kontinuierlich bis zum Stadium der F1-Follikel an und hat sein Maximum unmittelbar vor der Ovulation.

Unter dem Einfluß von FSH synthetisieren Granulosazellen Progesteron, welches den Thecazellen als Substrat zur Verfügung gestellt wird, um LH-reguliert zu Testosteron und Östrogen umgebaut zu werden (Zwei-Zell-Modell).

23.4.1.2 Struktur und Funktion des Oviduktes (Legedarm)

Während der Embryonalentwicklung bildet sich funktionell beim Vogel meist das linke Ovidukt aus, während das rechte atrophiert. Nur bei einigen

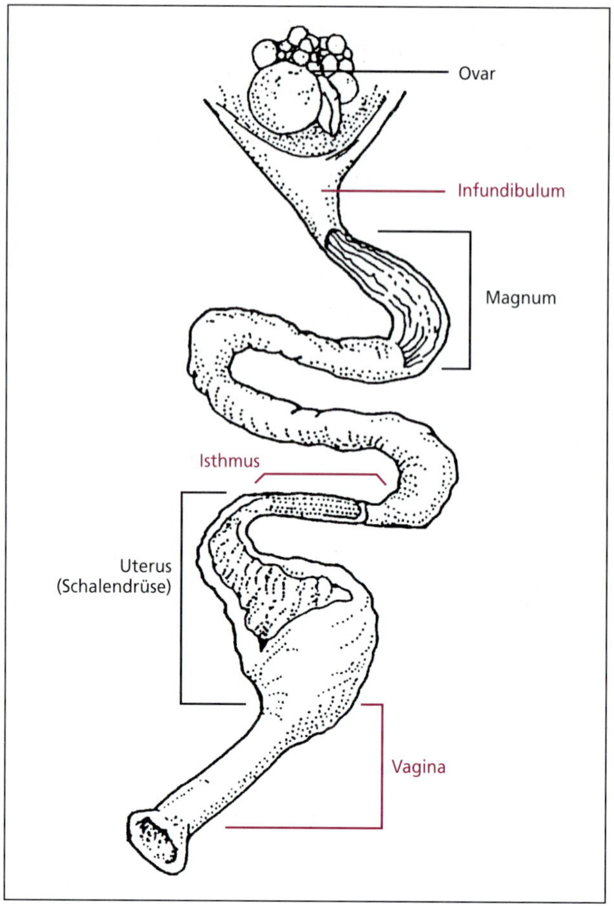

Abb. 23.74 Der Reproduktionstrakt der Legehenne (nur linksseitig angelegt) setzt sich zusammen aus dem Ovar, dem Infundibulum, dem Isthmus, dem Magnum, der Schalendrüse (Uterus) und der Vagina inklusive Öffnung in die Kloake.

Greifvogelarten sind die inneren Geschlechtsorgane (Ovar, Ovidukt) paarig angelegt. Unter dem Einfluß der zunehmenden Synthese gonadaler Hormone vergrößert sich der linke Legedarm und kann auf Grund sowohl anatomischer als auch funktioneller Gesichtspunkte in fünf Abschnitte gegliedert werden: Infundibulum, Magnum, Isthmus, Uterus (Schalendrüse) und Vagina (Abb. 23.74).

Während der Kopulation gelangen Spermatozoen in die Vagina, wo sie in speziell dafür vorgesehenen Bereichen, den „Spermadrüsen", bis zu zwei Wochen gespeichert werden können und befruchtungsaktiv bleiben. Nach der Ablage eines Eies werden Spermatozoen aus den vaginalen Speichern freigesetzt und retrograd innerhalb des Oviduktes bis in den Bereich des Infundibulums, die innere Öffnung des Oviduktes, transportiert, welches an der luminalen Seite mit fingerartigen Fimbrien besetzt ist und in dem die Befruchtung stattfindet. Unmittelbar nach der Befruchtung gelangt das Ovum in den längsten, als Magnum bezeichneten Abschnitt, in dessen Verlauf sich das Albumin (Eiklar, Eiweiß) um das Ei anlagert. Der Transport durch das Magnum dauert etwa 2-3 Stunden, bevor das Albumin durch die über einen Zeitraum von 1-5 Stunden im anschließenden Isthmus gebildete innere Schalenhaut umschlossen wird und die Calcifizierung der Eischale induziert wird. Zuletzt werden in der Schalendrüse (Verweildauer des Eies im Uterus beträgt etwa 20 Stunden) die Calcifizierung und Schalenbildung vollendet, die Pigmente in die Schale eingelagert und die äußere Schalenhaut (Cuticula) gebildet.

- **Eibildung und Calciumstoffwechsel**

Makroskopisch besteht ein Vogelei im wesentlichen aus drei Komponenten: 1. **Dotter**, 2. **Eiweiß** (Albumen), 3. **Eischale**. Der **Dotter (Eigelb)** eines Hühnereies mit einem Gesamtgewicht von 20 g besteht zu jeweils 50% aus Wasser und aus festen Bestandteilen (32% Lipide, 16% Eiweiße, 1% Kohlenhydrate und 1% Mineralien). Das Eigelb enthält dicht gepackte, fettreiche Dotterschollen und eine kontinuierliche, wäßrige Phase. Der Fettanteil des Dotters besteht aus Triglyceriden (70%; Palmitin- und Ölsäure), Phospholipiden (25%; Lecithin und Cephalin) und Cholesterin (5%). Die wasserlösliche Fraktion der Dottersubstanzen bilden im wesentlichen Eiweiße (Proteine), welche identisch sind zum Albumin, β-Livetin und α-Globulinen des Vogelplasmas. Bei den im Dotter nachweisbaren Immunglobulinen dominieren die γ-Globuline. Diese Antikörper werden durch selektive Mechanismen von der Henne auf das Ei übertragen und statten den Embryo mit einer passiven Immunität aus.

Die Bereitstellung von Dotter im Lumen eines Follikels geschieht innerhalb der letzten 10 Tage vor dessen Ovulation. Dabei entstehen, von den γ-Globulinen abgesehen, die meisten Komponenten des Dotters aus Vorläufermolekülen (engl. Precursor), welche unter dem stimulatorischen Einfluß ovarieller Östrogene in der Leber gebildet werden (Abb. 23.75). Dem Vitellogenin als Precursor-Molekül für Lipovitellin und Phosvitin kommt eine besondere Bedeutung zu: So stimuliert Östradiol die Synthese von Boten-RNA (mRNA) für das Prävitellogenin. Die nachfolgende, enzymatisch katalysierte Reifung des Prävitellogenins durch die Kopplung mit Phosphat-, Kohlenhydrat- und Fettsäurekomponenten führt zum Vitellogenin, welches mit dem Blut zum Ovum transportiert wird. Während der Zirkulation im Blut dient Vitellogenin zudem als Transportmolekül, indem es freies Calcium an sich bindet. Unter der Kontrolle von FSH wird Vitellogenin in das wachsende Ovum mittels Mikropinocytose aufgenommen, und innerhalb des Dotters

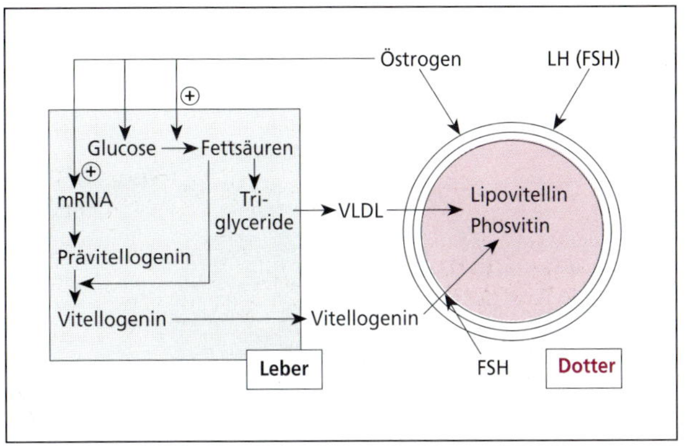

Abb. 23.75 Schematische Darstellung der Bildung und Ablagerung des Eidotters. Molekulare Vorstufen der Dottersubstanzen werden unter der Kontrolle ovarieller Hormone in der Leber synthetisiert, ins Blut ausgeschleust und im Ovar in das Follikellumen aufgenommen.

enzymatisch in Phosvitin und Lipovitellin gespalten. Neben der Synthese der Dotterproteine stimuliert Östradiol zudem die hepatische Synthese von Triglyceriden, welche in Form der „Very-low-density-lipids" (VLDL) an Proteine gebunden im Blut transportiert und in das Ovum aufgenommen werden. Eine Legehenne synthetisiert in der Leber täglich bis zu 20 g an dotterspezifischen Vorläufermolekülen, die zu den wachsenden Follikeln transportiert und in den Dotter aufgenommen werden.

Das **Eiweiß (Albumen)** wird im Bereich des Magnums gebildet und lagert sich an das Ovum während seiner 2-3stündigen Passagezeit an. Von sekretorischen Zellen der Mucosa, deren Oberfäche durch Auffaltung stark vergrößert ist, werden die Proteine Ovalbumin, Ovotransferrin, Ovomucin, Avidin und Lysozym sezerniert, welche 80% der festen Bestandteile des Eiweißes ausmachen. Dabei steht die Expression der für Ovalbumin, Lysozym und Avidin codierenden Gene unter östrogener Kontrolle. Die wichtigste Aufgabe der Proteine des Albumen ist die Bindung von Vitaminen oder Mineralstoffen; Lysozym besitzt eine baktericide Wirkung, andere Proteine inhibieren katabole Enzyme. Im übrigen besteht das Eiweiß zu etwa 88 % aus Wasser. Alle Proteine werden in lumennahen, spezifischen Granula der sekretorischen Zellen in der Mucosa gespeichert und durch die mechanische Dehnung des Magnums freigesetzt. Im Verlauf der Eipassage durch den Legedarm kommt es zu einer Verdrillung einiger Proteinfasern mit nachfolgender Kondensation und Ausbildung der Hagelschnüre (Chalazen). Anschließend werden im Isthmus die Eimembranen geformt und der Prozeß der Calcifizierung gestartet. Die unter östrogener und gestagener Kontrolle stehende Bildung des Albumen ist in dieser Phase noch nicht abgeschlossen. In einer

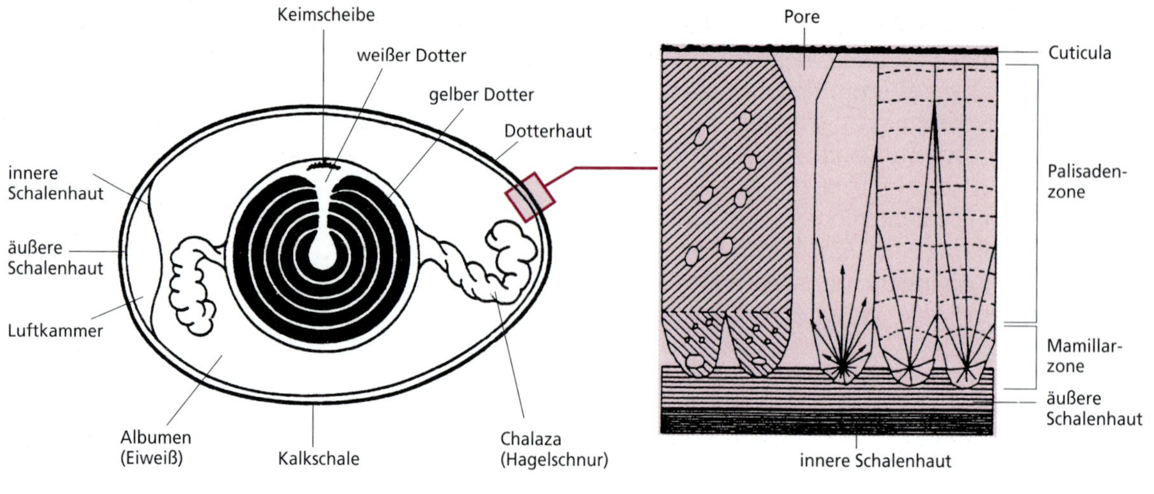

Abb. 23.76 Links: Aufbau des Hühnereis zum Zeitpunkt der Oviposition
Rechts: Struktur der Eischale. Die äußerste Schicht wird durch die Cuticula gebildet, welche eine Dicke von 0,5-12 µm besitzt und das Ei vor Austrocknung und mikrobieller Invasion schützt. Nach innen schließt sich mit ihrem säulenartigen Aufbau die etwa 200µm dicke Palisadenzone an, die in die Mamillarzone übergeht. Die Mamillarzone ist Ausgangspunkt für das Wachstum und die Calcifizierung der Eischale (Pfeile). In Bereichen ohne Vernetzung der säulenförmigen Calcitkristalle bilden sich Poren in der Eischale aus (Durchmesser von 0,3-0,9 µm). Sie sind für den Luft- und Feuchtigkeitsaustausch des Embryos mit der Umgebung wichtig.

zweiten Phase der Eiweißbildung, welche erst im Uterus stattfindet, wird der wäßrige Anteil des Albumens dem Eiklar zugefügt, wobei spezifische Transportmechanismen eine Permeation der schon fertigen Eimembranen ermöglichen.

In der Schalendrüse (Uterus) findet die **Calcifizierung der Eischale** statt. Die Schale des Vogeleies erfüllt vielfältige Funktionen; sie definiert die Grenze des embryonalen Wachstums, dient dem sich entwickelnden Embryo als „Lunge" und verhindert den Eintritt von Mikroorganismen in das Ei. Chemisch setzt sich die Schale aus Calciumcarbonat (94%), Magnesiumcarbonat (1,5%) und Glykoproteinen, Proteoglykanen sowie Kollagenen (3%) zusammen, und gliedert sich in Cuticula, Palisadenschicht sowie Mamillarschicht (Abb. 23.76). Bereits im Isthmus werden die innere und äußere Schalenhaut gebildet. Die Innenseite der inneren Schalenhaut (10-15 nm Dicke) steht in umittelbarem Kontakt mit dem Albumen des unbefruchteten Eies oder, im Falle einer Befruchtung, während der späten Phasen der Embryonalentwicklung mit der Chorioallantoismembran (CAM). Die inneren Schalenhaut grenzt an die äußere Schalenhaut, abgesehen von der Region der Luftkammer des Eies. Beide Eimembranen zeichnen sich durch eine eiweißhaltige, von Glykoproteinen umgebene Faserstruktur aus. Im Endabschnitt des Isthmus beginnt die Ausbildung der Mamillarschicht (100 µm dick). Zwischen den einzelnen Mamillen der Mamillarschicht befinden sich bis zu 17,000 Poren mit jeweils 20 µm Durchmesser. Die einzelnen Mamillen bestehen aus der sog. Krone und dem Calcium-Speicher-Komplex (CSK). Etwa 11 Stunden nach der Ovulation sind die CSK in der unreifen Eischale vollständig mineralisiert. Die Gesamtmenge des in allen CSK gespeicherten Calciums reicht aus, die Eischale zu mineralisieren und den Bedarf des wachsenden Embryos zu decken. Die CSK und die Chorioallantoismembran kommunizieren miteinander.

Die Mucosa der **Schalendrüse** ist blattförmig aufgefaltet, und setzt sich aus cilientragenden sowie sekretorisch aktiven Zelltypen zusammen. Die Schalenbildung beginnt mit der Genesis der Mamillarschicht. Dafür legt sich zunächst die Mucosa eng an die äußere Schalenhaut an, und es werden in diese aus der Schalendrüse stammende Calcium-bindende Proteine eingelagert. Der größte Anteil des im Blut zirkulierenden Calciums ist an Vitellogenin oder VLDL Partikel gebunden, und somit nicht direkt für die Schalendrüse verfügbar. Ausschließlich das ionisierte Calcium, etwa 20% des Gesamtcalciums im Blut, kann von der Schalendrüse an Transportproteine wie das Calbindin gebunden und in die Eischale eingebaut werden. Bis zu 300 mg Calcium und entprechende Mengen an Bicarbonat werden im Bereich der Schalendrüse pro Stunde in die Schale überführt. Die Bereitstellung von Bicarbonat aus CO_2 und H_2O in Anwesenheit von Carboanhydrase in den tubulären Drüsen des Uterus ist wichtig zur Bildung von Calciumcarbonat. Hohe

Umgebungstemperaturen können wegen der vermehrten CO_2-Abgabe während des Hechelns und daher verminderten Verfügbarkeit von Bicarbonat zu dünneren Eischalen führen. Nach Akkumulation von DDT (Dichlor-diphenyl-trichloräthan, einem inzwischen in den meisten Industrienationen verbotenen Kontaktinsektizid) im Gewebe von Vögeln, werden sehr dünnschalige Eier gelegt, die beim Brüten meistens zerbrechen. DDT hemmt die Carboanhydrase, deshalb kann während der Passage durch die Schalendrüse keine genügend dicke Schale gebildet werden.

Die domestizierte Legehenne ist gut an eine hohe Legeleistung adaptiert. So sind die Vorgänge der Absorption, Ablagerung und Speicherung von Calcium aus der Nahrung optimiert, so daß etwa 2 g Calcium pro Tag in die Eischale eines Ovums eingebaut werden können. Diese Menge an Calcium entspricht mehr als 10% des gesamten Körpercalciums der Henne. Fehlt einer Legehenne über einen längeren Zeitraum Calcium in der Nahrung, kommt es nach der Oviposition weniger schalenloser Eier zur völligen Einstellung der Eiproduktion. Während der Legeperiode muß der hohe Calciumbedarf daher täglich mit dem Futter gedeckt werden. Legehennen entwickeln einen ausgesprochenen Calciumappetit, wobei die orale Aufnahme einer circadianen Rhythmik unterliegt, mit einem Maximum unmittelbar zu Beginn der Eischalenbildung.

Beim Vogel spielen, ähnlich wie beim Säugetier, im Rahmen der endokrinen Kontrolle des allgemeinen Calciumstoffwechsels Parathormon (PTH), Calcitonin und vor allem Cholecalciferol (Vitamin D_3), nicht jedoch Ergocalciferol (Vitamin D_2) eine wichtige Rolle. Für die Reproduktionsbiologie des Geflügels steht dabei die hormonale Kontrolle der Resorption von Calcium aus dem Gastrointestinalbereich, der Bereitstellung von Calcium aus dem medullären Knochen und der Einlagerung von Calcium in den Embryo und die Eischale in der Schalendrüse im Vordergrund.

Die **Eischalenbildung** findet bei der Legehenne vorrangig während der Nachtphase (standardisierte 14L : 10D-Beleuchtung in Legebatterien) bei sistierender Nahrungs- oder Wasseraufnahme statt, und folgerichtig stellen die medullären Knochen die wichtigste Quelle zur Mobilisierung von Calcium dar. Die Entwicklung medullären Knochenmaterials bei Legehennen repräsentiert hinsichtlich des Calciumstoffwechsels einen der wesentlichsten Unterschiede zwischen Vögeln und anderen Vertebraten.

Medullärer Knochen weist, im Gegensatz zu corticalem Knochen, einen hohen Anteil an Glykoproteinen und Proteoglykanen bei niedrigem Kollagengehalt auf. Induziert durch Östrogene und Prolactin, werden diese membranähnlichen Knochenstrukturen ohne vorherige Knorpelformation in den Markhöhlen gut vaskularisierter Röhrenknochen, der Rippen und Wirbelkörper gebildet. Während der Eischalenbildung kommt es aus diesen Speichern zu einer Mobilisierung von Calcium.

Während der Oogenese wird dem ovulierten, dottergefüllten Follikel im Magnum das Albumen und in der Schalendrüse die Eischale hinzugefügt. Wichtigste Calciumspeicher sind beim Vogel medulläre Knochen.

- **Oviposition**

Bewegung und Transport des Ovums innerhalb des Oviduktes werden durch die gerichteten Kontraktionen der Muskelschichten in der Oviduktwand kontrolliert. Die Eiablage befördert das reife Ei aus der Schalendrüse durch die Vagina ins Freie. Dieser Prozeß ist zeitlich eng mit der Ovulation verbunden. Die **Oviposition** eines Eies findet etwa 30-60 Minuten vor der Ovulation des nachfolgenden Follikels statt. Aufgrund der Kontraktion der Schalendrüsenmuskulatur und der Relaxation der Muskelschichten im Bereich des uterovaginalen Sphincters und der Vagina wird das reife Ei aus dem Uterus in die Vagina befördert. Nach Erhöhung des intraabdominalen Druckes durch Kontraktion der Rumpfmuskulatur und gerichtete Kontraktionen der Oviduktmuskulatur kommt es letztlich zur Eiablage.

Die Eiablage wird durch die uterotone Wirkung des von der Neurohypophyse sezernierten Peptidhormons Arginin-Vasotocin (AVT) (Kap. 12.15.1.1) sowie der Prostaglandine E_1, E_2 und $F_{2\alpha}$ kontrolliert.

Der hormonal kontrollierte Zeitverlauf der Oviposition ist bestimmt durch: 1. die stimulierte Synthese und Sekretion von Prostaglandinen mit nachfolgender Erhöhung der Kontraktilität der Uterusmuskulatur, 2. kurzfristig vermehrte, neurohypophysäre Freisetzung an AVT mit einer auf das 50fache der Basalwerte ansteigenden AVT-Plasmakonzentration und dadurch bedingten Kontraktion der glatten Muskulatur, 3. Relaxation des uterovaginalen Sphincters und der Vagina, induziert durch Prostaglandin E_2 (wahrscheinlich auch E_1), und schließlich 4. gerichtete Austreibung des Eies. Mesotocin als weiteres Nonapeptid der Neurohypophyse scheint nicht an der hormonalen Kontrolle der Eiablage beteiligt zu sein. Bei den meisten Vogelarten kommt es zur ersten Ausprägung von Brutverhalten im oder nach dem ersten Altersjahr der Tiere. Wachteln werden bereits in einem Alter von 6 Wochen, Legehennen etwa im Alter von 21 Wochen, einige Adlerspecies erst nach 10-12 Jahren geschlechts- und legereif.

Die Oviposition eines Eies findet unmittelbar vor der Ovulation des nachfolgenden Follikels statt und wird induziert durch neurohypophysäres AVT und im Reproduktionstrakt synthetisierte Prostaglandine.

23.4.1.3 Hypothalamus-Hypophysen-Gonaden Achse

Wie für alle anderen autonomen Funktionen des Organismus gültig, unterliegt auch die Reproduktionsendokrinologie des Geflügels der Kontrolle durch das zentrale Nervensystem (ZNS). Dabei spielen einerseits exogen einwirkende, neuronal vermittelte Informationen über wichtige physikalische (Tageslichtlänge, Temperatur, Futter) und psychogene Faktoren (z.B. sozialer Status innerhalb der Rangordnung einer Tiergruppe) eine wesentliche Rolle und besitzen einen prägnanten Einfluß auf das Reproduktionsverhalten. Andererseits wirken vor allem die Steroidhormone des Reproduktionstraktes afferent kontrollierend auf das ZNS zurück (**„Feedback" Kontrolle**). Exogene und endogene afferente Informationen werden in ihrer Gesamtheit durch Zwischenschaltung des ZNS als zentraler Schaltstation in efferente neuronale und/oder (neuro-)endokrine Signale übersetzt, die ihrerseits das Reproduktionsgeschehen kontrollieren. Dabei besitzt innerhalb des ZNS der Hypothalamus des Zwischenhirns (Diencephalon) als Bindeglied zwischen dem Nerven- und dem neuroendokrinen System eine zentrale, integrative Bedeutung. So wird die Synchronisation der verschiedenen physiologischen Vorgänge (Follikulogenese, Ovulation, Eibildung, Oviposition) und die damit verbundene Ausprägung geschlechtsspezifischer Verhaltensmuster innerhalb des Reproduktionsgeschehens durch komplexe neuroendokrine Mechanismen gesteuert.

Bei der Regulation der Reproduktion spielt der Hypothalamus funktionell und neuroendokrin eine übergeordnete Rolle für die koordinierte Freisetzung hypophysärer, gonadotroper Polypeptidhormone wie des **Luteinisierenden Hormons (LH)** und des **Follikelstimulierenden Hormons (FSH)**, welche im Hypophysenvorderlappen gebildet werden. Nach der Freisetzung in das Blut induziert das LH im Ovar der Henne die Ovulation und stimuliert ferner neben der Androgen- und Östrogensynthese in den Thecazellen hauptsächlich die Progesteronsynthese in den Granulosazellen. Das zweite gonadotrope Hormon FSH beeinflußt in erster Linie die Wachstums- und Differenzierungsprozesse im Rahmen der Follikulogenese. Weiterhin unterstützt FSH im Zusammenspiel mit Östradiol die Expression von LH-Rezeptoren in Granulosa- und Thecazellen präovulatorischer Follikel, und somit die LH-Wirkung auf die Steroidsynthese in den Follikeln.

- **Neuroendokrine Regulation der Ovulation**

Ähnlich wie beim Säuger stellt auch bei der Henne das Luteinisierende Hormon (LH) den wichtigsten ovulationsauslösenden Faktor dar: Etwa 4-6 Stunden vor der Ovulation des größten präovulatorischen F1-Follikels kommt es zu einer kurzfristig erhöhten LH-Ausschüttung (LH-Peak) aus dem Hypophysenvorderlappen in das Blutgefäßsystem. Die Expression des membran-intrinsischen Rezeptorproteins für LH in den Granulosazellen der reifen präovulatorischen Follikel (F3-F1), vor allem aber des F1-Follikels, bedingt, daß ausschließlich der letztgenannte eine hohe Sensitivität für den ovulationsauslösenden LH-Peak besitzt. Der LH-Peak ist beim Vogel charakterisiert durch eine 2-3fache Erhöhung der LH-Konzentration im Blut, beim Säuger hingegen sind um den Faktor 100 erhöhte LH-Konzentrationen nachweisbar. Induziert wird der LH-Peak durch die massiv erhöhte Progesteronsynthese im F1-Follikel kurz vor der Ovulation und die damit verbundene, erhöhte Progesteronausschüttung in das Blut. Als zentralnervöse Zielstrukturen für Progesteron gelten hauptsächlich die progesteronsensitiven Nervenzellen in der präoptischen Region im Hypothalamus, welche das Oligopeptid GnRH als neurosekretorisches **Go**na**do**tropin-**R**eleasing-**H**ormon synthetisieren. Die nachfolgend stimulierte Synthese und Freisetzung von LH aus den gonadotropen Zellen des Hypophysenvorderlappens bewirken ihrerseits eine verstärkte Progesteronsynthese im F1-Follikel, wodurch wiederum die zentrale LH-Ausschüttung stimuliert wird. Dieser positive Rückkopplungsmechanismus löst den präovulatorischen LH-Peak aus, der letztlich die Ovulation induziert.

Die ovulationsauslösenden endokrinen Regel- und Rückkopplungsmechanismen induzieren beim Legehuhn nicht zu jeder Zeit des Tages (der Nacht) eine Ovulation. Die LH-Ausschüttung ist während des Tages an die „offene Periode" gebunden, somit zeitlich eingegrenzt und eng an die Reifung der F1-Follikel mit zunehmender Progesteronsynthese und -sekretion gekoppelt. Nur während dieser „offenen Periode" sind die GnRH produzierenden Nervenzellen im präoptischen Hypothalamus sensitiv für die hohe Progesteronkonzentration im Plasma, welche über den positiven Rückkopplungsmechanismus die ovulationsauslösende LH-Ausschüttung induziert. Die Zeitdifferenz zwischen vollständiger Reifung des jeweiligen F1-Follikels und seiner Ovulation beträgt 24-26 Stunden. Fällt nun die Endphase

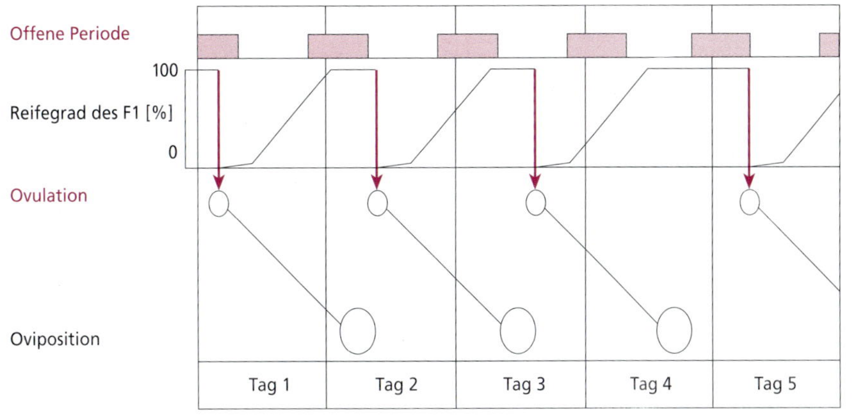

Abb. 23.77 Sequentielles Muster der Eiablage einer Legehenne, die bei einem konstanten Lichtregime mit einer 24-Stunden-Rhythmik gehalten wird. Dargestellt ist eine Legesequenz von drei Eiern. Fällt der maximale Reifegrad des F1-Follikels mit höchster Progesteronsynthese in den Zeitraum, in welchem die GnRH-positiven Neurone im Hypothalamus für Progesteron sensitiv sind („offene Periode"), so kommt es zur Ovulation des Follikels (Tage 1 bis 3 und 5) und mit einer zeitlichen Verzögerung von 24-26 Stunden zur Oviposition dieses Eies (Tage 2 bis 4). Liegt die maximale Progesteronsynthese außerhalb der „offenen Periode", so bleibt die Ovulation aus (Tag 4) und am darauffolgenden Tag (Tag 5) wird kein Ei gelegt.

der Follikelreifung mit maximaler Progesteronproduktion in den Zeitraum der „offenen Periode", so kommt es zur Ovulation.

Der ovulationsauslösende LH-Peak wird durch einen positiven Rückkopplungsmechanismus mit stimulierender Wirkung von follikulärem Progesteron auf GnRH-synthetisierende Nervenzellen im Hypothalamus und freigesetztem LH auf die Progesteronsynthese des F1-Follikels induziert.

Bei den üblichen Haltungssytemen für Legehennen mit konstantem Lichtregime von 14 Stunden Licht und 10 Stunden Dunkelheit (14L : 10D) findet die erste Ovulation einer Legeserie 9-10 Stunden nach Einsetzen der Dunkelphase statt, d.h. unmittelbar vor oder zu Beginn der Lichtphase. Eine Legeserie besteht aus einer individuell verschieden großen Anzahl von Eiern, die (jeweils eines) nach der ersten Oviposition ohne Unterbrechung an aufeinanderfolgenden Tagen gelegt werden (Abb. 23.77). Je nach Verweildauer im Ovidukt erfolgen die sequentiellen Eiablagen mit einer bestimmten Zeitverschiebung, welche sich aus dem zeitlichen Abstand zwischen zwei Ovipositionen abzüglich 24 Stunden errechnet. Für die gesamte Legeperiode ergibt sich eine kumulative Zeitverschiebung von maximal 8 Stunden, d.h. daß das letzte Ei einer Serie 17-18 Stunden nach einsetzender Dunkelheit gelegt wird. Nach dieser terminalen Oviposition kommt es nicht zur Ovulation des nachfolgenden Follikels, da die Reifung dieses Follikels und somit das Maximum der Progesteronsekretion außerhalb der „offenen Periode" stattfinden. Der Hypothalamus ist nicht rezeptiv für die hohe Progesteronkonzentration und es erfolgt kein ovulationsauslösender LH-Peak. Der reife Follikel muß auf die offene Periode am nächsten Tag „warten", in welcher die immer noch erhöhten Progesteronwerte des Blutes die LH-Ausschüttung auslösen und zur Ovulation führen. Daher setzt der Ovulationszyklus, der innerhalb einer Legeserie eine Ovulation pro Tag beinhaltet, meist für einen Tag aus, um dann wieder mit circadianer Rhythmik zu propagieren. Eiproduktion und Oviposition werden schon vor Einsetzen der Mauser, also des Verlustes an alten Federn und des Nachwachsens eines neuen Federkleides, reduziert. Die Mauser schließlich stellt bei domestizierten wie bei Wildvogelarten das Ende der reproduktionsaktiven Saison dar.

- **Saisonalität**

Saisonale Einflüsse auf die funktionelle Aktivität der Gonaden sind sowohl durch den Wechsel von Licht- und Dunkelphase als auch durch die Länge der Lichtphase bedingt. Das Licht wird von (extra-)retinalen Photorezeptoren wahrgenommen (Abb. 23.56). So wird im Auge die Lichtenergie der auf die Retina auftreffenden Photonen durch Vermittlung lichtsensitiver Pigmente in neuronale Impulse umgewandelt, welche in das ZNS übermittelt werden. Für die Beeinflussung der Reproduktion durch das externe Lichtregime sind zusätzlich extraretinale, möglicherweise in der Zirbeldrüse (Pinealorgan) oder innerhalb des Hypothalamus lokalisierte potentielle Photorezeptoren verantwortlich. Diese extraretinalen Lichtrezeptoren könnten, ähnlich der Retina, Photonenenergie in neuronale Impulse übersetzen.

Innerhalb des Hypothalamus wird ein endogener,

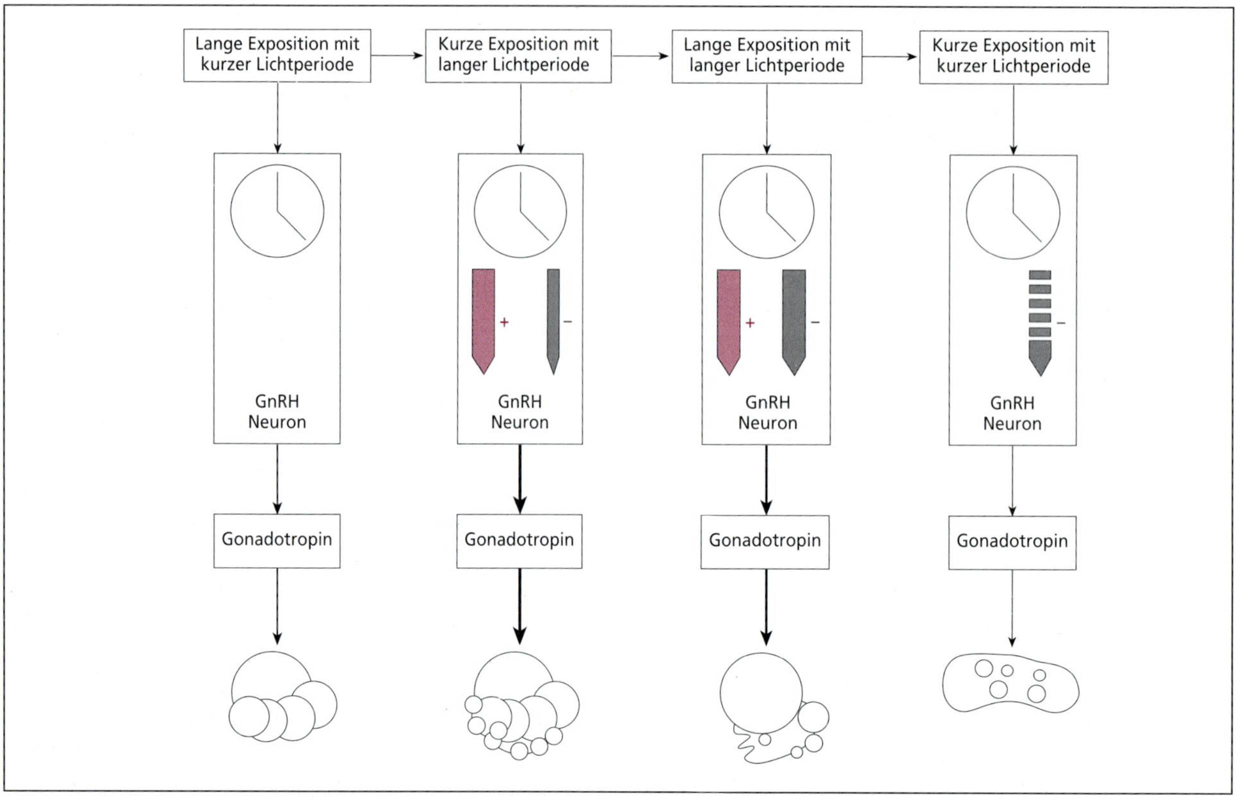

Abb. 23.78 Photoperiodizität der Hypothalamus-Hypophysen-Gonaden Achse beim Huhn: Der Hypothalamus enthält eine biologische Uhr, mittels derer die Photoperiode (Tag-/Nacht-Rhythmus) und wichtige Parameter wie z.B. die Tageslänge erfaßt, integriert und mit dem endogenen Oscillator verglichen werden. Verlängert sich die Dauer der Lichtperiode, werden lichtinduziert zwei Effekte auf die GnRH-Synthese im Hypothalamus ausgelöst. Der stimulatorische Effekt (+, roter Pfeil) auf die neurosekretorischen GnRH-Zellen wird unmittelbar, der inhibitorische (-, schwarzer Pfeil) erst zeitverzögert ausgelöst. Wechselt die Photoperiode von langer zu kurzer Tageslichtlänge, so kommt es zum sofortigen Wegfall der GnRH Stimulation, so daß ausschließlich der inhibitorische Einfluß auf die GnRH Neurone zum Tragen kommt. Der inhibitorische Effekt verschwindet mit zunehmender Expositionsdauer mit einer kurzen Tageslichtlänge erst nach Wochen bis Monaten (unterbrochen dargestellter schwarzer Pfeil). Die an die Photoperiode gekoppelte Ab- und Zunahme der GnRH- und Gonadotropin-Ausschüttung ist durch die unterschiedliche Stärke der Pfeile dargestellt. Der aus der unterschiedlichen Aktivierung der Hypothalamus-Adenohypophysen Achse resultierende Funktionszustand des Ovars ist in der Abbildung unten dargestellt.

etwa 24stündiger (circadianer) Rhythmus zahlreicher zellulärer Mechanismen determiniert, der unabhängig vom Tag-/Nacht-Wechsel und von der Tageslichtlänge ist. Das neuroendokrine System im Hypothalamus amplifiziert die lichtinduzierten neuronalen Impulse und kontrolliert lichtabhängig neben der jahreszeitabhängigen Entwicklung, Reifung und Funktion der Gonaden (Ovar, Hoden) auch das koordinierte Zusammenspiel von Ovulation und Oviposition und die Ausprägung geschlechtsspezifischer Verhaltensmuster sowie sekundärer Geschlechtsmerkmale (Abb. 23.78).

Für das Erkennen einer Zunahme der Tageslichtlänge müssen beim Vogel verschiedene Mechanismen das Unterscheiden zwischen einem kurzen und einem langen Tag ermöglichen. Im Rahmen der circadianen Rhythmik kommt es nur innerhalb eines Zeitraumes weniger Stunden zu einer Phase erhöhter Photosensitivität, einer Periode, in welcher sich der hypothalamische Pulsgenerator durch Licht beeinflussen läßt. Dieser Pulsgenerator ist im vorderen Hypothalamus lokalisiert und triggert nach Verrechnung eingehender Lichtsignale die Freisetzung von GnRH in das Pfortadersystem der Adenohypophyse, von wo LH und FSH in den Blutkreislauf sezerniert werden. Bei langer Tageslichtlänge fällt die Phase erhöhter Photosensitivität mit der Lichtperiode zusammen; das Licht kann somit seine nachfolgend beschriebenen Effekte auf die Gonadenentwicklung ausprägen. Bei kurzer Lichtperiode fällt die Phase des Tageslichts in die nichtphotosensitive Phase, und der hypothalamische GnRH-Pulsgenerator wird nicht aktiviert. Je nach Tageslichtlänge und Dauer der Exposition mit einer bestimmten Tageslichtlänge werden sowohl aktivierende als auch hemmende Effekte ausgeprägt, die sich unterschiedlich schnell und verschieden stark ausbilden. So werden die stimulierenden Effekte auf die hypothalamische GnRH-Synthese und -Ausschüttung schnell, die hemmenden jedoch erst zeitlich stark verzögert ausgelöst. Überwiegt die Stimulation der neurosekretorischen GnRH-Zellen, so kommt es GnRH-LH-vermittelt zur funktionellen Ausbildung der Gonaden; liegen stimulierende und hemmende Effekte gleichermaßen vor bzw. überwiegen die hemmenden Effekte, so kommt es zur funktionellen Rückbildung der Gonaden. Sobald nun im Frühjahr die Tageslichtlänge zunimmt, und der Hypothalamus die lange Tageslichtlänge „erkennt", erfolgt innerhalb von 24 Stunden eine massive Stimulation der GnRH-Ausschüttung. Das Ovar gelangt unter dem Einfluß zunehmender Gonadotropinwirkung gegen Anfang der Zuchtsaison zur funktionellen Ausreifung mit maximal ausgeprägter Fruchtbarkeit. Zu diesem Zeitpunkt der Zuchtsaison ist die Höhe der GnRH-Sekretion bis zu einer speciesspezifischen Obergrenze proportional zur Lichtintensität und zur Tageslichtlänge. Mit zunehmender Dauer der Exposition mit langer Lichtperiode werden mit zeitlicher Verzögerung auch hemmende Effekte auf die GnRH-Ausschüttung ausgelöst. Bereits gegen Ende der Zuchtsaison überwiegen diese hemmenden Einflüsse, die Gonadotropinausschüttung nimmt ab und die Gonaden bilden sich wieder zurück. Die GnRH-produzierenden Nervenzellen des Hypothalamus werden refraktär gegenüber der noch bestehenden langen Tageslichtdauer. Wird nun im Herbst die Lichtperiode deutlich kürzer, so fällt die kurze Lichtperiode in die nicht-sensitive Phase der hypothalamischen Photosensitivität: stimulierende Effekte auf die GnRH-Ausschüttung entfallen. Mit zunehmender Dauer der Periode kurzer Tageslichtlänge kommt es zu einer Reduktion der auf die GnRH-Freisetzung hemmend einwirkenden Faktoren, so daß bereits vor Beginn der neuen Zuchtsaison die GnRH-Ausschüttung wieder leicht ansteigt. Der Hypothalamus ist nicht mehr refraktär und zu Beginn der Zuchtsaison im Frühjahr wieder rezeptiv für den stimulierenden Effekt der langen Tageslichtdauer. Während bei Wildvogelarten in gemäßigten Klimazonen der Funktionszustand der Gonaden und somit auch die Zuchtsaison massiv unter dem Einfluß der jahreszeitbedingten Änderung der Tageslichtlänge steht, wird der Reproduktionszyklus der domestizierten Legehenne im wesentlichen durch die langfristige Einhaltung eines konstanten Lichtregimes kontrolliert, unabhängig von jahreszeitlichen Schwankungen der Lichtintensität.

Sowohl der ovulationsauslösende LH-Peak als auch die erhöhte GnRH-LH-Ausschüttung mit nachfolgender funktioneller Reifung der Gonaden zu Beginn der Zuchtsaison stehen beim Vogel unter dem Einfluß der Tageslichtlänge.

23.4.2 Männliche Reproduktionsphysiologie

23.4.2.1 Struktur und Funktion des Hodens

Das Reproduktionssystem des männlichen Vogels (Abb. 23.79) besteht aus den paarigen, dorsoventral zur jeweiligen Niere gelegenen Hoden, den aufgelagerten Nebenhoden (Epididymis) und den Samenleitern (Vasa deferentia). Zu den sekundären Geschlechtsmerkmalen zählt vor allem der Penis (bei Entenvögeln ausgeprägt), der Kamm und der Kehllappen. Die im Gegensatz zum Ovar paarig angelegten Hoden verbleiben – anders als bei den meisten Säugetieren – in der Körperhöhle bei einer je nach Vogelspecies unterschiedlich hohen Körperkerntemperatur von 39.5-42.5°C. Ein vasculäres Gegenstromprinzip, wie es bei Säugetieren zur Kühlung des Hodens ausgeprägt ist, fehlt beim Vogel. Eine Tageslichtlänge von 12-14 Stunden ist für das zu Beginn der Zuchtsaison wichtige funktionelle Größenwachstum der Hoden optimal; zur Zeit der Mauser gegen Ende der Zuchtsaison hypotrophieren die Hoden. Wesentlich deutlicher als bei domestizierten Species sind die saisonalen Unterschiede bei Wildvogelspezies ausgeprägt, deren Hodengröße zur Paarungszeit auf das bis zu 500fache zunehmen kann.

Jeder der beim Hahn 25-35 g schweren Hoden besteht aus zahlreichen Hodenkanälchen mit einem Durchmesser von 150-200 µm. Diese enthalten die randständig angeordneten Spermatogonien und **Sertolizellen**, sowie die dem Lumen der Kanälchen

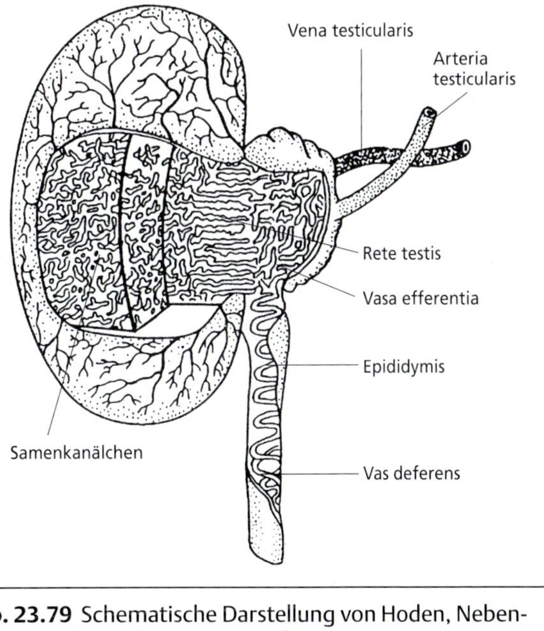

Abb. 23.79 Schematische Darstellung von Hoden, Nebenhoden und Vas deferens eines Hahnes.

zugewandten, reifen Spermatiden und die zwischen Spermatogonien und Spermatiden lokalisierten primären und sekundären Spermatocyten. Die Sertolizellen sitzen der Basalmembran der Hodenkanälchen auf, während als interstitielle Zellen in kleinen Gruppen zwischen die Samenkanälchen die **Leydigschen Zwischenzellen** eingelagert sind.

Die Hodenkanälchen münden entweder direkt oder unter Zwischenschaltung des Tubulus rectus in das Hodennetz (Rete testis). Dieses ist beim Geflügel nur schwach ausgebildet und besteht aus dünnwandigen, mit Epithel ausgekleideten, unregelmäßigen Kanälchen. Die Vasa efferentia, welche vom Rete testis zum Nebenhoden ziehen, sind von einem hochprismatischen Flimmerepithel ausgekleidet. Anders als bei Säugetieren ist der Nebenhoden des Vogels kein kompaktes Organ, sondern eine flächige Struktur, welche dem Hilus des Hodens aufliegt. Der stark gewundene, beim Hahn etwa 70 cm lange Samenleiter ist luminal von einem einschichtigen Epithel begrenzt und übernimmt die sonst dem Nebenhoden des Säugers zukommende Samenspeicherfunktion.

23.4.2.2 Spermiogenese

Der zeitliche Ablauf der Spermatogenese ist in vier Perioden unterteilt (Abb. 23.80 u. 23.62). Während der ersten 5-6 postnatalen Lebenswochen des juvenilen Hahnes erfolgt der Aufbau der Hodenkanälchen und eine Vermehrung der Spermatogonien. Primäre Spermatocyten lassen sich histologisch nach der sechsten Lebenswoche nachweisen, und in den nachfolgenden 2-3 Wochen bestimmt das Wachstum der primären Spermatocyten das histologische Bild. Eine Reduktion der mitotischen Aktivität dieser primären Spermatocyten geht einher mit der Bildung sekundärer Spermatocyten. Spermatiden (= unreife Spermatozoen) werden von Woche 12-20 in den Samenkanälchen gebildet und wandeln sich durch Transformation in die reifen Spermien (= Spermatozoen) um. Der Beginn der Pubertät ist von einer Phase rapiden testikulären Wachstums und Vervollständigung der Spermatogenese gekennzeichnet.

Ein reifes Spermium besteht aus Akrosom, Kopfregion, Mittelteil und Schwanz, mit Längen von jeweils 2, 13, 4 und 85 µm im Falle des Hahnes. Die Breite des filiformen Spermiums beträgt 0,5 µm. Die Differenzierung der Spermatogonien mit diploidem Chromosensatz in haploide Spermatocyten findet in den **Sertolizellen** statt. Nach Entlassen der reifen, beweglichen Spermatozoen in das Lumen des Samenkanälchens erfolgt, wie bei Säugertieren auch, flüssigkeitsgetriebener Transport über das mit

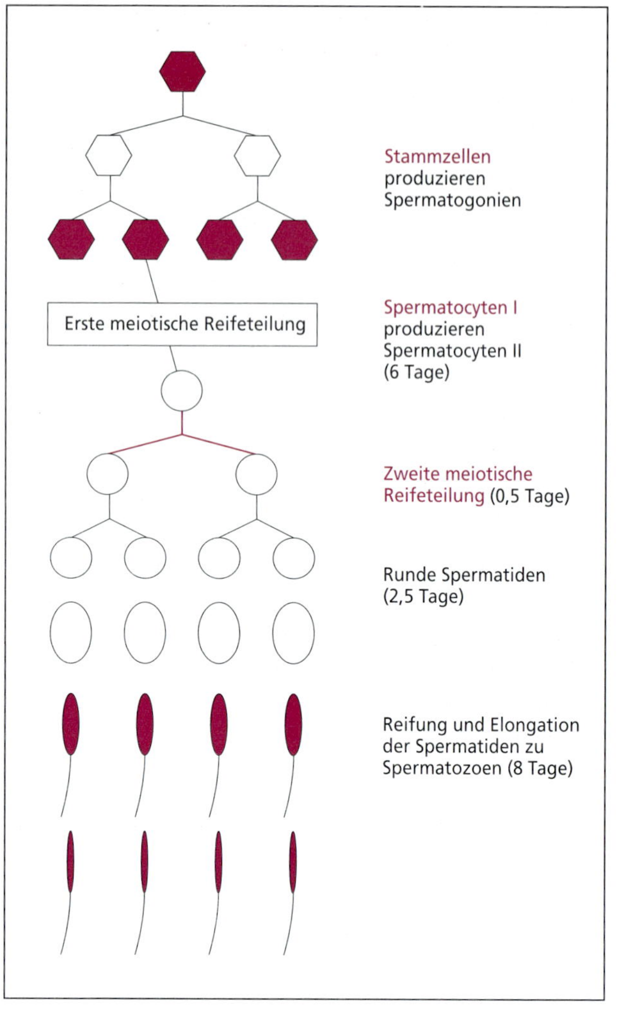

Abb. 23.80 Spermatogenese. Spermatogonien werden kontinuierlich durch mitotische Teilungen gebildet, um nachfolgend verschiedene Generationen von Spermatogonien und Spermatocyten für die erste meiotische Teilung bereitzustellen. Nach etwa 6 Tagen ist die zweite meiotische Teilung abgeschlossen, und die haploiden Spermatiden werden einem weiteren Reifungsprozeß unterzogen. Die Spermatogenese ist innerhalb der nachfolgenden 7-8 Tage abgeschlossen, während derer die morphologischen Charakteristika reifer Spermatozoen ausgebildet werden.

cilientragenden Zellen ausgekleidete Rete testis in den Nebenhoden. Nach Resorption eines Großteils der Samenflüssigkeit entsteht dort eine konzentrierte Samensuspension, welche schließlich in das Vas deferens gelangt. Der gesamte Transport wird durch die peristaltische Bewegung von Muskelschichten im Bereich des Nebenhodens und des Vas deferens erleichtert. Reife Spermien können für einige Tage im Bereich des unteren Vas deferens gespeichert werden, sie bleiben sowohl im männlichen als auch später innerhalb des weiblichen Genitaltraktes bis zu einem Monat befruchtungsfähig.

23.4.2.3 Steroidsynthese und hypothalamo-hypophysäre Kontrolle

Innerhalb des Vogelhodens kommen dem Testosteron, welches in den Leydigschen Zellen synthetisiert wird, parakrine Funktionen zu. So diffundiert Testosteron aus den Leydigschen Zellen in die Sertolizellen, wo es an das Androgenbindende Protein (ABP) bindet, dessen Biosynthese seinerseits unter hypophysärer Kontrolle (FSH) steht. Dadurch ergibt sich eine hohe Androgenkonzentration im Bereich der Samenkanälchen. Der größte Teil des gonadal synthetisierten Testosterons aber auch Androstendions zirkuliert jedoch im Plasma und bedingt unter anderem die Entwicklung des Penis sowie akzessorischer Geschlechtsorgane und der sekundären Geschlechtsmerkmale wie Kammgröße, Färbung des Schnabels, Federstruktur, Vokalisation und Verhalten des Hahnes (Erpels). Während die Ausprägung des Kehllappens etwa beim Hahn unter androgener Kontrolle steht, stellt die Ausprägung des beim männlichen Vogel oft vorhandenen Prachtgefieders einen asexuellen Vorgang dar, der beim weiblichen Tier durch die hohe Östrogenproduktion unterdrückt wird. Die Ausbildung eines Prachtgefieders und die Bildung des Sporns können somit durch Kastration (Kapaunisierung) nicht unterdrückt werden.

Vergleichbar mit der Situation beim Säuger ist FSH für Wachstum, Differenzierung und Spermatogenese im Bereich der Samenkanälchen verantwortlich, während die Androgenproduktion der Leydigschen Zellen vorrangig unter Kontrolle des hypophysären LH und nicht des FSH steht.

> Die intracorporalen Hoden weisen kein vaskuläres Gegenstromprinzip auf und hypotrophieren während der Mauser. FSH kontrolliert Wachstum, Differenzierung und Spermatogenese im Bereich der Samenkanälchen, LH die Androgenproduktion der Leydigschen Zellen.

23.4.3 Fortpflanzung

23.4.3.1 Befruchtung und artifizielle Insemination

Mit Ausnahme der Tauben (Paarbildung) verhalten sich sämtliche zum Zweck der Fleisch- und Eiproduktion domestizierten Vogelarten polygam. So wird die maximale Fruchtbarkeit bei Hühnervögeln in Gruppenhaltung mit einem Verhältnis von 7-14 Hühnern pro Hahn erreicht. Das Volumen des Ejakulates eines Hahnes beträgt 0,5-1,0 ml mit einer Samendichte von 3 Millionen pro mm^3. Hähne sind bis zu 30 mal täglich paarungsbereit, wobei mehr als 50% der Paarungen jedoch ohne erfolgreiche Ejakulation verlaufen.

Das **Begattungsorgan** beim Hahn ist wie bei den meisten wildlebenden Vogelspecies nur rudimentär ausgebildet und kann als lokale Modifikation der Kloake angesehen werden. Es besteht aus dem Colliculus phalli sowie assoziierten Lymphfalten, deren sezernierte Lymphflüssigkeit zur Schwellung des Colliculus phalli beiträgt. Der sexuelle Kontakt wird durch die ausgestülpte Kloakenwand der Henne hergestellt. Der Phallus des Erpels stellt eine vaskularisierte, spiralförmige Aussackung mit Ejakulationsspalte dar, welcher mittels Muskelaktivität und Lymphinfiltration ausgestülpt werden kann. An der Oberfläche des deutlich ausgebildeten Penis von Erpel und Ganter verläuft die durch spiralige Wülste gebildete Samenrinne. Während der sexuellen Reifungsphase des Erpels steht die Ausbildung des Ejakulationsspaltes unter der Kontrolle androgener Hormone. Die nervöse Versorgung des Phallus wird durch den Nervus pudendalis sowie sympathische Fasern des hypogastrischen Nerven sichergestellt, welche für das Auslösen der Ejakulation verantwortlich sind. Nach der Kopulation erreichen die Spermien zur Befruchtung das Infundibulum innerhalb von 30 min.

Akzessorische Sexualdrüsen wie die Prostata oder die Samenblase vieler Säuger, lassen sich bei domestizierten Vogelarten nicht eindeutig nachweisen. Lediglich bei der Wachtel kann eine Drüse des Proctodeums als eine solche angesehen werden. Die Samenflüssgkeit ist somit ausschließlich im Hoden produziert, vermischt mit der in der Kloake sezernierten Lymphflüssigkeit. Im Verlauf der Ejakulation gelangt mit lymphatischer Flüssigkeit vermischter Samen aus dem Vas deferens in das Urodeum und schließlich Proctodeum der männlichen Kloake, wobei laterale Genitalfalten im Bereich des Proctodeums als „Leitschienen" dienen. Fructose, Kohlenhydrate, Citronensäure und Phosphatidylcholin lassen sich in der Samenflüssgkeit des Hahnes, im Gegensatz zur Samenflüssigkeit des Säugers, nicht nachweisen. Glutamat dagegen kommt in der Sekretflüssigkeit des männlichen Reproduktionstraktes in hohen Konzentrationen vor, kann jedoch von den Samenzellen nicht verstoffwechselt werden.

Bei 41 °C in vitro beginnen Fertilität und Motilität der meisten Vogelsamenzellen schon nach 15 min abzunehmen, jedoch bleiben die Spermien in vivo im weiblichen Reproduktionstrakt über Tage bis Wochen befruchtungsfähig. Die Spermatozoen werden dabei in tubulären Drüsen gespeichert, welche am Übergang von Eischalendrüse (Uterus) und Vagina lokalisiert sind. Morphologisch lassen sich bis zu 25.000 solcher **Samenspeichertubuli** beim Huhn differenzieren, wobei jeder Tubulus bis zu 400 reife Spermatozoen aufnimmt. Dies bedeutet, daß 7-10% der eingebrachten Samen für mehrere Wochen in fertiler Form gespeichert werden können.

Die **künstliche Befruchtung**, eine für domestizierte Säugerspecies weitverbreitete Technik, spielt bei Hühnervögeln in den USA und Europa nur eine untergeordnete Rolle, da die auf natürlichem Wege hohe Befruchtungsrate noch nicht erreicht wird. Zwar ist es in den letzten Jahren gelungen, die In-vitro-Fertilität des Hahnsamens von weniger als 15 min auf 24 Stunden auszudehnen, doch spricht auch heute eine Kosten-Nutzen-Rechnung eindeutig pro natürliche Befruchtung. Bei anderen Geflügelarten wie chinesischen Stockenten oder dem Guinea-Huhn kommt die künstliche Befruchtung dagegen wesentlich häufiger zum Einsatz, und bei Puten wird sie nahezu ausschließlich angewandt, da die züchterisch bedingte Hypertrophie der Brustmuskulatur den natürlichen Befruchtungsvorgang unmöglich macht.

Die mit Hilfe des rudimentären männlichen Begattungsorgans übertragenen Spermien können in tubulären Drüsen am Übergang von Eischalendrüse und Vagina des weiblichen Tieres gespeichert werden. Eine Kosten-Nutzen-Rechnung spricht gegen künstliche Befruchtungsmaßnahmen.

23.4.3.2 Frühe Embryogenese und Keimbahnentwicklung

Das Eindringen mehrerer Spermatozoen in die zu befruchtende Eizelle etwa 30 min nach erfolgter Ejakulation des Hahnes, sowie die nicht bei jeder Zellteilung erfolgende Teilung der Eigelbmasse machen die ontogenetische Phase zwischen Befruchtung und Blastocystenentwicklung beim Vogel einzigartig im Wirbeltierreich.

Die **Keimblase**, welche den weiblichen Pronucleus enthält, ist 6 Stunden vor der Ovulation, dem exakten Zeitpunkt des präovulatorischen hypophysären LH-Peaks, etwa 370 x 110 µm groß. Bis zur Ovulation kommt es zunächst zu einer Kondensation der Chromosomen. Nach Abschluß der ersten meiotischen Teilung wird ein erstes Polkörperchen aus dem weiblichen Pronucleus ausgeschleust. Der weibliche Pronucleus beginnt die zweite meiotische Teilung, während der Anaphase kommt es zur Ovulation und innerhalb von 15 min durchdringen im Bereich des Infundibulums 4-20 Spermatozoen die perivitelline Membran des Ovums. Die Zellmembranen von Samen und Ei verschmelzen und der jeweilige männliche Pronucleus wird in das Ei entlassen. Erst vier Stunden nach erfolgter Befruchtung kommt es zur Fusion eines der männlichen mit dem weiblichen Pronucleus mit anschließender Mitose der **Zygote**.

Die **Geschlechtsdeterminierung** erfolgt durch Segregation der Chromatiden des fünften Chromosomenpaares in den weiblichen Pronucleus bzw. das erste Polkörperchen. Das W-Chromosom determiniert das weibliche Geschlecht, das Z-Chromosom enthält Gene, welche bei Weibchen in einer Kopie (WZ), bei Männchen in zwei Kopien (ZZ) vorliegen. Am Ende der zweiten meiotischen Teilung enthält der weibliche Pronucleus mit je 50% Wahrscheinlichkeit das W- bzw. Z-Chromosom und ist somit, anders als bei Säugetieren, determinierend für die Geschlechtsausprägung des Embryos.

Fünf Stunden nach der Befruchtung liegt das Vierzellstadium mit meridionaler Furchung vor. Das schalenlose Ei tritt jetzt vom Isthmus in die Schalendrüse über, wo es (beim Huhn) für etwa 20 Stunden bei starker Zellteilungsaktivität verbleibt. Der hohe Dottergehalt des Vogeleies setzt dem Zellteilungsprozeß enge Grenzen, so daß nur eine Furchung des als „Keimscheibe" bezeichneten Gebietes stattfindet (partiell-diskoidale Furchung). Etwa nach fünfstündiger Verweildauer in der Schalendrüse kommt es zur Ausprägung einer spaltartigen, primären Leibeshöhle zwischen Dotter und Keimscheibe (Discoblastula), und nach weiteren fünf Stunden ist die gesamte Keimscheibe von einer uniformen epithelialen Zellschicht bedeckt. Nach Bildung dieses einschichtigen Blastoderms kommt es durch äquatoriale Zellteilungen zur Ausprägung einer mehrschichtigen Zellage. Zur Zeit der Eiablage besteht das **Blastoderm der Keimscheibe** beim Huhn aus etwa 60.000 Zellen, welche sich in zwei Lagen, den oberen Epiblast und den unteren Hypoblast, aufteilen. Beide umgeben die flüssigkeitsgefüllte, primäre Leibeshöhle. Die Keimscheibe wird zum Zeitpunkt der Eiablage in eine Area pellucida und eine Area opaca unterteilt. Aus dem Epiblast gehen die beiden ersten Keimblätter, Ektoderm und Endoderm, hervor und bereits nach wenigen Stunden der Bebrütung liegt eine Kopf-Fuß-Orientierung des aus den beiden Keimblättern gebildeten Embryos vor.

Innerhalb der Embryogenese kommt der Entwicklung der Keimbahn eine besondere Bedeutung zu. Während primordiale Keimzellen (PKZ) bei nahezu allen Vertebratengruppen ihren ontogentischen Ursprung in extragonadalen Bereichen des Embryos haben, finden sich die Primordialzellen beim Huhn am vorderen Ende der Primitivrinne. Als Vorläufer der Keimzellen leiten sich die PKZ von Zellen des Epiblastes ab und wandern von der zentralen Region der Area pellucida zu einer halbmondförmigen Zone der endodermalen Zellage am vorderen Rand der Area pellucida, der Genitalleiste. Die genaue Lokalisation der PKZ im Bereich der Genitalleiste wird durch Expression des H-Y-Antigens sowie chemotaktische Signale der somatischen Zellen bestimmt.

Die Determination des Geschlechtes hängt von der jeweiligen Chromosomenkonstitution ab. Weibchen (WZ) sind Träger des H-Y-Antigens, welches für die Differenzierung des Eierstocks verantwortlich ist. Nach mehrfacher Zellteilung dringen die PKZ aktiv, ähnlich wie Makrophagen, in vitelline Blutgefäße ein, um in die Region der sich entwickelnden Gonadenanlage (Genitalfalte) zu gelangen. Positionierung der PKZ im medullären Bereich der Genitalanlage führt zur Ausprägung des männlichen Phänotyps, im corticalen Bereich der Genitalanlage zum weiblichen Phänotyp. Dabei bevorzugen die meisten PKZ die linke Gonadenanlage, woraus ein relativ größerer linker Hoden sowie das spätere Fehlen des rechten Ovars resultieren. In der Genitalfalte angelangt, vermehren sich die PKZ mitotisch und verbleiben dort bis zur Entwicklung der reifen Eizellen (Oogenese, embryonal) oder der reifen Spermien (Spermiogenese, postembryonal). In den embryonalen Gonaden beider Geschlechter sind die Wolffschen und Müllerschen Gangsysteme angelegt, im adulten Zustand werden beim Männchen beide Müllersche Gänge und beim Weibchen der rechte Müllersche Gang, bedingt durch gonadale Hormone und hemmende Faktoren, zurückgebildet.

Mehrere Spermatozoen dringen in die zu befruchtende Eizelle ein, die Eigelbmasse wird nicht bei jeder Mitose geteilt und das Blastoderm der Keimscheibe besteht bei Oviposition aus 60.000 Zellen (Huhn). Der weibliche Pronucleus ist geschlechtsbestimmend für den Embryo.

Weiterführende Literatur zu Kapitel 23.1

Barritt, G.J. (Ed. 1992): Communication within Animal Cells. Oxford University Press, Oxford.

Parker, M.G. (1993): Steroid Hormone Action. Oxford University Press, Oxford.

Wilson, J.D., D.W. Foster (Eds.) (1992): Williams Textbook of Endocrinology. W. B. Saunders Co., Philadelphia.

Weiterführende Literatur zu Kapitel 23.2

Döcke, F. (1994): Veterinärmedizinische Endokrinologie. 3. Aufl. Gustav Fischer Verlag, Jena–Stuttgart.

Weiterführende Literatur zu Kapitel 23.3.1

Cupps, P.T. (1991): Reproduction in domestic animals. 4th ed. Academic Press, N.Y.

Ginther, O.J. (1992): Reproductive biology of the mare. Basic and applied aspects. 2nd ed. Equiservices.

Thibault, C., M.-C. Levasseur, R.H.F. Hunter(1993): Reproduction in mammals and man. Ellipses.

Weiterführende Literatur zu Kapitel 23.3.2

Hunter, R.H.F. (1995): Sex Determination, Differentiation and Intersexuality in Placental Mammals. Cambridge University Press.

Knobil, E., J.D. Neill (Eds.) (1994): The Physiology of Reproduction. 2nd ed. Raven Press, New York.

Malven, P.V. (1993): Mammalian Neuroendocrinology. CRC Press, Boca Raton, Ann Arbor, London, Tokyo.

Nieschlag, E., H.M. Behre (Eds.) (1990): Testosterone – Action, Deficiency, Substitution. Springer Berlin–Heidelberg–New York.

Nieschlag, E., H.M. Behre (Hrsg.) (1996): Andrologie – Grundlagen und Klinik der Gesundheit des reproduktiven Traktes des Mannes. Springer Verlag, Berlin–Heidelberg–New York.

Rüsse, I., F. Sinowatz (1991): Lehrbuch der Embryologie der Haustiere. Paul Parey, Berlin–Hamburg.

Russel, L.D., M.D. Griswold (Eds.) (1993): The Sertoli Cell. Cache River Press, Bolesta, Clearwater, FL/USA.

Speroff, L., R.H. Glass, N.G. Kase (Eds.) (1994): Clinical Gynecologic Endocrinology and Infertility. 5th ed. Williams and Wilkins, Baltimore–Philadelphia–Hongkong.

Weiterführende Literatur zu Kapitel 23.4

Etches, R.J. (Ed.) (1996): Reproduction in Poultry, CAB International Press, Wellingford, UK.

Freeman, B.M. (Ed.) (1984): Physiology and Biochemistry of the Domestic Fowl. Volume V. Academic Press, London, UK.

Harvey, S., C.G. Scanes, J.G. Phillips (1987): Avian Reproduction, In : Fundamentals of Comparative Vertebrate Endocrinology (Eds.: Chester-Jones, I., P.M. Ingleton, J.G. Phillips), Plenum Press, London, UK, pp. 125-190.

King, A.S., J. McLelland: Anatomie der Vögel. Ulmer Verlag, Stuttgart 1978.

Sharp, P.J. (Ed.) (1993): Avian Endocrinology. Journal of Endocrinology Lim., Bristol, UK.

Sturkie, P.D. (1986): Avian Physiology. Fourth Edition. Springer Verlag, New York, USA.

24 Physiologie der Laktation

H. Gürtler und F. J. Schweigert

24.1 Bedeutung der Laktation

Im Vordergrund der Betrachtung der Laktation steht die Versorgung der Neugeborenen mit **Nährstoffen**. Diese für Säugetiere charakteristische Fortsetzung der anfänglich ausschließlichen Versorgung über die Placenta hat sowohl für das Muttertier als auch für das Neugeborene Vorteile. Die Laktation ermöglicht dem Muttertier, den Nachwuchs mit einer hochwertigen, relativ einheitlichen und vom jeweiligen Nahrungsspektrum weitgehend unabhängigen Nahrung, der **Milch**, zu versorgen. Fortbewegung und Nahrungssuche werden dabei nur unwesentlich beeinträchtigt. Der Vorteil für den Säugling liegt in einer bedarfsgerechten Zusammensetzung der Nahrung und einem geringen Energieaufwand für die Nahrungsaufnahme. Dies verschafft den Säugetieren einen wesentlichen Überlebensvorteil gegenüber Fischen, Reptilien und Amphibien, deren Nachkommen auf eine spezielle Nahrung in Abhängigkeit von ihrem Entwicklungsstadium angewiesen sind und die deshalb auch eine sehr viel höhere Anzahl von Nachkommen produzieren müssen, um die Erhaltung der Art zu gewährleisten. Neugeborene Kälber, Lämmer, Fohlen und Ferkel werden über die **Kolostralmilch** mit den für die Ausbildung einer **passiven Immunität** notwendigen Immunglobulinen versorgt. Der regelmäßige Kontakt mit dem Muttertier durch das Säugen stellt schließlich eine wichtige Komponente beim Zustandekommen der für die Entwicklung des Jungtieres bedeutenden **Beziehung zum Muttertier** dar. Auf der Ebene des zentralen Nervensystems spielt dabei das durch den Saugakt aus der Hypophyse freigesetzte Hormon Oxytocin eine wichtige Rolle. Gleichzeitig kann die Laktation einen hemmenden Einfluß auf den Zyklus ausüben, indem in Abhängigkeit von der Tierart ein **Laktationsanöstrus** auftritt.

Aufgrund züchterischer Selektion und der Optimierung von Fütterung und Haltung sind heutzutage bei Rindern Milchleistungen von jährlich über 12000 kg möglich. Milch stellt mit einer jährlichen Produktion von 27 Mio. t in der Bundesrepublik Deutschland einen wichtigen Wirtschaftsfaktor und ein wichtiges **Nahrungsmittel** für den Menschen dar. Daneben gewinnt das Euter zunehmend an Bedeutung als **Bioreaktor** für die Produktion von Proteinen, die auf Grund genetischer Defekte von einzelnen Menschen selbst nicht synthetisiert werden können, was beispielsweise für den Blutgerinnungsfaktor VIII zutrifft. Die Synthese solcher Fremdproteine ist in transgenen Tieren mit Hilfe gentechnischer Methoden möglich.

24.2 Aufbau und Entwicklung der Milchdrüse

24.2.1 Morphologie der Milchdrüse

Die Milchdrüse ist eine modifizierte apokrine Hautdrüse. Ihr anatomischer Aufbau zeigt hinsichtlich Anzahl und Ausbildung der **Milchdrüsenkomplexe** ausgeprägte tierartliche Unterschiede. Bei der Kuh findet man je Euterhälfte zwei Mammarkomplexe, während bei Schaf, Ziege und Pferd jeweils nur ein Mammarkomplex vorhanden ist. Das Gesäuge vom Schwein besteht meist aus 7, das von Hund und Katze aus 4 bis 6 paarigen Mammarkomplexen. Das Euter bzw. das Gesäuge liegt bei Wiederkäuern und Pferd in der Inguinalregion. Beim Schwein und bei Fleischfressern finden sich Mammarkomplexe auch in der Brust- und Bauchregion. An den Mammarkomplexen unterscheidet man den **Drüsenkörper** und die **Zitze**. Während bei Wiederkäuern nur ein **Zitzenkanal** je Zitze vorhanden ist, sind es beim Schwein und Pferd zwei, seltener drei. Bei Hund und Katze sind 7-14 bzw. 4-7 Öffnungen pro Zitze ausgebildet.

Die Milch wird von spezifischen **Alveolarzellen** sezerniert, die als kleine Anhäufungen die Drüsenläppchen bilden. Diese Läppchen werden von Bindegewebe, dem Stroma, umgeben. Die Ausführungsgänge der Läppchen, auch Milchkapillaren genannt, sind mit einem einschichtigen Epithel ausgekleidet und ebenfalls zur Milchsekretion befähigt. Über immer größere **Milchgänge** gelangt die Milch in die **Drüsen**- und letztlich in die **Zitzencisterne**. Die Milchabgabe erfolgt über den **Zitzenkanal**. Die

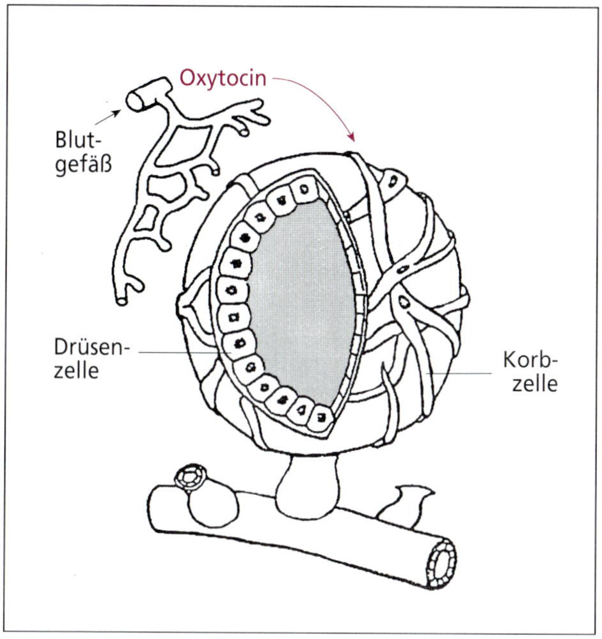

Abb. 24.1 Schematische Darstellung von Euteralveolen des Rindes (Schams, 1994).

Drüsenalveolen werden von Myoepithelzellen, den Korbzellen, umgeben. Ihre Kontraktion führt unter dem Einfluß des Hormons Oxytocin zur Milchejektion beim Säugen der Jungen bzw. beim Anrüsten (Abb. 24.1).

24.2.2 Entwicklung der Milchdrüse

Bei der Entwicklung der Struktur sowie der Ausbildung und Aufrechterhaltung der Funktion der Milchdrüse unterscheidet man folgende drei Abschnitte, die jeweils unter endokriner Kontrolle stehen: die **Mammogenese** (morphologische Entwicklung der Milchdrüse), die **Lactogenese** (Einsetzen der Drüsenfunktion) und die **Galaktopoese** (Fortbestand der Laktation). Die Säugetiere zeichnen sich dabei durch unterschiedliche Strategien zur Entwicklung der Milchdrüse sowie zur Auslösung und Erhaltung der Laktation aus. Von Bedeutung für diese Vorgänge sind dabei in tierartspezifischer Weise **Reproduktionshormone,** wie die Östrogene, das Progesteron und das Oxytocin, **Stoffwechselhormone,** wie das Wachstumshormon (Somatotropin, STH), die Glucocorticosteroide, das Trijodthyronin und das Insulin sowie das placentäre Lactogen und das Prolactin.

Die Entwicklung der Milchdrüse sowie das Einsetzen und der Fortbestand der Laktation stehen unter der Kontrolle von Reproduktions- und Stoffwechselhormonen.

24.2.2.1 Mammogenese

Die Mammogenese umfaßt die Anlage, das Wachstum und die Differenzierung der Milchdrüse bis zum Beginn der Laktation. Man kann dabei die Phase der Embryonalentwicklung, die der Wachstums- und Differenzierungsvorgänge bis zum Eintritt der Geschlechtsreife sowie schließlich eine dritte Phase während der Trächtigkeit unterscheiden.

Ontogenetisch läßt sich die Milchdrüse auf eine Verdickung der Epidermis zurückführen, die als **Milchleiste** bezeichnet wird. Ihre Entwicklung aus dem Ektoderm steht unter genetischer und endokriner Kontrolle, deren Einzelheiten noch weitgehend ungeklärt sind. Bei männlichen Feten wird die Entwicklung frühzeitig durch Testosteron gehemmt. Beim weiblichen Fetus des Rindes werden bereits im sechsten Monat der Trächtigkeit die Anlagen der Milchdrüse gebildet, die aus einer kleinen Zitze mit Zitzenkanal, Zitzen- und Drüsencisterne und einem einfachen Gangsystem bestehen. Bis zur Geburt findet dann keine weitere nennenswerte Entwicklung mehr statt. In der Zeitspanne zwischen Geburt und Geschlechtsreife kommt es zu einer geringen Größenzunahme des Drüsenkörpers, die in erster Linie auf eine Einlagerung von Fett zurückzuführen ist.

Das Einsetzen der **Geschlechtsreife** hat in Verbindung mit dem ersten Zyklus unter dem Einfluß der vom Ovar gebildeten Reproduktionshormone eine weitere Ausbildung und Differenzierung der Milchdrüse zur Folge. Ein entscheidender Impuls für die Entwicklung und das Wachstum der Milchdrüse geht von der ersten Trächtigkeit aus. Verbunden mit einer Größenzunahme entwickelt sich beim Rind in den ersten drei Monaten der Trächtigkeit zunächst das Gangsystem, vom vierten Monat an bilden sich die Alveolen aus.

Die Entwicklung der **Sammel**- und **Ausführungsgänge** der Milchdrüse wird von Östrogenen, Wachstumshormon und Glucocorticosteroiden stimuliert. Die Bildung der **Drüsenalveolen** steht unter der endokrinen Kontrolle von Östrogenen, Progesteron, Prolactin, Wachstumshormon, Glucocorticosteroiden und Trijodthyronin. **Progesteron** stimuliert während der Trächtigkeit nicht nur die Ausbildung der Drüsenalveolen, sondern es hemmt gleichzeitig die Milchbildung. Diese Hemmwirkung ist jedoch nicht absolut. Beim Rind und bei anderen Tierarten bleibt die Milchsekretion auch bei einer erneuten Trächtigkeit bestehen. Für die Differenzierung der Drüsenalveolen sind die **Östrogene** und das **Prolactin** weitere wichtige Stimulatoren. Während dabei Prolactin für die Mammogenese des Kaninchens essentiell ist, spielt es bei der Ratte und der

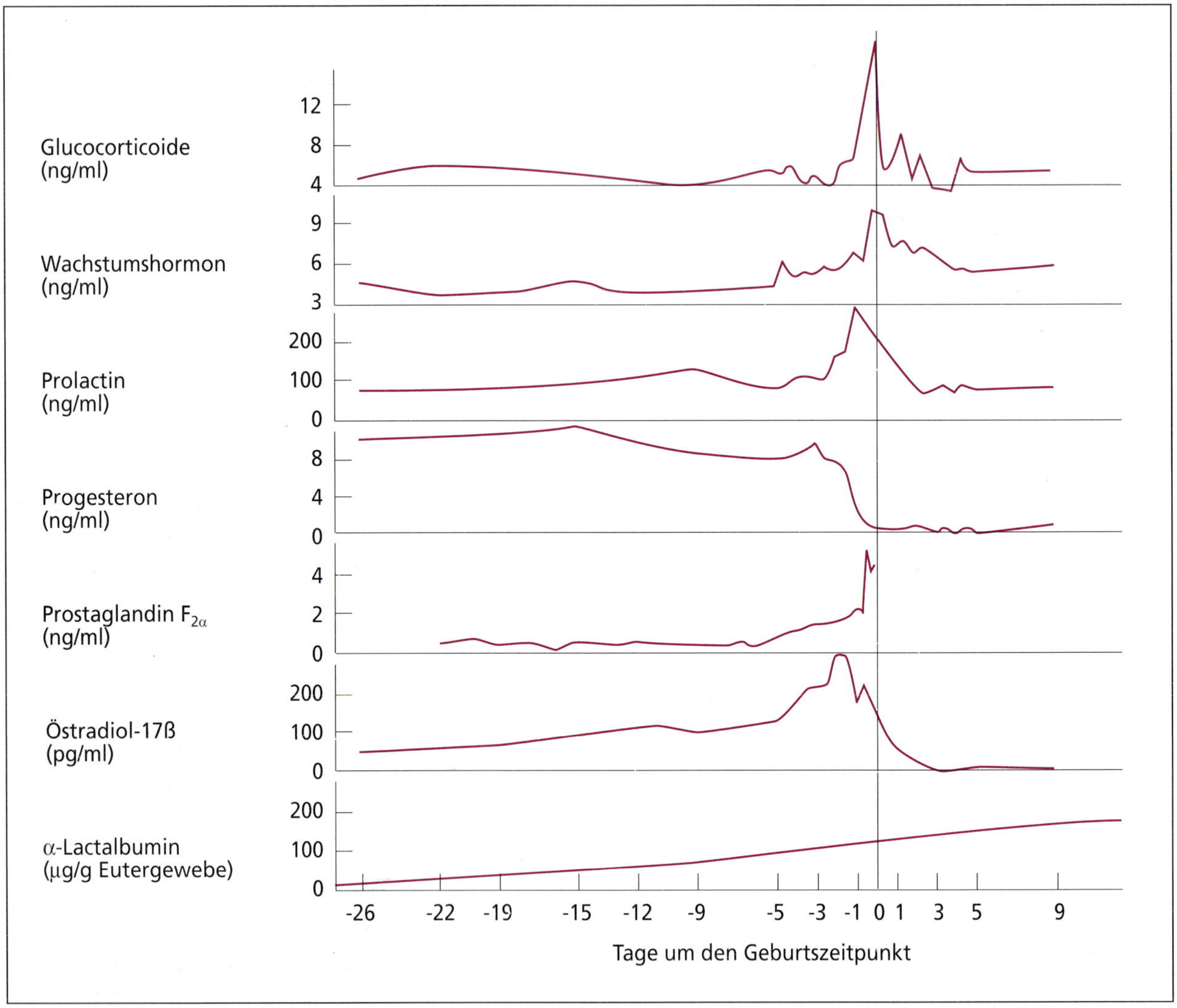

Abb. 24.2 Hormonprofile im Blutplasma des Rindes im geburtsnahen Zeitraum (modifiziert nach Tucker, 1979).

Maus keine Rolle. Seine Bedeutung in der Differenzierung der Drüsenalveolen bei den Wiederkäuern ist fraglich. Im Gegensatz zu den landwirtschaftlichen Nutztieren sind beim Hund und bei der Katze Östrogene an der Mammogenese beteiligt.

Darüber hinaus synthetisieren verschiedene Nagetiere, Primaten sowie Ziege, Schaf, Kuh und Reh ein **placentäres Lactogen** (Somatomammotropin), das die Ausbildung der Milchdrüse auch beim Fehlen von Prolactin fördert. Durch Bindung an den Prolactinrezeptor kann es eine prolactinähnliche Wirkung entfalten. Bei der Kuh ist dieses Hormon nur in niedrigen Konzentrationen im Blutplasma nachweisbar. Bei der Ziege korreliert der am Ende der Trächtigkeit vorhandene Spiegel mit der Milchleistung post partum, beim Schaf mit der Anzahl der Feten. Kaninchen, Hund, Katze, Pferd und Schwein bilden dagegen kein placentäres Lactogen.

Schließlich beeinflussen das **Wachstumshormon**, vermutlich über IGF-1, **Insulin**, **Glucocorticosteroide** und **Trijodthyronin** die Entwicklung der Milchdrüse entweder durch eine direkte Wirkung auf Differenzierungsvorgänge oder aber über die Stimulation des Gesamtstoffwechsels.

Während der **Laktation** kommt es beim Rind nur noch zu einem geringgradigen (10%) Wachstum der Milchdrüse. Bei anderen Species, wie beispielsweise der Ratte, ist noch nach der Geburt eine ausgeprägte Größenzunahme zu beobachten. Die Mammogenese wird durch das Fütterungsniveau, die Photoperiode und die Dauer der Trockenstehzeit beeinflußt.

Die Entwicklung der Milchdrüse beginnt embryonal und erstreckt sich bis zur ersten Laktation. Insbesondere in der Bedeutung von Prolactin bestehen speciesabhängige Unterschiede.

24.2.2.2 Lactogenese

Unter **Lactogenese** versteht man das Einsetzen der Laktation (Milchsynthese und Milchsekretion) gegen Ende der Trächtigkeit. Sie unterliegt vielfältigen hormonalen Einflüssen (Abb. 24.2). Bei der Lactogenese unterscheidet man zwei Phasen: Phase I, in der es zur Ansammlung von **Präkolostrum** im Euter kommt, und Phase II, die mit der Geburt und der Sekretion des Kolostrums beginnt. In der **Phase I** ist zunächst eine zytologische und enzymatische Differenzierung der Alveolarzellen zu erkennen. So erhöht sich beispielsweise der Anteil des rauhen endoplasmatischen Reticulums und des Golgi-Apparates in den Zellen. Der Anstieg des Gehaltes an mRNA ist Ausdruck einer gesteigerten Enzymsynthese.

Die Auslösung der **Phase II**, der eigentlichen Laktation, ist auf den Wegfall der Hemmung der Milchsekretion durch **Progesteron** bei gleichzeitig vorübergehend erhöhten **Prolactinkonzentrationen** im Blutplasma zurückzuführen. In Verbindung mit dem Einsetzen einer intensiven Mitose der Drüsenzellen kommt es zur Stimulierung der Synthese und Sekretion von Lactose, Fett, Caseinen und anderen Proteinen. Die unterschiedlichen Strategien einzelner Species zur Sicherung der Trächtigkeit und zur Auslösung der Geburt bedingen auch gewisse Unterschiede bei der hormonalen Auslösung der Laktation.

Im Vordergrund der hormonalen Beeinflussung der Lactogenese steht der laktogene Effekt des **Prolactins**, der die Anwesenheit von Glucocorticosteroiden voraussetzt, die die Ausbildung von Prolactinrezeptoren stimulieren. Der entscheidende Einfluß von Prolactin für die Initiierung der Laktation wurde bei Versuchen mit einer Verabreichung von Bromocriptin deutlich, das die Sekretion von Prolactin hemmt und so das Einsetzen der Laktation unterbindet. Weiterhin sind die **Östrogene** ebenso wie das **Trijodthyronin** und das **Wachstumshormon** von Bedeutung. Der hemmende Einfluß von Progesteron auf die Lactogenese beruht einerseits auf seinem direkten Effekt auf die Alveolarzellen, und zwar über spezifische Rezeptoren, andererseits auf seiner hohen Affinität zum Glucocorticoidrezeptor in den Alveolarzellen. Es verdrängt so Glucocorticoide kompetitiv vom Rezeptor.

> Prolactin ist das wichtigste Hormon für das Einsetzen der Laktation.

24.2.2.3 Galaktopoese

Als Galaktopoese wird die Aufrechterhaltung einer bereits bestehenden Laktation bezeichnet. Die Dauer einer Laktationsperiode und die jeweilige Laktationsleistung variieren dabei in Abhängigkeit von der Tierart (Tab. 24.1). Beim Rind haben die reinen Milchrassen mit etwa 300 Tagen generell längere **Laktationsperioden** als Fleischrassen mit etwa 130-150 Tagen. Bei Schaf und Ziege ist dies ähnlich. Als **Laktationsleistung** wird die Milchleistung bezeichnet, die über eine gesamte Laktationsperiode erbracht wird. Die **Laktationskurve** der Kuh zeigt innerhalb der ersten zwei Laktationswochen einen steilen Anstieg der Tagesmilchmenge. Das Maximum wird nach 6-8 Wochen erreicht. Im weiteren Verlauf der Laktation kommt es dann zu einer kontinuierlichen Abnahme der täglich sezernierten Milchmenge (Abb. 24.3).

Tabelle 24.1 Laktationsdauer und Milchleistung bei verschiedenen Tierarten

Tierart	Laktationsdauer (Tage)	Laktationsleistung (kg)
Rind (Milchrasse)	300	5000-12000
Schaf	120-200	120-1000
Ziege	200-250	500-1000
Schwein	50-60	400-600
Pferd	90-210	1500-2600
Hund	50-90	–
Katze	50	–

Die **Milchleistung** und der **Verlauf** der **Laktationskurve** werden durch eine Reihe von Faktoren beeinflußt. Neben der Energieversorgung sind die Anzahl der vorausgegangenen Laktationen, das Alter des Tieres, die Dauer des Trockenstehens, das Klima und hier vor allem die Umgebungstemperatur sowie der Gesundheitszustand des Tieres von Bedeutung. Die Milchleistung der Kuh steigt zunächst mit zunehmender Anzahl der Laktationen an, erreicht ihr Maximum in der 2.-3. Laktation, um dann wieder abzufallen. Ferner verringert sie sich bei einer Verkürzung der Trockenstehperiode sowie als Folge einer zu hohen oder zu niedrigen Umgebungstemperatur. Bei den europäischen Rinderrassen liegt das Temperaturoptimum zwischen 5° und 27°C.

In Abhängigkeit von der Milchleistung treten beim Rind im Verlauf der Laktation Veränderungen in der Konzentration der Milchinhaltsstoffe auf. Während die an Lactose abnimmt, kommt es nach einem anfänglichen Abfall zu einem weitgehend parallelen Anstieg der Fett- und Eiweißkonzentration. Entsprechend erhöht sich auch der Energiegehalt der Milch von annähernd 3 MJ/kg etwa 4 Wochen nach der Geburt auf 3,5 MJ/kg zum Ende der Laktationsperiode (Abb. 24.3).

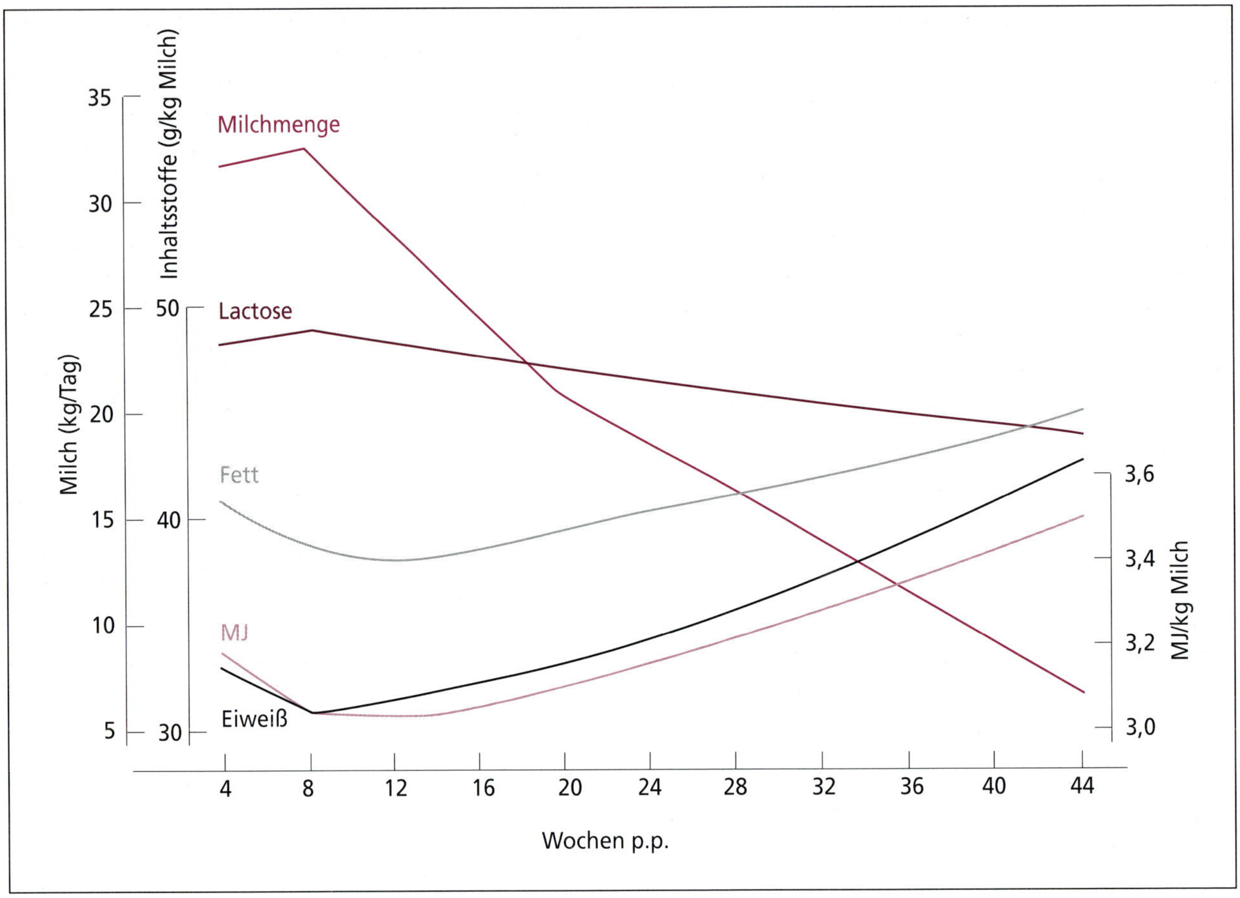

Abb. 24.3 Veränderungen von Milchleistung und Milchinhaltsstoffen im Verlauf der Laktation beim Rind (Huth, 1995).

Für die Aufrechterhaltung der Milchsekretion sind generell Prolactin, Insulin, Glucocorticosteroide, Trijodthyronin und Wachstumshormon notwendig. Bei den meisten Tierarten und beim Menschen kommt dabei dem **Prolactin** eine entscheidende Bedeutung zu. Saugen, Melken und Manipulationen am Euter steigern die Prolactinabgabe. Beim Kaninchen ist nach einer Hypophysektomie die Verabreichung von Prolactin allein in der Lage, die Milchsekretion aufrechtzuerhalten, während bei Schafen und Ziegen dazu noch Wachstumshormon, Glucocorticosteroide und Trijodthyronin notwendig sind. **Insulin** und **Trijodthyronin** entfalten sowohl eine lokale als auch eine systemische Wirkung. Bei Mäusen und Wiederkäuern hat dagegen Prolactin nur eine untergeordnete Bedeutung für die Aufrechterhaltung der Laktation. So reduziert eine Verabreichung von Bromocriptin die Milchsekretion nur um 15%. Die Aufgabe von Prolactin übernimmt bei diesen Species das **Wachstumshormon**. Seine Bedeutung für die Zunahme der Milchsekretion wurde durch Untersuchungen mit einer parenteralen Verabreichung von rekombiniertem bSTH an Kühe belegt. Da Rezeptoren für STH am Euter des Rindes nicht nachgewiesen werden konnten, ist seine Wirkung entweder indirekter Natur (IGF-1) oder systemischer Art, indem es die Verteilung des Nährstoffstromes zwischen Eutergewebe und extramammären Geweben zugunsten der Milchdrüse verändert.

Durch die einsetzende Milchbildung kommt es im Euter zu einer Zunahme des **Blutflusses** und der **Stoffwechselaktivität**. Die Erhöhung des mammären Blutflusses sichert die Versorgung des Euters mit Substraten zur Energiegewinnung und zur Synthese der Milchbestandteile. Sie kommt durch eine Vasodilatation und eine gleichzeitige Zunahme des Herzminutenvolumens um den Faktor 2-3 im Vergleich zu trockenstehenden Kühen zustande. Für die Bildung von einem Liter Milch müssen etwa 500 Liter Blut durch das Euter des Rindes fließen. Dabei können 20-30% des Herzminutenvolumens auf die laktierende Milchdrüse entfallen.

Bei den Wiederkäuern ist STH, bei den übrigen Haustieren Prolactin für die Aufrechterhaltung der Laktation notwendig.

24.2.3 Involution der Milchdrüse

Die Involution der Milchdrüse wird durch das Unterlassen des Milchentzuges bei fehlendem Säugen bzw. Melken ausgelöst. Je nach Ursache unterscheidet man die **graduelle Involution**, die im Zusammenhang mit der Entwöhnung der Jungtiere bei Wildtieren erfolgt, die **ausgelöste Involution**, die infolge des Trockenstellens der Kuh auftritt, die **Altersinvolution** und die **Atrophie**. Die Involution der Milchdrüse ist auf eine kontinuierliche Abnahme der Anzahl der Drüsenzellen zurückzuführen und geht mit einem Rückgang der Milchleistung einher. Dafür werden sowohl eine Veränderung der Zellarchitektur der Epithelien und der damit verbundene Verlust der Sekretionsfähigkeit als auch die Eigenhemmung der Milchsekretion durch die Akkumulation eines inhibitorischen Peptids im Eutersekret diskutiert. Die Aktivität von Schlüsselenzymen (z.B. Acetyl-CoA-Carboxylase und Galaktosyltransferase) für die Synthese von Milchbestandteilen der verbleibenden Zellen verändert sich dabei jedoch nicht.

Die Periode des **Trockenstehens** ist bei Kühen notwendig, um dem Euter eine Ruhephase zu ermöglichen. Nur so kann in der nachfolgenden Laktation eine entsprechende Leistung erbracht werden. Für die Kuh ist dafür ein Zeitraum von 45-60 Tagen vor der Geburt optimal. Dieser Zeitraum des Trockenstehens kann bei der Kuh funktional in drei Phasen unterteilt werden: Er beginnt mit einer Phase der **aktiven Involution**, die sich etwa über drei Wochen erstreckt. Es folgt die Phase des **Gleichgewichtszustandes**, deren Dauer von der Gesamtdauer des Trockenstehens abhängig ist. Den Abschluß der Involution des Euters stellt der etwa dreiwöchige Zeitraum der Bildung des **Kolostrums** dar. Für eine befriedigende erneute Laktation ist Voraussetzung, daß ausreichend Zeit für Involution und Kolostrogenese zur Verfügung steht.

Im Zusammenhang mit der Involution kommt es zu Veränderungen in der Zusammensetzung des Eutersekretes. Dabei spielen sowohl Vorgänge der Sekretion und der Resorption als auch Veränderungen der Permeabilität der **Blut-Euter-Schranke** eine Rolle. Zunächst nimmt das Sekretvolumen drastisch ab, und parallel dazu fällt die Konzentration an milchspezifischen Komponenten, wie der Lactose, des Fettes und der Caseine, ab. Bestandteile der Milch, die aus dem Blut entnommen unverändert in der Milch erscheinen, wie die Immunglobuline IgG sowie IgM und das Milchserumalbumin, steigen dagegen in ihrer Konzentration an. Dies führt dazu, daß die Konzentration an Gesamtprotein im Eutersekret nicht abfällt, sondern ansteigt.

Während der Involution besteht für das Euter ein erhöhtes Infektionsrisiko. Durch das Eindringen von Keimen über den Zitzenkanal können **Euterentzündungen** (Mastitiden) insbesondere in der Anfangsphase der Involution und der Endphase der Kolostrogenese auftreten. Dabei wird die Ausbildung einer Mastitis durch den erhöhten Euterinnendruck, das fehlende Ausspülen der Keime im Zusammenhang mit dem Melkvorgang, das Fehlen der Euter- und Zitzenhygiene sowie die Ödematisierung am Ende der Kolostrogenese begünstigt. Bei der Abwehr von Euterinfektionen spielen sowohl anatomische Strukturen und mechanische Barrieren, wie der Keratinverschluß der Zitze, als auch die Gewebe- und Zellabwehr, antibakterielle Proteine (Lactoferrin) und Immunglobuline eine wichtige Rolle.

Die Periode des Trockenstehens ermöglicht dem Euter eine Ruhephase. Am Ende dieses Zeitraums kommt es zur Bildung des Kolostrums.

24.3 Milchspeicherung und Milchabgabe

Die **Sekretion** der Milch durch die Alveolarzellen des Euters ist ein **kontinuierlicher Vorgang**. Die **Milchabgabe** erfolgt dagegen **schubweise** beim Säugen durch das Jungtier oder durch das Melken. Die sich bildende Milch wird daher zwischenzeitlich in einem Hohlraumsystem mit hoher Dehnungskapazität gespeichert, das aus einem **Alveolen-** und einem **Cisternenteil** besteht. Der erstgenannte Abschnitt umfaßt dabei die Hohlräume der Alveolen und der kleinen Milchgänge. Aus dem Cisternenteil fließt die Milch, wenn man eine Kanüle in den Zitzenkanal einführt, ungehindert ab. Für die Abgabe der Milch aus dem Alveolenteil bedarf es dagegen der Einwirkung von **Oxytocin**, das den Übertritt der Alveolarmilch in den Cisternenteil bewirkt.

24.3.1 Milchspeicherung

Die gebildete Milch tritt zunächst in das Lumen der Alveolen ein. Mit zunehmender Füllung dieses **dynamischen Speichers** werden die Kapillar- und Adhäsionskräfte überwunden, die die Milch in den Alveolen zurückhalten, und sie gelangt zunächst in die kleinen Milchgänge. Etwa 3-4 Stunden nach dem letzten Milchentzug beginnt dann der Übertritt von Milch in die Drüsencisterne, aus der sie ohne Oxytocingabe durch Ausschaltung des Zitzenverschlusses

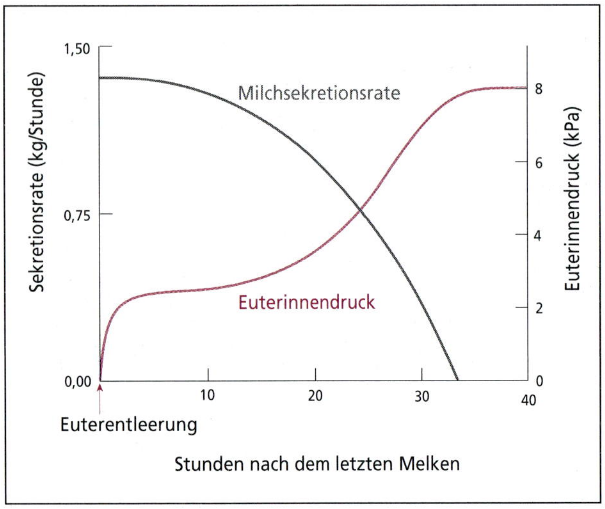

Abb. 24.4 Einfluß des Euterinnendruckes auf die Sekretionsrate der Milch beim Rind in Abhängigkeit vom Zeitpunkt nach dem letzten Milchentzug (Gravert, 1983).

gewonnen werden kann. Die Füllung dieses **statischen Speichers** in der Cisterne erfolgt, bedingt durch die Einwirkung der Schwerkraft, von unten nach oben. Der Anteil der Cisternenmilch am Gesamtgemelk liegt in Abhängigkeit von der Dauer der Zwischenmelkzeit bei 30-50%.

Die Ansammlung von Milch in den Milchgängen und in der Drüsencisterne während der Zwischenmelkzeit, die beim Rind beim üblichen 2maligen Melken zwischen 8 und 14 Stunden schwankt, führt zu einem Anstieg des **intracisternalen Druckes** auf etwa 23 mm Hg (3 kPa). Die Zunahme des Druckes in den ersten 2-3 Stunden nach dem Milchentzug ist auf den Abfluß von Residualmilch aus den Alveolen in die Cisterne zurückzuführen. Infolge des kontinuierlichen Druckanstieges nimmt, 10-12 Stunden nach dem letzten Melken beginnend, die Milchbildung kontinuierlich ab. Nach etwa 33 Stunden wird die Sekretion schließlich vollständig unterdrückt (Abb. 24.4). Bisher wurde der zunehmende Euterinnendruck als Ursache für das Sistieren der Milchsekretion betrachtet. Nach neueren Untersuchungen ist jedoch für die Hemmung ein von den Alveolarzellen synthetisiertes niedermolekulares (< 30 kDa) und hitzelabiles Protein verantwortlich. Es hemmt über spezifische Rezeptoren an den Alveolarzellen (autokrine Regulation) die Milchsekretion. Im Zusammenhang mit dem Trockenstellen hat der Druckanstieg zur Folge, daß Milchbestandteile im Euter rückresorbiert werden und so die Involution der Milchdrüse eingeleitet wird.

Da mit steigendem intramammären Druck während der Milchspeicherung die Milchsekretion abfällt, nimmt die Tagesleistung mit der Melkhäufigkeit zu. Der Ausfall von einer Melkzeit hat bei der Kuh eine Verminderung der Milchsekretionsrate um mindestens 30% zur Folge. Ein mehr als 2maliges Melken pro Tag fördert dagegen im Vergleich zu dem unter Praxisbedingungen üblichen 2maligen Melken die Milchleistung um 10-25% beim Rind und um etwa 10% bei der Ziege. Dieser Effekt ist vor allem in der Anfangsphase der Laktation zu beobachten, da dann durch die hohe Milchleistung der Druckanstieg im Euter besonders ausgeprägt ist.

Der mehrmalige Milchentzug hat nicht nur einen positiven Einfluß auf die Tagesmilchleistung, sondern er verzögert auch die **Auslösung** einer **Ovulation.** Beim üblichen 2maligen täglichen Melken tritt beim Rind die erste normale Brunst im Mittel 33 Tage nach der Geburt auf. Werden dagegen die Kälber beim Muttertier belassen und können nach Belieben saugen, so verlängert sich dieser Zeitraum auf durchschnittlich 72 Tage. Beim Schwein unterdrückt das Saugen der Ferkel den Zyklus vollständig, und der erste Östrus tritt erst etwa eine Woche nach dem Absetzen der Tiere auf. Auch beim Menschen hemmt ein regelmäßiges Stillen die Ovulation deutlich.

Die **Zusammensetzung** der **Alveolarmilch** unterscheidet sich in ihren Konzentrationen an Protein, Lactose und Elektrolyten nur wenig von der **Cisternenmilch.** Es bestehen jedoch deutliche Unterschiede im **Fettgehalt**. Nach einer Zwischenmelkzeit von 12 Stunden ist der Fettgehalt der Cisternenmilch deutlich niedriger und derjenige der Alveolarmilch deutlich höher als der durchschnittliche Fettgehalt der Milch. Die Höhe der Milchfettkonzentration in der Alveolarmilch nimmt dabei mit zunehmender Dauer der Zwischenmelkzeit zu. Die Ursache für diese Anreicherung von Milchfett sind vor allem die Kapillar- und Adhäsionskräfte in den Alveolen des Euters, die insbesondere die großen Milchfettkügelchen zurückhalten. Die ungleiche Verteilung von Fett zwischen Alveolar- und Cisternenmilch ist der Grund dafür, daß die am Morgen ermolkene Milch aufgrund der längereren Zwischenmelkzeit und dem damit verbundenen höheren Anteil an Cisternenmilch einen niedrigeren Fettgehalt aufweist als die Abendmilch. Aufgrund des höheren Fettgehaltes der Alveolarmilch steigt die Milchfettkonzentration bei einer portionsweisen Entnahme des Gesamtgemelkes von anfänglich 2% auf bis zu 10% an.

24.3.2 Milchabgabe

Während die Milch der Drüsen- und Zitzencisterne bei einem Wegfall des Verschlusses im Strichkanal nach dem Einführen einer Kanüle passiv abfließen

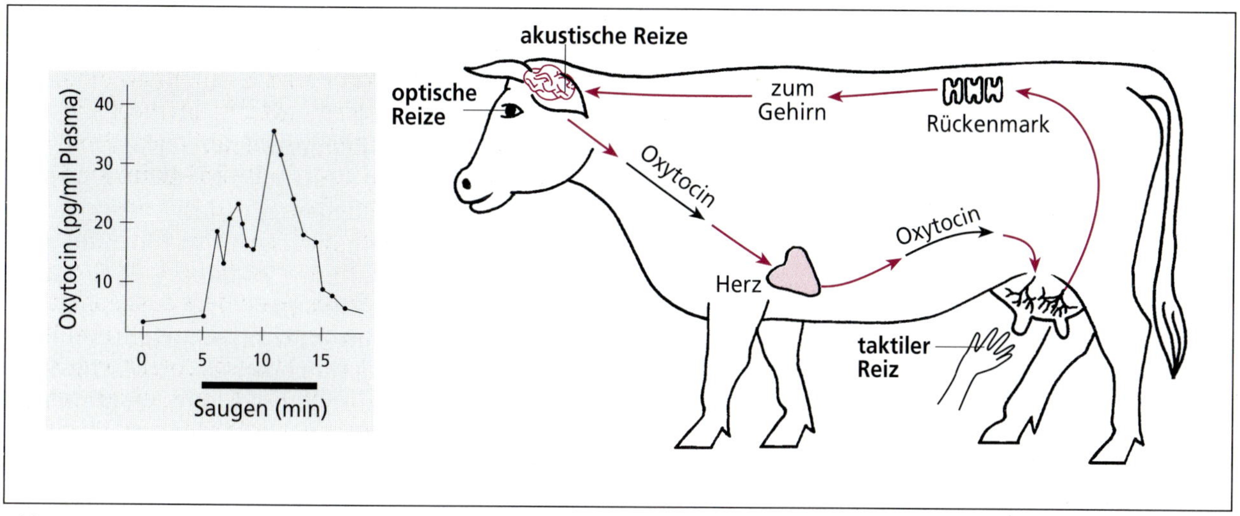

Abb. 24.5 Schematische Darstellung des neurohormonalen Reflexbogens bei der Michejektion und Einfluß des Saugens des Kalbes auf den Oxytocinspiegel im Plasma (Schams, 1994).

kann, muß die Alveolarmilch zunächst in den Cisternenteil überführt werden, bevor sie ermolken werden kann. Dieser als **Milchejektion** oder Einschießen der Milch bezeichnete Vorgang ist auf die durch **Oxytocin** ausgelöste Kontraktion der die Alveolen umgebenden Myoepithelzellen und der glatten Muskelzellen der kleinen Milchgänge zurückzuführen.

Von besonderer Bedeutung für die Entleerung der Milchdrüse ist die Milchejektion bei den Species, die keine oder eine nur sehr gering ausgebildete Drüsencisterne aufweisen (Schwein, Kaninchen, Ratte und Mensch). Bei der Ziege ist sie dagegen aufgrund des vergleichsweise hohen Anteils der Drüsencisterne am Hohlraumsystem des Euters für den vollständigen Milchentzug nur von geringer Bedeutung.

Die Auslösung der Milchejektion erfolgt über einen **neurohormonalen Reflexbogen** (Abb. 24.5). Dabei führt das Saugen des Kalbes, das Anrüsten des Euters oder das Melken des Tieres durch mechanische Reizung von Rezeptoren an der Zitze zur Auslösung einer nach zentral fortschreitenden Erregung. Über das Rückenmark, die Medulla oblongata und den Thalamus wird die Erregung zum Hypothalamus weitergeleitet, wo sie zu einer vermehrten Freisetzung von im Hypophysenhinterlappen gespeichertem Oxytocin führt. Das Hormon erreicht dann über die Blutbahn die Milchdrüse und wird an spezifische Rezeptoren der Myoepithelzellen und der glatten Muskelzellen der kleinen Milchgänge gebunden. Die Kontraktion der Korbzellen erhöht den Innendruck in den Alveolen, wodurch die Milch aus den Alveolen in die kleinen, durch eine Kontraktion ihrer glatten Muskelfasern weitgestellten Milchgänge gepreßt wird, von wo aus sie frei bis in die Drüsen- und Zitzencisterne fließen kann. Die Zeit zwischen dem Beginn der mechanischen Euterstimulation und dem Einschießen der Milch wird als **Latenzzeit** bezeichnet und beträgt etwa eine Minute. Die Oxytocinwirkung hält dann über 5-7 Minuten an, wobei der Spiegel des Hormons im Blutplasma infolge des Abbaus des Oxytocins durch das Enzym Oxytocinase in dieser Zeit wieder absinkt. Der Milchejektionsreflex muß beim Melken per Hand oder beim Maschinenmelken vor dem eigentlichen Melkvorgang durch das **Anrüsten** des Euters ausgelöst werden. Bereits das Abmelken der ersten Milch und das Reinigen des Euters wirken fördernd auf die Oxytocinabgabe. Nach dem Anrüsten sollte umgehend mit dem Melken begonnen werden. Wird das Euter durch Anrüsten nur ungenügend auf den Milchentzug vorbereitet, kann dies zu einer fraktionierten Abgabe von Oxytocin führen, was eine unvollständige Milchejektion zur Folge hat.

Neben seinem Einfluß auf die Kontraktion der glatten Muskulatur des Eutergewebes steigert Oxytocin auch die **Durchblutung** des Euters um 30-50%. Diese vermehrte Durchblutung fördert den Stoffwechsel der Drüsenzellen und unterstützt die Wirkung von Oxytocin, indem es im Euter rascher anflutet. Durch **Catecholamine**, die im Zusammenhang mit „Streßsituationen" (Unruhe, Schmerz, Schreck) vermehrt aus dem Nebennierenmark in die Blutbahn abgegeben werden, wird die Milchejektion gehemmt. Als Ursache dafür werden eine Vasokonstriktion der Euterkapillaren mit nachfolgender Verminderung der Durchblutung sowie eine Kontraktion glatter Muskelfasern an den mittleren und großen Milchgängen diskutiert.

Bei dem beschriebenen Milchejektionsreflex handelt es sich im Regelfall um einen **unbedingten Reflex**, ausgelöst durch die mechanische Reizung spezifischer Rezeptoren. Darüber hinaus kann es aber auch durch Gewöhnung zur Ausbildung eines **bedingten Reflexes** kommen, bei dem dann unspezifische Reize, wie z.B. Geräusche beim Melken, die Anwesenheit des Melkpersonals oder das Erkennen und die Lautäußerungen des Kalbes, eine Milchejektion auslösen.

Als **Residualmilch** wird schließlich die nach dem Melken im Alveolenteil des Euters verbleibende Milch bezeichnet.

Die Auslösung der Milchejektion erfolgt über einen neurohormonalen Reflexbogen. Für die Kontraktion der glatten Muskulatur des Eutergewebes ist Oxytocin verantwortlich.

24.4 Zusammensetzung der Milch

Die Milch enthält als Sekret der Milchdrüse organische und anorganische Inhaltsstoffe sowie Zellen. Die mengenmäßig dominierenden organischen Bestandteile sind das Milchfett, die Milchproteine und die Lactose. Daneben sind in der Milch Mengenelemente, Spurenelemente, Vitamine und niedermolekulare organische Verbindungen enthalten. **Milchplasma** ist Milch ohne Milchfettkügelchen (Magermilch), **Milchserum** ist Milchplasma ohne Caseinmicellen (Molke).

In der Zusammensetzung der Milch der verschiedenen Tierarten bestehen erhebliche qualitative und quantitative Unterschiede (Tab. 24.2).

Tabelle 24.2 Mittlere Konzentrationen wichtiger Bestandteile in der Milch verschiedener Tierarten (Davies, Holt und Christi, 1983)

Tierart	Fett	Caseine	Milchserumproteine (g/l)	Lactose[1]	Calcium
Kuh	37	28	6	48	1,2
Ziege	45	25	4	41	0,9
Schaf	74	46	9	48	2,3
Schwein	68	28	20	55	4,2
Pferd	19	13	12	62	0,7
Mensch	38	4	6	69	0,3
Ratte	103	64	20	32	3,2

[1]als Lactosemonohydrat

24.4.1 Milchfett

24.4.1.1 Konzentration und Zusammensetzung des Milchfettes

Das Fett ist der wichtigste Energieträger in der Milch, der von allen Bestandteilen die bei weitem größten speciesabhängigen qualitativen und quantitativen Unterschiede aufweist. Im Milchfett sind die fettlöslichen Vitamine (Vitamin A, D, E und K) sowie Carotinoide enthalten.

Das Milchfett kommt in Form von kleinsten **Fettkügelchen** (0,1-15 µm Durchmesser) im Milchplasma vor. Die Milchfettkügelchen sind von einer **Membran** (8-10 nm Dicke) umhüllt. Sie ist zweischichtig aufgebaut, mit einer inneren, vorwiegend aus Triacylglyceriden bestehenden Schicht, und einer äußeren Schicht, die sich hauptsächlich aus Phospholipiden, Sphingomyelinen, Lysophosphatiden und Proteinen zusammensetzt. Durch diese Membran wird die Oberflächenspannung zwischen dem Fett und dem Milchplasma stark vermindert, und sowohl das Aufrahmen der Milch als auch der enzymatische Abbau von Triacylglyceriden werden verzögert.

Der **Fettgehalt** der Milch variiert bei den einzelnen Tierarten in erheblichem Maße (20-103 g/l) (Tab. 24.2). Schaf- und Schweinemilch weisen im Vergleich zur Milch der Kuh und Ziege sowie insbesondere der des Pferdes deutlich höhere Milchfettkonzentrationen auf. Meeressäuger in den Polarregionen, wie z.B. der Blauwal und die Sattelrobbe, bilden eine Milch, die zu mehr als der Hälfte aus Fett besteht. Abweichend von den großen Unterschieden in der Gesamtkonzentration an Milchfett differieren die Anteile der **einzelnen Lipidklassen** nur wenig zwischen den verschiedenen Species. Triacylglyceride dominieren bei weitem (97-98%).

Die Milchfette enthalten kurz- (C_4 und C_6), mittel- (C_8, C_{10} und C_{12}) sowie langkettige Fettsäuren (C_{14} und länger). In der **Fettsäurezusammensetzung** bestehen erhebliche Speciesunterschiede. Das Milchfett der Wiederkäuer ist durch relativ hohe Anteile an Butter- und Valeriansäure charakterisiert. Die mikrobielle Hydrierung der ungesättigten Fettsäuren der Futterfette im Pansen ist die Ursache für die im Vergleich zum Menschen und zur Ratte niedrigen Anteile der Linolsäure im Fett der Wiederkäuermilch. Das Milchfett einiger Nichtwiederkäuer, z.B. das der Ratte, enthält höhere Anteile an mittelkettigen Fettsäuren (C_{10} und C_{12}) sowie an Laurin- und Palmitinsäure als das der Wiederkäuer. Im Fett der Frauenmilch sind im Vergleich zu dem anderer Species keine Fettsäuren mit weniger als 10 C-Atomen und nur niedrige Anteile der drei mittelkettigen Fettsäuren, dagegen relativ hohe Anteile an Öl- und Linolsäure enthalten.

Phospholipide sind nur zu einem sehr geringen Anteil in der Milch zu finden und stellen Bestandteile der Membran der Milchfettkügelchen dar.

> Das Milchfett der Wiederkäuer enthält relativ hohe Anteile niedermolekularer Fettsäuren und nur geringe Anteile an Linolsäure, das Milchfett der Frauenmilch ist dagegen reich an Ölsäure und Linolsäure, wobei Fettsäuren bis zu einer Kettenlänge von 8 C-Atomen fehlen.

24.4.1.2 Synthese des Milchfettes

In der Milchdrüse findet eine intensive Fettsynthese statt, bei der Kuh können dabei bis zu 1,5 kg Butterfett/Tag gebildet werden. Für die Synthese der Triacylglyceride der Milch müssen dazu die entsprechenden Fettsäuren als Acyl-CoA-Verbindungen sowie Glycerol als Glycerophosphat im Euter zur Verfügung stehen. Die Synthese verläuft dann über den **Glycerophosphatweg**. Die Veresterung der Fettsäuren zu Triacylglyceriden erfolgt dabei durch Enzyme an der Oberfläche des endoplasmatischen Reticulums nach zwischenzeitlicher Abspaltung des Phosphatrestes aus der Phosphatidsäure. Eine Besonderheit der Wiederkäuer besteht dabei darin, daß die C_4- und die C_6-Säure beinahe ausschließlich in die *sn*-3-Position des Glycerols eingebaut werden.

Das für die Milchfettsynthese benötigte **Glycerophosphat** wird beim Wiederkäuer zu 50-60% aus Glucose über Triosephosphat aus der Glykolyse und über den Pentosephosphatweg im Euter synthetisiert. Die **Fettsäuren** der Triacylglyceride des Milchfettes stammen aus zwei Quellen:

- aus der **De-novo-Synthese** unter Verwendung von Acetat und β-Hydroxybutyrat in der Milchdrüse und
- aus **Lipoproteinen sehr niedriger Dichte** (very low density lipoproteins, VLDL; beim Rind < 1,019 g/ml) sowie **Chylomikronen** des Blutplasmas (Abb. 24.6).

• De-novo-Synthese von Fettsäuren

Von den Wiederkäuern werden Fettsäuren bis zu einer Kettenlänge von 14 C-Atomen vollständig und

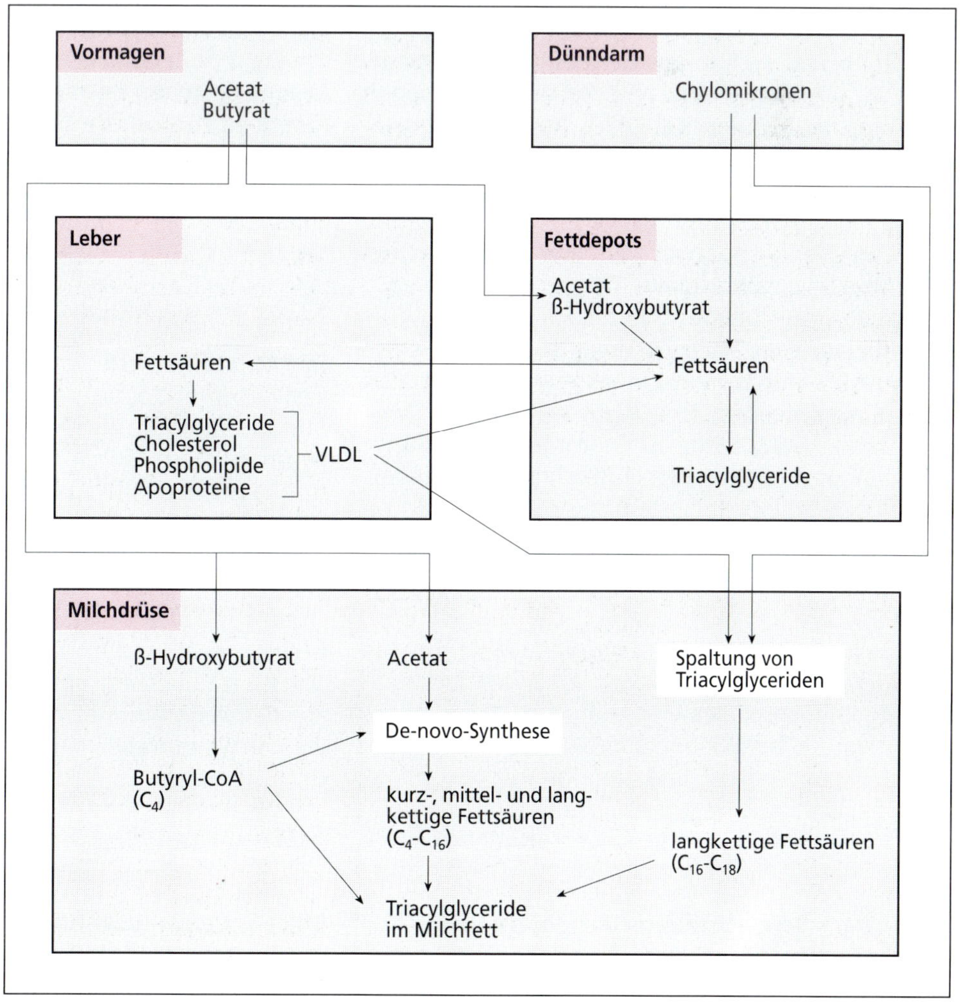

Abb. 24.6 Bereitstellung von Fettsäuren für die Synthese von Milchfett bei der Kuh. Die Fettsäuren werden entweder aus Acetat und Butyryl-CoA in der Milchdrüse gebildet oder stammen aus den in der Leber synthetisierten VLDL bzw. den in den Enterocyten gebildeten Chylomikronen durch Einwirkung einer Lipoproteinlipase in der Membran der Kapillaren.

Palmitinsäure teilweise über den Malonylweg im Euter synthetisiert. Beim Menschen werden dagegen nur sehr geringe Mengen mittelkettiger Fettsäuren gebildet.

Zur Synthese von Fettsäuren werden C-Atome und Wasserstoff in Bindung an NADP benötigt. Als **C-Quellen** dienen Acetat und Butyrat. Bei Nichtwiederkäuern entsteht dabei Acetyl-CoA aus Glucose. Bei Wiederkäuern, die nur wenig Glucose aus dem Darmkanal resorbieren und die nur niedrige Aktivitäten an Pyruvatkinase sowie ATP-Citrat-Lyase im Eutergewebe aufweisen, stammen Acetat und Butyrat aus dem mikrobiellen Stoffwechsel (Kap. 15.4.2.2) in den Vormagenabteilungen, wobei das dort gebildete Butyrat bei der Resorption eine Umwandlung zu β-Hydroxybutyrat erfährt. Es wird dann im Euter wieder in Butyryl-CoA zurückverwandelt und direkt in Triacylglyceride eingebaut oder ggf., ebenso wie bei den Nichtwiederkäuern, als Primer für die Synthese mittel- und langkettiger Fettsäuren genutzt (Abb. 24.6). **NADPH** kann über den Transhydrogenierungszyklus, den Pentosephosphatweg und den Isocitratweg bereitgestellt werden. Bei der Nutzung dieser Quellen gibt es tierartliche Unterschiede. Beim Schwein stammt das NADPH in erster Linie aus dem Pentosephosphatweg und aus dem Isocitratweg. Bei der Ratte dienen der Transhydrogenierungszyklus und der Pentosephosphatweg der Bereitstellung von NADPH. Das Rind gewinnt den Wasserstoff in Bindung an NADP für die Fettsäuresynthese aus dem Isocitratweg und dem Pentosephosphatweg; ersterer dominiert bei rauhfutterreichen Rationen.

Das vorherrschende Syntheseprodukt ist die Palmitinsäure, die nach 7maliger Anlagerung eines Acetatrestes durch eine Thioesterase I freigesetzt wird. Eine Thioesterase II kann den Synthesevorgang schon bei 8 oder 10 C-Atomen Kettenlänge beenden und spaltet Fettsäuren ab. Bei Wiederkäuern setzt die Fettsäuresynthase selbst Acyl-CoA frei, das dann ohne Aktivierung zur Synthese von Triacylglyceriden genutzt werden kann.

> Wiederkäuer verwerten als C-Quellen für die Fettsäuresynthese in den Vormagenabteilungen gebildetes Acetat und Butyrat, Nichtwiederkäuer dagegen Glucose. Der Wasserstoff in Bindung an NADP stammt bei Wiederkäuern und beim Schwein aus dem Isocitratweg und dem Pentosephosphatweg, bei der Ratte dagegen aus dem Pentosephosphatweg und dem Transhydrogenierungszyklus.

- **Entnahme von Fettsäuren aus Lipoproteinen**

Die zweite Quelle für Fettsäuren zur Triacylglyceridsynthese im Rahmen der Milchfettbildung stellen die **Chylomikronen** (Abb. 15.60) und **Lipoproteine** (Abb. 17.5) **sehr geringer Dichte** (< 1,019 g/ml) des Blutplasmas dar (Abb. 24.6). Bei ihrem Durchfluß durch die Kapillaren der Milchdrüse werden aus den Lipoproteinen Fettsäuren durch eine Lipoproteinlipase in der Membran der Endothelzellen hydrolytisch freigesetzt und danach zum größten Teil über die basolaterale Membran der sekretorischen Epithelzellen aufgenommen. Zur Aktivierung der Lipoproteinlipase bedarf es der Aufnahme von Apolipoprotein CII aus HDL-Partikeln.

> Die Fettsäuren im Milchfett der Kuh stammen aus der De-novo-Synthese im Euter und aus Lipoproteinen sehr geringer Dichte (VLDL) sowie Chylomikronen.

- **Einführung von Doppelbindungen**

In aus dem Blut aufgenommene oder im Euter synthetisierte Fettsäuren kann beim Wiederkäuer durch eine mikrosomale Desaturase eine Doppelbindung eingeführt werden, wobei aus Palmitinsäure Palmitoleinsäure und aus Stearinsäure Ölsäure gebildet werden. Daraus resultiert der im Vergleich zur Linolsäure relativ hohe Anteil von Ölsäure in der Wiederkäuermilch. Bei den Nichtwiederkäuern bestehen beträchtliche Unterschiede in der Fähigkeit zur Einführung von Doppelbindungen in Milchfettsäuren. Die Milchdrüse des Kaninchens verfügt z.B. im Vergleich zu der des Meerschweinchens nur über eine geringe Desaturierungsaktivität.

24.4.1.3 Sekretion des Milchfettes

Das **Milchfett** wird zunächst in Form kleiner Lipovesikel im endoplasmatischen Reticulum gebildet. Auf ihrem Weg zu den apikalen Zellabschnitten nehmen diese durch Fusion mit größeren Fetttröpfchen an Größe zu und werden schließlich nach kuppelförmiger Vorwölbung der Plasmamembran durch Abschnürung in die Alveolen abgegeben. Auf dem Wege durch das Zytoplasma werden bestimmte Moleküle (z.B. Xanthinoxidase und das Glykoprotein Butyrophylin) adsorbiert. Die die Milchfettkügelchen umgebende Membran stammt aus der Zellmembran mit offenbar geringen Anteilen von Membranen sekretorischer Vesikel aus dem Golgi-Apparat.

24.4.1.4 Beeinflussung von Konzentration und Zusammensetzung des Milchfettes

Milchfettkonzentration und -zusammensetzung können bei der Kuh in Abhängigkeit von der Zusammensetzung der Futterration, der Rasse, dem

Laktationsstadium, der Laktationszahl und der Jahreszeit variieren. Die wichtigsten Einflußfaktoren der **Futterration** und der **Fütterung** sind die Menge und die Art des Rauhfutters, das Rauhfutter/Konzentrat-Verhältnis, die Zusammensetzung der Kohlenhydrate, der Anteil an Lipiden, die Höhe des Futterverzehrs und die Häufigkeit der Futteraufnahme. Das Fettsäuremuster der Futterfette hat bei Wiederkäuern keinen Einfluß auf den Anteil ungesättigter Fettsäuren im Milchfett, da diese Säuren im Pansen einer Hydrierung unterliegen.

Die Bildung von Milch mit unphysiologisch niedrigem Fettgehalt, die als **Milchfettmangel-Syndrom** bezeichnet wird, kann, was die Futterration betrifft, drei verschiedene Ursachen haben:
- die Verabreichung einer energiereichen und darüber hinaus rauhfutterarmen Ration,
- das Angebot von Rationen mit Rauhfutteranteilen, deren physikalische Struktur durch Mahlen und Pelletieren verändert wurde oder
- die Zulage ungesättigter Fettsäuren zu üblichen Rationen.

Die beiden erstgenannten Ursachen werden auf eine zu geringe Bildung von Acetat in den Vormagenabteilungen und damit ein zu niedriges Acetat/Propionat-Verhältnis oder auf eine zu geringe Aufnahme von β-Hydroxybutyrat zurückgeführt. Auch eine unzureichende Bereitstellung langkettiger Fettsäuren infolge einer Hemmung der Fettgewebslipolyse durch hohe Propionatkonzentrationen im Blut wird als mögliche Ursache diskutiert.

Im **Laktationsverlauf** nimmt bei der Kuh der Fettgehalt in der Milch zu (Abb. 24.3). Auch die **Rasse** beeinflußt die Milchfettkonzentration. Kühe der Rassen Jersey und Guernsey bilden im Unterschied zu Holstein-Kühen Milch mit deutlich höherer Fettkonzentration. Durch traditionelle **Züchtungsmethoden** kann der Fettgehalt der Milch nur langsam erhöht werden.

24.4.2 Milchproteine

24.4.2.1 Konzentration und Zusammensetzung der Milchproteine

Die Proteine der Milch dienen dem Neugeborenen als Quelle für Aminosäuren für die Proteinsynthese sowie für weitere Aufgaben. Die Eiweißkonzentration der Milch variiert bei den einzelnen Species zwischen im Mittel 10 (Mensch) und 84 g/l (Ratte). Die Hauptproteinfraktionen stellen die für die Milch spezifischen **Caseine** und die **Milchserumproteine** (Molkenproteine) dar, daneben finden sich weitere Proteine in Form von Enzymen sowie als Bestandteile der Membran der Milchfettkügelchen. Caseine sind bei einem pH-Wert von 4,6 unlöslich, gegenüber bivalenten Kationen äußerst empfindlich und hitzestabil, Milchserumproteine dagegen bei pH 4,6 löslich, und durch Hitze werden sie denaturiert. Die Milch der Wiederkäuer, des Schweines und insbesondere die der Ratte ist reich an Caseinen, beim Pferd liegen bei niedrigem Gesamtproteingehalt Caseine und Milchserumproteine zu etwa gleichen Anteilen vor. In der Schweinemilch bestehen die Proteine zu etwa 40% aus Milchserumproteinen (Tab. 24.2).

- **Caseine**

Die **Caseine**, auf die in der Kuhmilch im Mittel 80% des Gesamtproteingehaltes entfallen, sind eine Gruppe von hydrophoben Proteinen, in denen Phosphatreste über Serin gebunden werden. Sie sind zudem reich an Prolin, Glutaminsäure und Glutamin, enthalten aber keine oder nur wenige Cysteinreste. Im κ-Casein liegen zwischen 50 und 75% der Peptidkette als Sekundärstruktur vor, es gibt jedoch keine Hinweise auf eine Tertiärstruktur. Caseine kommen in verschiedenen genetischen Varianten vor.

Die **α_s-Caseine**, die in der Kuhmilch in Form der Subfraktionen α_{s1} und α_{s2} angetroffen werden, sind bei den Wiederkäuern die mengenmäßig größte Fraktion. Beide Subfraktionen sind phosphatreich. Die **β-Caseine** enthalten dagegen weniger Phosphoserylreste je Molekül und sind weniger empfindlich gegenüber Calcium als die α_s-Caseine. Die **κ-Caseine** sind gegenüber Calcium extrem resistent und stabilisieren die Micellenstruktur der Caseine bei dem in der Milch vorhandenen Ionenmilieu. Die **γ-Caseine** entstehen bei der Abspaltung von C-terminalen Fragmenten der β-Caseine durch die Protease Plasmin; sie bleiben dabei mit den Micellen verbunden.

Der größte Teil der Caseine assoziiert in den Vesikeln des Golgi-Apparates zu sphärischen makromolekularen Komplexen, den **Micellen** (100-300 nm Durchmesser), die weiterhin Calcium, anorganisches Phosphat und geringe Anteile an Magnesium und Citrat enthalten. Ihre Zusammensetzung hängt von ihrer Größe und der Temperatur ab, je kleiner sie sind, desto höher ist der Anteil an κ-Casein.

Die Micellen bestehen aus einigen 100 oder gar 1000 **Submicellen** (8-20 nm Durchmesser) mit einem hydrophoben Kern und einer hydrophilen Hülle (Abb. 24.7). Ein Teil derselben ist reich an κ-Casein und bildet die Hülle der Micellen, andere sind praktisch κ-caseinfrei und liegen im Inneren derselben. Die Micellen nehmen durch die Anlagerung von Submicellen solange an Größe zu, bis ihre Oberfläche ausschließlich aus κ-Casein besteht. Der C-terminale Bereich von mindestens 10% des κ-

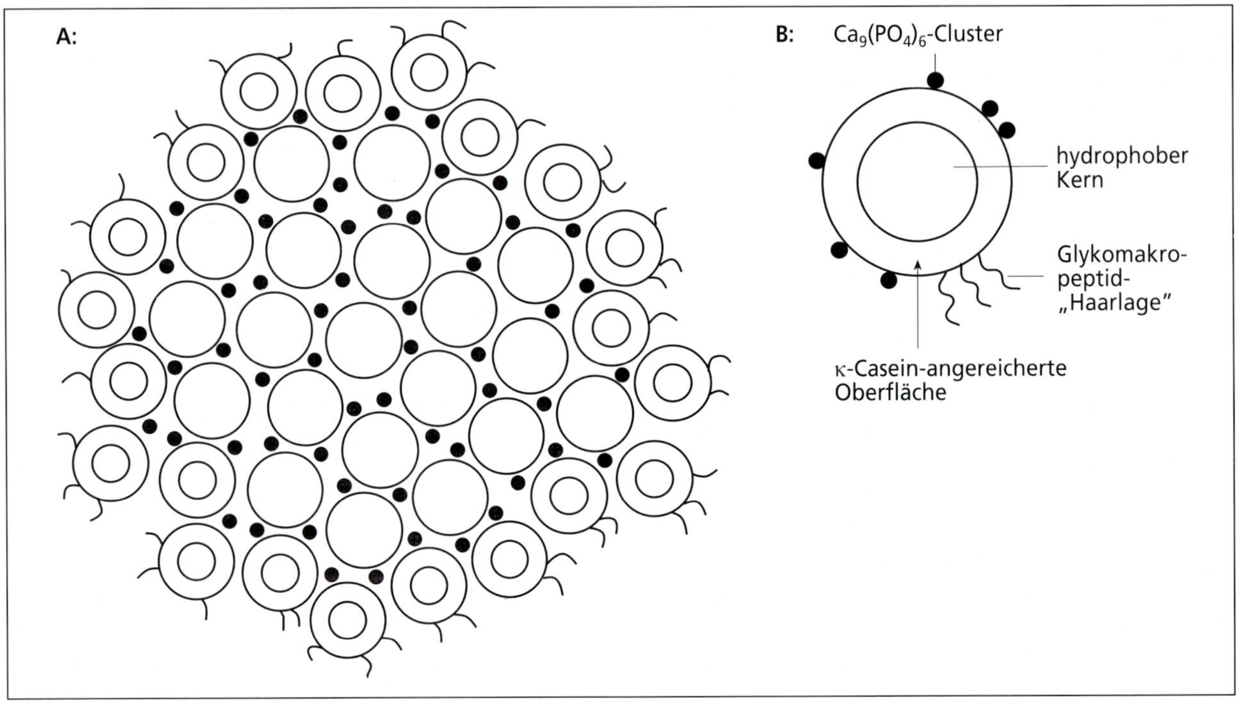

Abb. 24.7 Aufbau der Caseinmicellen **(A)** aus Submicellen **(B)**. Das Glykomakropeptid des κ-Caseins bildet eine Haarlage auf der Oberfläche der Micellen, die eine weitere Anlagerung von Submicellen unterbindet (Goff und Hill, 1993).

Caseins ragt dann als hydrophiles Haar über die Oberfläche der Micellen hinaus und verhindert die Anlagerung weiterer Submicellen. Kolloidales Calciumphosphat, vermutlich als $Ca_9(PO_4)_6$-Cluster, bewirkt die Zusammenlagerung der Submicellen zu Micellen; 68% des Calciums und 47% des Phosphates sind in der Kuhmilch in den Micellen anzutreffen.

Die in Form von Micellen vorkommenden Caseine bilden die Hauptfraktion der Proteine in der Milch der Kuh, der Ziege, des Schafes, des Schweines und der Ratte.

Die Caseine gerinnen unter dem Einfluß des **Chymosin** (Labenzyms, Rennin), wobei die **Labgerinnung** in drei Phasen abläuft. In der ersten Phase wird die Peptidbindung zwischen den Aminosäuren Phe105 und Met106 des κ-Caseins gelöst, dabei fallen para-κ-Casein und ein κ-Casein-Glykomakropeptid an. Die para-Caseinmicellen koagulieren anschließend und verlieren damit ihre Löslichkeit. In der zweiten Phase kommt es zur Bildung des Caseinkuchens, als dritte Phase schließt sich dann die Verfestigung des Koagulums an.

• **Milchserumproteine**

Die Milchserumproteine bestehen aus β-Lactoglobulinen, α-Lactalbumin, Milchserumalbumin, Proteose-Peptonen, Immunglobulinen sowie weiteren Proteinen in sehr geringer Konzentration.

Von den **β-Lactoglobulinen**, der Hauptfraktion der Milchserumproteine in der Kuhmilch, ist eine spezifische Funktion nicht sicher bekannt. **α-Lactalbumin** ist das Protein B der Lactosesynthase, das die spezifische Übertragung des Galaktosylrestes von UDP-Galaktose auf Glucose gewährleistet. **Milchserumalbumin** ist mit dem Blutserumalbumin identisch und kommt insbesondere nach der Geburt und beim Vorliegen von Mastitiden in höherer Konzentration in der Kuhmilch vor. Die **Immunglobuline**, die in Form von IgG, IgA und IgM angetroffen werden, sind in der reifen Milch der Wiederkäuer nur in geringen Konzentrationen vorhanden. Bei Tierarten mit einer den diaplacentaren Übertritt von Immunglobulinen hemmenden Placenta sichern die Immunglobuline in der Kolostralmilch die Ausbildung einer passiven Immunität bei den Neugeborenen. **Proteose-Peptone** fallen bei der Abspaltung von Peptiden vom N-terminalen Bereich der β-Caseine an und gehen danach als hitzestabile Fraktion in Lösung. **Lactoferrin** stellt ein dem Transferrin funktionell und strukturell verwandtes Eisenbindungsprotein dar, das bakteriostatische und baktericiden Wirkungen entfaltet.

• **Enzyme**

Die **Enzyme** in der Milch können endogenen und exogenen (bakteriellen) Ursprungs sein. Es handelt sich dabei u. a. um Oxidoreductasen, Hydrolasen,

Transferasen und Isomerasen. Die alkalische Phosphatase und die Xanthinoxidase können zur Differenzierung von roher und erhitzter Milch herangezogen werden, ihre Aktivität geht nämlich bei Temperaturen, die für die Milcherhitzung vorgeschrieben sind, verloren.

24.4.2.2 Synthese und Sekretion der Milchproteine

Die in der Milch auftretenden Proteine stammen entweder aus dem Blutplasma (Milchserumalbumin, IgG und IgM), werden durch die Drüsenzellen des Euters synthetisiert (Caseine, α-Lactalbumin und β-Lactoglobuline) bzw. von den Plasmazellen im Euter gebildet (IgA). Die Proteinsynthese im Euter basiert auf **Genen**, die nach der während der Trächtigkeit durch Hormone ausgelösten Differenzierung der Drüsenzellen exprimiert werden. Die Translation der entsprechenden mRNA in die Aminosäuresequenzen der Milchproteine (Exportproteine) erfolgt an den Ribosomen des rauhen endoplasmatischen Reticulums. Dazu müssen alle notwendigen essentiellen und nichtessentiellen Aminosäuren zur Verfügung stehen. Offenbar wird ein erheblicher Anteil der nichtessentiellen Aminosäuren aus dem Blut entnommen. Die neugebildeten Proteine tragen an den N-terminalen Abschnitten Aminosäurensequenzen, die als **Signalpeptide** die Passage durch die Membran des endoplasmatischen Reticulums in dessen Hohlräume gewährleisten. Durch eine Signalpeptidase an der Innenseite der Membran wird das Signalpeptid abgespalten, und das Protein nimmt seine spezifische Struktur an.

Bereits im endoplasmatischen Reticulum und anschließend im Golgi-Apparat unterliegen die Proteine weiteren Modifikationen durch **Glykosylierung** und **Phosphorylierung**. Die Caseine erfahren dabei eine Phosphorylierung, wobei Phosphatgruppen aus ATP auf Serin- und Threoninreste übertragen werden. Dabei wirken bestimmte Tripeptidsequenzen des Proteins als Erkennungsorte für spezifische Kinasen. Die Proteine werden anschließend in sekretorische Vesikel verpackt, wo sie sich zu Micellen assoziieren, die neben Proteinen auch Calcium, Magnesium, Phosphat und Citrat enthalten. Diese Vesikel wandern zum apikalen Pol der Zelle. Sie verschmelzen dort mit der Zellmembran und geben ihren Inhalt in das Lumen der Alveolen ab. Nach der Sekretion werden von β-Caseinen C-terminale Fragmente abgespalten, die dann die γ-Caseinfraktionen bilden.

Die Milchserumproteine stammen entweder aus dem Blutplasma oder werden von den Alveolarzellen synthetisiert. Erst durch posttranslationale Modifikationen und durch Proteolyse (β-Caseine) entstehen aus den primären Syntheseprodukten die endgültigen Proteine.

24.4.2.3 Beeinflussung der Milchproteinkonzentration

Ebenso wie das Milchfett wird bei der Kuh die Konzentration der Milchproteine durch das Laktationsstadium, die Rasse und die Futterration beeinflußt. Im **Laktationsverlauf** ist die von Wiederkäuern, dem Schwein und dem Pferd unmittelbar nach der Geburt sezernierte Milch reich an Immunglobulinen, an β-Lactoglobulinen sowie an α-Lactalbumin (Tab. 24.3). Beim Übergang zur reifen Milch fällt in der Kuhmilch die Proteinkonzentration zunächst rasch, später allmählicher ab und erreicht in der 5.-10. Woche post partum ein Minimum. Anschließend kommt es zu einem Wiederanstieg, der am Ende der Laktation an Intensität zunimmt (Abb. 24.3). Darüber hinaus bestehen auch Unterschiede in der Konzentration an Milchproteinen in Abhängigkeit von der **Rasse**. Rinder der Rassen Jersey und Guernsey weisen höhere Werte auf als Kühe der Rassen Holstein und Ayrshire. Von den Faktoren des **Futters** beeinflußt in erster Linie die Energieaufnahme die Proteinkonzentration in der Milch; eine nichtbedarfsgerechte Versorgung führt zu einem Abfall derselben. Der Anstieg der Proteinkonzentration in der Milch nach dem Weideaustrieb ist in erster Linie auf eine Verbesserung der Energieversorgung zurückzuführen. Futterproteine haben

Tabelle 24.3 Energiekonzentrationen sowie Zusammensetzung der Kolostralmilch und der reifen Milch an verschiedenen Laktationstagen bei Kühen (Mielke, 1994)

Bestandteil	1. Gemelk	10. Gemelk	reife Milch
Energie (MJ/kg)	5,2	3,6	2,9
Trockensubstanz (%)	21,6	14,2	12,3
Fett (%)	3,3	4,7	3,5
Eiweiß (%)	14,2	4,3	3,3
Lactose (%)	2,9	4,4	4,8
Natrium (mmol/l)	34,7	23,0	17,4
Kalium (mmol/l)	33,2	38,4	40,9
Calcium (mmol/l)	49,9	32,4	29,9
Magnesium (mmol/l)	12,3	6,2	4,9
Chlorid (mmol/l)	38,1	28,2	25,4
Phosphat (mmol/l)	61,4	38,7	32,3
Citrat (mmol/l)	3,7	8,6	9,3

dagegen nur einen geringen Einfluß auf den Eiweißgehalt in der Milch, sofern der Bedarf gedeckt ist. So ist es bekanntlich auch möglich, mit proteinfreien Rationen und einer Stickstoffquelle in Form von Harnstoff oder anderen N-haltigen Verbindungen nichteiweißartiger Natur (NPN-Verbindungen) mit Wiederkäuern Milch zu produzieren.

Die **Harnstoffkonzentration** in der Milch ist zusammen mit ihrem Proteingehalt ein Indikator für die Stickstoff- und Energieversorgung der Milchkuh, der in der Praxis der Fütterung genutzt wird.

> Wiederkäuer vermögen aufgrund der mikrobiellen Tätigkeit in den Vormagenabteilungen auch N-haltige Verbindungen nichteiweißartiger Natur für die Synthese der Milchproteine zu nutzen.

24.4.3 Milchzucker

Der Milchzucker, die **Lactose**, ist ein Disaccharid aus Galaktose und einem 1,4-β-galaktosidisch gebundenen Glucoserest. Sie ist der am stärksten osmotisch wirksame Bestandteil der Milch, der mit Calcium und Eisen schwache Komplexe bildet. Ihre optische Aktivität, die auf dem Vorkommen einer α- und einer β-Form der Lactose mit unterschiedlicher Drehung des polarisierten Lichtes beruht, kann zu ihrer quantitativen Bestimmung in der frischen Milch genutzt werden.

24.4.3.1 Konzentration der Lactose

Die **Lactosekonzentration** schwankt in der Milch verschiedener Species von Spuren (Meeressäuger) bis zu im Mittel 69 g/l. Reich an Lactose ist die Milch von Mensch, Pferd und Schwein, relativ arm dagegen die der Ratte und Ziege (Tab. 24.2). Im Kolostrum und beim Vorliegen einer Mastitis ist die Lactosekonzentration geringer als in der normalen reifen Milch.

24.4.3.2 Synthese und Sekretion der Lactose

Für die Synthese der Lactose wird die dazu benötigte Glucose dem Blut entnommen, während die Galaktose erst im Euter aus Glucose gebildet wird. Für die Epimerisierung zu Galaktose ist die UDP-Bindung der Glucose Voraussetzung. Die Übertragung des Galaktosylrestes auf Glucose erfolgt durch die **Lactosesynthase**, die aus der **Galaktosyltransferase** und dem **Protein B** (α-Lactalbumin) besteht. α-Lactalbumin gewährleistet dabei, daß der Galaktosylrest spezifisch auf Glucose übertragen wird. Der Vorgang der Lactosesynthese läuft in den Hohlräumen des Golgi-Apparates ab. Zur Bildung von einem Mol Lactose werden unter Berücksichtigung der Regeneration von UTP insgesamt drei Mol ATP benötigt. Die Lactose und das α-Lactalbumin wandern dann, vermutlich gemeinsam mit den Caseinen in Membran-Vesikeln des Golgi-Apparates verpackt, zur Lumenseite der Epithelzellen. Dort verschmelzen sie zunächst mit der apikalen Membran, wonach ihr Inhalt in das Lumen der Alveolen übertritt. Aufgrund der osmotischen Wirkung der Lactose – die Vesikelmembran ist für Lactose impermeabel – tritt Wasser in die Vesikel ein und wird mit ihrem Inhalt in die Alveolen abgegeben.

24.4.4 Mengen- und Spurenelemente

Die Milch der verschiedenen Tierarten und des Menschen unterscheidet sich teilweise beträchtlich in ihren Konzentrationen an **Mengenelementen**. Besonders reich an Calcium, Magnesium und Phosphat ist die Milch des Kaninchens und des Schweines, gefolgt von der Kuhmilch mit mittleren Mineralstoffkonzentrationen. Pferdemilch weist dagegen nur niedrige Konzentrationen an Mengenelementen auf. Die menschliche Milch ist im Vergleich zu der anderer Species arm an Calcium, Magnesium und Phosphat.

Die Milch ist für den Säugling nach der Geburt die einzige Quelle für Mengen- und Spurenelemente, die vorhandenen Konzentrationen sind im unmittelbaren postnatalen Lebensabschnitt bedarfsdeckend. Eine Ausnahme bildet das Eisen, dessen Konzentration in der Milch des Schweines und der Kuh für den ersten Lebensabschnitt der Neugeborenen nicht den Bedarf deckt.

Die Konzentration an Mineralstoffen in der Milch ist bei einer Tierart in erster Linie von dem Laktationsstadium abhängig. Nach der Geburt sinkt in der Kuhmilch die Konzentration an Natrium und Chlorid ab und die an Lactose nimmt zu (Tab. 24.3), wogegen bei der Involution der Milchdrüse die Lactosekonzentration abfällt und Natrium sowie Chlorid wieder ansteigen. Die Gesamtkonzentration an Calcium (Tab. 24.3) ebenso wie die an diffusiblem und freiem Calcium verringert sich beim Übergang von der Kolostralmilch zur reifen Milch, gegen Ende der Laktation steigen die Werte wieder an. Unterschiedliche Mineralstoffkonzentrationen in praxisüblichen Rationen haben nur einen geringen Einfluß auf den Mineralstoffgehalt der Kuhmilch.

Die Konzentration an **Spurenelementen** variiert hinsichtlich Eisen und Kupfer nur wenig oder überhaupt nicht in der Milch der Kuh, der Ziege und des Menschen. Generell nimmt sie mit fortschreitender Laktation ab. Eisen ist Bestandteil von Lactoferrinen und Transferrinen. Kupfer ist in erster Linie an Caseine und β-Lactoglobuline, Zink an Caseine gebunden.

Mit Ausnahme von Eisen und Kupfer enthält die Milch des Rindes und des Schweines bedarfsgerechte Konzentrationen an Mengen- und Spurenelementen für die Neugeborenen.

24.4.5 Sekretion von Ionen

Im Vergleich zum Blutplasma enthält die reife Kuhmilch nur etwa ein Drittel der Konzentration an Chlorid und ein Siebentel der Natriumkonzentration, wogegen Gesamtphosphor 9fach, Kalium 10fach, Calcium 13fach und Magnesium 5fach höhere Werte in der Milch aufweisen. Da das Innere der Drüsenzellen im Vergleich zur Milch einen Überschuß an negativen Ladungen trägt, müssen Kalium, Calcium und Magnesium gegen einen elektrischen Gradienten in die Milch übergeführt werden (Abb. 24.8).

Die Sekretion der Ionen geschieht dabei auf folgende Weise: In den Alveolarzellen wird die Konzentration an **Kalium** durch eine Na^+/K^+-ATPase an der basolateralen Membran hoch und die an **Natrium** niedrig gehalten. Die apikale Membran ist dagegen für diese Ionen frei permeabel, was auch für die Membran der sekretorischen Vesikel vermutet wird. **Chlorid** tritt aufgrund seiner Ladung und der bestehenden Potentialdifferenz an der basolateralen Membran der Drüsenzelle in die extrazelluläre Flüssigkeit und an der apikalen Membran in die Milch über. An beiden Lokalisationen soll ein aktiver Transportprozeß für den Rücktransport von Chlorid in die Zelle verantwortlich sein. Auch für die Membran der sekretorischen Vesikel wird ein solcher Mechanismus angenommen (Abb. 24.8).

Die in den sekretorischen Vesikeln verpackte **Lactose** stellt eine osmotisch hochwirksame Verbindung dar, da die Vesikelmembran für das Disaccharid nicht permeabel ist. Zur Aufrechterhaltung des osmotischen Druckes wird daher als Folge der Lactosesynthese **Wasser** in die Vesikel aufgenommen und nach der Freisetzung ihres Inhaltes an der apikalen Membran abgegeben. Über den geschilderten Weg gelangt der Hauptteil des Wassers in die Milch. Man konnte zudem feststellen, daß ein Abfall des Lactosespiegels in der Milch mit einer Zunahme der Na^+- und Cl^--Konzentration verbunden ist (Abb. 24.8).

Unter bestimmten Bedingungen – beim Vorliegen von Mastitiden, nach der Verabreichung von Oxytocin, in der späten Trächtigkeit, bei verlängerten Zwischenmelkzeiten und bei altmelkenden Kühen – spielt offenbar auch ein **parazellulärer Übertritt** eine Rolle. Über vermutete undichte „tight junctions" können dann Lactose und K^+ auf parazellulärem Weg rückresorbiert werden. Zum Ausgleich des osmotischen Druckes treten Na^+ und Cl^- in die Milch über. Die Rückresorption der Lactose bedingt einen Abfall ihrer Konzentration in der Milch und einen Anstieg im Blut, was zu einer Lactosurie führen kann. Die Abnahme der Lactose- und K^+-Konzentration korreliert dabei mit der Zunahme der Na^+- und Cl^--Konzentration (Abb. 24.8).

Im Unterschied zum Natrium, Kalium und Chlorid ist die apikale Membran für **Calcium**, **Phosphat** und **Citrat** undurchlässig. Diese Milchbestandteile werden daher zusammen mit den sekretorischen Vesikeln in die Milch übergeführt. Insgesamt 32% des Calciums und 53% des Phosphates liegen in der Kuhmilch im Milchserum vor, die übrigen Anteile sind mit den Micellen assoziiert.

Unter bestimmten Bedingungen, z.B. beim Vorliegen von Mastitiden, bei verlängerten Zwischenmelkzeiten und bei altmelkenden Kühen, wird offenbar das Alveolarepithel „durchlässiger", es bedingt eine Rückresorption von Lactose und K^+ im Austausch gegen Na^+ und Cl^-.

24.4.6 Vitamine

Die Milch enthält alle fett- und wasserlöslichen Vitamine, die für das Neugeborene notwendig sind. Die Konzentration an **Vitamin A**, über die der Mensch einen erheblichen Teil seines Vitamin A Bedarfes durch den Verzehr von Milch zu decken vermag, ist von der Aufnahme an Carotinen mit dem Futter abhängig und variiert daher in Abhängigkeit von der Jahreszeit. Die Carotine sind auch für die jahreszeitlich unterschiedlich intensive Gelbfärbung der Milch verantwortlich. **Vitamin D_2** wird mit dem Futter aufgenommen, **Vitamin D_3** aus dem Provitamin, dem 7-Dehydrocholesterol, in der Haut unter dem Einfluß von ultraviolettem Licht gebildet. Kühe auf der Weide produzieren daher eine Milch mit höheren Vitamin D-Konzentrationen als solche bei Stallhaltung. **Vitamin E** kommt in der Kuhmilch hauptsächlich als α-Tocopherol vor und variiert ebenfalls in Abhängigkeit von der Jahreszeit. In der Ernährung des Menschen stellt die Kuhmilch darüber hinaus eine wichtige Quelle für **B-Vitamine** und **Vitamin C** dar.

24.4.7 Milchzellen

Die zellulären Bestandteile der Milch stammen entweder aus dem Blut oder aus dem Eutergewebe und werden als **somatische Zellen** bezeichnet. Ihre Anzahl unterliegt erheblichen Schwankungen in Abhängigkeit vom Gesundheitszustand des Euters,

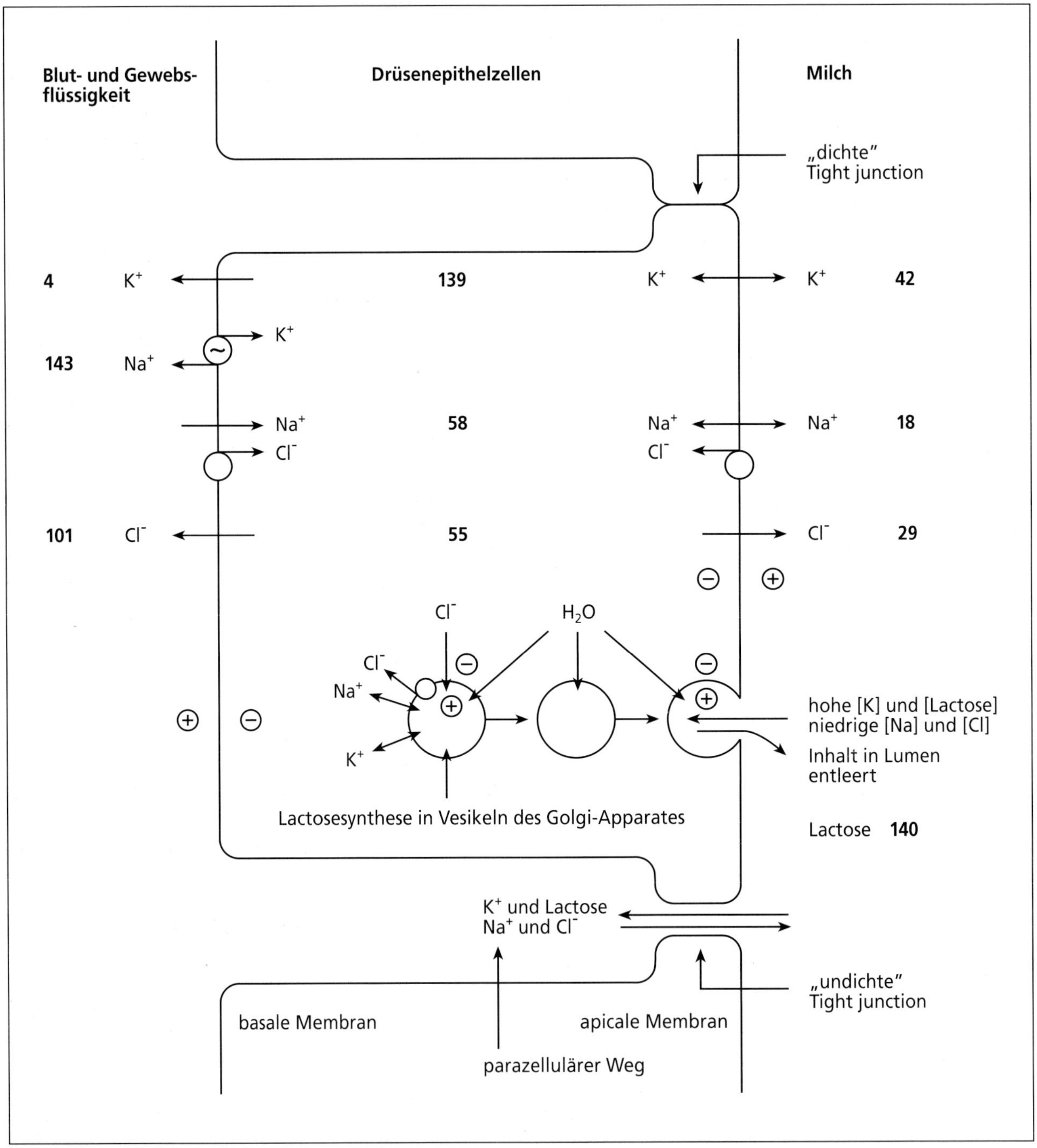

Abb. 24.8 Sekretion von Ionen und Lactose in der Milchdrüse. Als osmotisch wirksame Verbindung führt Lactose zu einem Eintritt von Wasser in die Vesikel und wird dann mit ihnen sezerniert (Zahlenangaben beziehen sich auf mmol/l). (In Anlehnung an Peaker, 1983 und Mielke, 1994).

vom Laktationsstadium und von der Tierart. So liegt die Zellzahl in der reifen Milch eutergesunder Kühe zwischen 20.000-300.000/ml. Vergleichbare Werte findet man auch beim Schaf. Bei Ziegen und Schweinen ist der Zellgehalt der Milch höher, bei Pferden dagegen deutlich niedriger. Die Zellzahl wird entsprechend der Milchgüteverordnung bei der Bewertung der Kuhmilch als Qualitätskriterium herangezogen. Dabei liegt der zulässige maximale Wert bei 400.000 somatischen Zellen/ml. In der Kolostralmilch ist die Zellzahl deutlich höher (20-30mal) als in der reifen Milch. Bei entzündlichen Erkrankungen des Euters kann der Gehalt auf bis zu 50 Mio Zellen/ml ansteigen.

Die differenzierbaren Zellen der Milch eutergesunder Kühe setzen sich etwa zur Hälfte aus polymorphkernigen **Leukocyten** und zu etwa gleichen Teilen aus **Lymphocyten** (B- und T-Lymphocyten) und **Makrophagen** zusammen. In geringerer Anzahl sind auch Epithelzellen zu finden. Diese Zelltypen kommen auch in der Milch von kleinen Wiederkäuern, Schweinen und Pferden sowie Hunden und Katzen vor. Bei akuten Euterinfektionen kann der Anteil der polymorphkernigen Leukocyten bis auf 95% ansteigen.

24.5 Infektionsabwehr der Milchdrüse

Die Milchdrüse ist mit mechanischen, chemischen, zellulären und humoralen Abwehrmechanismen ausgestattet, die intramammäre Infektionen verhindern oder zumindest reduzieren können.

Eine **mechanische Barriere** stellt zunächst der Schließmuskel des Zitzenkanals dar. In der Phase des Trockenstehens wird diese Barriere durch den Verschluß des Zitzenkanals mit einem Keratinstopfen, der bakterizide Fettsäuren und Proteine enthält, verstärkt.

Von den **chemischen Faktoren** sind Lactoferrin und Lysozym und das Lactoperoxidase-Thiocyanat-Wasserstoffperoxid-System von besonderer Bedeutung. Die Wirkung von **Lactoferrin** beruht vor allem auf der Bindung von Eisen. Dadurch wird den Bakterien ein für ihren Stoffwechsel wichtiges Element entzogen. Die Lactoferrinkonzentration ist bei der Kuh mit 30 g/l am höchsten im Sekret von trockenstehenden Kühen, sinkt dann in der Kolostralmilch auf etwa 2-5 g/l ab, um in der reifen Milch 0,1-1 g/l zu erreichen. Für eine sichere antibakterielle Wirkung sind Lactoferrinkonzentrationen, wie man sie im Sekret von trockenstehenden Tieren findet, notwendig. **Lysozym** entfaltet seine Wirkung durch eine Schädigung der Zellwände von Bakterien. Die antibakterielle Wirkung des **Lactoperoxidase-Thiocyanat-Wasserstoffperoxid-Systems** beruht auf der Bildung von intermediären Oxidationsprodukten, z.B. von Hypothiocyanat, die über die Ausbildung von Radikalen einen Hemmeffekt auf die Keimentwicklung ausüben.

Die **zelluläre Abwehr** basiert auf der Phagocytose der Erreger durch polymorphkernige Leukocyten und Makrophagen.

Als Faktoren der **humoralen Abwehr** treten im Eutersekret der Kuh die Immunglobuline IgG_1, IgG_2, IgM und IgA in unterschiedlichen Gesamtkonzentrationen und in sich verändernden Relationen auf. Ihre Wirkung in der Keimabwehr beruht auf einer Komplementaktivierung und/oder auf ihrer Opsonin-Aktivität.

Die Infektionsabwehr der Milchdrüse beruht auf dem Zusammenwirken mechanischer, chemischer, zellulärer und humoraler Abwehrfaktoren.

24.6 Stoffwechsel der Milchdrüse

24.6.1 Energiestoffwechsel

Die Milchdrüse benötigt für ihren Basalstoffwechsel, für die Biosynthese der Milchbestandteile sowie für die Aufrechterhaltung aktiver Ionentransportvorgänge **ATP**. Im Euter der Kuh müssen z.B. für die Bildung von 1 g Lactose 8,3 mmol ATP, von 1 g Protein etwa 30 mmol ATP und von 1 g Fett im Mittel 37,5 mmol ATP bereitgestellt werden.

Zur Bildung von ATP werden Glucose, Acetat, Ketonkörper, Fettsäuren und Aminosäuren in unterschiedlichen Anteilen herangezogen. Trotz der beim Wiederkäuer nur in geringen Mengen zur Verfügung stehenden Glucose stellt diese Verbindung ein wichtiges Substrat für die ATP-Gewinnung dar. Bei der gefütterten Ziege werden im Mittel immerhin 25%, bei der Kuh 11% und bei der Sau gar 54% der in die Milchdrüse aufgenommenen Glucose oxidiert. Vom Acetat werden bei der Ziege 44% und bei der Kuh 29% für die Bildung von ATP und NADPH genutzt. Aminosäuren leisten insbesondere bei fehlender Futteraufnahme einen Beitrag zum Energiestoffwechsel der Milchdrüse.

24.6.2 Stoffwechsel der Glucose

Der **Glucose** kommt im Stoffwechsel der Milchdrüse eine **zentrale Rolle** zu. Sie dient der Bildung von ATP, von NADPH, von Glycerophosphat, von Aminosäuren und von Lactose. Den Hauptteil der vom Euter aufgenommenen Glucose nutzt der Wiederkäuer zur Synthese der Lactose. Als osmotisch hochwirksame Verbindung ist sie an der Sekretion von Wasser bei der Milchbildung beteiligt. Von der Glucoseverwertung im Gesamtorganismus entfallen zwischen 40 und 85% auf das Euter. Bei der Passage des Blutes durch das Euter werden bei der Kuh im Mittel 33% der Glucose dem Blut entzogen.

Obwohl Wiederkäuer nur geringe Mengen an Glucose aus dem Darmkanal resorbieren und Glucose daher größtenteils durch die Gluconeogenese synthetisiert werden muß, kommt ihr im Stoffwechsel der Milchdrüse eine Schlüsselstellung zu.

24.6.3 Stoffwechsel von Acetat und β-Hydroxybutyrat

Acetat aus der Vormagenverdauung der Wiederkäuer dient in der Milchdrüse in erster Linie als Baustein und weniger als Substrat für die Energiegewinnung. Der Hauptteil desselben wird zur Synthese kurz-, mittel- und langkettiger Fettsäuren (bis zu 16 C-Atomen) herangezogen, während Acetat an der CO_2-Bildung nur zu etwas weniger als einem Drittel beteiligt ist. Im Hungerzustand nimmt dieser Anteil weiter ab.

Auch **β-Hydroxybutyrat**, das bei der Resorption im Pansenepithel aus Butyrat gebildet wird, wird beim Wiederkäuer von der Milchdrüse aufgenommen und in Butyryl-CoA zurückverwandelt. Es wird dann in die *sn*-3-Position des Glycerols eingebaut oder möglicherweise für die Synthese mittel- und langkettiger Fettsäuren genutzt. Butyrat selbst ist aufgrund des niedrigen Plasmaspiegels für die Milchdrüse ohne Bedeutung.

24.6.4 Stoffwechsel der Aminosäuren

Die für die Bildung der Milchproteine benötigten **essentiellen Aminosäuren** müssen aus dem Blut in die Milchdrüse aufgenommen, **nichtessentielle Aminosäuren** können dagegen im Euter synthetisiert werden, wozu Glucose, Acetat, Propionat, Butyrat, Caproat und Isovalerat als C-Quellen dienen. Essentielle Aminosäuren werden generell zu einem höheren Anteil aus dem Blutplasma extrahiert als nichtessentielle Aminosäuren. Der Umfang der Aufnahme von Stickstoff in Form von Aminosäuren in das Euter entspricht dabei der Stickstoffabgabe mit den Milchproteinen, verschiedene Aminosäuren werden auch in der Milchdrüse metabolisiert (Threonin, Valin, Isoleucin, Leucin, Lysin und Arginin). Als essentielle Aminosäuren limitieren insbesondere Methionin und Phenylalanin, aber auch Threonin und Lysin die Milchproteinsynthese.

24.6.5 Fettstoffwechsel

Als Quellen langkettiger Fettsäuren für die Milchfettsynthese dienen bei der Kuh Chylomikronen und Lipoproteine sehr geringer Dichte.

Die **Chylomikronen** werden nach der Resorption der mittel- und langkettigen Fettsäuren in den Enterocyten gebildet und auf dem Lymphweg aus dem Darm abtransportiert. Wiederkäuer verfügen nur über niedrige Konzentrationen an Chylomikronen im Blutplasma, da ihr Futter in der Regel arm an Fetten ist. Der Umfang der Bereitstellung von Chylomikronen aus der Dünndarmverdauung ist darüber hinaus von der Zusammensetzung der Futterration abhängig. So werden nach dem Verzehr von Grünfutter größere Mengen an Chylomikronen gebildet als beim Verzehr von Heu und Silage.

Außer den Chylomikronen werden in der Leber synthetisierte **Lipoproteine sehr geringer Dichte** bei Wiederkäuern als eine weitere Quelle für die Bereitstellung von langkettigen Fettsäuren genutzt. Für die Synthese der darin enthaltenen Triacylglyceride und für die Cholesterolester werden Fettsäuren benötigt, die als albumingebundene unveresterte Fettsäuren aus der Lipolyse der Fettdepots stammen (Abb. 24.6). Beim Schaf werden beim Verzehr einer fettarmen Ration (< 10 g/d Triacylglyceride) VLDL auch in den Mukosazellen synthetisiert. So fand man von den Lipiden der Lymphe 72,6% in der VLDL-Fraktion und nur 27,4% in den Chylomikronen.

Aus den Triacylglyceriden in der **VLDL-Fraktion** und den **Chylomikronen** wird ein beträchtlicher Anteil der Fettsäuren bei der Passage durch das Euter nach Spaltung durch eine Lipoproteinlipase in die Alveolarzellen aufgenommen. Lipoproteine mit einer höheren Dichte als 1,019 werden dagegen nicht als Fettsäurequelle durch die Milchdrüse genutzt, ebensowenig wie Cholesterolester und Phospholipide. Gleiches trifft für die unveresterten Fettsäuren des Blutplasmas zu. Wenn allerdings ihr Spiegel im Blutplasma beim Hungern ansteigt, können sie in die laktierende Milchdrüse aufgenommen werden.

24.7 Kolostralmilch

24.7.1 Zusammensetzung der Kolostralmilch

Als **Kolostralmilch** bezeichnet man die in den ersten Tagen nach der Geburt abgegebene Milch. Sie unterscheidet sich beim Rind von der reifen Milch durch einen höheren Gehalt an Trockenmasse, Gesamtprotein, Casein, Milchserumproteinen und Mineralstoffen, wobei die Konzentration an Lactose deutlich geringer ist. Insbesondere das Erstkolostrum ist reich an Immunglobulinen, auf die dann mehr als die Hälfte der Milchserumproteine entfallen. Bezüglich des Gehaltes an Mineralstoffen werden in der Kolostralmilch höhere Konzentrationen an Natrium, Calcium, Chlorid und Phosphat als in der reifen Milch angetroffen, wogegen die an Kalium und auch die an Citrat niedriger sind. Neben Immunglobulinen findet man auch hohe Konzentrationen der fettlöslichen Vitamine A und E sowie von β-Carotin, ebenso wie verschiedene Hormone und Wachstumsfaktoren. Das β-Carotin ist neben

Hämoglobin für die gelbe bzw. bräunliche Färbung der Kolostralmilch des Rindes verantwortlich. In den ersten Tagen der Laktation verändert sich die Zusammensetzung des Kolostrums rasch, wobei nach einer bei den einzelnen Tierarten unterschiedlichen Dauer diejenige der reifen Milch erreicht wird. Die Konzentration der Immunglobuline, der Vitamine und der Mineralstoffe nimmt dabei ab und die der in der Milchdrüse gebildeten Milchbestandteile, wie der Lactose und der Caseine, erhöht sich (Tab. 24.3). Im weiteren Verlauf der Laktation ist die Zusammensetzung der Milch relativ konstant.

24.7.2 Bildung und Sekretion der Kolostralmilch

Bei der Kuh kommt es in der Hochträchtigkeit zunächst zur Ansammlung geringer Sekretmengen im Hohlraumsystem der Milchdrüse. Ab etwa 4 Wochen vor der Geburt werden Immunglobuline des Blutplasmas (IgG_1, IgA und IgM) an Rezeptoren an der basolateralen Membran der Drüsenzellen gebunden, durch Endocytose aufgenommen und nach einer Verpackung in Vesikel durch die Zelle zur apikalen Membran transportiert, von wo sie mittels Exocytose in das Sekret gelangen. Die Überführung erreicht bei der Kuh in der 3. bis 2. Woche, bei Schaf und Ziege bereits in der 7. Woche ante partum maximale Werte. Das in dieser Zeitspanne gebildete eiweiß- und immunglobulinreiche Sekret wird durch die in der letzten Woche vor dem Abkalben einsetzende Synthese von Lactose mit Wasser verdünnt und bildet das **Präkolostrum**, das als Erstkolostrum nach dem Abkalben abgegeben wird. Im Verlauf der nach der Geburt einsetzenden Phase II der Lactogenese (Kap. 24.2.2.2) wird zunächst noch Kolostrum gebildet und sezerniert, dessen Zusammensetzung sich aber zunehmend der der reifen Milch angleicht. Die Dauer der Kolostralmilchperiode sowie der Zeitraum der Milchreifung unterscheiden sich bei den einzelnen Haustierarten. Bei Rind, Schaf und Ziege währt die Kolostralmilchperiode bis zum 5., bei Pferd, Hund und Katze dagegen nur bis zum 2. bis 3. Laktationstag.

24.7.3 Bedeutung der Kolostralmilch für das Neugeborene

Die Bedeutung der Kolostralmilch liegt neben der Versorgung des Neugeborenen mit leicht verdaulichen Nährstoffen vor allem in der **Übertragung** von **Antikörpern** vom Muttertier auf das Neugeborene, das dadurch einen passiven Immunschutz erlangt. Dies ist wichtig, weil Placenten vom Typ der Placenta epitheliochorialis und Placenta syndesmochorialis keinen pränatalen Transfer von Immunglobulinen erlauben, was beim Wiederkäuer, Pferd und Schwein der Fall ist (Abb. 24.9 u. Tab. 15.12). Die Immunglobuline können von den Neugeborenen der genannten Tierarten in den ersten Lebensstunden im Darm rasch resorbiert werden. Da die Fähigkeit des neugeborenen Kalbes, Fohlens oder Ferkels diese Moleküle unverändert über die Darmschleimhaut aufzunehmen, nur in den ersten 12-36 Stunden nach der Geburt besteht, ist die umgehende Versorgung mit Kolostrum eine wichtige Voraussetzung für die Gesundheit und die Entwicklung der Neugeborenen. Beim Hundewelpen bleibt dagegen die Möglichkeit der Resorption von Immunglobulinen bis zu 10 Tagen nach der Geburt erhalten.

Die **Resorption** intakter Immunglobuline (Kap. 15.6.4) bei den genannten Tierarten ist möglich, da zum einen Pepsinogen und Salzsäure im Magen erst nach der Geburt zunehmend sezerniert werden und zum anderen Immunglobuline eine Resistenz gegenüber Trypsin aufweisen. Weiterhin schützen Trypsininhibitoren im Kolostrum die Immunglobuline vor einem proteolytischen Abbau. Die Aufnahme von IgG_1 im Darm der neugeborenen Wiederkäuer erfolgt über **Rezeptoren**. Die Rezeptorbindung wird durch das schwach saure Milieu des Darmes (pH 6) begünstigt. Anschließend wird der IgG_1-Rezeptorkomplex durch Endocytose internalisiert, in Vesikel verpackt, zur basolateralen Membran transportiert, dort in die Membran eingebaut und schließlich in die Lymphkapillaren abgegeben. Der neutrale pH-Wert des interstitiellen Raumes begünstigt die Dissoziation von IgG_1 von seinem Rezeptor.

Die in der Kolostralmilch vorkommenden Antikörper der Klasse A schützen teilweise bereits im Magen-Darm-Trakt durch Anheftung an die Oberfläche der Darmschleimhaut. Da sie vor allem gegen E. coli-Antigene gerichtet sind, haben sie eine wichtige Funktion bei der Prophylaxe von Durchfallerkrankungen bei Neugeborenen.

Neben der Bedeutung für den Immunschutz ist das Kolostrum auch wichtig für die Versorgung des Neugeborenen mit **fettlöslichen Vitaminen**, **Mengen**- und **Spurenelementen**. Ferner unterstützt es wegen seiner laxierenden Wirkung den Abgang des **Mekoniums**, des Darmpechs. Schließlich finden sich im Kolostrum und auch in der reifen Milch Hormone, wie beispielsweise Wachstumshormon, Prolactin und Insulin, sowie Wachstumsfaktoren, wie die insulinähnlichen Wachstumsfaktoren I und II (IGF-I und II) und der epidermale Wachstumsfaktor (EGF). Sie stammen entweder aus dem Blut oder werden in der Milchdrüse gebildet. Sie sind nicht nur für die Entwicklung des Neugeborenen,

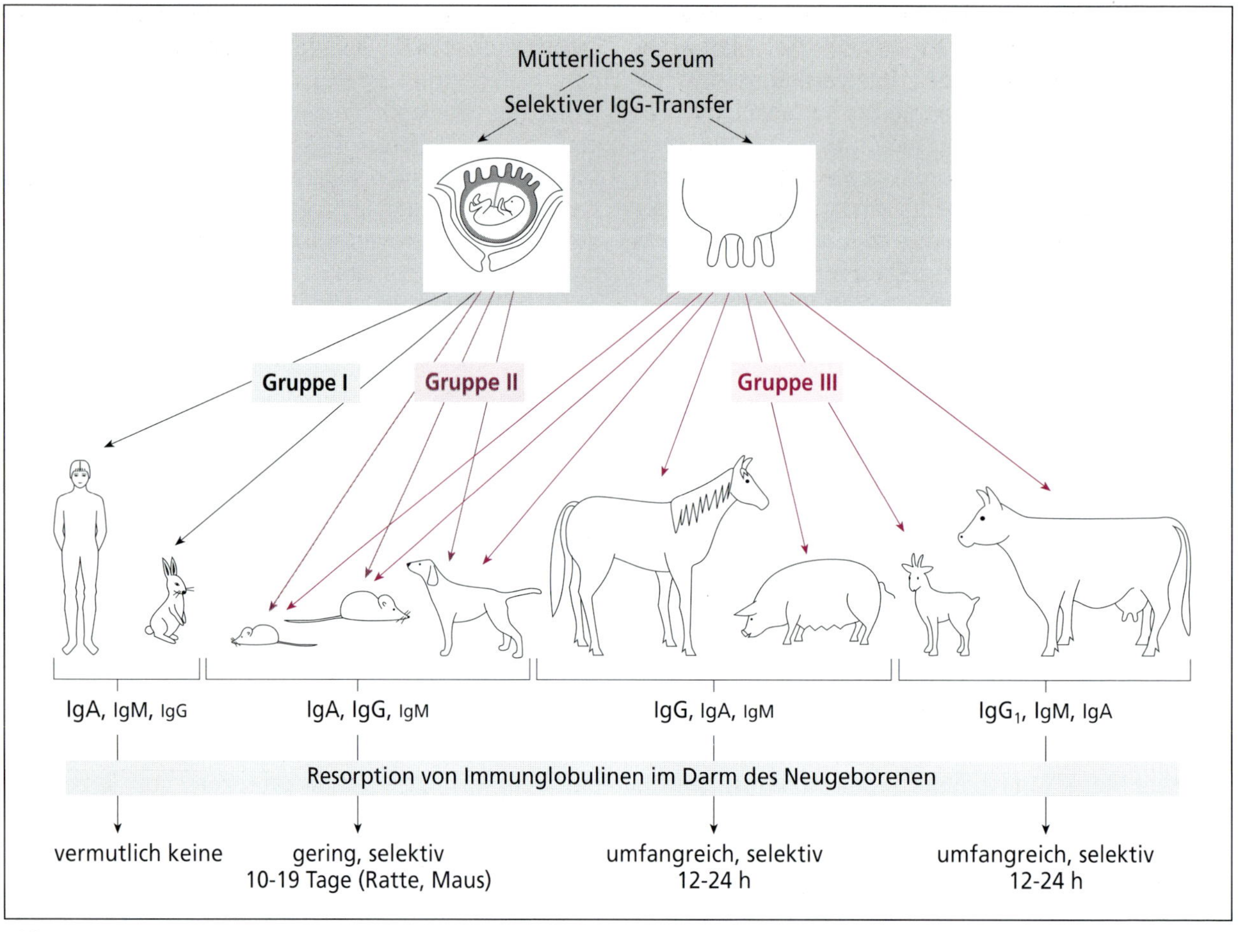

Abb. 24.9 Vergleich der Versorgung des Fetus bzw. des Neugeborenen mit Immunglobulinen über die Placenta und/oder das Euter bei verschiedenen Tierarten (Butler, 1974).

sondern auch für Wachstums- und Differenzierungsvorgänge der Milchdrüse in Vorbereitung der Laktation von Bedeutung. Die Konzentration der im Kolostrum in der Regel gegenüber dem Blut stark angereicherten Hormone und Wachstumsfaktoren verringert sich innerhalb weniger Tage nach der Geburt.

Die rechtzeitige und ausreichende Aufnahme von Kolostrum ist beim Wiederkäuer, Pferd und Schwein eine entscheidende Voraussetzung für die Ausbildung der passiven Immunität und damit für die Resistenz gegen pathogene Erreger nach der Geburt.

24.8 Pathophysiologie der Milchdrüse

Erkrankungen im Zusammenhang mit der Laktation betreffen entweder den Gesamtstoffwechsel des Tieres oder die Milchdrüse selbst. So erkranken Hochleistungskühe nicht selten an Ketose oder Gebärparese. Die Ausbildung einer **Ketose** steht mit der zu Beginn der Laktation notwendigen Mobilisierung von Depotfett zur Energiegewinnung und mit dem hohen Bedarf an Glucose für die Lactosesynthese bei Kühen mit hoher Milchleistung im Zusammenhang (Kap. 17.3.4). Die **Gebärparese** ist auf den mit der Laktation einsetzenden Abfluß großer Mengen an Calcium über die Milchdrüse bei unzureichender Aufnahme über den Darm und ungenügender Mobilisierung von Calcium aus dem Skelett zurückzuführen. Beide Erkrankungen stehen jedoch nicht mit Störungen der Funktion der Milchdrüse im Zusammenhang.

Die wichtigste Erkrankung, die das Euter selbst betrifft und zu wesentlichen Produktionseinbußen führt, ist die vor allem beim Rind auftretende Entzündung des Euters, die **Mastitis**. Die Erreger (Bakterien und Pilze) gelangen überwiegend über den Strichkanal in das Euter, und es kann so zu entzündlichen Veränderungen sowohl des Cisternen- und Gangsystems als auch des Drüsenparenchyms kommen. Die Entzündung führt zu Sekretionsstörungen des Euters und damit zu einer veränderten Zusammensetzung der Milch. Der bei Mastitiden erniedrigte Lactosegehalt hat aus osmotischen Gründen eine Erhöhung der Konzentration an Natrium und Chlorid in der Milch zur Folge. Prädisponierende Faktoren für die Ausbildung einer Mastitis sind vor allem Haltungs- und Fütterungsfehler, morphologische Anomalien des Euters, Milchstauungen infolge ungenügenden Ausmelkens sowie fehlerhaftes Melken und die damit verbundene mechanische Schädigung des Euters.

Weiterführende Literatur

Mielke, H. (1994): Physiologie der Laktation. In: Euter- und Gesäugekrankheiten (Hrsg.: Wendt, K., H. Bostedt, H. Mielke, H.W. Fuchs). Gustav Fischer Verlag, Jena-Stuttgart.

25 Vitamine

F. J. Schweigert

25.1 Einleitung

Der Begriff **Vitamin** wurde zu Beginn des 20. Jh. geprägt. Man ging davon aus, daß es sich um lebensnotwendige (**Vit**a-), stickstoffhaltige (-**amin**) Nahrungsbestandteile handelt. Heute weiß man, daß Vitamine nicht wie Proteine, Kohlenhydrate und Fette zu einer einheitlichen Gruppe chemischer Verbindungen gehören.

> Vitamine sind niedermolekulare, organische Verbindungen, die von Mensch und Tier nicht oder nur unzureichend synthetisiert werden. Sie sind für physiologische Abläufe essentiell. Mangelsituationen führen zu spezifischen Mangelerkrankungen.

Vitamine sind niedermolekulare, organische Verbindungen, die in geringen Mengen in der Nahrung vorkommen und keine nutritive oder strukturgebende Bedeutung für den Organismus besitzen. Die meisten Vitamine können von Mensch und Tier nicht oder nur unzureichend synthetisiert werden. Sie sind für Entwicklung, Wachstum, Erhaltung und Reproduktion essentiell. Deshalb müssen sie über die Nahrung zugeführt werden. Fehlen Vitamine in der Nahrung oder werden sie unzureichend im Magen-Darm-Trakt resorbiert, so treten charakteristische Mangelerkrankungen auf, die durch Vitamingaben behoben werden können. Gegenüber den Vitaminen müssen essentielle Fettsäuren und Aminosäuren abgegrenzt werden, da sie in deutlich größeren Mengen dem Organismus zugeführt werden und auch als Körperbausteine bei Mensch und Tier Verwendung finden. Die klassische Unterteilung der Vitamine erfolgt entsprechend ihrer Löslichkeit in organischen Lösungsmitteln oder in Wasser. Zur ersten Gruppe, den sog. **fettlöslichen Vitaminen**, gehören die Vitamine A, D, E und K. Die zweite Gruppe, die sog. **wasserlöslichen Vitamine**, umfaßt die Vitamine B_1 (Thiamin), B_2 (Riboflavin), B_6 (Pyridoxin), B_{12} (Cobalamin), Folsäure, Biotin, Niacin, Pantothensäure sowie Vitamin C. Sinnvoller ist es jedoch, die Vitamine nicht entsprechend dieser chemischen Eigenschaften, sondern entsprechend ihrer Funktion im Organismus zu klassifizieren. So stellen viele wasserlösliche Vitamine **Cofaktoren für Enzyme** dar, die Vitamine A und D beeinflussen die **genetische Expression,** und die Vitamin E und C sind **Antioxidantien.** Hinsichtlich der chemischen Struktur der einzelnen Vitamine sei auf Lehrbücher der Biochemie verwiesen.

> Die Bedeutung der Vitamine liegt in ihrer Funktion als Stabilisator von Membranen, Protonen- und Elektronenüberträger, Hormon und Coenzym.

25.1.1 Vitaminbedarf und Vitaminquellen

Hinsichtlich des Bedarfs bestehen zum Teil beträchtliche Unterschiede zwischen den verschiedenen Tierarten. Für entsprechende Bedarfszahlen sei auf Lehrbücher der Tierernährung verwiesen. Der Bedarf ist vom physiologischen Stadium bzw. der Leistungshöhe abhängig. Aufgrund der mikrobiellen Synthese in den Vormägen sind Wiederkäuer in geringerem Umfang von einer Versorgung mit den B-Vitaminen über das Futter abhängig als Nichtwiederkäuer. Statt Cobalamin benötigt der Wiederkäuer aber Cobalt für die Synthese durch die Mikroorganismen der Vormägen. Vitamin C ist nur für Primaten und das Meerschweinchen essentiell.

25.1.2 Vitaminstoffwechsel

- **Resorption im Darm**

Die Resorption der Vitamine findet im Dünndarm statt (Tab. 25.1). Die Verdauung sowie die Resorption fettlöslicher Vitamine sind eng mit den Vorgängen bei den Lipiden verbunden (Kap. 15.6.6).

Die Verfügbarkeit eines Vitamins für den Organismus ist von inneren (Gehalt, physikalische Form) und äußeren (Futtermittelzusammensetzung, Antagonisten) sowie von physiologischen Faktoren (Tierart, Alter, Leistung, Gesundheitsstatus) abhängig.

- **Transport im Blut**

Beim Transport im Blutplasma wird zunächst unterschieden, ob das Vitamin an Plasmaproteine gebunden wird oder frei vorliegt. Bei der Proteinbindung unterscheidet man zwischen einer **unspezifischen**

Tabelle 25.1 Resorption der Vitamine im Darm

	Art der Resorption	Ort der Resorption	Resorptionsrate %
Vitamin A	micellen-abhängige Diffusion	D, J	15-80
Carotinoide	micellen-abhängige Diffusion	D, J	5-50
Vitamin D	micellen-abhängige Diffusion	D, J	~ 50
Vitamin E	micellen-abhängige Diffusion	D, J	20-80
Vitamin K	micellen-abhängige Diffusion	D, J	10-70
Vitamin B_1	aktiver Transport	D	?
Vitamin B_2	aktiver Transport	J	?
Vitamin B_6	einfache Diffusion	J	> 70
Vitamin B_{12}	aktiver Transport	I	> 90
	einfache Diffusion	D, J	~ 1
Folsäure	aktiver Transport	J	?
	einfache Diffusion	J	
Biotin	einfache oder erleichterte Diffusion	D, J	> 90
Niacin	einfache oder erleichterte Diffusion	J	> 90
Pantothensäure	einfache oder erleichterte Diffusion	D, J	?
Vitamin C	aktiver Transport	J, I	15-80
	einfache Diffusion	D, J, I	< 50

D = Duodenum; J = Jejunum; I = Ileum.

Bindung (z.B. Lipoproteine, Albumin) und der Bindung an spezifische Proteine. Eine **spezifische Bindung** ermöglicht eine strenge Kontrolle des Vitaminspiegels im Plasma, schützt die Zelle vor der toxischen freien Form des Vitamins und reduziert die Ausscheidung über die Niere. Hier besteht ein enger Zusammenhang zur Toxizität der Verbindung. So gibt es für die Vitamine A und D, die zu Intoxikationen führen können, spezifische Transportproteine, während beispielsweise die Carotinoide und das Vitamin E, die kaum toxisch sind, durch die Lipoproteine transportiert werden (Tab. 25.2).

- **Ausscheidung**

Als Wege der Ausscheidung von Vitaminen kommen neben Harn und Galle (Darm) auch Milch und Eier sowie der Transfer über die Placenta in Frage. Während die wasserlöslichen Vitamine über die Niere ausgeschieden werden, müssen die fettlöslichen Vitamine in eine wasserlösliche Form überführt werden. Vitamin C wird als sog. Schwellensubstanz in der Niere rückresorbiert.

- **Toxizität von Vitaminen**

Die Toxizität der jeweiligen Vitamine wird von mehreren Faktoren beeinflußt. Dazu gehören neben ihrer Funktion im Organismus sowie ihres Stoffwechsels (Transport und Speicher) die Art und Menge sowie die Häufigkeit der Verabreichung, der allgemeine Gesundheitszustand des Tieres sowie physiologische Bedingungen, wie das Alter und die Trächtigkeit. Grundsätzlich ist die Toxizität eines Vitamins bei parenteraler Verabreichung höher als bei der Gabe über den Magen-Darm-Trakt.

Die Toxizität ist besonders bei den Vitaminen mit Hormonfunktion, wie beim Vitamin A und D, ausgeprägt.

25.2 Vitamine in der Genexpression

Sowohl Vitamin A als auch Vitamin D gehören zu den fettlöslichen Vitaminen. Aufgrund ihrer chemischen Struktur können sie die Zellmembran leicht passieren. Im Zellinneren binden sie, vergleichbar den Steroidhormonen, an spezifische, meist nukleäre Rezeptoren und beeinflussen so die Genexpression.

Vitamin A ist von zentraler Bedeutung beim Sehvorgang und beeinflußt die Genexpression.

25.2.1 Vitamin A und Carotinoide

Bereits zu Beginn des Jahrhunderts wurde von Stepp beobachtet, daß die Verfütterung von fettfreien Diäten an Mäuse zu deren Tod führte. McCollum und Davis fanden später, daß Butter und Eigelb einen lipidartigen Faktor enthalten, der für das Wachstum von Tieren essentiell ist. Der dafür verantwortliche Faktor, das spätere Vitamin A, wurde als „fat soluble A", die anderen essentiellen Nahrungsfaktoren wurden als „water soluble B" be-

Tabelle 25.2 Transport und Anreicherung der Vitamine im Organismus

	Transportform	Vehikel	Speicherform	Anreicherungsort
Vitamin A	Retinylester Retinol Retinsäure	Chylomikronen Retinol-Bindungsprotein Albumin	Retinylester	Leber
Carotinoide	Carotinoide	Chylomikronen, Lipoproteine	Carotinoide	Fettgewebe, Ovar, Nebenniere
Vitamin D	Vitamin D_2; D_3; 25-D; 1-25-D; 24,25-D	Chylomikronen und Vitamin-D-bindendes Protein	D_3; 25-D	Fettgewebe, Plasma
Vitamin E	Tocopherol	Chylomikronen, Lipoproteine, Erythrocyten (20%)	Tocopherol	Fettgewebe
Vitamin K	Vitamin K_1, Menadion	Chylomikronen, Lipoproteine	Vitamin K	Leber
Vitamin B_1	Thiamin/-pyrophosphat	Albumin/Erythrocyten	Thiaminpyrophosphat	Herz, Niere, Gehirn
Vitamin B_2	FMN, FAD	frei und Riboflavin-bindendes Protein	FAD	Leber, Niere, Herz
Vitamin B_6	Pyridoxal/-phosphat	Albumin/Erythrocyten	Pyridoxalphosphat	Muskulatur, Leber, Niere, Herz
Vitamin B_{12}	Cobalamin	Transcobalamin	Methylcobalamin	Leber, Muskulatur
Folsäure	Pteroylmonoglutamate	unspezifische Proteinbindung	–	–
Biotin	Biotin	frei	–	–
Pantothensäure	Pantothensäure, Coenzym A	frei, Erythrocyten	–	–
Vitamin C	Ascorbinsäure	frei	Ascorbinsäure	Nebenniere, Leukocyten

zeichnet. Auf einen Zusammenhang zwischen Vitamin A und dem Sehvorgang weisen jedoch bereits Therapievorschläge im ägyptischen Papyrus Ebers (1550 v. Chr.) hin, in dem zur Behandlung von Nachtblindheit die Leber, das Hauptspeicherorgan für Vitamin A, empfohlen wird.

Die Vitamine A und D wirken wie Steroidhormone über die Beeinflussung der Genexpression.

Der Organismus erhält sein Vitamin A entweder aus tierischen Quellen (Leber, Milch, Eier) oder über in Pflanzen vorkommende Vorstufen von Vitamin A, die Carotinoide. In der Darmzelle können Carotinoide in Abhängigkeit von ihrer chemischen Struktur vor allem zentral an der 15,15'-Bindung des Moleküls in Vitamin A gespalten werden. β-Carotin ist das einzige Molekül, das zwei β-Ionen-Ringe enthält und hat deshalb die größte Vitamin-A-Wirksamkeit. Das durch die Spaltung gebildete Retinal wird weiter zu Retinol reduziert. Retinol wird in der Darmzelle erneut mit langkettigen Fettsäuren verestert und als Retinylester in Chylomikronen eingebaut. Nach Aufnahme in die Zelle erfolgt die Sekretion in Form von Retinol gebunden an Retinolbindungsprotein (RBP). Im Plasma findet sich holo-RBP gebunden an Transthyretin (TTR), das ein Molekulargewicht von 55 kDa hat. Durch diese Bindung entzieht sich das 21 kDa große RBP der glomerulären Filtration. Der Vitamin-A-Blutspiegel normalversorgter Individuen unterliegt einer homöostatischen Regulation (Abb. 25.1).

Im Organismus ist Vitamin A in unterschiedlichen Formen anzutreffen. Während die Retinylester die Speicherformen von Vitamin A in der Leber und in extrahepatischen Geweben darstellen, ist Retinol die Transportform im Plasma. Retinol kann reversibel zu Retinal und weiter irreversibel zu Retinsäure oxidiert werden. Die Isomerisation der sehr weit verbreiteten all-*trans*-Formen von Retinal bzw. Retinsäure in die *cis*-Formen ist sowohl von grundlegender Bedeutung für den Sehvorgang (Retinal) als auch für die Regulation der Genexpression (Retinsäure).

Im **Sehvorgang** dient das 11-*cis*-Retinal als lichtempfindlicher Chromophor des Sehpigments. Unter Lichteinfall erfolgt die Isomerisation von 11-*cis*-Retinal zu all-*trans*-Retinal. Die damit verbundene Konformationsänderung führt zu einer Dislokation des all-*trans*-Retinals vom Opsin. Über verschiedene Kaskaden werden Kationenkanäle an der Oberflächenmembran des Photorezeptors geschlossen. Es kommt zur Hyperpolarisation und damit zur Auslösung eines nervalen Impulses (Kap. 5.4.2 u. Abb. 5.20). Im Dunkeln wird all-*trans*-Retinal enzymatisch direkt oder über Retinol in 11-*cis*-Retinal überführt und somit regeneriert (Abb. 25.2).

Der Einfluß von Vitamin A auf Wachstums- und Differenzierungsvorgänge beim adulten Tier und die Funktion von Vitamin A als potentes **Morphogen** in der Differenzierung der Gliedmaßenanlagen in der Embryonalentwicklung beruhen auf einer Beeinflussung der **Genexpression**. Die Expression von

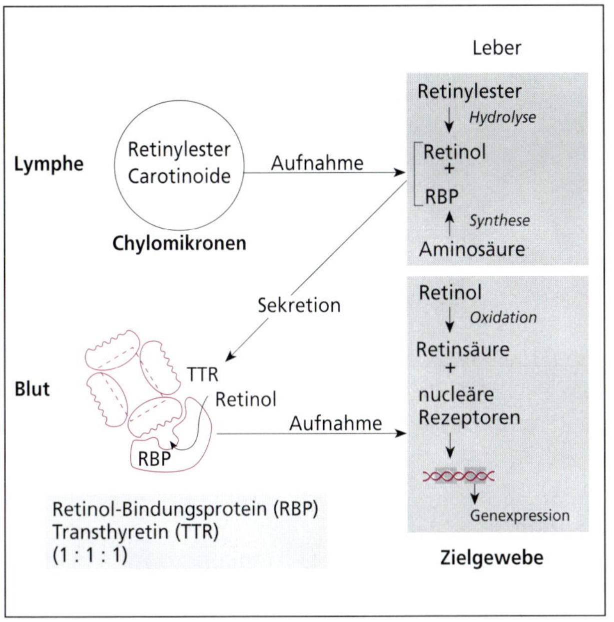

Abb. 25.1 Grundzüge des Vitamin-A-Stoffwechsels: Transport, Speicherung, intrazellulärer Metabolismus und Wirkungsweise.

über 300 Genprodukten aus dem Bereich der Hormonrezeptoren, der Wachstumsfaktoren und der Enzyme wird von Retinsäure allein oder in Kombination mit verschiedenen Hormonen beeinflußt. Da die Retinsäure nicht mehr in Retinal rückgeführt werden kann, können bei Vitamin-A-defizitären Tieren alle Funktionen, außer derjenigen beim Sehvorgang und bei der Spermatogenese, durch Retinsäure wiederhergestellt werden.

Die Bedeutung von **Carotinoiden** liegt in ihrer Funktion als **Vitamin-A-Vorstufen** und in ihrem Potential als Antioxidans. Für Pflanzenfresser stellen sie die einzige Vitamin-A-Quelle dar. Bei Rind und Pferd, aber auch bei Schwein und Kaninchen, scheint β-Carotin auf noch nicht eindeutig geklärte Weise das Fruchtbarkeitsgeschehen vorteilhaft zu beeinflussen.

- **Vitamin-A-Mangel und -Intoxikation**

Vitamin-A-Mangelzustände können zum völligen Erblinden führen. Bei Jungtieren kann dies nicht nur durch das Fehlen von Vitamin A im Sehpigment, sondern auch durch Wachstumsstörungen der Knochen des Kopf- und Wirbelskelettes bedingt sein, die zu einem erhöhten Liquordruck und zur Kompressionsatrophie des Sehnerven führen. An Haut und Schleimhäuten treten Verhornungen und Entzündungen auf. Die Reproduktion der Tiere ist durch Störung der Spermatogenese, das Auftreten von embryonalen Mißbildungen und durch die Resorption von Feten beeinträchtigt.

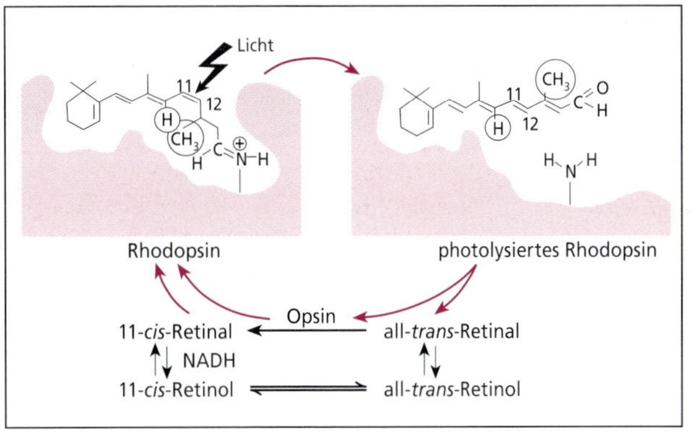

Abb. 25.2 Vitamin A im Sehzyklus.

Vitamin-A-Mangel und -Überversorgung führen zu Störungen beim Sehvorgang, in der Zelldifferenzierung, im Wachstum und in der Embryonalentwicklung.

Die Folgen einer Vitamin-A-Intoxikation ähneln den Symptomen eines Vitamin-A-Mangels. Es kommt zu Störungen der Wachstums- und Differenzierungsvorgänge der Haut, Schleimhaut, Knochen und Reproduktionsorgane. In Abhängigkeit von Eintrittszeitpunkt und -dauer sind embryonale Mißbildungen zu beobachten.

25.2.2 Vitamin D

Die erste Beschreibung der mit einem Vitamin-D-Mangel verbundenen Erkrankung, der Rachitis, stammt aus dem 15. Jh. Zu Beginn des 19. Jahrhunderts konnte nicht nur die antirachitische Aktivität des Lebertrans nachgewiesen, sondern auch ein Zusammenhang zwischen ultravioletter Strahlung und der Heilung von Rachitis hergestellt werden.

Vitamin D ist für den Calciumstoffwechsel von Bedeutung. Als Steroid beeinflußt es die Genexpression. Bei ausreichender UV-Strahlung ist eine Versorgung über die Nahrung nicht notwendig.

In der Nahrung kommt Vitamin D in Pflanzen und Mikroorganismen als Ergocalciferol (Vitamin D_2), weit häufiger aber als dessen Vorstufe Ergosterol vor. Cholecalciferol (Vitamin D_3) und seine Vorstufe 7-Dehydrocholesterol sind fast ausschließlich in tierischen Geweben anzutreffen. Besonders reiche Vitamin-D_3-Quellen sind Fischleberöle. Die deutlich geringere biologische Aktivität von Vitamin D_2 gegenüber Vitamin D_3 bei Vögeln beruht auf der bei dieser Tierklasse wesentlich höheren Clearancerate von Vitamin D_2 und dessen Metaboliten.

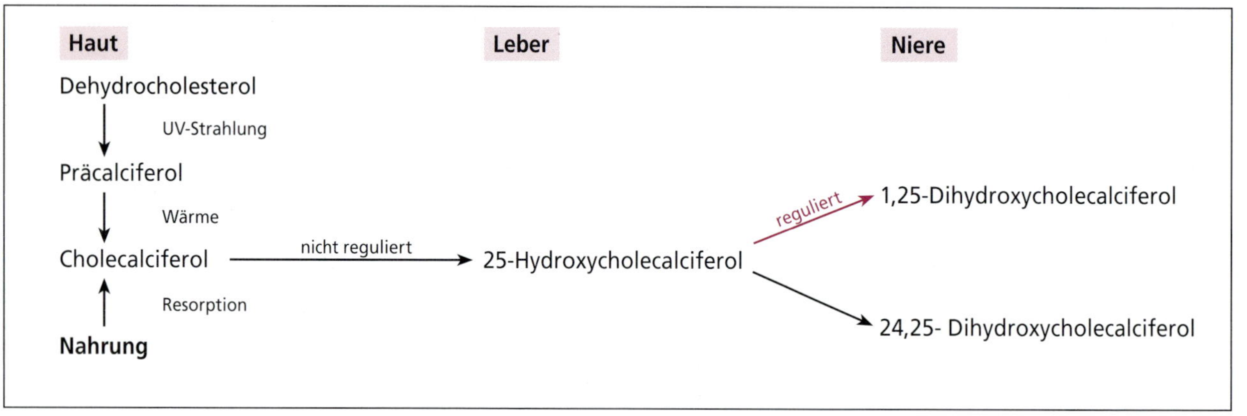

Abb. 25.3 Resorption und Aktivierung von Vitamin D.

Cholecalciferol wird unter ultraviolettem Licht (285-315 nm) und Thermoisomerisierung aus 7-Dehydrocholesterol in der Haut gebildet. Vitamin D aus der Haut oder mit der Nahrung aufgenommen, wird an das Blut abgegeben, dort an das Vitamin-D-Bindungsprotein (DBP) gebunden und zur Leber transportiert, wo es am C_{25}-Atom hydroxyliert wird. Dieser Aktivierungsschritt ist beim Geflügel auch in der Niere möglich. Anschließend wird beim Säuger und Geflügel das 25(OH)-D_3 (Calcidiol) in der Niere an der C_1-Position zu 1,25$(OH)_2$-D_3 (Calcitriol) (Kap. 12.14.3), dem biologisch wirksamsten Metaboliten, hydroxyliert. Im Gegensatz zur 25-Hydroxylase in der Leber ist die Aktivität der 1-Hydroxylase der Niere streng reguliert. So stimulieren Parathormon sowie abnehmende Konzentrationen an Calcium und Phosphat im Blut deren Aktivität, während sie durch 1,25-$(OH)_2$-D_3 selbst gehemmt wird. Fehlen die stimulierenden Signale, so erfolgt die Hydroxylierung am 24-Atom zu 24,25$(OH)_2$-D_3, einem Metaboliten, dessen Funktion noch weitgehend ungeklärt ist (Abb. 25.3). Diese Aktivierungsschritte erklären die zeitliche Verzögerung zwischen der Verabreichung von Vitamin D_3 und dem Auftreten biologischer Effekte.

Dem Vitamin D kommt zusammen mit den Hormonen Calcitonin und Parathormon eine zentrale Stellung bei der homöostatischen Kontrolle des Blutcalciumspiegels (Abb. 23.19 u. Kap. 27.2) und der Aufrechterhaltung der Knochendichte (Kap. 27.2) zu. Vermittelt werden die Wirkungen von Vitamin D durch 1,25$(OH)_2$-D_3. Als Steroid beruht sein Wirkungsmechanismus auf einer Stimulierung der Transkription von Genen. Dabei hat Vitamin D durch die intestinale Synthese des calciumbindenden Proteins Calbindin einen Einfluß auf die Resorption von Calcium im Darm (Abb. 15.65), die Rückresorption von Calcium in der Niere sowie die Mobilisierung von Calcium aus dem Knochen durch Aktivierung der Osteoklasten (Abb. 27.2).

- **Vitamin-D-Mangel**

Ursachen eines Vitamin-D-Mangels können in einer unzureichenden UV-Bestrahlung der Haut, einer ungenügenden Versorgung über das Futter oder einer Störung in der metabolischen Aktivierung des Vitamins liegen. Mangelerscheinungen treten besonders im Zusammenhang mit einem hohen Calciumbedarf während des Wachstums, der Laktation oder der Eiablage auf. Rachitogene Faktoren können in unerhitztem Sojaextraktionsschrot, in bakterieller Einzellbiomasse und in mikrobiell kontaminierten Futtermitteln vorkommen. Klassische Vitamin-D-Mangelerkrankungen sind die **Rachitis** des Jungtieres und die **Osteomalazie** bei adulten Tieren.

Vitamin-D-Intoxikationen infolge einer übermäßigen Vitamin-D-Aufnahme sind durch Calcium- und Phosphatablagerungen in Weichteilgeweben (Herz, Niere, Gefäße) gekennzeichnet. Beim Rind treten **Calcinosen** bei einer vermehrten Aufnahme von Goldhafer (*Trisetum flavescens*) auf, der in hohen Konzentrationen ein wasserlösliches Glykosid von 1,25$(OH)_2$-D_3 enthält. Vitamin-D-Intoxikationen auf Grund exzessiver Sonneneinstrahlung sind nicht bekannt.

25.3 Vitamine mit Coenzymfunktion

Zu den Vitaminen mit Coenzymfunktion gehören alle wasserlöslichen B-Vitamine sowie das fettlösliche Vitamin K. Auch das unter den Vitaminen mit antioxidativen Eigenschaften besprochene Vitamin C übt in gewissem Umfang die Funktion eines Coenzyms aus. Der komplexe Zusammenhang im Stoffwechsel ist in Abbildung 25.4 dargestellt.

Abb. 25.4 Angriffspunkte der B-Vitamine als Coenzyme im Stoffwechsel (nach Bässler et al., 1992).

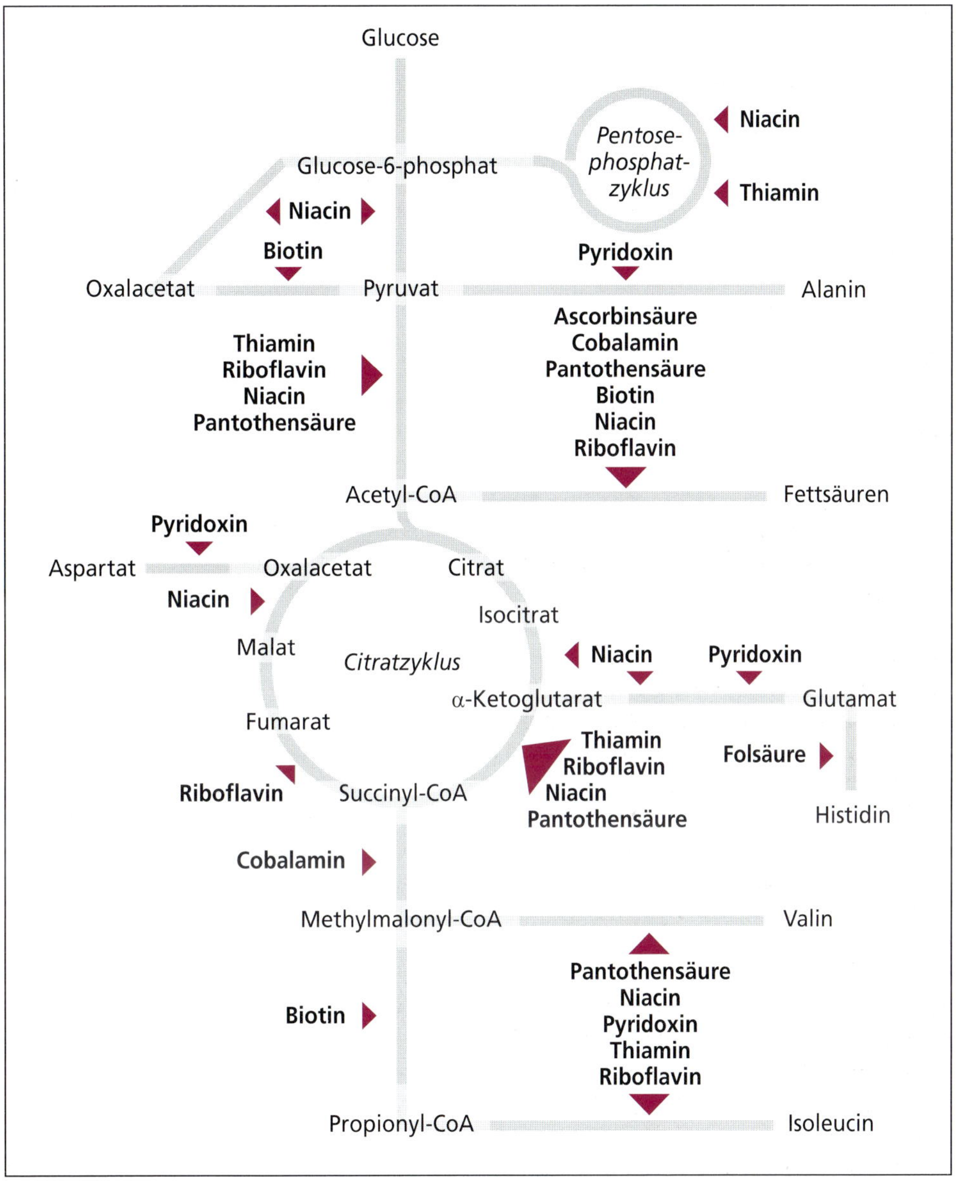

Die Bedeutung der wasserlöslichen Vitamine und Vitamin K liegt in ihrer Funktion als Coenzyme.

25.3.1 Vitamin K

Vitamin K gehört zu den fettlöslichen Vitaminen. Vitamin K ist der übergeordnete Begriff für Phyllochinon und alle Derivate, die dessen antihämorrhagische Aktivität aufweisen. In der Natur stammt Vitamin K aus zwei verschiedenen Quellen: den grünen Pflanzen, die Phyllochinon (Vitamin K_1) und den Bakterien, die Menachinon (Vitamin K_2) synthetisieren. Beide Formen unterscheiden sich in der Struktur ihrer Seitenkette. Das synthetisch hergestellte Vitamin K_3, das Menadion, hat nur den Naphthochinonring.

Für viele Tierarten ist die intestinale mikrobielle Synthese von Vitamin K von Bedeutung für die Versorgung. Bei Wiederkäuern steht Vitamin K auf Grund der Vormagenfermentation zur Resorption im Dünndarm zur Verfügung. Bei Nagern finden die mikrobiellen Verdauungsvorgänge im Dickdarm statt, in Bereichen, in denen die Resorption von Vitamin K und anderen, von den Mikroorganismen synthetisierten Vitaminen des B-Komplexes nicht mehr möglich ist. Sie kompensieren diesen Nachteil durch die erneute Aufnahme des Kotes, die als Koprophagie bzw. Caecotrophie (Kaninchen) bezeichnet wird. Bei der oralen Verabreichung von Vitamin-K-Verbindungen bestehen im Gegensatz zur parenteralen Verabreichung Unterschiede hinsichtlich ihrer Wirksamkeit, da mit zunehmender Kettenlänge die Resorptionsrate abnimmt. Es ist für die Synthese mehrerer Proteine in der **Blutgerinnungskaskade** (Kap. 10.4.3.2) wichtig. Entsprechend dieser Bedeutung steht der Buchstabe „K" für Koagulation. Die Bedeutung von Vitamin K liegt in der posttranslationalen Carboxylierung verschiedener Proteine wie des Prothrombins und der Blutgerinnungsfaktoren V, VII, IX und X sowie des Osteocalcins. Das Osteocalcin reguliert möglicherweise den Einbau von Calcium und Phosphor und damit die Mineralisation der Knochenmatrix.

• Vitamin-K-Mangel

Mangelerscheinungen äußern sich in einer verzögerten Blutgerinnung, was zu schweren Blutungen führen kann. Störungen der Verknöcherung der Epiphysenfuge bei Ratten sind auf eine Beeinträchtigung der Osteocalcinsynthese zurückzuführen. Mangelerscheinungen treten auch bei Störungen der mikrobiellen Synthese durch Gaben von Antibiotika und Sulfonamiden oder durch die Aufnahme von Vitamin-K-Antagonisten wie Dicumarol und Warfarin auf. Warfarin wird nicht nur therapeutisch zur Hemmung der Blutgerinnung, sondern auch zur Bekämpfung von Nagern als Rodentizid eingesetzt.

> Vitamin-K-Mangel führt zu Störungen der Blutgerinnung.

25.3.2 Vitamin B_1 (Thiamin)

Thiamin findet sich in Pflanzen und Mikroorganismen in freier Form, während es in tierischen Geweben (Herz, Leber, Niere, Muskulatur) überwiegend phosphoryliert als Thiaminpyrophosphat vorkommt. Besonders hohe Gehalte findet man in Geweben vom Schwein.

Thiamin ist wesentlich an der Bildung energiereicher Substanzen im Kohlenhydratstoffwechsel beteiligt. Thiamin-abhängige Schlüsselenzyme sind die mitochondriale Pyruvatdehydrogenase, die das Endprodukt der aeroben Glykolyse in den Citratzyklus einschleust, und die Transketolase im Pentosephosphatzyklus (Abb. 25.4).

• Vitamin-B_1-Mangel

Thiaminmangel äußert sich in einem Gewichtsverlust sowie in kardiovaskulären und nervösen Störungen. Die bekannteste Mangelerkrankung mit vor allem neurologischen Symptomen ist **Beriberi** beim Menschen, die in Asien häufig nach Verzehr von poliertem Reis auftritt.

> Thiaminmangel äußert sich in neurologischen Störungen.

Neben einem absoluten Vitamin-B_1-Mangel können auch hitzelabile Thiaminasen in der Nahrung Ursache für das Auftreten von Mangelsymptomen sein. Die Verfütterung von nicht ausgenommenen rohen Fischen führt bei Füchsen und Nerzen zur Chastek-Paralyse und bei Großkatzen zur sog. Sternguckerkrankheit (Opisthotonus). Ursachen für die Cerebrocorticalnekrose bei Kälbern, Mastrindern, Lämmern und Jungschafen sind eine reduzierte mikrobielle Synthese in den Vormägen, beispielsweise bei der Umstellung auf zucker- oder stärkereiche Rationen, oder ein vermehrter Thiaminabbau durch thiaminasebildende Bakterien bzw. durch die Verfütterung thiaminasehaltiger Pflanzen (Farne).

25.3.3 Vitamin B_2 (Riboflavin)

Riboflavin ist sowohl in Pflanzen als auch in tierischen Geweben weit verbreitet. Es liegt fast ausschließlich an Proteine gebunden als Flavin-Mononucleotid (FMN) und als Flavin-Adenin-Dinucleotid (FAD) vor.

Riboflavin hat eine zentrale Stellung im oxidativen Metabolismus. Als Coenzym ist es Bestandteil von mehr als 60 verschiedenen Flavoproteinen, die als Transmitter für Oxidations- und Reduktionsprozesse, wie Fettsäuresynthese und -oxidation sowie Aminosäureoxidation und Glutathionreduktion, von Bedeutung sind (Abb. 25.4).

• Vitamin-B_2-Mangel

Riboflavinmangel äußert sich in entzündlichen Veränderungen der Schleimhäute und in Epithelveränderungen, die durch Atrophie, Hyperkeratose sowie Hyperplasie der Haut gekennzeichnet sind, sowie in Veränderungen des Nervengewebes und Störungen der Embryonalentwicklung. Bei längerem Mangel treten normochrome, normocytäre Anämien und eine verminderte Zahl von Leukocyten und Thrombocyten auf. Beim Schwein führt ein Mangel häufig zu Störungen der Reproduktion, und beim Geflügel kommt es bei Jungtieren zur Verkrümmung der Zehen mit Faustbildung.

> Riboflavinmangel äußert sich in entzündlichen Hautveränderungen und neurologischen Störungen.

25.3.4 Vitamin B_6 (Pyridoxin)

Die Vitamin-B_6-Gruppe besteht aus drei phosphorylierten und unphosphorylierten Formen (Pyridoxin, Pyridoxal, Pyridoxamin), die im Organismus ineinander umgewandelt werden können und vergleichbare biologische Aktivität besitzen.

Das in der Natur weit verbreitete Vitamin B_6 kann von Mikroorganismen und wahrscheinlich auch von höheren Pflanzen gebildet werden. In pflanzlicher Nahrung kommt es als Pyridoxin, bei Tieren dagegen sowohl als Pyridoxin als auch Pyridoxamin vor. Die im Stoffwechsel aktive Form ist das Pyridoxalphosphat.

Pyridoxalphosphat ist Coenzym zahlreicher Enzyme, die in erster Linie im anabolen und katabolen Aminosäurenstoffwechsel bei Decarboxylierungen, Transaminierungen, Dehydratisierungen, Racemisierungen sowie beim Abbau von Aminosäuren von Bedeutung sind (Abb. 25.4). Es beeinflußt auch die Synthese der Neurotransmitter Serotonin, Adrenalin, Noradrenalin und γ-Aminobuttersäure (GABA) und moduliert die Genexpression durch Bindung an den Rezeptor-Steroid-Komplex.

- **Vitamin-B_6-Mangel**

Schwere Mangelzustände resultieren in Wachstumsstörungen, dermatologischen sowie neurologischen Veränderungen. Wegen seiner zentralen Stellung im Proteinstoffwechsel kommt es bei Vitamin-B_6-Mangel zu einer Abnahme der Stickstoffretention, einer schlechteren Proteinverwertung und einer vermehrten Stickstoffausscheidung. Beim Schwein stehen Hautveränderungen und in einem fortgeschrittenen Stadium auch neurologische Symptome im Vordergrund. Das Geflügel zeigt ebenfalls neurologische Störungen in Form abnormer Erregbarkeit. Bei Hund und Katze sind hypochrome, mikrocytäre Anämien, neurologische Symptome, sowie Herzdilatation und -hypertrophie zu beobachten.

> Vitamin-B_6-Mangel äußert sich in Störungen der Haut, des Kreislaufsystems und des ZNS.

25.3.5 Vitamin B_{12} (Cobalamin)

Da nur Bakterien Cobalamin synthetisieren können, kommt es nur in Futtermitteln, die bakteriellen Fermentationsprozessen unterliegen, oder in Geweben von Tieren, bei denen es aus fermentativen Vorgängen der intestinalen Mikroflora stammt, vor. Für die Synthese wird Cobalt benötigt.

Cobalamin ist Coenzym der Methionin-Synthetase, Methylmalonyl-CoA-Mutase und Leucinmutase (Abb. 25.4). Da Cobalamin, ebenso wie die Folsäure im Stoffwechsel von C_1-Einheiten beteiligt ist, besteht zwischen diesen beiden Vitaminen ein enger Zusammenhang in ihrer Bedeutung für die Hämatopoese, die Neubildung epithelialer Gewebe und die Bildung des Myelins in den Nerven. Zudem ist Cobalamin essentiell für die Synthese der Nucleoproteine.

- **Vitamin-B_{12}-Mangel**

Ursachen eines Mangels können in einer unzureichenden Zufuhr (nur pflanzliche Nahrung) oder in einer unzureichenden Resorption durch das Fehlen des Intrinsic-Faktors liegen. Ein Mangel verzögert über eine Hemmung der Bildung von Vorstufen für die DNA-Synthese die normale Zellteilung in Geweben mit hohen Mitoseraten, wie dem Knochenmark und dem Magen-Darm-Trakt. Dies äußert sich unter anderem in einer charakteristischen hyperchromen, makrocytären Megaloblastenanämie, der **perniciösen Anämie**, deren Ursachen jedoch auch der Mangel an Folsäure sein kann. Neurologische Störungen entwickeln sich erst später. Beim Geflügel kommt es bei gleichbleibender Legeleistung zu einer Verminderung der Eigröße und zu embryonalen Mißbildungen.

> Cobalaminmangel äußert sich in Anämien und neurologischen Störungen.

25.3.6 Folsäure

Die in Mikroorganismen, Pflanzen (folium: lat. Blatt) und Tieren vorkommende Folsäure (Pteroylglutaminsäure) ist biologisch nicht aktiv. Unter Beteiligung von Vitamin C entsteht im Darm aus Folsäurekonjugaten Tetrahydrofolsäure.

Die Bedeutung der Tetrahydrofolsäure liegt in der Übertragung von C_1-Kohlenstoffeinheiten wie Formyl-, Hydroxymethyl- und Methylgruppen, die aus dem Stoffwechsel des Serins, Glycins und Histidins stammen. Als Coenzym beeinflußt sie die Synthese von Aminosäuren, Purinen, Pyrimidinen und Porphyrinen und unter Beteiligung von Vitamin B_{12} die DNA- und RNA-Synthese (Abb. 25.4).

- **Folsäuremangel**

Ein Folsäuremangel führt zu Störungen in der Synthese der DNA und RNA. Folglich kommt es zu einer verminderten Zellteilungsrate, die sich bei den meisten Tierarten in einer gestörten Erythropoese (megaloblastische Anämie), Haut- und Schleimhautläsionen sowie in Wachstumsdepressionen manifestiert. Folsäuremangel tritt vor allem beim Geflügel auf, während bei anderen Tierarten die mikrobielle intestinale Synthese ausreicht. Beim Geflügel sind ein ruppiges und depigmentiertes Federkleid, cervicale Paralysen sowie eine schlechtere Schlupfrate mit einem erhöhten Auftreten von embryonalen Mißbildungen in Form von Kreuzschnäbeln, verkürzten Gliedmaßen und verdrehten Sprunggelenken typische Symptome.

Aufgrund der Bedeutung von Folsäure für die DNA- und RNA-Synthese spielen Folsäureantagonisten, wie Aminopterin und Amethopterin, eine Rolle als Zytostatika in der Krebsbekämpfung.

> Folsäuremangel äußert sich in Anämien und Hautveränderungen.

25.3.7 Biotin

Biotin kommt in Pflanzen (Blättern), Mikroorganismen und Tieren vor. In tierischen Geweben ist es hauptsächlich an Proteine gebunden.

Als Coenzym ist Biotin an einer Reihe von Carboxylase-, Transcarboxylase- und Decarboxylasereaktionen beteiligt und von grundlegender Bedeutung für die Umwandlung von Kohlenhydraten in Proteine und umgekehrt sowie für die Umwandlung von Proteinen und Kohlenhydraten in Lipide (Abb. 25.4).

- **Biotinmangel**

Ein Biotinmangel äußert sich vor allem in schorfigen Dermatitiden, bei denen sich in den betroffenen Bereichen die Haut verfärbt und die Haare ausfallen. In fortgeschrittenen Stadien kommen Paralysen sowie Störungen der Fortpflanzung und der Laktation hinzu. Beim Schwein treten Risse in der Sohle und im Ballen des Klauenhornes auf. Die klinischen Symptome beim Geflügel sind vielfältig. Neben einer Wachstums- und Verzehrsdepression stehen ein ruppiges Federkleid, Bein- und Schnabeldeformationen, verminderte Lege- und Schlupfraten sowie eine erhöhte Anfälligkeit gegenüber Perosis (vgl. Cholin) im Vordergrund. Ursache für den Biotinmangel kann unter anderem eine Störung der Resorption im Darm durch ein im Eiklar vorkommendes hitzelabiles Glykoprotein, das Avidin, sein. Avidin bildet mit Biotin einen stabilen Komplex, der nicht durch die proteolytischen Enzyme des Verdauungstraktes gespaltet werden kann.

> Biotinmangel äußert sich in dermatologischen Störungen.

25.3.8 Niacin

Niacin ist ein Sammelbegriff für die vitaminwirksamen Verbindungen Nicotinsäure, dessen Amid, das Nicotinamid sowie die Coenzyme Nicotinamid-Adenin-Dinucleotid (NAD) und Nicotinamid-Adenin-Dinucleotid-Phosphat (NADP). Im Pflanzen- und Tierreich liegt das Niacin als Nicotinsäure (Pflanzen) oder als Nicotinamid (Tiere) vor. Niacin kann auch intermediär aus der Aminosäure Tryptophan gebildet werden. Dabei gibt es bei den verschiedenen Tierarten Unterschiede hinsichtlich der Synthesefähigkeit, die von der Aktivität des Leberenzyms Picolinsäure-Carboxylase, das das Tryptophan über Zwischenstufen in Acetyl-CoA überführt und so der Niacinsynthese entzieht, abhängig ist. Aufgrund der hohen Aktivität dieses Enzyms können Katzen, Nerze und die meisten Fische kein Niacin bilden und sind deshalb auf eine exogene Zufuhr angewiesen.

Die Nicotinamide NAD und NADP sind als Coenzyme Bestandteil zahlreicher Oxidoreductasen und deshalb für den zellulären Stoffwechsel bei der Energieverwertung von Lipiden, Kohlenhydraten und Proteinen, wie der anaeroben Glykolyse, der oxidativen Phosphorylierung im Krebszyklus und der Fettsäuresynthese essentiell (Abb. 25.4).

- **Niacinmangel**

Ein Mangel äußert sich in schwerwiegenden Störungen des Stoffwechsels der Haut und des Verdauungstraktes. Das klassische Bild des Niacinmangels beim Menschen ist die **Pellagra** mit Veränderungen an Haut und Schleimhäuten (Durchfälle) sowie neurologischen Störungen. Die Pellagra tritt vor allem in Bevölkerungen auf, in denen Mais einen wesentlichen Teil der Nahrung ausmacht. Ursachen für das Auftreten sind einerseits der niedrige Tryptophangehalt, andererseits die geringe Verfügbarkeit von Niacin in dieser Nahrungsquelle. Weitere Ursachen können eine hohe Leucinaufnahme (Mais, Hirse) und ein unausgewogenes Leucin/ Isoleucin-Verhältnis in der Nahrung sein, da Leucin die Synthese von Niacin beeinträchtigt. Bei Tieren sind Mangelsymptome seltener als beim Menschen. Sie äußern sich beim Wiederkäuer, Schwein und Geflügel in allgemeinen Verzehrs- und Wachstumsdepressionen, Dermatitiden und Durchfällen. Ein typisches Symptom des Niacinmangels beim Hund sind nekrotische Veränderungen an der Zunge, die dem Krankheitsbild die Bezeichnung Black tongue gaben. Bei Milchkühen wird Niacin in der Prophylaxe der Ketose eingesetzt, da es die Ketokörperkonzentration im Plasma erniedrigen und diejenige der Glucose erhöhen kann.

> Niacinmangel äußert sich in Veränderungen der Haut und des Magen-Darm-Traktes sowie in neurologischen Störungen.

25.3.9 Pantothensäure

Die Synthese der Pantothensäure erfolgt sowohl in Pflanzen als auch in Mikroorganismen.

Pantothensäure ist in zwei Coenzymen von Bedeutung: dem Coenzym A und dem Acyl-Carrier-Protein (ACP). Durch die Bildung energiereicher

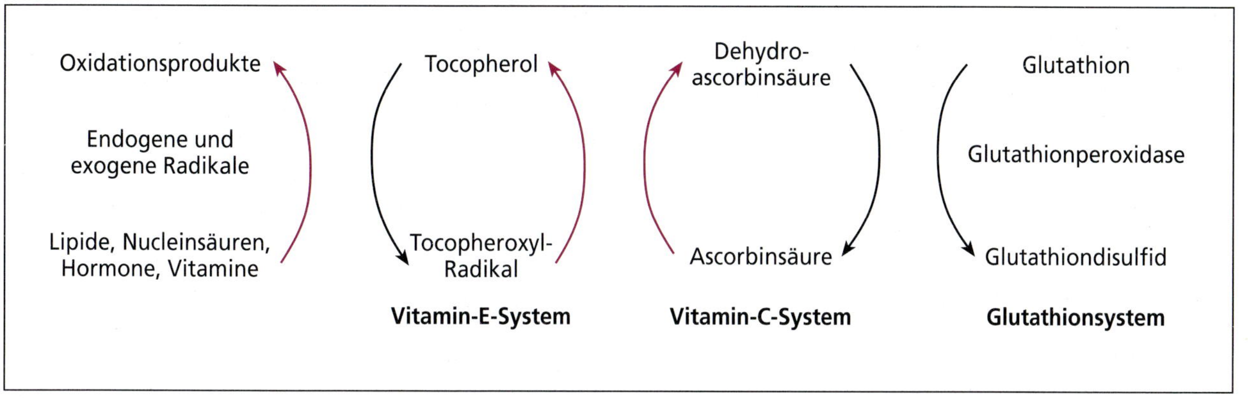

Abb. 25.5 Schematische Darstellung des Synergismus von Vitamin E, Vitamin C und Glutathion als Antioxidantien.

Verbindungen spielt es im Stoffwechsel der Kohlenhydrate, Fette und Eiweiße eine wichtige Rolle. Zudem hat das Coenzym A eine wesentliche Funktion bei der Synthese von Steroiden (Cholesterol, Gallensäuren, Provitamin D, Geschlechtshormone), des Häms, des Neurotransmitters Acetylcholin und von Fettsäuren (Abb. 25.4).

• **Pantothensäuremangel**
Ein Mangel äußert sich in Wachstums- und Verzehrsdepressionen, entzündlichen Hautveränderungen sowie Störungen des Verdauungstraktes. Die Bewegungsstörungen treten infolge von Degenerationen des Nervensystems auf. Da beim Schwein besonders die Hinterextremitäten betroffen sind, ist eine Gangart zu beobachten, die dem Stech- oder Paradeschritt ähnelt.

Pantothensäuremangel äußert sich in entzündlichen Haut- und Schleimhautveränderungen sowie in neurologischen Störungen.

25.4 Vitamine mit antioxidativen Eigenschaften

Zur Gruppe der nutritiven Antioxidantien gehören die wasserlösliche Ascorbinsäure (Vitamin C) sowie die lipidlöslichen Tocopherole (Vitamin E), die Carotinoide und das Spurenelement Selen. Ihre Aufgabe ist es, die Lipide in biologischen Membranen vor oxidativen Schädigungen durch Sauerstoffradikale zu schützen. Die Interaktion von Vitamin E und C sowie mit anderen antioxidativen Systemen ist in Abb. 25.5 dargestellt.

Vitamin C und Vitamin E sind wichtige Bestandteile der antioxidativen Systeme des Organismus.

25.4.1 Vitamin E (Tocopherol)

Vitamin E ist der Oberbegriff für acht natürlich vorkommende Komponenten. Unterschiede in der Resorption, dem Transport und dem Stoffwechsel der Tocopherole und Tocotrienole (α, β, γ, δ) sind strukturell bedingt. Die höchste biologische Aktivität weist α-Tocopherol auf. Vitamin E wird ausschließlich von Pflanzen synthetisiert. Höchste Vitamin-E-Konzentrationen sind in Pflanzenölen (vor allem α-Tocopherol) zu finden. Vitamin E ist in der Leber, dem Fettgewebe sowie in geringeren Konzentrationen im Skelettmuskel und im Blut (Erythrocytenmembran, Lipoproteine) zu finden. In den meisten Geweben ist Vitamin E vor allem in den Zellmembranen angereichert.

Die wichtigste Funktion von Vitamin E liegt im Schutz mehrfach ungesättigter Fettsäuren der Zellmembranen, der Lipoproteine und des Depotfetts vor oxidativen Schädigungen durch Radikale. Vitamin E unterbricht als Antioxidans die Kettenreaktion der Lipidperoxidation durch die Bildung eines im Vergleich zu den Lipidperoxid-Radikalen sehr reaktionsträgen Vitamin-E-Radikals (Tocopheryl-Radikal). Die Regeneration von Vitamin E erfolgt einerseits durch Vitamin C, andererseits durch das Glutathionsystem. Damit besteht ein Synergismus zwischen Vitamin E, Vitamin C und der selenhaltigen Glutathionperoxidase im Schutz der Zelle vor Lipidperoxidation (Abb. 25.5). Sowohl durch seine Funktion als Antioxidans als auch über die Regulation von Transkriptionsfaktoren stimuliert Vitamin E das Immungeschehen. Der antioxidative Schutz von Vitamin E kann auch die Produktqualität von Fleisch hinsichtlich Farbe, Safthaltevermögen und Geruch positiv beeinflussen.

• **Vitamin-E-Mangel**
Der Vitamin-E-Bedarf wird vor allem durch zwei Faktoren beeinflußt: durch Selen als Bestandteil der

Glutathionperoxidase und durch mehrfach ungesättigte Fettsäuren. Bei ausreichender Versorgung mit Selen ist der Bedarf niedriger, bei einem hohen Anteil an mehrfach ungesättigten Fettsäuren dagegen höher. Ein erhöhter Bedarf kann auch bei einem Mangel an S-haltigen Aminosäuren, Kupfer, Zink und/oder Mangan sowie Riboflavin vorliegen. Synthetische Antioxidantien sowie in gewissen Grenzen auch Vitamin C können Vitamin E ersetzen.

Das klinische Krankheitsbild des Vitamin-E-Mangels zeigt erhebliche speciesspezifische Unterschiede. Betroffen sind das zentrale Nervensystem (Encephalomalazie), die Muskulatur (Skelett, Herz) in Form von Myopathien sowie die Blutgefäße (exsudative Diathese) und das reproduktive System (Sterilität [♂], embryonale Degeneration). Eine Verfütterung mehrfach ungesättigter Fettsäuren begünstigt das Auftreten von Mangelsymptomen in der Reproduktion (♀), von Anämien, der Encephalomalazie beim Küken und der Fettgewebsnekrose (Steatitis) bei Nerzen, Schweinen und Küken. Ferner bestehen in Abhängigkeit vom jeweiligen Krankheitsbild sehr unterschiedliche Wechselbeziehungen zwischen Vitamin E, Selen und synthetischen Antioxidantien. So wirken Vitamin E und Selen in der Reproduktion synergistisch. Synthetische Antioxidantien sind nur beim weiblichen Tier wirksam. Bei Myopathien, wie der Weißmuskelkrankheit bei Kalb und Lamm, sowie bei der Encephalomalazie der Küken und der exsudativen Diathese des Geflügels besteht ein Synergismus von Vitamin E und Selen. Synthetische Antioxidantien wirken jedoch nur bei der Encephalomalazie und der Steatitis. Bei der Fettgewebsnekrose dagegen haben nur Vitamin E und synthetische Antioxidantien einen Einfluß.

25.4.2 Vitamin C (Ascorbinsäure)

Ascorbinsäure wird von höheren Pflanzen und den meisten Tieren synthetisiert. Die Synthese erfolgt in der Leber, bei einigen Vögeln, bei Amphibien und Reptilien in der Niere. Aus Glucose entsteht über Glucuronsäure und 2-Ketogulonolacton die Ascorbinsäure. Die Stereoisomere der L-(+)-Ascorbinsäure, wie die D-Ascorbinsäure, die L-Isoascorbinsäure und die D-Isoascorbinsäure, sind biologisch nicht aktiv. Nicht zur Eigensynthese von Ascorbinsäure befähigt sind der Mensch, die Primaten, das Meerschweinchen, einige Vögel sowie die Fische und Invertebraten, da ihnen das Enzym L-Gulonolacton-Oxidase fehlt.

Die Bedeutung von Vitamin C liegt in seiner Funktion als Cofaktor für Enzyme und als wichtiges wasserlösliches Antioxidans. Aufgrund ihres Molekülaufbaus ist die Ascorbinsäure befähigt, reversibel Wasserstoff bzw. Elektronen zu übertragen. Unter Wasserstoffabgabe geht es dabei reversibel in die Dehydroascorbinsäure über und bildet so ein Redoxsystem. Dieses hemmt einerseits selbst Radikale und regeneriert andererseits Vitamin E (Abb. 25.5). Als Coenzym ist es ferner an der Hydroxylierung von Prolin zu Hydroxyprolin beteiligt und damit unentbehrlich für die Bildung von Kollagen. Ferner ist es in Hydroxylasen an der Synthese von Steroiden und von Carnitin sowie am Abbau von Xenobiotika durch die Stimulierung von Cytochrom P450 beteiligt. Im Darm fördert es die Resorption von Eisen durch die Reduktion von Fe^{+++} zu Fe^{++}.

- **Vitamin-C-Mangel**

Bei Species, die nicht in der Lage sind, Vitamin C zu synthetisieren, tritt bei einer unzureichenden Versorgung **Skorbut** auf. Die Veränderungen manifestieren sich in einer gestörten Wundheilung, in Ödemen und Hämorrhagien von Haut und Schleimhäuten sowie in einer Schwächung kollagenhaltiger Strukturen des Knochens, des Knorpels und der Zähne. Bei einigen Fischarten (Salmoniden, Karpfen) treten Wirbelsäulenverkrümmungen auf.

25.5 Vitamin-ähnliche Verbindungen

Gewisse Verbindungen erfüllen nicht alle Kriterien, die an ein Vitamin gestellt werden, da sie zum Teil vom Körper synthetisiert werden können. Zu ihnen gehören Cholin, Myo-Inositol und Carnitin. Sie sind für einige Species unter bestimmten Bedingungen jedoch essentiell.

Das wasserlösliche **Cholin** kann von den meisten Tierarten und vom Menschen selbst synthetisiert werden und ist für den Organismus als Bestandteil der Zellmembran, als Promotor des Lipidtransportes und in Form des Acetylcholins als Neurotransmitter von Bedeutung. Ein Mangel an Cholin ist beim wachsenden Geflügel zu beobachten und äußert sich in der Perosis, die durch ein Abrutschen der Achillessehne über den Fersenhöcker gekennzeichnet ist. Die Symptome ähneln häufig denjenigen eines Folsäure- bzw. Biotinmangels.

Myo-Inositol kommt in Pflanzensamen in Form des Phytats vor. Seine Bedeutung liegt in der Beeinflussung membranständiger Enzyme und Transportvorgänge; es ist eine Arachidonsäurequelle für die Synthese der Eicosanoide. Experimentell erzeugte Mangelzustände bei Nagern äußern sich in Wachstumsdepressionen und Haarausfall.

Carnitin kommt sowohl in Pflanzen als auch in tierischen Geweben vor. Carnitin transportiert im Organismus langkettige Fettsäuren aus dem Cytosol in die Mitochondrien, wo deren Oxidation stattfindet. Mangelzustände bei Tieren treten infolge einer unzureichenden Versorgung mit den Vorstufen Lysin oder Methionin auf.

26 Mineralstoffe

E. Pfeffer und G. Flachowsky

26.1 Mengenelemente

E. Pfeffer

26.1.1 Bedeutung der Mengenelemente im tierischen Organismus

Der Körper von Tieren besteht zu 3 bis 5 % aus anorganischen Bestandteilen, wobei zwischen dem Fettgehalt und dem Aschegehalt eine negative Korrelation besteht. Die in der Asche enthaltenen Mineralstoffe werden nach der regelmäßig anzutreffenden Konzentration in **Mengenelemente** und **Spurenelemente** eingeteilt.

Zu den Mengenelementen, von denen jedes eine Konzentration von mehr als 50 mg je kg Körpermasse aufweist, gehören Calcium, Phosphor, Magnesium, Kalium, Natrium, Chlor und Schwefel. Alle sieben Mengenelemente sind für die Aufrechterhaltung der Lebensfunktion unentbehrlich und müssen daher regelmäßig mit dem Futter zugeführt werden.

Schwefel nimmt insofern eine besondere Rolle ein, als dieses Element im wesentlichen als Bestandteil der Aminosäuren Methionin und Cystin vorliegt. Alle Proteine enthalten Schwefel, insbesondere die Keratine, die in Haaren, Wolle und Federn anzutreffen sind. Die Bedeutung des Schwefels in dem Protein Metallothionein wird im Abschnitt über Spurenelemente angesprochen. Schwefel ist auch in den wasserlöslichen Vitaminen Thiamin und Biotin enthalten. Sofern die Versorgung mit schwefelhaltigen Aminosäuren angemessen ist, besteht kein zusätzlicher Bedarf an diesem Element, zumal Sulfat nur sehr schlecht aus dem Verdauungskanal resorbiert wird. Deshalb wird Schwefel an dieser Stelle nicht weiter behandelt.

Die Größenordnung der in den Körpern von Säugern sowie in Kuhmilch und Hühnerei anzutreffenden Gehalte an Mengenelementen wird in der Tabelle 26.1 aufgezeigt. Im Körper findet sich der größte Anteil der mehrwertigen Elemente Calcium, Phosphor und Magnesium in Knochen und Zähnen. Je stärker die Mineralisierung des Skeletts ausgeprägt ist, desto härter wird das Gewebe. Die mineralische Knochensubstanz besteht im wesentlichen aus apatitischen Calciumphosphaten, wobei das molare Verhältnis zwischen Calcium und Phosphat etwa bei 1,7:1 liegt. Die Schale des Hühnereies besteht im wesentlichen aus Calciumcarbonat.

Die einwertigen Mengenelemente Kalium, Natrium und Chlor befinden sich im Körper zum überwiegenden Teil im Weichgewebe. Während Kalium vor allem in der intrazellulären Flüssigkeit anzutreffen ist, liegen Natrium und Chlor hauptsächlich in der extrazellulären Flüssigkeit vor. Hierdurch erklärt sich, daß die Konzentration der beiden letztgenannten Elemente im Blutplasma wesentlich höher ist als die der anderen Mengenelemente.

Die Funktionen der einzelnen Mengenelemente werden in der Tabelle 26.2 benannt. Für Details sei auf die entsprechenden Abschnitte in diesem Buch verwiesen.

26.1.2 Verteilung der Mengenelemente

Auch wenn die Verteilung der Elemente im Körper sehr stark differenziert zwischen Skelett und

Tabelle 26.1 Größenordnungen der Mineralstoff-Gehalte im Körper von Säugern, in Kuhmilch und im Hühnerei.

Element	Gehalt im Tierkörper g/kg	auf das Skelett entfallender Anteil %	Gehalt in Kuhmilch g/kg	Gehalt in Hühnerei mit Schale g/kg
Calcium	9 – 13	> 97	1,2 – 1,3	32,5 – 33,5
Phosphor	4 – 7	80	0,8 – 1,0	1,3 – 1,5
Magnesium	0,3 – 0,4	70	0,11 – 0,13	0,3 – 0,5
Kalium	1,5 – 2,0	5	1,4 – 1,6	1,1 – 1,3
Natrium	1,0 – 1,5	30	0,4 – 0,6	1,1 – 1,3
Chlor	0,8 – 1,2	5	0,9 – 1,0	1,3 – 1,5

Tabelle 26.2 Aufgaben der Mengenelemente im Organismus.

Element	Funktion mit wesentlicher Beteiligung des Elementes
Calcium	Verleihung von Stabilität und Sicherung der Statik durch Mineralisation des Skeletts (gemeinsam mit Phosphat) Reiz- und Erregungsübertragung Blutgerinnung
Phosphor	Verleihung von Stabilität und Sicherung der Statik durch Mineralisation des Skeletts (gemeinsam mit Calcium) Speicherung und Übertragung von genetischer Information in Form der Nucleinsäuren Energieübertragung (ATP/ADP) und kurzfristige Speicherung in Form von Kreatinphosphat Membraneigenschaften in Form von Phospholipiden Puffersystem
Magnesium	Reiz- und Erregungsübertragung Aktivierung sehr vieler Enzyme
Kalium	Erhaltung des osmotischen Drucks der intrazellulären Flüssigkeit (mengenmäßig wichtigstes Kation) transmembranale Transporte (Ionenpumpe)
Natrium	Erhaltung des osmotischen Drucks der extrazellulären Flüssigkeit (mengenmäßig wichtigstes Kation) transmembranale Transporte (Ionenpumpe) Neutralisation sezernierter Pufferanionen (z.B. Hydrogencarbonat, Phosphat)
Chlor	Erhaltung des osmotischen Drucks der extrazellulären Flüssigkeit (mengenmäßig wichtigstes Anion) Aktivierung von Pepsin im Magen

Weichgewebe bzw. zwischen intrazellulärer und extrazellulärer Flüssigkeit wirkt, ist das Fließgleichgewicht („steady state") der einzelnen Mengenelemente ein wichtiges physiologisches Merkmal. Aus Untersuchungen mit der Verwendung des Radioisotops ^{45}Ca ist beispielsweise abzuleiten, daß zwischen Calcium im Blutplasma und Calcium im Skelett auch dann ständig ein intensiver Austausch stattfindet, wenn die Konzentration an Calcium im Blutplasma unverändert bleibt. Dies bedeutet, daß die im Blutplasma vorhandene Menge des Calciums, die nur den Bruchteil eines Prozents des insgesamt im Körper vorhandenen Calciums ausmacht, innerhalb eines Tages mehrfach ausgetauscht wird und daß in den Apatiten des Knochens befindliches Calcium regelmäßig auch wieder in das Blutplasma zurückkehren kann. In analoger Weise gilt für die anderen Elemente, daß ständig ein intensiver Austausch zwischen verschiedenen Verteilungsräumen („Kompartimenten") des Körpers stattfindet.

Das Ausmaß von Mineralstoffbewegungen innerhalb des Körpers läßt sich besonders gut an den regelmäßig in den Verdauungstrakt abgegebenen Sekreten verdeutlichen. Der osmotische Druck in den verschiedenen Sekreten weist dieselbe Größenordnung auf wie derjenige im Blutplasma. Dies resultiert aus vergleichbaren Konzentrationen an Elektrolyten. Unter den Kationen ist, mit Ausnahme der in den Magen sezernierten Salzsäure, Natrium regelmäßig in Konzentrationen anzutreffen, die derjenigen im Blutplasma vergleichbar sind. Die täglich in den Verdauungstrakt sezernierte Menge an Natrium ist daher vor allem eine Funktion der abgegebenen Menge an Sekreten.

Beim Wiederkäuer werden besonders hohe Mengen an Speichel sezerniert, für Milchkühe wird mit einem täglichen Speichelfluß zwischen 60 und 160 Litern gerechnet. Dies bedeutet, daß die allein mit dem Speichel täglich sezernierte Menge an Natrium größer sein kann als die insgesamt im Körper anzutreffende Menge an diesem Element. Möglich wird dies nur dadurch, daß dieser Sekretion eine praktisch gleichhohe Resorption von Natrium auf der gesamten Länge des Verdauungstrakts gegenübersteht. Wenn auch weniger ausgeprägt als beim Natrium, findet für alle Mengenelemente neben Absorption aus dem Verdauungstrakt auch Sekretion in den Verdauungstrakt statt.

26.1.3 Homöostatische Mechanismen

Die Größenordnung der Konzentrationen von Mengenelementen im Blutplasma wird in der Tabelle 26.3 gezeigt. Wichtig ist, daß Abweichungen von den „Normbereichen" für verschiedene Elemente in unterschiedlichem Ausmaß toleriert werden. In diesem Zusammenhang interessiert vor allem, welche homöostatischen Mechanismen das Tier zur Aufrechterhaltung bestimmter Konzentrationen einsetzen kann.

Steigt im Blutplasma die Konzentration an Calcium, so kann in gewissen Grenzen die Einlagerung von Calcium (und Phosphor) in das Skelett als Folge vermehrter Ausschüttung des in der Schilddrüse gebildeten Hormons Calcitonin gesteigert werden. Vor allem aber wird weniger Calciferol (Vitamin D_3) in die aktive Form Calcitriol überführt, wodurch die Resorption von Calcium aus dem Darm erniedrigt

Tabelle 26.3 Größenordnung der Mineralstoffkonzentrationen im Blutplasma von Säugern.

Element	mmol/l
Natrium	135-145
Kalium	4,5-6,0
Calcium	2,0-3,0
Magnesium	0,8-1,2
Chlorid	95-105
Phosphat	1,5-2,5

wird. Umgekehrt wird bei einem Absinken der Calciumkonzentration im Blutplasma von der Nebenschilddrüse verstärkt Parathormon ausgeschüttet, was zu Mobilisierung von Calcium (und Phosphat) aus dem Skelett führt, während gleichzeitig infolge verstärkter Bildung von Calcitriol die Resorption von Calcium aus dem Darm maximiert wird (Abb. 23.19). Dieser Mechanismus arbeitet äußerst effizient, so daß die tatsächlichen Schwankungen der Calciumkonzentration im Blutplasma meist nur sehr gering sind. Eine Ausnahme bildet die an anderer Stelle näher erläuterte peripartale Phase der Wiederkäuer mit der in der tierärztlichen Praxis sehr bedeutenden Erscheinung der hypocalcämischen Gebärparese („Festliegen", „Milchfieber").

Die Regulation der Phosphatkonzentration im Blutplasma scheint bei monogastrischen Tieren weitgehend analog zu derjenigen der Calciumkonzentration zu verlaufen. Beim Wiederkäuer dagegen ist die Phosphatresorption aus dem Darm unabhängig von einer gesteigerten Calcitriolkonzentration im Blut. Dies bedeutet, daß die Resorption von Phosphat bei Wiederkäuern auch dann maximiert werden kann, wenn die Resorption von Calcium vermindert wird. Die Konsequenz ist, daß das Ca/P-Verhältnis, dem in der Ernährung von Monogastriden Bedeutung beigemessen wird, bei Wiederkäuern eher unbedeutend ist. Während die Konzentration von Calcium im Blutplasma offenbar nur innerhalb sehr enger Grenzen schwanken darf, sind vergleichsweise sehr große Schwankungen der Konzentration von Phosphat zumindest beim Wiederkäuer ohne direkte negative Folgen für die Gesundheit des Tieres.

Beim Magnesium hat sich in der Evolution anscheinend nie die Notwendigkeit zur Entwicklung homöostatischer Mechanismen ergeben. So ist eine Reaktion des Endokriniums auf Änderungen im Gehalt des Blutplasmas an Magnesium bisher nicht bekannt. Unter den Bedingungen der Praxis finden sich große Schwankungen in der Magnesiumkonzentration des Blutplasmas.

Natrium unterliegt wegen seiner herausragenden Bedeutung für den osmotischen Druck der extrazellulären Flüssigkeit einer besonders empfindlichen Steuerung. Steigt die Konzentration geringfügig, so wird das Antidiuretische Hormon (ADH, Adiuretin) von der Neurohypophyse ausgeschüttet, wodurch über Verminderung der Wasserausscheidung dem Ansteigen des osmotischen Drucks entgegengewirkt wird. Umgekehrt wird bei leichtem Absinken der Natriumkonzentration von der Nebennierenrinde Aldosteron ausgeschüttet, das vor allem die Resorption von Natrium in den Tubuli der Nieren steigert und dadurch die Natriumausscheidung im Harn reduziert. Daneben bewirkt Aldosteron im Speichel von Wiederkäuern den Austausch von Natrium durch Kalium, wodurch die Natriumausscheidung im Kot minimiert wird.

Bei Kalium und Chlor werden ähnliche Mechanismen wie bei Natrium angenommen, allerdings liegen hier mangels Relevanz für die Praxis weniger gesicherte Untersuchungsergebnisse vor.

26.1.4 Ausscheidung von Mengenelementen

Tiere scheiden ständig in ihren Exkrementen auch Mengenelemente aus. Kausal ist bei diesen Ausscheidungen zwischen drei Kategorien zu unterscheiden:

1. unvermeidliche Ausscheidungen, die durch das Tier bedingt sind und auch dann auftreten würden, wenn das Futter frei von dem jeweiligen Element wäre,
2. nicht resorbierbare Anteile des Elementes in der jeweiligen Ration, deren Höhe durch die Art der verwendeten Futtermittel bedingt sind;
3. regulatorische Ausscheidungen, die dann erfolgen, wenn die Versorgung mit dem Element die benötigte Zufuhr übersteigt und deren Höhe sich jeweils danach richtet, in welchem Ausmaß die Zufuhr an diesem Element den Bedarf übersteigt.

Auch wenn diese Definitionen klar erscheinen, so lassen sich die Teilgrößen experimentell nur mit erheblichem Aufwand quantifizieren. An dieser Stelle soll auf Einzelheiten verzichtet werden zugunsten einiger allgemeiner Grundsätze.

Zu 1. Die unvermeidlichen Verluste an mehrwertigen Elementen erfolgen zum größten Teil mit dem Kot. Ihre Höhe richtet sich bei monogastrischen Tieren nach der Lebendmasse, bei Wiederkäuern nach der Höhe der aufgenommenen Trockenmasse des Futters. Bei einwertigen Elementen scheint die Menge des mit dem Kot ausgeschiedenen Wassers wichtigste Bestimmungsgröße für die Höhe der unvermeidlichen Verluste zu sein.

Zu 2. Bei den einwertigen Elementen scheint durchweg der Durchtritt durch die Wand des Verdauungskanals keine Begrenzung für die Verwertung zu sein, so daß hier kaum von einem nicht resorbierbaren Anteil zu sprechen ist. Bei den mehrwertigen Elementen dagegen muß davon ausgegangen werden, daß die Resorption immer unvollständig ist. Insbesondere im Falle des Phosphors bestehen erhebliche Unterschiede zwischen verschiedenen Tierarten. Organisch gebundener Phosphor in Futtermitteln pflanzlicher Herkunft ist infolge der mikrobiellen Umsetzungen im Vormagen für Wiederkäuer sehr weitgehend verfügbar, während monogastrische Tiere insbesondere den Phosphor aus Phytaten (hexa-Phosphoinositol) nur sehr unvollständig verwerten können. Daher wird seit einiger Zeit biotechnisch gewonnene Phytase als Futterzusatzstoff eingesetzt mit der Zielsetzung, bei Schweinen und Geflügel die Resorbierbarkeit des Phosphors aus Phytin zu erhöhen.

Zu 3. Im Überschuß aufgenommene Mengen an Kalium, Natrium oder Chlor werden bei allen Säugern problemlos mit dem Harn ausgeschieden, sofern die Tiere genügend Wasser aufnehmen können. Auch überschüssig resorbiertes Magnesium wird hauptsächlich mit dem Harn ausgeschieden. Bei Geflügel kann durch zu hohe Gehalte an einwertigen Mengenelementen im Futter der Wassergehalt des über die Kloake ausgeschiedenen Exkrements stark erhöht sein, was zu feuchter Einstreu und damit zu hygienischen Risiken führen kann.

Im Überschuß aufgenommene Mengen an Calcium und Phosphor werden bei Wiederkäuern zum allergrößten Teil mit dem Kot, bei Schweinen auch zu nennenswerten Anteilen mit dem Harn ausgeschieden. Pferde und Kaninchen scheiden in der Regel den größten Teil des Calciums mit dem Harn aus.

Die Möglichkeit zur Änderung der jeweiligen Ausscheidung innerhalb sehr weiter Grenzen schafft die Fähigkeit zur Anpassung an sehr unterschiedliche Futtergrundlagen, was insbesondere in freier Natur überlebenswichtig ist.

26.1.5 Versorgung

Infolge der Schwankungen in der Zusammensetzung der Futtermittel kann die Versorgung mit einzelnen Mineralstoffen gelegentlich sehr stark von dem für bestimmte Situationen physiologisch bedingten Bedarf abweichen. Die Tiere sind daher darauf angewiesen, sich auch an solche Situationen anzupassen.

Bei Kalium und Chlor kann davon ausgegangen werden, daß unter praktischen Bedingungen nie ein Mangel auftritt und daß die überreichlich aufgenommenen Mengen dieser beiden Elemente problemlos mit dem Harn ausgeschieden werden, sofern die Tiere nicht unter Wassermangel leiden. Auch beim Magnesium ist die mit dem Futter aufgenommene Menge immer reichlich, allerdings kann unter bestimmten Bedingungen, die Verfügbarkeit dieses Elementes für Wiederkäuer derart absinken, daß Magnesium nur in unzureichenden Mengen aus dem Verdauungstrakt resorbiert wird. Die hieraus resultierende Verarmung an Magnesium ist eine Voraussetzung für die plötzlich auftretende „Weidetetanie“.

Natrium ist bei herbivoren Tieren in aller Regel in den pflanzlichen Futtermitteln in unzureichendem Maße vorhanden, so daß hier eine Ergänzung von Natrium nötig ist, die in Form von Kochsalz leicht vorgenommen werden kann. Die in der Praxis häufig diskutierte besondere Bedeutung des Verhältnisses zwischen Kalium und Natrium im Futter ist experimentell nicht zu belegen.

Calcium und Phosphor sind je nach Art der Ration reichlich oder auch knapp enthalten. Diesen beiden Elementen kommt daher in der Futterberatung auch eine besondere Bedeutung zu, die an dieser Stelle jedoch nicht weiter ausgeführt werden soll. Die Einhaltung eines Ca/P-Verhältnisses von etwa 2:1 (auf Massenbasis) ist bei monogastrischen Tieren wichtig, bei Wiederkäuern wegen der hohen Phosphatsekretion mit dem Speichel jedoch unerheblich. So kann in Luzerne beispielsweise das Ca/P-Verhältnis durchaus bei 8:1 liegen ohne Schädigung der Rinder.

In Tabelle 26.4 werden die wichtigsten Futtermittel nach ihren mittleren Gehalten an den drei in der Praxis kritischen Elementen Calcium, Phosphor und Natrium eingruppiert.

26.2 Spurenelemente

(G. Flachowsky)

26.2.1 Definition und Einteilung

Unter Spurenelementen werden essentielle Bestandteile des Futters bzw. des Tierkörpers verstanden, die in Konzentrationen von 100 ppm (mg/kg Trockensubstanz) vorkommen. Im Organismus erfüllen sie vor allem Aufgaben als Aktivatoren oder Bestandteile von Enzymen und sind auch Bestandteil von Hormonen. Sie werden auch in verschiedene Proteine eingebaut und haben Bedeutung in Organen und Geweben bzw. für verschiedene physiologische Leistungen, z.B. den Sauerstofftransport. Auch manche Mengenelemente, z.B. Mg oder Ca, können im Organismus wie Spurenelemente fungieren.

Tabelle 26.4 Gruppierung wichtiger Futtermittel entsprechend ihren mittleren Gehalten an den Elementen Calcium, Phosphor und Natrium.

• **Calcium** (g/kg Trockenmasse)				
über 30	10 – 30	5 – 10	2 -5	unter 2
Fischmehle, Tiermehle	Grünfutter von Leguminosen, Rübenblatt	Grünfutter mit hohem Grasanteil, Rapsschrot	Getreidestroh, Maissilage, Rüben, Sojaschrot	Körner, von Getreide und Leguminosen, Bierhefe
• **Phosphor** (g/kg Trockenmasse)				
über 15	8 – 15	5 – 8	2 – 5	unter 2
Fischmehle, Tiermehle, Bierhefe	Rapsschrot, Leinschrot	Sojaschrot, Kokosschrot	Getreidekörner, Erbsen, Bohnen, die meisten Grünfutter	Stroh, Rüben, Trockenschnitzel
• **Natrium** (g/kg Trockenmasse)				
über 5	2 – 5	1 – 2	0,5 – 1	unter 0,5
Fischmehle, Tiermehle, Rübenblatt, Melasse	Gerstenstroh, Bierhefe, Rüben, Trockenschnitzel	Haferstroh, Bohnenstroh, Leinschrot	die meisten Grünfutter, Kokosschrot	Körner von Getreide und Leguminosen, Rapsschrot

Zum gegenwärtigen Zeitpunkt gelten **24 Spurenelemente** als lebensnotwendig, wobei jedoch auch bei mehreren neuen oder Ultra-Spurenelementen (z.B. Al, As, Cd, Pb, Sn) noch Zweifel über die Essentialität bestehen.

Die Spurenelemente werden meist den drei folgenden Gruppen zugeordnet:

- **Klassische Spurenelemente:** Eisen (Fe), Mangan (Mn), Zink (Zn), Kupfer (Cu), Selen (Se), Jod (I), Kobalt (Co), Molybdän (Mo), Chrom (Cr), Fluor (F), wobei vor allem die sieben erstgenannten Elemente bedeutungsvoll sind.
- **Ultra-Spurenelemente:** Aluminium (Al), Arsen (As), Bor (B), Barium (Ba), Brom (Br), Cadmium (Cd), Caesium (Cs), Lithium (Li), Nickel (Ni), Blei (Pb), Rubidium (Rb), Silicium (Si), Zinn (Si), Vanadium (V).
- **Toxische Elemente:** Arsen (As), Fluor (F), Cadmium (Cd), Quecksilber (Hg), Molybdän (Mo), Blei (Pb), wobei im Überschuß auch alle anderen Elemente toxisch wirken können.

Weitere Elemente, wie z.B. Silber (Ag), Gold (Au), Beryllium (Be), Wismut (Bi), Gallium (Ga), Germanium(Ge), Platin (Pt), Antimon (Sb), Scandium (Sc), Strontium (Sr), Tellur (Te), Titan (Ti), Thallium (Tl), Uran (U), Wolfram (W), Yttrium (Y) und Zirconium (Zr) können in höheren Konzentrationen im Tierkörper vorkommen als die bekannten Spurenelemente. Belege für ihre Essentialität stehen jedoch bisher aus.

Die Abgrenzung zwischen den drei Gruppen ist nicht einfach. Bei Berücksichtigung des Grundsatzes „Die Dosis macht das Gift“, könnten alle Spurenelemente in die Kategorie toxisch eingeordnet werden. Auffallend ist, daß einige Elemente (z.B. As, Cd, F, Mo, Pb) sowohl den Spurenelementen als auch den toxischen Elementen zugeordnet werden. In Tabelle 26.5 wird eine Wertung ausgewählter Spurenelemente aus der Sicht der praktischen Fütterung vorgenommen.

Tabelle 26.5 Ausgewählte Spurenelemente und ihre Bedeutung für die praktische Fütterung der Nutztiere (++ große Bedeutung, + bedeutungsvoll, – keine Bedeutung bzw. keine Kenntnisse).

Spuren-element[1]	Erkennen der Essentialität (Jahr)	Mangel	Überschuß
Fe	1747 (Blut)	+	+
Mn	1931	++	–
Zn	1922	++	–
Cu	1928	++	+
Se	1957	+	(+)
I	≈1820	++	–
Co	1929	+	–
Mo	1953	–	+
Cr	1954	–	–
F	1972	–	–
Si	1972	–	+
As	1980	–	+
Cd	1985	–	++
Pb	1974	–	++

[1] Die nicht erwähnten Ultra-Spurenelemente verursachen unter Feldbedingungen kaum Mangel- oder Überschußsymptome.

Klassische Spurenelemente unterscheiden sich von den Ultra-Spurenelementen sowohl im Zeitraum der Erkennung ihrer Essentialität (meist vor 1970, Tab. 26.5) als auch in ihrer Bedeutung für die praktische Ernährung. Während bei den klassischen Spurenelementen häufig eine Ergänzung des Futters

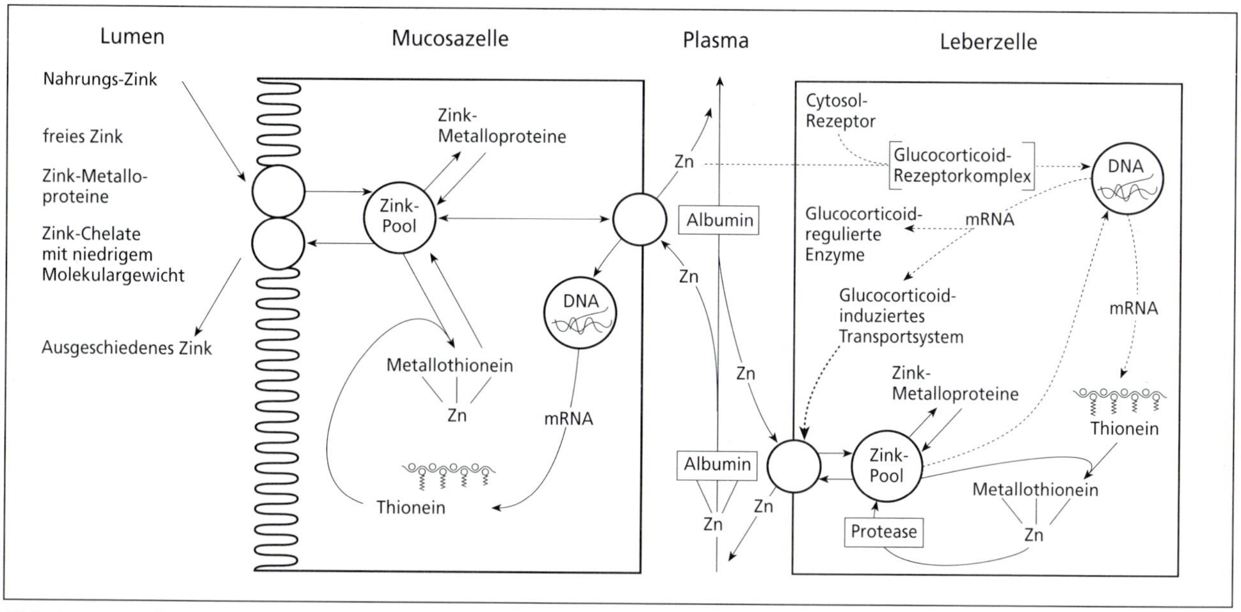

Abb. 26.1 Regulation des Zn-Umsatzes in der Mucosa- und Leberzelle (nach Cousins, 1979).

notwendig ist, sind Ultra-Spurenelemente meist in ausreichenden Mengen im Futter enthalten, so daß unter Praxisbedingungen kein Mangel zu erwarten ist (Tab. 26.5).

Auf eine detaillierte Beschreibung von Resorption, Exkretion, Transport und Verteilung im Körper, Stoffwechsel und physiologischen Funktionen, Mangel- und Toxizitätserscheinungen sowie Bedarf für jedes einzelne Element wird verzichtet. Statt dessen werden einige grundsätzliche Zusammenhänge erläutert, und es wird versucht, für bedeutsame Spurenelemente allgemeingültige Aspekte darzustellen.

Als Spurenelemente werden anorganische Bestandteile in Futtermitteln und im Tierkörper bezeichnet, deren Konzentration meist < 100 mg/kg Trockensubstanz liegt.

26.2.2 Resorption und Exkretion

26.2.2.1 Resorption

Die Resorption dient der „Verfügbarmachung“ der Spurenelemente für den Organismus. Sie besteht aus dem Eintritt des Spurenelements in die Mucosazellen des Verdauungstraktes aus dem Darmlumen, bestimmten Veränderungen in der Mucosazelle, der Ausschleusung über die basolaterale Membran und der Weiterleitung des Spurenelementes über das Plasma zu den Orten des Verbrauchs. Abb. 26.1 zeigt für das Spurenelement Zink wichtige Schritte der Resorption. Eine hohe Plasmazinkkonzentration bewirkt beispielsweise die Metallothioneinbildung in der Darmmucosa, so daß Zn an das Protein gebunden wird und zunächst in der Mucosa verbleibt. Je nach Versorgungslage wird das Element wieder in das Darmlumen sezerniert oder proteingebunden im Plasma zu den Orten des Verbrauchs transportiert. Neben Zn wird auch die Resorption von Fe und Mn weitgehend homöostatisch geregelt (Tab. 26.8). Für verschiedene Elemente (z.B. Mn, Cu) bestehen aktive Transportsysteme, z.B. durch Spurenelement-bindende Enzyme. Andere Elemente werden durch passive Diffusion resorbiert (Tab. 26.6).

Der wichtigste Resorptionsort für die Spurenelemente ist der Dünndarm, wobei die vorderen Dünndarmbereiche dominieren (Tab. 26.6). Verschiedene Elemente können auch im Magen oder im vorderen Dickdarm resorbiert werden. Haut und Lunge haben z.B. für Jod als Resorptionsort Bedeutung.

Die Resorption der Spurenelemente erfolgt überwiegend im Dünndarm.

- **Messung der Resorption**

Unter Spurenelementresorption wird die Differenz zwischen aufgenommenen und fäkal ausgeschiedenen Spurenelementen verstanden. Die Resorptionshöhe drückt die im Körper verbliebene Spurenelementmenge aus. Die Resorption ist die Voraussetzung für die Nutzung der Spurenelemente im Stoffwechsel (Abb. 26.1). Bei der Ermittlung der Resorptionsrate wird die resorbierte Spurenelementmenge auf die Aufnahme bezogen und in Prozent angegeben. Es wird in scheinbare (Aufnahme minus Ausscheidung) und wahre Resorption unterschieden (Abb. 26.2). Zur Ermittlung der wah-

Tabelle 26.6 Resorption und Exkretion ausgewählter Spurenelemente

Spurenelement	Dominierender Resorptionsort	Resorptionsmechanismus	Scheinbare Resorptionsraten	Antagonisten	Exkretion
Fe	Dünndarm, vor allem Duodenum	Fe^{2+} in Mucosa Fe^{3+} Apoferritin in Ferritin, Transport als Transferrin	2-15 %, nach Mangel bis 80%	Ca, Cd, Cu, Lignin, Mn, Ni, P, Pb, Proteine, Phytat, Zn, Zucker	Fäkal (geringe Anteile in Harn, Schweiß), Menstrualblut
Mn	Überwiegend Dünndarm	Mn^{2+} in Mucosa, als Mn^{3+} frei oder proteingebunden zu Geweben	1-10%	Ca, Fe, Mg, P, Phytat	Überwiegend fäkal, kaum renal, Schweiß
Zn	Überwiegend Dünndarmm, beim Wiederkäuer auch Pansen/Labmagen	Passiv in Mucosa, dort Proteinbildung (Abb. 26.2)	5-80%	Arginin, Ca, Cd, Cu, Fe, Glucosinolate, P, Phytat, S	Überwiegend fäkal, renal gering, Schweiß
Cu	Überwiegend Dünndarm, vor allem Jejunum, aber auch Magen, Caecum und Colon	Aktiver Transport (Cu-bindendes Protein), auch Diffusion, Metallothionein reguliert	1-30%	Ag, Ca, Cd, Fe, Hg, Mo, P, Pb, Phytat, S Zn	Überwiegend fäkal, außer Schaf
Se	Überwiegend Dünndarm, auch Caecum, Colon	Passive Diffusion oder gebunden an Proteine	30-95%	As, Cd, Hg, S	Überwiegend renal, aber auch fäkal, Atemluft
I	Magen, Dünndarm, Haut, Lunge	Spezifisches Iodtransportsystem (Magen, Dünndarm)	60-95%	As, Ca, Co, Glucosinolate, F, NO_3	Überwiegend renal, z.T. fäkal, Atemluft, Schweiß
Co	Überwiegend Dünndarm	Carrier-Verbindungen, Intrinsic- und Non intrinsic-Faktoren	20-97%, Wiederkäuer ≈ 3% in Vit. B_{12}	Fe, I	Wiederkäuer fäkal, sonst überwiegend renal

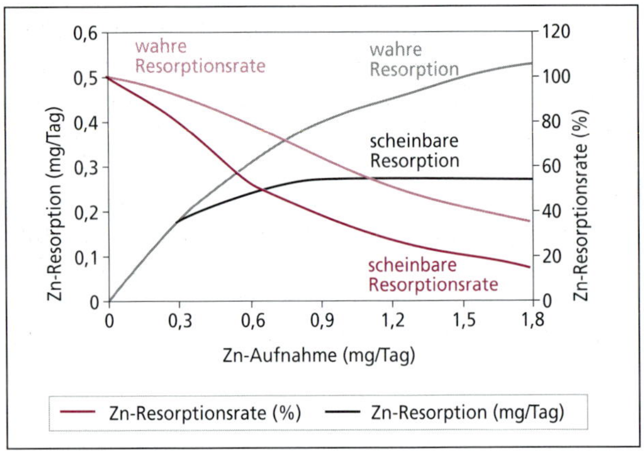

Abb. 26.2 Wahre und scheinbare Zn-Resorption in Relation zur Zn-Aufnahme, absolut und in % der Aufnahme (nach Kirchgeßner et al., 1993).

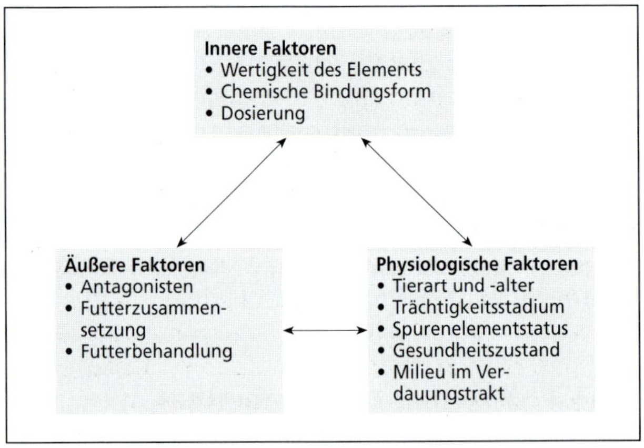

Abb. 26.3 Einflußfaktoren auf die Spurenelementresorption.

ren Resorptionsrate muß die in den Verdauungstrakt sezernierte Spurenelementmenge (Sekrete, Zellen) berücksichtigt werden.

26.2.2.2 Einflüsse auf die Resorption

Innere, äußere und physiologische Faktoren haben wesentlichen Einfluß auf die Höhe der Spurenelementresorption (Abb. 26.3).

• Innere Faktoren

Die Wertigkeit eines Elementes, die Bindungsform, in der es vorliegt und die Höhe der Dosierung haben als innere oder elementspezifische Faktoren wesentlichen Einfluß auf die Höhe der Spurenelementresorption. Eisen wird beispielsweise nahezu ausschließlich als Fe^{2+} aus dem Lumen in die Mucosazellen der Dünndarmschleimhaut aufgenommen, dort zu Fe^{3+} oxidiert und in die Transportform überführt.

Neben der Oxidationsstufe hat auch die Art der Verbindung wesentlichen Einfluß auf die Höhe der Resorption. Oxide werden bei gleicher Versorgungshöhe meist in signifikant geringeren Mengen resorbiert als Salze. Kupfersulfid wird kaum resorbiert. Dieses Resorptionsverhalten beruht vermutlich auf den unterschiedlichen Dissoziationsvermögen der verschiedenen Verbindungen.

Sogenannte organische Spurenelementverbindungen (z.B. Spurenelemente in Verbindungen mit Aminosäuren oder Proteinen; Cu-Lysin, Cu-Proteinat, Zn-Methionin) weisen bei defizitärer Versorgung meist eine höhere Resorption als Spurenelemente aus anorganischen Verbindungen auf. Bei ausreichender Spurenelementversorgung konnte unter Praxisbedingungen die verbesserte Resorption der Spurenelemente aus organischen Verbindungen meist nicht bestätigt werden. Häm-Eisen wird bedeutend besser resorbiert als Eisen aus mineralischen oder pflanzlichen Quellen.

Wie in Abb. 26.2 gezeigt, steigt mit zunehmendem Spurenelementangebot die absolute Resorption bis zu einem Plateau an, die Resorptionsrate vermindert sich jedoch deutlich. Diese Zusammenhänge demonstrieren, daß die Angaben von scheinbaren Resorptionsraten nur für die jeweiligen Bedingungen zutreffend sind und stark variieren können (Tab. 26.6).

• **Äußere Faktoren**

Zu den äußeren Einflüssen auf die Höhe der Spurenelementresorption zählt vor allem die Zusammensetzung des Futters (Abb. 26.3). Organische und auch mineralische Bestandteile des Futters können die Resorption verschiedener Spurenelemente wesentlich beeinflussen (Tab. 26.6). Sowohl zwischen verschiedenen Spurenelementen, zwischen Spurenelementen und Mengenelementen als auch zwischen verschiedenen anderen Nahrungsbestandteilen können antagonistische Zusammenhänge bestehen. Die Antagonismen basieren u.a. auf

- der Konkurrenz in den Transportmechanismen bei der Resorption (z.B. Ca und Zn; Fe und Mn),
- der Bildung wenig dissoziierender Verbindungen (z.B. CuS),
- dem Einbau in organische Verbindungen (z.B. Zn oder Fe im Phytat).

Phytat kommt in generativen Pflanzenbestandteilen (z.B. Samen) vor und bindet dort neben Phosphor auch verschiedene Spurenelemente. Durch hohe Phytatgehalte wird beim Nichtwiederkäuer vor allem die Fe- und Zn-Resorption wesentlich vermindert. Beim Wiederkäuer erfolgt der Phytatabbau im Pansen, so daß keine Hemmung der Spurenelementresorption zu erwarten ist. Bei Entfernung von einem oder zwei P-Atomen aus dem Phytat verbessert sich die Spurenelementresorption wesentlich. Diese ersten Schritte des Phytatabbaues sind durch Zusatz exogener Phytase möglich. Auch Nicht-Stärke-Polysaccharide spaltende Enzyme (z.B. Glucanase, Xylanasen, Cellulasen) können bei Nichtwiederkäuern zu einer besseren Nutzung der im Kohlenhydratkomplex eingeschlossenen Spurenelemente, auch als „Käfigeffekt" bezeichnet, beitragen. Glucosinolate, die vor allem im Samen von Kreuzblütlern (z.B. Raps) vorkommen, sind wichtige Iod-Antagonisten. In Tabelle 26.6 sind einige Antagonisten für die wichtigsten Spurenelemente erwähnt.

• **Physiologische Faktoren**

Zu physiologischen Einflußfaktoren auf die Spurenelementresorption werden vor allem tierspezifische Größen, wie Tierart und -alter, physiologischer Status des Tieres, Milieu im Verdauungstrakt u.a. gezählt (Abb. 26.3). Enge Zusammenhänge bestehen beispielsweise zwischen dem pH-Wert im Verdauungstrakt und der Höhe der Fe-Resorption. Säurezusätze bzw. niedrigere pH-Werte begünstigen die Fe-Resorption. Anhand ausgewählter Beispiele sollen weitere Einflußfaktoren verdeutlicht werden.

Bei den meisten Spurenelementen ist zu beobachten, daß mit zunehmendem Alter der Tiere die Resorptionsrate abnimmt (Abb. 26.4). An einem oder mehreren Spurenelementen verarmte Tiere weisen in der sich anschließenden Repletionsphase eine deutlich höhere Resorptionsrate auf als bei anhaltend bedarfsdeckender Versorgung. In den letzten Tagen oder Wochen der Trächtigkeit steigt die Resorption meist deutlich an (Superretention; Abb. 26.5). Als wichtige Steuergröße für die Höhe der Resorption fungiert der Bedarf der Tiere an dem jeweiligen Spurenelement in Abhängigkeit vom

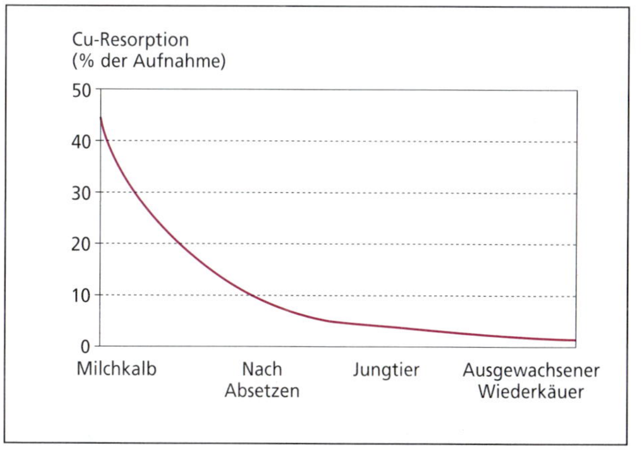

Abb. 26.4 Einfluß des Alters auf die Cu-Resorption beim Wiederkäuer.

Tabelle 26.7 Beispiele für spurenelementhaltige Bestandteile und Funktionen von Spurenelementen im Organismus.

Fe	Mn	Zn	Cu	Se	I	Co
Fe-haltige Enzyme • Cytochromoxidase • Cytochrome • Peroxidasen • Katalase • Aldehydroxygenasen • Dehydroxygenasen • NADH-Cytochrom-Reductase • Xanthinoxidase Bestandteil von Metalloproteinen • Hämoglobin • Myoglobin • Ferritin • Transferritin • Transferrin **Bedeutung** für: Sauerstofftransport, Elektronentransport, Energieumsatz	Bestandteil und Aktivator von Enzymen, wie z.B. • Arginase • Pyruvat-Carboxylase • Mn-Superoxid-Dismutase • Hydrolasen • Transferasen **Bedeutung** für: Knochenwachstum, Reproduktion, Fett- und Cholesterolstoffwechsel, Kohlenhydratstoffwechsel (Mucopolysaccharidsynthese), Zellfunktion und -struktur, Immunfunktion	Bestandteil und Aktivator von Enzymen, wie z.B. • Anhydrasen • Carboxypeptidasen • Dehydrogenasen • Alkalische Phosphatase • Ribonuclease • DNA-Polymerase **Bedeutung** für: Hormonhaushalt, Wachstum, Hautbildung und Wundheilung, Immunfunktion, Wasser- und Kationenbilanz	Cu-haltige Enzyme • Oxidasen • Tyrosinasen • Ceruloplasmin Bestandteil von Metalloproteinen • Erythrocuprein • Hepatocuprein • Cerebrocuprein • Milch-Kupfer-Protein **Bedeutung** für: Eisenstoffwechsel, Zellatmung Pigmentierung, Keratinisierung von Haar und Wolle, Nervensystem, Reproduktion, Immunfunktion, Fettstoffwechsel	Bestandteil der Glutathion-Peroxidase (GSH-Px; ≈ 40% des Körper-Se in GSH-Px) und der Iod-Thyorinin-5'-Diodinase **Bedeutung** für: Schutz der Zellen vor oxidativer Zerstörung (Synergist zu Vitamin E und anderen Antioxidantien), Selenoprotein der Spermien, Bestandteil von Purin- und Pyrimidinbasen, Prostaglandinsynthese, Fettsäurenstoffwechsel, Immunfunktion	Bestandteil der Schilddrüsenhormone (≈65% des Körper-I in T_4) Schilddrüsenhormone mit **Bedeutung** für: Thermoregulation, Energieumsatz, Intermediärstoffwechsel, Reproduktion, Wachstum	Zentralatom von Vitamin B_{12} **Bedeutung** für verschiedene Enzymsysteme: Purin- und Pyrimidinsynthese, Transfer von Methylgruppen, Proteinsynthese, Kohlenhydrat- und Fettstoffwechsel

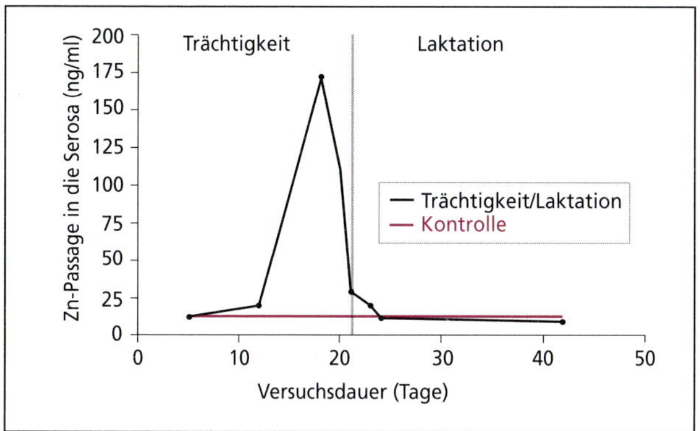

Abb. 26.5 Zn-Resorption während Trächtikgkeit und Laktation bei Ratten mit konstantem Zn-Gehalt in der Diät (nach Kirchgeßner et al., 1993).

Tabelle 26.8 Bedeutung der homöostatischen Regulationsmechanismen für den Stoffwechsel ausgewählter Spurenelemente.

Spuren-element	Resorp-tion	Exkretion Fäkal	Renal	Gewebe-einlage-rung	Haut (Schweiß)	Milch, Eier
Fe	+++	+	0	+++	+	0
Mn	+++	+++	0	++	+	+
Zn	+++	++	0	+	+	+
Cu	–	+	–	+++	0	++
Se	+	+	+++	+	+	++
I	0	+	+++	++	+	+++
Co	–	+	+	+	0	+

+++ sehr wichtig, ++ wichtig, + geringe Bedeutung, = keine Bedeutung, – keine Kenntnisse

physiologischen Zustand (z.B. Wachstum, Trächtigkeit, Verarmung an einem Element).

Die Vielzahl der erwähnten Einflußfaktoren verdeutlicht, daß die Angabe von Mittelwerten für die Spurenelementresorption, häufig als Bioverfügbarkeit bezeichnet, als wissenschaftlich nicht seriös zu betrachten ist. Bei jeder Angabe sind Informationen erforderlich, unter welchen Bedingungen die Messung erfolgte. Die in Tabelle 26.6 angeführten hohen Variationsbreiten für die scheinbare Resorption sind Ausdruck dieser Situation.

Die Höhe der Spurenelementresorption hängt von inneren, äußeren und physiologischen Faktoren ab.

26.2.2.4 Exkretion

Nicht resorbierte Spurenelemente werden fäkal, resorbierte und im Stoffwechsel nicht oder nicht mehr benötigte Elemente renal ausgeschieden oder hauptsächlich über die Gallenflüssigkeit wieder in den Darm sezerniert und mit dem Kot ausgeschieden. Die Sekretion über die Galle ermöglicht auch eine Rückresorption, die für verschiedene Spurenelemente (z.B. Fe) unter bestimmten Bedingungen bedeutsam sein kann. Neben der Resorption haben sowohl fäkale als auch renale Exkretion Bedeutung für die homöostatische Regulation des Stoffwechsels verschiedener Spurenelemente. In Tabelle 26.6 werden wesentliche Einflußfaktoren auf Resorption und Exkretion der wichtigsten Spurenelemente dargestellt.

26.2.3 Physiologische Aufgaben

26.2.3.1 Transport und Metallothionein

Ein Spurenelement ist erst dann als lebensnotwendig zu bezeichnen, wenn es im Stoffwechsel bestimmte Funktionen zu erfüllen hat. Nur aus dem Nachweis eines Elementes in Organen und Geweben kann nicht auf Essentialität geschlossen werden. Die resorbierten Spurenelemente werden meist mittels Plasmaproteinen zu den Orten des Bedarfes transportiert oder in Depots eingelagert, wie Abbildung 26.6 für die Verteilung des Eisens im Organismus zeigt.

Von besonderer Bedeutung ist das **Metallothionein**. Metallothionein ist ein Protein, das essentielle und nichtessentielle Spurenelemente binden kann. Es stellt gewissermaßen ein Zwischenlager für die Spurenelemente dar und hat sowohl große Bedeutung für die homöostatische Regulation als auch für die zelluläre Detoxifikation bei hoher Spurenelementanflutung, wie Abb. 26.1 für Zink in Mucosa- und Leberzellen zeigt.

Metallothionein kommt hauptsächlich im Cytoplasma verschiedener Gewebe vor. Zwischen den Tierarten bestehen Unterschiede im Aminosäurenmuster des Metallothioneins. Die Schwefelatome im Metallothionein haben erhebliche Bedeutung bei der Bindung der Spurenelemente. Beispielsweise kann ein Mol Metallothionein 12 Cu-Atome (S : Cu = 2 :1), aber nur 7 Zn-Atome (S : Zn = 3:1) binden.

26.2.3.2 Funktionen

Die verschiedenen Spurenelemente erfüllen im Stoffwechsel eine Vielzahl von Aufgaben, wobei die Bedeutung als Bestandteil und Aktivator von Enzymen dominiert. Diese Feststellung trifft vor allem auf Fe, Mn, Zn, Cu und Se zu (Tab. 26.7).

Eisenhaltige Enzyme haben beispielsweise erstrangige Bedeutung beim Elektronentransport (Cytochrome) und damit für die Energiegewinnung im Körper. Neben umfangreichen Aufgaben als Enzymbestandteil ist Eisen als Zentralatom des Hämoglobins (Abb. 26.6) auch die entscheidende Substanz für den Sauerstofftransport im Körper.

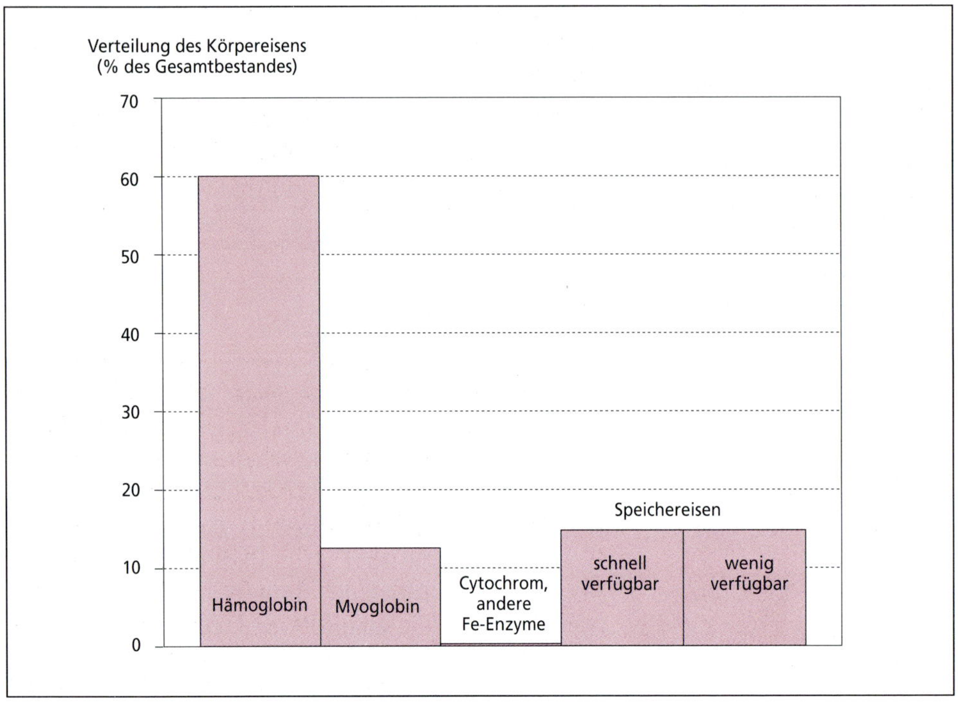

Abb. 26.6 Verteilung des Körpereisens in einzelnen Verbindungen (Mittel von verschiedenen Species).

Mangan, Zink und Kupfer sind ebenfalls Bestandteile oder Aktivatoren verschiedener Enzyme (Tab. 26.7), so daß das Fehlen dieser Elemente vielfältige Auswirkungen auf Stoffwechsel und Tiergesundheit haben kann. Jod als Bestandteil der Schilddrüsenhormone Trijodthyronin (T_3) und Tetrajodthyronin (Thyroxin, T_4) weicht in seiner Funktion von den anderen Spurenelementen ab.

Cobalt ist als Element nicht essentiell, sondern entfaltet seine Wirkung als Zentralatom von Vitamin B_{12}. Auf die physiologische Bedeutung von Vitamin B_{12} wird in Kapitel 25 eingegangen.

Die Spurenelemente haben vielfältige Funktionen im Stoffwechsel zu erfüllen, von denen die Aktivierung von Enzymen und der Einbau in organische Verbindungen am bedeutsamsten sind.

26.2.4 Homöostase, Mangel und Überschuß

26.2.4.1 Homöostase

Unter physiologischen Bedingungen bildet sich zwischen den einzelnen Körperteilen ein genetisch determinierter Gleichgewichtszustand im Spurenelementgehalt aus. Die Spurenelementkonzentration in der Nahrung unterliegt dagegen erheblichen Schwankungen. Im Verlauf der Evolution entwickelten sich spezifische Regulationsmechanismen, die der Aufrechterhaltung einer bestimmten Spurenelementkonzentration im Organismus dienen. Diese homöostatische Kontrolle ermöglicht es dem Organismus, kurze Perioden eines Mangels oder eines Überschusses in Grenzen auszugleichen, ohne daß Krankheitserscheinungen auftreten. Die Anpassung an ein verändertes Spurenelementangebot der Nahrung erfolgt überwiegend durch Veränderung von Resorption oder Exkretion, Gewebeeinlagerung sowie Abgabe mit Milch und Eiern (Tab. 26.8). Wird das homöostatische Regulationssystem überfordert, sind Stoffwechselstörungen (Mangelerscheinungen, akute oder chronische Vergiftungen) die Folge.

26.2.4.2 Mangel

Eine Unterversorgung mit Spurenelementen kann zu unspezifischen und elementspezifischen Mangelerscheinungen führen. Als unspezifische Symptome, die nicht unbedingt auf das Fehlen eines Spurenelements schließen lassen, sind zu erwähnen:
- verminderte Futteraufnahme
- geringere Leistungen (Wachstum, Laktation, Legeleistung)
- Störung des Wohlbefindens, Müdigkeit
- erhöhte Krankheitsanfälligkeit, Reproduktionsstörungen

Diese unspezifischen Symptome können vor allem im Anfangsstadium der Unterversorgung beobachtet werden. Sie resultieren aus den vielfältigen Aufgaben eines Spurenelementes im Stoffwechsel. Beispielsweise wurde bisher Zink als Aktivator oder Bestandteil von über 200 Enzymen erkannt. Ein Zn-

Tabelle 26.9 Mangelerscheinungen und Intoxikationen von ausgewählten Spurenelementen

Spuren-element	Mangelerscheinungen	Intoxikationen
Fe	Anämie, vor allem bei milchernährten Säugern (< 8g Hämoglobin je 100 ml Blut)	Kaum bekannt, unspezifische Symptome, Diarrhoe
Mn	Stille Brunst, verminderte Konzeption, erhöhte Abortrate, Perosis, nervöse Störungen, Degeneration des Keimepithels, gestörter Skelettaufbau	Kaum bekannt, Minderleistungen bei > 1000 ppm im Futter
Zn	Epithel-, Haar- und Gefiederschäden (Parakeratose), geringe Hodenentwicklung, Skelettschäden, Senkung der alkalischen Phosphatase im Plasma	Kaum bekannt, Minderleistungen bei > 1000 ppm im Futter
Cu	Embryonaler Frühtod, geringere Fe-Resorption, Lebercirrhose, Skelett- und Gefäßschäden, endemische Ataxie, Anämie, Wollschäden	Vor allem Schaf: Encephalopathie, Hämoglobinurie, Exitus: > 1000 ppm in Leber
Se	Lebernekrose (Schwein), Exsudative Diathese (Küken) Muskeldystrophie, Weißfleischigkeit	Anämie, Steifheit, Gelenkschwäche, Haarausfall, „Blind staggers"
I	Gestörter Energieumsatz, verminderter Grundumsatz, Kropf, verminderte Fruchtbarkeit, embryonaler Frühtod, Haarlosigkeit	Selten, ähnlich Mangelsymptomen (> 1000 ppm im Futter)
Co	Anämie, struppiges Fell, Abmagerung, Aborte, Exitus (s. Vitamin-B_{12}-Mangel)	Kaum bekannt, Polycythämie, (erhöhte Erythrocytenkonzentration, > 100 ppb im Futter)

Defizit kann demnach zu einer Störung des Allgemeinbefindens führen, was sich in unspezifischen Symptomen äußert. Da die unspezifischen Mangelsymptome für alle Spurenelemente weitgehend ähnlich sind, werden sie in Tabelle 26.9 nicht separat erwähnt. Die elementspezifischen Mangelerscheinungen führen infolge des Fehlens eines Spurenelements zu typischen Symptomen, wie z.B. Anämie bei Fe-Mangel, Parakeratose bei Zn-Mangel oder Kropf bei Iodmangel (Tab. 26.9).

Spurenelementmangel muß nicht immer auf dem Fehlen eines Elements beruhen, sondern kann auch auf antagonistischen Beziehungen zwischen verschiedenen Elementen basieren. Schwefelüberschuß bewirkt beispielsweise auch bei ausreichender Cu-Versorgung durch Bildung des wenig verfügbaren CuS Cu-Mangelerscheinungen. Dieser sekundäre Cu-Mangel ist vor allem bei hoher Schwefelemission zu beobachten. In Tabelle 26.9 wurden für ausgewählte Spurenelemente einige typische Mangelerscheinungen bzw. -krankheiten zusammengestellt.

Unterversorgung an Spurenelementen macht sich zunächst in unspezifischen, später in elementspezifischen Mangelsymptomen bemerkbar.

26.2.4.3 Überschuß

In hohen Dosierungen können alle Spurenelemente zu toxischen Erscheinungen bei Mensch und Tier führen (Tab. 26.9). Der Bereich zwischen Bedarfsdeckung und toxischen Erscheinungen variiert bei den verschiedenen Elementen und den Tierarten ganz erheblich. Während beim Selen beispielsweise die 10fache Bedarfsmenge bereits zu Störungen führen kann, liegt dieser Wert beim Zn beim 20- bis 40fachen. Beim Kupfer kann bei Schaf bzw. Rind die etwa 3- bzw. 12fache Bedarfsmenge Störungen auslösen, beim Schwein wirkt dagegen die etwa 30fache Bedarfsmenge leistungssteigernd (ergotroper Effekt; Abb. 26.7). Die unterschiedliche Toleranz von Wiederkäuern bzw. Nichtwiederkäuern bei hohen Kupfergaben basiert auf Differenzen im Verdauungstrakt, im Speicherungsvermögen sowie bei der Cu-Ausscheidung.

Analog einem Mangel kann auch ein Überschuß an verschiedenen Elementen zu Störungen und zum Tode führen, wie die in Abb. 26.7 dargestellte Dosis-Response-Kurve prinzipiell demonstriert.

Für verschiedene Elemente, wie z.B. Cu oder As, wird bei Überdosierung von Sonderwirkungen berichtet. Beispielsweise bewirken Cu-Gaben von 150-250 mg/kg T beim Schwein infolge der fungiciden und bakterlciden Wirkung des Kupfers im Verdauungstrakt Mehrzunahmen und eine bessere Futterausnutzung (3-10%). Der Effekt ist mit der antimikrobiellen Wirkung von Antibiotika vergleichbar. Da die höheren Kupfermengen in den Exkrementen ausgeschieden (Umweltbelastung) bzw. z.T. in der Leber gespeichert werden (z.T. 1000 ppm Cu), wurde der Cu-Zusatz als Leistungsförderer in der EU eingeschränkt (Mastschweine: < 16 Wochen : < 175 mg/kg Mischfutter; > 16 Wochen : < 35 mg/kg Mischfutter; Tabelle 26.10). Zukünftig ist eine weitere Reduzierung der maximal zulässigen Cu-Mengen in der Schweinefütterung zu erwarten.

Die am Tier beobachteten Toxizitätserscheinungen sind vielschichtig. Sie basieren entweder auf der direkt toxischen Wirkung des Elements oder auf der antagonistischen Wirkung des Überschußelements zu anderen Elementen. Das antagonistische Prinzip kann zum Mangel an einem anderen Element

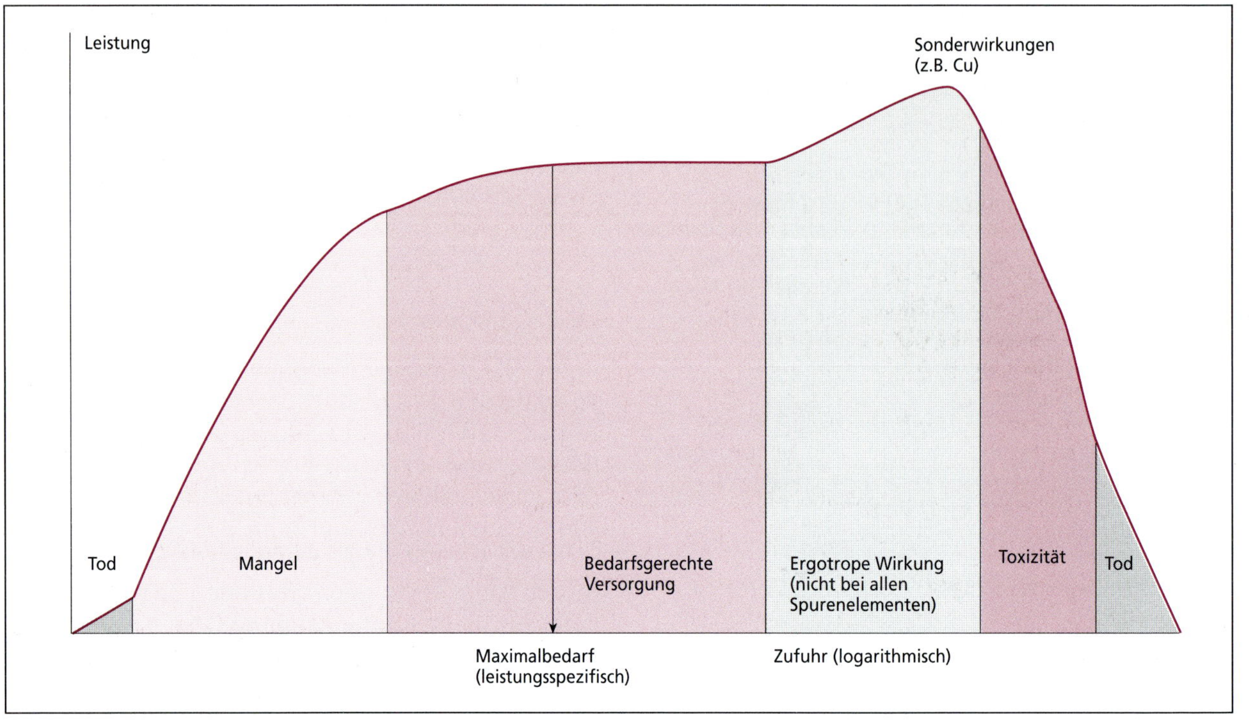

Abb. 26.7 Abhängigkeit der Leistung von der Versorgung mit Spurenelementen (biologische Dosis-Response-Kurve).

führen, so daß manche Toxizitätserscheinungen mit Mangelsymptomen zu vergleichen sind.

> Spurenelementüberschüsse können zu toxischen Erscheinungen führen. Die Symptome können sich ähnlich wie Mangelerscheinungen äußern.

26.2.5 Empfehlungen zur Versorgung

26.2.5.1 Bedarf

Unter Berücksichtigung der physiologischen Funktionen der verschiedenen Spurenelemente und Unterstellung mittlerer Resorptionsraten sowie verschiedener Sicherheitszuschläge wurden Empfehlungen zum Bruttobedarf für die verschiedenen Spurenelemente abgeleitet (Tab. 26.10). Dabei zeigt sich, daß unabhängig von der Tierart für die einzelnen Elemente die Bedarfsempfehlungen, bezogen auf die Futtertrockensubstanz, vergleichbar sind.

Bei Futtermischungen und Rationen ist davon auszugehen, daß viele Spurenelemente bereits bedarfsdeckend vorhanden sind, so daß meist nur noch Ergänzungen mit Mn, Zn, Cu, Se, I erforderlich sind. Bei Einsatz von Organo-Verbindungen und nachgewiesener erhöhter Resorption ist zu erwarten, daß die Empfehlungen für eine optimale Versorgung reduziert werden.

Zur Verbesserung der Spurenelementversorgung existieren verschiedene Möglichkeiten, von denen die Zufütterung im Mineralfutter die größte Bedeutung hat. Verschiedene Elemente (z.B. Co, Cu) werden in Pellets (Bolus oder Nadeln) eingepreßt und in den Pansen appliziert. Auf diese Art und Weise kann über längere Zeit (1-2 Jahre) das spezifische Defizit an diesen in sehr geringen Mengen benötigten Elementen (Tab. 26.10) überwunden werden. Weitere Applikationsformen bestehen über Lecksteine, durch Injektion oder Depotanlage des Elementes (z.B. I) oder durch Düngung verschiedener Elemente (z.B. Cu, Se).

Andererseits existieren auch Befunde, die demonstrieren, daß bei höherer Versorgung der Tiere in den vom Menschen genutzten Lebensmitteln tierischer Herkunft (Milch, Fleisch, Eier) eine Anreicherung mit Spurenelementen und damit eine verbesserte Versorgung des Menschen möglich wird. Diese Feststellung trifft beispielsweise auf die Elemente Jod (Abb. 26.8) und Selen zu.

26.2.5.2 Maximal tolerierbare Spurenelementmengen

Resultierend aus der weltweiten Spurenelementforschung werden maximal tolerierbare Spurenelementmengen im Futter der verschiedenen Spezies abgeleitet, wobei gegenwärtig die resorptionsbeeinflussenden Faktoren kaum berücksichtigt werden. Die in Tabelle 26.10 erwähnten zulässigen Höchst-

Tabelle 26.10 Empfehlungen zur Versorgung landwirtschaftlicher Nutztiere mit ausgewählten Spurenelementen (ppm bzw. mg/kg T; Angaben nach verschiedenen Literaturquellen) sowie gegenwärtig in der EU zulässige Höchstgehalte im Alleinfutter (bei 88% T; Sülflohn, 1999).

Spuren-element	Wiederkäuer (einschl. Kälber)	Pferd	Schwein	Geflügel	zulässiger Höchstgehalt
Fe	30-100	40-50	40-75	40-80	1250
Mn	30-60	40	10-30	30-60	250
Zn	20-60	40	40-60	30-70	250
Cu	4-10	10	3-6 ergotroper Effekt: 150-250	6-8	15 (Schaf), 175 (Schwein bis 16 Wo.) 35 (sonstige Species)
Se	0,1-0,2	0,1	0,1-0,3	0,1-0,2	0,5
I	0,2-0,3	0,1	0,2-0,3	0,2-0,3	4 (Pferd), 10 (sonstige Species, Fische: 20)
Co	0,08-0,1	0,1	0,05	0,05	10

Tabelle 26.11 Möglichkeiten zur Beurteilung der Versorgung landwirtschaftlicher Nutztiere mit ausgewählten Spurenelementen

Spuren-element	Futter	Haar, Wolle, Federn	Blut	Milch, Eier	Enzymaktivitäten, Hormon-konzentrationen	Muskel	Knochen	Ausge-wählte Organe
Fe	+	–	Hämoglobinspiegel: +++ Fe-Bindekapazität: +++ Transferrinsättigung: +++	–	–	+	–	Milz: +++ Leber: ++
Mn	++	++	+	–	Superoxid-Dismutase: +	–	++	Leber: +++ Niere: ++ Ovar: ++ Herz: ++
Zn	+	++	++	+	Metallothionein: + Phosphatase: +		Rippe: ++	Haut: +++ Prostata, Hoden: ++ Leber: ++
Cu	+	++	++	–	Cytochromoxidase, Superoxid-Dismutase: ++	–	+	Leber: +++ Groß-hirn: +++ Niere: +++ Herz: ++ Haut: ++
Se	++	+++	Serum: +++	+++	Glutathion-Peroxidase: +++	++	–	Leber: +++ Niere: ++ Herz: ++
I	+++	+++	+++	+++	Schilddrüsenhormone: +++	+	–	Schild-drüse: +++
Co	++	–	–	+	–	–	+	Leber: +++ Niere: ++

Eignung: +++ sehr gut, ++ gut, + geeignet, – nicht geeignet (oder Eingung nicht untersucht)

gehalte lassen bei kurz- und mittelfristiger Fütterung keine Toxizitätserscheinungen erwarten. Die in der EU geltenden Höchstgrenzen liegen meist deutlich unter den aus den USA stammenden Vorschlägen. Um die Ausscheidungen durch die Tiere und damit die Umweltbelastung in Grenzen zu halten, sollten die Empfehlungen zur Spurenelementversorgung nicht wesentlich überschritten werden (Tab. 26.10).

Die Bedarfsempfehlungen der verschiedenen Species sind abzusichern; Überschüsse sollten aus physiologischen und ökologischen Gründen vermieden werden.

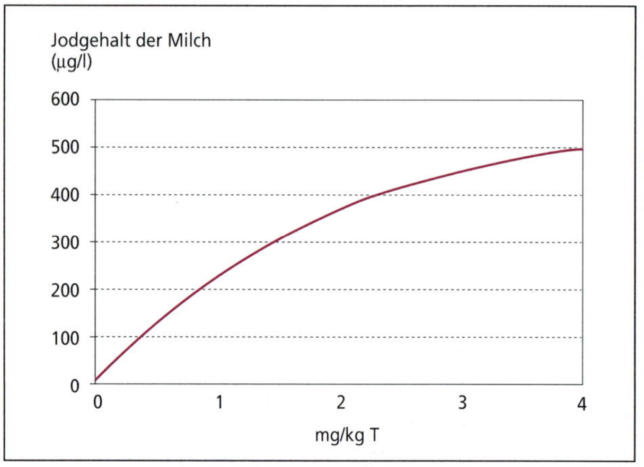

Abb. 26.8 Jodgehalt von Kuhmilch in Abhängigkeit von der Jodversorgung der Kühe (nach Kaufmann et al., 1996).

26.2.6 Indikation und Versorgung

Zur Vermeidung von Mangel- und Überschußsituationen mit verschiedenen Spurenelementen ist eine Beurteilung der Versorgung erforderlich. Sie soll schnell, sicher und preisgünstig möglich sein. Dazu eignen sich die verschiedenen Matrices in unterschiedlichem Umfang, wie Tabelle 26.11 für ausgewählte Spurenelemente zeigt.

Die Beurteilung der Versorgung an Hand eines Kriteriums erscheint als relativ unsicher. Obwohl Kenntnisse über den Spurenelementgehalt im Futter erforderlich sind, erlauben die resorptionsbeeinflussenden Faktoren keine sichere Aussage über die Versorgung. Grenzkonzentrationen in Organen und Geweben können als Orientierungshilfen zur Beurteilung der Versorgung angesehen werden. Häufig zeigen sie jedoch nicht die aktuelle Versorgung an, sondern spiegeln zurückliegende Zeiträume wider.

Enzym- und Hormonkonzentrationen oder die Spurenelementbindung an Transportproteine können als Kriterien gegenwärtiger Versorgung gelten, wobei auch sie als alleinige Meßgrößen nicht überbewertet werden dürfen. Eine relativ sichere Beurteilung der Versorgungslage erfordert die Berücksichtigung mehrerer Kriterien, wie z.B. Futter, Organ- bzw. Gewebeprobe, typische Hormonkonzentration oder Enzymaktivitäten.

Zur Einschätzung der Versorgung der Tiere mit Spurenelementen eignen sich physiologische Kriterien (z.B. Enzymaktivitäten) in Verbindung mit Spurenelementkonzentrationen im Futter, in Körperflüssigkeiten oder in Gewebeproben.

Weiterführende Literatur

Anke, M., et al. (1981-1999): Arbeitstagung Mengen- und Spurenelemente. Verlag Harald Schubert, Leipzig (Tagungsband erscheint seit 1981 jährlich).

McDowell, L. R. (1992): Minerals in animal and human nutrition. Academic Press, Orlando, Fl./USA.

Mertz, W. (1986): Trace elements in human and animal nutrition. 5th ed.Vol. 1 and 2, Academic Press, Orlando, Fl./USA.

TEMA (1993): Trace Elements in Man and Animals. Verlag Media Touristik Gersdorf (Tagungsband erscheint seit 1969 im vierjährigen Abstand).

Underwood, E.J., N.F. Suttle (1999): The mineral nutrition of livestock. 3rd Ed., CABI Publ. New York.

27 Knochenstoffwechsel

R. Kaune

27.1 Verteilung von Calcium und Phosphor im Körper

Calcium und Phosphor gehören zu den Mengenelementen, wobei der Körper von Wirbeltieren etwa 2% Calcium und 1,2% Phosphor enthält. Beide Elemente sind jedoch höchst ungleich im Körper verteilt. 99% des Calciums befindet sich im Knochen, nur 1% in den Weichgeweben. Beim Phosphor ist die Verteilung nicht ganz so extrem, 75-85% befindet sich im Knochen und 15-25% in den Weichgeweben. Im Knochen existiert also ein relativ großes Potential beider Elemente, welches bei Bedarf zum Teil mobilisiert werden kann. Dabei stellt der größte Teil des Knochens ein langsam austauschbares Kompartiment dar. Lediglich 0,5% des Knochens ist relativ schnell mobilisierbar und tauscht 6-8mal mehr Calcium und Phosphat aus als der übrige Teil.

27.1.1 Calcium und Phosphat im Plasma

Die Plasmakonzentrationen von Calcium und Phosphat liegen bei 2-3 mmol/l bzw 1-3 mmol/l. Vor allem die ionisierte Ca^{2+}-Konzentration wird in engen Grenzen reguliert. Die extrazelluläre Ca^{2+}- und P_i-Homöostase wird in ihren Grundzügen durch die Hormone Parathormon (PTH), Calcitonin und Calcitriol (dem aktiven Metaboliten von Vitamin D_3) reguliert, wobei Knochen, Darm und Niere die hauptsächlichen Zielorgane sind. Steigt die extrazelluläre Ca^{2+}-Konzentration auf zu hohe Werte an, wird aus den C-Zellen der Schilddrüse Calcitonin ausgeschüttet, das dem Anstieg durch eine Hemmung der Calciummobilisation aus dem Knochen entgegenwirkt. Im umgekehrten Fall wird in den Nebenschilddrüsen PTH ausgeschüttet, das für eine Mobilisierung von Ca^{2+} und Phosphat aus dem Knochen, eine Hemmung der renalen Ca^{2+}-Ausscheidung sowie eine verstärkte renale Synthese von Calcitriol aus seiner Vorstufe sorgt. Calcitriol wiederum stimuliert die aktive Ca^{2+}- und Phosphat-Resorption aus dem Darm.

Ein Abfall der Phosphatkonzentration stimuliert unabhängig von PTH die Synthese von Calcitriol. Dies führt zu einem Anstieg von Ca^{2+} und Phosphat im Plasma und indirekt über einen Abfall der PTH-Spiegel zu einer Senkung der renalen Ausscheidung von Phosphat. Bei einem Anstieg der Phosphatkonzentration verlaufen diese Vorgänge umgekehrt.

Bei Wiederkäuern ist die Situation prinzipiell ähnlich, wird aber offensichtlich nicht über Calcitriol gesteuert. Auch spielt die renale Ausscheidung bei der Regulation des Phosphathaushaltes bei Wiederkäuern nur eine untergeordnete Rolle.

27.1.2 Calcium und Phosphor im Knochen

Die Mischung aus organischer Grundsubstanz und Mineral bestimmt die Eigenschaften.

- **Aufbau des Knochens**

Der Knochen setzt sich aus den Knochenzellen (**Osteozyten**) und der Interzellularsubstanz zusammen. Die Interzellularsubstanz besteht aus scherengitterartig angeordneten Kollagenfibrillen, die in eine Grundsubstanz eingelagert sind. Wichtig für die Härte und Festigkeit des Knochens sind die eingelagerten Salze, hauptsächlich Calciumphosphate und Calciumcarbonate, die in Form von Apatiten vorliegen. Teilweise ist das Calcium durch Magnesium oder Natrium ersetzt. Die organischen Bestandteile (Grundsubstanz + Kollagenfibrillen) werden auch als **Osteoid** bezeichnet. Sie bedingen die Elastizität des Knochens. Das abgestimmte Zusammenspiel dieser beiden Eigenschaften bewirkt, daß der Knochen einerseits hart und fest und damit nicht biegsam, andererseits aber auch nicht brüchig ist.

Es gibt zwei Arten von Knochen: **Geflechtknochen** und **Lamellenknochen**. Während der Geflechtknochen einfach als verknöchertes Bindegewebe angesehen werden kann, weist der Lamellenknochen eine regelmäßige Schichtung auf. Die Schichten aus Zwischensubstanz, Osteozyten und Gefäßkanälen werden als **Haverssches System** oder **Osteon** bezeichnet. Nach außen hin wird der Knochen vom **Periost** umkleidet, welches Blut- und Lymphgefäße sowie Nerven enthält und den Knochen ernährt.

• **Mechanismen des Knochenaufbaus**

Knochen entsteht aus Knorpel. Die Bildung des Knochens erfolgt durch Differenzierung von Fibroblasten und Mesenchymzellen zu **Osteoblasten.** Diese sondern das Osteoid ab und werden anschließend zu Osteozyten. Es gibt zwei verschiedene Typen der Knochenbildung. Bei der **desmalen Ossifikation** erfolgt die Differenzierung zu Osteoblasten auf direktem Wege. Sie spielt nur beim Geflechtknochen eine Rolle. Wesentlich bedeutsamer ist die **chondrale Ossifikation** oder Ersatzknochenbildung. Hier erfolgt die Differenzierung zu Osteoblasten über Chondroblasten. Es entstehen also zuerst knorpelige Vorstrukturen, die später durch Knochen ersetzt werden. Um den Osteoblasten bei der chondralen Ossifikation die Bildung von Knochen zu ermöglichen, muß der Knorpel zuerst durch Chondroklasten abgebaut werden.

Wachsende Tiere benötigen Knochen, die ihre Funktion bereits erfüllen, aber dennoch an Länge und Dicke zunehmen können. Dies kann insbesondere bei den durch Gelenke verbundenen Röhrenknochen nicht einfach durch äußere Anlagerung geschehen. Hier erfolgt die chondrale Ossifikation während des Wachstums in bestimmten Wachstumszonen (Diaphyse, Epiphyse, Epiphysenfuge). Nach Abschluß des Wachstums schließen sich diese Zonen durch Verknöcherung. Bei einigen Reptilien, die ihr gesamtes Leben wachsen können (Krokodile, Warane), bleiben sie dagegen bestehen.

• **Mechanismen des Knochenabbaus**

Knochen wird lebenslang ersetzt. Während des Wachstums wird nicht nur Knorpel durch Knochen ersetzt, sondern zunehmend auch Knochen durch Knochen. Der Knochen wird also umgebaut, ein Prozeß der über das Wachstum hinaus lebenslang anhält. Dies erfordert einen Knochenabbau, der von den **Osteoklasten** bewerkstelligt wird. Osteoklasten sind vielkernige Gebilde, die durch die Verschmelzung und weitere Differenzierung von Präosteoklasten aus dem Knochenmark entstehen. Der Abbau erfolgt durch lokale Ansäuerung und enzymatischen Abbau der organischen Bestandteile.

Knochenabbau und Knochenaufbau sind über Hormone und Kopplungsfaktoren aufeinander abgestimmt.

• **Knochenumbau – austauschbares Calcium/ Phosphat**

Wie bereits im vorangegangenen Abschnitt beschrieben, ist neben dem formenden Aufbau von Knochen (**Modeling**) besonders der Umbau (**Remodeling**) von großer Bedeutung. Eine Ausnahme hiervon bilden die kleinen Labornager, bei denen Remodeling keine Rolle spielt. Beim Entstehen eines trabekulären Knochens (Knochenbälkchen mit Markhöhle) wird durch chondrale Ossifikation zunächst eine **primäre Spongiosa** gebildet (Modeling + Remodeling). Aus dieser entsteht eine **sekundäre Spongiosa** (hauptsächlich Remodeling), die dann auch als ausgewachsener Knochen adulter Tiere ständig umgebaut wird (ausschließlich Remodeling). Ob die Knochenmasse beim adulten Knochen zu- oder abnimmt, hängt davon ab, ob der Abbau oder Aufbau des Knochens quantitativ überwiegt. Mit zunehmendem Alter überwiegt der Abbau, so daß die Knochenhöhle und der Abstand zwischen den Trabekeln zunehmen.

Das Remodeling findet nicht nur im Haversschen System, sondern vor allem auch von den Oberflächen (Periost und Endost) her statt. Es ist daher leicht verständlich, daß spongiformer Knochen mit mehr Oberfläche schneller auf Umbau anspricht als kompakter Knochen mit entsprechend weniger Oberfläche.

Damit der Knochen seine Funktionsfähigkeit behält, müssen beim Remodeling Abbau und Aufbau von Knochenmasse sowohl zeitlich als auch räumlich koordiniert ablaufen. Der sog. Haverssche Umbau findet in einer sog. **multizellulären Knochenstruktureinheit** (Abb. 27.1) statt. Dies ist eine paketartige Struktur, in der sich der Tätigkeit der Osteoklasten die der Osteoblasten räumlich und zeitlich anschließt. Während einer Aktivierungs-

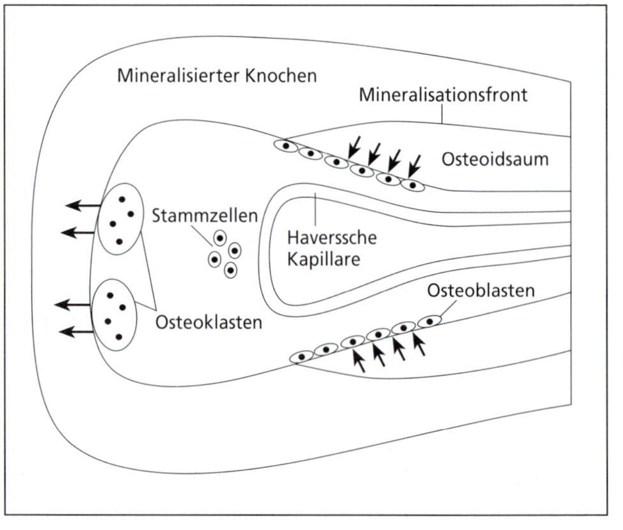

Abb. 27.1 Multizelluläre Knochenstruktureinheit. Osteoklasten und Osteoblasten differenzieren sich aus den Stammzellen des Knochenmarks. Die Osteoklasten bauen den mineralisierten Knochen ab, die Osteoblasten sezernieren den Osteoidsaum. Die Mineralisationsfront verläuft am entgegengesetzten Ende des Osteoidsaumes. Der Knochenumbau verläuft somit jeweils in Pfeilrichtung.

phase, z.B. durch Hormone wie PTH oder Calcitriol, werden Osteoklasten gebildet und aktiviert. Der mobilisierenden Tätigkeit der Osteoklasten folgt dann nach einer Umschaltphase die aufbauende Tätigkeit der Osteoblasten. Diese werden von außen hormonal gesteuert. Darüber hinaus wird durch lokale Koppelungsfaktoren, die bei dem Knochenmatrixabbau frei oder von den Osteoblasten abgegeben werden, dafür gesorgt, daß verstärktem Knochenabbau auch verstärkter Knochenaufbau folgt und umgekehrt. Solche Koppelungsfaktoren sind z.B. TGF-beta (Transforming growth factor beta), PGE_2 (Prostaglandin E_2) und IL-1 (Interleukin-1), die von Osteoblasten abgegeben werden, oder BDGF (Bone derived growth factor) und PDGF (Platelet derived growth factor), die bei der Auflösung der Matrix durch Osteoklasten freigesetzt werden. Auf diese Weise ist dafür gesorgt, daß über eine positive Rückkopplungsschleife ein stimulierter Knochenabbau auch immer eine Stimulierung des Knochenaufbaus bewirkt und umgekehrt.

Weitere wichtige Stimulatoren eines ausgewogenen Remodeling sind mechanische Faktoren wie Zug und Druck. Dadurch wird die Osteoblastentätigkeit und damit der Knochenaufbau positiv beeinflußt. Fehlen diese Reize, z.B. unter Schwerelosigkeit bei Astronauten, kommt es zu Knochenschwund durch Überwiegen des Knochenabbaus.

Beim adulten Tier zieht sich der gesamte Umbauprozeß über etwa 120 Tage hin, gefolgt von einer etwa 900 Tage währenden Ruhephase. Auf diese Weise werden jährlich etwa 5% der Knochenmasse umgebaut.

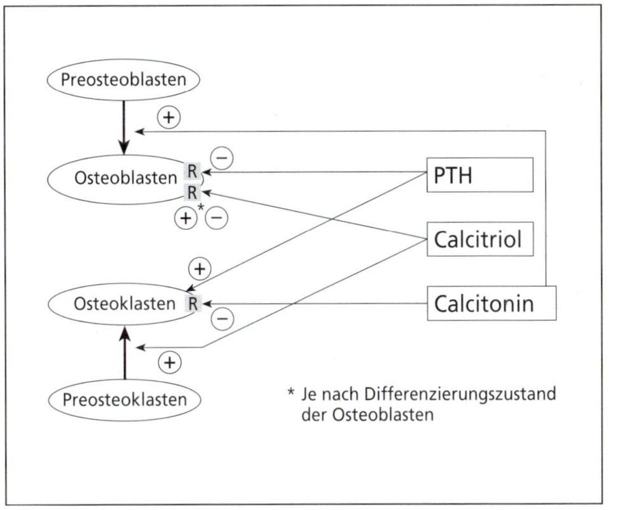

Abb. 27.2 Hormonelle Steuerung des Knochenumbaus. Der Einfluß der drei wichtigsten Hormone auf den Knochenstoffwechsel. R = Rezeptorvermittelt, also direkter Einfluß. Weitere Einzelheiten im Text.

27.2 Regulation des Calcium- und Phosphathaushaltes

Der Calcium- und Phosphathaushalt wird durch die Hormone Parathormon, Calcitriol und Calcitonin reguliert (vgl. Kap. 27.1.1 u. Abb. 23.19).

27.2.1 Parathormon

Parathormon (PTH) ist ein Peptidhormon, welches in der Parathyreiodea (Nebenschilddrüse) ausgeschüttet wird. Das intakte Hormon besteht aus 84 Aminosäuren (PTH (1-84)). Ausgeschüttet werden etwa 80% PTH(1-84) und 20% Fragmente. Das zirkulierende Hormon wird in Leber und Niere in weitere Fragmente gespalten, wobei sich die c-terminalen Anteile aufgrund der längeren Halbwertzeit anreichern. Für die Bindung an den Rezeptor der Zielzellen sind die Aminosäuren 25-34 wichtig, für die Aktivierung die Aminosäuren 1-7. Das heißt, daß das Fragment PTH(1-34) alle für die biologische Wirkung wichtigen Teile enthält.

Parathormon erhöht den Calciumspiegel im Plasma.

Die Hauptfunktion des PTH ist es, eine Hypocalcämie zu verhindern. Im Knochen steigert es die Aktivität der Osteoklasten. Da die Osteoklasten aber keine PTH-Rezeptoren aufweisen, muß dies wohl ein indirekter Effekt sein. Dagegen hemmt PTH über Rezeptoren der Osteoblasten direkt deren Tätigkeit (Abb. 27.2). In der Niere hemmt PTH die Ausscheidung von Calcium, indem es dessen tubuläre Resorption steigert. Im Gegensatz dazu fördert es die renale Ausscheidung von Phosphat, indem es dessen tubuläre Resorption hemmt. Außerdem stimuliert es die renale Bildung von Calcitriol aus dessen Vorstufe 25-OH-Vitamin D_3. Im Darm ist ein direkter Effekt bisher nicht bekannt. Die Wirkungen in den Zielzellen mit PTH-Rezeptoren werden durch cAMP vermittelt, aber auch Ca^{2+} und der Inositoltrisphosphat-Weg scheinen eine Rolle zu spielen.

Das Hauptsignal für die Ausschüttung von PTH ist ein Abfall des ionisierten Calciums im Plasma, während eine Steigerung das Gegenteil bewirkt. Es handelt sich also um eine negative Rückkopplungsschleife, die intrazellulär hauptsächlich über Ca^{2+} und Diacylglycerin und weniger durch cAMP vermittelt wird. Andere Substanzen, wie z.B. Calcitriol, beeinflussen die PTH-Ausschüttung nur indirekt über den Plasmaspiegel von Calcium.

27.2.2 Calcitriol

Calcitriol erhöht die Retention von Ca^{2+} und Phosphor im Körper.

Calcitriol ist der wichtigste aktive Metabolit des Vitamins D_3 und wird in den proximalen Tubuluszellen der Niere gebildet (Kap. 25.2.2, 15.6.7.3 u. 15.6.7.5). Wie bei anderen Steroidhormonen liegt im Plasma nur ein geringer Anteil von etwa 1% frei vor, der Rest ist an ein spezifisches Bindungsprotein oder Albumin gebunden. Für die biologische Wirkung ist aber der freie Anteil entscheidend.

Calcitriol bewirkt eine Erhöhung von Calcium und Phosphat im Plasma. Im Knochen senkt es die Kollagensynthese der Osteoblasten und fördert die Bildung von Osteoklasten aus Knochenmarkzellen. Andererseits fördert es auch in Osteoblasten, in Abhängigkeit von deren Differenzierungsstadium, die Synthese von Matrixproteinen und kann so auch die Knochenbildung verstärken (Abb. 27.2). In der Niere stimuliert es die Resorption von Calcium und im Darm die Absorption von Calcium und Phosphat.

Die Bildung von Calcitriol in der Niere wird wie die Ausschüttung eines Hormons reguliert. Eine Stimulierung erfolgt hauptsächlich durch PTH und in zweiter Linie durch eine Absenkung des Phosphatspiegels im Plasma. Eine negative Rückkopplungsschleife erfolgt entweder direkt oder über den PTH-Spiegel des Plasmas. Zumindest enthält die Parathyreiodea Calcitriol-Rezeptoren.

27.2.3 Calcitonin

Calcitonin verhindert eine Hypercalcämie.

Calcitonin ist ein Peptidhormon mit 32 Aminosäuren und wird in den C-Zellen der Schilddrüse ausgeschüttet (Kap. 23.2.2.3). Seine Hauptaufgabe ist es, den Calciumspiegel bei Hypercalcämie zu senken. Insoweit ist es in gewisser Weise ein Antagonist zu PTH. Andererseits sind die Effekte, verglichen mit PTH und Calcitriol, eher gering, da eine Über- oder Unterfunktion der C-Zelien keine dramatischen Veränderungen auslöst.

Im Knochen besitzen die Osteoklasten Calcitonin-Rezeptoren und werden durch Calcitonin gehemmt. Außerdem fördert Calcitonin die Proliferation der Osteoblasten (Abb. 27.2). In der Niere gibt es Calcitonin-Rezeptoren, ein direkter Effekt z.B. auf die Calciumausscheidung ist aber bisher nicht nachgewiesen. Möglicherweise hemmt Calcitonin die Bildung von Calcitriol. Am Darm sind keine direkten Effekte von Calcitonin bekannt.

27.2.4 Andere Hormone

Es gibt eine Reihe weiterer Hormone, die einen direkten oder zumindest indirekten Effekt auf das Knochenwachstum haben, aber nicht so strikt in die Regulation der Calcium- und Phosphathomöostase eingebunden sind wie die bisher aufgeführten Hormone. So ist bekannt, daß Somatotropin und/ oder die Somatomedine, Insulin, die Sexualhormone sowie die Schilddrüsenhormone (zumindest während des Wachstums) den Knochenaufbau fördern. Die Somatomedine und das Insulin scheinen einen direkten Effekt auf die Proteinsynthese der Osteoblasten zu haben. Die Sexualhormone wie Testosteron und Östrogene sind verantwortlich für den Schluß der Epiphysenfugen und für die Erhaltung der Knochenmasse im Alter.

Die Wirkung der Glucocorticoide ist ambivalent; kurzfristig können sie das Knochenwachstum fördern, langfristig jedoch eher hemmen.

27.3 Störungen im Knochenstoffwechsel

Mangelnde Zuführung von Calcium und Phosphor oder Hormonstörungen verursachen Probleme.

Störungen im Knochenstoffwechsel können Bewegungsstörungen, Schmerzen, Deformationen und spontane Frakturen nach sich ziehen. Je nach Ursache der Störungen sind klinisches Bild wie Behandlungsmöglichkeiten unterschiedlich.

Ein Calciummangel, z.B. aufgrund eines Vitamin-D-Mangels, führt zu unzureichender Mineralisation des Knochens. Sind die übrigen Bedingungen normal, führt dies zur Verbreiterung der Osteoidsäume aufgrund mangelnder Calcifizierung. Das entsprechende Krankheitsbild ist die **Rachitis** bei wachsenden Tieren und die **Osteomalazie** bei ausgewachsenen Tieren.

Eine ganz andere Ursache kennzeichnet den Knochenschwund bei **Osteoporose**. Hierbei kommt es zum Verlust des Knochens durch ein gestörtes Verhältnis von Knochenaufbau und Knochenabbau im Zuge des Remodeling. Der Mineralisationsgrad ist, im Gegensatz zur Osteomalazie, dagegen normal. Betroffen sind vor allem Frauen in der Menopause nach Reduktion der knochenerhaltenden Östrogene.

Eine Über- oder Unterfunktion der Nebenschilddrüse führt zu einer Hypercalcämie oder zu einer Hypocalcämie. Die Folgen einer Hypercalcämie sind

Weichgewebsverkalkungen (Calcinosen) im Herzen oder in den Gefäßen, die einer Hypocalcämie können je nach Tierart eine schlaffe Lähmung der Muskulatur (z.B. Rind) oder eine Tetanie (Übererregbarkeit, verbunden mit Krämpfen, z.B. Schwein) sein.

Auch eine Intoxikation mit Vitamin D oder dessen aktiven Metaboliten kann Weichgewebsverkalkungen zur Folge haben. Eine Fütterung mit Pflanzen, die aktive Vitamin-D-Metabolite enthalten (z.B. Goldhafer in Europa oder das Nachtschattengewächs *Solanum malacoxylon* in Südamerika), kann daher Calcinosen verursachen.

28 Biologische Rhythmen

E. Mohr

28.1 Was sind biologische Rhythmen?

Ein wesentliches Kennzeichen von Lebensvorgängen ist deren permanente Veränderung. Diese Veränderungen sind notwendig, um einerseits die Lebensfunktionen an die sich ständig wandelnden Bedürfnisse des Organismus anzupassen, andererseits den Anforderungen einer wechselnden Umgebung gerecht zu werden. Eine Fülle von Untersuchungen hat gezeigt, daß kaum ein physiologischer Prozeß zyklischen Schwankungen nicht unterworfen ist. Abb. 28.1 zeigt beispielhaft die tagesperiodischen Veränderungen beim Blutdruck, bei der Körpertemperatur und beim Cortisolspiegel.

Aber auch die Spiegel der in Serum und Harn enthaltenen Bestandteile oder die Aktivität von Neuronen sowie die Ausschüttungen von Hormonen unterliegen deutlichen periodischen Veränderungen. Beim Menschen konnten daneben auch Rhythmen bei psychischen Variablen, wie z.B. der Schmerzempfindung oder der Reaktionszeit, nachgewiesen werden.

Der Frequenzbereich der biologischen Rhythmen reicht von 100 Jahren (Lebenszyklus des Menschen) bis zu Sekunden bei molekularen Rhythmen. Da man einige dieser Rhythmen mit zyklischen Veränderungen der Umwelt in Verbindung bringen konnte, erhielten sie besondere Namen: **circadiane** (siehe unten), **tidale** (gezeitenabhängige), **circaseptadiane** („7-Tage-Rhythmen"), **circalunare** und **circaannuale** Rhythmen.

28.2 Welche Funktion haben biologische Rhythmen?

Die Bedeutung der biologischen Rhythmen liegt in der Einpassung des Individuums in seine zeitliche Umgebung. Die Feststellung der Zeit kann von entscheidender Bedeutung sein. Eine Anpassung des Funktionszustandes eines Organsystems kann so bereits erfolgen, wenn die äußeren Bedingungen, die den geänderten Funktionszustand erforderlich machen, noch nicht vorhanden sind. Es kann also – im Gegensatz zu einer Reaktion – die Vorbereitung auf etwas Kommendes erfolgen (**feedforward coupling**). Der circadiane Rhythmus der Körpertemperatur führt z.B. beim Menschen und einigen Labortieren dazu, daß die Körpertemperatur während der Inaktivitätsphase sinkt, aber bereits vor Beginn der Aktivitätsperiode wieder ansteigt; der Organismus wird „antizipatorisch" auf die größeren Leistungen vorbereitet.

Auch die circaannualen Rhythmen, wie z.B. der Vogelzug oder der Beginn des Winterschlafs,dienen dem Tier dazu, Maßnahmen zu ergreifen bevor die Lebensumstände für die entsprechende Spezies tatsächlich ungünstig werden. Ähnliches gilt für die saisonalen Reproduktionszyklen unserer Haussäugetiere, wobei hier insbesondere die Lebensbedingungen für den Nachwuchs im Vordergrund stehen.

Biologische Rhythmen ermöglichen dem Organismus, vorausschauend zu agieren und nicht nur zu reagieren.

28.3 Wie werden biologische Rhythmen gesteuert?

28.3.1 Der endogene Schrittmacher

Biologische Rhythmen werden durch **endogene Schrittmacher** erzeugt. Dies konnte zunächst an Pflanzen und seit den 50er Jahren unseres Jahrhunderts auch bei Mensch und Tier gezeigt werden. In sog. Bunkerversuchen, bei den freiwillige Probanden mehrere Wochen und Monate völlig isoliert und ohne Kenntnis der äußeren Zeit lebten, konnte festgestellt werden, daß ein ganz bestimmter Lebenszyklus (z.B.Wach-Schlaf-Rhythmus, Rhythmus der Körpertemperatur) beibehalten wurde. Überraschenderweise betrug jedoch die Periodenlänge (Zeitdauer eines vollständigen Zyklus) dieser Zyklen nicht exakt 24 Stunden (wie dies bei Kenntnis der

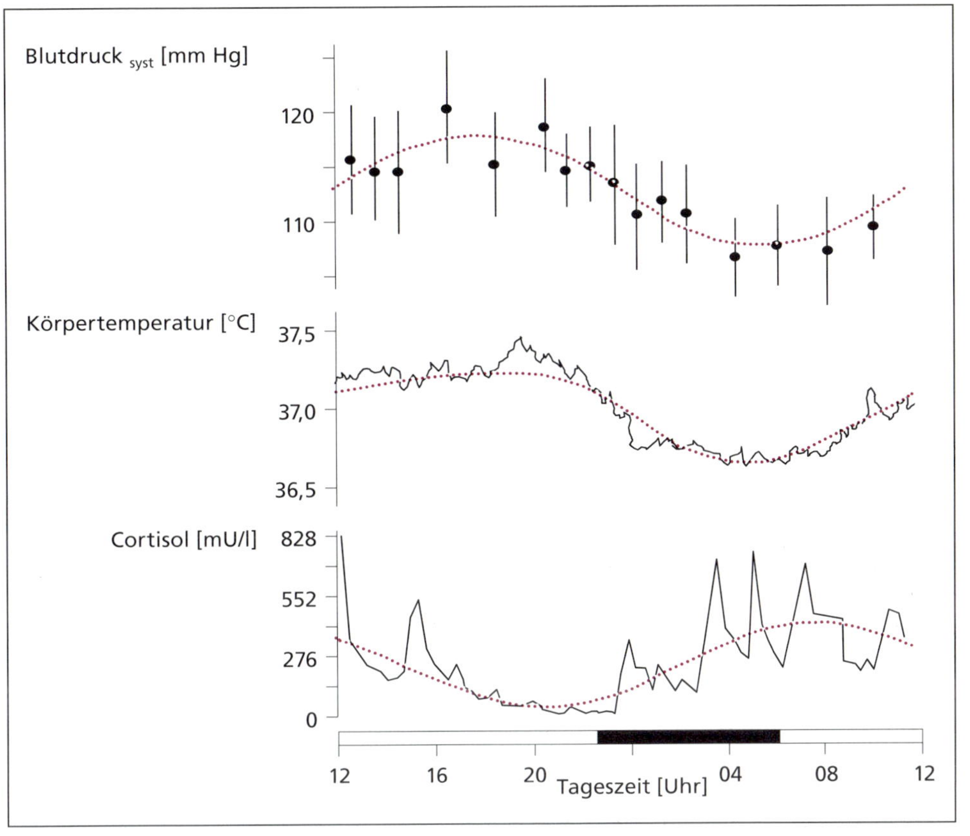

Abb. 28.1 Tagesperiodische Veränderungen beim Blutdruck, bei der Körpertemperatur und dem Cortisolspiegel (Mensch). Die gestrichelte Linie (rot) verdeutlicht den Verlauf des circadianen Rhythmus; der dunkle Balken auf der Zeitachse symbolisiert die Schlafperiode. Es sind deutliche circadiane Rhythmen erkennbar, deren Phasenlagen jedoch sehr unterschiedlich sind: hohe Cortisolwerte in den frühen Morgenstunden bei gleichzeitig niedrigen Blutdruck- und Körpertemperaturwerten (nach Touitou und Haus, 1994).

äußeren Zeit der Fall ist), sondern die Periodenlängen (τ) bewegten sich zwischen 23 und 27 Stunden Dauer. Da es sich bei diesen Perioden also nicht um Rhythmen mit exakt 24 Stunden Periodendauer handelt, wurde der Begriff **circadian** (circa = ungefähr, dies = Tag) für derartige Erscheinungen eingeführt. Die innere Uhr schlägt also ohne Kenntnis des äußeren Zeitablaufes (**freilaufende Bedingungen**) nicht genau im 24-Stunden-Takt.

Der genetische Ursprung derartiger Rhythmen konnte durch Untersuchungen unter freilaufenden Bedingungen nachgewiesen werden. Auch nach sechs Generationen der Haltung unter konstanten Bedingungen (Dauerlicht) zeigten Mäuse immer noch dieselbe Spontanfrequenz in der Bewegungsaktivität. Auch das Auftauchen von Mutanten mit veränderten Periodenlängen (bei Fruchtfliegen, Hamster, Maus) bestätigt den genetischen Ursprung.

28.3.2 Synchronisation endogener Rhythmen mit äußeren Bedingungen

Unter normalen Umgebungsbedingungen werden die oben beschriebenen Abweichungen vom 24-Stunden-Takt durch die Wirkung exogener **Zeitgeber** verhindert. Der für die meisten Tiere dominierende, als Zeitgeber wirkende, Reiz ist der Hell-Dunkel-Wechsel. Die Veränderung der Lichtintensität (Dunkel nach Hell bei Tagaktiven, Hell nach Dunkel bei Nachtaktiven) führt zu einer Korrektur der Phasenlage der inneren Uhr – sie wird entsprechend der tatsächlichen Zeit „nachgestellt" (**entrainment**). Abbildung 28.2 zeigt am Beispiel von Aktivitätsrhythmen bei einem Schweinsaffen, daß ein Fehlen des Zeitgebers (Dauerlicht) zu freilaufenden Rhythmen führt.

Die große Bedeutung des Lichtes bei der Steuerung der endogenen Rhythmen findet auch in der Tierhaltung seine praktische Bedeutung (**Lichtregime**). Bei Rindern wurde durch tägliche Beleuchtung der Ställe mit 100–140 Lux über 14 Stunden in den Wintermonaten eine Verbesserung der Fortpflanzungsleistung erzielt; bei Sauen führte dieses Lichtregime zu einer Erhöhung der Ferkelproduktion. Besonders intensiv wird der Einfluß des Lichtes bei der Geflügelproduktion genutzt. Lichtpulse von einer Stunde, gefolgt von Perioden der Dunkelheit, sind in der Geflügelmast ausreichend, um den circadianen Rhythmus zu steuern. Ein anderes Lichtregime wird bei Legehennen angewendet: Da sie nur während der Hellperiode Eier legen, wird ein künstlicher Hell-Dunkel-Wechsel erzeugt, der mit 16–18 Stunden Helligkeit eine lange „Tag-Phase" aufweist.

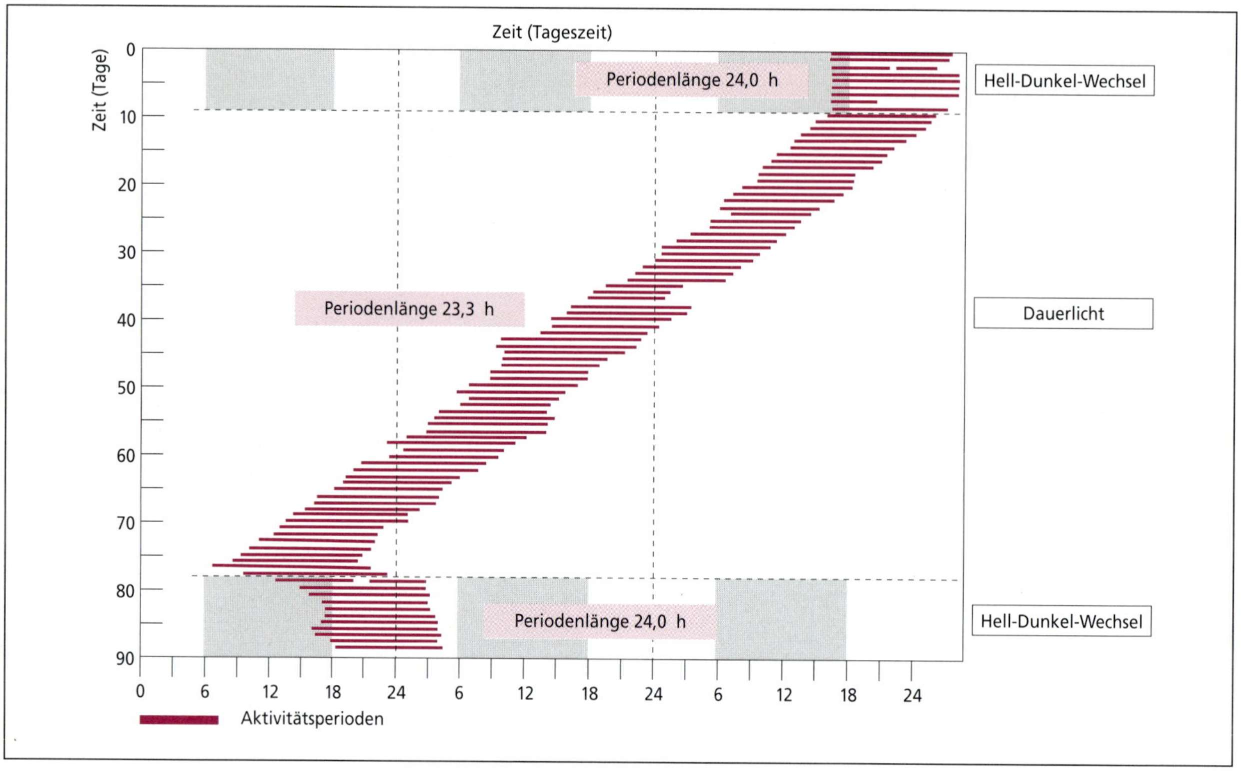

Abb. 28.2 Die Bedeutung des Zeitgebers „Licht" am Beispiel des Aktivitätsrhythmus eines Schweinsaffen: Bei fehlendem Zeitgeber (Dauerlicht = keine Kenntnis der tatsächlichen Zeit) zeigt das Tier eine freilaufende Periodik, die sich einige Tage nach erneutem Einsetzen des Zeitgebers wieder normalisiert (nach Aschoff, 1981).

Neben dem Hell-Dunkel-Wechsel können aber auch andere Faktoren, wie z.B. der Zeitpunkt der Fütterung oder soziale Interaktionen, eine Wirkung als Zeitgeber ausüben.

Gerade die letzteren scheinen beim Menschen oder bei sozial lebenden Tieren eine ähnlich große Bedeutung wie der Hell-Dunkel-Wechsel zu besitzen. So beruht die Problematik der wechselnden Schichtarbeit nicht nur auf der Tatsache, daß zum Teil zu „biologisch ungünstigen" Zeiten (Nacht und frühe Morgenstunden) gearbeitet werden muß, sondern auch die Asynchronität mit den sozialen Zeitgebern des persönlichen Umfeldes erschwert die Situation.

Obwohl eine Änderung der Periodenlänge des endogenen Oscillators nur bedingt möglich ist, kann seine Phasenlage weitestgehend verschoben werden. Dies ist erforderlich, wenn sich der äußere Zeitgeber in seiner Phasenlage ändert, wie es z.B. bei Langstreckenflügen der Fall ist. Ein Flug von Ost nach West führt zu einer Verlängerung des subjektiven Tages. Dies bedeutet, daß der für den endogenen Oscillator synchronisierende Reiz zu einem späteren Zeitpunkt erfolgt. Die endogene Periodendauer muß also vorübergehend verlängert werden, bis sie sich dem neuen Zeitgeber angepaßt hat (**phase shifting**). Derartige Verschiebungen können zu einer vorübergehenden Beeinträchtigung des Wohlbefindens führen (**jet lag**).

Der Einfluß des Zeitgebers auf die innere Uhr kann aber auch zur Manipulation genutzt werden. So kann es beim Einsatz von Labortieren in der Forschung wichtig sein, daß diese Tiere während ihrer Aktivitätsphase beobachtet oder ihre Reaktionen untersucht werden. Da bei nachtaktiven Tieren (z.B. Laborratten) es hierbei naturgemäß zu ungünstigen Arbeitszeiten käme, wird durch entsprechenden Einsatz des äußeren Zeitgebers (Vertauschen der Hell-Dunkel-Phasen gegenüber dem tatsächlichen Tag-Nacht-Rhythmus) die Aktivitätsperiode auf den Tag verlegt. Der gleiche Mechanismus findet auch in den sog. Nachttierhäusern der Zoologischen Gärten seine Anwendung, um die Tiere während ihrer Aktivitätsphase dem Publikum präsentieren zu können.

Biologische Rhyhtmen müssen durch äußere Zeitgeber an die Umgebungsbedingungen angepaßt werden. Licht spielt dabei eine große Rolle.

28.4 Die innere Uhr

28.4.1 Aufbau und Sitz der inneren Uhr

Der prinzipielle Aufbau und der Sitz der inneren Uhr sind in Abbildung 28.3 dargestellt: Ein primärer Schrittmacher im ZNS erhält Informationen über

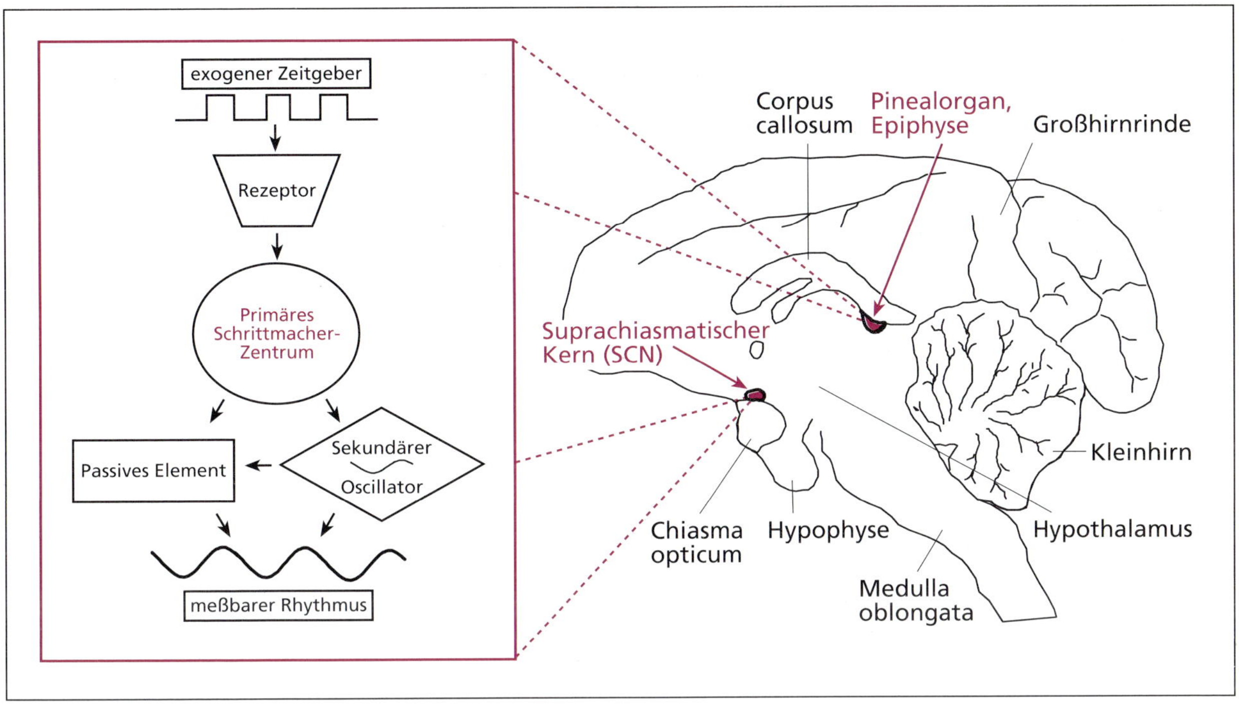

Abb. 28.3 Diagramm der wichtigsten funktionellen Elemente und der anatomischen Lage der inneren Uhr (nach Moore-Ede et al., Birbaumer und Schmidt, 1991).

einen äußeren Zeitgeber mittels geeigneter Rezeptoren. Dies können besonders Meßfühler für den Hell-Dunkel-Wechsel sein, die bei Säugetieren in der Retina liegen, bei Vögeln und Reptilien aber auch im Pinealorgan zu finden sind. Für Nahrungsaufnahme-Zyklen sind vermutlich Meßfühler im Hypothalamus verantwortlich. Die so übertragene Information über den äußeren Zeitgeber wirkt auf den primären Schrittmacher und führt zu einer Synchronisation des Rhythmus des Schrittmachers mit den äußeren Bedingungen. Die steuernden Impulse des primären Schrittmachers wirken wiederum über die verschiedensten und zum Großteil noch ungeklärten Mechanismen auf die zu beeinflussenden Organsysteme ein. Hierbei kann es sich um sekundäre Oscillatoren handeln (wie z.B. das Reizbildungs- und Erregungsleitungssystem des Herzens) und / oder um passive Elemente (wie z.B. das Pinealorgan der Säugetiere), die dann ihrerseits in einem bestimmten Rhythmus arbeiten (circadiane Schwankungen der Herzfrequenz, circadiane Schwankungen der Melatoninproduktion).

Auf der Suche nach dem Sitz dieser inneren Uhr wurde ein Teil des ventralen Hypothalamus, der Nucleus suprachiasmaticus (**SCN**) mit seinen Afferenzen aus der Retina und dem Geniculatum laterale, als bedeutende Region identifiziert. Chirurgische Zerstörung dieser Region führt z.B. zu anhaltendem und völligem Verlust von Aktivitäts- und Nahrungsaufnahme-Rhythmen. Die Funktionsweise des SCN ist Gegenstand intensiver Forschung. Es konnte geklärt werden, daß eine Vielzahl von Neurotransmittern oder Liganden, die sich an neuroendokrine Rezeptoren binden können, in der Lage sind, eine Phasenverschiebung (**phase shift**) im SCN zu erzeugen (Nicotin, Carbachol, 5-Hydroxytryptamin[5-HT]-Agonisten, Histamin, Melatonin u.v.m.).

Die Beobachtung, daß die Applikation von Stoffen, welche die Proteinsynthese hemmen, zu einer deutlichen Phasenverlängerung (**phase delay**) führt, weist darauf hin, daß die Proteinbiosynthese maßgeblich am Zustandekommen des circadianen Rhythmus beteiligt ist. Da ebenso bekannt ist, daß der endogene Rhythmus genetischen Ursprungs ist, sollte es ein entsprechendes Gen für die Codierung der entsprechenden Proteine geben. Ein derartiges Gen konnte bei einigen Species identifiziert werden (das frequency Gen **[frq]** bei Neurospora crassa und das period Gen **[per]** bei Drosophila melanogaster).

Eine Zerstörung des SCN führt jedoch nicht unbedingt zu einem Verlust aller Rhythmen. Dies deutet auf einen zweiten zentralen Schrittmacher hin, der mit großer Wahrscheinlichkeit im ventromedialen Kern des Hypothalamus (**VMH**) zu finden ist (**multiple Oscillationstheorie**). VMH und SCN sind jedoch eng durch reziproke Fasern miteinander verbunden, über die im Normalfall die Synchronisation der Rhythmen erfolgt. Daneben wurde in jüngster Zeit eine weitere Uhr in der **Retina** von Hamstern gefunden.

28.4.2 Information über die Zeit

Der Mechanismus der Weitergabe des Zeittaktes der inneren Uhr an das restliche zentrale Nervensystem ist nur zum Teil bekannt. Einer der Hauptwege dürfte über die Axone des SCN führen. Sie enden im Thalamus oder im Hypothalamus und können von dort aus nahezu jede Region des Zentralnervensystems beeinflussen.

Einer der am besten bekannten Wege führt dabei zum **Pinealorgan** (Zirbeldrüse, Epiphyse) (Abb. 23.56 u. 28.78). Die **Melatoninsekretion** dieser endokrinen Drüse zeichnet sich durch einen ausgeprägten circadianen Rhythmus mit den größten Mengen in den Nachtstunden und geringen Mengen während des Tages aus. Die Sekretion dieses Hormons ist demzufolge lichtabhängig, wodurch u.a. die **saisonalen Reproduktionszyklen** beeinflußt werden.

Biologische Rhythmen werden durch das Zusammenspiel von endogenen Oscillatoren und exogenen Zeitgebern gesteuert.

28.5 Chronomedizin

Die Untersuchung der biologischen Rhythmen hat gezeigt, daß Abweichungen von der normalen Zeitstruktur des Organismus sowohl die Ursache als auch die Folge von Krankheiten sein können (**Chronopathologie**). So ist ein normaler Ablauf der Reproduktionszyklen nur dann gewährleistet, wenn es zu einem rhythmischen, zeitlich aufeinander abgestimmten Auftreten verschiedener Hormone kommt. Es bedarf also der engen zeitlichen Kopplung verschiedener Organfunktionen. Aber auch die Abweichung endogener Rhythmen vom äußeren Zeitgeber kann zu Erkrankungen führen. Die sog. Winterdepression, eine psychische Störung, die vor allem während der lichtärmeren Wintermonate auftritt, kann erfolgreich durch den gezielten Einsatz von Lichtreizen zu bestimmten Tageszeiten behoben werden. Es konnte gezeigt werden, daß durch eine solche Art der **Chronotherapie** eine Verschiebung der endogenen Rhythmen und damit eine bessere Übereinstimmung zwischen den verschiedenen endogenen Oscillatoren erzielt werden kann.

Aus der Tatsache, daß die meisten Organfunktionen eine Rhythmizität aufweisen, läßt sich unschwer folgern, daß auch ihr Stoffwechsel einem Rhythmus unterliegt. Die verbreitete Ansicht, daß die Wirkung oder Nebenwirkung eines Arzneimittels unabhängig vom Zeitpunkt der Arzneimittelapplikation ist, scheint somit nicht generell richtig. Die Pharmakodynamik wird wesentlich durch die Stoffwechselrate des betroffenen Systems bestimmt, und die Empfehlung „3x täglich eine Tablette", um so einen möglichst gleichmäßigen Blutspiegel des gewünschten Medikaments zu erzielen, erscheint nur bedingt richtig. Im Rahmen von **chronopharmakologischen** Untersuchungen konnte gezeigt werden, daß z.B. die Nebenwirkungen einer Hormontherapie mit Corticosteroiden deutlich vermindert werden können, wenn der natürliche Rhythmus dieser Hormonsekretion beachtet wird. Auch die Empfindlichkeit des Organismus für toxische Stoffe ist keine konstante Größe, sondern vom Tageszeitpunkt abhängig. **Chronotoxikologische** Studien haben gezeigt, daß ein und dieselbe Dosis, zu verschiedenen Tageszeiten verabreicht, entweder tödlich sein kann oder vom Organismus toleriert wird.

Die Anwendung von chronobiologischen Erkenntnissen setzt allerdings eine möglichst genaue Kenntnis des biologischen Rhythmus des zu behandelnden Individuums voraus. Dies ist ein Gebiet, dem insbesondere in der Tiermedizin und im besonderen Maße bei den landwirtschaftlichen Nutztieren zur Zeit noch methodische Probleme (Messung der biologischen Rhythmen) gegenüberstehen. Durch Weiterentwicklung elektronischer Meßverfahren ist aber auch in der Tiermedizin ein verstärkter Einsatz der chronobiologischen Erkenntnisse denkbar.

Weiterführende Literatur

Aschoff, J.: Freerunning and entrained circadian rhythms. In Aschoff, J (Ed.): Biological rhythms. Handbook of Behavioral Neurobiology. Plenum Press, New York 1981.

Birbaumer, N. R.F. Schmidt: Biologische Psychologie. Springer, Berlin–Heidelberg 1991.

Florez, J.C., J. S. Takahashi: Biological Rhythms and the Pineal Gland. In: Greger, R., U. Windhorst (Eds.): Comprehensive Human Physiology. Springer, Berlin–Heidelberg 1996.

Gwinner, E.: Circaannual Rhythms. Springer, Berlin–Heidelberg 1986.

Haken, H., H.P. Koepchen (Eds.): Rhythms in Physiological Systems. Springer, Berlin–Heidelberg 1991.

Lemmer, B.: Chronopharmacology: cellular and biochemical interactions. Dekker, New York 1989.

Miller, J.D.: On the nature of the circadian clock in mammals. Am. J. Physiol. 264 (33, 821-832, 1993.

Moore-Ede, M.C., F.M. Salzman, Ch.A. Fuller: The clocks that times us. Harvard University Press, Cambridge, Mass. 1982.

Reuss, S.: Das Werk der inneren Uhr. Naturwissenschaften 80, 501-510 (1993).

Touitou Y., E. Haus (Eds.): Biological Rhythms in Clinical and Laboratory Medicine. Springer, Berlin–Heidelberg 1994.

29 Tierschutz in der Tierärztlichen Ausbildung

H. Hackbarth

Tierschutz kann und wird aus unterschiedlichen Richtungen und Motivationen betrieben. Häufig steht zu Beginn eine stark emotionale Komponente, diese wird von dem rein rechtlich bezogenen Tierschutz nur selten aufgefangen. Allein dem wissenschaftlichen Ansatz des Tierschutzes kann es gelingen, persönliche Emotionen und die rechtliche Gesetzesgrundlage zu relativieren und den Tierschutz auf eine gemeinsame wissenschaftliche Basis zu stellen. Hierfür aber ist es notwendig, daß wissenschaftliche Erkenntnisse der Physiologie, Anatomie sowie der Verhaltenslehre für die jeweilige Tierart vorliegen, um die Bedürfnisse und Befindlichkeiten der zu schützenden Tiere tiergerecht beurteilen zu können. Wichtig bei der Ausbildung in Tierschutz für Tierärzte ist somit die Devise: „Wissen schützt Tiere“.

29.1 Tierschutz – Versuch einer Begriffsbestimmung

„Die Tierärztinnen und Tierärzte sind die berufenen Schützer der Tiere“, heißt es im § 1 der Berufsordnung für Tierärzte der Tierärztekammer Niedersachsen. Aus dieser Verantwortung heraus stellt sich die Frage, was ist Tierschutz? „Tierschutz“ ist einer der Begriffe unseres Sprachgebrauchs, der von vielen in völlig unterschiedlicher Bedeutung benutzt wird. So beginnt der Streit um den Tierschutz bereits bei seiner Begriffsbestimmung. Insgesamt läßt sich die Auslegung des Begriffes „Tierschutz“ in drei große Bereiche trennen:

- den emotionalen Tierschutz,
- den rechtlichen Tierschutz und
- den wissenschaftlichen Tierschutz (Abb. 29.1)

Emotionaler Tierschutz ist per se nichts, dessen man sich schämen müßte. Er entspringt dem natürlichen Empfinden des Menschen, den von uns Abhängigen, seien es Menschen, Tieren oder Pflanzen, ein entsprechendes Schutzbedürfnis zuzuerkennen. Diese Bereitschaft des Anerkennens eines Schutzbedürfnisses ist von vielen, häufig nicht rational zu begründenden Faktoren abhängig, wie der eigenen Erfahrung von Tier-Mensch-Beziehungen, dem jeweiligen sozialen Status, dem eigenen Geschlecht aber auch der augenblicklichen Situation des jeweiligen Individuums. Emotionaler Tierschutz hat den Vorteil, daß er spontan und zumeist aufrichtig ist, er hat aber auch den großen Nachteil, daß er nicht rational, nicht differenzierend und nur selten zu begründen ist. Ein weiterer Nachteil emotionalen Tierschutzes ist, daß er anthropozentrisch ist, nach dem Motto: „Was Du nicht willst, daß man Dir tu', das füg' auch keinem anderen zu.“ Bedürfnisse und Befindlichkeiten des Menschen werden auf Tiere projiziert ohne gesicherte Erkenntnisse, ob eine solche Projektion auch wissenschaftlich zu rechtfertigen ist. Aber gerade als Tierarzt sollte einem bewußt sein, daß neben den vielen Gemeinsamkeiten von Mensch und Tier auch eine Reihe eklatanter Unterschiede besteht, so daß das, was gut für den Menschen ist, nicht immer notwendigerweise auch zum Wohlbefinden eines Tieres beiträgt. Trotzdem ist ein emotional initiierter Tierschutz, so er im weiteren Verlauf auf die rechtlichen und wissenschaftlichen Grundlagen zurückgreift, nicht grundsätzlich abzulehnen.

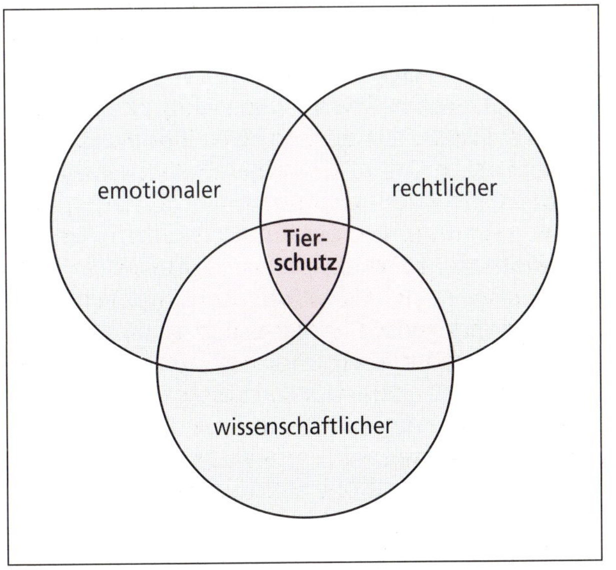

Abb. 29.1 Einteilung des Tierschutzes in seine drei Hauptbereiche.

Wissenschaftlicher Tierschutz gründet sich auf wissenschaftliche Erkenntnisse der Physiologie, Anatomie und Ethologie und deren konsequente Anwendung zum Wohl und Schutz der Tiere. Wissenschaftlicher Tierschutz setzt selbstverständlich Forschung auf dem jeweiligen Gebiet voraus. Erst wenn die Bedürfnisse und Befindlichkeiten der zu schützenden Tiere bekannt sind, kann man ihnen entsprechen. Dieser Ansatz führt somit weg vom anthropozentrischen Denken und verläßt auch die emotionale Schiene. Auf Grund wissenschaftlicher Ergebnisse wird auf die Bedürfnisse von Tieren eingegangen. Wissenschaftlicher Tierschutz ist somit rational und begründbar. Letztendlich führt allein der auf wissenschaftlichen Erkenntnissen basierende Tierschutz zu einer größeren Tiergerechtigkeit nach der Devise „Wissen schützt Tiere". Dies ist auch der Grund, warum bereits angehende Tierärzte in ihrem Grundstudium mit der Problematik des Tierschutzes in den Fächern Physiologie, Anatomie und Verhaltenslehre konfrontiert werden sollten: um rechtzeitig zu erkennen, daß spontane emotionale Empfindungen gegenüber Tieren oder aber auch die bürokratische Anwendung von Gesetzen nicht zu einer Verbesserung des Tierschutzes führen. Nur Tiere, über die wir wissenschaftliche Erkenntnisse haben und die wir somit verstehen, können wir auch schützen.

Rechtlicher Tierschutz und gesetzliche Grundlagen: Eine sehr einfache und formal leicht durchzuführende Begriffsbestimmung des Tierschutzes ist die der Anwendung des zur Zeit geltenden Rechts (Tierschutzgesetz vom 25.5.1998). So lautet der § 1 des Tierschutzgesetzes: „Zweck dieses Gesetzes ist es, aus der Verantwortung des Menschen für das Tier als Mitgeschöpf dessen Leben und Wohlbefinden zu schützen." Der Gesetzgeber setzt als Ziele des rechtlichen Tierschutzes den Schutz des Lebens sowie des Wohlbefindens von Tieren. Diese sehr hochgesteckten Ziele werden im weiteren Gesetzestext aber sehr schnell relativiert, sobald ein „vernünftiger Grund" vorliegt. Dies liegt zum einen daran, daß die angestrebten Ziele nicht immer der Realität entsprechen, da z.B. die Mehrzahl der heutigen Nutztiere ausschließlich mit dem Ziel der späteren Tötung, sprich Schlachtung, gezüchtet und gehalten werden. Leider erfährt auch der Schutz des Wohlbefindens unter dem Einfluß vieler Lobbyisten und auf Grund des Fehlens ausreichender wissenschaftlicher Erkenntnisse erhebliche Einschränkungen im derzeitigen Tierschutzrecht. So bleibt letztendlich das Tierschutzrecht in Form des Tierschutzgesetzes sowie der daraus resultierenden Durchführungs- und Haltungsverordnungen eine Minimalforderung zur Vermeidung erheblicher negativer Beeinflussung. Hinzu kommt, daß das Tierschutzrecht zwar die gesetzliche Grundlage des Tierschutzes bildet, nicht aber Tierschutz ist. Erst eine sinnvolle, konsequente Anwendung der Tierschutzgesetzgebung führt zum praktischen Tierschutz.

> Unterschieden wird zwischen emotionalem, rechtlichem und wissenschaftlichem Tierschutz.

In den weiteren Paragraphen des Tierschutzgesetzes werden die Tierhaltung (§§ 2-3), das Töten von Tieren (§ 4) sowie Eingriffe an Tieren (§§ 5-6) geregelt.

Im fünften Abschnitt des Tierschutzgesetzes (§§ 7-9), der etwa ein Drittel des gesamten Tierschutzgesetzes ausmacht, werden die **Tierversuche** gesetzlich geregelt. Der Begriff „Tierversuch" wird wie folgt definiert: „Tierversuche im Sinne des Gesetzes sind Eingriffe oder Behandlungen zu Versuchszwecken an Tieren, wenn sie mit Schmerzen, Leiden oder Schäden für diese Tiere ....verbunden sein können".

Tierversuche dürfen nur durchgeführt werden soweit sie zu einem der folgenden Zwecke unerläßlich sind:

1. Vorbeugen, Erkennen oder Behandeln von Krankheiten,
2. Erkennen von Umweltgefährdungen,
3. Prüfung von Stoffen oder Produkten auf ihre Unbedenklichkeit,
4. Grundlagenforschung.

Darüber hinaus müssen Tierversuche ethisch vertretbar sein.

Alle Versuche an Tieren bedürfen der Genehmigung der zuständigen Behörde bis auf wenige in § 8 bestimmte Ausnahmen, die aber dann einer Anzeigepflicht unterliegen. Einrichtungen, die Tierversuche durchführen, haben Tierschutzbeauftragte zu bestellen. Die Pflichten und Rechte des Tierschutzbeauftragten sind im § 8 b ausgeführt. Im § 9 des Tierschutzgesetzes werden die Voraussetzungen, insbesondere die erforderlichen Fachkenntnisse von Personen, die Tierversuche durchführen wollen, festgelegt sowie einige detaillierte Anforderungen an Tierversuche gestellt. Im weiteren (§ 9 a) wird eine Aufzeichnungspflicht für Tierversuche eingeführt, auf deren Grundlage die Versuchstiermeldeverordnung vom 4. November 1999 erlassen wurde, die die Bundesregierung in die Lage versetzt, in ihrem alle zwei Jahre erscheinenden Tierschutzbericht den jährlichen Einsatz von Versuchstieren zu dokumentieren. Der Einsatz von Tieren zu Versuchszwecken hat seit 1989 von 2,6 auf 1,5 Millionen (1997) abgenommen, ca. 76 % der für Versuche eingesetzten Tiere sind Ratten und Mäuse (Abb. 29.2)

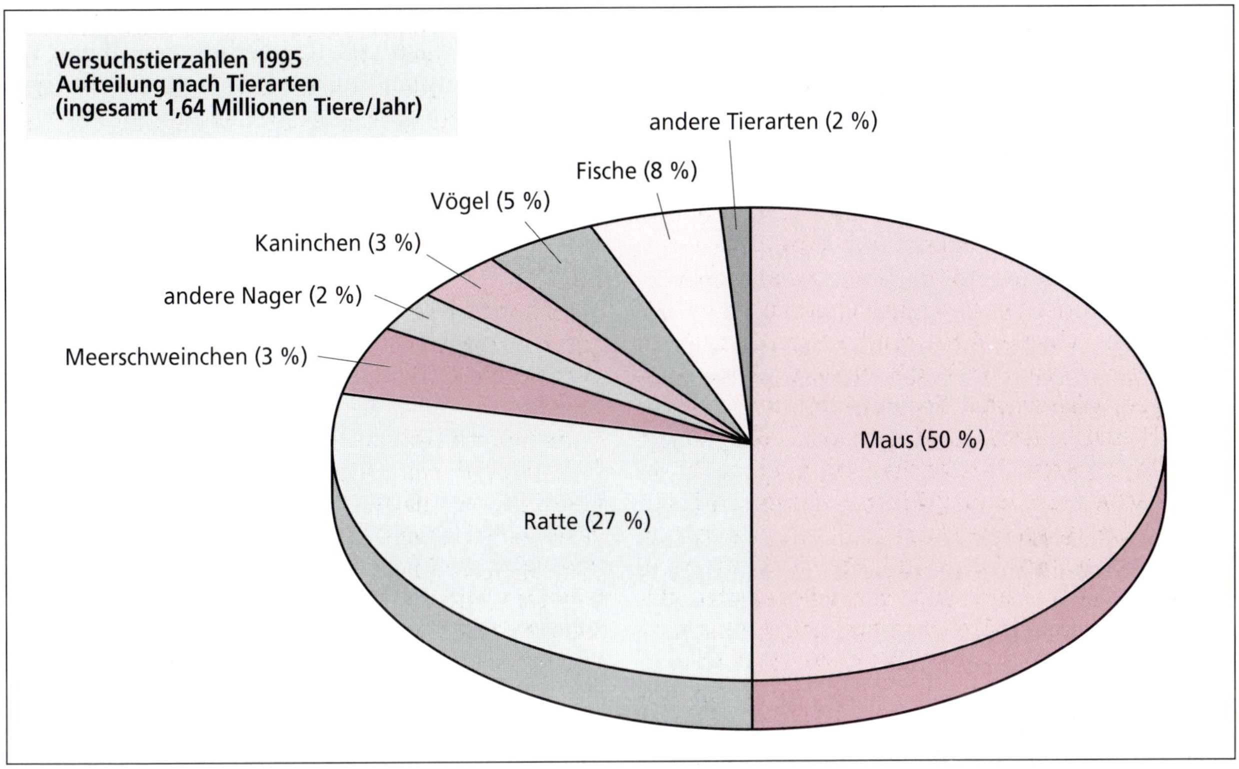

Abb. 29.2 Prozentuale Verteilung der in der Bundesrepublik Deutschland zu Versuchszwecken eingesetzten Tierarten (1997)

> Tierversuche sind Eingriffe an Tieren zu wissenschaftlichen Zwecken, wenn sie mit Schmerzen, Leiden oder Schäden verbunden sein können. Sie müssen unerläßlich sein und sind nur für einen der vier genannten Zwecke zulässig.

29.2 Ethische Vertretbarkeit von Tierversuchen

„Versuche an Wirbeltieren dürfen nur durchgeführt werden, wenn die zu erwartenden Schmerzen, Leiden und Schäden der Versuchstiere im Hinblick auf den Versuchszweck ethisch vertretbar sind" (§ 7 Abs. 3, TSchG). Gerade diese ethische Vertretbarkeit von Tierversuchen wird immer wieder diskutiert. Bevor man zu einer ethischen Abwägung der negativen Beeinflussung von Tieren im Versuch im Vergleich zum prospektiven Erkenntnis- oder Fortschrittsgewinn der Forschung kommt, muß man sich über die Stellung von Mensch und Tier im klaren sein.

Häufig werden Tiere in der Forschung als Zweck zur Lösung eines Problems angesehen, der Wert eines Tieres wird auf seinen instrumentellen Wert reduziert. Diese Wertschätzung von Tieren ist primär anthropozentrisch, entbehrt, wie bereits erwähnt, jeglicher wissenschaftlicher Grundlage und ist in steigendem Maße der Kritik ausgesetzt. Auch wenn nach heutiger Auffassung nur Menschen für ihre Handlungen moralisch verantwortlich sind, so bedeutet das nicht, daß Tiere deshalb keinen Eigenwert besitzen. Das Anerkennen eines Eigenwertes von Tieren beinhaltet, daß wir Tieren gegenüber bestimmte Pflichten haben, nicht jedoch, daß wir Tiere wie Menschen behandeln müssen. Die Anerkennung des Eigenwertes von Tieren wird von einigen Ethikern als Prinzip der moralischen Rechtfertigung interpretiert. Das bedeutet, daß Tierschutz nicht primär von menschlichem Mitleid oder Sympathie bestimmt werden darf, sondern als direkte moralische Verpflichtung, Tiere auf Grund ihres Eigenwertes respektvoll zu behandeln, betrachtet werden sollte. Auf dieser Basis kann und sollte ein ethischer Dialog stattfinden, ob ein geplanter Tierversuch vom ethischen Standpunkt aus zulässig ist oder nicht. Solch ein Dialog sollte stets in Form einer Diskussion in einer Gruppe (Diskursethik) z.B. der beratenden Kommission nach § 15 TSchG, durchgeführt werden. Für den Forscher, der einen Tierversuch durchführen will, kann es entlastend sein zu wissen, daß eine Kommission, deren Mitglieder kein direktes Interesse an seiner Forschung haben, seinen Versuch für ethisch vertretbar hält.

> Tierversuche müssen ethisch vertretbar sein.

29.3 Eingriffe zu Aus-, Fort- und Weiterbildung

Eingriffe zur Aus-, Fort- und Weiterbildung (§10 TSchG) gelten nicht als Tierversuche im Sinne des Tierschutzgesetzes. Derartige Eingriffe dürfen nur vorgenommen werden, soweit ihr Zweck nicht auf andere Weise, insbesondere durch filmische Darstellung, erreicht werden kann. Solche Eingriffe zur Aus-, Fort- und Weiterbildung unterliegen der Anzeige- und Aufzeichnungspflicht. Wesentlich bei diesen Eingriffen ist, daß sie nicht nur der Demonstration dienen dürfen, sondern eine aktive Teilnahme der Studenten an der jeweiligen Übung voraussetzen. Für die tierärztliche und die biologisch-zoologische Hochschulausbildung ist eine praktische Ausbildung auch am Tier unumgänglich und dies nicht zuletzt auch zum Zweck des Erwerbs von Kenntnissen und Fähigkeiten im Hinblick auf einen angewandten praktischen Tierschutz.

29.4 Tierärztliche Ausbildung und Tierschutz

Durch die praktische Ausbildung am lebenden Tier erwirbt der Tierarzt gute Voraussetzungen für eine Tätigkeit im praktisch-angewandten Tierschutz. Trotzdem wird Tierärzten häufig von emotionalen Tierschützern mit dem Argument der Abhängigkeit vom Tierhalter die Kompetenz für den Tierschutz abgesprochen. Durch eine entsprechende veterinärmedizinische Ausbildung werden Tierärzte ein größeres Selbstbewußtsein entwickeln und erkennen, wie das erlernte Wissen und die erworbenen Fähigkeiten im Sinne eines praktischen Tierschutzes umzusetzen und gegenüber der Öffentlichkeit vertreten werden können. Der Tierarzt muß sich den gestiegenen Anforderungen des Tierschutzes stellen und dies nicht nur verbal in der Berufsordnung. Die Verantwortung für den Tierschutz darf nicht Laien überlassen werden.

29.5 Wissen schützt Tiere – versuchstierkundliche Fachkenntnis

Aufgrund seiner wissenschaftlichen Ausbildung sollte der Tierarzt sich auf einen wissenschaftlich begründeten Tierschutz beschränken. Hierzu sind Kenntnisse der Physiologie, der Anatomie sowie des Verhaltens der verschiedenen Tierarten Voraussetzung. Dies gilt auch für Tierarten, die im tierärztlichen Regelstudiengang nur wenig berücksichtigt werden, wie z.B. den überwiegenden Anteil der Versuchstiere wie Ratte und Maus.

Nur mit der entsprechenden Fachkenntnis wird der Tierarzt von den jeweiligen Nutzern dieser Tiere, bei den Versuchstieren also von den Experimentatoren, auch als sachkundiger Partner anerkannt und in die Lage versetzt, im Sinne eines wissenschaftlichen Tierschutzes sich für Verbesserungen bei der Haltung, Pflege, Ernährung aber auch beim Umgang mit diesen Tieren einzusetzen und die Interessen der Tiere effektiv zu vertreten. Das tierärztliche Studium stellt dafür eine gute Voraussetzung dar.

Allein Wissen und Fachkompetenz schützen Tiere.

Weiterführende Literatur

Sambraus, H.H., A. Steiger (Hrsg.): Das Buch vom Tierschutz. Ferdinand Enke, Stuttgart 1997.

Sachwortverzeichnis

F

G

H

I

N

O

P

T

U

V